国外电子与通信教材系列

离散时间信号处理

(第三版)

Discrete-Time Signal Processing

Third Edition

[美] Alan V. Oppenheim
Ronald W. Schafer 著

黄建国 刘树棠 张国梅 译

電子工業出版社
Publishing House of Electronics Industry
北京·BEIJING

内 容 简 介

本书系统论述了离散时间信号处理的基本理论和方法，是国际信号处理领域中的经典权威教材。内容包括离散时间信号与系统，z 变换，连续时间信号的采样，线性时不变系统的变换分析，离散时间系统结构，滤波器设计方法，离散傅里叶变换，离散傅里叶变换的计算，利用离散傅里叶变换的信号傅里叶分析，参数信号建模，离散希尔伯特变换，倒谱分析与同态解卷积。本书例题和习题丰富，具有实用价值。

本书适合从事数字信号处理工作的科技人员，高等学校有关专业的高年级学生、研究生及教师使用。

图书在版编目（CIP）数据

离散时间信号处理：第 3 版 /（美）奥本海姆（Oppenheim，A. V.）等著；黄建国，刘树棠，张国梅译．
北京：电子工业出版社，2015.1
书名原文：Discrete-Time Signal Processing, Third Edition
国外电子与通信教材系列
ISBN 978-7-121-24466-7

Ⅰ. ①离…　Ⅱ. ①奥…　②黄…　③刘…　④张…　Ⅲ. ①离散信号－时间信号－信号处理－高等学校－教材　Ⅳ. ①TN911.7

中国版本图书馆 CIP 数据核字（2014）第 230406 号

策划编辑：马　岚
责任编辑：张小乐
印　　刷：涿州市般润文化传播有限公司
装　　订：涿州市般润文化传播有限公司
出版发行：电子工业出版社
北京市海淀区万寿路 173 信箱　邮编 100036
开　　本：787 × 1 092　1/16　印张：50　字数：1378 千字
版　　次：2015 年 1 月第 1 版（原著第 3 版）
印　　次：2024 年 7 月第 13 次印刷
定　　价：109.00 元

所购买电子工业出版社图书有缺损问题，请向购买书店调换。若书店售缺，请与本社发行部联系，联系及邮购电话：（010）88254888，88258888。

质量投诉请发邮件至 zlts@phei.com.cn，盗版侵权举报请发邮件至 dbqq@phei.com.cn。

本书咨询联系方式：classic-series-info@phei.com.cn。

译 者 序

数字信号处理的理论和方法在近半个多世纪经历了建立、兴起、快速发展和广泛应用的成长历程，目前信号处理已发展成为一门内涵十分丰富的独立学科，成为信息科学的重要组成部分。与之相适应的数字信号处理理论和方法在各大学所开设的课程也随之同步发展。由美国麻省理工学院A. V. 奥本海姆和佐治亚理工学院 R. W. 谢弗教授撰写的信号处理教材充分反映了这一历程。早在20世纪70年代数字信号处理技术发展之初，为适应部分学校研究生教学的需要，奥本海姆和谢弗教授就撰写了 *Digital Signal Processing* 一书，于1975年出版。其后十多年间，随着计算机和DSP芯片技术的快速发展，数字信号处理的应用领域迅速扩大，许多院校在本科高年级就开设了该类课程，两位教授认为有必要撰写一部面向本科高年级学生的教材，并将教材内容重点放在离散时间信号处理上，因为它是数字信号处理的核心和基础。于是，在1989年他们撰写并出版了《离散时间信号处理(第一版)》。时隔十年时间，作者根据数字信号处理的发展及第一版的教学反馈，于1999年修订出版了《离散时间信号处理(第二版)》，调整并补充完善了章节内容，去掉了有关倒谱和同态滤波的论述，尤其是充实了习题的内容和数量。进入21世纪，经历了近十年数字信号处理及应用的快速发展，作者认真总结信号处理理论方法的新进展和广泛应用的需求，以及教学实践的经验，于2009年修订出版了《离散时间信号处理(第三版)》，使得该书更加精炼和经典。

本书第三版在第二版的基础上做了进一步的提炼和完善，其特色和变化主要体现在以下几个方面：1）主导思想。随着计算机技术和微电子器件日新月异的突飞猛进，数字信号处理受到人们的格外重视，其应用范围迅速扩大，几乎涵盖了当前各主要领域。面对这一快速发展的形势，本书不是企图去“涵盖”学科的各个方面，而是力图去“揭示”它的核心内涵，并使读者易于理解，使其具有较长的生命力。2）内容调整。全书定位面向大学本科生和一年级研究生，内容讲述具有广泛应用前景的基本原理。考虑到参数模型方法和倒谱方法在越来越多的领域得到应用，在第三版中增加了一章介绍信号的参数模型方法，重点论述全极点参数模型的特性及实现，书中还恢复了在第一版中曾论述过的有关倒谱的内容，并增加了加深理解的讨论和示例。其余各章均做了进一步的提炼和完善，尤其是增加了130多道精选的示例和习题，使习题总数达到700多道，进一步发展了本书的传统特色。3）教辅工具。在书本之外，建立开发了一个辅助本书教学的网站，网站内容丰富，并有MATLAB、LabVIEW和Mathematica等相关软件支撑，将抽象的概念和实际信号处理问题的实验可视化，一方面帮助学生加深对基本概念和方法的理解，为学生提供一个学习和实践离散时间信号处理理论方法的平台；另一方面为教师进一步提高教学效果创造了良好环境。

本书第三版的内容经典而丰富，面向不同的专业方向，以及高年级本科生或一年级研究生的不同程度需求，作者提出了可不同取材、进行不同组合教学的建议。本书第一、二版被广泛使用，受到普遍欢迎。相信第三版的出版，将会在加深对核心概念的理解，培养触类旁通的创新思维，提升学以致用的实践能力方面向前更跨进一步，对推动数字信号处理的教学和应用发挥重要作用。

本书第1章至第6章由刘树棠翻译，第11章由张国梅翻译。除此以外，张国梅还帮助完成了前6章中新增内容的翻译和译稿整理工作，以及“前言”、“配套网站”和“致谢”等的译文工作。第7章至第10章、第12章、第13章及附录由黄建国翻译。黄建国的研究生卫哲和罗宇参与部分翻译和译稿的整理工作。全书由刘树棠负责统稿。西北工业大学张群飞教授给予翻译工作很大支持，译者对此表示诚挚的感谢。感谢电子工业出版社马岚同志在出版和编辑过程中所给予的支持、关心和帮助。最后，对我们的家人孙漪和郑家梅同志所给予的关心和支持，再一次表示深深的愧疚和衷心的谢意。

刘树棠　于西安交通大学
黄建国　于西北工业大学

前 言

本书是我们于1975年出版的*Digital Signal Processing*一书的延续。那本非常成功的教科书出现在该技术领域还不成熟,刚刚开始进入快速发展的时期。在当时,这个主题只在研究生阶段和极少数学校里被讲授。1975版的这本书正是专门为这类课程写就的。目前,它仍旧在印刷并依然在美国本土和国际上许多学校被成功地使用。

到了20世纪80年代,信号处理研究、应用和实现技术的发展步伐都清晰地表明,数字信号处理(DSP)将实现并超越它在70年代就已显露出的巨大潜力。数字信号处理(DSP)所萌发出的重要性清楚地表明对原书进行修订和更新内容是势在必行的。在筹划修订本时,由于在技术领域以及相关课程的讲授水平和风格上都已经出现了很多变化,很显然最合适的是在原书的基础之上重写一本新书,而同时又让原书仍然可以继续出售。我们将那本1989年出版的新书定名为*Discrete-Time Signal Processing*,以强调该书所讨论的大部分理论和设计方法一般都是面向离散时间系统应用的,或者是模拟的,或者是数字的。

在编写*Discrete-Time Signal Processing*一书时,我们意识到DSP的基本原理已经普遍在大学本科阶段讲授了;有时甚至作为有关离散时间线性系统的第一门课程中的一部分内容,但更为普遍的是在第3学年和第4学年稍微高深一些的水平上讲授,或者作为最初的研究生专题课来讲授。因此,在处理像线性系统、采样、多采样率信号处理、应用以及谱分析这样一些方面的内容时进行大幅度扩展是合适的。另外,还用更多的例题来强调和说明一些重要概念。我们始终把精心构造的例题和课后作业题放在重要的地位,所以这本新书包含了400多道习题。

尽管该技术领域在理论和应用上还在继续发展,但其包含的基本原理和基础内容大多是一样的,虽然在突出的重点上,理解上和教学方法上做了一些垂炼。因此第二版*Discrete-Time Signal Processing*于1999年出版了。那个新版本是重要的修订本,目的就是要让离散时间信号处理这一学科对于大学生和实践工程师们来说都更加容易理解和接受,而没有在基本内容范围上做过多考虑。

第三版*Discrete-Time Signal Processing*是对第二版的重要修订。这个新版本对于大学和一年级研究生阶段的课程讲授方法的改变以及典型课程范围的变化做出了响应。它继承了重视学生和实践工程师们对于专题的可接受性以及关注基本工作原理和广泛适用性的传统。新版本的一个主要特征是结合并扩充了一些更为前沿的主题以及为了在该领域有效开展工作所必不可少的认识。第二版中的每个章节都进行了重要的审查和修改,并加入了一个全新的章节,还有一个章节被重新编入并在第一版基础上做了重大更新。伴随第三版的问世,Rose-Hulman技术学院的Mark Yoder教授和Wayne Padgett教授也开发完成了一个交互性较好的配套网站。后面的"配套网站"说明给出了关于网站更加全面的讨论。

自第二版以来,我们已经持续教授这门课程超过了10年,自然也为作业布置和测验创造出了一些新的题目。我们总是把精心构造的例题和课后作业题放在重要的地位,所以在第三版中包含了我们从这些题目中精选出的最好的130道题目,现在整本书的作业题总数超过了700道。在第二版中有的但未出现在第三版中的习题可以在网站上找到。

和本书的先前版本一样,我们假定读者已具备高等微积分的知识背景,并在复数和复变函数基础方面有较好的掌握。对包括拉普拉斯变换和傅里叶变换在内的连续时间信号的线性系统理论有些了解，仍然是一个基本的前提，而这些在大多数电气和机械工程系大学本科的课程安排中都是会有的。同时，在大多数大学本科课程中包含离散时间信号与系统、离散时间傅里叶变换和连续时间信号的离散时间处理的初步知识，现在也是很普遍的。

我们在大学本科高年级和研究生中讲授离散时间信号处理的经验告诉我们，从对这些主题进行仔细的回顾出发是很有必要的，这可以让学生从对基础内容的了解、对贯穿课程始终且伴随课本的统一符号框架的熟悉，发展到可以探讨更高深的主题。在大学本科低年级课程中关于离散时间信号处理的初步介绍，最通常的是让学生去学习解决许多数学变换问题，但在重新整理这些问题时，我们想让学生尝试对一些基本概念做更深入的推理。因此，在这一版的前五章中，我们保留了对这些基本知识的覆盖，并通过新的例题和扩展讨论对其进行了增强。在一些章的后面几节中，会涉及一些像量化噪声之类的内容，这就要求有随机信号方面的基础知识。在第2章和附录A中都将对此做了简单介绍。

过去十年间在DSP教学中发生了一个重大变革，那就是广泛地使用了类似MATLAB、LabVIEW和Mathematica等复杂的软件包，为学生们提供了具有强交互性的亲手操作经验。这些软件包使用起来方便简单，让我们有机会将离散时间信号处理中的基本概念和数学公式与涉及实信号和实时系统的实际应用联系起来。这些软件包有完备的说明文档、良好的技术支持和友好的用户界面，这些都使得学生们可以在不分心于对软件基础结构的深入研究和理解的基础上来方便地使用它们。现在，在许多信号处理课程中都普遍包含有利用一个或多个软件包实现的工程课题和练习题。当然，为了能够对学生的学习最有益，需要对这些课题和题目进行仔细的设计，应该强调基于概念、参数等内容的实验，而不是简单地照着书本操练。令人特别振奋的是，只要安装上这样一款强大的软件包，每个学生的笔记本电脑都能变成一个能够对离散时间信号处理概念和系统进行实验的新型实验室。

作为教师，我们一贯坚持寻找最好的方式，从而利用计算机资源改善我们学生的学习环境。我们仍然坚信教科书是在形式上最方便而且稳定的封装知识的最好方法。教科书的发展演进应该是相对缓慢的，这样才能保证一定程度上的稳定，并让学生们有时间来归纳整个技术领域的发展以及验证提出新思想的方法。而另一方面，计算机软件和硬件技术的发展变化要快得多，软件更新通常半年一次，而硬件速度仍然每年都在提高。这些连同世界范围的网站的使用，让我们可以对学习环境中的交互和实验部分进行更频繁的更新。正是由于这些原因，一种很自然的讲授方式是利用不同的平台环境，一方面在教科书中陈述基本的数学公式和概念，而另一方面通过网站来呈现需要亲身经历的交互实验。

基于以上这些想法，我们完成了*Discrete-Time Signal Processing*第三版，这里结合了我们认为的离散时间信号处理领域中的基本数学知识和概念，以及一个配套网站，该网站是由Rose-Hulman技术学院的同事Mark Yoder和Wayne Padgett开发的，网站提供了各种交互的用于学习的软件资源，可以巩固和扩大书本的影响。在"配套网站"中会更详细地描述这个网站。设计的网站可以动态地连续更新，以快速地呈现本书作者和网站作者开发出来的新资源。该网站对于不断变化的硬软件环境敏锐，这些环境提供了对主要概念和基于实信号处理问题实验的可视化平台。我们惊叹于该配套网站环境的无穷潜力，它极大地提高了我们在离散时间信号处理课题上的教学能力以及学生的学习能力。

本书在材料的组织上为大学本科生和研究生的使用都提供了相当大的灵活性。典型地供大学本科生一学期用的选修课可以覆盖第2章2.0节～2.9节；第3章；第4章4.0节～4.6节；第5章5.0节～5.3节；第6章6.0节～6.5节；第7章7.0节～7.3节以及7.4节和7.5节的简单介绍。如果学生在一般的信号与系统课程中已学过离散时间信号与系统，则可以很快地掠过第2章、第3

章和第 4 章，而留出富裕的时间来学习第 8 章。作为一年级研究生或高年级选修课程，除了上述内容外，还可以包括第 5 章余下的部分，4.7 节有关多采样率信号处理的讨论，4.8 节有关量化问题的简单介绍，或许还可以包括在 4.9 节讨论的有关在数模和模数转换器中噪声形成的介绍。一年级的研究生课程还应该包括在 6.6 节～6.9 节所讨论的量化问题，7.7 节～7.9 节最优 FIR 滤波器的讨论，以及第 8 章全部离散傅里叶变换和第 9 章利用 FFT 的离散傅里叶变换的计算等内容。在第 10 章的很多例子能有效地加强对 DFT 的讨论。在两学期的研究生课中，除了应包括本书的全部内容外，还可以包括另外一些的更高深的主题。在所有这些章节中，每一章后面的作业题都能在借助或不借助计算机的情况下来完成。另外，为了加强有关信号处理系统理论和计算机实现之间的联系，我们可以借助网站上列出的一些习题和工程课题。

最后我们将对各章内容做个总结，重点突出第三版的主要变化。

第 2 章介绍了离散时间信号与系统的基本类型，并定义了系统的基本性质，诸如线性、时不变性、稳定性和因果性等。本书的主要着眼点放在线性时不变系统上，这是因为有许多成熟的方法可以用于这类系统的分析与设计。尤其是在这一章中通过卷积和建立了线性时不变系统的时域表示法，并讨论了由线性常系数差分方程所描述的一类线性时不变系统。在第 6 章还将对该类系统做更详细地论述。在第 2 章还通过离散时间傅里叶变换引入了离散时间信号与系统的频域表示法。第 2 章重点放在利用离散时间傅里叶变换来表示序列，也就是把序列表示为一组复指数的线性组合，并建立在离散时间傅里叶变换的基本性质上。

在第 3 章，作为傅里叶变换的推广建立了 z 变换。这一章重点放在 z 变换的基本定理和性质上，以及对逆变换运算的部分分式展开法上。在新版中新增加了关于单边 z 变换小节。第 5 章将广泛深入地讨论如何利用在第 2 章和第 3 章得到的结果来表示和分析线性时不变系统。虽然对许多同学来说，第 2 章和 3 章中的内容是重新复习，但大部分介绍性的信号与系统课程的深度或广度都不及这两章所涵盖的内容。另外，这些章节还给出了全书将要用到的符号注释。因此，我们建议学生应当认真来学习第 2 章和第 3 章的内容，从而可以建立起掌握离散时间信号与系统基础知识的信心。

在离散时间信号是通过对连续时间信号周期采样而得到的情况下，第 4 章详细讨论了这两类信号之间的关系，其中包括奈奎斯特采样定理。另外，还讨论了离散时间信号增采样和减采样，这些在多采样率信号处理系统和采样率转换中都会用到。这一章以在从连续时间到离散时间转换中所遇到的某些实际问题的讨论作为结束，其中包括为避免混叠而采用的预滤波，当离散时间信号用数字表示时幅度量化效应的建模，以及在简化模数和数模转换过程中利用过采样的问题等。第三版中增加了新的量化噪声仿真的例子，增加了基于样条推导内插滤波器的讨论，增加了多级内插和双通道多采样率滤波器组的讨论。

第 5 章利用在前面各章中建立的概念详细地研究线性时不变系统的各种性质。我们定义了一类理想频率选择性滤波器，并对由线性常系数差分方程所描述的系统建立了系统函数和零、极点表示法，而该类系统的实现将在第 6 章详细讨论。同时，第 5 章还定义并讨论了群延迟、相位响应和相位失真，以及系统的幅度响应和相位响应之间的关系，其中包括对最小相位、全通和广义线性相位系统等的讨论。第三版的变化在于增加了一个群时延和衰减的例子，这个例子的交互性实验在配套网站上可以找到。

第 6 章集中讨论由线性常系数差分方程描述的系统，并用方框图和线性信号流图表示这类系统。本章的大部分内容是建立各种重要的系统结构，并比较它们之间的一些性质。这些讨论和各种滤波器结构的重要性都基于这样一个事实：在离散时间系统的具体实现中，系数的不准确性和运算误差的影响都与所采用的具体结构密切有关。无论对于数字还是离散时间模拟实现，这些基本问题都是类似的。本章是在数字实现的范畴内,通过对数字滤波器的系数量化和运算舍入噪声影响的讨论来阐明这些问题的。本章新增了一个小节,详细讨论了利用有限脉冲响应(FIR)和无限脉冲响应(IIR)格型滤波器实现线性常系数差分方程。正如在第 6 章及稍后的第 11 章中所讨论的,这种滤波器结构由于具有理想的性质已经在许多应用中占有重要地位。很多教材和论文在讨论格型滤波器时,通常都会紧密地结合这类滤波器在线性预测分析以及信号建模中的重要性。然而,应用 FIR 和 IIR 滤波器格型实现结构的重要性与待实现的差分方程是如何得到的无关。例如,差分方程可能是利用第 7 章讨论的滤波器设计技术设计得到的,但我们会采用第 11 章讨论的参数信号建模或其他各种可实现差分方程的方法来实现它。

第 6 章主要关注的是线性常系数差分方程的表示和实现,而第 7 章则讨论为了逼近某一期望的系统响应而获得这类差分方程系数的步骤,其设计方法分为无限脉冲响应(IIR)滤波器设计和有限脉冲响应(FIR)滤波器设计两大类。新增加的 IIR 滤波器设计实例对不同逼近方法的性质做了深入探讨。内插滤波器设计的新例子给出了一种在实际环境中比较 IIR 和 FIR 滤波器的框架。

在连续时间线性系统理论中,傅里叶变换主要是作为表示信号与系统的一种分析工具。与此对照,在离散时间情况下,很多信号处理系统和算法则涉及要直接计算傅里叶变换。尽管傅里叶变换本身是不能计算的,但它的采样形式,即离散傅里叶变换(DFT)却是可以计算出来的,并且对有限长信号来说,其 DFT 就是该信号的完全傅里叶表示。第 8 章详细讨论离散傅里叶变换及其性质,以及它与离散时间傅里叶变换的关系。这一章还将介绍离散余弦变换(DCT),这一变换在类似音频和视频压缩的应用中起着非常重要的作用。

第 9 章将介绍并讨论用于计算或产生离散傅里叶变换的各种重要算法,其中包括 Goertzel 算法、快速傅里叶变换(FFT)算法和线性调频(鸟声)变换算法等。在第三版中,利用第 4 章讨论的基本增采样和减采样操作增加了对 FFT 算法推导的深入分析。在这一章中还将讨论,随着技术的演进,评估信号处理算法效率的重要指标发生着极大的改变。在 20 世纪 70 年代我们第一本书产生的时代,存储和算术计算(乘法以及浮点加法)的成本高,此时算法效率通常是用对这些资源的需求量来判断的。而如今,通过增大存储量来提高信号处理算法的速度并降低实现所需的功率是司空见惯的事。类似地,一些教材中指出在多核平台上适于算法的并行实现,即使可能会增大计算开销。现在,数据交换的周期数、片上通信以及所需功率,成为算法实现结构选取的关键度量。如第 9 章所讨论的,虽然从所需乘法次数的角度来说,FFT 的效率比 Goertzel 算法或 DFT 直接实现更高,但如果主要衡量指标是通信周期数,则 FFT 的效率更低,因为直接实现或 Goertzel 算法的并行化程度比 FFT 高。

有了前面这几章,特别是第 2 章、第 3 章、第 5 章和第 8 章的背景,第 10 章集中讨论如何利用 DFT 对信号进行傅里叶分析。如果没有对前面所涉及的问题,以及对连续时间傅里叶变换、DTFT 和 DFT 之间的关系有一个透彻的理解,那么利用 DFT 对一个实际信号进行分析时往往会导致混淆和曲解。在第 10 章将会提到许多这样的问题。关于利用依时傅里叶变换对具有时变特性的信号进行傅里叶分析的问题也将进行适当的讨论。第三版中的新内容是对滤波器组分析进行了更详细的讨论,包括 MPEG 滤波器组的举例说明、新的说明窗长影响的鸟声信号依时傅里叶分析举例,以及关于量化噪声分析的更详细的仿真。

第 11 章是全新的一章,其主题是参数信号建模。本章从把信号表示成一个 LTI 系统输出的基本概念入手,给出了如何通过求解一组线性方程来得到信号模型各参数的过程。讨论了方程建立和求解所涉及的计算细节,并通过举例来说明。特别强调了 Levinson-Durbin 求解算法及其许多性质,这些性质可以很容易地从类似格型滤波器内插的算法细节中推导出来。

第 12 章关注离散希尔伯特(Hilbert)变换。这种变换出现在各种不同的实际应用中,其中包括逆滤波、实带通信号的复数表示、单边带调制技术和许多其他的方面。随着日益复杂的通信系统的出现以及宽带和多带连续时间信号高效采样方法的日益丰富,对希尔伯特变换的根本理解也变得越来越重要。希尔伯特变换在第 13 章的倒谱讨论中也具有重要作用。

在 1975 年我们出版的第一本书以及 1989 年出版的本书的第一个版本中,包括了对一类非线性技术的详细阐述,这类技术称为倒谱分析和同态解卷积。如今这些技术已经变得越来越重要,在包括语音编码、语音及说话人识别、地球物理分析和医学成像数据在内的应用中被广泛采用,同时在其他的许多应用中解卷积也成为了一个重要理论。正因为如此,在这一版中我们重新引入了这些专题,并扩充了讨论和举例。本章包括了对倒谱定义和性质的详细讨论,以及计算倒谱的各种方法,涵盖了利用多项式求根作为倒谱计算基底的一些新的结论。利用第 13 章中内容,读者还可对之前各章节中以及日益重要的一系列介绍非线性信号分析技术的教材中给出的基础知识进行全新的理解,同时也使得利用这些非线性技术本身可以像利用线性技术那样进行各种丰富多彩的分析。本章还包括了几个新的例子,对在解卷积中采用同态滤波技术进行说明。

我们期盼着在教学中使用这个新版教材,并希望我们的同行和学生们可以从这些相较于之前版本有所增强的内容中获益。普遍意义上的信号处理和具体的离散时间信号处理在其各个方面都有丰富的内容,甚至还会出现更加令人振奋的进一步发展。

Alan V. Oppenheim

Ronald W. Schafer

配套网站

Rose-Hulman 技术学院的 Mark A. Yoder 和 Wayne T. Padgett 为本书开发了一个配套网站，其网址是 www. pearsonhighered. com/oppenheim。该网站的目的是要对本书的内容进行增强和补充，提供了一些重要概念的可视化解释以及利用这些概念进行实践的操作环境，网站处于不断更新中。网站包括六个主要部分：活动图形，图形建立，基于 MATLAB 的课后作业，基于 MATLAB 的工程课题，演示以及补充的典型习题，每项内容都与书中的具体章节相对应。

活动图形

活动图形部分通过给出所选图形的“活动”版本来增强对书中概念的解释。利用这些图形，读者可以交互式地来研究如何利用图片和音频实现参数和概念的配合工作。活动图形部分是利用 NI 的 LabVIEW 信号处理工具开发的。以下列出的三个例子简单展示了利用网站提供的活动图形部分可以做什么。

2. 3 节中给出的图 2. 10(a)至图 2. 10(c)展示了利用图 2. 10(d)中的结果进行离散卷积计算的图形方法。活动图形工具允许读者对输入信号进行选择，并手动地将反转的输入信号滑动到单位脉冲响应之前，然后来观察相应的计算结果并作图。使用者可以快速地实现许多不同的配置并很快地理解图形卷积的使用方法。

4. 9. 2 节中的图 4. 73 给出了量化噪声以及噪声成形后信号的功率谱密度。而活动图形工具给出了播放一个实际音频文件时噪声和信号的频谱。读者可以在加上或不加上噪声成形处理以及使用一个低通滤波器过滤噪声的情况下，看到或听到噪声信号。

5. 1. 2 节中的图 5. 5(a)给出了具有不同频率的三个脉冲信号，它们被送入一个 LTI 系统。

图 5. 6 画出了 LTI 系统的输出。相关的活动图形工具允许学生通过对系统零、极点的位置、幅度、频率和脉冲位置进行实验来观察它们对系统输出的影响。以上只是配套网站提供的基于网页的众多活动图形中的三个例子。

图形建立

图形建立工具是对活动图形概念的进一步扩展。它指导学生利用 MATLAB 工具对选定的书中图形进行重新生成，以加强对基本概念的理解。图形建立工具并不是简单地给出构建一幅图形的具体步骤，而是在假设对 MATLAB 有基本了解的前提下，引入新的 MATLAB 命令和技术，将它们用来创建图形。这样不仅可以强化信号处理概念，还可以训练信号处理方面的 MATLAB 使用技巧。例如，2. 1 节中的图 2. 3 和图 2. 5 画出了几个序列，相应的图形建立工具引入 MATLAB 作图命令对图形进行标注，包括希腊字符和图例添加。随后，图形建立工具便将该技术用于绘制图形。噪声成形和群时延图形建立(见图 4. 73 和图 5. 5)示例中包含了重建上述活动图形工具的指令。它们不是给出各步骤的指令，而是引入了新的 MATLAB 命令并建议了在实验上有相当大自由的重建图形的方法。

MATLAB 课后作业

配套网站通过 MATLAB 课后作业部分，提供了一种将 MATLAB 与作业题结合起来的基本框架。该框架的一个方面就是利用课后作业来练习使用 MATLAB 工具,在某种程度上与图形建立工具风格一致。这些习题与不使用 MATLAB 的习题非常相似,只是采用了 MATLAB 之后使得某些部分更容易实现,例如对结果作图等。第二个方面是,采用 MATLAB 可以研究和解决不能用数学分析方法解决的问题。与本书中的基本习题相比较而言,MATLAB 习题都是用于课堂测试的,因此通常比较短,需要使用者利用 MATLAB 工具来完成简单的信号处理任务。这些习题的范围比较适中,是每周课后作业的几个习题中的一种典型习题。其中一部分习题与书中的分析习题直接关联,而另一部分则是完全独立的。许多习题将分析结果与 MATLAB 结合起来,目的在于强调两种方法彼此间的互补作用。

基于 MATLAB 的工程课题

基于 MATLAB 的工程课题部分涵盖了比家庭作业更长和更复杂的工程课题或练习。这些工程课题从比本书更深入的角度来研究一些重要概念,相对范围更广。各工程课题与书中的章节相对应,一旦掌握了相关章节的内容便可来使用工程课题。例如,第一个工程课题在某种程度上说是天然的教程,可以在任何阶段使用。它介绍了 MATLAB 软件并展示了如何将其用于创建和处理离散时间信号与系统。在这个工程课题里假设学生们已经有一定的编程经验,但不一定局限于 MATLAB 编程。其他许多工程课题则需要一些滤波器设计技能,因此它们与第 7 章(滤波器设计技术)或后面的章节相关联。它们研究这样一些题目,包括 FIR 和 IIR 滤波器设计、用于采样率变换的滤波器设计、关于人类听不到的信号中相位的"FOLK 理论"测试、通过去噪增强语音、实现去噪的硬件设计及频谱估计等。所有这些题目都已经过了课堂试验,其中某些题目还被包含进了学生刊物中。

演示

演示部分是与某些特殊章节相关的交互性示范说明。不同于活动图形工具,演示工具并不是直接与一幅给定的图像紧密联系的,而是用于阐明一个更大的想法,这种想法在学生完成了书中内容的学习后便能够理解。例如,有一个演示是用来说明在保持带限脉冲形状中利用线性相位滤波器的重要性。

补充的典型习题

网站的第六个重要部分收集了在本书第二版中为了给新习题腾出空间而删掉的习题,这些习题是对书中习题的补充。每个习题都以 pdf 形式或者 tex 格式与习题构成所需图形文件结合的形式来给出。

综上所述,该配套网站提供了一系列与本书紧密结合的丰富资料,这些资料从强化新概念的活动图形部分延伸到可以挑战学生超越教材而提出新想法的基于 MATLAB 的工程课题部分。随着本书作者以及网站开发者 Mark Yoder 和 Wayne Padgett 不断研究出新的教学资料,该网站也会继续向前发展。

致谢

本书第三版是从前两个版本(1989,1999)发展而来的,它们的原型是我们的第一本书 *Digital Signal Processing*(1975)。许多对前期工作给予帮助、支持和贡献的同事、学生和朋友们,他们的影响和作用在这个新版本中仍然显著,这里再一次向在之前版本中明确表示感谢的人们表达我们深深的谢意。

在我们的职业生涯中,我们都非常幸运地得到了特别的教导。我们分别希望感谢几个对我们的生活和职业有重大影响的人。

Al Oppenheim 在研究生期间以及他的整个学术生涯中都得到了 Amar Bose 教授、Thomas Stockham 教授和 Ben Gold 博士的特别指导和深刻影响。Al 在担任 Bose 教授教学助理的几年时间里以及作为其指导的博士研究生期间,Bose 教授启发性的教学方法、富有创造性的研究风格和异常严谨的做人准则都给了 Al 极大的影响,这些特质是 Bose 教授在做任何事情时都坚守的。在 Al Oppenheim 职业生涯的早期,还非常有幸地与 Ben Gold 博士和 Thomas Stockham 教授建立了紧密的合作伙伴关系。Ben 所给予的莫大鼓励和榜样模范作用对 Al 指导和研究风格的形成有着重要影响。Tom Stockham 也同样给予了重要的指导、支持和鼓励,和 Al 成为好朋友的同时成为其另一个了不起的学习榜样。这些特别指导者们的影响贯穿于整本书中。

在对 Ron Schafer 产生影响的众多老师和导师之中,最值得一提的是 Levi T. Wilson 教授、Thomas Stockham 教授和 James L. Flanagan 博士。是 Wilson 教授将一个天真的小镇男孩带领进数学和科学的奇妙世界,改变了男孩的人生,让其永生难忘。他对于教学的贡献给人极大的鼓舞,让人无法抗拒。Stockham 教授是一个伟大的老师、一个患难之交、一个有益的伙伴和一个出色的富有创造性的工程师。Jim Flanagan 是语音科学和工程领域的巨人,对于所有与其共同工作过的人们来说,他们是如此幸运地得到了他的激励。并不是所有伟大的老师都冠有“教授”的头衔,Jim Flanagan 教会 Ron 和其他许多人懂得了仔细思考的价值、致力于学习的价值以及清楚而明晰地写作和表达的价值。Ron Schafer 直率地承认,他学习了许多来自这些伟大导师身上的思考和表达的习惯,并且坚信他们并不会介意。

在我们的学院生涯中,麻省理工学院和佐治亚理工学院为我们的研究和教学工作提供了一个激励的环境,并对这项不断发展的任务提供了鼓励和支持。自 1977 年以来,Al Oppenheim 已经在 Woods Hole 海洋学会(WHOI)度过了几个假期和几乎每一个夏天,对于这种特有的机会和协作,他表示深深的感激。本书各个版本的许多撰写都是在这期间以及在良好的 WHOI 环境中完成的。

在麻省理工学院和佐治亚理工学院,我们都获得了来自不同方面的大量资金支持。Al Oppenheim 特别要感谢来自 Ray Stata 先生和模拟仪器公司、Bose 基金以及麻省理工学院各种不同形式的资助研究和教学的 Ford 基金的支持。我们同时还要鸣谢德州仪器公司为我们的教学和研究工作给予的支持。特别要说的是,德州仪器公司的 Gene Frantz 是我们在两个研究机构里工作和进行普遍 DSP 教育的专门支持者。Ron Schafer 还要感谢 John 和 Mary Franklin 基金的慷慨支持,该基金在佐治亚理工学院设立了 John 和 Marilu McCarty 教授职位。佐治亚理工学院 ECE 学院的长期主管 Demetrius Paris,以及 Franklin 基金的 W. Kelly Mosley 和 Marilu McCarty,对于他们超过 30 年的友谊和大力支持,Ron Schafer 表示由衷的感谢。对于能够成为 Hewlett-Packard 实验室研究团队的成员,Son Schafer 表示感激,借助于多年来在佐治亚理工学院得到的研究支持,Schafer 于 2004 年成为了

HP 伙伴。如果没有得到 HP 实验室主管人员 Fred Kitson，Susie Wee 和 John Apostolopoulos 的鼓励和支持，本书第三版将无法顺利完成。

我们与 Prentice Hall 的合作开始于几十年前，即 1975 年出版的我们的第一本书，而在本书三个版本以及其他著作的出版过程中我们仍然继续保持着合作。对于与 Prentice Hall 的共事与合作我们感到特别幸运。在本书和其他写作项目中，Marcia Horton 和 Tom Robbins 给予的鼓励和支持，以及在本书第三版中 Michael McDonald、Andrew Gilfillan、Scott Disanno 和 Clare Romeo 所提供的鼓励与帮助，极大地增强了作者写作和完成该项工作的乐趣。

同之前的版本一样，在第三版的出版过程中我们非常荣幸地得到了许多同事、学生和朋友们的帮助，非常感谢他们耗费了大量的宝贵时间帮助我们完成这项工作。特别要对如下诸位表示我们的谢意：

感谢 John Buck 教授在第二版的筹备过程中发挥的巨大作用，感谢其在第二版的整个生命过程中持续不断付出的时间和努力。

感谢 Vivek Goyal 教授，Jae Lim 教授，Gregory Wornell 教授，Victor Zue 教授以及 Babak Ayazifar 博士，Soosan Beheshti 博士和 Charles Rohrs 博士，他们在麻省理工学院曾用过不同的版本进行教学，感谢他们给本书提出的诸多有益评价和建议。

感谢 Tom Barnwell，Russ Mersereau 和 Jim McClellan 教授，他们是 Ron Schafer 的老朋友和老同事，他们经常用本书的不同版本来教学，对本书的许多方面都有影响。

感谢 Rose-Hulman 技术学院的 Bruce Black 教授，他精心准备了十年来最有价值的新习题，并从中选出最好的，将它们更新并整合到本书的各章节中。

感谢 Mark Yoder 教授和 Wayne Padgett 教授，他们为这一版本开发了一个优秀的配套网站。

Ballard Blair 帮助更新了参考文献。

感谢 Eric Strattman，Darla Secor，Diane Wheeler，Stacy Schultz，Kay Gilstrap 和 Charlotte Doughty，他们为这个修订本的准备给予了管理方面的帮助，并对我们的教学活动提供持续的支持。

感谢 Tom Baran，他解决了与这一版本文件管理相关的许多计算机问题，并在一部分章节的例题方面做了大量工作。

感谢 Shay Maymon，他细心地通读了本书的大部分章节，重做了许多较为高深的习题，给出了重要的修正和建议。

感谢以下各位帮助仔细校对了清样：Berkin Bilgic，Albert Chang，Myung Jin Choi Fozunbal，Reeve Ingle，Jeremy Leow，Ying Liu，Paul Ryu，Sanquan Song，Dennis Wei 和 Zahi Karam。

感谢许多教学助理，他们同我们一起工作，在麻省理工学院和佐治亚理工学院进行离散时间信号与系统的教学，感谢他们对于本版本所给予的直接或间接的影响。

目　　录

第1章 绪 论

信号处理丰富的历史和广阔的未来,源自于日益复杂的应用、新的理论进展以及不断涌现出的新的硬件结构和平台之间的强力协作。信号处理应用横跨了多门学科,包括娱乐、通信、空间探索、医学、考古学和地球物理学等,不胜枚举。信号处理算法和硬件广泛见于各种系统,从专用的军事系统和工业应用,到各种廉价大宗的消费电子产品。虽然人们认为多媒体系统,如高清视频、高保真度音响系统和互动游戏等具有的卓越性能是理所当然的,但其实这些系统的性能好坏都强烈地依赖于当今信号处理的发展水平。所有的现代移动电话,其核心就是高级数字信号处理器。MPEG 音频、视频以及 JPEG[①] 图像数据压缩标准都强烈地依赖于本书所讨论的许多信号处理原理和技术。高密度数据存储装置和新的固态存储器越来越依赖于采用信号处理技术来实现相对于其他脆性技术的稳固性和鲁棒性。当展望未来时,信号处理的作用仍在日益增强,这其中的一部分原因就是,无论在民用领域,还是在先进的工业和政府部门的应用中,通信、计算机和信号处理都是融为一体的。

日渐扩展的应用范围和对日益复杂的算法的需求总是与实现信号处理系统的器件技术的快速发展齐头并进的。有人预测,在下一个 10 年内,专用信号处理微处理器及个人计算机的处理能力有可能增加几个数量级,这甚至已逼近摩尔定理的极限。显然,信号处理的重要性和地位将继续以越来越快的速度向前发展和扩大。

信号处理关注的是信号及其所包含信息的表示、变换和运算。例如,可能希望对两个或多个经过某种操作,如加法、乘法或卷积处理,而混合在一起的信号进行分离,或者要想来增强某些信号分量或估计一个信号模型中的某些参量。在通信系统中,信号在送入一条通信信道上进行传输之前,一般要做一些类似调制、信号调节和压缩等操作的预处理,然后在接收端进行后处理以恢复原始信号的复制版本。早在 20 世纪 60 年代之前,这类信号处理手段几乎无一例外地都是连续时间的模拟技术[②]。数字计算机和微处理器的飞速发展,以及模拟到数字(A/D)和数字到模拟(D/A)转换的低成本芯片的出现,导致了向数字技术方面的不断转移。技术上的这些发展还得到了许多重要理论进展的增援,例如快速傅里叶变换(FFT)算法、参数信号建模、多采样率技术、多相滤波器实现和诸如小波展开的信号表示新方法等。模拟无线电通信系统正在演变为一种可重新配置的、几乎完全由数字计算实现的“软件无线电”系统,这正是向数字技术转移的典型例子。

离散时间信号处理的本质是对用整数变量进行标号的数值序列的处理,该序列并不是一个连续独立变量的函数。在数字信号处理(DSP)中,信号是用有限精度的数的序列来表示的,且用数字运算来实现处理。更为一般的术语——**离散时间信号处理**,既包括了作为一种特殊情况的数字信号处理,也包括了用其他一些离散时间技术处理样本序列(采样数据)的可能。离散时间信号处理和数字信号处理这两个术语之间的区别并不重要,因为两者关心的都是离散时间信号。当采用高精度计算时,这一点显得尤为正确。虽然有很多例子其中要处理的信号本身就是离散时间序列,但

---

① 缩略语 MPEG 和 JPEG 是在普通闲聊时都会用到的术语,用来指国际标准化组织(ISO)中“动态图像专家组”(MPEG)和“联合图像专家组”(JPEG)制定的标准。

② 一般说来,把“时间”当成独立变量,即使在某些特定场合,独立变量可能取其他任何可能的量纲。这样,连续时间和离散时间都应分别看作是连续和离散独立变量的通用术语。

是大多数的应用还是涉及要用离散时间技术来处理原本是连续时间的信号。在这种情况下,通常一个连续时间信号先要转换成一个样本序列,即一个离散时间信号。实质上,激发数字信号处理得到广泛应用的最重要的原因是基于噪声成形差分量化技术的低成本 A/D 和 D/A 转换芯片的发展。进行离散时间处理之后,再把输出序列转换成连续时间信号。对于这样的系统,人们往往都希望它们能实时工作。随着计算机处理速度的提高,连续时间信号的实时离散时间处理在通信系统、雷达、声呐、语音和视频编码与增强,以及生物医学工程等各方面的应用都已是司空见惯。非实时应用同样是随处可见。压缩磁盘播放器和 MP3 播放器是对输入信号只进行一次处理的非对称系统的典型例子。最初的处理可以是实时进行的,也可以慢于或快于实时处理。输入信号处理之后的形式被保存起来(存储在压缩磁盘或固态存储器中),当对输出信号进行回放以备收听时,再实时完成最后的处理来重构音频信号。压缩磁盘和 MP3 录制和回放系统依赖于许多信号处理的概念,而这些概念就是本书要讨论的。

金融工程代表了另一个集许多信号处理概念和技术于一体的快速增长的领域。经济数据的有效建模、预测和滤波处理技术可以在经济特性行为和稳定方面获得极大效益。例如,证券投资经理越来越依赖于采用复杂的高级信号处理技术,因为即使是在信号预测能力或信噪比(SNR)上有少量增加,也可以导致在特性行为上的显著获益。

另一类重要的信号处理问题是**信号解释**,在这个问题中,处理的目的是要得到输入信号的某种特征。例如,在语音识别或理解系统中,其目的是为了解释输入信号,或者从输入信号中提取信息。一般说来,这种系统起着一种数字预处理(滤波、参量估计等)的作用,在其之后紧跟着一个模式识别系统,以产生某种符号表示,如语音的音位符号表示。这种符号输出可以依次作为一个能提供最终信号解释的符号处理系统(如基于某一规则的专家系统)的输入。

还有一类比较新的信号处理方法,它涉及信号处理表达式的符号运算。这种处理形式在信号处理工作站和对信号处理系统的计算机辅助设计中都有潜在的应用价值。在这类处理中,信号与系统都是用抽象的数据对象来表示和运算的。面向对象的程序设计语言对于处理信号、系统和信号处理表达式提供了方便的环境,而不用明确对数据序列进行求值。设计用来对信号表达式进行处理的系统的复杂程度直接受所包含的基本信号处理概念、定理和性质(如组成本书基础的那些内容)的影响。例如,一种信号处理环境具有在时域卷积就相当于频域相乘这样的性质,就可以用来研究各种不同滤波结构的组合,其中包括那些涉及直接利用离散傅里叶变换(DFT)和快速傅里叶变换(FFT)的算法。类似地,结合采样率和混叠之间关系的环境,就能够在滤波器实现中有效地利用抽取和内插的手段。有关在网络环境下实现信号处理的类似想法近来也正在进行探索。在这种类型的环境中,可以用一种高级的处理描述来实现对数据的潜在标示,而详细的实现则能动态地依据网上所能利用的资源来完成。

本书所讨论的很多概念和设计方法都结合了像 MATLAB、Simulink、Mathematica 和 LabVIEW 这样一些先进的软件系统结构。在许多情况下,离散时间信号都是在计算机中获得并存储起来的,而这些工具就允许用一些基本函数来构成极为复杂的信号处理运算。在这样的情况下,一般并不需要知道实现某一运算的算法细节(如 FFT),但是,需要明白计算的是什么,以及应该如何来解释计算出的结果,这才是主要的。换句话说,对本书所讨论的概念有充分的理解,对于巧妙地利用现有广泛可利用的信号处理软件工具来说仍是最基本的。

信号处理问题自然不仅仅局限于一维信号。虽然在理论上一维与多维信号处理之间存在着一些基本的差别,但是本书所讨论的大部分内容在多维系统中都有其直接对应的形式。有关多维数字信号处理理论在各种参考资料中都有详细论述,包括 Dudgeon and Mersereau(1984),Lim(1989)

和 Bracewell(1994)[①]。许多图像处理的应用问题需要用到二维信号处理技术,如视频编码、医学图像、航空照片的增晰与分析、卫星气象照片的分析以及从月球和深层空间探测来的视频传输信号的增晰等,都属于这一类情况。多维数字信号处理在图像处理方面的应用在 Macovski(1983),Castleman(1996),Jain(1989),Bovic(ed.)(2005),Woods(2006) Gonzalez and Woods(2007)和 Pratt(2007)等人的著作中都有专门的论述。像在石油勘探、地震检测和核试验监测等方面所要求的地震数据分析都要利用多维信号处理技术。有关在地震学方面的应用在 Robinson and Treitel(1980)和 Robinson and Durrani(1985)的著作中均有论述。

多维信号处理仅仅是众多先进和专门论题中的一个,这些论题所依赖的基础均在本书的覆盖范围之内。基于利用离散傅里叶变换和信号建模的谱分析是信号处理另一个特别丰富而重要的方面。第10章和第11章将介绍这方面的很多内容,重点关注与离散傅里叶变换和参数信号建模应用有关的一些基本概念和技术。第11章还较详细地讨论了高分辨率频谱分析方法,这些方法都是基于把信号表示成一个离散时间线性时不变(LTI)滤波器对单位脉冲或白噪声的响应来进行分析的。频谱分析可以通过对系统参数(如差分方程的系数)进行估计,再求出该滤波器模型频率响应的幅度平方来实现。有关这些方面的详细讨论可以在 Kay(1988),Marple(1987),Therrien(1992),Hayes(1996)和 Stoica and Moses(2005)等人的著作中找到。

信号建模在数据压缩和编码中也起着重要的作用,并且差分方程的基本原理再次为理解这些技术的很多方面奠定了基础。例如,一种称为线性预测编码(LPC)的信号编码技术就是利用这样一个概念:如果一个信号是某个离散时间滤波器的响应,那么在任意时刻的信号值就是先前那些值的线性函数(因此可以由先前信号值而线性预测出当前信号值)。这样,通过估计出这些预测参数,并将它们与预测误差一起用来表示信号,就可以得到有效的信号表示。若需要时,该信号也可以利用模型参数重新产生。这类信号编码技术在语音编码中一直是特别有效的,这些在 Jayant and Noll(1984),Markel and Gray(1976),Rabiner and Schafer(1978)和 Quatieri(2002)等人的著作中均有非常详细的论述,在第11章也将有较详细的讨论。

另一个非常重要的近代论题是自适应信号处理。自适应系统代表着一类特殊的时变且在某种意义上是非线性的系统。这类系统具有广泛的应用,而且对它们的分析与设计已建立了一套很有效的方法。同样,这些方法的很多方面也都是以本书所讨论的离散时间信号处理的基本原理为基础的。有关自适应信号处理的详细论述可参见 Widrow and Stearns(1985),Haykin(2002)和 Sayed(2008)的著作。

这些仅仅代表了本书所包含的内容所延伸出来的众多近代论题中的几个方面,其他的还包括一些先进的和专门的滤波器设计方法,计算傅里叶变换的各种专门算法,一些特定的滤波器结构,以及包括小波变换在内的各种近代多采样率信号处理技术,等等。[关于这些主题的阐述可参见 Burrus,Gopinath,and Guo(1997),Vaidyanathan(1993)和 Vetterli and Kovačević(1995)等人的著作。]

人们常常认为,一本基础性教科书的目的应该是揭示而不是包罗某一学科。笔者一直遵循着这一宗旨来精选本书的内容及其深度。前面有关近代论题的简单讨论和书末所附的参考文献已经足够清楚地展现出,还有许多具有挑战性的理论和值得注意的应用有待揭示,这就需要我们勤奋地学习 DSP 的基础理论以做好充分的准备。

历史的回顾

离散时间信号处理以不寻常的步伐走过了一段历史时期,回顾一下这个领域的发展将提供一

① 全书中作者的姓名和所注年代均用来指明本书末尾所列参考文献中的书目和论文。

个很有价值的有关该领域现在及未来较长时间内仍具有核心地位的一些基础内容的看法。自17世纪发明微积分以来,科学家和工程师们就已经建立了利用连续变量函数和微分方程来表示物理现象的各种模型。然而,当解析解不可能得到时,为了求解这些方程已经使用了数值解法。的确,牛顿使用过的有限差分法就是本书将要介绍的某些离散时间系统的特殊情况。18世纪的数学家,如Euler,Bernoulli和Lagrange等已经建立了连续变量函数的数值积分和内插方法。由Heideman,Johnson and Burrus(1984)所做的很有趣的历史研究表明:早在1805年,高斯就发现了快速傅里叶变换(将在第9章讨论)的基本原理,而这时傅里叶关于函数的谐波级数表示法的论文尚未发表!

直到20世纪50年代初,信号处理还是用模拟系统来完成的,实现这些模拟系统多是用电子线路,甚至还有用机械装置的。即使数字计算机已逐渐在商业场合和科学实验室获得应用,但其价格却异常昂贵,能力也相当有限。在那个时期,某些应用领域对更为复杂的信号处理的需求激发了人们对离散时间信号处理的极大兴趣。数字计算机在数字信号处理方面最初获得应用的一个领域就是石油勘探,这里可以将频率相对较低的地震数据进行数字转化后用磁带记录下来,以供事后处理。这类信号处理一般来说是不能实时完成的,几秒钟的数据往往要耗去几分钟,甚至几个小时的计算时间。即便如此,由于数字计算机的灵活性和潜在的回报能力使得这种方法仍颇受欢迎。

同样还是在20世纪50年代,数字计算机在信号处理方面的应用正以另外一些不同的方式出现。由于数字计算机的灵活性,在用模拟硬件实现某一信号处理系统之前,在数字计算机上先对该系统进行仿真往往是很有用的。在这种方式下,一种新的信号处理算法或系统在经济和工程资源上投入实施之前,均可在一种很灵活的实验环境中加以研究。这类仿真的典型例子就是由MIT林肯实验室和贝尔电话实验室所研究实现的声码器仿真。例如,在一个模拟信道声码器的实现中,滤波器的特性会影响已编码语音信号可理解程度的质量,而对这种质量又很难客观地进行定量研究。通过计算机仿真可以调节这些滤波器特性,从而可在模拟装置出来之前就对一语音编码系统的感知音质给予评估。

在所有这些利用数字计算机进行信号处理的例子中,计算机在灵活性方面表现出了极大的优越性。但是,这些处理未必总是能实时完成。因此,持续到20世纪60年代末的盛行一时的做法仅是将数字计算机用作**逼近**或**仿真**某一模拟信号处理系统。与此相仿,早期的数字滤波就非常热衷于这样一些方式:把一个滤波器在数字计算机上编成程序,这样就可以将信号先做模/数转换,然后进行数字滤波,再接着做数/模转换,以使整个系统近似成为一个好的模拟滤波器。在语音通信、雷达信号处理或任何其他应用中,数字系统可能真正实现实时信号处理的想法,即使是在当时最为乐观的情况下,仍被认为是具有很高风险的。当然,处理速度、成本和体积大小都曾是人们偏向于应用模拟元件的三个重要因素。

在数字计算机上实现信号处理的同时,研究人员自然有一种愿望要尝试日益复杂的信号处理算法。其中一些算法就是由于数字计算机的灵活性而发展起来的,而用模拟设备是无法实现的。因此,很多这些算法都曾被看作是一些有趣的,但多少有些不切实际的想法。这样一些信号处理算法的发展使得用全数字化来实现信号处理系统的想法更具诱惑力。最初在数字声码器、数字频谱分析仪及其他全数字化系统的研究上开始了积极有效的工作,希望这些系统最终会变成可以实际应用的系统。

Cooley and Tukey(1965)发现的一种计算傅里叶变换的高效算法,即大家所熟知的FFT,进一步加速了迈向离散时间信号处理的进程。以下几个原因说明FFT是很有意义的。当时用数字计算机实现的许多信号处理算法所要求的处理时间要比实时处理大几个数量级。这常常是由于谱分析是信号处理中的一个重要组成部分,而在当时却没有一种高效的算法来实现它。而快速傅里叶变换算法将傅里叶变换的计算时间减少了几个数量级，使得一些复杂的信号处理算法的实现在其处理时间内允许与系统之间可以在线交互试验。再者，快速傅里叶变换算法事实上可以用专用数字硬件来实现，这样从前出现的很多曾认为是不切实际的信号处理算法开始显露出具体实现的可能。

FFT 的另一个重要内涵就是它本身属于离散时间范畴。它可以直接计算离散时间信号或序列的傅里叶变换，并且它所涉及的许多性质和数学方法完全都属于离散时域的范畴；也就是说，它不只是一个对连续时间傅里叶变换的近似。由此激发了人们用离散时间数学方法来重新形成很多信号处理概念和算法的想法，之后这些技术建立了完整的离散时间域内的各种关系。这样就改变了把在数字计算机上进行信号处理只是单纯地看作是对模拟信号处理技术的某种近似的看法，进而产生了把离散时间信号处理作为一门单独的重要研究领域的浓厚兴趣。

离散时间信号处理发展史上另一个主要进展出现在微电子学领域。微处理器的发明及其在数量上的激增为离散时间信号处理的廉价实现铺平了道路。尽管第一台微处理器因速度太慢而不能实时地实现大部分离散时间系统（除了采样率非常低的情况），但是到了 20 世纪 80 年代中期，集成电路技术已经发展到了一个新的水平，能够制造出在结构上专门为实现离散时间信号处理算法而设计的高速定点和浮点微型计算机。随着这种技术的到来，第一次展现出了离散时间信号处理技术具有广阔应用的可能性。微电子学的高速发展，还以另一种方式深刻地影响着信号处理算法的发展。例如，在实时数字信号处理装置产生之初，存储器相对比较昂贵，因此信号处理算法推进的一个重要性能指标就是存储单元的高效利用。如今，数字存储已如此廉价，使得许多算法都倾向于采用比绝对所需存储容量更大的存储需求，来换取处理器所需功率的降低。对 DSP 全面发展可能存在极大阻碍的另一个技术局限就是信号从模拟形式向离散时间（数字）形式的转换。首次广泛应用的 A/D 和 D/A 转换器是成本为几千美元的独立装置。而数字信号处理理论与微电子技术相结合之后，过采样 A/D 和 D/A 转换器的成本仅为几美元，甚至更低，这使得各种各样的实时应用成为可能。

类似地，最小化算术操作次数（如乘法或浮点加法次数），如今也不再显得那么重要，因为多核处理器具有多个可用的乘法器，此时更重要的是如何降低各处理核之间的通信量，必要时甚至可以使用更多的乘法操作。例如，在多核环境中，DFT 的直接计算（或采用 Goertzel 算法）甚至比应用 FFT 算法更“高效”，即使需要更多的乘法操作，但处理器之间的通信需求可以得到极大降低，因为采用 DFT 直接计算时处理工作可以更有效地在多个处理器或处理核上进行分配。更广泛地讲，为了充分挖掘并行和分布式处理带来的机会而对算法进行重构或研究新的算法，已经成为信号处理算法发展的一个新的重要方向。

未来的展望

微电子学的工程师们仍在继续为提高电路的集成度和产量而奋斗着，因此微电子学系统的复杂性和先进程度也在不断地稳步提高。的确，自 20 世纪 80 年代初以来，DSP 芯片的复杂性和容量一直成指数地增长着，并且没有任何放慢的迹象。随着整片集成技术的迅速发展，价廉、超微型和低功耗的很复杂的离散时间处理系统也将会实现。进一步，类似微机电系统（MEMS）的各类技术也承诺可以生成各种微型传感器，而这些传感器的输出将利用在传感器输入的分布式阵列上操作的 DSP 技术来进行处理。因此，离散时间信号处理的重要性无疑仍会与日俱增，而且未来这一领域的发展很可能比刚刚描述的发展进程更富戏剧性。

当前，离散时间信号处理技术在某些应用领域已经引起了革命性的变化。电信领域就是一个明显的例子，在该领域中离散时间信号处理技术、微电子技术和光纤传输技术的结合，正以一种真正的革命方式改变着通信系统的面貌。可以预见，类似的冲击也将会波及许多其他的技术领域。

事实上,信号处理已经成为,并且会一直成为新应用不断涌现的领域。对一个新应用领域的需求可以通过对来自其他应用的内容进行调整来得到满足,但往往新的应用需要产生新的算法及实现这些算法的新硬件系统。正是由于早期地震、雷达和通信领域的需求,极大地促进了本书所要讨论的许多核心信号处理技术的形成。当然,信号处理在国防、环境、通信以及医疗保健和诊断领域的核心地位仍将维持不变。近年来信号处理在金融和 DNA 序列分析这样一些新领域中也得到了广泛应用。

虽然很难对信号处理还会在哪些方面产生新的应用进行预测,但毫无疑问,对于那些随时准备发现它们的人们来说,它们会日渐明显。为解决新的信号处理问题做准备的关键是,进行信号与系统的基础数学理论及相关设计和处理算法的全面训练,这一点在整个信号处理发展过程中一直如此。虽然离散时间信号处理是一个不断更新和飞速发展的领域,但是它的基础已经日臻完善,非常有必要来进行很好的学习。本书的目的就是通过提供一种对离散时间线性系统、滤波、采样、离散时间傅里叶分析及信号建模的联合论述来揭示该领域的基础理论。本书内容应该为读者理解离散时间信号处理的广泛应用提供必要的知识,并为他们能够在这一令人振奋的技术领域的未来发展中做出贡献奠定坚实的基础。

第2章　离散时间信号与系统

2.0　引言

术语**信号**通常用于代表携带信息的某些东西。例如，信号可以携带着某一物理系统有关状态或行为特征的信息。信号还可以是为了人与人之间、或人与机器之间交换信息而合成的，这是另一类信号。虽然信号可以用很多方法来表示，但是在所有情况下，信息总是包含在某种变化的模式中。在数学上信号可以表示为一个或多个独立变量的函数。例如，一个语音信号在数学上可以表示为时间的函数，而一幅摄影图像就可以表示为二个空间变量的亮度函数。习惯上把一个信号的数学表达式中的独立变量看作时间，本书也将遵循这一约定，尽管在某些具体的例子中，独立变量事实上并不代表时间。

在信号的数学表达式中，独立变量可以是连续的，也可以是离散的。**连续时间**信号是定义在一个连续时间域上的，因此可以用一个连续独立变量来表示。连续时间信号常常又称作**模拟信号**。**离散时间信号**是定义在离散时刻点上的，这样独立变量便具有离散值；也就是说，离散时间信号表示成数值的序列。语音和图像信号既可以用连续变量表示，也可以用离散变量表示，如果某些条件成立的话，这两种表示是完全等效的。除了独立变量可以是连续的或离散的之外，信号幅度也可以是连续的或者是离散的。**数字信号**在时间上和幅度上都是离散的信号。

信号处理系统也能像信号一样来分类。这就是说连续时间系统是指其输入/输出都是连续时间信号的系统；离散时间系统就是其输入/输出都是离散时间信号的系统。与此类似，一个数字系统其输入/输出都是数字信号。因此，数字信号处理就是处理在幅度和时间上都是离散的那些信号的变换。本书重点关注离散时间（而不是数字）信号与系统。然而，离散时间信号与系统理论对于数字信号与系统也是非常有用的，特别是如果信号幅度是被精细量化的。有关信号幅度的量化效应将在4.8节，6.8～6.10节和9.7节讨论。

本章给出基本定义，建立符号注释，并阐述和回顾有关离散时间信号与系统的基本概念。在阐述这部分内容时，假设读者对这些内容已有一定程度的接触，只是在侧重点和注释方面有所不同。因此，本章的主要目的是为后续各章所要阐述的内容做一个公共的基础性介绍。

2.1节讨论了离散时间信号序列的表达形式，并给出一些在表征离散时间系统时具有核心作用的基本序列，例如单位脉冲、单位阶跃和复指数序列，这些序列也是构成其他一般性序列的基本单元。2.2节介绍离散时间系统的表达形式、基本特性和简单的例子。2.3节和2.4节着重对一类重要系统——线性时不变系统（LTI）及其卷积求和时域表达形式进行描述。2.5节则考虑一类特殊的LTI系统，它们可以用线性、常系数差分方程来表示。2.6节则对离散时间系统的频域表达形式进行阐述，这里利用了以复指数为特征函数的概念。2.7节、2.8节和2.9节讨论研究离散时间信号的傅里叶变换表示形式，它是复指数函数的线性组合。2.10节对离散时间随机信号进行简单介绍。

2.1 离散时间信号

离散时间信号在数学上表示成数的序列。一个数的序列 x,其中序列的第 n 个数记作 $x[n]$①,正规地可写作

$$x = \{x[n]\}, \qquad -\infty < n < \infty \tag{2.1}$$

式中 n 为整数。实际上,这样的序列往往可以通过周期采样一个模拟(即连续时间)信号 $x_a(t)$ 来得到,这样一来,序列中第 n 个数的数值就等于模拟信号 $x_a(t)$ 在时刻 nT 处的值,即

$$x[n] = x_a(nT), \qquad -\infty < n < \infty \tag{2.2}$$

T 称为**采样周期**,其倒数即为**采样频率**。尽管序列不总是由采样模拟波形来获得的,但是把 $x[n]$ 称为序列的"第 n 个样本"还是方便的。同时,虽然严格来说 $x[n]$ 指的是序列中的第 n 个数,但是式(2.1)的记号往往不必那么烦琐。当意指整个序列时,称"序列 $x[n]$"既方便,又明确,就像称呼"模拟信号 $x_a(t)$"一样。离散时间信号(也就是序列)常常又可用如图 2.1 所示的图形来表示。图中横坐标虽然画的是一条连续线,但重要的是要知道 $x[n]$ 仅仅在 n 为整数值时才有定义,认为 $x[n]$ 在 n 不为整数时就是零是不正确的;$x[n]$ 在 n 为非整数时只是无定义。

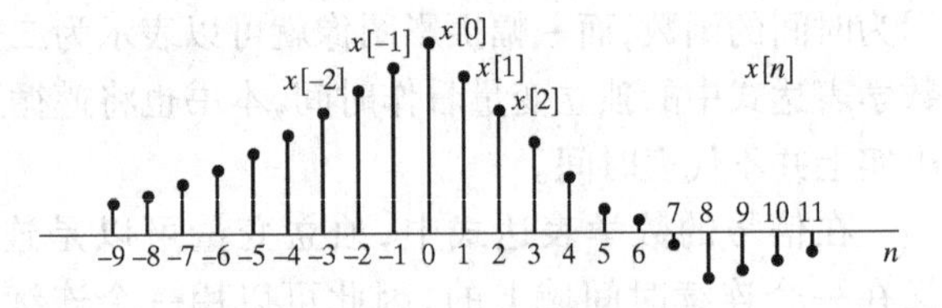

图 2.1 离散时间信号的图解表示

作为一个通过采样获取的序列的例子,图 2.2(a)表示的是一段语音信号,它对应于声压随时间变化的函数。图 2.2(b)所示的则是该语音信号的样本序列。虽然原始信号是在全部时间 t 上定义的,但这个序列所包含的只是该原始信号在离散时刻点上的信息。由第 4 章讨论的采样定理可知,只要样本取得足够密,原始信号就能从一个相应的样本序列中准确无误地恢复出来。

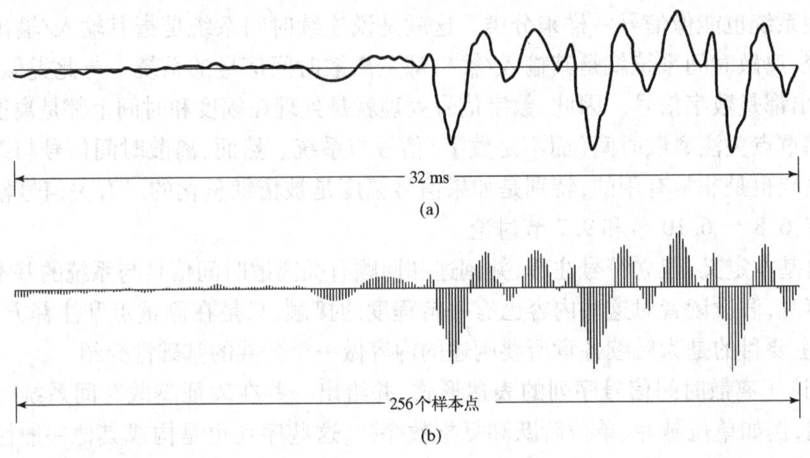

图 2.2 (a)一段连续时间语音信号 $x_a(t)$;(b)用 $T = 125\ \mu s$ 从图(a)获得的样本序列 $x[n] = x_a(nT)$

在讨论离散时间信号与系统理论时,有几个基本序列是特别重要的。这些序列如图 2.3 所示,并在下面给予讨论。

单位样本序列[见图 2.3(a)]定义为序列

$$\delta[n] = \begin{cases} 0, & n \neq 0 \\ 1, & n = 0 \end{cases} \tag{2.3}$$

① 用[ ]来括出离散变量函数的独立变量,而用( )来括出连续变量函数的独立变量。

在离散时间信号与系统中单位样本序列所起的作用就如同单位冲激函数 $\delta(t)$ 在连续时间信号与系统中所起的作用。为了方便起见，通常将单位样本序列称为**离散时间脉冲**，或者简单称为**脉冲**。重要的是，一个离散时间脉冲并没有遇到那么多像连续时间冲激所带来的数学处理上的麻烦，它的定义式(2.3)既简单又明确。

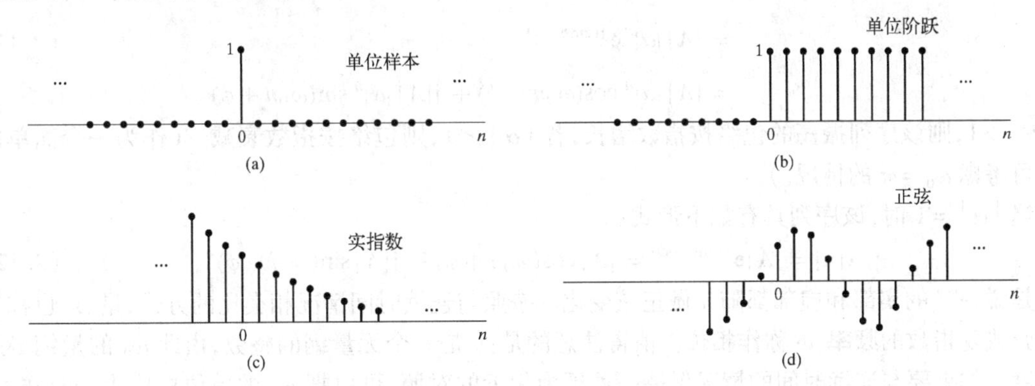

图 2.3　一些基本序列。这些序列在离散时间信号与系统的分析和表示中有重要作用

单位样本序列的一个重要作用就是任何序列都可以用一组幅度加权和延迟的单位样本序列的和来表示。例如，图 2.4 所示的序列 $p[n]$ 可以表示为

$$p[n] = a_{-3}\delta[n+3] + a_1\delta[n-1] + a_2\delta[n-2] + a_7\delta[n-7] \tag{2.4}$$

更一般地说，任何序列均可表示为

$$x[n] = \sum_{k=-\infty}^{\infty} x[k]\delta[n-k] \tag{2.5}$$

在离散时间线性系统表示的讨论中将专门使用式(2.5)。

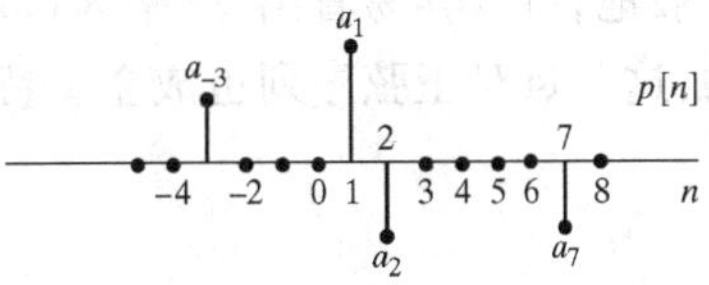

图 2.4　用加权延迟脉冲之和表示一个序列的例子

单位阶跃序列［见图 2.3(b)］定义为

$$u[n] = \begin{cases} 1, & n \geqslant 0 \\ 0, & n < 0 \end{cases} \tag{2.6}$$

单位阶跃序列与单位样本序列的关系是

$$u[n] = \sum_{k=-\infty}^{n} \delta[k] \tag{2.7}$$

即单位阶跃序列在 n 时刻点的值就等于在 n 点及该点以前全部的单位样本序列值的累加和。利用单位样本序列表示单位阶跃的另一种形式是将图 2.3(b)所示的单位阶跃看作是一组延迟的单位样本序列之和，如式(2.5)所示。这时，非零值全都是 1，所以有

$$u[n] = \delta[n] + \delta[n-1] + \delta[n-2] + \cdots \tag{2.8a}$$

或者

$$u[n] = \sum_{k=0}^{\infty} \delta[n-k] \tag{2.8b}$$

反之，单位样本序列也能表示成单位阶跃序列的一阶后向差分，即

$$\delta[n] = u[n] - u[n-1] \tag{2.9}$$

指数序列是另外一类重要的基本信号。一个指数序列的一般形式是

$$x[n] = A\alpha^n \tag{2.10}$$

如果 A 和 α 都是实数，则序列为实序列。如果 $0<\alpha<1$，A 为正值，那么序列值为正，且随 n 增加而减小，如图 2.3(c)所示。对于 $-1<\alpha<0$，则序列值正负交替变化，但在幅度上仍随 n 增加而减小。

如果$|\alpha|>1$,那么序列在幅度上就会随n增加而增大。

α为复数的指数序列$A\alpha^n$,其实部和虚部都是指数加权的正弦序列。具体地说,如果$\alpha=|\alpha|e^{j\omega_0}$且$A=|A|e^{j\phi}$,则序列$A\alpha^n$就可以表示为

$$\begin{aligned} x[n] = A\alpha^n &= |A|e^{j\phi}|\alpha|^n e^{j\omega_0 n} \\ &= |A||\alpha|^n e^{j(\omega_0 n+\phi)} \\ &= |A||\alpha|^n \cos(\omega_0 n+\phi) + j|A||\alpha|^n \sin(\omega_0 n+\phi) \end{aligned} \tag{2.11}$$

若$|\alpha|>1$,则该序列振荡的包络按指数增长;若$|\alpha|<1$,则包络按指数衰减。(作为一个简单的例子可考虑$\omega_0=\pi$的情况。)

当$|\alpha|=1$时,该序列具有如下形式:

$$x[n] = |A|e^{j(\omega_0 n+\phi)} = |A|\cos(\omega_0 n+\phi) + j|A|\sin(\omega_0 n+\phi) \tag{2.12}$$

也就是说,$e^{j\omega_0 n}$的实部和虚部都随n做正弦变化。按照与连续时间情况相类比的方式,量ω_0也称作复正弦或复指数的**频率**,ϕ称作**相位**。值得注意的是:n是一个无量纲的整数,由此ω_0的量纲必须是弧度。如果要与连续时间的情况保持一种更为相近的对照,可以把ω_0的单位标成为rad/样本,而n的单位就是样本。

式(2.12)中的n总是一个整数这一事实就导致了离散时间复指数和正弦序列与连续时间复指数和正弦信号之间的一些重大差别。例如,考虑一个频率为$(\omega_0+2\pi)$的序列,这时有

$$\begin{aligned} x[n] &= Ae^{j(\omega_0+2\pi)n} \\ &= Ae^{j\omega_0 n}e^{j2\pi n} = Ae^{j\omega_0 n} \end{aligned} \tag{2.13}$$

一般地,可以容易看出,频率为$(\omega_0+2\pi r)$的复指数序列(其中r为任意整数)相互间是无法区分的,这一点对正弦序列也成立。特别地,很容易证明得到

$$\begin{aligned} x[n] &= A\cos[(\omega_0+2\pi r)n+\phi] \\ &= A\cos(\omega_0 n+\phi) \end{aligned} \tag{2.14}$$

对于由采样正弦信号和其他信号得到的序列来说,这一性质的内涵将在第4章讨论。到目前为止,当讨论具有$x[n]=Ae^{j\omega_0 n}$的复指数信号或具有$x[n]=A\cos(\omega_0 n+\phi)$的实正弦信号时,只需要考虑范围为$2\pi$的一般频率区间就够了。典型情况下,选取$-\pi<\omega_0\leqslant\pi$或$0\leqslant\omega_0<2\pi$。

连续时间和离散时间的复指数与正弦信号之间的另一重要差别是关于它们的n的周期性问题。在连续时间情况下,正弦信号和复指数信号都是时间上为周期的信号,且周期等于2π除以频率。在离散时间情况下,一个周期序列应满足

$$x[n] = x[n+N], \qquad \text{所有的}\ n \tag{2.15}$$

式中周期N必须是整数。如果用这个条件来检验离散时间正弦序列的周期性,则有

$$A\cos(\omega_0 n+\phi) = A\cos(\omega_0 n+\omega_0 N+\phi) \tag{2.16}$$

这要求

$$\omega_0 N = 2\pi k \tag{2.17}$$

式中k为整数。对于复指数序列$Ce^{j\omega_0 n}$也同样,即周期为N的周期性要求

$$e^{j\omega_0(n+N)} = e^{j\omega_0 n} \tag{2.18}$$

和式(2.17)一样,仅当$\omega_0 N=2\pi k$时,上式才成立。这样,复指数和正弦序列对n来说并不一定都是周期为$(2\pi/\omega_0)$的周期序列,而要取决于ω_0的值,有可能它们根本就不是周期的。

例2.1　周期和非周期离散时间正弦序列

现在考虑信号$x_1[n]=\cos(\pi n/4)$,这个信号有一个周期$N=8$。为了证明这一点,只要注意到$x[n+8]=\cos(\pi(n+8)/4)=\cos(\pi n/4+2\pi)=\cos(\pi n/4)=x[n]$,它满足离散时间周

期信号的定义。与在连续时间正弦信号所得出的直观认识相反,增大一个离散时间正弦信号的频率 ω_0 并不一定就会减小信号的周期。为此,考虑另一个离散时间正弦信号 $x_2[n]=\cos(3\pi n/8)$,它的频率比 $x_1[n]$ 的高。然而,$x_2[n]$ 的周期不是 8,因为 $x_2[n+8]=\cos(3\pi(n+8)/8)=\cos(3\pi n/8+3\pi)=-x_2[n]$。利用在对 $x_1[n]$ 的周期性所做的类似的证明,可以得出 $x_2[n]$ 是周期的,周期为 $N=16$。据此,频率从 $\omega_0=2\pi/8$ 增加到 $\omega_0=3\pi/8$,而信号的周期也增大了。发生这种情况的原因就是由于离散时间信号仅能定义在整数变量 n 上的缘故。

在 n 上受到的整数限制就会引起某些正弦信号根本就不是周期的。例如,没有任何整数 N 能使信号 $x_3[n]=\cos(n)$ 对全部 n 满足 $x_3[n+N]=x_3[n]$。这些以及其他一些与连续时间情况相反的离散时间正弦信号的性质,都是由于对离散时间信号与系统而言,其时间变量 n 仅限制为整数的缘故。

当将式(2.17)的条件与先前得到的有关 ω_0 和 $(\omega_0+2\pi r)$ 是不可区分的频率的结果结合在一起时,就很清楚,这里存在着 N 个可区分开的频率,对应这些频率的序列都是周期的,且周期为 N。这些频率中的一组就是 $\omega_k=2\pi k/N, k=0,1,\cdots,N-1$。复指数和正弦序列的这些性质在离散时间傅里叶分析计算算法的理论和设计中都是最基本的,这些将在第 8 章和第 9 章中详细讨论。

有关上面的讨论都说明了这样一点,就是对于连续时间和离散时间正弦和复指数信号的高、低频率的解释稍许有些不同。对于连续时间正弦信号 $x(t)=A\cos(\Omega_0 t+\phi)$,随着 Ω_0 的增加,$x(t)$ 振荡得越来越快;而对离散时间正弦信号 $x[n]=A\cos(\omega_0 n+\phi)$ 而言,当 ω_0 从 0 增加到 π 时,$x[n]$ 振荡越来越快,当 ω_0 从 π 增加到 2π 时,振荡反而变慢,这就如图 2.5 所示。事实上,由于正弦和复指数序列在 ω_0

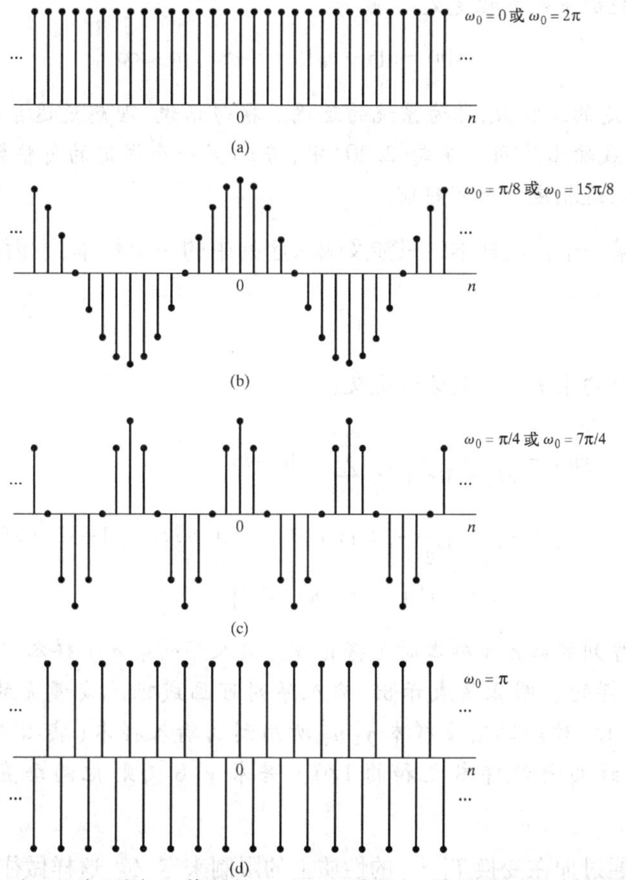

图 2.5　对于几个不同 ω_0 值时的 $\cos\omega_0 n$。随着 ω_0 从零增加到 π[(a)~(d)],序列振荡加快;随着 ω_0 从 π 增加到 2π[(d)~(a)],振荡变慢

上的周期性,$\omega_0=2\pi$ 与 $\omega_0=0$ 是无法区分的。更一般地说,在 $\omega_0=2\pi$ 周围的频率与 $\omega_0=0$ 周围的频率是不能区分的。结果,对于正弦和复指数序列,位于 $\omega_0=2\pi k$(k 为任意整数)邻近的 ω_0 值就属于低频范围(相对慢的振荡),而 ω_0 在 $\omega_0=(\pi+2\pi k)$附近就是高频区域(相对快的振荡)。

2.2 离散时间系统

在数学上,一个离散时间系统可以定义为一种变换或算子,它把值为 $x[n]$ 的输入序列映射为值为 $y[n]$ 的输出序列,可以记作

$$y[n]=T\{x[n]\} \tag{2.19}$$

并可用图 2.6 表示。式(2.19)代表了由输入序列值计算输出序列值的某种规则或公式。应该强调的是,输出序列在每一个 n 点的值都可以是全部 n 点 $x[n]$ 值的函数,即 n 时刻的 y 值可能与整个序列 x 的全部或部分内容有关。下面用一些例子来说明某些简单而有用的系统。

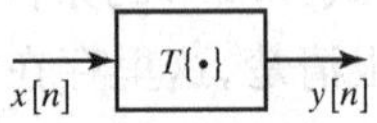

$x[n]$ → $T\{\cdot\}$ → $y[n]$

图 2.6 离散时间系统的表示,即将输入序列 $x[n]$ 映射为单一输出序列 $y[n]$ 的变换

例 2.2 理想延迟系统

理想延迟系统由下列方程定义:

$$y[n]=x[n-n_d], \qquad -\infty<n<\infty \tag{2.20}$$

式中 n_d 是一个固定的正整数,称为系统的延迟。换句话说,理想延迟系统就是把输入序列右移 n_d 个样本以形成输出序列。在式(2.20)中,若 n_d 是一个固定的负整数,那么系统就将输入左移 $|n_d|$ 个样本,这相应于时间超前。

例 2.2 中在确定某一个输出样本时只涉及输入序列中的一个样本,下面的例子就不属于这种情况了。

例 2.3 滑动平均

一般的滑动平均系统由下列方程定义:

$$\begin{aligned}y[n]&=\frac{1}{M_1+M_2+1}\sum_{k=-M_1}^{M_2}x[n-k]\\&=\frac{1}{M_1+M_2+1}\{x[n+M_1]+x[n+M_1-1]+\cdots+x[n]\\&\quad+x[n-1]+\cdots+x[n-M_2]\}\end{aligned} \tag{2.21}$$

该系统计算输出序列的第 n 个样本时是将其作为输入序列第 n 个样本前后的(M_1+M_2+1)个样本的平均来求得的。图 2.7 表示出,输入序列可画成哑元变量 k 的函数,以及当 $n=7$, $M_1=0$ 和 $M_2=5$ 时,对计算输出样本 $y[n]$ 所用到的输入样本(实心点)。输出样本 $y[7]$ 就等于两垂直虚线间全部样本之和的 1/6。若求 $y[8]$,则把两垂直虚线右移一个样本即可。

系统的分类可以通过加在变换 $T\{\cdot\}$ 的性质上的限制来定义。这样做往往可以得出很一般的数学表达式。在 2.2.1 ～ 2.2.5 节所讨论的是其中特别重要的一些系统性质和限制。

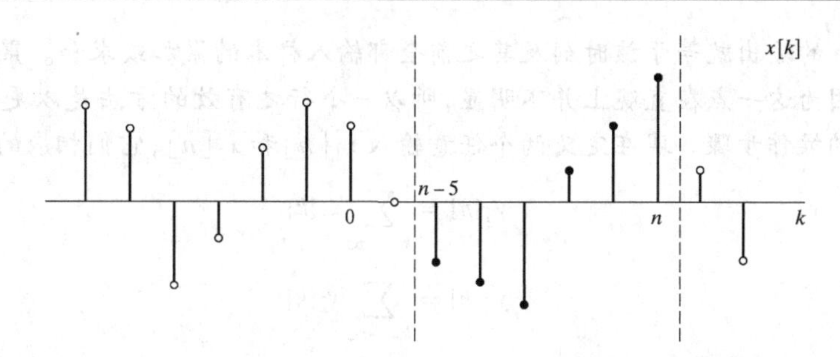

图 2.7　计算一个 $M_1 = 0$ 且 $M_2 = 5$ 的因果滑动平均所用到的序列值

2.2.1　无记忆系统

如果在每一个 n 值上的输出 $y[n]$ 只决定于同一 n 值的输入 $x[n]$，那么就说该系统是无记忆的。

例 2.4　一个无记忆系统

$x[n]$ 和 $y[n]$ 若由如下方程所关联，就属于无记忆系统的一个例子：

$$y[n] = (x[n])^2, \qquad \text{对每个 } n \text{ 值} \tag{2.22}$$

除非 $n_d = 0$，否则例 2.2 的系统就不是无记忆的。特别是，无论 n_d 是正（时间延迟）或是负（时间超前），系统都称为是有"记忆"的。除非 $M_1 = M_2 = 0$，否则例 2.3 的滑动平均系统不是无记忆系统。

2.2.2　线性系统

线性系统由叠加原理来定义。如果 $y_1[n]$ 和 $y_2[n]$ 分别是输入为 $x_1[n]$ 和 $x_2[n]$ 时某一系统的响应，那么当且仅当下式成立时，该系统就是线性的：

$$T\{x_1[n] + x_2[n]\} = T\{x_1[n]\} + T\{x_2[n]\} = y_1[n] + y_2[n] \tag{2.23a}$$

和

$$T\{ax[n]\} = aT\{x[n]\} = ay[n] \tag{2.23b}$$

式中 a 为任意常数。上述第一个性质称为**可加性**，第二个性质称为**齐次性**或**比例性**。这两个性质结合在一起就成为叠加原理，写成

$$T\{ax_1[n] + bx_2[n]\} = aT\{x_1[n]\} + bT\{x_2[n]\} \tag{2.24}$$

式(2.24)对任意常数 a 和 b 都成立。该式还可推广到多个输入的叠加。具体地说，如果

$$x[n] = \sum_k a_k x_k[n] \tag{2.25a}$$

那么一个线性系统的输出就一定是

$$y[n] = \sum_k a_k y_k[n] \tag{2.25b}$$

式中 $y_k[n]$ 就是系统对输入 $x_k[n]$ 的响应。

利用叠加原理的定义，可以容易证明例 2.2 和例 2.3 的系统都是线性系统（见习题 2.39）。例 2.4 是非线性系统的一个例子。

例 2.5　累加器系统

输入/输出由下列方程定义的系统就称为累加器系统：

$$y[n] = \sum_{k=-\infty}^{n} x[k] \tag{2.26}$$

因为在时刻 n 的输出就等于该时刻及其之前全部输入样本的累加或求和。累加器系统是一个线性系统。因为这一点在直观上并不明显,所以一个行之有效的方法是以更普通的方式经历一遍累加器的操作步骤。现在定义两个任意输入 $x_1[n]$ 和 $x_2[n]$,它们相应的输出是

$$y_1[n] = \sum_{k=-\infty}^{n} x_1[k] \tag{2.27}$$

$$y_2[n] = \sum_{k=-\infty}^{n} x_2[k] \tag{2.28}$$

当输入是 $x_3[n]=ax_1[n]+bx_2[n]$ 时,叠加原理要求对任何可选取的 a 和 b 都有输出为 $y_3[n]=ay_1[n]+by_2[n]$。可以由式(2.26)来证明:

$$y_3[n] = \sum_{k=-\infty}^{n} x_3[k] \tag{2.29}$$

$$= \sum_{k=-\infty}^{n} \left(ax_1[k]+bx_2[k]\right) \tag{2.30}$$

$$= a\sum_{k=-\infty}^{n} x_1[k] + b\sum_{k=-\infty}^{n} x_2[k] \tag{2.31}$$

$$= ay_1[n]+by_2[n] \tag{2.32}$$

由此,式(2.26)的累加器系统对所有输入都满足叠加原理,因此是线性的。

例 2.6 一个非线性系统

考虑由下式定义的系统:

$$w[n] = \log_{10}(|x[n]|) \tag{2.33}$$

该系统不是线性的。为了证明这一点,只需要找到一个反例,也就是说,找一组输入和输出能说明系统违反式(2.24)的叠加原理就可以了。输入 $x_1[n]=1$ 和 $x_2[n]=10$ 就是一个反例。然而,对 $x_1[n]+x_2[n]=11$ 的输出为

$$\log_{10}(1+10)=\log_{10}(11)\neq\log_{10}(1)+\log_{10}(10)=1$$

对第一个信号的输出也是 $w_1[n]=0$,而对第二个信号的输出是 $w_2[n]=1$。线性系统的齐次性要求:因为 $x_2[n]=10x_1[n]$,如果系统是线性的,就必须有 $w_2[n]=10w_1[n]$ 才对。因为情况不是这样,所以该系统不是线性的。

2.2.3 时不变系统

时不变(time-invariant)(又称位移不变)系统是这样一种系统,输入序列的移位或延迟将引起输出序列相应的移位或延迟。具体地说,假设一个系统将值为 $x[n]$ 的输入序列变换成值为 $y[n]$ 的输出序列,这个系统如果说是时不变的,则对所有 n_0,值为 $x_1[n]=x[n-n_0]$ 的输入序列将产生值为 $y_1[n]=y[n-n_0]$ 的输出序列。

和线性性质的情况相同,要证明一个系统是时不变的,就得做一般性的证明,而不能在输入信号方面做任何特别的假设。另一方面,要证明时不变性只需要找到一个时变性的反例。例 2.2 ~ 2.6 的系统都是时不变的。时不变性的证明方式将在例 2.7 和例 2.8 中说明。

例 2.7 作为一个时不变系统的累加器

现考虑例 2.5 中的累加器。定义 $x_1[n]=x[n-n_0]$。为了证明时不变性,要解出 $y[n-n_0]$ 和 $y_1[n]$,并比较它们看看是否相等。首先,

$$y[n-n_0] = \sum_{k=-\infty}^{n-n_0} x[k] \tag{2.34}$$

接下来求

$$y_1[n]=\sum_{k=-\infty}^{n}x_1[k] \tag{2.35}$$

$$=\sum_{k=-\infty}^{n}x[k-n_0] \tag{2.36}$$

用变量 $k_1=k-n_0$ 置换到求和中得

$$y_1[n]=\sum_{k_1=-\infty}^{n-n_0}x[k_1] \tag{2.37}$$

由于式(2.34)中的索引 k 和式(2.37)中的索引 k_1 为求和运算的哑元变量,且可以具有任意标签,所以式(2.34)和式(2.37)相等,进而得到 $y_1[n]=y[n-n_0]$。累加器是一个时不变系统。

下面的例子用来说明系统不是时不变的。

例2.8　压缩器系统

由下列关系定义的系统称之为压缩器:

$$y[n]=x[Mn],\qquad -\infty<n<\infty \tag{2.38}$$

式中 M 是一个正整数。具体地说,就是从 M 个样本中抛弃$(M-1)$个,也即输出序列是由输入序列中每隔 M 个样本选出一个样本来构成的。这个系统不是时不变的。只要考虑对输入 $x_1[n]=x[n-n_0]$ 的响应 $y_1[n]$就能证明它不是时不变的。对于时不变系统,当输入为 $x_1[n]$ 时,系统的输出就必须等于 $y[n-n_0]$。由 $x_1[n]$得到的系统输出 $y_1[n]$可以直接由式(2.38)计算出为

$$y_1[n]=x_1[Mn]=x[Mn-n_0] \tag{2.39}$$

输出 $y[n]$延迟 n_0个样本得到

$$y[n-n_0]=x[M(n-n_0)] \tag{2.40}$$

比较这两个输出可见,对全部 M 和 n_0,$y[n-n_0]$不等于 $y_1[n]$,因此该系统不是时不变的。

也有可能通过找一个反例,它违反了时不变性质来证明一个系统不是时不变的。例如,对该压缩器系统,当取 $M=2$,$x[n]=\delta[n]$和 $x_1[n]=\delta[n-1]$时就是一个反例。对于这种输入和 M 的选取,$y[n]=\delta[n]$,而 $y_1[n]=0$,很清楚对于该系统有 $y_1[n]\neq y[n-1]$。

2.2.4　因果性

如果对每一个选取的 n_0,输出序列在 $n=n_0$ 的值仅仅取决于输入序列在 $n\leqslant n_0$ 的值,则该系统就是因果的。这意味着,如果 $x_1[n]=x_2[n]$,$n\leqslant n_0$,则有 $y_1[n]=y_2[n]$,$n\leqslant n_0$;也就是说,该系统是不可预知的。例2.2的系统对于 $n_d\geqslant0$ 是因果的;而对 $n_d<0$,则是非因果的。例2.3的系统,如果 $-M_1\geqslant0$ 和 $M_2\geqslant0$,则是因果的;否则就是非因果的。例2.4的系统是因果的,例2.5的累加器和例2.6的非线性系统都是因果的。然而,例2.8的系统若 $M>1$ 就不是因果的,因为 $y[1]=x[M]$。下面给出另一个非因果系统的例子。

例2.9　前向和后向差分系统

由下面关系定义的系统被称为前向差分系统:

$$y[n]=x[n+1]-x[n] \tag{2.41}$$

因为输出的当前值与输入的一个将来值有关,所以这个系统不是因果的。违反因果性也可以考虑用 $x_1[n]=\delta[n-1]$和 $x_2[n]=0$ 这两个输入及其它们对应的输出 $y_1[n]=\delta[n]-\delta[n-1]$和对于所有 n 都有 $y_2[n]=0$ 来进行说明。注意到,对于 $n\leqslant0$,有 $x_1[n]=x_2[n]$,那么根据因

果性的定义就要求 $y_1[n]=y_2[n], n\leqslant 0$。很清楚,对于 $n=0$ 这一点就不是这样。因此,由这个反例就已证明系统不是因果的。

后向差分系统由下式定义

$$y[n]=x[n]-x[n-1] \tag{2.42}$$

其输出仅决定于输入的现在值和过去的值。因为 $y[n_0]$ 仅取决于 $x[n_0]$ 和 $x[n_0-1]$,根据定义,系统是因果的。

2.2.5 稳定性

对于系统稳定性,许多具有一定差异的定义被广泛采用。本书特别使用了有界输入有界输出的稳定性定义。

当且仅当每一个有界的输入序列都产生一个有界的输出序列时,则称该系统在有界输入有界输出(BIBO)意义下是稳定的。如果存在某个固定的有限正数 B_x,使下式成立:

$$|x[n]|\leqslant B_x<\infty, \qquad \text{所有}\, n \tag{2.43}$$

则输入 $x[n]$ 就是有界的。稳定性要求对每一个有界的输入,都存在一个固定的有限正数 B_y 使下式成立:

$$|y[n]|\leqslant B_y<\infty, \qquad \text{所有}\, n \tag{2.44}$$

值得特别强调的是,本节已经定义的这些性质是系统的性质,而不是输入对某个系统的性质。这就是说,有可能找到一些输入,对这些输入这些性质成立;但是,对某些输入存在着某个性质,并不意味着系统就具有这一性质。具有这一性质的系统必须对所有输入都成立。例如,一个不稳定的系统有可能对某些有界的输入,其输出是有界的;但是具有稳定性质的系统必须是对所有有界的输入,其输出都是有界的。如果刚好能够找到一种输入使该系统性质不成立,那么就能证明系统不具有这个性质。下面的例子对前面已经定义的几个系统说明一下稳定性测试。

例 2.10　稳定或不稳定性测试

例 2.4 中的系统是稳定的。为了能看出这一点,假设输入 $x[n]$ 是有界的为 $|x[n]|\leqslant B_x$,对全部 n,那么 $|y[n]|=|x[n]|^2\leqslant B_x^2$。这样就能选取 $B_y=B_x^2$,从而证明 $y[n]$ 是有界的。

同样道理,能看出例 2.6 中定义的系统是不稳定的,因为对任何具有 $x[n]=0$ 的时刻 n 都有 $y[n]=\lg(|x[n]|)=-\infty$,即便对于任何不等于零的输入样本,其输出都是有界的。

在例 2.5 中由式(2.26)定义的累加器也是不稳定的。譬如,考虑当 $x[n]=u[n]$ 时,这时显然是有界的,且为 $B_x=1$。对这个输入,累加器的输出是

$$y[n]=\sum_{k=-\infty}^{n}u[k] \tag{2.45}$$

$$=\begin{cases}0, & n<0\\ (n+1), & n\geqslant 0\end{cases} \tag{2.46}$$

对全部 n 来说,不存在一个有界的 B_y,使得有 $(n+1)\leqslant B_y<\infty$,因此系统是不稳定的。

利用类似的证法,可以证明例 2.2、例 2.3、例 2.8 和例 2.9 中的系统都是稳定的。

2.3 线性时不变(LTI)系统

与连续时间情况下一样,一类特别重要的离散时间系统是具有线性和时不变性的系统。这两个性质结合在一起就可得出对这类系统特别方便的表示方法。最为重要的是,这类系统在信号处理中特别有用。在式(2.24)中,线性系统是用叠加原理来定义的。如果线性性质与将一个序列表

示成如式(2.5)所示的一组延迟单位样本序列的线性组合结合起来,那么一个线性系统就可以完全用它的单位脉冲响应来表征。令 $h_k[n]$ 是系统对发生在 $n=k$ 的单位样本序列 $\delta[n-k]$ 的响应,那么利用式(2.5)来表示输入,则有

$$y[n] = T\left\{\sum_{k=-\infty}^{\infty} x[k]\delta[n-k]\right\} \tag{2.47}$$

且根据式(2.24)的叠加原理,可以写出

$$y[n] = \sum_{k=-\infty}^{\infty} x[k]T\{\delta[n-k]\} = \sum_{k=-\infty}^{\infty} x[k]h_k[n] \tag{2.48}$$

按照式(2.48),系统对任何输入的响应就可以用系统对 $\delta[n-k]$ 的响应来表示。但是,如果系统仅仅具有线性性质,$h_k[n]$ 还将与 n 和 k 都有关。在这种情况下,式(2.48)计算的有效性就会受到一定的限制。如果再把时不变这个条件加在系统上,就能得到一个更为有用的结果。

时不变性意味着,如果 $h[n]$ 是系统对 $\delta[n]$ 的响应,那么系统对 $\delta[n-k]$ 的响应就是 $h[n-k]$。利用这一附加限制,式(2.48)就变成

$$y[n] = \sum_{k=-\infty}^{\infty} x[k]h[n-k], \quad \text{对所有}\ n \tag{2.49}$$

式(2.49)的结果表明,如果已知全部 n 对应的序列 $x[n]$ 和 $h[n]$,就有可能利用式(2.49)求出输出序列 $y[n]$ 的每个样本。从这个意义上说,一个线性时不变系统可以完全由它的单位脉冲响应 $h[n]$ 来表征。

式(2.49)一般就称为**卷积和**(convolution sum),并用下述操作符号表示:

$$y[n] = x[n] * h[n] \tag{2.50}$$

离散时间卷积运算利用两个序列 $x[n]$ 和 $h[n]$ 产生第三个序列 $y[n]$。式(2.49)将输出序列的每个样本表示成输入和脉冲响应序列样本的表示形式。

作为式(2.49)的简短形式,式(2.50)的卷积运算符号更为方便和紧凑,但需要小心使用。两个序列卷积的基本定义在式(2.49)中,任何对式(2.50)简短形式的使用都应该回归到式(2.49)上。例如,考虑 $y[n-n_0]$。根据式(2.49),可得

$$y[n-n_0] = \sum_{k=-\infty}^{\infty} x[k]h[n-n_0-k] \tag{2.51}$$

或者表示为如下缩短符号

$$y[n-n_0] = x[n] * h[n-n_0] \tag{2.52}$$

将式(2.49)中的 n 替换为 $(n-n_0)$ 可以得到正确的结果和结论,但盲目地对式(2.50)采取相同的替换则不然。事实上,$x[n-n_0] * h[n-n_0]$ 会得到 $y[n-2n_0]$。

式(2.49)的推导给出了这样一种解释:在 $n=k$ 的输入样本 $x[k]\delta[n-k]$,由系统变换成输出序列 $x[k]h[n-k]$, $-\infty<n<\infty$,并且对每一个 k,这些序列相叠加(求和)以产生整个输出序列。这种解释可用图 2.8 来说明。图中分别示出了一个单位脉冲响应、一个只有 3 个非零样本的简单输入序列、对每一个样本的单个输出以及由输入序列中全部样本产生的总输出。更具体一点就是 $x[n]$ 可以分解成 3 个序列 $x[-2]\delta[n+2]$, $x[0]\delta[0]$ 与 $x[3]\delta[n-3]$ 之和,它们分别代表输入序列 $x[n]$ 中的 3 个非零值。序列 $x[-2]h[n+2]$, $x[0]h[n]$ 以及 $x[3]h[n-3]$ 就分别是系统对 $x[-2]\delta[n+2]$, $x[0]\delta[n]$ 和 $x[3]\delta[n-3]$ 的响应。最后,对 $x[n]$ 的响应就是这三个单个响应的和。

虽然卷积和的表达式与连续时间线性理论中卷积积分的表达式是很相像的,但是不应该把卷积和看成是卷积积分的一种近似。在连续时间线性理论中卷积积分主要是一种数学分析工具,卷积和除了它在理论上的重要作用之外,还往往用作一个离散时间线性系统的一种明确的实现。因

此,在实际计算时重要的是要对卷积和的性质有一个深透的理解。

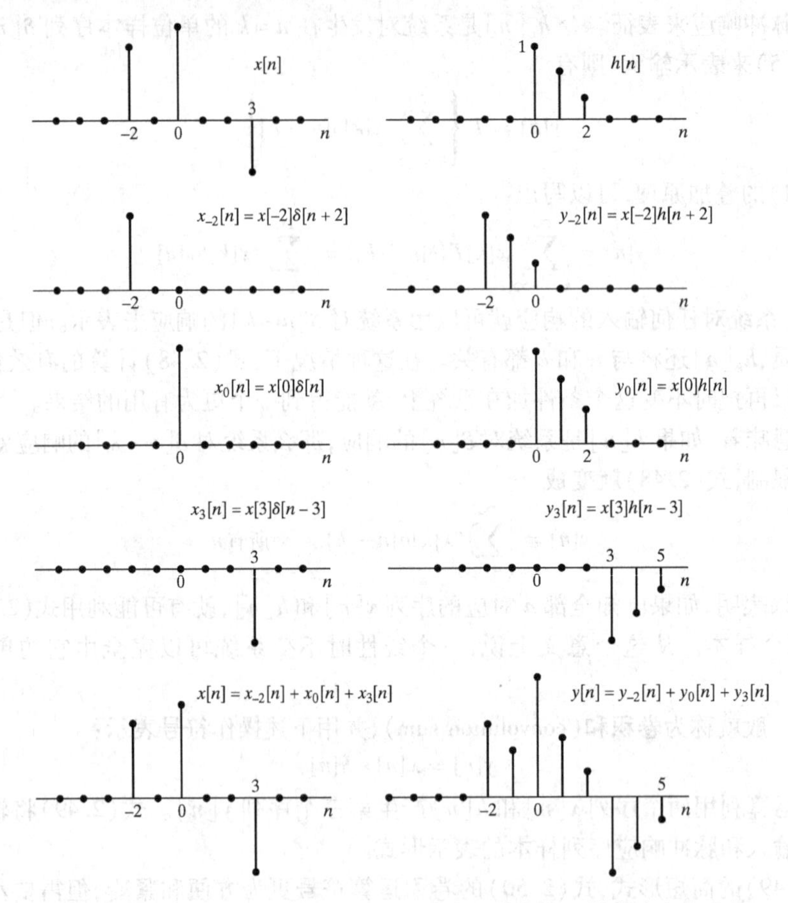

图 2.8 一个 LTI 系统的输出可以表示为对单个输入样本响应的叠加

以上关于式(2.49)的解释强调了卷积和就是线性和时不变性的一个直接结果。然而,对式(2.49)的另一种稍许不同的看法会得出一种在计算上特别有用的解释。当作为公式来计算输出序列的某单个值时,式(2.49)指出:$y[n]$(也就是输出中的第 n 个值)是由输入序列(表示成 k 的函数)乘以某值为 $h[n-k]$ 的序列,$-\infty<k<\infty$,然后对任意一个固定的 n 值,将全部乘积 $x[k]h[n-k]$ 加起来而得到的,这里 k 是一个在求和过程中计数的标号。这样,两个序列的卷积运算就涉及到对每个 n 值做这种计算,从而得到整个输出序列 $y[n]$,$-\infty<n<\infty$。为了求得 $y[n]$,完成计算式(2.49)的关键是如何对全部所关心的 n 值构成序列 $h[n-k]$,$-\infty<k<\infty$。为此,注意到下式会是很有用的

$$h[n-k] = h[-(k-n)] \tag{2.53}$$

为了对式(2.53)进行解释,假设 $h[k]$ 是如图 2.9(a)所示的序列,要想求得 $h[n-k]=h[-(k-n)]$ 序列,先定义 $h_1[k]=h[-k]$ 如图 2.9(b)所示,再定义 $h_2[k]$ 是 $h_1[k]$ 在 k 坐标轴上延迟 n 个样本,即 $h_2[k]=h_1[k-n]$。图 2.9(c)表明的就是在图 2.9(b)中的序列延时 n 个样本的结果。利用 $h_1[k]$ 和 $h[k]$ 之间的关系就能证明 $h_2[k]=h_1[k-n]=h[-(k-n)]=h[n-k]$,因此图 2.9(c)所示就是所欲求的信号。总之,由 $h[k]$ 求出 $h[n-k]$ 首先是将 $h[k]$ 关于 $k=0$ 反转,然后将该反转后的信号延迟 n 个样本。

为了实现离散时间卷积,把两个序列 $x[k]$ 和 $h[n-k]$($-\infty<k<\infty$)相乘,再将其乘积相加,就能计算出输出样本 $y[n]$。为了求出另一个输出样本,序列 $h[-k]$ 的原点就要移到这个新的样

本位置上，并重复上述过程。这一计算步骤既能用于采样数据的数值计算，也能用于其样本值是用一个简单公式表示的序列的解析计算。下面的例子说明在后一种情况下离散时间卷积的计算。

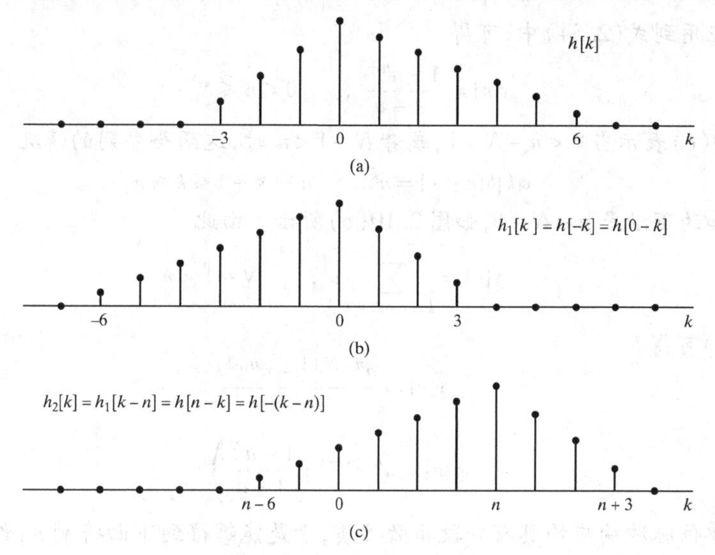

图 2.9　$h[n-k]$序列的形成。(a)作为 k 的函数的序列 $h[k]$；(b)序列 $h[-k]$ 作为k的函数；(c)当$n=4$时，序列$h[n-k]=h[-(k-n)]$作为k的函数

例 2.11　卷积和的解析计算

考虑一个系统，其单位脉冲响应为

$$h[n]=u[n]-u[n-N]$$
$$=\begin{cases}1, & 0\leqslant n\leqslant N-1\\ 0, & \text{其他}\end{cases}$$

输入是

$$x[n]=\begin{cases}a^n, & n\geqslant 0\\ 0, & n<0\end{cases}$$

或等价为

$$x[n]=a^n u[n]$$

为了求在某一个特定点 n 的输出，必须形成在全部 k 上乘积 $x[k]h[n-k]$ 的和。在现在这个例子的情况下，对于几组不同的 n 值，可以求出计算 $y[n]$ 的公式。为此，对各个不同的 n 值把序列 $x[k]$ 和 $h[n-k]$ 写为 k 的函数将非常有用。例如，图 2.10(a)给出了当 n 为某一负整数时，所画出的序列 $x[k]$ 和 $h[n-k]$。很清楚，对于全部负的 n 值都得出一种相类似的图形；即序列 $x[k]$ 和 $h[n-k]$ 的非零部分不重叠，所以

$$y[n]=0,\qquad n<0$$

图 2.10(b)示出了当 $0\leqslant n$ 和 $n-N+1\leqslant 0$ 时这两个序列的图形。这两个条件可以合并为一个条件 $0\leqslant n\leqslant N-1$。从图 2.10(b)可以看出，因为当 $0\leqslant n\leqslant N-1$ 时，

$$x[k]h[n-k]=a^k,\qquad 0\leqslant k\leqslant n$$

所以有

$$y[n]=\sum_{k=0}^{n}a^k,\qquad 0\leqslant n\leqslant N-1 \tag{2.54}$$

这个和式的极限可直接由图 2.10(b)确定。式(2.54)表明 $y[n]$ 是一个 $(n+1)$ 项和的几何级数，级数的公比是 a。利用一般的有限项求和公式可以用闭式表示为

$$\sum_{k=N_1}^{N_2} \alpha^k = \frac{\alpha^{N_1} - \alpha^{N_2+1}}{1-\alpha}, \qquad N_2 \geqslant N_1 \tag{2.55}$$

将上述结果应用到式(2.54)中，可得

$$y[n] = \frac{1-a^{n+1}}{1-a}, \qquad 0 \leqslant n \leqslant N-1 \tag{2.56}$$

最后，图2.10(c)表示当$0<n-N+1$，或者$N-1<n$时，这两个序列的情况。如前所述

$$x[k]h[n-k] = a^k, \qquad n-N+1 \leqslant k \leqslant n$$

但是现在求和的下限是$n-N+1$，如图2.10(c)所示。由此

$$y[n] = \sum_{k=n-N+1}^{n} a^k, \qquad N-1<n \tag{2.57}$$

利用式(2.55)可得

$$y[n] = \frac{a^{n-N+1} - a^{n+1}}{1-a}$$

或者

$$y[n] = a^{n-N+1}\left(\frac{1-a^N}{1-a}\right) \tag{2.58}$$

由于输入和单位脉冲响应均具有分段指数性质，于是能够得到下面将$y[n]$作为n的函数的闭式表达式：

$$y[n] = \begin{cases} 0, & n<0 \\ \dfrac{1-a^{n+1}}{1-a}, & 0 \leqslant n \leqslant N-1 \\ a^{n-N+1}\left(\dfrac{1-a^N}{1-a}\right), & N-1<n \end{cases} \tag{2.59}$$

这个序列如图2.10(d)所示。

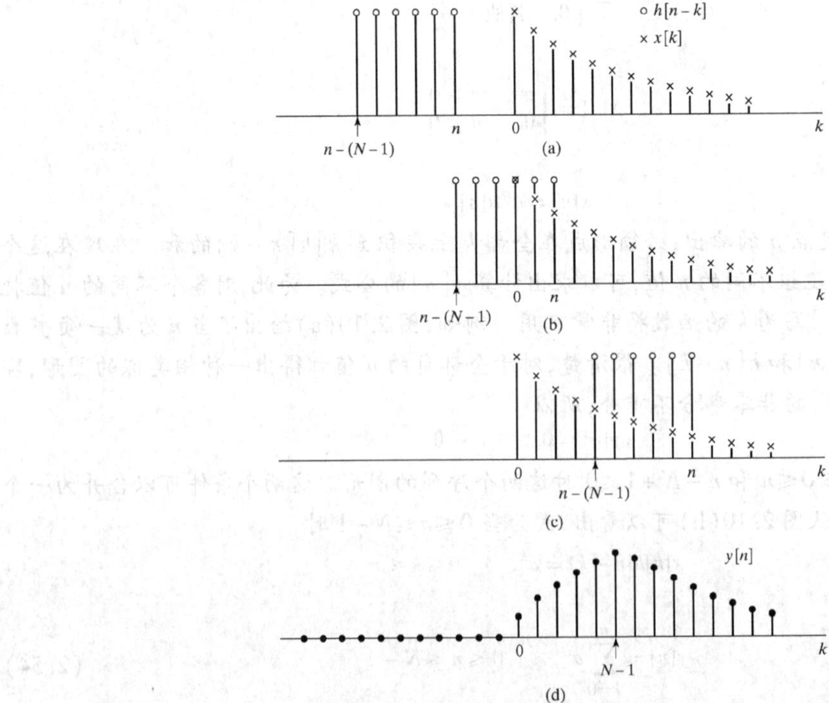

图2.10 与计算一个离散卷积有关的序列。(a)~(c)对不同的n值，序列$x[k]$和$h[n-k]$作为k的函数(仅表示出非零的样本值)；(d)作为n函数的输出序列

例 2.11 说明了，当输入与单位脉冲响应都是由简单式子给出时，如何解析地计算出这个卷积和。在这样的情况下，利用几何级数的求和公式或其他的闭式公式①，可以将和式求得一个很紧凑的形式。当不存在简单公式时，只要和是有限的，卷积和也能利用例 2.11 的办法用数值方法求出。如果输入序列或单位脉冲响应序列其中之一是有限长的，也就是具有有限个非零样本值，那么和是有限的，就属于这种情况。

2.4 线性时不变系统的性质

因为所有线性时不变系统都是由式(2.49)的卷积和来描述的，所以这类系统的性质就能用离散时间卷积的性质来定义。因此，单位脉冲响应就是某一特定线性时不变系统性质的完全表征。

这类线性时不变系统的某些一般性质可以由卷积运算②的性质得出。例如，卷积运算是可以交换的：

$$x[n] * h[n] = h[n] * x[n] \tag{2.60}$$

这可以通过对式(2.49)中的求和索引做变量置换来证明。具体来讲，以 $m = n - k$ 替换，可得

$$y[n] = \sum_{m=\infty}^{-\infty} x[n-m]h[m] = \sum_{m=-\infty}^{\infty} h[m]x[n-m] = h[n] * x[n] \tag{2.61}$$

所以在求和中，$x[n]$ 和 $h[n]$ 的作用是可以交换的。也就是说，在卷积运算中两个序列的先后次序是无关紧要的。因此如果输入和单位脉冲响应的作用颠倒的话，系统的输出是一样的。一个线性时不变系统在输入为 $x[n]$ 和单位脉冲响应为 $h[n]$ 时，与输入为 $h[n]$ 和单位脉冲响应为 $x[n]$ 时将有同样的输出。卷积运算在相加上也满足分配律，即

$$x[n] * (h_1[n] + h_2[n]) = x[n] * h_1[n] + x[n] * h_2[n] \tag{2.62}$$

该式可直接由式(2.49)导出，并且它就是卷积的线性和可交换性的一个直接结果。图 2.11 通过图形方式说明了式(2.62)，其中图 2.11(a)表示式(2.62)的右边部分，图 2.11(b)表示式(2.62)的左边部分。

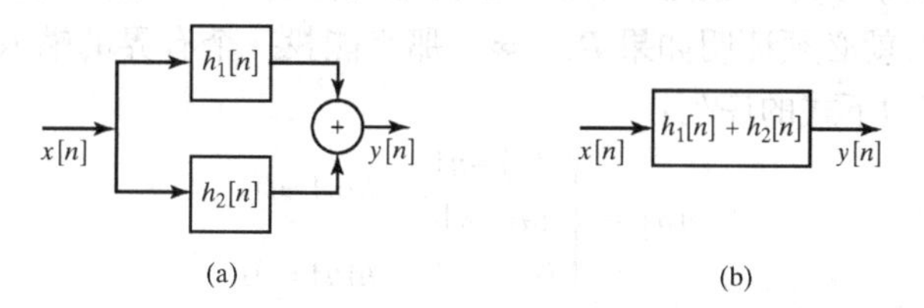

图 2.11　(a)LTI 系统的并联连接；(b)等效系统

卷积运算还满足结合律，即

$$y[n] = (x[n] * h_1[n]) * h_2[n] = x[n] * (h_1[n] * h_2[n]) \tag{2.63}$$

还因为卷积运算是可交换的，则式(2.63)等价于

$$y[n] = x[n] * (h_2[n] * h_1[n]) = (x[n] * h_2[n]) * h_1[n] \tag{2.64}$$

这些等价关系图形描述如图 2.12 所示。此外，式(2.63)和式(2.64)清楚地表明，如果两个脉冲

① 例如在 Grossman(1992)和 Jolley(2004)的书中讨论了这样一些结果。

② 在后面的讨论以及整本书中，都采用式(2.50)的简单符号来表示卷积操作，但这里再次强调，卷积的性质是从式(2.49)的定义中推导得到的。

响应分别为 $h_1[n]$ 和 $h_2[n]$ 的线性时不变系统按照任意顺序级联,则等效的整体脉冲响应 $h[n]$ 为

$$h[n] = h_1[n] * h_2[n] = h_2[n] * h_1[n] \tag{2.65}$$

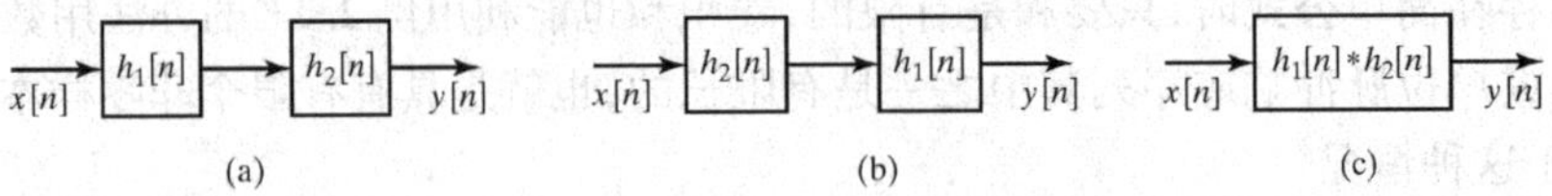

图 2.12 (a)两个 LTI 系统的级联连接;(b)等效级联;(c)单一等效系统

在并联连接中,各系统有相同的输入,且将各系统的输出相加就得到总的输出。由卷积的分配律特性,两个线性时不变系统并联连接等效于一个单一的系统,该系统的单位脉冲响应是各系统单位脉冲响应之和,即

$$h[n] = h_1[n] + h_2[n] \tag{2.66}$$

由线性和时不变的限制条件定义了一类具有很特别性质的系统。稳定性和因果性则代表了另外一些性质,而且知道一个线性时不变系统是否是稳定的和因果的往往很重要。回忆 2.2.5 节的讨论,认为一个稳定系统就是每个有界输入均产生一个有界输出的系统。当且仅当单位脉冲响应是绝对可加时,LTI 系统才是稳定的,即

$$B_h = \sum_{k=-\infty}^{\infty} |h[k]| < \infty \tag{2.67}$$

由式(2.61)可知,该式可表示为

$$|y[n]| = \left| \sum_{k=-\infty}^{\infty} h[k]x[n-k] \right| \leqslant \sum_{k=-\infty}^{\infty} |h[k]|\,|x[n-k]| \tag{2.68}$$

如果 $x[n]$ 是有界的,则有

$$|x[n]| \leqslant B_x$$

那么用 B_x 替换 $|x[n-k]|$ 只能强化式(2.68)的不等式,所以有

$$|y[n]| \leqslant B_x B_h \tag{2.69}$$

据此,如果式(2.67)成立,则 $y[n]$ 就是有界的;也就是说,式(2.67)是稳定性的充分条件。为了证明它也是一个必要条件,就必须证明如果 $B_h = \infty$,那么能找一个有界的输入使系统产生无界的输出。这个输入就是其值为下式的序列:

$$x[n] = \begin{cases} \dfrac{h^*[-n]}{|h[-n]|}, & h[n] \neq 0 \\ 0, & h[n] = 0 \end{cases} \tag{2.70}$$

式中 $h^*[n]$ 是 $h[n]$ 的复共轭。显然序列 $x[n]$ 为有界,其界为 1。然而当 $n=0$ 时,输出值是

$$y[0] = \sum_{k=-\infty}^{\infty} x[-k]h[k] = \sum_{k=-\infty}^{\infty} \frac{|h[k]|^2}{|h[k]|} = B_h \tag{2.71}$$

因此,如果 $B_h = \infty$,就可能由一个有界的输入序列产生一个无界的输出序列。

2.2.4 节中所定义的因果系统就是其输出 $y[n_0]$ 仅仅与 $n \leqslant n_0$ 时的输入样本 $x[n]$ 有关的系统。由式(2.49)或式(2.61)可以得出,这个定义就意味着对线性时不变系统的因果性,下述条件成立(见习题 2.69):

$$h[n] = 0, \qquad n < 0 \tag{2.72}$$

正是由于这个原因,有时也将 $n<0$ 时其值为零的序列称为**因果序列**(causal sequence),它也说明因果序列可以作为因果系统的单位脉冲响应。

为了说明 LTI 系统的性质是如何在它们单位脉冲响应中得到反映的,现在重新考虑例 2.2 ～

例 2. 9 中所定义过的某些系统。首先注意到，仅有例 2. 2、例 2. 3、例 2. 5 和例 2. 9 中的系统是线性的和时不变的。虽然非线性或时变系统的单位脉冲响应也能简单地利用一个单位脉冲输入来求出，但是由于卷积的公式以及表示稳定性和因果性的式(2. 67)和式(2. 72)都不能用于这一类系统，所以通常人们对它并不十分感兴趣。

首先求出例 2. 2、例 2. 3、例 2. 5 和例 2. 9 中的系统的单位脉冲响应，也就是利用系统给出的关系式计算出每个系统对 $\delta[n]$ 的响应。所求出的各单位脉冲响应如下：

理想延迟(例 2. 2)

$$h[n] = \delta[n - n_d], \qquad n_d \text{ 一个正的固定整数} \tag{2.73}$$

滑动平均(例 2. 3)

$$\begin{aligned} h[n] &= \frac{1}{M_1 + M_2 + 1} \sum_{k=-M_1}^{M_2} \delta[n-k] \\ &= \begin{cases} \dfrac{1}{M_1 + M_2 + 1}, & -M_1 \leqslant n \leqslant M_2 \\ 0, & \text{其他} \end{cases} \end{aligned} \tag{2.74}$$

累加器(例 2. 5)

$$h[n] = \sum_{k=-\infty}^{n} \delta[k] = \begin{cases} 1, & n \geqslant 0 \\ 0, & n < 0 \end{cases} = u[n] \tag{2.75}$$

前向差分(例 2. 9)

$$h[n] = \delta[n+1] - \delta[n] \tag{2.76}$$

后向差分(例 2. 9)

$$h[n] = \delta[n] - \delta[n-1] \tag{2.77}$$

已知这些基本系统的单位脉冲响应[见式(2. 73)～式(2. 77)]，就能通过计算单位脉冲响应的绝对值之和

$$B_h = \sum_{n=-\infty}^{\infty} |h[n]|$$

来检查每个系统的稳定性。对于理想延迟、滑动平均、前向差分和后向差分等例子，显然 $B_h < \infty$，因为这些单位脉冲响应都只有有限个非零样本。通常情况下，一个具有有限长度单位脉冲响应的系统(因此被称为 FIR 系统)总是稳定的，只要单位脉冲响应的每一个值在幅度上都是有限的。然而，累加器是不稳定的系统，因为

$$B_h = \sum_{n=0}^{\infty} u[n] = \infty$$

2. 2. 5 节中通过一个有界的输入(单位阶跃)，得到一个无界的输出例子也说明了累加器的不稳定性。

累加器的单位脉冲响应是无限长的，这就是一类称为**无限长脉冲响应**(IIR)系统的一个例子。单位脉冲响应 $h[n] = a^n u[n]$，$|a| < 1$ 的系统就是 IIR 系统中为稳定系统的一个例子。这时，

$$B_h = \sum_{n=0}^{\infty} |a|^n \tag{2.78}$$

如果 $|a| < 1$，由无限项几何级数求和公式给出

$$B_h = \frac{1}{1 - |a|} < \infty \tag{2.79}$$

另一方面,如果$|a| \geqslant 1$,求和极限是无限的,则系统不稳定。

为了检验例2.2、例2.3、例2.5和例2.9等线性时不变系统的因果性,只须校验当$n<0$时,是否有$h[n]=0$。正如2.2.4节所讨论过的,理想延迟[式(2.20)中$n_d \geqslant 0$]是因果的。如果$n_d<0$,则系统是非因果的。对于滑动平均来说,因果性要求$-M_1 \geqslant 0$和$M_2 \geqslant 0$。累加器和后向差分系统是因果的,而前向差分系统是非因果的。

两个序列之间的卷积运算会带来很多涉及系统问题的简化,理想延迟系统就代表了一种特别有用的结果。因为延迟系统的输出是$y[n]=x[n-n_d]$,而且又因为延迟系统的单位脉冲响应是$h[n]=\delta[n-n_d]$,这样就有

$$x[n] * \delta[n-n_d] = \delta[n-n_d] * x[n] = x[n-n_d] \tag{2.80}$$

也就是说,一个移位单位样本序列与任何信号$x[n]$的卷积是很容易求出的:只是将$x[n]$作相同的移位。

因为延迟在线性系统实现中是一项最基本的运算,所以上述结果在LTI系统互联的分析和简化中常常也是很有用的。考虑图2.13(a)所示的系统。该系统由一个前向差分与一个理想延迟(延迟一个样本)级联而成。根据卷积的可交换性,只要系统是线性的和时不变的,则系统在级联中的次序是没有关系的。因此,计算一个序列的前向差分并延迟这个结果[见图2.13(a)]和先延迟这个序列再计算前向差分[见图2.13(b)],两者应得到同样结果。同时,如式(2.65)和图2.12所示,每个级联系统总的单位脉冲响应是单个系统单位脉冲响应的卷积,因此有

$$\begin{aligned} h[n] &= (\delta[n+1]-\delta[n]) * \delta[n-1] \\ &= \delta[n-1] * (\delta[n+1]-\delta[n]) \\ &= \delta[n]-\delta[n-1] \end{aligned} \tag{2.81}$$

这样,$h[n]$与后向差分系统的单位脉冲响应是一致的,也就是说,图2.13(a)和图2.13(b)所示的级联系统都能被一个等效的后向差分系统所代替,如图2.13(c)所示。

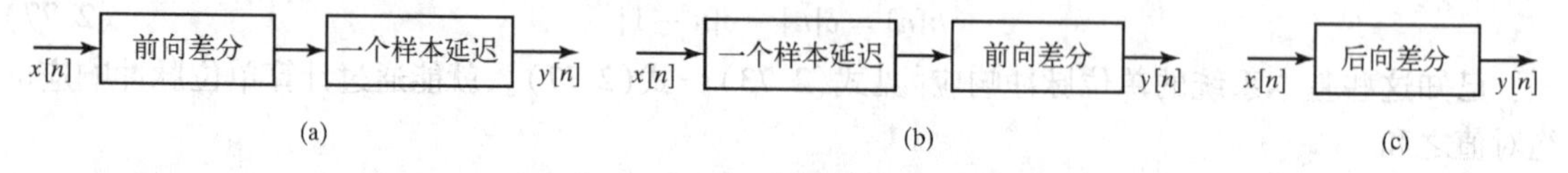

图2.13 利用卷积的可交换性求等效系统

应该注意到,在图2.13(a)和图2.13 (b)中的非因果前向差分系统通过级联一个延迟系统就能把它转换成因果系统。一般来说,任何非因果的FIR系统都能够成为因果的,只要与它级联一个足够长的延迟系统即可。

级联系统的另一个例子是引入了**逆系统**(inverse system)的概念,考虑图2.14所示的系统的级联,该级联系统的单位脉冲响应是

$$\begin{aligned} h[n] &= u[n] * (\delta[n]-\delta[n-1]) \\ &= u[n]-u[n-1] \\ &= \delta[n] \end{aligned} \tag{2.82}$$

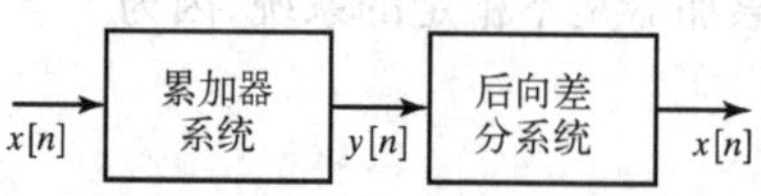

x[n] 累加器系统 y[n] 后向差分系统 x[n]

图2.14 累加器与一个后向差分系统的级联。因为后向差分是该累加器的逆系统,所以级联后就等效为一个恒等系统

也就是说,一个累加器紧跟着一个后向差分(反之亦然)的级联联接就产生一个系统,该系统的单位脉冲响应是一个单位样本。因为$x[n] * \delta[n]=x[n]$,所以该级联系统的输出总是等于它的输入。在这种情况下,后向差分系统完全补偿(或反演)了累加器的效果,即后向差分系统是累加器的逆系统。根据卷积的可交换性,累加器也同样是后向差分系统的逆系统。应该注意到,这个例子给出了式(2.7)和式(2.9)的一个系统解释。一般来说,如果一个线性时不变系统的单位脉冲响应为$h[n]$,那么它的逆系统(如果存在)的单位脉冲响应$h_i[n]$就应满足如下关系:

$$h[n]*h_i[n]=h_i[n]*h[n]=\delta[n] \tag{2.83}$$

在需要补偿一个线性系统某些效果的场合，逆系统是很有用的。通常给定 $h[n]$ 时，直接由式(2.83) 解出 $h_i[n]$ 是困难的。然而，在第 3 章将会看到，z 变换将提供求逆系统的一种直接方法。

2.5 线性常系数差分方程

线性时不变系统中的一种重要的子系统是由这样一些系统组成的，这些系统的输入 $x[n]$ 和输出 $y[n]$ 满足 N 阶线性常系数差分方程，其形式为

$$\sum_{k=0}^{N} a_k y[n-k]=\sum_{m=0}^{M} b_m x[n-m] \tag{2.84}$$

2.4 节所讨论的性质，以及所引入的某些分析方法都可以用来求出已定义的某些线性时不变系统的差分方程表达式。

例 2.12　累加器的差分方程表示

累加器系统定义为

$$y[n]=\sum_{k=-\infty}^{n} x[k] \tag{2.85}$$

为了说明该系统的输入和输出满足式(2.84)那样的差分方程，将式(2.85)重新写为

$$y[n]=x[n]+\sum_{k=-\infty}^{n-1} x[k] \tag{2.86}$$

从式(2.85)还可以得到

$$y[n-1]=\sum_{k=-\infty}^{n-1} x[k] \tag{2.87}$$

将式(2.87)代入式(2.86)得到

$$y[n]=x[n]+y[n-1] \tag{2.88}$$

该式等价于

$$y[n]-y[n-1]=x[n] \tag{2.89}$$

由此，除了满足由式(2.85)所定义的关系外，一个累加器的输入和输出还能满足式(2.84) 那样的线性常系数差分方程，这时有 $N=1, a_0=1, a_1=-1, M=0$ 和 $b_0=1$。

式(2.88)这种形式的差分方程提供了累加器系统的一种简单实现方式。按照式(2.88)，对每个 n 值，将当前的输入 $x[n]$ 加到前一个累加和 $y[n-1]$ 上，就是当前的输出 $y[n]$。累加器的这种解释可用图 2.15 所示的方框图来表示。

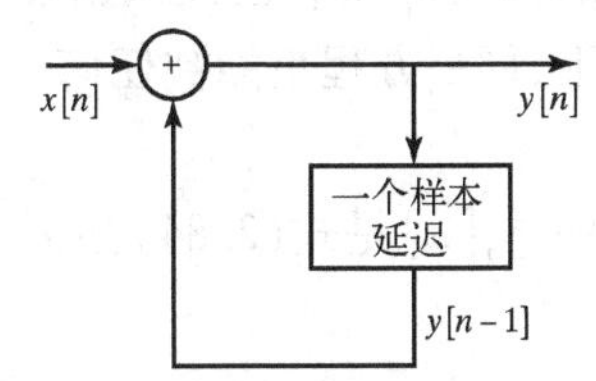

图 2.15　用递推差分方程表示一个累加器的方框图

式(2.88)和图 2.15 所示的方框图称为系统的递推表示，因为每一个值的计算都要用到前面已计算出的值。本节稍后部分将更详细地阐明这一概念。

例 2.13　滑动平均系统的差分方程表示

现考虑例 2.3 的滑动平均系统，取 $M_1=0$，以使系统成为因果的。这时由式(2.74)可知，该系统的单位脉冲响应是

$$h[n]=\frac{1}{(M_2+1)}(u[n]-u[n-M_2-1]) \tag{2.90}$$

由此可得

$$y[n] = \frac{1}{(M_2+1)}\sum_{k=0}^{M_2} x[n-k] \tag{2.91}$$

这是式(2.84)的一种特殊情况,其中 $N=0, a_0=1, M=M_2$ 和 $b_k=1/(M_2+1), 0 \leqslant k \leqslant M_2$。

另外,单位脉冲响应也能表示为

$$h[n] = \frac{1}{(M_2+1)}\left(\delta[n]-\delta[n-M_2-1]\right) * u[n] \tag{2.92}$$

该式表明,这个因果滑动平均系统可以表示成图2.16所示的级联系统。为了求出该方框图的差分方程表示,可以先求

$$x_1[n] = \frac{1}{(M_2+1)}\left(x[n]-x[n-M_2-1]\right) \tag{2.93}$$

由例2.12的式(2.89),累加器的输出满足差分方程

$$y[n]-y[n-1] = x_1[n]$$

因此可得

$$y[n]-y[n-1] = \frac{1}{(M_2+1)}(x[n]-x[n-M_2-1]) \tag{2.94}$$

再次得到一个形式如式(2.84)的差分方程,但这次是 $N=1, a_0=1, a_1=-1, M=M_2+1$ 和 $b_0=-b_{M_2+1}=1/(M_2+1)$,而其余的 $b_k=0$。

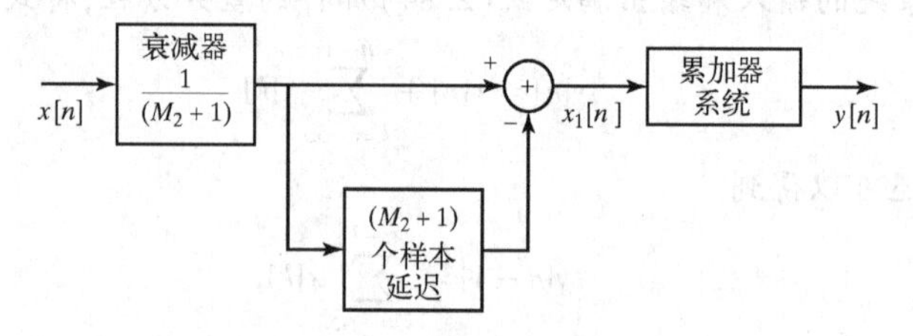

图2.16 滑动平均系统的递推形式方框图

在例2.13中,可看到滑动平均系统有两种不同的差分方程表示方式。在第6章将会看到,可用许多不同的差分方程来表示一个给定的LTI系统的输入–输出关系。

如同连续时间系统的线性常系数微分方程一样,离散时间系统的线性常系数差分方程若不给出附加的限制或信息,是不能给出对给定输入情况下输出的唯一表述的。具体地说,假设对某一给定的输入 $x_p[n]$,已经依据某种方法确定了输出序列 $y_p[n]$ 以满足式(2.84)的方程,那么在同一输入下,同一方程也能被任何一种具有如下形式的输出所满足:

$$y[n] = y_p[n] + y_h[n] \tag{2.95}$$

式中,$y_h[n]$ 是式(2.84)当 $x[n]=0$ 时的任意解,即下列方程的解:

$$\sum_{k=0}^{N} a_k y_h[n-k] = 0 \tag{2.96}$$

式(2.96)称为**齐次差分方程**(homogeneous difference equation),而 $y_h[n]$ 称为齐次解。序列 $y_h[n]$ 事实上是如下方程的一簇解

$$y_h[n] = \sum_{m=1}^{N} A_m z_m^n \tag{2.97}$$

其中可以对系数 A_m 进行选取以满足 $y[n]$ 的一组附加条件。将式(2.97)代入式(2.96),可以证明复数 z_m 一定是下列多项式的根:

$$A(z)=\sum_{k=0}^{N}a_kz^{-k} \tag{2.98}$$

即,对于 $A(z_m)=0,m=1,2,\cdots,N$。式(2.97)假设在式(2.98)中的多项式的全部 N 个根都是互不相同的。有关涉及重根项的形式会稍许有些不同,但总是有 N 个待定的系数。含有重根的齐次解的例子将在习题 2.50 中给出。

因为 $y_h[n]$ 有 N 个待定的系数,因此对于某一给定的输入 $x[n]$ 来说,为了能唯一描述 $y[n]$ 就需要一组共 N 个辅助条件。这些辅助条件可以由一些特定的 n 点上的特定 $y[n]$ 值组成,诸如 $y[-1],y[-2],\cdots,y[-N]$,然后解一组由 N 个线性方程构成的方程组来求得 N 个待定系数。

另外,如果辅助条件由 $y[n]$ 的一组辅助值构成,则其余的 $y[n]$ 值可将式(2.84)重新写成一种递推公式来一一求出,也就是

$$y[n]=-\sum_{k=1}^{N}\frac{a_k}{a_0}y[n-k]+\sum_{k=0}^{M}\frac{b_k}{a_0}x[n-k] \tag{2.99}$$

如果对所有 n 的输入 $x[n]$ 与一组辅助值,如 $y[-1],y[-2],\cdots,y[-N]$ 都给定的话,那么 $y[0]$ 就可由式(2.99)求出。有了 $y[0],y[-1],\cdots,y[-N+1]$,则 $y[1]$ 又可以求出,以此类推下去。在这一过程中,$y[n]$ 是递推地计算出来的;也就是说,输出的计算不仅涉及输入序列,而且也与输出序列以前的值有关。

为了产生当 $n<-N$ 时 $y[n]$ 的值(仍假设给出的辅助条件为 $y[-1],y[-2],\cdots,y[-N]$ 值),可将式(2.84)重新整理写成

$$y[n-N]=-\sum_{k=0}^{N-1}\frac{a_k}{a_N}y[n-k]+\sum_{k=0}^{M}\frac{b_k}{a_N}x[n-k] \tag{2.100}$$

由上式,$y[-N-1],y[-N-2],\cdots$ 就能依次递推地在反方向上计算出来。

本书在总体上主要关心的是线性时不变系统,在这种情况下这些辅助条件必须要与这些附加要求相一致,在第 3 章中利用 z 变换讨论差分方程的解时,无疑地要结合线性和时不变的条件,正如讨论结果所示,即使具有线性和时不变的附加限制,差分方程的解,即系统的解,也不是唯一确定的。特别是,一般既存在因果的又存在非因果的线性时不变系统与一个给定的差分方程是一致的。

如果一个系统是由一个线性常系数差分方程所表征的,并且进一步限定是线性、时不变和因果的,那么它的解就是唯一的。在这种情况下,辅助条件就往往说成是**初始松弛条件**(initial-rest conditions),换言之,辅助信息就是:如果输入 $x[n]$ 在 n 小于某个 n_0 时为零,那么在 n 小于 n_0 时输出 $y[n]$ 就一定要限制到零,这样就为 $n\geqslant n_0$ 时利用式(2.99)递推地求出 $y[n]$ 提供了足够的初始条件。

总之,对于一个系统,其输入和输出若满足一个线性常系数差分方程,则有:

- 对于一个给定的输入,其输出不是唯一的,需要一些辅助信息或条件。
- 如果辅助信息是以 N 个顺序输出值的形式给出,则后面的值可以将差分方程重新安排成以 n 的前向运算的递推关系来求出;前面的值可以将差分方程安排成以 n 的后向运算的递推关系来求出。
- 系统的线性、时不变性和因果性将依赖于辅助条件,如果一个附加条件是使系统初始松弛的,则该系统就是线性、时不变和因果的。

以上讨论假设式(2.84)中 $N\geqslant 1$。如果 $N=0$,就不需要递推而用差分方程来计算出,因此也不要求任何辅助条件,这就是

$$y[n]=\sum_{k=0}^{M}\left(\frac{b_k}{a_0}\right)x[n-k] \tag{2.101}$$

式(2.101)是一种卷积形式,令 $x[n]=\delta[n]$,其对应的单位脉冲响应为

$$h[n]=\sum_{k=0}^{M}\left(\frac{b_k}{a_0}\right)\delta[n-k]$$

或

$$h[n]=\begin{cases}\left(\dfrac{b_n}{a_0}\right), & 0\leqslant n\leqslant M\\ 0, & \text{其他}\end{cases} \tag{2.102}$$

显然,这个单位脉冲响应是有限长的。的确,任何 FIR 系统的输出都能非递推地计算出来,且式中的系数就是单位脉冲响应序列的值。例 2.13 中的滑动平均系统,当 $M_1=0$ 时,就是因果 FIR 系统的一个例子。这种系统的一个特点是也能为其输出找到一种递推方程。第 6 章将证明利用差分方程来实现一种所要求的信号变换时存在着许多可能的方式。但是,一种方法是否优于另一种方法取决于一些实际的考虑,如数值准确度、数据存储,以及计算每一个输出样本时所要求的乘法和加法的次数等。

2.6 离散时间信号与系统的频域表示

前面几节总结了离散时间信号与系统理论中的某些基本概念。对于线性时不变系统,将输入序列表示成一组幅度加权的延迟单位样本序列之和,就得出输出也能表示成一组幅度加权的延迟响应的和。与连续时间信号一样,离散时间信号也可以用几种不同的方式来表示。例如,正弦和复指数序列在离散时间信号表示中就起着特别重要的作用。这是因为复指数序列是线性时不变系统的特征函数,而且该系统对正弦输入的响应仍是正弦的,且具有与输入相同的频率,其幅度和相位则由系统决定。线性时不变系统的这一基本性质使得利用正弦或复指数来表示信号(即傅里叶表示)在线性系统理论中是非常有用的。

2.6.1 线性时不变系统的特征函数

复指数是离散时间系统的特征函数这一性质,可以通过代入式(2.61)中直接得到。特别地,当输入为 $x[n]=e^{j\omega n}$, $-\infty<n<\infty$ 时,单位脉冲响应为 $h[n]$ 的线性时不变系统的相应输出可以容易地表示为

$$y[n]=H(e^{j\omega})e^{j\omega n} \tag{2.103}$$

式中

$$H(e^{j\omega})=\sum_{k=-\infty}^{\infty}h[k]e^{-j\omega k} \tag{2.104}$$

因此,$e^{j\omega n}$ 是该系统的特征函数,相应的特征值为 $H(e^{j\omega})$。由式(2.103)可见,$H(e^{j\omega})$ 给出了复指数在复振幅上的变化是频率 ω 的函数。特征值 $H(e^{j\omega})$ 称为系统的**频率响应**。一般 $H(e^{j\omega})$ 是复数,可用它的实部和虚部表示为

$$H(e^{j\omega})=H_R(e^{j\omega})+jH_I(e^{j\omega}) \tag{2.105}$$

或者用幅度和相位表示为

$$H(e^{j\omega})=|H(e^{j\omega})|e^{j\angle H(e^{j\omega})} \tag{2.106}$$

例 2.14 理想延迟系统的频率响应

作为一个简单而重要的例子,考虑由下式定义的理想延迟系统:

$$y[n]=x[n-n_d] \tag{2.107}$$

式中 n_d 是固定整数。在式(2.107)中,当输入 $x[n]=e^{j\omega n}$ 时,有

$$y[n]=e^{j\omega(n-n_d)}=e^{-j\omega n_d}e^{j\omega n}$$

因此这个理想延迟系统的频率响应就是

$$H(e^{j\omega})=e^{-j\omega n_d} \tag{2.108}$$

作为求频率响应的另一种方法,回想该理想延迟系统的单位脉冲响应为 $h[n]=\delta[n-n_d]$,利用式(2.104)可得

$$H(e^{j\omega})=\sum_{n=-\infty}^{\infty}\delta[n-n_d]e^{-j\omega n}=e^{-j\omega n_d}$$

频率响应的实部和虚部就是

$$H_R(e^{j\omega})=\cos(\omega n_d) \tag{2.109a}$$

$$H_I(e^{j\omega})=-\sin(\omega n_d) \tag{2.109b}$$

其幅度和相位是

$$|H(e^{j\omega})|=1 \tag{2.110a}$$

$$\angle H(e^{j\omega})=-\omega n_d \tag{2.110b}$$

2.7节将证明,相当广泛的一类信号都能表示成如下形式的复指数的线性组合:

$$x[n]=\sum_k \alpha_k e^{j\omega_k n} \tag{2.111}$$

根据叠加原理和式(2.103),一个线性时不变系统的相应输出就是

$$y[n]=\sum_k \alpha_k H(e^{j\omega_k})e^{j\omega_k n} \tag{2.112}$$

据此,倘若能找到将 $x[n]$ 表示为式(2.111)的复指数序列叠加的形式,那么已知系统在所有频率 ω_k 上的频率响应就能利用式(2.112)求得系统输出。下面这个简单的例子用来说明线性时不变系统的这一基本性质。

例2.15　LTI系统的正弦响应

考虑一个正弦输入

$$x[n]=A\cos(\omega_0 n+\phi)=\frac{A}{2}e^{j\phi}e^{j\omega_0 n}+\frac{A}{2}e^{-j\phi}e^{-j\omega_0 n} \tag{2.113}$$

由式(2.103),对 $x_1[n]=(A/2)e^{j\phi}e^{j\omega_0 n}$ 的响应是

$$y_1[n]=H(e^{j\omega_0})\frac{A}{2}e^{j\phi}e^{j\omega_0 n} \tag{2.114a}$$

对 $x_2[n]=(A/2)e^{-j\phi}e^{-j\omega_0 n}$ 的响应是

$$y_2[n]=H(e^{-j\omega_0})\frac{A}{2}e^{-j\phi}e^{-j\omega_0 n} \tag{2.114b}$$

因此总的响应就是

$$y[n]=\frac{A}{2}[H(e^{j\omega_0})e^{j\phi}e^{j\omega_0 n}+H(e^{-j\omega_0})e^{-j\phi}e^{-j\omega_0 n}] \tag{2.115}$$

如果 $h[n]$ 为实数,就有 $H(e^{-j\omega_0})=H^*(e^{j\omega_0})$(见习题2.78),结果为

$$y[n]=A|H(e^{j\omega_0})|\cos(\omega_0 n+\phi+\theta) \tag{2.116}$$

式中,$\theta=\angle H(e^{j\omega_0})$ 是在频率 ω_0 处系统的相位。

对于理想延迟这种简单的例子,就如同在例2.14中所求得的,$|H(e^{j\omega_0})|=1$ 和 $\theta=-\omega_0 n_d$。因此,

$$\begin{aligned}y[n]&=A\cos(\omega_0 n+\phi-\omega_0 n_d)\\&=A\cos[\omega_0(n-n_d)+\phi]\end{aligned} \tag{2.117}$$

这与直接利用理想延迟系统的定义所得到的结果是一致的。

LTI系统频率响应的概念对连续时间系统和离散时间系统基本上是相同的。然而,一个重要的不同点是离散时间线性时不变系统的频率响应总是频率ω的周期函数,且周期为2π。为了证明这一点,将$\omega+2\pi$代入式(2.104)可得

$$H(e^{j(\omega+2\pi)})=\sum_{n=-\infty}^{\infty}h[n]e^{-j(\omega+2\pi)n} \tag{2.118}$$

由于n为整数,$e^{\pm j2\pi n}=1$,则有

$$e^{-j(\omega+2\pi)n}=e^{-j\omega n}e^{-j2\pi n}=e^{-j\omega n}$$

由此可见

$$H(e^{j(\omega+2\pi)})=H(e^{j\omega}),\qquad 对所有\omega \tag{2.119}$$

更为一般的情况是

$$H(e^{j(\omega+2\pi r)})=H(e^{j\omega}),\qquad 对整数r \tag{2.120}$$

即,$H(e^{j\omega})$是周期的,周期为2π。这一点对理想延迟系统来说显然是符合的,因为当n_d为整数时,$e^{-j(\omega+2\pi)n_d}=e^{-j\omega n_d}$。

这一周期性的原理直接与早先注意到的事实有关,即序列

$$\{e^{j\omega n}\},\qquad -\infty<n<\infty$$

与序列

$$\{e^{j(\omega+2\pi)n}\},\qquad -\infty<n<\infty$$

是不可区分的。因为这两个序列对所有的n值都是一样的,所以系统对这两个输入序列的响应也必须是一样的,这就要求式(2.119)成立。

因为$H(e^{j\omega})$是周期的,周期为2π,并且频率ω和$\omega+2\pi$又不能区分开,因此只需要在长为2π的区间内,即$0\leqslant\omega\leqslant2\pi$或$-\pi<\omega\leqslant\pi$内标出$H(e^{j\omega})$就够了。固有的周期性就确定了在这个区间以外各处的频率响应。为了简单起见并为了与连续时间情况一致,一般在区间$-\pi<\omega\leqslant\pi$内给出$H(e^{j\omega})$特性。相对于这一区间,"低频"就在靠近于零处的频率,而"高频"就是在靠近于$\pm\pi$的频率。由于相差2π整数倍的那些频率是无法辨别开的,所以可将上述说法概括为:"低频"就是靠近于π的偶数倍的那些频率;"高频"就是靠近于π的奇数倍的那些频率,这与2.1节中的讨论是一致的。

一类重要的线性时不变系统是其频率响应在某一频率范围内为1,而在其余的频率上都为零的系统,对应于理想频率选择性滤波器。一个理想低通滤波器的频率响应如图2.17(a)所示。由于离散时间频率响应固有的周期性,在围绕$\omega=2\pi$与围绕$\omega=0$的这些频率是不能区分开的,因此频率响应就表示为一个多频带滤波器。然而事实上,频率响应仅仅通过低频部分而阻隔掉高频部分。因为频率响应是完全由在区间$-\pi<\omega\leqslant\pi$内的特性所确定的,那么理想低通滤波器频率响应更典型地就仅在区间$-\pi<\omega\leqslant\pi$内给出,如图2.17(b)所示。可以理解,在图中所画区域外的频率响应将以2π为周期进行周期重复。有了这种明确的假设,理想高通、带阻和带通滤波器分别如图2.18(a)、图2.18(b)和图2.18(c)所示。

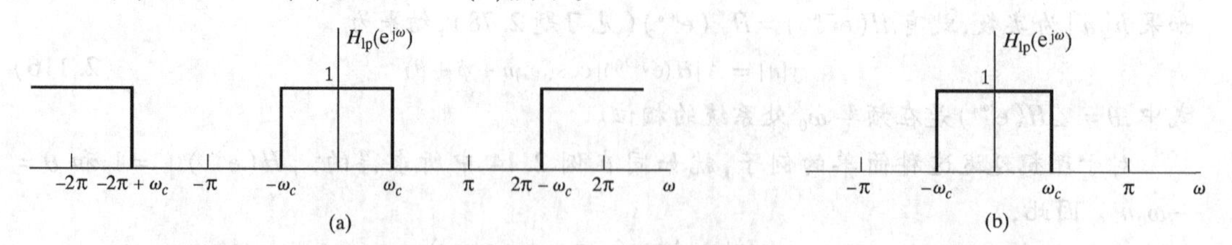

图2.17 理想低通滤波器。(a)频率响应周期性;(b)一个周期内的频率响应

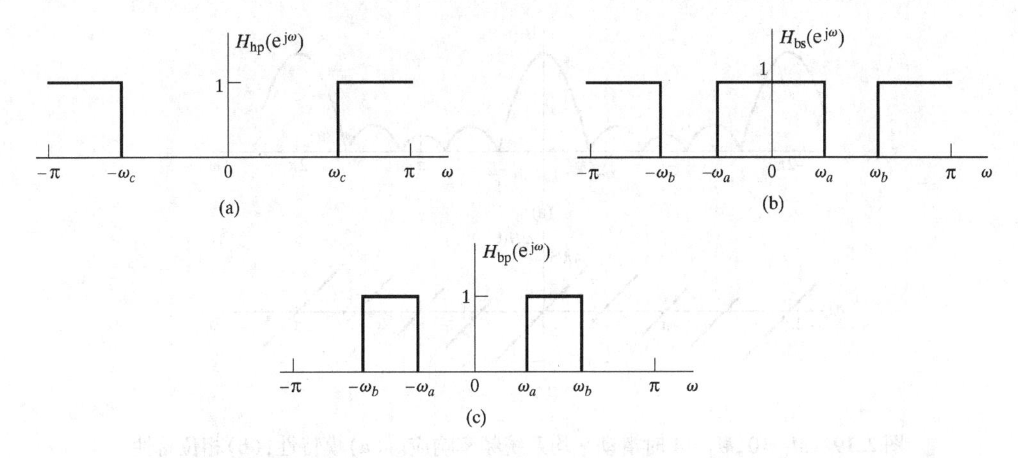

图 2.18　理想频率选择性滤波器。(a)高通滤波器；(b)带阻滤波器；(c)带通滤波器。在每种情况下，频率响应都是周期的，周期为2π，图中仅示出一个周期

例 2.16　滑动平均系统的频率响应

例 2.3 滑动平均系统的单位脉冲响应为

$$h[n]=\begin{cases}\dfrac{1}{M_1+M_2+1}, & -M_1\leqslant n\leqslant M_2\\ 0, & \text{其他}\end{cases}$$

因此频率响应就是

$$H(e^{j\omega})=\frac{1}{M_1+M_2+1}\sum_{n=-M_1}^{M_2}e^{-j\omega n} \tag{2.121}$$

对于因果滑动平均系统，$M_1=0$，式(2.121)可以表示为

$$H(e^{j\omega})=\frac{1}{M_2+1}\sum_{n=0}^{M_2}e^{-j\omega n} \tag{2.122}$$

根据式(2.55)，式(2.122)变为

$$\begin{aligned}H(e^{j\omega})&=\frac{1}{M_2+1}\left(\frac{1-e^{-j\omega(M_2+1)}}{1-e^{-j\omega}}\right)\\&=\frac{1}{M_2+1}\frac{(e^{j\omega(M_2+1)/2}-e^{-j\omega(M_2+1)/2})e^{-j\omega(M_2+1)/2}}{(e^{j\omega/2}-e^{-j\omega/2})e^{-j\omega/2}}\\&=\frac{1}{M_2+1}\frac{\sin[\omega(M_2+1)/2]}{\sin\omega/2}e^{-j\omega M_2/2}\end{aligned} \tag{2.123}$$

在这种情况下，对于 $M_2=4$，$H(e^{j\omega})$的模和相位画在图 2.19 上。

如果滑动平均滤波器是对称的，即 $M_1=M_2$，则式(2.123)可以替换为

$$H(e^{j\omega})=\frac{1}{2M_2+1}\frac{\sin[\omega(2M_2+1)/2]}{\sin(\omega/2)} \tag{2.124}$$

可以看到，正如对一个离散时间系统的频率响应所要求的那样，在两种情况下 $H(e^{j\omega})$都是周期的。同时 $|H(e^{j\omega})|$ 在“高频”跌落，而$\angle H(e^{j\omega})$，即 $H(e^{j\omega})$ 的相位，随 ω 线性变化。高频衰减就表示系统对输入序列中的快速变化起到平滑作用；也即它是一个低通滤波器很粗糙的近似，这一点与直观期望的滑动平均系统的特性是一致的。

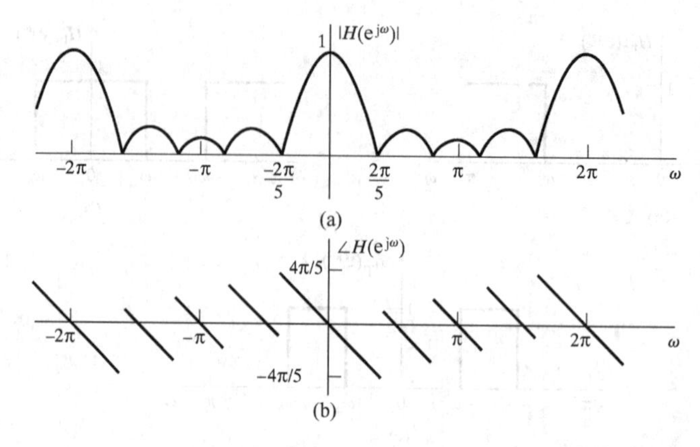

图 2.19 $M_1=0, M_2=4$ 时滑动平均系统频率响应。(a)模特性;(b)相位特性

2.6.2 突然加上复指数输入

已经知道,对于线性时不变系统而言,在输入为复指数 $e^{j\omega n}$, $-\infty<n<\infty$ 的形式之下,产生的输出具有 $H(e^{j\omega})e^{j\omega n}$的形式。这类模型对于范围相当广的信号的数学表示来说是很重要的。在考虑如下形式的输入信号:

$$x[n]=e^{j\omega n}u[n] \tag{2.125}$$

即在任意时刻加入的复指数输入(为方便,这里选取"任意时刻"为 $n=0$)时,还能对线性时不变系统的其他细节得到更好的理解。利用式(2.61)的卷积和,一个单位脉冲响应为 $h[n]$的因果线性时不变系统的相应输出是

$$y[n]=\begin{cases}0, & n<0\\ \left(\sum_{k=0}^{n}h[k]e^{-j\omega k}\right)e^{j\omega n}, & n\geqslant 0\end{cases}$$

如果仅考虑 $n\geqslant 0$ 时的输出,可以写成

$$y[n]=\left(\sum_{k=0}^{\infty}h[k]e^{-j\omega k}\right)e^{j\omega n}-\left(\sum_{k=n+1}^{\infty}h[k]e^{-j\omega k}\right)e^{j\omega n} \tag{2.126}$$

$$=H(e^{j\omega})e^{j\omega n}-\left(\sum_{k=n+1}^{\infty}h[k]e^{-j\omega k}\right)e^{j\omega n} \tag{2.127}$$

由式(2.127)可见,输出由两项组成,即 $y[n]=y_{ss}[n]+y_t[n]$。其中第 1 项

$$y_{ss}[n]=H(e^{j\omega})e^{j\omega n}$$

为稳定响应,它与当系统在全部 n 上的输入 $e^{j\omega n}$所得响应是相同的。在某种意义上,第 2 项

$$y_t[n]=-\sum_{k=n+1}^{\infty}h[k]e^{-j\omega k}e^{j\omega n}$$

就是系统输出偏离于特征函数结果的量。这一部分对应于暂态响应,因为很明显在某些情况下它可能趋近于零。为了说明存在这种情况的条件,考虑第 2 项的大小,它的幅度被下式界定:

$$|y_t[n]|=\left|\sum_{k=n+1}^{\infty}h[k]e^{-j\omega k}e^{j\omega n}\right|\leqslant\sum_{k=n+1}^{\infty}|h[k]| \tag{2.128}$$

由式(2.128)可知,如果 $h[n]$是有限长的话,即 $h[n]$仅在区间 $0\leqslant n\leqslant M$ 内不为零,那么这一项对于 $n+1>M$,或 $n>M-1$,有 $y_t[n]=0$,这时

$$y[n]=y_{ss}[n]=H(e^{j\omega})e^{j\omega n},\qquad n>M-1$$

当 $h[n]$ 为无限长时,暂态响应并不急剧消失;但是,如果 $h[n]$ 的样本随 n 增加而趋近于零,那么 $y_t[n]$ 必定最后趋于零。注意到式(2.128)可以写成

$$|y_t[n]|=\left|\sum_{k=n+1}^{\infty}h[k]e^{-j\omega k}e^{j\omega n}\right|\leqslant\sum_{k=n+1}^{\infty}|h[k]|\leqslant\sum_{k=0}^{\infty}|h[k]| \tag{2.129}$$

也就是说,暂态响应由 $h[n]$ **全部**样本的绝对值之和所界定。如果式(2.129)的右边是有界的,即如果

$$\sum_{k=0}^{\infty}|h[k]|<\infty$$

那么该系统就是稳定的。由式(2.129)可得,对于稳定系统,暂态响应一定随 $n\to\infty$ 而变得越来越小。因此,暂态响应逐渐衰减的充分条件就是系统是稳定的。

图 2.20 所示的是频率为 $\omega=2\pi/10$ 的复指数信号的实部,图中实圆点指突然加上的复指数 $x[k]$ 的样本,而空圆点是"失去的"复指数的样本,即当输入在所有 n 上具有 $e^{j\omega n}$ 的形式时为非零值的样本。阴影圆点是作为 k 的函数,在 $n=8$ 时 $h[n-k]$ 的样本。在图 2.20(a)所示的 $h[n]$ 为有限长的情况下,很明显对于 $n\geqslant8$ 的输出仅由稳态分量所构成;而在 $h[n]$ 为无限长的情况下,由于 $h[n]$ 的衰减性质,很明显随 n 的增加,失去的样本所带来的影响越来越小。

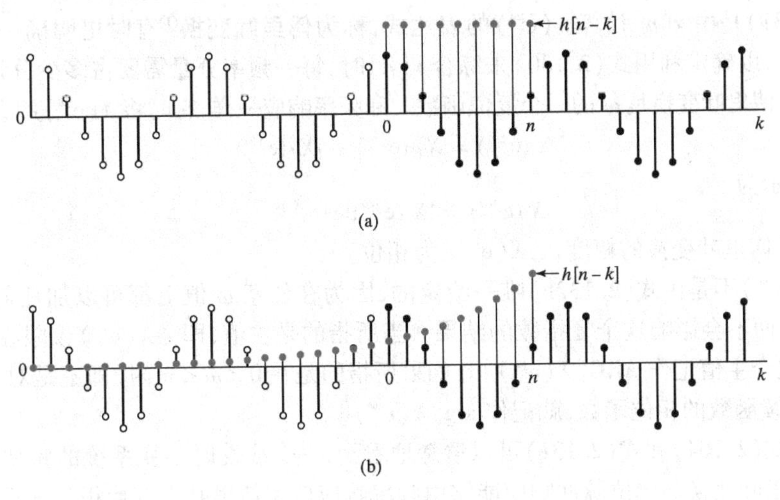

图 2.20　突然加上复指数实部的图解说明。(a) FIR;(b) IIR

稳定性的条件也是频率响应函数存在的充分条件。为了看出这一点,注意到在一般情况下有

$$|H(e^{j\omega})|=\left|\sum_{k=-\infty}^{\infty}h[k]e^{-j\omega k}\right|\leqslant\sum_{k=-\infty}^{\infty}|h[k]e^{-j\omega k}|\leqslant\sum_{k=-\infty}^{\infty}|h[k]|$$

所以,条件

$$\sum_{k=-\infty}^{\infty}|h[k]|<\infty$$

就保证 $H(e^{j\omega})$ 存在。对于频率响应存在的条件与稳态解为主导地位的条件是相同的这一点丝毫不奇怪!实际上,对于在全部 n 上存在的复指数可以看作是应用在 $n=-\infty$ 上的复指数。复指数的特征函数性质依赖于系统的稳定性,因为在有限的 n 上,暂态响应必须变为零,因此全部有限 n 上只能看到稳态响应 $H(e^{j\omega})e^{j\omega n}$。

2.7 用傅里叶变换表示序列

线性时不变系统的频率响应表示方法的优点之一,就是像在例2.16所做的这样一些系统特性的解释往往容易得出。这一点在第5章还要更为详尽地阐述。然而,眼下还是要回到这样的问题,即对一个任意输入序列如何求得式(2.111)的表示形式。

很多序列都能表示为如下傅里叶积分的形式:

$$x[n]=\frac{1}{2\pi}\int_{-\pi}^{\pi}X(e^{j\omega})e^{j\omega n}d\omega \tag{2.130}$$

式中$X(e^{j\omega})$由下式给出:

$$X(e^{j\omega})=\sum_{n=-\infty}^{\infty}x[n]e^{-j\omega n} \tag{2.131}$$

式(2.130)和式(2.131)一起构成序列的傅里叶表示。式(2.130)是一个综合公式,称**傅里叶逆变换**。也就是说,它把序列$x[n]$表示成频率在2π的区间范围内,由$X(e^{j\omega})$确定每一个复正弦分量相对大小的、如下式所示的无限小复正弦的叠加:

$$\frac{1}{2\pi}X(e^{j\omega})e^{j\omega n}d\omega$$

虽然在写式(2.130)时,已经把ω的变化范围选定在$-\pi$和$+\pi$之间,但是任何2π间隔都是可以用的。式(2.131)是由$x[n]$计算$X(e^{j\omega})$的表达式,称为**傅里叶变换**①有时更明确一些。它用来分析该序列$x[n]$,以确定利用式(2.130)来综合$x[n]$时,每一频率分量需要占多少分量。

一般来说,傅里叶变换是ω的一个复值函数。和频率响应一样,有时将$X(e^{j\omega})$用直角坐标表示为

$$X(e^{j\omega})=X_R(e^{j\omega})+jX_I(e^{j\omega}) \tag{2.132a}$$

或以极坐标表示为

$$X(e^{j\omega})=|X(e^{j\omega})|e^{j\angle X(e^{j\omega})} \tag{2.132b}$$

$|X(e^{j\omega})|$表示傅里叶变换的幅度,$\angle X(e^{j\omega})$ 为相位。

相位$\angle X(e^{j\omega})$不是由式(2.132b)唯一给定的,因为在任意ω值上都可以加任何2π的整数倍到$\angle X(e^{j\omega})$上,而不会影响这个复指数的结果。当所指的是主值,即$\angle X(e^{j\omega})$仅限在$-\pi$和$+\pi$之间的值时,将这个主值记作$\mathrm{ARG}[X(e^{j\omega})]$。如果所指的是在$0<\omega<\pi$内(即不是对$2\pi$取模)给出的一个$\omega$的连续函数的相位函数,就记作$\arg[X(e^{j\omega})]$。

通过比较式(2.104)和式(2.131)可以清楚地看到,一个线性时不变系统的频率响应就是单位脉冲响应的傅里叶变换。单位脉冲响应能够由频率响应应用傅里叶逆变换积分来求得,也即

$$h[n]=\frac{1}{2\pi}\int_{-\pi}^{\pi}H(e^{j\omega})e^{j\omega n}d\omega \tag{2.133}$$

正如前面所讨论过的,频率响应是一个关于ω的周期函数。同样,傅里叶变换也是关于ω周期的,周期为2π。傅里叶级数通常被用来表征周期信号,实际上值得注意的是,式(2.131)就是周期函数$X(e^{j\omega})$的傅里叶级数表示形式;而利用周期函数$X(e^{j\omega})$来表示序列$x[n]$ 的式(2.130)就是用来求得该傅里叶级数系数的积分形式。下面集中研究利用式(2.130)和式(2.131)来表示序列$x[n]$。然而,了解连续变量周期函数的傅里叶级数表示与离散时间序列的傅里叶变换表示之间的等效性是十分有用的,因为已熟悉的傅里叶级数的全部性质都能应用到一个序列的傅里叶变换的表示上来,只要适当地对变量作些说明即可(Oppenheim and Willsky(1997), McClellan, Schafer and Yoder(2003)。)

---

① 有些时候,式(2.131)被更明确地称为离散时间傅里叶变换,或DTFT,特别是当需要与连续时间傅里叶变换区别开时。

确定哪一类信号可以用式(2.130)来表示的问题就等效于考虑式(2.131)中无限项和的收敛问题。也就是说,要关心的是在式(2.131)求和中各项必须满足什么条件,才使得

$$|X(e^{j\omega})| < \infty, \quad 对所有\ \omega$$

这里 $X(e^{j\omega})$ 是随 $M \to \infty$ 时如下有限项和的极限:

$$X_M(e^{j\omega}) = \sum_{n=-M}^{M} x[n]e^{-j\omega n} \tag{2.134}$$

收敛的充分条件可由下式得到:

$$\begin{aligned}|X(e^{j\omega})| &= \left|\sum_{n=-\infty}^{\infty} x[n]e^{-j\omega n}\right| \\ &\leqslant \sum_{n=-\infty}^{\infty} |x[n]|\,|e^{-j\omega n}| \\ &\leqslant \sum_{n=-\infty}^{\infty} |x[n]| < \infty\end{aligned}$$

因此,如果 $x[n]$ 是**绝对可加的**(absolutely summable),那么 $X(e^{j\omega})$ 存在。再者,在这种情况下可以证明该级数一致收敛于一个 ω 的连续函数(Körner(1988), Kammler(2000))。按照定义,一个稳定的序列是绝对可加的,因此全部稳定序列都有傅里叶变换,从而可得,任何稳定系统,即具有绝对可加的单位脉冲响应的系统,都有一个有限且连续的频率响应。

绝对可加性是傅里叶变换表示存在的一个充分条件。例 2.14 和例 2.16 中曾计算出序列延迟系统和滑动平均系统单位脉冲响应的傅里叶变换。这些脉冲响应是绝对可加的,因为它们是有限长的。很显然,任何有限长序列都是绝对可加的,从而都有一个傅里叶变换表示。在线性时不变系统范围内,任何 FIR 系统都一定是稳定的,因此都有一个有限且连续的频率响应。然而,当一个序列属无限长时,必须关心无限求和的收敛问题。下面用例子来说明这种情况。

例 2.17　突然加上一个指数信号的绝对可加性

考虑 $x[n] = a^n u[n]$。这个序列的傅里叶变换为

$$\begin{aligned}X(e^{j\omega}) &= \sum_{n=0}^{\infty} a^n e^{-j\omega n} = \sum_{n=0}^{\infty}(ae^{-j\omega})^n \\ &= \frac{1}{1-ae^{-j\omega}} \quad 如果\ |ae^{-j\omega}| < 1\ \ 或\ \ |a| < 1\end{aligned}$$

很明显,$|a|<1$ 就是 $x[n]$ 绝对可加的条件,即

$$\sum_{n=0}^{\infty} |a|^n = \frac{1}{1-|a|} < \infty \quad 如果\ |a| < 1 \tag{2.135}$$

绝对可加性是傅里叶变换表示存在的一个**充分**条件,并且也保证一致收敛。某些序列不是绝对可加的而是平方可加的,即

$$\sum_{n=-\infty}^{\infty} |x[n]|^2 < \infty \tag{2.136}$$

如果将定义 $X(e^{j\omega})$ 的无限求和的一致收敛条件放宽的话,那么这样一些序列也能用傅里叶变换来表示。在这种情况下是均方收敛的,即

$$X(e^{j\omega}) = \sum_{n=-\infty}^{\infty} x[n]e^{-j\omega n} \tag{2.137a}$$

和

$$X_M(e^{j\omega}) = \sum_{n=-M}^{M} x[n]e^{-j\omega n} \tag{2.137b}$$

那么

$$\lim_{M\to\infty} \int_{-\pi}^{\pi} |X(e^{j\omega}) - X_M(e^{j\omega})|^2 d\omega = 0 \tag{2.138}$$

换句话说,误差 $|X(e^{j\omega}) - X_M(e^{j\omega})|$ 随 $M\to\infty$ 在每一个 ω 值上可能不趋近于零,但是在误差中的总"能量"趋于零,例2.18说明了这一情况。

例2.18　理想低通滤波器的平方可加性

本例用来确定在2.6节中讨论过的理想低通滤波器的单位脉冲响应。它的频率响应是

$$H_{lp}(e^{j\omega}) = \begin{cases} 1, & |\omega| < \omega_c \\ 0, & \omega_c < |\omega| \leqslant \pi \end{cases} \tag{2.139}$$

周期为 2π。利用傅里叶变换综合式(2.130)可以求得单位脉冲响应 $h_{lp}[n]$ 为

$$\begin{aligned} h_{lp}[n] &= \frac{1}{2\pi}\int_{-\omega_c}^{\omega_c} e^{j\omega n} d\omega \\ &= \frac{1}{2\pi jn}\left[e^{j\omega n}\right]_{-\omega_c}^{\omega_c} = \frac{1}{2\pi jn}(e^{j\omega_c n} - e^{-j\omega_c n}) \\ &= \frac{\sin\omega_c n}{\pi n}, \quad -\infty < n < \infty \end{aligned} \tag{2.140}$$

值得注意的是,因为对 $n<0$,$h_{lp}[n]$ 不为零,所以该理想低通滤波器是非因果的。同时,$h_{lp}[n]$ 也不是绝对可加的。当 $n\to\infty$ 时这个序列值仅以 $1/n$ 趋于零。这是由于 $H_{lp}(e^{j\omega})$ 在 $\omega=\omega_c$ 是不连续的。因为 $h_{lp}[n]$ 不是绝对可加的,那么

$$\sum_{n=-\infty}^{\infty} \frac{\sin\omega_c n}{\pi n} e^{-j\omega n}$$

对所有 ω 值就不是一致收敛的。对此为了获得直观上的理解,先来考虑作为有限项和的

$$H_M(e^{j\omega}) = \sum_{n=-M}^{M} \frac{\sin\omega_c n}{\pi n} e^{-j\omega n} \tag{2.141}$$

对于几个不同的 M 值,这一函数的求值如图2.21所示。可以看到,随着 M 的增加,在 $\omega=\omega_c$ 处振荡更为剧烈(常称为吉布斯现象),而起伏的大小并不下降。事实上,可以证明随 $M\to\infty$ 振荡的最大幅度不趋于零,而振荡位置朝着 $\omega=\pm\omega_c$ 点收敛。因此该无限和对式(2.139)的不连续函数 $H_{lp}(e^{j\omega})$ 不是一致收敛的。然而,由式(2.140)所给出的 $h_{lp}[n]$ 是平方可加的,相应的 $H_M(e^{j\omega})$ 以均方意义收敛于 $H_{lp}(e^{j\omega})$,也即

$$\lim_{M\to\infty} \int_{-\pi}^{\pi} |H_{lp}(e^{j\omega}) - H_M(e^{j\omega})|^2 d\omega = 0$$

虽然当 $M\to\infty$ 时 $H_M(e^{j\omega})$ 和 $H_{lp}(e^{j\omega})$ 之间的差似乎是不重要的,因为这两个函数仅仅在 $\omega=\omega_c$ 有差别,但是在第7章将会看到,在离散时间系统滤波问题的设计中,例如式(2.141)的有限和的特性有着重要的含义。

对于某些既不是绝对可加的,又不是平方可加的序列,有一个傅里叶变换的表示是很有用的。参考下面的例子。

例2.19　常数的傅里叶变换

考虑一个对全部 n 来说,$x[n]=1$ 的序列。这个序列既不是绝对可加的,也不是平方可加的,在这一情况下,式(2.131)既不一致收敛,也不均方收敛。然而,把这个序列的傅里叶变换

定义成如下周期冲激串是可能且有用的：

$$X(e^{j\omega}) = \sum_{r=-\infty}^{\infty} 2\pi\delta(\omega + 2\pi r) \tag{2.142}$$

这时，这些冲激就是一个连续变量的函数，因此具有"无限高，零宽度和单位面积"的特性，这与式(2.131)在任何常规意义上不收敛的事实是一致的。(有关冲激函数定义和性质的讨论可见 Oppenheim and Willsky (1997))。用式(2.142)作为序列 $x[n]=1$ 的傅里叶表示主要正是由于将式(2.142)代入式(2.130)可以得到一个正确结果的缘故。例2.20代表了该例的一般情况。

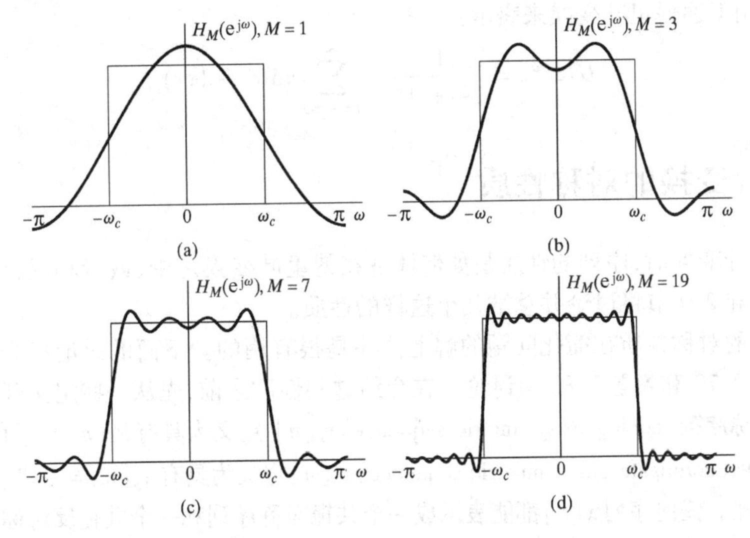

图2.21 傅里叶变换的收敛。在 $\omega=\omega_c$ 处的振荡特性常称为吉布斯现象

例2.20 复指数序列的傅里叶变换

某一序列其傅里叶变换是下列周期冲激串：

$$X(e^{j\omega}) = \sum_{r=-\infty}^{\infty} 2\pi\delta(\omega - \omega_0 + 2\pi r) \tag{2.143}$$

在这个例子中要证明该序列 $x[n]$ 就是复指数序列 $e^{j\omega_0 n}$，其中 $-\pi<\omega_0\leqslant\pi$。

可以将 $X(e^{j\omega})$ 代入式(2.130)的傅里叶逆变换积分式中来求得 $x[n]$。由于 $X(e^{j\omega})$ 的积分仅在一个周期 $(-\pi<\omega<\pi)$ 内进行，所以在式(2.143)中仅需要包括 $r=0$ 这一项。因此，可以写为

$$x[n] = \frac{1}{2\pi}\int_{-\pi}^{\pi} 2\pi\delta(\omega-\omega_0)e^{j\omega n}d\omega \tag{2.144}$$

利用冲激函数的定义，可得

$$x[n] = e^{j\omega_0 n}, \quad 对任意\ n$$

当 $\omega_0=0$，就变成例2.19中讨论的序列。

很显然，例2.20中的 $x[n]$ 既不是绝对可加的，又不是平方可加的，而 $|X(e^{j\omega})|$ 对所有 ω 也不是有限的。因此这样的数学表达式

$$\sum_{n=-\infty}^{\infty} e^{j\omega_0 n}e^{-j\omega n} = \sum_{r=-\infty}^{\infty} 2\pi\delta(\omega-\omega_0+2\pi r) \tag{2.145}$$

必须要用广义函数理论来说明(Lighthill, 1958)。利用这一理论，傅里叶变换表示的概念可以很严

格地推广到这样一类序列,这类序列可以表示成离散频率分量的和,如

$$x[n]=\sum_k a_k e^{j\omega_k n}, \qquad -\infty<n<\infty \tag{2.146}$$

由例2.20的结果可得

$$X(e^{j\omega})=\sum_{r=-\infty}^{\infty}\sum_k 2\pi a_k\delta(\omega-\omega_k+2\pi r) \tag{2.147}$$

这就是式(2.146)中$x[n]$的傅里叶变换表示。

另一个既不绝对可加,又不平方可加的序列是单位阶跃序列$u[n]$。虽然证明起来不那么直接,这个序列能用下述傅里叶变换来表示:

$$U(e^{j\omega})=\frac{1}{1-e^{-j\omega}}+\sum_{r=-\infty}^{\infty}\pi\delta(\omega+2\pi r) \tag{2.148}$$

2.8 傅里叶变换的对称性质

在应用傅里叶变换时,序列的性质是如何体现在傅里叶变换之中,或者相反,详细了解这一点是有用的。本节和2.9节将讨论并总结几个这样的性质。

傅里叶变换的对称性质在简化问题的解上往往是很有用的。下面的讨论将介绍这些性质,其证明将留在习题2.79和习题2.80中讨论。在介绍这些性质之前,先从一些定义开始。

一个**共轭对称序列**(conjugate-symmetric sequence)$x_e[n]$定义为具有$x_e[n]=x_e^*[-n]$的序列;一个**共轭反对称序列**(conjugate-antisymmetric sequence)$x_o[n]$定义为具有$x_o[n]=-x_o^*[-n]$的序列,这里*记作复数共轭。任何序列$x[n]$都能表示成一个共轭对称序列和一个共轭反对称序列之和,即

$$x[n]=x_e[n]+x_o[n] \tag{2.149a}$$

式中

$$x_e[n]=\tfrac{1}{2}(x[n]+x^*[-n])=x_e^*[-n] \tag{2.149b}$$

和

$$x_o[n]=\tfrac{1}{2}(x[n]-x^*[-n])=-x_o^*[-n] \tag{2.149c}$$

将式(2.149b)与式(2.149c)相加可以保证式(2.149a)成立。一个共轭对称的实序列$x_e[n]=x_e[-n]$称为**偶序列**(even sequence);一个共轭反对称的实序列$x_o[n]=-x_o[-n]$称为**奇序列**(odd sequence)。

一个傅里叶变换$X(e^{j\omega})$能分解为共轭对称和共轭反对称函数之和

$$X(e^{j\omega})=X_e(e^{j\omega})+X_o(e^{j\omega}) \tag{2.150a}$$

式中

$$X_e(e^{j\omega})=\tfrac{1}{2}[X(e^{j\omega})+X^*(e^{-j\omega})] \tag{2.150b}$$

和

$$X_o(e^{j\omega})=\tfrac{1}{2}[X(e^{j\omega})-X^*(e^{-j\omega})] \tag{2.150c}$$

通过将$-\omega$和ω代入式(2.150b)和式(2.150c)中,可以明显地得到,$X_e(e^{j\omega})$是共轭对称的,而$X_o(e^{j\omega})$是共轭反对称的;也即

$$X_e(e^{j\omega})=X_e^*(e^{-j\omega}) \tag{2.151a}$$

和

$$X_o(e^{j\omega})=-X_o^*(e^{-j\omega}) \tag{2.151b}$$

和序列一样,如果一个连续变量的实函数是共轭对称的,就称为**偶函数**;而一个连续变量的实共轭反对称函数就称为**奇函数**。

傅里叶变换的对称性质综合在表2.1中,前6个性质针对一般的复指数序列 $x[n]$,其傅里叶变换为 $X(\mathrm{e}^{\mathrm{j}\omega})$。性质1和性质2放在习题2.79中讨论。利用两个序列和的傅里叶变换就是它们的傅里叶变换之和这一事实,性质3就直接可从性质1和性质2得出。具体地说,$\mathcal{R}e\{x[n]\}=\frac{1}{2}(x[n]+x^*[n])$ 的傅里叶变换就是 $X(\mathrm{e}^{\mathrm{j}\omega})$ 的共轭对称部分 $X_e(\mathrm{e}^{\mathrm{j}\omega})$。类似地,$\mathrm{j}\mathcal{I}m\{x[n]\}=\frac{1}{2}(x[n]-x^*[n])$,或者等效为 $\mathrm{j}\mathcal{I}m\{x[n]\}$ 的傅里叶变换是 $X(\mathrm{e}^{\mathrm{j}\omega})$ 的共轭反对称分量 $X_o(\mathrm{e}^{\mathrm{j}\omega})$,这就是性质4。当考虑 $x[n]$ 的共轭对称和共轭反对称分量 $x_e[n]$ 和 $x_o[n]$ 的傅里叶变换时,就可得到性质5和性质6。

如果 $x[n]$ 是一个实序列,这些对称性质就变得特别直接和有用。具体地,对一个实序列其傅里叶变换是共轭对称的,即 $X(\mathrm{e}^{\mathrm{j}\omega})=X^*(\mathrm{e}^{-\mathrm{j}\omega})$(性质7)。将 $X(\mathrm{e}^{\mathrm{j}\omega})$ 用它的实部和虚部表示

$$X(\mathrm{e}^{\mathrm{j}\omega})=X_R(\mathrm{e}^{\mathrm{j}\omega})+\mathrm{j}X_I(\mathrm{e}^{\mathrm{j}\omega}) \tag{2.152}$$

然后,就可得性质8和性质9,即

$$X_R(\mathrm{e}^{\mathrm{j}\omega})=X_R(\mathrm{e}^{-\mathrm{j}\omega}) \tag{2.153a}$$

和

$$X_I(\mathrm{e}^{\mathrm{j}\omega})=-X_I(\mathrm{e}^{-\mathrm{j}\omega}) \tag{2.153b}$$

换句话说,对一个实序列,其傅里叶变换的实部是一个偶函数,虚部是一个奇函数。类似地,将 $X(\mathrm{e}^{\mathrm{j}\omega})$ 以极坐标形式表示为

$$X(\mathrm{e}^{\mathrm{j}\omega})=|X(\mathrm{e}^{\mathrm{j}\omega})|\mathrm{e}^{\mathrm{j}\angle X(\mathrm{e}^{\mathrm{j}\omega})} \tag{2.154}$$

那么,对一个实序列 $x[n]$,可以证明:其傅里叶变换的幅度 $|X(\mathrm{e}^{\mathrm{j}\omega})|$ 是 ω 的偶函数,而相位 $\angle X(\mathrm{e}^{\mathrm{j}\omega})$ 则是 ω 的奇函数(性质10和性质11)。同样,对于一个实序列,$x[n]$ 的偶部变换为 $X_R(\mathrm{e}^{\mathrm{j}\omega})$,而奇部变换为 $\mathrm{j}X_I(\mathrm{e}^{\mathrm{j}\omega})$(性质12和性质13)。

表2.1　傅里叶变换的对称性质

序列 $x[n]$	傅里叶变换 $X(\mathrm{e}^{\mathrm{j}\omega})$
1. $x^*[n]$	$X^*(\mathrm{e}^{-\mathrm{j}\omega})$
2. $x^*[-n]$	$X^*(\mathrm{e}^{\mathrm{j}\omega})$
3. $\mathcal{R}e\{x[n]\}$	$X_e(\mathrm{e}^{\mathrm{j}\omega})$　($X(\mathrm{e}^{\mathrm{j}\omega})$ 的共轭对称部分)
4. $\mathrm{j}\mathcal{I}m\{x[n]\}$	$X_o(\mathrm{e}^{\mathrm{j}\omega})$　($X(\mathrm{e}^{\mathrm{j}\omega})$ 的共轭反对称部分)
5. $x_e[n]$　($x[n]$ 的共轭对称部分)	$X_R(\mathrm{e}^{\mathrm{j}\omega})=\mathcal{R}e\{X(\mathrm{e}^{\mathrm{j}\omega})\}$
6. $x_o[n]$　($x[n]$ 的共轭反对称部分)	$\mathrm{j}X_I(\mathrm{e}^{\mathrm{j}\omega})=\mathrm{j}\mathcal{I}m\{X(\mathrm{e}^{\mathrm{j}\omega})\}$
	以下性质仅适用于 $x[n]$ 为实序列:
7. 任意实 $x[n]$	$X(\mathrm{e}^{\mathrm{j}\omega})=X^*(\mathrm{e}^{-\mathrm{j}\omega})$　(共轭对称)
8. 任意实 $x[n]$	$X_R(\mathrm{e}^{\mathrm{j}\omega})=X_R(\mathrm{e}^{-\mathrm{j}\omega})$　(实部为偶函数)
9. 任意实 $x[n]$	$X_I(\mathrm{e}^{\mathrm{j}\omega})=-X_I(\mathrm{e}^{-\mathrm{j}\omega})$　(虚部为奇函数)
10. 任意实 $x[n]$	$\|X(\mathrm{e}^{\mathrm{j}\omega})\|=\|X(\mathrm{e}^{-\mathrm{j}\omega})\|$　(幅部为偶函数)
11. 任意实 $x[n]$	$\angle X(\mathrm{e}^{\mathrm{j}\omega})=-\angle X(\mathrm{e}^{-\mathrm{j}\omega})$　(相位为奇函数)
12. $x_e[n]$　($x[n]$ 的偶部)	$X_R(\mathrm{e}^{\mathrm{j}\omega})$
13. $x_o[n]$　($x[n]$ 的偶部)	$\mathrm{j}X_I(\mathrm{e}^{\mathrm{j}\omega})$

例 2.21 对称性质的举例说明

回顾例 2.17 中的序列,那里已证明该实序列 $x[n]=a^n u[n]$ 的傅里叶变换是

$$X(e^{j\omega})=\frac{1}{1-ae^{-j\omega}}\quad 如果|a|<1 \tag{2.155}$$

那么由复数特性可以得到

$$X(e^{j\omega})=\frac{1}{1-ae^{-j\omega}}=X^*(e^{-j\omega})\qquad(性质7)$$

$$X_R(e^{j\omega})=\frac{1-a\cos\omega}{1+a^2-2a\cos\omega}=X_R(e^{-j\omega})\qquad(性质8)$$

$$X_I(e^{j\omega})=\frac{-a\sin\omega}{1+a^2-2a\cos\omega}=-X_I(e^{-j\omega})\qquad(性质9)$$

$$|X(e^{j\omega})|=\frac{1}{(1+a^2-2a\cos\omega)^{1/2}}=|X(e^{-j\omega})|\qquad(性质10)$$

$$\angle X(e^{j\omega})=\arctan\left(\frac{-a\sin\omega}{1-a\cos\omega}\right)=-\angle X(e^{-j\omega})\qquad(性质11)$$

图 2.22 画出了 $a>0$ 时的这些函数,并以 $a=0.75$(实线)和 $a=0.5$(虚线)为例。在习题 2.32 中讨论了相应于 $a<0$ 时的这些曲线。

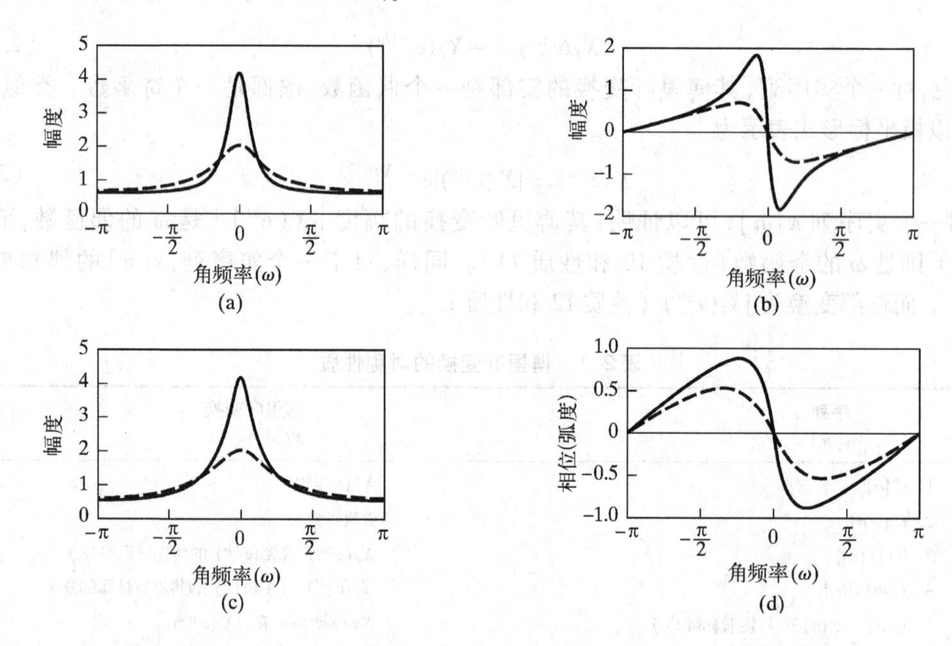

图 2.22 单位脉冲响应 $h[n]=a^n u[n]$ 的系统频率响应。(a)实部;$a>0$,图中实线对应 $a=0.75$;虚线对应 $a=0.5$;(b)虚部;(c)幅度;$a>0$,图中实线对应 $a=0.75$;虚线对应 $a=0.5$;(d)相位

2.9 傅里叶变换定理

除了对称性质外,还有各种定理(将在 2.9.1 节～2.9.7 节中介绍)把序列的运算与傅里叶变换的运算联系起来。后面将会看到,这些定理与连续时间信号及其傅里叶变换的相应定理在许多情况下都是很相似的。为了方便于这些定理的陈述,将引入下列算子符号:

$$X(e^{j\omega}) = \mathcal{F}\{x[n]\}$$
$$x[n] = \mathcal{F}^{-1}\{X(e^{j\omega})\}$$
$$x[n] \overset{\mathcal{F}}{\longleftrightarrow} X(e^{j\omega})\ \mathcal{F}^{-1}$$

也就是说，$\mathcal{F}$记作"取$x[n]$傅里叶变换"的运算，而$\mathcal{F}^{-1}$是上述运算的逆运算。定理的大部分只作陈述，不给予证明。这些证明一般仅涉及求和或积分的简单变量换算，故留作为练习（见习题 2.81），本节中的这些定理整理在表 2.2 中。

表 2.2　傅里叶变换定理

序列 $x[n]$ $y[n]$	傅里叶变换 $X(e^{j\omega})$ $Y(e^{j\omega})$
1. $ax[n]+by[n]$	$aX(e^{j\omega})+bY(e^{j\omega})$
2. $x[n-n_d]$　（n_d 为整数）	$e^{-j\omega n_d}X(e^{j\omega})$
3. $e^{j\omega_0 n}x[n]$	$X(e^{j(\omega-\omega_0)})$
4. $x[-n]$	$X(e^{-j\omega})$ $X^*(e^{j\omega})$　如果 $x[n]$ 为实数
5. $nx[n]$	$j\dfrac{dX(e^{j\omega})}{d\omega}$
6. $x[n]*y[n]$	$X(e^{j\omega})Y(e^{j\omega})$
7. $x[n]y[n]$	$\dfrac{1}{2\pi}\displaystyle\int_{-\pi}^{\pi}X(e^{j\theta})Y(e^{j(\omega-\theta)})d\theta$
帕斯瓦尔定理：	
8. $\displaystyle\sum_{n=-\infty}^{\infty}\|x[n]\|^2=\frac{1}{2\pi}\int_{-\pi}^{\pi}\|X(e^{j\omega})\|^2d\omega$	
9. $\displaystyle\sum_{n=-\infty}^{\infty}x[n]y^*[n]=\frac{1}{2\pi}\int_{-\pi}^{\pi}X(e^{j\omega})Y^*(e^{j\omega})d\omega$	

2.9.1　傅里叶变换的线性

若

$$x_1[n] \overset{\mathcal{F}}{\longleftrightarrow} X_1(e^{j\omega})$$

和

$$x_2[n] \overset{\mathcal{F}}{\longleftrightarrow} X_2(e^{j\omega})$$

那么，将它们直接代入离散时间傅里叶变换（DTFT）定义后立即可得

$$ax_1[n]+bx_2[n] \overset{\mathcal{F}}{\longleftrightarrow} aX_1(e^{j\omega})+bX_2(e^{j\omega}) \tag{2.156}$$

2.9.2　时移和频移定理

若

$$x[n] \overset{\mathcal{F}}{\longleftrightarrow} X(e^{j\omega})$$

那么对于时移序列$x[n-n_d]$来说，只要对离散时间傅里叶变换的求和变量作一简单变换，就可得

$$x[n-n_d] \overset{\mathcal{F}}{\longleftrightarrow} e^{-j\omega n_d}X(e^{j\omega}) \tag{2.157}$$

直接代入就能证明频移的傅里叶变换结果为

$$e^{j\omega_0 n}x[n] \overset{\mathcal{F}}{\longleftrightarrow} X(e^{j(\omega-\omega_0)}) \tag{2.158}$$

2.9.3 时间倒置定理

若

$$x[n] \stackrel{\mathcal{F}}{\longleftrightarrow} X(e^{j\omega})$$

那么,如果该序列被时间倒置,则有

$$x[-n] \stackrel{\mathcal{F}}{\longleftrightarrow} X(e^{-j\omega}) \tag{2.159}$$

若 $x[n]$ 是实序列,该定理就简化为

$$x[-n] \stackrel{\mathcal{F}}{\longleftrightarrow} X^*(e^{j\omega}) \tag{2.160}$$

2.9.4 频域微分定理

若

$$x[n] \stackrel{\mathcal{F}}{\longleftrightarrow} X(e^{j\omega})$$

则对离散时间傅里叶变换(DTFT)进行微分,可得

$$nx[n] \stackrel{\mathcal{F}}{\longleftrightarrow} j\frac{dX(e^{j\omega})}{d\omega} \tag{2.161}$$

2.9.5 帕斯瓦尔定理

若

$$x[n] \stackrel{\mathcal{F}}{\longleftrightarrow} X(e^{j\omega})$$

则

$$E = \sum_{n=-\infty}^{\infty} |x[n]|^2 = \frac{1}{2\pi}\int_{-\pi}^{\pi} |X(e^{j\omega})|^2 d\omega \tag{2.162}$$

函数 $|X(e^{j\omega})|^2$ 称为能量密度谱,因为它决定了能量在频域中是如何分布的。能量密度谱必然是仅对能量有限信号定义的。帕斯瓦尔定理的更一般形式在习题 2.84 中给出。

2.9.6 卷积定理

若

$$x[n] \stackrel{\mathcal{F}}{\longleftrightarrow} X(e^{j\omega})$$

和

$$h[n] \stackrel{\mathcal{F}}{\longleftrightarrow} H(e^{j\omega})$$

而且,如果

$$y[n] = \sum_{k=-\infty}^{\infty} x[k]h[n-k] = x[n] * h[n] \tag{2.163}$$

则

$$Y(e^{j\omega}) = X(e^{j\omega})H(e^{j\omega}) \tag{2.164}$$

因此,序列的卷积就意味着相应的傅里叶变换的乘积。上述的时移性质是卷积性质的一种特殊情况,这是因为

$$\delta[n-n_d] \stackrel{\mathcal{F}}{\longleftrightarrow} e^{-j\omega n_d} \tag{2.165}$$

并且,如果 $h[n]=\delta[n-n_d]$,则 $y[n]=x[n]*\delta[n-n_d]=x[n-n_d]$。因此就有

$$H(e^{j\omega})=e^{-j\omega n_d} \quad 和 \quad Y(e^{j\omega})=e^{-j\omega n_d}X(e^{j\omega})$$

卷积定理的正规推导很容易通过对式(2.163)表示的 $y[n]$ 进行傅里叶变换来完成。该定理也能解释为是在线性时不变系统中复指数的特征函数性质的一个直接结果。回想一下,$H(e^{j\omega})$ 是单位脉冲响应为 $h[n]$ 的 LTI 系统的频率响应,同时,若

$$x[n]=e^{j\omega n}$$

那么

$$y[n]=H(e^{j\omega})e^{j\omega n}$$

也就是说,复指数是 LTI 系统的特征函数,这里 $h[n]$ 的傅里叶变换 $H(e^{j\omega})$ 就是特征值。按积分的定义,傅里叶综合公式相应于将一个序列 $x[n]$ 表示成无限小的复指数的叠加,即

$$x[n]=\frac{1}{2\pi}\int_{-\pi}^{\pi}X(e^{j\omega})e^{j\omega n}d\omega=\lim_{\Delta\omega\to 0}\frac{1}{2\pi}\sum_k X(e^{jk\Delta\omega})e^{jk\Delta\omega n}\Delta\omega$$

根据线性系统特征函数的性质和叠加原理,相应的输出就是

$$y[n]=\lim_{\Delta\omega\to 0}\frac{1}{2\pi}\sum_k H(e^{jk\Delta\omega})X(e^{jk\Delta\omega})e^{jk\Delta\omega n}\Delta\omega=\frac{1}{2\pi}\int_{-\pi}^{\pi}H(e^{j\omega})X(e^{j\omega})e^{j\omega n}d\omega$$

由此可得

$$Y(e^{j\omega})=H(e^{j\omega})X(e^{j\omega})$$

这就是式(2.164)。

2.9.7 调制或加窗定理

若

$$x[n]\overset{\mathcal{F}}{\longleftrightarrow}X(e^{j\omega})$$

和

$$w[n]\overset{\mathcal{F}}{\longleftrightarrow}W(e^{j\omega})$$

且若

$$y[n]=x[n]w[n] \tag{2.166}$$

则

$$Y(e^{j\omega})=\frac{1}{2\pi}\int_{-\pi}^{\pi}X(e^{j\theta})W(e^{j(\omega-\theta)})d\theta \tag{2.167}$$

式(2.167)是一个周期卷积,也就是说,它是两个周期函数的积,其积分上、下限仅取一个周期。把卷积和调制定理做比较,就可以明显地看出,在大部分傅里叶变换定理中存在着这种固有的对偶性。然而,与连续时间情况相比(这时这种对偶关系是完全的),在离散时间情况下存在某些基本的差别。这是由于傅里叶变换只是一个和式,而逆变换则是被积函数为周期函数的积分。对于连续时间情况可以说:时域中的卷积可由频域中的相乘来表示,反之亦然;而在离散时间情况下,就必须做一点修改。具体来说就是,序列的离散卷积(卷积和)等效于相应的周期傅里叶变换的相乘,序列的相乘等效于相应傅里叶变换的**周期**卷积。

本节的有关定理和几个基本的傅里叶变换对都分别综合在表2.2和表2.3中。熟悉傅里叶变换定理和性质是很有用的,表现之一就是用在求傅里叶变换或逆变换中。通常可以借助于对已知变换的序列进行适当的运算,从而表示另一个序列,以此来简化某一个困难或复杂的问题。例2.22～例2.25就说明了这一点。

表2.3 傅里叶变换对

序 列	傅里叶变换
1. $\delta[n]$	1
2. $\delta[n-n_0]$	$e^{-j\omega n_0}$
3. $1 \quad (-\infty < n < \infty)$	$\sum_{k=-\infty}^{\infty} 2\pi\delta(\omega+2\pi k)$
4. $a^n u[n] \quad (\lvert a\rvert<1)$	$\frac{1}{1-ae^{-j\omega}}$
5. $u[n]$	$\frac{1}{1-e^{-j\omega}}+\sum_{k=-\infty}^{\infty}\pi\delta(\omega+2\pi k)$
6. $(n+1)a^n u[n] \quad (\lvert a\rvert<1)$	$\frac{1}{(1-ae^{-j\omega})^2}$
7. $\frac{r^n \sin\omega_p(n+1)}{\sin\omega_p}u[n] \quad (\lvert r\rvert<1)$	$\frac{1}{1-2r\cos\omega_p e^{-j\omega}+r^2e^{-j2\omega}}$
8. $\frac{\sin\omega_c n}{\pi n}$	$X(e^{j\omega})=\begin{cases}1, & \lvert\omega\rvert<\omega_c\\ 0, & \omega_c<\lvert\omega\rvert\leqslant\pi\end{cases}$
9. $x[n]=\begin{cases}1, & 0\leqslant n\leqslant M\\ 0, & 其他\end{cases}$	$\frac{\sin[\omega(M+1)/2]}{\sin(\omega/2)}e^{-j\omega M/2}$
10. $e^{j\omega_0 n}$	$\sum_{k=-\infty}^{\infty} 2\pi\delta(\omega-\omega_0+2\pi k)$
11. $\cos(\omega_0 n+\phi)$	$\sum_{k=-\infty}^{\infty}[\pi e^{j\phi}\delta(\omega-\omega_0+2\pi k)+\pi e^{-j\phi}\delta(\omega+\omega_0+2\pi k)]$

例2.22 利用表2.2和表2.3求傅里叶变换

假设要求序列 $x[n]=a^n u[n-5]$ 的傅里叶变换。这个变换可利用表2.2中的定理1和定理2及表2.3中的变换对4来完成。令 $x_1[n]=a^n u[n]$,并且从这个信号开始往下做,这是由于在表2.3中,这是最类似于 $x[n]$ 的信号。由表2.3可得

$$X_1(e^{j\omega})=\frac{1}{1-ae^{-j\omega}} \tag{2.168}$$

为了由 $x_1[n]$ 求得 $x[n]$,首先要将 $x_1[n]$ 延时5个样本,即 $x_2[n]=x_1[n-5]$。由表2.2中的定理2给出对应的频域关系为 $X_2(e^{j\omega})=e^{-j5\omega}X_1(e^{j\omega})$,所以

$$X_2(e^{j\omega})=\frac{e^{-j5\omega}}{1-ae^{-j\omega}} \tag{2.169}$$

为了从 $x_2[n]$ 导出所期望的 $x[n]$,仅需在 $X_2[n]$ 上乘以 a^5,即 $x[n]=a^5x_2[n]$。由傅里叶变换的线性性质,即表2.2中的定理1可得所期望的傅里叶变换为

$$X(e^{j\omega})=\frac{a^5e^{-j5\omega}}{1-ae^{-j\omega}} \tag{2.170}$$

例2.23 利用表2.2和表2.3求傅里叶逆变换

设有

$$X(e^{j\omega})=\frac{1}{(1-ae^{-j\omega})(1-be^{-j\omega})} \tag{2.171}$$

将 $X(e^{j\omega})$ 直接代入式(2.130)将生成一个积分式,要用通常的积分方法对其求解是非常困难的。然而,利用部分分式展开的方法(第3章将详细讨论),可将 $X(e^{j\omega})$ 展开为

$$X(e^{j\omega})=\frac{a/(a-b)}{1-ae^{-j\omega}}-\frac{b/(a-b)}{1-be^{-j\omega}} \tag{2.172}$$

由表 2.2 中的定理 1 和表 2.3 中的变换对 4 可得

$$x[n]=\left(\frac{a}{a-b}\right)a^n u[n]-\left(\frac{b}{a-b}\right)b^n u[n] \tag{2.173}$$

例 2.24　由频率响应求单位脉冲响应

一个具有线性相位的高通滤波器的频率响应是

$$H(\mathrm{e}^{\mathrm{j}\omega})=\begin{cases}\mathrm{e}^{-\mathrm{j}\omega n_d}, & \omega_c<|\omega|<\pi\\ 0, & |\omega|<\omega_c\end{cases} \tag{2.174}$$

其周期为 2π 是不言自明的。该频率响应可表示为

$$H(\mathrm{e}^{\mathrm{j}\omega})=\mathrm{e}^{-\mathrm{j}\omega n_d}(1-H_{\mathrm{lp}}(\mathrm{e}^{\mathrm{j}\omega}))=\mathrm{e}^{-\mathrm{j}\omega n_d}-\mathrm{e}^{-\mathrm{j}\omega n_d}H_{\mathrm{lp}}(\mathrm{e}^{\mathrm{j}\omega})$$

式中，$H_{\mathrm{lp}}(\mathrm{e}^{\mathrm{j}\omega})$ 是周期的，周期为 2π，且

$$H_{\mathrm{lp}}(\mathrm{e}^{\mathrm{j}\omega})=\begin{cases}1, & |\omega|<\omega_c\\ 0, & \omega_c<|\omega|<\pi\end{cases}$$

利用例 2.18 中的结果，求得 $H_{\mathrm{lp}}(\mathrm{e}^{\mathrm{j}\omega})$ 的逆变换，再结合表 2.2 中的性质 1 和性质 2，则有

$$\begin{aligned}h[n]&=\delta[n-n_d]-h_{\mathrm{lp}}[n-n_d]\\&=\delta[n-n_d]-\frac{\sin\omega_c(n-n_d)}{\pi(n-n_d)}\end{aligned}$$

例 2.25　对差分方程求单位脉冲响应

求一个稳定的线性时不变系统的单位脉冲响应，其输入 $x[n]$ 和输出 $y[n]$ 满足如下线性常系数差分方程：

$$y[n]-\tfrac{1}{2}y[n-1]=x[n]-\tfrac{1}{4}x[n-1] \tag{2.175}$$

在第 3 章将会看到用 z 变换来处理差分方程比用傅里叶变换更为有效。然而，本例将提供一种利用变换方法分析线性系统的思路。为了求单位脉冲响应，令 $x[n]=\delta[n]$，用 $h[n]$ 记作单位脉冲响应，式(2.175)变为

$$h[n]-\tfrac{1}{2}h[n-1]=\delta[n]-\tfrac{1}{4}\delta[n-1] \tag{2.176}$$

对式(2.176)两边进行傅里叶变换，并利用表 2.2 中的性质 1 和性质 2，可得

$$H(\mathrm{e}^{\mathrm{j}\omega})-\tfrac{1}{2}\mathrm{e}^{-\mathrm{j}\omega}H(\mathrm{e}^{\mathrm{j}\omega})=1-\tfrac{1}{4}\mathrm{e}^{-\mathrm{j}\omega} \tag{2.177}$$

或

$$H(\mathrm{e}^{\mathrm{j}\omega})=\frac{1-\frac{1}{4}\mathrm{e}^{-\mathrm{j}\omega}}{1-\frac{1}{2}\mathrm{e}^{-\mathrm{j}\omega}} \tag{2.178}$$

为了求得 $h[n]$，需求出 $H(\mathrm{e}^{\mathrm{j}\omega})$ 的傅里叶逆变换。为此，将式(2.178)重新写成

$$H(\mathrm{e}^{\mathrm{j}\omega})=\frac{1}{1-\frac{1}{2}\mathrm{e}^{-\mathrm{j}\omega}}-\frac{\frac{1}{4}\mathrm{e}^{-\mathrm{j}\omega}}{1-\frac{1}{2}\mathrm{e}^{-\mathrm{j}\omega}} \tag{2.179}$$

由表 2.3 中的变换对 4 可得

$$\left(\tfrac{1}{2}\right)^n u[n]\overset{\mathcal{F}}{\longleftrightarrow}\frac{1}{1-\frac{1}{2}\mathrm{e}^{-\mathrm{j}\omega}}$$

将这个变换对与表 2.2 中的性质 2 结合在一起，则有

$$-\left(\tfrac{1}{4}\right)\left(\tfrac{1}{2}\right)^{n-1}u[n-1]\overset{\mathcal{F}}{\longleftrightarrow}-\frac{\frac{1}{4}\mathrm{e}^{-\mathrm{j}\omega}}{1-\frac{1}{2}\mathrm{e}^{-\mathrm{j}\omega}} \tag{2.180}$$

再根据表 2.2 中的性质 1 可得

$$h[n]=\left(\tfrac{1}{2}\right)^n u[n]-\left(\tfrac{1}{4}\right)\left(\tfrac{1}{2}\right)^{n-1}u[n-1] \tag{2.181}$$

2.10 离散时间随机信号

前述各节都集中在离散时间信号与系统的数学表示上,以及由此导出的一些细节。离散时间信号与系统既有时域表示也有频域表示,每一种表示在离散时间信号处理系统的理论和设计中都有其重要的地位。至此,都假定信号是确定性的,也就是说,序列的每一个值都唯一地由一个数学表达式、一个数据表或按某种规则来确定。

在很多情况下,产生信号的过程是如此复杂,以至于要精确地描述一个信号,即便可行,也是极为困难或不合需要的。在这些情况下,把信号建模成一个随机过程是有用的①。作为一个例子,在第6章将会看到,在实现数字信号处理算法中,由于有限寄存器长度而引起的很多影响就能够用加性噪声来表示,即一个随机序列。很多力学系统产生的声学或振动信号(处理这些信号可以诊断出潜在的缺陷)往往能用随机信号很好地建模。自动识别或带宽压缩中待处理的语音信号和为提高质量而处理的音乐信号只是众多例子中的两个。

一个随机信号就是一组离散时间信号的集合,它是由一组概率密度函数来表征的。换句话说,在某一特定时刻,对于某一个特殊的信号来说,该信号样本在该时刻的大小是假定按照某种基本的概率方式确定的;也就是说,一个特殊信号的每一个单个样本 $x[n]$ 假定是某基本随机变量 x_n 的一个输出。全部信号由这样的随机变量的一个集合来表示,在 $-\infty<n<\infty$ 内,每一样本每一时刻都有一个集合。随机变量这个集合称为一个**随机过程**(random process),并且假定一个特殊的样本序列 $x[n]$, $-\infty<n<\infty$,已经由引起该信号的随机过程所产生。为了完全描述这个随机过程,就需要给出全部随机变量的单个和联合概率密度。

从这样的信号模型中得出有用结果的关键在于用各种平均值来给予描述,而这些平均值又能够从已假设的概率规律中计算出来,或者从一些特定的信号中估计出来。尽管若随机信号不是绝对可加或平方可加的,其结果就不能直接进行傅里叶变换,但是这些信号的很多性质(不是全部性质)都能用自相关或自协方差序列来描述,而对自相关或自协方差序列的傅里叶变换通常是存在的。正如本节将要讨论的,自协方差序列的傅里叶变换在信号能量的频率分布方面有一个很有用的解释。利用自相关序列及其变换还具有另一个重要优点:用一个离散时间线性系统处理随机信号的效果,可以方便地用该系统对自相关序列的处理效果来进行描述。

下面的讨论假定读者熟悉随机过程的一些基本概念,如平均、相关与协方差函数及功率谱等。附录A为此给出了对于简单的有关概念和符号的综述。随机信号理论的更加详细的讨论可以在很多著名的文献中找到,如 Davenport(1970)和 Papoulis(2002),Gray and Davidson(2004),Kay(2006)和 Bertsekas and Tsitsiklis(2008)。

本节的主要目的是提供在后续章节中要用到的有关随机信号表示的一组具体结果。因此,对于线性时不变系统处理信号的研究,主要集中在广义平稳随机信号及其表示上。为了便于讨论,讨论中都假定 $x[n]$ 和 $h[n]$ 是实值的,但是这些结果能很容易地推广到复数的情况。

现在考虑一个稳定的实单位脉冲响应为 $h[n]$ 的线性时不变系统。令 $x[n]$ 是实值序列,且是一个广义平稳离散时间随机过程的一个样本序列。那么,该线性系统的输出也是一个随机过程的一个样本序列,它将输出与输入过程用如下线性变换式联系起来:

$$y[n]=\sum_{k=-\infty}^{\infty}h[n-k]x[k]=\sum_{k=-\infty}^{\infty}h[k]x[n-k]$$

① 在信号处理文献中通常将术语"random"和"stochastic"互换使用。本书主要用"random"信号或"random"过程来描述这一类信号。

正如已经证明过的，因为系统是稳定的，如果 $x[n]$ 是有界的，$y[n]$ 一定也是有界的。下面将会看到，如果输入是平稳的①，那么输出也是平稳的。输入信号可以由其均值 m_x 和其相关函数 $\phi_{xx}[m]$ 来表征，或者由一些关于一阶甚至二阶概率分布的附加信息。在输出随机过程 $y[n]$ 的表征中也希望有类似的信息。对于许多应用，用简单平均如均值、方差和自相关等来表征输入和输出就足够了。因此，将导出这些量的输入、输出关系。

输入和输出过程的均值分别为

$$m_{x_n} = \mathcal{E}\{x_n\}, \qquad m_{y_n} = \mathcal{E}\{y_n\} \tag{2.182}$$

式中，$\mathcal{E}\{\cdot\}$ 记作一个随机变量的期望值。本书中不必仔细区分随机变量 x_n 和 y_n 与它们的值 $x[n]$ 和 $y[n]$，这将大大简化数学符号。例如，式(2.182)也可以写成

$$m_x[n] = \mathcal{E}\{x[n]\}, \qquad m_y[n] = \mathcal{E}\{y[n]\} \tag{2.183}$$

如果 $x[n]$ 是平稳的，那么 $m_x[n]$ 就与 n 无关，即可记作 m_x；如果 $y[n]$ 是平稳的，则 $m_y[n]$ 也类似。

输出过程的均值为

$$m_y[n] = \mathcal{E}\{y[n]\} = \sum_{k=-\infty}^{\infty} h[k]\mathcal{E}\{x[n-k]\}$$

式中已用到和的期望值就是期望值的和这一事实。因为输入是平稳的，所以 $m_x[n-k]=m_x$，从而

$$m_y[n] = m_x \sum_{k=-\infty}^{\infty} h[k] \tag{2.184}$$

由式(2.184)可见，输出的均值也是常数。式(2.184)频率响应的等效表达式为

$$m_y = H(\mathrm{e}^{\mathrm{j}0})m_x \tag{2.185}$$

暂且假定输出是非平稳的，对于一个实数输入，输出过程的自相关函数为

$$\begin{aligned}\phi_{yy}[n, n+m] &= \mathcal{E}\{y[n]y[n+m]\} \\ &= \mathcal{E}\left\{\sum_{k=-\infty}^{\infty}\sum_{r=-\infty}^{\infty} h[k]h[r]x[n-k]x[n+m-r]\right\} \\ &= \sum_{k=-\infty}^{\infty} h[k]\sum_{r=-\infty}^{\infty} h[r]\mathcal{E}\{x[n-k]x[n+m-r]\}\end{aligned}$$

因为已假定 $x[n]$ 是平稳的，$\mathcal{E}\{x[n-k]x[n+m-r]\}$ 仅与时间差 $m+k-r$ 有关，因此有

$$\phi_{yy}[n, n+m] = \sum_{k=-\infty}^{\infty} h[k]\sum_{r=-\infty}^{\infty} h[r]\phi_{xx}[m+k-r] = \phi_{yy}[m] \tag{2.186}$$

也就是说，输出自相关序列也仅与时间差 m 有关。由此可得，一个线性时不变系统被一个广义平稳输入所激励，其输出也是广义平稳的。

做变量置换 $\ell = r-k$，式(2.186)可表示为

$$\begin{aligned}\phi_{yy}[m] &= \sum_{\ell=-\infty}^{\infty} \phi_{xx}[m-\ell]\sum_{k=-\infty}^{\infty} h[k]h[\ell+k] \\ &= \sum_{\ell=-\infty}^{\infty} \phi_{xx}[m-\ell]c_{hh}[\ell]\end{aligned} \tag{2.187}$$

① 本节的其余部分都用术语“平稳”来指“广义平稳”，即，对于全部 n_1、n_2，$\mathcal{E}\{x[n_1]x[n_2]\}$ 只与 (n_1-n_2) 的差有关，即等价于，自相关仅为时间差 (n_1-n_2) 的函数。

式中已定义

$$c_{hh}[\ell]=\sum_{k=-\infty}^{\infty}h[k]h[\ell+k] \tag{2.188}$$

序列 $c_{hh}[\ell]$ 称为 $h[n]$ 的**确定性自相关序列**(deterministic autocorrelation sequence),或者简单地称为 $h[n]$ 的**自相关序列**(autocorrelation sequence)。应该强调的是,$c_{hh}[\ell]$ 是一个非周期序列(如有限的量)的自相关,不应该与一个无限能量随机序列的自相关相混淆。的确可以看出,$c_{hh}[\ell]$ 就是 $h[n]$ 与 $h[-n]$ 的离散卷积。那么,式(2.187)就可以表示,一个线性系统输出的自相关即为输入的自相关与该系统单位脉冲响应的非周期自相关的卷积。

式(2.187)表明,傅里叶变换对于表征一个线性时不变系统对一个随机输入的响应是有用的。为方便起见,假定 $m_x=0$,其自相关和自协方差序列是相同的。然后,分别用 $\Phi_{xx}(e^{j\omega})$,$\Phi_{yy}(e^{j\omega})$ 和 $C_{hh}(e^{j\omega})$ 表示 $\phi_{xx}[m]$,$\phi_{yy}[m]$ 和 $c_{hh}[\ell]$ 的傅里叶变换,由式(2.187)可得

$$\Phi_{yy}(e^{j\omega})=C_{hh}(e^{j\omega})\Phi_{xx}(e^{j\omega}) \tag{2.189}$$

另外,由式(2.188)得到

$$\begin{aligned}C_{hh}(e^{j\omega})&=H(e^{j\omega})H^*(e^{j\omega})\\&=|H(e^{j\omega})|^2\end{aligned}$$

$$\Phi_{yy}(e^{j\omega})=|H(e^{j\omega})|^2\Phi_{xx}(e^{j\omega}) \tag{2.190}$$

式(2.190)给出了一个有关**功率密度谱**(power density spectrum)的概念。具体地说,

$$\mathcal{E}\{y^2[n]\}=\phi_{yy}[0]=\frac{1}{2\pi}\int_{-\pi}^{\pi}\Phi_{yy}(e^{j\omega})\,d\omega=\text{输出总平均功率} \tag{2.191}$$

将式(2.190)代入式(2.191),可得

$$\mathcal{E}\{y^2[n]\}=\phi_{yy}[0]=\frac{1}{2\pi}\int_{-\pi}^{\pi}|H(e^{j\omega})|^2\Phi_{xx}(e^{j\omega})\,d\omega \tag{2.192}$$

假设 $H(e^{j\omega})$ 是一个理想带通滤波器,如图2.18(c)所示。因为 $\phi_{xx}[m]$ 是一个实偶序列,所以其傅里叶变换也是实偶的,即

$$\Phi_{xx}(e^{j\omega})=\Phi_{xx}(e^{-j\omega})$$

同样,$|H(e^{j\omega})|^2$ 也是 ω 的偶函数,因此可以写成

$$\begin{aligned}\phi_{yy}[0]&=\text{输出总平均功率}\\&=\frac{1}{2\pi}\int_{\omega_a}^{\omega_b}\Phi_{xx}(e^{j\omega})\,d\omega+\frac{1}{2\pi}\int_{-\omega_b}^{-\omega_a}\Phi_{xx}(e^{j\omega})\,d\omega\end{aligned} \tag{2.193}$$

这样,在 $\omega_a\leqslant|\omega|\leqslant\omega_b$ 内,$\Phi_{xx}(e^{j\omega})$ 所包含的面积可以表示在该频带内输入的均方值。输出功率必须保持非负,因此

$$\lim_{(\omega_b-\omega_a)\to 0}\phi_{yy}[0]\geqslant 0$$

同时考虑该结果与式(2.193),而且事实上,频带 $\omega_a\leqslant\omega\leqslant\omega_b$ 可以任意小,这就意味着

$$\Phi_{xx}(e^{j\omega})\geqslant 0,\quad \text{对全部}\ \omega \tag{2.194}$$

于是可知一个实信号的功率密度谱函数是实的、偶的且非负的。

例2.26 白噪声

在一大类关于信号处理和通信系统的设计和分析问题中,白噪声的概念是非常有用的。白噪声信号是指其 $\Phi_{xx}[m]=\sigma_x^2\delta[m]$ 的一类信号。本例假设该信号具有零均值。白噪声信号的功率谱是一个常数,即

$$\Phi_{xx}(e^{j\omega})=\sigma_x^2,\quad \text{对全部}\ \omega$$

因此,一个白噪声信号的平均功率是

$$\phi_{xx}[0]=\frac{1}{2\pi}\int_{-\pi}^{\pi}\Phi_{xx}(\mathrm{e}^{\mathrm{j}\omega})\,\mathrm{d}\omega=\frac{1}{2\pi}\int_{-\pi}^{\pi}\sigma_x^2\,\mathrm{d}\omega=\sigma_x^2$$

白噪声的概念在功率谱不是常数的随机信号表示上也是有用的。例如,一个功率谱为 $\Phi_{yy}(\mathrm{e}^{\mathrm{j}\omega})$ 的随机信号 $y[n]$ 可认为是在某个白噪声输入下一个线性时不变系统的输出。这就是利用式(2.190)定义一个系统,其频率响应 $H(\mathrm{e}^{\mathrm{j}\omega})$ 满足下列方程:

$$\Phi_{yy}(\mathrm{e}^{\mathrm{j}\omega})=|H(\mathrm{e}^{\mathrm{j}\omega})|^2\sigma_x^2$$

式中,σ_x^2 是该假设白噪声输入信号的平均功率。可以通过调整这个输入信号的平均功率以给出准确的 $y[n]$ 的平均功率。例如,假定 $h[n]=a^n u[n]$,那么

$$H(\mathrm{e}^{\mathrm{j}\omega})=\frac{1}{1-a\mathrm{e}^{-\mathrm{j}\omega}}$$

这样就可以表示功率谱具有如下形式的所有随机信号:

$$\Phi_{yy}(\mathrm{e}^{\mathrm{j}\omega})=\left|\frac{1}{1-a\mathrm{e}^{-\mathrm{j}\omega}}\right|^2\sigma_x^2=\frac{\sigma_x^2}{1+a^2-2a\cos\omega}$$

另一个重要的结果涉及一个线性时不变系统输入和输出之间的互相关:

$$\begin{aligned}\phi_{yx}[m]&=\mathcal{E}\{x[n]y[n+m]\}\\&=\mathcal{E}\left\{x[n]\sum_{k=-\infty}^{\infty}h[k]x[n+m-k]\right\}\\&=\sum_{k=-\infty}^{\infty}h[k]\phi_{xx}[m-k]\end{aligned}\tag{2.195}$$

可以看到,输入和输出之间的互相关是单位脉冲响应与输入自相关序列的卷积。

式(2.195)的傅里叶变换为

$$\Phi_{yx}(\mathrm{e}^{\mathrm{j}\omega})=H(\mathrm{e}^{\mathrm{j}\omega})\Phi_{xx}(\mathrm{e}^{\mathrm{j}\omega})\tag{2.196}$$

当输入为白噪声时,即 $\phi_{xx}[m]=\sigma_x^2\delta[m]$,将其代入式(2.195),可得

$$\phi_{yx}[m]=\sigma_x^2 h[m]\tag{2.197}$$

也就是说,对于一个零均值的白噪声输入,一个线性系统输入和输出之间的互相关正比于该系统的单位脉冲响应。类似地,白噪声输入的功率谱为

$$\Phi_{xx}(\mathrm{e}^{\mathrm{j}\omega})=\sigma_x^2,\qquad -\pi\leqslant\omega\leqslant\pi\tag{2.198}$$

由式(2.196)可得

$$\Phi_{yx}(\mathrm{e}^{\mathrm{j}\omega})=\sigma_x^2 H(\mathrm{e}^{\mathrm{j}\omega})\tag{2.199}$$

也就是说,在这种情况下互功率谱正比于该系统的频率响应。如果能够观察到一个输入为白噪声时系统的输出,那么式(2.197)和式(2.199)就可以用作估计一个线性时不变系统的单位脉冲响应或频率响应的基础。对一个房间或音乐厅的声学单位脉冲响应进行测量,便是这种情况的一个具体应用。

2.11　小结

本章讨论了有关离散时间信号与系统的几个基本定义,包括几个基本序列的定义,利用卷积和来定义和表示线性时不变系统,及其有关稳定性和因果性的含义,等等。证明了具有初始松弛条件

的,其输入、输出满足线性常系数差分方程的一类系统是线性时不变系统中一种重要的子系统。讨论了这类差分方程的递推解,并定义了 FIR 和 IIR 两类系统。

对线性时不变系统分析和表示的一种重要方法是频域表示法。通过考虑一个系统对一个复指数输入的响应给出了频率响应的定义。然后,把单位脉冲响应和频率响应之间的关系表示成一对傅里叶变换对。

本章的重点是傅里叶变换表示的性质,以及有用的傅里叶变换对。表 2.1 和表 2.2 综合了这些性质和定理,表 2.3 列举了常用的傅里叶变换对。

本章最后简单介绍了离散时间随机信号。后续章节还将对这些基本概念和结果做进一步阐述和应用。

习题

基本题(附答案)

2.1 对于下列系统,试判断系统是否是(1)稳定的,(2)因果的,(3)线性的,(4)时不变的,(5)无记忆的。

(a) $T(x[n]) = g[n]x[n]$, 给定 $g[n]$

(b) $T(x[n]) = \sum_{k=n_0}^{n} x[k]$, $n \neq 0$

(c) $T(x[n]) = \sum_{k=n-n_0}^{n+n_0} x[k]$

(d) $T(x[n]) = x[n - n_0]$

(e) $T(x[n]) = \mathrm{e}^{x[n]}$

(f) $T(x[n]) = ax[n] + b$

(g) $T(x[n]) = x[-n]$

(h) $T(x[n]) = x[n] + 3u[n+1]$

2.2 (a) 已知一个线性时不变系统的单位脉冲响应在区间 $N_0 \leqslant n \leqslant N_1$ 以外均为零。已知输入 $x[n]$ 在区间 $N_2 \leqslant n \leqslant N_3$ 以外均为零。其结果就是输出在某一区间 $N_4 \leqslant n \leqslant N_5$ 以外都为零。试用 N_0, N_1, N_2 和 N_3 来确定 N_4 和 N_5。

(b) 若 $x[n]$ 除 N 个连续点外都为零,$h[n]$ 除 M 个连续点外也都为零,试问对 $y[n]$ 不为零的最大连续点数是多少?

2.3 按卷积和直接计算,求单位脉冲响应为 $h[n]$ 的线性时不变系统的单位阶跃响应($x[n] = u[n]$),给定 $h[n]$ 为:

$$h[n] = a^{-n}u[-n], \quad 0 < a < 1$$

2.4 有线性常系数差分方程如下:

$$y[n] - \frac{3}{4}y[n-1] + \frac{1}{8}y[n-2] = 2x[n-1]$$

当 $x[n] = \delta[n]$ 和 $y[n] = 0, n < 0$,求 $y[n], n \geqslant 0$。

2.5 一个因果 LTI 系统由下列差分方程描述:

$$y[n] - 5y[n-1] + 6y[n-2] = 2x[n-1]$$

(a) 求系统的齐次响应,也即在 $x[n] = 0$ 时,对全部 n 可能的输出。

(b) 求系统的单位脉冲响应。

(c) 求系统的阶跃响应。

2.6 (a) 一线性时不变系统,其输入、输出满足如下差分方程:

$$y[n]-\frac{1}{2}y[n-1]=x[n]+2x[n-1]+x[n-2]$$

求其频率响应 $H(\mathrm{e}^{\mathrm{j}\omega})$。

(b) 有一系统,其频率响应为

$$H(\mathrm{e}^{\mathrm{j}\omega})=\frac{1-\frac{1}{2}\mathrm{e}^{-\mathrm{j}\omega}+\mathrm{e}^{-\mathrm{j}3\omega}}{1+\frac{1}{2}\mathrm{e}^{-\mathrm{j}\omega}+\frac{3}{4}\mathrm{e}^{-\mathrm{j}2\omega}}$$

写出表征该系统的差分方程。

2.7 请判断下列各信号是否是周期的?若是,周期为多少?

(a) $x[n]=\mathrm{e}^{\mathrm{j}(\pi n/6)}$

(b) $x[n]=\mathrm{e}^{\mathrm{j}(3\pi n/4)}$

(c) $x[n]=[\sin(\pi n/5)]/(\pi n)$

(d) $x[n]=\mathrm{e}^{\mathrm{j}\pi n/\sqrt{2}}$

2.8 有一 LTI 系统,其脉冲响应 $h[n]=5(-1/2)n_u[n]$,当输入 $x[n]=(1/3)n_u[n]$时,用傅里叶变换求该系统的输出。

2.9 考虑如下差分方程:

$$y[n]-\frac{5}{6}y[n-1]+\frac{1}{6}y[n-2]=\frac{1}{3}x[n-1]$$

(a) 求满足该差分方程的因果 LTI 系统的单位脉冲响应、频率响应和阶跃响应。

(b) 求该差分方程齐次解的一般形式。

(c) 考虑有另一个系统,它满足这个差分方程,但系统既不是因果的,也不是 LTI 的,而有 $y[0]=y[1]=1$。求系统对 $x[n]=\delta[n]$的响应。

2.10 若有单位脉冲响应 $h[n]$和输入 $x[n]$如下,求一个线性时不变系统的输出:

(a) $x[n]=u[n]$; $h[n]=a^n u[-n-1],\ a>1$

(b) $x[n]=u[n-4]$; $h[n]=2^n u[-n-1]$

(c) $x[n]=u[n]$; $h[n]=(0.5)2^n u[-n]$

(d) $h[n]=2^n u[-n-1]$; $x[n]=u[n]-u[n-10]$

在做题目(b)～(d)时,应该用线性和时不变性的知识使运算量最少。

2.11 考虑一个 LTI 系统,其频率响应为

$$H(\mathrm{e}^{\mathrm{j}\omega})=\frac{1-\mathrm{e}^{-\mathrm{j}2\omega}}{1+\frac{1}{2}\mathrm{e}^{-\mathrm{j}4\omega}},\qquad -\pi<\omega\leqslant\pi$$

若输入 $x[n]$为

$$x[n]=\sin\left(\frac{\pi n}{4}\right)$$

求对全部 n 的输出 $y[n]$。

2.12 有一系统输入为 $x[n]$,输出为 $y[n]$,且满足下列差分方程:

$$y[n]=ny[n-1]+x[n]$$

该系统是因果的且满足初始松弛条件,即若 $n<n_0$,$x[n]=0$,则有 $y[n]=0,n<n_0$。

(a) 若 $x[n]=\delta[n]$,求 $y[n]$(对全部 n)。

(b) 系统是线性的吗?试证明之。

(c) 系统是时不变的吗?试证明之。

2.13 指出下列离散时间信号中哪些是稳定、线性时不变离散时间系统的特征函数:

(a) $\mathrm{e}^{\mathrm{j}2\pi n/3}$

(b) 3^n

(c) $2^n u[-n-1]$

(d) $\cos(\omega_0 n)$

(e) $(1/4)^n$

(f) $(1/4)^n u[n] + 4^n u[-n-1]$

2.14 已知单一输入–输出关系的3个系统如下：

(a) 系统A：$x[n]=(1/3)^n$，$y[n]=2(1/3)^n$

(b) 系统B：$x[n]=(1/2)^n$，$y[n]=2(1/4)^n$

(c) 系统C：$x[n]=(2/3)n_u[n]$，$y[n]=4(2/3)n_u[n]-3(1/2)n_u[n]$

根据这一信息，对于每个系统下列说法中最为可能的是：

(i) 系统可能不是LTI的。

(ii) 系统一定是LTI的。

(iii) 系统可能是LTI的，而且只有一个LTI系统满足这个输入–输出限制。

(iv) 系统可能是LTI的，但是由这个输入–输出限制给出的信息不能唯一确定。

如果选了(iii)，请给出这个LTI系统的单位脉冲响应$h[n]$或频率响应$H(e^{j\omega})$。

2.15 考虑图P2.15所示的系统。一个单位脉冲响应为$h[n]=\left(\frac{1}{4}\right)^n u[n+10]$的LTI系统的输出乘以单位阶跃函数$u[n]$得到总的系统输出，回答下列问题，并简要陈述理由：

(a) 整个系统是LTI的吗？

(b) 整个系统是因果的吗？

(c) 在BIBO(有界输入/有界输出)意义下，整个系统是稳定的吗？

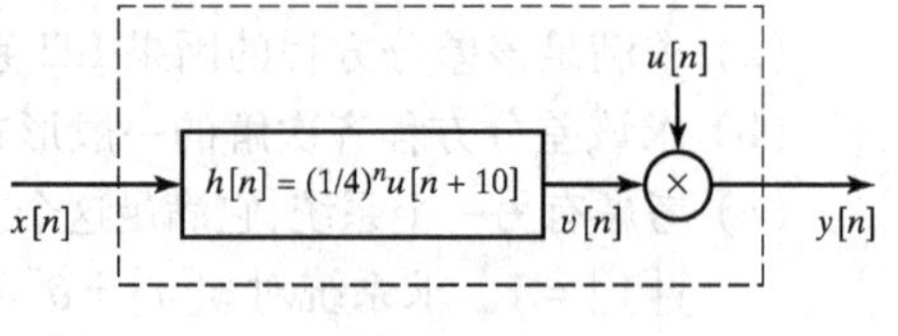

图 P2.15

2.16 考虑如下差分方程：

$$y[n]-\frac{1}{4}y[n-1]-\frac{1}{8}y[n-2]=3x[n]$$

(a) 确定该差分方程齐次解的一般形式。

(b) 一个因果和一个反因果的LTI系统都由该差分方程所表征，试求这两个系统的单位脉冲响应。

(c) 证明：上述因果的LTI系统是稳定的，而反因果的LTI系统是不稳定的。

(d) 当$x[n]=(1/2)^n u[n]$时，求该差分方程的一个特解。

2.17 (a)求如下序列的傅里叶变换：

$$r[n]=\begin{cases}1, & 0\leqslant n\leqslant M\\ 0, & 其他\end{cases}$$

(b) 考虑序列$w[n]$

$$w[n]=\begin{cases}\frac{1}{2}\left[1-\cos\left(\frac{2\pi n}{M}\right)\right], & 0\leqslant n\leqslant M\\ 0, & 其他\end{cases}$$

画出$w[n]$，并利用$r[n]$的傅里叶变换$R(e^{j\omega})$来表示$w[n]$的傅里叶变换$W(e^{j\omega})$。(提示：先用$r[n]$和复指数$e^{j(2\pi n/M)}$和$e^{-j(2\pi n/M)}$来表示$w[n]$。)

(c) 画出当$M=4$时，$R(e^{j\omega})$和$W(e^{j\omega})$的幅度特性。

2.18 对于下面给出的每一个LTI系统的单位脉冲响应，指出该系统是否为因果的：

(a) $h[n]=(1/2)^n u[n]$

(b) $h[n]=(1/2)^n u[n-1]$

(c) $h[n] = (1/2)^{|n|}$

(d) $h[n] = u[n+2] - u[n-2]$

(e) $h[n] = (1/3)^n u[n] + 3^n u[-n-1]$

2.19　对于下面给出的每一个 LTI 系统的单位脉冲响应，指出该系统是否为稳定的：

(a) $h[n] = 4^n u[n]$

(b) $h[n] = u[n] - u[n-10]$

(c) $h[n] = 3^n u[-n-1]$

(d) $h[n] = \sin(\pi n/3) u[n]$

(e) $h[n] = (3/4)^{|n|} \cos(\pi n/4 + \pi/4)$

(f) $h[n] = 2u[n+5] - u[n] - u[n-5]$

2.20　考虑如下代表一个因果 LTI 系统的差分方程：

$$y[n] + (1/a)y[n-1] = x[n-1]$$

(a) 求作为常数 a 的函数的系统单位脉冲响应 $h[n]$。

(b) a 值在什么范围内系统是稳定的？

基本题

2.21　一个离散时间信号 $x[n]$ 如图 P2.21 所示，

请画出并仔细标注如下各信号：

(a) $x[n-2]$

(b) $x[4-n]$

(c) $x[2n]$

(d) $x[n]u[2-n]$

(e) $x[n-1]\delta[n-3]$

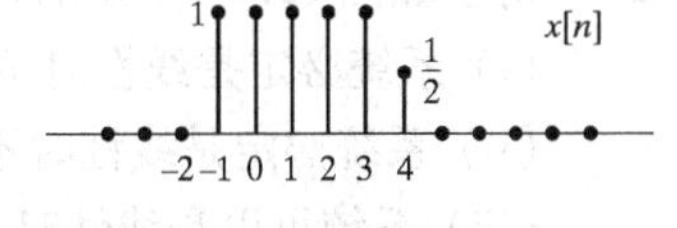

图 P2.21

2.22　考虑一个离散时间线性时不变系统，其单位脉冲响应为 $h[n]$。若输入 $x[n]$ 是一个周期序列，周期为 N，即 $x[n] = x[n+N]$。证明：输出 $y[n]$ 也是一个周期序列，且周期为 N。

2.23　对于下列系统，试确定系统是否为(1)稳定的；(2)因果的；(3)线性的；(4)时不变的。

(a) $T(x[n]) = (\cos \pi n)x[n]$

(b) $T(x[n]) = x[n^2]$

(c) $T(x[n]) = x[n] \sum_{k=0}^{\infty} \delta[n-k]$

(d) $T(x[n]) = \sum_{k=n-1}^{\infty} x[k]$

2.24　有一任意线性系统，其输入为 $x[n]$，输出为 $y[n]$。证明：若对于所有 n，有 $x[n]=0$，则 $y[n]$ 对于所有 n 也必须为零。

2.25　考虑一个输入 $x[n]$ 和输出 $y[n]$ 满足如下关系式的系统：

$$8y[n] + 2y[n-1] - 3y[n-2] = x[n] \qquad \text{(P2.25-1)}$$

(a) 对于 $x[n] = \delta[n]$，证明以上差分方程的一个特殊解为

$$y_p[n] = \frac{3}{40}\left(-\frac{3}{4}\right)^n u[n] + \frac{1}{20}\left(\frac{1}{2}\right)^n u[n]$$

(b) 求出式(P2.25-1)所给差分方程的齐次解。

(c) 当式(P2.25-1)中的 $x[n]$ 等于 $\delta[n]$，且在求解差分方差时假设为初始松弛条件，求出 $-2 \leqslant n \leqslant 2$ 范围内的 $y[n]$。注意，初始松弛条件意味着式(P2.25-1)描述的系统是因果的。

2.26 对于如图 P2.26 所示的每个系统,下列说法中最为可能的结论分别为:

(i) 系统必定是线性时不变的,并由所给信息唯一确定。

(ii) 系统必定是线性时不变的,但不能由所给信息唯一确定。

(iii) 系统可以是线性时不变的,且如果是 LTI 的,则所给信息将唯一确定系统。

(iv) 系统可以是线性时不变的,但不能由所给信息唯一确定。

(v) 系统不可能是线性时不变的。

对于所选定的满足(i)或(iii)的系统,给出被唯一确定的 LTI 系统的脉冲响应 $h[n]$。每个系统都举例给出了一对输入/输出信号。

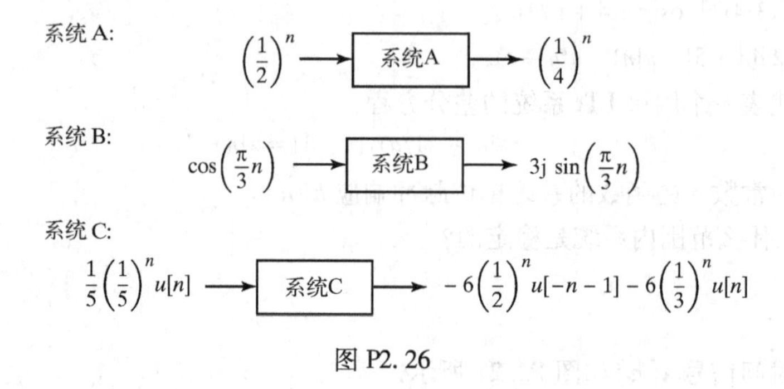

图 P2.26

2.27 对于如图 P2.27 所示的每个系统,下列说法中最为可能的结论分别为:

(i) 系统必定是线性时不变的,并由所给信息唯一确定。

(ii) 系统必定是线性时不变的,但不能由所给信息唯一确定。

(iii) 系统可以是线性时不变的,且如果是 LTI 的,则所给信息将唯一确定系统。

(iv) 系统可以是线性时不变的,但不能由所给信息唯一确定。

(v) 系统不可能是线性时不变的。

2.28 图 P2.28-1 给出了一个特殊系统 S 的 4 个输入/输出信号对:

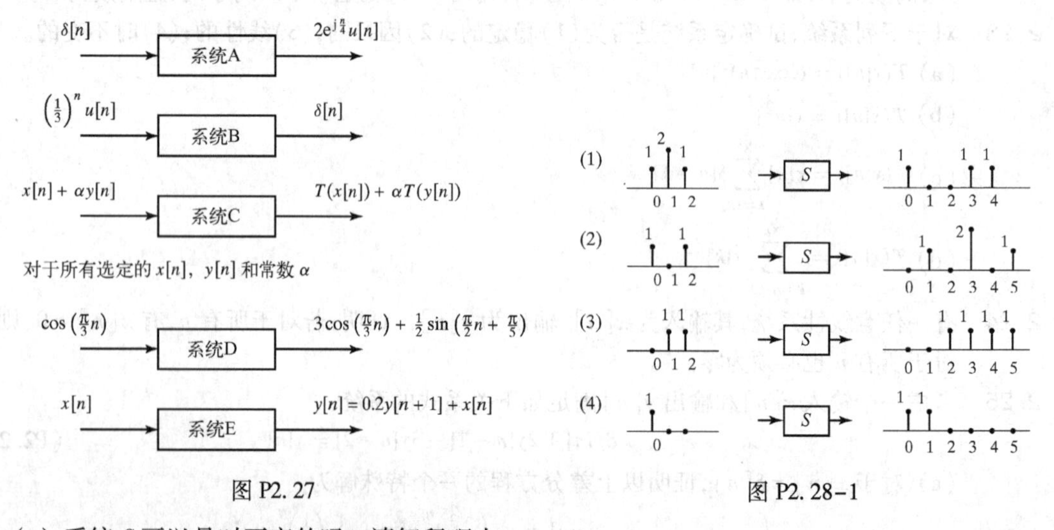

图 P2.27　　　　图 P2.28-1

(a) 系统 S 可以是时不变的吗?请解释理由。

(b) 系统 S 可以是线性的吗?请解释理由。

(c) 假设(a)和(b)是一个特殊系统 S_2 的输入/输出信号对,且已知系统为 LTI 系统,求系统的单位脉冲响应 $h[n]$。

(d) 假设(a)是一个 LTI 系统 S_3 的输入/输出信号对，则当输入为图 P2.28-2 所示的信号时，求系统的输出。

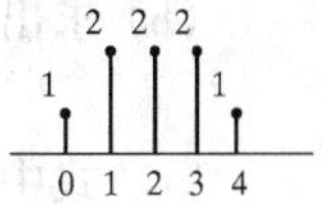

图 P2.28-2

2.29 一个 LTI 系统的单位脉冲响应定义如下：

$$h[n]=\begin{cases}0, & n<0\\1, & n=0,1,2,3\\-2, & n=4,5\\0, & n>5\end{cases}$$

对于下列输入信号 $x[n]$，求出系统输出 $y[n]$ 并画图：

(a) $u[n]$

(b) $u[n-4]$

(c) $u[n]-u[n-4]$

2.30 考虑如图 P2.30 所示的两个 LTI 系统的级联结构：

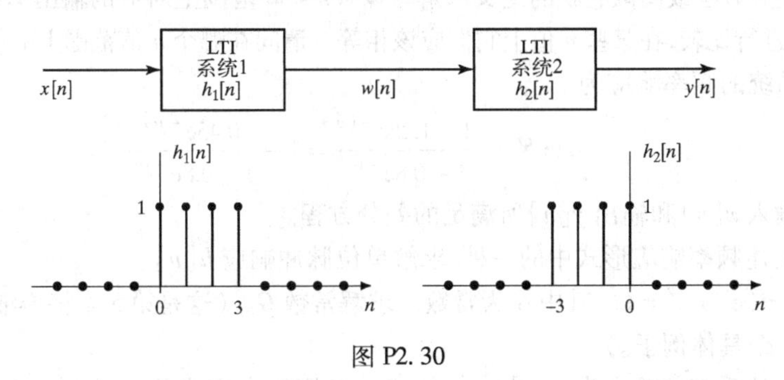

图 P2.30

(a) 如果 $x[n]=(-1)n_u[n]$，确定 $w[n]$ 并画图，再求出全部输出 $y[n]$。

(b) 求出级联系统的整体脉冲响应，并画图，即画出当 $x[n]=\delta[n]$ 时的输出 $y[n]=h[n]$。

(c) 若输入为 $x[n]=2\delta[n]+4\delta[n-4]-2\delta[n-12]$，画出 $w[n]$。

(d) 对于(c)中的输入，给出用(b)中定义的整体脉冲响应 $h[n]$ 表示的输出 $y[n]$ 的表达式。并在所画图示中进行详细标注。

2.31 如果一个因果 LTI 系统的输入和输出满足如下差分方程：

$$y[n]=ay[n-1]+x[n]$$

那么系统的单位脉冲响应必须为 $h[n]=a^n u[n]$。

(a) a 取何值时，系统是稳定的？

(b) 考虑一个因果 LTI 系统，其输入/输出关系由如下差分方程描述：

$$y[n]=ay[n-1]+x[n]-a^N x[n-N]$$

式中 N 为正整数。求出该系统的单位脉冲响应，并画图。

提示：可以利用线性和时不变性来简化求解过程。

(c) (b)中得到的系统是 FIR 还是 IIR 系统？请陈述理由。

(d) a 取何值时，(b)中得到的系统是稳定的？请陈述理由。

2.32 若 $X(e^{j\omega})=1/(1-ae^{-j\omega})$，$-1<a<0$，求出并画出下列以 ω 为变量的函数：

(a) $\mathcal{R}e\{X(e^{j\omega})\}$

(b) $\mathcal{I}m\{X(e^{j\omega})\}$

(c) $|X(e^{j\omega})|$

(d) $\angle X(e^{j\omega})$

2.33 考虑一个由如下差分方程定义的 LTI 系统：

$$y[n]=-2x[n]+4x[n-1]-2x[n-2]$$

(a) 求出该系统的单位脉冲响应。

(b) 求出该系统的频率响应,并用如下形式表示:

$$H(e^{j\omega}) = A(e^{j\omega})e^{-j\omega n_d}$$

式中,$A(e^{j\omega})$ 是 ω 的实函数。请具体指出该系统的 $A(e^{j\omega})$ 和延迟 n_d。

(c) 画出幅度 $|H(e^{j\omega})|$ 和相位 $\angle H(e^{j\omega})$ 的图。

(d) 假设系统输入为

$$x_1[n] = 1 + e^{j0.5\pi n}, \quad -\infty < n < \infty$$

利用频率响应函数求解相应的输出 $y_1[n]$。

(e) 假设系统输入为

$$x_2[n] = (1 + e^{j0.5\pi n})u[n], \quad -\infty < n < \infty$$

利用差分方程或离散卷积的定义求解 $-\infty < n < \infty$ 范围上对应的输出 $y_2[n]$。将 $y_1[n]$ 和 $y_2[n]$ 进行比较,在某些 n 值上它们应该相等。请问在哪个 n 值范围上 $y_1[n]$ 和 $y_2[n]$ 相等?

2.34 一个 LTI 系统的频率响应为

$$H(e^{j\omega}) = \frac{1 - 1.25e^{-j\omega}}{1 - 0.8e^{-j\omega}} = 1 - \frac{0.45e^{-j\omega}}{1 - 0.8e^{-j\omega}}$$

(a) 写出输入 $x[n]$ 和输出 $y[n]$ 所满足的差分方程。

(b) 利用上述频率响应形式中的一种,求解单位脉冲响应 $h[n]$。

(c) 证明 $|H(e^{j\omega})|^2 = G^2$,其中 G 为常数。求解常数 G。(这是第5章将详细讨论的全通滤波器的一个具体例子。)

(d) 如果上述系统的输入为 $x[n] = \cos(0.2\pi n)$,则输出应该具有 $y[n] = A\cos(0.2\pi n + \theta)$ 的形式。请问 A 和 θ 分别是多少?

2.35 一个 LTI 系统的单位脉冲响应如图 P2.35-1 所示,系统的输入 $x[n]$ 与 n 的函数关系如图 P2.35-2 所示。

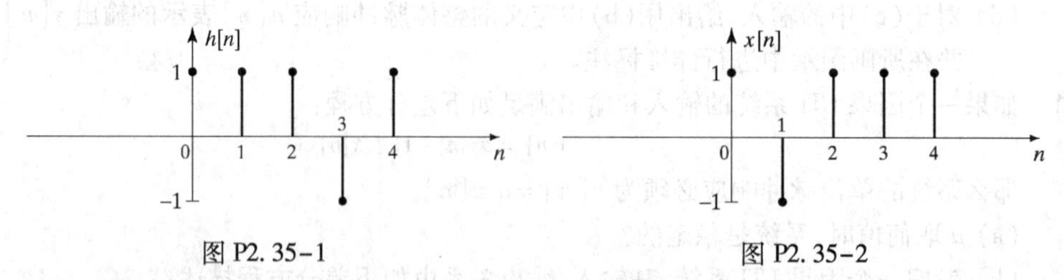

图 P2.35-1　　图 P2.35-2

(a) 利用离散卷积来求解系统 $y[n] = x[n] * h[n]$ 对以上输入的输出响应。请在足以对 $y[n]$ 进行完整定义的范围上对图形进行详细标注。

(b) 信号 $x[n]$ 的确定性自相关由式(2.188)定义,定义式为 $c_{xx}[n] = x[n] * x[-n]$ 。由图 P2.35-1 定义的系统是一个匹配滤波器,其输入如图 P2.35-2 所示。注意到,$h[n] = x[-(n-4)]$,请将(a)中的输出用 $c_{xx}[n]$ 进行表示。

(c) 求出脉冲响应为 $h[n]$ 的系统,在输入为 $x[n] = u[n+2]$ 时的输出响应,请作图表示。

2.36 一个 LTI 离散时间系统的频率响应为

$$H(e^{j\omega}) = \frac{(1 - je^{-j\omega})(1 + je^{-j\omega})}{1 - 0.8e^{-j\omega}} = \frac{1 + e^{-j2\omega}}{1 - 0.8e^{-j\omega}} = \frac{1}{1 - 0.8e^{-j\omega}} + \frac{e^{-j2\omega}}{1 - 0.8e^{-j\omega}}$$

(a) 利用如上频率响应形式中的一种来获得系统单位脉冲响应 $h[n]$ 的表达式。

(b) 根据频率响应,求出系统输入 $x[n]$ 和输出 $y[n]$ 所满足的差分方程。

(c) 如果该系统的输入为

$$x[n]=4+2\cos(\omega_0 n),\quad -\infty<n<\infty$$

那么，ω_0 取何值时输出具有如下形式：

$$y[n]=A=\text{常数},\quad -\infty<n<\infty$$

常数 A 为何值？

2.37 考虑一个如图 P2.37 所示的 LTI 离散时间系统级联结构。

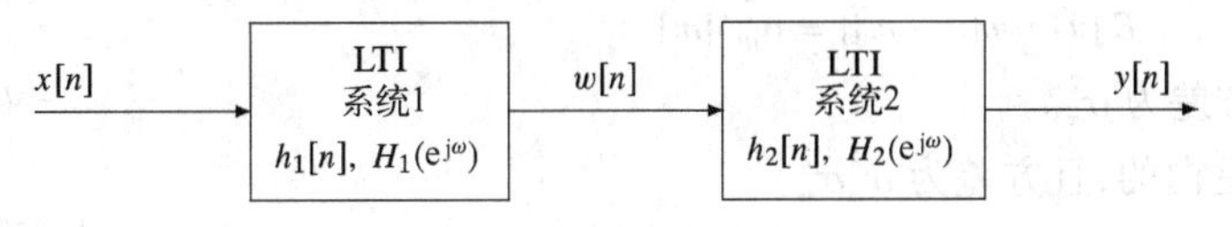

图 P2.37

第一个系统用如下频率响应来描述：

$$H_1(e^{j\omega})=e^{-j\omega}\begin{cases}0, & |\omega|\leqslant 0.25\pi\\ 1, & 0.25\pi<|\omega|\leqslant\pi\end{cases}$$

第二个系统描述为

$$h_2[n]=2\frac{\sin(0.5\pi n)}{\pi n}$$

(a) 确定在 $-\pi\leqslant\omega\leqslant\pi$ 频率范围上整体系统的频率响应 $H(e^{j\omega})$ 的表达式。

(b) 画出在 $-\pi\leqslant\omega\leqslant\pi$ 频率范围上整体系统的幅频特性 $|H(e^{j\omega})|$ 和相频特性 $\angle H(e^{j\omega})$。

(c) 通过尽量便捷的方法确定整体级联系统的单位脉冲响应 $h[n]$。

2.38 考虑如图 P2.38 所示的两个 LTI 系统级联结构。

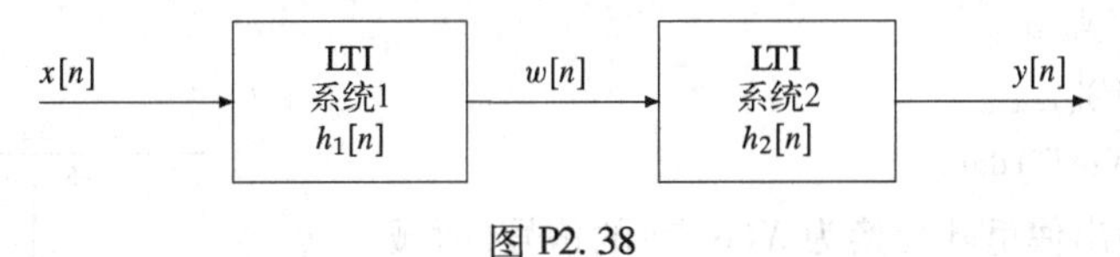

图 P2.38

两个系统的单位脉冲响应分别为

$$h_1[n]=u[n-5]\quad\text{和}\quad h_2[n]=\begin{cases}1, & 0\leqslant n\leqslant 4\\ 0, & \text{其他}\end{cases}$$

(a) 画出以 k 为自变量时 $h_2[k]$ 和 $h_1[n-k]$ $(n<0)$ 的图形。

(b) 求出整体系统的单位脉冲响应 $h[n]=h_1[n]*h_2[n]$。给出在 $-\infty<n<\infty$ 范围上定义 $h[n]$ 的表达式（或一组表达式），或者画出在可以对 $h[n]$ 进行完全定义的区间上 $h[n]$ 的图形，并加以详细标注。

2.39 利用线性定义[见式(2.23a)～式(2.23b)]，证明理想延迟系统（见例 2.2）和滑动平均系统（见例 2.3）都是线性系统。

2.40 指出下列信号哪些是周期的？如果一个信号是周期的，求出其周期。

(a) $x[n]=e^{j(2\pi n/5)}$

(b) $x[n]=\sin(\pi n/19)$

(c) $x[n]=ne^{j\pi n}$

(d) $x[n]=e^{jn}$

2.41 考虑一个 LTI 系统，其 $|H(e^{j\omega})|=1$，并令 $\arg[H(e^{j\omega})]$ 如图 P2.41 所示。若输入为

$$x[n]=\cos\left(\frac{3\pi}{2}n+\frac{\pi}{4}\right)$$

求输出 $y[n]$。

2.42 序列 $s[n]$,$x[n]$ 和 $w[n]$ 是广义平稳随机过程的样本序列,其中

$$s[n] = x[n]w[n]$$

序列 $x[n]$ 和 $w[n]$ 是零均值且统计独立的。$w[n]$ 的自相关函数为

$$E\{w[n]w[n+m]\} = \sigma_w^2\delta[m]$$

且 $x[n]$ 的方差为 σ_x^2。

证明:$s[n]$ 是白的,且方差为 $\sigma_x^2\sigma_w^2$。

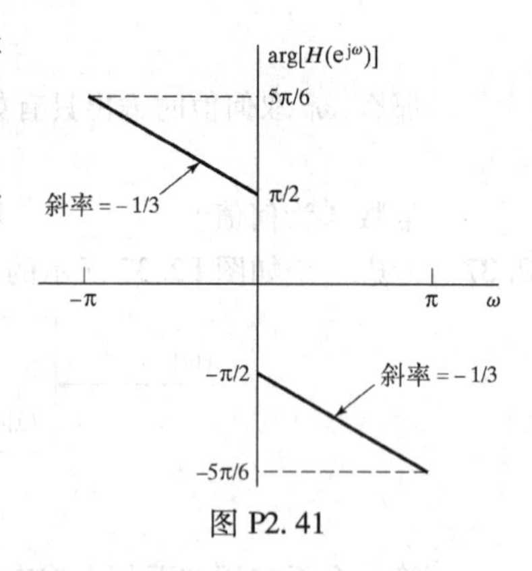

图 P2.41

深入题

2.43 操作符 T 表示一个 LTI 系统。如图 P2.43 所示,如果系统 T 的输入为 $\left(\frac{1}{3}\right)^n u[n]$,则系统的输出为 $g[n]$。如果输入为 $x[n]$,则输出为 $y[n]$。

求出 $y[n]$,将其表示为 $g[n]$ 和 $x[n]$ 的形式。

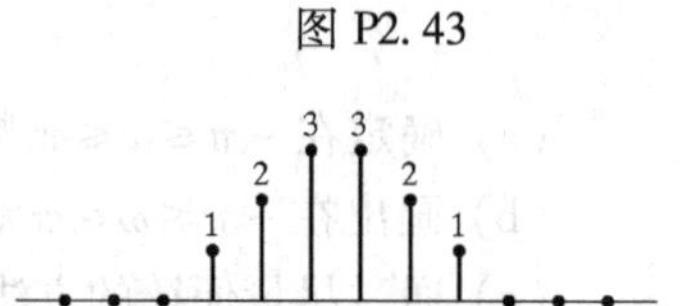

图 P2.43

2.44 记 $X(e^{j\omega})$ 为复数信号 $x[n]$ 的傅里叶变换,$x[n]$ 的实部和虚部如图 P2.44 所示。(注意:在所画出的区间之外序列值为零。)

不需明确求出 $X(e^{j\omega})$ 而完成下列计算:

(a) 计算 $X(e^{j\omega})|_{\omega=0}$。

(b) 计算 $X(e^{j\omega})|_{\omega=\pi}$。

(c) 计算 $\int_{-\pi}^{\pi} X(e^{j\omega})\,d\omega$。

(d) 求出并画出傅里叶变换为 $X(e^{-j\omega})$ 的信号(时域)。

(e) 求出并画出傅里叶变换为 $j\mathcal{I}m\{X(e^{-j\omega})\}$ 的信号(时域)。

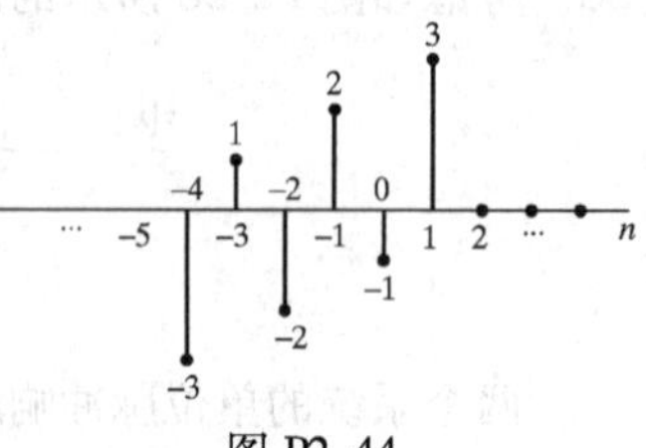

图 P2.44

2.45 考虑一个如图 P2.45 所示的 LTI 离散时间系统的级联结构。

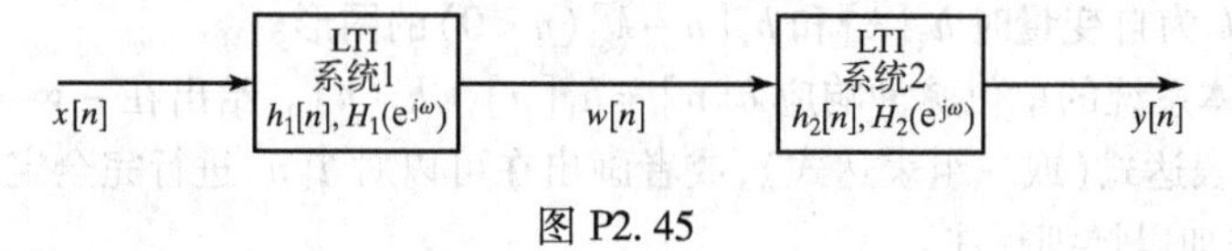

图 P2.45

第一个系统由如下差分方程描述:

$$w[n] = x[n] - x[n-1]$$

第二个系统由如下方程描述:

$$h_2[n] = \frac{\sin(0.5\pi n)}{\pi n} \Longleftrightarrow H_2(e^{j\omega}) = \begin{cases} 1, & |\omega| < 0.5\pi \\ 0, & 0.5\pi < |\omega| < \pi \end{cases}$$

输入 $x[n]$ 为

$$x[n] = \cos(0.4\pi n) + \sin(0.6\pi n) + 5\delta[n-2] + 2u[n]$$

求整个系统的输出 $y[n]$。

(仔细想一下就能利用 LTI 系统的性质凭观察写出答案。)

2.46 给出如下离散时间傅里叶变换(DTFT)对:

$$a^n u[n] \Longleftrightarrow \frac{1}{1-ae^{-j\omega}}, \quad |a| < 1 \tag{P2.46-1}$$

(a) 利用式(P2.46-1)求出序列 $x[n]$ 的 DTFT，$X(e^{j\omega})$：

$$x[n]=-b^n u[-n-1]=\begin{cases}-b^n, & n\leqslant -1\\ 0, & n\geqslant 0\end{cases}$$

对参数 b 加以什么约束条件，可以保证 $x[n]$ 的 DTFT 存在？

(b) 求出 DTFT 为下式的序列 $y[n]$：

$$Y(e^{j\omega})=\frac{2e^{-j\omega}}{1+2e^{-j\omega}}$$

2.47 考虑一个"加窗余弦信号"

$$x[n]=w[n]\cos(\omega_0 n)$$

(a) 求出 $X(e^{j\omega})$ 的表达式，用 $W(e^{j\omega})$ 表示。

(b) 假设序列 $w[n]$ 是无限长序列

$$w[n]=\begin{cases}1, & -L\leqslant n\leqslant L\\ 0, & \text{其他}\end{cases}$$

求 DTFT $W(e^{j\omega})$。提示：利用表2.2和表2.3求得闭式结果，能够发现 $W(e^{j\omega})$ 是 ω 的实函数。

(c) 采用(b)中的窗序列，画出 $x[n]$ 的 DTFT $X(e^{j\omega})$。对于给定的 ω_0，如何选取 L 使得所画出的图形中含有两个不同的峰值点？

2.48 如图 P2.48 所示，已知系统 T 是时不变的，当系统输入为 $x_1[n]$，$x_2[n]$ 和 $x_3[n]$ 时，系统响应分别为 $y_1[n]$，$y_2[n]$ 和 $y_3[n]$。

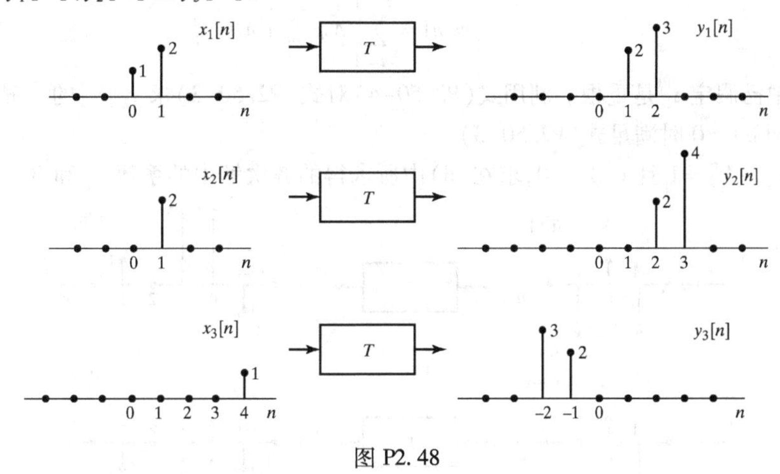

图 P2.48

(a) 确定系统 T 能否为线性的。

(b) 如果系统 T 的输入 $x[n]$ 为 $\delta[n]$，系统响应 $y[n]$ 是什么？

(c) 确定全部可能的输入 $x[n]$，对于这些输入，系统 T 的响应能由已给出的信息来唯一确定。

2.49 如图 P2.49 所示，已知系统 L 是线性的，图中所示的3种输出信号 $y_1[n]$，$y_2[n]$ 和 $y_3[n]$ 分别为对输入信号 $x_1[n]$，$x_2[n]$ 和 $x_3[n]$ 的响应。

(a) 确定系统 L 是否为时不变的。

(b) 如果系统 L 的输入 $x[n]$ 为 $\delta[n]$，系统响应 $y[n]$ 是什么？

2.50 2.5节中曾提到，齐次差分方程

$$\sum_{k=0}^{N} a_k y_h[n-k]=0$$

的解具有如下形式：

$$y_h[n]=\sum_{m=1}^{N}A_m z_m^n \tag{P2.50-1}$$

式中，A_m 是任意的，z_m 是如下多项式的根：

$$A(z)=\sum_{k=0}^{N}a_k z^{-k} \tag{P2.50-2}$$

也即

$$A(z)=\sum_{k=0}^{N}a_k z^{-k}=\prod_{m=1}^{N}(1-z_m z^{-1})$$

(a) 求下列差分方程齐次解的一般形式：

$$y[n]-\frac{3}{4}y[n-1]+\frac{1}{8}y[n-2]=2x[n-1]$$

(b) 若 $y[-1]=1$，$y[0]=0$，求齐次解中的系数 A_m。

(c) 考虑如下差分方程：

$$y[n]-y[n-1]+\frac{1}{4}y[n-2]=2x[n-1] \tag{P2.50-3}$$

如果齐次解仅包含式(P2.50-1)中的那些项，证明：初始条件 $y[-1]=1$ 和 $y[0]=0$ 不能满足。

(d) 如果式(P2.50-2)中有两个根是相同的，那么代替式(P2.50-1)的 $y_h[n]$ 将是

$$y_h[n]=\sum_{m=1}^{N-1}A_m z_m^n+nB_1 z_1^n \tag{P2.50-4}$$

式中已假定 z_1 是重根。利用式(P2.50-4)对式(P2.50-3)求 $y_h[n]$ 的一般形式。并证明当 $x[n]=0$ 时满足式(P2.50-3)。

(e) 若 $y[-1]=1$ 且 $y[0]=0$，求在(d)中所求得的齐次解中的系数 A_1 和 B_1。

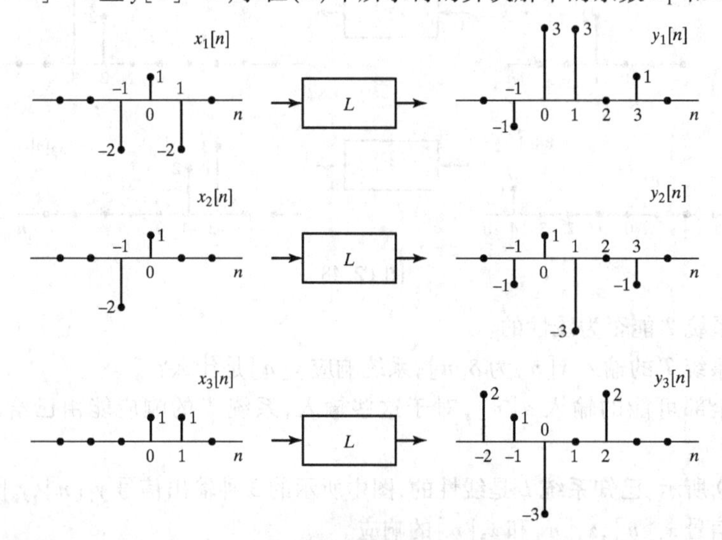

图 P2.49

2.51 有一系统，其输入为 $x[n]$，输出为 $y[n]$，输入-输出关系由下列两个性质决定：

(1) $y[n]-ay[n-1]=x[n]$；

(2) $y[0]=1$。

(a) 确定系统是否为时不变的。

（b）确定系统是否为线性的。

（c）假定差分方程（性质 1）仍然不变，而 $y[0]=0$，这将改变（a）还是改变（b）的答案？

2.52　某一线性时不变系统的单位脉冲响应为

$$h[n] = \left(\frac{\mathrm{j}}{2}\right)^n u[n], \qquad \mathrm{j} = \sqrt{-1}$$

求稳态响应，即对激励为 $x[n]=\cos(\pi n)^u[n]$ 时，系统在 n 值很大时的响应。

2.53　一个线性时不变系统的频率响应为

$$H(\mathrm{e}^{\mathrm{j}\omega}) = \begin{cases} \mathrm{e}^{-\mathrm{j}\omega 3}, & |\omega| < \dfrac{2\pi}{16}\left(\dfrac{3}{2}\right) \\ 0, & \dfrac{2\pi}{16}\left(\dfrac{3}{2}\right) \leqslant |\omega| \leqslant \pi \end{cases}$$

该系统的输入为一个周期 $N=16$ 的周期单位脉冲串，即

$$x[n] = \sum_{k=-\infty}^{\infty} \delta[n+16k]$$

求系统的输出。

2.54　考虑如图 P2.54 所示的系统。

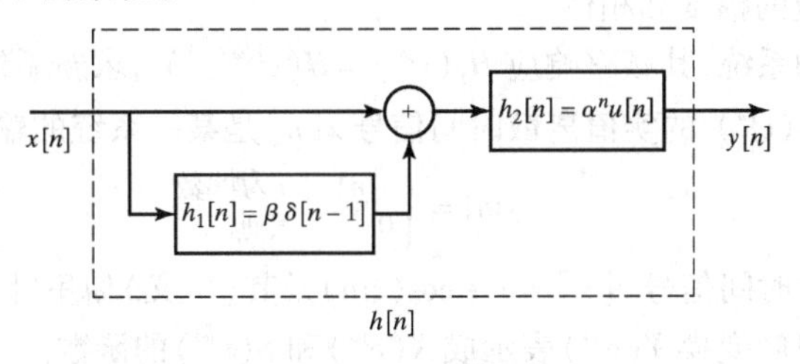

图 P2.54

（a）求整个系统的单位脉冲响应 $h[n]$。

（b）求整个系统的频率响应。

（c）给出联系输出 $y[n]$ 和输入 $x[n]$ 的差分方程。

（d）该系统是因果的吗？在什么条件下该系统是稳定的？

2.55　令 $X(\mathrm{e}^{\mathrm{j}\omega})$ 是信号 $x[n]$ 的傅里叶变换，如图 P2.55 所示。不需明确求出 $X(\mathrm{e}^{\mathrm{j}\omega})$ 而完成下列计算：

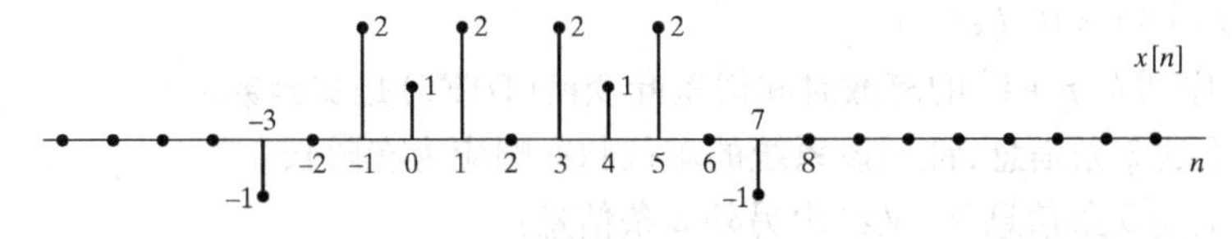

图 P2.55

（a）求 $X(\mathrm{e}^{\mathrm{j}\omega})\big|_{\omega=0}$

（b）求 $X(\mathrm{e}^{\mathrm{j}\omega})\big|_{\omega=\pi}$

（c）求 $\angle X(\mathrm{e}^{\mathrm{j}\omega})$

（d）求 $\int_{-\pi}^{\pi} X(\mathrm{e}^{\mathrm{j}\omega})\,\mathrm{d}\omega$

（e）求出并画出傅里叶变换为 $X(\mathrm{e}^{-\mathrm{j}\omega})$ 的信号。

（f）求出并画出傅里叶变换为 $\mathcal{R}e\{X(\mathrm{e}^{\mathrm{j}\omega})\}$ 的信号。

2.56　对于如图 P2.56 所示的系统，当输入 $x[n]=\delta[n]$ 时且 $H(\mathrm{e}^{\mathrm{j}\omega})$ 为一个理想低通滤波器，即

$$H(e^{j\omega})=\begin{cases}1, & |\omega|<\pi/2\\ 0, & \pi/2<|\omega|\leqslant\pi\end{cases}$$

时,求输出 $y[n]$。

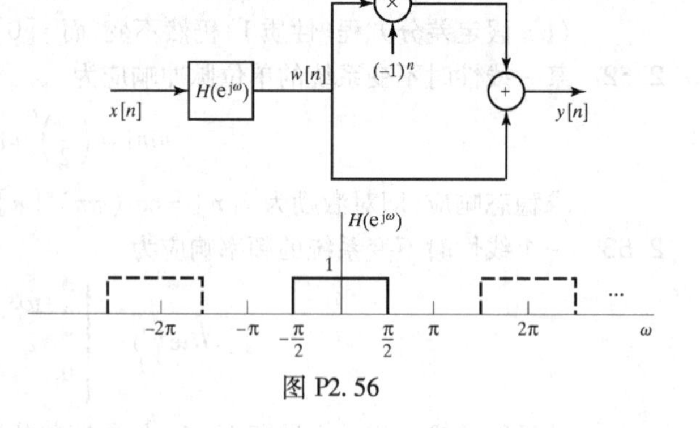

图 P2.56

2.57 有一序列,其离散时间傅里叶变换为

$$X(e^{j\omega})=\frac{1-a^2}{(1-ae^{-j\omega})(1-ae^{j\omega})},\qquad |a|<1$$

(a) 求序列 $x[n]$。

(b) 计算 $1/2\pi\int_{-\pi}^{\pi}X(e^{j\omega})\cos(\omega)d\omega$。

2.58 一线性时不变系统,其输入/输出关系由如下方程给出:

$$y[n]=x[n]+2x[n-1]+x[n-2]$$

(a) 求系统单位脉冲响应 $h[n]$。

(b) 该系统是稳定的吗?

(c) 求系统的频率响应 $H(e^{j\omega})$,并用三角恒等式对 $H(e^{j\omega})$ 求得一个简单的表达式。

(d) 画出频率响应的幅度和相位。

(e) 考虑一个新的系统,其频率响应 $H_1(e^{j\omega})=H(e^{j(\omega+\pi)})$,求新系统的单位脉冲响应 $h_1[n]$。

2.59 设傅里叶变换为 $X(e^{j\omega})$ 的实值离散时间信号 $x[n]$ 是某一系统的输入,其输出定义为

$$y[n]=\begin{cases}x[n], & n\text{为偶数}\\ 0, & \text{其他}\end{cases}$$

(a) 粗略画出离散时间信号 $s[n]=1+\cos(\pi n)$ 及其(广义)傅里叶变换 $S(e^{j\omega})$。

(b) 将输出的傅里叶变换 $Y(e^{j\omega})$ 表示成 $X(e^{j\omega})$ 和 $S(e^{j\omega})$ 的函数。

(c) 若用内插信号 $w[n]=y[n]+(1/2)(y[n+1]+y[n-1])$ 来近似 $x[n]$,求 $Y(e^{j\omega})$ 函数的傅里叶变换 $W(e^{j\omega})$。

(d) 当 $x[n]=\sin(\pi n/a)/(\pi n/a)$,$a>1$ 时,粗略画出 $X(e^{j\omega})$,$Y(e^{j\omega})$ 和 $W(e^{j\omega})$。在什么条件下,所建议的内插信号 $w[n]$ 对原 $x[n]$ 是一个好的近似。

2.60 考虑一个离散时间 LTI 系统,其频率响应为 $H(e^{j\omega})$,相应的单位脉冲响应为 $h[n]$。

(a) 有关这个系统首先给出下列 3 条信息:

(i) 系统是因果的。

(ii) $H(e^{j\omega})=H^*(e^{-j\omega})$。

(iii) 序列 $h[n+1]$ 的离散时间傅里叶变换(DTFT)是实函数。

利用上述 3 条信息,证明该系统的单位脉冲响应为有限长。

(b) 除了上述 3 条信息外,又给出另外 2 条信息:

(iv) $1/2\pi\int_{-\pi}^{\pi}H(e^{j\omega})d\omega=2$。

(v) $H(e^{j\pi})=0$。

是否有足够的信息判定该系统唯一?若是,请求出 $h[n]$;若不是,请给出所有有关 $h[n]$ 的情况。

2.61 考虑下面 3 个序列:

$$v[n]=u[n]-u[n-6]$$
$$w[n]=\delta[n]+2\delta[n-2]+\delta[n-4]$$
$$q[n]=v[n]*w[n]$$

(a) 求出并粗略画出序列 $q[n]$。

(b) 求出并粗略画出序列 $r[n]$,$r[n]$ 满足 $r[n]*v[n]=\sum_{k=-\infty}^{n-1}q[k]$。

(c) $q[-n]=v[-n]*w[-n]$是否成立？陈述理由。

2.62　考虑一个 LTI 系统,其频率响应为

$$H(e^{j\omega})=e^{-j[(\omega/2)+(\pi/4)]},\quad -\pi<\omega\leqslant\pi$$

若输入为

$$x[n]=\cos\left(\frac{15\pi n}{4}-\frac{\pi}{3}\right)$$

对全部 n 求输出 $y[n]$。

2.63　有一系统 S,其输入 $x[n]$和输出 $y[n]$关系如图 P2.63-1 所示。

输入 $x[n]$乘以 $e^{-j\omega_0 n}$,然后将乘积通过一个单位脉冲响应为 $h[n]$的稳定 LTI 系统。

(a) 系统 S 是线性的吗？陈述理由。

(b) 系统 S 是时不变的吗？陈述理由。

(c) 系统 S 是稳定的吗？陈述理由。

(d) 给出一个系统 C,使得如图 P2.63-2 所示的方框图为系统 S 的输入-输出关系的另一种表示。(注意:系统 C 不要求一定是 LTI 系统。)

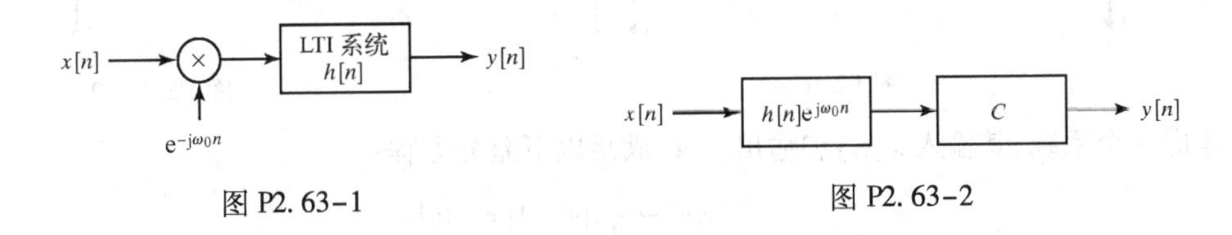

图 P2.63-1　　　　图 P2.63-2

2.64　考虑一个单位脉冲响应为 $h_{lp}[n]$的理想低通滤波器,其频率响应为

$$H_{lp}(e^{j\omega})=\begin{cases}1, & |\omega|<0.2\pi\\ 0, & 0.2\pi\leqslant|\omega|\leqslant\pi\end{cases}$$

(a) 由 $h_1[n]=(-1)^n h_{lp}[n]=e^{j\pi n}h_{lp}[n]$定义一个新的滤波器,确定其频率响应 $H_1(e^{j\omega})$ 的表达式,并对 $|\omega|<\pi$ 画出 $H_1(e^{j\omega})$。这是什么类型的滤波器？

(b) 由 $h_2[n]=2h_{lp}[n]\cos(0.5\pi n)$ 定义第 2 个滤波器,确定其频率响应 $H_2(e^{j\omega})$ 的表达式,并对 $|\omega|<\pi$ 画出 $H_2(e^{j\omega})$。这是什么类型的滤波器？

(c) 由$h_3[n]=\dfrac{\sin(0.1\pi n)}{\pi n}h_{lp}[n]$,定义第 3 个滤波器,确定其频率响应 $H_3(e^{j\omega})$ 的表达式,并对 $|\omega|<\pi$ 画出 $H_3(e^{j\omega})$。这是什么类型的滤波器？

2.65　满足如下条件的 LTI 系统:

$$H(e^{j\omega})=\begin{cases}-j, & 0<\omega<\pi\\ j, & -\pi<\omega<0\end{cases}$$

被称为 90°相移器,常用来产生一种解析信号 $w[n]$(如图 P2.65-1 所示)。具体地说,解析信号 $w[n]$是一个复值信号,有

$$\mathcal{R}e\{w[n]\}=x[n]$$
$$\mathcal{I}m\{w[n]\}=y[n]$$

如果$\mathcal{R}e\{X(e^{j\omega})\}$为如图 P2.65-2 所示,且$\mathcal{I}m\{X(e^{j\omega})\}=0$,求出并画出 $W(e^{j\omega})$,即解析信号 $w[n]=x[n]+jy[n]$的傅里叶变换。

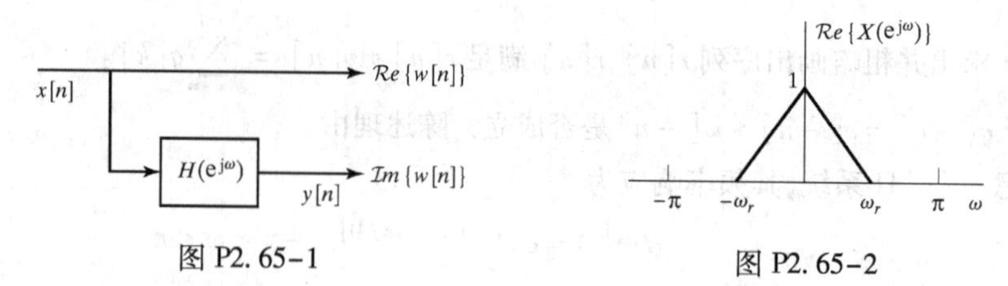

图 P2.65-1　　　　图 P2.65-2

2.66 信号 $x[n]$ 的自相关序列定义为

$$R_x[n] = \sum_{k=-\infty}^{\infty} x^*[k]x[n+k]$$

(a) 证明选择适当的 $g[n]$ 可得到 $R_x[n] = x[n] * g[n]$，并确认该适当的 $g[n]$。

(b) 证明：$R_x[n]$ 的傅里叶变换等于 $|X(e^{j\omega})|^2$。

2.67 如图 P2.67-1 所示的 $x[n]$ 和 $y[n]$ 是某一 LTI 系统的输入和输出，

(a) 求系统对如图 P2.67-2 所示的序列 $x_2[n]$ 的响应。

(b) 求该 LTI 系统的单位脉冲响应 $h[n]$。

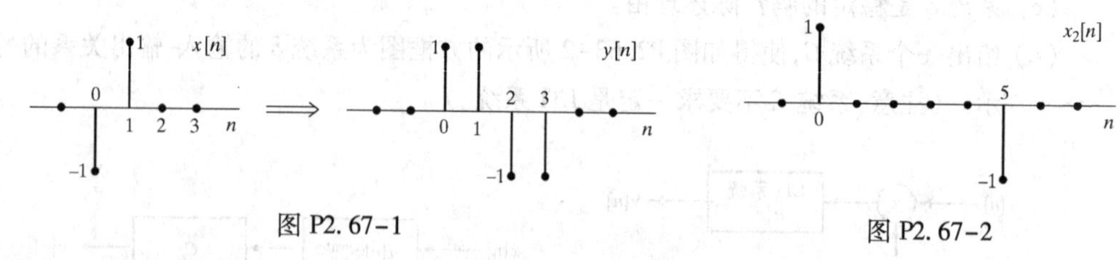

图 P2.67-1　　　　图 P2.67-2

2.68 考虑一个系统，其输入 $x[n]$ 和输出 $y[n]$ 满足以下差分方程：

$$y[n] - \frac{1}{2}y[n-1] = x[n]$$

对全部输入，$y[-1]$ 都限制为零。试判断该系统是否是稳定的？若判断系统是稳定的，给出推论；若判断系统不是稳定的，试给出一个在有界输入下，得出无界输出的例子。

扩充题

2.69 2.2.4 节定义了一个系统的因果性。根据这个定义，证明：对于线性时不变系统而言，因果性就意味着当 $n<0$ 时，单位脉冲响应 $h[n]$ 为零。证明该结论的一种方法是证明：若 $n<0$，$h[n]$ 不为零，则系统不可能是因果的；若 $n<0$，$h[n]=0$，则系统一定是因果的。

2.70 考虑一个输入为 $x[n]$，输出为 $y[n]$ 的离散时间系统，当输入为

$$x[n] = \left(\frac{1}{4}\right)^n u[n]$$

时，输出为

$$y[n] = \left(\frac{1}{2}\right)^n, \quad 对全部\ n$$

试判断下列哪种说法是正确的：

(a) 系统必须是 LTI 的。

(b) 系统可能是 LTI 的。

(c) 系统不可能是 LTI 的。

如果答案是(a)或(b)，请给出一种可能的单位脉冲响应。如果答案是(c)，请明确地说明为什么系统不可能是 LTI 的。

2.71 考虑一个 LTI 系统，其频率响应为

$$H(e^{j\omega}) = e^{-j\omega/2}, \quad |\omega| < \pi$$

试判断该系统是否是因果的。说明理由。

2.72 如图 P2.72 所示的两个序列 $x_1[n]$ 和 $x_2[n]$，它们在图示的 n 区域以外都为零。一般来说，它们的傅里叶变换 $X_1(e^{j\omega})$ 和 $X_2(e^{j\omega})$ 都是复数，并可写为

$$X_1(e^{j\omega}) = A_1(\omega)e^{j\theta_1(\omega)}$$

$$X_2(e^{j\omega}) = A_2(\omega)e^{j\theta_2(\omega)}$$

式中，$A_1(\omega)$，$\theta_1(\omega)$，$A_2(\omega)$ 和 $\theta_2(\omega)$ 都选定为实函数，以使得 $A_1(\omega)$ 和 $A_2(\omega)$ 在 $\omega = 0$ 时为非负，但在其余 ω 上既可取正值，也可取负值。试确定对 $\theta_1(\omega)$ 和 $\theta_2(\omega)$ 的适当选取，并在 $0 < \omega < 2\pi$ 内画出这两个相位函数。

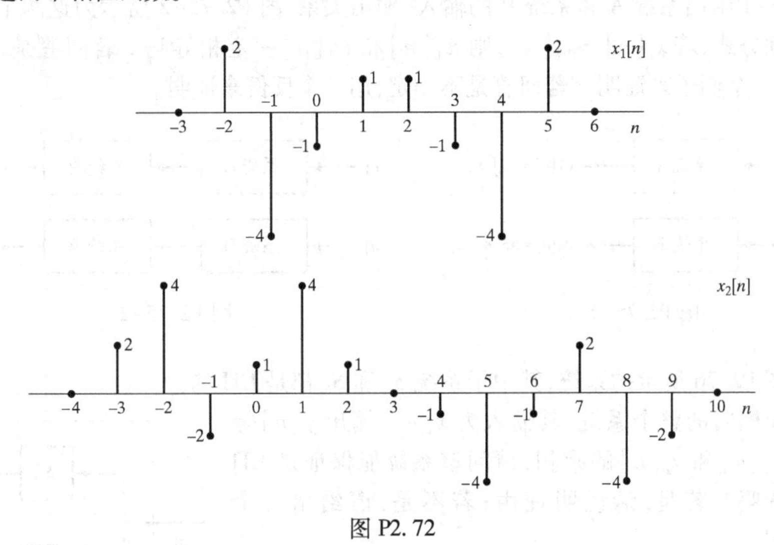

图 P2.72

2.73 考虑如图 P2.73 所示的几个离散时间系统的级联结构。时间倒置系统定义为 $f[n] = e[-n]$ 和 $y[n] = g[-n]$。假设整个题目中 $x[n]$ 和 $h_1[n]$ 都是实序列。

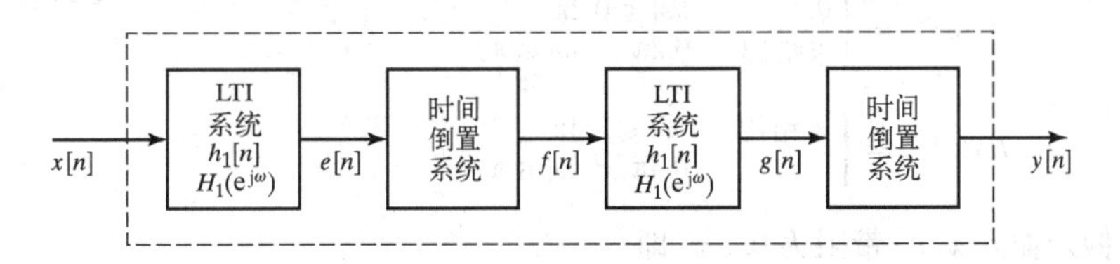

图 P2.73

(a) 用 $X(e^{j\omega})$ 和 $H_1(e^{j\omega})$ 表示 $E(e^{j\omega})$，$F(e^{j\omega})$，$G(e^{j\omega})$ 和 $Y(e^{j\omega})$。

(b) 由(a)的结果可以确定整个系统是 LTI 的。求整个系统的频率响应 $H(e^{j\omega})$。

(c) 求用 $h_1[n]$ 表示整个系统单位脉冲响应 $h[n]$ 的表达式。

2.74 图 P2.74 中虚线所框的系统可以证明是线性时不变的。

(a) 求利用 $H_1(e^{j\omega})$，即内部 LTI 系统的频率响应，来表示从输入 $x[n]$ 到输出 $y[n]$ 的整个系统的频率响应 $H(e^{j\omega})$ 的表达式。记住：$(-1)^n = e^{j\pi n}$。

(b) 当内部 LTI 系统的频率响应 $H_1(e^{j\omega})$ 为

$$H_1(e^{j\omega}) = \begin{cases} 1, & |\omega| < \omega_c \\ 0, & \omega_c < |\omega| \leqslant \pi \end{cases}$$

时,画出 $H(e^{j\omega})$。

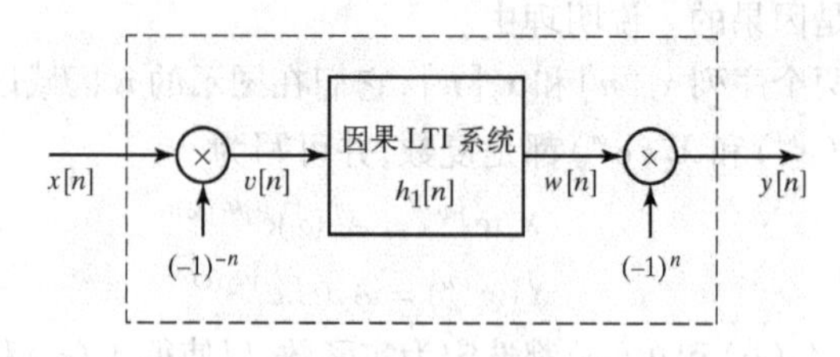

图 P2.74

2.75 图 P2.75-1 给出系统 A 和系统 B 的输入-输出关系,图 P2.75-2 所示为这两个系统的两种可能的级联方式,若 $x_1[n]=x_2[n]$,则 $w_1[n]$ 和 $w_2[n]$ 一定相等吗?若回答是,请简要说明理由,并用一个例子来证明。若回答是不一定,用一个反例来证明。

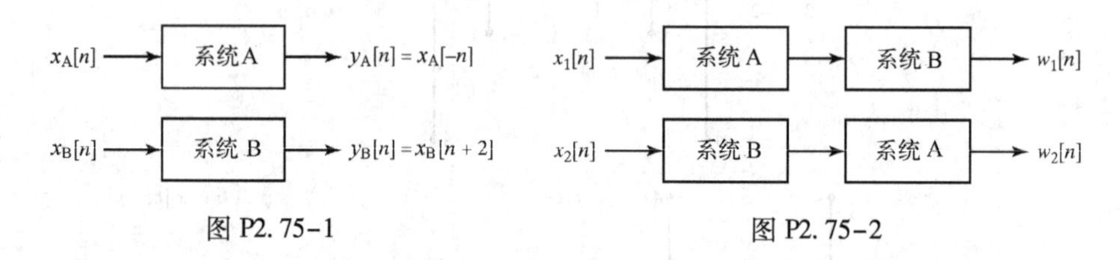

图 P2.75-1　　图 P2.75-2

2.76 考虑如图 P2.76 所示的系统,其中子系统 S_1 和 S_2 都是 LTI 的。

(a) 虚线框内的整个系统,其输入为 $x[n]$,输出 $y[n]$ 等于 $y_1[n]$ 和 $y_2[n]$ 的乘积,请问该系统能保证是 LTI 系统吗?若是,请说明理由;若不是,请给出一个反例。

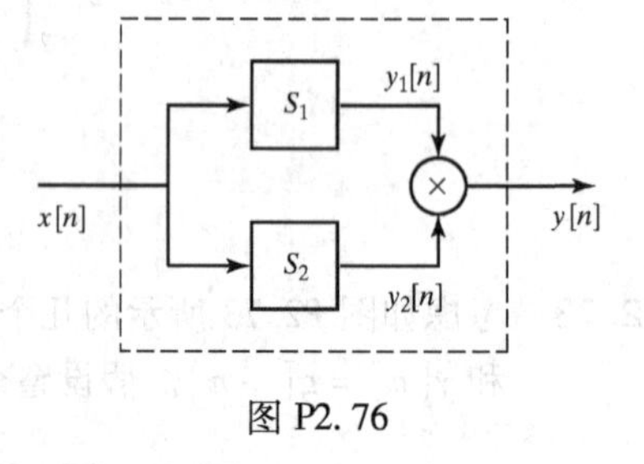

图 P2.76

(b) 假设已知 S_1 和 S_2 的频率响应 $H_1(e^{j\omega})$ 和 $H_2(e^{j\omega})$ 在某一范围内为零,令

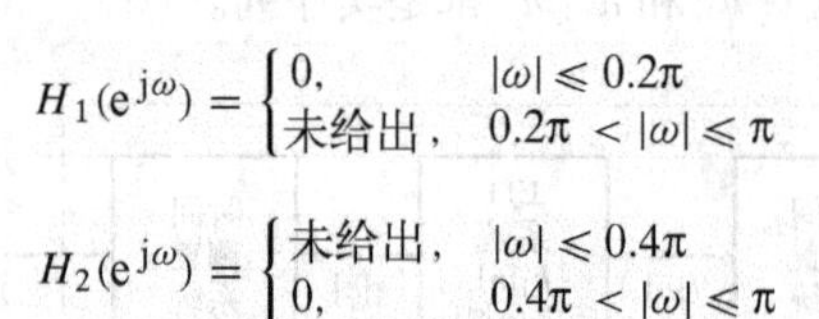

$$H_1(e^{j\omega})=\begin{cases}0, & |\omega|\leqslant 0.2\pi\\ \text{未给出}, & 0.2\pi<|\omega|\leqslant\pi\end{cases}$$

$$H_2(e^{j\omega})=\begin{cases}\text{未给出}, & |\omega|\leqslant 0.4\pi\\ 0, & 0.4\pi<|\omega|\leqslant\pi\end{cases}$$

又假定输入 $x[n]$ 带限为 0.3π,即

$$X(e^{j\omega})=\begin{cases}\text{未给出}, & |\omega|<0.3\pi\\ 0, & 0.3\pi\leqslant|\omega|\leqslant\pi\end{cases}$$

请问 $y[n]$ 的离散时间傅里叶变换(DTFT)$Y(e^{j\omega})$ 在 $-\pi\leqslant\omega<\pi$ 的什么范围内保证为零?

2.77 一阶差分是常用的一种数值运算,定义为

$$y[n]=\nabla(x[n])=x[n]-x[n-1]$$

这里,$x[n]$ 是输入,$y[n]$ 是一阶差分系统的输出。

(a) 证明该系统是线性时不变的。

(b) 求该系统的单位脉冲响应。

(c) 求出并画出频率响应(幅度和相位)。

(d) 证明若

$$x[n]=f[n]*g[n]$$

则

$$\nabla(x[n]) = \nabla(f[n]) * g[n] = f[n] * \nabla(g[n])$$

(e) 当用一个系统与该一阶差分系统级联时,能恢复出 $x[n]$,求该系统的单位脉冲响应;即求 $h_i[n]$,以使

$$h_i[n] * \nabla(x[n]) = x[n]$$

2.78 令 $H(e^{j\omega})$为一个单位脉冲响应为 $h[n]$的 LTI 系统的频率响应,这里 $h[n]$一般是复数。

(a) 利用式(2.104)证明:$H^*(e^{-j\omega})$是脉冲响应为 $h^*[n]$的系统的频率响应。

(b) 证明:若 $h[n]$为实数,则频率响应是共轭对称的,即 $H(e^{-j\omega}) = H^*(e^{j\omega})$ 。

2.79 令 $X(e^{j\omega})$ 为 $x[n]$的傅里叶变换。利用傅里叶变换综合式或分析式[见式(2.130)和式(2.131)] 证明:

(a) $x^*[n]$的傅里叶变换是 $X^*(e^{-j\omega})$ 。

(b) $x^*[-n]$的傅里叶变换是 $X^*(e^{j\omega})$ 。

2.80 对于实序列 $x[n]$,证明:表 2.1 性质 7 可直接由性质 1 得到,而性质 8 ～ 11 可直接由性质 7 得到。

2.81 2.9 节中陈述的几个傅里叶变换定理都未做证明,请利用傅里叶综合式或分析式[见式(2.130) 和式(2.131)],证明表 2.2 中定理 1 ～5 的真实性。

2.82 2.9.6 节直观地证明了

$$Y(e^{j\omega}) = H(e^{j\omega})X(e^{j\omega}) \tag{P2.82-1}$$

式中,$Y(e^{j\omega})$,$H(e^{j\omega})$ 和 $X(e^{j\omega})$ 是一个线性时不变系统的输出 $y[n]$,单位脉冲响应 $h[n]$和输入 $x[n]$的傅里叶变换,也即

$$y[n] = \sum_{k=-\infty}^{\infty} x[k]h[n-k] \tag{P2.82-2}$$

利用式(P2.82-2)给出的卷积和的傅里叶变换证明式(P2.82-1)。

2.83 将傅里叶综合式 (2.130)应用到式(2.167)中,并利用表 2.2 中的定理 3,证明调制定理(表 2.2 中定理 7) 的真实性。

2.84 令 $x[n]$和 $y[n]$为复序列,$X(e^{j\omega})$ 和 $Y(e^{j\omega})$ 为它们的傅里叶变换。

(a) 利用卷积定理(表 2.2 中定理 6)及表 2.2 中适当的性质,求一个序列,使其傅里叶变换为 $X(e^{j\omega})Y^*(e^{j\omega})$,并用 $x[n]$和 $y[n]$来表示该序列。

(b) 利用(a)的结果,证明

$$\sum_{n=-\infty}^{\infty} x[n]y^*[n] = \frac{1}{2\pi}\int_{-\pi}^{\pi} X(e^{j\omega})Y^*(e^{j\omega})d\omega \tag{P2.84-1}$$

式(P2.84-1)是 2.9.5 节中给出的帕斯瓦尔定理更一般的形式。

(c) 利用式(P2.84-1),求下列和式的数值解:

$$\sum_{n=-\infty}^{\infty} \frac{\sin(\pi n/4)}{2\pi n}\frac{\sin(\pi n/6)}{5\pi n}$$

2.85 令 $x[n]$和 $X(e^{j\omega})$ 分别代表一个序列及其傅里叶变换。利用 $X(e^{j\omega})$ 求 $y_s[n]$,$y_d[n]$和 $y_e[n]$的变换。在每一种情况下,相应于图 P2.85 所示的 $X(e^{j\omega})$,画出对应的输出的傅里叶变换 $Y_s(e^{j\omega})$, $Y_d(e^{j\omega})$ 和 $Y_e(e^{j\omega})$ 。

(a) 采样器:

$$y_s[n] = \begin{cases} x[n], & n\text{为偶数} \\ 0, & n\text{为奇数} \end{cases}$$

注意：$y_s[n]=\frac{1}{2}\{x[n]+(-1)^n x[n]\}$，而 $-1=e^{j\pi}$。

(b) 压缩器：

$$y_d[n]=x[2n]$$

(c) 扩展器：

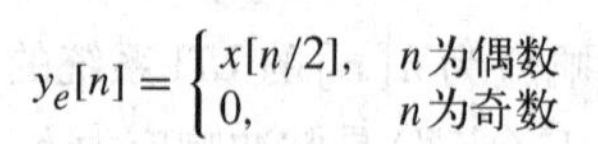

$$y_e[n]=\begin{cases}x[n/2], & n\text{为偶数}\\ 0, & n\text{为奇数}\end{cases}$$

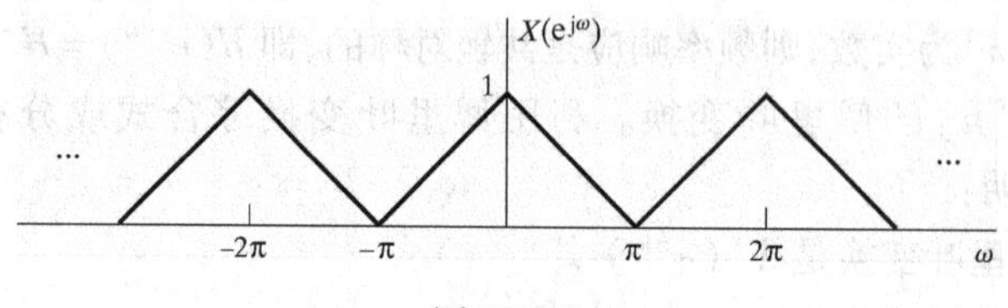

图 P2.85

2.86 在雷达和声呐中常使用两个频率相关的函数 $\Phi_x(N,\omega)$ 来估计一个信号的频率和行程时间分辨率。对于离散时间信号，定义

$$\Phi_x(N,\omega)=\sum_{n=-\infty}^{\infty}x[n+N]x^*[n-N]e^{-j\omega n}$$

(a) 证明

$$\Phi_x(-N,-\omega)=\Phi_x^*(N,\omega)$$

(b) 若

$$x[n]=A\,a^n u[n],\qquad 0<a<1$$

求 $\Phi_x(N,\omega)$（假设 $N\geqslant 0$）。

(c) 函数 $\Phi_x(N,\omega)$ 有一个频域对偶关系，证明

$$\Phi_x(N,\omega)=\frac{1}{2\pi}\int_{-\pi}^{\pi}X\left(e^{j[v+(\omega/2)]}\right)X^*\left(e^{j[v-(\omega/2)]}\right)e^{j2vN}dv$$

2.87 令 $x[n]$ 和 $y[n]$ 都是平稳的，互不相关的随机信号，证明：如果

$$w[n]=x[n]+y[n]$$

那么

$$m_w=m_x+m_y\quad\text{和}\quad\sigma_w^2=\sigma_x^2+\sigma_y^2$$

2.88 令 $e[n]$ 是一个白噪声序列，$s[n]$ 是一个与 $e[n]$ 不相关的序列。证明序列

$$y[n]=s[n]e[n]$$

也是白噪声序列，即

$$E\{y[n]y[n+m]\}=A\,\delta[m]$$

式中，A 为常数。

2.89 考虑一随机信号 $x[n]=s[n]+e[n]$，其中 $s[n]$ 和 $e[n]$ 都是独立的平稳随机信号，其自相关函数分别为 $\Phi_{ss}[m]$ 和 $\Phi_{ee}[m]$。

(a) 求 $\Phi_{xx}[m]$ 和 $\Phi_{xx}(e^{j\omega})$ 的表达式。

(b) 求 $\Phi_{xe}[m]$ 和 $\Phi_{xe}(e^{j\omega})$ 的表达式。

(c) 求 $\Phi_{xs}[m]$ 和 $\Phi_{xs}(e^{j\omega})$ 的表达式。

2.90 考虑一个 LTI 系统，其单位脉冲响应 $h[n]=a^n u[n]$，$(|a|<1)$。

(a) 计算该单位脉冲响应的确定性自相关函数 $\Phi_{hh}[m]$。

(b) 对该系统求能量密度函数 $|H(e^{j\omega})|^2$。

(c) 利用帕斯瓦尔定理求系统积分

$$\frac{1}{2\pi}\int_{-\pi}^{\pi}|H(e^{j\omega})|^2 d\omega$$

2.91　自相关函数为 $\Phi_{xx}[m]=\sigma_x^2\delta[m]$,零均值的白噪声信号作为一阶后向差分系统(参见例 2.9)的输入。

(a) 求出并画出系统输出的自相关函数和功率谱密度。

(b) 求系统输出的平均功率。

(c) 从本题可得出有关带噪声信号的一阶后向差分的什么结论?

2.92　令 $x[n]$ 为一个实平稳白噪声过程,其均值为零,方差为 σ_x^2。令 $y[n]$ 是当输入为 $x[n]$ 时一个单位脉冲响应为 $h[n]$ 的线性时不变系统相应的输出。证明:

(a) $E\{x[n]y[n]\}=h[0]\sigma_x^2$ 是否成立?

(b) $\sigma_y^2=\sigma_x^2\sum_{n=-\infty}^{\infty}h^2[n]$ 是否成立?

2.93　令 $x[n]$ 为一个实平稳白噪声序列,其均值为零,方差为 σ_x^2,将 $x[n]$ 输入到两个因果 LTI 离散时间系统的级联系统上去,如图 P2.93 所示。

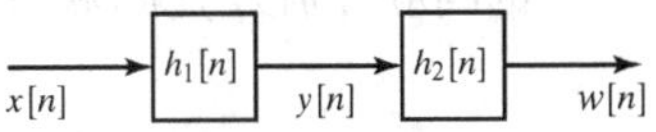

(a) $\sigma_y^2=\sigma_x^2\sum_{k=0}^{\infty}h_1^2[k]$ 是否成立?

(b) $\sigma_w^2=\sigma_y^2\sum_{k=0}^{\infty}h_2^2[k]$ 是否成立?

图 P2.93

(c) 令 $h_1[n]=a^nu[n]$,$h_2[n]=b^nu[n]$。求图 P2.93 所示的整个系统的单位脉冲响应,并由此求出 σ_w^2。(b)中的答案是否与(c)的结果一致?

2.94　有时关心的是一个线性时不变系统在其输入突然加一个随机信号时,系统的统计行为。这样一种情况如图 P2.94 所示。

令 $x[n]$ 为一个平稳白噪声过程,那么,系统的输入 $w[n]$ 就由下式给出:

$$w[n]=\begin{cases}x[n], & n\geqslant 0\\ 0, & n<0\end{cases}$$

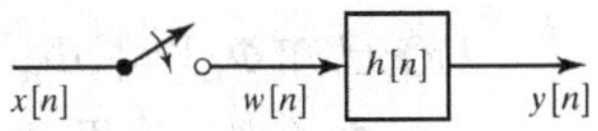

($n=0$ 时开关闭合)

图 P2.94

输入 $w[n]$ 是一个非平稳过程,输出 $y[n]$ 也是非平稳的。

(a) 利用输入的均值导出输出均值的表达式。

(b) 导出输出自相关序列 $\Phi_{yy}[n_1,n_2]$ 的表达式。

(c) 证明:对于大的 n 值,(a)和(b)中导出的公式趋近于平稳输入的结果。

(d) 假定 $h[n]=a^nu[n]$。利用输入的均值和均方值求输出的均值和均方值。画出这些参数随 n 变化的函数关系。

2.95　设 $x[n]$ 和 $y[n]$ 分别为一个系统的输入和输出。通常,在图像中用于减小噪声的系统的输入-输出关系由下式给出:

$$y[n]=\frac{\sigma_s^2[n]}{\sigma_x^2[n]}(x[n]-m_x[n])+m_x[n]$$

式中,

$$\sigma_x^2[n]=\frac{1}{3}\sum_{k=n-1}^{n+1}(x[k]-m_x[n])^2$$

$$m_x[n]=\frac{1}{3}\sum_{k=n-1}^{n+1}x[k]$$

$$\sigma_s^2[n]=\begin{cases}\sigma_x^2[n]-\sigma_w^2, & \sigma_x^2[n]\geqslant\sigma_w^2\\ 0, & \text{其他}\end{cases}$$

σ_w^2 是正比于噪声功率的一个已知常数。

(a) 这个系统是线性的吗?

(b) 这个系统是时不变的吗?

(c) 这个系统是稳定的吗?

(d) 这个系统是因果的吗?

(e) 对于某一固定的 $x[n]$,求当 σ_w^2 很大(大噪声功率)和当 σ_w^2 很小(小噪声功率)时的 $y[n]$。对于这些极端情况,$y[n]$有何意义?

2.96 考虑一个随机过程 $x[n]$,它是如图 P2.96 所示的线性时不变系统的响应。图中 $w[n]$代表一个实的零均值平稳白噪声过程,且 $E\{w^2[n]\}=\sigma_w^2$。

(a) 用 $\Phi_{xx}[n]$或 $\Phi_{xx}(e^{j\omega})$ 表示 $\varepsilon\{x^2[n]\}$。

(b) 求 $x[n]$的功率密度谱 $\Phi_{xx}(e^{j\omega})$ 。

(c) 求 $x[n]$的自相关函数 $\Phi_{xx}[n]$。

2.97 考虑一个线性时不变系统,其单位脉冲响应 $h[n]$为实数。假设系统对两个输入 $x[n]$和 $v[n]$的响应分别为 $y[n]$和 $z[n]$,如图 P2.97 所示。

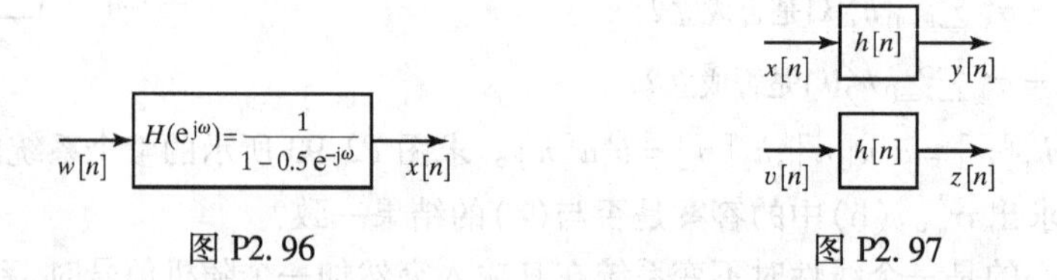

图 P2.96　　图 P2.97

其中,输入 $x[n]$和 $v[n]$均为实的零均值平稳随机过程,其自相关函数为 $\Phi_{xx}[n]$和 $\Phi_{vv}[n]$,互相关函数为 $\Phi_{xv}[n]$,功率谱为 $\Phi_{xx}(e^{j\omega})$ 和 $\Phi_{vv}(e^{j\omega})$,互功率谱为 $\Phi_{xv}(e^{j\omega})$ 。

(a) 已知 $\Phi_{xx}[n]$,$\Phi_{vv}[n]$, $\Phi_{xv}[n]$,$\Phi_{xx}(e^{j\omega})$,$\Phi_{vv}(e^{j\omega})$和 $\Phi_{xv}(e^{j\omega})$,求 $y[n]$和 $z[n]$的互功率谱 $\Phi_{yz}(e^{j\omega})$,这里 $\Phi_{yz}(e^{j\omega})$定义为

$$\phi_{yz}[n] \overset{\mathcal{F}}{\longleftrightarrow} \Phi_{yz}(e^{j\omega})$$

且 $\Phi_{yz}[n]=E\{y[n]z[k-n]\}$。

(b) 互功率谱 $\Phi_{xv}(e^{j\omega})$总是非负的吗?即对所有 ω,是否 $\Phi_{xv}(e^{j\omega})\geqslant 0$?试证明你的答案。

2.98 考虑如图 P2.98 所示的 LTI 系统,该系统的输入是一个平均功率为 σ_e^2 的平稳零均值白噪声信号 $e[n]$。第 1 个系统是由 $f[n]=e[n]-e[n-1]$定义的后向差分系统,第 2 个系统是一个理想低通滤波器,其频率响应为

$$H_2(e^{j\omega})=\begin{cases}1, & |\omega|<\omega_c\\ 0, & \omega_c<|\omega|\leqslant\pi\end{cases}$$

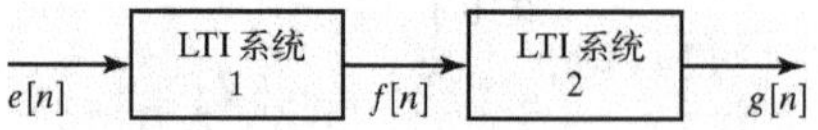

e[n] → LTI 系统 1 → f[n] → LTI 系统 2 → g[n]

图 P2.98

(a) 求 $f[n]$的功率谱 $\Phi_{ff}(e^{j\omega})$的表达式,并在 $-2\pi<\omega<2\pi$ 区间上画出该表达式。

(b) 求 $f[n]$的自相关函数 $\Phi_{ff}[m]$的表达式。

(c) 求 $g[n]$的功率谱 $\Phi_{gg}(e^{j\omega})$的表达式,并在 $-2\pi<\omega<2\pi$ 区间上画出这个表达式。

(d) 求输出平均功率 σ_g^2 的表达式。

第3章　z 变换

3.0　引言

本章将建立一个序列的 z 变换表示,并研究一个序列的性质是如何与它的 z 变换的性质联系起来的。离散时间信号的 z 变换和连续时间信号的拉普拉斯变换是互相对应的,并且它们每一个与相应的傅里叶变换之间都有一种类似的关系。引入这种推广的主要原因是傅里叶变换不是对所有的序列都收敛,能有一个包括更为广泛信号的傅里叶变换的推广形式是有用的。第二个优点是在分析问题中,z 变换往往比傅里叶变换更方便。

3.1　z 变换

序列 $x[n]$ 的傅里叶变换在第 2 章被定义为

$$X(e^{j\omega}) = \sum_{n=-\infty}^{\infty} x[n]e^{-j\omega n} \tag{3.1}$$

序列 $x[n]$ 的 z 变换定义成

$$X(z) = \sum_{n=-\infty}^{\infty} x[n]z^{-n} \tag{3.2}$$

式(3.2)一般是一个无穷项的和或者无穷项幂级数,其中 z 被考虑为一个复变量。有时将式(3.2)看作一个算子是有益的,它把一个序列变换成为一个函数,也就是说,**z 变换算子** $\mathcal{Z}\{\cdot\}$ 被定义为

$$\mathcal{Z}\{x[n]\} = \sum_{n=-\infty}^{\infty} x[n]z^{-n} = X(z) \tag{3.3}$$

把序列 $x[n]$ 变换为函数 $X(z)$,其中,z 是一个连续复变量。一个序列和它的 z 变换之间的唯一对应关系用符号记为

$$x[n] \overset{\mathcal{Z}}{\longleftrightarrow} X(z) \tag{3.4}$$

式(3.2)所定义的 z 变换往往称为双边 z 变换,而与此相对应的单边 z 变换则定义为

$$\mathcal{X}(z) = \sum_{n=0}^{\infty} x[n]z^{-n} \tag{3.5}$$

显然,仅当 $x[n]=0, n<0$ 时,双边变换和单边变换才是相等的。3.6 节将对单边 z 变换的性质做简单介绍。

比较式(3.1)与式(3.2),很显然,傅里叶变换和 z 变换之间存在紧密的联系。特别是,若将式(3.2)中的复变量 z 代以复变量 $e^{j\omega}$,那么 z 变换就蜕化为傅里叶变换。这就是将傅里叶变换用 $X(e^{j\omega})$ 来表示的一个初衷,因为当傅里叶变换存在时,它就是令 $z=e^{j\omega}$ 的 $X(z)$。这就相当于将 z 限制在单位幅度上,也就是说,对于 $|z|=1$,z 变换就相应于傅里叶变换。更一般地说,将复变量 z 表示为极坐标形式

$$z = re^{j\omega}$$

则式(3.2)就可以写成

$$X(re^{j\omega}) = \sum_{n=-\infty}^{\infty} x[n](re^{j\omega})^{-n}$$

或

$$X(re^{j\omega}) = \sum_{n=-\infty}^{\infty} (x[n]r^{-n})e^{-j\omega n} \tag{3.6}$$

式(3.6)可以看作为原序列 $x[n]$ 与指数序列 r^{-n} 相乘后的傅里叶变换。对于 $r=1$,式(3.6)就是 $x[n]$ 的傅里叶变换。

因为 z 变换是一个复变量的函数,因此利用复数 z 平面来描述和阐明 z 变换是方便的。在 z 平面,相应于 $|z|=1$ 的围线就是半径为 1 的圆,如图 3.1 所示。此圆称为**单位圆**,它就是在 $0 \leqslant \omega < 2\pi$ 范围上 $z=e^{j\omega}$ 的点集合。z 变换在单位圆上的求值就对应于傅里叶变换。注意,ω 是从原点到单位圆上某点 z 的矢量与复平面实轴之间的角度。若沿着 z 平面单位圆上从 $z=1$(即 $\omega=0$)开始,经过 $z=j(\omega=\pi/2)$ 到 $z=-1(\omega=\pi)$ 对 $X(z)$ 求值,就得到了 $0 \leqslant \omega \leqslant \pi$ 的傅里叶变换。继续沿着单位圆从 $\omega=\pi$ 到 $\omega=2\pi$ 考察傅里叶变换,就等效于从 $\omega=-\pi$ 到 $\omega=0$。在第 2 章,傅里叶变换是在一个线性频率轴上展开的,现在把傅里叶变换解释成在 z 平面单位圆上的 z 变换,也就相当于在概念上把线性频率轴缠绕在单位圆上,其中,在 $z=1$ 处,$\omega=0$,在 $z=-1$ 处,$\omega=\pi$。有了这种解释,傅里叶变换在频率上的固有周期性就自然而然得到了,因为在 z 平面上 2π rad 的改变相当于绕单位圆一周,然后又重新回到起始点上来。

第 2 章讨论过,表示傅里叶变换的幂级数不是对所有序列都是收敛的,也就是说,该无穷项之和可能不总是有限的。类似地,z 变换也不是对所有序列或者对全部 z 值都收敛。对已给定的序列,使 z 变换收敛的那一组 z 值就称为**收敛域**(ROC)。2.7 节提到,傅里叶变换的一致收敛要求序列是绝对可加的。将这个条件用于式(3.6)就得到 z 变换收敛的条件为

$$|X(re^{j\omega})| \leqslant \sum_{n=-\infty}^{\infty} |x[n]r^{-n}| < \infty \tag{3.7}$$

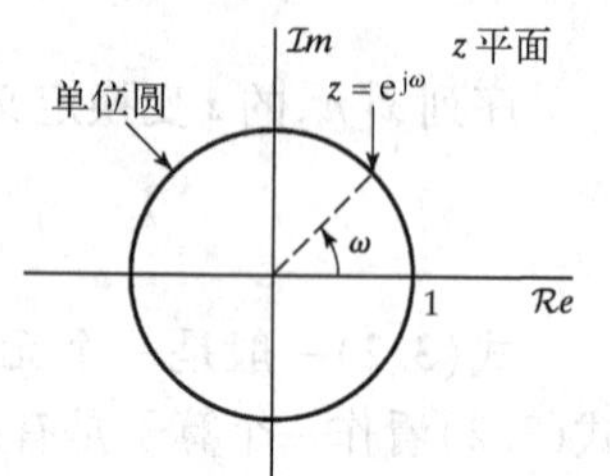

图 3.1 复数 z 平面的单位圆

由式(3.7)可知,由于序列被实指数 r^{-n} 相乘,就有可能在傅里叶变换($r=1$)不存在时却对 z 变换收敛。例如,序列 $x[n]=u[n]$ 不是绝对可加的,因此它的傅里叶变换幂级数不收敛。然而,$r^{-n}u[n]$ 在 $r>1$ 时是绝对可加的。这就表明,阶跃序列的 z 变换在收敛域 $r=|z|>1$ 内存在。

式(3.2)幂级数的收敛仅仅取决于 $|z|$;也就是说,因为 $|X(z)|<\infty$,如果

$$\sum_{n=-\infty}^{\infty} |x[n]||z|^{-n} < \infty \tag{3.8}$$

式(3.2)幂级数的收敛域就由满足不等式(3.8)的全部 z 值组成。因此,若某个 z 值,如 $z=z_1$ 是在收敛域内,那么全部由 $|z|=|z_1|$ 确定的圆上的 z 值也一定在收敛域内。由此带来的一个结果是,收敛域一定由在 z 平面内以原点为中心的圆环所组成。收敛域的外边界是一个圆(或者可能向外延伸至无穷大),而内边界也是一个圆(或者收敛域向内扩展至可包括原点),这就如图 3.2 所示。如果收敛域包括单位圆,自然就意味着 z 变换对 $|z|=1$ 收敛,或者说序列的傅里叶变换收敛。相反,若收敛域不包括单位圆,傅里叶变换就绝不收敛。

式(3.2)的幂级数是一个劳伦级数。因此,在研究 z 变换时,来自复变函数理论的许多有用的定理都是可以利用的(参见 Brown and Churchill,2007)。例如,一个劳伦级数,或者说 z 变换,就代表了在收敛域内每个点上的一个解析函数,因此 z 变换及其全部导数在收敛域内也一定是 z 的连

续函数。这就意味着,如果收敛的区域包括单位圆,那么傅里叶变换及其对 ω 的全部导数一定是 ω 的连续函数。同时,由 2.7 节可知,该序列必须是绝对可加的,也就是一个稳定序列。

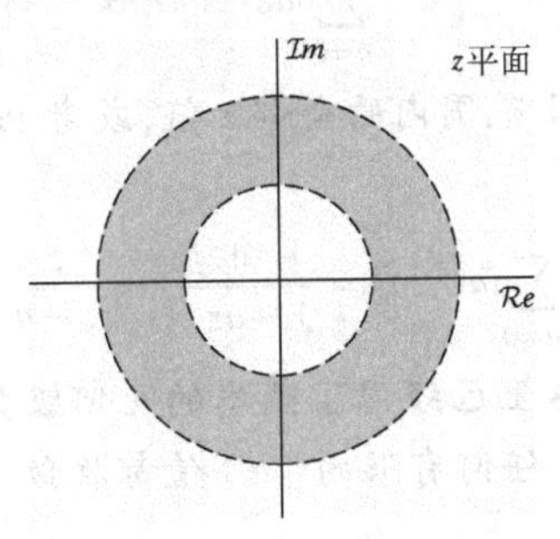

图 3.2 收敛域(ROC)为 z 平面的一个圆环。在某些具体情况下,内边界可延伸到原点,收敛域就变成一个圆盘。在另一些情况下,外边界可向外延伸至无穷大

z 变换的一致收敛要求指数加权序列绝对可加,如式(3.7)所示。序列

$$x_1[n] = \frac{\sin \omega_c n}{\pi n}, \qquad -\infty < n < \infty \tag{3.9}$$

和

$$x_2[n] = \cos \omega_0 n, \qquad -\infty < n < \infty \tag{3.10}$$

都不是绝对可加的。再者,对于任何 r 值来说,这两个序列乘以 r^{-n} 也不是绝对可加的。因此,这些序列没有能满足绝对收敛的 z 变换。然而,2.7 节已指出,即使如式(3.9)中 $x_1[n]$ 这样的序列不是绝对可加的,但它却有着有限能量(即平方可加的),其傅里叶变换在均方意义上收敛到一个不连续的周期函数。类似地,式(3.10)中的序列 $x_2[n]$ 既不是绝对可加的,也不是平方可加的,但是利用脉冲函数(即广义函数或 Dirac delta 函数)可以对 $x_2[n]$ 定义出一个有用的傅里叶变换。在以上两种情况下,傅里叶变换都不是连续的、无限可微的函数,所以它们不能由在单位圆上求出 z 变换而得到。因此,在此情况下若仍然认为傅里叶变换是作为 z 变换在单位圆上的求值,严格地说就不正确了,虽然仍采用符号 $X(e^{j\omega})$ 来表示离散时间傅里叶变换。

当无限项和可表示为闭式时,也即可以被"求和"并被表示成一个简单的数学表达式时,z 变换是最有用的。$X(z)$ 在收敛域内是一个有理函数,即为

$$X(z) = \frac{P(z)}{Q(z)} \tag{3.11}$$

这样的 $X(z)$ 是最重要且最有用的 z 变换。式(3.11)中,$P(z)$ 和 $Q(z)$ 都是 z 的多项式。一般地,对于使 $X(z)=0$ 的 z 称为 $X(z)$ 的零点,而使 $X(z)$ 为无穷大的 z 称为 $X(z)$ 的极点。对于式(3.11)所示的有理函数的情况,零点为分子多项式的根,极点(对于有限 z 值)为分母多项式的根。对于有理 z 变换,$X(z)$ 的极点位置与 z 变换的收敛域之间存在几个重要关系,这将在 3.2 节具体讨论。现在首先用几个例子来说明一下 z 变换。

例 3.1 右边指数序列

考虑信号 $x[n]=a^n u[n]$,其中,a 为一个实数或复数。由于该序列仅对 $n \geqslant 0$ 为非零,因此这是一个右边序列的例子,这一类序列起始于某时刻 N_1,且只在 $N_1 \leqslant n < \infty$ 范围上具有非零值;也就是非零值占据序列图形的右边位置。由式(3.2)可得

$$X(z) = \sum_{n=-\infty}^{\infty} a^n u[n] z^{-n} = \sum_{n=0}^{\infty} (az^{-1})^n$$

为了使 $X(z)$ 收敛,就要求

$$\sum_{n=0}^{\infty}|az^{-1}|^n<\infty$$

因此,收敛域就是在 $|az^{-1}|<1$ 范围内的全部 z 值,或者 $|z|>|a|$。在收敛域内,该无穷级数收敛到

$$X(z)=\sum_{n=0}^{\infty}(az^{-1})^n=\frac{1}{1-az^{-1}}=\frac{z}{z-a},\qquad |z|>|a| \tag{3.12}$$

为了得到这个闭式表达形式,这里已经用了熟悉的几何级数求和公式(参见 Jolley,1961)。序列 $x[n]=a^nu[n]$ 的 z 变换对于任何有限的 $|a|$ 值都收敛。对于 $a=1$,$x[n]$ 就是单位阶跃序列,其 z 变换为

$$X(z)=\frac{1}{1-z^{-1}},\qquad |z|>1 \tag{3.13}$$

如果 $|a|<1$,$x[n]=a^nu[n]$ 的傅里叶变换收敛于

$$X(e^{j\omega})=\frac{1}{1-ae^{-j\omega}} \tag{3.14}$$

然而,如果 $a\geqslant 1$,右边指数序列的傅里叶变换不收敛。

在例 3.1 中,该无限和就等于在收敛域内一个 z 的有理函数。在大多数情况下,用有理函数比用无限和表示要方便得多。将会看到,任何能表示成指数和的序列都能用一个有理 z 变换来表示。这样的 z 变换,除了一个常数幅度因子外,都由它的零点和极点来决定。对于本例,有一个零点在 $z=0$,一个极点在 $z=a$。例 3.1 的零-极点图和收敛域如图 3.3 所示,图中"○"记作零点,"×"记作极点。对于 $|a|\geqslant 1$,收敛域不包括单位圆,这与 a 的这些值所带来的结果是一致的,即指数增长序列 $a^nu[n]$ 的傅里叶变换不收敛。

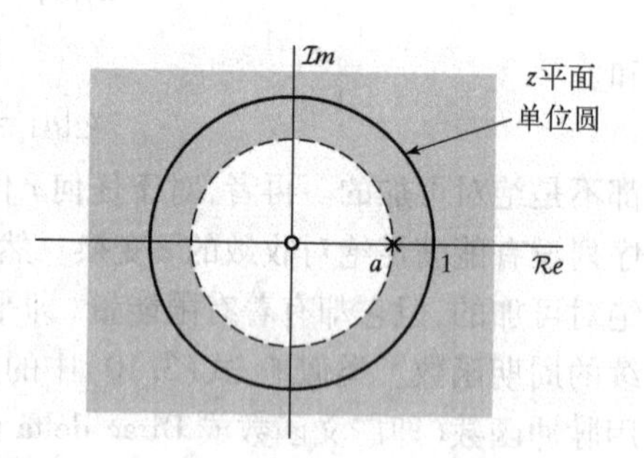

图 3.3 例 3.1 的零-极点图和收敛域

例 3.2 左边指数序列

设

$$x[n]=-a^nu[-n-1]=\begin{cases}-a^n, & n\leqslant -1\\ 0, & n>-1\end{cases}$$

因为该序列仅在 $n\leqslant -1$ 时为非零,因此是一个左边序列。这种情况下的 z 变换为

$$\begin{aligned}X(z)&=-\sum_{n=-\infty}^{\infty}a^nu[-n-1]z^{-n}=-\sum_{n=-\infty}^{-1}a^nz^{-n}\\&=-\sum_{n=1}^{\infty}a^{-n}z^n=1-\sum_{n=0}^{\infty}(a^{-1}z)^n\end{aligned} \tag{3.15}$$

如果 $|a^{-1}z|<1$,或者 $|z|<|a|$,式(3.15)最后的和式收敛,再次利用几何级数多项求和公式得到

$$X(z)=1-\frac{1}{1-a^{-1}z}=\frac{1}{1-az^{-1}}=\frac{z}{z-a},\qquad |z|<|a| \tag{3.16}$$

零-极点图和收敛域如图 3.4 所示。

注意到,当 $|a|<1$ 时,序列 $-a^nu[-n-1]$ 将随 $n\to-\infty$ 而指数增长,因此它的傅里叶变换不存在。然而,如果 $|a|>1$,则傅里叶变换为

$$X(\mathrm{e}^{\mathrm{j}\omega}) = \frac{1}{1 - a\mathrm{e}^{-\mathrm{j}\omega}} \tag{3.17}$$

这与式(3.14)的形式相同。乍一看,这似乎违反了傅里叶变换的唯一性。然而,如果把式(3.14)记为当 $|a|<1$ 时 $a^n u[n]$ 的傅里叶变换,而把式(3.17)记为当 $|a|>1$ 时 $-a^n u[-n-1]$ 的傅里叶变换,那么这种歧义就可避免。

将式(3.12)和式(3.16)、图3.3和图3.4比较就可看到,这两个序列以及它们的无限和都是不同的;而 $X(z)$ 的代数表达式和相应的零-极点图对例3.1和例3.2却是一样的。z 变换的差异仅在收敛域不同。这就强调了对于一个给定序列的双边 z 变换,既要给出它的代数表达式,又要标出它的收敛域。同时,在这两个例子中序列都是指数的,所得到的 z 变换也都是有理的。事实上,由下一个例子可看出,只要 $x[n]$ 是一个实指数或复指数的线性组合,$X(z)$ 就一定是有理的。

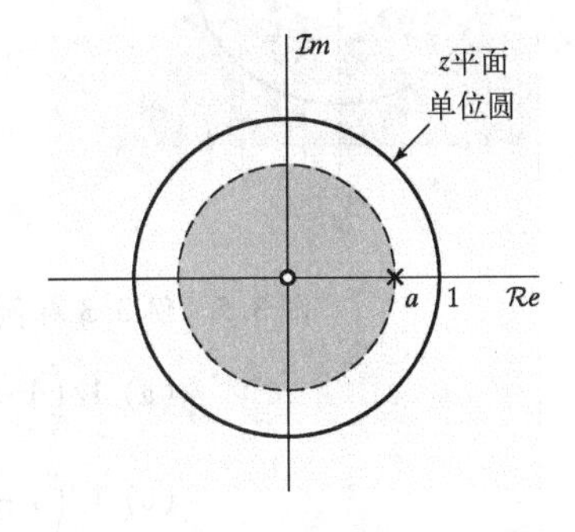

图3.4 例3.2的零-极点图和收敛域

例3.3 两个指数序列的和

考虑一个为两个实指数和的信号

$$x[n] = \left(\frac{1}{2}\right)^n u[n] + \left(-\frac{1}{3}\right)^n u[n] \tag{3.18}$$

z 变换为

$$\begin{aligned} X(z) &= \sum_{n=-\infty}^{\infty}\left\{\left(\frac{1}{2}\right)^n u[n] + \left(-\frac{1}{3}\right)^n u[n]\right\}z^{-n} \\ &= \sum_{n=-\infty}^{\infty}\left(\frac{1}{2}\right)^n u[n]z^{-n} + \sum_{n=-\infty}^{\infty}\left(-\frac{1}{3}\right)^n u[n]z^{-n} \\ &= \sum_{n=0}^{\infty}\left(\frac{1}{2}z^{-1}\right)^n + \sum_{n=0}^{\infty}\left(-\frac{1}{3}z^{-1}\right)^n \end{aligned} \tag{3.19}$$

$$\begin{aligned} &= \frac{1}{1-\frac{1}{2}z^{-1}} + \frac{1}{1+\frac{1}{3}z^{-1}} = \frac{2\left(1-\frac{1}{12}z^{-1}\right)}{\left(1-\frac{1}{2}z^{-1}\right)\left(1+\frac{1}{3}z^{-1}\right)} \\ &= \frac{2z\left(z-\frac{1}{12}\right)}{\left(z-\frac{1}{2}\right)\left(z+\frac{1}{3}\right)} \end{aligned} \tag{3.20}$$

为了使 $X(z)$ 收敛,式(3.19)中的两个和都必须收敛,这就既要求 $\left|\frac{1}{2}z^{-1}\right|<1$,又要求 $\left|\left(-\frac{1}{3}\right)z^{-1}\right|<1$,或等效为 $|z|>\frac{1}{2}$ 和 $|z|>\frac{1}{3}$。由此可得收敛域为 $|z|>\frac{1}{2}$。对于单独每一项及组合后信号的 z 变换的零-极点图和收敛域如图3.5所示。

在上述例子中,都是从给定序列开始,然后把这些无限项和式中的每一项处理成一种其和为可辨别的形式。当序列可看作例3.1和例3.2中形式的指数序列之和时,就可利用 z 变换算子的线性性质简便地求得 z 变换。确切地,就是根据 z 变换的定义式(3.2),若 $x[n]$ 是两项之和,那么 $X(z)$ 也一定是相应的单独每一项的 z 变换之和,而收敛域则是单个收敛域的重叠部分,即对两个单独的和都收敛的 z 值区域。在例3.3中,求得式(3.19)时已经说明了线性性质。例3.4通过将 $x[n]$ 表示为两个序列的和,说明例3.3的 z 变换如何能用一种更为直接的方式得到。

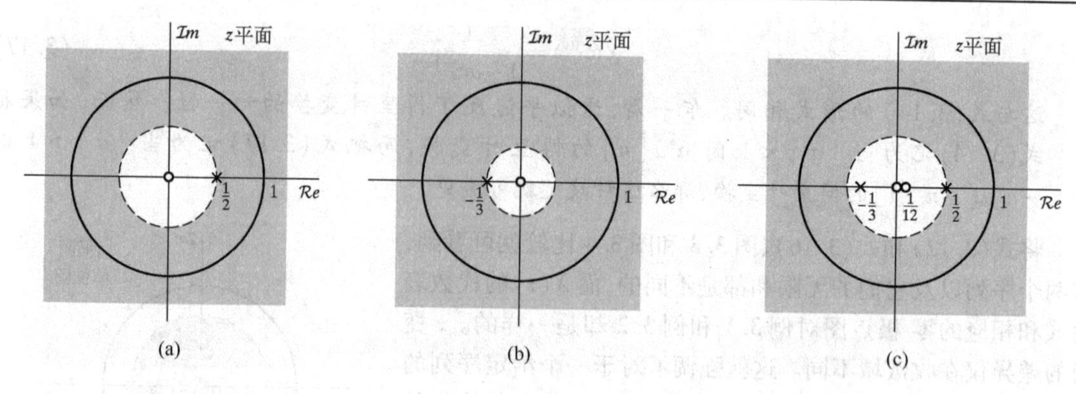

图3.5 例3.3和例3.4中单独项与这些项之和的零-极点图及收敛域。

(a) $1/\left(1-\frac{1}{2}z^{-1}\right)$, $|z|>\frac{1}{2}$; (b) $1/\left(1+\frac{1}{3}z^{-1}\right)$, $|z|>\frac{1}{3}$;

(c) $1/\left(1-\frac{1}{2}z^{-1}\right)+1/\left(1+\frac{1}{3}z^{-1}\right)$, $|z|>\frac{1}{2}$

例3.4 再论两个序列的和

仍令 $x[n]$ 由式(3.18)给出,那么利用例3.1的结果,将 $a=\frac{1}{2}$ 和 $a=-\frac{1}{3}$ 分别代入,很容易得到这两个单独项的 z 变换分别为

$$\left(\frac{1}{2}\right)^n u[n] \overset{\mathcal{Z}}{\longleftrightarrow} \frac{1}{1-\frac{1}{2}z^{-1}}, \quad |z|>\frac{1}{2} \tag{3.21}$$

$$\left(-\frac{1}{3}\right)^n u[n] \overset{\mathcal{Z}}{\longleftrightarrow} \frac{1}{1+\frac{1}{3}z^{-1}}, \quad |z|>\frac{1}{3} \tag{3.22}$$

结果

$$\left(\frac{1}{2}\right)^n u[n]+\left(-\frac{1}{3}\right)^n u[n] \overset{\mathcal{Z}}{\longleftrightarrow} \frac{1}{1-\frac{1}{2}z^{-1}}+\frac{1}{1+\frac{1}{3}z^{-1}}, \quad |z|>\frac{1}{2} \tag{3.23}$$

与例3.3中所得结果一样。每个单独项及组合后信号的 z 变换的零-极点图和收敛域如图3.5所示。

例3.1～例3.4的全部要点反映在例3.5中。

例3.5 双边指数序列

考虑序列

$$x[n]=\left(-\frac{1}{3}\right)^n u[n]-\left(\frac{1}{2}\right)^n u[-n-1] \tag{3.24}$$

注意到该序列随 $n\to-\infty$ 而指数增长。利用例3.1的结果,$a=-\frac{1}{3}$,有

$$\left(-\frac{1}{3}\right)^n u[n] \overset{\mathcal{Z}}{\longleftrightarrow} \frac{1}{1+\frac{1}{3}z^{-1}}, \quad |z|>\frac{1}{3}$$

而利用例3.2的结果,$a=\frac{1}{2}$,有

$$-\left(\frac{1}{2}\right)^n u[-n-1] \overset{\mathcal{Z}}{\longleftrightarrow} \frac{1}{1-\frac{1}{2}z^{-1}}, \quad |z|<\frac{1}{2}$$

因此,根据 z 变换的线性性质,可得

$$X(z)=\frac{1}{1+\frac{1}{3}z^{-1}}+\frac{1}{1-\frac{1}{2}z^{-1}},\quad \frac{1}{3}<|z| \text{ 和 } |z|<\frac{1}{2}$$
$$=\frac{2\left(1-\frac{1}{12}z^{-1}\right)}{\left(1+\frac{1}{3}z^{-1}\right)\left(1-\frac{1}{2}z^{-1}\right)}=\frac{2z\left(z-\frac{1}{12}\right)}{\left(z+\frac{1}{3}\right)\left(z-\frac{1}{2}\right)} \tag{3.25}$$

此时,收敛域是个环形域$\frac{1}{3}<|z|<\frac{1}{2}$。注意到,本例中的有理函数与例3.4中的有理函数是一样的,但收敛域在两种情况下是不同的。本例的零-极点图和收敛域如图3.6所示。

由于收敛域不包括单位圆,所以式(3.24)所表示的序列没有傅里叶变换。

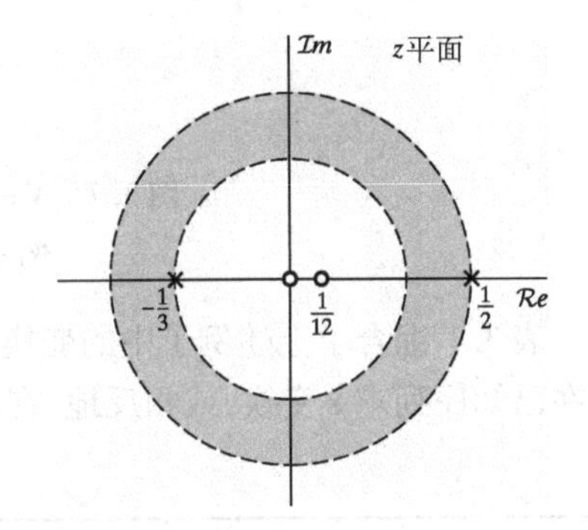

图3.6 例3.5的零-极点图和收敛域

上述每个例子都把 z 变换既表示为 z 的多项式之比,又表示为 z^{-1} 多项式之比。从式(3.2)给出的 z 变换的定义形式来看,对于 $n<0$,序列值为零的那些序列仅涉及 z 的负幂,于是对于这类信号,将 $X(z)$ 表示成 z^{-1} 而不是 z 的多项式是特别方便的;然而,即使当 $x[n]$ 在 $n<0$ 时不为零,$X(z)$ 仍然能利用$(1-az^{-1})$ 形式的因式来表示。应该记住的是,这个因式既引入了一个极点,又引入了一个零点,这就如同前面例子中的代数表达式所说明的。

这些例子显示出,无限长指数序列为 z 变换能表示为 z 或 z^{-1} 的有理函数。在序列为有限长的情况下,也有一个相当简单的形式。如果序列仅在区间 $N_1\leqslant n\leqslant N_2$ 内为非零,则 z 变换为

$$X(z)=\sum_{n=N_1}^{N_2}x[n]z^{-n} \tag{3.26}$$

只要每一项 $|x[n]z^{-n}|$ 是有限的,$X(z)$ 就不存在收敛的问题。一般来说,不太可能把一个有限项的和表示为一个闭式;不过,在这种情况下可能也没必要。例如,若 $x[n]=\delta[n]+\delta[n-5]$,那么 $X(z)=1+z^{-5}$,它对 $|z|>0$ 是有限的。例3.6所示就是能把有限项的和相加而得出一个更为紧凑的 z 变换表示式的例子。

例3.6 有限长截断指数序列

考虑信号

$$x[n]=\begin{cases}a^n, & 0\leqslant n\leqslant N-1\\ 0, & \text{其他}\end{cases}$$

那么

$$X(z)=\sum_{n=0}^{N-1}a^nz^{-n}=\sum_{n=0}^{N-1}(az^{-1})^n=\frac{1-(az^{-1})^N}{1-az^{-1}}=\frac{1}{z^{N-1}}\frac{z^N-a^N}{z-a} \tag{3.27}$$

这里已经用了式(2.55)的通用公式来得到有限项级数求和的闭式表达形式。收敛域由满足

$$\sum_{n=0}^{N-1}|az^{-1}|^n<\infty$$

的 z 值所决定。因为只有有限个非零项,所以只要 az^{-1} 是有限的,其和就一定有限。这就仅要求 $|a|<\infty$ 和 $z\neq0$。因此,假定 $|a|$ 是有限的,则收敛域除原点($z=0$)外包括整个 z 平面。设 $N=16$,a 为实数且介于0和1之间,这时的零-极点图如图3.7所示。具体地,就是分子多项式的 N 个根在 z 平面的如下位置:

$$z_k=ae^{j(2\pi k/N)},\qquad k=0,1,\cdots,N-1 \tag{3.28}$$

(注意,这些值都满足 $z^N = a^N$。当 $a=1$ 时,这些复数值就是 1 的 N 阶根)。对应于 $k=0$ 的零点,抵消了 $z=a$ 的极点。结果,除了原点处的 $N-1$ 个极点外没有任何极点。剩余零点位于 z 平面的如下位置:

$$z_k = a e^{j(2\pi k/N)}, \quad k=1,\cdots,N-1 \tag{3.29}$$

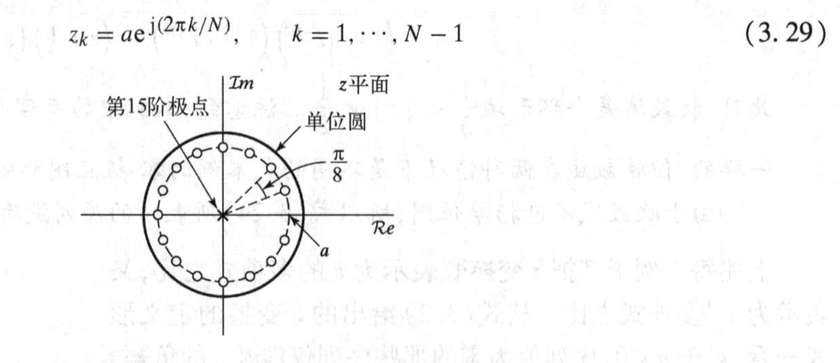

图 3.7 $N=16, 0<a<1$ 时例 3.6 的零-极点图。本例的收敛域由除 $z=0$ 以外的全部 z 组成

表 3.1 综合了上述例子中的变换对,以及其他一些常见的 z 变换对。将会看到,这些基本变换对在已知序列求 z 变换,或相反地,在给定 z 变换求序列时都是非常有用的。

表 3.1 基本 z 变换对

序 列	变 换	收 敛 域
1. $\delta[n]$	1	所有 z
2. $u[n]$	$\dfrac{1}{1-z^{-1}}$	$\|z\|>1$
3. $-u[-n-1]$	$\dfrac{1}{1-z^{-1}}$	$\|z\|<1$
4. $\delta[n-m]$	z^{-m}	全部 z 除去 0(若 $m>0$)或 ∞(若 $m<0$)
5. $a^n u[n]$	$\dfrac{1}{1-az^{-1}}$	$\|z\|>\|a\|$
6. $-a^n u[-n-1]$	$\dfrac{1}{1-az^{-1}}$	$\|z\|<\|a\|$
7. $na^n u[n]$	$az^{-1}/(1-az^{-1})^2$	$\|z\|>\|a\|$
8. $-na^n u[-n-1]$	$\dfrac{az^{-1}}{(1-az^{-1})^2}$	$\|z\|<\|a\|$
9. $\cos(\omega_0 n)u[n]$	$\dfrac{1-\cos(\omega_0)z^{-1}}{1-2\cos(\omega_0)z^{-1}+z^{-2}}$	$\|z\|>1$
10. $\sin(\omega_0 n)u[n]$	$\dfrac{\sin(\omega_0)z^{-1}}{1-2\cos(\omega_0)z^{-1}+z^{-2}}$	$\|z\|>1$
11. $r^n\cos(\omega_0 n)u[n]$	$\dfrac{1-r\cos(\omega_0)z^{-1}}{1-2r\cos(\omega_0)z^{-1}+r^2z^{-2}}$	$\|z\|>r$
12. $r^n\sin(\omega_0 n)u[n]$	$\dfrac{r\sin(\omega_0)z^{-1}}{1-2r\cos(\omega_0)z^{-1}+r^2z^{-2}}$	$\|z\|>r$
13. $\begin{cases} a^n, & 0\leqslant n\leqslant N-1 \\ 0, & 其他 \end{cases}$	$\dfrac{1-a^N z^{-N}}{1-az^{-1}}$	$\|z\|>0$

3.2 z 变换收敛域的性质

3.1 节的所有例子都说明收敛域的性质与信号的属性有关。本节将讨论并总结这些性质。假定 z 变换的代数表达式是一个有理函数，而序列 $x[n]$ 除了可能在 $n=\infty$ 或 $n=-\infty$ 外，都有有限的幅度。

性质 1：收敛域具有这样的形式，即 $0\leqslant r_R<|z|$ 或 $|z|\leqslant r_L\leqslant\infty$，或者为更一般的圆环，即 $0\leqslant r_R<|z|<r_L\leqslant\infty$。

性质 2：当且仅当 $x[n]$ 的 z 变换的收敛域包括单位圆时，$x[n]$ 的傅里叶变换才绝对收敛。

性质 3：收敛域内不能包含任何极点。

性质 4：若 $x[n]$ 是一个**有限长序列**，即一个序列除在有限区间 $-\infty<N_1\leqslant n\leqslant N_2<\infty$ 内，其余均为零，那么其收敛域就是整个 z 平面，可能 $z=0$ 或 $z=\infty$ 除外。

性质 5：若 $x[n]$ 是一个**右边序列**，即一个序列在 $n<N_1<\infty$ 为零，那么其收敛域是从 $X(z)$ 中**最外面**（即最大幅度）的有限极点向外延伸至（可能包括）$z=\infty$。

性质 6：若 $x[n]$ 是一个**左边序列**，即一个序列在 $n>N_2>-\infty$ 为零，那么其收敛域是从 $X(z)$ 中**最里面**（即最小幅度）的非零极点向内延伸至（可能包括）$z=0$。

性质 7：一个**双边序列**是一个无限长序列，它既不是右边的，也不是左边的。若 $x[n]$ 是双边序列，那么其收敛域一定由 z 平面的一个圆环组成，其内、外边界均由某一极点所界定，而且依据性质 3，其内边界也不能包含任何极点。

性质 8：收敛域必须是一个连通的区域。

性质 1 概括了收敛域的一般形状。如同 3.1 节的讨论，性质 1 来自这样一个事实：式(3.2)的收敛条件由式(3.7)给出，这里重复如下：

$$\sum_{n=-\infty}^{\infty}|x[n]|r^{-n}<\infty \tag{3.30}$$

式中，$r=|z|$。式(3.30)说明，对于给定的 $x[n]$，收敛与否仅依赖于 $r=|z|$（即与 z 的角度无关）。注意，如果对于 $|z|=r_0$，z 变换收敛，则可以减小 r 直至 z 变换不再收敛。这就得到 $|z|=r_R$，此时随着 $n\to\infty$，$|x[n]|r^{-n}$ 增长得太快（或下降得太慢），使得级数不是绝对可加的。这便定义了 r_R。当 $r\leqslant r_R$ 时，z 变换不收敛，因为此时 r^{-n} 将上升得更快。类似地，通过从 r_0 开始不断增大 r，可以找到外边界 r_L，请思考当 $n\to-\infty$ 时会发生什么？

性质 2 就是当 $|z|=1$ 时，式(3.2)蜕化为傅里叶变换的结果。性质 3 是由于 $X(z)$ 在极点处为无穷大，因此按定义它不收敛。

性质 4 来自于一个有限长序列的 z 变换为 z 的有限次幂的有限项求和的事实，即

$$X(z)=\sum_{n=N_1}^{N_2}x[n]z^{-n}$$

因此，当 $N_2>0$ 时，对于除 $z=0$ 以外的全部 z 都有 $|X(z)|<\infty$，和/或当 $N_1<0$ 时，除 $z=\infty$ 以外的全部 z 都有 $|X(z)|<\infty$。

性质 5 和性质 6 为性质 1 的特殊情况。为了解释有理 z 变换的性质 5，注意到如下形式的序列：

$$x[n]=\sum_{k=1}^{N}A_k(d_k)^n u[n] \tag{3.31}$$

是由幅度为 A_k、指数因子为 d_k 的指数序列组成的右边序列。虽然这不是最一般的右边序列,但足够用来说明性质5。通过增加有限长序列或对指数序列进行有限量平移,便可以形成更一般的右边序列。但是,对式(3.31)进行这样的调整并不会改变结论。引入线性性质,式(3.31)中 $x[n]$ 的 z 变换可写为

$$X(z)=\sum_{k=1}^{N}\underbrace{\frac{A_k}{1-d_kz^{-1}}}_{|z|>|d_k|} \tag{3.32}$$

注意到,对于位于各个收敛域内的 z 值,有 $|z|>|d_k|$,这些项可以合并为带有如下公共分母的有理函数:

$$\prod_{k=1}^{N}(1-d_kz^{-1})$$

也就是说,$X(z)$ 的极点位于 $z=d_1,\cdots,d_N$。方便起见,假设对极点进行了排序,使得 d_1 具有最小的幅度,对应于最里面的极点,而 d_N 具有最大的幅度,对应于最外面的极点。这些指数中,随着 n 的增加,增长最慢的对应于最里面的极点,即 d_1,而下降最慢的(即增加最快的)对应于最外面的极点,即 d_N。不足为奇,d_N 决定了收敛域的内边界,它是区域 $|z|>|d_k|$ 的交集。也就是说,指数序列右边求和的 z 变换的收敛域为

$$|z|>|d_N|=\max_k|d_k|=r_R \tag{3.33}$$

即,收敛域位于最外面极点的外边,一直扩展到无穷大。如果一个右边序列开始于 $n=N_1<0$,那么收敛域将不包括 $|z|=\infty$。

获得性质5的另一种方法是将式(3.30)应用于式(3.31),得到

$$\sum_{n=0}^{\infty}\left|\sum_{k=1}^{N}A_k(d_k)^n\right|r^{-n}\leqslant\sum_{k=1}^{N}|A_k|\left(\sum_{n=0}^{\infty}|d_k/r|^n\right)<\infty \tag{3.34}$$

这说明,如果所有序列 $|d_k/r|^n$ 是绝对可加的,则可以保证收敛性。由于 $|d_N|$ 是最大的极点幅度,所以选取 $|d_N/r|<1$,或 $r>|d_N|$。

性质6是关于左边序列的,完全可以在左边指数序列求和的基础上应用与右边序列并行的证法来说明,收敛域是由具有最小幅度的极点来定义的。引入相同的极点排序,收敛域将为

$$|z|<|d_1|=\min_k|d_k|=r_L \tag{3.35}$$

即收敛域位于最里面极点的里面。若左边序列对正 n 值有非零值,那么收敛域就不能包括原点 $z=0$。由于 $x[n]$ 将沿着负 n 轴扩展到 $-\infty$,必须对 r 加以限制,使得对于每个 d_k,随着 n 向 $-\infty$ 递减,指数序列 $(d_kr^{-1})^n$ 都会衰减到0。

对于右边序列,收敛域受制于用指数加权 r^{-n},要求全部指数项随 n 的增加而衰减到0;而对于左边序列指数加权必须要使全部指数项随 n 的减小而衰减到0。性质7来自于这一点,对于双边序列,指数加权需平衡,因为如果随 n 的增加而衰减得太快,就可能导致随 n 减小而增长得太快,反之亦然。更明确地说,对于双边序列,某些极点仅对 $n>0$ 起作用,而其余的仅对 $n<0$ 起作用。收敛域在里边被最大幅度的极点所界定,这个极点对 $n>0$ 起作用;而在外面则被最小幅度的极点所界定,这个极点对 $n<0$ 起作用。

性质8可以从对性质4到性质7的讨论中得到直观的解释。任何无限长的双边序列可以看作是一个右边部分(如 $n\geqslant0$)和一个左边部分(包括除了右边部分以外的全部)之和。右边部分将有由式(3.33)所给出的收敛域,而左边部分的收敛域由式(3.35)给出。整个双边序列的收敛域必须是这两个区域的相交部分。于是,如果这样一个相交部分存在,它总是一个简单的连通环域,其形式为

$$r_R < |z| < r_L$$

也有一种可能,右边和左边部分的收敛域之间没有重合的部分,即 $r_L < r_R$。在这种情况下,序列的 z 变换就不存在。

例 3.7 无重合的收敛域

考虑如下序列:

$$x[n] = \left(\frac{1}{2}\right)^n u[n] - \left(-\frac{1}{3}\right)^n u[-n-1]$$

对信号中的每个部分分别采用表 3.1 中的相应结果,得到

$$X(z) = \underbrace{\frac{1}{1-\frac{1}{2}z^{-1}}}_{|z|>\frac{1}{2}} + \underbrace{\frac{1}{1+\frac{1}{3}z^{-1}}}_{|z|<\frac{1}{3}}$$

由于 $|z| > \frac{1}{2}$ 和 $|z| < \frac{1}{3}$ 之间没有重合区域,因此得出结论:信号 $x[n]$ 没有 z 变换(也没有傅里叶变换)表达形式。

正如在比较例 3.1 和例 3.2 时所指出的,代数表达式或零极点图都不足以完全表征一个序列的 z 变换;也就是说,收敛域也必须给出。本节所讨论的这些性质限定了与一个给定的零-极点图有可能相关的一些收敛域。为了说明这一点,考虑图 3.8(a)所示的零-极点图。根据性质 1、性质 3 和性质 8 可知,收敛域仅存在 4 种可能的选取。这些都分别如图 3.8(b),图 3.8 (c),图 3.8 (d)和图 3.8 (e)所示,每种收敛域都与一个不同的序列相联系。具体地,图 3.8(b)对应于一个右边序列,图 3.8(c)对应一个左边序列,而图 3.8(d)和图 3.8(e)则对应于两个不同的双边序列。如果假定单位圆落在极点 $z=b$ 和 $z=c$ 之间,如图 3.8(a)所示,那么 4 种情况中仅有一种,即图 3.8(e)所示的傅里叶变换收敛。

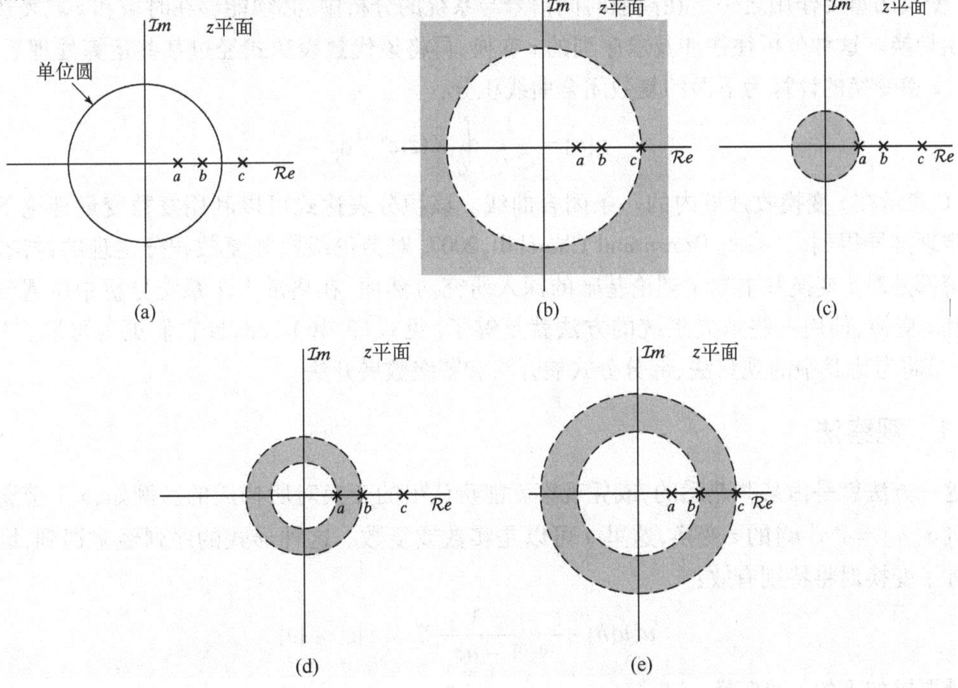

图 3.8 说明具有同一个零-极点图,而有 4 种可能不同收敛域的 z 变换例子。每种收敛域都相应于一个不同的序列。(b)对应于一个右边序列;(c)对应于一个左边序列;(d)对应于一个双边序列;(e)对应于一个双边序列

在利用 z 变换来表示一个序列时,有时候通过序列的时序性质来明确指出其收敛域是很方便的。这一点将在例 3.8 中说明。

例 3.8 稳定性,因果性和收敛域

考虑一单位脉冲响应为 $h[n]$ 的 LTI 系统。正如 3.5 节将讨论的,$h[n]$ 的 z 变换被称为 LTI 系统的**系统函数**。假设 $H(z)$ 的零-极点图如图 3.9 所示。根据性质 1 ~ 8,存在 3 种可能的收敛域与该零-极点图有关,即 $|z| < \frac{1}{2}$,$\frac{1}{2} < |z| < 2$ 及 $|z| > 2$。然而,如果附加说明系统是稳定的(或等效地说,$h[n]$ 是绝对可加的,因此存在一个傅里叶变换),那么收敛域就必须包括单位圆。因此,系统的稳定性和性质 1 ~ 8 就意味着收敛域为 $\frac{1}{2} < |z| < 2$。注意,其结果就是 $h[n]$ 为双边序列,因此系统不是因果的。

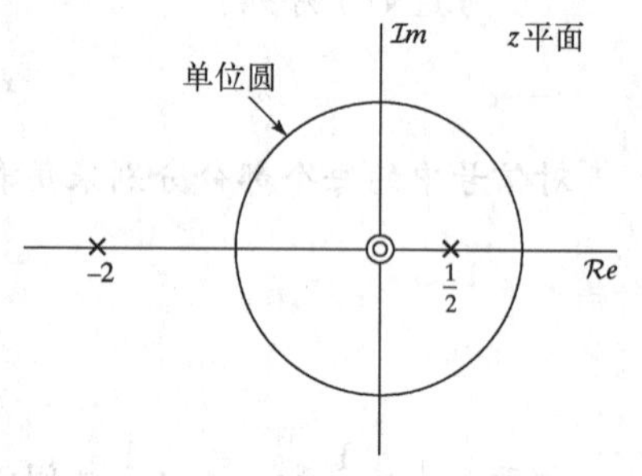

图 3.9 例 3.8 系统函数的零-极点图

如果假设系统是因果的,则 $h[n]$ 是右边序列,那么性质 5 就要求收敛域为 $|z| > 2$ 的区域。在这一条件下,系统就不是稳定的;也就是说,对于这样一个具体的零-极点图来说,不存在任何收敛域以使系统既稳定又是因果的。

3.3 z 逆变换

z 变换的重要作用之一是在离散时间信号与系统的分析中,必须能够在时域和 z 域表达形式之间自由切换。这种分析往往涉及求序列的 z 变换,再将该代数表达式经过某些运算处理后,求 z 逆变换。z 逆变换的计算为下面的复数闭合曲线积分:

$$x[n] = \frac{1}{2\pi \mathrm{j}} \oint_C X(z) z^{n-1} \mathrm{d}z \tag{3.36}$$

式中,C 表示在 z 变换收敛域内的一条闭合曲线。该积分表达式可以利用复数变量理论下的柯西积分定理推导得到。(参见 Brown and Churchill,2007,对劳伦级数和复数积分定理的讨论,其中所有内容都是对 z 变换基本数学理论基础的深入研究。)然而,在离散 LTI 系统分析中所遇到的典型序列和 z 变换,使用一些稍欠正统的方法就足够了[见式(3.36)],而且它们更为可取。3.3.1 ~ 3.3.3 节将考虑其中的观察法、部分分式展开法和幂级数展开法。

3.3.1 观察法

这一方法就是由某些熟悉的,或凭观察就能辨认出的变换对所构成的。例如,3.1 节曾求过形如序列 $x[n] = a^n u[n]$ 的 z 变换,这里 a 可以是实数或复数。这种形式的序列经常遇到,因此直接应用如下变换对将特别有效:

$$a^n u[n] \xleftrightarrow{\mathcal{Z}} \frac{1}{1 - az^{-1}}, \qquad |z| > |a| \tag{3.37}$$

如果需要求如下的 z 逆变换:

$$X(z) = \left(\frac{1}{1 - \frac{1}{2}z^{-1}}\right), \qquad |z| > \frac{1}{2} \tag{3.38}$$

可以想到式(3.37)的 z 变换对,根据观察就能判断与该变换相联系的序列是 $x[n]=\left(\frac{1}{2}\right)^n u[n]$。如果与式(3.38)中 $X(z)$ 有关的收敛域为 $|z|<\frac{1}{2}$,那么就可以想到表3.1中的变换对6,根据观察就能求得序列为 $x[n]=-\left(\frac{1}{2}\right)^n u[-n-1]$。

表3.1所列的 z 变换在应用观察法时是很有价值的。如果这张表很丰富,就可能把一个给定的 z 变换表示为几项之和,其中每一项的逆变换在表中都能找到,那么逆变换(也即相应序列)就能直接从该表中写出。

3.3.2 部分分式展开法

已经提到,如果 z 变换表示式能辨认出来,或是已列成表格的,那么 z 逆变换就可以凭观察求得,有时 $X(z)$ 可能不是直接按照表格所列形式给出的,但有可能将 $X(z)$ 表示成一些简单项之和的形式,而其中的每一项都能由表格查出。任意一个有理函数就属于这种情况,因为可以对有理函数求得一个部分分式展开,而相应于单个项的序列又极易确认。

为了看出如何求得部分分式展开,假设将 $X(z)$ 表示成 z^{-1} 的多项式之比,即

$$X(z)=\frac{\sum_{k=0}^{M} b_k z^{-k}}{\sum_{k=0}^{N} a_k z^{-k}} \tag{3.39}$$

这样的 z 变换在线性时不变系统的研究中常常出现。一种等效表示是

$$X(z)=\frac{z^N \sum_{k=0}^{M} b_k z^{M-k}}{z^M \sum_{k=0}^{N} a_k z^{N-k}} \tag{3.40}$$

式(3.40)指出,对于这样的函数,在假设 a_0、b_0、a_N 和 b_M 为非零的有限 z 平面的非零区域中将有 M 个零点和 N 个极点。另外,若 $M>N$,还有 $M-N$ 个极点在 $z=0$ 处;或者,若 $N>M$,有 $N-M$ 个零点在 $z=0$ 处。换句话说,式(3.39)的 z 变换在有限 z 平面内总是具有相同数目的零点和极点,并且没有任何零、极点在 $z=\infty$。为了求得式(3.39)中的 $X(z)$ 的部分分式展开,注意到,将 $X(z)$ 可以表示成如下形式是最方便的:

$$X(z)=\frac{b_0}{a_0}\frac{\prod_{k=1}^{M}(1-c_k z^{-1})}{\prod_{k=1}^{N}(1-d_k z^{-1})} \tag{3.41}$$

式中 c_k 是 $X(z)$ 的非零值零点,d_k 是 $X(z)$ 的非零值极点。若 $M<N$,并且极点都是一阶的,那么,$X(z)$ 就能表示为

$$X(z)=\sum_{k=1}^{N}\frac{A_k}{1-d_k z^{-1}} \tag{3.42}$$

很明显,式(3.42)中这些分式的公共分母与式(3.41)中的分母是相同的。将式(3.42)两边都乘以 $(1-d_k z^{-1})$ 并对 $z=d_k$ 求值,系统 A_k 就能由下式求得:

$$A_k=(1-d_k z^{-1})X(z)\big|_{z=d_k} \tag{3.43}$$

例 3.9 二阶 z 变换

考虑一序列 $x[n]$,其 z 变换为

$$X(z)=\frac{1}{\left(1-\frac{1}{4}z^{-1}\right)\left(1-\frac{1}{2}z^{-1}\right)},\quad |z|>\frac{1}{2} \tag{3.44}$$

$X(z)$ 的零-极点图如图 3.10 所示。依据所给收敛域,以及性质 5 和 3.2 节的讨论可以得出 $x[n]$ 是一个右边序列。因为极点都为一阶,所以 $X(z)$ 可以表示成式(3.42)的形式,即

$$X(z)=\frac{A_1}{\left(1-\frac{1}{4}z^{-1}\right)}+\frac{A_2}{\left(1-\frac{1}{2}z^{-1}\right)}$$

由式(3.43),求得

$$A_1=\left(1-\frac{1}{4}z^{-1}\right)X(z)\bigg|_{z=1/4}=\frac{(1-\frac{1}{4}z^{-1})}{(1-\frac{1}{4}z^{-1})(1-\frac{1}{2}z^{-1})}\bigg|_{z=1/4}=-1$$

$$A_2=\left(1-\frac{1}{2}z^{-1}\right)X(z)\bigg|_{z=1/2}=\frac{(1-\frac{1}{2}z^{-1})}{(1-\frac{1}{4}z^{-1})(1-\frac{1}{2}z^{-1})}\bigg|_{z=1/2}=2$$

(观察到,在针对 A_1 和 A_2 计算以上表达式的值之前,必须将分子和分母中的公共因子抵消掉。)因此,

$$X(z)=\frac{-1}{\left(1-\frac{1}{4}z^{-1}\right)}+\frac{2}{\left(1-\frac{1}{2}z^{-1}\right)}$$

因为 $x[n]$ 是右边序列,每一项的收敛域都是从最外层极点向外延伸。由表 3.1 和 z 变换的线性特性可得

$$x[n]=2\left(\frac{1}{2}\right)^n u[n]-\left(\frac{1}{4}\right)^n u[n]$$

很显然,将式(3.42)中的各项相加就能得到分子,它最多为 z^{-1} 的 $(N-1)$ 次阶。若 $M\geqslant N$,那么在式(3.42)的右边必须附加一个多项式,该多项式的阶数为 $(M-N)$。于是,对于 $M\geqslant N$,完整的部分分式展开就有如下形式:

$$X(z)=\sum_{r=0}^{M-N}B_r z^{-r}+\sum_{k=1}^{N}\frac{A_k}{1-d_k z^{-1}} \tag{3.45}$$

如果给出的是形如式(3.39)的有理函数,且 $M\geqslant N$,那么 B_r 就可以用长除法以分母除以分子来得到,一直除到余因式的阶数低于分母的阶数为止。各 A_k 仍然可以用式(3.43)求得。

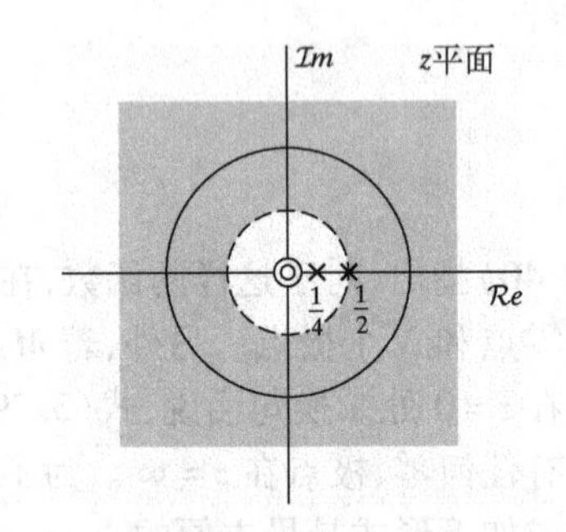

图 3.10 例 3.9 的零-极点图和收敛域

如果 $X(z)$ 有多重极点,且 $M\geqslant N$,则式(3.45)应进一步修改,特别是若 $X(z)$ 有一个阶数为 s 的极点在 $z=d_i$,而其余全部极点都是一阶的,那么式(3.45)就变为

$$X(z)=\sum_{r=0}^{M-N}B_r z^{-r}+\sum_{k=1,k\neq i}^{N}\frac{A_k}{1-d_k z^{-1}}+\sum_{m=1}^{s}\frac{C_m}{(1-d_i z^{-1})^m} \tag{3.46}$$

系数 A_k 和 B_r 仍如上述求得,系数 C_m 由下式求得:

$$C_m=\frac{1}{(s-m)!(-d_i)^{s-m}}\left\{\frac{d^{s-m}}{dw^{s-m}}[(1-d_i w)^s X(w^{-1})]\right\}_{w=d_i^{-1}} \tag{3.47}$$

式(3.46)是对于在 $M\geqslant N$ 且 d_i 为 s 阶极点情况下,一个有理 z 变换表示成 z^{-1} 函数的部分分式展开的最一般形式。如果有几个多重极点,那么每一个多重极点将会有如式(3.46)的第三个和式一样的项。如果没有多重极点,式(3.46)就简化为式(3.45)。如果分子的阶小于分母的阶 $(M<N)$,那么多项式的这一项就从式(3.45)和式(3.46)中消失,变为式(3.42)。

值得注意的是,假设把有理 z 变换表示成 z 而不是 z^{-1} 的函数可以得到同样的结果。也就是说,可以考虑用 $(z-a)$ 形式的因式来代替 $(1-az^{-1})$ 形式的因式。这也会导出类似于式(3.41)~式(3.47)的一组式子。该组式子对于利用由 z 表示的 z 变换表是很方便的。而将表3.1用 z^{-1} 来表示最为方便。

为了找出对应于一个给定有理 z 变换的序列,假定 $X(z)$ 仅有一阶极点,这样式(3.45)就是部分分式展开的最一般形式了。为了求得 $x[n]$,首先注意到 z 变换运算是线性的,这样就能找到单个项的逆变换,然后加在一起即构成 $x[n]$。

$B_r z^{-r}$ 这些项对应于受到移位和幅度加权的单位样本序列,即 $B_r\delta[n-r]$ 这些项。各分式项对应于指数序列。为了判断

$$\frac{A_k}{1-d_k z^{-1}}$$

是对应于 $(d_k)^n u[n]$,还是 $-(d_k)^n u[-n-1]$,就必须利用3.2节所讨论的收敛域的性质。根据讨论可知,如果 $X(z)$ 仅有单阶极点,而收敛域为 $r_R<|z|<r_L$ 这种形式,那么一个给定的极点 d_k,若 $|d_k|\leqslant r_R$,则对应于一个右边指数序列 $(d_k)^n u[n]$;若 $|d_k|\geqslant r_L$ 则对应于一个左边指数序列。因此,收敛域能用来分类极点,所有位于内边界 r_R 内部的极点对应于右边序列,而所有位于外边界外面的极点则对应于左边序列。多重极点也以相同的方法被划分为引起左边序列的和右边序列的极点。利用收敛域通过部分分式展开来求 z 逆变换可用下例给予说明。

例3.10 用部分分式展开法求 z 逆变换

为了举例说明具有式(3.45)的 z 变换形式的部分分式展开法,考虑某一序列 $x[n]$,其 z 变换为

$$X(z)=\frac{1+2z^{-1}+z^{-2}}{1-\frac{3}{2}z^{-1}+\frac{1}{2}z^{-2}}=\frac{(1+z^{-1})^2}{\left(1-\frac{1}{2}z^{-1}\right)(1-z^{-1})},\qquad |z|>1 \tag{3.48}$$

图3.11所示为 $X(z)$ 的零-极点图。根据收敛域,以及性质5和3.2节的讨论可知,$x[n]$ 为一个右边序列。因为 $M=N=2$ 和极点全部是一阶的,因此 $X(z)$ 可表示为

$$X(z)=B_0+\frac{A_1}{1-\frac{1}{2}z^{-1}}+\frac{A_2}{1-z^{-1}}$$

常数 B_0 能用长除法求得

$$\begin{array}{r|l} & \quad 2 \\ \frac{1}{2}z^{-2}-\frac{3}{2}z^{-1}+1 & z^{-2}+2z^{-1}+1 \\ & z^{-2}-3z^{-1}+2 \\ \hline & \qquad 5z^{-1}-1 \end{array}$$

经过一步长除后余因式中变量 z^{-1} 的阶次为1,所以不必再继续除下去。因此 $X(z)$ 可写成

$$X(z)=2+\frac{-1+5z^{-1}}{\left(1-\frac{1}{2}z^{-1}\right)(1-z^{-1})} \tag{3.49}$$

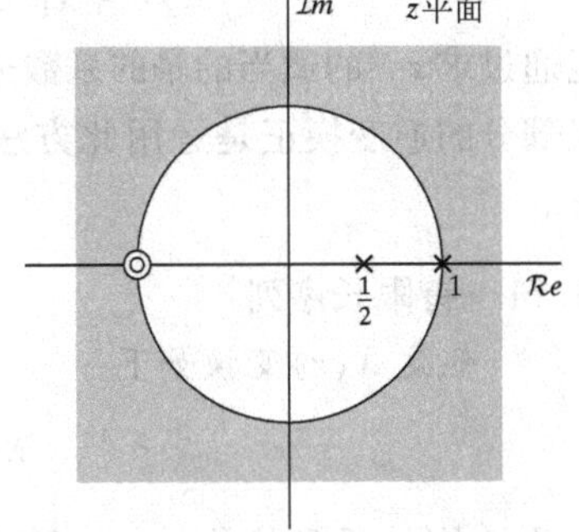

图3.11 例3.10 z 变换的零-极点图

系数 A_1 和 A_2 可通过将式(3.43)代入式(3.48)或式(3.49)中求出[实际上是把式(3.48)、式(3.49)代入式(3.43)],若利用式(3.49)可得

$$A_1=\left[\left(2+\frac{-1+5z^{-1}}{\left(1-\frac{1}{2}z^{-1}\right)(1-z^{-1})}\right)\left(1-\frac{1}{2}z^{-1}\right)\right]_{z=1/2}=-9$$

$$A_2=\left[\left(2+\frac{-1+5z^{-1}}{\left(1-\frac{1}{2}z^{-1}\right)(1-z^{-1})}\right)(1-z^{-1})\right]_{z=1}=8$$

因此

$$X(z)=2-\frac{9}{1-\frac{1}{2}z^{-1}}+\frac{8}{1-z^{-1}} \tag{3.50}$$

因为收敛域为 $|z|>1$,由表3.1可得

$$2 \overset{\mathcal{Z}}{\longleftrightarrow} 2\delta[n]$$

$$\frac{1}{1-\frac{1}{2}z^{-1}} \overset{\mathcal{Z}}{\longleftrightarrow} \left(\frac{1}{2}\right)^n u[n]$$

$$\frac{1}{1-z^{-1}} \overset{\mathcal{Z}}{\longleftrightarrow} u[n]$$

再根据 z 变换的线性特性,可得

$$x[n]=2\delta[n]-9\left(\frac{1}{2}\right)^n u[n]+8u[n]$$

3.4节将讨论并说明 z 变换的几个性质,将这些性质与部分分式展开结合起来就为由一个给定的有理代数表达式及其收敛域求 z 逆变换提供了一种方法。这种方法甚至当 $X(z)$ 不完全是式(3.41)的形式时也能应用。本节所示的例子非常简单,部分分式展开的计算并不困难。然而,当 $X(z)$ 为分子和分母都是高阶多项式的有理函数时,分母多项式的分解和系数的计算将困难得多。在这种情况下,可以利用MATLAB等软件工具很容易地完成计算。

3.3.3 幂级数展开法

z 变换的定义式是一个劳伦级数,序列 $x[n]$ 的值是 z^{-n} 的系数。因此,当 z 变换由如下的幂级数形式给出时:

$$\begin{aligned}X(z) &= \sum_{n=-\infty}^{\infty} x[n]z^{-n} \\ &= \cdots + x[-2]z^2 + x[-1]z + x[0] + x[1]z^{-1} + x[2]z^{-2} + \cdots\end{aligned} \tag{3.51}$$

就能通过求 z^{-1} 的适当的幂的系数来确定该序列的任何特定值。求当 $M \geqslant N$ 时部分分式展开中多项式部分的逆变换正是运用此方法。该方法也适用于有限长序列,因为 $X(z)$ 可能比 z^{-1} 多项式复杂。

例3.11 有限长序列

假定 $X(z)$ 变换如下:

$$X(z)=z^2\left(1-\frac{1}{2}z^{-1}\right)(1+z^{-1})(1-z^{-1}) \tag{3.52}$$

虽然 $X(z)$ 很显然是一个 z 有理函数,但在式(3.39)的形式中它确实不是一个有理函数。它唯一的极点在 $z=0$,所以按照3.3.2节的部分分式展开就不合适了。然而,将式(3.52)的各因式相乘展开,$X(z)$ 即可表示为

$$X(z)=z^2-\frac{1}{2}z-1+\frac{1}{2}z^{-1}$$

因此,通过观察得到 $x[n]$ 为

$$x[n]=\begin{cases}1, & n=-2 \\ -\frac{1}{2}, & n=-1 \\ -1, & n=0 \\ \frac{1}{2}, & n=1 \\ 0, & \text{其他}\end{cases}$$

等效地，

$$x[n]=\delta[n+2]-\frac{1}{2}\delta[n+1]-\delta[n]+\frac{1}{2}\delta[n-1]$$

在求一个序列的 z 变换时，一般总要寻求式(3.51)的幂级数的和并得到一个较简单的数学表达式，如一个有理函数。如果希望利用幂级数来求相应的用闭式表示的 $X(z)$ 的序列，就必须把 $X(z)$ 重新展开成幂级数形式。对于超越函数，如对数、正弦、双曲正弦等，幂级数展开已经列成表格可查。在某些情况下，这样的幂级数能有一个有用的解释，即作为 z 变换形式使用，这就是如例 3.12 所示。对于有理 z 变换，幂级数展开可以用长除法得到，如例 3.13 所示。

例 3.12 用幂级数展开求逆变换

考虑 z 变换

$$X(z)=\log(1+az^{-1}),\qquad |z|>|a| \tag{3.53}$$

对 $\log(1+x)$ 用泰勒级数展开，对于 $|x|<1$，可得

$$X(z)=\sum_{n=1}^{\infty}\frac{(-1)^{n+1}a^nz^{-n}}{n}$$

因此，$x[n]$ 为

$$x[n]=\begin{cases}(-1)^{n+1}\dfrac{a^n}{n}, & n\geqslant 1\\ 0, & n\leqslant 0\end{cases} \tag{3.54}$$

当 $X(z)$ 为有理多项式时，通常通过多项式长除法得到一个幂级数是很有用的。

例 3.13 用长除法进行幂级数展开

考虑 z 变换

$$X(z)=\frac{1}{1-az^{-1}},\qquad |z|>|a| \tag{3.55}$$

由于收敛域是在一个圆的外面，因此序列是一个右边序列。另外，因为 $X(z)$ 随 $z\to\infty$ 而趋于一个有限的常数，所以是一个因果序列。因此，相除后应得到一个以 z^{-1} 为幂的级数。长除后可得

$$\begin{array}{r|l} & 1+az^{-1}+a^2z^{-2}+\cdots \\ \hline 1-az^{-1} & 1 \\ & \underline{1-az^{-1}} \\ & \quad az^{-1} \\ & \quad \underline{az^{-1}-a^2z^{-2}} \\ & \qquad a^2z^{-2}\ \cdots \end{array}$$

或

$$\frac{1}{1-az^{-1}}=1+az^{-1}+a^2z^{-2}+\cdots$$

所以 $x[n]=a^nu[n]$。

在例 3.13 中，通过用分母中 z^{-1} 的最高次幂除以分子的最高次幂，便可得到一个关于 z^{-1} 的级数。另一种方法是将有理函数表示成 z 的多项式之比，然后再作除法。由此得到一个 z 的级数，基于此便可确定出对应的左边序列。

3.4 z 变换性质

在研究离散时间信号与系统时，z 变换的许多性质是特别有用的。例如，这些性质往往与

3.3 节所讨论的 z 逆变换联系在一起,可以用来求得更为复杂的 z 逆变换。在 3.5 节和第 5 章中将看到,这些性质也是利用变换变量 z 把线性常系数差分方程变换为代数方程的基础,其解又能利用 z 逆变换来得到。本节讨论几个最常用的性质。以下讨论中,将 $X(z)$ 记为 $x[n]$ 的 z 变换,$X(z)$ 的收敛域用 R_x 表示,即

$$x[n] \overset{\mathcal{Z}}{\longleftrightarrow} X(z), \quad \text{收敛域}= R_x$$

R_x 代表一个满足 $r_R < |z| < r_L$ 的 z 值的集合。对于涉及两个序列及其相关 z 变换的性质,这些变换对将记为

$$x_1[n] \overset{\mathcal{Z}}{\longleftrightarrow} X_1(z), \quad \text{收敛域}= R_{x_1}$$

$$x_2[n] \overset{\mathcal{Z}}{\longleftrightarrow} X_2(z), \quad \text{收敛域}= R_{x_2}$$

3.4.1 线性

线性性质表明

$$ax_1[n] + bx_2[n] \overset{\mathcal{Z}}{\longleftrightarrow} aX_1(z) + bX_2(z), \qquad \text{收敛域包含}\, R_{x_1} \cap R_{x_2}$$

这由 z 变换的定义式(3.2)直接可得,即

$$\sum_{n=-\infty}^{\infty} (ax_1[n] + bx_2[n])z^{-n} = a \underbrace{\sum_{n=-\infty}^{\infty} x_1[n]z^{-n}}_{|z| \in R_{x_1}} + b \underbrace{\sum_{n=-\infty}^{\infty} x_2[n]z^{-n}}_{|z| \in R_{x_2}}$$

正如所指出的,为了将和的 z 变换分解为 z 变换的和,z 必须位于两个收敛域中。因此,收敛域至少是两个单一收敛域的交集。对于有理 z 变换的序列,若 $aX_1(z)+bX_2(z)$ 的极点由全部 $X_1(z)$ 和 $X_2(z)$ 的极点所组成(也就是说,没有任何零、极点相消的情况),那么收敛域一定完全等于两个单一收敛域的重叠部分。如果线性组合使得引入的某些零点抵消了极点,那么收敛域就可能增大。发生这一情况的简单例子就是当 $x_1[n]$ 和 $x_2[n]$ 都是无限长,而线性组合是有限长的。在这种情况下,线性组合的收敛域就是整个 z 平面,可能的例外是 $z=0$ 或 $z=\infty$。例 3.6 就属于这种情况,其中 $x[n]$ 可以表示为

$$x[n] = a^n (u[n] - u[n-N]) = a^n u[n] - a^n u[n-N]$$

其中,$a^n u[n]$ 和 $a^n u[n-N]$ 都是无限长的右边序列,它们的 z 变换都有一个极点在 $z=a$ 处。因此,它们各自的收敛域都为 $|z|>|a|$。然而,如例 3.6 所示,在 $z=a$ 的极点与在 $z=a$ 的零点相消,因此收敛域除 $z=0$ 外,就引伸至整个 z 平面。

在前面讨论利用部分分式展开求 z 逆变换中已经用过这一性质。当时,将 $X(z)$ 展开成一些简单项之和,再利用线性,z 逆变换便等于这些项中每一项 z 逆变换的和。

3.4.2 时移

时移性质是指

$$x[n-n_0] \overset{\mathcal{Z}}{\longleftrightarrow} z^{-n_0}X(z), \quad \text{收敛域}= R_x\,(\text{除了可能加上或除去}\, z=0\, \text{或}\, z=\infty\, \text{之外})$$

其中,n_0 为一整数。若 n_0 为正,原序列 $x[n]$ 被右移;若 n_0 为负,$x[n]$ 则向左移。与在线性性质的情况一样,收敛域可能由于 z^{-n_0} 因子改变了在 $z=0$ 或 $z=\infty$ 处极点的数目而发生变化。

时移性质可以直接由 z 变换表示式(3.2)导出。具体地,若 $y[n]=x[n-n_0]$,相应的 z 变换即为

$$Y(z) = \sum_{n=-\infty}^{\infty} x[n-n_0]z^{-n}$$

以变量 $m=n-n_0$ 进行置换，得到

$$Y(z)=\sum_{m=-\infty}^{\infty}x[m]z^{-(m+n_0)}$$

$$=z^{-n_0}\sum_{m=-\infty}^{\infty}x[m]z^{-m}$$

或者

$$Y(z)=z^{-n_0}X(z)$$

时移性质常常结合其他性质和方法用来求 z 逆变换。现用一个例子来说明。

例 3.14　移位指数序列

考虑 z 变换

$$X(z)=\frac{1}{z-\frac{1}{4}},\qquad |z|>\frac{1}{4}$$

从收敛域即可判定该变换相应于一个右边序列。首先将 $X(z)$ 重新写成

$$X(z)=\frac{z^{-1}}{1-\frac{1}{4}z^{-1}},\qquad |z|>\frac{1}{4}\tag{3.56}$$

该 z 变换具有式(3.41)的形式，其中 $M=N=1$，将它展开成式(3.45)的形式

$$X(z)=-4+\frac{4}{1-\frac{1}{4}z^{-1}}\tag{3.57}$$

根据式(3.57)，$x[n]$ 可表示为

$$x[n]=-4\delta[n]+4\left(\frac{1}{4}\right)^n u[n]\tag{3.58}$$

应用时移性质可以更为直接地得到 $x[n]$。首先，将 $X(z)$ 写成

$$X(z)=z^{-1}\left(\frac{1}{1-\frac{1}{4}z^{-1}}\right),\qquad |z|>\frac{1}{4}\tag{3.59}$$

根据时移性质，式(3.59)中因子 z^{-1} 就是序列 $\left(\frac{1}{4}\right)^n u[n]$ 向右移一个样本，即

$$x[n]=\left(\frac{1}{4}\right)^{n-1}u[n-1]\tag{3.60}$$

虽然式(3.58)和式(3.60)在表面上是不相同的序列，但很容易证明，对全部 n 值它们都是一样的。

3.4.3　用指数序列相乘

指数相乘性质在数学上表示为

$$z_0^n x[n]\overset{\mathcal{Z}}{\longleftrightarrow}X(z/z_0),\qquad \text{收敛域}=|z_0|R_x$$

符号收敛域 $=|z_0|R_x$ 表示收敛域是 R_x，但用 $|z_0|$ 改变了尺度；也就是说，如果 R_x 是满足 $r_R<|z|<r_L$ 的 z 值集合，那么 $|z_0|R_x$ 就是满足 $|z_0|r_R<|z|<|z_0|r_L$ 的 z 值集合。

这个性质很容易证明，只要将 $z_0^n x[n]$ 代入式(3.2)即可。根据这一性质，全部零、极点的位置的尺度均改变了 z_0，这是因为如果 $X(z)$ 有一个极点(或零点)在 $z=z_1$ 处，那么 $X(z/z_0)$ 一定有一个极点(或零点)在 $z=z_0z_1$ 处。若 z_0 为正实数，这就可以解释为 z 平面的一个压缩或扩展；也即零点位置在 z 平面内沿径向变化。若 z_0 是幅度为 1 的复数，即 $z_0=e^{j\omega_0}$，那么就相当于在 z 平面内旋转

ω_0 的角度;即零、极点位置沿着以原点为中心的圆变化。这就能解释为离散时间傅里叶变换的频率移位或频率转换,这种频移或频率转换是由于在时域中用复数序列 $e^{j\omega_0 n}$ 进行调制所导致的。这就是说,如果傅里叶变换存在,该性质就有如下形式:

$$e^{j\omega_0 n}x[n] \stackrel{\mathcal{F}}{\longleftrightarrow} X(e^{j(\omega-\omega_0)})$$

例 3.15 指数相乘

从如下变换对开始:

$$u[n] \stackrel{\mathcal{Z}}{\longleftrightarrow} \frac{1}{1-z^{-1}}, \qquad |z|>1 \tag{3.61}$$

利用指数相乘性质可求如下序列的 z 变换:

$$x[n] = r^n\cos(\omega_0 n)u[n], \qquad r>0 \tag{3.62}$$

首先,将 $x[n]$ 表示成

$$x[n] = \frac{1}{2}(re^{j\omega_0})^n u[n] + \frac{1}{2}(re^{-j\omega_0})^n u[n]$$

然后,利用式(3.61)和指数相乘性质,可以看出

$$\frac{1}{2}(re^{j\omega_0})^n u[n] \stackrel{\mathcal{Z}}{\longleftrightarrow} \frac{\frac{1}{2}}{1-re^{j\omega_0}z^{-1}}, \qquad |z|>r$$

$$\frac{1}{2}(re^{-j\omega_0})^n u[n] \stackrel{\mathcal{Z}}{\longleftrightarrow} \frac{\frac{1}{2}}{1-re^{-j\omega_0}z^{-1}}, \qquad |z|>r$$

由线性性质可得

$$\begin{aligned} X(z) &= \frac{\frac{1}{2}}{1-re^{j\omega_0}z^{-1}} + \frac{\frac{1}{2}}{1-re^{-j\omega_0}z^{-1}}, \qquad |z|>r \\ &= \frac{1-r\cos(\omega_0)z^{-1}}{1-2r\cos(\omega_0)z^{-1}+r^2z^{-2}}, \qquad |z|>r \end{aligned} \tag{3.63}$$

3.4.4 $X(z)$ 的微分

微分性质表示为

$$nx[n] \stackrel{\mathcal{Z}}{\longleftrightarrow} -z\frac{dX(z)}{dz}, \qquad 收敛域 = R_x$$

微分性质的证明可以通过对式(3.2)的 z 变换表达式进行微分来得到;即对于

$$X(z) = \sum_{n=-\infty}^{\infty} x[n]z^{-n}$$

可得到

$$-z\frac{dX(z)}{dz} = -z\sum_{n=-\infty}^{\infty}(-n)x[n]z^{-n-1}$$

$$= \sum_{n=-\infty}^{\infty} nx[n]z^{-n} = \mathcal{Z}\{nx[n]\}$$

现用两个例子来说明微分性质的应用。

例 3.16 非有理 z 变换的逆变换

本例将用微分性质和时移性质一起求例 3.12 的 z 逆变换。由于

$$X(z) = \log(1+az^{-1}), \qquad |z|>|a|$$

首先对 z 微分得到一个有理表达式

$$\frac{dX(z)}{dz}=\frac{-az^{-2}}{1+az^{-1}}$$

根据微分性质,得到

$$nx[n]\stackrel{\mathcal{Z}}{\longleftrightarrow}-z\frac{dX(z)}{dz}=\frac{az^{-1}}{1+az^{-1}},\qquad |z|>|a| \tag{3.64}$$

式(3.64)的 z 逆变换可以联合利用例3.1的变换对、微分性质、线性性质和时移性质来得到。具体地,将 $nx[n]$ 表示成

$$nx[n]=a(-a)^{n-1}u[n-1]$$

因此

$$x[n]=(-1)^{n+1}\frac{a^n}{n}u[n-1]\stackrel{\mathcal{Z}}{\longleftrightarrow}\log(1+az^{-1}),\qquad |z|>|a|$$

例3.16的结果将在第13章关于倒谱的讨论中用到。

例3.17 二阶极点

本例为微分性质的另一个应用。求下面序列的 z 变换:

$$x[n]=na^nu[n]=n(a^nu[n])$$

由例3.1的 z 变换对和微分性质,可得

$$X(z)=-z\frac{d}{dz}\left(\frac{1}{1-az^{-1}}\right),\qquad |z|>|a|$$

$$=\frac{az^{-1}}{(1-az^{-1})^2},\qquad |z|>|a|$$

因此

$$na^nu[n]\stackrel{\mathcal{Z}}{\longleftrightarrow}\frac{az^{-1}}{(1-az^{-1})^2},\qquad |z|>|a|$$

3.4.5 复数序列的共轭

共轭性质表示为

$$x^*[n]\stackrel{\mathcal{Z}}{\longleftrightarrow}X^*(z^*),\qquad 收敛域=R_x$$

这个性质由 z 变换的定义直接可得。详细证明留作练习(见习题3.54)。

3.4.6 时间倒置

时间倒置性质是指

$$x^*[-n]\stackrel{\mathcal{Z}}{\longleftrightarrow}X^*(1/z^*),\qquad 收敛域=\frac{1}{R_x}$$

其中,收敛域 $=1/R_x$ 意指 R_x 的颠倒;即如果 R_x 是在 $r_R<|z|<r_L$ 内 z 值的集合,那么 $X^*(1/z^*)$ 的收敛域就是在 $1/r_L<|z|<1/r_R$ 内 z 值的集合。因此,如果 z_0 在 $x[n]$ 的 z 变换的收敛域内,那么,$1/z_0^*$ 就在 $x^*[-n]$ 的 z 变换的收敛域内。如果序列 $x[n]$ 为实序列,或者不对一个复序列取共轭,则结果变为

$$x[-n]\stackrel{\mathcal{Z}}{\longleftrightarrow}X(1/z),\qquad 收敛域=\frac{1}{R_x}$$

与共轭性质一样,时间倒置性质也容易由 z 变换的定义得到,详细证明也留作练习(见习题3.54)。

可以看出,如果 z_0 是 $X(z)$ 的一个极点(或零点),那么 $1/z_0$ 则是 $X(1/z)$ 的一个极点(或零点)。$1/z_0$ 的幅度等于 z_0 幅度的倒数。而 $1/z_0$ 的角度则为 z_0 角度的相反数。当 $X(z)$ 的极点和

零点全部为实数或为复共轭对时,正如 $x[n]$ 为实信号的情况,这种复共轭成对现象必然满足。

例 3.18 时间倒置指数序列

应用时间倒置性质的一个简单例子是考虑序列

$$x[n] = a^{-n}u[-n]$$

它就是 $a^n u[n]$ 的时间倒置。由时间倒置性质直接可得

$$X(z) = \frac{1}{1-az} = \frac{-a^{-1}z^{-1}}{1-a^{-1}z^{-1}}, \qquad |z| < |a^{-1}|$$

注意到,$a^n u[n]$ 的 z 变换在 $z=a$ 处有一个极点,而 $X(z)$ 在 $1/a$ 处有一个极点。

3.4.7 序列卷积

根据卷积性质有

$$x_1[n] * x_2[n] \stackrel{\mathcal{Z}}{\longleftrightarrow} X_1(z)X_2(z), \qquad \text{收敛域包含 } R_{x_1} \cap R_{x_2}$$

为了正规地推导出这个性质,考虑

$$y[n] = \sum_{k=-\infty}^{\infty} x_1[k]x_2[n-k]$$

并做 z 变换

$$Y(z) = \sum_{n=-\infty}^{\infty} y[n]z^{-n}$$

$$= \sum_{n=-\infty}^{\infty} \left\{ \sum_{k=-\infty}^{\infty} x_1[k]x_2[n-k] \right\} z^{-n}$$

如果交换求和次序(对于收敛域内的 z,允许这样操作)

$$Y(z) = \sum_{k=-\infty}^{\infty} x_1[k] \sum_{n=-\infty}^{\infty} x_2[n-k]z^{-n}$$

在第二个和式中,将变量 n 变为 $m=n-k$,可得

$$Y(z) = \sum_{k=-\infty}^{\infty} x_1[k] \left\{ \sum_{m=-\infty}^{\infty} x_2[m]z^{-m} \right\} z^{-k}$$

$$= \sum_{k=-\infty}^{\infty} x_1[k] \underbrace{X_2(z)}_{|z| \in R_{x_2}} z^{-k} = \left(\sum_{k=-\infty}^{\infty} x_1[k]z^{-k} \right) X_2(z)$$

因此,对于均在 $X_1(z)$ 和 $X_2(z)$ 的收敛域内的 z,就能写成

$$Y(z) = X_1(z)X_2(z)$$

这里,收敛域为 $X_1(z)$ 和 $X_2(z)$ 收敛域的交集。如果其中一个收敛域有一个界定的极点被另一个 z 变换的零点所抵消,那么 $Y(z)$ 的收敛域就可能变大。

下面的例子可以说明如何利用 z 变换求卷积。

例 3.19 有限长序列的卷积

假设

$$x_1[n] = \delta[n] + 2\delta[n-1] + \delta[n-2]$$

为一个有限长序列,它将同序列 $x_2[n] = \delta[n] - \delta[n-1]$ 进行卷积运算。

两个信号相应的 z 变换为

$$X_1(z) = 1 + 2z^{-1} + z^{-2}$$

和 $X_2(z)=1-z^{-1}$。卷积 $y[n]=x_1[n]*x_2[n]$ 的 z 变换为

$$
\begin{aligned}
Y(z) = X_1(z)X_2(z) &= (1+2z^{-1}+z^{-2})(1-z^{-1}) \\
&= 1+z^{-1}-z^{-2}-z^{-3}
\end{aligned}
$$

因为两个序列都是有限长的，收敛域都为 $|z|>0$，所以 $Y(z)$ 的收敛域也是 $|z|>0$。根据 $Y(z)$，通过观察多项式的系数可得

$$
y[n] = \delta[n] + \delta[n-1] - \delta[n-2] - \delta[n-3]
$$

本例的一个关键点是有限长序列的卷积等同于多项式乘法。相反地，通过多项式系数的离散卷积运算可以得到两个多项式乘积的系数。

正如3.5节和第5章将要详细讨论的，卷积性质在 LTI 系统的分析中具有非常重要的作用。3.5节将给出一个利用 z 变换计算两个无限长序列卷积的例子。

3.4.8 若干 z 变换性质列表

前面已经提到并讨论了 z 变换的几个定理和性质，其中许多在离散时间系统分析中处理 z 变换时都是很有用的。为方便参考，表3.2归纳了这些性质及另外几个性质。

表3.2 z 变换的一些性质

性质序号	对应节号	序　列	变　换	收 敛 域
		$x[n]$	$X(z)$	R_x
		$x_1[n]$	$X_1(z)$	R_{x_1}
		$x_2[n]$	$X_2(z)$	R_{x_2}
1	3.4.1	$ax_1[n]+bx_2[n]$	$aX_1(z)+bX_2(z)$	包含 $R_{x_1}\cap R_{x_2}$
2	3.4.2	$x[n-n_0]$	$z^{-n_0}X(z)$	R_x 除了可能加上或除掉原点或∞点之外
3	3.4.3	$z_0^n x[n]$	$X(z/z_0)$	$\|z_0\| R_x$
4	3.4.4	$nx[n]$	$-z\dfrac{dX(z)}{dz}$	R_x
5	3.4.5	$x^*[n]$	$X^*(z^*)$	R_x
6		$\mathcal{R}e\{x[n]\}$	$\frac{1}{2}[X(z)+X^*(z^*)]$	包含 R_x
7		$\mathcal{I}m\{x[n]\}$	$\frac{1}{2j}[X(z)-X^*(z^*)]$	包含 R_x
8	3.4.6	$x^*[-n]$	$X^*(1/z^*)$	$1/R_x$
9	3.4.7	$x_1[n]*x_2[n]$	$X_1(z)X_2(z)$	包含 $R_{x_1}\cap R_{x_2}$

3.5 z 变换与 LTI 系统

3.4节中讨论的性质使得 z 变换成为离散时间系统分析中一种非常有用的工具。考虑到在第5章及后面的章节中还将进一步依赖于 z 变换，因此现在有必要对如何利用 z 变换来表示和分析 LTI 系统进行阐述。

回顾2.3节，一个 LTI 系统可以表征为输入信号 $x[n]$ 与 $h[n]$ 的卷积 $y[n]=x[n]*h[n]$，其中 $h[n]$ 是系统对单位脉冲序列 $\delta[n]$ 的响应。根据3.4.7节给出的卷积性质，得到 $y[n]$ 的 z 变换为

$$Y(z) = H(z)X(z) \tag{3.65}$$

式中,$H(z)$和$X(z)$分别为$h[n]$和$x[n]$的z变换。在本书描述中,z变换$H(z)$称为脉冲响应为$h[n]$的LTI系统的**系统函数**。

下面的例子可说明利用z变换计算LTI系统输出的过程。

例3.20 无限长序列的卷积

令$h[n]=a^n u[n]$且$x[n]=Au[n]$。要利用z变换来计算卷积$y[n]=x[n]*h[n]$,首先找到相应的z变换,如

$$H(z) = \sum_{n=0}^{\infty} a^n z^{-n} = \frac{1}{1-az^{-1}}, \qquad |z| > |a|$$

和

$$X(z) = \sum_{n=0}^{\infty} Az^{-n} = \frac{A}{1-z^{-1}}, \qquad |z| > 1$$

因此,卷积$y[n]=x[n]*h[n]$的z变换为

$$Y(z) = \frac{A}{(1-az^{-1})(1-z^{-1})} = \frac{Az^2}{(z-a)(z-1)}, \qquad |z| > 1$$

式中,假设$|a|<1$,因此两个收敛域的重叠区域为$|z|>1$。

图3.12示出了$Y(z)$的极点和零点,可以看到收敛域为重叠区域。通过计算z逆变换可以得到序列$y[n]$。$Y(z)$的部分分式表达形式为

$$Y(z) = \frac{A}{1-a}\left(\frac{1}{1-z^{-1}} - \frac{a}{1-az^{-1}}\right), \qquad |z| > 1$$

所以,对每一项进行z逆变换可以得到

$$y[n] = \frac{A}{1-a}(1-a^{n+1})u[n]$$

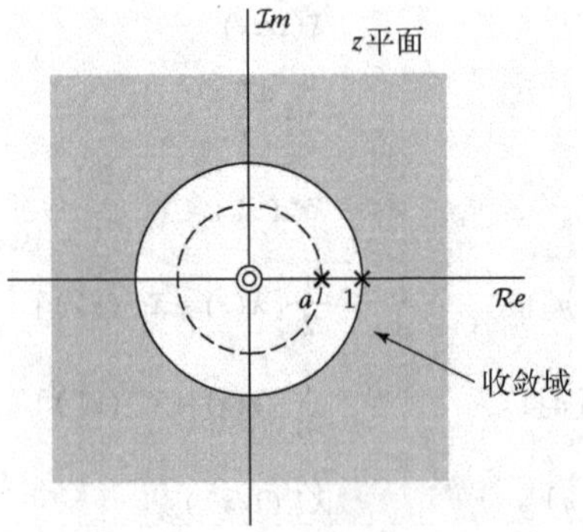

图3.12 序列$u[n]$和$a^n u[n]$卷积对应的z变换的零-极点图(假设$|a|<1$)

对于用差分方程描述的LTI系统而言,z变换将十分有用。回顾2.5节可知,具有如下形式的差分方程:

$$y[n] = -\sum_{k=1}^{N}\left(\frac{a_k}{a_0}\right)y[n-k] + \sum_{k=0}^{M}\left(\frac{b_k}{a_0}\right)x[n-k] \tag{3.66}$$

所描述的系统,当输入在$n=0$时刻以前为零且在输入变为非零之前满足初始松弛条件时,系统为因果LTI系统,所谓初始松弛条件,也就是

$$y[-N], y[-N+1], \cdots, y[-1]$$

都假设为零。虽然带有初始松弛条件的差分方程可以用来定义LTI系统,但仍希望知道其对应的

系统函数。如果对式(3.66)应用线性性质(见3.4.1节)和时移性质(见3.4.2节),可以得到

$$Y(z)=-\sum_{k=1}^{N}\left(\frac{a_k}{a_0}\right)z^{-k}Y(z)+\sum_{k=0}^{M}\left(\frac{b_k}{a_0}\right)z^{-k}X(z) \tag{3.67}$$

求解 $Y(z)$,并用 $X(z)$ 和差分方程的系数进行表示,可以得到

$$Y(z)=\left(\frac{\sum_{k=0}^{M}b_k z^{-k}}{\sum_{k=0}^{N}a_k z^{-k}}\right)X(z) \tag{3.68}$$

通过对式(3.65)和式(3.68)进行比较可以得到,对于用式(3.66)描述的LTI系统来说,其系统函数为

$$H(z)=\frac{\sum_{k=0}^{M}b_k z^{-k}}{\sum_{k=0}^{N}a_k z^{-k}} \tag{3.69}$$

因为由式(3.66)差分方程定义的系统是因果的,根据3.2节的讨论可知,式(3.69)中的 $H(z)$ 必须具有一个形式为 $|z|>r_R$ 的收敛域,且由于收敛域不能包含极点,因此 r_R 必须等于 $H(z)$ 距离原点最远的那个极点的幅度。3.2节还证实了,如果 $r_R<1$,即所有的极点都位于单位圆内部,那么系统是稳定的,且系统的频率响应可通过将式(3.69)中的 z 设置为 $z=e^{j\omega}$ 来获得。

注意到,如果将式(3.66)用下面的等效形式来表示:

$$\sum_{k=0}^{N}a_k y[n-k]=\sum_{k=0}^{M}b_k x[n-k] \tag{3.70}$$

那么式(3.69),即将系统函数(和稳定系统的频率响应)表示为两个以 z^{-1} 为变量的多项式之比的形式,可以直接进行简化,可以看出分子是有关输入的系数和延迟项的 z 变换表达式,而分母则表示了有关输出的系数和延迟项。类似地,当给出了形如式(3.69)的 z^{-1} 多项式之比的系统函数后,可以直接写出具有式(3.70)形式的差分方程,再将其写为式(3.66)的形式从而得到递推实现结构。

例3.21　一阶系统

假设一个因果LTI系统可以用如下差分方程来描述:

$$y[n]=ay[n-1]+x[n] \tag{3.71}$$

通过观察,得到该系统的系统函数为

$$H(z)=\frac{1}{1-az^{-1}} \tag{3.72}$$

其中收敛域为 $|z|>|a|$。基于此,并根据表3.1中的内容5得到系统的脉冲响应为

$$h[n]=a^n u[n] \tag{3.73}$$

最后,如果 $x[n]$ 是一个具有有理 z 变换的序列,如 $x[n]=Au[n]$,可通过3种不同的方法来得到系统的输出。(1)对式(3.71)中的差分方程进行迭代处理。一般来说,这种方法可以在具有任意输入的情况下采用,可以广泛用来实现系统。但它不能直接得到一个对所有 n 都有效的闭式结果,即使这种闭式表达是存在的。(2)利用2.3节中介绍的方法计算出 $x[n]$ 和 $y[n]$ 的卷积。(3)由于 $x[n]$ 和 $h[n]$ 的 z 变换都是 z 的有理函数,可以利用3.3.2节给出的部分分式法找出对所有 n 都有效的输出的闭式表达。例3.20即用此方法。

第5章和后面的章节中将更多地使用z变换。例如,5.2.3节将得到具有有理系统函数的LTI系统单位脉冲响应的一般表达式,并阐明系统的频率响应是如何与$H(z)$的零、极点位置相关的。

3.6 单边z变换

由式(3.2)所定义的,以及目前所考虑的z变换,更精确地说是指双边z变换。相应地,单边z变换的定义如下:

$$\mathcal{X}(z)=\sum_{n=0}^{\infty}x[n]z^{-n} \tag{3.74}$$

单边z变换与双边z变换的不同之处在于,求和下界总是固定为0,不考虑$n<0$所对应的$x[n]$值。如果当$n<0$时$x[n]=0$,那么单边z变换和双边z变换是一致的,否则,如果当$n<0$时$x[n]$不为0,则两者不同。下面用一个简单的例子来说明。

例3.22 单位脉冲的单边变换

假设$x_1[n]=\delta[n]$,那么由式(3.74)可以清楚地得到$x_1(z)=1$,这与单位脉冲的双边z变换结果相同。然而,考虑信号$x_2[n]=\delta[n+1]=x_1[n+1]$,利用式(3.74)得$\mathcal{X}_2(z)=0$,而其双边$z$变换则为$X_2(z)=zX_1(z)=z$。

因为单边变换有效地忽略了任何左边部分,所以单边z变换收敛域的性质将与一个假设在$n<0$时序列值为零的右边序列的双边z变换相同。也就是说,所有单边z变换的收敛域都具有$|z|>r_R$的形式,且对于有理单边z变换,收敛域的边界可以由z平面上距离原点最远的极点来定义。

在数字信号处理应用中,形如式(3.66)的差分方程通常都是在初始松弛条件下使用的。然而,在某些情况下,非初始松弛条件可能会发生。此时,单边z变换的线性性质和时移性质则成为十分有用的工具。对于单边z变换,线性性质与双边z变换的线性性质(见表3.2中的性质1)相同;但时移性质与双边z变换的不同,因为单边变换的求和下限固定为0。为了说明如何得到时移性质,考虑一个单边z变换为$\mathcal{X}(z)$的序列$x[n]$,并令$y[n]=x[n-1]$。那么按定义得到

$$\mathcal{Y}(z)=\sum_{n=0}^{\infty}x[n-1]z^{-n}$$

对求和下标进行$m=n-1$的替换,$\mathcal{Y}(z)$可写为

$$\mathcal{Y}(z)=\sum_{m=-1}^{\infty}x[m]z^{-(m+1)}=x[-1]+z^{-1}\sum_{m=0}^{\infty}x[m]z^{-m}$$

因此得到

$$\mathcal{Y}(z)=x[-1]+z^{-1}\mathcal{X}(z) \tag{3.75}$$

于是,要得到一个延迟序列的单边z变换,必须给出在计算$\mathcal{X}(z)$时被忽略的序列值。通过类似的分析可得,如果$y[n]=x[n-k]$,其中$k>0$,那么

$$\begin{aligned}\mathcal{Y}(z)&=x[-k]+x[-k+1]z^{-1}+\cdots+x[-1]z^{-k+1}+z^{-k}\mathcal{X}(z)\\&=\sum_{m=1}^{k}x[m-k-1]z^{-m+1}+z^{-k}\mathcal{X}(z)\end{aligned} \tag{3.76}$$

下面的例子将说明如何利用单边z变换来求解带有非零初始条件的差分方程的输出。

例 3.23　非零初始条件的影响

考虑一个由如下线性常系数差分方程描述的系统：

$$y[n]-ay[n-1]=x[n] \tag{3.77}$$

这与例 3.20 和例 3.21 中的系统相同。假设 $n<0$ 时 $x[n]=0$，且在 $n=-1$ 处的初始条件记为 $y[-1]$。对式(3.77)做单边 z 变换并利用线性性质和式(3.75)的时移性质可得

$$\mathcal{Y}(z)-ay[-1]-az^{-1}\mathcal{Y}(z)=\mathcal{X}(z)$$

求解$\mathcal{Y}(z)$得到

$$\mathcal{Y}(z)=\frac{ay[-1]}{1-az^{-1}}+\frac{1}{1-az^{-1}}\mathcal{X}(z) \tag{3.78}$$

注意到，如果 $y[-1]=0$，则式(3.78)中的第一项便没有了，得到的是$\mathcal{Y}(z)=H(z)\mathcal{X}(z)$，其中

$$H(z)=\frac{1}{1-az^{-1}},\qquad |z|>|a|$$

是 LTI 系统的系统函数，该系统对应于当用初始松弛条件迭代时式(3.77)的差分方程。这说明，初始松弛条件对于保证迭代差分方程是一个 LTI 系统是必需的。进一步发现，如果对于所有 n 都有 $x[n]=0$，那么输出将等于

$$y[n]=y[-1]a^{n+1},\qquad n\geqslant -1$$

也就是说，如果 $y[-1]\neq 0$，则系统就不具有线性性质，因为线性系统的尺度性质[见式(2.23b)]要求，当输入对于所有 n 都为零时，输出也同样对于全部 n 都为零。

更为具体地，如例 3.20 中假设 $x[n]=Au[n]$，通过观察 $x[n]=Au[n]$ 的单边 z 变换结果可以得到 $n\geqslant -1$ 时 $y[n]$ 的等式，该单边 z 变换为

$$\mathcal{X}(z)=\frac{A}{1-z^{-1}},\qquad |z|>1$$

于是式(3.78)变为

$$\mathcal{Y}(z)=\frac{ay[-1]}{1-az^{-1}}+\frac{A}{(1-az^{-1})(1-z^{-1})} \tag{3.79}$$

对式(3.79)应用部分分式展开得

$$\mathcal{Y}(z)=\frac{ay[-1]}{1-az^{-1}}+\frac{\frac{A}{1-a}}{1-z^{-1}}+\frac{-\frac{aA}{1-a}}{1-az^{-1}}$$

由此得到完整的结果为

$$y[n]=\begin{cases} y[-1], & n=-1 \\ \underbrace{y[-1]a^{n+1}}_{\text{ZIR}}+\underbrace{\frac{A}{1-a}\left(1-a^{n+1}\right)}_{\text{ZICR}}, & n\geqslant 0 \end{cases} \tag{3.80}$$

式(3.80)说明系统响应由两部分组成。零输入响应(ZIR)是当输入为零时的响应(当 $A=0$ 时对应于这种情况)。零初始条件响应(ZICR)是与输入直接成正比的部分(正如线性性质所要求的)。当 $y[-1]=0$ 时，该部分仍然保留。从习题 3.49 中可知，这种将结果分解为 ZIR 和 ZICR 分量的做法对于任意具有式(3.66)形式的差分方程都适用。

3.7　小结

本章定义了序列的 z 变换，并指出它就是傅里叶变换的推广。本章重点讨论 z 变换的性质，以及求一个序列 z 变换的方法，或者反之。特别是，当傅里叶变换不存在时，z 变换所定义的幂级数可

能收敛。本章详细阐明了收敛域的形状与序列性质的依赖关系。对收敛域性质的深入理解是正确运用 z 变换的关键,特别是在确定由给定的 z 变换求相应的序列,即求 z 逆变换的各种方法时。大部分有关收敛域的讨论都放在有理函数 z 变换上。对于这类函数,给出了基于 $X(z)$ 部分分式展开的求逆变换的方法。此外,讨论了诸如利用查表的幂级数展开法和长除法等其他方法。

本章的一个重要部分是讨论 z 变换的多种性质,这些性质在分析离散时间信号与系统时非常有用。并引用大量例子来说明如何利用这些性质求 z 变换和 z 逆变换。

习题

基本题(附答案)

3.1 求下列序列的 z 变换,包括收敛域。

(a) $\left(\frac{1}{2}\right)^n u[n]$

(b) $-\left(\frac{1}{2}\right)^n u[-n-1]$

(c) $\left(\frac{1}{2}\right)^n u[-n]$

(d) $\delta[n]$

(e) $\delta[n-1]$

(f) $\delta[n+1]$

(g) $\left(\frac{1}{2}\right)^n (u[n]-u[n-10])$

3.2 求下列序列的 z 变换。

$$x[n]=\begin{cases} n, & 0\leqslant n\leqslant N-1 \\ N, & N\leqslant n \end{cases}$$

3.3 求下列每个序列的 z 变换,包括收敛域,并画出零-极点图。全部以闭式表示,α 可为复数。

(a) $x_a[n]=\alpha^{|n|}, \quad 0<|\alpha|<1$

(b) $x_b[n]=\begin{cases} 1, & 0\leqslant n\leqslant N-1 \\ 0, & \text{其他} \end{cases}$

(c) $x_c[n]=\begin{cases} n+1, & 0\leqslant n\leqslant N-1 \\ 2N-1-n, & N\leqslant n\leqslant 2(N-1) \\ 0, & \text{其他} \end{cases}$

提示:注意 $x_b[n]$ 是一个矩形序列,而 $x_c[n]$ 是一个三角序列。首先用 $x_b[n]$ 表示 $x_c[n]$。

3.4 考虑 z 变换,其零-极点图如图 P3.4 所示。

(a) 若已知傅里叶变换存在,确定 $X(z)$ 的收敛域,并确定这时相应的序列 $x[n]$ 是右边、左边还是双边序列。

(b) 有多少可能的双边序列都有如图 P3.4 所示的零-极点图?

(c) 对于图 P3.4 所示的零-极点图,有无可能有一个既稳定又因果的序列与其对应?若有,请给出相应的收敛域。

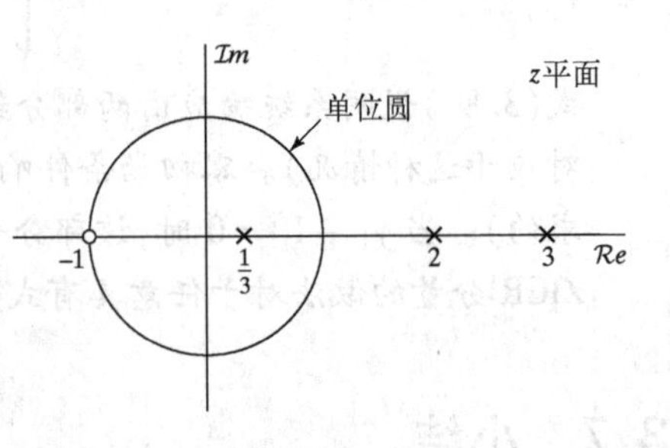

图 P3.4

3.5 求具有如下 z 变换的序列 $x[n]$:

$$X(z)=(1+2z)(1+3z^{-1})(1-z^{-1})$$

3.6　对以下列 z 变换，用 3.3 节讨论的两种方法——部分分式展开法和幂级数展开法，求各自的 z 逆变换。另外，指出在每种情况下傅里叶变换是否存在。

(a) $X(z)=\dfrac{1}{1+\frac{1}{2}z^{-1}},\quad |z|>\dfrac{1}{2}$

(b) $X(z)=\dfrac{1}{1+\frac{1}{2}z^{-1}},\quad |z|<\dfrac{1}{2}$

(c) $X(z)=\dfrac{1-\frac{1}{2}z^{-1}}{1+\frac{3}{4}z^{-1}+\frac{1}{8}z^{-2}},\quad |z|>\dfrac{1}{2}$

(d) $X(z)=\dfrac{1-\frac{1}{2}z^{-1}}{1-\frac{1}{4}z^{-2}},\quad |z|>\dfrac{1}{2}$

(e) $X(z)=\dfrac{1-az^{-1}}{z^{-1}-a},\quad |z|>|1/a|$

3.7　一个因果的 LTI 系统的输入为

$$x[n]=u[-n-1]+\left(\frac{1}{2}\right)^n u[n]$$

该系统的输出的 z 变换为

$$Y(z)=\frac{-\frac{1}{2}z^{-1}}{\left(1-\frac{1}{2}z^{-1}\right)\left(1+z^{-1}\right)}$$

(a) 求系统单位脉冲响应的 z 变换 $H(z)$，标明收敛域。

(b) $Y(z)$ 的收敛域是什么？

(c) 求 $y[n]$。

3.8　一个因果 LTI 系统的系统函数是

$$H(z)=\frac{1-z^{-1}}{1+\frac{3}{4}z^{-1}}$$

系统的输入为

$$x[n]=\left(\frac{1}{3}\right)^n u[n]+u[-n-1]$$

(a) 求系统的单位脉冲响应 $h[n]$。

(b) 求输出 $y[n]$。

(c) 该系统是稳定的吗？即 $h[n]$ 是绝对可加的吗？

3.9　一个因果的 LTI 系统有单位脉冲响应 $h[n]$，其 z 变换为

$$H(z)=\frac{1+z^{-1}}{\left(1-\frac{1}{2}z^{-1}\right)\left(1+\frac{1}{4}z^{-1}\right)}$$

(a) $H(z)$ 的收敛域是什么？

(b) 系统是稳定的吗？请解释。

(c) 某一输入 $x[n]$，产生的输出为

$$y[n]=-\frac{1}{3}\left(-\frac{1}{4}\right)^n u[n]-\frac{4}{3}(2)^n u[-n-1]$$

求 $x[n]$ 的 z 变换 $X(z)$。

(d) 求系统单位脉冲响应 $h[n]$。

3.10　无须求出 $X(z)$，求下列各序列 z 变换的收敛域，并判断傅里叶变换是否收敛：

(a) $x[n]=\left[\left(\frac{1}{2}\right)^n+\left(\frac{3}{4}\right)^n\right]u[n-10]$

(b) $x[n]=\begin{cases}1, & -10\leqslant n\leqslant 10\\ 0, & \text{其他}\end{cases}$

(c) $x[n]=2^n u[-n]$

(d) $x[n]=\left[\left(\frac{1}{4}\right)^{n+4}-(e^{j\pi/3})^n\right]u[n-1]$

(e) $x[n]=u[n+10]-u[n+5]$

(f) $x[n]=\left(\frac{1}{2}\right)^{n-1}u[n]+(2+3j)^{n-2}u[-n-1]$

3.11 下列 z 变换中,哪些可能是一个因果序列的 z 变换?无须求出 z 逆变换,凭观察就应该能够给出答案,并分别给出理由。

(a) $\dfrac{(1-z^{-1})^2}{\left(1-\frac{1}{2}z^{-1}\right)}$

(b) $\dfrac{(z-1)^2}{\left(z-\frac{1}{2}\right)}$

(c) $\dfrac{\left(z-\frac{1}{4}\right)^5}{\left(z-\frac{1}{2}\right)^6}$

(d) $\dfrac{\left(z-\frac{1}{4}\right)^6}{\left(z-\frac{1}{2}\right)^5}$

3.12 画出下面每个 z 变换的零-极点图,并标出其收敛域。

(a) $X_1(z)=\dfrac{1-\frac{1}{2}z^{-1}}{1+2z^{-1}}$, 收敛域:$|z|<2$

(b) $X_2(z)=\dfrac{1-\frac{1}{3}z^{-1}}{\left(1+\frac{1}{2}z^{-1}\right)\left(1-\frac{2}{3}z^{-1}\right)}$, $x_2[n]$ 为因果序列

(c) $X_3(z)=\dfrac{1+z^{-1}-2z^{-2}}{1-\frac{13}{6}z^{-1}+z^{-2}}$, $x_3[n]$ 绝对可加

3.13 因果序列 $g[n]$ 的 z 变换为

$$G(z)=\sin(z^{-1})(1+3z^{-2}+2z^{-4})$$

求 $g[11]$。

3.14 若 $H(z)=\dfrac{1}{1-14z^{-2}}$ 且 $h[n]=A_1\alpha_1^n u[n]+A_2\alpha_2^n u[n]$,求 A_1,A_2,α_1 和 α_2 的值。

3.15 若 $H(z)=\dfrac{1-\dfrac{1}{1024}z^{-10}}{1-\dfrac{1}{2}z^{-1}}$,$|z|>0$,对应的 LTI 系统是因果的吗?陈述你的理由。

3.16 当一个 LTI 系统的输入为

$$x[n]=\left(\frac{1}{3}\right)^n u[n]+(2)^n u[-n-1]$$

时,相应的输出为

$$y[n]=5\left(\frac{1}{3}\right)^n u[n]-5\left(\frac{2}{3}\right)^n u[n]$$

(a) 求该系统的系统函数 $H(z)$,画出 $H(z)$ 的零-极点图并指出收敛域。

(b) 求系统的单位脉冲响应 $h[n]$。

(c) 写出满足给定输入和输出关系的差分方程。

（d）系统是稳定的吗？是因果的吗？

3.17 考虑一个其输入 $x[n]$ 和输出 $y[n]$ 满足如下差分方程的 LTI 系统：

$$y[n]-\frac{5}{2}y[n-1]+y[n-2]=x[n]-x[n-1]$$

求 $n=0$ 时，该系统单位脉冲响应 $h[n]$ 的所有可能值。

3.18 一个因果 LTI 系统的系统函数为

$$H(z)=\frac{1+2z^{-1}+z^{-2}}{\left(1+\frac{1}{2}z^{-1}\right)(1-z^{-1})}$$

（a）求该系统的单位脉冲响应 $h[n]$。

（b）当输入为 $x[n]=2n$ 时，求系统输出 $y[n]$。

3.19 对下列每一对输入的 z 变换 $X(z)$ 和系统函数 $H(z)$，确定输出的 z 变换 $Y(z)$ 的收敛域。

（a）

$$X(z)=\frac{1}{1+\frac{1}{2}z^{-1}},\qquad |z|>\frac{1}{2}$$

$$H(z)=\frac{1}{1-\frac{1}{4}z^{-1}},\qquad |z|>\frac{1}{4}$$

（b）

$$X(z)=\frac{1}{1-2z^{-1}},\qquad |z|<2$$

$$H(z)=\frac{1}{1-\frac{1}{3}z^{-1}},\qquad |z|>\frac{1}{3}$$

（c）

$$X(z)=\frac{1}{\left(1-\frac{1}{5}z^{-1}\right)(1+3z^{-1})},\qquad \frac{1}{5}<|z|<3$$

$$H(z)=\frac{1+3z^{-1}}{1+\frac{1}{3}z^{-1}},\qquad |z|>\frac{1}{3}$$

3.20 对下列每一对输入和输出的 z 变换 $X(z)$ 和 $Y(z)$，确定系统函数 $H(z)$ 的收敛域。

（a）

$$X(z)=\frac{1}{1-\frac{3}{4}z^{-1}},\qquad |z|>\frac{3}{4}$$

$$Y(z)=\frac{1}{1+\frac{2}{3}z^{-1}},\qquad |z|>\frac{2}{3}$$

（b）

$$X(z)=\frac{1}{1+\frac{1}{3}z^{-1}},\qquad |z|<\frac{1}{3}$$

$$Y(z)=\frac{1}{\left(1-\frac{1}{6}z^{-1}\right)\left(1+\frac{1}{3}z^{-1}\right)},\qquad \frac{1}{6}<|z|<\frac{1}{3}$$

基本题

3.21 一个因果 LTI 系统具有如下系统函数：

$$H(z)=\frac{4+0.25z^{-1}-0.5z^{-2}}{(1-0.25z^{-1})(1+0.5z^{-1})}$$

(a) $H(z)$的收敛域是什么?

(b) 判断系统是否为稳定的?

(c) 给出输入$x[n]$和输出$y[n]$所满足的差分方程。

(d) 利用部分分式展开计算$h[n]$的单位脉冲响应。

(e) 计算输入为$x[n]=u[-n-1]$时,输出的z变换$Y(z)$,并指出$Y(z)$的收敛域。

(f) 计算输入为$x[n]=u[-n-1]$时,输出序列$y[n]$。

3.22 一个因果 LTI 系统的系统函数为

$$H(z)=\frac{1-4z^{-2}}{1+0.5z^{-1}}$$

该系统的输入为

$$x[n]=u[n]+2\cos\left(\frac{\pi}{2}n\right),\quad -\infty<n<\infty$$

确定大的正n值所对应的输出$y[n]$,即找出$y[n]$的表达式,该式随着n逐渐增大将逐渐接近准确。(当然,一种办法是找出对所有n都有效的$y[n]$表达式,但应该找到一种更容易的方法。)

3.23 考虑一个线性时不变系统,其单位脉冲响应$h[n]$为

$$h[n]=\begin{cases}a^n, & n\geqslant 0\\ 0, & n<0\end{cases}$$

且输入为

$$x[n]=\begin{cases}1, & 0\leqslant n\leqslant (N-1)\\ 0, & \text{其他}\end{cases}$$

(a) 用$x[n]$和$h[n]$的离散卷积精确求出输出$y[n]$。

(b) 用输入$x[n]$和单位脉冲响应$h[n]$的z变换的乘积的z逆变换求输出$y[n]$。

3.24 考虑一个稳定的 LTI 系统,其单位脉冲响应的z变换$H(z)$为

$$H(z)=\frac{3}{1+\frac{1}{3}z^{-1}}$$

假定系统的输入$x[n]$为一个单位阶跃序列。

(a) 用$x[n]$和$h[n]$的离散卷积求输出$y[n]$。

(b) 用求$Y(z)$的z逆变换求输出$y[n]$。

3.25 画出下列每个序列,求它们的z变换,包括收敛域:

(a) $\sum\limits_{k=-\infty}^{\infty}\delta[n-4k]$

(b) $\frac{1}{2}\left[e^{j\pi n}+\cos\left(\frac{\pi}{2}n\right)+\sin\left(\frac{\pi}{2}+2\pi n\right)\right]u[n]$

3.26 考虑一个右边序列$x[n]$,其z变换为

$$X(z)=\frac{1}{(1-az^{-1})(1-bz^{-1})}=\frac{z^2}{(z-a)(z-b)}$$

3.3 节曾讨论过将$X(z)$看作z^{-1}的多项式之比,用部分分式展开来确定$x[n]$。现考虑将$X(z)$转化为z的多项式之比,并从其展开式中确定$x[n]$。

3.27 计算如下序列的单边z变换,包括收敛域。

(a) $\delta[n]$

(b) $\delta[n-1]$

(c) $\delta[n+1]$

(d) $\left(\frac{1}{2}\right)^n u[n]$

(e) $-\left(\frac{1}{2}\right)^n u[-n-1]$

(f) $\left(\frac{1}{2}\right)^n u[-n]$

(g) $\{\left(\frac{1}{2}\right)^n + \left(\frac{1}{4}\right)^n\}u[n]$

(h) $\left(\frac{1}{2}\right)^{n-1} u[n-1]$

3.28 如果用$\mathcal{X}(z)$表示$x[n]$的单边z变换，计算下列信号的单边z变换，表示成$\mathcal{X}(z)$的形式。

(a) $x[n-2]$

(b) $x[n+1]$

(c) $\sum_{m=-\infty}^{n} x[m]$

3.29 对于下列差分方程及给定的相关输入和初始条件，利用单边z变换计算当$n \geqslant 0$时的系统响应$y[n]$。

(a) $y[n] + 3y[n-1] = x[n]$
$x[n] = \left(\frac{1}{2}\right)^n u[n]$
$y[-1] = 1$

(b) $y[n] - \frac{1}{2}y[n-1] = x[n] - \frac{1}{2}x[n-1]$
$x[n] = u[n]$
$y[-1] = 0$

(c) $y[n] - \frac{1}{2}y[n-1] = x[n] - \frac{1}{2}x[n-1]$
$x[n] = \left(\frac{1}{2}\right)^n u[n]$
$y[-1] = 1$

深入题

3.30 一个因果 LTI 系统的系统函数为

$$H(z) = \frac{1 - z^{-1}}{1 - 0.25z^{-2}} = \frac{1 - z^{-1}}{(1 - 0.5z^{-1})(1 + 0.5z^{-1})}$$

(a) 计算输入为$x[n] = u[n]$时的系统输出。

(b) 确定输入$x[n]$，使得该系统相应的输出为$y[n] = \delta[n] - \delta[n-1]$。

(c) 当输入为$x[n] = \cos(0.5\pi n)$，$-\infty < n < \infty$，计算输出$y[n]$。请用尽量简单的形式表示结果。

3.31 求下列各z逆变换：(a)～(c)按要求方法求，(d)可用任意方法。

(a) 长除法：

$$X(z) = \frac{1 - \frac{1}{3}z^{-1}}{1 + \frac{1}{3}z^{-1}}, \qquad x[n]\text{为右边序列}$$

(b) 部分分式法：

$$X(z) = \frac{3}{z - \frac{1}{4} - \frac{1}{8}z^{-1}}, \qquad x[n]\text{为稳定序列}$$

(c) 幂级数法：

$$X(z) = \ln(1 - 4z), \qquad |z| < \frac{1}{4}$$

(d) $X(z) = \dfrac{1}{1 - \frac{1}{3}z^{-3}}, \qquad |z| > 3^{-1/3}$

3.32 用任意方法求下列各 z 逆变换。

(a) $X(z)=\dfrac{1}{\left(1+\frac{1}{2}z^{-1}\right)^2(1-2z^{-1})(1-3z^{-1})}$，($x[n]$为稳定序列)

(b) $X(z)=e^{z^{-1}}$

(c) $X(z)=\dfrac{z^3-2z}{z-2}$，　($x[n]$ 为左边序列)

3.33 求下列各 z 逆变换。应该发现 3.4 节所讨论的 z 变换的性质是有助于解题的。

(a) $X(z)=\dfrac{3z^{-3}}{\left(1-\frac{1}{4}z^{-1}\right)^2}$，　$x[n]$为左边序列

(b) $X(z)=\sin(z)$，收敛域包括 $|z|=1$

(c) $X(z)=\dfrac{z^7-2}{1-z^{-7}}$，　$|z|>1$

3.34 一个序列 $x[n]$ 的 z 变换为 $X(z)=e^z+e^{1/z}$，$z\neq0$，求 $x[n]$。

3.35 按下列要求分别求 z 逆变换：

$$X(z)=\log(1-2z),\qquad |z|<\frac{1}{2}$$

(a) 用幂级数

$$\log(1-x)=-\sum_{m=1}^{\infty}\frac{x^m}{m},\qquad |x|<1$$

(b) 首先将 $X(z)$ 微分，再用它来恢复 $x[n]$。

3.36 求下列序列的 z 变换和收敛域，并画出零-极点图。

(a) $x[n]=a^nu[n]+b^nu[n]+c^nu[-n-1]$，　$|a|<|b|<|c|$

(b) $x[n]=n^2a^nu[n]$

(c) $x[n]=e^{n^4}\left[\cos\left(\frac{\pi}{12}n\right)\right]u[n]-e^{n^4}\left[\cos\left(\frac{\pi}{12}n\right)\right]u[n-1]$

3.37 图 P3.37 所示为因果序列 $x[n]$ 的 z 变换 $X[z]$ 的零-极点图。画出 $Y(z)$ 的零-极点图，这里 $y[n]=x[-n+3]$，同时标出 $Y(z)$ 的收敛域。

3.38 设 $x[n]$ 为具有如图 P3.38 所示的零-极点图的序列，画出下列序列的零-极点图：

(a) $y[n]=\left(\frac{1}{2}\right)^n x[n]$

(b) $w[n]=\cos\left(\frac{\pi n}{2}\right)x[n]$

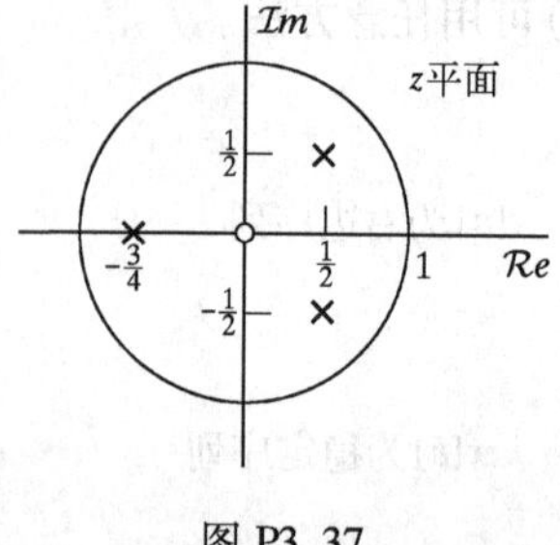

图 P3.37

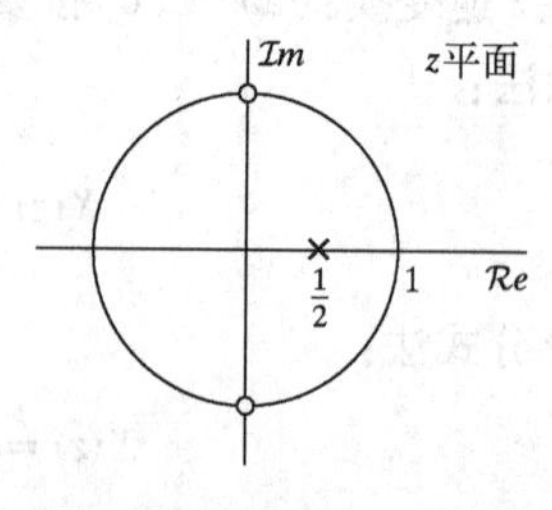

图 P3.38

3.39 求因果系统的单位阶跃响应，其单位脉冲响应的 z 变换为

$$H(z)=\frac{1-z^3}{1-z^4}$$

3.40 若一个 LTI 系统的输入 $x[n]$ 为 $x[n]=u[n]$，输出为

$$y[n]=\left(\frac{1}{2}\right)^{n-1}u[n+1]$$

(a) 求该系统单位脉冲响应的 z 变换 $H(z)$，并画出它的零-极点图。

(b) 求单位脉冲响应 $h[n]$。

(c) 该系统是稳定的吗？

(d) 该系统是因果的吗？

3.41 考虑一个序列 $x[n]$，其 z 变换为

$$X(z)=\frac{\frac{1}{3}}{1-\frac{1}{2}z^{-1}}+\frac{\frac{1}{4}}{1-2z^{-1}}$$

收敛域包括单位圆。利用初值定理（见习题3.57）求 $x[0]$。

3.42 如图P3.42所示，$H(z)$ 是一因果LTI系统的系统函数。

(a) 利用图中各信号的 z 变换，求用如下形式表示的 $W(z)$：

$$W(z)=H_1(z)X(z)+H_2(z)E(z)$$

其中，$H_1(z)$ 和 $H_2(z)$ 都用 $H(z)$ 表示。

(b) 若 $H(z)=z^{-1}/(1-z^{-1})$，确定 $H_1(z)$ 和 $H_2(z)$。

(c) 系统 $H(z)$ 是稳定的吗？系统 $H_1(z)$ 和 $H_2(z)$ 是稳定的吗？

3.43 如图P3.43所示，$h[n]$ 为虚线框内LTI系统的单位脉冲响应。系统 $h[n]$ 的输入为 $v[n]$，输出为 $w[n]$。$h[n]$ 的 z 变换 $H(z)$ 在如下收敛域内存在：

$$0<r_{\min}<|z|<r_{\max}<\infty$$

(a) 单位脉冲响应为 $h[n]$ 的LTI系统能否是BIBO（有界输入有界输出）稳定吗？若能，请确定不等式中对 $r_{\min}$ 和 $r_{\max}$ 的限制，以使系统稳定。若不能，简要说明原因。

(b) 整个系统（虚线框，其输入为 $x[n]$，输出为 $y[n]$）是LTI的吗？若是，试求系统的单位脉冲响应 $g[n]$。若不是，简要说明原因。

(c) 整个系统能够是BIBO稳定吗？若能，请确定不等式中有关 α，$r_{\min}$ 和 $r_{\max}$ 的限制，以使系统稳定。若不是，简要说明原因。

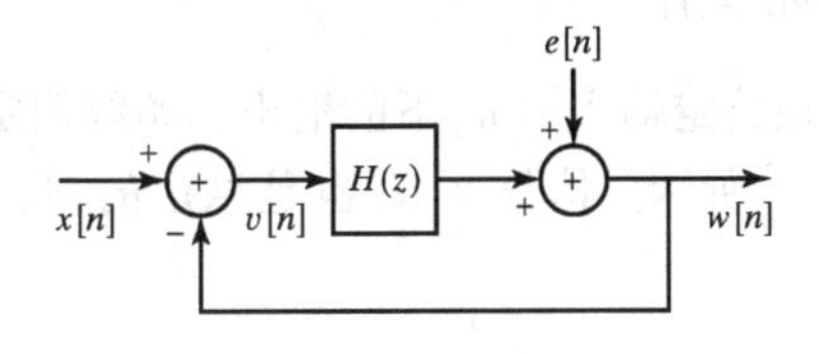

图P3.42

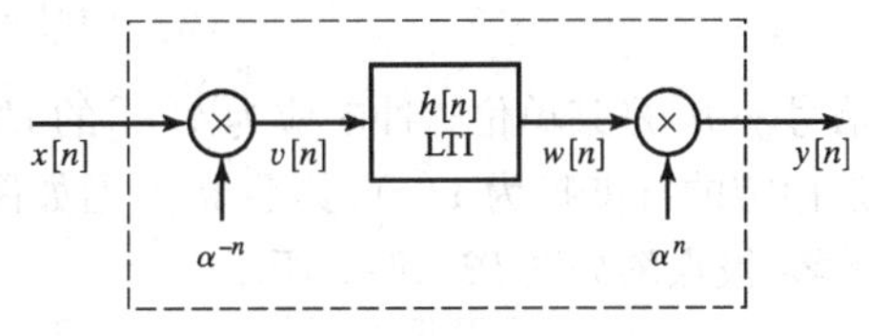

图P3.43

3.44 一个因果稳定的LTI系统 S，其输入 $x[n]$ 和输出 $y[n]$ 由下列线性常系数差分方程所关联：

$$y[n]+\sum_{k=1}^{10}\alpha_k y[n-k]=x[n]+\beta x[n-1]$$

令系统 S 的单位脉冲响应为序列 $h[n]$。

(a) 证明 $h[0]$ 一定为非零。

(b) 证明 α_1 可用 β，$h[0]$ 和 $h[1]$ 确定。

(c) 若 $h[n]=(0.9)^n\cos(\pi n/4)$，$0\leqslant n\leqslant 10$，画出系统 S 的系统函数的零-极点图，并指出收敛域。

3.45 一个LTI系统，其输入 $x[n]$ 为

$$x[n]=\left(\frac{1}{2}\right)^n u[n]+2^n u[-n-1]$$

输出 $y[n]$ 为

$$y[n] = 6\left(\frac{1}{2}\right)^n u[n] - 6\left(\frac{3}{4}\right)^n u[n]$$

(a) 求该系统的系统函数 $H(z)$，画 $H(z)$ 的零-极点图，并指出收敛域。

(b) 求系统的单位脉冲响应 $h[n]$。

(c) 写出表征该系统的差分方程。

(d) 系统是稳定的吗？是因果的吗？

3.46 已知某一 LTI 系统的如下信息：

(i) 系统是因果的。

(ii) 当输入 $x[n]$ 为

$$x[n] = -\frac{1}{3}\left(\frac{1}{2}\right)^n u[n] - \frac{4}{3}(2)^n u[-n-1]$$

时，输出 $y[n]$ 的 z 变换为

$$Y(z) = \frac{1 - z^{-2}}{(1 - \frac{1}{2}z^{-1})(1 - 2z^{-1})}$$

(a) 求 $x[n]$ 的 z 变换。

(b) 给出 $Y(z)$ 收敛域的可能结果。

(c) 写出表征系统的线性常系数差分方程的可能结果。

(d) 写出系统单位脉冲响应的可能结果。

3.47 令 $x[n]$ 为一个离散时间信号，并有 $x[n]=0, n\leqslant 0$，其 z 变换为 $X(z)$。另外，给定 $x[n]$，定义离散时间信号 $y[n]$ 为

$$y[n] = \begin{cases} \frac{1}{n}x[n], & n > 0 \\ 0, & \text{其他} \end{cases}$$

(a) 利用 $X(z)$ 计算 $Y(z)$。

(b) 利用(a)的结果，求如下 $w[n]$ 的 z 变换：

$$w[n] = \frac{1}{n + \delta[n]}u[n-1]$$

3.48 信号 $y[n]$ 是某单位脉冲响应为 $h[n]$ 的 LTI 系统，在给定输入 $x[n]$ 下的输出。始终假定 $y[n]$ 是稳定的，z 变换为 $Y(z)$，其零-极点图如图 P3.48-1 所示。信号 $x[n]$ 也是稳定的，其 z 变换的零-极点图如图 P3.48-2 所示。

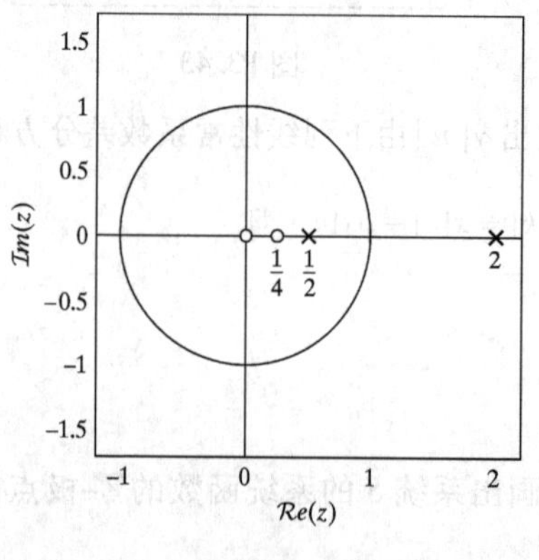

图 P3.48-1

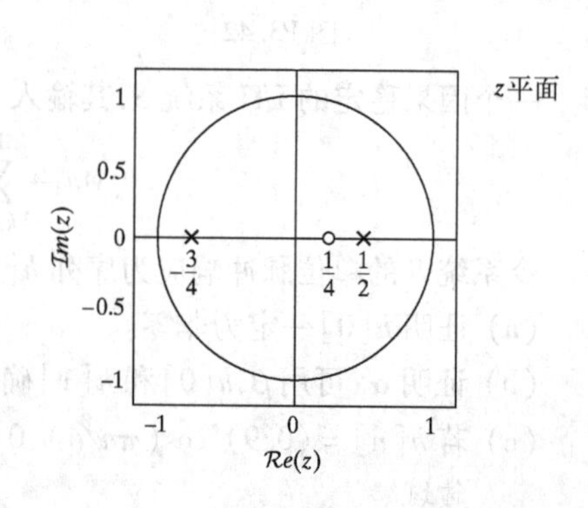

图 P3.48-2

(a) $Y(z)$ 的收敛域是什么？

(b) $y[n]$ 是左边、右边或双边信号吗？

(c) $X(z)$的收敛域是什么?

(d) $x[n]$是因果序列吗?也即是否$x[n]=0, n<0$?

(e) 求$x[0]$的值?

(f) 画出$H(z)$的零-极点图,并表示出它的收敛域。

(g) $h[n]$是反因果的吗?也即是否$h[n]=0, n>0$?

3.49 考虑式(3.66)的差分方程。

(a) 证明在非零初始条件下,差分方程输出的单边z变换为

$$\mathcal{Y}(z)=-\frac{\sum_{k=1}^{N}a_k\left(\sum_{m=1}^{k}y[m-k-1]z^{-m+1}\right)}{\sum_{k=0}^{N}a_kz^{-k}}+\frac{\sum_{k=0}^{M}b_kz^{-k}}{\sum_{k=0}^{N}a_kz^{-k}}\mathcal{X}(z)$$

(b) 利用(a)的结果证明输出具有如下形式:

$$y[n]=y_{\mathrm{ZIR}}[n]+y_{\mathrm{ZICR}}[n]$$

式中,$y_{\mathrm{ZIR}}[n]$为当输入对所有n都为零时的输出,$y_{\mathrm{ZICR}}[n]$为初始条件为全零时的输出。

(c) 证明当初始条件为全零时,结果简化为双边z变换结果。

扩充题

3.50 令$x[n]$为一个因果序列,即$x[n]=0, n<0$,另假定$x[0]\neq 0$且z变换为一个有理函数。

(a) 证明$X(z)$没有极点或零点在$z=\infty$处,即$\lim_{z\to\infty}X(z)$非零且有限。

(b) 证明在有限z平面上极点数等于零点数(有限z平面不包括$z=\infty$)。

3.51 考虑具有z变换为$X(z)=P(z)/Q(z)$的序列,其中$P(z)$和$Q(z)$都是z的多项式。如果该序列是绝对可加的,且$Q(z)$的全部根都在单位圆内,该序列一定是因果的吗?若是,请给出确切解释。若不是,请给出一个相反的例子。

3.52 令$x[n]$为一个因果稳定序列,其z变换为$X(z)$。定义**复倒谱**$\hat{x}[n]$为$X(z)$对数的逆变换,即

$$\hat{X}(z)=\log X(z)\overset{\mathcal{Z}}{\longleftrightarrow}\hat{x}[n]$$

其中,$\hat{X}(z)$的收敛域包括单位圆(严格地讲,取某个复数的对数要仔细考虑。再者,一个有效z变换的对数可能不是一个有效的z变换。目前暂假定都成立)。

求下列序列的复倒谱:

$$x[n]=\delta[n]+a\delta[n-N],\qquad |a|<1$$

3.53 假设$x[n]$为实的且为偶的,即$x[n]=x[-n]$;再假设z_0为$X(z)$的一个零点,即$X(z_0)=0$。

(a) 证明$1/z_0$也是$X(z)$的一个零点。

(b) 还有其他$X(z)$的零点隐含在所给出的信息中吗?

3.54 利用z变换定义式(3.2),证明:若$X(z)$是$x[n]=x_R[n]+jx_I[n]$的z变换,那么

(a) $x^*[n]\overset{\mathcal{Z}}{\longleftrightarrow}X^*(z^*)$

(b) $x[-n]\overset{\mathcal{Z}}{\longleftrightarrow}X(1/z)$

(c) $x_R[n]\overset{\mathcal{Z}}{\longleftrightarrow}\frac{1}{2}[X(z)+X^*(z^*)]$

(d) $x_I[n]\overset{\mathcal{Z}}{\longleftrightarrow}\frac{1}{2\mathrm{j}}[X(z)-X^*(z^*)]$

3.55 考虑一个实序列$x[n]$,其z变换的全部零、极点都在单位圆内。利用$x[n]$求另一个实序列$x_1[n]$,$x_1[n]$不等于$x[n]$,但是有$x_1[0]=x[0]$,$|x_1[n]|=|x[n]|$,并且$x_1[n]$的z变换的

全部零、极点也在单位圆内。

3.56 一个实的有限长序列,若它的 z 变换没有零点位于共轭倒数对的位置上,且没有零点位于单位圆上,则除了一个正的幅度加权系数以外,它可以唯一地由傅里叶变换的相位来确定。(Hayes et al.,1980)。

零点在共轭倒数对上的一个例子是 $z=a$ 和 $(a^*)^{-1}$。虽然能产生某些序列,它们不满足以上条件,但几乎任何有实际意义的序列都满足这些条件,因此这些序列是可以唯一地由它们的傅里叶相位来确定的,除了一个正的幅度加权系数外。

考虑一个序列 $x[n]$,它是实的,且在 $0\leqslant n\leqslant N-1$ 以外为零。它的 z 变换没有零点在共轭倒数对的位置上,也没有零点在单位圆上。希望建立一个算法,要从 $\angle X(e^{j\omega})$ 中恢复 $cx[n]$,$\angle X(e^{j\omega})$ 是 $x[n]$ 傅里叶变换的相位,c 为一个正的幅度加权系数。

(a) 给出一组 $(N-1)$ 个线性方程,它的解将提供从 $\tan\{\angle X(e^{j\omega})\}$ 中恢复出 $x[n]$,但有一个正的或负的幅度加权系数。不必证明这组 $(N-1)$ 个线性方程组有唯一解。同时证明,如果已知 $\angle X(e^{j\omega})$ 而不是刚才的 $\tan\{\angle X(e^{j\omega})\}$,那么幅度加权系数的符号就能确定。

(b) 假设

$$x[n]=\begin{cases}0, & n<0\\ 1, & n=0\\ 2, & n=1\\ 3, & n=2\\ 0, & n\geqslant 3\end{cases}$$

利用(a)建立的方法,说明 $cx[n]$ 可以由 $\angle X(e^{j\omega})$ 确定,这里 c 是一个正的幅度加权系数。

3.57 一个序列 $x[n]$ 在 $n<0$ 为零,利用式(3.2)证明

$$\lim_{z\to\infty} X(z)=x[0]$$

这个结果被称为**初值定理**。如果 $n>0$,该序列为零,相应的定理是什么?

3.58 一个实值稳定序列 $x[n]$ 的非周期自相关函数定义为

$$c_{xx}[n]=\sum_{k=-\infty}^{\infty} x[k]x[n+k]$$

(a) 证明 $c_{xx}[n]$ 的 z 变换为

$$C_{xx}(z)=X(z)X(z^{-1})$$

确定 $C_{xx}(z)$ 的收敛域。

(b) 假设 $x[n]=a^n u[n]$。图示出 $C_{xx}(z)$ 的零、极点及其收敛域。同时利用 $C_{xx}(z)$ 的 z 逆变换求 $c_{xx}[n]$。

(c) 给出另一个序列 $x_1[n]$,它不等于(b)中的 $x[n]$,但有与(b)中的 $x[n]$ 相同的自相关函数 $c_{xx}[n]$。

(d) 给出第三个序列 $x_2[n]$,它不等于 $x[n]$ 或 $x_1[n]$,但有与(b)中的 $x[n]$ 相同的自相关函数。

3.59 判断 $X(z)=z^*$ 是否能对应于某个序列的 z 变换,说明理由。

3.60 令 $X(z)$ 为 z 的多项式之比,即

$$X(z)=\frac{B(z)}{A(z)}$$

证明,如果 $X(z)$ 在 $z=z_0$ 处有一个单阶极点,那么 $X(z)$ 在 $z=z_0$ 处的留数就等于

$$\frac{B(z_0)}{A'(z_0)}$$

式中,$A'(z_0)$ 为 $A(z)$ 的导数在 $z=z_0$ 处的值。

第 4 章　连续时间信号的采样

4.0　引言

虽然离散时间信号出现在很多情况之中,但是最常见的还是作为连续时间信号的采样表示而出现的。许多读者对于采样很熟悉,本章将回顾一些基本问题,包括混叠问题和一个重要事实,即连续时间信号的处理可以通过采样、离散时间处理及后续的连续时间信号的重构来实现。在对这些基本概念进行全面讨论之后,将探讨多采样率信号处理、A/D 转换及 A/D 转换中关于过采样的利用问题。

4.1　周期采样

信号的离散表示可以有多种形式,包括各种类型的基展开,信号建模的参数模型(见第 11 章)和非均匀采样[例如,Yen(1956),Yao and Thomas(1967)以及 Eldar and Oppenheim(2000)]。这些表示形式通常都要基于信号性质的先验知识,有了这些先验知识便可以得到更加有效的信号表示。然而,这些各种类型的表示方法通常都始于通过周期采样得到的连续时间信号的离散时间表示,即样本序列 $x[n]$ 是按照如下关系由连续时间信号 $x_c(t)$ 得到的:

$$x[n] = x_c(nT), \qquad -\infty < n < \infty \tag{4.1}$$

其中,T 为**采样周期**(sampling period),而它的倒数 $f_s = 1/T$ 为**采样频率**(sampling frequency),即每秒内的样本数。当要想用弧度/秒(rad/s)的频率时,也将采样频率表示为 $\Omega_s = 2\pi/T$。因为采样表示方法仅依赖于带限傅里叶变换的假设,因此它们可以适用于在许多实际应用中出现的一大类信号。

把实现式(4.1)所描述的系统称为**理想连续时间到离散时间(C/D)转换器**,其示意图如图 4.1 所示。图 2.2 所示的例子说明了一个连续时间语音波形 $x_c(t)$ 和其相应的样本序列 $x[n]$ 之间的关系。

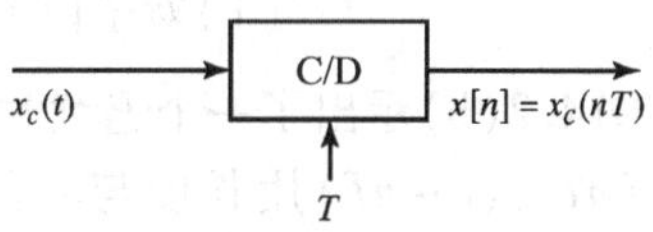

图 4.1　一个理想连续到离散时间(C/D)转换器方框图

在实际装置中,采样往往是用模拟到数字(A/D)转换器来实现的。这样的系统可以看作是对理想 C/D 转换器的近似。除了采样率这个足以对理想 C/D 转换器进行定义的参数外,在实现或者选择一个 A/D 转换器时还有一些重要的考虑因素,其中包括输出样本的量化,量化阶的线性度,是否需要采样保持电路,以及采样率的极限,等等。量化效应将在 4.8.2 节及 4.8.3 节做简要的讨论。A/D 转换器的其他一些实际问题已超出本书范围,属于电子电路所关注的。

采样一般是不可逆的;也就是说,已知输出 $x[n]$,一般不可能恢复 $x_c(t)$,即采样器的输入。这是因为有很多连续时间信号都能产生相同的输出样本序列。采样中固有的模糊度就是信号处理中的一个基本问题。然而,限制采样器输入信号的频率分量有可能消除模糊度。

在数学上以两步来表示采样过程是方便的,如图 4.2(a)所示。它由一个冲激串调制器紧跟着一个由冲激串到序列的转换来构成的。周期冲激串为

$$s(t) = \sum_{n=-\infty}^{\infty} \delta(t - nT) \tag{4.2}$$

式中,$\delta(t)$是单位冲激函数或称 Dirac delta 函数。$s(t)$和$x_c(t)$的乘积则为

$$\begin{aligned} x_s(t) &= x_c(t)s(t) \\ &= x_c(t)\sum_{n=-\infty}^{\infty}\delta(t-nT) = \sum_{n=-\infty}^{\infty}x_c(t)\delta(t-nT) \end{aligned} \tag{4.3}$$

利用连续时间冲激函数的性质,$x(t)\delta(t)=x(0)\delta(t)$,有时这被称为冲激函数的"筛选性质",(参见,例如 Oppenheim and Willsky,1997),$x_s(t)$可表示为

$$x_s(t) = \sum_{n=-\infty}^{\infty}x_c(nT)\delta(t-nT) \tag{4.4}$$

也就是说,在采样时刻nT处冲激的大小(面积)等于连续时间信号在那一时刻的值。从这个意义上说,式(4.3)所描述的冲激串调制就是采样过程的数学表示。

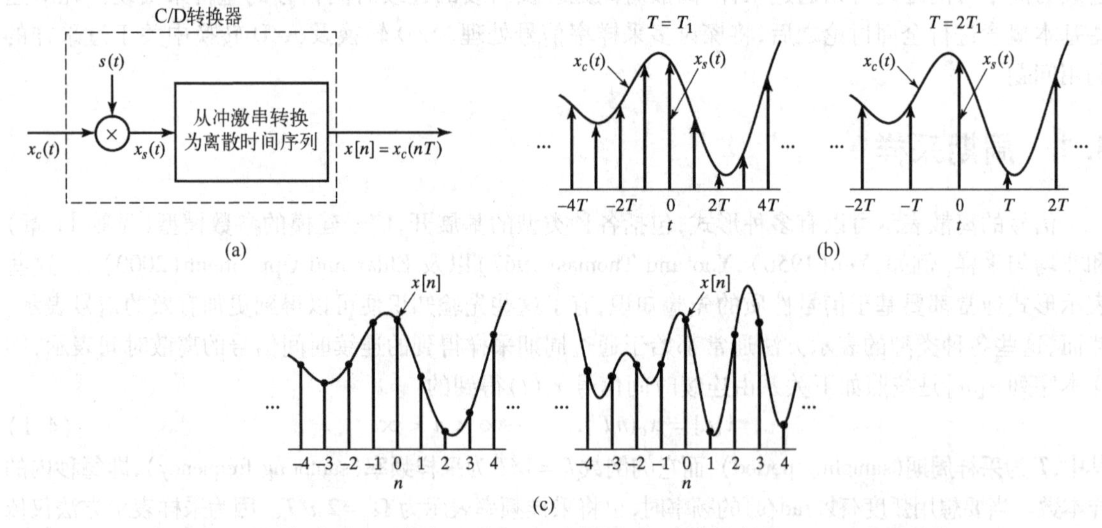

图 4.2 用周期冲激串采样紧跟着一个到离散时间序列的转换。(a) 总的系统;(b)对于两个不同采样率的$x_s(t)$;(c)两个不同采样率的输出序列

图 4.2(b)示出了一个连续时间信号$x_c(t)$在两种不同采样率下冲激串采样的结果。图中,冲激$x_c(nT)\delta(t-nT)$用长度与其面积成正比的箭头线表示。图 4.2(c)所示为相应的输出序列。$x_s(t)$和$x[n]$之间的本质区别在于:在某种意义上,$x_s(t)$还是一个连续时间信号(具体为一个冲激串),它除了在整倍数T的时刻以外都为零;另一方面,序列$x[n]$是以整数变量n给出的,事实上这就引入了时间归一化的过程,也即数的序列$x[n]$已没有任何明显的有关采样率的信息。再者,$x_c(t)$的样本在$x[n]$中是用有限数值来表示的,而不是在$x_s(t)$中以冲激面积来表示的。

应该强调,图 4.2(a)所示仅为采样的一种数学上的表示,利用这种表示便于在时域和频域上深刻理解采样。它并不代表为实现采样而设计的任何具体电路或系统。一片硬件能否构成对方框图 4.2(a)的近似是次要问题。之所以要引入采样过程的这种表示,是因为它能给出某一关键结果的简单推导,以及经由这一途径而得到许多重要的细节和内涵,而这些若从基于傅里叶变换公式运算的正规推导而获得则是困难的。

4.2 采样的频域表示

为了导出理想 C/D 转换器输入和输出之间的频域关系,现在来考虑$x_s(t)$的傅里叶变换。因为从式(4.3)可知,$x_s(t)$是$x_c(t)$和$s(t)$的乘积,那么$x_s(t)$的傅里叶变换就是傅里叶变换

$X_c(\mathrm{j}\Omega)$ 和带$\frac{1}{2\pi}$尺度因子的 $S(\mathrm{j}\Omega)$ 的卷积。一个周期冲激串 $s(t)$ 的傅里叶变换还是一个周期冲激串

$$S(\mathrm{j}\Omega) = \frac{2\pi}{T}\sum_{k=-\infty}^{\infty}\delta(\Omega - k\Omega_s) \tag{4.5}$$

式中，$\Omega_s = 2\pi/T$ 是采样频率（见 Oppenheim and Willsky，1997，或者 McClellan，Schafer and Yoder，2003），以 rad/s 计。因为

$$X_s(\mathrm{j}\Omega) = \frac{1}{2\pi}X_c(\mathrm{j}\Omega) * S(\mathrm{j}\Omega)$$

式中，* 记作连续变量的卷积运算，可得

$$X_s(\mathrm{j}\Omega) = \frac{1}{T}\sum_{k=-\infty}^{\infty}X_c(\mathrm{j}(\Omega - k\Omega_s)) \tag{4.6}$$

式(4.6)给出了图 4.2(a)所示的冲激串调制器输入和输出傅里叶变换之间的关系。式(4.6)说明，$x_s(t)$ 的傅里叶变换是由 $x_c(t)$ 的傅里叶变换 $X_c(\mathrm{j}\Omega)$ 周期重复所构成的。这些重复部分被整数倍的采样频率所移位，然后叠加起来就得到了该样本冲激串的周期傅里叶变换。图 4.3 所示为冲激串采样的频域表示。图 4.3(a)表示一个带限的傅里叶变换，具有性质 $X_c(\mathrm{j}\Omega) = 0$，对于 $|\Omega| \geqslant \Omega_N$。图 4.3(b)示出周期冲激串的 $S(\mathrm{j}\Omega)$，而图 4.3(c)所示则为 $X_s(\mathrm{j}\Omega)$，它就是 $X_c(\mathrm{j}\Omega)$ 与 $S(\mathrm{j}\Omega)$ 卷积的结果，并用$\frac{1}{2\pi}$进行加权。很明显，当

$$\Omega_s - \Omega_N \geqslant \Omega_N \quad 或 \quad \Omega_s \geqslant 2\Omega_N \tag{4.7}$$

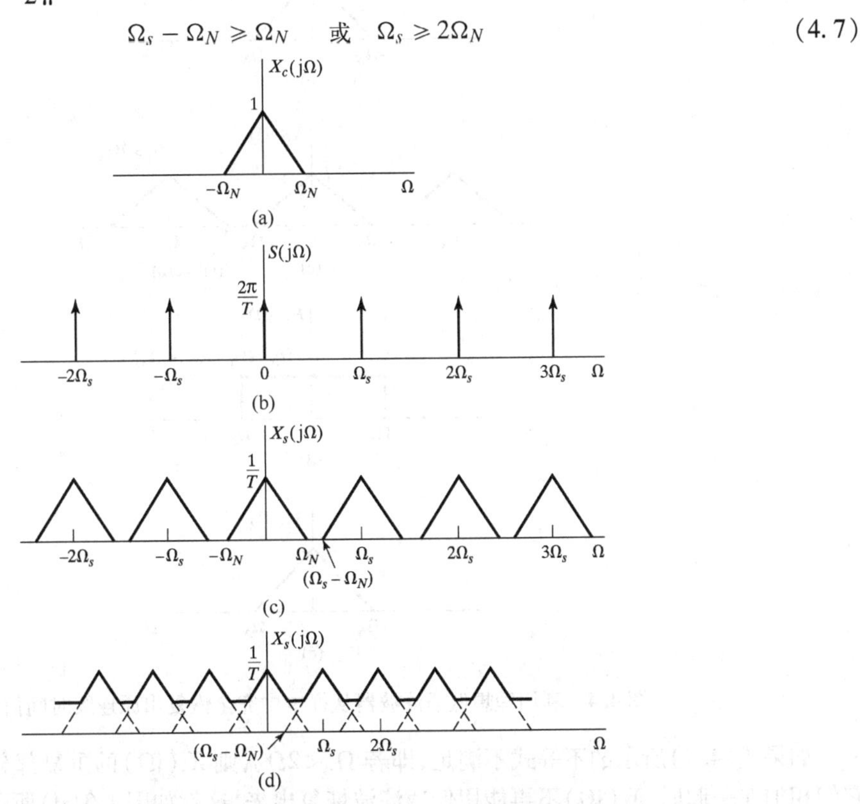

图 4.3　时域中采样在频域中的效果。(a)原始信号频谱；(b) 采样函数频谱；(c) 以 $\Omega_s > 2\Omega_N$ 采样得到的信号的傅里叶变换；(d)以 $\Omega_s < 2\Omega_N$ 采样得到的信号的傅里叶变换

如图 4.3(c)所示，$X_c(j\Omega)$的重复部分不会重叠，因此当它们按式(4.6)加在一起时，在每一个整数倍的 Ω_s 上，仍保持一个与 $X_c(j\Omega)$完全一样的复本(附加一个幅度尺度因子$1/T$)。这样，$x_c(t)$就可以用一个理想低通滤波器从 $x_s(t)$中恢复出来。这就如图 4.4(a)所示，图中示出一个冲激串调制器紧跟着一个频率响应为 $H_r(j\Omega)$的线性时不变系统。对于如图 4.4(b)所示的 $X_c(j\Omega)$，$X_s(j\Omega)$就如图 4.4(c)所示，这里已假设 $\Omega_s>2\Omega_N$。因为

$$X_r(j\Omega)=H_r(j\Omega)X_s(j\Omega) \tag{4.8}$$

那么，若 $H_r(j\Omega)$是一个增益为 T，截止频率为 Ω_c 的理想低通滤波器，且有

$$\Omega_N \leqslant \Omega_c \leqslant (\Omega_s-\Omega_N) \tag{4.9}$$

则有

$$X_r(j\Omega)=X_c(j\Omega) \tag{4.10}$$

这就如图 4.4(e)所示，进而有 $x_r(t)=x_c(t)$。

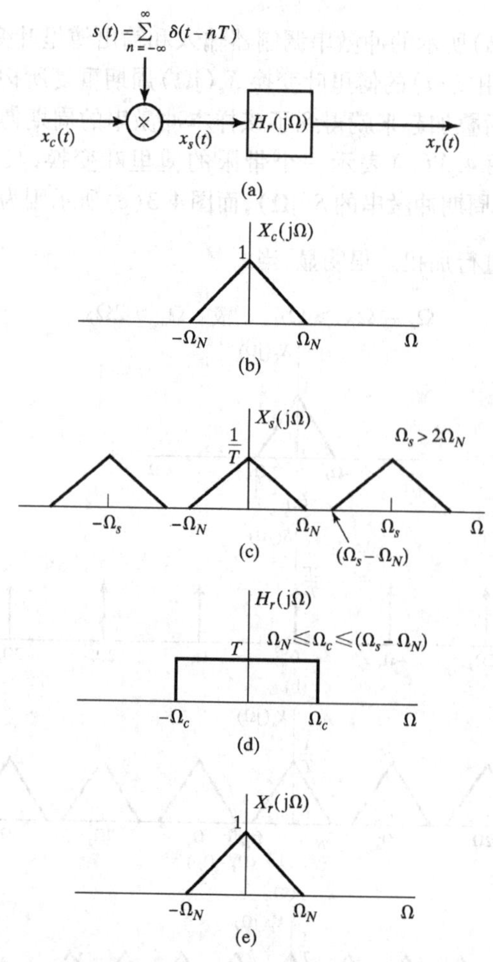

图 4.4　利用理想低通滤波器从样本中完全恢复出原连续时间信号

如果式(4.7)所示的不等式不满足，即若 $\Omega_s<2\Omega_N$，则 $X_c(j\Omega)$的重复部分互相重叠，以至于当它们相加在一起时，$X_c(j\Omega)$不再能用低通滤波恢复出来，这就如图 4.3(d)所示。在这种情况下，图 4.4(a)中恢复出来的 $x_r(t)$就与一个称之为混叠失真了的原始连续时间输入有关。图 4.5 说明了在如下形式的简单余弦信号的情况下频域混叠的情况：

$$x_c(t)=\cos\Omega_0 t \tag{4.11a}$$

它的傅里叶变换为

$$X_c(j\Omega) = \pi\delta(\Omega - \Omega_0) + \pi\delta(\Omega + \Omega_0) \tag{4.11b}$$

如图 4.5(a)所示，在 $-\Omega_0$ 处的脉冲用虚线表示，这对于观察它们在后续图中的作用会有帮助。图 4.5(b)所示为当 $\Omega_0 < \Omega_s/2$ 时，$x_s(t)$ 的傅里叶变换，而图 4.5(c)所示为当 $\Omega_s/2 < \Omega_0 < \Omega_s$ 时，$x_s(t)$ 的傅里叶变换。图 4.5(d)和图 4.5(e)则分别相应于 $\Omega_0 < \dfrac{\Omega_s}{2} = \pi/T$ 和 $\Omega_s/2 < \Omega_0 < \Omega_s$ 时低通滤波器($\Omega_c = \Omega_s/2$)输出的傅里叶变换。图 4.5(c)和图 4.5(e)对应于有混叠的情况。当没有混叠时[见图 4.5(b)和图 4.5(d)]，恢复出的输出为

$$x_r(t) = \cos\Omega_0 t \tag{4.12}$$

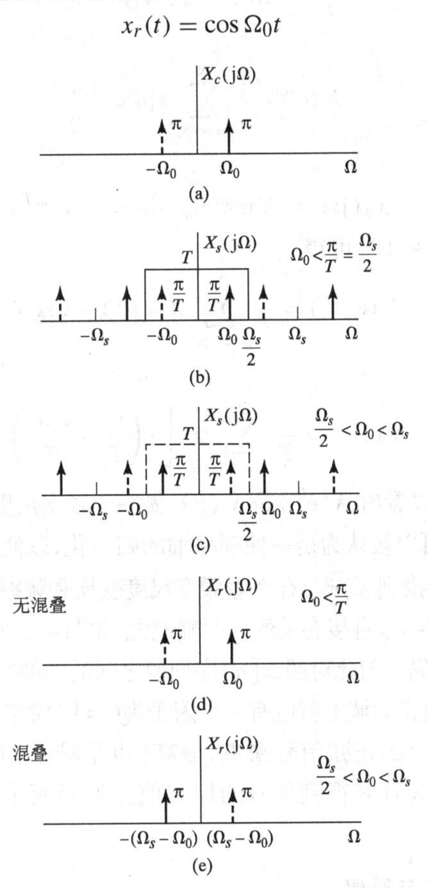

图4.5　一个余弦信号采样中的混叠效果

当有混叠时，则为

$$x_r(t) = \cos(\Omega_s - \Omega_0)t \tag{4.13}$$

也就是说，作为采样和恢复的结果，高频信号 $\cos\Omega_0 t$ 已经被当作和低频信号 $\cos(\Omega_s - \Omega_0)t$ 是一样的(冒名顶替的)。这个讨论就是奈奎斯特采样定理(Nyquist, 1928；Shannon, 1949)的基础，现陈述如下：

奈奎斯特采样定理(Nyquist-Shannon Sampling Theorem)：令 $x_c(t)$ 是一个带限信号，

$$X_c(j\Omega) = 0, \quad 对于 |\Omega| \geqslant \Omega_N \tag{4.14a}$$

那么 $x_c(t)$ 能唯一地由它的样本 $x[n] = x_c(nT)$，$n = 0, \pm 1, \pm 2, \cdots$ 所决定，唯有

$$\Omega_s = \frac{2\pi}{T} \geqslant 2\Omega_N \tag{4.14b}$$

频率 Ω_N 一般称为**奈奎斯特频率**(Nyquist frequency),而频率 $2\Omega_N$ 称为**奈奎斯特率**(Nyquist rate)。

到目前为止,仅考虑了图 4.2(a)所示的冲激串调制器,而最终目的是要用 $X_s(\mathrm{j}\Omega)$ 和 $X_c(\mathrm{j}\Omega)$ 来表示序列 $x[n]$ 的离散时间傅里叶变换(DTFT)$X(\mathrm{e}^{\mathrm{j}\omega})$。为此,考虑 $X_s(\mathrm{j}\Omega)$ 的另一种表达式。对式(4.4)进行连续时间傅里叶变换,可得

$$X_s(\mathrm{j}\Omega)=\sum_{n=-\infty}^{\infty}x_c(nT)\mathrm{e}^{-\mathrm{j}\Omega Tn} \tag{4.15}$$

因为

$$x[n]=x_c(nT) \tag{4.16}$$

和

$$X(\mathrm{e}^{\mathrm{j}\omega})=\sum_{n=-\infty}^{\infty}x[n]\mathrm{e}^{-\mathrm{j}\omega n} \tag{4.17}$$

就可以得出

$$X_s(\mathrm{j}\Omega)=X(\mathrm{e}^{\mathrm{j}\omega})|_{\omega=\Omega T}=X(\mathrm{e}^{\mathrm{j}\Omega T}) \tag{4.18}$$

进一步,由式(4.6)和式(4.18)可得

$$X(\mathrm{e}^{\mathrm{j}\Omega T})=\frac{1}{T}\sum_{k=-\infty}^{\infty}X_c(\mathrm{j}(\Omega-k\Omega_s)) \tag{4.19}$$

或等效为

$$X(\mathrm{e}^{\mathrm{j}\omega})=\frac{1}{T}\sum_{k=-\infty}^{\infty}X_c\left[\mathrm{j}\left(\frac{\omega}{T}-\frac{2\pi k}{T}\right)\right] \tag{4.20}$$

从式(4.18)到式(4.20)可以看出,$X(\mathrm{e}^{\mathrm{j}\omega})$是 $X_s(\mathrm{j}\Omega)$做一个频率尺度变换的结果,频率尺度因子由 $\omega=\Omega T$ 给出。这种尺度变换也可以被认为是一种频率轴的归一化,以使得 $X_s(\mathrm{j}\Omega)$ 中的 $\Omega=\Omega_s$ 归一化到 $X(\mathrm{e}^{\mathrm{j}\omega})$的 $\omega=2\pi$。由 $X_s(\mathrm{j}\Omega)$变换到 $X(\mathrm{e}^{\mathrm{j}\omega})$存在着频率尺度变换和频率归一化这一事实,是与从 $x_s(t)$变换到 $x[n]$过程中时间归一化的结果直接有关的。明确地说,如图 4.2 所示,$x_s(t)$在样本之间仍保留着一个与采样周期 T 相等的样本间隔。与此对照,$x[n]$序列值之间的"间隔"总是等于 1,也就是说,时间轴已被因子 T 归一化。这样,相应地在频域上就应有一个因子为$f_s=1/T$的频率轴归一化。

对于形如 $x_c(t)=\cos(\Omega_0 t)$ 的正弦信号来说,最高(也是唯一)频率为 Ω_0。因为信号是用一个简单方程来描述的,因此很容易计算得到信号的样本值。下面两个利用正弦信号的例子将用来说明关于采样的一些重要问题。

例 4.1　一个正弦信号的采样与重建

如果用采样周期 $T=1/6000$ 对连续时间信号 $x_c(t)=\cos(4000\pi t)$ 采样,就得到 $x[n]=x_c(nT)=\cos(4000\pi Tn)=\cos(\omega_0 n)$,式中 $\omega_0=4000\pi T=2\pi/3$。在该情况下,$\Omega_s=2\pi/T=12000\pi$,而信号的最高频率为 $\Omega_0=4000\pi$,所以满足奈奎斯特定理而没有混叠。$x_c(t)$的傅里叶变换为

$$X_c(\mathrm{j}\Omega)=\pi\delta(\Omega-4000\pi)+\pi\delta(\Omega+4000\pi)$$

图 4.6(a)指出,当 $\Omega_s=12000\pi$ 时

$$X_s(\mathrm{j}\Omega)=\frac{1}{T}\sum_{k=-\infty}^{\infty}X_c[\mathrm{j}(\Omega-k\Omega_s)] \tag{4.21}$$

应注意到,$X_c(\mathrm{j}\Omega)$是在 $\Omega=\pm4000\pi$ 的一对冲激,而这个傅里叶变换的移位复本集中在 $\pm\Omega_s$, $\pm2\Omega_s$,…画出 $X(\mathrm{e}^{\mathrm{j}\omega})=X_s(\mathrm{j}\omega/T)$ 作为归一化频率 $\omega=\Omega T$ 的函数就给出了图4.6(b),图中已经应用了这一结论,即对一个冲激独立变量的加权也就是对其面积加权,即$\delta(\omega/T)=$

$T\delta(\omega)$(Oppenheim and Willsky,1997)。注意到,原始频率 $\Omega_0=4000\pi$ 对应于归一化频率 $\omega_0=4000\pi T=2\pi/3$,它满足不等式 $\omega_0<\pi$,这就相应于 $\Omega_0=4000\pi<\pi/T=6000\pi$。图 4.6(a)还指出,对于给定采样率 $\Omega_s=12000\pi$ 时理想重建滤波器 $H_r(\mathrm{j}\Omega)$ 的频率响应。图 4.6 表明被重建的信号一定具有频率 $\Omega_0=4000\pi$,这就是原信号 $x_c(t)$ 的频率。

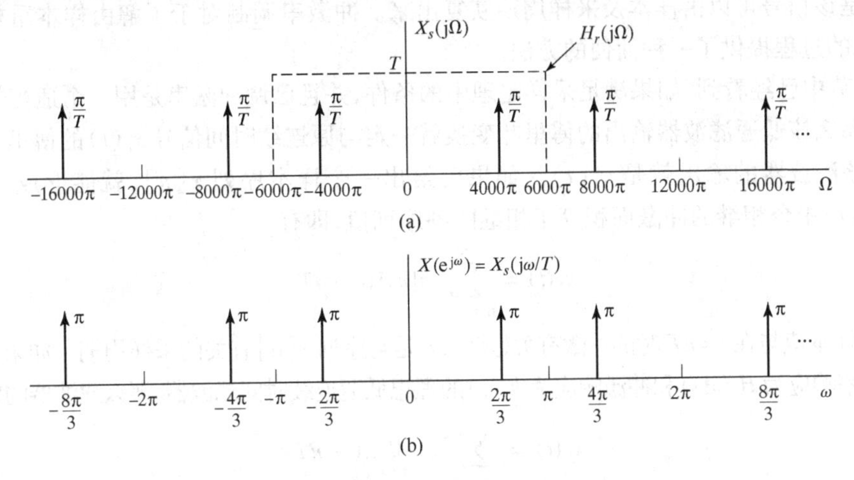

图 4.6　$\Omega_0=4000\pi$ 和采样周期 $T=1/6000$ 的已采样余弦信号。(a)连续时间和;(b)离散时间的傅里叶变换

例 4.2　正弦信号采样中的混叠

现在假定连续时间信号为 $x_c(t)=\cos(16\,000\pi t)$,而采样周期仍与例 4.1 一样为 $T=1/6000$。这个采样周期没有满足奈奎斯特定理,因为 $\Omega_s=2\pi/T=12000\pi<2\Omega_0=32\,000\pi$,这样就会看到混叠。对于这种情况,傅里叶变换 $X_s(\mathrm{j}\Omega)$ 是与图 4.6(a)完全一样的!然而,现在位于 $\Omega=-4000\pi$ 的冲激是由式(4.21)中 $X_c[\mathrm{j}(\Omega-\Omega_s)]$ 引起的,而不是来自于 $X_c(\mathrm{j}\Omega)$;位于 $\Omega=4000\pi$ 的冲激则是由 $X_c[\mathrm{j}(\Omega+\Omega_s)]$ 产生的。也就是说,频率 $\pm4000\pi$ 就是混叠频率。将 $X(e^{j\omega})=X_s(j\omega/T)$ 画出作为 ω 的函数就产生与图 4.6(b)一样的图,因为用相同的采样周期归一化了。对于这一点的最根本原因是:在两种情况下,样本序列是相同的,即

$$\cos(16\,000\pi n/6000)=\cos(2\pi n+4000\pi n/6000)=\cos(2\pi n/3)$$

(在余弦的幅角上加上任意 2π 的整倍数都不会改变它的值)。因此,得出相同的样本序列 $x[n]=\cos(2\pi n/3)$,而这个序列是用同一采样频率对两个不同的连续时间信号采样而得出的,其中一种情况是采样频率满足奈奎斯特定理,而另一种情况则是不满足。与例 4.1 一样,图 4.6(a)指出在给定采样率 $\Omega_s=12000\pi$ 时的理想重建滤波器 $H_r(\mathrm{j}\Omega)$ 的频率响应。显而易见,将被重建的信号的频率为 $\Omega_0=4000\pi$,这正是原频率 16000π 相对于采样频率 12000π 的混叠频率。

例 4.1 和例 4.2 利用正弦信号对采样操作固有的一些模糊问题进行了解释。例 4.1 证明,如果满足采样定理,则可以从样本信号中重建原始信号。例 4.2 则阐明,如果采样频率不满足采样定理的要求,则无法通过一个截止频率等于一半采样频率的理想低通重构滤波器来恢复原始信号。这样重构得到的信号是原始信号相对于最初对原始连续时间信号采样时所用采样率的混叠频率信号。在这两个例子中,样本序列都为 $x[n]=\cos(2\pi n/3)$,但原始的连续时间信号是不同的。正如这两个例子所体现的,存在无限多方法,可以通过连续时间信号的周期采样来获得这种相同的样本集合。然而,如果选择 $\Omega_s>2\Omega_0$,那么所有的模糊问题都不存在了。

4.3 由样本重构带限信号

根据采样定理,若将一个连续时间带限信号的样本取得足够密,就足以用样本来完全表示该信号,这指的是该信号可以由样本及采样周期恢复出来。冲激串调制对于了解由样本重构该连续时间带限信号的过程提供了一种简便的方法。

在4.2节中已经看到,如果满足采样定理中的条件,并且已调冲激串是用一个适当的低通滤波器来过滤,那么该低通滤波器输出的傅里叶变换就一定与原连续时间信号 $x_c(t)$ 的傅里叶变换是一样的,因此该滤波器的输出就是 $x_c(t)$。如果已给出一个样本序列 $x[n]$,就能形成一个冲激串 $x_s(t)$,在 $x_s(t)$ 中令相继的冲激面积等于相继的各序列值,即有

$$x_s(t)=\sum_{n=-\infty}^{\infty}x[n]\delta(t-nT) \tag{4.22}$$

第 n 个样本值与在 $t=nT$ 时的冲激有关,其中,T 是与序列 $x[n]$ 有关的采样周期。如果将这个冲激串输入到频率响应为 $H_r(\mathrm{j}\Omega)$ 和冲激响应为 $h_r(t)$ 的理想低通连续时间滤波器,那么滤波器的输出即为

$$x_r(t)=\sum_{n=-\infty}^{\infty}x[n]h_r(t-nT) \tag{4.23}$$

这样一个信号重构过程的方框图如图4.7(a)所示。该理想重构滤波器的增益为 T[用以补偿式(4.19)和式(4.20)中的因子 $1/T$],截止频率为 Ω_c(Ω_c 位于 Ω_N 和 $\Omega_s-\Omega_N$ 之间)。对于截止频率,一种方便和常用的选择是取 $\Omega_c=\Omega_s/2=\pi/T$。这种选取对于任何 Ω_s 和 Ω_N 之间的关系都是适合的(只要 $\Omega_s\geqslant 2\Omega_N$,即避免混叠发生)。图4.7(b)示出该理想重构滤波器的频率响应。对于截止频率为 π/T 时相应的冲激响应 $h_r(t)$ 就是 $H_r(\mathrm{j}\Omega)$ 的傅里叶逆变换,由下式给出:

$$h_r(t)=\frac{\sin(\pi t/T)}{\pi t/T} \tag{4.24}$$

冲激响应如图4.7(c)所示。将式(4.24)代入式(4.23)可得

$$x_r(t)=\sum_{n=-\infty}^{\infty}x[n]\frac{\sin[\pi(t-nT)/T]}{\pi(t-nT)/T} \tag{4.25}$$

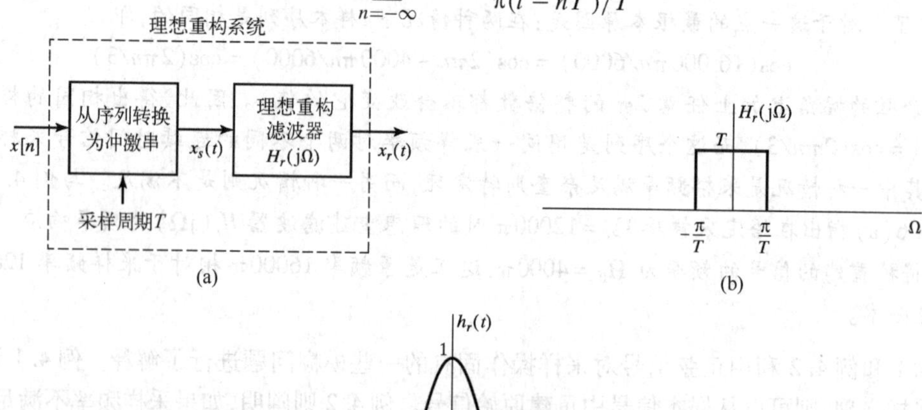

图4.7 (a)理想带限信号重构系统的方框图;(b)理想重构滤波器的频率响应;(c)理想重构滤波器的冲激响应

式(4.23)和式(4.25)将连续时间信号表示成基函数 $h_r(t-nT)$ 的线性组合,样本 $x[n]$ 作为其系数。对基函数和相应系数的不同选取便得到了不同类型的连续时间函数[例如,Unser(2002)]。然而,式(4.24)中的函数和样本 $x[n]$ 是天然地表示带限连续时间信号的基函数和系数。

从 4.2 节频域的证明中已经看到,若 $x[n]=x_c(nT)$,这里 $X_c(\mathrm{j}\Omega)=0$, $|\Omega|\geqslant\pi/T$,那么 $x_r(t)$ 就等于 $x_c(t)$。但是,仅根据式(4.25),这个结果不是就一目了然的。然而,稍加仔细地观察式(4.25)就会茅塞顿开。首先考虑由式(4.24)给出的函数 $h_r(t)$,注意到

$$h_r(0)=1 \tag{4.26a}$$

这是由罗比塔(L' Hôpital)法则或正弦函数的小角度近似得出的。另外

$$h_r(nT)=0,\quad 对于 n=\pm1,\pm2,\cdots \tag{4.26b}$$

由式(4.26a)和式(4.26b)以及式(4.23)可得,若 $x[n]=x_c(nT)$,则

$$x_r(mT)=x_c(mT) \tag{4.27}$$

这里,m 为任意整数。也就是说,由式(4.25)重构的信号在各采样时刻点上与原连续时间信号有相同的值,且与采样周期 T 无关。

图 4.8 所示为一个连续时间信号 $x_c(t)$ 及其相应的已调冲激串。图 4.8(c)则示出由下式中若干项

$$x[n]\frac{\sin[\pi(t-nT)/T]}{\pi(t-nT)/T}$$

及其所合成的重构信号 $x_r(t)$。由该图可以想到,该理想低通滤波器在 $x_s(t)$ 的冲激之间进行内插以形成一个连续时间信号 $x_r(t)$。由式(4.27)可知,该合成信号在采样时刻点上是真正的 $x_c(t)$ 的重构。如果不存在混叠,低通滤波器就内插出样本之间准确的值,这样就与采样和恢复过程的频域分析所得一致。

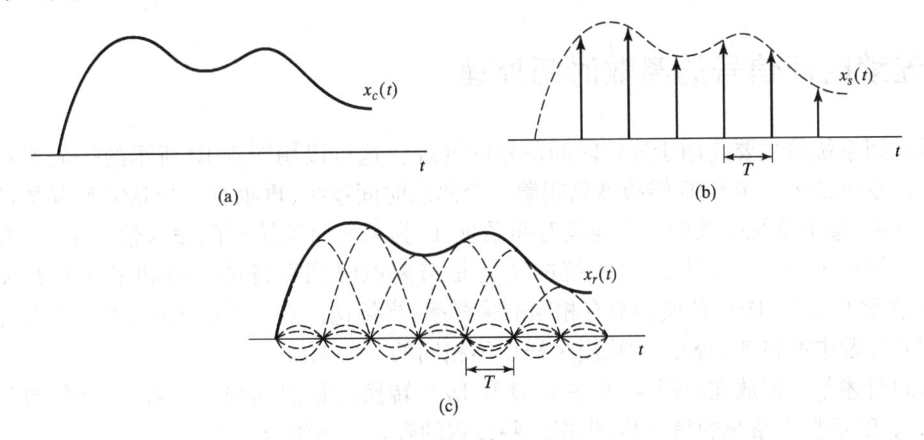

图 4.8　理想带限内插

定义一个从样本序列重构一个带限信号的理想系统,并将该系统称为**理想离散到连续时间(D/C)转换器**,如图 4.9 所示,以此来归纳一下前面的讨论是很有用处的。如同已经看到的,该理想重构过程可以表示为序列到冲激串的转换[见式(4.22)],然后再紧跟着一个理想低通滤波器的过滤,所得输出就如式(4.25)所给出。序列到冲激串转换的中间步骤只是在导出式(4.25)和理解信号重构过程中一种数学上的便利。然而,一旦熟悉了这一过程,定义一个如图 4.9(b)所示的更为紧凑的表示是有用的,这里输入为序列,而输出为由式(4.25)所给出的连续时间信号 $x_r(t)$。

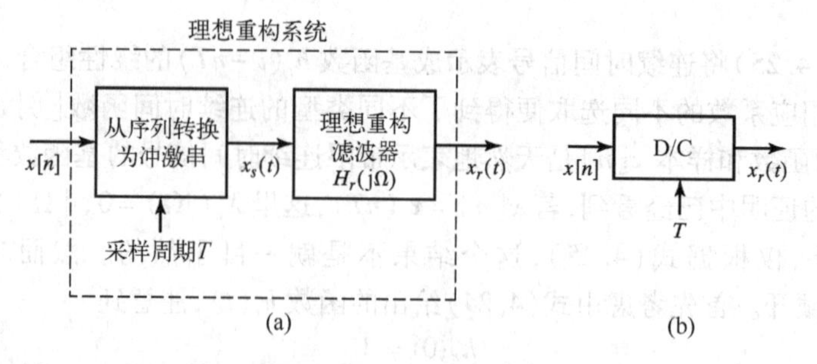

图 4.9 (a) 理想带限信号重构;(b) 理想 D/C 转换器的等效表示

该理想 D/C 转换器的性质最容易在频域中看出。为了导出在频域的输入/输出关系,考虑式(4.23)或式(4.25)的傅里叶变换,即

$$X_r(j\Omega)=\sum_{n=-\infty}^{\infty}x[n]H_r(j\Omega)e^{-j\Omega Tn}$$

由于 $H_r(j\Omega)$ 对于所有求和项是公共的,上式可以写为

$$X_r(j\Omega)=H_r(j\Omega)X(e^{j\Omega T}) \tag{4.28}$$

式(4.28)给出了该理想 D/C 转换器的频域描述。按照式(4.28),$X(e^{j\omega})$ 是在频率上被重新标定了的(实际上,从序列转换成冲激串的过程造成 ω 被 ΩT 代替)。于是,理想低通滤波器 $H_r(j\Omega)$ 选取所得到的周期傅里叶变换 $X(e^{j\Omega T})$ 中的基带周期,并补偿在采样中固有的 $1/T$ 幅度因子。因此,如果序列 $x[n]$ 已经由采样一个带限信号(以奈奎斯特采样率或更高的采样率)而得到,那么重构信号 $x_r(t)$ 就一定等于原带限信号。由式(4.28)也可清楚看到,在任何情况下理想 D/C 转换器的输出总是将输入带限到低通滤波器的最高截止频率,该截止频率一般都取为采样频率的一半。

4.4 连续时间信号的离散时间处理

离散时间系统的主要应用于连续时间信号的处理。这可以用图 4.10 所示的一般形式的系统来完成。该系统是由一个 C/D 转换器紧跟着一个离散时间系统,再跟着一个 D/C 转换器的级联所构成。注意到,整个系统等效为一个连续时间系统,因为系统将连续时间输入信号 $x_c(t)$ 变换为连续时间输出信号 $y_r(t)$。然而,这个系统的特性是与离散时间系统的选择和采样率有关的。在图 4.10中假设 C/D 和 D/C 转换器都有相同的采样率,当然这一点不是必要的,本章稍后部分以及章末的部分习题中都将考虑输入和输出采样率不相同的一些系统。

本章的前述各节都放在对图 4.10 中 C/D 和 D/C 转换过程的理解上。为了方便,同时也作为理解图 4.10 所示整个系统的第一步,先把这些过程的数学表示综合一下。

C/D 转换器产生一个离散时间信号如下:

$$x[n]=x_c(nT) \tag{4.29}$$

这就是连续时间输入信号 $x_c(t)$ 的样本序列。这个序列的离散时间傅里叶变换与连续时间输入信号的傅里叶变换的关系为

$$X(e^{j\omega})=\frac{1}{T}\sum_{k=-\infty}^{\infty}X_c\left[j\left(\frac{\omega}{T}-\frac{2\pi k}{T}\right)\right] \tag{4.30}$$

D/C 转换器产生一个如下式的连续时间输入信号:

$$y_r(t)=\sum_{n=-\infty}^{\infty}y[n]\frac{\sin[\pi(t-nT)/T]}{\pi(t-nT)/T} \tag{4.31}$$

这里序列 $y[n]$ 是离散时间系统当输入为 $x[n]$ 时的输出。由式(4.28)可知，$y_r(t)$ 的连续时间傅里叶变换 $Y_r(\mathrm{j}\Omega)$ 和 $y[n]$ 的离散时间傅里叶变换 $Y(\mathrm{e}^{\mathrm{j}\omega})$ 的关系如下式：

$$Y_r(\mathrm{j}\Omega) = H_r(\mathrm{j}\Omega)Y(\mathrm{e}^{\mathrm{j}\Omega T}) = \begin{cases} TY(\mathrm{e}^{\mathrm{j}\Omega T}), & |\Omega| < \pi/T \\ 0, & 其他 \end{cases} \tag{4.32}$$

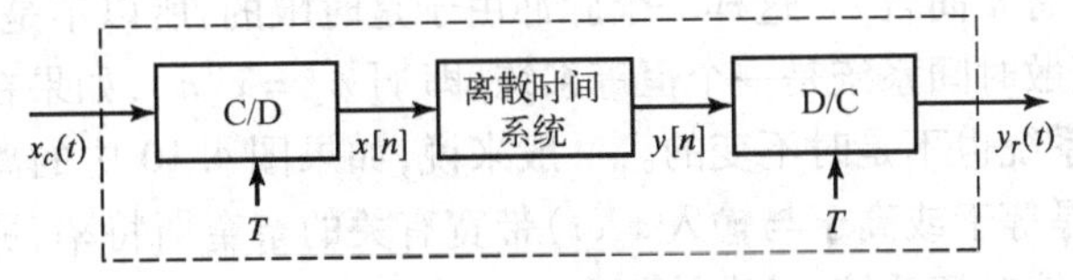

图 4.10　连续时间信号的离散时间处理

接下来，把输出序列 $y[n]$ 和输入序列 $x[n]$，或者等效为把 $Y(\mathrm{e}^{\mathrm{j}\omega})$ 和 $X(\mathrm{e}^{\mathrm{j}\omega})$ 联系起来。一个简单的例子实际上就是恒等系统，即 $y[n]=x[n]$。至此，已经对这个例子进行了详细研究。如果 $x_c(t)$ 有一个带限的傅里叶变换，以使 $X_c(\mathrm{j}\Omega)=0$，$|\Omega|\geqslant\pi/T$，并且图 4.10 中的离散时间系统是一个恒等系统，以使得 $y[n]=x[n]=x_c[nT]$，那么输出就是 $y_r(t)=x_c(t)$。回想一下在证明这一结果时，利用了连续时间和离散时间信号的频域表示，因为混叠这一关键概念最容易在频域中被理解。同样，当处理比恒等系统更为复杂的系统时，一般也在频域中完成分析。如果离散时间系统是非线性的或时变的，那么要得到该系统输入和输出傅里叶变换之间的一般关系通常是很困难的。(习题 4.51 将考虑一个例子，它对应于图 4.10所示系统中离散时间系统是非线性的情况。)然而，在线性时不变的情况下，会得出一个相当简单且十分有用的结果。

4.4.1　连续时间信号的离散时间 LTI 处理

如果图 4.10 中的离散时间系统是线性和时不变的，那么就有

$$Y(\mathrm{e}^{\mathrm{j}\omega}) = H(\mathrm{e}^{\mathrm{j}\omega})X(\mathrm{e}^{\mathrm{j}\omega}) \tag{4.33}$$

这里，$H(\mathrm{e}^{\mathrm{j}\omega})$ 是该系统的频率响应，或者说是单位脉冲响应的傅里叶变换，而 $X(\mathrm{e}^{\mathrm{j}\omega})$ 和 $Y(\mathrm{e}^{\mathrm{j}\omega})$ 则分别为输入和输出的傅里叶变换，将式(4.32)和式(4.33)结合起来，就可以得到

$$Y_r(\mathrm{j}\Omega) = H_r(\mathrm{j}\Omega)H(\mathrm{e}^{\mathrm{j}\Omega T})X(\mathrm{e}^{\mathrm{j}\Omega T}) \tag{4.34}$$

接下来，利用式(4.30)，并用 $\omega=\Omega T$，有

$$Y_r(\mathrm{j}\Omega) = H_r(\mathrm{j}\Omega)H(\mathrm{e}^{\mathrm{j}\Omega T})\frac{1}{T}\sum_{k=-\infty}^{\infty} X_c\left[\mathrm{j}\left(\Omega - \frac{2\pi k}{T}\right)\right] \tag{4.35}$$

如果 $X_c(\mathrm{j}\Omega)=0$，$|\Omega|\geqslant\pi/T$，那么理想低通重构滤波器 $H_r(\mathrm{j}\Omega)$ 抵消了 $1/T$ 因子，并且仅选择式(4.35)中 $k=0$ 这一项，即

$$Y_r(\mathrm{j}\Omega) = \begin{cases} H(\mathrm{e}^{\mathrm{j}\Omega T})X_c(\mathrm{j}\Omega), & |\Omega| < \pi/T \\ 0, & |\Omega| \geqslant \pi/T \end{cases} \tag{4.36}$$

因此，如果 $X_c(\mathrm{j}\Omega)$ 是带限的，并且采样率高于奈奎斯特率，那么输出与输入就通过下述关系联系起来：

$$Y_r(\mathrm{j}\Omega) = H_{\mathrm{eff}}(\mathrm{j}\Omega)X_c(\mathrm{j}\Omega) \tag{4.37}$$

式中，

$$H_{\mathrm{eff}}(\mathrm{j}\Omega) = \begin{cases} H(\mathrm{e}^{\mathrm{j}\Omega T}), & |\Omega| < \pi/T \\ 0, & |\Omega| \geqslant \pi/T \end{cases} \tag{4.38}$$

也就是说，整个连续时间系统等效于一个线性时不变系统，其有效频率响应由式(4.38)给出。

图 4.10 所示系统的线性和时不变性特性依赖于两个因素，强调这一点很重要。第一，离散时

间系统必须是线性的和时不变的;第二,输入信号必须是带限的,并且采样率要足够高,以使得任何混叠的分量都被该离散时间系统所消除。作为违反第二个条件的一个简单说明是考虑当 $x_c(t)$ 为一个单一有限长度的单位幅度脉冲的情况,该脉冲的持续期小于采样周期。如果该脉冲在 $t=0$ 时为1,那么 $x[n]=\delta[n]$。然而,完全有可能将该脉冲移位,以至于移到脉冲不与任何采样时刻重合,这时 $x[n]=0$(对所有 n 而言)。这样一个脉冲由于是时限的,所以不是带限的,不能满足采样定理的条件。即使该离散时间系统是一个恒等系统,即 $y[n]=x[n]$,如果在对输入信号进行采样时发生了混叠,则整个系统也不是时不变的。一般来说,如果图4.10中的离散时间系统是线性和时不变的,并且采样率是等于或高于与输入 $x_c(t)$ 带宽有关的奈奎斯特率,那么整个系统就保证等效为一个线性时不变连续时间系统,其有效频率响应由式(4.38)给出。再者,甚至在C/D转换器中有某些混叠发生,只要 $H(e^{j\omega})$ 不通过这些混叠的分量,式(4.38)仍是正确的。例4.3就是这种情况的一个简单说明。

例4.3　利用离散时间低通滤波器的理想连续时间的低通滤波

考虑图4.10中的线性时不变离散时间系统具有频率响应为

$$H(e^{j\omega})=\begin{cases}1, & |\omega|<\omega_c\\ 0, & \omega_c<|\omega|\leqslant\pi\end{cases}\tag{4.39}$$

该频率响应是周期的,周期为 2π,如图4.11(a)所示。对于带限输入,并在高于奈奎斯特率采样,由式(4.38)可知,图4.10所示的整个系统将表现为一个线性时不变连续时间系统,其频率响应为

$$H_{\rm eff}(j\Omega)=\begin{cases}1, & |\Omega T|<\omega_c \text{ 或 } |\Omega|<\omega_c/T\\ 0, & |\Omega T|\geqslant\omega_c \text{ 或 } |\Omega|\geqslant\omega_c/T\end{cases}\tag{4.40}$$

如图4.11(b)所示。这个有效频率响应就是一个截止频率为 $\Omega_c=\omega_c/T$ 的理想低通滤波器。

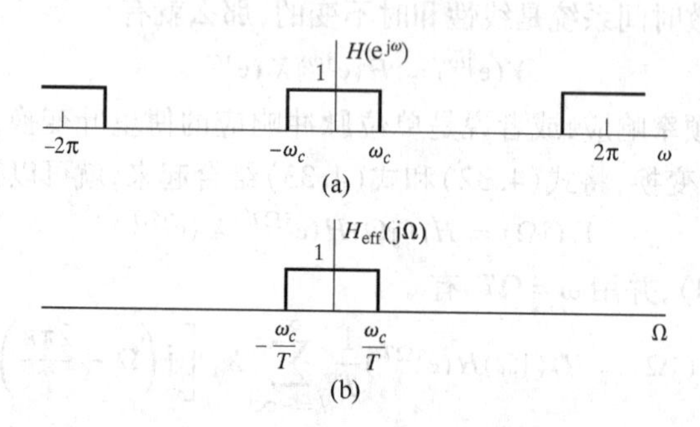

图4.11　(a)图4.10中离散时间系统的频率响应;(b)带限输入时相应的有效连续时间的频率响应

图4.12所示的图解说明解释了如何得到这种有效的响应。图4.12(a)所示为一个带限信号的傅里叶变换。图4.12(b)所示为中间已调冲激串的傅里叶变换,它与 $X(e^{j\Omega T})$ 是一致的,$X(e^{j\Omega T})$ 就是以 $\omega=\Omega T$ 求值的样本序列的离散时间傅里叶变换。在图4.12(c)中,把样本序列的离散时间傅里叶变换和离散时间系统的频率响应都作为归一化的离散时间频率变量 ω 的函数画在一起。图4.12(d)示出了 $Y(e^{j\omega})=H(e^{j\omega})X(e^{j\omega})$,即离散时间系统输出的傅里叶变换。图4.12(e)示出作为连续时间频率 Ω 的函数的离散时间系统输出的傅里叶变换,以及D/C转换器的理想重构滤波器的频率响应 $H_r(j\Omega)$。最后,图4.12(f)所示为得到的D/C转换器输出的傅里叶变换。将图4.12(a)与图4.12(f)对比就可看出,该系统表现为一个线性时不变系统,该系统具有由式(4.40)所给出的,并如图4.11(b)所示的频率响应。

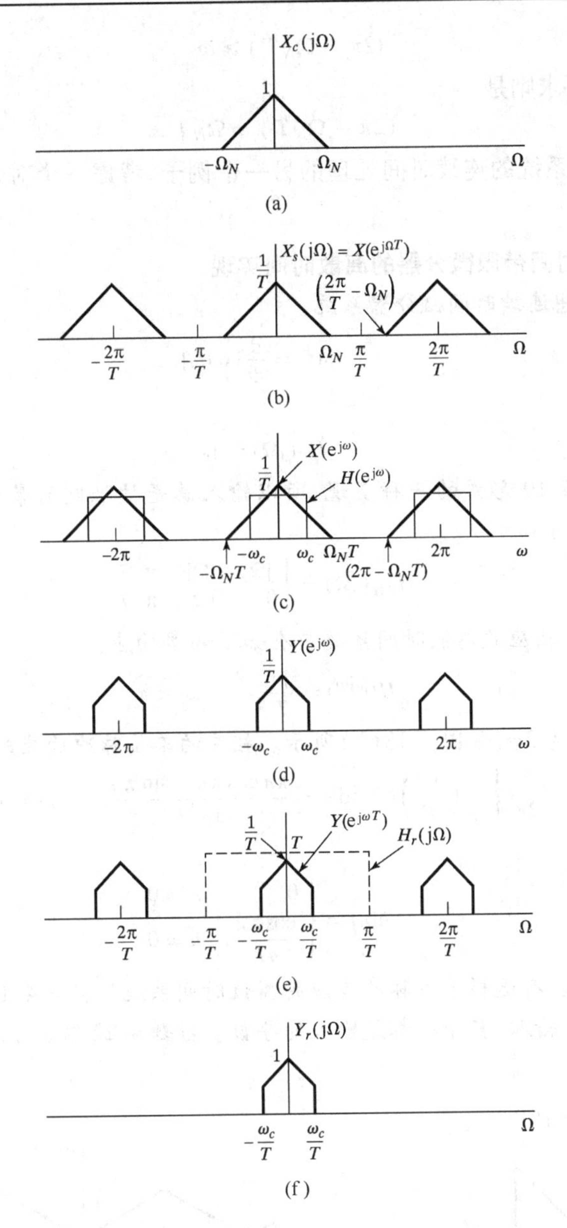

图 4.12 (a) 一个带限输入信号的傅里叶变换；(b) 画作连续时间频率 Ω 函数的已采样输入的傅里叶变换；(c) 对 ω 画出的样本序列的傅里叶变换 $X(e^{j\omega})$ 和离散时间系统的频率响应 $H(e^{j\omega})$；(d) 离散时间系统输出的傅里叶变换；(e) 对 Ω 画出的离散时间系统输出的傅里叶变换和理想重构滤波器的频率响应；(f) 输出的傅里叶变换

在例 4.3 中要说明几个重要之处。首先注意到，具有离散时间截止频率为 ω_c 的理想低通离散时间滤波器当用于图 4.10 所示的结构中时就具有一个截止频率为 $\Omega_c = \omega_c/T$ 的理想低通滤波器的效果。这个截止频率既依赖于 ω_c，又与 T 有关。尤其是当利用一个固定的离散时间低通滤波器而变化采样周期 T 时，就能实现一个等效的、具有可变截止频率的连续时间低通滤波器。例如，如果 T 选择为 $\Omega_N T < \omega_c$，那么图 4.10 所示系统的输出一定为 $y_r(t) = x_c(t)$。另外，正如习题 4.31 所说明的，甚至在图 4.12(b) 和图 4.12(c) 中存在一些混叠，式(4.40)仍是正确的，只要这些失真(混叠)的分量被滤波器 $H(e^{j\omega})$ 滤除掉。特别是从图 4.12(c) 中可看到，在输出中存在混叠，就要求

$$(2\pi - \Omega_N T) \geqslant \omega_c \tag{4.41}$$

对此,奈奎斯特定理的要求则是

$$(2\pi - \Omega_N T) \geqslant \Omega_N T \tag{4.42}$$

作为利用离散时间系统的连续时间处理的另一个例子,考虑一个对带限信号的理想微分器的实现。

例 4.4　一个理想连续时间带限微分器的离散时间实现

由下式定义理想连续时间微分器系统:

$$y_c(t) = \frac{\mathrm{d}}{\mathrm{d}t}[x_c(t)] \tag{4.43}$$

相应的频率响应为

$$H_c(\mathrm{j}\Omega) = \mathrm{j}\Omega \tag{4.44}$$

因为所考虑的是图 4.10 形式的一种实现,所以输入总是被限制为带限的。对于处理带限信号,满足下式就足够了:

$$H_{\mathrm{eff}}(\mathrm{j}\Omega) = \begin{cases} \mathrm{j}\Omega, & |\Omega| < \pi/T \\ 0, & |\Omega| \geqslant \pi/T \end{cases} \tag{4.45}$$

如图 4.13(a)所示。相应的离散时间系统应有如下频率响应:

$$H(\mathrm{e}^{\mathrm{j}\omega}) = \frac{\mathrm{j}\omega}{T}, \qquad |\omega| < \pi \tag{4.46}$$

并且是周期的,周期为 2π,如图 4.13(b)所示。相应的单位脉冲响应能证明为

$$h[n] = \frac{1}{2\pi}\int_{-\pi}^{\pi}\left(\frac{\mathrm{j}\omega}{T}\right)\mathrm{e}^{\mathrm{j}\omega n}\mathrm{d}\omega = \frac{\pi n\cos\pi n - \sin\pi n}{\pi n^2 T}, \qquad -\infty < n < \infty$$

或等效为

$$h[n] = \begin{cases} 0, & n = 0 \\ \dfrac{\cos\pi n}{nT}, & n \neq 0 \end{cases} \tag{4.47}$$

因此,如果一个具有这样单位脉冲响应的离散时间系统用在图 4.10 所示结构中,那么,对于每一个适当的带限输入,其输出都是输入的导数。习题 4.22 给出了在正弦输入情况下对这一结论的证明。

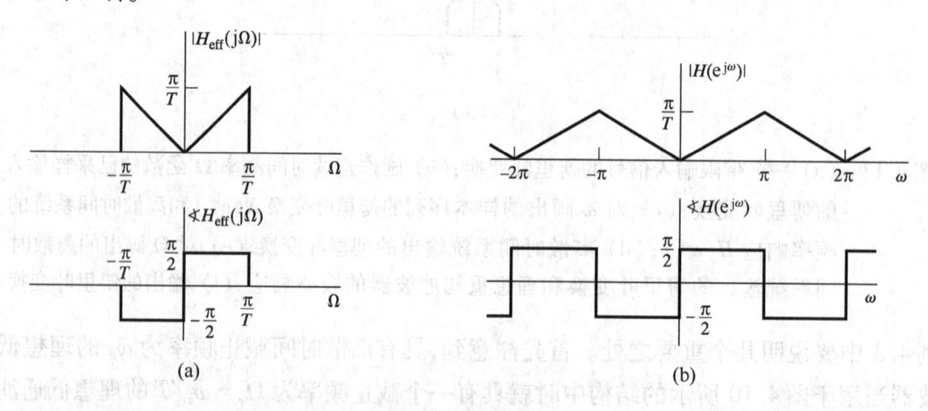

图 4.13　(a) 连续时间理想带限微分器的频率响应 $H_c(\mathrm{j}\Omega) = \mathrm{j}\Omega$, $|\Omega| < \pi/T$;(b) 实现一个连续时间带限微分器的离散时间滤波器的频率响应

4.4.2 脉冲响应不变

已经证明,图4.10所示的级联系统对于带限输入信号而言能够等效成一个线性时不变系统。现在假定已给出所要求的连续时间系统,希望用图4.10的形式来实现它,如图4.14所示。由于$H_c(j\Omega)$是带限的,式(4.38)给出了如何选择$H(e^{j\omega})$,以满足$H_{eff}(j\Omega)=H_c(j\Omega)$。特别是

$$H(e^{j\omega})=H_c(j\omega/T),\qquad |\omega|<\pi \tag{4.48}$$

进一步的要求是应选择T,使得

$$H_c(j\Omega)=0,\qquad |\Omega|\geqslant\pi/T \tag{4.49}$$

在式(4.48)和式(4.49)的约束下,连续时间冲激响应$h_c(t)$和离散时间单位脉冲响应$h[n]$之间也存在着一个直接而有用的关系。特别是如下面将要证明的,存在有

$$h[n]=Th_c(nT) \tag{4.50}$$

即,离散时间系统的单位脉冲响应就是一个在幅度上受到加权的$h_c(t)$的采样序列。当$h[n]$和$h_c(t)$通过式(4.50)联系在一起时,该离散时间系统就可以说成是连续时间系统的一个脉冲响应不变形式。

式(4.50)是4.2节讨论的一个直接结果。在式(4.16)中,将$x[n]$和$x_c(t)$分别用$h[n]$和$h_c(t)$代替,即

$$h[n]=h_c(nT) \tag{4.51}$$

式(4.20)就变为

$$H(e^{j\omega})=\frac{1}{T}\sum_{k=-\infty}^{\infty}H_c\left(j\left(\frac{\omega}{T}-\frac{2\pi k}{T}\right)\right) \tag{4.52}$$

或者,若式(4.49)成立

$$H(e^{j\omega})=\frac{1}{T}H_c\left(j\frac{\omega}{T}\right),\qquad |\omega|<\pi \tag{4.53}$$

考虑到式(4.50)中的幅度因子T,将式(4.51)和式(4.53)做一点变化,就得到

$$\begin{aligned}h[n]&=Th_c(nT)\\ H(e^{j\omega})&=H_c\left(j\frac{\omega}{T}\right),\qquad |\omega|<\pi\end{aligned} \tag{4.55}$$

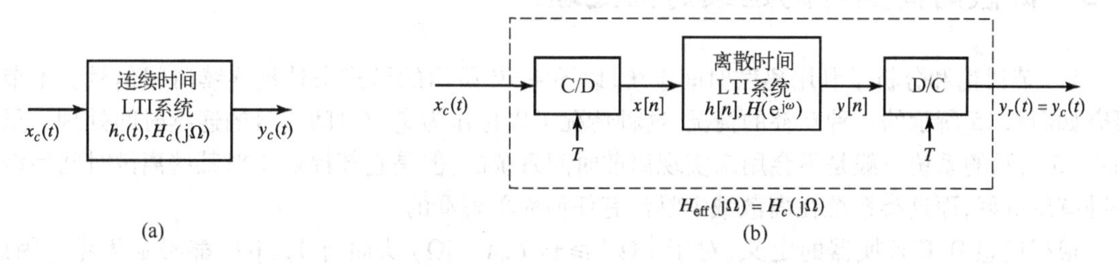

图4.14　(a)连续时间LTI系统;(b)对带限输入的等效系统

例4.5　由脉冲响应不变法求得离散时间低通滤波器

假设想要得到一个截止频率$\omega_c<\pi$的理想低通离散时间滤波器,可以用采样一个截止频率$\Omega_c=\omega_c/T<\pi/T$的连续时间理想低通滤波器来完成。这个连续时间理想低通滤波器定义为

$$H_c(j\Omega)=\begin{cases}1, & |\Omega|<\Omega_c\\ 0, & |\Omega|\geqslant\Omega_c\end{cases}$$

它的单位冲激响应为

$$h_c(t)=\frac{\sin(\Omega_c t)}{\pi t}$$

所以定义离散时间的单位脉冲响应为

$$h[n] = Th_c(nT) = T\frac{\sin(\Omega_c nT)}{\pi nT} = \frac{\sin(\omega_c n)}{\pi n}$$

式中,$\omega_c = \Omega_c T$。已经证明过,该序列对应的 DTFT 为

$$H(e^{j\omega}) = \begin{cases} 1, & |\omega| < \omega_c \\ 0, & \omega_c \leqslant |\omega| \leqslant \pi \end{cases}$$

这就如同式(4.55)所预期的,和 $H_c(j\omega/T)$ 有相同的特性。

例 4.6　脉冲响应不变法应用于具有有理系统函数的连续时间系统

很多连续时间系统的单位冲激响应都由指数序列和的形式所组成

$$h_c(t) = A\,e^{s_0 t}u(t)$$

这样的时间函数其拉普拉斯变换为

$$H_c(s) = \frac{A}{s - s_0}, \quad \mathcal{R}e(s) > \mathcal{R}e(s_0)$$

如果把脉冲响应不变的概念应用到这样一类连续时间系统中,就得到单位脉冲响应为

$$h[n] = Th_c(nT) = AT\,e^{s_0 T n}u[n]$$

它的 z 变换为

$$H(z) = \frac{AT}{1 - e^{s_0 T}z^{-1}}, \quad |z| > |e^{s_0 T}|$$

且假设 $\mathcal{R}e(s_0) < 0$,频率响应为

$$H(e^{j\omega}) = \frac{AT}{1 - e^{s_0 T}e^{-j\omega}}$$

在这种情况下,式(4.55)不能完全成立,因为原连续时间系统没有严格带限的频率响应。因此所得离散时间频率响应是一个 $H_c(j\Omega)$ 的**混叠**结果,即使是混叠效果可能很小。高阶系统的单位冲激响应由多个复指数的和组成,因此其频率响应在高频区域衰减较快,如果采样率足够高,混叠是很小的。因此,连续时间系统的离散时间仿真的一种途径,同时也是数字滤波器设计的一种方法,就是经由采样一个相应的模拟滤波器的单位冲激响应来实现。

4.5　离散时间信号的连续时间处理

4.4 节讨论和分析了利用离散时间系统,以图 4.10 所示的形式来处理连续时间信号。本节将研究如图 4.15 所示的一种互补的情况,这种情况可以称作为离散时间信号的连续时间处理。虽然图 4.15 所示的系统一般是不会用来实现离散时间系统的,但是它却提供了对某些离散时间系统的一种有用解释,而这类系统在离散域中是没有任何简单解释的。

根据理想 D/C 转换器的定义,对于 $|\Omega| \geqslant \pi/T$,$X_c(j\Omega)$ 从而有 $Y_c(j\Omega)$ 都必定为零。因此,C/D转换器对 $y_c(t)$ 采样而不会引起混叠,$x_c(t)$ 和 $y_c(t)$ 就能表示为

$$x_c(t) = \sum_{n=-\infty}^{\infty} x[n]\frac{\sin[\pi(t - nT)/T]}{\pi(t - nT)/T} \tag{4.56}$$

和

$$y_c(t) = \sum_{n=-\infty}^{\infty} y[n]\frac{\sin[\pi(t - nT)/T]}{\pi(t - nT)/T} \tag{4.57}$$

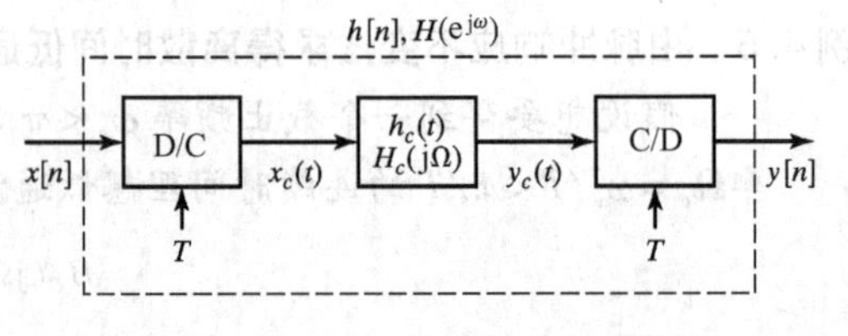

图 4.15　离散时间信号的连续时间处理

式中,$x[n] = x_c(nT)$,$y[n] = y_c(nT)$。图 4.15 所示系统的频域关系为

$$X_c(j\Omega)=TX(e^{j\Omega T}),\qquad |\Omega|<\pi/T \tag{4.58a}$$

$$Y_c(j\Omega)=H_c(j\Omega)X_c(j\Omega) \tag{4.58b}$$

$$Y(e^{j\omega})=\frac{1}{T}Y_c\left(j\frac{\omega}{T}\right),\qquad |\omega|<\pi \tag{4.58c}$$

因此,将式(4.58a)和式(4.58b)代入式(4.58c),立即可得:整个系统表现为一个离散时间系统,其频率响应为

$$H(e^{j\omega})=H_c\left(j\frac{\omega}{T}\right),\qquad |\omega|<\pi \tag{4.59}$$

或者说,如果该连续时间系统的频率响应为

$$H_c(j\Omega)=H(e^{j\Omega T}),\qquad |\Omega|<\pi/T \tag{4.60}$$

那么图 4.15 所示系统的总频率响应就等于一个给定的 $H(e^{j\omega})$。因为 $X_c(j\Omega)=0$, $|\Omega|\geqslant\pi/T$, $H_c(j\Omega)$ 在 π/T 以上可以任意选定。一种方便(但是任意)的选择是 $H_c(j\Omega)=0$, $|\Omega|\geqslant\pi/T$。

利用离散时间系统的这种表示,就能把注意力放在对带限连续时间信号 $x_c(t)$ 的连续时间系统的等效效果上。现在用例 4.7 和例 4.8 来说明这一点。

例 4.7 非整数延迟

考虑一个离散时间系统,其频率响应为

$$H(e^{j\omega})=e^{-j\omega\Delta},\qquad |\omega|<\pi \tag{4.61}$$

当 Δ 是一个整数时,该系统就有一个明确的解释——延迟 Δ,即

$$y[n]=x[n-\Delta] \tag{4.62}$$

当 Δ 不是整数时,式(4.62)没有正规意义,因为无法将序列 $x[n]$ 进行非整数延迟的移位。然而,利用图 4.15,一种有用的时域解释就可以应用到由式(4.61)所表征的系统上。考虑将图 4.15 中的 $H_c(j\Omega)$ 选成

$$H_c(j\Omega)=H(e^{j\Omega T})=e^{-j\Omega T\Delta} \tag{4.63}$$

那么,根据式(4.59),图 4.15 所示的整个离散时间系统将有由式(4.61)所给出的频率响应,不论 Δ 是否为一个整数。为了说明式(4.61)所表示的系统,注意到式(4.63)代表延迟 $T\Delta$ 秒。因此,

$$y_c(t)=x_c(t-T\Delta) \tag{4.64}$$

再者,$x_c(t)$ 是 $x[n]$ 的带限内插,而 $y[n]$ 是 $y_c(t)$ 的采样。例如,若 $\Delta=\frac{1}{2}$,那么,$y[n]$ 就是输入序列值之间带限内插后一半处的那些值。如图 4.16 所示。对于由式(4.61)所定义的系统也能求得一个直接的卷积表示。由式(4.64)和式(4.56)可得

$$\begin{aligned}y[n]&=y_c(nT)=x_c(nT-T\Delta)\\&=\sum_{k=-\infty}^{\infty}x[k]\left.\frac{\sin[\pi(t-T\Delta-kT)/T]}{\pi(t-T\Delta-kT)/T}\right|_{t=nT}\\&=\sum_{k=-\infty}^{\infty}x[k]\frac{\sin\pi(n-k-\Delta)}{\pi(n-k-\Delta)}\end{aligned} \tag{4.65}$$

按照卷积定义,式(4.65)就是 $x[n]$ 与如下 $h[n]$ 的卷积:

$$h[n]=\frac{\sin\pi(n-\Delta)}{\pi(n-\Delta)},\qquad -\infty<n<\infty$$

当 Δ 不是整数时,$h[n]$ 有无限长。然而,当 $\Delta=n_0$ 是一个整数时,极易证明 $h[n]=\delta[n-n_0]$,这就是理想整数延迟系统的单位脉冲响应。

由式(4.65)所表示的非整数延迟有很大的实际意义,因为这样的因式在系统的频域表示中常

常出现。当这一项在一个因果离散时间系统的频域响应中出现时,就可以用这个例子来给予说明。例 4.8 就说明这一点。

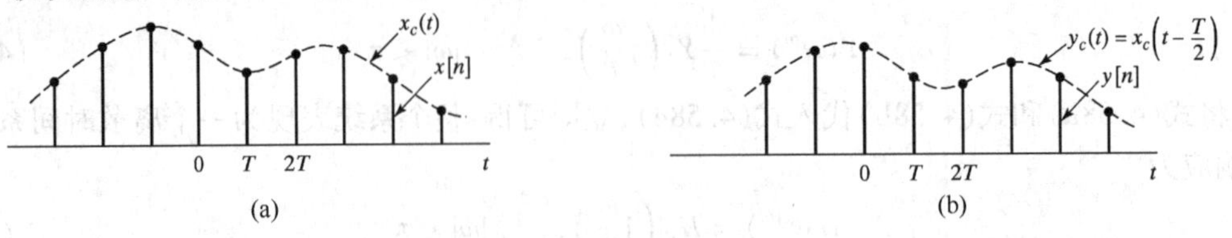

图 4.16 (a) 离散时间序列的连续时间处理;(b) 可以产生一个"半样本间隔"延迟的新序列

例 4.8 具有非整数延迟的滑动平均系统

例 2.16 曾研究过一般的滑动平均系统,并得出它的频率响应。对于因果$(M+1)$点滑动平均系统的情况,有$M_1=0$和$M_2=M$,其频率响应为

$$H(\mathrm{e}^{\mathrm{j}\omega})=\frac{1}{(M+1)}\frac{\sin[\omega(M+1)/2]}{\sin(\omega/2)}\mathrm{e}^{-\mathrm{j}\omega M/2},\quad |\omega|<\pi \tag{4.66}$$

这个频率响应的表示式表明可以将$(M+1)$点滑动平均系统看作两个系统的级联,如图 4.17 所示。对第 1 个系统施加一个频域幅度加权,而第 2 个系统则代表式(4.66)中的线性相移项。如果M是偶数(意味着有一个奇数样本的滑动平均),那么线性相移项就相应于一个整数延迟,即

$$y[n]=w[n-M/2] \tag{4.67}$$

然而,若M为奇数,该线性相移项就相应于一个非整数延迟,也就是一个整数样本再加上半个样本间隔。这个非整数延迟就可以用例 4.7 的讨论来解释;即$y[n]$是等效于$w[n]$的带限内插,紧跟着一个连续时间$MT/2$的延迟(这里T是假定的,但是是与 D/C 内插$w[n]$有关的任意采样周期),再跟着一个仍用采样周期为T的 C/D 转换。现用图 4.18 来说明这个分数延迟。图 4.18(a)示出一个离散时间序列$x[n]=\cos(0.25\pi n)$,该序列用作一个 6 点($M=5$)滑动平均滤波器的输入。在本例中,假定这个输入已经在足够早以前就被加载上了,以至于在图示的时段内输出仅由稳态响应所组成。图 4.18(b) 所示为相应的输出序列,由下式给出:

$$\begin{aligned}y[n]&=H(\mathrm{e}^{\mathrm{j}0.25\pi})\frac{1}{2}\mathrm{e}^{\mathrm{j}0.25\pi n}+H(\mathrm{e}^{-\mathrm{j}0.25\pi})\frac{1}{2}\mathrm{e}^{-\mathrm{j}0.25\pi n}\\&=\frac{1}{2}\frac{\sin[3(0.25\pi)]}{6\sin(0.125\pi)}\mathrm{e}^{-\mathrm{j}(0.25\pi)5/2}\mathrm{e}^{\mathrm{j}0.25\pi n}+\frac{1}{2}\frac{\sin[3(-0.25\pi)]}{6\sin(-0.125\pi)}\mathrm{e}^{\mathrm{j}(0.25\pi)5/2}\mathrm{e}^{-\mathrm{j}0.25\pi n}\\&=0.308\cos[0.25\pi(n-2.5)]\end{aligned}$$

由上式可见,6 点滑动平均滤波器减小了该余弦信号的幅度,并引入对应于 2.5 个样本延迟的相移。这点在图 4.18 中很明显,图中已经画出了连续时间的余弦曲线,它们就是在输入和输出序列上由理想 D/C 转换器内插的结果。应该注意到,在图 4.18(b)中,6 点滑动平均滤波给出了一个已采样的余弦信号,使得这些样本点相对于输入的样本点已经移位了 2.5 个样本。这点只要在图 4.18(a)和图 4.18(b)上分别任选一个峰值点作比较就能看到,例如,在图 4.18(a)中选择输入的内插余弦峰值点 8,在图 4.18(b)中选择输出的内插余弦上该峰值点移到 10.5。因此,该 6 点滑动平均滤波器就被认为有一个 5/2 = 2.5 个样本的延迟。

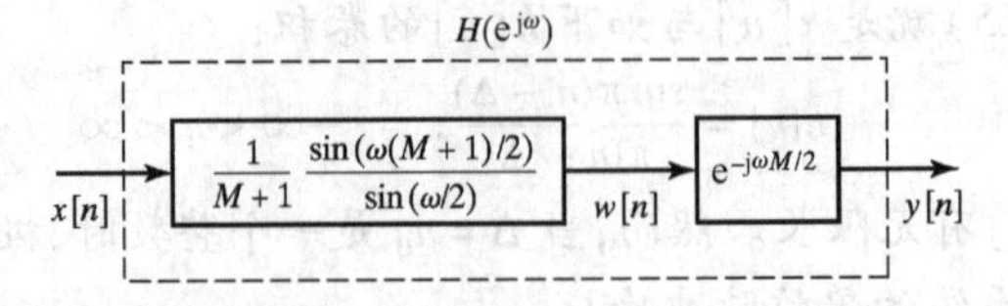

图4.17 滑动平均系统表示为两个系统的级联

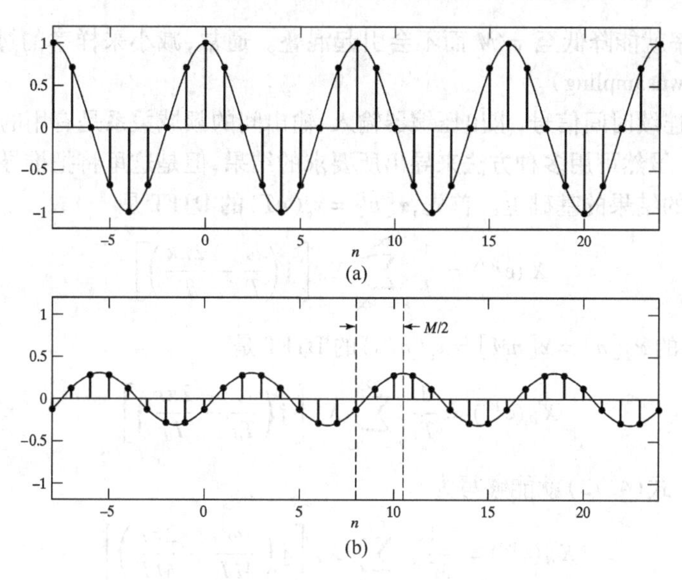

图 4.18　说明滑动平均滤波。(a)输入信号 $x[n]=\cos(0.25\pi n)$；(b)6点滑动平均滤波器的对应输出

4.6　利用离散时间处理改变采样率

已经看到，一个连续时间信号 $x_c(t)$ 能用样本序列

$$x[n]=x_c(nT) \tag{4.68}$$

组成的离散时间信号来表示。另一方面，前面的讨论已经证明，即使 $x[n]$ 不是最初由采样得到的，也总能利用式(4.25)找到一个连续时间带限信号 $x_r(t)$，其样本是 $x[n]=x_r(nT)=x_c(nT)$，也就是说，虽然 $x_r(t)\neq x_c(t)$，但 $x_c(t)$ 和 $x_r(t)$ 的样本在采样点上是相等的。

往往有必要改变一个离散时间信号的采样率，也就是说，为了得到以同一个连续时间信号为基础的一个新的离散时间序列

$$x_1[n]=x_c(nT_1) \tag{4.69}$$

式中，$T_1\neq T$。这个操作通常被称为重采样。从概念上讲，$x_1[n]$ 可以从 $x[n]$ 中得到，办法是利用式(4.25)由 $x[n]$ 重构 $x_c(t)$，然后以周期 T_1 对 $x_c(t)$ 重新采样便得到 $x_1[n]$。然而，这通常不是一种实用的方法，因为实际中所用的都是非理想的模拟重构滤波器、D/A 转换和 A/D 转换器。因此，考虑一些只涉及离散时间运算的方法来变化采样率是值得讨论的。

4.6.1　采样率按整数因子减小

利用“采样”一个序列可以降低一个序列的采样率，即定义一个新序列为

$$x_d[n]=x[nM]=x_c(nMT) \tag{4.70}$$

由式(4.70)定义的系统如图 4.19 所示，称为**采样率压缩器**(Crochiere and Rabiner，1983 和 Vaidyanathan，1993)，或者简称为**压缩器**。由式(4.70)得到，$x_d[n]$ 可以用采样周期 $T_d=MT$ 直接采样 $x_c(t)$ 来得到。再者，如果 $X_c(\mathrm{j}\Omega)=0$，$|\Omega|\geqslant\Omega_N$，并且 $\pi/T_d=\pi/(MT)\geqslant\Omega_N$，那么 $x_d[n]$ 也是 $x_c(t)$ 的真正表示。也就是说，如果原采样率至少是奈奎斯特率的 M 倍，或者该序列的带宽首先用离散时间滤波减

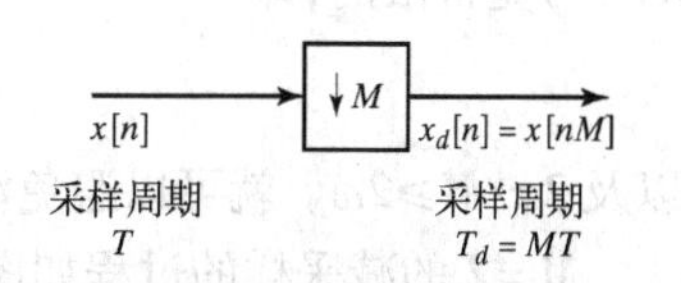

图 4.19　离散时间采样器或压缩器的表示

小 M 倍,那么采样率就能降低至 π/M 而不会引起混叠。通常,减小采样率的过程(包括任何预滤波)称为**减采样**(downsampling)。

如同采样一个连续时间信号,求出压缩器输入、输出间的频域关系是有用的。而这里将是一种DTFT之间的关系。虽然可用多种方法来导出所要求的结果,但是这里将把推导建立在对采样连续时间信号已经得到的结果的基础上。首先,$x[n]=x_c(nT)$ 的DTFT是

$$X(e^{j\omega})=\frac{1}{T}\sum_{k=-\infty}^{\infty}X_c\left[j\left(\frac{\omega}{T}-\frac{2\pi k}{T}\right)\right] \tag{4.71}$$

类似地,以 $T_d=MT$ 的 $x_d[n]=x[nM]=x_c(nT_d)$ 的DTFT是

$$X_d(e^{j\omega})=\frac{1}{T_d}\sum_{r=-\infty}^{\infty}X_c\left[j\left(\frac{\omega}{T_d}-\frac{2\pi r}{T_d}\right)\right] \tag{4.72}$$

现在,由于 $T_d=MT$,式(4.72)就能够写为

$$X_d(e^{j\omega})=\frac{1}{MT}\sum_{r=-\infty}^{\infty}X_c\left[j\left(\frac{\omega}{MT}-\frac{2\pi r}{MT}\right)\right] \tag{4.73}$$

为了找到式(4.73)与式(4.71)之间的关系,注意到式(4.73)中的求和指数 r 可以表示为

$$r=i+kM \tag{4.74}$$

式中,k 和 i 都是整数,且 $-\infty<k<\infty$ 和 $0\leqslant i\leqslant M-1$。很明显,$r$ 仍是一个整数且在 $-\infty$ 到 ∞ 的范围内变化。但是,式(4.73)就能够写为

$$X_d(e^{j\omega})=\frac{1}{M}\sum_{i=0}^{M-1}\left\{\frac{1}{T}\sum_{k=-\infty}^{\infty}X_c\left[j\left(\frac{\omega}{MT}-\frac{2\pi k}{T}-\frac{2\pi i}{MT}\right)\right]\right\} \tag{4.75}$$

根据式(4.71),式(4.75)中大括号内的这一项可以看作

$$X(e^{j(\omega-2\pi i)/M})=\frac{1}{T}\sum_{k=-\infty}^{\infty}X_c\left[j\left(\frac{\omega-2\pi i}{MT}-\frac{2\pi k}{T}\right)\right] \tag{4.76}$$

这样就能将式(4.75)表示为

$$X_d(e^{j\omega})=\frac{1}{M}\sum_{i=0}^{M-1}X(e^{j(\omega/M-2\pi i/M)}) \tag{4.77}$$

式(4.71)和式(4.77)之间的类似性是很清楚的。式(4.71)是利用连续时间信号 $x_c(t)$ 的傅里叶变换来表示样本序列 $x[n]$(采样周期为 T)的傅里叶变换;式(4.77)则是利用序列 $x[n]$ 的傅里叶变换来表示离散时间采样序列 $x_d[n]$(采样周期为 M)的傅里叶变换。如果将式(4.72)与式(4.77)作比较,就能看出:$X_d(e^{j\omega})$ 既能认为是由频率按 $\omega=\Omega T_d$ 做尺度变化,并按 2π 的整数倍移位的无数个 $X_c(j\Omega)$ 的幅度加权复本所组成[见式(4.72)]的;也可看作是由频率受到 M 倍扩展的、并按 2π 的整倍数移位的 M 个周期傅里叶变换 $X(e^{j\omega})$ 的幅度加权复本所组成[见式(4.77)]的。任何一种解释都明显地说明:$X_d(e^{j\omega})$ 是周期的,周期为 2π(如同所有的DTFT一样),并且只要保证 $X(e^{j\omega})$ 是带限的,即

$$X(e^{j\omega})=0,\qquad \omega_N\leqslant|\omega|\leqslant\pi \tag{4.78}$$

以及 $2\pi/M\geqslant 2\omega_N$,就可以避免混叠。

$M=2$ 的减采样的过程如图4.20所示。图4.20(a)示出一个带限连续时间信号的傅里叶变换,而图4.20(b)所示则为用采样周期 T 得到的样本冲激串的傅里叶变换。图4.20(c)所示为 $X(e^{j\omega})$,并通过式(4.18)与图4.20(b)联系起来。可以看出,图4.20(b)和图4.20 (c)的差别仅在

于将频率轴重新予以标定。图 4.20(d)所示为当 $M=2$ 时减采样序列的 DTFT,图中已将这个傅里叶变换绘成归一化频率 $\omega=\Omega T_d$ 的函数。图 4.20(e)所示为减采样序列的 DTFT 作为连续时间频率变量 Ω 的函数。图 4.20(e)与图 4.20(d)除了频率轴按 $\Omega=\omega/T_d$ 的关系重新标定外,两者是完全相同的。

本例中 $2\pi/T=4\Omega_N$,就是说原采样率是为避免混叠所需最低采样率的两倍。因此,当原采样序列以 $M=2$ 减采样时,没有任何混叠发生。在这种情况下,如果减采样因子大于 2,混叠就会产生,如图 4.21 所示。

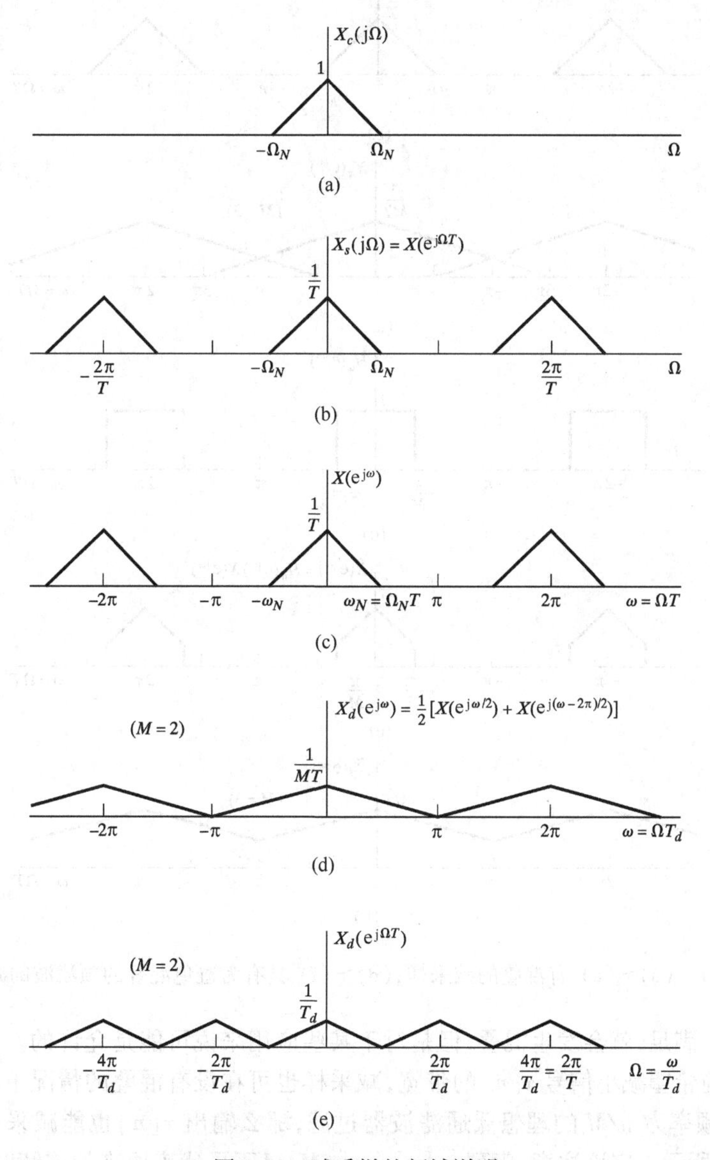

图 4.20　减采样的频域说明

图 4.21(a)示出 $x_c(t)$ 的连续时间傅里叶变换,图 4.21(b)所示为当 $2\pi/T=4\Omega_N$ 时序列 $x[n]=x_c(nT)$ 的 DTFT。因此有 $\omega_N=\Omega N_T=\pi/2$。现在如果以 $M=3$ 减采样,就得到一个序列为 $x_d[n]=x[3n]=x_c(n3T)$,它的 DTFT 如图 4.21(c)所示(用归一化频率 $\omega=\Omega T_d$)。注意到,由于 $M\omega_N=3\pi/2>\pi$,所以发生混叠。一般为了在以 M 因子减采样时避免混叠,就要求

$$\omega_N M \leqslant \pi \quad 或 \quad \omega_N \leqslant \pi/M \tag{4.79}$$

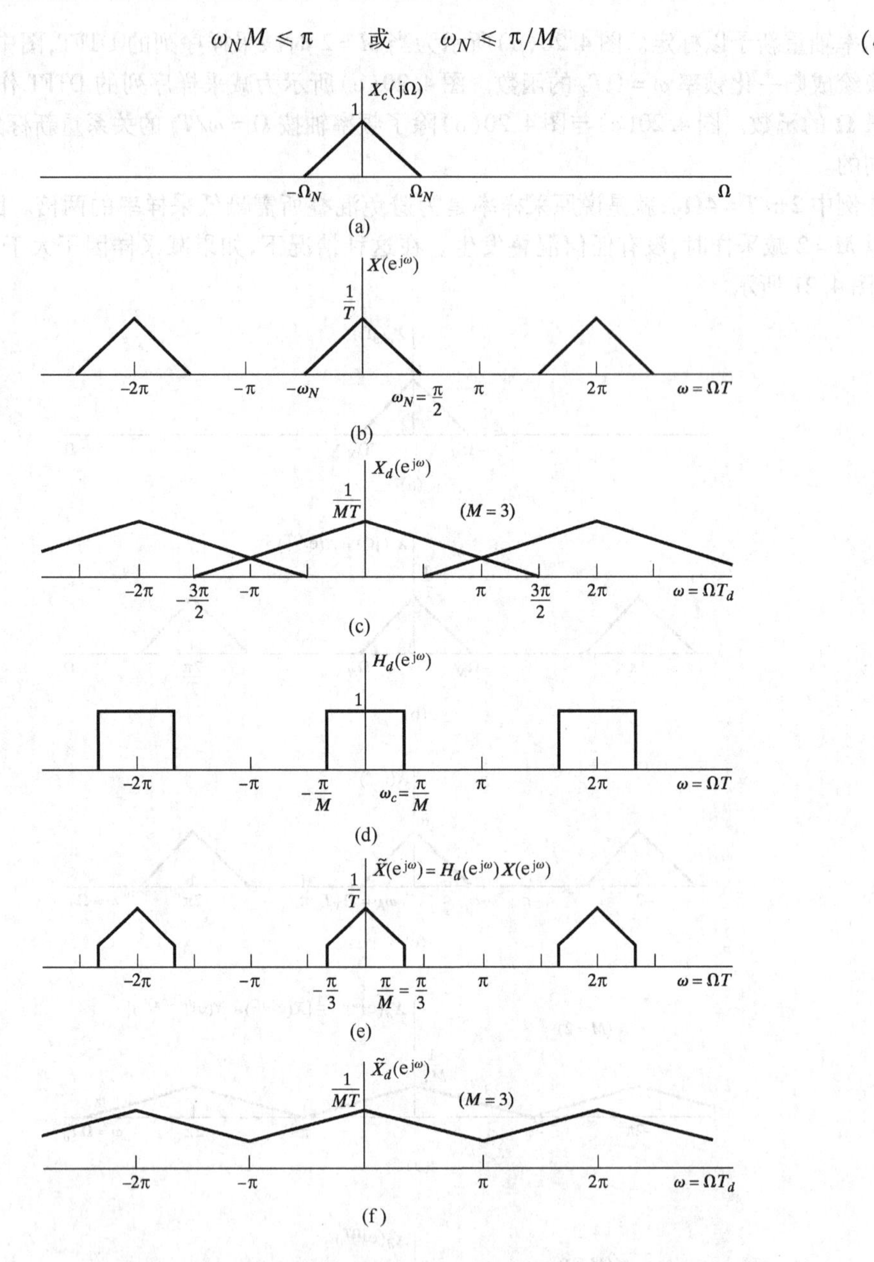

图 4.21 (a)～(c) 有混叠的减采样;(d)～(f) 具有为避免混叠的预滤波的减采样

如果该条件不满足,就会发生混叠,但是对于某些应用来说可能是允许的。在另一些情况下,如果在减采样之前希望减小信号 $x[n]$ 的带宽,减采样也可在没有混叠的情况下完成。因此,如果 $x[n]$ 用一个截止频率为 π/M 的理想低通滤波器过滤,那么输出 $\tilde{x}[n]$ 也能减采样而没有混叠,如图 4.21(d)～(f)所示。应该注意,序列 $\tilde{x}_d[n]=\tilde{x}[nM]$ 已不再代表原来的连续时间信号 $x_c(t)$,而是 $\tilde{x}_d[n]=\tilde{x}_c[nT_d]$,这里 $T_d=MT$,而 $\tilde{x}_c(t)$ 是从 $x_c(t)$ 用截止频率为 $\Omega_c=\pi/T_d=\pi/(MT)$ 的低通过滤后而得到的。

从上述的讨论中可见,对于以 M 因子减采样的一般系统就是由图 4.22 所示的系统。这样的系统称为**抽取器**(decimator),而用低通过滤再紧跟着压缩的减采样过去称为**抽取**(decimation)(Crochiere and Rabiner,1983 和 Vaidyanathan,1993)。

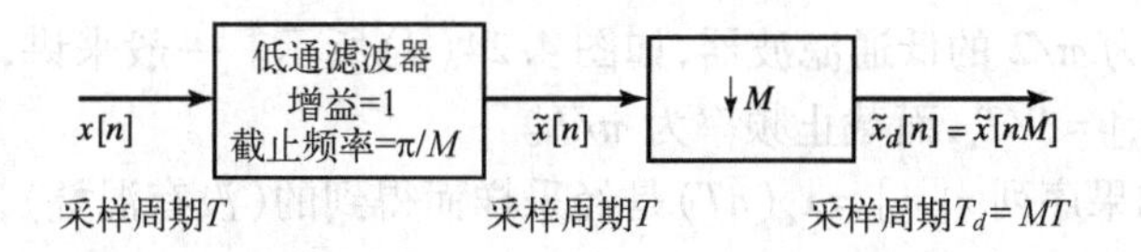

图 4.22　采样率减小 M 倍的一般系统

4.6.2　采样率按整数因子增加

已经知道,让一个离散时间信号的采样率以整数因子减小涉及序列采样,其方式与采样一个连续时间信号类似。毋庸置疑,增加采样率应涉及类似于 D/C 转换器的过程。为了看出这一点,考虑一个信号 $x[n]$,希望将它的采样率增加 L 倍。若考虑如下的连续时间信号 $x_c(t)$,那么目的就是要得到样本为

$$x_i[n] = x_c(nT_i) \tag{4.80}$$

的序列,式中,$T_i = T/L$,而 $x_i[n]$ 要从样本序列

$$x[n] = x_c(nT) \tag{4.81}$$

中得到。把增加采样率的过程称为**增采样**(upsampling)。

由式(4.80)和式(4.81)得到

$$x_i[n] = x[n/L] = x_c(nT/L), \qquad n = 0, \pm L, \pm 2L, \cdots \tag{4.82}$$

图 4.23 示出了一个仅用离散时间处理从 $x[n]$ 得到 $x_i[n]$ 的系统。该系统的左边称为**采样率扩展器**(sampling rate expander)(Crochiere and Rabiner,1983 和 Vaidyanathan,1993),或简称为扩展器。它的输出为

$$x_e[n] = \begin{cases} x[n/L], & n = 0, \pm L, \pm 2L, \cdots \\ 0, & \text{其他} \end{cases} \tag{4.83}$$

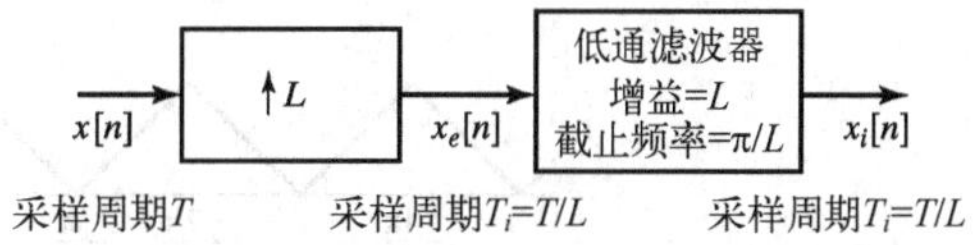

或者等效为

$$x_e[n] = \sum_{k=-\infty}^{\infty} x[k]\delta[n-kL] \tag{4.84}$$

图 4.23　采样率增加 L 倍的一般系统

该系统的右边是一个截止频率为 π/L,增益为 L 的低通离散时间滤波器。该系统起的作用类似于图 4.9(b)中理想 D/C 转换器的作用。首先产生一个离散时间冲激串 $x_e[n]$,然后用低通滤波器来重构该序列。

图 4.23 所示系统的工作最容易在频域中解释。$x_e[n]$ 的傅里叶变换可以表示成

$$\begin{aligned} X_e(e^{j\omega}) &= \sum_{n=-\infty}^{\infty}\left(\sum_{k=-\infty}^{\infty} x[k]\delta[n-kL]\right)e^{-j\omega n} \\ &= \sum_{k=-\infty}^{\infty} x[k]e^{-j\omega L k} = X(e^{j\omega L}) \end{aligned} \tag{4.85}$$

因此,扩展器输出的傅里叶变换就是频率尺度受到变换的输入的傅里叶变换,也就是说,用 ω_L 代表 ω 以使得现在的 ω 是按下式归一化得到的:

$$\omega = \Omega T_i \tag{4.86}$$

图 4.23 所示的内插的频域解释其效果如图 4.24 所示。图 4.24(a)所示为某一带限的连续时间信号的傅里叶变换,而图 4.24(b)所示为序列 $x[n] = x_c(nT)$(这里 $\pi/T = \Omega_N$)的 DTFT。图 4.24(c)所示为根据式(4.85),当 $L=2$ 时的 $X_e(e^{j\omega})$,而图 4.24(e)所示为所求序列 $x_i[n]$ 的傅里叶变换。可以看出,$X_i(e^{j\omega})$ 可以由 $X_e(e^{j\omega})$ 得到,只要把幅度因子由 $1/T$ 改为 $1/T_i$,并除掉 $X_e(e^{j\omega})$ 中除了在 2π 整倍数点上的全部经频率尺度变换后的 $X_c(j\Omega)$ 的图形。对于如图 4.24 所示情况,就要求有一

个增益为2、截止频率为 $\pi/2$ 的低通滤波器,如图4.24(d)所示。一般来讲,所要求的增益为 L,因为 $L(1/T)=[1/(T/L)]=1/T_i$,而截止频率为 π/L。

这个例子说明,如果序列 $x[n]=x_c(nT)$ 是经采样而得到的(没有混叠),图4.23所示的系统确实给出了一个满足式(4.80)的输出。因此,该系统称为**内插器**(interpolator),因为系统填补了丢掉的样本,并因此把增采样的过程与**内插**(interpolation)同义。

与D/C转换器的情况一样,有可能利用 $x[n]$ 求得一个 $x_i[n]$ 的内插公式。首先注意到,图4.23中低通滤波器的单位脉冲响应为

$$h_i[n]=\frac{\sin(\pi n/L)}{\pi n/L} \tag{4.87}$$

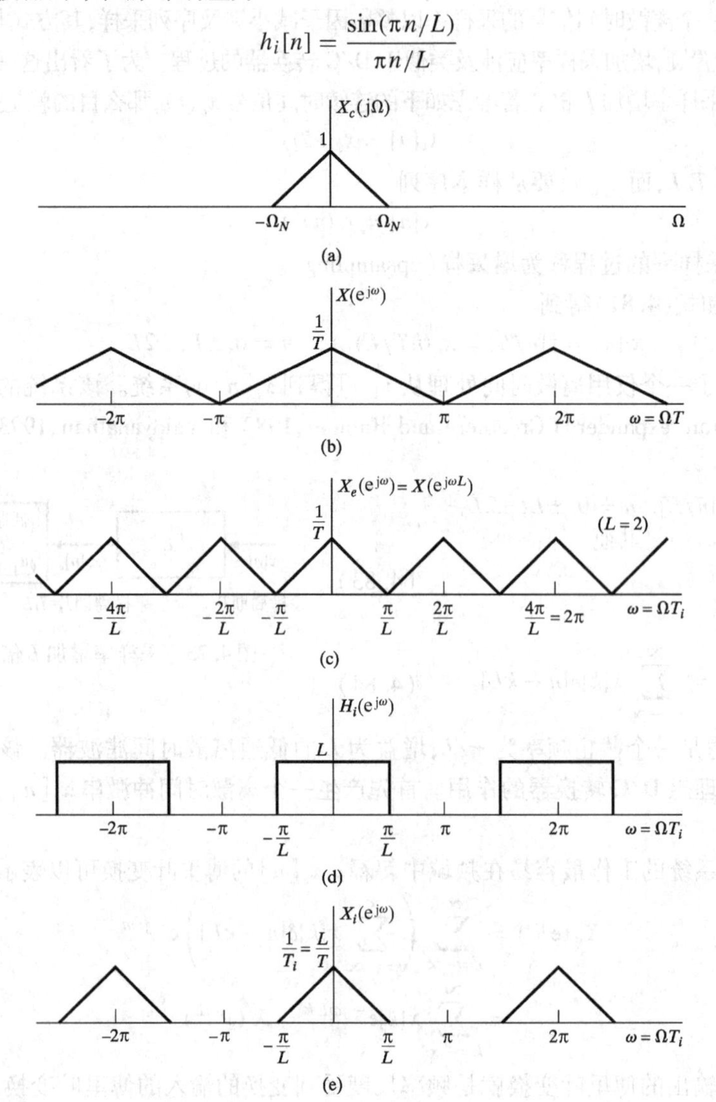

图4.24 内插的频域解释

利用式(4.84)可得

$$x_i[n]=\sum_{k=-\infty}^{\infty}x[k]\frac{\sin[\pi(n-kL)/L]}{\pi(n-kL)/L} \tag{4.88}$$

单位脉冲响应 $h_i[n]$ 有如下性质:

$$h_i[0]=1,\quad h_i[n]=0,\qquad n=\pm L,\pm 2L,\cdots \tag{4.89}$$

由此对理想低通内插滤波器就有

$$x_i[n]=x[n/L]=x_c(nT/L)=x_c(nT_i),\qquad n=0,\pm L,\pm 2L,\cdots \tag{4.90}$$

这就是所要求的。对全部 n，$x_i[n]=x_c(nT_i)$ 这一事实从频域证明直接可得。

4.6.3　简单而实用的内插滤波器

虽然，用于内插的理想低通滤波器是不能真正实现的，但是利用第 7 章将要讨论的技术可以设计出相当好的对理想低通滤波器的逼近。然而在某些情况下，很简单的内插过程就足够了，或者由于计算能力的限制只能用简单的内插。因为常采用线性内插（虽然一般不是很准确），所以有必要在刚才所建立的一般框架内来考查这种线性内插过程。

线性内插是指这样的内插过程，即位于两个原始样本之间的样本落在连接两个原始样本值的直线上。根据图 4.23 所示的系统，线性内插可用下述具有三角形形状的单位脉冲响应的滤波器来完成：

$$h_{\text{lin}}[n]=\begin{cases}1-|n|/L, & |n|\leqslant L\\ 0, & \text{其他}\end{cases} \tag{4.91}$$

对于 $L=5$，单位脉冲响应如图 4.25 所示。利用这个滤波器，内插输出为

$$x_{\text{lin}}[n]=\sum_{k=n-L+1}^{n+L-1}x_e[k]h_{\text{lin}}[n-k] \tag{4.92}$$

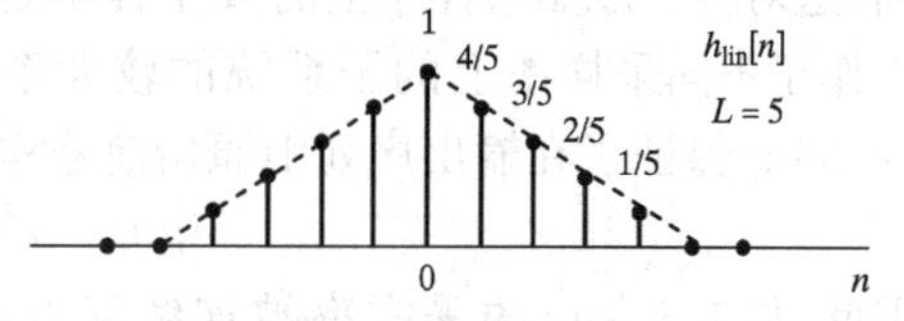

图 4.25　线性内插的单位脉冲响应

图 4.26(a) 所示的是 $L=5$ 时的 $x_e[k]$（图中虚线给出了在特定的 $n=18$ 的情况下 $h_{\text{lin}}[n-k]$ 的包络）和 $L=5$ 时的相应输出 $x_{\text{lin}}[n]$。在此情况下，$n=18$ 对应的 $x_{\text{lin}}[n]$ 仅与原始样本 $x[3]$ 和 $x[4]$ 有关。从该图可见，$x_{\text{lin}}[n]$ 与按如下过程获得的序列是一致的：首先用一条直线将 n 时刻两边的两个原始样本连接起来，然后在这之间的 $L-1$ 个目标点上进行重新采样。同时还注意到，原始样本的值被保留了下来，因为对于 $|n|\geqslant L$，$h_{\text{lin}}[0]=1$ 且 $h_{\text{lin}}[n]=0$。

内插样本造成的失真的本质，可以通过比较线性内插器和理想低通内插器对同一个内插因子 L 的频率响应来更好地理解。可以证明（见习题 4.56）

$$H_{\text{lin}}(e^{j\omega})=\frac{1}{L}\left[\frac{\sin(\omega L/2)}{\sin(\omega/2)}\right]^2 \tag{4.93}$$

当 $L=5$ 时，该函数与理想低通内插滤波器的频率响应如图 4.26(b) 所示。由该图可以明显看到，如果原始信号是以奈奎斯特率（即没有过采样）采样得到的话，线性内插将不会很准确，因为滤波器的输出包含有位于 $\pi/L<|\omega|\leqslant\pi$ 带内相当大的能量，这是由位于 $2\pi/L$ 整数倍上的 $X_c(j\Omega)$ 的频率尺度变换后图形引起的。然而，如果原采样率远高于奈奎斯特率，那么线性内插器在滤除这些图形方面还是相当成功的，因为 $H_{\text{lin}}(e^{j\omega})$ 在这些归一化频率附近的狭小区域内的值很小，而在高采样率下，增大的频率尺度因子会造成这些平移后的 $X_c(j\Omega)$ 更加集中在 $2\pi/L$ 的整数倍点上。这一点从时域的角度看也是合情理的，因为若原采样率远高于奈奎斯特率，那么信号在样本间将不会有明显变化，因此线性内插对于过采样的信号就更为准确了。

理想带限内插器由于具有双边无限长脉冲响应，因此在计算每个内插样本时会涉及全部的原始样本。相反地，线性内插处理则在计算每个内插样本时只包含两个原始样本。为了更好地逼近理想带限内插，有必要使用具有更长脉冲响应的滤波器。基于这个目标，FIR 滤波器有很多优势。

一个用于进行因子为 L 的内插处理的 FIR 滤波器，其单位脉冲响应 $\tilde{h}_i[n]$ 通常被设计为具有下列特性：

$$\tilde{h}_i[n]=0,\quad |n|\geqslant KL \tag{4.94a}$$

$$\tilde{h}_i[n]=\tilde{h}_i[-n],\quad |n|\leqslant KL \tag{4.94b}$$

$$\tilde{h}_i[0]=1,\quad n=0 \tag{4.94c}$$

$$\tilde{h}_i[n]=0,\quad n=\pm L,\pm 2L,\cdots,\pm KL \tag{4.94d}$$

内插后的输出则为

$$\tilde{x}_i[n]=\sum_{k=n-KL+1}^{n+KL-1} x_e[k]\tilde{h}_i[n-k] \tag{4.95}$$

注意到，线性内插的脉冲响应满足 $K=1$ 时的式(4.94a)～式(4.94d)。

能够理解式(4.94a)～式(4.94d)所给约束条件的初衷是很重要的。式(4.94a)说明 FIR 滤波器的长度为 $2KL-1$ 个样本。进而，这个约束条件可保证在计算每个样本 $\tilde{x}_i[n]$ 时只涉及 $2K$ 个原始样本。这是因为，虽然 $\tilde{h}_i[n]$ 有 $2KL-1$ 个非零样本，但在任意 n 值下 $\tilde{h}_i[n-k]$ 所支持的位于两个原始样本之间的区域内，输入 $x_e[k]$ 只有 $2K$ 个非零样本。式(4.94b)保证滤波器不会对内插样本引入任何相移，因为所对应的频率响应为 ω 的实函数。通过引入一个至少为 $KL-1$ 个样本的时延可以令系统为因果的。实际上，脉冲响应 $\tilde{h}_i[n-KL]$ 将得到一个延迟了 KL 个样本的内插输出序列，这对应于原始采样率上的 K 个样本延时。还可以通过插入其他数量的延时，来对包含了多个工作于不同采样率上的子系统的较大系统各部分之间的延时进行均衡。最后，式(4.94c)和式(4.94d)保证了在输出序列中原始信号样本被保留下来，即

$$\tilde{x}_i[n]=x[n/L],\ n=0,\pm L,\pm 2L,\cdots \tag{4.96}$$

因此，如果 $\tilde{x}_i[n]$ 的采样率被连续降低到原始速率(没有插入时延或者时延为 L 整数倍)，则 $\tilde{x}_i[nL]=x[n]$，即原始信号被准确地恢复出来。如果没有这种一致性要求，则在设计 $\tilde{h}_i[n]$ 时，式(4.94c)和式(4.94d)的条件可以放松。

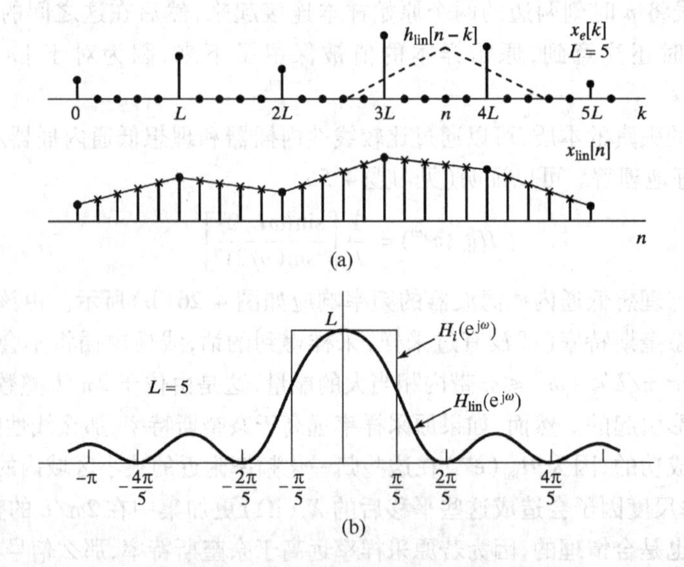

图 4.26 (a)通过滤波进行线性内插的说明；(b)线性内插滤波器与理想低通内插滤波器频率响应的比较

图 4.27 所示为 $K=2$ 时的 $x_e[k]$ 和 $\tilde{h}_i[n-k]$。从图中可以看到，计算每个内插值需要依赖于 $2K=4$ 个原始输入信号的样本。同时还注意到，每个内插样本的计算只需要 $2K$ 次乘法和 $2K-1$ 次加法，

因为在 $x_e[k]$ 的每个原始样本之间总是存在 $L-1$ 个零样本。

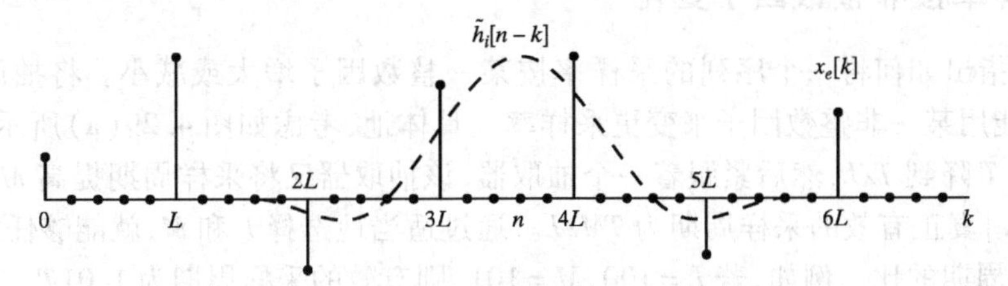

图4.27　当 $L=5$ 时,内插处理涉及 $2K=4$ 个样本的图解说明

在数值分析中,内插是一个得到充分研究的论题。该领域的大部分研究成果都基于能够在一定程度上进行多项式精确内插的插值公式。例如,对于常数信号和样本值沿着直线变化的信号,线性内插器能够给出完全准确的结果。与线性内插的情况相同,高阶拉格朗日内插公式(Schafer and Rabiner,1973)和三次方样条内插公式(Keys,1981 和 Unser,2000)也可纳入线性滤波处理框架中,从而为内插提供更长的滤波器。例如,等式

$$\tilde{h}_i[n]=\begin{cases}(a+2)|n/L|^3-(a+3)|n/L|^2+1, & 0\leqslant n\leqslant L\\ a|n/L|^3-5|n/L|^2+8a|n/L|-4a, & L\leqslant n\leqslant 2L\\ 0, & \text{其他}\end{cases} \tag{4.97}$$

定义了一类有用的内插滤波器的单位脉冲响应,它们在计算每个内插样本时包含了4($K=2$)个原始样本。图4.28(a)所示为 $a=-0.5$ 且 $L=5$ 时一个三次方内插滤波器和线性内插($K=1$)的滤波器(虚线三角)的单位脉冲响应,对应的频率响应如图4.28(b)所示,幅度采用对数坐标(dB)。可以看出,相比于线性内插器,三次方滤波器在频率 $2\pi/L$ 和 $4\pi/L$(此时对应 0.4π 和 0.8π)附近的区域更宽,且旁瓣更低,如图中虚线所示。

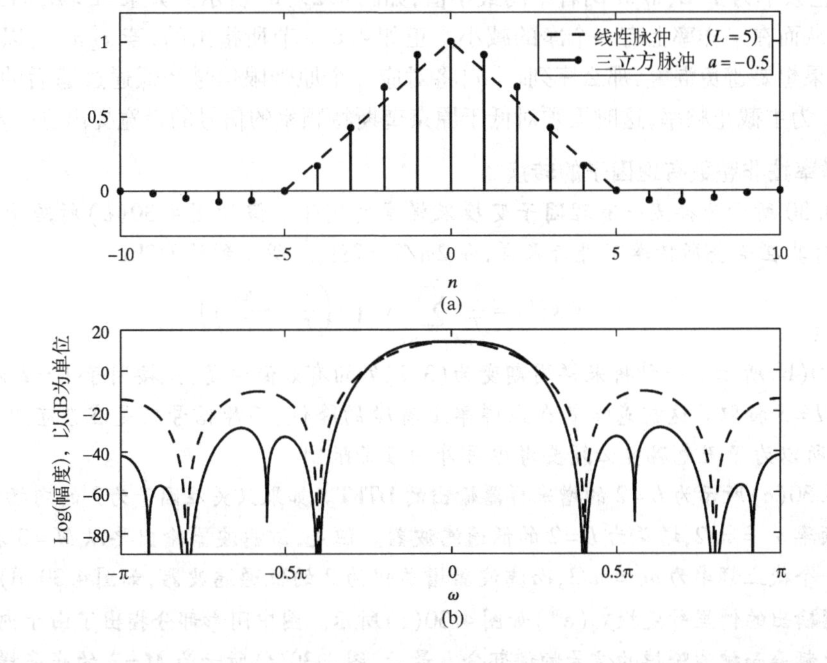

图4.28　(a)线性和三次方内插的单位脉冲响应;(b)线性和三次方内插的频率响应

4.6.4 采样率按非整数因子变化

前面已经指出如何将一个序列的采样率按某一整数因子增大或减小。将抽取和内插结合起来,就有可能用某一非整数因子来变更采样率。具体地,考虑如图 4.29(a)所示的内插器,它把采样周期从 T 降到 T/L,然后紧跟着一个抽取器,该抽取器又将采样周期提高 M 倍,所产生的输出序列 $\tilde{x}_d[n]$ 真正有效的采样周期为 TM/L。通过适当地选择 L 和 M,就能够任意地接近任何所要求的采样周期的比。例如,若 $L=100$,$M=101$,则有效的采样周期为 $1.01T$。

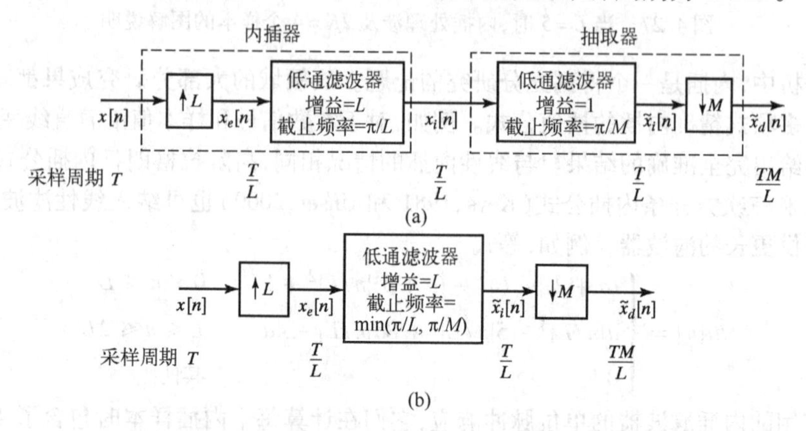

图 4.29 (a)按非整数因子改变采样率的系统;(b)抽取和内插滤波器合二为一的简化系统

如果 $M>L$,那么在采样周期上就有一个净的增加(采样率下降);若 $M<L$,则相反。由图 4.29(a)可见,内插和抽取滤波器是级联的,可以把两者合并在一起组成一个低通滤波器,其增益为 L,而截止频率为 π/L、π/M 两者中的最小值,如图 4.29(b)所示。如果 $M>L$,那么 π/M 即为主截止频率,从而在采样率上有一个净的减小。正如 4.6.1 节所指出的,若 $x[n]$ 是以奈奎斯特率采样得到,如果想要避免混叠,那么序列 $\tilde{x}_d[n]$ 将对应一个原带限信号经低通过滤后的信号。如果 $M<L$,则 π/L 为主截止频率,这时无须对低于原奈奎斯特频率的信号的带宽提出进一步的限制。

例 4.9 采样率按非整数有理因子的转换

图 4.30 所示为按某一有理因子变换采样率的例子。假设图 4.30(a)所给出的带限信号 $X_c(\mathrm{j}\Omega)$ 对其在奈奎斯特率下进行采样,即 $2\pi/T=2\Omega_N$。所得到的 DTFT

$$X(\mathrm{e}^{\mathrm{j}\omega})=\frac{1}{T}\sum_{k=-\infty}^{\infty}X_c\left(\mathrm{j}\left(\frac{\omega}{T}-\frac{2\pi k}{T}\right)\right)$$

如图 4.30(b)所示。一种将采样周期变为 $(3/2)T$ 的有效做法是,先按因子 $L=2$ 内插,然后再按因子 $M=3$ 抽取。这就意味着在采样率上有净的降低,而原信号又是在奈奎斯特率下进行采样的,所以为了避免混叠必须要考虑另外的频带限制。

图 4.30(c)所示为 $L=2$ 的增采样器输出的 DTFT。如果只关注因子为 2 的内插,就能选出这个截止频率 $\omega_c=\pi/2$,增益为 $L=2$ 的低通滤波器。但是,该滤波器输出要以 $M=3$ 抽取,因此就必须用一个截止频率为 $\omega_c=\pi/3$,而滤波器增益仍为 2 的低通滤波器,如图 4.30(d)所示。该低通滤波器输出的傅里叶变换 $\tilde{X}_i(\mathrm{e}^{\mathrm{j}\omega})$ 如图 4.30(e)所示。图中阴影部分指出了由于内插滤波器较低的截止频率而被滤除掉的信号频谱部分。最后,图 4.30(f)所示为 $M=3$ 的减采样器输出的离散时间傅里叶变换。应该注意到,该图的阴影区域给出了如果内插低通滤波器的截止频率不是 $\pi/3$ 而是原来的 $\pi/2$ 时本应该发生的混叠部分。

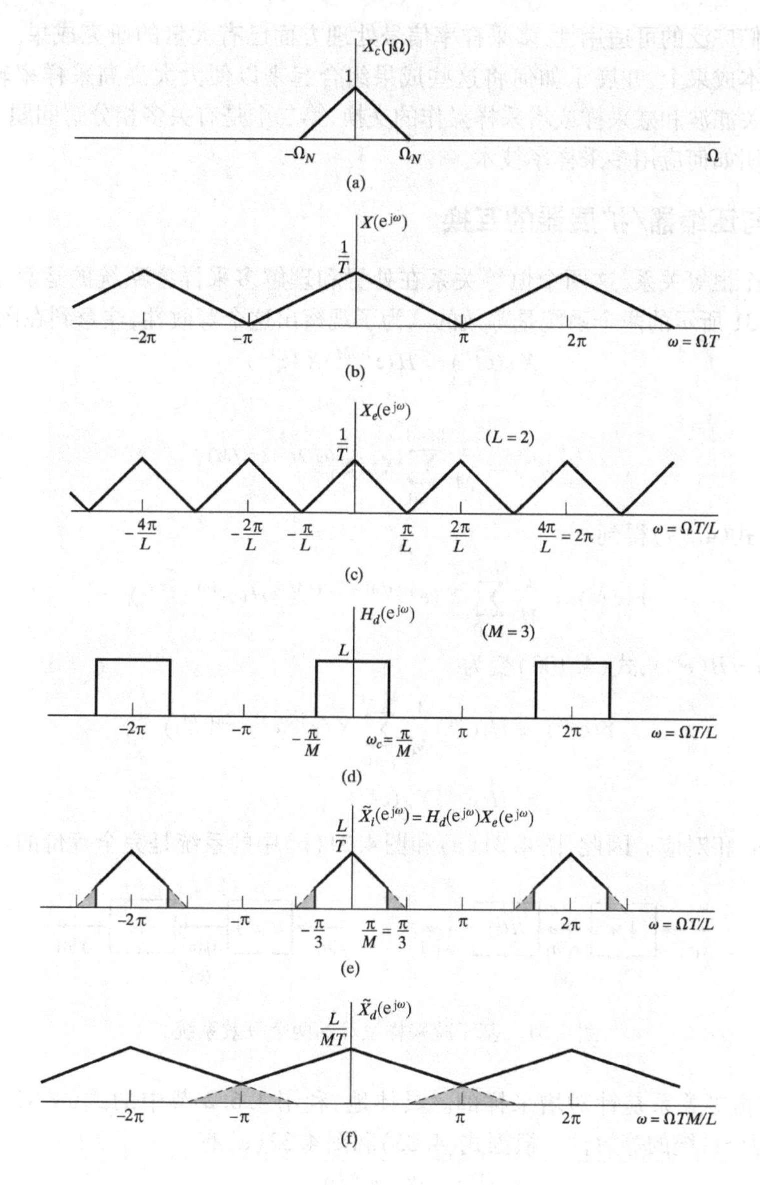

图 4.30　按非整数因子变换采样率的说明

4.7　多采样率信号处理

已经看到,用内插和抽取的组合有可能改变一个离散时间信号的采样率。例如,如果想要一个新的采样周期 $1.01T$,可以先用截止频率 $\omega_c=\pi/101$ 的低通滤波器以 $L=100$ 内插,再按 $M=101$ 抽取来实现。如果是在所要求的高的中间采样率上直接实现滤波,那么在采样率上的这些较大的中间转换会使得每个输出样本所需的计算量非常大。所幸的是,如果利用被广泛称为**多采样率信号处理**领域的一些基本技术,就有可能大大降低所要求的计算量。这些多采样率技术一般指的是利用增采样、减采样、压缩器和扩展器等方式来提高信号处理系统的效率。除了在采样率转换中的应用外,在利用过采样和噪声整形的 A/D 和 D/A 系统中也是极为有用的。另一类用于信号分析和(或)处理的重要信号处理算法是滤波器组,而这些算法也日益依赖于多采样率技术。

正是由于它们广泛的可适用性,多采样率信号处理方面已有大量的研究成果。本节的讨论主要集中在两个基本成果上,并展示如何将这些成果组合起来以便大大提高采样率转换中的效率。第一个成果是有关滤波和减采样或增采样操作的交换,第二个是有关多相分解问题。此外,还将通过两个例子来说明如何应用多采样率技术。

4.7.1 滤波与压缩器/扩展器的互换

首先导出两个恒等关系,这两个恒等关系在处置和理解多采样率系统的运算上是有帮助的。可直接证明图 4.31 所示的两个系统是等效的。为了观察出这个等效性,注意到在图 4.31(b)中有

$$X_b(e^{j\omega}) = H(e^{j\omega M})X(e^{j\omega}) \tag{4.98}$$

由式(4.77)有

$$Y(e^{j\omega}) = \frac{1}{M}\sum_{i=0}^{M-1} X_b(e^{j(\omega/M-2\pi i/M)}) \tag{4.99}$$

将式(4.98)代入式(4.99)得到

$$Y(e^{j\omega}) = \frac{1}{M}\sum_{i=0}^{M-1} X(e^{j(\omega/M-2\pi i/M)})H(e^{j(\omega-2\pi i)}) \tag{4.100}$$

因为 $H(e^{j(\omega-2\pi i)}) = H(e^{j\omega})$,式(4.100)变为

$$\begin{aligned} Y(e^{j\omega}) &= H(e^{j\omega})\frac{1}{M}\sum_{i=0}^{M-1} X(e^{j(\omega/M-2\pi i/M)}) \\ &= H(e^{j\omega})X_a(e^{j\omega}) \end{aligned} \tag{4.101}$$

这就与图 4.31(a)相对应。因此,图 4.31(a)和图 4.31(b)中的系统是完全等价的。

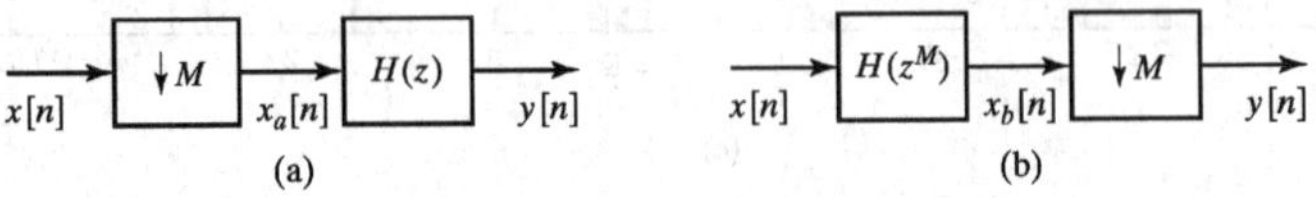

图 4.31 基于减采样恒等的两个等效系统

一种类似的恒等关系是针对增采样的。具体地,利用 4.6.2 节中的式(4.85)也能直接证明图 4.32所示的两个系统的等效性。根据式(4.85)和图 4.32(a)有

$$\begin{aligned} Y(e^{j\omega}) &= X_a(e^{j\omega L}) \\ &= X(e^{j\omega L})H(e^{j\omega L}) \end{aligned} \tag{4.102}$$

因为,由式(4.85)有

$$X_b(e^{j\omega}) = X(e^{j\omega L})$$

于是式(4.102)就等效为

$$Y(e^{j\omega}) = H(e^{j\omega L})X_b(e^{j\omega})$$

这就与图 4.32(b)相对应。

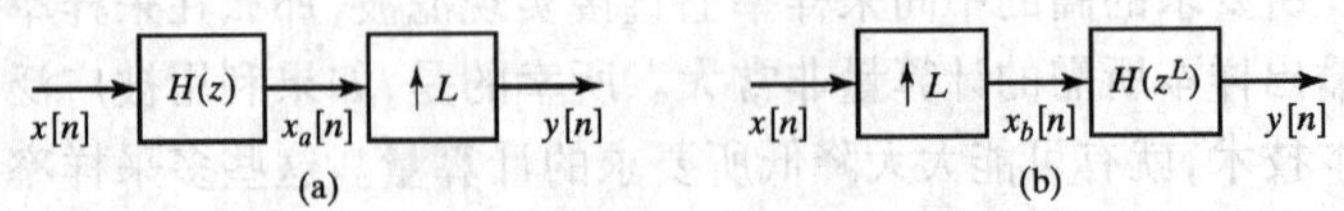

图 4.32 基于增采样恒等的两个等效系统

总之,已经证明了如果变更线性滤波器,线性滤波和减采样或增采样是可以交换次序的。

4.7.2　多级抽取和内插

当抽取或内插率较大时,有必要利用脉冲响应非常长的滤波器以达到对所需低通滤波器的充分逼近。在这种情况下,采用多级抽取或内插可以极大降低计算量。图 4.33(a)给出了一个两级抽取系统,其中总抽取率为 $M=M_1M_2$。此时需要两个低通滤波器。$H_1(z)$ 对应于形式上的截止频率为 π/M_1 的低通滤波器,类似地,$H_2(z)$ 形式上的截止频率为 π/M_2。注意到,对于单级抽取,所需的形式上的截止频率为 $\pi/M=\pi/(M_1M_2)$,该频率远低于两个滤波器中任意一个的频率。在第 7 章将看到,窄带滤波器通常需要用高阶系统函数来获得对锐截止频率选择性滤波器特性的逼近。由于这个的影响,两级实现通常比单级实现的效率高得多。

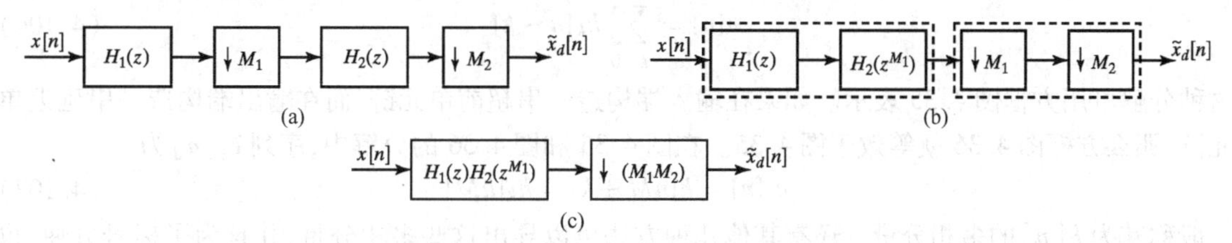

图 4.33　多级抽取。(a) 两级抽取系统;(b) 利用图 4.31 中减采样恒等的(a)变更结果;(c)等效单级抽取

与图 4.33(a)等效的单级系统可以利用图 4.31 所示的减采样恒等关系得到。图 4.33(b)给出了将系统 $H_2(z)$ 及其之前的减采样器(M_1 倍)用后接一个减采样器(M_1 倍)的系统 $H_2(z^{M_1})$ 代替的结果。图 4.33(c)给出了将级联的线性系统和级联的减采样器合并成对应的单级系统的结果。由此可以看出,等效单级低通滤波器的系统函数为如下乘积:

$$H(z)=H_1(z)H_2(z^{M_1}) \tag{4.103}$$

这个等式就是二级抽取器整体等效频率响应的一种有用的表示形式,如果 M 有多个因数,则这个等式可以扩展到级数为任意值的形式。因为它明确地展现了两个滤波器的效果,所以在最小化计算量的有效多级抽取器设计中可以将其作为辅助工具。(见 Crochiere and Rabiner, 1983, Vaidyanathan, 1993 和 Bellanger, 2000。)式(4.103)中的因式分解也已经直接用在设计低通滤波器中(Neuvo 等, 1984)。在这一范畴内,具有式(4.103)形式的系统函数的滤波器被称为**内插 FIR 滤波器**。这是因为,对应的单位脉冲响应可看作 $h_1[n]$ 与扩展了 M_1 倍的第二个脉冲响应的卷积,即

$$h[n]=h_1[n]*\sum_{k=-\infty}^{\infty}h_2[k]\delta[n-kM_1] \tag{4.104}$$

同样的多级原则也可用在内插处理中,这时将利用图 4.32 中的增采样恒等来关联两级内插器和等效单级系统,如图 4.34 所示。

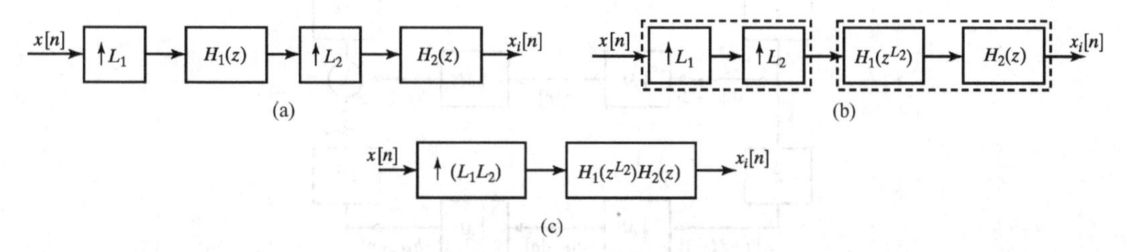

图 4.34　多级内插。(a) 两级内插系统;(b) 利用图 4.32 中增采样恒等的(a)变更结果;(c)等效单级内插

4.7.3 多相分解

将一个序列表示为 M 组子序列的叠加,其中每一组都由该序列中每隔 M 个依次延迟的序列值所组成,这就得到了一个序列的多相分解。当将这一分解应用到一个滤波器的单位脉冲响应上时,就能导致线性滤波器在几个方面的有效的实现结构。具体地说,考虑某一单位脉冲响应 $h[n]$,将其分解为如下 M 组子序列 $h_k[n]$($k=0,1,\cdots,M-1$):

$$h_k[n] = \begin{cases} h[n+k], & n = M\text{的整倍数} \\ 0, & \text{其他} \end{cases} \tag{4.105}$$

将这些子序列依次延迟就能恢复原单位脉冲响应 $h[n]$,即

$$h[n] = \sum_{k=0}^{M-1} h_k[n-k] \tag{4.106}$$

这种分解可用方框图 4.35 表示。如果在输入端构造一串超前单元链,而在输出端构造一串延迟单元链,那么方框图 4.36 就等效于图 4.35。在图 4.35 和图 4.36 的分解中,序列 $e_k[n]$ 为

$$e_k[n] = h[nM+k] = h_k[nM] \tag{4.107}$$

一般称其为 $h[n]$ 的多相分量。还有其他几种方法可以导出这些多相分量,并且为了标号方便,也有其他方式给这些多相分量标号(Bellanger,2000 和 Vaidyanathan,1993),但对于本节的目的来说,式(4.107)的定义已足够了。

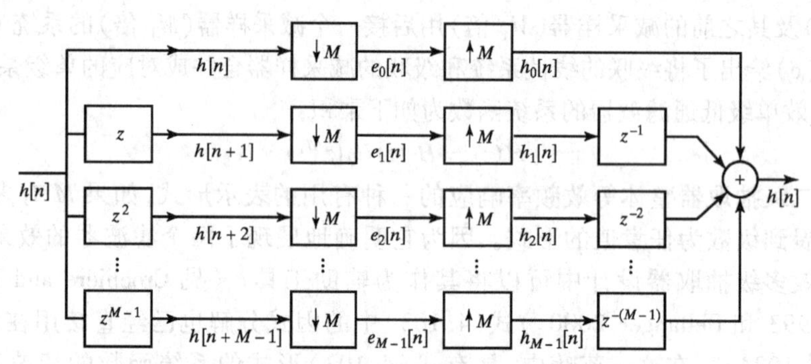

图 4.35 利用 $e_k[n]$ 分量的滤波器 $h[n]$ 的多相分解

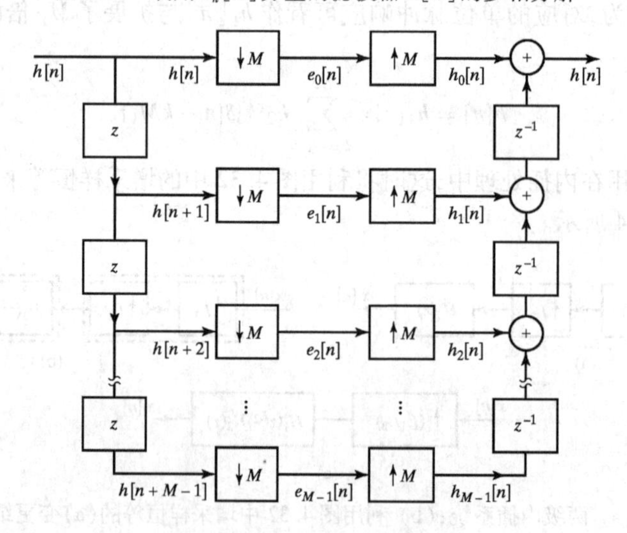

图 4.36 利用 $e_k[n]$ 分量和延迟链的滤波器 $h[n]$ 的多相分解

图 4.35 和图 4.36 都不是这一滤波器的实现，但它们表明了如何将这个滤波器分解成 M 个并联滤波器。注意到，图 4.35 和图 4.36 表明了在频域或 z 变换域中的多相表示就对应于将 $H(z)$ 表示为

$$H(z)=\sum_{k=0}^{M-1}E_k(z^M)z^{-k} \tag{4.108}$$

式(4.108)将系统函数 $H(z)$ 表示为延迟的多相分量滤波器之和。例如，由式(4.108)就可得出图 4.37所示的滤波器结构。

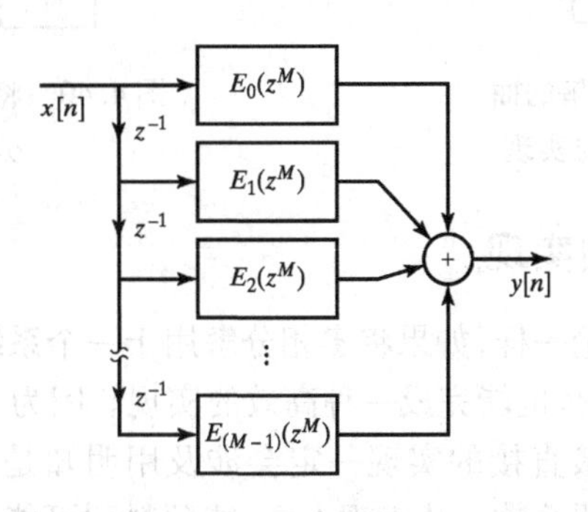

图 4.37　基于 $h[n]$ 多相分解的实现结构

4.7.4　抽取滤波器的多相实现

多相分解的重要应用之一是输出被减采样的滤波器的实现，如图 4.38 所示。

图 4.38 所示系统的最为直接的实现方式是在每个 n 值处，滤波器计算出一个输出样本，每 M 个输出样本中仅保留一个。直观地看，或许可以不必计算出那些丢弃的样本，从而得到一种更高效的实现方式。

为了得到一种高效的实现，可以利用该滤波器的多相分解。特别地，假设将 $h[n]$ 表示为多相形式，其多相分量为

$$e_k[n]=h[nM+k] \tag{4.109}$$

由式(4.108)，有

$$H(z)=\sum_{k=0}^{M-1}E_k(z^M)z^{-k} \tag{4.110}$$

利用这一分解和减采样可与增采样交换的事实，图 4.38 即可由图 4.39 表示。再将图 4.31 中的恒等关系应用于图 4.39 所示的系统，就变为图 4.40 所示的系统。

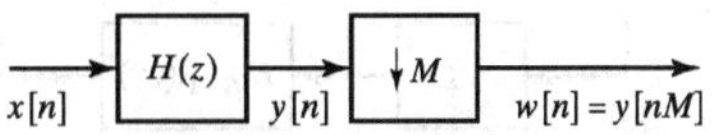

为了说明图 4.40 相比于图 4.38 的优点，假设输入 $x[n]$ 为定时在每单位时间采 1 个样本的采样率，$H(z)$ 为一个 N 点的 FIR 滤波器。在图 4.38 所示的直接实现中要求每单位时间有 N 次乘法和 $(N-1)$ 次加法。在图 4.40 所示的系统中，每个 $E_k(z)$ 滤波器的长度都为 N/M，它们的输入的采样率定为每 M 个单位时间采 1 个样本。这样，每个滤波器要求每单位时间有 $\frac{1}{M}\left(\frac{N}{M}\right)$ 次乘法和 $\frac{1}{M}\left(\frac{N}{M}-1\right)$ 次加法，因为有 M 个多相分量，所以整个系统要求每单位时间有 (N/M) 次乘法和 $\left(\frac{N}{M}-1\right)+(M-1)$ 次加法。于是，对于某些 M 和 N 值来说，能明显地节省计算量。

$x[n]$ → $H(z)$ → $y[n]$ → $\downarrow M$ → $w[n]=y[nM]$

图 4.38　抽取系统

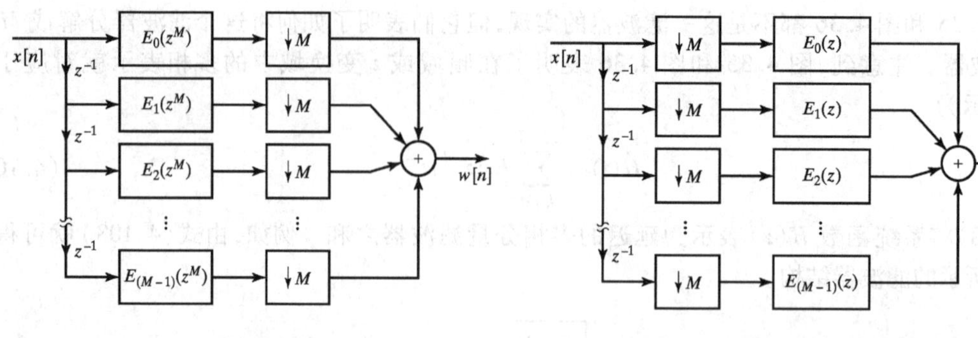

图 4.39 利用多相分解的抽取滤波器的实现

图 4.40 将减采样恒等关系用于多相分解的抽取滤波器的实现

4.7.5 内插滤波器的多相实现

如同前面对抽取所做的讨论一样,如果将多相分解用于一个系统,在该系统中增采样器位于滤波器的前面,如图 4.41 所示,那么也能完成一种高效的实现。因为 $w[n]$ 中仅仅每隔 L 个样本才为非零,所以图 4.41 所示系统的最直接的实现一定会涉及用明知是零值的那些序列值去乘以滤波器系数。从直观上看,能预料到可能会有一个更加高效的实现。

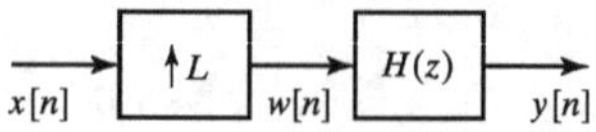

图 4.41 内插系统

为了更高效地实现图 4.41 所示的系统,还要利用 $H(z)$ 的多相分解。例如,可以将 $H(z)$ 表示为式(4.110)的形式,这样图 4.41 就能表示为图 4.42,再利用图 4.32 所示的恒等关系就能将图 4.42 重新整理为图 4.43。

下面来说明图 4.43 相较于图 4.41 的优点。在图 4.41 中,如果 $x[n]$ 是定时在每单位时间 1 个样本的采样率,那么 $w[n]$ 就是定时在每单位时间 L 个样本的速率。若 $H(z)$ 是一个长度为 N 的 FIR 滤波器,那么就需要每单位时间 NL 次乘法和 $(NL-1)$ 次加法。图 4.43 则需要每单位时间 $L(N/L)$ 次乘法和 $L\left(\frac{N}{L}-1\right)$ 次加法,再加上 $(L-1)$ 次加法即可得出 $y[n]$。因此,对于某些 L 和 N 值来说,还是可以大大减少计算量的。

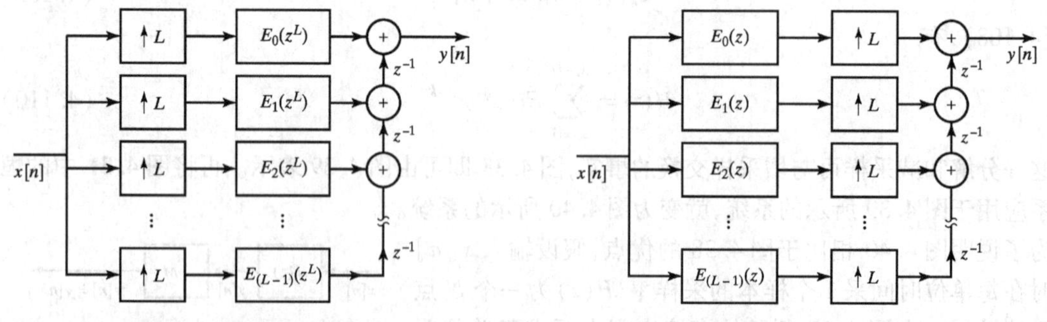

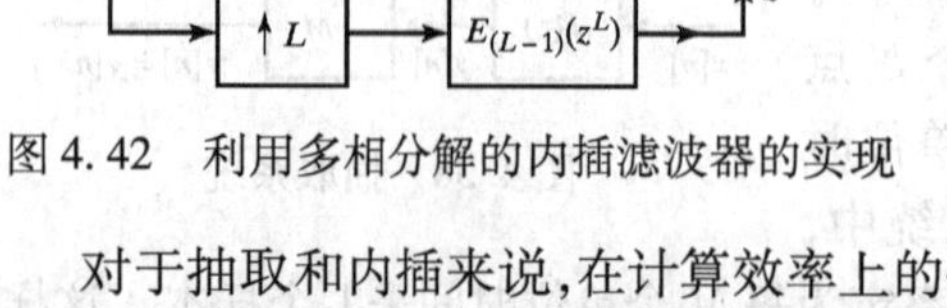

图 4.42 利用多相分解的内插滤波器的实现

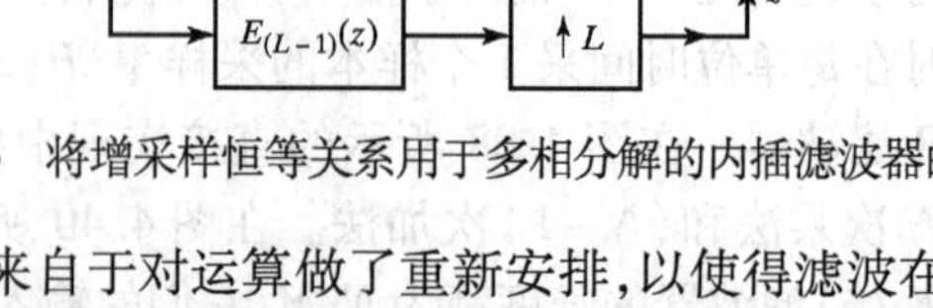

图 4.43 将增采样恒等关系用于多相分解的内插滤波器的实现

对于抽取和内插来说,在计算效率上的优势是来自于对运算做了重新安排,以使得滤波在低的采样率下完成。在非整数采样率变化中内插和抽取系统的混合使用,在需要高的中间采样率的情况下就会有显著的得益。

4.7.6 多采样率滤波器组

在用于音频和语音信号分析及合成的滤波器组中,广泛使用了抽取和内插的多相结构。例如,

图4.44所示为一个在语音编码应用中经常使用的双信道分析及合成滤波器组的结构框图。系统分析部分的目的是对输入信号 $x[n]$ 的频谱进行剖分，一部分划分到减采样后的信号 $v_0[n]$ 所代表的低通频带内，另一部分则划分到 $v_1[n]$ 所代表的高通频带内。在语音和音频编码应用中，为了进行传输和/或存储，需要对信道信号进行量化。因为原始频带在名义上被划分为两个带宽为 $\pi/2$ 弧度的相等部分，所以滤波器输出样本率为输入样本率的1/2，因此每秒内的样本总数保持不变①。注意到，对低通滤波器的输出进行减采样将把低频频带扩展到整个角度频率范围 $|\omega|<\pi$ 上；另一方面，对高通滤波器输出进行减采样会让高频频带向下平移，并扩展到全带宽 $|\omega|<\pi$ 上。

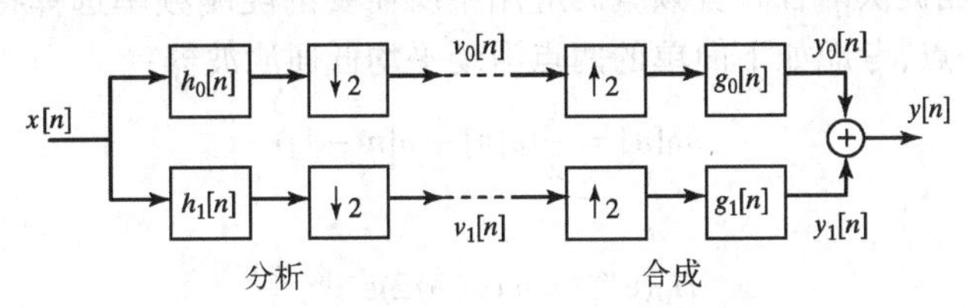

图4.44　双信道分析及合成滤波器组

多相分解用 $h_0[n]$ 和 $h_1[n]$ 分别表示低通和高通滤波器的单位脉冲响应。通常的做法是利用 $h_1[n]=\mathrm{e}^{\mathrm{j}\pi n}h_0[n]$ 由低通滤波器导出高通滤波器。这意味着 $H_1(\mathrm{e}^{\mathrm{j}\omega})=H_0(\mathrm{e}^{\mathrm{j}(\omega-\pi)})$，因此，如果 $H_0(\mathrm{e}^{\mathrm{j}\omega})$ 是标称频带为 $0\leqslant|\omega|\leqslant\pi/2$ 的低通滤波器，那么 $H_1(\mathrm{e}^{\mathrm{j}\omega})$ 将是标称频带为 $\pi/2<|\omega|\leqslant\pi$ 的高通滤波器。图4.44所示的右边(合成)部分的目的是利用两个信道信号 $v_0[n]$ 和 $v_1[n]$ 来重新构造对 $x[n]$ 的逼近信号。通过对这两个信号进行增采样并让其分别通过一个低通滤波器 $g_0[n]$ 和高通滤波器 $g_1[n]$ 便可完成重构。由此得到的内插后信号再相加便生成了以输入样本率采样的全带输入信号 $y[n]$。

对图4.44所示的系统应用减采样和增采样的频域结果便得到如下结果：

$$Y(\mathrm{e}^{\mathrm{j}\omega})=\frac{1}{2}\left[G_0(\mathrm{e}^{\mathrm{j}\omega})H_0(\mathrm{e}^{\mathrm{j}\omega})+G_1(\mathrm{e}^{\mathrm{j}\omega})H_1(\mathrm{e}^{\mathrm{j}\omega})\right]X(\mathrm{e}^{\mathrm{j}\omega}) \tag{4.111a}$$

$$+\frac{1}{2}\left[G_0(\mathrm{e}^{\mathrm{j}\omega})H_0(\mathrm{e}^{\mathrm{j}(\omega-\pi)})+G_1(\mathrm{e}^{\mathrm{j}\omega})H_1(\mathrm{e}^{\mathrm{j}(\omega-\pi)})\right]X(\mathrm{e}^{\mathrm{j}(\omega-\pi)}) \tag{4.111b}$$

如果分析及合成滤波器是理想的，则它们会精确地将频带 $0\leqslant|\omega|\leqslant\pi$ 划分为两个互不重叠的相等部分，于是可以直接证明得到 $Y(\mathrm{e}^{\mathrm{j}\omega})=X(\mathrm{e}^{\mathrm{j}\omega})$，即合成滤波器组准确地重构出输入信号。然而，利用在分析滤波器组的减采样操作中会发生混叠的非理想滤波器，也有可能实现完美或近似完美的重构。为了说明这一点，观察 $Y(\mathrm{e}^{\mathrm{j}\omega})$ 表达式的第二部分[见式(4.111b)]，这一项表征了减采样操作中潜在的混叠失真，通过选择满足如下条件的滤波器便可将其消除：

$$G_0(\mathrm{e}^{\mathrm{j}\omega})H_0(\mathrm{e}^{\mathrm{j}(\omega-\pi)})+G_1(\mathrm{e}^{\mathrm{j}\omega})H_1(\mathrm{e}^{\mathrm{j}(\omega-\pi)})=0 \tag{4.112}$$

该条件被称为**混叠抵消条件**。满足式(4.112)的一组条件为

$$h_1[n]=\mathrm{e}^{\mathrm{j}\pi n}h_0[n]\Longleftrightarrow H_1(\mathrm{e}^{\mathrm{j}\omega})=H_0(\mathrm{e}^{\mathrm{j}(\omega-\pi)}) \tag{4.113a}$$

$$g_0[n]=2h_0[n]\Longleftrightarrow G_0(\mathrm{e}^{\mathrm{j}\omega})=2H_0(\mathrm{e}^{\mathrm{j}\omega}) \tag{4.113b}$$

$$g_1[n]=-2h_1[n]\Longleftrightarrow G_1(\mathrm{e}^{\mathrm{j}\omega})=-2H_0(\mathrm{e}^{\mathrm{j}(\omega-\pi)}) \tag{4.113c}$$

滤波器 $h_0[n]$ 和 $h_1[n]$ 称为**正交镜像滤波器**(quadrature mirror filters)，因为式(4.113a)强加了关于 $\omega=\pi/2$ 的镜像对称性。将这些关系式代入式(4.111a)便得到如下关系式：

① 保存了每秒内所有样本数的滤波器组被称为**最大化抽取滤波器组**(maximally decimated filter banks)。

$$Y(e^{j\omega}) = \left[H_0^2(e^{j\omega}) - H_0^2(e^{j(\omega-\pi)})\right] X(e^{j\omega}) \tag{4.114}$$

由上式可知,完美重构(可能带 M 个样本时延)要求

$$H_0^2(e^{j\omega}) - H_0^2(e^{j(\omega-\pi)}) = e^{-j\omega M} \tag{4.115}$$

可以看出(Vaidyanathan,1993)完全满足式(4.115)的唯一计算可实现的滤波器,是单位脉冲响应具有 $h_0[n] = c_0\delta[n-2n_0] + c_1\delta[n-2n_1-1]$(其中,$n_0$ 和 n_1 为任意选取的整数,且 $c_0c_1 = \frac{1}{4}$)形式的系统。这类系统不能提供语音和音频编码应用中所需要的陡峭频率选择特性,但可以实现完美的重构,为了说明这一点,考虑如下简单的两点滑动平均低通滤波器:

$$h_0[n] = \frac{1}{2}(\delta[n] + \delta[n-1]) \tag{4.116a}$$

其频率响应为

$$H_0(e^{j\omega}) = \cos(\omega/2)e^{-j\omega/2} \tag{4.116b}$$

对于该滤波器,通过将式(4.116b)代入式(4.114)中可以证明 $Y(e^{j\omega}) = e^{-j\omega}X(e^{j\omega})$。

无论是 FIR 或 IIR 滤波器,都可以用于图 4.44 所示的分析/合成系统中,利用式(4.113a)~式(4.113c)所关联的滤波器可以实现近似完美的重构。这种滤波器设计的基础是找到一个关于 $H_0(e^{j\omega})$ 的设计,它是一个在可接受的逼近误差范围内满足式(4.115)的可接受低通滤波器近似。Johnston(1980)给出了一组这样的滤波器,并提供了它们的设计算法。Smith and Barnwell(1984),Mintzer(1985)指出,如果滤波器具有不同于式(4.113a)~式(4.113c)的另一种关系,则利用图 4.44所示的双信道滤波器组有可能实现完美重构。这种不同的关系所得到的滤波器称为共轭正交滤波器(CQF)。

在图 4.44 所示的分析及合成系统的实现中,为了节省计算量可以采用多相技术。对两个信道应用图 4.40所示的多相减采样结果,可以得到图 4.45(a)所示的结构框图,其中

$$e_{00}[n] = h_0[2n] \tag{4.117a}$$

$$e_{01}[n] = h_0[2n+1] \tag{4.117b}$$

$$e_{10}[n] = h_1[2n] = e^{j2\pi n}h_0[2n] = e_{00}[n] \tag{4.117c}$$

$$e_{11}[n] = h_1[2n+1] = e^{j2\pi n}e^{j\pi}h_0[2n+1] = -e_{01}[n] \tag{4.117d}$$

式(4.117c)和式(4.117d)表明 $h_1[n]$ 的多相滤波器与 $h_0[n]$ 的相同(除符号以外),因此只需要实现一组 $e_{00}[n]$ 和 $e_{01}[n]$。图 4.45(b)则说明了如何由两个多相滤波器的输出构成两个信号 $v_0[n]$ 和 $v_1[n]$。这种等效结构所需计算量仅为图 4.45(a)的一半,当然这完全依赖于两个滤波器之间的简单关系。

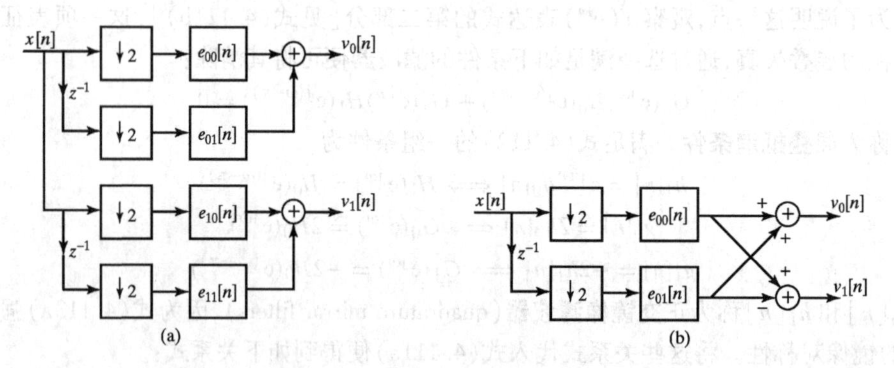

图 4.45 图 4.44 中双信道分析滤波器组的多相表示

类似地，多相技术也可应用在合成滤波器组中，通过重新配置，用多相实现结构替换两个内插器，那么多相结构便可以合并，因为 $g_1[n] = -e^{j\pi n}g_0[n] = -e^{j\pi n}2h_0[n]$。所得到的多相合成系统可以表示为多相滤波器 $f_{00}[n]=2e_{00}[n]$ 和 $f_{01}[n]=2e_{01}[n]$ 的形式，如图 4.46 所示。与分析滤波器组的情况相同，合成多相滤波器可以在两个信道之间共享，进而使计算量减半。

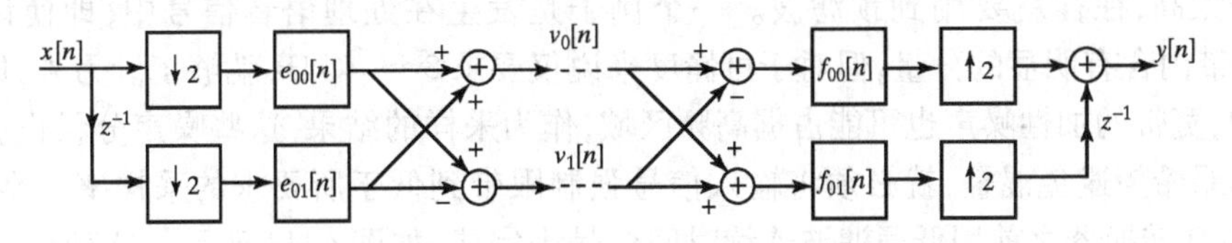

图 4.46　图 4.44 中双信道分析及合成滤波器组的多相表示

上述双频带分析/合成系统可以推导到任意 N 个等带宽信道，从而实现对频谱的更优分解。这类系统可以用在音频编码中，它们可以在数字信息速率压缩中方便地开发利用人类听觉感知的特征（参见 MPEG 音频编码标准和 Spanias，Painter，and Atti，2007）。此外，双频带系统还可与树形结构结合，以实现一个用于均匀或非均匀信道分布的分析/合成系统。使用 Smith 和 Barnwell 以及 Mintzer 提出的 CQF 滤波器，有可能实现精确重构，由此得到的分析/合成系统本质上为离散小波变换。（见 Vaidyanathan，1993 以及 Burrus，Gopinath and Guo，1997。）

4.8　模拟信号的数字处理

至此，本章有关用离散时间序列来表示连续时间信号的讨论都集中在周期采样和带限内插的理想化模型上。可以把讨论的问题归纳为利用一个称之为**理想的连续到离散（C/D）转换器**的理想化采样系统和一个称之为**理想的离散到连续（D/C）转换器**的理想化带限内插器系统。依靠这些理想化的转换系统，可以集中研究带限信号及其样本之间关系的主要数学细节。例如，4.4 节用理想的 C/D 和 D/C 转换系统证明了：如果输入是带限的，而采样率又等于或超过奈奎斯特率，那么线性时不变离散时间系统就能在图 4.47（a）所示的结构中得以实现线性时不变连续时间系统。在实际装置中，连续时间信号不是真正带限的，理想滤波器也不能实现，理想的 C/D 和 D/C 转换器也仅仅是能够近似的，这些都是分别由模拟到数字（A/D）和数字到模拟（D/A）的转换器来近似完成的。图 4.47（b）示出了处理连续时间（模拟）信号数字较为现实的模型，本节将考查图 4.47（b）所示系统中各部分引入的某些因素。

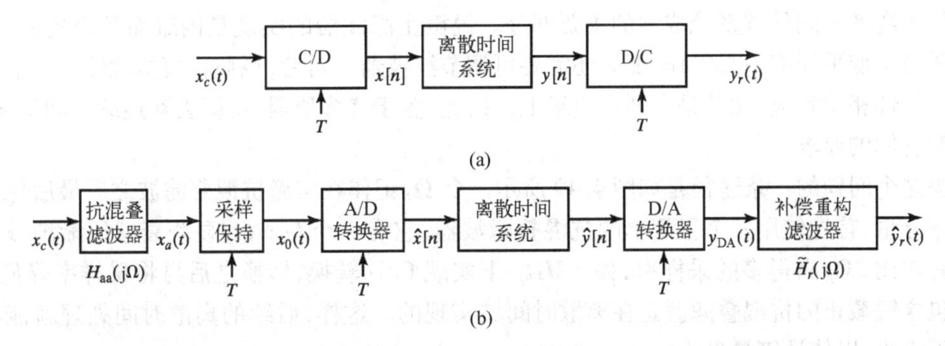

图 4.47　（a）连续时间信号的离散时间过滤；（b）模拟信号的数字处理

4.8.1　消除混叠的预滤波

在很多情况下,利用离散时间系统处理模拟信号,总是希望使系统的采样率最低。这是由于实现该系统要求处理运算的量是正比于要处理的样本数的。如果输入信号不带限或者输入信号的奈奎斯特频率太高,往往就要用到预滤波。一个例子是发生在处理语音信号中,即使语音信号在 4 ～ 20 kHz带内含有明显的分量,但对于可懂度来说仅要求 3 ～ 4 kHz 就够了。另外,即使信号本身是带限的,宽带的加性噪声也可能占据高频区域,作为采样的结果,这些噪声分量也会混叠到低频中去。如果希望避免混叠,就必须将输入信号强制限带到低于所要求的采样率一半的频率上。这可以在 C/D 转换器之前用低通滤波连续时间信号来完成,如图 4.48 所示。这种位于 C/D 转换器之前的低通滤波器称为抗**混叠滤波器**(antialiasing filter)。在理想情况下,抗混叠滤波器的频率响应为

$$H_{\mathrm{aa}}(\mathrm{j}\Omega)=\begin{cases}1, & |\Omega|<\Omega_c\leqslant\pi/T\\ 0, & |\Omega|\geqslant\Omega_c\end{cases}\tag{4.118}$$

根据 4.4.1 节的讨论,从抗混叠滤波器的输出 $x_a(t)$ 到系统输出 $y_r(t)$ 这一部分系统总是表现为一个线性时不变系统,这是因为输入到 C/D 转换器的 $x_a(t)$ 被抗混叠滤波器强制限带到低于 π/T rad/s的频率内。因此,图 4.48 所示系统的总有效频率响应将是 $H_{\mathrm{aa}}(\mathrm{j}\Omega)$ 和由 $x_a(t)$ 到 $y_r(t)$ 的有效频率响应的乘积。联合式(4.118)和式(4.38)可得到

$$H_{\mathrm{eff}}(\mathrm{j}\Omega)=\begin{cases}H(\mathrm{e}^{\mathrm{j}\Omega T}), & |\Omega|<\Omega_c\\ 0, & |\Omega|\geqslant\Omega_c\end{cases}\tag{4.119}$$

因此,对于一个理想的抗混叠滤波器来说,即使当 $X_c(\mathrm{j}\Omega)$ 不是带限的,图 4.48 所示的系统仍表现为一个频率响应如式(4.119)所给出的线性时不变系统。实际上,频率响应 $H_{\mathrm{aa}}(\mathrm{j}\Omega)$ 也不可能是理想带限的,但是能够将 $H_{\mathrm{aa}}(\mathrm{j}\Omega)$ 在 $|\Omega|>\pi/T$ 范围内做得足够小,以使混叠最小。在这种情况下,图 4.48 所示系统的总频率响应将近似为

$$H_{\mathrm{eff}}(\mathrm{j}\Omega)\approx H_{\mathrm{aa}}(\mathrm{j}\Omega)H(\mathrm{e}^{\mathrm{j}\Omega T})\tag{4.120}$$

为了使高于 π/T 的频率响应部分小到可以忽略不计,就需要对 $H_{\mathrm{aa}}(\mathrm{j}\Omega)$ 特性从一开始就采取"滚降",也即在低于 π/T 的频率上便引入衰减。式(4.120)指出抗混叠滤波器的滚降(以及其他稍后要讨论的线性时不变失真),至少能够在离散时间系统设计中进行考虑而使之得到部分补偿。这点将在习题 4.62 中说明。

前面的讨论中要求有锐截止抗混叠滤波器。利用有源网络和集成电路可以实现这样的锐截止滤波器。然而,在涉及功能强大且廉价的数字处理器应用中,这些连续时间滤波器可能占据了整个模拟信号的离散时间处理系统成本的主要部分。锐截止滤波器的实现是困难而且昂贵的,并且如果系统要与可变采样率一起工作,那么还需要可调节滤波器。再者,锐截止模拟滤波器一般都有很严重的非线性相位响应,尤其是在通带边缘上。因此,鉴于诸多原因,希望去除连续时间滤波器,或者简化对它们的要求。

解决这个问题的一条途径是如图 4.49 所示。令 Ω_N 记作在实施抗混叠滤波之后最后保留下的最高频率分量,首先使用一个很简单的抗混叠滤波器,它有一个在 $M\Omega_N$ 显著衰减但渐渐截止的特性。接着在比 $2\Omega_N$ 高得多的采样率,如 $2M\Omega_N$ 下实现 C/D 转换,转换之后再将采样率降低 M 倍,这其中包含锐截止的抗混叠滤波是在离散时间域实现的。这样,后续的离散时间处理就能在低的采样率下完成,以使计算量最小。

这种过采样再按采样率转换的道理可用图 4.50 来说明。图 4.50(a)所示的是某一信号的傅里叶变换(占有频率为 $|\Omega|<\Omega_N$),再加上可能是相应于高频"噪声"或由于抗混叠滤波器的不完

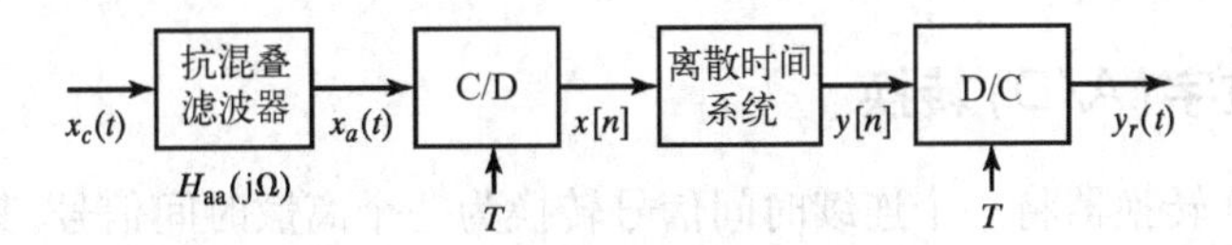

图 4.48　为消除混叠的预滤波的应用

善而最终要除掉的分量的傅里叶变换。图中虚线表示某一抗混叠滤波器的频率响应,它不是锐截止的,而是在某一频率 Ω_N 以上逐渐衰减至零。图 4.50(b)所示为该滤波器输出的傅里叶变换。倘若信号 $x_a(t)$ 用采样周期 $T,(2\pi/T-\Omega_c)\geqslant\Omega_N$,进行采样,那么序列 $\hat{x}[n]$ 的离散时间傅里叶变换将如图 4.50(c)所示。注意到"噪声"会发生混叠,但这种混叠不会影响信号频带 $|\omega|<\omega_N=\Omega_N T$。这时,如果选择 T 和 T_d 满足条件 $T_d=MT$ 及 $\pi/T_d=\Omega_N$,则信号 $\hat{x}[n]$ 就可用一个锐截止的、增益为 1、截止频率为 π/M 的离散时间滤波器[图 4.50(c)所示为理想化的]过滤。这个离散时间滤波器的输出被减采样 M 倍得到采样序列 $x_d[n]$,其傅里叶变换如图 4.50(d)所示。由此,全部锐截止的滤波都能在离散时间系统中完成,并且仅要求名义上的连续时间滤波。因为离散时间 FIR 滤波器可以有真正的线性相位,这样就有可能采用这种过采样途径来实现抗混叠滤波而实际上没有相位失真。在不仅需要保留频谱,而且需要保留波形的情况下,这是有显著优势的。

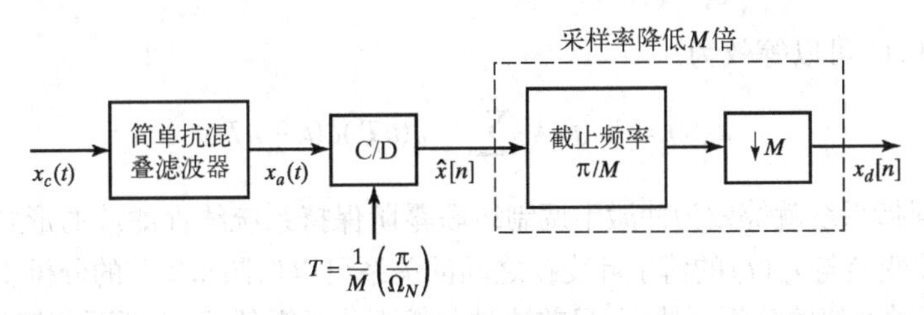

图 4.49　采用过采样的 A/D 转换以简化连续时间抗混叠滤波器

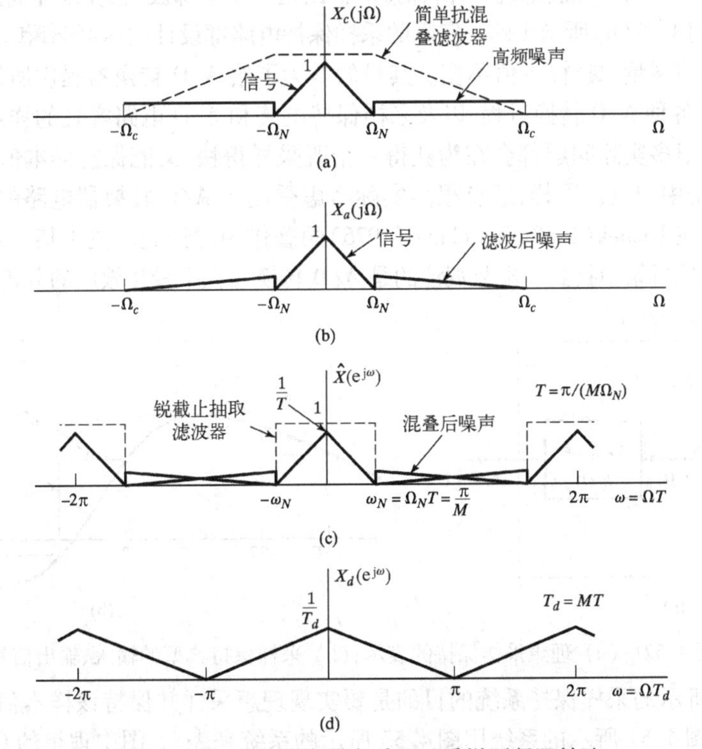

图 4.50　在 C/D 转换器中采用过采样再紧跟抽取

4.8.2 模拟到数字(A/D)转换

一个理想的 C/D 转换器将一个连续时间信号转换为一个离散时间信号,其中每个样本都认为是无限精度的。对于数字信号处理,作为一种近似,图 4.51 所示的系统把一个连续时间(模拟)信号转换为一个数字信号,也即一个有限精度的序列或量化样本。图 4.51 中的两个系统作为具体的器件都是可获得的。A/D 转换器是一个真正的器件,它将输入端电压或电流值转换为二进制码,该二进制码代表了最接近于输入大小的一个量化幅度值。在外部时钟的控制下,A/D 转换器在每 T 秒内启动和完成一次 A/D 转换。然而,转换不是瞬时的,为此一个高性能的 A/D 系统一般都包括一个采样与保持环节,如图 4.51 所示。理想的采样保持系统的输出为

$$x_0(t)=\sum_{n=-\infty}^{\infty}x[n]h_0(t-nT) \tag{4.121}$$

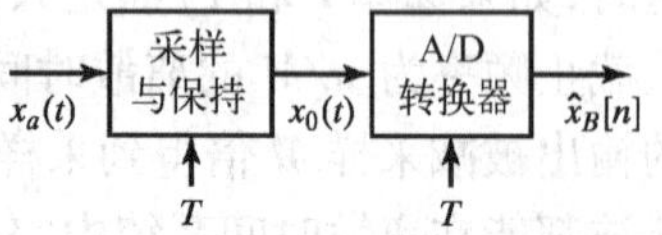

采样与保持 → A/D 转换器: $x_a(t)$, $x_0(t)$, $\hat{x}_B[n]$, T, T

图 4.51 模数转换的实际构成

式中,$x[n]=x_a(nT)$ 是 $x_a(t)$ 的理想样本,而 $h_0(t)$ 是零阶保持系统的冲激响应,即

$$h_0(t)=\begin{cases}1, & 0<t<T\\ 0, & \text{其他}\end{cases} \tag{4.122}$$

如果注意到式(4.121)可以等效为

$$x_0(t)=h_0(t)*\sum_{n=-\infty}^{\infty}x_a(nT)\delta(t-nT) \tag{4.123}$$

那么,该理想采样保持系统就等效为冲激串调制级联零阶保持系统线性滤波的形式,如图 4.52(a)所示。$x_0(t)$ 的傅里叶变换与 $x_a(t)$ 的傅里叶变换之间的关系可以仿照 4.2 节的分析步骤推导出,在讨论 D/A 转换器时也将做类似的分析。然而,目前这种分析不是必需的,因为所要了解的该系统的特性都能从其时域表达式中看出。明确地说,零阶保持的输出是一个阶梯波,它在采样周期 T 秒内样本值保持不变,这就是如图 4.52(b)所指出的。实际的采样保持电路都设计成尽可能瞬时地对 $x_a(t)$ 采样,并且直到下一次采样前尽量保持样本值不变。其目的是为了给 A/D 转换器提供所需的不变的输入电压(或电流)。有关各种 A/D 转换过程,以及采样保持电路和 A/D 电路实现的详细论述都不属于本书的讨论范围。有很多实际问题都会在为获得一个既采样得快,又能保持样本值不变(无衰减或陷波)的采样保持系统中出现。同样,还有很多实际考虑受制于 A/D 转换器电路的转换速度和精度。诸如此类的问题都在 Hnatek(1988)和 Schmid(1976)的著作中讨论到。关于某一具体产品的性能指标可以在厂家的产品目录中找到。本节观注的是 A/D 转换过程中量化效应的分析。

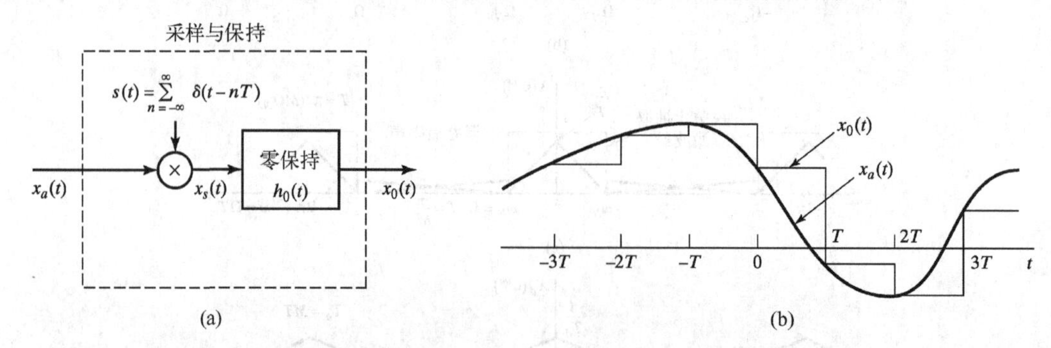

图 4.52 (a)理想采样保持的表示;(b)采样保持典型的输入、输出信号

因为图 4.51 所示的采样保持系统的目的是要实现理想采样并保持该样本值以供 A/D 转换器量化,所以可以将图 4.51 所示的系统用图 4.53 所示的系统来表示,图中理想的 C/D 转换器表示由采样保持完成的采样,而量化器和编码器共同代表 A/D 转换器的工作,关于这点稍后将说明。

量化器是一种非线性系统，它的作用是变换输入样本 $x[n]$ 为某一预先规定的有限集合值中的一个。把这种运算表示为

$$\hat{x}[n] = Q(x[n]) \tag{4.124}$$

C/D　量化器　编码器　$x_a(t)$　$x[n]$　$\hat{x}[n]$　$\hat{x}_B[n]$　T

图 4.53　图 4.51 系统的概念性表示

称 $\hat{x}[n]$ 为量化样本。量化器可以有均匀间隔的或非均匀间隔的量化电平；然而，当对样本进行数值计算时，量化阶通常是均匀的。图 4.54 示出了一种典型的均匀量化特性①，其中样本值是被舍入到最接近的量化电平上。

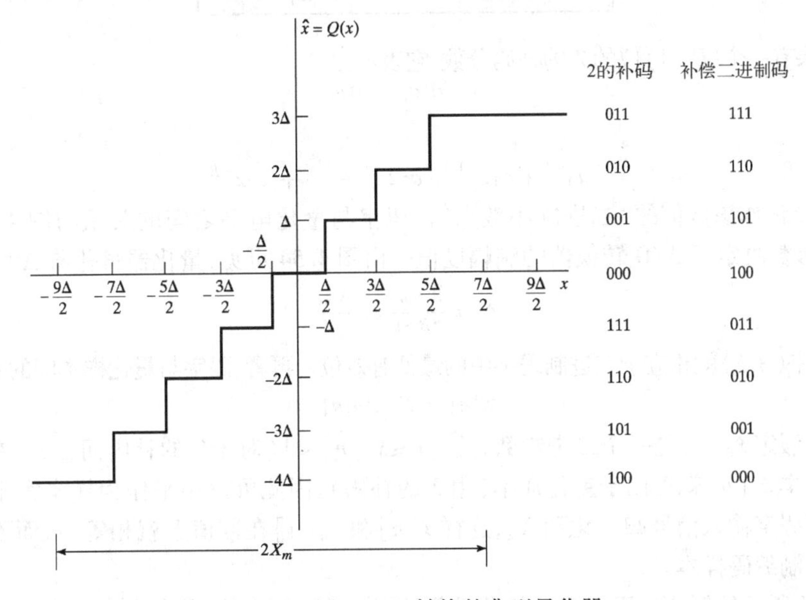

图 4.54　用于 A/D 转换的典型量化器

图 4.54 有几个特点值得强调。首先，这种量化器适合于具有正、负值样本的信号（双极性）。如果已知输入样本总是正（或负）的，那么一种不同的量化电平分布或许更为适合。其次，图 4.54 所示量化器的量化电平数为偶数电平。利用偶数电平，就不可能在零幅度点上有一个量化电平，同时有相同的正、负量化电平数。一般来说，量化电平数是 2 的幂，但是数目比 8 要大得多，所以相邻两电平之差通常是微不足道的。

图 4.54 还给出了量化电平的编码。因为有 8 个量化电平，所以可以用 3 位二进制码来表示[一般，2^{B+1} 个电平可用 $(B+1)$ 位二进制码编码]。原则上，任何一种符号的安排都可以使用，并且有很多现成的二进制编码方案，根据应用场合不同各有其利弊。例如，图 4.54 中右边一列的二进制数就是补偿二进制编码方案，在这里二进制符号从最负量化电平开始是以一种数值的次序排列的。然而，在数字信号处理中一般都希望应用一种二进制编码，使得作为量化样本加权表示的码字能直接做算术运算。

图 4.54 中左边一列为按 2 的补码编排的二进制数。这种用于表示带符号的数的数制广泛用于大多数计算机和微处理器中。或许这也是最方便的一种量化电平表示方法。顺便提及，只要在最高有效位求补，就能把补偿二进制码转换成 2 的补码。

在 2 的补码表示中，最左或最高有效位是符号位，而其余位既可用来表示二进制整数，也可表示分数，这里假定都用来表示二进制的分数，也即假定二进制的小数点是在两个最高有效位之间，那么，在 2 的补码表示中，二进制符号具有如下意义（设 $B=2$）：

① 由于量化台阶是线性上升的，所以这种量化器又称为线性量化器。

二进制符号	数值,$\hat{x}_B$
$0_\diamond 1\,1$	3/4
$0_\diamond 1\,0$	1/2
$0_\diamond 0\,1$	1/4
$0_\diamond 0\,0$	0
$1_\diamond 1\,1$	-1/4
$1_\diamond 1\,0$	-1/2
$1_\diamond 0\,1$	-3/4
$1_\diamond 0\,0$	-1

一般,如果有一个$(B+1)$位的2的补码分数,它表示为

$$a_{0\diamond}a_1a_2\cdots a_B$$

那么其值为

$$-a_02^0+a_12^{-1}+a_22^{-2}+\cdots+a_B2^{-B}$$

请注意,符号◇记作该数值的"二进制小数点"。码字与量化电平之间的关系与图4.54中的参数X_m有关。该参数决定了A/D转换器的满幅度值。由图4.54可见,量化器量化阶Δ的大小一般为

$$\Delta=\frac{2X_m}{2^{B+1}}=\frac{X_m}{2^B} \tag{4.125}$$

最小的量化电平($\pm\Delta$)就相应于二进制码字中的最低有效位。再者,码字与量化样本间的数值关系为

$$\hat{x}[n]=X_m\hat{x}_B[n] \tag{4.126}$$

因为已经假定$\hat{x}_B[n]$是一个二进制数,且$-1\leqslant\hat{x}_B[n]<1$(对于2的补码而言)。在这种方案中二进制编码样本$\hat{x}_B[n]$就正比于量化样本(用2的补码),因此可以用来作为样本大小的一种数值表示。一般都假定输入信号归一化到X_m,这样$\hat{x}[n]$和$\hat{x}_B[n]$在数值上就相等,从而不需再区分量化样本和二进制编码样本。

如图4.55所示的例子为用一个3位的量化器对一个正弦波的样本进行量化和编码。图中未量化的样本$x[n]$用实圆点表示,已量化样本$\hat{x}[n]$用空圆点表示。同时也示出理想采样保持的输出。虚线标出的"D/A转换器的输出"稍后再做讨论。图4.55还指出了代表每个样本的3位码字。由于模拟输入$x_a(t)$超出了该量化器的满幅度值,所以某些正样本就被"箝位"。

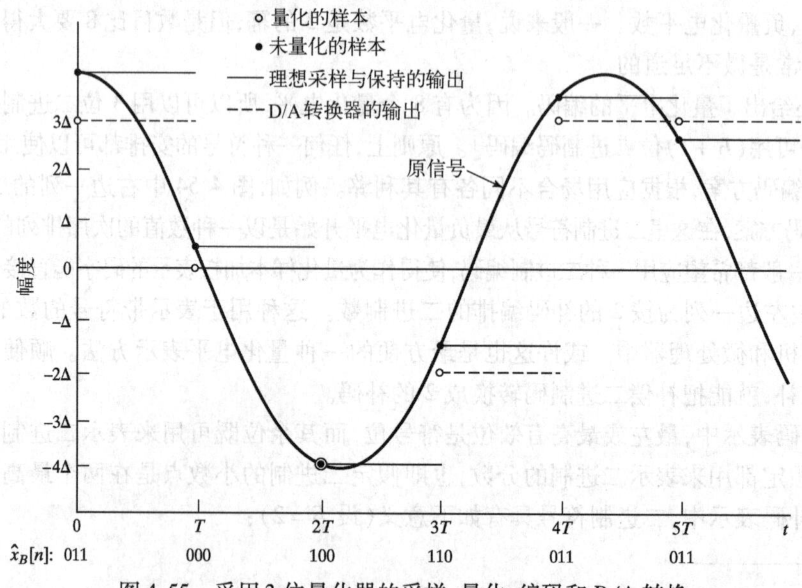

图4.55 采用3位量化器的采样、量化、编码和D/A转换

虽然前述大部分讨论都是有关量化电平的补码表示,但在 A/D 转换中,有关量化和编码的基本原理都是相同的,而与用来表示样本的二进制码无关。有关在数字计算中用到的二进制运算的详细讨论可在关于计算机算术运算的书中找到(例如,Knuth,1998)。现在转到量化效应的分析上来。因为分析不依赖于二进制码字的编排,所以可以得到更为一般的结论。

4.8.3 量化误差分析

由图 4.54 和图 4.55 可见,一般量化样本 $\hat{x}[n]$ 不同于样本的真值 $x[n]$。其差值即为量化误差,定义为

$$e[n]=\hat{x}[n]-x[n] \tag{4.127}$$

例如,对于图 4.54 所示的 3 位量化器,如果 $\Delta/2 < x[n] \leqslant 3\Delta/2$,那么 $\hat{x}[n]=\Delta$,于是有

$$-\Delta/2 \leqslant e[n] < \Delta/2 \tag{4.128}$$

在图 4.54 所示的情况下,只要

$$-9\Delta/2 < x[n] \leqslant 7\Delta/2 \tag{4.129}$$

则式(4.128)总是成立。

一般在 $(B+1)$ 位量化器中,其 Δ 由式(4.125)给定,只要有

$$(-X_m-\Delta/2) < x[n] \leqslant (X_m-\Delta/2) \tag{4.130}$$

量化误差总满足式(4.128)。

如果 $x[n]$ 超出该范围(如图 4.55 中 $t=0$ 时的样本),那么量化误差在幅度上就大于 $\Delta/2$,这些样本称为被箝位了,且量化器即为过载了。

一种简化而有用的量化器模型如图 4.56 所示。在该模型中,量化误差样本被认为一种加性噪声信号。如若已知 $e[n]$,该模型就完全等效于该量化器。在大多数情况下,$e[n]$ 是未知的,这时基于图 4.56 的一种统计模型就可以用来表示量化效应。第 6 章和第 9 章中将使用这样的模型来描述信号处理算法中的量化效应。量化误差的统计表示是基于如下假设的:

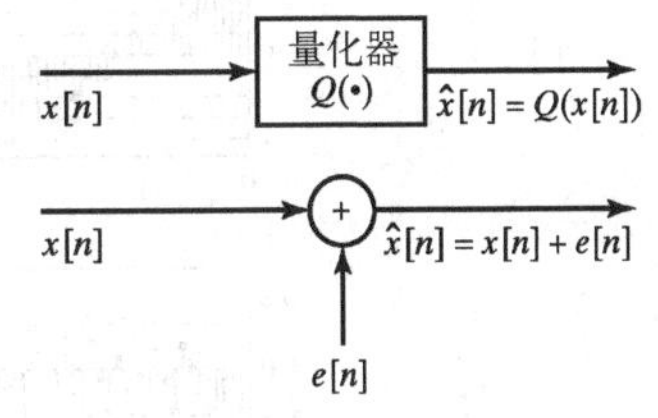

图 4.56　量化器的加性噪声模型

(1) 误差序列 $e[n]$ 是平稳随机过程的一个样本序列;

(2) 误差序列与序列 $x[n]$①不相关;

(3) 误差过程的随机变量是不相关的,也就是说,误差是一个白噪声过程;

(4) 误差过程的概率分布在量化误差范围内是均匀分布的。

将会看到,这些假设会导致一个量化影响相当简单但有效的分析,这种量化影响可以获得对系统性能的有用预测。极易发现这些假设在某些情况下明显不成立。例如,若 $x_a(t)$ 是一个阶跃函数,这些假设就不能认为是合理的。然而,当信号是一个复杂的信号时,像语音或音乐这类通常是以一种不可预见的方式剧烈起伏波动的信号,这些假设就更为真实。随机信号输入的实验测量和理论分析已经表明,当量化步长(进而对应于误差)较小且信号以一种复杂的形态变化时,信号与量化噪声之间所测得的相关性愈趋减弱,并且误差也变得不相关(见 Bennett,1948;Widrow,1956,1961;Sripad and Snyder,1977;以及 Widrow and Kollar,2008)。依此可推理,如果量化器不过载且信号足够复杂,而量化阶又足够小,以至于从一个样本到另一个样本,信号的幅度很可能横穿过许多量化台阶,那么这个统计模型的假设就似乎越真实。

① 当然,这并不意味着统计独立,因为误差直接由输入信号来决定。

例 4.10 一个正弦信号的量化误差

作为一个说明性的例子,图 4.57(a)所示为余弦信号 $x[n]=0.99\cos(n/10)$ 未量化样本的序列。图 4.57(b)所示为 3 位量化器($B+1=3$)的量化样本序列 $\hat{x}[n]=Q\{x[n]\}$,并假设 $X_m=1$,图中虚线表示 8 种可能的量化电平。图 4.57(c)和图 4.57(d)所示分别为于 3 位量化和 8 位量化时的量化误差 $e[n]=\hat{x}[n]-x[n]$。在每一种情况下,对量化误差的标尺进行调整,使得范围 $\pm\Delta/2$ 由图中虚线指出。

值得注意的是,在 3 位量化的情况下,误差信号与未量化样本有强相关性。例如,在这个余弦的正、负峰值附近,量化信号在跨越多个接续的样本上仍然保持不变,以至于在这些区段量化误差具有输入序列的形状。同时还注意到,在正峰的这些区段周围,误差在幅度上比 $\Delta/2$ 大。这是由于对这种量化器参数的设置使得信号电平太大的缘故。然而,对于 8 位量化时的量化误差没有这种明显的波形①。对这些图的直观观察可以预测性地判断在精细量化(8 位)下量化噪声的性质;即量化样本是随机变换的,与未量化信号不相关,并在 $-\Delta/2$ 和 $+\Delta/2$ 之间的范围内变化。

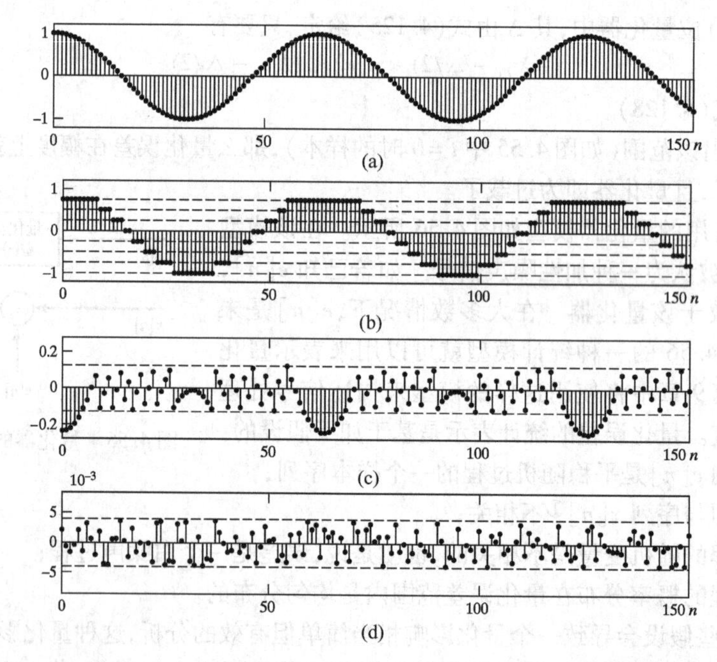

图 4.57 量化噪声的例子。(a) 信号 $x[n]=0.99\cos(n/10)$ 的未量化样本;(b)用 3 位量化器(a)中余弦波形的量化样本;(c)在(a)中信号用 3 位量化的量化误差序列;(d)在(a)中信号用 8 位量化的量化误差序列

对于舍入样本值到最接近的量化电平的量化器来说(见图 4.54),量化噪声的幅度是在如下范围内:

$$-\Delta/2 \leqslant e[n] < \Delta/2 \tag{4.131}$$

对于小的 Δ,$e[n]$ 是一个在 $-\Delta/2$ 到 $\Delta/2$ 范围内均匀分布的随机变量的假设是合理的。因此,

① 对于周期余弦信号来说,量化误差自然也会是周期的,因此,其功率谱将以输入信号频率的倍频为中心。本例采用频率 $\omega_0=1/10$ 以避免出现这种情况。

对于这种量化噪声的一阶概率密度的假设如图 4.58 所示（如果在实现量化中是截尾而不是舍入，那么误差总是负的，并假设从 $-\Delta$ 到 0 为均匀概率密度分布）。为了完成量化噪声统计模型，假定噪声样本间是不相关的，且 $e[n]$ 与 $x[n]$ 也不相关。这样 $e[n]$ 就假设为一个均匀分布的白噪声序列。$e[n]$ 的均值为零，其方差为

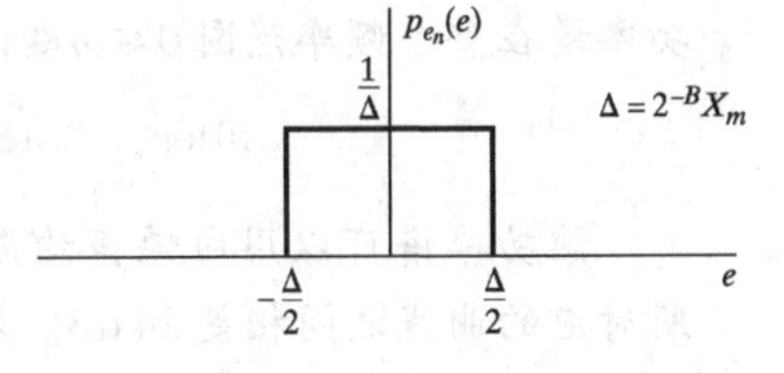

图 4.58　舍入量化器（见图 4.54）量化误差的概率密度函数

$$\sigma_e^2=\int_{-\Delta/2}^{\Delta/2}e^2\frac{1}{\Delta}\mathrm{d}e=\frac{\Delta^2}{12} \tag{4.132}$$

对于一个 $(B+1)$ 位量化器，其满幅度值为 X_m，噪声方差或功率为

$$\sigma_e^2=\frac{2^{-2B}X_m^2}{12} \tag{4.133}$$

式(4.133)实现了对量化噪声的白噪声建模，因为量化噪声的自相关函数为 $\phi_{ee}[m]=\sigma_e^2\delta[m]$，且相应的功率谱密度为

$$P_{ee}(\mathrm{e}^{\mathrm{j}\omega})=\sigma_e^2=\frac{2^{-2B}X_m^2}{12},\quad |\omega|\leqslant\pi \tag{4.134}$$

例 4.11　量化噪声的测量

为了证实并说明量化噪声模型的有效性，再次考虑对信号 $x[n]=0.99\cos(n/10)$ 的量化，它可以用 64 位浮点精度来计算（适用于各种实际的未量化目标），量化成 $B+1$ 位。既然已知量化器的输入和输出，那么还可以计算得到量化噪声序列。通常采用幅度直方图来作为对一个随机信号的概率分布估计，直方图可以给出落在彼此相邻的幅度间隔或幅度点集合中每一个间隔内的样本数量。图 4.59 所示为 $X_m=1$ 时 16 位量化和 8 位量化所对应的量化噪声的直方图。由于总的样本数量为 101000 且幅度点数为 101，则若噪声是均匀分布的，那么落在每个幅度点上的样本数量均值约为 1000。进而，16 位量化时样本的整体取值区间为 $\pm1/2^{16}=1.53\times10^{-5}$，8 位量化时样本的整体取值区间为 $\pm1/2^{8}=3.9\times10^{-3}$。图 4.59 所示的直方图与这些值基本一致，虽然 8 位量化的结果与均匀分布有一定程度的偏差。

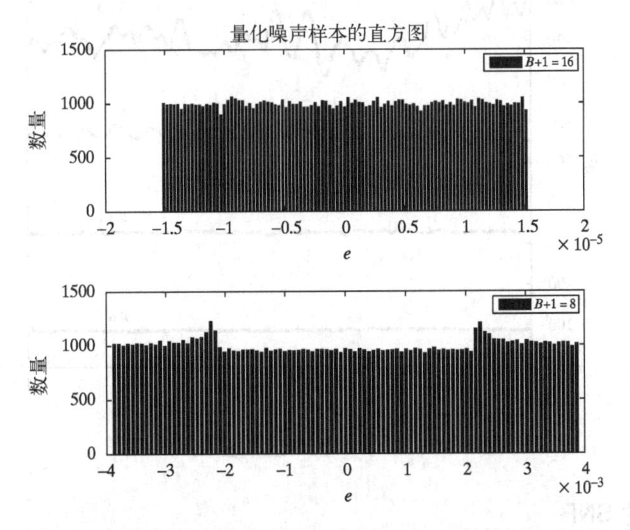

图 4.59　量化噪声的直方图。(a) $B+1=16$；(b) $B+1=8$

第 10 章将讨论如何计算功率密度谱的估计值。图 4.60 示出了量化噪声信号的这种功率谱估计，其中 $B+1$ 分别为 16,12,8 和 4。观察此例可以发现，当量化比特数为 8 或者更大时，

功率谱在整个频率范围 $0\leqslant\omega\leqslant\pi$ 上非常平坦,且功率谱水平(以 dB 为单位)非常接近于

$$10\log_{10}(P_{ee}(\mathrm{e}^{\mathrm{j}\omega}))=10\log_{10}\left(\frac{1}{12(2^{2B})}\right)=-(10.79+6.02B)$$

该功率谱可以用白噪声均匀分布模型来预测。可以看出,在所有频率上,$B=7,11$ 和 15 所对应的曲线之间相差 24 dB。然而,观察 $B+1=4$ 的情况可以看出,该模型已经不能够用来预测噪声功率谱的形状了。

此例说明,量化噪声的假设模型对于预测均匀量化器的性能来说较为有用。一个信号被一般的加性噪声和特定的量化噪声所污损的程度的常用度量是信号噪声比(SNR),定义为信号方差(功率)对噪声方差的比。以 dB(分贝)表示,一个$(B+1)$位均匀量化器的信号量化噪声比为

$$\begin{aligned}\mathrm{SNR}_Q&=10\log_{10}\left(\frac{\sigma_x^2}{\sigma_e^2}\right)=10\log_{10}\left(\frac{12\cdot2^{2B}\sigma_x^2}{X_m^2}\right)\\&=6.02B+10.8-20\log_{10}\left(\frac{X_m}{\sigma_x}\right)\end{aligned}\tag{4.135}$$

由式(4.135)可见,量化样本的字长每增加一位(也即量化电平数加倍),信噪比近似提高 6 dB,需要特别考虑式(4.135)中的项

$$-20\log_{10}\left(\frac{X_m}{\sigma_x}\right)\tag{4.136}$$

首先,X_m 是量化器的一个参数,通常在一个实际系统中是固定的。量 σ_x 是信号幅度的均方根值,它一定小于信号的峰值幅度。例如,若 $x_a(t)$ 是一个峰值幅度为 X_p 的正弦波,则 $\sigma_x=X_p/\sqrt{2}$。如果 σ_x 太大,峰值信号幅度将超过 A/D 转换器的满幅度值 X_m。这时,式(4.135)不再成立,并且会产生严重失真。另一方面,若 σ_x 太小,式(4.136)这一项将变大且为负,则式(4.135)的 SNR 下降。事实上,容易看出,当 σ_x 减半时,SNR 下降 6 dB。因此,仔细地将信号幅度与 A/D 转换器的满幅度值匹配是很重要的。

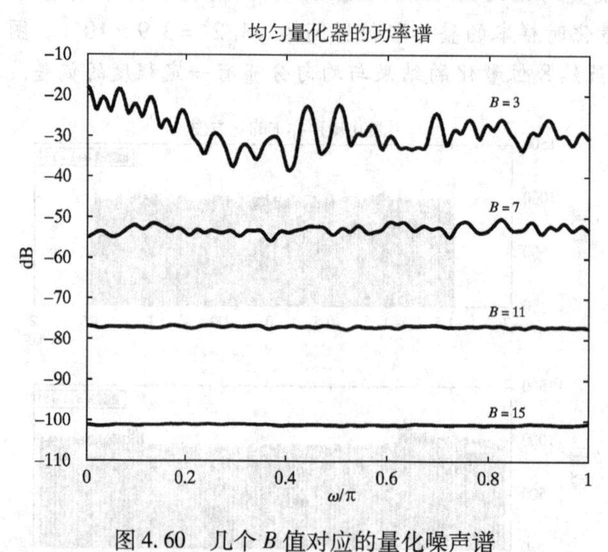

图 4.60 几个 B 值对应的量化噪声谱

例 4.12 正弦信号的 SNR

利用信号 $x[n]=A\cos(n/10)$,可以计算 $X_m=1$ 以及 A 改变时不同 $B+1$ 值下的量化误差。SNR 作为 X_m/σ_x 函数的估计值如图 4.61 所示,计算过程是基于信号的大量样本算出平均功率,然后除以噪声平均功率的相应估计值,即

$$\mathrm{SNR}_Q = 10\log_{10}\left(\frac{\dfrac{1}{N}\sum\limits_{n=0}^{N-1}(x[n])^2}{\dfrac{1}{N}\sum\limits_{n=0}^{N-1}(e[n])^2}\right)$$

对于图 4.61 所示的情况，$N = 101\,000$。

观察图 4.61 中的曲线可以看到，在 B 值的较大取值区间内，曲线与式(4.135)非常接近。特别地，作为 $\log(X_m/\sigma_x)$ 的函数，曲线为直线，各曲线之间偏移 12 dB，因为各 B 值之间相差 2。随着 X_m/σ_x 下降，SNR 增加，因为在 X_m 固定的情况下增大 σ_x 意味着信号使用了更多的可用量化等级。然而，随着 $X_m/\sigma_x \to 1$，可以观察到曲线具有明显的陡峭下降。因为对于正弦波来说，$\sigma_x = 0.707A$，这就意味着当幅度 A 变得比 $X_m = 1$ 大时，会发生严重的箝位，于是当幅度超出 X_m 后 SNR 会快速下降。

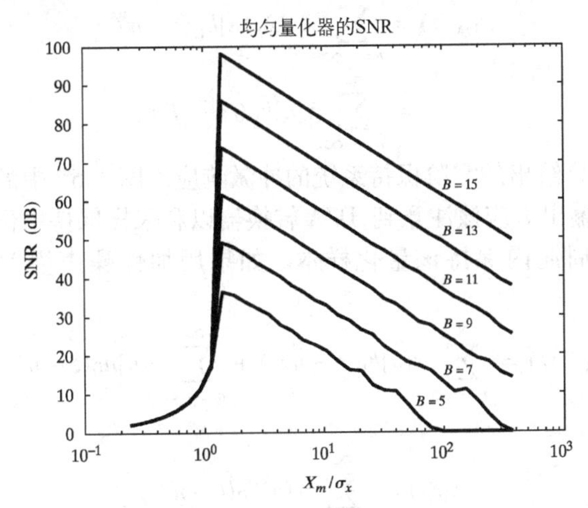

图 4.61　几个 B 值下信号量化噪声比作为 X_m/σ_x 的函数

对于像语音和音乐这样的模拟信号，幅度分布趋向于集中在零附近，并随着幅度的增加迅速跌落。在这些情况下，样本幅度超过均方根值 3 倍或 4 倍的概率非常小。例如，如果信号幅度是一个高斯型分布，那么仅有 0.064% 的样本的幅度大于 $4\sigma_x$。因此，为了避免信号峰值箝位（如在统计模型中所假设的），可以在 A/D 转换器之前设置滤波器和放大器的增益，以使得 $\sigma_x = X_m/4$。在式(4.135)中利用该 σ_x 值，则有

$$\mathrm{SNR}_Q \approx 6B - 1.25\ \mathrm{dB} \tag{4.137}$$

例如，用在高质量的音乐录制和重放系统中，要获得 90 ～ 96 dB 的信噪比，就要求有 16 位的量化，但是要记住，要得到这样一个性能须在输入信号与 A/D 转换器的满幅度值精心匹配之后方有可能。

峰值信号幅度与量化噪声的绝对大小之间的这种折中对于任何量化过程都是基本的。第 6 章讨论在实现离散时间线性系统中的舍入噪声时将会再次看到它的重要性。

4.8.4　D/A 转换

4.3 节讨论了如何利用理想低通滤波从一个样本序列来重构一个带限信号。利用傅里叶变换，这个重构过程表示为

$$X_r(\mathrm{j}\Omega) = X(\mathrm{e}^{\mathrm{j}\Omega T})H_r(\mathrm{j}\Omega) \tag{4.138}$$

式中，$X(\mathrm{e}^{\mathrm{j}\omega})$ 为样本序列的离散时间傅里叶变换，$X_r(\mathrm{j}\Omega)$ 为已重构的连续时间信号的傅里叶变换。理想重构滤波器为

$$H_r(\mathrm{j}\Omega)=\begin{cases}T, & |\Omega|<\pi/T\\ 0, & |\Omega|\geqslant\pi/T\end{cases} \tag{4.139}$$

对于 $H_r(\mathrm{j}\Omega)$ 的这种选取，$x_r(t)$ 和 $x[n]$ 之间的相应关系为

$$x_r(t)=\sum_{n=-\infty}^{\infty}x[n]\frac{\sin[\pi(t-nT)/T]}{\pi(t-nT)/T} \tag{4.140}$$

该系统以序列 $x[n]$ 为输入，产生输出为 $x_r(t)$，称为理想 D/C 转换器。对于理想 D/C 转换器一个具体可实现的对应系统是一个数字模拟转换器(D/A 转换器)紧跟着一个近似低通滤波器，如图 4.62 所示。一个 D/A 转换器将一个二进制码字序列 $\hat{x}_B[n]$ 作为输入，产生一个如下式所示的连续时间输出：

图 4.62　D/A 转换器方框图

$$\begin{aligned}x_{\mathrm{DA}}(t)&=\sum_{n=-\infty}^{\infty}X_m\hat{x}_B[n]h_0(t-nT)\\&=\sum_{n=-\infty}^{\infty}\hat{x}[n]h_0(t-nT)\end{aligned} \tag{4.141}$$

式中，$h_0(t)$ 是由式(4.122)给出的零阶保持系统的冲激响应。图 4.55 中的虚线示出了对正弦波量化例子的 D/A 转换器的输出。应该注意到，D/A 转换器以和采样保持中保持未被量化的输入样本同样的方式在一个样本周期内保持该量化样本。如果用加性噪声模型来表示量化效应，那么式(4.141)就变成

$$x_{\mathrm{DA}}(t)=\sum_{n=-\infty}^{\infty}x[n]h_0(t-nT)+\sum_{n=-\infty}^{\infty}e[n]h_0(t-nT) \tag{4.142}$$

为了简化讨论，定义

$$x_0(t)=\sum_{n=-\infty}^{\infty}x[n]h_0(t-nT) \tag{4.143}$$

$$e_0(t)=\sum_{n=-\infty}^{\infty}e[n]h_0(t-nT) \tag{4.144}$$

这样，式(4.142)就能写成

$$x_{\mathrm{DA}}(t)=x_0(t)+e_0(t) \tag{4.145}$$

因为 $x[n]=x_a(nT)$，所以信号分量 $x_0(t)$ 就与输入信号 $x_a(t)$ 有关。噪声信号 $e_0(t)$ 取决于量化噪声样本 $e[n]$，这与 $x_0(t)$ 取决于未被量化的信号样本的方式是一样的。式(4.143)的傅里叶变换为

$$\begin{aligned}X_0(\mathrm{j}\Omega)&=\sum_{n=-\infty}^{\infty}x[n]H_0(\mathrm{j}\Omega)\mathrm{e}^{-\mathrm{j}\Omega nT}\\&=\left(\sum_{n=-\infty}^{\infty}x[n]\mathrm{e}^{-\mathrm{j}\Omega Tn}\right)H_0(\mathrm{j}\Omega)\\&=X(\mathrm{e}^{\mathrm{j}\Omega T})H_0(\mathrm{j}\Omega)\end{aligned} \tag{4.146}$$

现在，因为

$$X(\mathrm{e}^{\mathrm{j}\Omega T})=\frac{1}{T}\sum_{k=-\infty}^{\infty}X_a\left(\mathrm{j}\left(\Omega-\frac{2\pi k}{T}\right)\right) \tag{4.147}$$

所以就有

$$X_0(\mathrm{j}\Omega)=\left[\frac{1}{T}\sum_{k=-\infty}^{\infty}X_a\left(\mathrm{j}\left(\Omega-\frac{2\pi k}{T}\right)\right)\right]H_0(\mathrm{j}\Omega) \tag{4.148}$$

如果 $X_a(\mathrm{j}\Omega)$ 是带限到 π/T 频率以下,那么在式(4.148)中 $X_a(\mathrm{j}\Omega)$ 频移的那些部分就不会重叠。如果定义一个补偿的重构滤波器为

$$\tilde{H}_r(\mathrm{j}\Omega)=\frac{H_r(\mathrm{j}\Omega)}{H_0(\mathrm{j}\Omega)} \tag{4.149}$$

若输入为 $x_0(t)$,则该滤波器的输出即为 $x_a(t)$。很容易证明零阶保持滤波器的频率响应为

$$H_0(\mathrm{j}\Omega)=\frac{2\sin(\Omega T/2)}{\Omega}\mathrm{e}^{-\mathrm{j}\Omega T/2} \tag{4.150}$$

因此这个补偿的重构滤波器为

$$\tilde{H}_r(\mathrm{j}\Omega)=\begin{cases}\dfrac{\Omega T/2}{\sin(\Omega T/2)}\mathrm{e}^{\mathrm{j}\Omega T/2}, & |\Omega|<\pi/T\\ 0, & |\Omega|\geqslant\pi/T\end{cases} \tag{4.151}$$

图4.63(a)所示为按式(4.150)给出的 $|H_0(\mathrm{j}\Omega)|$ 与按式(4.139)给出的理想内插滤波器 $|H_r(\mathrm{j}\Omega)|$ 的比较。这两个滤波器在 $\Omega=0$ 处都有增益为 T,但是零阶保持虽在性质上为低通型,可在 $\Omega=\pi/T$ 处并不是锐截止的。图4.63(b)所示为理想补偿重构滤波器频率响应的幅度,它紧跟在一个零阶保持重构系统,如D/A转换器之后。理想地,相位响应应相应于一个 $T/2$ s的超前时移以补偿零阶保持所引入的延时量。因为时间超前在实际的实时近似该理想补偿重构滤波器中是不可能实现的,所以仅仅是幅度响应上的补偿,并且往往甚至连这点补偿也可省去,因为零阶保持的增益在 $\Omega=\pi/T$ 处仅下降 $2/\pi$(或 -4 dB)。

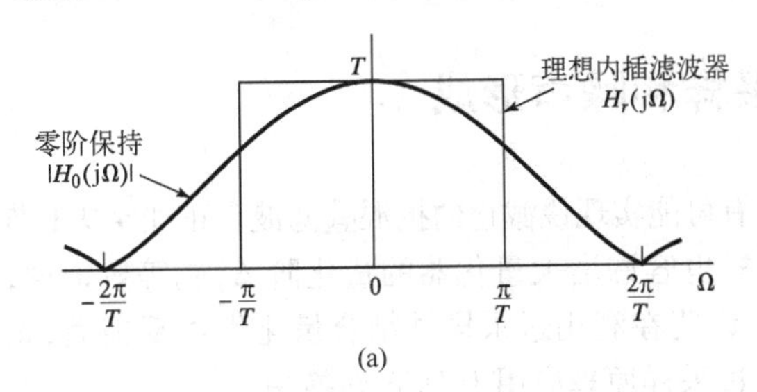

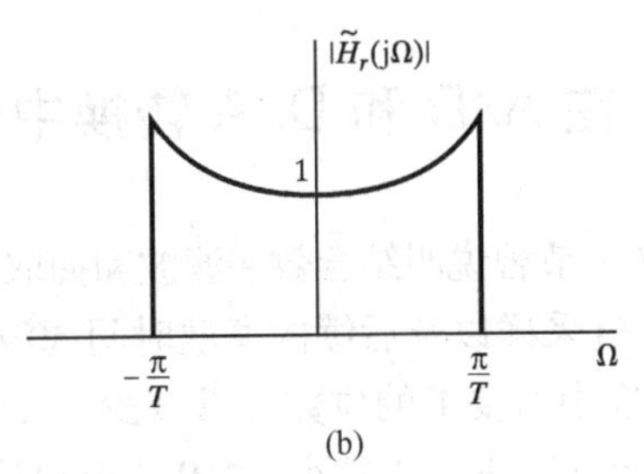

图4.63 (a)零阶保持与理想内插滤波器频率响应的比较;(b)用于与零阶保持输出相接的理想补偿重构滤波器

图4.64所示为一个D/A转换器紧跟着一个理想补偿重构滤波器。正如前面讨论所见,将理想补偿重构滤波器接在D/A转换器后面,则重构的输出信号为

$$\begin{aligned}\hat{x}_r(t)&=\sum_{n=-\infty}^{\infty}\hat{x}[n]\frac{\sin[\pi(t-nT)/T]}{\pi(t-nT)/T}\\&=\sum_{n=-\infty}^{\infty}x[n]\frac{\sin[\pi(t-nT)/T]}{\pi(t-nT)/T}+\sum_{n=-\infty}^{\infty}e[n]\frac{\sin[\pi(t-nT)/T]}{\pi(t-nT)/T}\end{aligned} \tag{4.152}$$

换句话说,输出为

$$\hat{x}_r(t)=x_a(t)+e_a(t) \tag{4.153}$$

式中,$e_a(t)$ 是一个带限白噪声信号。

重新考虑一下图4.47(b),能够明白模拟信号数字处理系统的特性了。如果假设抗混叠滤波器的输出是带限到低于 π/T 频率以下,$\tilde{H}_r(\mathrm{j}\Omega)$ 也是类似带限的,并且离散时间系统是线性时不变的,那么总的系统输出就有如下形式:

$$\hat{y}_r(t)=y_a(t)+e_a(t) \tag{4.154}$$

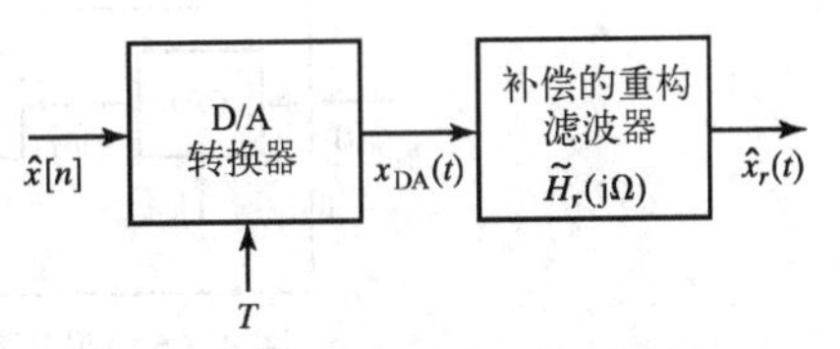

图4.64 数模转换的实际组成

这里

$$TY_a(\mathrm{j}\Omega) = \tilde{H}_r(\mathrm{j}\Omega)H_0(\mathrm{j}\Omega)H(\mathrm{e}^{\mathrm{j}\Omega T})H_{\mathrm{aa}}(\mathrm{j}\Omega)X_c(\mathrm{j}\Omega) \tag{4.155}$$

式中,$H_{\mathrm{aa}}(\mathrm{j}\Omega)$、$H_0(\mathrm{j}\Omega)$和$\tilde{H}r(\mathrm{j}\Omega)$分别是抗混叠滤波器、D/A 转换器的零阶保持和重构低通滤波器的频率响应。$H(\mathrm{e}^{\mathrm{j}\Omega T})$是离散时间系统的频率响应。类似地,假设由 A/D 转换器引入的量化噪声是方差 $\sigma_e^2 = \Delta^2/12$ 的白噪声,那么可以证明输出噪声的功率谱为

$$P_{e_a}(\mathrm{j}\Omega) = |\tilde{H}_r(\mathrm{j}\Omega)H_0(\mathrm{j}\Omega)H(\mathrm{e}^{\mathrm{j}\Omega T})|^2\sigma_e^2 \tag{4.156}$$

也就是说,输入量化噪声受到离散时间和连续时间连续几级过滤而变化。由式(4.155)可以得出,在量化误差模型并忽略混叠的假定下,从 $x_c(t)$ 到 $\hat{y}_r(t)$ 总的有效频率响应为

$$TH_{\mathrm{eff}}(\mathrm{j}\Omega) = \tilde{H}_r(\mathrm{j}\Omega)H_0(\mathrm{j}\Omega)H(\mathrm{e}^{\mathrm{j}\Omega T})H_{\mathrm{aa}}(\mathrm{j}\Omega) \tag{4.157}$$

如果抗混叠滤波器是理想的,如式(4.118)所给出,而重构滤波器的补偿也是理想的,如式(4.151)所给出,那么有效频率响应就如式(4.119)所给出。否则,式(4.157)就对有效频率响应提供了一个合理的模型。应注意到,式(4.157)还指出,对于4 项当中任何一项不完善特性的补偿,原则上可以在其他任何一项上进行。例如,离散时间系统可以对抗混叠滤波器,或零阶保持,或重构滤波器,或所有这些不完善特性做适当的补偿。

除了由式(4.157)提供的过滤外,由式(4.154)可知,输出也会被经过滤波后的量化噪声所污损。在第 6 章将看到,噪声还会在离散时间线性系统的实现中被引入。一般来说,这个内部噪声都将被离散时间系统的实现、D/A 转换器的零阶保持和重构滤波器等部分予以过滤。

4.9 在 A/D 和 D/A 转换中的过采样和噪声形成

4.8.1 节曾说明结合数字滤波和抽取,过采样有可能实现锐截止的抗混叠滤波。正如 4.9.1 节将讨论的,过采样以及后续的离散时间滤波与减采样也容许增大量化器的量化阶 Δ,或等效地说,在 A/D 转换中所要求的位数可以减少。4.9.2 节将说明在利用过采样并结合量化噪声反馈后,怎样能够将量化阶进一步减小。4.9.3 节讨论如何将过采样原理应用于 D/A 转换中。

4.9.1 采用直接量化的过采样 A/D 转换

为了研究过采样和量化阶大小之间的关系,考虑图 4.65 所示的系统。为了分析过采样在该系统中的效果,考虑一个零均值广义平稳的随机过程 $x_a(t)$,其功率谱密度记为$\Phi_{x_ax_a}(\mathrm{j}\Omega)$,自相关函数记为 $\Phi_{x_ax_a}(\tau)$。为了简化讨论,最初假设 $x_a(t)$已经带限到 Ω_N,即

$$\Phi_{x_ax_a}(\mathrm{j}\Omega) = 0, \qquad |\Omega| \geqslant \Omega_N \tag{4.158}$$

并假定 $2\pi/T = 2M\Omega_N$,常数 M 为整数,称为**过采样率**(oversampling ratio)。利用 4.8.3 节详细讨论过的加性噪声模型,能用图 4.66 替代图 4.65。图 4.66 中的抽取滤波器是增益为 1,截止频率为$\omega_c = \pi/M$的理想低通滤波器。因为图 4.66 所示的整个系统是线性的,所以它的输出 $x_d[n]$有两个分量:一个是由于信号输入 $x_a(t)$引起的,另一个是由于量化噪声输入 $e[n]$产生的,分别记为 $x_{da}[n]$和 $x_{de}[n]$。

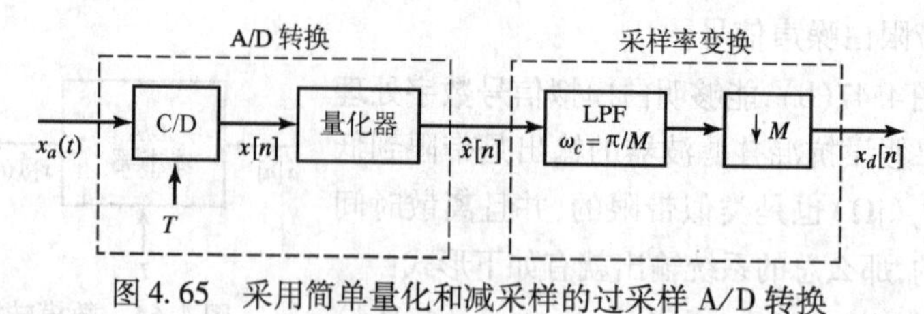

图 4.65 采用简单量化和减采样的过采样 A/D 转换

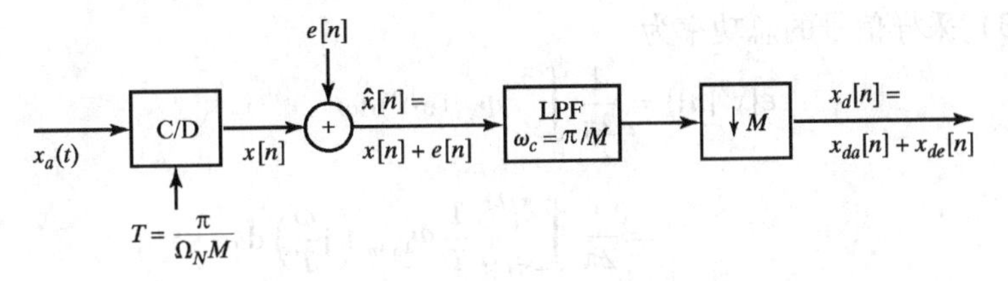

图 4.66　用线性噪声模型代替量化器的图 4.65 系统

目的是要在输出 $x_d[n]$ 中确定作为量化阶 Δ 和过采样率 M 的函数的信号功率 $\mathcal{E}\{x_{da}^2[n]\}$ 对量化噪声功率 $\mathcal{E}\{x_{de}^2[n]\}$ 的比。因为图 4.66 所示的系统是线性的，且假定噪声与信号不相关，所以在计算输出端信号和噪声分量各自的功率时可以分开作为两个源来对待。

首先考虑输出中的信号分量。先将采样信号 $x[n]$ 的功率谱密度、自相关函数和信号功率与连续时间模拟信号 $x_a(t)$ 的对应函数联系起来。令 $\Phi_{xx}[m]$ 和 $\Phi_{xx}(e^{j\omega})$ 分别记为 $x[n]$ 的自相关函数和功率谱密度，那么按定义就有 $\Phi_{xx}[m]=\mathcal{E}\{x[n+m]x[n]\}$，由于 $x[n]=x_a(nT)$ 和 $x[n+m]=x_a(nT+mT)$，于是

$$\mathcal{E}\{x[n+m]x[n]\}=\mathcal{E}\{x_a((n+m)T)x_a(nT)\} \tag{4.159}$$

因此，

$$\phi_{xx}[m]=\phi_{x_ax_a}(mT) \tag{4.160}$$

也就是说，样本序列的自相关函数就是对应的连续时间信号自相关函数的采样。特别是，广义平稳的假定就意味着 $\mathcal{E}\{x_a^2(t)\}$ 是一个独立于 t 的常数。这样就得到

$$\mathcal{E}\{x^2[n]\}=\mathcal{E}\{x_a^2(nT)\}=\mathcal{E}\{x_a^2(t)\},\quad 对全部 n 或 t \tag{4.161}$$

因为功率谱密度是自相关函数的傅里叶变换，作为式(4.160)的结果，有

$$\Phi_{xx}(e^{j\Omega T})=\frac{1}{T}\sum_{k=-\infty}^{\infty}\Phi_{x_ax_a}\left[j\left(\Omega-\frac{2\pi k}{T}\right)\right] \tag{4.162}$$

假设输入是带限的，如式(4.158)所示，又假设过采样 M 倍，从而有 $2\pi/T=2M\Omega_N$，将 $\Omega=\omega/T$ 代入式(4.162)可得

$$\Phi_{xx}(e^{j\omega})=\begin{cases}\dfrac{1}{T}\Phi_{x_ax_a}\left(j\dfrac{\omega}{T}\right), & |\omega|<\pi/M\\ 0, & \pi/M<\omega\leqslant\pi\end{cases} \tag{4.163}$$

若 $\Phi_{x_ax_a}(j\Omega)$ 如图 4.67(a)所示，而选取的采样率又为 $2\pi/T=2M\Omega_N$，那么 $\Phi_{xx}(e^{j\omega})$ 就一定如图 4.67(b)所示。

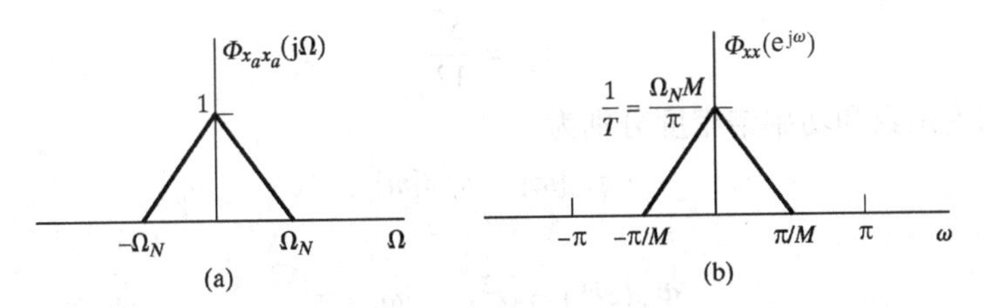

图 4.67　$\Phi_{x_ax_a}(j\Omega)$ 与 $\Phi_{xx}(e^{j\omega})$ 之间频率和幅度加权的说明

利用功率谱解释，式(4.161)是对的这一点是很有启发意义的。原模拟信号的总功率为

$$\mathcal{E}\{x_a^2(t)\}=\frac{1}{2\pi}\int_{-\Omega_N}^{\Omega_N}\Phi_{x_ax_a}(j\Omega)d\Omega$$

由式(4.163),采样信号的总功率为

$$\varepsilon\{x^2[n]\} = \frac{1}{2\pi}\int_{-\pi}^{\pi}\Phi_{xx}(e^{j\omega})d\omega \tag{4.164}$$

$$= \frac{1}{2\pi}\int_{-\pi/M}^{\pi/M}\frac{1}{T}\Phi_{x_ax_a}\left(j\frac{\omega}{T}\right)d\omega \tag{4.165}$$

利用 $\Omega_N T = \pi/M$,并将 $\Omega = \omega/T$ 代入式(4.165),得出

$$\varepsilon\{x^2[n]\} = \frac{1}{2\pi}\int_{-\Omega_N}^{\Omega_N}\Phi_{x_ax_a}(j\Omega)d\Omega = \varepsilon\{x_a^2(t)\}$$

据此,采样信号的总功率和原模拟信号的总功率是完全相同的,正如式(4.161)所示。因为该抽取滤波器是截止频率为 $\omega_c = \pi/M$ 的理想低通滤波器,所以信号 $x[n]$ 通过这个滤波器而未做任何改变,因此在输出中减采样信号分量 $x_{da}[n] = x[nM] = x_a(nMT)$ 也就有相同的总功率。这一点可由功率谱看出,只要注意到,因为 $\Phi_{xx}(e^{j\omega})$ 是带限至 $|\omega| < \pi/M$,所以

$$\Phi_{x_{da}x_{da}}(e^{j\omega}) = \frac{1}{M}\sum_{k=0}^{M-1}\Phi_{xx}(e^{j(\omega-2\pi k)/M})$$

$$= \frac{1}{M}\Phi_{xx}(e^{j\omega/M}), \quad |\omega| < \pi \tag{4.166}$$

利用式(4.166)可得

$$\varepsilon\{x_{da}^2[n]\} = \frac{1}{2\pi}\int_{-\pi}^{\pi}\Phi_{x_{da}x_{da}}(e^{j\omega})d\omega$$

$$= \frac{1}{2\pi}\int_{-\pi}^{\pi}\frac{1}{M}\Phi_{xx}(e^{j\omega/M})d\omega$$

$$= \frac{1}{2\pi}\int_{-\pi/M}^{\pi/M}\Phi_{xx}(e^{j\omega})\,d\omega = \varepsilon\{x^2[n]\}$$

这就证明了当输入 $x_a(t)$ 横穿整个系统到对应的输出分量 $x_{da}[n]$ 时,信号分量的功率仍是一样的。利用功率谱解释,发生这一情况是由于当采样从 $\Phi_{x_ax_a}(j\Omega)$ 到 $\Phi_{xx}(e^{j\omega})$ 再到 $\Phi_{x_{da}x_{da}}(e^{j\omega})$ 的过程中,对于因采样而形成的频率轴的每一次尺度变换都在幅度上做了反尺度变换,以至于在功率谱下的面积仍是相同的。

现在考虑由量化产生的噪声分量。按照4.8.3节中的模型,假设 $e[n]$ 是一个广义平稳的白噪声过程,其均值为零,方差为①

$$\sigma_e^2 = \frac{\Delta^2}{12}$$

结果,$e[n]$ 的自相关函数和功率谱密度分别为

$$\phi_{ee}[m] = \sigma_e^2\delta[m] \tag{4.167}$$

和

$$\Phi_{ee}(e^{j\omega}) = \sigma_e^2, \quad |\omega| < \pi \tag{4.168}$$

图4.68示出了 $e[n]$ 和 $x[n]$ 的功率谱密度。量化信号 $\hat{x}[n]$ 的功率谱密度就是这两者之和,因为在模型中已假定信号和量化噪声样本是不相关的。

虽然已经证明了 $x[n]$ 或 $e[n]$ 的功率都与 M 无关,但是注意到,随着过采样率 M 的增加,量化噪

① 因为随机过程有零均值,所以平均功率和方差是相同的。

声谱与信号谱重叠的分量就减少。正是这种过采样的效果才使得信号对量化噪声比得以改善。具体地说，该理想低通滤波器在频带 $\pi/M<|\omega|\leqslant\pi$ 内消除量化噪声，而信号分量没有改变，理想低通滤波器输出端的噪声功率为

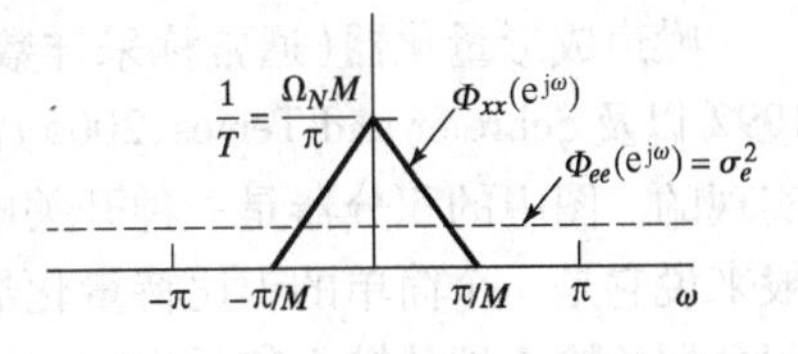

图 4.68　在过采样因子为 M 时，信号和量化噪声的功率谱密度

$$\mathcal{E}\{e^2[n]\}=\frac{1}{2\pi}\int_{-\pi/M}^{\pi/M}\sigma_e^2\,\mathrm{d}\omega=\frac{\sigma_e^2}{M}$$

接下来，低通过滤后的信号被减采样。已经知道在减采样输出中信号功率未变。图 4.69 示出了 $x_{da}[n]$ 和 $x_{de}[n]$ 的功率谱密度。将图 4.68 和图 4.69 比较可见，因为频率轴和幅度轴的尺度变换是相反的，所以信号功率谱密度下的面积没有变化。另一方面，在抽取输出中的噪声功率和低通滤波器输出中的是相同的，即

$$\mathcal{E}\{x_{de}^2[n]\}=\frac{1}{2\pi}\int_{-\pi}^{\pi}\frac{\sigma_e^2}{M}\mathrm{d}\omega=\frac{\sigma_e^2}{M}=\frac{\Delta^2}{12M}\tag{4.169}$$

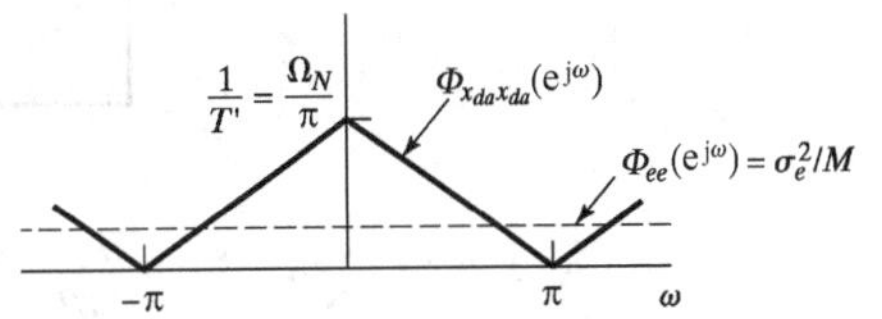

图 4.69　减采样后的信号和量化噪声功率谱密度

因此，通过滤波和减采样，量化噪声功率 $\mathcal{E}\{x_{de}^2[n]\}$ 已减小了 M 倍，而信号功率依旧未变。

从式(4.169)可知，对于某一给定的量化噪声功率，过采样因子 M 和量化器的量化阶 Δ 之间明显有一个权衡。式(4.125)表明，对于一个 $(B+1)$ 位的量化器，最大输入信号电平在正、负 X_m 之间，其量化阶为

$$\Delta=X_m/2^B$$

因此

$$\mathcal{E}\{x_{de}^2[n]\}=\frac{1}{12M}\left(\frac{X_m}{2^B}\right)^2\tag{4.170}$$

式(4.170)说明，对于某一固定的量化器，用提高过采样比 M 能将噪声功率减小。因为信号功率与 M 无关，所以增加 M 就会使信号对量化噪声之比增加。换句话说，对于某一固定的量化噪声功率 $P_{de}=\mathcal{E}\{x_{de}^2[n]\}$，所需要的 B 值为

$$B=-\frac{1}{2}\log_2 M-\frac{1}{2}\log_2 12-\frac{1}{2}\log_2 P_{de}+\log_2 X_m\tag{4.171}$$

由式(4.171)可见，为达到某一给定的信号量化噪声比，每当过采样比 M 加倍，量化位数就可减少 1/2 位；或者换句话说，若过采样按因子 $M=4$，在表示该信号为达到所期望的精度要求时可以减少 1 位。

4.9.2　采用噪声成形的过采样 A/D 转换

前一节已经表明，过采样和抽取可以改善信号量化噪声比。这在某种程度上看是一项突出的成果。这意味着，原则上在信号的最初采样中可以用很粗糙的量化，并且如果过采样率足够高，那么就仍然能够用在带有噪声的样本上完成数字计算而得到原样本的一个准确表示。到目前为止，已经看到的问题是，为了显著地减少所需位数，就需要很大的过采样率。例如，为了从 16 位减少到 12 位就要求 $M=4^4=256$！这似乎是一个相当高的代价。然而，如果把过采样与用反馈噪声谱成形的概念结合起来，基本的过采样原理便能导致高得多的获益。

如同图 4.68 曾指出的，采用直接量化时量化噪声的功率谱密度在全部频带上都是不变的。噪声成形的基本思想是要改变 A/D 转换的过程，以使得量化噪声的功率谱密度不再是均匀的，而是被成形为大部分噪声功率位于频带 $|\omega|<\pi/M$ 之外的形式。这样一来，后续的滤波和减采样就将更多的量化噪声功率滤除。

噪声成形量化器(通常称采样数据 Delta-Sigma 调制器)如图 4.70 所示(见 Candy and Temes, 1992 以及 Schreier and Temes, 2005)。图 4.70(a)所示的方框图说明了这个系统是如何用集成电路实现的。图中的积分器是一种开关电容离散时间积分器。A/D 转换器能用多种方式来实现,但一般来说它是一个简单的 1 比特量化器或比较器。D/A 转换器将数字输出转换回一个模拟脉冲,在积分器的输入端从输入信号中减去这个模拟脉冲。该系统可以用图 4.70(b)所示的离散时间等效系统来表示。开关电容积分器用一个累加器系统来代表,反馈路径中的延迟代表由 D/A 转换器引入的延迟。

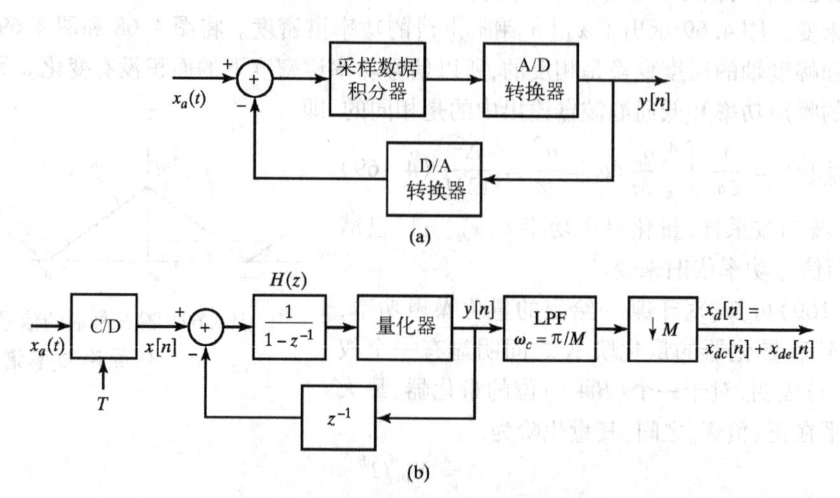

图 4.70　采用噪声成形的过采样量化器

与前面所用方法一样,将量化噪声用一个加性噪声源建模,从而,图 4.70 所示的系统就能用图 4.71所示的线性模型来代替。在该系统中,输出 $y[n]$是两个分量之和:单独由输入 $x[n]$产生的 $y_x[n]$和单独由噪声 $e[n]$产生的 $\hat{e}[n]$。

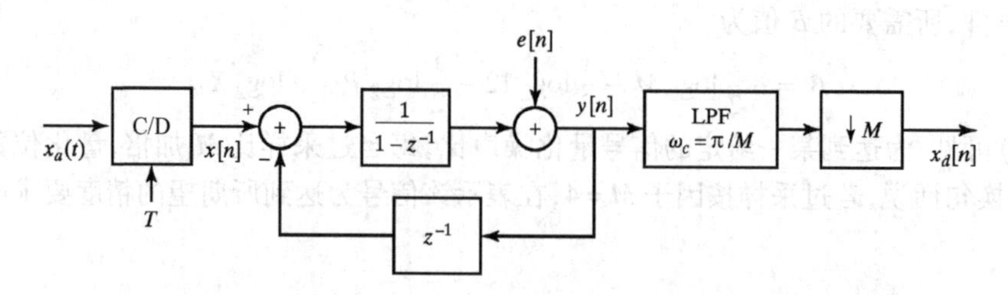

图 4.71　对图 4.70 所示的系统从 $x_a(t)$到 $x_d[n]$用线性噪声模型代替量化器

从 $x[n]$到 $y[n]$的传递函数记为 $H_x(z)$,从 $e[n]$到 $y[n]$的传递函数记为 $H_e(z)$。这两个传递函数都能直接计算为

$$H_X(z)=1 \tag{4.172a}$$

$$H_e(z)=(1-z^{-1}) \tag{4.172b}$$

结果,

$$y_X[n]=x[n] \tag{4.173a}$$

和

$$\hat{e}[n]=e[n]-e[n-1] \tag{4.173b}$$

因此,输出 $y[n]$可等效地表示为 $y[n]=x[n]+\hat{e}[n]$,其中 $x[n]$没有变化,而量化噪声 $e[n]$则按

一阶差分算子 $H_e(z)$ 改变,这就如图4.72所示。利用式(4.168)给出的 $e[n]$ 的功率谱密度,出现在 $y[n]$ 中的量化噪声 $\hat{e}[n]$ 的功率谱密度为

$$\begin{aligned}\Phi_{\hat{e}\hat{e}}(e^{j\omega}) &= \sigma_e^2|H_e(e^{j\omega})|^2 \\ &= \sigma_e^2[2\sin(\omega/2)]^2\end{aligned} \tag{4.174}$$

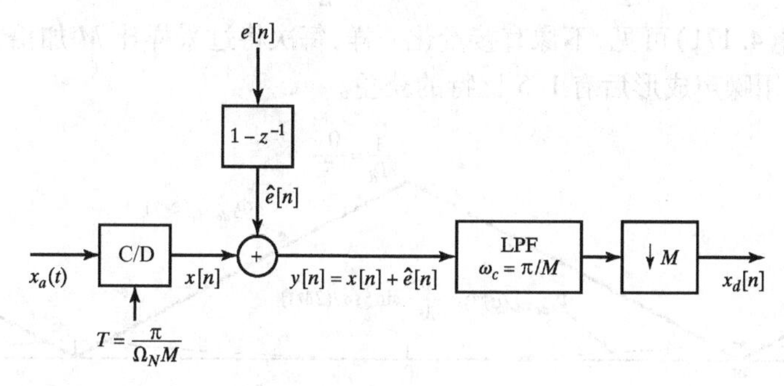

图4.72　图4.71的等效表示

图4.73示出了 $\hat{e}[n]$ 的功率谱密度, $e[n]$ 的功率谱,以及曾示于图4.67(b)和图4.68的同一信号的功率谱。很有意思地看到,总噪声功率由在量化器端的 $\mathcal{E}\{e^2[n]\}=\sigma_e^2$ 增加到在噪声成形系统输出端的 $\mathcal{E}\{\hat{e}^2[n]\}=2\sigma_e^2$,然而与图4.68比较之后注意到,量化噪声已成形为使噪声功率比直接过采样情况下有更多功率位于信号带宽 $|\omega|<\pi/M$ 以外的形式,而在直接过采样情况下,噪声功率谱是平坦的。

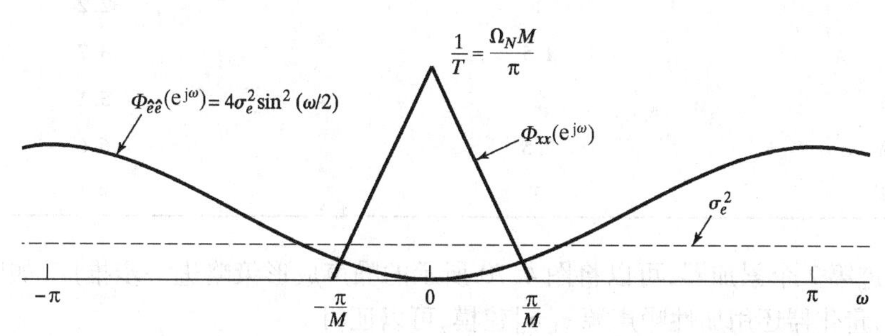

图4.73　量化噪声和信号的功率谱密度

在图4.70所示的系统中,带外的噪声功率被低通滤波器滤除。具体地说,图4.74示出了重叠在 $\Phi_{x_{da}x_{da}}(e^{j\omega})$ 功率谱密度上的 $\Phi_{x_{da}x_{da}}(e^{j\omega})$ 功率谱密度。因为减采样器并没有减少任何信号功率,所以在 $x_{da}[n]$ 中的信号功率为

$$P_{da}=\mathcal{E}\{x_{da}^2[n]\}=\mathcal{E}\{x^2[n]\}=\mathcal{E}\{x_a^2(t)\}$$

在最后输出中的量化噪声功率为

$$P_{de}=\frac{1}{2\pi}\int_{-\pi}^{\pi}\Phi_{x_{de}x_{de}}(e^{j\omega})d\omega=\frac{1}{2\pi}\frac{\Delta^2}{12M}\int_{-\pi}^{\pi}\left(2\sin\left(\frac{\omega}{2M}\right)\right)^2d\omega \tag{4.175}$$

为了与4.9.1节的结果近似地比较,假设 M 足够大,以至于满足

$$\sin\left(\frac{\omega}{2M}\right)\approx\frac{\omega}{2M}$$

利用这一近似式,容易计算出式(4.175)为

$$P_{de}=\frac{1}{36}\frac{\Delta^2\pi^2}{M^3} \tag{4.176}$$

通过式(4.176)再次看到,过采样率 M 和量化器的量化阶 Δ 之间有一个权衡。因此,对于一个($B+1$)位的量化器和最大输入信号电平位于 $\pm X_m$($\Delta = X_m/2^B$)之间,为了实现某一给定的量化噪声功率 P_{de},必须有

$$B = -\frac{3}{2}\log_2 M + \log_2(\pi/6) - \frac{1}{2}\log_2 P_{de} + \log_2 X_m \tag{4.177}$$

比较式(4.177)与式(4.171)可见,不像直接量化一样,每次将过采样比 M 加倍,在量化上只有1/2比特的获益,而是利用噪声成形后有1.5比特的获益。

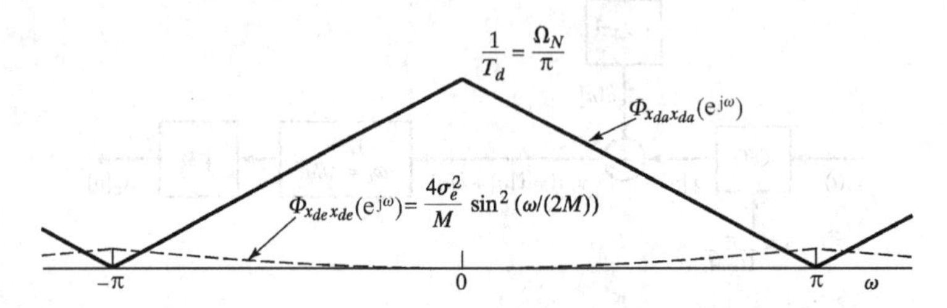

图4.74　减采样后的信号和量化噪声的功率谱密度

表4.1所列为相对于无过采样($M=1$)的直接量化时,(a)按4.9.1节讨论的直接量化的过采样和(b)按本节所研究的用噪声成形的过采样,在量化器位数上带来的节省。

表4.1　相对于 $M=1$,直接量化和一阶噪声成形在量化器位数上的等效节省

M	直接量化	噪声成形
4	1	2.2
8	1.5	3.7
16	2	5.1
32	2.5	6.6
64	3	8.1

通过吸收进第2个累加器,可以将图4.70所示的噪声成形策略进一步推广,如图4.75所示。在这种情况下,量化器还用加性噪声源 $e[n]$ 建模,可以证明

$$y[n] = x[n] + \hat{e}[n]$$

式中,在两级的情况下,$\hat{e}[n]$ 是经由传递函数

$$H_e(z) = (1 - z^{-1})^2 \tag{4.178}$$

处理量化噪声 $e[n]$ 的结果。对应的存在于 $y[n]$ 中的量化噪声功率谱密度为

$$\Phi_{\hat{e}\hat{e}}(e^{j\omega}) = \sigma_e^2[2\sin(\omega/2)]^4 \tag{4.179}$$

有了这个结果,虽然两级噪声成形系统的输出的总噪声功率比一级的情况要大,但更多的噪声位于信号带宽之外。更一般地说,采用 p 级累加和反馈,相应的噪声成形为

$$\Phi_{\hat{e}\hat{e}}(e^{j\omega}) = \sigma_e^2[2\sin(\omega/2)]^{2p} \tag{4.180}$$

表4.2给出的是量化器的位数作为噪声成形的阶 p 和过采样率 M 的函数的等效下降位数。值得注意的是,当 $p=2$ 和 $M=64$ 时,在精度上大约得到13比特的提高,也就是说,1比特的量化器在抽取器的输出端能够实现大约14比特的精度。

虽然,如图4.75所示的多级反馈回路可以大大减小噪声,但是它们不是没有任何问题的。特别是,对于大的 p 值,产生不稳定和发生振荡的潜在威胁有所增加。称之为多级噪声成形(MASH)的另一种结构将在习题4.68中讨论。

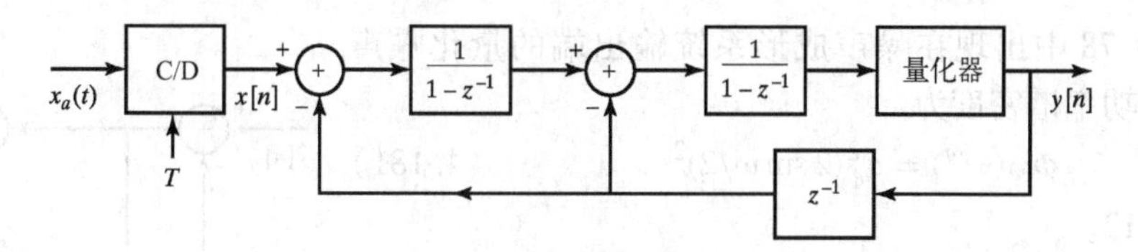

图4.75　具有二阶噪声成形的过采样量化器

表4.2　量化器的位数随噪声成形阶次 p 的减少

量化器的阶 p	过采样因子 M				
	4	8	16	32	64
0	1.0	1.5	2.0	2.5	3.0
1	2.2	3.7	5.1	6.6	8.1
2	2.9	5.4	7.9	10.4	12.9
3	3.5	7.0	10.5	14.0	17.5
4	4.1	8.5	13.0	17.5	22.0
5	4.6	10.0	15.5	21.0	26.5

4.9.3　在D/A转换中的过采样和噪声成形

4.9.1节和4.9.2节讨论了利用过采样简化A/D转换过程。如同曾经提到过的，为了简化抗混叠滤波和提高精度，信号最初被进行过采样，但是A/D转换器的最后输出 $x_d[n]$ 还是在奈奎斯特率下对 $x_a(t)$ 采样的。很显然地，对于数字处理或者对于仅以数字形式简单地表示模拟信号来说，总是希望采用最小的采样率，比如在CD音频刻录系统中就是这样。自然地会想到以相反的过程来应用同一原理从而实现在D/A转换过程中的改善。

基本系统如图4.76所示，它是与图4.65所示的系统相对应的。要被转换为连续时间信号的序列 $y_d[n]$ 首先被增采样得到 $\hat{y}[n]$，然后在将 $\hat{y}[n]$ 送到D/A转换器之前重新量化，这样D/A转换器所接收的二进制样本是用再量化过程所产生的位数。如果可以确保量化噪声不占据信号频带，那么就能用一个很少位数的简单D/A转换器，这样噪声就能用廉价的模拟滤波滤除。

图4.77示出一种结构，其中量化器将量化噪声按照图4.70所示系统所提供的一阶噪声成形的类似方式成形。分析假设 $y_d[n]$ 没有进行量化或者相对于 $y[n]$ 来说进行了较好的量化，以使得量化器误差的主要源头来自于图4.76所示的量化器。为了分析图4.76和图4.77所示的系统，将图4.77中的量化器用一个加性白噪声源 $e[n]$ 代替，这样就有了图4.78。从 $\hat{y}[n]$ 到 $y[n]$ 的传递函数为1，也就是说，出现在输出端的增采样信号 $\hat{y}[n]$ 没有变化。从 $e[n]$ 到 $y[n]$ 的传递函数 $H_e(z)$ 为

$$H_e(z) = 1 - z^{-1}$$

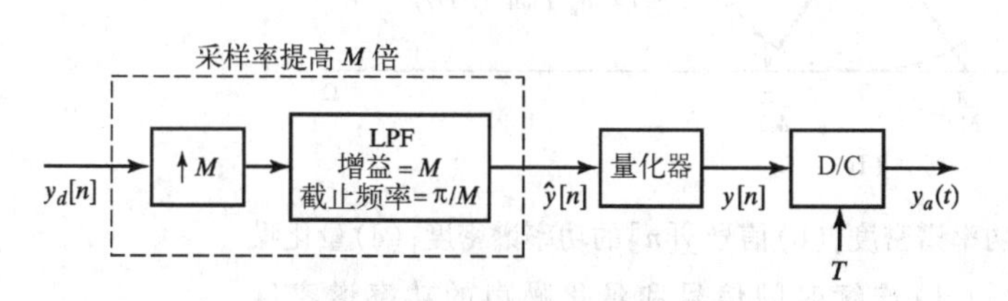

图4.76　过采样D/A转换

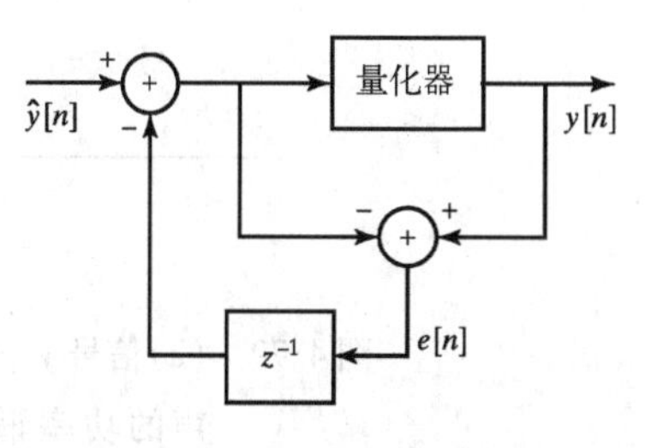

图4.77　过采样D/A量化的一阶噪声成形系统

因此,图4.78中出现在噪声成形系统输出端的量化噪声分量$\hat{e}[n]$具有功率谱密度为

$$\Phi_{\hat{e}\hat{e}}(e^{j\omega}) = \sigma_e^2(2\sin\omega/2)^2 \tag{4.181}$$

式中,$\sigma_e^2 = \Delta^2/12$。

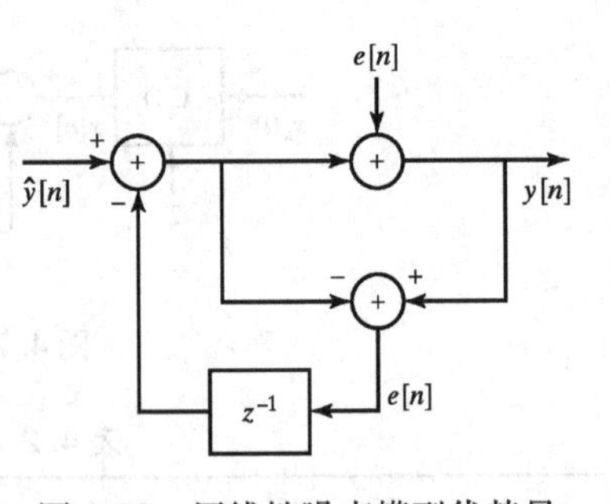

图4.78 用线性噪声模型代替量化器的图4.77系统

图4.79是对D/A转换采用这种办法的一个说明。图4.79(a)所示为图4.76中输入$y_d[n]$的功率谱$\Phi_{y_d y_d}(e^{j\omega})$。注意,已经假定信号$y_d[n]$是在奈奎斯特率下采样的。图4.79(b)所示对应于增采样器(提高M倍)输出的功率谱,图4.79(c)所示对应于量化器/噪声成形器系统输出的量化噪声谱。最后,图4.79(d)所示为被放在图4.76所示的D/C转换器模拟输出中噪声分量功率谱上的信号分量的功率谱。在这种情况下,假定D/C转换器有一个截止频率为$\pi/(MT)$的理想低通重构滤波器,它将尽可能多的量化噪声滤除。

在实际装置中,总希望避免锐截止的模拟重构滤波器,由图4.79(d)很清楚地看出,如果能够容许稍微多一点的量化噪声,那么D/C重构滤波器就不必如此陡峭地滚降。再者,若在噪声成形中采用多级处理,输出噪声功率谱就具有如下形式:

$$\Phi_{\hat{e}\hat{e}}(e^{j\omega}) = \sigma_e^2(2\sin\omega/2)^{2p}$$

这将会把更多的噪声推到更高的频率上,这时模拟重构滤波器的要求就能进一步放宽。

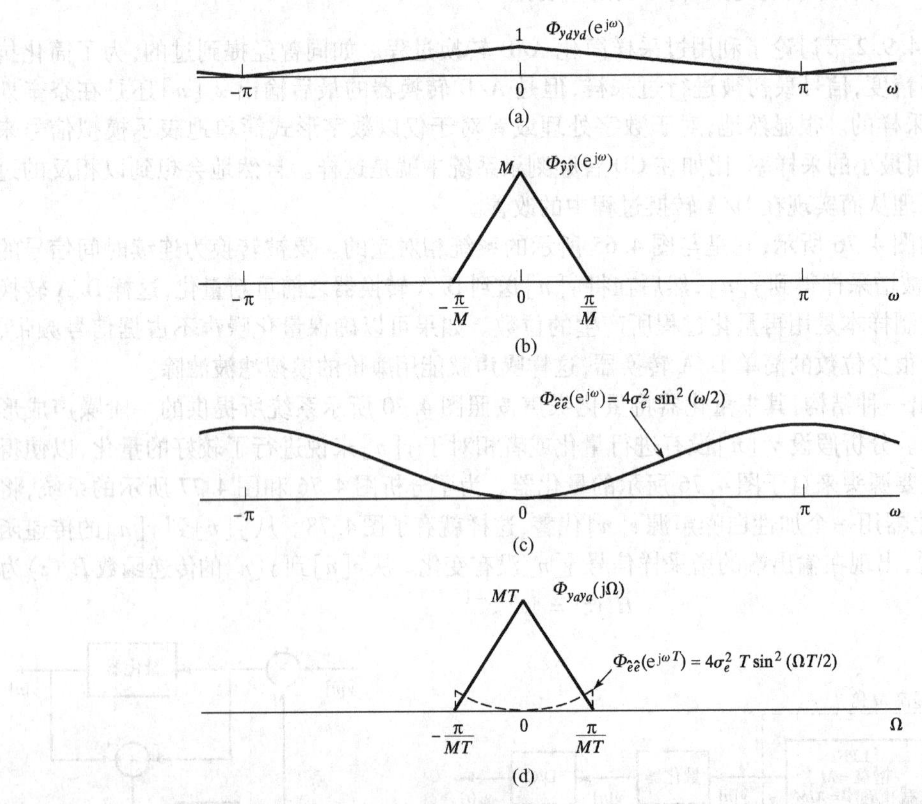

图4.79 (a)信号$y_d[n]$的功率谱密度;(b)信号$\hat{y}[n]$的功率谱密度;(c)量化噪声的功率谱密度;(d)连续时间信号和量化噪声的功率谱密度

4.10 小结

本章建立并研究了连续时间信号与经周期采样而得到的离散时间序列之间的关系。能够用样本序列来表示连续时间信号的基本定理是奈奎斯特-香农定理,该定理表明,对一个带限信号而言,只要采样率相对于连续时间信号中的最高频率足够高,那么周期样本就是一个充分的表示。在这个条件下,连续时间信号可以在仅知道原始带宽、采样速率和样本序列的情况下用低通滤波的方法恢复出来,这就相应于带限内插。如果相对于信号带宽而言采样率太低,那么就会产生混叠,这时不能通过带限内插来恢复原信号。

用采样样本来表示信号的能力使得能够对连续时间信号进行离散时间处理。这就由采样、然后应用离散时间处理,并从处理的结果中重构一个连续时间信号来完成。所给出的是有关低通滤波和微分方面的例子。

采样率改变是离散信号处理操作中特别重要的一类。将一个离散时间序列减采样,在频域就相应于离散时间谱幅度加权重复并给频率轴重新归一化,但为了避免混叠,可能要求附加一定的带限。增采样相应于等效地提高了采样率,因而在频域也代表着频率轴的重新归一化。将整数倍增采样和减采样组合起来,就可能实现非整数采样率的转换。此外,也指出了如何利用多采样率技术高效地实现采样率转换。

本章最后部分仔细研究了与连续时间信号的离散时间处理有关的几个实际方面的问题,其中包括为消除混叠的预滤波的应用,在模数转换中的量化误差,以及在连续时间信号的采样和重构中所使用的有关滤波的一些问题。最后说明,如何利用离散时间的抽取与内插和噪声成形来简化 A/D和 D/A 转换中的模拟部分。

本章的重点在于,把周期采样看作是获得连续时间信号的离散表示的一个处理过程。虽然在本书剩余章节所讨论的几乎所有的主题中,这种表示方式都是最一般和基本的,但仍然存在其他获得离散表示的方法,在已获知关于信号的其他信息(除了带宽以外)时,这些方法可以获得更加紧凑的信号表示。在 Unser(2000)的论著中可以找到这样的例子。

习题

基本题(附答案)

4.1　用采样周期 $T=(1/400)$ s 对信号

$$x_c(t)=\sin(2\pi(100)t)$$

采样得到一离散时间序列 $x[n]$,所得信号 $x[n]$是什么?

4.2　序列

$$x[n]=\cos\left(\frac{\pi}{4}n\right),\qquad -\infty<n<\infty$$

用采样模拟信号

$$x_c(t)=\cos(\Omega_0 t),\qquad -\infty<t<\infty$$

而得到,采样率为 1000 样本/秒。问有哪两种可能的 Ω_0 值以同样的采样率能得到该序列 $x[n]$?

4.3　用采样周期 T 对连续时间信号

$$x_c(t)=\cos(4000\pi t)$$

采样得到一离散时间信号

$$x[n]=\cos\left(\frac{\pi n}{3}\right)$$

(a) 确定一种选取的 T 与这个信息相符。

(b) 在(a)中所选取的 T 唯一吗？若是,解释为什么？若不是,请给出另一种选择的 T 与已知信息相符。

4.4 用采样周期 T 对连续时间信号

$$x_c(t)=\sin(20\pi t)+\cos(40\pi t)$$

采样得到离散时间信号

$$x[n]=\sin\left(\frac{\pi n}{5}\right)+\cos\left(\frac{2\pi n}{5}\right)$$

(a) 确定一种选取的 T 与这个信息相符。

(b) 在(a)中所选取的 T 唯一吗？若是,解释为什么？若不是,请给出另一种选择的 T 与已知信息相符。

4.5 考虑图 4.10 所示的系统,其中离散时间系统是一个理想低通滤波器,截止频率为 $\pi/8$ rad/s。

(a) 若 $x_c(t)$ 带限到 5 kHz,为了避免在 C/D 转换器中发生混叠,最大的 T 值是多少?

(b) 若 $1/T=10$ kHz,有效连续时间滤波器的截止频率是多少?

(c) 若 $1/T=20$ kHz,重复(b)。

4.6 令 $h_c(t)$ 记为某一线性时不变连续时间滤波器的冲激响应,$h_d[n]$ 为某一线性时不变离散时间滤波器的单位脉冲响应。

(a) 若

$$h_c(t)=\begin{cases}e^{-at}, & t\geqslant 0\\ 0, & t<0\end{cases}$$

a 是正实数,求该连续时间滤波器的频率响应,并画出它的幅度特性。

(b) 若 $h_d[n]=Th_c(nT)$,$h_c(t)$ 如(a)所给,求该离散时间滤波器的频率响应,并画出它的幅度特性。

(c) 若给定 a 值,作为 T 的函数,求离散时间滤波器频率响应的最小幅度值。

4.7 图 P4.7-1 示出一种多径通信信道的简单模型,假设 $s_c(t)$ 是带限的,$S_c(j\Omega)=0$, $|\Omega|\geqslant\pi/T$,对 $x_c(t)$ 用采样周期 T 采样得到序列

$$x[n]=x_c(nT)$$

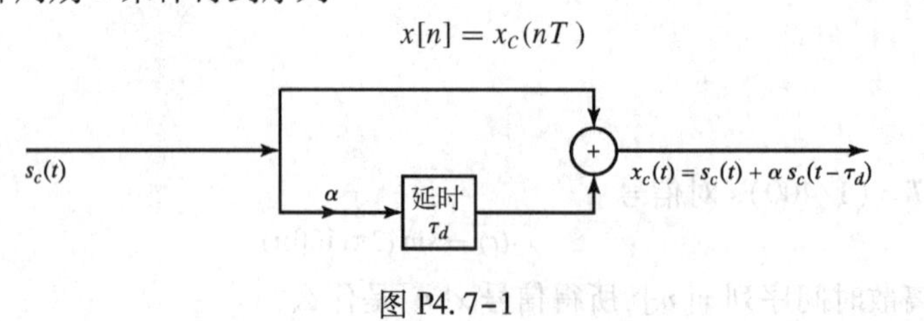

图 P4.7-1

(a) 求 $x_c(t)$ 的傅里叶变换和 $x[n]$ 的傅里叶变换[用 $S_c(j\Omega)$ 表示]。

(b) 现在要用一个离散时间系统来仿真该多径系统,选择该离散时间系统的 $H(e^{j\omega})$,使得当输入为 $s[n]=s_c(nT)$ 时,输出为 $r[n]=x_c(nT)$,如图 P4.7-2 所示。求利用 T 和 τ_d 表示的 $H(e^{j\omega})$。

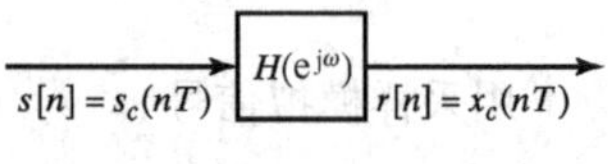

$s[n]=s_c(nT)$ → $H(e^{j\omega})$ → $r[n]=x_c(nT)$

图 P4.7-2

(c) 当(i)$\tau_d=T$ 和(ii)$\tau_d=T/2$ 时,求图 P4.7 的单位脉冲响应 $h[n]$。

4.8　图 P4.8 所示的系统有下列关系：

$$X_c(\mathrm{j}\Omega) = 0,\quad |\Omega| \geqslant 2\pi \times 10^4$$

$$x[n] = x_c(nT)$$

$$y[n] = T\sum_{k=-\infty}^{n} x[k]$$

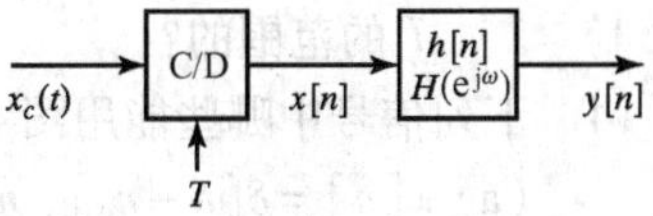

图 P4.8

(a) 如果要避免混叠，即 $x_c(t)$ 能从 $x[n]$ 恢复，求该系统可允许的最大 T 值。

(b) 求 $h[n]$。

(c) 利用 $X(\mathrm{e}^{\mathrm{j}\omega})$，当 $n\to\infty$ 时，$y[n]$ 为多少？

(d) 试决定是否存在任何 T 值，对该值有

$$y[n]\Big|_{n=\infty} = \int_{-\infty}^{\infty} x_c(t)\mathrm{d}t \qquad \text{(P4.8-1)}$$

如果有这样一个 T 值，求其最大值。如果不存在，请说明并给出 T 该如何选，才能使等式(P4.8-1)有最好的近似。

4.9　考虑一稳定离散时间信号 $x[n]$，其离散时间傅里叶变换 $X(\mathrm{e}^{\mathrm{j}\omega})$ 满足下列方程：

$$X(\mathrm{e}^{\mathrm{j}\omega}) = X\left(\mathrm{e}^{\mathrm{j}(\omega-\pi)}\right)$$

并有偶对称性，即 $x[n]=x[-n]$。

(a) 证明：$X(\mathrm{e}^{\mathrm{j}\omega})$ 是周期的，周期为 π。

(b) 求 $x[3]$ 的值。（提示：求全部 n 为奇数点的值）

(c) 令 $y[n]$ 为 $x[n]$ 的抽取，即 $y[n]=x[2n]$。能否从 $y[n]$ 中对全部 n 恢复出 $x[n]$？若能，请说明如何恢复？若不能，请陈述理由。

4.10　下面每一个连续时间信号都被用作为图 4.1 中一个理想 C/D 转换器的输入 $x_c(t)$，采样周期 T 也如下给出。在每种情况下，求所得离散时间信号 $x[n]$：

(a) $x_c(t)=\cos(2\pi(1000)t)$，$T=(1/3000)$ s。

(b) $x_c(t)=\sin(2\pi(1000)t)$，$T=(1/15000)$ s。

(c) $x_c(t)=\sin(2\pi(1000)t)/(\pi t)$，$T=(1/5000)$ s。

4.11　下面给出的连续时间信号 $x_c(t)$ 和对应的离散时间输出信号 $x[n]$ 分别为图 4.1 所示理想 C/D 的输入和输出。请给出一种采样周期 T 与每对 $x_c(t)$ 和 $x[n]$ 相一致。另外指出 T 的选取是否是唯一的，若不是，给出第 2 种可能的选择 T 与所给信息相符。

(a) $x_c(t)=\sin(10\pi t)$，$x[n]=\sin(\pi n/4)$。

(b) $x_c(t)=\sin(10\pi t)/(10\pi t)$，$x[n]=\sin(\pi n/2)/(\pi n/2)$。

4.12　在图 4.10 所示的系统中，假设

$$H(\mathrm{e}^{\mathrm{j}\omega}) = \mathrm{j}\omega/T,\quad -\pi\leqslant\omega<\pi$$

和 $T=(1/10)$ s。

(a) 对下面每一输入 $x_c(t)$，求相应输出 $y_c(t)$：

(i) $x_c(t)=\cos(6\pi t)$

(ii) $x_c(t)=\cos(14\pi t)$

(b) 这些输出 $y_c(t)$ 是从一个微分器所期望的输出吗？

4.13　在如图 4.15 所示的系统中，$h_c(t)=\delta(t-T/2)$。

(a) 假设输入 $x[n]=\sin(\pi n/2)$ 和 $T=10$，求 $y[n]$。

(b) 假设 $x[n]$ 与(a)相同，而 $T=5$，求 $y[n]$。

(c) 一般来说，这个连续时间 LTI 系统 $h_c(t)$ 是如何在不改变 $y[n]$ 的条件下而限制采样周期

T 的范围的?

4.14 下列信号中哪些能用图 4.19 所示的系统以因子 2 减采样而不会丢失任何信息?

(a) $x[n]=\delta[n-n_0]$, n_0为某未知整数。

(b) $x[n]=\cos(\pi n/4)$。

(c) $x[n]=\cos(\pi n/4)+\cos(3\pi n/4)$。

(d) $x[n]=\sin(\pi n/3)(\pi n/3)$。

(e) $x[n]=(-1)^n\sin(\pi n/3)(\pi n/3)$。

4.15 考虑图 P4.15 系统所示,对下列每一输入信号 $x[n]$,指出是否输出为 $x_r[n]=x[n]$。

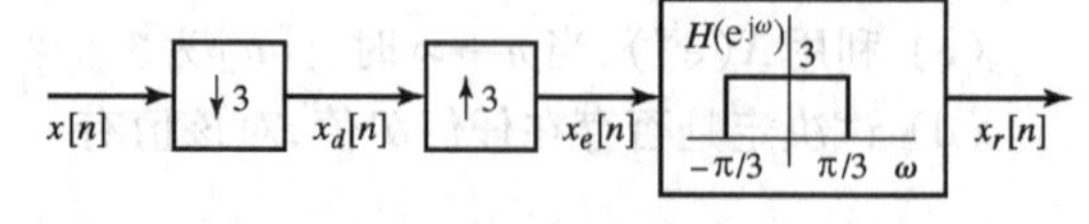

图 P4.15

(a) $x[n]=\cos(\pi n/4)$。

(b) $x[n]=\cos(\pi n/2)$。

(c) $x[n]=\left[\dfrac{\sin(\pi n/8)}{\pi n}\right]^2$。

提示:利用傅里叶变换的调制性质求 $X(e^{j\omega})$。

4.16 考虑图 4.29 所示的系统。下列每一对输入 $x[n]$ 和对应的输出 $\tilde{x}_d[n]$ 是对某一特定的选择 M/L给出的,根据给出的信息,确定某一 M/L,并标出你的选择是否唯一。

(a) $x[n]=\sin(\pi n/3)(\pi n/3)$, $\tilde{x}_d[n]=\sin(5\pi n/6)(5\pi n/6)$。

(b) $x[n]=\cos(3\pi n/4)$, $\tilde{x}d[n]=\cos(\pi n/2)$。

4.17 对于图 4.29 所示的系统,下列每一部分给出了输入 $x[n]$,增采样率 L 和减采样率 M,确定对应的输入 $\tilde{x}_d[n]$。

(a) $x[n]=\sin(2\pi n/3)/\pi n$, $L=4$, $M=3$。

(b) $x[n]=\sin(3\pi n/4)$, $L=6$, $M=7$。

4.18 对于图 4.29 所示的系统,输入信号 $x[n]$ 的傅里叶变换 $X(e^{j\omega})$ 如图 P4.18 所示。对下列选取的每一组 L 和 M,对于某常数 a,给出最大可能的 ω_0值,以使$\tilde{X}_d(e^{j\omega})=aX(e^{jM\omega/L})$。

(a) $M=3$, $L=2$。

(b) $M=5$, $L=3$。

(c) $M=2$, $L=3$。

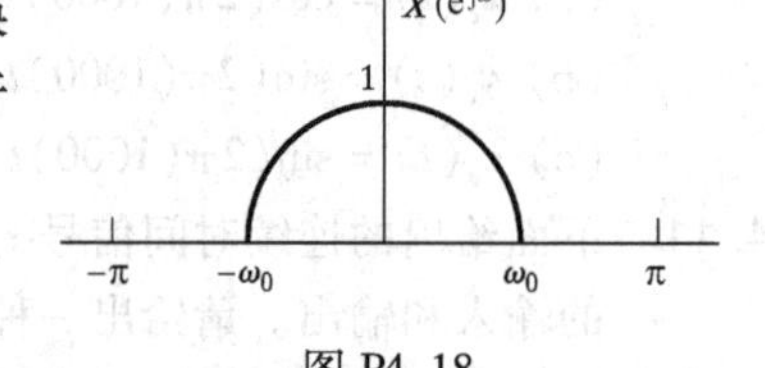

图 P4.18

4.19 如图 P4.19-1 所示的连续时间信号 $x_c(t)$ 及其傅里叶变换 $X_c(j\Omega)$ 通过如图 P4.19-2 所示的系统,确定使得 $x_r(t)=x_c(t)$成立的 T 值的范围。

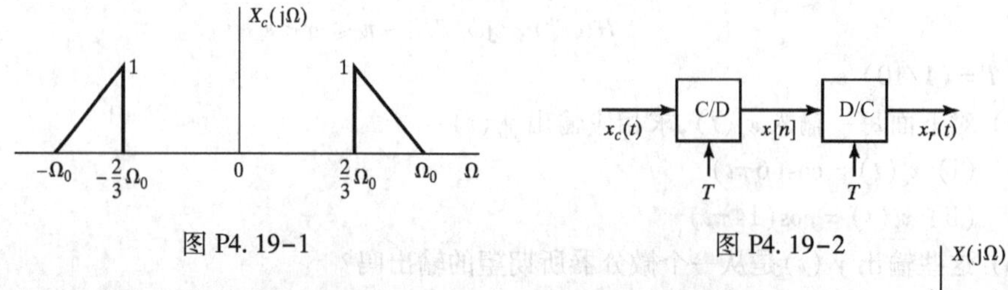

图 P4.19-1

图 P4.19-2

4.20 考虑图 4.10 所示的系统。输入信号 $x_c(t)$ 的傅里叶变换如图 P4.20所示,$\Omega_0=2\pi(1000)$ rad/s。离散时间系统是一个理想低通滤波器,其频率响应为

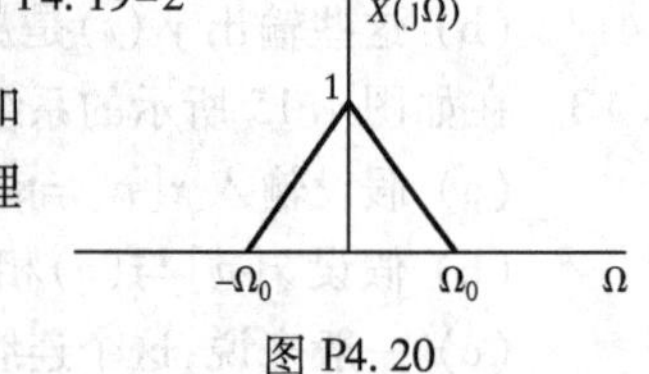

图 P4.20

$$H(e^{j\omega}) = \begin{cases} 1, & |\omega| < \omega_c \\ 0, & \text{其他} \end{cases}$$

(a) 为使在采样该输入信号中无混叠发生，什么是最小的采样率 $F_s = 1/T$?

(b) 若 $\omega_c = \pi/2$，什么是最小的采样率使得 $y_r(t) = x_c(t)$?

基本题(附答案)

4.21 考虑一个傅里叶变换为 $X_c(j\Omega)$ 的连续时间信号 $x_c(t)$，如图 P4.21-1 所示。

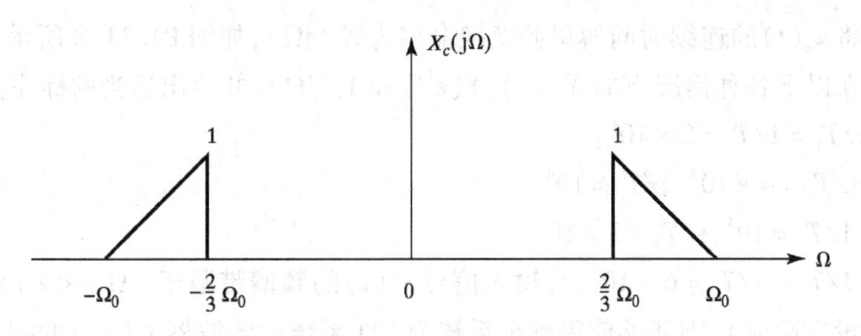

图 P4.21-1　傅里叶变换 $X_c(j\Omega)$

(a) 通过图 P4.21-2 所示的处理过程得到一个连续时间信号 $x_r(t)$。首先，让 $x_c(t)$ 乘以一个周期为 T_1 的冲激串生成波形 $x_s(t)$，即

$$x_s(t) = \sum_{n=-\infty}^{+\infty} x[n]\delta(t - nT_1)$$

然后，让 $x_s(t)$ 通过一个频率响应为 $H_r(j\Omega)$ 的低通滤波器。$H_r(j\Omega)$ 如图 P4.21-3 所示。确定 T_1 的取值范围以使得 $x_r(t) = x_c(t)$。

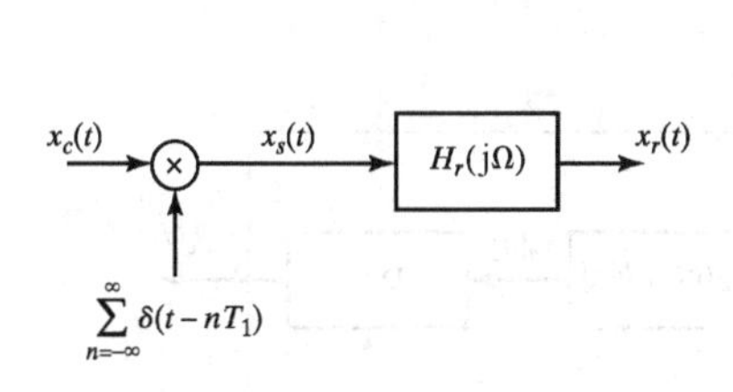

图 P4.21-2　(a)部分的转换系统

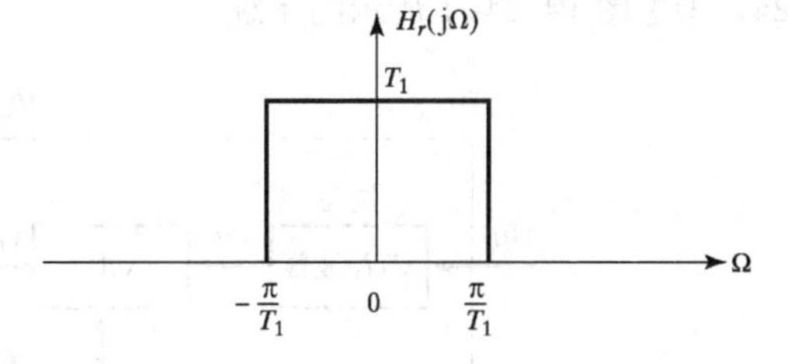

图 P4.21-3　频率响应 $H_r(j\Omega)$

(b) 考虑图 4.21-4 中的系统。除了此时的采样周期为 T_2 以外，这种情况下的系统与(a)中的相同。系统 $H_s(j\Omega)$ 是某个连续时间理想 LTI 滤波器。希望对于所有的 t，$x_o(t)$ 与 $x_c(t)$ 都相等，也就是对于 $H_s(j\Omega)$ 的某种选取有 $x_o(t) = x_c(t)$。请找出所有满足 $x_o(t) = x_c(t)$ 的 T_2 值。对你所确定的 $x_c(t)$ 仍然能得以恢复的 T_2 的最大值，选定 $H_s(j\Omega)$ 使得 $x_o(t) = x_c(t)$。请画出 $H_s(j\Omega)$。

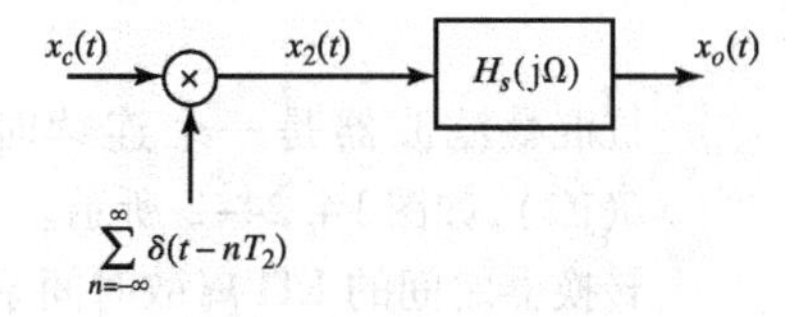

图 4.21-4　(b)部分的转换系统

4.22 假设例 4.4 中带限微分器的输入为 $x_c(t) = \cos(\Omega_0 t)$，且 $\Omega_0 < \pi/T$。证明从带限微分器的输出中恢复出来的连续时间信号实际上为 $x_c(t)$ 的导数。

(a) 采样后的输入为 $x[n] = \cos(\omega_0 n)$，其中 $\omega_0 = \Omega_0 T < \pi$。请给出 $|\omega| \leqslant \pi$ 范围内 $X(e^{j\omega})$ 的表达式。

(b) 利用式(4.46)求离散时间系统的输出 $Y(e^{j\omega})$ 的 DTFT。

(c) 由式(4.32)求出 D/C 转换器输出的连续时间傅里叶变换 $Y_r(j\Omega)$。

(d) 利用(c)的结果证明

$$y_r(t) = -\Omega_0 \sin(\Omega_0 t) = \frac{d}{dt}[x_c(t)]$$

4.23 图 P4.23-1 给出了一个连续时间系统,它是由一个 LTI 离散时间理想低通滤波器实现的,该离散时间低通滤波器在 $-\pi \leqslant \omega \leqslant \pi$ 频率范围内的频率响应为

$$H(e^{j\omega}) = \begin{cases} 1, & |\omega| < \omega_c \\ 0, & \omega_c < |\omega| \leqslant \pi \end{cases}$$

(a) 如果将 $x_c(t)$ 的连续时间傅里叶变换命名为 $X_c(j\Omega)$,如图 P4.23-2 所示,且 $\omega_c = \pi/5$。请画出在以下各种情况下的 $X(e^{j\omega})$, $Y(e^{j\omega})$ 和 $Y_c(j\Omega)$,并给出适当的标注。

(i) $1/T_1 = 1/T_2 = 2 \times 10^4$。

(ii) $1/T_1 = 4 \times 10^4, 1/T_2 = 10^4$。

(iii) $1/T_1 = 10^4, 1/T_2 = 3 \times 10^4$。

(b) 对于 $1/T_1 = 1/T_2 = 6 \times 10^3$,且输入信号 $x_c(t)$ 的频谱带限于 $|\Omega| < 2\pi \times 5 \times 10^3$(其他情况下没有限制),则能够使得整个系统为 LTI 系统的滤波器 $H(e^{j\omega})$ 的截止频率 ω_c 的最大取值是多少?对应于该最大 ω_c,请给出 $H_c(j\Omega)$。

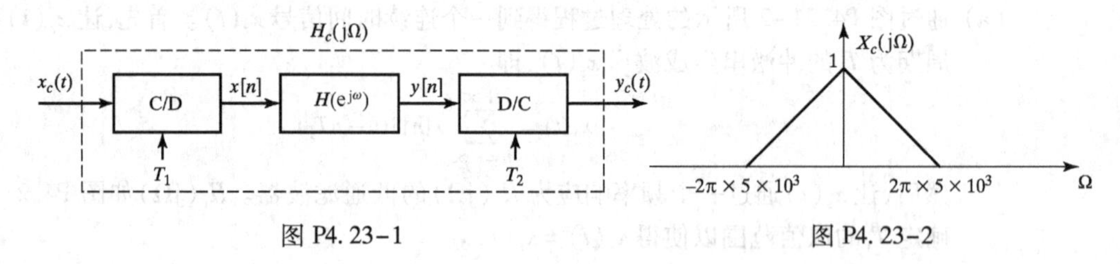

图 P4.23-1　　　　图 P4.23-2

4.24 考虑图 P4.24-1 所示的系统。

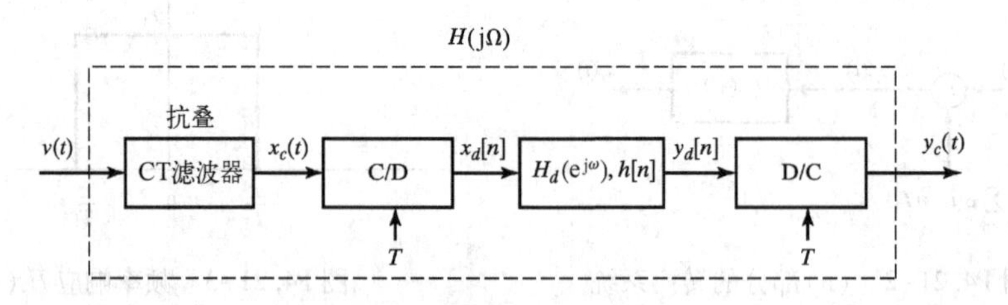

图 P4.24-1

抗混叠滤波器是一个连续时间滤波器,其频率响应 $L(j\Omega)$,如图 P4.24-2 所示。

转换器之间的 LTI 离散时间系统的频率响应为

$$H_d(e^{j\omega}) = e^{-j\frac{\omega}{3}}, \quad |\omega| < \pi$$

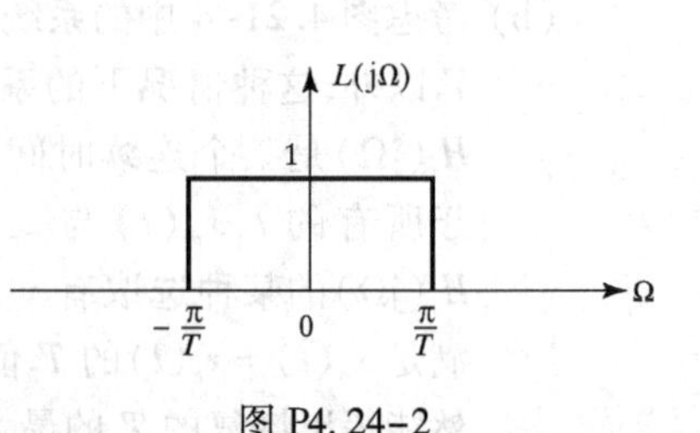

图 P4.24-2

(a) 整个系统的有效连续时间频率响应 $H(j\Omega)$ 是什么?

(b) 请选择最准确的描述:

(i) $y_c(t) = \frac{d}{dt}x_c(3t)$。

(ii) $y_c(t) = x_c(t - \frac{T}{3})$。

(iii) $y_c(t) = \frac{d}{dt}x_c(t - 3T)$。

(iv) $y_c(t) = x_c(t - \frac{1}{3})$。

(c) 用 $y_c(t)$ 表示 $y_d[n]$。

(d) 确定离散时间 LTI 系统的脉冲响应 $h[n]$。

4.25 两个带限信号 $x_1(t)$ 和 $x_2(t)$ 相乘,生成乘积信号 $w(t)=x_1(t)x_2(t)$。利用周期冲激串对该信号采样得到信号

$$w_p(t) = w(t)\sum_{n=-\infty}^{\infty}\delta(t-nT) = \sum_{n=-\infty}^{\infty} w(nT)\delta(t-nT)$$

假设 $x_1(t)$ 带限到 Ω_1 且 $x_2(t)$ 带限到 Ω_2,也就是

$$X_1(\mathrm{j}\Omega) = 0,\quad |\Omega| \geqslant \Omega_1$$

$$X_2(\mathrm{j}\Omega) = 0,\quad |\Omega| \geqslant \Omega_2$$

确定最大采样间隔 T,使得 $w(t)$ 可以通过利用一个理想低通滤波器从 $w_p(t)$ 中恢复出来。

4.26 图 P4.26 所示的系统用来对采样率为 16 kHz 的连续时间音乐信号进行滤波。

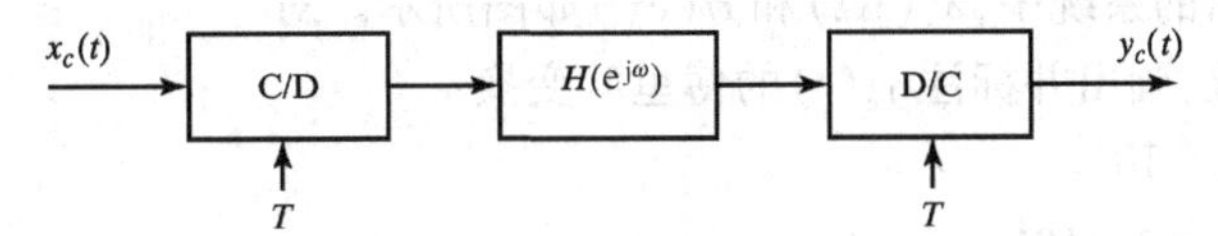

图 P4.26

$H(\mathrm{e}^{\mathrm{j}\omega})$ 是截止频率为 $\pi/2$ 的理想低通滤波器。如果输入信号已经进行了带限处理,也就是对于 $|\Omega|>\Omega_c$,有 $X_c(\mathrm{j}\Omega)=0$,应该如何选取 Ω_c 使得图 P4.26 中的整个系统为 LTI 系统?

4.27 图 P4.27 所示的系统试图对带限连续时间输入波形的微分器进行逼近。

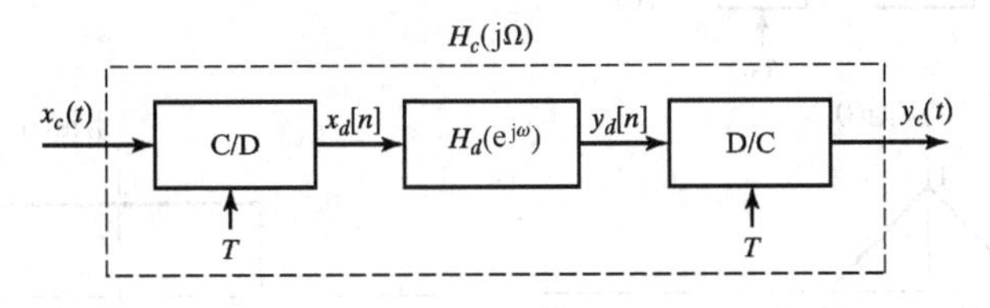

图 P4.27

- 连续时间输入信号 $x_c(t)$ 带限于 $|\Omega|<\Omega_M$。
- C/D 转换器具有采样率 $T=\dfrac{\pi}{\Omega_M}$,且生成信号 $x_d[n]=x_c(nT)$。
- 离散时间滤波器具有频率响应

$$H_d(\mathrm{e}^{\mathrm{j}\omega}) = \frac{\mathrm{e}^{\mathrm{j}\omega/2}-\mathrm{e}^{-\mathrm{j}\omega/2}}{T},\qquad |\omega|\leqslant\pi$$

- 理想 D/C 转换器使得 $y_d[n]=y_c(nT)$。

(a) 找出从输入端到输出端系统的连续时间频率响应 $H_c(\mathrm{j}\Omega)$。

(b) 若输入信号为

$$x_c(t) = \frac{\sin(\Omega_M t)}{\Omega_M t}$$

确定 $x_d[n]$,$y_c(t)$ 和 $y_d[n]$。

4.28 如图 P4.28 所示的是跟随有重构的采样过程表示形式。假设输入信号为

$$x_c(t) = 2\cos(100\pi t - \pi/4) + \cos(300\pi t + \pi/3),\quad -\infty < t < \infty$$

重构滤波器的频率响应为

$$H_r(\mathrm{j}\Omega) = \begin{cases} T, & |\Omega| \leqslant \pi/T \\ 0, & |\Omega| > \pi/T \end{cases}$$

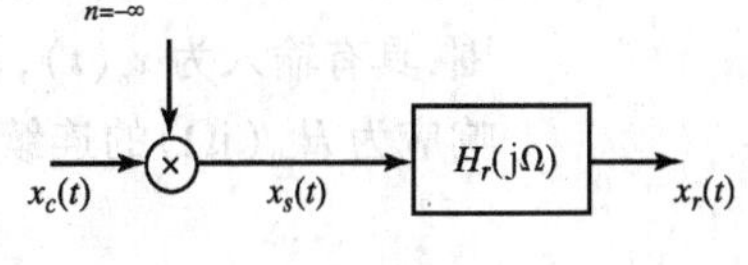

图 P4.28

(a) 确定连续时间傅里叶变换 $X_c(j\Omega)$,并画出其作为 Ω 的函数的图形。

(b) 假设 $f_s=1/T=500$ 样本/秒,请画出在 $-2\pi/T\leqslant\Omega\leqslant2\pi/T$ 范围内傅里叶变换 $X_s(j\Omega)$ 作为 Ω 函数的图形。这种情况下输出 $x_r(t)$ 是什么?[应该能够给出 $x_r(t)$ 的精确表达式。]

(c) 现在假设 $f_s=1/T=250$ 样本/秒,重复(b)。

(d) 能否选择采样率使得

$$x_r(t)=A+2\cos(100\pi t-\pi/4)$$

其中 A 为一个常数?如果能,采样率 $f_s=1/T$ 为多少?A 的取值是多少?

4.29 在图 P4.29 中,设 $X_c(j\Omega)=0$, $|\Omega|\geqslant\pi/T_1$。对于一般情况,$T_1\neq T_2$,试用 $x_c(t)$ 来表示 $y_c(t)$。对于 $T_1>T_2$ 和 $T_1<T_2$ 两种情况,基本关系是不同的吗?

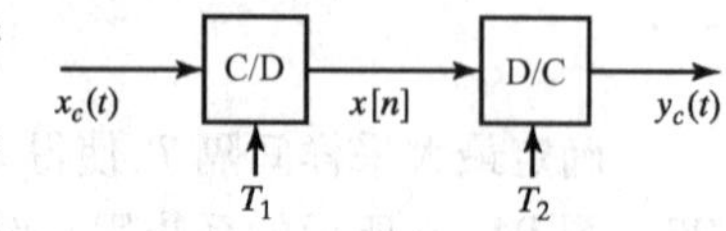

图 P4.29

4.30 在图 P4.30 所示的系统中,$X_c(j\Omega)$ 和 $H(e^{j\omega})$ 如图所示。对于下列各种情况,画出并标注 $y_c(t)$ 的傅里叶变换:

(a) $1/T_1=1/T_2=10^4$。

(b) $1/T_1=1/T_2=2\times10^4$。

(c) $1/T_1=2\times10^4, 1/T_2=10^4$。

(d) $1/T_1=10^4$, $1/T_2=2\times10^4$。

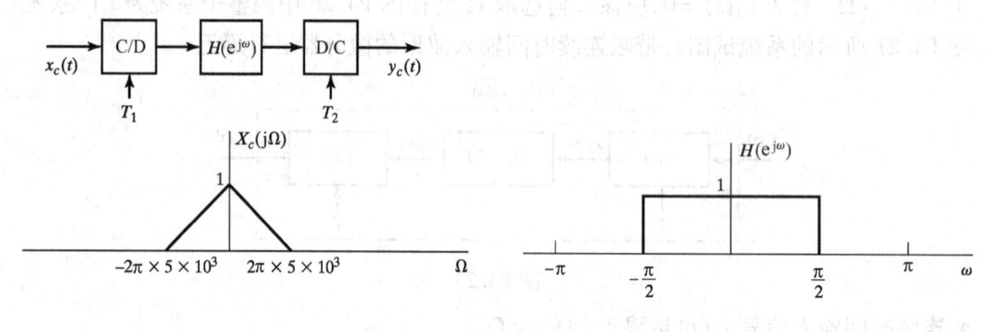

图 P4.30

4.31 图 P4.31-1 所示为利用离散时间滤波器过滤连续时间信号的整个系统。重构滤波器 $H_r(j\Omega)$ 和离散时间滤波器 $H(e^{j\omega})$ 的频率响应如图 P4.31-2 所示。

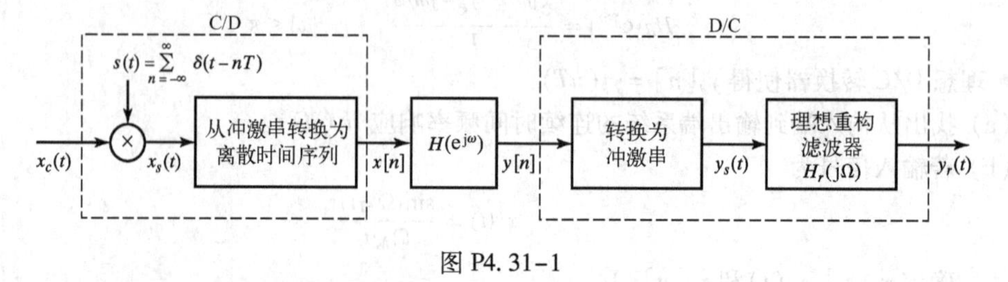

图 P4.31-1

(a) 对如图 P4.31-3 所示的 $X_c(j\Omega)$ 和 $1/T=20\text{ kHz}$,画出 $X_s(j\Omega)$ 和 $X(e^{j\omega})$。对于某个 T 值范围,具有输入为 $x_c(t)$,输出为 $y_c(t)$ 的整个系统被等效为一个如图 P4.31-4 所示的频率响应为 $H_{\text{eff}}(j\Omega)$ 的连续时间低通滤波器。

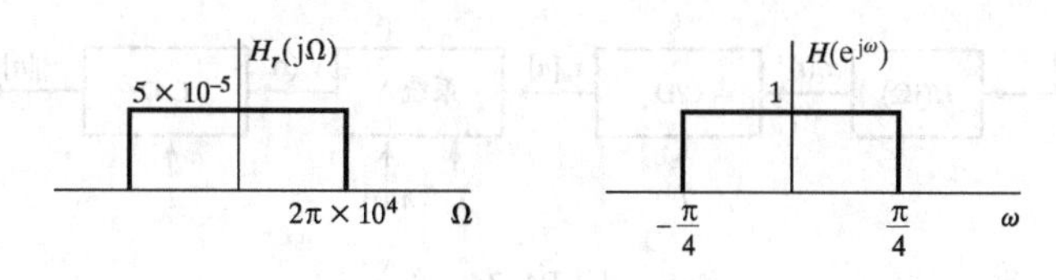

图 P4. 31–2

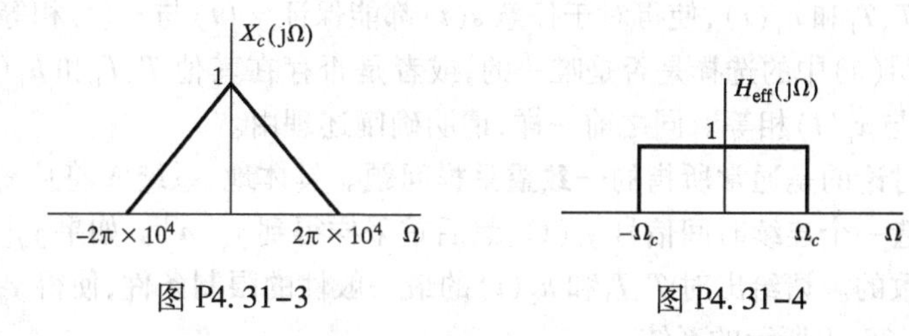

图 P4. 31–3　　　　图 P4. 31–4

(b) 求该 T 值范围，在该范围内，当 $X_c(j\Omega)$ 带限到 $|\Omega|\leqslant 2\pi\times10^4$（见图 P4. 31–3），(a) 中所给结论成立。

(c) 对于 (b) 中确定的取值范围，画出 Ω_c 作为 $1/T$ 函数的图形。

注意：这就是利用固定的连续时间和离散时间滤波器以及可变采样率来实现可变截止频率的连续时间滤波器的一种方法。

4. 32　考虑如图 P4. 32–1 所示的离散时间系统。

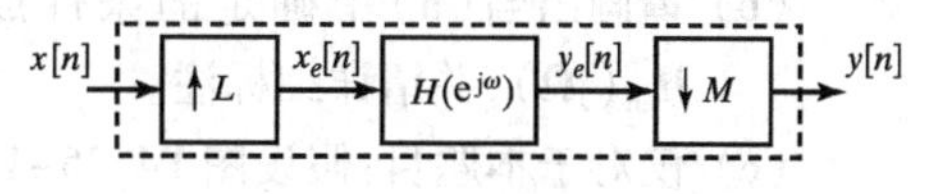

图 P4. 32–1

其中，

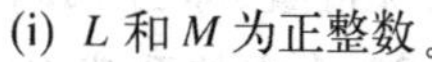

(i) L 和 M 为正整数。

(ii) $x_e[n]=\begin{cases}x[n/L], & n=kL,\ k\text{ 是任意整数}\\ 0, & \text{其他}\end{cases}$

(iii) $y[n]=y_e[nM]$。

(iv) $H(e^{j\omega})=\begin{cases}M, & |\omega|\leqslant\frac{\pi}{4}\\ 0, & \frac{\pi}{4}<|\omega|\leqslant\pi\text{。}\end{cases}$

(a) 假设 $L=2$，$M=4$，且 $x[n]$ 的 DTFT $X(e^{j\omega})$ 是实的，如图 P4. 32–2 所示。分别画出 $x_e[n]$，$y_e[n]$ 和 $y[n]$ 的 DTFT $X_e(e^{j\omega})$，$Y_e(e^{j\omega})$ 和 $Y(e^{j\omega})$，并给出合适的标注。请明确地标出重要的幅度和频率值。

(b) 假设 $L=2$ 且 $M=8$。确定此时的 $y[n]$。

提示：观察你的回答中哪些图形相对于题目 (a) 发生了变化。

图 P4. 32–2

4. 33　对于图 P4. 33 所示的系统，确定用 $x[n]$ 表示的 $y[n]$ 的表达式。尽可能简化表达形式。

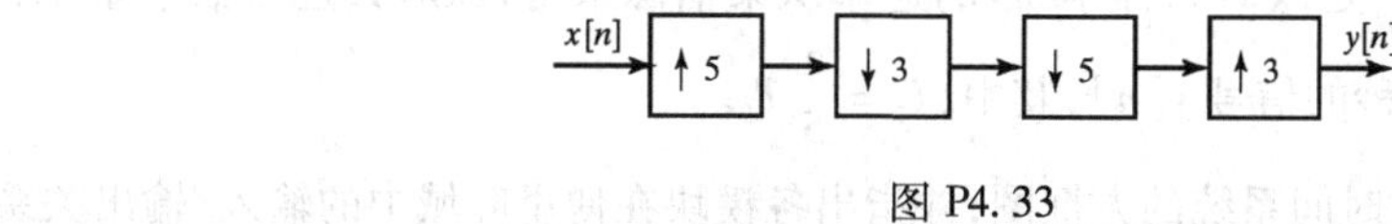

图 P4. 33

深入题

4. 34　在图 P4. 34 给出的系统中，各个方框定义如下：

$$H(j\Omega):\quad H(j\Omega)=\begin{cases}1, & |\Omega|<\pi\cdot10^{-3}\ \text{rad/s}\\ 0, & |\Omega|>\pi\cdot10^{-3}\ \text{rad/s}\end{cases}$$

$$\text{系统 A:}\quad y_c(t)=\sum_{k=-\infty}^{\infty}x_d[k]h_1(t-kT_1)$$

$$\text{第二个 C/D:}\quad y_d[n]=y_c(nT)$$

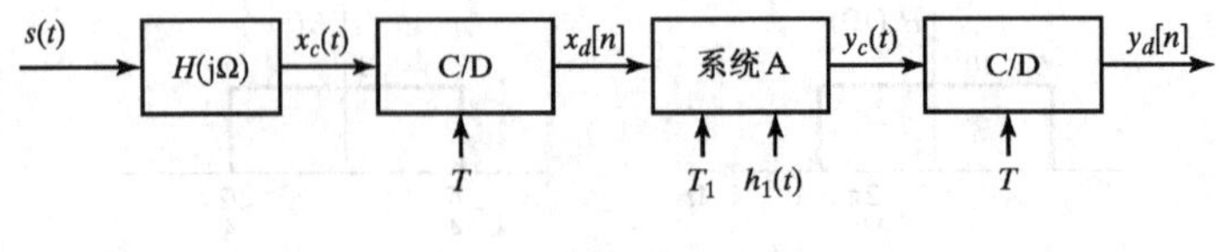

图 P4.34

(a) 确定 T、T_1 和 $h_1(t)$,使得对于任意 $s(t)$ 都能保证 $y_c(t)$ 与 $x_c(t)$ 相等。

(b) 请说明(a)中的选择是否是唯一的,或者是否存在其他 T、T_1 和 $h_1(t)$ 的取值也可以保证 $y_c(t)$ 与 $x_c(t)$ 相等。同之前一样,请明确阐述理由。

(c) 本题讨论的是通常所指的**一致重采样**问题。具体地,系统 A 将从 $x_c(t)$ 的样本序列 $x_d[n]$ 中构造一个连续时间信号 $y_c(t)$,然后重采样得到 $y_d[n]$。如果 $y_d[n]=x_d[n]$,则重采样为一致的。请给出对 T、T_1 和 $h_1(t)$ 的最一般性的限制条件,使得 $y_d[n]=x_d[n]$。

4.35 考虑图 P4.35-1 所示的系统。

仅对于题目(a)和(b):当 $|\Omega|>2\pi\times10^3$ 时,有 $X_c(j\Omega)=0$,且 $H(e^{j\omega})$ 如图 P4.35-2 所示(当然会周期重复下去)。

(a) 如果存在,请给出 T 的最一般性限制条件,使得从 $x_c(t)$ 到 $y_c(t)$ 的整个连续时间系统为 LTI 系统。

(b) 请画出当(a)中确定的条件成立时,所得到的整个等效连续时间系统的频率响应 $H_{\text{eff}}(j\Omega)$,并请详细标注。

(c) 仅对于本题目:假设图 P4.35-1 中 $X_c(j\Omega)$ 做了带限处理以避免混叠,即当 $|\Omega|\geq\pi/T$,$X_c(j\Omega)=0$。对于一般的采样周期 T 来说,可能会选择图 P4.35-1 中的系统 $H(e^{j\omega})$,以使得对于任意按照如上定义进行带限处理的输入 $x_c(t)$ 来说,从 $x_c(t)$ 到 $y_c(t)$ 之间的整个连续时间系统为 LTI 的。如果存在,请给出关于 $H(e^{j\omega})$ 的最一般性限制条件,使得整个 CT 系统为 LTI 系统。如果这些条件满足,还请给出用 $H(e^{j\omega})$ 表示的整个等效连续时间系统的频率响应 $H_{\text{eff}}(j\Omega)$。

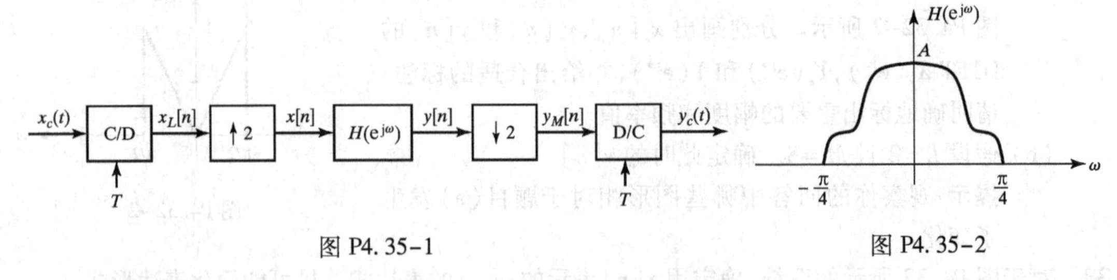

图 P4.35-1　　图 P4.35-2

4.36 有一离散时间信号 $x[n]$ 是以 $1/T_1$ 样本/秒的速率从某信源采得,欲对其进行数字重采样,以生成速率为 $1/T_2$ 样本/秒的信号 $y[n]$,其中,$T_2=\frac{3}{5}T_1$。

(a) 请画出重采样离散时间系统的方框图,并指出各模块在傅里叶域中的输入/输出关系。

(b) 对于输入信号 $x[n]=\delta[n]=\begin{cases}1, & n=0\\0, & \text{其他}\end{cases}$

确定输出 $y[n]$。

4.37 考虑如图 P4.37-1 所示的抽取滤波器结构。

其中,$y_0[n]$ 和 $y_1[n]$ 将基于如下差分等式来得到

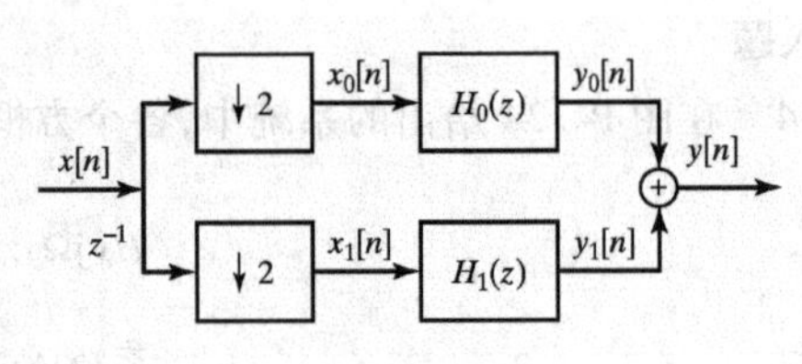

图 P4.37-1

$$y_0[n] = \frac{1}{4}y_0[n-1] - \frac{1}{3}x_0[n] + \frac{1}{8}x_0[n-1]$$

$$y_1[n] = \frac{1}{4}y_1[n-1] + \frac{1}{12}x_1[n]$$

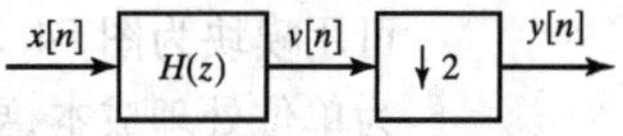

$x[n]$ → $H(z)$ → $v[n]$ → $\downarrow 2$ → $y[n]$

图 P4.37-2

(a) 对于该滤波器结构的实现,每个输出样本需要多少次乘法?这里将除法运算等效为乘法。

抽取滤波器还可以按照图 P4.37-2 来实现。

其中,$v[n] = av[n-1] + bx[n] + cx[n-1]$。

(b) 请确定 a,b 和 c。

(c) 第二种实现结构中每个输出样本需要多少次乘法?

4.38　考虑图 P4.38 所示的两个系统。

(a) 对于 $M=2$,$L=3$ 和任意输入 $x[n]$,是否有 $y_A[n]=y_B[n]$?如果是,请证明。如果不是,请解释或给出一个反例。

(b) 对于任意 $x[n]$,M 和 L 须满足什么关系才能保证 $y_A[n]=y_B[n]$?

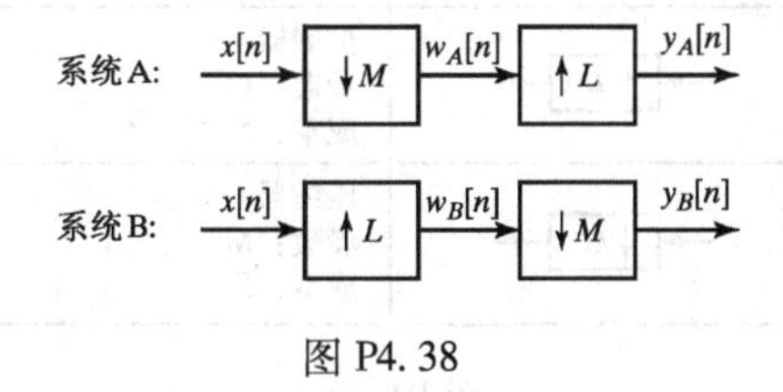

图 P4.38

4.39　在系统 A 中,连续时间信号 $x_c(t)$ 按照图 P4.39-1 进行处理。

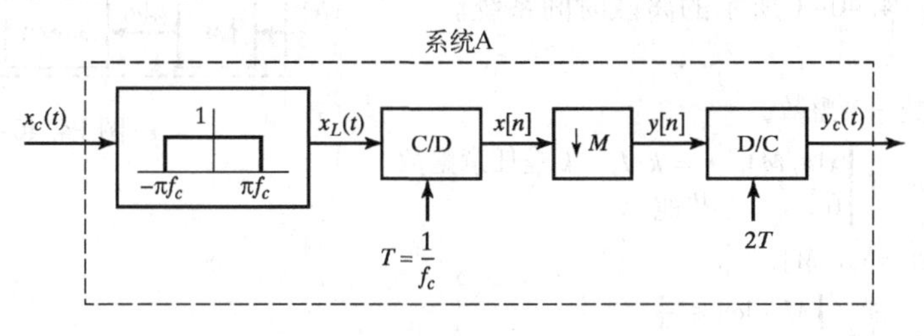

图 P4.39-1

(a) 如果 $M=2$ 且 $x_c(t)$ 的傅里叶变换如图 P4.39-2 所示,确定 $y[n]$。请详细说明推导过程。现在,对系统 A 进行适当调整,在其级联结构中再增加一个处理模块(即,模块可以被添加在级联链中的任意位置上——在开始、在结尾甚至在已存在的两个模块之间)。系统 A 当前的所有模块保持不变。希望调整后的系统是一个理想 LTI 低通滤波器,如图 P4.39-3 所示。

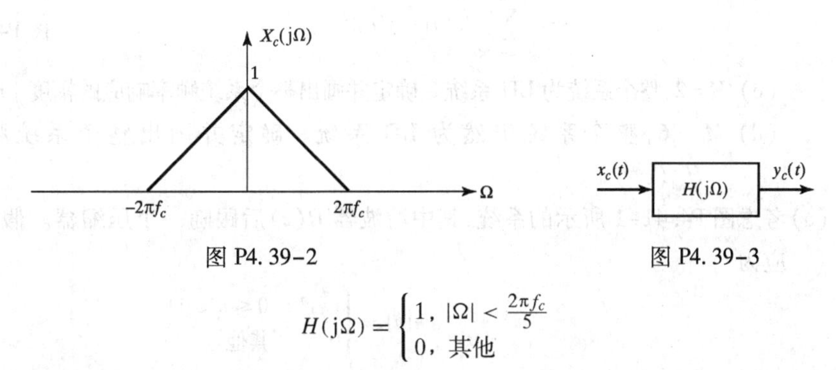

图 P4.39-2　　图 P4.39-3

$$H(j\Omega) = \begin{cases} 1, & |\Omega| < \dfrac{2\pi f_c}{5} \\ 0, & \text{其他} \end{cases}$$

可用模块为图 P4.39-4 所示表格中给出的 6 个模块,数量没有限制。每个模块的处理记为单位处理成本,要求最后的成本尽可能低。注意,D/C 转换器在速率“$2T$”上运行。

(b) 如果系统 A 中 $M=2$,请设计成本最低的调整系统。并指出全部所用模块的参数。

(c) 如果系统 A 中 $M=4$,请设计成本最低的调整系统。并指出全部所用模块的参数。

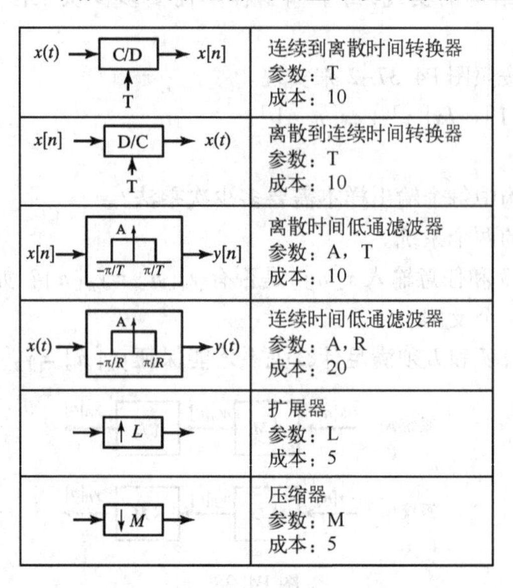

$x(t)$ → C/D → $x[n]$, T	连续到离散时间转换器 参数：T 成本：10
$x[n]$ → D/C → $x(t)$, T	离散到连续时间转换器 参数：T 成本：10
$x[n]$ → A, $-\pi/T$, π/T → $y[n]$	离散时间低通滤波器 参数：A，T 成本：10
$x(t)$ → A, $-\pi/R$, π/R → $y(t)$	连续时间低通滤波器 参数：A，R 成本：20
→ ↑L →	扩展器 参数：L 成本：5
→ ↓M →	压缩器 参数：M 成本：5

图 P4.39-4

4.40 考虑图 P4.40-1 所示的离散时间系统。其中,

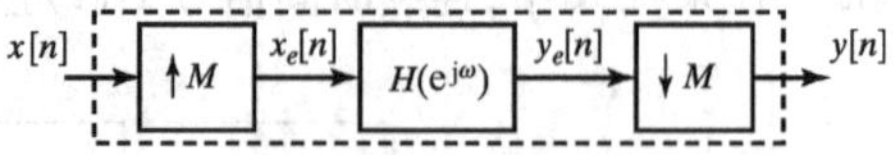

(i) M 是一个整数。

(ii) $x_e[n]=\begin{cases}x[n/M], & n=kM, \quad k\text{ 是任意整数}\\ 0, & \text{其他}\end{cases}$

(iii) $y[n]=y_e[nM]$。

(iv) $H(e^{j\omega})=\begin{cases}M, & |\omega|\leqslant\frac{\pi}{4}\\ 0, & \frac{\pi}{4}<|\omega|\leqslant\pi\end{cases}$

图 P4.40-1

(a) 假设 $M=2$ 且 $x[n]$ 的 DTFT $X(e^{j\omega})$ 为实的,如图 P4.40-2 所示。请分别画出 $x_e[n]$, $y_e[n]$ 和 $y[n]$ 的 DTFT $X_e(e^{j\omega})$, $Y_e(e^{j\omega})$ 和 $Y(e^{j\omega})$,并给出合适的标注。请明确地标出重要的幅度和频率值。

(b) $M=2$, $X(e^{j\omega})$ 如图 P4.40-2 所示,确定下式的值:

$$\varepsilon=\sum_{n=-\infty}^{\infty}|x[n]-y[n]|^2$$

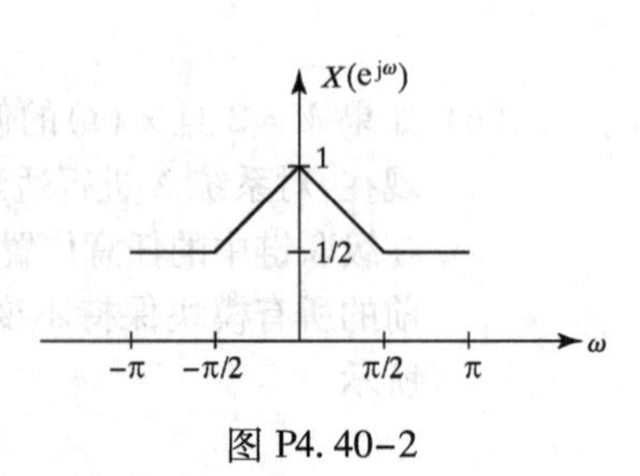

图 P4.40-2

(c) $M=2$,整个系统为 LTI 系统。确定并画出整个系统频率响应的幅度 $|H_{\text{eff}}(e^{j\omega})|$。

(d) $M=6$,整个系统仍然为 LTI 系统。确定并画出整个系统频率响应的幅度 $|H_{\text{eff}}(e^{j\omega})|$。

4.41 (a) 考虑图 P4.41-1 所示的系统,其中滤波器 $H(z)$ 后跟随一个压缩器。假设 $H(z)$ 的脉冲响应为

$$h[n]=\begin{cases}(\frac{1}{2})^n, & 0\leqslant n\leqslant 11\\ 0, & \text{其他}\end{cases} \tag{P4.41-1}$$

利用多相分解来实现滤波器 $H(z)$ 和压缩器,可以提高系统的效率。请画出包含两个多相分量的该系统的一种有效多相结构。请指出所使用的滤波器。

(b) 现在考虑图 P4.41-2 所示的系统,其中滤波器 $H(z)$ 前连有一个扩展器。假设 $H(z)$ 的脉冲响应如图 P4.41-1 所示。

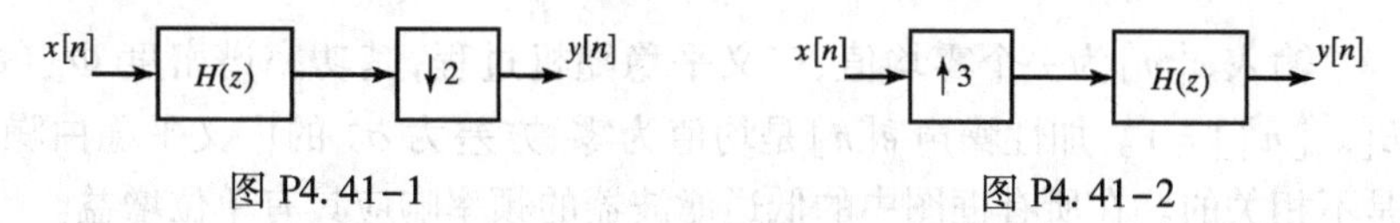

图 P4.41-1　　图 P4.41-2

利用多相分解来实现扩展器和滤波器 $H(z)$,可以提高系统的效率。请画出包含三个多相分量的该系统的一种有效多相结构。请指出所使用的滤波器。

4.42 对于图 P4.42-1 和图 P4.42-2 所示的系统,请确定是否有可能通过对系统 2 中的 $H_2(z)$ 进行选择,使得当 $x_2[n]=x_1[n]$ 且 $H_1(z)$ 为如图所示时 $y_2[n]=y_1[n]$ 成立。如果可能,给出 $H_2(z)$,如果不可能,请解释。

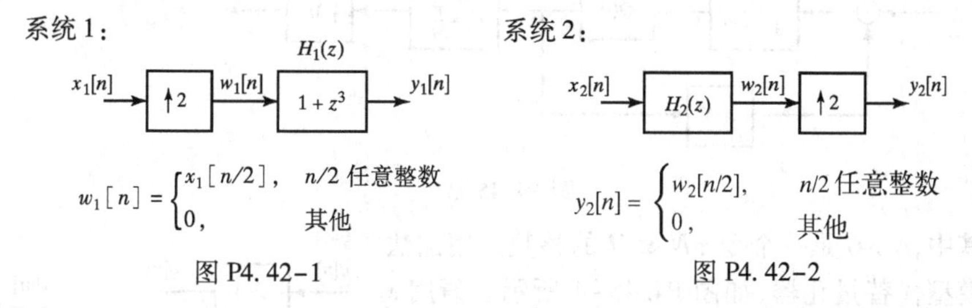

图 P4.42-1　　图 P4.42-2

4.43 图 P4.43 所示为需要实现的系统框图。请给出一个由 LTI 系统、压缩器组和扩展器组级联构成的等效系统的结构框图,这种结构可以实现每个输出样本所需乘法次数最少。

提示:所谓等效系统,是指对于任意给定的输入序列它会产生相同的输出序列。

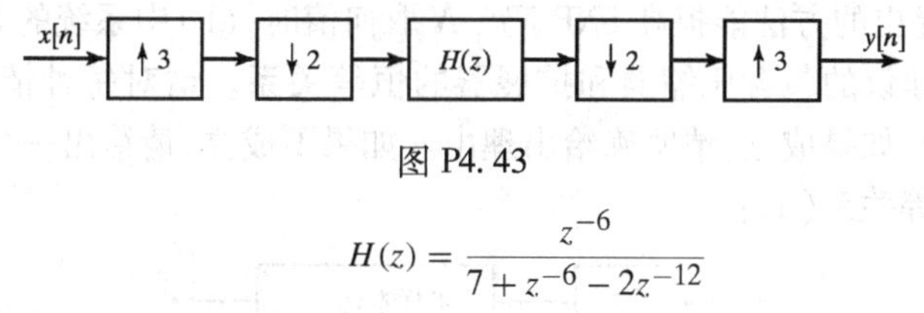

图 P4.43

$$H(z)=\frac{z^{-6}}{7+z^{-6}-2z^{-12}}$$

4.44 考虑如图 P4.44 所示的两个系统。

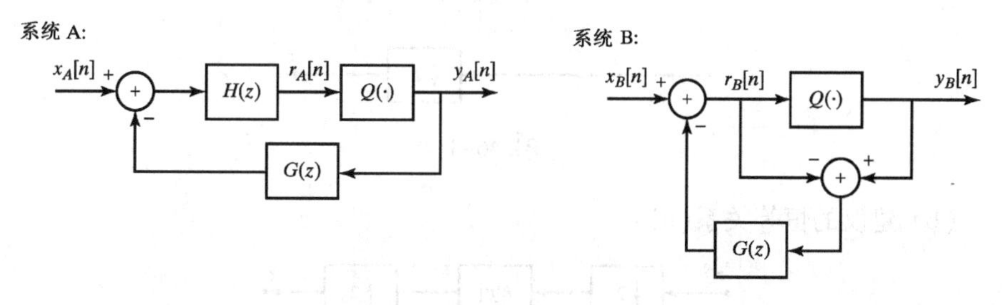

图 P4.44

其中 $Q(\cdot)$ 表示量化器,两个系统中量化器相同。对于任意给定的 $G(z)$,是否总能找到 $H(z)$ 使得对于任意量化器 $Q(\cdot)$,都能保证两个系统等价(即当 $x_A[n]=x_B[n]$ 时,有 $y_A[n]=y_B[n]$)? 如果是,请给出 $H(z)$。如果不是,请详细阐述理由。

4.45 系统 S_1(见图 P4.45-1)中的量化器 $Q(\cdot)$ 可以建模为一个加性噪声。图 P4.45-2 给出了系统 S_2,它是系统 S_1 的一种模型。

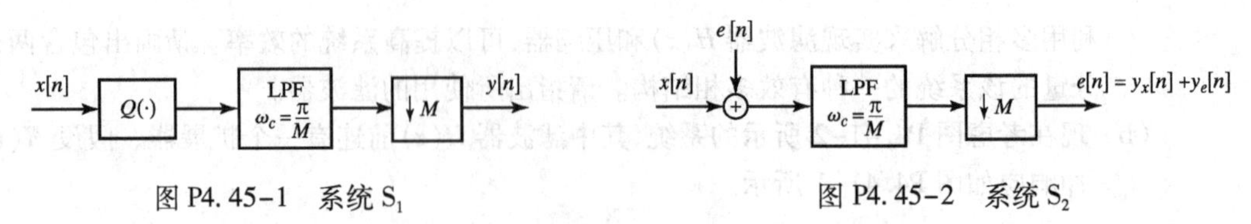

图 P4.45-1 系统 S_1　　　　图 P4.45-2 系统 S_2

输入 $x[n]$ 为一个零均值、广义平稳随机过程,其功率谱密度 $\Phi_{xx}(\mathrm{e}^{\mathrm{j}\omega})$ 带限于 π/M 且 $E[x^2[n]]=1$。加性噪声 $e[n]$ 是均值为零、方差为 σ_e^2 的广义平稳白噪声。输入和白噪声是不相关的。在所有框图中的低通滤波器的频率响应具有单位增益。

(a) 确定系统 S_2 的信号噪声比:$\mathrm{SNR}=10\log\dfrac{E[y_x^2[n]]}{E[y_e^2[n]]}$。注意到,$y_x[n]$ 是仅由 $x[n]$ 引起的输出,而 $y_e[n]$ 是仅由 $e[n]$ 引起的输出。

(b) 为了提高量化信噪比,提出了图 P4.45-3 所示的系统:

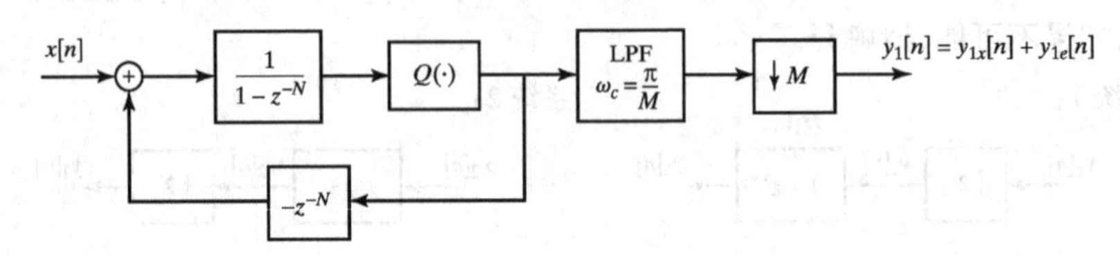

图 P4.45-3

其中,$N>0$ 是一个令 $\pi N\ll M$ 的整数。用加法模型代替量化器,如图 P4.45-4 所示。请用 $x[n]$ 表示 $y_{1x}[n]$,用 $e[n]$ 表示 $y_{1e}[n]$。

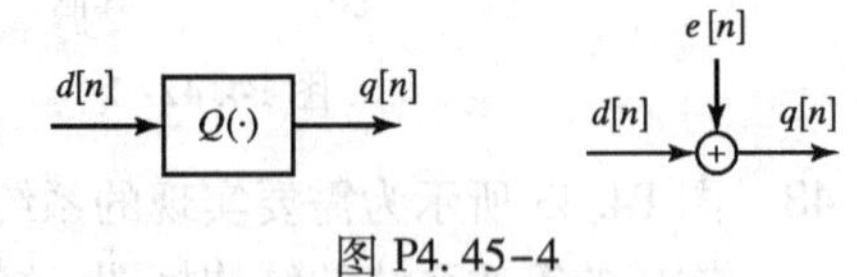

图 P4.45-4

(c) 假设 $e[n]$ 是零均值广义平稳白噪声,它与输入 $x[n]$ 不相关。$y_{1e}[n]$ 是一个广义平稳信号吗? $y_1[n]$ 呢? 请解释。

(d) 在(b)中提出的方法能提高 SNR 吗? N 取何值时,(b)中系统的 SNR 最大?

4.46 以下为 3 个所建议的包含压缩器和扩展器的恒等关系。请对每种情况说明所提出的恒等关系是否成立? 如果成立,请明确给出理由。如果不成立,请给出一个简单的反例。

(a) 建议的恒等关系(a):

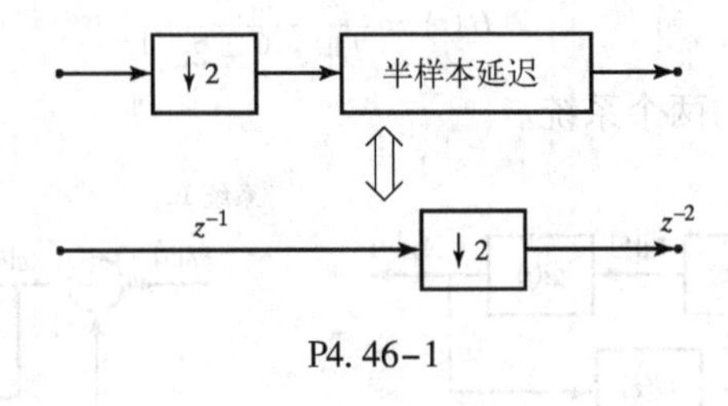

P4.46-1

(b) 建议的恒等关系(b):

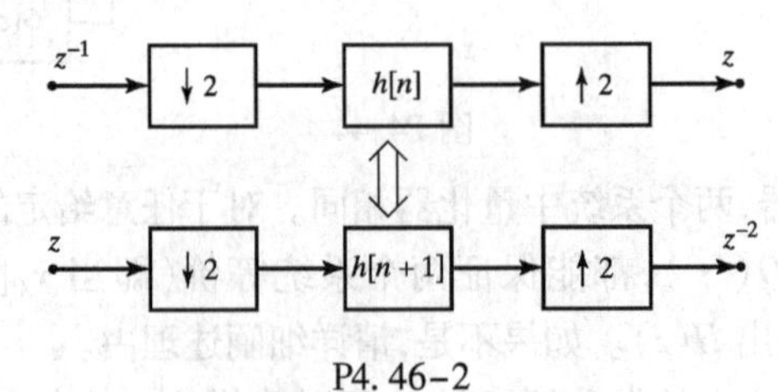

P4.46-2

(c) 建议的恒等关系(c)：

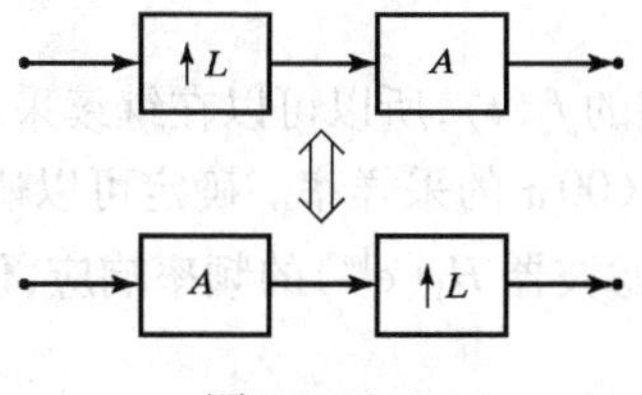

图 P4. 46-3

其中 L 为正整数，利用 $X(e^{j\omega})$ 和 $Y(e^{j\omega})$ (分别为 A 的输入和输出的 DTFT) 定义的 A 为：

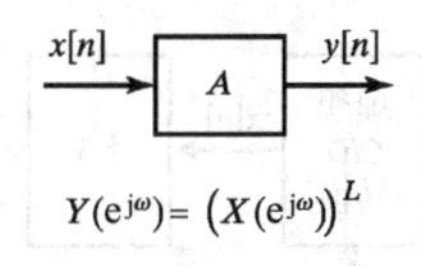

图 P4. 46-4

4. 47　考虑如图 P4. 47-1 所示的连续时间信号 $g_c(t)$ 的离散时间处理系统。

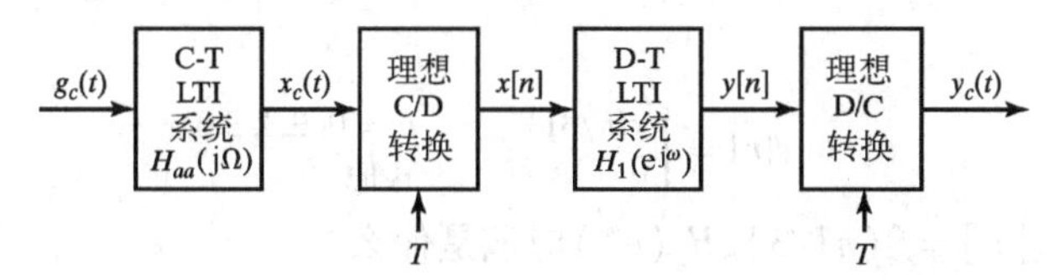

图 P4. 47-1

整个系统的连续时间输入信号的形式为 $g_c(t) = f_c(t) + e_c(t)$，其中，$f_c(t)$ 被看作信号分量，$e_c(t)$ 被看作加性噪声分量。$f_c(t)$ 和 $e_c(t)$ 的傅里叶变换如图 P4. 47-2 所示。

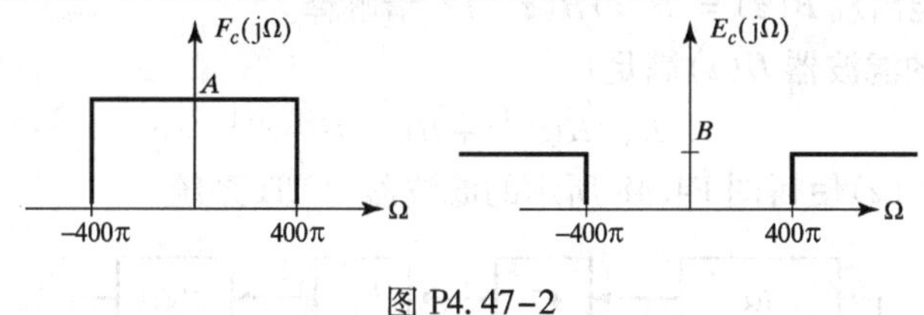

图 P4. 47-2

因为总输入信号 $g_c(t)$ 没有带限的傅里叶变换，所以利用一个零相位连续时间抗混叠滤波器来对抗混叠失真，该滤波器的频率响应如图 P4. 47-3 所示。

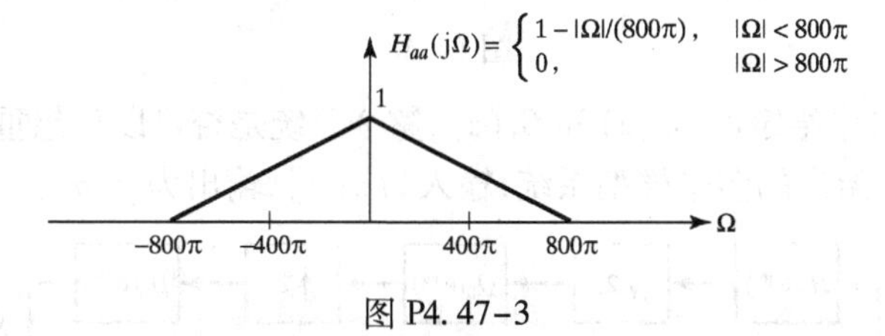

图 P4. 47-3

(a) 如果图 P4. 47-1 中的采样率为 $2\pi/T = 1600\pi$，且离散时间系统具有频率响应

$$H_1(e^{j\omega}) = \begin{cases} 1, & |\omega| < \pi/2 \\ 0, & \pi/2 < |\omega| \leqslant \pi \end{cases}$$

请画出连续时间输出信号的傅里叶变换，此时输入信号的傅里叶变换定义如图 P4. 47-2 所示。

(b) 如果采样率为 $2\pi/T = 1600\pi$，确定 $H_1(e^{j\omega})$ (离散时间系统的频率响应) 的幅度和相位，使得图 P4.47-1 所示系统的输出为 $y_c(t)=f_c(t-0.1)$。请通过公式或带有详细标注的图形来给出答案。

(c) 因为只关注获得输出端的 $f_c(t)$,所以可以在继续采用图 P4.47-3 中抗混叠滤波器的前提下利用低于 $2\pi/T=1600\pi$ 的采样率。确定可以避免 $F_c(j\Omega)$ 的混叠失真的最小采样率,并确定可以采用的滤波器 $H_1(e^{j\omega})$ 的频率响应,使得图 P4.47-1 所示系统的输出端满足 $y_c(t)=f_c(t)$。

(d) 现在考虑图 P4.47-4 所示的系统,其中,$2\pi/T=1600\pi$ 且输入信号定义如图 P4.47-2 所示,抗混叠滤波器如图 P4.47-3 所示。

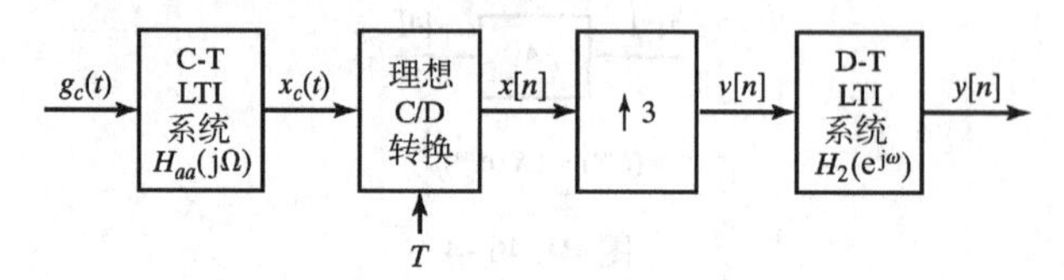

图 P4.47-4 另一个系统结构框图

其中,

$$v[n]=\begin{cases}x[n/3], & n=0,\pm3,\pm6,\cdots\\ 0, & \text{其他}\end{cases}$$

如果希望 $y[n]=f_c(nT/3)$,$H_2(e^{j\omega})$ 应该是什么?

4.48 (a)一个有限长序列 $b[n]$ 满足:

$$B(z)+B(-z)=2c,\quad c\neq 0$$

请解释 $b[n]$ 的结构。对 $b[n]$ 的长度是否存在任何限制?

(b) 是否有可能出现 $B(z)=H(z)H(z^{-1})$?请解释。

(c) 一个 N 长的滤波器 $H(z)$ 满足:

$$H(z)H(z^{-1})+H(-z)H(-z^{-1})=c \tag{P4.48-1}$$

找出 $G_0(z)$ 和 $G_1(z)$ 使得图 P4.48 所示的滤波器为 LTI 系统。

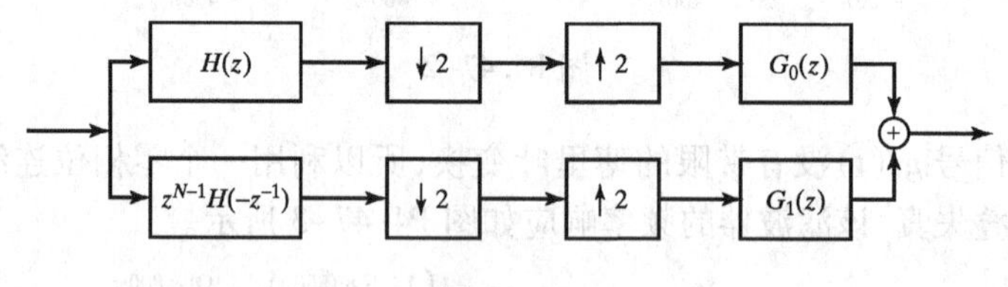

图 P4.48

(d)对于题目(c)中给定的 $G_0(z)$ 和 $G_1(z)$,整个系统是否可以理想重构输入信号?请解释。

4.49 考虑图 P4.49-1 给出的多采样率系统,输入为 $x[n]$,输出为 $y[n]$。

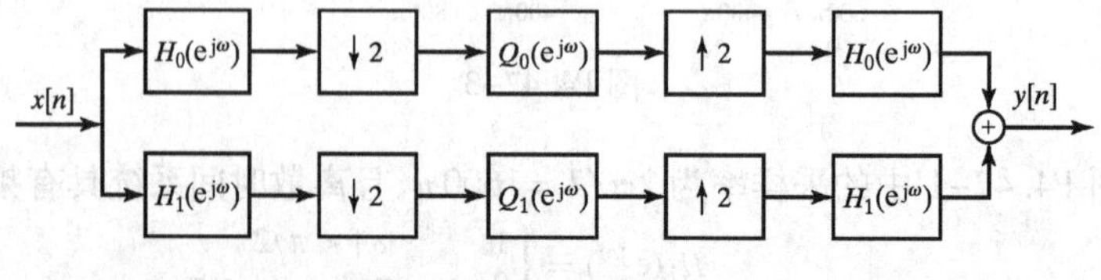

图 P4.49-1

其中,$Q_0(e^{j\omega})$ 和 $Q_1(e^{j\omega})$ 是两个 LTI 系统的频率响应,$H_0(e^{j\omega})$ 和 $H_1(e^{j\omega})$ 分别是截止频率为 $\pi/2$ 的理想低通和高通滤波器,如图 P4.49-2 所示。

如果 $Q_0(e^{j\omega})$ 和 $Q_1(e^{j\omega})$ 如图 P4.49-3 所示,则整个系统是 LTI 系统。

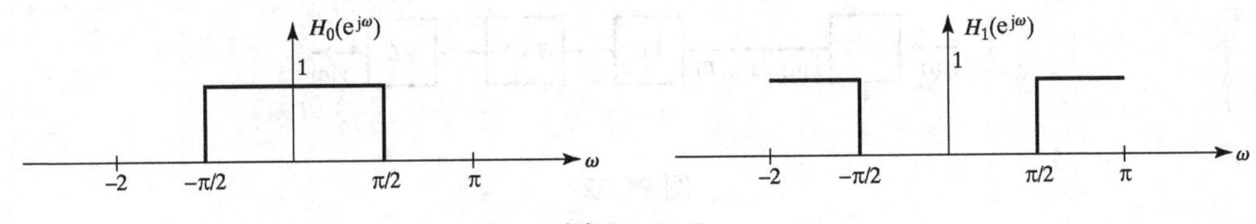

图 P4.49-2

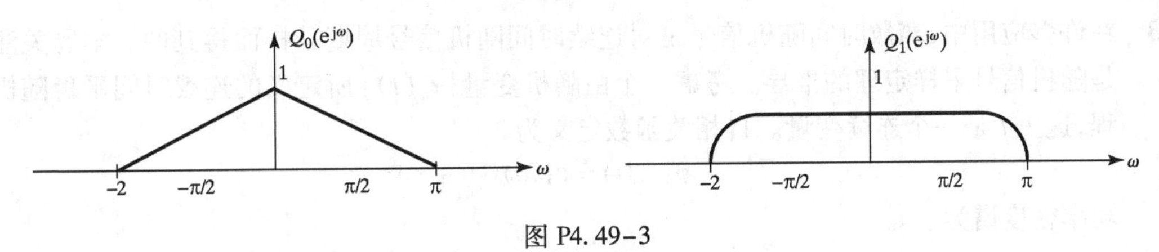

图 P4.49-3

对于 $Q_0(e^{j\omega})$ 和 $Q_1(e^{j\omega})$ 的这些选择，请画出整个系统的频率响应

$$G(e^{j\omega})=\frac{Y(e^{j\omega})}{X(e^{j\omega})}$$

4.50　考虑如图 P4.50 所示的 QMF 滤波器组：

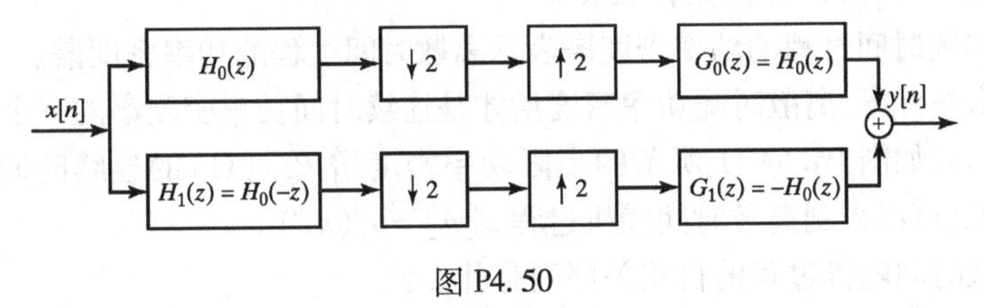

图 P4.50

输入/输出关系为 $Y(z)=T(z)X(z)$，其中，

$$T(z)=\frac{1}{2}(H_0^2(z)-H_0^2(-z))=2z^{-1}E_0(z^2)E_1(z^2)$$

且 $E_0(z^2)$，$E_1(z^2)$ 是 $H_0(z)$ 的多相分量。

题目(a)和(b)是独立的。

(a) 请解释以下两种陈述是否正确：

(a1) 如果 $H_0(z)$ 是线性相位，则 $T(z)$ 也是线性相位。

(a2) 如果 $E_0(z)$ 和 $E_1(z)$ 是线性相位，则 $T(z)$ 也是线性相位。

(b) 已知原型滤波器，$h_0[n]=\delta[n]+\delta[n-1]+\frac{1}{4}\delta[n-2]$：

(b1) $h_1[n]$，$g_0[n]$ 和 $g_1[n]$ 是什么？

(b2) $e_0[n]$ 和 $e_1[n]$ 是什么？

(b3) $T(z)$ 和 $t[n]$ 是什么？

4.51　考虑图 4.10 所示的系统，其中 $X_c(j\Omega)=0$，$|\Omega|\geqslant 2\pi(1000)$，离散时间系统是一个平方系统，即 $y[n]=x^2[n]$。问能够满足 $y_c(t)=x_c^2(t)$ 的最大 T 值是多少？

4.52　在如图 P4.52 所示的系统中，

$$X_c(j\Omega)=0,\qquad |\Omega|\geqslant \pi/T$$

和

$$H(e^{j\omega})=\begin{cases}e^{-j\omega}, & |\omega|<\pi/L\\ 0, & \pi/L<|\omega|\leqslant\pi\end{cases}$$

$y[n]$ 与输入信号 $x_c(t)$ 是什么关系？

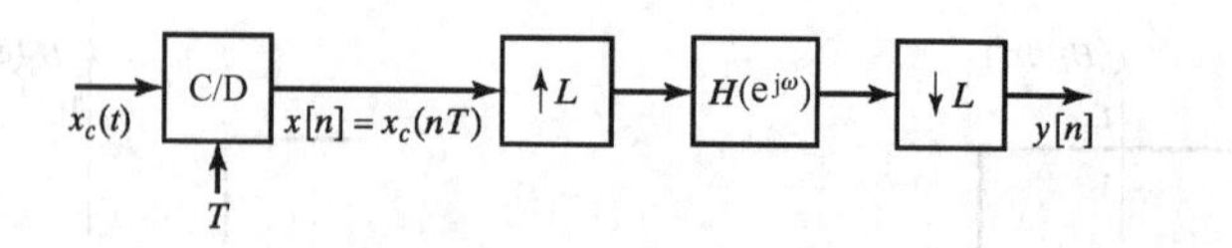

图 P4.52

扩充题

4.53 在许多应用中,离散时间随机信号是对连续时间随机信号周期采样而得到的。本题关注的是随机信号采样定理的推导。考虑一个由随机变量$\{x_a(t)\}$所定义的连续时间平稳随机过程,这里t是一个连续变量。自相关函数定义为

$$\phi_{x_cx_c}(\tau)=\mathcal{E}\{x(t)x^*(t+\tau)\}$$

功率密度谱为

$$P_{x_cx_c}(\Omega)=\int_{-\infty}^{\infty}\phi_{x_cx_c}(\tau)e^{-j\Omega\tau}d\tau$$

用周期采样所得到的离散时间随机过程由随机变量$\{x[n]\}$的集合所定义,这里$x[n]=x_a(nT)$,T为采样周期。

(a) $\Phi_{xx}[n]$和$\Phi_{x_cx_c}(\tau)$之间是什么关系?

(b) 利用连续时间过程的功率密度谱表示离散时间过程的功率密度谱。

(c) 在什么条件下,离散时间功率密度谱才是连续时间功率密度谱的一个正确表示?

4.54 考虑一个具有如图 P4.54-1 所示的带限功率密度谱$P_{x_cx_c}(\Omega)$的连续时间随机过程$x_c(t)$。假定采样$x_c(t)$以得到离散时间随机过程$x[n]=x_c(nT)$。

(a) 该离散时间随机过程的自相关序列是什么?

(b) 对于如图 P4.54-1 所示的连续时间功率密度谱,T应该如何选取才能使离散时间过程是白的,即其功率密度谱对所有ω都是常数?

(c) 若连续时间功率密度谱如图 P4.54-2 所示,T该如何选取才能使离散时间过程是白的?

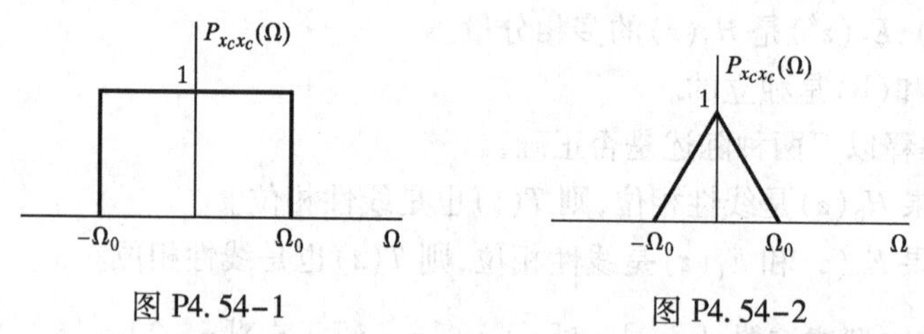

图 P4.54-1　　图 P4.54-2

(d) 对于连续时间过程和采样周期有哪些一般要求才能使离散时间过程是白的?

4.55 本题研究交换两种运算的次序在信号上所产生的影响,这两种运算是采样和执行一个无记忆的非线性运算。

(a) 考虑如图 P4.55-1 所示的两个信号处理系统,其中 C/D 和 D/C 转换器都是理想的。映射$g[x]=x^2$代表一个无记忆非线性器件。当采样率选为$1/T=2f_m$ Hz 且$x_c(t)$的傅里叶变换如图 P4.55-2 所示时,画出在点 1,2 和 3 处的信号频谱。$y_1(t)=y_2(t)$吗?若不相等,为什么?$y_1(t)=x^2(t)$吗?请解释你的答案。

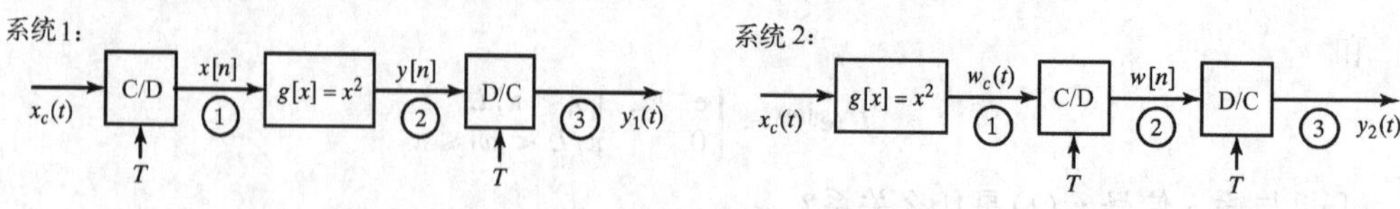

图 P4.55-1

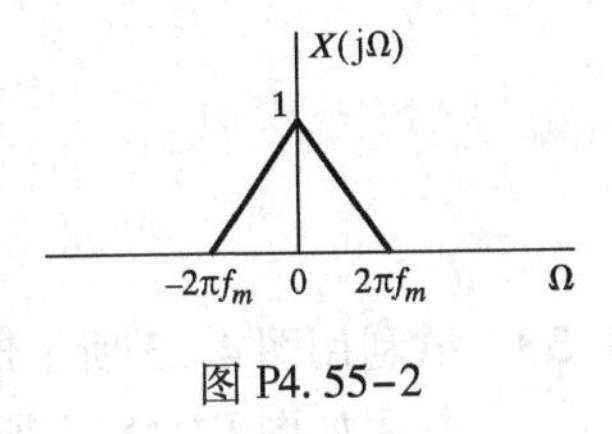

图 P4. 55-2

(b) 考虑系统 1，令 $x(t)=A\cos(30\pi t)$ 和采样率 $1/T=40$ Hz，$y_1(t)=x_c^2(t)$ 吗？请说明为什么。

(c) 考虑如图 P4. 55-3 所示的信号处理系统，其中 $g[x]=x^3$，而 $g^{-1}[v]$ 是它的(唯一的)逆，即 $g^{-1}[g(x)]=x$。令 $x(t)=A\cos(30\pi t)$ 和 $1/T=40$ Hz，用 $x[n]$ 来表示 $v[n]$。请问是否存在频谱混叠？用 $x[n]$ 表示 $y[n]$，从这个例子你能得到什么结论？可能要用到恒等式

$$\cos^3\Omega_0 t=\frac{3}{4}\cos\Omega_0 t+\frac{1}{4}\cos 3\Omega_0 t$$

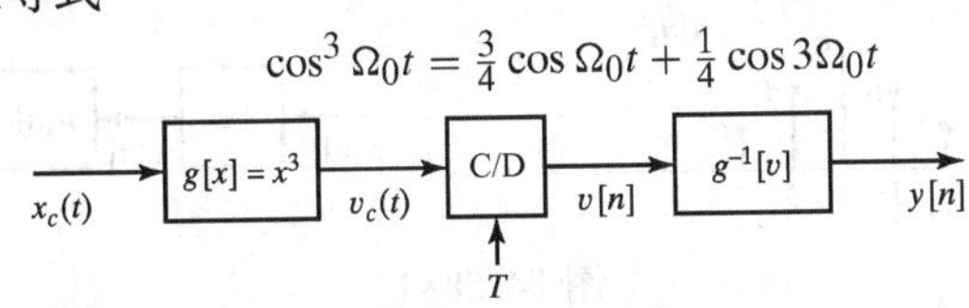

图 P4. 55-3

(d) 一个实际问题是数字化一个大动态范围信号所引起的问题。假设用下面方法来压缩这个动态范围：在 A/D 转换之前将信号通过一个无记忆非线性器件，在 A/D 转换之后再将信号扩展回来，那么位于 A/D 转换之前的这个非线性运算在选择采样率上有什么影响？

4. 56　图 4. 23 示出一个用因子 L 内插信号的系统，其中

$$x_e[n]=\begin{cases}x[n/L], & n=0,\ \pm L,\ \pm 2L,\cdots\\ 0, & \text{其他}\end{cases}$$

低通滤波器在 $x_e[n]$ 的非零值间内插产生一个增采样或内插的信号 $x_i[n]$。当该低通滤波器是理想的时，就称为带限内插。如同 4. 6. 3 节所指出的，简单的内插过程往往就足够了。零阶保持和线性内插是常用的两种简单的内插过程。对于零阶保持内插，$x[n]$ 的每一个值只是重复 L 次，即

$$x_i[n]=\begin{cases}x_e[0], & n=0,\ 1,\cdots,L-1\\ x_e[L], & n=L,\ L+1,\cdots,2L-1\\ x_e[2L], & n=2L,\ 2L+1,\cdots\\ \vdots & \end{cases}$$

线性内插已在 4. 6. 2 节讨论过。

(a) 为实现零阶保持内插，求图 4. 23 所示的低通滤波器的单位脉冲响应，同时求出相应的频率响应。

(b) 式(4. 91)给出了线性内插的单位脉冲响应，求相应的频率响应。($h_{\text{lin}}[n]$ 是一个三角波，相应于两个矩形序列的卷积，这一点对于求解是有帮助的。)

(c) 对于零阶保持和线性内插画出该滤波器频率响应的幅度特性。相对于理想带限内插，哪一个是更好一些的近似？

4. 57　希望计算某个增采样序列的自相关函数，如图 P4. 57-1 所示。有人提议，可以等效地用图 P4. 57-2所示的系统来完成。可以选取 $H_2(e^{j\omega})$ 以使得 $\phi_3[m]=\phi_1[n]$ 吗？如果不能，为什么？如果可以，请给出 $H_2(e^{j\omega})$。

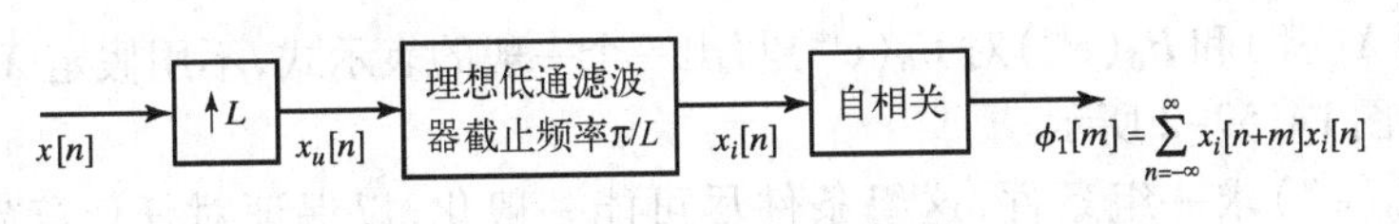

图 P4. 57-1

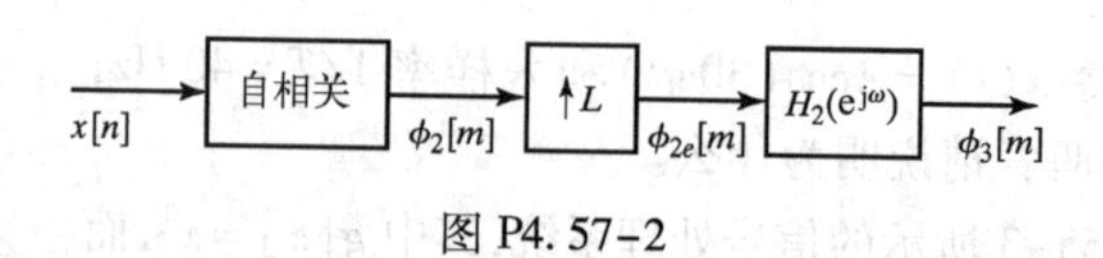

图 P4.57-2

4.58 欲利用图 4.23 所示形式的系统将一序列以因子 2 增采样。然而,图 4.23 中的低通滤波器是用如图 P4.58-1 所示的 5 点单位脉冲响应 $h[n]$ 的滤波器来近似的。在该系统中,输出 $y_1[n]$ 是用 $h[n]$ 与 $w[n]$ 的直接卷积求得的。

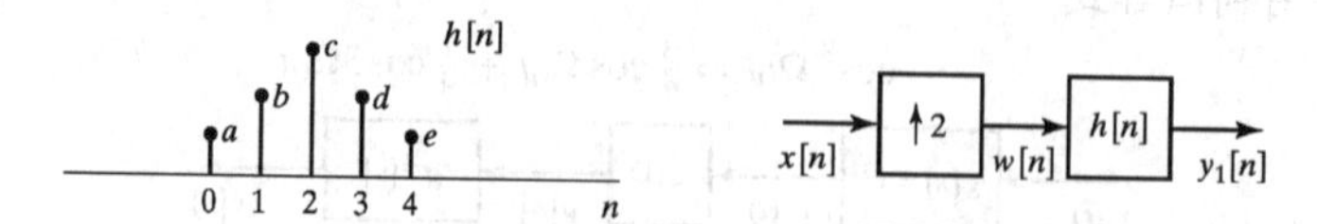

图 P4.58-1

(a) 利用这个 $h[n]$,该系统一种推荐的实现如图 P4.58-2 所示。$h_1[n]$,$h_2[n]$ 和 $h_3[n]$ 这 3 个单位脉冲响应在 $0 \leqslant n \leqslant 2$ 以外都为零。求出并明确证明 $h_1[n]$,$h_2[n]$ 和 $h_3[n]$ 的一种选择,以使得对任意 $x[n]$ 都有 $y_1[n]=y_2[n]$,即这两个系统是恒等的。

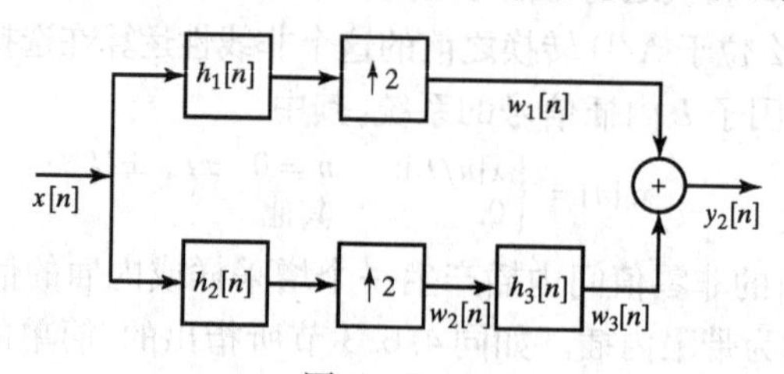

图 P4.58-2

(b) 分别求图 P4.58-1 和图 P4.58-2 所示系统中每个输出点所要求的乘法次数。应该发现图 P4.58-2 所示系统更为高效。

4.59 考虑图 P4.59-1 所示的分析/综合系统。低通滤波器 $h_0[n]$ 在分析器和综合器中是相同的,高通滤波器 $h_1[n]$ 在分析器和综合器中也是一样的。$h_0[n]$ 和 $h_1[n]$ 的傅里叶变换有如下关系:

$$H_1(e^{j\omega}) = H_0(e^{j(\omega+\pi)})$$

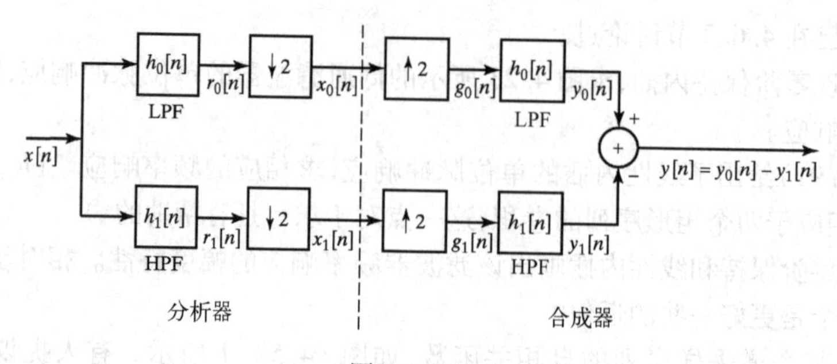

图 P4.59-1

(a) 若 $X(e^{j\omega})$ 和 $H_0(e^{j\omega})$ 如图 P4.59-2 所示,画出 $X_0(e^{j\omega})$,$G_0(e^{j\omega})$ 和 $Y_0(e^{j\omega})$(在某幅度加权因子之内)。

(b) 利用 $X(e^{j\omega})$ 和 $H_0(e^{j\omega})$ 对 $G_0(e^{j\omega})$ 写出一个一般的表示式,不用假定 $X(e^{j\omega})$ 和 $H_0(e^{j\omega})$ 是如图 P4.59-2 所示。

(c) 对 $H_0(e^{j\omega})$ 求一组条件,这组条件尽可能一般化,以保证对任何稳定的输入 $x[n]$,$|Y(e^{j\omega})|$ 是正比于 $|X(e^{j\omega})|$ 的。

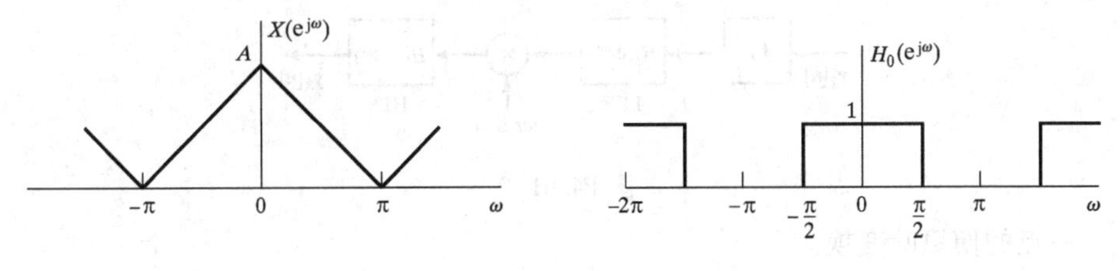

图 P4.59-2

注意：本题所讨论的这种形式的分析/综合滤波器柜非常类似于正交镜像滤波器柜(quadrature mirror filter banks)。更详细的内容可见 Crochiere and Rabiner(1983), pp. 378～392。

4.60　考虑一个实值序列，有

$$X(e^{j\omega}) = 0, \qquad \frac{\pi}{3} \leqslant |\omega| \leqslant \pi$$

$x[n]$中有一个序列值可能有误，希望近似地或准确地恢复它。用$\hat{x}[n]$表示受到污损的信号：

$$\hat{x}[n] = x[n], \text{ 其中 } n \neq n_0$$

而$\hat{x}[n_0]$是实的，但与$x[n_0]$无关。分别在下列 3 种情况下，规定一个实际的算法用于从$\hat{x}[n]$中真正地或近似地恢复出$x[n]$。

(a) n_0的值是已知的。

(b) n_0的真正值不知道，但知道n_0是一个偶数。

(c) 有关n_0什么也不知道。

4.61　通信系统往往要求从时分多路复用(TDM)转换到频分多路复用(FDM)。本题考察属于这种系统的一个简单例子。要研究的系统的方框图如图 P4.61-1 所示。TDM 的输入假设为如下的相间样本序列：

$$w[n] = \begin{cases} x_1[n/2], & n \text{ 为偶整数} \\ x_2[(n-1)/2], & n \text{ 为奇整数} \end{cases}$$

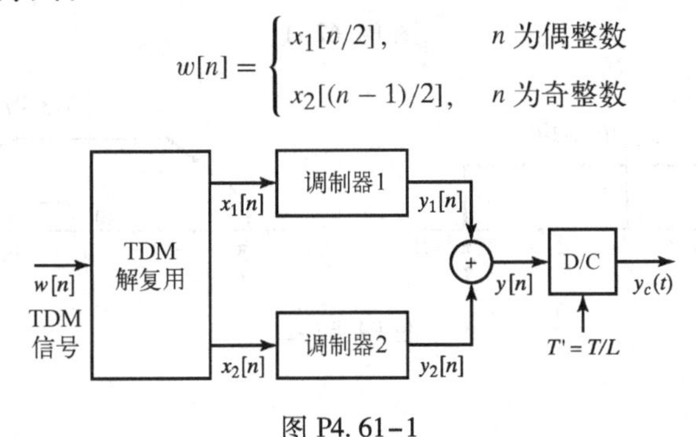

图 P4.61-1

假定序列$x_1[n] = x_{c1}(nT)$和$x_2[n] = x_{c2}(nT)$分别由无混叠采样连续时间信号$x_{c1}(t)$和$x_{c2}(t)$而得到。也就是说，假定这两个信号有相同的最高频率Ω_N，而采样周期为$T = \pi/\Omega_N$。

(a) 画一个输出为$x_1[n]$和$x_2[n]$的系统方框图，也就是用简单的运算得到一个用于 TDM 信号分离的系统。说明你的系统是否是线性、时不变、因果和稳定的。

第k个调制器($k = 1$ 或 2)由图 P4.61-2 所示的方框图所定义。低通滤波器$H_i(e^{j\omega})$(对两个信道是相同的)的增益为L，截止频率为π/L，而高通滤波器$H_k(e^{j\omega})$的增益为 1，截止频率为ω_k，调制器频率满足

$$\omega_2 = \omega_1 + \pi/L \quad \text{和} \quad \omega_2 + \pi/L \leqslant \pi \quad (\text{假设 } \omega_1 > \pi/2)$$

(b) 求ω_1和L，使得在理想 D/C 转换之后(采样周期为T/L)，$y_c(t)$的傅里叶变换在频率范围$2\pi \times 10^5 \leqslant |\Omega| \leqslant 2\pi \times 10^5 + 2\Omega_N$以外都为零。设$\Omega_N = 2\pi \times 5 \times 10^3$。

(c) 假设两个原输入信号的连续时间傅里叶变换如图 P4.61-3 所示。画出在该系统中每

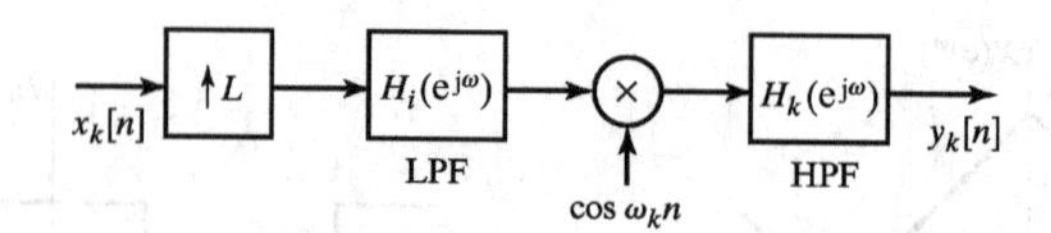

图 P4.61-2

一点的傅里叶变换。

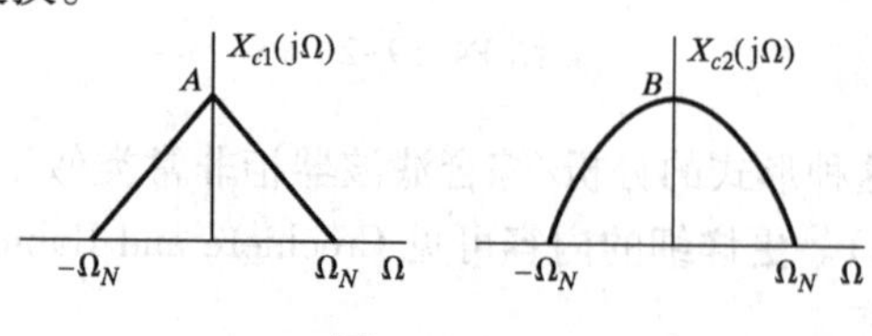

图 P4.61-3

(d) 基于(a)~(c)的解答,讨论一下该系统如何能推广到处理 M 个等带宽的信道。

4.62 4.8.1 节曾讨论过为避免混叠而采用预滤波的方法。实际上,抗混叠滤波器不可能是理想的。然而,这个非理想的特性至少可以部分地采用接在 C/D 转换器输出 $x[n]$ 之后的离散时间系统来补偿。

考虑图 P4.62-1 所示的两个系统。抗混叠滤波器 $H_{\text{ideal}}(j\Omega)$ 和 $H_{\text{aa}}(j\Omega)$ 如图 P4.62-2 所示。图 P4.62-1 中的 $H(e^{j\omega})$ 是用来补偿 $H_{\text{aa}}(j\Omega)$ 的非理想特征的。

请画出 $H(e^{j\omega})$,使得两序列 $x[n]$ 和 $w[n]$ 是一样的。

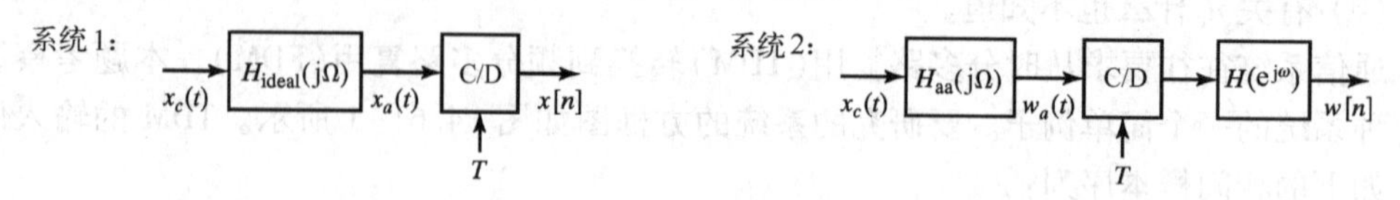

图 P4.62-1

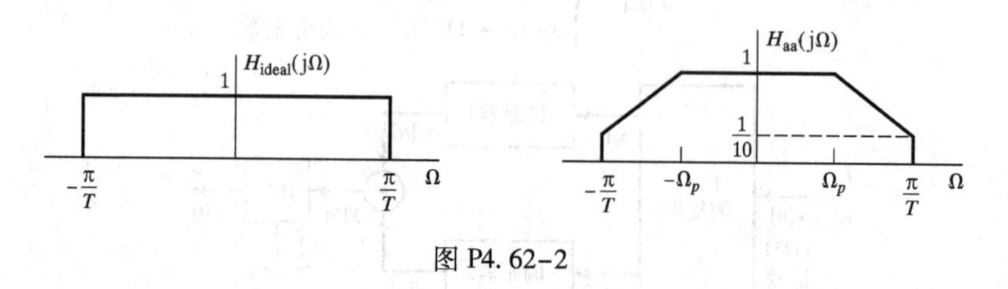

图 P4.62-2

4.63 4.8.2 节曾讨论过,为了在一台数字计算机上处理序列,必须要将该序列的幅度量化到一组离散电平上。这种量化可以用输入序列 $x[n]$ 通过一个量化器 $Q(x)$ 来表示,该量化器的输入/输出关系如图 4.54 所示。

正如在 4.8.3 节中讨论的,若量化阶 Δ 与输入序列电平的变化相比较小,那么就能假设量化器的输出 $y[n]$ 具有如下形式:

$$y[n] = x[n] + e[n]$$

这里,$e[n]=Q(x[n])-x[n]$,而 $e[n]$ 是一个平稳随机过程,其一阶概率密度在 $-\Delta/2$ 和 $\Delta/2$ 之间均匀分布,样本之间不相关,与 $x[n]$ 也不相关,以至对于全部 m 和 n,$\mathcal{E}\{e[n]x[m]\}=0$。

令 $x[n]$ 是一个均值为零,方差为 σ_x^2 的平稳白噪声过程。

(a) 求 $e[n]$ 的均值、方差和自相关序列。

(b) 求信号量化噪声比 σ_x^2/σ_e^2。

(c) 量化信号 $y[n]$ 现要用单位脉冲响应为 $h[n]=\frac{1}{2}[a^n+(-a)^n]u[n]$ 的数字滤波器过滤,求由于输入量化噪声在输出端产生的噪声方差和在输出端的 SNR。

在某些情况下可能要用非线性的量化阶,例如对数间隔的量化阶。这可以通过把均匀量化加到输入的对数上来完成,如图 P4.63 所示,其中 $Q[\cdot]$ 是一个如图 4.54 所示的均匀量化器。这时,若假定 Δ 与该序列 $\ln(x[n])$ 的变化相比较小,那么就能假设该量化器的输出为

$$\ln(y[n])=\ln(x[n])+e[n]$$

于是

$$y[n]=x[n]\cdot\exp(e[n])$$

对于小的 e,就能用 $(1+e[n])$ 来近似 $\exp(e[n])$,这样

$$y[n]\approx x[n](1+e[n])=x[n]+f[n] \qquad (P4.63-1)$$

式(P4.63-1)特地用来描述对数量化的效果。现假设 $e[n]$ 是一个平稳随机过程,样本与样本之间不相关,与信号 $x[n]$ 独立,并且在 $\pm\Delta/2$ 之间具有一阶概率密度均匀分布。

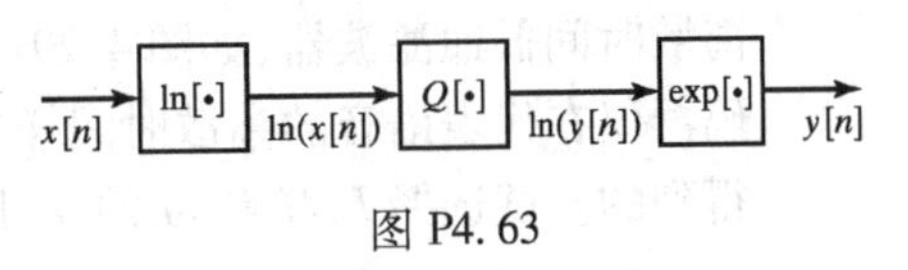

图 P4.63

(d) 求由式(P4.63-1)所定义的加性噪声 $f[n]$ 的均值、方差和自相关序列。

(e) 信号量化噪声比 σ_x^2/σ_f^2 是什么?注意,在这种情况下,σ_x^2/σ_f^2 与 σ_x^2 无关。因此,在假定的限制内,信号量化噪声比是与输入信号电平无关的,而对于线性量化,σ_x^2/σ_e^2 直接取决于 σ_x^2。

(f) 现在要用单位脉冲响应为 $h[n]=\frac{1}{2}[a^n+(-a)^n]u[n]$ 的数字滤波器对量化的信号 $y[n]$ 进行滤波,求由于输入量化噪声在输出端产生的噪声方差和在输出端的 SNR。

4.64 如图 P4.64-1 所示的系统,在该系统中两个连续时间信号相乘,然后将乘积在奈奎斯特率下采样而得一个离散时间信号,也即 $y_1[n]$ 是在奈奎斯特率下对 $y_c(t)$ 取得的样本。信号 $x_1(t)$ 带限到 25 kHz $(X_1(j\Omega)=0,\ |\Omega|\geqslant 5\pi\times10^4)$,$x_2(t)$ 带限到 2.5 kHz $(X_2(j\Omega)=0,\ |\Omega|\geqslant(\pi/2)\times10^4)$。在某些情况下(如数字传输),连续时间信号已在它们各自的奈奎斯特率下被采样,而相乘又要在离散时间域被完成,或许在相乘之前或(和)之后还有另外的处理,这就如图 P4.64-2 所示。系统 A,B 和 C 中的每一个要么是一个恒等系统,要么是用图 4.64-3 所给出的模式中的一个或几个予以实现。

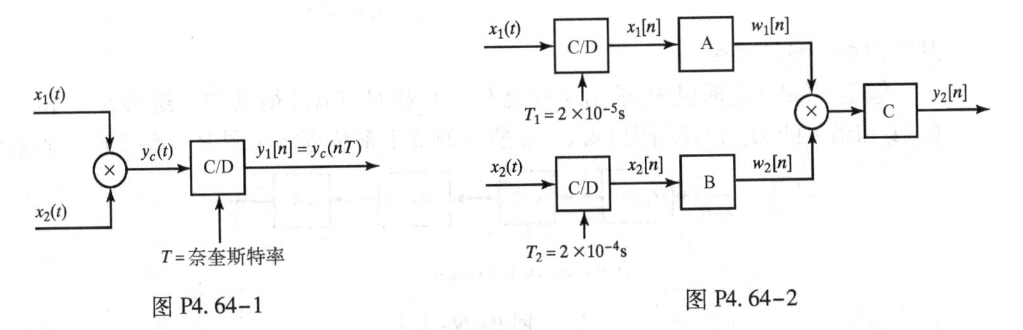

图 P4.64-1　　图 P4.64-2

分别指明系统 A,B 和 C 是一个恒等系统,还是图 P4.64-3 中的一个或几个模式的适当互联;同时也要指出全部有关的参数 L,M 和 ω_c。系统 A,B 和 C 应使 $y_2[n]$ 正比于 $y_1[n]$,即

$$y_2[n]=ky_1[n]=ky_c(nT)=kx_1(nT)\times x_2(nT)$$

并且这些样本是在奈奎斯特率下获得的样本,也即 $y_2[n]$ 不代表 $y_c(t)$ 的过采样或欠采样。

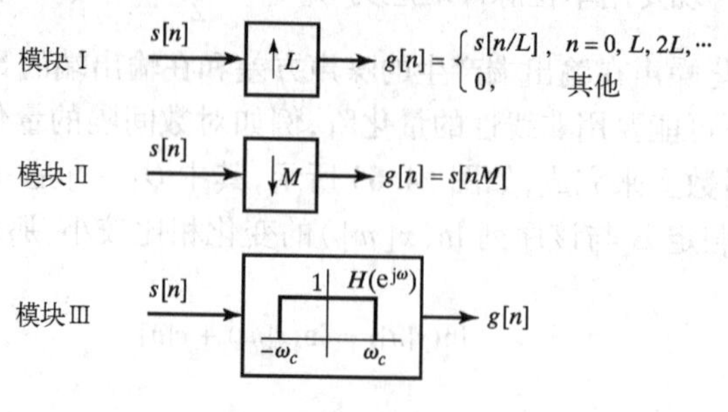

图 P4.64-3

4.65 假设 $s_c(t)$ 是一个语音信号,其连续时间傅里叶变换 $S_c(\mathrm{j}\Omega)$ 示于图 P4.65-1。由如图 P4.65-2 所示的系统得到一个离散时间序列 $s_r[n]$,其中,$H(\mathrm{e}^{\mathrm{j}\omega})$ 是截止频率为 ω_c,增益为 L 的理想离散时间低通滤波器,如图 4.29(b)所示。信号 $s_r[n]$ 将用作一个语音编码器的输入,该编码器仅在代表语音的离散时间样本上才正确地工作,这些样本是在 8 kHz 的采样率下采样得到的。试选择 L, M 和 ω_c 的值,以使产生对于语音编码器正确的输入信号 $s_r[n]$。

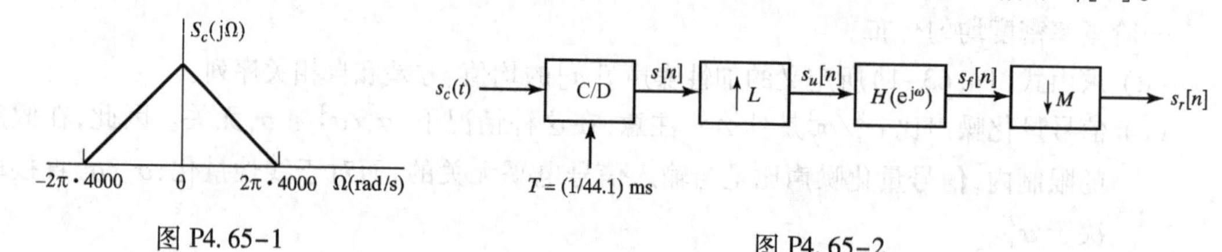

图 P4.65-1

图 P4.65-2

4.66 在许多音频应用中,必须要在采样率 $1/T = 44$ kHz 下采样一个连续时间信号 $x_c(t)$。图 P4.66-1 示出一个直接的系统以获得所要求的样本,其中包括一个连续时间抗混叠滤波器 $H_{a0}(\mathrm{j}\Omega)$。在许多应用中,采用如图 P4.66-2 所示的"4 倍过采样"系统代替通常的如图 P4.66-1 所示的系统。在图 P4.66-2 所示的系统中,

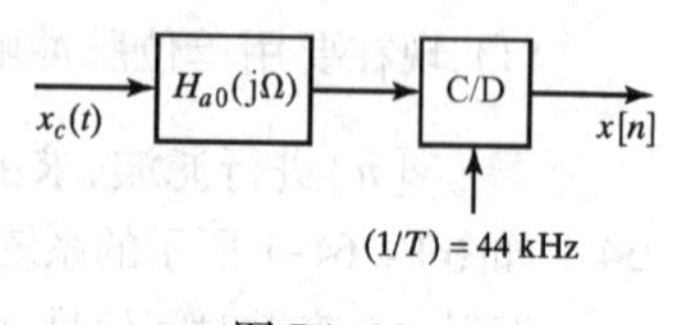

图 P4.66-1

$$H(\mathrm{e}^{\mathrm{j}\omega}) = \begin{cases} 1, & |\omega| \leqslant \pi/4 \\ 0, & \text{其他} \end{cases}$$

是一个理想低通滤波器,而

$$H_{a1}(\mathrm{j}\Omega) = \begin{cases} 1, & |\Omega| \leqslant \Omega_p \\ 0, & |\Omega| > \Omega_s \end{cases}$$

其中,$0 \leqslant \Omega_p \leqslant \Omega_s \leqslant \infty$。

假定 $H(\mathrm{e}^{\mathrm{j}\omega})$ 是理想的,求出对抗混叠滤波器 $H_{a1}(\mathrm{j}\Omega)$ 最低的一组特性要求,也即最小的 Ω_p 和最大的 Ω_s,以使得图 P4.66-2 所示的整个系统等效于图 P4.66-1 所示的系统。

$x_c(t)$ → $H_{a1}(\mathrm{j}\Omega)$ → C/D → $H(\mathrm{e}^{\mathrm{j}\omega})$ → ↓4 → $x[n]$

$(1/T) = 4\times 44$ kHz $= 176$ kHz

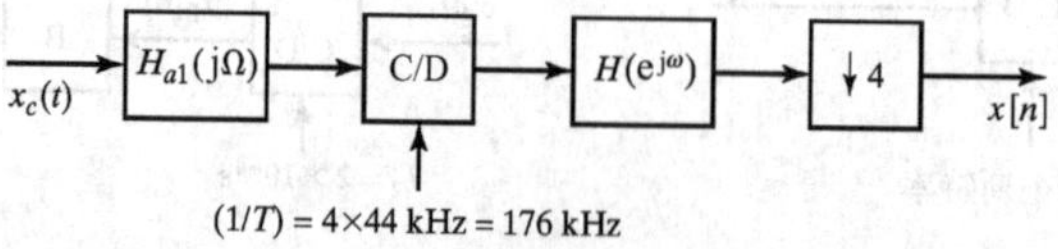

图 P4.66-2

4.67 本题将要考虑如图 P4.67 所示的用噪声成形量化的"双积分"系统。在该系统中,

$$H_1(z) = \frac{1}{1 - z^{-1}} \quad \text{和} \quad H_2(z) = \frac{z^{-1}}{1 - z^{-1}}$$

抽取滤波器的频率响应为

$$H_3(e^{j\omega}) = \begin{cases} 1, & |\omega| < \pi/M \\ 0, & \pi/M \leqslant |\omega| \leqslant \pi \end{cases}$$

代表量化器的噪声源 $e[n]$ 假定是一个零均值的白噪声（常数功率谱）信号，在幅度上是均匀分布的，噪声功率 $\sigma_e^2 = \Delta^2/12$。

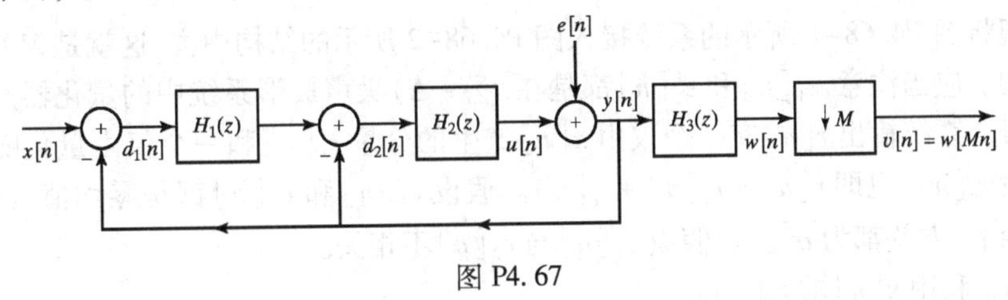

图 P4. 67

(a) 利用 $X(z)$ 和 $E(z)$ 求 $Y(z)$ 的表达式。这一部分假定 $E(z)$ 存在。从 z 变换关系证明 $y[n]$ 可以表示为 $y[n] = x[n-1] + f[n]$，这里，$f[n]$ 是由噪声源 $e[n]$ 产生的输出。$f[n]$ 和 $e[n]$ 之间的时域关系是什么？

(b) 现在假设 $e[n]$ 是由(a)所描述的白噪声信号，利用(a)中的结果证明，噪声 $f[n]$ 的功率谱为

$$P_{ff}(e^{j\omega}) = 16\sigma_e^2 \sin^4(\omega/2)$$

信号 $y[n]$ 中的噪声分量的总噪声功率(σ_f^2)是什么？在同一坐标轴上画出 $0 \leqslant \omega \leqslant \pi$ 内的功率谱 $P_{ee}(e^{j\omega})$ 和 $P_{ff}(e^{j\omega})$。

(c) 现在假设 $X(e^{j\omega}) = 0, \pi/M < \omega \leqslant \pi$，证明 $H_3(z)$ 的输出为 $w[n] = x[n-1] + g[n]$。简单说说 $g[n]$ 是什么。

(d) 求抽取滤波器输出端噪声功率 σ_g^2 的表达式。假定 $\pi/M \ll \pi$，也即 M 很大，这样就可以用小角度近似式以简化积分的求值。

(e) 在抽取器之后，输出为 $v[n] = w[Mn] = x[Mn-1] + q[n]$，这里 $q[n] = g[Mn]$。现在假设 $x[n] = x_c(nT)$（即 $x[n]$ 是采样一连续时间信号而得到的）。$X_c(j\Omega)$ 必须要满足什么条件才能使 $x[n-1]$ 毫无变化地通过这个滤波器？试用 $x_c(t)$ 表示输出 $v[n]$ 中的“信号分量”。在输出中噪声的总功率 σ_q^2 是什么？对输出端的噪声功率谱给出一个表达式，并在同一坐标轴上画出 $0 \leqslant \omega \leqslant \pi$ 内的 $P_{ee}(e^{j\omega})$ 和 $P_{qq}(e^{j\omega})$。

4.68 对于带有高阶反馈回路的 Sigma-Delta($\sum - \Delta$)过采样的 A/D 转换器来说，稳定性成为一个值得注意的问题。另一种称之为多级噪声成形(MASH)的方法，仅需要一阶反馈便可实现高阶噪声成形。二阶 MASH 噪声成形的结构示于图 P4. 68-2，本题将对它进行分析。

图 P4. 68-1 所示为一阶($\sum - \Delta$)噪声成形系统，其中量化器效应用加性噪声信号 $e[n]$ 表示。在图中，噪声 $e[n]$ 是明显地作为系统的第二个输出表示的。假设输入 $x[n]$ 是一个零均值广义平衡随机过程，同时也假设 $e[n]$ 是零均值、白色、广义平稳随机过程，且方差为 σ_e^2。$e[n]$ 与 $x[n]$ 不相关。

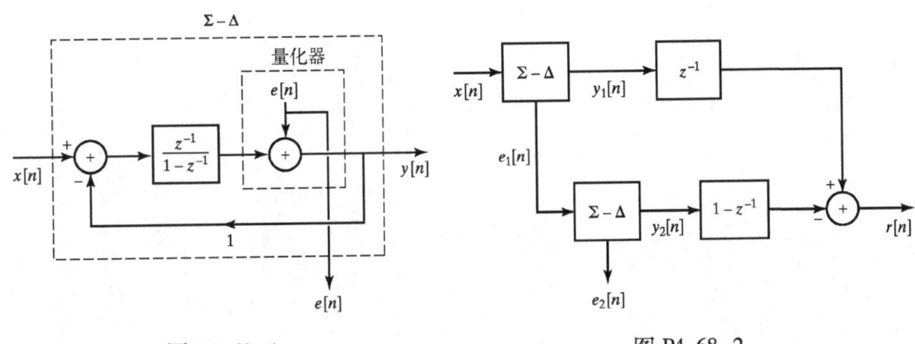

图 P4. 68-1　　　　图 P4. 68-2

(a) 对于图 P4.68-1 所示的系统,输出 $y[n]$ 有一个仅由 $x[n]$ 产生的分量 $y_x[n]$ 和一个仅由 $e[n]$ 产生的分量 $y_e[n]$,即 $y[n]=y_x[n]+y_e[n]$。

(i) 利用 $x[n]$ 求 $y_x[n]$。

(ii) 求 $y_e[n]$ 的功率谱密度 $P_{y_e}(\omega)$。

(b) 现将图 P4.68-1 所示的系统接入图 P4.68-2 所示的结构中去,这就是 MASH 系统的结构。应当注意,$e_1[n]$ 和 $e_2[n]$ 都是在 $(\sum-\Delta)$ 噪声成形系统中的量化器产生的噪声信号。系统输出 $r[n]$ 有一个仅由 $x[n]$ 产生的分量 $r_x[n]$ 和一个仅由量化噪声产生的分量 $r_e[n]$,也即 $r[n]=r_x[n]+r_e[n]$。假设 $e_1[n]$ 和 $e_2[n]$ 都是零均值、白色和广义平稳的,方差都为 σ_e^2。也假设 $e_1[n]$ 与 $e_2[n]$ 不相关。

(i) 利用 $x[n]$ 求 $r_x[n]$。

(ii) 求 $r_e[n]$ 的功率谱密度 $P_{r_e}(\omega)$。

第5章 线性时不变系统的变换分析

5.0 引言

第2章建立了离散时间信号与系统的傅里叶变换表示,第3章又把这种表示推广到 z 变换。这两章都把重点放在变换本身及其性质上,而对它们在线性时不变系统(LTI)分析中的应用仅作了简要的介绍。这一章要更为详细地建立利用傅里叶变换和 z 变换来表示和分析 LTI 系统。本章内容是第6章要讨论的 LTI 系统实现和第7章 LTI 系统设计的基础。

正如在第2章中所讨论的,一个 LTI 系统在时域完全由系统的单位脉冲响应 $h[n]$ 所表征。对于一个给定的输入 $x[n]$,其输出 $y[n]$ 是通过如下卷积和给出的:

$$y[n]=\sum_{k=-\infty}^{\infty}x[k]h[n-k] \tag{5.1}$$

另一方面,因为频率响应和单位脉冲响应是直接通过傅里叶变换联系起来的,所以,若频率响应存在[即 $H(z)$ 具有一个包含 $z=e^{j\omega}$ 的收敛域],那么频率响应也完全等同地给出了 LTI 系统的特性。在第3章,还建立了作为傅里叶变换的一种推广——z 变换,一个 LTI 系统输出的 z 变换与输入的 z 变换和系统单位脉冲响应的 z 变换通过下式关联:

$$Y(z)=H(z)X(z) \tag{5.2}$$

其中 $Y(z)$、$X(z)$ 和 $H(z)$ 分别是 $y[n]$、$x[n]$ 和 $h[n]$ 的 z 变换,且具有合适的收敛域。$H(z)$ 通常被称为系统函数。因为序列和其 z 变换构成唯一的一对,因此任何 LTI 系统也就完全由它的系统函数(假定收敛)所表征。

频率响应是系统函数在单位圆上的取值,而系统函数则更一般地作为复变量 z 的函数,由于从频率响应和系统函数能够容易推出系统响应的很多性质,所以两者在 LTI 系统的分析和表示中都是极为有用的。

5.1 LTI 系统的频率响应

一个 LTI 系统的频率响应 $H(e^{j\omega})$ 在2.6节是定义为系统对于复指数输入(特征函数) $e^{j\omega n}$ 的复增益(特征值)。再者,如同在2.9.6节中讨论的那样,一个序列的傅里叶变换代表着作为复指数线性组合的一种分解,所以系统输入和输出的傅里叶变换由下式所联系:

$$Y(e^{j\omega})=H(e^{j\omega})X(e^{j\omega}) \tag{5.3}$$

式中 $X(e^{j\omega})$ 和 $Y(e^{j\omega})$ 分别是系统输入和输出的傅里叶变换。

5.1.1 频率响应相位和群延迟

在各频率点上的频率响应通常为一个复数。若利用极坐标形式来表示频率响应,则系统的输入和输出的傅里叶变换的幅度和相位由下式联系:

$$|Y(e^{j\omega})|=|H(e^{j\omega})|\cdot|X(e^{j\omega})| \tag{5.4a}$$

$$\angle Y(e^{j\omega})=\angle H(e^{j\omega})+\angle X(e^{j\omega}) \tag{5.4b}$$

其中 $|H(e^{j\omega})|$ 代表系统的幅度响应或增益,而 $\angle H(e^{j\omega})$ 为系统的相位响应或相移。

由式(5.4a)和式(5.4b)所表示的幅度和相位上的影响,如果将输入信号以一种有用的方式变化,这就是所需要的;如果以一种有害的方式变化,这就是不需要的。在后一种情况下,通常把 LTI 系统对信号的影响分别称为幅度失真和相位失真。

任何复数的相位角都不能够唯一地定义,因为加上任意整数倍 2π 都不会影响复数值。当利用反正切子程序对相位进行数值计算时,通常会得到主值。将 $H(e^{j\omega})$ 相位的主值记为 $\mathrm{ARG}[H(e^{j\omega})]$,其中

$$-\pi < \mathrm{ARG}[H(e^{j\omega})] \leqslant \pi \tag{5.5}$$

任何其他的、可以获得函数 $H(e^{j\omega})$ 的正确复数值的角度,都可以用主值来进行表示,表达式如下

$$\angle H(e^{j\omega}) = \mathrm{ARG}[H(e^{j\omega})] + 2\pi r(\omega) \tag{5.6}$$

其中 $r(\omega)$ 是一个正的或负的整数,在各 ω 值上可以不相同。通常会利用式(5.6)左边的角度符号来记作模糊相位,因为 $r(\omega)$ 有任意性。

当把主值看成 ω 的函数时,在许多情况下它展现有以 2π 为间隔的不连续性,这一点在图 5.1 中进行了说明。该图画出了在频率范围 $0\leqslant\omega\leqslant\pi$ 上,连续相位函数 $\arg[H(e^{j\omega})]$ 和它的主值 $\mathrm{ARG}[H(e^{j\omega})]$。图 5.1(a)中所画的相位函数超出了 $-\pi$ 到 π 的范围,而图 5.1(b)所示的主值则具有 2π 一跳的特点,因为为了将相位曲线纳入主值范围内,必须在某些区域内将整数倍 2π 减掉。图 5.1(c)给出了式(5.6)中 $r(\omega)$ 的对应值。

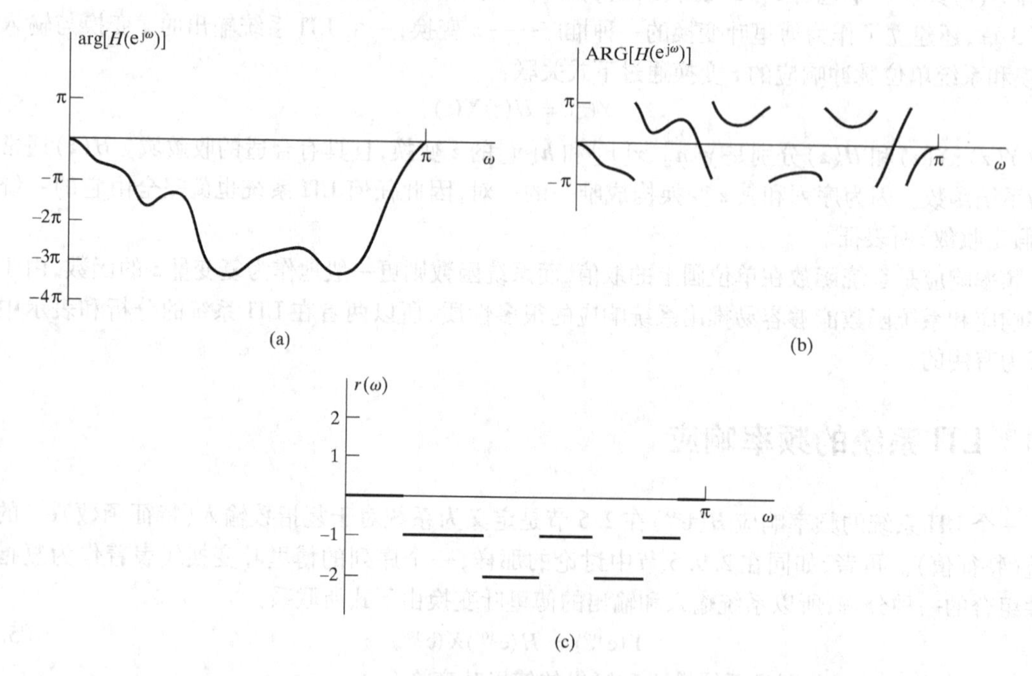

图 5.1　(a)单位圆上系统函数的连续相位曲线;(b)(a)中相位曲线的主值;(c)加到 $\mathrm{ARG}[H(e^{j\omega})]$ 之上以获得 $\arg[H(e^{j\omega})]$ 的整数倍 2π

在整本书对相位的讨论中,$\mathrm{ARG}[H(e^{j\omega})]$ 是指"卷绕"相位,因为对 2π 取模的计算可以被想成是让相位围着单位圆环绕。在幅度和相位表示中(其中幅度是实值的,但可以是正的或负的),$\mathrm{ARG}[H(e^{j\omega})]$ 可以被"去卷绕"成为随 ω 连续变化的相位曲线。连续(展开后的)相位曲线记为 $\arg[H(e^{j\omega})]$。相位的另一种特别有用的表示形式是通过如下定义的群延迟

$$\tau(\omega) = \text{grd}[H(e^{j\omega})] = -\frac{d}{d\omega}\{\arg[H(e^{j\omega})]\} \tag{5.7}$$

值得一提的是，因为除了在不连续点上 ARG$[H(e^{j\omega})]$的导数会存在冲激以外，$\arg[H(e^{j\omega})]$的导数和 ARG$[H(e^{j\omega})]$是相同的，所以除了在不连续点上外，群延迟可以通过微分运算从主值中计算得到。类似地，可以将群延迟表示成模糊相位$\angle H(e^{j\omega})$的表示形式，表达式为

$$\text{grd}[H(e^{j\omega})] = -\frac{d}{d\omega}\{\angle H(e^{j\omega})\} \tag{5.8}$$

需要解释的是，这里$\angle H(e^{j\omega})$中间隔为2π的不连续段所引起的冲激被忽略了。

为了明白一个线性系统相位，特别是群延迟的影响，首先考虑理想延迟系统。其单位脉冲响应是

$$h_{id}[n] = \delta[n - n_d] \tag{5.9}$$

而频率响应是

$$H_{id}(e^{j\omega}) = e^{-j\omega n_d} \tag{5.10}$$

或

$$|H_{id}(e^{j\omega})| = 1 \tag{5.11a}$$

$$\angle H_{id}(e^{j\omega}) = -\omega n_d, \qquad |\omega| < \pi \tag{5.11b}$$

频率响应是周期的，周期为2π。从式(5.11b)看到，时延（或者是超前，如果$n_d < 0$）与相位有关，而相位是频率的线性函数。

在很多应用中，延迟失真被认为是相位失真的一种很轻微的形式，因为它的影响只是在序列时间上的移位。往往这种时间上的移位是无关紧要的，或者在一个较大系统中利用引入其他部分的延迟很容易地给予补偿掉。因此，在设计近似理想滤波器或其他线性时不变系统时，往往愿意接受线性相位响应而不是零相位响应作为一种理想模型。例如，一个具有线性相位的理想低通滤波器定义为

$$H_{lp}(e^{j\omega}) = \begin{cases} e^{-j\omega n_d}, & |\omega| < \omega_c \\ 0, & \omega_c < |\omega| \leqslant \pi \end{cases} \tag{5.12}$$

相应的单位脉冲响应是

$$h_{lp}[n] = \frac{\sin \omega_c(n - n_d)}{\pi(n - n_d)}, \qquad -\infty < n < \infty \tag{5.13}$$

群延迟给出了一种对相位线性度的方便度量。具体地，考虑一个系统其频率响应为$H(e^{j\omega})$，对窄带输入$x[n] = s[n]\cos(\omega_0 n)$的系统输出。因为已假定$X(e^{j\omega})$仅在$\omega = \omega_0$附近为非零，系统的相位效果在$\omega = \omega_0$附近的一个较窄频带内可以近似为如下的线性近似式：

$$\arg[H(e^{j\omega})] \simeq -\phi_0 - \omega n_d \tag{5.14}$$

这里n_d代表群延迟。利用这一近似就能证明（见习题 5.63）：对$x[n] = s[n]\cos(\omega_0 n)$的响应$y[n]$就近似为$y[n] = |H(e^{j\omega_0})| s[n - n_d]\cos(\omega_0 n - \phi_0 - \omega_0 n_d)$。结果，一个傅里叶变换集中在$\omega_0$附近的窄带信号$x[n]$的包络$s[n]$的延迟就由在$\omega_0$处相位特性斜率的负值给出。一般地，可以把一个宽带信号看成具有不同中心频率的的窄带信号的叠加。如果群延迟不随频率变化，则每个窄带分量将具有相同的时延。如果群延迟不是常数，不同频率包上有不同的时延，这便导致了输出信号能量的时间色散特性。也就是说，相位的非线性或等效为非恒定的群延迟会导致在时间上的色散。

5.1.2　群延迟和衰减的效果说明

作为说明相位、群延迟和衰减效果的一个例子，现考虑一个具有如下系统函数的特殊系统：

$$H(z)=\underbrace{\left(\frac{(1-0.98\mathrm{e}^{\mathrm{j}0.8\pi}z^{-1})(1-0.98\mathrm{e}^{-\mathrm{j}0.8\pi}z^{-1})}{(1-0.8\mathrm{e}^{\mathrm{j}0.4\pi}z^{-1})(1-0.8\mathrm{e}^{-\mathrm{j}0.4\pi}z^{-1})}\right)}_{H_1(z)}\underbrace{\prod_{k=1}^{4}\left(\frac{(c_k^*-z^{-1})(c_k-z^{-1})}{(1-c_kz^{-1})(1-c_k^*z^{-1})}\right)^2}_{H_2(z)} \tag{5.15}$$

这里 $c_k=0.95\mathrm{e}^{\mathrm{j}(0.15\pi+0.20\pi k)}$，$k=1,2,3,4$ 且 $H_1(z)$ 和 $H_2(z)$ 的定义如式中所指出。整个系统函数 $H(z)$ 的零-极点图如图 5.2 所示。其中式(5.15)中的因式 $H_1(z)$ 形成了位于 $z=0.8\mathrm{e}^{\pm\mathrm{j}0.4\pi}$ 处的复共轭极点对以及位于接近单位圆的 $z=0.98\mathrm{e}^{\pm\mathrm{j}0.8\pi}$ 处的零点对。式(5.15)中的因式 $H_2(z)$ 形成了位于 $z=c_k=0.95\,\mathrm{e}^{\pm\mathrm{j}(0.15\pi+0.02\pi k)}$ 处的二阶极点群以及位于 $z=1/c_k=1/0.95\,\mathrm{e}^{\pm\mathrm{j}(0.15\pi+0.02\pi k)}$ 的二阶零点群，这里 $k=1,2,3,4$。$H_2(z)$ 本身代表了一个全通系统(见 5.5 节)，即在所有 ω 上 $|H_2(\mathrm{e}^{\mathrm{j}\omega})|=1$。正如将要看到的，$H_2(z)$ 在一个较窄的频率段上会引入大的群时延。

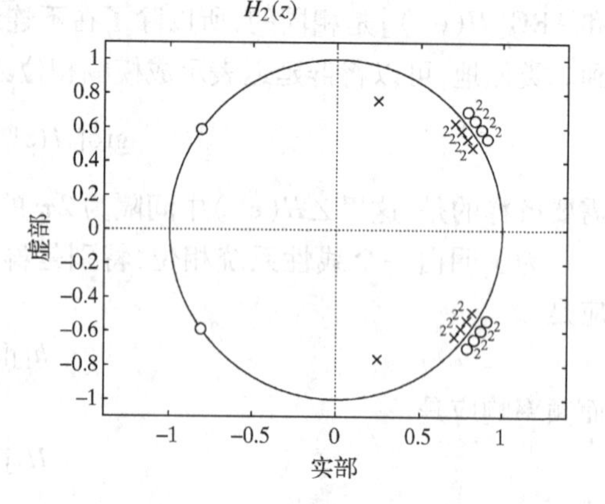

图 5.2　5.1.2 节滤波器例子的零-极点图（数字2表示二阶极点和零点）

整个系统的频率响应函数如图 5.3 和图 5.4 所示。这些图形说明了几个重要问题。首先观察图 5.3(a)，主值相位响应存在多个间隔为 2π 的不连续段，这是由相位按模 2π 计算引起的。图 5.3(b)给出了通过将 2π 跳跃进行适当消除后得到的未卷绕(连续)相位曲线。

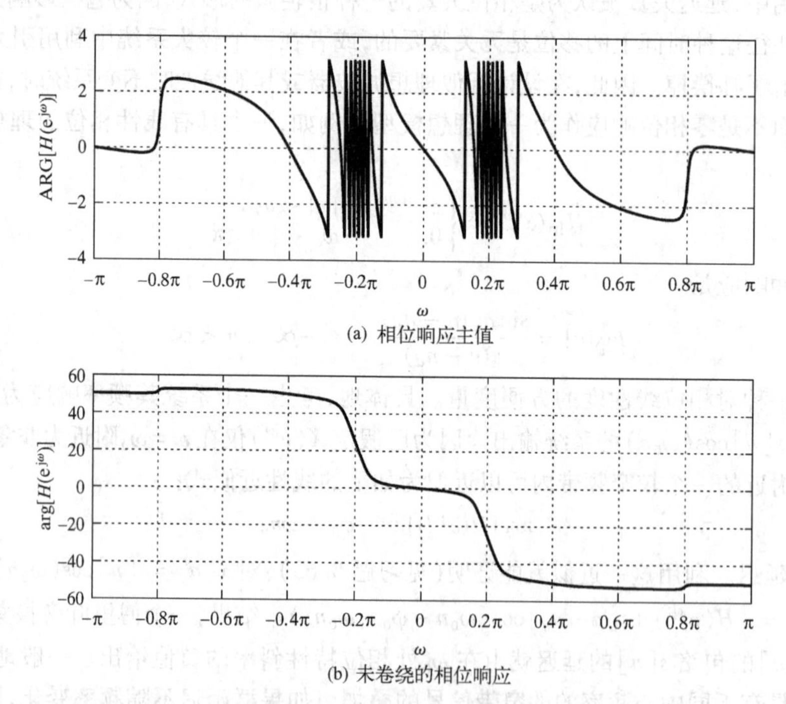

图 5.3　5.1.2 节例子中系统的相位响应函数。(a)主值相位 $\mathrm{ARG}[H(\mathrm{e}^{\mathrm{j}\omega})]$；(b)连续相位 $\arg[H(\mathrm{e}^{\mathrm{j}\omega})]$

图 5.4 给出了整个系统的群延迟和幅度响应。可以看到，因为展开后的相位除了在 $\omega=\pm0.8\pi$ 附近外是单调递减的，所以在该区域以外的群延迟处处都是正的。此外，群延迟在频率段 $0.17\pi<|\omega|\leqslant0.23\pi$ 上具有较大的正峰值，在该频率段上连续相位拥有最大的负斜率。该频率

段对应于图5.2中极点和互倒零点簇的角度位置。此外，可以观察到 $\omega = \pm 0.8\pi$ 附近的复凹陷，在这里相位具有负斜率。由于 $H_2(z)$ 表示一个全通滤波器，则整个滤波器的幅度响应完全由 $H_1(z)$ 的极点和零点来决定。也就是说，由于频率响应是 $H(z)$ 在 $z = e^{j\omega}$ 上的取值，所以位于 $z = 0.98e^{\pm j0.8\pi}$ 处的零点导致在频率 $\omega = \pm 0.8\pi$ 附近频带上整体频率响应值非常小。

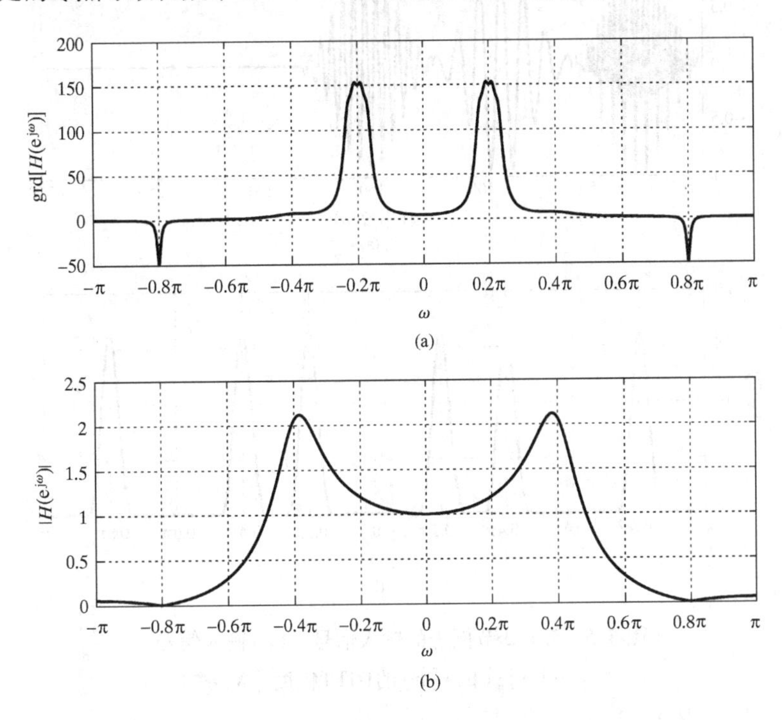

图5.4　5.1.2节例子中系统的频率响应。(a)群延迟函数 $\mathrm{grd}[H(e^{j\omega})]$；(b)频率响应幅度 $|H(e^{j\omega})|$

在图5.5(a)中给出了由时间上分开的三个窄带脉冲构成的输入信号 $x[n]$。图5.5(b)给出了响应的DTFT幅度 $|X(e^{j\omega})|$。三个脉冲的定义如下：

$$x_1[n] = w[n]\cos(0.2\pi n) \tag{5.16a}$$

$$x_2[n] = w[n]\cos(0.4\pi n - \pi/2) \tag{5.16b}$$

$$x_3[n] = w[n]\cos(0.8\pi n + \pi/5) \tag{5.16c}$$

这里每个正弦信号都通过61点包络序列成形滤波为一个有限长脉冲，包络序列为

$$w[n] = \begin{cases} 0.54 - 0.46\cos(2\pi n/M), & 0 \leqslant n \leqslant M \\ 0, & \text{其他} \end{cases} \tag{5.17}$$

其中 $M = 60$①。图5.5(a)所给出的完整输入序列为

$$x[n] = x_3[n] + x_1[n - M - 1] + x_2[n - 2M - 2] \tag{5.18}$$

即首先到达的是最高频率的脉冲，然后是最低的，随后是中等频率脉冲。根据离散时间傅里叶变换的加窗或调制理论(见2.9.7节)，一个加窗(时间上截断的)正弦的DTFT是无限长正弦(包含了位于正负正弦频率上的脉冲)的DTFT同窗函数的DTFT卷积。三个正弦频率分别是 $\omega_1 = 0.2\pi$，$\omega_2 = 0.4\pi$ 以及 $\omega_3 = 0.8\pi$。相应地，在图5.5(b)的傅里叶变换幅度图中，可以看到在三个频率点

① 在第7章和第10章中将会看到，当用于滤波器设计和频谱分析时，这种包络序列被称为汉明窗。

及其附近出现很大的能量。每个脉冲都形成了一个以正弦信号频率为中心的频带,其形状和宽度由作用在正弦信号上的时间窗的傅里叶变换来决定①。

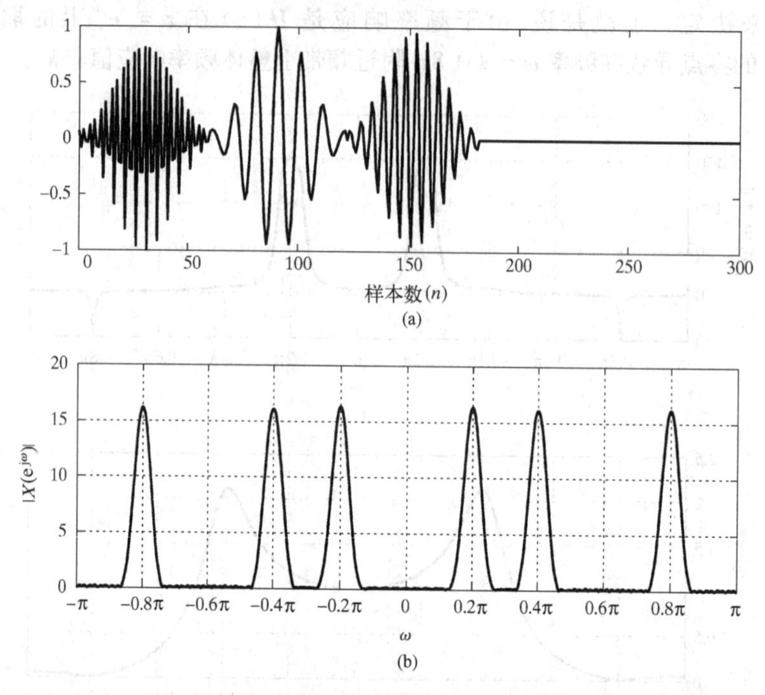

图5.5　5.1.2节例子的输入信号。(a)输入信号 $x[n]$;(b)$x[n]$的DTFT幅度 $|X(e^{j\omega})|$

当被用作系统函数是 $H(z)$ 的系统的输入时,与各个窄带脉冲相关的频率包或频率组将受到该频率组中频带上的滤波器响应幅度和群延迟的影响。从滤波器频率响应幅度来看,以 $\omega=\omega_1=0.2\pi$ 为中心的及其附近的频率组上呈现较小的幅度增益,而在 $\omega=\omega_2=0.4\pi$ 附近的频率上幅度增益大约为2。由于在 $\omega=\omega_3=0.8\pi$ 附近频率上,频率响应的幅度非常小,所以最高频率的脉冲被极大地衰减掉了。当然,它并不会被完全消除掉,因为对正弦信号的加窗处理使得该组频率或高于或低于频率 $\omega=\omega_3=0.8\pi$,并不完全落在该频率上。考察图5.4(a)中的系统群延迟图,可以看到频率 $\omega=\omega_1=0.2\pi$ 附近的群延迟远远大于 $\omega=\omega_2=0.4\pi$ 以及 $\omega=\omega_3=0.8\pi$ 处的群延迟,这说明通过系统后最低频率脉冲将会受到最大的延迟。

系统输出如图5.6所示。位于频率 $\omega=\omega_3=0.8\pi$ 上的脉冲被彻底消除掉了,这与该频率上较低的频率响应幅度值是一致的。其余两个脉冲的幅度和延迟都增加了。在 $\omega=0.2\pi$ 上的脉冲略微增大了,大约延迟了150个样本,而在 $\omega=0.4\pi$ 上的脉冲幅度大致变为两倍,被延迟了大约10个样本。这些都与在这两个频率上的幅度响应和群延迟一致。实际上,因为较低频率脉冲比中频脉冲多延迟了140个样本,每个脉冲的长度只有61个样本,这就使得在输出信号中两个脉冲的时间顺序发生了互换。

在本小节中所给出的例子是用来说明LTI系统如何通过幅度加权和相移的组合影响来对信号进行调整的。对于这里所选定的具体信号,即一组窄带分量之和,有可能来跟踪各个脉冲受到的影响。这是因为频率响应函数是平滑的,且在各个分量所占的窄频率带之间仅有少量变化。因此,对

① 正如后面将在第7章和第10章中所看到的,频带的宽度近似同窗口长度 $M+1$ 成反比。

应于指定脉冲的所有频率,具有近似相同的增益且延迟量也近似相等,从而使得脉冲形状在输出信号中重复出现,只是进行了尺度变换和延迟。对于宽带信号来说一般不是这样的,因为频谱中的不同部分会受到系统不同的调整。在这种情况下,输入信号中的可识别特征,如脉冲形状等,在输出信号中不再那么明显,输入信号中在时间上分开的各个脉冲在输出信号中的贡献可能是相互重叠的。

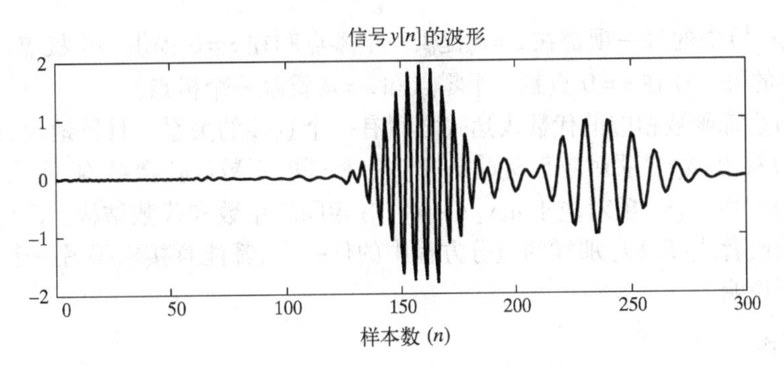

图 5.6　5.1.2 节例子的输出信号

在这个例子中阐述了一些重要的概念,这些概念在本章及后续章节中还会继续详细描述。当大家把本章知识全部学完后,还是有必要再来仔细研究一下本小节所给的例子,届时你会对其中的细微差别有更深入的理解。为了全面地理解这个例子,在类似 MATLAB 的便捷的程序系统中来再现这个例子在不同参数下的情况也是非常有用的。在运行计算机程序之前,读者应该尽量对将要发生什么情况进行预测,例如,当窗长变长或变短后会发生什么,当正弦信号频率改变后会发生什么。

5.2　用线性常系数差分方程表征系统

虽然在概念上理想滤波器是有用的,但离散时间滤波器几乎都是通过形如式(5.19)的常系数差分方程的形式来实现的

$$\sum_{k=0}^{N} a_k y[n-k] = \sum_{k=0}^{M} b_k x[n-k] \tag{5.19}$$

第6章将讨论实现这类系统的各种计算结构。第7章将讨论为了逼近目标频率响应,获得差分方程各个参数的不同过程。本节将借助 z 变换来考察由式(5.19)所表示的 LTI 系统的性质和特征,这里得到的结论和认识将在后面的许多章节中发挥重要的作用。

正如3.5节所讨论的,对式(5.19)两边进行 z 变换,并利用线性性质(见3.4.1节)和时移性质(见3.4.2节)可以得到,对于一个其输入和输出满足式(5.19)差分方程的系统,其系统函数有如下代数形式:

$$H(z) = \frac{Y(z)}{X(z)} = \frac{\sum_{k=0}^{M} b_k z^{-k}}{\sum_{k=0}^{N} a_k z^{-k}} \tag{5.20}$$

在式(5.20)中,$H(z)$ 具有 z^{-1} 的多项式之比的形式,因为式(5.19)包含两个延迟项的线性组合。当然式(5.20)也可以重新写成以 z 而不是 z^{-1} 为幂的多项式,但一般都不这样做。同时,将式(5.20)

表示成如下的因式形式往往也很方便:

$$H(z)=\left(\frac{b_0}{a_0}\right)\frac{\prod_{k=1}^{M}(1-c_kz^{-1})}{\prod_{k=1}^{N}(1-d_kz^{-1})} \tag{5.21}$$

分子因式$(1-c_kz^{-1})$中的每一项都在$z=c_k$提供一个零点和在$z=0$提供一个极点。相类似,分母因式$(1-d_kz^{-1})$中的每一项在$z=0$贡献一个零点和$z=d_k$贡献一个极点。

差分方程与系统函数相应的代数表达式之间有一个直接的关系。具体地说,式(5.20)分子多项式与式(5.19)右边(b_kz^{-k}项对应于$b_kx[n-k]$)有相同的系数和代数结构,而式(5.20)分母多项式则与式(5.19)左边(a_kz^{-k}项对应于$a_ky[n-k]$)有相同的系数和代数结构。因此,给定式(5.20)形式的系统函数或者式(5.19)那样的差分方程中的任一个,都能直接求得另一个。这一点将通过下面的例子进行说明。

例 5.1 二阶系统

假设一线性时不变系统的系统函数是

$$H(z)=\frac{(1+z^{-1})^2}{\left(1-\frac{1}{2}z^{-1}\right)\left(1+\frac{3}{4}z^{-1}\right)} \tag{5.22}$$

为了求得满足该系统输入输出的差分方程,可以将$H(z)$的分子和分母各因式乘开,而得到表示成式(5.20)的形式:

$$H(z)=\frac{1+2z^{-1}+z^{-2}}{1+\frac{1}{4}z^{-1}-\frac{3}{8}z^{-2}}=\frac{Y(z)}{X(z)} \tag{5.23}$$

于是

$$\left(1+\frac{1}{4}z^{-1}-\frac{3}{8}z^{-2}\right)Y(z)=(1+2z^{-1}+z^{-2})X(z)$$

其差分方程就是

$$y[n]+\frac{1}{4}y[n-1]-\frac{3}{8}y[n-2]=x[n]+2x[n-1]+x[n-2] \tag{5.24}$$

5.2.1 稳定性和因果性

为了从式(5.19)得到式(5.20),曾假设系统是线性和时不变的,这样就可能应用式(5.2)。但是,有关稳定性或因果性并未作进一步假设。与此相应,从差分方程固然可以得出系统函数的代数表达式,但没有给出收敛域。也就是说,$H(z)$的收敛域不是由式(5.20)的推导过程来确定的。因为要使式(5.20)成立就是要求$X(z)$和$Y(z)$有重合的收敛域。正如在第2章已经看到的,这与差分方程不能唯一地确定一个线性时不变系统的单位脉冲响应这一点是一致的。对于式(5.20)或式(5.21)的系统函数,有几种收敛域的选择。对一个给定的多项式之比,收敛域的每一种可能选择都将导致不同的单位脉冲响应,但它们全都对应于同一个差分方程。然而,若假定系统是因果的,那么$h[n]$就必须是一个右边序列,因此$H(z)$的收敛域位于最外面极点的外面。另外,若假定系统是稳定的,那么由2.4节讨论,单位脉冲响应必须绝对可加,即

$$\sum_{n=-\infty}^{\infty}|h[n]|<\infty \tag{5.25}$$

因为式(5.25)在$|z|=1$时与下述条件一致:

$$\sum_{n=-\infty}^{\infty}|h[n]z^{-n}|<\infty \tag{5.26}$$

所以稳定性条件就等效于 $H(z)$ 的收敛域包括单位圆。下面的例子将用来说明如何确定同由差分方程获得的系统函数相一致的收敛域。

例 5.2　收敛域的确定

考虑一个输入输出通过下述差分方程联系的 LTI 系统：

$$y[n]-\frac{5}{2}y[n-1]+y[n-2]=x[n] \tag{5.27}$$

依据以上讨论，$H(z)$ 的代数表达式为

$$H(z)=\frac{1}{1-\frac{5}{2}z^{-1}+z^{-2}}=\frac{1}{\left(1-\frac{1}{2}z^{-1}\right)(1-2z^{-1})} \tag{5.28}$$

$H(z)$ 的相应零-极点图如图 5.7 所示。有 3 种可能的收敛域可供选择。若系统是因果的，那么收敛域就在最外面极点的外面，即 $|z|>2$。这时系统是不稳定的，因为收敛域不包括单位圆。若假定系统是稳定的，那么收敛域必定是 $1/2<|z|<2$，$h[n]$ 将是一个双边序列。第三种情况就是收敛域选为 $|z|<1/2$，这时系统既不稳定，也不是因果的。

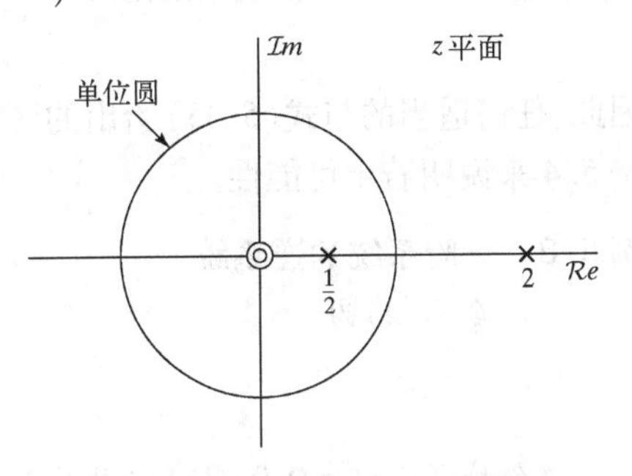

图 5.7　例 5.2 的零-极点图

正如在例 5.2 中看到的，因果性和稳定性不一定是互为兼容的要求。对于一个输入输出满足式(5.19)差分方程的线性时不变系统，要求它既因果又稳定，则相应系统函数的收敛域必须是位于最外面极点的外面，又包括单位圆。很显然，这就等于要求该系统函数的全部极点都在单位圆内。

5.2.2　逆系统

对于一个系统函数为 $H(z)$ 的线性时不变系统，其对应的逆系统定义为：系统函数为 $H_i(z)$ 的逆系统与 $H(z)$ 级联后，总的系统函数是 1，即

$$G(z)=H(z)H_i(z)=1 \tag{5.29}$$

这意味着

$$H_i(z)=\frac{1}{H(z)} \tag{5.30}$$

式(5.29)的等效时域条件就是

$$g[n]=h[n]*h_i[n]=\delta[n] \tag{5.31}$$

由式(5.30)，该逆系统的频率响应若存在，则有

$$H_i(e^{j\omega})=\frac{1}{H(e^{j\omega})} \tag{5.32}$$

即 $H_i(e^{j\omega})$ 是 $H(e^{j\omega})$ 的倒数。该逆系统的对数幅度、相位和群延迟都是原系统相应函数的负值。不是所有的系统都有一个逆系统。例如，理想低通滤波器就没有一个逆系统。这等于说，没有任何办法去恢复被理想低通滤波器置到零的那些位于截止频率以上的频率分量。

很多系统有它们的逆系统，并且具有有理系统函数的一类系统给出了一种非常有用而有趣的例子。具体地，考虑

$$H(z)=\left(\frac{b_0}{a_0}\right)\frac{\prod_{k=1}^{M}(1-c_kz^{-1})}{\prod_{k=1}^{N}(1-d_kz^{-1})} \tag{5.33}$$

其零点在 $z=c_k$，极点在 $z=d_k$，以及另外可能的在 $z=0$ 和 $z=\infty$ 的零点和/或极点。那么

$$H_i(z)=\left(\frac{a_0}{b_0}\right)\frac{\prod_{k=1}^{N}(1-d_kz^{-1})}{\prod_{k=1}^{M}(1-c_kz^{-1})} \tag{5.34}$$

也就是说，$H_i(z)$ 的极点就是 $H(z)$ 的零点；反之亦然。产生的问题是：$H_i(z)$ 的收敛是什么？答案应由式(5.31)表示的卷积定理给出。要使式(5.31)成立，$H(z)$ 和 $H_i(z)$ 的收敛域必须重合。如果 $H(z)$ 是因果的，它的收敛域就是

$$|z|>\max_k|d_k| \tag{5.35}$$

因此，任何适当的与式(5.35)给出的区域重合的收敛域就是 $H_i(z)$ 的有效收敛域。现用例 5.3 和例 5.4 来说明若干可能性。

例 5.3　一阶系统的逆系统

令 $H(z)$ 为

$$H(z)=\frac{1-0.5z^{-1}}{1-0.9z^{-1}}$$

收敛域是 $|z|>0.9$。$H_i(z)$ 就应为

$$H_i(z)=\frac{1-0.9z^{-1}}{1-0.5z^{-1}}$$

因为 $H_i(z)$ 只有一个极点，它的收敛域只有两种可能，很明显，唯有选 $|z|>0.5$ 才能与 $|z|>0.9$ 重合。因此，该逆系统的单位脉冲响应就是

$$h_i[n]=(0.5)^nu[n]-0.9(0.5)^{n-1}u[n-1]$$

这里，该逆系统既是因果的，又是稳定的。

例 5.4　在收敛域内有一个零点的系统的逆系统

假设 $H(z)$ 为

$$H(z)=\frac{z^{-1}-0.5}{1-0.9z^{-1}},\qquad |z|>0.9$$

逆系统函数就是

$$H_i(z)=\frac{1-0.9z^{-1}}{z^{-1}-0.5}=\frac{-2+1.8z^{-1}}{1-2z^{-1}}$$

同前，有两种可能的收敛域可以同 $H_i(z)$ 的这种代数表达式相关联：$|z|<2$ 和 $|z|>2$。然而，在这一情况下，两种区域都与 $|z|>0.9$ 重合，所以两者都是有效的逆系统。对收敛域 $|z|<2$ 的单位脉冲响应是

$$h_{i1}[n]=2(2)^nu[-n-1]-1.8(2)^{n-1}u[-n]$$

而对收敛域 $|z|>2$ 的单位脉冲响应是

$$h_{i2}[n]=-2(2)^nu[n]+1.8(2)^{n-1}u[n-1]$$

可以看出，$h_{i1}[n]$ 是稳定而非因果的，$h_{i2}[n]$ 是因果的但不稳定。理论上，这两个系统中任意一个系统与 $H(z)$ 级联都可以得到恒等系统。

例 5.3 和例 5.4 的推广是，若 $H(z)$ 是零点在 c_k，$k=1,\ \cdots,\ M$ 的一个因果系统，那么当且仅当 $H_i(z)$ 的收敛域为

$$|z|>\max_k|c_k|$$

时，其逆系统一定是因果的。如果也要求逆系统是稳定的，那么 $H_i(z)$ 的收敛域必须包括单位圆。因此，就必须是

$$\max_k |c_k| < 1$$

也就是说全部 $H(z)$ 的零点必须在单位圆内。因此，当且仅当 $H(z)$ 的零点和极点都在单位圆内时，一个稳定因果的线性时不变系统也有一个稳定因果的逆系统。这样的系统称为**最小相位系统**（minimum-phase systems），将在 5.6 节中进行详细讨论。

5.2.3 有理系统函数的单位脉冲响应

求 z 逆变换的部分分式展开技术（见 3.3.2 节）能应用到系统函数 $H(z)$ 上，以得到具有如式(5.21)所表示的有理系统函数的系统单位脉冲响应的一般表达式。任何具有一阶极点的、以 z^{-1} 为幂给出的有理函数可以表示成如下形式：

$$H(z) = \sum_{r=0}^{M-N} B_r z^{-r} + \sum_{k=1}^{N} \frac{A_k}{1 - d_k z^{-1}} \tag{5.36}$$

式中第一个求和的这些项是用分母除以分子的长除法求得的，并且仅当 $M \geqslant N$ 时才有这些项。第二个和式中的系数 A_k 可以用式(3.43)得到。如果 $H(z)$ 有多重极点，它的部分分式展开就有式(3.46)的形式。如果系统假定是因果的，那么收敛域就位于式(5.36)全部极点的外边，这样就可得

$$h[n] = \sum_{r=0}^{M-N} B_r \delta[n-r] + \sum_{k=1}^{N} A_k d_k^n u[n] \tag{5.37}$$

式中第一个求和仅当 $M \geqslant N$ 时才存在。

在讨论 LTI 系统时，区分两类系统是有用的。在第一种情况下，至少有一个 $H(z)$ 的非零极点未被某个零点抵消。这时，至少有一项是具有 $A_k(d_k)^n u[n]$ 这种形式的，$h[n]$ 就不会是有限长，即在某一有限区间外不是零。因此，这类系统就称为无限脉冲响应 IIR 系统。

第二类系统是 $H(z)$ 除 $z=0$ 外，没有任何极点，即式(5.19)和式(5.20)中 $N=0$。因此，不可能进行部分分式展开。$H(z)$ 就只是一个如下 z^{-1} 的多项式：

$$H(z) = \sum_{k=0}^{M} b_k z^{-k} \tag{5.38}$$

（不失一般性地假设 $a_0=1$。）在这种情况下，$H(z)$ 除了一个常数因子外就完全由它的零点所确定。由式(5.38)，$h[n]$ 凭直观就能看出是

$$h[n] = \sum_{k=0}^{M} b_k \delta[n-k] = \begin{cases} b_n, & 0 \leqslant n \leqslant M \\ 0, & \text{其他} \end{cases} \tag{5.39}$$

这时，单位脉冲响应在长度上是有限的，也即在某一有限区间之外为零。因此这类系统就称为有限脉冲响应(FIR)系统。应当注意到，对 FIR 系统而言，式(5.19)的差分方程与卷积和是一致的。即

$$y[n] = \sum_{k=0}^{M} b_k x[n-k] \tag{5.40}$$

例 5.5 给出了一个 FIR 系统的简单例子。

例 5.5　一个简单的 FIR 系统

考虑一个单位脉冲响应，它是一个系统函数为如下式子的 IIR 系统单位脉冲响应的截断

$$G(z) = \frac{1}{1 - az^{-1}}, \qquad |z| > |a|$$

即

$$h[n]=\begin{cases}a^n, & 0\leqslant n\leqslant M\\ 0, & 其他\end{cases}$$

那么,系统函数就是

$$H(z)=\sum_{n=0}^{M}a^nz^{-n}=\frac{1-a^{M+1}z^{-M-1}}{1-az^{-1}} \tag{5.41}$$

因为分子的零点在

$$z_k=a\mathrm{e}^{\mathrm{j}2\pi k/(M+1)},\quad k=0,1,\cdots,M \tag{5.42}$$

式中假设 a 为正实数,在 $z=a$ 的极点就被一个零点所抵消。当 $M=7$ 时,零-极点图如图5.8所示。

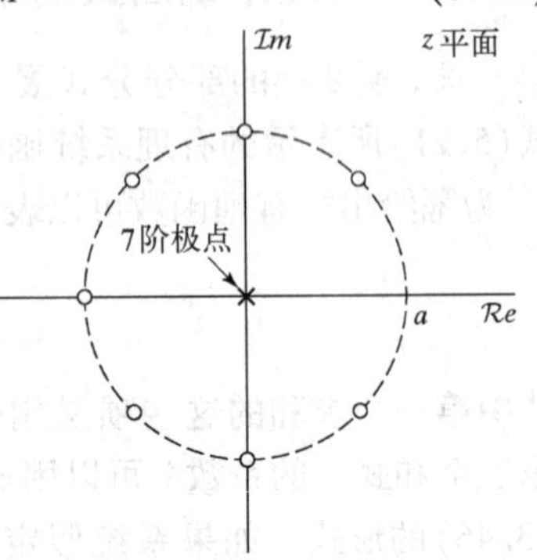

图5.8 例5.5的零-极点图

该线性时不变系统的输入和输出所满足的差分方程就是离散卷积

$$y[n]=\sum_{k=0}^{M}a^kx[n-k] \tag{5.43}$$

然而,由式(5.41)可推得输入和输出也满足下列差分方程:

$$y[n]-ay[n-1]=x[n]-a^{M+1}x[n-M-1] \tag{5.44}$$

这两个等效的差分方程由式(5.41)中 $H(z)$ 的两种等效形式产生。

5.3 有理系统函数的频率响应

如果一个稳定的线性时不变系统有一个有理的系统函数[即若其输入和输出满足式(5.19)的差分方程],那么,它的频率响应[式(5.20)系统函数在单位圆上的求值]就具有如下形式:

$$H(\mathrm{e}^{\mathrm{j}\omega})=\frac{\displaystyle\sum_{k=0}^{M}b_k\mathrm{e}^{-\mathrm{j}\omega k}}{\displaystyle\sum_{k=0}^{N}a_k\mathrm{e}^{-\mathrm{j}\omega k}} \tag{5.45}$$

也就是说,$H(\mathrm{e}^{\mathrm{j}\omega})$ 是变量 $\mathrm{e}^{-\mathrm{j}\omega}$ 的多项式之比。为了确定与这样的系统频率响应有关的幅度、相位和群延迟,将 $H(\mathrm{e}^{\mathrm{j}\omega})$ 用 $H(z)$ 的零极点来表示是很有用的。将 $z=\mathrm{e}^{\mathrm{j}\omega}$ 代入式(5.21)就得到如下表达式:

$$H(\mathrm{e}^{\mathrm{j}\omega})=\left(\frac{b_0}{a_0}\right)\frac{\displaystyle\prod_{k=1}^{M}(1-c_k\mathrm{e}^{-\mathrm{j}\omega})}{\displaystyle\prod_{k=1}^{N}(1-d_k\mathrm{e}^{-\mathrm{j}\omega})} \tag{5.46}$$

由式(5.46)可得 $|H(\mathrm{e}^{\mathrm{j}\omega})|$ 为

$$|H(\mathrm{e}^{\mathrm{j}\omega})|=\left|\frac{b_0}{a_0}\right|\frac{\displaystyle\prod_{k=1}^{M}|1-c_k\mathrm{e}^{-\mathrm{j}\omega}|}{\displaystyle\prod_{k=1}^{N}|1-d_k\mathrm{e}^{-\mathrm{j}\omega}|} \tag{5.47}$$

对应地，幅度平方函数为

$$|H(e^{j\omega})|^2 = H(e^{j\omega})H^*(e^{j\omega}) = \left(\frac{b_0}{a_0}\right)^2 \frac{\prod_{k=1}^{M}(1-c_k e^{-j\omega})(1-c_k^* e^{j\omega})}{\prod_{k=1}^{N}(1-d_k e^{-j\omega})(1-d_k^* e^{j\omega})} \tag{5.48}$$

从式(5.47)可见，$|H(e^{j\omega})|$就是$H(z)$中全部零点因式在单位圆上求值的幅度乘积被全部极点因式在单位圆上求值的幅度乘积所除。表示成 dB 的形式，增益定义为

$$\text{增益 (dB)} = 20\log_{10}|H(e^{j\omega})| \tag{5.49}$$

$$\text{增益 (dB)} = 20\log_{10}\left|\frac{b_0}{a_0}\right| + \sum_{k=1}^{M} 20\log_{10}|1-c_k e^{-j\omega}| - \sum_{k=1}^{N} 20\log_{10}|1-d_k e^{-j\omega}| \tag{5.50}$$

一个有理系统函数的相位响应具有如下形式：

$$\arg\left[H(e^{j\omega})\right] = \arg\left[\frac{b_0}{a_0}\right] + \sum_{k=1}^{M}\arg\left[1-c_k e^{-j\omega}\right] - \sum_{k=1}^{N}\arg\left[1-d_k e^{-j\omega}\right] \tag{5.51}$$

其中 arg[ ]表示连续(未卷绕的)相位。

有理系统函数的对应群延迟是

$$\text{grd}[H(e^{j\omega})] = \sum_{k=1}^{N}\frac{d}{d\omega}(\arg[1-d_k e^{-j\omega}]) - \sum_{k=1}^{M}\frac{d}{d\omega}(\arg[1-c_k e^{-j\omega}]) \tag{5.52}$$

一种等效的表示方式是

$$\text{grd}[H(e^{j\omega})] = \sum_{k=1}^{N}\frac{|d_k|^2 - \mathcal{R}e\{d_k e^{-j\omega}\}}{1+|d_k|^2 - 2\mathcal{R}e\{d_k e^{-j\omega}\}} - \sum_{k=1}^{M}\frac{|c_k|^2 - \mathcal{R}e\{c_k e^{-j\omega}\}}{1+|c_k|^2 - 2\mathcal{R}e\{c_k e^{-j\omega}\}} \tag{5.53}$$

按照式(5.51)所写出的这些项中的每一个相位都是不确定的。因为对每个ω值来说，每一项加上2π的任何整倍数都不会改变复数的值。另一方面，群延迟的表达式定义为连续相位的微分形式。

式(5.50)、式(5.51)和式(5.53)分别代表系统函数用 dB 表示的幅度、相位和群延迟，这些都以系统函数每个零、极点对它们做出的贡献之和来表示。对应地，为了很好地理解高阶稳定系统的极点和零点位置是如何影响其频率响应的，先来详细考察一阶和二阶系统的频率响应与其零、极点位置之间的关系是有意义的。

5.3.1　一阶系统的频率响应

本节来考虑一下单一因式$(1-re^{j\theta}e^{-j\omega})$的性质，这里$r$和$\theta$分别为极点或零点矢量在$z$平面的矢径和相角。该因式可以是在$z$平面内半径为$r$，相角为$\theta$的一个极点，或者是一个零点所构成的典型项。

这个因式的幅度平方是

$$|1-re^{j\theta}e^{-j\omega}|^2 = (1-re^{j\theta}e^{-j\omega})(1-re^{-j\theta}e^{j\omega}) = 1+r^2-2r\cos(\omega-\theta) \tag{5.54}$$

该因式所对应的以 dB 为单位的增益是

$$(+/-)20\log_{10}|1-re^{j\theta}e^{-j\omega}| = (+/-)10\log_{10}[1+r^2-2r\cos(\omega-\theta)] \tag{5.55}$$

如果因式表示一个零点则符号为正，如果因式代表一个极点则符号为负。

该因式对主值相位的贡献是

$$(+/-)\mathrm{ARG}[1-r\mathrm{e}^{\mathrm{j}\theta}\mathrm{e}^{-\mathrm{j}\omega}]=(+/-)\arctan\left[\frac{r\sin(\omega-\theta)}{1-r\cos(\omega-\theta)}\right] \tag{5.56}$$

将式(5.56)右边微分(除不连续点外)就得到该因式对群延迟的贡献为

$$(+/-)\mathrm{grd}[1-r\mathrm{e}^{\mathrm{j}\theta}\mathrm{e}^{-\mathrm{j}\omega}]=(+/-)\frac{r^2-r\cos(\omega-\theta)}{1+r^2-2r\cos(\omega-\theta)}=(+/-)\frac{r^2-r\cos(\omega-\theta)}{|1-r\mathrm{e}^{\mathrm{j}\theta}\mathrm{e}^{-\mathrm{j}\omega}|^2} \tag{5.57}$$

同样的,如果因式代表一个零点则符号为正,代表一个极点则符号为负。式(5.54)～式(5.57)所表示的函数当然都是 ω 的周期函数,周期为 2π。图 5.9(a)示出在 $r=0.9$,对几个不同的 θ 值,在一个周期($0\leqslant\omega<2\pi$)内式(5.55)作为 ω 的函数的变化。

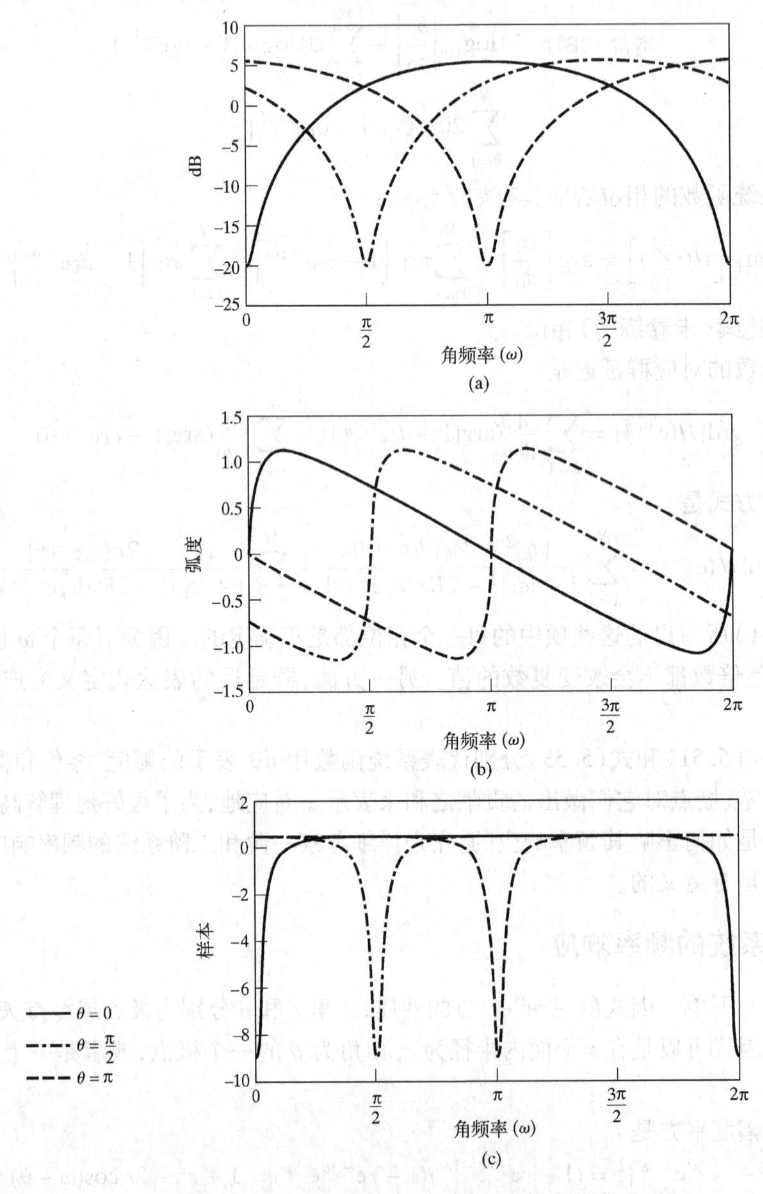

图 5.9 $r=0.9$ 和 3 种 θ 值时,单一零点的频率响应。(a)对数幅度;(b)相位;(c)群延迟

图5.9(b)示出式(5.56)作为ω的函数在$r=0.9$和几个θ值下的相位函数特性。应该注意到:在$\omega=\theta$处,相位是零,且对于一定的r,该相位函数只是简单地随θ不同而平移。图5.9(c)是在同样的r和θ情况下,式(5.57)的群延迟函数。可以注意到,相位特性在$\omega=\theta$附近大的正斜率就对应于$\omega=\theta$处群延迟函数大的负峰值。

在从连续时间或离散时间系统的零-极点图推导频率响应特性的过程中,复平面内的相应矢量图形通常是有用的。在这种结构下,每个极点和零点因式的复数值都能用在z平面上从极点或零点到单位圆上某一点的矢量来表示。对于具有如下形式的一阶系统函数

$$H(z)=(1-re^{j\theta}z^{-1})=\frac{(z-re^{j\theta})}{z},\qquad r<1 \tag{5.58}$$

其零-极点图如图5.10所示。图上还指出了分别代表复数$e^{j\omega}$,$re^{j\theta}$和$(e^{j\omega}-re^{j\theta})$的3个向量$v_1$,$v_2$和$v_3=v_1-v_2$。利用这些向量,复数

$$\frac{e^{j\omega}-re^{j\theta}}{e^{j\omega}}$$

的幅度就是矢量v_3和v_1的幅度之比,即

$$|1-re^{j\theta}e^{-j\omega}|=\left|\frac{e^{j\omega}-re^{j\theta}}{e^{j\omega}}\right|=\frac{|v_3|}{|v_1|} \tag{5.59}$$

或者,因为$|v_1|=1$,式(5.59)就正好等于$|v_3|$。对应的相位是

$$\begin{aligned}\angle(1-re^{j\theta}e^{-j\omega})&=\angle(e^{j\omega}-re^{j\theta})-\angle(e^{j\omega})=\angle(v_3)-\angle(v_1)\\&=\phi_3-\phi_1=\phi_3-\omega\end{aligned} \tag{5.60}$$

因此,某单个零点因式$(1-re^{j\theta}z^{-1})$对于在频率ω处幅度函数的贡献就是从该零点到单位圆上$z=e^{j\omega}$点的向量v_3的长度,当$\omega=\theta$时,该矢量有最小长度。这就是图5.9(a)在$\omega=\theta$处幅度函数造成尖锐下降的原因。从$z=0$的极点到$z=e^{j\omega}$的向量v_1总是长度为1,因此它对幅度响应没有任何影响。式(5.60)说明相位函数等于从零点$re^{j\theta}$到$z=e^{j\omega}$点的向量的相角与从极点$z=0$到$z=e^{j\omega}$点的向量的相角之差。

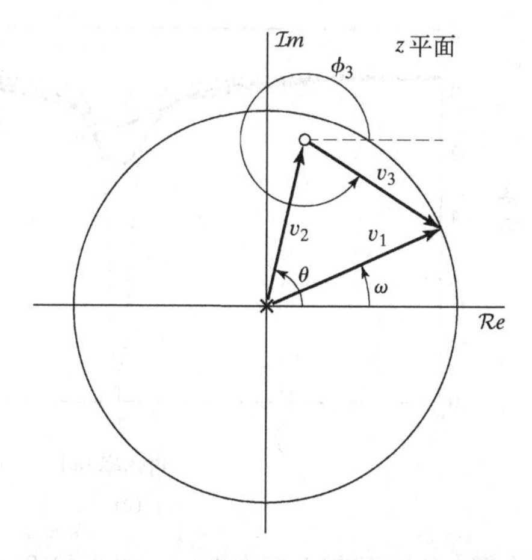

图5.10 一阶系统函数在单位圆上求值的z平面向量,$r<1$

一个单个因式$(1-re^{j\theta}e^{-j\omega})$对频率响应的贡献依赖于$r$的关系示于图5.11。该图是针对$\theta=\pi$和几个不同的$r$值作出的。图5.11(a)的对数幅度函数随着$r$接近于1而下降得更为陡峭;的确,随着$r\to1$,在$\omega=\theta$处以dB计的幅度趋向于$-\infty$。图5.11(b)画出的相应函数在$\omega=\theta$附近有正的斜率,且随着$r\to1$而变为无穷大。因此,对于$r=1$相位函数在$\omega=\theta$有一个$\pi$ rad的跳变,是不连续的。远离$\omega=\theta$处,相位函数的斜率是负的。因为群延迟是相位曲线斜率的负值,所以群延迟

在 $\omega=\theta$ 附近是负的,并且随 $r\to1$ 而急剧下降,当 $r=1$ 时变为一个脉冲(图中未画出)。图5.11(c)表明,随着频率远离 $\omega=\theta$,群延迟就变成正的,而且相对平坦。

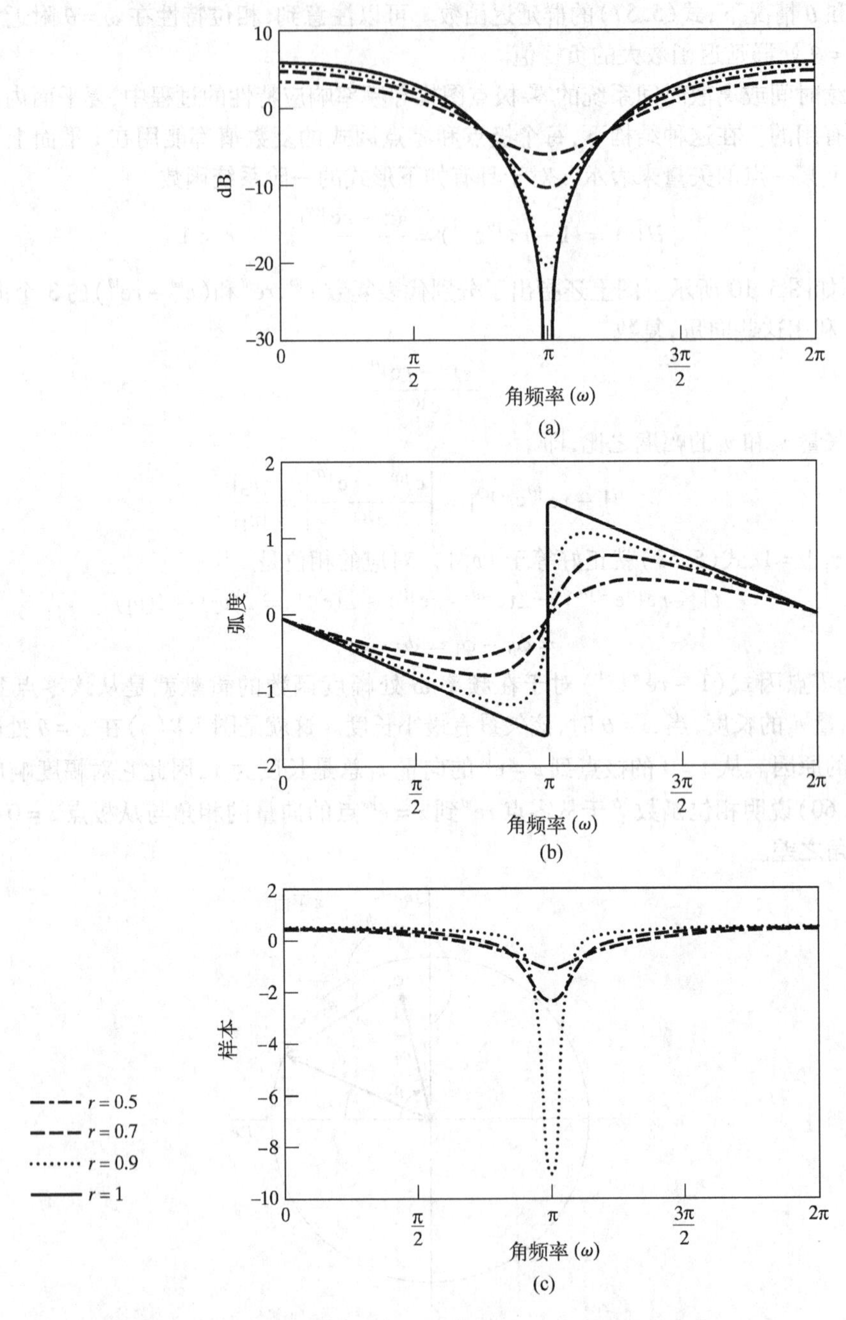

图5.11 单个零点的频率响应,其中 $\theta=\pi$, $r=1$, 0.9, 0.7 和0.5。(a)对数幅度;(b)相位;(c)群延迟($r=0.9$,0.7和0.5)

5.3.2 多个零、极点的例子

这一节将利用并扩展5.3.1节的讨论来说明如何确定有理系统函数的系统频率响应。

例 5.6　二阶 IIR 系统

考虑二阶系统

$$H(z)=\frac{1}{(1-re^{j\theta}z^{-1})(1-re^{-j\theta}z^{-1})}=\frac{1}{1-2r\cos\theta z^{-1}+r^2z^{-2}} \tag{5.61}$$

该系统的输入输出满足差分方程

$$y[n]-2r\cos\theta y[n-1]+r^2y[n-2]=x[n]$$

利用部分分式展开,具有这个系统函数的因果系统的单位脉冲响应可以证明是

$$h[n]=\frac{r^n\sin[\theta(n+1)]}{\sin\theta}u[n] \tag{5.62}$$

式(5.61)的系统函数有一对极点在 $z=re^{j\theta}$ 和其共轭的 $z=re^{-j\theta}$,在 $z=0$ 有二阶零点,图 5.12 示出了其零-极点图。

由 5.3.1 节的讨论有

$$20\log_{10}|H(e^{j\omega})|=-10\log_{10}[1+r^2-2r\cos(\omega-\theta)]-10\log_{10}[1+r^2-2r\cos(\omega+\theta)] \tag{5.63a}$$

$$\angle H(e^{j\omega})=-\arctan\left[\frac{r\sin(\omega-\theta)}{1-r\cos(\omega-\theta)}\right]-\arctan\left[\frac{r\sin(\omega+\theta)}{1-r\cos(\omega+\theta)}\right] \tag{5.63b}$$

及

$$\text{grd}[H(e^{j\omega})]=-\frac{r^2-r\cos(\omega-\theta)}{1+r^2-2r\cos(\omega-\theta)}-\frac{r^2-r\cos(\omega+\theta)}{1+r^2-2r\cos(\omega+\theta)} \tag{5.63c}$$

图 5.12　例 5.6 的零-极点图

这些函数以 $r=0.9,\theta=\pi/4$ 为例都画在图 5.13 上。

图 5.12 表示出极点和零点向量 v_1,v_2,v_3。幅度响应就是零点向量长度(在本例中总是 1)的乘积被极点向量长度乘积相除,这就是

$$|H(e^{j\omega})|=\frac{|v_3|^2}{|v_1|\cdot|v_2|}=\frac{1}{|v_1|\cdot|v_2|} \tag{5.64}$$

当 $\omega\approx\theta$ 时,向量 $v_1=e^{j\omega}-re^{j\theta}$ 的长度变得很小,并且当 ω 在 θ 周围变化时,变化很显著;而向量 $v_2=e^{j\omega}-re^{-j\theta}$ 的长度当 ω 在 $\omega=\theta$ 周围变化时,仅有些微小的变化。因此,在相角 θ 处的极点对 $\omega=\theta$ 附近的频率响应起主要作用,如图 5.13 所明显看到的。按照对称关系,在 $-\theta$ 处的极点也就对 $\omega=-\theta$ 附近的频率响应起主要作用。

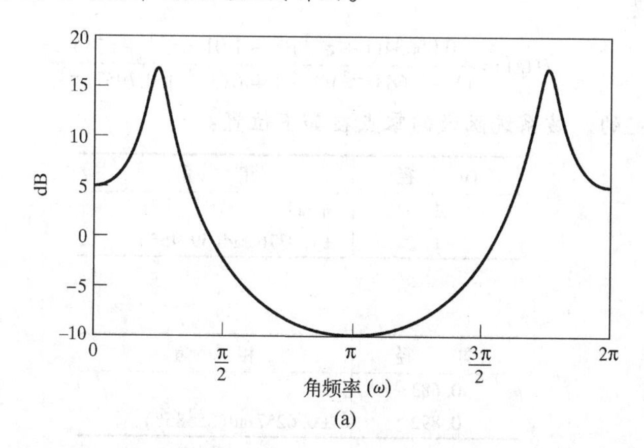

(a)

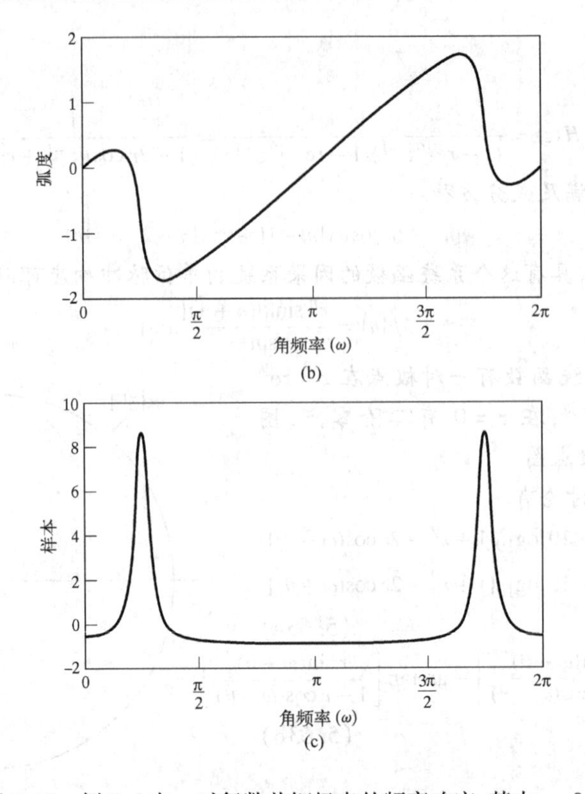

图 5.13 例 5.6 中一对复数共轭极点的频率响应,其中 $r=0.9$,$\theta=\pi/4$。(a)对数幅度;(b)相位;(c)群延迟

例 5.7 二阶 FIR 系统

在这个例子中,考虑一个 FIR 系统,其单位脉冲响应是

$$h[n]=\delta[n]-2r\cos\theta\delta[n-1]+r^2\delta[n-2] \tag{5.65}$$

系统函数为

$$H(z)=1-2r\cos\theta z^{-1}+r^2z^{-2} \tag{5.66}$$

这就是例 5.6 系统函数的倒数。因此对于这个 FIR 系统频率响应的各种曲线就是图 5.13 各图的负值。应该注意,在颠倒时,极点和零点位置也互相交换。

例 5.8 三阶 IIR 系统

在这个例子中要考虑一个低通滤波器,这是用第 7 章要讨论的一种近似方法设计的。要研究的系统函数是

$$H(z)=\frac{0.05634(1+z^{-1})(1-1.0166z^{-1}+z^{-2})}{(1-0.683z^{-1})(1-1.4461z^{-1}+0.7957z^{-2})} \tag{5.67}$$

系统被设定为稳定的。该系统函数的零点在如下位置:

向　径	相　角
1	π rad
1	±1.0376 rad(59.45°)

极点在如下位置:

向　径	相　角
0.683	0
0.892	±0.6257rad(35.85°)

该系统的零点图示于图5.14。图5.15示出该系统的对数幅度、相位和群延迟特性。位于单位圆上$\omega=\pm1.0376$和π的这些零点其作用是显而易见的。然而，极点的配置不是要在频率接近极点的相角时得到峰值响应,而是要使得总的对数幅度特性在$\omega=0$到$\omega=0.2\pi$(根据对称性,也是从$\omega=1.8\pi$到$\omega=2\pi$)的频带内保持接近0 dB,然后很快下降,并大约从$\omega=0.3\pi$到1.7π保持在-25 dB以下。由此例可知:用极点构成幅度响应,用零点来抑制幅度响应也能实现对频率选择性滤波器响应的有效近似。

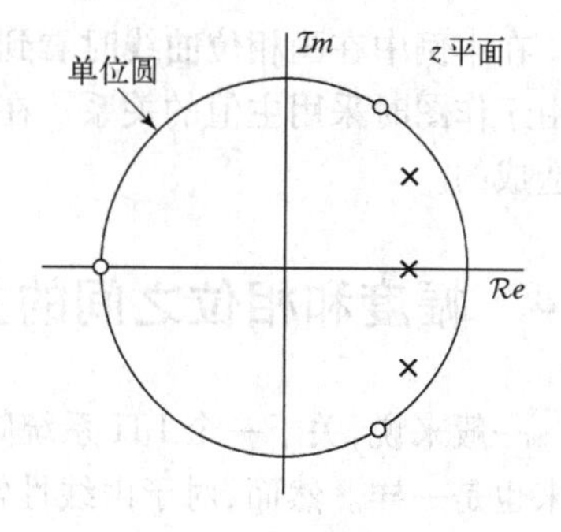

图5.14　例5.8低通滤波器的零-极点图

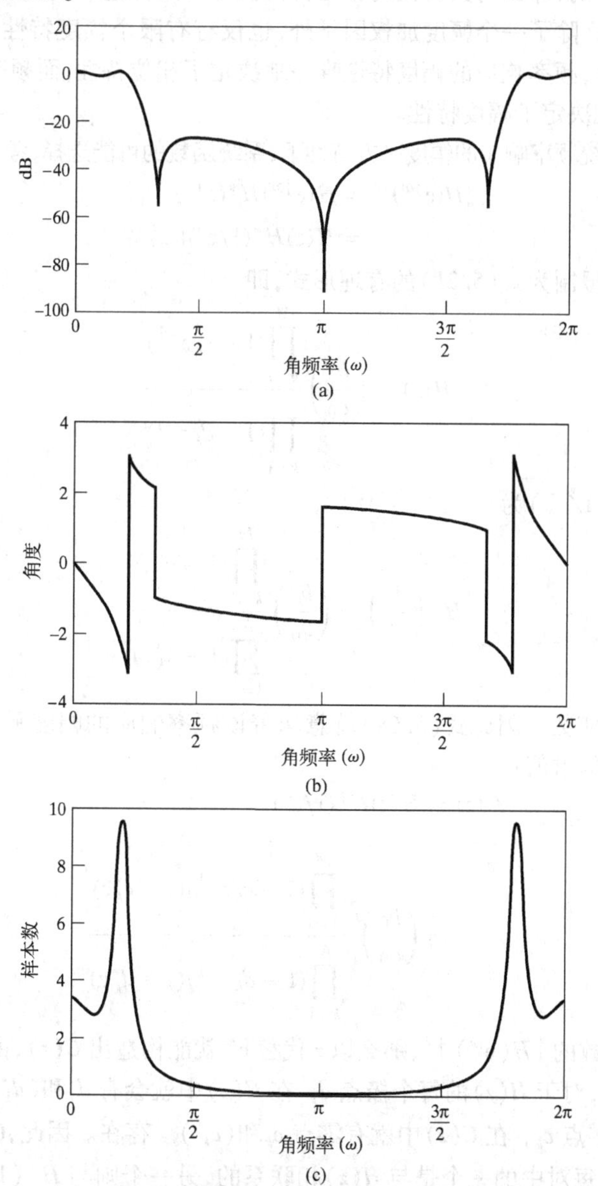

图5.15　例5.8低通滤波器的频率响应。(a)对数幅度;(b)相位;(c)群延迟

在本例中在画相位曲线时看到两种类型的不连续情况。在 $\omega\approx0.22\pi$ 处有一个 2π 的跳变,这是由于作图时采用主值的关系。在 $\omega=\pm1.0376$ 和 $\omega=\pi$ 处,有 π 的跳变,这是由于单位圆上的零点造成的。

5.4 幅度和相位之间的关系

一般来说,关于一个 LTI 系统频率响应的幅度特性的了解并没有给出任何有关相位的信息;反过来也是一样。然而,对于由线性常系数差分方程描述的系统,也即具有有理系统函数的系统,其幅度和相位特性之间有某种制约关系存在。特别是,正如在本节要讨论的,如果频率响应的幅度特性和零极点个数是已知的,那么与其有关的相位特性仅有有限种选择。类似地,如果零极点个数和相位特性已知的话,那么除了一个幅度加权因子外,也仅有有限个幅度特性可供选取。再者,在称之为最小相位的限制下,频率响应的幅度特性唯一地决定了相位特性;而频率响应的相位特性除去一个幅度加权因子外也决定了幅度特性。

为了阐明在给定系统频率响应的幅度平方特性下,系统函数的可能选择,考虑将 $|H(e^{j\omega})|^2$ 表示成

$$\begin{aligned}|H(e^{j\omega})|^2 &= H(e^{j\omega})H^*(e^{j\omega})\\ &= H(z)H^*(1/z^*)|_{z=e^{j\omega}}\end{aligned} \tag{5.68}$$

由于将系统函数 $H(z)$ 限制为式(5.21)的有理形式,即

$$H(z)=\left(\frac{b_0}{a_0}\right)\frac{\prod_{k=1}^{M}(1-c_kz^{-1})}{\prod_{k=1}^{N}(1-d_kz^{-1})} \tag{5.69}$$

那么,式(5.68)中 $H^*(1/z^*)$ 为

$$H^*\left(\frac{1}{z^*}\right)=\left(\frac{b_0}{a_0}\right)\frac{\prod_{k=1}^{M}(1-c_k^*z)}{\prod_{k=1}^{N}(1-d_k^*z)} \tag{5.70}$$

这里已假定 a_0,b_0 都是实数。因此式(5.68)就意味着该频率响应的幅度平方就是由下式给定的 z 变换 $C(z)$ 在单位圆上的求值:

$$C(z)=H(z)H^*(1/z^*) \tag{5.71}$$

$$=\left(\frac{b_0}{a_0}\right)^2\frac{\prod_{k=1}^{M}(1-c_kz^{-1})(1-c_k^*z)}{\prod_{k=1}^{N}(1-d_kz^{-1})(1-d_k^*z)} \tag{5.72}$$

如果已知表示为 $e^{j\omega}$ 函数的 $|H(e^{j\omega})|^2$,那么以 z 代替 $e^{j\omega}$ 就能构造出 $C(z)$,由 $C(z)$ 能推出全部可能的 $H(z)$。首先注意到,对于 $H(z)$ 的每个极点 d_k,在 $C(z)$ 中就会有 d_k 和 $(d_k^*)^{-1}$ 的极点存在。类似地,对于 $H(z)$ 中每个零点 c_k,在 $C(z)$ 中就有零点 c_k 和 $(c_k^*)^{-1}$ 存在。因此,$C(z)$ 的零极点是以共轭倒数对的形式出现的,每对中的一个是与 $H(z)$ 相联系的,另一个则与 $H^*(1/z^*)$ 有关。再者,如果每对中的一个是在单位圆内的话,那么另一个(即共轭倒数)就一定在单位圆外。仅有的例外是这两个都在单位圆上,那么它们就在同一位置上。

如果 $H(z)$ 假设是对应于一个因果稳定的系统，那么它的全部极点都必须位于单位圆内。有了这个限制，$H(z)$ 的极点可以从 $C(z)$ 的极点中分离出来。然而，仅凭这一点，$H(z)$ 的零点还是不能从 $C(z)$ 的零点中唯一地被确定。从下面的例子就能看到这一点。

例 5.9　具有相同 $C(z)$ 的系统

考虑两个不同的稳定的系统，它们的系统函数为

$$H_1(z) = \frac{2(1-z^{-1})(1+0.5z^{-1})}{(1-0.8e^{j\pi/4}z^{-1})(1-0.8e^{-j\pi/4}z^{-1})} \tag{5.73}$$

和

$$H_2(z) = \frac{(1-z^{-1})(1+2z^{-1})}{(1-0.8e^{j\pi/4}z^{-1})(1-0.8e^{-j\pi/4}z^{-1})} \tag{5.74}$$

它们的零-极点图分别示于图 5.16(a) 和图 5.16(b)。两个系统具有相同的极点位置且都有位于 $z=1$ 处的零点，但第二个零点的位置不同。

现在

$$\begin{aligned} C_1(z) &= H_1(z)H_1^*(1/z^*) \\ &= \frac{2(1-z^{-1})(1+0.5z^{-1})2(1-z)(1+0.5z)}{(1-0.8e^{j\pi/4}z^{-1})(1-0.8e^{-j\pi/4}z^{-1})(1-0.8e^{-j\pi/4}z)(1-0.8e^{j\pi/4}z)} \end{aligned} \tag{5.75}$$

和

$$\begin{aligned} C_2(z) &= H_2(z)H_2^*(1/z^*) \\ &= \frac{(1-z^{-1})(1+2z^{-1})(1-z)(1+2z)}{(1-0.8e^{j\pi/4}z^{-1})(1-0.8e^{-j\pi/4}z^{-1})(1-0.8e^{-j\pi/4}z)(1-0.8e^{j\pi/4}z)} \end{aligned} \tag{5.76}$$

由于

$$4(1+0.5z^{-1})(1+0.5z) = (1+2z^{-1})(1+2z) \tag{5.77}$$

所以 $C_1(z)=C_2(z)$。$C_1(z)$ 和 $C_2(z)$ 的零-极点图示于图 5.16(c)，两者一致。

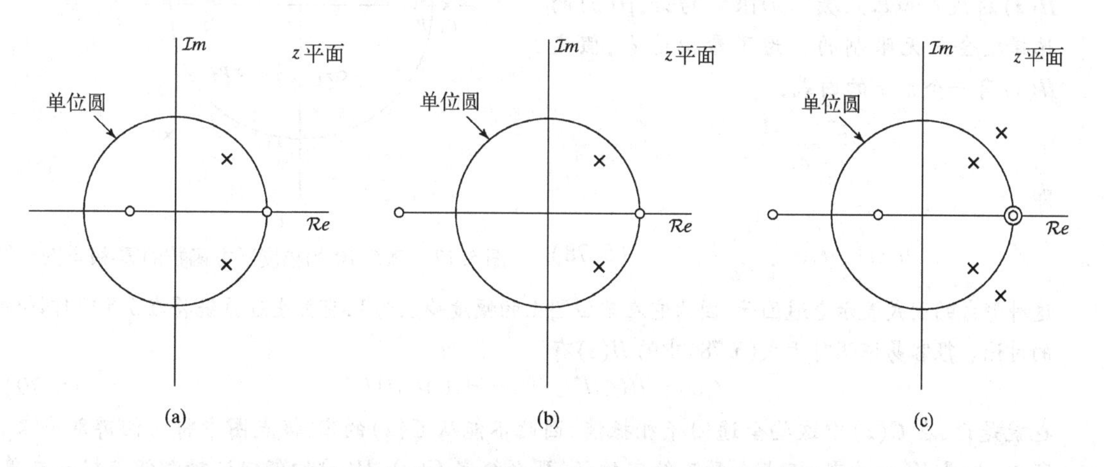

图 5.16　两个系统函数和它们共同的幅度平方函数的零-极点图。(a) $H_1(z)$；(b) $H_2(z)$；(c) $C_1(z)$，$C_2(z)$

例 5.9 的系统函数 $H_1(z)$ 和 $H_2(z)$ 仅差在零点的位置不同。在本例中，因式 $2(1+0.5z^{-1})=(z^{-1}+2)$ 对频率响应幅度平方的贡献与因式 $(1+2z^{-1})$ 的贡献是相同的，所以 $|H_1(e^{j\omega})|$ 和 $|H_2(e^{j\omega})|$ 就相等，然而两个频率响应的相位函数是不同的。

例5.10　由$C(z)$确定$H(z)$

假定已给出$C(z)$的零-极点图如图5.17所示，现在想要确定与$H(z)$有关的零、极点。每个零、极点的共轭倒数对中有一个是与$H(z)$相联系的，另一个则与$H^*(1/z^*)$相联系。这些共轭倒数对的零、极点是

极点对1：(p_1, p_4)

极点对2：(p_2, p_5)

极点对3：(p_3, p_6)

零点对1：(z_1, z_4)

零点对2：(z_2, z_5)

零点对3：(z_3, z_6)

已知$H(z)$对应于一个稳定、因果系统，就必须从每一对中选取位于单位圆内的极点，即p_1,p_2和p_3。在零点上没有这样的约束。然而，若假定在式(5.19)和式(5.20)中的系数a_k, b_k都是实数，那么这些零点(和极点)要么是实数，否则就以复数共轭成对出现。这样与$H(z)$有关的零点就是

$$z_3 \text{或} z_6$$

和

$$(z_1, z_2)\text{或}(z_4, z_5)$$

因此，对于图5.17所示的$C(z)$零-极点图，总共有4种不同的具有3个极点和3个零点的稳定且因果的系统都具有相同的频率响应幅度特性。如果不假定这些系数a_k和b_k是实数的话，那么选择的可能就更多了。再者，如果$H(z)$的极点和零点数不加限定的话，$H(z)$的选择就会是无限制的。为了看出这点，假定$H(z)$有一个如下的因式：

$$\frac{z^{-1}-a^*}{1-az^{-1}}$$

即

$$H(z)=H_1(z)\frac{z^{-1}-a^*}{1-az^{-1}} \tag{5.78}$$

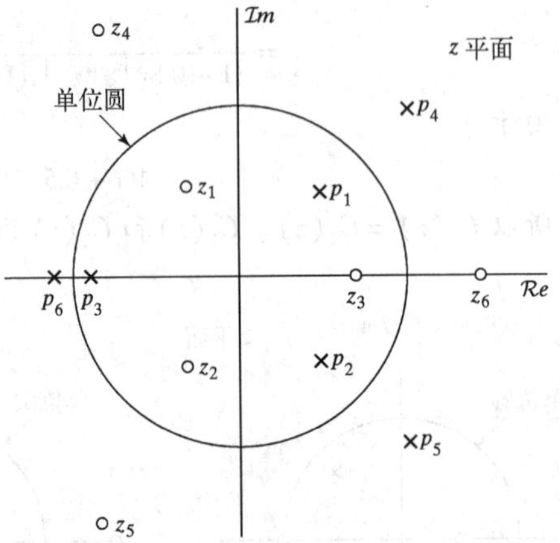

图5.17　例5.10的幅度平方函数的零-极点图

这种形式的因式表示全通因子，因为它在单位圆上的幅度响应为1，有关全通系统将在5.5节作详细的讨论。很容易证明对于式(5.78)中的$H(z)$有

$$C(z)=H(z)H^*(1/z^*)=H_1(z)H_1^*(1/z^*) \tag{5.79}$$

也就是说，在$C(z)$中这些全通因子相抵消，因此不能从$C(z)$的零-极点图中将它们辨别出来。所以，如果$H(z)$的零、极点个数不给定的话，那么给定$C(z)$，$H(z)$的任何选择都能与极点在单位圆内(即$|a|<1$)的任意个数的全通因子级联。

5.5　全通系统

如在例5.10讨论中所指出的，具有形式为

$$H_{\mathrm{ap}}(z)=\frac{z^{-1}-a^*}{1-az^{-1}} \tag{5.80}$$

的稳定系统函数其频率响应的幅度与 ω 无关。将它写成 $H_{ap}(e^{j\omega})$ 的形式就能看出这一点

$$H_{ap}(e^{j\omega}) = \frac{e^{-j\omega} - a^*}{1 - ae^{-j\omega}} = e^{-j\omega}\frac{1 - a^*e^{j\omega}}{1 - ae^{-j\omega}} \tag{5.81}$$

在式(5.81)中，$e^{-j\omega}$项的幅度为1，剩下的分子和分母因式是互为复共轭的，因此有相同的幅度，结果就是 $|H_{ap}(e^{j\omega})| = 1$。这类系统称为全通系统，因为系统以恒定增益或衰减通过输入中的全部频率分量①。

具有实值单位脉冲响应全通系统的系统函数的最一般形式就是像式(5.80)那样的因式的乘积，其复数极点是以共轭成对出现的，即

$$H_{ap}(z) = A\prod_{k=1}^{M_r}\frac{z^{-1} - d_k}{1 - d_k z^{-1}}\prod_{k=1}^{M_c}\frac{(z^{-1} - e_k^*)(z^{-1} - e_k)}{(1 - e_k z^{-1})(1 - e_k^* z^{-1})} \tag{5.82}$$

式中，A 是一正常数，d_k 均为 $H_{ap}(z)$ 的实数极点，而 e_k 代表 $H_{ap}(z)$ 的复数极点。对于因果而稳定的全通系统，$|d_k| < 1$ 和 $|e_k| < 1$。利用系统函数的一般概念，全通系统有 $M = N = 2M_c + M_r$ 个极点和零点。图5.18 示出了一个典型的全通系统零-极点图。在该图情况下，$M_r = 2$，$M_c = 1$。值得注意的是，$H_{ap}(z)$ 的每一个极点都有一个与之配对的共轭倒数零点。

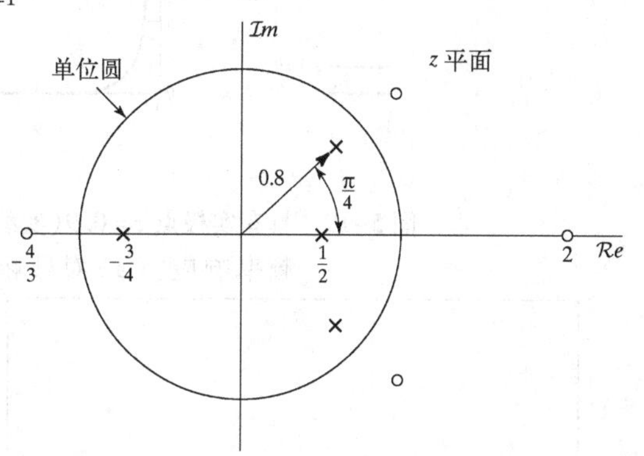

图 5.18　全通系统典型零-极点图

一个一般的全通系统的频率响应都能利用由式(5.80)所给出的一阶全通系统的频率响应来表示，对于一个因果全通系统，其中每一个都由单位圆内的单一极点和与该极点成共轭倒数的零点所组成。正如已经证明了的，这样一项的幅度响应是1，因此以 dB 计的对数幅度就是零。用 $a = re^{j\theta}$ 的极坐标形式表示 a，式(5.80)的相位函数是

$$\angle\left[\frac{e^{-j\omega} - re^{-j\theta}}{1 - re^{j\theta}e^{-j\omega}}\right] = -\omega - 2\arctan\left[\frac{r\sin(\omega - \theta)}{1 - r\cos(\omega - \theta)}\right] \tag{5.83}$$

同样，具有极点在 $z = re^{j\theta}$ 和 $z = re^{-j\theta}$ 的二阶全通系统的相位是

$$\angle\left[\frac{(e^{-j\omega} - re^{-j\theta})(e^{-j\omega} - re^{j\theta})}{(1 - re^{j\theta}e^{-j\omega})(1 - re^{-j\theta}e^{-j\omega})}\right] = -2\omega - 2\arctan\left[\frac{r\sin(\omega - \theta)}{1 - r\cos(\omega - \theta)}\right] - 2\arctan\left[\frac{r\sin(\omega + \theta)}{1 - r\cos(\omega + \theta)}\right] \tag{5.84}$$

例 5.11　一阶和二阶全通系统

图 5.19 示出了一个其极点在 $z = 0.9$ ($\theta = 0$, $r = 0.9$) 和另一个极点在 $z = -0.9$($\theta = \pi$, $r = 0.9$) 的两个一阶全通系统的对数幅度、相位和群延迟特性曲线。对于这两个系统，极点的矢径都是 $r = 0.9$。同样，图 5.20 示出了极点在 $z = 0.9e^{j\pi/4}$ 和 $z = 0.9e^{-j\pi/4}$ 的二阶全通系统频率响应的各个特性。

① 在一些讨论中，定义一个全通系统需具有单位增益。在本书中，全通系统是指一个以恒定增益 A 通过全部频率分量的系统，不只局限于增益为1的情况。

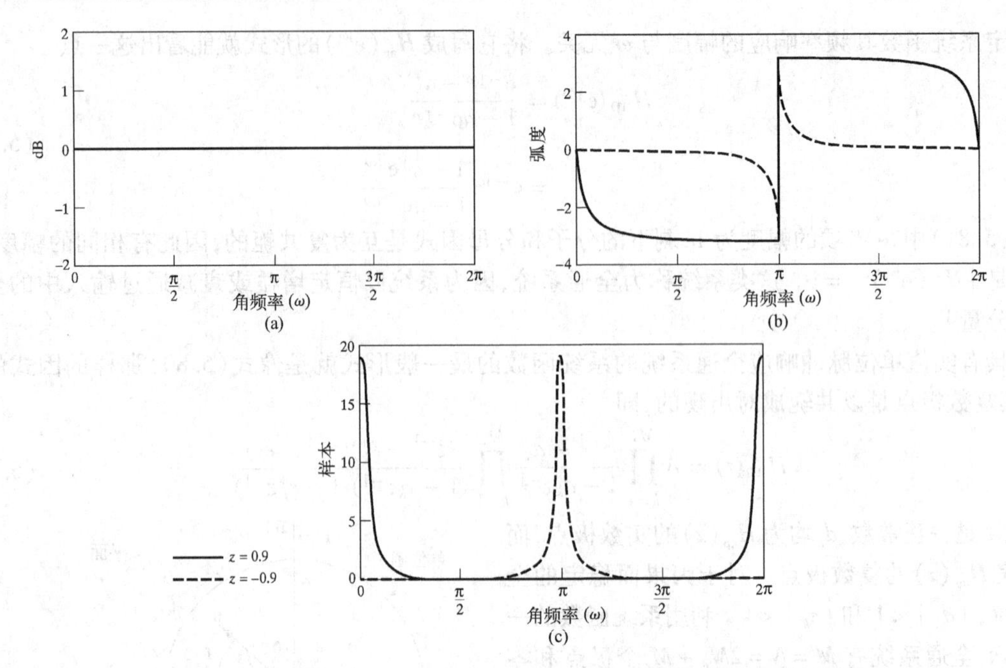

图 5-19 具有实极点 $z=0.9$(实线)和 $z=-0.9$(虚线)的全通滤波器的频率响应。(a)对数幅度;(b)相位(主值);(c)群延迟

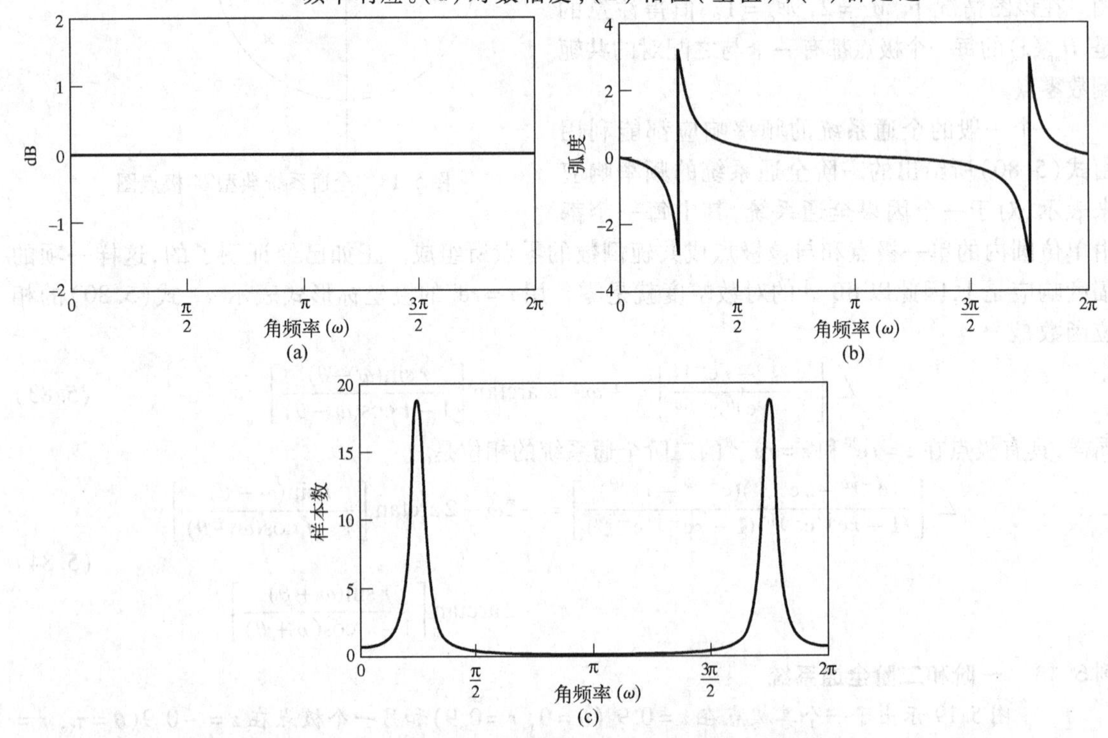

图 5.20 具有极点在 $z=0.9e^{\pm j\pi/4}$ 的二阶全通系统的频率响应。(a)对数幅度;(b)相位(主值);(c)群延迟

例 5.11 说明了因果全通系统的一个普遍性质。由图 5.19(b)可见,相位在 $0<\omega<\pi$ 内是非正的。类似地,如果在图 5.20(b)中将计算主值而产生的 2π 跳变移去的话,那么所得到的连续相位曲线在 $0<\omega<\pi$ 内也是非正的。因为由式(5.82)给出的更为一般的全通系统只是这样

一些一阶和二阶因子的相乘,因此可以得出:因果全通系统的(连续)相位 $\arg[H_{ap}(e^{j\omega})]$ 在 $0<\omega<\pi$ 内总是非正的。如果画出的是主值,就可能不是这样,如图 5.21 所示。这里画出了具有图 5.18零、极点的全通系统的对数幅度、相位和群延迟特性。然而,通过首先考虑群延迟就能证实这一结果。

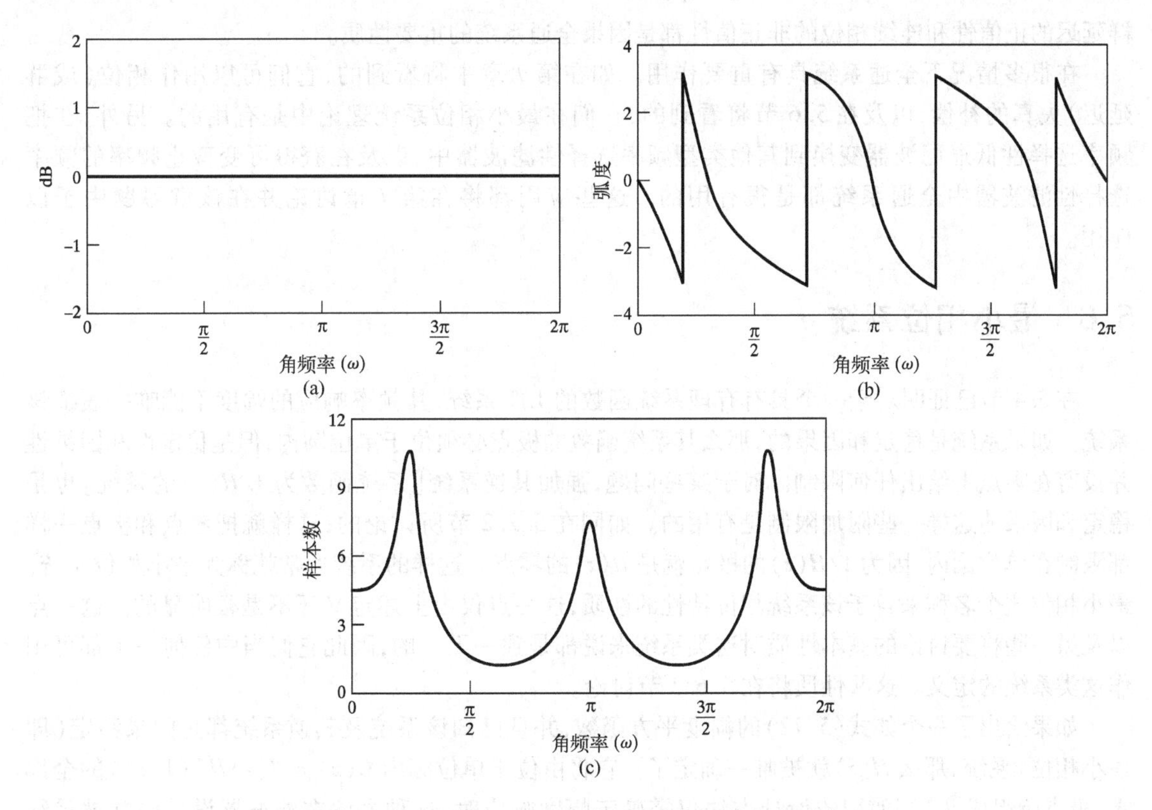

图 5.21　具有图 5.18 零-极点图的全通系统频率响应。(a)对数幅度;(b)相位(主值);(c)群延迟

式(5.80)的简单单极点全通系统的群延迟是由式(5.83)给出的相位特性导数的负值。稍作代数运算就能证明

$$\operatorname{grd}\left[\frac{e^{-j\omega}-re^{-j\theta}}{1-re^{j\theta}e^{-j\omega}}\right]=\frac{1-r^2}{1+r^2-2r\cos(\omega-\theta)}=\frac{1-r^2}{|1-re^{j\theta}e^{-j\omega}|^2} \tag{5.85}$$

因为对一个稳定而因果的全通系统,$r<1$,由式(5.85)可见,由一个单极点的全通因子对群延迟的贡献总是正的。因为高阶全通系统的群延迟就是式(5.85)这些正的项之和,所以因果有理全通系统的群延迟总是正的这一点就应该是确信无疑的了。图 5.19(c)、图 5.20(c)和图 5.21(c)分别是一阶、二阶和三阶全通系统的群延迟,它们都确认了这一点。

全通系统群延迟的正值性就为全通系统相位特性负值提供了一个简单的证明基础,首先注意到

$$\arg[H_{ap}(e^{j\omega})]=-\int_0^{\omega}\operatorname{grd}[H_{ap}(e^{j\phi})]d\phi+\arg[H_{ap}(e^{j0})] \tag{5.86}$$

式中 $0\leqslant\omega\leqslant\pi$。从式(5.82)就有

$$H_{ap}(e^{j0})=A\prod_{k=1}^{M_r}\frac{1-d_k}{1-d_k}\prod_{k=1}^{M_c}\frac{|1-e_k|^2}{|1-e_k|^2}=A \tag{5.87}$$

因此 $\arg[H_{ap}(e^{j0})]=0$，并且因为

$$\text{grd}[H_{ap}(e^{j\omega})] \geqslant 0 \tag{5.88}$$

由式(5.86)就直接得出

$$\arg[H_{ap}(e^{j\omega})] \leqslant 0, \qquad 0 \leqslant \omega < \pi \tag{5.89}$$

群延迟的正值性和连续相位的非正值性都是因果全通系统的重要性质。

在很多情况下全通系统具有重要作用。如在第7章中将看到的,它们可以用作相位(或群延迟)失真的补偿,以及在5.6节将看到的,它们在最小相位系统理论中是有用的。另外,在把频率选择性低通滤波器变换到其他类型频率选择性滤波器中,以及在获得可变截止频率的频率选择性滤波器中全通系统都是很有用的。这些应用都将在第7章讨论并在该章习题中予以应用。

5.6 最小相位系统

在5.4节已证明对于一个具有有理系统函数的LTI系统,其频率响应的幅度不能唯一表征该系统。如果系统是稳定和因果的,那么其系统函数的极点必须位于单位圆内;但是稳定性和因果性并没有在零点上给出任何限制。对于某些问题,强加其逆系统[系统函数为 $1/H(z)$ 的系统]也是稳定和因果的这样一些附加限制是有用的。如同在5.2.2节所讨论的,这样就把零点和极点一样都限制在单位圆内,因为 $1/H(z)$ 的极点就是 $H(z)$ 的零点。这样的系统通常就称为最小相位系统。最小相位这个名称来自于该系统相位特性的性质,这一点仅由上述定义还不是很明显的。这一点以及另一些将要讨论的基本性质对这类系统来说都是独一无二的,因此它们当中任何一个都可用作这类系统的定义。这些性质将在5.6.3节讨论。

如果给出了一个如式(5.72)的幅度平方函数,并且已知该系统及其逆系统都是因果稳定(即最小相位)系统,那么 $H(z)$ 就被唯一确定了。它将由位于单位圆内 $C(z)=H(z)H^*(1/z^*)$ 的全部零、极点所组成①。当使用的设计方法仅需确定幅度响应时,这种办法在滤波器设计中常被采纳(见第7章)。

5.6.1 最小相位和全通分解

在5.4节已表明,仅由频率响应的幅度平方不能唯一地确定系统函数 $H(z)$,因为具有给定频率响应幅度的任何选择都能够与任意全通因子级联而不影响它的幅度。因此,一种与此有关的看法是:任何有理系统函数②都能表示成

$$H(z) = H_{\min}(z)H_{ap}(z) \tag{5.90}$$

式中, $H_{\min}(z)$ 是最小相位系统, $H_{ap}(z)$ 是全通系统。

为了证明这一点,假设 $H(z)$ 有一个零点 $z=1/c^*$ 在单位圆外,这里 $|c|<1$,而其余的零、极点都在单位圆内,那么 $H(z)$ 就能表示成

$$H(z) = H_1(z)(z^{-1} - c^*) \tag{5.91}$$

这里按定义 $H_1(z)$ 是最小相位系统。$H(z)$ 的一种等效表达式就为

---

① 已知假定 $C(z)$ 没有任何极点或零点在单位圆上。严格说来,有极点在单位圆上的系统是不稳定的,从而在实际应用中一般都予以避免。然而,在单位圆上的零点在实际滤波器设计中时有应用。按照定义,这样的系统是非最小相移的,但是,甚至在这种情况下仍具有最小相位系统的很多性质。

② 为了方便起见,暂且将讨论局限于因果稳定的系统上,虽然这一结论可适用于更一般的情况。

$$H(z) = H_1(z)(1 - cz^{-1})\frac{z^{-1} - c^*}{1 - cz^{-1}} \tag{5.92}$$

因为 $|c| < 1$,所以因式 $H_1(z)(1 - cz^{-1})$ 也是最小相位的,它与 $H(z)$ 的差别仅在于 $H(z)$ 在单位圆外的零点 $z = 1/c^*$ 现被反射到单位圆内与其成共轭倒数的位置 $z = c$ 上。$(z^{-1} - c^*)/(1 - cz^{-1})$ 这一项就属于全通型。这个例子可以直接推广到包含更多单位圆外零点的情况,因此证明了任何系统函数一般都能表示成

$$H(z) = H_{\min}(z)H_{\text{ap}}(z) \tag{5.93}$$

这里 $H_{\min}(z)$ 包含 $H(z)$ 中位于单位圆内的零、极点,再加上与 $H(z)$ 中单位圆外的零点成共轭倒数的那些零点。系统函数 $H_{\text{ap}}(z)$ 由全部 $H(z)$ 中位于单位圆外的零点和与 $H_{\min}(z)$ 中反射过来的共轭倒数零点相抵消的极点所组成。

利用式(5.93)就可以从一个最小相位系统把其一个或多个位于单位圆内的零点反射到单位圆外与它们成共轭倒数的位置上而形成一个非最小相位系统;或者相反,从一个非最小相位系统把全部位于单位圆外的零点反射到单位圆内与其成共轭倒数的位置上而形成一个最小相位系统。在任意情况下,这个最小相位和非最小相位系统都具有相同的频率响应幅度。

例 5.12　最小相位/全通分解

为了说明一个稳定因果系统分解为一个最小相位系统和一个全通系统的级联,现考虑由下面系统函数给出的两个稳定因果系统:

$$H_1(z) = \frac{(1 + 3z^{-1})}{1 + \frac{1}{2}z^{-1}}$$

和

$$H_2(z) = \frac{\left(1 + \frac{3}{2}e^{j\pi/4}z^{-1}\right)\left(1 + \frac{3}{2}e^{-j\pi/4}z^{-1}\right)}{\left(1 - \frac{1}{3}z^{-1}\right)}$$

第 1 个系统函数 $H_1(z)$ 有一个极点 $z = -1/2$ 在单位圆内,但有一个零点 $z = -3$ 在单位圆外。因此需要选择适当的全通系统将这个零点反射到单位圆内。根据式(5.91)有 $c = -1/3$,因此由式(5.92)和式(5.93),这个全通分量就是

$$H_{\text{ap}}(z) = \frac{z^{-1} + \frac{1}{3}}{1 + \frac{1}{3}z^{-1}}$$

而最小相位分量是

$$H_{\min}(z) = 3\frac{1 + \frac{1}{3}z^{-1}}{1 + \frac{1}{2}z^{-1}}$$

也即

$$H_1(z) = \left(3\frac{1 + \frac{1}{3}z^{-1}}{1 + \frac{1}{2}z^{-1}}\right)\left(\frac{z^{-1} + \frac{1}{3}}{1 + \frac{1}{3}z^{-1}}\right)$$

第 2 个系统函数 $H_2(z)$ 有两个复数零点在单位圆外和一个实数极点在单位圆内,将 $H_2(z)$ 分子中的因子 $\frac{3}{2}e^{j\pi/4}$ 和 $\frac{3}{2}e^{-j\pi/4}$ 提出就可以将 $H_2(z)$ 表示成式(5.91)的形式为

$$H_2(z) = \frac{9}{4}\frac{\left(z^{-1} + \frac{2}{3}e^{-j\pi/4}\right)\left(z^{-1} + \frac{2}{3}e^{j\pi/4}\right)}{1 - \frac{1}{3}z^{-1}}$$

再按式(5.92)的分解得到

$$H_2(z)=\left[\frac{9}{4}\frac{\left(1+\frac{2}{3}e^{-j\pi/4}z^{-1}\right)\left(1+\frac{2}{3}e^{j\pi/4}z^{-1}\right)}{1-\frac{1}{3}z^{-1}}\right]$$

$$\times\left[\frac{\left(z^{-1}+\frac{2}{3}e^{-j\pi/4}\right)\left(z^{-1}+\frac{2}{3}e^{j\pi/4}\right)}{\left(1+\frac{2}{3}e^{j\pi/4}z^{-1}\right)\left(1+\frac{2}{3}e^{-j\pi/4}z^{-1}\right)}\right]$$

在第1项方括号内就是最小相位系统,而第2项就是全通系统。

5.6.2 非最小相位系统的频率响应补偿

在很多信号处理范畴内,一个信号已经被某个不合要求的频率响应的LTI系统所失真,然后,可能关心的是要用一个补偿系统来处理这个失真了的信号,如图5.22所示。例如,在通信信道上传输信号就会发生这种情况。如果能实现完全的补偿,那么 $s_c[n]=s[n]$,也就是说,$H_c(z)$ 就是 $H_d(z)$ 的逆系统。然而,如果假定该失真系统是稳定和因果的,并且要求补偿系统也是稳定和因果的,那么只有当 $H_d(z)$ 是最小相位系统而有一个稳定和因果的逆系统时,这种完全的补偿才有可能。

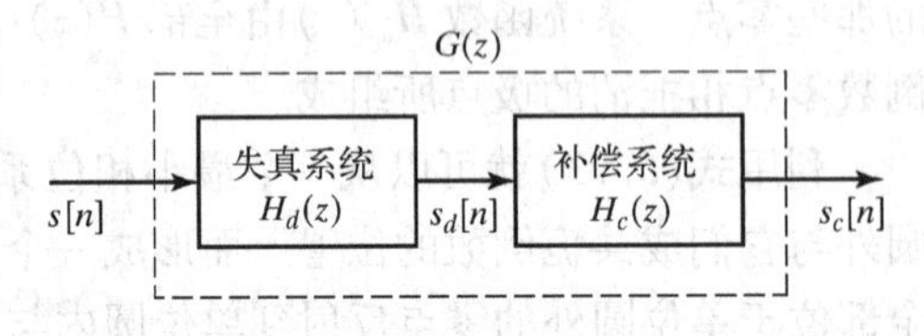

图5.22 用线性滤波作失真补偿的说明

根据上面的讨论,假定 $H_d(z)$ 是已知的,或者近似为一个有理系统函数,就能把 $H_d(z)$ 中全部位于单位圆外的零点反射到单位圆内与它们成共轭倒数的位置上而构成一个最小相位系统 $H_{d\min}(z)$。$H_d(z)$ 和 $H_{d\min}(z)$ 有相同的频率响应幅度,并且通过一个全通系统 $H_{ap}(z)$ 联系在一起,即

$$H_d(z)=H_{d\min}(z)H_{ap}(z) \tag{5.94}$$

选取补偿滤波器为

$$H_c(z)=\frac{1}{H_{d\min}(z)} \tag{5.95}$$

联系 $s[n]$ 和 $s_c[n]$ 的总系统函数就是

$$G(z)=H_d(z)H_c(z)=H_{ap}(z) \tag{5.96}$$

即 $G(z)$ 相当于一个全通系统。结果,就完全补偿了频率响应幅度,而相位响应则被调整为 $\angle H_{ap}(e^{j\omega})$。

下面的例子说明当要补偿的系统是一个非最小相位FIR系统时,频率响应幅度的补偿。

例5.13 FIR系统的补偿

考虑这个失真的系统函数是

$$H_d(z)=(1-0.9e^{j0.6\pi}z^{-1})(1-0.9e^{-j0.6\pi}z^{-1})$$
$$\times(1-1.25e^{j0.8\pi}z^{-1})(1-1.25e^{-j0.8\pi}z^{-1}) \tag{5.97}$$

零-极点图如图5.23所示。因为 $H_d(z)$ 只有零点(全部极点都在 $z=0$),那么系统就该有一个有限长脉冲响应,因此系统是稳定的;又因为 $H_d(z)$ 是一个仅有 z 的负幂的多项式,所以系统是因果的。然而,因有两个零点在单位圆外,所以系统是非最小相位的。

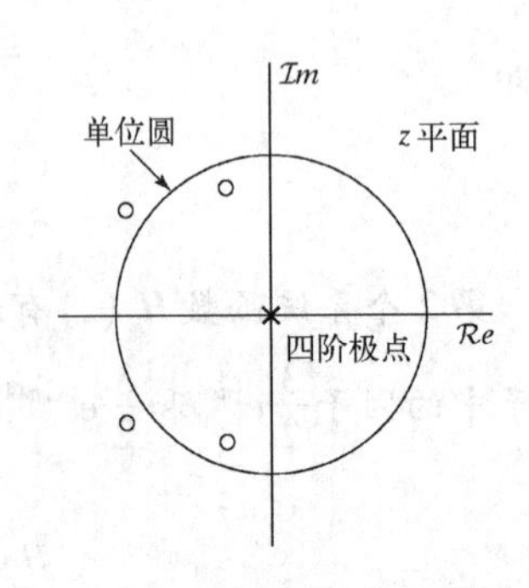

图5.23 例5.13 FIR系统的零-极点图

图5.24示出了$H_d(e^{j\omega})$的对数幅度、相位和群延迟特性。

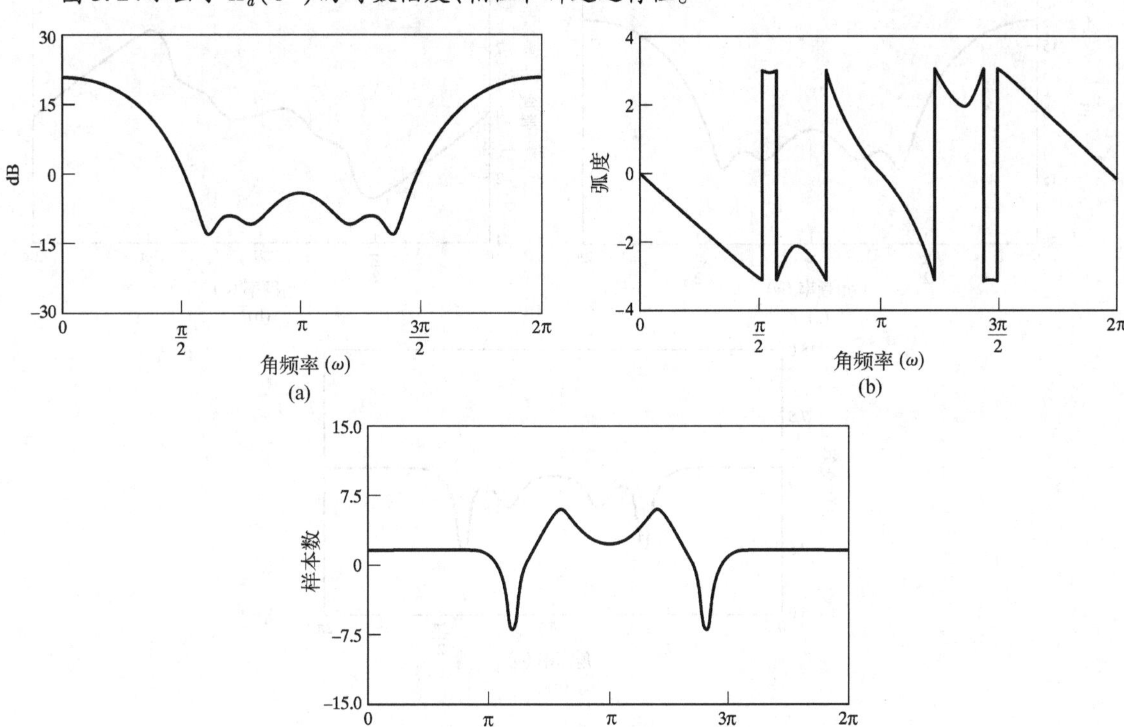

图5.24　具有图5.23零-极点图的FIR系统的频率响应。(a)对数幅度；(b)相位(主值)；(c)群延迟

将位于$z=1.25e^{\pm j0.8\pi}$的零点反射到单位圆内共轭倒数的位置上就可以得到相应的最小相位系统。如果将$H_d(z)$表示成

$$H_d(z)=(1-0.9e^{j0.6\pi}z^{-1})(1-0.9e^{-j0.6\pi}z^{-1})(1.25)^2 \times(z^{-1}-0.8e^{-j0.8\pi})(z^{-1}-0.8e^{j0.8\pi}) \tag{5.98}$$

那么

$$H_{\min}(z)=(1.25)^2(1-0.9e^{j0.6\pi}z^{-1})(1-0.9e^{-j0.6\pi}z^{-1}) \times(1-0.8e^{-j0.8\pi}z^{-1})(1-0.8e^{j0.8\pi}z^{-1}) \tag{5.99}$$

与$H_{\min}(z)$和$H_d(z)$有关的全通系统就是

$$H_{ap}(z)=\frac{(z^{-1}-0.8e^{-j0.8\pi})(z^{-1}-0.8e^{j0.8\pi})}{(1-0.8e^{j0.8\pi}z^{-1})(1-0.8e^{-j0.8\pi}z^{-1})} \tag{5.100}$$

图5.25示出了$H_{\min}(e^{j\omega})$的对数幅度、相位和群延迟特性。当然，图5.24(a)和图5.25(a)是一样的。图5.26示出了$H_{ap}(e^{j\omega})$的对数幅度、相位和群延迟特性。

应该注意，$H_d(z)$的逆系统在$z=1.25e^{\pm j0.8\pi}$和$z=0.9e^{\pm j0.6\pi}$有极点，因此该因果逆将是不稳定的。最小相位的逆系统就是由式(5.99)给出的$H_{\min}(z)$的倒数，并且如果这个逆系统要是用在图5.22的级联系统中的话，那么总的有效系统函数就是由式(5.100)所给出的$H_{ap}(z)$。

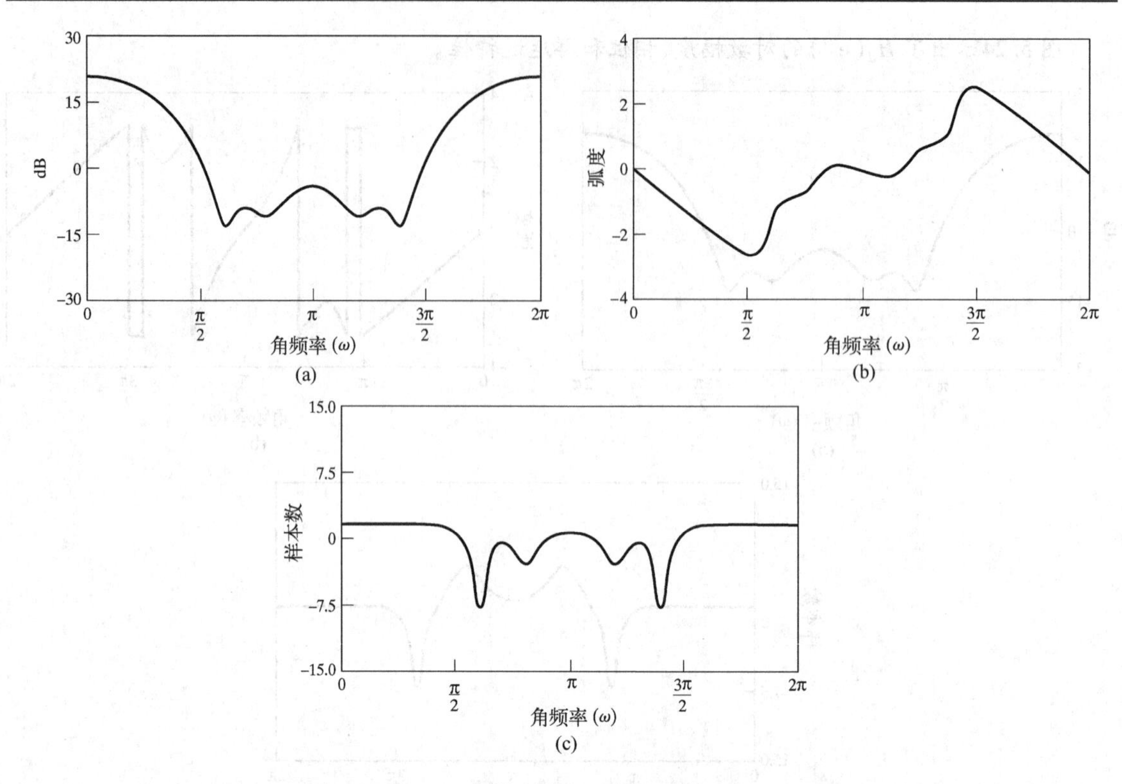

图 5.25 例 5.13 中最小相位系统的频率响应。(a)对数幅度;(b)相位(主值);(c)群延迟

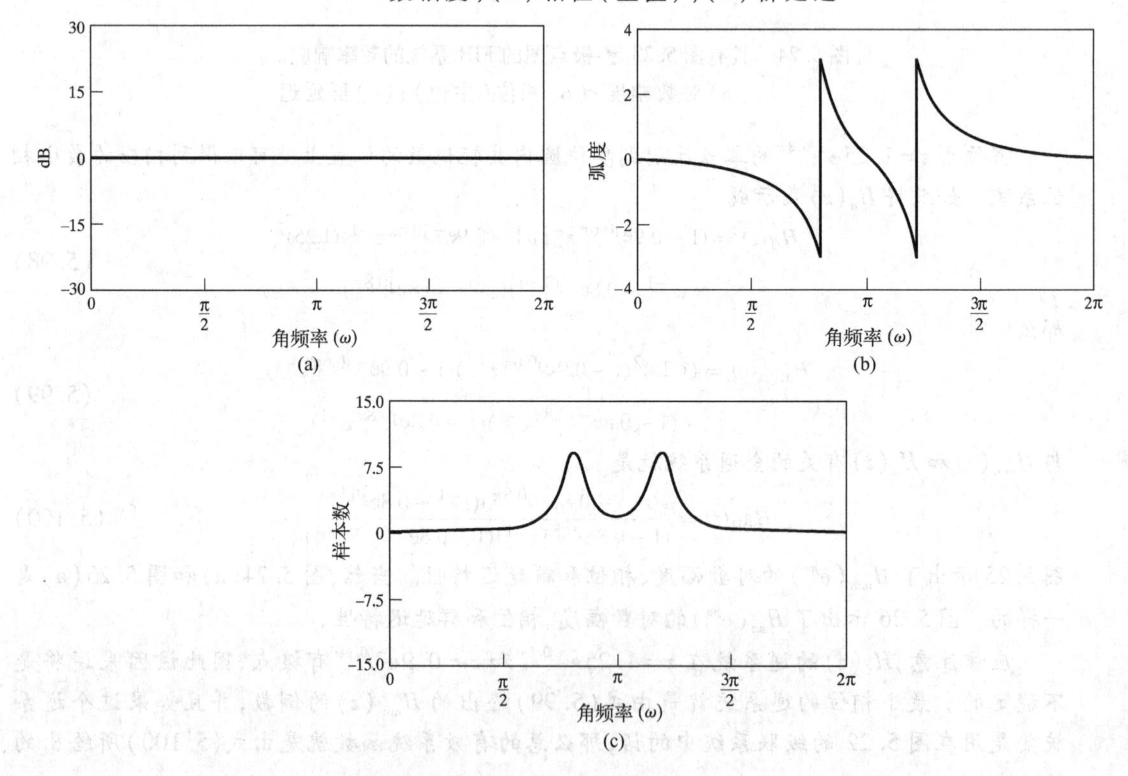

图 5.26 例 5.13 全通系统的频率响应(图 5.25 和图 5.26 中相应曲线的和就等于图 5.24 中对应的曲线,相位曲线的和要按模2π取)。(a)对数幅度;(b)相位(主值);(c)群延迟

5.6.3　最小相位系统的性质

本书一直采用“最小相位”这一术语专指这样一些系统，它本身是因果和稳定的，并且也有一个因果和稳定的逆系统。选择这个名称是由于根据上述定义所直接得出的相位函数的性质的缘故，但不是很明显。这一节将建立相对于所有其他具有相同的频率响应幅度的系统而言，最小相位系统所具有的几个令人感兴趣而重要的性质。

最小相位滞后性质

在例 5.13 中已经提到，术语“最小相位”是用作对全部零、极点都在单位圆内的系统的一种描述性名称。根据式(5.90)，任何非最小相位系统的连续相位，即 $\arg[H(e^{j\omega})]$ 都能表示为

$$\arg[H(e^{j\omega})]=\arg[H_{\min}(e^{j\omega})]+\arg[H_{ap}(e^{j\omega})] \tag{5.101}$$

因此，对应于图 5.24(b)的主值相位的连续相位就是与图 5.25(b)的最小相位函数有关的连续相位和与图 5.26(b)所示的主值相位有关的全通系统的连续相位之和。正如在 5.5 节所表明的，以及如图 5.19(b)、图 5.20(b)、图 5.21(b)和图 5.26(b)所指出的，一个全通系统的连续相位曲线在 $0\leqslant\omega\leqslant\pi$ 内总是负的。因此，将 $H_{\min}(z)$ 的零点从单位圆内反射到单位圆外其共轭倒数的位置上总是使(连续)相位减小，或者说使相位的负值增加，这就称之为相位滞后函数。这样，具有幅度响应为 $|H_{\min}(e^{j\omega})|$，全部零点(当然还有极点)都位于单位圆内的因果稳定的系统对于具有相同幅度响应的所有其他系统而言就具有最小相位滞后函数(对于 $0\leqslant\omega<\pi$)。因此，更为确切的术语应是最小相位滞后系统，但是最小相位是历史上已确定的术语。

为了对最小相位滞后系统理解得更确切些，有必要对 $H(e^{j\omega})$ 加上“在 $\omega=0$ 时为正”这样一个附加的约束，即

$$H(e^{j0})=\sum_{n=-\infty}^{\infty}h[n]>0 \tag{5.102}$$

注意到，若将 $h[n]$ 局限为实数序列，那么 $H(e^{j0})$ 就一定是实数。因为具有单位脉冲响应为 $-h[n]$ 的系统和单位脉冲响应为 $h[n]$ 的系统有相同的极点和零点，因此式(5.102)的条件就是必要的。然而乘以 -1 就是将相位改变 π rad。因此，为了消除这种含混不清，以确保全部零、极点都在单位圆内的系统也具有最小相位滞后性质，就必须加上式(5.102)的条件。不过，这一约束往往没有什么实际意义，因此在 5.6 节开始时所给出的定义虽然没有包括它，但一般还是认为对最小相位系统是可接受的定义。

最小群延迟性质

例 5.13 说明了零、极点全部位于单位圆内的系统的另一性质。首先注意到，具有相同幅度响应系统的群延迟是

$$\mathrm{grd}[H(e^{j\omega})]=\mathrm{grd}[H_{\min}(e^{j\omega})]+\mathrm{grd}[H_{ap}(e^{j\omega})] \tag{5.103}$$

如图 5.25(c)所示的最小相位系统的群延迟总是小于如图 5.24(c)所示的非最小相位系统的群延迟。正如图 5.26(c)所表明的，这是由于把最小相位系统转化为非最小相位系统的全通系统具有正的群延迟的缘故。在 5.5 节已经证明这是全通系统的一个一般性质；它们对全部 ω 总是有正的群延迟。因此，如果还是考虑全部都有给定幅度响应 $|H_{\min}(e^{j\omega})|$ 的系统，那么全部零、极点都在单

位圆内的系统就有最小的群延迟。因此,这类系统一种等同的称法可称为最小群延迟系统,但一般不用这个术语。

最小能量延迟性质

在例 5.13 中,共有 4 种具有实单位脉冲响应的因果 FIR 系统都与式(5.97)的系统有相同的频率响应幅度。有关的零-极点图如图 5.27 所示,其中图 5.27(d)对应于式(5.97),而图 5.27(a)对应于式(5.99)的最小相位系统。图 5.28 画出了这 4 种情况的单位脉冲响应。如将图 5.28 的 4 种序列作一比较,就能看到,在序列的最左端最小相位序列有比所有其他序列更大的样本值。对这个例子的确如此,而

$$|h[0]| \leqslant |h_{\min}[0]| \tag{5.104}$$

对于具有

$$|H(\mathrm{e}^{\mathrm{j}\omega})| = |H_{\min}(\mathrm{e}^{\mathrm{j}\omega})| \tag{5.105}$$

的任何因果稳定序列 $h[n]$ 都是成立的。习题 5.71 要求对该性质给出证明。

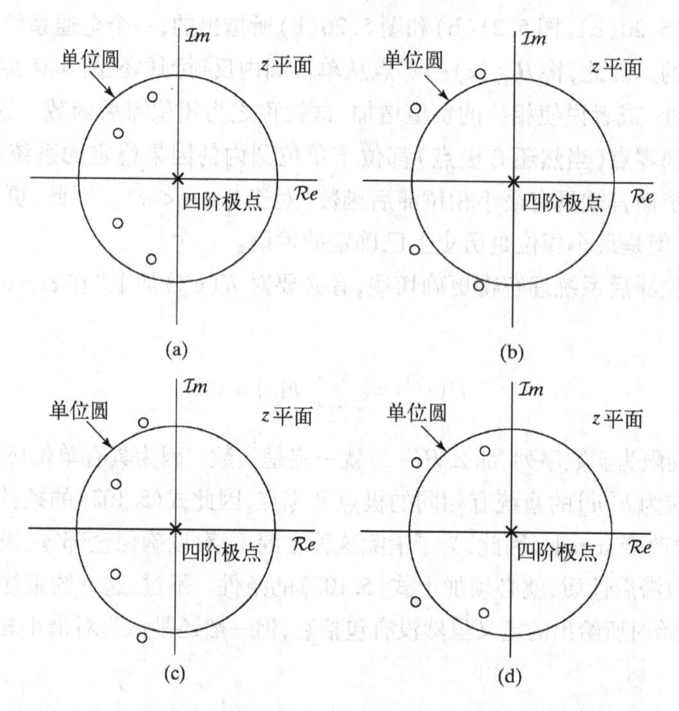

图 5.27 全部具有相同频率响应幅度的 4 种系统,零点都是复共轭零点对 $0.9\mathrm{e}^{\pm\mathrm{j}0.6\pi}$ 和 $0.8\mathrm{e}^{\pm\mathrm{j}0.8\pi}$ 及其倒数的全部组合

所有幅度响应等于 $|H_{\min}(\mathrm{e}^{\mathrm{j}\omega})|$ 的单位脉冲响应都和 $h_{\min}[n]$ 具有相同的总能量,因为根据帕斯瓦尔定理

$$\begin{aligned}\sum_{n=0}^{\infty}|h[n]|^2 &= \frac{1}{2\pi}\int_{-\pi}^{\pi}|H(\mathrm{e}^{\mathrm{j}\omega})|^2\mathrm{d}\omega = \frac{1}{2\pi}\int_{-\pi}^{\pi}|H_{\min}(\mathrm{e}^{\mathrm{j}\omega})|^2\mathrm{d}\omega \\ &= \sum_{n=0}^{\infty}|h_{\min}[n]|^2\end{aligned} \tag{5.106}$$

如果定义单位脉冲响应的部分能量为

$$E[n]=\sum_{m=0}^{n}|h[m]|^2 \tag{5.107}$$

那么可以证明(见习题 5.72)

$$\sum_{m=0}^{n}|h[m]|^2 \leqslant \sum_{m=0}^{n}|h_{\min}[m]|^2 \tag{5.108}$$

对所有属于具有式(5.105)给出的幅度响应的系统的单位脉冲响应 $h[n]$ 都成立。根据式(5.108),最小相位系统的部分能量集中在 $n=0$ 周围,也就是说,最小相位系统的能量在所有相同幅度响应函数的系统中延迟最小。为此,最小相位(滞后)系统也称为最小能量延迟系统,简称最小延迟系统。延迟性质如图 5.29 所示。图 5.29 示出了图 5.28 中 4 种序列部分能量的图。对这个例子也可注意到,一般来说这也是正确的,即最小能量延迟发生在全部零点位于单位圆内的系统(也即最小相位系统),而最大能量延迟则发生在全部零点位于单位圆外的系统。因此最大能量延迟系统往往也称为最大相位系统。

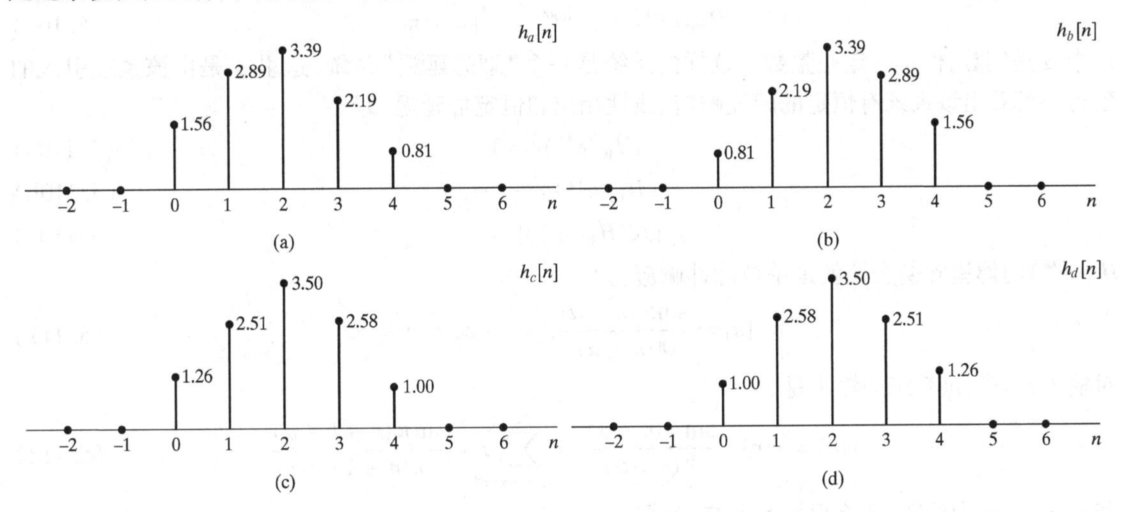

图 5.28　对应于图 5.27 零-极点图的各序列

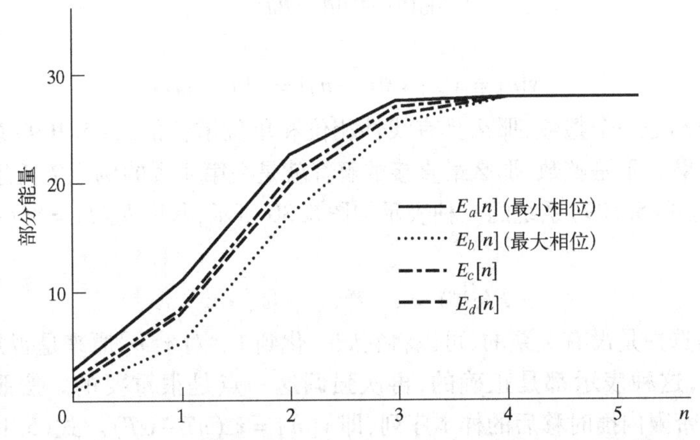

图 5.29　图 5.28 中 4 种序列的部分能量(注意:$E_a[n]$对应于最小相位序列$h_a[n]$,而$E_b[n]$对应于最大相位序列$h_b[n]$)

5.7 广义线性相位的线性系统

在设计滤波器和其他信号处理系统中,很希望在某一频带范围内具有近似的恒定频率响应幅度和零相位特性,以使信号通过这部分频带时不失真。对因果系统而言,零相位是不可能得到的,因此必须容许有某种相位失真。如同在5.1节看到的,具有整数斜率线性相位的影响就是一种单纯的延迟。另一方面,非线性相位在信号的形状上有很大的影响,即使当频率响应的幅度是常数时也是这样。因此,在很多情况下,特别希望设计具有真正的或近似线性相位的系统。本节将通过考虑具有恒定群延迟的一类系统对线性相位和理想时间延迟的概念考虑一个正规和一般的形式。还是先从重新考虑离散时间系统中延迟的概念着手。

5.7.1 线性相位系统

考虑一个LTI系统,其频率响应在一个周期内是

$$H_{\mathrm{id}}(\mathrm{e}^{\mathrm{j}\omega}) = \mathrm{e}^{-\mathrm{j}\omega\alpha}, \qquad |\omega| < \pi \tag{5.109}$$

式中α是实数,但不一定是整数。这样的系统是一个“理想延迟”系统,这里α是由该系统引入的延迟。可看出该系统有恒定的幅度响应、线性相位和恒定群延迟,即

$$|H_{\mathrm{id}}(\mathrm{e}^{\mathrm{j}\omega})| = 1 \tag{5.110a}$$

$$\angle H_{\mathrm{id}}(\mathrm{e}^{\mathrm{j}\omega}) = -\omega\alpha \tag{5.110b}$$

$$\mathrm{grd}[H_{\mathrm{id}}(\mathrm{e}^{\mathrm{j}\omega})] = \alpha \tag{5.110c}$$

$H_{\mathrm{id}}(\mathrm{e}^{\mathrm{j}\omega})$的傅里叶逆变换就是单位脉冲响应,为

$$h_{\mathrm{id}}[n] = \frac{\sin\pi(n-\alpha)}{\pi(n-\alpha)}, \qquad -\infty < n < \infty \tag{5.111}$$

对输入$x[n]$,该系统的输出是

$$y[n] = x[n] * \frac{\sin\pi(n-\alpha)}{\pi(n-\alpha)} = \sum_{k=-\infty}^{\infty} x[k]\frac{\sin\pi(n-k-\alpha)}{\pi(n-k-\alpha)} \tag{5.112}$$

若$\alpha = n_d$, n_d为整数,那么根据5.1节,就有

$$h_{\mathrm{id}}[n] = \delta[n-n_d] \tag{5.113}$$

和

$$y[n] = x[n] * \delta[n-n_d] = x[n-n_d] \tag{5.114}$$

也就是说,如果$\alpha = n_d$是一个整数,那么具有线性相位和单位增益的式(5.109)系统只是输入序列移位n_d个样本。如果α不是整数,那么最直接的解释就是在第4章的例4.7所建立的结果。

具体来说,就是式(5.109)系统的一种表示如图5.30所示,其中$h_c(t) = \delta(t-\alpha T)$和$H_c(\mathrm{j}\Omega) = \mathrm{e}^{-\mathrm{j}\Omega\alpha T}$,使得

$$H(\mathrm{e}^{\mathrm{j}\omega}) = \mathrm{e}^{-\mathrm{j}\omega\alpha}, \qquad |\omega| < \pi \tag{5.115}$$

在这种表示中,T的选择是没有关系的,可以将它归一化到1。对$x[n]$原来是否是经由采样一个连续时间信号得到的,这种表示都是正确的,再次强调这一点是很重要的。按照图5.30的表示,$y[n]$就是输入序列带限内插时移后的样本序列,即$y[n] = x_c(nT - \alpha T)$。式(5.109)的系统就是具有$\alpha$样本的延迟,即使$\alpha$不是整数。如果群延迟$\alpha$是正的,这个时移就是一个时间延迟;若$\alpha$为负,时移则为一个时间超前。

理想延迟系统的讨论,也给出了对具有非恒定幅度响应的线性相位一种有用的解释。例如,考

虑一个具有线性相位更为一般的频率响应，即

$$H(e^{j\omega}) = |H(e^{j\omega})|e^{-j\omega\alpha}, \qquad |\omega| < \pi \tag{5.116}$$

式(5.116)可用图5.31来解释。序列$x[n]$经零相位频率响应$|H(e^{j\omega})|$滤波，然后将滤波后的输出"延迟"(整数或非整数)量α。例如，假定$H(e^{j\omega})$是如下线性相位理想低通滤波器：

$$H_{\text{lp}}(e^{j\omega}) = \begin{cases} e^{-j\omega\alpha}, & |\omega| < \omega_c \\ 0, & \omega_c < |\omega| \leqslant \pi \end{cases} \tag{5.117}$$

相应的单位脉冲响应就是

$$h_{\text{lp}}[n] = \frac{\sin \omega_c(n-\alpha)}{\pi(n-\alpha)} \tag{5.118}$$

注意到，若$\omega_c = \pi$就得到式(5.111)。

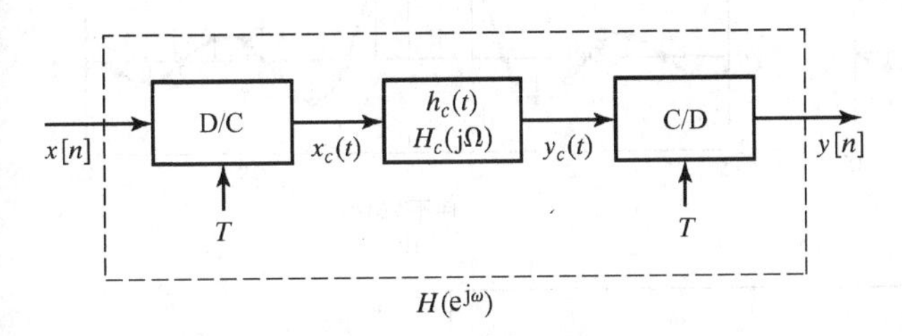

图5.30　离散时间系统非整数延迟的解释

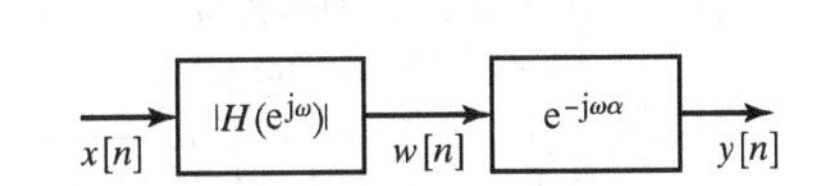

图5.31　线性相位LTI系统作为幅度滤波器和延迟级联的表示

例5.14　具有线性相位的理想低通滤波器

理想低通滤波器的单位脉冲响应阐明了线性相位系统几个很有用的性质。图5.32(a)示出了$\omega_c = 0.4\pi$和$\alpha = n_d = 5$时的$h_{\text{lp}}[n]$。可看到当α是整数时，单位脉冲响应对$n = n_d$是对称的，即

$$\begin{aligned} h_{\text{lp}}[2n_d - n] &= \frac{\sin \omega_c(2n_d - n - n_d)}{\pi(2n_d - n - n_d)} \\ &= \frac{\sin \omega_c(n_d - n)}{\pi(n_d - n)} \\ &= h_{\text{lp}}[n] \end{aligned} \tag{5.119}$$

在这种情况下，可以定义一个零相位系统为

$$\hat{H}_{\text{lp}}(e^{j\omega}) = H_{\text{lp}}(e^{j\omega})e^{j\omega n_d} = |H_{\text{lp}}(e^{j\omega})| \tag{5.120}$$

其单位脉冲响应则向左移n_d个样本，得到一个偶序列

$$\hat{h}_{\text{lp}}[n] = \frac{\sin \omega_c n}{\pi n} = \hat{h}_{\text{lp}}[-n] \tag{5.121}$$

图5.32(b)示出了$\omega_c = 0.4\pi$和$\alpha = 4.5$时的$h_{\text{lp}}[n]$。这就属于当线性相位相应于一个整数再加半个样本延迟时的典型情况。和整数延迟情况一样，很容易证明若α是一个整数再加1/2(或者2α是整数)，那么

$$h_{\text{lp}}[2\alpha - n] = h_{\text{lp}}[n] \tag{5.122}$$

这时对称点是α，它不是整数。因此，由于对称不是对于序列中的一点，所以要将序列移位还能得到一个具有零相位的偶序列是不可能的。这就类似于例4.8中M为奇数的情况。

图5.32(c)代表第三种情况，这里没有任何对称性可言，这里$\omega_c = 0.4\pi$和$\alpha = 4.3$。

一般而言，一个线性相位系统具有频率响应为

$$H(e^{j\omega}) = |H(e^{j\omega})|e^{-j\omega\alpha} \tag{5.123}$$

根据例 5.14 的讨论,如果 2α 是整数(即 α 为整数或为一个整数再加 1/2),那么相应的单位脉冲响应关于 α 就是偶对称的,即

$$h[2\alpha - n] = h[n] \tag{5.124}$$

如果 2α 不是一个整数,那么单位脉冲响应就不具有对称性。这就如图 5.32(c)所表明的,它说明一个单位脉冲响应不是对称的,但是有线性相位,或等效地说有恒定群延迟。

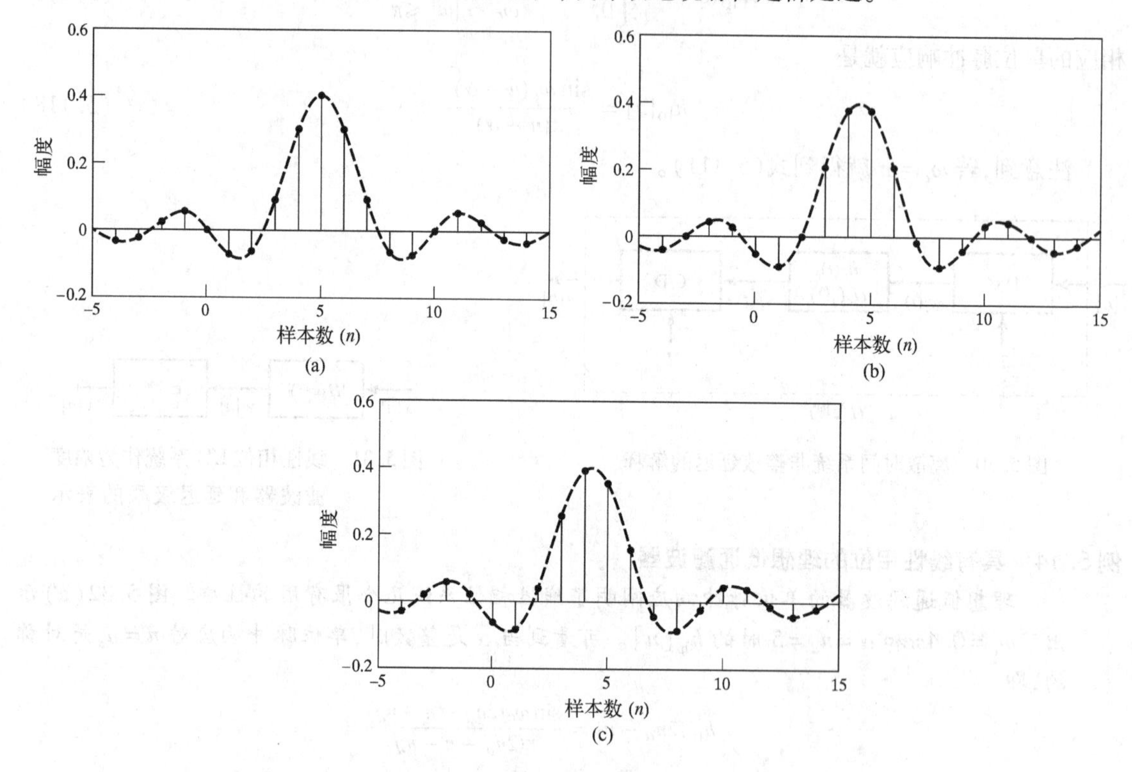

图 5.32　理想低通滤波器单位脉冲响应,$\omega_c = 0.4\pi$。(a)延迟 = $\alpha = 5$;(b)延迟 = $\alpha = 4.5$;(c)延迟 = $\alpha = 4.3$

5.7.2　广义线性相位

在 5.7.1 节讨论中,曾考虑过其频率响应具有式(5.116)的一类系统,即一个实值非负的 ω 函数和一个线性相位项 $e^{-j\omega\alpha}$ 相乘。对于这种形式的频率响应,$H(e^{j\omega})$ 的相位完全与线性相位因子 $e^{-j\omega\alpha}$ 相联系,即 $\arg[H(e^{j\omega})] = -\omega\alpha$,因此这类系统就称为线性相位系统。在例 4.8 的滑动平均中式(4.66)的频率响应是 ω 的实值函数乘以线性相位项,但是这个系统严格来说不是线性相位系统,因为在一些频率处,因式

$$\frac{1}{M+1}\frac{\sin[\omega(M+1)/2]}{\sin(\omega/2)}$$

是负的,这一项就对总的相位增添了 π rad 的附加相位。

线性相位系统的很多优点也适用于具有式(4.66)频率响应的系统,因此把线性相位的定义和概念稍加推广是有意义的。具体来说,如果系统的频率响应能表示成

$$H(e^{j\omega}) = A(e^{j\omega})e^{-j\alpha\omega + j\beta} \tag{5.125}$$

就说明该系统是一个广义线性相位系统。这里 α 和 β 都是常数,而 $A(e^{j\omega})$ 是 ω 的实(可能有

正负)函数。对式(5.117)的线性相位系统和例 4.8 的滑动平均滤波器来说,$\alpha=-M/2$ 且 $\beta=0$。然而,对例 4.4 的带限微分器来说,具有式(5.125)的形式,其中 $\alpha=0$,$\beta=\pi/2$ 和 $A(e^{j\omega})=\omega/T$。

具有式(5.125)频率响应的系统称为广义线性相位系统,因为这类系统的相位由常数项加上线性函数 $-\omega\alpha$ 所组成,也即 $-\omega\alpha+\beta$ 是一个直线方程。然而,如果不顾及在整个 $|\omega|<\pi$ 的频带或者部分频带内由于附加了固定相位项而带来的不连续性的话,那么这类系统也能用恒定群延迟来表征。这就是具有

$$\tau(\omega)=\text{grd}[H(e^{j\omega})]=-\frac{d}{d\omega}\{\arg[H(e^{j\omega})]\}=\alpha \tag{5.126}$$

的这类系统具有更一般的线性相位形式为

$$\arg[H(e^{j\omega})]=\beta-\omega\alpha,\qquad 0<\omega<\pi \tag{5.127}$$

式中 β 和 α 都是实常数。

回想一下在 5.7.1 节曾指出,线性相位系统的单位脉冲响应在 2α 为整数时,对 α 可以具有对称性。为了理解这一点在广义线性相位系统中的含义,导出一个对恒定群延迟系统 $h[n]$,α 和 β 都必须满足的方程是有用的。导出这一方程时注意到对恒定群延迟系统其频率响应能表示为

$$\begin{aligned}H(e^{j\omega})&=A(e^{j\omega})e^{j(\beta-\alpha\omega)}\\&=A(e^{j\omega})\cos(\beta-\omega\alpha)+jA(e^{j\omega})\sin(\beta-\omega\alpha)\end{aligned} \tag{5.128}$$

或者等效为

$$\begin{aligned}H(e^{j\omega})&=\sum_{n=-\infty}^{\infty}h[n]e^{-j\omega n}\\&=\sum_{n=-\infty}^{\infty}h[n]\cos\omega n-j\sum_{n=-\infty}^{\infty}h[n]\sin\omega n\end{aligned} \tag{5.129}$$

这里已假定 $h[n]$ 是实的。$H(e^{j\omega})$ 相位的正切可以表示为

$$\tan(\beta-\omega\alpha)=\frac{\sin(\beta-\omega\alpha)}{\cos(\beta-\omega\alpha)}=\frac{-\sum_{n=-\infty}^{\infty}h[n]\sin\omega n}{\sum_{n=-\infty}^{\infty}h[n]\cos\omega n}$$

交叉相乘并用三角恒等式合并有关项可以得到下面的方程:

$$\sum_{n=-\infty}^{\infty}h[n]\sin[\omega(n-\alpha)+\beta]=0,\qquad \text{对全部}\,\omega \tag{5.130}$$

这个方程对于具有恒定群延迟的系统是关于 $h[n]$、α 和 β 的一个必要条件。它必须对所有 ω 都成立。但它不是一个充分条件,并且由于它的隐含性,也没有说明如何去找一个线性相位系统。

广义线性相位系统的一类例子是满足如下条件的系统

$$\beta=0\ \text{或}\ \pi \tag{5.131a}$$

$$2\alpha=M=\text{一个整数} \tag{5.131b}$$

$$h[2\alpha-n]=h[n] \tag{5.131c}$$

有了 $\beta=0$ 或 π,式(5.130)就变成

$$\sum_{n=-\infty}^{\infty}h[n]\sin[\omega(n-\alpha)]=0 \tag{5.132}$$

由此式可以证明,如果 2α 是整数,式(5.132)中各项就能配对,以使得组成的每一对对全部 ω 都恒为零。这组条件本就隐含着相应的频率响应,具有式(5.125)的形式,只是这里 $\beta=0$ 或 π,以及 $A(e^{j\omega})$ 是 ω 的偶(当然是实)函数。

广义线性相位系统的另外一类例子是满足如下条件的系统

$$\beta=\pi/2 \text{ 或 } 3\pi/2 \tag{5.133a}$$

$$2\alpha=M=\text{一个整数} \tag{5.133b}$$

且

$$h[2\alpha-n]=-h[n] \tag{5.133c}$$

式(5.133)就意味着频率响应具有式(5.125)的形式,这时 $\beta=\pi/2$ 和 $A(e^{j\omega})$ 是 ω 的奇函数。对于这种情况,式(5.130)变为

$$\sum_{n=-\infty}^{\infty} h[n]\cos[\omega(n-\alpha)]=0 \tag{5.134}$$

且该式对所有 ω 都成立。

应该注意,式(5.131)和式(5.133)给出了两组充分条件,它们都保证了广义线性相位或恒定群延迟特性。但是,正如在图5.32(c)已经看到的,也存在其他的满足式(5.125)的系统而不具有这些对称条件。

5.7.3 因果广义线性相位系统

如果系统是因果的,那么式(5.130)就变成

$$\sum_{n=0}^{\infty} h[n]\sin[\omega(n-\alpha)+\beta]=0,\ \text{对全部}\omega \tag{5.135}$$

因果性和式(5.131)、式(5.133)的条件意味着

$$h[n]=0, \qquad n<0 \text{ 和 } n>M$$

也就是说,如果系统单位脉冲响应的长度为 $(M+1)$,并满足式(5.131c)或式(5.133c),那么因果的 FIR 系统就具有广义线性相位。具体来说,若

$$h[n]=\begin{cases} h[M-n], & 0\leqslant n\leqslant M \\ 0, & \text{其他} \end{cases} \tag{5.136a}$$

就能证明

$$H(e^{j\omega})=A_e(e^{j\omega})e^{-j\omega M/2} \tag{5.136b}$$

式中 $A_e(e^{j\omega})$ 是 ω 的实、偶和周期函数。同样,若

$$h[n]=\begin{cases} -h[M-n], & 0\leqslant n\leqslant M \\ 0, & \text{其他} \end{cases} \tag{5.137a}$$

就有

$$H(e^{j\omega})=jA_o(e^{j\omega})e^{-j\omega M/2}=A_o(e^{j\omega})e^{-j\omega M/2+j\pi/2} \tag{5.137b}$$

式中 $A_o(e^{j\omega})$ 是 ω 的实、奇和周期函数。应该注意在两种情况下,单位脉冲响应的长度都是 $(M+1)$ 个样本。

式(5.136a)和式(5.137a)对保证具有广义线性相位的因果系统都是充分条件。然而它们都不是必要条件。Clements and Pease(1989)已经证明因果的无限长脉冲响应也能够具有广义线性相位的傅里叶变换。但是,相应的系统函数不是有理的,因此系统不能用差分方程来实现。

FIR 线性相位系统频率响应表达式在滤波器设计和理解这类系统的某些性质上是有用的。在

导出这些表达式时,会发现能得出一些明显不同的表达式。这取决于对称的形式和 M 是偶数还是奇数。为此,定义 4 种类型的 FIR 广义线性相位系统一般是有用的。

Ⅰ类 FIR 线性相位系统

Ⅰ类系统是定义为具有下面对称单位脉冲响应特性的系统:

$$h[n]=h[M-n],\qquad 0\leqslant n\leqslant M \tag{5.138}$$

其中 M 为偶整数。延迟 $M/2$ 也是整数,频率响应是

$$H(\mathrm{e}^{\mathrm{j}\omega})=\sum_{n=0}^{M}h[n]\mathrm{e}^{-\mathrm{j}\omega n} \tag{5.139}$$

按式(5.138)的对称条件,可以将式(5.139)中的和式变换成

$$H(\mathrm{e}^{\mathrm{j}\omega})=\mathrm{e}^{-\mathrm{j}\omega M/2}\left(\sum_{k=0}^{M/2}a[k]\cos\omega k\right) \tag{5.140a}$$

这里

$$a[0]=h[M/2] \tag{5.140b}$$

$$a[k]=2h[(M/2)-k],\qquad k=1,2,\cdots,M/2 \tag{5.140c}$$

于是,由式(5.140a)可见 $H(\mathrm{e}^{\mathrm{j}\omega})$ 具有式(5.136b)的形式,特别是相应于式(5.125)中的 β 不是 0 就是 π。

Ⅱ类 FIR 线性相位系统

Ⅱ类系统有式(5.138)的对称单位脉冲响应特性,这里 M 为奇整数。这时 $H(\mathrm{e}^{\mathrm{j}\omega})$ 可表示为

$$H(\mathrm{e}^{\mathrm{j}\omega})=\mathrm{e}^{-\mathrm{j}\omega M/2}\left\{\sum_{k=1}^{(M+1)/2}b[k]\cos\left[\omega\left(k-\frac{1}{2}\right)\right]\right\} \tag{5.141a}$$

式中

$$b[k]=2h[(M+1)/2-k],\qquad k=1,2,\cdots,(M+1)/2 \tag{5.141b}$$

$H(\mathrm{e}^{\mathrm{j}\omega})$ 还具有式(5.136b)的形式,其延迟为 $M/2$。这时就是一个整数加上半个样本间隔的延迟,而相应于式(5.125)中的 β 是 0 或 π。

Ⅲ类 FIR 线性相位系统

如果系统有如下反对称单位脉冲响应特性:

$$h[n]=-h[M-n],\qquad 0\leqslant n\leqslant M \tag{5.142}$$

其中 M 为偶整数,那么 $H(\mathrm{e}^{\mathrm{j}\omega})$ 就具有

$$H(\mathrm{e}^{\mathrm{j}\omega})=\mathrm{j}\mathrm{e}^{-\mathrm{j}\omega M/2}\left[\sum_{k=1}^{M/2}c[k]\sin\omega k\right] \tag{5.143a}$$

这里

$$c[k]=2h[(M/2)-k],\qquad k=1,2,\cdots,M/2 \tag{5.143b}$$

这里 $H(\mathrm{e}^{\mathrm{j}\omega})$ 具有式(5.137b)的形式,其延迟为 $M/2$,是一个整数,而相应于式(5.125)中的 β 是 $\pi/2$ 或 $3\pi/2$。

Ⅳ类 FIR 线性相位系统

如果单位脉冲响应特性仍是式(5.142)的反对称,而 M 为奇整数,那么

$$H(\mathrm{e}^{\mathrm{j}\omega})=\mathrm{j}\mathrm{e}^{-\mathrm{j}\omega M/2}\left[\sum_{k=1}^{(M+1)/2}d[k]\sin\left[\omega\left(k-\frac{1}{2}\right)\right]\right] \tag{5.144a}$$

这里

$$d[k]=2h[(M+1)/2-k],\qquad k=1,2,\cdots,(M+1)/2 \tag{5.144b}$$

与Ⅲ类系统的情况相同,$H(\mathrm{e}^{\mathrm{j}\omega})$具有式(5.137b)的形式,其延迟为$M/2$,是一个整数再加上半个样本间隔的延迟,而相应于式(5.125)中的β就是$\pi/2$或$3\pi/2$。

FIR 线性相位系统举例

图5.33对4种类型的FIR线性相位系统都给出了一个例子。有关的频率响应在例5.15至例5.18中给出。

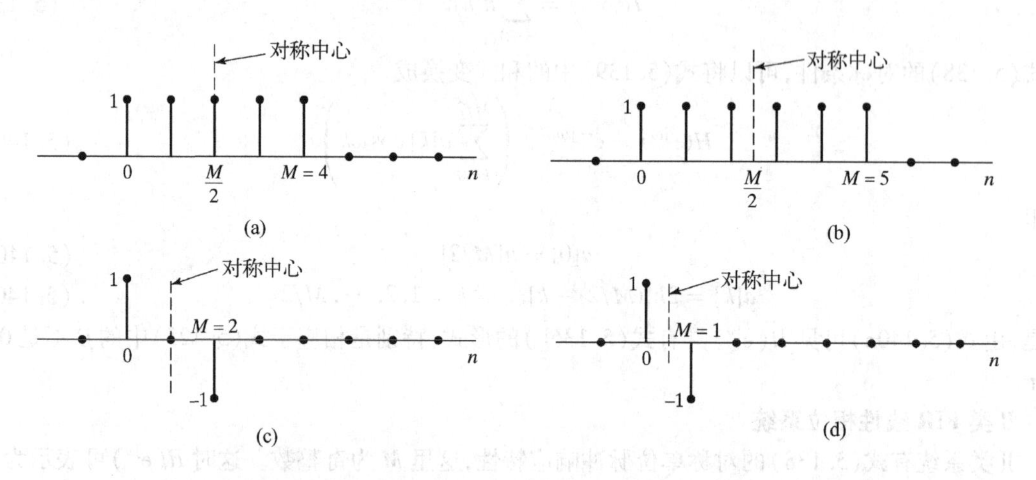

图5.33 FIR线性相位系统的例子。(a)Ⅰ类,M为偶,$h[n]=h[M-n]$;(b)Ⅱ类,M为奇,$h[n]=h[M-n]$;(c)Ⅲ类,M为偶,$h[n]=-h[M-n]$;(d)Ⅳ类,M为奇,$h[n]=-h[M-n]$

例5.15 Ⅰ类线性相位系统

如果单位脉冲响应是

$$h[n]=\begin{cases}1, & 0\leqslant n\leqslant 4\\ 0, & 其他\end{cases} \tag{5.145}$$

如图5.33(a)所示,该系统满足式(5.138)的条件。频率响应是

$$\begin{aligned}H(\mathrm{e}^{\mathrm{j}\omega})&=\sum_{n=0}^{4}\mathrm{e}^{-\mathrm{j}\omega n}=\frac{1-\mathrm{e}^{-\mathrm{j}\omega 5}}{1-\mathrm{e}^{-\mathrm{j}\omega}}\\&=\mathrm{e}^{-\mathrm{j}\omega 2}\frac{\sin(5\omega/2)}{\sin(\omega/2)}\end{aligned} \tag{5.146}$$

该系统的幅度、相位和群延迟特性如图5.34所示。因为$M=4$是偶数,所以群延迟是整数,即$\alpha=2$。

例5.16 Ⅱ类线性相位系统

若前例单位脉冲响应的长度延长一个样本,就能得到图5.33(b)的单位脉冲响应,其频率响应为

$$H(\mathrm{e}^{\mathrm{j}\omega})=\mathrm{e}^{-\mathrm{j}\omega 5/2}\frac{\sin(3\omega)}{\sin(\omega/2)} \tag{5.147}$$

该系统的频率响应函数如图5.35所示。可以看到,在这种情况下群延迟为常数且$\alpha=5/2$。

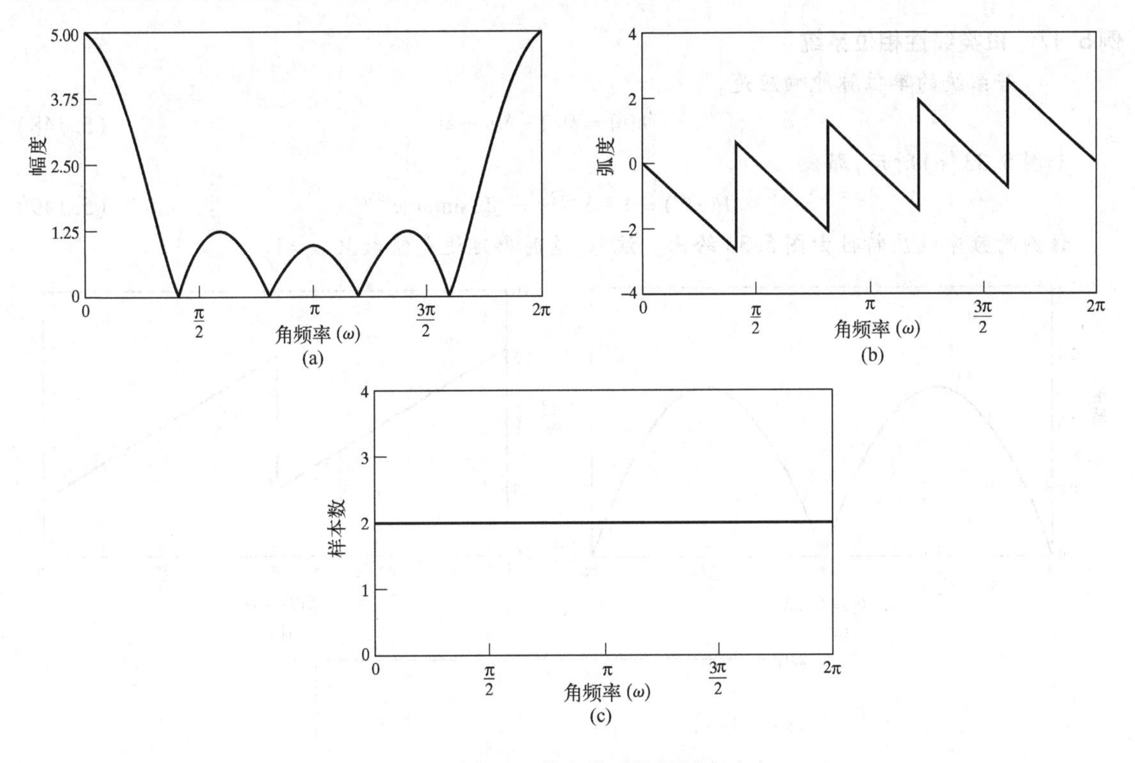

图 5.34　例 5.15 的 Ⅰ 类系统的频率响应。(a) 幅度；(b) 相位；(c) 群延迟

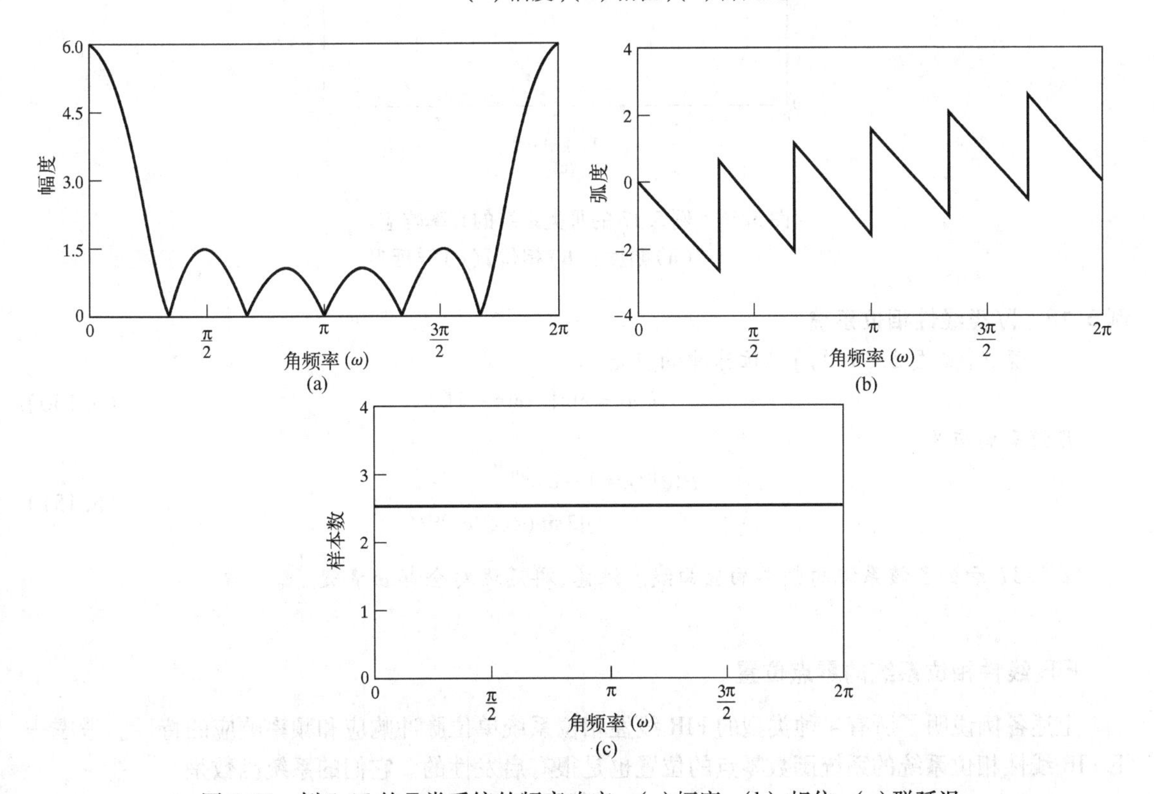

图 5.35　例 5.16 的 Ⅱ 类系统的频率响应。(a) 幅度；(b) 相位；(c) 群延迟

例 5.17　Ⅲ类线性相位系统

若系统的单位脉冲响应是

$$h[n]=\delta[n]-\delta[n-2] \tag{5.148}$$

如图 5.33(c)所示,那么

$$H(e^{j\omega})=1-e^{-j2\omega}=j[2\sin(\omega)]e^{-j\omega} \tag{5.149}$$

该例的频率响应特性由图 5.36 给出。注意,这时群延迟是常数且 $\alpha=1$。

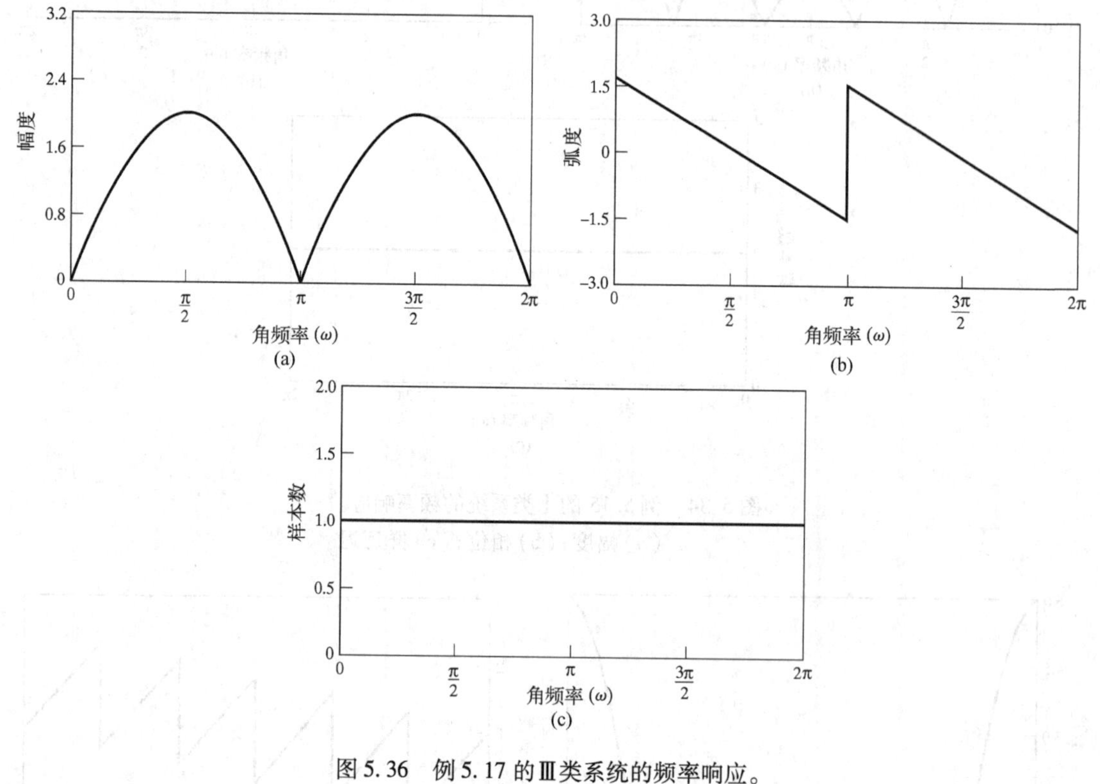

图 5.36　例 5.17 的Ⅲ类系统的频率响应。(a)幅度;(b)相位;(c)群延迟

例 5.18　Ⅳ类线性相位系统

现在[见图 5.33(d)]单位脉冲响应是

$$h[n]=\delta[n]-\delta[n-1] \tag{5.150}$$

其频率响应为

$$\begin{aligned}H(e^{j\omega})&=1-e^{-j\omega}\\&=j[2\sin(\omega/2)]e^{-j\omega/2}\end{aligned} \tag{5.151}$$

图 5.37 示出了该系统的频率响应曲线。注意,群延迟对全部 ω 都是 $\frac{1}{2}$。

FIR 线性相位系统的零点位置

上述各例说明了所有 4 种类型的 FIR 线性相位系统单位脉冲响应和频率响应的特性。考虑一下 FIR 线性相位系统的系统函数零点的位置也是很有启发性的。它们的系统函数是

$$H(z)=\sum_{n=0}^{M}h[n]z^{-n} \tag{5.152}$$

在对称情况下(Ⅰ类和Ⅱ类),能用式(5.138)来表示 $H(z)$ 为

$$H(z) = \sum_{n=0}^{M} h[M-n]z^{-n} = \sum_{k=M}^{0} h[k]z^{k}z^{-M} = z^{-M}H(z^{-1}) \tag{5.153}$$

由式(5.153)得出,如果 z_0 是 $H(z)$ 的零点,那么

$$H(z_0) = z_0^{-M}H(z_0^{-1}) = 0 \tag{5.154}$$

这意味着:若 $z_0 = re^{j\theta}$ 是 $H(z)$ 的零点,那么 $z_0^{-1} = r^{-1}e^{-j\theta}$ 也是 $H(z)$ 的零点。当 $h[n]$ 为实数且 z_0 是 $H(z)$ 的零点时,那么 $z_0^* = re^{-j\theta}$ 也一定是 $H(z)$ 的零点,并且按照前述能够推得 $(z_0^*)^{-1} = r^{-1}e^{j\theta}$ 也是 $H(z)$ 的零点。因此,当 $h[n]$ 是实数时,不在单位圆上的每个复数零点一定是一组 4 个如下形式的共轭倒数零点中的一个:

$$(1 - re^{j\theta}z^{-1})(1 - re^{-j\theta}z^{-1})(1 - r^{-1}e^{j\theta}z^{-1})(1 - r^{-1}e^{-j\theta}z^{-1})$$

如果 $H(z)$ 的零点在单位圆上,即 $z_0 = e^{j\theta}$,那么 $z_0^{-1} = e^{-j\theta} = z_0^*$,所以单位圆上的零点以如下形式成对出现:

$$(1 - e^{j\theta}z^{-1})(1 - e^{-j\theta}z^{-1})$$

如果 $H(z)$ 的零点是实数但不在单位圆上,其倒数也一定是 $H(z)$ 的零点,$H(z)$ 将有如下因子:

$$(1 \pm rz^{-1})(1 \pm r^{-1}z^{-1})$$

最后,$H(z)$ 在 $z = \pm 1$ 的零点,因为 ± 1 的倒数和共轭还是 ± 1,所以只能以 $z = \pm 1$ 出现。因此,$H(z)$ 也可有如下因子:

$$(1 \pm z^{-1})$$

零点在 $z = -1$ 的情况特别重要。根据式(5.153)

$$H(-1) = (-1)^{M}H(-1)$$

如果 M 为偶数,这就是一个简单的恒等式;但若 M 为奇数,$H(-1) = -H(-1)$,则 $H(-1)$ 必须是零。据此,对于 M 为奇数的对称脉冲响应,其系统函数必须有一个零点在 $z = -1$。图 5.38(a)和图 5.38(b)分别表明Ⅰ类(M 为偶数)和Ⅱ类(M 为奇数)系统典型的零点位置。

如果单位脉冲响应是反对称的(Ⅲ类和Ⅳ类),那么遵循上面得出式(5.153)的办法,可以证明有

$$H(z) = -z^{-M}H(z^{-1}) \tag{5.155}$$

这个式子可以用来说明对于反对称情况,$H(z)$ 的零点也和对称情况下的零点一样受到约束。然而,在反对称情况下,$z = 1$ 和 $z = -1$ 都具有特殊的意义。若 $z = 1$, 式(5.155)就变成了

$$H(1) = -H(1) \tag{5.156}$$

于是 $H(z)$ 必须有 $z = 1$ 的零点,不论 M 为偶数还是为奇数。若 $z = -1$,式(5.155)给出

$$H(-1) = (-1)^{-M+1}H(-1) \tag{5.157}$$

这时,若$(M-1)$为奇数(M 为偶数),$H(-1) = -H(-1)$,所以 $z = -1$ 在 M 为偶数时必须是 $H(z)$ 的零点。图 5.38(c)和图 5.38(d)分别示出了Ⅲ类和Ⅳ类系统典型的零点位置。

有关在零点上的这些约束在设计 FIR 线性相位系统中是很重要的,因为它们在能够实现的频率响应类型上强加了一些限制。例如,当用一个对称脉冲响应来逼近一个高通滤波器时,M 就不应该选为奇数。因为 M 为奇数,频率响应就必须在 $\omega = \pi(z = -1)$ 时强制为零。

5.7.4　FIR 线性相位系统与最小相位系统的关系

以上讨论表明,所有单位脉冲响应为实的 FIR 线性相位系统,其零点不是在单位圆上就是在共轭倒数的位置上。因此,很容易证明,任何 FIR 线性相位系统的系统函数都能因式分解为最小相位项 $H_{\min}(z)$、最大相位项 $H_{\max}(z)$ 以及仅包含单位圆上零点的项 $H_{uc}(z)$,即

$$H(z) = H_{\min}(z)H_{\mathrm{uc}}(z)H_{\max}(z) \tag{5.158a}$$

这里

$$H_{\max}(z) = H_{\min}(z^{-1})z^{-M_i} \tag{5.158b}$$

M_i是$H_{\min}(z)$零点的个数。在式(5.158a)中,$H_{\min}(z)$的全部M_i个零点都在单位圆内,而$H_{\mathrm{uc}}(z)$的全部M_o个零点都在单位圆上。$H_{\max}(z)$的全部M_i个零点都在单位圆外。并且从式(5.158b)可知,它的零点就是$H_{\min}(z)$的M_i个零点的倒数。因此,系统函数$H(z)$的阶就是$M = 2M_i + M_o$。

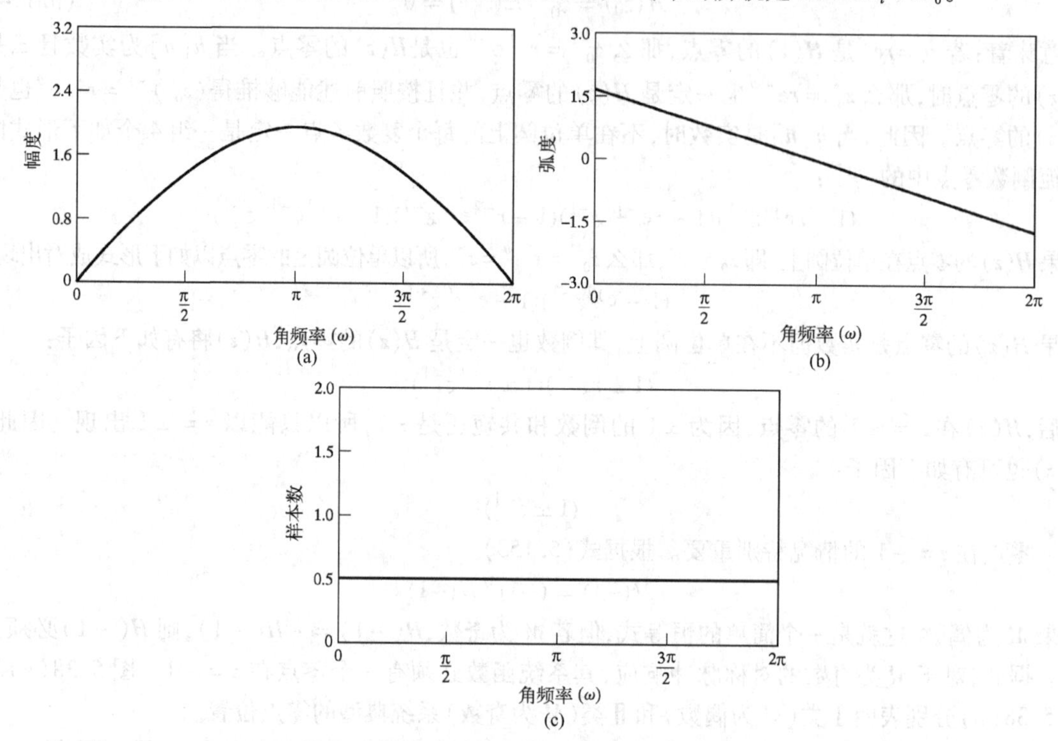

图5.37 例5.18的Ⅳ类系统的频率响应。(a)幅度;(b)相位;(c)群延迟

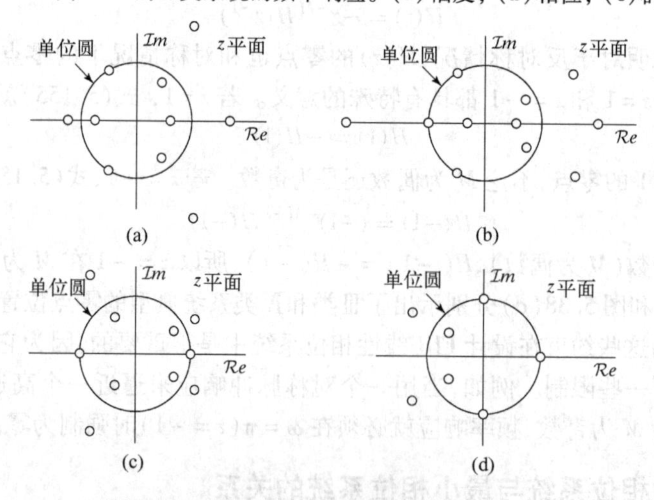

图5.38 线性相位系统典型零-极点图。(a)Ⅰ类;(b)Ⅱ类;(c)Ⅲ类;(d)Ⅳ类

例5.19　一个线性相位系统的分解

作为应用式(5.158)的一个简单例子,考虑式(5.99)的最小相位系统函数。该系统函数的频率响应画在图5.25上。将式(5.158b)应用于式(5.99)的$H_{\min}(z)$,求得$H_{\max}(z)$系统是

$$H_{\max}(z)=(0.9)^2(1-1.1111\mathrm{e}^{\mathrm{j}0.6\pi}z^{-1})(1-1.1111\mathrm{e}^{-\mathrm{j}0.6\pi}z^{-1})$$

$$\times(1-1.25\mathrm{e}^{-\mathrm{j}0.8\pi}z^{-1})(1-1.25\mathrm{e}^{\mathrm{j}0.8\pi}z^{-1})$$

$H_{\max}(z)$的频率响应示于图5.39。现在如果这两个系统级联,那么根据式(5.158b)可得总系统是

$$H(z)=H_{\min}(z)H_{\max}(z)$$

它具有线性相位。分别将两个系统的对数幅度、相位和群延迟函数相加,就得到该复合系统的频率响应。因此

$$\begin{aligned}20\log_{10}|H(\mathrm{e}^{\mathrm{j}\omega})|&=20\log_{10}|H_{\min}(\mathrm{e}^{\mathrm{j}\omega})|+20\log_{10}|H_{\max}(\mathrm{e}^{\mathrm{j}\omega})|\\&=40\log_{10}|H_{\min}(\mathrm{e}^{\mathrm{j}\omega})|\end{aligned}\tag{5.159}$$

类似地

$$\angle H(\mathrm{e}^{\mathrm{j}\omega})=\angle H_{\min}(\mathrm{e}^{\mathrm{j}\omega})+\angle H_{\max}(\mathrm{e}^{\mathrm{j}\omega})\tag{5.160}$$

由式(5.158b)就有

$$\angle H_{\max}(\mathrm{e}^{\mathrm{j}\omega})=-\omega M_i-\angle H_{\min}(\mathrm{e}^{\mathrm{j}\omega})\tag{5.161}$$

且因此有

$$\angle H(\mathrm{e}^{\mathrm{j}\omega})=-\omega M_i$$

这里$M_i=4$是$H_{\min}(z)$的零点个数。以同样的方法,将$H_{\min}(\mathrm{e}^{\mathrm{j}\omega})$和$H_{\max}(\mathrm{e}^{\mathrm{j}\omega})$的群延迟函数组合后给出

$$\mathrm{grd}[H(\mathrm{e}^{\mathrm{j}\omega})]=M_i=4$$

图5.40给出了复合系统频率响应的图。应该注意,这些曲线就是图5.25和图5.39对应特性的和。

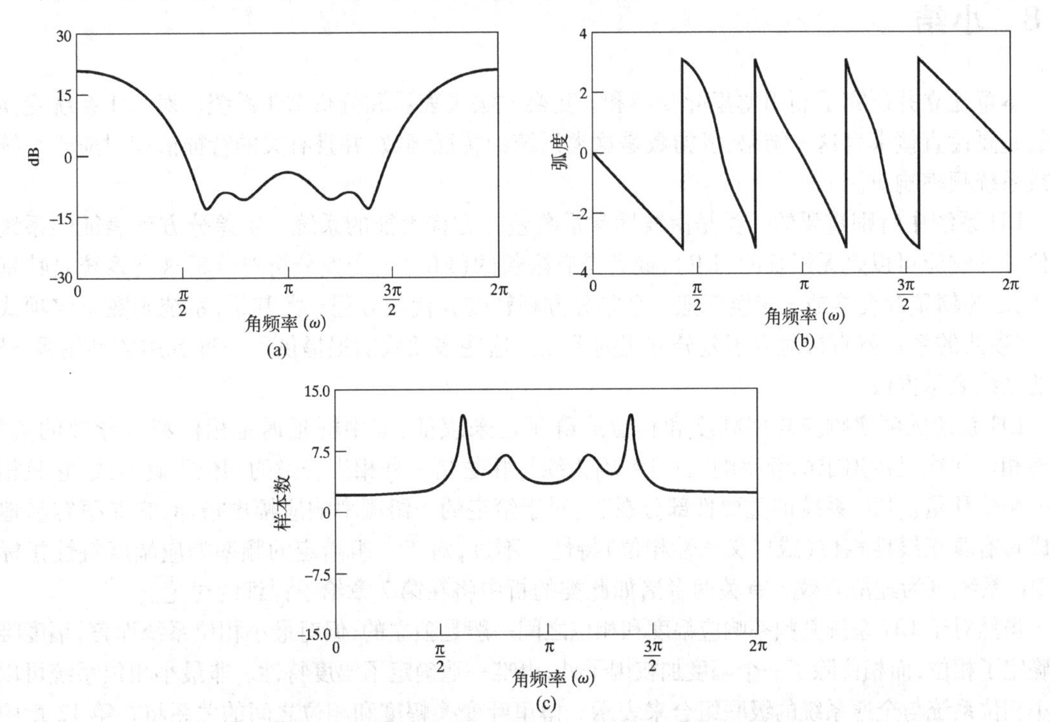

图5.39　具有与图5.25相同幅度的最大相位系统的频率响应。(a)对数幅度;(b)相位(主值);(c)群延迟

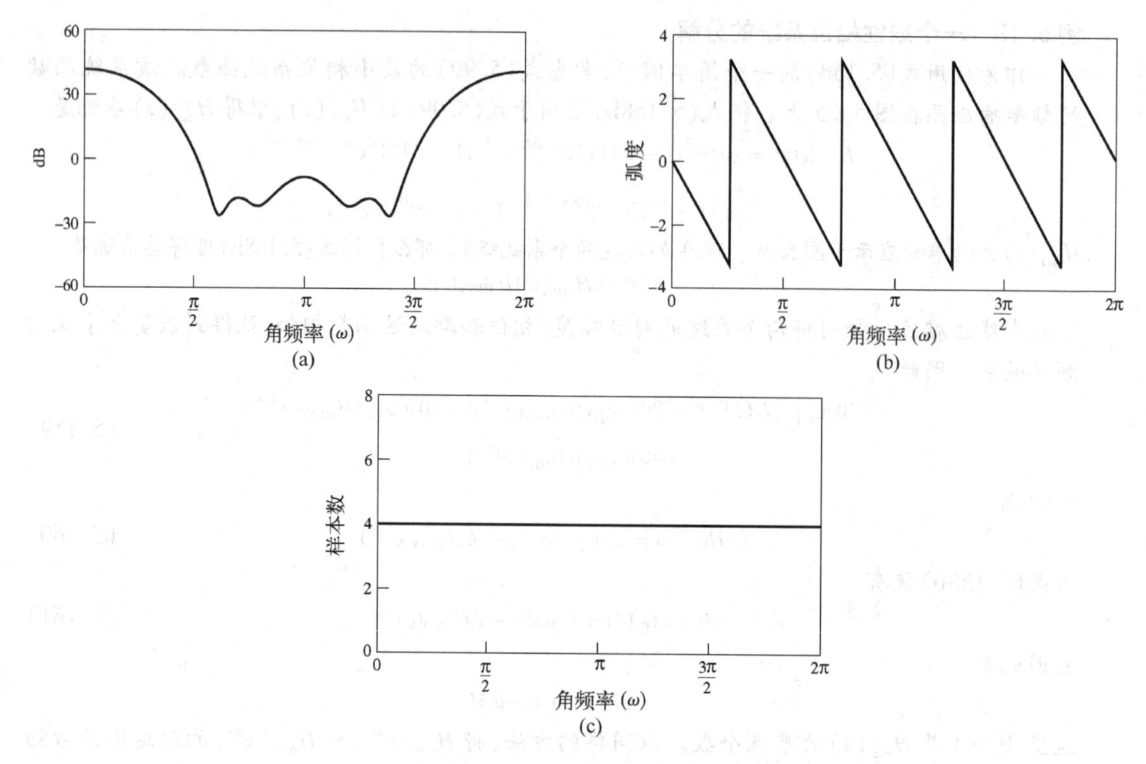

图 5.40 最大相位系统与最小相位系统级联的频率响应,得到一个线性相位系统。(a)对数幅度;(b)相位(主值);(c)群延迟

5.8 小结

本章建立并研究了利用傅里叶变换和 z 变换方法来表示和分析 LTI 系统。对 LTI 系统变换分析的重要性直接来自这一结果:复指数是这类系统的特征函数,并且有关的特征值就对应于系统函数或系统频率响应。

LTI 系统中特别重要的一类是由线性常系数差分方程表征的系统。由差分方程表征的系统其单位脉冲响应可以是无限长的(IIR),或者是有限长的(FIR)。变换分析对分析这类系统是特别有效的,因为傅里叶变换或 z 变换都把一个差分方程转变为代数方程。尤其是,系统函数是多项式之比,多项式的系数就直接对应于差分方程的系数。这些多项式的根提供了一种有用的利用零-极点图的系统表示方法。

LTI 系统的频率响应常用幅度和相位或群延迟来表征,其中群延迟是相位特性导数的负值。线性相位往往是欲追求的频率响应特性,因为线性相位是一种相当轻微的相位失真形式,它只相当于一个位移量。FIR 系统的重要性部分在于:对于给定的一组频率响应幅度指标,它能很容易地设计成具有真正线性相位(或广义线性相位)特性。不过,对于一组给定的频率响应幅度特性指标来说 IIR 系统更为经济有效。有关两者诸如此类的折中将在第 7 章给予详细的讨论。

虽然对于 LTI 系统其频率响应幅度和相位之间一般是独立的,但对最小相位系统而言,幅度唯一地确定了相位,而相位除了一个幅度加权因子外,也唯一地确定了幅度特性。非最小相位系统可以用最小相位系统与全通系统的级联组合来表示。傅里叶变换幅度和相位之间的关系将在第 12 章中详细讨论。

习题

基本题(附答案)

5.1　如图 P5.1-1 所示，$H(e^{j\omega})$ 为理想低通滤波器。问对于输入 $x[n]$ 和截止频率 ω_c 是否有某种选择，使得输出 $y[n]$ 为如图 P5.1-2 所示的序列，即

$$y[n]=\begin{cases}1, & 0\leqslant n\leqslant 10\\ 0, & \text{其他}\end{cases}$$

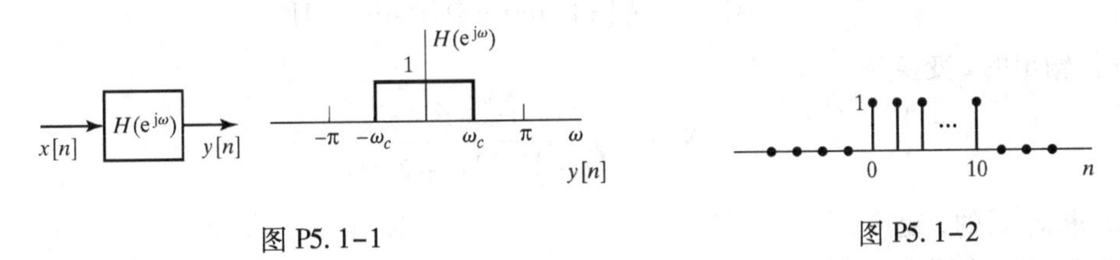

图 P5.1-1　　　　图 P5.1-2

5.2　考虑一个输入为 $x[n]$，输出为 $y[n]$ 的稳定线性时不变系统，其输入、输出满足如下差分方程：

$$y[n-1]-\frac{10}{3}y[n]+y[n+1]=x[n]$$

(a) 画出在 z 平面系统函数的零-极点图。

(b) 求单位脉冲响应 $h[n]$。

5.3　考虑一个线性时不变离散时间系统，其输入 $x[n]$ 和输出 $y[n]$ 满足下面的二阶差分方程：

$$y[n-1]+\frac{1}{3}y[n-2]=x[n]$$

从以下所列函数中选出两种该系统可能的单位脉冲响应函数：

(a) $\left(-\frac{1}{3}\right)^{n+1}u[n+1]$。

(b) $3^{n+1}u[n+1]$。

(c) $3(-3)^{n+2}u[-n-2]$。

(d) $\frac{1}{3}\left(-\frac{1}{3}\right)^{n}u[-n-2]$。

(e) $\left(-\frac{1}{3}\right)^{n+1}u[-n-2]$。

(f) $\left(\frac{1}{3}\right)^{n+1}u[n+1]$。

(g) $(-3)^{n+1}u[n]$。

(h) $n^{1/3}u[n]$。

5.4　当线性时不变系统的输入为

$$x[n]=\left(\frac{1}{2}\right)^{n}u[n]+(2)^{n}u[-n-1]$$

其输出为

$$y[n]=6\left(\frac{1}{2}\right)^{n}u[n]-6\left(\frac{3}{4}\right)^{n}u[n]$$

(a) 求该系统的系统函数。画出 $H(z)$ 的零-极点图并指出收敛域。

(b) 求对所有 n 的系统单位脉冲响应 $h[n]$。

(c) 写出表征该系统的差分方程。

(d) 该系统稳定吗？因果吗？

5.5 考虑一个初始松弛的由线性常系数差分方程描述的系统,该系统的阶跃响应为

$$y[n]=\left(\frac{1}{3}\right)^n u[n]+\left(\frac{1}{4}\right)^n u[n]+u[n]$$

(a) 求差分方程。

(b) 求系统的单位脉冲响应。

(c) 确定系统是否稳定。

5.6 关于某一线性时不变系统,下面的信息是已知的:

- 系统是因果的;
- 当输入为

$$x[n]=-\frac{1}{3}\left(\frac{1}{2}\right)^n u[n]-\frac{4}{3}(2)^n u[-n-1]$$

时,输出的 z 变换为

$$Y(z)=\frac{1-z^{-2}}{\left(1-\frac{1}{2}z^{-1}\right)(1-2z^{-1})}$$

(a) 求 $x[n]$ 的 z 变换。

(b) $Y(z)$ 可能的收敛域是什么?

(c) 系统单位脉冲响应有几种可能的选择?

5.7 当线性时不变系统的输入为

$$x[n]=5u[n]$$

时,输出为

$$y[n]=\left[2\left(\frac{1}{2}\right)^n+3\left(-\frac{3}{4}\right)^n\right]u[n]$$

(a) 求系统函数 $H(z)$,画出 $H(z)$ 的零-极点图,并标出收敛域。

(b) 求对全部 n 值的系统单位脉冲响应。

(c) 写出表征该系统的差分方程。

5.8 有一由下列差分方程描述的因果线性时不变系统:

$$y[n]=\frac{3}{2}y[n-1]+y[n-2]+x[n-1]$$

(a) 求该系统的系统函数 $H(z)=Y(z)/X(z)$,画出 $H(z)$ 的零-极点图,指出收敛域。

(b) 求系统的单位脉冲响应。

(c) 应该发现该系统是不稳定的,求一个满足该差分方程的稳定的(非因果)单位脉冲响应。

5.9 考虑一个输入 $x[n]$ 和输出 $y[n]$ 满足

$$y[n-1]-\frac{5}{2}y[n]+y[n+1]=x[n]$$

的线性时不变系统。该系统可以是稳定的,也可以不稳定,可以是因果的,也可以不是因果的。根据与该差分方程相联系的零-极点分布,确定 3 种可能的系统单位脉冲响应。证明每种都满足该差分方程。具体指出哪一种相应于一个稳定的系统,哪一种相应于因果系统。

5.10 若一个线性时不变系统的系统函数 $H(z)$ 有如图 P5.10 所示的零-极点,并且系统是因果的,问其逆系统 $H_i(z)$,这里 $H(z)H_i(z)=1$,也可以既是因果的又是稳定的吗?明确说明理由。

5.11 一线性时不变系统的系统函数有如图 P5.11 所示的零-极点图。说明下列说法是对还是错,或者由已给出的信息无法确定。

(a) 系统是稳定的。

(b) 系统是因果的。

(c) 如果系统是因果的,那么一定是稳定的。

(d) 如果系统是稳定的,那么就一定有一个双边的单位脉冲响应。

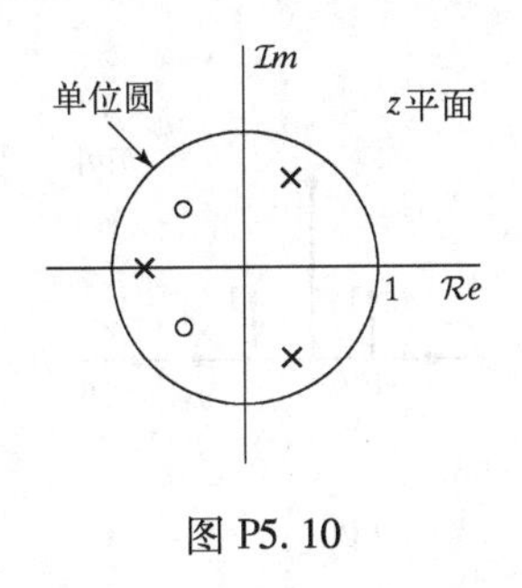

图 P5.10

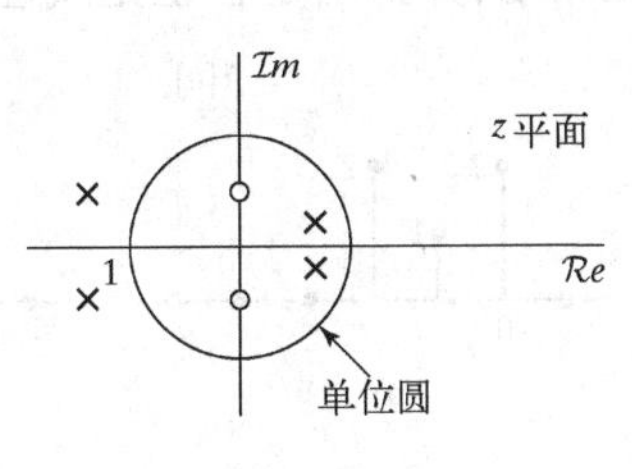

图 P5.11

5.12 有一离散时间因果 LTI 系统,其系统函数为

$$H(z)=\frac{(1+0.2z^{-1})(1-9z^{-2})}{(1+0.81z^{-2})}$$

(a) 该系统是稳定的吗?

(b) 求一个最小相位系统 $H_1(z)$ 和一个全通系统 $H_{ap}(z)$ 的表达式,以使得

$$H(z)=H_1(z)H_{\mathrm{ap}}(z)$$

5.13 图 P5.13 示出 4 种不同的 LTI 系统的零-极点图,根据这些图,说明是否每一系统都是全通系统。

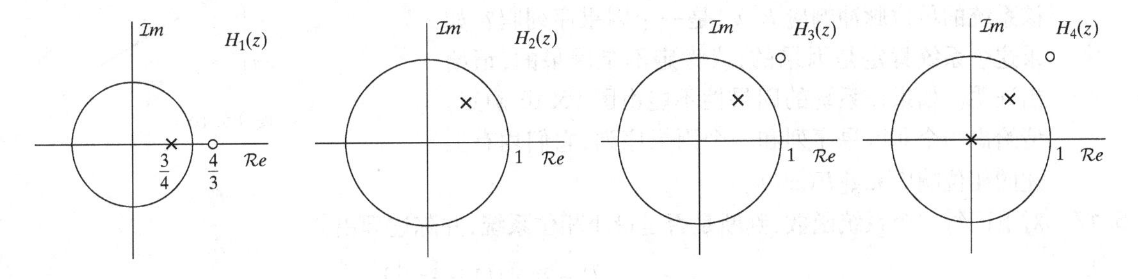

图 P5.13

5.14 对下列每个序列确定 $0<\omega<\pi$ 内的群延迟。

(a)

$$x_1[n]=\begin{cases}n-1, & 1\leqslant n\leqslant 5\\ 9-n, & 5<n\leqslant 9\\ 0, & 其他\end{cases}$$

(b)

$$x_2[n]=\left(\frac{1}{2}\right)^{|n-1|}+\left(\frac{1}{2}\right)^{|n|}$$

5.15 考虑这样一类离散时间滤波器,其频率响应具有如下形式:

$$H(\mathrm{e}^{\mathrm{j}\omega})=|H(\mathrm{e}^{\mathrm{j}\omega})|\mathrm{e}^{-\mathrm{j}\alpha\omega}$$

其中,$|H(\mathrm{e}^{\mathrm{j}\omega})|$是 ω 的实且非负函数,而 α 是一个实常数。如 5.7.1 节讨论过的,这类滤波器称为线性相位滤波器。

同时考虑频率响应具有如下形式的离散时间滤波器:

$$H(\mathrm{e}^{\mathrm{j}\omega})=A(\mathrm{e}^{\mathrm{j}\omega})\mathrm{e}^{-\mathrm{j}\alpha\omega+\mathrm{j}\beta}$$

其中,$A(\mathrm{e}^{\mathrm{j}\omega})$是 ω 的实函数,α 是一个实常数,β 也是一个实常数。如 5.7.2 节讨论过的,这类滤波器称为**广义线性相位**(generalized linear-phase)滤波器。

对于图 P5.15 中的每一个滤波器,判定是否是广义线性相位滤波器。若是,那么求

$A(e^{j\omega})$,α 和 β,并指出是否也是线性相位滤波器。

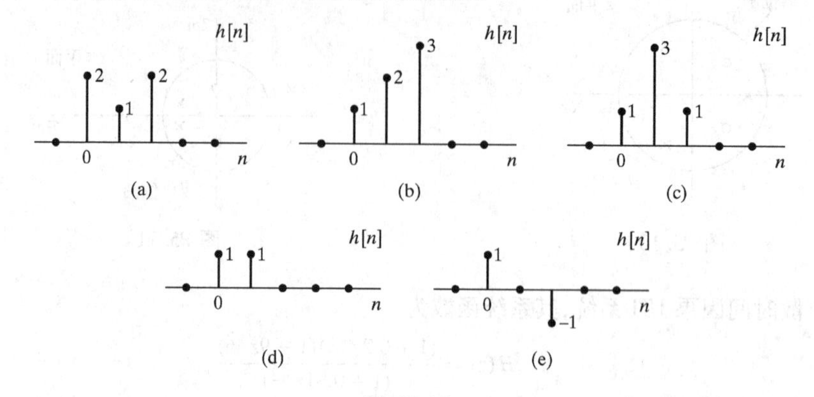

图 P5.15

5.16 图 P5.16 所示为某一特定 LTI 系统频率响应的连续相位 $\arg[H(e^{j\omega})]$,其中

$$\arg[H(e^{j\omega})] = -\alpha\omega$$

$|\omega| < \pi$ 且 α 为一正整数。

该系统的单位脉冲响应 $h[n]$ 是一个因果序列吗?如果这个系统肯定是因果的,或肯定不是因果的,请给出证明。如果该系统的因果性不能由图 P5.16 确定,请给出一个非因果序列和一个因果序列,它们均有上述的相位响应 $\arg[H(e^{j\omega})]$。

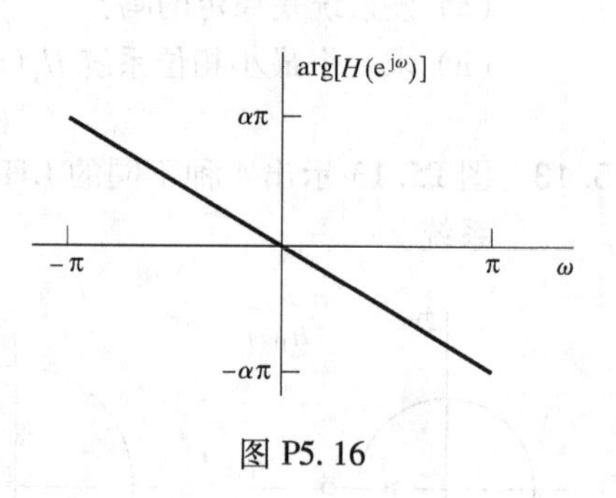

图 P5.16

5.17 对下面每一个系统函数,判断是否是最小相位系统,并陈述理由。

$$H_1(z) = \frac{(1-2z^{-1})\left(1+\frac{1}{2}z^{-1}\right)}{\left(1-\frac{1}{3}z^{-1}\right)\left(1+\frac{1}{3}z^{-1}\right)}$$

$$H_2(z) = \frac{\left(1+\frac{1}{4}z^{-1}\right)\left(1-\frac{1}{4}z^{-1}\right)}{\left(1-\frac{2}{3}z^{-1}\right)\left(1+\frac{2}{3}z^{-1}\right)}$$

$$H_3(z) = \frac{1-\frac{1}{3}z^{-1}}{(1-\frac{j}{2}z^{-1})(1+\frac{j}{2}z^{-1})}$$

$$H_4(z) = \frac{z^{-1}\left(1-\frac{1}{3}z^{-1}\right)}{(1-\frac{j}{2}z^{-1})(1+\frac{j}{2}z^{-1})}$$

5.18 对下面每个系统函数 $H_k(z)$,给出相应的最小相位系统函数 $H_{\min}(z)$,使这两个系统有相同的频率响应幅度,即 $|H_k(e^{j\omega})| = |H_{\min}(e^{j\omega})|$。

(a)

$$H_1(z) = \frac{1-2z^{-1}}{1+\frac{1}{3}z^{-1}}$$

(b)

$$H_2(z) = \frac{(1+3z^{-1})\left(1-\frac{1}{2}z^{-1}\right)}{z^{-1}\left(1+\frac{1}{3}z^{-1}\right)}$$

(c)

$$H_3(z)=\frac{(1-3z^{-1})\left(1-\frac{1}{4}z^{-1}\right)}{\left(1-\frac{3}{4}z^{-1}\right)\left(1-\frac{4}{3}z^{-1}\right)}$$

5.19 图 P5.19 所示为若干不同 LTI 系统的单位脉冲响应,求与每个系统有关的群延迟。

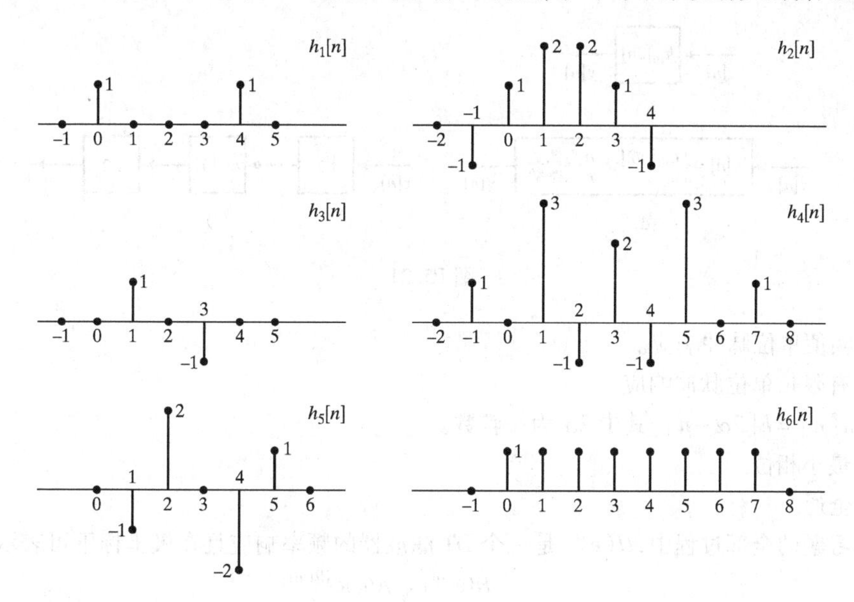

图 P5.19

5.20 图 P5.20 只示出几个不同系统函数的零点位置,对于每个图,说明该系统函数是否可能为一个由实系数线性差分方程实现的广义线性相位系统。

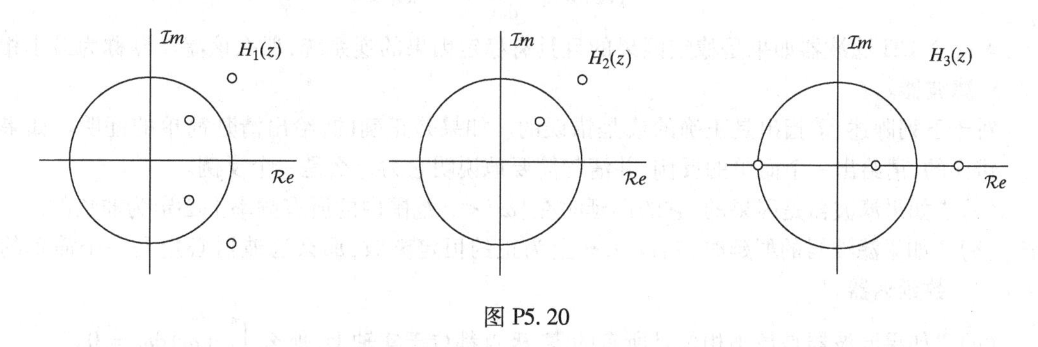

图 P5.20

基本题

5.21 设 $h_{lp}[n]$ 为某理想低通滤波器的单位脉冲响应,该滤波器带内增益为 1,截止频率为 $\omega_c=\pi/4$。如图 P5.21 所示的 5 个系统,其中每一个都等效为一种理想 LTI 频率选择性滤波器。画出每一个系统的等效响应,并用 ω_c 标注出通带边缘频率,并指出它们是否属于低通、高通、带通、带阻或多频带滤波器。

5.22 一个离散时间序列 $h[n]$ 或一个具有单位脉冲响应 $h[n]$ 的 LTI 系统,其许多性质可以从 $H(z)$ 的零-极点图来判别。本题只关注因果系统。请明确描述与以下性质相对应的 z 平面特征。

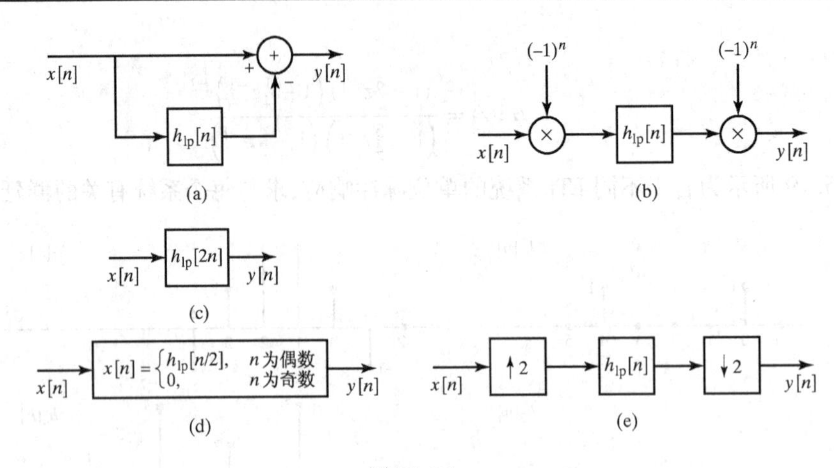

图 P5.21

(a) 实值单位脉冲响应。

(b) 有限长单位脉冲响应。

(c) $h[n]=h[2\alpha-n]$,其中 2α 为一整数。

(d) 最小相位。

(e) 全通。

5.23 在本习题的全部过程中,$H(e^{j\omega})$ 是一个 DT 滤波器的频率响应且在极坐标下可表示为

$$H(e^{j\omega})=A(\omega)e^{j\theta(\omega)}$$

其中,$A(\omega)$ 是偶函数的且是实值的,$\theta(\omega)$ 是 ω 的连续奇函数,$-\pi<\omega<\pi$,即 $\theta(\omega)$ 就是曾指出的未卷绕相位。回想一下:

- 滤波器相关的群延时 $\tau(\omega)$ 定义为

$$\tau(\omega)=-\frac{d\theta(\omega)}{d\omega},\qquad |\omega|<\pi$$

- 一个 LTI 滤波器如果是稳定因果的且具有稳定因果的逆系统,那么该滤波器称为最小相位滤波器。

对于下列陈述,请指出是正确的或是错误的。如果是正确的,给出清楚简单的证明。如果是错误的,请给出一个简单的反例,并清楚简要地说明它为什么是一个反例。

(a) “如果滤波器是因果的,它的群延时在 $|\omega|<\pi$ 范围内的所有频率上必定为非负的。”

(b) “如果滤波器的群延时在 $|\omega|<\pi$ 上为正的恒定整数,那么滤波器必定是一个简单的整数延迟器。”

(c) “如果滤波器是最小相位且所有的零、极点都位于实轴上,那么 $\int_0^{\pi}\tau(\omega)d\omega=0$。”

5.24 一个系统函数为 $H(z)$ 的稳定系统具有如图 P5.24 所示的零-极点图。它可以被描述为一个稳定的最小相位系统 $H_{min}(z)$ 和一个稳定的全通系统 $H_{ap}(z)$ 的级联形式。

选取 $H_{min}(z)$ 和 $H_{ap}(z)$(包括一个尺度因子)并画出它们相应的零-极点图。请指出你的这种分解是否是唯一的,尺度因子除外。

5.25 (a) 一个具有单位脉冲响应 $h[n]$ 的理想低通滤波器具有零相位,截止频率为 $\omega_c=\pi/4$,通带增益为1,阻带增益为0。[$H(e^{j\omega})$ 如图 P5.21 所示]请画出 $(-1)^n h[n]$ 的离散时间傅里叶变换。

(b) 一个具有单位脉冲响应 $g[n]$ 的复值滤波器的零-极点图如图 P5.25 所示。请画出 $(-1)^n g[n]$ 的零-极点图。如果所提供的信息不充分,请解释为什么。

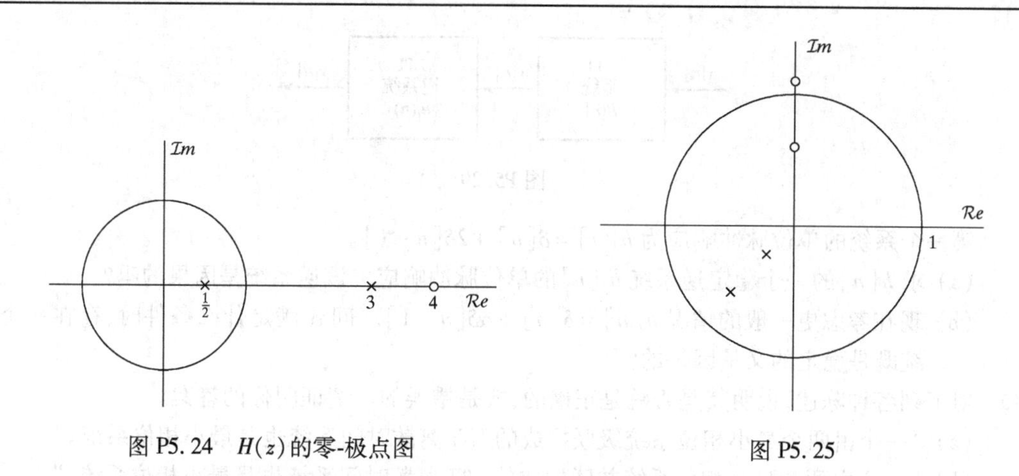

图 P5.24　$H(z)$的零-极点图　　　　图 P5.25

5.26　考虑一个离散时间 LTI 系统,其频率响应 $H(e^{j\omega})$被描述为

$$H(e^{j\omega}) = -j, \quad 0 < \omega < \pi$$
$$H(e^{j\omega}) = j, \quad -\pi < \omega < 0$$

(a) 系统 $h[n]$的单位脉冲响应是实值的吗?(即是否对于所有的 n 都有 $h[n]=h^*[n]$。)

(b) 计算下式:

$$\sum_{n=-\infty}^{\infty} |h[n]|^2$$

(c) 求系统对于输入 $x[n]=s[n]\cos(\omega_c n)$的响应,其中,$0<\omega_c<\pi/2$,且当 $\omega_c/3 \leqslant |\omega| \leqslant \pi$ 时,$S(e^{j\omega})=0$。

5.27　用一个单位增益全通 LTI 系统,其频率响应为 $w=H(e^{j\omega})$,且在频率 $\omega=0.3\pi$ 处具有 4 个样本的群延时,来处理信号 $x[n]=\cos(0.3\pi n)$以得到输出 $y[n]$。还知道$\angle H(e^{j0.3\pi})=\theta$ 且 $\angle H(e^{-j0.3\pi})=-\theta$。从如下结果中选择最准确的陈述。

(a) $y[n]=\cos(0.3\pi n+\theta)$。

(b) $y[n]=\cos(0.3\pi(n-4)+\theta)$。

(c) $y[n]=\cos(0.3\pi(n-4-\theta))$。

(d) $y[n]=\cos(0.3\pi(n-4))$。

(e) $y[n]=\cos(0.3\pi(n-4+\theta))$。

5.28　一个因果 LTI 系统具有系统函数

$$H(z)=\frac{(1-e^{j\pi/3}z^{-1})(1-e^{-j\pi/3}z^{-1})(1+1.1765z^{-1})}{(1-0.9e^{j\pi/3}z^{-1})(1-0.9e^{-j\pi/3}z^{-1})(1+0.85z^{-1})}$$

(a) 请写出该系统输入 $x[n]$和输出 $y[n]$满足的差分方程。

(b) 画出系统函数的零-极点图并指出收敛域。

(c) 画出$|H(e^{j\omega})|$并加以详细标注。利用零、极点位置解释频率响应曲线形状。

(d) 请陈述如下关于系统的描述是正确的还是错误的:

(i) 系统是稳定的。

(ii) 对于较大的 n 值,单位脉冲响应趋近于一个非零常数。

(iii) 因为系统函数在角度 $\pi/3$ 处有一个极点,因此频率响应幅度在 $\omega=\pi/3$ 附近有一个峰值。

(iv) 系统为最小相位系统。

(v) 系统具有因果稳定的逆系统。

5.29　考虑一个 LTI 系统与其逆系统的级联,如图 P5.29 所示。

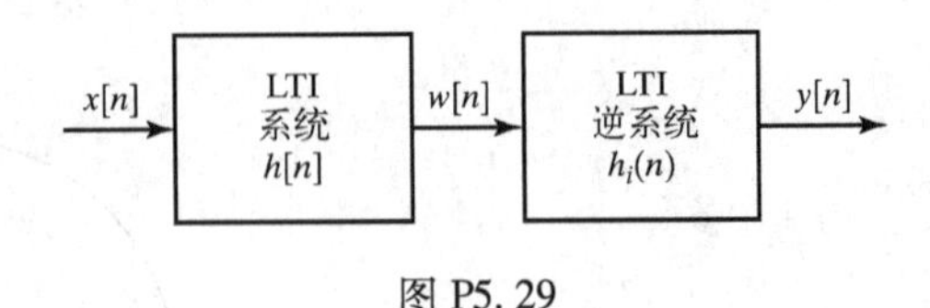

图 P5.29

第一个系统的单位脉冲响应为 $h[n]=\delta[n]+2\delta[n-1]$。

(a) 求 $h[n]$ 的一个稳定逆系统 $h_i[n]$ 的单位脉冲响应。该逆系统是因果的吗?

(b) 现在考虑更一般的情况 $h[n]=\delta[n]+\alpha\delta[n-1]$。问 α 满足什么条件时,存在一个逆系统既是稳定的又是因果的?

5.30 对下列各种陈述,说明其是否总是正确的,或是错误的。请证明你的答案。

(a) "一个由两个最小相位系统级联构成的 LTI 离散时间系统也是最小相位系统。"

(b) "一个由两个最小相位系统并联构成的 LTI 离散时间系统也是最小相位系统。"

5.31 考虑系统函数

$$H(z)=\frac{rz^{-1}}{1-(2r\cos\omega_0)z^{-1}+r^2z^{-2}}, \qquad |z|>r$$

首先假定 $\omega_0\neq 0$。

(a) 画出一张带标注的零-极点图,并求 $h[n]$。

(b) 当 $\omega_0=0$ 时,重做(a)。这就是所谓的临界衰减系统。

深入题

5.32 假设一个因果 LTI 系统具有长度为 6 的单位脉冲响应,如图 P5.32 所示,其中 c 为一个实值常数(正的或负的)。

以下陈述哪个是正确的:

(a) 该系统必定是最小相位系统。

(b) 该系统不可能是最小相位系统。

(c) 该系统可能是也可能不是最小相位系统,取决于 c 的取值。

请证明你的回答。

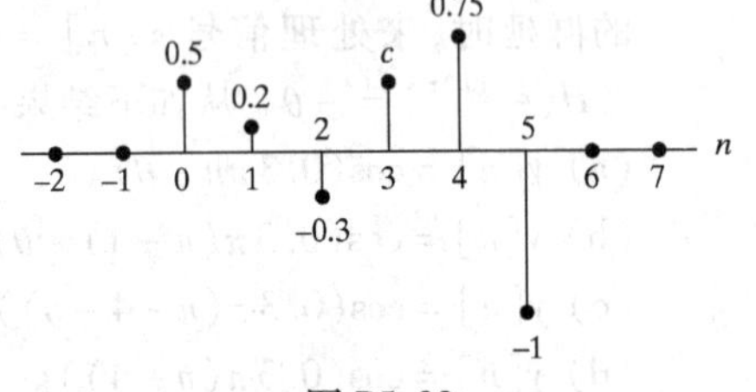

图 P5.32

5.33 $H(z)$ 是一个稳定 LTI 系统的系统函数,其表达式为

$$H(z)=\frac{(1-2z^{-1})(1-0.75z^{-1})}{z^{-1}(1-0.5z^{-1})}$$

(a) $H(z)$ 可以表示成一个最小相位系统 $H_{\min1}(z)$ 和一个单位增益全通系统 $H_{ap}(z)$ 的级联形式,即

$$H(z)=H_{\min1}(z)H_{ap}(z)$$

请选择 $H_{\min1}(z)$ 和 $H_{ap}(z)$,并指出它们是否是唯一的,尺度因子除外。

(b) $H(z)$ 可以表示成一个最小相位系统 $H_{\min2}(z)$ 和一个广义线性相位 FIR 系统 $H_{lp}(z)$ 的级联,即

$$H(z)=H_{\min2}(z)H_{lp}(z)$$

请选择 $H_{\min2}(z)$ 和 $H_{lp}(z)$,并指出它们是否是唯一的,包括尺度因子在内。

5.34 一个输入为 $x[n]$、输出为 $y[n]$ 的离散时间 LTI 系统,具有如图 P5.34-1 所示的频率响应幅度和群延时函数。图 P5.34-1 中还给出了信号 $x[n]$,它是三个窄带冲激的和。具体地,图 P5.34-1包含如下图形:

- $x[n]$；
- $|X(e^{j\omega})|$，一个特定输入 $x[n]$ 的傅里叶变换幅度；
- 系统的频率响应幅度曲线；
- 系统的群延时曲线。

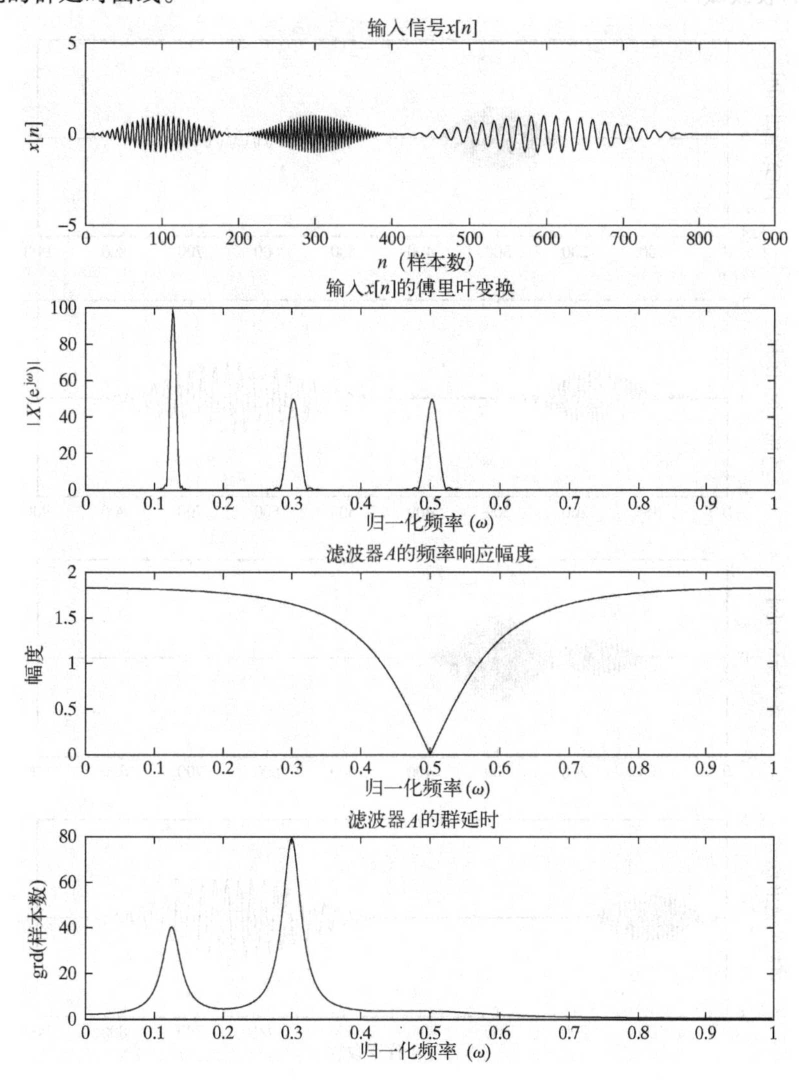

图 P5.34-1　输入信号及滤波器频率响应

图 P5.34-2 给出了 4 个可能的输出信号，$y_i[n]$ $i=1,2,\cdots,4$。求当输入为 $x[n]$ 时哪个输出信号为系统的输出，并陈述理由。

5.35　假设一个离散时间滤波器具有群延时 $\tau(\omega)$。条件 $\tau(\omega)>0$，$-\pi<\omega\leqslant\pi$ 是否暗示滤波器必然是因果的？明确说明你的理由。

5.36　考虑一个稳定的 LTI 系统，其系统函数为

$$H(z)=\frac{1+4z^{-2}}{1-\frac{1}{4}z^{-1}-\frac{3}{8}z^{-2}}$$

系统函数 $H(z)$ 可以被因式分解为如下形式：

$$H(z)=H_{\min}(z)H_{\mathrm{ap}}(z)$$

其中,$H_{\min}(z)$是最小相位系统且$H_{ap}(z)$是一个全通系统,即

$$|H_{ap}(e^{j\omega})| = 1$$

请画出$H_{\min}(z)$和$H_{ap}(z)$的零-极点图。标出所有极点和零点的位置,同时请指出$H_{\min}(z)$和$H_{ap}(z)$的收敛域。

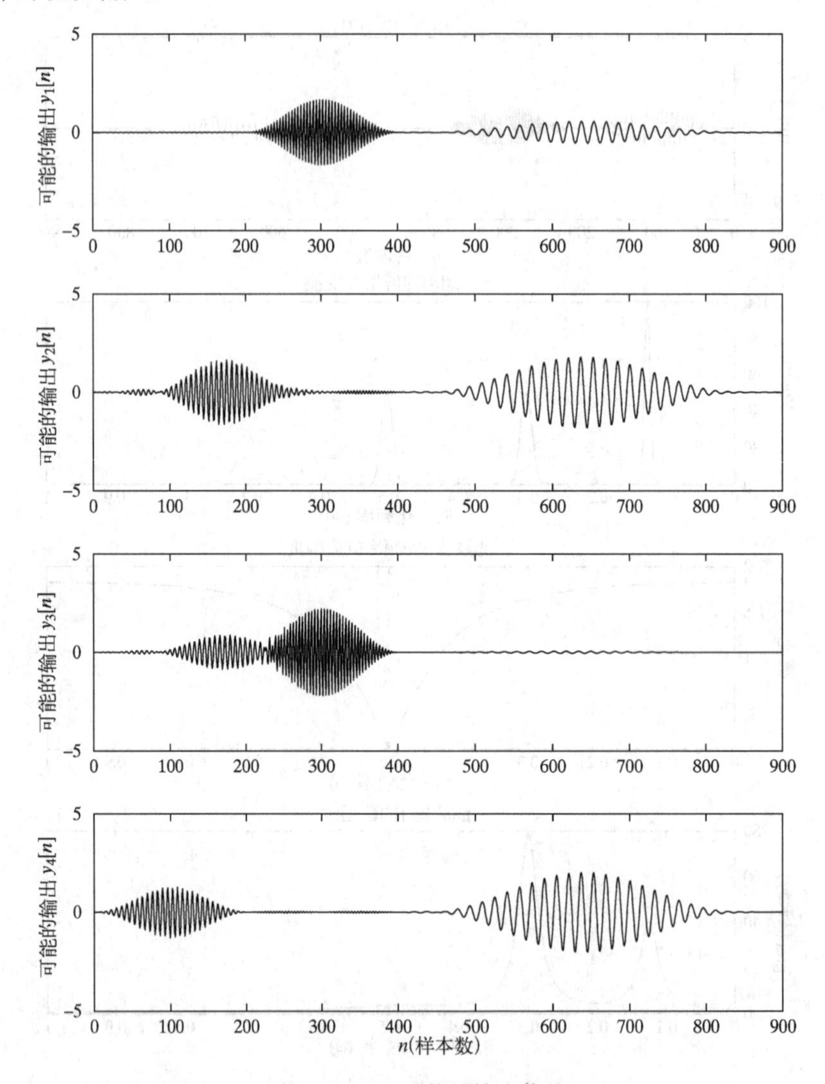

图 P5.34-2 可能的输出信号

5.37 一个 LTI 系统具有广义线性相位且系统函数为$H(z) = a + bz^{-1} + cz^{-2}$。单位脉冲响应具有单位能量,$a \geqslant 0$且$H(e^{j\pi}) = H(e^{j0}) = 0$。

(a) 求单位脉冲响应$h[n]$。

(b) 画出$|H(e^{j\omega})|$。

5.38 $H(z)$是一个稳定 LTI 系统的系统函数,表达式为

$$H(z) = \frac{(1 - 9z^{-2})(1 + \frac{1}{3}z^{-1})}{1 - \frac{1}{3}z^{-1}}$$

(a) $H(z)$可以表示为一个最小相位系统$H_{\min}(z)$和一个单位增益全通系统$H_{ap}(z)$的级联形式,请选择$H_{\min}(z)$和$H_{ap}(z)$,并指出它们是否是唯一的,包括尺度因子在内。

（b）最小相位系统 $H_{\min}(z)$ 是否为一个 FIR 系统？请解释。

（c）最小相位系统 $H_{\min}(z)$ 是否为一个广义线性相位系统？如果不是，$H(z)$ 是否可以表示为一个广义线性相位系统 $H_{\text{lin}}(z)$ 和一个全通系统 $H_{\text{ap2}}(z)$ 的级联形式？如果可以，求 $H_{\text{lin}}(z)$ 和 $H_{\text{ap2}}(z)$。如果不可以，请解释为什么这种表示形式不存在。

5.39　$H(z)$ 是一个稳定 LTI 系统的传递函数，表达式为

$$H(z)=\frac{z-2}{z(z-1/3)}$$

（a）系统是因果的吗？请明确阐述你的理由。

（b）$H(z)$ 也可以表示为 $H(z)=H_{\min}(z)H_{\text{lin}}(z)$，其中，$H_{\min}(z)$ 是最小相位系统且 $H_{\text{lin}}(z)$ 是一个广义线性相位系统。请选择 $H_{\min}(z)$ 和 $H_{\text{lin}}(z)$。

5.40　系统 S_1 具有实的单位脉冲响应 $h_1[n]$ 和实值频率响应 $H_1(e^{j\omega})$。

（a）单位脉冲响应 $h_1[n]$ 是否具有任何对称性？请解释。

（b）系统 S_2 是一个与系统 S_1 具有相同幅度响应的线性相位系统。请问系统 S_2 的单位脉冲响应 $h_2[n]$ 与 $h_1[n]$ 的关系为何？

（c）一个因果 IIR 滤波器是否具有线性相位？请解释。如果回答是肯定的，请列举一个例子。

5.41　考虑一个离散时间 LTI 滤波器，其单位脉冲响应 $h[n]$ 仅在 5 个连续时间样本点上为非零，滤波器的频率响应为 $H(e^{j\omega})$。信号 $x[n]$ 和 $y[n]$ 分别表示滤波器的输入和输出。

此外，还知道如下关于滤波器的信息。

（i）$\int_{-\pi}^{\pi}H(e^{j\omega})d\omega=4\pi$。

（ii）存在信号 $a[n]$，它具有一个实的且偶的 DTFT $A(e^{j\omega})$，表达式如下：

$$A(e^{j\omega})=H(e^{j\omega})e^{j2\omega}$$

（iii）$A(e^{j0})=8$ 且 $A(e^{j\pi})=12$。

请完整地指出单位脉冲响应 $h[n]$，即指出在具有非零值的时刻上的单位脉冲响应的取值。画出 $h[n]$，并详细而准确地标注其显著特征。

5.42　一个有界输入有界输出的稳定离散时间 LTI 系统，其单位脉冲响应 $h[n]$ 对应于一个有理系统函数 $H(z)$，系统函数的零-极点图如图 P5.42 所示。

另外，已知 $\sum_{n=-\infty}^{\infty}(-1)^n h[n]=-1$。

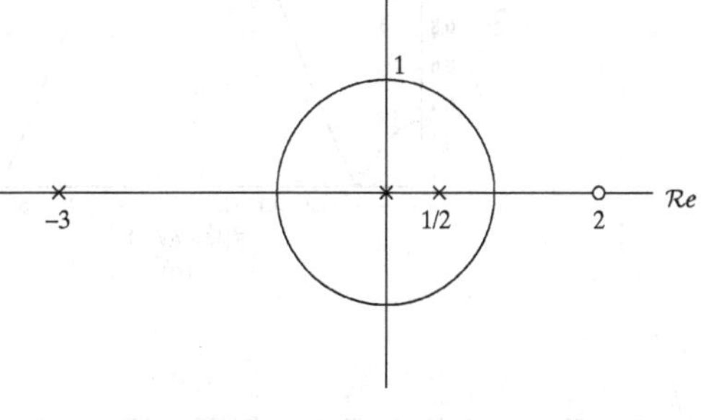

图 P5.42

（a）求 $H(z)$ 及其收敛域。

（b）考虑一个具有单位脉冲响应 $g[n]=h[n+n_0]$ 的新系统，其中 n_0 为一个整数。已知 $G(z)\big|_{z=0}=0$ 且 $\lim_{z\to\infty}G(z)<\infty$，求 n_0 和 $g[0]$ 的值。

（c）一个新系统的单位脉冲响应为 $f[n]=h[n]*h[-n]$。求 $F(z)$ 及其收敛域。

（d）是否存在一个右边信号 $e[n]$ 满足 $e[n]*h[n]=u[n]$？其中 $u[n]$ 为单位阶跃序列。如果存在，$e[n]$ 是因果的吗？

5.43　考虑一个具有如下系统函数的 LTI 系统：

$$H(z)=\frac{z^{-2}(1-2z^{-1})}{2(1-\frac{1}{2}z^{-1})},\quad |z|>\frac{1}{2}$$

(a) $H(z)$是一个全通系统吗？请解释。

(b) 该系统可以用 3 个系统 $H_{\min}(z)$, $H_{\max}(z)$和 $H_{d}(z)$的级联结构来实现,它们分别表示最小相位、最大相位和整数时移系统。求 3 个系统对应的单位脉冲响应 $h_{\min}[n]$, $h_{\max}[n]$和 $h_{d}[n]$。

5.44 4 个线性相位 FIR 滤波器的单位脉冲响应分别为 $h_1[n]$, $h_2[n]$, $h_3[n]$和 $h_4[n]$。另外,与这些单位脉冲响应潜在对应的 4 个幅度响应图形 A, B, C 和 D 如图 P5.44 所示。对于每个单位脉冲响应 $h_i[n]$, $i=1,\cdots,4$,请指出 4 个幅度响应图形中,如果存在,哪一个与其相对应。如果没有幅度响应图形与给定的 $h_i[n]$相匹配,请以“无”作为对 $h_i[n]$的回答。

$$h_1[n] = 0.5\delta[n] + 0.7\delta[n-1] + 0.5\delta[n-2]$$

$$h_2[n] = 1.5\delta[n] + \delta[n-1] + \delta[n-2] + 1.5\delta[n-3]$$

$$h_3[n] = -0.5\delta[n] - \delta[n-1] + \delta[n-3] + 0.5\delta[n-4]$$

$$h_4[n] = -\delta[n] + 0.5\delta[n-1] - 0.5\delta[n-2] + \delta[n-3]$$

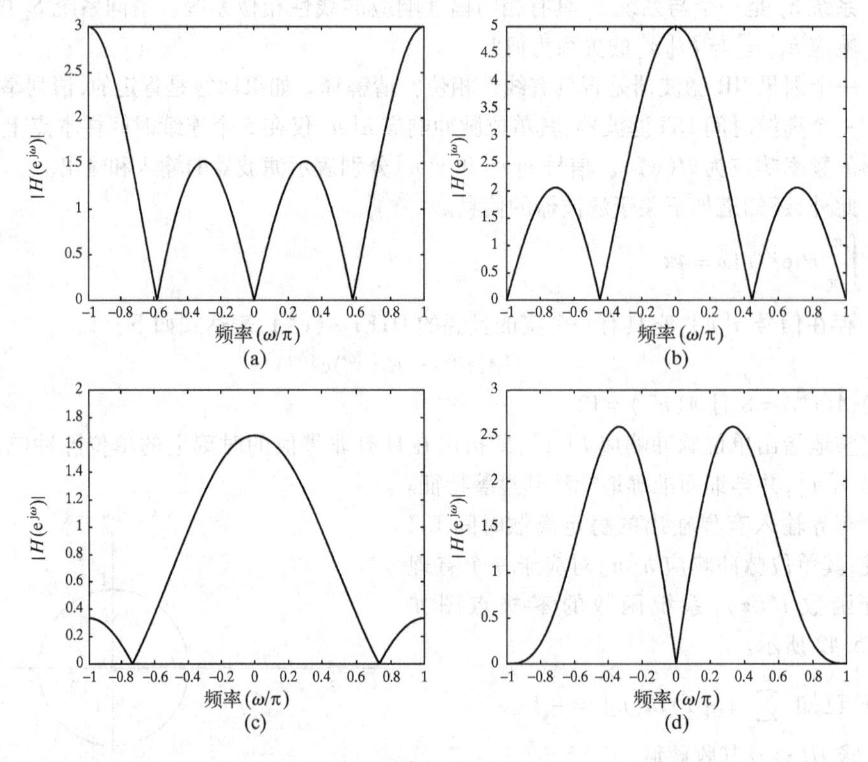

图 P5.44

5.45 图 P5.45 给出了 6 个不同的因果 LTI 系统的零-极点图。

请回答下面几个问题,它们与具有以上零-极点图的系统有关。对每个问题,也可以用“无”或“全部”作答。

(a) 哪些系统是 IIR 系统？

(b) 哪些系统是 FIR 系统？

(c) 哪些系统是稳定的系统？

(d) 哪些系统是最小相位系统？

(e) 哪些系统是广义线性相位系统？

(f) 哪些系统满足对于全部 ω 有 $|H(e^{j\omega})|$ = 常数？

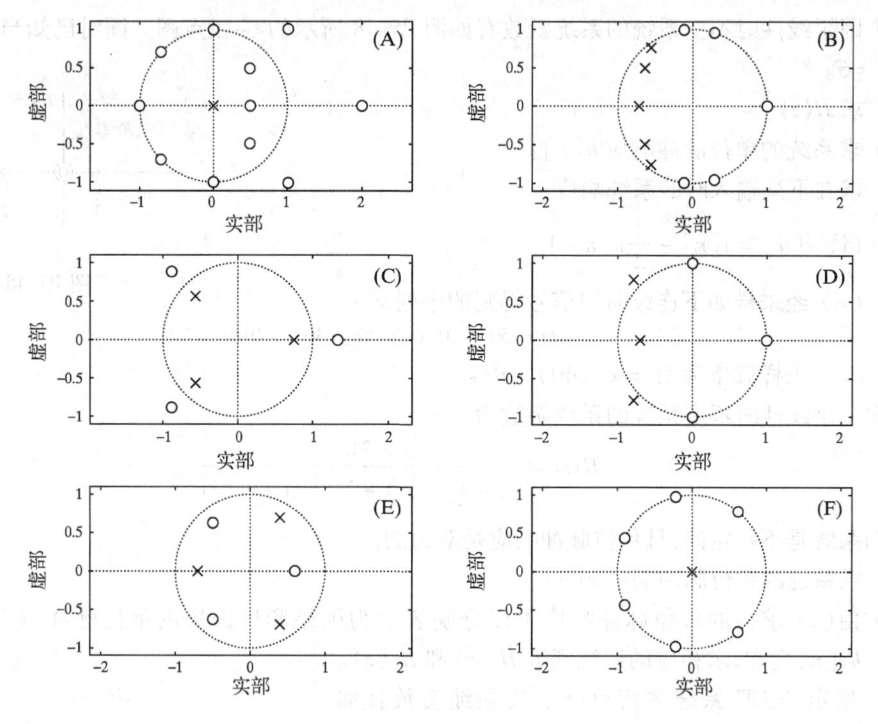

图 P5.45

(g) 哪些系统具有稳定的且因果的逆系统？

(h) 哪些系统具有最短的(非零样本数最少)单位脉冲响应？

(i) 哪些系统具有低通频率响应？

(j) 哪些系统具有最小群延迟？

5.46　假设图 P5.46 所示的级联结构中的两个线性系统是线性相位 FIR 滤波器。设 $H_1(z)$的阶数为 M_1，$H_2(z)$的阶数为 M_2。假设两个系统的频率响应形式为 $H_1(e^{j\omega}) = A_1(e^{j\omega})\, e^{-j\omega M_1/2}$ 和 $H_2(e^{j\omega}) = jA_2(e^{j\omega})\, e^{-j\omega M_2/2}$，其中 M_1 为偶整数，M_2 为奇整数。

(a) 求整个频率响应 $H(e^{j\omega})$。

(b) 求整个系统单位脉冲响应的长度。

(c) 求整个系统的群延迟。

(d) 整个系统是否是Ⅰ型、Ⅱ型、Ⅲ型或Ⅳ型广义线性相位系统？

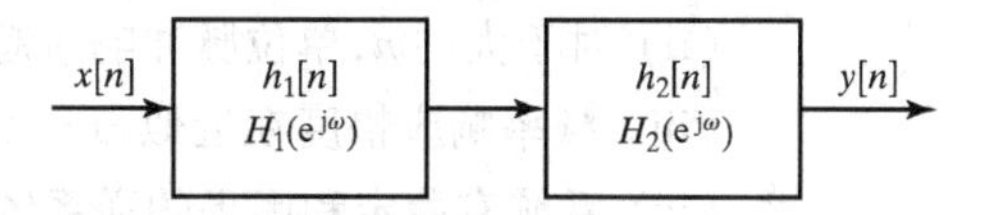

图 P5.46

5.47　一个线性相位 FIR 系统具有实单位脉冲响应 $h[n]$，且已知它的 z 变换具有如下形式：

$$H(z) = (1 - az^{-1})(1 - e^{j\pi/2}z^{-1})(1 - bz^{-1})(1 - 0.5z^{-1})(1 - cz^{-1})$$

其中，a，b 和 c 是所要寻找的 $H(z)$的零点。还知道 $\omega = 0$ 时 $H(e^{j\omega}) = 0$。结合该信息与线性相位系统性质的有关知识，足以完全确定系统函数(进而得到单位脉冲响应)以及回答以下问题：

(a) 求单位脉冲响应的长度(即非零样本的数量)。

(b) 该系统是一个Ⅰ型、Ⅱ型、Ⅲ型或Ⅳ型系统吗？

(c) 求系统的群延迟，用样本数表示。

(d) 求未知的零点 a，b 和 c。(标注是任意的，但可以找到 3 个以上的零点。)

(e) 求单位脉冲响应的值，并画出它的条杆图。

5.48 一个因果线性时不变系统的系统函数有如图 P5.48 所示的零-极点图。同时已知当 $z=1$ 时，$H(z)=6$。

(a) 求 $H(z)$。

(b) 求系统的单位脉冲响应 $h[n]$。

(c) 求在下列输入时的系统响应：

(i) $x[n]=u[n]-\frac{1}{2}u[n-1]$。

(ii) 经采样如下连续时间信号得到的序列 $x[n]$

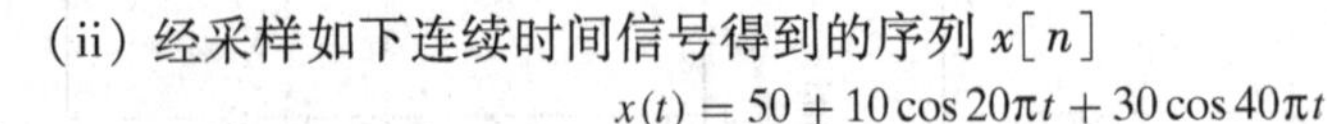

$$x(t)=50+10\cos 20\pi t+30\cos 40\pi t$$

采样频率为 $\Omega_s=2\pi(40)$ rad/s。

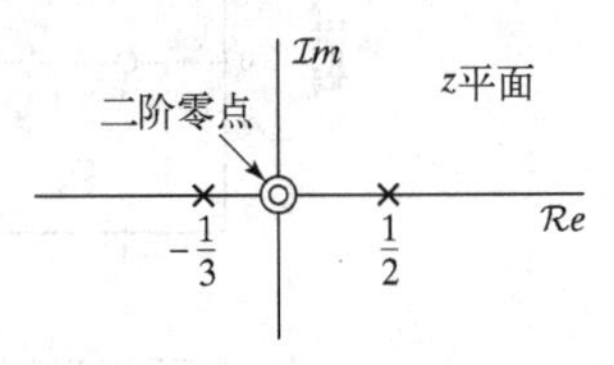

图 P5.48

5.49 已知一个线性时不变系统的系统函数为

$$H(z)=\frac{21}{\left(1-\frac{1}{2}z^{-1}\right)(1-2z^{-1})(1-4z^{-1})}$$

已知系统是不稳定的，且单位脉冲响应是双边的。

(a) 求系统的单位脉冲响应 $h[n]$。

(b) 由(a)求得的单位脉冲响应可以分别表示为因果和反因果的单位脉冲响应 $h_1[n]$ 和 $h_2[n]$ 之和，求相应的系统函数 $H_1(z)$ 和 $H_2(z)$。

5.50 某一稳定的 LTI 系统的傅里叶变换是纯实数且如图 P5.50 所示。问该系统是否有一个稳定的逆系统？

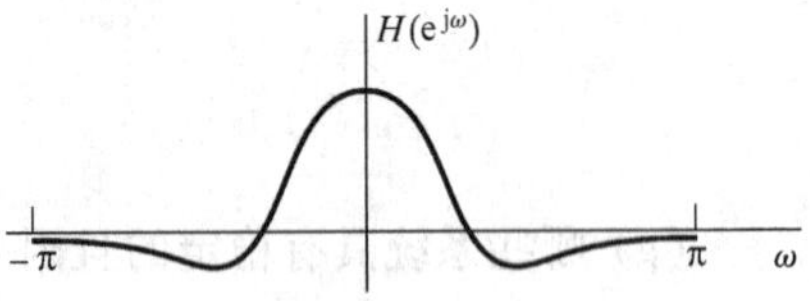

$H(e^{j\omega})$

图 P5.50

5.51 一个因果的 LTI 系统，其系统函数为

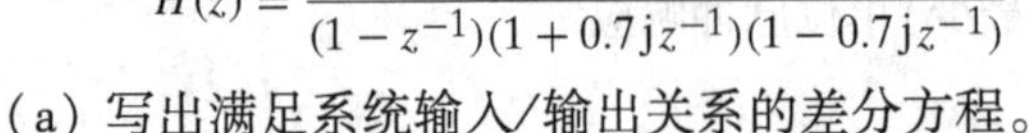

$$H(z)=\frac{(1-1.5z^{-1}-z^{-2})(1+0.9z^{-1})}{(1-z^{-1})(1+0.7\mathrm{j}z^{-1})(1-0.7\mathrm{j}z^{-1})}$$

(a) 写出满足系统输入/输出关系的差分方程。

(b) 画出零-极点图，并指出该系统函数的收敛域。

(c) 画出 $|H(e^{j\omega})|$。

(d) 关于系统，下列说法是否正确：

(i) 系统是稳定的。

(ii) 对于大的 n，单位脉冲响应趋于某一常数。

(iii) 频率响应幅度在近似 $\omega=\pm\pi/4$ 处有一峰值。

(iv) 系统有稳定和因果的逆系统。

5.52 考虑一个具有如下 z 变换的因果序列 $x[n]$：

$$X(z)=\frac{\left(1-\frac{1}{2}z^{-1}\right)\left(1-\frac{1}{4}z^{-1}\right)\left(1-\frac{1}{5}z\right)}{\left(1-\frac{1}{6}z\right)}$$

α 为何值时，$\alpha^n x[n]$ 才是一个实的最小相位序列？

5.53 考虑一线性时不变系统，其系统函数为

$$H(z)=(1-0.9e^{j0.6\pi}z^{-1})(1-0.9e^{-j0.6\pi}z^{-1})(1-1.25e^{j0.8\pi}z^{-1})(1-1.25e^{-j0.8\pi}z^{-1})$$

(a) 求出全部因果系统函数，它们都具有与 $H(z)$ 相同的频率响应幅度，并且它们的单位脉冲响应都是实值的，与 $H(z)$ 的脉冲响应具有相同的长度（总共有 4 种不同的这样的系统函数）。直接确认哪一个是最小相位的，哪一个是最大相位的（可包括某个延迟）。

(b) 求出(a)中这些系统函数的单位脉冲响应。

(c) 对(b)中的每一序列，计算并画出 $0\leqslant n\leqslant 5$ 时的

$$E[n] = \sum_{m=0}^{n} (h[m])^2$$

指出哪个图对应于最小相位系统。

5.54　图 P5.54 示出 8 个不同的有限长序列。每个序列的长度都为 4 点。8 种序列的傅里叶变换的幅度都是一样的。这些序列中哪一个的 z 变换的全部零点是在单位圆内？

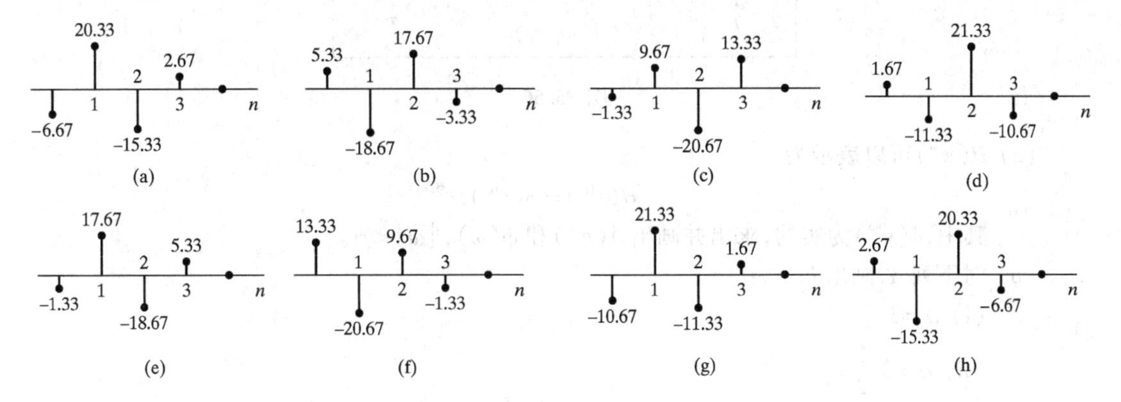

图 P5.54

5.55　如图 P5.55 所示的每一个零-极点图，连同给出的收敛域一起，描述了系统函数为 $H(z)$ 的一个线性时不变系统。在每种情况下，试问下述说法中哪一个是对的。用一种简单明了的陈述或一个相反的例子说明你的回答是正确的。

（a）系统有零相位或广义线性相位。

（b）系统有稳定的逆系统 $H_i(z)$。

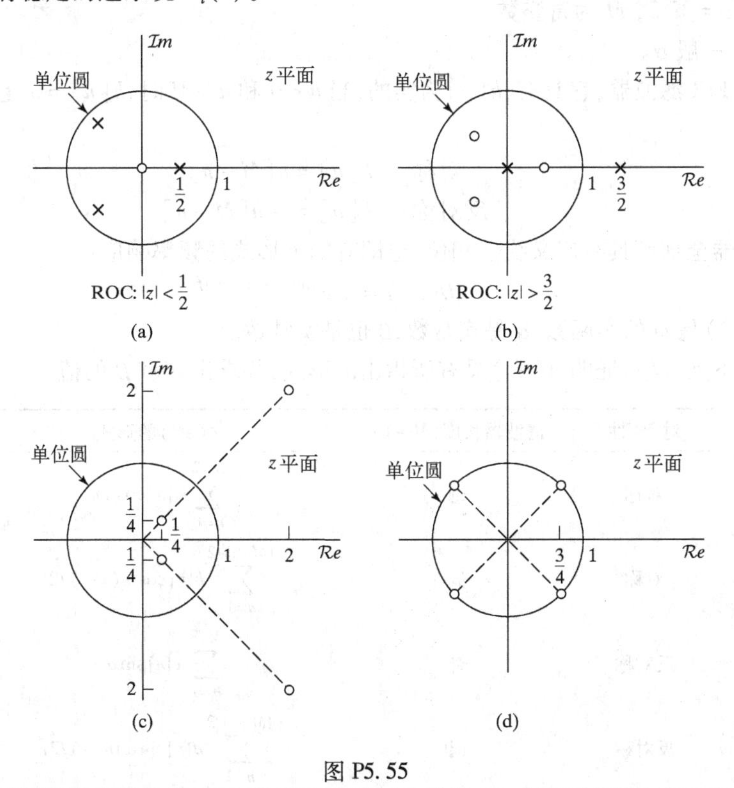

图 P5.55

5.56　假设 D/C 和 C/D 转换器是理想的,图 P5.56 所示的总系统是一个具有频率响应为 $H(e^{j\omega})$、单位脉冲响应为 $h[n]$ 的离散时间 LTI 系统。

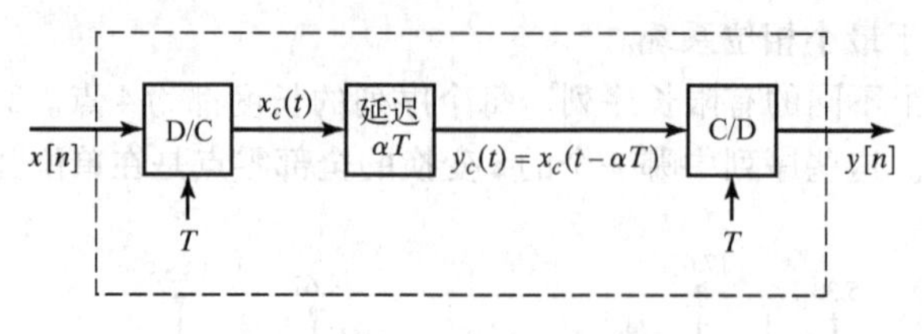

图 P5.56

(a) $H(e^{j\omega})$ 可以表示为

$$H(e^{j\omega}) = A(e^{j\omega})e^{j\phi(\omega)}$$

其中,$A(e^{j\omega})$ 为实的,求出并画出 $A(e^{j\omega})$ 和 $\phi(\omega)$,$|\omega|<\pi$。

(b) 对下列 α,画出 $h[n]$:

(i) $\alpha=3$。

(ii) $\alpha=3\frac{1}{2}$。

(iii) $\alpha=3\frac{1}{4}$。

(c) 考虑一离散时间 LTI 系统,其

$$H(e^{j\omega}) = A(e^{j\omega})e^{j\alpha\omega}, \qquad |\omega|<\pi$$

其中,$A(e^{j\omega})$ 为实的,在下列 α 情况下,关于 $h[n]$ 的对称性能说些什么?

(i) $\alpha=$ 整数。

(ii) $\alpha=M/2$,M 为奇整数。

(iii) 一般 α。

5.57　考虑一类 FIR 滤波器,它具有:$h[n]$ 为实的,当 $n<0$ 和 $n>M$ 时,$h[n]=0$,且有下列对称性质之一:

$$\text{对称:}\quad h[n]=h[M-n]$$

$$\text{反对称:}\quad h[n]=-h[M-n]$$

该类滤波器全部都具有广义线性相位,也即有如下形式的频率响应:

$$H(e^{j\omega}) = A(e^{j\omega})e^{-j\alpha\omega+j\beta}$$

其中,$A(e^{j\omega})$ 是 ω 的实函数,α 是实常数,β 也是实常数。

对于下列表格,证明 $A(e^{j\omega})$ 具有所指出的形式,并求出 α 和 β 的值。

类　型	对称性	滤波器长度($M+1$)	$A(e^{j\omega})$ 的形式	α	β
Ⅰ	对称	奇	$\sum_{n=0}^{M/2} a[n]\cos\omega n$		
Ⅱ	对称	偶	$\sum_{n=1}^{(M+1)/2} b[n]\cos\omega(n-1/2)$		
Ⅲ	反对称	奇	$\sum_{n=1}^{M/2} c[n]\sin\omega n$		
Ⅳ	反对称	偶	$\sum_{n=1}^{(M+1)/2} d[n]\sin\omega(n-1/2)$		

下面是几个有用的建议：

- 对于Ⅰ类滤波器，首先证明 $H(e^{j\omega})$ 可写为

$$H(e^{j\omega})=\sum_{n=0}^{(M-2)/2}h[n]e^{-j\omega n}+\sum_{n=0}^{(M-2)/2}h[M-n]e^{-j\omega[M-n]}+h[M/2]e^{-j\omega(M/2)}$$

- 对于Ⅲ类滤波器的分析非常类似于Ⅰ类的情况，除一个符号变化以及去除上述项中的一项外。
- 对于Ⅱ类滤波器，首先写出 $H(e^{j\omega})$ 为

$$H(e^{j\omega})=\sum_{n=0}^{(M-1)/2}h[n]e^{-j\omega n}+\sum_{n=0}^{(M-1)/2}h[M-n]e^{-j\omega[M-n]}$$

  然后从两和式中提出公共因子 $e^{-j\omega(M/2)}$。
- 对于Ⅳ类滤波器的分析非常类似于对Ⅱ类滤波器所做的处理过程。

5.58　令 $h_{lp}[n]$ 为FIR广义线性相位低通滤波器的单位脉冲响应。FIR广义线性相位高通滤波器的单位脉冲响应 $h_{hp}[n]$ 可以用如下变换得到：

$$h_{hp}[n]=(-1)^n h_{lp}[n]$$

如果决定用这种变换来设计高通滤波器，并希望所求得的高通滤波器是对称的，那么4种类型广义线性相位FIR滤波器中的哪一些可以用于该高通滤波器的设计？答案应当考虑全部可能的类型。

5.59　(a) 某一具体的最小相位系统其系统函数 $H_{min}(z)$ 有

$$H_{min}(z)H_{ap}(z)=H_{lin}(z)$$

这里，$H_{ap}(z)$ 是全通系统函数，$H_{lin}(z)$ 是因果广义线性相位系统。关于 $H_{min}(z)$ 的极点和零点，这个式子告诉你什么？

(b) 一个广义线性相位FIR系统其单位脉冲响应为实值，且对 $n<0$ 和 $n\geq 8$，有 $h[n]=0$ 和 $h[n]=-h[7-n]$。该系统的系统函数在 $z=0.8e^{j\pi/4}$ 处有一零点，另一零点在 $z=-2$ 处。问 $H(z)$ 是什么？

5.60　本题关心的是具有实值单位脉冲响应 $h[n]$ 的离散时间滤波器。试判断下列说法是否正确：如果该滤波器的群延迟是一个常数 $(0<\omega<\pi)$，那么单位脉冲响应一定具有下面两种对称性之一：

$$h[n]=h[M-n]$$

或者

$$h[n]=-h[M-n]$$

这里 M 为整数。

如果说法是对的，请说明为什么对；如果是错的，请给出一个反例。

5.61　系统函数 $H_{Ⅱ}(z)$ 代表一个Ⅱ类FIR广义线性相位系统，其单位脉冲响应为 $h_{Ⅱ}[n]$。这个系统与一个系统函数为 $(1-z^{-1})$ 的LTI系统级联得到第三个系统，其系统函数为 $H(z)$，单位脉冲响应为 $h[n]$。证明：整个系统是一个广义线性相位系统，并确定它是属于何种类型的线性相位系统。

5.62　设 S_1 为一因果稳定的LTI系统，其单位脉冲响应为 $h_1[n]$，频率响应为 $H_1(e^{j\omega})$。对于系统 S_1，其输入 $x[n]$ 和输出 $y[n]$ 满足如下差分方程：

$$y[n]-y[n-1]+\tfrac{1}{4}y[n-2]=x[n]$$

(a) 若一LTI系统 S_2 有频率响应 $H_2(e^{j\omega})=H_1(-e^{j\omega})$，判定 S_2 是否为低通滤波器，带通滤波器或高通滤波器？陈述理由。

(b) 设 S_3 为一因果LTI系统，其频率响应 $H_3(e^{j\omega})$ 具有特性

$$H_3(e^{j\omega})H_1(e^{j\omega})=1$$

S_3 是最小相位滤波器吗？S_3 可以分属为具有广义线性相位的 4 种类型的 FIR 滤波器之一吗？陈述理由。

(c) 设 S_4 为一稳定但非因果的 LTI 系统，其频率响应为 $H_4(e^{j\omega})$，且输入 $x[n]$ 和输出 $y[n]$ 满足如下差分方程：

$$y[n]+\alpha_1 y[n-1]+\alpha_2 y[n-2]=\beta_0 x[n]$$

式中，α_1，α_2 和 β_0 都是实的非零常数。给出一个 α_1 值，一个 α_2 值和一个 β_0 值，使得 $|H_4(e^{j\omega})|=|H_1(e^{j\omega})|$。

(d) 设 S_5 为一 FIR 滤波器，其单位脉冲响应为 $h_5[n]$，其频率响应 $H_5(e^{j\omega})$ 对某个 DTFT $A(e^{j\omega})$ 具有性质 $H_5(e^{j\omega})=|A(e^{j\omega})|^2$（即 S_5 是一零相位滤波器）。求 $h_5[n]$ 使得 $h_5[n]*h_1[n]$ 是一非因果 FIR 滤波器的单位脉冲响应。

扩充题

5.63 在图 P5.63-1 所示的系统中，假定输入 $x[n]$ 可以表示为

$$x[n]=s[n]\cos(\omega_0 n)$$

同时假设 $s[n]$ 是低通且带宽为相当窄的信号，即 $S(e^{j\omega})=0$，$|\omega|>\Delta$，Δ 非常小且 $\Delta\ll\omega_0$，以使得 $X(e^{j\omega})$ 就是在 $\omega=\pm\omega_0$ 附近的窄带信号。

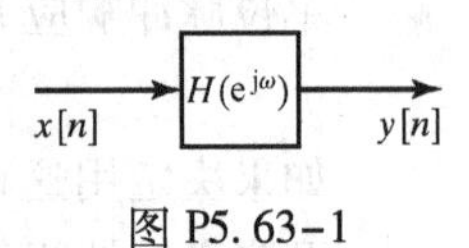

图 P5.63-1

(a) 若 $|H(e^{j\omega})|=1$，$\angle H(e^{j\omega})$ 如图 P5.63-2 所示，证明 $y[n]=s[n]\cos(\omega_0 n-\phi_0)$。

(b) 若 $|H(e^{j\omega})|=1$，$\angle H(e^{j\omega})$ 如图 P5.63-3 所示，证明 $y[n]$ 可以表示为

$$y[n]=s[n-n_d]\cos(\omega_0 n-\phi_0-\omega_0 n_d)$$

同时证明 $y[n]$ 也能等效地表示为

$$y[n]=s[n-n_d]\cos(\omega_0 n-\phi_1)$$

式中，$-\phi_1$ 是 $H(e^{j\omega})$ 在 $\omega=\omega_0$ 时的相位。

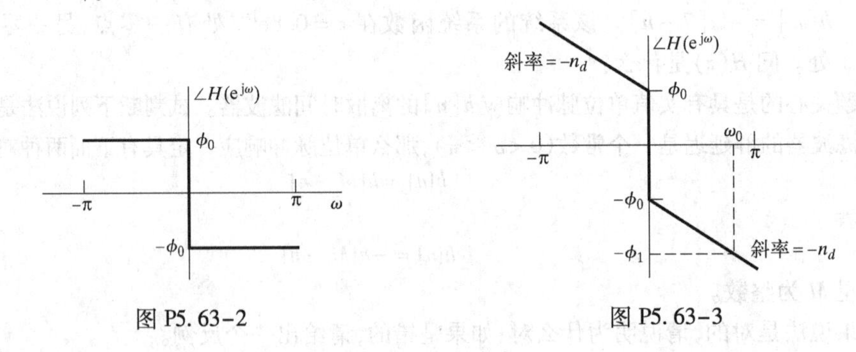

图 P5.63-2　　图 P5.63-3

(c) $H(e^{j\omega})$ 的群延迟定义为

$$\tau_{gr}(\omega)=-\frac{d}{d\omega}\arg[H(e^{j\omega})]$$

而相位延迟定义为 $\tau_{ph}(\omega)=-(1/\omega)\angle H(e^{j\omega})$。假设 $|H(e^{j\omega})|$ 在 $x[n]$ 的带内为 1。根据本题(a)和(b)的结果，并在 $x[n]$ 是窄带的假设下，证明：如果 $\tau_{gr}(\omega_0)$ 和 $\tau_{ph}(\omega_0)$ 两者都是整数，那么

$$y[n]=s[n-\tau_{gr}(\omega_0)]\cos\{\omega_0[n-\tau_{ph}(\omega_0)]\}$$

这就表明，对于窄带信号 $x[n]$ 而言，$\angle H(e^{j\omega})$ 对 $x[n]$ 的包络 $s[n]$ 造成的延迟是 $\tau_{gr}(\omega_0)$，对载波 $\cos\omega_0 n$ 的延迟是 $\tau_{ph}(\omega_0)$。

(d) 参照 4.5 节有关序列非整数延迟的讨论，如何解释当 $\tau_{gr}(\omega_0)$ 或 $\tau_{ph}(\omega_0)$（或两者）不是整数时群延迟和相位延迟的效果？

5.64 序列 $y[n]$ 是一个 LTI 系统在输入为 $x[n]$ 时的输出，$x[n]$ 为零均值的白噪声。系统由如下差分方程描述：

$$y[n]=\sum_{k=1}^{N}a_k y[n-k]+\sum_{k=0}^{M}b_k x[n-k],\qquad b_0=1$$

(a) 自相关函数 $\phi_{yy}[n]$ 的 z 变换 $\phi_{yy}(z)$ 是什么？

有时关心的是要用一个线性滤波器来处理 $y[n]$，以使得该线性滤波器当输入为 $y[n]$ 时，输出的功率谱是平坦的。这一过程称为 $y[n]$ 的"白化"，而完成这个任务的线性滤波器被称为信号 $y[n]$ 的"白化滤波器"。假设已知自相关函数 $\phi_{yy}[n]$ 和它的 z 变换 $\phi_{yy}(z)$，但不知道系数 a_k 和 b_k。

(b) 讨论求该白化滤波器系统函数 $H_w(z)$ 的步骤。

(c) 该白化滤波器是唯一的吗？

5.65 在很多实际情况下，面对着要恢复被某一卷积过程"污损"了的信号的问题。可以用如图 P5.65-1所示的线性滤波运算来模仿这个污损过程，这里污损单位脉冲响应如图 P5.65-2 所示。本题的目的是要考虑从 $y[n]$ 中恢复出 $x[n]$ 的方法。

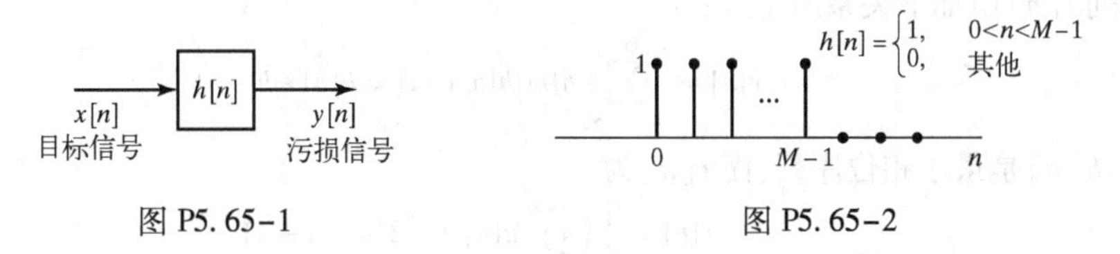

图 P5.65-1　　　　图 P5.65-2

(a) 从 $y[n]$ 中恢复 $x[n]$ 的一种办法是用逆滤波器，即 $y[n]$ 用频率响应为

$$H_i(e^{j\omega})=\frac{1}{H(e^{j\omega})}$$

的系统来滤波，这里 $H(e^{j\omega})$ 是 $h[n]$ 的傅里叶变换。针对图 P5.65-2 所示的单位脉冲响应 $h[n]$，讨论一下涉及实现该逆滤波方法的一些实际问题。讨论务必周全，但也要简明扼要。

(b) 由于涉及逆滤波中的困难，可以建议用下面的方法从 $y[n]$ 中恢复 $x[n]$：用图 P5.65-3 所示的系统处理被污损的序列 $y[n]$，该系统产生一个输出 $w[n]$，从 $w[n]$ 中可以提取已改善了的 $x[n]$ 的复本。脉冲响应 $h_1[n]$ 和 $h_2[n]$ 如图 P5.65-4 所示。请详细说明该系统的工作原理，特别应仔细说明在什么条件下可以从 $w[n]$ 中完全恢复出 $x[n]$。提示：考虑从 $x[n]$ 到 $w[n]$ 整个系统的单位脉冲响应。

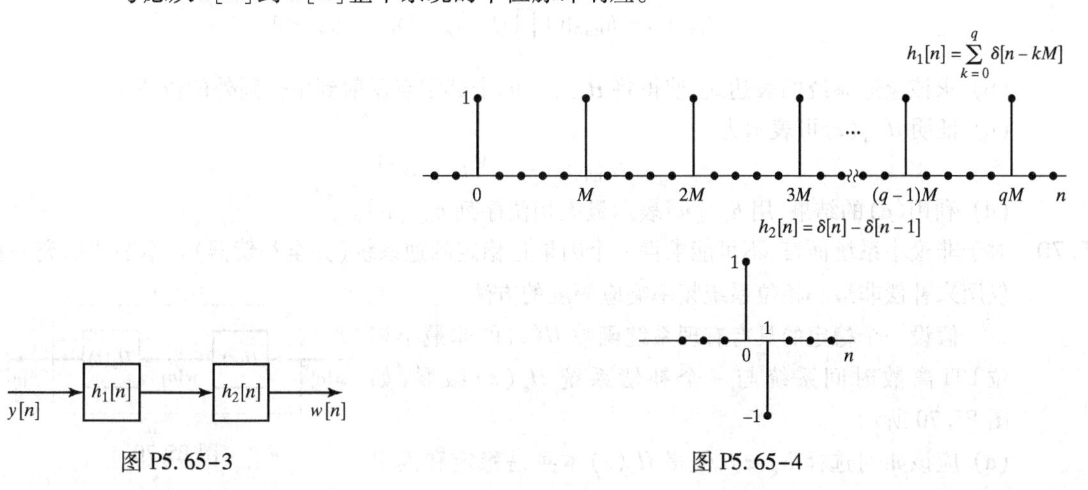

图 P5.65-3　　　　图 P5.65-4

(c) 现在想把这一方法推广到任何有限长污损单位脉冲响应 $h[n]$ 上去,也即假设 $h[n]=0$, $n<0$ 及 $n\geqslant M$。再进一步假设 $h_1[n]$ 与图 P5.65-4 所示相同。$H_2(z)$ 和 $H(z)$ 必须有怎样的关系才能如同(b)一样工作?为了实现 $H_2(z)$ 为一个因果系统,$H(z)$ 必须满足什么条件?

5.66 本题要说明对于一个有理 z 变换,因子 $(z-z_0)$ 和因子 $z/(z-1/z_0^*)$ 都对相位有相同的贡献。

(a) 令 $H(z)=z-1/a$, a 为实数且 $0<a<1$。画出系统的零-极点图,且指出在 $z=\infty$ 的零、极点。求系统的相位 $\angle H(e^{j\omega})$。

(b) 令 $G(z)$ 有在 $H(z)$ 零点的共轭倒数位置上的极点,有 $H(z)$ 极点的共轭倒数位置上的零点,其中包括在 0 和 ∞ 的那些零、极点。画出 $G(z)$ 的零-极点图。求系统的相位 $\angle G(e^{j\omega})$,并证明它与 $\angle H(e^{j\omega})$ 是相同的。

5.67 证明下面两种说法的正确性:

(a) 两个最小相位序列的卷积也是最小相位的。

(b) 两个最小相位序列的和不一定是最小相位的。具体地给出一个最小相位序列和一个非最小相位序列的例子,它们都能作为两个最小相位序列之和而构成。

5.68 一序列 $r[n]$ 由如下关系所定义:

$$r[n]=\sum_{m=-\infty}^{\infty}h[m]h[n+m]=h[n]*h[-n]$$

其中,$h[n]$ 是最小相位序列,而 $r[n]$ 为

$$r[n]=\frac{4}{3}\left(\frac{1}{2}\right)^n u[n]+\frac{4}{3}2^n u[-n-1]$$

(a) 求 $R(z)$ 并画出它的零-极点图。

(b) 求该最小相位序列 $h[n]$(可包括 ±1 的幅度加权因子),并求其 z 变换 $H(z)$。

5.69 某一最大相位序列是一个稳定序列,其 z 变换的零点和极点都在单位圆外。

(a) 证明最大相位序列是反因果的,即 $n>0$ 时,序列值为零。

FIR 最大相位序列通过引入有限长的延迟可以实现因果化。具有给定傅里叶变换幅度的有限长因果最大相位序列可以通过把一个最小相位序列的 z 变换的全部零点反射到单位圆外的共轭倒数的位置上来得到。也就是说,可以将最大相位因果有限长序列的 z 变换表示为

$$H_{\max}(z)=H_{\min}(z)H_{\mathrm{ap}}(z)$$

很明显,这个方法保证了 $|H_{\max}(e^{j\omega})|=|H_{\min}(e^{j\omega})|$。现在,一个有限长最小相位序列的 z 变换可以表示为

$$H_{\min}(z)=h_{\min}[0]\prod_{k=1}^{M}(1-c_k z^{-1}),\qquad |c_k|<1$$

(b) 求该全通系统的表达式,使得将 $H_{\min}(z)$ 的全部零点反射到单位圆外的位置上。

(c) 证明 $H_{\max}(z)$ 可表示为

$$H_{\max}(z)=z^{-M}H_{\min}(z^{-1})$$

(d) 利用(c)的结果,用 $h_{\min}[n]$ 表示最大相位序列 $h_{\max}[n]$。

5.70 对于非最小系统而言,不可能求得一个因果且稳定的逆系统(完全补偿器)。本题要研究一种仅用来补偿非最小相位系统频率响应幅度的方法。

假设一个稳定的具有有理系统函数 $H(z)$ 的非最小相位 LTI 离散时间系统与一个补偿系统 $H_c(z)$ 级联,如图 P5.70 所示。

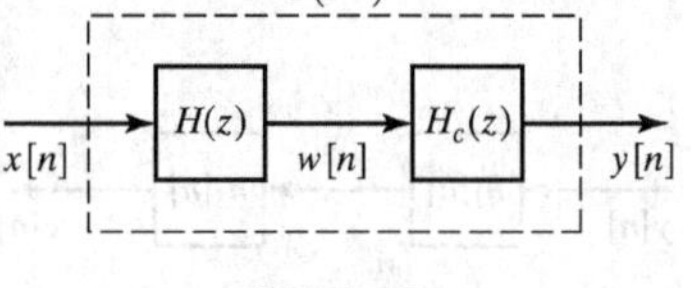

图 P5.70

(a) 应该如何选择 $H_c(z)$,使得 $H_c(z)$ 本身是稳定和因果

的,而且要使整个有效频率响应的幅度为 1?[想一想 $H(z)$ 总是可以表示为 $H(z)=H_{ap}(z)H_{min}(z)$。]

(b) 相应的系统函数 $H_c(z)$ 和 $G(z)$ 是什么?

(c) 假设

$$H(z)=(1-0.8e^{j0.3\pi}z^{-1})(1-0.8e^{-j0.3\pi}z^{-1})(1-1.2e^{j0.7\pi}z^{-1})(1-1.2e^{-j0.7\pi}z^{-1})$$

求 $H_{min}(z)$,$H_{ap}(z)$,$H_c(z)$ 和 $G(z)$,并对每个系统函数画出零-极点图。

5.71　令 $H_{min}(z)$ 为最小相位序列 $h_{min}[n]$ 的 z 变换。若 $h[n]$ 为某一因果非最小相位序列,其傅里叶变换幅度等于 $|H_{min}(e^{j\omega})|$,证明

$$|h[0]|<|h_{min}[0]|$$

[与式(5.93)一起利用初值定理。]

5.72　最小相位序列的重要性质之一就是最小能量延迟性质,即在全部具有相同傅里叶变换幅度函数 $|H(e^{j\omega})|$ 的因果序列中,当 $h[n]$ 为最小相位序列时,对全部 $n\geqslant 0$,能量

$$E[n]=\sum_{m=0}^{n}|h[m]|^2$$

为最大。这一结果可以证明如下:令 $h_{min}[n]$ 是 z 变换为 $H_{min}(z)$ 的最小相位序列。另外,令 z_k 是 $|H_{min}(z)|$ 的一个零点,这样 $H_{min}(z)$ 可表示为

$$H_{min}(z)=Q(z)(1-z_kz^{-1}),\qquad |z_k|<1$$

这里 $Q(z)$ 还是最小相位。现在考虑另一个序列 $h[n]$,其 z 变换 $H(z)$ 有

$$|H(e^{j\omega})|=|H_{min}(e^{j\omega})|$$

并且 $H(z)$ 有一个零点在 $z=1/z_k^*$,而不是在 z_k。

(a) 用 $Q(z)$ 来表示 $H(z)$。

(b) 用具有 z 变换为 $Q(z)$ 的最小相位序列 $q[n]$ 来表示 $h[n]$ 和 $h_{min}[n]$。

(c) 为了比较这两个序列的能量分布,证明

$$\varepsilon=\sum_{m=0}^{n}|h_{min}[m]|^2-\sum_{m=0}^{n}|h[m]|^2=(1-|z_k|^2)|q[n]|^2$$

(c) 利用(c)的结果,证明

$$\sum_{m=0}^{n}|h[m]|^2\leqslant\sum_{m=0}^{n}|h_{min}[m]|^2,\quad \text{对全部}n$$

5.73　一个因果全通系统 $H_{ap}(z)$ 有输入 $x[n]$ 和输出 $y[n]$。

(a) 若 $x[n]$ 为实最小相位序列(这也意味着对于 $n<0$, $x[n]=0$),利用式(5.108)证明

$$\sum_{k=0}^{n}|x[k]|^2\geqslant\sum_{k=0}^{n}|y[k]|^2 \qquad \text{(P5.73-1)}$$

(b) 即使 $x[n]$ 不是最小相位序列,但对于 $n<0$,$x[n]$ 为零,证明式(P5.73-1)仍成立。

5.74　无论是在连续时间或离散时间滤波器的设计中,往往观注的是逼近一个给定的幅度特性,而不特别顾及相位。例如,标准的低通和带通滤波器的设计方法就是从仅考虑幅度特性而得出的。

在很多滤波问题中,总愿意偏向于相位特性为零或线性的。对于因果滤波器来说,零相位是不可能的。然而,在许多滤波应用中,滤波器的单位脉冲响应对于 $n<0$ 也不必一定为零,只要处理不要求实时实现就行。

当要求过滤的数据是有限长,且存储于譬如说计算机的存储器中时,在离散时间滤波中一种常用的技术是将数据向前处理,然后通过同一滤波器再将数据向后处理。

令 $h[n]$ 是具有任意相位特性的某一因果滤波器的单位脉冲响应。假设 $h[n]$ 为实的,其傅里叶变换为 $H(e^{j\omega})$。令 $x[n]$ 为要过滤的数据。

(a) 方法 A:滤波过程按图 P5.74-1 所示进行。

(i) 求关于 $x[n]$ 和 $s[n]$ 的总单位脉冲响应 $h_1[n]$,并证明它有一个零相位特性。

(ii) 求 $|H_1(e^{j\omega})|$,并用 $|H(e^{j\omega})|$ 和 $\angle H(e^{j\omega})$ 来表示 $H_1(e^{j\omega})$。

(b) 方法 B:如图 P5.74-2 所示,通过滤波器 $h[n]$ 处理 $x[n]$ 得到 $g[n]$。另外,通过 $h[n]$ 向后处理 $x[n]$ 得到 $r[n]$。输出 $y[n]$ 取为 $g[n]$ 和 $r[-n]$ 之和。这一混合运算可以用一个滤波器来表示,该滤波器的输入为 $x[n]$,输出为 $y[n]$,单位脉冲响应为 $h_2[n]$。

(i) 证明该混合滤波器 $h_2[n]$ 有零相位特性。

(ii) 求 $|H_2(e^{j\omega})|$ 并用 $|H(e^{j\omega})|$ 和 $\angle H(e^{j\omega})$ 来表示 $H_2(e^{j\omega})$。

(c) 假设给定一有限长序列,要将该序列完成一个带通零相位的滤波运算。另外,假设给定该带通滤波器的 $h[n]$,其频率响应如图 P5.74-3 所示。它具有所要求的幅度特性,但是线性相位的。为了达到零相位,可以用方法 A 和方法 B 中的任一种。求出并画出 $|H_1(e^{j\omega})|$ 和 $|H_2(e^{j\omega})|$。从这些结果中,你愿意用哪一种方法来实现所要求的带通滤波?说明为什么。更一般地说,若 $h[n]$ 有所要求的幅度,但是一个非线性相位特性,哪一种方法用来实现零相位特性更为可取?

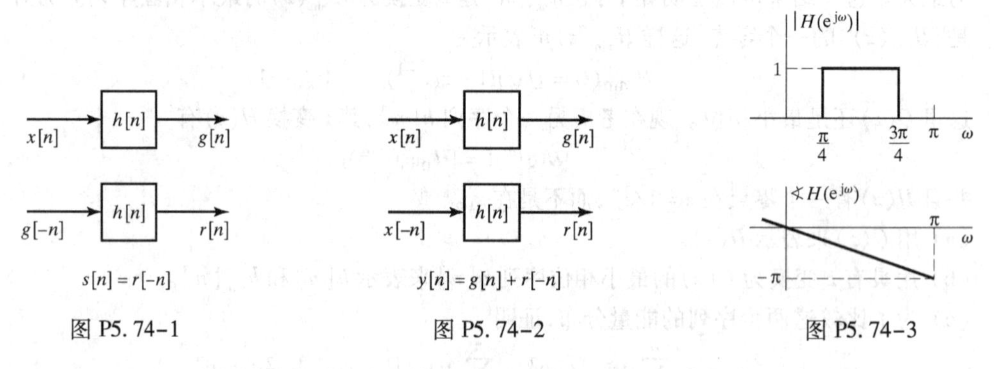

图 P5.74-1　　图 P5.74-2　　图 P5.74-3

5.75 试问下面说法是对还是错,如果对,简要陈述理由;如果不对,给出一个反例。

陈述:如果系统函数 $H(z)$ 除原点或无穷远点外,到处都可能有极点,那么该系统不可能有零相位或广义线性相位。

5.76 图 P5.76 示出一个实因果线性相位 FIR 滤波器系统函数 $H(z)$ 的零点图,全部指出的零点都代表着这一类因式 $(1-az^{-1})$。对这类因式相应于在 $z=0$ 的极点均未在图中标出。该滤波器在通带内的增益近似为 1。

(a) 其中有一个零点其模为 0.5,相角为 153°,根据上述信息,尽量多地确定其他零点的真正位置。

(b) 系统函数 $H(z)$ 用于图 4.10 所示的连续时间信号的离时间处理系统中,采样率 $T=0.5$ ms。假定连续时间信号 $X_c(j\Omega)$ 是带限的,而且这个采样率也足够高而没有混叠,C/D 和 D/C 的转移时间可忽略不计,请问经由整个系统的时延是多少(用 ms 计)?

(c) 对于(b)中的系统,画出整个系统有效连续时间频率响应 $20\log_{10}|H_{\text{eff}}(j\Omega)|$,$0\leq\Omega\leq\pi/T$,利用给出的信息尽可能准确地画。利用图 P5.76 中的信息,估计一下 $H_{\text{eff}}(j\Omega)=0$ 的频率,并在图中标出。

5.77 一个信号 $x[n]$ 经由一 LTI 系统 $H(z)$ 处理,然后再用因子 2 减采样得到 $y[n]$,如图 P5.77 所示。同时,在同一图中还示出 $x[n]$ 先减采样再用 LTI 系统 $G(z)$ 处理得到 $r[n]$。

(a) 对 $H(z)$(常数除外)和 $G(z)$ 给出一种选取,对任意 $x[n]$ 都有 $r[n]=y[n]$。

(b) 对 $H(z)$ 给出一种选取,使得无法选取 $G(z)$ 而对任意 $x[n]$ 有 $r[n]=y[n]$。

(c) 关于 $H(z)$ 尽可能确定一组通用条件，使得有可能选取 $G(z)$ 而对任意 $x[n]$ 有 $r[n]=y[n]$。这组条件不应该与 $x[n]$ 有关。如果首先建立的条件是通过 $h[n]$ 来表述的，那么用 $H(z)$ 再重新表述一下。

(d) 对于在(c)中所确立的条件，利用 $h[n]$ 表示的且有 $r[n]=y[n]$ 的 $g[n]$ 是什么？

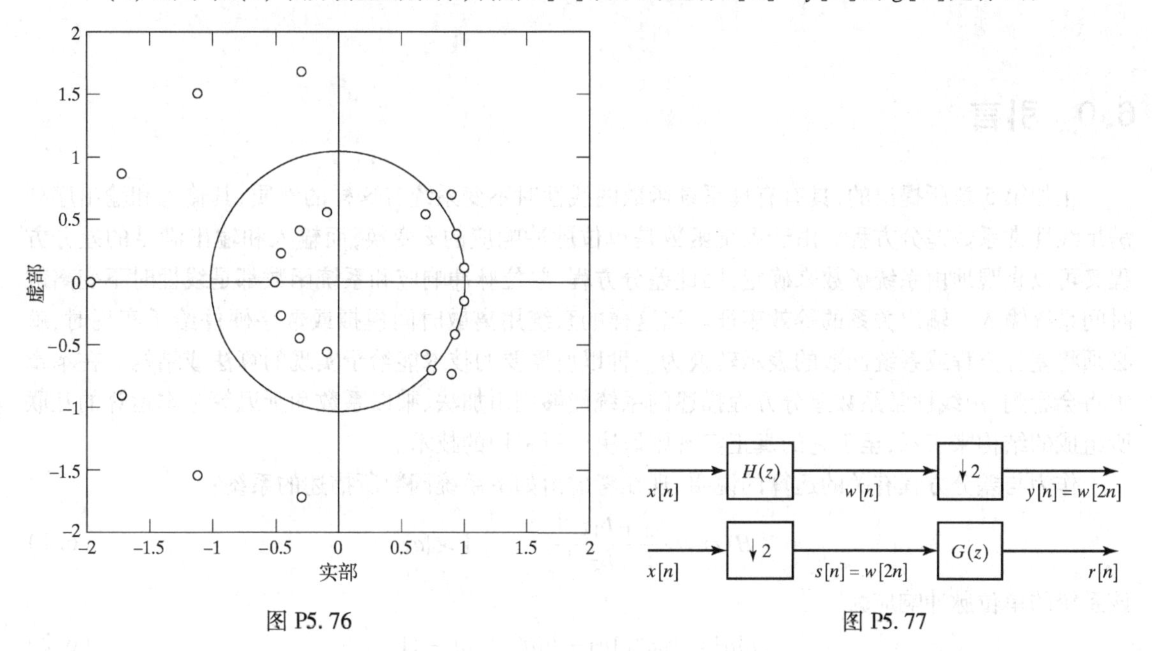

图 P5.76　　图 P5.77

5.78 考虑一个具有实值单位脉冲响应 $h[n]$ 的离散时间 LTI 系统，要求从该单位脉冲响应的自相关 $c_{hh}[\ell]$ 中求得 $h[n]$，或等效地说系统函数 $H(z)$。这个自相关的定义是

$$c_{hh}[\ell]=\sum_{k=-\infty}^{\infty}h[k]h[k+\ell]$$

(a) 若系统 $h[n]$ 是因果和稳定的，能唯一地由 $c_{hh}[\ell]$ 恢复 $h[n]$ 吗？明确陈述你的理由。

(b) 假定 $h[n]$ 是因果和稳定的，还假定已知系统函数对某有限的 a_k 具有如下形式：

$$H(z)=\frac{1}{1-\sum_{k=1}^{N}a_kz^{-k}}$$

能唯一地由 $c_{hh}[\ell]$ 恢复出 $h[n]$ 吗？明确陈述你的理由。

5.79 令 $h[n]$ 和 $H(z)$ 记为某一稳定全通 LTI 系统的单位脉冲响应和系统函数，令 $h_i[n]$ 记为(稳定的) LTI 逆系统的单位脉冲响应。假设 $h[n]$ 是实序列，证明：$h_i[n]=h[-n]$。

5.80 考虑一个实值序列 $x[n]$，其有 $X(e^{j\omega})=0, \pi/4\leqslant|\omega|\leqslant\pi$。$x[n]$ 中有一个序列值可能已受到"污损"，而想近似地或准确地恢复它。用 $g[n]$ 表示受到污损的信号

$$g[n]=x[n],\quad n\neq n_0$$

而 $g[n_0]$ 是实的，但与 $x[n_0]$ 无关。在以下两种情况下，分别给出一个实际的算法用于从 $g[n]$ 中完全或近似地恢复出 $x[n]$。

(a) 不知道 n_0 的准确值，但知道 n_0 是一个奇数。

(b) 有关 n_0 什么也不知道。

5.81 证明：若 $h[n]$ 是一 $(M+1)$ 点的 FIR 滤波器，且有 $h[n]=h[M-n]$ 和 $H(z_0)=0$，那么 $H(1/z_0)=0$。这表明偶对称线性相位 FIR 滤波器的零点是互为镜像的。(若 $h[n]$ 为实的，这些零点也一定是实的，或以复数共轭对出现。)

第6章　离散时间系统结构

6.0　引言

正如第5章所提出的，具有有理系统函数的线性时不变系统有这样的性质，其输入和输出序列满足线性常系数差分方程。由于系统函数是单位脉冲响应的 z 变换，而输入和输出满足的差分方程又可以直观地由系统函数来确定，因此差分方程、单位脉冲响应和系统函数都是线性时不变离散时间系统输入—输出关系的等效表征。当这样的系统用离散时间模拟或数字硬件给予实现时，就必须将差分方程或系统函数的表示转换为一种以所需要的技术能给予实现的算法或结构。在本章中将会看到，由线性常系数差分方程描述的系统能够用由加法、乘以系数和延迟等基本运算的互联所组成的结构来表示，至于它的真正实现则取决于所采用的技术。

作为与差分方程有关的运算的说明，现在考虑由如下系统函数所描述的系统：

$$H(z)=\frac{b_0+b_1z^{-1}}{1-az^{-1}},\qquad |z|>|a| \tag{6.1}$$

该系统的单位脉冲响应为

$$h[n]=b_0a^nu[n]+b_1a^{n-1}u[n-1] \tag{6.2}$$

输入和输出序列满足的一阶差分方程为

$$y[n]-ay[n-1]=b_0x[n]+b_1x[n-1] \tag{6.3}$$

式(6.2)给出了该系统单位脉冲响应的表达式。然而，由于系统的单位脉冲响应为无限长，即便只需计算一段有限长区间上的输出，也不能通过离散卷积运算来有效实现，因为计算 $y[n]$ 所需的计算量随着 n 的增加而增加。但是，式(6.3)可以重新写为

$$y[n]=ay[n-1]+b_0x[n]+b_1x[n-1] \tag{6.4}$$

这就为利用前一个输出 $y[n-1]$、当前的输入样本 $x[n]$ 和前一个输入样本 $x[n-1]$ 递推计算出在任意时间 n 的输出给出了一种算法基础。2.5节曾经讨论过，若进一步假设初始松弛条件(若已知 $x[n]=0, n<0$，则 $y[n]=0, N<0$)，并利用式(6.4)作为递推公式，由过去的输出值和当前及过去的输入值计算输出，那么系统就一定是线性和时不变的。类似的过程也能适用于更为一般的 N 阶差分方程的情况。然而，由式(6.4)给出的算法以及对高阶差分方程的推广对于实现一个特定的系统而言就不是唯一的运算算法，并且往往不是最好的选择。将会看到，在输入序列 $x[n]$ 和输出序列 $y[n]$ 之间有无限多种运算结构可以实现相同的关系。

本章以下部分将要考虑线性时不变离散时间系统实现中的一些重要论题。首先给出代表线性时不变因果系统的线性常系数差分方程运算结构的方框图和信号流图描述[①]。利用结合代数运算和方框图表示的处理，可以导出实现一个具有网格结构的因果线性时不变系统的许多基本等效结构。对于系数和变量的无限精度表示，对于它们的输入–输出特性来说，尽管两种结构可能是等效的，但是当数值精度为有限时，它们在性能上可能有很大的差异，这就是对研究不同实现结构感兴

① 这种流图在对电路图进行模拟时也被称为“网络”。本书在对差分方程进行图形表示时，将穿插地使用术语流图、结构和网络。

趣的主要原因。系统系数有限精度表示的影响,以及在中间计算过程中的截断和舍入效应均在本章的后面部分进行讨论。

6.1　线性常系数差分方程的方框图表示

利用重复计算由差分方程得出的递推公式来实现线性时不变离散时间系统就要求有输出、输入和中间序列的延迟值。这些序列值的延迟意味着需要存储过去的序列值。同时,也必须给出将延迟的序列值乘以系数的方法以及所得结果相加的方法。因此,实现线性时不变离散时间系统所需的基本单元就是加法器、乘法器和存储延迟序列值的存储器。这些基本单元的互联可以很方便地用由图6.1所示的基本符号所组成的方框图来表示。图6.1(a)代表相加两个序列的方法。一般在方框图表示中,一个加法器可以有任意多个输入。然而几乎在所有实际实现中,加法器仅有两个输入。在此明确地指出,在本章全部方框图中加法器的输入个数均限制为图6.1(a)所示的形式。图6.1(b)所描述的是序列乘以常数,而图6.1(c)所示则是序列延迟一个样本。在数字实现中可以用提供每一单位延迟要求的存储寄存器来实现延迟运算。出于这个原因,有时把图6.1(c)中的运算符称为延迟寄存器。在模拟离散时间实现中,例如,开关电容滤波器的延迟是用电荷存储器件来实现的。图6.1(c) 中的单位延迟系统是用其系统函数 z^{-1} 表示的。大于一个样本的延迟可以在图6.1(c)中用系统函数 z^{-M} 表示,这里 M 为样本延迟的个数。然而,延迟 M 个样本的真正实现一般是用级联 M 个单位延迟来完成的。在用集成电路实现时,这些单位延迟可以构成一个移位寄存器,它由输入信号的采样率来定时。在软件实现中,M 个级联的单位延迟可按 M 个顺序存储寄存器予以实现。

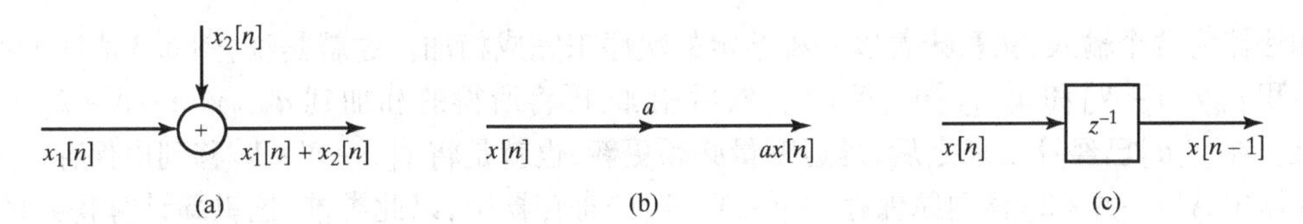

图6.1　方框图符号。(a)两序列相加;(b)序列乘以常数;(c)单位延迟

例6.1　一个差分方程的方框图表示

作为用图6.1所示基本单元表示的差分方程的例子,考虑下面二阶差分方程:

$$y[n] = a_1 y[n-1] + a_2 y[n-2] + b_0 x[n] \tag{6.5}$$

相应的系统函数为

$$H(z) = \frac{b_0}{1 - a_1 z^{-1} - a_2 z^{-2}} \tag{6.6}$$

根据式(6.5),该系统实现的方框图如图6.2所示。这样的方框图给出了实现该系统的一种运算算法的形象化表示。当该系统是在一台通用计算机或数字信号处理(DSP)芯片上实现时,如图6.2所示的网络结构就能用作实现该系统的编程基础。如果系统是用离散元件或者作为一个整体由超大规模集成电路(VLSI)技术来实现,那么,该方框图就是决定该系统硬件结构的基础。在两种情况下,图6.2所示的方框图明确表明必须为延迟变量(本例中为 $y[n-1]$,$y[n-2]$)和差分方程的系数(本例中为 a_1,a_2 和 b_0)提供存储。再者,由图6.2可见,计算一个输出序列值 $y[n]$ 是先形成乘积 $a_1y[n-1]$ 和 $a_2y[n-2]$,把它们相加,然后再将结果与 $b_0x[n]$ 相加。因此,图6.2方便地

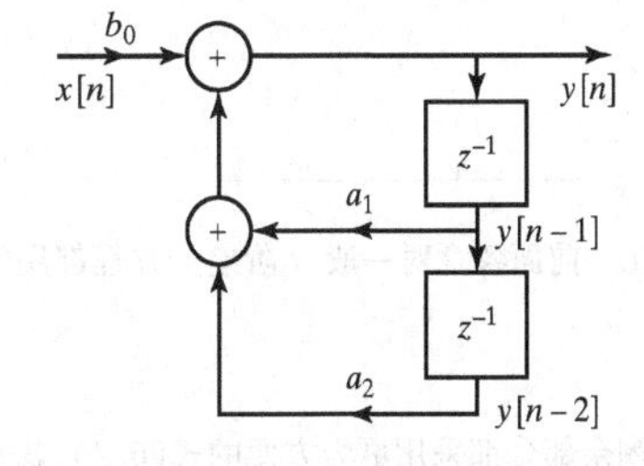

图6.2　差分方程方框图表示的例子

描绘出有关运算算法的复杂性、算法的步骤以及为实现该系统所要求的硬件数量。

可以将例 6.1 推广到高阶差分方程为①

$$y[n]-\sum_{k=1}^{N}a_k y[n-k]=\sum_{k=0}^{M}b_k x[n-k] \tag{6.7}$$

相应的系统函数为

$$H(z)=\frac{\sum_{k=0}^{M}b_k z^{-k}}{1-\sum_{k=1}^{N}a_k z^{-k}} \tag{6.8}$$

利用输出序列的过去值和输入序列的当前值与过去值的线性组合重新将式(6.7)写成对 $y[n]$ 的递推公式的形式,就得出关系

$$y[n]=\sum_{k=1}^{N}a_k y[n-k]+\sum_{k=0}^{M}b_k x[n-k] \tag{6.9}$$

图 6.3 所示的方框图是式(6.9)的一种直接的形象化表示。更仔细些,它表示如下一对差分方程:

$$v[n]=\sum_{k=0}^{M}b_k x[n-k] \tag{6.10a}$$

$$y[n]=\sum_{k=1}^{N}a_k y[n-k]+v[n] \tag{6.10b}$$

假定加法器为两个输入,就意味着以一种给定的次序来完成相加。这就是说,图 6.3 表明必须先计算出乘积 $a_N y[n-N]$ 和 $a_{N-1}y[n-N+1]$,然后相加,再将所得的和加到 $a_{N-2}y[n-N+2]$ 上去,依此类推。在 $y[n]$ 已经算出来之后,延迟变量必须更新,也就是将 $y[n-N+1]$ 移到原保存 $y[n-N]$ 的寄存器中,$y[n-N+2]$ 移到原保存 $y[n-N+1]$ 的寄存器中,以此类推,这里新计算得到的 $y[n]$ 变为下一次迭代的 $y[n-1]$。

一个方框图可以不同方式重新组织或变化而不改变总的系统函数。每一种适当的重排就代表了实现同一系统的不同运算算法。例如,图 6.3 所示的方框图可以看作两个系统的级联,其中第一个表示由 $x[n]$ 计算出 $v[n]$,而第二个则表示由 $v[n]$ 计算出 $y[n]$。因为这两个系统都是线性时不变系统(假定延迟寄存器初始松弛),那么两个系统在级联中的次序就可以交换成如图 6.4 所示,而不影响总的系统函数。图 6.4 中,为了方便起见已假定 $M=N$。很清楚,这并不失一般性,因为如果 $M\neq N$,只是图 6.4 中某些系数 a_k 或 b_k 为零而已,其方框图也就相应简化。

利用式(6.8)给出的系统函数 $H(z)$,图 6.3 可以看作是 $H(z)$ 通过如下分解的一种实现:

$$H(z)=H_2(z)H_1(z)=\left(\frac{1}{1-\sum_{k=1}^{N}a_k z^{-k}}\right)\left(\sum_{k=0}^{M}b_k z^{-k}\right) \tag{6.11}$$

---

① 前面各章对一般 N 阶差分方程都用的是

$$\sum_{k=0}^{N}a_k y[n-k]=\sum_{k=0}^{M}b_k x[n-k]$$

本书剩余部分都采用更为方便的式(6.7),这里将 $y[n]$ 的系数归一化到 1,而有关延迟输出的系数在移到右边以后,都以正号出现[见式(6.9)]。

或等效为下面一对方程:

$$V(z)=H_1(z)X(z)=\left(\sum_{k=0}^{M}b_kz^{-k}\right)X(z) \tag{6.12a}$$

$$Y(z)=H_2(z)V(z)=\left(\frac{1}{1-\sum_{k=1}^{N}a_kz^{-k}}\right)V(z) \tag{6.12b}$$

另一方面,图 6.4 则将 $H(z)$ 表示为

$$H(z)=H_1(z)H_2(z)=\left(\sum_{k=0}^{M}b_kz^{-k}\right)\left(\frac{1}{1-\sum_{k=1}^{N}a_kz^{-k}}\right) \tag{6.13}$$

或等效为如下方程:

$$W(z)=H_2(z)X(z)=\left(\frac{1}{1-\sum_{k=1}^{N}a_kz^{-k}}\right)X(z) \tag{6.14a}$$

$$Y(z)=H_1(z)W(z)=\left(\sum_{k=0}^{M}b_kz^{-k}\right)W(z) \tag{6.14b}$$

在时域中,图 6.4 以及等效的式(6.14a)和式(6.14b)可以用下面这对差分方程来表示:

$$w[n]=\sum_{k=1}^{N}a_kw[n-k]+x[n] \tag{6.15a}$$

$$y[n]=\sum_{k=0}^{M}b_kw[n-k] \tag{6.15b}$$

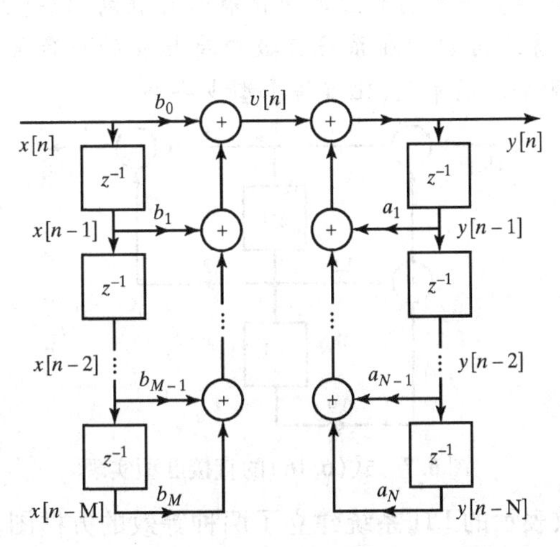

图 6.3　N 阶差分方程的方框图表示

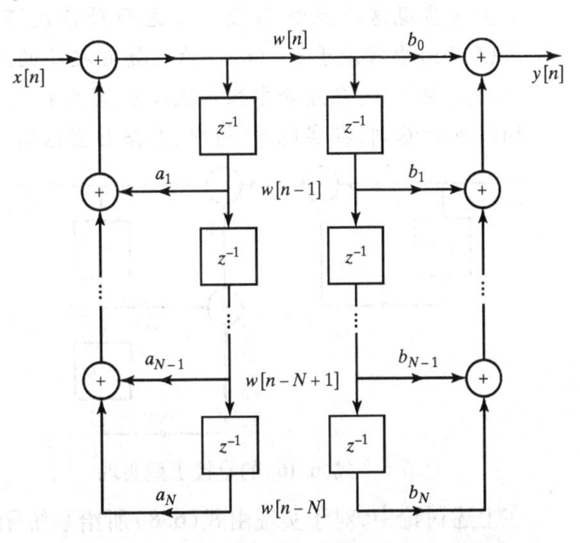

图 6.4　图 6.3 方框图的重新安排:为方便设 $M=N$;若 $M\neq N$ 时,某些系数为零

图6.3和图6.4所示的方框图有几个重要的差别。在图6.3中,先实现由$H_1(z)$表示的$H(z)$的零点,接着实现由$H_2(z)$表示的$H(z)$的极点。在图6.4中,先实现极点,再接着实现零点。理论上讲,实现的次序并不影响总的系统函数。但是将会看到,当差分方程用有限精度运算时,在实际数字系统具有无限精度运算的假设下等效的两个系统之间可能存在着显著的差异。另一重要之处是关于在两个系统中延迟单元的个数。正如所画出来的,图6.3和图6.4都有总数为$(M+N)$个延迟单元。然而,注意到在图6.4的方框图中,将完全相同的信号$w[n]$存储在两个延迟单元链中而能予以重画,这样这两个延迟单元链就能合并成一个链,如图6.5所示。

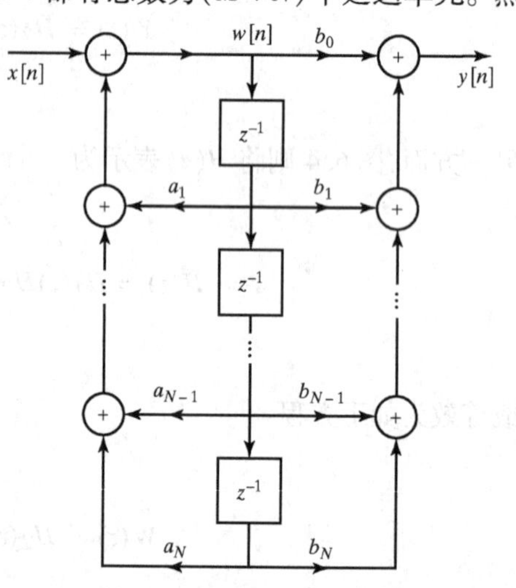

图6.5 图6.4延迟单元的合并

图6.5中延迟单元的总数少于或等于图6.3或图6.4中所需延迟单元的个数,并且事实上这是实现具有式(6.8)所给的系统函数的系统所要求的最少个数。一般要求延迟单元的最小个数就是(N,M)中的最大值。具有最少延迟单元数目的实现通常就称为规范型实现。图6.3所示的非规范型方框图称为N阶差分方程的直接Ⅰ型实现,因为它就是满足输入$x[n]$和输出$y[n]$的差分方程的一种直接实现,该差分方程可以凭观察直接从系统函数写出来。图6.5常称为直接Ⅱ型或规范直接型实现。了解了图6.5是由式(6.8)所给出$H(z)$的一种合适的实现结构之后,就可以直接在系统函数和方框图(或等效的差分方程)之间以一种直截了当的方式实现相互转换。

例6.2 一个LTI系统的直接Ⅰ型和直接Ⅱ型实现

考虑一LTI系统,其系统函数为

$$H(z)=\frac{1+2z^{-1}}{1-1.5z^{-1}+0.9z^{-2}} \tag{6.16}$$

将该系统函数与式(6.8)作比较,可得$b_0=1$,$b_1=2$,$a_1=+1.5$和$a_2=-0.9$,所以根据图6.3,就能用图6.6所示的直接Ⅰ型方框图来实现这个系统。参照图6.5,也能用图6.7所示的直接Ⅱ型来实现这个系统函数。在这两种情况下都注意到,方框图的反馈支路中的系数与在式(6.16)中对应于z^{-1}和z^{-2}的系数有相反的正负号。虽然符号上的变化有时会混淆,但是关键的是要记住:在差分方程中这些反馈系数$\{a_k\}$总是与它们在系统函数中有相反的正负号。同时也注意到,在实现$H(z)$中,直接Ⅱ型仅需要两个延迟单元,比直接Ⅰ型少一个。

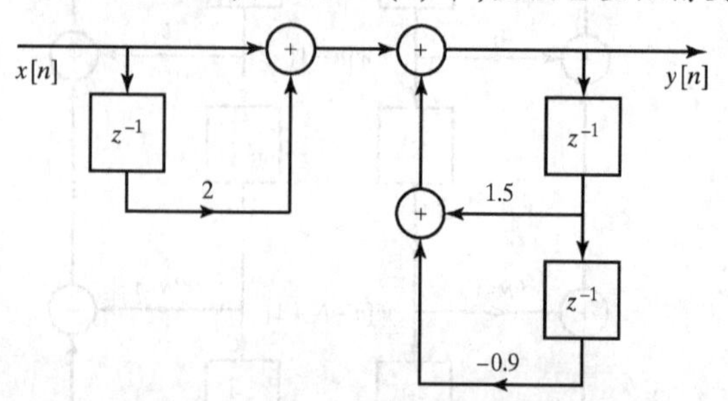

图6.6 式(6.16)的直接Ⅰ型实现

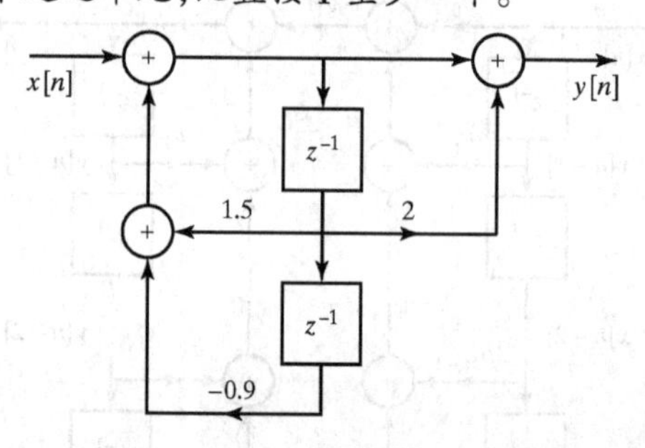

图6.7 式(6.16)的直接Ⅱ型实现

在上述讨论中,对于实现由式(6.8)所给系统函数表示的LTI系统建立了两种等效的方框图。这些代表实现同一系统不同运算算法的方框图是根据系统线性和系统函数的代数性质的处置而得到的。的确,因为表示LTI系统的基本差分方程是线性的,所以只要将差分方程的变量做线性变换就可以得到差分方程的等效集。因此,任何给定系统都存在无数个等效实现。6.3 节将用类似于本节的方法对于实现由式(6.8)给出的系统函数的系统建立另外几个重要而有用的等效结构。在讨论这些结构类型之前,引入信号流图作为另一种表示差分方程的方框图是方便的。

6.2　线性常系数差分方程的信号流图表示

差分方程的信号流图表示除去几个符号上的差别以外,基本上与方框图表示是相同的。形式上,一个信号流图就是连接节点的有向支路的一个网络。与每个节点有关的是一个变量或节点值。与节点 k 有关的值可以记作 w_k,或者,对于数字滤波器来说,因为节点变量一般就是序列,通常明确用符号 $w_k[n]$ 指出。支路 (j,k) 记作由节点 j 出发,到节点 k 终止的一条支路,在支路上用箭头指出从 j 到 k 的方向。这就如图 6.8 所示。每条支路都有一个输入信号和一个输出信号。从节点 j 到支路 (j,k) 的输入信号是节点值 $w_j[n]$。在线性信号流图中(仅考虑这类信号流图),某一支路的输出就是该支路输入的线性变换。最简单的例子就是常数增益,即该支路的输出只是支路输入乘以常数。由支路所代表的线性运算一般是在靠近指明支路方向的箭头处指出,对于常数相乘的情况,该常数就简单地在紧靠箭头处标明。如果支路运算没有明确指出,就说明是一条传输为 1 的支路,或恒等变换。按定义,在图中每个节点的节点值就是进入该节点的全部支路的输出之和。

为了完善信号流图符号的定义,现定义两类特殊的节点。源节点就是那些没有流进支路的节点。源节点用来表示外部输入或注入到流图内的信号源。汇节点是那些仅有流进支路的节点。汇节点用于从一个流图中提取输出。源节点、汇节点和简单的支路增益都在图 6.9 所示的信号流图中表示。图 6.9 所表示的线性方程如下:

$$w_1[n] = x[n] + aw_2[n] + bw_2[n]$$

$$w_2[n] = cw_1[n] \tag{6.17}$$

$$y[n] = dx[n] + ew_2[n]$$

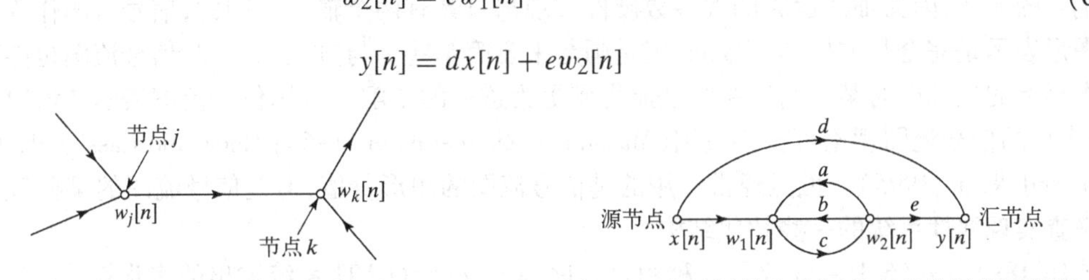

图 6.8　信号流图中节点和支路的例子　　图 6.9　表示源节点和汇节点的信号流图举例

相加、乘以常数和延迟是实现线性常系数差分方程要求的基本运算。因为这些都是线性运算,因此就有可能采用信号流图符号来为实现 LTI 离散时间系统描述算法。如何将上述讨论的信号流图概念应用到差分方程的表示上去,现作为一个例子考虑图 6.10(a)所示的方框图,这是系统函数为式(6.1)的系统的直接Ⅱ型实现。相应的该系统的信号流图如图 6.10(b) 所示。在差分方程的信号流图表示中,节点变量都是序列。图 6.10(b)中,节点 0 是源节点,其值由输入序列 $x[n]$ 确定;而节点 5 是汇节点,它的值记作 $y[n]$。注意到源节点和汇节点都是用单位增益支路连接到该图的其余部分中去以明确表示该系统的输入和输出。很明显,节点 3 和节点 5 有相同的值。具有单位增益的附加支路简单地用来强调节点 3 就是系统输出这一事实。图 6.10(b)中,除一条支路[延迟支路(2,4)]外全部支路都可以用简单的支路增益来表示,也就是说,支路输出信号是支路输入乘以常数。延迟在时域中不能用支路增益来表示。然而,单位延迟的 z 变换表示就是乘以因子 z^{-1}。如果用相应的 z 变换方程来表示差分方程,那么全部支路都可以用它们的系统函数来表征。在这种情况下,每一支路增益就是 z 的函数;例如,单位延迟支路就有增益 z^{-1}。按照惯例,在信号流图中以序列而不是序列的 z 变换来表示变量。然而为了简化符号,就用支路增益 z^{-1} 表示一条延迟支路,不过应理解为这样一条支路的输出是其输入延迟一个序列值。也就是说,在信号流图中采用z^{-1}就意味着一个会产生一个样本延迟的运算符。按照这一约定,图6.10(b)所示的结构图就如图6.11所示。图6.11代表的方程如下:

$$w_1[n] = aw_4[n] + x[n] \tag{6.18a}$$

$$w_2[n] = w_1[n] \tag{6.18b}$$

$$w_3[n] = b_0w_2[n] + b_1w_4[n] \tag{6.18c}$$

$$w_4[n] = w_2[n-1] \tag{6.18d}$$

$$y[n] = w_3[n] \tag{6.18e}$$

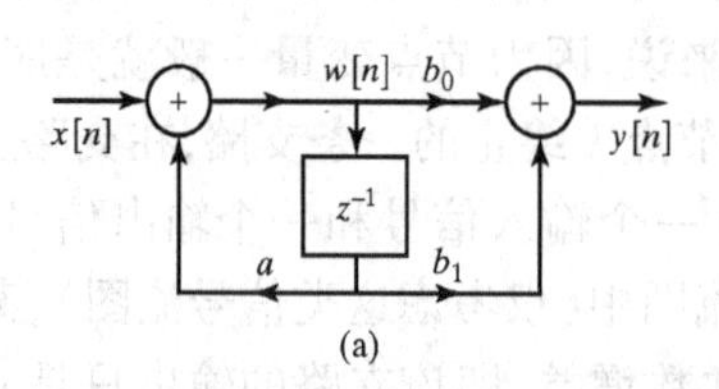

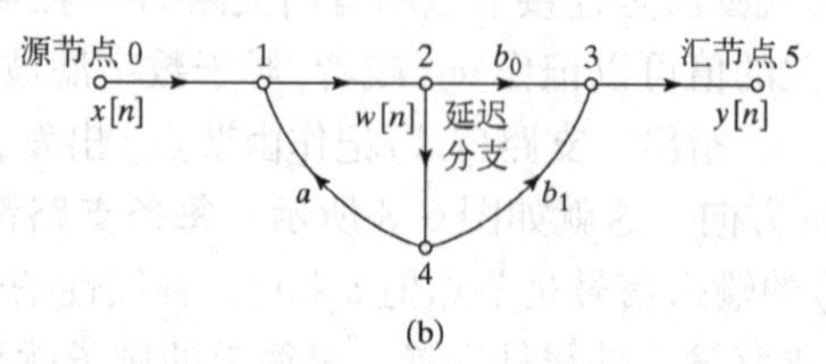

图6.10 (a)一阶数字滤波器的方框图表示;(b)相应于方框图(a)的信号流图结构

将图6.10(a)和图6.11比较就可以看出,在方框图中的支路和信号流图中的支路之间有着直接的对应关系。事实上,这两者之间的重大差别在于:信号流图中的节点既代表分支点,又是加法器;而在方框图中,对加法器则用了一种专用符号。方框图中的一个分支点在信号流图中是用这样的节点表示的,该节点仅有一条流入支路和一条或多条流出支路。在方框图中的一个加法器在信号流图中是用这样一个节点来表示的,该节点有两条(或多条)流入支路。通常情况下,只绘制每个节点最多具有两个输入的流图,因为加法运算的大多数硬件实现都只具有两个输入。因此,信号流图作为差分方程的图形表示是完全与方框图等效的,但是画起来要简单些。与方框图一样,信号流图也能对它们进行图形上的处理以对某一给定系统性质得到更为透彻的了解。当用信号流图表示离散时间系统时,有大量的信号流图理论可直接应用(Mason and Zimmermann, 1960; Chow and Cassignol, 1962 和 Phillips and Nagle,1995)。虽然通常利用的是信号流图的图形价值,但是信号流图的某些理论也可用来考查实现线性系统的一些替代结构。

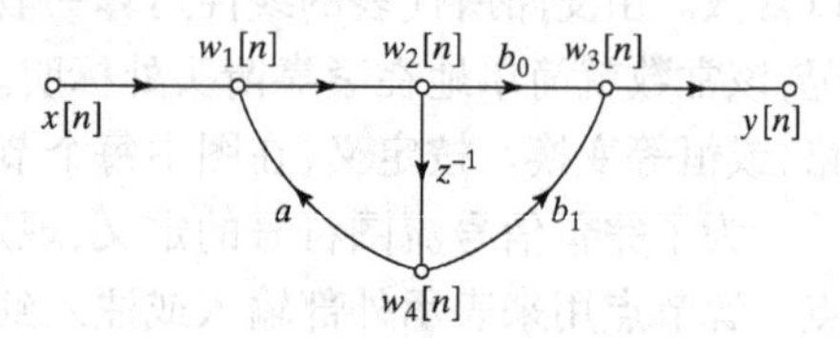

图6.11 延迟支路用z^{-1}表示的图6.10(b)的信号流图

式(6.18a)~式(6.18e)定义了一种由输入序列$x[n]$计算LTI系统输出的多步算法。这个例子说明了在IIR系统实现中通常遇到的数据先后次序关系这一类问题。式(6.18a)~式(6.18e)不能用任意次序计算。在式(6.18a)和式(6.18c)中要求相乘和相加,而式(6.18b)和式(6.18e)只是对变量重新命名。式(6.18d)表示系统存储器的"更新"。它就是把代表$w_4[n]$的存储寄存器中的内容用$w_2[n]$的值代替而给予实现,但是这必须始终如一地在所有其他式子计算以前或以后来完成。在这种情况下,初始松弛条件也要加上,即定义$w_2[-1]=0$或$w_4[0]=0$。很明显,除了最后两个方程可以互换,或者式(6.18d)能够始终首先被求出来以外,式(6.18a)~式(6.18e)必须要用给出的次序计算。

信号流图代表一组差分方程,其每一个方程都是针对网络中每个节点列出的。在图6.11所示的情况下,可以很容易地消去一些变量而得到如下一对方程:

$$w_2[n] = aw_2[n-1] + x[n] \tag{6.19a}$$

$$y[n] = b_0w_2[n] + b_1w_2[n-1] \tag{6.19b}$$

这就是式(6.15a)和式(6.15b)的形式。由于延迟变量的反馈,当用时域变量处理时要对一个流图的差分方程进行处置往往是困难的。在这种情况下,用z变换表示来处理总是可行的,这时全部支路都是简单的增益,因为在z变换中延迟是用乘以z^{-1}来表示的。习题6.1至习题6.28将说明利用流图的z变换分析,以得到差分方程的等效集合。

例6.3　从一个流图确定系统函数

为了说明从一个流图确定系统函数中 z 变换的应用，现考虑图6.12。图6.12所示的流图不是用直接型给出的，因此，凭直接观察这个流图不能写出系统函数。然而，利用其他节点变量对每一节点值写出一个方程就能够写出由该流图所代表的差分方程组。这5个方程是

$$w_1[n] = w_4[n] - x[n] \tag{6.20a}$$

$$w_2[n] = \alpha w_1[n] \tag{6.20b}$$

$$w_3[n] = w_2[n] + x[n] \tag{6.20c}$$

$$w_4[n] = w_3[n-1] \tag{6.20d}$$

$$y[n] = w_2[n] + w_4[n] \tag{6.20e}$$

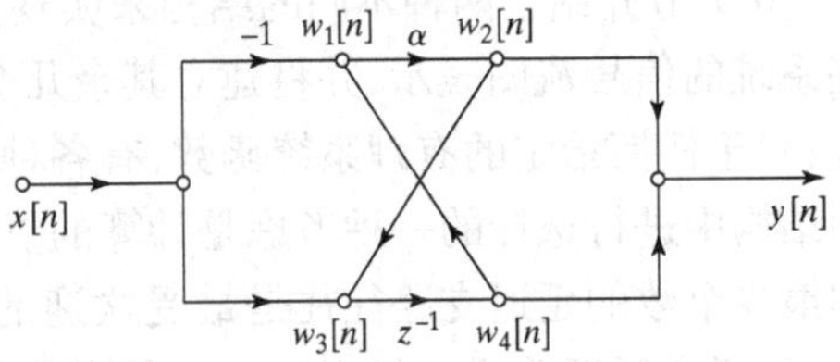

图6.12　不是用标准的直接型给出的流图

这些方程就是以该流图所描述的形式被用来实现的系统方程。式(6.20a)～式(6.20e)可用下面 z 变换式表示为

$$W_1(z) = W_4(z) - X(z) \tag{6.21a}$$

$$W_2(z) = \alpha W_1(z) \tag{6.21b}$$

$$W_3(z) = W_2(z) + X(z) \tag{6.21c}$$

$$W_4(z) = z^{-1} W_3(z) \tag{6.21d}$$

$$Y(z) = W_2(z) + W_4(z) \tag{6.21e}$$

将式(6.21a)代入式(6.21b)，并将式(6.21c)代入式(6.21d)后，从这组方程中就能消去 $W_1(z)$ 和 $W_3(z)$，得到

$$W_2(z) = \alpha(W_4(z) - X(z)) \tag{6.22a}$$

$$W_4(z) = z^{-1}(W_2(z) + X(z)) \tag{6.22b}$$

$$Y(z) = W_2(z) + W_4(z) \tag{6.22c}$$

由式(6.22a)和式(6.22b)可解出 $W_2(z)$ 和 $W_4(z)$ 为

$$W_2(z) = \frac{\alpha(z^{-1}-1)}{1-\alpha z^{-1}} X(z) \tag{6.23a}$$

$$W_4(z) = \frac{z^{-1}(1-\alpha)}{1-\alpha z^{-1}} X(z) \tag{6.23b}$$

将式(6.23a)和式(6.23b)代入式(6.22c)，得出

$$Y(z) = \left(\frac{\alpha(z^{-1}-1) + z^{-1}(1-\alpha)}{1-\alpha z^{-1}}\right) X(z) = \left(\frac{z^{-1}-\alpha}{1-\alpha z^{-1}}\right) X(z) \tag{6.24}$$

因此，图6.12所示流图的系统函数为

$$H(z) = \frac{z^{-1}-\alpha}{1-\alpha z^{-1}} \tag{6.25}$$

系统的单位脉冲响应就为

$$h[n] = \alpha^{n-1} u[n-1] - \alpha^{n+1} u[n]$$

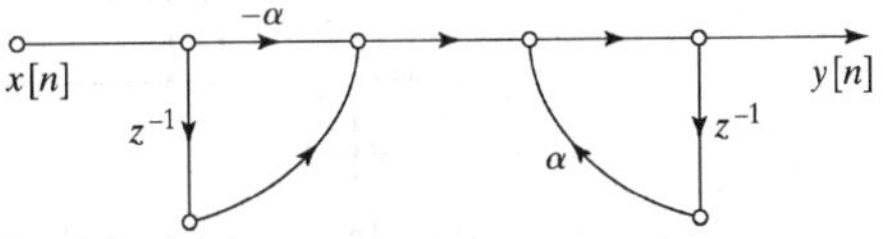

图6.13　与图6.12等效的直接Ⅰ型流图

该系统函数所对应的直接Ⅰ型流图如图6.13所示。

例6.3说明 z 变换如何将涉及反馈并由此而求解困难的一组时域方程转换为能用代数方法求解的一组线性方程。这个例子也说明不同的流图表示确定了不同的计算算法，这些算法具有不同的计算资源需求量。比较图6.12和图6.13可见，原来的实现仅需要一个乘法和一个延迟(存储)单元，而直接Ⅰ型实现则需要两个乘法和两个延迟单元，直接Ⅱ型实现也只能减少一个延迟单元，而仍然需要两个乘法单元。

6.3 IIR 系统的基本结构

6.1 节介绍了两种不同的结构来实现具有式(6.8)所示系统函数的 LTI 系统。本节将介绍这些系统的信号流图表示,并将建立其余几个常用的等效信号流图网络结构。在讨论中将会更加清楚:对于任何给定的有理系统函数,有各种各样的等效差分方程或网络结构存在。在这些众多的不同结构中进行选择的一种考虑是计算的复杂性。例如,在一些数字实现中,最少个数的常数乘法器和最少个数的延迟支路往往是最受欢迎的。这是因为乘法一般在数字硬件中是耗时和耗资的运算,而每个延迟单元都相应于一个存储寄存器。结果,常数乘法器的减少就意味着速度的提高,而延迟单元数量的减少就意味着要求的存储器减少。

其他的更为巧妙的一些权衡在 VLSI 实现中会遇到,在那里芯片尺寸往往是一项重要的指标。在这种实现中,芯片中数据传送模式化和简单性也常常是所追求的。在多处理器实现中,最重要的考虑往往是关于算法的可分割性和处理器之间的通信要求。其他主要的考虑是有限寄存器长度和有限精度运算的影响。这些影响取决于运算是以何种方式组织的,也即取决于信号流图的结构。有时又希望利用某种结构,这种结构虽不具有最少个数的乘法器和延迟单元,但这种结构对有限寄存器长度的影响有较低的灵敏度。

本节将建立最常用的实现一个 LTI IIR 系统的几种形式并得出它们的流图表示。

6.3.1 直接型

在 6.1 节中曾经得到一个 LTI 系统的直接Ⅰ型(见图 6.3)和直接Ⅱ型或规范直接型(见图 6.5)结构的方框图表示,系统的输入和输出满足如下差分方程:

$$y[n] - \sum_{k=1}^{N} a_k y[n-k] = \sum_{k=0}^{M} b_k x[n-k] \tag{6.26}$$

并具有如下有理系统函数:

$$H(z) = \frac{\sum_{k=0}^{M} b_k z^{-k}}{1 - \sum_{k=1}^{N} a_k z^{-k}} \tag{6.27}$$

在图 6.14 中,图 6.3 所示的直接Ⅰ型结构是用信号流图的约定来给出的。而图 6.15 所示的则是图 6.5 所给的直接Ⅱ型结构的信号流图表示。为了方便起见,再次设 $N = M$。应该注意,已经

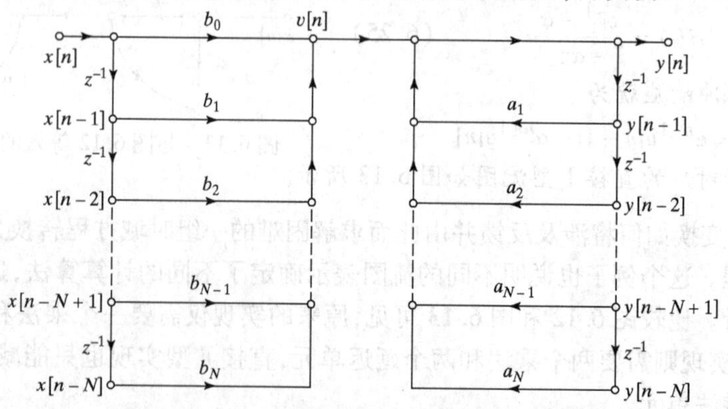

图 6.14 N 阶系统直接Ⅰ型结构的信号流图

画出的信号流图都是每个节点不多于两个输入。在信号流图中一个节点本可以有任意多的输入，但是正如早先已指出的，两个输入的约定对于用流图实现差分方程的计算是与编程和硬件结构更加密切联系的。

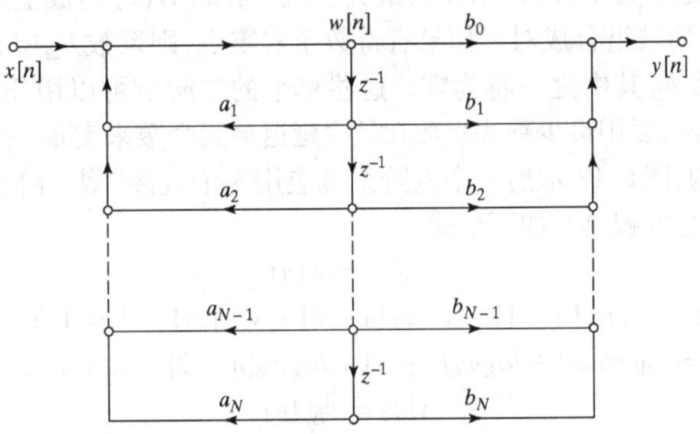

图 6.15　N 阶系统直接Ⅱ型结构的信号流图

例 6.4　举例说明直接Ⅰ型和直接Ⅱ型结构

考虑一系统函数为

$$H(z)=\frac{1+2z^{-1}+z^{-2}}{1-0.75z^{-1}+0.125z^{-2}} \tag{6.28}$$

因为在直接型结构中的系数直接对应于分子和分母多项式中的系数[考虑式(6.27)分母中的负号]，所以就能直接参照图 6.14 和图 6.15 画出这些结构，本例中两种直接型结构分别如图 6.16和图 6.17 所示。

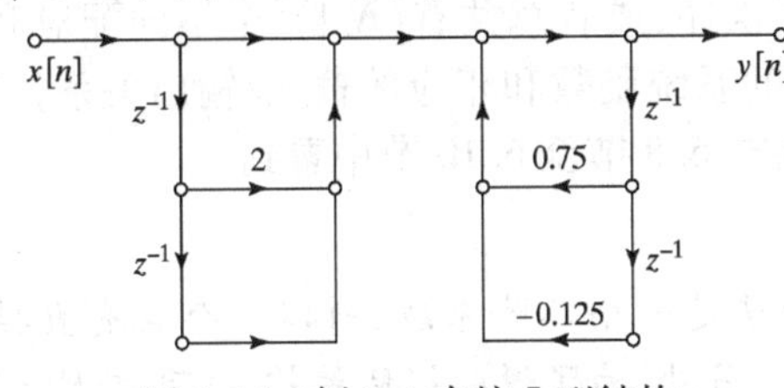

图 6.16　例 6.4 直接Ⅰ型结构

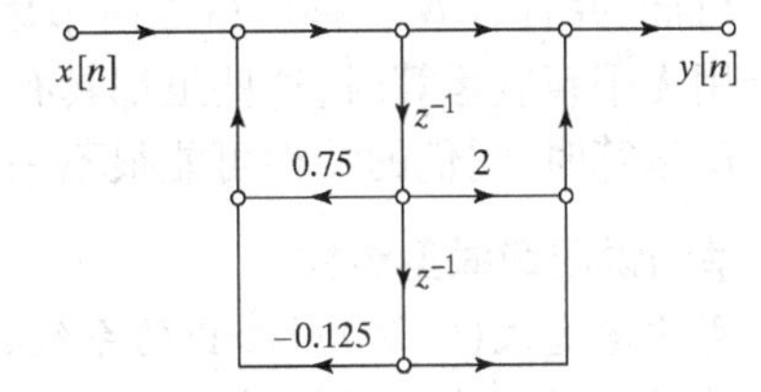

图 6.17　例 6.4 直接Ⅱ型结构

6.3.2　级联型

直接型结构可以将系统函数 $H(z)$ 写成形如式(6.27)那样以变量 z^{-1} 的多项式之比直接求得。如果将分子和分母多项式因式分解，就可以将 $H(z)$ 表示为

$$H(z)=A\frac{\prod_{k=1}^{M_1}(1-f_kz^{-1})\prod_{k=1}^{M_2}(1-g_kz^{-1})(1-g_k^*z^{-1})}{\prod_{k=1}^{N_1}(1-c_kz^{-1})\prod_{k=1}^{N_2}(1-d_kz^{-1})(1-d_k^*z^{-1})} \tag{6.29}$$

式中，$M=M_1+2M_2$，$N=N_1+2N_2$。在这种表示式中，一阶因子表示实零点在 f_k 和实极点在 c_k，而二阶因子表示复数共轭零点在 g_k 和 g_k^*，复数共轭极点在 d_k 和 d_k^*。当式(6.27)的全部系数都为实数时，就代表了最一般的零、极点分布情况。式(6.29)提出了由一阶和二阶系统级联组成的一种结构。这种结构在子系统组成的选择上和子系统级联的先后次序上有很大的自由度。然而，实际上往往追求的是利用最小存储和计算的级联实现。对许多实现形式都有利的一种标准结构是将一对实因子和一对复数共轭对都配成二阶因子，这样式(6.29)就能表示为

$$H(z)=\prod_{k=1}^{N_s}\frac{b_{0k}+b_{1k}z^{-1}+b_{2k}z^{-2}}{1-a_{1k}z^{-1}-a_{2k}z^{-2}} \tag{6.30}$$

式中,$N_s=\lfloor(N+1)/2\rfloor$是不大于$(N+1)/2$的最大整数。在将$H(z)$写成上述形式时,已经假定$M\leqslant N$,并且实极点和实零点均已组合成对。如果有奇数个实零点,则系数b_{2k}中有一个将为零。同样,如果有奇数的实极点,系数b_{2k}其中之一将为零。这些单个的二阶节可以用任意一种直接型结构来实现;然而,先前的讨论指出,要用最少乘法次数和最少延迟单元个数来实现一个级联结构,就应在每个二阶节采用直接Ⅱ型结构,图6.18示出一个六阶系统应用3个直接Ⅱ型二阶节的级联结构。按直接Ⅱ型二阶节级联表示的差分方程具有如下形式:

$$y_0[n]=x[n] \tag{6.31a}$$

$$w_k[n]=a_{1k}w_k[n-1]+a_{2k}w_k[n-2]+y_{k-1}[n]\quad k=1,2,\cdots,N_s \tag{6.31b}$$

$$y_k[n]=b_{0k}w_k[n]+b_{1k}w_k[n-1]+b_{2k}w_k[n-2]\quad k=1,2,\cdots,N_s \tag{6.31c}$$

$$y[n]=y_{N_s}[n] \tag{6.31d}$$

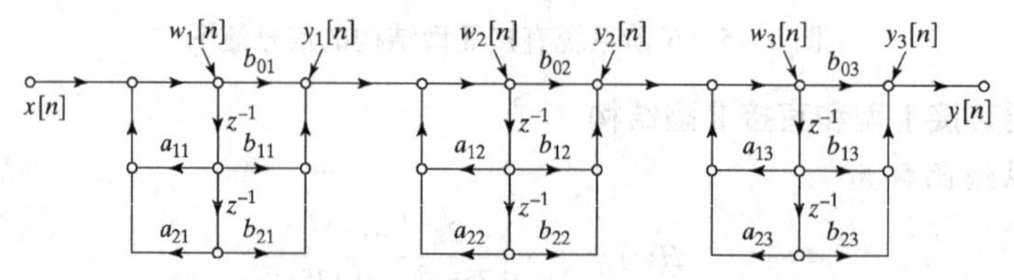

图6.18 每个二阶子系统用直接Ⅱ型实现的一个六阶系统的级联结构

很容易看到,仅就以不同方式将零点和极点配对,以及以不同方式将这些二阶节排序,理论上就能得出许多种等效的系统。确实如此,如果有N_s个二阶节,那么就有$N_s!$(N_s阶乘)种极点与零点的配对可能,并且有$N_s!$种所得二阶节因子的级联次序,或者总共有$(N_s!)^2$个不同配对和排序可能。当用无限精度运算时,这些虽都具有相同的总的系统函数和相应的输入/输出关系,但是在用有限精度运算时,它们的特性可能很不一样,这点将在6.8节至6.10节中看到。

例6.5 举例说明级联型结构

再次考虑式(6.28)所给出的系统函数,因为这是一个二阶系统,所以一个具有直接Ⅱ型二阶节的级联结构就简化到图6.17所示的结构。另外,为了说明级联结构,也可把$H(z)$表示为一阶因子的乘积而采用一阶系统,如下式:

$$H(z)=\frac{1+2z^{-1}+z^{-2}}{1-0.75z^{-1}+0.125z^{-2}}=\frac{(1+z^{-1})(1+z^{-1})}{(1-0.5z^{-1})(1-0.25z^{-1})} \tag{6.32}$$

因为全部零、极点都是实的,所以用一阶节的级联结构具有实系数。如果极点和/或零点是复数,那么仅二阶节才有实系数。图6.19示出两种等效的级联结构,两者都有式(6.32)所给出的系统函数。图6.19所示的信号流图代表的差分方程能够很容易地写出来。习题6.22是关于求其他等效系统结构的例子。

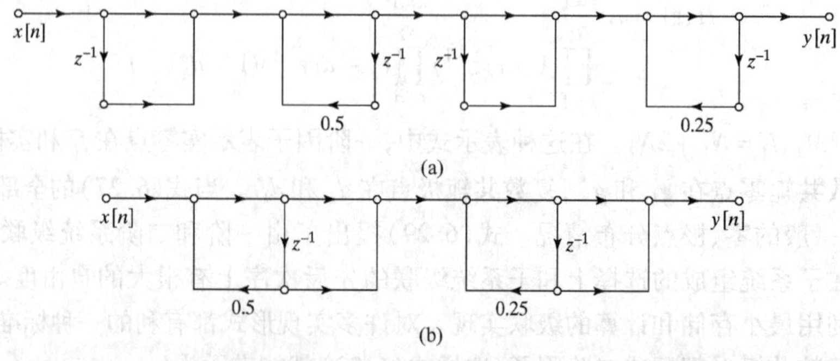

图6.19 例6.5的级联结构。(a)直接Ⅰ型子系统;(b)直接Ⅱ型子系统

关于级联型中系统函数的定义做一点最后的注释。按式(6.30)的定义,每一个二阶节都有5个系数乘法器。为方便比较,设式(6.27)的 $H(z)$ 中 $M=N$,再假设 N 为偶数,这样 $N_s=N/2$。那么,直接Ⅰ型、Ⅱ型结构都有 $2N+1$ 个系数乘法器,而由式(6.30)所建议的级联型结构有 $5N/2$ 个系数乘法器。对于图6.18所示的六阶系统而言,要求总共有15个乘法器,而等效的直接型则要求乘法器总数为13个。级联型的另一种定义是

$$H(z)=b_0\prod_{k=1}^{N_s}\frac{1+\tilde{b}_{1k}z^{-1}+\tilde{b}_{2k}z^{-2}}{1-a_{1k}z^{-1}-a_{2k}z^{-2}} \tag{6.33}$$

式中,b_0 是式(6.27)分子多项式的首项系数,而 $\tilde{b}_{ik}=b_{ik}/b_{0k}$,$i=1,2$ 和 $k=1,2,\cdots,N_s$。$H(z)$ 的这种形式提出了一种四乘法器二阶节的级联结构,外加一个总增益常数 b_0。这种级联形式与直接型结构有相同的系数乘法器个数。在6.9节中将指出,当用定点运算实现时,常常采用五乘法器的二阶节,这样有可能分配系统的整体增益,借此可以控制在系统中各关键点上信号的大小。当用浮点运算,并且动态范围不会成为一个问题时,用四乘法器的二阶节可以减少计算量。对于单位圆上的零点可以获得进一步简化。在这种情况下,$\tilde{b}_{2k}=1$,每个二阶节仅要求三个乘法器。

6.3.3　并联型

将 $H(z)$ 的分子和分母多项式做另一种因式分解,可将有理系统函数式(6.27)或式(6.29)表示为如下部分分式展开的形式:

$$H(z)=\sum_{k=0}^{N_p}C_kz^{-k}+\sum_{k=1}^{N_1}\frac{A_k}{1-c_kz^{-1}}+\sum_{k=1}^{N_2}\frac{B_k(1-e_kz^{-1})}{(1-d_kz^{-1})(1-d_k^*z^{-1})} \tag{6.34}$$

式中,$N=N_1+2N_2$。如果 $M\geqslant N$,那么 $N_p=M-N$;否则就不包括式(6.34)中的第一个和式。若式(6.27)中的系数 a_k 和 b_k 都为实数,那么 A_k,B_k,C_k,c_k 和 e_k 这些量都为实数。在这种形式中,系统函数可以看作是由一阶和二阶IIR系统并联的组合,可能还有 N_p 个简单幅度加权的延迟通道。另外,可以把实极点成对组合起来,$H(z)$ 又能表示为

$$H(z)=\sum_{k=0}^{N_p}C_kz^{-k}+\sum_{k=1}^{N_s}\frac{e_{0k}+e_{1k}z^{-1}}{1-a_{1k}z^{-1}-a_{2k}z^{-2}} \tag{6.35}$$

式中,与级联型一样,$N_s=\lfloor(N+1)/2\rfloor$ 是不大于 $(N+1)/2$ 的最大整数,并且如果 $N_p=M-N$ 是负的,则式(6.35)中的第一个和式就不存在。图6.20示出 $N=M=6$ 时的一个典型例子。采用直接Ⅱ型二阶节并联型的一般差分方程为

$$w_k[n]=a_{1k}w_k[n-1]+a_{2k}w_k[n-2]+x[n]\qquad k=1,2,\cdots,N_s \tag{6.36a}$$

$$y_k[n]=e_{0k}w_k[n]+e_{1k}w_k[n-1]\qquad k=1,2,\cdots,N_s \tag{6.36b}$$

$$y[n]=\sum_{k=0}^{N_p}C_kx[n-k]+\sum_{k=1}^{N_s}y_k[n] \tag{6.36c}$$

如果 $M<N$,那么式(6.30c)中的第一个和式就不存在。

例6.6　举例说明并联型结构

还是考虑例6.4和例6.5中的系统函数。对于并联型,必须将 $H(z)$ 表示为式(6.34)或式(6.35)的形式。如果用二阶节,$H(z)$ 就是

$$H(z)=\frac{1+2z^{-1}+z^{-2}}{1-0.75z^{-1}+0.125z^{-2}}=8+\frac{-7+8z^{-1}}{1-0.75z^{-1}+0.125z^{-2}} \tag{6.37}$$

本例用二阶节的并联型实现示于图6.21。

由于全部极点都是实数,将 $H(z)$ 展开成如下形式:

$$H(z) = 8 + \frac{18}{1 - 0.5z^{-1}} - \frac{25}{1 - 0.25z^{-1}} \tag{6.38}$$

就能得到另外一种并联型实现。这种用一阶节的并联型实现如图 6.22 所示。与一般情况相同，由图 6.21 和图 6.22 所表示的差分方程都能直接写出。

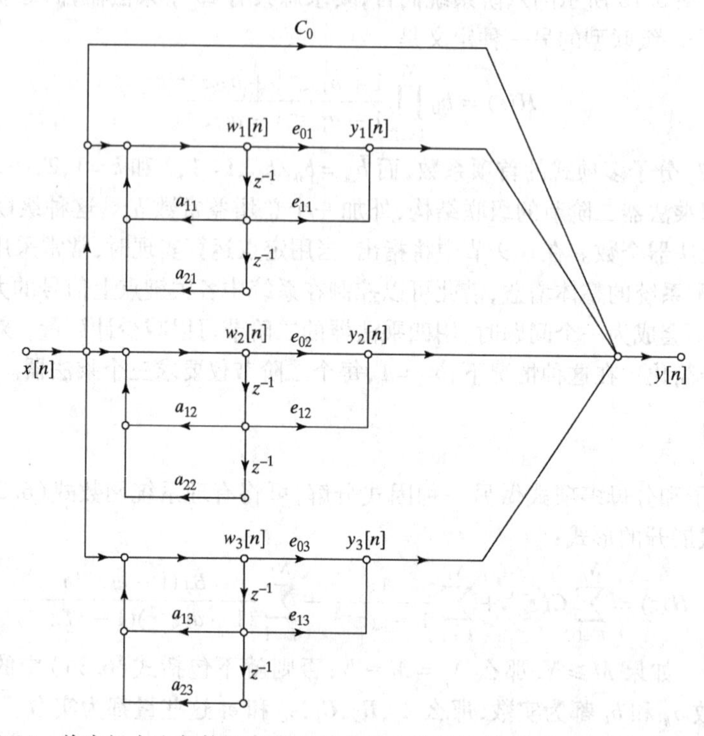

图 6.20 将实极点和复数极点成对组合的 6 阶系统($M = N = 6$)的并联型结构

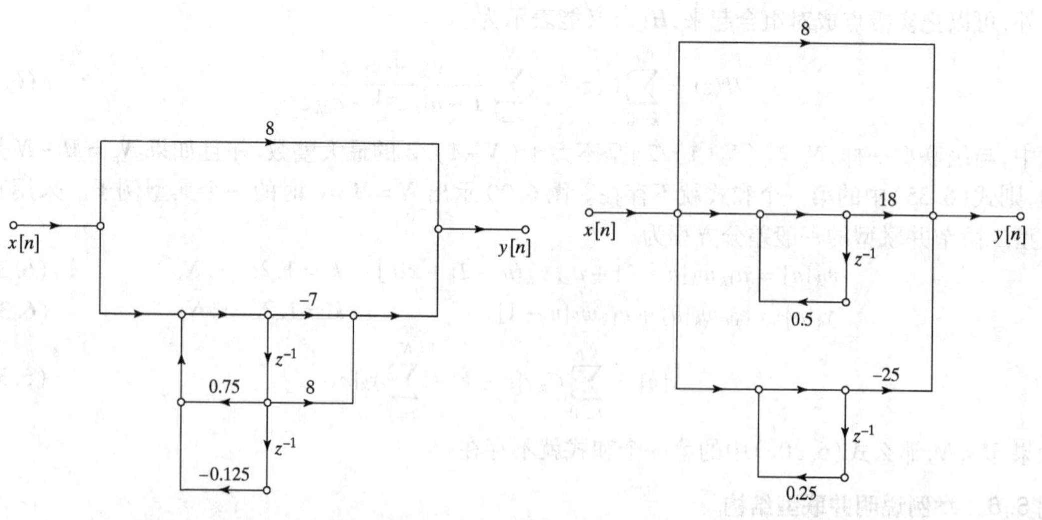

图 6.21 利用一个二阶系统的例 6.6 的并联型结构

图 6.22 用一阶系统的例 6.6 的并联型结构

6.3.4 IIR 系统中的反馈

本节中全部流图都有反馈回路；也就是说，它们都有一个闭合的路径，该路径从某一节点出发，以箭头方向穿过某些支路又回到该节点。在流图中这样的结构意味着在回路内某一节点变量直接或间接地取决于它自己。图 6.23(a)示出一个简单的例子，它表示如下差分方程：

$$y[n] = ay[n-1] + x[n] \tag{6.39}$$

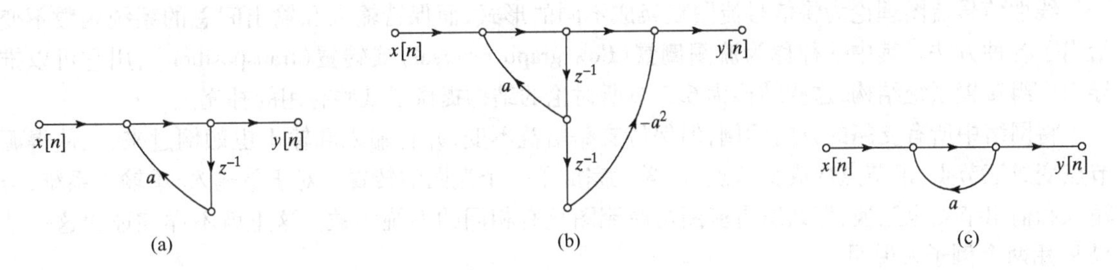

图 6.23　(a)具有反馈回路的系统；(b)具有反馈回路的 FIR 系统；(c)不可计算系统

为了产生无限长脉冲响应，这类回路是必需的(但不充分)。如果考虑一个没有反馈回路的网络就能看出这一点。这时从输入到输出的任何路径仅能通过每个延迟单元一次。因此，输入和输出间最长延迟一定发生在网络中通过全部延迟单元的那条路径上。这样，对于一个没有回路的网络，其脉冲响应不会比网络中延迟单元的总数还要长。由此可以得出：如果网络没有回路，那么系统函数仅有零点($z=0$ 的极点除外)，并且零点的个数不会多于网络中延迟单元的个数。

再回到图 6.23(a)所示的简单例子上，可以看到，当输入为单位脉冲序列 $\delta[n]$ 时，这个单一输入样本在反馈回路中由于乘了一个常数 a，要么以增长幅度($|a|>1$)或以衰减幅度($|a|<1$)持续不断地循环，所以脉冲响应就是 $h[n]=a^n u[n]$。这就说明了反馈是如何能产生无限长脉冲响应的。

如果一个系统有极点，那么对应的方框图或信号流图就一定有反馈回路。另一方面，脉冲响应为有限长的充分条件是系统函数无极点且网络无回路。图 6.23(b)所示的网络具有一个反馈回路，但脉冲响应却是有限长的。这是由于系统函数的极点与一个零点相抵消的缘故；对图 6.23(b)，即

$$H(z) = \frac{1-a^2z^{-2}}{1-az^{-1}} = \frac{(1-az^{-1})(1+az^{-1})}{1-az^{-1}} = 1 + az^{-1} \tag{6.40}$$

该系统的脉冲响应为 $h[n]=\delta[n]+a\delta[n-1]$。这个系统就是属于通常称为频率采样系统的 FIR 系统的一个简单例子。习题 6.39 和习题 6.51 将更详细地考虑这类系统。

网络中的回路在实现由网络所表示的计算中提出了某些特殊问题。正如已经讨论过的，必须有可能依次计算出网络中的节点变量，以便需要时全部必要的值都可用。在某些情况下，没有办法去安排这些计算，以使得信号流图中的节点变量都能依次计算出来。这样的网络是不可计算的(Crochiere and Oppenheim, 1975)。图 6.23(c)示出一个简单的不可计算网络。该网络的差分方程为

$$y[n] = ay[n] + x[n] \tag{6.41}$$

在这种形式中，无法计算 $y[n]$，因为式子右边涉及想要计算的量。信号流图是不可计算的这一点并不意味着由流图代表的方程是不能解的；事实上，式(6.41)的解就是 $y[n]=x[n]/(1-a)$。它只是指该流图不代表一组差分方程，而这组差分方程是可以逐次求出节点变量的。一个流图的可计算性的关键是全部回路都必须至少包含一个单位延迟单元。因此，在处置用流图表示 LTI 系统实现时，必须特别小心不要造成无延迟的回路。习题 6.37 将讨论含有一个无延迟回路的系统。习题 7.51 将说明如何会引入一个无延迟回路。

6.4 转置形式

线性信号流图理论为将信号流图变换成不同的形式,而保持输入和输出间总的系统函数不变给出了各种方法。其中一种称为**流图倒置**(flow grapb reversal)或**转置**(transposition),用它可以推导出一组转置系统结构,这些结构为6.3节所讨论的结构提供了某些有用的补充。

将网络中所有支路的方向颠倒,但保持支路增益不变,并将输入和输出也颠倒过来,以使得源节点变成汇节点,汇节点变成源节点,这样就完成了一个流图的转置。对于单输入/单输出系统,若输入和输出节点也互换,那么所得流图与原流图具有相同的系统函数。这里就不详细证明这一结果①,用两个例子来说明。

例6.7 没有零点的一阶系统的转置型

对应于图6.24(a)中的流图的一阶系统有系统函数

$$H(z)=\frac{1}{1-az^{-1}} \tag{6.42}$$

为了得到该系统的转置形式,将全部支路箭头方向颠倒,将原输入现取为输出,原来的输出现取为输入,就得到图6.24(b)。通常总是习惯将输入放在图的左边,输出放在右边,这样转置网络就如图6.24(c)所示。比较图6.24(a)和图6.24(c)就可以注意到,唯一的差别在于:图6.24(a)中是将延迟输出序列$y[n-1]$乘以系数a,而在图6.24(c)中则是将$y[n]$乘以系数a,然后再延迟。因为这两种运算是可以交换的,所以凭直观就能看出:图6.24(a)所示的原系统与其相应的转置系统[见图6.24(c)]有相同的系统函数。

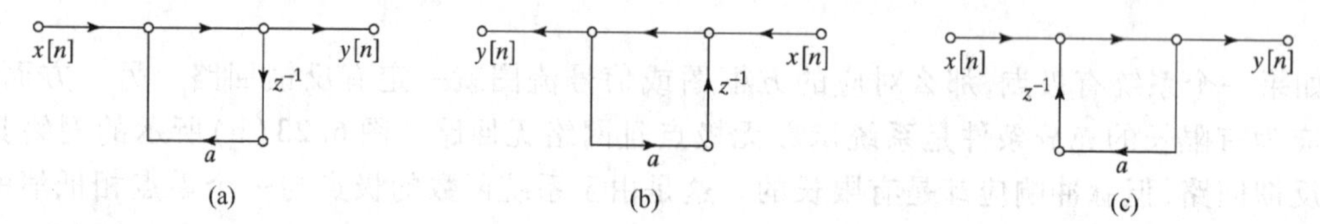

图6.24 (a)简单一阶系统流图;(b)(a)的转置形式;(c)将输入放在左边重画(b)的结构

在例6.7中,直接就能看出原系统与它的转置有相同的系统函数。然而,对于更为复杂的图,这一结论往往不是显而易见的。现用下例给予说明。

例6.8 基本二阶节的转置型

考虑图6.25所示的基本二阶节,该系统的差分方程为

$$w[n]=a_1w[n-1]+a_2w[n-2]+x[n] \tag{6.43a}$$

$$y[n]=b_0w[n]+b_1w[n-1]+b_2w[n-2] \tag{6.43b}$$

其转置流图如图6.26所示,它的差分方程为

$$v_0[n]=b_0x[n]+v_1[n-1] \tag{6.44a}$$

$$y[n]=v_0[n] \tag{6.44b}$$

$$v_1[n]=a_1y[n]+b_1x[n]+v_2[n-1] \tag{6.44c}$$

$$v_2[n]=a_2y[n]+b_2x[n] \tag{6.44d}$$

式(6.43a)~式(6.43b)和式(6.44a)~式(6.44d)是从输入样本$x[n]$构成输出样本

① 该定理可以直接由信号流图理论中的梅森增益公式得出(Mason and Zimmermann, 1960; Chow and Cassignol, 1962;或Phillips and Nagle, 1995)。

$y[n]$ 的不同方法。这两组差分方程是等效的，这一点不是显而易见的。证明这种等效的一种方法是在两组方程的两边用 z 变换表示，在两种情况下求出比值 $Y(z)/X(z)=H(z)$，再比较结果。另一种方法是将式(6.44d)代入式(6.44c)，再将所得结果代入式(6.44a)，最后将结果代入式(6.44b)。最终结果为

$$y[n]=a_1y[n-1]+a_2y[n-2]+b_0x[n]+b_1x[n-1]+b_2x[n-2] \tag{6.45}$$

因为图6.25所示的网络是直接Ⅱ型结构，容易看出，图6.25所示系统的输入和输出也满足式(6.45)的差分方程。因此，在初始松弛条件下，图6.25和图6.26所示的系统是等效的。

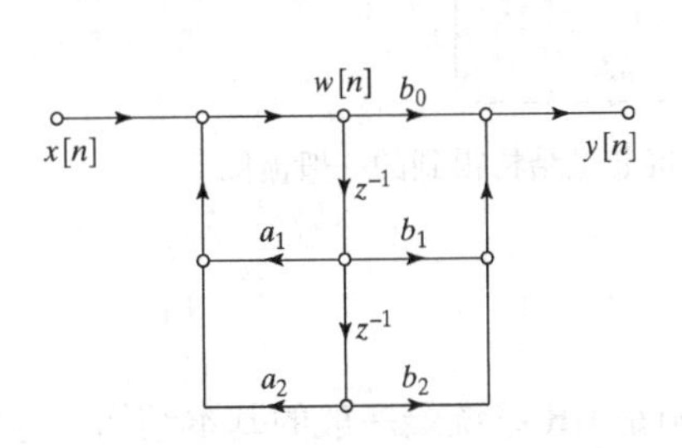

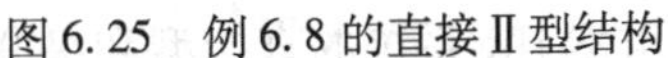
图6.25 例6.8的直接Ⅱ型结构

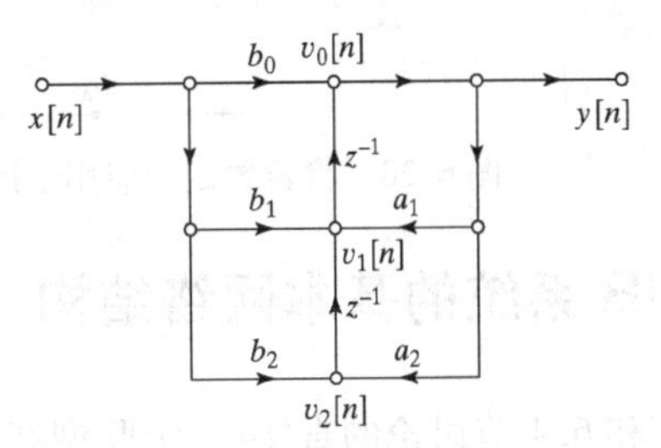

图6.26 例6.8的转置直接Ⅱ型结构

转置定理能用于目前已经讨论过的任何结构。例如，将它用于图6.14中的直接Ⅰ型结构就是图6.27；类似地，图6.15中的直接Ⅱ型结构的转置结构就是图6.28。如果一个信号流图被转置，延迟支路数和系数的个数都保持原样，因此转置后的直接Ⅱ型结构也是一种规范型结构。从直接形式导出的转置后结构，由于它们可以通过对系统函数分子和分母的观察来构造得到，从这一点看它们也是"直接"的。

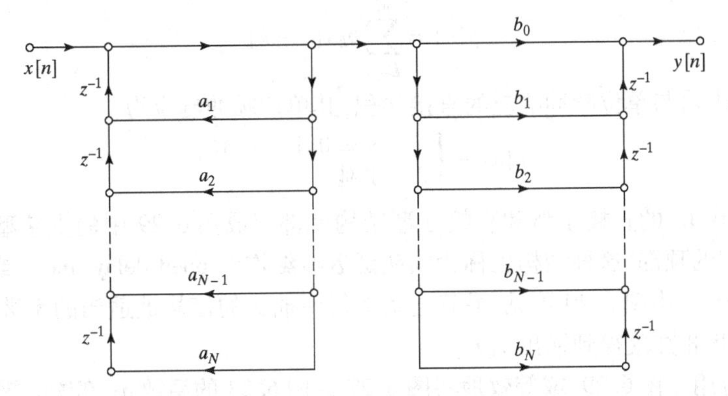

图6.27 将转置定理应用于图6.14中的直接Ⅰ型结构得到的一般流图

通过比较图6.15与图6.28，可以看出一个重要的差别。直接Ⅱ型结构首先实现极点，然后实现零点，而转置的直接Ⅱ型结构先实现零点，再实现极点。当在有限精度数字实现系统中存在量化时，或在离散时间模拟实现系统中存在噪声时，这些差别就显得更为重要了。

当将转置定理应用于级联或并联型结构时，单个的二阶系统可以用其转置结构代替。例如，将转置定理应用于图6.18就得出3个转置直接Ⅱ型节(如例6.8)的级联，其系数与图6.18中的相同，但颠倒了级联的次序，类似的结论对于图6.20的转置也是一样的。

转置定理进一步强调了对于任何给定的有理系统函数而言，存在着无数种实现结构。转置定理为产生新的结构给出了一种简便的方法。6.6节将讨论另外几种IIR结构，但是，用有限精度运算实现系统的问题已经促使多种等效结构出现，因此，本节仅集中在最常用的一些结构上。

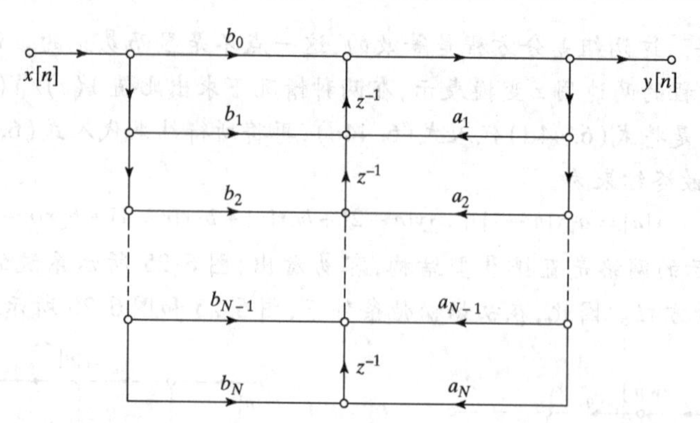

图 6.28　将转置定理应用于图 6.15 的直接Ⅱ型结构得到的一般流图

6.5　FIR 系统的基本网络结构

6.3 节和 6.4 节讨论的直接型、级联型和并联型结构是 IIR 系统最一般的基本结构。这些结构是建立在系统函数既有极点又有零点的假定前提之上的。虽然 IIR 系统的直接型和级联型也包括了 FIR 系统(作为一种特例),但是对于 FIR 系统还有另外一些特殊形式。

6.5.1　直接型

对于因果的 FIR 系统,其系统函数仅有零点(除 $z=0$ 的极点外),并且因为系数 a_k 全为零,所以式(6.9)的差分方程就简化为

$$y[n]=\sum_{k=0}^{M}b_kx[n-k] \tag{6.46}$$

该式可以认为是 $x[n]$ 与单位脉冲响应的直接卷积,其单位脉冲响应为

$$h[n]=\begin{cases}b_n, & n=0,1,\cdots,M\\ 0, & 其他\end{cases} \tag{6.47}$$

这样图 6.14 和图 6.15 的直接Ⅰ型和直接Ⅱ型结构就都变成图 6.29 中的直接型 FIR 结构。由于延迟单元链跨接图的顶部,这种结构也称为**抽头延迟线结构**(tapped delay line),或称**横向滤波器结构**(transversal filter)。由图 6.29 可见,沿着这条链每一抽头的信号被适当的系数(脉冲响应值)加权,然后将所得乘积相加就得到输出 $y[n]$。

将转置定理应用于图 6.29,或等效地将图 6.27 或图 6.28 的系数 a_k 都置为零,就可以得出 FIR 的转置直接型,其结果如图 6.30 所示。

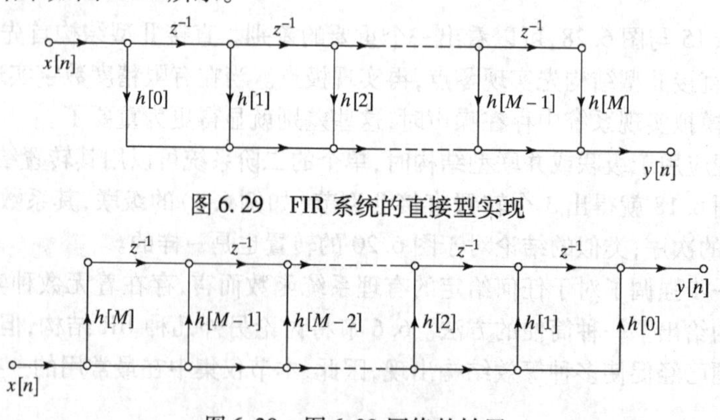

图 6.29　FIR 系统的直接型实现

图 6.30　图 6.29 网络的转置

6.5.2 级联型

将多项式系统函数因式化就可以得到FIR系统的级联型，也就是将$H(z)$表示为

$$H(z)=\sum_{n=0}^{M}h[n]z^{-n}=\prod_{k=1}^{M_s}(b_{0k}+b_{1k}z^{-1}+b_{2k}z^{-2}) \tag{6.48}$$

这里，$M_s=\lfloor(M+1)/2\rfloor$是不大于$(M+1)/2$的最大整数。如果$M$为奇数，系数$b_{2k}$的其中之一将为零，因为$H(z)$在这种情况下会有奇数实零点。式(6.48)表示的流图如图6.31所示。在形式上它与图6.18是一致的，只是系数a_{1k}和a_{2k}全为零。图6.31中每个二阶节用的都是图6.29所示的直接型。另一种选择是用转置直接型的二阶节，或者等效为对图6.31应用转置定理。

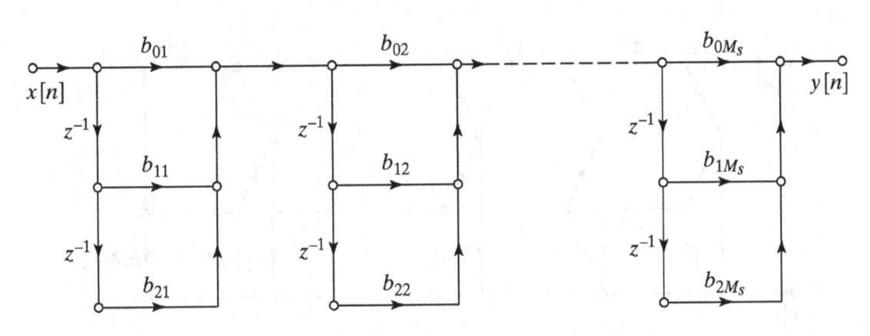

图6.31　FIR系统的级联型实现

6.5.3 线性相位FIR系统的结构

第5章已证明如果单位脉冲响应满足如下对称条件：

$$h[M-n]=h[n],\qquad n=0,1,\cdots,M \tag{6.49a}$$

或

$$h[M-n]=-h[n],\qquad n=0,1,\cdots,M \tag{6.49b}$$

则因果FIR系统就有广义线性相位特性。

有了这两个条件中的任何一个，系数乘法器的数目都能基本上减半。为了看出这一点，考虑如下离散卷积方程的运算，假定M为偶整数，即对应于Ⅰ类和Ⅲ类系统：

$$\begin{aligned}y[n]&=\sum_{k=0}^{M}h[k]x[n-k]\\&=\sum_{k=0}^{M/2-1}h[k]x[n-k]+h[M/2]x[n-M/2]+\sum_{k=M/2+1}^{M}h[k]x[n-k]\\&=\sum_{k=0}^{M/2-1}h[k]x[n-k]+h[M/2]x[n-M/2]+\sum_{k=0}^{M/2-1}h[M-k]x[n-M+k]\end{aligned}$$

对于Ⅰ类系统，用式(6.49a)可得

$$y[n]=\sum_{k=0}^{M/2-1}h[k](x[n-k]+x[n-M+k])+h[M/2]x[n-M/2] \tag{6.50}$$

对于Ⅲ类系统，用式(6.49b)可得

$$y[n]=\sum_{k=0}^{M/2-1}h[k](x[n-k]-x[n-M+k]) \tag{6.51}$$

对于 M 为奇整数的情况,Ⅱ类系统对应的方程为

$$y[n]=\sum_{k=0}^{(M-1)/2} h[k](x[n-k]+x[n-M+k]) \tag{6.52}$$

而对于Ⅳ类系统则为

$$y[n]=\sum_{k=0}^{(M-1)/2} h[k](x[n-k]-x[n-M+k]) \tag{6.53}$$

式(6.50)~式(6.53)意味着这些结构只有 $M/2+1$,$M/2$ 或 $(M+1)/2$ 个系数乘法器,而不是像图 6.29 所示的一般直接型结构需要 M 个系数乘法器。图 6.32 所示的结构即式(6.50),而图 6.33所示的结构即式(6.52)。

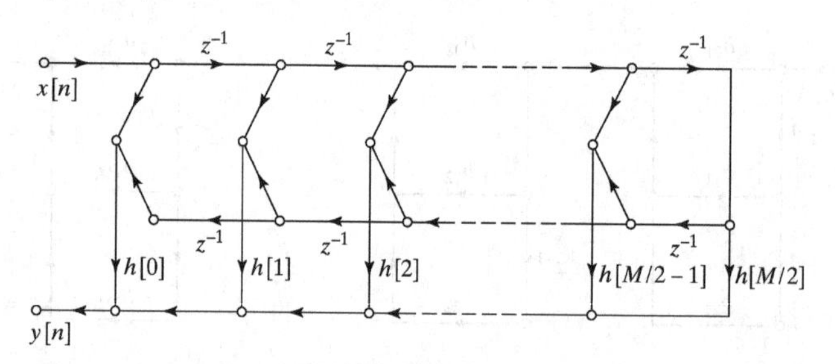

图 6.32 当 M 为偶整数时 FIR 线性相位系统的直接型结构

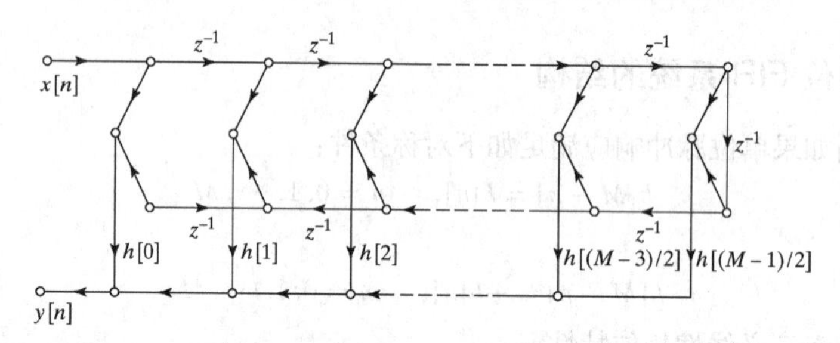

图 6.33 当 M 为奇整数时 FIR 线性相位系统的直接型结构

5.7.3 节有关线性相位系统的讨论已指出,式(6.49a)和式(6.49b)的对称条件导致 $H(z)$ 的零点以镜像成对方式出现。就是说,若 z_0 是 $H(z)$ 的一个零点,那么 $1/z_0$ 也是 $H(z)$ 的一个零点。再者,如果 $h[n]$ 为实数,那么 $H(z)$ 的零点应以复数共轭成对形式出现。结果就是,不在单位圆上的实零点就以倒数对形式出现。不在单位圆上的复数零点以 4 个为一组的形式出现,它们对应于复数共轭及其倒数。如果有一个零点在单位圆上,它的倒数也就是它的共轭。这样,在单位圆上的复数零点就可以很方便地成对分组。在 $z=\pm1$ 处的零点,其倒数和复数共轭都是它们自己。图 6.34 综合了这 4 种情况,其中在 z_1,z_1^*,$1/z_1$ 和 $1/z_1^*$ 的零点就是作为 4 个一组。在 z_2 和 $1/z_2$ 的零点就是 2 个一组,同样在 z_3 和 z_3^* 的零点也是成对的一组。在 z_4 的零点就是单个的。如果 $H(z)$ 有如图 6.34 所示的零点,那么它就能分解成一阶、二阶和四阶因子的乘积。这些因子中每一个都是一个多项式,其系数都具有与 $H(z)$ 的系数相同的对称性;也就是说,每个因子都是一个以 z^{-1} 为变量的线性相位多项式。因此,该系统就能够实现为一阶、二阶和四阶系统的级联。例如,对应于图 6.34 所示零点的系统数可以表示为

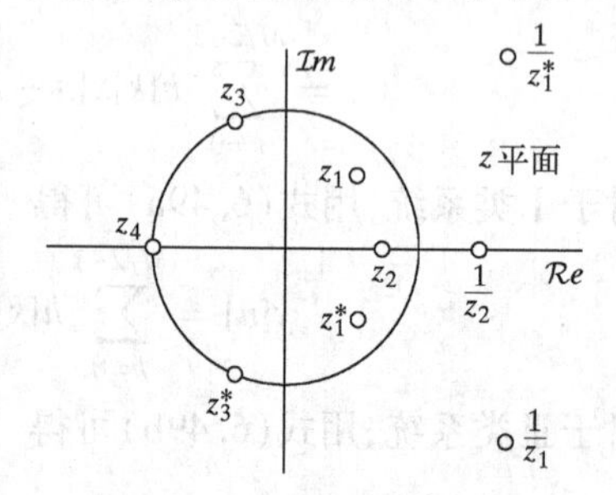

图 6.34 线性相位 FIR 滤波器的零点对称性

$$H(z) = h[0](1+z^{-1})(1+az^{-1}+z^{-2})(1+bz^{-1}+z^{-2}) \times (1+cz^{-1}+dz^{-2}+cz^{-3}+z^{-4}) \quad (6.54)$$

式中

$$a = (z_2 + 1/z_2),\ b = 2\mathcal{R}e\{z_3\},\ c = -2\mathcal{R}e\{z_1 + 1/z_1\},\ d = 2 + |z_1 + 1/z_1|^2$$

这种表示给出了一种由线性相位基本单元组成的级联结构。能够看出，该系统函数多项式的阶为 $M=9$，而不同系数乘法器的数目是 5。这就与图 6.32 实现的线性相位直接型系统所要求的系数乘法器数目（$(M+1)/2=5$）相同。因此，不用增加乘法器就得到了一个利用短的线性相位 FIR 系统级联的标准结构。

6.6 格型滤波器

6.3.2 节和 6.5.2 节讨论了将 IIR 和 FIR 系统的系统函数因式分解为一阶和二阶后得到的级联形式。另外一种有趣而有用的级联结构是基于图 6.35(a) 所示的基本结构级联（输出到输入）连接的。如图 6.35(a) 所示，基本的构造模块系统具有两个输入和两个输出，被称为一个双端口流图。图 6.35(b) 给出了等效的流图表示。图 6.36 给出了一个由 M 个这种基本单元级联而成的系统，其中每个级联节的末端都有一个"终端口"，于是整个系统是一个单输入单输出系统，输入 $x[n]$ 提供了双端口构造模块(1)的两个输入，并定义输出 $y[n]$ 为 $a^{(M)}[n]$，它是最后一个双端口构造模块 M 的上分支输出。（通常忽略第 M 节的下分支输出）虽然取决于基本构造模块定义的不同，这种结构可有许多不同的形式，本节讨论仅局限于图 6.35(b) 所示的特定选择，这就得到了一类应用广泛的 FIR 和 IIR 滤波器结构，即著名的格型滤波器。

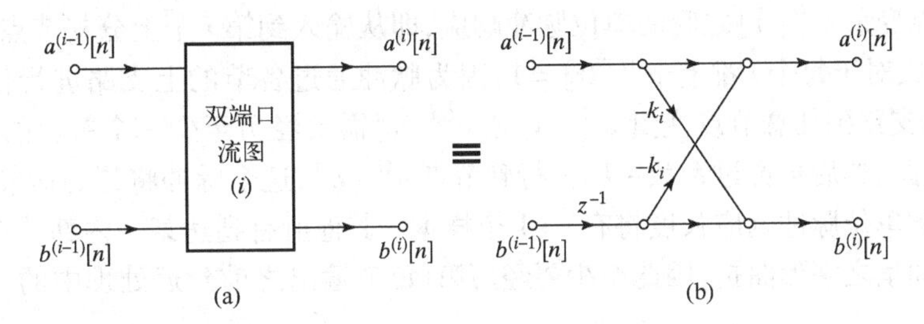

图 6.35　FIR 格型滤波器格型结构的一节。(a) 双端口构造模块的框图表示；(b) 等效流图

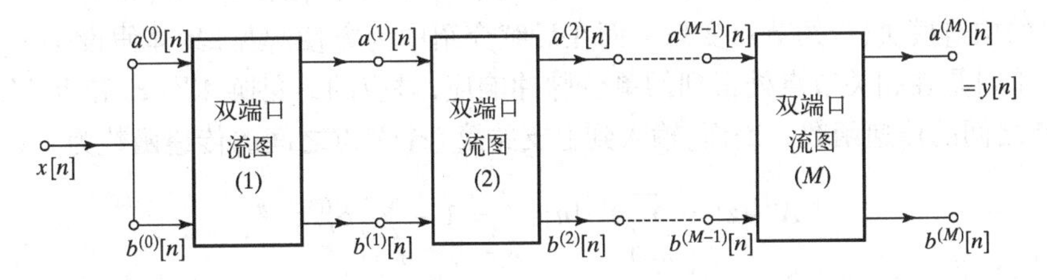

图 6.36　M 个基本构造模块节的级联连接

6.6.1 FIR 格型滤波器

在图 6.36 所示的级联连接中使用图 6.35(b) 给出的基本蝶型双端口构造模块，即得到类似图 6.37所示的流图形式，这种格型形状正是**格型滤波器**（lattice filter）名称的由来。系数 $k_1, k_2, \cdots, k_M$ 通常称为格型结构的 k 参数。在第 11 章中会看到，这组 k 参数在信号全极点建模过程中将具有特殊的意义，图 6.37 所示的格型滤波器就是信号样本线性预测的一种实现结构。而本章只关注利

用格型滤波器来实现 FIR 和全极点 IIR 传递函数。

图 6.37 中的节点变量 $a^{(i)}[n]$ 和 $b^{(i)}[n]$ 是中间序列,通过下面一组差分等式与输入 $x[n]$ 关联:

$$a^{(0)}[n] = b^{(0)}[n] = x[n] \tag{6.55a}$$

$$a^{(i)}[n] = a^{(i-1)}[n] - k_i b^{(i-1)}[n-1],\quad i = 1, 2, \cdots, M \tag{6.55b}$$

$$b^{(i)}[n] = b^{(i-1)}[n-1] - k_i a^{(i-1)}[n],\quad i = 1, 2, \cdots, M \tag{6.55c}$$

$$y[n] = a^{(M)}[n] \tag{6.55d}$$

可以看出,k 参数就是由图 6.37 和式(6.55a)～式(6.55d)表示的 M 个耦合差分方程集合的系数。应该清楚地看到,这些方程必须按照给出的顺序($i=0,1,\cdots,M$)进行计算,因为($i-1$)节的输出需要作为(i)节的输入,等等。

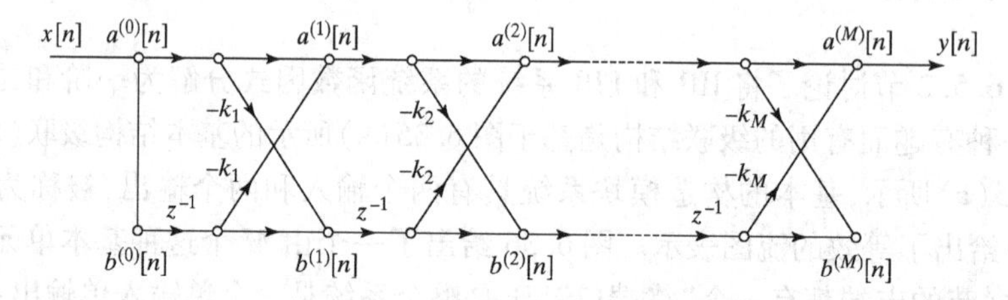

图 6.37　一个基于 M 个图 6.35(b)的双端口构造模块级联的 FIR 系统的格型流图

显然图 6.37 中的格型结构是一个 LTI 系统,因为它是一个只包含延迟和常数支路系数的线性信号流图。进一步注意到这里不含反馈环,意味着系统具有有限长单位脉冲响应。事实上,通过直接论证足以充分地说明从输入端到任意中间节点之间的单位脉冲响应都是有限长的。具体地,考虑从 $x[n]$ 到节点变量 $a^{(i)}[n]$ 之间的单位脉冲响应,即从输入到第 i 个上分支节点。很明显,如果 $x[n]=\delta[n]$,那么对于每个 i 都有 $a^{(i)}[0]=1$,因为脉冲通过各节的上支路进行传播是没有延迟的。而所有其他支路到任意节点变量 $a^{(i)}[n]$ 或 $b^{(i)}[n]$ 需要经历至少一个单位的延迟,延迟最大的是沿着下面支路,然后再通过系数 $-k_i$ 上行到节点 $a^{(i)}[n]$,这个脉冲将是到达节点 $a^{(i)}[n]$ 的最后一个脉冲,因此单位脉冲响应长度将有 $i+1$ 个样本。其他所有到达某一内部节点的支路在图中的上、下支路之间呈之字形曲折,因此至少要经历第(i)节输出之前延迟处理中的一次而不是全部延迟。

在介绍格型滤波器时,图 6.37 和式(6.55a)～式(6.55d)中采用 $a^{(i)}[n]$ 和 $b^{(i)}[n]$ 表示具有任意输入 $x[n]$ 的构造模块(i)的节点变量。而在后续介绍中为方便起见,具体假设 $x[n]=\delta[n]$,则 $a^{(i)}[n]$ 和 $b^{(i)}[n]$ 是在相关节点处得到的单位脉冲响应,对应的 z 变换 $A^{(i)}(z)$ 和 $B^{(i)}(z)$ 则为输入到第 i 个节点之间的传递函数。因而,输入到上支路第 i 个节点之间的传递函数为

$$A^{(i)}(z) = \sum_{n=0}^{i} a^{(i)}[n] z^{-n} = 1 - \sum_{m=1}^{i} \alpha_m^{(i)} z^{-m} \tag{6.56}$$

其中在第二项,系数 $\alpha_m^{(i)}$($m \leqslant i$)是由系数 k_j($j \leqslant m$)的乘积之和构成的。正如之前给出的,从输入到上支路节点 i 的最长延迟的系数为 $\alpha_i^{(i)}=k_i$。利用该符号表示,从 $x[n]$ 到节点变量 $a^{(i)}[n]$ 的单位脉冲响应为

$$a^{(i)}[n] = \begin{cases} 1, & n=0 \\ -\alpha_n^{(i)}, & 1 \leqslant n \leqslant i \\ 0, & \text{其他} \end{cases} \tag{6.57}$$

类似地,用 $B^{(i)}(z)$ 表示从输入到下支路节点 i 的传递函数。进而,由图 6.35(b)或式(6.55b)和式(6.55c)可以看出

$$A^{(i)}(z) = A^{(i-1)}(z) - k_i z^{-1} B^{(i-1)}(z) \tag{6.58a}$$

$$B^{(i)}(z) = -k_i A^{(i-1)}(z) + z^{-1} B^{(i-1)}(z) \tag{6.58b}$$

同时,注意到在输入端($i=0$)

$$A_0(z) = B_0(z) = 1 \tag{6.59}$$

根据式(6.58a)和式(6.58b),并从式(6.59)出发,可以递归地计算出到任意值 i 的 $A^{(i)}(z)$ 和 $B^{(i)}(z)$。继续计算,则 $B^{(i)}(z)$ 和 $A^{(i)}(z)$ 之间的关系将显示为

$$B^{(i)}(z) = z^{-i} A^{(i)}(1/z) \tag{6.60a}$$

或者用 $1/z$ 替换式(6.60a)中的 z,得到等价关系

$$A^{(i)}(z) = z^{-i} B^{(i)}(1/z) \tag{6.60b}$$

可以利用数学归纳法正式地证明这些等价关系成立,即证明如果它们对某个值 $i-1$ 成立,那么对 i 也成立。具体地,从式(6.59)可以直接看出式(6.60a)～式(6.60b)对于 $i=0$ 成立。现在来考察 $i=1$,

$$\begin{aligned}
A^{(1)}(z) &= A^{(0)}(z) - k_1 z^{-1} B^{(0)}(z) = 1 - k_1 z^{-1} \\
B^{(1)}(z) &= -k_1 A^{(0)}(z) + z^{-1} B^{(0)}(z) = -k_1 + z^{-1} \\
&= z^{-1}(1 - k_1 z) \\
&= z^{-1} A^{(1)}(1/z)
\end{aligned}$$

且对于 $i=2$,

$$\begin{aligned}
A^{(2)}(z) &= A^{(1)}(z) - k_2 z^{-1} B^{(1)}(z) = 1 - k_1 z^{-1} - k_2 z^{-2}(1 - k_1 z) \\
&= 1 - k_1(1 - k_2) z^{-1} - k_2 z^{-2} \\
B^{(2)}(z) &= -k_2 A^{(1)}(z) + z^{-1} B^{(1)}(z) = -k_2(1 - k_1 z^{-1}) + z^{-2}(1 - k_1 z) \\
&= z^{-2}(1 - k_1(1 - k_2) z - k_2 z^2) \\
&= z^{-2} A^{(2)}(1/z)
\end{aligned}$$

通过假设式(6.60a)和式(6.60b)对 $i-1$ 成立,可以证明得到一般性结论,然后代入式(6.58b)得到

$$\begin{aligned}
B^{(i)}(z) &= -k_i z^{-(i-1)} B^{(i-1)}(1/z) + z^{-1} z^{-(i-1)} A^{(i-1)}(1/z) \\
&= z^{-i} \left[A^{(i-1)}(1/z) - k_i z B^{(i-1)}(1/z) \right]
\end{aligned}$$

由式(6.58a)得到上式中括号内的项为 $A^{(i)}(1/z)$,因此一般情况下为

$$B^{(i)}(z) = z^{-i} A^{(i)}(1/z)$$

与式(6.60a)相同。从而证明式(6.60a)和式(6.60b)对任意 $i \geqslant 0$ 都成立。

正如之前所指出的,传递函数 $A^{(i)}(z)$ 和 $B^{(i)}(z)$ 可以利用式(6.58a)和式(6.58b)递归地计算得到。这些传递函数是 i 阶多项式,它们在获得多项式系数之间的直接关系中非常有用。为此,式(6.57)的右边定义了 $A^{(i)}(z)$ 的系数为 $-\alpha_m^{(i)}$, $m=1,2,\cdots,i$,首项系数等于1,即如式(6.56)中

$$A^{(i)}(z) = 1 - \sum_{m=1}^{i} \alpha_m^{(i)} z^{-m} \tag{6.61}$$

类似地,

$$A^{(i-1)}(z) = 1 - \sum_{m=1}^{i-1} \alpha_m^{(i-1)} z^{-m} \tag{6.62}$$

为了得到用 $\alpha_m^{(i-1)}$ 和 k_i 来表达系数 $\alpha_m^{(i)}$ 的直接递归关系,可以把式(6.60a)和式(6.62)结合起来,从而得到

$$B^{(i-1)}(z)=z^{-(i-1)}A^{(i-1)}(1/z)=z^{-(i-1)}\left[1-\sum_{m=1}^{i-1}\alpha_m^{(i-1)}z^{+m}\right] \tag{6.63}$$

把式(6.62)和式(6.63)代入式(6.58a)中,得到 $A^{(i)}(z)$ 还可以表示为

$$A^{(i)}(z)=\left(1-\sum_{m=1}^{i-1}\alpha_m^{(i-1)}z^{-m}\right)-k_i z^{-1}\left(z^{-(i-1)}\left[1-\sum_{m=1}^{i-1}\alpha_m^{(i-1)}z^{+m}\right]\right) \tag{6.64}$$

对第二个求和项重新排序,将各项顺序颠倒(即用 $i-m$ 代替 m,并重新求和),再合并式(6.64)中的同类项得到

$$A^{(i)}(z)=1-\sum_{m=1}^{i-1}\left[\alpha_m^{(i-1)}-k_i\alpha_{i-m}^{(i-1)}\right]z^{-m}-k_i z^{-i} \tag{6.65}$$

其中可以看到,正如之前所指出的,z^{-i} 的系数为 $-k_i$。比较式(6.65)和式(6.61)得到

$$\alpha_m^{(i)}=\left[\alpha_m^{(i-1)}-k_i\alpha_{i-m}^{(i-1)}\right] \quad m=1,\cdots,i-1 \tag{6.66a}$$

$$\alpha_i^{(i)}=k_i \tag{6.66b}$$

式(6.66)即为 $A^{(i)}(z)$ 系数和 $A^{(i-1)}(z)$ 系数之间的直接递归关系式。这些等式和式(6.60a)也一起确定了传递函数 $B^{(i)}(z)$。

式(6.66)的递归结构还可以紧凑地用矩阵的形式表达。用 $\boldsymbol{\alpha}_{i-1}$ 表示 $A^{(i-1)}(z)$ 的传递函数系数向量,用 $\check{\boldsymbol{\alpha}}_{i-1}$ 表示这些系数翻转顺序后的向量,即有

$$\boldsymbol{\alpha}_{i-1}=\left[\alpha_1^{(i-1)}\ \alpha_2^{(i-1)}\ \cdots\ \alpha_{i-1}^{(i-1)}\right]^{\mathrm{T}}$$

且

$$\check{\boldsymbol{\alpha}}_{i-1}=\left[\alpha_{i-1}^{(i-1)}\ \alpha_{i-2}^{(i-1)}\ \cdots\ \alpha_1^{(i-1)}\right]^{\mathrm{T}}$$

于是式(6.66)可以表示为矩阵方程

$$\boldsymbol{\alpha}_i=\begin{bmatrix}\boldsymbol{\alpha}_{i-1}\\ \cdots\cdots\\ 0\end{bmatrix}-k_i\begin{bmatrix}\check{\boldsymbol{\alpha}}_{i-1}\\ \cdots\cdots\\ -1\end{bmatrix} \tag{6.67}$$

式(6.66)或式(6.67)中的递归形式是对一个 FIR 格型结构进行分析得到其传递函数的算法的基础。从图 6.37 中指出的 k 参数集合为 $\{k_1,k_2,\cdots,k_M\}$ 的流图入手,然后利用式(6.66)递归地计算出连续更高阶的 FIR 滤波器的传递函数,直到达到级联结构的末端,可得到

$$A(z)=1-\sum_{m=1}^{M}\alpha_m z^{-m}=\frac{Y(z)}{X(z)} \tag{6.68a}$$

式中,

$$\alpha_m=\alpha_m^{(M)} \quad m=1,2,\cdots,M \tag{6.68b}$$

该算法的步骤如图 6.38 所示。

获得可实现指定的从输入 $x[n]$ 到输出 $y[n]=a^{(M)}[n]$ 之间目标传递函数的 FIR 格型结构中的 k 参数也是值得关注的,即用由式(6.68a)和式(6.68b)的多项式所定义的$A(z)$来确定图 6.37 所示的格型结构的 k 参数集合。要做到这一点可以颠倒式(6.66)或式(6.67)的递归形式,进而贯序地得到用 $A^{(i)}(z)$ 表达的传

由k参数计算系数的算法

```
Given k_1, k_2, ···, k_M
for i = 1, 2, ···, M
  α_i^(i) = k_i                                   Eq. (6.66b)
  if i > 1 then for j = 1, 2, ···, i − 1
    α_j^(i) = α_j^(i−1) − k_i α_(i−j)^(i−1)        Eq. (6.66a)
  end
end
α_j = α_j^(M)   j = 1, 2, ···, M                   Eq. (6.68b)
```

图 6.38 从 k 参数转换成 FIR 滤波器系数的算法

递函数 $A^{(i-1)}(z)$，其中 $i=M,M-1,\cdots,2$。k 参数则作为该递归处理的附带产品而得到。

具体地，假设指定系数 $\alpha_m^{(M)}=\alpha_m$，其中 $m=1,2,\cdots,M$，要求得到用格型结构实现该传递函数的 k 参数集合 $k_1,\cdots,k_M$。从 FIR 格型的最后一节出发，即 $i=M$。由式(6.66b)可得

$$k_M=\alpha_M^{(M)}=\alpha_M \tag{6.69}$$

其中，$A^{(M)}(z)$ 采用指定的系数定义为

$$A^{(M)}(z)=1-\sum_{m=1}^{M}\alpha_m^{(M)}z^{-m}=1-\sum_{m=1}^{M}\alpha_m z^{-m} \tag{6.70}$$

对式(6.66)或等效地对式(6.67)进行求逆，其中 $i=M$ 且 $k_M=\alpha_m^{(M)}$，从而可确定 α_{M-1}，即下一节 $i=M-1$ 到最后一节的传递系数向量。该过程不断重复直到到达 $A^{(1)}(z)$。

为了得到用 $\alpha_m^{(i)}$ 表达 $\alpha_m^{(i-1)}$ 的一般递归公式，由式(6.66a)看出必须将 $\alpha_{i-m}^{(i-1)}$ 消掉。为此，在式(6.66a)中用 $i-m$ 代替 m，并让所得等式的两边同时乘以 k_i，从而得到

$$k_i\alpha_{i-m}^{(i)}=k_i\alpha_{i-m}^{(i-1)}-k_i^2\alpha_m^{(i-1)}$$

将该等式加到式(6.66a)上得到

$$\alpha_m^{(i)}+k_i\alpha_{i-m}^{(i)}=\alpha_m^{(i-1)}-k_i^2\alpha_m^{(i-1)}$$

从该式又得到

$$\alpha_m^{(i-1)}=\frac{\alpha_m^{(i)}+k_i\alpha_{i-m}^{(i)}}{1-k_i^2}\quad m=1,2,\cdots,i-1 \tag{6.71a}$$

根据计算出的 $\alpha_m^{(i-1)}$，其中 $m=1,2,\cdots,i-1$，由式(6.66b)可看出

$$k_{i-1}=\alpha_{i-1}^{(i-1)} \tag{6.71b}$$

于是，从 $\alpha_m^{(M)}=\alpha_m$，$m=1,2,\cdots,M$ 出发，可以利用式(6.71a)和式(6.71b)计算 $\alpha_m^{(M-1)}$（$m=1,2,\cdots,M-1$）和 k_{M-1}，该过程递归重复可得到所有的传递函数 $A^{(i)}(z)$，作为附带产品还可以获得格型结构所需要的全部 k 参数。图 6.39 再次给出该算法的执行步骤。

从系数计算k参数的算法

```
Given α_j^(M) = α_j   j = 1, 2, ..., M
k_M = α_M^(M)                                   Eq. (6.69)
for i = M, M − 1, ..., 2
  for j = 1, 2, ..., i − 1
    α_j^(i−1) = (α_j^(i) + k_i α_{i−j}^(i)) / (1 − k_i^2)   Eq. (6.71a)
  end
  k_{i−1} = α_{i−1}^(i−1)                         Eq. (6.71b)
end
```

图 6.39　从 FIR 滤波器系数转换成 k 参数的算法

例 6.9　三阶 FIR 系统的 k 参数

考察图 6.40(a)所示的 FIR 系统，其系统函数为

$$A(z)=1-0.9z^{-1}+0.64z^{-2}-0.576z^{-3}$$

因此，式(6.70)中 $M=3$ 且系数 $\alpha_k^{(3)}$ 为

$$\alpha_1^{(3)}=0.9\quad \alpha_2^{(3)}=0.64\quad \alpha_3^{(3)}=0.576$$

观察到 $k_3=\alpha_3^{(3)}=0.576$，并由此开始。

利用式(6.71a)计算出传递函数$A^{(2)}(z)$的系数。具体地,利用式(6.71a)得到(四舍五入到小数点后三位)

$$\alpha_1^{(2)} = \frac{\alpha_1^{(3)} + k_3\alpha_2^{(3)}}{1-k_3^2} = 0.795$$

$$\alpha_2^{(2)} = \frac{\alpha_2^{(3)} + k_3\alpha_1^{(3)}}{1-k_3^2} = -0.182$$

然后由式(6.71b)得到$k_2 = \alpha_2^{(2)} = -0.182$。

为得到$A^{(1)}(z)$,再次利用式(6.71a)可得

$$\alpha_1^{(1)} = \frac{\alpha_1^{(2)} + k_2\alpha_1^{(2)}}{1-k_2^2} = 0.673$$

然后确定$k_1 = \alpha_1^{(1)} = 0.673$。所得到的格型结构如图6.40(b)所示。

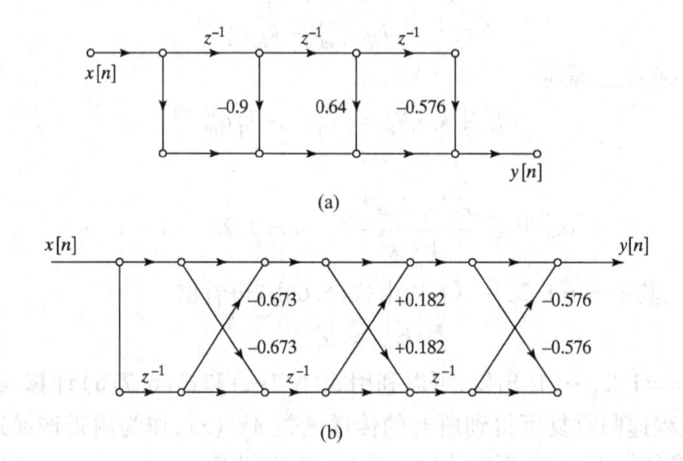

图6.40 例6.9的流图。(a)直接形式;(b)格型形式(系数进行了四舍五入)

6.6.2 全极点格型结构

实现全极点系统函数$H(z)=1/A(z)$的格型结构可以通过将$H(z)$看作是FIR系统函数$A(z)$的逆滤波器而从前一节的FIR格型结构建立得到。为了推导全极点格型结构,假设已经给定$y[n]=a^{(M)}[n]$,需要计算输入$a^{(0)}[n]=x[n]$。为了完成该工作,对图6.37中的计算进行逆处理,即从右向左算。更为具体地,如果对式(6.58a)中的$A^{(i-1)}(z)$求解,将其用$A^{(i)}(z)$和$B^{(i-1)}(z)$表示,而保持式(6.58b)不变,可得到如下方程对:

$$A^{(i-1)}(z) = A^{(i)}(z) + k_i z^{-1} B^{(i-1)}(z) \tag{6.72a}$$

$$B^{(i)}(z) = -k_i A^{(i-1)}(z) + z^{-1} B^{(i-1)}(z) \tag{6.72b}$$

它们的流图表示如图6.41所示。注意在这种情况下,从i到$i-1$的信号流沿着图形的上支路,而从$i-1$到i的信号流则走下支路。将M个图6.41所示的处理节顺序连接起来,每个节带有合适的k_i参数,从输入$a^{(M)}[n]$到输出$a^{(0)}[n]$的流图如图6.42所示。最终,图6.42最后一节终端处的条件$x[n]=a^{(0)}[n]=b^{(0)}[n]$产生了一个反馈连接,它提供了反向传播的序列$b^{(i)}[n]$。当然,这种反馈对于一个IIR系统来说是必要的。

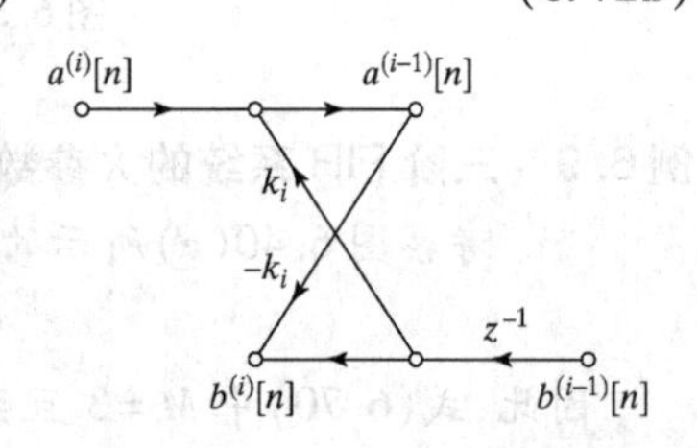

图6.41 一个全极点格型系统计算的一节

图6.42给出的差分方程集合为①

$$a^{(M)}[n]=y[n] \tag{6.73a}$$

$$a^{(i-1)}[n]=a^{(i)}[n]+k_i b^{(i-1)}[n-1],\ i=M,M-1,\cdots,1 \tag{6.73b}$$

$$b^{(i)}[n]=b^{(i-1)}[n-1]-k_i a^{(i-1)}[n],\ i=M,M-1,\cdots,1 \tag{6.73c}$$

$$x[n]=a^{(0)}[n]=b^{(0)}[n] \tag{6.73d}$$

由于图6.42固有的反馈特性及其对应的这组方程，使得与延迟关联的所有节点变量的初始条件必须提前指定。典型地，在初始松弛条件下，指定$b^{(i)}[-1]=0$。随后，如果先计算式(6.73b)，那么在计算式(6.73c)时对于$n\geqslant 0$的时刻$a^{(i-1)}[n]$将是可获得的，这里$b^{(i-1)}[n-1]$的值已经在前一次迭代中得到了。

现在来说明将6.6.1节的全部分析应用于图6.42所示的全极点格型系统。如果想要由系统函数$H(z)=1/A(z)$来得到一个全极点系统的格型实现，可以简单地使用图6.39和图6.38中的算法，根据分母多项式的系数来获得k参数，反之亦然。

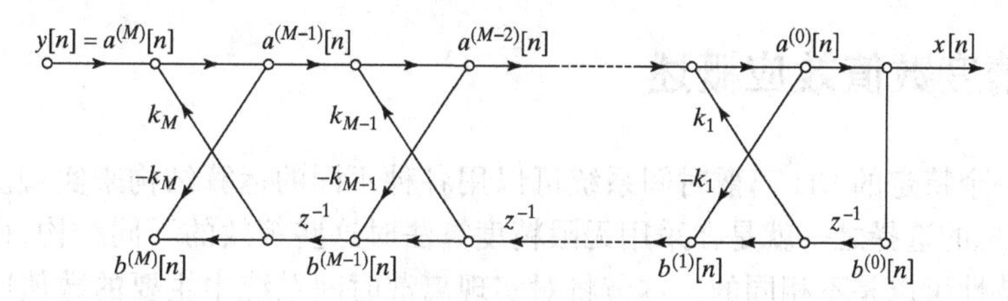

图6.42　全极点格型系统

例6.10　IIR系统的格型实现

作为IIR系统的一个例子，考虑系统函数

$$H(z)=\frac{1}{1-0.9z^{-1}+0.64z^{-2}-0.576z^{-3}} \tag{6.74a}$$

$$=\frac{1}{(1-0.8\mathrm{j}z^{-1})(1+0.8\mathrm{j}z^{-1})(1-0.9z^{-1})} \tag{6.74b}$$

它是例6.9中系统的逆系统。图6.43(a)给出了该系统的直接型实现，而图6.43(b)给出了利用例6.9计算出来的k参数表示的等效IIR格型系统。注意到，格型结构和直接型结构有相同数量的延迟(存储寄存器)。然而，其乘法器数量则为直接型的两倍，这一点对任意阶数M都成立。

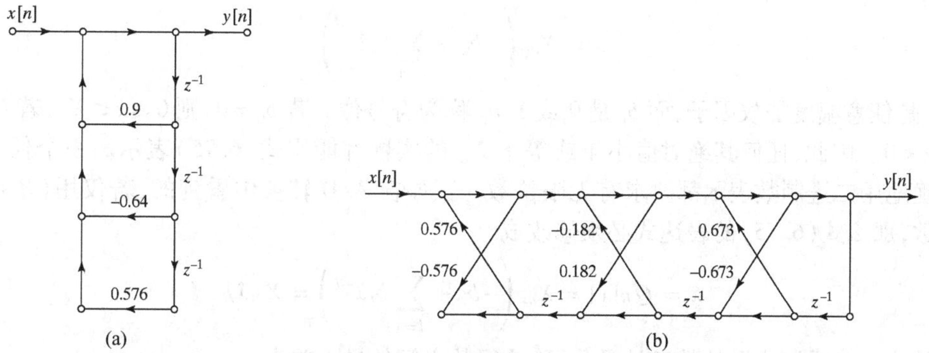

图6.43　IIR滤波器的信号流图。(a)直接型；(b)格型

① 注意到，基于图6.37中的FIR格型结构来推导全极点格型结构的过程违反了常规习惯，将输入用$y[n]$表示而输出为$x[n]$。当然，一旦完成了推导，这种标注可以是任意的。

既然图6.42的格型结构为一个IIR系统,就必须关注其稳定性。在第13章的讨论中可看到,保证一个多项式$A(z)$的全部零点都位于单位圆内的必要且充分条件是$|k_i|<1, i=1,2,\cdots,M$。(参见Markel and Gray, 1976。)例6.10证明了这个事实,因为如式(6.47b)所示,$H(z)$的极点[$A(z)$的零点]位于z平面的单位圆内且所有k参数具有小于1的幅度。对于IIR系统,条件$|k_i|<1$中固有的稳定性保证是非常重要的。即便格型结构每个输出样本所需的乘法器个数是直接型的两倍,但它对k参数的量化不敏感。正是由于该特性,使得格型滤波器在语音合成应用中颇为盛行(见Quatieri,2002和Rabiner and Schafer,1978)。

6.6.3 格型系统的推广

已推导出,FIR系统和全极点IIR系统可用格型结构表示。当系统函数同时具有零点和极点时,仍然有可能找到一种基于对图6.42所示全极点结构进行修正的格型结构表示。具体推导过程这里不再给出(参见Gray and Markel,1973,1976),参见习题11.27。

6.7 有限精度数值效应概述

已经看到,一个特定的LTI离散时间系统可以用各种不同的运算结构来实现。对于简单的直接型结构可供考虑的选择之一就是在采用无限精度算法时这些等效的不同结构,而当用有限数值精度实现时,其特性可以是不相同的。本节将对实现离散时间系统中主要的数值问题进行简要介绍。这些有限字长效应的更为详细的分析将在6.8节至6.10节给出。

6.7.1 数的表示法

在离散时间系统的理论分析中,一般都假定信号值和系统的系数是用真正的数的系统来表示。然而,对于模拟离散时间系统,电路元件的有限精度使得准确地实现系数很困难。同样,当实现数字信号处理系统时,必须把信号和系数用某种数字式的数制来表示,而这些数字式的数制总是有限精度的。

有限数值精度问题已经在4.8.2节关于A/D转换的讨论中提到过。在那里已经指出,A/D转换器的输出样本是被量化过的,因此可以用定点二进制数来表示。为了在运算中紧凑和简单起见,二进制数位中的一位设为该数的代数符号位。诸如像原码、反码和补码这些形式都是可以用的,但补码最常用①。一个实数用无限精度的补码可以表示为如下形式:

$$x = X_m \left(-b_0 + \sum_{i=1}^{\infty} b_i 2^{-i} \right) \tag{6.75}$$

这里X_m是任意幅度加权因子,而b_i是0或1,b_0称为符号位。若$b_0=0$,则$0 \leqslant x \leqslant X_m$,若$b_0=1$,则$-X_m \leqslant x < 0$。因此,任何其绝对值小于或等于$X_m$的实数都能用式(6.75)表示。一个任意实数$x$要能准确地用二进制数表示都要求有无限位数。正如在A/D转换中看到的,若仅用$(B+1)$位的有限位数,那么式(6.75)的表达式必须修改成

$$\hat{x} = Q_B[x] = X_m \left(-b_0 + \sum_{i=1}^{B} b_i 2^{-i} \right) = X_m \hat{x}_B \tag{6.76}$$

所得到的这个二进制表示的数已被量化了,使得数之间的最小差为

$$\Delta = X_m 2^{-B} \tag{6.77}$$

① 有关二进制数制及其相应运算的详细叙述可见Knuth(1997)的著作。

在这种情况下，已量化的数就在 $-X_m \leqslant \hat{x} < X_m$ 范围内。$\hat{x}$ 的小数部分可以用定位符号表示为

$$\hat{x}_B = b_{0\diamond}b_1b_2b_3\cdots b_B \tag{6.78}$$

这里◇代表二进制小数点。

将一个数量化到 $(B+1)$ 位的运算可以按舍入或截尾来完成，但是在任一情况下，量化都是一种非线性无记忆运算。图6.44(a)和图6.44(b)分别示出补码运算的舍入和截尾的输入－输出关系，图中对应的 $B=2$。在考虑量化效应时，常定义量化误差为

$$e = Q_B[x] - x \tag{6.79}$$

对于补码舍入的情况，$-\Delta/2 < e \leqslant \Delta/2$；对补码截尾的情况，$-\Delta < e \leqslant 0$。[①]

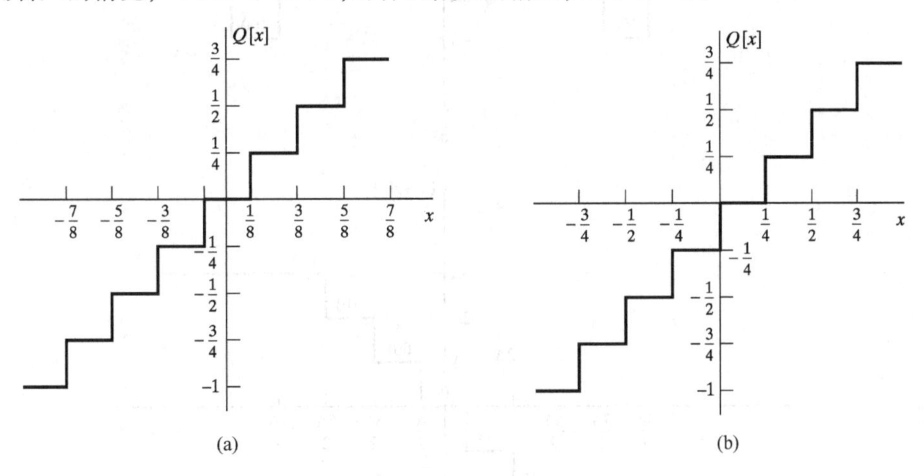

图6.44 补码表示的非线性关系，$B=2$。(a)舍入；(b)截尾

如果一个数大于 X_m（溢出），就必须以某种方法确定量化结果。在补码运算系统中，当两个数相加，其和大于 X_m 时，就会出现这种需要。例如，考虑4位的补码数0111，它的十进制数是7。若将该数加上数0001，那么进位就一直传到符号位，结果是1000，以十进制表示就为－8。因此，当发生溢出时，所得误差就可能非常大。图6.45(a)示出的是包括正常的补码运算溢出效果的补码舍入量化器。另一种方法如图6.45(b)所示，称之为**饱和溢出**(saturation overflow)或**箝位**(clipping)。这种处理溢出的方法一般应用在A/D转换中，而且有时是用专用DSP微处理器实现两个补码数相加的。采用饱和溢出使得在发生溢出时，误差的大小不会突然增加；然而，这种处理溢出的方法的缺点是没有利用补码运算中下述这样一个有趣而有用的特性：如果几个其和不会溢出的补码数相加，那么即使中间计算中某些和可能有溢出，但这些数的补码累加的结果仍是正确的。

量化和溢出都在数的数字表示中引入了误差。不幸的是要减小溢出而保持位数不变，只有增大 X_m，然而这样就正比地增大了量化误差。因此，要同时达到较宽的动态范围和较低的量化误差，在二进制数的表示中就必须增加位数。

目前只简单提到了量 X_m 是一个任意的幅度加权因子；然而，这个因子有几种有用的解释。在A/D转换中，X_m 是作为A/D转换器的满量程幅度的。在这种情况下，X_m 或许代表系统的模拟部分中某一电压的一个实数。因此，X_m 被用作把在 $-1 \leqslant \hat{x}_B < 1$ 范围内的二进制数与模拟信号幅度联系起来的一个定标常数。

① 注意式(6.76)也能表示舍入或截尾任何 (B_1+1) 位二进制数表示的结果，这里 $B_1 > B$。这时 Δ 将由 $(\Delta - X_m 2^{-B_1})$ 代替作为量化误差大小的界限。

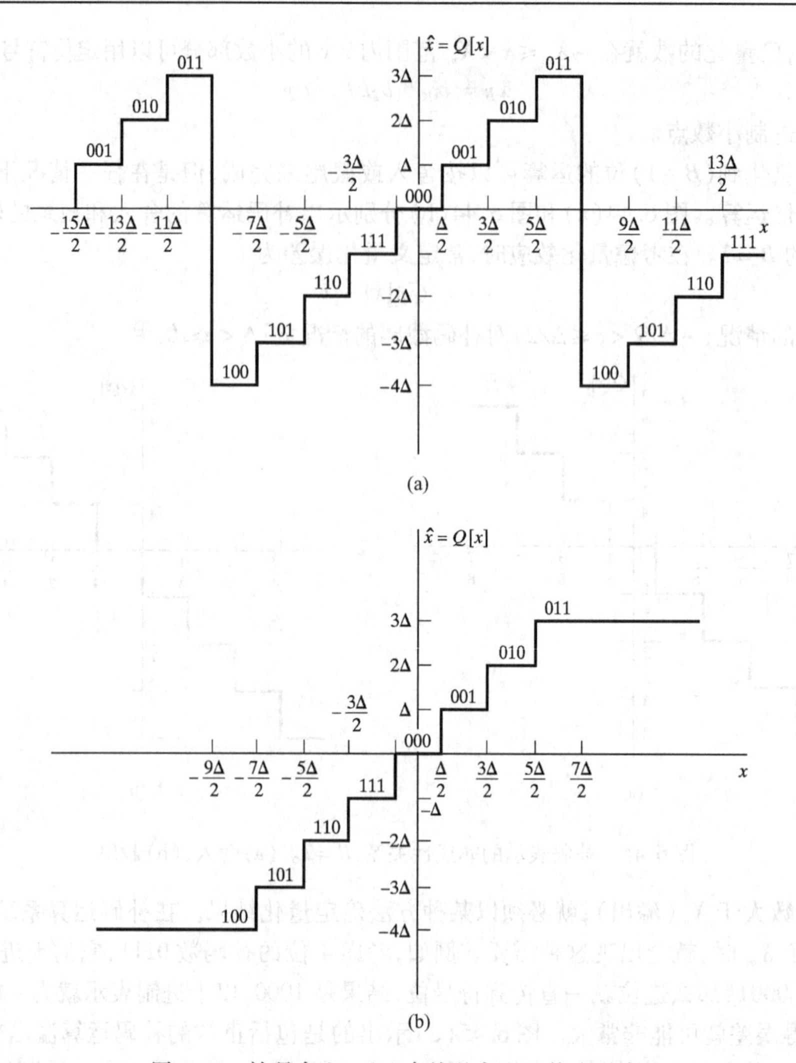

图 6.45 补码舍入。(a)自然溢出;(b)饱和溢出

在数字信号处理实现中,通常假定全部信号变量和系数都是二进制小数。因此,如果将一个$(B+1)$位的信号变量乘以$(B+1)$位的系数,那么其结果就是$(2B+1)$位的小数,而这个$(2B+1)$位的小数又能很方便地用舍入或截尾最低有效位的方法减少到$(B+1)$位。利用这一约定,量 X_m 就能认为是一个幅度加权因子,它允许在数值上表示大于 1 的数。例如,在定点计算中,通常假设每个二进制数都有一个 $X_m = 2^c$ 的幅度加权因子。因此,一个 $c=2$ 的值就意味着,该二进制数的小数点是真正位于式(6.78)中的二进制字的 b_2 和 b_3 之间。通常这个幅度加权因子不明显地表现出来,而是隐含在实现的程序或硬件结构中。

关于幅度加权因子 X_m 的另一种考虑方法引出了浮点表示法,这时幅度加权因子的指数 c 称为**阶**,小数部分 $\hat{x}_B$ 称为**尾数**。在浮点运算系统中,阶和尾数都表示成二进制数。为了保持宽的动态范围以及小的量化噪声,浮点表示为此提供了一种方便的方法。然而,量化误差却以稍许不同的方式出现。

6.7.2 系统实现中的量化

数值量化在 LTI 离散时间系统的实现中以几种方式对其产生影响。作为一个简单的说明,考虑图 6.46(a)所示的方框图,该图示出序列 $x[n]$ 是采样一个带限连续时间信号 $x_c(t)$ 得到的,并作为一个 LTI 系统的输入。该系统函数为

$$H(z)=\frac{1}{1-az^{-1}} \tag{6.80}$$

该系统的输出 $y[n]$ 又经理想带限内插转换到带限信号 $y_c(t)$。

图 6.46(b)是一个更加实际的模型。在实际装置中,采样是用 (B_i+1) 位有限精度的 A/D 转换器完成的。系统用 $(B+1)$ 位二进制运算来实现。在图 6.46(a)中,系数 a 用 $(B+1)$ 位精度来表示。延迟变量 $\hat{v}[n-1]$ 也是用 $(B+1)$ 位寄存器存储的,并且当该 $(B+1)$ 位数 $\hat{v}[n-1]$ 乘以 $(B+1)$ 位数 $\hat{a}$ 时,其乘积将有 $(2B+1)$ 位长。若假设用的是 $(B+1)$ 位的加法器,则乘积 $\hat{a}\hat{v}[n-1]$ 在与 (B_i+1) 位输入样本 $\hat{x}[n]$ 相加之前必须被量化(也即舍入或截尾)到 $(B+1)$ 位。当 $B_i<B$ 时,(B_i+1) 位的输入样本能够放在 $(B+1)$ 位二进制字的任何地方,并具有适当的符号位扩充。不同的选取对应于输入的不同加权。系数 a 已经被量化了,因此即使撇开其他的量化误差,这个系统响应一般不可能与图 6.46(a)所示的相同。最后,由该方框图表示的差分方程迭代计算出的 $(B+1)$ 位样本 $\hat{v}[n]$ 是按 (B_o+1) 位 D/A 转换器转换为模拟信号的,当 $B_o<B$ 时,在 D/A 转换之前该输出样本又必须被进一步量化。

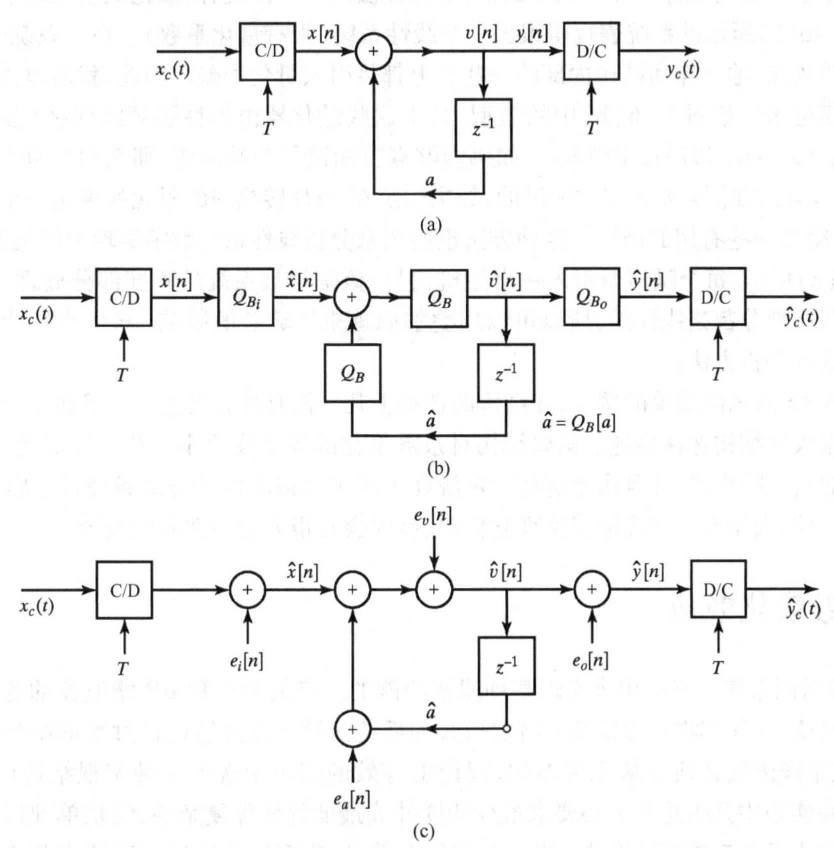

图 6.46　一个模拟信号离散时间滤波的实现。(a)理想系统;(b)非线性模型;(c)线性化模型

虽然图 6.46(b)所示的模型是准确的,但分析困难。由于量化器的存在以及在加法器中有溢出的可能,所以图 6.46(b)所示的系统是非线性的。同时,在系统中许多点上都引入了量化误差。这些误差的影响是不可能精确分析的,因为它们与输入信号有关,而一般认为输入信号是未知的。因此,不得不采用几种不同的近似方法来简化这类系统的分析。

对于像图 6.46(a)中的系数 a 这样的系统参数量化的影响一般是由在数据转换或在实现差分方程时的量化效应单独确定的。也就是说,一个系统函数的理想系数先用它们的量化值来代替,然后测试所得到的响应函数,考虑当不存在其他算术量化时,滤波器系数的量化是否已经将系统性能破坏到了不能接受的程度。对于图 6.46 所示的例子,若将实数 a 量化到 $(B+1)$ 位,就必须考虑所得到的系统,其系统函数

$$\hat{H}(z)=\frac{1}{1-\hat{a}z^{-1}} \tag{6.81}$$

是否足够接近要求的式(6.80)所给出的系统函数 $H(z)$。因为只有 2^{B+1} 个不同的 $(B+1)$ 位二进制数,所以 $H(z)$ 的极点只能出现在 z 平面实轴上 2^{B+1} 个不同的位置上,虽然有可能出现 $\hat{a}=a$,但在大多数情况下还是会与理想响应有一些偏差。在 6.8 节将以更一般的项来讨论这种分析方法。

图 6.46(b)所示系统的非线性引起了在线性系统中不可能发生的现象。具体地说,譬如这样的系统可能呈现零输入极限环现象,即在输入一直为非零值之后变为零时,输出将周期性振荡。极限环既可由量化也可以由溢出引起。虽然这类现象的分析是困难的,但是某些有用的近似结果已经得到。极限环问题将在 6.10 节讨论。

如果在数字实现的设计中谨慎从事的话,能保证溢出很少出现,而量化误差也是小的。在这个条件下,图 6.46(b)所示的系统表现得很像一个线性系统(带有量化系数)。在该系统中,在发生舍入或截尾的输入点、输出点和结构内部的一些点上都将引入量化误差。因此,就能以图 6.46(c)所示的线性化模型来代替图 6.46(b)中的模型,其中这些量化器由加性噪声源代替(参见 Gold and Rader, 1969; Jackson, 1970a, 1970b)。如果能够真正知道每个噪声源,那么图 6.46(c)就等效于图 6.46(b)。然而,如同 4.8.3 节讨论过的,如果假定在 A/D 转换中的量化噪声是一个随机噪声模型,那么就可得出一些有用的结果。这种方法也能用来分析线性系统数字实现中的运算量化效应。如同图 6.46(c)所示,每个噪声源引入一个随机信号,该信号被系统的不同部分处理,但是因为已假定系统的所有部分都是线性的,所以可以用叠加原理来计算总的影响。6.9 节将针对几种重要系统来说明这种分析方法。

对于图 6.46 所示的简单的例子,在结构的选择上几乎没有什么灵活性。然而,对于高阶系统,已经知道有很大的结构选择余地。某些结构对系数量化的灵敏度要小一些。类似地,由于不同的结构有不同的量化噪声源,并且由于这些噪声源在系统中又以不同的方式被滤波,所以,在理论上等效的某些结构,当用有限精度运算实现它们时,有时会有很大的特性品质差异。

6.8 系数量化效应

LTI 离散时间系统一般是用来实现某种滤波功能的。有关 FIR 和 IIR 滤波器的各种设计方法将在第 7 章讨论,一般都将其假设某一特定形式的系统函数。滤波器设计过程的结果是某一个系统函数,对该系统函数必须要从无穷多的、理论上等效的实现中选择一种实现结构(一组差分方程)。虽然,在实现中几乎总是关心要求最少的硬件或最低的软件复杂性,但是单独根据这一标准来选择实现结构通常又是不可能的。在 6.9 节将会看到,实现结构决定了系统内部产生的量化噪声。同时,某些结构对于系数的波动要更为灵敏些。正如 6.7 节中所指出的,研究系数量化和舍入噪声的标准途径是单独考虑它们。本节就考虑系统参数量化所产生的影响。

6.8.1 IIR 系统系数量化效应

当对一个有理系统函数或相应的差分方程的系数进行量化时,系统函数的零、极点在 z 平面就

会移动到新的位置上去。这就等效于频率响应受到扰动而偏离原来的频率响应。如果系统实现结构对系数的扰动具有高的灵敏度,那么所得到的系统可能就不再满足原设计指标,甚至一个 IIR 系统都可能变成是不稳定的。

对于一般情况,详细的灵敏度分析是很复杂的,况且在数字滤波器实现的具体情况下,通常其价值也很有限。利用丰富的仿真工具,通常很容易做到将在实现系统中所用到的差分方程系数量化,然后计算相应的频率响应,并将它与期望的频率响应函数做比较。然而,即便在一些具体情况下也有必要进行系统仿真,但是一般来说,研究系统函数是如何受差分方程系数量化影响的仍是有意义的。例如,对应于两种直接型结构(及其相应的转置形式)的系统函数表达式是两个多项式之比

$$H(z)=\frac{\sum_{k=0}^{M} b_k z^{-k}}{1-\sum_{k=1}^{N} a_k z^{-k}} \tag{6.82}$$

其中,系数$\{a_k\}$和$\{b_k\}$在两种直接型实现结构(及其相应的转置结构)中都是理想的无限精度系数。如果将这些系数量化,就得到系统函数为

$$\hat{H}(z)=\frac{\sum_{k=0}^{M} \hat{b}_k z^{-k}}{1-\sum_{k=1}^{N} \hat{a}_k z^{-k}} \tag{6.83}$$

式中,$\hat{a}_k=a_k+\Delta a_k$ 和 $\hat{b}_k=b_k+\Delta b_k$ 都是量化系数,它们用量化误差 Δa_k 和 Δb_k 代表与原系数的偏差。

现在来研究系数误差是如何影响分母和分子多项式的根[$H(z)$的极点和零点]的。多项式中的所有系数误差都会影响多项式的每一个根,因为每个根都是多项式全部系数的一个函数。因此每个极点和零点都分别受分母和分子多项式中所有量化误差的影响。更具体一点说,Kaiser(1966)证明:若极点(或零点)是紧密集束在一起,那么在分母(分子)系数上小的误差对直接型结构就可能会引起极点(零点)大的偏移。因此,如果这些极点(零点)是紧密集束在一起的(这就对应于一个窄带带通滤波器,或者窄带低通滤波器),那么就能估计到直接型结构的极点对系数量化误差是非常灵敏的。另外,Kaiser 的分析还指出:密集的极点(零点)越多,灵敏度就越高。

分别由式(6.30)和式(6.35)给出的级联型和并联型系统函数是由二阶直接型系统的组合组成的。然而,在两种情况中每对复数共轭极点都是独立于其他极点而实现的。因此,在一对特定极点上的误差与系统函数其他极点到该极点对的距离无关。在级联型结构中,对于零点也可以得到相同的结论,因为零点也是作为独立的二阶因子实现的。因此,级联型对系数量化灵敏度一般比等效的直接型实现要小得多。

由式(6.35)可见,并联型系统函数的零点是隐含实现的。它们可以把这些已量化的二阶节合并起来以得到一个公共分母而隐含地得到。因此,一个特定的零点受全部二阶节的分子和分母系数中的量化误差影响。然而,对于大多数实际滤波器设计来说,也发现并联型对系数量化的灵敏度比等效的直接型小得多,这是因为二阶子系统对量化不是非常灵敏。在很多实际滤波器中,零点往往较宽地分布在单位圆周围,或者在某些情况下它们可能全都位于 $z=\pm1$ 处。对于后者的情况,零点在频率 $\omega=0$ 和 $\omega=\pi$ 附近主要给出比要求更大的衰减,因此即使零点偏离 $z=\pm1$,也不至于使系统特征明显恶化。

6.8.2　一个椭圆滤波器系数量化的例子

作为系数量化效应说明实例,考虑一个利用第 7 章讨论的近似技术设计的带通 IIR 椭圆滤波

器的例子,该滤波器设计成满足如下特性:

$$0.99 \leqslant |H(e^{j\omega})| \leqslant 1.01, \qquad 0.3\pi \leqslant |\omega| \leqslant 0.4\pi$$

$$|H(e^{j\omega})| \leqslant 0.01\pi \text{ (i.e., } -40\,\text{dB)}, \qquad |\omega| \leqslant 0.29\pi$$

$$|H(e^{j\omega})| \leqslant 0.01\pi \text{ (i.e., } -40\,\text{dB)}, \qquad 0.41\pi \leqslant |\omega| \leqslant \pi$$

也就是说,在通带 $0.3\pi\leqslant|\omega|\leqslant0.4\pi$ 内滤波器应逼近1,而在基本区间 $0\leqslant|\omega|\leqslant\pi$ 的其他区域应逼近0。为了追求计算上的可实现性,作为让步,允许 0.01π 的过渡区(不予关注)位于通带的任何一边。第7章将说明频率选择性滤波器设计算法的设计指标通常以这种形式给出。对于式(6.82)所给形式的系统函数,用椭圆滤波器设计的 MATLAB 函数来生成12阶直接型表示的系数,这里,系数 a_k 和 b_k 用64位浮点运算计算得到,其完全15位十进制数字精度显示的结果如表6.1所示。把滤波器的这种表示记作“未量化的”。

表 6.1 12 阶椭圆滤波器未量化的直接型系数

k	b_k	a_k
0	0.01075998066934	1.00000000000000
1	−0.05308642937079	−5.22581881365349
2	0.16220359377307	16.78472670299535
3	−0.34568964826145	−36.88325765883139
4	0.57751602647909	62.39704677556246
5	−0.77113336470234	−82.65403268814103
6	0.85093484466974	88.67462886449437
7	−0.77113336470234	−76.47294840588104
8	0.57751602647909	53.41004513122380
9	−0.34568964826145	−29.20227549870331
10	0.16220359377307	12.29074563512827
11	−0.05308642937079	−3.53766014466313
12	0.01075998066934	0.62628586102551

未量化滤波器的频率响应 $20\log_{10}|H(e^{j\omega})|$ 如图6.47(a)所示,可以看到在阻带内滤波器满足设计指标要求(至少有40 dB衰减)。另外,图6.47(b)中的实线,它是未量化滤波器通带区域 $0.3\pi\leqslant|\omega|\leqslant0.4\pi$ 的放大显示,表明在通带内滤波器也满足设计指标。

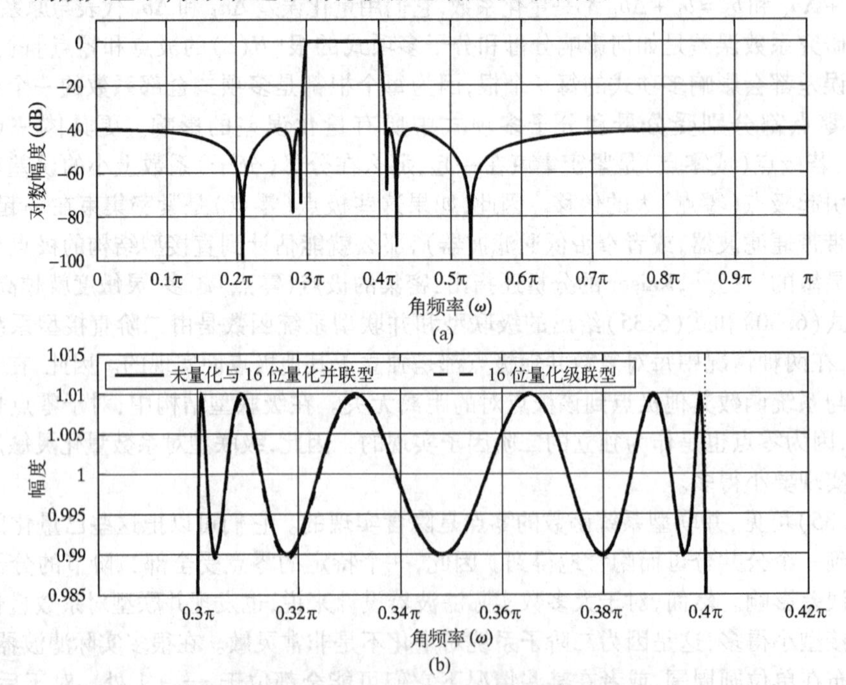

图6.47 IIR系数量化例子。(a)未量化椭圆带通滤波器的对数幅度;(b)未量化(实线)和16位量化级联型(虚线)通带内幅度

根据表6.1中的系数,对式(6.82)的分子和分母多项式进行因式分解得到如下表达式:

$$H(z)=\prod_{k=1}^{12}\frac{b_0(1-c_kz^{-1})}{(1-d_kz^{-1})} \tag{6.84}$$

用零点和极点表示的形式在表 6.2 中给出。

表 6.2　12 阶椭圆滤波器未量化的零点和极点

k	$\|c_k\|$	$\angle c_k$	$\|d_k\|$	$\angle d_{1k}$
1	1.0	±1.65799617112574	0.92299356261936	±1.15956955465354
2	1.0	±0.65411612347125	0.92795010695052	±1.02603244134180
3	1.0	±1.33272553462313	0.96600955362927	±1.23886921536789
4	1.0	±0.87998582176421	0.97053510266510	±0.95722682653782
5	1.0	±1.28973944928129	0.99214245914242	±1.26048962626170
6	1.0	±0.91475122405407	0.99333628602629	±0.93918174153968

位于 z 平面上半平面的未量化滤波器的极点和零点在图 6.48(a) 中画出。注意到零点全部位于单位圆上，它们的角度位置与图 6.47 中的深零点对应。滤波器设计方法有目的地将零点布置在通带的两边，以提供想要的阻带衰减和锐截止。同时还注意到，极点被集束在窄的通带内，其中两对复数共轭极点的矢径大于 0.99。这样精心调整的零、极点分布是用来生成图 6.47(a) 所示的窄带锐截止带通滤波器频率响应的。

观察表 6.1 中的系数就会让人想到直接型的量化可能产生很大的问题。回想一个固定的量化器，无论待量化数字的大小，量化误差的大小是相同的；即若对两个系数采用相同的比特数和相同的尺度因子，系数 $a_{12}=0.62628586102551$ 的量化误差可能与系数 $a_6=88.67462886449437$ 的误差大小相同。正是由于这个原因，当表 6.1 中的直接型系数用 16 位精度量化时，每个系数的量化独立于其他系数便可以最大化各系数的精度；即这里每个 16 位系数需要它自己的尺度因子①。采用这种保守的方法所得到的极点和零点如图 6.48(b) 所示，可以注意到零点发生了较为明显的移位但并不剧烈。具体地，面向单位圆顶端的间距很近的零点对，它们仍然保持在大致相同的角度上，但它们已经离开了单位圆，成为四个复数共轭倒数对称的零点群的成员，而其他零点则发生了角度偏移，但仍然保持在单位圆上。这种受约束的移位是分子多项式系数对称性的结果，这种对称性在量化时被保留下来。然而，没有对称性约束的紧致集束极点已经移动到完全不同的位置上，容易观察到，一些极点已经移动到单位圆外面。因此，直接型系统不能用 16 位系数实现，因为它将是不稳定的。

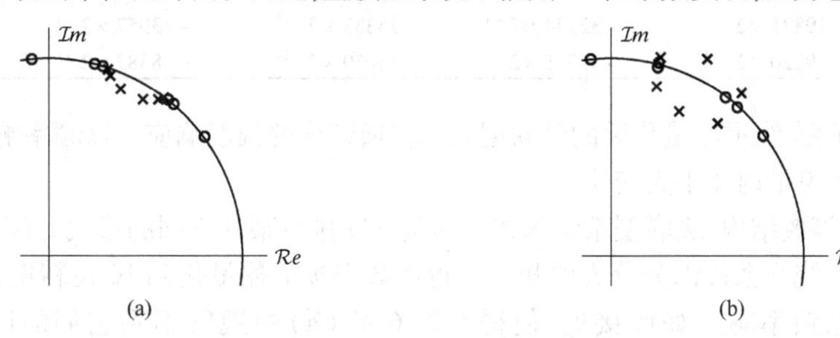

图 6.48　IIR 系数量化例子。(a) 未量化系数时 $H(z)$ 的极点和零点；(b) 直接型系数 16 位量化的极点和零点

另一方面，级联型对系数量化的灵敏度低得多。该例子的级联型可以通过对式(6.84)和表 6.2 中的复数共轭极点和零点对进行分组来得到，形成的 6 个二阶因式如下：

$$H(z)=\prod_{k=1}^{6}\frac{b_{0k}(1-c_kz^{-1})(1-c_k^*z^{-1})}{(1-d_kz^{-1})(1-d_k^*z^{-1})}=\prod_{k=1}^{6}\frac{b_{0k}+b_{1k}z^{-1}+b_{2k}z^{-2}}{1-a_{1k}z^{-1}-a_{2k}z^{-2}} \tag{6.85}$$

级联型的零点 c_k 和极点 d_k，以及系数 b_{ik} 和 a_{ik} 可以用 64 位浮点精度来计算，因此这些系数仍然被

① 为了简化实现，如果每个系数具有相同的尺度因子将是理想的，但精度却差很多。

看作是未量化的。表6.3给出了6个二阶节的系数[如式(6.85)所定义]。极点和零点的配对以及排序方式将在6.9.3节中讨论。

表6.3 12阶椭圆滤波器未量化的级联型系数

k	a_{1k}	a_{2k}	b_{0k}	b_{1k}	b_{2k}
1	0.737904	−0.851917	0.137493	0.023948	0.137493
2	0.961757	−0.861091	0.281558	−0.446881	0.281558
3	0.629578	−0.933174	0.545323	−0.257205	0.545323
4	1.117648	−0.941938	0.706400	−0.900183	0.706400
5	0.605903	−0.984347	0.769509	−0.426879	0.769509
6	1.173028	−0.986717	0.937657	−1.143918	0.937657

为了说明系数如何量化并如何用定点数来表示,现将表6.3中的系数量化到16位精度。所得系数如表6.4所示。表中定点系数用十进制整数乘以2的幂的加权因子给出。将该十进制整数转换为二进制数就可以得出它的二进制表示。在定点实现中,加权因子是以数据移位方式仅隐含地表示的,对于这种数据移位,与其他结果相加以前须把结果的二进制小数点对齐。注意,这些系数二进制表示的小数点不总是在同一个位置上。例如,凡加权因子为2^{-15}的所有系数其二进制小数点都在符号位b_0和最高的小数位b_1之间,如式(6.78)所示。然而,对于其值不超过0.5的数,如系数b_{02},就可以向左移一位或更多位①。因此,b_{02}的二进制小数点真正是在符号位的左边,就好像字长超过17位。另一方面,对于其值超过1,但小于2的数,如a_{16},必须将其二进制小数点右移一位,也即式(6.78)中的b_1和b_2之间。

表6.4 12阶椭圆滤波器16位量化的级联型系数

k	a_{1k}	a_{2k}	b_{0k}	b_{1k}	b_{2k}
1	24196×2^{-15}	-27880×2^{-15}	17805×2^{-17}	3443×2^{-17}	17805×2^{-17}
2	31470×2^{-15}	-28180×2^{-15}	18278×2^{-16}	-29131×2^{-16}	18278×2^{-16}
3	20626×2^{-15}	-30522×2^{-15}	17556×2^{-15}	-8167×2^{-15}	17556×2^{-15}
4	18292×2^{-15}	-30816×2^{-15}	22854×2^{-15}	-29214×2^{-15}	22854×2^{-15}
5	19831×2^{-15}	-32234×2^{-15}	25333×2^{-15}	-13957×2^{-15}	25333×2^{-15}
6	19220×2^{-14}	-32315×2^{-15}	15039×2^{-14}	-18387×2^{-14}	15039×2^{-14}

图6.47(b)中的虚线示出量化后的级联型实现在通带内的幅度响应。该频率响应在通带内仅有略微的降低,而在阻带内几乎无变化。

为了得到其他等效结构,级联型系统函数必须重新安排成某种不同的形式。例如,若确定用并联型结构(未量化系统函数按部分分式展开),所得系数仍按前述量化到16位精度,其在通带内的频率响应与未量化频率响应如此接近,使得在图6.47(a)中观察不到它们的区别,而只能在图6.47(b)中观察到。

上述例子说明了级联型和并联型对系数量化效应的鲁棒性,也说明直接型高阶滤波器对系数量化效应是极为灵敏的。由于灵敏度的关系,除了二阶系统以外,直接型是很少被采用的②。因为级联型和并联型都能构成与规范直接型要求相同的存储量和相同的、或稍多一点的计算量,因此这些标准结构使用最为广泛。更为复杂的结构,如格型结构,对于很短字长可能更加鲁棒些,但是与同阶系统相比它们要求的计算量显著增加。

① 应用不同的二进制小数点位置在系数上可保持较高的精度,但使得编程或系统结构复杂化。

② 在语音合成中是个例外,在那里十阶和更高阶的系统照例都用直接型实现。因为在语音合成中,系统函数的极点分隔得比较开,所以这是可能的(见 Rabiner and Schafer, 1978)。

6.8.3　量化的二阶节的极点

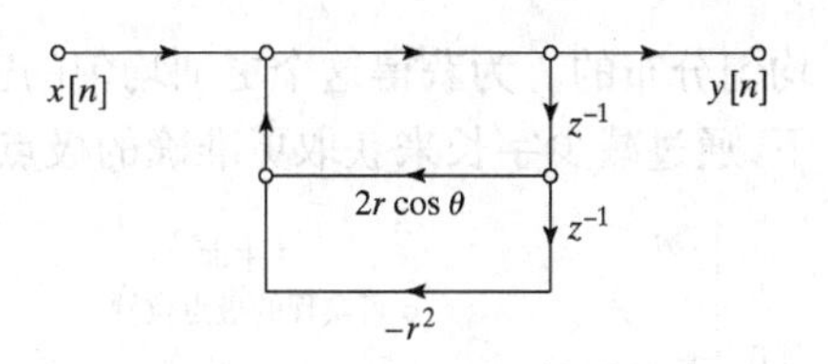

图6.49　一对复数共轭极点的直接型实现

甚至对用于实现级联和并联型的二阶系统而言，在改进对系数量化的鲁棒性上仍有一些灵活性。考虑用直接型实现的一对共轭复数极点，如图6.49所示。用无限精度系数，该流图的极点在$z=re^{j\theta}$和$z=re^{-j\theta}$处。然而，如果系数$2r\cos\theta$和$-r^2$是被量化，那么只可能有有限个不同的极点位置。这些极点必须位于z平面内的一个网格点上，该网格由同心圆（相应于r^2的量化）与垂直线（相应于$2r\cos\theta$的量化）的交点所确定。图6.50(a)示出一个4位量化(3位加符号位)的这样一个网格；也就是说，r^2是限制在7个正值和零上，而$2r\cos\theta$则限制在7个正值、8个负值和零上。图6.50(b)示出由7位量化(6位加符号位)得到的一个较为密集的网格图。图6.50所示的图自然对z平面的其他每个象限都是镜像对称的。需要注意的是，对直接型而言，网格点在实轴附近要更稀疏一些。因此，位于$\theta=0$或$\theta=\pi$附近的极点可能比在$\theta=\pi/2$附近的极点偏移要多一些。当然，无限精度极点的位置非常接近于某个允许的量化极点的位置，这种情况是有可能的。在这种情况下，不管怎样，量化不会引起任何问题，但是一般来说量化总会使系统特性变坏。

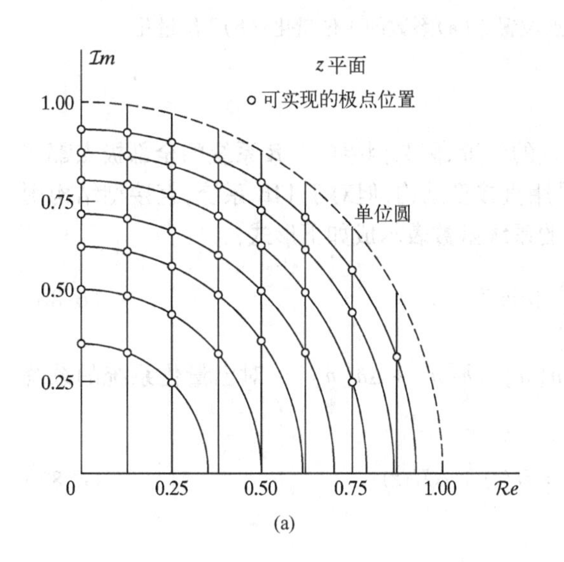

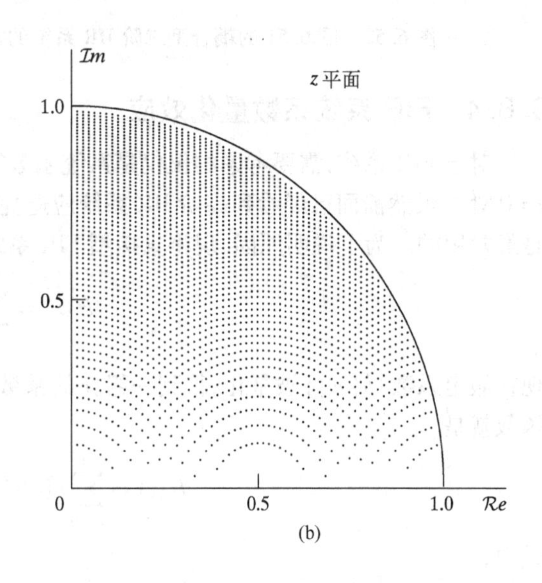

图6.50　图6.49二阶IIR直接型系统的极点位置。(a)系数的4位量化；(b)7位量化

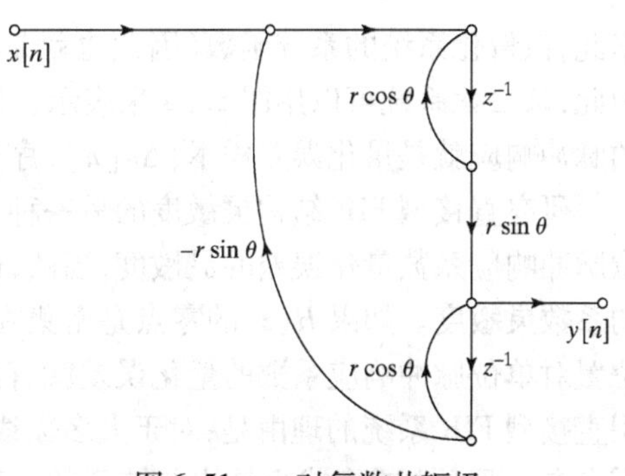

图6.51　一对复数共轭极点的耦合型实现

图6.51示出实现$z=re^{j\theta}$和$z=re^{-j\theta}$极点的另一种二阶结构。这种结构已被称为二阶系统的**耦合型**实现(见Rader and Gold, 1967)。容易证明，图6.49和图6.51所示的系统对无限精度系数而言具有相同的极点。为了实现图6.51所示的系统，必须对$r\cos\theta$和$r\sin\theta$量化。因为这两个量分别是极点位置的实部和虚部，因此量化后的极点位置就是在z平面内均匀相间的水平和垂直线的交点。图6.52(a)和图6.52(b)分别示出对于4位量化和7位量化可能的极点位置。在这种情况下，极点位置的密度在整个单位圆内都是

均匀分布的。为获得这个更加均匀的密度所付出的代价是需要用两倍的常数乘法器。在某些情况下,通过减少字长来获取更准确的极点位置,这个额外的计算量可以认为是合理的。

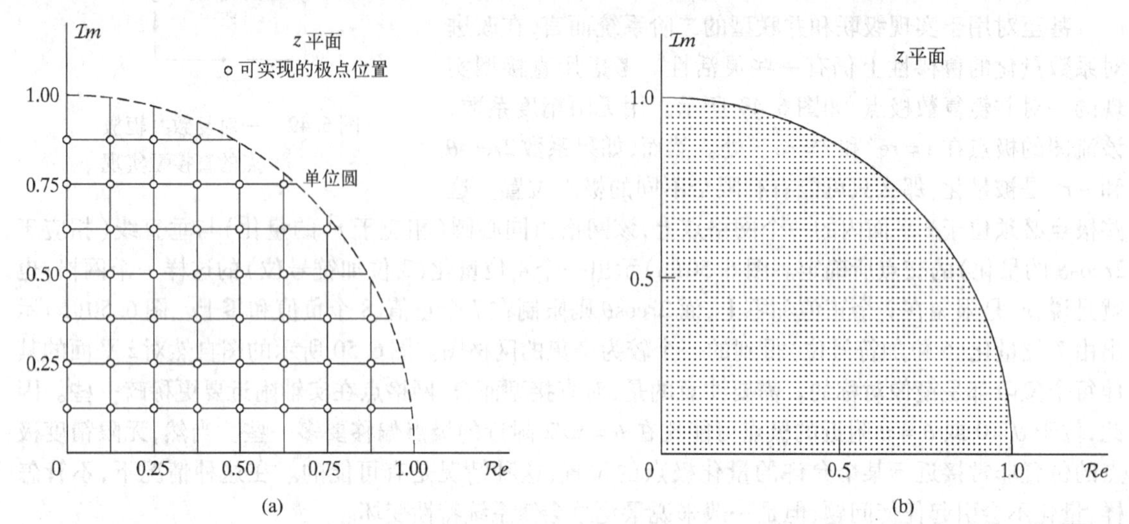

图 6.52 图 6.51 的耦合型二阶 IIR 系统的极点位置。(a)系数的 4 位量化;(b)7 位量化

6.8.4 FIR 系统系数量化效应

对于 FIR 系统,需要考虑的仅仅是系统函数零点的位置,因为因果的 FIR 系统的全部极点都在 $z=0$ 处。虽然前面已经看到高阶 IIR 系统应避免采用直接型结构,但对于 FIR 系统,直接型结构则是最常用的。为了说明原因,现将直接型 FIR 系统的系统函数表示成如下形式:

$$H(z)=\sum_{n=0}^{M} h[n]z^{-n} \tag{6.86}$$

现在假定系数$\{h[n]\}$被量化,得到一组新的系数$\{\hat{h}[n]=h[n]+\Delta h[n]\}$。对已量化系统的系统函数就是

$$\hat{H}(z)=\sum_{n=0}^{M} \hat{h}[n]z^{-n}=H(z)+\Delta H(z) \tag{6.87}$$

式中,

$$\Delta H(z)=\sum_{n=0}^{M} \Delta h[n]z^{-n} \tag{6.88}$$

据此,该量化系统的系统函数(因此也就是频率响应)与脉冲响应系数的量化误差是线性相关的。为此,该量化系统可以用图 6.53 来表示。该图指出,未量化系统与一个误差系统并联,该误差系统的脉冲响应就是量化误差样本$\{\Delta h[n]\}$序列,而其系统函数就是相应的 z 变换 $\Delta H(z)$。

研究直接型 FIR 结构灵敏度的另一种方法是考查零点对单位脉冲响应系数量化误差的灵敏度,当然,也就是对多项式$H(z)$的系数灵敏度。如果 $H(z)$的零点是密集在一起的,那么它们的位置对单位脉冲响应系数的量化误差就有高的灵敏度。广泛采用直接型 FIR 系统的理由是:对于大多数线性相位 FIR 滤波器,零点在 z 平面内或多或少是均匀铺开的。现用下面的例子来说明这一点。

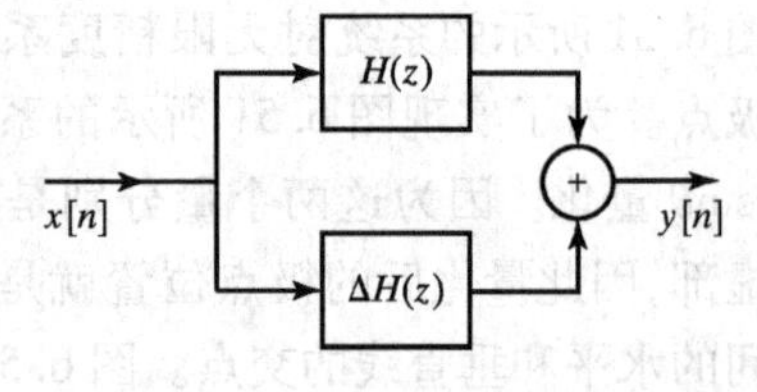

图 6.53 FIR 系统中系数量化的表示

6.8.5　一个最优 FIR 滤波器量化的例子

作为在 FIR 系统中系数量化效应的一个例子，现考虑一个满足下列指标的线性相位低通滤波器：

$$0.99 \leqslant |H(e^{j\omega})| \leqslant 1.01, \qquad 0 \leqslant |\omega| \leqslant 0.4\pi$$

$$|H(e^{j\omega})| \leqslant 0.001 \text{ (i.e., } -60\,\text{dB}), \qquad 0.6\pi \leqslant |\omega| \leqslant \pi$$

该滤波器是用 Parks-McClellan 设计方法设计的，该设计方法将在 7.7.3 节中讨论。这个特定系统的设计细节在 7.8.1 节中讨论。

表 6.5 给出该系统未量化的脉冲响应系数，以及 16 位、14 位、13 位和 8 位量化的量化后系数。图 6.54 给出了各种情况下系统频率响应的比较。图 6.54(a) 是未量化系数频率响应以 dB 计的对数幅度特性。图 6.54(b)～(f) 分别表示在未量化以及按 16 位、14 位、13 位和 8 位量化情况下通带和阻带的逼近误差。(通带为逼近于 1 的误差，阻带为逼近于 0 的误差。) 由图 6.54 可见，对于未量化情况和用 16 位、14 位量化的情况，系统都能满足指标要求。然而，用 13 位量化，阻带逼近误差大于 0.001；而用 8 位量化，阻带逼近误差超过指标要求 10 倍。因此，该系统的直接型实现要求至少有 14 位的系数。不过，这并不是一个苛刻的限制，因为 16 位或 14 位系数与很多可用来实现这样一个滤波器的技术工艺是恰好匹配的。

表 6.5　一个最优 FIR 低通滤波器 ($M=27$) 的未量化和量化系数

系　数	未量化	16 位	14 位	13 位	8 位
$h[0]=h[27]$	1.359657×10^{-3}	45×2^{-15}	11×2^{-13}	6×2^{-12}	0×2^{-7}
$h[1]=h[26]$	-1.616993×10^{-3}	-53×2^{-15}	-13×2^{-13}	-7×2^{-12}	0×2^{-7}
$h[2]=h[25]$	-7.738032×10^{-3}	-254×2^{-15}	-63×2^{-13}	-32×2^{-12}	-1×2^{-7}
$h[3]=h[24]$	-2.686841×10^{-3}	-88×2^{-15}	-22×2^{-13}	-11×2^{-12}	0×2^{-7}
$h[4]=h[23]$	1.255246×10^{-2}	411×2^{-15}	103×2^{-13}	51×2^{-12}	2×2^{-7}
$h[5]=h[22]$	6.591530×10^{-3}	216×2^{-15}	54×2^{-13}	27×2^{-12}	1×2^{-7}
$h[6]=h[21]$	-2.217952×10^{-2}	-727×2^{-15}	-182×2^{-13}	-91×2^{-12}	-3×2^{-7}
$h[7]=h[20]$	-1.524663×10^{-2}	-500×2^{-15}	-125×2^{-13}	-62×2^{-12}	-2×2^{-7}
$h[8]=h[19]$	3.720668×10^{-2}	1219×2^{-15}	305×2^{-13}	152×2^{-12}	5×2^{-7}
$h[9]=h[18]$	3.233332×10^{-2}	1059×2^{-15}	265×2^{-13}	132×2^{-12}	4×2^{-7}
$h[10]=h[17]$	-6.537057×10^{-2}	-2142×2^{-15}	-536×2^{-13}	-268×2^{-12}	-8×2^{-7}
$h[11]=h[16]$	-7.528754×10^{-2}	-2467×2^{-15}	-617×2^{-13}	-308×2^{-12}	-10×2^{-7}
$h[12]=h[15]$	1.560970×10^{-1}	5115×2^{-15}	1279×2^{-13}	639×2^{-12}	20×2^{-7}
$h[13]=h[14]$	4.394094×10^{-1}	14399×2^{-15}	3600×2^{-13}	1800×2^{-12}	56×2^{-7}

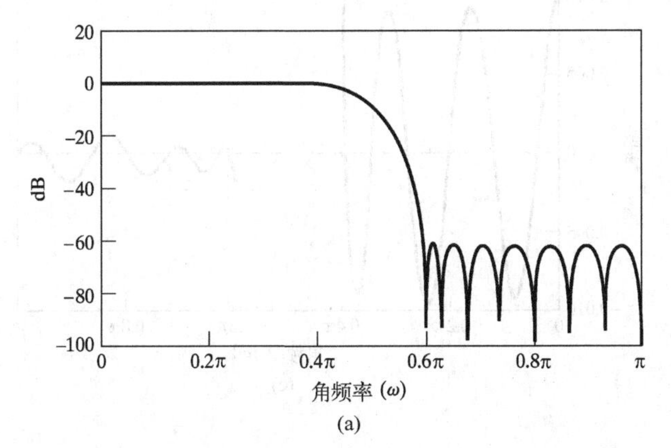

(a)

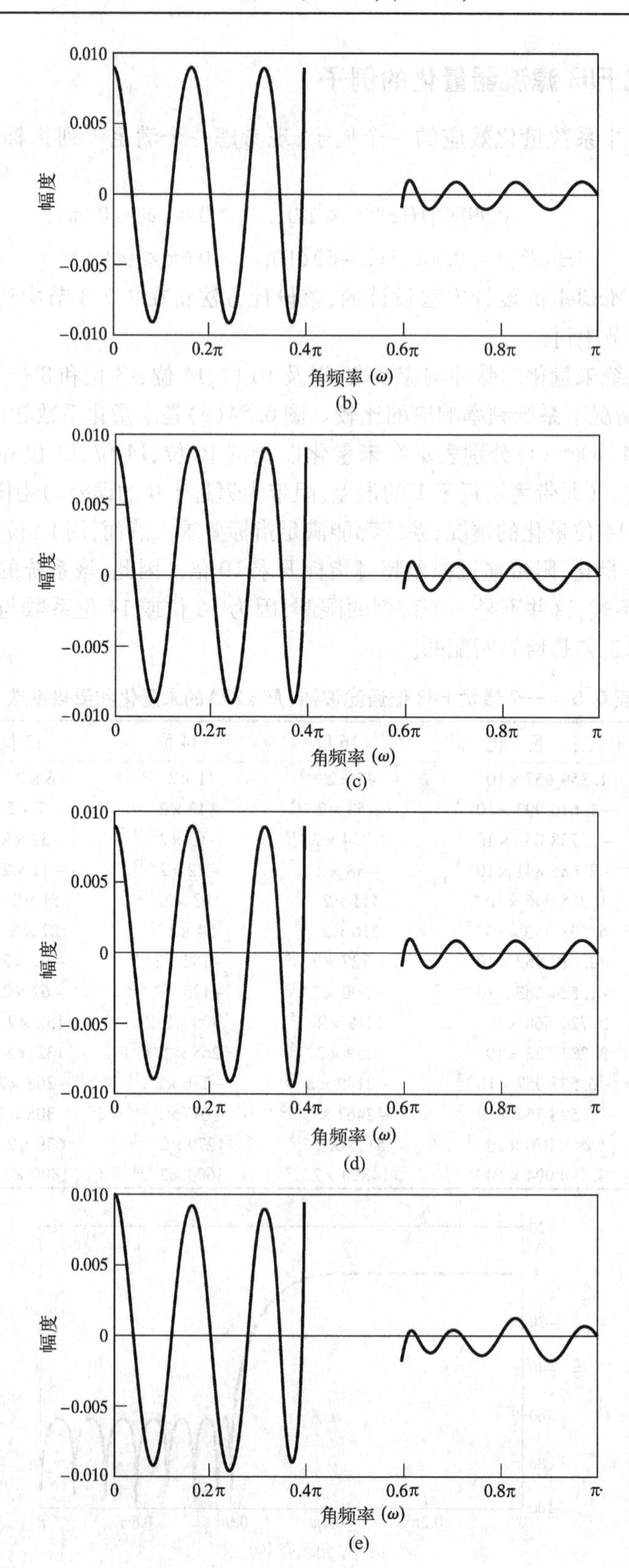

(b)

(c)

(d)

(e)

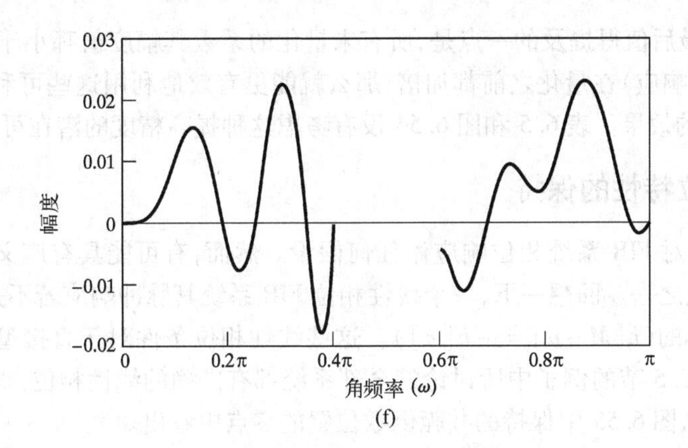

图6.54 FIR 量化的例子。(a)未量化情况的对数幅度特性;(b)未量化情况的逼近误差(在过渡带中不定义误差);(c)16 位量化的逼近误差;(d)14 位量化的逼近误差;(e) 13 位量化的逼近误差;(f) 8 位量化的逼近误差

滤波器系数在滤波器零点位置上的量化效应如图 6.55 所示。应该注意到,在未量化情况下,如图 6.55(a)所示,虽然零点在单位圆上有一些密集,但零点还是在 z 平面铺开的。在单位圆上的零点主要形成阻带衰减,而在共轭倒数位置上的零点主要形成通带特性。注意到,对于 16 位量化的示于图6.55(b)中的零点位置几乎看不出差别,而对于图6.55(c)所示的13 位量化的情况,在单位圆上的零点已经有了显著的移动。最后,由 8 位量化[见图 6.55(d)]的零点位置看出,在单位圆上有几个零点成对地移出单位圆到共轭倒数的位置上。零点的这种特性恰恰说明了图 6.54 所示的频率响应的特性。

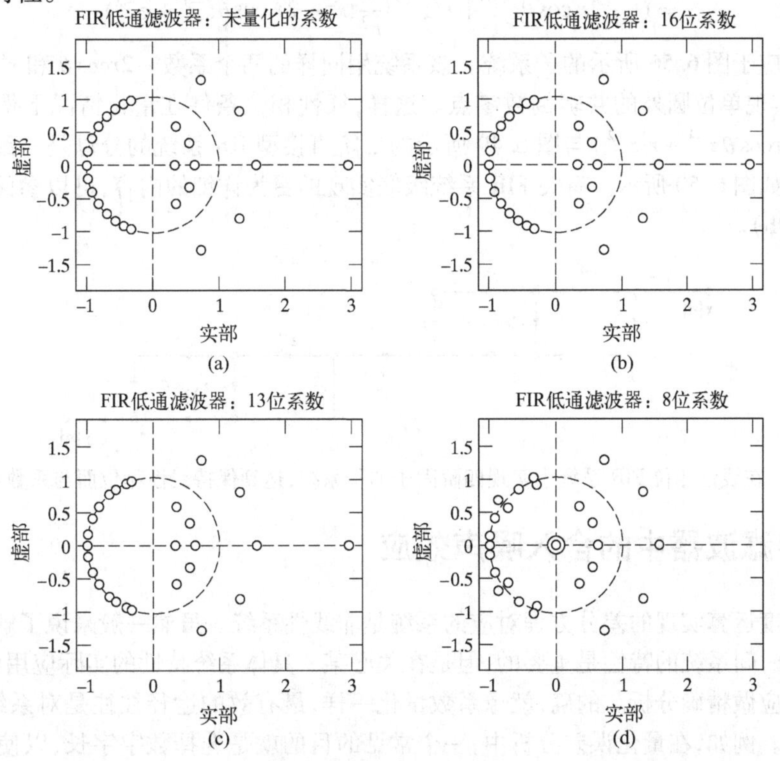

图6.55 在 $H(z)$ 零点单位脉冲响应的量化效应。(a)未量化;(b)16 位量化;(c)13 位量化; (d)8 位量化

对于这个例子最后值得提及的一点是,所有未量化的系数其幅度值都小于0.5。因此,如果全部系数(从而有冲激响应)在量化之前都加倍,那么就能更有效地利用这些可利用的位数以实现相当于 B 增加了一位的效果。表6.5和图6.54没有考虑这种提高精度的潜在可能。

6.8.6 线性相位特性的保持

到目前为止,未对FIR系统相位响应做任何假设。然而,有可能具有广义线性相位的特性是FIR系统的主要优点之一。回想一下,一个线性相位FIR系统其脉冲响应若不是对称的($h[M-n]=h[n]$)就是反对称的($h[M-n]=-h[n]$)。这些线性相位条件对于直接型量化系统是很容易保持住的。因此,6.8.5节的例子中所讨论的全部系统都有准确的线性相位,而不管量化的粗糙程度如何。这一点可从图6.55中保持的共轭倒数位置的零点中看出。

由图6.55(d)可以想到,在某些量化很粗糙的情况下,或者对于零点紧靠在一起的高阶系统,用级联型FIR系统独立实现较少的零点组或许是值得尝试的。为了保持线性相位,级联中每一节也必须有线性相位。回想一下,一个线性相位系统的零点必须按图6.34所示的方式出现。例如,若用($1+az^{-1}+z^{-2}$)的二阶节来实现单位圆上的每对复数共轭零点,那么当系数 a 量化时,该零点仅能在单位圆上移动。这就避免了零点从单位圆上移开,从而减小在衰减上的影响。类似地,在单位圆内的实零点和在单位圆外倒数位置上的零点也会保持为实的。在 $z=\pm1$ 处的零点也能准确地由一阶系统实现。若单位圆内的一对共轭复数零点是用二阶系统,而不用四阶系统来实现,那么必须确保对每个单位圆内的复数零点也有一个单位圆外的共轭倒数零点存在。这可以用对应于在 $z=re^{j\theta}$ 和 $z=r^{-1}e^{-j\theta}$ 处的零点的四阶因子表示为

$$\begin{aligned}&1+cz^{-1}+dz^{-2}+cz^{-3}+z^{-4}\\&=(1-2r\cos\theta z^{-1}+r^2z^{-2})\frac{1}{r^2}(r^2-2r\cos\theta z^{-1}+z^{-2})\end{aligned}\tag{6.89}$$

这就是相应于图6.56所示的子系统。该系统用同样的两个系数 $-2r\cos\theta$ 和 r^2 既实现单位圆内的零点,又实现单位圆外的共轭倒数零点。这样,线性相位条件在量化情况下得以保持。注意到,因子($1-2r\cos\theta z^{-1}+r^2z^{-2}$)与图6.49所示的二阶直接型IIR系统的分母是一致的,因此,量化零点的集合就如图6.50所示。有关FIR系统级联实现的更为详细的内容,可以参阅Herrmann and Schüssler(1970b)。

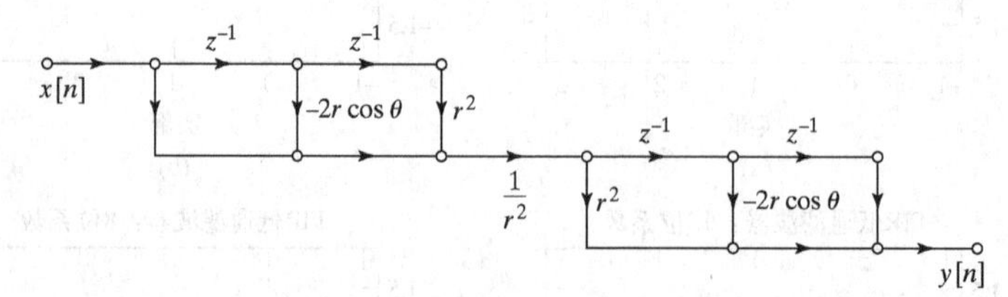

图6.56 在线性相位FIR系统中实现四阶因子的子系统,达到保持线性相位而与系数量化无关

6.9 数字滤波器中的舍入噪声效应

用有限精度运算实现的差分方程对应的系统是非线性系统。虽然一般来说了解这个非线性是如何影响离散时间系统的特性是重要的,但是在关心某一具体系统特性的实际应用中,一般不要求对运算量化效应做精确分析。的确,就像系数量化一样,最有效的途径往往是对系统进行仿真,并测量它的特性。例如,在量化误差分析中,一个常见的目的就是选择数字字长,以使得数字系统是目标线性系统的一个足够准确的实现;与此同时又要求最低的硬件或软件复杂性。当然,数字字长只能一位一步地改变,并且正如在4.8.2节中所看到的,字长每增加一位,量化误差减小一半。因

此，数字字长的选择对量化误差分析的不准确性是不灵敏的，通常分析准确度达到 30% ～ 40% 就够了。为此，很多重要的量化效应都能用线性加性噪声逼近来研究。本节将建立这样一些逼近，并用几个例子来说明它们的应用，唯一的例外是零输入极限环现象，这完全是非线性现象。对数字滤波器的非线性研究只限于 6.10 节对零输入极限环做简要介绍。

6.9.1　直接型 IIR 结构分析

为了介绍基本概念，现考虑一个 LTI 离散时间系统的直接型结构。一种直接 I 型二阶系统的流图如图 6.57(a) 所示。直接 I 型结构的一般 N 阶差分方程为

$$y[n]=\sum_{k=1}^{N}a_k y[n-k]+\sum_{k=0}^{M}b_k x[n-k] \tag{6.90}$$

其系统函数为

$$H(z)=\frac{\displaystyle\sum_{k=0}^{M}b_k z^{-k}}{1-\displaystyle\sum_{k=1}^{N}a_k z^{-k}}=\frac{B(z)}{A(z)} \tag{6.91}$$

现假设全部信号值和系数都用 $(B+1)$ 位定点二进制数表示。那么，在用 $(B+1)$ 位加法器实现式(6.90) 中，就有必要将两个 $(B+1)$ 位数字相乘得到的 $(2B+1)$ 位长的乘积缩减到 $(B+1)$ 位。因为全部数都是视为小数的，所以可以用舍入或截尾的方法除掉最低有效 B 位。这就可以用一个常数乘法器跟着一个量化器来代替图 6.57(a) 中的每一条常数乘法器支路，正如图 6.57(b) 所示的非线性模型所表示。对应于图 6.57(b) 的差分方程是非线性方程，为

$$\hat{y}[n]=\sum_{k=1}^{N}Q[a_k\hat{y}[n-k]]+\sum_{k=0}^{M}Q[b_k x[n-k]] \tag{6.92}$$

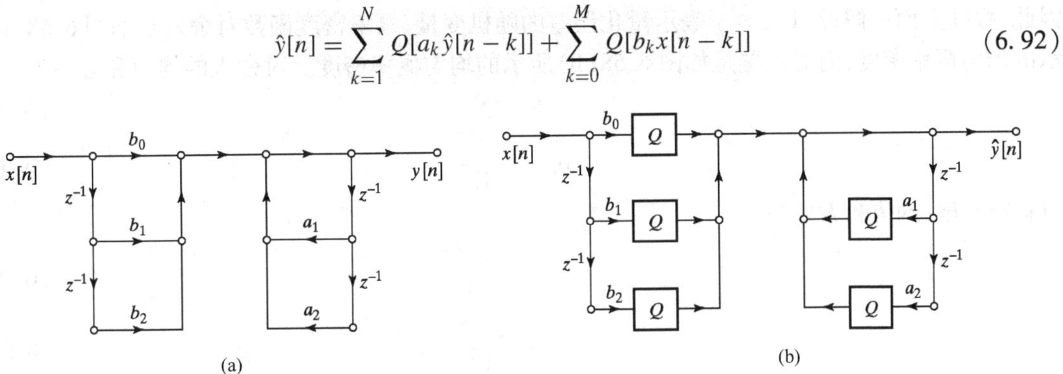

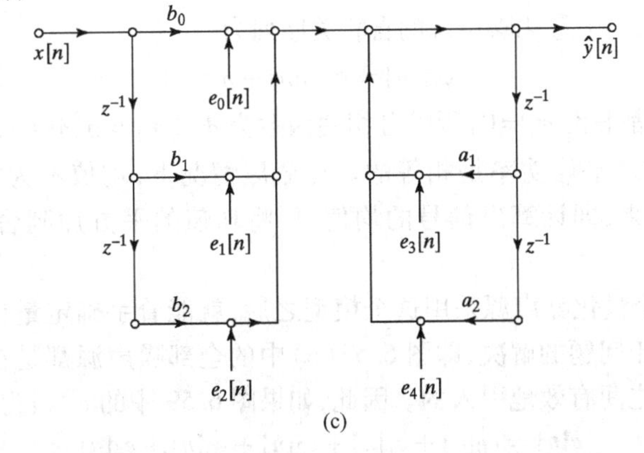

图 6.57　直接 I 型系统模型。(a) 无限精度模型；(b) 非线性量化模型；(c) 线性噪声模型

图6.57(c)给出另一种表示,这里量化器用噪声源代替,该噪声源等于每个量化器输出端的量化误差。例如,乘积 $bx[n]$ 的舍入或截尾可以用如下的噪声源表示:

$$e[n] = Q[bx[n]] - bx[n] \tag{6.93}$$

如果这些噪声源确实为已知,那么图6.57(c)就完全等效于图6.57(b)。然而,当假设每个量化噪声源具有下列性质时,图6.57(c)才是最有用处的:

(1)每个量化噪声源 $e[n]$ 都是广义平稳白噪声过程;

(2)每个噪声源幅度在一个量化间隔上都是均匀分布的;

(3)每个量化噪声源都与相应量化器的输入,所有其他量化噪声源,以及系统的输入**不相关**。

这些假设与4.8节A/D转换分析中所做的假设是一致的。严格来说,这些假设是不可能成立的,因为量化误差直接与量化器的输入有关。对于常数或正弦信号来说,这点是显而易见的。然而,实验与理论分析都证明(Bennett,1948; Widrow, 1956,1961;Widrow and Kollár,2008):在很多情况下,刚才所描述的逼近都给出了像均值、方差和相关函数等测量得到的统计平均量的准确结论。当输入信号是一个复杂的宽带信号时确实如此,如语音这类信号在全部量化电平之间急剧地变化,并从一个样本变到另一个样本时越过很多量化电平(Gold and Rader, 1969)。这里所提出的简单线性噪声逼近可以用均值和方差等这些平均量来表征系统所产生的噪声,并确定这些平均量是如何被系统改变的。

对于 $(B+1)$ 位量化,6.7.1节已证明,对舍入有

$$-\frac{1}{2}2^{-B} < e[n] \leqslant \frac{1}{2}2^{-B} \tag{6.94a}$$

而对补码的截尾有

$$-2^{-B} < e[n] \leqslant 0 \tag{6.94b}$$

因此,根据上面的假设(1),对于表示量化误差的随机变量,概率密度函数对舍入是如图6.58(a)所示的均匀概率密度,而对截尾是如图6.58(b)所示的均匀概率密度。对舍入的均值和方差为

$$m_e = 0 \tag{6.95a}$$

$$\sigma_e^2 = \frac{2^{-2B}}{12} \tag{6.95b}$$

对补码截尾,均值和方差为

$$m_e = -\frac{2^{-B}}{2} \tag{6.96a}$$

$$\sigma_e^2 = \frac{2^{-2B}}{12} \tag{6.96b}$$

根据假设(2),一般来说,一个量化噪声源的自相关序列为

$$\phi_{ee}[n] = \sigma_e^2\,\delta[n] + m_e^2 \tag{6.97}$$

在舍入情况下,为了方便都假设 $m_e = 0$,所以自相关函数为 $\phi_{ee}[n] = \sigma_e^2\delta[n]$,而功率谱为 $\Phi_{ee}(e^{j\omega}) = \sigma_e^2$, $|\omega| \leqslant \pi$。这时,方差和平均功率是相等的。在截尾情况下,均值不为零,所以必须修正由舍入所导出的平均功率结果,即计算出信号的均值,再将均值的平方加到舍入时的平均功率结果上去。

图6.57(c)中的每个量化噪声源采用这个模型之后,就能着手确定量化噪声对系统输出的效应。注意到这一点有助于问题的解决,即图6.57(c)中的全部噪声源都是在实现零点的系统部分和实现极点的系统部分之间有效地引入的。因此,如果图6.59中的 $e[n]$ 为

$$e[n] = e_0[n] + e_1[n] + e_2[n] + e_3[n] + e_4[n] \tag{6.98}$$

那么图6.59就等效于图6.57(c)。因为已经假设全部噪声源都是与输入相互独立的,并且噪声源

之间也是互相独立的,所以二阶直接Ⅰ型联合噪声源的方差就为

$$\sigma_e^2 = \sigma_{e_0}^2 + \sigma_{e_1}^2 + \sigma_{e_2}^2 + \sigma_{e_3}^2 + \sigma_{e_4}^2 = 5 \cdot \frac{2^{-2B}}{12} \tag{6.99}$$

而一般的直接Ⅰ型的联合噪声源的方差为

$$\sigma_e^2 = (M+1+N)\frac{2^{-2B}}{12} \tag{6.100}$$

现在,为了得到输出噪声的表示式,从图6.59中注意到,该系统有两个输入$x[n]$和$e[n]$,因为现假设系统是线性的,输出$\hat{y}[n]$就能表示为$\hat{y}[n]=y[n]+f[n]$,其中$y[n]$是理想未量化系统对输入序列$x[n]$的响应,而$f[n]$是系统对输入$e[n]$的响应。输出$y[n]$由式(6.90)的差分方程给出,但因为$e[n]$是在零点以后、极点以前引入的,所以输出噪声满足如下差分方程:

$$f[n] = \sum_{k=1}^{N} a_k f[n-k] + e[n] \tag{6.101}$$

也就是说,在直接Ⅰ型实现中,输出噪声的性质仅与该系统的极点有关。

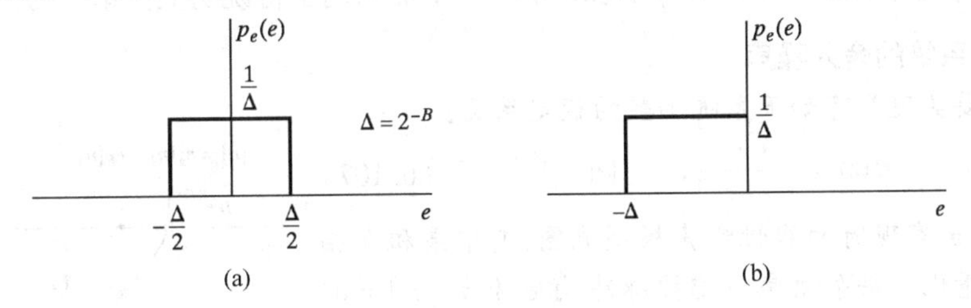

图6.58　量化误差的概率密度函数。(a)舍入;(b)截尾

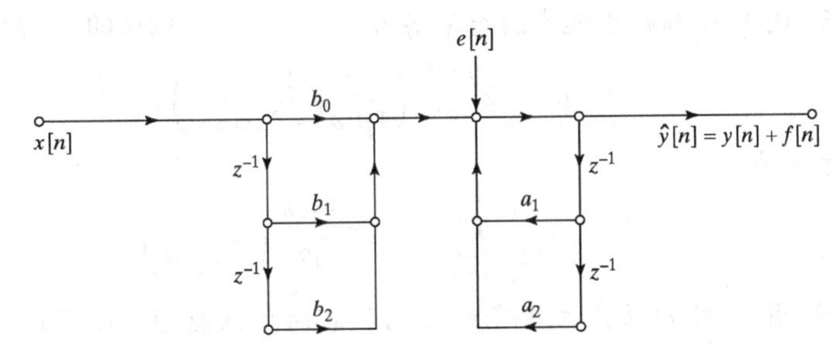

图6.59　具有联合噪声源的直接Ⅰ型线性噪声模型

为了确定输出噪声序列的均值和方差,可以利用2.10节中的某些结果。考虑一个系统函数为$H_{ef}(z)$的线性系统,其输入为白噪声$e[n]$,相应输出为$f[n]$。那么,根据式(2.184)和式(2.185),输出的均值为

$$m_f = m_e \sum_{n=-\infty}^{\infty} h_{ef}[n] = m_e H_{ef}(\mathrm{e}^{\mathrm{j}0}) \tag{6.102}$$

因为对于舍入$m_e=0$,所以输出的均值一定为零,如果假定是舍入的话就不必关心噪声的均值。由式(6.97)和式(2.190)可得:对于舍入,由于$e[n]$是零均值的白噪声序列,所以输出噪声的功率谱密度就只是

$$P_{ff}(\omega) = \Phi_{ff}(\mathrm{e}^{\mathrm{j}\omega}) = \sigma_e^2 |H_{ef}(\mathrm{e}^{\mathrm{j}\omega})|^2 \tag{6.103}$$

利用式(2.192),可证明输出噪声的方差为

$$\sigma_f^2 = \frac{1}{2\pi}\int_{-\pi}^{\pi} P_{ff}(\omega)\mathrm{d}\omega = \sigma_e^2 \frac{1}{2\pi}\int_{-\pi}^{\pi} |H_{ef}(\mathrm{e}^{\mathrm{j}\omega})|^2 \mathrm{d}\omega \tag{6.104}$$

对式(2.162)应用帕斯瓦尔定理,σ_f^2也能表示为

$$\sigma_f^2 = \sigma_e^2 \sum_{n=-\infty}^{\infty} |h_{ef}[n]|^2 \tag{6.105}$$

当对应于 $h_{ef}[n]$ 的系统函数是一个有理函数时(本章所考虑的差分方程形式也总是如此),可以用附录 A 中的式(A.66)求出形如式(6.105)的无限平方的和。

式(6.102)~式(6.105)所得到的结果会经常用来分析线性系统的量化噪声,例如,对于图 6.59 所示的直接 I 型系统,$H_{ef}(z)=1/A(z)$;也就是说,从引入全部噪声源的这一点到输出的系统函数仅由式(6.91)中的系统函数 $H(z)$ 的极点组成。因此,可以得出:由于内部舍入或截尾造成的总输出方差一般就是

$$\begin{aligned}\sigma_f^2 &= (M+1+N)\frac{2^{-2B}}{12}\frac{1}{2\pi}\int_{-\pi}^{\pi}\frac{\mathrm{d}\omega}{|A(\mathrm{e}^{\mathrm{j}\omega})|^2} \\ &= (M+1+N)\frac{2^{-2B}}{12}\sum_{n=-\infty}^{\infty}|h_{ef}[n]|^2\end{aligned} \tag{6.106}$$

式中,$h_{ef}[n]$ 是相应于 $H_{ef}(z)=1/A(z)$ 的脉冲响应。下面的例子将说明上面结果的应用。

例 6.11 一阶系统的舍入噪声

假设要实现具有如下系统函数的稳定系统:

$$H(z) = \frac{b}{1-az^{-1}}, \quad |a|<1 \tag{6.107}$$

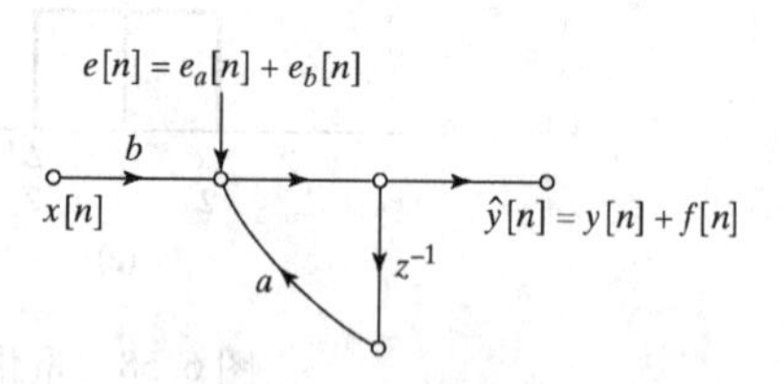

图 6.60 一阶线性噪声模型

图 6.60 示出实现时的线性噪声模型流图,其中乘积在相加前已被量化。每个噪声源都被脉冲响应为 $h_{ef}[n]=a^n u[n]$ 的系统(从 $e[n]$ 输出)滤波。由于本例中 $M=0$ 且 $N=1$,根据式(6.103),得到输出噪声的功率谱为

$$P_{ff}(\omega) = 2\frac{2^{-2B}}{12}\left(\frac{1}{1+a^2-2a\cos\omega}\right) \tag{6.108}$$

输出端总噪声方差为

$$\sigma_f^2 = 2\frac{2^{-2B}}{12}\sum_{n=0}^{\infty}|a|^{2n} = 2\frac{2^{-2B}}{12}\left(\frac{1}{1-|a|^2}\right) \tag{6.109}$$

由式(6.109)看出,输出噪声方差随 $z=a$ 的极点向单位圆趋近而增加。因此,当 $|a|$ 接近 1 时,为了保持噪声方差低于某一给定值,必须用更长的字长。下面的例子也说明了这一点。

例 6.12 二阶系统的舍入噪声

考虑一个稳定二阶直接 I 型系统,其系统函数为

$$H(z) = \frac{b_0+b_1z^{-1}+b_2z^{-2}}{(1-r\mathrm{e}^{\mathrm{j}\theta}z^{-1})(1-r\mathrm{e}^{-\mathrm{j}\theta}z^{-1})} \tag{6.110}$$

该系统的线性噪声模型如图 6.57(c)所示,或者等效地如图 6.59 所示,其中 $a_1=2r\cos\theta$,$a_2=-r^2$。在这种情况下,总输出噪声功率可以表示为

$$\sigma_f^2 = 5\frac{2^{-2B}}{12}\frac{1}{2\pi}\int_{-\pi}^{\pi}\frac{\mathrm{d}\omega}{|(1-r\mathrm{e}^{\mathrm{j}\theta}\mathrm{e}^{-\mathrm{j}\omega})(1-r\mathrm{e}^{-\mathrm{j}\theta}\mathrm{e}^{-\mathrm{j}\omega})|^2} \tag{6.111}$$

利用附录 A 中的式(A.66),求得输出噪声功率为

$$\sigma_f^2 = 5\frac{2^{-2B}}{12}\left(\frac{1+r^2}{1-r^2}\right)\frac{1}{r^4+1-2r^2\cos 2\theta} \tag{6.112}$$

与例 6.11 一样,随着复数共轭极点接近于单位圆($r\to 1$),总输出噪声方差增加,因此需要更长的字长才能保持方差低于某一给定值。

到目前为止,对直接Ⅰ型结构所建立的分析技术也能应用到直接Ⅱ型结构上去。直接Ⅱ型结构的非线性差分方程为

$$\hat{w}[n]=\sum_{k=1}^{N}Q[a_k\hat{w}[n-k]]+x[n] \tag{6.113a}$$

$$\hat{y}[n]=\sum_{k=0}^{M}Q[b_k\hat{w}[n-k]] \tag{6.113b}$$

图 6.61(a)示出二阶直接Ⅱ型系统的线性噪声模型。每次相乘之后都引入了一个噪声源,以指出乘积在相加之前已被量化到$(B+1)$位。图 6.61(b)示出了一个等效的线性模型,这里已经把由于极点的实现所形成的噪声源移去,并把它们合并为在输入端单一的噪声源 $e_a[n]=e_3[n]+e_4[n]$。同样,由于零点的实现所形成的噪声源也合并为单一的噪声源 $e_b[n]=e_0[n]+e_1[n]+e_2[n]$,即在输出端直接相加。对于具有 M 个零点和 N 个极点的系统,在舍入的情况下($m_e=0$),由该等效模型直接可得输出噪声的功率谱为

$$P_{ff}(\omega)=N\frac{2^{-2B}}{12}|H(\mathrm{e}^{\mathrm{j}\omega})|^2+(M+1)\frac{2^{-2B}}{12} \tag{6.114}$$

输出噪声方差为

$$\begin{aligned}\sigma_f^2&=N\frac{2^{-2B}}{12}\frac{1}{2\pi}\int_{-\pi}^{\pi}|H(\mathrm{e}^{\mathrm{j}\omega})|^2\mathrm{d}\omega+(M+1)\frac{2^{-2B}}{12}\\&=N\frac{2^{-2B}}{12}\sum_{n=-\infty}^{\infty}|h[n]|^2+(M+1)\frac{2^{-2B}}{12}\end{aligned} \tag{6.115}$$

也就是说,在极点的实现中所产生的白噪声被整个系统过滤,而在零点的实现中所产生的白噪声被直接加在系统的输出端。在写出式(6.115)时,已经假设在输入端的 N 个噪声源都是独立的,所以它们的和是单个量化噪声源方差的 N 倍。对$(M+1)$个输出端的噪声源也做同样的假设。这些结果是很容易修正到补码时截尾情况的。由式(6.95a)～式(6.95b)和式(6.96a)～式(6.96b)可以想到,一个截尾噪声源的方差和舍入噪声源的方差是相等的,但是截尾噪声源的均值不为零。这样,表示总的输出噪声方差的式(6.106)和式(6.115)同样适用于截尾情况。然而,输出噪声会有一个非零的平均值,这个值可用式(6.102)计算出。

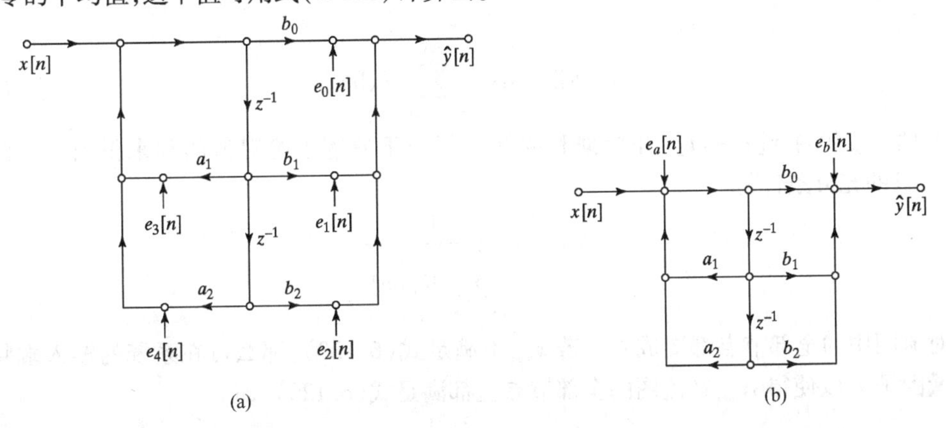

图 6.61　直接Ⅱ型线性噪声模型。(a)表示单个乘积的量化;(b)用联合噪声源

将式(6.106)与式(6.115)比较可知,直接Ⅰ型和直接Ⅱ型结构在实现相应的差分方程中乘积量化的影响是不同的。一般来说,其他等效结构,如级联型、并联型、转置型等与直接型结构的任一种相比都有不同的总输出噪声方差。然而,即使式(6.106)和式(6.115)是不同的,也不能说哪个

系统一定有最小的输出噪声方差,除非已知系统系数的具体值。换句话说,要说某一种特定的结构形式一定总是产生最小的输出噪声,这是不可能的。

用$(2B+1)$位加法器去累加在两个直接型系统中所要求的乘积的和来改善直接型系统(因此也包括级联型和并联型)的噪声性能是可能的。例如,对于直接I型实现,可以用如下形式的差分方程:

$$\hat{y}[n] = Q\left[\sum_{k=1}^{N} a_k \hat{y}[n-k] + \sum_{k=0}^{M} b_k x[n-k]\right] \tag{6.116}$$

也就是说,乘积的和是用$(2B+1)$位或$(2B+2)$位精度累加的,并将输出结果和延迟存储器的存储内容均量化到$(B+1)$位。在直接Ⅰ型情况下,这就意味着量化噪声仍然被极点过滤,但式(6.106)中的因子$(M+1+N)$被1代替。类似地,对于直接Ⅱ型实现,式(6.113a)~式(6.113b)的差分方程可分别用下式代替:

$$\hat{w}[n] = Q\left[\sum_{k=1}^{N} a_k \hat{w}[n-k] + x[n]\right] \tag{6.117a}$$

$$\hat{y}[n] = Q\left[\sum_{k=0}^{M} b_k \hat{w}[n-k]\right] \tag{6.117b}$$

这就隐含着在输入端和输出端是一个单一的噪声源,所以式(6.115)中的因子N和$(M+1)$都被1代替。因此,使用双倍长度的累加器字(大多数能用的DSP芯片都能提供)能明显减小直接型系统中的量化噪声。

6.9.2 IIR系统定点实现中的幅度加权

在IIR系统实现中利用定点运算的另一个重要考虑是可能有溢出。如果遵循每个定点数都表示一个小数的约定(可能乘以一个已知加权因子),那么在结构中每个节点必须限制其值小于1以避免溢出。若$w_k[n]$记作第k个节点变量的值,$h_k[n]$记作从输入$x[n]$到节点变量$w_k[n]$的脉冲响应,那么

$$|w_k[n]| = \left|\sum_{m=-\infty}^{\infty} x[n-m]h_k[m]\right| \tag{6.118}$$

界限

$$|w_k[n]| \leqslant x_{\max} \sum_{m=-\infty}^{\infty} |h_k[m]| \tag{6.119}$$

可用最大值$x_{\max}$代替$x[n-m]$,并根据和的绝对值小于或等于绝对值的和来得出。因此,使得$|w_k[n]|<1$的充分条件是

$$x_{\max} < \frac{1}{\sum_{m=-\infty}^{\infty} |h_k[m]|} \tag{6.120}$$

该条件对流图中的全部节点都要成立。若$x_{\max}$不满足式(6.120),那么可在系统的输入端将$x[n]$乘以标量因子s,以使得$sx_{\max}$在流图的全部节点上都满足式(6.120),即

$$sx_{\max} < \frac{1}{\max_k \left[\sum_{m=-\infty}^{\infty} |h_k[m]|\right]} \tag{6.121}$$

以这种方式给输入幅度加权可保证流图中的任何节点绝不会出现溢出。式(6.120)既是必要条件也是充分条件,因为总是存在一个输入使得式(6.119)以等号满足[参见2.4节讨论稳定性的

式(2.70)]。然而,对于大多数信号来说式(6.120)给出的是一个非常有富裕的输入加权因子。

另一种加权方法是假设输入是一个窄带信号,如模型为 $x[n]=x_{\max}\cos\omega_0 n$。这时,节点变量将具有如下形式:

$$w_k[n]=|H_k(e^{j\omega_0})|x_{\max}\cos(\omega_0 n+\angle H_k(e^{j\omega_0})) \tag{6.122}$$

因此,如果

$$\max_{k,|\omega|\leqslant\pi}|H_k(e^{j\omega})|x_{\max}<1 \tag{6.123}$$

或者如果输入受如下幅度加权因子加权:

$$sx_{\max}<\frac{1}{\max\limits_{k,|\omega|\leqslant\pi}|H_k(e^{j\omega})|} \tag{6.124}$$

那么对全部正弦信号溢出都可避免。

还有另外的加权办法是基于输入信号能量 $E=\sum_n|x[n]|^2$ 的。此时可以利用施瓦兹不等式(见 Bartle,2000)推导得到加权因子,将得到下列建立起节点信号平方与输入信号能量和节点单位脉冲响应之间的不等式:

$$\begin{aligned}|w_k[n]|^2&=\left|\frac{1}{2\pi}\int_{-\pi}^{\pi}H_k(e^{j\omega})X(e^{j\omega})e^{j\omega n}d\omega\right|^2\\&\leqslant\left(\frac{1}{2\pi}\int_{-\pi}^{\pi}|H_k(e^{j\omega})|^2d\omega\right)\left(\frac{1}{2\pi}\int_{-\pi}^{\pi}|X(e^{j\omega})|^2d\omega\right)\end{aligned} \tag{6.125}$$

进而,如果用 s 对输入序列值进行加权并利用帕斯瓦尔定理,可以看到,如果

$$s^2\left(\sum_{n=-\infty}^{\infty}|x[n]|^2\right)=s^2E<\frac{1}{\max\limits_{k}\left[\sum\limits_{n=-\infty}^{\infty}|h_k[n]|^2\right]} \tag{6.126}$$

那么对于所有节点 k 都有 $|w_k[n]|^2<1$。

既然能够证明对于第 k 个节点有

$$\left\{\sum_{n=-\infty}^{\infty}|h_k[n]|^2\right\}^{1/2}\leqslant\max_{\omega}|H_k(e^{j\omega})|\leqslant\sum_{n=-\infty}^{\infty}|h_k[n]| \tag{6.127}$$

那么(对于大多数输入信号而言)式(6.121)、式(6.124)和式(6.126)给出了对于一个数字滤波器的输入进行加权的3种递减的保守方式。在这3种方式中,式(6.126)一般是最容易用解析求值的,因为可用附录A中给出的部分分式法求值。然而利用式(6.126)则需要用到对信号均方值 E 的假设。另一方面,式(6.121)用解析求值是困难的,除非系统很简单。当然,如果滤波器系数是固定数值时,幅度加权因子可以用数值计算脉冲响应或频率响应来估算出。

如果输入必须向下加权($s<1$),那么系统输出端的信噪比将会降低,因为信号能量下降了,但噪声能量只与舍入操作有关。图6.62示出标量因子在输入端的二阶直接Ⅰ型和直接Ⅱ型系统。对这些系统在确定标量因子时,不必检查流图中的每个节点。某些节点不代表相加,因此不可能溢出。另一些节点代表部分和。如果用不饱和的补码运算,这样一些节点就能允许溢出,只要某些关键节点不溢出。例如,在图6.62(a)中,可把注意力集中在用虚线圈住的节点上。图6.62(a)示出的标量因子是与系数 b_k 结合在一起的,以使得该噪声源与图6.59中的是相同的,也就是说,它具有单个量化噪声源5倍的功率①。因为该噪声源还是仅由极点过滤,所以输出噪声功率在图6.59和

① 这里排除单独的加权相乘和量化噪声源。然而,加权(和量化)b_k 能改变该系统的频率响应。如果一个单独的输入标量因子是放在图6.62(a)中的零点实现的前面,那么附加量化噪声源将会通过整个系统 $H(z)$ 加到输出端。

图6.62(a)中是相同的。然而,图6.62(a)所示系统的总的系统函数是$sH(z)$而不是$H(z)$,所以输出$\hat{y}[n]$的未量化分量是$sy[n]$而不是$y[n]$。因为噪声是在幅度加权之后引入的,所以在已加权的系统中信号功率对噪声功率的比是图6.59所示信噪比的s^2倍。如果幅度加权是为了避免溢出,因为$s<1$,则SNR就因加权而下降。

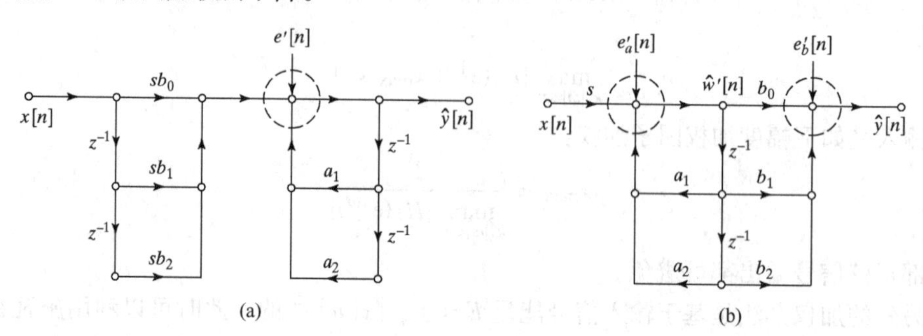

图6.62　直接型系统加权。(a)直接Ⅰ型;(b)直接Ⅱ型

对图6.62(b)所示的直接Ⅱ型系统而言,同样是正确的。在这种情况下,必须确定出标量因子以避免图6.62(b)中两个虚线圈内的节点产生溢出。该系统总增益仍为图6.61(b)系统增益的s倍,但是在这种情况下,可能有必要直接实现标量因子以避免左边节点的溢出。这个标量因子将一个附加噪声分量加到$e_a[n]$上,所以输入端的噪声功率一般就是$(N+1)2^{-2B}/12$。否则,该噪声源以和图6.61(b)及图6.62(b)中完全相同的方法被系统过滤。因此,信号功率乘以s^2,而输出端噪声功率仍由式(6.115)给出,不过N由$(N+1)$代替。如果加权是为了避免溢出,则SNR还是要下降。

例6.13　幅度加权与舍入噪声之间的相互影响

为了说明幅度加权与舍入噪声之间的相互影响,考虑例6.11中的系统,其系统函数由式(6.107)给出。如果标量因子与系数b合并在一起,可得加权系统的流图如图6.63所示。假设输入是在-1和$+1$之间均匀分布的白噪声。那么总的信号方差就是$\sigma_x^2=1/3$。为了保证在计算$\hat{y}[n]$时没有溢出,可用式(6.121)计算幅度标量因子为

$$s=\frac{1}{\sum\limits_{n=0}^{\infty}|b|\,|a|^n}=\frac{1-|a|}{|b|} \tag{6.128}$$

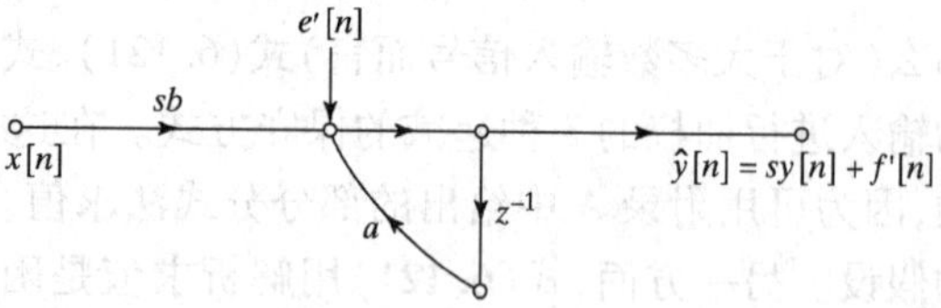

例6.11中已求出输出噪声方差为

$$\sigma_f^2=2\frac{2^{-2B}}{12}\frac{1}{1-a^2} \tag{6.129}$$

图6.63　幅度加权的一阶系统

因为又进行两次$(B+1)$位舍入操作,所有输出端的噪声功率相同,即$\sigma_{f'}^2=\sigma_f^2$。由加权输入$sx[n]$引起的输出$y'[n]$的方差为

$$\sigma_{y'}^2=\left(\frac{1}{3}\right)\frac{s^2b^2}{1-a^2}=s^2\sigma_y^2 \tag{6.130}$$

因此,输出端的SNR为

$$\frac{\sigma_{y'}^2}{\sigma_{f'}^2}=s^2\frac{\sigma_y^2}{\sigma_f^2}=\left(\frac{1-|a|}{|b|}\right)^2\frac{\sigma_y^2}{\sigma_f^2} \tag{6.131}$$

随着系统的极点趋近单位圆,SNR下降。这是因为量化噪声被系统放大,而又因为系统的高增益迫使输入向下加权以避免溢出。再次看到,溢出和量化噪声以相反的方式恶化系统性能。

6.9.3　一个级联IIR结构的分析例子

本节前面的结果能直接用到由二阶直接型子系统组成的并联或级联结构的分析中。在级联结构中，加权和量化的相互影响是特别令人感兴趣的。关于级联系统的一般讨论将紧密结合具体例子来进行。

某一椭圆低通滤波器设计成满足以下指标：

$$0.99 \leqslant |H(e^{j\omega})| \leqslant 1.01, \qquad |\omega| \leqslant 0.5\pi$$

$$|H(e^{j\omega})| \leqslant 0.01, \qquad 0.56\pi \leqslant |\omega| \leqslant \pi$$

所得系统的系统函数是

$$H(z) = 0.079\,459 \prod_{k=1}^{3} \left(\frac{1 + b_{1k}z^{-1} + z^{-2}}{1 - a_{1k}z^{-1} - a_{2k}z^{-2}} \right) = 0.079\,459 \prod_{k=1}^{3} H_k(z) \tag{6.132}$$

其中，式(6.132)的系数由表6.6给出。注意到，在这个例子中 $H(z)$ 的全部零点都在单位圆上，然而对于一般情况不是必须的。

表6.6　级联型椭圆低通滤波器的系数

k	a_{1k}	a_{2k}	a_{3k}
1	0.478 882	−0.172 150	1.719 454
2	0.137 787	−0.610 077	0.781 109
3	−0.054 779	−0.902 374	0.411 452

图6.64(a)示出用二阶转置直接Ⅱ型子系统级联的该系统一种可能实现的流图。增益常数0.079459用于使系统的总增益在通带内近似为1，并且假定这就保证了系统的输出不会溢出。图6.64(a)示出的增益常数是放在系统的输入端的。这种方法立即减小了信号幅度，其后果就是后续的滤波器节必须有高的增益以产生总增益为1。虽然量化噪声源是在0.079 459增益后引入的，但还是被系统的其余部分同样放大，所以这不是一个好的方案。理想地，小于1的总增益常数应该放在级联中偏后的位置，以使得信号和噪声都同时受到衰减。然而，这就有可能沿级联产生溢出。因此，一种较好的方法是将增益在系统的3个部分之间分配，使得级联中每一级都正好避免溢出。这种分配可以表示为

$$H(z) = s_1 H_1(z) s_2 H_2(z) s_3 H_3(z) \tag{6.133}$$

式中，$s_1 s_2 s_3 = 0.079\,459$，标量因子可以吸收到单个系统函数 $H'_k(z) = s_k H_k(z)$ 分子的系数中去，如下式：

$$H(z) = \prod_{k=1}^{3} \left(\frac{b'_{0k} + b'_{1k}z^{-1} + b'_{2k}z^{-2}}{1 - a_{1k}z^{-1} - a_{2k}z^{-2}} \right) = \prod_{k=1}^{3} H'_k(z) \tag{6.134}$$

式中，$b'_{0k} = b'_{2k} = s_k$ 和 $b'_{1k} = s_k b'_{1k}$。所得加权系统如图6.64(b)所示。

图6.64(b)示出代表乘积量化的量化噪声源也位于相加之前。图6.64(c)示出一个等效的噪声模型，其中认为在某一特定节中的噪声源仅被该节(及其后面的子系统)的极点过滤。图6.64(c)也利用了这个事实：延迟的白噪声源仍是白噪声，并且与所有其他的噪声源无关，这样在一个子节中全部5个噪声源才能合并为一个噪声源，该噪声源具有单个量化噪声源5倍的方差量①。因为假定噪声源都是独立的，所以输出噪声方差就为图6.64(c)中3个噪声源的方差之和。因此，对舍入来说，输出噪声功率谱为

① 这个讨论可以推广到证明转置直接Ⅱ型具有与直接Ⅰ型系统相同的噪声特性。

$$P_{f'f'}(\omega)=5\frac{2^{-2B}}{12}\left[\frac{s_2^2|H_2(\mathrm{e}^{\mathrm{j}\omega})|^2 s_3^2|H_3(\mathrm{e}^{\mathrm{j}\omega})|^2}{|A_1(\mathrm{e}^{\mathrm{j}\omega})|^2}+\frac{s_3^2|H_3(\mathrm{e}^{\mathrm{j}\omega})|^2}{|A_2(\mathrm{e}^{\mathrm{j}\omega})|^2}+\frac{1}{|A_3(\mathrm{e}^{\mathrm{j}\omega})|^2}\right] \tag{6.135}$$

总输出噪声方差为

$$\sigma_{f'}^2=5\frac{2^{-2B}}{12}\left[\frac{1}{2\pi}\int_{-\pi}^{\pi}\frac{s_2^2|H_2(\mathrm{e}^{\mathrm{j}\omega})|^2 s_3^2|H_3(\mathrm{e}^{\mathrm{j}\omega})|^2}{|A_1(\mathrm{e}^{\mathrm{j}\omega})|^2}\mathrm{d}\omega+\frac{1}{2\pi}\int_{-\pi}^{\pi}\frac{s_3^2|H_3(\mathrm{e}^{\mathrm{j}\omega})|^2}{|A_2(\mathrm{e}^{\mathrm{j}\omega})|^2}\mathrm{d}\omega+\frac{1}{2\pi}\int_{-\pi}^{\pi}\frac{1}{|A_3(\mathrm{e}^{\mathrm{j}\omega})|^2}\mathrm{d}\omega\right] \tag{6.136}$$

如果可以利用双倍字长累加器,那么可能只需要量化作为图 6.64(b)中延迟单元输入的那些和值。在这种情况下,式(6.135)和式(6.136)的因子 5 就变为 3。再者,如果再用双倍字长的寄存器来实现图 6.64(b)中的延迟单元,那么仅有变量 $\hat{w}_k[n]$ 需要量化,这样每个子系统就仅有一个量化噪声源。这时,式(6.135)和式(6.136)的因子 5 就变为 1。

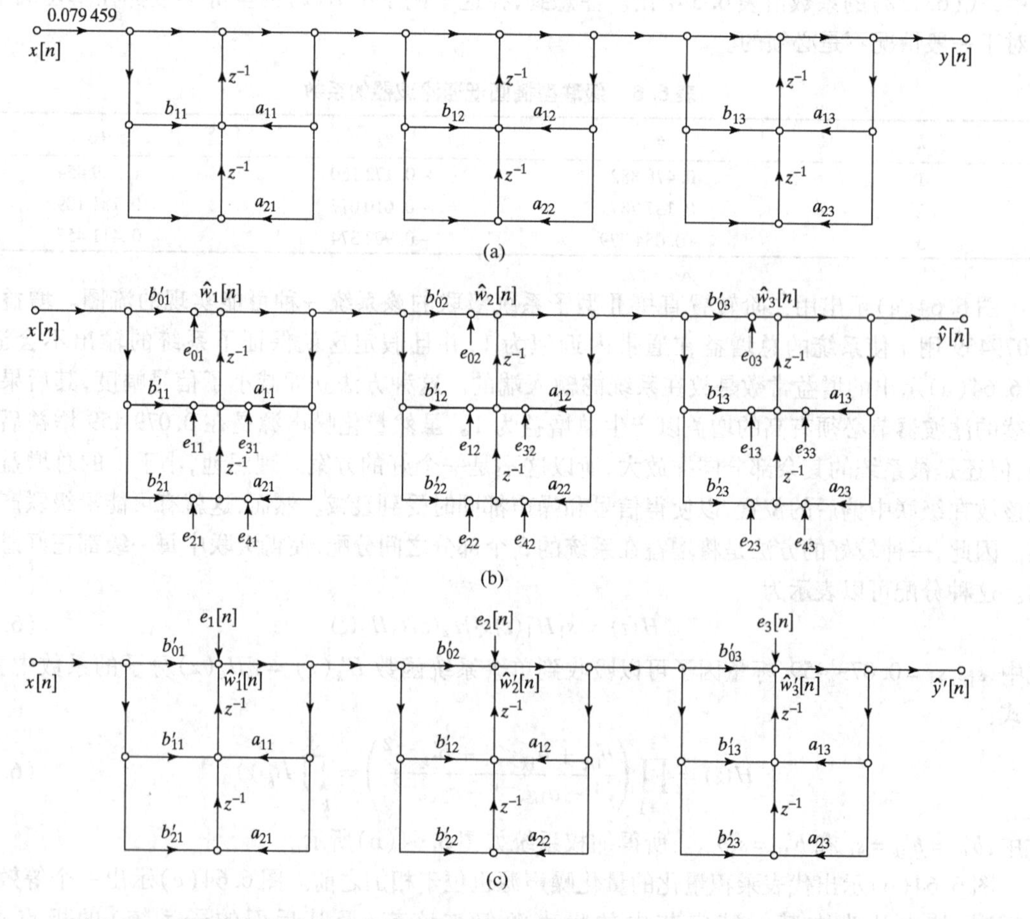

图 6.64 子系统为转置接Ⅱ型的六阶级联系统的模型。(a)无限精度模型;(b)表示单个乘法量化的加权系统的线性噪声模型;(c) 联合噪声源的线性噪声模型

对这些标量因子 s_k 进行选择,以避免在沿级联系统的各节点处发生溢出。在这种情况下,将采用式(6.124)的加权约定。因此,加权常数的选择满足

$$s_1\max_{|\omega|\leqslant\pi}|H_1(\mathrm{e}^{\mathrm{j}\omega})|<1 \tag{6.137a}$$

$$s_1 s_2\max_{|\omega|\leqslant\pi}|H_1(\mathrm{e}^{\mathrm{j}\omega})H_2(\mathrm{e}^{\mathrm{j}\omega})|<1 \tag{6.137b}$$

$$s_1s_2s_3 = 0.079459 \tag{6.137c}$$

最后一个条件保证了在单位幅度正弦输入时系统输出没有溢出，因为该滤波器的最大总增益为1。对于表6.6中的系数，所得加权因子为 $s_1=0.186\,447$，$s_2=0.529\,236$ 和 $s_3=0.805\,267$。

式(6.135)和式(6.136)指出，输出噪声功率谱的形状和总输出噪声方差取决于构成二阶节零点与极点的配对方式，以及在级联实现中各二阶节的先后次序。很容易看出，对于 N 个节，有 $N!$ 种零、极点配对方式和 $N!$ 种二阶节的级联次序，总共有 $(N!)^2$ 种不同的系统。并且既能选择直接Ⅰ型也能选择直接Ⅱ型（或它们的转置）来实现这些二阶节。本例中，如果想确定具有最低输出噪声方差系统，就意味着有144种不同的级联系统可供考虑。对于5个级联节，就有57 600种不同的系统！很明显，即使对一个低阶系统的完全分析都是一件令人头痛的事，因为像式(6.136)这样的表达式必须对每种配对和级联次序一一求值。Hwang(1974)用了动态规划法，而Liu and Peled(1975)用了一种直接推断的方法来降低计算量。

尽管求最佳配对和级联次序可能需要计算器优化，Jackson (1970a, 1970b, 1996)还是发现，应用下面的简单规则几乎总是能得到好的结果：

(1) 在 z 平面内，最靠近单位圆的极点应该与紧靠它的零点配对；

(2) 重复应用规则(1)直到全部零点和极点都配对完；

(3) 所求得的二阶节应该按极点靠近单位圆的程度级联，要么以靠近单位圆递增程度为次序，或者以靠近单位圆递减程度为次序。

这种配对规则是基于如下考虑的：具有高的峰值增益的子系统是不希望得到的，因为它们可能会引起溢出，并且它们还将量化噪声放大。把一个靠近单位圆的极点与其邻近的零点配对就可降低这个节的峰值增益。这些启发性规则可以用类似MALTAB函数zp2sos等的设计和分析工具来实现。

规则(3)的一种考虑是由式(6.135)想到的。可以看到，某些子系统的频率响应在输出噪声功率谱的式子中出现多于一次。如果不想要输出噪声方差谱在靠近单位圆的极点附近有高的峰值，那么让该极点的频率响应分量在式(6.135)中不多次出现就是有利的。这就建议将这样一些"高Q"极点移到级联中开始的地方。另一方面，从输入到网络中某一特殊点的频率响应将涉及在这个节点之前的子系统频率响应的乘积。因此，为避免在级联的早期阶段过分降低信号电平，应该把靠近单位圆的极点依次放在最后。因此，级联次序问题是根据各种考虑而改变的，其中包括总输出噪声方差和输出噪声谱的形状。Jackson(1970a,1970b)用 L_p 范数对配对和级联次序问题做了定量分析，并给出了一套非常详细的"经验法则"，不用详尽地计算全部可能而得到了好的结果。

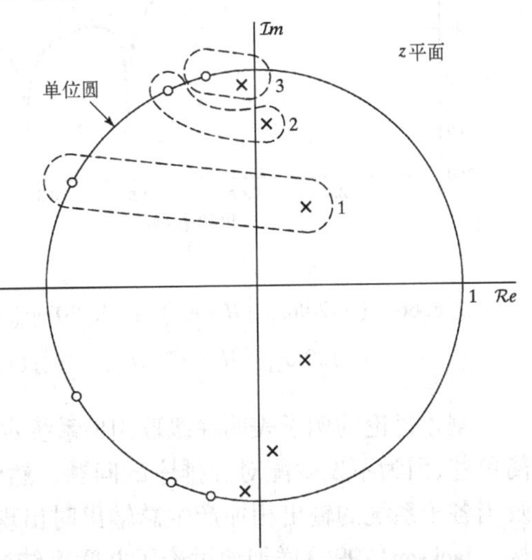

图6.65 指出零、极点配对的图6.64的六阶系统的零-极点图

本例系统的零、极点图如图6.65所示。配对的零、极点也已圈出。在这种情况下，已选择各节的级联次序是从最小峰值频率响应到最大峰值频率响应。图6.66说明了单个节的频率响应是如何组合成总频率响应的。图6.66(a)～(c)示出单个未加权子系统的频率响应。图6.66(d)～(f)示出总频率响应是如何构成的。应该注意到，图6.66(d)～(f)表明：式(6.137a)～式(6.137c)的幅度加权保证了从输入到任意子系统输出的最大增益都小于1。图6.67中的实线指出按123次序（最小峰值到最大峰值）级联

时输出噪声的功率谱(该图已假设 $B+1=16$)。注意,功率谱的峰值位于最靠近单位圆的极点附近。虚线指出的是当级联节的次序相反(即 321)时,输出噪声的功率谱。因为在第 1 节在低频区域具有高的增益,所以噪声谱在低频区域适当地变大,而在峰值周围略微降低。高 Q 极点仍然对级联中第1 节的噪声源进行过滤,所以它仍然趋向于控制着噪声谱。在这种情况下,这两种级联次序的总噪声功率却几乎是相同的。

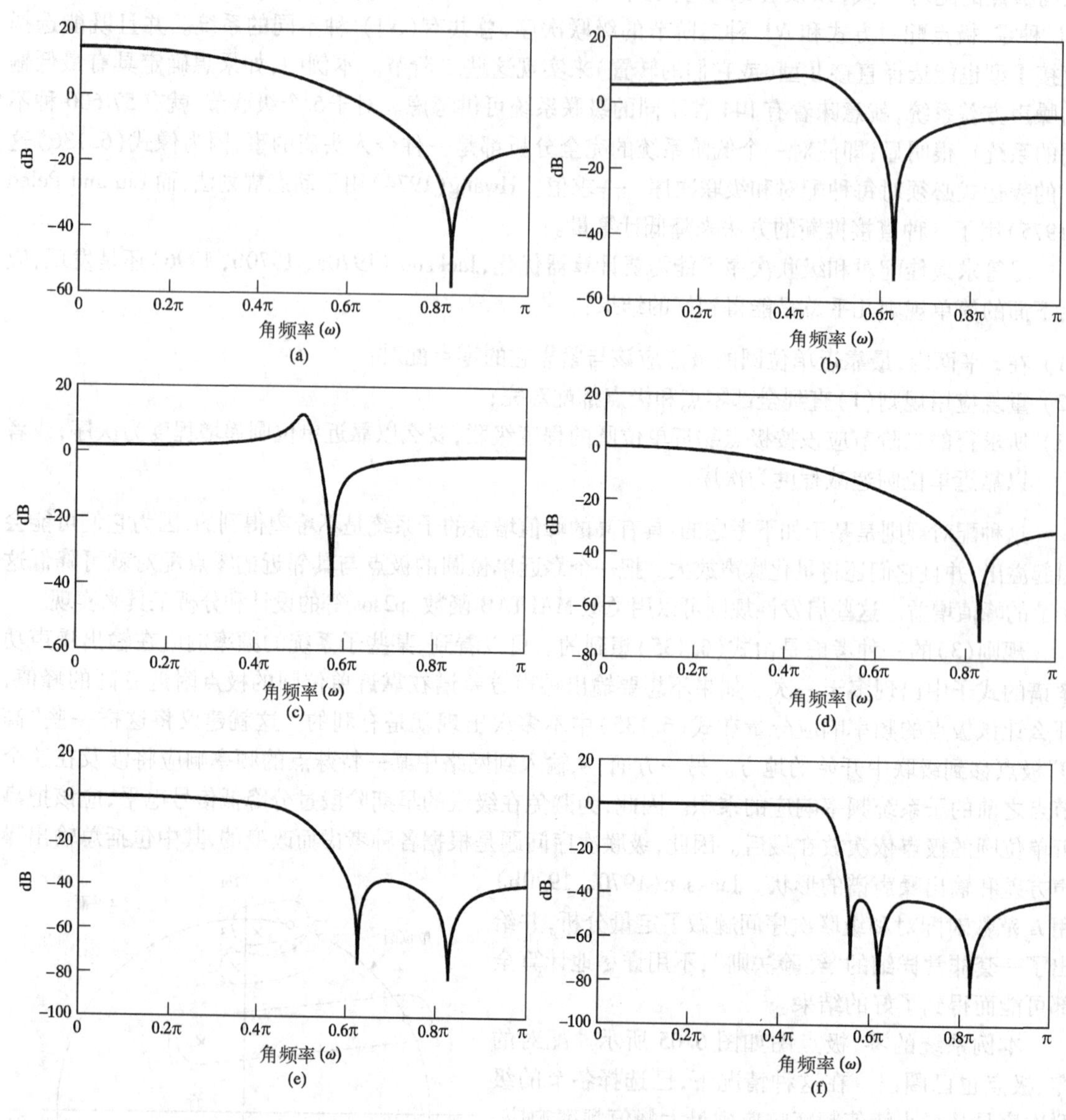

图 6.66　(a)$20\log_{10}|H_1(e^{j\omega})|$; (b)$20\log_{10}|H_2(e^{j\omega})|$; (c)$20\log_{10}|H_3(e^{j\omega})|$;(d)$20\log_{10}|H'_1(e^{j\omega})|$; (e)$20\log_{10}|H'_1(e^{j\omega})H'_2(e^{j\omega})|$;(f)$20\log_{10}|H'_1(e^{j\omega})H'_2(e^{j\omega})H'_3(e^{j\omega})|=20\log_{10}|H'(e^{j\omega})|$

刚才讨论的例子表明在级联 IIR 系统定点实现中所引起的问题的复杂性。并联型结构相对要简单些,因为不发生配对和排序的问题。然而,幅度加权仍然是需要的,以避免单个二阶子系统以及当各子系统的输出相加产生总输出时出现溢出。因此,已经获得的方法也一定适用于并联型结构。Jackson(1996)详细地讨论了并联型结构,并得出并联型总输出噪声功率一般可与级联型最好的配对和级联次序结果相媲美。即便如此,级联型还是更为常用,因为常用的 IIR 滤波器其系统函数的零点在单位圆上,级联型可用较少的乘法器实现,并对零点位置有更好的控制。

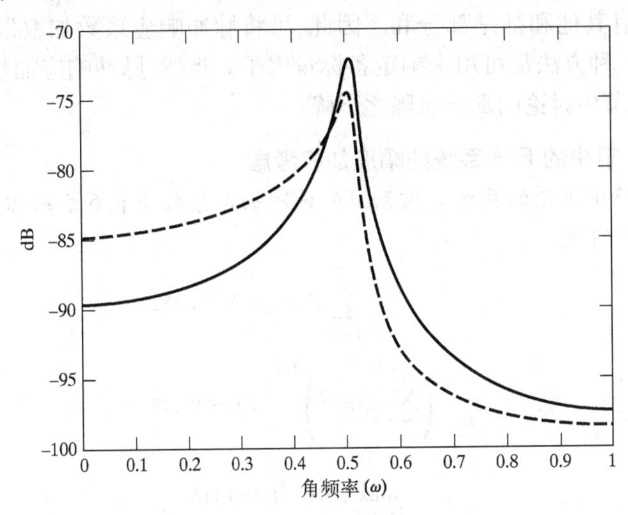

图 6.67　对按 123 次序级联(实线)和 321 次序级联(虚线)时的输出噪声功率谱

6.9.4 直接型 FIR 系统分析

因为作为直接Ⅰ型和直接Ⅱ型 IIR 系统的一种特殊情况,它包括了直接型 FIR 系统(即图 6.14 和图 6.15 中全部系数 a_k 为 0)。因此如果将系统函数的全部极点除掉,并将全部信号流图中的反馈路径都除掉,那么 6.9.1 节和 6.9.2 节的结果和分析方法都适用于 FIR 系统。

直接型 FIR 系统就是如下离散卷积:

$$y[n]=\sum_{k=0}^{M}h[k]x[n-k] \tag{6.138}$$

图 6.68(a)示出该理想未量化的直接型 FIR 系统。图 6.68(b)所示为该系统的线性噪声模型,假定全部乘积都在相加前量化。这个效果就是要直接在系统的输出端引入$(M+1)$个白噪声源,这样总输出噪声方差就是

$$\sigma_f^2=(M+1)\frac{2^{-2B}}{12} \tag{6.139}$$

这就是在式(6.106)和式(6.115)中设定 $N=0$ 和 $h_{ef}[n]=\delta[n]$ 所得到的结果。当用双倍长度累加器时,就仅需要量化输出。因此,式(6.139)的因子$(M+1)$被 1 代替。这就使得双倍长度累加器对实现 FIR 系统来说具有一个很有吸引力的硬件特色。

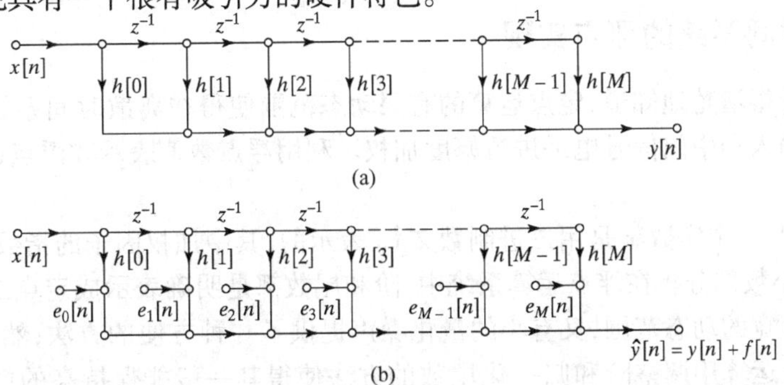

图 6.68　FIR 系统的直接型。(a)无限精度模型;(b)线性噪声模型

在定点 FIR 系统直接型实现中,溢出也是一个问题。对于补码运算,只需要关心输出的大小,因为图 6.68(b)中所有其他和都是部分和。因此,可将脉冲响应系数加权以减小溢出的可能性。6.9.2 节讨论的任何一种方法都可用来确定各标量因子。当然,脉冲响应加权减小了系统增益,因此输出 SNR 如 6.9.2 节中讨论的那样也随之下降。

例 6.14 对于 6.8.5 节中的 FIR 系统的幅度加权考虑

考虑 6.8.5 节中讨论的系统。该系统的脉冲响应系数由表 6.5 给出,经简单运算可证明,以及由图 6.54(b)可见

$$\sum_{n=0}^{27}|h[n]| = 1.751\,352$$

$$\left(\sum_{n=0}^{27}|h[n]|^2\right)^{1/2} = 0.679\,442$$

$$\max_{|\omega|\leqslant\pi}|H(e^{j\omega})| \approx 1.009$$

这些数都满足式(6.127)的排序关系。可以看出,所给出的这个系统是被加权过的以使得理论上对幅度大于 1/1.009 = 0.9911 的正弦信号是有可能溢出的;但即便如此,对大多数信号溢出都不大可能。确实如此,因为该滤波器有线性相位,可以证明对于宽带信号,因为在通带内增益近似为 1,而在其余地方增益都小于 1,所以输出信号应该小于输入信号。

在 6.5.3 节中已指出,像例 6.14 这种线性相位系统能用一般 FIR 系统大约一半的乘法次数来实现。由图 6.32 和图 6.33 所示的信号流图,这点是显而易见的。在这些情况下应该明白,如果乘积是在相加之前量化的,那么输出噪声方差也减少一半。然而,利用这样一些结构与直接型比较会涉及较复杂的变址算法。大多数 DSP 芯片的结构都把双倍字长的累加器与高效流水线式乘法累加运算和简单的回路控制结合在一起,用于优化直接型 FIR 系统。由于这个原因,即使与能用较少的乘法次数满足频率响应特性指标的 IIR 滤波器相比,直接型 FIR 实现往往还是最有吸引力的,因为级联或并联结构不允许进行长序列的乘法累加运算。

6.5.3 节讨论了 FIR 系统的级联实现。6.9.3 节的结果和分析方法也适用于 FIR 系统的级联实现,但是 FIR 系统没有极点,配对和级联次序问题简化到只有级联次序问题。与 IIR 级联系统的情况相同,如果系统是由很多子系统组成的,全部可能的级联次序分析是非常困难的。Chan and Rabiner (1973a,1973b)研究过这个问题,并由实验发现噪声性能对于级联次序来说是相对不灵敏的。他们的结果建议:一个好的级联次序就是从每个噪声源到输出的频率响应是相对平坦的,并且峰值增益是小的这样一种级联次序。

6.9.5 离散时间系统的浮点实现

由前面的讨论很清楚地知道,定点运算的有限动态范围使得在离散时间系统定点数字实现中有必要仔细地给输入和中间信号电平进行幅度加权。利用浮点数值表示和浮点运算可以基本不需要这种加权。

在浮点表示中,一个实数 x 是用二进制数 $2^c\hat{x}_M$ 表示的,其中加权因子的指数部分 c 称为阶,而 $\hat{x}_M$ 是称为尾数的小数部分。在浮点运算系统中,阶和尾数都是明确表示成定点二进制数的。浮点表示法为保持既有宽的动态范围,又有小的量化噪声提供了一种方便的方法;然而,量化误差表现出些许不同。浮点运算用调整阶和归一化尾数的方法使得其一般能保持高的精度和宽的动态范围,即 $0.5\leqslant\hat{x}_M<1$。当浮点数相乘时,其阶相加,而尾数相乘。因此,尾数必须量化。当两个浮点

数相加，它们的阶必须调整为相同，这用移动较小数的尾数二进制小数点的方法来实现。因此相加结果也要量化。如果假设阶的范围是足够的，以致于没有比 2^c 更大的数，那么量化仅影响尾数，但是尾数误差也受到了 2^c 的加权。因此，一个量化的浮点数很方便地表示为

$$\hat{x} = x(1+\varepsilon) = x + \varepsilon x \tag{6.140}$$

通过将量化误差表示成 x 的一部分 ε，这就自动地表示了这个事实，即量化误差随信号电平大小起伏而加权。

前面提到的浮点运算性质使离散时间系统浮点实现的量化误差分析复杂化了。首先，噪声源必须既要在每次相乘之后，又要在每次相加之后插入。相比于定点运算，一个重要的结果是执行相乘和相加的次序有时会造成很大的差异。对于分析来说，更为重要的是不能再认为量化噪声源是白噪声，且与信号无关这些假定是合理的了。事实上，在式(6.140)中，噪声是明确地用信号表示出来的。因此，如果没有对输入信号的性质做出假设，就不能对噪声进行分析。若假设输入是已知的(如白噪声)，一种合理的假设是，相对误差 ε 是与 x 无关且均匀分布的白噪声。

利用这些假设，Sandberg(1967)，Liu and Kaneko(1969)，Weinstein and Oppenheim(1969)以及 Kan and Aggarwal(1971)等都得出了一些有用的结果。特别是 Weinstein and Oppenheim 比较了一阶和二阶 IIR 系统的浮点和定点实现。他们指出，如果代表浮点尾数的位数等于定点的字长，那么浮点运算在输出端将得到较高的 SNR。对于接近单位圆的极点，差别要大一些。这一点不奇怪！不过，要用额外的位数来表示阶，并且所期望的动态范围越大，对阶所要求的位数就越多。实现浮点运算的硬件比定点运算也要复杂得多。因此，利用浮点运算必须增加运算单元的字长和复杂性。它的主要优点是基本上消除了溢出问题，并且如果尾数也足够长的话，量化也不会成为一个问题。这就使系统设计和实现大为简化了。

如今，多媒体信号的数字滤波通常在具有高精度浮点数字表示和高速运算单元的个人计算机或工作站上实现。在这些情况下，6.7 节至 6.9 节讨论的量化问题通常很少被关注甚至不被关注。然而在高容量系统中，通常需要利用定点运算来获得低成本。

6.10　IIR 数字滤波器定点实现中的零输入极限环

对于用无限精度运算实现的稳定的 IIR 离散时间系统，若对大于某个 n_0 值的 n，激励变成零且一直保持为零，那么在 $n>n_0$ 时的输出一定渐近地衰减到零。对同一个系统，用有限寄存器长度运算实现则输出可能会产生周期性持续无限的振荡，而输入仍保持为零。这种效应常称为**零输入极限环现象**，它就是系统反馈回路中非线性量化或相加溢出所造成的结果。数字滤波器的这种极限环现象是很复杂且难以分析的，故不在任何一般意义下处理这一论题。然而，为了说明这个问题，将用两个简单的例子说明这样的极限环是如何发生的。

6.10.1　由于舍入和截尾引起的极限环

在一个迭代差分方程中连续地将乘积舍入或截尾可能产生重复性的输出模式，下面的例子说明这一点。

例 6.15　在一阶系统中的极限环现象

考虑由如下差分方程表征的一阶系统：

$$y[n] = ay[n-1] + x[n], \qquad |a| < 1 \tag{6.141}$$

该系统的信号流图如图 6.69(a)所示，假定对于储存系数 a、输入 $x[n]$ 和滤波器节点变量 $y[n-1]$ 的寄存器长度是 4 位(即二进制小数点左边一个符号位和右边的 3 位)。由于有限长

度寄存器的关系，乘积 $ay[n-1]$ 在与 $x[n]$ 相加之前必须舍入或截断到4位。基于式(6.141)的代表真正实现的流图如图6.69(b)所示。假设乘积为舍入，真正的输出 $\hat{y}[n]$ 满足如下非线性差分方程：

$$\hat{y}[n]=Q[a\hat{y}[n-1]]+x[n] \tag{6.142}$$

式中 $Q[\cdot]$ 代表舍入运算。假定 $a=1/2=0_{\diamond}100$，并且输入为 $x[n]=(7/8)\delta[n]=(0_{\diamond}111)\delta[n]$。利用式(6.142)可以看出，对 $n=0, \hat{y}[0]=7/8=0_{\diamond}111$。为了求 $\hat{y}[1]$，将 $\hat{y}[0]$ 乘以 a，得到结果为 $\hat{a}y[0]=0_{\diamond}011100$，是一个7位数，它必须要舍入到4位。这个数是7/16，正好在两个4位数量化电平4/8和3/8中间的地方。如果在这样的情况下总是选择向上舍入，那么 $0_{\diamond}011100$ 舍入到4位即 $0_{\diamond}100=1/2$。因为 $x[1]=0$，那么 $\hat{y}[1]=0_{\diamond}100=1/2$。继续迭代这个差分方程，就给出 $\hat{y}[2]=Q[a\hat{y}[1]]=0_{\diamond}010=1/4$ 和 $\hat{y}[3]=0_{\diamond}001=1/8$。在这两种情况下都不必舍入。然而，为了得到 $\hat{y}[4]$，必须将7位数 $a\hat{y}[3]=0_{\diamond}000100$ 舍入到 $0_{\diamond}001$，然后，对 $n\geqslant3$ 的全部值都得出相同的结果。这个例子的输出序列如图6.70(a)所示。若 $a=-1/2$，也能完成前面的计算，并再次表明输出如图6.70(b)所示。因此，由于乘积 $a\hat{y}[n-1]$ 的舍入，输出在 $a=1/2$ 时达到一个恒定值1/8，以及在 $a=-1/2$ 时，输出是在 $+1/8$ 和 $-1/8$ 之间的一个周期稳态振荡。这些是一个类似于极点在 $z=\pm1$ 而不是在 $z=\pm1/2$ 的一阶系统所得出的周期输出。

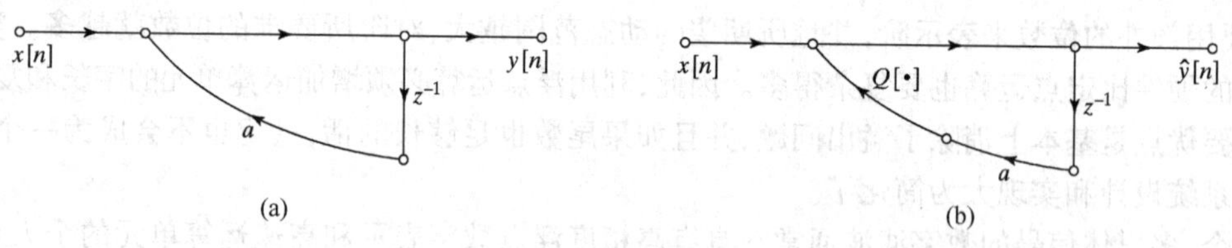

图6.69 一阶IIR系统。(a)无限精度线性系统；(b)由量化造成的非线性系统

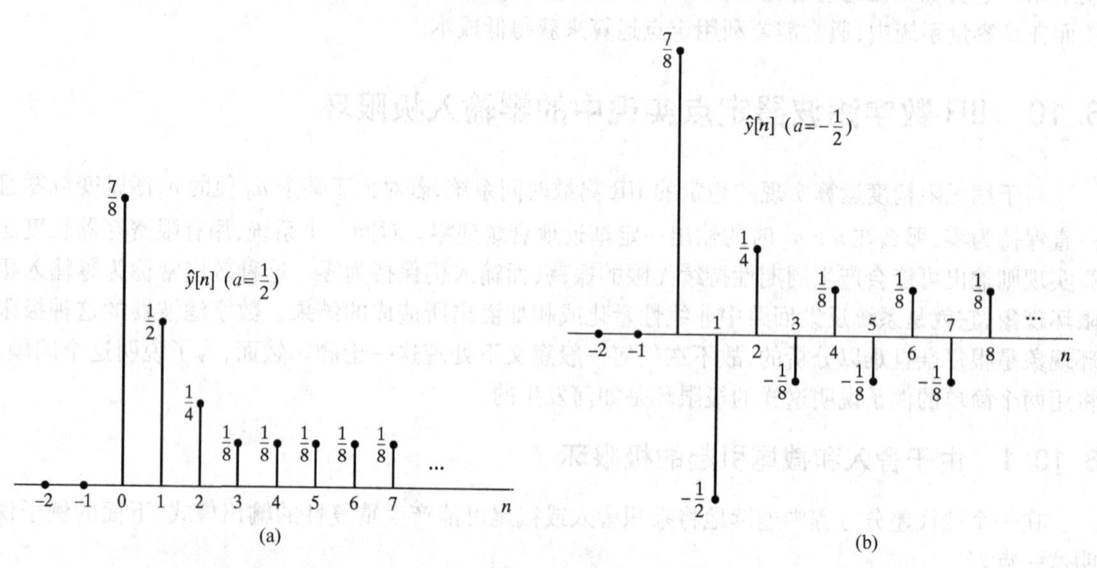

图6.70 图6.69一阶系统的单位脉冲响应。(a) $a=\frac{1}{2}$；(b) $a=-\frac{1}{2}$

当 $a=+1/2$ 时，振荡周期为1，而当 $a=-1/2$ 时，振荡周期为2。这样的稳态周期输出称为**极限环**，并且首先被Blackman(1965)发现，他称这个限制极限环的幅度区间为死区。在本例中，这个死区就是 $-2^{-B}\leqslant\hat{y}[n]\leqslant+2^{-B}$，$B=3$。

上述例子已经说明了在一阶 IIR 系统中,由于舍入是有可能产生零输入极限环的。对于截尾情况也能呈现类似的结果。二阶系统也能呈现出极限环现象。在高阶系统并联实现的情况下,当输入为零时,单个二阶系统的输出是独立的。在这种情况下,一个或多个二阶节都能够对输出求和点提供一个极限环。在级联实现的情况下,仅在第1节有零输入,后续各节可以呈现它们自己特性的极限环行为,或者只表现为对前面各节极限环输出的过滤。对于用其他滤波器结构实现的高阶系统,极限环现象变得更为复杂,对它的分析也非常复杂。

除了给出在数字滤波器中极限环效应的一种解释外,当一个系统的零输入极限环响应是所期望的输出时,前述结果也是有用的。例如,当关注的是信号产生的数字正弦波发生器,或离散傅里叶变换计算中系数的产生时就属于这种情况。

6.10.2　由于溢出而出现的极限环

除了前一节讨论的一类极限环外,由于溢出能产生一种更为严重的极限环形式。溢出的效果是在输出端插进了很大的误差,并且在某些情况下,滤波器输出就在大幅度的极限值间振荡。这样的极限环称为溢出振荡。Ebert(1969)等人曾详细讨论过由溢出引起的振荡问题。现用下面例子来说明溢出振荡。

例6.16　二阶系统中的溢出振荡

考虑由下面差分方程实现的二阶系统:

$$\hat{y}[n] = x[n] + Q[a_1\hat{y}[n-1]] + Q[a_2\hat{y}[n-2]] \tag{6.143}$$

式中 $Q[\cdot]$ 代表字长3位加符号位的补码舍入。溢出可以因舍入乘积的补码相加而发生。假定 $a_1=3/4=0_{\diamond}110$, $a_2=-3/4=1_{\diamond}010$,并假定 $x[n]$ 在 $n\geqslant 0$ 时一直保持为零。再者,假设 $\hat{y}[-1]=3/4=0_{\diamond}110$ 和 $\hat{y}[-2]=-3/4=1_{\diamond}010$。现在,在 $n=0$ 时的输出为

$$\hat{y}[0] = 0_{\diamond}110 \times 0_{\diamond}110 + 1_{\diamond}010 \times 1_{\diamond}010$$

如果用补码运算求该乘积,可得

$$\hat{y}[0] = 0_{\diamond}100100 + 0_{\diamond}100100$$

并且,如果当一个数是在两个量化电平之间一半的地方时选用向上量化的方法,该补码相加的结果就是

$$\hat{y}[0] = 0_{\diamond}101 + 0_{\diamond}101 = 1_{\diamond}010 = -\frac{3}{4}$$

这时,二进制进位溢出到符号位,因此,把这个正数的和改变成一个负数。重复这一过程就得出

$$\hat{y}[1] = 1_{\diamond}011 + 1_{\diamond}011 = 0_{\diamond}110 = \frac{3}{4}$$

这时,由符号位之和所产生的二进制进位就丢失了。负数的和又映射为一个正数。很明显,$\hat{y}[n]$ 将一直在 $+3/4$ 和 $-3/4$ 之间振荡直到输入被加上为止。这样,$\hat{y}[n]$ 就进入到一个周期的极限环,其周期为2,而幅度几乎是实现的满量程幅度。

这个例子说明溢出振荡是怎样发生的。高阶系统能呈现出非常复杂的特性,并出现其他一些频率。对于估计在什么样的差分方程情况下能产生溢出振荡的一些结果也是有的(见 Ebert et al., 1969)。利用图6.45(b)所示的饱和溢出特性可以避免溢出振荡(见 Ebert et al., 1969)。

6.10.3　消除极限环

当一个数字滤波器处于连续运行的应用时,零输入极限环的可能存在是重要的,因为当输入为零时,一般总希望输出趋近到零。例如,假设采样一个语音信号,用某一数字滤波器滤波,然后利用 D/A 转换器又转换回到声音信号。在这样的情形下,只要输入为零,该滤波器就进入周期的极限环状态是很不希望有的,因为极限环将会产生一个可以听得见的单音。

研究极限环一般问题的一条途径是寻求不支持极限环振荡的各种结构。利用状态空间表示法(见 Barnes and Fam, 1977; Mills, Mullis and Roberts, 1978)和模拟系统中与无源性类似的概念(见 Rao and Kailath, 1984; Fettweis, 1986),这样的结构已经得到。然而,这些结构一般都比等效的级联或并联型实现要求更多的计算。用增加运算字长,一般能避免溢出。相类似,因为舍入极限环通常是限制在二进制字的最低有效位上,所以增加位数可以用来减小极限环的有效幅度。Claasen(1973)等人也指出,如果用双倍长度累加器,使得量化发生在乘积的累加之后,那么在二阶系统中由于舍入而发生极限环的可能很小。因此,对于极限环问题就要在字长和计算算法复杂性之间异求折中,这就好比在系数量化和舍入噪声之间所做的事情一样。

最后,要指出溢出和舍入所产生的零输入极限环是仅存在于 IIR 系统中的一种现象。FIR 系统不可能支持零输入极限环,因为它们没有反馈路径。FIR 系统的输出在输入变成零且一直保持为零后不会迟于$(M+1)$个样本也一定为零。在不能容许极限环振荡的应用场合,这是 FIR 系统的一个主要优点。

6.11 小结

本章讨论了实现 LTI 离散时间系统的很多方面的问题。本章的前半部分的讨论主要集中在基本实现结构上。在介绍方框图和信号流图作为差分方程的图形表示法以后,讨论了 IIR 和 FIR 离散时间系统的几种基本结构。这些结构包括直接Ⅰ型、直接Ⅱ型、级联型、并联型、格型和所有基本型的转置型。正如所表明的,这些类型当用无限精度运算实现时全都是等效的。然而,不同的结构在有限精度实现范畴内则有很大的差别。因此,本章剩余部分就放在这些基本结构的数字实现与有限精度或量化有关的一些问题上。

对于有限精度效应的讨论,我们从简单地论述数字数的表示入手,并纵观了量化效应在采样(第 4 章已讨论)、离散时间系统系数的表示以及用有限精度算法实现系统中都是重要的这个事实。通过几个例子说明了差分方程系数量化效应。该问题的论述是独立于有限精度运算效应的,已表明有限精度运算效应在系统中引入了非线性。说明了在某些情况下,这个非线性就是使得系统的输入变为零以后,系统仍可能有持续的极限环振荡的原因。也说明了量化效应可以用独立的随机白噪声源构成的模型来表示,这些噪声源都是从流图内部引入的。对直接型和级联型结构建立了这样的线性噪声模型。在量化效应的全部讨论中最根本的问题就是高的量化精度要求和保持尽可能大的信号幅度范围之间的矛盾。可以看到,在定点实现中,可以牺牲一个而改善另一个,但是为了改善一个而不影响另一个就要求增加用来表示系数和信号幅度的位数。这可以用增加定点字长或者采用浮点表示的方法来实现。

讨论量化效应有两个目的。首先,已经得到的几个结果可用于指导实际系统的设计。不难发现,量化效应在很大程度上取决于所采用的结构和要实现系统的具体参数;并且即使一般需要由系统仿真来求出系统的特性,但在设计过程中,很多已讨论出的结果在做出明智的决策上仍是有用的。其次,本章这部分内容另一个重要的作用是要说明一种分析的思路,这种分析方法可用于各种数字信号处理算法中研究量化效应。本章的各个例子指出,在研究量化效应时,一般都是可以采用这样的假设和近似的形式。本章所建立的分析方法还将用于第 9 章研究离散傅里叶变换计算中的量化效应分析。

习题

基本题(附答案)

6.1 求如图 P6.1 所示的两个网络的系统函数,并证明它们有相同的极点。

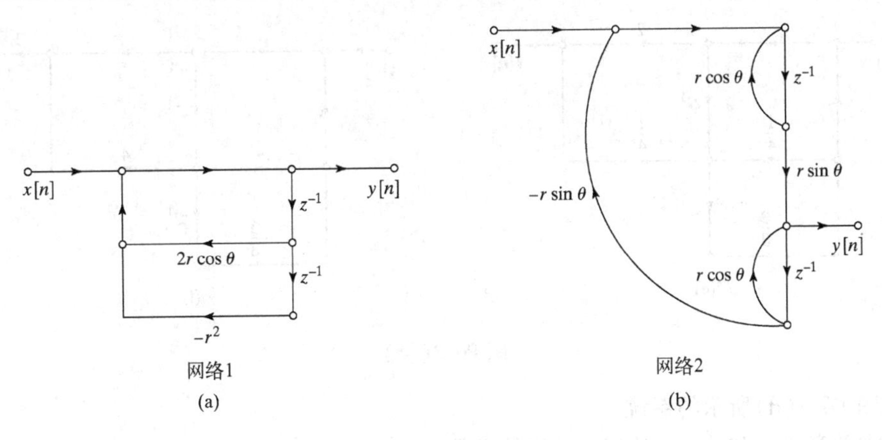

图 P6.1

6.2 图 P6.2 代表一个线性常系数差分方程的信号流图，求出 $y[n]$ 关于输入 $x[n]$ 的差分方程。

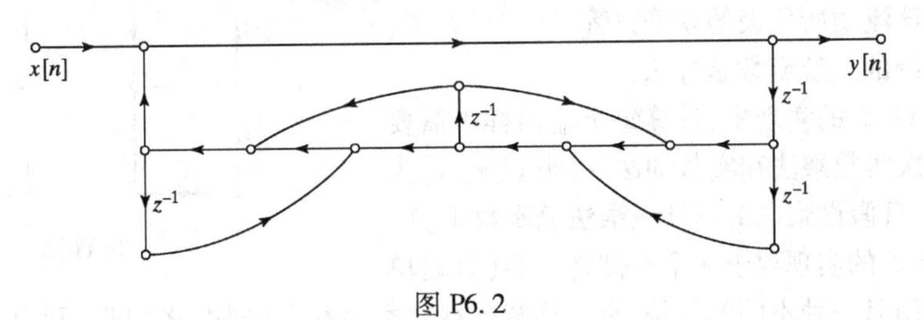

图 P6.2

6.3 图 P6.3 示出 6 个系统。试确定(b)～(f)5 个系统中的哪一个与(a)有相同的系统函数。应该凭观察就能排除某些可能。

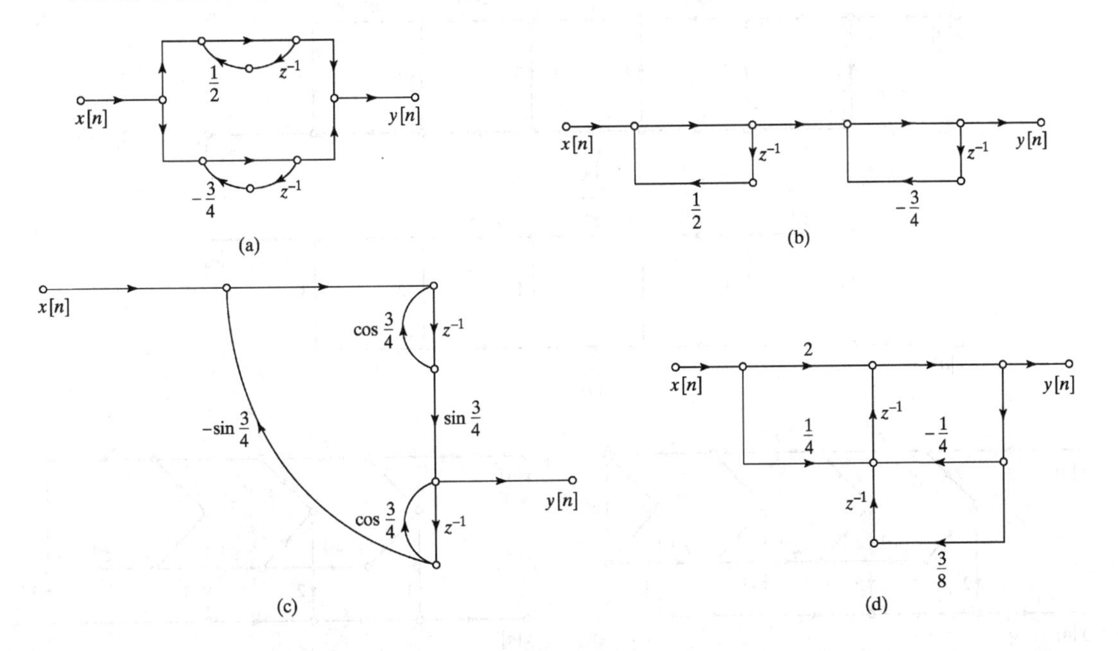

图 P6.3

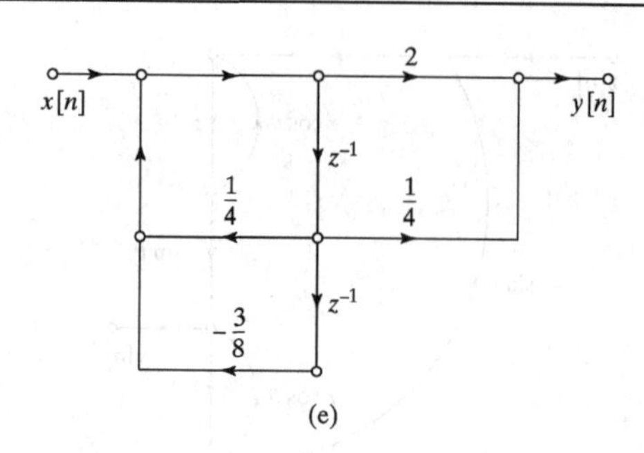

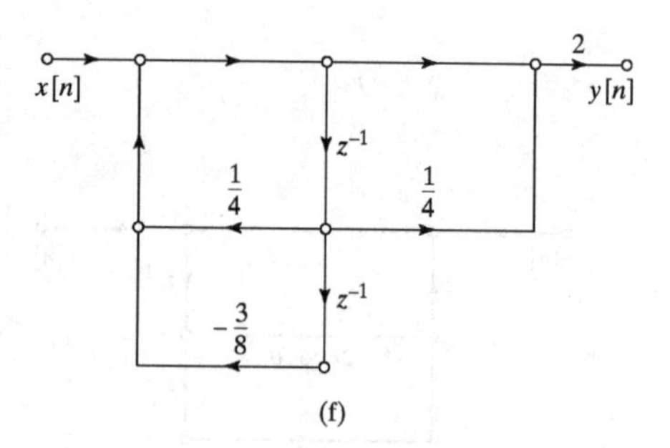

图 P6.3(续)

6.4　考虑图 P6.3(d)所示的系统。

(a) 求关联输入和输出 z 的变换的系统函数。

(b) 写出输入序列 $x[n]$ 和输出序列 $y[n]$ 满足的差分方程。

6.5　一 LTI 系统用如图 P6.5 所示的流图实现。

(a) 写出该流图所代表的差分方程。

(b) 该系统的系统函数是什么?

(c) 在图 P6.5 的实现中,计算每个输出样本需要多少次实数乘法和实数加法?(假设 $x[n]$ 为实数,且假设乘以 1 不计在乘法总次数中。)

(d) 图 P6.5 的实现要求 4 个存储寄存器(延迟单元),用另一种不同的结构,有可能减少存储寄存器个数吗?若可以,画出其流图,若不行,请解释为什么不能再减少。

图 P6.5

6.6　求图 P6.6 所示各系统的单位脉冲响应。

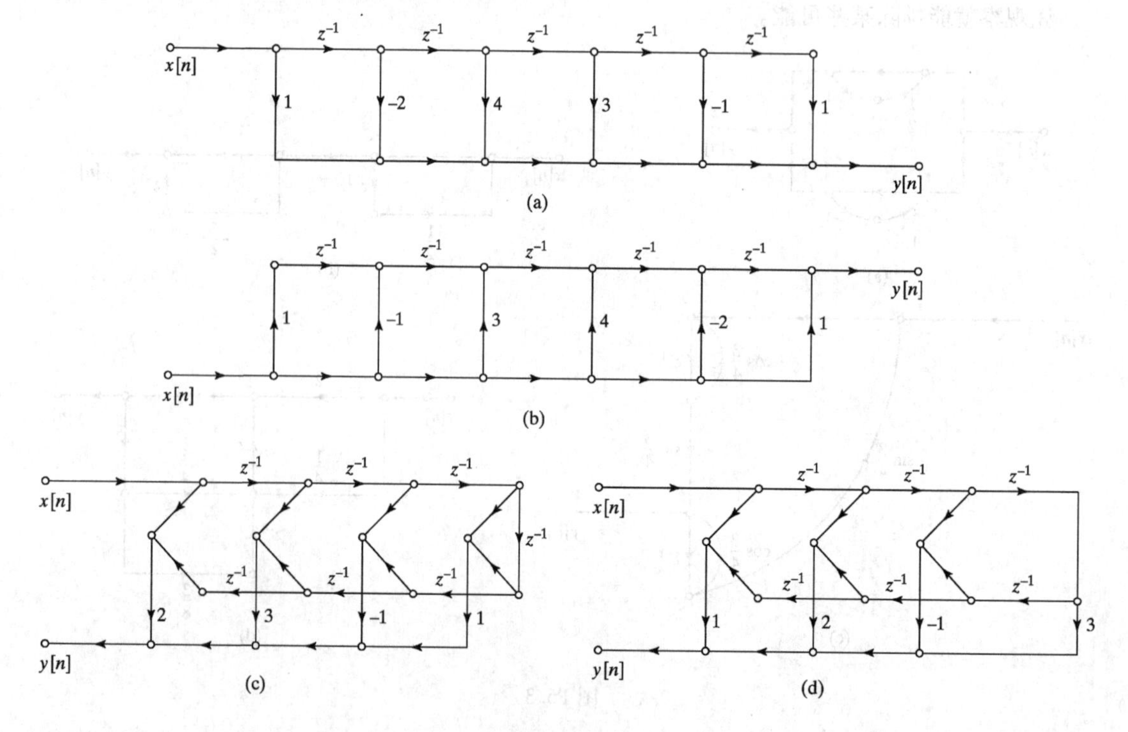

图 P6.6

6.7　设 $x[n]$ 和 $y[n]$ 是用如下差分方程关联的序列：

$$y[n]-\frac{1}{4}y[n-2]=x[n-2]-\frac{1}{4}x[n]$$

试画出对应于该差分方程的因果 LTI 系统的直接Ⅱ型信号流图。

6.8　图 P6.8 所示的信号流图代表某一 LTI 系统，求表示该系统输入 $x[n]$ 和输出 $y[n]$ 之间关系的差分方程。按惯例，图中未特别予以标记的支路增益均为 1。

6.9　图 P6.9 所示为某一因果离散时间 LTI 系统的信号流图，未给予明确标注的支路增益均为 1。

(a) 通过追踪一单位脉冲穿越流图的支路，求单位脉冲响应在 $n=1$ 时的 $h[1]$ 值。

(b) 求关联 $x[n]$ 和 $y[n]$ 的差分方程。

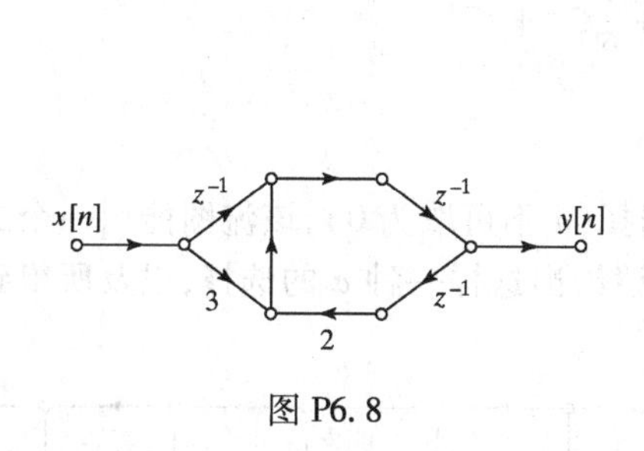

图 P6.8

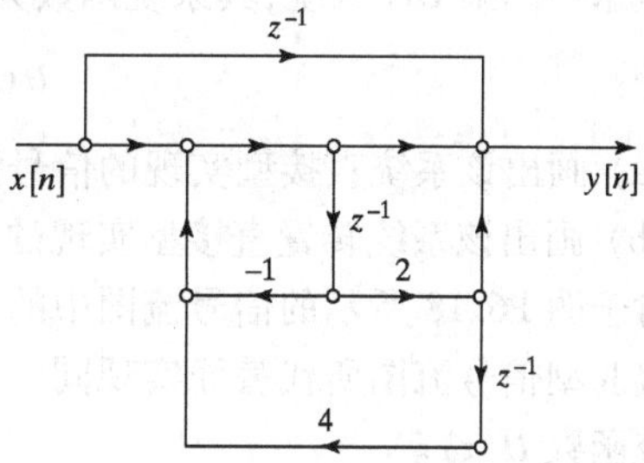

图 P6.9

6.10　考虑图 P6.10 所示的信号流图。

(a) 利用图中给出的节点变量，写出由该网络所代表的一组差分方程。

(b) 画出由两个一阶系统级联的等效系统的流图。

(c) 这个系统稳定吗？为什么？

6.11　考虑一因果 LTI 系统，其单位脉冲响应是 $h[n]$，系统函数为

$$H(z)=\frac{(1-2z^{-1})(1-4z^{-1})}{z\left(1-\frac{1}{2}z^{-1}\right)}$$

(a) 画出该系统直接Ⅱ型实现的流图。

(b) 画出(a)中流图的转置型。

6.12　对由图 P6.12 所示的流图所描述的 LTI 系统，求关联输入 $x[n]$ 和输出 $y[n]$ 的差分方程。

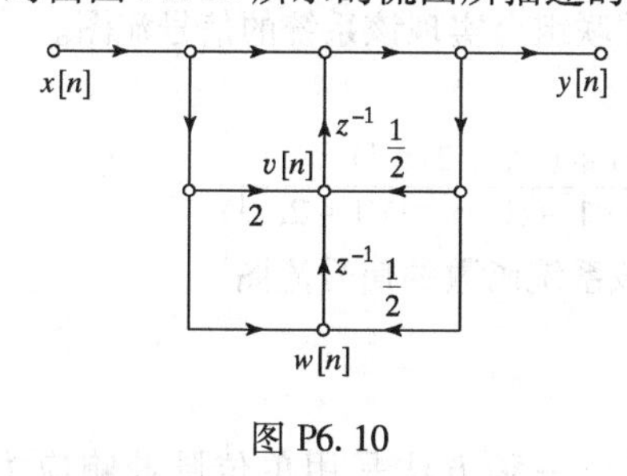

图 P6.10

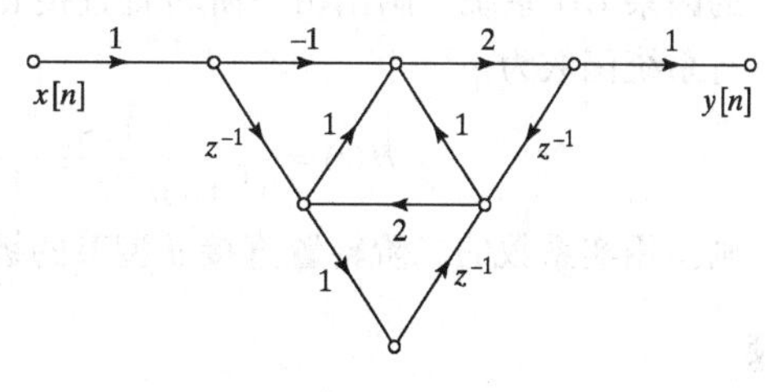

图 P6.12

6.13　画出系统函数为

$$H(z)=\frac{1-\frac{1}{2}z^{-2}}{1-\frac{1}{4}z^{-1}-\frac{1}{8}z^{-2}}$$

的 LTI 系统的直接Ⅰ型实现的信号流图。

6.14　画出系统函数为

$$H(z)=\frac{1+\frac{5}{6}z^{-1}+\frac{1}{6}z^{-2}}{1-\frac{1}{2}z^{-1}-\frac{1}{2}z^{-2}}$$

的 LTI 系统的直接Ⅱ型实现的信号流图。

6.15 画出系统函数为

$$H(z)=\frac{1-\frac{7}{6}z^{-1}+\frac{1}{6}z^{-2}}{1+z^{-1}+\frac{1}{2}z^{-2}}$$

的 LTI 系统的转置的直接Ⅱ型实现的信号流图。

6.16 考虑图 P6.16 所示的信号流图。

(a) 画出将转置定理应用于该信号流图所得结果的信号流图。

(b) 确认在(a)中所求得的转置信号流图与图 P6.16 所示的原系统有相同的系统函数 $H(z)$。

6.17 考虑一因果 LTI 系统,其系统函数为

$$H(z)=1-\frac{1}{3}z^{-1}+\frac{1}{6}z^{-2}+z^{-3}$$

(a) 画出该系统直接型实现的信号流图。

(b) 画出该系统转置直接型实现的信号流图。

6.18 对于图 P6.18 所示的信号流图中的参数 a 进行选择(a 不可取为 0),该流图能用一个二阶直接Ⅱ型信号流图所代替而实现同一个系统函数,请给出这样一种 a 的选择,以及所得到的系统函数 $H(z)$。

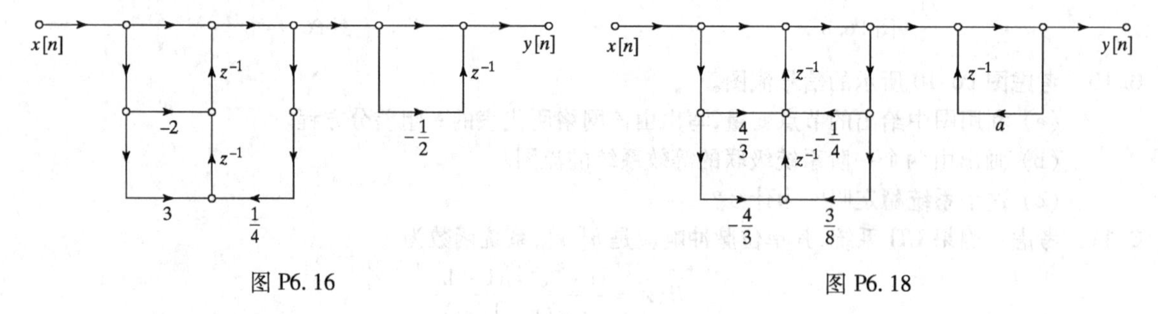

图 P6.16　　　　图 P6.18

6.19 考虑系统函数为

$$H(z)=\frac{2-\frac{8}{3}z^{-1}-2z^{-2}}{\left(1-\frac{1}{3}z^{-1}\right)\left(1+\frac{2}{3}z^{-1}\right)}$$

的因果 LTI 系统。画出由一阶转置直接Ⅱ型节的并联组合实现该系统的信号流图。

6.20 有系统函数为

$$H(z)=\frac{(1+(1-\mathrm{j}/2)z^{-1})(1+(1+\mathrm{j}/2)z^{-1})}{(1+(\mathrm{j}/2)z^{-1})(1-(\mathrm{j}/2)z^{-1})(1-(1/2)z^{-1})(1-2z^{-1})}$$

画出用实系数的二阶转置直接Ⅱ型节的级联实现该系统函数的信号流图。

基本题

6.21 在很多应用中,能产生正弦序列的系统是有用的。一种方法是用单位脉冲响应为 $h[n]=\mathrm{e}^{\mathrm{j}\omega_0 n}u[n]$ 的系统来实现,因此,$h[n]$ 的实部和虚部就是 $h_r[n]=(\cos\omega_0 n)u[n]$ 和 $h_i[n]=(\sin\omega_0 n)u[n]$。

在实现具有复脉冲响应的系统时,实部和虚部是作为单独的输出分开的。首先写出产生所要求脉冲响应的复数差分方程,然后把它分为实部和虚部,画出实现该系统的流图。所画的流图中仅能有实系数。这种实现有时称为**耦合型振荡器**,因为当输入由单位样本序列激励时输出就为正弦序列。

6.22 对于系统函数

$$H(z)=\frac{1+2z^{-1}+z^{-2}}{1-0.75z^{-1}+0.125z^{-2}}$$

作为一阶系统的级联对该系统画出所有可能实现的流图。

6.23　想要实现一个具有如图 P6.23 所示的零-极点图的因果系统 $H(z)$。在本习题的所有题目中，z_1，z_2，p_1 和 p_2 都为实数，且与频率无关的常数增益包含在各流图输出分支的增益系数中。

(a) 画出直接Ⅱ型实现的流图。确定各支路增益用变量 z_1，z_2，p_1 和 p_2 表示的表达式。

(b) 画出用二阶直接Ⅱ型节的级联实现的流图。确定各支路增益用变量 z_1，z_2，p_1 和 p_2 表示的表达式。

(c) 画出用一阶直接Ⅱ型节的并联实现的流图。请指出通过将支路增益表达成变量 z_1，z_2，p_1 和 p_2 的形式进行求解的线性方程所对应的系统。

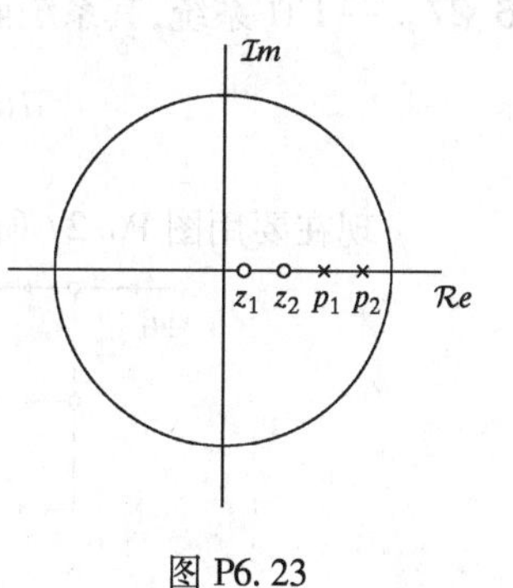

图 P6.23

6.24　考虑一因果 LTI 系统，其系统函数为

$$H(z)=\frac{1-\frac{3}{10}z^{-1}+\frac{1}{3}z^{-2}}{\left(1-\frac{4}{5}z^{-1}+\frac{2}{3}z^{-2}\right)\left(1+\frac{1}{5}z^{-1}\right)}=\frac{\frac{1}{2}}{1-\frac{4}{5}z^{-1}+\frac{2}{3}z^{-2}}+\frac{\frac{1}{2}}{1+\frac{1}{5}z^{-1}}$$

(a) 对下列每种形式画出系统实现的信号流图：

(i) 直接Ⅰ型。

(ii) 直接Ⅱ型。

(iii) 用一阶和二阶直接Ⅱ型节的级联型。

(iv) 用一阶和二阶直接Ⅰ型节的并联型。

(v) 转置直接Ⅱ型。

(b) 对于(a)中(v)的流图，写出差分方程，并证明该系统有正确的系统函数。

6.25　一因果 LTI 系统用如图 P6.25 所示的信号流图进行定义，它表示用一个二阶系统和一个一阶系统级联实现的系统。

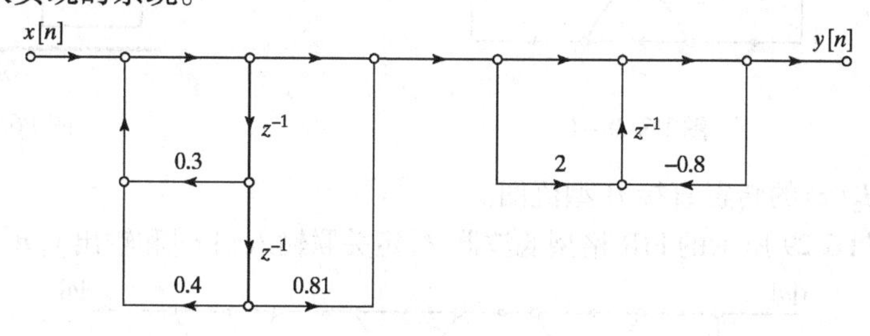

图 P6.25

(a) 整个级联系统的系统函数是什么？

(b) 整个系统是稳定的吗？请简单解释。

(c) 整个系统是最小相位系统吗？请简单解释。

(d) 画出用转置直接 II 型实现该系统的信号流图。

6.26　一因果 LTI 系统具有如下式所示的系统函数：

$$H(z)=\frac{1}{1-z^{-1}}+\frac{1-z^{-1}}{1-z^{-1}+0.8z^{-2}}$$

(a) 系统是稳定的吗？请简单解释。

(b) 画出用并联型实现该系统的信号流图。

(c) 画出用一阶系统和二阶系统级联实现该系统的信号流图。利用二阶系统的转置直接 II 型实现。

6.27 一 LTI 系统,其系统函数为

$$H(z)=\frac{0.2(1+z^{-1})^{6}}{\left(1-2z^{-1}+\frac{7}{8}z^{-2}\right)\left(1+z^{-1}+\frac{1}{2}z^{-2}\right)\left(1-\frac{1}{2}z^{-1}+z^{-2}\right)}$$

现在要用图 P6.27 所示形式的流图实现。

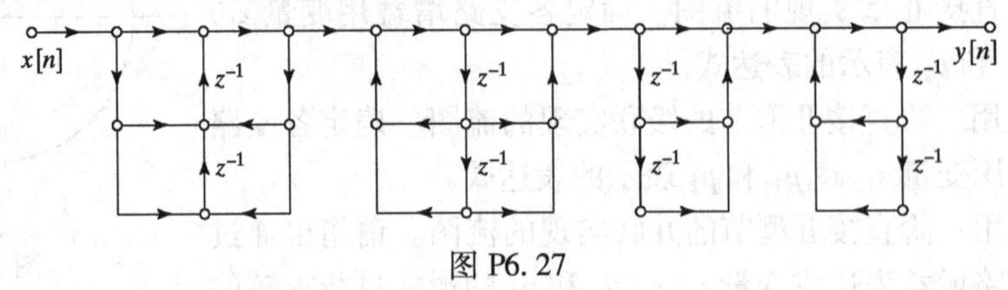

图 P6.27

(a) 将图 P6.27 中的全部系数填入,你的答案是唯一的吗?

(b) 在图 P6.27 中选定合适的节点变量,并写出由该图所代表的一组差分方程。

6.28 (a) 确定图 P6.28-1 所示的流图中从 $x[n]$ 到 $y[n]$ 的系统函数 $H(z)$(注意对角线交叉位置处不是一个单节点)。

(b) 画出系统函数为 $H(z)$ 的系统的直接型(I 和 II)流图。

(c) 对 $H_1(z)$ 进行设计,使得图 P6.28-2 中的 $H_2(z)$ 具有因果稳定的逆系统且 $|H_2(e^{j\omega})|=|H(e^{j\omega})|$。注意:允许零、极点抵消。

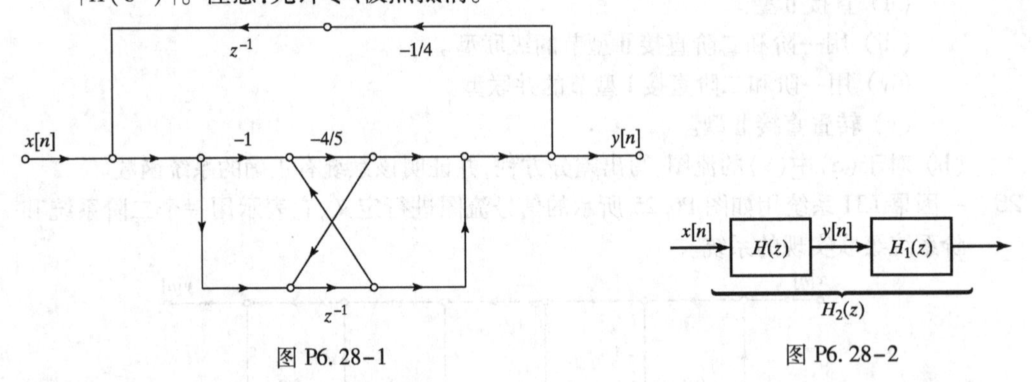

图 P6.28-1

图 P6.28-2

(d) 画出 $H_2(z)$ 的转置直接 II 型流图。

6.29 (a) 对于图 P6.29 所示的 FIR 格型滤波器,确定关联输入 $x[n]$ 和输出 $y[n]$ 的系统函数 $H(z)$。

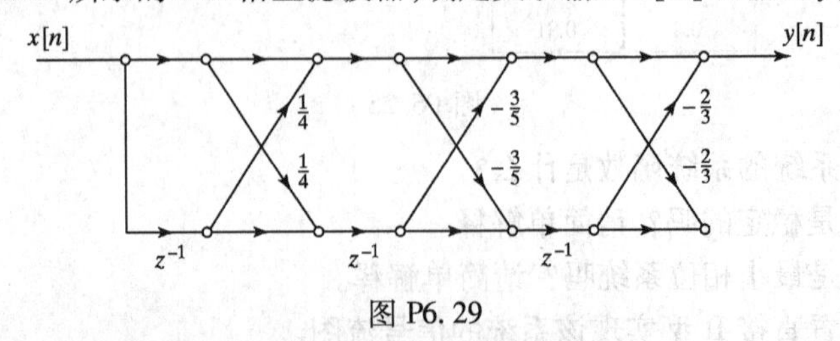

图 P6.29

(b) 画出全极点滤波器 $1/H(z)$ 的格型滤波器结构。

6.30 确定并画出如下因果全极点系统函数的格型滤波器实现:

$$H(z)=\frac{1}{1+\frac{3}{2}z^{-1}-z^{-2}+\frac{3}{4}z^{-3}+2z^{-4}}$$

系统稳定吗?

6.31　一个 IIR 格型滤波器如图 P6.31 所示。

(a) 通过跟踪单位脉冲穿越流图的路径，确定输入 $x[n]=\delta[n]$ 时的输出 $y[1]$。

(b) 确定相应逆滤波器的流图。

(c) 确定图 P6.31 所示的 IIR 滤波器的传递函数。

6.32　图 P6.32 所示的信号流图是某一因果 LTI 系统的一种实现。

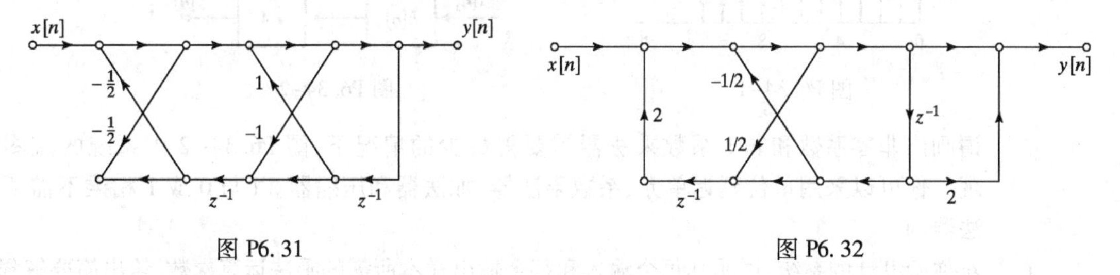

图 P6.31　　图 P6.32

(a) 画出该信号流图的转置。

(b) 对原系统或它的转置中的任意一种求关联输入 $x[n]$ 和输出 $y[n]$ 的差分方程。（注意：这两种结构有相同的差分方程。）

(c) 该系统是 BIBO 稳定吗？

(d) 若 $x[n]=(1/2)^n u[n]$，求 $y[2]$。

深入题

6.33　考虑由图 P6.33-1 所示的 FIR 格型结构表示的 LTI 系统。

(a) 确定从输入 $x[n]$ 到输出 $v[n]$（不是 $y[n]$）的系统函数。

(b) 令 $H(z)$ 表示从输入 $x[n]$ 到输出 $y[n]$ 的系统函数，且 $g[n]$ 为相应单位脉冲响应 $h[n]$ 扩展两倍的结果，如图 P6.33-2 所示。

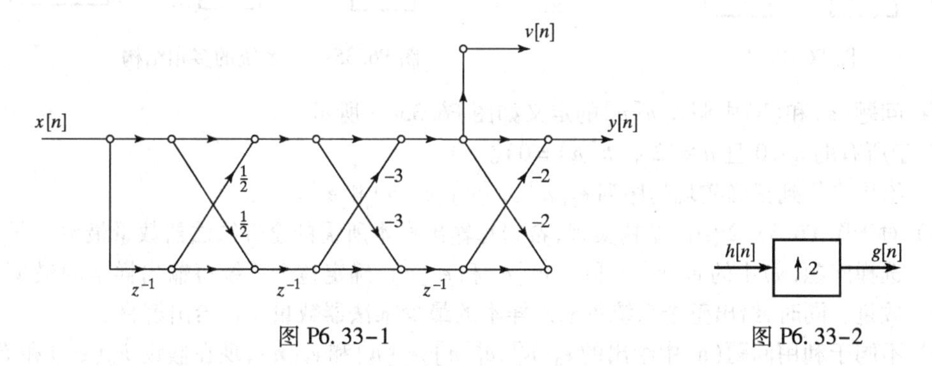

图 P6.33-1　　图 P6.33-2

单位脉冲响应 $g[n]$ 定义了一个系统函数为 $G(z)$ 的新系统。要求用一个 FIR 格型结构来实现 $G(z)$。请确定 $G(z)$ 的 FIR 格型实现所必需的 k 参数。注意：在投入冗长的计算之前应该仔细思考。

6.34　图 P6.34-1 所示的单位脉冲响应 $h[n]$，由下式给出

$$h[n]=\begin{cases}\left(\frac{1}{2}\right)^{n/4}u[n], & n\text{ 为 4 的整数倍}\\ \text{如图中所示，在 4 的整数倍点之间为常数}\end{cases}$$

(a) 选取 $h_1[n]$ 和 $h_2[n]$ 使得

$$h[n]=h_1[n]*h_2[n]$$

其中，$h_1[n]$ 是一个 FIR 滤波器，且当 $n/4$ 不为整数时，$h_2[n]=0$。请问 $h_2[n]$ 是一个 FIR

滤波器,还是一个 IIR 滤波器?

(b) 将单位脉冲响应 $h[n]$ 用于一个减采样系统中,如图 P6.34-2 所示。

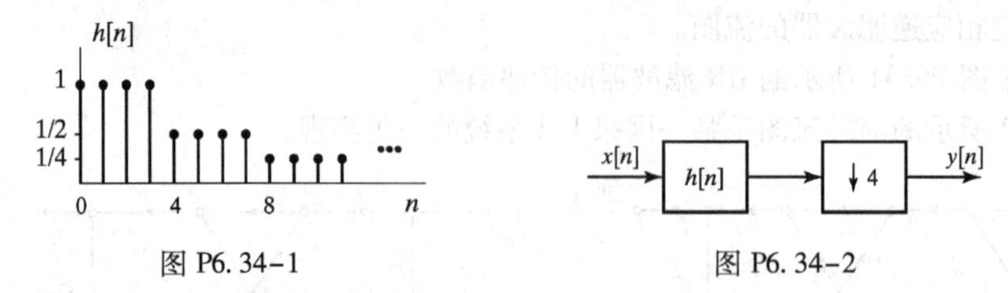

图 P6.34-1　　图 P6.34-2

请画出非零系数和非 1 系数乘法器需要得最少的情况下,图 P6.34-2 中系统的流图实现。你可以采用单位延迟单元、系数乘法器、加法器和压缩器。(与 0 或 1 相乘不需要乘法器。)

(c) 对你所设计的系统,说明其每个输入和每个输出样本所需的乘法运算次数,给出简要解释。

6.35 考虑如图 P6.35-1 所示的系统。

要求采用图 P6.35-2 所示的多相结构来实现该系统。

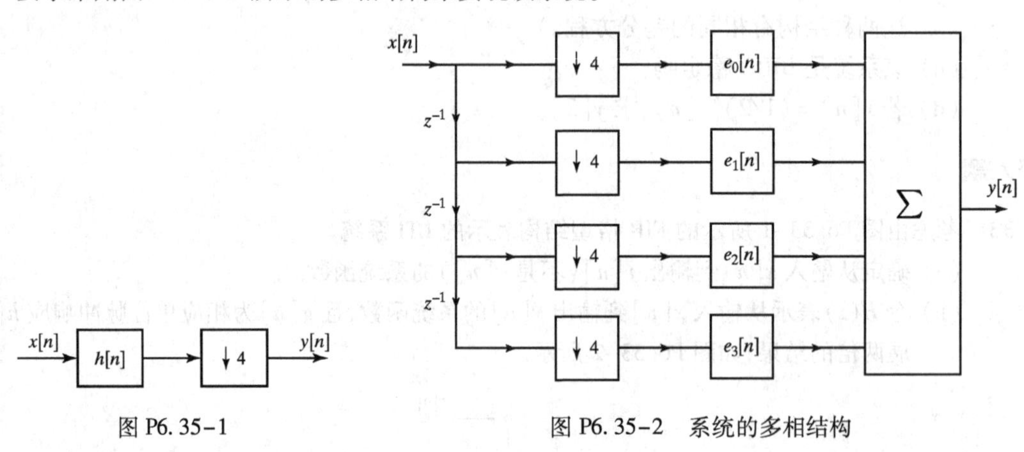

图 P6.35-1　　图 P6.35-2　系统的多相结构

仅在问题(a)和(b)中假设 $h[n]$ 的定义如图 P6.35-3 所示。

(对于所有的 $n<0$ 且 $n\geqslant 12$ 有 $h[n]=0$)。

(a) 给出可得到正确实现的序列 $e_0[n]$, $e_1[n]$, $e_2[n]$ 和 $e_3[n]$。

(b) 对于图 P6.35-2 中的结构实现,希望每输出样本所需的全部乘法器数量最少。通过合理选择问题(a)中的 $e_0[n]$, $e_1[n]$, $e_2[n]$ 和 $e_3[n]$,确定整个系统每输出样本的最少乘法器数量。同时,给出整个系统每输入样本的最少乘法器数量。请给出解释。

(c) 不同于利用问题(a)中给出的 $e_0[n]$, $e_1[n]$, $e_2[n]$ 和 $e_3[n]$,现在假设 $E_0(e^{j\omega})$ 和 $E_2(e^{j\omega})$ 分别为 $e_0[n]$ 和 $e_2[n]$ 的 DTFT,如图 P6.35-4 所示,且 $E_1(e^{j\omega})=E_3(e^{j\omega})=0$。

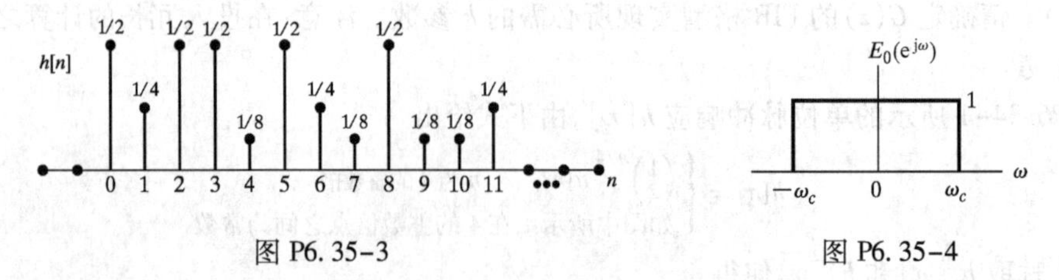

图 P6.35-3　　图 P6.35-4

请画出并标注 $(-\pi,\pi)$ 区间上的 $H(e^{j\omega})$。

6.36 考虑某一由系数乘法器和延迟单元组成的一般信号流图(记作网络 A),如图 P6.36-1 所示。

如果系统是初始松弛的，其特性完全由它的脉冲响应 $h[n]$ 所表征。现在要将该系统做一些变化以得到一个新的流图（记作网络 A_1），其脉冲响应为 $h_1[n]=(-1)^n h[n]$。

(a) 若 $H(e^{j\omega})$ 如图 P6.36-2 所示，试画出 $H_1(e^{j\omega})$。

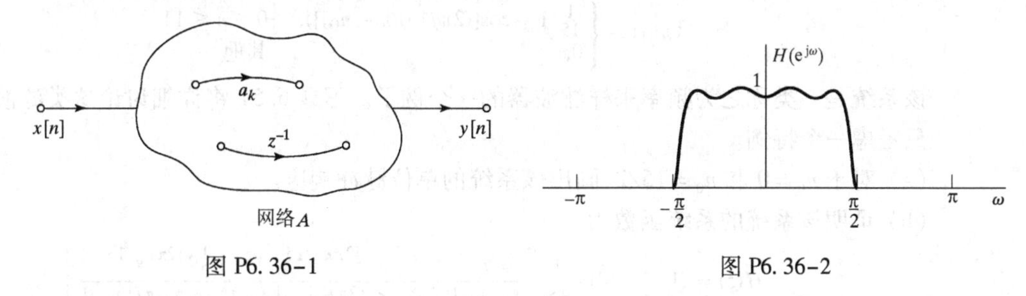

图 P6.36-1　　　　图 P6.36-2

(b) 说明如何用网络 A 的系数乘法器和/或延迟支路的简单变化由网络 A 形成一个新的网络 A_1，A_1 的脉冲响应就是 $h_1[n]$。

(c) 若网络 A 如图 P6.36-3 所示，说明如何**仅用系统乘法器**的简单变化把网络 A 变化为脉冲响应为 $h_1[n]$ 的网络 A_1。

6.37　图 P6.37 所示的流图是不可计算的；也就是说，用该流图所表示的差分方程不能计算出输出，因为流图中包含了一个没有延迟单元的闭合回路。

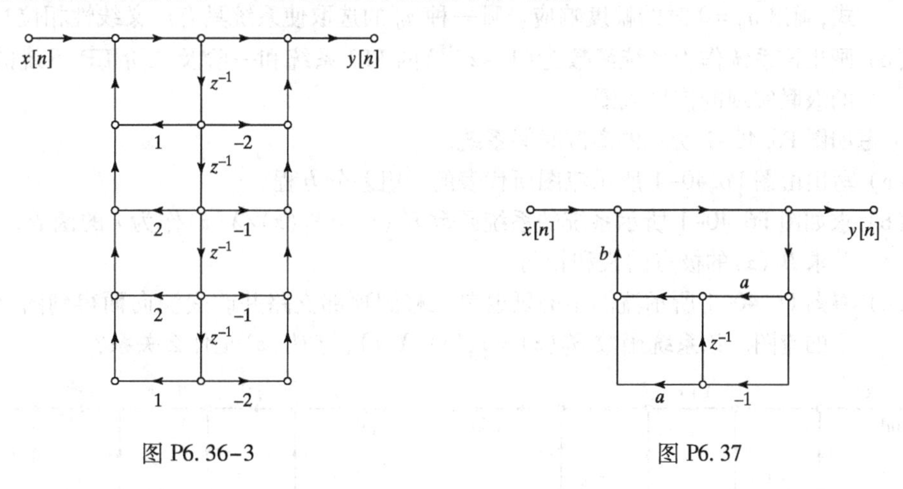

图 P6.36-3　　　　图 P6.37

(a) 写出图 P6.37 所示的差分方程，并由差分方程求流图的系统函数。

(b) 由系统函数求一个可计算的流图。

6.38　一 LTI 系统的单位脉冲响应为

$$h[n]=\begin{cases}a^n, & 0\leqslant n\leqslant 7\\ 0, & 其他\end{cases}$$

(a) 画出该系统的一种直接型非递推实现流图。

(b) 证明其对应的系统函数为

$$H(z)=\frac{1-a^8z^{-8}}{1-az^{-1}},\quad |z|>|a|$$

(c) 画出实现问题(b)中系统函数 $H(z)$ 的流图，该流图由 FIR 系统（分子）与 IIR 系统（分母）级联所组成（设 $a<1$）。

(d) (c)中的实现是递推的还是非递推的？整个系统是 FIR 还是 IIR？

(e) 系统的哪一种实现要求：

(i) 最多存储器(延迟单元)?

(ii) 最多的运算次数(每输出样本的乘法和加法次数)?

6.39 考虑一 FIR 系统,其单位脉冲响应为

$$h[n] = \begin{cases} \frac{1}{15}(1 + \cos[(2\pi/15)(n - n_0)]), & 0 \leqslant n \leqslant 14 \\ 0, & \text{其他} \end{cases}$$

该系统是一类称之为频率采样滤波器的一个例子。习题 6.51 将详细讨论这类滤波器,本题只考虑一个特例。

(a) 对于 $n_0 = 0$ 和 $n_0 = 15/2$,画出该系统的单位脉冲响应。

(b) 证明该系统的系统函数为

$$H(z) = (1 - z^{-15}) \cdot \frac{1}{15}\left[\frac{1}{1 - z^{-1}} + \frac{\frac{1}{2}e^{-j2\pi n_0/15}}{1 - e^{j2\pi/15}z^{-1}} + \frac{\frac{1}{2}e^{j2\pi n_0/15}}{1 - e^{-j2\pi/15}z^{-1}}\right]$$

(c) 证明,若 $n_0 = 15/2$,系统的频率响应可以表示为

$$H(e^{j\omega}) = \frac{1}{15}e^{-j\omega 7}\left\{\frac{\sin(\omega 15/2)}{\sin(\omega/2)} + \frac{1}{2}\frac{\sin[(\omega - 2\pi/15)15/2]}{\sin[(\omega - 2\pi/15)/2]} + \frac{1}{2}\frac{\sin[(\omega + 2\pi/15)15/2]}{\sin[(\omega + 2\pi/15)/2]}\right\}$$

利用该表达式画出 $n_0 = 15/2$ 时系统频率响应的幅度。对 $n_0 = 0$ 求得一个类似的表示式,画出 $n_0 = 0$ 时的幅度响应。哪一种 n_0 的选取使系统具有广义线性相位?

(d) 画出该系统作为系统函数为 $(1 - z^{-15})$ 的 FIR 系统和一阶及二阶 IIR 系统的并联组合的级联实现的信号流图。

6.40 考虑如图 P6.40-1 所示的离散时间系统。

(a) 写出由图 P6.40-1 所示流图所代表的一组差分方程。

(b) 求如图 P6.40-1 所示系统的系统函数 $H_1(z) = Y_1(z)/X(z)$ 作为 r 的函数,$-1 < r < 1$,并求 $H_1(z)$ 的极点的模和相角。

(c) 将图 P6.40-1 所示流图中的延迟单元移到顶部支路并改变流向而得到图 P6.40-2 所示的流图。该系统函数 $H_2(z) = Y_2(z)/X(z)$,与 $H_1(z)$ 是什么关系?

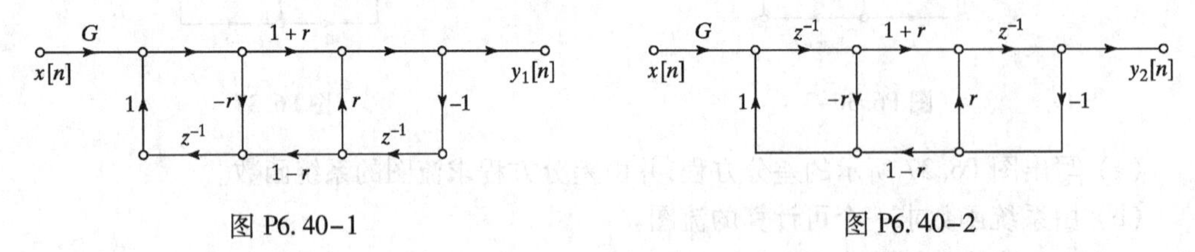

图 P6.40-1　　　　图 P6.40-2

6.41 图 P6.41 所示的 3 种网络全是同一个两输入/两输出 LTI 系统的等效实现。

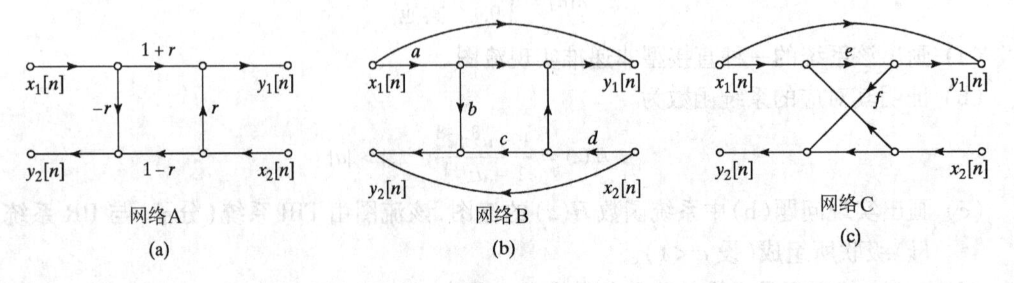

图 P6.41

(a) 写出网络 A 的差分方程。

(b) 利用网络 A 中的 r 确定网络 B 的 a,b,c 和 d 值,以使两者等效。

(c) 利用网络 A 中的 r 确定网络 C 的 e 和 f 值,以使两者等效。

(d) 网络 B 或网络 C 为什么可能比网络 A 更为可取,相比网络 B 或网络 C,网络 A 有什么可能的长处?

6.42　考虑一全通系统,其系统函数为

$$H(z)=-0.54\frac{1-(1/0.54)z^{-1}}{1-0.54z^{-1}}$$

该系统的一种实现流图如图 P6.42 所示。

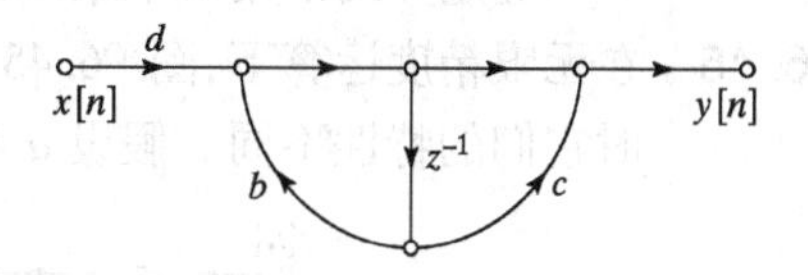

图 P6.42

(a) 求系统的 b,c 和 d 值,以使得图 P6.42 的流图是 $H(z)$ 的一种直接实现。

(b) 在图 P6.42 所示网络的实际实现中,系数 b,c 和 d 可能用舍入将真正的值量化到最靠近的 1/10 的值(例如,0.54 舍入到 0.5 和 1.851 8 舍入到 1.9)。所得系统仍为一个全通系统吗?

(c) 具有系统函数为 $H(z)$ 的全通系统,联系输入和输出的差分方程可以表示为

$$y[n]=0.54(y[n-1]-x[n])+x[n-1]$$

画出一种网络的流图,该流图用两个延迟单元,但仅有一次乘以常数(不计 ±1)的乘法。

(d) 利用已量化的系数,(c)的网络是一个全通系统吗?

(c)的实现与(a)的实现相比较,其主要缺点是要求两个延迟单元。然而,对于高阶系统有必要实现全通系统的级联。对于 N 个全通节的级联,有可能利用由(c)确定的全通节,而只要求$(N+1)$个延迟单元。这可以在两节之间共用一个延迟单元来完成。

(e) 考虑系统函数为下式的全通系统:

$$H(z)=\left(\frac{z^{-1}-a}{1-az^{-1}}\right)\left(\frac{z^{-1}-b}{1-bz^{-1}}\right)$$

画出"级联"实现的流图,该流图中由两节(c)全通节组成。在两节之间共用一个延迟单元。所得流图应该仅有 3 个延迟单元。

(f) 利用量化系数 a 和 b,(e)中的网络还是一个全通系统吗?

6.43　本题中信号流图的全部支路除专门标注外增益均为 1。

(a) 示于图 P6.43-1 的系统 A 的信号流图代表一因果 LTI 系统。有可能用更少的延迟单元实现同一个输入/输出关系吗?如果可能,实现一等效系统所需的最少延迟单元数是多少?如果不可能,请解释为什么。

(b) 图 P6.43-2 所示的系统 B 与图 6.43-1 所示的系统有相同的输入/输出关系吗?给出明确的解释。

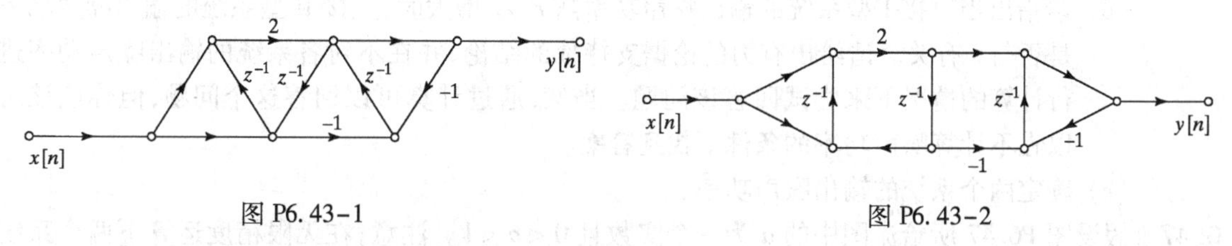

图 P6.43-1　　图 P6.43-2

6.44　考虑一全通系统,其系统函数为

$$H(z)=\frac{z^{-1}-\frac{1}{3}}{1-\frac{1}{3}z^{-1}}$$

(a) 画出该系统直接I型实现的信号流图。需要多少延迟单元和乘法器?(不计 ±1 的相乘)。

(b) 画出该系统只用一个乘法器的信号流图,使延迟单元数最少。

(c) 现考虑另一个全通系统,其系统函数为

$$H(z) = \frac{(z^{-1} - \frac{1}{3})(z^{-1} - 2)}{(1 - \frac{1}{3}z^{-1})(1 - 2z^{-1})}$$

确定并画出用 2 个乘法器和 3 个延迟单元的系统信号流图。

6.45 在无限精度运算下,图 P6.45 给出的两个流图有相同的系统函数,但在量化定点运算实现时它们的特性不同。假设 a 和 b 为实数且 $0 < a < 1$。

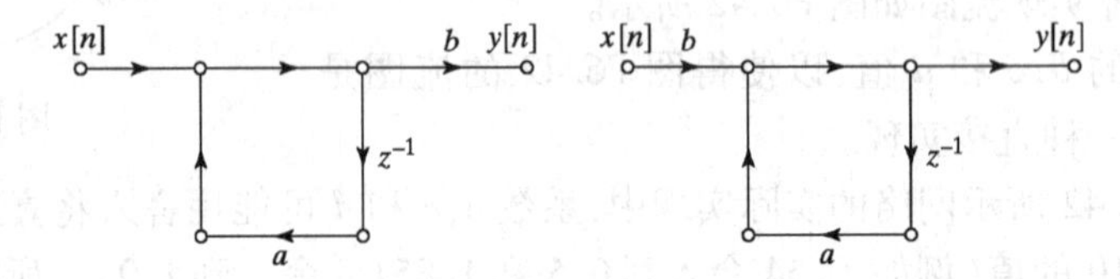

图 P6.45

(a) 确定输入样本的最大幅度 $x_{\max}$,以保证两个系统输出 $y[n]$ 的最大值小于 1。

(b) 假设上述系统用 2 的补码定点运算来实现,且在两种情况下所有的乘积都被立即舍入到 $B+1$ 位(在做任何加法运算之前)。在以上图形的适当位置插入舍入噪声源以建模舍入误差。假设插入的每个噪声源具有等于 $\sigma_B^2 = 2^{-2B}/12$ 的平均功率。

(c) 如果乘积按照问题(b)的描述进行舍入,两个系统的输出将不同,即第一个系统的输出为 $y_1[n] = y[n] + f_1[n]$ 且第二个系统的输出为 $y_2[n] = y[n] + f_2[n]$,其中 $f_1[n]$ 和 $f_2[n]$ 是由噪声源引起的输出。试确定两个系统输出噪声的功率谱密度 $\Phi_{f_1f_1}(e^{j\omega})$ 和 $\Phi_{f_2f_2}(e^{j\omega})$。

(d) 试确定两个系统输出端的全部噪声功率 $\sigma_{f_1}^2$ 和 $\sigma_{f_2}^2$。

6.46 一个全通系统用定点运算实现,其系统函数为

$$H(z) = \frac{(z^{-1} - a^*)(z^{-1} - a)}{(1 - az^{-1})(1 - a^*z^{-1})}$$

其中,$a = re^{j\theta}$。

(a) 试画出该系统仅使用实系数的二阶系统的直接 I 型和直接 II 型实现的信号流图。

(b) 假设在执行加法运算之前对每个乘积结果进行舍入,请在(a)所画网络中插入合适的噪声源,在可能的地方对噪声源进行组合,请用单一舍入噪声源的功率 σ_B^2 的形式给出各噪声源的功率。

(c) 在你的网络图中圈出可能发生溢出的节点。

(d) 请指出当直接 I 型系统的输出噪声功率随 $r \to 1$ 增大时,直接 II 型系统的输出噪声功率是否与 r 有关。请给出有力的论据支持你的结论,并在不对各系统的输出噪声功率进行计算的情况下来尝试回答该问题。当然,通过计算可以回答这个问题,但你应该可以在不计算噪声功率的条件下找到答案。

(e) 确定两个系统的输出噪声功率。

6.47 假设图 P6.47 所给流图中的 a 为一个实数且 $0 < a < 1$。注意,在无限精度运算下两个系统是等价的。

(a) 假设用 2 的补码定点运算来实现两个系统且在两种情况下所有的乘积都立即进行舍入(执行任何加法运算之前)。请在两个流图的合适位置插入舍入噪声源以建模舍入误差

差(与 1 相乘不引入噪声)。假设插入的每个噪声源的平均功率为 $\sigma_B^2 = 2^{-2B}/12$。

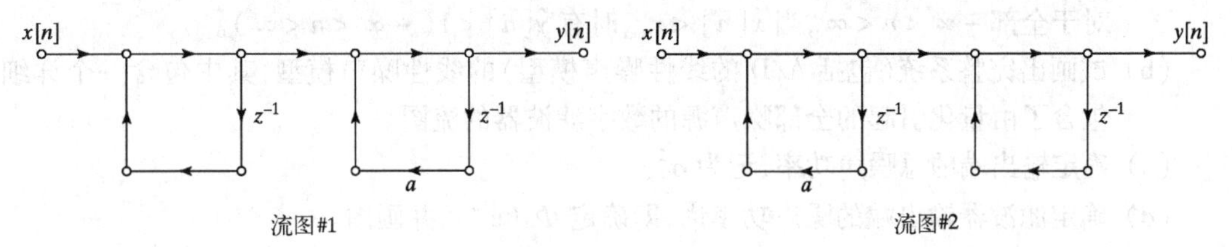

图 P6.47

(b) 如果乘积按照(a)中描述进行舍入,两个系统的输出将不同,即第一个系统的输出为 $y_1[n] = y[n] + f_1[n]$,第二个系统的输出为 $y_2[n] = y[n] + f_2[n]$,其中 $y[n]$ 是在只有 $x[n]$ 作用时的输出,而 $f_1[n]$ 和 $f_2[n]$ 是由噪声源引起的输出。试确定输出噪声的功率谱密度 $\Phi_{f_1f_1}(e^{j\omega})$,同时给出流图#1 输出的总噪声功率,即给出 $\sigma_{f_1}^2$。

(c) 不必实际计算出流图#2 的输出噪声功率,你应该能够确定哪个系统的输出具有最大的总噪声功率。请简单解释你的答案。

6.48 考虑图 P6.48 给出的并联形式的流图。

(a) 假设用 2 的补码定点运算来实现系统且所有的乘积(乘以 1 不引入噪声)都立即进行舍入(执行任何加法运算之前)。请在流图的合适位置插入舍入噪声源以建模舍入误差。请用一次 $(B+1)$ 位舍入操作的平均功率 σ_B^2 的形式给出各噪声源的大小(平均功率)。

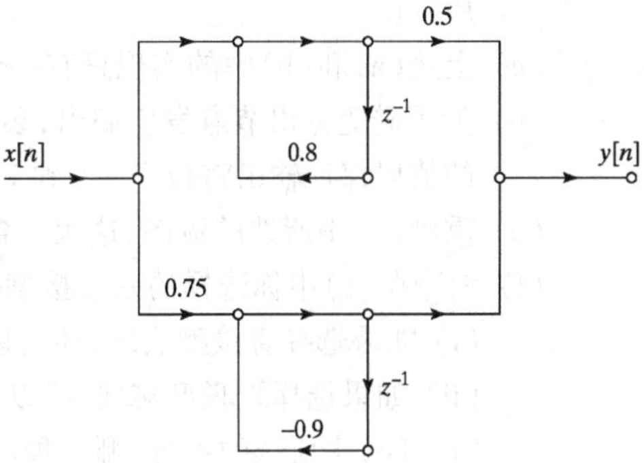

(b) 如果乘积按照(a)中描述进行舍入,输出可以表示为 $\hat{y}[n] = y[n] + f[n]$,其中 $y[n]$ 是在只有 $x[n]$ 作用时的输出,而 $f[n]$ 是由所有噪声源独立作用时引起的总输出。试确定输出噪声的功率谱密度 $\Phi_{ff}(e^{j\omega})$。

(c) 同时确定输出中噪声分量的总噪声功率 σ_f^2。

图 P6.48

6.49 考虑图 P6.49 给出的系统,它包含一个 16 位 A/D 转换器,其输出作为一个 FIR 数字滤波器的输入,该滤波器用 16 位定点运算来实现。

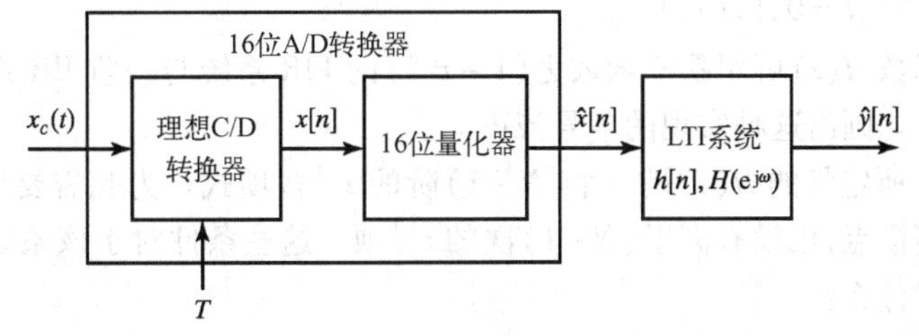

图 P6.49

数字滤波器的单位脉冲响应为

$$h[n] = -0.375\delta[n] + 0.75\delta[n-1] - 0.375\delta[n-2]$$

用 2 的补码定点运算来实现该系统。乘积在进行累加求和得到输出之前被舍入成 16 位。要求能够利用线性噪声模型来分析该系统,定义 $\hat{x}[n] = x[n] + e[n]$ 且 $\hat{y}[n] = y[n] + f[n]$,其中,$e[n]$ 是由 A/D 转换器引起的量化误差,$f[n]$ 是滤波器输出端的总量化噪声。

(a) 确定 $\hat{x}[n]$ 的最大幅度,以保证在实现数字滤波器时不可能发生溢出,即确定 $x_{\max}$,使得对于全部 $-\infty<n<\infty$,当 $\hat{x}[n]<x_{\max}$ 时有 $\hat{y}[n]<1(-\infty<n<\infty)$。

(b) 试画出完整系统(包括 A/D 的线性噪声模型)的线性噪声模型,其中包含一个详细的包含了由量化引起的全部噪声源的数字滤波器的流图。

(c) 确定输出端的总噪声功率,记为 σ_f^2。

(d) 确定滤波器输出端的噪声功率谱,即确定 $\Phi_{ff}(e^{j\omega})$,并画图。

扩充题

6.50 考虑一个具有如下系统函数的因果滤波器的实现:

$$H(z)=\frac{1}{(1-0.63z^{-1})(1-0.83z^{-1})}=\frac{1}{1-1.46z^{-1}+0.5229z^{-2}}$$

用$(B+1)$位2 的补码舍入运算实现该系统,乘积在执行加法运算前进行舍入。系统输入为一个零均值、白的、广义平稳随机过程,其取值在 $-x_{\max}$ 和 $+x_{\max}$ 之间呈均匀分布。

(a) 试画出滤波器的直接型流图实现,所有的系数乘法器舍入到小数点后一位。

(b) 试画出用两个一阶系统级联构成的该系统的流图实现,所有的系数乘法器舍入到小数点后一位。

(c) 上述(a)和(b)中的实现只有一个可用,请问是哪一个? 给出解释。

(d) 为了避免输出节点发生溢出,必须仔细选取参数 $x_{\max}$。对于(c)中所选的实现,确定 $x_{\max}$ 的值以保证输出将位于 -1 到 1 之间。(忽略在非输出节点上的任何潜在溢出。)

(e) 重画(c)中所选的流图,这次包含表征量化舍入误差的线性化噪声模型。

(f) 无论在(c)中你选择的是直接型实现还是级联型实现,都至少还有一种设计选项:

(i) 如果选择直接型实现,还可以使用转置的直接型。

(ii) 如果选择级联型实现,可以先实现较小的极点,或者先实现较大的极点。

对于(c)中所选的系统,哪一种(如果存在)具有较低的输出量化噪声功率? 提示,不必精确地计算出总的输出量化噪声功率,但必须通过一定的分析来证明你的结论。

6.51 本题将建立一类称为频率采样滤波器的离散时间系统的某些性质。这类滤波器具有如下形式的系统函数:

$$H(z)=(1-z^{-N})\cdot\sum_{k=0}^{N-1}\frac{\tilde{H}[k]/N}{1-z_kz^{-1}}$$

式中,$z_k=e^{j(2\pi/N)k},k=0,1,\cdots,N-1$。

(a) 该系统函数 $H(z)$ 可用系统函数为 $(1-z^{-N})$ 的 FIR 系统与一阶 IIR 系统的并联组合的级联来实现。画出这种实现的信号流图。

(b) 证明如上所定义的 $H(z)$ 是一个 $(N-1)$ 阶的 z^{-1} 多项式。为此需要证明 $H(z)$ 除 $z=0$ 外没有任何极点,也没有高于 $(N-1)$ 次的 z^{-1} 项。这些条件对于该系统单位脉冲响应的长度意味着什么?

(c) 证明单位脉冲响应由下式给出:

$$h[n]=\left(\frac{1}{N}\sum_{k=0}^{N-1}\tilde{H}[k]e^{j(2\pi/N)kn}\right)(u[n]-u[n-N])$$

[提示:求出该系统 FIR 和 IIR 部分的脉冲响应,然后将它们卷积以得到总单位脉冲响应。]

(d) 利用罗必塔(I' Hôpital)法则证明

$$H(z_m) = H(e^{j(2\pi/N)m}) = \tilde{H}[m], \qquad m = 0, 1, \cdots, N-1$$

这就是说,证明常数 $\tilde{H}[m]$ 就是系统频响应在等间隔频率 $\omega_m = (2\pi/N)m, m = 0, 1, \cdots, N-1$,上的样本。这类 FIR 系统的名称就来自这一性质。

(e) 一般 IIR 部分的极点 z_k 和频率响应的样本 $\tilde{H}[k]$ 都为复数。然而,若 $h[n]$ 为实数,就能找到一种仅涉及实数量的实现。证明:若 $h[n]$ 为实数且 N 为偶数,那么 $H(z)$ 可以表示为

$$H(z) = (1 - z^{-N})\left\{\frac{H(1)/N}{1 - z^{-1}} + \frac{H(-1)/N}{1 + z^{-1}} + \sum_{k=1}^{(N/2)-1} \frac{2|H(e^{j(2\pi/N)k})|}{N} \cdot \frac{\cos[\theta(2\pi k/N)] - z^{-1}\cos[\theta(2\pi k/N) - 2\pi k/N]}{1 - 2\cos(2\pi k/N)z^{-1} + z^{-2}}\right\}$$

式中,$H(e^{j\omega}) = |H(e^{j\omega})|e^{j\theta(\omega)}$,当 $N = 16$ 和 $H(e^{j\omega_k}) = 0, k = 3, 4, \cdots, 14$ 时,画出该系统的信号流图。

6.52 在第 4 章已证明离散时间信号的采样率一般能用线性滤波和时间压缩的组合来降低。图 P6.52示出一个 M 到 1 的抽取器的方框图,它能将采样率降低 M 倍。按照这个模型,线性滤波器工作在高的采样率下。然而,若 M 较大,滤波器的大部分输出样本将被该压缩器丢弃掉。在某些情况下,有可能采用更为有效的实现。

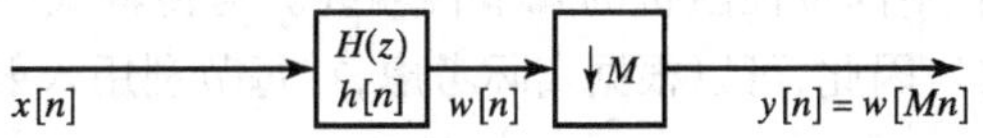

图 P6.52

(a) 假设该滤波器是一个 FIR 系统,其单位脉冲响应 $h[n] = 0, n < 0$ 和 $n > 10$。画出图 P6.52 所示的系统,但是要在已给信息的基础上用一个等效的信号流图代替滤波器 $h[n]$。注意:用信号流图来实现 M 到 1 的压缩器是不可能的,所以必须像图 P6.52 那样用一个方框来表示这个压缩器。

(b) 注意到某些支路运算可与压缩运算交换,利用这一点,画出(a)中系统更为有效的实现流图。求取得输出 $y[n]$ 时所要求的总计算量降低了几分之几?

(c) 现假设图 P6.52 所示滤波器有如下系统函数:

$$H(z) = \frac{1}{1 - \frac{1}{2}z^{-1}}, \qquad |z| > \frac{1}{2}$$

画出图 P6.52 中整个系统的直接型实现的流图。用该系统做线性滤波器,每输出样本的总计算量能减少吗?若能,减少几分之几?

(d) 最后,假设图 P6.52 所示的滤波器具有系统函数为

$$H(z) = \frac{1 + \frac{7}{8}z^{-1}}{1 - \frac{1}{2}z^{-1}}, \qquad |z| > \frac{1}{2}$$

对该线性滤波器利用下列每一种实现,画出图 P6.52 所示整个系统的流图:

(i) 直接 Ⅰ 型。

(ii) 直接 Ⅱ 型。

(iii) 转置直接 Ⅰ 型。

(iv) 转置直接 Ⅱ 型。

用与压缩器交换运算的方法,4 种形式中哪一种能更有效地实现图 P6.52 中的系统?

6.53 语音的产生可以用代表声腔的线性系统模型来表示,该声腔由声带振动释放的一股气流来激励。语音合成的一种方法涉及把声腔表示为等长度而有不同横截面的圆柱体声道的连接,如

图 P6.53 所示。假设想要用代表气流的体积速度仿真该系统。输入经一小阻碍物——声带耦合到声道。假设输入由左端体积速度的变化来表示,但在左端行波的边界条件必须是净体积速度为零。这就类似于在一端由电流源驱动而在远端则是开路的电气传输线,那么传输线中的电流就类似于声道的体积速度,而电压就类似于声压。输出是右端的音量速度。假设每一节都是无耗声波传输线。

在节与节之间每个界面上,入射波 f^+ 以一种系数传到下一节,而反射波 f^- 以不同的系数被反射回来。同理,反射波 f^- 在到达某一界面时也是以一种系数继续向前传,而以另一不同系数被反射回来。具体地说,如果考虑在横截面为 A_1 的声道内某一入射波 f^+ 到达横截面为 A_2 的声道界面,那么入射波以 $(1+r)f^+$ 传播,而以 rf^+ 反射回去,其中

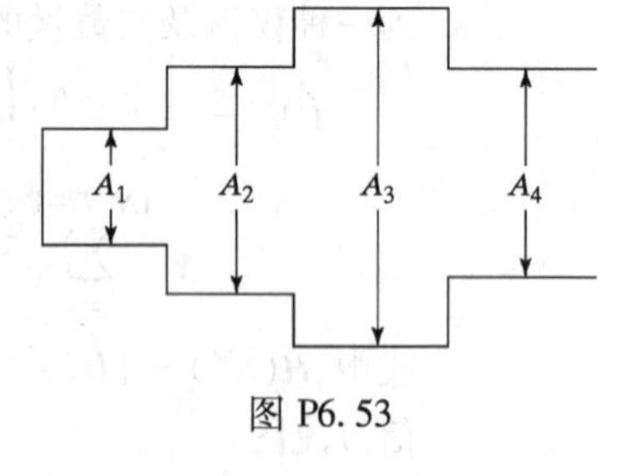

图 P6.53

$$r = \frac{A_2 - A_1}{A_2 + A_1}$$

现考虑每节长为 3.4 cm,在空气中声音速度等于 34 000 cm/s。试画出实现图 P6.53 中的 4 节模型的流图,输出以 20 000 样本/秒采样。

尽管给出了冗长的介绍,这仍是一个比较直接的问题。如果你觉得用声道来思考比较困难,可以把它当成具有不同特性阻抗的几节传输线。与传输线一样,将这个系统的脉冲响应表示为闭式是困难的。因此,可以根据实际考虑,在每节利用入射和反射波脉冲,直接画出该网络。

6.54 在数字滤波器实现中仿真舍入和截尾效应是将量化变量表示为

$$\hat{x}[n] = Q[x[n]] = x[n] + e[n]$$

式中,$Q[\cdot]$ 记作舍入或截尾到 $(B+1)$ 位,而 $e[n]$ 是量化误差。假设量化噪声序列是一个平稳白噪声序列,使有

$$\mathcal{E}\{(e[n] - m_e)(e[n+m] - m_e)\} = \sigma_e^2\, \delta[m]$$

并假设噪声序列值的幅度在量化阶 $\Delta = 2^{-B}$ 内均匀分布。舍入和截尾的一阶概率密度分别如图 P6.54(a)和图 P6.54(b)所示。

(a) 求舍入噪声的均值 m_e 和方差 σ_e^2。

(b) 求截尾噪声的均值 m_e 和方差 σ_e^2。

6.55 考虑一个具有两个输入的 LTI 系统,如图 P6.55 所示。令 $h_1[n]$ 和 $h_2[n]$ 分别是从节点 1 和节点 2 到输出节点 3 的单位脉冲响应。证明:若 $x_1[n]$ 和 $x_2[n]$ 不相关,那么相应的输出 $y_1[n]$ 和 $y_2[n]$ 也不相关。

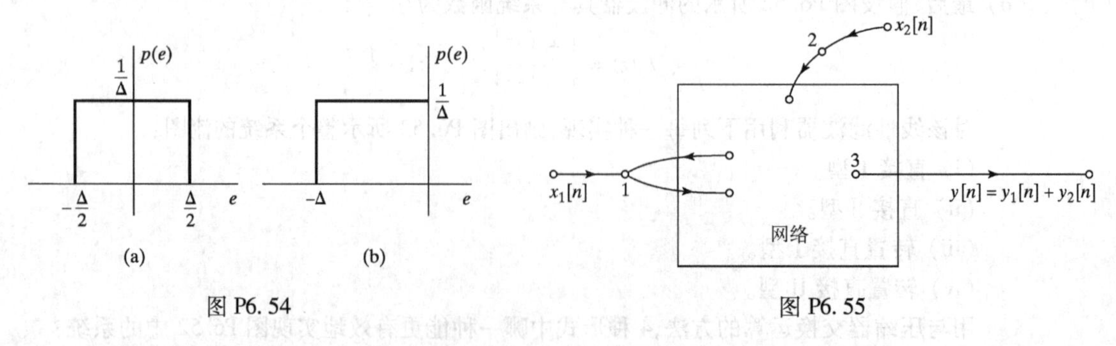

图 P6.54

图 P6.55

6.56 图 P6.56 中的网络全部有相同的系统函数。假设在全部计算中都采用定点 $(B+1)$ 位运算来实现图 P6.56 中的系统,全部乘积在执行相加以前都假设已舍入到 $(B+1)$ 位。

(a) 对图 P6.56 中的每一系统画出线性噪声模型。

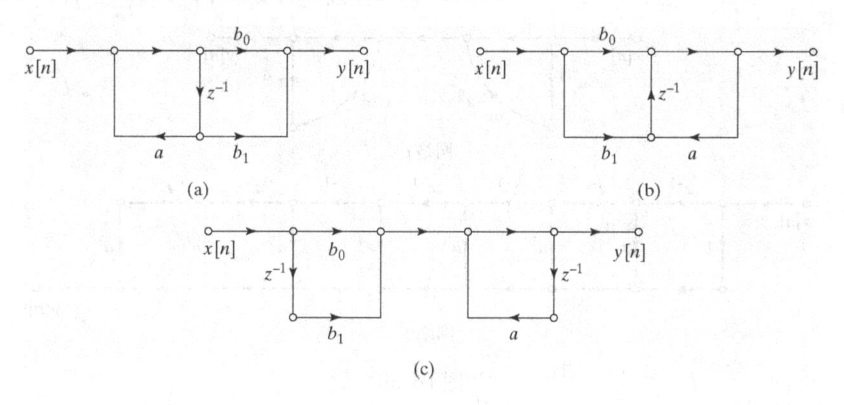

图 P6.56

(b) 图 P6.56 所示系统中有两个网络具有相同的由于运算舍入而产生的总输出噪声功率。不用明确地计算输出噪声功率，确定哪两个网络具有相同的输出噪声功率。

(c) 求图 P6.56 中每个网络的输出噪声功率，并将结果用单一舍入噪声源功率 σ_B^2 表示。

6.57　图 P6.57-1 示出某一阶系统的流图。

(a) 假设为无限精度运算，求系统对如下输入的响应：

$$x[n]=\begin{cases}\frac{1}{2}, & n\geqslant 0\\ 0, & n<0\end{cases}$$

对于大 n 值，系统的响应是什么？

现在假设系统用定点运算实现。流图中系数和全部变量都用 5 位寄存器的原码表示。也就是说，全部数都是带符号的小数，表示为

$$b_0b_1b_2b_3b_4$$

其中，b_0，b_1，b_2，b_3 和 b_4 不是 0 就是 1，并且

$$|\text{寄存器值}|=b_12^{-1}+b_22^{-2}+b_32^{-3}+b_42^{-4}$$

若 $b_0=0$，小数是正的；若 $b_0=1$，小数是负的。序列值用某一系数相乘的结果在相加前截断，也即仅保留符号位和 4 位最高有效位。

(b) 计算该量化系统对(a)所给输入的响应，并画出对应于 $0\leqslant n\leqslant 5$，量化和未量化系统的响应。对于大的 n 值，比较这两个响应。

(c) 现在考虑图 P6.57-2 所示的系统，其中

$$x[n]=\begin{cases}\frac{1}{2}(-1)^n, & n\geqslant 0\\ 0, & n<0\end{cases}$$

对该系统和输入重做(a)和(b)。

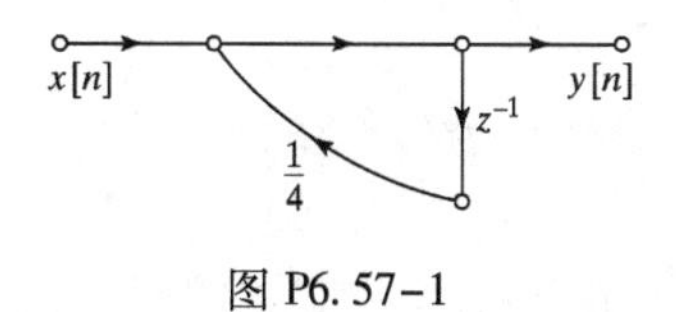

图 P6.57-1

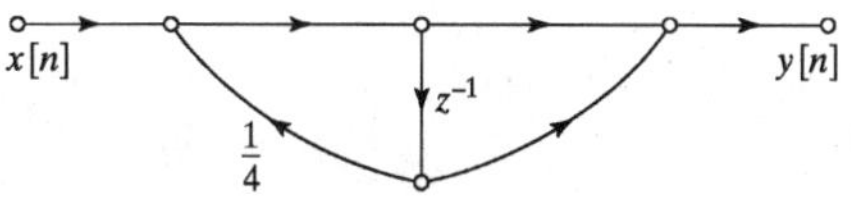

图 P6.57-2

6.58　一因果 LTI 系统具有系统函数为

$$H(z)=\frac{1}{1-1.04z^{-1}+0.98z^{-2}}$$

(a) 该系统稳定吗？

(b) 若系数按"四舍五入"舍入到小数点后一位，所得到的系统是稳定的吗？

6.59 当用无限精度运算时,图 P6.59 所示的两个流图有相同的系统函数。

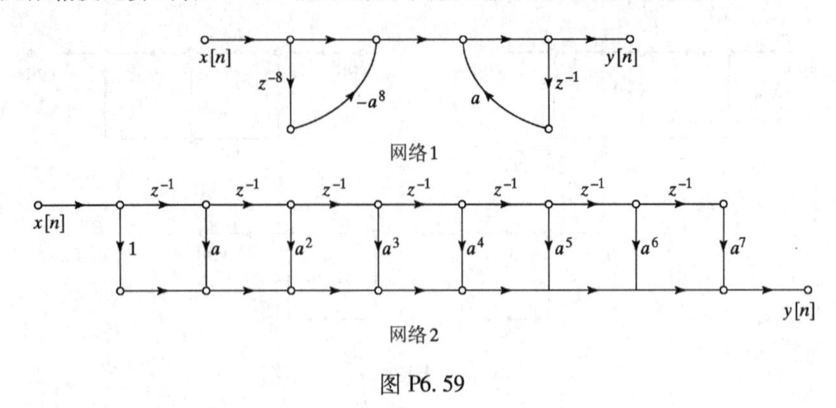

图 P6.59

(a) 证明:从输入 $x[n]$ 到输出 $y[n]$ 两个系统有相同的总系统函数。

(b) 假设上面两个系统是用补码定点运算实现,并且乘积是在相加完成前被舍入。画出相应的信号流图,它们需要在图 P6.59 流图中的合适位置上插进舍入噪声源。

(c) 在(b)中的流图上圈出会产生溢出的节点。

(d) 求在两个系统中的任何一个都不能产生溢出的输入样本的最大范围。

(e) 假设 $|a|<1$。求每个系统输出总噪声功率,并确定 $|a|$ 的最大值以使网络 1 比网络 2 有较低的输出噪声功率。

第7章　滤波器设计方法

7.0　引言

滤波器是一种特别重要的线性时不变系统。严格地讲,选频滤波器这一术语表示一个能让输入信号中的某些频率分量通过而完全拒绝其他频率分量的系统。但是从广义上讲,任何能对某些频率(相对于其他频率来说)进行修正的系统也称为滤波器。虽然在本章的开头着重讨论选频滤波器的设计,但是其中的一些方法是有广泛应用价值的。尽管在许多场合并不限制设计的滤波器一定为因果的,但本章还是着重讨论因果滤波器的设计。一般来说,对因果滤波器做一些修正就可以设计和实现非因果滤波器。

离散时间滤波器的设计是要确定一个传递函数或差分方程的参数,使其在给定的容限内逼近所希望的冲激响应或频率响应。正如第2章所讨论的,用差分方程描述的离散时间系统基本上可分为两类:无限脉冲响应(IIR)系统和有限脉冲响应(FIR)系统。设计IIR滤波器就是要得出一个z的近似有理传递函数,而设计FIR滤波器则是进行多项式逼近。这两类滤波器通常采用的设计方法具有不同的形式。当离散时间滤波器最初被广泛使用时,所采用的设计方法是基于将可用公式完整表述的便于理解的连续时间滤波器设计方法映射为离散时间滤波器设计方法来实现的,正如将在7.2.1节和7.2.2节讨论的脉冲响应不变法和双线性变换法。这些方法经常用于IIR滤波器设计,并且也是选频离散时间IIR滤波器设计的核心方法。相较之下,还有没有一种连续时间FIR滤波器设计技术可以调整用于离散时间的情况,只有当这类滤波器的设计技术在实际系统中变得非常重要之后,它们才会出现。设计FIR滤波器最常用的方法是窗函数法,将在7.5节中讨论,迭代算法将在7.7节中讨论,统称为Parks-McClellan算法。

滤波器的设计涉及以下步骤:(1)给出系统所要求特性的技术指标;(2)用因果离散时间系统逼近这些技术指标;(3)实现该系统。虽然这3个步骤不是完全独立的,但重点关注步骤(2),步骤(1)主要取决于应用场合,而步骤(3)则取决于实现滤波器时所用的技术。在实际应用中,所需要的滤波器往往通过数字硬件来实现,并用于对由连续信号经周期采样并接着A/D转换而得到的信号进行滤波。正是由于这个原因,尽管基本的设计方法往往都只与信号和系统的离散时间特性有关,但是人们仍常常把离散时间滤波器称为数字滤波器。正如第6章中已讨论过的,数字表示中所隐含的滤波器系数量化和与信号量化相关的问题将分别处理。

本章将讨论用于设计IIR和FIR滤波器的多种方法。在任何实际情况下,这两类滤波器之间的选择有许多折中,在选择滤波器的类型和具体设计方法时需要考虑许多因素。本章的目的是讨论和阐明一些最常用的设计技术,并给出一些相关的折中建议。在相应网站上给出的作业和习题为读者提供了更深入研究不同形式和类别滤波器的特性以及相关问题和折中考虑的机会。

7.1　滤波器技术指标

在对滤波器设计技术的讨论中,重点讨论选频低通滤波器,因为许多技术和示例可以推广到其他类型的滤波器上。另外,正如7.4节所讨论的,低通滤波器设计很容易转化为其他类型的选频滤波器的设计。

图7.1给出了以一定容限逼近具有理想单位通带增益和零阻带增益的离散时间低通滤波器的典型表示。图7.1所示的图形称为"容限图"。

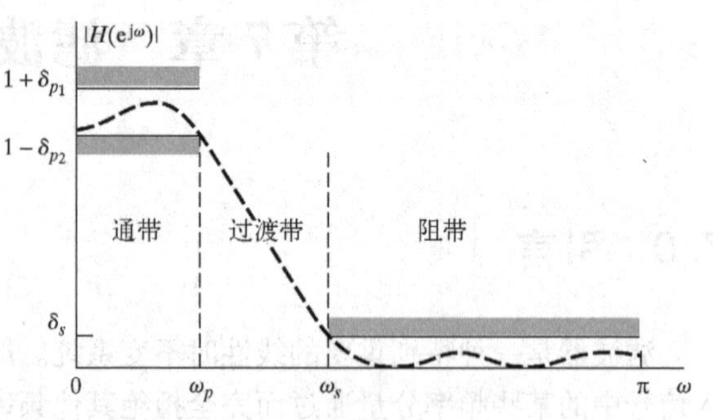

图7.1 低通滤波器容限图

由于逼近从通带到阻带不能有一个突变过渡,但从通带的边界频率ω_p到阻带的起始频率ω_s允许有一个过渡区域,在此区域内的滤波器增益没有限定。

滤波器设计技术在一定程度上取决于实际应用和传统方法,当$\delta_{p1}=\delta_{p2}$时通带的容限可在单位增益上下对称变化,或者当$\delta_{p1}=0$时,则限制通带的最大增益为单位增益。

实际中所使用的大部分滤波器的特性都用类似于例7.1中的容限图来说明,而且对于相位响应,除了隐含的通过稳定性和因果性的要求加以限制外,没有其他限制。例如,因果和稳定的IIR滤波器系统函数的极点必须在单位圆内。同样,在设计FIR滤波器时,往往要加上线性相位的限制。但在设计过程中仍不考虑信号的相位。

例7.1 离散时间滤波器指标的确定

考虑一个根据图7.2所示的基本框图并用于对连续时间信号进行低通滤波的离散时间滤波器。正如在4.4节所述,如果图7.2中采用一个线性时不变离散时间系统,输入信号是带限的且采样频率足够高以避免混叠,那么整个系统表现为具有如下频率响应的连续时间线性时不变系统:

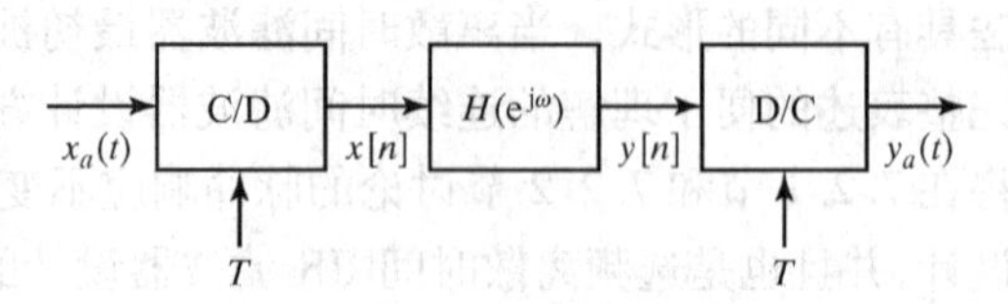

图7.2 对连续时间信号进行离散时间滤波的基本系统框图

$$H_{\text{eff}}(\mathrm{j}\Omega)=\begin{cases}H(\mathrm{e}^{\mathrm{j}\Omega T}), & |\Omega|<\pi/T\\ 0, & |\Omega|\geqslant\pi/T\end{cases}\tag{7.1a}$$

在这种情况下,通过关系式$\omega=\Omega T$可直接将有效连续时间滤波器的指标转化为离散时间滤波器的指标,即$H(\mathrm{e}^{\mathrm{j}\omega})$在一个周期内可表示为

$$H(\mathrm{e}^{\mathrm{j}\omega})=H_{\text{eff}}\left(\mathrm{j}\frac{\omega}{T}\right),\qquad |\omega|<\pi\tag{7.1b}$$

在本例中,图7.2表示的整个系统当采样率为10^4样本/s($T=10^{-4}$s)时具有以下特性:

(1) 在频带$0\leqslant\Omega\leqslant2\pi(2000)$上增益$|H_{\text{eff}}(\mathrm{j}\Omega)|$应当在单位幅度$\pm0.01$之内;

(2) 在频带$2\pi(3000)\leqslant\Omega$上增益应当不大于0.001。

式(7.1a)为连续时间频率和离散时间频率之间的映射,它只影响通带和阻带的边界频率,而不影响频率响应幅值的容限。对这个具体的例子,参数为

$$\delta_{p1}=\delta_{p2}=0.01$$

$$\delta_s=0.001$$

$$\omega_p=0.4\pi\ \text{弧度}$$

$$\omega_s=0.6\pi\ \text{弧度}$$

因此本例中,理想的通带增益是单位1,通带增益在$1+\delta p_1$和$1-\delta p_2$之间变化而阻带增益范围则为0到δ_s,单位为分贝。

$$理想通带增益(分贝)=20\log_{10}(1)=0\ \mathrm{dB}$$
$$最大通带增益(分贝)=20\log_{10}(1.01)=0.086\ \mathrm{dB}$$
$$通带边界处的最小通带增益(分贝)=20\log_{10}(0.99)=-0.873\ \mathrm{dB}$$
$$最大阻带增益(分贝)=20\log_{10}(0.001)=-60\ \mathrm{dB}$$

例 7.1 表明,采用离散时间滤波器可以处理周期采样后的连续时间信号。在许多应用中要过滤的离散时间信号并不是由连续时间信号得到的,除了周期采样之外还有许多其他方法来描述用序列表示的连续时间信号。而且,在所讨论的大部分设计方法中,采样周期对于逼近方法没有什么影响。由于这些原因,滤波器设计问题应当从一组用离散时间频率变量 ω 表示的所需技术指标开始。因为这些技术指标往往取决于具体的应用或相互间的关系,所以它们可按照图 7.2 所示框图所考虑的滤波特性给出,也可不按此给出。

7.2 由连续时间滤波器设计离散时间 IIR 滤波器

历史上,随着数字信号处理领域的兴起,离散时间 IIR 滤波器的设计依赖于将连续时间滤波器变换成满足预定指标的离散时间滤波器的方法。该方法过去是,并且现在仍然是一种合理的方法,其理由如下:

- 连续时间 IIR 滤波器的设计技巧十分成熟,并已取得许多有用的成果,因此可以方便地利用这些为连续时间滤波器推导出的设计方法。
- 许多有用的连续时间 IIR 滤波器设计方法有比较简单的完整设计公式。因此,以这种标准的连续时间 IIR 滤波器设计公式为基础的离散时间 IIR 滤波器的设计方法实现起来十分简单。
- 当把完全适用于连续时间 IIR 滤波器的标准逼近方法直接用于离散时间 IIR 滤波器时,并不能得出简单的完整设计公式,因为离散时间滤波器的频率响应是周期的,而连续时间滤波器则不然。

连续时间滤波器设计可以映射成离散时间滤波器的设计,这种方法与离散时间滤波器是否用于处理图 7.2 所示的连续时间信号的系统完全无关。再次强调指出,离散时间系统的设计方法应首先给出一组离散时间技术指标。因此,假设这些技术指标事先已近似确定。为了使确定满足给定技术指标的离散时间滤波器时更方便一些,将利用连续时间滤波器的逼近方法。的确,当离散时间滤波器用于图 7.2 所示的框图中时,作为逼近法基础的连续信号时间滤波器的频率响应与有效频率响应之间有很大差别。

利用对原型连续时间滤波器进行变换来设计离散时间滤波器时,连续时间滤波器的技术指标是通过对给定的离散时间滤波器的技术指标加以变换而得到的。连续时间滤波器的系统函数 $H_c(s)$ 或脉冲响应 $h_c[t]$ 可以用某一种已有的用于连续时间滤波器设计的逼近方法得出,如附录 B 中所讨论的一些例子。另外,把本节所讨论的变换方法用于 $H_c(s)$ 或 $h_c(t)$ 可以得出离散时间滤波器的系统函数 $H(z)$ 或脉冲响应 $h[n]$。

在这些变换中,通常要求所得到的离散时间滤波器在频率响应中应保留连续时间频率响应的基本特性。具体地,这意味着应将 s 平面的虚轴映射成 z 平面的单位圆。第二个条件是,应当将一个稳定的连续时间滤波器变换成一个稳定的离散时间滤波器。这表明,若连续时间系统只有位于 s 平面左半平面的极点,则离散时间滤波器应当只有位于 z 平面单位圆内的极点。这些限制对本节所讨论的所有方法都是需要的。

7.2.1　滤波器设计的脉冲响应不变法

4.4.2 节中曾讨论过脉冲响应不变的概念,其中离散时间系统是用连续时间系统脉冲响应的采样来定义的。曾指出,脉冲响应不变法提供了一种当输入为带限信号时计算带限连续时间系统之输出样本的直接方法。在某些情况下,通过对连续时间滤波器的脉冲响应采样来设计离散时间滤波器是一种十分恰当和方便的方法。例如,如果总的目标是在离散时间条件下模拟一个连续时间系统,通常采用图 7.2 所示结构表示的离散时间系统设计方法来进行模拟,使得离散时间系统的脉冲响应逼近于被模拟的连续时间滤波器脉冲响应的采样。在其他情况下,理想的做法是在离散时间条件下维持良好的连续时间滤波器的某些时域性能,如理想的时域超调、能量压缩、可控的时域波纹等。另外,在滤波器设计技术中可以把脉冲响应不变法视为得到离散时间系统的一种方法,该离散时间系统的频率响应由连续时间系统的频率响应来确定。

在把连续时间滤波器变换成离散时间滤波器的脉冲响应不变设计法中,选取与连续时间滤波器脉冲响应成正比的等间隔样本作为离散时间滤波器的脉冲响应,即

$$h[n] = T_d h_c(nT_d) \tag{7.2}$$

式中 T_d表示采样间隔。下面将会看到,因为滤波器的设计首先用到离散时间滤波器的技术指标,所以无论在设计过程还是所得出的离散时间滤波器中,式(7.2)中的参数 T_d事实上都不起作用。但是,因为在规定的步骤中按惯例包括这个参数,所以在以下的讨论中仍用到该参数。即便将滤波器用在图 7.2 所示的基本框图中,采样周期 T_d也不必设计得与采样周期 T 相同,后者与 C/D 和 D/C 转换有关。

当使用脉冲响应不变法作为设计具有给定频率响应的离散时间滤波器的方法时,应特别注意离散时间滤波器的频率响应和连续时间滤波器的频率响应之间的联系。从第 4 章中有关采样的讨论可知,通过式(7.2)得出的离散时间滤波器的频率响应与连续时间滤波器的频率响应有如下关系:

$$H(\mathrm{e}^{\mathrm{j}\omega}) = \sum_{k=-\infty}^{\infty} H_c\left(\mathrm{j}\frac{\omega}{T_d} + \mathrm{j}\frac{2\pi}{T_d}k\right) \tag{7.3}$$

如果连续时间滤波器是带限的,则

$$H_c(\mathrm{j}\Omega) = 0, \qquad |\Omega| \geqslant \pi/T_d \tag{7.4}$$

而且

$$H(\mathrm{e}^{\mathrm{j}\omega}) = H_c\left(\mathrm{j}\frac{\omega}{T_d}\right), \qquad |\omega| \leqslant \pi \tag{7.5}$$

也就是说,离散时间频率响应和连续时间频率响应之间由一个频率轴的线性比例因子联系在一起,即 $|\omega| < \pi$ 时,$\omega = \Omega T_d$。可惜任何实际的连续时间滤波器都不能是完全带限的,因此就会发生式(7.3)中相邻项之间的干扰,引起混叠,如图 7.3 所示。但是,如果连续时间滤波器在高频部分趋近于零,则混叠就很小,可以忽略,并且可以通过对连续时间滤波器脉冲响应的采样得到有用的离散时间滤波器。

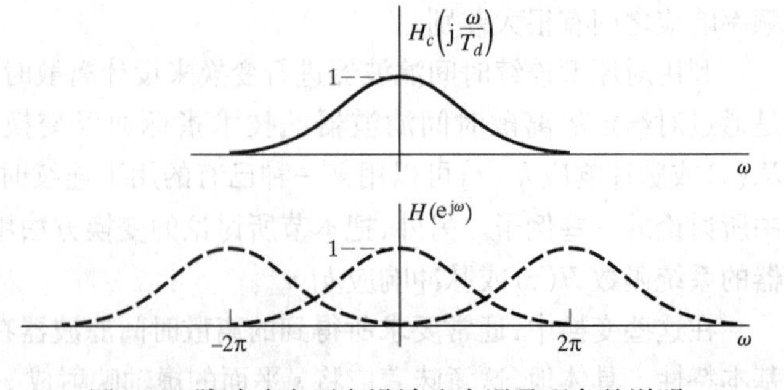

图 7.3　脉冲响应不变设计法中混叠现象的说明

当利用基于连续时间滤波器设计方法的脉冲响应不变法来设计给定频率响应技术指标的离散时间滤波器时，首先通过式(7.5)将离散时间滤波器的技术指标变换成连续时间滤波器的技术指标。若假设由 $H_c(j\Omega)$ 到 $H(e^{j\omega})$ 的变换中所产生的混叠可以忽略，则利用关系式

$$\Omega = \omega / T_d \tag{7.6}$$

可以求出 $H_c(j\Omega)$ 的技术指标，从而由 $H(e^{j\omega})$ 的技术指标得到连续时间滤波器的技术指标。得出适合于这些技术指标的连续时间滤波器之后，就把系统函数为 $H_c(s)$ 的连续时间滤波器变换为所需要的系统函数为 $H(z)$ 的离散时间滤波器。下面给出从 $H_c(s)$ 到 $H(z)$ 变换的代数运算细节。但是应当注意，当变换回到离散时间频率时，$H(e^{j\omega})$ 将通过式(7.3)与 $H_c(j\Omega)$ 联系在一起，式(7.6)的变换还是频率轴之间的变换。因此，“采样”的参数 T_d 不能用来控制混叠。因为基本的技术指标均使用离散时间频率，若采样率增加(T_d 减小)，则连续时间滤波器的截止频率必须成比例地增高。在实际中，为了补偿掉从 $H_c(j\Omega)$ 变换到 $H(e^{j\omega})$ 时可能产生的混叠，有可能会超标设计连续时间滤波器，即所设计的滤波器超过技术指标，尤其在阻带中更为突出。

虽然在脉冲响应中从连续时间到离散时间的变换是用时域采样来定义的，但是对系统函数的变换也很容易实现。为了推导出这种研究用部分分式展开表示的连续时间滤波器的系统函数，有①

$$H_c(s) = \sum_{k=1}^{N} \frac{A_k}{s - s_k} \tag{7.7}$$

所对应的脉冲响应为

$$h_c(t) = \begin{cases} \sum_{k=1}^{N} A_k e^{s_k t}, & t \geqslant 0 \\ 0, & t < 0 \end{cases} \tag{7.8}$$

对 $T_d h_c(t)$ 采样得到的离散时间滤波器的脉冲响应为

$$\begin{aligned} h[n] = T_d h_c(nT_d) &= \sum_{k=1}^{N} T_d A_k e^{s_k n T_d} u[n] \\ &= \sum_{k=1}^{N} T_d A_k (e^{s_k T_d})^n u[n] \end{aligned} \tag{7.9}$$

因此，离散时间滤波器的系统函数为

$$H(z) = \sum_{k=1}^{N} \frac{T_d A_k}{1 - e^{s_k T_d} z^{-1}} \tag{7.10}$$

比较式(7.7)和式(7.10)可以看出，s 平面中在 $s = s_k$ 处的极点变换成 z 平面中在 $z = e^{s_k T_d}$ 处的极点，并且，$H_c(s)$ 和 $H(z)$ 的部分分式展开式中的系数除了相差一个比例系数 T_d 外完全相同。如果连续时间滤波器是稳定的，相当于 s_k 的实部小于零，则 $e^{s_k T_d}$ 的幅度将小于1，因此在离散时间滤波器中对应的极点位于单位圆内。这样，因果离散时间滤波器也是稳定的。虽然按照关系式 $z_k = e^{s_k T_d}$ 将 s 平面的极点映射成 z 平面的极点，但是应该清楚地认识到，脉冲响应不变设计法并不相当于按照该关系式进行 s 平面到 z 平面的简单映射。特别是离散时间系统函数中的零点是部分分式展开式中的

① 为了简化起见，在讨论中假设 $H(s)$ 的所有极点都是一阶的。习题7.41中考虑到对于高阶极点所需要的修正。

极点和系数 T_dA_k 的函数,通常它们并不按照与极点映射相同的方式进行映射。用下面的例子说明脉冲响应不变设计法。

例 7.2 用脉冲响应不变法设计巴特沃思滤波器

本例研究低通离散时间滤波器的设计,将脉冲响应不变法用于一个合适的连续时间滤波器。本例中选择的滤波器是巴特沃思滤波器,详细内容将在 7.3 节和附录 B 中介绍。[①] 通带增益在 0 dB 到 -1 dB 之间,阻带衰减至少为 -15 dB 的离散时间滤波器的技术指标为

$$0.89125 \leqslant |H(e^{j\omega})| \leqslant 1, \qquad 0 \leqslant |\omega| \leqslant 0.2\pi \tag{7.11a}$$

$$|H(e^{j\omega})| \leqslant 0.17783, \qquad 0.3\pi \leqslant |\omega| \leqslant \pi \tag{7.11b}$$

因为在脉冲响应不变法的设计过程中可将参数 T_d 抵消掉,所以可以选取 $T_d=1$,因此 $\omega=\Omega$。在习题7.2 中研究包含有参数 T_d 的相同例子,以说明 T_d 是如何且在何处被抵消掉的。

设计滤波器时若将脉冲响应不变法用于连续时间巴特沃思滤波器,则首先必须将离散时间滤波器的技术指标变换成连续时间滤波器的技术指标。回顾一下,脉冲响应不变法相当于在没有混叠情况下 Ω 和 ω 之间的线性映射。对于本例,假设如式(7.3)所示的混叠的影响可以忽略。当设计完成后,可以根据式(7.11a)和式(7.11b)的技术指标,对所得频率响应进行评估。

鉴于以上的考虑,希望设计一个连续时间巴特沃思滤波器,其幅度函数 $|H_c(j\Omega)|$ 满足

$$0.89125 \leqslant |H_c(j\Omega)| \leqslant 1, \qquad 0 \leqslant |\Omega| \leqslant 0.2\pi \tag{7.12a}$$

$$|H_c(j\Omega)| \leqslant 0.177\,83, \qquad 0.3\pi \leqslant |\Omega| \leqslant \pi \tag{7.12b}$$

因为模拟巴特沃思滤波器的幅度响应是频率的单调函数,如果 $H_c(j0)=1$,

$$|H_c(j0.2\pi)| \geqslant 0.891\,25 \tag{7.13a}$$

且

$$|H_c(j0.3\pi)| \leqslant 0.177\,83 \tag{7.13b}$$

则式(7.12a)和式(7.12b)成立。

巴特沃思滤波器的幅度平方函数为

$$|H_c(j\Omega)|^2 = \frac{1}{1+(\Omega/\Omega_c)^{2N}} \tag{7.14}$$

因此滤波器的设计过程包括确定满足所需技术指标的参数 N 和 Ω_c。将式(7.14)代入式(7.13)并取等号,可得方程式

$$1+\left(\frac{0.2\pi}{\Omega_c}\right)^{2N} = \left(\frac{1}{0.891\,25}\right)^2 \tag{7.15a}$$

和

$$1+\left(\frac{0.3\pi}{\Omega_c}\right)^{2N} = \left(\frac{1}{0.177\,83}\right)^2 \tag{7.15b}$$

这两个方程的解是 $N=5.8858$ 和 $\Omega_c=0.704\,74$。但是参数 N 必须为整数,因此为满足和超过该技术指标将 N 近似取为整数,取 $N=6$。由于将 N 取整为相邻的最大整数,则滤波

① 关于连续时间巴特沃思和切比雪夫滤波器的讨论见附录 B。

器不能同时完全的满足式(7.15a)和式(7.15b)。$N=6$时，可以选择滤波器的参数Ω_c，使通带或阻带或者两者的指标都超过所预定的要求(即具有较小的逼近误差)。若改变Ω_c值，则应在超过阻带指标和通带指标的数量之间折中选取。如果将$N=6$代入式(7.15a)，则$\Omega_c=0.7032$。若取此值，则完全可满足(连续时间滤波器的)通带指标并超过(连续时间滤波器的)阻带指标。这就给离散时间滤波器的混叠留有一些余地。取$\Omega_c=0.7032$和$N=6$，则幅度平方函数$H_c(s)H_c(-s)=1/[1+(s/\mathrm{j}\Omega_c)^{2N}]$的12个极点均匀分布在半径$\Omega_c=0.7032$的圆周上，如图7.4所示。因此$H_c(s)$的极点是$s$平面左半部分上的三对极点，其坐标为

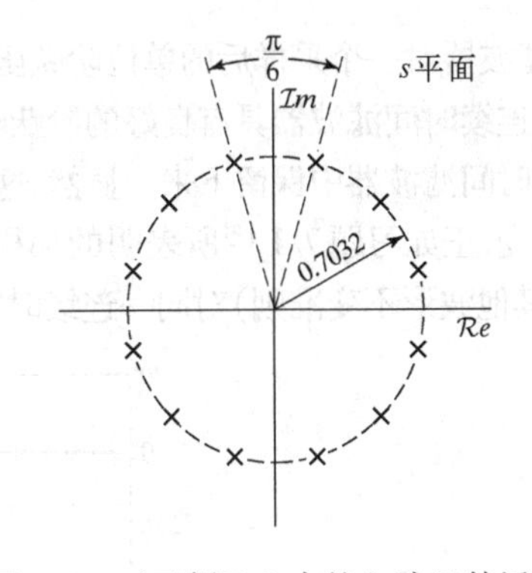

图7.4　对于例7.2中的六阶巴特沃思滤波器，$H_c(s)H_c(-s)$的极点在s平面中的位置

第一对极点：$-0.182\pm \mathrm{j}(0.679)$

第二对极点：$-0.497\pm \mathrm{j}(0.497)$

第三对极点：$-0.679\pm \mathrm{j}(0.182)$

所以

$$H_C(s)=\frac{0.120\,93}{(s^2+0.3640s+0.4945)(s^2+0.9945s+0.4945)(s^2+1.3585s+0.4945)} \tag{7.16}$$

如果把$H_c(s)$表示成一个部分分式展开式并进行式(7.10)的变换，然后将诸共轭对结合在一起，则得出离散时间滤波器的系统函数为

$$H(z)=\frac{0.2871-0.4466z^{-1}}{1-1.2971z^{-1}+0.6949z^{-2}}+\frac{-2.1428+1.1455z^{-1}}{1-1.0691z^{-1}+0.3699z^{-2}} + \frac{1.8557-0.6303z^{-1}}{1-0.9972z^{-1}+0.2570z^{-2}} \tag{7.17}$$

由式(7.17)显而易见，用脉冲响应不变设计法得到的系统函数可以直接用并联形式实现。如果需要用串联形式或直接形式，则应当用适当的方法将分散的各个二阶项组合起来。

离散时间系统的频率响应函数示于图7.5中。回顾一下，设计得到的原型连续时间滤波器在通带的边缘处完全满足指标，并且在阻带的边缘处超过指标，对于所得到的离散时间滤波器也是如此。这表明，连续时间滤波器是充分带限的，因此已有的混叠不成问题。的确，$20\log_{10}|H(e^{j\omega})|$和$20\log_{10}|H_c(\mathrm{j}\Omega)|$之间除了在$\omega=\pi$附近有轻微的差别外，在画图所用的比例尺下看不出它们之间的差别。(请记住，$T_d=1$，因此$\Omega=\omega$。)有时混叠是一个突出的问题，如果由于混叠使所得出的离散时间滤波器不能满足技术指标，则对于脉冲响应不变法可再次试用较高阶的滤波器，或者保持阶次不变而调整滤波器的一些参数。

脉冲响应不变法的基本点是，选取在某种意义上与连续时间滤波器的脉冲响应相似的离散时间滤波器的脉冲响应。为了保持脉冲响应的形状，人们一般不太愿意使用这种方法。前面已经知道，若连续时间滤波器是带限的，则离散时间滤波器的频率响应将非常接近于连续时间频率响应，但是人们使用这种方法的出发点往往并不是希望保持脉冲响应的形状不变。然而在一些滤波器设计问题中，主要的目的可能是控制如像脉冲响应或阶跃响应之类的时间响应的某些方面。一种很自然的方法是用脉冲响应不变法或阶跃响应不变法来设计离散时间滤波器。在阶跃响应不变法

中,滤波器对一个采样后的单位阶跃函数的响应被定义为对连续时间阶跃响应进行采样后得到的序列。如果连续时间滤波器具有良好的阶跃响应特性,如小的上升时间和低的过冲峰值等,则这些特性将会在离散时间滤波器中保留下来。显然,这种波形不变的概念可以推广到对于各种输入信号保持输出波形形状不变,正如习题7.1中所表明的那样。习题7.1说明,用脉冲响应不变法,同时也用阶跃响应不变法(或其他波形不变准则)对同一连续时间滤波器进行变换,并不能得到相同的离散时间滤波器。

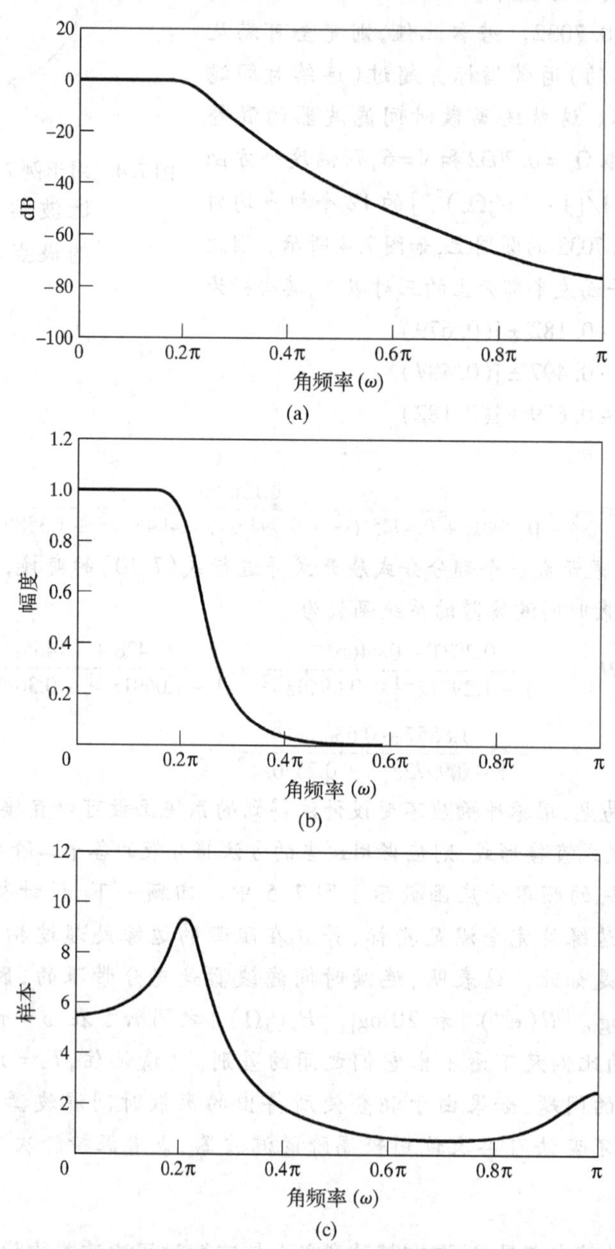

图7.5 用脉冲响应不变法变换得出的6阶巴特沃思滤波器的频率响应。(a)对数幅度(dB);(b)幅度(dB);(c)群延迟

在脉冲响应不变设计法中,连续时间频率和离散时间频率之间的变换是线性的,因此,除了混叠之外,频率响应的形状应保持不变。这一点与下面要讨论的以代数变换为基础的方法不同。最后,作为本节总结需要指出的是,脉冲响应不变法只适用于带限滤波器。如果要使用脉冲响应不变

设计方法,则需要对如像高通和带阻之类的连续时间滤波器提出附加的带限要求,以避免严重的混叠失真。

7.2.2 双线性变换法

本节所讨论的方法避免了当使用双线性变换法时引起的混叠问题,这种变换是变量 s 和变量 z 之间的代数变换,它将 s 平面的整个 $\mathrm{j}\Omega$ 轴映射成 z 平面的整个单位圆周。因为 $-\infty\leqslant\Omega\leqslant\infty$ 映射成 $-\pi\leqslant\omega\leqslant\pi$,所以连续时间频率变量和离散时间频率变量的变换必定是非线性的。因此,这种方法只能用于相应的频率轴的非线性畸变在允许范围之内的情况。

若 $H_c(s)$ 表示连续时间系统函数,$H(z)$ 表示离散时间系统函数,则双线性变换法相当于用如下表示来代替 s:

$$s=\frac{2}{T_d}\left(\frac{1-z^{-1}}{1+z^{-1}}\right) \tag{7.18}$$

因此,

$$H(z)=H_c\left(\frac{2}{T_d}\left(\frac{1-z^{-1}}{1+z^{-1}}\right)\right) \tag{7.19}$$

如同脉冲响应不变法一样,"采样"参数 T_d 也包括在双线性变换法的定义中。从历史过程看,该方法也包括了这一参数,因为可以将梯形积分法则用于对应于 $H_c(s)$ 的微分方程,并用 T_d 代表数值积分的步长,从而得到对应于 $H(z)$ 的差分方程(见 Kaiser,1996 和习题 7.49)。但是在滤波器设计中,使用双线性变换法是以式(7.18)代数变换的特性为基础的。与使用脉冲响应不变法一样,在设计方法中参数 T_d 并不重要,因为假设设计问题总是首先从离散时间滤波器 $H(e^{j\omega})$ 的技术指标开始。在这些技术指标首先映射成连续时间滤波器的技术指标,然后又将连续时间滤波器反过来映射成离散时间滤波器的过程中,T_d 的作用将被抵消掉。基于过去的惯例,在讨论中仍然维持 T_d 的参数,但是在具体问题和举例中可选取任何方便的 T_d 值。

为了推导式(7.18)代数变换的性质,对 z 求解该方程,得到

$$z=\frac{1+(T_d/2)s}{1-(T_d/2)s} \tag{7.20}$$

将 $s=\sigma+\mathrm{j}\Omega$ 代入式(7.20),得

$$z=\frac{1+\sigma T_d/2+\mathrm{j}\Omega T_d/2}{1-\sigma T_d/2-\mathrm{j}\Omega T_d/2} \tag{7.21}$$

若 $\sigma<0$,则由式(7.21)可得,对于任意 Ω 值,$|z|<1$。同样,若 $\sigma>0$,则对所有 Ω 值,$|z|>1$。也就是说,如果 $H_c(s)$ 的极点在 s 平面的左半部分,则它在 z 平面的映像将在单位圆内。所以因果稳定的连续时间滤波器将映射成因果稳定的离散时间滤波器。

其次,为了证明 s 平面的 $\mathrm{j}\Omega$ 轴会映射成单位圆,将 $s=\mathrm{j}\Omega$ 代入式(7.20),得

$$z=\frac{1+\mathrm{j}\Omega T_d/2}{1-\mathrm{j}\Omega T_d/2} \tag{7.22}$$

由式(7.22)可以清楚地看出,对于 $\mathrm{j}\Omega$ 轴上的所有 s 值,$|z|=1$。也就是说,$\mathrm{j}\Omega$ 轴映射成单位圆,所以式(7.22)成为

$$e^{\mathrm{j}\omega}=\frac{1+\mathrm{j}\Omega T_d/2}{1-\mathrm{j}\Omega T_d/2} \tag{7.23}$$

为了推导出变量 ω 和 Ω 之间的关系式,返回到式(7.18)并将 $z=e^{j\omega}$ 代入,则

$$s=\frac{2}{T_d}\left(\frac{1-e^{-\mathrm{j}\omega}}{1+e^{-\mathrm{j}\omega}}\right) \tag{7.24}$$

或等效地有

$$s=\sigma+\mathrm{j}\Omega=\frac{2}{T_d}\left[\frac{2\mathrm{e}^{-\mathrm{j}\omega/2}(\mathrm{j}\sin\omega/2)}{2\mathrm{e}^{-\mathrm{j}\omega/2}(\cos\omega/2)}\right]=\frac{2\mathrm{j}}{T_d}\tan(\omega/2) \tag{7.25}$$

令式(7.25)等号两边的实部和虚部分别相等,得出关系式 $\sigma=0$ 和

$$\Omega=\frac{2}{T_d}\tan(\omega/2) \tag{7.26}$$

或

$$\omega=2\arctan(\Omega T_d/2) \tag{7.27}$$

双线性变换法从 s 平面映射到 z 平面的这些性质汇总在图 7.6 和图 7.7 中。从式(7.27)和图 7.7中可以看出,$0\leqslant\Omega\leqslant\infty$ 的频率范围映射成 $0\leqslant\omega\leqslant\pi$,而 $-\infty\leqslant\Omega\leqslant0$ 的频率范围映射成 $-\pi\leqslant\omega\leqslant0$。双线性变换法避免了使用脉冲响应不变法所遇到的混叠问题,因为它将 s 平面的整个虚轴映射成 z 平面的单位圆周。但是,为此所付出的代价是,引入了图 7.7 所示的频率轴非线性压缩。所以,只有当这种压缩在允许范围之内能加以补偿时,如在滤波器具有近似理想的分段恒定幅度响应特性的情况下,使用双线性变换法设计离散时间滤波器才是有效的。图 7.8 绘出了通过式(7.26)和式(7.27)的频率畸变将连续时间频率响应和它的容限图映射成相应的离散时间频率响应及其容限图的过程。如果根据式(7.26)对连续时间滤波器的临界频率(如通带和阻带的边缘频率)进行预畸变,则用式(7.19)把连续时间滤波器变换成离散时间滤波器时,该离散时间滤波器将会满足所给定的技术指标。

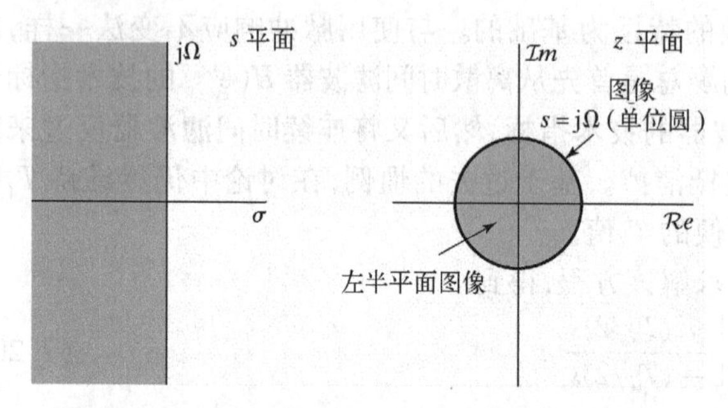

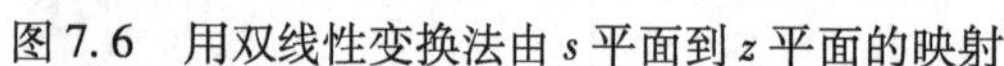
图 7.6 用双线性变换法由 s 平面到 z 平面的映射

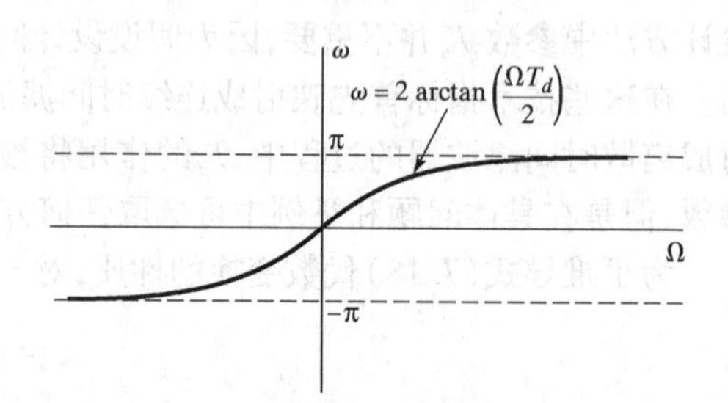

图 7.7 用双线性变换法由连续时间频率轴到单位圆上的映射

虽然双线性变换有效地用于将分段恒定的幅度响应特性从 s 平面映射到 z 平面,但是频率轴的失真表现为滤波器相位响应的畸变。例如,图 7.9 表示将双线性变换法用于一个理想线性相位因子 $\mathrm{e}^{-s\alpha}$ 的结果。如果用式(7.18)代替 s 并且计算在单位圆上的结果,则可以得出相位角为 $-(2\alpha/T_d)\tan(\omega/2)$。图7.9 中,实线表示函数 $-(2\alpha/T_d)\tan(\omega/2)$,虚线表示周期线性相位函数 $-(\omega\alpha/T_d)$,它是利用小角度逼近 $\omega/2\approx\tan(\omega/2)$ 得到的。由此显然可见,如果希望得到具有线性相位特性的离散时间低通滤波器,那么若将双线性变换法用于具有线性相位特性的连续时间低通滤波器,就不会得到这种特性的滤波器。

正如前面所提到的,由于频率畸变,双线性变换的应用限于设计具有分段恒定幅频特性,如高通、低通和带通滤波器逼近。如例 7.2 所示,脉冲响应不变法也可用于设计低通滤波器。然而,由于高通连续时间滤波器不是带限的,所以脉冲响应不变法不能将高通连续时间滤波器的设计映射为高通离散时间滤波器的设计。

例 4.4 曾讨论了对一类通常被称为离散时间微分器的滤波器。这类滤波器的频率响应有一个重要的特性,就是它与频率呈线性的关系。可是,双线性变换法所引入的频率轴的非线性畸变则不

会保留这一特性。因此,双线性变换法用于连续时间微分器时,并不能产生离散时间微分器。然而,若将脉冲响应不变法用于合适的带限连续时间微分器则可得到离散时间微分器。

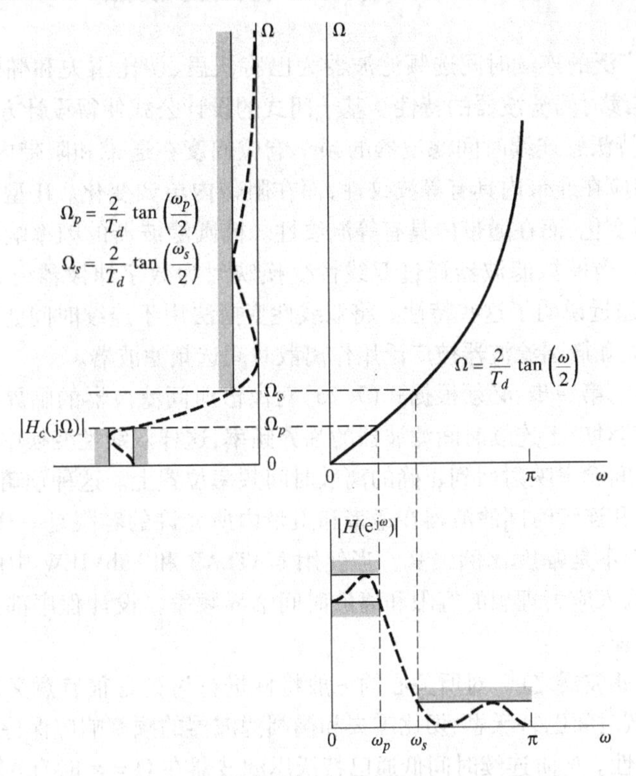

图 7.8 连续时间低通滤波器经双线性变换成离散时间低通滤波器时固有的频率畸变。为了得到要求的离散时间截止频率,连续时间截止频率必须做如图所示的预畸变

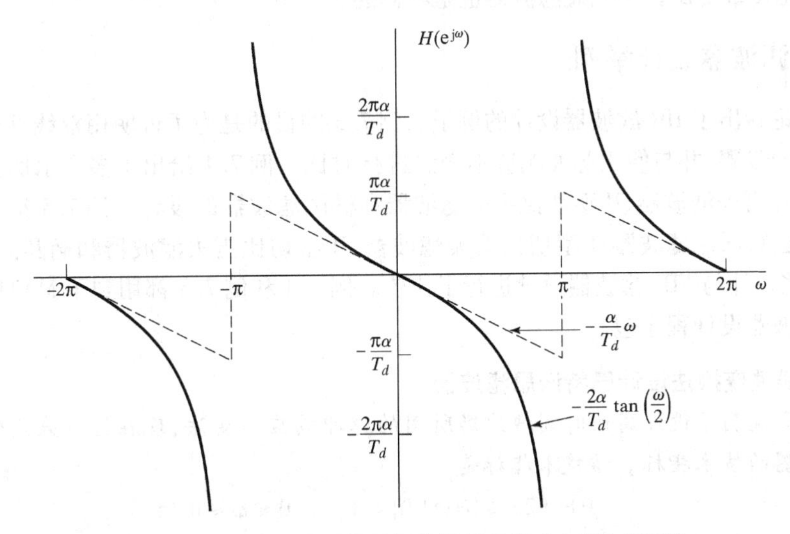

图 7.9 双线性变换对线性相位特性的影响(虚线表示线性相位,实线表示由双线性变换得到的相位)

7.3 离散时间巴特沃思、切比雪夫和椭圆滤波器

历史上,使用最广泛的连续时间选频滤波器为巴特沃思、切比雪夫和椭圆滤波器。附录B中简要归纳了这3种连续时间滤波器的特性。基于闭式的设计公式使得设计方法相对简单。正如附录B中所讨论的,巴特沃思连续时间滤波器的频率响应幅度在通带和阻带内是单调的。I型切比雪夫滤波器的频率响应在通带内具有等波纹性,而在阻带内单调变化。II型切比雪夫滤波器的频率响应在阻带内单调变化,而在通带内具有等波纹性。椭圆滤波器的频率响应在通带和阻带内都具有等波纹性。显然,当模拟滤波器通过双线性变换映射为数字滤波器时,这些特性将被保留。图7.8中虚线表示的逼近说明了这些特性。将双线性变换法用于连续时间滤波器而得到的离散时间巴特沃思、切比雪夫和椭圆滤波器被广泛用作离散时间选频滤波器。

设计这类滤波器的第一步,必须根据式(7.26)对离散时间滤波器的临界频率即频带边界频率进行预畸变处理,使其对应于连续时间滤波器的临界频率,这样双线性变换中固有的频率失真就可将预畸变后的连续时间频率映射回到正确的离散时间频率位置上。这种预畸变方法将在例7.3中详细介绍。离散时间和连续时间滤波器在通带和阻带内所允许的容限是一样的,因为双线性映射仅产生频率轴失真,而不是幅度比例失真。当使用MATLAB和LabVIEW中的离散时间滤波器设计程序包时,通常的输入应为理想的容限和离散时间临界频率。设计程序都清楚地或隐含地做了必要的频率预畸变处理。

在举例说明这些滤波器之前,对所关心的一般特性进行讨论是很有意义的。根据以上内容可注意到,人们希望离散时间巴特沃思、切比雪夫和椭圆滤波器的频率响应保持对应的连续时间滤波器的单调性和波纹特性。N阶连续时间低通巴特沃思滤波器在$\Omega=\infty$时有N个零点。因为双线性变换将$s=\infty$映射为$z=-1$,所以希望任何采用双线性变换设计的巴特沃思滤波器在$z=-1$时有N个零点。这对I型切比雪夫低通滤波器也是一样的。

7.3.1 IIR滤波器设计举例

以下的讨论给出了IIR滤波器设计的例子。例7.3的目的是为了说明用双线性变换法设计巴特沃思滤波器的步骤,并与使用脉冲响应不变法进行对比。例7.4给出了多个示例比较巴特沃思滤波器、I型切比雪夫滤波器、II型切比雪夫滤波器和椭圆滤波器的设计。例7.5给出了在不同技术指标要求下巴特沃思滤波器、I型切比雪夫滤波器、II型切比雪夫滤波器和椭圆滤波器的设计。7.8.1节将这些设计与FIR滤波器设计进行了比较。例7.4和例7.5都用到了MATLAB信号处理工具箱中的滤波器设计程序包。

例7.3 用双线性变换法设计巴特沃思滤波器

例7.2说明了设计离散时间滤波器所用的脉冲响应不变法,现在继续采用例7.2中离散时间滤波器的技术指标。该技术指标是

$$0.89125 \leqslant |H(e^{j\omega})| \leqslant 1, \qquad 0 \leqslant \omega \leqslant 0.2\pi \tag{7.28a}$$

$$|H(e^{j\omega})| \leqslant 0.17783, \qquad 0.3\pi \leqslant \omega \leqslant \pi \tag{7.28b}$$

为了使用已用于连续时间滤波器设计的双线性变换法进行设计,必须根据式(7.26)对离散时间滤波器的临界频率做预畸变处理,使其对应于连续时间滤波器的临界频率,这样双线性变换中固有的频率失真就可将预畸变后的连续时间临界频率映射回到正确的离散时间临界频率位置上。对于本例中的滤波器,用$|H_c(j\Omega)|$表示连续时间滤波器的幅度响应函数,则要求

$$0.891\,25 \leqslant |H_c(\mathrm{j}\Omega)| \leqslant 1, \qquad 0 \leqslant \Omega \leqslant \frac{2}{T_d}\tan\left(\frac{0.2\pi}{2}\right) \tag{7.29a}$$

$$|H_c(\mathrm{j}\Omega)| \leqslant 0.177\,83, \qquad \frac{2}{T_d}\tan\left(\frac{0.3\pi}{2}\right) \leqslant \Omega \leqslant \infty \tag{7.29b}$$

为了方便起见,选取 $T_d=1$。与例 7.2 一样,因为连续时间巴特沃思滤波器具有单调的幅度响应,可同样地要求

$$|H_c(\mathrm{j}2\tan(0.1\pi))| \geqslant 0.891\,25 \tag{7.30a}$$

和

$$|H_c(\mathrm{j}2\tan(0.15\pi))| \leqslant 0.177\,83 \tag{7.30b}$$

巴特沃思滤波器的幅度平方函数为

$$|H_c(\mathrm{j}\Omega)|^2 = \frac{1}{1+(\Omega/\Omega_c)^{2N}} \tag{7.31}$$

在式(7.30a)和式(7.30b)中取等号解出 N 和 Ω_c,得

$$1+\left(\frac{2\tan(0.1\pi)}{\Omega_c}\right)^{2N} = \left(\frac{1}{0.89}\right)^2 \tag{7.32a}$$

和

$$1+\left(\frac{2\tan(0.15\pi)}{\Omega_c}\right)^{2N} = \left(\frac{1}{0.178}\right)^2 \tag{7.32b}$$

利用式(7.32a)和式(7.32b)解出 N 为

$$N = \frac{\log\left[\left(\left(\frac{1}{0.178}\right)^2-1\right)\Big/\left(\left(\frac{1}{0.89}\right)^2-1\right)\right]}{2\log[\tan(0.15\pi)/\tan(0.1\pi)]} \tag{7.33}$$
$$= 5.305$$

因为 N 必须是整数,所以选取 $N=6$。将 $N=6$ 代入式(7.32b),得 $\Omega_c=0.766$。若用 Ω_c 的这个值,则可超过通带指标并完全满足阻带指标。对于双线性变换法这是合理的,因为不必担心混叠问题。这样,经过适当的预畸变处理后可以肯定,所得出的离散时间滤波器在要求的阻带边缘处将完全满足技术指标。

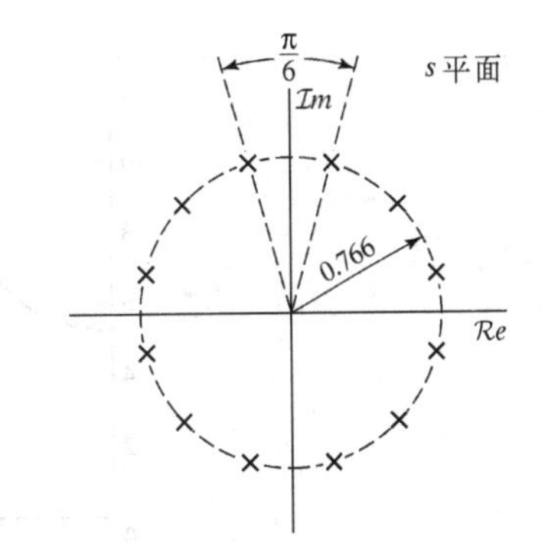

图 7.10　对于例 7.3 中的 6 阶巴特沃思滤波器,$H_c(s)H_c(-s)$ 的极点在 s 平面上的位置

在 s 平面中,幅度平方函数的 12 个极点,均匀分布在半径为 0.766 的一个圆周上,如图 7.10 所示。选取左半平面的极点得到的连续时间滤波器的系统函数为

$$H_c(s) = \frac{0.202\,38}{(s^2+0.3996s+0.5871)(s^2+1.0836s+0.5871)(s^2+1.4802s+0.5871)} \tag{7.34}$$

离散时间滤波器的系统函数是将双线性变换法用于 $H_c(s)$,并取 $T_d=1$ 所得到的

$$H(z) = \frac{0.000\,737\,8(1+z^{-1})^6}{(1-1.2686z^{-1}+0.7051z^{-2})(1-1.0106z^{-1}+0.3583z^{-2})} \times \frac{1}{(1-0.9044z^{-1}+0.2155z^{-2})} \tag{7.35}$$

离散时间频率响应的幅度、对数幅度和群延迟示于图 7.11 中。在 $\omega=0.2\pi$ 处的对数幅度为 -0.56 dB,在 $\omega=0.3\pi$ 处的对数幅度恰好为 -15 dB。

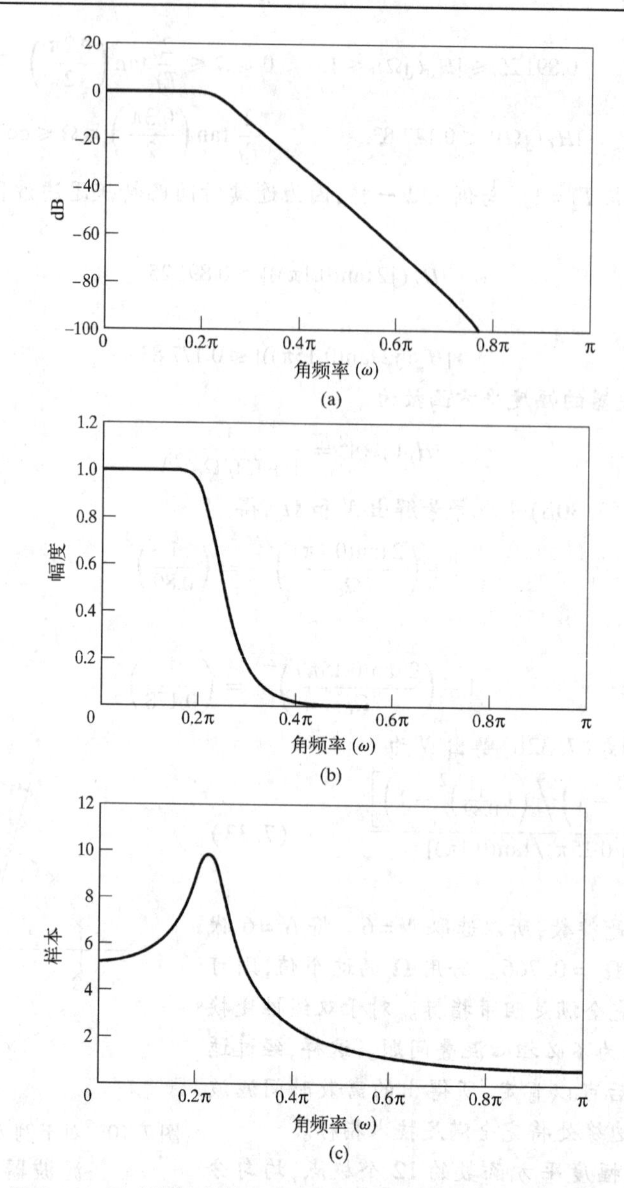

图 7.11 用双线性变换法得出的 6 阶巴特沃思滤波器的频率响应。(a)对数幅度(dB);(b)幅度(dB);(c)群延迟

因为双线性变换将 s 平面的整个 $\mathrm{j}\Omega$ 轴映射成 z 平面的单位圆,所以离散时间滤波器的幅度响应要比原始连续时间滤波器的幅度响应下降快得多。特别是 $H(\mathrm{e}^{\mathrm{j}\omega})$ 在 $\omega=\pi$ 处的特性对应于 $H_c(\mathrm{j}\Omega)$ 在 $\Omega=\infty$ 处的特性。因此,由于连续时间巴特沃思滤波器在 $s=\infty$ 处有一个 6 阶零点,所以得出的离散时间滤波器在 $z=-1$ 处也有一个 6 阶零点。

由于 N 阶巴特沃思连续时间滤波器幅度平方的一般形式由式(7.31)给出,并且因为 ω 与 Ω 由式(7.26)联系在一起,所以可以得出一般的 N 阶巴特沃思离散时间滤波器有如下形式的幅度平方函数:

$$|H(\mathrm{e}^{\mathrm{j}\omega})|^2=\frac{1}{1+\left(\dfrac{\tan(\omega/2)}{\tan(\omega_c/2)}\right)^{2N}} \tag{7.36}$$

式中 $\tan(\omega_c/2)=\Omega_c T_d/2$。式(7.36)给出的频率响应函数具有与巴特沃思连续时间滤波器的频率响应相同的特性①,即具有最平特性且 $|H(e^{j\omega_c})|^2=0.5$。但是,式(7.36)的函数是周期为 2π 的周期函数,并且它要比巴特沃思连续时间滤波器的频率响应下降快得多。

不要先用式(7.38)直接设计离散时间巴特沃思滤波器,因为它并不能直接确定式(7.36)的幅度平方函数的极点在 z 平面的位置(所有的零点均在 $z=-1$ 处)。为了求出极点,有必要将幅度平方函数因式分解成 $H(z)H(z^{-1})$,从而求出 $H(z)$。比较容易的做法是,先求出 s 平面中的极点位置(所有零点均在无限大处),并对连续时间系统函数进行因式分解,然后用双线性变换法对 s 左半平面上的极点进行变换,正如例7.3中所做的一样。

对离散时间切比雪夫滤波器和椭圆滤波器也可以得到类似于式(7.36)的方程,但是对于这些广泛使用的滤波器,最好根据所得到的恰当闭式设计方程,利用计算机编程来进行详细的设计计算。

下面的例子将基于巴特沃思、I型切比雪夫、II型切比雪夫和椭圆滤波器的低通滤波器的设计进行了比较。这4种离散时间低通滤波器的频率响应幅度和零-极点图都有某些特性,这些特性在例7.4和例7.5的设计过程中可明显看到。

对于巴特沃思低通滤波器,频率响应幅度在通带和阻带中都单调下降,并且所有传递函数的零点都在 $z=-1$ 处。I型切比雪夫低通滤波器,通带内的频率响应幅度总是等波纹的,即在所要求的增益两边以相等的最大误差振荡,而在阻带内是单调的。所对应的传递函数的所有零点都在 $z=-1$ 处。II型切比雪夫低通滤波器的频率响应幅度在通带内是单调的,在阻带内是等波纹的,即在要求的增益两边以相等的最大误差振荡。由于这一阻带内的等波纹特性,传递函数的零点都相应地分布在单位圆上。

在切比雪夫逼近的两种情况下,阻带或通带的单调性表明,如果在通带和阻带内都使用等波纹逼近,则有可能得到较低阶的系统。的确可以证明(见Papoulis,1957),对于图7.1给出的容限图中 δ_{p1},δ_{p2},δ_s,ω_p 和 ω_s 的固定值,若逼近误差分别在两个逼近频带中的极限值之间呈等波纹变化,则可以得到最低阶的滤波器。这种等波纹性可以通过一类称为椭圆滤波器的滤波器来得到。椭圆滤波器类似于II型切比雪夫滤波器,零点排列在单位圆的阻带区域上。巴特沃思、切比雪夫和椭圆滤波器的这些特性将在下面的例子中进行说明。

例7.4 设计对比

下列4种滤波器的设计中采用了MATLAB中的信号处理工具箱。设计IIR低通滤波器的此种和其他种类的设计程序,假设容限技术指标如图7.1所给出的 $\delta_{p1}=0$。虽然所得到的设计与将双线性变换法用于适当的连续时间滤波器而得到的滤波器设计相对应,但是对任何要求的频率做预畸变处理以及与双线性变换法相结合的步骤,都包含在设计程序中,并且对用户是透明的。因此设计程序的技术指标直接用离散时间参数给出。本例中,滤波器设计将满足或超过以下指标:

通带边沿频率 $\omega_p=0.5\pi$
阻带边沿频率 $\omega_s=0.6\pi$
最大通带增益 = 0 dB
最小通带增益 = − 0.3 dB
最大阻带增益 = − 30 dB

① $|H(e^{j\omega})|^2$ 在 $\omega=0$ 处的前 $(2N-1)$ 次导数均为零。

根据图 7.1,相应的通带和阻带容限为

$20\log_{10}(1+\delta_{p1})=0$ 或等效为 $\delta_{p1}=0$

$20\log_{10}(1-\delta_{p2})=-0.3$ 或等效为 $\delta_{p2}=0.0339$

$20\log_{10}(\delta_s)=-30$ 或等效为 $\delta_s=0.0316$

请注意,技术指标仅仅涉及频率响应的幅度。相位隐含地由逼近函数的特性决定。

采用滤波器设计程序时,对于巴特沃思滤波器满足或超过给定技术指标的最小(整数)滤波器阶数为 15 阶。所得到的频率响应幅度,群延迟和零-极点图如图 7.12 所示。正如所期望的,巴特沃思滤波器的所有零点均位于 $z=-1$ 处。

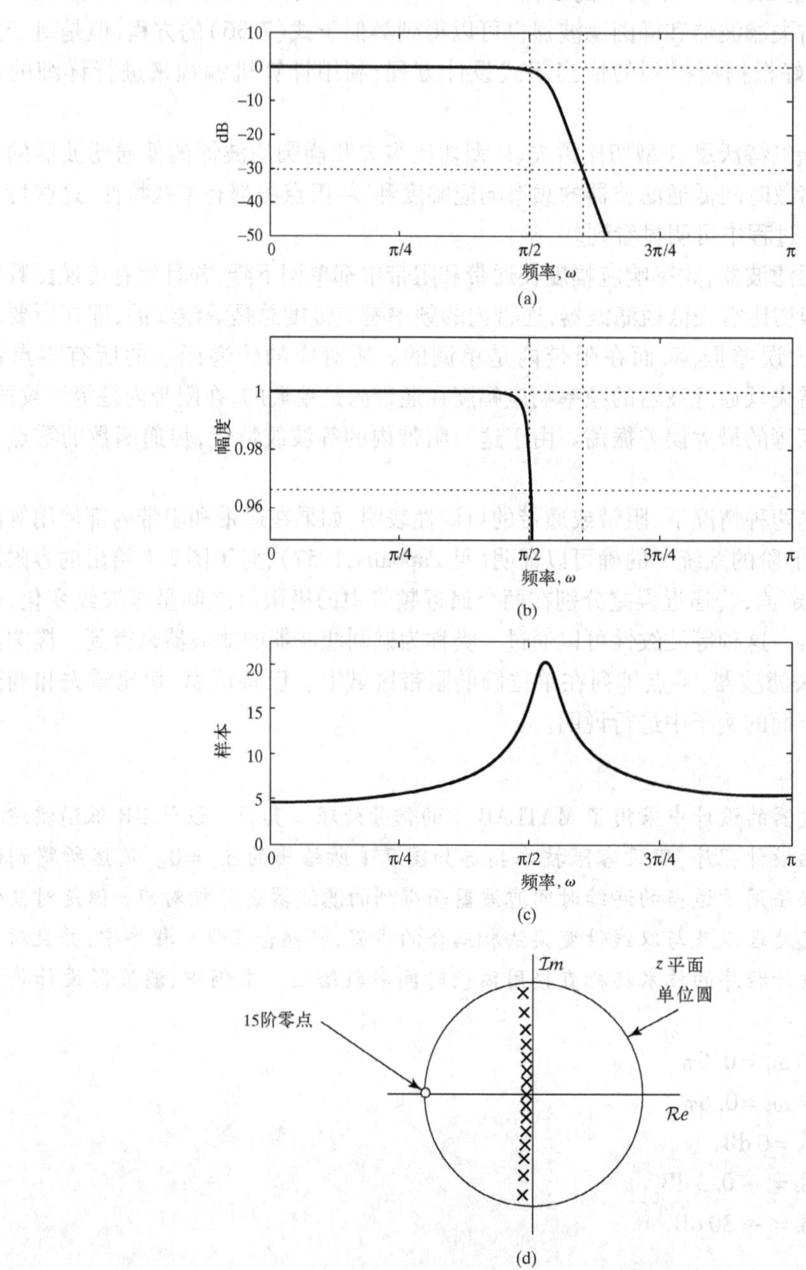

图 7.12　15 阶巴特沃思滤波器

对于I型切比雪夫滤波器，最小阶数为7。所得到的频率响应幅度，群延迟和零-极点图如图7.13所示。正如所期望的，传递函数的所有零点都位于$z=-1$处，且频率响应幅度在通带内是等波纹的，在阻带内是单调的。

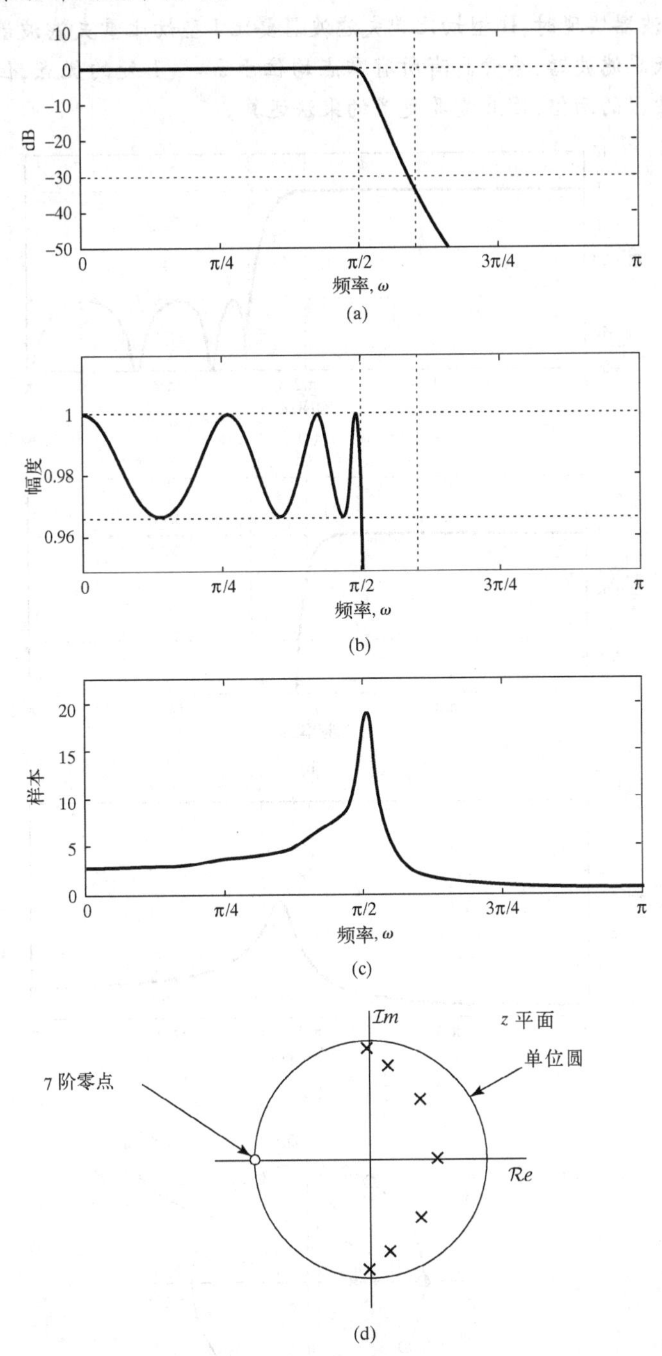

图7.13 7阶I型切比雪夫滤波器

II型切比雪夫滤波器，最小阶数也为7。所得到的频率响应幅度，群延迟和零-极点图如图7.14所示。与期望的一样，频率响应幅度在通带内是单调的，在阻带内是等波纹的。传递函数的零点排列在阻带的单位圆上。

比较Ⅰ型切比雪夫和Ⅱ型切比雪夫滤波器的设计,值得注意的是,分母多项式的阶数即相应传递函数的极点数为7,分子多项式的阶数同样是7。在实现Ⅰ型切比雪夫和巴特沃思滤波器的差分方程时,突出的优点是所有的零点都位于$z=-1$处。而Ⅱ型切比雪夫滤波器则不同。因此,在滤波器实现时,Ⅱ型切比雪夫滤波器要比Ⅰ型切比雪夫滤波器用到更多的乘法运算。对于巴特沃思滤波器,尽管具有所有零点均位于$z=-1$处的优点,但是滤波器的阶数却是切比雪夫滤波器的两倍,因此需要更多的乘法运算。

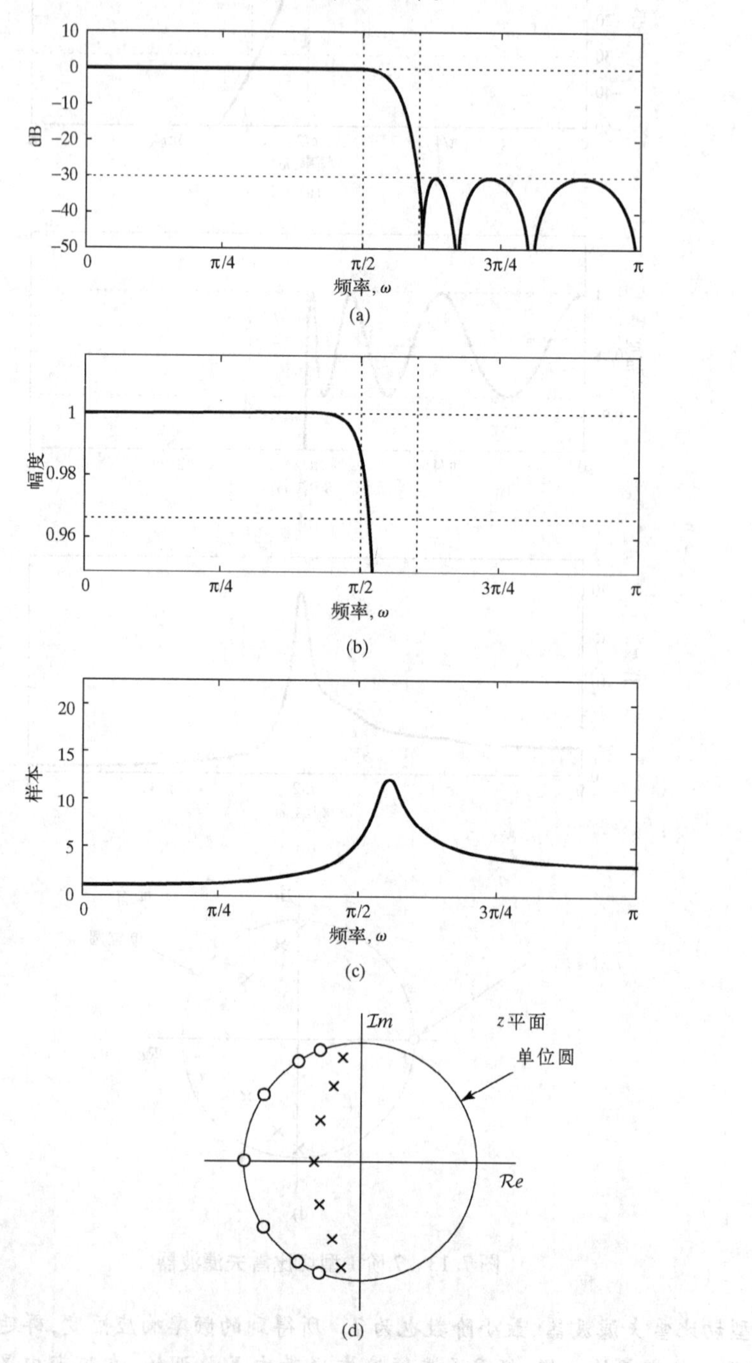

图7.14 7阶Ⅱ型切比雪夫滤波器

设计满足上述给定技术指标的椭圆滤波器至多只需 5 阶。图 7.15 给出了设计结果。正如先前的例子，在设计一个给定技术指标的滤波器时很有可能会超出最低指标，因为滤波器阶数必须是整数。根据实际应用，设计者可以选择刚好满足或者超出给定的技术指标。例如，在设计椭圆滤波器时，选择刚好满足通带和阻带边沿频率及通带变化范围，并且使阻带增益最小。得出的滤波器如图 7.16 所示，其阻带衰减达到 43 dB。或者更加灵活地，可以使过渡带变得更窄或减少通带中 0 dB 增益的偏离值。这正是所期望的，椭圆滤波器在通带和阻带内的频率响应都是等波纹的。

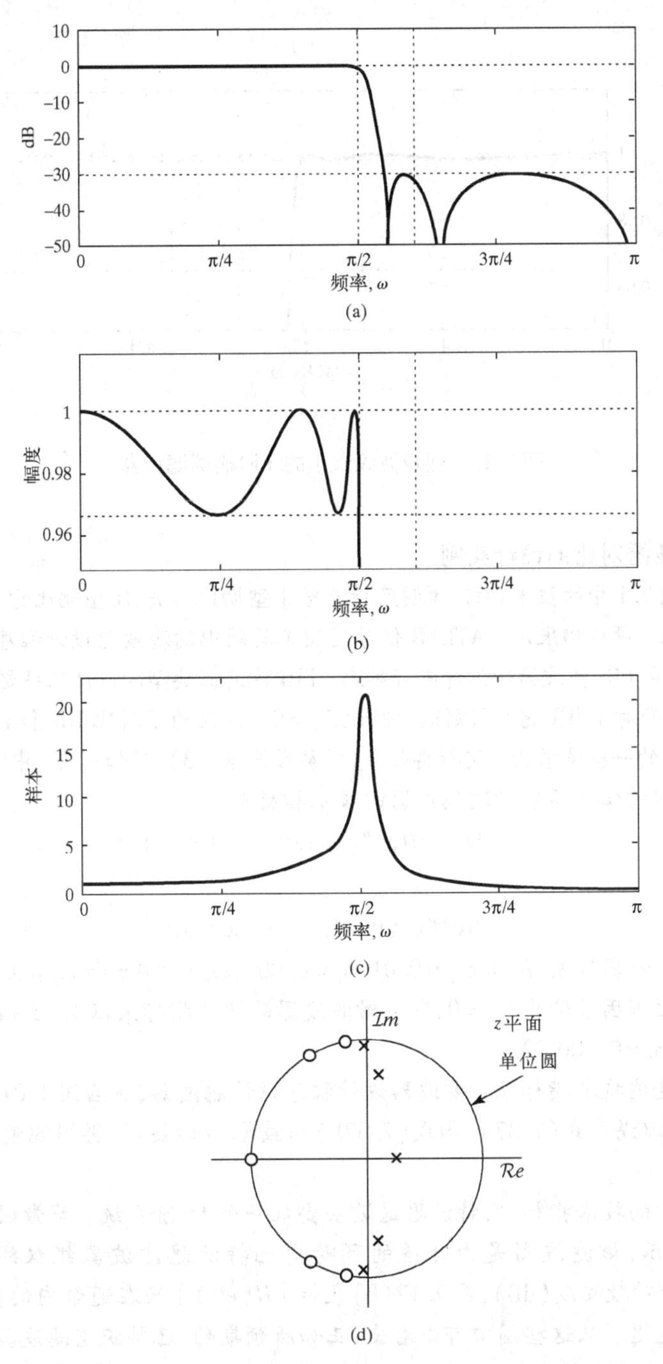

图 7.15　超过设计技术指标的 5 阶椭圆滤波器

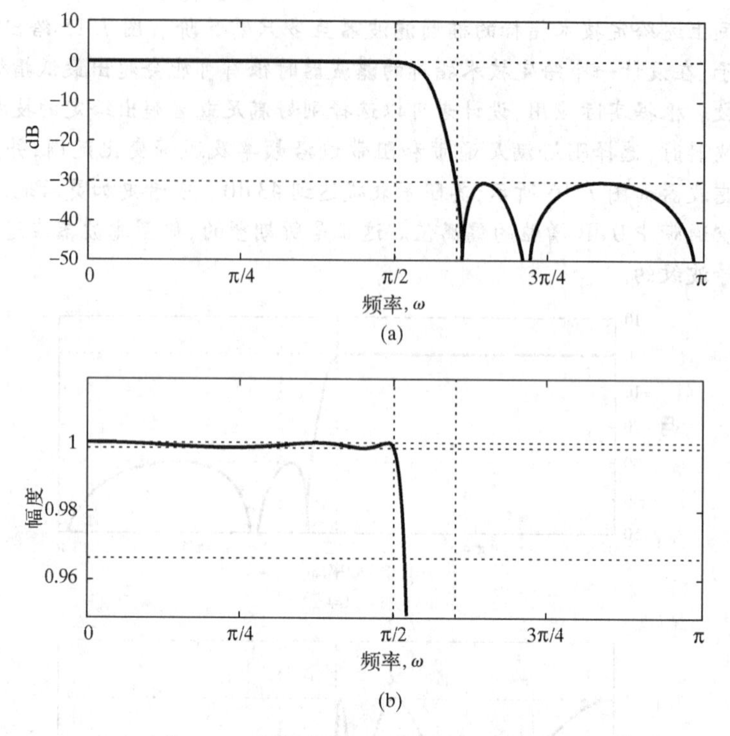

图 7.16 通带波纹最小的 5 阶椭圆滤波器

例 7.5 与 FIR 滤波器对比的设计实例

本例采用例 7.1 中的技术指标,说明巴特沃思、I 型切比雪夫、II 型切比雪夫和椭圆滤波器技术指标的实现过程。设计仍采用 MATLAB 信号处理工具箱中的滤波器设计程序。7.8.1 节将对相同技术指标的 IIR 和 FIR 滤波器的设计进行对比。FIR 滤波器典型的设计程序要求图 7.1 中的通带容限满足 $\delta_{p1}=\delta_{p2}$,而对于 IIR 滤波器则通常假设 $\delta_{p1}=0$。因此为了对比 IIR 和 FIR 滤波器的设计,需要对通带和阻带的一些技术指标进行再归一化(参习见题 7.3),正如例 7.5 中所要做的。

本例中用到的低通离散时间滤波器的技术指标为

$$0.99\leqslant|H(e^{j\omega})|\leqslant1.01,\qquad|\omega|\leqslant0.4\pi \tag{7.37a}$$

和

$$|H(e^{j\omega})|\leqslant0.001,\qquad0.6\pi\leqslant|\omega|\leqslant\pi \tag{7.37b}$$

根据图 7.1 所示的容限图,$\delta_{p1}=\delta_{p2}=0.01$,$\delta_s=0.001$,$\omega_p=0.4\pi$ 和 $\omega_s=0.6\pi$。可通过改变这些技术指标的比例因子使得 $\delta_{p1}=0$,即可对滤波器的技术指标乘以 $1/(1+\delta_{p1})$,从而得到 $\delta_{p1}=0$,$\delta_{p2}=0.0198$,$\delta_s=0.000\,99$。

首先针对这些技术指标采用滤波器设计程序设计滤波器,然后用 1.01 的比例因子对技术指标重新定标,以满足式(7.37a)和式(7.37b)的技术指标要求,再用滤波器设计程序进行滤波器设计。

对于本例中的技术指标,巴特沃思逼近法要求一个 14 阶系统。离散时间滤波器的频率响应如图 7.17 所示,该滤波器是由合适的预畸变巴特沃思滤波器经双线性变换后得到的。图 7.17(a)表示对数幅度(dB),图 7.17(b)表示 $|H(e^{j\omega})|$ 只在通带内的幅度,图 7.17(c)表示滤波器的群延迟。从这些图中可以看出,正如所预期的,巴特沃思滤波器的频率响应随频率单调减小,而滤波器的增益在 $\omega=0.7\pi$ 以上则非常小。

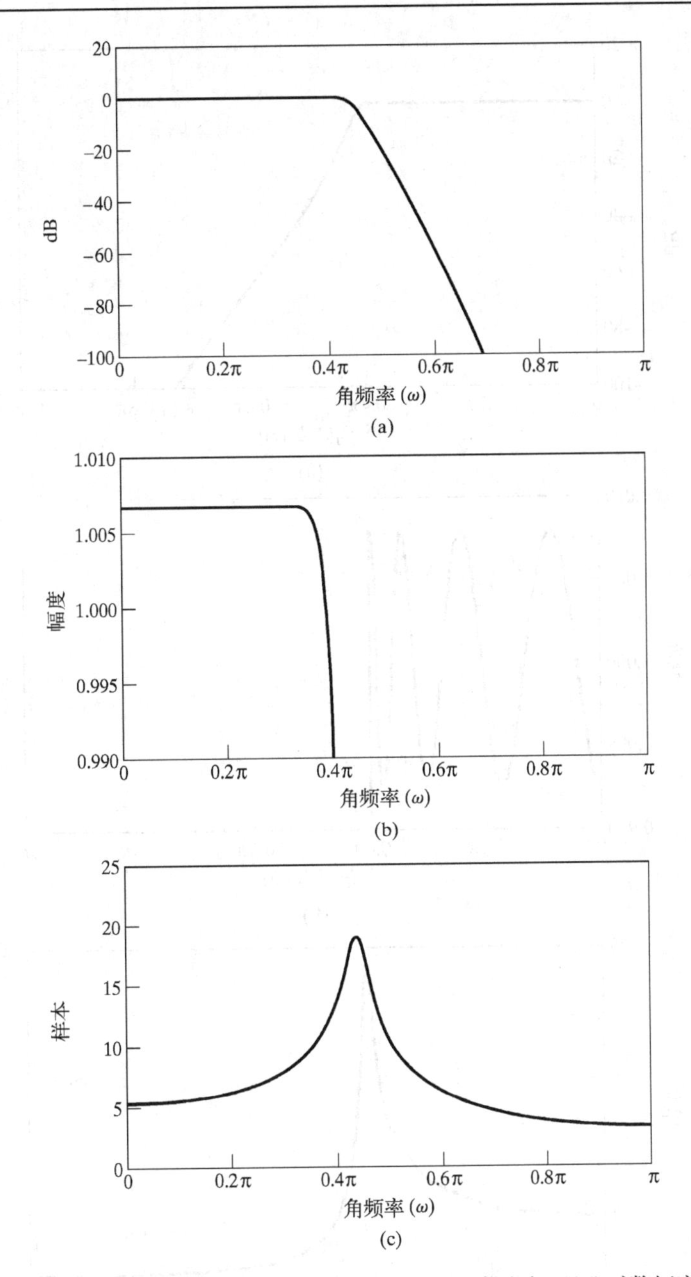

图 7.17　例 7.5 中 14 阶巴特沃思滤波器的频率响应。(a)对数幅度(dB);(b)通带内幅度的详图;(c)群延迟;(d)零-极点图

对于给定的一组技术指标，I 型切比雪夫和 II 型切比雪夫滤波器采用的阶次相同。对于技术指标，切比雪夫逼近要求 8 阶，而不像巴特沃思逼近那样要求 14 阶。图 7.18 表示当满足式(7.37a)和式(7.37b)的技术指标要求时，I 型切比雪夫逼近的对数幅度，通带幅度和群延迟。请注意，通带中的频率响应在要求的单位增益两边以相等的最大误差振荡。

图 7.19 给出了 II 型切比雪夫逼近的频率响应函数。在这种情况下，阻带内呈现等波纹逼近特性。切比雪夫滤波器的零-极点图示于图 7.20 中。应注意，I 型切比雪夫滤波器与巴特沃思滤波器相似，全部 8 个零点均在 $z=-1$ 处。另外，II 型切比雪夫滤波器的零点排列在单位圆上。这些零点的位置由设计方程决定，以便得出阻带的等波纹特性。

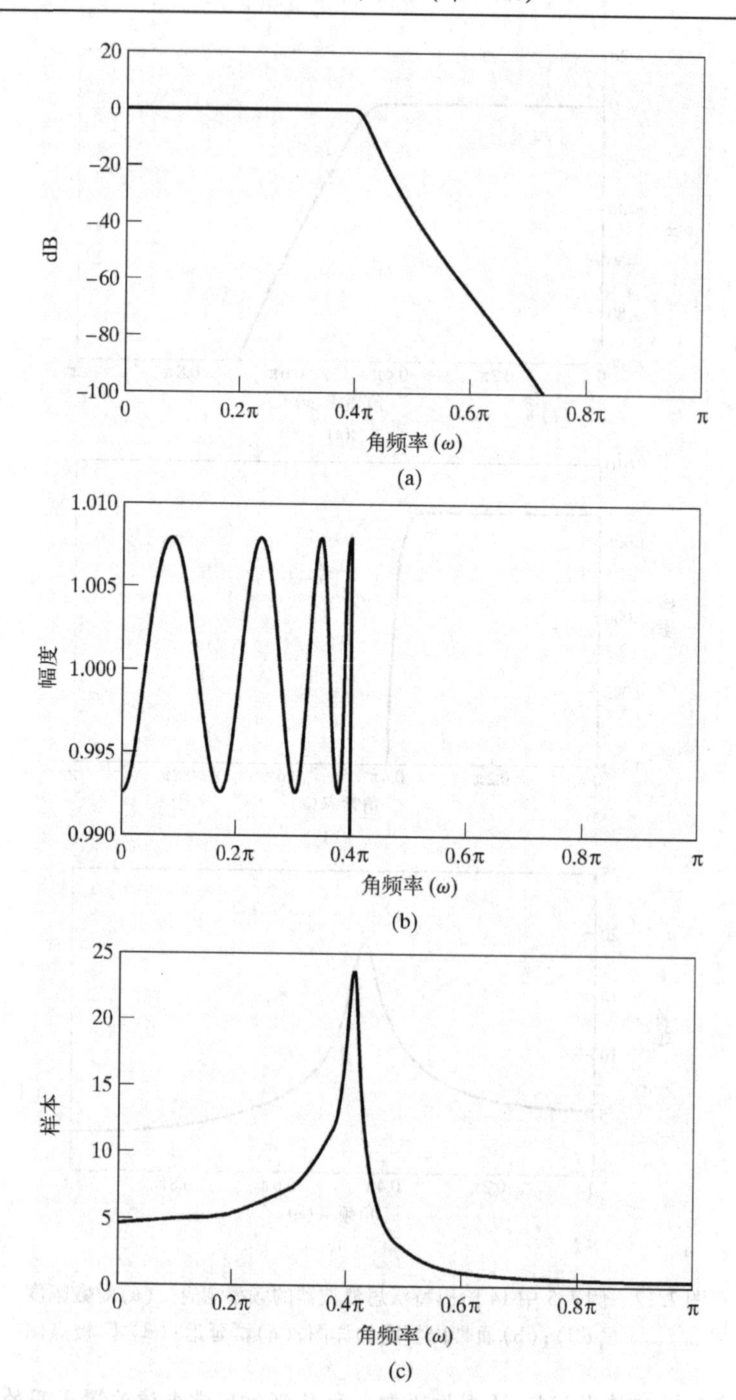

图 7.18　例 7.5 中 8 阶 I 型切比雪夫滤波器的频率响应。(a)对数幅度(dB)；(b)通带内幅度的详图；(c)群延迟

用一个 6 阶椭圆滤波器就可满足式(7.37a)和式(7.37b)给出的技术指标。这是可满足该技术指标的最低阶次有理函数逼近。图 7.21 清楚地表示出在两个逼近频带中的等波纹特性。图 7.22 表明椭圆滤波器与Ⅱ型切比雪夫逼近类似，其零点排列在单位圆的阻带区域内。

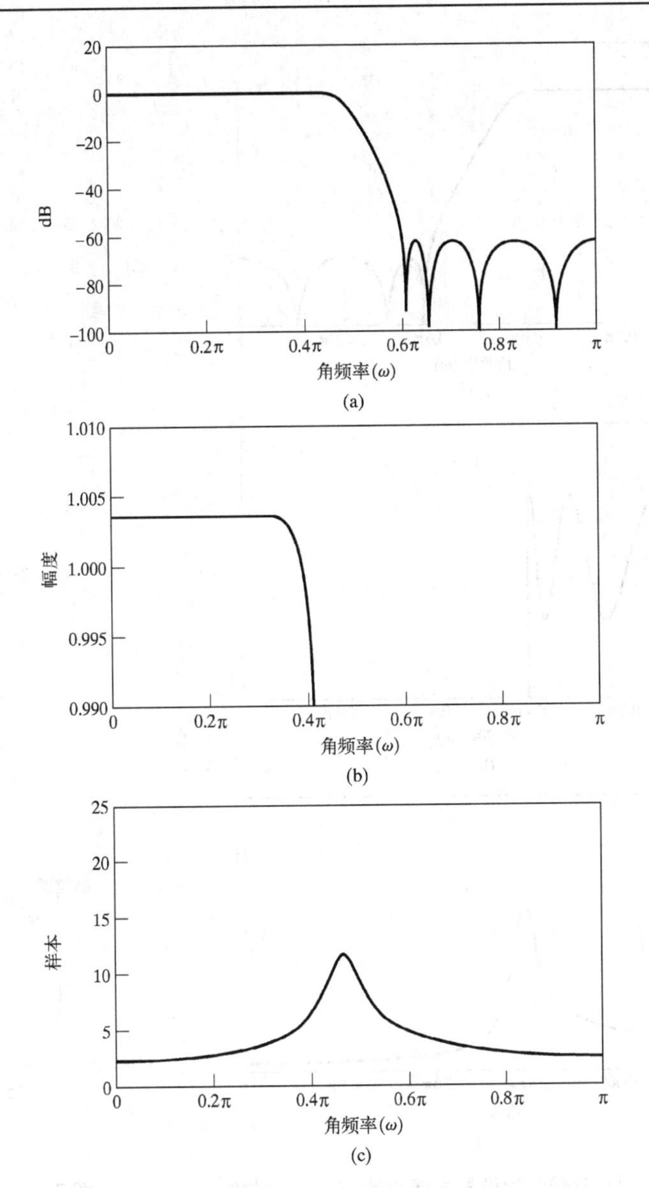

图7.19　例7.5中8阶Ⅱ型切比雪夫滤波器的频率响应。(a)对数幅度(dB);(b)通带内幅度的详图;(c)群延迟

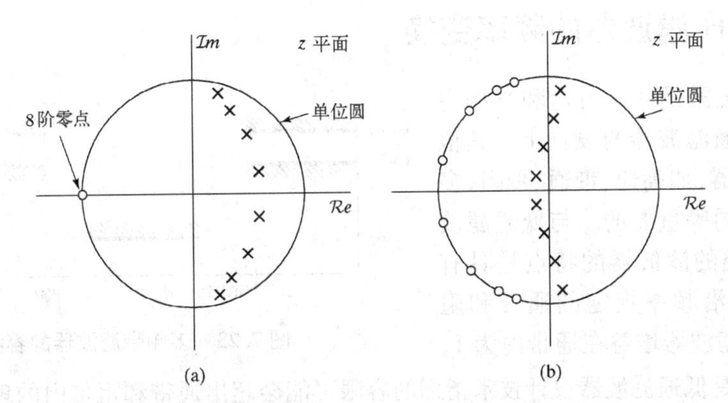

图7.20　例7.5中8阶切比雪夫滤波器的零-极点图。(a)Ⅰ型;(b)Ⅱ型

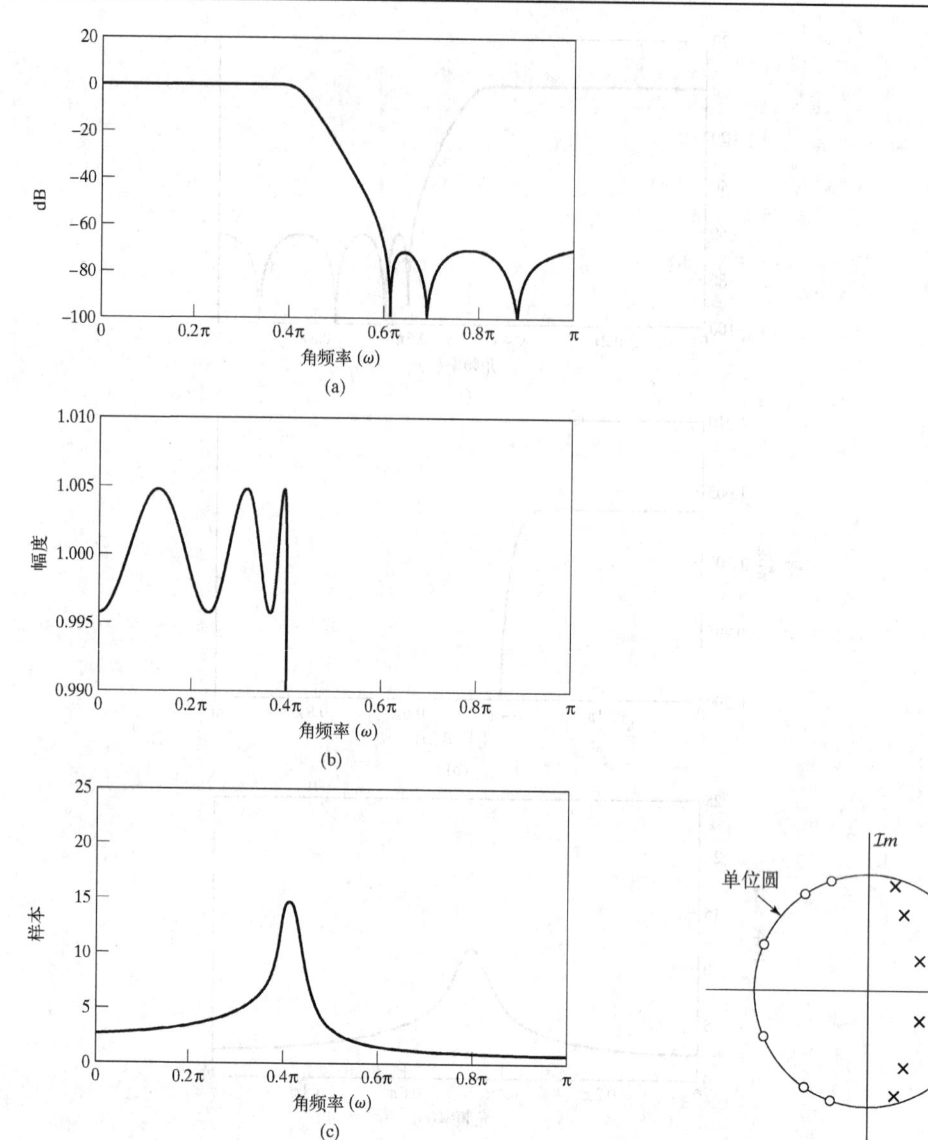

图 7.21 例 7.5 中 6 阶椭圆滤波器的频率响应。(a)对数幅度(dB);(b)通带中幅度的详图;(c)群延迟

图 7.22 例 7.5 中 6 阶椭圆滤波器的零-极点图

7.4 低通 IIR 滤波器的频率变换

对于 IIR 滤波器设计的讨论和举例主要集中在选频低通滤波器的设计上。其他类型的选频滤波器,如高通、带通、带阻、多频带滤波器也是同等重要的。与低通滤波器类似,其他种类的滤波器的特点是具有一个或几个用边沿频率规定的通带和阻带。通常理想的滤波器增益在通带内为 1,在阻带内为 0,但是低通滤波器设计技术指标的容限可能会超出通带和阻带内的理想增益和衰减。具有两个通带和一个阻带的多频带滤波器典型容限图如图 7.23 所示。

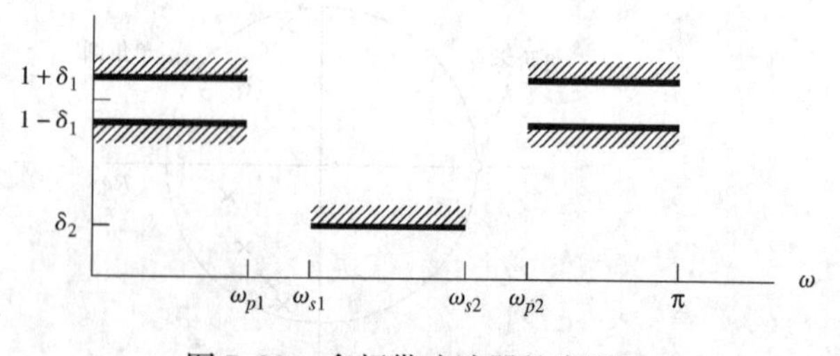

图 7.23 多频带滤波器的容限图

许多连续时间选频滤波器的传统设计方法是，首先设计一个频率归一化的原型低通滤波器，然后通过代数变换从原型低通滤波器得到所要求的滤波器（见 Guillemin，1957 和 Daniels，1974）。对于离散时间选频滤波器，可首先设计一个所需类型的连续时间选频滤波器，然后将其变换为离散时间滤波器。可以通过双线性变换法来实现这一过程，但是由于采样导致的混叠，显然脉冲响应不变法不能将高通和带通连续时间滤波器变换为相应的离散时间滤波器。但是采用双线性变换法或者脉冲响应不变法先设计一个离散时间低通滤波器，然后经过代数变换，便可得到所要求的离散时间选频滤波器。

通过采用与将连续时间系统函数变换为离散时间系统函数的双线性变换法十分类似的变换方法，可由低通离散时间滤波器得到低通、高通、带通和带阻类型的选频滤波器。下面来说明如何完成这一过程。假设给定的低通滤波器的系统函数为 $H_{\text{lp}}(Z)$，希望变换成一个新的系统函数 $H(z)$，它可具有低通、高通、带通或者带阻特性，可用单位圆上的特性来描述。注意，复变量 Z 与原型低通滤波器有关，复变量 z 与变换后的滤波器有关。然后定义一个从 Z 平面到 z 平面的映射，表示为

$$Z^{-1} = G(z^{-1}) \tag{7.38}$$

使得

$$H(z) = H_{\text{lp}}(Z)\big|_{Z^{-1}=G(z^{-1})} \tag{7.39}$$

不是将 Z 的函数表示成 z 的函数，而是在式(7.38)中将 Z^{-1} 的函数表示为 z^{-1} 的函数。这样，根据式(7.39)，为了从 $H_{\text{lp}}(z)$ 得到 $H(z)$，将 $H_{\text{lp}}(Z)$ 中的全部 Z^{-1} 用函数 $G(z^{-1})$ 替换。这是一种十分方便的表示，因为 $H_{\text{lp}}(Z)$ 通常可表示为 Z^{-1} 的有理函数。

如果 $H_{\text{lp}}(Z)$ 是一个因果稳定系统的有理系统函数，自然要求变换后的系统函数 $H(z)$ 应当是 z^{-1} 的有理函数，并且系统也是因果和稳定的。对变换 $Z^{-1}=G(z^{-1})$ 附加以下限制：

(1) $G(z^{-1})$ 必须是 z^{-1} 的有理函数。

(2) Z 平面的单位圆内必须映射到 z 平面的单位圆内。

(3) Z 平面的单位圆必须映射到 z 平面的单位圆上。

令 θ 和 ω 分别为 Z 平面和 z 平面内的频率变量（角度），即，在各自的单位圆上 $Z=e^{j\theta}$，$z=e^{j\omega}$。其次，为了满足条件(3)，它们还必须满足

$$e^{-j\theta} = |G(e^{-j\omega})|e^{j\angle G(e^{-j\omega})} \tag{7.40}$$

因此，

$$|G(e^{-j\omega})| = 1 \tag{7.41}$$

所以频率变量之间的关系为

$$-\theta = \angle G(e^{-j\omega}) \tag{7.42}$$

Constantinides（1970）证明了满足以上全部要求时函数 $G(z^{-1})$ 的最通用的形式为

$$Z^{-1} = G(z^{-1}) = \pm\prod_{k=1}^{N}\frac{z^{-1}-\alpha_k}{1-\alpha_k z^{-1}} \tag{7.43}$$

从第 5 章全通系统的讨论中可以清楚地看出，式(7.43)给出的 $G(z^{-1})$ 满足式(7.41)，并且清楚地表明，当且仅当 $|\alpha_k|<1$ 时式(7.43)将 z 平面的单位圆内映射到 z 平面的单位圆内。通过选择合适的 N 值和常数 α_k，可以得到许多映射。最简单的一种映射是将一个低通滤波器变换为具有不同通带和阻带边沿频率的另一个低通滤波器。在这种情况下，

$$Z^{-1} = G(z^{-1}) = \frac{z^{-1}-\alpha}{1-\alpha z^{-1}} \tag{7.44}$$

如果将 $Z=e^{j\theta}$ 和 $z=e^{j\omega}$ 代入，则有

$$e^{-j\theta}=\frac{e^{-j\omega}-\alpha}{1-\alpha e^{-j\omega}} \tag{7.45}$$

由此可得

$$\omega=\arctan\left[\frac{(1-\alpha^2)\sin\theta}{2\alpha+(1+\alpha^2)\cos\theta}\right] \tag{7.46}$$

当 α 取不同值时,这一关系绘于图 7.24 中(除了 $\alpha=0$ 的情况,相当于 $Z^{-1}=z^{-1}$),如果原先的系统具有一个分段恒定的低通频率响应,且截止频率为 θ_p,则转换后的系统将同样具有一个相似的低通响应,其截止频率为 ω_p,由 α 的取值决定。

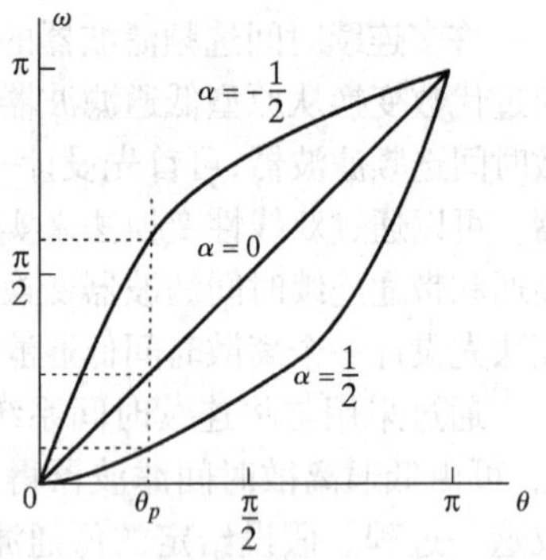

由 θ_p 和 ω_p 解出 α,可得

$$\alpha=\frac{\sin[(\theta_p-\omega_p)/2]}{\sin[(\theta_p+\omega_p)/2]} \tag{7.47}$$

图 7.24　低通到低通的变换中频率比例尺的畸变

因此,利用这些结果可以从一个已有的截止频率为 θ_p 的低通滤波器 $H_{\text{lp}}(Z)$ 得到一个截止频率为 ω_p 的低通滤波器 $H(z)$。采用式(7.47)可以从下式中求出 α:

$$H(z)=H_{\text{lp}}(Z)\Big|_{Z^{-1}=(z^{-1}-\alpha)/(1-\alpha z^{-1})} \tag{7.48}$$

(习题 7.51 说明如何应用低通-低通变换来得出一个可变截止频率滤波器的网络结构,该截止频率由单个参数 α 决定。)

由低通滤波器到高通、带通、带阻滤波器的变换可以通过类似的方式得到。这些变换汇总于表 7.1 中。在设计公式中,所有的截止频率取值范围均假定为由 0 到 π 弧度。下面的例子说明这些变换的用法。

表 7.1　由截止频率为 θ_p 的低通数字滤波器原型到高通、带通、带阻滤波器的变换

滤波器类型	变 换 式	相关的设计公式
低通滤波器	$Z^{-1}=\dfrac{z^{-1}-\alpha}{1-\alpha z^{-1}}$	$\alpha=\dfrac{\sin\left(\frac{\theta_p-\omega_p}{2}\right)}{\sin\left(\frac{\theta_p+\omega_p}{2}\right)}$ ω_p = 所要求的截止频率
高通滤波器	$Z^{-1}=-\dfrac{z^{-1}+\alpha}{1+\alpha z^{-1}}$	$\alpha=-\dfrac{\cos\left(\frac{\theta_p+\omega_p}{2}\right)}{\cos\left(\frac{\theta_p-\omega_p}{2}\right)}$ ω_p = 所要求的截止频率
带通滤波器	$Z^{-1}=\dfrac{z^{-2}-\frac{2\alpha k}{k+1}z^{-1}+\frac{k-1}{k+1}}{\frac{k-1}{k+1}z^{-2}-\frac{2\alpha k}{k+1}z^{-1}+1}$	$\alpha=\dfrac{\cos\left(\frac{\omega_{p2}+\omega_{p1}}{2}\right)}{\cos\left(\frac{\omega_{p2}-\omega_{p1}}{2}\right)}$ $k=\cot\left(\frac{\omega_{p2}-\omega_{p1}}{2}\right)\tan\left(\frac{\theta_p}{2}\right)$ ω_{p1} 所要求的下限截止频率 ω_{p2} 所要求的上限截止频率
带阻滤波器	$Z^{-1}=\dfrac{z^{-2}-\frac{2\alpha}{1+k}z^{-1}+\frac{1-k}{1+k}}{\frac{1-k}{1+k}z^{-2}-\frac{2\alpha}{1+k}z^{-1}+1}$	$\alpha=\dfrac{\cos\left(\frac{\omega_{p2}+\omega_{p1}}{2}\right)}{\cos\left(\frac{\omega_{p2}-\omega_{p1}}{2}\right)}$ $k=\tan\left(\frac{\omega_{p2}-\omega_{p1}}{2}\right)\tan\left(\frac{\theta_p}{2}\right)$ ω_{p1} = 所要求的下限截止频率 ω_{p2} = 所要求的上限截止频率

例7.6　低通滤波器到高通滤波器的变换

考虑一个I型切比雪夫滤波器具有系统函数

$$H_{\text{lp}}(Z)=\frac{0.001\,836(1+Z^{-1})^4}{(1-1.5548Z^{-1}+0.6493Z^{-2})(1-1.4996Z^{-1}+0.8482Z^{-2})} \tag{7.49}$$

设计一个4阶系统满足以下指标：

$$0.891\,25\leqslant|H_{\text{lp}}(\text{e}^{\text{j}\theta})|\leqslant 1,\quad 0\leqslant\theta\leqslant 0.2\pi \tag{7.50a}$$

$$|H_{\text{lp}}(\text{e}^{\text{j}\theta})|\leqslant 0.177\,83,\quad 0.3\pi\leqslant\theta\leqslant\pi \tag{7.50b}$$

该滤波器的频率响应如图7.25所示。

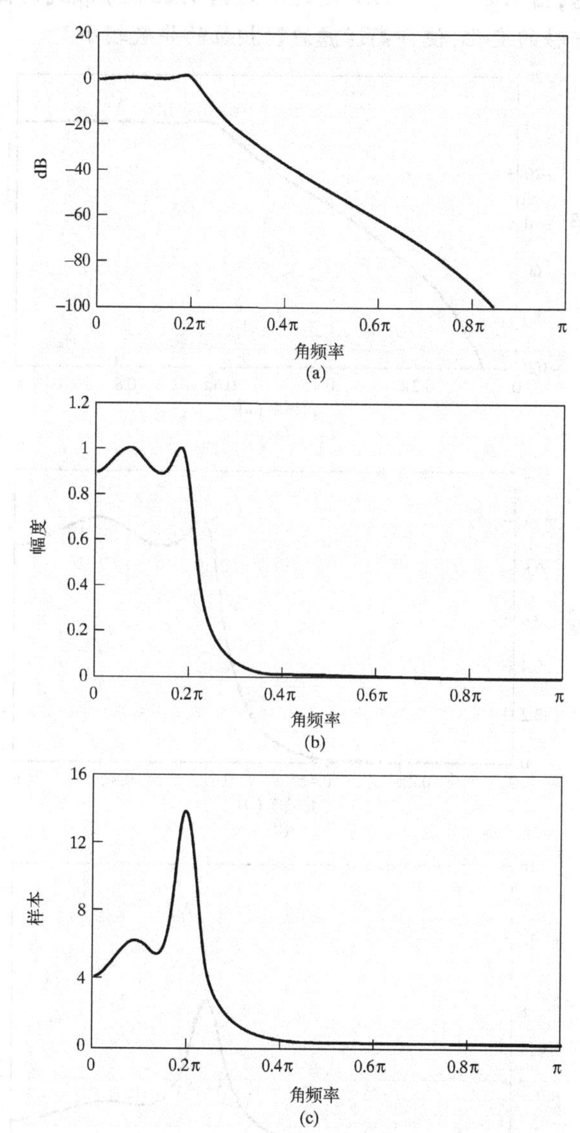

图7.25　4阶切比雪夫低通滤波器的频率响应。(a)对数幅度(dB)；(b)幅度；(c)群延迟

将这个滤波器变换为通带截止频率 $\omega_p=0.6\pi$ 的高通滤波器，由表7.1得到

$$\alpha=-\frac{\cos[(0.2\pi+0.6\pi)/2]}{\cos[(0.2\pi-0.6\pi)/2]}=-0.381\,97 \tag{7.51}$$

因此,采用表7.1中给出的低通-高通变换可得

$$\begin{aligned} H(z) &= H_{\text{lp}}(Z)\Big|_{Z^{-1}=-[(z^{-1}-0.38197)/(1-0.38197z^{-1})]} \\ &= \frac{0.02426(1-z^{-1})^4}{(1+1.0416z^{-1}+0.4019z^{-2})(1+0.5661z^{-1}+0.7657z^{-2})} \end{aligned} \tag{7.52}$$

此系统的频率响应如图7.26所示。注意,除了频率比例尺有些畸变外,如果将低通频率响应沿频率平移π,显然可以得到高通频率响应。另外应注意,低通滤波器在$Z=-1$处的第四阶零点在高通滤波器中出现在$z=1$处。这个例子也证明了这类频率变换保留了等波纹通带和阻带特性。还应注意,图7.26(c)中的群延迟不是图7.25(c)形式的简单伸缩和平移。这是因为相位有伸缩和平移的变化,使得高通滤波器相位的导数较小。

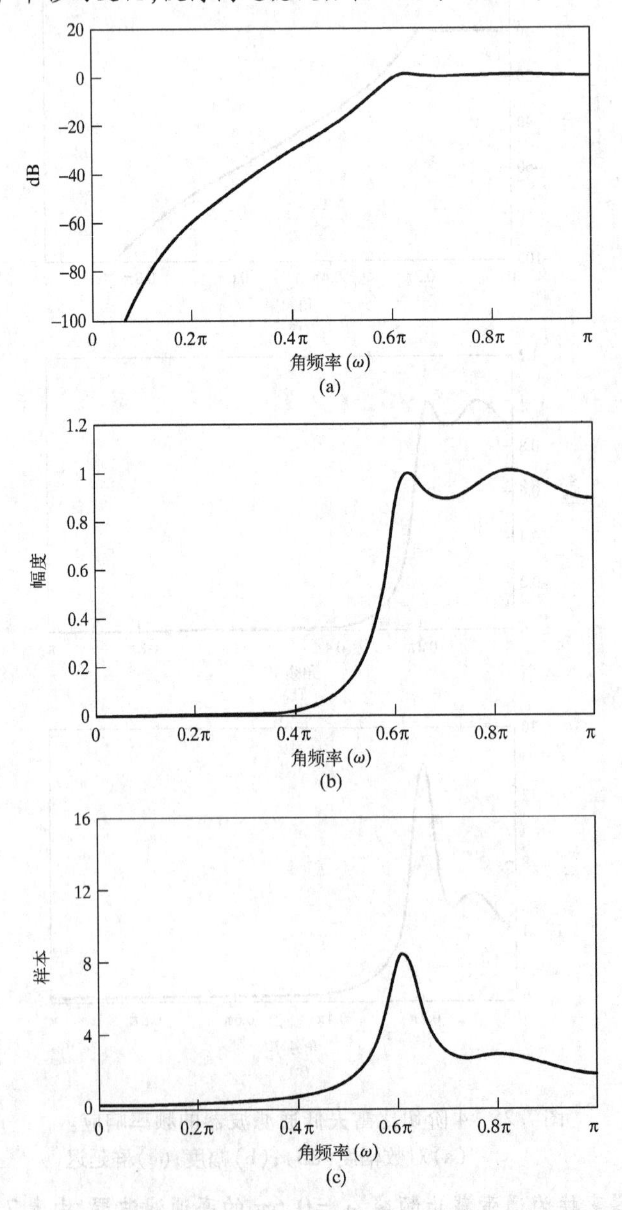

图7.26 通过频率变换得到的4阶切比雪夫高通滤波器的频率响应。(a)对数幅度(dB);(b)幅度;(c)群延迟

7.5 用窗函数法设计 FIR 滤波器

正如7.2节所讨论的，通常设计 IIR 滤波器采用的方法都是由连续时间 IIR 系统到离散时间 IIR 系统的变换演变而来的。与之对应，FIR 滤波器的设计方法以直接逼近所需离散时间系统的频率响应或脉冲响应为基础。

设计 FIR 滤波器最简单的方法称为窗函数法。这种方法一般均由一个理想的所需频率响应开始，该频率响应可表示为

$$H_d(e^{j\omega}) = \sum_{n=-\infty}^{\infty} h_d[n]e^{-j\omega n} \tag{7.53}$$

式中 $h_d[n]$ 是对应的脉冲响应序列，它可以借助 $H_d(e^{j\omega})$ 表示为

$$h_d[n] = \frac{1}{2\pi}\int_{-\pi}^{\pi} H_d(e^{j\omega})e^{j\omega n}d\omega \tag{7.54}$$

由于在两个频带间交界处的不连续性，所以许多理想化的系统均用分段恒定或分段光滑的频率响应来定义。因此这种系统具有非因果和无限长的脉冲响应。得到逼近这种系统的 FIR 滤波器的最直接方法是截短该理想脉冲响应。式(7.53)可以看成周期频率响应 $H_d(e^{j\omega})$ 的傅里叶级数表示，其中序列 $h_d[n]$ 起着傅里叶系数的作用。因此，用截短理想脉冲响应的办法来逼近理想滤波器的问题等同于傅里叶级数的收敛问题，这是一个人们已经进行了大量研究的课题。在这一理论中，一个非常重要的概念是吉布斯现象，曾在例2.18中讨论过。从下面的讨论中将会看到，FIR 滤波器设计中的这种非一致收敛现象是如何得到的。

由 $h_d[n]$ 得到因果 FIR 滤波器的一种特别简单的方法是截取 $h_d[n]$，即定义一个其脉冲响应 $h[n]$ 为如下形式的新系统①：

$$h[n] = \begin{cases} h_d[n], & 0 \leqslant n \leqslant M \\ 0, & \text{其他} \end{cases} \tag{7.55}$$

通常，可以把 $h[n]$ 表示为所需脉冲响应与一个有限长"窗函数" $w[n]$ 的乘积，即

$$h[n] = h_d[n]w[n] \tag{7.56}$$

式中由于采用如式(7.55)的简单截取，所以窗函数为矩形窗，

$$w[n] = \begin{cases} 1, & 0 \leqslant n \leqslant M \\ 0, & \text{其他} \end{cases} \tag{7.57}$$

由调制定理或加窗定理(见2.9.7节)可得

$$H(e^{j\omega}) = \frac{1}{2\pi}\int_{-\pi}^{\pi} H_d(e^{j\theta})W(e^{j(\omega-\theta)})d\theta \tag{7.58}$$

因此，$H(e^{j\omega})$ 是所需理想频率响应与窗函数傅里叶变换的周期卷积。所以，频率响应 $H(e^{j\omega})$ 将是所需频率响应 $H_d(e^{j\omega})$ "模糊了"的形式。图7.27(a)绘出了如式(7.58)所要求的典型函数 $H_d(e^{j\theta})$ 和 $W(e^{j(\omega-\theta)})$。

如果对全部的 n 有 $w[n]=1$(即完全不截断)，则 $W(e^{j\omega})$ 是周期为 2π 的周期脉冲串，因此 $H(e^{j\omega}) = H_d(e^{j\omega})$。这种解释表明，若选择 $w[n]$ 使得 $W(e^{j\omega})$ 集中在 $\omega=0$ 附近的一个狭窄频带范围内，则除

① 第5章已经给出 FIR 系统的记号，即 M 为系统函数多项式的阶次。因此 $(M+1)$ 是脉冲响应的长度或时宽。在文献中常用 N 表示 FIR 滤波器的脉冲响应的长度，但已经用 N 来表示 IIR 滤波器系统函数中分母多项式的阶次，所以为了避免混淆并保证全书的一致性，始终用 $(M+1)$ 表示 FIR 滤波器脉冲响应的长度。

去 $H_d(e^{j\omega})$ 变化很突然的地方外,$H(e^{j\omega})$ 将与 $H_d(e^{j\omega})$ 很“相像”。所以,窗函数选择的原则是,所用窗函数在长度上越短越好,以使在滤波器的实现中有最小的计算量,同时使 $W(e^{j\omega})$ 接近于一个脉冲函数;也就是说,希望 $W(e^{j\omega})$ 在频率上是高度集中的,以使式(7.58)的卷积正确地重现所要求的频率响应。如在式(7.57)矩形窗函数的情况下所能看到的,在要求上也有矛盾之处,此时

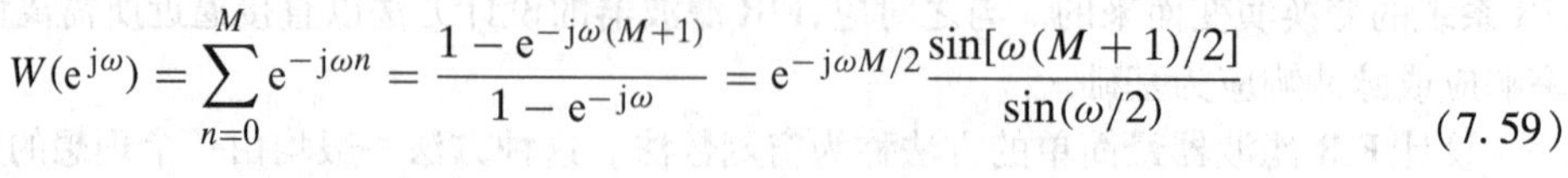

$$W(e^{j\omega}) = \sum_{n=0}^{M} e^{-j\omega n} = \frac{1-e^{-j\omega(M+1)}}{1-e^{-j\omega}} = e^{-j\omega M/2}\frac{\sin[\omega(M+1)/2]}{\sin(\omega/2)} \tag{7.59}$$

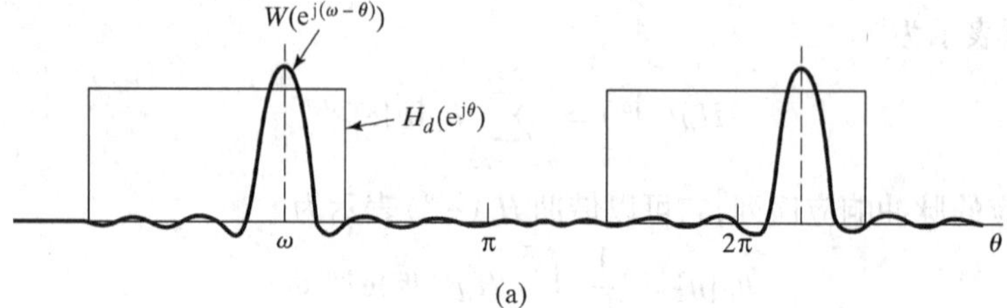

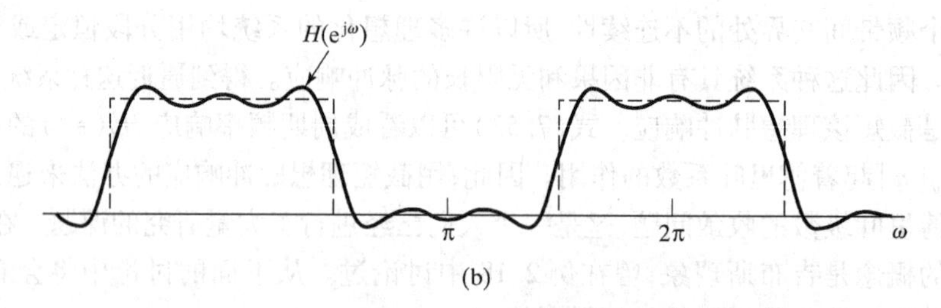

图 7.27 (a) 截断理想脉冲响应所包含的卷积过程;
(b) 对理想脉冲响应加窗后得到的典型逼近

图 7.28 中绘出了 $M=7$ 时函数 $\sin[\omega(M+1)/2]/\sin(\omega/2)$ 的幅度。应当注意,矩形窗的频率响应 $W(e^{j\omega})$ 有广义的线性相位,当 M 增加时,“主瓣”的宽度减小。通常“主瓣”定义为原点两侧第一个过零点之间的区域。对于矩形窗,主瓣宽度为 $\Delta\omega_m = 4\pi/(M+1)$。但是,矩形窗的旁瓣是很高的。事实上,当 M 增大时,主瓣峰的幅度也增大,虽然每个瓣的宽度随 M 增大而减小,但是每个瓣的面积却是常量。因此,由于随着 ω 的增大,$W(e^{j(\omega-\theta)})$ 滑过 $H_d(e^{j\theta})$ 的不连续点,所以,当 $W(e^{j(\omega-\theta)})$ 的每个旁瓣通过不连续点时,$W(e^{j(\omega-\theta)})H_d(e^{j\theta})$ 的积分将振荡。这一结果绘于图 7.27(b) 中。因为随着 M 的增大在每个瓣下的面积维持不变,所以出现的振荡将加快,但是其幅度并不随 M 的增大而减小。

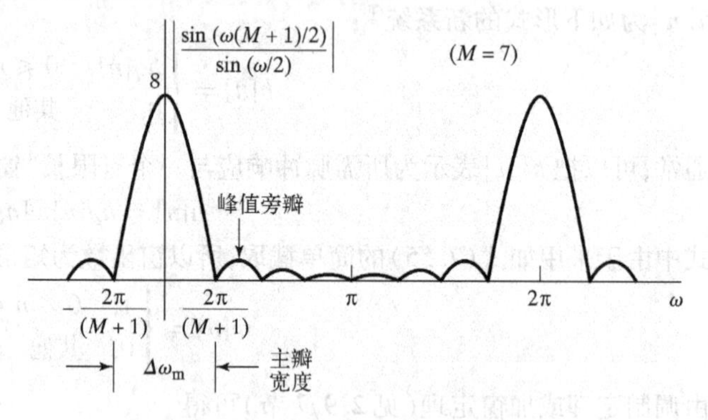

图 7.28 矩形窗傅里叶变换的幅度($M=7$)

在傅里叶级数理论中,这种非一致收敛就是著名的吉布斯现象,使用不会这样突然截断的傅里叶级数可减轻这种现象。把窗函数的两端平滑地减小至零,可减小旁瓣的高度,但是所付出的代价是主瓣要加宽,并且在不连续处过渡带的宽度也增大。

7.5.1 常用窗函数的性质

一些常用的窗函数示于图 7.29。这些窗函数用下列方程定义:

矩形窗

$$w[n]=\begin{cases}1, & 0\leqslant n\leqslant M\\ 0, & 其他\end{cases} \tag{7.60a}$$

$$w[n]=\begin{cases}2n/M, & 0\leqslant n\leqslant M/2,\ M\ 为偶数\\ 2-2n/M, & M/2<n\leqslant M,\\ 0, & 其他\end{cases} \tag{7.60b}$$

$$w[n]=\begin{cases}0.5-0.5\cos(2\pi n/M), & 0\leqslant n\leqslant M\\ 0, & 其他\end{cases} \tag{7.60c}$$

Hamming 窗

$$w[n]=\begin{cases}0.54-0.46\cos(2\pi n/M), & 0\leqslant n\leqslant M\\ 0, & 其他\end{cases} \tag{7.60d}$$

Blackman 窗

$$w[n]=\begin{cases}0.42-0.5\cos(2\pi n/M)+0.08\cos(4\pi n/M), & 0\leqslant n\leqslant M\\ 0, & 其他\end{cases} \tag{7.60e}$$

为了方便起见，图 7.29 把这些窗绘成连续变量函数的图形，但是如式(7.60)所示，这些窗序列只限定为 n 的整数值的函数。

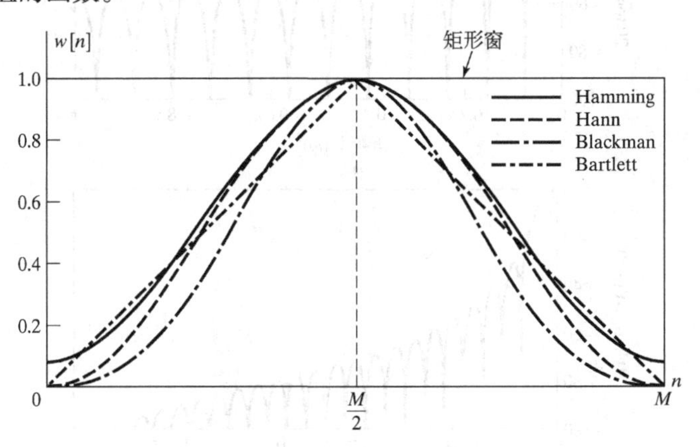

图 7.29　常用的窗函数

Bartlett 窗，Hann 窗，Hamming 窗和 Blackman 窗均用首创者的名字来命名。Hann 窗与奥地利气象学家 Julius von Hann 有关。"hanning"这一术语曾被 Blackman and Turkey(1958)用来描述将这种窗加到某一信号上的操作，后来随着人们逐渐喜欢选用"Hanning"或"hanning"一词，它才普遍地被用作窗函数的名字。Bartlett 窗和 Hann 窗在定义时有一些微小的区别。正如定义 $w[0]=w[M]=0$，因此根据这个定义有理由推断窗的长度实际上只有 $M-1$ 个样本点。Bartlett 窗和 Hann 窗的其他定义是在定义的基础上进行了一个样本的平移，并重新给定了窗的长度。

正如第 10 章中所讨论的，式(7.60)定义的窗函数通常用于谱分析和 FIR 滤波器的设计。它们具有人们所希望的特性，其傅里叶变换集中在 $\omega=0$ 附近，并且具有简单的函数形式，容易计算。Bartlett 窗傅里叶变换可表示成两个矩形窗的傅里叶变换的乘积，而且其他窗的傅里叶变换也可以表示成式(7.59)给出的矩形傅里叶变换经不同频移后的和(见习题 7.34)。

图 7.30 绘出每个窗均取 $M=50$ 时函数 $20\log_{10}|W(e^{j\omega})|$ 的图形。显然，矩形窗的主瓣最窄，因为当长度一定时，它能使 $H(e^{j\omega})$ 在 $H_d(e^{j\omega})$ 的间断点处有最陡的过渡带特性。但是，它的第一个

旁瓣只比主瓣低约 13 dB,并且使得 $H(e^{j\omega})$ 在 $H_d(e^{j\omega})$ 的间断点处有大幅度振荡。表 7.2 比较了式(7.60)中的各种窗函数。从表 7.2 中可以清楚地看出,使用如 Hamming 窗,Hann 窗和 Blackman 窗之类的使窗的两端平滑减小至零的窗函数,可以使旁瓣(表 7.2 中第二列)大幅度下降。但是所付出的代价是,主瓣宽度(第三列)增加很多,因此在 $H_d(e^{j\omega})$ 的间断点处的过渡区也加宽了。表 7.2中其他各列的特点将在后面章节讨论。

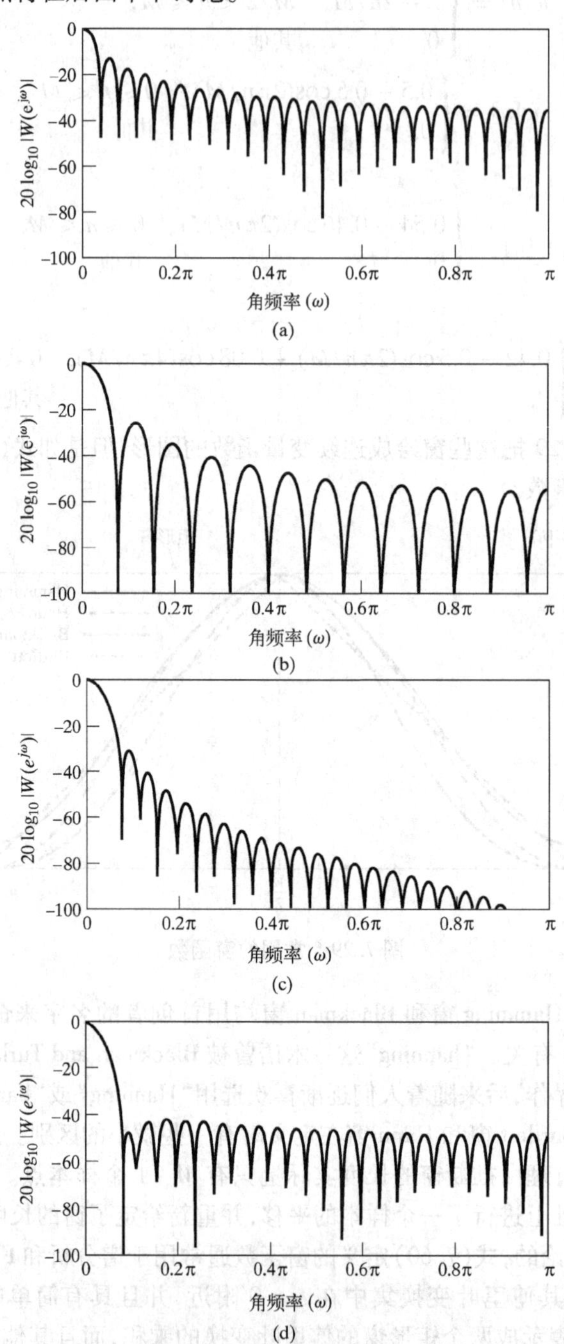

图 7.30 $M=50$ 时图 7.29 中各种窗函数的傅里叶变换(对数幅度)。(a)矩形窗;(b) Bartlett窗;(c) Hann窗;(d) Hamming窗;(e) Blackman窗

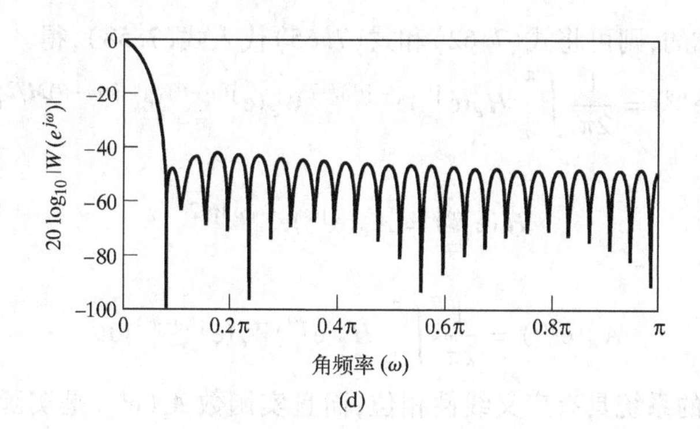

图7.30　$M=50$ 时图7.29中各种窗函数的傅里叶变换(对数幅度)。(a)矩形窗;(b)Bartlett窗;(c)Hann窗;(d)Hamming窗;(e)Blackman窗(续)

表7.2　常用窗函数的比较

窗的类型	最大旁瓣幅度(相对值)	主瓣近似宽度	最大逼近误差 $20\log_{10}\delta$(dB)	等效 Kaiser 窗 β	等效 Kaiser 窗的过渡带宽度
矩形	-13	$4\pi(M+1)$	-21	0	$1.81\pi/M$
Bartlett	-25	$8\pi/M$	-25	1.33	$2.37\pi/M$
Hanning	-31	$8\pi/M$	-44	3.86	$5.01\pi/M$
Hamming	-41	$8\pi/M$	-53	4.86	$6.27\pi/M$
Blackman	-57	$12\pi/M$	-74	7.04	$9.19\pi/M$

7.5.2　广义线性相位的合并

在设计各型FIR滤波器时,总是希望能得到具有广义线性相位特性的因果系统。式(7.60)的所有窗函数就是为满足这一要求而定义的。特别应注意,全部窗函数均有性质

$$w[n]=\begin{cases}w[M-n], & 0\leqslant n\leqslant M\\ 0, & \text{其他}\end{cases} \tag{7.61}$$

即它们对于点 $M/2$ 为对称的。所以,它们的傅里叶变换为

$$W(e^{j\omega})=W_e(e^{j\omega})e^{-j\omega M/2} \tag{7.62}$$

式中 $W_e(e^{j\omega})$ 是 ω 的实偶函数。这由式(7.59)就可以证明。式(7.61)的约定一般导致因果滤波器,并且若所需的脉冲响应也是对点 $M/2$ 对称的,即 $h_d[M-n]=h_d[n]$,则加窗后的脉冲响应将也是对点 $M/2$ 呈反对称的,而且所得出的频率响应将有附带90°常数相移的广义线性相位,也就是

$$H(e^{j\omega})=A_e(e^{j\omega})e^{-j\omega M/2} \tag{7.63}$$

其中 $A_e(e^{j\omega})$ 是实数的,并且是 ω 的偶函数。同样,若所需的冲激响应是对点 $M/2$ 呈反对称的,即 $h_d[M-n]=-h_d[n]$,则加窗后的冲激响应将也是对点 $M/2$ 呈反对称的,而且所得出的频率响应将有附带90°常数相移的广义线性相位,即

$$H(e^{j\omega})=jA_o(e^{j\omega})e^{-j\omega M/2} \tag{7.64}$$

式中 $A_o(e^{j\omega})$ 为实数,并且是 ω 的奇函数。

虽然当研究对称窗函数与对称的(或反对称的)所需脉冲响应的乘积时,以上结论显而易见,但是,研究它们的频域表示也十分有益。假设 $h_d[M-n]=h_d[n]$,并有

$$H_d(e^{j\omega})=H_e(e^{j\omega})e^{-j\omega M/2} \tag{7.65}$$

式中 $H_e(e^{j\omega})$ 是实的偶函数。

如果窗函数是对称的,则可将式(7.62)和式(7.65)代入式(7.58),得

$$H(e^{j\omega}) = \frac{1}{2\pi}\int_{-\pi}^{\pi} H_e(e^{j\theta})e^{-j\theta M/2}W_e(e^{j(\omega-\theta)})e^{-j(\omega-\theta)M/2}d\theta \tag{7.66}$$

化简相位因子得到

$$H(e^{j\omega}) = A_e(e^{j\omega})e^{-j\omega M/2} \tag{7.67}$$

式中,

$$A_e(e^{j\omega}) = \frac{1}{2\pi}\int_{-\pi}^{\pi} H_e(e^{j\theta})W_e(e^{j(\omega-\theta)})d\theta \tag{7.68}$$

由此可以看出,所得到的系统具有广义线性相位,而且实函数 $A_e(e^{j\omega})$ 是实函数 $H_e(e^{j\omega})$ 和 $W_e(e^{j\omega})$ 的周期卷积。

式(7.68)卷积的具体特性决定着由窗函数所得滤波器的幅度响应。下面的例子说明了线性相位低通滤波器的这一特点。

例 7.7　线性相位低通滤波器

将所要求的频率响应定义为

$$H_{lp}(e^{j\omega}) = \begin{cases} e^{-j\omega M/2}, & |\omega| < \omega_c \\ 0, & \omega_c < |\omega| \leqslant \pi \end{cases} \tag{7.69}$$

式中广义相位因子已经合并到理想低通滤波器的定义中。对于 $-\infty < n < \infty$,相应的理想脉冲响应为

$$h_{lp}[n] = \frac{1}{2\pi}\int_{-\omega_c}^{\omega_c} e^{-j\omega M/2}e^{j\omega n}d\omega = \frac{\sin[\omega_c(n-M/2)]}{\pi(n-M/2)} \tag{7.70}$$

很容易证明 $H_{lp}[M-n] = H_{lp}[n]$,因此若在方程

$$h[n] = \frac{\sin[\omega_c(n-M/2)]}{\pi(n-M/2)}w[n] \tag{7.71}$$

中使用对称窗,则可以得到一个线性相位系统。

图 7.31 的上半部分绘出了适用于式(7.60)所有窗函数的幅度响应的特性,但 Bartlett 窗除外,因为在滤波器设计中很少用到它(M 为偶数时,Bartlett 窗应产生一个单调函数 $A_e(e^{j\omega})$,因为 $W_e(e^{j\omega})$ 是正函数)。图 7.31 表现出窗函数法逼近具有阶跃间断点的所需频率响应时的重要特性。当 ω_c 不靠近零或 π 且主瓣宽度小于 $2\omega_c$ 时,这种方法可以得到精确的结果。图 7.31 的下半部分是对称窗的典型傅里叶变换(线性相位除外)。从图中可以清楚地看出窗函数在不同位置时的作用,以帮助理解在 ω_c 附近逼近函数 $A_e(e^{j\omega})$ 为什么会有这种形状。

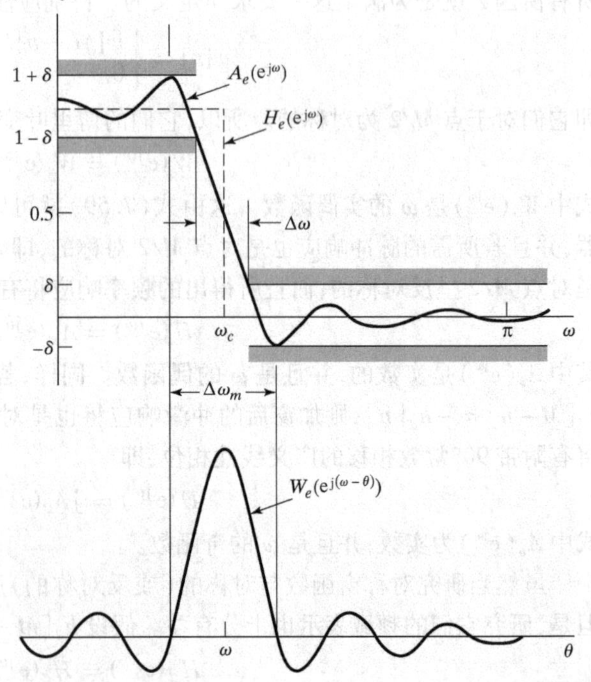

图 7.31　理想频率响应间断点处得到的逼近形式的说明

当 $\omega=\omega_c$ 时,对称函数 $W_e(e^{j(\omega-\theta)})$ 的中心位于间断点处,并且约有一半的面积在 $A_e(e^{j\omega})$ 中起作用。还可以看出,

当 $W_e(e^{j(\omega-\theta)})$ 平移到其右边的第一个负旁瓣正好位于 ω_c 右边时，会出现峰的上冲。同样，当左边的第一个负旁瓣正好位于 ω_c 的左边时，会出现峰的下冲（为负值）。这表明间断点两边最大波峰之间的距离约等于主瓣宽度 $\Delta\omega_m$，如图7.31所示。因此，图7.31所定义的过渡带宽度 $\Delta\omega$ 略小于主瓣宽度。最后，由于 $W_e(e^{j(\omega-\theta)})$ 的对称性，逼近的结果会在 ω_c 附近也趋向于是对称的。这就是说，在通带中有 δ 的上冲，而在阻带中也有同样大小的下冲。

表7.2的第四列表示对于式(7.60)中的窗函数的峰值逼近误差(dB)。显然，窗函数的旁瓣越低，则在理想响应的间断点处所得到的逼近越好。第三列表示主瓣宽度，它说明若增大 M，则可以使过渡区域变窄。所以，通过选择窗的形状和长度就能控制所得FIR滤波器的特性。但是，反复试用不同的窗函数并调整窗的长度和逼近误差，并不是一种很简单的滤波器设计方法。幸运的是，Kaiser(1974)已推导出一种窗函数法的简单公式。

7.5.3 Kaiser窗滤波器设计法

在频域寻找最大限度地集中在 $\omega=0$ 附近的窗函数，可以定量地在主瓣宽度和旁瓣面积之间进行权衡选择。Slepian等人(1961)的一系列经典论文深入地研究了这个问题，论文中所求出的解涉及很难计算的扁球体波函数，因此也很难用于滤波器的设计中。但是，Kaiser(1966,1974)发现，利用十分容易的第一类零阶修正Bessel函数可构成一种近似最佳的窗函数。Kaiser窗定义为

$$w[n]=\begin{cases}\dfrac{I_0[\beta(1-[(n-\alpha)/\alpha]^2)^{1/2}]}{I_0(\beta)}, & 0\leqslant n\leqslant M\\ 0, & \text{其他}\end{cases}\tag{7.72}$$

式中 $\alpha=M/2$，$I_0(\cdot)$ 表示第一类零阶修正Bessel函数。与式(7.60)中其他窗函数相反，Kaiser窗有两个参数：长度参数 $(M+1)$ 和形状参数 β。若改变 $(M+1)$ 和 β 就可以调整窗的长度和形状，以便达到窗的旁瓣幅度和主瓣宽度之间的某种折中。图7.32(a)所示为 $\beta=0,3$ 和6时，长度 $M+1=21$ 的Kaiser窗的连续包络。应当注意，式(7.72)在 $\beta=0$ 的情况下就变为矩形窗。图7.32(b)表示图7.32(a)中Kaiser窗所对应的傅里叶变换。图7.32(c)表示取 $\beta=6$ 以及 $M=10,20$ 和40时的Kaiser窗的傅里叶变换。这些图清楚地表明可以达到所需要的折中。如果窗的两端越尖，则其傅里叶变换的旁瓣就越低，但是主瓣也就越宽。图7.32(c)表明，若增大 M 而同时保持 β 不变，则可使主瓣宽度减小，且不影响旁瓣峰值的幅度。事实上，通过大量的数值实验，Kaiser得到一对公式，它可使滤波器设计人员事先预算出满足给定选频滤波器技术指标所需的 M 值和 β 值。图7.31上面的图为用Kaiser窗得到的典型逼近，并且Kaiser(1974)发现，在很宽范围的条件内，峰值逼近误差（图7.31中的 δ）由 δ 的选择来确定。若已知 δ 是固定的，则低通滤波器的通带截止频率 ω_p 定义为 $|H(e^{j\omega})|\geqslant 1-\delta$ 时的最高频率，阻带截止频率 ω_s 定义为 $|H(e^{j\omega})|\leqslant\delta$ 的最低频率。因此，对于低通滤波器逼近，其过渡区的宽度是

$$\Delta\omega=\omega_s-\omega_p\tag{7.73}$$

定义

$$A=-20\log_{10}\delta\tag{7.74}$$

Kaiser用实验的方法求出，得到规定的 A 值所需要的 β 值由下式计算：

$$\beta=\begin{cases}0.1102(A-8.7), & A>50\\ 0.5842(A-21)^{0.4}+0.07886(A-21), & 21\leqslant A\leqslant 50\\ 0.0, & A<21\end{cases}\tag{7.75}$$

（应当记得，$\beta=0$ 时为矩形窗，此时 $A=21$）另外，要得到预定的 A 和 $\Delta\omega$ 值，M 必须满足

$$M=\frac{A-8}{2.285\Delta\omega} \tag{7.76}$$

式(7.76)预计,在 $\Delta\omega$ 和 A 值的很大范围内,M 的值在 ±2 之间。所以若使用这些公式,则 Kaiser 窗设计法几乎不需要迭代或反复试验,并且几乎没有误差。例 7.6 体现和说明了设计过程。

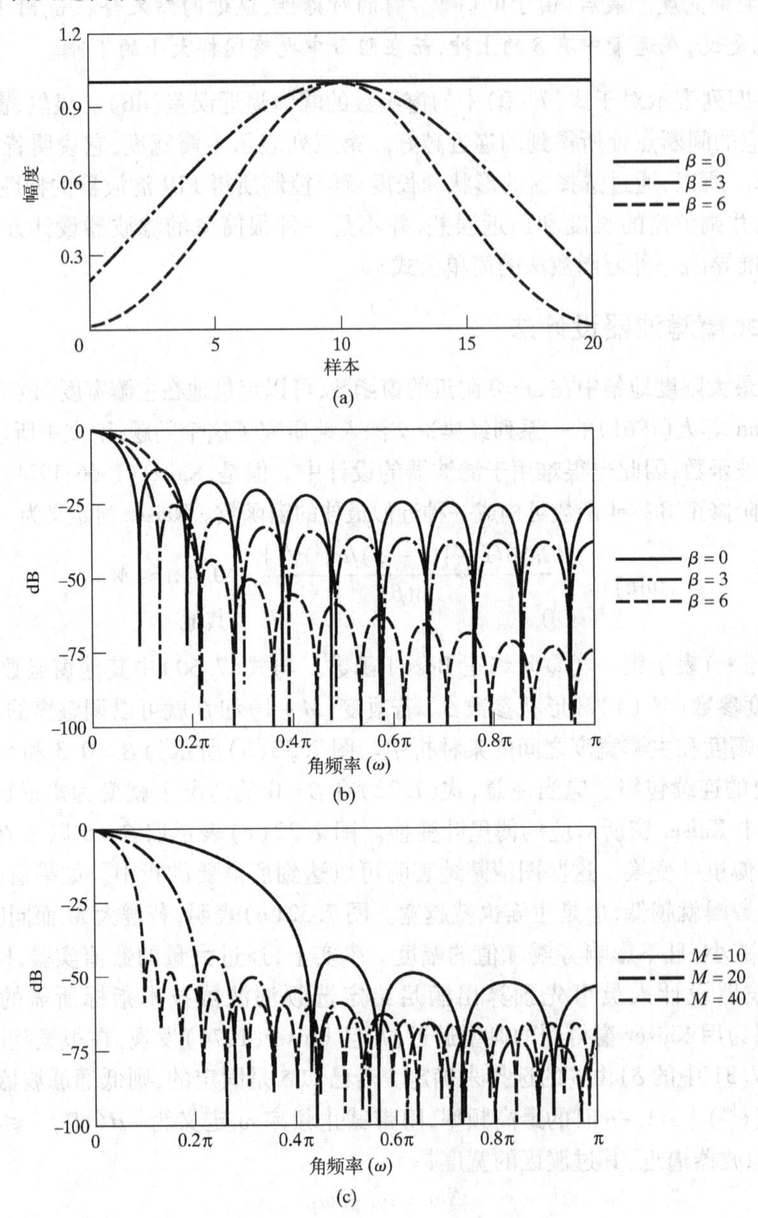

图 7.32 (a) $\beta=0,3$ 和 6 以及 $M=20$ 时的 Kaiser 窗;(b) 在(a)中各窗函数所对应的傅里叶变换;(c) 取 $\beta=6$ 以及 $M=10,20$ 和 40 时 Kaiser 窗的傅里叶变换

Kaiser 窗与其他窗之间的关系

窗函数设计法的基本原理是用本节中所讨论的一个有限长窗函数去截取理想脉冲响应。在频域中相应产生的影响是,理想频率响应与窗函数的傅里叶变换进行了卷积。如果理想滤波器是一个低通滤波器,则当窗函数傅里叶变换的主瓣在卷积过程中移动通过间断点时,就模糊了理想滤波器频率

响应的间断特性。对于一个初步的逼近,所得过渡带的带宽由窗函数傅里叶变换的旁瓣来确定。因为通带和阻带的波纹是由对称窗函数旁瓣的积分产生的,所以通带和阻带中的波纹近似相等。另外,对一个好的逼近来说,最大通带和阻带的偏差不取决于 M,而只能通过改变所用窗函数的形状来改变这些偏差。表 7.2 的最后两列将 Kaiser 窗与式(7.75)中的窗进行了比较。表中第五列给出了 Kaiser 窗的形状参数,用该参数可以得到与第一列所给窗函数相同的峰值逼近误差(δ)。第六列表示所对应的用 Kaiser 窗设计的滤波器的过渡带宽度[由式(7.76)得出]。由这个公式可以得出对其他窗函数的过渡带宽度较好的预计结果,这要比表第三列中所给出的主瓣宽度更准确。

图 7.33 给出了不同 β 值的 Kaiser 窗与其他固定窗函数在最大逼近误差对于过渡带宽度关系方面的性能对比。由式(7.76)得出的虚线表明 Kaiser 公式是作为 Kaiser 窗过渡带宽度函数的逼近误差的准确表示。

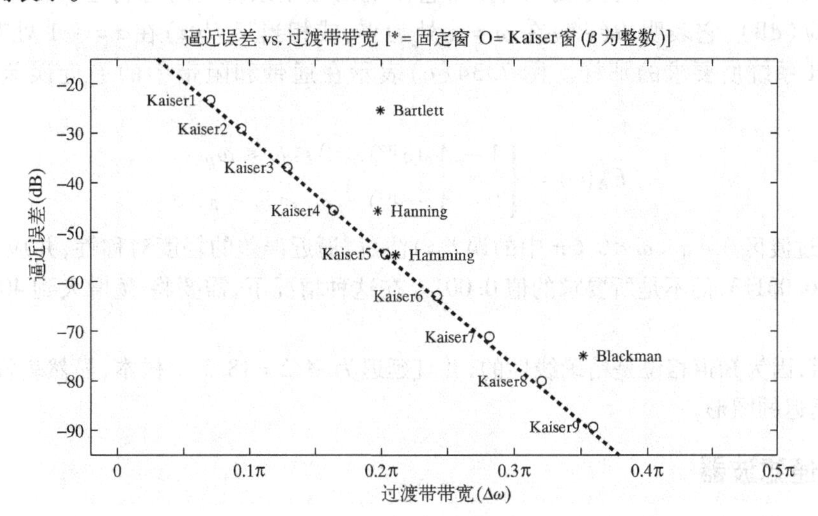

图 7.33　固定窗与 Kaiser 窗在低通滤波器设计实例($M=32,\omega_c=\pi/2$)中的对比(注意,符号"Kaiser6"表示$\beta=6$的Kaiser窗,等等)

7.6　Kaiser 窗法设计 FIR 滤波器举例

本节将给出几个例子说明对于包括低通滤波器在内的一些滤波器类型如何使用 Kaiser 窗得到 FIR 滤波器的逼近。

7.6.1　低通滤波器

利用 Kaiser 窗设计公式直接设计一个满足预定技术指标的 FIR 低通滤波器,其步骤如下:

(1) 首先给定技术指标。这就是选取所要求的 ω_p 和 ω_s,以及最大允许逼近误差。对于窗函数设计法,所得滤波器将在通带和阻带内具有相同的峰值误差 δ。本例中使用与例7.5 相同的技术指标,即 $\omega_p=0.4\pi,\omega_s=0.6\pi,\delta_1=0.01$ 和 $\delta_2=0.001$。因为用窗函数设计法的滤波器本来就有 $\delta_1=\delta_2$,所以应当设 $\delta=0.001$。

(2) 必须求出基本理想低通滤波器的截止频率。由于在 $H_d(\mathrm{e}^{\mathrm{j}\omega})$ 间断点处逼近的对称性,所以应当设

$$\omega_c=\frac{\omega_p+\omega_s}{2}=0.5\pi$$

(3) 为了确定 Kaiser 窗的参数,首先计算

$$\Delta\omega = \omega_s - \omega_p = 0.2\pi, \qquad A = -20\log_{10}\delta = 60$$

可将这两个量代入式(7.75)和式(7.76)求出所需的β和M值。对于本例,公式计算的结果是

$$\beta = 5.653, \qquad M = 37$$

(4) 用式(7.71)和式(7.72)计算滤波器的脉冲响应,得到

$$h[n] = \begin{cases} \dfrac{\sin\omega_c(n-\alpha)}{\pi(n-\alpha)} \cdot \dfrac{I_0[\beta(1-[(n-\alpha)/\alpha]^2)^{1/2}]}{I_0(\beta)}, & 0 \leqslant n \leqslant M \\ 0, & \text{其他} \end{cases}$$

式中$\alpha = M/2 = 37/2 = 18.5$。因为$M = 37$是一个奇整数,所以所得线性相位系统应当是Ⅱ型系统(具有广义线性相位的四种类型 FIR 系统的定义可见 5.7.3 节)。该滤波器的响应特性示于图 7.34中。图 7.34(a)表示脉冲响应,它体现出Ⅱ型系统的对称特性。图 7.34(b)表示对数幅度响应(dB),它表明$H(e^{j\omega})$在$\omega = \pi$处为零,或相当于$H(z)$在$z = -1$处有一个零点,正如Ⅱ型 FIR 系统所要求的那样。图 7.34(c)表示在通带和阻带中的逼近误差。这个误差函数定义为

$$E_A(\omega) = \begin{cases} 1 - A_e(e^{j\omega}), & 0 \leqslant \omega \leqslant \omega_p \\ 0 - A_e(e^{j\omega}), & \omega_s \leqslant \omega \leqslant \pi \end{cases} \tag{7.77}$$

(没有定义在过渡区$0.4\pi < \omega < 0.6\pi$中的误差。)注意,逼近误差的轻度对称性,并应注意,峰值逼近误差为$\delta = 0.00113$,而不是所要求的值 0.001。在这种情况下,需要将M增大到 40 以满足技术指标要求。

(5) 最后,因为知道相位是精确线性的,并且延迟为$M/2 = 18.5$个样本,显然就没有必要再画出相位或群延迟的图形。

7.6.2 高通滤波器

具有广义线性相位的理想高通滤波器有频率响应

$$H_{\text{hp}}(e^{j\omega}) = \begin{cases} 0, & |\omega| < \omega_c \\ e^{-j\omega M/2}, & \omega_c < |\omega| \leqslant \pi \end{cases} \tag{7.78}$$

计算$H_{\text{hp}}(e^{j\omega})$的逆变换就可以求出相应的脉冲响应,可以看出

$$H_{\text{hp}}(e^{j\omega}) = e^{-j\omega M/2} - H_{\text{lp}}(e^{j\omega}) \tag{7.79}$$

其中$H_{\text{lp}}(e^{j\omega})$由式(7.69)给出,因此$h_{\text{hp}}[n]$为

$$h_{\text{hp}}[n] = \frac{\sin\pi(n-M/2)}{\pi(n-M/2)} - \frac{\sin\omega_c(n-M/2)}{\pi(n-M/2)}, \qquad -\infty < n < \infty \tag{7.80}$$

为了设计一个逼近高通滤波器的 FIR 系统,可以用与 7.6.1 节同样的方式来进行。

假设要设计一个高通滤波器,满足技术指标:

$$|H(e^{j\omega})| \leqslant \delta_2, \qquad |\omega| \leqslant \omega_s$$

$$1 - \delta_1 \leqslant |H(e^{j\omega})| \leqslant 1 + \delta_1, \qquad \omega_p \leqslant |\omega| \leqslant \pi$$

式中$\omega_s = 0.35\pi$,$\omega_p = 0.5\pi$和$\delta_1 = \delta_2 = \delta = 0.02$。因为理想响应也有一个间断点,所以可用 Kaiser 公式(7.75)和式(7.76),并取$A = 33.98$,$\Delta\omega = 0.15\pi$估计出所要求的值$\beta = 2.65$和$M = 24$。图 7.35表示将具有这些参数的 Kaiser 窗函数用于$h_{\text{hp}}[n]$并取$\omega_c = (0.35\pi + 0.5\pi)/2$时得出的响应函数的特性。注意,因为$M$是偶整数,所以滤波器是线性相位的Ⅰ型 FIR 系统,并且延迟正好为$M/2 = 12$个样本。此时,实际的峰值逼近误差$\delta = 0.0209$,而不是如所预定的 0.02。因为,除阻带的边缘外,各处的误差均小于 0.02,所以可以简单地将M增大至 25 而保持β不变,从而使过渡带

变窄。图 7.36 中示出了这种 Ⅱ 型滤波器,由于线性相位的限制迫使 $H(z)$ 的零点位于 $z=-1(\omega=\pi)$ 处,所以其性能很不令人满意。虽然将阶次增加一阶所得结果并不好,但是若将 M 增大至 26 就会得到一个性能超过指标的 Ⅰ 型系统。显然,一般说来 Ⅱ 型 FIR 线性相位系统不适用于逼近高通或带阻滤波器。

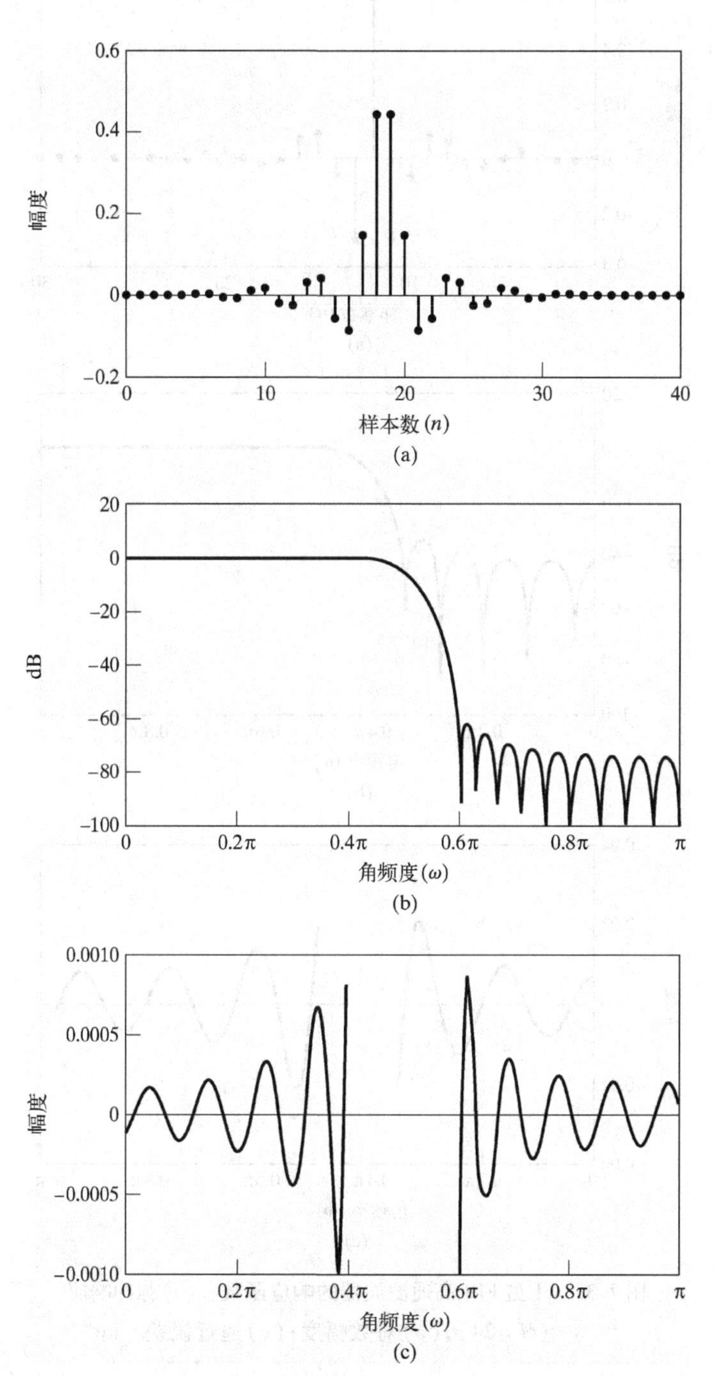

图 7.34　用 Kaiser 窗设计的低通滤波器的响应函数。(a)脉冲响应;(b)对数幅度;(c)$A_e(e^{j\omega})$ 的逼近误差

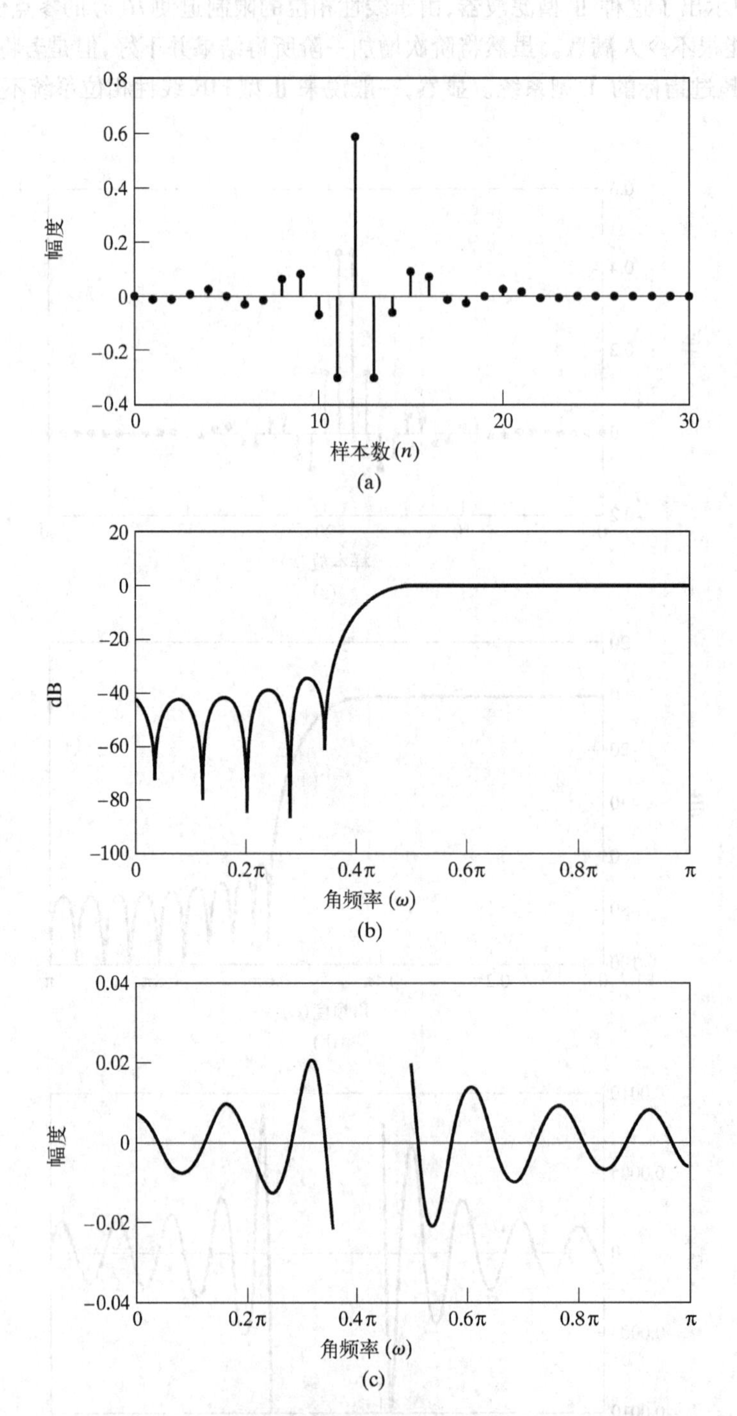

图 7.35 Ⅰ型 FIR 高通滤波器的响应函数。(a)脉冲响应($M=24$);(b)对数幅度;(c)逼近误差$A_e(e^{j\omega})$

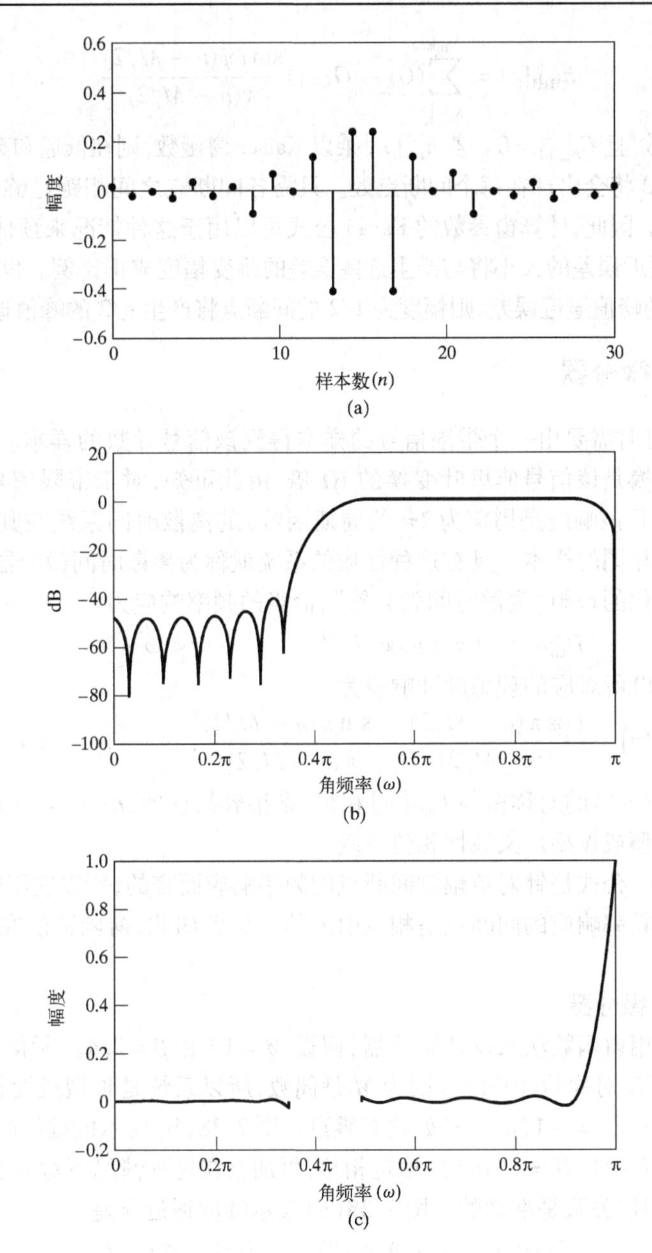

图7.36　Ⅱ型 FIR 高通滤波器的响应函数。(a)脉冲响应($M=25$);(b)对数幅度;(c)逼近误差$A_e(e^{j\omega})$

上面关于高通滤波器设计的讨论可以推广到多通带和多阻带的情况。图7.37表示一个理想的多频带选频滤波器的频率响应。这种广义的多频带滤波器包括其低通、高通、带通和带阻滤波器,这些滤波器是广义多频带滤波器的特殊情况。如果给这种滤波器的幅度函数乘以一个线性相位因子$e^{-j\omega M/2}$,则相应的脉冲响应为

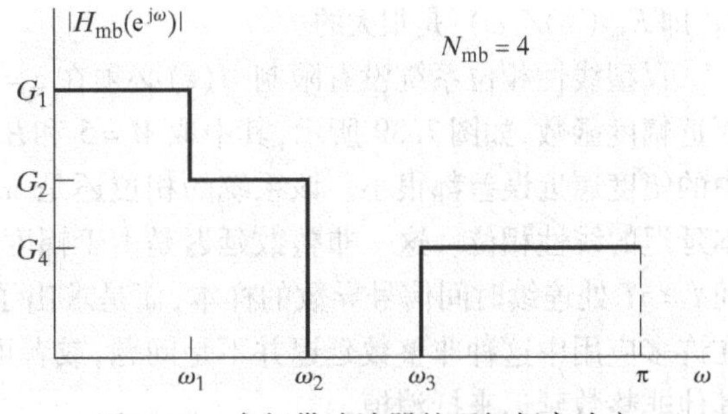

图7.37　多频带滤波器的理想频率响应

$$h_{\mathrm{mb}}[n]=\sum_{k=1}^{N_{\mathrm{mb}}}(G_k-G_{k+1})\frac{\sin\omega_k(n-M/2)}{\pi(n-M/2)}\tag{7.81}$$

式中 N_{mb} 是频带的个数,且 $G_{N_{\mathrm{mb}}+1}=0$。若 $h_{\mathrm{mb}}[n]$ 乘以 Kaiser 窗函数,则在低通和高通系统的单间断点处已经看到的逼近方式将会出现在每个间断点处。只需各间断点之间相距足够远,则在每个间断点处的特性将是相同的。因此,计算窗参数的 Kaiser 公式可以用于这种情况来预估计逼近误差和过渡带宽度。应当注意,逼近误差的大小将与产生这些误差的跳变幅度成正比例。也就是说,如果幅度为 1 的间断点能产生 δ 的峰值逼近误差,则幅度为 1/2 的间断点将产生 $\delta/2$ 的峰值逼近误差。

7.6.3 离散时间微分器

如例 4.4 所示,有时需要由一个带限信号的样本得到该信号导数的样本。因为一个连续时间信号导数的傅里叶变换是该信号傅里叶变换的 $\mathrm{j}\Omega$ 倍,由此可知,对于带限信号来说,频率响应为 $\mathrm{j}\omega/T$, $-\pi<\omega<\pi$(并且该响应是周期为 2π 的周期函数)的离散时间系统在其输出端将会得到与连续时间信号的导数相同的样本。具有这种性质的系统就称为离散时间微分器。

对于一个线性相位的理想"离散时间微分器",恰当的频率响应为

$$H_{\mathrm{diff}}(\mathrm{e}^{\mathrm{j}\omega})=(\mathrm{j}\omega)\mathrm{e}^{-\mathrm{j}\omega M/2},\qquad -\pi<\omega<\pi\tag{7.82}$$

(已经省略了因子 $1/T$)所对应的理想脉冲响应为

$$h_{\mathrm{diff}}[n]=\frac{\cos\pi(n-M/2)}{(n-M/2)}-\frac{\sin\pi(n-M/2)}{\pi(n-M/2)^2},\qquad -\infty<n<\infty\tag{7.83}$$

如果用一个长度为$(M+1)$的对称窗与 $h_{\mathrm{diff}}[n]$ 相乘,则很容易证明,$h[n]=-h[M-n]$。因此,所得到的系统是一个Ⅲ型或Ⅳ型广义线性相位系统。

由于导出的 Kaiser 公式是针对单幅度间断点的频率响应而言的,所以它不能直接用于微分器,因为在微分器中理想频率响应的间断点是相位引入的。尽管如此,窗函数法在设计这种系统时还是十分有效的。

用 Kaiser 窗设计微分器

为了证明如何使用窗函数法来设计微分器,假设 $M=10$ 和 $\beta=2.4$。所得出的响应如图 7.38 所示,图 7.38(a)表示反对称脉冲响应。因为 M 是偶数,所以系统是Ⅲ型线性相位系统,这意味着 $H(z)$ 在 $z=+1(\omega=0)$ 和 $z=-1(\omega=\pi)$ 处均有零点。图 7.38(b)所示的幅度响应中清楚地表现出了这一点。因为Ⅲ型系统具有 $\pi/2$ rad 的恒定相移,再加上在这种情况下对应于 $M/2=5$ 个样本延迟的线性相位,所以相位关系是准确的。图 7.38(c)表示幅度逼近误差

$$E_{\mathrm{diff}}(\omega)=\omega-A_o(\mathrm{e}^{\mathrm{j}\omega}),\qquad 0\leqslant\omega\leqslant0.8\pi\tag{7.84}$$

其中 $A_o(\mathrm{e}^{\mathrm{j}\omega})$ 是逼近幅度。(注意,该误差在 $\omega=\pi$ 附近很大,并且在图中没有画出频率大于 $\omega=0.8\pi$ 处的误差。)显然,在整个频率上没有得到线性增长的幅度,并且对于低频或高频($\omega=\pi$ 附近)处的相对误差[即 $E_{\mathrm{diff}}(\omega)/(\omega)$]是很大的。

Ⅳ型线性相位系统没有限制 $H(z)$ 必须在 $z=-1$ 处有一个零点。这种类型的系统可以很好地逼近幅度函数,如图 7.39 所示,其中取 $M=5$ 和 $\beta=2.4$。此时,在接近 $\omega=0.8\pi$ 及其以上频率范围中的幅度逼近误差都很小。该系统的相位还是 $\pi/2$ rad 的恒定相移再加上对应于 $M/2=2.5$ 个样本延迟的线性相位。这一非整数延迟是由于幅度逼近非常好而付出的代价。没有求出在原采样时间 $t=nT$ 处连续时间信号导数的样本,而是求出了采样时间 $t=(n-2.5)T$ 时导数的样本。但是,在许多应用中这种非整数延迟并不是问题,或者可用涉及其他线性相位滤波器的较复杂系统中的其他非整数延迟来抵消掉。

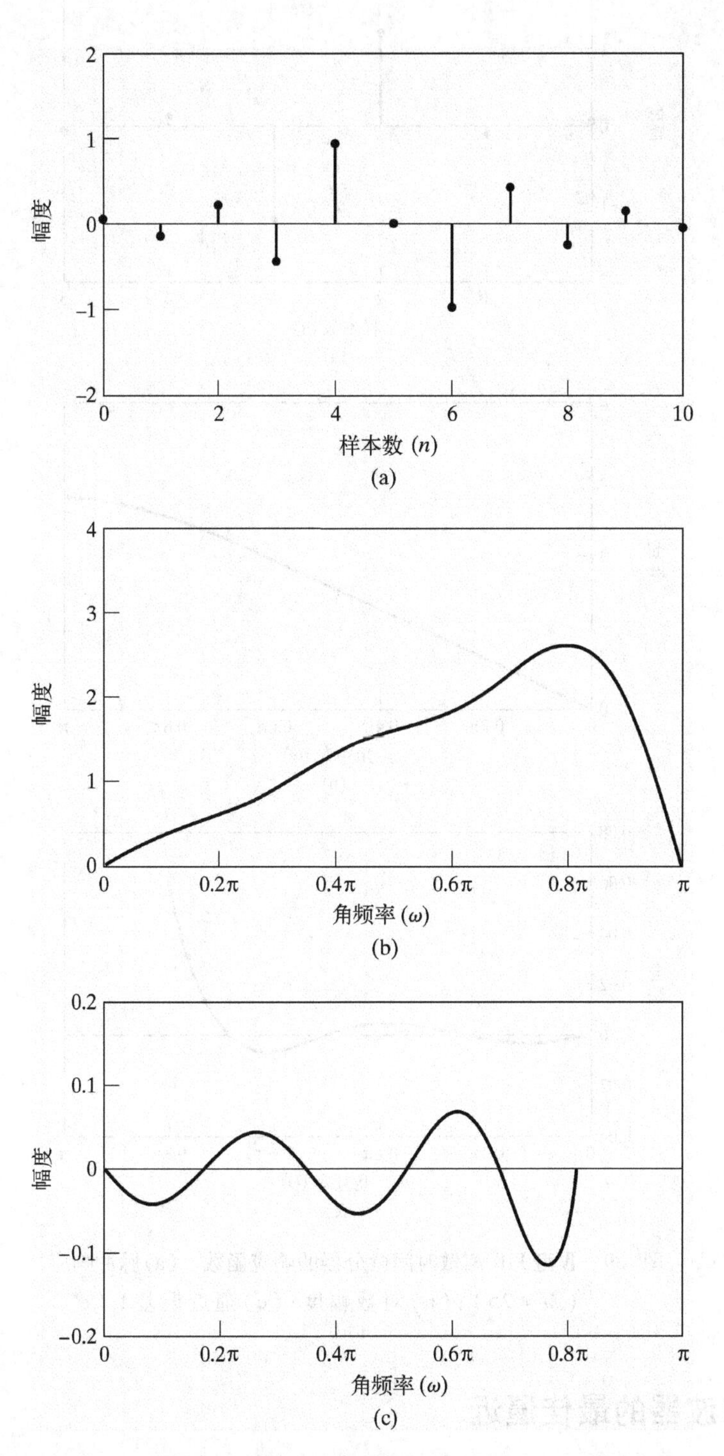

图 7.38　Ⅲ型 FIR 离散时间微分器的响应函数。(a)脉冲响应 ($M=10$)；(b)对数幅度；(c)逼近误差 $A_o(e^{j\omega})$

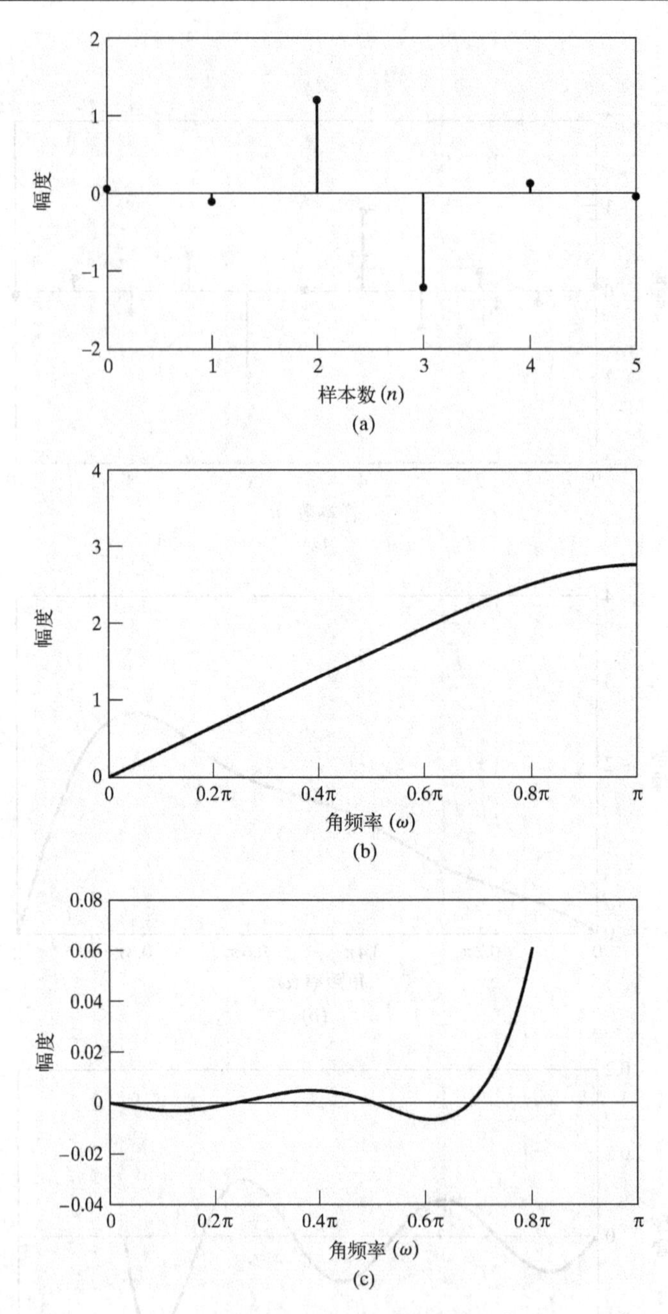

图7.39　Ⅳ型 FIR 离散时间微分器的响应函数。(a)脉冲响应($M=25$);(b)对数幅度;(c)逼近误差$A_o(e^{j\omega})$

7.7　FIR 滤波器的最佳逼近

尽管受到许多限制,但一般都直接用窗函数法设计 FIR 滤波器。然而,往往希望设计一个滤波器是 M 值给定时所能得到的滤波器中“最好的”。在没有定义逼近准则的情况下来讨论这个问题毫无意义。例如,在窗函数设计法的情况下由傅里叶级数理论可以得出,对给定 M 值的所需频率响应,矩形窗能得出最好的均方逼近。这就是说,

$$h[n]=\begin{cases}h_d[n], & 0\leqslant n\leqslant M\\ 0, & \text{其他}\end{cases} \tag{7.85}$$

可使如下表达式的值达到最小：

$$\varepsilon^2=\frac{1}{2\pi}\int_{-\pi}^{\pi}|H_d(e^{j\omega})-H(e^{j\omega})|^2 d\omega \tag{7.86}$$

(见习题 7.25)。但是,正如所指出的,这种逼近准则在 $H_d(e^{j\omega})$ 的间断点处特性不好。另外,窗函数法不能单独控制不同频率上的逼近误差。对于许多应用来说,使用最大最小准则(使最大误差最小化)或频率加权误差准则可得到较好的滤波器。这种设计可以用算法设计技术来实现。

以上的举例说明,用窗函数法设计的选频滤波器常常具有一种特性,即在理想频率响应间断点的两边误差最大,而在离开间断点的频率处误差逐渐减小。此外,由图 7.31 可以看出,这种滤波器是在通带和阻带的误差近似相等的情况下得出的典型结果[作为例子,可见图 7.34(c)和图 7.35(c)]。已经看到,对于 IIR 滤波器来说,如果一种情况是逼近误差在频率上是均匀分布的而且可以分别调整通带和阻带的波纹,而另一种情况是该逼近误差在一个频率处正好满足指标而在其他频率处远超过指标,则前一种情况可用一个阶次比后一种情况低的滤波器来满足给定的设计指标。本节下面将讨论的定理可证实对 FIR 系统的这种直观看法。

下面的讨论将研究对于设计具有广义线性相位的 FIR 滤波器特别有效并广泛使用的算法设计法。虽然只详细研究Ⅰ型滤波器,但同时也指出如何将这些结果用于Ⅱ、Ⅲ、Ⅳ型广义线性相位滤波器中。

设计因果Ⅰ型线性相位 FIR 滤波器时,应首先考虑设计一个零相位滤波器,即该滤波器有

$$h_e[n]=h_e[-n] \tag{7.87}$$

然后插入足够的延迟以使其成为因果的。因此,认为 $h_e[n]$满足式(7.87)的条件。对应的频率响应为

$$A_e(e^{j\omega})=\sum_{n=-L}^{L}h_e[n]e^{-j\omega n} \tag{7.88}$$

同时 $L=M/2$ 为一整数;或者由于式(7.87),有

$$A_e(e^{j\omega})=h_e[0]+\sum_{n=1}^{L}2h_e[n]\cos(\omega n) \tag{7.89}$$

应当注意,$A_e(e^{j\omega})$是一个实偶数,且为 ω 的周期函数。将 $h_e[n]$延迟 $L=M/2$ 个样本,就可由 $h_e[n]$得到一个因果系统,所得系统有脉冲响应

$$h[n]=h_e[n-M/2]=h[M-n] \tag{7.90}$$

和频率响应

$$H(e^{j\omega})=A_e(e^{j\omega})e^{-j\omega M/2} \tag{7.91}$$

图 7.40 所示为低通滤波器的容限图和理想响应。

图 7.40 表示逼近具有实频率响应 $A_e(e^{j\omega})$ 的低通滤波器的容限图。在频带 $0\leqslant|\omega|\leqslant\omega_p$ 中逼近 1 且最大绝对误差为 δ_1,而在频带 $\omega_s\leqslant|\omega|\leqslant\pi$ 中应逼近 0 且最大绝对误差为 δ_2。设计能满足这些技术指标的滤波器的算法设计法必须能有效而系统地改变$(L+1)$个非限制的脉冲响应值 $h_e[n]$,这里 $0\leqslant n\leqslant L$。现已推导出设计算法,在这些算法中,参数 $L,\delta_1,\delta_2,\omega_p$ 和 ω_s 中的一部分是固定的,用迭代方法就可得到其余参数的最

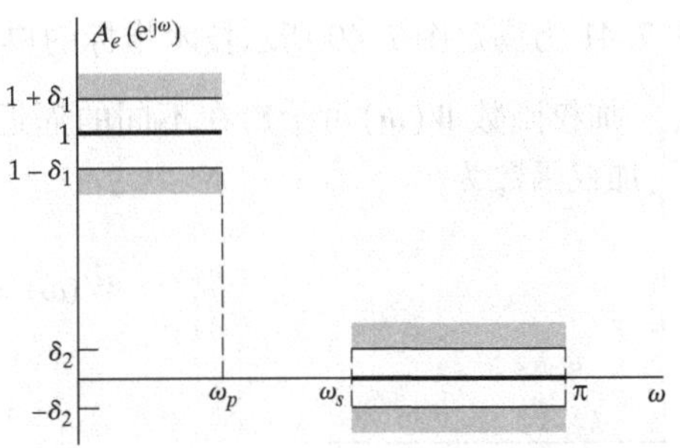

图 7.40　低通滤波器的容限图和理想响应

佳调整方式。已推导出的有两种不同方法。Herrmann(1970),Herrmann and Schüssler(1970a)以及Hofstetter,Oppenheim and Siegel(1971)推导出一种方法,该方法将 L 和 δ_1 及 δ_2 固定,而令 ω_p 和 ω_s 为变量。Parks and McClellan(1972a,1972b),McClellan and Parks(1973)以及 Rabiner(1972a,1972b)推导出一种方法,该方法将 L,ω_p,ω_s 和比值 δ_1/δ_2 固定,而令 δ_1(或 δ_2)为变量。自研究出这些不同方法以来,Parks-McClellan 算法逐渐成为 FIR 滤波器最佳设计的主要方法。这是因为该方法最灵活而且在计算上最有效。因此在这里只讨论这种算法。

Parks-McClellan 算法的基础是将滤波器的设计问题用公式表示成多项式逼近问题。具体地,式(7.89)中的 $\cos(\omega n)$ 项可表示成 $\cos\omega$ 不同幂次之和,形式为

$$\cos(\omega n)=T_n(\cos\omega) \tag{7.92}$$

式中 $T_n(x)$ 是一个 n 次多项式①。因此,式(7.89)可以重新写成 $\cos\omega$ 的 n 次多项式。也就是

$$A_e(e^{j\omega})=\sum_{k=0}^{L}a_k(\cos\omega)^k \tag{7.93}$$

其中 a_k 是与脉冲响应值 $h_e[n]$ 有关的常数。若将 $x=\cos\omega$ 代入式(7.93),则该式可以表示为

$$A_e(e^{j\omega})=P(x)|_{x=\cos\omega} \tag{7.94}$$

式中 $P(x)$ 是 L 次多项式

$$P(x)=\sum_{k=0}^{L}a_kx^k \tag{7.95}$$

将会看到,没有必要知道 a_k 和 $h_e[n]$ 之间的关系(虽然可以得出一个公式);只要知道 $A_e(e^{j\omega})$ 可以表示为式(7.93)的 L 次三角多项式就足够了。

能够控制 ω_p 和 ω_s 的关键是,将它们固定在所需要的值上,而让 δ_1 和 δ_2 改变。Parks and McClellan(1972a,1972b)证明了,若 L,ω_s 和 ω_p 固定,则选频滤波器的设计问题就变成一个在不相交集上的切比雪夫逼近问题,这也是逼近理论中的一个重要问题,对此已经推导出一些有用的定理和方法(见 Cheney,1982)。为了得出在这种情况下逼近问题的公式,定义逼近误差函数为

$$E(\omega)=W(\omega)[H_d(e^{j\omega})-A_e(e^{j\omega})] \tag{7.96}$$

其中加权函数 $W(\omega)$ 将逼近误差函数参数并入设计过程中。这种设计方法规定误差函数 $E(\omega)$,加权函数 $W(\omega)$ 和要求的频率响应 $H_d(e^{j\omega})$ 只在 $0\leqslant\omega\leqslant\pi$ 的闭合子区间上有定义。例如,若逼近低通滤波器,则这些函数在区间 $0\leqslant\omega\leqslant\omega_p$ 和 $\omega_s\leqslant\omega\leqslant\pi$ 上有意义。逼近函数 $A_e(e^{j\omega})$ 在过渡区(例如,$\omega_p<\omega<\omega_s$)上未加限制,而且为了在其区间上得到所要求的响应,它可以取任何所要求的形状。

例如,假设想要得到一个如图 7.40 所示的逼近,其中 L,ω_p 和 ω_s 是固定的设计参数。对于这个例子,

$$H_d(e^{j\omega})=\begin{cases}1, & 0\leqslant\omega\leqslant\omega_p\\ 0, & \omega_s\leqslant\omega\leqslant\pi\end{cases} \tag{7.97}$$

图 7.41 为满足图 7.40 所示技术指标的典型频率响应。

加权函数 $W(\omega)$ 可给出在不同的逼近区间上不同的加权逼近误差。对于低通滤波器逼近问题,加权函数为

$$W(\omega)=\begin{cases}\dfrac{1}{K}, & 0\leqslant\omega\leqslant\omega_p\\ 1, & \omega_s\leqslant\omega\leqslant\pi\end{cases} \tag{7.98}$$

① 更具体地,$T_n(x)$ 是 n 次切比雪夫多项式,定义为 $T_n(x)=\cos(n\cos^{-1}x)$。

式中 $K=\delta_1/\delta_2$。若 $A_e(e^{j\omega})$ 如图 7.41 所示，则加权逼近误差，式(7.96)中的 $E(\omega)$ 应当如图 7.42 中所示。注意，若用这种加权方式，最大加权绝对逼近误差在通带和阻带上均为 $\delta=\delta_2$。

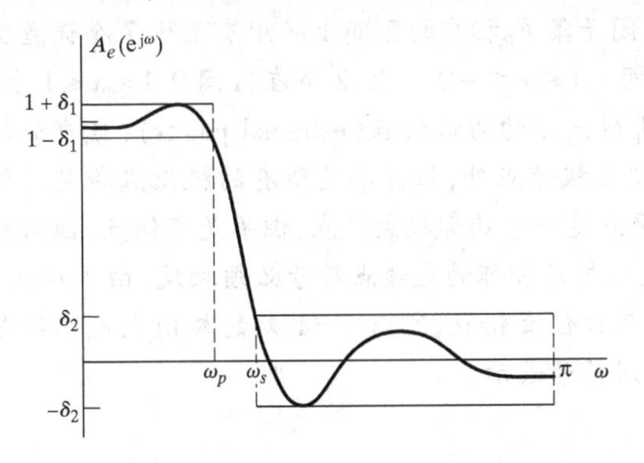

图 7.41　满足图 7.40 所示技术指标的典型频率响应

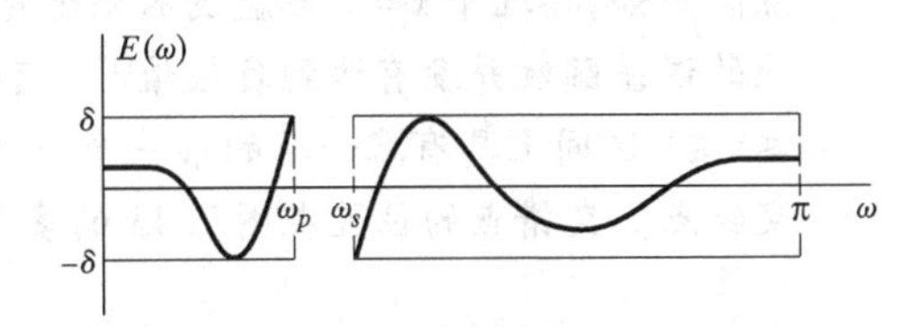

图 7.42　图 7.41 所示逼近的加权后误差。

在这种设计方法中所使用的具体准则是人们所称的最大最小准则或切比雪夫准则，该准则在所需频率区间(如低通滤波器的通带和阻带)上找出能使式(7.96)的最大加权逼近误差达到最小的频率响应 $A_e(e^{j\omega})$。简言之，最好的逼近就是在

$$\min_{\{h_e[n]:0\leqslant n\leqslant L\}}\left(\max_{\omega\in F}|E(\omega)|\right)$$

意义上所求出的逼近，其中 F 是 $0\leqslant\omega\leqslant\pi$ 的闭子集，如 $0\leqslant\omega\leqslant\omega_p$ 或 $\omega_s\leqslant\omega\leqslant\pi$。从而，寻求一组使图 7.42 中的 δ 达到最小的脉冲响应值。

Parks and McClellan(1972a,1972b)将如下逼近论的定理用于这种滤波器的设计问题中。

交错点定理： 令 F_P 为由实轴 x 上不相交闭子集的并集构成的闭子集，则 $P(x)$ 是 r 次多项式

$$P(x)=\sum_{k=0}^{r}a_kx^k$$

$D_P(x)$ 是给定的所要求的 x 的函数，它在 F_P 上是连续的，$W_P(x)$ 是在 F_P 上连续的正函数，并且 $E_P(x)$ 是加权误差

$$E_P(x)=W_P(x)[D_P(x)-P(x)]$$

最大误差 $\|E\|$ 定义为

$$\|E\|=\max_{x\in F_P}|E_P(x)|$$

$P(x)$ 成为使 $\|E\|$ 最小的唯一 r 次多项式的必要和充分条件是，$E_P(x)$ 至少有 $(r+2)$ 个交错点，即在 F_p 上必须至少存在 $(r+2)$ 个 x_i 值，使得当 $i=1,2,\cdots,r+1$ 时，$x_1<x_2<\cdots<x_{r+2}$ 和 $E_p(x_i)=-E_P(x_i+1)=\pm\|E\|$。

初看起来，似乎很难将这个形式的定理与滤波器设计问题联系在一起，但是下面的讨论将会证明，该定理的全部内容在推导滤波器设计算法中是非常重要的。为了帮助理解交错点定理，7.7.1 节将通过 I 型低通滤波器的设计来对这一定理做出具体的解释。然而，在将交错点定理应用于滤波器设计之前先通过例 7.8 说明怎样将它应用于多项式。

例 7.8　交错点定理与多项式

交错点定理给出了使给定阶次的多项式的最大加权误差为最小的必要和充分条件。为了说明如何应用该定理，假设需验证多项式 $P(x)$，当在 $-1\leqslant x\leqslant -0.1$ 时取值近似为 1，而当 $0.1\leqslant x\leqslant 1$ 时取值近似为 0。考虑图 7.43 所示的三个该类多项式。每个多项式均是 5 次的，同时希望确定它们是否满足交错点定理。定理中所指的实轴 x 的闭子集为区间 $-1\leqslant x\leqslant -0.1$ 和

$0.1 \leqslant x \leqslant 1$。设定在两个区间上误差加权系数相同,即 $W_p(x)=1$。首先,读者应该对图 7.43 中的每个多项式的逼近误差函数仔细建立一个大致轮廓,这将是十分有益的。

根据交错点定理,最佳的 5 次多项式在与闭子集 F_P 相应的区间上必须有至少 7 个误差交错点。$P_1(x)$ 只有 5 个交错点,其中 3 个在区间 $-1 \leqslant x \leqslant -0.1$ 上,2 个在区间 $0.1 \leqslant x \leqslant 1$ 上。在集合 F_P 内使多项式达到最大逼近误差 $\|E\|$ 的点 x 称为极值点(extremal points)(或者简写为 extremals)。将会看到,所有的交错点都出现在极值点处,但并不是所有的极值点都是交错点。例如,接近于 $x=1$ 与虚线不相交的零斜率点是一个局部极大值点,但不是交错点,因为相应的误差函数并没有达到负极值①。交错点定理规定相邻的交错点符号必须相反,由于在 $0.1 \leqslant x \leqslant 1$ 区间上具有零斜率的第一个点是一个正极值交错点,所以 $x=1$ 处的极值点也不能是交错点。交错点的位置在图 7.43 的多项式上用符号表示。

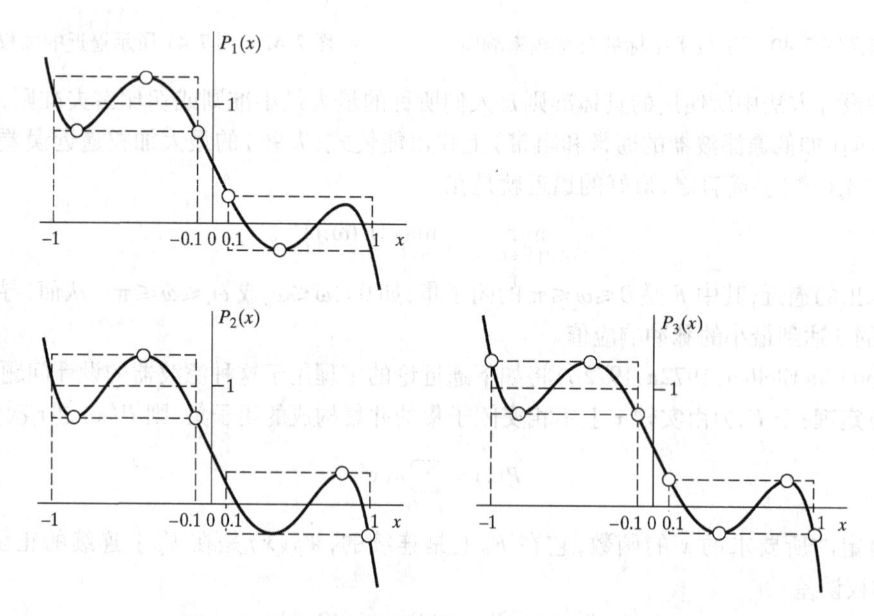

图 7.43　例 7.8 的 5 阶多项式,交错点用"○"表示。

$P_2(x)$ 也只有 5 个交错点,所以它也不是最优的。具体地讲,$P_2(x)$ 在区间 $-1 \leqslant x \leqslant -0.1$ 上有 3 个交错点,而在区间 $0.1 \leqslant x \leqslant 1$ 上有 2 个。$x=0.1$ 处的点不是负极值点,因此出现了一个问题:由于在 $x=-0.1$ 处的交错点是正极值点,所以下一个交错点必须是负极值点。而在区间 $0.1 \leqslant x \leqslant 1$ 上的第一个零斜率点同 $x=-0.1$ 一样是一个正极值点,没有改变符号,所以它也不能算为交错点。但是这个区间内的第二个零斜率点和 $x=1$ 处的点均是交错点,即区间 $0.1 \leqslant x \leqslant 1$ 内有 2 个交错点,所以多项式 $P_2(x)$ 交错点总数为 5。

$P_3(x)$ 有 8 个交错点,所有交错点均为 0 斜率点,$x=-1$,$x=-0.1$,$x=0.1$ 和 $x=1$。因为 8 个交错点满足交错点定理,所以 $P_3(x)$ 是该区间唯一的最优 5 阶多项式逼近。

7.7.1　最佳 I 型低通滤波器

对于 I 型滤波器,多项式 $P(x)$ 是式(7.93)中的余弦多项式 $A_e(e^{j\omega})$,若用变量 $x=\cos\omega$ 和 $r=$

① 在这一讨论中,指的是误差函数的正负极值。因为由多项式减去一个常数得到误差,所以极值点很容易位于图 7.43 的多项式曲线上,但是其符号与在所要求的常数值上下变化的变量相反。

L 进行替换，有

$$P(\cos\omega)=\sum_{k=0}^{L}a_k(\cos\omega)^k \tag{7.99}$$

$D_P(x)$ 是式(7.97)中所要求的低通滤波器频率响应，取 $x=\cos\omega$，则

$$D_P(\cos\omega)=\begin{cases}1, & \cos\omega_p\leqslant\cos\omega\leqslant 1\\ 0, & -1\leqslant\cos\omega\leqslant\cos\omega_s\end{cases} \tag{7.100}$$

$W_P(\cos\omega)$ 由式(7.98)给出，利用 $\cos\omega$ 可以重新写为

$$W_P(\cos\omega)=\begin{cases}\dfrac{1}{K}, & \cos\omega_p\leqslant\cos\omega\leqslant 1\\ 1, & -1\leqslant\cos\omega\leqslant\cos\omega_s\end{cases} \tag{7.101}$$

而且加权后的逼近误差为

$$E_P(\cos\omega)=W_P(\cos\omega)[D_P(\cos\omega)-P(\cos\omega)] \tag{7.102}$$

闭子集 F_P 包括区间 $0\leqslant\omega\leqslant\omega_p$ 和 $\omega_s\leqslant\omega\leqslant\pi$，若用 $\cos\omega$ 表示，则包括区间 $\cos\omega_p\leqslant\cos\omega\leqslant 1$ 和 $-1\leqslant\cos\omega\leqslant\cos\omega_s$。交错点定理指出，当且仅当 $E_P(\cos\omega)$ 在 F_P 上呈现至少 $(L+2)$ 个交错点，即它正负交错地等于其最大值至少 $(L+2)$ 次时，式(7.99)中的系数集 a_k 才对应于唯一能最好逼近于理想低通滤波器的滤波器，该理想低通滤波器的通带和阻带边缘频率分别为 ω_p 和 ω_s，且比值 δ_1/δ_2 固定为 K。这种逼近称为等波纹逼近。之前在椭圆 IIR 滤波器中已经见过这种等波纹逼近方法。

图7.44表示根据交错点定理，当 $L=7$ 时最佳的滤波器频率响应。在该图中以 ω 为自变量给出了 $A_e(e^{j\omega})$ 的图形。为了正式检验交错点定理，首先将它作为 $x=\cos\omega$ 的函数重新画图。此外希望仔细地检查 $E_P(x)$ 的交错点。因此图7.36(a)至图7.36(c)分别表示 $P(x)$，$W_P(x)$ 和 $E_P(x)$ 作为 $x=\cos\omega$ 函数的图形，对于本例($L=7$)可以看出，共有9个误差交错点，所以满足交错点定理。重要的一点是，在计数交错点时包括了点 $\cos\omega_p$ 和 $\cos\omega_s$，因为按交错点定理在 F_P 中所包括的子集(或子区间)是闭集，也就是说，应当考虑区间的两个端点。虽然这看似是一个小问题，但将会看到它实际上是很重要的。

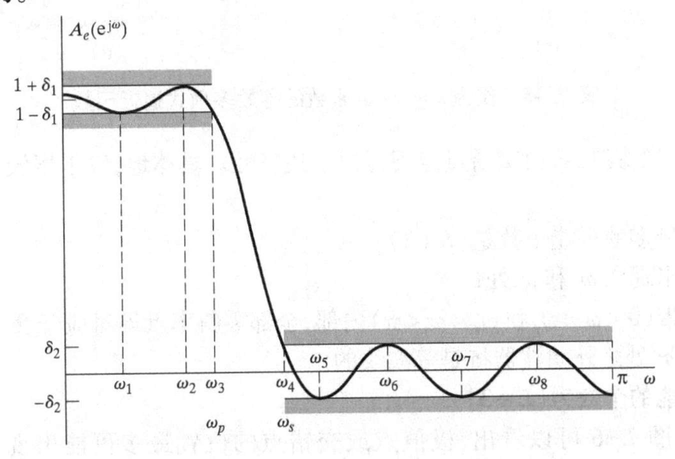

图7.44 根据交错点定理，$L=7$ 时最佳低通滤波器逼近的典型举例

通过比较图7.44和图7.45可知，当所要求的滤波器是一个低通滤波器(或任意分段恒定的滤波器)时，实际上可以通过直接检查频率响应来计数交错点。应当记住，在通带和阻带的最大误差是不同的(用比值 $K=\delta_1/\delta_2$ 表示)。

交错点定理表明，最佳滤波器最少必须有 $(L+2)$ 交错点，但是并不排除有多于 $(L+2)$ 个交错

点的可能性。事实上将会看到,对于一个低通滤波器,最多可能的交错点数是$(L+3)$。首先用图7.46($L=7$)来说明这一点。图7.46(a)有$L+3=10$个交错点,而图7.46(b)至图(d)分别有$L+2=9$个交错点。$(L+3)$个交错点的情况[见图7.46(a)]通常称为"超波纹情况"。需要注意的是,超波纹滤波器在$\omega=0$和$\omega=\pi$以及$\omega=\omega_p$和$\omega=\omega_s$处,即各频带的边缘处均有交错点。图7.46(b)和图7.46(c)在ω_p和ω_s处也有交错点,但分别在$\omega=0$和$\omega=\pi$处却没有交错点。图7.46(d)在$0,\pi,\omega_p$和ω_s处均有交错点,但是在阻带内的极值点(零斜率的点)少一个。还可以看出,所有这些情况在通带和阻带内都是等波纹的,即在$0<\omega<\pi$的区间内全部零斜率点都是加权逼近误差幅度为最大的频率点。最后,因为图7.46中的所有滤波器均满足当$L=7$并且取同样的$K=\delta_1/\delta_2$值时的交错点定理,所有每个滤波器的ω_p和/或ω_s必定是不同的,因为交错点定理表明,在该定理的条件下最佳滤波器是唯一的。

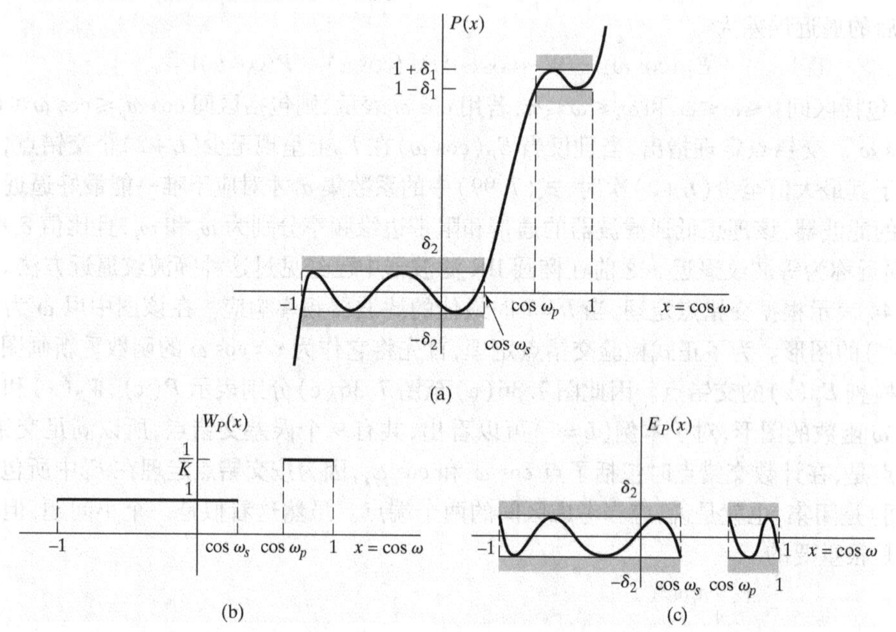

图7.45 作为$x=\cos\omega$函数的等效多项式逼近函数

对于图7.46中的滤波器,由交错点定理得出上述特性。具体地,以Ⅰ型低通滤波器为例,将这些特性归纳如下:

- 误差交错点最多的可能个数是$(L+3)$;
- 交错点始终出现在ω_p和ω_s处;
- 在通带和阻带($0<\omega<\omega_p$和$\omega_s<\omega<\pi$)内部,全部零斜率点均对应于交错点,即除了可能在$\omega=0$和$\omega=\pi$处之外滤波器将是等波纹的。

交错点最多可能的个数为$(L+3)$

参考图7.44和图7.46可以看出,极值点或交错点的位置最多可能出现在4个频带边缘点$(\omega=0,\pi,\omega_p,\omega_s)$和局部极值点处,即$A_e(e^{j\omega})$零斜率的那些频率点处。因为$L$次多项式在一个开区间上最多能有$(L-1)$个零斜率点,所以交错点位置的最多可能个数是多项式的$(L-1)$个局部极大或极小值点加上4个频率边缘点,总共为$(L+3)$个。如果考虑三角多项式的极值点和零斜率点,则应看到,虽然$P(x)$作为x的函数来考虑时在对应点$x=1$和$x=-1$处可能没有零斜率点,但是三角多项式

$$P(\cos\omega)=\sum_{k=0}^{L}a_k(\cos\omega)^k \tag{7.103}$$

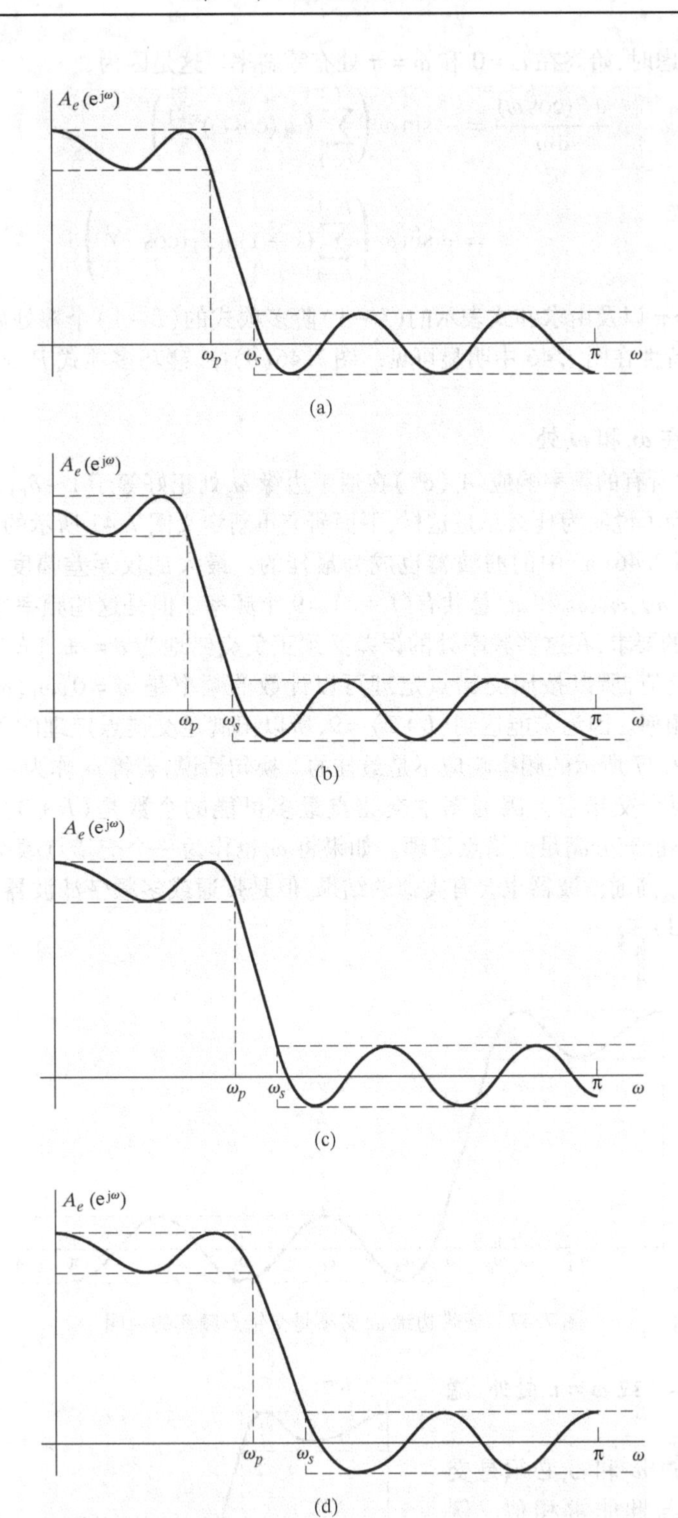

图7.46　$L=7$ 时可能的最佳低通滤波器的逼近。(a)$(L+3)$个交错点(超波纹情况)；(b)$(L+2)$个交错点(在$\omega=\pi$处有极值点)；(c)$(L+2)$个交错点(在$\omega=0$处有极值点)；(d)$(L+2)$个交错点(在$\omega=0$和$\omega=\pi$处有极值点)

作为 ω 的函数来考虑时,始终在 $\omega=0$ 和 $\omega=\pi$ 处有零斜率。这是因为

$$\begin{aligned}\frac{\mathrm{d}P(\cos\omega)}{\mathrm{d}\omega} &= -\sin\omega\left(\sum_{k=0}^{L}ka_k(\cos\omega)^{k-1}\right)\\ &= -\sin\omega\left(\sum_{k=0}^{L-1}(k+1)a_{k+1}(\cos\omega)^{k}\right)\end{aligned} \tag{7.104}$$

上式在 $\omega=0$ 和 $\omega=\pi$ 以及由求和式表示的 $(L-1)$ 阶多项式的 $(L-1)$ 个根处始终为零。在 $\omega=0$ 和 $\omega=\pi$ 处的这种特性在图 7.46 中明显可见。图 7.46(d)中,碰巧多项式 $P(x)$ 在 $x=-1=\cos\pi$ 处也有零斜率。

交错点总出现在 ω_p 和 ω_s 处

对于图 7.46 中所有的频率响应,$A_e(e^{j\omega})$ 在通带边缘 ω_p 处正好等于 $1-\delta_1$,并且在阻带边缘 ω_s 处正好等于 $+\delta_2$。为了说明为什么总是这样,下面研究重新定义图 7.47 所示的 ω_p 且保持多项式不变时,怎样才能使图 7.46(a)中的滤波器也成为最佳的。最大加权误差幅度相等的那些频率是 $\omega=0,\omega_1,\omega_2,\omega_s,\omega_3,\omega_4,\omega_5,\omega_6$ 和 π,总共有 $(L+2)=9$ 个频率。但是这些频率并不都是交错点,因为按照交错点定理的要求,在这些频率处的误差必须正负交错地为 $\delta=\pm\|E\|$。这样,由于误差在 ω_2 和 ω_s 处都是负值,所以按照交错点定理可以计数的频率是 $\omega=0,\omega_1,\omega_2,\omega_3,\omega_4,\omega_5,\omega_6$ 和 $\omega=\pi$,总共有 8 个频率。因为未能达到 $(L+2)=9$,所以不满足交错点定理的条件,并且当具有所示的 ω_p 和 ω_s 时,图 7.47 所示的频率响应不是最佳的。换句话说,若将 ω_p 作为一个交错点频率而除去,则这时除去了两个交错点。因为图中交错点最多可能的个数是 $(L+3)$,所以就剩下最多 $(L+1)$ 个,该数目不能充分满足交错点定理。如果将 ω_s 也作为一个交错点频率而除去,则也会得出同样的结论。对于高通滤波器也会有类似的结果,但是带通或多频带滤波器并不一定会出现这种情况(见习题 7.63)。

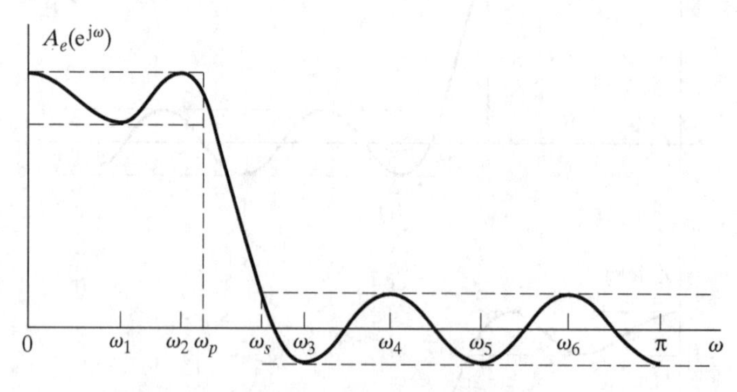

图 7.47 通带边缘 ω_p 必须是交错点频率的说明

除了可能在 $\omega=0$ 或 $\omega=\pi$ 处外,滤波器将是等波纹的

前面曾经证明过 ω_p 和 ω_s 必须是交错点,这里的论点与此非常相似。例如,若将图 7.46(a)中的滤波器修改为如图 7.48 那样,使得一个零斜率点没有达到最大误差。则虽然极大误差出现在 9 个频率处,但其中只有 8 个可以

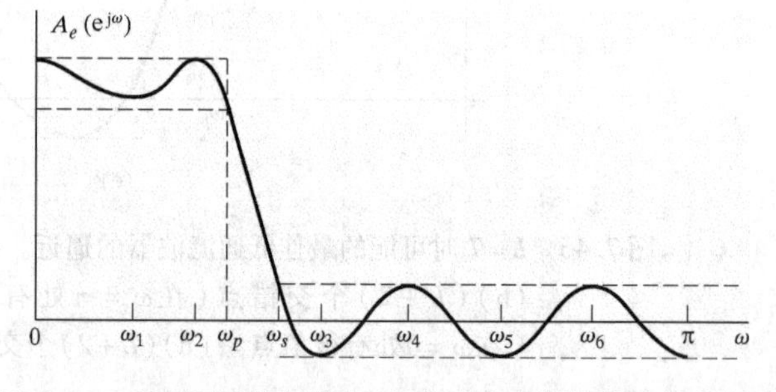

图 7.48 在要逼近的频带中,频率响应必须是等波纹的说明

作为交错点来考虑。因此,若少了一个误差极大值点,也就是除去了一个波纹,则使交错点数目减少了两个,只剩下$(L+1)$个最多可能的交错点。

这些特性只是从交错点定理所得出的众多特性中的一小部分。在 Rabiner and Gold(1975)的论文中讨论了其他许多特性。另外,在这里只研究了Ⅰ型低通滤波器,而关于Ⅱ、Ⅲ和Ⅳ型滤波器或具有更一般的目标频率响应的滤波器,广泛而详细的讨论超出了本书的范围。为了进一步强调交错点定理的一些特性,下面将主要研究Ⅱ型低通滤波器。

7.7.2　最佳Ⅱ型低通滤波器

Ⅱ型因果滤波器是在$0\leqslant n\leqslant M$范围之外$h[n]=0$的滤波器,且滤波器的长度$(M+1)$为偶数,即M为奇数,而且由于对称性,有

$$h[n]=h[M-n] \tag{7.105}$$

因此,频率响应$H(e^{j\omega})$可表示为

$$H(e^{j\omega})=e^{-j\omega M/2}\sum_{n=0}^{(M-1)/2}2h[n]\cos\left[\omega\left(\frac{M}{2}-n\right)\right] \tag{7.106}$$

若令$b[n]=2h[(M+1)/2-n]$,$n=1,2,\cdots,(M+1)/2$,则式(7.106)可重写为

$$H(e^{j\omega})=e^{-j\omega M/2}\left\{\sum_{n=1}^{(M+1)/2}b[n]\cos\left[\omega\left(n-\frac{1}{2}\right)\right]\right\} \tag{7.107}$$

为了将交错点定理用于Ⅱ型滤波器的设计中,必须将该问题等效为多项式逼近的问题。要完成这一点,将式(7.107)中的求和式表示为

$$\sum_{n=1}^{(M+1)/2}b[n]\cos\left[\omega\left(n-\frac{1}{2}\right)\right]=\cos(\omega/2)\left[\sum_{n=0}^{(M-1)/2}\tilde{b}[n]\cos(\omega n)\right] \tag{7.108}$$

(见习题 7.58)现在可以把式(7.108)中右边的求和式表示成一个三角多项式$P(\cos\omega)$,因此

$$H(e^{j\omega})=e^{-j\omega M/2}\cos(\omega/2)P(\cos\omega) \tag{7.109a}$$

式中,

$$P(\cos\omega)=\sum_{k=0}^{L}a_k(\cos\omega)^k \tag{7.109b}$$

且$L=(M-1)/2$。式(7.109b)中的系数a_k与式(7.108)中的系数$\tilde{b}[n]$有联系,而后者又与式(7.108)中的系数$b[n]=2h[(M+1)/2-n]$有联系。对于Ⅰ型低通滤波器的情况,没有必要得出脉冲响应和a_k之间的解析关系式。现在可以把交错点定理用于$P(\cos\omega)$和所要求的频率响应之间的加权误差。对于给定通带和阻带波纹比值K的Ⅰ型低通滤波器,所要求的频率响应函数由式(7.97)给出,并且误差的加权函数由式(7.98)给出。对于Ⅱ型低通滤波器,由于式(7.109a)中有因子$\cos(\omega/2)$,所以,用多项式$P(\cos\omega)$来逼近的所要求的频率响应函数定义为

$$H_d(e^{j\omega})=D_P(\cos\omega)=\begin{cases}\dfrac{1}{\cos(\omega/2)}, & 0\leqslant\omega\leqslant\omega_p\\[2mm] 0, & \omega_s\leqslant\omega\leqslant\pi\end{cases} \tag{7.110}$$

并且加到误差上的加权函数为

$$W(\omega)=W_P(\cos\omega)=\begin{cases}\dfrac{\cos(\omega/2)}{K}, & 0\leqslant\omega\leqslant\omega_p\\ \cos(\omega/2), & \omega_s\leqslant\omega\leqslant\pi\end{cases} \tag{7.111}$$

所以,Ⅱ型滤波器设计是一个与Ⅰ型滤波器设计有所不同的多项式逼近问题。

本节只概括了Ⅱ型低通滤波器的设计问题,主要强调,必须首先将设计问题用公式表示成多项式逼近问题。在Ⅲ型和Ⅳ型线性相位 FIR 滤波器的设计中也有类似的要求。具体地讲,这些滤波器的设计也可以用公式表示成多项式逼近问题,但是在每一类中加到误差上的加权函数的形式恰与Ⅱ型滤波器所用的三角多项式(见习题 7.58)相同。有关这类滤波器特性和设计方法的详细讨论可见 Rabiner and Gold(1975)的论文。

已经以低通滤波器为例说明了用公式设计Ⅰ型和Ⅱ型线性相位系统的细节。但是从Ⅱ型情况的讨论中应当特别指出,在选择所要求的响应函数 $H_d(e^{j\omega})$ 和加权函数 $W(\omega)$ 时有很大的灵活性。例如,可以利用能够得到一定百分比的等波纹误差逼近的所要求函数来定义加权函数。这种方法在设计Ⅲ型和Ⅳ型微分系统时十分有用。

7.7.3 Parks-McClellan 算法

交错点定理说明使误差在切比雪夫或最大最小意义上最佳化的必要和充分条件。虽然该定理没有清楚地表明如何找出最佳滤波器,但是所给出的条件可以作为找出最佳滤波器有效算法的基础。虽然只用Ⅰ型低通滤波器来进行讨论,但是该算法很容易加以推广。

由交错点定理可知,最佳滤波器 $A_e(e^{j\omega})$ 应满足如下方程组:

$$W(\omega_i)[H_d(e^{j\omega_i})-A_e(e^{j\omega_i})]=(-1)^{i+1}\delta,\qquad i=1,2,\cdots,(L+2) \tag{7.112}$$

式中,δ 是最佳误差,$A_e(e^{j\omega})$ 由式(7.89)或式(7.93)给出。若用式(7.93)表示 $A_e(e^{j\omega})$,则这些方程可以写为

$$\begin{bmatrix}1 & x_1 & x_1^2 & \cdots & x_1^L & \dfrac{1}{W(\omega_1)}\\ 1 & x_2 & x_2^2 & \cdots & x_2^L & \dfrac{-1}{W(\omega_2)}\\ \vdots & \vdots & \vdots & & \vdots & \vdots\\ 1 & x_{L+2} & x_{L+2}^2 & \cdots & x_{L+2}^L & \dfrac{(-1)^{L+1}}{W(\omega_{L+2})}\end{bmatrix}\begin{bmatrix}a_0\\ a_1\\ \vdots\\ \delta\end{bmatrix}=\begin{bmatrix}H_d(e^{j\omega_1})\\ H_d(e^{j\omega_2})\\ \vdots\\ H_d(e^{j\omega_{L+2}})\end{bmatrix} \tag{7.113}$$

式中 $x_i=\cos\omega_i$,这组方程是寻找最佳 $A_e(e^{j\omega})$ 的迭代算法的基础。该方程首先猜测一组交错点频率 $\omega_i, i=1,2,\cdots,(L+2)$。注意 ω_p 和 ω_s 是固定的,并且根据 7.7.1 节中的讨论可知,它们必定为交错点频率。具体地讲,若 $\omega_l=\omega_p$,则 $\omega_{l+1}=\omega_s$。由方程组(7.113)可以解出系数组 a_k 和 δ。此外,另一种更加有效的方法是利用多项式内插。具体来说,Parks and McClellan(1972a,1972b)发现,对于给定的一组极值频率

$$\delta=\frac{\displaystyle\sum_{k=1}^{L+2}b_kH_d(e^{j\omega_k})}{\displaystyle\sum_{k=1}^{L+2}\frac{b_k(-1)^{k+1}}{W(\omega_k)}} \tag{7.114}$$

式中,

$$b_k=\prod_{\substack{i=1\\ i\neq k}}^{L+2}\frac{1}{(x_k-x_i)} \tag{7.115}$$

且和以前一样，$x_i=\cos\omega_i$。也就是说，如果 $A_e(e^{j\omega})$ 由满足式(7.113)的系数组 a_k 来确定，并且 δ 由式(7.114)给出，则误差函数就会通过在 $(L+2)$ 个频率 ω_i 上的 $\pm\delta$ 值处，或等效地，若 $0\leqslant\omega_i\leqslant\omega_p$ 则 $A_e(e^{j\omega})$ 的值中包括 $1\pm K\delta$ 值，而若 $\omega_s\leqslant\omega_i\leqslant\pi$，则 $A_e(e^{j\omega})$ 的值中包括 $\pm\delta$ 值。因为，已知 $A_e(e^{j\omega})$ 是一个 L 次三角多项式，所以可以通过 $(L+2)$ 个已知值 $E(\omega_i)$ 或等效的 $A_e(e^{j\omega_i})$ 中的 $(L+1)$ 个值，插入一个三角多项式。Parks 和 McClellan 曾用 Lagrange 内插公式得出

$$A_e(e^{j\omega})=P(\cos\omega)=\frac{\sum_{k=1}^{L+1}[d_k/(x-x_k)]C_k}{\sum_{k=1}^{L+1}[d_k/(x-x_k)]} \tag{7.116a}$$

式中，$x=\cos\omega$，$x_i=\cos\omega_i$，

$$C_k=H_d(e^{j\omega_k})-\frac{(-1)^{k+1}\delta}{W(\omega_k)} \tag{7.116b}$$

且

$$d_k=\prod_{\substack{i=1\\i\neq k}}^{L+1}\frac{1}{(x_k-x_i)}=b_k(x_k-x_{L+2}) \tag{7.116c}$$

虽然只用到频率 $\omega_1,\omega_2,\cdots,\omega_{L+1}$ 来拟合 L 次多项式，但是因为所得出的 $A_e(e^{j\omega})$ 满足式(7.113)，所以可以确认多项式在 ω_{L+2} 处也取正确值。

现在，已得出满足任何所要求频率的 $A_e(e^{j\omega})$，而不用去解方程组(7.113)来求系数 a_k。式(7.116a)所表示的多项式可用以计算通带和阻带中许多频率处的 $A_e(e^{j\omega})$ 和 $E(\omega)$ 值。如果对通带和阻带中的所有 ω，都有 $|E(\omega)|\leqslant\delta$，则说明已经得到最佳逼近，否则必须求出一组新的极值频率。

图7.49表示在求出其最佳逼近之前Ⅰ型低通滤波器的一个典型例子。显然，求 δ 所用到的频率组 ω_i（如图7.49中用圆圈所表示的）是那些能使 δ 最小的频率。根据 Remez 交换法的原理（见 Cheney，2000）将该组极值频率转换成由误差曲线 $(L+2)$ 个最大峰所确定的一组新的频率。图中用“×”号表示的点就是本例的一组新频率点。如前所述，必须将 ω_p 和 ω_s 选作极值频率。回顾一下，在开区间 $0<\omega<\omega_p$ 和 $\omega_s<\omega<\pi$ 中最多有 $(L-1)$ 个局部极大值点和极小值点。剩下的极值点可在 $\omega=0$ 处，也可在 $\omega=\pi$ 处。如果在 $\omega=0$ 和 $\omega=\pi$ 处误差函数均有一个极大值，则把产生最大

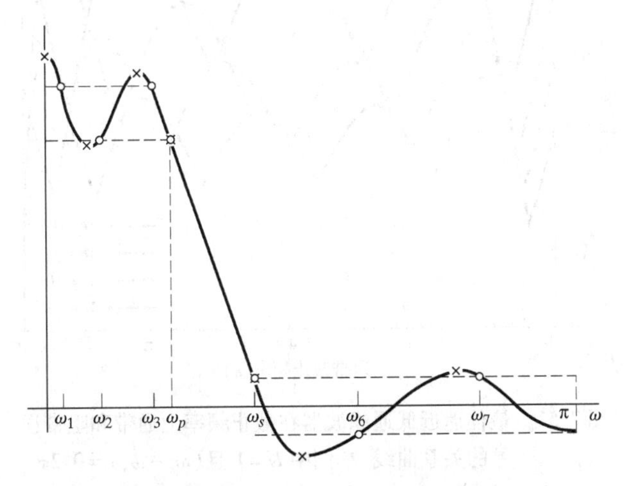

图7.49　等波纹逼近的 Parks-McClellan 算法的说明

误差的频率作为极值频率的最新估计。重复下列步骤:首先进行δ的循环计算,其次用假设的误差峰值拟合一个多项式,然后找出实际误差峰点的位置。该步骤重复进行,用稍大于原定的较小数值开始,直到δ值不再改变为止。这个值就是所要求的极大极小加权逼近误差。

该算法的流程图如图7.50所示。在该算法中,每一步迭代均隐含地改变脉冲响应值$h_e[n]$以得到所要求的最佳逼近,但是$h_e[n]$的值也从未用显式计算过。当算法收敛后,可以利用将在第8章中讨论的离散傅里叶变换由多项式的样本来计算脉冲响应。

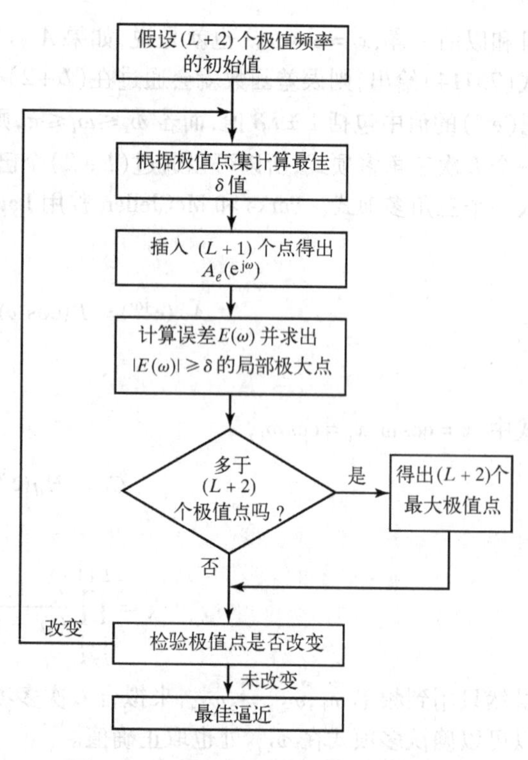

图7.50 Parks-McClellan算法的流程图

7.7.4 最佳FIR滤波器的特性

对于预先给定的通带和阻带的边缘频率ω_p和ω_s,最佳FIR滤波器有最小的最大加权逼近误差δ。对式(7.98)的加权函数而言,得出的最大阻带逼近误差是$\delta_2=\delta$,最大通带逼近误差是$\delta_1=K\delta$。图7.51说明了δ怎样随滤波器的阶次以及通带截止频率而变化。本例中,$K=1$且过渡带固定为$(\omega_s-\omega_p)=0.2\pi$。曲线表明随着$\omega_p$的增大,误差$\delta$可以达到局部极小点。曲线上的这些点对应于超波纹[$(L+3)$个极值点]滤波器。按照交错点定理在极小点之间的所有点都对应于最佳滤波器。$M=8$和$M=10$的滤波器对应于Ⅰ型滤波器,而$M=9$和$M=11$的滤波器对应于Ⅱ型滤波器,注意,选择某些参数会使较短的滤波器($M=9$)可能优于较长的滤波器($M=10$)(即有较小的误差)。这一点开始可能会令人感到吃惊,并且看似是矛盾

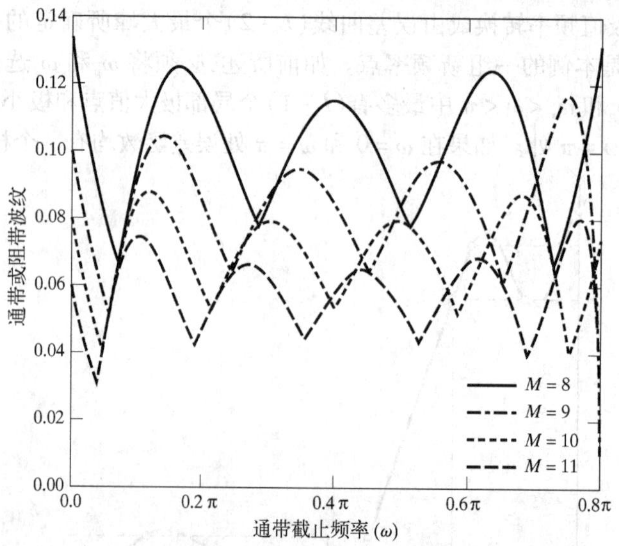

图7.51 最佳逼近低通滤波器在截止频率上通带和阻带误差的关系曲线,本例中$K=1$且$(\omega_s-\omega_p)=0.2\pi$(在Herrmann之后,Rabiner和Chan的工作,1973)

的。但是 $M=9$ 和 $M=10$ 的情况分别代表两种基本不同类型的滤波器。若用另一种方式来解释，$M=9$ 时的滤波器不能视为 $M=10$ 时的将一个样本点设为零的特殊情况，因为这将不满足线性相位对称性的要求。另一方面，$M=8$ 的滤波器可以看成 $M=10$ 时将第一个和最后一个样本设为零的一种特殊情况。由于这个原因，$M=8$ 时的最佳滤波器就不能优于 $M=10$ 时的最佳滤波器。这种限制可从图7.51中看出，图中 $M=8$ 的曲线始终高于或等于 $M=10$ 的曲线。这两条曲线相遇的那些点对应于 $M=10$ 的滤波器将第一个和最后一个样本设为零时的脉冲响应。

Herrmann 等人(1973)对等波纹低通滤波器逼近的各种参数 $M,\delta_1,\delta_2,\omega_p$ 和 ω_s 之间的关系进行了大量的计算研究，后来 Kaiser(1974)得出了一种能反映这些参数之间关系的简化公式

$$M=\frac{-10\log_{10}(\delta_1\delta_2)-13}{2.324\Delta\omega} \tag{7.117}$$

其中 $\Delta\omega=\omega_s-\omega_p$。在可以比较的情况下($\delta_1=\delta_2=\delta$)，通过对式(7.117)与 Kaiser 窗法设计公式(7.76)的比较看出，M 值给定时最佳逼近可以使逼近误差有 5 dB 的改善。等波纹滤波器的另一个重要优点是 δ_1 和 δ_2 不要求相等，而不像窗函数法所要求的那样。

7.8 FIR 等波纹逼近举例

FIR 滤波器最佳等波纹逼近的 Parks-McClellan 算法可以用于设计众多类型的 FIR 滤波器。本节将给出几个例子来说明最佳逼近的一些特性，并指出这种设计方法所提供的极大灵活性。

7.8.1 低通滤波器

对于低通滤波器，再次逼近曾在例7.5和7.6.1节中用到的那组技术指标。这样就可以在相同的低通滤波器指标下比较所有的主要设计方法，该指标要求 $\omega_p=0.4\pi$，$\omega_s=0.6\pi$ 和 $\delta_1=0.01$，$\delta_2=0.001$。与窗函数法不同，Parks-McClellan 算法可以在加权函数的参数 $K=\delta_1/\delta_2=10$ 固定的情况下调整通带和阻带的不同逼近误差。

将上述指标代入式(7.117)并做舍入处理，可以得出估计值 $M=26$，这是达到技术指标所必需的 M 值。图7.52(a)至图7.52(c)分别表示 $M=26$，$\omega_p=0.4\pi$ 和 $\omega_s=0.6\pi$ 时最佳滤波器的脉冲响应、对数幅度和逼近误差。图7.52(c)表示未加权的逼近误差

$$E_A(\omega)=\frac{E(\omega)}{W(\omega)}=\begin{cases}1-A_e(e^{j\omega}), & 0\leqslant\omega\leqslant\omega_p\\ 0-A_e(e^{j\omega}), & \omega_s\leqslant\omega\leqslant\pi\end{cases} \tag{7.118}$$

而不是设计算法公式中所用的加权误差。除了通带误差应该除以10以外，加权误差应与图7.52(c)中的误差相同①。逼近误差的交错点在图7.52(c)中是很清楚的。在通带中有7个交错点而在阻带中有8个，总共有15个交错点，因为对于Ⅰ型(M 为偶数)滤波器有 $L=M/2$ 且 $M=26$，所以交错点的最少个数是 $(L+2)=(26/2+2)=15$。因此，图7.52所示的滤波器是 $M=26$，$\omega_p=0.4\pi$ 和 $\omega_s=0.6\pi$ 时的最佳滤波器。但是，图7.52(c)表示，滤波器未能满足通带和阻带误差的原始技术要求(通带和阻带中的最大误差分别为0.0116和0.001 16)。这样，为了满足或超过技术指标，必须增大 M。

$M=27$ 时的滤波器响应函数如图7.53所示。此时的通带和阻带逼近误差略小于给定值(通带和阻带中的最大逼近误差分别为0.0092和0.000 92)。在这种情况下通带中也有7个交错点，阻带中也有8个，总共15个交错点。注意，由于 $M=27$，因此这是一个Ⅱ型系统，而对于Ⅱ型系统，隐

① 对于选频滤波器来说，因为在通带中 $A_e(e^{j\omega})=1-E(\omega)$，在阻带中 $A_e(e^{j\omega})=-E(\omega)$，所以用来加权逼近函数也可以方便地表现出通带和阻带的特性。

含的逼近多项式的阶次为 $L=(M-1)/2=(27-1)/2=13$。所以,交错点的最少个数仍为 15。还应注意,Ⅱ型系统约束其系统函数有一个零点在 $z=-1$ 或 $\omega=\pi$ 处。这一点从图 7.53(b)和图 7.53(c)中容易看出。

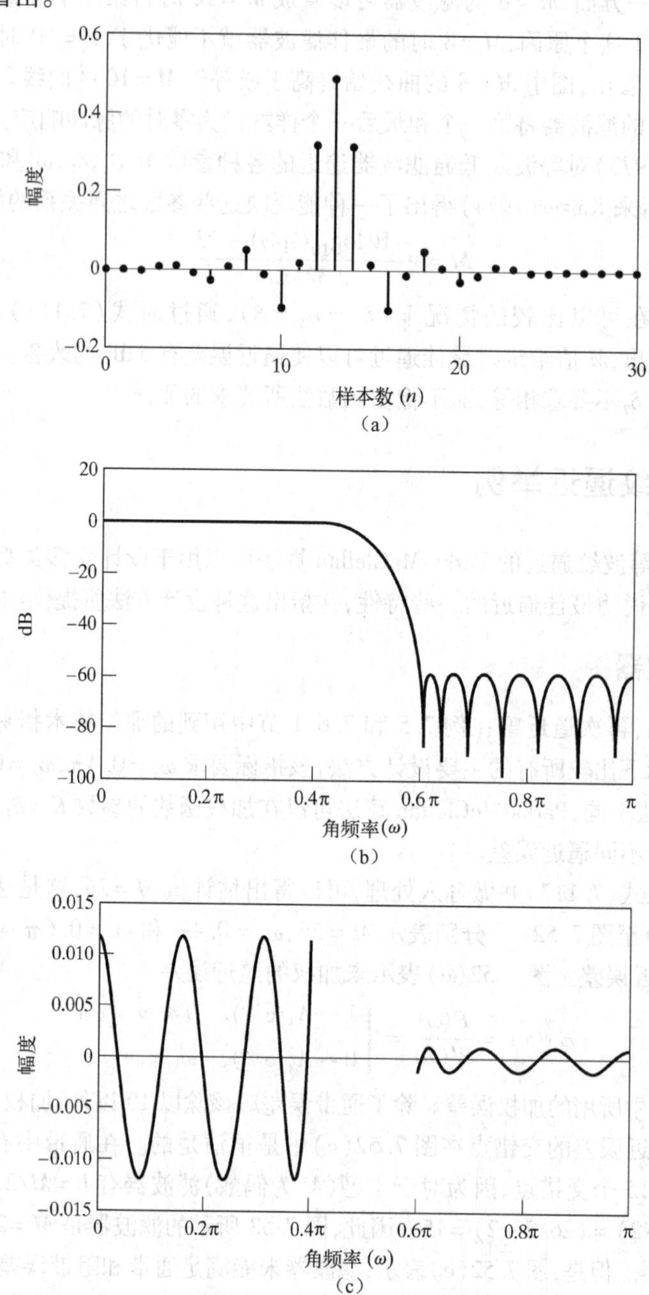

图 7.52 $\omega_p=0.4\pi, \omega_s=0.6\pi, K=10$ 和 $M=26$ 时的最佳Ⅰ型 FIR 低通滤波器。(a)脉冲响应;(b)频率响应的对数幅度;(c)逼近误差(未加权的)

如果将本例的结果与例 7.6.1 的结果进行比较,就会发现 Kaiser 窗法要求 $M=40$ 以满足或超过技术指标,而 Parks-McClellan 法只要求 $M=27$。之所以会有这种不同之处,是因为窗函数法在通带和阻带中产生基本上相等的最大误差,而 Parks-McClellan 法可以对不同频带的误差进行不同的加权。

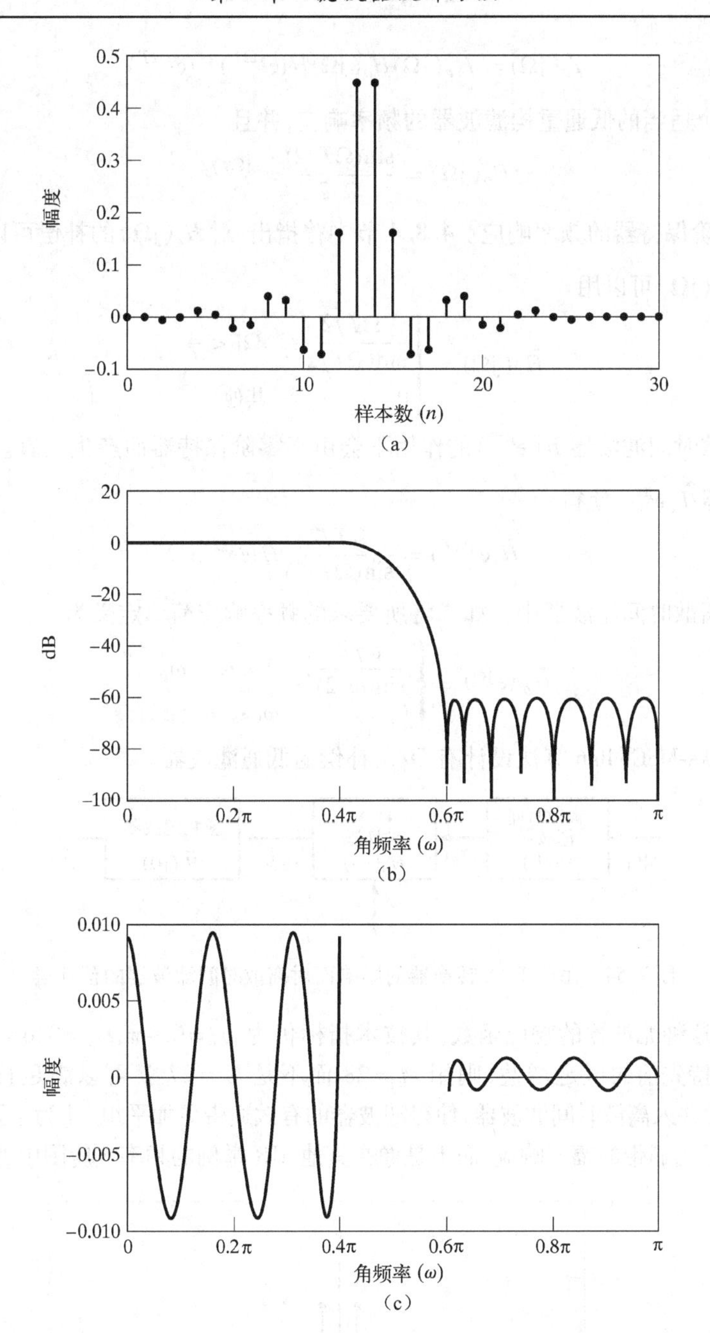

图 7.53　$\omega_p=0.4\pi,\omega_s=0.6\pi,K=10$ 和 $M=27$ 时的最佳Ⅱ型 FIR 低通滤波器。(a) 脉冲响应；(b) 频率响应的对数幅度；(c) 逼近误差(未加权的)

7.8.2　零阶保持器的补偿

在许多情况下都需要设计用于图 7.54 所示系统的离散时间滤波器,即该滤波器用于处理一个样本序列 $x[n]$ 以得到序列 $y[n]$,然后将它输入到 D/A 转换器和连续时间低通滤波器(逼近理想 D/C 转换器)中,以便重构连续时间信号 $y_c(t)$。正如 4.8 节所讨论的,这样一个系统是对连续时间信号进行离散时间滤波的系统的一部分。如果 D/A 转换器在整个采样周期 T 中能保持其输出为常量,则输出 $y_c(t)$ 的傅里叶变换为

$$Y_c(j\Omega) = \tilde{H}_r(j\Omega)H_o(j\Omega)H(e^{j\Omega T})X(e^{j\Omega T}) \tag{7.119}$$

其中$\widetilde{H}_r(j\Omega)$是一个适当的低通重构滤波器的频率响应,并且

$$H_o(j\Omega) = \frac{\sin(\Omega T/2)}{\Omega/2}e^{-j\Omega T/2} \tag{7.120}$$

是 D/A 转换器零阶保持器的频率响应。4.8.4 节中曾指出,对 $H_o(j\Omega)$的补偿可以并入连续时间重构滤波器中,即$\widetilde{H}_r(j\Omega)$可以用

$$\tilde{H}_r(j\Omega) = \begin{cases} \dfrac{\Omega T/2}{\sin(\Omega T/2)}, & |\Omega| < \frac{\pi}{T} \\ 0, & \text{其他} \end{cases} \tag{7.121}$$

来代替。因此离散时间滤波器 $H(e^{j\Omega T})$的作用不会由于零阶保持器而产生失真。另一种方法是通过设计一个滤波器$\widetilde{H}(e^{j\Omega T})$使得

$$\tilde{H}(e^{j\Omega T}) = \frac{\Omega T/2}{\sin(\Omega T/2)}H(e^{j\Omega T}) \tag{7.122}$$

而把补偿加入到离散时间滤波器中。如果将所要求的频率响应简单定义为

$$\tilde{H}_d(e^{j\omega}) = \begin{cases} \dfrac{\omega/2}{\sin(\omega/2)}, & 0 \leqslant \omega \leqslant \omega_p \\ 0, & \omega_s \leqslant \omega \leqslant \pi \end{cases} \tag{7.123}$$

则可很容易用 Parks-McClellan 算法设计有 D/A 补偿的低通滤波器。

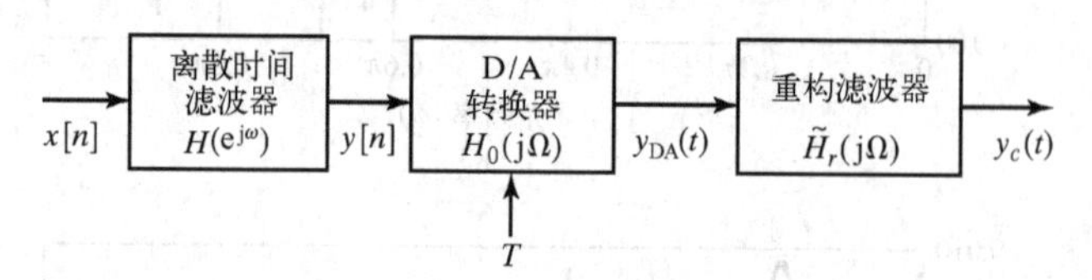

图 7.54　由于 D/A 转换器的影响而对离散时间滤波器的预补偿

图 7.55 表示这种滤波器的响应函数,其技术指标仍为 $\omega_p = 0.4\pi, \omega_s = 0.6\pi$ 和 $\delta_1 = 0.01, \delta_2 = 0.001$。此时若维持先前的恒定增益,则用 $M = 28$ 而不是 $M = 27$ 就可以满足技术指标。这样将 D/A 转换器的补偿并入离散时间滤波器,使得滤波器的有效通带更加平坦。[为了强调通带的斜坡特性,图 7.55(c)表示出通带的幅度响应,而不是像在其他 FIR 举例的频率响应图中的逼近误差。]

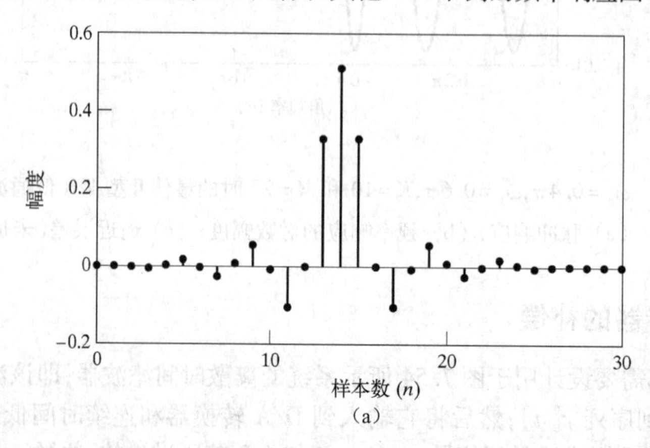

图 7.55　$\omega_p = 0.4\pi, \omega_s = 0.6\pi, K = 10$ 和 $M = 28$ 时的最佳 D/A 补偿低通滤波器。(a)脉冲响应;(b)频率响应的对数幅度;(c)通带中的幅度响应

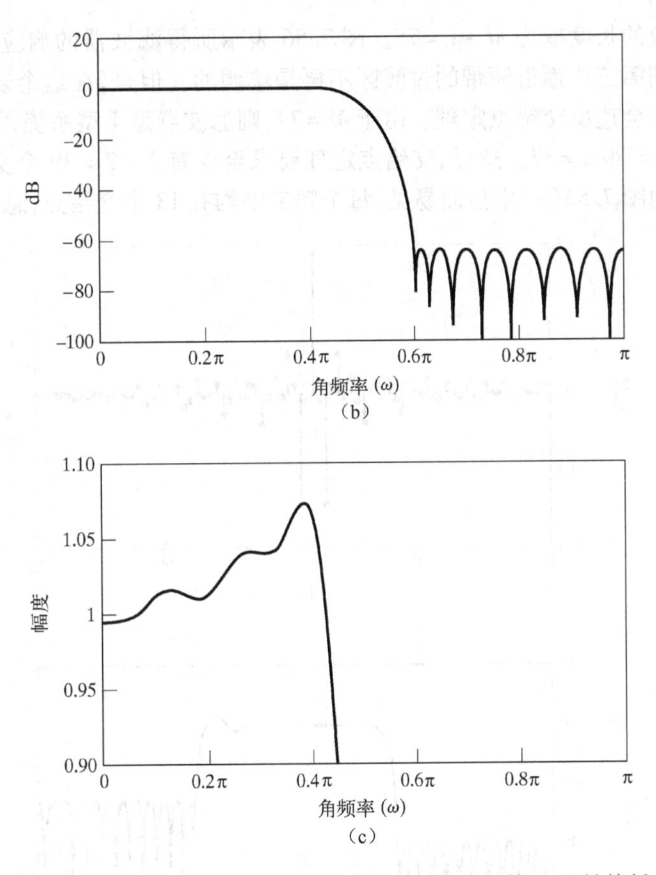

图 7.55(续)　$\omega_p = 0.4\pi, \omega_s = 0.6\pi, K = 10$ 和 $M = 28$ 时的最佳 D/A 补偿低通滤波器。(a)脉冲响应；(b)频率响应的对数幅度；(c)通带中的幅度响应

7.8.3　带通滤波器

7.7 节集中讨论了只有两个逼近频带的低通最佳 FIR 滤波器的情况。然而，带通和带阻滤波器要求有三个逼近频带，为了设计这类滤波器，就需要将 7.7 节的结论推广到多频带的情况。因而要求进一步研究在这种更一般的情况下交错点定理的含义和逼近多项式的性质。首先应记得，所论述的交错点定理并没有对不相交逼近区间的个数提出任何限制。因此最佳逼近交错点的最少个数仍为$(L+2)$。但是由于有更多的频带边缘点，所以多频带滤波器的交错点可以多于$(L+3)$个(习题 7.63 说明了这个问题)。这意味着 7.7.1 节中证明的一些论点在多频带情况下不成立。例如 $A_e(e^{j\omega})$ 的局部极大或极小点不必都在逼近区内。因此，在过渡区内会出现局部极值点，并且在逼近区中不要求逼近是等波纹的。

为了说明这一点，研究所要求的频率响应

$$H_d(e^{j\omega}) = \begin{cases} 0, & 0 \leqslant \omega \leqslant 0.3\pi \\ 1, & 0.35\pi \leqslant \omega \leqslant 0.6\pi \\ 0, & 0.7\pi \leqslant \omega \leqslant \pi \end{cases} \tag{7.124}$$

以及误差加权函数

$$W(\omega) = \begin{cases} 1, & 0 \leqslant \omega \leqslant 0.3\pi \\ 1, & 0.35\pi \leqslant \omega \leqslant 0.6\pi \\ 0.2, & 0.7\pi \leqslant \omega \leqslant \pi \end{cases} \tag{7.125}$$

滤波器脉冲响应的长度取为 $M+1=75$。图7.56表示所得滤波器的响应函数。首先注意到，由第二个逼近频带到第三个逼近频带的过渡区不再是单调的。但是，在这个未加限制的区域中选用两个局部极值点不会违反交错点定理。由于 $M=74$，则滤波器是Ⅰ型系统，并且隐含的逼近多项式的阶次为 $L=M/2=74/2=37$。这样，交错点定理要求至少有 $L+2=39$ 个交错点。这一点在表示未加权逼近误差的图7.56(c)中显而易见，每个频带中均有13个交错点，总共有39个。

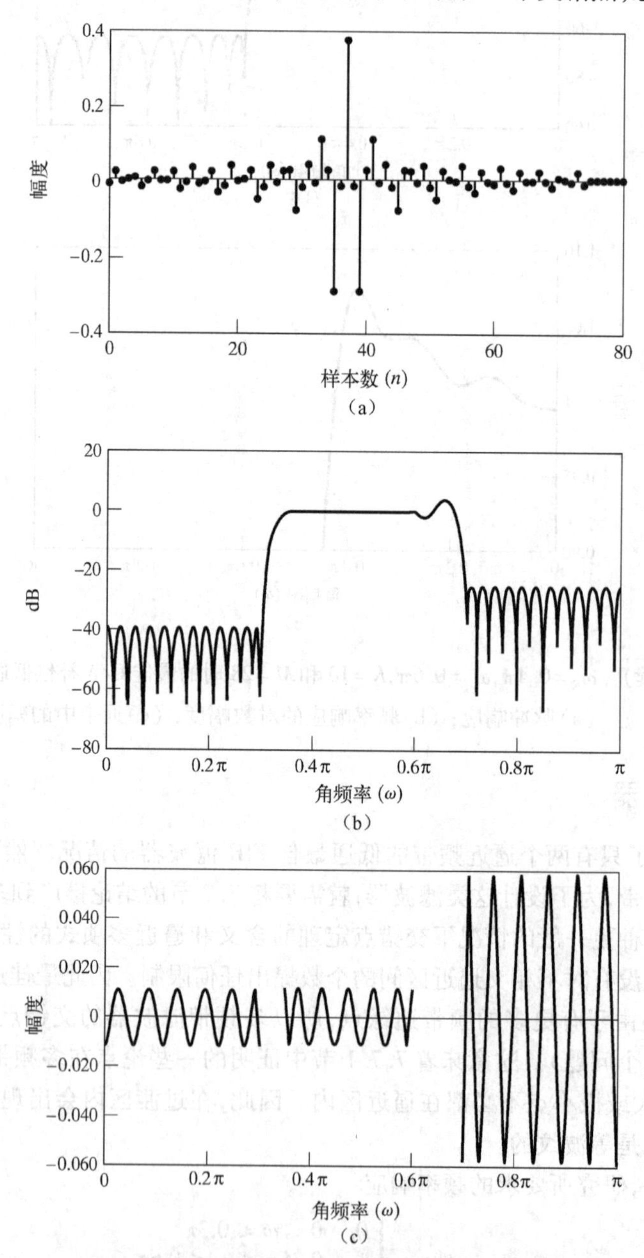

图7.56 当 $M=74$ 时的最佳FIR带通滤波器。(a)脉冲响应；(b)频率响应的对数幅度；(c)逼近误差(未加权的)

图7.56所示的这种逼近在交错点定理的意义上是最佳的，但是它们可能并不适用于某一具体的滤波应用。通常，并不能保证多频带滤波器的过渡区是单调的，这是因为Parks-McClellan算法对这些区域完全未加限制。若为了满足具体选择的滤波器参数而要得出这样一种响应，则一般可以

通过系统地改变一个或多个频带边缘频率、脉冲响应长度或误差加权函数,以及重新设计滤波器等多种方法来得到可以接受的过渡区。

7.9 IIR 和 FIR 数字滤波器的评价

本章集中讨论了线性时不变离散时间系统的设计方法。讨论了无限长和有限长脉冲响应滤波器的多种设计方法。

人们自然会产生这样一些问题:什么样的系统是最好的?是 IIR 系统还是 FIR 系统?为什么给出这么多不同的设计方法?哪一种方法能得出最好的结果?正如任何一个工程设计问题那样,一般不可能回答什么是最好的。之所以讨论了 IIR 和 FIR 滤波器的各种设计方法,是因为没有哪一种类型的滤波器,也没有哪一种设计方法能对所有的情况都是最好的。

选择 IIR 或是 FIR 滤波器取决于每种类型滤波器的优点在设计问题中的重要性。例如,IIR 滤波器具有可以用完整的设计公式来设计各种选频滤波器的优点。这就是说,一旦选定了选用哪种已知的逼近方法(即巴特沃思、切比雪夫或椭圆逼近),则可以直接把技术指标代入一组设计方程来计算满足技术条件的滤波器的阶次,并得出数字滤波器的系数(或极点和零点)。这种简便的设计方法使得人们可以很容易地通过人工计算(若需要)来设计 IIR 滤波器,并且直接得出 IIR 滤波器的非迭代计算程序。这些方法只限于设计选频滤波器,并只允许用于规定了幅度响应的场合。如果要得到其他形状的幅度响应,或需要逼近预定的相位响应或群延迟响应,则需要用算法设计法。

与此相反,FIR 滤波器可以有精确的(广义)线性相位,但是对于 FIR 滤波器不存在完整的设计方程。虽然可以直接用窗函数法,但为了满足预定的技术指标,有可能需要做一些迭代。与窗函数法相比,Parks-McClellan 算法可以得出较低阶的滤波器,并且这两种方法的滤波器设计程序都很容易得到。而且,窗函数法和大多数算法设计法都有可能逼近较为任意的频率响应特性,但所遇到的困难要比在低通滤波器设计中遇到的稍大一些。此外,FIR 滤波器的设计问题要比 IIR 设计问题有更多的可控之处,因为对于 FIR 滤波器有适用于各种实际情况的最佳理论。无线性相位要求的 FIR 滤波器的设计技术已经由 Chen and Parks(1987),Parks and Burrus(1987),Schüssler and Steffen(1988)以及 Karam and McClellan (1995)给出。

最后,在实现数字滤波器时还要考虑成本问题。通常将硬件的复杂性、芯片的面积或计算速度等作为衡量成本问题的因素。这些因素或多或少地直接与满足给定指标所需的滤波器阶次有关。在实际应用中,多相位实现的功效并没有表现出来,一般说来用 IIR 滤波器就能最有效地满足给定的幅度响应技术指标。但是在许多情况下,FIR 滤波器的线性相位与它所带来的额外成本相比是非常值得的。

在任何特定的实际环境中,对滤波器类型和设计方法的选择将高度依赖于应用背景、约束条件、技术指标和实施平台。

7.10 增采样滤波器的设计

最后通过比较 IIR 和 FIR 滤波器设计中的增采样问题来总结本章。正如 4.6.2 节和 4.9.3 节所讨论的,整数增采样和过采样 D/A 转换采用了一个 L 倍的扩展器,接续用一个离散时间低通滤波器。因为扩展器输出端的采样率是输入端采样率的 L 倍,所以低通滤波器工作的速率是增采样滤波器或 D/A 转换器输入速率的 L 倍。正如本例中所表明的,低通滤波器的阶次基本取决于所设计的滤波器是 IIR 或 FIR 滤波器,以及在该种滤波器中所采用的滤波器设计方法。然而所得出的 IIR 滤波器阶次可能会明显小于 FIR 滤波器的阶次,FIR 滤波器可以利用多相位实现的功效。对于 IIR 滤波器的设计,多相位可以用来实现传递函数的零点,而不能实现极点。

要实现的系统是一个 4 倍增采样器,即 $L=4$。正如第 4 章所讨论的,1:4 插值的理想滤波器是一个 4 倍增益和截止频率为 $\pi/4$ 的理想低通滤波器。为了逼近这个滤波器,设定技术指标如下①:

通带边沿频率 $\omega_p=0.22\pi$
阻带边沿频率 $\omega_s=0.29\pi$
最大通带增益 = 0 dB
最小通带增益 = −1 dB
最大阻带增益 = −40 dB

设计出 6 种不同的滤波器满足这些技术指标:7.3 节中讨论了 4 种 IIR 滤波器的设计(巴特沃思、I 型切比雪夫、II 型切比雪夫和椭圆滤波器)以及 2 种 FIR 滤波器的设计(Kaiser 窗函数法设计和采用 Parks-McClellan 算法的最佳滤波器设计)。设计采用了 MATLAB 信号处理工具箱。由于所采用的 FIR 设计程序要求通带容限关于 1 对称,对于 FIR 滤波器设计,以上技术指标首先要被恰当定标,然后再对得到的 FIR 滤波器重新定标,使通带内的最大增益为 0 dB(见习题 7.3)。

所得出的 6 种滤波器的阶次如表 7.3 所示,相应的零-极点图示于图 7.57(a)至图 7.57(f)。对两种 FIR 滤波器的设计,只有零点的位置示于图 7.57 中。如果作为因果滤波器来实现这些滤波器,在原点处将会有多重极点,以便与传递函数零点的总数相匹配。

表 7.3 所需滤波器的阶数

滤波器设计	阶 数
Butterworth	18
Chebyshev Ⅰ	8
Chebyshev Ⅱ	8
Elliptic	5
Kaiser	63
Parks-McClellan	44

如果不采用诸如多相位实现等可提高效率的方法,则两种 FIR 滤波器设计相比任何一种 IIR 滤波器设计,对每一输出样本都需要更多的乘法运算。在 IIR 滤波器的设计中,每个输出样本的乘法运算量显然依赖于零点的分布情况。关于如何有效地实现这 6 种滤波器设计的讨论汇总于表 7.4 中,并对每一个输出样本需要的乘法次数进行了比较。4 种 IIR 滤波器的设计可以看成一个 FIR 滤波器(实现传递函数的零点)和一个 IIR 滤波器(实现极点)的级联。首先讨论两种 FIR 滤波器设计,因为它的有效性还可用在由 FIR 组成的 IIR 滤波器中。

Parks-McClellan 和 Kaiser 窗滤波器设计:由于不需要采用对称的脉冲响应或多相位实现,所以每一个输出样本需要的乘法数等于滤波器的长度。如果采用如 4.7.5 节讨论的多相位实现,则每个输入样本的乘法数等于滤波器长度。或者,因为这两种滤波器都是对称的,所以可采用 6.5.3 节所讨论的折叠结构(见图 6.32 和图 6.33),可使输入速率的乘法次数减少大约一半②。

巴特沃思滤波器设计:离散时间巴特沃思滤波器的特点为,所有的零点都位于 $z=-1$ 处,且极点都为复共轭对。用式$(1+z^{-1})$的 18 个 1 阶项的级联来配置零点,不再需要乘法来配置零点。18 个极点对每个输出样本总共需要 18 次乘法运算。

I 型切比雪夫滤波器设计:I 型切比雪夫滤波器的阶数为 8 且零点位于 $z=-1$ 处,因此零点的实现不需要乘法运算。8 个极点对每个输出样本需要 8 次乘法运算。

---

① 通带内的增益归一化为 1。在所有情况下,如采用插值滤波器可缩放 4 倍。

② 可将折叠和多相位的功效结合起来实现对称的 FIR 滤波器(见 Baran and Oppenheim,2007)。所得出的乘法运算数约为滤波器长度的一半,用输入采样速率而不是输出采样速率。然而,所得出的结构更加复杂。

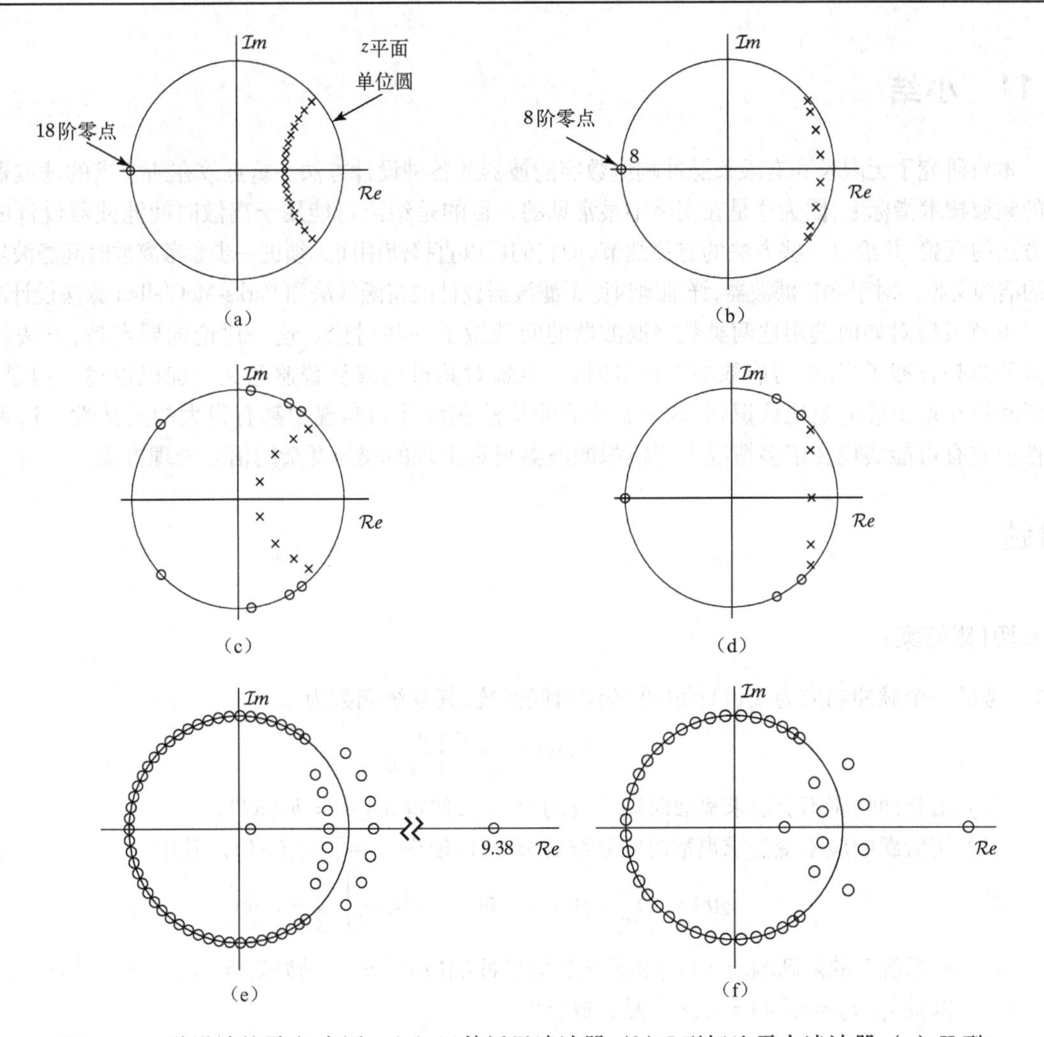

图7.57 6种设计的零-极点图。(a) 巴特沃思滤波器;(b) I型切比雪夫滤波器;(c) II型切比雪夫滤波器;(d) 椭圆滤波器;(e) Kaiser滤波器;(f) Parks-McClellan滤波器

II型切比雪夫滤波器设计:在该型滤波器设计中,滤波器的阶数同样为8。由于零点分布在单位圆周围,所以它们的实现需要一些乘法运算。然而,因为所有的零点都位于单位圆上,所以相关的FIR脉冲响应是对称的,并且可用折叠和/或多相位功效来配置零点。

椭圆滤波器设计:椭圆滤波器是4种滤波器设计中阶次最低的(5阶)。从零-极点图中可以看出它的所有零点都位于单位圆上。因此可以有效地利用对称性和多相位实现来配置零点。

表7.4 所设计的滤波器对每个输出样本所需要的平均乘法次数

滤波器设计	直接型	对称	多相
巴特沃思	37	18	18
切比雪夫 I	17	8	8
切比雪夫 II	17	13	10.25
椭圆	11	8	6.5
Kaiser	64	32	16
Parks-McClellan	45	23	11.25

表7.4总结了一些具有不同实现结构的6种滤波器设计中对每个输出样本所需要的乘法运算次数。直接型的实现假定零、极点都用直接型来实现,即没有利用在$z=-1$处多零点可能级联配置的优势。如采用多相位实现,但没有利用脉冲响应的对称性,则FIR滤波器的设计效率比最高效的IIR滤波器设计略低,虽然它是唯一具有线性相位的。在Parks-McClellan设计中如果同时利用对称性和多相位方法,则它与椭圆滤波器设计是最有效的。

7.11 小结

本章研究了无限长和有限长脉冲响应数字滤波器的各种设计方法。重点放在所要求的滤波器特性的频域技术指标上,因为这是在实际中最常见的。目的是给出可能用于离散时间滤波器设计的各种方法的概貌,并给出一些方法的有关细节,使它们可以直接使用而无须进一步参考离散时间滤波器设计的浩瀚文献。对于 FIR 滤波器,详细地讨论了滤波器设计的窗函数法和 Parks-McClellan 算法设计法。

本章最后对如何选用这两类数字滤波器的问题做了一些讨论。这一讨论的要点是,方法的选择并不总是直截了当的,可能取决于许多因素,很难对其量化或从普遍意义上加以论述。但是,从本章和第 6 章中应清楚地认识到,数字滤波器的特性在设计和实现中都有很大的灵活性。这种灵活性使它有可能实现在诸多情况下用模拟滤波器很难实现的较为复杂的信号处理方案。

习题

基本题(附答案)

7.1 考虑一个脉冲响应为 $h_c(t)$ 的因果连续时间系统,其系统函数为

$$H_C(s) = \frac{s+a}{(s+a)^2+b^2}$$

(a) 用脉冲响应不变法求离散时间系统的 $H_1(z)$,使得 $h_1[n]=h_c(nT)$。

(b) 用阶跃响应不变法求离散时间系统的 $H_2(z)$,使得 $s_2[n]=s_c(nT)$。其中

$$s_2[n] = \sum_{k=-\infty}^{n} h_2[k] \qquad \text{和} \qquad s_C(t) = \int_{-\infty}^{t} h_C(\tau)\mathrm{d}\tau$$

(c) 求系统 1 的阶跃响应 $s_1[n]$ 和系统 2 的脉冲响应 $h_2[n]$。请判定 $h_2[n]=h_1[n]=h_c(nT)$ 以及 $s_1[n]=s_2[n]=s_c(nT)$ 是否成立?

7.2 某一离散时间低通滤波器是将脉冲响应不变法用于一个连续时间巴特沃思滤波器而设计出来的。该连续时间滤波器的幅度平方函数为

$$|H_C(\mathrm{j}\Omega)|^2 = \frac{1}{1+(\Omega/\Omega_C)^{2N}}$$

该离散时间系统的技术指标与例 7.2 中的相同,即

$$0.89125 \leqslant |H(\mathrm{e}^{\mathrm{j}\omega})| \leqslant 1, \quad 0 \leqslant |\omega| \leqslant 0.2\pi$$
$$|H(\mathrm{e}^{\mathrm{j}\omega})| \leqslant 0.17783, \qquad 0.3\pi \leqslant |\omega| \leqslant \pi$$

假定如在例 7.2 中那样,混叠不是一个问题。也就是说,设计连续时间巴特沃思滤波器,以满足由要求的离散时间滤波器所确定的通带和阻带指标。

(a) 画出连续时间巴特沃思滤波器频率响应 $|H_c(\mathrm{j}\Omega)|$ 幅度的容限界,使得用冲激响应不变法[即 $h[n]=T_d h_c(nT_d)$]后所得出的离散时间滤波器将满足给定的设计指标。不必像例 7.2中那样假设 $T_d=1$。

(b) 求整数阶次 N 和量 $T_d\Omega_c$,使得连续时间巴特沃思滤波器可以完全满足(a)中所确定的在通带边缘处的技术指标。

(c) 注意,若 $T_d=1$,则在(b)中的答案必须给出在例 7.2 中得出的 N 和 Ω_c 值。利用这种观点求出当 $T_d\neq1$ 时的系统函数 $H_c(s)$,并说明由脉冲响应不变法($T_d\neq1$)得出的系统函数 $H(z)$ 与式(7.19)给出的结果($T_d=1$ 时)相同。

7.3 常希望用脉冲响应不变法或双线性不变法来设计一个离散时间滤波器，该滤波器可以满足如下技术指标：

$$1-\delta_1 \leqslant |H(\mathrm{e}^{\mathrm{j}\omega})| \leqslant 1+\delta_1, \quad 0 \leqslant |\omega| \leqslant \omega_p$$
$$|H(\mathrm{e}^{\mathrm{j}\omega})| \leqslant \delta_2, \quad \omega_s \leqslant |\omega| \leqslant \pi \qquad \text{(P7.3-1)}$$

由于历史原因，绝大多数的连续时间滤波器的设计公式、表格或曲线通常均用通带的峰值增益为 1 来规定技术指标，即

$$1-\hat{\delta}_1 \leqslant |H_c(\mathrm{j}\Omega)| \leqslant 1, \quad 0 \leqslant |\Omega| \leqslant \Omega_p$$
$$|H_c(\Omega)| \leqslant \hat{\delta}_2, \quad \Omega_s \leqslant |\Omega| \qquad \text{(P7.3-2)}$$

Rabiner, Kaiser, Herrmann and Dolan(1974)曾给出了十分有用的用这种形式规定的连续时间滤波器的设计曲线。

(a) 为了使用这种表格和曲线来设计峰值增益为$(1+\delta_1)$的离散时间滤波器，必须将该离散时间滤波器的技术指标转换成式(P7.3-2)形式的技术指标。用$(1+\delta_1)$除以离散时间滤波器的技术指标就可以实现这种转换。利用这种方法求用δ_1和δ_2来表示$\hat{\delta}_1$和$\hat{\delta}_2$的表达式。

(b) 例 7.2 中曾经设计了一个最大通带增益为 1 的离散时间滤波器。这个滤波器可以用乘以常数$(1+\delta_1)$的方法转换成满足式(P7.3-1)中技术指标的滤波器。求所需要的δ_1值和与该例对应的δ_2值，并用式(7.17)求新滤波器的系统函数的系数。

(c) 对于例 7.3 中的滤波器重复(b)。

7.4 某一离散时间系统的系统函数为

$$H(z)=\frac{2}{1-\mathrm{e}^{-0.2}z^{-1}}-\frac{1}{1-\mathrm{e}^{-0.4}z^{-1}}$$

(a) 假设这个离散时间系统是用取$T_d=2$的脉冲响应不变法来设计的，即$h[n]=2h_c(2n)$，其中$h_c(t)$为实数。求出一个连续时间滤波器的系统函数$H_c(s)$，它可以作为设计的基础。你的答案是唯一的吗？如果不是，则求出另一个系统函数$H_c(s)$。

(b) 假设$H(z)$可用取$T_d=2$的双线性变换法得出。求可以作为设计基础的$H_c(s)$。你的答案是唯一的吗？如果不是，则求出另一个系统函数$H_c(s)$。

7.5 希望用 Kaiser 窗函数法设计一个具有广义线性相位的离散时间滤波器，它满足下技术指标：

$$|H(\mathrm{e}^{\mathrm{j}\omega})| \leqslant 0.01, \quad 0 \leqslant |\omega| \leqslant 0.25\pi$$
$$0.95 \leqslant |H(\mathrm{e}^{\mathrm{j}\omega})| \leqslant 1.05, \quad 0.35\pi \leqslant |\omega| \leqslant 0.6\pi$$
$$|H(\mathrm{e}^{\mathrm{j}\omega})| \leqslant 0.01, \quad 0.65\pi \leqslant |\omega| \leqslant \pi$$

(a) 对于满足以上技术指标的滤波器，求脉冲响应的最小长度$(M+1)$的值，以及 Kaiser 窗参数β的值。

(b) 该滤波器的延迟是多少？

(c) 确定使用 Kaiser 窗的理想脉冲响应$h_d[n]$。

7.6 要用 Kaiser 窗法设计一个实值的一般线性相位的 FIR 滤波器，且满足以下指标：

$$0.9 < H(\mathrm{e}^{\mathrm{j}\omega}) < 1.1, \quad 0 \leqslant |\omega| \leqslant 0.2\pi$$
$$-0.06 < H(\mathrm{e}^{\mathrm{j}\omega}) < 0.06, \quad 0.3\pi \leqslant |\omega| \leqslant 0.475\pi$$
$$1.9 < H(\mathrm{e}^{\mathrm{j}\omega}) < 2.1, \quad 0.525\pi \leqslant |\omega| \leqslant \pi$$

将 Kaiser 窗加到理想实值的脉冲响应上可以满足该指标，与该脉冲响应有关的理想频率响应为$H_d(\mathrm{e}^{\mathrm{j}\omega})$

$$H_d(\mathrm{e}^{\mathrm{j}\omega})=\begin{cases}1, & 0 \leqslant |\omega| \leqslant 0.25\pi \\ 0, & 0.25\pi \leqslant |\omega| \leqslant 0.5\pi \\ 2, & 0.5\pi \leqslant |\omega| \leqslant \pi\end{cases}$$

(a) 满足指标的δ最大值是多少？相应的β值是多少？清楚地说明你的理由。

(b) 满足指标的 $\Delta\omega$ 最大值是多少？相应的 $M+1$ 值是多少？清楚地说明你的理由。

7.7 对利用图 4.10 所示的系统来实现连续时间 LTI 低通滤波器 $H(\mathrm{j}\Omega)$ 很感兴趣，此时离散时间系统的频率响应为 $H_d(\mathrm{e}^{\mathrm{j}\omega})$。采样时间 $T=10^{-4}$ s，且输入信号 $x_c(t)$ 是恰当带限的，以及 $X_c(\mathrm{j}\Omega)=0$，$|\Omega|\geqslant 2\pi(5000)$。设 $|H(\mathrm{j}\Omega)|$ 的技术指标为

$$0.99\leqslant|H(j\Omega)|\leqslant 1.01,\quad |\Omega|\leqslant 2\pi(1000)$$
$$|H(j\Omega)|\leqslant 0.01,\quad |\Omega|\geqslant 2\pi(1100)$$

确定离散时间频率响应 $H_d(\mathrm{e}^{\mathrm{j}\omega})$ 的相应技术指标。

7.8 想要设计一个最优(Parks-McClellan)零相位 Ⅰ 型 FIR 低通滤波器，其通带频率 $\omega_p=0.3\pi$，阻带频率 $\omega_s=0.6\pi$，且在通带和阻带上有相同的误差加权。所求滤波器的脉冲响应长度为 11，即当 $n<-5$ 或 $n>5$ 时 $h[n]=0$。图 P7.8 表示两个不同滤波器的频率响应 $H(\mathrm{e}^{\mathrm{j}\omega})$。对每个滤波器确定各有多少交错点，并说明在最大最小意义上满足上述指标的最佳滤波器是否符合交错点定理。

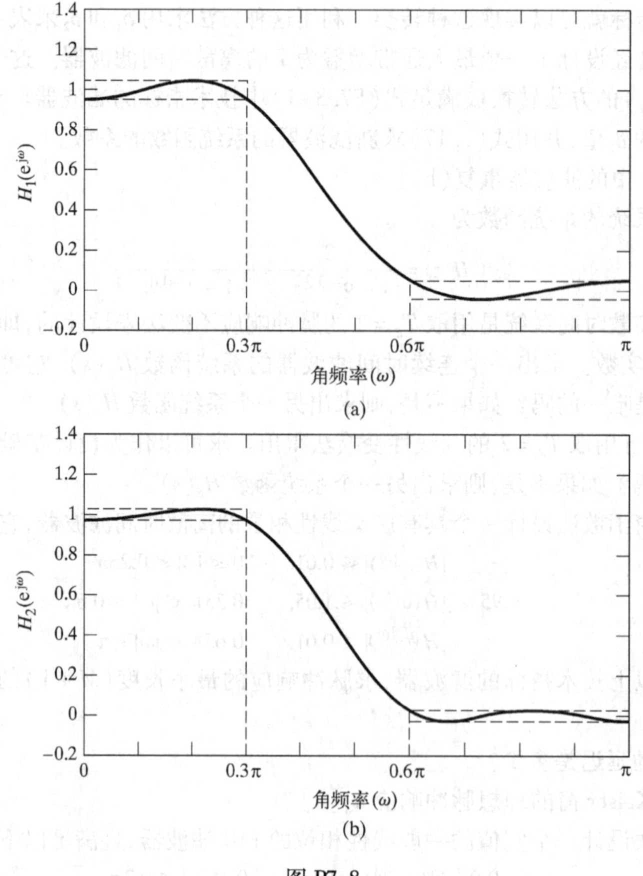

图 P7.8

7.9 假设要用脉冲响应不变法并以理想连续时间低通滤波器为原型，设计一个离散时间滤波器。原型滤波器的截止频率 $\Omega_c=2\pi(1000)$ rad/s，且在脉冲响应不变法的变换中 $T=0.2$ ms。所得离散时间滤波器的截止频率 ω_c 是多少？

7.10 将双线性变换法用于连续时间理想低通滤波器来设计一个离散时间低通滤波器。假设连续时间滤波器原型的截止频率为 $\Omega_c=2\pi(2000)$ rad/s，且选取双线性变换参数 $T=0.4$ ms。所得离散时间滤波器的截止频率 ω_c 是多少？

7.11 假设理想离散时间低通滤波器的截止频率为 $\omega_c=\pi/4$。另外，还知道该滤波器是将取值 $T=0.1$ ms 时的脉冲响应不变法用于连续时间原型低通滤波器变换而得到的。连续时间原型滤波器的截止频率 Ω_c 为多少？

7.12 一个截止频率为 $\omega_c=\pi/2$ 的理想离散时间高通滤波器是利用取值 $T=1$ ms 时的双线性变换法设计出的。问原型理想连续时间高通滤波器的截止频率 Ω_c 为多少？

7.13 一个截止频率为 $\omega_c=2\pi/5$ 的理想离散时间低通滤波器是利用脉冲响应不变法根据截止频率为 $\Omega_c=2\pi(4000)$ rad/s 的理想连续时间低通滤波器设计出的。T 值是多少？此值是否唯一？如果不是，求出另外符合上述要求的 T 值。

7.14 用双线性变换法由截止频率为 $\Omega_c=2\pi(300)$ rad/s 的理想连续时间低通滤波器来设计一个截止频率为 $\omega_c=3\pi/5$ 的理想离散时间低通滤波器。求出一个符合要求的参数 T。它是否唯一？如果不是，求出另外符合上述要求的值。

7.15 要通过给截止频率为 $\omega_c=0.3\pi$ 的理想离散时间低通滤波器的脉冲响应 $h_d[n]$ 加窗函数 $W[n]$ 来设计一个 FIR 低通滤波器，并满足技术指标

$$0.95<H(e^{j\omega})<1.05,\qquad 0\leqslant|\omega|\leqslant 0.25\pi$$

$$-0.1<H(e^{j\omega})<0.1,\qquad 0.35\pi\leqslant|\omega|\leqslant\pi$$

7.5.1 节中列出的哪一种滤波器可满足这一要求？对于每一个能满足这一要求的窗函数，求出滤波器所要求的最小长度 $M+1$。

7.16 要通过给截止频率为 $\omega_c=0.64\pi$ 的理想离散时间低通滤波器的脉冲响应 $h_d[n]$ 加 Kaiser 窗来设计一个 FIR 低通滤波器，并满足技术指标

$$0.98<H(e^{j\omega})<1.02,\qquad 0\leqslant|\omega|\leqslant 0.63\pi$$

$$-0.15<H(e^{j\omega})<0.15,\qquad 0.65\pi\leqslant|\omega|\leqslant\pi$$

求满足上述要求的 β 和 M 值。

7.17 假定要设计一个带通滤波器，满足下列指标：

$$-0.02<|(e^{j\omega})|<0.02,\qquad 0\leqslant|\omega|\leqslant 0.2\pi$$

$$0.95<|(e^{j\omega})|<1.05,\qquad 0.3\pi\leqslant|\omega|\leqslant 0.7\pi$$

$$-0.001<|(e^{j\omega})|<0.001,\qquad 0.75\pi\leqslant|\omega|\leqslant\pi$$

该滤波器是利用脉冲响应不变法且取 $T=5$ ms 通过一个原型连续时间滤波器来设计的。试给出用于设计原型连续时间滤波器的技术指标。

7.18 假设要设计一个高通滤波器，满足下列技术指标：

$$-0.04<|H(e^{j\omega})|<0.04,\qquad 0\leqslant|\omega|\leqslant 0.2\pi$$

$$0.995<|H(e^{j\omega})|<1.005,\qquad 0.3\pi\leqslant|\omega|\leqslant\pi$$

该滤波器是利用双线性变换法且取 $T=2$ ms，通过一个原型连续时间滤波器来设计的。为了保证满足离散时间滤波器的技术指标，用于设计原型连续时间滤波器的技术指标是多少？

7.19 要利用脉冲响应不变法由一个通带为 $2\pi(300)\leqslant\Omega\leqslant 2\pi(600)$ 的理想连续时间带通滤波器设计出一个通带为 $\pi/4\leqslant\omega\leqslant\pi/2$ 的理想离散时间带通滤波器。求满足该滤波器设计的 T 值。它是否是唯一的？

7.20 判断下列命题是否正确，并说明原因。

命题：如果利用双线性变换法将一个连续时间全通系统变换成一个离散时间系统，则所得离散时间系统也是一个全通系统。

基础题

7.21 工程师要评估如图 P7.21-1 所示的信号处理系统并且必要时可改进它。以 $1/T=100$ Hz 的采

样率对连续时间信号进行采样得到输入 $x[n]$。

目标是使 $H(e^{j\omega})$ 成为线性相位 FIR 滤波器,在理想情况下应具有以下幅度响应(因此它可以起到一个带限微分器的作用):

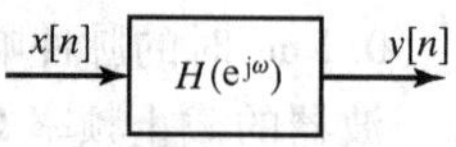

$x[n] \rightarrow H(e^{j\omega}) \rightarrow y[n]$

图 P7.21-1

$$H_{id}(e^{j\omega}) \text{ 的幅度} = \begin{cases} -\omega/T, \ \omega < 0 \\ \omega/T, \ \omega \geqslant 0 \end{cases}$$

(a) 对于 $H(e^{j\omega})$ 的一种实现,记为 $H_1(e^{j\omega})$,基于定义

$$\frac{d(x(t))}{dt} = \lim_{\Delta t \to 0} \frac{x(t) - x(t - \Delta t)}{\Delta t}$$

设计者选择系统脉冲响应 $h_1[n]$ 使得输入-输出关系为

$$y[n] = \frac{x[n] - x[n-1]}{T}$$

画出 $H_1(e^{j\omega})$ 的幅度响应并且讨论如何能与理想响应很好地匹配。你会发现以下展开式是十分有用的:

$$\sin(\theta) = \theta - \frac{1}{3!}\theta^3 + \frac{1}{5!}\theta^5 - \frac{1}{7!}\theta^7 + \cdots$$

$$\cos(\theta) = 1 - \frac{1}{2!}\theta^2 + \frac{1}{4!}\theta^4 - \frac{1}{6!}\theta^6 + \cdots$$

(b) 将 $H_1(e^{j\omega})$ 与另一个线性相位 FIR 滤波器 $G(e^{j\omega})$ 级联,且保证两个滤波器的组合,使得群延迟是采样时间间隔的整数倍。脉冲响应 $g[n]$ 的长度是偶数还是奇数?请解释原因。

(c) 另一种设计离散时间滤波器 H 的方法为脉冲响应不变法。在这种方法中,理想带限连续时间脉冲响应如式(P7.21-1)所示

$$h(t) = \frac{\Omega_c \pi t \cos(\Omega_c t) - \pi \sin(\Omega_c t)}{\pi^2 t^2} \qquad \text{(P7.21-1)}$$

对其进行采样。[在典型的应用中,Ω_c 可能稍小于 π/T,使 $h(t)$ 为一个带限是 $|\Omega| < \pi/T$ 的微分器的脉冲响应。]基于这个脉冲响应,可以设计一个新的滤波器 H_2,它也是 FIR 滤波器和线性相位的。因此,脉冲响应 $h_2[n]$ 应该保持 $h(t)$ 关于 $t=0$ 的奇对称性。以 100 Hz 的采样频率对脉冲响应进行采样,且采用矩形窗得到一个长度为 9 的脉冲响应,样本的位置在图 P7.21-2 中绘出。

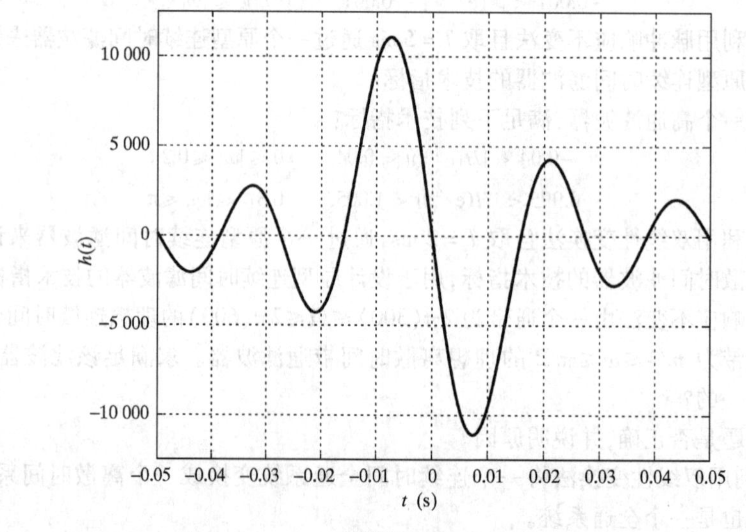

图 P7.21-2

(d) 如果设定脉冲响应 $h_2[n]$ 的长度为 8,且仍保持 $h(t)$ 关于 $t=0$ 的奇对称性,在图 P7.21-2 中再次绘出样本的位置。

(e) 由于 $H(e^{j\omega})$ 的理想幅度响应在 $\omega=\pi$ 附近较大，不希望 H_2 在 $\omega=\pi$ 处为零。你将采用偶数个还是奇数个样本的脉冲响应？请解释原因。

7.22 在图 P7.22 所示的系统中，离散时间系统为根据 Parks-McClellan 算法设计的线性相位 FIR 低通滤波器，其中 $\delta_1=0.01$，$\delta_2=0.001$，$\omega_p=0.4\pi$，$\omega_s=0.6\pi$。脉冲响应长度为 28 个样本。理想 C/D 和 D/C 转换器的采样率为 $1/|T|=10\,000$ 样本/s。

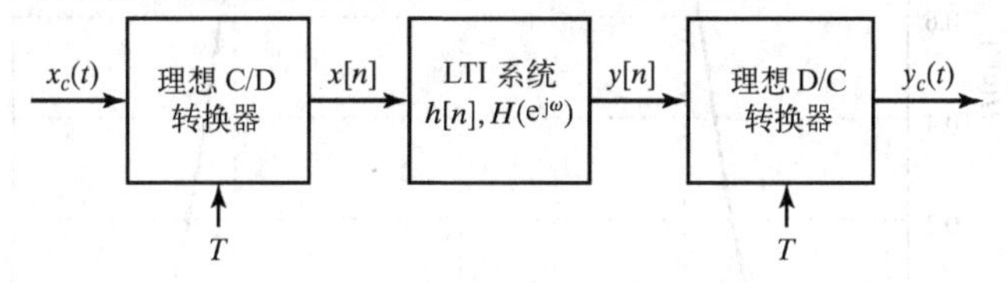

图 P7.22

(a) 输入信号应具有什么特性才能使整个系统成为一个 $Y_c(j\Omega)=H_{eff}(j\Omega)X_c(j\Omega)$ 的 LTI 系统？

(b) 在(a)的条件下，确定 $|H_{eff}(j\Omega)|$ 满足的逼近误差指标。以等式或者作为 Ω 函数的图形形式给出你的答案。

(c) 图 P7.22 中连续时间输入到连续时间输出的总时延是多少秒？

7.23 考虑一个连续时间系统，其系统函数为

$$H_C(s)=\frac{1}{s}$$

这个系统被称为积分器，因为输出 $y_c(t)$ 与输入 $x_c(t)$ 之间有如下关系：

$$y_C(t)=\int_{-\infty}^{t}x_C(\tau)\mathrm{d}\tau$$

假设某一离散时间系统是将双线性变换法用于 $H_c(s)$ 而得到的。

(a) 所得离散时间系统的系统函数 $H(z)$ 是什么？脉冲响应 $h[n]$ 是什么？

(b) 如果 $x[n]$ 为输入，且 $y[n]$ 为所得离散时间系统的输出。请写出输入和输出满足的差分方程。在用这个差分方程来实现该离散时间系统时，你预料会有什么问题？

(c) 求出该系统频率响应 $H(e^{j\omega})$ 的表达式。画出当 $0\leqslant|\omega|\leqslant\pi$ 时该离散时间系统的幅度和相位。将它们与连续时间积分器的频率响应 $H_c(j\Omega)$ 的幅度和相位进行比较。在什么条件下可以认为该离散时间"积分器"是连续时间积分器的良好逼近？现在考虑一个连续时间系统，其系统函数为

$$G_C(s)=s$$

该系统称为微分器，因为它的输出是输入的导数。假设某一离散时间系统是将双线性变换用于 $G_c(s)$ 而得到的。

(d) 所得离散时间系统的系统函数 $G(z)$ 是什么？脉冲响应 $g[n]$ 是什么？

(e) 求出该系统频率响应 $G(e^{j\omega})$ 的表达式，画出当 $0\leqslant|\omega|\leqslant\pi$ 时该离散时间系统的幅度和相位。将它们与连续时间微分器的频率响应 $G_c(j\Omega)$ 的幅度和相位进行比较。在什么条件下可以认为该离散时间"微分器"是连续时间微分器的良好逼近？

(f) 连续时间积分器和微分器完全是互为可逆的。对于它们的离散时间逼近也同样正确吗？

7.24 假设有一个长度为 $2L+1$ 的偶对称的 FIR 滤波器 $h[n]$，即，

$$h[n]=0,\quad |n|>L$$
$$h[n]=h[-n]$$

$H(e^{j\omega})$ 的频率响应，即 $h[n]$ 的 DTFT，当 $-\pi\leqslant\omega\leqslant\pi$ 时，示于图 P7.24 中。

根据图 P7.24 推断 L 取值的可能范围。请详细说明你的理由。不要对已用于得出 $h[n]$ 的设计步骤做任何假设。

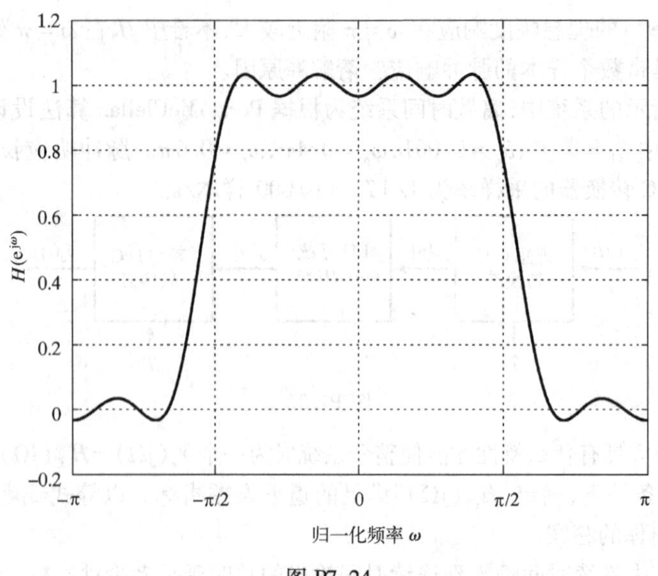

图 P7.24

7.25 令 $h_d[n]$ 表示一个所要求的理想系统的脉冲响应,相应的频率响应为 $H_d(e^{j\omega})$,且令 $h[n]$ 和 $H(e^{j\omega})$ 分别表示理想系统的 FIR 逼近的脉冲响应和频率响应。假设当 $n<0$ 和 $n>M$ 时 $h[n]=0$。希望选取脉冲响应的 $(M+1)$ 个样本使得如下定义的频率响应的均方误差为最小:

$$\varepsilon^2=\frac{1}{2\pi}\int_{-\pi}^{\pi}|H_d(e^{j\omega})-H(e^{j\omega})|^2 d\omega$$

(a) 利用 Parseval 公式给出用序列 $h_d[n]$ 和 $h[n]$ 来表示的误差函数。

(b) 采用(a)的结果,当 $0\leqslant n\leqslant M$ 时确定 $h[n]$ 的值使得 ε^2 为最小。

(c) 在(b)中确定的 FIR 滤波器也可以通过加窗运算来得到。也就是说,$h[n]$ 可以通过用一个特定的有限长序列 $w[n]$ 乘以一个期望的无限长序列 $h_d[n]$ 获得。确定必要的窗 $w[n]$ 以使最佳脉冲响应 $h[n]=w[n]h_d[n]$。

深入题

7.26 脉冲响应不变法和双线性变换法是设计离散时间滤波器的两种方法。这两种方法都是将一个连续时间系统函数 $H_c(s)$ 变换成一个离散时间系统函数 $H(z)$。回答下列问题,指出哪一种方法或二者均能够得出所要求的结果?

(a) 最小相位连续时间系统的所有极点和零点均在左半 s 平面上,如果将一个最小相位连续时间系统变换成一个离散时间系统,哪一种方法将得出最小相位离散时间系统?

(b) 如果连续时间系统是一个全通系统,则它的极点将在左半平面 s_k 处,而它的零点将在所对应的右半平面的 $-s_k$ 处。哪一种方法将得出全通离散时间系统?

(c) 哪一种设计方法可以保证

$$H(e^{j\omega})\big|_{\omega=0}=H_c(j\Omega)\big|_{\Omega=0}$$

(d) 如果连续时间系统是一个带阻滤波器,哪一种方法会得出离散时间带阻滤波器?

(e) 假设 $H_1(z)$,$H_2(z)$ 和 $H(z)$ 分别是 $H_{c1}(s)$,$H_{c2}(s)$ 和 $H_c(s)$ 的变换形式。哪一种设计方法可以保证,只要当 $H_c(s)=H_{c1}(s)H_{c2}(s)$ 时就有 $H(z)=H_1(z)H_2(z)$?

(f) 假定 $H_1(z)$,$H_2(z)$ 和 $H(z)$ 分别是 $H_{c1}(s)$,$H_{c2}(s)$ 和 $H_c(s)$ 的变换形式。哪一种设计方法

可以保证,只要当 $H_c(s)=H_{c1}(s)+H_{c2}(s)$ 时就有 $H(z)=H_1(z)+H_2(z)$?

(g) 假设两个连续时间系统函数满足条件

$$\frac{H_{c1}(j\Omega)}{H_{c2}(j\Omega)}=\begin{cases}e^{-j\pi/2}, & \Omega>0\\ e^{j\pi/2}, & \Omega<0\end{cases}$$

如果 $H_1(z)$ 和 $H_2(z)$ 分别是 $H_{c1}(s)$ 和 $H_{c2}(s)$ 的变换形式,哪一种设计会得出满足下式的离散时间系统:

$$\frac{H_1(e^{j\omega})}{H_2(e^{j\omega})}=\begin{cases}e^{-j\pi/2}, & 0<\omega<\pi\\ e^{j\pi/2}, & -\pi<\omega<0\end{cases}$$

(这类系统被称为“90°分相器”。)

7.27　假设给定一个理想低通离散时间滤波器,其频率响应为

$$H(e^{j\omega})=\begin{cases}1, & |\omega|<\pi/4\\ 0, & \pi/4<|\omega|\leqslant\pi\end{cases}$$

要用脉冲响应为 $h[n]$ 的原型滤波器来设计新滤波器。

(a) 画出脉冲响应为 $h_1[n]=h[2n]$ 的系统的频率响应 $H_1(e^{j\omega})$。

(b) 画出脉冲响应为如下所示的系统的频率响应 $H_2(e^{j\omega})$。

$$h_2[n]=\begin{cases}h[n/2], & n=0,\pm2,\pm4,\cdots\\ 0, & \text{其他}\end{cases}$$

(c) 画出脉冲响应为 $h_3[n]=e^{j\pi n}h[n]=(-1)^n h[n]$ 的系统的频率响应 $H_3(e^{j\omega})$。

7.28　考虑一个连续时间低通滤波器 $H_c(s)$,其通带和阻带的指标为

$$1-\delta_1\leqslant|H_c(j\Omega)|\leqslant1+\delta_1, \quad |\Omega|\leqslant\Omega_p$$
$$|H_c(j\Omega)|\leqslant\delta_2, \quad \Omega_s\leqslant|\Omega|$$

用如下变换将这个滤波器变换成一个低通离散时间滤波器 $H_1(z)$:

$$H_1(z)=H_c(s)\big|_{s=(1-z^{-1})/(1+z^{-1})}$$

并且用另一种下述变换将同样的连续时间滤波器变换成一个高通离散时间滤波器:

$$H_2(z)=H_c(s)\big|_{s=(1+z^{-1})/(1-z^{-1})}$$

(a) 确定连续时间低通滤波器的通带截止频率 Ω_p 和离散时间低通滤波器的通带截止频率 ω_{p1} 之间的关系。

(b) 确定连续时间低通滤波器的通带截止频率 Ω_p 和离散时间高通滤波器的通带截止频率 ω_{p2} 之间的关系。

(c) 确定离散时间低通滤波器的通带截止频率 ω_{p1} 和离散时间高通滤波器的通带截止频率 ω_{p2} 之间的关系。

(d) 图 P7.28 所示的网络描述了一种实现系统函数为 $H_1(z)$ 的离散时间低通滤波器的方法。系数 A,B,C 和 D 均为实数。如何对这些系数进行修改才能得到一个实现系统函数为 $H_2(z)$ 的离散时间高通滤波器的网络?

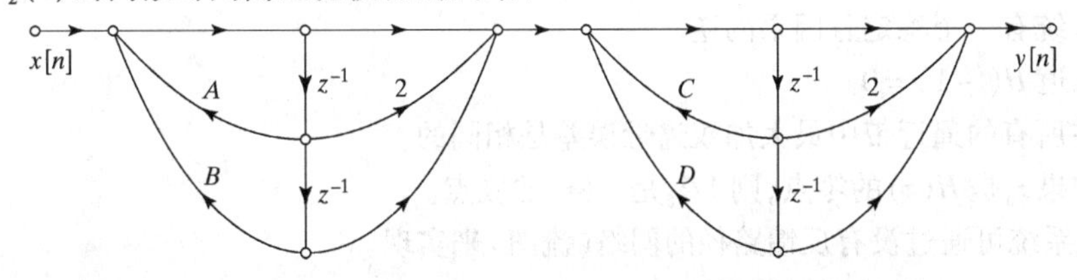

图 P7.28

7.29　系统函数为 $H(z)$ 和脉冲响应为 $h[n]$ 的一个离散时间系统有频率响应

$$H(e^{j\theta})=\begin{cases}A, & |\theta|<\theta_c\\ 0, & \theta_c<|\theta|\leqslant\pi\end{cases}$$

其中 $0<\theta_c<\pi$。通过变换 $Z=-z^2$,将这个滤波器变换成一个新滤波器,即

$$H_1(z)=H(Z)\big|_{Z=-z^2}=H(-z^2)$$

(a) 求原低通系统 $H(Z)$ 的频率变量 θ 与新系统 $H_1(z)$ 的频率变量 ω 之间的关系式。

(b) 画出新滤波器频率响应 $H_1(e^{j\omega})$ 的图形,并认真加以标记。

(c) 求用 $h[n]$ 表示 $h_1[n]$ 的关系式。

(d) 假设 $H(Z)$ 可用如下差分方程组来实现:

$$g[n]=x[n]-a_1g[n-1]-b_1f[n-2]$$
$$f[n]=a_2g[n-1]+b_2f[n-1]$$
$$y[n]=c_1f[n]-c_2g[n-1]$$

其中 $x[n]$ 为系统的输入,$y[n]$ 为系统的输出。确定对于变换后的系统可以实现 $H_1(z)=H(-z^2)$ 的差分方程组。

7.30 考虑通过下述变换由有理系统函数为 $H_c(s)$ 的一个连续时间滤波器来设计一个系统函数为 $H(z)$ 的离散时间滤波器:

$$H(z)=H_c(s)\big|_{s=\beta[(1-z^{-\alpha})/(1+z^{-\alpha})]}$$

其中 α 为非零整数,β 为实数。

(a) 若 $\alpha>0$,β 取何值时可以由一个具有有理系统函数 $H_c(s)$ 的稳定因果连续时间滤波器得出一个具有有理系统函数 $H(z)$ 的稳定因果离散时间滤波器?

(b) 若 $\alpha<0$,β 取何值时可以由一个具有有理系统函数 $H_c(s)$ 的稳定因果连续时间滤波器得出一个具有有理系统函数 $H(z)$ 的稳定因果离散时间滤波器?

(c) 当 $\alpha=2$ 和 $\beta=1$ 时,确定 s 平面的 $j\Omega$ 轴将映射成 z 平面上的什么围线?

(d) 假设连续时间滤波器是一个稳定的低通滤波器,其通带频率响应满足

$$1-\delta_1\leqslant|H_c(j\Omega)|\leqslant1+\delta_1,\quad |\Omega|\leqslant1$$

如果该离散时间系统 $H(z)$ 是用取 $\alpha=2$ 和 $\beta=1$ 的上述变换而得出的,求在区间 $|\omega|\leqslant\pi$ 中使下式成立的 ω 值:

$$1-\delta_1\leqslant|H(e^{j\omega})|\leqslant1+\delta_1$$

7.31 假设采用 Parks-McClellan 算法设计一个因果线性相位 FIR 低通滤波器。该系统的系统函数用 $H(z)$ 表示。脉冲响应的长度为 25 个样本,即当 $n<0$ 和 $n>24$ 时 $h[n]=0$,而在其他情况下 $h[n]\neq0$。理想的响应和所用的权函数为

$$H_d(e^{j\omega})=\begin{cases}1, & |\omega|\leqslant0.3\pi\\ 0, & 0.4\pi\leqslant|\omega|\leqslant\pi\end{cases}\qquad W(e^{j\omega})=\begin{cases}1, & |\omega|\leqslant0.3\pi\\ 2, & 0.4\pi\leqslant|\omega|\leqslant\pi\end{cases}$$

在以下每一种情况下,确定每一种描述是正确的还是错误的,或者是所给出的信息不充分。请给出你的结论。

(a) $h[n+12]=h[12-n]$ 或 $h[n+12]=-h[12-n]$,对于 $-\infty<n<\infty$。

(b) 系统有一个稳定且因果的逆。

(c) 知道 $H(-1)=0$。

(d) 在所有的逼近带中最大加权逼近误差是相同的。

(e) 如果 z_0 是 $H(z)$ 的零点,则 $1/z_0$ 是 $H(z)$ 的极点。

(f) 该系统可通过没有反馈路径的网络(流图)来实现。

(g) 当 $0<\omega<\pi$ 时群延迟等于 24。

(h) 如果对系统函数的系数均量化到 10 位,那么从切比雪夫意义上看,系统对于原目标响应和加权函数来说仍然是最佳的。

(i) 如果对系统函数的系数均量化到 10 位,那么系统仍能保证为线性相位滤波器。

(j) 如果对系统函数的系数均量化到10位,那么系统可能变得不稳定。

7.32 需要设计一个FIR滤波器$h[n]$具有以下指标:

通带边沿: $\omega_p = \pi/100$

阻带边沿: $\omega_s = \pi/50$

最大阻带增益: $\delta_s \leqslant -60$ dB(相对于通带)

建议采用Kaiser窗。Kaiser窗的形状参数β以及滤波器长度M的设计准则在7.5.3节给出。

(a) β和M值为多少时才能满足指标要求?

将你得出的滤波器示于你的上司,但他并不满意。他要求你减少设计滤波器时的计算量。你请到一位顾问,他建议你设计滤波器时可以采用两级级联:$h'[n] = p[n] * q[n]$。设计$p[n]$时他建议先设计一个滤波器$g[n]$,其通带边沿$\omega'_p = 10\omega_p$,阻带边沿$\omega'_s = 10\omega_s$及阻带增益$\delta'_s = \delta_s$。滤波器$p[n]$可以由$g[n]$通过一个因子10扩展得到:

$$p[n] = \begin{cases} g[n/10], & n/10\text{为整数} \\ 0, & \text{其他} \end{cases}$$

(b) β'和M'值为多少时才能满足$g[n]$的指标要求?

(c) 画出$\omega = 0$到$\omega = \pi/4$时$P(e^{j\omega})$的图形。你不需要画出频率响应的准确形状;但是需要表示出哪一个区域的频率响应接近于0 dB,哪一个区域为或低于-60 dB。在你的图中标出所有的频带边沿。

(d) 在设计$q[n]$时应采用什么指标才能保证$h'[n] = p[n] * q[n]$达到或超过原先的要求?求出$q[n]$所要求的通带边沿ω''_p,阻带边沿ω''_s及阻带衰减δ''_s。

(e) β''和M''为多少时才能满足$q[n]$的指标要求? $h'[n] = q[n] * p[n]$有多少个非零样本?

(f) 在(b)~(e)中的滤波器$h'[n]$是首先将输入和$q[n]$直接卷积,然后再将结果与$p[n]$卷积得到的。在(a)中得到的滤波器$h[n]$是由输入与$h[n]$直接卷积得到的。这两种方法中哪种方法的乘法运算更少?请解释原因。注意:不能把与0相乘作为一次乘法运算。

7.33 考虑一个实带限信号$x_a(t)$,其傅里叶变换$X_a(j\Omega)$具有以下特性:

$$X_a(j\Omega) = 0, \quad |\Omega| > 2\pi \cdot 10000$$

即信号为10 kHz带宽的带限信号。

希望用一个高通模拟滤波器来处理$x_a(t)$,它的幅度响应满足以下指标(见图P7.33):

$$\begin{cases} 0 \leqslant |H_a(j\Omega)| \leqslant 0.1, & 0 \leqslant |\Omega| \leqslant 2\pi \cdot 4000 = \Omega_s \\ 0.9 \leqslant |H_a(j\Omega)| \leqslant 1, & \Omega_p = 2\pi \cdot 8000 \leqslant |\Omega| \end{cases}$$

其中Ω_s和Ω_p分别表示阻带和通带频率。

(a) 假设模拟滤波器$H_a(j\Omega)$是根据图7.2所示的框图用离散时间处理来实现的。

对于理想C/D和D/C转换器,采样频率$f_s = \dfrac{1}{T}$均为24 kHz。确定适合$|H(e^{j\omega})|$的滤波器指标,以及数字滤波器的幅度响应。

(b) 采用双线性变换$s = \dfrac{1-z^{-1}}{1+z^{-1}}$,想要设计一个数字滤波器,其幅度响应指标如(a)中所示。

求出$|G_{HP}(j\Omega_1)|$的指标,即通过双线性变换与数字滤波器关联的高通模拟滤波器的幅度响应。同样,绘出全部标记出的$|G_{HP}(j\Omega_1)|$幅度响应指标的图形。

(c) 采用频率变换$s_1 = \dfrac{1}{s_2}$(即由s的倒数代替拉普拉斯变换中的变量s),由最低阶巴特沃思滤波器来设计高通模拟滤波器$G_{HP}(j\Omega_1)$,其幅度平方频率响应如下:

$$|G(\mathrm{j}\Omega_2)|^2 = \frac{1}{1+(\Omega_2/\Omega_c)^{2N}}$$

特别是,求出最低滤波器阶数 N 和相应的截止频率 Ω_c,以便能完全满足原滤波器通带指标($|H_a(\mathrm{j}\Omega_p)|=0.9$)。在图形中标示出你设计的巴特沃思滤波器的幅度响应的突出点。

(d) 画出(低通)巴特沃思滤波器 $G(s_2)$ 的零-极点图,并求出其传递函数的表达式。

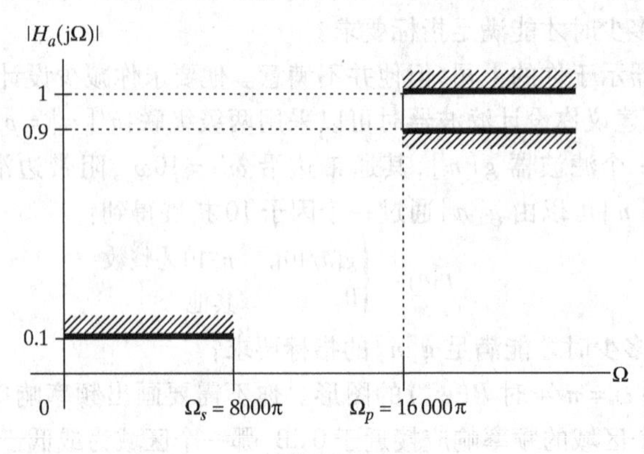

图 P7.33

7.34 零相位 FIR 滤波器 $h[n]$ 具有相应的 DTFT $H(\mathrm{e}^{\mathrm{j}\omega})$,如图 P7.34 所示。

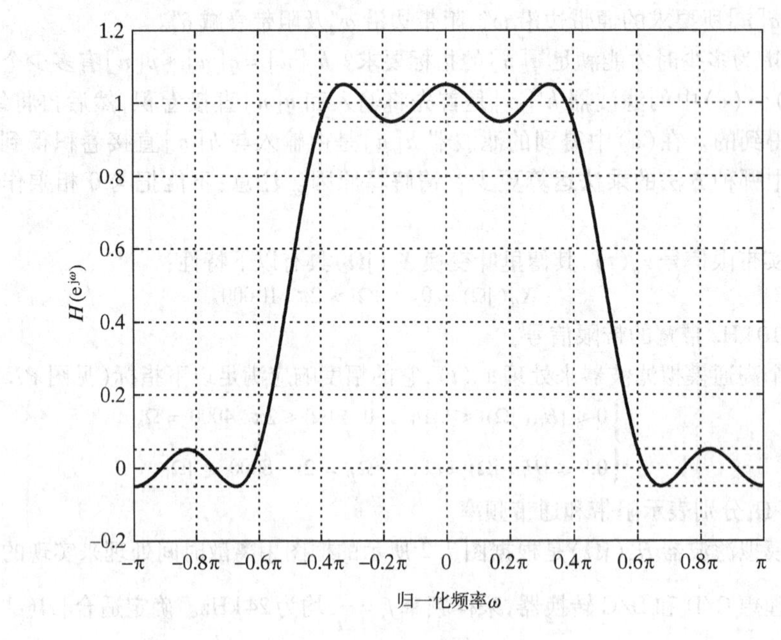

图 P7.34

已知该滤波器的设计采用了 Parks-McClellan(PM)算法。PM 算法的输入参数已知为

- 通带边沿:$\omega_p=0.4\pi$
- 阻带边沿:$\omega_s=0.6\pi$
- 理想通带增益:$G_p=1$
- 理想阻带增益:$G_s=0$
- 误差加权函数 $W(\omega)=1$

脉冲响应 $h[n]$ 的长度为 $M+1=2L+1$，并且

$$h[n]=0, \quad |n|>L$$

L 的值未知。

有两个滤波器，每一个滤波器具有与图 P7.34 所示相同的频率响应，并且都采用 Parks-McClellan 算法来设计，只是输入参数 L 取不同值。

- 滤波器 1：$L=L_1$
- 滤波器 2：$L=L_2>L_1$

除了 L 取值不同，这两个滤波器的设计采用完全相同的 Parks-McClellan 算法和输入参数。

(a) L_1 的可能值是多少？

(b) $L_2>L_1$ 时 L_2 的可能值是多少？

(c) 两个滤波器的脉冲响应 $h_1[n]$ 和 $h_2[n]$ 是否相同？

(d) 交替定理保证了"r 阶多项式的唯一性。"如果你在(c)中的答案是肯定的，请解释为什么没有违反交替定理。如果你的答案是否定的，请说明两个滤波器 $h_1[n]$ 和 $h_2[n]$ 之间是怎样相互关联的。

7.35 给定一个零相位 FIR 带通滤波器 $h[n]$，即 $h[n]=h[-n]$。其相应的 DTFT $H(e^{j\omega})$ 如图 P7.35 所示。

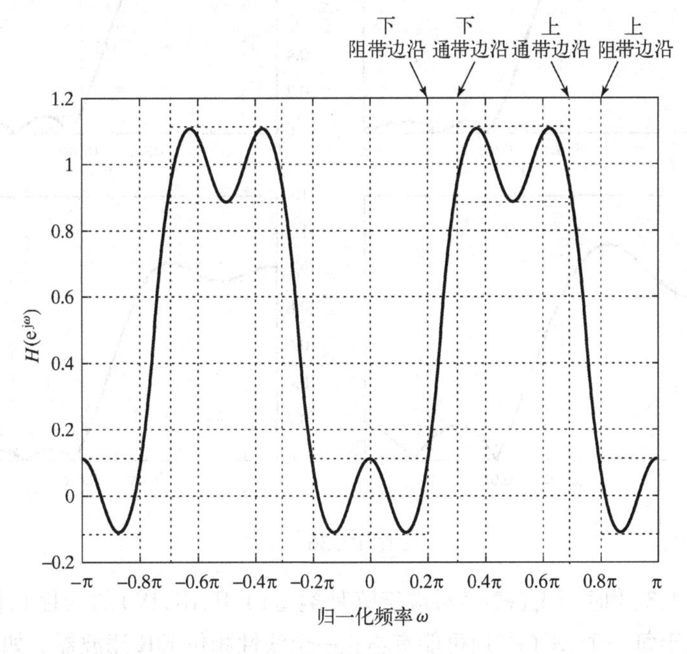

图 P7.35

已知滤波器的设计采用 Parks-McClellan 算法。Parks-McClellan 算法的输入参数已知为

- 下阻带边沿：$\omega_1=0.2\pi$
- 下通带边沿：$\omega_2=0.3\pi$
- 上通带边沿：$\omega_3=0.7\pi$
- 上阻带边沿：$\omega_4=0.8\pi$
- 理想通带增益：$G_p=1$
- 理想阻带增益：$G_s=0$
- 误差加权函数 $W(\omega)=1$

输入参数 $M+1$ 的值未知,它代表最大非零脉冲响应值(等价于滤波器长度)。

有两个滤波器,每一个滤波器具有与图 P7.35 相同的频率响应,但是具有不同的脉冲响应长度 $M+1=2L+1$。

- 滤波器 1:$M=M_1=14$
- 滤波器 2:$M=M_2\neq M_1$

除了 M 取值不同,这两个滤波器的设计采用完全相同的 Parks-McClellan 算法和输入参数。

(a) M_2的可能值是多少?

(b) 交替定理保证了"r 阶多项式的唯一性。"请解释为什么没有违反交替定理。

7.36 图 P7.36 描绘了线性相位 FIR 滤波器的 4 个频率响应幅度图,标记为$|A_e^i(e^{j\omega})|$,$i=1,2,3,4$。这些图中的一个或多个可能属于用 Parks-McClellan 算法设计的等波纹线性相位 FIR 滤波器。图中同样给出了通带和阻带的最大逼近误差,以及这些频带的理想截止频率。注意,逼近误差和滤波器长度指标可能会有不同的选择,以保证每个设计的滤波器具有相同的截止频率。

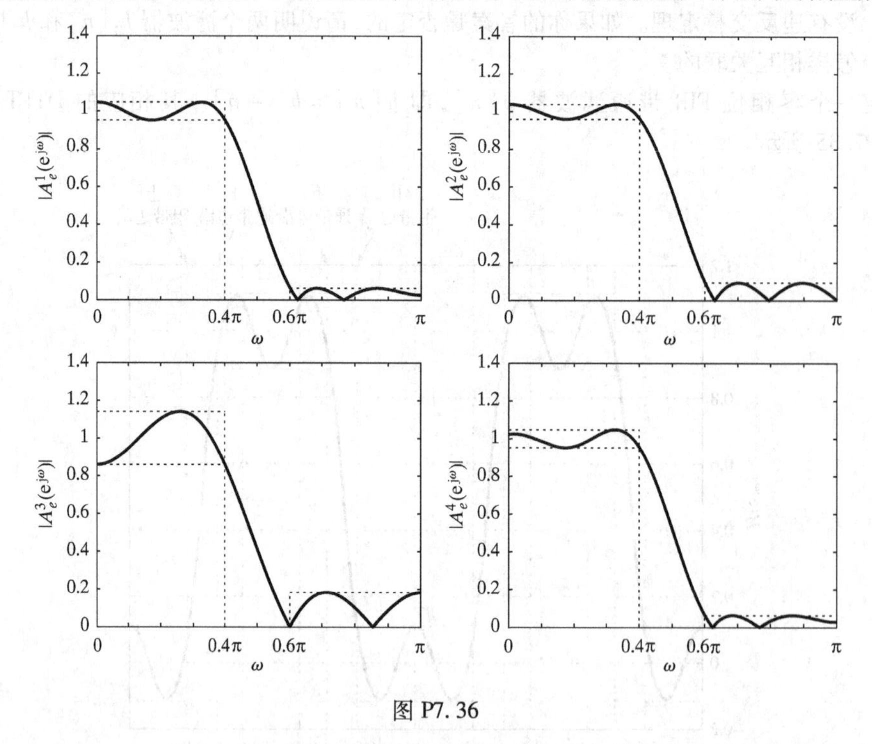

图 P7.36

(a) 当 $i=1,2,3,4$ 时,$|A_e^i(e^{j\omega})|$对应于哪种类型(I,II,III,IV)的线性相位 FIR 滤波器?注意,对应于每一个$|A_e^i(e^{j\omega})|$可能有不止一个线性相位 FIR 滤波器。如果你认为是这种情况,请列出所有可能的选择。

(b) 当 $i=1,2,3,4$ 时,每一个$|A_e^i(e^{j\omega})|$有多少次交替?

(c) 当 $i=1,2,3,4$ 时,对每一个 i,$|A_e^i(e^{j\omega})|$能否属于 Parks-McClellan 算法的输出?

(d) 如果你认为一个给定的$|A_e^i(e^{j\omega})|$能够对应于 Parks-McClellan 算法的输出,并且可能是 I 型线性相位 FIR 滤波器,那么$|A_e^i(e^{j\omega})|$的脉冲响应的长度是多少?

7.37 考虑如图 P7.37 所示的二阶系统,以输入采样率 15 倍的采样速率对一个序列 $x[n]=x_c(nT)$ 进行内插;即希望 $y[n]=x_c(nT/15)$。

假设输入序列 $x[n]=x_c(nT)$ 是对带限连续时间信号进行采样得到的,该信号的傅里叶变换满足以下条件:当$|\Omega|\geqslant 2\pi(3600)$时$|X_c(j\Omega)|=0$。假定原始采样周期为 $T=1/8000$。

(a) 画出"典型的"带限输入信号的傅里叶变换 $|X_c(j\Omega)|$ 及其相应的离散时间傅里叶变换 $X(e^{j\omega})$ 和 $X_e(e^{j\omega})$ 的草图。

(b) 为了实现内插系统，毫无疑问必须采用非理想滤波器。采用在(a)中所绘的 $X_e(e^{j\omega})$ 图来确定通带和阻带截止频率(ω_{p1} 和 ω_{s1})，要求当基带频谱图像显著衰减时保持原有的频带基本未经修改[即希望 $w[n]\approx x_c(nT/3)$]。假定这是可以通过使通带逼近误差 $\delta_1=0.005$(滤波器通带增益为1)且阻带逼近误差 $\delta_2=0.01$ 来实现的，请图示当 $-\pi\leqslant\omega\leqslant\pi$ 时滤波器 $H_1(e^{j\omega})$ 的技术指标。

(c) 假设 $w[n]=x_c(nT/3)$，画出 $W_e(e^{j\omega})$ 的草图，并以此来确定第二个滤波器所需的通带和阻带截止频率 ω_{p2} 和 ω_{s2}。

(d) 采用公式(7.117)求出 Parks-McClellan 滤波器的阶次 M_1 和 M_2，这两个滤波器具有在(b)和(c)中求出的通带和阻带截止频率，且 $\delta_1=0.005$ 和 $\delta_2=0.01$。

(e) 在这种情况下，若计算出 15 个输出样本则需要多少次乘法运算？

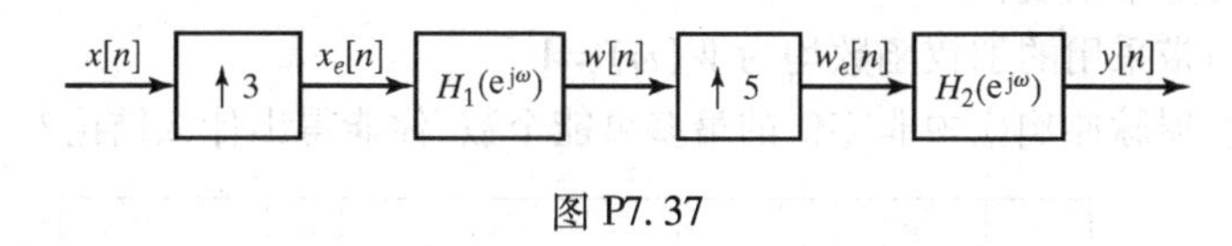

图 P7.37

7.38 图 7.2 所示的系统通过一个数字滤波器对连续时间信号进行滤波。C/D 和 D/C 转换器的采样频率为 $f_s=1/T=10\,000$ 样本/s。

采用一个长度 $M+1=23$，$\beta=3.395$ 的 Kaiser 窗 $w_K[n]$ 来设计一个频率响应为 $H_{lp}(e^{j\omega})$ 的线性相位低通滤波器。当用于图 7.1 所示的系统时，有 $H(e^{j\omega})=H_{lp}(e^{j\omega})$，总有效频率响应[从输入 $x_a(t)$ 到输出 $y_a(t)$]满足以下指标：

$$0.99\leqslant|H_{\text{eff}}(j\Omega)|\leqslant1.01,\quad 0\leqslant|\Omega|\leqslant2\pi(2000)$$
$$|H_{\text{eff}}(j\Omega)|\leqslant0.01,\quad 2\pi(3000)\leqslant|\Omega|\leqslant2\pi(5000)$$

(a) FIR 滤波器的线性相位引入了时延 t_d。求出通过系统的时延(以 ms 为单位)。

(b) 现在通过对理想脉冲响应 $h_d[n]$ 施加同样的 Kaiser 窗来得到一个高通滤波器，$h_d[n]$ 相应的频率响应为

$$H_d(e^{j\omega})=\begin{cases}0, & |\omega|<0.25\pi\\ 2e^{-j\omega n_d}, & 0.25\pi<|\omega|\leqslant\pi\end{cases}$$

也就是说，具有脉冲响应 $h_{hp}[n]=w_K[n]h_d[n]$ 以及频率响应 $H_{hp}(e^{j\omega})$ 的线性相位 FIR 滤波器是通过将设计最初提到的低通滤波器时所用的同样 Kaiser 窗乘以 $h_d[n]$ 得到的。所得出的 FIR 高通离散时间滤波器满足如下形式的技术指标：

$$|H_{hp}(e^{j\omega})|\leqslant\delta_1,\quad 0\leqslant|\omega|\leqslant\omega_1$$
$$G-\delta_2\leqslant|H_{hp}(e^{j\omega})|\leqslant G+\delta_2,\quad \omega_2\leqslant|\omega|\leqslant\pi$$

根据由低通滤波器指标得出的信息求出 $\omega_1,\omega_2,\delta_1,\delta_2$ 和 G 的值。

7.39 对于一个需要设计的 I 型 FIR 带通滤波器 $h[n]$，图 P7.39 给出了所要求的理想频率响应幅度，其 DTFT 近似于 $H_d(e^{j\omega})$，且满足以下约束条件：

$$-\delta_1\leqslant H(e^{j\omega})\leqslant\delta_1,\quad 0\leqslant|\omega|\leqslant\omega_1$$
$$1-\delta_2\leqslant H(e^{j\omega})\leqslant1+\delta_2,\quad \omega_2\leqslant|\omega|\leqslant\omega_3$$
$$-\delta_3\leqslant H(e^{j\omega})\leqslant\delta_3,\quad \omega_4\leqslant|\omega|\leqslant\pi$$

所得出的滤波器 $h[n]$ 是为了将最大加权误差最小化，因此也必须满足交替定理。

采用 Parks-McClellan 算法，求出一个合适的加权函数并画图。

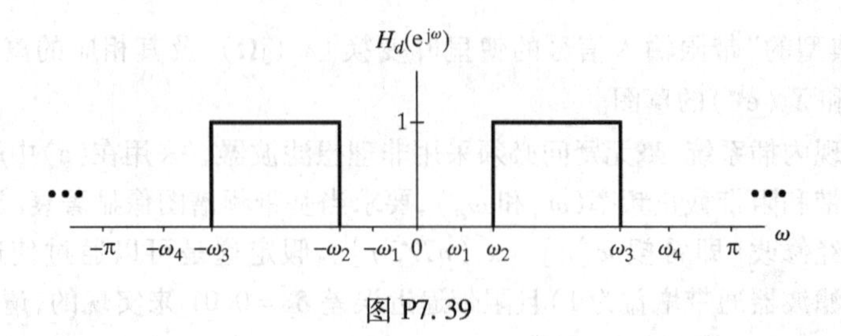

图 P7.39

7.40　(a) 图 P7.40-1 给出了基于下列指标的 I 型 Parks-McClellan 低通滤波器的频率响应$A_e(e^{j\omega})$。毫无疑问,它也满足交替定理。

通带边沿：$\omega_p = 0.45\pi$

阻带边沿：$\omega_s = 0.50\pi$

所要求的通带幅度：1

所要求的阻带幅度：0

通带和阻带采用的加权函数均为 $W(\omega) = 1$

有关滤波器脉冲响应中非零值的最多可能个数,你能得出什么结论?

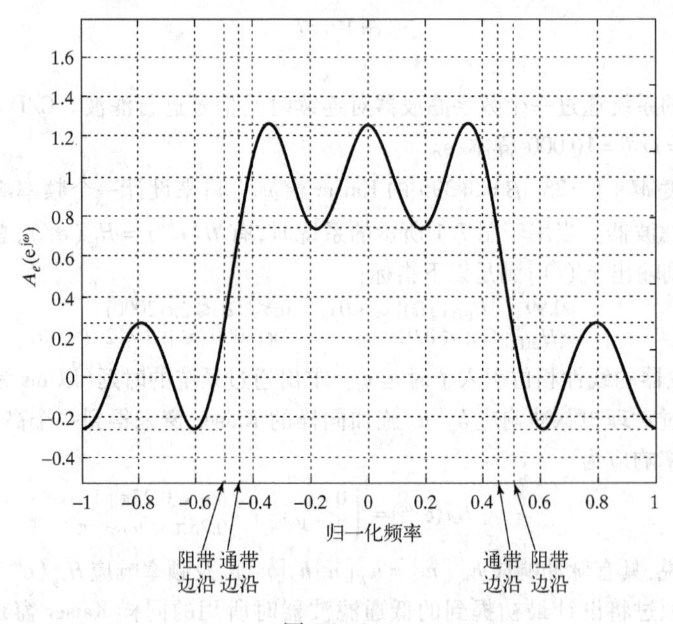

图 P7.40-1

(b) 图 P7.40-2 给出了另一个 I 型 FIR 滤波器的频率响应 $B_e(e^{j\omega})$。$B_e(e^{j\omega})$是从(a)中的 $A_e(e^{j\omega})$得到的,如下所示:

$$B_e(e^{j\omega}) = k_1\left(A_e(e^{j\omega})\right)^2 + k_2$$

其中 k_1和 k_2是常量。可以看出,$B_e(e^{j\omega})$具有等波纹特性,在通带和阻带具有不同的最大误差。

这个滤波器是否满足交替定理,具有给出的通带和阻带边沿频率以及由虚线表示的通带和阻带波纹?

7.41　假设 $H_c(s)$在 $s = s_0$处具有 r 阶极点,使得 $H_c(s)$可以表示为

$$H_c(s) = \sum_{k=1}^{r}\frac{A_k}{(s-s_0)^k} + G_c(s)$$

其中 $G_c(s)$ 只有一阶极点。假设 $H_c(s)$ 是因果的。

(a) 给出由 $H_c(s)$ 来确定常量 A_k 的公式。

(b) 求出由 s_0 和 $g_c(t)$ 来表示的脉冲响应 $h_c(t)$ 的表达式，$g_c(t)$ 是 $G_c(s)$ 的拉普拉斯逆变换。

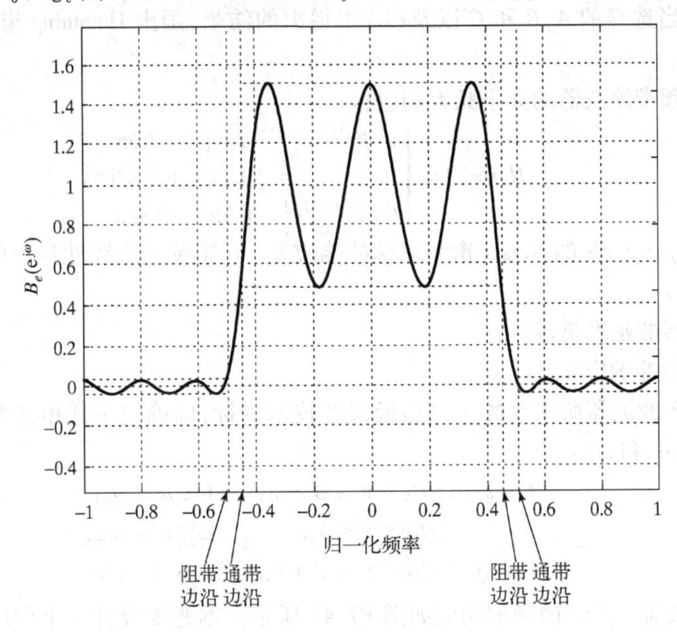

图 P7.40-2

7.42 如第 12 章所述，理想离散时间希尔伯特变换器是一个对于 $0<\omega<\pi$ 引入 $-90°(-\pi/2\text{rad})$ 相移，而对 $-\pi<\omega<0$ 引入 $+90°(+\pi/2\text{rad})$ 相移的系统。对于 $0<\omega<\pi$ 和 $-\pi<\omega<0$，频率响应的幅度为常量（单位 1）。这类系统也称为理想 90°移相器。

(a) 给出一个理想离散时间希尔伯特变换器的理想频率响应 $H_d(e^{j\omega})$ 的方程，该变换器还包括稳定（非零）群延迟。画出该系统对于 $-\pi<\omega<\pi$ 的相位响应曲线。

(b) 可用哪种类型（Ⅰ，Ⅱ，Ⅲ或Ⅳ）的 FIR 线性相位系统来逼近(a)中的理想希尔伯特变换器？

(c) 假设要用窗函数法设计一个逼近理想希尔伯特变换器的线性相位系统。若 FIR 系统是当 $n<0$ 和 $n>M$ 时 $h[n]=0$，请利用(a)中给出的 $H_d(e^{j\omega})$ 求理想脉冲响应 $h_d[n]$。

(d) 当 $M=21$ 时该系统的延迟是多少？若采用矩形窗，请画出在这种情况下 FIR 逼近的频率响应之幅度曲线。

(e) 当 $M=20$ 时该系统的延迟是多少？若采用矩形窗，请画出在这种情况下 FIR 逼近的频率响应之幅度曲线。

7.43 7.5.1 节中提出的常用窗函数均可以利用矩形窗来表示。这一特性可以用来得出 Bartlett 窗和包括 Hanning 窗，Hamming 窗及 Blackman 窗在内的升余弦窗族的傅里叶变换表达式。

(a) 证明式(7.60b)定义的$(M+1)$点 Bartlett 窗可以表示为两个较短矩形窗的卷积。用这一事实证明，$(M+1)$点 Bartlett 窗的傅里叶变换为

$$W_B(e^{j\omega})=e^{-j\omega M/2}(2/M)\left(\frac{\sin(\omega M/4)}{\sin(\omega/2)}\right)^2,\quad M\text{ 为偶数}$$

或

$$W_B(e^{j\omega})=e^{-j\omega M/2}(2/M)\left(\frac{\sin[\omega(M+1)/4]}{\sin(\omega/2)}\right)\left(\frac{\sin[\omega(M-1)/4]}{\sin(\omega/2)}\right),\quad M\text{ 为奇数}$$

(b) 很容易看出,由式(7.60c)至式(7.60e)定义的$(M+1)$点升余弦窗均可以表示为

$$w[n]=[A+B\cos(2\pi n/M)+C\cos(4\pi n/M)]w_R[n]$$

式中$w_R[n]$是$(M+1)$点矩形窗,用这个关系式求一般升余弦窗的傅里叶变换。

(c) 利用适当选择的A,B和C以及(b)中得出的结果,画出 Hamming 窗傅里叶变换的幅度曲线。

7.44 考虑一个多频带滤波器的如下频率响应:

$$H_d(e^{j\omega})=\begin{cases} e^{-j\omega M/2}, & 0\leqslant|\omega|<0.3\pi \\ 0, & 0.3\pi<|\omega|<0.6\pi \\ 0.5e^{-j\omega M/2}, & 0.6\pi<|\omega|\leqslant\pi \end{cases}$$

用$M=48$和$\beta=3.68$的 Kaiser 窗乘以脉冲响应$h_d[n]$得到一个线性相位的 FIR 系统,其脉冲响应为$h[n]$。

(a) 该滤波器的延迟是多少?

(b) 求理想脉冲响应$h_d[n]$。

(c) 确定 FIR 滤波器所满足的一组逼近误差技术指标,即确定下式中的参数$\delta_1,\delta_2,\delta_3,B,C,\omega_{p1},\omega_{s1},\omega_{s2}$和$\omega_{p2}$:

$$B-\delta_1\leqslant|H(e^{j\omega})|\leqslant B+\delta_1,\quad 0\leqslant\omega\leqslant\omega_{p1}$$
$$|H(e^{j\omega})|\leqslant\delta_2,\quad \omega_{s1}\leqslant\omega\leqslant\omega_{s2}$$
$$C-\delta_3\leqslant|H(e^{j\omega})|\leqslant C+\delta_3,\quad \omega_{p2}\leqslant\omega\leqslant\pi$$

7.45 所要求的滤波器$h_d[n]$的频率响应如图 P7.45 所示。本题要设计一个$(M+1)$点因果线性相位 FIR 滤波器$h[n]$,使得积分平方误差

$$\epsilon_d^2=\frac{1}{2\pi}\int_{-\pi}^{\pi}|A(e^{j\omega})-H_d(e^{j\omega})|^2\mathrm{d}\omega$$

为最小,其中滤波器的频率响应$h[n]$为

$$H(e^{j\omega})=A(e^{j\omega})e^{-j\omega M/2}$$

且M为奇整数。

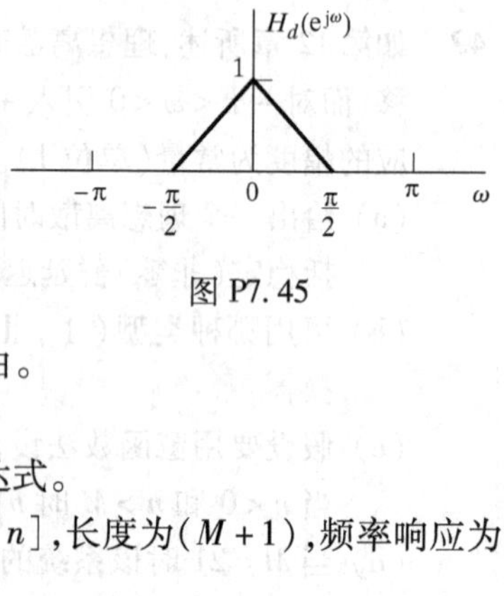

图 P7.45

(a) 求$h_d[n]$。

(b) 在$0\leqslant n\leqslant M$区间中$h[n]$有何种对称性?简要说明理由。

(c) 求$0\leqslant n\leqslant M$区间中的$h[n]$。

(d) 求作为$h_d[n]$和M函数的最小积分-平方误差ϵ的表达式。

7.46 考虑一个Ⅰ型线性相位 FIR 低通滤波器,其脉冲响应为$h_{LP}[n]$,长度为$(M+1)$,频率响应为

$$H_{LP}(e^{j\omega})=A_e(e^{j\omega})e^{-j\omega M/2}$$

系统有幅度函数$A_e(e^{j\omega})$,如图 P7.46 所示。

这个幅度函数在频带$0\leqslant\omega\leqslant\omega_p$中(其中$\omega_p=0.27\pi$)(在 Parks-McClellan 意义上),并且在频带$\omega_s\leqslant\omega\leqslant\pi$中(其中$\omega_s=0.4\pi$)。

(a) M值为多少?

假设高通滤波器是由如下定义的低通滤波器获得的:

$$H_{LP}(e^{j\omega})=A_e(e^{j\omega})e^{-j\omega M/2}$$

(b) 证明所得频率响应的表达式为$H_{HP}(e^{j\omega})=B_e(e^{j\omega})e^{-j\omega M/2}$。

(c) 画出当$0\leqslant\omega\leqslant\pi$时的$B_e(e^{j\omega})$的草图。

(d) 现有一结论认为,对于给定的M值[如(a)中所求],所得高通滤波器在频带$0\leqslant\omega\leqslant 0.6\pi$中最佳逼近于0;在频带$0.73\pi\leqslant\omega\leqslant\pi$上最佳逼近于1。这一结论是否正确?说明理由。

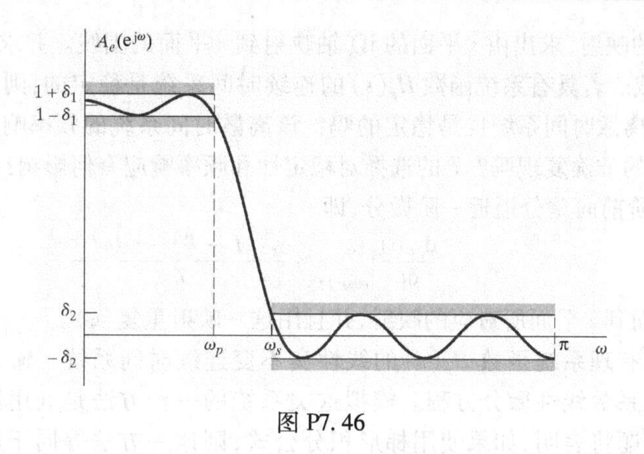

图 P7.46

7.47 设计一个三点最优(在最小最大意义上)因果低通滤波器,且 $\omega_s=\pi/2$, $\omega_p=\pi/3$,和 $K=1$。求所设计滤波器的脉冲响应 $h[n]$。注意:$\cos(\pi/2)=0$, $\cos(\pi/3)=0.5$。

扩充题

7.48 如果一个线性时不变连续时间系统具有有理系统函数,则它的输入和输出满足常规的常系数线性差分方程。模拟这类系统的标准方法是用有限差分来逼近微分方程中的导数。特别是,因为对于连续可微函数 $y_c(t)$,有

$$\frac{\mathrm{d}y_c(t)}{\mathrm{d}t}=\lim_{T\to 0}\left[\frac{y_c(t)-y_c(t-T)}{T}\right]$$

这似乎是合理的,因为如果 T“足够小”,当用 $[y_c(t)-y_c(t-T)]/T$ 来代替 $\mathrm{d}y_c(t)/\mathrm{d}t$ 时,应当得到一个好的逼近。

虽然这个简单的方法在连续时间系统的模拟中可能是有用的,但是在滤波器的应用中它并不总是一种设计离散时间系统的有用方法。为了了解用差分方程逼近微分方程的影响,研究一个具体的例子是有益的,假设一个连续时间系统的系统函数为

$$H_c(s)=\frac{A}{s+c}$$

其中 A 和 c 为常数。

(a) 证明该系统的输入 $x_c(t)$ 和输出 $y_c(t)$ 满足微分方程

$$\frac{\mathrm{d}y_c(t)}{\mathrm{d}t}+cy_c(t)=Ax_c(t)$$

(b) 计算当 $t=nT$ 时的微分方程,并且进行替代

$$\left.\frac{\mathrm{d}y_c(t)}{\mathrm{d}t}\right|_{t=nT}\approx\frac{y_c(nT)-y_c(nT-T)}{T}$$

也就是用一阶后向差分来代替一阶导数。

(c) 定义 $x[n]=x_c(nT)$ 和 $y[n]=y_c(nT)$。用这一定义和(b)的结果求联系 $x[n]$ 和 $y[n]$ 的差分方程,并求所得离散系统的系统函数 $H(z)=Y(z)/X(z)$。

(d) 证明,对于这个例子

$$H(z)=H_c(s)\big|_{s=(1-z^{-1})/T}$$

也就是证明 $H(z)$ 可用如下映射由 $H_c(s)$ 直接求得:

$$s=\frac{1-z^{-1}}{T}$$

[可以证明,如果高阶导数可由重复使用一阶后向差分来逼近,则对于高阶系统(d)的结果也成立。]

(e) 利用(d)的映射,求出由 s 平面的 $\mathrm{j}\Omega$ 轴映射到 z 平面的围线。并求左半 s 平面相对应的 z 平面区域。若具有系统函数 $H_c(s)$ 的连续时间系统是稳定的,则用一阶后向差分逼近所得出的离散时间系统也是稳定的吗?该离散时间系统的频率响应是原连续时间系统频率响应的准确复现吗?T 的选择对稳定性和频率响应有何影响?

(f) 假设用一阶前向差分逼近一阶微分,即

$$\left.\frac{\mathrm{d}y_C(t)}{\mathrm{d}t}\right|_{t=nT} \approx \frac{y_C(nT+T)-y_C(nT)}{T}$$

求由 s 平面到 z 平面所对应的映射,并且用这一映射重复(e)。

7.49 考虑一个具有有理系统函数 $H_c(s)$ 的线性实不变连续时间系统。输入 $x_c(t)$ 和输出 $y_c(t)$ 满足常规的常系数线性微分方程。模拟这类系统的一种方法是利用数值计算方法对微分方程积分。本题将表明,如果使用梯形积分公式,则这一方法等同于用双线性变换法将连续时间系统函数 $H_c(s)$ 变换成离散时间系统函数 $H(z)$。为了说明这一点,考虑连续时间系统函数

$$H_C(s)=\frac{A}{s+c}$$

式中 A 和 c 为常数。对应的微分方程为

$$\dot{y}_C(t)+cy_C(t)=Ax_C(t)$$

式中,

$$\dot{y}_C(t)=\frac{\mathrm{d}y_C(t)}{\mathrm{d}t}$$

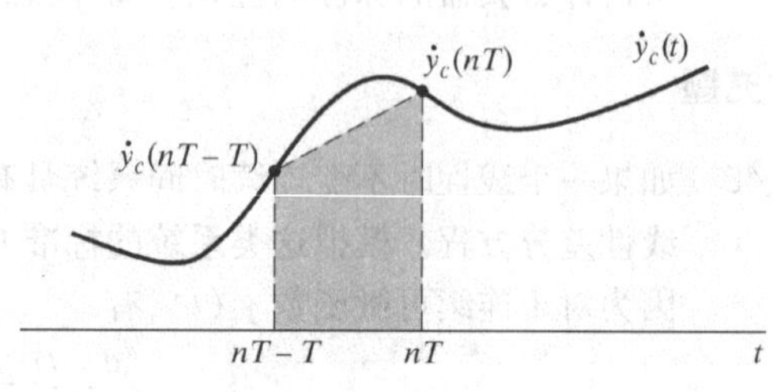

图 P7.49

(a) 证明 $y_c(nT)$ 可用 $\dot{y}_c(t)$ 表示成

$$y_C(nT)=\int_{(nT-T)}^{nT}\dot{y}_C(\tau)\mathrm{d}\tau+y_C(nT-T)$$

该方程中的定积分表示 $(nT-T)$ 到 nT 的区间上函数 $\dot{y}_c(t)$ 下方区域的面积。图 P7.49 给出了函数 $\dot{y}_c(t)$ 以及加阴影的梯形区域,该梯形区域的面积逼近于曲线下方区域的面积。这种对积分的逼近方法称为递形逼近法。显然,T 越接近零,逼近效果越好。利用梯形逼近法可以得到以 $y_c(nT-T)$,$\dot{y}_c(nT)$ 和 $\dot{y}_c(nT-T)$ 表示的 $y_c(nT)$ 的表达式。

(b) 利用该微分方程求 $\dot{y}_c(nT)$ 的表达式,并且将这个表示式代入在(a)中得出的表达式。

(c) 定义 $x[n]=x_c(nT)$ 和 $y[n]=y_c(nT)$,利用这个定义和(b)的结果,求联系 $x[n]$ 和 $y[n]$ 的差分方程,并求所得离散时间系统的系统函数 $H(z)=Y(z)/X(z)$。

(d) 证明,对于这个例子,有

$$H(z)=H_C(s)\big|_{s=(2/T)[(1-z^{-1})/(1+z^{-1})]}$$

也就是证明 $H(z)$ 可用双线性变换法由 $H_c(s)$ 直接求得(对于高阶微分方程,重复将梯形积分用于输出的高阶导数,将得出与具有有理系统函数的一般连续时间系统相同的结论)。

7.50 本题研究一种称为自相关函数不变法的滤波器设计方法,考虑一个具有脉冲响应 $h_c(t)$ 和系统函数 $H_c(s)$ 的稳定连续时间系统。该系统的自相关函数定义为

$$\phi_C(\tau)=\int_{-\infty}^{\infty}h_C(t)h_C(t+\tau)\mathrm{d}\tau$$

并且对于实脉冲响应很容易证明,$\phi_c(\tau)$ 的拉普拉斯变换是 $\Phi_c(s)=H_c(s)H_c(-s)$。同样,考虑一个具有脉冲响应 $h[n]$ 和系统函数 $H(z)$ 的离散时间系统。离散时间系统的自相关函数定义为

$$\phi[m] = \sum_{n=-\infty}^{\infty} h[n]h[n+m]$$

并且对于实脉冲响应，$\Phi(z) = H(z)H(z^{-1})$。

自相关函数不变法意味着，使该离散时间系统的自相关函数等于一个连续时间系统采样后的自相关函数，以此来定义一个离散时间滤波器，即

$$\phi[m] = T_d\phi_c(mT_d), \qquad -\infty < m < \infty$$

当 $H_c(s)$ 是一个有理函数，在 $s_k(k=1,2,\cdots,N)$ 处有 N 个一阶极点并有 $M<N$ 个零点时，对于自相关函数不变法，特提出如下设计步骤：

(1) 得出 $\Phi_c(s)$ 的部分分式展开式，形式为

$$\Phi_c(s) = \sum_{k=1}^{N}\left(\frac{A_k}{s-s_k} + \frac{B_k}{s+s_k}\right)$$

(2) 形成 z 变换

$$\Phi(z) = \sum_{k=1}^{N}\left(\frac{T_d A_k}{1-\mathrm{e}^{s_k T_d}z^{-1}} + \frac{T_d B_k}{1-\mathrm{e}^{-s_k T_d}z^{-1}}\right)$$

(3) 求 $\Phi(z)$ 的极点和零点，并且由 $\Phi(z)$ 在单位圆内的极点和零点构成最小相位系统函数 $H(z)$。

(a) 确认在所提出的设计方法中的每一个步骤，也就是证明所得离散时间系统的自相关函数的采样形式。为了证明该方法，一种有用的办法是将它用于一个一阶系统，其脉冲响应为

$$h_c(t) = \mathrm{e}^{-\alpha t}u(t)$$

且系统函数为

$$H_c(s) = \frac{1}{s+\alpha}$$

(b) $|H(\mathrm{e}^{\mathrm{j}\omega})|^2$ 和 $|H_c(\mathrm{j}\Omega)|^2$ 之间的关系是什么？哪一种频率响应的函数对于自相关函数不变法是合适的？

(c) 在步骤(3)中得出的系统函数是唯一的吗？若不是，请说明如何得出另外的自相关函数不变离散时间系统。

7.51 令 $H_{\mathrm{lp}}(Z)$ 表示一个离散时间低通滤波器的系统函数，这一系统的实现可用线性信号流图来表示，该流图由图 P7.51-1 所示的加法器、增益因子和单位延迟等单元组成。希望实现一个低通滤波器，它通过改变某一单个参数就可以改变截止频率。这里提出的方法是用图 P7.51-2 所示的网络来代替表示 $H_{\mathrm{lp}}(Z)$ 的信号流图中的每一个单位延迟单元，其中 α 为实数且 $|\alpha|<1$。

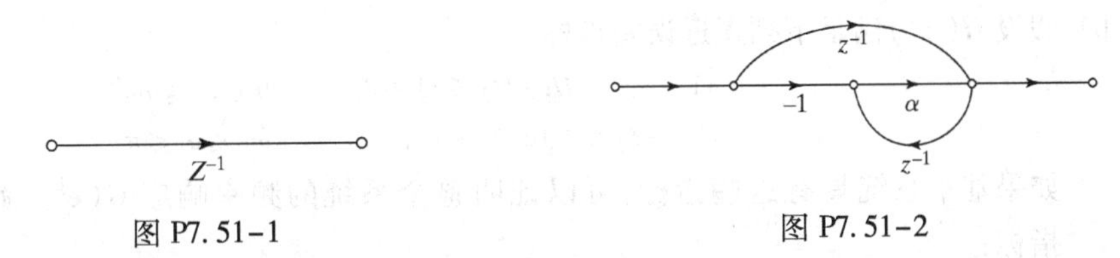

图 P7.51-1　　　图 P7.51-2

(a) 当用图 P7.51-2 所示的网络来代替在实现 $H_{\mathrm{lp}}(Z)$ 的网络中的每一个单位延迟分支时，令 $H(z)$ 表示所得滤波器的系统函数。证明 $H(z)$ 和 $H_{\mathrm{lp}}(Z)$ 是通过一个 Z 平面到 z 平面的映射联系起来的。

(b) 如果 $H(\mathrm{e}^{\mathrm{j}\omega})$ 和 $H_{\mathrm{lp}}(\mathrm{e}^{\mathrm{j}\theta})$ 是两个系统的频率响应，求频率变量 ω 和 θ 之间的关系。画出当 $\alpha=\pm0.5$ 时作为 θ 的函数的曲线，并证明 $H(\mathrm{e}^{\mathrm{j}\omega})$ 是一个低通滤波器。如果 θ_p 是原低通滤波器 $H_{\mathrm{lp}}(Z)$ 的通带截止频率，求新滤波器 $H(z)$ 的截止频率 ω_p 作为 α 和 θ_p 的函数的方程式。

(c) 假设原低通滤波器有系统函数

$$H_{\mathrm{lp}}(Z)=\frac{1}{1-0.9Z^{-1}}$$

画出实现 $H_{\mathrm{lp}}(Z)$ 的流图,并画出实现 $H(z)$ 的流图,$H(z)$ 是用图 P7.51-2 中的网络来代替第一个流图中的单位延迟单元而得到的。所得到的网络是否对应于一个可以计算的差分方程?

(d) 如果 $H_{\mathrm{lp}}(Z)$ 对应于一个用直接形式实现的 FIR 系统,那么该流图可以得出一个可以计算的差分方程吗?若 FIR 系统 $H_{\mathrm{lp}}(Z)$ 是线性相位的,所得系统 $H(z)$ 也是线性相位的吗?如果 FIR 系统具有长度为$(M+1)$个样本的脉冲响应,则变换后的系统脉冲响应的长度是多少?

(e) 为了避免在(c)中出现困难,建议将图 P7.51-2 的网络与图 P7.51-3 所示的单位延迟单元级联。当用图 P7.51-3 的网络代替每一个单位延迟单元时,重复(a)的分析。求将 θ 作为 ω 的函数的方程,并证明,若 $H_{\mathrm{lp}}(e^{j\theta})$ 是一个低通滤波器,则 $H(e^{j\omega})$ 不是一个低通滤波器。

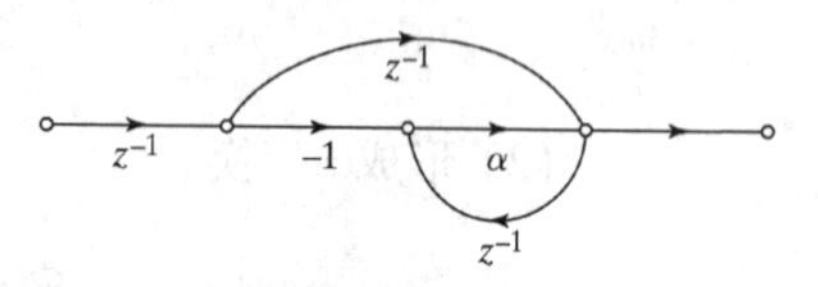

图 P7.51-3

7.52 若给定基本的滤波器组件(硬件或计算机子程序),有时可能重复使用它来实现一个具有锐截止频率响应特性的新滤波器。有一种方法是将该滤波器与自身级联两次或更多次,但是很容易证明,尽管阻带误差是平方的(若误差小于1,则总误差将减小),但是这种方法将增加通带逼近误差。另一种由 Tukey(1977)提出的方法示于图 P7.52-1 的方框图中。Tukey 称这种方法为"加倍"法。

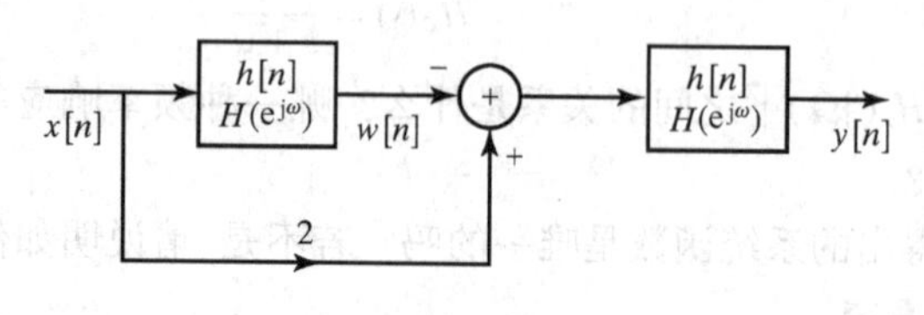

图 P7.52-1

(a) 假定基本系统具有对称的有限长脉冲响应,即

$$h[n]=\begin{cases}h[-n], & -L\leqslant n\leqslant L\\ 0, & \text{其他}\end{cases}$$

确定整个脉冲响应 $g[n]$ 是否是(i)FIR 的;(ii)对称的。

(b) 假设 $H(e^{j\omega})$ 满足下列逼近误差指标:

$$(1-\delta_1)\leqslant H(e^{j\omega})\leqslant(1+\delta_1),\qquad 0\leqslant\omega\leqslant\omega_p$$
$$-\delta_2\leqslant H(e^{j\omega})\leqslant\delta_2,\qquad \omega_s\leqslant\omega\leqslant\pi$$

如果基本系统具有这些指标,可以证明整个系统的频率响应 $G(e^{j\omega})$ 满足如下形式的指标:

$$A\leqslant G(e^{j\omega})\leqslant B,\qquad 0\leqslant\omega\leqslant\omega_p$$
$$C\leqslant G(e^{j\omega})\leqslant D,\qquad \omega_s\leqslant\omega\leqslant\pi$$

求利用 δ_1 和 δ_2 表示的 A,B,C 和 D。如果 $\delta_1\ll1$ 且 $\delta_2\ll1$,则 $G(e^{j\omega})$ 近似的最大通带和阻带逼近误差是多少?

(c) 正如(b)中所求出的,Tukey 的加倍法减小了通带逼近误差,但是增加了阻带误差。Kaiser and Hamming(1977)推广了该加倍法,使得通带和阻带同时得到改善,他们把自己得出的方法称为“锐化法”。使通带和阻带同时得到改善的最简单锐化系统如图 P7.52-2 所示。再次假设该基本系统的脉冲响应与(a)中给出的相同。对于图 P7.52-2 的系统重复(b)。

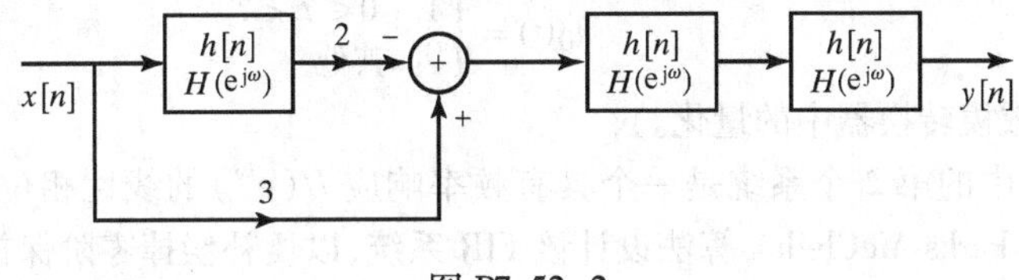

图 P7.52-2

(d) 假定基本系统是非因果的。如果该基本系统的脉冲响应是一个因果线性相位 FIR 系统，使得

$$h[n]=\begin{cases}h[M-n], & 0\leqslant n\leqslant M\\ 0, & \text{其他}\end{cases}$$

则图 P7.52-1 和图 P7.52-2 中的系统应当如何修改？可以使用哪种类型的(Ⅰ,Ⅱ,Ⅲ或Ⅳ)因果线性相位 FIR 系统？对于图 P7.52-1 和图 P7.52-2 中的系统，脉冲响应 $g[n]$ 的长度是多少？(利用 L 表示。)

7.53 考虑用 Parks-McClellan 算法设计一个低通线性相位 FIR 滤波器。利用交错点定理说明在通带和阻带逼近区之间的“不在乎”区域中逼近必须单调地减小。[提示：证明三角多项式的所有局部极大点和极小点必须在通带中或在阻带中以满足交错点定理。]

7.54 图 P7.54 表示一个离散时间 FIR 系统的频率响应 $A_e(e^{j\omega})$，该系统的脉冲响应为

$$h_e[n]=\begin{cases}h_e[-n], & -L\leqslant n\leqslant L\\ 0, & \text{其他}\end{cases}$$

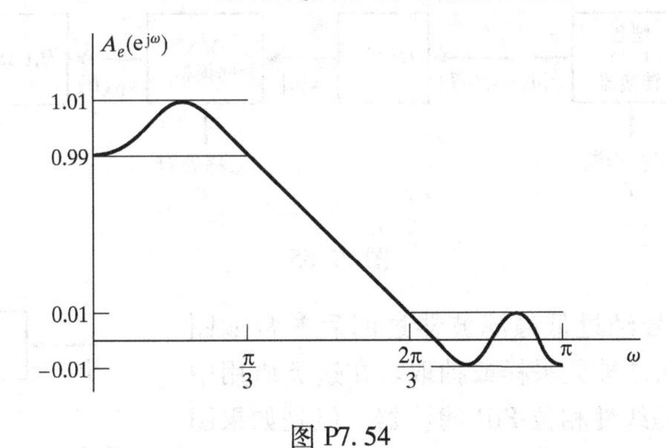

图 P7.54

(a) 证明 $A_e(e^{j\omega})$ 不能对应于由 Parks-McClellan 算法产生的 FIR 滤波器，该滤波器的通带边缘频率为 $\pi/3$，阻带边缘频率为 $2\pi/3$，且在通带和阻带中误差加权函数为 1。并详细解释其理由。[提示：交错点定理表明，最佳逼近是唯一的。]

(b) 根据图 P7.54 和 $A_e(e^{j\omega})$ 不能对应于一个最佳滤波器的论述，对于 L 值可以得出什么结论？

7.55 考虑图 P7.55 所示的系统。

(1) 假设当 $|\Omega|\geqslant\pi/T$ 时 $X_c(j\Omega)=0$，并且 $H_r(j\Omega)$ 表示理想低通重构滤波器，使得

$$H_r(j\Omega)=\begin{cases}1, & |\Omega|<\pi/T\\ 0, & |\Omega|>\pi/T\end{cases}$$

(2) 数模转换器有一个内置零阶保持电路，因此

$$Y_{DA}(t)=\sum_{n=-\infty}^{\infty}y[n]h_0(t-nT)$$

式中 $h_0(t)$ 为

$$h_0(t)=\begin{cases}1, & 0\leqslant t<T\\ 0, & \text{其他}\end{cases}$$

(忽略在数模转换器中的量化。)

(3) 图 P7.55 中的第 2 个系统是一个具有频率响应 $H(e^{j\omega})$ 的线性相位 FIR 离散时间系统。想要利用 Parks-McClellan 算法设计该 FIR 系统,以便补偿掉零阶保持系统的影响。

(a) 输出的傅里叶变换为 $Y_c(j\Omega)=H_{eff}(j\Omega)X_c(j\Omega)$,求利用 $H(e^{j\Omega T})$ 和 T 表示 $H_{eff}(j\Omega)$ 的表达式。

(b) 如果线性相位 FIR 系统是,当 $n<0$ 和 $n>51$ 时 $h[n]=0$,并且 $T=10^{-4}$s,则在 $x_c(t)$ 和 $y_c(t)$之间的总时间延迟(单位为 ms)是多少?

(c) 假设当 $T=10^{-4}$s 时希望有效频率响应在以下容限范围内是等波纹的(同时在通带和阻带中):

$$0.99\leqslant|H_{eff}(j\Omega)|\leqslant 1.01,\qquad |\Omega|\leqslant 2\pi(1000)$$

$$|H_{eff}(j\Omega)|\leqslant 0.01,\qquad 2\pi(2000)\leqslant|\Omega|\leqslant 2\pi(5000)$$

希望通过设计一个包括补偿零阶保持在内的最佳线性相位滤波器(用 Parks-McClellan 算法)来实现这一点。给出应当使用的理想频率响应 $H_d(e^{j\omega})$ 的方程。求出应当使用的加权函数 $W(\omega)$ 并作图。绘出所得出的"典型"频率响应 $H(e^{j\omega})$ 的曲线。

(d) 如何修改你在(c)中的结果,使其包括对重构滤波器 $H_r(j\Omega)$ 的幅度补偿?已知该滤波器在 $\Omega=2\pi(5000)$ 以上增益为零,且具有倾斜的通带。

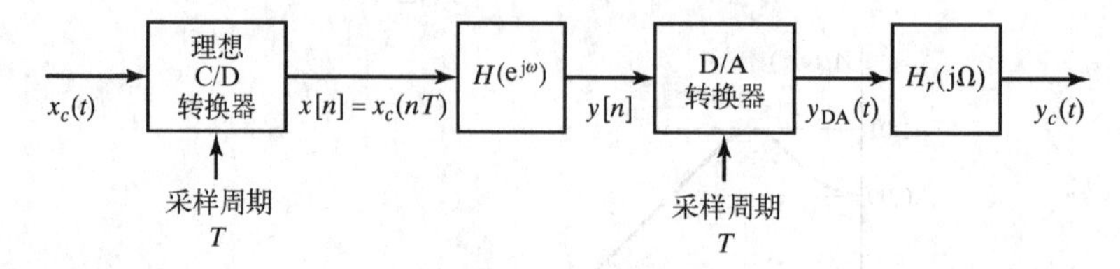

图 P7.55

7.56 一个离散时间信号经过低通滤波器过滤后常常如图 P7.56-1 所示的那样被欠采样或抽取。在这类应用中往往希望滤波器是线性相位 FIR 滤波器。但是如果图 P7.56-1 中的低通滤波器有一个很窄的过渡带,则 FIR 系统将具有一个很长的脉冲响应,因此计算每个输出样本就需要大量的乘法和加法运算。

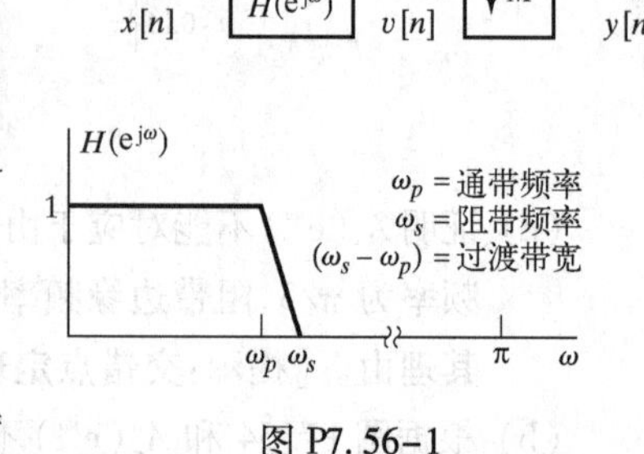

图 P7.56-1

本题将研究图 P7.56-1 所示系统的多级实现的优点。当 ω_s 很小并且抽取因子 M 很大时,这种实现方法是特别有用的。一种通用的多级实现绘于图 P7.56-2 中。它的基本思路是,在前面几级低通滤波器中使用较宽的过渡带,因此减少了在这几级中所需要的滤波器脉冲响应的长度。当进行抽取时信号样本数就减少了,并且可以逐渐地减小对抽取后信号过滤的滤波器过渡带的宽度。用这种方式就可以减少实现抽取器所需要的总计算次数。

(a) 如果图 P7.56-2 中抽取的结果没有出现混叠,最大允许的抽取因子 M 是多少(用 ω_s 表示)?

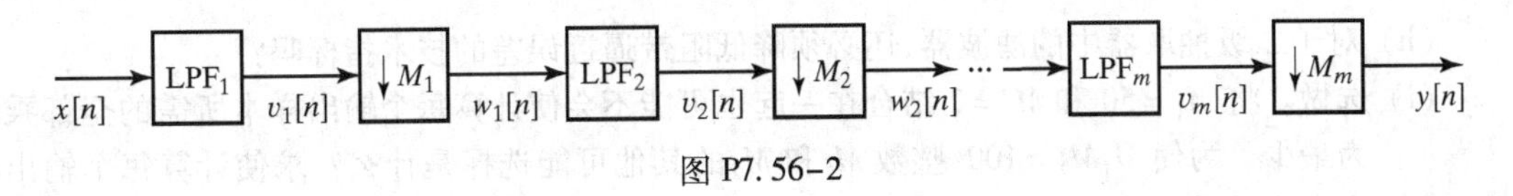

图 P7.56-2

(b) 在图 P7.56-2 所示系统中，令 $M=100,\omega_s=\pi/100$ 和 $\omega_p=0.9\pi/100$。若 $x[n]=\delta[n]$，请绘出 $V(\mathrm{e}^{\mathrm{j}\omega})$ 和 $Y(\mathrm{e}^{\mathrm{j}\omega})$ 的图形。

现在考虑当 $M=100$ 时抽取器的二级实现，如图 P7.56-3 所示，其中 $M_1=50, M_2=2, \omega_{p1}=0.9\pi/100, \omega_{p2}=0.9\pi/2$ 以及 $\omega_{s2}=\pi/2$。必须选择 ω_{s1} 或等效地选择 LPF_1 的过渡带（$\omega_{s1}-\omega_{p1}$），使得二级实现得到与单级抽取器相同的等效通带和阻带频率（没有考虑在过渡带中频率响应的形状细节，但两个系统在过渡带中均应当有单调下降的频率响应）。

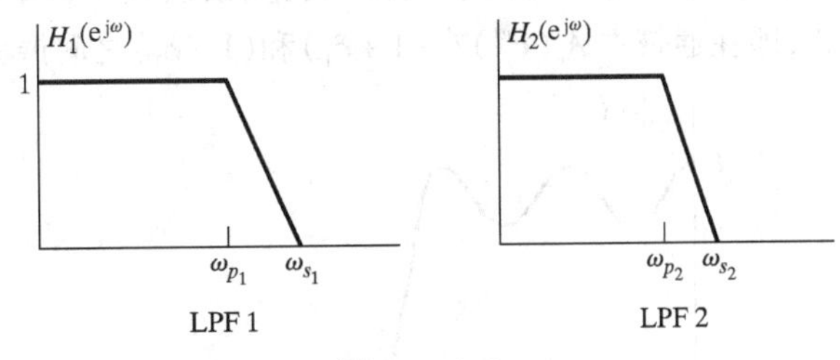

图 P7.56-3

(c) 对于一个任意的 ω_{s1} 值和输入 $x[n]=\delta[n]$，绘出图 P7.56-3 所示二级抽取器的 $V_1(\mathrm{e}^{\mathrm{j}\omega})$，$W_1(\mathrm{e}^{\mathrm{j}\omega})$，$V_2(\mathrm{e}^{\mathrm{j}\omega})$ 和 $Y(\mathrm{e}^{\mathrm{j}\omega})$。

(d) 求使得该二级抽取器得到与(b)中的单级系统一样的等效通带和阻带截止频率 ω_{s1} 的最大值。

除了非零过渡带宽度以外，低通滤波器与理想低通滤波器的通带和阻带逼近误差 δ_p 和 δ_s 也必定不同。假设使用线性相位等波纹 FIR 逼近。由式(7.117)可得，对于最佳低通滤波器

$$N \approx \frac{-10\log_{10}(\delta_p\delta_s)-13}{2.324\Delta\omega}+1 \qquad (\text{P7.56-1})$$

其中 N 是脉冲响应的长度，$\Delta\omega=\omega_s-\omega_p$ 是低通滤波器的过渡带。式(P7.56-1)提供了对抽取器的两种实现进行比较的基础[当用 Kaiser 窗函数法来设计滤波器时，可用式(7.76)代替式(P7.56-1)来估计脉冲响应的长度]。

(e) 对于在单级实现中的低通滤波器，假设 $\delta_p=0.01$ 和 $\delta_s=0.001$。计算其脉冲响应长度 N，并求出计算每个输出样本所需的乘法次数。应利用线性相位 FIR 系统脉冲响应的对称性(注意，在这种抽取的应用中，只需要计算每个输出的第 M 个样本，即压缩器与 FIR 系统的乘法交换)。

(f) 利用(d)中求出的 ω_{s1} 值，分别计算在图 P7.56-3 所示二级抽取器中 LPF_1 和 LPF_2 的脉冲响应长度 N_1 和 N_2。求在二级抽取器中计算每个输出样本所需的全部乘法次数。

(g) 如果将逼近误差指标 $\delta_p=0.01$ 和 $\delta_s=0.001$ 同时用于二级抽取器中的两个滤波器，则总的通带波纹可能要大于 0.01，因为这二级的通带波纹可能会得到加强，即 $(1+\delta_p)(1+\delta_p)>(1+\delta_p)$。为了对此进行补偿，可以设计二级实现中的每个滤波器通带波纹只有单级实现的一半。因此，对于二级抽取器中的每个滤波器均假设 $\delta_p=0.005$ 和 $\delta_s=0.001$。分别计算 LPF_1 和 LPF_2 的脉冲响应长度 N_1 和 N_2，并求出计算每个输出样本所需要的全部乘法次数。

(h) 对于二级抽取器中的滤波器,还必须降低阻带逼近误差的技术指标吗?

(i) 选做。将 $M_1=50$ 和 $M_2=2$ 结合在一起也可能不会使计算每个输出样本所需的全部乘法为最少。为使 $M_1M_2=100$,整数 M_1 和 M_2 的其他可能选择是什么?求使计算每个输出样本所需的乘法次数为最少的 M_1 和 M_2 值。

7.57 本题将推导设计最小相位离散时间滤波器的一种方法。这类滤波器的全部零点和极点均在单位圆内(或上)(在此题中允许零点在单位圆上)。首先考虑将Ⅰ型线性相位 FIR 等波纹低通滤波器转换成最小相位系统的问题。如果 $H(e^{j\omega})$ 是一个Ⅰ型线性相位滤波器的频率响应,则

(1) 所对应的脉冲响应为实数,并且

$$h[n]=\begin{cases}h[M-n], & 0\leqslant n\leqslant M\\ 0, & \text{其他}\end{cases}$$

其中 M 为偶整数。

(2) 由(1)得 $H(e^{j\omega})=A_e(e^{j\omega})e^{-j\omega n_0}$,其中 $A_e(e^{j\omega})$ 为实数且 $n_0=M/2$ 为整数。

(3) 通带波纹为 δ_1,即在通带中 $A_e(e^{j\omega})$ 在 $(1+\delta_1)$ 和 $(1-\delta_1)$ 之间振荡(见图 P7.57-1)。

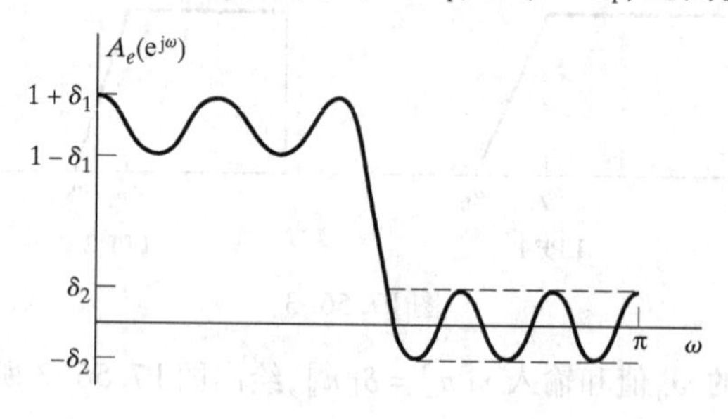

图 P7.57-1

(4) 阻带波纹为 δ_2,即在阻带中 $-\delta_2\leqslant A_e(e^{j\omega})\leqslant\delta_2$,且 $A_e(e^{j\omega})$ 在 $-\delta_2$ 和 δ_2 之间振荡(见图 P7.57-1)。

Herrmann and Schüssler(1970a)曾提出如下方法,将这种线性相位系统转换成具有系统函数 $H_{\min}(z)$ 和单位样本响应 $h_{\min}[n]$ 的最小相位系统(在本题中,假设最小相位系统可以有在单位圆上的零点)。

步骤1:产生一个新序列

$$h_1[n]=\begin{cases}h[n], & n\neq n_0\\ h[n_0]+\delta_2, & n=n_0\end{cases}$$

步骤2:确认对于某些 $H_2(z)$,$H_1(z)$ 可以表示为

$$H_1(z)=z^{-n_0}H_2(z)H_2(1/z)=z^{-n_0}H_3(z)$$

式中,$H_2(z)$ 的所有极点和零点均在单位圆内或单位圆上,且 $h_2[n]$ 为实数。

步骤3:定义

$$H_{\min}(z)=\frac{H_2(z)}{a}$$

其中分母的常量 $a=(\sqrt{1-\delta_1+\delta_2}+\sqrt{1+\delta_1+\delta_2})/2$ 使通带归一化,因此所得频率响应 $H_{\min}(e^{j\omega})$ 将在 1 上下振荡。

(a) 证明如果 $h_1[n]$ 像步骤1中那样选择,则 $H_1(e^{j\omega})$ 可以写成

$$H_1(e^{j\omega})=e^{-j\omega n_0}H_3(e^{j\omega})$$

式中,$H_3(e^{j\omega})$ 对所有的 ω 值均为实数和非负。

(b) 如果像在(a)中所证明的那样 $H_3(e^{j\omega})\geqslant 0$,证明存在一个 $H_2(z)$,使得

$$H_3(z) = H_2(z)H_2(1/z)$$

其中 $H_2(z)$ 是最小相位的，$h_2[n]$ 为实数（即证明步骤2）。

(c) 通过计算 δ'_1 和 δ'_2 表明，新滤波器 $H_{\min}(e^{j\omega})$ 是一个等波纹低通滤波器（也就是表明它的幅度特性是如图 P7.57-2 所示的形式）。新脉冲响应 $h_{\min}[n]$ 的长度是多少？

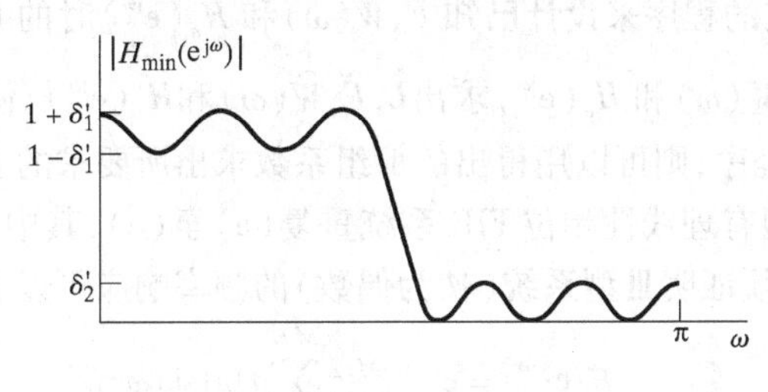

图 P7.57-2

(d) 在(a)，(b)和(c)中曾假设从Ⅰ型 FIR 线性相位滤波器开始。如果去掉线性相位的限制，这种方法还正确吗？如果使用Ⅱ型 FIR 线性相位系统，这种方法是否仍正确？

7.58 假设有一个计算机程序，当已知 $L, F, W(\omega)$ 和 $H_d(e^{j\omega})$ 时可以求出使下式达到最小的一组系数 $a[n], n = 0, 1, \cdots, L$：

$$\max_{\omega \in F}\left\{\left|W(\omega)\left[H_d(e^{j\omega}) - \sum_{n=0}^{L} a[n]\cos\omega n\right]\right|\right\}$$

已经证明，这个优化问题的解表示一个非因果 FIR 零相位系统，其脉冲响应满足 $h_e[n] = h_e[-n]$。若将 $h_e[n]$ 延迟 L 个样本，则可以得到一个因果的Ⅰ型 FIR 线性相位系统，其频率响应为

$$H(e^{j\omega}) = e^{-j\omega M/2}\sum_{n=0}^{L} a[n]\cos\omega n = \sum_{n=0}^{2L} h[n]e^{-j\omega n}$$

式中，脉冲响应与系数 $a[n]$ 有如下关系：

$$a[n] = \begin{cases} 2h[M/2 - n], & 1 \leqslant n \leqslant L \\ h[M/2], & n = 0 \end{cases}$$

且 $M = 2L$ 为系统函数多项式的阶次[脉冲响应的长度为 $(M+1)$]。

如果对加权函数 $W(\omega)$ 和要求的频率响应 $H_d(e^{j\omega})$ 做适当修改，则利用现在的程序就可以设计其他三种类型（Ⅱ，Ⅲ和Ⅳ）线性相位 FIR 滤波器。为了说明如何实现这一点，必须将频率响应表达式变为程序所用的标准形式。

(a) 假设想要设计一个因果的Ⅱ型 FIR 线性相位系统，使得当 $n = 0, 1, \cdots, M$ 时 $h[n] = h[M-n]$，其中 M 为奇整数。证明该型系统的频率响应可以表示为

$$H(e^{j\omega}) = e^{-j\omega M/2}\sum_{n=1}^{(M+1)/2} b[n]\cos\omega\left(n - \tfrac{1}{2}\right)$$

并且求系数 $b[n]$ 和 $h[n]$ 之间的关系式。

(b) 证明，若得出用 $b[n]$ $(n = 1, 2, \cdots, (M+1)/2)$ 表示 $\tilde{b}[n]$ $(n = 0, 1, \cdots, (M-1)/2)$ 的表达式，则可以将和式

$$\sum_{n=1}^{(M+1)/2} b[n]\cos\omega\left(n - \tfrac{1}{2}\right)$$

写为

$$\cos(\omega/2)\sum_{n=0}^{(M-1)/2} \tilde{b}[n]\cos\omega n$$

[提示:应仔细地对待用 $\tilde{b}[n]$ 表示 $b[n]$。也可以利用三角恒等式 $\cos\alpha\cos\beta=\frac{1}{2}\cos(\alpha+\beta)+\frac{1}{2}\cos(\alpha-\beta)$。]

(c) 如果想要用给定的程序来设计已知 F,$W(\omega)$ 和 $H_d(e^{j\omega})$ 时的Ⅱ型系统(M 为奇数),证明如何利用 M,F,$W(\omega)$ 和 $H_d(e^{j\omega})$ 求出 $\tilde{L}$,$\tilde{F}$,$\tilde{W}(\omega)$ 和 $\tilde{H}_d(e^{j\omega})$,使得若利用 $\tilde{L}$,$\tilde{F}$,$\tilde{W}(\omega)$ 和 $\tilde{H}_d(e^{j\omega})$ 来运行该程序,则可以用得出的那组系数求出所要求的Ⅱ型系统的脉冲响应。

(d) 对于Ⅲ型和Ⅳ型有理线性相位 FIR 系统重复(a)至(c),其中 $h[n]=-h[M-n]$。对于这种情况,你必须证明Ⅲ型系统(M 为偶数)的频率响应可以表示为

$$H(e^{j\omega})=e^{-j\omega M/2}\sum_{n=1}^{M/2}c[n]\sin\omega n$$

$$=e^{-j\omega M/2}\sin\omega\sum_{n=0}^{(M-2)/2}\tilde{c}[n]\cos\omega n$$

而对于Ⅳ型系统(M 为奇数),

$$H(e^{j\omega})=e^{-j\omega M/2}\sum_{n=1}^{(M+1)/2}d[n]\sin\omega\left(n-\frac{1}{2}\right)$$

$$=e^{-j\omega M/2}\sin(\omega/2)\sum_{n=0}^{(M-1)/2}\tilde{d}[n]\cos\omega n$$

和(b)中一样,有必要通过三角恒等式 $\sin\alpha\sin\beta=\frac{1}{2}\sin(\alpha+\beta)+\frac{1}{2}\sin(\alpha-\beta)$ 用 $\tilde{c}[n]$ 来表示 $c[n]$ 以及用 $\tilde{d}[n]$ 来表示 $d[n]$。McClellan and Parks(1973)以及 Rabiner and Gold(1975)给出了在本习题中所提出的有关问题的细节。

7.59　本题将研究得出实现变量截止线性相位滤波器的一种方法。假定已知用 Parks-McClellan 法设计出一个零相位滤波器,它的频率响应为

$$A_e(e^{j\theta})=\sum_{k=0}^{L}a_k(\cos\theta)^k$$

因此它的系统函数可以表示为

$$A_e(Z)=\sum_{k=0}^{L}a_k\left(\frac{Z+Z^{-1}}{2}\right)^k$$

其中 $e^{j\theta}=Z$(对于原系统使用 Z,而对于由原系统的变换得到的系统使用 z)。

(a) 利用系统函数的上述表达式,画出用系统 a_k 的乘法、加法和具有系统函数 $(Z+Z^{-1})/2$ 的基本系统来实现该系统的方框图或流图。

(b) 该系统脉冲响应的长度是多少?把这个系统与 L 个样本的延迟级联起来,可以使整个系统成为因果的吗?将这个延迟分散成一些单位延迟,这样网络的各个部分将是因果的。

(c) 假设用如下替换由 $A_e(Z)$ 得出一个新的系统函数:

$$B_e(z)=A_e(Z)\big|_{(Z+Z^{-1})/2=\alpha_0+\alpha_1[(z+z^{-1})/2]}$$

利用(a)中的流图,画出实现系统函数 $B_e(Z)$ 的系统流图。这个系统的脉冲响应的长度是多少?如(b)中那样,对该网络做一修正使得整个系统以及网络的各部分均为因果的。

(d) 如果 $A_e(e^{j\omega})$ 是原滤波器的频率响应,$B_e(e^{j\omega})$ 是变换后滤波器的频率响应,求 θ 和 ω 之间的关系式。

(e) 原最佳滤波器的频率响应如图 P7.59 所示。对于这种情况，$\alpha_1 = 1-\alpha_0$ 和 $0 \leqslant \alpha_0 < 1$。说明频率响应 $B_e(e^{j\omega})$ 是如何随 α_0 的改变而变化的。

[提示：画出 $A_e(e^{j\theta})$ 和 $B_e(e^{j\omega})$ 作为 $\cos\theta$ 和 $\cos\omega$ 的函数的图形。在变换后的通带和阻带中有最小最大加权逼近误差的意义上，所得变换后滤波器还是最佳的吗？]

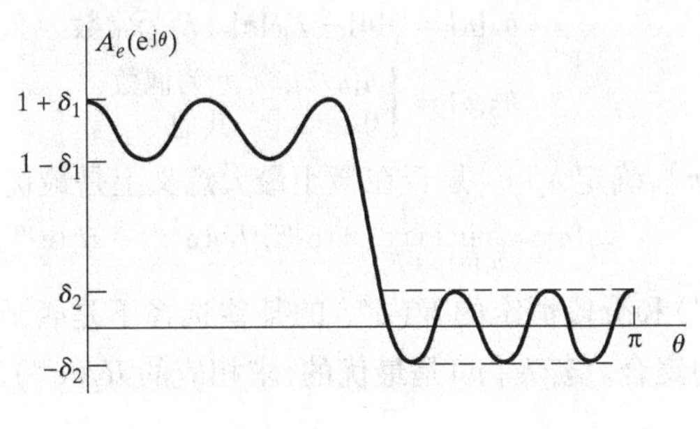

图 P7.59

(f) 选做。对于 $\alpha_1 = 1+\alpha_0$ 和 $-1 < \alpha_0 \leqslant 0$ 的情况，重复(e)。

7.60　本题研究用下述方法将连续时间滤波器映射成离散时间滤波器时的影响。该方法是，用中心差分代替对连续时间滤波器的微分方程中的导数，从而得到一个差分方程的方法。序列 $x[n]$ 的 1 阶中心差分定义为

$$\Delta^{(1)}\{x[n]\} = x[n+1] - x[n-1]$$

k 阶中心差分可递归地定义为

$$\Delta^{(k)}\{x[n]\} = \Delta^{(1)}\{\Delta^{(k-1)}\{x[n]\}\}$$

为了一致起见，0 阶中心差分定义为

$$\Delta^{(0)}\{x[n]\} = x[n]$$

(a) 如果 $X(z)$ 是 $x[n]$ 的 z 变换，求 $\Delta^{(k)}\{x[n]\}$ 的 z 变换。

一个 LTI 连续时间滤波器到一个 LTI 离散时间滤波器的映射步骤如下：首先，输入 $x(t)$ 和输出 $y(t)$ 的连续时间滤波器的特征由以下微分方程确定：

$$\sum_{k=0}^{N} a_k \frac{d^k y(t)}{dt^k} = \sum_{r=0}^{M} b_r \frac{d^r x(t)}{dt^r}$$

然后，相应的输入 $x[n]$ 和输出 $y[n]$ 的离散时间滤波器的特性由以下差分方程确定：

$$\sum_{k=0}^{N} a_k \Delta^{(k)}\{y[n]\} = \sum_{r=0}^{M} b_r \Delta^{(r)}\{x[n]\}$$

(b) 如果 $H_c(s)$ 是有理连续时间系统函数，$H_d(z)$ 是在(a)中所示的将微分方程映射成差分方程所得到的离散时间系统函数，则

$$H_d(z) = H_c(s)\big|_{s=m(z)}$$

求 $m(z)$。

(c) 假设 $H_c(s)$ 逼近于一个截止频率 $\Omega = 1$ 的连续时间低通滤波器，即

$$H(j\Omega) \approx \begin{cases} 1, & |\Omega| < 1 \\ 0, & \text{其他} \end{cases}$$

用在(a)中所讨论的中心差分将此滤波器映射成一个离散时间滤波器。画出你所得出的离散时间滤波器的逼近频率响应，假设它是稳定的。

7.61　设 $h[n]$ 为如图 P7.61 所示的最优 I 型等波纹低通滤波器，利用加权函数 $W(e^{j\omega})$ 进行设计且所要求的频率响应为 $H_d(e^{j\omega})$。为了简便起见，假设滤波器是零相位的(即非因果的)。要用

$h[n]$设计5种不同的FIR滤波器,如下所示:

$$h_1[n] = h[-n]$$

$$h_2[n] = (-1)^n h[n]$$

$$h_3[n] = h[n] * h[n]$$

$$h_4[n] = h[n] - K\delta[n], \quad K \text{为常数}$$

$$h_5[n] = \begin{cases} h[n/2], & n\text{为偶数} \\ 0, & \text{其他} \end{cases}$$

对每一个滤波器$h_i[n]$,确定$h_i[n]$是否在最小最大意义上是最优的。也就是说,确定

$$h_i[n] = \min_{h_i[n]} \max_{\omega \in F} \left(W(e^{j\omega}) |H_d(e^{j\omega}) - H_i(e^{j\omega})| \right)$$

在分段恒定的$H_d(e^{j\omega})$和分段恒定的$W(e^{j\omega})$的某些选择下是否成立?其中F是在$0 \leqslant \omega \leqslant \pi$上不重合的闭区间的集合。若$h_i[n]$是最优的,求相应的$H_d(e^{j\omega})$和$W(e^{j\omega})$。若$h_i[n]$不是最优的,请说明原因。

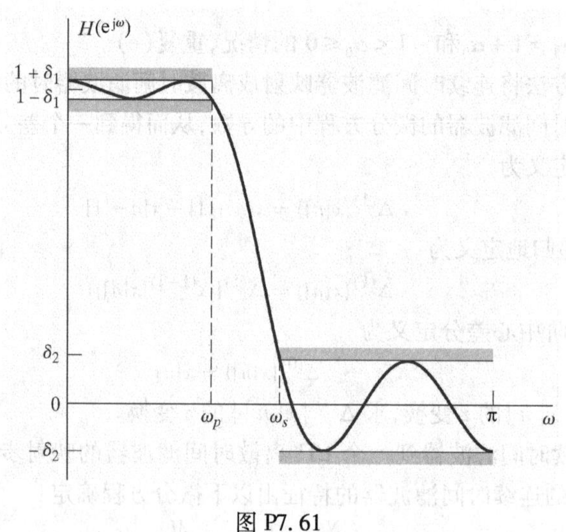

图 P7.61

7.62 假设要利用Parks-McClellan算法设计一个因果FIR线性相位系统。该系统的系统函数记为$H(z)$。脉冲响应的长度为25个样本,即当$n<0$且$n>24$时,$h[n]=0$,且$h[0]\neq 0$。对下面每一个问题,回答"正确"、"错误"或"所给条件不充分":

(a) 当$-\infty < n < \infty$时,$h[n+12] = h[12-n]$或$h[n+12] = -h[12-n]$。

(b) 该系统的逆系统是稳定的和因果的。

(c) $H(-1)=0$。

(d) 在所有逼近带中最大加权逼近误差均相同。

(e) 系统可以用一个无反馈支路的信号流图来实现。

(f) 当$0<\omega<\pi$时,群延迟是正的。

7.63 考虑用Parks-McClellan算法设计一个Ⅰ型带通线性相位FIR滤波器,其脉冲响应的长度是$M+1=2L+1$。回想一下,对Ⅰ型系统频率响应的形式为$H(e^{j\omega}) = A_e(e^{j\omega}) \cdot e^{-j\omega M/2}$,并且Parks-McClellan算法可以求出可使如下误差函数的最大值达到最小的函数$A_e(e^{j\omega})$:

$$E(\omega) = W(\omega)[H_d(e^{j\omega}) - A_e(e^{j\omega})], \qquad \omega \in F$$

式中,F是区间上$0 \leqslant \omega \leqslant \pi$的一个闭子集,$W(\omega)$是加权函数,且$H_d(e^{j\omega})$是定义在逼近区间$F$上所要求的频率响应。某一带通滤波器的容限图示于图P7.63中。

(a) 对于容限图 P7.63，给出所要求的频率响应 $H_d(e^{j\omega})$ 的方程式。

(b) 对于容限图 P7.63，给出加权函数 $W(\omega)$ 的方程式。

(c) 对于最佳滤波器，误差函数的交错点的最少个数是多少？

(d) 对于最佳滤波器，误差函数的交错点的最多个数是多少？

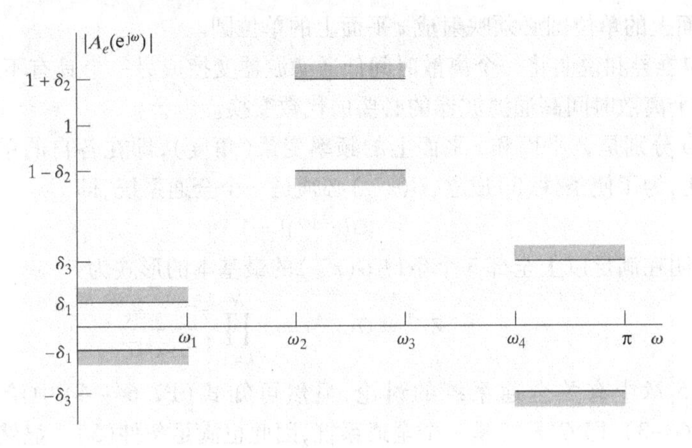

图 P7.63

(e) 画出一个"典型的"加权误差函数 $E(\omega)$ 的曲线，该函数能够作为一个最佳带通滤波器（取 $M=14$）的误差函数。假设有最多个数的交错点。

(f) 现在假设，$M,\omega_1,\omega_2,\omega_3$，加权函数和所要求的函数均保持不变，但是 ω_4 增大使得过渡带 $(\omega_4-\omega_3)$ 也增大。对于这些新指标的最佳滤波器必须有比与原指标相联系的最佳滤波器要小的最大逼近误差吗？详细说明其理由。

(g) 在低通滤波器的情况下，$A_e(e^{j\omega})$ 的所有局部极小点和极大点必然出现在逼近频带 $\omega \in F$ 中。它们不能出现在"不在乎"的频带中。在低通的情况下，在逼近带中出现的极小点和极大点必须是误差的交错点。证明在带通滤波器的情况下这一结论不一定正确。具体地讲，用交错点定理证明：

(i) $A_e(e^{j\omega})$ 的局部极大点和极小点不限于在逼近频带中；

(ii) 在逼近频带中的局部极大点和极小点不必是交错点。

7.64 常常希望把一个原型离散时间低通滤波器变换成另一种离散时间选频滤波器。需要指出，脉冲响应不变法并不能用于将连续时间高通或带阻滤波器转换成离散时间高通或带阻滤波器。因此，传统的方法是首先用脉冲响应不变法或双线性变换法设计一个原型离散时间低通滤波器，然后利用代数变换将离散时间低通滤波器转换成所要求的选频滤波器。为了说明这种方法，假设已给定一个低通系统函数 $H_{lp}(Z)$，要把它转换成一个新的系统函数 $H(z)$，当 $H(z)$ 在单位圆上取值时它可具有低通、高通、带通或带阻的特性。应注意，在原型低通滤波器中用复变量 Z，而在变换后的滤波器中用复变量 z。然后定义一个由 Z 平面到 z 平面的映射为如下形式：

$$Z^{-1}=G(z^{-1}) \quad \text{(P7.64-1)}$$

因此有

$$H(z)=H_{lp}(Z)\big|_{Z^{-1}=G(z^{-1})} \quad \text{(P7.64-2)}$$

这里并不是要将 Z 表示成 z 的函数，而是如在式(P7.64-1)中那样将 Z^{-1} 表示成 z^{-1} 的函数。所以，根据式(P7.64-2)在由 $H_{lp}(Z)$ 得到 $H(z)$ 时，只需简单地用函数 $G(z^{-1})$ 替换 $H_{lp}(Z)$ 中的每一个 Z^{-1}。这是一种方便的表示方法，因为 $H_{lp}(Z)$ 往往表示为 Z^{-1} 的有理函数。如果

$H_{lp}(Z)$是一个因果稳定系统的有理系统函数,则当然要求变换后的系统函数$H(z)$为z^{-1}的有理函数,而且该系统也是因果的和稳定的。因此在进行变换$Z^{-1}=G(z^{-1})$时有如下的限制:

(1) $G(z^{-1})$必须是z^{-1}的有理函数。

(2) Z平面单位圆的内部必须映射成z平面单位圆的内部。

(3) $|Z|$平面上的单位圆必须映射成z平面上的单位圆。

在本题中,应推导和说明将一个离散时间低通滤波器变换成另一个具有不同截止频率的低通滤波器或一个离散时间高通滤波器的必要的代数变换。

(a) 设θ和ω分别是Z平面和z平面上的频率变量(角度),即在各自的单位圆上$Z=e^{j\theta}$,$z=e^{j\omega}$。证明,为了使条件(3)成立,$G(z^{-1})$必须是一个全通系统,即

$$|G(e^{-j\omega})|=1 \tag{P7.64-3}$$

(b) 可以证明在满足以上全部3个条件$G(z^{-1})$的最基本的形式为

$$Z^{-1}=G(z^{-1})=\pm\prod_{k=1}^{N}\frac{z^{-1}-\alpha_k}{1-\alpha_k z^{-1}} \tag{P7.64-4}$$

根据第5章中有关全通系统的讨论,显然可知式(P7.64-4)中给出的$G(z^{-1})$满足式(P7.64-3),即$G(z^{-1})$是一个全通系统,因此也满足条件(3)。显然式(P7.64-4)也满足条件(1)。证明:当且仅当$|\alpha_k|<1$时满足条件(2)。

(c) 一个简单的一阶$G(z^{-1})$可用于将截止频率为θ_p的原型低通滤波器$H_{LP}(Z)$映射成一个截止频率为ω_p的新滤波器$H(z)$。证明:

$$G(z^{-1})=\frac{z^{-1}-\alpha}{1-\alpha z^{-1}}$$

当α取某些值时,可以形成所要求的映射。将α作为θ_p和ω_p的函数进行求解。习题7.51用这种方法设计可调整截止频率的低通滤波器。

(d) 考虑$\theta_p=\pi/2$的原型低通滤波器的情况。对下面的每一种α值求变换后滤波器的截止频率ω_p:

(i) $\alpha=-0.2679$;

(ii) $\alpha=0$;

(iii) $\alpha=0.4142$。

(e) 也有可能找到一个一阶全通系统$G(z^{-1})$,可将原型低通滤波器变换成一个截止频率为ω_p的离散时间高通滤波器。应注意,这样的变换必须将$Z^{-1}=e^{j\theta_p}$映射为$z^{-1}=e^{j\omega_p}$,而且也可将$Z^{-1}=1$映射为$z^{-1}=-1$;即将$\theta=0$映射为$\omega=\pi$。求这个变换的$G(z^{-1})$,并求含有θ_p和ω_p的α的表达式。

(f) 当采用与(d)中相同的原型滤波器和α值时,画出由在(e)中说明的变换得出的高通滤波器的频率响应。

同样,这些变换可用于将原型低通滤波器$H_{lp}(Z)$转变为带通和带阻滤波器,但比较复杂。Constantinides(1970)较为详细地论述了这些变换。

第8章　离散傅里叶变换

8.0　引言

第2章和第3章分别讨论了利用傅里叶变换和z变换来表示序列和线性时不变系统的方法。对于有限长序列,可以得出另外一种傅里叶表示,称为离散傅里叶变换(DFT)。DFT本身是一个序列,而不是一个连续变量的函数,它相应于对信号的傅里叶变换进行频率的等间隔取样的样本。作为序列的傅里叶表示,DFT除了在理论上十分重要外,在实现各种数字信号处理算法中还起着核心作用,这是因为存在着计算DFT的高效算法。第9章将详细讨论这些算法,第10章将讨论DFT对于谱分析的应用。

虽然可以从几个不同的角度来推导和解释一个有限长序列的DFT表示,但这里还是以周期序列和有限长序列之间的关系为基础进行论述。首先考虑周期序列的傅里叶级数表示。尽管这个表示式本身很重要,但通常仍十分关注将傅里叶级数的结果用于有限长序列的表示上。这可以通过构造一个每个周期都与有限长序列相等的周期序列来实现。下面将会看到,周期序列的傅里叶级数表示相当于有限长序列的DFT。因此,下面的做法是,首先定义周期序列的傅里叶表示,并研究这种表示的性质,然后基本上重复同样的推导方式,这里假定要表示的序列是有限长序列。这种对于DFT的定义方法强调了DFT表达式基本固有的周期性,并保证在DFT的应用中不会忽略这种周期性。

8.1　周期序列的表示——离散傅里叶级数

若考察一个周期为N的周期序列$\tilde{x}[n]$①,对于任一整数n和r有$\tilde{x}[n]=\tilde{x}[n+rN]$。与连续时间周期信号相类似,这一序列可表示为傅里叶级数,该级数相当于成谐波关系的复指数序列之和,也就是说,复指数序列的频率是与周期序列$\tilde{x}[n]$有关的基频$(2\pi/N)$的整数倍。这些周期复指数的形式为

$$e_k[n]=\mathrm{e}^{\mathrm{j}(2\pi/N)kn}=e_k[n+rN] \tag{8.1}$$

式中k为任意整数,且傅里叶级数表达式具有形式②

$$\tilde{x}[n]=\frac{1}{N}\sum_{k}\tilde{X}[k]\mathrm{e}^{\mathrm{j}(2\pi/N)kn} \tag{8.2}$$

一个连续时间周期信号的傅里叶级数表示,通常需要无穷多个成谐波关系的复指数,而对于任何周期为N的离散时间信号的傅里叶级数,只需要N个成谐波关系的复指数。要了解这一点,应当注意到,在式(8.1)中,成谐波关系的复指数$e_k[n]$对于相差为N的k值均是相同的,即$e_0[n]=e_N[n]$,$e_1[n]=e_{N+1}[n]$。概括地说,

$$e_{k+\ell N}[n]=\mathrm{e}^{\mathrm{j}(2\pi/N)(k+\ell N)n}=\mathrm{e}^{\mathrm{j}(2\pi/N)kn}\mathrm{e}^{\mathrm{j}2\pi\ell n}=\mathrm{e}^{\mathrm{j}(2\pi/N)kn}=e_k[n] \tag{8.3}$$

这里ℓ是一个整数。因此,一组N个周期复指数$e_0[n],e_1[n],\cdots,e_{N-1}[n]$可以定义所有其他的周

---

① 今后每当需要清楚地区分周期序列和非周期序列时,就用波纹号～表示周期序列。

② 为了方便起见,在式(8.2)中乘以了一个常数$1/N$。它也可以放在$\tilde{X}[k]$的定义式中。

期复指数,其频率是$(2\pi/N)$的整数倍。这样,一个周期序列$\tilde{x}[n]$的傅里叶级数表示只需包含N个这样的复指数,所以它具有如下形式:

$$\tilde{x}[n]=\frac{1}{N}\sum_{k=0}^{N-1}\tilde{X}[k]e^{j(2\pi/N)kn} \tag{8.4}$$

然而,选择k以覆盖$\tilde{X}[k]$的全部周期同样是正确的。

为了从周期序列$\tilde{x}[n]$中得出傅里叶级数的系数序列$\tilde{X}[k]$,下面将利用复指数序列集的正交性。令式(8.4)的两边均乘以$e^{-j(2\pi/N)rn}$,并且从$n=0$到$n=N-1$求和,则可以得到

$$\sum_{n=0}^{N-1}\tilde{x}[n]e^{-j(2\pi/N)rn}=\sum_{n=0}^{N-1}\frac{1}{N}\sum_{k=0}^{N-1}\tilde{X}[k]e^{j(2\pi/N)(k-r)n} \tag{8.5}$$

交换等号右边求和的先后次序,式(8.5)就成为

$$\sum_{n=0}^{N-1}\tilde{x}[n]e^{-j(2\pi/N)rn}=\sum_{k=0}^{N-1}\tilde{X}[k]\left[\frac{1}{N}\sum_{n=0}^{N-1}e^{j(2\pi/N)(k-r)n}\right] \tag{8.6}$$

下述等式表示复指数的正交性:

$$\frac{1}{N}\sum_{n=0}^{N-1}e^{j(2\pi/N)(k-r)n}=\begin{cases}1, & k-r=mN, \quad m\text{为整数}\\ 0, & \text{其他}\end{cases} \tag{8.7}$$

证明该等式是很容易的(见习题8.54)。将它代入式(8.6)中括号内的求和运算,可得

$$\sum_{n=0}^{N-1}\tilde{x}[n]e^{-j(2\pi/N)rn}=\tilde{X}[r] \tag{8.8}$$

这样,通过以下关系式就可以由$\tilde{x}[n]$求出式(8.4)中的傅里叶级数的系数$\tilde{X}[k]$:

$$\tilde{X}[k]=\sum_{n=0}^{N-1}\tilde{x}[n]e^{-j(2\pi/N)kn} \tag{8.9}$$

如果计算式(8.9)在区间$0\leqslant k\leqslant n-1$以外的值,发现式(8.9)所定义的序列$\tilde{X}[k]$也是一个周期为$N$的周期序列,即$\tilde{X}[0]=\tilde{x}[N]$,$\tilde{X}[1]=\tilde{X}[N+1]$。概括地,对于任意整数$k$,有

$$\begin{aligned}\tilde{X}[k+N]&=\sum_{n=0}^{N-1}\tilde{x}[n]e^{-j(2\pi/N)(k+N)n}\\&=\left(\sum_{n=0}^{N-1}\tilde{x}[n]e^{-j(2\pi/N)kn}\right)e^{-j2\pi n}=\tilde{X}[k]\end{aligned}$$

可以把傅里叶级数的系数看成一个有限长的序列,对于$k=0,\cdots,(N-1)$,其值由式(8.9)给出,k为其他数时,其值为零,也可以把它看成一个对于所有的k均由式(8.9)定义的周期序列。显然,以上两种解释都是可以接受的,因为在式(8.4)中只用到对于$0\leqslant k\leqslant(N-1)$的$\tilde{X}[k]$值。把傅里叶级数的系数$\tilde{X}[k]$当成一个周期序列的优点是,对于周期序列的傅里叶级数表示,在时域和频域之间存在着对偶性。式(8.9)和式(8.4)就是一个分析-合成对,称为一个周期序列的离散傅里叶级数(DFS)表达式。

为了表示方便,常常利用复数量来写这两个式子:

$$W_N=e^{-j(2\pi/N)} \tag{8.10}$$

这样 DFS 分析-合成对可表示为

$$\text{分析式}:\tilde{X}[k] = \sum_{n=0}^{N-1} \tilde{x}[n] W_N^{kn} \tag{8.11}$$

$$\text{合成式}:\tilde{x}[n] = \frac{1}{N}\sum_{k=0}^{N-1} \tilde{X}[k] W_N^{-kn} \tag{8.12}$$

式中,$\tilde{x}[n]$和$\tilde{X}[k]$均为周期序列。有时会发现,使用记号

$$\tilde{x}[n] \stackrel{\mathcal{DFS}}{\longleftrightarrow} \tilde{X}[k] \tag{8.13}$$

来表示式(8.11)和式(8.12)这两个关系式是很方便的。下面的例子将说明这些关系式的用途。

例 8.1 周期脉冲串的离散傅里叶级数

考虑一个周期脉冲串

$$\tilde{x}[n] = \sum_{r=-\infty}^{\infty} \delta[n - rN] = \begin{cases} 1, & n = rN, \quad r\text{为任意整数} \\ 0, & \text{其他} \end{cases} \tag{8.14}$$

因为对于$0 \leqslant n \leqslant N-1$,$\tilde{x}[n] = \delta[n]$,所以利用式(8.11)求出 DFS 系数为

$$\tilde{X}[k] = \sum_{n=0}^{N-1} \delta[n] W_N^{kn} = W_N^0 = 1 \tag{8.15}$$

在这种情况下,对于所有的k值,$\tilde{X}[k]=0$。于是,将式(8.15)代入式(8.12)可以得出表达式

$$\tilde{x}[n] = \sum_{r=-\infty}^{\infty} \delta[n - rN] = \frac{1}{N}\sum_{k=0}^{N-1} W_N^{-kn} = \frac{1}{N}\sum_{k=0}^{N-1} e^{j(2\pi/N)kn} \tag{8.16}$$

例 8.1 利用对复指数求和得出了一个有用的周期脉冲串的表达式,其中所有的复指数均有相同的幅值和相位,并且当整数n为N的倍数时它们的取值加在一起为 1,而当n为其他所有的整数时它们加在一起为零。如果仔细研究式(8.11)和式(8.12)就会发现它们非常相似,仅相差一个常数因子和指数的符号。下面的例子将说明周期序列$\tilde{x}[n]$和其傅里叶级数系数$\tilde{X}[k]$之间的对偶性。

例 8.2 离散傅里叶级数的对偶性

这里令离散傅里叶级数的系数为周期脉冲串

$$\tilde{Y}[k] = \sum_{r=-\infty}^{\infty} N\delta[k - rN]$$

将$\tilde{Y}[k]$代入式(8.12)得

$$\tilde{y}[n] = \frac{1}{N}\sum_{k=0}^{N-1} N\delta[k] W_N^{-kn} = W_N^{-0} = 1$$

在这种情况下,对于所有的n,$\tilde{y}[n]=1$。将这一结果与例 8.1 中的$\tilde{x}[n]$和$\tilde{X}[k]$的结果相比较,会看到$\tilde{Y}[k]=N\tilde{x}[k]$和$\tilde{y}[n]=\tilde{X}[n]$。8.2.3 节将说明本例是更广义的对偶性的一种特殊情况。

如果序列$\tilde{x}[n]$仅在一个周期的部分内等于 1,那么也能得到 DFS 系数的完整表达式。下面的例子说明了这一点。

例 8.3 周期矩形脉冲串的离散傅里叶级数

本例中$\tilde{x}[n]$为图 8.1 所示的序列,其中周期为$N=10$。由式(8.11),

$$\tilde{X}[k] = \sum_{n=0}^{4} W_{10}^{kn} = \sum_{n=0}^{4} e^{-j(2\pi/10)kn} \tag{8.17}$$

这一有限求和有闭合形式

$$\tilde{X}[k] = \frac{1 - W_{10}^{5k}}{1 - W_{10}^{k}} = \mathrm{e}^{-\mathrm{j}(4\pi k/10)} \frac{\sin(\pi k/2)}{\sin(\pi k/10)} \tag{8.18}$$

图 8.2 为周期序列 $\tilde{X}[k]$ 的幅值和相位的示意图。

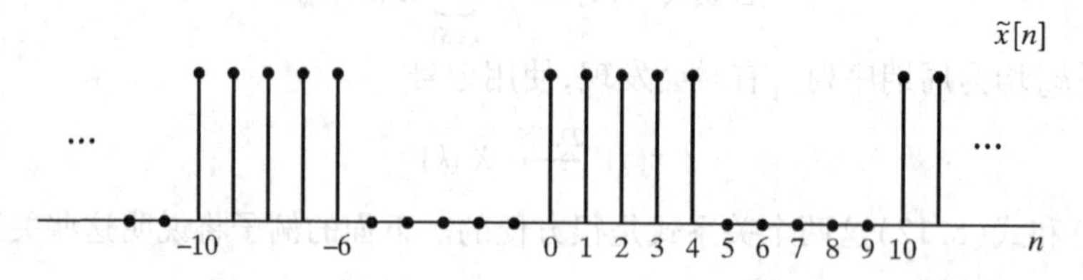

图 8.1　需要计算其傅里叶级数表示的周期序列(周期为 $N=10$)

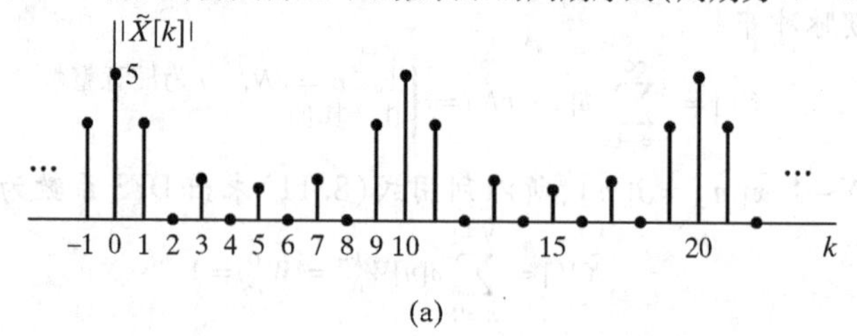

(a)

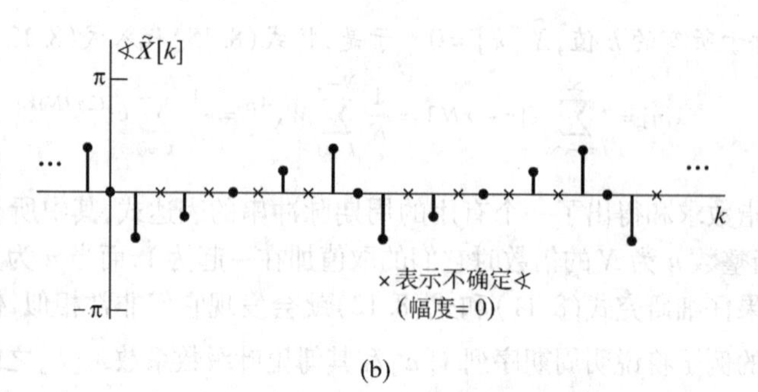

(b)

图 8.2　图 8.1 所示序列的傅里叶级数之系数的幅值和相位

上文已经表明了任何周期序列均可表示成一个复指数序列的和。式(8.11)和式(8.12)对关键的结果进行了总结。正如将要看到的,这些关系是 DFT 的基础,DFT 面向的是有限长序列。然而,在讨论 DFT 之前,首先来考查 8.2 节中给出的同期序列的 DFS 表示的一些基本特性,然后在 8.3 节中将说明如何利用 DFS 表示来得到周期信号的 DTFT 表示。

8.2　离散傅里叶级数的性质

正如同连续信号的傅里叶级数、傅里叶和拉普拉斯变换,以及非周期序列的离散时间傅里叶变换和 z 变换,离散傅里叶级数的特定性质是它能够成功应用到信号处理问题的基础。本节将总结这些重要性质。可以看出,离散傅里叶级数的许多基本性质与 z 变换和离散时间傅里叶变换类似。但是,要留意 $\tilde{x}[n]$ 和 $\tilde{X}[k]$ 的周期性将引出一些重要的不同。另外,序列的离散时间傅里叶变换和 z 变换的表达式中所不精确存在的对偶性,却存在于离散傅里叶级数的时域和频域表达式中。

8.2.1　线性

考虑两个周期序列 $\tilde{x}_1[n]$ 和 $\tilde{x}_2[n]$,其周期均为 N,若

$$\tilde{x}_1[n] \stackrel{\mathcal{DFS}}{\longleftrightarrow} \tilde{X}_1[k] \tag{8.19a}$$

和

$$\tilde{x}_2[n] \stackrel{\mathcal{DFS}}{\longleftrightarrow} \tilde{X}_2[k] \tag{8.19b}$$

则

$$a\tilde{x}_1[n] + b\tilde{x}_2[n] \stackrel{\mathcal{DFS}}{\longleftrightarrow} a\tilde{X}_1[k] + b\tilde{X}_2[k] \tag{8.20}$$

这一线性性质可以由式(8.11)和式(8.12)直接得出。

8.2.2 序列的移位

如果周期序列 $\tilde{x}[n]$ 具有傅里叶系数 $\tilde{X}[k]$，则 $\tilde{x}[n-m]$ 是 $\tilde{x}[n]$ 移位后的形式，且

$$\tilde{x}[n-m] \stackrel{\mathcal{DFS}}{\longleftrightarrow} W_N^{km}\tilde{X}[k] \tag{8.21}$$

这个性质的证明在习题 8.55 中考虑。任何大于或等于周期的移位（即 $m \geqslant N$），在时域上都无法与如 $m = m_1 + m_2 N$ 的较短的移位 m_1 区分开来，其中 m_1 和 m_2 均为整数，且 $0 \leqslant m_1 \leqslant N-1$（说明这一点的另一种方式是 $m_1 = m[\bmod N]$，或等效的 m_1 是 m 被 N 除的余数）。利用 m 的表达式很容易证明，$W_N^{km} = W_N^{km_1}$。也就是说，在时域上移位的不确定性也必定会在频域的表达式中显示出来。

由于周期序列的傅里叶级数的系数序列也是一个周期序列，类似的结果也可以用于傅里叶系数的移位，若它为整数ℓ，则有

$$W_N^{-n\ell}\tilde{x}[n] \stackrel{\mathcal{DFS}}{\longleftrightarrow} \tilde{X}[k-\ell] \tag{8.22}$$

应当注意式(8.21)和式(8.22)中指数符号的差别。

8.2.3 对偶性

因为连续时间的傅里叶分析和综合方程式之间极为相似，所以在时域和频域之间存在着对偶性。然而，对于非周期信号的离散时间傅里叶变换并不存在类似的对偶性，这是由于非周期信号和它的傅里叶变换是两类迥然不同的函数。自然，非周期离散时间信号是非周期序列，而它的傅里叶变换总是连续频率变量的周期函数。

由式(8.11)和式(8.12)可以看到，DFS 分析式和综合式的差别仅在于一个 $1/N$ 因子和 W_N 指数的符号。另外，周期序列和它的 DFS 系数为同类函数，均为周期序列。特别是，考虑到因子 $1/N$ 以及式(8.11)和式(8.12)之间指数符号的差别，由式(8.12)可得

$$N\tilde{x}[-n] = \sum_{k=0}^{N-1} \tilde{X}[k] W_N^{kn} \tag{8.23}$$

或者将式(8.23)中的 n 和 k 互换，有

$$N\tilde{x}[-k] = \sum_{n=0}^{N-1} \tilde{X}[n] W_N^{nk} \tag{8.24}$$

可以看出，式(8.24)与式(8.11)很相似。换句话说，周期序列 $\tilde{X}[n]$ 的 DFS 系数序列是 $N\tilde{x}[-k]$，即倒序后的原周期序列并乘以 N。该对偶性概括如下：

若

$$\tilde{x}[n] \stackrel{\mathcal{DFS}}{\longleftrightarrow} \tilde{X}[k] \tag{8.25a}$$

则

$$\tilde{X}[n] \overset{\mathcal{DFS}}{\longleftrightarrow} N\tilde{x}[-k] \tag{8.25b}$$

8.2.4 对称性

正如2.8节中所讨论的,非周期序列的傅里叶变换具有一些有用的对称性。一个周期序列的DFS表达式有同样重要的对称性。与第2章中推导的做法类似,这些特性的推导将留作习题(见习题8.56)。所得结果作为性质9～17列于8.2.6节的表8.1中。

8.2.5 周期卷积

设$\tilde{x}_1[n]$和$\tilde{x}_2[n]$为两个周期均为N的周期序列,它们的离散傅里叶级数的系数分别记为$\tilde{X}_1[k]$和$\tilde{X}_2[k]$。如果将其相乘

$$\tilde{X}_3[k] = \tilde{X}_1[k]\tilde{X}_2[k] \tag{8.26}$$

则以$\tilde{X}_3[k]$为傅里叶级数系数的周期序列$\tilde{x}_3[n]$为

$$\tilde{x}_3[n] = \sum_{m=0}^{N-1} \tilde{x}_1[m]\tilde{x}_2[n-m] \tag{8.27}$$

这个结果并不意外,因为根据先前有关变换的知识可知,频域函数的乘积对应于时域函数的卷积,并且式(8.27)看上去很像卷积和。式(8.27)对$\tilde{x}_1[m]$和$\tilde{x}_2[n-m]$的乘积进行求和,其中$\tilde{x}_2[n-m]$是将$\tilde{x}_2[m]$时间反转并移位,和非周期离散卷积相同。但式(8.27)中的序列均为周期的,周期为N,求和只在一个周期上进行。式(8.27)表示的卷积称为周期卷积。正如非周期卷积一样,周期卷积是可交换的,即

$$\tilde{x}_3[n] = \sum_{m=0}^{N-1} \tilde{x}_2[m]\tilde{x}_1[n-m] \tag{8.28}$$

为了说明由式(8.26)给出的$\tilde{X}_3[k]$是与式(8.27)给出的$\tilde{x}_3[n]$相对应的傅里叶系数序列,首先把DFS分析式(8.11)用于式(8.27),得

$$\tilde{X}_3[k] = \sum_{n=0}^{N-1}\left(\sum_{m=0}^{N-1} \tilde{x}_1[m]\tilde{x}_2[n-m]\right)W_N^{kn} \tag{8.29}$$

交换求和次序后,式(8.29)变为

$$\tilde{X}_3[k] = \sum_{m=0}^{N-1} \tilde{x}_1[m]\left(\sum_{n=0}^{N-1} \tilde{x}_2[n-m]W_N^{kn}\right) \tag{8.30}$$

扩号内对n的求和是移位序列$\tilde{x}_2[n-m]$的DFS,因此由8.2.2节的移位特性,可得

$$\sum_{n=0}^{N-1} \tilde{x}_2[n-m]W_N^{kn} = W_N^{km}\tilde{X}_2[k]$$

上式代入式(8.30),有

$$\tilde{X}_3[k] = \sum_{m=0}^{N-1} \tilde{x}_1[m]W_N^{km}\tilde{X}_2[k] = \left(\sum_{m=0}^{N-1} \tilde{x}_1[m]W_N^{km}\right)\tilde{X}_2[k] = \tilde{X}_1[k]\tilde{X}_2[k] \tag{8.31}$$

总之

$$\sum_{m=0}^{N-1} \tilde{x}_1[m]\tilde{x}_2[n-m] \overset{\mathcal{DFS}}{\longleftrightarrow} \tilde{X}_1[k]\tilde{X}_2[k] \tag{8.32}$$

周期序列的周期卷积对应于与之相应的傅里叶级数系数序列的乘积。

因为周期卷积与非周期卷积有些不同，这就有必要研究一下计算式(8.27)的详细步骤。首先，注意到式(8.27)要求进行 $\tilde{x}_1[m]$ 和 $\tilde{x}_2[n-m]=\tilde{x}_2[-(m-n)]$ 的乘积，将其当成 m 的函数，n 为定值。这与非周期卷积相同，但有以下两点主要差别：

(1) 在有限区间 $0\leqslant m\leqslant N-1$ 上求和；

(2) 对于在区间 $0\leqslant m\leqslant N-1$ 以外的 m 值，$\tilde{x}_2[n-m]$ 的值在该区间上周期地重复。

下面的例子将说明这些细节。

例 8.4 周期卷积

图 8.3 举例说明形成与式(8.27)对应的两个周期序列的周期卷积的过程，图中给出了序列 $\tilde{x}_2[m]$，$\tilde{x}_1[m]$，$\tilde{x}_2[-m]$，$\tilde{x}_2[1-m]=\tilde{x}_2[-(m-1)]$ 和 $\tilde{x}_2[2-m]=\tilde{x}_2[-(m-2)]$。例如，为了计算当 $n=2$ 时式(8.27)中的 $\tilde{x}_3[n]$，将 $\tilde{x}_1[m]$ 与 $\tilde{x}_2[2-m]$ 相乘，然后对于 $0\leqslant m\leqslant N-1$，将乘积项 $\tilde{x}_1[m]\tilde{x}_2[2-m]$ 求和，从而得出 $\tilde{x}_3[2]$。随着 n 的改变，序列 $\tilde{x}_2[n-m]$ 适当移位，对于 $0\leqslant n\leqslant N-1$ 的每一个值，计算式(8.27)。应当注意到，由于周期性，当序列 $\tilde{x}_2[n-m]$ 移向右边或左边时，离开两条虚线之间的区间一端的值又会出现在另一端。因为 $\tilde{x}_3[n]$ 的周期性，没有必要继续计算式(8.27)在区间 $0\leqslant n\leqslant N-1$ 之外的值。

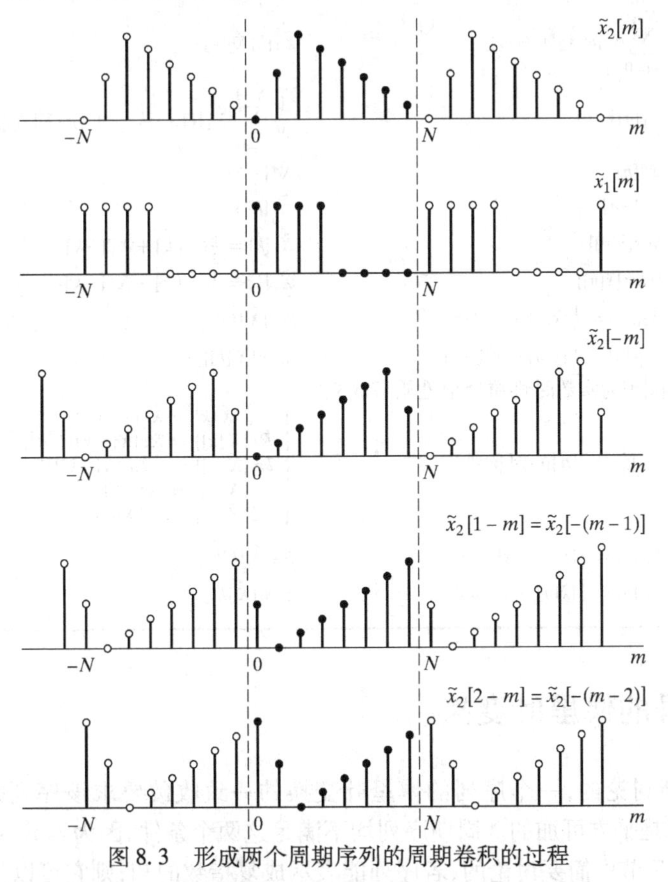

图 8.3 形成两个周期序列的周期卷积的过程

对偶定理(见 8.2.3 节)指出，若时间和频率交换，则可得到与前面几乎相同的结果。这就是说，若周期序列

$$\tilde{x}_3[n]=\tilde{x}_1[n]\tilde{x}_2[n] \tag{8.33}$$

其中，$\tilde{x}_1[n]$ 和 $\tilde{x}_2[n]$ 均为周期序列(周期为 N)，则 $\tilde{x}_3[n]$ 的离散傅里叶级数的系数为

$$\tilde{X}_3[k] = \frac{1}{N}\sum_{\ell=0}^{N-1}\tilde{X}_1[\ell]\tilde{X}_2[k-\ell] \tag{8.34}$$

等于 $\tilde{X}_1[k]$ 和 $\tilde{X}_2[k]$ 的周期卷积乘以 $1/N$。这一结果也可以通过将式(8.34)给出的 $\tilde{X}_3[k]$ 代入傅里叶级数关系式(8.12)而得到 $\tilde{x}_3[n]$ 来加以证明。

8.2.6 周期序列 DFS 表示的性质汇总

本节讨论的离散傅里叶级数表示的有关性质汇总于表 8.1。

表 8.1 DFS 的性质总结

周期序列(周期为 N)	DFS 的系数(周期为 N)
1. $\tilde{x}[n]$	$\tilde{X}[k]$ 是周期的，周期为N
2. $\tilde{x}_1[n], \tilde{x}_2[n]$	$\tilde{X}_1[k]$, $\tilde{X}_2[k]$ 是周期的，周期为N
3. $a\tilde{x}_1[n]+b\tilde{x}_2[n]$	$a\tilde{X}_1[k]+b\tilde{X}_2[k]$
4. $\tilde{X}[n]$	$N\tilde{x}[((-k))_N]$
5. $\tilde{x}[n-m]$	$W_N^{km}X[k]$
6. $W_N^{-\ell n}\tilde{x}[n]$	$\tilde{X}[((k-\ell))_N]$
7. $\sum_{m=0}^{N-1}\tilde{x}_1[m]\tilde{x}_2[n-m]$	$\tilde{X}_1[k]\tilde{X}_2[k]$
8. $\tilde{x}_1[n]\tilde{x}_2[n]$	$\frac{1}{N}\sum_{\ell=0}^{N-1}\tilde{X}_1[\ell]\tilde{X}_2[k-\ell]$ (周期卷积)
9. $\tilde{x}^*[n]$	$\tilde{X}^*[-k]$
10. $\tilde{x}^*[-n]$	$\tilde{X}^*[k]$
11. $\mathcal{R}e\{\tilde{x}[n]\}$	$\tilde{X}_e[k]=\frac{1}{2}\{\tilde{X}[k]+X^*[-k]\}$
12. $\mathrm{j}\mathcal{I}m\{\tilde{x}[n]\}$	$\tilde{X}_o[k]=\frac{1}{2}\{\tilde{X}[k]-X^*[-k]\}$
13. $\tilde{x}_{ep}[n]=\frac{1}{2}\{\tilde{x}[n]+\tilde{x}^*[-n]\}$	$\mathcal{R}e\{\tilde{X}[k]\}$
14. $\tilde{x}_{op}[n]=\frac{1}{2}\{\tilde{x}[n]-\tilde{x}^*[-n]\}$	$\mathrm{j}\mathcal{I}m\{\tilde{X}[k]\}$
仅当$\tilde{x}[n]$为实数时性质15至性质17成立	
15. 实信号 $\tilde{x}[n]$的对称性	$\begin{cases}\tilde{X}[k]=\tilde{X}^*[-k]\\ \mathcal{R}e\{\tilde{X}[k]\}=\mathcal{R}e\{\tilde{X}[-k]\}\\ \mathcal{I}m\{\tilde{X}[k]\}=-\mathcal{I}m\{\tilde{X}[-k]\}\\ \lvert\tilde{X}[k]\rvert=\lvert\tilde{X}[-k]\rvert\\ \angle\{\tilde{X}[k]\}=-\angle\tilde{X}[-k]\end{cases}$
16. $\tilde{x}_e[n]=\frac{1}{2}\{\tilde{x}[n]+\tilde{x}[-n]\}$	$\mathcal{R}e\{\tilde{X}[k]\}$
17. $\tilde{x}_o[n]=\frac{1}{2}\{\tilde{x}[n]-\tilde{x}[-n]\}$	$\mathrm{j}\mathcal{I}m\{\tilde{X}[k]\}$

8.3 周期信号的傅里叶变换

正如2.7节中所讨论的,一个序列的傅里叶变换的一致收敛要求该序列是绝对可加的,“均方”收敛要求该序列是平方可加的。周期序列均不满足这两个条件,因为当 $n\to\pm\infty$ 时序列不趋近于零。然而,正如2.7节中简要讨论的,若序列能表示成复指数的和,则它可以具有形如式(2.147)的傅里叶变换表示,即可以看成一个脉冲串。类似地,将周期信号的离散傅里叶级数表示纳入傅里叶变换的框架内常常是有益的。如将周期信号的傅里叶变换看成频域的脉冲幅值正比于序列的DFS系数的一个脉冲串,就可以实现这一点。特别是,如果 $\tilde{x}[n]$ 是周期的,周期为 N,并且所对应的离散傅里叶级数的系数为 $\tilde{X}[k]$,则 $\tilde{x}[n]$ 的傅里叶变换定义为脉冲串

$$\tilde{X}(e^{j\omega}) = \sum_{k=-\infty}^{\infty} \frac{2\pi}{N} \tilde{X}[k] \delta\left(\omega - \frac{2\pi k}{N}\right) \tag{8.35}$$

注意，$\tilde{X}(e^{j\omega})$必然是周期的，周期为2π，这是因为$\tilde{X}[k]$是周期的，周期为N，并且脉冲间的间隔是$2\pi/N$的整数倍，其中N为整数。为了证明由式(8.35)定义的$\tilde{X}(e^{j\omega})$是周期序列$\tilde{x}[n]$的傅里叶变换表示，将式(8.35)代入傅里叶变换式(2.130)，即

$$\frac{1}{2\pi}\int_{0-\varepsilon}^{2\pi-\varepsilon} \tilde{X}(e^{j\omega}) e^{j\omega n} d\omega = \frac{1}{2\pi}\int_{0-\varepsilon}^{2\pi-\varepsilon} \sum_{k=-\infty}^{\infty} \frac{2\pi}{N} \tilde{X}[k] \delta\left(\omega - \frac{2\pi k}{N}\right) e^{j\omega n} d\omega \tag{8.36}$$

其中ε满足不等式$0 < \varepsilon < (2\pi/N)$。回想一下在计算傅里叶逆变换时，因为被积分函数$\tilde{X}(e^{j\omega})e^{j\omega n}$是周期的，且周期为$2\pi$，所以可在长度为$2\pi$的任意区间上积分。在式(8.36)中，积分限写为$0-\varepsilon$和$2\pi-\varepsilon$，这意味着积分正好是从$\omega=0$之前开始，到$\omega=2\pi$之前结束。这种积分限是比较方便的，因为它们包括了在$\omega=0$处的脉冲，而不包括在$\omega=2\pi$处的脉冲①。交换积分和求和的先后次序，得

$$\begin{aligned}\frac{1}{2\pi}\int_{0-\varepsilon}^{2\pi-\varepsilon} \tilde{X}(e^{j\omega}) e^{j\omega n} d\omega &= \frac{1}{N}\sum_{k=-\infty}^{\infty} \tilde{X}[k] \int_{0-\varepsilon}^{2\pi-\varepsilon} \delta\left(\omega - \frac{2\pi k}{N}\right) e^{j\omega n} d\omega \\ &= \frac{1}{N}\sum_{k=0}^{N-1} \tilde{X}[k] e^{j(2\pi/N)kn}\end{aligned} \tag{8.37}$$

得出式(8.37)最后的形式是由于在$\omega=0-\varepsilon$至$\omega=2\pi-\varepsilon$的区间内只包括对应于$k=0,1,\cdots,(N-1)$的脉冲。

比较式(8.37)和式(8.12)，发现式(8.37)等号右边与式(8.12)所示的$\tilde{x}[n]$的傅里叶表示完全相同。因此，式(8.35)中脉冲串的傅里叶逆变换正是所要的周期信号$\tilde{x}[n]$。

虽然周期序列的傅里叶变换在通常意义下是不收敛的，但是引入了脉冲函数后，可将周期序列纳入傅里叶变换分析的框架内。这种方法在第2章中也曾使用过，得出如双边常数序列（见例2.19）或复指数序列（见例2.20）之类的其他不可加序列的傅里叶变换表示。尽管离散傅里叶级数表示适用于大多数场合，但式(8.35)的傅里叶变换表示有时可得出较简单或简洁的表达式，并且可使分析简化。

例 8.5　周期脉冲串的傅里叶变换

考虑一个与例8.1中周期序列$\tilde{x}[n]$相同的周期脉冲串

$$\tilde{p}[n] = \sum_{r=-\infty}^{\infty} \delta[n - rN] \tag{8.38}$$

由例8.1的结果可知，对所有的k有

$$\tilde{P}[k] = 1 \tag{8.39}$$

因此$\tilde{p}[n]$的傅里叶变换为

$$\tilde{P}(e^{j\omega}) = \sum_{k=-\infty}^{\infty} \frac{2\pi}{N} \delta\left(\omega - \frac{2\pi k}{N}\right) \tag{8.40}$$

例8.5的结果给出了有关周期信号和有限长信号之间联系的一种有益的解释。考虑一个有限长信号$x[n]$，如在$0 \leqslant n \leqslant N-1$区间之外$x[n]=0$，且它与例8.5中周期脉冲串$\tilde{p}[n]$的卷积为

$$\tilde{x}[n] = x[n] * \tilde{p}[n] = x[n] * \sum_{r=-\infty}^{\infty} \delta[n - rN] = \sum_{r=-\infty}^{\infty} x[n - rN] \tag{8.41}$$

① 积分限取0到2π会带来一些问题，因为在0和2π处的冲激响应需要特殊处理。

式(8.41)表明 $\tilde{x}[n]$ 是由一组有限长序列 $x[n]$ 的周期重复序列组成的。图 8.4 说明如何通过式(8.41)由一个有限长序列 $x[n]$ 得到一个周期序列 $\tilde{x}[n]$。$x[n]$ 的傅里叶变换为 $X(e^{j\omega})$，且 $\tilde{x}[n]$ 的傅里叶变换是

$$\begin{aligned}\tilde{X}(e^{j\omega}) &= X(e^{j\omega})\tilde{P}(e^{j\omega}) \\ &= X(e^{j\omega})\sum_{k=-\infty}^{\infty}\frac{2\pi}{N}\delta\left(\omega-\frac{2\pi k}{N}\right) \\ &= \sum_{k=-\infty}^{\infty}\frac{2\pi}{N}X(e^{j(2\pi/N)k})\delta\left(\omega-\frac{2\pi k}{N}\right)\end{aligned} \tag{8.42}$$

比较式(8.42)和式(8.35)，可以得出

$$\tilde{X}[k] = X(e^{j(2\pi/N)k}) = X(e^{j\omega})\Big|_{\omega=(2\pi/N)k} \tag{8.43}$$

换句话说，具有如式(8.11)所示的 DFS 系数的周期序列 $\tilde{X}[k]$ 可以看成有限长序列傅里叶变换的等间隔采样，该有限长序列是 $\tilde{x}[n]$ 的一个周期，即

$$x[n] = \begin{cases}\tilde{x}[n], & 0\leqslant n\leqslant N-1 \\ 0, & \text{其他}\end{cases} \tag{8.44}$$

这也与图 8.4 相符，图中清晰地表明 $x[n]$ 可利用式(8.44)由 $\tilde{x}[n]$ 得出。也可以用另一种方法来证明式(8.43)。因为当 $0\leqslant n\leqslant N-1$ 时，$x[n]=\tilde{x}[n]$，否则 $x[n]=0$，则

$$X(e^{j\omega}) = \sum_{n=0}^{N-1}x[n]e^{-j\omega n} = \sum_{n=0}^{N-1}\tilde{x}[n]e^{-j\omega n} \tag{8.45}$$

比较式(8.45)和式(8.11)，又一次得出

$$\tilde{X}[k] = X(e^{j\omega})|_{\omega=2\pi k/N} \tag{8.46}$$

这对应于在 $\omega=0$ 和 $\omega=2\pi$ 之间的 N 个等间隔频率点上以 $2\pi/N$ 为间隔，对傅里叶变换进行采样。

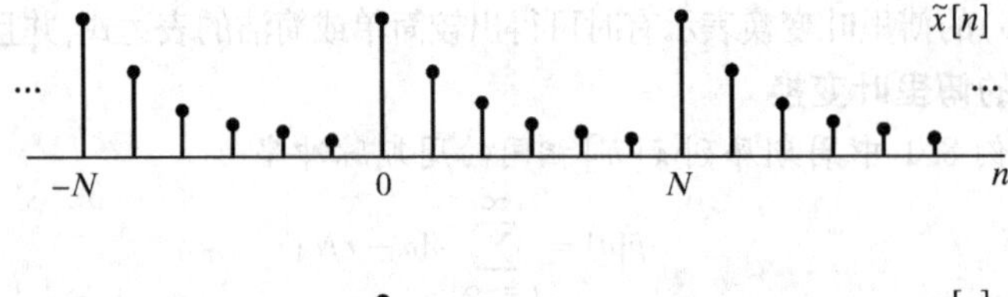

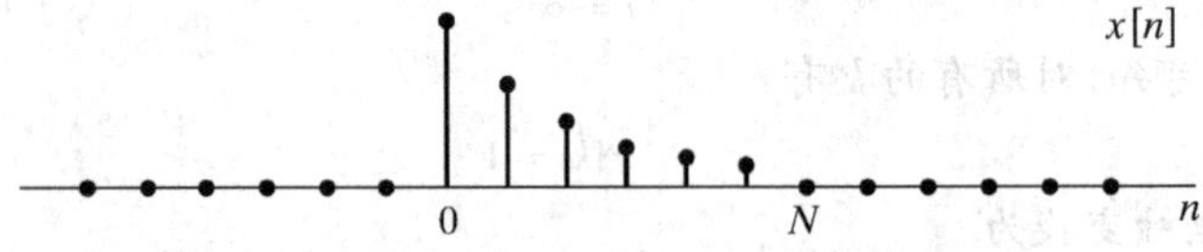

图 8.4　周期序列 $\tilde{x}[n]$ 是将有限长序列 $x[n]$ 周期重复而得到的。换句话说，在一个周期上 $x[n]=\tilde{x}[n]$，而在其他区间上 $x[n]$ 为零

例 8.6　傅里叶级数系数与一个周期的傅里叶变换之间的关系

再次研究图 8.1 所示的例 8.3 中的序列 $\tilde{x}[n]$。图 8.1 中序列 $\tilde{x}[n]$ 的一个周期为

$$x[n] = \begin{cases}1, & 0\leqslant n\leqslant 4 \\ 0, & \text{其他}\end{cases} \tag{8.47}$$

$\tilde{x}[n]$ 一个周期的傅里叶变换如下式：

$$X(e^{j\omega}) = \sum_{n=0}^{4}e^{-j\omega n} = e^{-j2\omega}\frac{\sin(5\omega/2)}{\sin(\omega/2)} \tag{8.48}$$

可以证明在本例中，将 $\omega=2\pi k/10$ 代入式(8.48)后，可以满足式(8.46)，且

$$\tilde{X}[k]=\mathrm{e}^{-\mathrm{j}(4\pi k/10)}\frac{\sin(\pi k/2)}{\sin(\pi k/10)}$$

上式与式(8.18)的结果相同。$X(\mathrm{e}^{\mathrm{j}\omega})$ 的幅度和相位如图 8.5 所示。注意，相位在 $X(\mathrm{e}^{\mathrm{j}\omega})=0$ 的频率点是不连续的。图 8.2(a)和图 8.2(b)的序列分别对应于图 8.5(a)和图 8.5(b)的样本，如图 8.6所示，其中图 8.2 和图 8.5 叠加在一起。

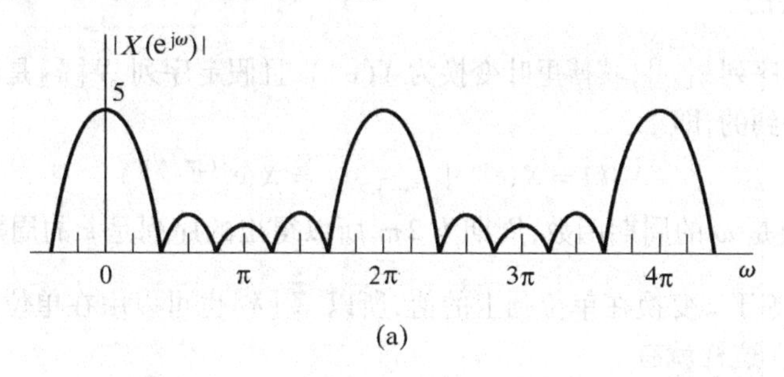

(a)

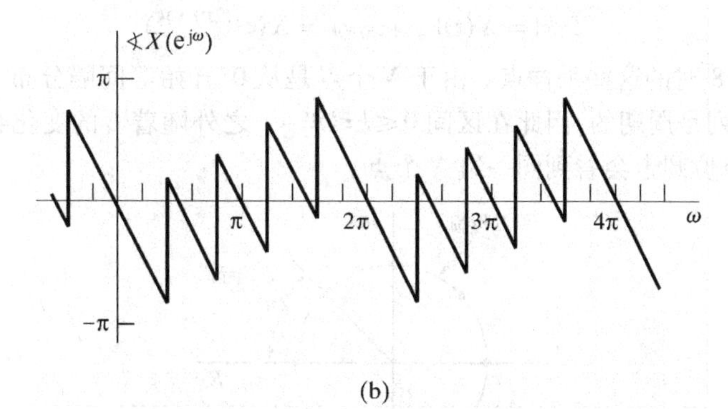

(b)

图 8.5　图 8.1 所示序列一个周期的傅里叶变换的幅度和相位

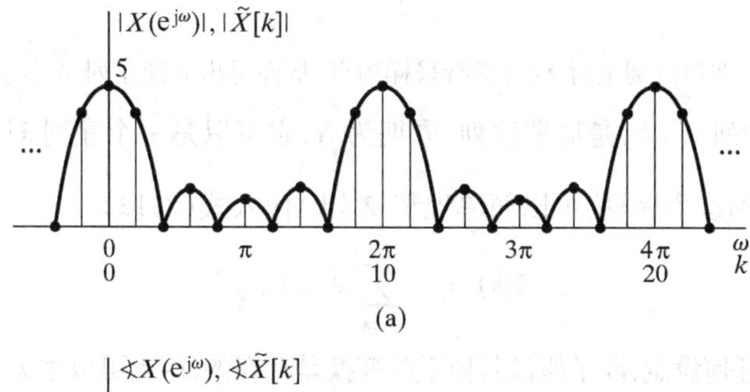

(a)

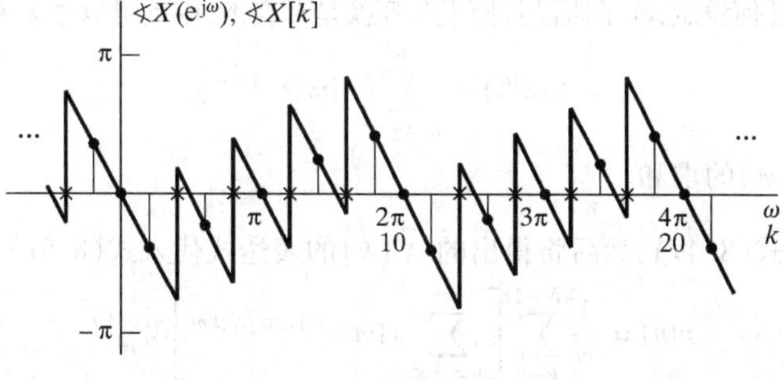

(b)

图 8.6　将图 8.2 和图 8.5 重叠在一起，说明一个周期序列的 DFS 的系数正是一个周期的傅里叶变换的样本

8.4　对傅里叶变换采样

本节讨论非周期序列和周期序列之间更一般的关系,前者具有傅里叶变换 $X(e^{j\omega})$ 的形式,后者的 DFS 系数对应于 $X(e^{j\omega})$ 在频率上等间隔的采样。本章后面讨论离散傅里叶变换及其性质时,这一关系是非常重要的。

考虑一个非周期序列 $x[n]$,其傅里叶变换为 $X(e^{j\omega})$,且假定序列 $\tilde{X}[k]$ 是通过对 $X(e^{j\omega})$ 在 $\omega_k=2\pi k/N$ 频率处采样得到的,即

$$\tilde{X}[k]=X(e^{j\omega})|_{\omega=(2\pi/N)k}=X(e^{j(2\pi/N)k}) \tag{8.49}$$

因为傅里叶变换是 ω 的周期函数,周期为 2π,所以得出的序列是 k 的周期函数,周期为 N。同样,因为傅里叶变换等于 z 变换在单位圆上的值,所以 $\tilde{X}[k]$ 也可以由在单位圆的 N 个等间隔的点上对 $X(z)$ 采样得到。这样就有

$$\tilde{X}[k]=X(z)|_{z=e^{j(2\pi/N)k}}=X(e^{j(2\pi/N)k}) \tag{8.50}$$

图 8.7 中绘出了 $N=8$ 时的这些采样点。由于 N 个点是从 0°开始等间隔分布的,所以从图中可以清楚地看出,样本序列是周期的,因此在区间 $0\leqslant k\leqslant N-1$ 之外随着 k 的变化会重复同样的序列。因为简单继续绕着单位圆走会看到同一组 N 个点。

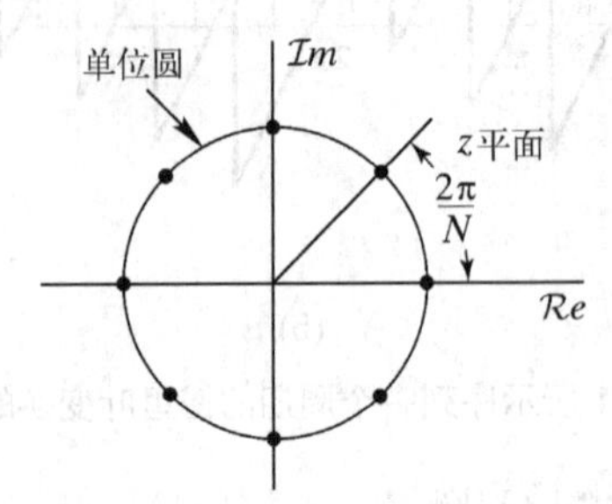

图 8.7　在单位圆上对 $X(z)$ 进行采样的点,从而得出周期序列 $\tilde{X}[k]$ $(N=8)$

可以看到,样本序列 $\tilde{X}[k]$ 是周期序列,周期为 N,它可以是一个序列 $\tilde{x}[n]$ 的离散傅里叶级数的系数序列。为了得到这个序列,可以简单地将 $\tilde{X}[k]$ 代入式(8.12)

$$\tilde{x}[n]=\frac{1}{N}\sum_{k=0}^{N-1}\tilde{X}[k]W_N^{-kn} \tag{8.51}$$

因为对于 $x[n]$ 未给出任何设定,除了假设其傅里叶变换是存在的,因此可以用无穷极限来指示,求和为

$$X(e^{j\omega})=\sum_{m=-\infty}^{\infty}x[m]e^{-j\omega m} \tag{8.52}$$

它是对所有非零值 $x[m]$ 的求和。

将式(8.52)代入式(8.49),然后将得出的 $\tilde{X}[k]$ 的表达式代入式(8.51),得到

$$\tilde{x}[n]=\frac{1}{N}\sum_{k=0}^{N-1}\left[\sum_{m=-\infty}^{\infty}x[m]e^{-j(2\pi/N)km}\right]W_N^{-kn} \tag{8.53}$$

交换求和先后次序,式(8.53)成为

$$\tilde{x}[n]=\sum_{m=-\infty}^{\infty}x[m]\left[\frac{1}{N}\sum_{k=0}^{N-1}W_N^{-k(n-m)}\right]=\sum_{m=-\infty}^{\infty}x[m]\tilde{p}[n-m] \tag{8.54}$$

由式(8.7)或式(8.16)可知,式(8.54)括号中的项可看成例 8.1 和例 8.2 中周期脉冲串的傅里叶级数表示,特别是

$$\tilde{p}[n-m]=\frac{1}{N}\sum_{k=0}^{N-1}W_N^{-k(n-m)}=\sum_{r=-\infty}^{\infty}\delta[n-m-rN] \tag{8.55}$$

和由此得出的

$$\tilde{x}[n]=x[n]*\sum_{r=-\infty}^{\infty}\delta[n-rN]=\sum_{r=-\infty}^{\infty}x[n-rN] \tag{8.56}$$

式中"∗"表示非周期卷积。就是说,$\tilde{x}[n]$是周期序列,因为它是$x[n]$与一个周期单位脉冲串的非周期卷积的结果。这样,与$\tilde{X}[k]$对应的周期序列$\tilde{x}[n]$是把无数多个平移后的$x[n]$加在一起而形成的,$\tilde{X}[k]$是对$X(e^{j\omega})$采样而得到的。移位可以是N的正整数倍或负整数倍,N为序列$\tilde{X}[k]$的周期。图 8.8 举例说明了这一点。在图中,$x[n]$是长度为 9 的序列,在式(8.56)中$N=12$。结果,延迟后的$x[n]$序列没有重叠在一起,并且周期序列$\tilde{x}[n]$的一个周期就是$x[n]$。这与 8.3 节中的讨论相符,在例 8.6 中曾证明了一个周期序列的傅里叶级数系数就是一个周期上的傅里叶变换的样本值。图 8.9 中使用相同的序列$x[n]$,但此时$N=7$。在这种情况下,平移后的$x[n]$序列相互重叠,可是$\tilde{x}[n]$的一个周期不再与$x[n]$的周期相同。然而,在这两种情况下式(8.49)仍然成立,也就是说,在这两种情况下,$\tilde{x}[n]$的 DFS 系数都是$x[n]$的傅里叶变换在频率$2\pi/N$整数倍的等间隔点上的采样值。这一讨论使人联想起在第 4 章中有关采样的讨论。不同的是,这里是在频域上采样,而不是在时域上。但是,数学表示是十分相似的。

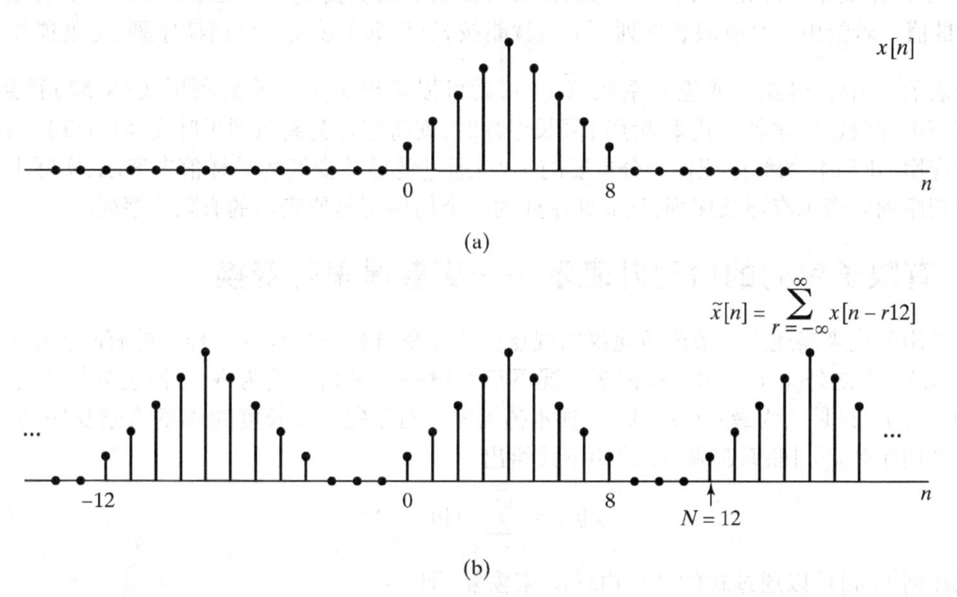

图 8.8　(a)有限长序列$x[n]$;(b)对应于取$N=12$时对$x[n]$的傅里叶变换采样的周期序列$\tilde{x}[n]$

对于图 8.8 所示的例子,原来的序列$x[n]$可以从$\tilde{x}[n]$中抽取出一个周期而恢复。同样,傅里叶变换$X(e^{j\omega})$也可以从频率上以$2\pi/12$等间隔地采样来恢复。与之相反,图 8.9 中的$x[n]$不能用取出$\tilde{x}[n]$的一个周期的方法来恢复。类似地,如果采样间隔只有$2\pi/7$,$X(e^{j\omega})$也不能由它的采来恢复。实际上,对于图 8.8 中所说明的情况,已经用足够小的间隔(在频率上)对$x[n]$的傅变换采样,以便能够由这些样本来恢复该变换,而图 8.9 表示一种对傅里叶变换欠采样的

在欠采样的情况下,$x[n]$和$\tilde{x}[n]$的一个周期之间的关系可以认为是在时域产生混叠的一种形式,基本上等同于频域的混叠(第4章曾讨论过),它是由时域的欠采样所引起的。显然,只要$x[n]$为有限长,时域混叠就可避免,正如信号的傅里叶变换只要是带宽有限的,其频域混叠也可以避免。

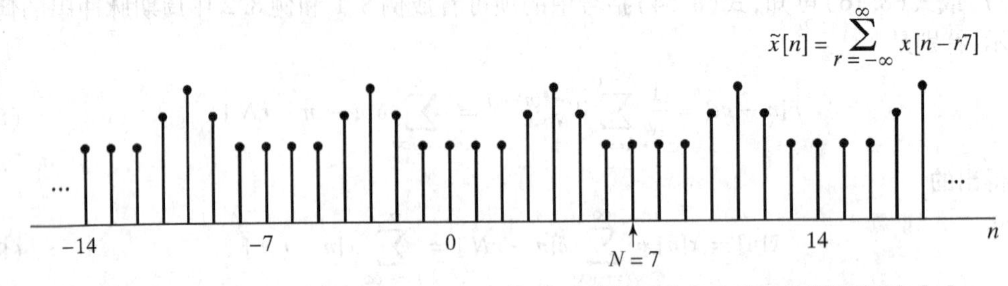

图 8.9 对应于取 $N=7$ 时对图 8.8(a)中的$x[n]$的傅里叶变换采样的周期序列$\tilde{x}[n]$

上述讨论强调了几个重要的概念,它们将在本章的后续部分中起着重要作用。已经看到,可以把一个非周期序列$x[n]$的傅里叶变换的采样看成通过将$x[n]$周期重复而得到的一个周期序列$\tilde{x}[n]$的DFS 的系数。如果$x[n]$为有限长,并且取其傅里叶变换足够多的等间隔采样值(特别是,采样值个数大于或等于$x[n]$的样本数),则傅里叶变换是可以由这些采样值来恢复的,同样$x[n]$可以由所对应的周期序列$\tilde{x}[n]$来恢复,特别是,当n取$n=0$到$n=N-1$范围之外的值,$x[n]=0$时,有

$$x[n]=\begin{cases}\tilde{x}[n], & 0\leqslant n\leqslant N-1\\ 0, & \text{其他}\end{cases} \tag{8.57}$$

如果$x[n]$的范围不是0到$N-1$,那么式(8.57)需要做适当的调整。

可以推导出$X(e^{j\omega})$及其采样$\tilde{X}[k]$之间的直接关系,即对于$X(e^{j\omega})$的内插公式(见习题8.57)。然而,以上讨论的基本点是,如果$x[n]$为有限长,要表示或恢复$x[n]$,就无须知道在所有频率处的$X(e^{j\omega})$的值。若给出一个有限长序列$x[n]$,就能按式(8.56)形成一个周期序列,也就能用傅里叶级数来表示。另外,若给出傅里叶系数$\tilde{X}[k]$,就可以求出$\tilde{x}[n]$,然后利用式(8.57)得到$x[n]$。当利用傅里叶级数以这种方式来表示有限长序列时,就将它称为离散傅里叶变换(DFT)。在推导、讨论和应用DFT时,始终应记住十分重要的一点:通过傅里叶变换的采样值来表示,实际上是利用一个周期序列来表示有限长序列,该周期序列的一个周期正是要表示的有限长序列。

8.5 有限长序列的傅里叶表示——离散傅里叶变换

本节用公式来描述上一节末所建议的观点。首先来研究一个有N个样本的有限长序列$x[n]$,在$0\leqslant n\leqslant N-1$之外$x[n]=0$。在许多情况下都假设一个序列长度为$N$,即使它的长度为$M\leqslant N$。在这种情况下,只是认为最后$(N-M)$个样本值为零。对于每一个长度为$N$的有限长序列,总可以与一个周期序列$\tilde{x}[n]$联系起来,$\tilde{x}[n]$由下式给出:

$$\tilde{x}[n]=\sum_{r=-\infty}^{\infty}x[n-rN] \tag{8.58a}$$

有限长序列$x[n]$可以通过式(8.57)由$\tilde{x}[n]$来恢复,即

$$x[n]=\begin{cases}\tilde{x}[n], & 0\leqslant n\leqslant N-1\\ 0, & \text{其他}\end{cases} \tag{8.58b}$$

由8.4节会想到,$\tilde{x}[n]$的DFS系数是$x[n]$的傅里叶变换的采样(频率间隔为$2\pi/N$)。因为假定$x[n]$为有限长N,所以对于不同的r值,在$x[n-rN]$各项之间没有重叠。这样,式(8.58a)可以写成另一种形式

$$\tilde{x}[n]=x[(n\ \text{modulo}\ N)] \tag{8.59}$$

为了方便起见,用符号$((n))_N$表示(n以N为模);利用这种符号,式(8.59)可以表示为

$$\tilde{x}[n] = x[((n))_N] \tag{8.60}$$

注意,只有当$x[n]$的长度小于或等于N时,式(8.60)才与式(8.58a)等价。有限长序列$x[n]$是由$\tilde{x}[n]$取出一个周期而得到的,如式(8.58b)所示。

将式(8.59)形象化的一种非正式且有用的方式是,可以想象成把有限长序列$x[n]$缠绕在一个周长等于序列长度的圆柱体上。如果重复地转动圆柱体的圆周,就会看到有限长序列周期地重复着。利用这种解释,用一个周期序列来表示有限长序列,就相当于把该序列围绕着这种圆柱体缠绕。使用式(8.58b)可以把从周期序列恢复有限长序列,形象化地表示为把圆柱体展开并将它铺平,以便使序列显示在线性时间轴上,而不是在循环(以N为模的)时间轴上。

正如 8.1 节所定义的,周期序列$\tilde{x}[n]$的离散傅里叶级数的系数$\tilde{X}[k]$本身是一个周期为N的周期序列。为了保持时域和频域之间的对偶性,将把与有限长序列相联系的傅里叶系数选取为与$\tilde{X}[k]$的一个周期相对应的有限长序列。这个有限长序列$X[k]$称为离散傅里叶变换(DFT)。因此 DFT,$X[k]$与 DFS 系数$\tilde{X}[k]$有如下关系:

$$X[k] = \begin{cases} \tilde{X}[k], & 0 \leqslant k \leqslant N-1 \\ 0, & \text{其他} \end{cases} \tag{8.61}$$

和

$$\tilde{X}[k] = X[(k \text{ modulo } N)] = X[((k))_N] \tag{8.62}$$

由 8.1 节可知,$\tilde{X}[k]$和$\tilde{x}[n]$由下式相联系:

$$\tilde{X}[k] = \sum_{n=0}^{N-1} \tilde{x}[n] W_N^{kn} \tag{8.63}$$

$$\tilde{x}[n] = \frac{1}{N} \sum_{k=0}^{N-1} \tilde{X}[k] W_N^{-kn} \tag{8.64}$$

式中,$W_N = \mathrm{e}^{-\mathrm{j}(2\pi/N)}$。

因为在式(8.63)和式(8.64)中的求和只涉及 0 到$(N-1)$这一区间,所以由式(8.58b)至式(8.64)可得

$$X[k] = \begin{cases} \sum_{n=0}^{N-1} x[n] W_N^{kn}, & 0 \leqslant k \leqslant N-1 \\ 0, & \text{其他} \end{cases} \tag{8.65}$$

$$x[n] = \begin{cases} \frac{1}{N} \sum_{k=0}^{N-1} X[k] W_N^{-kn}, & 0 \leqslant n \leqslant N-1 \\ 0, & \text{其他} \end{cases} \tag{8.66}$$

通常 DFT 的分析式和合成式为

$$\text{分析式:}\quad X[k] = \sum_{n=0}^{N-1} x[n] W_N^{kn}, \quad 0 \leqslant k \leqslant N-1 \tag{8.67}$$

$$\text{合成式:}\quad x[n] = \frac{1}{N} \sum_{k=0}^{N-1} X[k] W_N^{-kn}, \quad 0 \leqslant n \leqslant N-1 \tag{8.68}$$

也就是说,这意味着一个事实:对于在区间$0 \leqslant k \leqslant N-1$之外的$k$,$X[k]=0$。而且,对于在区间

$0 \leqslant n \leqslant N-1$ 之外的 n, $x[n]=0$, 但这一点并不总是明显地说出来。由式(8.67)和式(8.68)所表示的 $x[n]$ 和 $X[k]$ 之间的关系有时记为

$$x[n] \stackrel{\mathcal{DFT}}{\longleftrightarrow} X[k] \tag{8.69}$$

对于有限长序列用式(8.67)和式(8.68)的形式来改写式(8.11)和式(8.12),并没有消除固有的周期性。如同 DFS 一样,DFT $X[k]$ 等于周期的傅里叶变换 $X(\mathrm{e}^{\mathrm{j}\omega})$ 的采样,并且若对于在区间 $0 \leqslant n \leqslant N-1$ 之外的 n 值来计算式(8.68),其结果并不为零,而是 $x[n]$ 的周期延拓。固有的周期性总是存在的。虽然它有时会令人感到棘手,有时会很有用,但是将它完全忽略掉以避免麻烦。在定义 DFT 表达式时,仅仅认为,感兴趣的 $x[n]$ 的值只是在区间 $0 \leqslant n \leqslant N-1$ 内,因为 $x[n]$ 在该区间外的确为零,并且认为感兴趣的 $X[k]$ 值也只是在 $0 \leqslant k \leqslant N-1$ 内,因为在式(8.68)中只需要这些值。

例 8.7　矩形脉冲的 DFT

为了说明有限长序列的 DFT,考虑图 8.10(a)所示的 $x[n]$。在确定 DFT 时,可将 $x[n]$ 看成一个长度 $N=5$ 的任意有限长序列。设想 $x[n]$ 为长度 $N=5$ 的序列,周期序列 $\tilde{x}[n]$ 如图 8.10(b)所示,$\tilde{x}[n]$ 的 DFS 与 $x[n]$ 的 DFT 相对应。因为在图 8.10(b)中的序列在区间 $0 \leqslant n \leqslant 4$ 上为常数值,所以可以得出

$$\begin{aligned}\tilde{X}[k] &= \sum_{n=0}^{4} \mathrm{e}^{-\mathrm{j}(2\pi k/5)n} = \frac{1-\mathrm{e}^{-\mathrm{j}2\pi k}}{1-\mathrm{e}^{-\mathrm{j}(2\pi k/5)}} \\ &= \begin{cases} 5, & k = 0, \pm 5, \pm 10, \cdots \\ 0, & \text{其他} \end{cases}\end{aligned} \tag{8.70}$$

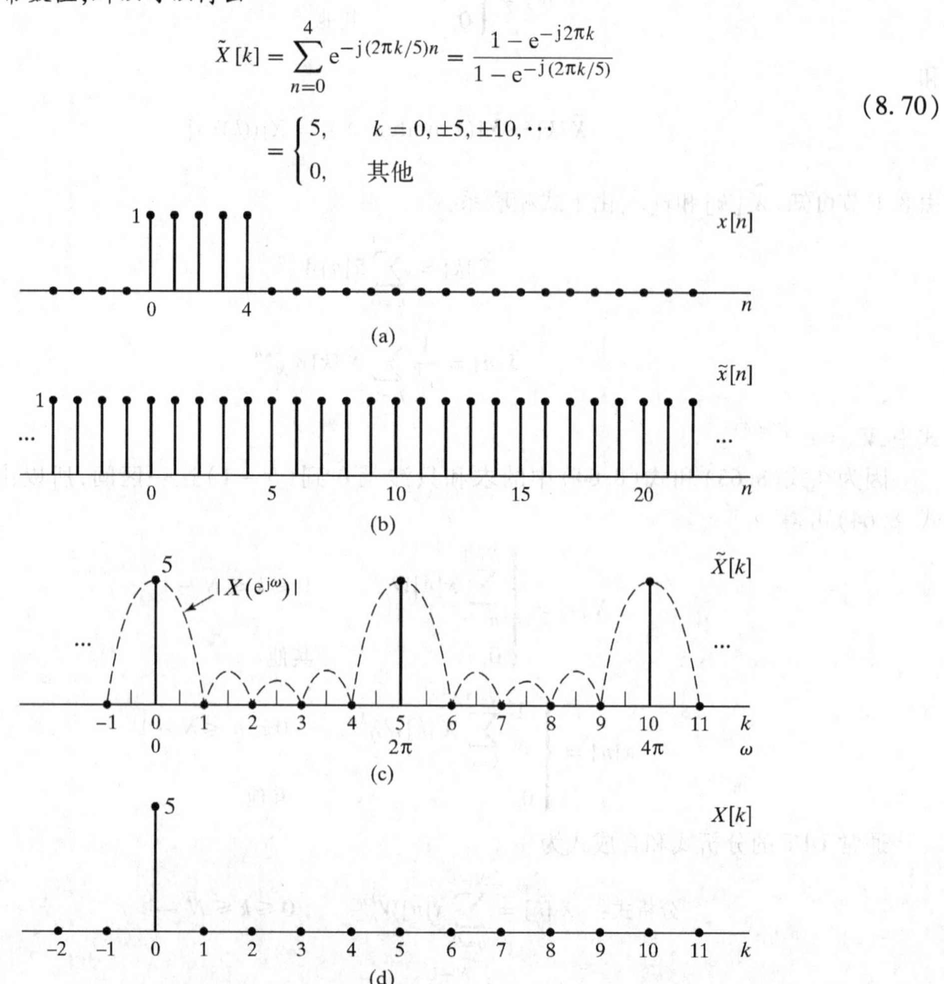

图 8.10　DFT 的举例说明。(a) 有限长序列 $x[n]$;(b) 由 $x[n]$ 形成的周期 $N=5$ 的周期序列 $\tilde{x}[n]$;(c) 对应于 $\tilde{x}[n]$ 的傅里叶级数系数 $\tilde{X}[k]$;(d) $x[n]$ 的 DFT

也就是说，只有在 $k=0$ 和 $k=5$ 的整数倍处才有非零的 DFS 系数 $\tilde{X}[k]$ 值（这些所有的非零系数表示相同的复指数频率）。这些 DFS 系数如图 8.10(c)所示。而且图 8.10(c)表示的是傅里叶变换的幅值 $|X(e^{j\omega})|$。显然，$\tilde{X}[k]$ 就是 $X(e^{j\omega})$ 在频率 $\omega_k=2\pi k/5$ 处的样本序列。按照式(8.61)，$x[n]$ 的 5 点 DFT 对应于抽取 $\tilde{X}[k]$ 的一个周期而得到的有限长序列。这样，$x[n]$ 的 5 点 DFT 如图 8.10(d)所示。

如果考虑将 $x[n]$ 换成长度 $N=10$ 的序列，则基本的周期序列如图 8.11(b)所示，它正是例 8.3 中用到的周期序列。因此，$\tilde{X}[k]$ 正如图 8.2 和图 8.6 所示。而且图 8.11(c)和图 8.11(d)所示的 10 点 DFT $X[k]$ 是 $\tilde{X}[k]$ 的一个周期。

通过式(8.57)和式(8.60)联系起来的有限长序列 $x[n]$ 和周期序列 $\tilde{x}[n]$ 之间的差别似乎很小，因为利用这两个方程式可以直接从其中一个构造出另一个。然而在研究 DFT 的性质以及改变 $x[n]$ 对 $X[k]$ 的影响时，这种差别很重要。这一点在下一节讨论 DFT 表示的性质时将变得很明显。

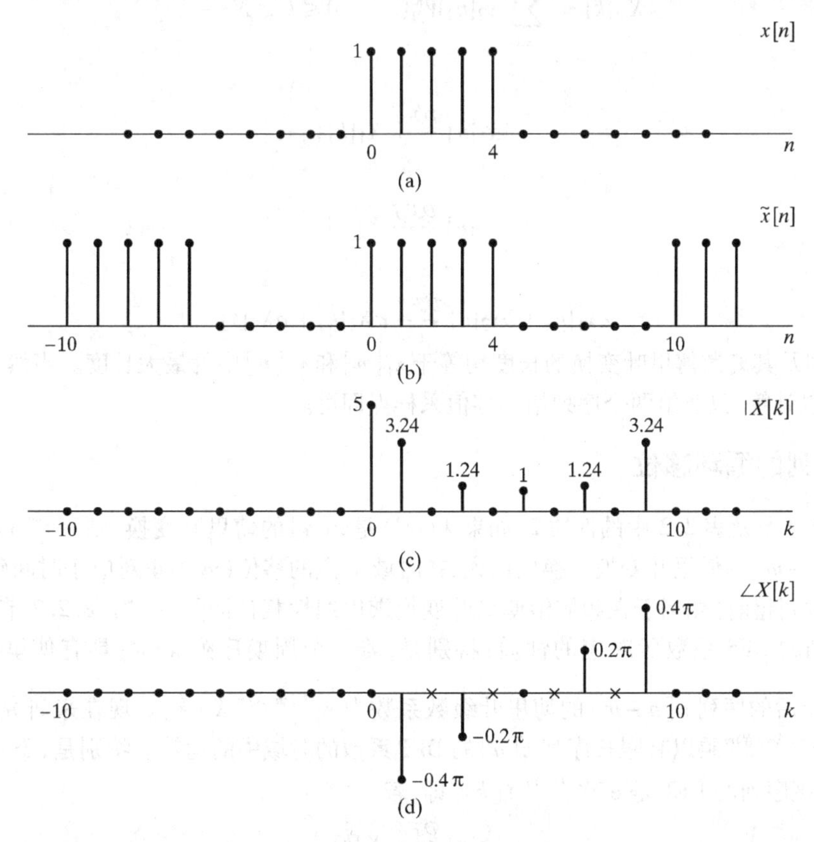

图 8.11　DFT 的举例说明。(a) 有限长序列 $x[n]$；(b) 由 $x[n]$ 形成的周期 $N=10$ 的周期序列 $\tilde{x}[n]$；(c) DFT 的幅值；(d) DFT 的相位（× 表示不确定的值）

8.6　离散傅里叶变换的性质

本节研究有限长序列 DFT 的一些性质。这些讨论类似于 8.2 节对于周期序列的讨论。但是，这里特别侧重于有限长的假定与有限长序列 DFT 表示的隐含周期性之间的相互影响。

8.6.1 线性

如果两个有限长序列 $x_1[n]$ 和 $x_2[n]$ 线性组合如下：

$$x_3[n]=ax_1[n]+bx_2[n] \tag{8.71}$$

则 $x_3[n]$ 的 DFT 为

$$X_3[k]=aX_1[k]+bX_2[k] \tag{8.72}$$

显然，若 $x_1[n]$ 的长度为 N_1，且 $x_2[n]$ 的长度为 N_2，则 $x_3[n]$ 的最大长度为 $N_3=\max(N_1,N_2)$。因此，要使式(8.72)有意义，它们的 DFT 必须按同一长度 $N\geqslant N_3$ 来计算。例如，若 $N_1<N_2$，则 $X_1[k]$ 为序列 $x_1[n]$ 增加 (N_2-N_1) 个零点后的 DFT。也就是说，$x_1[n]$ 的 N_2 点 DFT 是

$$X_1[k]=\sum_{n=0}^{N_1-1}x_1[n]W_{N_2}^{kn},\qquad 0\leqslant k\leqslant N_2-1 \tag{8.73}$$

且 $x_2[n]$ 的 N_2 点 DFT 是

$$X_2[k]=\sum_{n=0}^{N_2-1}x_2[n]W_{N_2}^{kn},\qquad 0\leqslant k\leqslant N_2-1 \tag{8.74}$$

总之，若

$$x_1[n]\stackrel{\mathcal{DFT}}{\longleftrightarrow}X_1[k] \tag{8.75a}$$

且

$$x_2[n]\stackrel{\mathcal{DFT}}{\longleftrightarrow}X_2[k] \tag{8.75b}$$

则

$$ax_1[n]+bx_2[n]\stackrel{\mathcal{DFT}}{\longleftrightarrow}aX_1[k]+bX_2[k] \tag{8.76}$$

式中每个序列及其离散傅里叶变换的长度均等于 $x_1[n]$ 和 $x_2[n]$ 中的最大长度。当然，大于该长度的 DFT 也可以计算，只要给两个序列增加零值采样点即可。

8.6.2 序列的循环移位

按照2.9.2节及表2.2中的性质2，如果 $X(e^{j\omega})$ 是 $x[n]$ 的傅里叶变换，则 $e^{-j\omega m}X(e^{j\omega})$ 是时间移位序列 $x[n-m]$ 的傅里叶变换。换句话说，在时域 m 点的移位（m 为正对应于时间延迟，而 m 为负则对应于时间超前）相当于在频域给傅里叶变换乘以线性相位因子 $e^{-j\omega m}$。8.2.2节中曾讨论过一个周期序列的 DFS 系数所对应的性质；特别是，若一个周期序列 $\tilde{x}[n]$ 具有傅里叶级数系数 $\tilde{X}[k]$，则移位后的序列 $\tilde{x}[n-m]$ 的傅里叶级数系数为 $e^{-j(2\pi k/N)m}\tilde{X}[k]$。现在来研究对应于用线性相位因子 $e^{-j(2\pi k/N)m}$ 乘以有限长序列 $x[n]$ 的 DFT 系数的时域中的运算。特别是，令 $x_1[n]$ 表示一有限长序列，该序列的 DFT 是 $e^{-j(2\pi k/N)m}X[k]$，即，若

$$x[n]\stackrel{\mathcal{DFT}}{\longleftrightarrow}X[k] \tag{8.77}$$

则对 $x_1[n]$ 感兴趣，有

$$x_1[n]\stackrel{\mathcal{DFT}}{\longleftrightarrow}X_1[k]=e^{-j(2\pi k/N)m}X[k]=W_N^mX[k] \tag{8.78}$$

因为 N 点 DFT 表示一个长度为 N 的有限长序列，所以 $x[n]$ 和 $x_1[n]$ 在区间 $0\leqslant n\leqslant N-1$ 以外必须为零。因此 $x_1[n]$ 不能由 $x[n]$ 的一个简单的时域移位来得到。正确的结果可以直接由8.2.2节的结果得出，而且把 DFT 看成周期序列 $x_1[((n))_N]$ 的傅里叶级数的系数。特别是，由式(8.59)和式(8.62)可得

$$\tilde{x}[n] = x[((n))_N] \overset{\mathcal{DFS}}{\longleftrightarrow} \tilde{X}[k] = X[((k))_N] \tag{8.79}$$

同样,可以定义一个周期序列 $\tilde{x}_1[n]$ 为

$$\tilde{x}_1[n] = x_1[((n))_N] \overset{\mathcal{DFS}}{\longleftrightarrow} \tilde{X}_1[k] = X_1[((k))_N] \tag{8.80}$$

根据假设,式中

$$X_1[k] = \mathrm{e}^{-\mathrm{j}(2\pi k/N)m} X[k] \tag{8.81}$$

因此,$\tilde{x}_1[n]$ 的傅里叶级数的系数是

$$\tilde{X}_1[k] = \mathrm{e}^{-\mathrm{j}[2\pi((k))_N/N]m} X[((k))_N] \tag{8.82}$$

注意,

$$\mathrm{e}^{-\mathrm{j}[2\pi((k))_N/N]m} = \mathrm{e}^{-\mathrm{j}(2\pi k/N)m} \tag{8.83}$$

也就是说,因为对于 k 和 m,$\mathrm{e}^{-\mathrm{j}(2\pi k/N)m}$ 均是周期的,且周期为 N,所以可以省去记号 $((k))_N$。这样,式(8.82)成为

$$\tilde{X}_1[k] = \mathrm{e}^{-\mathrm{j}(2\pi k/N)m} \tilde{X}[k] \tag{8.84}$$

所以由 8.2.2 节可得

$$\tilde{x}_1[n] = \tilde{x}[n-m] = x[((n-m))_N] \tag{8.85}$$

于是,其 DFT 由式(8.81)给出的有限长序列 $x_1[n]$ 为

$$x_1[n] = \begin{cases} \tilde{x}_1[n] = x[((n-m))_N], & 0 \leqslant n \leqslant N-1 \\ 0, & \text{其他} \end{cases} \tag{8.86}$$

根据式(8.86)可知如何由 $x[n]$ 构造 $x_1[n]$。

例 8.8　序列的循环移位

图 8.12 表示当 $m = -2$ 时进行序列循环移位的步骤,即想要确定当 $N=6$ 时 $x_1[n] = x[((n+2))_N]$,其中已经证明 $x_1[n]$ 的 DFT 为 $X_1[k] = W_6^{-2k} X[k]$。特别是,正如图 8.12(b)所示,由 $x[n]$ 来构造周期序列 $\tilde{x}[n] = x[((n))_6]$。然后如图 8.12(c)所示,根据式(8.85)将 $\tilde{x}[n]$ 向左平移 2 位得到 $\tilde{x}_1[n] = \tilde{x}[n+2]$。最后利用式(8.86),抽取 $\tilde{x}_1[n]$ 的一个周期得到 $x_1[n]$,如图 8.12(d)所示。

比较图 8.12(a)和图 8.12(d),可清楚地看出 $x_1[n]$ 并不对应于 $x[n]$ 的线性移位,而实际上这两个序列均限制在 0 到 $(N-1)$ 的区间内。参考图 8.12 可以看出,$x_1[n]$ 可由 $x[n]$ 的移位而得到,因此可看成一个序列的值从 0 到 $(N-1)$ 区间的一端离开的同时,又从区间的另一端进入该区间。另一个有趣之处是,对于图 8.12(a)所示的例子,如果将序列 $x[n]$ 以 6 为模向右平移 4 位得 $x_2[n] = x[((n-4))_6]$,那就得到一个与 $x_1[n]$ 一样的序列。这一结果的得出是因为,根据 DFT 有 $W_6^{4k} = W_6^{-2k}$,或更一般地,有 $W_N^{mk} = W_N^{-(N-m)k}$,它表明在一个方向上平移 m 位的 N 点循环移位等同于在相反方向上平移 $N-m$ 位的循环移位。

8.5 节中曾建议,可以用将 $x[n]$ 表现为围绕在周长恰好等于 N 点的圆柱体上的形式来解释如何从一个有限长序列 $x[n]$ 来构造周期序列 $\tilde{x}[n]$。如果反复旋转圆柱体的圆周,所看到的序列就是 $\tilde{x}[n]$,则这个序列的一个线性移位就相当于圆柱体的旋转。在有限长序列和 DFT 的有关论述中,把这样的一种移位称为在区间 $0 \leqslant n \leqslant N-1$ 上的循环移位或序列的旋转。

总之,DFT 循环移位的性质是

$$x[((n-m))_N], \quad 0 \leqslant n \leqslant N-1 \overset{\mathcal{DFT}}{\longleftrightarrow} \mathrm{e}^{-\mathrm{j}(2\pi k/N)m} X[k] = W_N^m X[k] \tag{8.87}$$

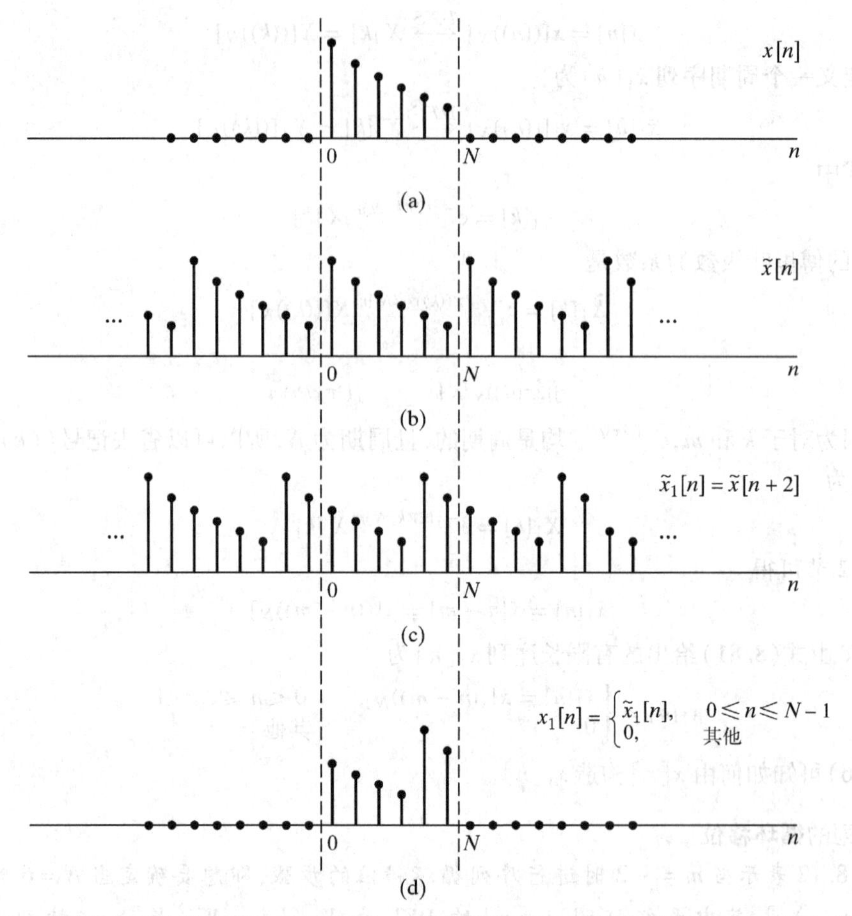

图 8.12　有限长序列的循环移位。相当于用一个线性相位因子乘以该序列的 DFT 在时域产生的结果

8.6.3　对偶性

由于 DFT 与 DFS 有着十分密切的联系,因此可以预见到 DFT 将表现出类似于在 8.2.3 节讨论的 DFS 所具有的对偶性质。事实上,从式(8.67)和式(8.68)可知,分析式和综合式之间只相差因子 $1/N$ 和 W_N 的幂指数的符号。

DFT 对偶性的推导可以通过揭示 DFT 和 DFS 之间的关系来进行,如同在推导循环移位性质时所做的那样。为此,考虑 $x[n]$及其 DFT $X[k]$,且构造周期序列

$$\tilde{x}[n] = x[((n))_N] \tag{8.88a}$$

$$\tilde{X}[k] = X[((k))_N] \tag{8.88b}$$

从而

$$\tilde{x}[n] \overset{\mathcal{DFS}}{\longleftrightarrow} \tilde{X}[k] \tag{8.89}$$

由式(8.25)给出的对偶性,得

$$\tilde{X}[n] \overset{\mathcal{DFS}}{\longleftrightarrow} N\tilde{x}[-k] \tag{8.90}$$

如果定义周期序列 $\tilde{x}_1[n] = \tilde{X}[n]$,它的一个周期是有限长序列 $x_1[n] = X[n]$,则 $\tilde{x}_1[n]$的 DFS 系数是 $\tilde{X}_1[k] = N\tilde{x}[-k]$。因此 $x_1[n]$的 DFT 是

$$X_1[k]=\begin{cases}N\tilde{x}[-k], & 0\leqslant k\leqslant N-1\\ 0, & \text{其他}\end{cases}\tag{8.91}$$

或者等效表示为

$$X_1[k]=\begin{cases}Nx[((-k))_N], & 0\leqslant k\leqslant N-1\\ 0, & \text{其他}\end{cases}\tag{8.92}$$

因此,对于 DFT,对偶性可以表述为

若

$$x[n]\overset{\mathcal{DFT}}{\longleftrightarrow}X[k]\tag{8.93a}$$

则

$$X[n]\overset{\mathcal{DFT}}{\longleftrightarrow}Nx[((-k))_N],\qquad 0\leqslant k\leqslant N-1\tag{8.93b}$$

序列 $Nx[((-k))_N]$ 就是 $Nx[k]$ 将变量反转且以 N 为模移位的情况,序列反转模数 N 满足 $((-k))_N=N-k,1\leqslant k\leqslant N-1$ 和 $((-k))_N=((k))_N,k=0$。利用下面的周期序列可以很好地表现以 N 为模把变量反转的实际过程。

例 8.9　DFT 的对偶关系

为了说明式(8.93)中的对偶关系,下面研究例 8.7 中的序列 $x[n]$。图 8.13(a)表示有限长序列 $x[n]$,图 8.13(b)和图 8.13(c)分别对应于 10 点 DFT $X[k]$ 的实部和虚部。通过简单地重新标定水平轴,可得 $x_1[n]=X[n]$,如图 8.13(d)和图 8.13(e)所示。根据式(8.93)的对偶关系,(复数值)序列 $X[n]$ 的 10 点 DFT 就是图 8.13(f)所示的序列。

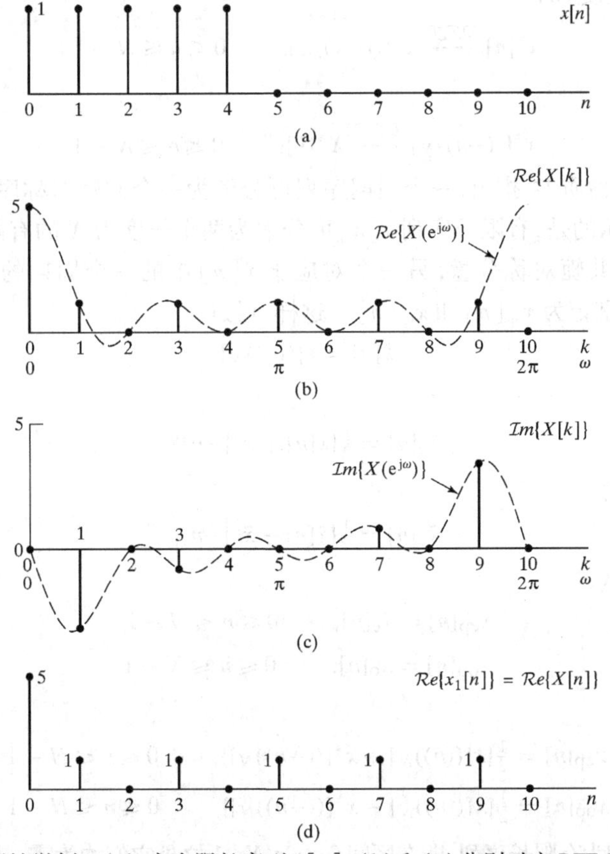

图 8.13　对偶性举例。(a) 实有限长序列 $x[n]$;(b)和(c)分别对应 DFT $X[k]$ 的实部和虚部;(d)和(e) 分别为对偶序列 $x_1[n]=X[n]$ 的实部和虚部;(f) $x_1[n]$ 的 DFT

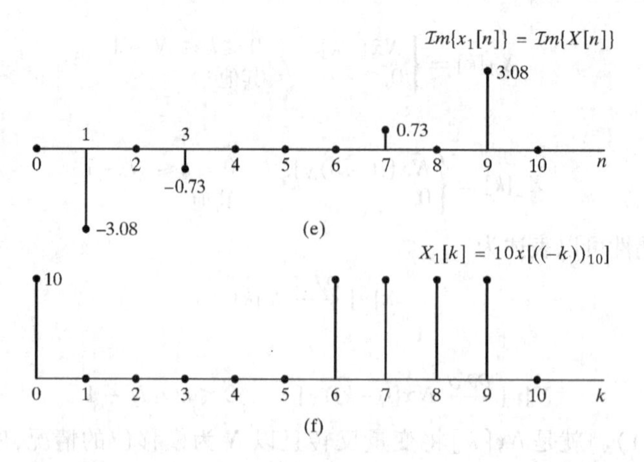

图 8.13(续) 对偶性举例。(a) 实有限长序列 $x[n]$;(b)和(c)分别对应 DFT $X[k]$的实部和虚部;(d)和(e)分别为对偶序列$x_1[n] = X[n]$的实部和虚部;(f)$x_1[n]$的DFT

8.6.4 对称性

因为$x[n]$的 DFT 等同于周期序列 $\tilde{x}[n] = x[((n))_N]$的 DFS 系数,所以与 DFT 有关的对称性可以由 8.2.6 节的表 8.1 中总结的 DFS 的对称性推理得出。特别是利用式(8.88)并同时考虑到表 8.1中的性质 9 和性质 10,有

$$x^*[n] \stackrel{\mathcal{DFT}}{\longleftrightarrow} X^*[((-k))_N], \qquad 0 \leqslant n \leqslant N-1 \tag{8.94}$$

和

$$x^*[((-n))_N] \stackrel{\mathcal{DFT}}{\longleftrightarrow} X^*[k], \qquad 0 \leqslant n \leqslant N-1 \tag{8.95}$$

表 8.1 中的性质 11 至性质 14 指出,一个周期序列可分解为一个共轭对称序列和一个共轭反对称列之和。这一点所提示的是,有限长序列 $x[n]$可分解为两个长度为 N 的有限长序列,一个对应于 $x[n]$中的一个周期的共轭对称分量,另一个对应于 $x[n]$中的一个周期的共轭反对称分量。将 $x[n]$的这两个分量分别记为 $x_{ep}[n]$和 $x_{op}[n]$。这样,通过

$$\tilde{x}[n] = x[((n))_N] \tag{8.96}$$

共轭对称分量为

$$\tilde{x}_e[n] = \frac{1}{2}\{\tilde{x}[n] + \tilde{x}^*[-n]\} \tag{8.97}$$

以及共轭反对称分量为

$$\tilde{x}_o[n] = \frac{1}{2}\{\tilde{x}[n] - \tilde{x}^*[-n]\} \tag{8.98}$$

定义 $x_{ep}[n]$和 $x_{op}[n]$为

$$x_{ep}[n] = \tilde{x}_e[n], \qquad 0 \leqslant n \leqslant N-1 \tag{8.99}$$

$$x_{op}[n] = \tilde{x}_o[n], \qquad 0 \leqslant n \leqslant N-1 \tag{8.100}$$

或者等效表示为

$$x_{ep}[n] = \frac{1}{2}\{x[((n))_N] + x^*[((-n))_N]\}, \qquad 0 \leqslant n \leqslant N-1 \tag{8.101a}$$

$$x_{op}[n] = \frac{1}{2}\{x[((n))_N] - x^*[((-n))_N]\}, \qquad 0 \leqslant n \leqslant N-1 \tag{8.101b}$$

同时,$x_{ep}[n]$和 $x_{op}[n]$均为有限长序列,即在区间$0 \leqslant n \leqslant N-1$ 之外它们均为零。因为对于 $0 \leqslant n \leqslant N-1$,$((-n))_N = (N-n)$且$((n))_N = n$,所以也可以将式(8.101)表示为

$$x_{ep}[n] = \frac{1}{2}\{x[n] + x^*[N-n]\}, \qquad 1 \leqslant n \leqslant N-1 \tag{8.102a}$$

$$x_{ep}[0] = \mathcal{R}e\{x[0]\} \tag{8.102b}$$

$$x_{op}[n] = \frac{1}{2}\{x[n] - x^*[N-n]\}, \qquad 1 \leqslant n \leqslant N-1 \tag{8.102c}$$

$$x_{op}[0] = \mathrm{j}\mathcal{I}m\{x[0]\} \tag{8.102d}$$

方程的这种形式比较方便,因为它避免了变量以 N 为模的运算。

显然,$x_{ep}[n]$和$x_{op}[n]$不等于由式(2.149a)和式(2.149b)定义的$x_e[n]$和$x_o[n]$。但是,可以证明(见习题8.59)

$$x_{ep}[n] = \{x_e[n] + x_e[n-N]\}, \qquad 0 \leqslant n \leqslant N-1 \tag{8.103}$$

和

$$x_{op}[n] = \{x_o[n] + x_o[n-N]\}, \qquad 0 \leqslant n \leqslant N-1 \tag{8.104}$$

换句话说,将$x_e[n]$和$x_o[n]$在区间$0 \leqslant n \leqslant N-1$中混叠在一起可产生$x_{ep}[n]$和$x_{op}[n]$。序列$x_{ep}[n]$和$x_{op}[n]$分别称为$x[n]$的周期共轭对称分量和周期共轭反对称分量。当$x_{ep}[n]$和$x_{op}[n]$为实序列时,分别称为周期偶分量和周期奇分量。注意,序列$x_{ep}[n]$和$x_{op}[n]$不是周期序列,但是它们是有限长序列,分别等于周期序列$\tilde{x}_e[n]$和$\tilde{x}_o[n]$的一个周期。

式(8.101)和式(8.102)是利用$x[n]$来定义$x_{ep}[n]$和$x_{op}[n]$的。反之也可以利用$x_{ep}[n]$和$x_{op}[n]$来表示$x[n]$,其关系式可以由式(8.97)和式(8.98)得出。先把$\tilde{x}[n]$表示为

$$\tilde{x}[n] = \tilde{x}_e[n] + \tilde{x}_o[n] \tag{8.105}$$

这样,

$$x[n] = \tilde{x}[n] = \tilde{x}_e[n] + \tilde{x}_o[n], \qquad 0 \leqslant n \leqslant N-1 \tag{8.106}$$

把式(8.106)、式(8.99)和式(8.100)结合在一起,可得

$$x[n] = x_{ep}[n] + x_{op}[n] \tag{8.107}$$

换言之,当加入式(8.102)时,由此可得式(8.107)的结果。现在可以直接得出与表8.1中性质11至性质14有关的DFT的对称性。特别是

$$\mathcal{R}e\{x[n]\} \overset{\mathcal{DFT}}{\longleftrightarrow} X_{ep}[k] \tag{8.108}$$

$$\mathrm{j}\mathcal{I}m\{x[n]\} \overset{\mathcal{DFT}}{\longleftrightarrow} X_{op}[k] \tag{8.109}$$

$$x_{ep}[n] \overset{\mathcal{DFT}}{\longleftrightarrow} \mathcal{R}e\{X[k]\} \tag{8.110}$$

$$x_{op}[n] \overset{\mathcal{DFT}}{\longleftrightarrow} \mathrm{j}\mathcal{I}m\{X[k]\} \tag{8.111}$$

8.6.5 循环卷积

8.2.5节中曾证明两个序列的DFS系数乘积对应于序列的周期卷积。这里先考虑两个有限长序列$x_1[n]$和$x_2[n]$,长度均为N,其中DFT分别为$X_1[k]$和$X_2[k]$,希望求出序列$x_3[n]$,其DFT为$X_3[k] = X_1[k]X_2[k]$。为了求出$x_3[n]$,可以使用8.2.5节的结果。具体地,$x_3[n]$对应于$\tilde{x}_3[n]$的一个周期,$\tilde{x}_3[n]$由式(8.27)给出。于是,

$$x_3[n] = \sum_{m=0}^{N-1} \tilde{x}_1[m]\tilde{x}_2[n-m], \qquad 0 \leqslant n \leqslant N-1 \tag{8.112}$$

或者等效表示为

$$x_3[n] = \sum_{m=0}^{N-1} x_1[((m))_N]x_2[((n-m))_N], \qquad 0 \leqslant n \leqslant N-1 \tag{8.113}$$

因为对于$0\leqslant m\leqslant N-1$,$((m))_N=m$,所以式(8.113)可以写成

$$x_3[n]=\sum_{m=0}^{N-1}x_1[m]x_2[((n-m))_N],\qquad 0\leqslant n\leqslant N-1 \tag{8.114}$$

式(8.114)不同于在一些重要场合由式(2.49)定义的$x_1[n]$和$x_2[n]$的线性卷积。在线性卷积中,计算序列$x_3[n]$的值包括用一个时间反转且线性移位的序列来乘以另一个序列,然后对于所有的m将乘积$x_1[m]x_2[n-m]$加在一起。为了得到卷积序列依次的值,其中一个序列要相对另一个依次进行移位。对于由式(8.114)表示的卷积则不同,它需要将第二个序列循环地做时间反转,且相对于第一个序列循环地移位。由于这个原因,按照式(8.114)把两个有限长序列结合在一起的运算称为循环卷积。更准确地说,把式(8.114)称为N点循环卷积,它清楚地规定两个序列的长度均为N(或小于N),并且以N为模进行移位。有时,把利用式(8.114)构成序列$x_3[n]$($0\leqslant n\leqslant N-1$)的运算记为

$$x_3[n]=x_1[n]\,Ⓝ\,x_2[n] \tag{8.115}$$

Ⓝ为N点循环卷积。

因为$x_3[n]$的DFT是$X_3[k]=X_1[k]X_2[k]$,并且还因为$X_1[k]X_2[k]=X_2[k]X_1[k]$,所以无须进一步分析就可以得出

$$x_3[n]=x_2[n]\,Ⓝ\,x_1[n] \tag{8.116}$$

或者更明确一些,为

$$x_3[n]=\sum_{m=0}^{N-1}x_2[m]x_1[((n-m))_N] \tag{8.117}$$

也就是说,循环卷积与线性卷积一样,是可交换运算次序的。

由于循环卷积正是周期卷积,因此例8.4和图8.3也正好说明循环卷积。但是,如果利用循环移位的概念,均不必构造出图8.3中基本的周期序列。这一点会在下面的例子中加以说明。

例8.10 与延迟脉冲序列的循环卷积

8.6.2节的结果提供了一个循环卷积的例子。设$x_2[n]$是一个长度为N的有限长序列,且

$$x_1[n]=\delta[n-n_0] \tag{8.118}$$

其中$0<n_0<N$。显然,$x_1[n]$可以认为是有限长序列

$$x_1[n]=\begin{cases}0, & 0\leqslant n<n_0\\ 1, & n=n_0\\ 0, & n_0<n\leqslant N-1\end{cases} \tag{8.119}$$

$n_0=1$时如图8.14所示。

$x_1[n]$的DFT是

$$X_1[k]=W_N^{kn_0} \tag{8.120}$$

如果形成乘积

$$X_3[k]=W_N^{kn_0}X_2[k] \tag{8.121}$$

则由8.6.2节可以看出,对应于$X_3[k]$的有限长序列是在区间$0\leqslant n\leqslant N-1$中将序列$x_2[n]$向右边旋转$n_0$个采样点后的序列。也就是说,序列$x_2[n]$与一个延迟的单位脉冲序列的循环卷积就是在区间$0\leqslant n\leqslant N-1$中把序列$x_2[n]$加以旋转。作为一个例子,图8.14示出了$N=5$且$n_0=1$时的情况。图中先绘出了序列$x_2[m]$和$x_1[m]$,然后绘出了序列$x_2[((0-m))_N]$和$x_2[((1-m))_N]$。由这种情况可以清楚地看出,$x_2[n]$与一个延迟的单位脉冲序列循环卷积的结果就是将$x_2[n]$循环移位。图中最后一个序列是$x_3[n]$,即$x_1[n]$和$x_2[n]$循环卷积的结果。

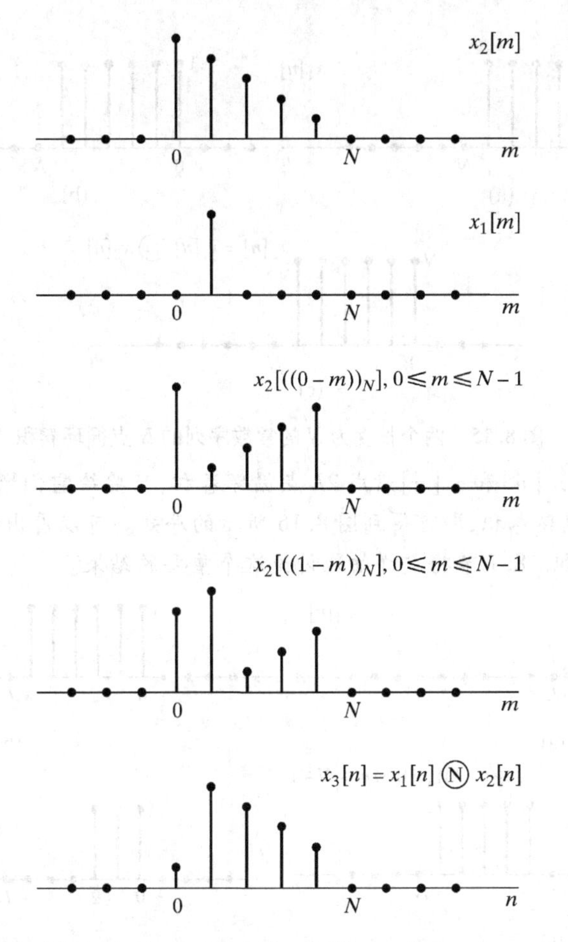

图 8.14　一个有限长序列 $x_2[n]$ 与单位延迟脉冲 $x_1[n]=\delta[n-1]$ 的循环卷积

例 8.11　两个矩形脉冲的循环卷积

这是循环卷积的另一个例子。令

$$x_1[n] = x_2[n] = \begin{cases} 1, & 0 \leqslant n \leqslant L-1 \\ 0, & \text{其他} \end{cases} \tag{8.122}$$

图 8.15 中 $L=6$，N 定义为 DFT 长度。若 $N=L$，则 N 点 DFT 为

$$X_1[k] = X_2[k] = \sum_{n=0}^{N-1} W_N^{kn} = \begin{cases} N, & k=0 \\ 0, & \text{其他} \end{cases} \tag{8.123}$$

如果将 $X_1[k]$ 和 $X_2[k]$ 直接相乘，得

$$X_3[k] = X_1[k]X_2[k] = \begin{cases} N^2, & k=0 \\ 0, & \text{其他} \end{cases} \tag{8.124}$$

由此可得

$$x_3[n] = N, \qquad 0 \leqslant n \leqslant N-1 \tag{8.125}$$

这个结果绘在图 8.15 中。显然，由于序列 $x_2[((n-m))_N]$ 是对于 $x_1[m]$ 旋转，则乘积 $x_1[m]x_2[((n-m))_N]$ 的和始终等于 N。

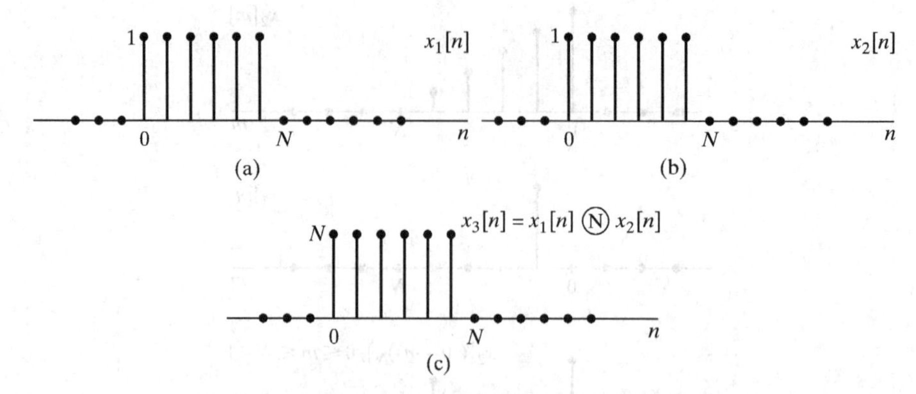

图 8.15 两个长度为 N 的常数序列的 N 点循环卷积

当然也可以把 $x_1[n]$ 和 $x_2[n]$ 看成 $2L$ 点循环卷积,只要给它们增补 L 个零即可。若计算增长序列的 $2L$ 点循环卷积,即可得到图 8.16 所示的序列。可以看出它等于有限长序列 $x_1[n]$ 和 $x_2[n]$ 的线性卷积。8.7 节将更详细地讨论这个重要的结果。

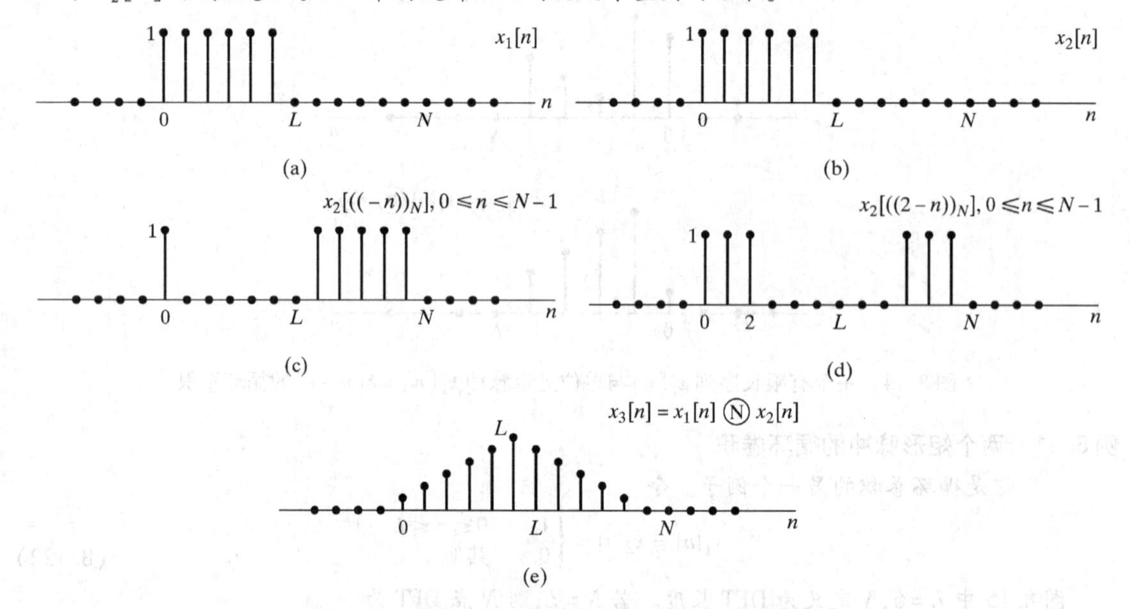

图 8.16 两个长为 L 的常数序列的 $2L$ 点循环卷积

注意,如图 8.16 所示,当 $N=2L$ 时,

$$X_1[k] = X_2[k] = \frac{1 - W_N^{Lk}}{1 - W_N^k}$$

所以图 8.16(e) 中矩形序列 $x_3[n]$ 的 DFT 为 $(N=2L)$

$$X_3[k] = \left(\frac{1 - W_N^{Lk}}{1 - W_N^k}\right)^2$$

循环卷积的性质可以表示为

$$x_1[n] \circledN x_2[n] \stackrel{\mathcal{DFT}}{\longleftrightarrow} X_1[k]X_2[k] \tag{8.126}$$

考虑到 DFT 关系的对偶性,自然两个 N 点序列乘积的 DFT 等于它们对应的离散傅里叶变换的循环卷积。具体地,若 $x_3[n] = x_1[n]x_2[n]$,则

$$X_3[k]=\frac{1}{N}\sum_{\ell=0}^{N-1}X_1[\ell]X_2[((k-\ell))_N] \tag{8.127}$$

或

$$x_1[n]x_2[n] \overset{\mathcal{DFT}}{\longleftrightarrow} \frac{1}{N}X_1[k] \,Ⓝ\, X_2[k] \tag{8.128}$$

8.6.6 离散傅里叶变换的性质汇总

8.6 节所讨论的离散傅里叶变换的性质汇总在表 8.2 中。注意,这里所给出的全部性质的表示均规定 $x[n], 0\leqslant n\leqslant N-1$ 和 $X[k], 0\leqslant k\leqslant N-1$。在此区间之外 $x[n]$ 和 $X[k]$ 均为零。

表 8.2　离散傅里叶变换的性质总结

有限序列(长度为 N)	N 点 DFT(长度为 N)
1. $x[n]$	$X[k]$
2. $x_1[n], x_2[n]$	$X_1[k], X_2[k]$
3. $ax_1[n]+bx_2[n]$	$aX_1[k]+bX_2[k]$
4. $X[n]$	$Nx[((-k))_N]$
5. $x[((n-m))_N]$	$W_N^{km}X[k]$
6. $W_N^{-\ell n}x[n]$	$X[((k-\ell))_N]$
7. $\sum_{m=0}^{N-1}x_1[m]x_2[((n-m))_N]$	$X_1[k]X_2[k]$
8. $x_1[n]x_2[n]$	$\frac{1}{N}\sum_{\ell=0}^{N-1}X_1[\ell]X_2[((k-\ell))_N]$
9. $x^*[n]$	$X^*[((-k))_N]$
10. $x^*[((-n))_N]$	$X^*[k]$
11. $\mathcal{R}e\{x[n]\}$	$X_{ep}[k]=\frac{1}{2}\{X[((k))_N]+X^*[((-k))_N]\}$
12. $j\mathcal{I}m\{x[n]\}$	$X_{op}[k]=\frac{1}{2}\{X[((k))_N]-X^*[((-k))_N]\}$
13. $x_{ep}[n]=\frac{1}{2}\{x[n]+x^*[((-n))_N]\}$	$\mathcal{R}e\{X[k]\}$
14. $x_{op}[n]=\frac{1}{2}\{x[n]-x^*[((-n))_N]\}$	$j\mathcal{I}m\{X[k]\}$
仅当$x[n]$为实数时性质15至性质17成立	
15. 对称性	$\begin{cases} X[k]=X^*[((-k))_N] \\ \mathcal{R}e\{X[k]\}=\mathcal{R}e\{X[((-k))_N]\} \\ \mathcal{I}m\{X[k]\}=-\mathcal{I}m\{X[((-k))_N]\} \\ \lvert X[k]\rvert=\lvert X[((-k))_N]\rvert \\ \angle\{X[k]\}=-\angle\{X[((-k))_N]\} \end{cases}$
16. $x_{ep}[n]=\frac{1}{2}\{x[n]+x[((-n))_N]\}$	$\mathcal{R}e\{X[k]\}$
17. $x_{op}[n]=\frac{1}{2}\{x[n]-x[((-n))_N]\}$	$j\mathcal{I}m\{X[k]\}$

8.7 用离散傅里叶变换实现线性卷积

第 9 章将证明,对于计算一个有限长序列的离散傅里叶变换已有高效的算法。通常将它们总称为快速傅里叶变换(FFT)算法。利用这些算法,在计算上可以通过如下步骤高效地实现两个序列的卷积:

(a) 分别计算两个序列 $x_1[n]$ 和 $x_2[n]$ 的 N 点傅里叶变换 $X_1[k]$ 和 $X_2[k]$;

(b) 取 $0 \leqslant k \leqslant N-1$,计算乘积 $X_3[k] = X_1[k]X_2[k]$;

(c) 计算 $X_3[k]$的 DFT 逆变换得到序列$x_3[n] = x_1[n] \circledN x_2[n]$。

在很多 DSP 应用中,关心的是实现两个序列的线性卷积,也就是希望实现一个线性时不变系统。例如,对语音波形或雷达信号之类的序列进行滤波,或计算这类信号的自相关函数时的确如此。正如在8.6.5 节中所看到的,离散傅里叶变换的乘积相当于序列的循环卷积。为了得到线性卷积,必须保证循环卷积具有线性卷积的效果。例 8.11 的讨论已经暗示出如何做到这一点。现在进行较为详细的讨论。

8.7.1 两个有限长序列的线性卷积

考虑一个 L 点长的序列 $x_1[n]$ 和另一个 P 点长的序列 $x_2[n]$,假定想要通过线性卷积将这两个序列结合在一起,从而得出第三个序列

$$x_3[n] = \sum_{m=-\infty}^{\infty} x_1[m]x_2[n-m] \tag{8.129}$$

图 8.17(a)画出一个典型序列 $x_1[m]$,图 8.17(b)绘出了对于 $n=-1, 0 \leqslant n \leqslant L^{-1}$ 和 $n = L+P-1$ 三种情况下的典型序列 $x_2[n-m]$。显然,只要 $n<0$ 或 $n>L+P-2$,乘积 $x_1[m]x_2[n-m]$ 对所有的 m 就都为零,即当 $0 \leqslant n \leqslant L+P-2$ 时 $x_3[n] \neq 0$。因此,$(L+P-1)$是序列 $x_3[n]$ 的最大长度,这一点可以由一个长度为 L 的序列和一个长度为 P 的序列的线性卷积而得出。

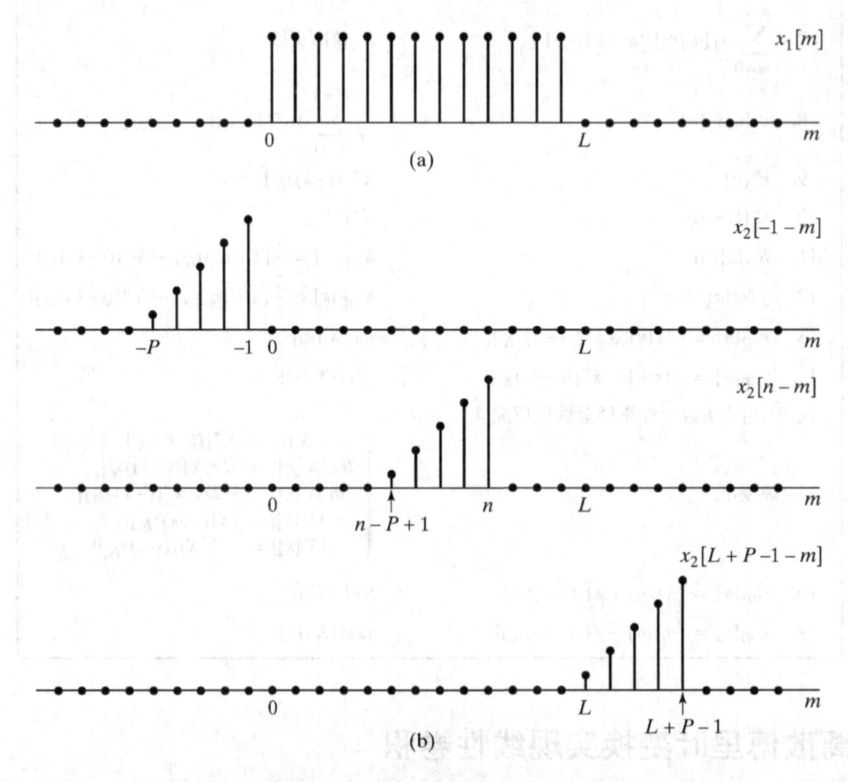

图 8.17　两个有限长序列之线性卷积的示例,结果表明,当 $n \leqslant -1$ 或 $n \geqslant L+P-1$ 时,$x_3[n]=0$。(a)有限长序列 $x_1[m]$;(b)对于几个 n 值的 $x_2[n-m]$

8.7.2 循环卷积作为带有混叠的线性卷积

正如从例 8.10 和例 8.11 中所看到的,对应于两个 N 点 DFT 的乘积的循环卷积是否与对

应的有限长序列的线性卷积相同，取决于和有限长序列的长度有关的 DFT 的长度。对于循环卷积和线性卷积之间相互关系的一种十分有用的解释是利用时间混叠的概念。鉴于这种解释对于理解循环卷积是非常重要的和有益的，下面将用几种方式来加以论述。

在 8.4 节中已经看到，如果对一个序列 $x[n]$ 的傅里叶变换 $X(e^{j\omega})$ 在频率 $\omega_k=2\pi k/N$ 处采样，则得到对应于周期序列

$$\tilde{x}[n]=\sum_{r=-\infty}^{\infty}x[n-rN] \tag{8.130}$$

的 DFS 系数的序列。从关于 DFT 的讨论中可以看出：有限长序列

$$X[k]=\begin{cases}X(e^{j(2\pi k/N)}), & 0\leqslant k\leqslant N-1\\ 0, & \text{其他}\end{cases} \tag{8.131}$$

是由式(8.130)表示的 $\tilde{x}[n]$ 的一个周期的 DFT，即

$$x_p[n]=\begin{cases}\tilde{x}[n], & 0\leqslant n\leqslant N-1\\ 0, & \text{其他}\end{cases} \tag{8.132}$$

显然，如果 $x[n]$ 的长度小于或等于 N，则不会产生时间混叠，且 $x_p[n]=x[n]$。但是，若 $x[n]$ 的长度大于 N，则对于一些或全部 n，$x_p[n]$ 可能不等于 $x[n]$。因此，以后将用下标 p 来表示从一个采样后的傅里叶变换的 DFT 得到的周期序列的一个周期。如果明确知道无时间混叠，则下标可以省去。

式(8.129)中的序列 $x_3[n]$ 的傅里叶变换为

$$X_3(e^{j\omega})=X_1(e^{j\omega})X_2(e^{j\omega}) \tag{8.133}$$

若定义一个 DFT 为

$$X_3[k]=X_3(e^{j(2\pi k/N)}),\qquad 0\leqslant k\leqslant N-1 \tag{8.134}$$

则由式(8.133)和式(8.134)显然可见，$X_3[k]$ 也可表示为

$$X_3[k]=X_1(e^{j(2\pi k/N)})X_2(e^{j(2\pi k/N)}),\qquad 0\leqslant k\leqslant N-1 \tag{8.135}$$

因此

$$X_3[k]=X_1[k]X_2[k] \tag{8.136}$$

也就是说，$X_3[k]$ 的逆 DFT 的序列 $x_{3p}[n]$ 为

$$x_{3p}[n]=\begin{cases}\displaystyle\sum_{r=-\infty}^{\infty}x_3[n-rN], & 0\leqslant n\leqslant N-1\\ 0, & \text{其他}\end{cases} \tag{8.137}$$

并且由式(8.136)得

$$x_{3p}[n]=x_1[n]\,Ⓝ\,x_2[n] \tag{8.138}$$

因此，两个有限长序列的循环卷积等于对两个序列的线性卷积再按照式(8.137)进行时间混叠的结果。

应当注意，若 N 大于或等于 L 或 P，则 $X_1[k]$ 和 $X_2[k]$ 可以完全表示 $x_1[n]$ 和 $x_2[n]$，但是只有当 N 大于或等于序列 $x_3[n]$ 的长度时，才可能对于全部 n 有 $x_{3p}[n]=x_3[n]$。正如在 8.7.1 节中所指出的，如果 $x_1[n]$ 的长度为 L，$x_2[n]$ 的长度为 P，则 $x_3[n]$ 的最大长度为 $(L+P-1)$。因此，若 DFT 的长度 N 满足 $N\geqslant L+P-1$，则对应于 $X_1[k]X_2[k]$ 的循环卷积等于 $X_1(e^{j\omega})X_2(e^{j\omega})$ 对应的线性卷积。

例 8.12　循环卷积作为带有混叠的线性卷积

根据上面的讨论，例 8.11 的结果是很容易理解的。注意，$x_1[n]$ 和 $x_2[n]$ 是两个完全相同的常数序列，长度 $L=P=6$，如图 8.18(a)所示，$x_1[n]$ 和 $x_2[n]$ 的线性卷积长度为 $L+P-1=11$，且具有三

角形包络,如图 8.18(b)所示。图 8.18(c)和图 8.18(d)表示当 $N=6$ 时,式(8.137)中移位序列 $x_3[n-rN]$ 的两种形式:$x_3[n-N]$ 和 $x_3[n+N]$。$x_1[n]$ 和 $x_2[n]$ 的 N 点循环卷积可以利用式(8.137)来计算。这一点如图 8.18(e)(取 $N=L=6$)和图 8.18(f)(取 $N=2L=12$)所示。需要注意,当 $N=L=6$ 时,只有 $x_3[n]$ 和 $x_3[n+N]$ 对最后的结果有贡献;而当 $N=2L=12$ 时,仅 $x_3[n]$ 对最后的结果有贡献。由于线性卷积的长度为 $(2L-1)$,所以当 $N=2L$ 时仅其循环卷积结果与线性卷积的结果对全部 $0\leqslant n\leqslant N-1$ 均相同。事实上,对于 $N=2L-1=11$ 的情况这也是完全正确的。

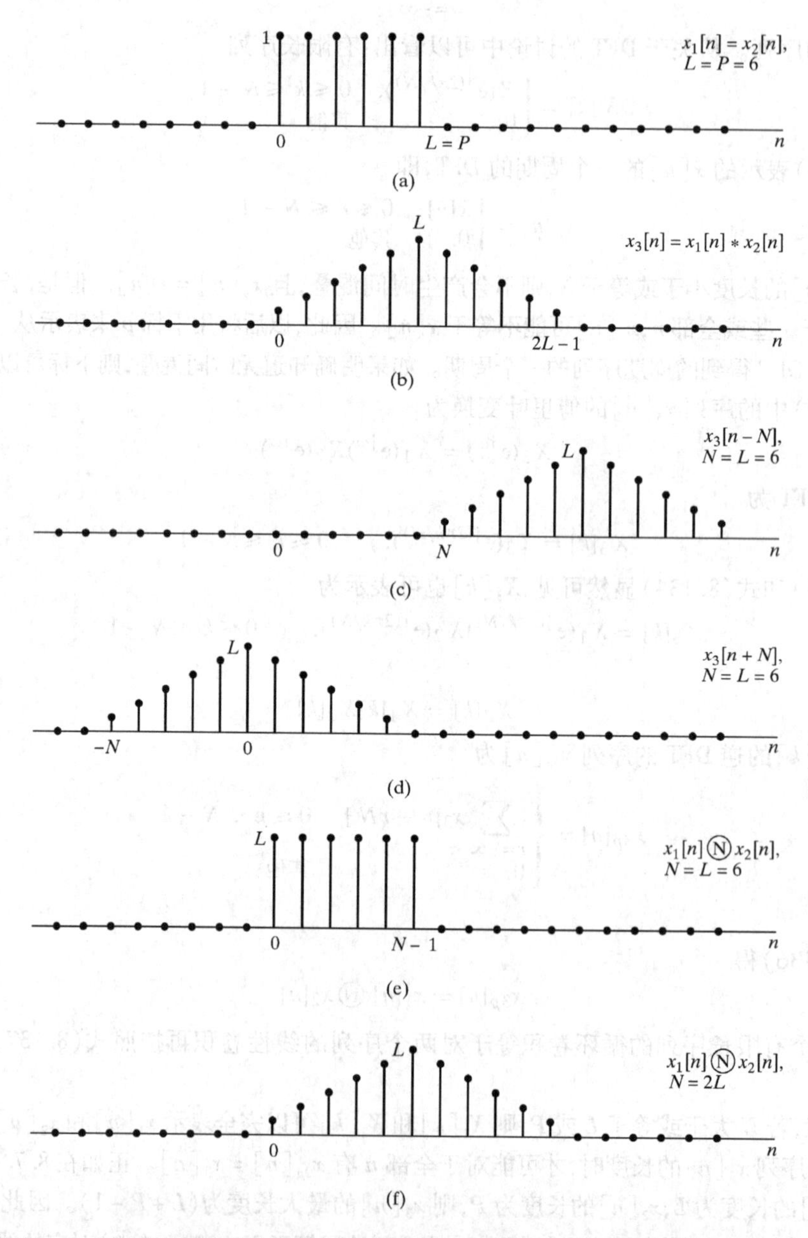

图 8.18　举例说明循环卷积等同于有混叠的线性卷积。(a)参与卷积的序列 $x_1[n]$ 和 $x_2[n]$;(b)$x_1[n]$ 和 $x_2[n]$ 的线性卷积;(c)对于 $N=6$ 的序列 $x_3[n-N]$;(d)对于 $N=6$ 的序列 $x_3[n+N]$;(e)$x_1[n]$ ⑥ $x_2[n]$,它等于(b),(c)和(d)在区间 $0\leqslant n\leqslant 5$ 上的和;(f)$x_1[n]$ ⑫ $x_2[n]$

正如例 8.12 中所指出的，在两个有限长序列的循环卷积中，若 $N \geqslant L+P-1$，则时间混叠可以避免。显然，如果 $N=L=P$，则循环卷积的全部序列值可以完全与线性卷积的值不同。但是，若 $P<L$，则 L 点循环卷积的部分序列值将会等于线性卷积所对应的值。为了表示出这一点，用时间混叠来解释是十分有用的。

考虑两个有限长序列 $x_1[n]$ 和 $x_2[n]$，其长度分别为 L 和 P，如图 8.19(a) 和图 8.19(b) 所示，其中 $P<L$。首先来研究一下 $x_1[n]$ 和 $x_2[n]$ 的 L 点循环卷积，查看在循环卷积中哪些序列值等于线性卷积得到的值，而哪些序列值不等于。$x_1[n]$ 和 $x_2[n]$ 的线性卷积是一个长度为 $(L+P-1)$ 的有限长序列，如图 8.19(c) 所示。为了确定 L 点循环卷积，利用式(8.137) 和式(8.138)，有

$$x_{3p}[n] = \begin{cases} x_1[n] \textcircled{L} x_2[n] = \sum_{r=-\infty}^{\infty} x_3[n-rL], & 0 \leqslant n \leqslant L-1 \\ 0, & \text{其他} \end{cases} \tag{8.139}$$

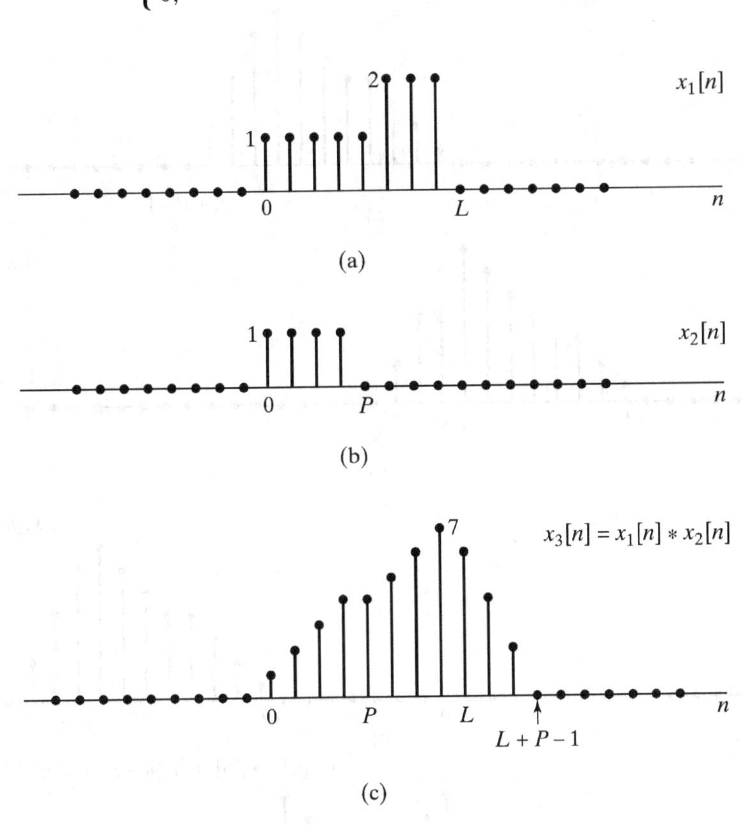

图 8.19　两个有限长序列的线性卷积举例

图 8.20(a) 表示当 $r=0$ 时式(8.139) 中的项，而图 8.20(b) 和图 8.20(c) 则分别表示 $r=+1$ 和 $r=-1$ 时的项，从图 8.20 清晰可见，在区间 $0 \leqslant n \leqslant L-1$ 上，$x_{3p}[n]$ 只受 $x_3[n]$ 和 $x_3[n+L]$ 的影响。

总之，只要当 $P<L$ 时，只有项 $x_3[n+L]$ 在区间 $0 \leqslant n \leqslant L-1$ 产生混叠。更明确地说，当这些项相加在一起时，$x_3[n+L]$ 的最后 $(P-1)$ 个点，即从 $n=0$ 到 $n=P-2$，将加在 $x_3[n]$ 的最初 $(P-1)$ 个点上，而 $x_3[n]$ 的最后 $(P-1)$ 个点，即从 $n=L$ 到 $n=L+P-2$，将只会对潜在的周期结果 $\tilde{x}_3[n]$ 的下一个周期有影响。这样截取 $0 \leqslant n \leqslant L-1$ 的部分就形成了 $x_{3p}[n]$。由

于 $x_3[n+L]$ 的 $(P-1)$ 个点的值等于 $x_3[n]$ 的最后 $(P-1)$ 个点的值,所以可从另一种角度来看待形成循环卷积 $x_{3p}[n]$ 的过程,即通过线性卷积加上用 $x_3[n]$ 从 $n=L$ 到 $n=L+P-2$ 的 $(P-1)$ 个值加在 $x_3[n]$ 的最初 $(P-1)$ 个值上的混叠来形成。图 8.21 说明当取 $P=4$ 和 $L=8$ 时的这一过程。图 8.21(a)表示线性卷积 $x_3[n]$,对于 $n\geqslant L$ 的点用空心符号来标记。注意,对于 $n\geqslant L$ 只有 $(P-1)$ 个非零点。图 8.21(b)表示利用"$x_3[n]$ 的自身卷绕"来形成 $x_{3p}[n]$。最初的 $(P-1)$ 个点有时间混叠掺入,而其余的从 $n=P-1$ 到 $n=L-1$ 个点(即最后 $L-P+1$ 点)不受破坏,也就是等于用线性卷积得到的那些点的值。

由以上的讨论可知,如果循环卷积的长度相对于序列 $x_1[n]$ 和 $x_2[n]$ 的长度足够长,就可以避免非零值的混叠,在这种情况下,循环卷积就等于线性卷积。具体地,若对于刚才考虑的情况,$x_3[n]$ 以 $N\geqslant L+P-1$ 的周期重复,则不会产生非零的重叠。图 8.21(c)和图 8.21(d)举例说明这种情况,此时 $P=4$,$L=8$,且 $N=11$。

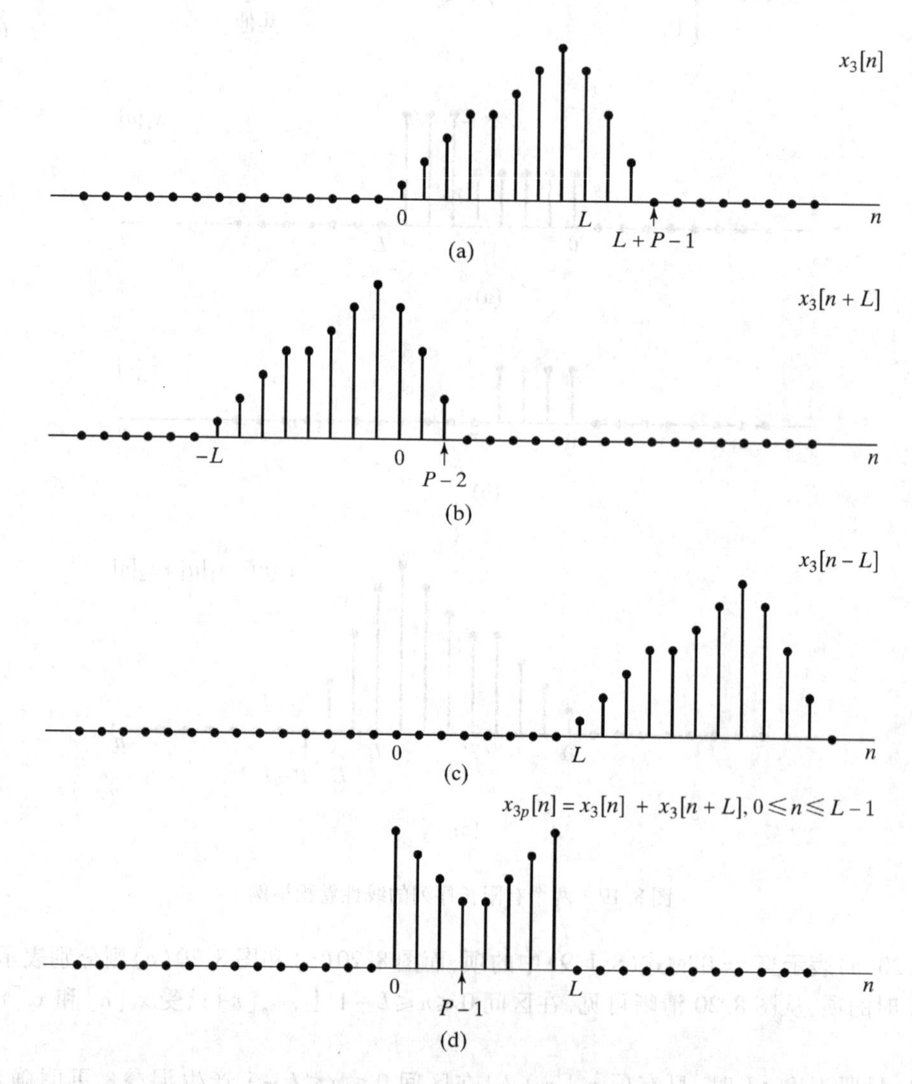

图 8.20　对于图 8.19 所示的两个序列 $x_1[n]$ 和 $x_2[n]$ 的循环卷积可以解释为线性卷积加上混叠

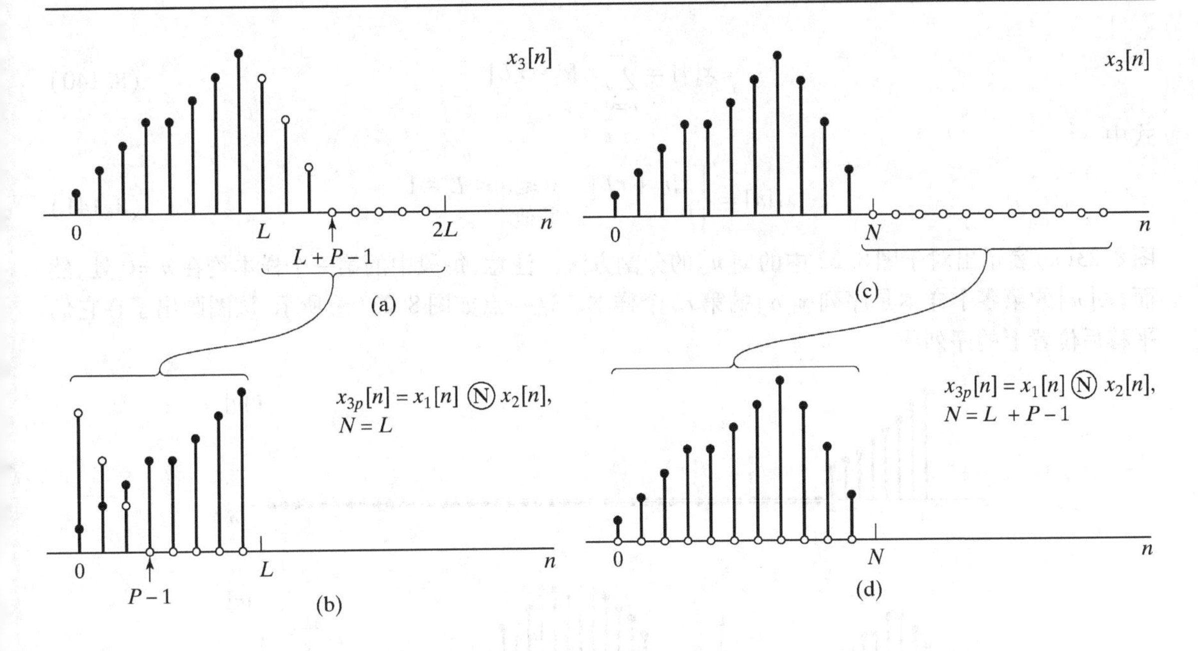

图 8.21　举例说明循环卷积的结果如何产生"卷绕"(wraps around)。(a)和(b)$N=L$,则混叠的"尾部"(tail)重叠在最初($P-1$)个点上;(c)和(d)$N=(L+P-1)$,则不产生重叠

8.7.3　用 DFT 实现线性时不变系统

以上的讨论集中在从循环卷积得到线性卷积的方法上。因为线性时不变系统可以用卷积来实现,这就意味着循环卷积(可用 8.7 节开头所建议的步骤来完成)可以用于实现这类系统。要了解如何做到这一点,首先考虑一个 L 点输入序列 $x[n]$ 和一个 P 点脉冲响应 $h[n]$。这两个序列的线性卷积 $y[n]$ 是长度为($L+P-1$)的有限长序列。因此,正如 8.7.2 节中所讨论的,要使循环卷积等于线性卷积,循环卷积的长度至少为($L+P-1$)点。循环卷积可以通过 $x[n]$ 和 $h[n]$ 的 DFT 相乘来完成。由于希望该乘积表示 $x[n]$ 和 $h[n]$ 的线性卷积的 DFT,该 DFT 的长度为($L+P-1$),因此所要计算的 DFT 也必须有同样长度,即 $x[n]$ 和 $h[n]$ 必须加长,而加长部分的序列值为零。这种方法通常称为补零。

这种做法使两个有限长序列的线性卷积的计算可用离散傅里叶变换来完成,也就是说,输入同样为有限长序列的 FIR 系统的输出可以用 DFT 来计算。在许多应用场合(如语音波形滤波),输入信号是无限长的。尽管理论上可以存储全部波形,紧接着对于大量点数实行上面所讨论的利用 DFT 的方法,但是通常要计算这样一个 DFT 是不现实的。另外,对于这种滤波方法,只有当采集完全部的输入样本后才能计算出滤波后的样本。一般说来,都希望在处理过程中避免这种很长的延时。这两个问题的解决方法是用块卷积,把被滤波的信号分割成长度为 L 的段。然后每段信号就可以与有限长脉冲响应进行卷积,并且用一种适当的方法把滤波后的信号段衔接在一起。每一块的线性滤波可用 DFT 来实现。

为了举例说明这一过程,并且给出把滤波后的信号段衔接在一起的方法,下面研究图 8.22 所示的长度为 P 的脉冲响应 $h[n]$ 和信号 $x[n]$。做如下假设,对于 $n<0$,$x[n]=0$,并且 $x[n]$ 的长度要比 P 大许多。序列 $x[n]$ 可以表示成长度为 L 的平移有限长序列之和,即

$$x[n]=\sum_{r=0}^{\infty}x_r[n-rL] \tag{8.140}$$

式中,

$$x_r[n]=\begin{cases}x[n+rL], & 0\leqslant n\leqslant L-1\\ 0, & \text{其他}\end{cases} \tag{8.141}$$

图8.23(a)表示出对于图8.22中的$x[n]$的分割方法。注意,每段中的第一个样本均在$n=0$处,然而,$x_r[n]$的第零个样本是序列$x[n]$的第rL个样本。这一点如图8.23(a)所示,该图画出了在它们平移后位置上的序列段。

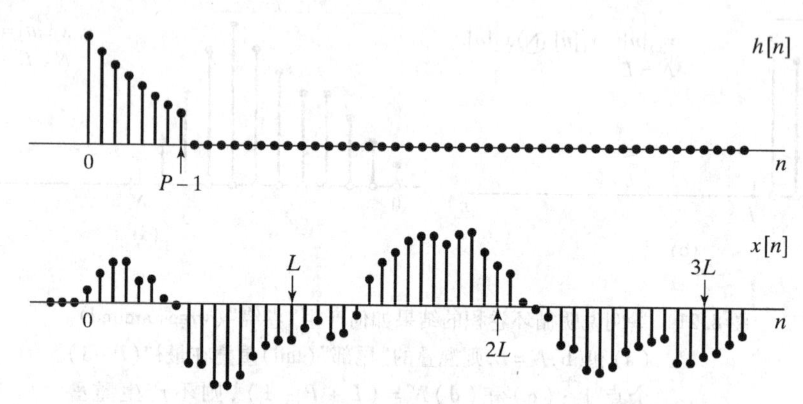

图8.22 有限长脉冲响应$h[n]$和要过滤的未定义长度的信号$x[n]$

因为卷积是一种线性时不变运算,所以由式(8.140)有

$$y[n]=x[n]*h[n]=\sum_{r=0}^{\infty}y_r[n-rL] \tag{8.142}$$

式中,

$$y_r[n]=x_r[n]*h[n] \tag{8.143}$$

由于序列$x_r[n]$只有L个非零点,并且$h[n]$的长度为P,因此每一项$y_r[n]=x_r[n]*h[n]$的长度为$(L+P-1)$。这样,线性卷积$x_r[n]*h[n]$可用N点DFT按照上面介绍的步骤来计算,其中$N\geqslant L+P-1$。因为每个输入段的开头与相邻段相隔L点,并且每个滤波后的序列段的长度为$(L+P-1)$,所以滤波后的序列段的非零点将重叠$(P-1)$点,并且这些重叠样本必须参与式(8.142)要求的求和运算。这一点如图8.23(b)所示,图中表示出滤波后的序列段$y_r[n]=x_r[n]*h[n]$。正如输入波形是由将图8.23(a)中的延迟波形相加而重新构成的一样,滤波后的结果$x[n]*h[n]$是由将图8.23(b)中所示的滤波后延迟的序列段相加而形成的。这种由滤波后的序列段形成滤波后输出序列的方法,通常称为重叠相加法,这是因为滤波后的序列段相互有重叠,并且相加在一起形成输出序列。之所以发生重叠,是因为每个序列段与脉冲响应的线性卷积通常大于序列段长度。块卷积的重叠相加法没有受DFT和循环卷积的制约。很显然,唯一的要求是计算较小的卷积,并将结果适当组合。

另外一种块卷积方法通常称为重叠保留法。这种方法相应于实现一个P点脉冲响应$h[n]$与一个L点的序列段$x_r[n]$的L点循环卷积,然后确认出在该循环卷积中对应于线性卷积的那一部分。最后将所得出的输出序列段"补在一起"形成输出。特别地,曾经指出,如果一个L点序列与一个P点序列$(P<L)$做循环卷积,则最后结果中的第一个$(P-1)$点是不正确的,而其余点等于执行一个线性卷积所应该得到的。因此,可以将$x[n]$分为长度为L的序列段,使得每个输入段与先前的序列段重叠$(P-1)$点。也就是说,定义序列段为

$$x_r[n] = x[n + r(L - P + 1) - P + 1], \qquad 0 \leqslant n \leqslant L - 1 \tag{8.144}$$

和前面一样，式(8.144)中已经定义了每个序列段的时间原点是在该序列段的起始点处，而不是在 $x[n]$ 的原点。这种分段的方法绘于图 8.24(a)中，每个序列段与 $h[n]$ 的循环卷积记为 $y_{rp}[n]$，多加的下标 p 表示 $y_{rp}[n]$ 是已经产生了时间混叠的循环卷积的结果。在图 8.24(b)中绘出了这些序列。每个输出序列段在区间 $0 \leqslant n \leqslant P-2$ 中的部分是必须去掉的。最后把来自后续序列段的其余样本连接起来构成最终的滤波输出。这就是

$$y[n] = \sum_{r=0}^{\infty} y_r[n - r(L - P + 1) + P - 1] \tag{8.145}$$

其中，

$$y_r[n] = \begin{cases} y_{rp}[n], & P - 1 \leqslant n \leqslant L - 1 \\ 0, & \text{其他} \end{cases} \tag{8.146}$$

这种方法称为重叠保留法，因为输入序列段有重叠，所以每个接续的输入序列包含 $(L-P+1)$ 个新点，并且从先前的序列段保留下来 $(P-1)$ 个点。

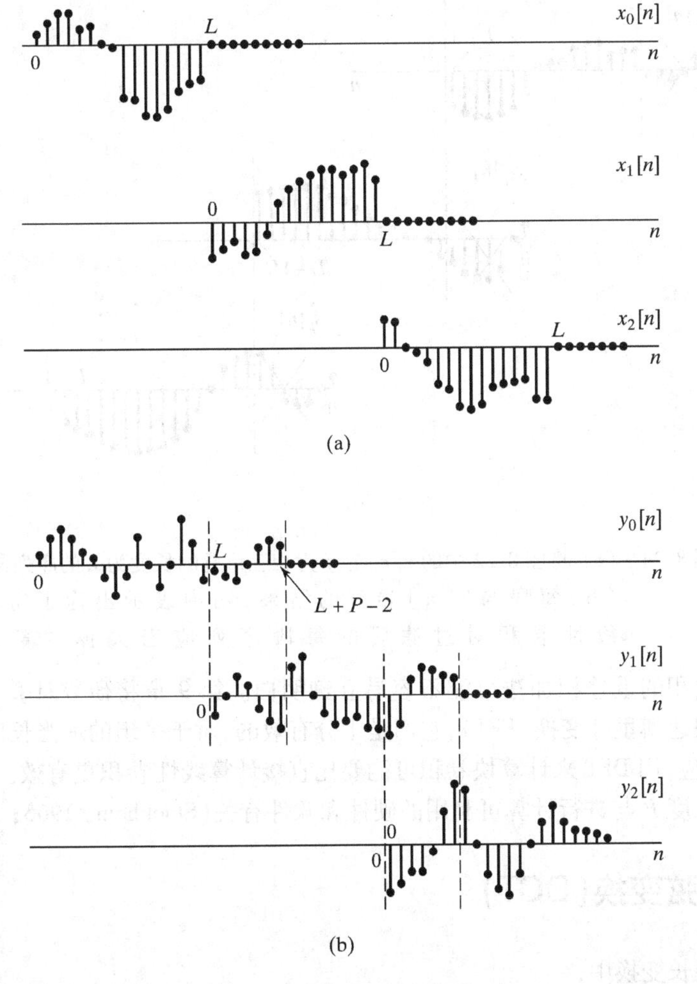

图 8.23　(a) 把图 8.22 中的 $x[n]$ 分解为长度为 L 的不重叠序列段；(b) 每段与 $h[n]$ 卷积的结果

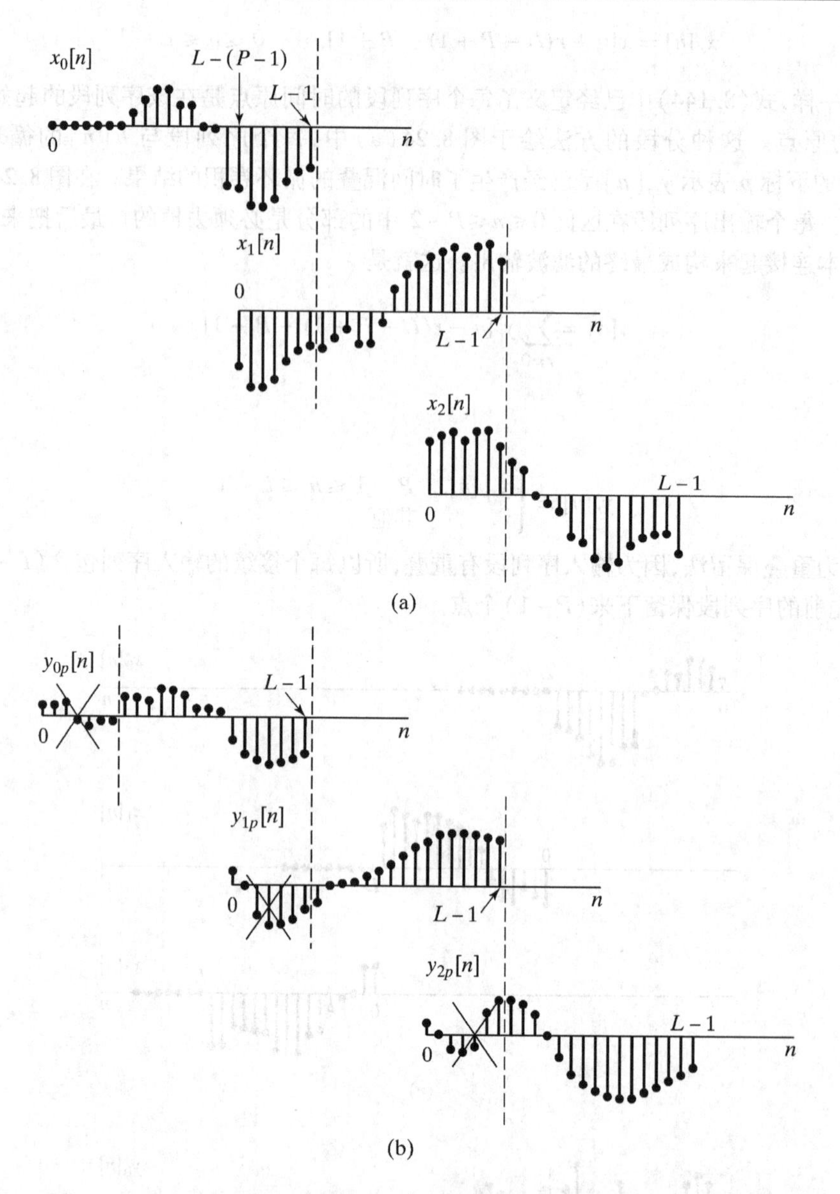

图 8.24　(a) 将图 8.22 中的 $x[n]$ 分解为相互重叠的长度为 L 的序列段；(b) 每段与 $h[n]$ 卷积的结果，图中表示出为了得出线性卷积对过滤后的每段序列应当去掉的部分

如何利用块卷积的重叠相加法可能不容易立刻明白。第 9 章将研究计算 DFT 的高效算法。这些算法通称为快速傅里叶变换(FFT)，它们是十分有效的，对于平坦的适当长度(数量级为 25 或 30)的 FIR 脉冲响应，用 DFT 来计算块卷积可能要比直接计算线性卷积更有效。当然，确定使 DFT 方法更加有效的长度 P 与进行计算可利用的硬件和软件有关(Stockham, 1966; Helms, 1967)。

8.8　离散余弦变换(DCT)

在一般类有限长变换中，

$$A[k]=\sum_{n=0}^{N-1}x[n]\phi_k^*[n] \tag{8.147}$$

$$x[n]=\frac{1}{N}\sum_{k=0}^{N-1}A[k]\phi_k[n] \tag{8.148}$$

DFT 也许是最常见的例子，其中序列 $\phi_k[n]$ 称为基序列，它们相互正交，即

$$\frac{1}{N}\sum_{n=0}^{N-1}\phi_k[n]\phi_m^*[n]=\begin{cases}1, & m=k\\0, & m\neq k\end{cases} \tag{8.149}$$

在 DFT 中，基序列是复周期序列 $e^{j2\pi kn/N}$，并且若 $x[n]$ 为实序列，则 $A[k]$ 是复对称序列。很自然，人们会问道，当 $x[n]$ 为实序列时，是否存在一组实数基序列，使得当 $x[n]$ 为实序列时得到实变换序列 $A[k]$。由此可导出许多其他的正交变换表示的定义，如 Haar 变换，Hadamard 变换（Elliott and Rao，1982）及 Hartley 变换（Bracewell，1983，1984，1986）（Hartley 变换定义和性质的讨论见习题 8.68）。另一种实序列的正交变换是 DCT，或称离散余弦变换（见 Ahmed et al.，1974 及 Rao and Yip，1990）。DCT 与 DFT 有密切联系，并且在许多信号处理的应用中，尤其是在语音和图像压缩方面，特别有用且十分重要。本节将引入 DCT 并讨论它与 DFT 的联系作为有关 DFT 论述的结尾。

8.8.1　DCT 的定义

DCT 变换的形式如式(8.147)和式(8.148)，其中的基序列 $\phi_k[n]$ 为余弦函数。因为余弦函数既是周期的又是偶对称的，所以综合式(8.148)中 $x[n]$ 在区间 $0\leqslant n\leqslant N-1$ 外的延伸也是周期的和对称的。换句话说，正如 DFT 隐含着周期性假设一样，DCT 同时隐含着周期性和偶对称性的假设。

在 DFT 的推导中，首先构造出能够唯一地恢复原有限长序列的周期序列，然后利用周期复指数的展开式来表示该有限长序列。与此相类似，DCT 相应地由有限长序列构造出一个周期的对称序列，由此可唯一地恢复原有限长序列。因为这样做有许多方式，所以 DCT 有多种定义。图 8.25 给出一个 4 点序列对称周期延拓的 4 种方式，对每种方式画出了 17 个样本点。在每个小图中，原有限长序列的样本都用实心点表示。这些序列都是周期的（周期为 16 或更小）和偶对称的。在每种情况中，均可很容易地将原 4 点有限长序列作为一个周期的前 4 个点。为了方便起见，把图 8.25(a)至图 8.25(d)中的 4 个子序列均做周期为 16 的延拓，从而得到周期序列，且分别用 $\tilde{x}_1[n]$，$\tilde{x}_2[n]$，$\tilde{x}_3[n]$ 和 $\tilde{x}_4[n]$ 表示。注意，$\tilde{x}_1[n]$ 的周期为 $(2N-2)=6$，且 $\tilde{x}_1[n]$ 关于 $n=0$ 和 $n=(N-1)=3$ 为偶对称。序列 $\tilde{x}_2[n]$ 的周期为 $2N=8$，且 $\tilde{x}_2[n]$ 关于“半样本”点即 $n=-\frac{1}{2}$ 和 $n=\frac{7}{2}$ 为偶对称。序列 $\tilde{x}_3[n]$ 的周期为 $4N=16$，且 $\tilde{x}_3[n]$ 关于 $n=0$ 和 $n=8$ 为偶对称。序列 $\tilde{x}_4[n]$ 的周期为 $4N=16$，且 $\tilde{x}_4[n]$ 也关于“半样本”点 $n=-\frac{1}{2}$ 和 $n=2N-\frac{1}{2}=\frac{15}{2}$ 为偶对称。

图 8.25 中给出的 4 种不同情况表明了 DCT 的 4 种常用形式中所隐含的周期性，这 4 种形式分别称为 DCT-1，DCT-2，DCT-3 和 DCT-4。可以证明（见 Martucci，1994）至少有 4 种方法可由 $x[n]$ 来产生一个偶周期序列。这表明可能还有 4 种 DCT 的表达式。此外，也有可能由 $x[n]$ 产生 8 种奇对称周期序列，由此可导出离散正弦变换（DST）的 8 种不同形式，其中正交归一化表示的基序列为正弦函数。对于实序列这些变换构成了一族含有 16 种形式的正交归一化变换。这些变换中最常使用的是 DCT-1 和 DCT-2 表达式，因此下面将重点讨论 DCT-1 和 DCT-2 表达式。

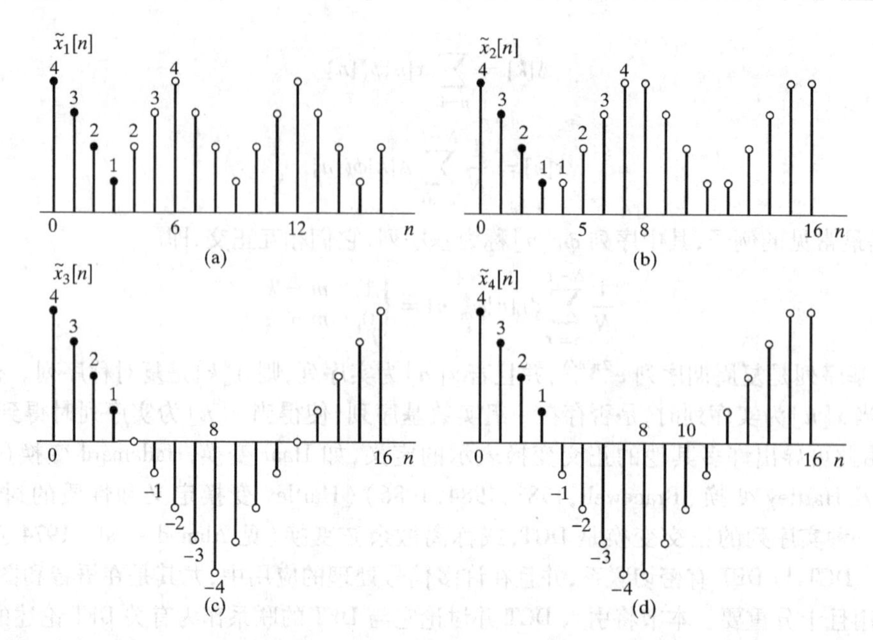

图 8.25 将一个 4 点序列 $x[n]$ 进行周期和对称扩展的 4 种方式。有限长序列 $x[n]$ 用实心点表示。(a) 1 型周期扩展DCT-1;(b) 2型周期扩展DCT-2;(c) 3型周期扩展DCT-3;(d) 4型周期扩展DCT-4

8.8.2 DCT-1 和 DCT-2 的定义

导致不同形式 DCT 的各种周期延拓均可看成 N 点序列 $\pm x[n]$ 和 $\pm x[-n]$ 平移复本的和。DCT-1 和 DCT-2 的延拓之间的区别取决于它们的端点是否与它们自身平移后的部分重叠,如果重叠,取决于端点中重叠的部分。对于 DCT-1, $x[n]$ 先在端点处做一改变,然后进行周期为 $2N-2$ 的延拓,所得周期序列为

$$\tilde{x}_1[n] = x_\alpha[((n))_{2N-2}] + x_\alpha[((-n))_{2N-2}] \tag{8.150}$$

式中, $x_\alpha[n]$ 是改变后的序列,为 $x_\alpha[n]=\alpha[n]x[n]$,其中

$$\alpha[n] = \begin{cases} \frac{1}{2}, & n=0 \text{ 且 } N-1 \\ 1, & 1 \leqslant n \leqslant N-2 \end{cases} \tag{8.151}$$

端点的加权抵消了当式(8.150)的两项在 $n=0$, $n=(N-1)$ 以及与它们相隔 $(2N-2)$ 整数倍的点处重叠时所产生的加倍。利用这个加权,很容易证明,当 $n=0,1,\cdots,N-1$ 时, $x[n]=\tilde{x}_1[n]$。所得到的周期序列 $\tilde{x}_1[n]$ 关于点 $n=0, n=N-1, 2N-2$ 等为偶周期对称,这种对称性称为 1 型周期对称。图 8.25(a)为 1 型对称的例子,其中 $N=4$,且周期序列 $\tilde{x}[n]$ 的周期为 $2N-2=6$。DCT-1 定义为如下变换对:

$$X^{c1}[k] = 2\sum_{n=0}^{N-1} \alpha[n]x[n]\cos\left(\frac{\pi kn}{N-1}\right), \qquad 0 \leqslant k \leqslant N-1 \tag{8.152}$$

$$x[n] = \frac{1}{N-1}\sum_{k=0}^{N-1} \alpha[k]X^{c1}[k]\cos\left(\frac{\pi kn}{N-1}\right), \qquad 0 \leqslant n \leqslant N-1 \tag{8.153}$$

式中 $\alpha[n]$ 与式(8.151)中定义相同。

对于 DCT-2, $x[n]$ 延拓为周期为 $2N$ 的周期序列,用下式表示:

$$\tilde{x}_2[n] = x[((n))_{2N}] + x[((-n-1))_{2N}] \tag{8.154}$$

由于序列的端点没有重叠,所以不需要对它们进行调整,以保证当 $n=0,1,\cdots,N-1$ 时 $x[n]=\tilde{x}_2[n]$。

这种对称性称为 2 型周期对称。在这种情况下,周期序列$\tilde{x}_2[n]$关于"半样本"点 $-1/2$, $N-1/2$, $2N-1/2$等为偶周期对称。图 8.25(b)为 $N=4$,周期 $2N=8$ 的例子。DCT-2 定义为如下变换对:

$$X^{c2}[k] = 2\sum_{n=0}^{N-1} x[n]\cos\left(\frac{\pi k(2n+1)}{2N}\right), \qquad 0 \leqslant k \leqslant N-1 \tag{8.155}$$

$$x[n] = \frac{1}{N}\sum_{k=0}^{N-1} \beta[k]X^{c2}[k]\cos\left(\frac{\pi k(2n+1)}{2N}\right), \qquad 0 \leqslant n \leqslant N-1 \tag{8.156}$$

式中,DCT-2 逆变换用到权函数

$$\beta[k] = \begin{cases} \frac{1}{2}, & k=0 \\ 1, & 1 \leqslant k \leqslant N-1 \end{cases} \tag{8.157}$$

在许多处理中,DCT 定义包括使该变换成为单式的归一化因子①,例如,DCT-2 通常定义为

$$\tilde{X}^{c2}[k] = \sqrt{\frac{2}{N}}\tilde{\beta}[k]\sum_{n=0}^{N-1} x[n]\cos\left(\frac{\pi k(2n+1)}{2N}\right), \qquad 0 \leqslant k \leqslant N-1 \tag{8.158}$$

$$x[n] = \sqrt{\frac{2}{N}}\sum_{k=0}^{N-1} \tilde{\beta}[k]\tilde{X}^{c2}[k]\cos\left(\frac{\pi k(2n+1)}{2N}\right), \qquad 0 \leqslant n \leqslant N-1 \tag{8.159}$$

式中,

$$\tilde{\beta}[k] = \begin{cases} \frac{1}{\sqrt{2}}, & k=0, \\ 1, & k=1,2,\cdots,N-1 \end{cases} \tag{8.160}$$

将上式与式(8.155)、式(8.156)进行比较,可知乘积因子 2,$1/N$ 和$\beta[k]$在正、逆变换式中处于不同的位置(一种类似的归一化可用来定义 DCT-1 的归一化形式)。虽然这种归一化产生了一种单式变换表达式,但是式(8.152)和式(8.153)以及式(8.155)和式(8.156)的定义更容易与本章所定义的 DFT 联系在一起。因此,在下面的讨论中,采用自己的定义而不是如在 Rao and Yip(1990)及其他文献中所涉及的归一化定义。

虽然通常只计算当$0 \leqslant k \leqslant N-1$时的 DCT,但是在这个区间外也可以毫无困难地计算 DCT,正如图 8.26 所示,图中当$0 \leqslant k \leqslant N-1$时的 DCT 值用实心点表示。这些图说明了 DCT 也是偶周期序列。然而,变换序列的对称性并不总与隐含周期性的输入序列的对称性相同:虽然$\tilde{x}_1[n]$及$X^{c1}[k]$的延拓均具有 1 型对称性,但是通过比较图 8.25(c)和图 8.26(b) 可以看出$X^{c2}[k]$具有与$\tilde{x}_3[n]$相同而不是与$\tilde{x}_2[n]$相同的对称性。而且,$X^{c2}[n]$的周期扩展为 $4N$,而$\tilde{x}_2[n]$的周期为 $2N$。

由于 DCT 都是正交变换表示的,因此它们具有形式上与 DFT 特性相似的性质。在 Ahmed 等人(1974)和 Rand and Yip(1990)的论文中对这些性质的一些细节进行了较详细的论述。

8.8.3 DFT 与 DCT-1 的关系

正如所预见到的,有限长序列的 DFT 和它们的各种 DCT 之间有着密切的联系。为了表明这种联系,注意,由于对于 DCT-1,$\tilde{x}_1[n]$是由 $x_1[n]$根据式(8.150)和式(8.151)得出的,因此周期序列$\tilde{x}_1[n]$的一个周期就定义了有限长序列:

---

① 若 DCT 是正交的且有性质:$\sum_{n=0}^{N-1}(x[n])^2 = \sum_{k=0}^{N-1}(X^{c2}[k])^2$,则它为归一化变换。

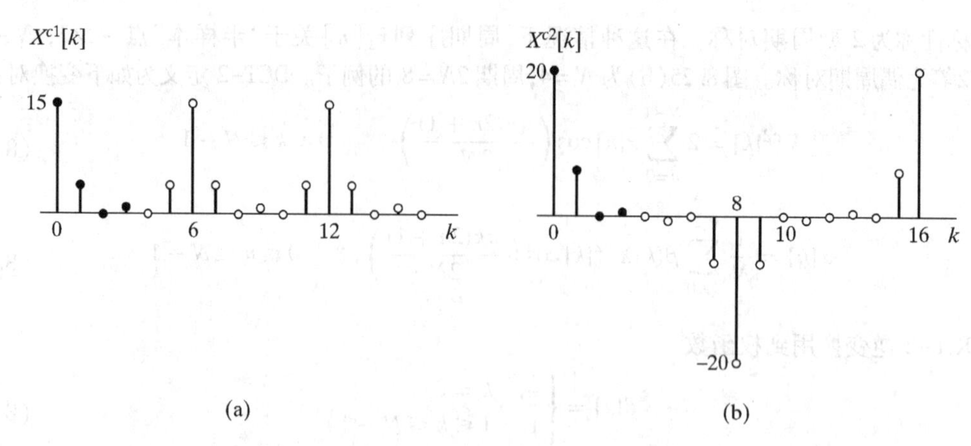

图 8.26 图 8.25 中 4 点序列的 DCT-1 和 DCT-2。(a) DCT-1;(b) DCT-2

$$x_1[n] = x_\alpha[((n))_{2N-2}] + x_\alpha[((-n))_{2N-2}] = \tilde{x}_1[n], \qquad n = 0, 1, \cdots, 2N-3 \tag{8.161}$$

式中,$x_\alpha[n] = \alpha[n]x[n]$是一个端点除以 2 的 N 点实序列。由式(8.161)可以得出$(2N-2)$点序列$x_1[n]$的$(2N-2)$点 DFT 为

$$X_1[k] = X_\alpha[k] + X_\alpha^*[k] = 2\mathcal{R}e\{X_\alpha[k]\}, \qquad k = 0, 1, \cdots, 2N-3 \tag{8.162}$$

式中,$X_\alpha[k]$为 N 点序列 $\alpha[n]x[n]$的$(2N-2)$点 DFT;即,$\alpha[n]x[n]$补了$(N-2)$个零点。根据补零后序列的$(2N-2)$点 DFT 的定义,当 $k=0,1,\cdots,N-1$ 时可得

$$X_1[k] = 2\mathcal{R}e\{X_\alpha[k]\} = 2\sum_{n=0}^{N-1}\alpha[n]x[n]\cos\left(\frac{2\pi kn}{2N-2}\right) = X^{c1}[k] \tag{8.163}$$

因此,N 点序列的 DCT-1 与 $X_1[k]$的前 N 点相同,与对称延拓序列 $x_1[n]$的$(2N-2)$点 DFT 相同,而且也与加权序列 $x_\alpha[n]$的$(2N-2)$点 DFT 的前 N 点值的实部的 2 倍相同。

正如在第 9 章中所讨论的,由于 DFT 有快速算法,可用于计算式(8.163)中的 DFT $X_\alpha[k]$或$X_1[k]$。因此,DCT-1 也有一个方便可行的快速算法。因为 DCT-1 的定义只涉及实值系数,所以也有直接计算实序列的 DCT-1 的有效算法,而无须进行复数的乘加运算(见 Ahmed et al.,1974;Chen et al.,1977)。

DCT-1 逆变换也可用 DFT 的逆变换来计算。只需要利用式(8.163)由 $X^{c1}[k]$得出 $X_1[k]$,然后计算$(2N-2)$点 DFT 逆变换,特别是

$$X_1[k] = \begin{cases} X^{c1}[k], & k = 0, \cdots, N-1 \\ X^{c1}[2N-2-k], & k = N, \cdots, 2N-3 \end{cases} \tag{8.164}$$

且利用$(2N-2)$点 DFT 逆变换的定义,可计算出对称延拓序列

$$x_1[n] = \frac{1}{2N-2}\sum_{k=0}^{2N-3} X_1[k]e^{j2\pi kn/(2N-2)}, \qquad n = 0, 1, \cdots, 2N-3 \tag{8.165}$$

抽取该序列的前 N 个点得到 $x[n]$,即 $x[n] = x_1[n]$,$n = 0, 1, \cdots, N-1$。将式(8.164)代入式(8.165),得出 DCT-1 逆变换可用 $X^{c1}[k]$和余弦函数来表示,如式(8.153)所示(见习题 8.71)。

8.8.4 DFT 和 DCT-2 的关系

用 DFT 来表示有限长序列 $x[n]$的 DCT-2 也是有可能的。为了导出这一关系,注意周期序列

$\tilde{x}_2[n]$的一个周期定义一个 $2N$ 点序列

$$x_2[n] = x[((n))_{2N}] + x[((-n-1))_{2N}] = \tilde{x}_2[n], \qquad n = 0, 1, \cdots, 2N-1 \tag{8.166}$$

式中,$x[n]$是原 N 点实序列。由式(8.166)可得出 $2N$ 点序列 $x_2[n]$的 $2N$ 点 DFT 为

$$X_2[k] = X[k] + X^*[k]\mathrm{e}^{\mathrm{j}2\pi k/(2N)}, \qquad k = 0, 1, \cdots, 2N-1 \tag{8.167}$$

式中,$X[k]$是 N 点序列 $x[n]$的 $2N$ 点 DFT;也就是说,在这种情况下,给 $x[n]$补了 N 个零点。由式(8.167)可得

$$\begin{aligned} X_2[k] &= X[k] + X^*[k]\mathrm{e}^{\mathrm{j}2\pi k/(2N)} \\ &= \mathrm{e}^{\mathrm{j}\pi k/(2N)}\left(X[k]\mathrm{e}^{-\mathrm{j}\pi k/(2N)} + X^*[k]\mathrm{e}^{\mathrm{j}\pi k/(2N)}\right) \\ &= \mathrm{e}^{\mathrm{j}\pi k/(2N)} 2\mathcal{R}e\left\{X[k]\mathrm{e}^{-\mathrm{j}\pi k/(2N)}\right\} \end{aligned} \tag{8.168}$$

根据补零后序列 $2N$ 点 DFT 的定义可以得出

$$\mathcal{R}e\left\{X[k]\mathrm{e}^{-\mathrm{j}\pi k/(2N)}\right\} = \sum_{n=0}^{N-1} x[n]\cos\left(\frac{\pi k(2n+1)}{2N}\right) \tag{8.169}$$

因此,根据式(8.155)、式(8.167)和式(8.169),可用 N 点序列 $x[n]$的 $2N$ 点 DFT $X[k]$来表示 $X^{c2}[k]$,为

$$X^{c2}[k] = 2\mathcal{R}e\left\{X[k]\mathrm{e}^{-\mathrm{j}\pi k/(2N)}\right\}, \qquad k = 0, 1, \cdots, N-1 \tag{8.170}$$

或用式(8.166)所定义的 $2N$ 点对称延拓序列 $x_2[n]$的 $2N$ 点 DFT 表示

$$X^{c2}[k] = \mathrm{e}^{-\mathrm{j}\pi k/(2N)} X_2[k], \qquad k = 0, 1, \cdots, N-1 \tag{8.171}$$

或等效表示为

$$X_2[k] = e^{\mathrm{j}\pi k/(2N)} X^{c2}[k], \qquad k = 0, 1, \cdots, N-1 \tag{8.172}$$

在 DCT-1 的情况中,快速算法可用于计算式(8.170)和式(8.171)中的 $2N$ 点 DFT。Makhoul (1980)讨论了用 DFT 来计算 DCT-2 的其他方法(也可见习题 8.72)。另外,已经推导出计算 DCT-2的特别快速算法(Rao and Yip,1990)。

DCT-2 逆变换也可用 DFT 的逆变换来计算。计算过程中用到式(8.172)和 DCT-2 的对称性质。特别是,直接代入式(8.155)后可以很容易地证明

$$X^{c2}[2N-k] = -X^{c2}[k], \qquad k = 0, 1, \cdots, 2N-1 \tag{8.173}$$

由此可得出

$$X_2[k] = \begin{cases} X^{c2}[0], & k = 0, \\ \mathrm{e}^{\mathrm{j}\pi k/(2N)} X^{c2}[k], & k = 1, \cdots, N-1 \\ 0, & k = N, \\ -\mathrm{e}^{\mathrm{j}\pi k/(2N)} X^{c2}[2N-k], & k = N+1, N+2, \cdots, 2N-1 \end{cases} \tag{8.174}$$

利用 DFT 逆变换的定义,可以计算对称延拓序列

$$x_2[n] = \frac{1}{2N}\sum_{k=0}^{2N-1} X_2[k]\mathrm{e}^{\mathrm{j}2\pi kn/(2N)}, \qquad n = 0, 1, \cdots, 2N-1 \tag{8.175}$$

由此可得 $x[n] = x_2[n], n = 0, 1, \cdots, N-1$。将式(8.174)代入式(8.175),可以很容易地证明,DCT-2逆变换的关系式可由式(8.156)给出(见习题 8.73)。

8.8.5 DCT-2 的能量压缩性质

在许多数据压缩的应用中,DCT-2 优于 DFT,这是因为它具有一种通常称为"能量压缩"的性质。特别地,有限长序列的 DCT-2 的系数通常比 DFT 更多地集中在较低序号的部分。由 Parseval 定理可说明这一性质的重要性,对于 DCT-1,有

$$\sum_{n=0}^{N-1}\alpha[n]|x[n]|^2=\frac{1}{2N-2}\sum_{k=0}^{N-1}\alpha[k]|X^{c1}[k]|^2 \tag{8.176}$$

而对 DCT-2,有

$$\sum_{n=0}^{N-1}|x[n]|^2=\frac{1}{N}\sum_{k=0}^{N-1}\beta[k]|X^{c2}[k]|^2 \tag{8.177}$$

式中 $\beta[k]$ 如式(8.157)中所定义的。如果信号能量没有受到显著压缩,除低序号 DCT 系数外的系数可设为零,则此时 DCT 可看成集中于 DCT 的低序号部分。下例将说明这一能量压缩性质。

例 8.13 DCT-2 中的能量压缩

考虑一个形式如下式的测试输入序列:

$$x[n]=a^n\cos(\omega_0 n+\phi),\qquad n=0,1,\cdots,N-1 \tag{8.178}$$

当 $a=9,\omega_0=0.1\pi,\phi=0$ 及 $N=32$ 时,这种信号如图 8.27 所示。

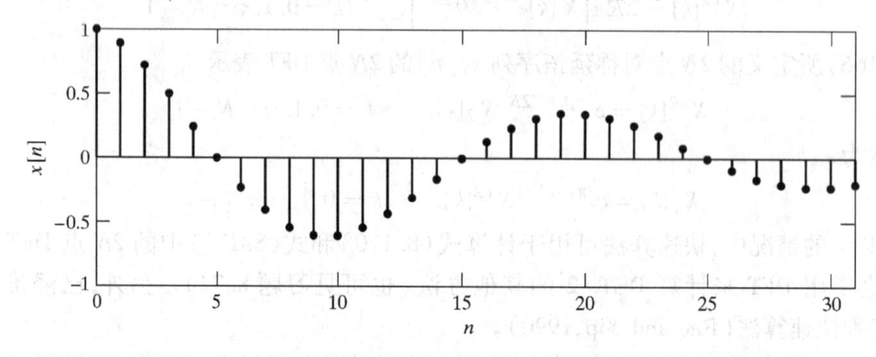

图 8.27 比较 DFT 和 DCT 的测试信号。

图 8.27 中 32 点序列的 32 点 DFT 的实部和虚部分别见图 8.28(a)和图 8.28(b),该序列的 DCT-2 见图 8.28(c)。在 DFT 的情况下,给出了当 $k=0,1,\cdots,16$ 时的实部和虚部。由于信号是实信号,所以 $X[0]$ 和 $X[16]$ 都为实数。其余值均为复数且共轭对称。因此,图 8.28(a)和图 8.28 (b)所示的 32 个实数完全决定了 32 点 DFT。在 DCT-2 的情况下,给出了 DCT-2 的全部 32 个实数值。显然,DCT-2 的值主要集中在低序号部分,所以 Parseval 定理指出序列的能量在 DCT-2 表示比在 DFT 表示中更加集中。

对于具有相同数目的实系数的两种表示,通过采用截断且比较它们的均方逼近误差可以定量地描述能量集中特性。为了做到这一点,定义

$$x_m^{\mathrm{dft}}[n]=\frac{1}{N}\sum_{k=0}^{N-1}T_m[k]X[k]\mathrm{e}^{\mathrm{j}2\pi kn/N},\qquad n=0,1,\cdots,N-1 \tag{8.179}$$

在这种情况下,$X[k]$ 为 $x[n]$ 的 N 点 DFT,并且

$$T_m[k]=\begin{cases}1, & 0\leqslant k\leqslant (N-1-m)/2\\ 0, & (N+1-m)/2\leqslant k\leqslant (N-1+m)/2\\ 1, & (N+1+m)/2\leqslant k\leqslant N-1\end{cases}$$

如果 $m=1$，则 $X[N/2]$ 这一项就会消失。若 $m=3$，则 $X[N/2]$ 项，$X[N/2-1]$ 及其相应的复共轭项 $X[N/2+1]$ 均会消失，以此类推；也就是说，当 $m=1,3,5,\cdots,N-1$ 时 $x_m^{\mathrm{dft}}[n]$ 是对称地省略掉 m 个 DFT 系数后所构成的序列。为了简化起见，假设 N 为偶数。而对于 DFT 的值有例外，$X[N/2]$ 为实数，每个所去掉的 DFT 复数值及其相应的复共轭值实际上相当于去掉了两个实数值。例如，由图 8.28(a) 和图 8.28 (b) 所示的 32 点 DFT 合成 $x_5^{\mathrm{dft}}[n]$ 时，$m=5$，对应于将系数 $X[14]$，$X[15]$，$X[16]$，$X[17]$ 和 $X[18]$ 设为零。同样，也可截断 DCT-2 表示得到

$$x_m^{\mathrm{dct}}[n]=\frac{1}{N}\sum_{k=0}^{N-1-m}\beta[k]X^{c2}[k]\cos\left(\frac{\pi k(2n+1)}{2N}\right),\quad 0\leqslant n\leqslant N-1 \tag{8.180}$$

在这种情况下，若 $m=5$，在由图 8.28(c) 所示的 DCT-2 组合成 $x_m^{\mathrm{dct}}[n]$ 的情况下，就会省略掉 DCT-2 的系数 $X^{c2}[27],\cdots,X^{c2}[31]$。因为这些系数很小，所以 $x_5^{\mathrm{dct}}[n]$ 与 $x[n]$ 的差别很小。

为了说明 DFT 和 DCT-2 的逼近误差取决于 m，定义

$$E^{\mathrm{dft}}[m]=\frac{1}{N}\sum_{n=0}^{N-1}|x[n]-x_m^{\mathrm{dft}}[n]|^2$$

及

$$E^{\mathrm{dct}}[m]=\frac{1}{N}\sum_{n=0}^{N-1}|x[n]-x_m^{\mathrm{dct}}[n]|^2$$

分别为截断后的 DFT 和 DCT 的均方逼近误差。在图 8.29 画出了这些误差，其中用“。”表示 $E^{\mathrm{dft}}[m]$，用“·”表示 $E^{\mathrm{dct}}[m]$。对于 $m=0$(无截断)和 $m=N-1$(只保留直流分量)的特殊情况，DFT 的截断函数为 $T_0[k]=1,0\leqslant k\leqslant N-1$，$T_{N-1}[k]=0,1\leqslant k\leqslant N-1$ 及 $T_{N-1}[0]=1$。在这些情况下，两种表示有同样的误差。当 $1\leqslant m\leqslant 30$ 时，DFT 的误差随着 m 的增加而稳步增大，而 DCT 的误差大约在 $m=25$ 之前均很小。这意味着序列 $x[n]$ 的 32 个样本值可用 7 个 DCT-2 的系数来表示，且误差很小。

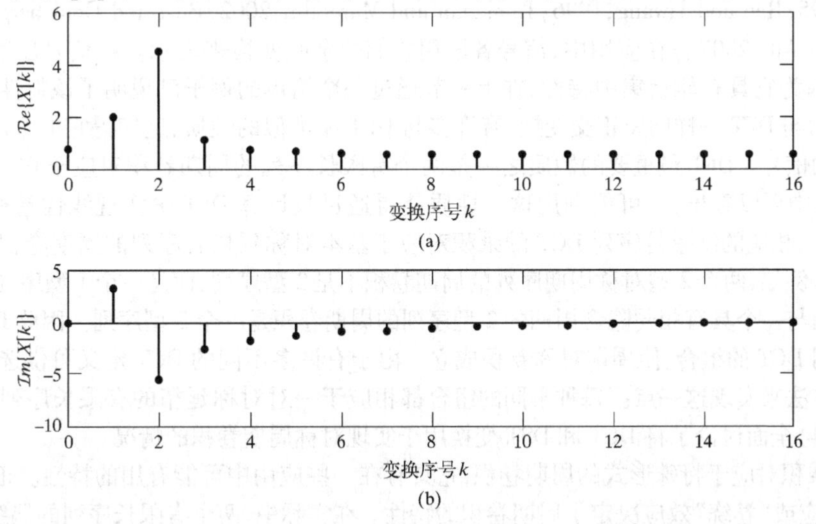

图 8.28　(a) 32 点 DFT 的实部；(b) 32 点 DFT 的虚部；(c) 图 8.27 所示测试信号的 32 点 DCT-2

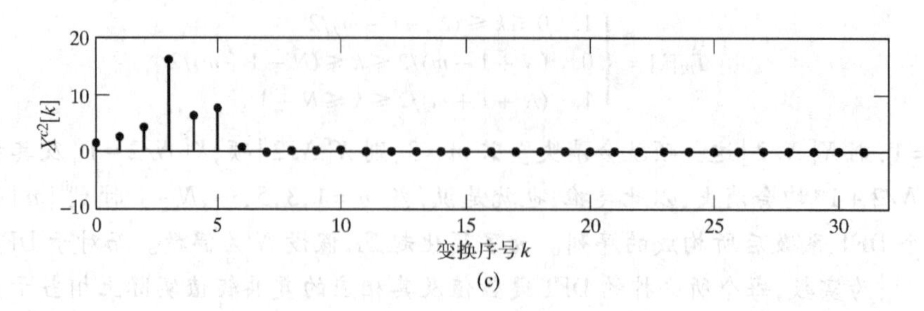

图 8.28(续)　(a) 32 点 DFT 的实部;(b) 32 点 DFT 的虚部;(c) 图 8.27 所示测试信号的 32 点 DCT-2

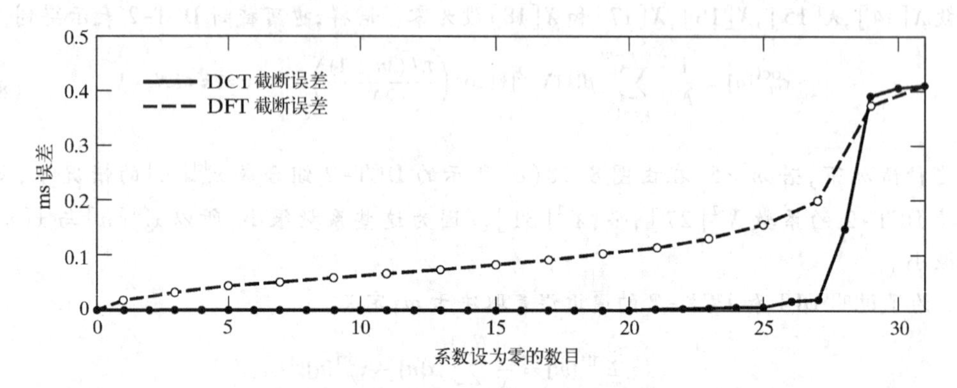

图 8.29　DFT 和 DCT-2 截断误差的比较

例 8.13 中的信号是一个具有零相位的低频指数衰减信号。选择这个例子,是为了重点说明这一能量压缩性质。并不是每一个 $x[n]$ 都能给出如此理想的结果。高通信号,以及如式(8.178)给出的具有不同参数的一些信号,均不能给出如此理想的差别。然而,在许多人们关心的数据压缩的场合, DCT-2 比 DFT 具有显著的优点。可以证明(Rao and Yip,1990),对于具有复指数相关函数的序列在使均方截断误差最小的意义上,DCT-2 是接近最优的。

8.8.6　DCT 的应用

DCT-2 主要应用在信号压缩方面,它是许多标准化算法的关键部分。(见 Jayant and Noll, 1984;Pau,1995;Rao and Hwang,1996;Tambman and Marcellin,2002;Bosi and Gold berg,2003;Spanias,Painter and Atti,2007。)在应用中,信号各段用它们的余弦变换来表示。在信号压缩中广泛使用 DCT 主要是因为它具有能量集中特性,在上一节通过一个简单的例子已说明了该特性。

DCT 表示与 DFT 一样同属正交变换,有许多与 DFT 相类似的性质,这使得它们可以很灵活地来处理所表示的信号。DFT 最重要的性质之一是两个有限长序列的周期卷积对应于它们的 DFT 的乘积。在 8.7 节中可以看出,有可能利用这一性质使得通过只计算 DFT 来实现线性卷积的计算。在 DCT 的情况下,相应的结果是序列 DCT 的乘积对应于基本对称延拓后序列的周期卷积。但是,还有另外的困难。例如,两个 2 型对称周期序列的周期卷积不是 2 型序列,而是一个 1 型序列。另一方面,一个 1 型序列与一个具有相同隐含周期的 2 型序列的周期卷积是一个 2 型序列。因此 DCT 乘积的逆变换要求不同 DCT 的组合,使周期对称卷积成立。由于有许多不同的 DCT 定义可供选择,所以存在很多不同的方法来实现这一点。每种不同的组合都相应于一对对称延拓的有限长序列的周期卷积。Murtucci(1994)全面讨论了将 DCT 和 DST 变换用于实现对称周期卷积的情况。

DCT 的乘积对应于特殊形式的周期卷积,它具有在一些应用中可能有用的特性。正如对 DFT 的认识,端点效应或“卷绕”效应决定了周期卷积的特性。在实际中,两个有限长序列的偶线性卷积和由输入的接入和断开引起的脉冲响应一样,具有端点效应。周期对称卷积的端点效应与普通卷积以及由 DFT 乘积得出的周期卷积不同。对称延拓在端点产生对称性。"平滑"的边界意味着通常会减轻有限长序列卷积时所产生的端点效应。对称卷积极为有用的一个领域是图像滤波,在滤波处理中对称卷积可发觉有害的边缘效应且被看成有碍的人为现象。在这类表示方法中,DCT 可能要比 DFT 或通常的线性卷积优越。当通过 DCT 的乘积来计算周期对称卷积时,可把它看成将足量的零样本点加在每个序列的起始和结束端而形成的扩展序列的一般卷积。

8.9 小结

本章讨论了有限长序列的傅里叶表示。讨论大部分集中于离散傅里叶变换(DFT),它以周期序列的离散傅里叶级数表示为基础。通过定义一个每个周期都等于某有限长序列的周期序列,DFT 就等于一个周期中的傅里叶级数系数。因为基本周期性的重要性,首先研究了离散傅里叶级数表示的性质,然后利用有限长序列来解释这些性质。一个重要的结论是 DFT 的值等于在单位圆的等间隔点上变换的采样值。这就引起了在解释 DFT 性质时对时间混叠的关注,当研究循环卷积以及它和线性卷积的关系时广泛地用到这一概念。另外,还利用这一研究成果说明如何利用 DFT 来实现一个有限长脉冲响应与一个长度相等的输入信号之间的线性卷积。

本章最后引入了对离散余弦变换的介绍,说明了 DCT 和 DFT 两者是紧密联系在一起的,并都对周期性有着隐含的假设。本章用一个例子说明了能量压缩性质,它是 DCT 在数据压缩中广泛应用的重要原因。

习题

基本题(附答案)

8.1 假设 $x_c(t)$ 是一个周期的连续时间信号,其周期为 1 ms,它的傅里叶级数为

$$x_c(t) = \sum_{k=-9}^{9} a_k e^{j(2000\pi kt)}$$

对于 $|k|>9$,傅里叶系数 a_k 为零。以采样间隔 $T=\frac{1}{6}\times 10^{-3}$ s 对 $x_c(t)$ 采样得到 $x[n]$:

$$x[n] = x_c\left(\frac{n}{6000}\right)$$

(a) $x[n]$ 是周期的吗?如果是,周期为多少?

(b) 采样率是否高于奈奎斯特采样率,也就是说 T 是否充分小从而可以避免混叠?

(c) 利用 a_k 求出 $x[n]$ 的离散傅里叶级数系数。

8.2 设 $\tilde{x}[n]$ 是一个周期为 N 的周期序列,$\tilde{x}[n]$ 还是一个周期为 $3N$ 的周期序列。令 $\tilde{X}[k]$ 表示为周期为 N 的周期序列的 $\tilde{x}[n]$ 的 DFS 系数,$\tilde{X}_3[k]$ 表示为周期为 $3N$ 的周期序列的 $\tilde{x}[n]$ 的 DFS 系数。

(a) 用 $\tilde{X}[k]$ 表示出 $\tilde{X}_3[k]$。

(b) 用公式计算 $\tilde{X}[k]$ 和 $\tilde{X}_3[k]$,当 $\tilde{x}[n]$ 为图 P8.2 中给定的序列时,证明你在(a)中得出的结果。

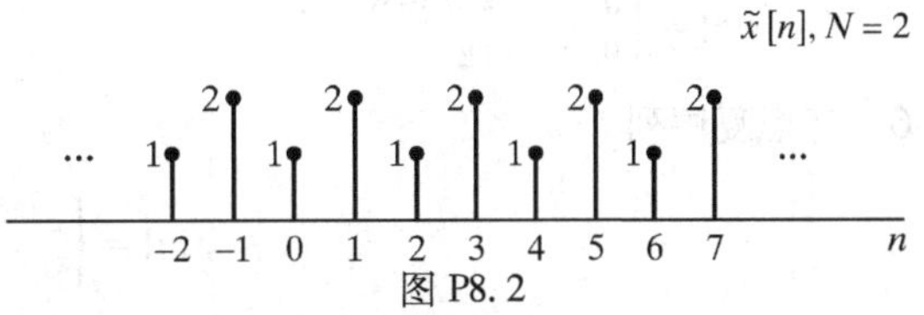

$\tilde{x}[n], N=2$

… 1 2 1 2 1 2 1 2 1 2 …

−2 −1 0 1 2 3 4 5 6 7 n

图 P8.2

8.3 图 P8.3 画出三个周期序列 $\tilde{x}_1[n]$ 到 $\tilde{x}_3[n]$。这些序列可用傅里叶级数表示为

$$\tilde{x}[n] = \frac{1}{N}\sum_{k=0}^{N-1} \tilde{X}[k] e^{j(2\pi/N)kn}$$

(a) 哪一个序列可通过选择时间起始点使所有的$\widetilde{X}[k]$为实数?

(b) 哪一个序列可通过选择时间起始点使所有的$\widetilde{X}[k]$为虚数(k为N的整数倍时除外)?

(c) 哪一个序列有$\widetilde{X}[k]=0, k=\pm2, \pm4, \pm6$等?

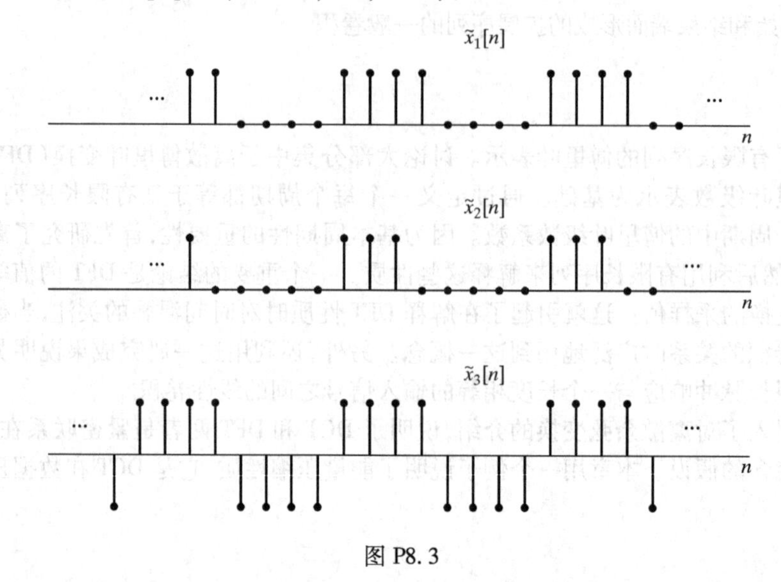

图 P8.3

8.4 考虑由式$x[n]=\alpha^n u[n]$给出的序列$x[n]$。周期序列$\tilde{x}[n]$由$x[n]$用下列方式构成:

$$\tilde{x}[n]=\sum_{r=-\infty}^{\infty}x[n+rN]$$

(a) 求$x[n]$的傅里叶变换$X(e^{j\omega})$。

(b) 求$\tilde{x}[n]$的离散傅里叶级数$\widetilde{X}[k]$。

(c) $\widetilde{X}[k]$与$X(e^{j\omega})$有何联系?

8.5 计算下列每一个长度为N(N为偶数)的有限长序列的 DFT:

(a) $x[n]=\delta[n]$,

(b) $x[n]=\delta[n-n_0], \quad 0\leqslant n_0\leqslant N-1$

(c) $x[n]=\begin{cases}1, & n\text{为奇数 } 0\leqslant n\leqslant N-1\\ 0, & n\text{为偶数 } 0\leqslant n\leqslant N-1\end{cases}$

(d) $x[n]=\begin{cases}1, & 0\leqslant n\leqslant N/2-1\\ 0, & N/2\leqslant n\leqslant N-1\end{cases}$

(e) $x[n]=\begin{cases}a^n, & 0\leqslant n\leqslant N-1\\ 0, & \text{其他}\end{cases}$

8.6 考虑复序列

$$x[n]=\begin{cases}e^{j\omega_0 n}, & 0\leqslant n\leqslant N-1\\ 0, & \text{其他}\end{cases}$$

(a) 求$x[n]$的傅里叶变换$X(e^{j\omega})$。

(b) 求有限长序列$x[n]$的N点 DFT $X[k]$。

(c) 对于$\omega_0=2\pi k_0/N$,其中k_0为整数的情况,求$x[n]$的 DFT。

8.7 考虑图 P8.7 中的有限长序列$x[n]$。令$X(z)$为$x[n]$的z变换。如果在$z=e^{j(2\pi/4)k}$, $k=0,1,2,3$

处对 $X(z)$ 采样，则可得到

$$X_1[k] = X(z)\big|_{z=e^{j(2\pi/4)k}}, \qquad k = 0, 1, 2, 3$$

画出作为 $X_1[k]$ 的 IDFT 的序列 $x_1[n]$ 的草图。

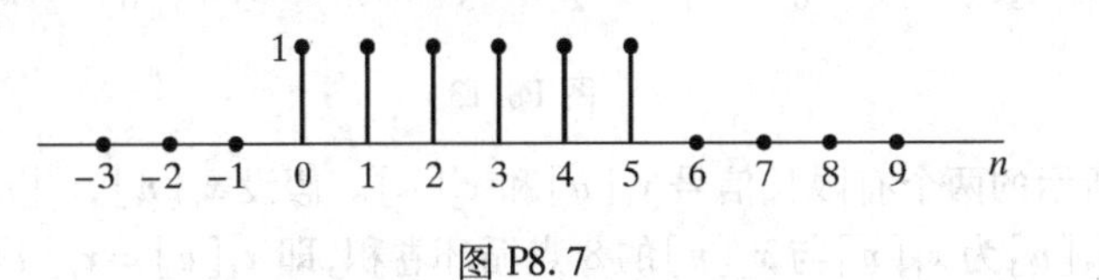

图 P8.7

8.8 设 $X(e^{j\omega})$ 为序列 $x[n] = (0.5)^n u[n]$ 的傅里叶变换。令 $y[n]$ 表示一个长度为 10 的有限长序列，即 $y[n] = 0, n < 0$ 和 $y[n] = 0, n \geqslant 10$。$y[n]$ 的 10 点 DFT 用 $Y[k]$ 表示，它对应于 $X(e^{j\omega})$ 的 10 个等间隔样本，即 $Y[k] = X(e^{j2\pi k/10})$。求 $y[n]$。

8.9 研究 20 点有限长序列 $x[n]$，使得在 $0 \leqslant n \leqslant 19$ 之外 $x[n] = 0$，并且令 $X(e^{j\omega})$ 表示 $x[n]$ 的傅里叶变换。

(a) 如果希望通过计算一个 M 点 DFT 来求出 $\omega = 4\pi/5$ 处的 $X(e^{j\omega})$，试确定最小可能的数 M 并提出一种用最小的 M 求出 $\omega = 4\pi/5$ 处 $X(e^{j\omega})$ 的方法。

(b) 如果希望通过计算一个 L 点 DFT 来求出 $\omega = 10\pi/27$ 处的 $X(e^{j\omega})$，试确定最小可能的数 L 并提出一种用最小的 L 求出 $X(e^{j10\pi/27})$ 的方法。

8.10 两个 8 点序列 $x_1[n]$ 和 $x_2[n]$ 如图 P8.10 所示，其 DFT 分别为 $X_1[k]$ 和 $X_2[k]$。试确定 $X_1[k]$ 和 $X_2[k]$ 之间的关系式。

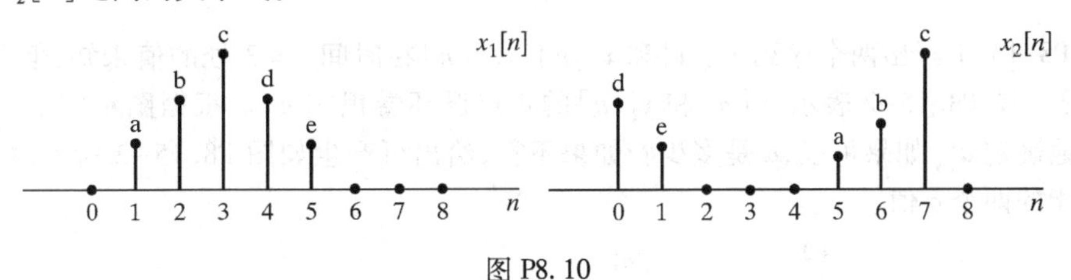

图 P8.10

8.11 图 P8.11 表示两个有限长序列 $x_1[n]$ 和 $x_2[n]$。绘出它们 6 点循环卷积的图形。

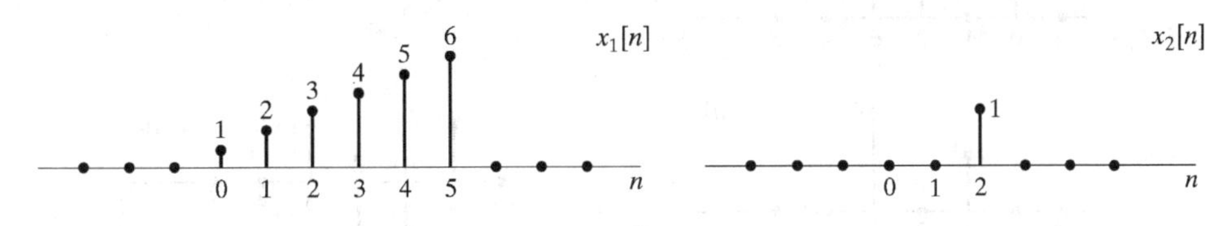

图 P8.11

8.12 假设有两个 4 点序列 $x[n]$ 和 $h[n]$，表达式如下：

$$x[n] = \cos\left(\frac{\pi n}{2}\right), \quad n = 0, 1, 2, 3$$
$$h[n] = 2^n, \qquad n = 0, 1, 2, 3$$

(a) 计算 4 点 DFT $X[k]$。

(b) 计算 4 点 DFT $H[k]$。

(c) 直接循环卷积计算 $y[n] = x[n]④h[n]$。

(d) 利用将 $x[n]$ 和 $h[n]$ 的 DFT 相乘，然后求其 IDFT 的方法，计算(c)中的 $y[n]$。

8.13 考虑如图 P8.13 所示的有限长序列 $x[n]$。用 $X[k]$ 表示 $x[n]$ 的 5 点 DFT。画出序列 $y[n]$，其 DFT 为

$$Y[k] = W_5^{-2k} X[k]$$

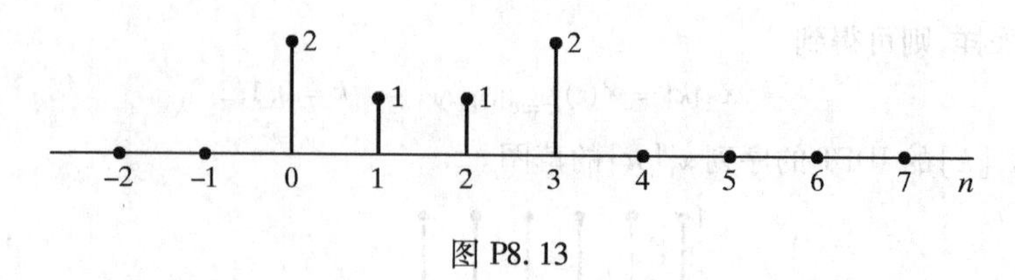

图 P8.13

8.14 如图 P8.14 所示的两个有限长信号 $x_1[n]$ 和 $x_2[n]$。假设 $x_1[n]$,$x_2[n]$ 在图中所示区域之外均为零。设 $x_3[n]$ 为 $x_1[n]$ 与 $x_2[n]$ 的 8 点循环卷积,即 $x_3[n]=x_1[n]⑧x_2[n]$,求 $x_3[2]$。

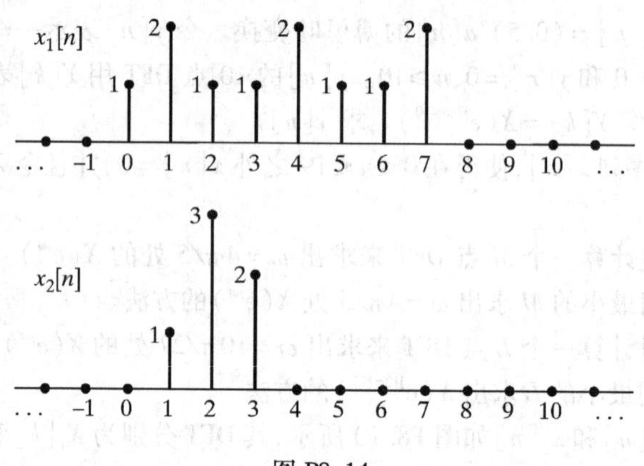

图 P8.14

8.15 图 P8.15-1 画出两个序列 $x_1[n]$ 和 $x_2[n]$。$x_2[n]$ 在时间 $n=3$ 处的值未知,但可用变量 a 表示。图 P8.15-2 表示 $x_1[n]$ 和 $x_2[n]$ 的 4 点循环卷积 $y[n]$。根据图示的 $y[n]$,能否唯一地确定 a? 如果可以,a 是多少? 如果不行,给出可产生如图 P8.15-2 所示序列 $y[n]$ 的可能的两个 a 值。

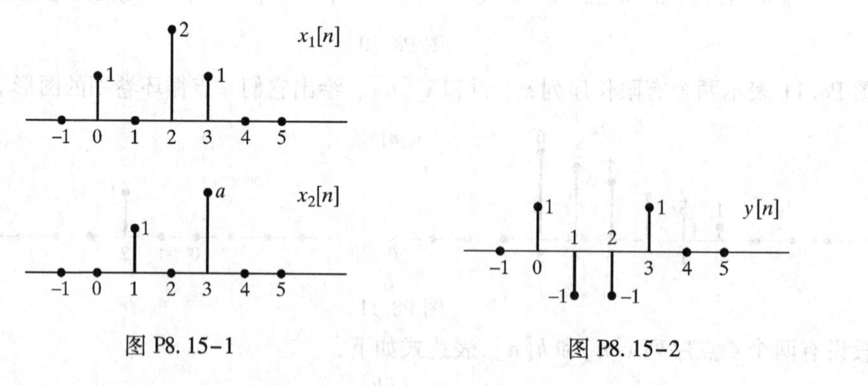

图 P8.15-1 图 P8.15-2

8.16 图 P8.16-1 表示一个 6 点离散时间序列 $x[n]$。假设在图示区间外 $x[n]=0$。$x[4]$ 的值未知且用 b 表示。注意,图中用 b 表示的样本并不一定是按比例画出的。令 $X(e^{j\omega})$ 表示 $x[n]$ 的 DTFT,$X_1[k]$ 表示 $X(e^{j\omega})$ 在每隔 $\pi/2$ 处的样本,即

$$X_1[k]=X(e^{j\omega})|_{\omega=(\pi/2)k},\qquad 0\leqslant k\leqslant 3$$

由 $X_1[k]$ 的 4 点 DFT 逆变换得到的 4 点序列 $x_1[n]$ 如图 P8.16-2 所示。根据这幅图,能否唯一地确定 b 值? 如果可以,试求出 b 的值。

8.17 两个有限长序列 $x_1[n]$ 和 $x_2[n]$ 如图 P8.17 所示。使得 $x_1[n]$ 和 $x_2[n]$ 的 N 点循环卷积等于这两个序列的线性卷积,即 $x_1[n]Ⓝx_2[n]=x_1[n]*x_2[n]$ 的最小 N 值是多少?

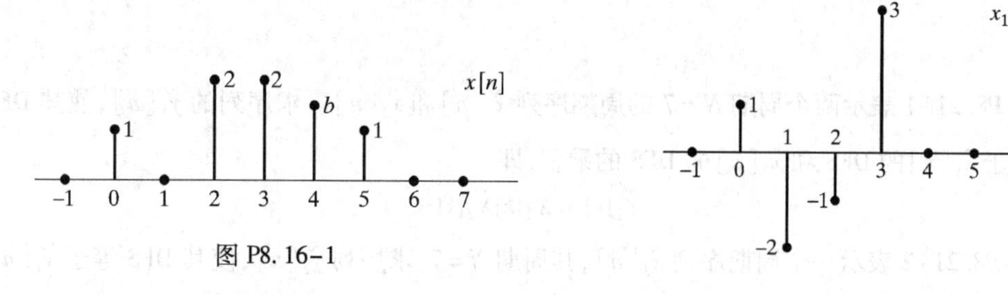

图 P8.16-1

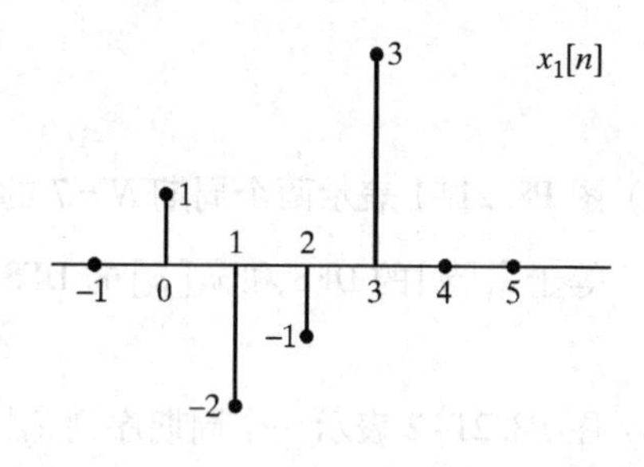

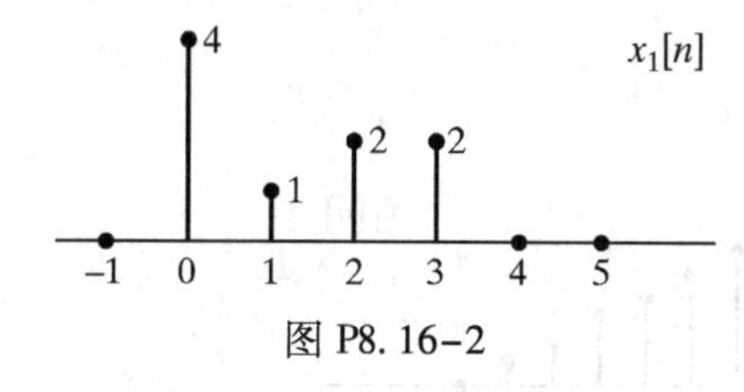

图 P8.16-2

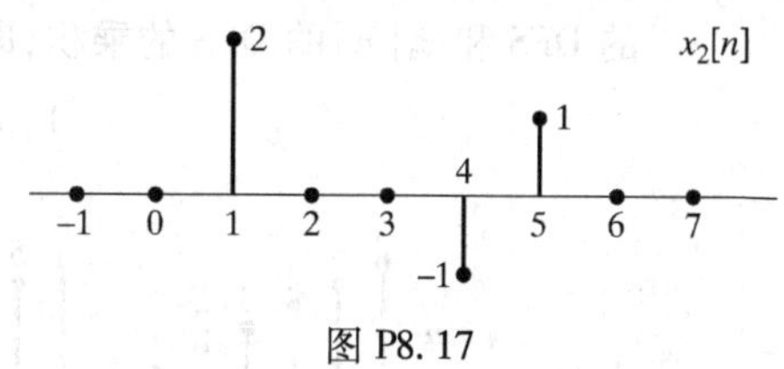

图 P8.17

8.18　图 P8.18-1 表示一个序列 $x[n]$，其 $x[3]$ 的值是未知常数 c。幅度为 c 的样本并不一定是按比例画出的。设

$$X_1[k] = X[k]\mathrm{e}^{-\mathrm{j}(2\pi km/6)}$$

式中 $X[k]$ 是 $x[n]$ 的 5 点 DFT。图 P8.18-2 画出的序列 $x_1[n]$ 是 $X_1[k]$ 的 DFT 逆变换。求 c 值是多少?

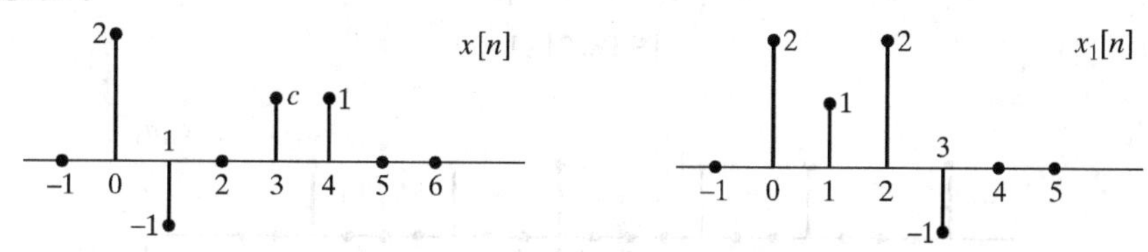

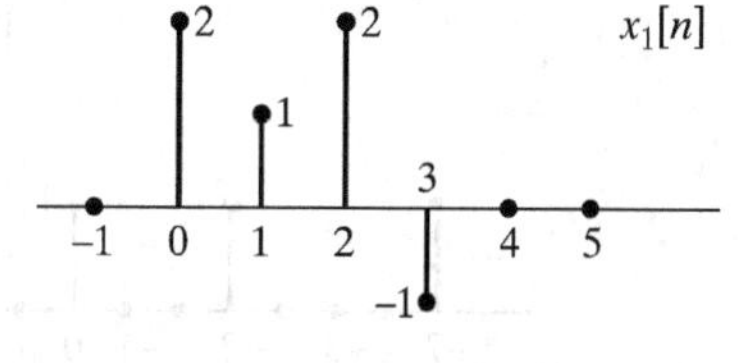

图 P8.18-1　　　图 P8.18-2

8.19　两个有限长序列 $x[n]$ 和 $x_1[n]$ 如图 P8.19 所示。它们的 DFT 分别为 $X[k]$ 和 $X_1[k]$，且有如下关系：

$$X_1[k] = X[k]\mathrm{e}^{-\mathrm{j}(2\pi km/6)}$$

式中 m 是未知常数。能否求出与图 P8.19 相一致的 m 值? m 值是否唯一? 如果唯一，说明理由。如果不唯一，求出另一个符合上述条件的 m 值。

8.20　两个有限长序列 $x[n]$ 和 $x_1[n]$ 如图 P8.20 所示。它们的 DFT 分别记为 $X[k]$ 和 $X_1[k]$，关系如下式：

$$X_1[k] = X[k]\mathrm{e}^{\mathrm{j}2\pi k2/N}$$

其中 N 是未知常量。可否求出与图 P8.20 相一致的 N? N 是否唯一? 若是，验证你的答案。若不是，求出另一个符合条件的 N。

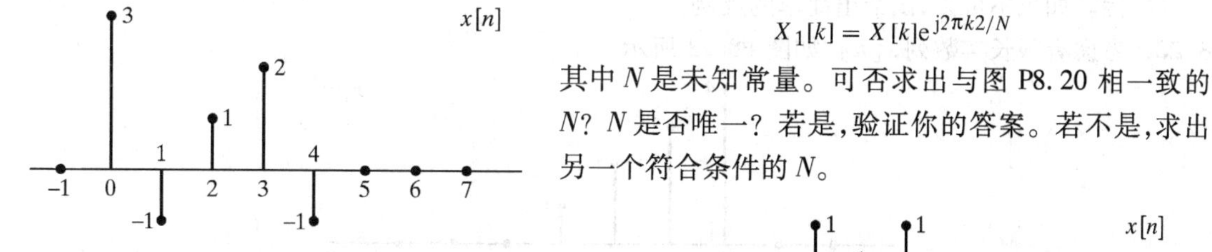

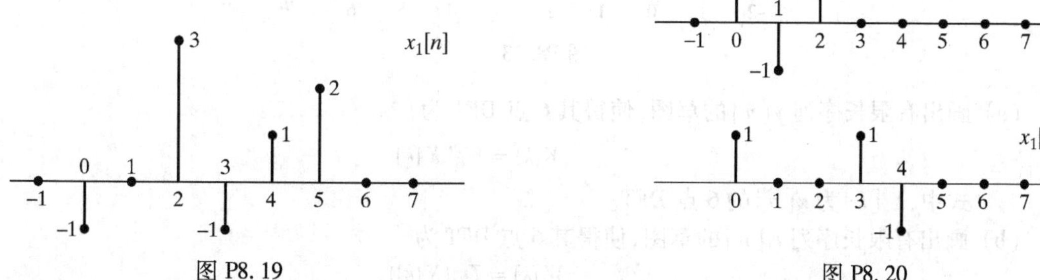

图 P8.19

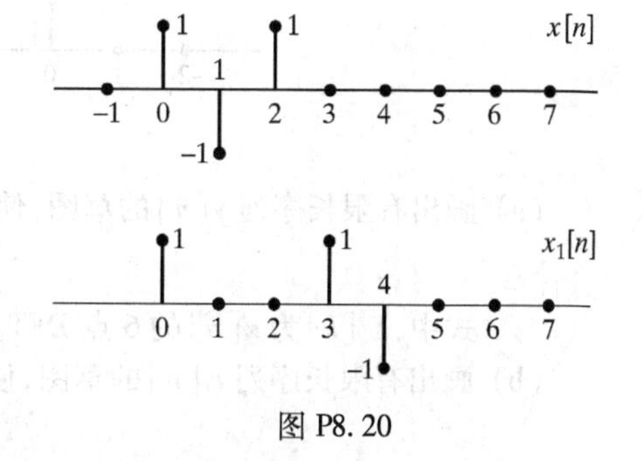

图 P8.20

基本题

8.21 (a) 图 P8.21-1 表示两个周期 $N=7$ 的周期序列 $\tilde{x}_1[n]$ 和 $\tilde{x}_2[n]$。求序列的 $\tilde{y}_1[n]$,使其 DFS 等于 $\tilde{x}_1[n]$ 的 DFS 和 $\tilde{x}_2[n]$ 的 DFS 的乘积,即

$$\tilde{Y}_1[k]=\tilde{X}_1[k]\tilde{X}_2[k]$$

(b) 图 P8.21-2 表示一个周期序列 $\tilde{x}_3[n]$,其周期 $N=7$,求序列 $\tilde{y}_2[n]$,使其 DFS 等于 $\tilde{x}_1[n]$ 的 DFS 和 $\tilde{x}_3[n]$ 的 DFS 的乘积,即

$$\tilde{Y}_2[k]=\tilde{X}_1[k]\tilde{X}_3[k]$$

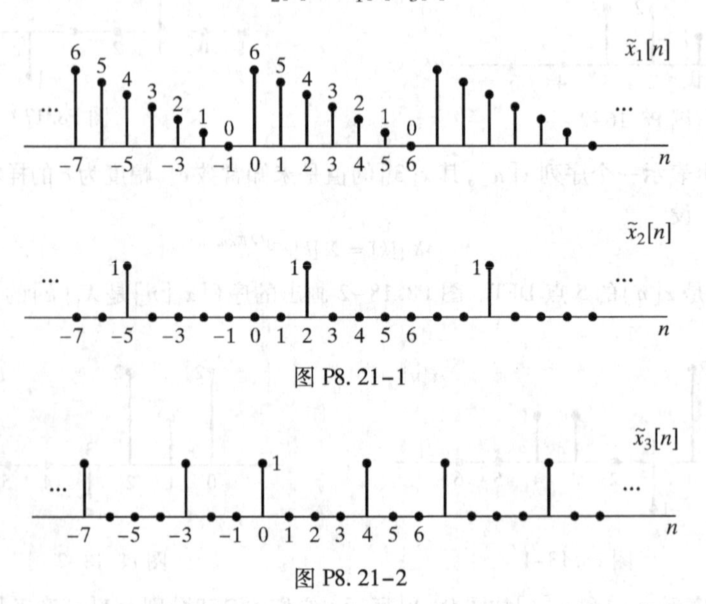

图 P8.21-1

$\tilde{x}_3[n]$

... 1 ...

−7 −5 −3 −1 0 1 2 3 4 5 6 n

图 P8.21-2

8.22 考虑一个 N 点序列 $x[n]$,即

$$x[n]=0,\quad n>N-1 \text{ 和 } n<0$$

$x[n]$ 的离散时间傅里叶变换为 $X(e^{j\omega})$,N 点 DFT 为 $X[k]$。如果当 $k=0,1,\cdots,N-1$ 时,$\mathcal{R}e\{X[k]\}=0$,是否可以得出结论,当 $-\pi\leqslant\omega\leqslant\pi$ 时,$\mathcal{R}e\{X(e^{j\omega})\}=0$?如果可以,试说明原因。如果不可以,试给出简单的反例。

8.23 考虑有限长实数列 $x[n]$,如图 P8.23 所示。

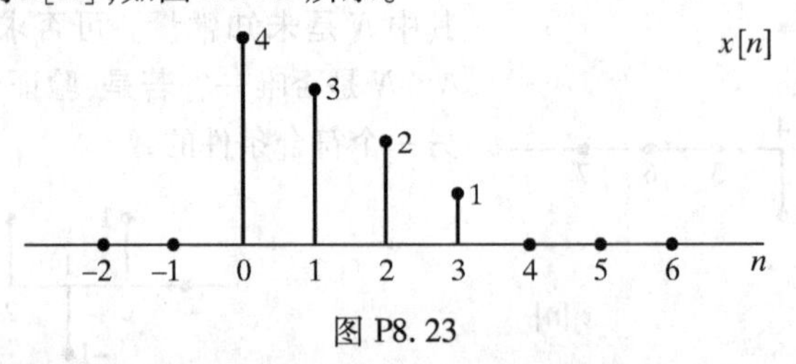

图 P8.23

(a) 画出有限长序列 $y[n]$ 的草图,使得其 6 点 DFT 为

$$Y[k]=W_6^{5k}X[k]$$

式中,$X[k]$ 为 $x[n]$ 的 6 点 DFT。

(b) 画出有限长序列 $w[n]$ 的草图,使得其 6 点 DFT 为

$$W[k]=\mathcal{I}m\{X[k]\}$$

（c）画出有限长序列 $q[n]$ 的草图，使得其 3 点 DFT 为

$$Q[k] = X[2k+1], \quad k = 0, 1, 2$$

8.24 图 P8.24 表示一个有限长序列 $x[n]$。画出由下式确定的序列 $x_1[n]$ 和 $x_2[n]$ 的草图：

$$x_1[n] = x[((n-2))_4], \quad 0 \leqslant n \leqslant 3$$

$$x_2[n] = x[((-n))_4], \quad 0 \leqslant n \leqslant 3$$

8.25 考虑信号 $x[n] = \delta[n-4] + 2\delta[n-5] + \delta[n-6]$。

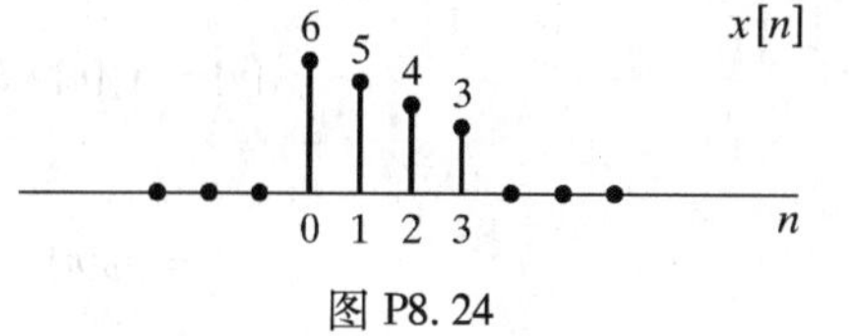

图 P8.24

（a）求 $x[n]$ 的离散时间傅里叶变换 $X(e^{j\omega})$。写出 $X(e^{j\omega})$ 的幅度和相位的表达式并画出函数草图。

（b）找出所有使得 N 点 DFT 为实数的 N 值。

（c）试找出一 3 点因果信号 $x_1[n]$（如当 $n<0$ 和 $n>2$ 时，$x_1[n]=0$），使得其 3 点 DFT 为

$$X_1[k] = |X[k]|, \quad k = 0, 1, 2$$

式中，$X[k]$ 是 $x[n]$ 的 3 点 DFT。

8.26 已知有限长序列 $x[n]$ 的 DFT $X[k]$ 与 DTFT $X(e^{j\omega})$ 在频率 $\omega_k = (2\pi/N)k$ 处的抽样值相等，即当 $k=0,1,\cdots,N-1$ 时，$X[k] = X(e^{j(2\pi/N)k})$。现考虑序列 $y[n] = e^{-j(\pi/N)n}x[n]$，其 DFT 为 $Y[k]$。

（a）确定 DFT $Y[k]$ 和 DTFT $X(e^{j\omega})$ 的关系。

（b）（a）中的结果表明 $Y[k]$ 是 $X(e^{j\omega})$ 不同形式的采样，那么对 $X(e^{j\omega})$ 采样的频率是什么？

（c）如何修改 DFT $Y[k]$，才能恢复原始信号 $x[n]$？

8.27 10 点序列 $g[n]$ 的 10 点 DFT 为

$$G[k] = 10\,\delta[k]$$

求 $g[n]$ 的 DTFT $G(e^{j\omega})$。

8.28 考虑 6 点序列

$$x[n] = 6\delta[n] + 5\delta[n-1] + 4\delta[n-2] + 3\delta[n-3] + 2\delta[n-4] + \delta[n-5]$$

如图 P8.28 所示。

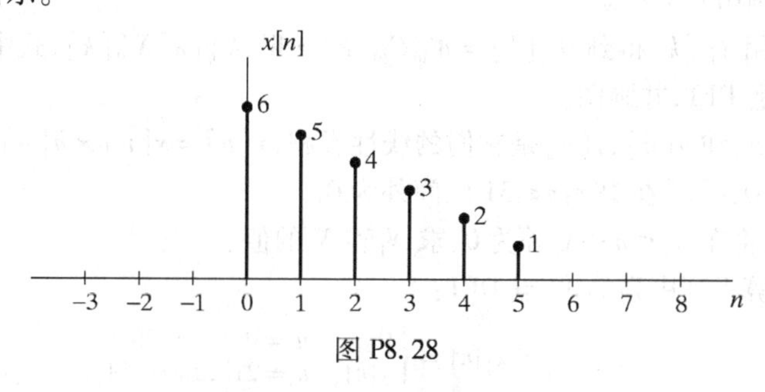

图 P8.28

（a）求 $x[n]$ 的 6 点 DFT $X[k]$，用 $W_6 = e^{-j2\pi/6}$ 表示。

（b）画出 $W[k] = W_6^{-2k}X[k]$ 的 6 点逆 DFT $w[n]$，$n = 0, 1, \cdots, 5$。

（c）选用合适方法求 $x[n]$ 与序列 $h[n] = \delta[n] + \delta[n-1] + \delta[n-2]$ 的 6 点循环卷积，并画出结果。

（d）如何确定 N，使得 $x[n]$ 与给定 $h[n]$ 的 N 点循环卷积与线性卷积结果相同？也就是确定 N，使得

$$y_p[n] = x[n] \circledN h[n] = \sum_{m=0}^{N-1} x[m]h[((n-m))_N]$$

$$= x[n] * h[n] = \sum_{m=-\infty}^{\infty} x[m]h[n-m], \; 0 \leqslant n \leqslant N-1$$

(e) 在某些应用中,如多载波通信系统(见 Starr et al.,1999),要求有限长信号的 L 点抽样值 $x[n]$ 与更短的有限长冲激响应 $h[n]$ 的线性卷积在 $0\leqslant n\leqslant L-1$ 上与相应的 L 点循环卷积相等。这可以通过适当增加 $x[n]$ 来实现。在图 P8.28 中,$L=6$,在给定序列 $x[n]$ 上增加点数得到新序列 $x_1[n]$,使得 $x_1[n]$ 与(c)中序列 $h[n]$ 的线性卷积 $y_1[n]=x_1[n]*h[n]$ 满足下面方程:

$$y_1[n]=x_1[n]*h[n]=\sum_{m=-\infty}^{\infty}x_1[m]h[n-m]$$

$$=y_p[n]=x[n] \text{Ⓛ} h[n]=\sum_{m=0}^{5}x[m]h[((n-m))_6],\quad 0\leqslant n\leqslant 5$$

(f) 将(e)中的结果一般化,$h[n]$ 在 $0\leqslant n\leqslant M$ 时为非零,$x[n]$ 在 $0\leqslant n\leqslant L-1$ 时为非零,这里 $M<L$。应如何根据 $x[n]$ 构造 $x_1[n]$,使得当 $0\leqslant n\leqslant L-1$ 时,线性卷积 $x_1[n]*h[n]$ 等于循环卷积 $x[n]$Ⓛ$h[n]$?

8.29 考虑 5 点实序列

$$x[n]=\delta[n]+\delta[n-1]+\delta[n-2]-\delta[n-3]+\delta[n-4]$$

其自相关为下式的逆 DTFT:

$$C(e^{j\omega})=X(e^{j\omega})X^*(e^{j\omega})=|X(e^{j\omega})|^2$$

式中,$X^*(e^{j\omega})$ 是 $X(e^{j\omega})$ 的复共轭。对于给定 $x[n]$,自相关为

$$c[n]=x[n]*x[-n]$$

(a) 画出序列 $c[n]$。观察对于所有的 n 都有 $c[-n]=c[n]$。

(b) 假设计算序列 $x[n]$ 的 7 点 DFT($N=5$),记为 $X_5[k]$。然后计算 $C_5[k]=X_5[k]X_5^*[k]$ 的逆 DFT。画出 $c_5[n]$。$c_5[n]$ 与(a)中的 $c[n]$ 有什么关系?

(c) 假设计算序列 $x[n]$ 的 10 点 DFT($N=10$),记为 $X_{10}[k]$。计算 $C_{10}[k]=X_{10}[k]X_{10}^*[k]$ 的逆 DFT。画出 $c_{10}[n]$。

(d) 现假设利用 $X_{10}[k]$ 得到 $D_{10}[k]=W_{10}^{5k}C_{10}[k]=W_{10}^{5k}X_{10}[k]X_{10}^*[k]$,式中 $W_{10}=e^{-j(2\pi/10)}$,计算 $D_{10}[k]$ 的逆 DFT,并画图。

8.30 考虑两序列 $x[n]$ 和 $h[n]$,$y[n]$ 是它们的线性卷积,$y[n]=x[n]*h[n]$,假设 $x[n]$ 在 $21\leqslant n\leqslant 31$ 区间外为 0,$h[n]$ 在 $18\leqslant n\leqslant 31$ 区间外为 0。

(a) 信号 $y[n]$ 将在 $N_1\leqslant n\leqslant N_2$ 外为 0,求 N_1 和 N_2 的值。

(b) 现假设计算下列序列的 32 点 DFT:

$$x_1[n]=\begin{cases}0, & n=0,1,\cdots,20\\ x[n], & n=21,22,\cdots,31\end{cases}$$

$$h_1[n]=\begin{cases}0, & n=0,1,\cdots,17\\ h[n], & n=18,19,\cdots,31\end{cases}$$

(即序列开始时的 0 采样值也包含在内)。由此得到 $Y_1[k]=X_1[k]H_1[k]$。定义 $y_1[n]$ 为 $Y_1[k]$ 的 32 点逆 DFT,那么 $y_1[n]$ 与线性卷积 $y[n]$ 的关系是什么?当 $0\leqslant n\leqslant 31$ 时,写出 $y_1[n]$ 关于 $y[n]$ 的表达式。

(c) 假设可以任意设定(b)中 DFT 的长度 N,使得序列的末尾也填充为 0,那么当 $0\leqslant n\leqslant N-1$ 时,满足 $y_1[n]=y[n]$ 的最小 N 值是多少?

8.31 考虑序列 $x[n]=2\delta[n]+\delta[n-1]-\delta[n-2]$。

(a) 求 $x[n]$ 的 DTFT $X(e^{j\omega})$ 和 $y[n]=x[-n]$ 的 DTFT $Y(e^{j\omega})$。

(b) 利用(a)中的结果求 $W(e^{j\omega})=X(e^{j\omega})Y(e^{j\omega})$。

(c) 利用(b)中的结果,画出 $w[n]=x[n]*y[n]$。

(d) 画出当 $0\leqslant n\leqslant 3$ 时,序列 $y_p[n]=x[((-n))_4]$ 作为 n 的函数的图形。

(e) 选用合适的方法计算 $x[n]$ 与 $y_p[n]$ 的 4 点循环卷积,记为 $w_p[n]$,并画图。

(f) 如果将 $x[n]$ 与 $y_p[n]=x[((-n))_N]$ 进行卷积,如何选择 N 使其可以避免时域混叠?

8.32 对于长度为 P 的有限长序列 $x[n]$,当 $n<0$ 和 $n\geqslant P$ 时 $x[n]=0$。要计算傅里叶变换在 N 等间隔采样频率处的采样值

$$\omega_k=\frac{2\pi k}{N},\qquad k=0,1,\cdots,N-1$$

仅利用 N 点 DFT 计算下面两种情况下傅里叶变换的 N 点采样值:

(a) $N>P$。

(b) $N<P$。

8.33 一个 FIR 的 10 点冲激响应如下:

$$h[n]=0,\ n<0\text{和}n>9$$

$h[n]$ 的 10 点 DFT 为

$$H[k]=\frac{1}{5}\delta[k-1]+\frac{1}{3}\delta[k-7]$$

求 $h[n]$ 的 DTFT $H(e^{j\omega})$。

8.34 $x_1[n]$ 和 $x_2[n]$ 为两个 N 点有限长序列,即在 $0\leqslant n\leqslant N-1$ 区间外 $x_1[n]=x_2[n]=0$。$x_1[n]$ 和 $x_2[n]$ 的 z 变换分别为 $X_1[k]$ 和 $X_2[k]$。$X_1[k]$ 与 $X_2[k]$ 的关系如下:

$$X_2[k]=X_1(z)\Big|_{z=\frac{1}{2}e^{-j\frac{2\pi k}{N}}},\qquad k=0,1,\cdots,N-1$$

确定 $x_1[n]$ 与 $x_2[n]$ 的关系。

提高题

8.35 图 P8.35-1 为 6 点离散时间序列 $x[n]$,$x[n]$ 在图示区域外的值为 0。$x[4]$ 的值未知,为 b。图中采样值并不是按比例显示的。设 $X(e^{j\omega})$ 为 $x[n]$ 的 DTFT,$X_1[k]$ 为 $X(e^{j\omega})$ 在频率 $\omega_k=2\pi k/4$ 处的采样,即

$$X_1[k]=X(e^{j\omega})|_{\omega=\frac{\pi k}{2}},\qquad 0\leqslant k\leqslant 3$$

4 点序列 $x_1[n]$ 由 $X_1[k]$ 的 4 点逆 DFT 得到,如图 P8.35-2 所示。能否根据图示唯一确定 b 值?如果可以,试给出 b 值。

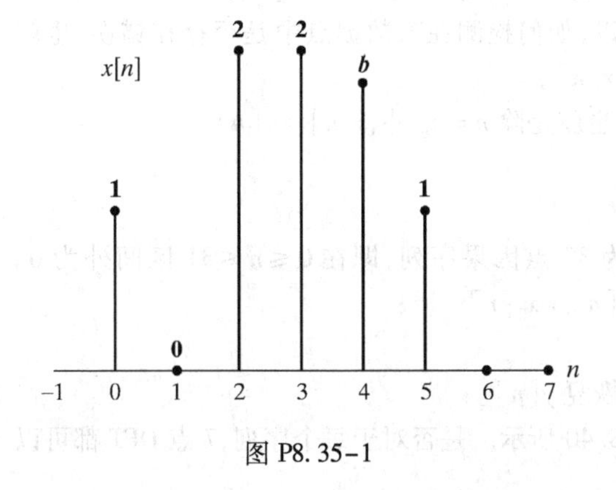

图 P8.35-1

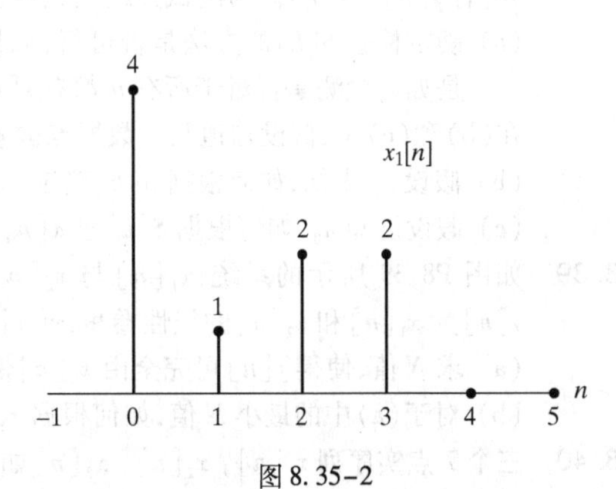

图 8.35-2

8.36 (a) $X(e^{j\omega})$是离散时间信号$x[n]=(1/2)^n u[n]$的 DTFT。求长度为 5 的序列$g[n]$,使得其 5 点 DFT $G[k]$与$X(e^{j\omega})$在频率$\omega_k=2\pi k/5$处的值相等,也就是

$$g[n]=0,\ n<0, n>4$$
$$G[k]=X(e^{j2\pi k/5}), k=0,1,\cdots,4$$

(b) 设$0\leqslant n\leqslant 9$时$w[n]$严格非零,而其他点处为 0,也就是

$$w[n]\neq 0,\ 0\leqslant n\leqslant 9$$
$$w[n]=0, \text{其他}$$

求$w[n]$使得满足在频率$\omega=2\pi k/5, k=0,1,\cdots,4$处其 DTFT $W(e^{j\omega})$等于$X(e^{j\omega})$。

$$W(e^{j2\pi k/5})=X(e^{j2\pi k/5}),\quad k=0,1,\cdots,4$$

8.37 利用重叠保留法产生一个离散时间 LTI 滤波器S。在重叠保留法中,输入信号被划分为重叠块,这和重叠相加法不同,重叠相加法的输入块没有重叠。在此次产生过程中,输入信号$x[n]$被分为 256 点的块$x_r[n]$,相邻的块重叠 255 点,因此仅有 1 点不同,如式(P8.37-1)所示,表示$x_r[n]$与$x[n]$的关系。

$$x_r[n]=\begin{cases}x[n+r], & 0\leqslant n\leqslant 255\\ 0, & \text{其他}\end{cases} \tag{P8.37-1}$$

式中,r取值为所有整数,对于每一r得到不同块$x_r[n]$。

对每一块$x_r[n]$计算 256 点 DFT,并与式(P8.37-2)给出的$H[k]$相乘,对乘积求 256 点逆 DFT。

$$H[k]=\begin{cases}1, & 0\leqslant k\leqslant 31\\ 0, & 32\leqslant k\leqslant 224\\ 1, & 225\leqslant k\leqslant 255\end{cases} \tag{P8.37-2}$$

计算中每块只有一个抽样点被作为整个输出“保留”。

(a) S是理想频率选择滤波器吗?证明你的结论。

(b) S的冲激响应是否是实数?证明你的结论。

(c) 求S的冲激响应。

8.38 $x[n]$为一长度为 512 点的有限长实序列,即

$$x[n]=0\quad,\quad n<0,\quad n\geqslant 512$$

存储于 512 点数据存储区。已知$x[n]$的 512 点 DFT $X[k]$有如下性质:

$$X[k]=0\quad,\quad 250\leqslant k\leqslant 262$$

在数据存储中,最多只有一个数据被损坏。如果$s[n]$表示存储的数据,除某一未知位n_0点外,有$s[n]=x[n]$。为测试并纠正数据,需要检查$s[n]$的 512 点 DFT $S[k]$。

(a) 确定检查$S[k]$的方法是否可行,如果可以,如何检测在某数据点中是否存在错误,也就是如何检测是否对于所有n都有$s[n]=x[n]$。

在(b)和(c)中,假设知道某一数据点被破坏,也就是除$n=n_0$外,$s[n]=x[n]$。

(b) 假设n_0未知,如何根据$S[k]$确定n_0。

(c) 假设已知n_0,如何根据$S[k]$求$x[n_0]$。

8.39 如图 P8.39 所示的系统,$x_1[n]$与$x_2[n]$都为 32 点因果序列,即在$0\leqslant n\leqslant 31$区间外为 0。$y[n]$为$x_1[n]$和$x_2[n]$的线性卷积,$y[n]=x_1[n]*x_2[n]$。

(a) 求N值,使得$y[n]$可完全由$x_5[n]$恢复。

(b) 对于(a)中的最小N值,如何根据$x_5[n]$恢复$y[n]$。

8.40 三个 7 点实序列$x_1[n]$, $x_2[n]$, $x_3[n]$如图 P8.40 所示。是否对于每个序列,7 点 DFT 都可以写为如下形式:

$$X_i[k]=A_i[k]e^{-j(2\pi k/7)k\alpha_i}\qquad k=0,1,\cdots,6$$

式中，$A_i[k]$是实序列，$2\alpha_i$ 为整数。对于每个可以用以上形式表述的序列，求相应的满足 $0 \leqslant \alpha_i < 7$ 的 α_i。

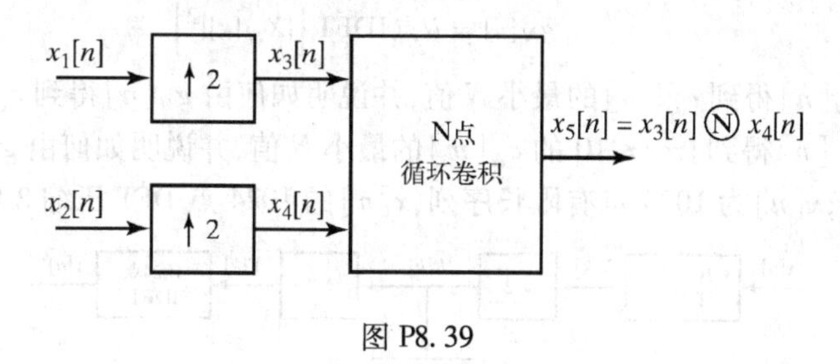

图 P8.39

8.41　$x[n]$为 8 点复序列，$x[n] = x_r[n] + jx_i[n]$，实部为 $x_r[n]$，虚部为 $x_i[n]$，如图 P8.41 所示。$y[n]$为 4 点复序列，求 4 点 DFT $Y[k]$ 等于 $x[n]$ 的 8 点 DFT $X[k]$ 的奇数值，也就是求对于$k = 1,3,5,7$ 的 $X[k]$。

求 $y_r[n]$和 $y_i[n]$的数值，以及 $y[n]$的实部和虚部。

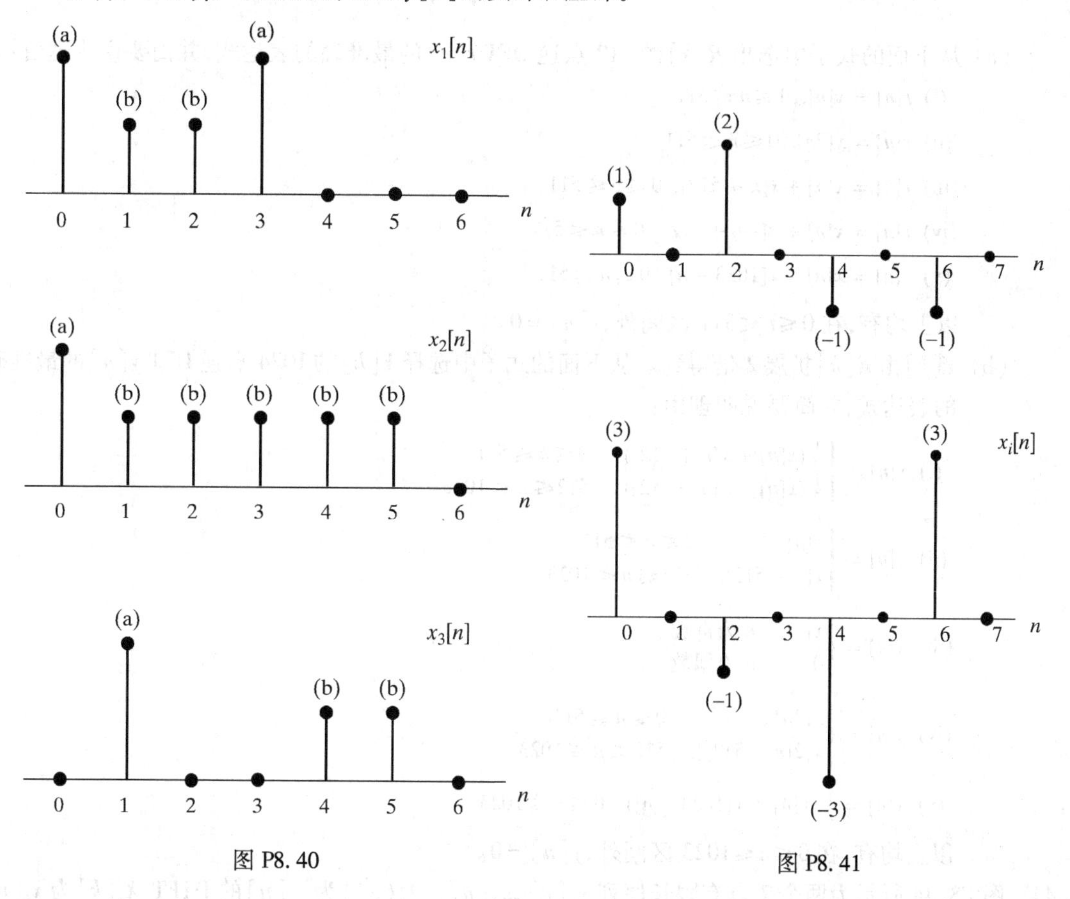

图 P8.40　　图 P8.41

8.42　$x[n]$为 1024 点的有限长序列，即

$$x[n] = 0\,,\; n < 0,\; n > 1023$$

$x[n]$的自相关定义为

$$c_{xx}[m] = \sum_{n=-\infty}^{\infty} x[n]x[n+m]$$

$X_N[k]$为$x[n]$的N点DFT,$N\geqslant 1024$。

为计算$c_{xx}[m]$,一个可行的方法是先计算$|X_N[k]|^2$的逆DFT得到N点序列$g_N[n]$,即

$$g_N[n] = N\text{点 IDFT}\left\{|X_N[k]|^2\right\}$$

(a) 求能从$g_N[n]$得到$c_{xx}[m]$的最小N值,并说明如何由$g_N[n]$得到$c_{xx}[m]$。

(b) 求能从$g_N[n]$得到$|m|\leqslant 10$的$c_{xx}[m]$的最小N值,并说明如何由$g_N[n]$得到这些值。

8.43　在图P8.43中,$x[n]$为1024点有限长序列,$x[n]$的1024点DFT压缩2倍得到$R[k]$。

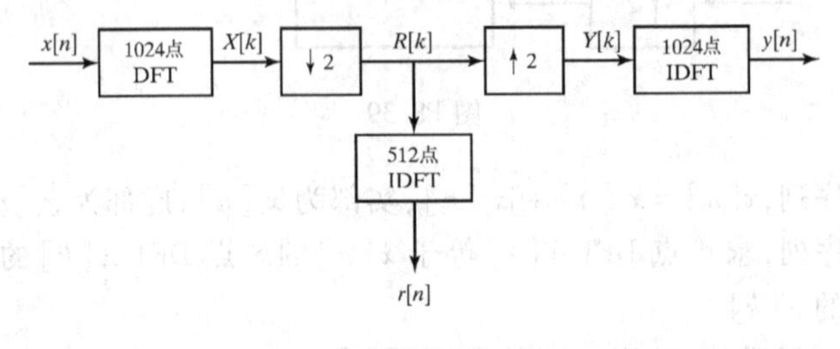

图P8.43

(a) 从下面的式子中选出$R[k]$的512点逆DFT $r[n]$的最准确的表达式,并简要说明理由:

(i) $r[n] = x[n],\ 0\leqslant n\leqslant 511$

(ii) $r[n] = x[2n],\ 0\leqslant n\leqslant 511$

(iii) $r[n] = x[n]+x[n+512],\ 0\leqslant n\leqslant 511$

(iv) $r[n] = x[n]+x[-n+512],\ 0\leqslant n\leqslant 511$

(v) $r[n] = x[n]+x[1023-n],\ 0\leqslant n\leqslant 511$

以上均有,在$0\leqslant n\leqslant 511$区间外,$r[n]=0$。

(b) $Y[k]$由$R[k]$扩展2倍得到。从下面的式子中选择$Y[k]$的1024点逆DFT $y[n]$的最准确的表达式,并简要说明理由:

(i) $y[n] = \begin{cases} \frac{1}{2}(x[n]+x[n+512]), & 0\leqslant n\leqslant 511 \\ \frac{1}{2}(x[n]+x[n-512]), & 512\leqslant n\leqslant 1023 \end{cases}$

(ii) $y[n] = \begin{cases} x[n], & 0\leqslant n\leqslant 511 \\ x[n-512], & 512\leqslant n\leqslant 1023 \end{cases}$

(iii) $y[n] = \begin{cases} x[n], & n\text{为奇数} \\ 0, & n\text{为偶数} \end{cases}$

(iv) $y[n] = \begin{cases} x[2n], & 0\leqslant n\leqslant 511 \\ x[2(n-512)], & 512\leqslant n\leqslant 1023 \end{cases}$

(v) $y[n] = \frac{1}{2}(x[n]+x[1023-n]),\ 0\leqslant n\leqslant 1023$

以上均有,在$0\leqslant n\leqslant 1023$区间外,$y[n]=0$。

8.44　图P8.44所示为两个7点有限长序列$x_1[n]$,$x_2[n]$。$X_i(e^{j\omega})$为$x_i[n]$的DTFT,$X_i[k]$为$x_i[n]$的7点DFT。

验证对于$x_1[n]$与$x_2[n]$是否都满足下列性质:

(a) $X_i(e^{j\omega})$可以表示为

$$X_i(e^{j\omega}) = A_i(\omega)e^{j\alpha_i\omega},\quad \omega\in(-\pi,\pi)$$

式中,$A_i(\omega)$为实数,α_i为常数。

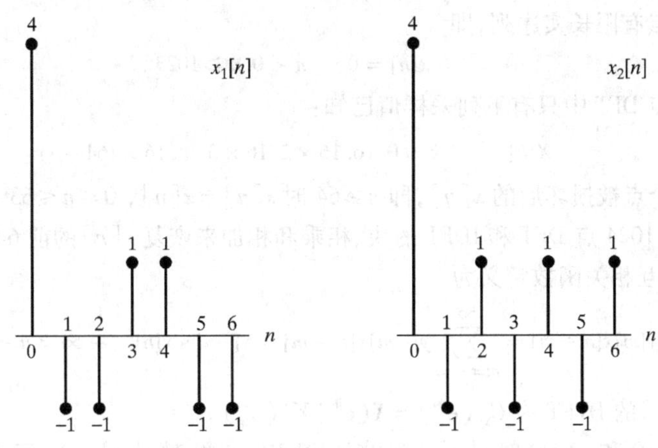

图 P8.44

(b) $X_i[k]$ 可以表示为

$$X_i[k] = B_i[k]e^{j\beta_i k}$$

式中，$B_i[k]$为实数，β_i 为常数。

8.45 $x[n]$为 128 点序列(当 $n<0$ 和 $n>127$ 时，$x[n]=0$)，且 $x[n]$至少含有一个非零值。$X(e^{j\omega})$为 $x[n]$的 DTFT。求使 $X(e^{j2\pi k/M})$对所有整数 k 都为 0 的最大 M 值，并举例说明。

8.46 在本题中，每部分可独立求解，所用信号 $x[n]$ 如下：

$$x[n] = 3\delta[n] - \delta[n-1] + 2\delta[n-3] + \delta[n-4] - \delta[n-6]$$

(a) $X(e^{j\omega})$为 $x[n]$的 DTFT。求

$$R[k] = X\left(e^{j\omega}\right)\Big|_{\omega=\frac{2\pi k}{4}}, \qquad 0 \leqslant k \leqslant 3$$

画出 $R[k]$的 4 点逆 DFT $r[n]$。

(b) $X[k]$为 $x[n]$的 8 点 DFT，$H[k]$为冲激响应 $h[n]$的 8 点 DFT。

$$h[n] = \delta[n] - \delta[n-4]$$

对于$0\leqslant k\leqslant 7$，求 $Y[k]=X[k]H[k]$。画出 $Y[k]$的 8 点逆 DFT $y[n]$。

8.47 $x_c(t)$为持续时间为 100 ms 的连续时间信号。假设 $x_c(t)$有一个带限的傅里叶变换，使得当$|\Omega|\geqslant 2\pi(10\,000)$ rad/s 时 $X_c(j\Omega)=0$，即混迭可以忽略。要计算在$0\leqslant\Omega\leqslant 2\pi(10\,000)$范围内对 $X_c(j\Omega)$ 以 5 Hz 为间隔的采样值，可以通过计算 4000 点的 DFT 来实现。特别是，要得到 4000 点序列 $x[n]$，应使 4000 点 DFT 和 $X_c(j\Omega)$有如下关系：

$$X[k] = \alpha X_c(j2\pi\cdot 5\cdot k), \qquad k = 0, 1, \cdots, 1999 \qquad (P8.47\text{-}1)$$

式中，α 为已知比例因子。下面给出的方法可以得到 4000 点序列，使其 DFT 为所要求的 $X_c(j\Omega)$的采样值。首先，对 $x_c(t)$以 $T=50\ \mu s$ 的间隔采样，然后由所得的 2000 点序列得出 $\hat{x}[n]$

$$\hat{x}[n] = \begin{cases} x_c(nT), & 0\leqslant n\leqslant 1999 \\ x_c((n-2000)T), & 2000\leqslant n\leqslant 3999 \\ 0, & \text{其他} \end{cases} \qquad (P8.47\text{-}2)$$

最后，由此序列得到 4000 点 DFT $\hat{X}[k]$。确定此方法中 $\hat{X}[k]$与 $X_c(j\Omega)$的关系式，并用“典型”的傅里叶变换 $X_c(j\Omega)$简要表示。说明 $\hat{X}[k]$是否为所要求的结果，即 $\hat{X}[k]$是否等于式(P8.47-1)中的 $X[k]$。

8.48 $x[n]$为 1024 点有限长实序列,即

$$x[n]=0,\quad n<0, n\geqslant 1023$$

$x[n]$的 1024 点 DFT 中只有下列采样值已知:

$$X[k],\qquad k=0,16,16\times 2,16\times 3,\cdots,16\times(64-1)$$

$s[n]$是前 64 个点被损坏后的$x[n]$,即$n\geqslant 64$时$s[n]=x[n]$,$0\leqslant n\leqslant 63$时$s[n]\neq x[n]$。给出如何只利用 1024 点 DFT 和 IDFT 的块、相乘和相加来恢复$x[n]$的前 64 个值的步骤。

8.49 两个实序列的互相关函数定义为

$$c_{xy}[n]=\sum_{m=-\infty}^{\infty}y[m]x[n+m]=\sum_{m=-\infty}^{\infty}y[-m]x[n-m]=y[-n]*x[n],\quad -\infty<n<\infty$$

(a) 证明$c_{xy}[n]$的 DTFT 为$C_{xy}(e^{j\omega})=X(e^{j\omega})Y^*(e^{j\omega})$。

(b) 假设当$n<0$和$n>99$时$x[n]=0$,当$n<0$和$n>49$时$y[n]=0$。互相关函数$c_{xy}[n]$仅在有限范围$N_1\leqslant n\leqslant N_2$内为非零,求$N_1$和$N_2$。

(c) 假设利用下述方法计算当$0\leqslant n\leqslant 20$时的$c_{xy}[n]$:

(i) 计算$x[n]$的N点 DFT $X[k]$;

(ii) 计算$y[n]$的N点 DFT $Y[k]$;

(iii) 计算当$0\leqslant k\leqslant N-1$时的$C[k]=X[k]Y^*[k]$;

(iv) 计算$C[k]$的逆 DFT $c[n]$。

求使得当$0\leqslant n\leqslant 20$时$c[n]=c_{xy}[n]$的最小N值为多少,并说明原因。

8.50 一个有限长序列的 DFT 对应于它的z变换在单位圆上的采样。例如,一个 10 点序列$x[n]$的 DFT 对应于$X(z)$在如图 P8.50-1 所示的 10 个等间隔点处的采样。希望求出$X(z)$在如图 P8.50-2所示的围线上等间隔的采样,也就是说,要得出

$$X(z)\big|_{z=0.5e^{j[(2\pi k/10)+(\pi/10)]}}$$

证明如何修正$x[n]$以得到一个序列$x_1[n]$,使其 DFT 与$X(z)$所希望的采样值相对应。

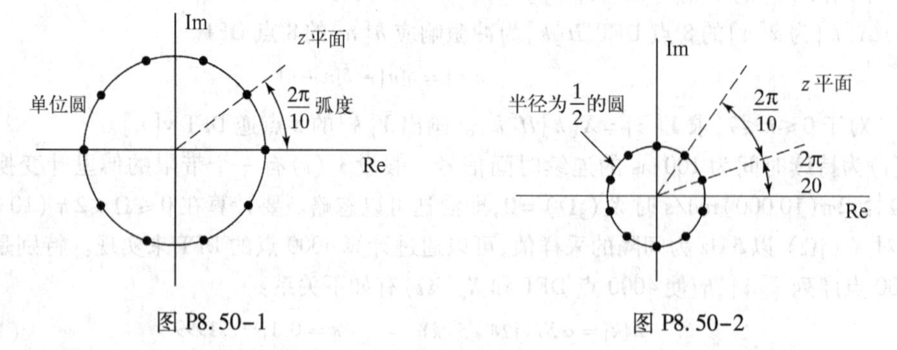

图 P8.50-1　　图 P8.50-2

8.51 $w[n]$为$x[n]$和$y[n]$的线性卷积,$g[n]$为$x[n]$和$y[n]$的 40 点的循环卷积:

$$w[n]=x[n]*y[n]=\sum_{k=-\infty}^{\infty}x[k]y[n-k]$$

$$g[n]=x[n]\circledast_{40}y[n]=\sum_{k=0}^{39}x[k]y[((n-k))_{40}]$$

(a) 求n的值,使得$w[n]$为非零。

(b) 求n的值,使得$w[n]$可由$g[n]$得到,并说明当n为多少时$g[n]$与$w[n]$的值相等。

8.52 设一 8 点实序列为$x[n]=0, n<0, n>7$并设$X[k]$为其 8 点 DFT。

(a) 利用$x[n]$计算

$$\left.\left(\frac{1}{8}\sum_{k=0}^{7}X[k]\mathrm{e}^{\mathrm{j}(2\pi/8)kn}\right)\right|_{n=9}$$

(b) 设一个 8 点实序列为

$$v[n]=0,\quad n<0,n>7$$

并设 $V[k]$ 是其 8 点 DFT。如果当 $k=0,\cdots,7$ 时，在 $z=2\exp(\mathrm{j}(2\pi k+\pi)/8)$ 处 $V[k]=X(z)$，其中 $X(z)$ 是 $x[n]$ 的 z 变换，试用 $x[n]$ 表示 $v[n]$。

(c) 设

$$w[n]=0,\quad n<0,\ n>3$$

是一个 4 点序列，并设 $W[k]$ 为其 4 点 DFT。

如果 $W[k]=X[k]+X[k+4]$，试用 $x[n]$ 表示 $w[n]$。

(d) 设

$$y[n]=0,\quad n<0,n>7$$

是一个 8 点序列，并设 $Y[k]$ 是其 8 点 DFT。

如果

$$Y[k]=\begin{cases}2X[k], & k=0,2,4,6\\ 0, & k=1,3,5,7\end{cases}$$

试用 $x[n]$ 表示 $y[n]$。

8.53　仔细阅读本题的各部分，并注意各部分间的不同之处。

(a) 考虑信号

$$x[n]=\begin{cases}1+\cos(\pi n/4)-0.5\cos(3\pi n/4), & 0\leqslant n\leqslant 7\\ 0, & \text{其他}\end{cases}$$

它可用 IDFT 表示为

$$x[n]=\begin{cases}\frac{1}{8}\sum_{k=0}^{7}X_8[k]\mathrm{e}^{\mathrm{j}(2\pi k/8)n}, & 0\leqslant n\leqslant 7\\ 0, & \text{其他}\end{cases}$$

其中 $X_8[k]$ 是 $x[n]$ 的 8 点 DFT。画出当 $0\leqslant k\leqslant 7$ 时 $X_8[k]$ 的图形。

(b) 求一个 16 点序列为

$$v[n]=\begin{cases}1+\cos(\pi n/4)-0.5\cos(3\pi n/4), & 0\leqslant n\leqslant 15\\ 0, & \text{其他}\end{cases}$$

求该序列的 16 点 DFT $V_{16}[k]$。画出当 $0\leqslant k\leqslant 15$ 时 $V_{16}[k]$ 的图形。

(c) 最后，考虑一个 8 点序列

$$x[n]=\begin{cases}1+\cos(\pi n/4)-0.5\cos(3\pi n/4), & 0\leqslant n\leqslant 7\\ 0, & \text{其他}\end{cases}$$

其 16 点 DFT 的幅值为 $|X_{16}[k]|$，不用计算 DFT 的解析表达式，画出当 $0\leqslant k\leqslant 15$ 时 $|X_{16}[k]|$ 的图形。由(a)和(b)的结果不能求出 $|X_{16}[k]|$ 的全部值，但可以准确地求出其部分值。用实心圆圈画出你能准确求出的全部值，并用空心圆圈画出不能准确求出的估计值。

扩充题

8.54　在推导 DFS 的分析式(8.11)中用到等式(8.7)。为了证明这个等式，分别考虑 $k-r$ $k-r\neq mN$ 这两种条件。

(a) 当 $k-r=mN$ 时,证明 $e^{j(2\pi/N)(k-r)n}=1$,并由此式证明

$$\frac{1}{N}\sum_{n=0}^{N-1} e^{j(2\pi/N)(k-r)n}=1, \quad k-r=mN \tag{P8.54-1}$$

(b) 因为在式(8.7)中 k 和 r 均为整数,所以可用 $k-r=\ell$ 进行替换,并且考虑到求和式

$$\frac{1}{N}\sum_{n=0}^{N-1} e^{j(2\pi/N)\ell n}=\frac{1}{N}\sum_{n=0}^{N-1}[e^{j(2\pi/N)\ell}]^n \tag{P8.54-2}$$

因为这是几何级数中有限项的求和,可写成闭合形式

$$\frac{1}{N}\sum_{n=0}^{N-1}[e^{j(2\pi/N)\ell}]^n=\frac{1}{N}\frac{1-e^{j(2\pi/N)\ell N}}{1-e^{j(2\pi/N)\ell}} \tag{P8.54-3}$$

ℓ 取何值时,上式右边为不定式,即分子和分母均为零?

(c) 由(b)的结果证明:当 $k-r\neq mN$ 时,

$$\frac{1}{N}\sum_{n=0}^{N-1} e^{j(2\pi/N)(k-r)n}=0 \tag{P8.54-4}$$

8.55 8.2 节中曾叙述过如下性质:

若

$$\tilde{x}_1[n]=\tilde{x}[n-m]$$

则

$$\tilde{X}_1[k]=W_N^{km}\tilde{X}[k]$$

式中 $\tilde{X}[k]$ 和 $\tilde{X}_1[k]$ 分别为 $\tilde{x}[n]$ 和 $\tilde{x}_1[n]$ 的 DFS 系数。本题中来证明这一性质。

(a) 利用式(8.11)并做适当的变量替换,证明 $\tilde{X}_1[k]$ 可表示成

$$\tilde{X}_1[k]=W_N^{km}\sum_{r=-m}^{N-1-m}\tilde{x}[r]W_N^{kr} \tag{P8.55-1}$$

(b) 式(P8.55-1)中的求和可写为

$$\sum_{r=-m}^{N-1-m}\tilde{x}[r]W_N^{kr}=\sum_{r=-m}^{-1}\tilde{x}[r]W_N^{kr}+\sum_{r=0}^{N-1-m}\tilde{x}[r]W_N^{kr} \tag{P8.55-2}$$

利用 $\tilde{x}[r]$ 和 W_N^{kr} 均是周期的这一事实,证明

$$\sum_{r=-m}^{-1}\tilde{x}[r]W_N^{kr}=\sum_{r=N-m}^{N-1}\tilde{x}[r]W_N^{kr} \tag{P8.55-3}$$

(c) 由在(a)和(b)中得出的结果,证明

$$\tilde{X}_1[k]=W_N^{km}\sum_{r=0}^{N-1}\tilde{x}[r]W_N^{kr}=W_N^{km}\tilde{X}[k]$$

8.56 (a) 表 8.1 列出了许多周期序列离散傅里叶级数的对称性质,下面重新列出其中的几个。试证明下列每个性质均是正确的。证明中可以利用离散傅里叶级数的定义和表中列出的任何性质(如在证明性质 3 中可利用性质 1 和性质 2)。

序列	DFS
1. $\tilde{x}^*[n]$	$\tilde{X}^*[-k]$
2. $\tilde{x}^*[-n]$	$\tilde{X}^*[k]$
3. $\mathcal{R}e\{\tilde{x}[n]\}$	$\tilde{X}_e[k]$
4. $j\mathcal{I}m\{\tilde{x}[n]\}$	$\tilde{X}_o[k]$

(b) 由在(a)中证明的性质,证明对于一个实周期序列 $\tilde{x}[n]$,下列离散傅里叶级数的对称性质成立:

1. $\mathcal{R}e\{\tilde{X}[k]\} = \mathcal{R}e\{\tilde{X}[-k]\}$
2. $\mathcal{I}m\{\tilde{X}[k]\} = -\mathcal{I}m\{\tilde{X}[-k]\}$
3. $|\tilde{X}[k]| = |\tilde{X}[-k]|$
4. $\angle\tilde{X}[k] = -\angle\tilde{X}[-k]$

8.57 在 8.4 节中曾指出,可以推导出 $X(e^{j\omega})$ 和 $\tilde{X}[k]$ 之间的直接关系式,其中 $\tilde{X}[k]$ 是周期序列的 DFS 系数,而 $X(e^{j\omega})$ 是一个周期的傅里叶变换。因为 $\tilde{X}[k]$ 对应于 $X(e^{j\omega})$ 的样本,所以这一关系式相当于一个内插公式。

要得出所希望的关系式,有一种方法是以 8.4 节的讨论和式(8.54),以及 2.9.7 节的调制性质为基础的,其步骤如下:

(1) 用 $\tilde{X}[k]$ 代表 $\tilde{x}[n]$ 的 DFS 系数,把 $\tilde{x}[n]$ 的傅里叶变换 $\tilde{X}(e^{j\omega})$ 表示成一个脉冲串。

(2) 由式(8.57),$x[n]$ 可以表示成 $x[n]=\tilde{x}[n]w[n]$,其中 $w[n]$ 是一个适当的有限长窗。

(3) 由 2.9.7 节可知,因为 $x[n]=\tilde{x}[n]w[n]$,所以 $X(e^{j\omega})$ 可以表示为 $\tilde{X}(e^{j\omega})$ 和 $W(e^{j\omega})$ 的(周期)卷积。

经过上述步骤的详细推导,证明 $X(e^{j\omega})$ 可以表示成

$$X(e^{j\omega}) = \frac{1}{N}\sum_k \tilde{X}[k]\frac{\sin[(\omega N-2\pi k)/2]}{\sin\{[\omega-(2\pi k/N)]/2\}}e^{-j[(N-1)/2](\omega-2\pi k/N)}$$

并说明上式求和的极限。

8.58 设 $X[k]$ 表示 N 点序列 $x[n]$ 的 N 点 DFT。

(a) 证明:若 $x[n]$ 满足关系式

$$x[n] = -x[N-1-n]$$

则 $X[0]=0$。分别考虑 N 为偶数和 N 为奇数时的情况。

(b) 证明:若 N 为偶数且

$$x[n] = x[N-1-n]$$

则 $X[N/2]=0$。

8.59 在 2.8 节中,序列 $x[n]$ 的共轭对称分量和共轭非对称分量分别定义为

$$x_e[n] = \frac{1}{2}(x[n]+x^*[-n])$$

$$x_o[n] = \frac{1}{2}(x[n]-x^*[-n])$$

在 8.6.4 节中可以很方便地将一个有限长为 N 的序列的周期共轭对称分量和非周期共轭非对称分量分别定义为

$$x_{ep}[n] = \tfrac{1}{2}\{x[((n))_N]+x^*[((-n))_N]\}, \qquad 0\leqslant n\leqslant N-1$$

$$x_{op}[n] = \tfrac{1}{2}\{x[((n))_N]-x^*[((-n))_N]\}, \qquad 0\leqslant n\leqslant N-1$$

(a) 证明:$x_{ep}[n]$ 与 $x_e[n]$ 之间以及 $x_{op}[n]$ 与 $x_o[n]$ 之间有如下关系:

$$x_{ep}[n] = (x_e[n]+x_e[n-N]), \qquad 0\leqslant n\leqslant N-1$$

$$x_{op}[n] = (x_o[n]+x_o[n-N]), \qquad 0\leqslant n\leqslant N-1$$

(b) 设 $x[n]$ 是一个长度为 N 的序列,通常不能由 $x_{ep}[n]$ 得出 $x_e[n]$,也不能由 $x_{op}[n]$ 得出 $x_o[n]$。证明:若认为 $x[n]$ 是一个长度为 N 的序列,但是当 $n>N/2$ 时 $x[n]=0$,则可以由

$x_{ep}[n]$得出$x_e[n]$,且可由$x_{op}[n]$得出$x_o[n]$。

8.60 设$x[n]$为一个N点序列,且$X[k]$是其N点 DFT。由式(8.65)和式(8.66)说明

$$\sum_{n=0}^{N-1}|x[n]|^2=\frac{1}{N}\sum_{k=0}^{N-1}|X[k]|^2$$

以上通常称为对于 DFT 的 Parseval 关系式。

8.61 $x[n]$是一个长度为N的实非负有限长序列,也就是说,对于$0\leqslant n\leqslant N-1$,$x[n]$为实数和非负的,否则均为零。$x[n]$的$N$点 DFT 是$X[k]$,且$x[n]$的傅里叶变换为$X(e^{j\omega})$。
试确定下面的每一种表述是正确的还是错误的。如果你认为是正确的,试详述原因。如果认为是不正确的,试给出一个这种表述不成立的例子。

(a) 若$X(e^{j\omega})$可用下述形式表示:

$$X(e^{j\omega})=B(\omega)e^{j\alpha\omega}$$

其中$B(\omega)$是实数,且α为实常数,则$X[k]$可表示成

$$X[k]=A[k]e^{j\gamma k}$$

式中$A[k]$为实数,且γ为实常数。

(b) 若$X[k]$可表示为

$$X[k]=A[k]e^{j\gamma k}$$

其中$A[k]$为实数,且γ为实常数,则$X(e^{j\omega})$可表示成如下形式:

$$X(e^{j\omega})=B(\omega)e^{j\alpha\omega}$$

式中$B(\omega)$为实数,且α为实常数。

8.62 $x[n]$和$y[n]$是两个长度为 256 的正实值有限长序列,即

$$x[n]>0,\quad 0\leqslant n\leqslant 255$$
$$y[n]>0,\quad 0\leqslant n\leqslant 255$$
$$x[n]=y[n]=0,\quad 其他$$

$r[n]$表示$x[n]$和$y[n]$的线性卷积。$R(e^{j\omega})$表示$r[n]$的傅里叶变换。$R_s[k]$表示$R(e^{j\omega})$的 128 个等间隔样本,即

$$R_S[k]=R(e^{j\omega})\Big|_{\omega=2\pi k/128}\qquad k=0,1,\cdots,127$$

若已知$x[n]$和$y[n]$,希望尽可能有效地求出$R_s[k]$。只有列于图 P8.62 中的模型可以利用。

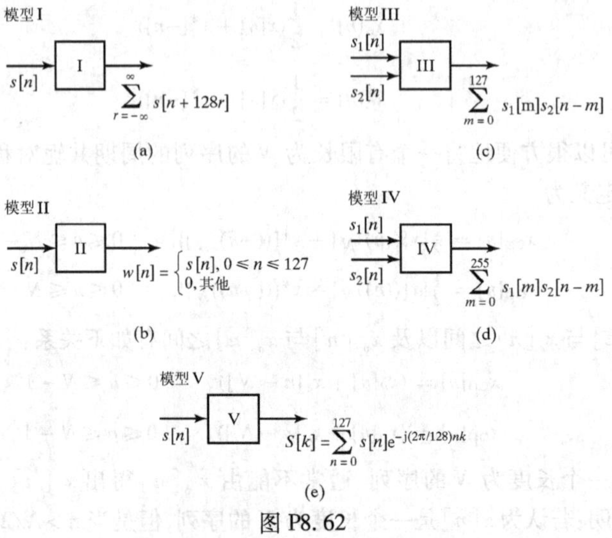

模型 I: 输入 $s[n]$,输出 $\sum_{r=-\infty}^{\infty}s[n+128r]$

(a)

模型 II: 输入 $s[n]$,输出 $w[n]=\begin{cases}s[n], & 0\leqslant n\leqslant 127\\ 0, & 其他\end{cases}$

(b)

模型 III: 输入 $s_1[n]$, $s_2[n]$,输出 $\sum_{m=0}^{127}s_1[m]s_2[n-m]$

(c)

模型 IV: 输入 $s_1[n]$, $s_2[n]$,输出 $\sum_{m=0}^{255}s_1[m]s_2[n-m]$

(d)

模型 V: 输入 $s[n]$,输出 $S[k]=\sum_{n=0}^{127}s[n]e^{-j(2\pi/128)nk}$

(e)

图 P8.62

与每种模型相关的成本如下：

模型Ⅰ和Ⅱ：免费

模型Ⅲ：10

模型Ⅳ：50

模型Ⅴ：100

适当地把其中的一个或几个连接起来，构造一个输入为 $x[n]$ 和 $y[n]$，输出为 $R_s[k]$ 的系统。应当考虑的重要问题是：(a) 系统能否工作，并且 (b) 它的有效性如何？总成本越低，则越有效。

8.63 $y[n]$ 是系统函数为 $H(z)=1/(z-bz^{-1})$ 的稳定 LTI 系统的输出，其中 b 是一个已知常数。希望通过对 $y[n]$ 进行一定的运算来恢复输入信号 $x[n]$。这里提出如下步骤从数据 $y[n]$ 中恢复部分 $x[n]$：

(1) 利用 $y[n]$，$0\leqslant n\leqslant N-1$，计算 $y[n]$ 的 N 点 DFT $Y[k]$。

(2) 按照下式构造 $V[k]$：

$$V[k]=(W_N^{-k}-bW_N^{k})Y[k]$$

(3) 计算 $V[k]$ 的 IDFT 得出 $v[n]$。在 $n=0,1,\cdots,N-1$ 的范围内 n 取何值可保证 $x[n]=v[n]$？

8.64 曾有人提出一种修正的离散傅里叶变换法(MDFT)(Vernet, 1971)，用以计算在单位圆上 z 变换的样本，这些样本偏离用 DFT 计算出的样本。具体地，用 $X_M[k]$ 表示 $x(n)$ 的 MDFT，

$$X_M[k]=X(z)\Big|_{z=e^{j[2\pi k/N+\pi/N]}}\qquad k=0,1,2,\cdots,N-1$$

假设 N 为偶数。

(a) 序列 $x[n]$ 的 N 点 MDFT 对应于序列 $x_M[n]$ 的 N 点 DFT，$x_M[n]$ 很容易由 $x[n]$ 构造出来。试利用 $x[n]$ 求出 $x_M[n]$。

(b) 若 $x[n]$ 为实数，则 DFT 的全部点不都是独立的，因为 DFT 是共轭对称的，即对于 $0\leqslant k\leqslant N-1$，$X[k]=X^*[((-k))_N]$。同样，若 $x[n]$ 是实数，在 MDFT 中的全部点也不都是独立的。当 $x[n]$ 为实数时，试确定在 $X_M[k]$ 中各点之间的关系。

(c) (i) 令 $R[k]=X_M[2k]$；即 $R[k]$ 包含 $X_M[k]$ 中的偶数点。利用你在(b)中的答案，证明 $X_M[k]$ 可以由 $R[k]$ 来恢复。(ii) $R[k]$ 可以看成 $N/2$ 点序列 $r[n]$ 的 $N/2$ 点 MDFT。求出将 $r[n]$ 直接与 $x[n]$ 联系在一起的简单表达式。

按照(b)和(c)部分的结果，要计算实序列 $x[n]$ 的 N 点 MDFT，可以首先由 $x[n]$ 构成 $r[n]$，然后计算 $r[n]$ 的 $N/2$ 点 MDFT。下面两部分直接表明，MDFT 可以用于实现线性卷积。

(d) 考虑三个长度均为 N 的序列 $x_1[n]$，$x_2[n]$ 和 $x_3[n]$。令 $X_{1M}[k]$，$X_{2M}[k]$ 和 $X_{3M}[k]$ 分别表示这三个序列的 MDFT。若 $X_{3M}[k]=X_{1M}[k]X_{2M}[k]$，则可利用 $x_1[n]$ 和 $x_2[n]$ 来表示 $x_3[n]$。你的表达式必须是对于 $x_1[n]$ 和 $x_2[n]$ 的“组合”进行单求和的形式，与循环卷积有同样的(但不是完全相等的)形式。

(e) 为了方便起见，把(d)的结果称为修正循环卷积。如果对于 $n\geqslant N/2$，序列 $x_1[n]$ 和 $x_2[n]$ 均为零，证明 $x_1[n]$ 和 $x_2[n]$ 的修正循环卷积等于 $x_1[n]$ 和 $x_2[n]$ 的线性卷积。

8.65 在编码理论的一些应用中，需要计算两个 63 点序列 $x[n]$ 和 $h[n]$ 的 63 点循环卷积。假设可供使用的计算器件只有乘法器、加法器和计算 N 点 DFT 的处理器(限制 N 为 2 的某次幂)。

(a) 可以利用一系列的 64 点 DFT，IDFT 以及重叠相加法来计算 $x[n]$ 和 $h[n]$ 的 63 点循环卷积。需要多少次 DFT？[提示：可将每个 63 点序列看成一个 32 点序列和一个 31 点序列之和。]

(b) 确定一种算法,它可以用二次 128 点的 DFT 和一次 128 点的 IDFT 算出 $x[n]$ 和 $h[n]$ 的 63 点循环卷积。

(c) 也可以用先在时域计算 $x[n]$ 和 $h[n]$ 的线性卷积,然后将结果混叠在一起的方法,来计算 $x[n]$ 和 $h[n]$ 的 63 点循环卷积。若使用乘法,上面三种方法中哪一种是最有效的?哪一种是最无效的?(假定 1 次复数乘法需要 4 次实数乘法,且 $x[n]$ 和 $h[n]$ 均为实数。)

8.66 用一个脉冲响应为 50 个样本长的 FIR 滤波器对一个很长的数据串滤波,并且希望用重叠保留技术通过 DFT 来实现这一滤波。过程如下:

(1) 输入数据段必须重叠 V 个样本。

(2) 从每段的输出中必须抽取 M 个样本,以使当这些样本从每段中抽出相接在一起时,所得到的序列正是所希望的滤波后的输出。

假设输入序列长为 100 个样本点,且 DFT 的长度为 128($=2^7$)点。还假定循环卷积的输出序列的序号为 0 到 127。

(a) 求 V。

(b) 求 M。

(c) 确定所抽取的 M 点样本的起始和终止的序号,即要与先前一段的结果相接在一起,确定从循环卷积中抽取哪 128 点?

8.67 在实际中常常会出现的一个问题是,用一个线性时不变系统对信号 $x[n]$ 进行滤波,而系统的输出是受到畸变的信号 $y[n]$。希望通过对 $y[n]$ 做处理来恢复原始信号 $x[n]$。理论上,将 $y[n]$ 通过一个逆滤波器就可从 $y[n]$ 中恢复出 $x[n]$,而该逆滤波器的系统函数应等于原畸变滤波器系统函数的倒数。

假设畸变是由一个 FIR 滤波器引起的,其脉冲响应为

$$h[n]=\delta[n]-0.5\delta[n-n_0]$$

式中 n_0 为正整数,也就是说,对 $x[n]$ 的干扰是在延时 n_0 处出现的一个回波。

(a) 求脉冲响应 $h[n]$ 的 z 变换 $H(z)$ 和 N 点 DFT $H[k]$。设 $N=4n_0$。

(b) 令 $H_i(z)$ 表示逆滤波器系统函数,$h_i[n]$ 为所对应的脉冲响应。求 $h_i[n]$。它是一个 FIR 滤波器或 IIR 滤波器吗? $h_i[n]$ 的长度是多少?

(c) 如果试图利用一个长度为 N 的 FIR 滤波器来实现该逆滤波器,并且假定 FIR 滤波器的 N 点DFT 为 $G[k]=1/H[k]$, $k=0,1,\cdots,N-1$,则 FIR 滤波器的脉冲响应 $g[n]$ 是什么?

(d) 用其 DFT $G[k]=1/H[k]$ 的 FIR 滤波器来实现逆滤波器似乎是很好的。于是有人可能会认为,FIR 畸变滤波器有 N 点 DFT $H[k]$,并且串联的 FIR 滤波器有 N 点 DFT $G[k]=1/H[k]$,因为对于全部的 k,$G[k]H[k]=1$,所以已经实现了一个全通无畸变滤波器。简要说明这种说法的错误之处。

(e) 试完成 $g[n]$ 和 $h[n]$ 的卷积,并且确定如何能用其 N 点 DFT $G[k]=1/H[k]$ 的 FIR 滤波器很好地实现逆滤波。

8.68 一个长度为 N 的序列 $x[n]$ 的离散 Hartley 变换(DHT)定义为

$$X_H[k]=\sum_{n=0}^{N-1}x[n]H_N[nk],\qquad k=0,1,\cdots,N-1 \tag{P8.68-1}$$

式中,

$$H_N[a]=C_N[a]+S_N[a]$$

且

$$C_N[a]=\cos(2\pi a/N),\qquad S_N[a]=\sin(2\pi a/N)$$

最初这是由 R. V. L. Hartley 在 1942 年针对连续时间的情况提出来的。Hartley 变换在离散时间情况下也是非常有用和有吸引力的(Bracewell,1983,1984),具体地,由式(P8.68-1)可明显看出一个实序列的 DHT 也是一个实序列。此外,DHT 具有卷积性质,并且有快速计算算法。

对 DFT 的全面分析可知,DHT 具有必须在它的使用中才能了解的隐含周期性。也就是说,如果将 $x[n]$ 看成当 $n<0$ 且 $n>N-1$ 时 $x[n]=0$ 的有限长序列,则可构造出一个周期序列

$$\tilde{x}[n] = \sum_{r=-\infty}^{\infty} x[n+rN]$$

使得 $x[n]$ 仅是 $\tilde{x}[n]$ 的一个周期。这个周期序列 $\tilde{x}[n]$ 可以用离散 Hartley 级数(DHS)表示,如果只取周期序列的一个周期,则 DHS 可以看成 DHT。

(a) DHS 的解析式定义为

$$\tilde{X}_H[k] = \sum_{n=0}^{N-1} \tilde{x}[n] H_N[nk] \tag{P8.68-2}$$

证明 DHS 的系数也构成一个周期为 N 的周期序列,即对所有的 k,

$$\tilde{X}_H[k] = \tilde{X}_H[k+N]$$

(b) 还可证明序列 $H_N[nk]$ 是正交的,即

$$\sum_{k=0}^{N-1} H_N[nk] H_N[mk] = \begin{cases} N, & ((n))_N = ((m))_N \\ 0, & \text{其他} \end{cases}$$

利用这一性质和 DHS 的解析式(P8.68-2),证明 DHS 的综合式为

$$\tilde{x}[n] = \frac{1}{N} \sum_{k=0}^{N-1} \tilde{X}_H[k] H_N[nk] \tag{P8.68-3}$$

注意,DHT 仅是 DHS 系数的一个周期,同样 DHT 综合式(逆问题)等于 DHS 的综合式(P8.68-3),当只抽取 $\tilde{x}[n]$ 的一个周期时例外;即 DHT 的综合式是

$$x[n] = \frac{1}{N} \sum_{k=0}^{N-1} X_H[k] H_N[nk], \qquad n = 0, 1, \cdots, N-1 \tag{P8.68-4}$$

对于 DHT,分别用式(P8.68-1)和式(P8.68-4)分别作为解析式和综合式的定义。由此可推导出有限长离散时间信号的这种表示的有用性质。

(c) 证明 $H_N[a] = H_N[a+N]$,并证明 $H_N[a]$ 的下列有用的性质:

$$\begin{aligned} H_N[a+b] &= H_N[a]C_N[b] + H_N[-a]S_N[b] \\ &= H_N[b]C_N[a] + H_N[-b]S_N[a] \end{aligned}$$

(d) 考虑一个循环平移序列

$$x_1[n] = \begin{cases} \tilde{x}[n-n_0] = x[((n-n_0))_N], & n = 0, 1, \cdots, N-1 \\ 0, & \text{其他} \end{cases} \tag{P8.68-5}$$

换句话说,$x_1[n]$ 是由抽取平移周期序列 $\tilde{x}[n-n_0]$ 的一个周期而得到的序列。利用在(c)中所证明的等式证明平移周期序列的 DHS 系数为

$$\tilde{x}[n-n_0] \overset{\mathcal{DHS}}{\longleftrightarrow} \tilde{X}_H[k]C_N[n_0k] + \tilde{X}_H[-k]S_N[n_0k] \tag{P8.68-6}$$

由此,可以得出结论,有限长循环平移序列 $x[((n-n_0))_N]$ 的 DHT 是

$$x[((n-n_0))_N] \overset{\mathcal{DHT}}{\longleftrightarrow} X_H[k]C_N[n_0k] + X_H[((-k))_N]S_N[n_0k] \tag{P8.68-7}$$

(e) 假设 $x_3[n]$ 是两个 N 点序列 $x_1[n]$ 和 $x_2[n]$ 的 N 点循环卷积,即

$$x_3[n] = x_1[n] \textcircled{N} x_2[n] = \sum_{m=0}^{N-1} x_1[m]x_2[((n-m))_N], \quad n = 0,1,\cdots,N-1 \qquad \text{(P8. 68-8)}$$

对式(P8. 68-8)的两边做 DHT,并利用式(P8. 68-7)证明当 $k=0,1,\cdots,N-1$ 时有

$$X_{H3}[k] = \frac{1}{2}X_{H1}[k](X_{H2}[k] + X_{H2}[((-k))_N]) + \frac{1}{2}X_{H1}[((-k))_N](X_{H2}[k] - X_{H2}[((-k))_N]) \qquad \text{(P8. 68-9)}$$

这就是所要求的卷积性质。

注意,DHT 可用于计算线性卷积,同样 DFT 也可用来计算线性卷积。虽然由 $X_{H1}[k]$ 和 $X_{H2}[k]$ 计算 $X_{H3}[k]$ 与从 $X_1[k]$ 和 $X_2[k]$ 计算 $X_3[k]$ 所需要的计算量相同,但是计算 DHT 所需要的实数乘法次数仅是计算 DFT 所要求的一半。

(f) 假设要计算一个 N 点序列 $x[n]$ 的 DHT,并且已有计算 N 点 DFT 的方法。找出一种当 $k=0,1,\cdots,N-1$ 时由 $X[k]$ 得到 $X_H[k]$ 的方法。

(g) 假设要计算一个 N 点序列 $x[n]$ 的 DFT,并且已有计算 N 点 DHT 的方法,找出一种当 $k=0,1,\cdots,N-1$ 时由 $X_H[k]$ 得到 $X[k]$ 的方法。

8.69 设 $x[n]$ 为当 $n<0$ 和 $n>N-1$ 时 $x[n]=0$ 的 N 点序列。令 $\hat{x}[n]$ 为将 $x[n]$ 重复所得到的 $2N$ 点序列,即

$$\hat{x}[n] = \begin{cases} x[n], & 0 \leqslant n \leqslant N-1 \\ x[n-N], & N \leqslant n \leqslant 2N-1 \\ 0, & \text{其他} \end{cases}$$

考虑图 P8. 69-1 所示的离散时间滤波器的实现。该系统具有一个 $2N$ 点长的脉冲响应 $h[n]$,即当 $n<0$ 和 $n>2N-1$ 时,$h[n]=0$。

(a) 在图 P8. 69-1 中,用 $x[n]$ 的 N 点 DFT $X[k]$ 表示的 $\hat{x}[n]$ 的 $2N$ 点 DFT $\hat{X}[k]$ 是什么形式?

(b) 正如图 P8. 69-2 所示,恰当选取系统 A 和系统 B,就可只用图 P8. 69-2 中的 N 点 DFT 来实现图 P8. 69-1 所示的系统。确定系统 A 和系统 B,使得当 $0\leqslant n\leqslant 2N-1$ 时图 P8. 69-1 中的 $\hat{y}[n]$ 等于图 P8. 69-2 中的 $y[n]$。注意,在图 P8. 69-2 中的 $h[n]$ 和 $y[n]$ 均为 $2N$ 点序列,$w[n]$ 和 $g[n]$ 均为 N 点序列。

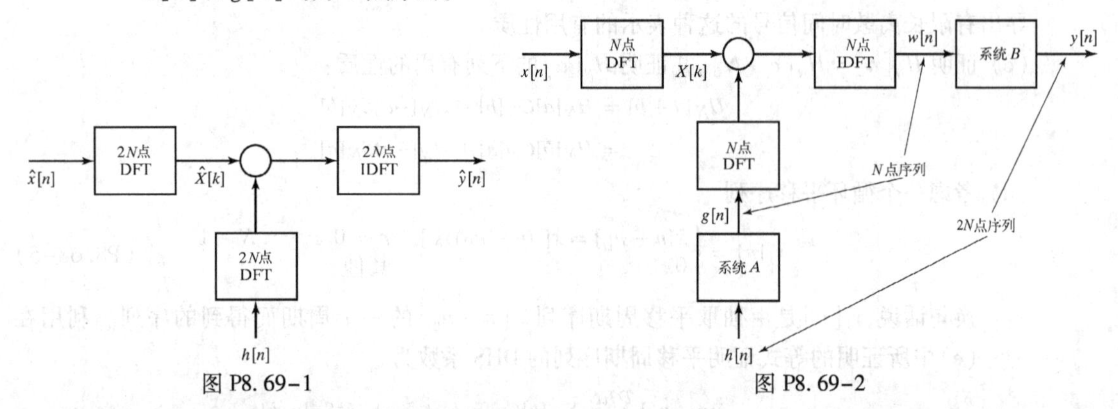

图 P8. 69-1　　图 P8. 69-2

8.70 在本题中,你将深入了解如何用 DFT 对一个信号的离散时间内插进行必要的滤波或对这个信号进行过采样。

假设离散时间信号 $x[n]$ 是以采样周期 T 对一个连续时间信号 $x_c(t)$ 采样所得到的。而且,连续时间信号是恰当带限的,即当 $|\Omega|\geqslant 2\pi/T$ 时 $X_c(\mathrm{j}\Omega)=0$。对于这个问题,假设

$x[n]$的长度为N;即当$n<0$或$n>N-1$时$x[n]=0$,其中N为偶数。严格地讲,一个信号不可能既是完全带限的,同时又是有限长的,但在实际系统中经常假设所处理的是在$|\Omega|\leqslant 2\pi/T$的频带之外只有很少能量的有限长信号。

要实现一个1:4的内插,也就是将采样频率提高到4倍。正如在图4.23中看到的,可以利用一个采样率倍增器并跟随一个适当的低通滤波器来实现采样率的改变。在本章中已经知道,如果低通滤波器具有FIR脉冲响应,则该滤波器可用DFT来实现。本题假设该滤波器有$N+1$点的脉冲响应$h[n]$。图P8.70-1画出了这样一个系统,其中$H[k]$是这个低通滤波器脉冲响应的$4N$点DFT。注意,$v[n]$和$y[n]$都是$4N$点序列。

(a) 求可使图P8.70-1中的系统能够实现所求的过采样系统的DFT $H[k]$。仔细考虑$H[k]$值的相位。

(b) 也可用图P8.70-2中的系统对$x[n]$过采样。确定中间方框中系统A,使得图中的$4N$点信号$y_2[n]$等于图P8.70-2中的$y[n]$。注意系统A可包含多次操作。

(c) 是否有理由表明图P8.70-2的实现方法优于图P8.70-1?

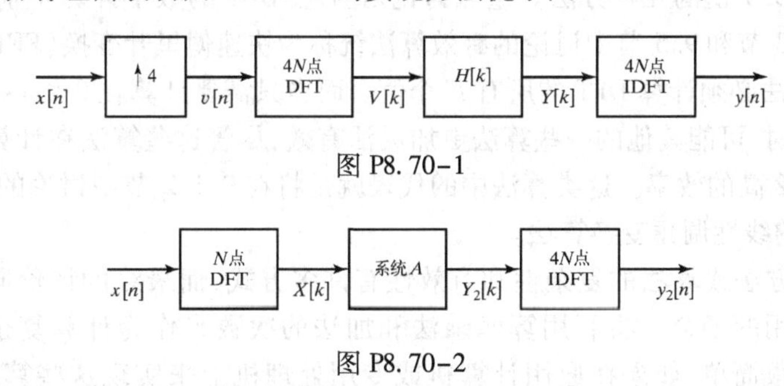

图 P8.70-1

图 P8.70-2

8.71 利用式(8.153)和式(8.164)推导式(8.165)。

8.72 考虑下列步骤:

(a) 构造一序列$v[n]=x_2[2n]$,其中$x_2[n]$由式(8.166)给出,由此可得出

$$v[n]=x[2n],\qquad n=0,1,\cdots,N/2-1$$

$$v[N-1-n]=x[2n+1],\quad n=0,1,\cdots,N/2-1$$

(b) 计算$v[n]$的N点DFT,$V[k]$。

证明下式成立:

$$X^{c2}[k]=2\mathcal{R}e\{e^{-j2\pi k/(4N)}V[k]\},\qquad k=0,1,\cdots,N-1$$

$$=2\sum_{n=0}^{N-1}v[n]\cos\left[\frac{\pi k(4n+1)}{2N}\right],\qquad k=0,1,\cdots,N-1$$

$$=2\sum_{n=0}^{N-1}x[n]\cos\left[\frac{\pi k(2n+1)}{2N}\right],\qquad k=0,1,\cdots,N-1$$

注意,这一算法用N点DFT而不是式(8.167)中所要求的$2N$点DFT。此外,由于$v[n]$是实序列,可利用奇偶对称性来计算一个$N/4$点复DFT中的$V[k]$。

8.73 利用式(8.156)和式(8.174)推导式(8.157)。

8.74 (a) 利用DFT的Parseval定理推导$\sum_k|X^{c1}[k]|^2$和$\sum_n|x[n]|^2$之间的关系。

(b) 利用DFT的Parseval定理推导$\sum_k|X^{c2}[k]|^2$和$\sum_n|x[n]|^2$之间的关系。

第 9 章　离散傅里叶变换的计算

9.0　引言

离散傅里叶变换(DFT)在离散时间信号处理算法和系统的分析、设计及实现中起着十分重要的作用。第 2 章和第 8 章中所讨论的傅里叶变换和离散傅里叶变换的基本性质使得在傅氏域中分析和设计系统非常方便。同样重要的是,已经有了明确计算 DFT 的各种有效算法。因此,在离散时间系统的许多实际应用中 DFT 是十分重要的一部分。

本章讨论计算 DFT 值的几种方法。重点讨论对 N 点 DFT 的数字计算特别有效的一类算法。这些将在 9.2 节、9.3 节和 9.5 节中讨论的有效算法统称为快速傅里叶变换(FFT)算法。为了取得最高的效率,FFT 算法必须计算 DFT 的所有 N 个值。而当只需要计算在 $0\leqslant\omega<2\pi$ 范围内的一部分频率上的 DFT 值时,可能其他的一些算法更加灵活有效,尽管这些算法在计算 DFT 的全部值时不具有 FFT 算法那么高的效率。这类算法中的代表就是将在 9.1.2 节中讨论的 Goertzel 算法和将在 9.6.2 节中讨论的线性调频变换算法。

度量某一实现方法或算法的复杂性和有效性有许多方式,而最终的评价同时取决于可以利用的技术和打算应用的场合。将利用算术乘法和加法的次数来作为计算复杂性的度量。这种度量方法使用起来很简单,如果在通用计算机或专用处理机上来实现这些算法,则乘法和加法的次数就直接与计算速度有关。但是,有时其他的度量方法更合适。例如,在常用的 VLSI 实现时,芯片的面积和功率要求往往是最重要的考虑因素,而它们有可能与算法的运算次数没有直接的关系。

若采用乘法和加法,FFT 类算法的计算效率要比其他算法高出几个数量级。事实上由于 FFT 的高效率,以至于在许多情况下使得实现卷积最有效的方法成为首先计算参与卷积之序列的变换,然后将它们的变换相乘,最后计算这些变换乘积的逆变换。这一技术的细节曾在 8.7 节中讨论过。似乎矛盾的一个方面是,一些计算 DFT(或者更一般的计算一组傅里叶变换的样本)的算法(将在 9.6 节中简要介绍)之所以能提高计算效率,是从利用卷积来重新改写傅里叶变换计算式出发,并借此利用与卷积有关的高效计算方法来实现傅里叶变换的计算。这表明能够用 DFT 的相乘来实现卷积,其中 DFT 的实现是首先将它们表示成卷积,然后利用高效的算法来实现相应的卷积。虽然表面上看这似乎是十分矛盾的,但是在 9.6 节中将会看到,在某些情况下这是一种十分合理的方法,而且完全不矛盾。

本章还将研究几种计算离散傅里叶变换的算法。首先在 9.1 节中讨论直接计算方法,也就是基于直接采用 DFT 定义作为计算公式的方法。讨论中包括了 Goertzel 算法(Goertzel,1958),它的计算量正比于 N^2,但具有比基于定义公式的直接法要小的比例常数。直接法或 Goertzel 算法的主要优点之一是,它们不只限于计算 DFT,而且能够计算任何所需的有限长序列 DTFT 的样本集。

9.2 节和 9.3 节将仔细讨论计算量正比于 $N\log_2 N$ 的 FFT 算法。当采用算术运算次数来比较时,这类算法要比 Goertzel 算法有效得多,但是它主要适用于计算全部的 DFT 值。这里并不打算细致地讲解所有此类算法,而只是想仔细讨论几个较常用的方案来举例说明所有这类算法共用的一般原理。

9.4 节将讨论实现 9.2 节和 9.3 节中讨论的以 2 为基的 FFT 算法时所产生的实际问题。9.5 节给出了对于和数 N 的算法的概述,包括了用于特定的计算机体系结构优化的 FFT 算法的主要参考。9.6 节将讨论以采用卷积来构成计算 DFT 公式的算法。最后,9.7 节将研究在 FFT 算法中运算量化的影响。

9.1 离散傅里叶变换的直接计算

正如第 8 章中所定义的,一个长度为 N 的有限长序列的 DFT 为

$$X[k]=\sum_{n=0}^{N-1}x[n]W_N^{kn},\qquad k=0,1,\cdots,N-1 \tag{9.1}$$

式中 $W_N=e^{-j(2\pi/N)}$。离散傅里叶逆变换为

$$x[n]=\frac{1}{N}\sum_{k=0}^{N-1}X[k]W_N^{-kn},\qquad n=0,1,\cdots,N-1 \tag{9.2}$$

在式(9.1)和式(9.2)中,$x[n]$ 和 $X[k]$ 均可以是复数①。因为在式(9.1)和式(9.2)的右边仅在 W_N 指数上差一个符号,并相差一个比例因子 $1/N$,所以有关式(9.1)计算步骤的讨论稍加修改可以直接用于式(9.2)(见习题 9.1)。

改善 DFT 计算效率的大多数方法均利用了 W_N^{kn} 的对称性和周期性。具体地讲,有

$$W_N^{k(N-n)}=W_N^{-kn}=(W_N^{kn})^*\ \text{(复共轭对称)} \tag{9.3a}$$

$$W_N^{kn}=W_N^{k(n+N)}=W_N^{(k+N)n}\qquad \text{(对于 } n \text{ 和 } k \text{ 呈现周期性)} \tag{9.3b}$$

[因为 $W_N^{kn}=\cos(2\pi kn/N)-j\sin(2\pi kn/N)$,所以这些性质是基本的正弦和余弦函数的对称性和周期性的直接结果。]因为复数 W_N^{kn} 在式(9.1)和式(9.2)中起到系数的作用,所以这些条件隐含的冗余可被用来减少需要的计算量。

9.1.1 DFT 定义的直接估算

为了建立一个参考框架,首先研究一下式(9.1)定义的 DFT 方程的直接计算法。由于 $x[n]$ 可能是复数,所以,若直接用式(9.1)作为计算公式,则计算 DFT 每一个值就需要 N 次复数乘法和 $(N-1)$ 次复数加法。因此,计算全部的 N 个值总共需要 N^2 次复数乘法和 $N(N-1)$ 次复数加法。若用实数运算来表示式(9.1),可以得到

$$\begin{aligned}X[k]=\sum_{n=0}^{N-1}\Big[&(\mathcal{R}e\{x[n]\}\mathcal{R}e\{W_N^{kn}\}-\mathcal{I}m\{x[n]\}\mathcal{I}m\{W_N^{kn}\})\\&+j(\mathcal{R}e\{x[n]\}\mathcal{I}m\{W_N^{kn}\}+\mathcal{I}m\{x[n]\}\mathcal{R}e\{W_N^{kn}\})\Big]\\&k=0,1,\cdots,N-1\end{aligned} \tag{9.4}$$

上式表明,每个复数乘法 $x[n]\cdot W_N^{kn}$ 需要 4 次实数乘法和 2 次实数加法,并且每个复数加法需要 2 次实数加法。所以,对于每一个 k 值,直接计算 $X[k]$ 就需要 $4N$ 次实数乘法和 $(4N-2)$ 次实数加

① 对有限长序列 $x[n]$ 的 DFT 计算方法的讨论,有必要回忆第 8 章中的内容,由式(9.1)定义的 DFT 值既可以认为是 DTFT $X(e^{j\omega})$ 在频率 $\omega_k=2\pi k/N$ 处的样本,也可以看作是以下周期序列的离散时间傅里叶级数的系数:

$$\tilde{x}[n]=\sum_{r=-\infty}^{\infty}x[n+rN]$$

这将有助于记住这两种解释,并能够很方便地从一种关注点转换到另一种关注点。

法。因为必须计算对于 N 个不同 k 值的 $X[k]$,所以序列 $x[n]$ 的傅里叶变换的直接计算法需要 $4N^2$ 次实数乘法和 $N(4N-2)$ 次实数加法 ①。除了式(9.4)要求的乘法和加法之外,通用计算机或专用硬件进行 DFT 数字计算还需要储存和读取 N 个复数输入序列值 $x[n]$ 和复系数 W_N^{kn} 值的设备。由于计算的总次数和所需的时间大致上正比于 N^2,显然当 N 值很大时用直接法计算 DFT 所需要的算术运算的次数就非常大。正是这个原因,才十分关注能减少乘法和加法次数的计算方法。

举一个例子来说明如何应用 W_N^{kn} 的性质。利用式(9.3a)的对称性,可以将式(9.4)的和式中含有 n 和 $(N-n)$ 的项组合在一起。例如,可将下式组合:

$$\mathcal{R}e\{x[n]\}\mathcal{R}e\{W_N^{kn}\}+\mathcal{R}e\{x[N-n]\}\mathcal{R}e\{W_N^{k(N-n)}\}$$
$$=(\mathcal{R}e\{x[n]\}+\mathcal{R}e\{x[N-n]\})\mathcal{R}e\{W_N^{kn}\}$$

忽略实数乘法,则可组合为

$$-\mathcal{I}m\{x[n]\}\mathcal{I}m\{W_N^{kn}\}-\mathcal{I}m\{x[N-n]\}\mathcal{I}m\{W_N^{k(N-n)}\}$$
$$=-(\mathcal{I}m\{x[n]\}-\mathcal{I}m\{x[N-n]\})\mathcal{I}m\{W_N^{kn}\}$$

对于式(9.4)中的其他项可做类似的组合。这样,乘法的次数大约可以减少 1/2。还可以利用如下事实:对于乘积 kn 的某些值,正弦和余弦函数取值为 1 或 0,因此就可以省略掉这些乘法。尽管如此,这种减少仍然使面临着正比于 N^2 的大量计算。值得庆幸的是,可以利用第二个性质[见式(9.3b)],即复数序列 W_N^{kn} 的周期性,通过递推使得计算量显著减少。

9.1.2 Goertzel 算法

Goertzel 算法(Goertzel,1958)是一个利用序列 W_N^{kn} 的周期性来减少计算量的例子。为了推导这一算法,首先注意到

$$W_N^{-kN}=e^{j(2\pi/N)Nk}=e^{j2\pi k}=1 \tag{9.5}$$

其中 k 为整数。这是以 N 为周期的 W_N^{-kn} 对于 n 或 k 周期性的结果。因为式(9.5),所以可以用 W_N^{-kN} 乘以式(9.1)的右边而不影响该式。因此,

$$X[k]=W_N^{-kN}\sum_{r=0}^{N-1}x[r]W_N^{kr}=\sum_{r=0}^{N-1}x[r]W_N^{-k(N-r)} \tag{9.6}$$

为了联想到最终的结果,定义序列

$$y_k[n]=\sum_{r=-\infty}^{\infty}x[r]W_N^{-k(n-r)}u[n-r] \tag{9.7}$$

由式(9.6)和式(9.7),以及当 $n<0$ 和 $n\geqslant N$ 时,$x[n]=0$ 的事实,可得

$$X[k]=y_k[n]\Big|_{n=N} \tag{9.8}$$

式(9.7)可以解释为,有限长序列 $x[n]$,$0\leqslant n\leqslant N-1$,与序列 $W_N^{-kn}u[n]$ 的离散卷积。所以,$y_k[n]$ 可以看作脉冲响应为 $W_N^{-kn}u[n]$ 的系统对有限长输入 $x[n]$ 的响应。特别是 $X[k]$ 就是 $n=N$ 时的输出值。

图 9.1 绘出了具有脉冲响应为 $W_N^{-kn}u[n]$ 的系统的信号流图,其差分方程如下所示:

$$y_k[n]=W_N^{-k}y_k[n-1]+x[n] \tag{9.9}$$

其中已经假设初始松弛条件。因为通常的输入 $x[n]$ 和系数 W_N^{-k} 均为复数,所以利用图 9.1 中的系数来计算 $y_k[n]$ 的每个新的值需要 4 次实数乘法和 4 次实数加法。为了计算 $y_k[N]=X[k]$,必须计算

① 在整个讨论中,有关计算次数的数字只是近似的。例如,与 W_N^0 相乘,实际上并不需要一次乘法。尽管如此,当 N 很大时,包括这种情况的乘法在内而得出的计算复杂性的估计仍然是相当精确的,可以用于两种不同类型算法间的比较。

所有的 $y_k[1], y_k[2], \cdots, y_k[N-1]$ 值，因此利用图9.1中的系数作为一种计算算法来计算特定 k 值下的 $X[k]$ 时，需要 $4N$ 次实数乘法和 $4N$ 次实数加法。所以这种方法比直接法稍差一些。但是，图9.1所示的方法避免了计算或存储系数 W_N^{kn}，因此已通过图9.1所示的递推过程计算出了这些量。

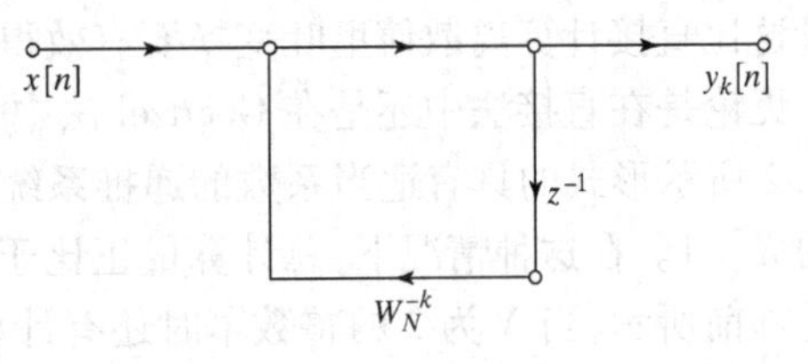

图9.1　$X[k]$ 的一阶复递推计算流图

保持这种简化而将乘法次数再减少一半是可能的。为了看出如何才能做到这一点，注意到图9.1所示系统的系统函数为

$$H_k(z)=\frac{1}{1-W_N^{-k}z^{-1}} \tag{9.10}$$

用因子 $(1-W_N^k z^{-1})$ 乘以 $H_k(z)$ 的分子和分母，可得

$$\begin{aligned}H_k(z)&=\frac{1-W_N^k z^{-1}}{(1-W_N^{-k}z^{-1})(1-W_N^k z^{-1})}\\&=\frac{1-W_N^k z^{-1}}{1-2\cos(2\pi k/N)z^{-1}+z^{-2}}\end{aligned} \tag{9.11}$$

图9.2所示的信号流图对应于系统函数为式(9.11)的直接Ⅱ型实现，其极点的差分方程为

$$v_k[n]=2\cos(2\pi k/N)v_k[n-1]-v_k[n-2]+x[n] \tag{9.12a}$$

式(9.12a)以起始静止条件 $w_k[-2]=w_k[-1]=0$ 迭代 N 次后，所要求的DFT值可以通过置零来得到

$$X[k]=y_k[n]\Big|_{n=N}=v_k[N]-W_N^k v_k[N-1] \tag{9.12b}$$

若输入为复数，由于系数是实数并且因子 -1 不必算做一次乘法，所以实现该系统的极点只需要每个样本做2次实数乘法。和一阶系统的情况相同，对于复输入，实现极点需要每个样本做4次实数加法。因为只须使该系统处于可以计算出 $y_k[N]$ 的状态，所以实现系统函数的零点所要求的与 $(-W_N^k)$ 做复数相乘就不必在差分方程的每一步迭代中进行，只须在第 N 次迭代后完成。这样，全部的计算量为：对极点做 $2N$ 次实数乘法和 $4N$ 次实数加法①，加上对零点做4次实数乘法和4次实数加法（当输入为复数时）。因此，总计算量为 $2(N+2)$ 次实数乘法和 $4(N+1)$ 次实数加法，所需要的实数乘法次数大约是直接法的一半。在这种比较有效的方法中，仍然保持着只需计算和储存 $\cos(2\pi k/N)$ 和 W_N^k 这些系数的优点。系数 W_N^{kn} 已在图9.2所示的递推公式的迭代中再次被隐含地计算出了。

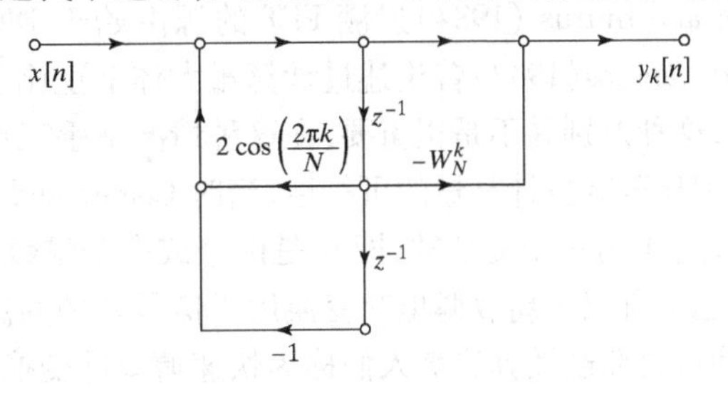

图9.2　$X[k]$ 的二阶递推计算流图（Goertzel算法）

为了说明利用这种网络的另一个优点，研究一下如何计算 $x[n]$ 在两个对称频率 $2k\pi/N$ 和 $2\pi(N-k)/N$ 处的DFT，即计算 $X[k]$ 和 $X[N-k]$。可以直接证明，计算 $X[N-k]$ 所要求的如图9.2形式的网络与计算 $X[k]$ 所要求的如图9.2中的网络有完全相同的极点，但前者零点的系数与后者零点的系数是复共轭的关系（见习题9.21）。因为仅在最后的迭代中实现零点，所以，可以利用极点所要求的 $2N$ 次乘法和 $4N$ 次加法来计算两个DFT值。这样，当利用Goertzel算法来计算离散傅里叶变换所有的 N 个值时，所需要的实数乘法次数约为 N^2，并且实数加法次数约为 $2N^2$。

① 这里假设 $x[n]$ 是复数。如果 $x[n]$ 是实数，实现极点的计算量为 N 次实数乘法和 $2N$ 次实数加法。

尽管这比直接计算离散傅里叶变换要有效得多,但是计算量仍然正比于 N^2。

无论是在直接法中还是在 Goertzel 法中,并不需要计算全部 N 个 k 值的 $X[k]$。的确,因为由图 9.2 所示形式的具有适当系数的递推系统可以计算出每一个 DFT 值,所以可以计算任意 M 个 k 值的 $X[k]$。在这种情况下,总计算量正比于 NM。当 M 很小时,Goertzel 法和直接法都是可取的;但是如前所示,当 N 为 2 的整数幂时还有计算量正比于 $N\log_2 N$ 的算法。因此,当 M 小于 $\log_2 N$ 时,无论 Coertzel 算法或直接法实际上都是最有效的方法,但是当需要计算 $X[k]$ 的全部 N 个值时,下面将要研究的按时间抽取算法的效率约为直接法或 Goertzel 算法的 $(N/\log_2 N)$ 倍。

正如所推导出的,Goertzel 算法计算 $X[k]$ 的 DFT 值与 DTFT $X(e^{j\omega})$ 在频率 $\omega=2\pi k/N$ 处的计算值是相同的。只须对以上推导稍做修改,就可以通过迭代

$$v_a[n] = 2\cos(\omega_0)v_a[n-1] - v_a[n-2] + x[n] \tag{9.13a}$$

N 次,并用式

$$X(e^{j\omega_a}) = e^{-j\omega_a N}(v_a[N] - e^{-j\omega_a}v_a[N-1]) \tag{9.13b}$$

计算出所要求的 DTFT $X(e^{j\omega})$ 在任意频率 ω_a 处的值。应注意,当 $\omega_a=2\pi k/N$ 时式(9.13a)和式(9.13b)简化为式(9.12a)和式(9.12b)。因为式(9.13b)只能计算 1 次,所以在任意选定的频率处计算 $X(e^{j\omega})$ 值的效率只比在 DFT 频率处计算略低一点。

Goertzel 算法在一些实时应用中的另一个优点是,当给出第一个输入样本后计算就可以开始。当给出每个新的输入样本时,就可利用差分方程式(9.12a)或式(9.13a)进行迭代计算。N 次迭代后,所要求的 $X(e^{j\omega})$ 的值可以通过合适选取式(9.12b)或式(9.13b)来计算。

9.1.3 同时利用对称性和周期性

同时利用序列 W_N^{kn} 的对称性和周期性的计算算法在高速数字计算出现的年代之前很长时间已为人们所知。那时,任何即便仅能减少手工计算量一半的方法都是很受欢迎的。Heideman, Johnson and Burrus (1984)追溯 FFT 的源由始于 1805 年的高斯。Runge(1905)以及后来的 Danielson and Lanczos(1942)曾论述过计算量大体上正比于 $N\log_2 N$ 而不是 N^2 的算法。但是,当 N 的值很小时,这种差别并不是很重要,在这种情况下手工计算还是可行的。大约直到 1965 年,人们才普遍注意到显著减少计算量的可行性,当时 Cooley and Tukey(1965)发表了一种计算离散傅里叶变换的算法,当 N 为一个复合数,即 N 是两个或多个整数的乘积时,该算法是行之有效的。这篇论文的发表掀起了研究将离散傅里叶变换用于信号处理的高潮,并导致发现了一大批高效的计算算法。总起来说,全部这类算法被人们称为快速傅里叶变换,或 FFT①。

相比于前面讨论过的直接算法,FFT 算法是基于可以将一个长度为 N 的序列的离散傅里叶变换逐次分解为较短的离散傅里叶变换,并将其组合形成 N 点变换来计算这一基本原理。这些较短的变换可以通过直接法来计算,或者可以将它们分为更短的变换。这一原理产生了许多不同的算法,但它们在计算速度上均取得了大致相当的改善。本章集中讨论两类基本的 FFT 算法。第一类称为按时间抽取的 FFT 算法,它的命名来自如下事实:在把原计算安排成较短变换的过程中,序列 $x[n]$(通常看作一个时间序列)可逐次分解为较短的子序列。第二类称为按频率抽取的 FFT 算法,因为这类算法是将离散傅里叶变换系数序列 $X[k]$ 分解为较短的子序列。

9.2 节将讨论按时间抽取算法。9.3 节讨论按频率抽取算法。这是一个任意的顺序。这两部

① 对于与 FFT 有关的研究结果发展史的总结见 Cooley, Lewis and Welch (1967)以及 Heidman, Johnson and Burrus (1984)的论文。

分基本上是独立的,因此可以以任何顺序阅读。

9.2　按时间抽取的 FFT 算法

当计算 DFT 时,把整个计算逐次分解成较短的 DFT 计算将会显著地提高效率。在这一过程中,将同时利用复指数 $W_N^{kn}=e^{-j(2\pi/N)kn}$的对称性和周期性。这些算法是以将序列 $x[n]$逐次分解为较短的子序列为基础的,称这类算法为按时间抽取算法。

通过研究 N 为 2 的整数幂,即 $N=2^\nu$ 的这种特殊情况,可以最方便地证明按时间抽取算法的原理。因为 N 可以被 2 整除,所以可以将 $x[n]$分解成两个$(N/2)$点序列①来计算 $X[k]$,其中一个序列由偶数点 $g[n]=x[2n]$组成,而另一个序列则由奇数点 $h[n]=x[2n+1]$组成。图 9.3 给出了这种分解方法,同时也给出了(有点明显,但是很重要的)一个事实,就是可以通过将两个序列简单地重新交叉来恢复原序列。

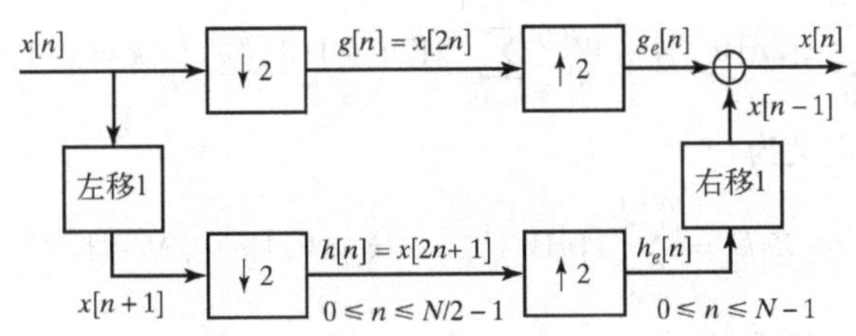

图 9.3　按时间抽取算法基本原理的证明

为了理解图 9.3 作为 DFT 计算流程原理的意义,有必要考虑框图中描绘的运算在频域中的等价形式。首先,注意时域运算标记"左移 1"对应于在频域 $X(e^{j\omega})$乘以 $e^{j\omega}$。其次,正如 4.6.1 节所述,对应于将时间序列压缩一半,离散时间傅里叶变换 $G(e^{j\omega})$ 和 $H(e^{j\omega})$ (因此 $G[k]$和 $H[k]$)是通过频域混叠得到的, 而该混叠是在将 $X(e^{j\omega})$和 $e^{j\omega}X(e^{j\omega})$中的 ω 用 $\omega/2$ 代替进行频率尺度扩展时产生的。也就是说,压缩后的序列 $g[n]=x[2n]$和 $h[n]=x[2n+1]$的 DTFT 分别为

$$G(e^{j\omega})=\frac{1}{2}\left(X(e^{j\omega/2})+X(e^{j(\omega-2\pi)/2})\right) \tag{9.14a}$$

$$H(e^{j\omega})=\frac{1}{2}\left(X(e^{j\omega/2})e^{j\omega/2}+X(e^{j(\omega-2\pi)/2})e^{j(\omega-2\pi)/2}\right) \tag{9.14b}$$

图 9.3 中框图右半部分所示的 2 倍序列扩展导致 DTFT 的频率压缩 $G_e(e^{j\omega})=G(e^{j2\omega})$ 和 $H_e(e^{j\omega})=H(e^{j2\omega})$,根据图 9.3 通过下式组合成 $X(e^{j\omega})$:

$$\begin{aligned}X(e^{j\omega})&=G_e(e^{j\omega})+e^{-j\omega}H_e(e^{j\omega})\\&=G(e^{j2\omega})+e^{-j\omega}H(e^{j2\omega})\end{aligned} \tag{9.15}$$

将式(9.14a)和式(9.14b)代入式(9.15)可以证明,N 点序列 $x[n]$的 DTFT $X(e^{j\omega})$,可以如式(9.15) 所示,表示成 $N/2$ 点序列 $g[n]=x[2n]$和 $h[n]=x[2n+1]$的 DTFT 的形式。因此 DFT $X[k]$ 同样可以表示成 $g[n]$和 $h[n]$ 的 DFT 的形式。

具体来说,$X[k]$对应于 $X(e^{j\omega})$在频率 $\omega_k=2\pi k/N, k=0,1,\cdots,N-1$ 处的取值。因此,采用式(9.15)得

$$X[k]=X(e^{j2\pi k/N})=G(e^{j(2\pi k/N)2})+e^{-j2\pi k/N}H(e^{(j2\pi k/N)2}) \tag{9.16}$$

根据 $g[n]$和 $G(e^{j\omega})$的定义,有

① 当讨论 FFT 算法时,一般交替使用"样本"和"点"这两个词来表示序列值,即单独的一个数。同样,也可把一个长为 N 的序列称为 N 点序列,把一个长度为 N 的序列的 DFT 称为 N 点 DFT。

$$G(e^{j(2\pi k/N)2}) = \sum_{n=0}^{N/2-1} x[2n]e^{-j(2\pi k/N)2n}$$

$$= \sum_{n=0}^{N/2-1} x[2n]e^{-j(2\pi k/(N/2)n} \tag{9.17a}$$

$$= \sum_{n=0}^{N/2-1} x[2n]W_{N/2}^{kn}$$

通过类似的运算,可以得到

$$H(e^{j(2\pi k/N)2}) = \sum_{n=0}^{N/2-1} x[2n+1]W_{N/2}^{kn} \tag{9.17b}$$

于是,由式(9.17a),式(9.17b)和式(9.16),将得出

$$X[k] = \sum_{n=0}^{N/2-1} x[2n]W_{N/2}^{kn} + W_N^k \sum_{n=0}^{N/2-1} x[2n+1]W_{N/2}^{kn}, \quad k = 0, 1, \cdots, N-1 \tag{9.18}$$

其中,$X[k]$的 N 点 DFT 定义为

$$X[k] = \sum_{n=0}^{N-1} x[n]W_N^{nk}, \qquad k = 0, 1, \cdots, N-1 \tag{9.19}$$

同样,$g[n]$和 $h[n]$的 $N/2$ 点 DFT 为

$$G[k] = \sum_{n=0}^{N/2-1} x[2n]W_{N/2}^{nk}, \qquad k = 0, 1, \cdots, N/2-1 \tag{9.20a}$$

$$H[k] = \sum_{n=0}^{N/2-1} x[2n+1]W_{N/2}^{nk}, \qquad k = 0, 1, \cdots, N/2-1 \tag{9.20b}$$

式(9.18)表明 N 点 DFT $X[k]$可以通过估算 $N/2$ 点 DFT $G[k]$和 $H[k]$用 $k=0, 1,\cdots, N-1$ 代替通常所做的 $N/2$ 点 DFT 时的 $k=0, 1,\cdots, N/2-1$ 来得到。甚至当只计算 $G[k]$和 $H[k]$在 $k=0, 1, \cdots, N/2-1$ 上的值时,也很容易得到,因为 $N/2$ 点变换隐含的周期为 $N/2$。通过这些观察,式(9.18) 可以重写为

$$X[k] = G[((k))_{N/2}] + W_N^k H[((k))_{N/2}], \qquad k = 0, 1, \cdots, N-1 \tag{9.21}$$

符号$((k))_{N/2}$方便地表明,即使只在 $k=0, 1,\cdots, N/2-1$ 计算 $G[k]$和 $H[k]$,它们也会根据 k 以 $N/2$ 为模周期性地扩展(不需要附加计算)。

计算出两个 DFT 后,按照式(9.21)将两者组合成 N 点 DFT $X[k]$。图 9.4 绘出了当 $N=8$ 时的这一计算过程。在该图中使用了信号流图的规定,这些曾在第 6 章中表示差分方程时介绍过。这就是说,进入一个节点的支路相加后就得到该节点的变量。当支路上没有标明系数时,就假定该支路的传输比为 1。对于其他支路而言,一个支路的传输比为 W_N 的整数幂。

在图 9.4 中计算了两个 4 点 DFT,$G[k]$表示偶数点的 4 点 DFT,而 $H[k]$表示奇数点的 4 点 DFT。根据式(9.21),$H[0]$乘以 W_N^0并与 $G[0]$相加就得到 $X[0]$。$H[1]$乘以 W_N^1再加上 $G[1]$就得到 $X[1]$的 DFT 值。式(9.21)表明,(因为隐含的 $G[k]$和 $H[k]$的周期性)要计算 $X[4]$,应当用W_N^4乘以 $H[((4))_4]$并加上 $G[((4))_4]$。因此,$X[4]$可以用 $H[0]$乘以 W_N^4再加上 $G[0]$得到。如图 9.4 所示,类似地可以得到 $X[5]$,$X[6]$和 $X[7]$的值。

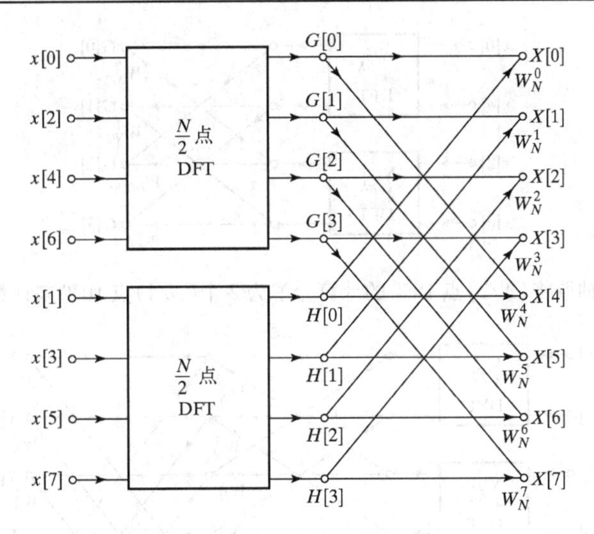

图9.4 把一个 N 点 DFT 计算分解成为两个($N/2$)点 DFT 计算的按时间抽取信号流图($N=8$)

对于按照式(9.21)安排的计算,可以将其所需要的乘法和加法次数与直接计算 DFT 所需要的加以比较。前面已经看出,对于没有利用对称性的直接计算,需要 N^2 次复数乘法和加法。① 通过比较,式(9.21)需要计算两个($N/2$)点 DFT,而如果用直接法计算($N/2$)点 DFT 则需要 $2(N/2)^2$ 次复数乘法和大约 $2(N/2)^2$ 次复数加法。然后必须将两个($N/2$)点 DFT 组合在一起,对应于第二个和式乘以 W_N^k 需要 N 次复数乘法,而对应于把乘积加到第一个和式上需要 N 次复数加法。因此,若对于所有的 k 值计算式(9.21)至多要求 $N+2(N/2)^2$ 或 $N+N^2/2$ 次复数乘法和加法。很容易证明,当 $N>2$ 时,$N+N^2/2$ 将会小于 N^2。

式(9.21)对应于将原来的 N 点计算分解为 2 个 $N/2$ 点的 DFT 计算。如果 $N/2$ 为偶数,当 N 等于 2 的整数幂时就是这样的情况,则可以认为计算式(9.21)中的每一个($N/2$)点 DFT 可以通过将式(9.21)中的每个和式分解为 2 个($N/4$)点 DFT 来进行,然后再把它们组合在一起得到($N/2$)点 DFT。这样,式(9.21)中的 $G[k]$ 可表示为

$$G[k]=\sum_{r=0}^{(N/2)-1} g[r]W_{N/2}^{rk}=\sum_{\ell=0}^{(N/4)-1} g[2\ell]W_{N/2}^{2\ell k}+\sum_{\ell=0}^{(N/4)-1} g[2\ell+1]W_{N/2}^{(2\ell+1)k} \tag{9.22}$$

或

$$G[k]=\sum_{\ell=0}^{(N/4)-1} g[2\ell]W_{N/4}^{\ell k}+W_{N/2}^{k}\sum_{\ell=0}^{(N/4)-1} g[2\ell+1]W_{N/4}^{\ell k} \tag{9.23}$$

同样,$H[k]$ 应当表示为

$$H[k]=\sum_{\ell=0}^{(N/4)-1} h[2\ell]W_{N/4}^{\ell k}+W_{N/2}^{k}\sum_{\ell=0}^{(N/4)-1} h[2\ell+1]W_{N/4}^{\ell k} \tag{9.24}$$

所以,将序列 $g[2\ell]$ 和 $g[2\ell+1]$ 的($N/4$)点 DFT 组合在一起,可以得到($N/2$)点 DFT $G[k]$。同样,将序列 $h[2\ell]$ 和 $h[2\ell+1]$ 的($N/4$)点 DFT 组合起来,就可以得到($N/2$)点 DFT $H[k]$。因此,如果按照式(9.23)和式(9.24)来计算图9.4中的4点DFT,则计算将按照图9.5所示的那样进行。若将图9.5的计算流图插入到图9.4所示的流图中去,则可以得到图9.6所示的完整流图,图中因为可利用 $W_{N/2}=W_N^2$ 这一性质,所以已用 W_N 的幂而不是 $W_{N/2}$ 的幂来表示系数。

① 简便起见,假定 N 较大,因此($N-1$)可近似为 N。

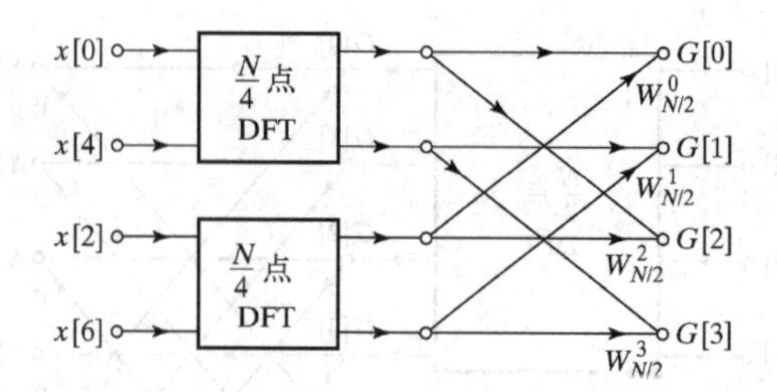

图 9.5 按时间抽取将($N/2$)点 DFT 的计算分解为 2 个($N/4$)点 DFT 来计算的流图($N=8$)

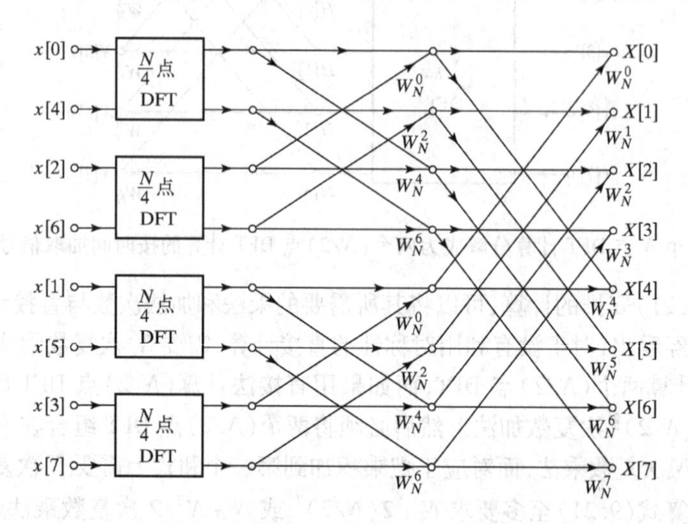

图 9.6 将图 9.5 代人图 9.4 的结果

对于举例用到的 8 点 DFT,已经将计算简化为 2 点 DFT 的计算。例如,包括 $x[0]$ 和 $x[4]$ 序列的 2 点 DFT 绘于图 9.7 中。将图 9.7 所示的计算再插到图 9.6 的流图中去,就可以得到计算 8 点 DFT 的完整流图,如图 9.9 所示。

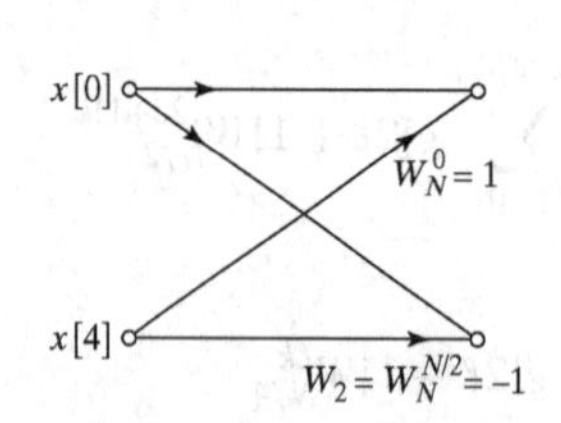

图 9.7 2 点 DFT 的流图

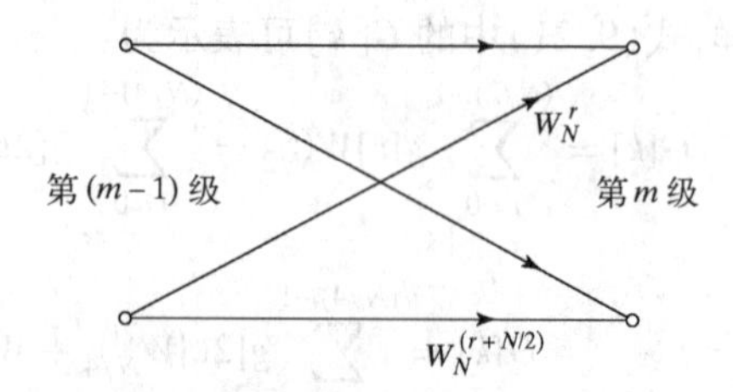

图 9.8 图 9.9 中的基本蝶形计算流图

对于更一般的情况,但 N 仍为 2 的整数幂时,应当将式(9.23)和式(9.24)中的($N/4$)点变换分解为($N/8$)点变换,继续进行下去直到只剩下 2 点变换为止。这需要做 ν 级运算,其中 $\nu=\log_2 N$。以前曾求得,当一个 N 点的变换最初分解成两个($N/2$)点变换时,所要求的复数乘法和加法次数为 $N+2(N/2)^2$。当($N/2$)点的变换分解为($N/4$)点变换时,则用 $N/2+2(N/4)^2$ 代替因子 $(N/2)^2$,这样所要求的全部计算次数为 $N+N+4(N/4)^2$ 次复数乘法和加法。若 $N=2^\nu$,这样最多可以分解 $\nu=\log_2 N$ 次,所以这种分解全部完成之后,复数乘法和加法的次数为 $N\nu=N\log_2 N$。

图 9.9 所示的流图很清楚地表现出了这种运算过程。若计算转输比为 W_N^r的支路数目,就会注意到每一级有 N 次复数乘法和 N 次复数加法。因为一共有 $\log_2 N$ 级,所以全部有 $N\log_2 N$ 次复数乘法和加法。这就是可以显著节省计算量的情况。例如,若 $N=2^{10}=1024$,则 $N^2=2^{20}=1\,048\,576$ 而 $N\log_2 N=10\,240$,减少了不止两个数量级!

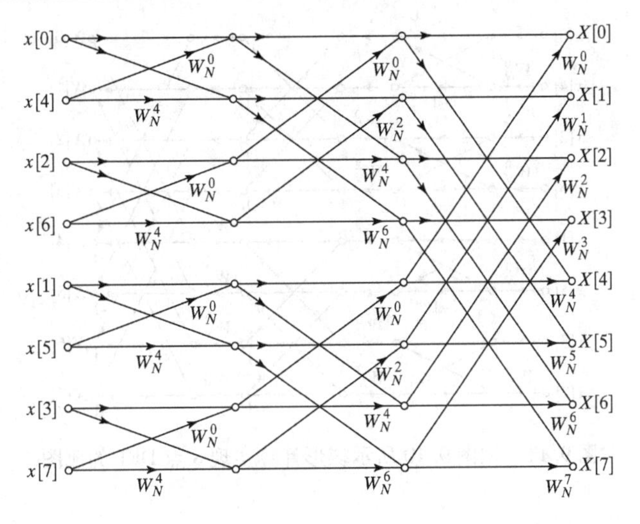

图 9.9　按时间抽取将 8 点 DFT 计算完全分解的流图

利用系数 W_N^r 的对称性和周期性可以进一步减小图 9.9 所示流图的计算量。首先注意到图 9.9 从某一级到下一级的过程中，基本的计算是图 9.8 所示的形式，即先用前一级的一对数值求得这一级的一对数值，其中系数总是 W_N 的幂，而其指数总要相差 $N/2$。由于流图的形状像蝴蝶，因此这种基本的运算称为蝶形计算。因为

$$W_N^{N/2} = e^{-j(2\pi/N)N/2} = e^{-j\pi} = -1 \tag{9.25}$$

所以因子 $W_N^{r+N/2}$ 可以写为

$$W_N^{r+N/2} = W_N^{N/2} W_N^r = -W_N^r \tag{9.26}$$

根据这一点，图 9.8 所示的蝶形计算可以简化成图 9.10 所示的形式需要一次复数加法和一次复数减法，但是只需要一次复数乘法而不是两次。利用图 9.10 所示的基本流图来代替图 9.8 形式的蝶形图，可以由图 9.9 得到图 9.11 的流图。特别是，复数乘法的次数已经比图 9.9 中所需的次数减少了一半。

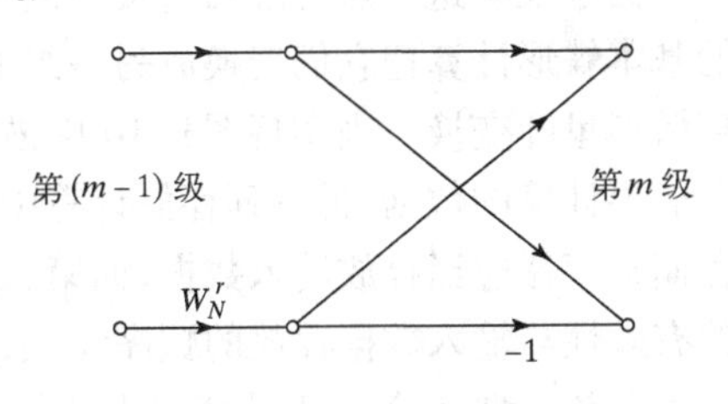

图 9.10　只需要一次复数乘法的简化蝶形计算流图

图 9.11 给出了 $\log_2 N$ 级的计算，每一级包括一组 $N/2$ 个 2 点 DFT（蝶形）计算。在每组 2 点 DFT 变换之间乘以 W_N^r 形式的复数。这些复数称为“旋转因子”，因为它们在将 2 点变换转换为更长的变换的过程中起到调整的作用。

9.2.1　FFT 的推广和编程

图 9.11 所示流图描述了计算一个 8 点离散傅里叶变换的一种算法，很容易推广到任意 $N=2^\nu$ 的情况，所以它既可以表明在计算中所需要确定的 $N\log N$ 次运算的阶次，又可以作为一种编程实现的图形表示。由于高级计算机编程语言的广泛使用，所以在某些情况下有必要开发一个面向新型计算机的程序，或者利用已有计算机结构的低级编程语言来优化一个给定的程序。对图表的仔细分析揭示出用于计算 DFT 时编程或者设计特定硬件的很多重要细节。应该注意 9.2.2 节和 9.2.3 节中按时间抽取算法以及 9.3.1 节和 9.3.2 节中按频率抽取算法的一些细节。9.4 节讨论了一些实际问题。虽然这些部分对于基本了解 FFT 的原理并不是必需的，但是提供了对编程和系统设计十分有用的指导。

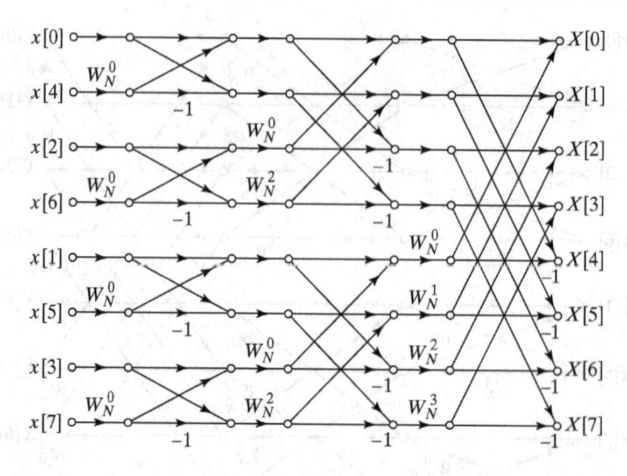

图 9.11 用图 9.10 所示蝶形计算实现 8 点 DFT 的流图

9.2.2 同址计算

图 9.11 所示的流图中特别重要的特征是连接节点的支路和每个支路的传输比。只要节点间的连接和连接的传输比维持不变,则无论在流图中的诸节点如何重新排列,它始终表示相同的计算。图 9.11 中特定形式的流图来自如下算法的推导过程:首先将原始序列分成偶数点和奇数点,然后用同样的方式不断地分成越来越短的子序列。这一推导的一种有益的附带结果是,该流图除了证明对于计算离散傅里叶变换的一种有效方法外,还提出存储始数据以及存储中间各列计算结果的有效方式。

为了证明这一点,注意到,按照图 9.11,每一级运算均需要一组 N 个复数,并通过图 9.10 形式的基本蝶形计算把它们变换成另一组的 N 个复数。这种过程重复 $\nu=\log_2 N$ 次,最后得到所要求的离散傅里叶变换。当实现图 9.10 中描述的计算时,可以想象使用两列(复数的)存储寄存器,一列存储要计算的数据,另一列存储计算中要用到的数据。例如,当计算图 9.11 中的第一列时,第一组存储寄存器应当存放输入数据,而第二组存储寄存器应当存放第一级计算出的结果。因为图 9.11 的有效性与输入数据存放的顺序无关,所以用与在图 9.11 中出现的同样顺序(从上到下)来排列该组复数。把从第 m 级计算得出的复数序列记作 $X_m[\ell]$,其中$\ell=0,1\cdots,N-1$,且 $m=1,2,\cdots,\nu$。此外,为了方便起见,把输入样本集记为 $X_0[\ell]$。对于第 m 级计算,可以认为 $X_{m-1}[\ell]]$ 是输入列,$X_m[\ell]$是输出列。这样,对于图 9.11 所示的 $N=8$ 的情况,有

$$
\begin{aligned}
X_0[0] &= x[0] \\
X_0[1] &= x[4] \\
X_0[2] &= x[2] \\
X_0[3] &= x[6] \\
X_0[4] &= x[1] \\
X_0[5] &= x[5] \\
X_0[6] &= x[3] \\
X_0[7] &= x[7]
\end{aligned} \tag{9.27}
$$

利用这种表示法,可将图 9.10 中蝶形计算的输入和输出标记为图 9.12 所示的那样,并有相应的方程

$$X_m[p] = X_{m-1}[p] + W_N^r X_{m-1}[q] \tag{9.28a}$$

$$X_m[q] = X_{m-1}[p] - W_N^r X_{m-1}[q] \tag{9.28b}$$

在式(9.28)中,p,q和r从一级到另一级是不同的,其变化规律很容易从图9.11及式(9.21)、式(9.23)和式(9.24)中得出。从图9.11和图9.12中可以清楚地看出,要计算第m列的p和q位置上的复数节点值,只需要第$(m-1)$列在p和q位置上的复数节点值。因此,若将$X_m[p]$和$X_m[q]$分别存放在原存放$X_{m-1}[p]$和$X_{m-1}[q]$的同一存储寄存器中,则实现全部计算实际上只需要一列存储N个复数的寄存器。这种计算通常称为同址计算。事实上,图9.11(或图9.9)代表了同址计算,这是因为已经把流图中位于同一水平线上的节点与相同位置的寄存器联系起来,并且使两列之间的计算由输入节点和输出节点是水平相邻的蝶形计算组成。

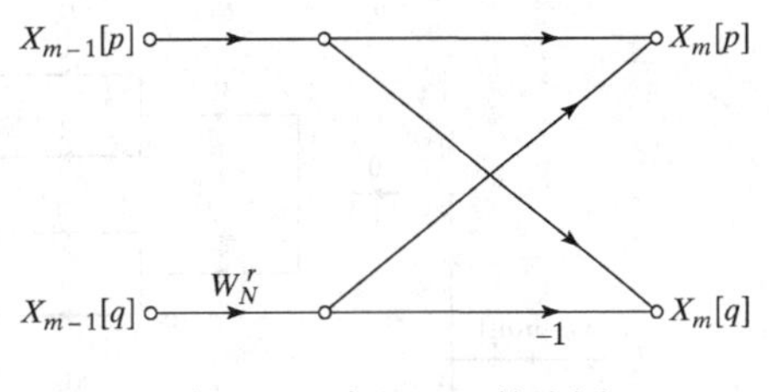

图9.12　式(9.28)的流图

为了实现以上讨论的同址计算,输入序列不能按照原来的先后顺序存储(或至少不能这样读取),而应如图9.11中流图所示的那样。事实上,这种输入数据存储和读取的次序称为倒位序。为了证明该术语的含义,注意到,对于已经讨论过的8点流图,只须用三位二进制代码来标注整个数据。如果用二进制形式写出式(9.27)中的标号,就会得到如下一组式子:

$$\begin{aligned}
X_0[000] &= x[000] \\
X_0[001] &= x[100] \\
X_0[010] &= x[010] \\
X_0[011] &= x[110] \\
X_0[100] &= x[001] \\
X_0[101] &= x[101] \\
X_0[110] &= x[011] \\
X_0[111] &= x[111]
\end{aligned} \tag{9.29}$$

若(n_2,n_1,n_0)为序列$x[n]$中标号的二进制表示,则序列值$x[n_2,n_1,n_0]$存放在数列$X_0[n_0,n_1,n_2]$的位置上。这就是说,要确定$x[n_2,n_1,n_0]$在输入序列中的位置,必须将标号n的位序颠倒。

为了通过连续检查代表数据标号的码位而将一个数据序列排成正常序列,首先研究一下图9.13所表示的过程。如果数据标号的最高位是零,则$x[n]$就属于已排序数列的上半部分;否则$x[n]$属于下半部分。其次,通过检查次高位,就可排出上半部和下半部子序列的顺序,以此类推。

为了证明为什么倒位序对于同址运算是必需的,回顾一下得出图9.9和图9.11的过程。序列$x[n]$首先分为偶序号样本和奇序号样本两部分,前者出现在图9.4的上半部分,后者出现在图9.4的下半部分。通过检查序号n中的最低位$[n_0]$就可实现数据的这种划分。若最低位为零,则序列值对应于偶序号的样本,因此将出现在数列$X_0[\ell]$的上半部分;若最低位为1,则序列值对应于奇序号的样本,因此将出现在数列$X_0[\ell]$的下半部分。然后,通过检查标号n中的次低位就可把偶序号和奇序号的子序列再分成偶序号部分和奇序号部分。首先研究一下偶序号的子序列,若次低位为0,则序列值是子序列中的某个偶序号项;若次低位为1,则序列值在这个子序列中具有奇序号。对于由原来奇序号的序列值构成的子序列执行同样的过程。这种过程重复进行直到得出N个长度为1的子序列为止。图9.14所示的树状图绘出了将数据划分为偶序号子序列和奇序号子序列的过程。

图9.13和图9.14的树状图基本相同,只是对于正常排列从左到右检查表示序号的二进制数码;而对于自然得出图9.9或图9.11的排列方式,从右到左以相反的次序来检查数码,导致了倒位排序。因此,序列$x[n]$之所以需要倒位排序是由于DFT的计算要逐次分解为较短的DFT计算以得到如图9.9和图9.11所示的形式所致。

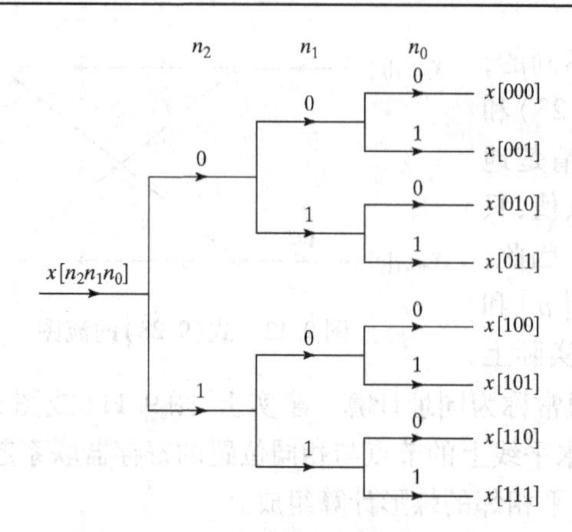

图 9.13　描述正常排序的树状图

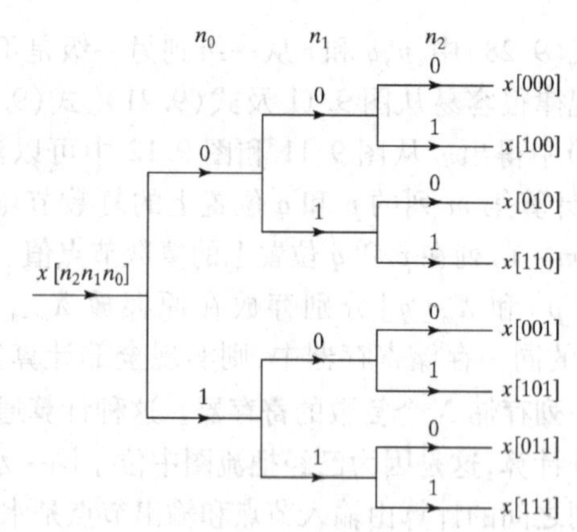

图 9.14　描述倒位排序的树状图

9.2.3　其他形式

虽然按照在图 9.11 中出现的节点的顺序来存储每级计算的结果是合理的,但是却完全没有必要这样做。无论图 9.11 的节点如何重新排列,只要支路的传输比不变,则最后结果总是 $x[n]$ 的离散傅里叶变换的一种有效计算,只是数据读取和存储的次序将会改变。从以上的讨论显然可见,如果把节点与一列复数寄存器的标号联系起来,则只有当重新排列节点使得每个蝶形运算的输入节点和输出节点呈水平相邻时才可以得到对应于同址运算的流图,否则需要两列复数寄存器,自然,图 9.11 就是这样排列的。另一种排列方式如图 9.15 所示。在这种情况下输入序列是正常序列,而 DFT 序列是倒位序。图 9.15 可以由图 9.11 得出,过程如下:在图 9.11 中与 $x[4]$ 水平相邻的全部节点和与 $x[1]$ 水平相邻的全部节点互换。同样,在图 9.11 中与 $x[6]$ 水平相邻的全部节点和与 $x[3]$ 水平相邻的全部节点互换。与 $x[0]$,$x[2]$,$x[5]$ 和 $x[7]$ 水平相邻的诸节点不变。这样所得到的图 9.15 中的流图就对应于最初由 Cooley and Tukey (1965)提出的按时间抽取算法的形式。

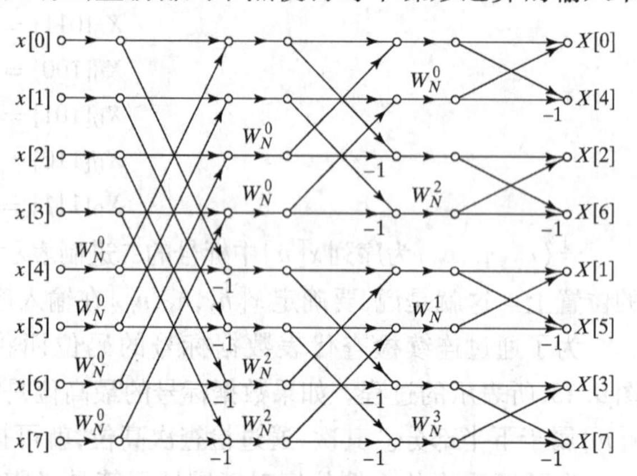

图 9.15　将图 9.11 重新排列成输入为正常位序而输出为倒位序

图 9.11 和图 9.15 之间的唯一差别是节点的排序不同。这意味着图 9.11 和图 9.15 代表了两种不同的计算方案。支路的传输比(W_N 的各次幂)不变,因此中间的结果会完全一样——它们将在每个阶段以不同的顺序计算。当然,也存在着许多其他可能的排序。但是,从计算的观点看大多数都没有多大的意义。试举一个例子,假设诸节点的输入和输出均按正常位序排列。这种形式的流图示于图 9.16 中。但是在这种情况下,因为蝶形结构在第一级后就不能继续存在,所以就无法实现同址运算。这样,完成图 9.16 所示的计算就需要两列长度为 N 的复数寄存器。

在实现图 9.11,图 9.15 和图 9.16 所示的计算时,显然不能按顺序来读取中间各列的数。因此,对于较快的计算速度,复数必须存放在随机存储器中①。例如,在图 9.11 中由输入数据列计算

① 当 Cooley-Tukey 算法在 1965 年首次提出时,数字存储器是十分昂贵的并且容量有限。除了 N 取值特别大的情况,随机存储器的容量和选用现在已经不是问题。

第一列时，每个蝶形计算的两个输入都是相邻的节点变量，并且可以认为存放在相邻的存储位置上。由第一列计算第二个中间列时，蝶形计算的两个输入端间隔2个存储位置；由第二中间列计算第三中间列时，蝶形计算的两个输入端间隔4个存储单元。如果 $N>8$，对于第四级蝶形计算两输入端间隔为8，第五级为16，等等。最后一级（第 ν 级）的间隔为 $N/2$。

在图9.15中，情况是类似的，由输入数据计算第一列时用间隔为4的数据，由第一列计算第二列时用间隔为2的输入数据，最后在计算最后一列时用相邻的数据。如果数据存储在随机存储器中，不难构思一种简单的算法来修正存取图9.11或图9.15流图中数据的标号寄存器的内容。但是在图9.16的流图中，数据不按顺序存取，计算也不是同址的，对数据标号的方案比上面的两种情况均复杂得多。即使提供大量的可用随机存储器，标号计算的开销很容易就抵消了通过消除乘法和加法的计算优势。因此，这种结构没有明显的优点。

即使不允许同址计算，但某些形式仍有优点。当没有足够的随机存取存储器时，如图9.17所示重新排列图9.11中的流图是特别有用的。这种流图表示最初由Singleton(1969)提出的按时间抽取的算法。首先应当指出，在这个流图中输入是倒位序，而输出是正常位序。这种流图的重要特点是，对每一级来说几何形状完全相同；只有支路的传输比从一级到另一级有变化。这样可能使存取数据按顺序进行。例如，假设有4个独立的大容量存储文件，并假设输入序列（为倒位序）的前一半存放在文件1中，而后一半存放在文件2中。接着该序列可以按顺序从文件1和文件2中存取，并且将结果按顺序写入文件3和文件4中，新数列的前一半写入文件3，而后一半写入文件4。然后在计算下一级时，文件3和文件4成为输入，而输出写入文件1和文件2。对于 ν 级中的每一级均如此重复进行。

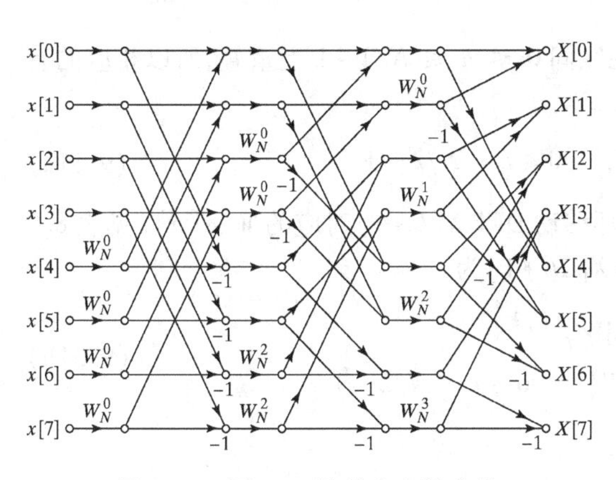

图9.16　图9.11的输入和输出均为正常位序的重新排列

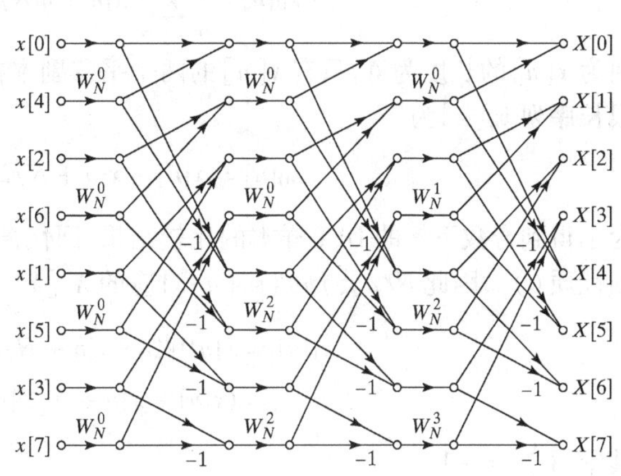

图9.17　图9.11的重新排列，对于每一级具有相同的几何形状，因此可以顺序读取和存储数据

这一算法在计算很长序列的DFT时是很有用的。同样意味着可以计算数以亿计的 N 值，因为千兆字节的随机存储器很容易获得。在图9.17中一个十分有趣的特性是标号是非常简单的，并且从一级到另一级是相同的。采用两层的随机存储器，该算法将具有非常简单的标号计算。

9.3　按频率抽取的FFT算法

按时间抽取的FFT算法完全是以把序列 $x[n]$ 分解成越来越短的子序列这种DFT计算的分解为基础的。另外，也可以考虑用同样的方法把输出序列 $x[k]$ 分解成越来越短的子序列。以这种处理方式为基础的FFT算法通常称为按频率抽取算法。

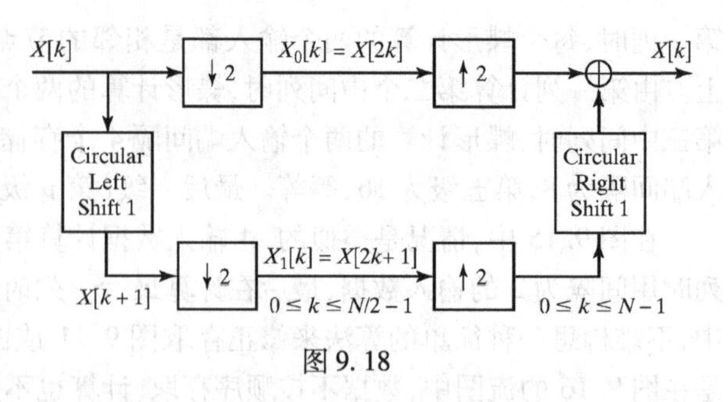

图 9.18

为了推导出这类 FFT 算法,再次只限于讨论 N 为 2 的幂次的情况,并且考虑分别计算偶序号频率样本和奇序号频率样本。已经在图 9.18 的方框图中描述过这些,其中 $X_0[k]=X[2k]$,$X_1[k]=X[2k+1]$。左移一个 DFT 样本使得压缩器选择奇数标号样本,重要的是应记住 DFT $X[k]$ 隐含着周期为 N。在图 9.18 中表示为“循环左移 1”(对应的有“循环右移 1”)。可以看出,该图与图 9.3 具有相似的结构,对时间序列 $x[n]$ 有相同的运算,而不是 DFT $X[k]$。在这种情况下,图 9.18 直接给出 N 点变换 $X[k]$ 可以通过将扩张 2 倍的偶标号样本和奇标号样本交叉得到。

图 9.18 是 $X[k]$ 的一种正确表示形式,但是为了将它作为计算 $X[k]$ 的基础,首先可以证明 $X[2k]$ 和 $X[2k+1]$ 可以由时域序列 $x[n]$ 计算出来。在 8.4 节中看到 DTFT 与 DFT 的关系是,对 DFT 在频率 $2\pi k/N$ 处采样,其结果对应于在时域以长度(周期)N 重复进行的混叠运算。正如在 8.4 节中所讨论的,如果 N 大于或等于序列 $x[n]$ 的长度,当 $0\leqslant n\leqslant N-1$ 时逆 DFT 得到原先的序列,因为当重复的时间混叠偏移 N 时 $x[n]$ 的 N 点副本不会重叠。然而,在图 9.18 中,DFT 被压缩了一半,相当于对 DTFT $X(e^{j\omega})$ 在频率 $2\pi k/(N/2)$ 处采样。因此,周期隐含的时域信号 $X_0[k]=X[2k]$ 可表示为

$$\tilde{x}_0[n]=\sum_{m=-\infty}^{\infty}x[n+mN/2],\qquad -\infty<n<\infty \tag{9.30}$$

因为 $x[n]$ 的长度为 N,只有 $x[n]$ 的两个平移副本在区间 $0\leqslant n\leqslant N/2-1$ 上重叠,所以相应的有限长序列 $x_0[n]$ 为

$$x_0[n]=x[n]+x[n+N/2],\qquad 0\leqslant n\leqslant N/2-1 \tag{9.31a}$$

为了得到奇数下标的 DFT 样本的比较结果,回忆循环移动 DFT $X[k+1]$ 对应的 $W_N^n x[n]$(见表 8.2 的性质 6)。因此 $N/2$ 点序列 $x_1[n]$ 对应的 $X_1[k]=X[2k+1]$ 为

$$\begin{aligned}x_1[n]&=x[n]W_N^n+x[n+N/2]W_N^{n+N/2}\\&=(x[n]-x[n+N/2])W_N^n,\qquad 0\leqslant n\leqslant N/2-1\end{aligned} \tag{9.31b}$$

其中 $W_N^{N/2}=-1$。

根据式(9.31a)和式(9.31b)有

$$X_0[k]=\sum_{n=0}^{N/2-1}(x[n]+x[n+N/2])W_{N/2}^{kn} \tag{9.32a}$$

$$X_1[k]=\sum_{n=0}^{N/2-1}[(x[n]-x[n+N/2])W_N^n]W_{N/2}^{kn} \tag{9.32b}$$

$$k=0,1,\cdots,N/2-1$$

式(9.32a)是把前一半和后一半输入序列加在一起得到的$(N/2)$点序列 $x_0[n]$ 的$(N/2)$点 DFT。式(9.32b) 是从输入序列的前一半中减去后一半然后乘以 W_N^n所得到序列 $x_1[n]$ 的$(N/2)$点 DFT。

因此,根据式(9.32a)和式(9.32b),$X[k]$ 的偶序号输出样本和奇序号输出样本可以分别计算,因为 $X[2k]=X_0[k]$,$X[2k+1]=X_1[k]$。图 9.19 举例说明对于一个 8 点 DFT 的情况用式(9.32a) 和式(9.32b)所建议的方法。

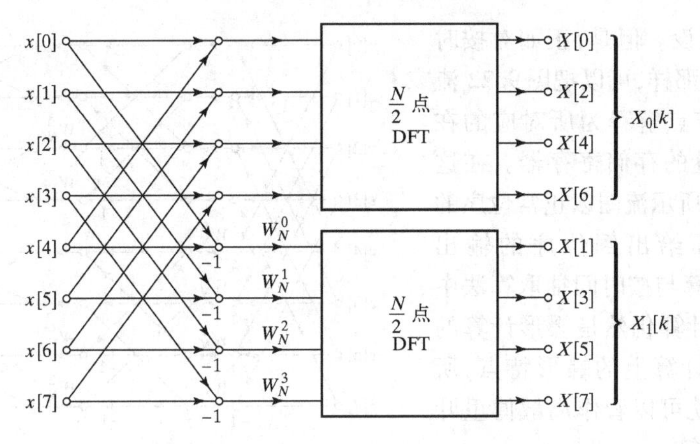

图 9.19　将一个 N 点 DFT 分解为两个 $(N/2)$ 点 DFT 计算的按频率抽取流图 $(N=8)$

当用类似于推导按时间抽取算法所采用的方式逐步进行时，注意到，由于 N 是 2 的整数幂，因此可以通过计算偶序号输出点和奇序号输出点来分别计算 $(N/2)$ 点 DFT。正如导出式(9.32a)和式(9.32b) 所用的方法一样，可以首先将每个 $(N/2)$ 点 DFT 的输入点的前半部分和后半部分合在一起，然后再计算 $(N/4)$ 点 DFT。对于 8 点的例子，用这种方法得出的流图如图 9.20 所示。在该例中，8 点 DFT 已经简化为 2 点 DFT 的计算。如前所述，它可以通过将输入点相加和相减来实现。这样，图 9.20 中的 2 点 DFT 可以用图 9.21 所示的计算来代替，因此 8 点的 DFT 可以用图 9.22 所绘的算法来完成。再次看到 2 点变换的 $\log_2 N$ 级之间通过旋转因子联系在一起，这种情况发生在 2 点变换的输出。

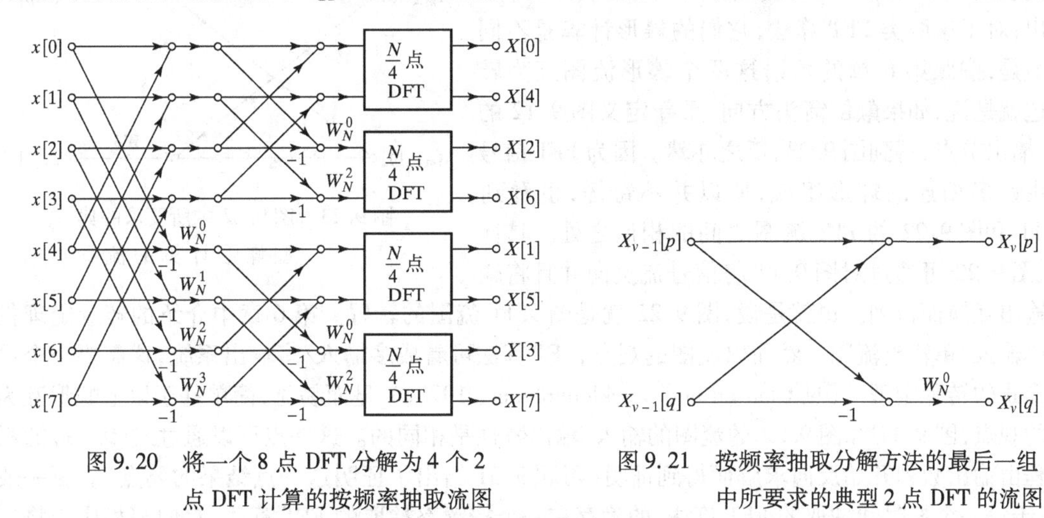

图 9.20　将一个 8 点 DFT 分解为 4 个 2 点 DFT 计算的按频率抽取流图

图 9.21　按频率抽取分解方法的最后一组中所要求的典型 2 点 DFT 的流图

计算一下图 9.22 中算术运算的次数，并推广至 $N=2^{\nu}$ 的情况，可以看出，图 9.22 的计算需要 $(N/2)\log_2 N$ 次复数乘法和 $N\log_2 N$ 次复数加法。因此，对于按频率抽取算法和按时间抽取算法，总的计算量是相同的。

9.3.1　同址计算

图 9.22 所示流图示出了一种以按频率抽取为基础的 FFT 算法，将这一流图与根据按时间抽取推导出的流图加以比较，可以看出它们的许多相似之处和不同之处。当然，如像按时间抽取那样，只要图 9.22 中用适当的传输比将同样的节点相互联系起来，图 9.22 的流图就对应于同一离散傅里叶变换的计算，而与如何画出该流图无关。换句话说，图 9.22 的流图不依赖于任何有关存放输

入序列值次序的假设。但是,正如对按时间抽取算法所做的那样,可以把图9.22流图中相继的垂直节点解释为所对应的在数字存储器中相继的存储寄存器。在这种情况下,图9.22所示流图以正常位序的输入序列开始,而给出倒位序的输出DFT。虽然蝶形计算与按时间抽取算法中的不同,但是基本计算仍然是蝶形计算的形式。然而,因为计算上的蝶形特点,所以图9.22的流图就可以看作离散傅里叶变换的一种同址运算。

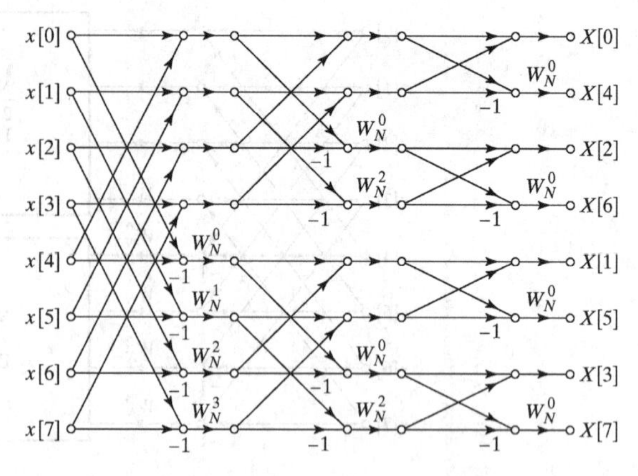

图9.22 一个8点DFT计算按频率抽取完全分解的流图

9.3.2 其他形式

通过对在9.2.3节中推导出的按时间抽取的形式进行转置可以得到各种按频率抽取算法的其他形式。如果把由计算的第m级得出的复数列记作$X_m[\ell]$,其中$\ell=0,1,\cdots,N-1$和$m=1,2,\cdots,\nu$,则图9.23所示的基本蝶形计算有如下形式:

$$X_m[p]=X_{m-1}[p]+X_{m-1}[q] \tag{9.33a}$$

$$X_m[q]=(X_{m-1}[p]-X_{m-1}[q])W_N^r \tag{9.33b}$$

比较图9.12和图9.23或式(9.28)和式(9.33)可以看出,对于这两类FFT算法,它们的蝶形计算是不同的。但是,按照第6章的术语这两个蝶形流图互为转置。这就是说,如果颠倒箭头方向,重新定义图9.12的输入、输出节点,得到图9.23,反之亦然。因为FFT信号流图由许多相连的蝶形组成,所以并不奇怪,也看到图9.11和图9.22的FFT流图之间的相似之处。具体地讲,图9.22可通过对图9.11将信号流反向并且将输入和输出互换而得到。也就是说,图9.22就是图9.11流图的转置。第6章中介绍的转置定理仅用于单输入/单输出流图。然而以流图的观点,FFT算法可看成多输入/多输出系统,这需要一个更一般形式的转置定理。(见Claasen and Mecklenbräuker, 1978。)显而易见,简单基于以上蝶形互为转置的观点,图9.11和图9.22的流图的输入/输出特性是相同的。这一点可以通过式(9.33)的蝶形方程由输出数列开始反向求解而得到证明(习题9.31给出了证明这一点结果的要点)。更一般地,对于每一个按时间抽取的FFT算法,的确存在一个按频率抽取的FFT算法,它们都相应于将流图中的输入和输出互换并且将所有箭头的方向反向。

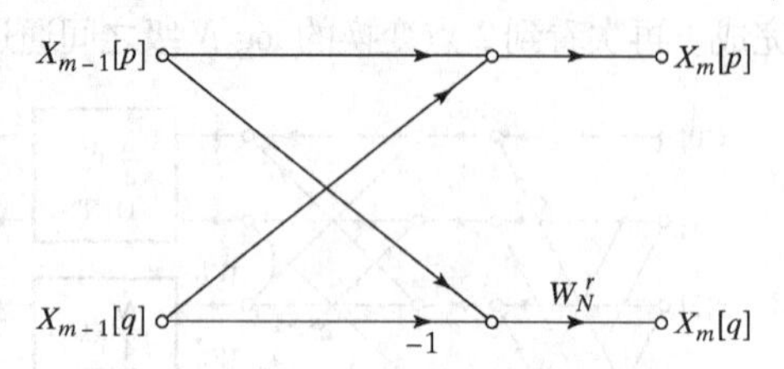

图9.23 图9.22中所要求的典型蝶形计算的流图

这个结果意味着9.2节的所有流图均有按频率抽取之类的算法与之对应。当然,这也对应于如前所述的能够重新排列按频率抽取流图的节点而不改变最终结果这一事实。

将转置方法用于图9.15就得到图9.24。在这个流图中,输出是正常位序,而输入是倒位序。图9.16所示流图的转置将导致一个流图中输入和输出均是正常位序。由此流图产生的算法将受到和图9.16相同的限制。

图9.17的转置如图9.25所示。图9.25的每一级都有同样的几何形状,正如前面所讨论的,一个性质简化了数据存储。

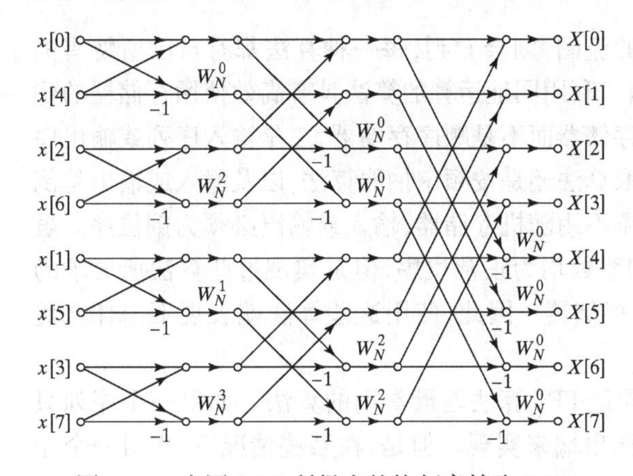

图9.24　由图9.22所得出的按频率抽取DFT算法的流图。输入为倒位序，输出为正常位序（图9.15的转置）

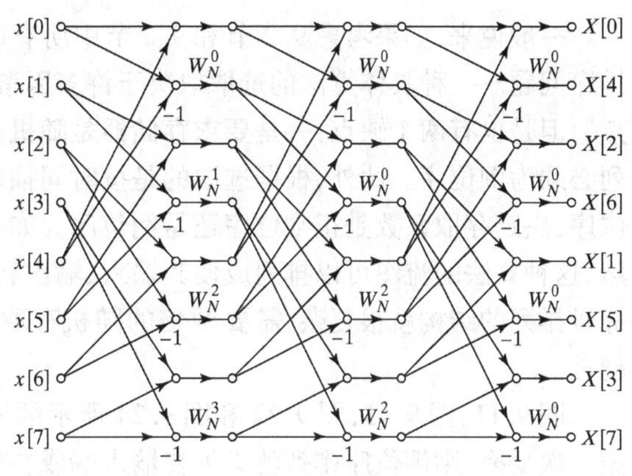

图9.25　重新排列图9.22使每一级都有相同的几何形状，因此可以读取和存储按顺序的数据（图9.17的转置）

9.4　实现问题考虑

9.2节和9.3节讨论了当N为2的整数幂时，DFT高效计算的基本原则。在这些讨论中，喜欢用信号流图表示法而不明显地给出这些流图所表示的方程式的细节。当然对特定的N值，应画出信号流图。但是，对一特定N值，由图9.11所示的流图可看出如何构造适合于任意$N=2^\nu$的通用计算算法。虽然9.2节和9.3节对于理解FFT原理是完全充分的，本节旨在为编程和系统设计提供有益的指导。

虽然，上一节给出的流图的确抓住了所描述的FFT算法的本质，但是在实现一个给定算法时，必须考虑各种细节。本节主要讨论其中的一部分。特别是，9.4.1节将讨论与FFT中间数列的数据的读取和存储有关的问题。9.4.2节将讨论有关信号流图中计算或读取支路系数的问题。重点是N为2的整数幂时的算法，但是许多讨论可用于一般的情况。为了举例说明，侧重于图9.11所示的按时间抽取算法。

9.4.1　标号排列

在图9.11所示的算法中，输入必须是倒位序，这样才能实现同址运算。由此得到的DFT则是正常位序。通常，输入序列不是倒位序的。因此实现图9.11的第一步就是将输入序列排成倒位序。正如从图9.11及式(9.27)和式(9.29)所看出的，倒位序的排列可以同址进行，这是因为样本只是成对的互换，即给定标号的样本与由倒位序标号所要求的位置上的样本互换。这可以很方便地用两个计数器用同址方式来实现，一个为正常位序而另一个为倒位序，然后将两个计数器所限定的两个位置上的数据简单互换即可。只要输入是倒位序的，就可以进行第一级运算。在这种情况下，蝶形的输入都是数列$X_0[\cdot]$的相邻节点值。在第二级中蝶形的输入相隔为2。在第m级中蝶形的输入相隔为2^{m-1}。第m级中的系数是$W_N^{(N/2m)}$的幂次，并且若蝶形计算从图9.11所示流图的顶部开始则要求是正常位序。上面的论述规定了在给定的级中数据存取的方式，当然它与具体实现的流图有关。例如，在图9.15的第m级中，蝶形的间隔是$2^{\nu-m}$，并且在这种情况下要求系数为倒位序。正如前面所讨论的，输入是正常位序，但是输出是倒位序，所以通常需要利用一个正常位序计数器和一个倒位序计数器把输出排列成正常位序。

一般说来,如果考虑9.2节和9.3节中所有的流图,则会看到,每一种算法都有自己所特有的排序问题。一种具体算法的选取取决于许多因素。利用同址运算的算法具有高效使用存储器的优点。但是也有两个缺点:一是要求存储器是随机存储器而不是顺序存储器,二是输入序列或输出序列必须为倒位序。此外,根据选取的是按时间抽取算法还是按频率抽取算法,以及输入或输出是倒位序,决定存取系数是正常位序还是倒位序。如果不用随机存储器,输入或输出必须为倒位序。虽然,这种算法的流图可以排列成使其输入、输出和系数均为正常位序,但是实现这些算法所要求的标号排列的结构就很复杂,需要两倍的随机存取存储器。因此,使用这些算法就表现不出什么优越性。

图9.11,图9.15,图9.22和图9.24所示的同址FFT算法是最常用的算法。如果一个序列只做一次变换,则倒位序排列就必须在输入端或在输出端来实现。但是,在某些情况下,先对一个序列进行离散傅里叶变换然后对其结果做一些修改后再计算离散傅里叶逆变换。例如,当利用离散傅里叶变换通过块卷积实现FIR数字滤波器时,先对一段输入序列的DFT乘以滤波器脉冲响应的DFT,然后对所得结果做离散傅里叶逆变换,得出滤波器的一段输出。同样,当利用离散傅里叶变换计算自相关函数或互相关函数时,首先对序列进行变换,并将其DFT相乘,然后再对乘积做逆变换。当两个变换用这种方式级联在一起时,有可能适当地选择FFT算法来避免倒位序的算法。例如,在用DFT实现FIR数字滤波器时,可以选择一种直接变换的算法,它利用正常位序的数据,而给出倒位序的DFT。这样一来,既可以利用基于按时间抽取算法与图9.15相对应的流图,也可以利用基于按频率抽取算法与图9.22相对应的流图。这两种形式的差别是,按时间抽取形式要求倒位序的系数,而按频率抽取形式则要求正常位序的系数。

注意,图9.11利用正常位序的系数,而图9.24则要求倒位序的系数。如果对于正变换选取按时间抽取的算法形式,则对于逆变换应当选取按频率抽取的算法形式,要求系数为倒位序。同样,对于正变换选取按频率抽取算法则对于逆变换应当选取按时间抽取算法,可以使用正常位序系数。

9.4.2 系数

已经看到,系数W_N^r可以要求是倒位序,也可以是正常位序。无论哪一种情况,都必须存储一个能够查阅到所需要的全部数值的数表,或者当需要时必须能够计算出所需要的数值。前一种方式具有速度快的优点,但是需要额外的存储器。从流图中可以看出,需要$r=0,1,\cdots,(N/2)-1$时的W_N^r。这样对于W_N^r①值的一个完整数表,需要$(N/2)$个复数存储寄存器。在算法要求系数为倒位序的情况下,可以简单地按倒位序存储该数表。

虽然当需要时计算系数可以节省存储器,但是不如存储一个查阅表效率高。如果系数是需要计算的,则通常利用递推公式是最有效的。在给定的任何一级,所需要的系数都是复数W_N^q的幂次,其中q与算法和级数有关。因此,若系数要求是正常位序,则可使用递推公式

$$W_N^{q\ell}=W_N^q\cdot W_N^{q(\ell-1)} \tag{9.34}$$

从第$(\ell-1)$个系数得到第ℓ个系数。显然,要求倒位序系数的算法就不适合用这种方法。应当注意,式(9.34)实质上是习题6.21所给出的耦合形式振荡器。当使用有限精度的算术算法时,在这个差分方程的迭代过程中就产生误差。所以,通常需要重新设置预定点上的值(如$W_N^{N/4}=-j$),以使误差在允许范围内。

① 若利用对称性,则可减少这个数目,但是增加了读取所需要数值的复杂性。

9.5　更一般的 FFT 算法

9.2 节和 9.3 节中详细讨论的 2 的幂次的算法是直接高效和易于编程的。然而，对于 N 的其他值的有效算法在很多应用中是非常有用的。

9.5.1　N 为复合数的算法

虽然 N 为 2 的整数幂的特殊情况可得出一种简单结构的算法，但这并不是可减少 DFT 计算量的 N 值的唯一情况。当 N 为复合数，即两个或更多整数因子的乘积时，可采用适用于 2 的整数幂情况的按时间抽取和按频率抽取算法的一些方法。例如，若 $N = N_1N_2$，则有可能将 N 点 DFT 表示为 N_1 个 N_2 点 DFT 的和或 N_2 个 N_1 点 DFT 的和，这样可以减少计算的次数。由上述讨论，指数 n 和 k 可以表示如下：

$$n = N_2n_1 + n_2, \qquad \begin{cases} n_1 = 0, 1, \cdots, N_1 - 1 \\ n_2 = 0, 1, \cdots, N_2 - 1 \end{cases} \tag{9.35a}$$

$$k = k_1 + N_1k_2, \qquad \begin{cases} k_1 = 0, 1, \cdots, N_1 - 1 \\ k_2 = 0, 1, \cdots, N_2 - 1 \end{cases} \tag{9.35b}$$

因为 $N = N_1N_2$，这些标号分解应保证 n 和 k 的取值范围覆盖所有 $0, 1, \cdots, N-1$ 的值。将这些 n, k 的表达式代入 DFT 的定义式经过一些运算后得到

$$\begin{aligned} X[k] &= X[k_1 + N_1k_2] \\ &= \sum_{n_2=0}^{N_2-1}\left[\left(\sum_{n_1=0}^{N_1-1} x[N_2n_1 + n_2]W_{N_1}^{k_1n_1}\right) W_N^{k_1n_2}\right] W_{N_2}^{k_2n_2} \end{aligned} \tag{9.36}$$

其中，$k_1 = 0, 1, \cdots, N_1 - 1$；$k_2 = 0, 1, \cdots, N_2 - 1$。式(9.36)括号内的部分表示 N_2N_1 点 DFT，求和号外面对应于旋转因子 $W_N^{k_1n_2}$ 修订后的第一组变换输出的 N_1N_2 点 DFT。

如果 $N_1 = 2, N_2 = N/2$，式(9.36)将退化为 9.3 节中图 9.19 表示的 2 的幂次按频率抽取算法的第一级分解，该算法由 $N/2$ 个 2 点变换级联 2 个 $N/2$ 点变换构成。相反地，如果 $N_1 = N/2, N_2 = 2$，式(9.36)将退化为 9.2 节中图 9.4 表示的 2 的幂次按时间抽取算法的第一级分解，该算法由两个 $N/2$ 点变换级联 $N/2$ 个 2 点变换构成。①

先进行 N_1 点的变换，然后再对 N/N_1 的另一个剩余因子 N_2 应用式(9.36)，直到所有 N 的因子都使用后，可得到一般复合数 N 的 Cooley-Tukey 算法。重复应用式(9.36)可以得到类似于 2 的整数幂算法的分解形式。这些算法相比 2 的幂次的情况仅仅需要稍微复杂一些的标号运算。如果 N 的因子互为素数，以更复杂的标号运算为代价，乘法次数可进一步减少。为了消除式(9.36)中旋转因子的影响，“素因子”算法采用了与式(9.35a)和式(9.35b)不同的标号分解，因此显著减少了计算量。在 Burrus and Parks (1985), Burrus (1988) and Blahut (1985)的论文中讨论了更通用的 Cooley-Tukey 算法及素因子算法的细节。

为了说明采用这种素因子算法可以达到的效果，查看图 9.26 所绘出的计算结果。这些作为 N 的函数的浮点运算(FLOPS)次数的结果是用 MATLAB 5.2 版本中的 `fft()` 函数得出的②。正如讨

---

① 如果图 9.4 要成为式(9.36)的完全表示，其最后一级的两点蝶形必须用图 9.10 中的蝶形来代替。

② 本图是由 C. S. Burrus 所写程序的修正版本所生成的。由于近来的 MATLAB 版本已不能提供对浮点运算的测量，因此读者可能不能再对此实验进行复现。

论过的,浮点计算的总次数应当与 $N\log_2 N$ 成正比,因为对于直接计算 N 是 2 的方幂而且正比于 N^2。对于 N 的其他值,总的运算次数取决于因子(和基数)的数目。

当 N 是素数时,需要直接计算,因此浮点运算次数正比于 N^2。图 9.26 上边(实)的曲线得出以下函数:

$$\text{FLOPS}(N) = 6N^2 + 2N(N-1) \tag{9.37}$$

对于 N 为素数的值,所有的点均落在这条曲线上。下边的虚线得出以下函数:

$$\text{FLOPS}(N) = 6N\log_2 N \tag{9.38}$$

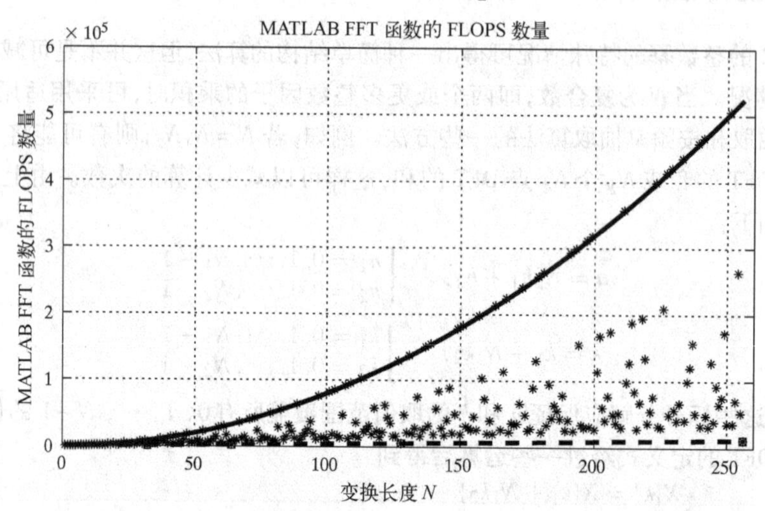

图 9.26　用 MATLAB `fft()`函数(修订版 5.2)计算作为 N 的函数时的浮点运算次数

落在这条曲线上的点是 N 为 2 的幂次时所有的值。其他复合数运算次数落在两条曲线之间。要了解整数到整数如何有效地变化,考虑 N 为 199 到 202 的值。数 199 是一个素数,所以运算次数(318 004)落在最大的曲线上。$N=200$ 可因式分解为 $N=2\cdot2\cdot2\cdot5\cdot5$,运算次数(27 134)接近于最小的曲线。对于 $N=201=3\cdot67$,浮点运算次数为 113788,当 $N=202=2\cdot101$ 时,浮点运算次数为 167 676。$N=201$ 和 $N=202$ 之间的这一显著差别是因为 101 点的变换比 67 点的变换需要更多的计算次数。还应注意,当 N 有很多小的因子时,(例如,$N=200$)其计算效率会更高。

9.5.2　FFT 算法的优化

FFT 算法是基于将 DFT 数学分解为小规模变换的组合,正如 9.2 节和 9.3 节中详细介绍的。FFT 算法可以用高级编程语言来表示,该语言可编译成能在目标机器上运行的机器指令。一般来说,这将导致实现的效率随机器结构的不同而变化。为了解决许多机器效率最大化的问题,Frigo 和 Johnson(1998,2005),开发了一套自由软件库,称为 FFTW(Fast Fourier Transform in the West)。在特定的硬件平台上 FFTW 使用"planner"以适应广义 Cooley-Tukey 类型的 FFT 算法,从而使计算效率最大化。系统计算分为两级:第一级是规划级,为了优化给定机器的性能而组织计算;第二级是计算级,执行得出的计划(程序)。对于给定的机器一旦确定了计划,就可以在该机器上进行尽可能多的所需计算次数。FFTW 的细节超出了本书讨论范围。然而,Frigo and Johnson,2005 年已经证明,对于许多主机来说,N 取值从 16 到 8192 时的 FFTW 算法的计算速度明显比其他方法快得多。N 值大于 8192 时,由于存储器缓存的原因,FFTW 的性能显著下降。

9.6　用卷积实现 DFT

因为 FFT 惊人的高效性，人们常常通过计算两个互相卷积的序列的 DFT 及其乘积的 IDFT 来实现卷积运算，其中使用 FFT 算法来计算正向和反向 DFT。与此相反，并且看上去显然（当然实际上并不）是一种矛盾的作法，人们有时喜欢首先把 DFT 的计算转换为卷积来进行。已经在 Goertzel 算法中见到这样的一个例子，并且即将讨论的一些其他较为复杂的算法也以这种方法为基础。

9.6.1　Winograd 傅里叶变换算法概述

S. Winograd（1978）曾提出并推导了一种算法通常称为 Winograd 傅里叶变换算法（WFTA），该算法利用多项式乘法或与之等效的卷积实现了 DFT 的高效计算。WFTA 使用将 DFT 分解成长度为互素数的许多短长度的 DFT 的序号排列方式。然后把短 DFT 转变为周期卷积。Rader（1968）曾提出一种当输入样本数为素数时把 DFT 转化成卷积的方法，但是这种方法的应用尚等待着计算周期卷积的高效方法的出现。Winograd 将上面的各种方法与计算循环卷积的高效算法合为一体，形成了一种计算 DFT 的新方法。因为推导计算短卷积高效算法的技术是以像用于多项式的中国余数定理之类的高等数论概念为基础的，所以在这里不介绍其细节。但有关 WFTA 细节全面深入的讨论可见 McClellan and Rader（1979），Blahut（1985）及 Burrus（1988）的论文。

使用 WFTA 方法时，对于一个 N 点 DFT 所需要的乘法次数正比于 N，而不是 $N\log N$。虽然这种方法可以得出在使乘法次数最少方面最优的算法，但是与 FFT 相比加法次数却明显增加。因此，WFTA 最适用于乘法运算比加法运算慢得多的场合，如像通常遇到的定点数字算术运算的情况。但是，在乘法和累加为一体的处理器中，Cooley-Turkey 或素因子算法常常是比较好的。WFTA 的另一个缺点是标号排列比较复杂，不可能同址计算，而且对于不同 N 值，算法的主要结构也各不同。

因此，虽然从作为衡量 DFT 计算（利用乘法）所能达到的有效程度为基准来看，WFTA 是非常重要的，但是在确定实现 DFT 计算的软机或硬件的速度和有效性时，往往其他因素占主导地位。

9.6.2　线性调频变换算法

以把 DFT 表示成卷积为基础的另一种算法称为线性调频变换算法（CTA）。这种算法虽然在减少计算复杂性方面不是最优的，但是在许多应用场合，特别是当实现一个固定的预先给定的脉冲响应进行卷积的技术时，它是十分有用的。CTA 也比 FFT 具有更广泛的适应性，因为它可以用于计算在单位圆上离散傅里叶变换的任意一组等间隔样本。

为了推导出线性调频变换算法（CTA），令 $x[n]$ 表示一个 N 点序列，$X(e^{j\omega})$ 表示其傅里叶变换。来研究计算 $X(e^{j\omega})$ 的 M 个样本，这些样本在单位圆上以等角度间隔排列，如图 9.27 所示，即在如下频率处：

$$\omega_k = \omega_0 + k\Delta\omega, \qquad k = 0, 1, \cdots, M-1 \tag{9.39}$$

其中起始频率 ω_0 和频率增量 $\Delta\omega$ 可任意选取。（对于 DFT 的特殊情况，$\omega_0 = 0$，$M = N$ 和 $\Delta\omega = 2\pi/N$。）与这个通常的频率样本集相对应的傅里叶变换是

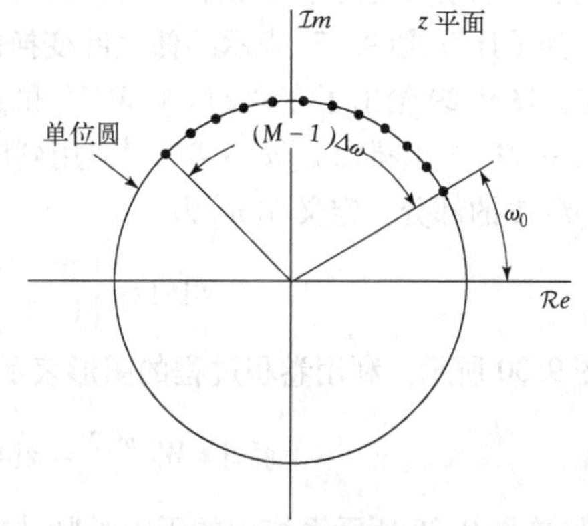

图 9.27　线性调频变换的频率样本

$$X(e^{j\omega_k}) = \sum_{n=0}^{N-1} x[n]e^{-j\omega_k n}, \qquad k = 0, 1, \cdots, M-1 \tag{9.40}$$

或者,若定义 W 为

$$W = e^{-j\Delta\omega} \tag{9.41}$$

且利用式(9.39),有

$$X(e^{j\omega_k}) = \sum_{n=0}^{N-1} x[n]e^{-j\omega_0 n} W^{nk} \tag{9.42}$$

为了将 $X(e^{j\omega k})$ 表示成一个卷积,利用等式

$$nk = \frac{1}{2}[n^2 + k^2 - (k-n)^2] \tag{9.43}$$

可将式(9.42)表示为

$$X(e^{j\omega_k}) = \sum_{n=0}^{N-1} x[n]e^{-j\omega_0 n} W^{n^2/2} W^{k^2/2} W^{-(k-n)^2/2} \tag{9.44}$$

若令

$$g[n] = x[n]e^{-j\omega_0 n} W^{n^2/2} \tag{9.45}$$

则可以得出

$$X(e^{j\omega_k}) = W^{k^2/2} \left(\sum_{n=0}^{N-1} g[n] W^{-(k-n)^2/2} \right), \qquad k = 0, 1, \cdots, M-1 \tag{9.46}$$

为了能把式(9.46)看作一个线性时不变系统的输出,在式(9.46)中用 n 代替 k 并用 k 代替 n,得到较为熟悉的形式

$$X(e^{j\omega_n}) = W^{n^2/2} \left(\sum_{k=0}^{N-1} g[k] W^{-(n-k)^2/2} \right), \qquad n = 0, 1, \cdots, M-1 \tag{9.47}$$

在式(9.47)的形式中,$X(e^{j\omega_n})$ 相当于序列 $g[n]$ 与序列 $W^{-n^2/2}$ 的卷积,然后乘以序列 $W^{n^2/2}$。用独立变量 n 标注的输出序列是频率样本序列 $X(e^{j\omega_n})$。根据这一解释,式(9.47)的计算过程绘于图9.28中。可以认定序列 $W^{-n^2/2}$ 是频率以间隔 $n\Delta\omega$ 线性增加的复指数序列。在雷达系统中,这种信号称为线性调频信号,所以该方法取名为线性调频变换。在雷达和声纳信号处理中常常用与图9.28类似的系统作脉冲压缩(Skolnik,2002)。

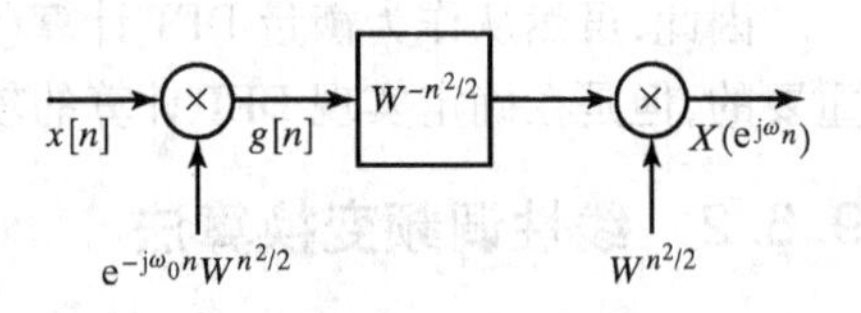

图9.28 线性调频变换算法的方框图

为了计算式(9.47)表示的傅里叶变换的样本,只须计算图9.28所示系统在一个有限区间上的输出。图9.29绘出了序列 $g[n]$,$W^{-n^2/2}$ 和 $g[n] * W^{-n^2/2}$。因为 $g[n]$ 是有限长的,所以在区间 $n = 0, 1, \cdots, M-1$ 上得出 $g[n] * W^{-n^2/2}$ 只用到序列 $W^{-n^2/2}$ 的有限部分,具体地讲,是从 $n = -(N-1)$ 到 $n = M-1$ 的部分。定义 $h[n]$ 为

$$h[n] = \begin{cases} W^{-n^2/2}, & -(N-1) \leqslant n \leqslant M-1 \\ 0, & \text{其他} \end{cases} \tag{9.48}$$

如图9.30所示。利用卷积过程的图形表示,很容易证明:

$$g[n] * W^{-n^2/2} = g[n] * h[n], \qquad n = 0, 1, \cdots, M-1 \tag{9.49}$$

因此,在图9.28所示系统中的无限长脉冲响应 $W^{-n^2/2}$ 可用图9.30的有限长脉冲响应来代替。新得到的系统如图9.31所示,其中 $h[n]$ 由式(9.48)表示,频率样本 $X(e^{j\omega_n})$ 由下式给出:

$$X(e^{j\omega_n}) = y[n], \quad n = 0, 1, \cdots, M-1 \tag{9.50}$$

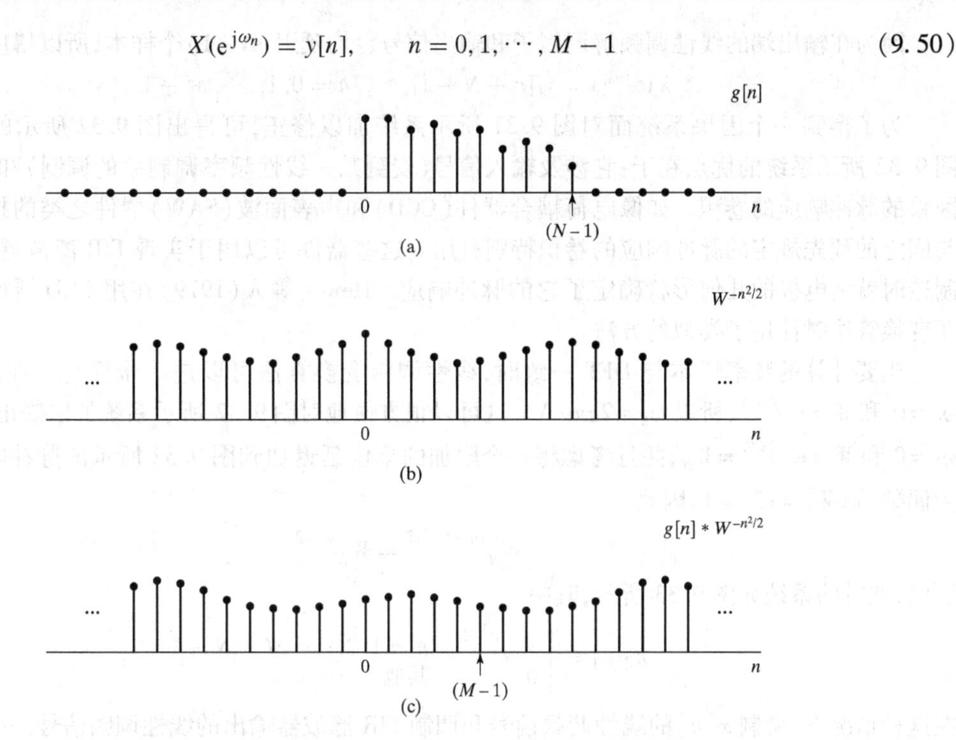

图9.29　在线性调频变换算法中所用到的序列。注意，实际上所涉及的序列是复数值。(a) $g[n] = x[n]e^{-j\omega_0 n}W^{n^2/2}$；(b) $W^{-n^2/2}$；(c) $g[n] * W^{-n^2/2}$

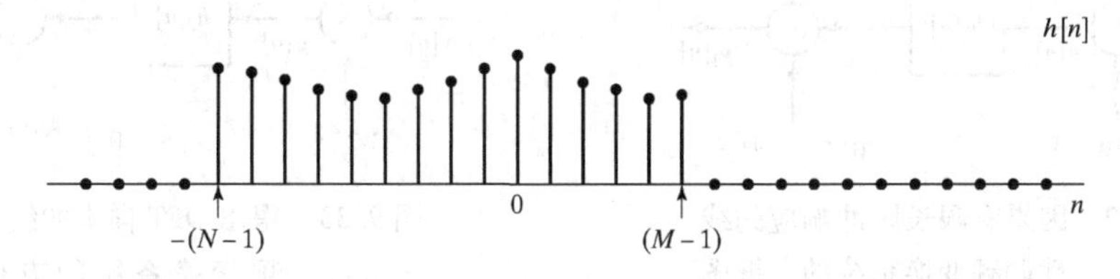

图9.30　FIR线性调频滤波器的支撑区。注意，由式(9.48)给出的$h[n]$为复数

利用图9.31所示过程计算频率样本有许多潜在的优点。总地来说，不像FFT算法那样要求$N = M$，并且N或M均不要求是**合成数**(composite numbers)。事实上，如果需要的话，它们可以是素数。此外，参数ω_0是任意的。这种比FFT更广泛的适应性并不排除计算的高效性，因为可以利用FFT算法以及8.7节介绍的计算卷积的技术高效的实现图9.31中的卷积。正如8.7节所讨论的，为了使循环卷积当$0 \leqslant n \leqslant M-1$时等于$g[n] * h[h]$，FFT的长度必须大于等于$(M+N-1)$。另外FFT的长度可以是任意的，例如，它可以取作2的幂次。十分有趣地注意到，用于计算隐含在线性调频变换算法中的卷积的FFT算法可以是Winograd类型的。这些算法本身利用卷积去实现DFT计算。

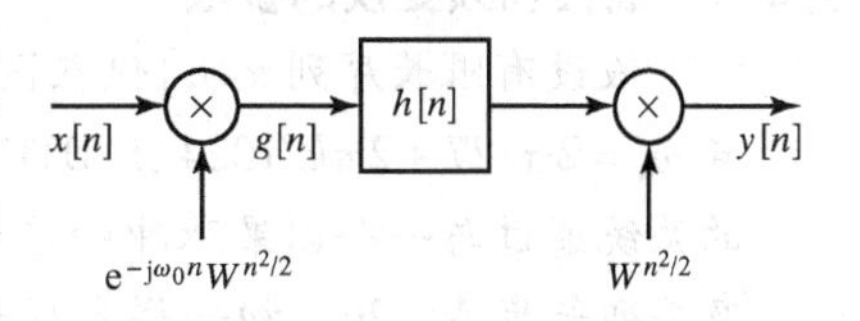

图9.31　有限长脉冲响应的线性调频变换系统的方框图

在图9.31所示系统中，因为$h[n]$是非因果的，而对于某些实时的实现，为了得到一个因果系统必须对$h[n]$加以修正，因为$h[n]$是有限长的，所以这种修正很容易完成，只须把$h[n]$延迟$(N-1)$就可得到一个因果脉冲响应

$$h_1[n] = \begin{cases} W^{-(n-N+1)^2/2}, & n = 0, 1, \cdots, M+N-2 \\ 0, & \text{其他} \end{cases} \tag{9.51}$$

因为在输出端的线性调频解调因子和输出信号也均延迟$(N-1)$个样本,所以傅里叶变换值为

$$X(e^{j\omega_n}) = y_1[n+N-1], \qquad n=0,1,\cdots,M-1 \tag{9.52}$$

为了得到一个因果系统而对图 9.31 所示系统加以修正,可得出图 9.32 所示的因果系统。图 9.32 所示系统的优点在于:它涉及输入信号(受到某一线性频率调制率的调制)和一个固定的、因果的脉冲响应的卷积。如像电荷耦合器件(CCD)和声表面波(SAW)器件之类的技术对于实现与固定的预先规定的脉冲响应的卷积特别有用。这些器件可以用于实现 FIR 滤波器,该滤波器在制造时就由电极的几何形状确定了它的脉冲响应。Hewes 等人(1979)在用 CCD 器件实现线性调频变换算法时使用了类似的方法。

当要计算的频率样本与 DFT 一致时,线性调频变换算法可以进一步简化。在这种情况下,$\omega_0=0$ 和 $W=e^{-j2\pi/N}$,所以 $\omega_n=2\pi n/N$。这可以很方便地对图 9.32 所示系统加以修正。特别是,令 $\omega_0=0$ 和 $W=e^{-j2\pi/N}=W_N$,并且考虑将一个附加的单位延迟加到图 9.32 所示的脉冲响应上。若 N 为偶数,则 $W_N^N=e^{j2\pi}=1$,因此

$$W_N^{-(n-N)^2/2} = W_N^{-n^2/2} \tag{9.53}$$

所以,此时的系统如图 9.33 所示,其中

$$h_2[n] = \begin{cases} W_N^{-n^2/2}, & n=1,2,\cdots,M+N-1 \\ 0, & \text{其他} \end{cases} \tag{9.54}$$

在这种情况下,调制 $x[n]$ 的线性调频信号和调制 FIR 滤波器输出的线性调频信号是相同的,并且

$$X(e^{j2\pi n/N}) = y_2[n+N], \qquad n=0,1,\cdots,M-1 \tag{9.55}$$

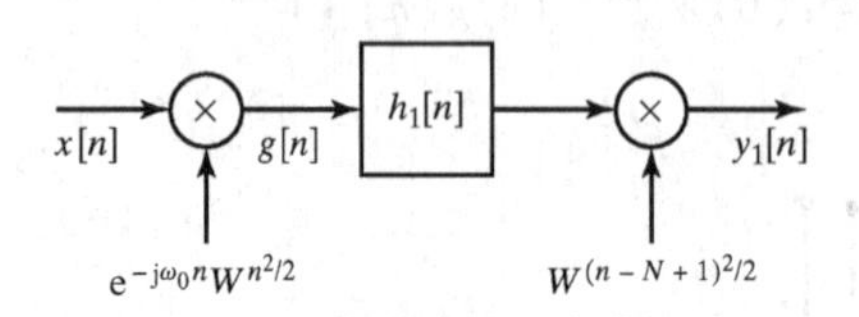

图 9.32 因果有限长脉冲响应的线性调频变换系统的方框图

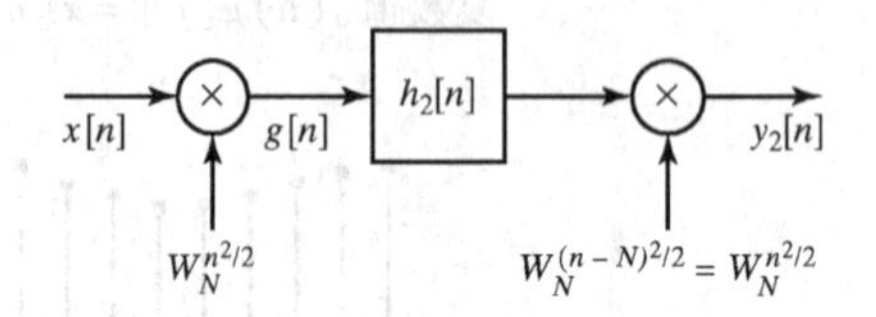

图 9.33 得出 DFT 样本的线性调频变换系统的方框图

例 9.1 线性调频变换的参数

假设有限长序列 $x[n]$ 仅在区间 $n=0,\cdots,25$ 上为非零,且要计算当 $k=0,\cdots,15$ 时在频率点 $\omega_k=2\pi/27+2\pi k/1024$ 上 DTFT $X(e^{j\omega})$ 处的 16 个样本。可利用图 9.32 所示选择适当参数的系统通过与一个因果脉冲响应的卷积来计算所要求的频率样本。设所求样本个数 $M=16$ 及序列长度 $N=26$。初始样本的频率 ω_0 为 $2\pi/27$,而相邻频率样本的间隔 $\Delta\omega$ 为 $2\pi/1024$。这样选择参数后,由式(9.41)可知 $W=e^{-j\Delta\omega}$,且由式(9.51)可得出所要求的因果脉冲响应为

$$h_1[n] = \begin{cases} [e^{-j2\pi/1024}]^{-(n-25)^2/2}, & n=0,\cdots,40 \\ 0, & \text{其他} \end{cases}$$

对于这个因果脉冲,输出 $y_1[n]$ 就是以 $y_1[25]$ 处为起点的所要求的频率样本,即

$$y_1[n+25] = X(e^{j\omega_n})|_{\omega_n=2\pi/27+2\pi n/1024}, \qquad n=0,\cdots,15$$

Bluestein(1970)首次提出了与线性调频变换算法类似的算法,他曾证明,对于 $\Delta\omega=2\pi/N$ 和 N 为某整数的平方的情况,可以递推的实现图 9.32 所示的系统(见习题 9.48)。Rabiner 等人(1969)归纳提出了在 z 平面的螺旋曲线上计算等角度间隔的 z 变换样本的算法。这种线性调频变换更一般的形式称为线性调频 z 变换算法(CZT)。被称为线性调频算法的计算方法是线性调频 z 变换算法的一种特殊情况。

9.7　有限寄存器长度的影响

因为在数字滤波和谱分析中广泛用到快速傅里叶变换，所以了解有限寄存器长度在计算中的影响是十分重要的。但是，与数字滤波器的情况一样，精确分析这种影响是很困难的，为了达到选取合适的寄存器长度的目的，通常进行简化分析就可以满足要求。将要论述的分析方法类似于6.9节中所采用的形式。具体地讲，将采用线性噪声模型来分析运算舍入问题，该模型通过在计算算法中产生舍入现象的每个点上插入一个加性噪声（additive noise）源而得到。此外，为了简化分析过程，将做一系列的假设。得出的一些结果将导出几种简化但有用的可以估计运算舍入所产生的影响的方法。虽然分析是对舍入而言，但是通常可以很容易地将结果加以修正而用于截尾的情况。

已经看到，对于FFT有许多不同的算法结构。但是在不同类的算法中舍入噪声的影响是非常相似的。因此，虽然只考虑基2按时间抽取算法，但是得出的结果也可以作为其他形式算法的代表。

绘于图9.11中的描述当$N=8$时按时间抽取算法的流图现在重绘于图9.34中。该图的一些关键环节也是其他所有的标准基2算法所共同的。计算DFT需用$\nu=\log_2 N$级。在每一级中新数列的N个数均由先前数列中的两个元素线性组合在一起而产生。第ν级数列就是所要求得DFT。对于基2按时间抽取算法，基本的2点DFT计算（使用旋转因子）的表达式为

$$X_m[p]=X_{m-1}[p]+W_N^r X_{m-1}[q] \tag{9.56a}$$

$$X_m[q]=X_{m-1}[p]-W_N^r X_{m-1}[q] \tag{9.56b}$$

这里下标m和$(m-1)$分别表示第m级数列和第$(m-1)$级数列，p和q表示在每个数列中数的位置（应注意，$m=0$指输入数列，而$m=\nu$指输出数列）。图9.35绘出了表示该蝶形计算的流图。

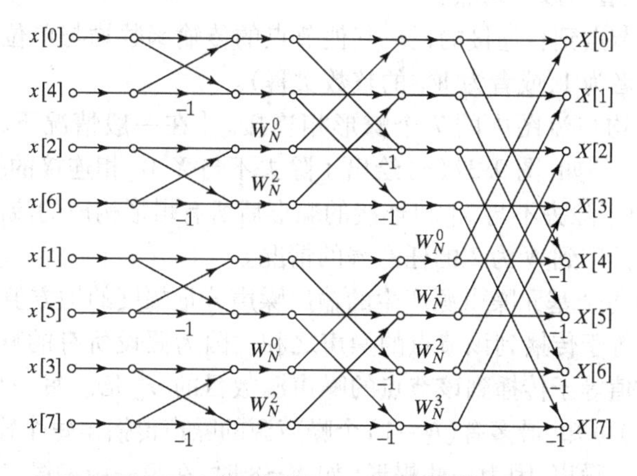

图9.34　按时间抽取FFT算法的流图

在每一级均进行$N/2$次单独的蝶形计算以产生下一级数列。整数r随着p、q和m的变化而改变，它取决于所用FFT算法的具体形式。然而，这里的分析与r变化的具体方式没有关系。而且，用以确定如何对整个第m级数列进行标号的有关p、q和m之间的具体关系对于分析并不重要。由于不同的蝶形形式，所以对于按时间抽取和按频率抽取的分析细节也略有不同，但是得出的基本结果没有多大变化。在分析中假定蝶形计算为对应于按时间抽取的由式(9.56a)和式(9.56b)描述的基本形式。

把每个定点乘法运算与一个加性噪声发生器联系在一起来建立舍入噪声的模型。当分析舍入噪声效应时,由于使用这种模型,图 9.35 所示的蝶形将由图 9.36 所示的蝶形来代替。记号 $\varepsilon[m,q]$ 清楚地表明,这个量代表在由第$(m-1)$级数列计算第 m 级数列的第 q 个元素与一个复系数相乘的结果进行量化时所产生的误差。

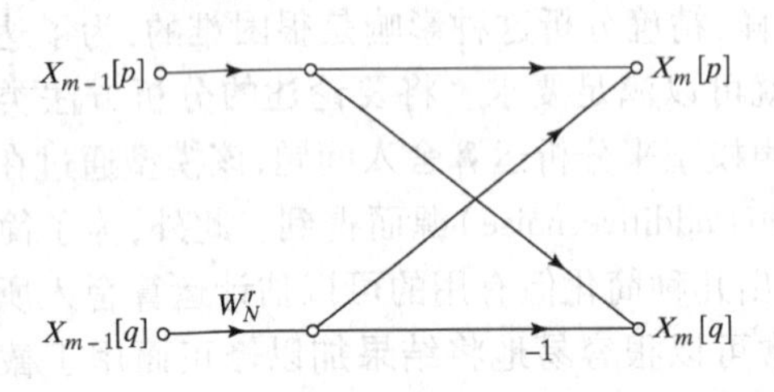

图 9.35　按时间抽取的蝶形计算

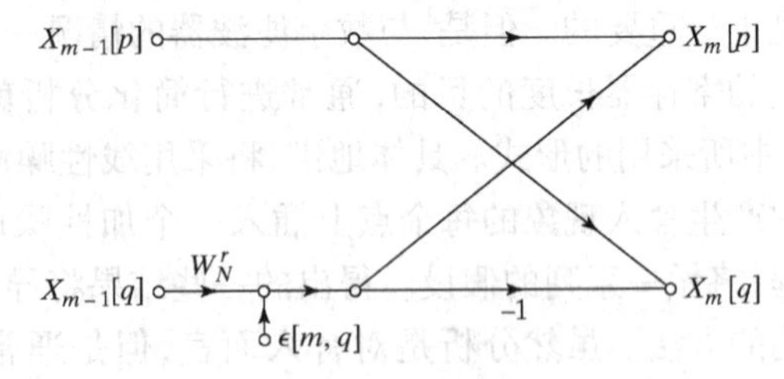

图 9.36　在按时间抽取得蝶形算法中定点舍入噪声的线性噪声模型

因为假设在一般情况下 FFT 的输入均为复序列,所以每次相乘的结果也是复数,实际上它由 4 个实数乘法组成。假设每个实数乘法产生的误差有下列性质:

(1) 误差是在 $-(1/2)\times 2^{-B}$ 到 $(1/2)\times 2^{-B}$ 区间上均匀分布的随机变量,这里将数表示为$(B+1)$位带符号的小数,与 6.7.1 节中定义的一样。因此每个噪声源的方差为 $2^{-2B}/12$。

(2) 误差相互之间不相关。

(3) 所有的误差均与输入不相关,因此与输出也不相关。

由于四个噪声序列都是互不相关的零均值白噪声,并且有相同的方差

$$\mathcal{E}\{|\varepsilon[m,q]|^2\} = 4\cdot\frac{2^{-2B}}{12} = \tfrac{1}{3}\cdot 2^{-2B} = \sigma_B^2 \tag{9.57}$$

为了确定在任何输出节点上输出噪声的均方值,必须考虑传至该节点的每个噪声源的贡献。从图 9.34 所示的流图可以看出以下两点:

(1) 从流图中任一节点到相连接的任一其他节点的传输函数均与单位幅度的复常数相乘(因为每个支路的传输比或者为 1,或者为 W_N 的整数次幂)。

(2) 每个输出节点均与流图中的 7 个蝶形相连接。[在一般情况下,每个输出节点应当与$(N-1)$ 个蝶形相连接。]例如,图 9.37(a)绘出了除去不与 $X[0]$ 相连接的蝶形后所有蝶形构成的流图,而图 9.37(b)绘出了除去不与 $X[2]$ 连接的蝶形后所有蝶形构成的流图。

上述两点结论可以推广到 N 为 2 的任意幂的情况。

由结论(1)可知,由每个基元噪声源产生的输出噪声分量幅度的均方值相同,均为 σ_B^2。每个输出节点的全部输出噪声等于传播到该节点的噪声之和。因为假设所有的噪声源之间均不相关,所以输出噪声幅度的均方值等于传播到该节点的噪声源数目的 σ_B^2 倍。每一个蝶形至多引入一个复噪声源;因此,由结论(2)可知,最多有$(N-1)$个噪声源的噪声传播至每个输出节点。事实上,并不是所有的蝶形都产生舍入噪声,因为一些蝶形(如 $N=8$ 时,在第一级和第二级中的所有蝶形)只涉及与 1 相乘。但是,如果为了简化假定每个蝶形均有舍入发生,则可以把所有结果作为输出噪声的上限。根据这一假设,在第 k 个 DFT 值 $F[k]$的计算中,输出噪声的均方值为

$$\mathcal{E}\{|F[k]|^2\} = (N-1)\sigma_B^2 \tag{9.58}$$

当 N 较大时,可近似为

$$\mathcal{E}\{|F[k]|^2\} \cong N\sigma_B^2 \tag{9.59}$$

按照这一结果,输出噪声的均方值正比于变换的点数 N。将 N 加倍或在 FFT 中增加另外一级的影响是,将输出噪声的均方值加倍。习题 9.52 就是当并没有给那些只涉及与 1 或 j 相乘的蝶形中插

入噪声源时,研究如何对上面的结果做出修正。请注意,对于 FFT 算法,长度加倍的累加器并不能帮助减少舍入噪声,因为在每一级的输出端蝶形计算的输出必须存储在$(B+1)$位的寄存器中。

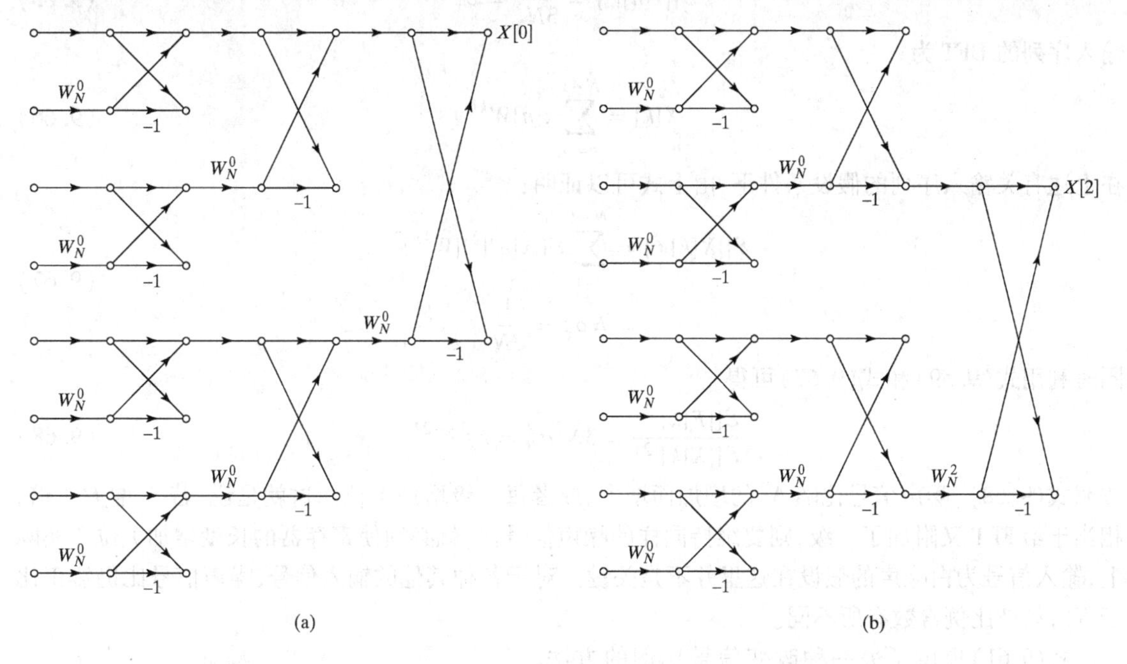

图9.37　(a) 对$X[0]$有影响的蝶形;(b) 对$X[2]$有影响的蝶形

在实现定点运算的 FFT 算法时,必须保证没有溢出。由式(9.56a)和式(9.56b)可得

$$\max(|X_{m-1}[p]|, |X_{m-1}[q]|) \leqslant \max(|X_m[p]|, |X_m[q]|) \tag{9.60}$$

以及

$$\max(|X_m[p]|, |X_m[q]|) \leqslant 2\max(|X_{m-1}[p]|, |X_{m-1}[q]|) \tag{9.61}$$

(见习题9.51)式(9.60)表明,最大幅度不是逐级递减的。如果 FFT 的输出幅度小于1,则在每个数列中各节点的幅度必小于1①。

为了把这一限制表示为输入序列的幅度上限,注意到,条件

$$|x[n]| < \frac{1}{N}, \qquad 0 \leqslant n \leqslant N-1 \tag{9.62}$$

是保证

$$|X[k]| < 1, \qquad 0 \leqslant k \leqslant N-1 \tag{9.63}$$

的必要和充分条件。这可由 DFT 的定义得出,因为

$$|X[k]| = \left|\sum_{n=0}^{N-1} x[n]W_N^{kn}\right| \leqslant \sum_{n=0}^{N-1} |x[n]| \quad k = 0, 1, \cdots, N-1 \tag{9.64}$$

因此,要保证算法的每一级均无溢出发生,式(9.62)是充分条件。

为了得出 FFT 算法输出噪声信号比的解析表达式,考虑输入为相邻序列值互不相关的序列,即白噪声输入信号。仍然假定输入序列的实部和虚部是不相关的,而且各部分的幅度密度在$-1/(\sqrt{2}N)$和$+1/(\sqrt{2}N)$之间是均匀分布的[注意,这个信号满足式(9.62)]。因此,复输入序列

① 也就是说,在任一数列中均不会出现溢出,实际上应当利用数据的实部和虚部而不是幅度来讨论溢出。但是,$x<1$意味着$|\mathcal{R}e\{x\}|<1$和$|\mathcal{I}m\{x\}|<1$,若以实部和虚部为基础调整比例因子,只能使允许的信号电平有少量增加。

的均方幅度为

$$\mathcal{E}\{|x[n]|^2\} = \frac{1}{3N^2} = \sigma_x^2 \tag{9.65}$$

输入序列的 DFT 为

$$X[k] = \sum_{n=0}^{N-1} x[n]W^{kn} \tag{9.66}$$

在上述有关输入序列的假设条件下,由上式可以证明:

$$\begin{aligned}\mathcal{E}\{|X[k]|^2\} &= \sum_{n=0}^{N-1} \mathcal{E}\{|x[n]|^2\}|W^{kn}|^2 \\ &= N\sigma_x^2 = \frac{1}{3N}\end{aligned} \tag{9.67}$$

同时利用式(9.59)和式(9.67)可得

$$\frac{\mathcal{E}\{|F[k]|^2\}}{\mathcal{E}\{|X[k]|^2\}} = 3N^2\sigma_B^2 = N^2 2^{-2B} \tag{9.68}$$

按照式(9.68),噪声信号比随 N^2 的增加而增大,或者每一级增加 1 位。这就是说,若 N 增大一倍,相当于给 FFT 又附加了一级,则要维持同样的噪声信号比,就必须使寄存器的长度增加 1 位。实际上,输入信号为白噪声的假设在这里并不是关键。对于各种其他的输入信号,噪声信号比仍然正比于 N^2,只是比例常数有所不同。

式(9.61)提供了另一种改变信号比例的方法。因为从上一级到下一级最大幅度至多增加一倍,所以只要有 $|x[n]|<1$ 并且在每一级的输入加入 1/2 的衰减就可防止溢出。在这种情况下,输出是 DFT 的 $1/N$ 倍。虽然均方输出信号是没有引入比例因子时输出的 $1/N$ 倍,但是输入信号幅度可以增大 N 倍而不引起溢出。对于白噪声输入信号,这就意味着可以假设其实部和虚部都是在区间$[-1/\sqrt{2}, 1/\sqrt{2}]$上的均匀分布,因此 $|x[n]|<1$。所以,若用 2 除 ν 次,则(对于白噪声输入信号)所能得到的 DFT 幅度平方的最大期望值与式(9.67)给出的相同。但是,输出噪声级将比式(9.59)得出的小得多,因为由 FFT 最初几级引入的噪声将被在后面几级数列中加入的比例因子所衰减。具体来说,若在每个蝶形的输入端均加入 1/2 的比例因子,则图 9.36 所示的蝶形就修改成为图 9.38 所示的蝶形,图中特别是每个蝶形均与两个噪声源有联系。如前所述,仍假设这些噪声源的实部和虚部是不相关的,并且与其他噪声源也不相关,另外实部和虚部在 $\pm(1/2)2^{-B}$ 之间为均匀分布。因此,和前面一样,有

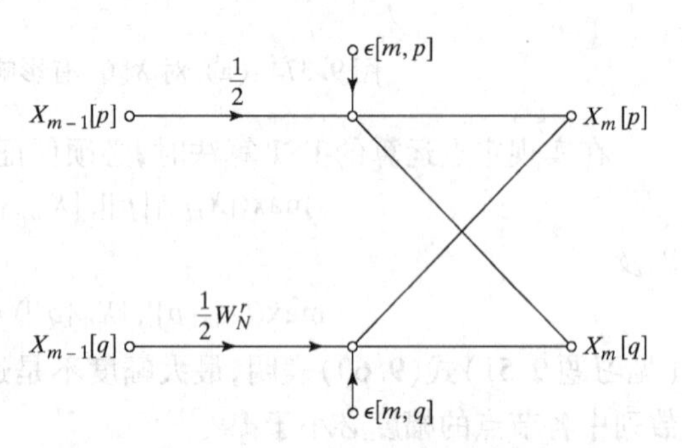

图 9.38 表示比例因子乘法器和有关定点舍入噪声的蝶形结构

$$\mathcal{E}\{|\varepsilon[m,q]|^2\} = \sigma_B^2 = \tfrac{1}{3}\cdot 2^{-2B} = \mathcal{E}\{|\varepsilon[m,p]|^2\} \tag{9.69}$$

因为各噪声源之间均不相关,所以在各输出节点处噪声的均方幅度仍然是流图中各噪声源的贡献之和。但是有一点与上述情况不同,每个噪声源经历整个流图时所受到的衰减与该噪声源最初所在的数列有关。起始于第 m 列的噪声源传播至输出端时要乘以幅值为$(1/2)^{\nu-m-1}$的复常数。通过考察图 9.34 可以看出,对于 $N=8$ 的情况,每个输出节点与下列蝶形相连接:

起始于第$(\nu-1)$列的 1 个蝶形。

起始于第$(\nu-2)$列的 2 个蝶形。

起始于第$(\nu-3)$列的 4 个蝶形,等等。

对于 $N=2^\nu$ 的一般情况,每个输出节点与第 m 列的 $2^{\nu-m-1}$ 个蝶形相连接,因而也就与 $2^{\nu-m}$ 个噪声源相连接。所以,在每个输出节点处,噪声的均方幅度为

$$
\begin{aligned}
\mathcal{E}\{|F[k]|^2\} &= \sigma_B^2 \sum_{m=0}^{\nu-1} 2^{\nu-m} \cdot (0.5)^{2\nu-2m-2} \\
&= \sigma_B^2 \sum_{m=0}^{\nu-1} (0.5)^{\nu-m-2} \\
&= \sigma_B^2 \cdot 2 \sum_{k=0}^{\nu-1} 0.5^k \\
&= 2\sigma_B^2 \frac{1-0.5^\nu}{1-0.5} = 4\sigma_B^2(1-0.5^\nu)
\end{aligned}
\tag{9.70}
$$

当 N 较大时,假设 0.5^ν(即 $1/N$)与 1 相比可以忽略,则

$$
\mathcal{E}\{|F[k]|^2\} \cong 4\sigma_B^2 = \tfrac{4}{3} \cdot 2^{-2B} \tag{9.71}
$$

上式比所有的比例因子都加到输入数据上时所得出的噪声方差要小得多。

现在可以将式(9.71)和式(9.67)联立,得出在逐级改变比例和输入为白噪声情况下的输出噪声信号比,有

$$
\frac{\mathcal{E}\{|F[k]|^2\}}{\mathcal{E}\{|X[k]|^2\}} = 12N\sigma_B^2 = 4N \cdot 2^{-2B} \tag{9.72}
$$

这个结果正比于 N 而不是 N^2。对式(9.72)的一种解释是,输出噪声信号比随 N 而增加,相当于每一级增加半个码位,该结果首次由 Welch(1969)得出。还应当特别注意,白噪声信号的假设在分析中并不是必不可少的。每增加一级输出,噪声信号比就相当于增加半个码位,这一基本结论对于其他许多信号也成立,只是在式(9.72)中的常数因子与信号形式有关。

还应当注意,导致噪声信号比随 N 增大而增加的主要原因是,当信号逐级通过时,信号电平会逐级减少(这是限制溢出所要求的)。根据式(9.71)可知,在最后一列只有很小的噪声(只有一位或两位)。由于改变比例的作用大部分噪声被移位移掉了。

在前面的讨论中已经假设采用直接定点运算,也就是说,只允许预先设置衰减,而不允许在溢出检验的基础上重新调整比例。显然,如果使用只能做直接定点运算的硬件或编程设备,应当在(如果可能)每一列加入 1/2 的衰减,而不是在输入列用一个大的衰减。

避免溢出的第三种方法是利用块浮点(block-floating point)运算。在这种方法中由于限制 $|x[n]|<1$,将原始数列归一化到计算机字的最左边;计算按定点运算进行,只是在每次加法之后不进行溢出检验。如果查出有溢出,则用 2 除全部数列并继续进行计算。为了确定最后整个数列的比例因子,要算出必须用 2 除的次数。输出噪声信号比密切依赖于发生溢出的次数以及计算中是哪一级发生溢出的。溢出发生的位置和时间由所变换的信号而决定,因此,为了分析在 FFT 的块浮点实现中的噪声信号比,必须要知道输入信号。

以上分析表明,当确定定点实现 FFT 算法的噪声信号比时改变比例是避免溢出的主要方法。因此,浮点运算应当能改善性能。Gentleman and Sande(1966),Weinstein and Oppenheim(1969)以及 Kaneko and Liu(1970)从理论和试验上分析了浮点舍入对 FFT 的影响。这些研究表明,因为不再需要改变比例,所以与定点运算相比,其噪声信号比随 N 的增加而大幅度的减小。

例如,Weinstein(1969)从理论上证明,对于 $N=2^\nu$ 的情况,噪声信号比正比于 ν 而不像定点运算那样正比于 N。因此,将 ν 增大 4 倍(即把 N 提高到原来的 4 次方)只能把噪声信号比增加 1 位。

9.8 小结

本章研究了计算离散傅里叶变换的方法,并且认识到如何利用复因子 $e^{-j(2\pi/N)kn}$ 的周期性和对称性来提高 DFT 计算的效率。

本章论述了 DFT 表示的 Goertzel 算法和直接算法,因为在不需要计算全部 N 个 DFT 值的情况下这些方法是十分重要的。但是,重点阐述快速傅里叶变换(FFT)算法。较为详细地讨论了按时间抽取和按频率抽取类的 FFT 算法和一些解释所要考虑的,如标号及系数量化。讨论的大部分细节是关于要求 N 为 2 的幂的算法,因为这些算法经常使用,容易理解且编程简单。

本章还简要论述了利用卷积作为计算 DFT 的基础。概述了 Winograd 傅里叶变换算法,较详细地讨论了线性调频变换算法。

本章最后一节集中讨论了 DFT 计算中量化的影响。利用线性噪声模型证明,DFT 计算的噪声信号比随序列长度的不同而改变,这取决于如何设置比例因子。还简要讨论了浮点表示的作用。

习题

基本题(附答案)

9.1 假设有一个计算机程序可用来计算如下 DFT:

$$X[k]=\sum_{n=0}^{N-1}x[n]e^{-j(2\pi/N)kn},\qquad k=0,1,\cdots,N-1$$

即程序的输入是序列 $x[n]$,而输出是 DFT $X[k]$,证明如何将输入和/或输出序列重新安排,使得该程序也可用来计算 IDFT

$$x[n]=\frac{1}{N}\sum_{k=0}^{N-1}X[k]e^{j(2\pi/N)kn},\qquad n=0,1,\cdots,N-1$$

即程序的输入应当是 $X[k]$ 或与 $X[k]$ 有简单联系的一个序列,而输出应当是 $x[n]$ 或与 $x[n]$ 有简单联系的一个序列。有多种可能的方法。

9.2 计算 DFT 通常需要复数乘法。考虑乘积 $X+jY=(A+jB)(C+jD)=(AC-BD)+j(BC+AD)$。在这个式子中,1 次复数乘法需要 4 次实数乘法和 2 次实数加法。证明利用算法

$$X=(A-B)D+(C-D)A$$

$$Y=(A-B)D+(C+D)B$$

可用 3 次实数乘法和 5 次加法完成 1 次复数乘法。

9.3 假设将一个实值的 32 点序列 $x[n]$ 做时间倒序并延迟得到 $x_1[n]=x[32-n]$。如果 $x_1[n]$ 为图 P9.4 中系统的输入,求用原序列 $x[n]$ 的离散时间傅里叶变换 $X(e^{j\omega})$ 表示的 $y[32]$ 的表达式。

9.4 考虑如图 P9.4 所示的系统。如果该系统的输入 $x[n]$ 是一个在区间 $0\leqslant n\leqslant 31$ 上的 32 点序列,输出 $y[n]$ 在 $n=32$ 处的值等于 $X(e^{j\omega})$ 在某一特定频率 ω_k 处的值。对于如图 P9.4 所示的系数,ω_k 应为多少?

9.5　考虑图 P9.5 中的信号流图。假设该系统的输入 $x[n]$ 是一个 8 点序列。选择 a 和 b 的值使得 $y[8]=X(e^{j6\pi/8})$。

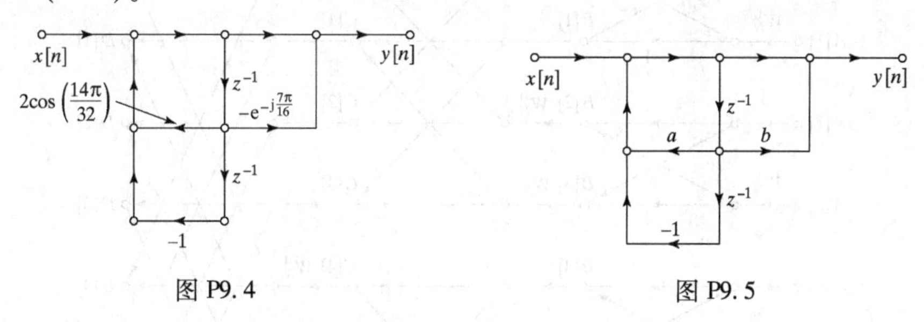

图 P9.4　　　　图 P9.5

9.6　图 P9.6 给出 $N=8$ 时按时间抽取 FFT 算法的流图表示。粗线指出从样本 $x[7]$ 到 DFT 样本 $X[2]$ 的一条路径。

(a) 沿着图 P9.6 中粗线所示路径的"增益"是多少？

(b) 在流图中始于 $X[7]$ 且止于 $X[2]$ 的路径有多少条？在一般情况下这个结果是否也正确，即在每个输入样本和每个输出样本之间有多少条路径？

(c) 现在考虑 DFT 样本 $X[2]$。沿着图 P9.6 所示流图中的路径，证明每个输入样本都对输出的 DFT 样本有适量的贡献，即证明

$$X[2]=\sum_{n=0}^{N-1}x[n]e^{-j(2\pi/N)2n}$$

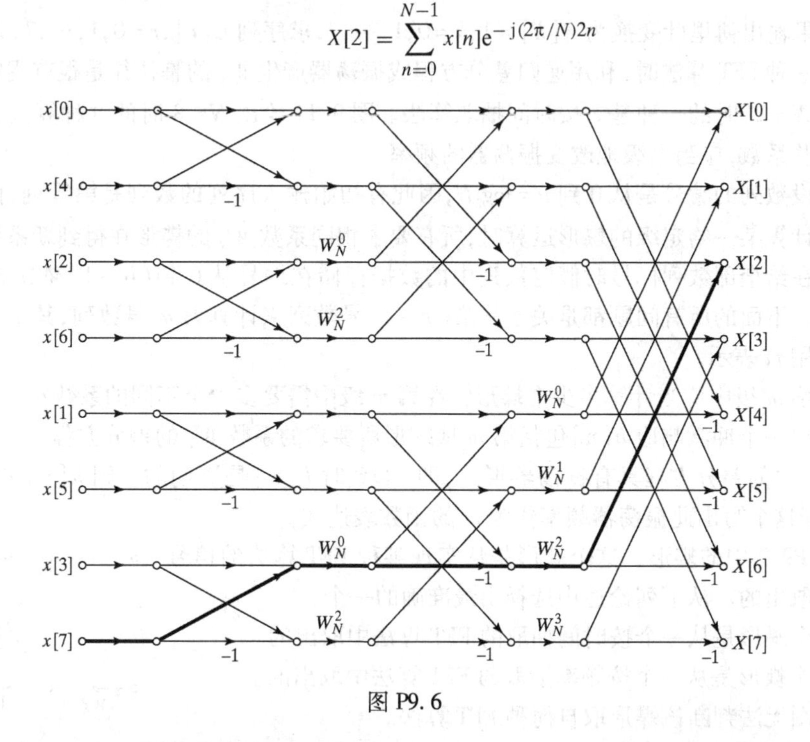

图 P9.6

9.7　图 P9.7 表示一个 8 点按时间抽取 FFT 算法的流图。令序列 $x[n]$ 的 DFT 是 $X[k]$。在流图中，$A[\cdot]$，$B[\cdot]$，$C[\cdot]$ 和 $D[\cdot]$ 表示分开的不同数列，这些数列连续的标号与流图中所标出的节点有相同的顺序。

(a) 说明如何将序列 $x[n]$ 的元素放在 $A[r]$ 中，$r=0,1,\cdots,7$，还说明如何将 DFT 序列中的元素从数列 $D[r]$，$r=0,1,\cdots,7$ 中取出。

(b) 如果输入序列为 $x[n]=(-W_N)^n$，$n=0,1,\cdots,7$，不用求出中间数列 $B[\cdot]$ 和 $C[\cdot]$ 的值而求出数列 $D[r]$，$r=0,1,\cdots,7$ 的值，并作图。

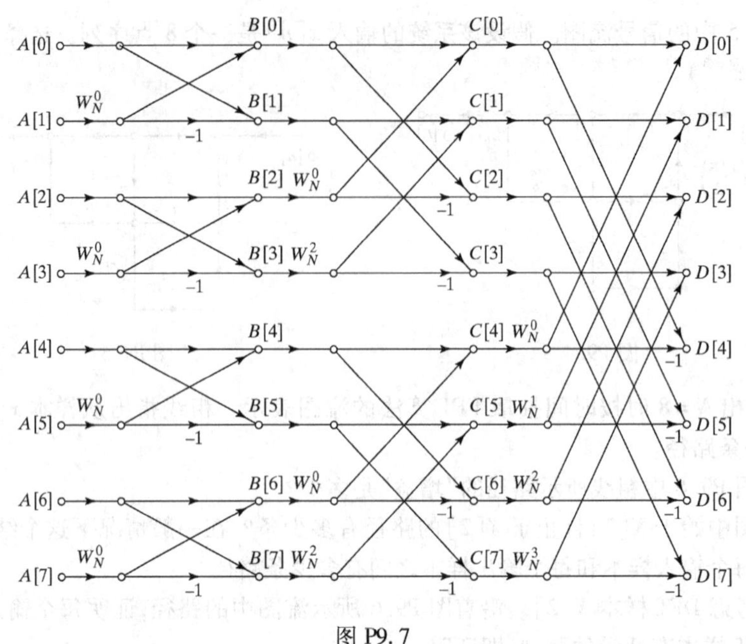

图 P9.7

(c) 如果输出傅里叶变换为 $X[k]=1, k=0,1,\cdots,7$,求序列 $C[r], r=0,1,\cdots,7$,并作图。

9.8 在实现一种 FFT 算法时,利用递归差分方程或振荡器产生 W_N 的幂往往是很有用的。本习题来研究当 $N=2^\nu$ 时的一种基 2 按时间抽取算法。图 9.11 绘出 $N=8$ 时的这种算法。为了有效地产生这些系数,应当逐级地改变振荡器的频率。

假设数列的编号是从 0 到 $\nu=\log_2 N$,因此有初始输入序列的数列是第零列,而 DFT 是第 ν 列。当计算某一给定级的蝶形运算时,所有要求相同系数 W_N^r 的蝶形在得到新系数之前都计算出来。在给全部数列标号时假定数列中的数据存储在编号从 0 到 $(N-1)$ 依次排列的复数寄存器中。下面的所有问题都是关于从第 $(m-1)$ 号数列来计算第 m 号数列,其中 $1\leqslant m\leqslant\nu$。答案应当用 m 表示。

(a) 在第 m 级中应当计算多少个蝶形? 在第 m 级中需要多少个不同的系数?

(b) 写出一个冲激响应 $h[n]$ 包括第 m 项蝶形所要求的系数 W_N^r 的差分方程。

(c)(b) 中的差分方程具有振荡器形式,即 $n\geqslant0$ 时 $h[n]$ 是周期的。则 $h[n]$ 的周期为多少?根据这个写出此振荡器频率作为 m 的函数表达式。

9.9 考虑图 P9.9 中的蝶形。这个蝶形是从实现某种 FFT 算法的信号流图中取出的。从下列论述中选择出最准确的一个:

(a) 这个蝶形是从一个按时间抽取的 FFT 算法中取出的。

(b) 这个蝶形是从一个按频率抽取的 FFT 算法中取出的。

(c) 由图无法判断该蝶形取自何种 FFT 算法。

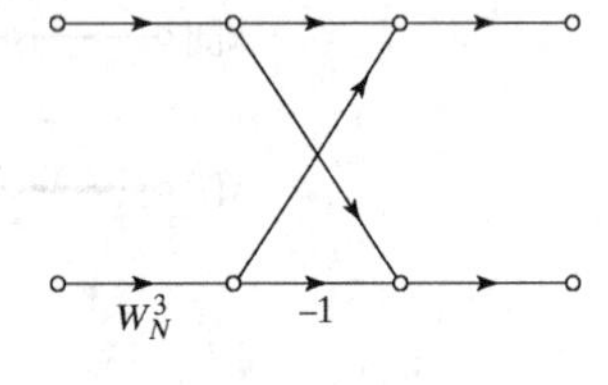

图 P9.9

9.10 有限长信号 $x[n]$ 在区间 $0\leqslant n\leqslant19$ 上为非零,该信号是如图 P9.10 所示系统的输入,其中

$$h[n]=\begin{cases}e^{\mathrm{j}(2\pi/21)(n-19)^2/2}, & n=0,1,\cdots,28\\ 0, & \text{其他}\end{cases}$$

$$W=e^{-\mathrm{j}(2\pi/21)}$$

系统的输出 $y[n]$ 在区间 $n=19,\cdots,28$ 上的值可用 ω 取合适值的 DTFT $X(e^{j\omega})$ 表示。写出在此区间上用 $X(e^{j\omega})$ 来表示的 $y[n]$ 的表达式。

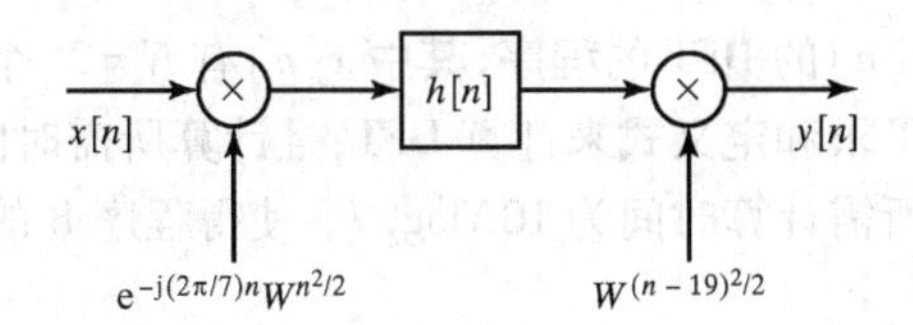

图 P9.10

9.11　图 9.10 中的蝶形流图可用于计算长度为 $N=2^\nu$ 的序列的"同址"DFT,即利用复值寄存器的单一数列。假设,寄存器 $A[\ell]$ 地数列按 $0\leqslant\ell\leqslant N-1$ 标号。输入序列起始以倒位序置于 $A[\ell]$ 中。然后数列通过 ν 级蝶形处理。每个蝶形取两个数列元素 $A[\ell_0]$ 和 $A[\ell_1]$ 作为输入,然后将输出存入同样的数列位置。ℓ_0 和 ℓ_1 的值取决于级号和蝶形在信号流图中的位置。计算的级数依次用 $m=1,\cdots,\nu$ 标记。

(a) 作为级号 m 的函数的 $|\ell_1-\ell_0|$ 是多少?

(b) 许多级中都包含有同一"旋转"因子 W_N^r 的蝶形。对于这些级,有同样 W_N^r 的蝶形的 ℓ_0 值相距多远?

9.12　考虑如图 P9.12 所示的系统,有

$$h[n]=\begin{cases}e^{j(2\pi/10)(n-11)^2/2}, & n=0,1,\cdots,15\\ 0, & \text{其他}\end{cases}$$

需要求出该系统的输出 $y[n+11]=X(e^{j\omega_n})$,其中当 $n=0,\cdots,4$ 时,$\omega_n=(2\pi/19)+n(2\pi/10)$。求图 P9.12 中数列 $r[n]$ 的正确值使得输出 $y[n]$ 具有离散傅里叶变换所要求的样本值。

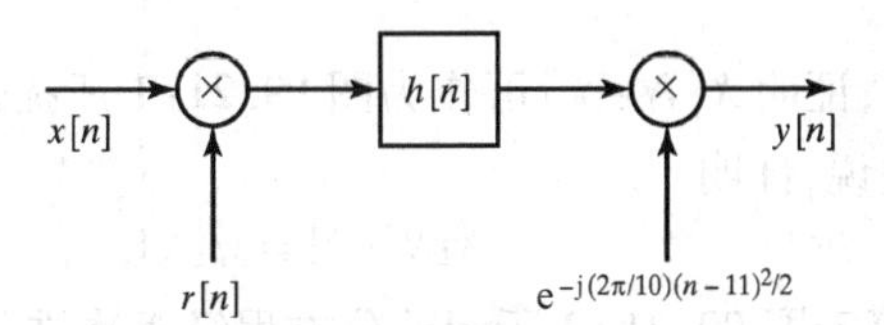

图 P9.12

9.13　假设要将一个长度 $N=16$ 的序列 $x[n]$ 重新排列为倒位序作为某一 FFT 算法的输入。给出新的倒位序后序列的样本序号。

9.14　在下面的命题中,假设序列 $x[n]$ 长度 $N=2^\nu$,且 $X[k]$ 是 $x[n]$ 的 N 点 DFT。判断该命题是否正确,并说明理由。

命题:要构造一个由 $x[n]$ 计算 $X[k]$ 的信号流图使得 $x[n]$ 和 $X[k]$ 均为正常顺序(非倒位序)是不可能的。

9.15　图 P9.15 中的蝶形是从一个 $N=16$ 的按频率抽取的 FFT 中取出得,其中输入序列为正常顺序。注意,16 点 FFT 共 4 级,序号为 $m=1,\cdots,4$。则在这 4 级中哪一级具有这种形式的蝶形?说明理由。

9.16　图 P9.16 中的蝶形是从一个 $N=16$ 的按时间抽取的 FFT 中取出得。假设信号流图中 4 级的序号为 $m=1,\cdots,4$。则对每一级来说 r 的可能值为多少?

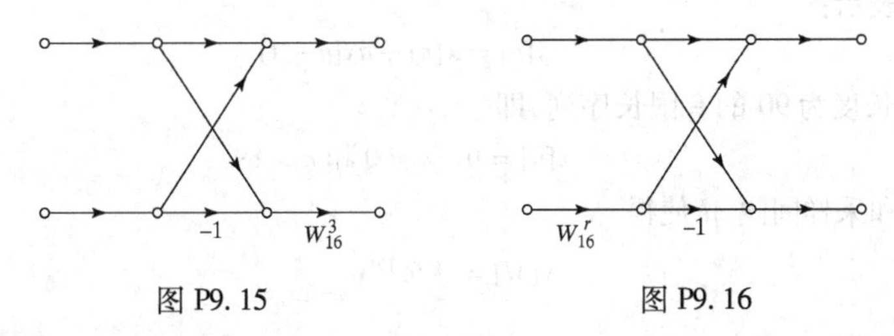

图 P9.15　　图 P9.16

9.17　假设有两个计算序列 $x[n]$ 的 DFT 的程序,其中 $x[n]$ 有 $N=2^{\nu}$ 个非零样本。程序 A 是直接按照式(8.67)给出的 DFT 求和定义式来计算 DFT,且计算所需时间为 N^2。程序 B 按时间抽取 FFT 算法来计算 DFT,所需计算时间为 $10N\log_2 N$。使得程序 B 的速度快于程序 A 的最短序列长度 N 是多少?

9.18　图 P9.18 中的蝶形取自 $N=16$ 的按时间抽取 FFT。设信号流图中 4 级的序号为 $m=1,\cdots,4$。则在这 4 级中哪一级具有这种形式的蝶形?

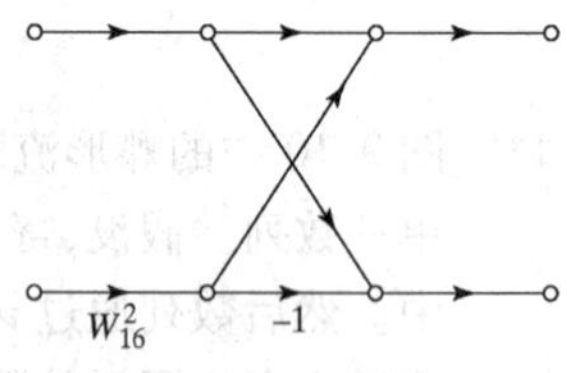

图 P9.18

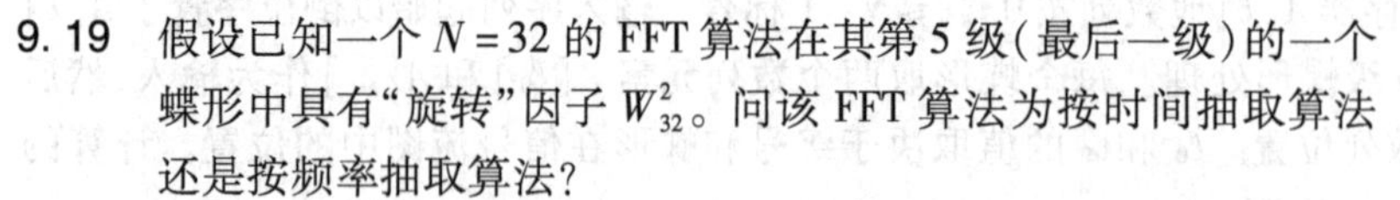

9.19　假设已知一个 $N=32$ 的 FFT 算法在其第 5 级(最后一级)的一个蝶形中具有"旋转"因子 W_{32}^2。问该 FFT 算法为按时间抽取算法还是按频率抽取算法?

9.20　假设信号 $x[n]$ 具有 1021 个非零样本的,且希望通过计算 DFT 来估计出该信号的离散时间傅里叶变换。已知计算机计算 $x[n]$ 的 1021 点 DFT 需要 100 s。然后在序列末端补加 3 个零值样本构成一个 1024 点的序列 $x_1[n]$。用同样的程序和计算机计算 $X_1[k]$ 只需 1s。这说明可以通过在序列 $x_1[n]$ 的末端补零且使序列 $x[n]$ 仿佛加长的方法,使得在短的多得时间内计算出更多的 $X(e^{j\omega})$ 的样本。如何解释这种似乎矛盾的说法?

基本题

9.21　9.12 节中利用 $W_N^{-kN}=1$ 推导出由有限长序列 $x[n]$ $(n=0,1,\cdots,N-1)$ 计算一个指定 DFT 值 $X[k]$ 的递推算法。

(a) 利用 $W_N^{kN}=W_N^{Nn}=1$,证明 $X[N-k]$ 可作为图 P9.21-1 所描述的差分方程经 N 次迭代后输出而求得。也就是说,证明

$$X[N-k]=y_k[N]$$

(b) 证明 $X[N-k]$ 也等于图 P9.21-2 所示差分方程经 N 次迭代后的输出。注意,图 P9.21-2 所示的系统与图 9.2 所示的系统有相同的极点,但是实现图 P9.21-2 中复零点所要求的系统是图 9.2 中对应系数的复共轭,即 $W_N^{-k}=(W_N^k)^*$。

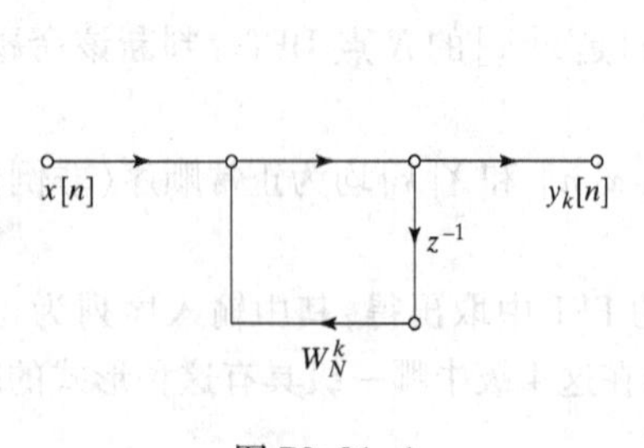

图 P9.21-1

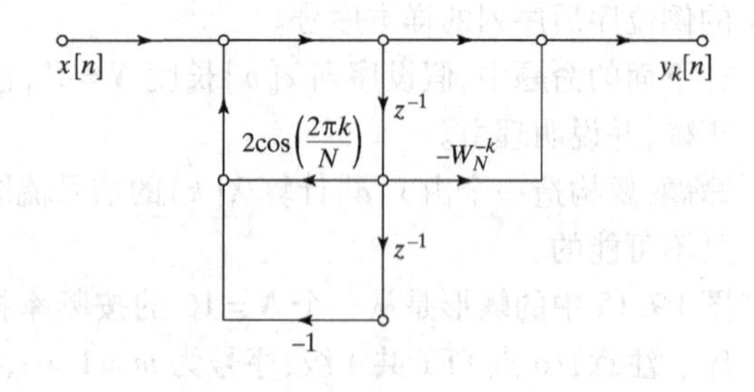

图 P9.21-2

9.22　考虑图 P9.22 所示系统。从 $x[n]$ 到 $y[n]$ 的子系统是一个因果的线性时不变系统,它可用以下差分方程表示:

$$y[n]=x[n]+ay[n-1]$$

$x[n]$ 是一个长度为 90 的有限长序列,即

$$x[n]=0,\ n<0 \text{ 和 } n>89$$

求复常数 a 和采样间隔 M 使得

$$y[M]=X(e^{j\omega})\big|_{\omega=2\pi/60}$$

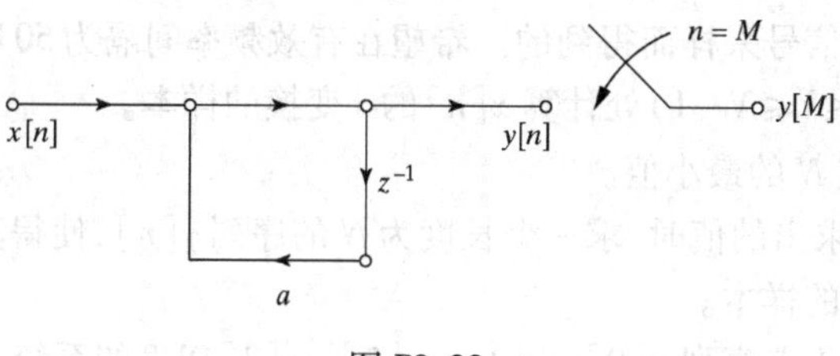

图 P9.22

9.23 画出 16 点基 2 按时间抽取 FFT 算法的一种流图。用 W_{16} 的幂次来标出所有的乘法器，并且标出任何传输比等于 -1 的支路。用输入序列和 DFT 序列的适当值分别标出输入和输出节点，求执行流图运算所需要的实乘法次数和实加法次数。

9.24 如果你有计算 N 点 DFT 的 FFT 子程序，N 点序列 $X[k]$ 的逆 DFT 建议可采用该子程序按以下步骤来计算：

(1) 交换每个 DFT 系数 $X[k]$ 的实部和虚部。

(2) 对输入序列采用 FFT 程序。

(3) 交换输出序列的实部和虚部。

(4) 对得出的序列乘以 $1/N$ 得到序列 $x[n]$，对应于 $X[k]$ 的逆 DFT。

确定这一步骤是否如前所述是有效的。如果不是，提出一个经简便修定后的有效方法。

9.25 DTFT 是一个有限长序列的 DFT 的采样后形式；即

$$\begin{aligned} X[k] &= X(e^{j(2\pi/N)k}) \\ &= X(e^{j\omega_k})\Big|_{\omega_k=(2\pi/N)k} \\ &= \sum_{n=0}^{N-1} x[n]e^{-j(2\pi/N)kn}, \quad k=0,1,\cdots,N-1 \end{aligned} \tag{P9.25-1}$$

而 FFT 算法是计算 $X[k]$ 值的一种有效方法。

考虑长度为 N 个样本点的有限长序列 $x[n]$。想要在 z 平面的下列点处计算有限长序列的 z 变换 $X(z)$：

$$z_k = re^{j(2\pi/N)k}, \quad k=0,1,\cdots,N-1$$

其中 r 为正数。可用已有的 FFT 算法。

(a) 当 $N=8, r=0.9$ 时，画出 z 平面上的点 z_k。

(b) 写出 $X(z_k)$ 的方程[类似于上面的式(9.25-1)]证明 $X(z_k)$ 是修正序列 $\tilde{x}[n]$ 的 DFT。给出 $\tilde{x}[n]$。

(c) 描述一个采用给定 FFT 函数计算 $X(z_k)$ 的算法。(不能采用直接计算。)可以采用任何将英文文本和公式组合的任意形式来描述你的算法，但是你必须给出以序列 $x[n]$ 开始和以 $X(z_k)$ 结束的每个计算步骤。

9.26 已知一长度为 627 的有限长序列 $x[n]$(即，当 $n<0$ 和 $n>626$ 时，$x[n]=0$)，且有计算任何长度为 $N=2^\nu$ 的序列 DFT 的 FFT 程序可供使用。

对于某一给定序列，想在如下频率处计算离散时间傅里叶变换的样本：

$$\omega_k = \frac{2\pi}{627} + \frac{2\pi k}{256}, \quad k=0,1,\cdots,255$$

说明如何由 $x[n]$ 得出一个新序列 $y[n]$，使得可以将所提供的 FFT 程序用于 $y[n]$，在 ν 尽可能小的情况下得出所要求频率的样本。

9.27 长度 $L=500$ 的有限长信号(对于 $n<0$ 和 $n>L-1$，$x[n]=0$)是用每秒 10 000 个样本的采样

率对某一连续时间信号采样而得到的。希望在有效频率间隔为50 Hz或更小的N个等间隔点$z_k=(0.8)e^{j2\pi k/N}(0\leqslant k\leqslant N-1)$处计算$x[n]$的$z$变换的样本。

(a) 若$N=2^{\nu}$,确定N的最小值。

(b) 当N为(a)所求出的值时,求一个长度为N的序列$y[n]$,使得其DFT $Y[k]$等于所要求的$x[n]$的z变换的样本。

9.28 建立一个用于计算4点序列$x[0]$, $x[1]$, $x[2]$, $x[3]$DFT的系统。

可以以表9.1给出的单价购买任意数量的计算单元。

表9.1

计算模块	每单位成本
8点DFT	\$1
8点IDFT	\$1
加法器	\$10
乘法器	\$100

设计一个最低成本的系统。画出相应的方框图并给出系统成本。

深入题

9.29 考虑一个N点序列$x[n]$,其DFT为$X[k]$,$k=0,1,\cdots,N-1$。下面的算法只用一个$N/2$点DFT(N为偶数)来计算偶序号DFT值$X[k]$,$k=0,2,\cdots,N-2$。

(1) 用时间混叠构成序列$y[n]$,即

$$y[n]=\begin{cases}x[n]+x[n+N/2], & 0\leqslant n\leqslant N/2-1\\ 0, & \text{其他}\end{cases}$$

(2) 计算$Y[r]$,$r=0,1,\cdots,(N/2)-1$,$y[n]$的$N/2$点DFT。

(3) $X[k]$的偶序号值为$X[k]=Y[k/2]$,$k=0,2,\cdots,N-2$。

(a) 证明上述算法可以得出所要求的结果。

(b) 假设用下式由序列$x[n]$构造一个有限长序列$y[n]$:

$$y[n]=\begin{cases}\sum_{r=-\infty}^{\infty}x[n+rM], & 0\leqslant n\leqslant M-1\\ 0, & \text{其他}\end{cases}$$

确定M点DFT $Y[k]$与$x[n]$的傅里叶变换$X(e^{j\omega})$之间的关系。证明(a)的结果是(b)的结果的一种特殊情况。

(c) 推导一种类似于(a)的算法,只用一个$N/2$点DFT(N为偶数)来计算奇序号DFT值$X[k]$,$k=1,3,\cdots,N-1$。

9.30 图P9.30中的系统计算一个N点序列$x[n]$的N点DFT(其中N为偶数),首先将N点序列$x[n]$分解为两个$N/2$点序列$g_1[n]$和$g_2[n]$,其次计算出$N/2$点DFT $G_1[k]$和$G_2[k]$,最后将它们组合起来构成$X[k]$。

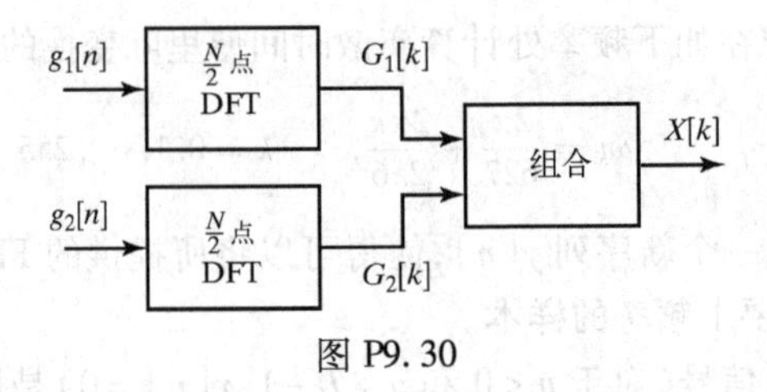

图P9.30

如果 $g_1[n]$ 是 $x[n]$ 的偶数标号值，$g_2[n]$ 是 $x[n]$ 奇数标号值，即 $g_1[n]=x[2n]$ 和 $g_2[n]=x[2n+1]$，则 $X[k]$ 是 $x[n]$ 的 DFT。

当使用图 P9.30 的系统形成 $g_1[n]$ 和 $g_2[n]$ 时产生了一个误差，使得 $g_1[n]$ 错误地选择为奇数标号值，且 $g_2[n]$ 错误地选择为偶数标号值。但是 $G_1[k]$ 和 $G_2[k]$ 仍然是如图 P9.30 那样组合，得出错误的序列 $\hat{X}[k]$。给出用 $X[k]$ 表示的 $\hat{X}[k]$。

9.31　9.3.2 节中曾断言，一个 FFT 算法流图的转置仍然是一个 FFT 算法的流图。本习题的目的就是对基 2 FFT 算法推导出这一结论。

(a) 按时间抽取基 2 FFT 算法的基本蝶形图绘于图 P9.31-1 中。这个流图表示如下方程：

$$X_m[p]=X_{m-1}[p]+X_{m-1}[q]$$

$$X_m[q]=(X_{m-1}[p]-X_{m-1}[q])W_N^r$$

从这些方程入手，证明利用图 P9.31-2 所示的蝶形图可由 $X_m[p]$ 和 $X_m[q]$ 计算出 $X_{m-1}[p]$ 和 $X_{m-1}[q]$。

(b) 在图 9.22 的按频率抽取算法中，$X_\nu[r]$，$r=0,1,\cdots,N-1$ 为倒位序排列的 DFT $X[k]$，而第零号 $X_0[r]=x[r]$，$r=0,1,\cdots,N-1$ 为正常位序排列的输入序列。如果图 9.22 中的每个蝶形都用图 P9.31-2 形式的适当蝶形来代替，则所得结果就是由 DFT $X[k]$（倒位序）来计算序列 $x[n]$（正常位序）的流图。画出当 $N=8$ 时所得结果的流图。

(c) 在(b)中得出的流图表示一种 IDFT 算法，即计算下式的算法：

$$x[n]=\frac{1}{N}\sum_{n=0}^{N-1}X[k]W_N^{-kn},\qquad n=0,1,\cdots,N-1$$

对(b)中所得流图加以修改，使其可计算 DFT

$$X[k]=\sum_{n=0}^{N-1}x[n]W_N^{kn},\qquad k=0,1,\cdots,N-1$$

而不是 IDFT。

(d) 可以看出，(c)的结果就是图 9.22 按频率抽取算法的转置，它等同于图 9.11 所示的按时间抽取算法。是否可得出结论，对于每一种按时间抽取算法（如图 9.15 至图 9.17 所示），必有一种按频率抽取算法（它是按时间抽取算法的转置）与之对应，反之亦然？请说明原因。

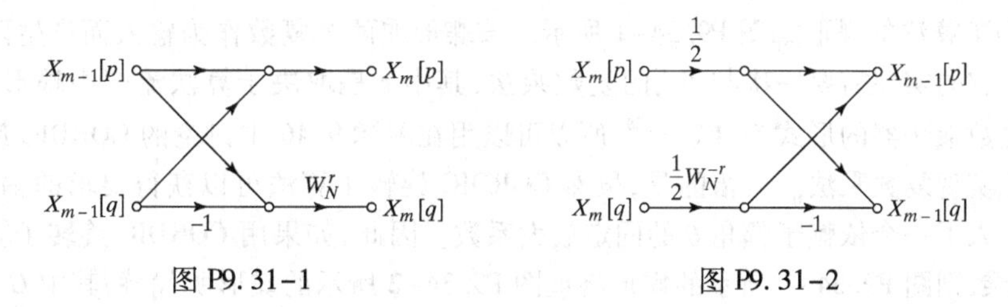

图 P9.31-1　　　　图 P9.31-2

9.32　希望采用混合基方法来实现 6 点按时间抽取的 FFT。一种选择是首先采用 3 个 2 点 DFT，然后采用该结果来计算 6 点 DFT。对于这种选择：

(a) 画出 2 点 DFT 计算的流图。并且填入包括计算 DFT 值 X_0，X_1 和 X_4 的图 P9.32-1 的流图部分。

(b) 这种选择需要多少次复数乘法运算？（乘以 −1 不记入复数乘法运算。）

另一种选择是首先计算 2 个 3 点 DFT，然后采用其结果来计算 6 点 DFT。

(c) 画出 3 点 DFT 计算的流图。并且填入所有图 P9.32-2 所示的流图，简要说明你是如何实现的

(d) 这种选择需要多少次复数乘法运算？

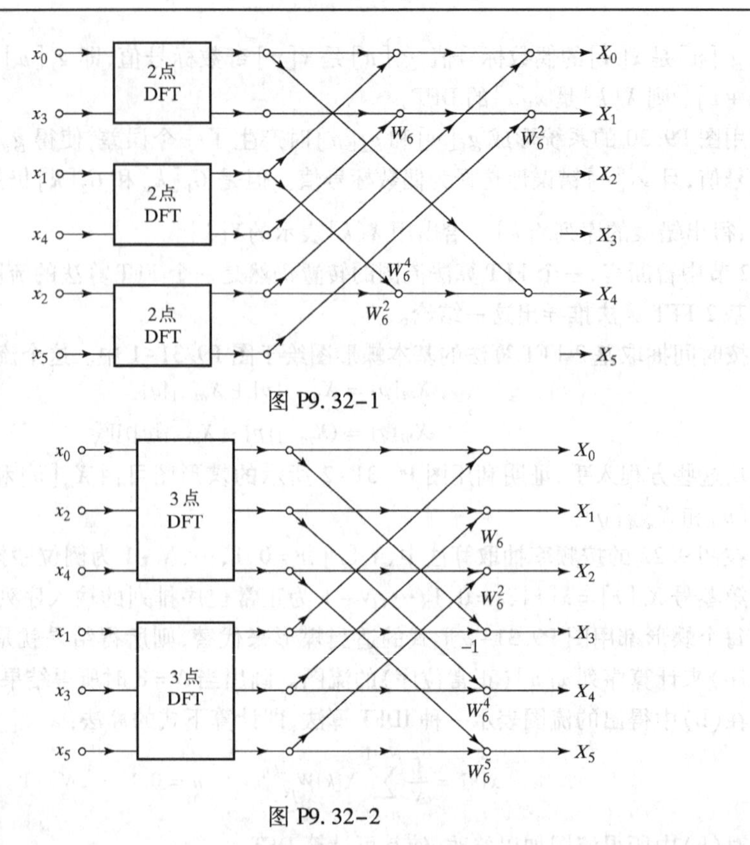

图 P9.32-1

图 P9.32-2

9.33　9.3 节推导了基为 2(即 $N=2^\nu$)的按频率抽取 FFT 算法。当 $N=3^\nu$ 时,类似地可得出基为 3 的算法。

(a) 采用 DFT 的 3×3 分解画出 9 点按频率抽取算法的流图。

(b) 当 $N=3^\nu$ 时,根据 W_N 所需的幂次采用基为 3 的按频率抽取 FFT 算法来计算 N 点复数序列的 DFT,需要多少次复数乘法运算?

(c) 当 $N=3^\nu$ 时,对于基为 3 的按频率抽取算法是否可采用同址计算?

9.34　已经知道,FFT 算法可以看作是称之为蝶形的计算单元间的一种互连。例如,对基 2 按频率抽取 FFT 算法的蝶形如图 P9.34-1 所示。该蝶形取两个复数作为输入而产生两个复数作为输出。它的实现需要一次与 W_N^r 的复数乘法,其中 r 是取决于算法流图中蝶形位置的整数。因为复数乘法器的形式为 $W_N^r=e^{j\theta}$,所以可以用在习题 9.46 中讨论的 CORDIC 旋转子算法来有效地实现复数乘法。可惜的是,虽然 CORDIC 旋转子算法可以获得要求的幅角变化,但同时也引入了一个依赖于幅角 θ 的固定放大系数。因此,如果用 CORDIC 旋转子算法来实现与 W_N^r 相乘,则图 P9.34-1 所示的蝶形将被图 P9.34-2 所示的蝶形所代替,其中 G 代表 CORDIC 旋转子的固定放大因子(假设在逼近旋转幅角时没有误差)。如果在按频率抽取 FFT 算法流图中的每个蝶形都用图 P9.34-2 所示的蝶形代替,则得到一种修正的 FFT 算法,当 $N=8$ 时该算法的流图如图 P9.34-3 所示。这个修正算法的输出却不是所要求的 DFT。

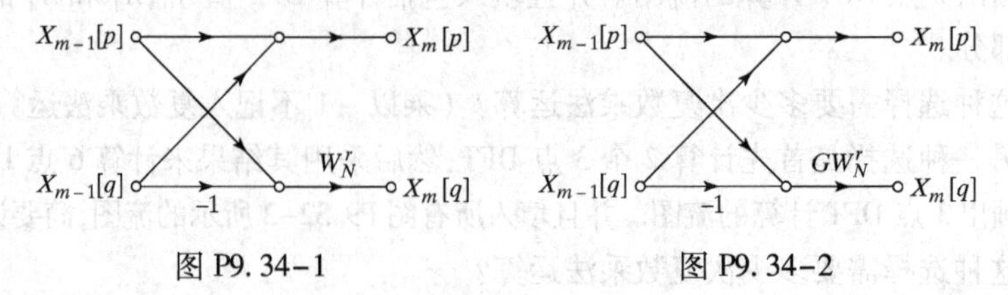

图 P9.34-1　　图 P9.34-2

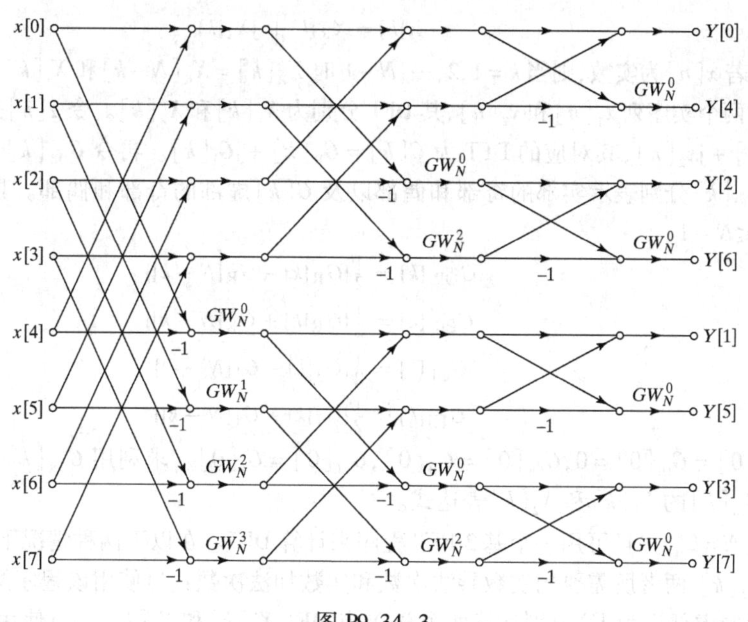

图 P9.34-3

(a) 证明该修正的 FFT 算法的输出是 $Y[k]=W[k]\cdot X[k]$，其中 $X[k]$ 是输入序列 $x[n]$ 的正确 DFT，而 $W[k]$ 是 G,N 和 k 的函数。

(b) 希望序列 $W[k]$ 服从一种特别简单的规则。请找出该规则并指出它与 G,N 和 k 的依赖关系。

(c) 假设想通过对输入序列 $x[n]$ 做预处理来补偿修正 FFT 算法的影响。请找出一种是由 $x[n]$ 得到序列 $\hat{x}[n]$ 的方法，使得若 $\hat{x}[n]$ 为修正 FFT 算法的输入，则输出将是原始 $x[n]$ 的正确 DFT $X[k]$。

9.35 本习题涉及有限长序列 z 变换样本的有效计算问题。利用线性调频变换算法，给出计算在半径为 0.5，起始角为 $-\pi/6$ 和终止角为 $2\pi/3$ 的圆弧上均匀相间的 25 点 $X(z)$ 值的步骤。序列长度为 100 个样本。

9.36 考虑一个由两个 512 点序列 $x_e[n]$ 和 $x_o[n]$ 交错构成的 1024 点序列 $x[n]$。具体地，

$$x[n]=\begin{cases}x_e[n/2], & n=0,2,4,\cdots,1022\\ x_o[(n-1)/2], & n=1,3,5,\cdots,1023\\ 0, & \text{对于区间 } 0\leqslant n\leqslant 1023 \text{ 以外的 } n\end{cases}$$

令 $X[k]$ 表示 $x[n]$ 的 1024 点 DFT，$X_e[k]$ 和 $X_o[k]$ 分别示 $x_e[n]$ 和 $x_o[n]$ 的 512 点 DFT。若 $X[k]$ 已知，想用一种高效计算的方法由 $X[k]$ 求出 $X_e[k]$，这里计算效率是用所需的复数乘法和加法的总次数来度量。有一种计算效率不很高的方法如图 P9.36 所示：

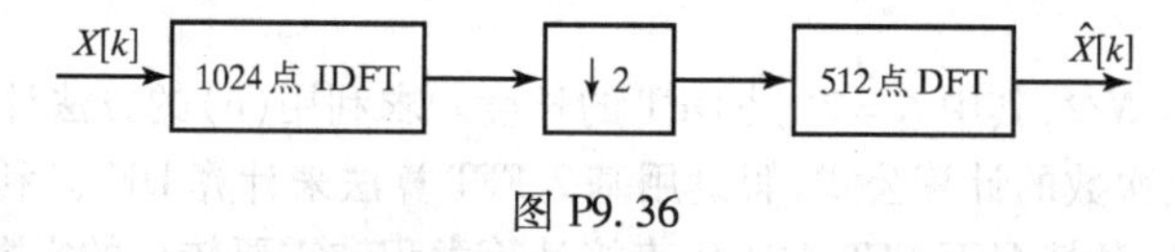

图 P9.36

给出能够由 $X[k]$ 得出 $X_e[k]$ 的最高效算法(当然要比图 P9.36 所示的方框图更加有效)。

9.37 设有一个 DFT 程序，可用来计算复序列的 DFT。如果想要计算一个实序列的 DFT 则可以简单地将虚部设置为零，而直接使用该程序。但是，可以利用实序列 DFT 的对称性来减少计算量。

(a) 令 $x[n]$ 是长度为 N 的实序列，且 $X[k]$ 是其 DFT，它的实部和虚部分别记作 $X_R[k$
$X_I[k]$，有

$$X[k]=X_R[k]+jX_I[k]$$

证明若$x[n]$为实数,则当$k=1,2,\cdots,N-1$时$X_R[k]=X_R[N-k]$和$X_I[k]=-X_I[N-k]$。

(b) 考虑两个实序列$x_1[n]$和$x_2[n]$,其DFT分别为$X_1[k]$和$X_2[k]$。令$g[n]$是复序列$g[n]=x_1[n]+jx_2[n]$,其对应的DFT为$G[k]=G_R[k]+jG_I[k]$。再令$G_{OR}[k]$,$G_{ER}[k]$,$G_{OI}[k]$和$G_{EI}[k]$分别表示实部的奇部和偶部以及$G[k]$虚部的奇部和偶部。具体地讲,对于$1\leqslant k\leqslant N-1$,

$$G_{OR}[k]=\frac{1}{2}\{G_R[k]-G_R[N-k]\}$$

$$G_{ER}[k]=\frac{1}{2}\{G_R[k]+G_R[N-k]\}$$

$$G_{OI}[k]=\frac{1}{2}\{G_I[k]-G_I[N-k]\}$$

$$G_{EI}[k]=\frac{1}{2}\{G_I[k]+G_I[N-k]\}$$

$G_{OR}[0]=G_{OI}[0]=0$,$G_{ER}[0]=G_R[0]$,$G_{EI}[0]=G_I[0]$。求利用$G_{OR}[k]$,$G_{ER}[k]$,$G_{OI}[k]$和$G_{EI}[k]$的$X_1[k]$和$X_2[k]$表达式。

(c) 假设$N=2^\nu$,并且可用一个基2 FFT程序来计算DFT。在以下两种情况下求出计算$X_1[k]$和$X_2[k]$两者所需要的实数乘法次数和实数加法次数:(i)使用该程序两次(同时将输入序列的虚部设为零)分别计算两个复N点DFT $X_1[k]$和$X_2[k]$;(ii)使用(b)中提出的方法,它只需要计算一次N点DFT。

(d) 假定只有一个实N点序列$x[n]$,其中N为2幂。令$x_1[n]$和$x_2[n]$是两个实$N/2$点序列$x_1[n]=x[2n]$和$x_2[n]=x[2n+1]$,其中$n=0,1,\cdots,(N/2)-1$。借助$(N/2)$点DFT $X_1[k]$和$X_2[k]$求$X[k]$。

(e) 利用(b),(c)和(d)的结果提出只用一次$N/2$点FFT算法来计算实N点序列$x[n]$的DFT的方法。求用这种方法所需要的实数乘法和实数加法的次数。将这一结果与利用一次设虚部为零的N点FFT算法来计算$X[k]$所需要的次数进行比较。

9.38 $x[n]$和$h[n]$是两个实有限长序列,使得$x[n]=0$当n在区间$0\leqslant n\leqslant L-1$之外时,且$h[n]=0$当$n$在区间$0\leqslant n\leqslant P-1$之外时。希望计算序列$y[n]=x[n]*h[n]$,这里“*”号表示常规卷积。

(a) 序列$y[n]$的长度是多少?

(b) 当直接计算卷积和时,计算$y[n]$全部的非零样本需要多少次实数乘法?下述等式可能有用:

$$\sum_{k=1}^{N}k=\frac{N(N+1)}{2}$$

(c) 说出用DFT来计算$y[n]$全部非零样本的方法。求用L和P表示的DFT和IDFT的最小长度。

(d) 假设$L=P=N/2$,其中$N=2^\nu$是DFT的长度。求利用(c)的方法计算$y[n]$所有非零值时所需实乘法次数的计算公式,假设用基2 FFT算法来计算DFT。利用这个公式计算N的最小值,在这种情况下FFT方法比直接计算卷积和需要较少的实数乘法。

9.39 8.7.3节曾表明,线性时不变滤波可以用以下步骤来实现:先把输入信号分成有限长的信号段,然后用DFT来实现这些信号段的循环卷积。曾讨论过的两种方法称为重叠相加法和重叠保留法。如果用一个FFT算法来计算DFT,则用这些分段的方法计算每个输出样本所需要的复数乘法要比直接计算卷积和来得少。

(a) 假设复输入序列$x[n]$是有限长的,且复脉冲响应$h[n]$有P个样本,因此只有当$0\leqslant n\leqslant P-1$时$h[n]\neq0$。还假设用重叠保留法且利用由基2 FFT算法实现的长度$L=2^\nu$的DFT

来计算输出。请给出计算每个输出样本所需要的复数乘法次数的计算式,且该式为 ν 和 P 的函数。

(b) 假设脉冲响应的长度为 $P=500$。利用(a)得出的计算公式并使用重叠保留法,给出每个输出样本的乘法次数作为 ν 之函数的曲线($\nu\leqslant 20$)。ν 为何值时乘法次数最少?比较用 FFT 的重叠保留法计算每个输出样本所需要的复数乘法次数与直接计算卷积和所需要的每个输出样本的复数乘法次数。

(c) 证明,当 FFT 很长时,计算每个输出样本的复数乘法次数大约为 ν。因此,超出一定的 FFT 长度,重叠保留法就不如直接法效率高。若 $P=500$,则 ν 为何值时直接法将更有效?

(d) 假定 FFT 的长度是脉冲响应长度的两倍(即 $L=2P$),且 $L=2^\nu$。利用(a)得出的公式,求 P 的最小值,使得用 FFT 的重叠保留法所需的复乘法次数比直接卷积法少。

9.40 $x[n]$为一个 1024 点的序列,在 $0\leqslant n\leqslant 1023$ 上为非零。令 $X[k]$为 $x[n]$的 1024 点 DFT。若已知 $X[k]$,利用图 P9.40 中的系统计算当 $0\leqslant n\leqslant 3$ 和 $1020\leqslant n\leqslant 1023$ 时的 $x[n]$。注意,系统的输入为 DFT 系数的序列。通过选择 $m_1[n]$,$m_2[n]$和 $h[n]$,说明系统可用于计算所要求的 $x[n]$的样本。注意,当 $0\leqslant n\leqslant 7$ 时 $y[n]$的样本必须包含所要求的 $x[n]$的样本。

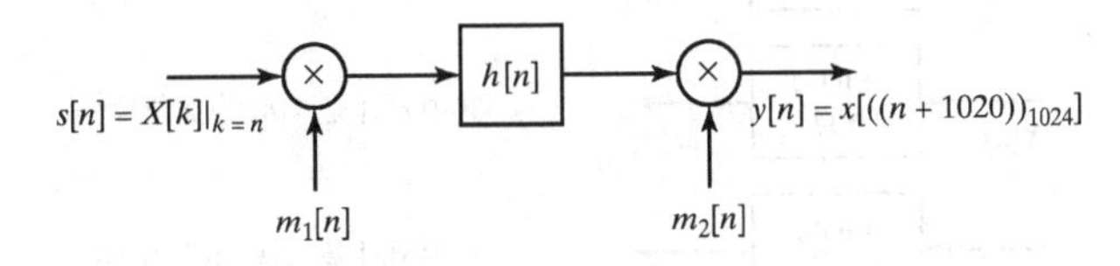

图 P9.40

9.41 已有一个系统可用来计算序列 $y[0]$, $y[1]$,$\cdots$, $y[7]$的 8 点 DFT $Y[0]$, $Y[1]$,$\cdots$, $Y[7]$。然而,系统不能完全正常工作:只有偶数 DFT 的样本 $Y[0]$,$Y[2]$,$Y[4]$,$Y[6]$计算正确。为了帮助解决这一问题,你可调用以下数据:

- (正确的)偶数 DFT 样本,$Y[0]$,$Y[2]$,$Y[4]$,$Y[6]$;
- 前 4 个输入值 $y[0]$, $y[1]$, $y[2]$,$y[3]$(其他输入值无法得到)。

(a) 如果 $y[0]=1$,$y[1]=y[2]=y[3]=0$, 且 $Y[0]=Y[2]=Y[4]=Y[6]=2$,缺失的$Y[1]$,$Y[3]$,$Y[5]$,$Y[7]$值为多少?请说明。

(b) 你须要建立一个有效的系统来计算任意组输入值时的奇数样本 $Y[1]$,$Y[3]$,$Y[5]$,$Y[7]$。你可以使用的计算模块是一个 4 点 DFT 和一个 4 点 IDFT。两者都是免费提供的。你可购买每个 10 元的加法器、减法器或乘法器。设计一个成本最低的系统,其输入为

$$y[0],\ y[1],\ y[2],\ y[3],\ Y[0],\ Y[2],\ Y[4],\ Y[6]$$

产生的输出为

$$Y[1],\ Y[3],\ Y[5],\ Y[7]$$

画出相应的方框图并给出总的成本。

9.42 研究一种以 DFT 为基础的用于实现因果 FIR 滤波器的算法,该滤波器的频率响应 $h[n]$在区间 $0\leqslant n\leqslant 63$ 外为 0。输入信号(FIR 滤波器的输入)$x[n]$分为无限多个可能重叠的 128 点系列块 $x_i[n]$,i 为整数且 $-\infty\leqslant i\leqslant\infty$,使得

$$x_i[n]=\begin{cases}x[n], & iL\leqslant n\leqslant iL+127\\ 0, & \text{其他}\end{cases}$$

式中 L 为正整数。

给出 i 取任意值时计算下式的方法:

$$y_i[n]=x_i[n]*h[n]$$

答案应以方框图的形式给出，且只能采用图 P9.42-1 和图 P9.42-2 中的模块。每个模块可用多次也可不用。

图 P9.42-2 中的 4 个模块可利用基 2 FFT 来计算 $x[n]$ 的 N 点 DFT $X[k]$，也可则用基 2 FFT 逆变换由 $X[k]$ 来计算 $x[n]$。

答案的条件必须包括所采用的 FFT 和 IFFT 的长度。对每一个“移位 n_0”的模块，必须确定出 n_0 的值，即输入序列的移位量。

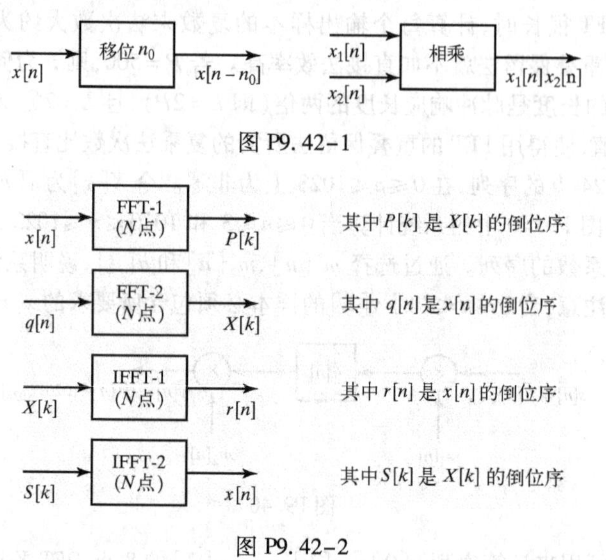

图 P9.42-1

图 P9.42-2

深入题

9.43　在许多应用中(如计算频率响应或内插)，十分关心计算一个短序列“经补零后”的 DFT。在这种情况下可用一种特殊的(修剪)FFT 算法来提高计算效率(Markel, 1971)。本题研究当输入序列的长度为 $M \leqslant 2^{\mu}$，而 DFT 的长度为 $N = 2^{\nu}$ $(\mu < \nu)$ 时，如何对基 2 按频率抽取算法进行修剪。

(a) 画出当 $N = 16$ 时按频率抽取基 2 FFT 算法的完整流图。合理地标示出全部的分支。

(b) 假设输入序列的长度为 $M = 2$，即仅当 $N = 0$ 和 $N = 1$ 时 $x[n] \neq 0$。画出一个对于 $N = 16$ 的新流图，说明非零输入样本是如何传送到输出 DFT 的，也就是说，除去或修剪掉在(a)的流图中代表零输入运算的所有分支。

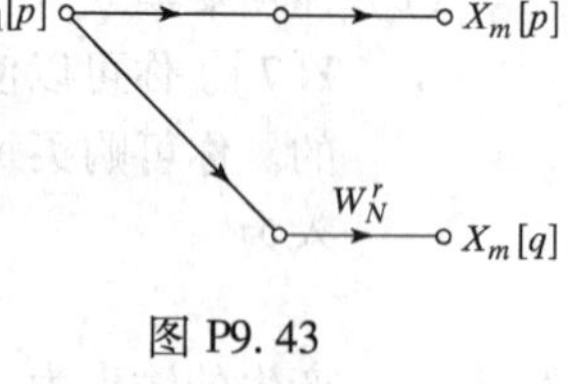

图 P9.43

(c) 在(b)中位于计算的前三级中所有的蝶形均由图 P9.43 所示的半蝶形来代替，而在最后一级中所有的蝶形仍用规范形式。对于输入序列的长度为 $M \leqslant 2^{\mu}$ 且 DFT 的长度为 $N = 2^{\nu}$ $(\mu < \nu)$ 的一般情况，求可以用于修剪的蝶形的级数。并求用修剪的 FFT 算法计算 M 点序列的 N 点所需要的复数乘法的次数。用 ν 和 μ 来表示你的答案。

9.44　9.2 节已证明，若 N 可被 2 整除，则 N 点 DFT 可表示为

$$X[k] = G[((k))_{N/2}] + W_N^k H[((k))_{N/2}], \qquad 0 \leqslant k \leqslant N-1 \tag{P9.44-1}$$

其中 $G[k]$ 是如下偶序号样本序列的 $N/2$ 点 DFT：

$$g[n] = x[2n], \qquad 0 \leqslant n \leqslant (N/2)-1$$

且 $H[k]$ 是如下奇序号样本序列的 $N/2$ 点 DFT：

$$h[n] = x[2n+1], \quad 0 \leqslant n \leqslant (N/2)-1$$

当 $N=2^{\nu}$ 时,重复使用这种分解方法可以得出按时间抽取 FFT 算法,对于 $N=8$ 的情况绘于图 9.11 中。正如所看到的,这类算法需要与旋转因子 W_N^k 做复数乘法。Rader and Brenner (1976)曾推导出一种新算法,它的乘法器系数均为纯虚数,这样只需要 2 次实数乘法,而不需要实数加法。在这一算法中,式(P9.44-1)由如下方程式来代替:

$$X[0] = G[0] + F[0] \tag{P9.44-2}$$

$$X[N/2] = G[0] - F[0] \tag{P9.44-3}$$

$$X[k] = G[k] - \frac{1}{2}\mathrm{j}\frac{F[k]}{\sin(2\pi k/N)}, \qquad k \neq 0, N/2 \tag{P9.44-4}$$

在这种情况下,$F[k]$是如下序列的 $N/2$ 点 DFT:

$$f[n] = x[2n+1] - x[2n-1] + Q$$

其中,

$$Q = \frac{2}{N}\sum_{n=0}^{(N/2)-1} x[2n+1]$$

是一个只需要计算一次的量。

(a) 证明 $F[0]=H[0]$,因此式(P9.44-2)和式(P9.44-3)给出相同的结果,如当 $k=0$ 和 $N/2$ 时式(P9.44-1)那样。

(b) 证明,对于 $k=1,2,\cdots,(N/2)-1$,有

$$F[k] = H[k]W_N^k(W_N^{-k} - W_N^k)$$

利用这一结果得出式(P9.44-4)。为什么必须用不同的方程来计算 $X[0]$和 $X[N/2]$?

(c) 当 $N=2^{\nu}$ 时,可以重复使用式(P9.44-2)~式(P9.44-4)得出一种完整的按时间抽取的 FFT 算法。求出作为 N 的函数计算实乘法次数和实加法次数的公式。在按照式(P9.44-4)计数运算次数时应利用其对称性和周期性,但不要排除"微不足道的"与 $\pm\mathrm{j}/2$ 的乘法。

(d) Rader and Brenner(1976)表明,根据式(P9.44-2)~式(P9.44-4)的 FFT 算法具有"较差的噪声特性"。请解释为什么这可能是对的。

9.45 Duhamel and Hollman(1984)以及 Duhamel(1986)曾提出一种称为分裂基(split-radix)FFT 或 SRFFT 的修正 FFT 算法。分裂基算法的流图与基 2 算法的流图相似,但是它需要的实数乘法要少一些。本习题来说明计算一个长为 N 的序列 $x[n]$的 DFT $X[k]$的 SRFFT 算法的原理。

(a) 证明 $X[k]$的偶序号项可表示成对于 $k=0,1,\cdots,(N/2)-1$ 的 $N/2$ 点 DFT

$$X[2k] = \sum_{n=0}^{(N/2)-1}(x[n] + x[n+N/2])W_N^{2kn}$$

(b) 证明 DFT $X[k]$的奇序号项可表示成 $N/4$ 点 DFT

$$X[4k+1] = \sum_{n=0}^{(N/4)-1}\{(x[n] - x[n+N/2]) - \mathrm{j}(x[n+N/4] - x[n+3N/4])\}W_N^n W_N^{4kn}$$

对于 $k=0,1,\cdots,(N/4)-1$;且

$$X[4k+3] = \sum_{n=0}^{(N/4)-1}\{(x[n] - x[n+N/2]) + \mathrm{j}(x[n+N/4] - x[n+3N/4])\}W_N^{3n} W_N^{4kn}$$

对于 $k=0,1,\cdots,(N/4)-1$。

(c) 图 P9.45 中的流图表示对一个 16 点变换的这种 DFT 分解重新画出这一流图,用恰当的乘法器系数标出每一个支路。

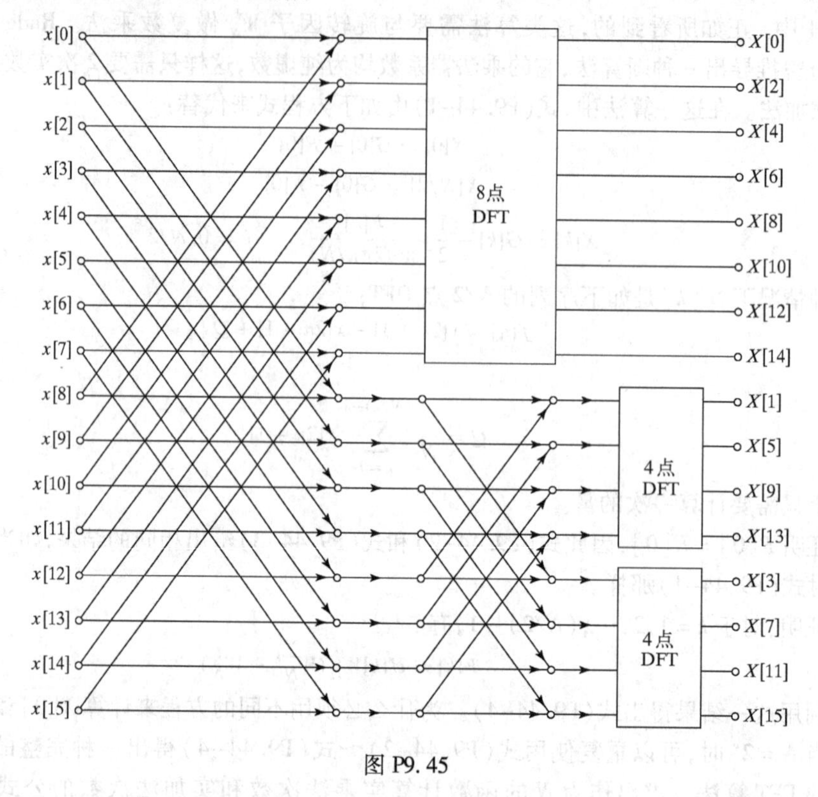

图 P9.45

(d) 当用 SRFFT 算法计算图 P9.45 中其他的 DFT 时,求实现 16 点变换所需要的实数乘法次数。将这个次数与实现一个 16 点基 2 按频率抽取算法所需要的实数乘法次数进行比较。在这两种情况下均假设与 W_N^0 的乘法可省去。

9.46 在计算 DFT 中,有必要使一个复数与另一个幅值为 1 的复数相乘,即 $(X+\mathrm{j}Y)\mathrm{e}^{\mathrm{j}\theta}$。显然,这样一种复数乘法只改变该复数的幅角,而不改变其幅值。正是这个原因,有时把乘以复数 $\mathrm{e}^{\mathrm{j}\theta}$ 的乘法称为旋转。在 DFT 或 FFT 算法中可能需要许多不同的幅角 θ 值。但是可能并不希望将 $\sin\theta$ 和 $\cos\theta$ 所需要的值都储存为一个数表,而用幂级数计算这些函数都需要许多次乘法和加法。若使用 Volder(1959)给出的 CORDIC 算法,则可用将加法、二进制移位和由一个小表来查表相结合的方法来高效地计算乘积 $(X+\mathrm{j}Y)\cdot\mathrm{e}^{\mathrm{j}\theta}$。

(a) 定义 $\theta_i=\arctan(2^{-i})$。证明任何幅角 $0<\theta<\pi/2$ 可表示为

$$\theta=\sum_{i=0}^{M-1}\alpha_i\theta_i+\epsilon=\hat{\theta}+\epsilon$$

其中 $\alpha_i=\pm1$,且误差 ϵ 的界限为

$$|\epsilon|\leqslant\arctan(2^{-M})$$

(b) 可以事先将幅角 θ 算出并储存在一个长度为 M 的小数表中。找出一种算法用以得到序列 $\{\alpha_i\}(i=0,1,\cdots,M-1)$,使得 $\alpha_i=\pm1$。当 $M=11$ 时,用你的算法计算表示幅角 $\theta=100\pi/512$ 的序列 $\{\alpha_i\}$。

(c) 利用(a)的结果证明,递推

$$\begin{aligned} X_0 &= X, \\ Y_0 &= Y, \\ X_i &= X_{i-1} - \alpha_{i-1} Y_{i-1} 2^{-i+1}, \qquad i = 1, 2, \cdots, M \\ Y_i &= Y_{i-1} + \alpha_{i-1} X_{i-1} 2^{-i+1}, \qquad i = 1, 2, \cdots, M \end{aligned}$$

将产生复数

$$(X_M + \mathrm{j}Y_M) = (X + \mathrm{j}Y) G_M \mathrm{e}^{\mathrm{j}\hat{\theta}}$$

其中，$\hat{\theta} = \sum_{i=0}^{M-1} \alpha_i \theta_i$，$G_M$ 是实正数且与 θ 无关。也就是说，原始的复数以幅角 $\hat{\theta}$ 在复平面中旋转，且幅值由常数 G_M 确定。

(d) 求作为 M 函数的放大常数 G_M。

9.47　9.3 节曾推导了对于基 2($N = 2^\nu$) 的按频率抽取 FFT 算法。对于 $N = m^\nu$(m 为整数)的一般情况，也可以推导出相类似的算法。这种算法称为基 m FFT 算法。本题中，将对 $N = 9$，即当 $n < 0$ 且 $n > 8$ 时输入序列 $x[n] = 0$ 的情况，考查按频率抽取基 3 FFT 算法。

(a) 给出计算当 $k = 0, 1, 2$ 时 DFT 样本 $X[3k]$ 的表达式。定义 $X_1[k] = X(\mathrm{e}^{\mathrm{j}\omega_k})\big|_{\omega_k = 2\pi k/3}$。如何利用 $x[n]$ 来定义一个时间序列 $x_1[n]$ 使得 $x_1[n]$ 的 3 点 DFT $X_1[k] = X[3k]$？

(b) 利用 $x[n]$ 定义一个序列 $x_2[n]$ 使得当 $k = 0, 1, 2$ 时 $x_2[n]$ 的 3 点 DFT $X_2[k] = X[3k+1]$。同样，定义 $x_3[n]$ 使得当 $k = 0, 1, 2$ 时，它的 3 点 DFT $X_3[k] = X[3k+2]$。注意，现在已经定义了 9 点 DFT 就是由一定结构的 3 点序列形成的三个 3 点 DFT。

(c) 画出当 $N = 3$ 时的 DFT，即基 3 蝶形的信号流图。

(d) 利用(a)和(b)的结果，画出构成序列 $x_1[n]$，$x_2[n]$ 和 $x_3[n]$ 的系统的信号流图。然后利用这些序列的 3 点 DFT 方框产生当 $k = 0, \cdots, 8$ 时的 $X[k]$。注意，为了清楚起见，不需要画出 $N = 3$ 时的 DFT 的信号流图，只需要简单地在方框中标明"$N = 3$ 的 DFT"。这些方框内部就是在(c)中所画出的系统。

(e) 适当地将(d)中所画系统中 W_9 的幂次因子化能够使得这些系统化作 $N = 3$ 的 DFT 以及与之级联的与基 2 算法类似的"旋转"因子。重画(d)中的系统，使得它完全包含带有"旋转"因子的 $N = 3$ 的 DFT。这就是当 $N = 9$ 时的按频率抽取基 3 FFT 的完整表达式。

(f) 采用计算 DFT 的直接算法来计算 9 点 DFT 需要多少次复数乘法？将它与(e)中所画系统需要的复数乘法的次数相比较。通常，计算一个长度为 $N = 3^\nu$ 的序列的基 3 FFT 需要多少次复数乘法？

9.48　Bluestein(1970)曾证明，若 $N = M^2$，则线性调频变换算法具有递推实现方法。

(a) 证明 DFT 可表示成如下卷积：

$$X[k] = h^*[k] \sum_{n=0}^{N-1} (x[n] h^*[n]) h[k-n]$$

其中"$*$"号表示复共轭，且

$$h[n] = \mathrm{e}^{\mathrm{j}(\pi/N)n^2}, \qquad -\infty < n < \infty$$

(b) 证明所要求的 $X[k]$ 值(即对于 $k = 0, 1, \cdots, N-1$ 的值)也可以通过计算(a)的卷积(取 $k = N, N+1, \cdots, 2N-1$)而得出。

(c) 利用(b)的结果证明，当 $k = N, N+1, \cdots, 2N-1$ 时 $X[k]$ 也等于图 P9.48 所示系统的输出，其中 $\hat{h}[k]$ 是有限长序列

$$\hat{h}[k] = \begin{cases} \mathrm{e}^{\mathrm{j}(\pi/N)k^2}, & 0 \leqslant k \leqslant 2N-1 \\ 0, & \text{其他} \end{cases}$$

(d) 已知 $N = M^2$,证明对应于脉冲响应$\hat{h}[k]$的系统函数为

$$\hat{H}(z) = \sum_{k=0}^{2N-1} e^{j(\pi/N)k^2} z^{-k}$$
$$= \sum_{r=0}^{M-1} e^{j(\pi/N)r^2} z^{-r} \frac{1 - z^{-2M^2}}{1 + e^{j(2\pi/M)r} z^{-M}}$$

[提示:将 k 表示成 $k = r + \ell M$。]

(e) 在(d)中得出的$\hat{H}(z)$表达式给出了 FIR 系统的一种递推实现方法。请画出这一实现方法的流图。

(f) 利用(e)的结果,求计算全部 N 个要求的 $X[k]$ 值所需要的复数乘法和加法的总次数。将这个次数与直接计算 $X[k]$ 所需要的次数进行比较。

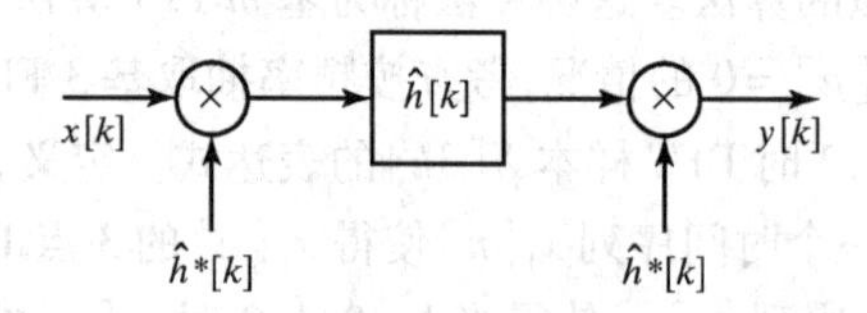

图 P9.48

9.49 在计算离散傅里叶变换 Goertzel 算法中,将 $X[k]$ 作为 $y_k[n]$ 来计算,即

$$X[k] = y_k[N]$$

式中 $y_k[n]$ 是图 P9.49 所示网络的输出。考虑用舍入的定点运算来实现 Goertzel 算法。假设寄存器长度为 B 位再加上一个符号位,并且假设在加法之前将乘积舍入。还假定舍入噪声源是相互独立的。

(a) 若 $x[n]$ 为实数,画出有限精度计算 $X[k]$ 实部和虚部的线性噪声模型的流图。假设与 ±1 相乘不产生舍入噪声。

(b) 计算 $X[k]$ 实部和虚部二者舍入噪声的方差。

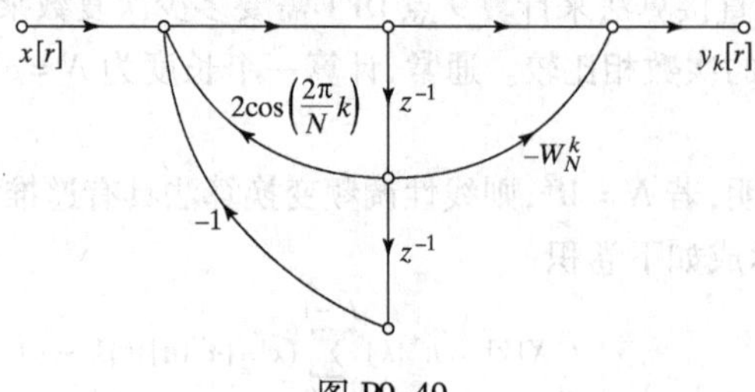

图 P9.49

9.50 考虑用舍入定点运算的 DFT 直接计算法。假设寄存器长度为 B 位再加上一个符号位(即总长为 $B+1$ 位),并假设由任何实数乘法引入的舍入噪声和由任何其他的实数乘法所引入的舍入噪声不相关。若 $x[n]$ 为实数,求每个 DFT 值 $X[k]$ 的实部和虚部二者中舍入噪声的方差。

9.51 当执行按时间抽取 FFT 算法时,基本的蝶形计算是

$$X_m[p] = X_{m-1}[p] + W_N^r X_{m-1}[q]$$
$$X_m[q] = X_{m-1}[p] - W_N^r X_{m-1}[q]$$

在用定点运算来实现计算时,通常假定改变所有数的比例使其小于 1。因此,为了避免溢出,必须保证由蝶形计算所得出的实数不大于 1。

(a) 证明,如果要求

$$|X_{m-1}[p]| < \frac{1}{2}, \ |X_{m-1}[q]| < \frac{1}{2}$$

则溢出就不会在蝶形计算中出现,即

$$|\mathcal{R}e\{X_m[p]\}| < 1, \qquad |\mathcal{I}m\{X_m[p]\}| < 1$$

和

$$|\mathcal{R}e\{X_m[q]\}| < 1, \qquad |\mathcal{I}m\{X_m[q]\}| < 1$$

(b) 在实际中,比较容易且最方便的方法是要求

$$|\mathcal{R}e\{X_{m-1}[p]\}| < \frac{1}{2}, \qquad |\mathcal{I}m\{X_{m-1}[p]\}| < \frac{1}{2}$$

和

$$|\mathcal{R}e\{X_{m-1}[q]\}| < \frac{1}{2}, \qquad |\mathcal{I}m\{X_{m-1}[q]\}| < \frac{1}{2}$$

为了保证在按时间抽取蝶形计算中不出现溢出,这些条件充分吗?请说明原因。

9.52 在推导定点基 2 按时间抽取 FFT 算法的噪声信号比计算公式时,假设每个输出节点都与$(N-1)$个蝶形计算相连接,每个蝶形计算对输出噪声方差的贡献是 $\sigma_B^2 = \frac{1}{3} \cdot 2^{-2B}$。但是当 $W_N^r = \pm 1$ 或 $\pm$j 时,所做的乘法事实上没有误差。因此,若考虑到这种情况,而对 9.7 节导出的结果加以修正,就可以得到一种减少不利因素的量化噪声影响的估计。

(a) 对于 9.7 节中讨论的按时间抽取算法,对于每一级求出涉及与 ± 1 或 $\pm$j 相乘的蝶形个数。

(b) 对于 k 的奇数值,利用(a)中的结果求式(9.58)中的输出噪声方差和式(9.68)中信噪比的修正估计。讨论一下这些估计与 k 为偶数时的估计有何不同。不需要求出 k 为偶数时这些量的完整公式。

(c) 对于每一级的输出都衰减一半的情况重复(a)和(b),即推导对应于输出噪声方差式(9.71)和输出噪声信号比式(9.72)的修正表达式,假设与 ± 1 与 $\pm$j 相乘不产生误差。

9.53 9.7 节研究了图 9.11 按时间抽取 FFT 算法的噪声分析。对于图 9.22 所示的按频率抽取算法试进行类似的分析,当在计算的输入端设置比例因子且在每一级也设置 1/2 的比例因子时,得出输出噪声方差和噪声信号比的计算式。

9.54 本题研究只用一次 N 点 DFT 算法来计算 4 个实对称或反对称 N 点序列 DFT 的一种方法。因为只考虑有限长序列,所以正如 8.6.4 节中定义的,可以用对称和反对称清楚地表明周期对称和周期反对称。令 $x_1[n]$,$x_2[n]$,$x_3[n]$和 $x_4[n]$分别表示 4 个长度为 N 的实序列,并且令 $X_1[k]$,$X_2[k]$,$X_3[k]$和 $X_4[k]$表示所对应的 DFT,首先假定 $x_1[n]$和 $x_2[n]$是对称的,而 $x_3[n]$和 $x_4[n]$是反对称的,即对于 $n=1,2,\cdots,N-1$ 且 $x_3[0]=x_4[0]=0$,有

$$x_1[n] = x_1[N-n], \qquad x_2[n] = x_2[N-n]$$

$$x_3[n] = -x_3[N-n], \qquad x_4[n] = -x_4[N-n]$$

(a) 定义 $y_1[n]=x_1[n]+x_3[n]$,并且令 $Y_1[k]$表示 $y_1[n]$的 DFT。求如何能由 $Y_1[k]$来恢复 $X_1[k]$和 $X_2[k]$?

(b) 若(a)中定义的 $y_1[n]$是一个实序列,并有对称部分 $x_1[n]$和反对称部分 $x_3[n]$。同样,定义实序列 $y_2[n]=x_2[n]+x_4[n]$,并且令 $y_3[n]$是复序列

$$y_3[n] = y_1[n] + \mathrm{j}y_2[n]$$

首先求如何由 $Y_3[k]$来计算 $Y_1[k]$和 $Y_2[k]$,然后利用(a)的结果证明,如何由 $Y_3[k]$得到 $X_1[k]$,$X_2[k]$,$X_3[k]$和 $X_4[k]$。

(b) 的结果表明,只用一次 N 点 DFT 计算就可以同时算出 4 个实序列的 DFT,其中两个序列是对称的,而另外两个是反对称的。现在来研究所有 4 个序列均为对称的情况,即

对于 $n=0,1,\cdots,N-1$，

$$x_i[n]=x_i[N-n],\qquad i=1,2,3,4$$

(c) 考虑一个实对称序列 $x_3[n]$。证明序列

$$u_3[n]=x_3[((n+1))_N]-x_3[((n-1))_N]$$

是一个反对称序列，即当 $n=1,2,\cdots,N-1$ 时 $u_3[n]=-u_3[N-n]$ 和 $u_3[0]=0$。

(d) 令 $U_3[k]$ 表示 $u_3[n]$ 的 N 点 DFT。求利用 $X_3[k]$ 表示 $U_3[k]$ 的表达式。

(e) 利用(c)的方法，构成实序列 $y_1[n]=x_1[n]+u_3[n]$，其中 $x_1[n]$ 是 $y_1[n]$ 的对称部分，而 $u_3[n]$ 是 $y_1[n]$ 的反对称部分。求如何由 $Y_1[k]$ 来恢复 $X_1[k]$ 和 $X_3[k]$？

(f) 现在令 $y_3[n]=y_1[n]+\mathrm{j}y_2[n]$，其中对于 $n=0,1,\cdots,N-1$，

$$y_1[n]=x_1[n]+u_3[n],\qquad y_2[n]=x_2[n]+u_4[n]$$

以及

$$u_3[n]=x_3[((n+1))_N]-x_3[((n-1))_N]$$
$$u_4[n]=x_4[((n+1))_N]-x_4[((n-1))_N]$$

求如何由 $Y_3[k]$ 得出 $X_1[k]$，$X_2[k]$，$X_3[k]$ 和 $X_4[k]$。（注意，$X_3[0]$ 和 $X_4[0]$ 不能由 $Y_3[k]$ 来恢复，并且当 N 为偶数时，$X_3[N/2\}$ 和 $X_4[N/2]$ 也不能由 $Y_3[k]$ 来恢复。）

9.55　某一线性时不变系统的输入和输出满足如下差分方程：

$$y[n]=\sum_{k=1}^{N}a_k y[n-k]+\sum_{k=0}^{M}b_k x[n-k]$$

假设可用一 FFT 程序来计算长度 $N=2^\nu$ 的任何有限长序列的 DFT。试提出一种方法，它可以用提供的 FFT 程序来计算

$$H(\mathrm{e}^{\mathrm{j}(2\pi/512)k}),\quad k=0,1,\cdots,511$$

其中 $H(z)$ 是该系统的系统函数。

9.56　假设要在一个 16 位计算机上计算两个十分长的数（可能有几千位长）的乘积。本题就来研究用 FFT 完成此事的一种方法。

(a) 令 $p(x)$ 和 $q(x)$ 分别为两个多项式

$$p(x)=\sum_{i=0}^{L-1}a_i x^i,\qquad q(x)=\sum_{i=0}^{M-1}b_i x^i$$

证明多项式 $r(x)=p(x)q(x)$ 的系数可用循环卷积计算。

(b) 说明如何用基 2 FFT 程序计算 $r(x)$ 的系统。假定 $L+M=2^\nu$（ν 为某些整数）。$(L+M)$ 的值为多少幂次时可使这种方法比直接计算法更有效？

(c) 现在假设要计算两个十分长的正整数 u 和 v 的乘积。证明它们的乘积可用多项式乘法来计算，并且给出一种用 FFT 算法来计算该乘积的一种算法。如果 u 是一个 8000 位的数，且 v 是一个 1000 位的数，用这种方法计算乘积 $u\cdot v$ 需要大约多少次实数乘法和加法。

(d) 定性讨论在实现(c)的算法中有限精度运算的影响。

9.57　一个长度为 N 的序列 $x[n]$ 的离散 Hartley 变换（DHT）定义为

$$X_H[k]=\sum_{n=0}^{N-1}x[n]H_N[nk],\qquad k=0,1,\cdots,N-1$$

式中，

$$H_N[a]=C_N[a]+S_N[a]$$

且

$$C_N[a]=\cos(2\pi a/N),\qquad S_N[a]=\sin(2\pi a/N)$$

习题 8.68 仔细研究了 DHT 的性质，特别是它的循环卷积特性。

(a) 证明 $H_N[a]=H_N[a+N]$,并证明 $H_N[a]$ 具有如下有用的性质:

$$H_N[a+b]=H_N[a]C_N[b]+H_N[-a]S_N[b]$$
$$=H_N[b]C_N[a]+H_N[-b]S_N[a]$$

(b) 利用(a)中推导的等式,将 $x[n]$ 分为偶序号点和奇序号点,给出基于按时间抽取原则的快速 DHT 算法。

9.58 本题将 FFT 写为用矩阵运算的序列。考虑如图 P9.58 所示的按时间抽取 8 点 FFT 算法。令 a 和 f 分别表示输入、输出向量。假设输入为倒位序而输出为正常顺序(与图 9.11 相比)。令 b,c,d 和 e 表示流图中的中间向量。

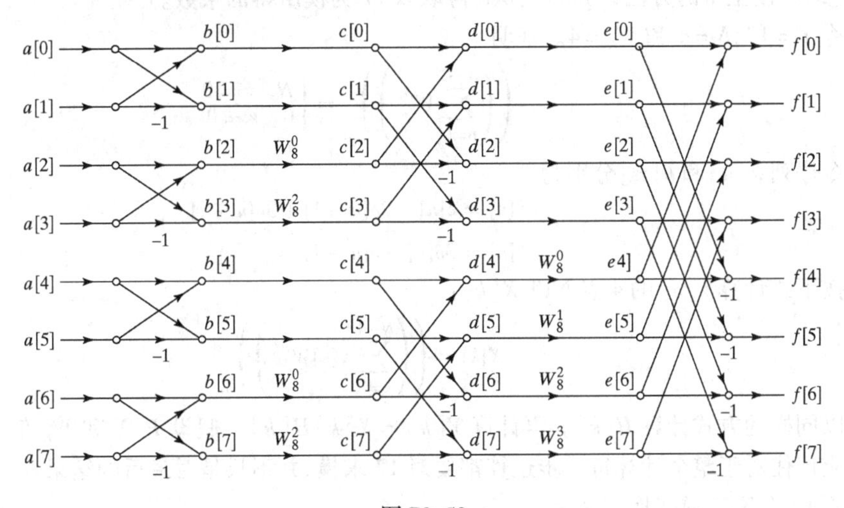

图 P9.58

(a) 求矩阵 F_1,T_1,F_2,T_2 及 F_3 及使得

$$b=F_1a$$
$$c=T_1b$$
$$d=F_2c$$
$$e=T_2d$$
$$f=F_3e$$

(b) 将整个 FFT,看成输入为 a 且输出为 f,用一个矩阵表示的形式 $f=Qa$,其中

$$Q=F_3T_2F_2T_1F_1$$

令 Q^H 表示矩阵 Q 的**复**(Hermitian)转置。画出用 Q^H 运算的序列信号流图。这一结构计算出的结果是什么?

(c) 求 $(1/N)Q^HQ$。

9.59 在许多应用中,需要将样本均为整数的长序列 $x[n]$ 和 $h[n]$ 进行卷积。由于序列具有整数系数,卷积的结果 $y[n]=x[n]*h[n]$ 自然也有整数系数。用 FFT 计算整数序列的卷积的一个主要问题是浮点运算集成芯片要比整数运算芯片贵得多。而且,浮点运算所引入的舍入噪声可能会使结果不可靠。本题考虑一类称为数字理论变换(NTT)的 FFT 算法,这种算法可以克服上述问题。

(a) 设 $x[n],h[n]$ 均为 N 点序列,且 $X[k]$ 和 $H[k]$ 分别表示它们的 DFT。推导 DFT 的循环卷积特性。具体地讲,证明 $Y[k]=X[k]H[k]$,其中 $y[n]$ 是 $x[n]$ 和 $h[n]$ 的 N 点循环卷积。证明只要 DFT 中的 W_N 满足下式,循环卷积性质就成立:

$$\sum_{n=0}^{N-1} W_N^{nk} = \begin{cases} N, & k=0 \\ 0, & k \neq 0 \end{cases} \quad \text{(P9.59-1)}$$

定义 NTT 的关键是求出一个满足式(P9.59-1)的整数值 W_N。这就导致 DFT 所要求的基向量具有正交性。不幸的是,对于标准整数运算并不存在具有这一性质的整数值 W_N。

为了克服这一难点,NTT 采用以某些整数 P 为模定义的整数运算。对当前的整个问题,假设 $P=17$。也就是说,将加法和乘法定义为以 $P=17$ 为模衰减的标准整数的加法和乘法。例如,$((23+18))_{17}=7$,$((10+7))_{17}=0$,$((23\times18))_{17}=6$,以及$((10\times7))_{17}=2$。(即先按正常的方法计算和或积,再取以 17 为模所得的余数。)

(b) 令 $P=17$,$N=4$ 和 $W_N=4$。证明

$$\left(\left(\sum_{n=0}^{N-1} W_N^{nk}\right)\right)_P = \begin{cases} N, & k=0 \\ 0, & k \neq 0 \end{cases}$$

(c) 令序列 $x[n]$ 和 $h[n]$ 分别为

$$x[n] = \delta[n] + 2\delta[n-1] + 3\delta[n-2]$$

$$h[n] = 3\delta[n] + \delta[n-1]$$

按下式计算 $x[n]$ 的 4 点 NTT $X[k]$:

$$X[k] = \left(\left(\sum_{n=0}^{N-1} x[n] W_N^{nk}\right)\right)_P$$

以同样的方式计算 $H[k]$。再计算 $Y[k]=X[k]H[k]$。假设 P,N 和 W_N 值由(a)给出。应记住对于整个计算每一步运算都要对 17 求模,并不只是对最后的结果。

(d) $Y[k]$ 的 NTT 逆变换定义为

$$y[n] = \left(\left((N)^{-1} \sum_{k=0}^{N-1} Y[k] W_N^{-nk}\right)\right)_P \quad \text{(P9.59-2)}$$

为了正确地计算出这个量,必须求出整数 $(1/N)^{-1}$ 及 W_N^{-1} 使得

$$\left(\left((N)^{-1}N\right)\right)_P = 1$$

$$\left(\left(W_N W_N^{-1}\right)\right)_P = 1$$

利用(a)中给出的 P,N 和 W_N 的值,求出上述整数。

(e) 利用(d)中所求出的$(N)^{-1}$和 W_N^{-1} 的值来计算式(P9.59-2)所示的 NTT 逆变换。利用手工计算卷积 $y[n]=x[n]*h[n]$检验你的答案。

9.60 9.2 节和 9.3 节重点讨论了当 N 为 2 的整数幂时序列的快速傅里叶变换。但是,当长度 N 有不止一个素因子时,也就是对于某些整数 m 不能表示为 $N=m^{\nu}$ 时,也有可能找到计算 DFT 的有效算法。本题将讨论当 $N=6$ 时的情况。所得出的方法也可容易地推广到其他合成数。Burrus and Parks(1985)详细讨论了这类算法。

(a) 分解当 $N=6$ 时 FFT 的关键是利用标号图的概念,这一概念是由 Cooley and Tukey(1965)在他们关于 FFT 的早期论文中提出的。具体地讲,对于 $N=6$ 的情况,将标号 n 和 k 表示为

$$n = 3n_1 + n_2,\ n_1 = 0,1;\ n_2 = 0,1,2 \quad \text{(P9.60-1)}$$

$$k = k_1 + 2k_2,\ k_1 = 0,1;\ k_2 = 0,1,2 \quad \text{(P9.60-2)}$$

证明,利用 n_1 和 n_2 的每一个可能值一次性地计算出 $n=0,\cdots,5$ 的每一个值,且计算只有一种形式。并说明对于用 k_1 和 k_2 的每一个值来求 k 时也同样适用。

(b) 将式(P9.60-1)和式(P9.60-2)代入 DFT 的定义式得到一个用 n_1, n_2, k_1 和 k_2 表示的新的 DFT 表达式。所得表达式应当对 n_1 和 n_2 双重求和,而不是对 n 的单重求和。

(c) 仔细检查你所得出的表达式中的 W_6 项。可以将部分项写成用 W_2 和 W_3 表示等效的表达式。

(d) 根据(c)的结果,组织 DFT 中各项使得先对 n_1 求和再对 n_2 求和。你可将所写表达式看作 3 个 $N=2$ 的 DFT,级联一些“旋转”因子(W_6 的幂次)再级联 2 个 $N=3$ 的 DFT。

(e) 画出计算(d)中你所求出的表达式的信号流图。该流图需要多少次复数乘法?与直接计算 $N=6$ 的 DFT 方程式所需的复数乘法次数相比,结果如何?

(f) 求另一种类似于式(P9.60-1)和式(P9.60-2)的标号,使得所得的信号流图为 2 个 $N=3$ DFT 级联 3 个 $N=2$ DFT。

第10章　利用离散傅里叶变换的信号傅里叶分析

10.0　引言

在第8章推导出离散傅里叶变换(DFT)作为有限长信号的傅里叶表示。因为DFT可以快速计算,所以在包括滤波和谱分析在内的信号处理应用的广泛领域中它起着核心作用。本章简要介绍如何用DFT来进行信号的傅里叶分析。

在显式计算傅里叶变换的算法和应用中,人们所希望的离散时间傅里叶变换是理想化的,而真正可以计算的却是DFT。对于有限长信号,DFT可以给出离散时间傅里叶变换的频域样本,但是对这一采样过程的本质还必须能清楚地加以理解和说明。例如,在8.7节中所研究的用DFT相乘而不是傅里叶变换来实现线性滤波或卷积时,需要进行循环卷积,此时要特别注意应该能保证其结果等于线性卷积。此外,在许多滤波和谱分析的应用中,信号本来并不是有限长的。正如将要讨论的,这种DFT要求的有限长度信号和实际的无限长信号之间的不一致性可以通过加窗、块处理及依时傅里叶变换的方法完全或近似地给予调节。

10.1　用DFT的信号傅里叶分析

DFT的主要应用之一就是分析连续时间信号的频率成分。例如,10.4.1节将要讨论,在语音的分析和处理中,语音信号的频率分析对于音腔谐振的辨识与建模特别有用。10.4.2节将要介绍的另一个例子是多普勒雷达系统,在这个系统中用发射信号和接收信号之间的频移来表示目标的速度。

把DFT用于连续时间信号的基本步骤如图10.1所示。当连续时间信号转换为一个序列时,需要加入抗混叠滤波器以便消除混叠的影响,或者将它减小到最低程度。需要用$w[n]$乘以$x[n]$,即进行加窗处理,这是DFT要求有限长度的必然结果。在许多有趣的实际场合,$s_c(t)$很长,甚至无限长,自然$x[n]$也如此(如语音和音乐的情况)。因此,在计算DFT之前,需将有限长度的窗$w[n]$加到$x[n]$上。图10.2说明了图10.1中的信号傅里叶变换。具体地,图10.2(a)表示一个连续时间谱,它在高频区有逐渐减小的拖尾,而不是带限的。图中窄的尖锐谱峰还表明存在着一些窄带信号的能量。图10.2(b)表示抗混叠滤波器的频率响应。正如图10.2(c)所指出的,得出的连续时间傅里叶变换$X_c(j\Omega)$几乎不包含有$S_c(j\Omega)$在滤波器截止频率以上部分的有用信息。因为$H_{aa}(j\Omega)$不可能是理想的,所以输入信号在通带和过渡带的傅里叶频率成分也将受到滤波器频率响应的影响。

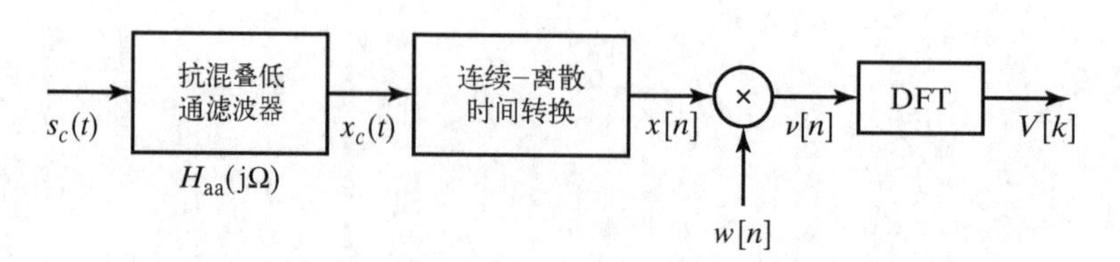

图10.1　连续时间信号的离散时间傅里叶分析的处理步骤

$X_c(t)$向样本序列$x[n]$的转换,可在频率上用周期重复和频率归一化来表示,即

$$X(e^{j\omega}) = \frac{1}{T}\sum_{r=-\infty}^{\infty} X_c\left(j\frac{\omega}{T} + j\frac{2\pi r}{T}\right) \tag{10.1}$$

如图 10.2(d)所示。由于实际实现中抗混叠滤波器不可能在阻带有无限衰减,因此可以预见,式(10.1)中的项会有一些非零重叠,即混叠。但是用一个高质量的连续时间滤波器,或者使用如 4.8.1 节所讨论过的初始过采样,接着通过十分有效的低通滤波和抽取,均可以将这一误差减小到可以忽略的程度。如果$x[n]$是数字信号,则图 10.1 中的 A/D 转换可以合并到第二个系统中去,但

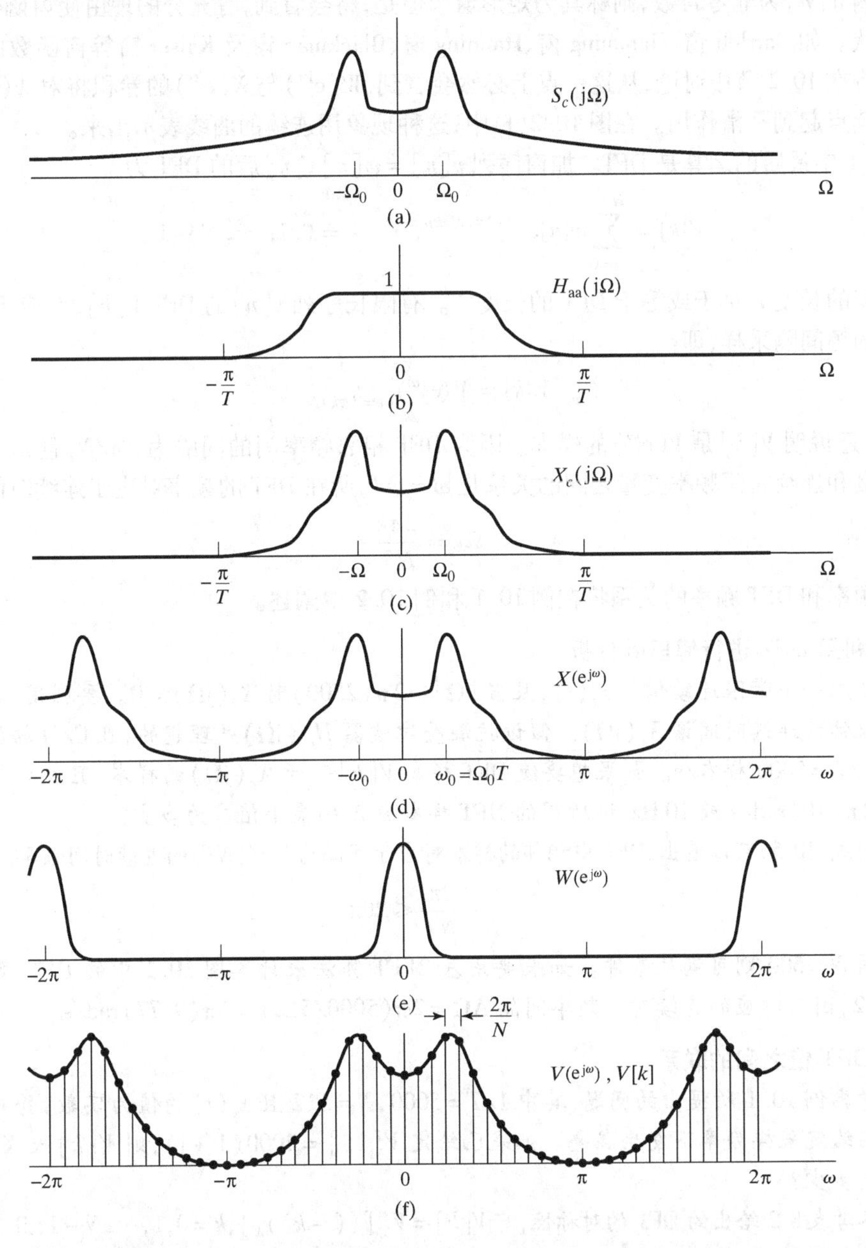

图 10.2　图 10.1 所示系统中傅里叶变换的说明。(a) 连续时间输入信号的傅里叶变换;(b) 抗混叠滤波器的频率响应;(c) 抗混叠滤波器输出的傅里叶变换;(d) 采样信号的傅里叶变换;(e) 窗序列的傅里叶变换;(f) 加窗信号段的傅里叶变换和用 DFT 样本得到的频率样本

仍会引入量化误差。正如在4.8.2节中已经看到的,这种误差可以作为噪声序列加到$x[n]$上。这种噪声也可以通过精细的量化而忽略不计。

如前所述,因为DFT的输入信号必须是有限长的,所以通常是用有限长窗$w[n]$乘以序列$x[n]$。这就产生了有限长序列$v[n]=w[n]x[n]$。它在频域上表现为周期卷积,即

$$V(e^{j\omega})=\frac{1}{2\pi}\int_{-\pi}^{\pi}X(e^{j\theta})W(e^{j(\omega-\theta)})d\theta \tag{10.2}$$

图10.2(e)表示一种典型窗序列的傅里叶变换。注意,总是假设主瓣集中在$\omega=0$附近。若在n的某一范围内$w[n]$为非零常数,则称其为矩形窗。但是,将会看到,有充分的理由使窗函数在其边缘处呈拖尾状。如Bartlett窗、Hamming窗、Hanning窗、Blackman窗及Kaiser窗等窗函数的性质已在第7章且将在10.2节中讨论,从这一点上必然会看到,$W(e^{j\omega})$与$X(e^{j\omega})$的卷积将对$X(e^{j\omega})$中的尖峰和不连续点起到平滑作用。在图10.2(f)中,这种现象用连续的曲线表示出来。

图10.1中最后的运算是DFT。加窗序列$v[n]=w[n]x[n]$后的DFT为

$$V[k]=\sum_{n=0}^{N-1}v[n]e^{-j(2\pi/N)kn},\qquad k=0,1,\cdots,N-1 \tag{10.3}$$

式中假定窗的长度L小于或等于DFT的长度N。有限长序列$v[n]$的DFT $V[k]$,对应于$v[n]$的傅里叶变换的等间隔采样,即

$$V[k]=V(e^{j\omega})\big|_{\omega=2\pi k/N} \tag{10.4}$$

图10.2(f)还说明$V[k]$是$V(e^{j\omega})$的样本。因为DFT相邻频率间的间隔为$2\pi/N$,且归一化离散时间频率变量和连续时间频率变量之间的关系是$\omega=\Omega T$,所在DFT的频率对应于连续时间频率

$$\Omega_k=\frac{2\pi k}{NT} \tag{10.5}$$

连续时间频率和DFT频率的关系将在例10.1和例10.2中阐述。

例10.1 利用DFT进行傅里叶分析

考虑一个带限连续信号$x_c(t)$,且当$|\Omega|\geqslant 2\pi(2500)$时$X_c(j\Omega)=0$。要利用图10.1中的系统来估计连续时间谱$X_c(j\Omega)$。假设抗混叠滤波器$H_{aa}(j\Omega)$是理想的,且C/D转换器的采样率为$1/T=5000$样本/s。如果想要使DFT样本$V[k]$等于$X_c(j\Omega)$的样本,且相邻样本间隔最多为$2\pi(10)$ rad/s或10 Hz,则所用的DFT样本数N的最小值应为多少?

由式(10.5)可以看出,DFT中相邻的样本对应于间隔为$2\pi/(NT)$的连续时间频率。因此,要求

$$\frac{2\pi}{NT}\leqslant 20\pi$$

这表明$N\geqslant 500$则可满足条件。如果要用基2FFT算法来计算图10.1中的DFT,则应当选取$N=512$,因为对应的连续时间频率间隔$\Delta\Omega=2\pi(5000/512)=2\pi(9.77)$ rad/s。

例10.2 DFT值之间的联系

考虑例10.1所提出的问题,其中$1/T=5000$,$N=512$且$x_c(t)$的值为实数,并充分带限以避免在给定采样频率下发生混叠。如果已给定$V[11]=2000(1+j)$,则$V[k]$或$X_c(j\Omega)$的其他值是多少?

参考表8.2给出的DFT的对称性,有$V[k]=V^*[((-k))_N]$,$k=0,1,\cdots,N-1$,且可知$V[N-k]=V^*[k]$,因此可得

$$V[512-11]=V[501]=V^*[11]=2000(1-j)$$

另外还知道,DFT样本点$k=11$对应于连续时间频率$\Omega_{11}=2\pi(11)(5000)/512=2\pi(107.4)$,

同样 $k=501$ 对应于频率 $-2\pi(11)(5000)/512=-2\pi(107.4)$。虽然加窗可使频谱平滑，但可以认为

$$X_c(\mathrm{j}\Omega_{11}) = X_c(\mathrm{j}2\pi(107.4)) \approx T \cdot V[11] = 0.4(1+\mathrm{j})$$

注意，如同式(10.1)一样，因子 T 是用于补偿由采样所引入的因子 $1/T$。再次利用对称性，可以最后得出

$$X_c(-\mathrm{j}\Omega_{11}) = X_c(-\mathrm{j}2\pi(107.4)) \approx T \cdot V^*[11] = 0.4(1-\mathrm{j})$$

许多商用实时谱分析仪就是基于图 10.1 和图 10.2 中所包含的原理。然而，由上面的讨论可以清楚地看出，利用原输入信号 $s_c(t)$ 的连续时间傅里叶变换来解释加窗的采样信号段的 DFT，会受到许多因素的影响。考虑到这些因素，在对输入信号滤波和采样时必须十分小心。此外，要能够正确地解释所得出的结果，必须清楚地理解在 DFT 中固有的时域加窗和频域采样的影响。对于后面的讨论，假设抗混叠滤波和连续时间到离散时间的转换工作均已完成，并可不再考虑。下一节集中讨论由 DFT 所带来的加窗和频域采样的影响。选择正弦信号作为所讨论的典型例子，是因为正弦信号是理想的限带信号，且计算简便。而所讨论到的大部分问题均具有普遍的适用性。

10.2　正弦信号的 DFT 分析

对于所有 n，正弦信号 $A\cos(\omega_0 n+\phi)$ 的离散时间傅里叶变换是在 $+\omega_0$ 和 $-\omega_0$ 处的一对冲激函数(以 2π 为周期重复)。当利用 DFT 分析正弦信号时，加窗和频域的频谱采样有着重要的影响。在 10.2.1 节中将会看到，加窗使得理论的傅里叶表示中的冲激函数平滑或展宽，因此很难精确确定频率。加窗也降低了对频率上十分靠近的正弦信号的分辨能力。DFT 固有的频谱采样有可能给出正弦信号真实谱的错误导向或不准确的频谱图。这种影响将在 10.2.3 节中讨论。

10.2.1　加窗的影响

下面研究一个由两个正弦分量之和组成的连续时间信号，即

$$s_c(t) = A_0\cos(\Omega_0 t+\theta_0) + A_1\cos(\Omega_1 t+\theta_1), \qquad -\infty < t < \infty \tag{10.6}$$

假定采样是理想的，没有混叠和量化误差，这样可以得到离散时间信号

$$x[n] = A_0\cos(\omega_0 n+\theta_0) + A_1\cos(\omega_1 n+\theta_1), \qquad -\infty < n < \infty \tag{10.7}$$

式中 $\omega_0=\Omega_0 T$，且 $\omega_1=\Omega_1 T$。在图 10.1 中加窗后的序列 $v[n]$ 则为

$$v[n] = A_0 w[n]\cos(\omega_0 n+\theta_0) + A_1 w[n]\cos(\omega_1 n+\theta_1) \tag{10.8}$$

为了得到 $v[n]$ 的傅里叶变换，可以利用复指数将式(10.8)展开，并利用 2.9.2 节中式(2.158)中的频率平移性质。具体地，可将 $v[n]$ 写成

$$\begin{aligned} v[n] = {} & \frac{A_0}{2}w[n]\mathrm{e}^{\mathrm{j}\theta_0}\mathrm{e}^{\mathrm{j}\omega_0 n} + \frac{A_0}{2}w[n]\mathrm{e}^{-\mathrm{j}\theta_0}\mathrm{e}^{-\mathrm{j}\omega_0 n} \\ & + \frac{A_1}{2}w[n]\mathrm{e}^{\mathrm{j}\theta_1}\mathrm{e}^{\mathrm{j}\omega_1 n} + \frac{A_1}{2}w[n]\mathrm{e}^{-\mathrm{j}\theta_1}\mathrm{e}^{-\mathrm{j}\omega_1 n} \end{aligned} \tag{10.9}$$

由式(10.9)及式(2.158)，就可得到加窗序列的傅里叶变换为

$$\begin{aligned} V(\mathrm{e}^{\mathrm{j}\omega}) = {} & \frac{A_0}{2}\mathrm{e}^{\mathrm{j}\theta_0}W(\mathrm{e}^{\mathrm{j}(\omega-\omega_0)}) + \frac{A_0}{2}\mathrm{e}^{-\mathrm{j}\theta_0}W(\mathrm{e}^{\mathrm{j}(\omega+\omega_0)}) \\ & + \frac{A_1}{2}\mathrm{e}^{\mathrm{j}\theta_1}W(\mathrm{e}^{\mathrm{j}(\omega-\omega_1)}) + \frac{A_1}{2}\mathrm{e}^{-\mathrm{j}\theta_1}W(\mathrm{e}^{\mathrm{j}(\omega+\omega_1)}) \end{aligned} \tag{10.10}$$

根据式(10.10),加窗信号的傅里叶变换包含重复出现在频率 $\pm\omega_0$ 和 $\pm\omega_1$ 处的以及按组成该信号的每个复指数的复振幅换算的窗函数的傅里叶变换。

例 10.3 加窗对正弦信号傅里叶分析的影响

研究图 10.1 所示的系统,特别是对于式(10.6)中 $s_c(t)$ 的采样率 $1/T=10\,\text{kHz}$、矩形窗 $w[n]$ 长度为 64 的具体情况下的 $W(e^{j\omega})$ 和 $V(e^{j\omega})$。信号的幅度和相位参数为 $A_0=1, A_1=0.75$ 及 $\theta_0=\theta_1=0$。为了说明基本特性,有意只给出傅里叶变换的幅度。

图 10.3(a)画出了 $|W(e^{j\omega})|$,而图 10.3(b)～图 10.3(e)分别画出了对于式(10.6)中的 Ω_0 和

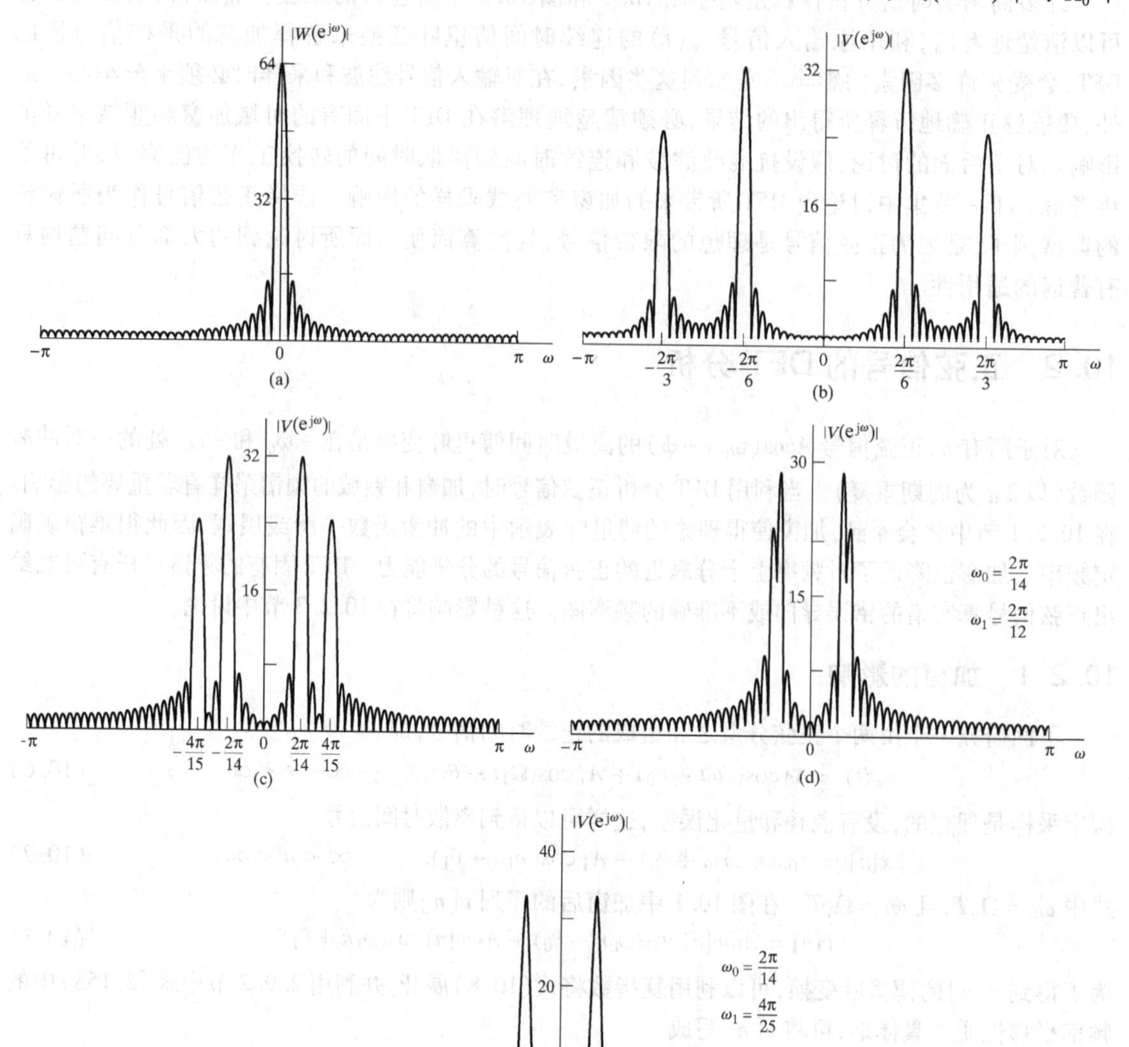

图 10.3 加矩形窗之余弦的傅里叶分析示例。(a) 窗的傅里叶变换;(b)～(e) 当频率间隔 $\Omega_1-\Omega_0$ 逐渐减小时加窗余弦的傅里叶变换,其中(b) $\Omega_0=(2\pi/6)\times10^4$, $\Omega_1=(2\pi/3)\times10^4$, (c) $\Omega_0=(2\pi/14)\times10^4$, $\Omega_1=(4\pi/15)\times10^4$, (d) $\Omega_0=(2\pi/14)\times10^4$, $\Omega_1=(2\pi/12)\times10^4$, (e) $\Omega_0=(2\pi/14)\times10^4$, $\Omega_1=(4\pi/25)\times10^4$

Ω_1,或等效地,式(10.7)中的 ω_0 和 ω_1 取几个不同值时的 $|V(e^{j\omega})|$ 的图形。在图 10.3(b)中 $\Omega_0=(2\pi/6)\times 10^4$ 和 $\Omega_1=(2\pi/3)\times 10^4$,或等效地,$\omega_0=2\pi/6$ 和 $\omega_1=2\pi/3$。在图 10.3(c)～(e)中这些频率逐渐靠近。对于图 10.3(b)中的参数,每个分量的频率和振幅是比较清楚的。具体地讲,从式(10.10)可以看出,由于 $W(e^{j\omega})$ 有一个高度为 64 的峰,并且在 ω_0 和 ω_1 处 $W(e^{j\omega})$ 的副本之间没有重叠,因此在 ω_0 处将会有一个高度为 $32A_0$ 的峰,在 ω_1 处有一高度为 $32A_1$ 的峰。在图 10.3(b)中,两个峰大约在 $\omega_0=2\pi/6$ 和 $\omega_1=2\pi/3$ 处,其高度之间有正确的比例。图 10.3(c)中在 ω_0 和 ω_1 处窗的副本之间有较多重叠,然而两个可区分的峰仍存在,在 $\omega=\omega_0$ 处谱的幅度受到在频率 ω_1 处正弦信号振幅的影响,反之亦然。这种相互影响称为泄漏:由于窗函数引入的谱平滑作用,使得在一个频率处的分量泄漏到相邻的另一个分量中去。图 10.3(d)表示泄漏很大的情况。要注意,加入异相的旁瓣将如何降低峰的高度。图 10.3(e)中在 ω_0 和 ω_1 处谱窗之间的重叠十分明显,使得在图 10.3(b)～(d)中可以看到的两个峰合并成一个。换句话说,由于这个窗的影响,使得与图 10.3(e)对应的两个频率在频谱中成为不可分辨的。

10.2.2　窗函数的性质

作为对信号加窗后的结果,分辨率降低和发生泄漏是对频谱的两种主要影响。分辨率主要受 $W(e^{j\omega})$ 主瓣宽度的影响,而泄漏的程度则取决于 $W(e^{j\omega})$ 的主瓣和旁瓣的相对幅度。在第 7 章有关滤波器设计的论述中曾指出,主瓣的宽度和相对旁瓣幅度主要取决于窗的长度 L 和窗的形状(拖尾的大小)。矩形窗的傅里叶变换为

$$W_r(e^{j\omega})=\sum_{n=0}^{L-1}e^{-j\omega n}=e^{-j\omega(L-1)/2}\frac{\sin(\omega L/2)}{\sin(\omega/2)} \tag{10.11}$$

对于给定长度($\Delta_{ml}=4\pi/L$),它的主瓣最窄,但是在所有常用的窗函数中它的旁瓣幅度最大。在第 7 章中讨论了包括 Bartlett 窗、Hann 窗和 Hamming 窗在内的其他窗函数。这些窗的 DTFT 的主瓣宽度为 $\Delta_{ml}=8\pi/(L-1)$,约为矩形窗的两倍,但是旁瓣幅度显著减小。所有这些窗函数的共同问题是由于窗函数的长度是唯一的可变参数,因此主瓣宽度和旁瓣幅度不能兼顾。

正如在第 7 章中所定义的,Kaiser 窗为

$$w_K[n]=\begin{cases}\dfrac{I_0[\beta(1-[(n-\alpha)/\alpha]^2)^{1/2}]}{I_0(\beta)}, & 0\leqslant n\leqslant L-1\\ 0, & \text{其他}\end{cases} \tag{10.12}$$

式中 $\alpha=(L-1)/2$ 且 $I_0(\cdot)$ 为第一类零阶修正 Bessel 函数。[注意,式(10.12)中的记号与式(7.72)中的稍有差别。在式(10.12)中 L 表示窗的长度,而在式(7.72)中设计滤波器窗的长度记为 $M+1$。]从滤波器设计问题中已经看出,这种窗有两个参数 β 和 L,它们可以用于在主瓣宽度和相对旁瓣幅度之间进行折中。(应当记得,当 $\beta=0$ 时 Kaiser 窗就变为矩形窗)主瓣宽度 Δ_{ml} 定义为在中央的两个过零交点之间的对称距离。相对旁瓣高度 A_{sl} 定义为以 dB 计的主瓣幅度与最大旁瓣幅度之比。图 10.4 为图 7.32 的重复,它表示 Kaiser 窗在不同长度和不同 β 值时的傅里叶变换。在设计用于谱分析的 Kaiser 窗时,总希望能事先给定所要求的 A_{sl} 值并确定所要求的 β 值。图 10.4(c)表明相对旁瓣幅度基本上与窗的长度无关,因而只取决于 β,这一点已由 Kaiser and Schafer(1980)证实,所得到作为 A_{sl} 函数的 β 之最小二乘近似表达式如下:

$$\beta=\begin{cases}0, & A_{sl}\leqslant 13.26\\ 0.76609(A_{sl}-13.26)^{0.4}+0.09834(A_{sl}-13.26), & 13.26<A_{sl}\leqslant 60\\ 0.12438(A_{sl}+6.3), & 60<A_{sl}\leqslant 120\end{cases} \tag{10.13}$$

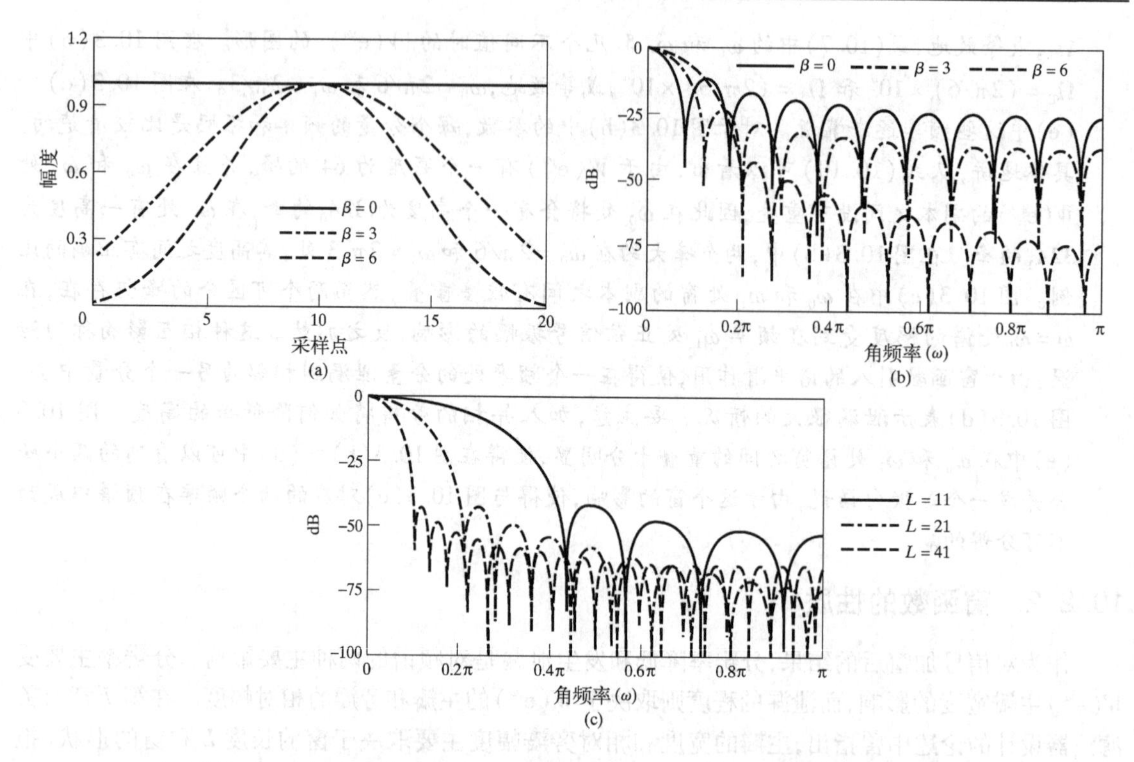

图 10.4 (a) $\beta=0,3,6$ 和 $L=21$ 的 Kaiser 窗；(b) 与(a)中的窗对应的傅里叶变换；(c) 取 $\beta=6$ 及 $L=11,21$ 和 41 的 Kaiser 窗的傅里叶变换

使用由式(10.13)得到的 β 值所给出的窗，其 A_{sl} 的实际值在 $13.26 < A_{sl} < 120$ 范围内，与所希望的值之差小于 0.36。(注意，值 13.26 是矩形窗的相对旁瓣幅度，当 $\beta=0$ 时 Kaiser 窗降为矩形窗。)

图 10.4(c)还表明，主瓣宽度与窗的长度成反比。主瓣宽度、相对旁瓣幅度和窗长度之间的折中关系可以用如下近似关系式表示：

$$L \approx \frac{24\pi(A_{\text{sl}}+12)}{155\Delta_{\text{ml}}}+1 \tag{10.14}$$

上式也是由 Kaiser and Schafer(1980)给出的。

当确定一个具有所要求的主瓣宽度和相对旁瓣幅度的 Kaiser 窗时，式(10.12)、式(10.13)和式(10.14)是必须用的。对于给定的 A_{sl} 和 Δ_{ml} 值，设计一个窗仅需要由式(10.13)计算 β，由式(10.14)计算 L，然后用式(10.12)计算窗。本章其余的许多例子均用 Kaiser 窗。Harris(1978)还研究了其他谱分析窗。

10.2.3 谱采样的影响

正如前面所提到的，加窗序列 $v[n]$ 的 DFT 给出了 $V(e^{j\omega})$ 在 N 个等间隔的离散时间域频率 $\omega_k=2\pi k/N, k=0,1,\cdots,N-1$ 处的样本。这等效于在连续时间域频率 $\Omega_k=(2\pi k)/(NT), k=0,1,\cdots,N/2$ 处的样本(假设 N 为偶数)。下标 $k=N/2+1,\cdots,N-1$ 对应于负连续时间频率 $-2\pi(N-k)/(NT)$。DFT 引入的谱采样有时可能导致错误的结果。对于这种情况，最好通过举例来加以说明。

例 10.4 谱采样影响的示例

首先来研究一下与例 10.3 中的图 10.3(c)相同参数的情况，即在式(10.8)中 $A_0=1, A_1=$

0.75，$\omega_0 = 2\pi/14$，$\omega_1 = 4\pi/15$ 和 $\theta_1 = \theta_2 = 0$，$w[n]$ 是长度为 64 的矩形窗。这样

$$v[n] = \begin{cases} \cos\left(\frac{2\pi}{14}n\right) + 0.75\cos\left(\frac{4\pi}{15}n\right), & 0 \leqslant n \leqslant 63 \\ 0, & \text{其他} \end{cases} \tag{10.15}$$

图 10.5(a) 绘出了加窗序列 $v[n]$。图 10.5(b)，(c)，(d) 和 (e) 分别给出了长度为 $N = 64$ 的 DFT 的相应实部、虚部、幅度和相位。可以看出，由于 $x[n]$ 是实序列，因此 $X[N-k] = X^*[k]$，$X(e^{j(2\pi-\omega)}) = X^*(e^{j\omega})$，即实部和幅度是 k 和 ω 的偶函数，虚部和相位是 k 和 ω 的奇函数。

在图 10.5(b)～(e) 中，水平(频率)轴用 DFT 的标号或频率样本数 k 来标注。值 $k = 32$ 对应于 $\omega = \pi$ 或相当于 $\Omega = \pi/T$。正如通常表示一个时间序列的 DFT 的约定那样，给出在 $k = 0$ 到 $k = N-1$ 范围内的 DFT 值，相当于给出在 0 到 2π 的频率范围内离散时间傅里叶变换的样本值。由于离散时间傅里叶变换的固有周期性，这一范围内的前一半对应于正的连续时间频率，即 Ω 从 0 到 π/T；后一半对应于负的频率，即 Ω 从 $-\pi/T$ 到 0；应注意到实部和幅度的偶周期对称性，以及虚部和相位的奇周期对称性。

回忆 DFT $V[k]$ 是 DTFT $V(e^{j\omega})$ 的采样。在图 10.5(b)～图 10.5(e) 中给每个 DFT 上添加灰线，即 $\mathcal{R}e\{V(e^{j\omega})\}$、$\mathcal{I}m\{V(e^{j\omega})\}$、$|V(e^{j\omega})|$ 和 $\text{ARG}\{V(e^{j\omega})\}$ 就可以得到相应的 DTFT。这些函数的频率范围定义为归一化的频率 $\omega N/(2\pi)$，即 DFT 中的下标 N 对应与 DTFT 中的频率 $\omega = 2\pi$。在下面的图 10.6 至图 10.9 中同样显示了添加灰线所表示的 DTFT。

图 10.5(d) 中 DFT 的幅值相当于图 10.5(f) 中画出的频谱幅度的样本，正如所料，它集中在输入信号的两个正弦分量的频率 $\omega_1 = 2\pi/7.5$ 和 $\omega_0 = 2\pi/14$ 的周围。具体地，频率 $\omega_1 = 4\pi/15 = 2\pi(8.533\cdots)/64$ 位于 $k = 8$ 到 $k = 9$ 所对应的 DFT 样本之间。同样，频率 $\omega_0 = 2\pi/14 = 2\pi(4.5714\cdots)/64$ 位于 $k = 4$ 到 $k = 5$ 所对应的 DFT 样本之间。注意，图 10.5(d) 中谱峰的频率位置处于从 DFT 得到的谱样本之间。通常，DFT 值中峰的位置不一定与傅里叶变换中峰的真正频率位置相重合，这是因为真正的谱峰可以位于谱样本之间。因此，通过观察图 10.5(d)，显而易见，在 DFT 中峰的相对幅度不一定能确切反映真实谱峰的相对幅度 $|V(e^{j\omega})|$。

例 10.5　用与 DFT 频率一致的频率进行谱采样

研究如图 10.6(a) 所示的序列

$$v[n] = \begin{cases} \cos\left(\frac{2\pi}{16}n\right) + 0.75\cos\left(\frac{2\pi}{8}n\right), & 0 \leqslant n \leqslant 63 \\ 0, & \text{其他} \end{cases} \tag{10.16}$$

再次选用 $N = L = 64$ 的矩形窗。这与上面的例子非常相似，不同的是在这种情况下，余弦函数的频率与两个 DFT 的频率完全重合。具体地讲，频率 $\omega_1 = 2\pi/8 = 2\pi 8/64$ 完全对应于 $k = 8$ 的 DFT 样本，并且频率 $\omega_0 = 2\pi/16 = 2\pi 4/64$ 完全对应于 $k = 4$ 的 DFT 样本。

本例中 $v[n]$ 的 64 点 DFT 的幅值如图 10.6(b) 所示，它对应于 $|V(e^{j\omega})|$(同样添加灰线)在间隔为 $2\pi/64$ 的各频率处的样本值。虽然本例的信号参数与例 10.4 非常相似，但是 DFT 的形状却完全不同。特别是，在本例中 DFT 在信号的两个正弦分量的频率处有两根很高的谱线，而在其他的 DFT 值处没有频率分量。事实上，图 10.6(b) 中 DFT 的这种"干净"的外形主要是由谱的采样而得到的一种假象。比较图 10.6(b) 和图 10.6(c) 后可以看出，之所以出现图 10.6(b) 中的这种干净外形，是因为对于这种参数的选择，傅里叶变换在 DFT 的采样频率处，除与 $k = 4, 8, 64-8$ 和 $64-4$ 对应的频率外，其他值完全为零。虽然图 10.6(a) 的信号几乎在所有的频率处都有明显的值，但由图 10.6(b) 中的灰线显然可见，由于谱的采样，在 DFT 中却无法见到这些。了解这一点的另外一种方法是，注意 64 点的矩形窗正好取为式(10.16)两

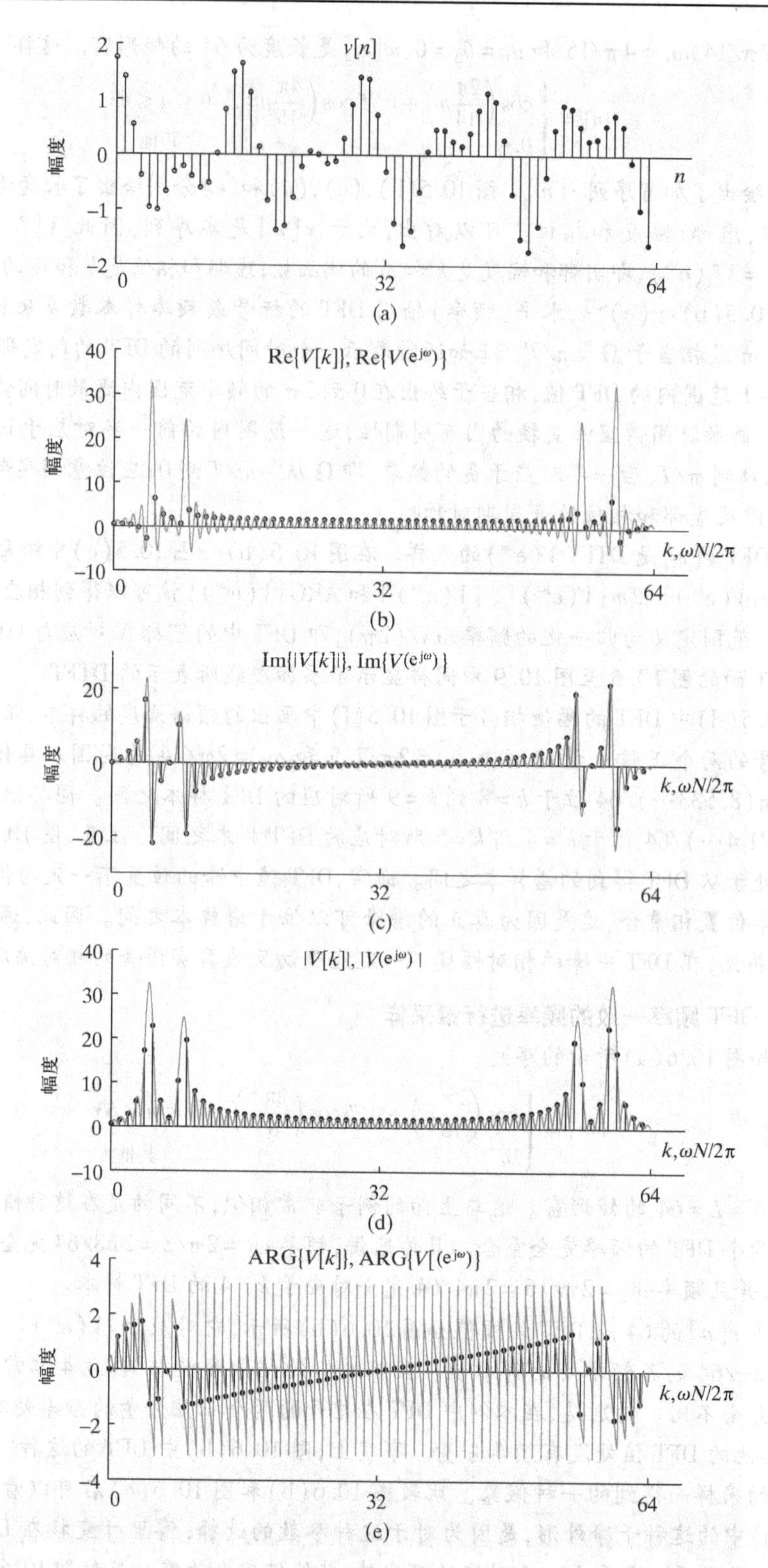

图 10.5　加了矩形窗的余弦序列及其离散傅里叶变换($N=64$)。(a) 加窗的信号；(b) DFT 的实部；(c) DFT 的虚部；(d) DFT 的幅度；(e) DFT 的相位

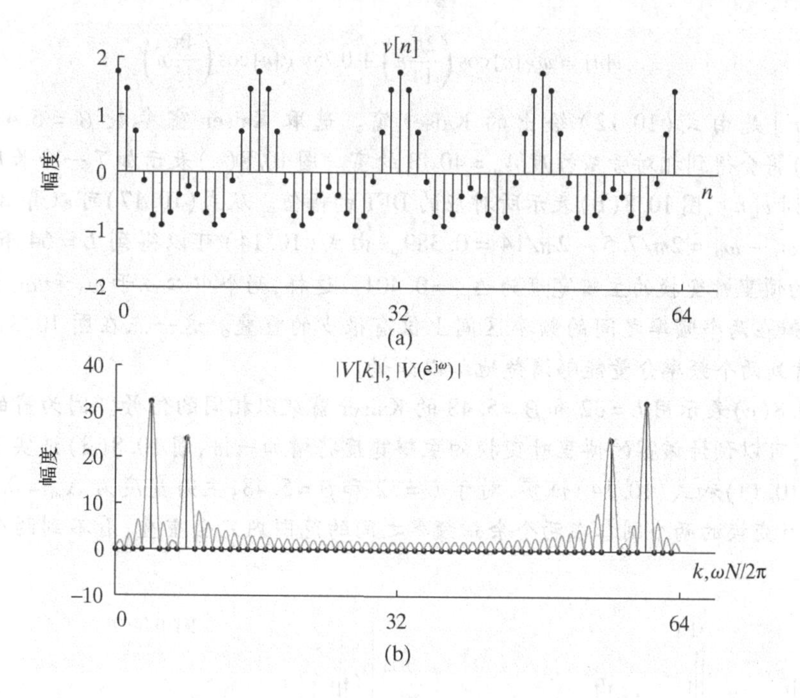

图 10.6　两个正弦之和的离散傅里叶分析,在这种情况下,除了与两个正弦分量对应的频率之外,在其他 DFT 频率处的傅里叶变换皆为零。(a)加窗的信号;(b)DFT 的幅度。注意 $|V(e^{j\omega})|$ 以较浅的连续线形式被叠加在上面

个正弦分量周期的整数倍。64 点 DFT 正好对应于信号按 64 为周期进行复制的 DFS。对应于式(10.16) 中的两个正弦分量,复制的信号只有 4 个非零的 DFS 系数。这是一个如何用周期性的固有假设对于不同问题给出正确答案的例子。通常对于有限长的情况很感兴趣,但现在来看结果却往往产生误导。

为了进一步说明这一点,可以用补零的方法将式(10.16)中的 $v[n]$ 扩展为一个 128 点的序列。所对应的 128 点 DFT 如图 10.7 所示。这种细化的谱采样,使得在另一些频率处存在的幅值就显露出来了。在这种情况下,加窗信号当然就不是周期为 128 的周期信号。

图 10.5,图 10.6 和图 10.7 中的窗均为矩形窗。在以下的一组例子中将说明选择不同窗所带来的影响。

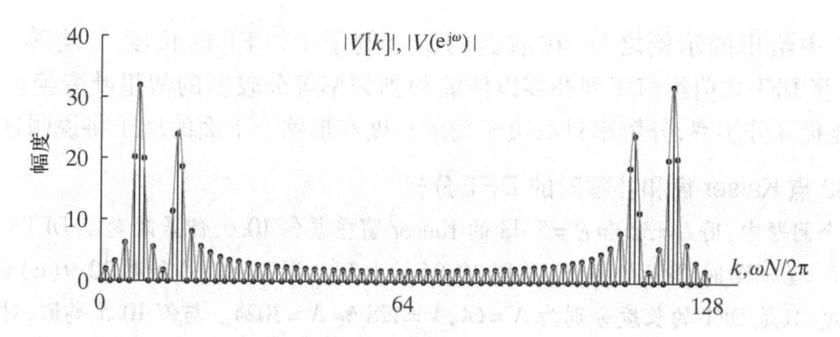

图 10.7　与图 10.6(a)中同一信号的 DFT,但是频率样本数比图 10.6(b)增加一倍

例 10.6　加 Kaiser 窗时对正弦信号的 DFT 分析

回到例 10.4 所给出的频率、振幅和相位参数上,但是使用 Kaiser 窗,因此有

$$v[n]=w_K[n]\cos\left(\frac{2\pi}{14}n\right)+0.75w_K[n]\cos\left(\frac{4\pi}{15}n\right) \tag{10.17}$$

式中 $w_K[n]$ 是由式(10.12)给出的 Kaiser 窗。选取 Kaiser 窗参数 $\beta=5.48$,此时按照式(10.13)将会得到相对旁瓣幅度 $A_{sl}=40\text{dB}$ 的窗。图 10.8(a)表示加了一个长度为 $L=64$ 的窗后的序列 $v[n]$,图 10.8(b)表示所对应的 DFT 的幅值。从式(10.17)可以看出,两个频率之间的差为 $\omega_1-\omega_0=2\pi/7.5-2\pi/14=0.389$。由式(10.14)可以得到 $L=64$ 和 $\beta=5.48$ 的 Kaiser 窗的傅里叶变换的主瓣宽度为 $\Delta_{ml}=0.401$。这样,两个中心位于 ω_0 和 ω_1 的 $W_K(e^{j\omega})$ 的副本的主瓣在两个频率之间的频率区间上仅有很少的重叠。这一点在图 10.8(b)中已很明显,可以看到两个频率分量能够清楚地加以分辨。

图 10.8(c)表示用 $L=32$ 和 $\beta=5.48$ 的 Kaiser 窗乘以相同的信号。因为窗的长度只有原来的一半,可以预计该窗的傅里叶变换的主瓣宽度将增加一倍,图 10.8(d)证实了这一点。具体地,式(10.13)和式(10.14)证实,对于 $L=32$ 和 $\beta=5.48$,主瓣宽度为 $\Delta_{ml}=0.815$。此时该窗的傅里叶变换的两个副本在两个余弦频率之间的范围内完全重叠,看不到两个可以区分开来的峰。

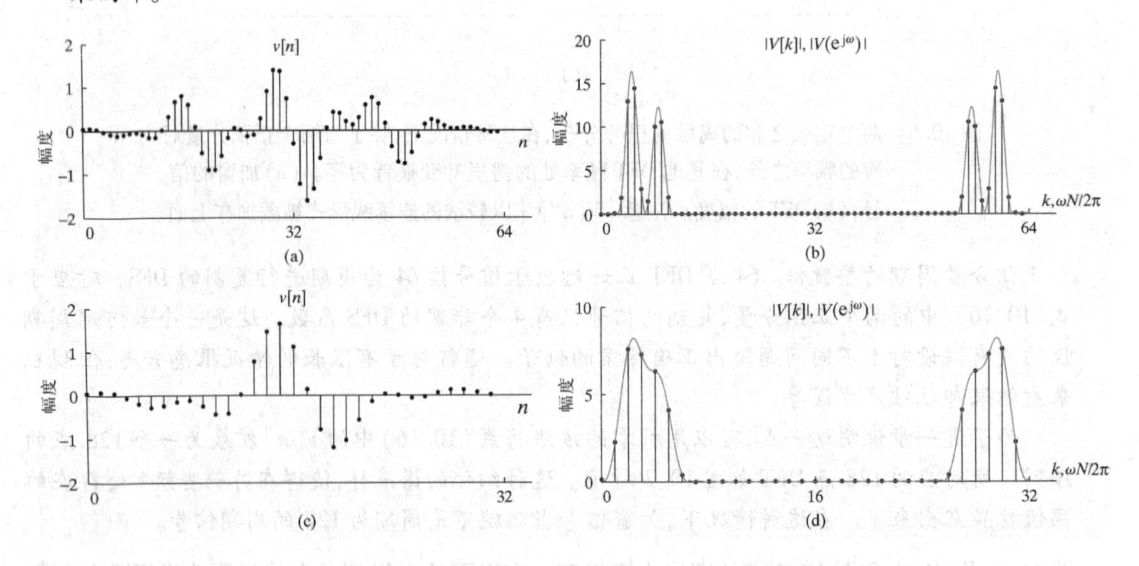

图 10.8 加 Kaiser 窗的离散傅里叶分析。(a) $L=64$ 的加窗序列;(b) $L=64$ 的 DFT 的幅度;(c) $L=32$ 的加窗序列;(d) $L=32$ 的 DFT 的幅度

除图 10.7 中给出的示例之外,在前面的所有例子中,DFT 的长度 N 均等于窗的长度 L。图 10.7中在计算 DFT 之前给窗序列补零以便能得到频率等分较密的傅里叶变换。但是必须认识到,补零并不能提高分辨率,分辨率只取决于窗的长度和形状。下面的例子将说明这一点。

例 10.7 用 32 点 Kaiser 窗和补零时的 DFT 分析

在这个问题中,用 $L=32$ 和 $\beta=5.48$ 的 Kaiser 窗重复例 10.6,但是改变了 DFT 的长度。图 10.9(a)表示 $N=L=32$ 时 DFT 的幅度,与图 10.8(d)相同。图 10.9(b)和图 10.9(c)也表示 $L=32$ 时 DFT 的幅度,只是 DFT 的长度分别为 $N=64$,$N=128$ 和 $N=1024$。与例 10.5 类似,对 32 点序列补零可得到离散傅里叶变换较密的谱采样。图 10.9 中每个 DFT 幅度图的基本包络都相同。所以,用补零的方法增加 DFT 的长度并不能改变两个正弦频率分量的分辨率,但是可改变频率样本的间距。如果 N 超过 128,DFT 的样本值将会变得稠密而不清晰。因此,在绘图时,DFT 的值经常用直线段连接相邻点来表示,而不是绘出每个独立的点。例如,从图 10.5 到图 10.8,用浅连续线表示有限长序

列 $v[n]$ 的 DTFT $|V(e^{j\omega})|$。事实上,这个曲线就是将序列补零到 $N=2048$ 的 DFT。在这些例子中,由于 DTFT 的抽样足够密,因此和连续变量 ω 的函数没有什么区别。

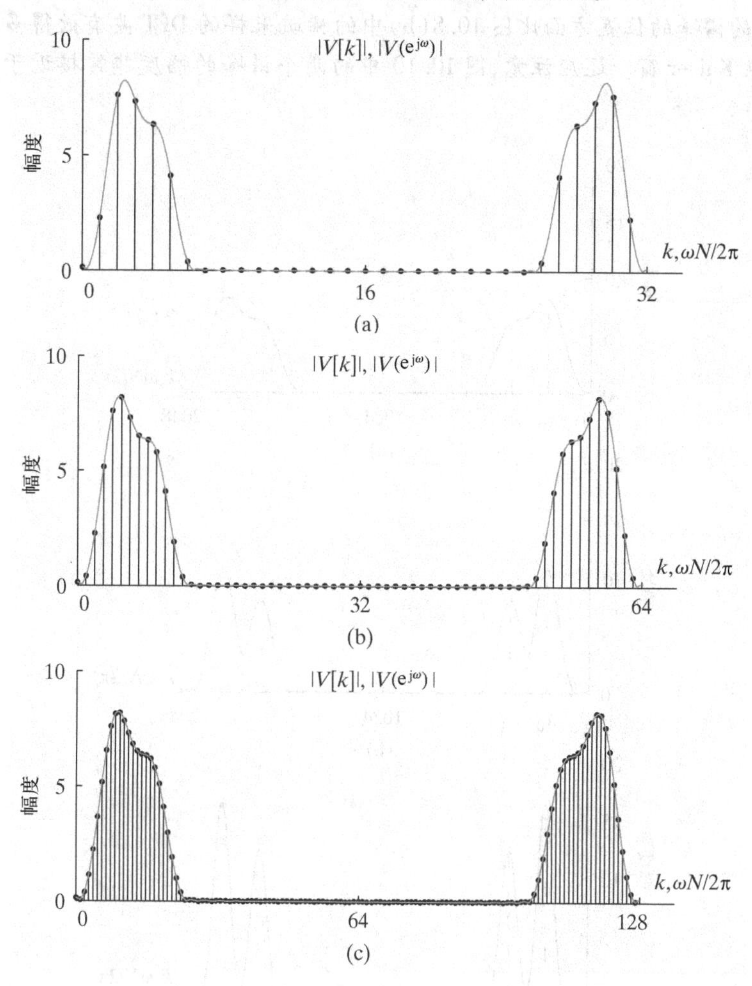

图 10.9　举例说明对于长度 $L=32$ 的 Kaiser 窗长度的影响。(a) $N=32$ 时 DFT 的幅度;(b) $N=64$ 时 DFT 的幅度;(c) $N=128$ 时 DFT 的幅度

要完全表示一个长度为 L 的序列,L 点的 DFT 就足够了,因为原序列可以由它完全恢复,然而,正如在前面的例子中所看到的,简单查看 L 点 DFT 能够导致错误的解释。正是这个原因,人们常常使用补零的方法,这样可以对频谱充分地过采样,因此能很容易地将一些重要的特性表现出来,随着大量的时域补零或频域过采样,在 DFT 值之间进行简单的内插(即线性内插)就可以给出相当精确的傅里叶频谱图,它可以用以估计谱峰的位置和幅度。下面的例子将说明这一点。

例 10.8　对于频率估计的过采样和线性内插

图 10.10 说明如何用 1024 点 DFT 得到加窗信号谱线加密的傅里叶变换的估计,并说明如何通过增加窗的宽度来提高对十分靠近的正弦分量的分辨能力。对例 10.6 中频率分量为 $2\pi/14$ 和 $4\pi/15$ 的信号分别加长度 L 为 32,42,54 和 64 且 $\beta=5.48$ 的 Kaiser 窗。首先注意到在各种情况下,2048 点 DFT 当相邻点间都用直线相连接时给出平滑的结果。在图 10.10(a) 中,$L=32$,无法分辨出两个正弦分量,当然增大 DFT 的长度只能使曲线更平滑。但是可以看到,随着窗长度从 $L=32$ 增加到 $L=42$,区分两个频率以及逼近每个正弦分量幅度的能力

步得到提高。图中的虚线为 $k_0=146\approx 2048/14$ 和 $k_1=273\approx 4096/15$,对应于两个正弦分量在 DFT 中对于 $N=2048$ 的最近的频率。应注意,图 10.10(c) 中的 2048 点 DFT 在准确确定加窗傅里叶变换的谱峰的位置方面比图 10.8(b) 中的稀疏采样的 DFT 要有效得多,后者在计算中也加了 64 点 Kaiser 窗。还应注意,图 10.10 中的两个谱峰的幅度非常接近于 0.75:1 的正确比值。

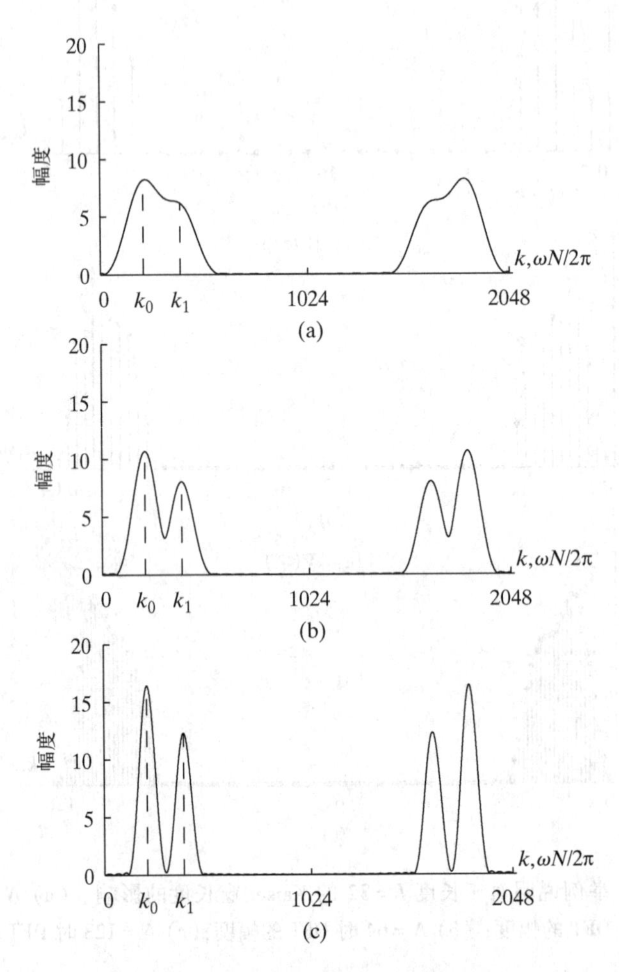

图 10.10 当 $N\gg L$ 且利用线性内插得出平滑曲线时的 DFT 计算举例。(a) $N=1024, L=32$; (b) $N=1024, L=42$; (c) $N=1024, L=64$ (当 DFT 长度为 $N=2048$ 时,值 $k_0=146\approx 2048/14$ 和 $k_1=273\approx 4096/15$ 是距离 $\omega_0=2\pi/14$ 和 $\omega_1=4\pi/15$ 最近的 DFT 频率)

10.3 依时傅里叶变换

10.2 节说明了如何使用 DFT 得到一个由正弦分量组成的信号的频率表示。在讨论中假定余弦函数的频率不随时间而变化,因此无论窗多么长,从窗的开始到结束,信号的特性(振幅、频率和相位)应当是相同的。窗长度越长,频率分辨率越好,但是,在正弦信号模型的实际应用中,信号的特性(如振幅、频率)常常随时间而改变。例如,用来描述雷达、声纳、语音和数据通信的信号就需要这种类型的非平稳信号模型。要描述这类信号,单一的 DFT 估计是不够的,因此得出依时傅里叶变换的概念,也称短时傅里叶变换。①

一个信号 $x[n]$ 的依时傅里叶变换定义为

$$X[n,\lambda)=\sum_{m=-\infty}^{\infty}x[n+m]w[m]\mathrm{e}^{-\mathrm{j}\lambda m} \tag{10.18}$$

式中 $w[n]$ 是一个窗序列。在依时傅里叶表示中,一维序列 $x[n]$ 是单个离散变量的函数,它转换为一个离散的时间变量 n 和连续的频率变量 λ 的二维函数②。注意,依时傅里叶变换对于 λ 是以 2π 为周期的周期函数,因此只需要考虑 λ 在区间 $0\leqslant\lambda\leqslant 2\pi$ 上,或长度为 2π 的其他区间上的值。

式(10.18)可以看作移位信号 $x[n+m]$ 加窗函数 $w[m]$ 后的傅里叶变换。窗函数的起始点可认为是不变的,而当 n 改变时,信号滑动通过窗函数,这样对于每一个 n 值,可以通过窗函数提取一段不同的信号进行傅里叶分析。通过以下举例,做进一步的说明。

例 10.9　线性调频信号的依时傅里叶变换

一个连续时间线性调频信号定义如下:

$$x_c(t)=\cos(\theta(t))=\cos(A_0t^2) \tag{10.19}$$

式中,A_0 的单位为 radians/s^2。(这类信号被称为 chirps 是因为在人耳听力频率范围内,短脉冲听起来像鸟叫。)式(10.19)中信号 $x_c(t)$ 为瞬时频率由随时间变化的幅角 $\theta(t)$ 所定义的一般调幅(FM)信号。因此,瞬时频率为

$$\Omega_i(t)=\frac{\mathrm{d}\theta(t)}{\mathrm{d}t}=\frac{\mathrm{d}}{\mathrm{d}t}\left(A_0t^2\right)=2A_0t \tag{10.20}$$

瞬时频率随时间正比例变化,因此定义为线性调频信号。如果对 $x_c(t)$ 进行采样,则可得到离散时间线性调频信号③

$$x[n]=x_c(nT)=\cos(A_0T^2n^2)=\cos(\alpha_0n^2) \tag{10.21}$$

式中,$\alpha_0=A_0T^2$ 具有单位弧度。线性调频采样信号的瞬时频率为连续时间信号的瞬时频率的归一化的采样形式,即

$$\omega_i[n]=\Omega_i(nT)\cdot T=2A_0T^2n=2\alpha_0n \tag{10.22}$$

同样随采样点的下标 n 以 α_0 的速率正比例增加。图 10.11 中为式(10.21)所示线性调频信号的两个 1201 点采样片段,这里 $\alpha_0=15\pi\times10^{-6}$。(采样点由直线段连接起来。)观察到,在短时间内,信号看起来像正弦信号,但是峰值的间隔随时间越来越小,表现为频率随时间增加。

图 10.11 中同样显示了移位信号与窗函数在依时傅里叶分析中的关系。典型地,在式(10.18)中,$w[m]$ 在 $m=0$ 附近取有限长度,因此,$X[n,\lambda)$ 表示信号在时间 n 处的频率特性。图 10.11(a)显示 $x[320+m]$ 与 m 在 $0\leqslant m\leqslant1200$ 和长度为 $L=401$ 的 Hamming 窗的函数关系。在 $n=320$ 时刻的依时变换为 $w[m]x[320+m]$ 的 DTFT。同样,图 10.11(b)为线性调频信号从 $n=720$ 开始的后部信号与窗函数。

图 10.12 表明了窗函数在时变信号离散时间傅里叶分析中的重要性。图 10.12(a)为离散时间调频信号 20 000 采样点(加矩形窗)的 DTFT。在这个时间内,将调频信号的瞬时频率归一化

$$f_i[n]=\omega_i[n]/(2\pi)=2\alpha_0n/(2\pi)$$

---

① 有关依时傅里叶变换更深入的讨论可在多种参考文献中找到,其中包括 Allen and Rabiner(1977),Rabiner and Schafer(1978),Crochiere and Rabiner(1983),以及 Quatieri(2002)的论文。

② 记依频傅里叶变换的的频率变量为 λ 以和传统的 DTFT 的频率变量 ω 区分开来。采用中括号—括号的标记 $X[n,\lambda)$,其中,n 为离散变量,λ 为连续变量。

③ 已经可以看到第 9 章中调频变换算法下的离散时间负指数调频信号。

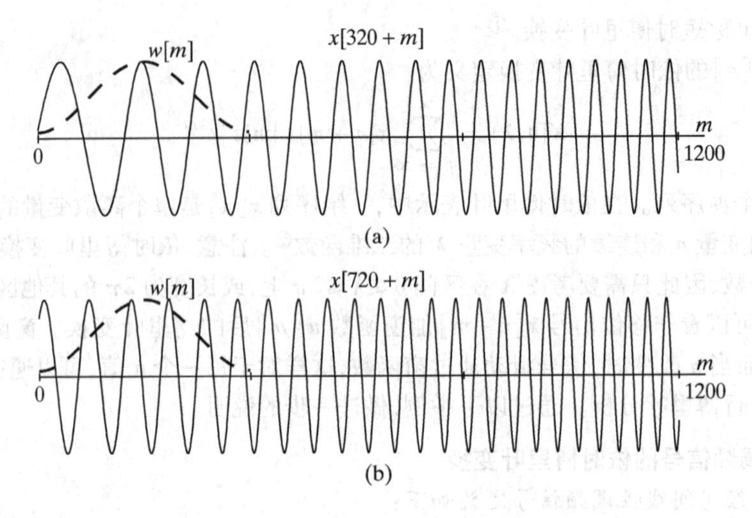

图 10.11 使用长度为 400 点 Hamming 窗时的两段线性调频信号 $x[n]=\cos(\alpha_0 n^2)$，其中，$\alpha_0=15\pi\times10^{-6}$。(a) 当 $n=320$ 时 $X[n,\lambda)$ 是前部信号曲线乘以窗函数的 DTFT；(b) $X[720,\lambda)$ 是后部信号曲线乘以窗函数的 DTFT

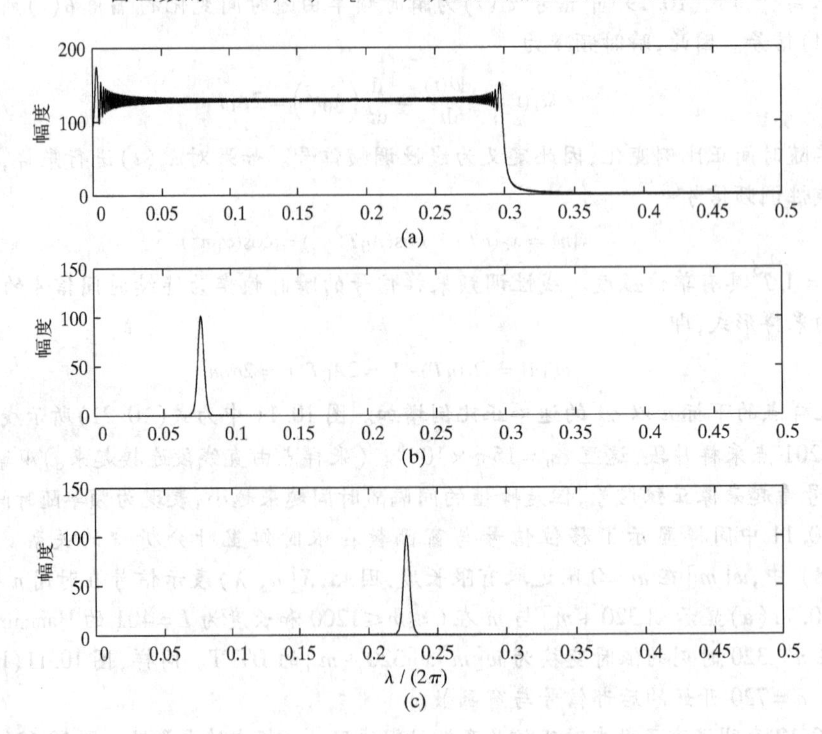

图 10.12 线性调频信号段的 DTFT。(a) 信号 $x[n]=\cos(\alpha_0 n^2)$ 20 000 点采样的 DTFT；(b) $x[5000+m]W[m]$，其中 $W[m]$ 为长度 $L=401$ 的 Hamming 窗，即 $X[5000,\lambda)$；(c) $x[15\,000+m]W[m]$，其中 $W[m]$ 为长度 $L=401$ 的 Hamming 窗，即 $X[15\,000,\lambda)$

从 0 到 $0.000\,03\pi(20\,000)/(2\pi)=0.3$。DTFT 原本在固定频率下对所有 n 得到，但是如图 10.12(a)所示，瞬时频率的变化使得 DTFT 包含了在范围外的所有频率。因此，长时间信号的 DTFT 仅能在传统 DTFT 意义上显示信号具有很宽带宽。另一方面，图 10.12(b)和图 10.12(c)分别为 $n=5000$ 和 15 000 处调频信号使用 401 点 Hamming 窗时的 DTFT。因此，

图 10.12(b)和图 10.12(c)分别表示 $|X[5000, \lambda)|$ 和 $|X[15\,000, \lambda)|$ 以 $\lambda/(2\pi)$ 为变量下的依时傅里叶变换。由于窗长度 $L=401$ 使得在窗持续时间内信号的频率基本不发生变化,因此依时傅里叶变换很好地跟踪表明频率的变化。注意到,在 5000 和 15 000 抽样点处,可以预想到依时傅里叶变换在 $\lambda/(2\pi)=0.000\,03\pi(5000)/(2\pi)=0.075$ 和 $\lambda/(2\pi)=0.000\,03\pi(15\,000)/(2\pi)=0.225$ 处分别有个峰值。这可以通过观察图 10.12(b)和图 10.12(c)确认。

例 10.10　画出谱图 $X[n, \lambda)$

图 10.13 表示了对于下面信号的依时傅里叶变换的幅值 $|Y[n, \lambda)|$ 中下标 n 和频率 $\lambda/(2\pi)$ 的函数关系:

$$y[n]=\begin{cases}0, & n<0\\ \cos(\alpha_0 n^2), & 0\leqslant n\leqslant 20\,000\\ \cos(0.2\pi n), & 20\,000<n\leqslant 25\,000\\ \cos(0.2\pi n)+\cos(0.23\pi n), & 25\,000<n\end{cases} \tag{10.23}$$

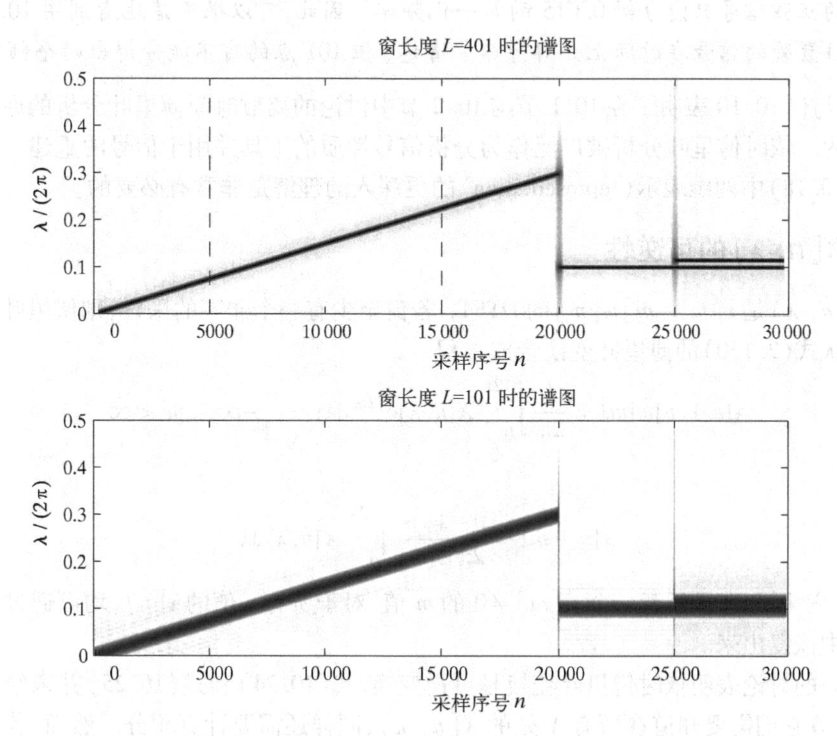

图 10.13　式(10.23)所示信号 $y[n]$ 的依时傅里叶变换的幅值。(a) 使用长度 $L=401$ 的 Hamming 窗;(b) 使用长度 $L=101$ 的 Hamming 窗

注意到,当 $0\leqslant n\leqslant 20\,000$ 时信号 $y[n]$ 等于例 10.9 中式(10.21)所示的 $x[n]$,当 $n>20\,000$ 时,信号突然变为固定频率的正弦信号。这个信号用来说明一些依时傅里叶分析中的重要性质。首先,考虑图 10.13(a)所示的在 $0\leqslant n\leqslant 30\,000$ 内信号 $y[n]$ 使用长度为 $L=401$ 的 Hamming 窗后的依时傅里叶变换。图中所示称为谱图,竖轴为 $20\log_{10}|Y[n, \lambda)|$ 关于 $\lambda/2\pi$ 的函数,横轴为时间坐标 n。$20\log_{10}|Y[n, \lambda)|$ 的值严格限制在 50 dB 范围内,如图中在 $[n, \lambda)$ 处的阴影所示。图 10.12(b)、图 10.12(c)分别显示了图形在 $n=5000$ 和 $n=15\,000$ 位于图 10.13(a)中虚线处的垂直切片(在图 10.12 中显示为幅度)。注意到调频信号区线性增长。同时,注意到在固定频率区间内,阴影线保持水平。图 10.13(a)中阴影的'窗的 DTFT 的主瓣宽度 Δ_{ml} 决定。表 7.2 表明对于 Hamming 窗,这个宽度接近于 Δ_{ml}

其中 $M+1$ 为窗长度。对于 401 点的窗,$\Delta_{ml}/(2\pi)=0.01$。因此两个频率相近的正弦由于它们的归一化频率间隔为 $(0.23\pi-0.2\pi)/(2\pi)=0.015$ 明显大于主瓣宽度 0.01,所以在 $25\,000<n\leqslant 30\,000$ 区间内可以清楚地分辨。注意到调频信号区间阴影斜线比固定频率区间的水平横线的垂直宽度大。宽度额外的增加是由于窗时间内频率的变化引起的,这是图 10.12(a)中现象的小范围表现,图 10.12(a)中的 20 000 个采样窗相比大得多。

图 10.13(a)表明了依时傅里叶分析的另一重要方面。401 点采样的窗在时间上几乎对所有点都有很好的频率分辨率。然而,注意到在 $n=20\,000$ 和 25 000 处信号的性质突然改变,使得 401 点的采样区间内同时包含了变化两边的采样点。这导致模糊区域的产生,在这个区域里,谱图对信号性质的表现变得不清晰。可以通过在时域采用更短的时间窗而避免这种情况的发生。如图 10.13(b)所示,采用长度 $L=101$ 的窗。这个窗在变化点处的分辨率好得多。然而,101 点 Hamming 窗归一化频率的主瓣宽度为 $\Delta_{ml}/(2\pi)=0.04$,在 $n=25\,000$ 后的两个固定频率的正弦信号只能分辨 0.015 的归一化频率。因此,可以很清楚地看到图 10.13(b)尽管在突变位置处的信号在时间上分辨得非常清楚,但 101 点的窗不能分辨出两个频率。

例 10.9 与例 10.10 表明了在 10.1 节与 10.2 节中讨论的离散时间傅里叶分析的原则是如何用于时变信号的。依时傅里叶分析被广泛作为分析信号性质的工具并用于信号的重建。在后一种应用中,对式(10.18)中两维表示(representation)的更深入的理解是非常有必要的。

10.3.1 $X[n,\lambda)$ 的可逆性

因为 $X[n,\lambda)$ 是 $x[n+m]w[m]$ 的 DTFT,若窗至少有一个非零的采样,则傅里叶变换是可逆的。特别是从式(2.130)的傅里叶变换合成方程

$$x[n+m]w[m]=\frac{1}{2\pi}\int_0^{2\pi}X[n,\lambda)e^{j\lambda m}d\lambda,\qquad -\infty<m<\infty \tag{10.24}$$

或等效地,

$$x[n+m]=\frac{1}{2\pi w[m]}\int_0^{2\pi}X[n,\lambda)d\lambda \tag{10.25}$$

若 $w[m]\neq 0$。[①] 因此选择任意一个 $w[m]\neq 0$ 的 m 值,对于所有 n 值的 $x[n]$,均可通过式(10.25),从 $X[n,\lambda)$ 中恢复出来。

虽然前面的讨论表明依时傅里叶变换是可逆变换,式(10.24)和式(10.25)并未给出逆的计算方法,因为计算它们需要知道在所有 λ 处的 $X[n,\lambda)$,同样还需要计算积分。然而,若 $X[n,\lambda)$ 在时域和频域同时采样,则逆变换变成一个 DFT。在 10.3.4 节将更全面地讨论这一点。

10.3.2 $X[n,\lambda)$ 的滤波器矩解释

重新排列式(10.18)的和式可导出依时傅里叶变换的另一个有用解释。在式(10.18)中,若用代换式 $m'=n+m$,那么 $X[n,\lambda)$ 可写为

$$X[n,\lambda)=\sum_{m'=-\infty}^{\infty}x[m']w[-(n-m')]e^{j\lambda(n-m')} \tag{10.26}$$

式(10.26)可解释为卷积

$$X[n,\lambda)=x[n]*h_\lambda[n] \tag{10.27a}$$

① 因为 $X[n,\lambda)$ 的 λ 是以 2π 为周期的,所以式(10.24)和式(10.25)中的积分可以选取任意 2π 为间隔。

其中

$$h_\lambda[n] = w[-n]\mathrm{e}^{\mathrm{j}\lambda n} \tag{10.27b}$$

从式(10.27a)可以看出关于 n 和 λ 的依时傅里叶变换可以解释为一个冲激响应为 $h_\lambda[n]$,或等效为频率响应为

$$H_\lambda(\mathrm{e}^{\mathrm{j}\omega}) = W(\mathrm{e}^{\mathrm{j}(\lambda-\omega)}) \tag{10.28}$$

的 LTI 滤波器的输出。

一般地,在正时间处不为零的窗被称为非因果窗,因为用式(10.18)计算 $X[n,\lambda]$ 需要采样 n 后面的采样点。这等效于对于冲激响应为 $h_\lambda[n]=w[-n]\mathrm{e}^{\mathrm{j}\lambda n}$ 的线性滤波器在 $n<0, w[n]=0$ 时将是非因果的。即在式(10.27b)中,若一个窗在 $n\geqslant 0$ 处为非零,将有一个非因果冲激响应 $h_\lambda[n]$,反之,若窗在 $n\leqslant 0$ 处为非零,线性滤波器将是因果的。

在式(10.18)的定义中,窗的时间原点是固定的,并认为信号移位通过窗。这实际上重新定义了傅里叶分析的时间原点在信号的采样点 n 处。另一种可能是保持傅里叶分析的原点固定在信号的原点处,而窗随 n 移动。这导出了依时傅里叶变换的形式

$$\check{X}[n,\lambda] = \sum_{m=-\infty}^{\infty} x[m]w[m-n]\mathrm{e}^{-\mathrm{j}\lambda m} \tag{10.29}$$

式(10.18)和式(10.29)关系可以简要表示为

$$\check{X}[n,\lambda] = \mathrm{e}^{-\mathrm{j}\lambda n}X[n,\lambda] \tag{10.30}$$

当考虑用 DFT 获得依时傅里叶变换关于 λ 的采样时,式(10.18)的定义很方便,因为若 $w[m]$ 是个 $0\leqslant m\leqslant(L-1)$ 的有限长序列,那么有 $x[n+m]w[m]$。另一方面,式(10.29)在解释滤波器组的傅里叶分析时有优势。因为主要兴趣在于运用 DFT,所以讨论将主要基于式(10.18)。

10.3.3　窗的影响

在依时傅里叶变换中,窗的主要目的是限制被变换序列的所在范围,以便可以合理地认为谱特性在窗的持续时间内是平稳的。信号的特性变化越快,则窗应当越短。正如在 10.2 节中所看到的,随着窗变短,频率分辨率则降低。当然,对于 $X[n,\lambda]$,窗的确也有同样影响。另一方面,当窗的长度减小时,时间分辨能力将增强。因此,选择窗的长度应在频率分辨率和时间分辨率之间进行折中。这种折中在例 10.10 中进行了说明。

通过假设信号 $x[n]$ 有一个常规的离散时间傅里叶变换 $X(\mathrm{e}^{\mathrm{j}\omega})$ 可以看出窗对于依时傅里叶变换性质的影响。首先假设窗对于所有的 m 均为 1,也就是假设没有加窗。然后由式(10.18)得

$$X[n,\lambda] = X(\mathrm{e}^{\mathrm{j}\lambda})\mathrm{e}^{\mathrm{j}\lambda n} \tag{10.31}$$

当然,一个典型的用于谱分析的窗应递减至零,以便只选取信号的一部分进行分析。另一方面如 10.2 节所讨论的,选择窗的长度和形状,应当使窗的傅里叶变换在 λ 上比信号的傅里叶变换中的变化要窄。因此,在时间上和频率上高的分辨率经常需要折中。图 10.14(a)给出了一种典型窗的傅里叶变换图。

如果研究 n 固定时的依时傅里叶变换,则从傅里叶变换的性质可得

$$X[n,\lambda] = \frac{1}{2\pi}\int_0^{2\pi} \mathrm{e}^{\mathrm{j}\theta n}X(\mathrm{e}^{\mathrm{j}\theta})W(\mathrm{e}^{\mathrm{j}(\lambda-\theta)})\mathrm{d}\theta \tag{10.32}$$

这就是信号平移后的傅里叶变换与窗的傅里叶变换的卷积。上式与式(10.2)相似,但是在式(10.2)中假设信号相对于窗没有连续的平移。这里对每一个 n 值计算一次傅里叶变换。在 10.2 节中已看到,分辨两个窄带信号分量的能力取决于窗的傅里叶变换主瓣的带宽,而一个分量

泄漏到相邻另一个分量中去的程度决定于相对旁瓣幅度。不加窗的情况完全对应于对所有的 n，$w[n]=1$。在这种情况下，当 $-\pi\leqslant\omega\leqslant\pi$ 时 $W(e^{j\omega})=2\pi\delta(\omega)$，它具有十分精细的频率分辨率，但没有时间分辨率。

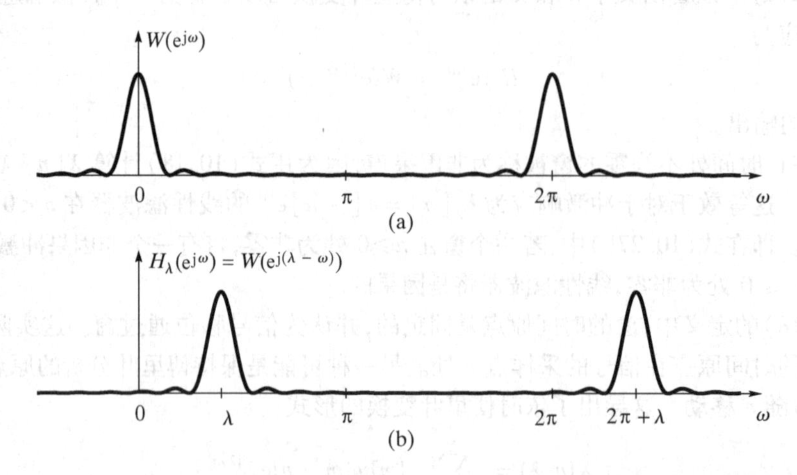

图 10.14 (a) 在依时傅里叶分析中窗的傅里叶变换；(b) 用于依时傅里叶分析的等效带通滤波器

在式(10.27a)、式(10.27b)和式(10.28)的线性滤波解释中 $W(e^{j\omega})$ 通常具有如图 10.14(a)所示的低通特性，因此 $H_\lambda(e^{j\omega})$ 就是一个通带中心位于 $\omega=\lambda$ 处的带通滤波器，如图 10.14(b)所示。显然，这个滤波器的通带宽度近似等于窗的傅里叶变换的主瓣的宽度。抑制相邻频率分量的程度取决于相对旁瓣幅度。

以上的讨论表明，如果用依时傅里叶变换来得到一个信号的频谱的依时估计，最好用递减的窗以降低旁瓣，并且用尽可能长的窗以改善频率分辨率。这已经在例 10.9 与例 10.10 中得到说明，10.4 节将研究另外一些例子。但是在此之前，首先讨论在显式计算依时傅里叶变换中 DFT 的用法。

10.3.4 时间采样和频率采样

用显式计算 $X[n,\lambda)$ 只有对一组有限多个 λ 值才能进行，这就相当于在频域对依时傅里叶变换进行采样。正如有限长信号完全可以用 DTFT 的样本来表示一样，如果在式(10.18)中窗为有限长，则不确定长度的信号可以通过依时傅里叶变换的样本来表示。例如，设窗长为 L 并且起始样本在 $m=0$ 处，即

$$w[m]=0,\quad \text{区间 } 0\leqslant m\leqslant L-1 \text{ 以外} \tag{10.33}$$

如果对 $X[n,\lambda)$ 在 N 个等间隔的频率 $\lambda_k=2\pi k/N$ 处采样，且 $N\geqslant L$，那么由采样后的依时傅里叶变换仍可以恢复原来的序列。具体地讲，若定义 $X[n,k]$ 为

$$X[n,k]=X[n,2\pi k/N)=\sum_{m=0}^{L-1}x[n+m]w[m]e^{-j(2\pi/N)km},\qquad 0\leqslant k\leqslant N-1 \tag{10.34}$$

则 n 为定值的 $X[n,k]$ 是加窗序列 $x[n+m]w[m]$ 的 DFT。利用 IDFT，有

$$x[n+m]w[m]=\frac{1}{N}\sum_{k=0}^{N-1}X[n,k]e^{j(2\pi/N)km},\qquad 0\leqslant m\leqslant L-1 \tag{10.35}$$

由于假设对于 $0\leqslant m\leqslant L-1$，窗 $w[m]\neq 0$，则可以利用式

$$x[n+m]=\frac{1}{Nw[m]}\sum_{k=0}^{N-1}X[n,k]\mathrm{e}^{\mathrm{j}(2\pi/N)km},\qquad 0\leqslant m\leqslant L-1 \tag{10.36}$$

对 $n\sim(n+L-1)$ 之间的序列值进行恢复。重要的是,窗为有限长度,并且至少取 λ 维的样本与窗的非零样本一样多,即 $N\geqslant L$。虽然式(10.33)对应于一个非因果窗,也可以使用一个因果窗,即对于 $-(L-1)\leqslant m\leqslant 0$,$w[m]\neq 0$,或对称窗,也就是对于 $|m|\leqslant(L-1)/2$(L 为奇数),$w[m]=w[-m]$。在式(10.34)中之所以使用非因果窗只是为了使分析更方便些,因为很自然地可以做出如下解释:采样后的依时傅里叶变换可作为以样本 n 为起始的加窗序列的 DFT。

由于式(10.34)相当于把式(10.18)对 λ 进行采样,因此它也相当于把式(10.26)、式(10.27a)和式(10.27b)对 λ 进行采样。特别是,式(10.34)可以重新写为

$$X[n,k]=x[n]*h_k[n],\qquad 0\leqslant k\leqslant N-1 \tag{10.37a}$$

式中,

$$h_k[n]=w[-n]\mathrm{e}^{\mathrm{j}(2\pi/N)kn} \tag{10.37b}$$

式(10.37a)和式(10.37b)可以看成一组 N 个滤波器,如图 10.15 所示,其中第 k 个滤波器的频率响应为

$$H_k(\mathrm{e}^{\mathrm{j}\omega})=W(\mathrm{e}^{\mathrm{j}[(2\pi k/N)-\omega]}) \tag{10.38}$$

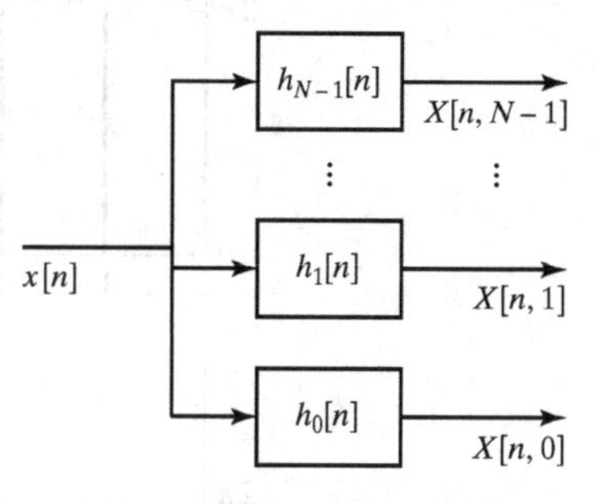

图 10.15　依时傅里叶变换的滤波器组表示

讨论表明,若将 $X[n,\lambda)$ 或 $X[n,k]$ 对时间 n 采样,则可以在 $-\infty<n<\infty$ 内重构 $x[n]$。具体地,利用式(10.36)可以由 $X[n_0,k]$ 在区间 $n_0\leqslant n\leqslant n_0+L-1$ 上重构该信号,也可以由 $X[n_0+L,k]$ 在区间 $n_0+L\leqslant n\leqslant n_0+2L-1$ 上重构该信号,等等。这样,由同时在频率维和时间维采样的依时傅里叶变换完全可以重构 $x[n]$。通常对于如式(10.33)所示的窗的支撑区,定义这种采样的依时傅里叶变换为

$$X[rR,k]=X[rR,2\pi k/N]=\sum_{m=0}^{L-1}x[rR+m]w[m]\mathrm{e}^{-\mathrm{j}(2\pi/N)km} \tag{10.39}$$

这里 r 和 k 为整数,并有 $-\infty<r<\infty$ 和 $0\leqslant k\leqslant N-1$。为了进一步简化所用的符号,定义

$$X_r[k]=X[rR,k]=X[rR,\lambda_k),\qquad -\infty<r<\infty,\quad 0\leqslant k\leqslant N-1 \tag{10.40}$$

式中 $\lambda_k=2\pi k/N$。这一表达式清楚地说明,采样依时傅里叶变换就是加窗信号序列

$$x_r[m]=x[rR+m]w[m],\qquad -\infty<r<\infty,\quad 0\leqslant m\leqslant L-1 \tag{10.41}$$

的 N 点 DFT 序列,且窗的位置上以 R 个样本为间隔跳跃移动。图 10.16 表示在 $N=10$ 和 $R=3$ 的情况下,对应于 $X[n,\lambda)$ 在 $[n,\lambda)$ 平面上的各条线和采样点的栅格图。前面已证明,对于合适的 L,存在一个二维离散表示可唯一地重构原始信号。

式(10.39)涉及下列整型参数:窗长 L;频率维的样本数或 DFT 的长度 N;时间维的采样区间 R。虽然这些参数的各种选择并非都能精确地重构信号,但仍有很多种 N、R、$w[n]$ 和 L 的组合可供使用。选择 $L\leqslant N$ 保证可以由块变换(block transform)$X_r[k]$ 来重构加窗信号段 $x_r[m]$。若 $R<L$ 则信号段有重叠;但是若 $R>L$,则信号的一些样本就用不上,这样由 $X_r[k]$ 也就不能重构信号。因此,有一种可能,如果三个采样参数满足关系式 $R\leqslant L\leqslant N$,那么原则上对于所有 n,可以从 $X_r[k]$ 分块恢复 $x[n]$。应当注意,在采样的依时傅里叶变换表示中,每批 R 点信号样本用 N 个复数表示;或者如果信号是实的,由于 DFT 的对称性,只需要 N 个实数。

对于 $R=L=N$ 的特殊情况,由采样的依时傅里叶变换可以完全重构信号。在这种情况下,一个实信号的 N 个样本可以用 N 个实数来表示,并且这是对于一个任意选择的信号所希望能达到的

最小情况。当 $R=L=N$ 时,对于 $0\leqslant m\leqslant N-1$ 可以通过计算 $X_r[k]$ 的 DFT 反变换来恢复 $x_r[m]=x[rR+m]w[m]$。因此,对于 $rR\leqslant n\leqslant[(r+1)R-1]$,可以用窗片段 $x_r[m]$ 来表示 $x[n]$

$$x[n]=\frac{x_r[n-rR]}{w[n-rR]},\quad rR\leqslant n\leqslant[(r+1)R-1] \tag{10.42}$$

即,恢复 N 点窗片段,去除窗的影响,然后将这些片段连接起来得到原始序列的重建信号。

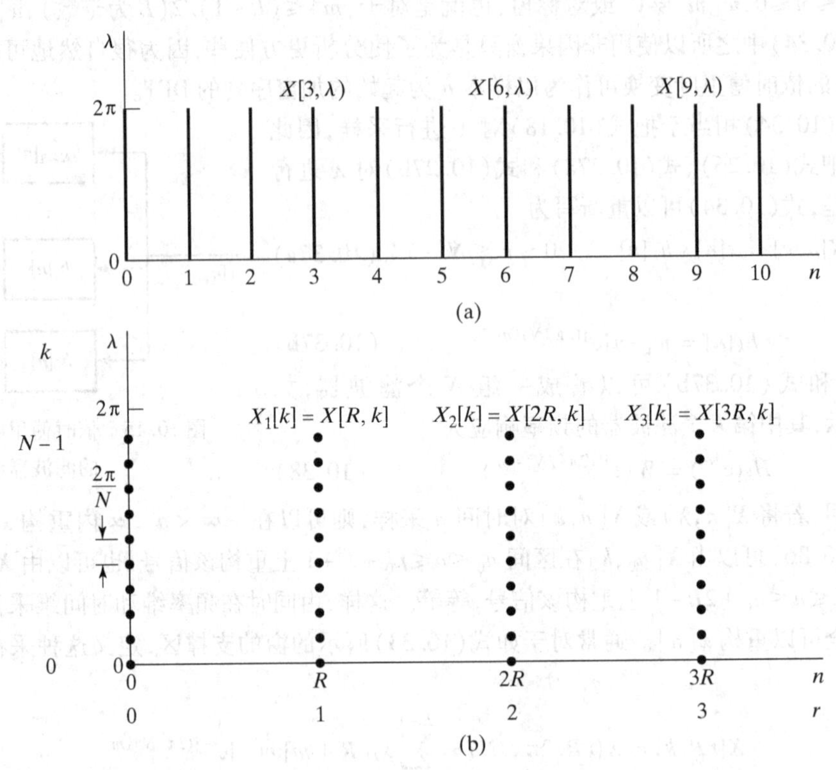

图 10.16　(a) 对 $X[n,\lambda)$ 的支持区域;(b) 对于 $N=10$ 和 $R=3$ 时采样依时傅里叶变换在 $[n,\lambda)$ 平面上采样点的栅格图

10.3.5　重叠—叠加重构法

在前面的讨论中,从理论上证明了用依时、依频傅里叶变换从时间和频率采样中精确重构信号的可能性时,实例表明,用一般重构算法对依时傅里叶变换进行调整是不可行的,例如,在诸如音频编码和降噪的应用中。在这些应用中,式(10.42)要靠渐变的窗区分开来,这会极大地增加边缘的误差;因此,信号块可能无法平滑地拟合到一起。让 R 小于 L 和 N 以使采样块重叠会对这一类应用有所帮助。之后,如果适当地选择窗函数,就不需要像式(10.42)那样消窗了。

设 $R\leqslant L\leqslant N$,那么可以写出

$$x_r[m]=x[rR+m]w[m]=\frac{1}{N}\sum_{k=0}^{N-1}X_r[k]\mathrm{e}^{\mathrm{j}(2\pi k/N)m},\quad 0\leqslant m\leqslant L-1 \tag{10.43}$$

重构段的形状由窗函数决定,而它们的时间起点和窗函数的重合。另一种对 $X_r[k]$ 的变化更加稳健的信号叠加方式是将加窗段移到原时域的 rR 段,然后将它们简单地叠加起来,例如,

$$\hat{x}[n]=\sum_{r=-\infty}^{\infty}x_r[n-rR] \tag{10.44}$$

如果能证明对于所有 n,有$\hat{x}[n]=x[n]$,那么式(10.43)和式(10.44)联立,会包含一种能够提高重构性能的依时傅里叶合成方法。将式(10.43)代入式(10.44)导出$\hat{x}[n]$的表达式为

$$\begin{aligned}\hat{x}[n] &= \sum_{r=-\infty}^{\infty} x[rR+n-rR]w[n-rR] \\ &= x[n]\sum_{r=-\infty}^{\infty} w[n-rR]\end{aligned} \tag{10.45}$$

如果定义

$$\tilde{w}[n] = \sum_{r=-\infty}^{\infty} w[n-rR] \tag{10.46a}$$

那么式(10.45)的重构信号能表示为

$$\hat{x}[n] = x[n]\tilde{w}[n] \tag{10.46b}$$

由式(10.46b)看出,理想的重构情况为

$$\tilde{w}[n] = \sum_{r=-\infty}^{\infty} w[n-rR] = C, \quad -\infty < n < \infty \tag{10.47}$$

例如,对所有的 n,窗函数 R 阶移位的副本均须加上一个重构增益常量 C。

注意到,序列 $\tilde{w}[n]$是个包含了伪时间窗序列的周期序列。举个简单的例子,考虑一个 L 点采样的矩形窗 $w_{\mathrm{rect}}[n]$。如果 $R=L$,加窗段一块一块无重合地拟合到一起。在这种情况下,由于移位窗被无重合、无间隔地拟合到了一起,式(10.47)满足 $C=1$。(简单画张草图就能证明。)若矩形窗的 L 为偶数,且 $R=L/2$,简单地分析或画张草图能再次证明式(10.47)满足 $C=2$。事实上,如果 $L=2^{\nu}$,$L\leqslant N$、$R=L,L/2,\cdots,1$,通过式(10.44)的重叠—叠加法,信号 $x[n]$可由 $Xr[k]$精确地重构出来。相应的重构增益为 $C=1,2,\cdots,L$。虽然这表明一些矩形窗和间距 R 在重叠 - 叠加方法中能够精确重构原始信号,但矩形窗糟糕的泄露特性,造成在依时傅里叶分析/合成中,鲜少使用它。其他渐变的窗如 Bartlett 窗,Hann 窗,Hamming 窗和 Kaiser 窗则经常被用到。幸运的是,依靠这些窗优秀的频谱隔离特性,仍然可以从依时傅里叶变换中获得理想的或趋于理想的重构。

第 7 章介绍 FIR 滤波器设计时提到的 Bartlett 窗和 Hann 窗是两种能够进行理想重构的窗函数。在这里,式(10.48)、式(10.49)再次给出它们的定义,分别为

Bartlett 窗
$$w_{\mathrm{Bart}}[n] = \begin{cases} 2n/M, & 0\leqslant n\leqslant M/2 \\ 2-2n/M, & M/2<n\leqslant M \\ 0, & \text{其他}\end{cases} \tag{10.48}$$

Hann 窗
$$w_{\mathrm{Hann}}[n] = \begin{cases} 0.5-0.5\cos(2\pi n/M), & 0\leqslant n\leqslant M \\ 0, & \text{其他}\end{cases} \tag{10.49}$$

由上面的定义看出,两窗的长度为 $L=M+1$ 且均以 0 结尾①。令 M 为偶数,$R=M/2$,那么容易看出 Bartlett 窗满足式(10.47)中 $C=1$ 的情况。图 10.17(a)给出了 $R=M/2$ 时,窗长度为 $M+1$(第一个和最后一个采样点为 0)的重叠 Bartlett 窗。能够明显看出,这些移位的窗叠加到一起就得到了 $C=1$ 的重构增益常数。图 10.17(b)给出了同样选 $L=M+1$,$R=M/2$ 时的 Hann 窗。虽然图中表现得不明显,但将这些移位的窗叠加起来后,所有 n 处的值确实是常数 $C=1$。类似的表述对 Hamming 窗和其他许多类型的窗都成立。

① 在这些定义下,Bartlett 窗和 Hann 窗的非零采样点个数均为 $M-1$,但零采样点可简化数学计算。

图7.30比较了矩形窗、Bartlett窗和Hann窗的DTFT。注意到,在L相等的情况下,Bartlett窗和Hann窗的主瓣宽度为矩形窗的两倍,但Bartlett窗和Hann窗的旁瓣幅度明显较低。因此,它们和图7.30的其他窗在依时傅里叶分析/合成中比矩形窗好得多。

图10.17直观上看很相似,虽然不容易看出来,但Bartlett窗和Hann窗在$M=2^\nu$,$R=M/2$,$M/4$,…,1时,能提供理想重构,对应的重构增益为$M/(2R)$。为了得出这一点,首先需要回忆包络序列$\tilde{w}[n]$,它是个周期为R的固有周期序列,因此用DFT反变换表示为

$$\tilde{w}[n]=\sum_{r=-\infty}^{\infty}w[n-rR]=\frac{1}{R}\sum_{k=0}^{R-1}W(\mathrm{e}^{\mathrm{j}(2\pi k/R)})\mathrm{e}^{\mathrm{j}(2\pi k/R)n} \tag{10.50}$$

其中,$W(\mathrm{e}^{\mathrm{j}(2\pi k/R)})$为$w[n]$的DTFT在频率$(2\pi k/R)$,$k=0,1,\cdots,R-1$处的采样。由式(10.50)可以明确,理想重构的条件为

$$W(\mathrm{e}^{\mathrm{j}(2\pi k/R)})=0,\quad k=1,2,\cdots,R-1 \tag{10.51a}$$

在满足式(10.51a)的情况下,式(10.50)的重构增益为

$$C=\frac{W(\mathrm{e}^{\mathrm{j}0})}{R} \tag{10.51b}$$

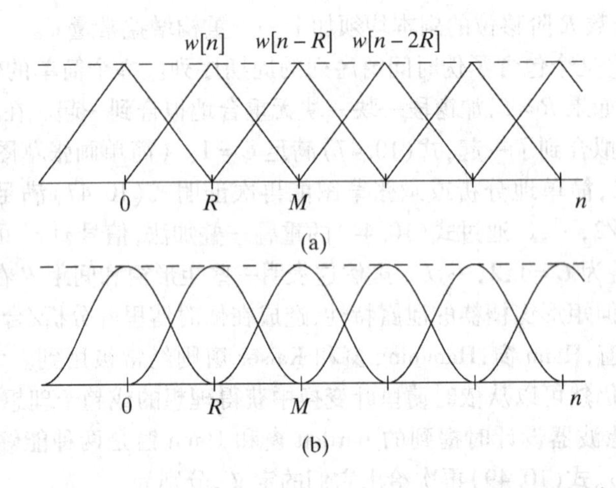

图10.17 (a)移位$R=M/2$,$M+1$点的Bartlett窗群;(b)移位$R=M/2$,$M+1$点的Hann窗群,虚线为周期序列$\tilde{w}[n]$

第7章的习题7.43讨论了平常用到的Bartlett窗,Hann窗,Hamming窗及Blackman窗能够以相对容易给出窗的DTFT近似表示的矩形窗的形式表现出来。尤其是,习题7.43给出了M为偶数时,式(10.48)定义的Bartlett窗的DTFT为

$$W_{\mathrm{Bart}}(\mathrm{e}^{\mathrm{j}\omega})=\left(\frac{2}{M}\right)\left(\frac{\sin(\omega M/4)}{\sin(\omega/2)}\right)^2\mathrm{e}^{-\mathrm{j}\omega M/2} \tag{10.52}$$

根据式(10.52),Bartlett窗的傅里叶变换在$4\pi k/M$, $k=1,2,\cdots,M-1$处均有零点。因此,当选择R为$2\pi k/R=4\pi k/M$或$R=M/2$时,将能够满足式(10.51a)。将$\omega=0$代入式(10.52)得$W_{\mathrm{Bart}}(\mathrm{e}^0)=M/2$,若$R=M/2$,那么理想重构的$C=M/(2R)=1$。选$R=M/2$,那么$W_{\mathrm{Bart}}(\mathrm{e}^{\mathrm{j}\omega})$的所有零点将排列在$2\pi k/R$频率处。若用4除$M$,那么用$R=M/4$仍能使$W_{\mathrm{Bart}}(\mathrm{e}^{\mathrm{j}\omega})$的所有零点将排列在$2\pi k/R$频率处,而此时的重构增益为$C=M/(2R)=2$。若$M$是2的次幂,$C$将随着$R$的减小而增大。

DTFT $W_{\text{Hann}}(e^{j\omega})$在$4\pi/M$的整数倍处也有零点，因此用式(10.49)的Hann窗同样能够实现理想重构。图7.30(b)和图7.30(c)所示的曲线分别显示了$W_{\text{bart}}(e^{j\omega})$和$W_{\text{hann}}(e^{j\omega})$的等间隔零值点。图7.30(d)给出的hamming窗为一种使旁瓣级达到最低的优化Hann窗。若将系数由0.5和0.5调整为0.54和0.46，$W_{\text{Hamm}}(e^{j\omega})$的零点将有轻微移动，为此不能通过选择$R$使$W_{\text{Hamm}}(e^{j\omega})$的零点精确地落在$2\pi k/R$频率处。然而，如表7.2所示，最大旁瓣级在$4\pi/M$上，为$-41$ dB。因此在每个$2\pi k/R$频率处，式(10.51a)的条件都基本满足。式(10.50)表明，若无法完全满足式(10.51a)，重构信号将会因为$\tilde{w}[n]$以周期R在C周围振荡的趋势而出现轻微的幅度调制特性。

10.3.6　基于依时傅里叶变换的信号处理

图10.18给出了基于依时傅里叶变换的信号处理的一般结构。该系统依据的是事实上信号$x[n]$能够像前面描述的那样，通过适当选择窗函数和采样参数，由依时傅里叶变换$X_r[k]$的时间、频率采样精确重构。若用图10.18所示的过程进行处理，$Y_r[k]$将向依时傅里叶变换一样保持住它的完整性，之后信号$y[n]$可通过依时傅里叶合成方法，诸如重叠－叠加法或一种包含有带通滤波器的技术重构得到。例如，如果$x[n]$是个音频信号，$X_r[k]$能被量化以压缩信号。依时傅里叶表示法在利用听觉遮蔽现象"遮蔽"量化噪声的应用中(例如，见Bosi and Goldberg, 2003；Spanias, Painter and Atti, 2007)提供了一个自然、方便的结构。之后用依时傅里叶合成重构用于听的信号$y[n]$。例如，MP3音频编码就是以此为基础。另一个应用就是音频噪声抑制，先估计音频噪声谱，然后可以从输入信号的依时傅里叶谱中将其减去或对$X_r[k]$使用根据该噪声谱设计出的维纳滤波器。(见Quatieri, 2002)能够有效计算依时傅里叶变换的FFT算法极大地促进了它们和其他一些应用。

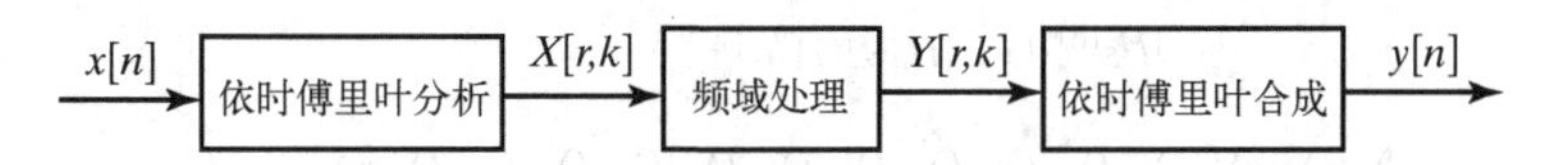

图10.18　基于依时傅里叶分析/合成的信号处理

讨论这类应用可能会偏离主题；然而在第8章中，当对利用DFT实现无限长输入信号和有限冲激响应的卷积进行讨论时，也对离散时间信号的这一类块处理技术进行了介绍。到现在为止的讨论，用依时傅里叶分析及合成的定义和概念可以给实现该方法的LTI系统一个有用的解释。

特别地，假设$n<0$时$x[n]=0$，并假设用$R=L$的矩形窗计算依时傅里叶变换。换句话说，$X_r[k]$的依时傅里叶采样包含输入信号段

$$x_r[m]=x[rL+m],\qquad 0\leqslant m\leqslant L-1\tag{10.53}$$

的N点DFT。因此信号$x[n]$的每个采样点都包含在其中，而块却不重叠，从而

$$x[n]=\sum_{r=0}^{\infty}x_r[n-rL]\tag{10.54}$$

现在，假设定义了一个新的依时傅里叶变换

$$Y_r[k]=H[k]X_r[k],\qquad 0\leqslant k\leqslant N-1\tag{10.55}$$

其中$H[k]$是$n<0$和$n>P-1$时$h[n]=0$的有限长单位采样序列的N点DFT。如果计算$Y_r[k]$的傅里叶逆变换，可得

$$y_r[m]=\frac{1}{N}\sum_{k=0}^{N-1}Y_r[k]e^{j(2\pi/N)km}=\sum_{\ell=0}^{N-1}x_r[\ell]h[((m-\ell))_N]\tag{10.56}$$

其中，$y_r[m]$是$h[m]$和$x_r[m]$的N点循环卷积。因为$h[m]$的采样长度为P点而$x_r[m]$的采样长

度为 L 点,由 8.7 节的讨论可知,如果 $N \geq L+P-1$,那么 $y_r[m]$ 在区间 $0 \leq m \leq L+P-2$ 将和 $h[m]$ 与 $x_r[m]$ 的线性卷积相同,否则为零。由此可得,如果重建一个输出信号

$$y[n] = \sum_{r=0}^{\infty} y_r[n-rL] \tag{10.57}$$

那么 $y[n]$ 会是一个冲激响应为 $h[n]$ 的线性系统的输出。上面描述的步骤和块卷积的重叠–叠加方法完全对应。8.7 节讨论的重叠—保持方法同样可应用于依时傅里叶变换的结构中。

10.3.7 依时傅里叶变换的滤波器组间串扰

可以用另一种方式理解依时傅里叶变换在时间维采样。回想一下当 λ 固定(如果分析频率为 $\lambda_k = 2\pi k/N$ 则等效为 k 固定),依时傅里叶变换在时域是频率响应是一个一维序列,它是频率响应如式(10.28) 所示的带通滤波器的输出。

图 10.19(a)给出了一组相同的带通滤波器,频率响应对应于 $L=N=16$ 的矩形窗。图 10.19 显示了即使 L 和 N 很大时,滤波器组间的串扰。当 N 增加,滤波器组变得更窄,和相邻窗频带重叠的旁瓣也同样变窄。注意到,对应于矩形窗的滤波器通带重叠严重,而它们的频率选择特性以任何标准来看都不好。事实上,任何带通滤波器的旁瓣完全和其他几个滤波器的通带完全重叠在一起。这表明,通常情况下,由于任何有限长渐变窗的傅里叶变换不是一个理想的滤波器响应,因此很可能遇上时域混叠问题。然而在 10.3.5 节的讨论表明,即使是矩形窗,也能在一组重叠的窗中完美地重构信号,尽管考虑到其糟糕的频率选择特性。虽然混叠会出现在单个带通滤波器的输出中,但可以证明,当所有通道通过重叠–叠加重新合成之后,将能够消除混叠失真。这种源于对滤波器组间串扰仔细的分析而消除混叠的观点是一个很重要的概念。

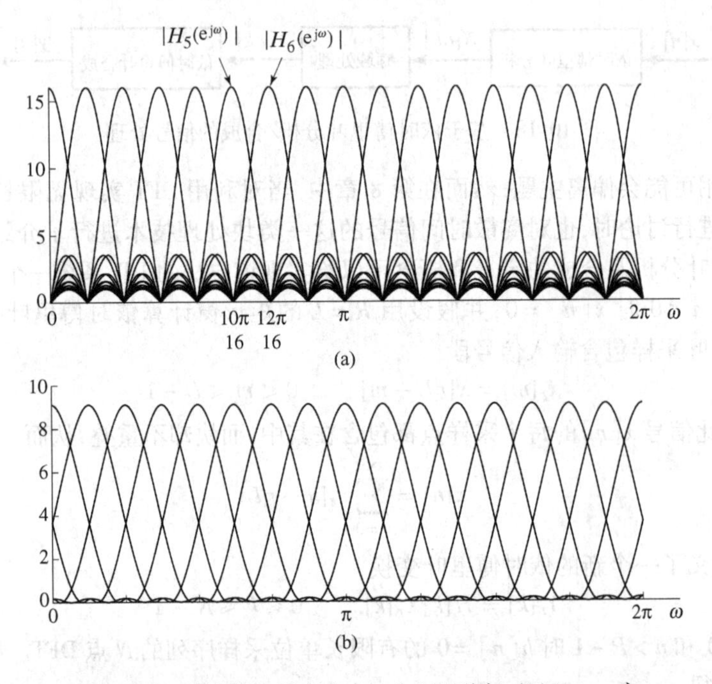

图 10.19 滤波器组频率响应。(a)矩形窗;(b)Kaiser 窗

如果使用一个渐变窗,旁瓣会减小很多。图 10.19(b)给出了和图 10.19(a)中的矩形窗使用同样窗长,即 $N=L=16$ 的 Kaiser 窗。旁瓣很低,但主瓣宽很多,因此滤波器的重叠更严重。前面基于块处理的观点再次表明,如果 R 足够小,最终能够从时间和频率采样的依时傅里叶变

换中接近完美的重构原始信号。因此,对于图 10.19(b)所示的 Kaiser 窗,序列的采样率表明各个滤波器频带通带应为 $2\pi/R = \Delta_{ml}$,其中 Δ_{ml} 是窗傅里叶变换的主瓣宽度。① 在图 10.19(b)的举例中,主瓣宽度约为 $\Delta_{ml}=0.4\pi$,这意味着,为了通过重叠-叠加采样法从 $X[rR, \lambda_k)$ 中趋近完美的重构信号,时域采样间隔应为 $R=5$。更一般的情况,例如,采样长度为 $L=M+1$ 的 Hamming 窗,其 $\Delta_{ml}=8\pi/M$,时间采样间隔应为 $R=M/4$。在该时间采样率下,上面的讨论显示,信号 $x[n]$ 能够通过 Hamming 窗和重叠-叠加方法从 $X[rR, \lambda_k)$ 中近似完美地重构出来,其中取 $R=L/4$,$L\leqslant N$。

当用分析/合成的重叠-叠加方法时,参数一般满足 $R\leqslant L\leqslant N$。这意味着(考虑对称情况),依时傅里叶表达式 $X[rR, \lambda_k)$ 每秒的总有效采样(点)数目是 N/R 的一个系数,比 $x[n]$ 本身的采样率大。在一些应用中,这没有问题,但是在诸如音频编码这样的数据压缩的应用中,这将带来大麻烦。幸运的是,从滤波器组的观点可以看出,通过选择这些参数使其满足 $R=N<L$ 同样能够从信号依时傅里叶变换中将信号近乎完美地重构出来。4.7.6 节讨论过一个分析/合成系统的例子,在那里 $R=N=2$,同时低通和高通滤波器的冲激响应长度为 L,它足够长以至于能够实现滤波器的锐截止。两通道滤波器组能够由 $R=N$ 的更多通道滤波器组产生,同时,可以使用 4.7.6 节列举的多相位技术提高计算效率。要求 $R=N$ 的有利之处在于,使得总采样点数目和输入信号 $x[n]$ 相同。作为一个例子,图 10.20 给出了由 MPEG-II 音频编码标准制定的基本分析滤波器组的第一类带通通道。该滤波器组使用 32 个实数滤波器使得依时傅里叶分析的失调中心频率 $\lambda_k=(2k+1)\pi/64$。由于实数带通滤波器在频率 $\pm\lambda_k$ 处有一对通带中心,这等效于 64 个复数带通滤波器。在这种情况下,

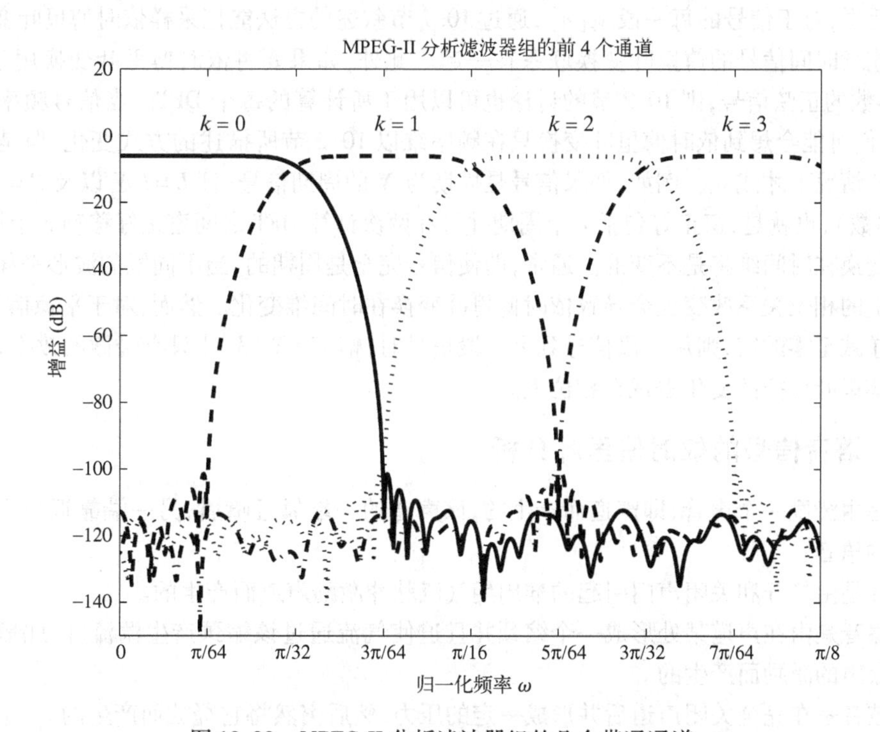

图 10.20　MPEG-II 分析滤波器组的几个带通通道

① 由于在定义中,依时傅里叶变换通道信号 $X[n, \lambda_k)$ 是中心频率为 λ_k 的带通信号,它们可用 λ_k 频率下移,这样结果将是一个带宽为 $\pm\Delta_{ml}$ 的低通信号。所得的低通信号上限频率为 $\Delta_{ml}/2$,因此最低采样频率为 $2\pi/R = \Delta_{ml}$。如果 $R=N$,减采样操作等效于频率下移。

冲激响应的长度(等价于窗长)为 $L = 513$,其中第一个和最后一个采样点等于 0。减采样系数为 $R = 32$,可以看出在滤波器边缘处有明显重叠,减采样系数 $R = 32$ 会引起严重的混叠失真。然而,进一步对分析/合成系统的完整分析表明,由混叠失真引起的非理想频率在信号重构过程中消失。

全面的讨论分析/合成滤波器组超出了本章的范围。这类讨论的一个基本概要在习题 10.46 中给出,细节的讨论可以在 Rabiner and Schafer (1978), Crochiere and Rabiner (1983)及 Vaidyanathan (1993)中找到。

10.4 非平稳信号的傅里叶分析举例

10.3.6 节研究了一个如何用依时傅里叶变换来实现线性滤波的简单例子。在这类应用中,十分关注是否有可能由修正的依时傅里叶变换重构一个修正的信号,而对谱的分辨率不是太关心。另一方面,依时傅里叶变换的概念大概是最广泛用于获得非平稳离散时间信号谱估计的各种技术的一个框架,并且在这些应用中,谱的分辨率、时间变化和其他一些问题是最重要的。

非平稳信号是一种信号特性随时间变化的信号,例如,一些振幅、频率或相位随时间变化的正弦分量。正如将在 10.4.1 节中对于语音信号以及将在 10.4.2 节中对于多普勒雷达信号所要说明的,依时傅里叶变换常常可以给出有关信号特性如何随时间变化的有用描述。

当把依时傅里叶分析用于一个采样了的信号时,10.1 节对于计算每个 DFT 的全部讨论均成立。换句话说,对于信号的每一段 $x_r[n]$,通过 10.1 节叙述的方法能把采样依时傅里叶变换 $X_r[k]$ 与原来的连续时间信号的傅里叶变换联系在一起。此外,如果要将依时傅里叶变换用于固定(即非时变)参数的正弦信号,则 10.2 节的讨论也可以用于所计算的每个 DFT。当信号频率不随时间改变时,人们可能会想到依时傅里叶变换只在频率维以 10.2 节所描述的方式变化,但是这只有在十分特殊的情况下才成立。例如,如果信号是周期为 N_p 的周期信号,且 $L = l_0 N_p$ 以及 $R = r_0 N_p$(其中 l_0 和 r_0 为整数),也就是,窗正好包括 l_0 个周期并且在两次计算 DFT 之间窗正好移动 r_0 个周期,则依时傅里叶变换在时间维将是不变的。通常,即使信号完全是周期的,当不同段的波形平移到分析窗中时所产生的相位关系改变也会导致依时傅里叶变换在时间维变化。然而,对于平稳信号,若用一个在两端递减至零的窗,则从一段信号到另一段信号时,幅度 $|X_r[k]|$ 只有轻微的改变,而大多数复数依时傅里叶变换的变化表现在相位上。

10.4.1 语音信号的依时傅里叶分析

语音是由激励一个声管,即声道而产生的,该声道的一端靠近嘴唇,另一端靠近声门。有三种基本类型的语音:

- 浊音是由打开和关闭声门引起的准周期气流脉冲激励声道而产生的。
- 摩擦音是由在声道某处形成一个缩颈并且迫使气流通过该缩颈产生湍流,由此形成一个类似噪声的激励而产生的。
- 爆破音是在完全关闭声道后并形成一定的压力,然后突然将它释放而产生的。

对于语音信号模型的详细讨论以及依时傅里叶变换的应用可参见 Flanagan(1972), Rabiner and Schafer(1978), O'Shaughnessy(1999), Parsons(1986)及 Quatieri(2002)。

对于一个固定的声道形状,语音的模型可以看成一个线性时不变系统(声道)在浊音时对准周期脉冲串的响应,或在清音时对宽带噪声的响应。声道是一个其特性由自己的自然频率所决定的声传输系统,该自然频率称为谐振峰,与其频率响应中的谐振点相对应。在正常的语音中,当舌和唇产生语音的姿态时,声道随时间相当慢地改变其形状,这样其模型可以当作一个慢速时变的滤波器,该滤波器将其频率响应特性强加在激励谱上。图 10.21 中给出了一个典型的语音波形。

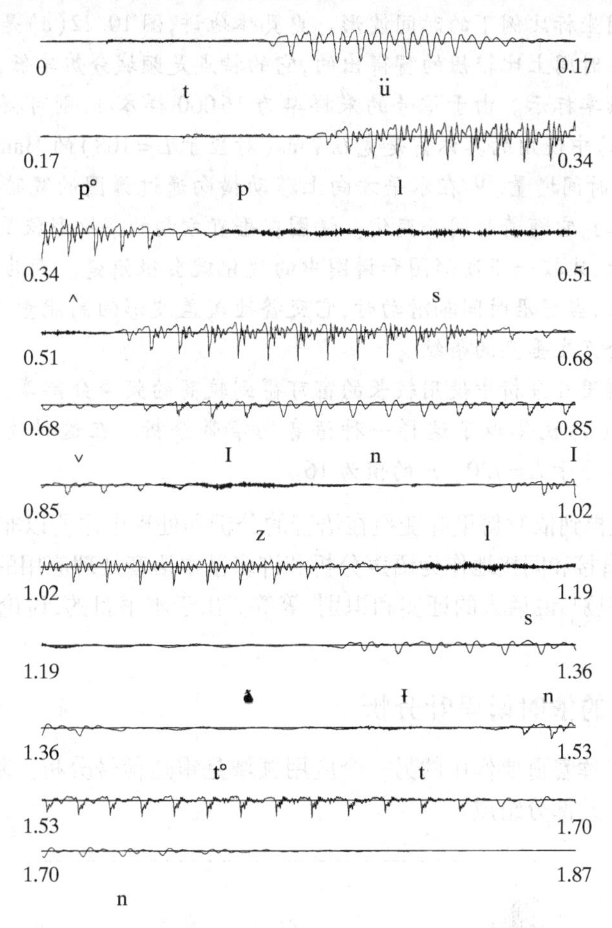

图 10.21　“Two plus seven is less than ten”发音的波形,每条线持续 0.17 s,波形下方标注出了对应时刻的音素符号。采样频率为16 000样本/s,所以每条线表示2720个样本点

从这段有关语音产生过程的简要叙述及图 10.21 中,可看出语音的确是非平稳信号。但是,正如图 10.21 表明的,可假定语音信号的特性在 30 ms 或 40 ms 量级的时间范围内基本保持不变。显然,语音信号的频率范围上限可达 15 kHz 或更高,但是即使当带宽限制到低于 3 kHz 附近的频率时语音仍是较容易听懂的。例如,商用电话系统通常限制最高传输频率为 3 kHz 左右。对于数字电话通信系统标准采样率为 8000 样本/s。

图 10.21 说明该波形是由一串准周期浊音语音段与夹杂着类似噪声的清音语音段所组成的。这幅图所提示的是,如果窗长 L 不是太长,则信号的特性从信号段的开始到结束将不会有明显改变。这样,一个加窗语音段的 DFT 应当在与窗位置相对应的时间内表现出该信号的频率特性。例如,若窗的长度长到足以将谐波分辨出来,则某一段加窗浊音的 DFT 应当在那个区间内位于信号基频的整数倍处出现一系列谱峰。通常这就要求窗覆盖波形的几个周期。若窗太短,则谐波将无法分辨,但是总的谱形状仍然是明显的。这是在频率分辨和时间分辨之间进行折中的典型情况,在非平稳信号的分析中这是必要的。可以从例 10.9 中看出,如果窗太长,则信号的特性从窗的这端到那端可能会有很大变化;如果窗太短,则会牺牲窄带分量的分辨率。以下的例子将说明这一折中情况。

例 10.11　语音信号依时傅里叶变换的谱图表示

图 10.22(a)给出了在图 10.21 中所示语句的依时傅里叶变化的谱图。在谱图的下方也给出了在相同时间坐标比例下的时间波形。更具体地讲,图 10.22(a)是一个宽带谱图。宽带谱图表示是利用在时间上比较短的窗得出的,它的特点是频域分辨率低,而时域分辨率高。频率轴用连续时间频率标示。由于信号的采样率为 16 000 样本/s,则可得出频率 $\lambda=\pi$ 对应于 8 kHz。图 10.22(a)中使用的具体窗是宽 6.7 ms(对应于 $L=108$)的 Hamming 窗。R 的值为 $R=16$,代表 1 ms 的时间增量。[①] 在水平方向上移动横向通过谱图的宽暗条对应于声道的谐振频率,正如所看到的,它随着时间而变化。谱图在垂直方向的条纹形状是由于波形中浊音部分的准周期性质所致,比较一下波形图和谱图中的变化就会很清楚。因为分析窗的长度大约是波形的一个周期长,当窗沿时间轴滑动时,它交替地覆盖波形的高能量段和低能量段,所以在图中浊音期间就会产生垂直的条纹。

在窄带依时傅里叶分析中使用较长的窗可得到较高的频率分辨率,同时相应地降低时间分辨率。图 10.22(b)就体现了这样一种语音的窄带分析。在这种情况下窗为宽 45 ms 的 Hamming 窗。这对应于 $L=720$。R 的值为 16。

这个例子只是略微提到依时傅里叶变换在语音的分析和处理中之所以非常重要的众多原因之一。的确,这一概念被直接和间接地作为语声分析和许多基本语音处理应用的基础,如数字编码、噪声和混响的消除、语音识别、说话人的证实和识别,等等。出于本书目的,讨论仅仅是一个简介性的说明。

10.4.2　雷达信号的依时傅里叶分析

依时傅里叶变换发挥着重要作用的另一个应用领域是雷达信号分析。基于多普勒原理,一个典型的雷达系统由以下几部分组成:

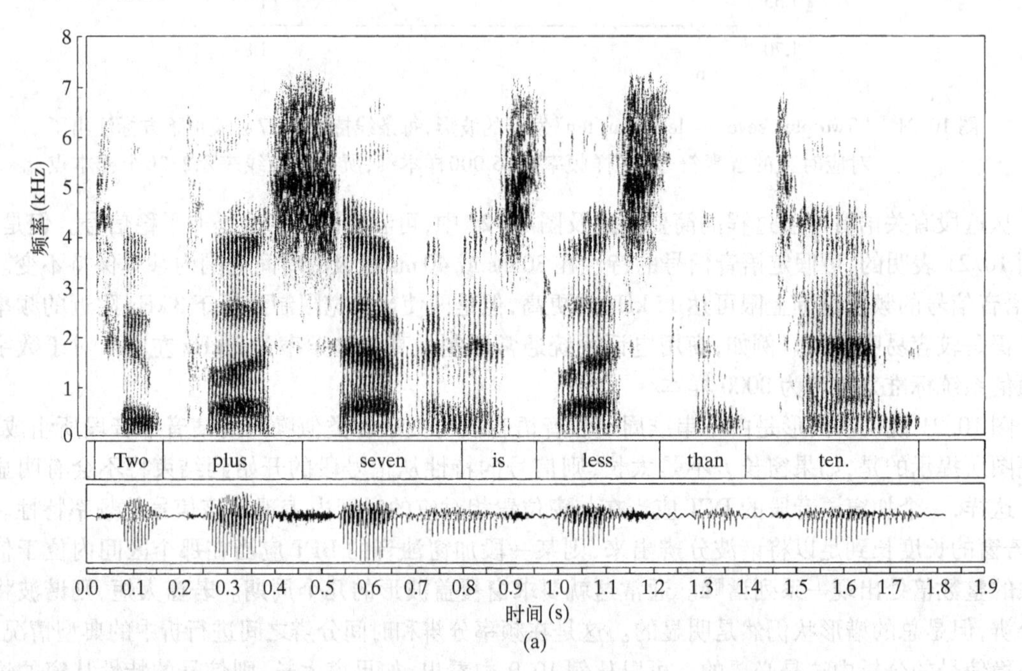

图 10.22　(a) 图 10.21 中波形的宽带谱图;(b) 窄带谱图

① 在画谱图时通常选用较小的 R,使得绘得的图形平滑显示。

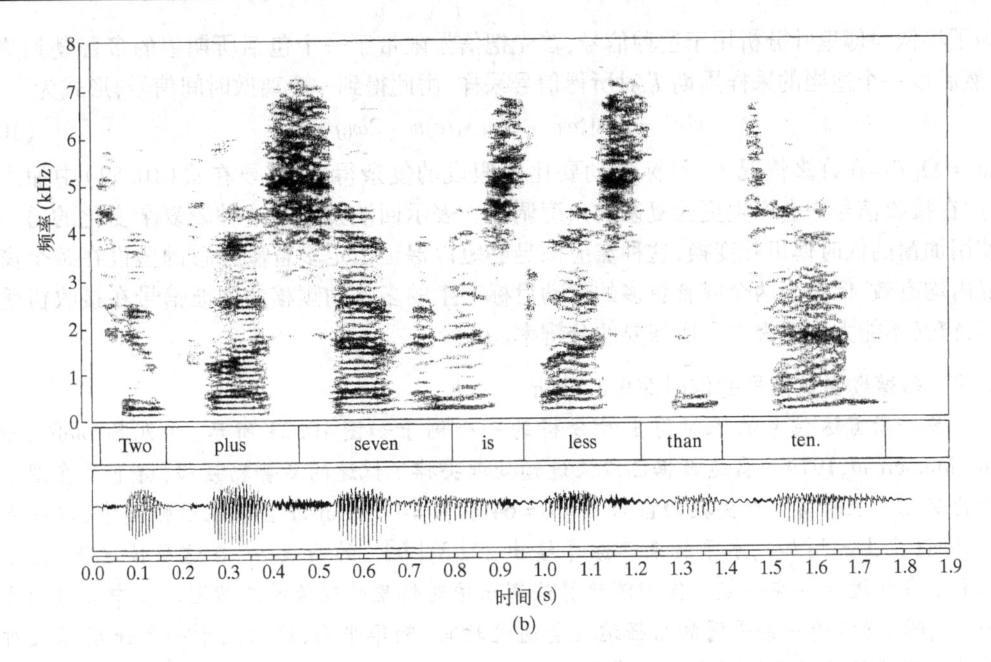

(b)

图 10.22(续)　(a) 图 10.21 中波形的宽带谱图;(b) 窄带谱图

- 天线,用于发射和接收(往往是相同的)。
- 发射机,它产生需要的微波频段信号。在讨论中假设这个信号是正弦脉冲。虽然这是一般的情况,但也可以应用其他信号,这取决于具体的雷达目标和设计方法。
- 接收机,它放大和检测从天线对准的目标反射回来的发射脉冲的回波。

在这样一个雷达系统中,发射的正弦信号以光速传播,经目标反射,并以光速回到天线,因此经过了一个从天线至目标往返传播的时间延迟。如果假设发射信号是一个形式为 $\cos(\Omega_0 t)$ 的正弦脉冲,且从天线到目标的距离为 $\rho(t)$,则接收到的信号是如下脉冲:

$$s(t) = \cos[\Omega_0(t - 2\rho(t)/c)] \tag{10.58}$$

式中 c 为光速。若目标相对于天线没有运动,则 $\rho(t) = \rho_0$,其中 ρ_0 为距离。因为在发射脉冲和接收脉冲之间的时延为 $2\rho_0/c$,所以时延的测量可用于估计距离。但是,如果 $\rho(t)$ 不是常量,则接收信号是一个调角的正弦信号,并且相位差同时包含着目标对于天线的距离和相对运动的信息。具体地,用泰勒级数展开来表示该时变距离,为

$$\rho(t) = \rho_0 + \dot{\rho}_0 t + \frac{1}{2!}\ddot{\rho}_0 t^2 + \cdots \tag{10.59}$$

式中,ρ_0 为标称距离,$\dot{\rho}_0$ 为速度,$\ddot{\rho}_0$ 为加速度,等等。假定目标以恒定速度(即 $\ddot{\rho}_0 = 0$)运动,并且将式(10.59)代入式(10.58)得

$$s(t) = \cos[(\Omega_0 - 2\Omega_0\dot{\rho}_0/c)t - 2\Omega_0\rho_0/c] \tag{10.60}$$

在这种情况下,接收信号的频率不同于发射信号的频率,相差为多普勒频率,它定义为

$$\Omega_d = -2\Omega_0\dot{\rho}_0/c \tag{10.61}$$

这样,时延仍可用于估计距离,并且若能确定多普勒频率,即可确定目标相对于天线的速度。

在实际场合,接收信号通常很微弱,这样在式(10.60)中应当加入一个噪声项。为了简化这一节的分析,忽略噪声的影响。而且,在大多数雷达系统中,式(10.60)的信号在检测过程中应当将频率移到一个较低的标称频率上去。然而,即使 $s(t)$ 解调到一个较低的中心频率上,多普勒频移仍满足式(10.61)。

为了将依时傅里叶分析用于这种信号,首先把信号限带于一个包括所期望的多普勒频移的频带上,然后以一个适当的采样周期 T 对所得信号采样,由此得到一个离散时间信号,形式为

$$x[n]=\cos[(\omega_0-2\omega_0\dot{\rho}_0/c)n-2\omega_0\rho_0/c] \tag{10.62}$$

式中 $\omega_0=\Omega_0 T$。在许多情况下,目标运动要比所假设的复杂得多,需要在式(10.59)中加入高阶项,因此在接收信号中会产生更为复杂的角度调制。表示回波频率的这种较复杂变化的另一种方式是使用加窗的依时傅里叶变换,这种窗应该足够短以保证恒定多普勒频移的假设在整个窗的时间间隔内均有效,但是当两个或者更多的运动目标产生的多普勒频移的回波信号在接收机叠加在一起时,窗又不能太短而失去了所需要的分辨率。

例 10.12 多普勒雷达信号的依时傅里叶分析

多普勒雷达信号的依时傅里叶分析的一个例子如图 10.23 所示。(见 Schaefer, Schafer and Mersereau, 1979。)雷达数据已经经过预处理去掉了低速的多普勒频移,留下了在图中表现出的变化。依时傅里叶变换的窗为 $N=L=64$ 和 $\beta=4$ 的 Kaiser 窗。在这幅图中,以垂直轴表示时间(向上为增加),水平轴表示频率绘出了 $|X_r[k]|$ 的曲线。① 在这种情况下,把相继的 DFT 十分靠近地画在一起。使用消隐算法得出依时傅里叶变换的二维图。在中心线的左方有一个高峰,它沿着一条平滑的路径运动着通过时间–频率平面,这对应于一个速度以某种规则方式变化着的运动目标。在依时傅里叶变换中其他的宽峰是由噪声和在雷达术语中称为杂波的假回波信号所致。可能产生这样一种多普勒频率变化的运动实例是以恒速运动但围绕自身纵向旋转的火箭的运动。运动着通过依时傅里叶变换的峰可能对应着来自火箭上尾翼的反射,该尾翼的运动由于火箭的旋转而交替地朝向和离开天线。图 10.23(b)表示作为时间函数的多普勒频率的估计。这个估计是通过简单地确定每个 DFT 中最大峰的位置而得出的。

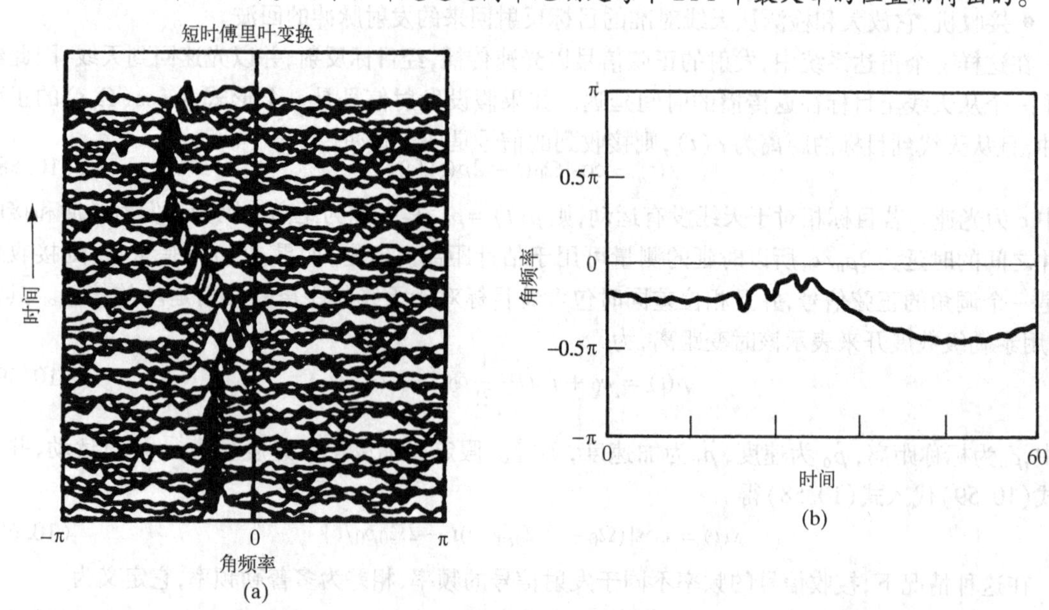

图 10.23 多普勒雷达信号的依时傅里叶变换分析举例。(a) 多普勒雷达信号的依时傅里叶变换序列;(b)通过选择依时傅里叶变换中最大峰所估计出的多普勒频率

① 该图从图中心到左端线为负频率,从图中心到右端线为正频率,这可以通过计算 $(-1)^n x_r[n]$ 的 DFT 而得到,并且应注意,需恰当地将 DFT 标号的原点平移到 $k=N/2$ 处。另一方面,也可以先计算 $x_r[n]$ 的 DFT,然后重新加标号。

10.5　平稳随机信号的傅里叶分析——周期图

在前面几节中已经讨论和举例说明了对于平稳(无时变)参数的正弦信号以及如语音和雷达的非平稳信号的傅里叶分析。在信号可以用正弦信号之和或由周期脉冲串激励的线性系统作为其模型的场合,利用傅里叶变换、加窗和线性系统理论可以方便、自然地对有限长信号段的傅里叶变换进行解释。但是,对于像在 10.4.1 节浊音例示中酷似噪声那样的信号,最好用随机信号作为其模型。

正如在 2.10 节所讨论的以及在附录 A 中所示的,当产生信号的过程对于一个合理的确定性模型过分复杂时,随机过程常常作为信号的模型。典型的是,当输入到一个线性时不变系统的信号可以用平稳随机过程作为模型时,输入和输出的许多基本特性可以适当地用如均值(直流电平)、方差(平均功率)、自相关函数或功率密度谱这类平均性质的参量来表示。因此特别感兴趣的是,对于一个已知信号如何估计这些参量。正如附录 A 中所讨论的,由一个有限长数据段而得出的平稳随机过程均值的典型估计是样本均值,定义为

$$\hat{m}_x = \frac{1}{L}\sum_{n=0}^{L-1} x[n] \tag{10.63}$$

同样,方差的典型估计是样本方差,定义为

$$\hat{\sigma}_x^2 = \frac{1}{L}\sum_{n=0}^{L-1} (x[n] - \hat{m}_x)^2 \tag{10.64}$$

样本均值和样本方差都是随机变量,它们分别是无偏的和渐进无偏的估计器,即 $\hat{m}_x$ 的期望值是真实均值 m_x,并且当 L 趋近于∞时 $\hat{\sigma}_x^2$ 的期望值趋近于真实方差 σ_x^2。另外,它们都是一致估计器,也就是说,它们随着 L 的增加而得到改善,因为当 L 趋近于∞时,它们的估计方差趋近于零。

本章的剩余部分将研究用 DFT 估计一个随机信号的功率谱①。读者将看到,有两种估计功率谱的基本方法,本节将推导的一种方法是所谓的周期图分析,它是以有限长信号段的直接傅里叶变换为基础。将在 10.6 节推导的第二种方法是首先估计出自相关序列,然后计算这个估计的傅里叶变换。在这两种情况下,均对获得无偏一致估计器特别感兴趣。遗憾的是,对这种估计器的分析是非常困难的,通常只能进行近似的分析。即使近似的分析也已超出了本书的范围,只能以定性的方式给出这种分析结果。在 Blackman and Tukey(1958),Hannan(1960),Jenkins and Watts(1968),Koopmans(1995),Kay and Marple(1981),Marple(1987),Kay(1988),Stoica and Moses(2005)中给出了详细的讨论。

10.5.1　周期图

下面研究估计一个连续时间信号 $s_c(t)$ 的功率谱密度 $P_{ss}(\Omega)$ 的问题。功率谱估计的直观方法已在图 10.1 中提出,并且与 10.1 节中的讨论有关,基于那种方法,现在假设输入信号 $s_c(t)$ 是一个平稳随机信号。反混叠低通滤波器产生一个新的平稳随机信号,它的功率谱是带宽有限的,以便使得对该信号采样没有混叠。这样 $x[n]$ 是一个平稳离散时间随机信号,它的功率谱密度 $P_{xx}(\Omega)$ 在反混叠滤波器带宽范围内正比于 $P_{ss}(\Omega)$,即

① 功率谱一词常常可与较准确的术语功率谱密度一词交换使用。

$$P_{xx}(\omega)=\frac{1}{T}P_{ss}\left(\frac{\omega}{T}\right),\qquad |\omega|<\pi \tag{10.65}$$

式中已经假定反混叠滤波器的截止频率为 π/T,且 T 是采样周期。(对于随机信号采样的更多考虑见习题 10.39。)因此,由 $P_{xx}(\omega)$ 的合理估计将给出 $P_{ss}(\Omega)$ 的合理估计。图 10.1 中的窗 $w[n]$ 选取 $x[n]$ 的一段有限长信号(L 个样本),记为 $v[n]$。它的傅里叶变换为

$$V(e^{j\omega})=\sum_{n=0}^{L-1}w[n]x[n]e^{-j\omega n} \tag{10.66}$$

考虑作为一种功率谱估计的量

$$I(\omega)=\frac{1}{LU}|V(e^{j\omega})|^2 \tag{10.67}$$

其中常数 U 是预先考虑到在谱估计中为了消除偏差而进行归一化所需要的。当窗 $w[n]$ 为矩形窗序列时,这种功率谱的估计器称为周期图。如果窗不是矩形的,$I(\omega)$ 则称为修正周期图。显然,周期图具有一些功率谱的基本性质。它是非负的,并且对于实信号它是频率的实偶函数。另外,可以证明(见习题 10.33)

$$I(\omega)=\frac{1}{LU}\sum_{m=-(L-1)}^{L-1}c_{vv}[m]e^{-j\omega m} \tag{10.68}$$

其中,

$$c_{vv}[m]=\sum_{n=0}^{L-1}x[n]w[n]x[n+m]w[n+m] \tag{10.69}$$

注意到,对于有限长序列 $v[n]=w[n]x[n]$,序列 $c_{vv}[m]$ 是一个非周期相关序列。因此,事实上周期图是加窗数据序列的非周期相关函数的傅里叶变换。

周期图的显式计算只有在离散频率上才能进行。从式(10.66)和式(10.67)可以看出,如果 $w[n]x[n]$ 的傅里叶变换用其 DFT 来代替,则可以得到 DFT 频率 $\omega_k=2\pi k/N$ 在 $k=0,1,\cdots,N-1$ 处的样本。具体地讲,周期图的样本由下式给出:

$$I[k]=I(\omega_k)=\frac{1}{LU}|V[k]|^2 \tag{10.70}$$

式中 $V[k]$ 是 $w[n]x[n]$ 的 N 点 DFT。如果希望选取 N 大于窗的长度 L,则应当对序列 $w[n]x[n]$ 适当地补零。

若一个随机信号有非零均值,则它的功率谱在零频率处有一个脉冲。如果该均值相当大,那么这个量将在谱估计中起主导作用,使得小振幅、低频成分会被泄漏所掩盖。因此,在实际中常常使用式(10.63)来估计均值,并且在计算功率谱估计前,从随机信号中减去得出的值估计。虽然样本均值只是零频分量的一个近似的估计,但是将它从信号中减去往往会使得在其相邻频率处得到更好的估计。

10.5.2 周期图的性质

认识到对于 ω 的每一个值 $I(\omega)$ 都是一个随机变量,就可确定功率谱周期图估计的固有性质。通过计算 $I(\omega)$ 的均值和方差,可以确定估计是否是有偏的,是否是一致的。

由式(10.68)可得 $I(\omega)$ 的期望值为

$$\mathcal{E}\{I(\omega)\}=\frac{1}{LU}\sum_{m=-(L-1)}^{L-1}\mathcal{E}\{c_{vv}[m]\}e^{-j\omega m} \tag{10.71}$$

$c_{vv}[m]$ 的期望值可以表示为

$$\begin{aligned}\mathcal{E}\{c_{vv}[m]\} &= \sum_{n=0}^{L-1}\mathcal{E}\{x[n]w[n]x[n+m]w[n+m]\} \\ &= \sum_{n=0}^{L-1} w[n]w[n+m]\mathcal{E}\{x[n]x[n+m]\}\end{aligned} \tag{10.72}$$

由于假定 $x[n]$ 是平稳的,所以

$$\mathcal{E}\{x[n]x[n+m]\} = \phi_{xx}[m] \tag{10.73}$$

并且式(10.72)可以改写为

$$\mathcal{E}\{c_{vv}[m]\} = c_{ww}[m]\phi_{xx}[m] \tag{10.74}$$

式中 $c_{ww}[m]$ 是窗的非周期自相关函数,即

$$c_{ww}[m] = \sum_{n=0}^{L-1} w[n]w[n+m] \tag{10.75}$$

也就是说,加窗信号非周期自相关的均值与自相关函数的真实值和窗的非周期自相关的乘积相等,即一般意义上,数据窗的自相关函数可以看作真实自相关函数的窗。

由式(10.71),式(10.74)和傅里叶变换的调制–加窗性质(见 2.9.7 节),可得

$$\mathcal{E}\{I(\omega)\} = \frac{1}{2\pi LU}\int_{-\pi}^{\pi} P_{xx}(\theta)C_{ww}(\mathrm{e}^{\mathrm{j}(\omega-\theta)})\mathrm{d}\theta \tag{10.76}$$

其中 $C_{ww}(\mathrm{e}^{\mathrm{j}\omega})$ 是窗的非周期自相关函数的傅里叶变换,即

$$C_{ww}(\mathrm{e}^{\mathrm{j}\omega}) = |W(\mathrm{e}^{\mathrm{j}\omega})|^2 \tag{10.77}$$

按照式(10.76),(修正)周期图是功率谱的有偏估计,因为 $\varepsilon\{I(\omega)\}$ 不等于 $P_{xx}(\omega)$。的确可以看到,真实功率谱与数据窗的非周期自相关函数的傅里叶变换的卷积结果会产生偏差。如果增加窗的长度,可以预计 $W(\mathrm{e}^{\mathrm{j}\omega})$ 应当更加集中在 $\omega=0$ 附近,这样 $C_{ww}(\mathrm{e}^{\mathrm{j}\omega})$ 看上去就越像一个周期脉冲串。如果正确选取比例因子 $1/(LU)$,则当 $W(\mathrm{e}^{\mathrm{j}\omega})$ 趋近于一个周期脉冲串时,$\varepsilon\{I(\omega)\}$ 应当趋近于 $P_{xx}(\omega)$。通过选择归一化常数 U 就可以调整幅度大小,可使

$$\frac{1}{2\pi LU}\int_{-\pi}^{\pi}|W(\mathrm{e}^{\mathrm{j}\omega})|^2\,\mathrm{d}\omega = \frac{1}{LU}\sum_{n=0}^{L-1}(w[n])^2 = 1 \tag{10.78}$$

或

$$U = \frac{1}{L}\sum_{n=0}^{L-1}(w[n])^2 \tag{10.79}$$

若将 $w[n]$ 的最大值归一化到 1,则对于矩形窗应当选取 $U=1$,而对其他数据窗,要求 U 的值为 $0<U<1$。另一方面,归一化也可以并入 $w[n]$ 的幅度中。总之,若恰当地归一化,则(修正)周期图是渐近无偏的,也就是说,当窗的长度增加时,偏差趋近于零。

为了检验周期图是否为一致估计,或当窗的长度增加时成为一个一致估计,必须研究周期图方差的特性。即使在最简单的情况下,要得出周期图方差的表达式也是非常困难的。但是已经证明(见 Jenkins and Watts,1968),在一个很宽的条件范围内,当窗的长度增加时,有

$$\mathrm{var}[I(\omega)] \simeq P_{xx}^2(\omega) \tag{10.80}$$

也就是说,周期图估计的方差与估计的功率谱的大小近似相等。因此,由于方差并不随着窗长度的增加而渐渐趋近于零,所以周期图就不是一个一致估计。

刚才讨论的功率谱周期图估计的性质如图 10.24 所示,图中给出了使用窗长度 $L=16,64,256$

和 1024 的矩形窗时白噪声的周期图估计。序列 $x[n]$ 是由伪随机数发生器得到的,该发生器的输出幅度已调整到使 $|x[n]|\leqslant\sqrt{3}$。一个好的随机数发生器能产生一个幅度均匀分布,并且样本与样本之间的相关性很小的输出序列。在这种情况下,随机数发生器的输出功率谱可以 $P_{xx}(\omega)=\sigma_x^2=1$(对于所有 ω)作为其模型。对于 4 种矩形窗中的每一种,均取归一化常数 $U=1$,而且对于 $N=1024$ 在频率 $\omega_k=2\pi k/N$ 处利用 DFT 来计算周期图。也就是

$$I[k]=I(\omega_k)=\frac{1}{L}|V[k]|^2=\frac{1}{L}\left|\sum_{n=0}^{L-1}w[n]x[n]\mathrm{e}^{-\mathrm{j}(2\pi/N)kn}\right|^2 \tag{10.81}$$

在图 10.24 中,为了表现其特点,用直线将 DFT 的值连接起来。已经知道 $I(\omega)$ 是 ω 的实偶函数,因此只需画出与 $0\leqslant\omega\leqslant\pi$ 相对应的 $0\leqslant k\leqslant N/2$ 时的 $I[k]$。注意到,随着窗长度 L 的增加,谱估计的起伏加剧。要明白这一点,只要回想一下,虽然把周期图方法看成一种谱估计的直接计算方法,但是已经看到,实际上是对式(10.69)的相关函数的估计进行傅里叶变换得到周期图的。图 10.25 画出一个加窗序列 $x[n]w[n]$ 及其平移形式 $x[n+m]w[n+m]$,正如在式(10.69)中所要求的。从这幅图中可以看到,计算一个具体的相关滞后值 $c_{vv}[m]$,要涉及 $(L-m)$ 个信号值。这样,当 m 接近于 L 时,在计算中只涉及少数几个 $x[n]$ 值,并且可以预料,相关序列的估计对于 m 的这些值将是非常不准确的,并因此还将表现为在 m 的相邻值之间该估计值会显著变化。另一方面,当 m 较小时将涉及很多样本,并且 $c_{vv}[m]$ 随 m 的变化程度应不很大。取大 m 值时的变化程度在傅里叶变换中将表现为在所有频率处的起伏,因此,取大的 L 值时周期图的估计就趋向于随频率迅速变化。确实可以证明(见 Jenkins and Watts,1968),若 $N=L$,则在 DFT 的频率 $2\pi k/N$ 处周期图的估计是不相关的。因为随着 N 的增大 DFT 的频率变得更加靠近。这一特性与要得到好的功率谱

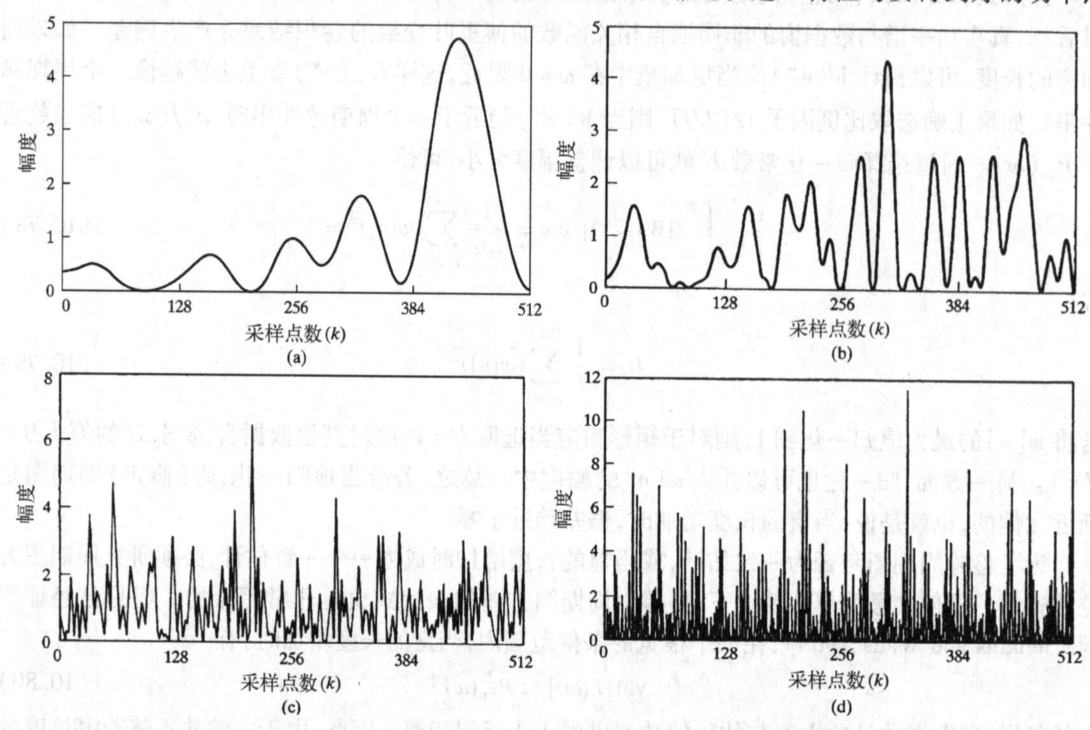

图 10.24 伪随机白噪声序列的周期图。(a) 窗长 $L=16$ 且 DFT 长度 $N=1024$;(b) $L=64$ 和 $N=1024$;(c) $L=256$ 和 $N=1024$;(d) $L=1024$ 和 $N=1024$

估计的目标是不一致的。我们总希望得到一个没有由估计过程引起随机变化的平滑谱估计。这可以通过把多个独立的周期图估计进行平均以减小起伏来完成。

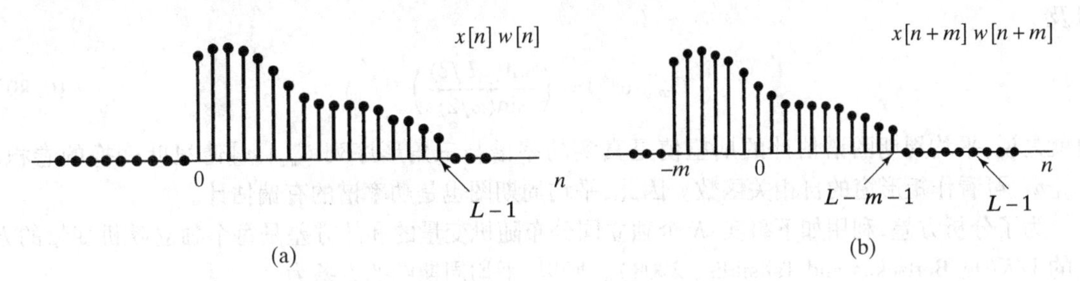

图 10.25　式(10.69)中所涉及序列的表示。(a) 有限长序列;(b) 对于 $m>0$ 的平移序列

10.5.3　周期图的平均

Bartlett(1953)首先广泛地研究了谱估计中周期图的平均。后来,当计算 DFT 的快速算法提出之后,Welch(1970)把这类计算算法与数据窗 $w[n]$的使用结合在一起导出了对修正周期图进行平均的方法。在周期图平均中先把一个数据序列 $x[n]$ $(0 \leqslant n \leqslant Q-1)$ 分成长度为 L 个样本的序列段,并对每段加上长度为 L 的窗;即构成序列段

$$x_r[n] = x[rR+n]w[n], \qquad 0 \leqslant n \leqslant L-1 \tag{10.82}$$

若 $R<L$,则序列段有重叠,而当 $R=L$ 时序列段为相邻接。注意,Q 表示可用数据的长度。全部序列段的数量取决于 R、L 和 Q 的值及其相互关系。特别是,当 K 为满足 $(K-1)R+(L-1) \leqslant Q-1$ 最大的整数时,会有 K 个全长序列段。第 r 个序列段的周期图为

$$I_r(\omega) = \frac{1}{LU}|X_r(\mathrm{e}^{\mathrm{j}\omega})|^2 \tag{10.83}$$

式中 $X_r(\mathrm{e}^{\mathrm{j}\omega})$是 $x_r[n]$的离散时间傅里叶变换。每个 $I_r(\omega)$都具有上面所论述的周期图的性质。周期图平均包括对 K 个周期图的估计 $I_r(\omega)$一起求平均;也就是构成时间平均周期图,定义为

$$\bar{I}(\omega) = \frac{1}{K}\sum_{r=0}^{K-1} I_r(\omega) \tag{10.84}$$

为了分析 $\bar{I}(\omega)$的偏差和方差,取 $L=R$ 以便使序列段不重叠,并且假设对于 $m>L$,$\phi_{xx}[m]$很小,也就是说在 L 以外的信号样本近似为不相关的。其次,有理由假定周期图 $I_r(\omega)$是同分布的独立随机变量。在这一假设下,$\bar{I}(\omega)$的期望值为

$$\mathcal{E}\{\bar{I}(\omega)\} = \frac{1}{K}\sum_{r=0}^{K-1} \mathcal{E}\{I_r(\omega)\} \tag{10.85}$$

或者,由于假设这些周期图是独立的和同分布的,因此

$$\mathcal{E}\{\bar{I}(\omega)\} = \mathcal{E}\{I_r(\omega)\}, \qquad \text{对所有} r \tag{10.86}$$

由式(10.76)可得

$$\mathcal{E}\{\bar{I}(\omega)\} = \mathcal{E}\{I_r(\omega)\} = \frac{1}{2\pi LU}\int_{-\pi}^{\pi} P_{xx}(\theta)C_{ww}(\mathrm{e}^{\mathrm{j}(\omega-\theta)})\mathrm{d}\theta \tag{10.87}$$

式中 L 为窗的长度。当窗 $w[n]$是矩形窗时,平均周期图法称为 Bartlett 法,并且在这种情况下可以证明

$$c_{ww}[m]=\begin{cases}L-|m|, & |m|\leqslant(L-1)\\0, & \text{其他}\end{cases} \tag{10.88}$$

以及

$$C_{ww}(e^{j\omega})=\left(\frac{\sin(\omega L/2)}{\sin(\omega/2)}\right)^2 \tag{10.89}$$

也就是说,平均周期图谱估计的期望值是真实功率谱与三角形序列 $C_{ww}[n]$ 傅里叶变换的卷积,$C_{ww}[n]$ 可看作矩形窗的自相关函数。因此,平均周期图也是功率谱的有偏估计。

为了分析方差,利用如下事实:K 个独立同分布随机变量的和的方差是每个独立随机变量的方差的 $1/K$(见 Bertsekas and Tsitsiklis, 2008)。所以,平均周期图的方差为

$$\mathrm{var}[\bar{I}(\omega)]=\frac{1}{K}\mathrm{var}[I_r(\omega)] \tag{10.90}$$

或者由式(10.80)可得

$$\mathrm{var}[\bar{I}(\omega)]\approx\frac{1}{K}P_{xx}^2(\omega) \tag{10.91}$$

因此,$\bar{I}(\omega)$ 的方差反比于被平均的周期图的个数,并且随着 K 的增加,方差趋近于零。

从式(10.89)可以看出,当序列段 $x_r[n]$ 的长度 L 增大时,$C_{ww}(e^{j\omega})$ 的主瓣宽度减小,因此由式(10.87)可知,$\varepsilon\{\bar{I}(\omega)\}$ 也就更接近于 $P_{xx}(\omega)$。但是,对于固定的全部数据长度 Q,序列段总的个数(设 $L=R$)为 Q/L,因此随着 L 的增加 K 减小。相应地,由式(10.91)可知,$\bar{I}(\omega)$ 的方差将会增加。这样,如同统计估计问题中的典型情况一样,对于固定的数据长度需要在偏差和方差之间进行折中。然而,当数据长度 Q 增大时,就能允许 L 和 K 同时增大,因此随着 Q 接近于 ∞,$\bar{I}(\omega)$ 的偏差和方差均可接近于零。所以,周期图平均可给出 $P_{xx}(\omega)$ 的渐近无偏一致估计。

以上的讨论假定在计算依时周期图时使用非重叠的矩形窗。如果使用不同形状的窗,Welch(1970)曾证明平均周期图的方差仍然具有如式(10.91)给出的特性。Welch 还研究了重叠窗的情况,并证明如果重叠为 1/2 窗的长度,由于序列段的数目加倍,则方差能进一步减小几乎可到 1/2。但是过多的重叠不会继续使方差减小,因为当重叠增加时序列段的独立性将越来越差。

10.5.4 用 DFT 计算平均周期图

如同周期图一样,只有在离散频率处才能用显式计算出平均周期图。因为计算 DFT 可以利用快速傅里叶变换算法,所以对于某个适当选取的 N,取频率 $\omega_k=2\pi k/N$,是一种十分方便和广泛使用的选择。从式(10.84)可以看出,如果用 $x_r[n]$ 的 DFT 来替换式(10.83)中 $x_r[n]$ 的傅里叶变换,则可以得出在 DFT 频率 $\omega_k=2\pi k/N, k=0,1,\cdots,N-1$ 处 $\bar{I}(\omega)$ 的样本。具体地讲,若用 $X_r[k]$ 表示 $x_r[n]$ 的 DFT,有

$$I_r[k]=I_r(\omega_k)=\frac{1}{LU}|X_r[k]|^2 \tag{10.92a}$$

$$\bar{I}[k]=\bar{I}(\omega_k)=\frac{1}{K}\sum_{r=0}^{K-1}I_r[k] \tag{10.92b}$$

10.3 节中详细讨论的关于平均周期图和依时傅里叶变换的关系是值得注意的。式(10.92a)表明,除了引入了归一化常数 $1/(LU)$ 外,单个周期图就仅仅是依时傅里叶变换在时间 rR 和频率 $2\pi k/N$ 处的幅度的平方。因此,对于每一个频率下标 k 在频域的平均功率谱估计,对应于 k 为时间采样的依时傅里叶变换的时间平均。通过观察图 10.22 所示的谱图可以发现这一点。$I[k]$ 的值就

是沿频率 $2\pi k/N$ [模拟频率 $2\pi k/(NT)$] 水平线上的平均值。① 对宽带谱图求平均意味着功率谱估计对频率的函数是平滑的,而在窄带情况下相应地需要更长的时间窗,因此在频率上光滑度更差。

把 $I_r(2\pi k/N)$ 记为序列 $I_r[k]$,把 $\bar{I}(2\pi k/N)$ 记为序列 $\bar{I}[k]$。按照式(10.92a)和式(10.92b)取归一化因子 LU,并对加窗数据段的 DFT 进行平均,在 N 个等间隔的频率处来计算功率谱的平均周期图估计。这种功率谱估计的方法提供了一种在谱估计的分辨率和方差之间进行折中处理的非常方便的手段。用第9章中讨论过的快速傅里叶变换算法来计算是非常简便和有效的。这种方法与将在10.6节中讨论的其他方法相比较而言,其最重要的优点是它的谱估计值总是非负的。

10.5.5　周期图分析举例

功率谱分析是信号建模的有用工具,它也可用于信号检测,特别是发现采样信号中的隐蔽周期性。作为平均周期图方法应用的一个例子,下面研究序列

$$x[n] = A\cos(\omega_0 n + \theta) + e[n] \tag{10.93}$$

其中,θ 是0到 2π 之间均匀分布的随机变量,$e[n]$ 是零均值白噪声序列,其功率谱近似为常量,即对于所有的 ω,$P_{ee}(\omega)=\sigma_e^2$。在这种形式的信号模型中余弦常常是希望有的分量,而 $e[n]$ 是一个不希望有的噪声分量。在实际的信号检测问题中,往往十分关心余弦信号的功率比噪声功率小的情况。可以证明(见习题10.40),在频率 $|\omega|\leqslant\pi$ 的一个周期上,这个信号的功率谱为

$$P_{xx}(\omega) = \frac{A^2\pi}{2}[\delta(\omega-\omega_0)+\delta(\omega+\omega_0)]+\sigma_e^2\,,\quad |\omega|\leqslant\pi \tag{10.94}$$

由式(10.87)和式(10.94)可得,平均周期图的期望值是

$$\mathcal{E}\{\bar{I}(\omega)\} = \frac{A^2}{4LU}[C_{ww}(e^{j(\omega-\omega_0)})+C_{ww}(e^{j(\omega+\omega_0)})]+\sigma_e^2 \tag{10.95}$$

图10.26和图10.27表明平均周期图法对于如式(10.93)所示信号的用法,其中取 $A=0.5$,$\omega_0=2\pi/21$ 及随机相位 $0\leqslant\theta<2\pi$。噪声在幅度上是均匀分布的,也就是 $-\sqrt{3}<e[n]\leqslant\sqrt{3}$。因此,可以很容易地证明 $\sigma_e^2=1$。噪声分量的均值为零。图10.26绘出了序列 $x[n]$ 的101个样本。因为噪声分量 $e[n]$ 的最大振幅为 $\sqrt{3}$,所以不能明显看到在序列 $x[n]$(周期为21)中的余弦分量。

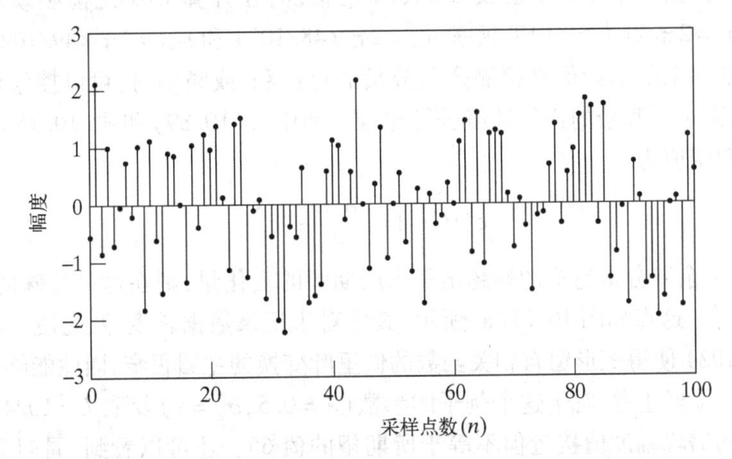

图10.26　如式(10.93)给出的带有白噪声的余弦序列

① 注意到,通常计算谱图时加窗数据段随 r 的变化相互重叠,在周期图平均时 R 通常等于窗长度或二分之一窗长度。

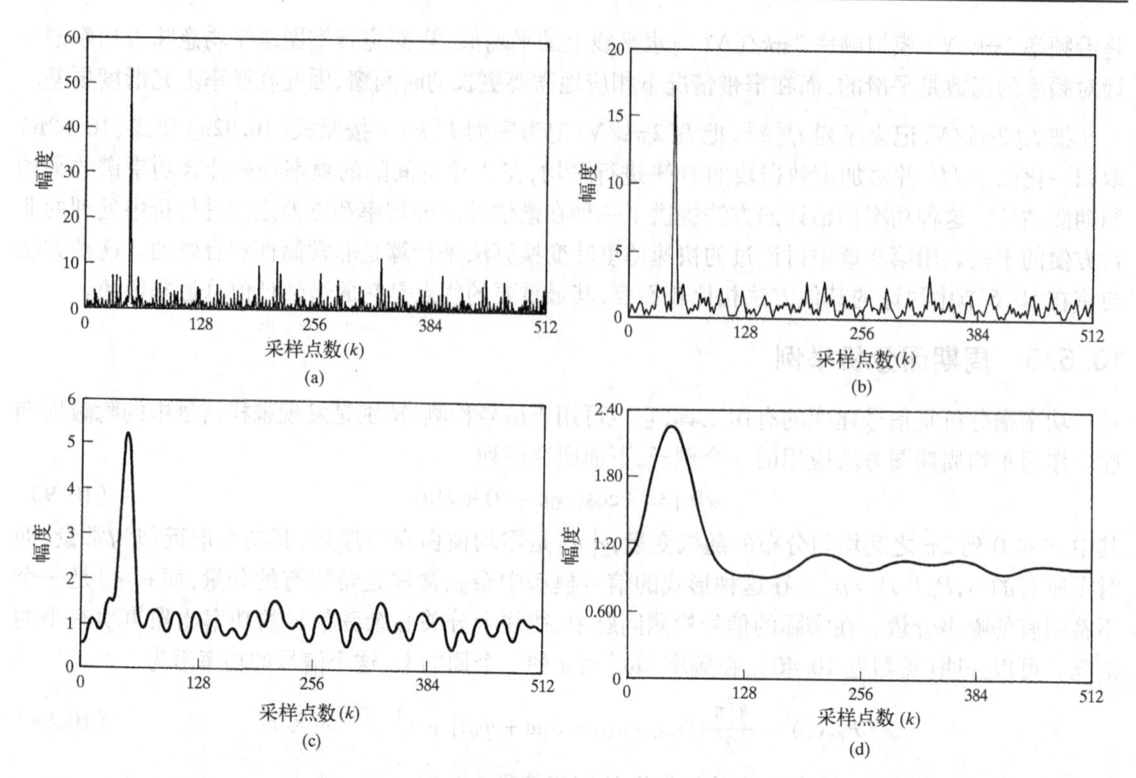

图 10.27 长度 $Q=1024$ 的信号的平均周期图举例。(a) 窗长 $L=Q=1024$(只有一段)的周期图；(b) $K=7$ 且 $L=256$(重叠 $L/2$)；(c) $K=31$ 且 $L=64$；(d) $K=127$ 且 $L=16$

图 10.27 表示对于幅度为 1(因此 $U=1$)并且长度 $L=1024,256,64$ 和 16 的矩形窗功率谱的平均周期图估计值,在所有情况下记录数据的总长度 $Q=1024$。除了图 10.27(a)之外,窗之间有二分之一窗长的重叠。图 10.27(a)是全部记录数据的周期图,图 10.27(b)～图 10.27(d)分别绘出对于 $K=7,31$ 和 127 个数据段的平均周期图。在所有的情况下均用 1024 点 DFT 计算在频率 $\omega_k=2\pi k/1024$ 处的平均周期图。(对于窗长 $L<1024$ 的情况,在计算 DFT 之前必须对加窗的序列补零。)因此,频率 $\omega_0=2\pi/21$ 位于 DFT 频率 $\omega_{48}=2\pi\times48/1024$ 和 $\omega_{49}=2\pi\times49/1024$ 之间。

当利用这些功率谱的估计值来检测余弦分量的存在和/或频率时,可以搜索谱估计中的最大峰,并且将它们的大小与其余的谱估计值进行比较。利用式(10.89)和式(10.95),得到在频率 ω_0 处平均周期图的期望值为

$$\mathcal{E}\{\bar{I}(\omega_0)\}=\frac{A^2L}{4}+\sigma_e^2 \tag{10.96}$$

这样,如果要让由于余弦分量造成的峰超出平均周期图的变化量,则在这种特殊的情况下,必须选取 L 使 $A^2L/4\gg\sigma_e^2$。这点如图 10.27(a)所示,其中对于记录数据长度 Q,应使 L 尽可能地大。可以看到,由于 $L=1024$ 使得矩形窗自相关函数的傅里叶变换的主瓣很窄,因此能够分辨开频率十分靠近的正弦信号。应当注意,对于这个例子的参数($A=0.5$,$\sigma_e^2=1$)及取 $L=1024$ 的情况,周期图在频率 $2\pi/21$ 处的谱峰幅度值接近但不等于所期望的值 65。还可以看到,周期图中幅度大于 10 的其他谱峰。显然,如果余弦信号的振幅 A 只减小一半,很可能它的峰就与周期图中的固有起伏混淆了。

已经看到,减小谱估计方差的可行方法只能是增大信号的长度。这并不总是可行的,即使可行,数据越长,则处理的工作量越大。如果使用较短的窗函数并且对更多的数据段进行平均,则可

以在保持记录数据长度不变的同时,减小估计的起伏。图 10.27 中的(b)~(d)部分说明了这样做的代价。应注意,所用的数据段越多,则谱估计的方差就越小,但是根据式(10.96),对于余弦信号,谱峰的幅值也减小。这样,再次面对折中处理。如果专门比较图 10.27 的(a),(b)和(c)部分中离开谱峰的高频部分,可以清楚地看出,窗越短谱估计的方差越小。回想一下,伪随机噪声发生器模型的理想化功率谱是对各频率均为常数($\sigma_e^2=1$)。在图 10.27(a)中,当真实谱为 1 时有的噪声谱峰的幅度可达到 10。图 10.27(b)中噪声谱在 1 上下的起伏变化不超过 3,而在图 10.27(c)中噪声谱在 1 上下的变化不超过 0.5。然而,较短的窗函数也会减小任何窄带分量的峰值,并且也降低了分辨十分靠近的正弦信号的能力。这种峰值的减小在图 10.27 中也可清楚地看出。另外,如果把图 10.27(b)中的振幅 A 减小一半,则谱峰高度约为 4,它与高频区中许多其他的谱峰没有多少区别。图 10.27(c)中若将 A 减小一半则会使得谱峰高度约为 1.25,此时无法将它与估计中的其他谱峰加以区别。在图 10.27(d)中窗的长度已非常短,这样显著减小了谱估计的起伏,但是,对于余弦信号的谱峰则变得很宽且即使当 $A=0.5$ 时也只能勉强超过噪声。窗长度的任何减小都将导致由于来自负频率分量的谱泄漏而造成在低频区没有显著的谱峰。

这个例子证实,平均周期图提供了一种在谱估计分辨率和降低方差之间进行折中的直截了当的方法。虽然这个例子的主题是噪声中正弦信号的检测,但是平均周期图也可以用于信号建模。图 10.27 所示的谱估计结果清楚地表明,形如式(10.93)的信号模型以及该模型的大多数参数都能够从平均周期图功率谱的估计中估计出来。

10.6　利用自相关序列估计的随机信号谱分析

10.5 节研究了将周期图作为随机信号功率谱的一种直接估计方法。周期图或平均周期图作为一种直接估计方法,是在可以直接求出随机信号样本的傅里叶变换的意义上来说的。另一种方法是根据功率谱是自相关函数的傅里叶变换这一事实,首先对有限组延迟 $-M\leqslant m\leqslant M$ 求估计自相关函数 $\hat{\phi}_{xx}[m]$,然后在计算这个估计值的傅里叶变换前应用窗函数 $w_c[m]$。这一功率谱估计的方法通常叫做 Blackman-Tukey 方法(见 Blackman and Tukey,1958)。本节将揭示这种方法的一些重要特性,并说明如何用 DFT 去实现它。

像以前一样,假设已知一随机信号的一段有限记录。这段序列记为

$$v[n]=\begin{cases}x[n], & 0\leqslant n\leqslant Q-1\\ 0, & \text{其他}\end{cases}\tag{10.97}$$

考虑自相关序列的估计为

$$\hat{\phi}_{xx}[m]=\frac{1}{Q}c_{vv}[m]\tag{10.98a}$$

其中,由于 $c_{vv}[-m]=c_{vv}[m]$,

$$c_{vv}[m]=\sum_{n=0}^{Q-1}v[n]v[n+m]=\begin{cases}\displaystyle\sum_{n=0}^{Q-|m|-1}x[n]x[n+|m|], & |m|\leqslant Q-1\\ 0\end{cases}\tag{10.98b}$$

则对应于 $x[n]$ 加矩形窗序列段(长度为 Q)的非周期相关函数。

为了确定自相关序列这种估计的性质,下面研究随机变量 $\hat{\phi}_{xx}[m]$ 的均值和方差。从式(10.98a) 和式(10.98b)可得

$$\mathcal{E}\{\hat{\phi}_{xx}[m]\}=\frac{1}{Q}\sum_{n=0}^{Q-|m|-1}\mathcal{E}\{x[n]x[n+|m|]\}=\frac{1}{Q}\sum_{n=0}^{Q-|m|-1}\phi_{xx}[m]\tag{10.99}$$

并且因为平稳随机过程 $\phi_{xx}[m]$ 与 n 无关,

$$\mathcal{E}\{\hat{\phi}_{xx}[m]\} = \begin{cases} \left(\dfrac{Q-|m|}{Q}\right)\phi_{xx}[m], & |m| \leqslant Q-1 \\ 0, & 其他 \end{cases} \tag{10.100}$$

由式(10.100)可以看出,因为 $\varepsilon\{\hat{\phi}_{xx}[m]\}$ 不等于 $\phi_{xx}[m]$,所以 $\hat{\phi}_{xx}[m]$ 是 $\phi_{xx}[m]$ 的有偏估计,但是若 $|m| \ll Q$,则偏差很小。还可以看出,对于 $|m| \leqslant Q-1$,自相关序列的一种无偏估计器是

$$\check{\phi}_{xx}[m] = \left(\frac{1}{Q-|m|}\right) c_{vv}[m] \tag{10.101}$$

也就是说,如果用滞后乘积的求和中非零项的个数,而不是用数据记录中全部样本的个数来除,则该估计器就是无偏的。

即使进行了使问题简化的假设,自相关函数估计的方差仍然是很难计算的。但是对于 $\hat{\phi}_{xx}[m]$ 和 $\check{\phi}_{xx}[m]$ 的方差近似计算式可以在 Jenkins and Watts(1968)中找到。为了达到这里的目的,观察式(10.98b)就足够了,可以看出当 $|m|$ 接近于 Q 时,在自相关估计的计算中涉及 $x[n]$ 的样本越来越少,因此可以预计自相关估计的方差将随着 $|m|$ 的增大而增加。在周期图的情况下,这种增加的方差影响到所有频率处的谱估计值,因为在周期图的计算中隐含地涉及全部自相关滞后值。但是在用显式计算自相关估计时,可以自由选择包括在功率谱估计中的那些相关滞后值。因此,定义功率谱估计

$$S(\omega) = \sum_{m=-(M-1)}^{M-1} \hat{\phi}_{xx}[m] w_c[m] \mathrm{e}^{-\mathrm{j}\omega m} \tag{10.102}$$

式中 $w_c[m]$ 是一个长为 $(2M-1)$ 的对称窗,它加在估计出的自相关函数上。当 $x[n]$ 为实数时,要求自相关序列和窗的乘积是一个偶序列,以使功率谱估计为 ω 的实偶函数,所以相关窗必须是一个偶序列。通过限制相关窗的长度使 $M \ll Q$,这样就只包括那些方差小的自相关估计值。

在频域最容易理解对自相关序列加窗来减少功率谱估计的方差的机理。由式(10.68)、式(10.69)和式(10.98b)可得,对于 $0 \leqslant n \leqslant (Q-1)$ 若取 $w[n]=1$,即一个矩形窗,周期图就是自相关估计 $\hat{\phi}_{xx}[m]$ 的傅里叶变换,也就是

$$\hat{\phi}_{xx}[m] = \frac{1}{Q} c_{vv}[m] \stackrel{\mathcal{F}}{\longleftrightarrow} \frac{1}{Q}|V(\mathrm{e}^{\mathrm{j}\omega})|^2 = I(\omega) \tag{10.103}$$

因此,根据式(10.102),由 $\hat{\phi}_{xx}[m]$ 加窗所得出的谱估计值是如下形式的卷积:

$$S(\omega) = \frac{1}{2\pi}\int_{-\pi}^{\pi} I(\theta) W_c(\mathrm{e}^{\mathrm{j}(\omega-\theta)})\mathrm{d}\theta \tag{10.104}$$

从式(10.104)可以看到,把窗 $w_c[m]$ 加在自相关估计上的影响是,将周期图与自相关窗的傅里叶变换进行卷积。这将有平滑周期图谱估计剧烈起伏的作用。相关窗越短,谱估计越滑,反之亦然。

功率谱 $P_{xx}(\omega)$ 是一个频率的非负函数,根据定义,周期图和平均周期图自动具有这种性质。可是,由式(10.104)显而易见,对于 $S(\omega)$,非负性是不能保证的,除非进一步增加条件

$$W_c(\mathrm{e}^{\mathrm{j}\omega}) \geqslant 0, \qquad -\pi < \omega \leqslant \pi \tag{10.105}$$

三角形(Bartlett)窗的傅里叶变换可以满足这个条件,但是矩形窗、Hanning 窗、Hamming 窗和 Kaiser 窗则不满足该条件。所以,虽然后面的这些窗具有比三角形窗更低的旁瓣,但是谱的泄漏可能造成在谱的小幅值范围内出现负的谱估计值。

平滑周期图的期望值为

$$\begin{aligned}\mathcal{E}\{S(\omega)\} &= \sum_{m=-(M-1)}^{M-1} \mathcal{E}\{\hat{\phi}_{xx}[m]\}w_c[m]\mathrm{e}^{-\mathrm{j}\omega m} \\ &= \sum_{m=-(M-1)}^{M-1} \phi_{xx}[m]\left(\frac{Q-|m|}{Q}\right)w_c[m]\mathrm{e}^{-\mathrm{j}\omega m}\end{aligned} \tag{10.106}$$

若 $Q \gg M$,则在式(10.106)中可以忽略 $(Q-|m|)/Q$ 项[①],从而得到

$$\mathcal{E}\{S(\omega)\} \cong \sum_{m=-(M-1)}^{M-1} \phi_{xx}[m]w_c[m]\mathrm{e}^{-\mathrm{j}\omega m} = \frac{1}{2\pi}\int_{-\pi}^{\pi} P_{xx}(\theta)W_c(\mathrm{e}^{\mathrm{j}(\omega-\theta)})\mathrm{d}\theta \tag{10.107}$$

因此,加窗的自相关估计会导致功率谱的有偏估计。正如平均周期图那样,在谱的分辨率与减小谱估计的方差之间进行折中是可能的。假设数据记录的长度固定,若愿意接受对于靠近的窄带谱分量有较低的分辨率,则可以得到较小的方差,或者,若能够接受较大的方差,则可以得到较高的分辨率。如果可以较长时间地随意观察信号(即增加数据记录的长度 Q),则可以同时改善分辨率和方差。若相关窗是归一化的,即

$$\frac{1}{2\pi}\int_{-\pi}^{\pi} W_c(\mathrm{e}^{\mathrm{j}\omega})\mathrm{d}\omega = 1 = w_c[0] \tag{10.108}$$

则谱估计 $S(\omega)$ 是渐近无偏的。在这种归一化下,随着 Q 与相关窗长度的同时增加,相关窗的傅里叶变换接近于一个周期脉冲串,并且式(10.107)的卷积将会与 $P_{xx}(\omega)$ 相同。

已经证明(见 Jenkins and Watts,1968),$S(\omega)$ 的方差为如下形式:

$$\mathrm{var}[S(\omega)] \simeq \left(\frac{1}{Q}\sum_{m=-(M-1)}^{M-1} w_c^2[m]\right)P_{xx}^2(\omega) \tag{10.109}$$

比较式(10.109)与周期图在式(10.80)中的相应结果可以得出结论:要减小谱估计的方差,应当选择 M 和尽量满足式(10.105)条件的窗的形状,使得因子

$$\left(\frac{1}{Q}\sum_{m=-(M-1)}^{M-1} w_c^2[m]\right) \tag{10.110}$$

尽可能地小。习题 10.37 涉及计算几种常用窗的这一方差缩减因子。

根据自相关函数估计的傅里叶变换来估计功率谱相对于平均周期图法来说是另一种很好的方法。这并不是说它在任何一般的意义上都好,这种方法只是具有不同的特点,并且有不同的实现方式。在一些场合,可能希望同时计算自相关序列和功率谱的估计,在这种情况下应当很自然地使用本节的方法。习题 10.43 讨论了由平均周期图确定自相关估计的问题。

10.6.1　利用 DFT 计算相关函数和功率谱估计

正在研究的功率谱估计方法需要求自相关估计

$$\hat{\phi}_{xx}[m] = \frac{1}{Q}\sum_{n=0}^{Q-|m|-1} x[n]x[n+|m|] \tag{10.111}$$

其中 $|m| \leqslant M-1$。因为 $\hat{\phi}_{xx}[-m] = \hat{\phi}_{xx}[m]$,所以只需要对 m 的非负值,即 $0 \leqslant m \leqslant M-1$ 来计算

① 更准确地说,可以定义一个有效的相关窗 $w_e[m] = w_c[m](Q-|m|)/Q$。

式(10.111)。如果观察到 $\hat{\phi}_{xx}[m]$ 是有限长序列 $x[n]$ 和 $x[-n]$ 的非周期离散卷积,则可以方便地使用 DFT 及其相关的快速算法来计算 $\hat{\phi}_{xx}[m]$。若计算出 $x[n]$ 的 N 点 DFT $X[k]$,并且乘以 $X^*[k]$,可得 $|X[k]|^2$,它相当于有限长序列 $x[n]$ 和 $x[((-n))_N]$ 的循环卷积,即循环自相关。正如 8.7 节中的讨论所指出并在习题 10.34 中所得出的,用值为零的样本加长序列 $x[n]$,并使循环自相关在区间 $0 \leqslant m \leqslant M-1$ 上等于所要求的非周期自相关应当是可能的。

要想知道对于 DFT 如何来选取 N,来研究一下图 10.28。图 10.28(a)绘出了 m 取某一个正值时的两个序列 $x[n]$ 和 $x[n+m]$。图 10.28(b)绘出了在与 $|X[k]|^2$ 相对应的循环自相关中所涉及的序列 $x[n]$ 和 $x[((n+m))_N]$。显然,如果当 $0 \leqslant m \leqslant M-1$ 时 $x[((n+m))_N]$ 不卷绕并且与 $x[n]$ 重叠,则循环自相关对于 $0 \leqslant m \leqslant M-1$ 将等于 $Q\hat{\phi}_{xx}[m]$。由图 10.28(b)可知,无论 $N-(M-1) \geqslant Q$ 还是 $N \geqslant Q+M-1$,都属于这种情况。

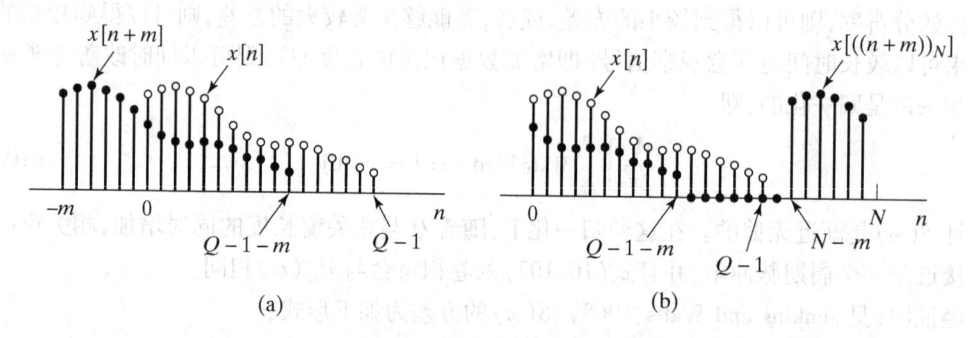

图 10.28　循环自相关的计算。(a) 长为 Q 的有限长序列 $x[n]$ 和 $x[n+m]$;(b) 加在循环相关中的 $x[n]$ 和 $x[((n+m))_N]$

总之,可以用如下步骤来计算对于 $0 \leqslant m \leqslant M-1$ 的 $\hat{\phi}_{xx}[m]$:

(1) 用 $(M-1)$ 个零样本加长 $x[n]$ 形成一个 N 点序列。

(2) 计算 N 点 DFT

$$X[k]=\sum_{n=0}^{N-1} x[n]e^{-j(2\pi/N)kn}, \qquad k=0,1,\cdots,N-1$$

(3) 计算

$$|X[k]|^2 = X[k]X^*[k], \qquad k=0,1,\cdots,N-1$$

(4) 计算 $|X[k]|^2$ 的 IDFT 得

$$\tilde{c}_{vv}[m]=\frac{1}{N}\sum_{k=0}^{N-1}|X[k]|^2 e^{j(2\pi/N)km}, \qquad m=0,1,\cdots,N-1$$

(5) 用 Q 除所得序列,得到自相关估计

$$\hat{\phi}_{xx}[m]=\frac{1}{Q}\tilde{c}_{vv}[m], \qquad m=0,1,\cdots,M-1$$

这是所要求的自相关值的集合,对于负的 m 值它可以对称地进行延拓。

若 M 很小,则简单地直接计算式(10.111)还是比较有效的。在这种情况下,全部计算量与 $Q \times M$ 成正比。可是,如果用第 9 章中讨论过的 FFT 算法并取 $N \geqslant Q+M-1$ 来计算这一步骤中的 DFT,则全部计算量近似地与 $N\log_2 N$(N 为 2 的幂)成正比。因此,对于充分大的 M 值,利用 FFT 比直接计算式(10.111)更有效。得失相当的准确 M 值将取决于 DFT 计算的具体实现方式,但是,如

由 Stockham(1966)所证明的那样,这个值很可能小于 $M=100$。

应当记得,为了减小自相关序列或者由其估计出的功率谱的估计方差,必须用大的记录长度 Q 值。然而,由于计算机有着很大的内存和快速的处理器,这一点一般也不成问题。但是,由于 M 通常比 Q 小得多,此时可以用类似于 8.7.3 节所讨论过的,对一个有限长脉冲响应和一个长度不定的输入序列进行卷积所用的方法,对序列 $x[n]$ 分段。Rader(1970)曾提出一种特别有效且灵活的方法,该方法利用了许多实序列的 DFT 的性质以减少所需要的计算量。这一方法的推导是习题 10.44 的基本内容。

一旦计算出自相关估计,通过构造有限长序列

$$s[m]=\begin{cases}\hat{\phi}_{xx}[m]w_c[m], & 0\leqslant m\leqslant M-1\\ 0, & M\leqslant m\leqslant N-M\\ \hat{\phi}_{xx}[N-m]w_c[N-m], & N-M+1\leqslant m\leqslant N-1\end{cases}\tag{10.112}$$

式中 $w_c[m]$ 是对称相关窗,就能够计算在频率 $\omega_k=2\pi k/N$ 处的功率谱估计 $S(\omega)$ 的样本。因此 $s[m]$ 的 DFT 为

$$S[k]=S(\omega)|_{\omega=2\pi k/N},\qquad k=0,1,\cdots,N-1\tag{10.113}$$

其中 $S(\omega)$ 是如式(10.102)所定义的加窗自相关序列的傅里叶变换。注意,只要方便和可能,应选取尽可能大的 N,这样可以得到 $S(\omega)$ 在相互十分靠近的频率处的样本。但是,频率分辨率总是由窗 $w_c[m]$ 的长度和形状所决定的。

10.6.2 以自相关序列的估计为基础的功率谱估计举例

第 4 章曾假设由量化引入的误差是一个白噪声随机过程。可以利用本节的方法通过估计量化噪声的自相关序列和图 4.60 所示的功率谱来检验这个假设的正确性。本节将给出通过估计自相关序列和功率谱来研究量化噪声性质的例子。这将加强对白噪声模型的自信,同时指出功率谱估计的一些方面的实际应用。

考虑图 10.29 中所描述的实验。以 16 kHz 的采样率对经过低通滤波后的语音信号 $x_c(t)$ 进行采样,得到一个如图 10.21 所示的样本序列 $x[n]$。[①] 首先用一个 10 比特的线性量化器($B=9$)对这些样本量化,并且计算相应的误差序列 $e[n]=Q[x[n]]-x[n]$。图 10.30 中的第一条和第三条线绘出了 2000 个接续的语音信号样本,第二条和第四条线绘出了相应的量化误差序列。对这两幅图的观察和比较可以加强对前面所采用的模型的信念,即在 $-2^{-(B+1)}<e[n]\leqslant 2^{-(B+1)}$ 范围内噪声近似为随机的。但是这种量化观察明显具有误导性。量化噪声谱的平坦性只有通过估计量化噪声 $e[n]$ 的功率谱才能得以证实。

图 10.31 表示对于长度为 $Q=3000$ 个样本的记录的归一化自相关和功率谱的估计。根据式(10.98a)和式(10.98b)在延迟 $|m|\leqslant 100$ 的范围内计算归一化自相关的估计。估计结果如图 10.31(a)所示。在这个范围内,除 $\hat{\phi}[0]=3.17\times10^{-7}$ 外,$-1.45\times10^{-8}\leqslant\hat{\phi}[m]\leqslant1.39\times10^{-8}$。归一化自相关估计表明噪声序列的点对点自相关非常低。归一化自相关的结果是与 $M=100$ 和 $M=50$ 的 Bartlett 窗的乘积。窗函数与 $\hat{\phi}[m]$ 重叠显示在图 10.31 中(两个窗函数经过缩放使得可以显示

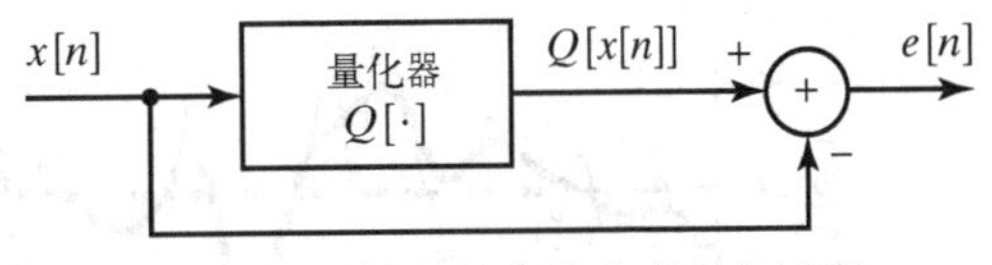

图 10.29 获得量化噪声序列的过程

① 虽然 A/D 转换器已将样本量化到 12 比特,从本实验的目的出发,假定样本被重新定标到最大值为 1,且一小量的随机噪声叠加到样本点上。假设这些样本是没经量化的,即认为相对于随后讨论中使用的量化,这些 12 比特的样本点是没经量化的。

在同一幅图里面),相应的谱估计按照10.6.1节所讨论的方法计算显示于图10.31(b)。

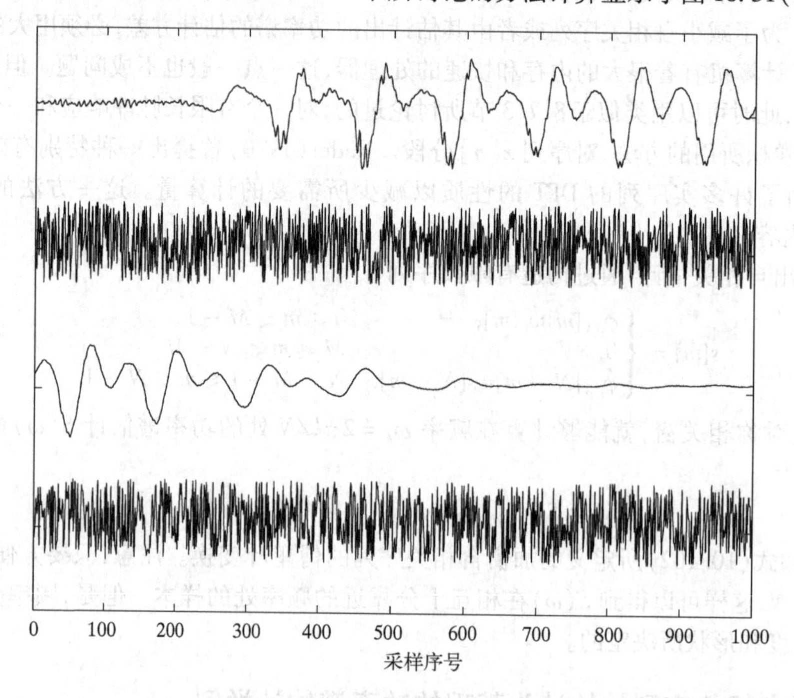

图10.30 (第一条和第三条线)语音波形和(第二条和第四条线)对应的10比特量化噪声(放大2^9倍),每条线相应于1000个连续的样本,为了作图方便起见将它们用直线连接起来

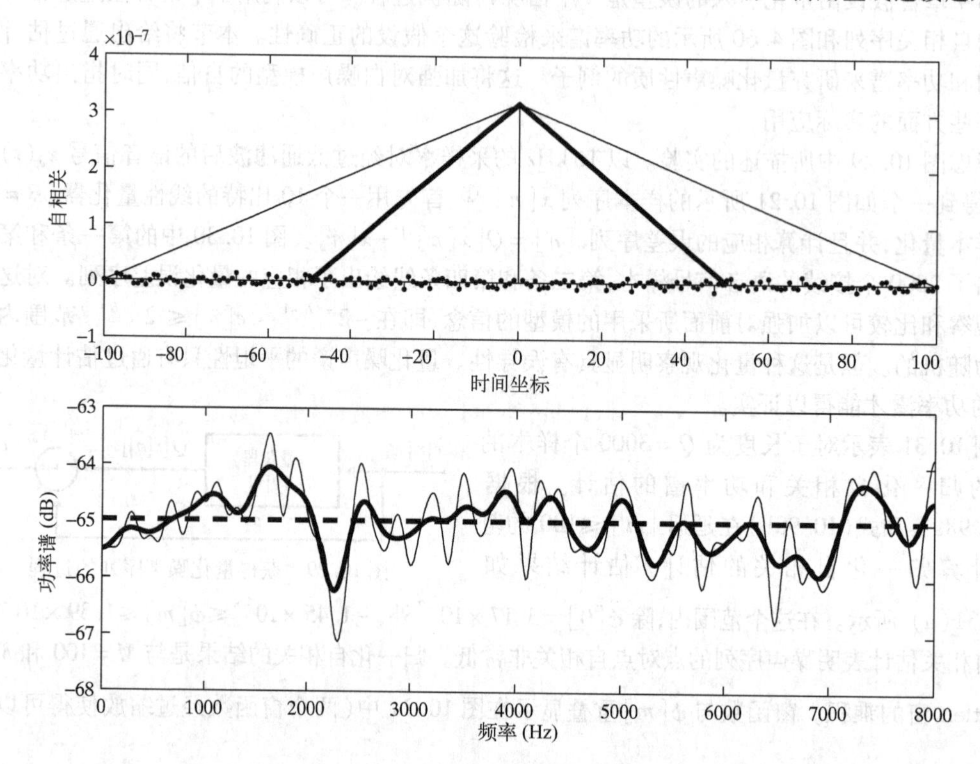

图10.31 (a)对于10比特量化噪声的归一化自相关估计,$|m| \leqslant 100$,记录长度$Q=3000$;(b)用$M=100$和$M=50$的Bartlett窗时的功率谱估计[虚线显示幅度$10\log_{10}(2^{-18}/12)$]

如图 10.31(b)所示，$M=100$ 时 Blackman-Tukey 谱估计(连续细线)在图中位于功率谱 $10\log_{10}(2^{-18}/12)=-64.98$ dB($B=9$ 时白噪声的归一化功率谱值 $\sigma_e^2=2^{-2B}/12$)处的虚线上下十分无规则地起伏。粗线对应于 $M=50$ 的功率谱。从图 10.31(b)中可以看到，对于所有频率，谱估计都在近似 $B+1=10$ 的白噪声的 ±2 dB 范围内。正如 10.6 节中讨论的，窗长度越短，由于频率分辨率越低，导致方差越小，谱估计越平滑。因此，再次促使我们相信，白噪声模型对于这种量化情况是合适的。

虽然已经定量地计算出自相关和功率谱的估计，但是对于这些量的解释还只是定性的。现在有理由提出问题，若 $e[n]$确定一个白噪声过程，那么自相关应当多小？为了给出这类问题的定量答案，应当计算估计值的置信区间，并且利用统计判决理论[对于一些白噪声的检测问题可参阅 Jenkins and Watts(1968)]。然而在许多情况下，这种附加的统计处理是不必要的。一种通常可行的处理方法是，只要观察到在除 $m=0$ 以外的其他各处，归一化自相关均很小，就可以令人十分放心和满意了。

本章最重要的结论之一是，如果增加记录长度，则平稳随机过程的自相关和功率谱估计应当得到改善。图 10.32 就说明了这一点，它与图 10.31 相对应，只是将 Q 增加到 30 000 个样本。回想一下，自相关估计的方差正比于 $1/Q$。因此，Q 从 3 000 增加到 30 000 应当使估计方差减小大约 10 倍。比较图 10.31(a)和图 10.32(a)就可证明这一结果。$Q=3000$ 时，估计值落在 $1.45\times10^{-8}\leqslant\hat{\phi}[m]\leqslant1.39\times10^{-8}$的范围内，而当 $Q=30\,000$ 时，估计值落在 $-4.5\times10^{-9}\leqslant\hat{\phi}[m]\leqslant4.15\times10^{-9}$的范围内。比较当 $Q=3\,000$ 和 $Q=30\,000$ 时估计值的变化范围表明，正如所预料的，估计值的方差减小了 10 倍。[①] 根据式(10.110)也可预见，谱估计的方差会有类似的减小。分别比较图 10.31(b)

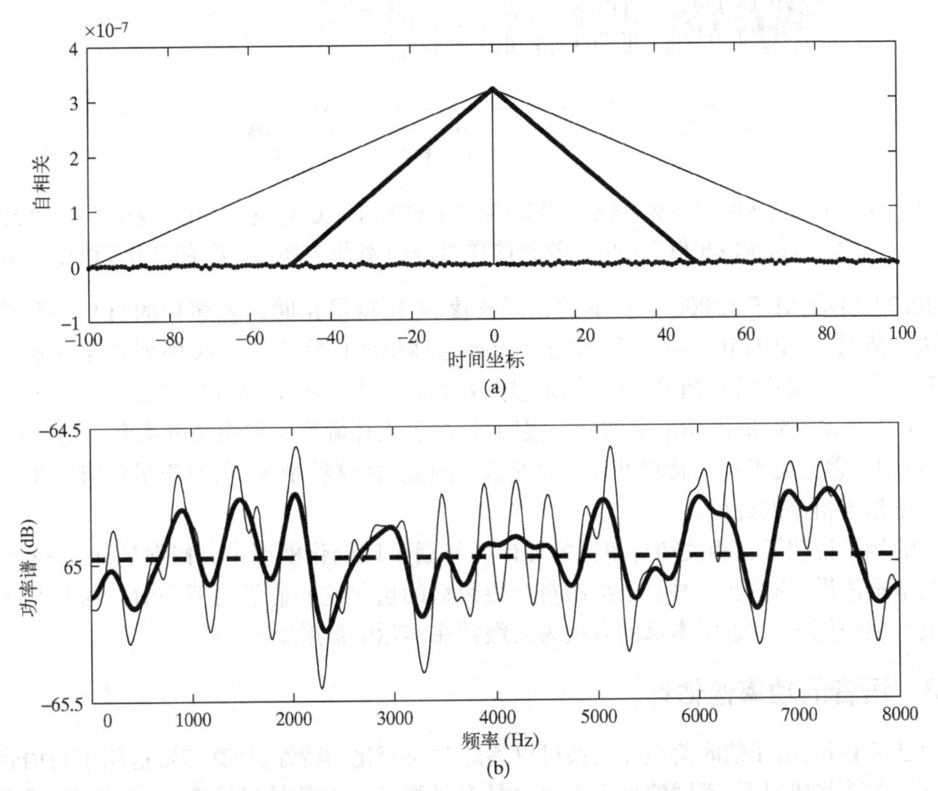

图 10.32 (a) 对于 10 比特量化噪声的归一化自相关估计，记录长度 $Q=30\,000$；(b) 用 $M=100$ 和 $M=50$ 的 Blackman-Tukey 窗时的功率谱估计

① 方差减小 10 倍相当于幅度上减小 $\sqrt{10}\approx3.16$ 倍。

与图 10.32(b),这一点也显然可见。(必须注意,两组图中所用比例不同)在记录长度较长的情况下,白噪声近似谱幅度的方差仅为 ±0.5 dB。注意到在图 10.32(b)中谱估计方差和分辨率的折中。

第 4 章曾表明,只要量化台阶很小,白噪声模型就是合理的。当比特数很小时,这个条件就不满足了。为了观察对量化噪声谱的影响,现只用 16 个量化阶或 4 比特来重复前面的实验。图 10.33 表示语音波形和进行 4 比特量化时的量化误差。注意,部分误差波形看上去非常像原来的语音波形。可以预料到,这一点将反映在功率谱的估计中。

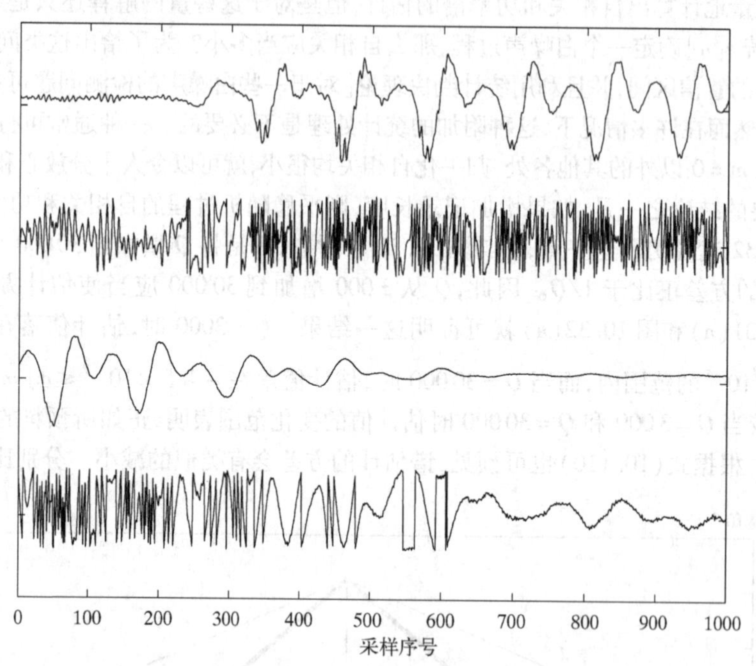

图 10.33　(第一条和第三条线)语音波形和(第二条和第四条线)对应的 4 比特量化噪声(放大 2^3 倍),每条线相应于1000个连续的样本,为了作图方便起见将它们用直线连接起来

图 10.34 表示,对于 30000 个样本的记录长度,4 比特量化时误差序列的自相关和功率谱估计。在这种情况下,由图 10.34(a)所示的自相关与理想的白噪声自相关序列相距甚远。考虑到图 10.33 中信号与噪声的自相关,这一结果显然在意料之中。图 10.34(b)表示对于 Bartlett 窗,分别取 $M = 100$ 及 $M = 50$ 时的功率谱估计。很明显,尽管大体幅度与平均噪声功率一致,但谱不是平坦的。事实上,它趋向于具有通常语音谱的形状。因此,在这种情况下,对于量化噪声的白噪声模型只能看作相当粗糙的近似。

本节的例子说明了自相关和功率谱的估计如何用于理论化模型中。特别是,已经表明第 4 章中的一些基本假设的有效性,并且已指出对于很粗糙的量化这些假设为何失效。这只是一个比较简单但很有用的例子,它说明本章的方法为何经常在实际中被采用。

10.6.3　语音的功率谱估计

前面已经看到,由于依时傅里叶变换可以追踪时间变化的特性,使其非常适用于对语音信号的表示。但是在某些情况下,不同的表示方法也是有必要的。尤其是尽管图 10.21 中的语音波形如其在图 10.22 中依时傅里叶变换中显示的在时间上变化很大,但仍然可以假设它是平稳随机信号并对其进行长时间内的谱分析。这些方法通常在比语音变化时间长得多的时间内应用。因此可以得到一般化的谱形状,这在设计语音编码和确定语音传输所需要的带宽时非常有用。

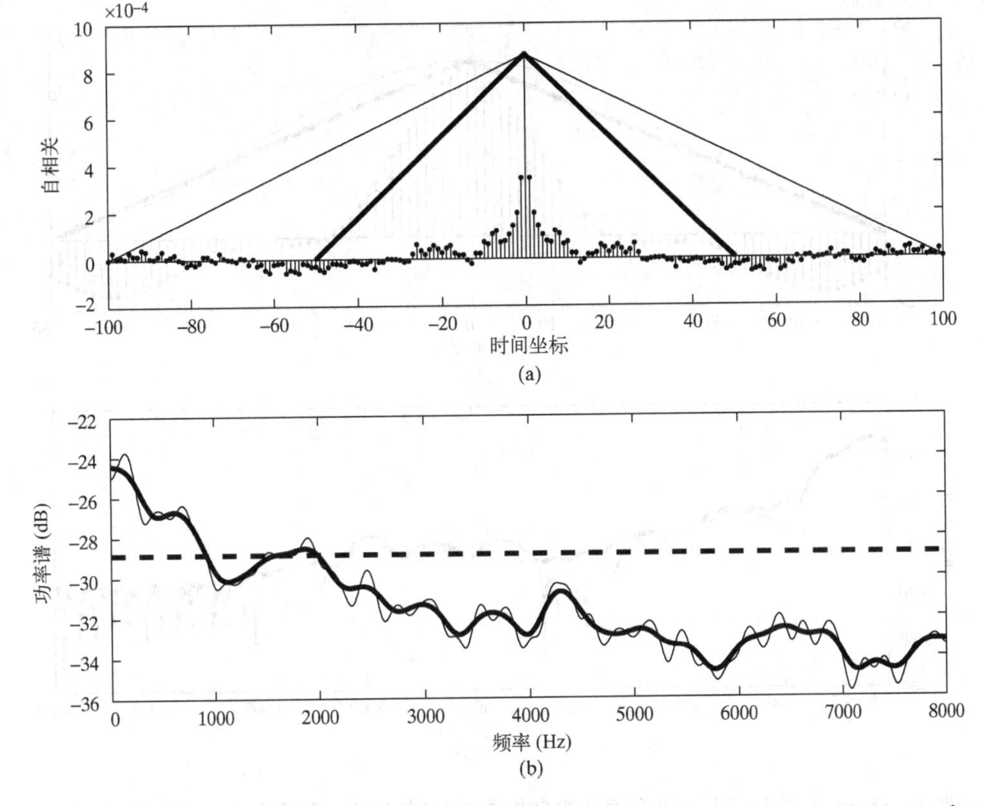

图 10.34　(a) 对于 4 比特量化噪声的归一化自相关估计,记录长度 $Q = 30\,000$;(b) 用 $M = 100$ 和 $M = 50$ 的 Bartlett 窗 Blackman-Tukey 方法进行的功率谱估计[虚线显示幅度 $10\log_{10}(2^{-6}/12)$]

图 10.35 所示为用 Blackman-Tukey 方法对语音信号进行功率谱估计的例子。图 10.35(a)为图 10.21 的语音信号 $Q = 30\,000$ 个样本点的自相关序列序列,和长度为 $2M + 1 = 101$ 的 Bartlett 窗与 Hamming 窗。图 10.35(b)为相应的功率谱估计。两个估计大体相近,但细节上相差很大。这是由窗函数的 DTFT 特性造成的。两个估计的主瓣宽度都为 $\Delta\omega_m = 8\pi/M$,但是它们的旁瓣有很大区别。Bartlett 窗的旁瓣严格非负,而对称的 Hamming 窗(旁瓣比 Bartlett 窗小)在有些频率处为负。这一不同在用周期图进行自相关估计时将产生很大区别。

Bartlett 窗保证所有频率处的功率谱非负,但是 Hamming 窗不能保证。尤其是在周期图快速变化的区域,相邻频率可以相互抵消或干涉处,这一区别对旁瓣的影响尤为重要。图 10.35(b)中的点表明谱估计为负时的频率。当用 dB 尺度画图时,必须对负的估计取绝对值。因此 Bartlett 窗与 Hamming 窗有相同的主瓣宽度,Bartlett 窗的正的旁瓣填充于负的频率处,而 Hamming 窗旁瓣更低频率上的泄露更小,但是由于正的旁瓣与负的旁瓣相互交替导致有产生负的谱估计的危险。

用 10.5.3 节中讨论的平均周期图法进行谱估计时,Hamming 窗(或其他窗如 Kaiser 窗)将不会再有产生负的估计值的危险。由于正的周期图被取平均,因此保证了估计值为正。图 10.36 为使用 Welch 的修正的平均周期图法,与使用 Blackman-Tukey 估计方法的图 10.35(b)进行了对比。虚线是 Welch 估计。注意到它的大体形状与另外两种估计相同,但在高频部分有很大区别,antialiasing 滤波器的高频响应导致语音信号的谱估计很小。由于平均周期图法在宽的动态范围内可以得到稳定的分辨率的优越性,以及利用 DFT 易于实现的特性,平均周期图法被广泛应用于很多谱估计的实际应用中。

图 10.36 中的所有谱估计表明语音信号在 500 Hz 以下有一个峰值,然后在频率升至 6 kHz 时

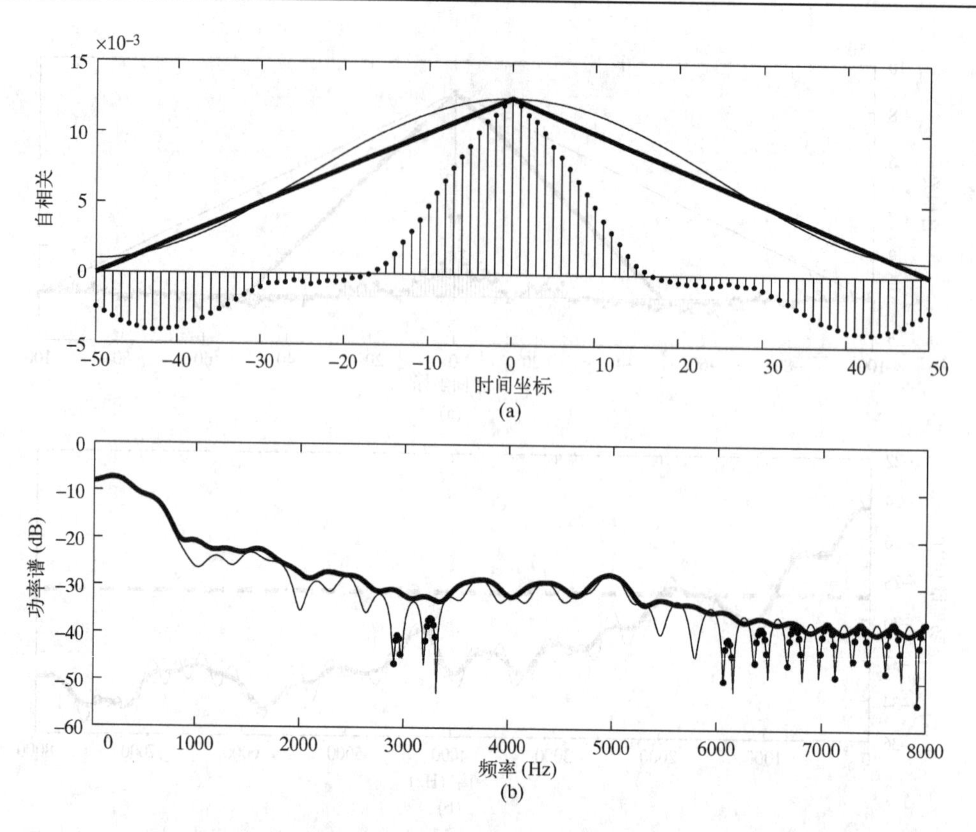

图 10.35　(a) 图 10.21 中语音信号的自相关,记录长度 $Q=30\,000$;(b) $M=50$ 时的 Bartlett 窗(粗线)和Hamming窗(细线)用Blackman-Tukey方法进行的谱估计

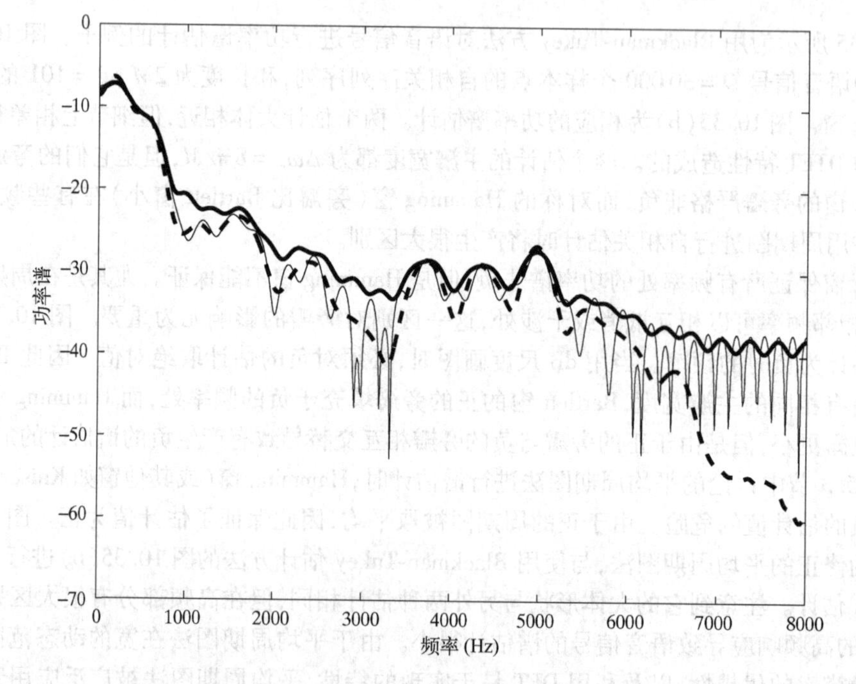

图 10.36　$M=50$ 的 Bartlett 窗(粗线)Hamming 窗(细线)用 Blackman-Tukey 方法得到的功率谱估计。虚线是$M=50$的Hamming窗用平均周期图法得到的功率谱估计

下降 30 ～ 40 dB。3 ～ 5 kHz 之间的几个突出峰值是由不随时间变化的更高的声带谐振点造成的。不同的说话者或不同的语音材料可以产生不同的谱估计,但谱估计的大体特性与图 10.36 相似。

10.7 小结

在信号处理中,重要的应用领域之一是信号的谱分析。由于 FFT 在计算上的高效率,连续时间或离散时间信号谱分析的许多技术都直接或间接地利用了 DFT。本章揭示和说明了这些技术中的一部分。

通过分析正弦信号的诸多方面,能够最透彻地理解与谱分析有关的许多问题。由于利用 DFT 需要有限长信号,所以在分析之前必须加窗。对于正弦信号,在 DFT 中观察到的谱峰宽度与窗长有关,随着窗长度增加,谱峰将会变尖。因此,随着窗变短,在谱估计中分辨相互靠近的正弦信号的能力将变差。另外,由于使用 DFT 而造成在谱分析中所固有的独特影响与谱的采样有关。具体地讲,因为只有在那些采样频率处才能计算谱,所以若在结果分析中不仔细,则所观察到的谱可能促使得出错误的结论。例如,频谱中的一些重要特性可能在采样的频谱中没有直接显露出来。为了避免这一点,可以用以下两种方法中的任何一种来增加 DFT 的长度,从而减小谱样本间的间距:一种方法是增加 DFT 长度且保持窗长度不变(需要对加窗序列补零)。这种方法并不能提高分辨率。第二种方法是同时增加窗长度和 DFT 长度。在这种情况下谱样本的间隔减小且分辨十分靠近的正弦分量的能力提高。

在平稳数据的谱分析中增加窗的长度和提高分辨率一般是有益的;而对于时变数据,通常总希望保持窗的长度足够短,以使在窗的持续时间内信号的特性近似平稳。这就导致提出了依时傅里叶变换的概念,实际上它就是当信号序列滑动通过一有限长的窗时所得到的一列傅里叶变换。对依时傅里叶变换的一种普遍而有用的解释是,将它作为一组滤波器,每个滤波器的频率响应均对应于窗的傅里叶变换,其中心频率平移到一个 DFT 的频率处。依时傅里叶变换无论是在信号滤波中作为一个中间步骤,还是用来分析和解释如语音和雷达信号之类的时变信号,都有重要的作用。非平稳信号的谱分析一般涉及在时间分辨率和频率分辨率之间的折中。具体地,在时间上跟踪谱特征的能力随着分析窗长度的减小而增强。但是,分析窗越短将使得频率分辨率越差。

在平稳随机信号的分析中,DFT 也起着重要的作用。估计随机信号功率谱的一种直观方法是,计算一段信号 DFT 的平方幅度。所得到的估计,称为周期图,是渐近无偏的。但周期图估计的方差并不随着信号段长度的增加而减小至零,因此它不是一个好的估计。但是通过把可以利用的信号序列分成较短的信号段并且平均与之相关的周期图,就可以得到一个性能良好的估计。另外一种方法是首先估计自相关函数。它既可以直接计算,也可以利用 DFT 来计算。如果在用 DFT 之后再对自相关估计加窗,则最后结果就是一个好的谱估计,称为平滑周期图。

习题

基本题(附答案)

10.1　一个时间连续的实信号 $x_c(t)$,带宽限制在 5 kHz 以下,即对于 $|\Omega| \geq 2\pi(5000)$,$X_c(j\Omega) =$ 以每秒 10000 个样本的采样率(10 kHz)对信号 $x_c(t)$ 进行采样,得到一个序列 $x[n] = x_c($ 其中 $T = 10^{-4}$。计算当 $N = 1000$ 个 $x[n]$ 的样本时,N 点 DFT 为 $X[k]$。

(a) 在 $X[k]$ 中, $k=150$ 与什么连续频率相对应?

(b) 在 $X[k]$ 中, $k=800$ 与什么连续频率相对应?

10.2 一个连续时间实信号 $x_c(t)$ 带宽限制在 5 kHz,即对于 $|\Omega| \geqslant 2\pi(5000)$, $X_c(j\Omega)=0$。以周期 T 对 $x_c(t)$ 采样,得到序列 $x[n]=x_c(nT)$。为了检验信号的谱特性,利用要求 $N=2^v$(v 为整数)的计算机程序来计算 $x[n]$ 的一段 N 个样本的 N 点 DFT。

试确定 N 的最小值以及采样率的范围

$$F_{\min} < \frac{1}{T} < F_{\max}$$

以便避免混叠并使 DFT 值之间的有效间隔小于 5 Hz,即以小于 5 Hz 的间隔分隔等效的连续时间频率,且在这些频率处来计算傅里叶变换。

10.3 以周期 T 对一个连续时间信号 $x_c(t)=\cos(\Omega_0 t)$ 采样,得到序列 $x[n]=x_c(nT)$。给 $x[n]$($n=0,1,\cdots,N-1$)加一个 N 点矩形窗且 $X[k]$($k=0,1,\cdots,N-1$)为所得序列的 DFT。

(a) 设 Ω_0, N, k_0 均为定值,怎样选择 T 可使 $X[k_0]$ 和 $X[N-k_0]$ 为非零,而对其他所有 k 值 $X[k]=0$?

(b) 答案是否唯一?如果不是,请给出一个满足(a)中条件的其他 T 值。

10.4 设 $x_c(t)$ 是一个实值带限信号,其傅里叶变换 $X_c(j\Omega)$ 当 $|\Omega| \geqslant 2\pi(5000)$ 时为零。序列 $x[n]$ 是用 10 kHz 采样率对 $x_c(t)$ 采样所得。假设当 $n<0$ 且 $n>999$ 时序列 $x[n]$ 为零。令 $X[k]$ 表示 $x[n]$ 的 1000 点 DFT。已知 $X[900]=1$ 和 $X[420]=5$,在区间 $|\Omega|<2\pi(5000)$ 内对于尽可能多的 Ω 值求 $X_c(j\Omega)$。

10.5 考虑利用加有 Hamming 窗的 $x[n]$ 的 DFT 来估计离散时间信号 $x[n]$ 的频谱。在加窗 DFT 分析中的频率分辨率的一个保守经验法则是频率分辨率等于 $W(e^{j\omega})$ 的主瓣宽度。现在想要分辨出 ω 间隔为 $\pi/100$ 这么小距离的正弦信号。此外,窗长 L 应限制为 2 的幂次。则要满足分辨率要求的最小长度 $L=2^v$ 是多少?

10.6 以下是三个不同的信号 $x_i[n]$,每个信号均为两个正弦信号的和:

$$x_1[n]=\cos(\pi n/4)+\cos(17\pi n/64)$$

$$x_2[n]=\cos(\pi n/4)+0.8\cos(21\pi n/64)$$

$$x_3[n]=\cos(\pi n/4)+0.001\cos(21\pi n/64)$$

希望利用一个加有 64 点矩形窗 $w[n]$ 的 64 点 DFT 来估计每个信号的谱。指出哪一个信号的 64 点 DFT 在加窗后会有两个可区分的谱峰?

10.7 设以 $T=50\ \mu s$ 对连续时间信号 $x_c(t)$ 采样所得到的 5000 点序列为 $x[n]$。假设 $X[k]$ 为 $x[n]$ 的 8192 点 DFT。问相邻 DFT 样本在连续时间频率情况下等效频率间隔为多少?

10.8 设 $x[n]$ 是一个 1000 点的序列,它是以 8 kHz 对连续时间信号 $x_c(t)$ 采样而得到的。且为了避免混叠 $X_c(j\Omega)$ 是充分带限的。求最小 DFT 长度 N 使得 $X[k]$ 相邻样本间隔等于或小于原连续时间信号频率间隔 5 Hz。

10.9 设 $X_r[k]$ 为式(10.40)所定义的依时傅里叶变换(TDFT)。在本题中研究当 DFT 长度 $N=36$ 且采样区间 $R=36$ 时的 TDFT。设窗函数 $w[n]$ 为矩形窗。当 $-\infty<r<\infty$ 且 $0\leqslant k\leqslant N-1$ 时计算如下信号的 TDFT $X_r[k]$:

$$x[n]=\begin{cases}\cos(\pi n/6), & 0\leqslant k\leqslant 35\\ \cos(\pi n/2), & 36\leqslant k\leqslant 71\\ 0, & \text{其他}\end{cases}$$

10.10 图 P10.10 表示一个线性调频信号的频谱图,该信号的形式为

$$x[n]=\sin\left(\omega_0 n+\frac{1}{2}\lambda n^2\right)$$

注意，该频谱图表达式(10.34)所定义的 $X[n,k]$ 幅度，其中黑色区域表示 $|X[n,k]|$ 的峰值。根据这幅图，估计 ω_0 和 λ。

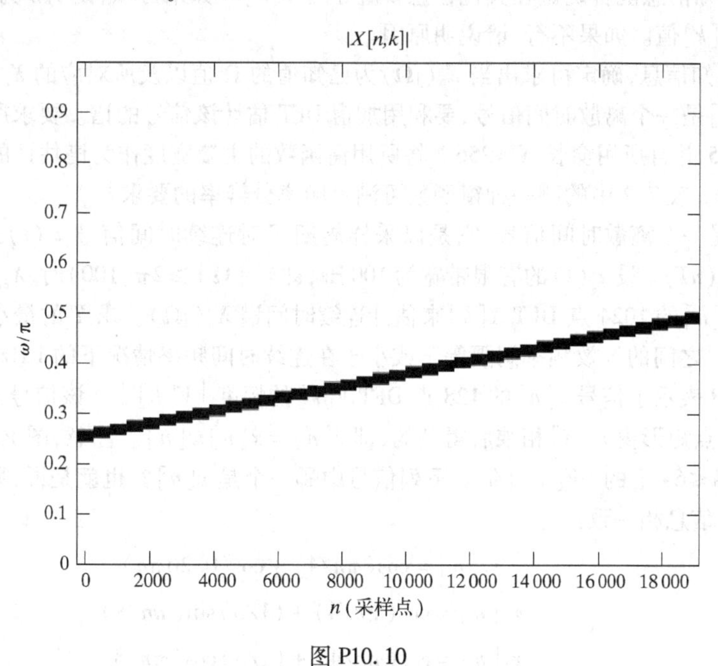

图 P10.10

10.11　对一个连续时间信号以 10 kHz 的采样频率进行采样，并计算 1024 个样本的 DFT。求谱样本之间的频率间隔。说明理由。

10.12　设 $x[n]$ 是一个有单一正弦分量的信号。计算 $V_1(e^{j\omega})$ 之前，对信号 $x[n]$ 加上一个 L 点的 Hamming 窗 $w[n]$ 得出 $v_1[n]$。然后对信号 $x[n]$ 加上一个 L 点矩形窗得出 $v_2[n]$，由它来计算 $V_2(e^{j\omega})$。$|V_1(e^{j\omega})|$ 和 $|V_2(e^{j\omega})|$ 的谱峰高度一样吗？如果一样，说明理由；如果不一样，哪一个较大？

10.13　在计算 $X(e^{j\omega})$ 之前要估计加有一个 512 点 Kaiser 窗的信号 $x[n]$ 的谱。

(a) 系统频率分辨率的要求规定 Kaiser 窗的最大允许主瓣宽度为 $\pi/100$。在这些条件下，期望的最佳旁瓣衰减是多少？

(b) 假设已知 $x[n]$ 含有两个相差至少 $\pi/50$ 的正弦分量，并且最大分量的幅度为 1。根据你在(a)中给出的答案，给出能超过较强正弦分量旁瓣的较弱正弦分量最小值的阈值。

10.14　以 16000 样本点/s (16 kHz)的采样率对一个语音信号采样。在如 10.3 节所描述的信号依时傅里叶分析中使用一个 20 ms 长的窗，在各次 DFT 的计算之间使窗超前 40 个样本。假定每个 DFT 的长度是 $N=2^v$。

(a) 在由窗选出的每段语音信号中有多少样本？

(b) 什么是依时傅里叶分析的“帧率”(frame rate)，即每秒完成多少次 DFT 运算？

(c) 能够从依时傅里叶变换重构原始输入信号的 DFT 的最小长度 N 是什么？

(d) DFT 样本间的间隔(以 Hz 为单位)是多少？

10.15　对一个实值的连续时间信号段 $x_c(t)$ 以采样频率 20000 样本/s 进行采样。得到一个

的有限长离散时间序列 $x[n]$,它在区间 $0\leqslant n\leqslant 999$ 上有非零值。已知 $x_c(t)$ 也是带限的,也就是当 $|\Omega|\geqslant 2\pi(10\,000)$ 时,$X_c(j\Omega)=0$;换句话说,并不产生由于混叠而造成的任何畸变。$X[k]$ 表示 $x[n]$ 的1000 点 DFT。已知 $X[800]$ 值为 $X[800]=1+j$。

(a) 由已知信息能否确定在其他任意 k 值处的 $X[k]$? 如果可以,说明 k 为何值,及其所对应的 $X[k]$ 值。如果不行,请说明原因。

(b) 由已知信息,确定可求出当 $X_c(j\Omega)$ 为已知值的 Ω 值以及所对应的 $X_c(j\Omega)$ 的值。

10.16 假设 $x[n]$ 是一个离散时间信号,要利用加窗 DFT 估计该信号的谱。要求所得频率分辨率至少为 $\pi/25$ 并且所用窗长 $N=256$。将所用窗函数的主瓣宽度作为谱估计的频率分辨率是留有余地的。表 7.2 中的哪一种窗函数可满足频率分辨率的要求?

10.17 设 $x[n]$ 是一个离散时间信号,它是以采样周期 T 对连续时间信号 $x_c(t)$ 采样而得到的,有 $x[n]=x_c(nT)$。设 $x_c(t)$ 的有限带宽为 100 Hz,即当 $|\Omega|\geqslant 2\pi(100)$ 时,$X_c(j\Omega)=0$。希望通过计算 $x[n]$ 的 1024 点 DFT $X[k]$ 来估计连续时间谱 $X_c(j\Omega)$。求 T 的最小值使得相邻 DFT 样本 $X[k]$ 之间的等效频率间隔等于或小于在连续时间频率情况下的 1 Hz。

10.18 图 P10.18 表示了信号 $v[n]$ 的 128 点 DFT $V[k]$ 的幅度 $|V[k]|$。该信号 $v[n]$ 是将 $x[n]$ 与一个 128 点矩形窗 $w[n]$ 相乘后得到的,即 $v[n]=x[n]w[n]$。注意,图 P10.18 只画出了在区间 $0\leqslant k\leqslant 64$ 上的 $|V[k]|$ 值。下列信号中哪一个是 $x[n]$? 也就是说,哪一个信号与图中所给出的信息相一致?

$$x_1[n]=\cos(\pi n/4)+\cos(0.26\pi n)$$
$$x_2[n]=\cos(\pi n/4)+(1/3)\sin(\pi n/8)$$
$$x_3[n]=\cos(\pi n/4)+(1/3)\cos(\pi n/8)$$
$$x_4[n]=\cos(\pi n/8)+(1/3)\cos(\pi n/16)$$
$$x_5[n]=(1/3)\cos(\pi n/4)+\cos(\pi n/8)$$
$$x_6[n]=\cos(\pi n/4)+(1/3)\cos(\pi n/8+\pi/3)$$

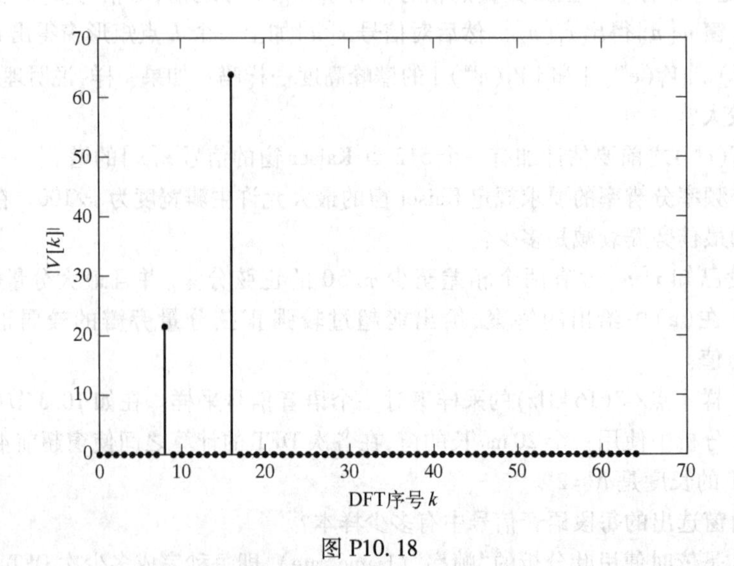

图 P10.18

10.19 利用由式(10.40)所定义的依时傅里叶变换 $X_r[k]$ 对信号 $x[n]$ 进行分析。首先,计算加有 $L=128$ 点 Hamming 窗 $w[n]$ 的 $N=128$ 点 DFT。相邻块的时域采样为 $R=128$,即加窗段在时间上偏移 128 个样本。用这种分析所得到的频率分辨率并不能满足要求,因此希望提高分辨率。为此,下面提出了几种改进的分析方法。下列方法中,哪一种可以提高依时傅里叶变换 $X_r[k]$ 的频率分辨率?

方法 1:保持 L 和 R 不变,增大 N 至 256。

方法 2:保持 R 不变,同时增大 N 和 L 至 256。

方法 3:保持 N,L 不变,减小 R 至 64。

方法 4:保持 N,R 不变,减少 L 为 64。

方法 5:保持 N,R 和 L 不变,但将 $w[n]$ 改为矩形窗。

10.20　假设计算 DTFT 之前要估计加有 Kaiser 窗的信号 $x[n]$ 的谱。要求窗函数的旁瓣小于主瓣 30 dB 并且频率分辨率为 $\pi/40$。将窗函数的主瓣宽度作为频率分辨率的估计是留有余地的。估计满足这些要求的最小窗长 L。

基本题

10.21　设 $x[n]=\cos(2\pi n/5)$,在计算 $V(e^{j\omega})$ 之前,给 $x[n]$ 加上一个 32 点矩形窗得序列 $v[n]$。画出当 $-\pi\leqslant\omega\leqslant\pi$ 时的 $|V(e^{j\omega})|$,标出所有谱峰的频率及谱峰两边的第一个零点。此外,标出谱峰幅度及每个谱峰的最大旁瓣。

10.22　本题中考虑 $x_1[n]$,$x_2[n]$ 和 $x_3[n]$ 三个长实数序列的功率谱估计,每个序列由两个正弦分量组成。但是每个序列仅有 256 点的片段可以进行分析。设 $\bar{x}_1[n]$,$\bar{x}_2[n]$ 和 $\bar{x}_3[n]$ 分别表示 $x_1[n]$,$x_2[n]$ 和 $x_3[n]$ 的 256 点的序列段。知道无限长序列的谱特性,见式(P10.22-1)~式(P10.22-3)。可以考虑两种谱分析方法,一种是用 256 点的矩形窗,另一种是用 256 点的 Hamming 窗。下面介绍这些方法。在下面的说明中 $\mathcal{R}_N[n]$ 表示 N 点矩形窗,$\mathcal{R}_N[n]$ 表示 N 点 Hamming 窗。$\mathrm{DFT}_{2048}\{\cdot\}$ 表示对输入序列末尾补零后进行 2048 点 DFT。这是对从 DFT 进行频率抽样得到 DTFT 的很好说明。

$$\begin{aligned}X_1(e^{j\omega})\approx{}&\delta(\omega+\frac{17\pi}{64})+\delta(\omega+\frac{\pi}{4})\\&+\delta(\omega-\frac{\pi}{4})+\delta(\omega-\frac{17\pi}{64})\end{aligned}\tag{P10.22-1}$$

$$\begin{aligned}X_2(e^{j\omega})\approx{}&0.017\delta(\omega+\frac{11\pi}{32})+\delta(\omega+\frac{\pi}{4})\\&+\delta(\omega-\frac{\pi}{4})+0.017\delta(\omega-\frac{11\pi}{32})\end{aligned}\tag{P10.22-2}$$

$$\begin{aligned}X_3(e^{j\omega})\approx{}&0.01\delta(\omega+\frac{257\pi}{1024})+\delta(\omega+\frac{\pi}{4})\\&+\delta(\omega-\frac{\pi}{4})+0.01\delta(\omega-\frac{257\pi}{1024})\end{aligned}\tag{P10.22-3}$$

根据式(P10.22-1)~式(P10.22-3),请确认下面哪种谱分析的方法可以预测频率分量的出现。一个好的理由至少应包含对估计方法的分辨率和旁瓣的定量的分析。注意可能两种算法都能或都不能适用于任意数据序列。表 7.2 可以帮助你对哪种算法适用于哪种序列做出判断。

谱分析算法

算法 1:用矩形窗的输入数据序列。

$$v[n]=\mathcal{R}_{256}[n]\bar{x}[n]$$

$$\left|V(e^{j\omega})\right|_{\omega=\frac{2\pi k}{2048}}=\left|\mathrm{DFT}_{2048}\{v[n]\}\right|$$

算法 2:用 Hamming 窗的输入数据序列。

$$v[n] = \mathcal{H}_{256}[n]\bar{x}[n]$$

$$\left|V(\mathrm{e}^{\mathrm{j}\omega})\right|_{\omega=\frac{2\pi k}{2048}} = \left|\mathrm{DFT}_{2048}\{v[n]\}\right|$$

10.23 利用 256 点矩形窗和不重叠的 256 点 DFT($R=256$)绘出 $0\leqslant n\leqslant 16\,000$ 时信号

$$x[n] = \cos\left[\frac{\pi n}{4} + 1000\sin\left(\frac{\pi n}{8000}\right)\right]$$

的周期图。

10.24 (a) 考虑如图 P10.24-1 所示的系统,其输入为 $x(t)=\mathrm{e}^{\mathrm{j}(3\pi/8)10^4 t}$,采样周期 $T=10^{-4}$,且

$$w[n] = \begin{cases} 1, & 0\leqslant n\leqslant N-1 \\ 0, & \text{其他} \end{cases}$$

求使得 $X_w[k]$ 恰好在一个 k 值处不为零的最小非零 N 值。

(b) 假设 $N=32$,输入信号为 $x(t)=\mathrm{e}^{\mathrm{j}\Omega_0 t}$,且选取采样周期 T 以保证在采样中不产生混叠。图 P10.24-2 和图 P10.24-3 表示当 $k=0,\cdots,31$ 时序列 $X_w[k]$ 的幅值,其中两图选取如下两个不同的窗函数 $w[n]$:

$$w_1[n] = \begin{cases} 1, & 0\leqslant n\leqslant 31 \\ 0, & \text{其他} \end{cases}$$

$$w_2[n] = \begin{cases} 1, & 0\leqslant n\leqslant 7 \\ 0, & \text{其他} \end{cases}$$

指出每幅图所对应的窗函数 $w[n]$,清楚地说明你的理由。

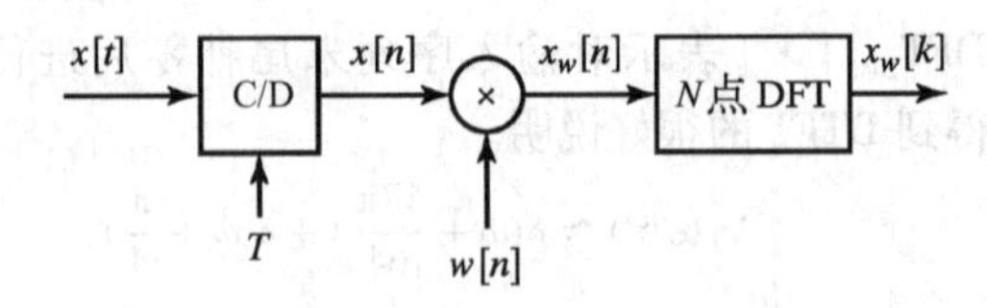

图 P10.24-1

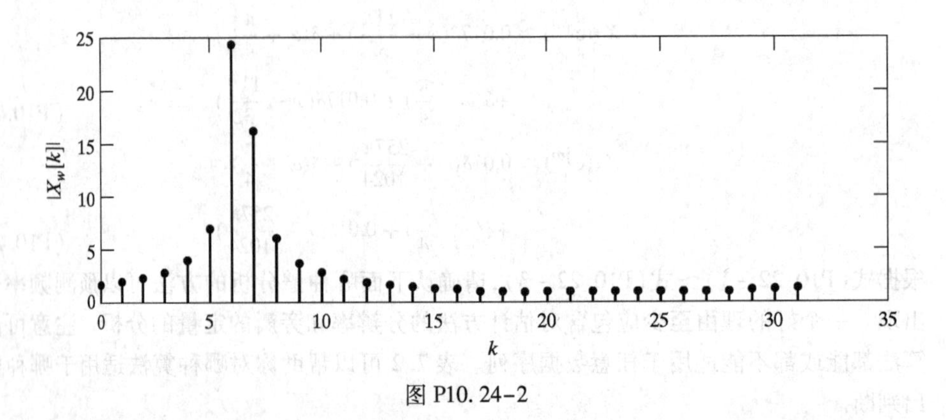

图 P10.24-2

(c) 与(b)中的输入信号和系统参数相同,当采样周期为 $T=10^{-4}$ 时要由图 P10.24-3 来估计 Ω_0 的值。设序列

$$w[n] = \begin{cases} 1, & 0\leqslant n\leqslant 31 \\ 0, & \text{其他} \end{cases}$$

并且采样周期足够短以保证采样中不产生混叠,请估计 Ω_0 的值。你的估计是否精确?

如果不精确,那么你得出的频率估计最大可能误差是多少?

(d) 假设对于所选窗函数 $w_1[n]$ 和 $w_2[n]$,已知 32 点 DFT $X_w[k]$ 的准确值。简要说明计算 Ω_0 准确值的过程。

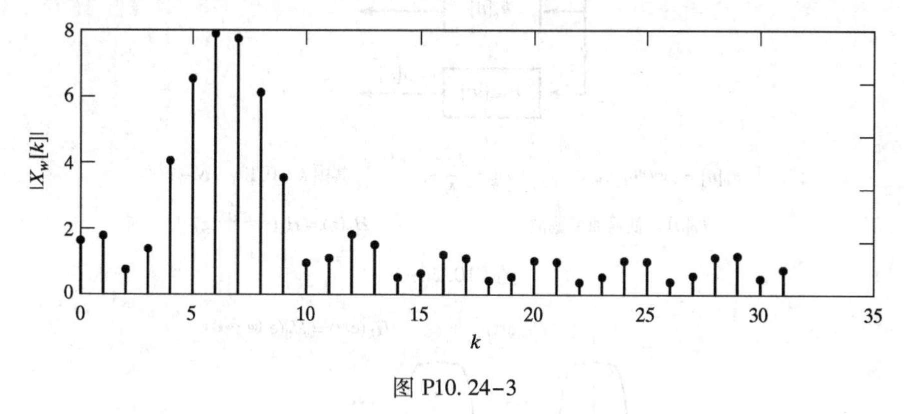

图 P10.24-3

提高题

10.25 图 P10.25 所示的滤波器组如下:

$$h_0[n] = 3\delta[n+1] + 2\delta[n] + \delta[n-1]$$

且

$$h_q[n] = e^{j\frac{2\pi qn}{M}} h_0[n], \qquad q = 1, \cdots, N-1$$

滤波器组包含 N 个滤波器,经全频带的 $1/M$ 调整。假设 M 和 N 均大于 $h_0[n]$ 的长度。

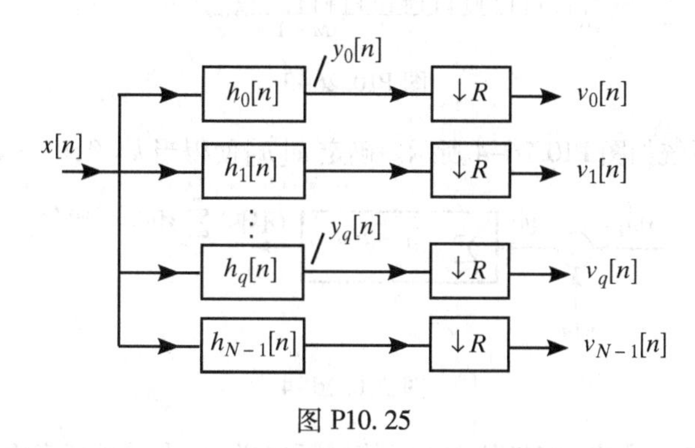

图 P10.25

(a) 用 $x[n]$ 的依时傅里叶变换 $X(n, \lambda)$ 表示 $y_q[n]$,画出草图并标明相应窗的依时傅里叶变换的值。

在(b)和(c)部分中假设 $M=N$。由于 $v_q[n]$ 有 q 和 n 两个变量决定,将其改写为二维序列 $v[q,n]$。

(b) 当 $R=2$ 时,如果 $v[q,n]$ 对于所有整数 q 和 n 已知,给出恢复所有 n 下的 $x[n]$ 的方法。

(c) (b)中的方法对 $R=5$ 时有效吗?请详细说明。

10.26 如图 P10.26-1 所示的系统利用调制滤波组进行谱分析。[在下面的说明中,图 P10.26-2 表明频率响应 $H_k(e^{j\omega})$ 的作用。]原型滤波器的冲激响应 $h_0[n]$ 如图 P10.26-3 所示。

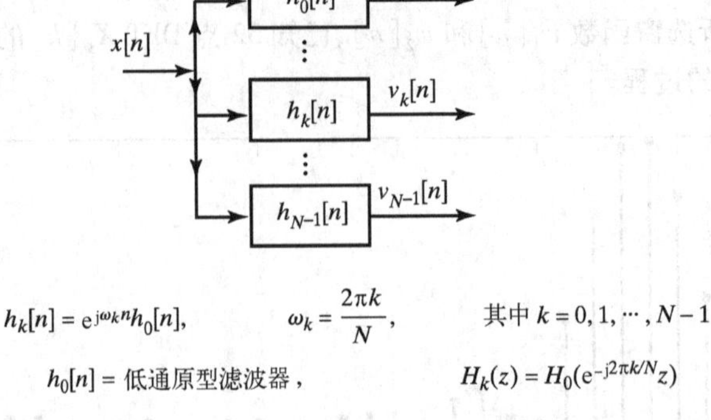

$h_k[n]=\mathrm{e}^{\mathrm{j}\omega_k n}h_0[n]$, $\quad\omega_k=\dfrac{2\pi k}{N}$, $\quad$ 其中 $k=0,1,\cdots,N-1$

$h_0[n]=$ 低通原型滤波器, $\quad H_k(z)=H_0(\mathrm{e}^{-\mathrm{j}2\pi k/N}z)$

图 P10.26-1

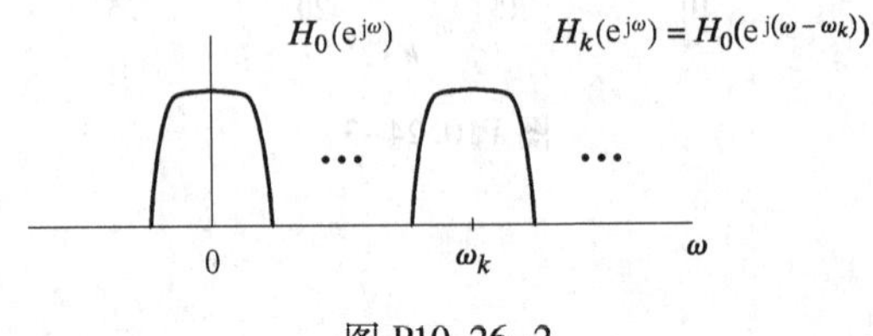

图 P10.26-2

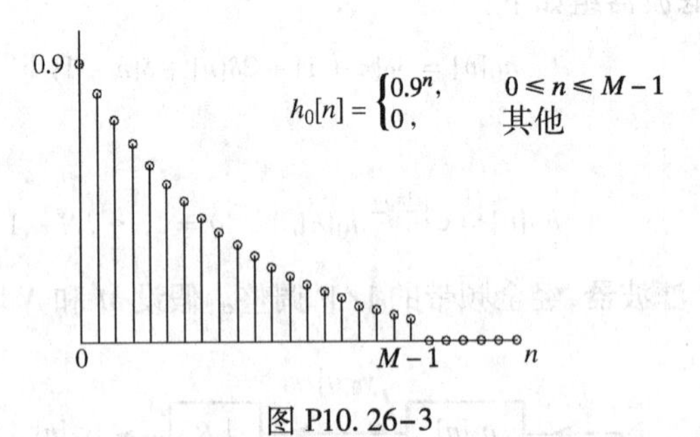

图 P10.26-3

谱分析的另一系统如图 P10.26-4 所示。确定 $w[n]$ 使得当 $k=0,1,\cdots,N-1$ 时 $G[k]=v_k[0]$。

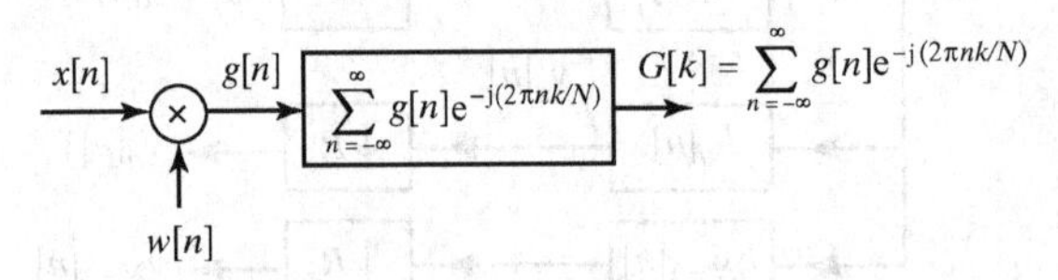

图 P10.26-4

10.27 本题关注获得 $X_w[n]$ 的 z 变换的 256 个等间隔采样。$x_w[n]$ 是任意序列 $x[n]$ 的加窗结果,其中 $x_w[n]=x[n]w[n]$,当 $0\leqslant n\leqslant 255$ 时 $w[n]=1$,其他区间上 $w[n]=0$。$x_w[n]$ 的 z 变换定义为

$$X_w(z)=\sum_{n=0}^{255}x[n]z^{-n}$$

采样点 $X_w[k]$ 可以通过下式计算:

$$X_w[k]=X_w(z)\big|_{z=0.9\mathrm{e}^{\mathrm{j}\frac{2\pi}{256}k}},\qquad k=0,1,\cdots,255$$

要用调制滤波器组对信号 $x[n]$ 进行处理,如图 P10.27 所示。

每一个滤波器组中的滤波器的原型都是因果低通滤波器,冲激响应 $h_0[n]$ 为

$$h_k[n]=h_0[n]\mathrm{e}^{-\mathrm{j}\omega_k n},\qquad k=1,2,\cdots,255$$

每个滤波器组的输出都在 $n=N_k$ 处经过一次采样得到 $X_w[k]$，即

$$X_w[k]=v_k[N_k]$$

确定 $h_0[n]$，ω_k 和 N_k，使得

$$X_w[k]=v_k[N_k]=X_w(z)|_{z=0.9e^{j\frac{2\pi}{256}k}},\qquad k=0,1,\cdots,255$$

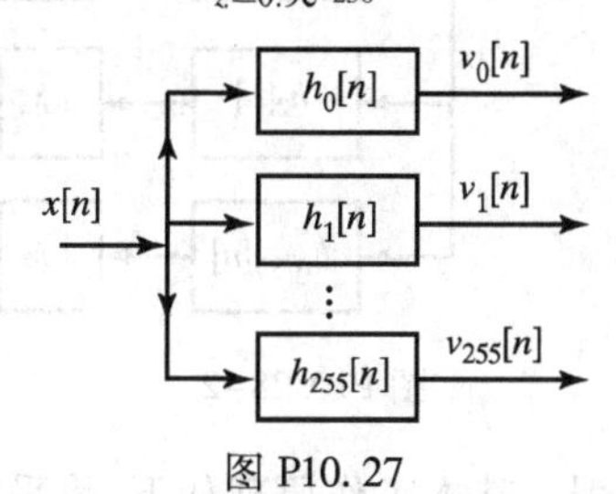

图 P10.27

10.28　(a) 在图 P10.28-1 中，对信号 $x_c(t)$ 进行谱分析的系统为

$$G_k[n]=\sum_{l=0}^{N-1}g_l[n]e^{-j\frac{2\pi}{N}lk}$$

$$N=512,\quad 和\quad LR=256$$

对乘积系数 a_l 的一般值，确定 L 和 R 使得每秒产生最少的乘积。

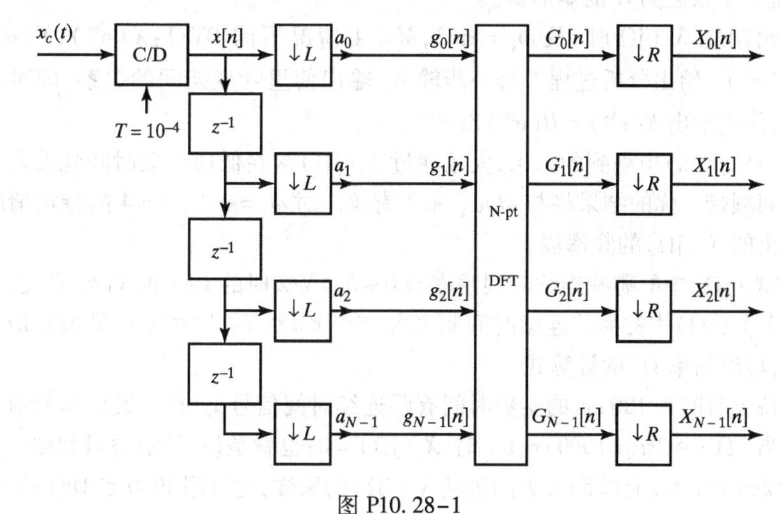

图 P10.28-1

(b) 图 P10.28-2 所示为对信号 $x_c(t)$ 进行谱分析的另一个系统，其

$$h[n]=\begin{cases}(0.93)^n, & 0\leqslant n\leqslant 255\\ 0, & 其他\end{cases}$$

$$h_k[n]=h[n]e^{-j\omega_k n},\quad k=0,1,\cdots,N-1,\quad 和\quad N=512$$

下面列出 M 的 2 个可能值，4 个 ω_k 的可能值和 6 个系数 a_l 的可能值。从这些值中找出一种组合使得 $Y_k[n]=X_k[n]$，即两种系统提供相同的谱分析。可能有多种组合方式。

M:　(a) 256　(b) 512

ω_k:　(a) $\frac{2\pi k}{256}$　(b) $\frac{2\pi k}{512}$　(c) $\frac{-2\pi k}{256}$　(d) $\frac{-2\pi k}{512}$

a_l:
- (a) $(0.93)^l$,　$l=0,1,\cdots,255$;　零，其他
- (b) $(0.93)^{-l}$,　$l=0,1,\cdots,511$
- (c) $(0.93)^l$,　$l=0,1,\cdots,511$
- (d) $(0.93)^{-l}$,　$l=0,1,\cdots,255$;　零，其他
- (e) $(0.93)^l$,　$l=256,257,\cdots,511$;　零，其他
- (f) $(0.93)^{-l}$,　$l=256,257,\cdots,511$;　零，其他

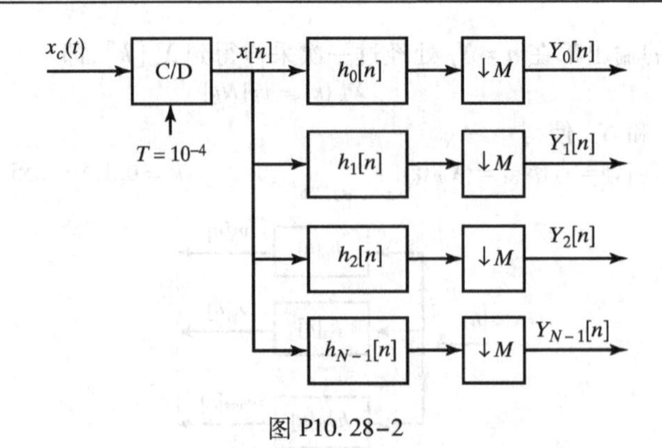

图 P10.28-2

10.29 图 P10.29 给出一种谱分析器。基本工作原理如下:将采样的输入信号频谱进行频移;用低通滤波器来选取低通频带的频率;通过降采样器所选频段扩展 $-\pi<\omega<\pi$ 整个频段;DFT 的样本点为频带上均匀分布的 N 个频点。

设输入信号为带限的,则当 $|\Omega|\geqslant\pi/T$ 时,有 $X_C(\mathrm{j}\Omega)=0$。频率响应为 $H(\mathrm{e}^{\mathrm{j}\omega})$ 的 LTI 系统是一个理想低通滤波器,增益为 1,且其截止频率为 π/M。此外,设 $0<\omega_1<\pi$ 和数据窗 $w[n]$ 是一个长度为 N 的矩形窗。

(a) 画出给定 $X_c(\mathrm{j}\Omega)$ 以及 $\omega_1=\pi/2, M=4$ 情况下的 DTFT:$X(\mathrm{e}^{\mathrm{j}\omega})$、$Y(\mathrm{e}^{\mathrm{j}\omega})$、$R(\mathrm{e}^{\mathrm{j}\omega})$ 和 $R_d(\mathrm{e}^{\mathrm{j}\omega})$。给出分析过程中每一步输入、输出傅里叶变换间的关系;即对图示的低通滤波,你应给出 $R(\mathrm{e}^{\mathrm{j}\omega})=H(\mathrm{e}^{\mathrm{j}\omega})Y(\mathrm{e}^{\mathrm{j}\omega})$。

(b) 利用你在(a)中得到的结果,大致通过 $X_c(\mathrm{j}\Omega)$ 落在低通离散时间滤波器通带内的连续时间频带。你的结果将与 M,ω_1 和 T 有关。对 $\omega_1=\pi/2, M=4$ 的特定情况,求出(a)中绘出的 $X_c(\mathrm{j}\Omega)$ 的频率段。

(c) (i) $X_c(\mathrm{j}\Omega)$ 中的哪些连续时间频率与 $0\leqslant k\leqslant N/2$ 时的 DFT 值 $V[k]$ 有关。

(ii) $X_c(\mathrm{j}\Omega)$ 中的哪些连续时间频率和 $N/2<k\leqslant N-1$ 时的 DFT 值对应。在每种情况下,写出频率 Ω_k 的计算式。

10.30 考虑一持续时间为 100 ms 的实数时间有限连续时间信号 $x_c(t)$。设该信号有带限傅里叶变换;即,当 $|\Omega|\geqslant 2\pi(10\,000)$ rad/s 时,$X_c(\mathrm{j}\Omega)=0$;也就是说,设混叠可忽略。要计算在区间 $0\leqslant\Omega\leqslant 2\pi(10000)$ 上以 5 Hz 为间隔的 $X_c(\mathrm{j}\Omega)$ 的采样,这可用 4000 点 DFT 来计算。特别是,想得到一个 4000 点序列 $x[n]$,其中 4000 点 DFT 和 $X_c(\mathrm{j}\Omega)$ 有如下关系:

$$x[k]=\alpha X_c(\mathrm{j}2\pi\cdot 5\cdot k),\qquad k=0,1,\cdots,1999$$

其中 α 为已知的比例因子。下面给出 3 种方法来求得 4000 点序列,其 DFT 为所要求得的 $X_c(\mathrm{j}\Omega)$ 的采样。

方法 1:对 $x_c(t)$ 比采样周期 $T=25\ \mu\mathrm{s}$ 进行采样;即计算如下序列的 DFT $X_1[k]$:

$$x_1[n]=\begin{cases}x_c(nT), & n=0,1,\cdots,3999\\ 0, & \text{其他}\end{cases}$$

因为 $x_c(t)$ 以 100 ms 为时限,$x_1[n]$ 是一个长度为 4000 点(100 ms/25 μs)的有限长序列。

方法 2:对 $x_c(t)$ 以采样周期 $T=50\ \mu\mathrm{s}$ 进行采样。因为 $x_c(t)$ 以 100 ms 为时限,所以,所得序列仅有 2000 个(100 ms/50 μs)非零采样;即

$$x_2[n]=\begin{cases}x_c(nT), & n=0,1,\cdots,1999\\ 0, & \text{其他}\end{cases}$$

换言之,为了计算 4000 点 DFT $X_2[k]$,需通过补零产生 4000 点序列。

方法 3：对 $x_c(t)$ 以周期 $T = 50\ \mu s$ 进行采样，如方法 2。用所获得的 2000 点序列得出序列 $x_3[n]$：

$$x_3[n] = \begin{cases} x_c(nT), & 0 \leqslant n \leqslant 1999 \\ x_c((n-2000)T), & 2000 \leqslant n \leqslant 3999 \\ 0, & \text{其他} \end{cases}$$

计算核序列的 4000 点 DFT $X_3[k]$。对于以上三种方法的每种方法，求出每个 4000 点 DFT 与 $X_c(\mathrm{j}\Omega)$ 的关系式。对于“典型”傅里叶变换 $X_c(\mathrm{j}\Omega)$，简略给出这种关系。说明哪种方法给出所要求的 $X_c(\mathrm{j}\Omega)$ 的样本。

10.31 一连续时间有限持续时间信号 $x_c(t)$ 以 20000 点/s 进行采样，产生 1000 点有限长序列 $x[n]$，其在间隔 $0 \leqslant n \leqslant 999$ 处非零。假设对于该问题，连续时间信号同样是带限的，那么，对于 $|\Omega| \geqslant 2\pi(10000)$，$X_c(\mathrm{j}\Omega) = 0$；即忽略采样过程中出现的混叠失真。再假设程序或者设备能够支持 1000 点 DFT 和 DFT 逆变换。

(a) 若 $X[k]$ 表示序列 $x[n]$ 的 1000 点 DFT，那么 $X[k]$ 和 $X_c(\mathrm{j}\Omega)$ 的关系是什么？频域中，DFT 采样的有效间隔是多少？

下面将提出的步骤是为了获得傅里叶变换 $X_c(\mathrm{j}\Omega)$ 在间隔 $|\Omega| \leqslant 2\pi(5000)$ 的扩展看法，从 1000 点 DFT $X[k]$ 开始。

第一步：构造新的 1000 点 DFT

$$W[k] = \begin{cases} X[k], & 0 \leqslant k \leqslant 250 \\ 0, & 251 \leqslant k \leqslant 749 \\ X[k], & 750 \leqslant k \leqslant 999 \end{cases}$$

第二步：计算 $W[k]$ 的 1000 点 DFT 逆变换，得到 $w[n]$，$n = 0, 1, \cdots, 999$。

第三步：1/2 抽取 $w[n]$ 并通过补零将结果扩充为 500 个样本，获得序列

$$y[n] = \begin{cases} w[2n], & 0 \leqslant n \leqslant 499 \\ 0, & 500 \leqslant n \leqslant 999 \end{cases}$$

第四步：计算 $y[n]$ 的 1000 点 DFT，得 $Y[k]$。

(b) 该步骤的设计者认为

$$Y[k] = \alpha X_c(\mathrm{j}2\pi \cdot 10 \cdot k), \qquad k = 0, 1, \cdots, 500$$

其中 α 为比例常数。该看法是否正确？若不正确，解释原因。

10.32 一模拟信号由正弦信号之和组成。为了得到 $x[n] = x_c(nT)$，一采样率 $f_s = 10000$ 点/秒对其采样。4 个谱图分别给出了用矩形窗或 Hamming 窗计算获得的依时傅里叶变换 $|X[n, \lambda)|$。将它们绘于图 P10.32（采用对数幅度，并只显示了最高的 35 dB）。

(a) 哪个谱图采用了矩形窗？(a) (b) (c) (d)

(b) 哪一对（或多对）谱图具有近似相等的频率分辨率。
(a 和 b) (b 和 d) (c 和 d) (a 和 d) (b 和 c)

(c) 哪个谱图的时间窗最短？(a) (b) (c) (d)

(d) 估计谱图(b)中的窗长 L（以采样点为单位），到最近的 100 采样点为止。

(e) 用图 P10.32 所示的谱图数据辅助你写出当采样率为 $f_s = 10000$ 时可获得上面谱图的模拟正弦信号 $x_c(t)$ 和的方程或方程组。

10.33 离散时间随机信号 $x[n]$ 的周期图由式(10.67)定义为

$$I(\omega) = \frac{1}{LU}|V(\mathrm{e}^{\mathrm{j}\omega})|^2$$

其中，$V(\mathrm{e}^{\mathrm{j}\omega})$ 是有限长序列 $v[n] = w[n]x[n]$ 的 DTFT，其中 $w[n]$ 为窗长 L 的有限列，U 是归一化常数。假设 $x[n]$ 和 $w[n]$ 均为实数。

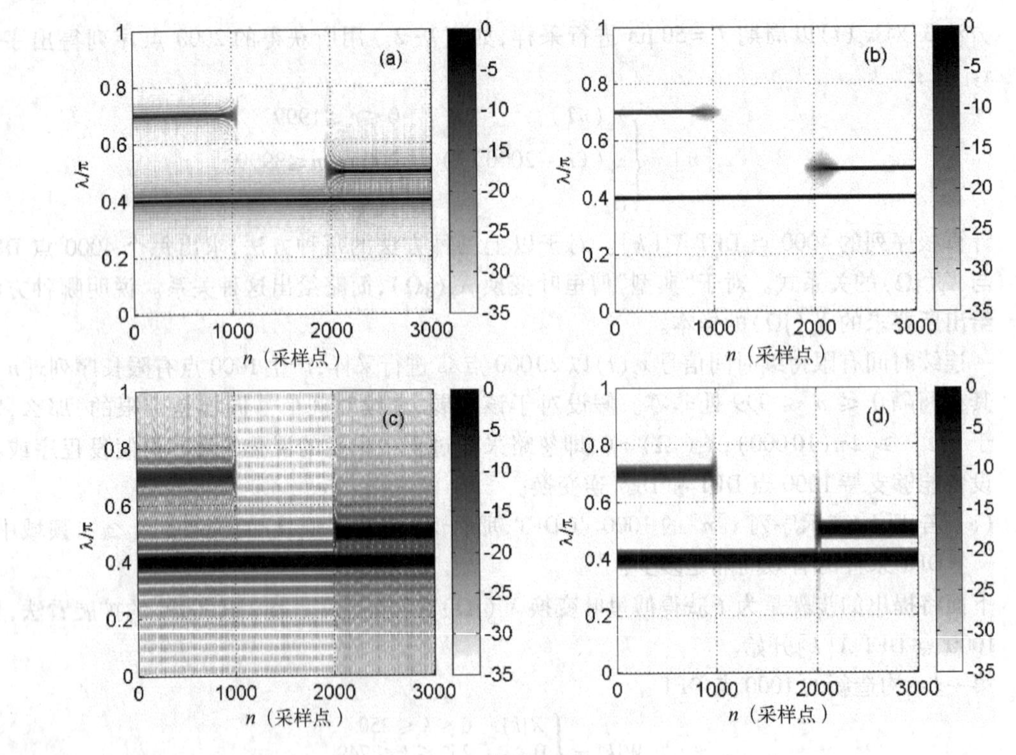

图 P10.32

证明周期图同样等于 $v[n]$ 非周期自相关序列的 $1/LU$ 倍；即

$$I(\omega)=\frac{1}{LU}\sum_{m=-(L-1)}^{L-1}c_{vv}[m]\mathrm{e}^{-\mathrm{j}\omega m}$$

其中，

$$c_{vv}[m]=\sum_{n=0}^{L-1}v[n]v[n+m]$$

10.34 考虑一有限长序列 $x[n]$，对于 $n<0$ 和 $n\geqslant L$，$x[n]=0$。令 $X[k]$ 为序列 $x[n]$ 的 N 点 DFT，其中 $N>L$。定义 $c_{xx}[m]$ 为 $x[n]$ 的非周期自相关序列；即

$$c_{xx}[m]=\sum_{n=-\infty}^{\infty}x[n]x[n+m]$$

定义

$$\tilde{c}_{xx}[m]=\frac{1}{N}\sum_{m=0}^{N-1}|X[k]|^2\,\mathrm{e}^{\mathrm{j}(2\pi/N)km},\qquad m=0,1,\cdots,N-1$$

(a) 若要求

$$c_{xx}[m]=\tilde{c}_{xx}[m],\qquad 0\leqslant m\leqslant L-1$$

确定 DFT 能够使用的最小 N 值。

(b) 若要求

$$c_{xx}[m]=\tilde{c}_{xx}[m],\qquad 0\leqslant m\leqslant M-1$$

其中 $M<l$。确定 DFT 能够使用的最小 N 值。

10.35 用于功率谱估计方面的对称 Bartlett 窗被定义为

$$w_B[m]=\begin{cases}1-|m|/M, & |m|\leqslant M-1\\ 0, & \text{其他}\end{cases}\tag{P10.35-1}$$

如同 10.6 节讨论的，通过给被估计的自相关函数加窗以获得的功率谱的估计使得 Bartlett 窗很有吸引力。这是因为其傅里叶变换为非负，这保证了平滑后的谱估计在所有频率处为非负。

(a) 证明式(P10.35-1)定义的 Bartlett 是序列($u[n]-u[n-M]$)非周期自相关函数的($1/M$)倍。

(b) 从(a)的部分结论中证明，Bartlett 窗的非负傅里叶变换是

$$W_B(e^{j\omega}) = \frac{1}{M}\left[\frac{\sin(\omega M/2)}{\sin(\omega/2)}\right]^2 \tag{P10.35-2}$$

(c) 描述一个可以产生其他非负傅里叶变换的有限长窗序列的步骤。

10.36 考虑一信号

$$x[n] = \left[\sin\left(\frac{\pi n}{2}\right)\right]^2 u[n]$$

其依时离散傅里叶变换通过分析窗

$$w[n] = \begin{cases} 1, & 0 \leqslant n \leqslant 13 \\ 0, & 其他 \end{cases}$$

获得。令 $X[n,k] = X[n, 2\pi k/7)$，$0 \leqslant k \leqslant 6$，其中 $X[n,\lambda)$ 在 10.3 节中给出定义。

(a) 给出 $X[0,k]$，$0 \leqslant k \leqslant 6$。

(b) 计算 $\sum_{k=0}^{6} X[n,k]$，$0 \leqslant n < \infty$。

扩充题

10.37 在 10.6 节中证明了功率谱的平滑估计可以通过一加窗的自相关序列获得。它阐明了[见式(10.109)]平滑谱估计的方差是

$$\text{var}[S(\omega)] \simeq F P_{xx}^2(\omega)$$

其中方差比或者方差缩减因子 F 是

$$F = \frac{1}{Q}\sum_{m=-(M-1)}^{M-1}(w_c[m])^2 = \frac{1}{2\pi Q}\int_{-\pi}^{\pi}|W_c(e^{j\omega})|^2 d\omega$$

如同 10.6 节中讨论的那样，Q 是序列 $x[n]$ 的长度，而($2M-1$)是用于自相关的对称窗 $w_c[m]$ 的长度。因此，若 Q 确定，平滑谱估计的方差可通过调整用于自相关函数的窗的形状和持续时间来减小。

本题将证明 F 随窗长的减小而减小，但从第 7 章的讨论中知道，$W_c(e^{j\omega})$ 的主编宽度随着窗长的减小而增大，这导致分辨两相邻频率分量的分辨力随窗长的减小而降低。因此，在方差减小和分辨力之间存在一个折中。将对以下常用的窗研究这种折中：

矩形窗

$$w_R[m] = \begin{cases} 1, & |m| \leqslant M-1 \\ 0, & 其他 \end{cases}$$

Bartlett(三角窗)

$$w_B[m] = \begin{cases} 1-|m|/M, & |m| \leqslant M-1 \\ 0, & 其他 \end{cases}$$

Hanning/Hamming 窗

$$w_H[m] = \begin{cases} \alpha + \beta\cos[\pi m/(M-1)], & |m| \leqslant M-1 \\ 0, & 其他 \end{cases}$$

(Hanning 窗中 $\alpha=\beta=0.5$，Hamming 窗中 $\alpha=0.54$，$\beta=0.46$。)

(a) 找出上述窗的傅里叶变换；即计算 $W_R(e^{j\omega})$，$W_B(e^{j\omega})$ 和 $W_H(e^{j\omega})$。画出这些函数关于 w 的草图。

(b) 证明,对于各窗,当 $M \gg 1$ 时,下表中的内容基本正确:

窗的名称	主瓣近似宽度	方差率近似值(F)
矩形窗	$2\pi/M$	$2M/Q$
Bartlett 窗	$4\pi/M$	$2M/(3Q)$
Hanning/Hamming 窗	$3\pi/M$	$2M(\alpha^2+\beta^2/2)/Q$

10.38 证明由式(10.18)定义的依时傅里叶变换有如下性质:

(a) 线性:若 $x[n]=ax_1[n]+bx_2[n]$,则 $X(n,\lambda)=aX_1[n,\lambda)+bX_2[n,\lambda)$。

(b) 平移性:若 $y[n]=x[n-n_0]$,则 $Y[n,\lambda)=X[n-n_0,\lambda)$。

(c) 调制性:若 $y[n]=e^{j\omega_0 n}x[n]$,则 $Y[n,\lambda)=e^{j\omega_0 n}X[n,\lambda-\omega_0)$。

(d) 共轭对称性:若 $x[n]$是实数,则 $X[n,\lambda)=X^*[n,-\lambda)$。

10.39 设 $x_c(t)$是一个连续时间平稳随机信号,有相关函数

$$\phi_C(\tau)=\mathcal{E}\{x_C(t)x_C(t+\tau)\}$$

和功率密度谱

$$P_C(\Omega)=\int_{-\infty}^{\infty}\phi_C(\tau)e^{-j\Omega\tau}\,d\tau$$

考虑一个离散时间平稳随机信号 $x[n]$,它是以采样周期 T 对 $x_c(t)$采样而得到的,即 $x[n]=x_c(nT)$。

(a) 证明 $x[n]$的自相关序列 $\phi[m]$为

$$\phi[m]=\phi_C(mT)$$

(b) 连续时间随机信号的功率密度谱 $P_c(\Omega)$与离散时间随机信号的功率密度谱 $P(\omega)$之间的关系是什么?

(c) 必须在什么条件下,下式才能成立?

$$P(\omega)=\frac{1}{T}P_C\left(\frac{\omega}{T}\right),\qquad |\omega|<\pi$$

10.40 在10.5.5节中研究过一个正弦白噪声的功率谱估计。本题将确定这样一个信号的真实功率谱。假设

$$x[n]=A\cos(\omega_0 n+\theta)+e[n]$$

式中 θ 是0到 2π 均匀分布的随机变量,且 $e[n]$是互不相关的零均值随机变量序列,同时与 θ 也不相关。换句话说,余弦分量有一个随机选择的相位,而 $e[n]$代表白噪声。

(a) 证明:对于上面的假设,$x[n]$的自相关函数为

$$\phi_{xx}[m]=\mathcal{E}\{x[n]x[m+n]\}=\frac{A^2}{2}\cos(\omega_0 m)+\sigma_e^2\delta[m]$$

其中 $\sigma_e^2=\varepsilon\{(e[n])^2\}$。

(b) 由(a)的结果证明,在一个周期的频率范围上 $x[n]$的功率谱是

$$P_{xx}(\omega)=\frac{A^2\pi}{2}[\delta(\omega-\omega_0)+\delta(\omega+\omega_0)]+\sigma_e^2,\qquad |\omega|\leqslant\pi$$

10.41 考虑一个长度为 N 个样本的离散时间信号 $x[n]$,它是通过对一个平稳、白的、零均值连续时间信号采样而得到的。因此

$$\mathcal{E}\{x[n]x[m]\}=\sigma_x^2\delta[n-m]$$

$$\mathcal{E}\{x[n]\}=0$$

假设计算有限长序列 $x[n]$的 DFT,从而得到 $X[k]$,$k=0,1,\cdots,N-1$。

(a) 利用式(10.80)和式(10.81)确定 $|X[k]|^2$ 的逼近方差。

(b) 求 DFT 值之间的互相关,即求出 k 和 r 的函数 $\mathcal{E}\{X[k]X^*[r]\}$。

10.42　一个带限连续时间信号具有一个带限功率谱,也就是当 $|\Omega| \geqslant 2\pi(10^4)$ rad/s 时功率谱为零。以 20000 样本/s 的采样率在 10 s 的时间范围内对信号采样。用 10.5.3 节所论述的平均周期图法来估计该信号的功率谱。

(a) 数据记录的长度 Q(样本的个数)是多少?

(b) 如果用基 2 FFT 程序计算周期图,若希望在间隔不大于 10 Hz 的等间隔频率处得出功率谱的估计,则最小长度 N 为多少?

(c) 假设信号段长度 L 等于(b)中的 FFT 长度 N,若信号段不重叠,可以有多少段?

(d) 假设希望把谱估计的方差减小到 1/10,且仍维持(b)部分中的频率间隔。试给出这样做的两种方法。这两种方法得出的结果相同吗? 如果不同,请说明它们如何不同。

10.43　假设用 10.5.3 节中讨论的平均周期图法得出一个信号之功率谱的估计。即功率谱估计是

$$\bar{I}(\omega)=\frac{1}{K}\sum_{r=0}^{K-1}I_r(\omega)$$

这里用式(10.82)和式(10.83),由 L 点信号段计算 K 个周期图 $I_r(\omega)$。定义一个自相关函数的估计为 $\bar{I}(\omega)$ 的傅里叶逆变换,即

$$\bar{\phi}[m]=\frac{1}{2\pi}\int_{-\pi}^{\pi}\bar{I}(\omega)e^{j\omega m}d\omega$$

(a) 证明 $\mathcal{E}\{\bar{\phi}[m]\}=\dfrac{1}{LU}c_{ww}[m]\phi_{xx}[m]$。

其中 L 是信号段长度,U 是式(10.79)给出的归一化因子,$c_{ww}[m]$ 是加在信号段上的窗之非周期相关函数,由式(10.75)给出。

(b) 在周期图平均的应用中,通常用 FFT 算法来计算在 N 个等间隔频率处的 $\bar{I}(\omega)$,即

$$\bar{I}[k]=\bar{I}(2\pi k/N),\qquad k=0,1,\cdots,N-1$$

式中 $N\geqslant L$。假设通过计算 $\bar{I}[k]$ 的 DFT 来计算自相关函数的估计,即

$$\bar{\phi}_p[m]=\frac{1}{N}\sum_{k=0}^{N-1}\bar{I}[k]e^{j(2\pi/N)km},\qquad m=0,1,\cdots,N-1$$

试得出 $\mathcal{E}\{\bar{\phi}_p[m]\}$ 的表达式。

(c) 如何选择 N 使得

$$\mathcal{E}\{\bar{\phi}_p[m]\}=\mathcal{E}\{\bar{\phi}[m]\},\qquad m=0,1,\cdots,L-1$$

10.44　研究一下自相关估计的计算

$$\hat{\phi}_{xx}[m]=\frac{1}{Q}\sum_{n=0}^{Q-|m|-1}x[n]x[n+|m|]\tag{P10.44-1}$$

式中 $x[n]$ 为一个实序列。当需要用式(P10.44-1)估计功率密度谱时,因为 $\hat{\phi}_{xx}[-m]=\hat{\phi}_{xx}[m]$,所以只须对 $0\leqslant m\leqslant M-1$ 计算式(10.102)就可以得到当 $-(M-1)\leqslant m\leqslant M-1$ 时的 $\hat{\phi}_{xx}[m]$。

(a) 当 $Q\gg M$ 时,利用单一的 FFT 算式计算 $\hat{\phi}_{xx}[m]$ 可能是不合适的。在这种情况下,将 $\hat{\phi}_{xx}[m]$ 表示为基于较短序列的相关估计的和则很方便。证明:若 $Q=KM$,

$$\hat{\phi}_{xx}[m]=\frac{1}{Q}\sum_{i=0}^{K-1}c_i[m]$$

其中,$c_i[m]=\sum_{n=0}^{M-1}x[n+iM]x[n+iM+m]$

式中,对于 $0\leqslant m\leqslant M-1$。

(b) 证明:通过 N 点循环卷积

$$\tilde{c}_i[m]=\sum_{n=0}^{N-1}x_i[n]y_i[((n+m))_N]$$

其中序列 $x_i[n]$ 和 $y_i[n]$ 为

$$x_i[n]=\begin{cases}x[n+iM], & 0\leqslant n\leqslant M-1\\ 0, & M\leqslant n\leqslant N-1\end{cases}$$

和

$$y_i[n]=x[n+iM],\qquad 0\leqslant n\leqslant N-1 \tag{P10.44-2}$$

可以得到相关序列 $c_i[m]=\tilde{c}_i[m]$。对于 $0\leqslant m\leqslant M-1$,使 $c_i[m]=\tilde{c}_i[m]$ 的 N(用 M 表示)的最小值是什么?

(c) 说明计算 $\hat{\phi}_{xx}[m]$,$0\leqslant m\leqslant M-1$ 的步骤,其中涉及计算 $2K$ 个实序列的 N 点 DFT 和一个 N 点 IDFT。若用基 2 FFT,当 $0\leqslant m\leqslant M-1$ 时计算 $\hat{\phi}_{xx}[m]$ 需要多少次复数乘法?

(d) 对(c)中得出的计算步骤必须进行哪些修改才能计算互相关估计

$$\hat{\phi}_{xy}[m]=\frac{1}{Q}\sum_{n=0}^{Q-|m|-1}x[n]y[n+m],\qquad -(M-1)\leqslant m\leqslant M-1$$

式中 $x[n]$ 和 $y[n]$,$0\leqslant n\leqslant Q-1$ 是已知实序列。

(e) Rader(1970)已证明,当计算自相关估计 $\hat{\phi}_{xx}[m]$,$0\leqslant m\leqslant M-1$ 时,若 $N=2M$,则可以显著节省计算量。证明:由式(P10.44-2)定义的序列段 $y_i[n]$ 的 N 点 DFT 可以表示为

$$Y_i[k]=X_i[k]+(-1)^k X_{i+1}[k],\qquad k=0,1,\cdots,N-1$$

说明计算 $\hat{\phi}_{xx}[m]$,$0\leqslant m\leqslant M-1$ 的步骤,它涉及计算 K 个 N 点 DFT 和一个 N 点 IDFT。若用基 2 FFT,确定在这种情况下复数乘法的总次数。

10.45 在 10.3 节中定义了信号 $x[m]$ 的依时傅里叶变换,对于固定的 n,它等效于序列 $x[n+m]w[m]$ 的常规离散时间傅里叶变换,其中 $w[m]$ 是一个窗序列。对于序列 $x[n]$ 定义一个依时相关函数也是很有用的,使得当 n 固定时,它的常规傅里叶变换是依时傅里叶变换幅度的平方。具体地讲,依时自相关函数定义为

$$c[n,m]=\frac{1}{2\pi}\int_{-\pi}^{\pi}|X[n,\lambda)|^2\mathrm{e}^{\mathrm{j}\lambda m}\mathrm{d}\lambda$$

式中 $X[n,\lambda)$ 由式(10.18)定义。

(a) 证明:如果 $x[m]$ 是实的,则

$$c[n,m]=\sum_{r=-\infty}^{\infty}x[n+r]w[r]x[m+n+r]w[m+r]$$

即对于固定的 n,$c[n,m]$ 是序列 $x[n+r]w[r]$,$-\infty<r<\infty$ 的非周期自相关函数。

(b) 证明当 n 固定时,依时自相关函数是 m 的偶函数,并且利用这一事实求出等效表达式

$$c[n,m]=\sum_{r=-\infty}^{\infty}x[r]x[r-m]h_m[n-r]$$

式中,

$$h_m[r]=w[-r]w[-(m+r)] \tag{P10.45-1}$$

(c) 对于固定的 m 和 $-\infty<n<\infty$,窗 $w[r]$ 必须满足什么条件才能通过因果运算,利用式(P10.45-1)来计算 $c[n,m]$?

(d) 假设 $w[-r]$ 为

$$w[-r]=\begin{cases}a^r, & r\geqslant 0\\ 0, & r<0\end{cases}\tag{P10.45-2}$$

为了计算第 m 个自相关滞后值,求出冲激响应 $h_m[r]$,并求相应的系统函数 $H_m(z)$。由系统函数,画出对于式(P10.45-2)所示窗计算第 m 个自相关滞后值 $c[n,m]$($-\infty<n<\infty$)的一个因果系统的方框图。

(e) 重复(d)。

$$w[-r]=\begin{cases}ra^r, & r\geqslant 0\\ 0, & r<0\end{cases}$$

10.46 有时可用一组滤波器来实现依时傅里叶分析,即使在使用 FFT 方法时,滤波器组解释仍可以提供一种很有用的见解。本题就是研究滤波器组解释。这种解释的基础在于如下事实:当 λ 固定时,由式(10.18)定义的依时傅里叶变换 $X[n,\lambda)$ 就是一个序列,它可以看成滤波和调制运算结合在一起的结果。

(a) 证明,若线性时不变系统的冲激响应是 $h_0[n]=w[-n]$,则 $X[n,\lambda)$ 是图 P10.46-1 所示系统的输出。另外证明,如果 λ 固定,图 P10.46-1 中的整个系统的特性如同一个线性时不变系统,并确定等效的 LTI 系统的脉冲响应和频率响应。

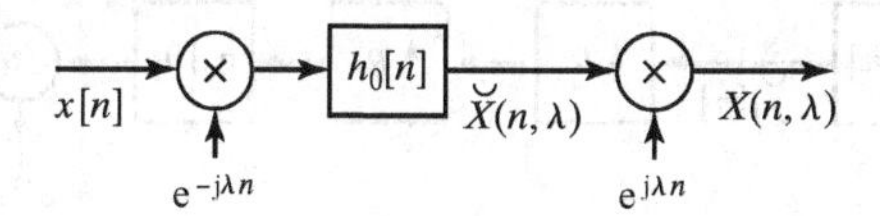

图 P10.46-1

(b) 若假定 λ 在图 P10.46-1 中固定,证明对于典型的窗序列和固定的 λ,序列 $s[n]=\breve{X}[n,\lambda)$ 具有一个低通的离散时间傅里叶变换。并证明,对于典型的窗序列,图 P10.46 中的整个系统是一个中心在 $\omega=\lambda$ 处的带通滤波器。

(c) 图 P10.46-2 给出一组为 N 个的带通滤波器通道,每个通道的实现如图 P10.46-1 所示。各通道的中心频率为 $\lambda_k=2\pi k/N$,且 $h_0[n]=w[-n]$ 是低通滤波器的脉冲响应。证明单路输出 $y_k[n]$ 是依时傅里叶变换(在 λ 维上)的样本。并证明总输出是 $y[n]=Nw[0]x[n]$,即证明由采样的依时博里叶变换,图 P10.46-2 所示系统可以完全重构输出信号(差一个标量因子)。

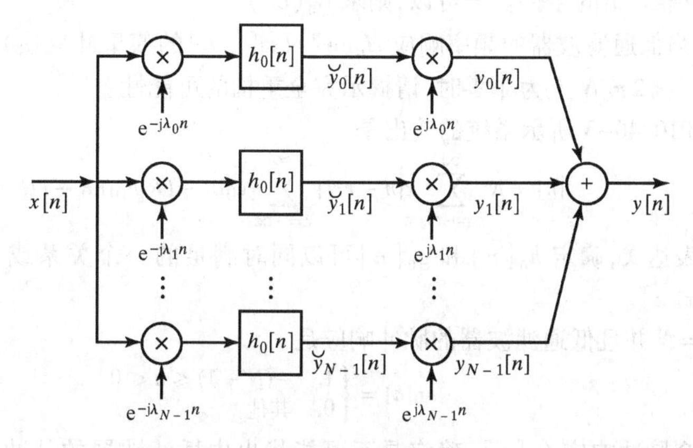

图 P10.46-2

图 P10.46-2 所示的系统将单个输入序列 $x[n]$ 转换成 N 个序列,因此每秒钟的总样本数增加为 N 倍。正如(b)中所示,对于典型的窗序列,通道信号 $\breve{y}_k[n]$ 有低通傅里叶变换,这样,如图 P10.46-3 所示,降低这些信号的采样率应当是可能的。特别是,如果采样率降低到 $R=N$ 分之一,每秒钟的总样本数与 $x[n]$ 相同。在这种情况下,称滤波器组是临界采样的(Crochiere and Rabiner,1983)。由抽取的通道信号重构原始信号需要如图所示的内插。显然,关心的是如何能很好地由系统重构原始输入信号$x[n]$。

(d) 对于图 P10.46-3 所示系统,证明输出的常规离散时间傅里叶变换由下式给出:

$$Y(e^{j\omega}) = \frac{1}{R}\sum_{\ell=0}^{R-1}\sum_{k=0}^{N-1} G_0(e^{j(\omega-\lambda_k)})H_0(e^{j(\omega-\lambda_k-2\pi\ell/R)})X(e^{j(\omega-2\pi\ell/R)})$$

式中 $\lambda_k=2\pi k/N$。这个表达式清楚地表明,混叠是由通道信号 $\breve{y}[n]$ 的抽取而造成的。由这个表达式可以确定使 $H_0(e^{j\omega})$ 和 $G_0(e^{j\omega})$ 同时满足的一个关系或一组关系,它可以消除混叠,并使 $y[n]=x[n]$。

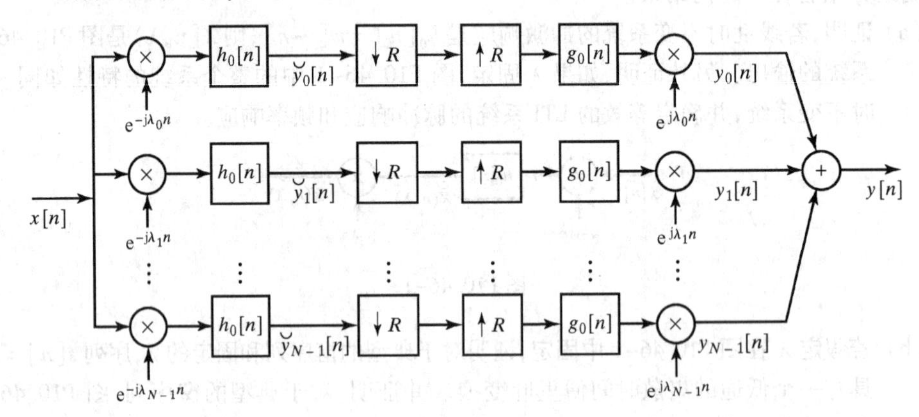

图 P10.46-3

(e) 假设 $R=N$,并且低通滤波器的频率响应是一个理想低通滤波器,其频率响应为

$$H_0(e^{j\omega}) = \begin{cases} 1, & |\omega| < \pi/N \\ 0, & \pi/N < |\omega| \leqslant \pi \end{cases}$$

对于这个频率响应 $H_0(e^{j\omega})$,确定是否能够找出内插滤波器 $G_0(e^{j\omega})$ 的频率响应,使其满足(d)中推导出的条件。若可以,则求 $G_0(e^{j\omega})$。

(f) 选做题:当低通滤波器的频率响应 $H_0(e^{j\omega})$($w[-n]$的傅里叶变换)是非理想的,并且在区间 $|\omega|<2\pi/N$ 上为非零时,请揭示完全重构的可能性。

(g) 证明图 P10.46-3 所示系统的输出是

$$y[n] = N\sum_{r=-\infty}^{\infty} x[n-rN]\left[\sum_{\ell=-\infty}^{\infty} g_0[n-\ell R]h_0[\ell R+rN-n]\right]$$

由这个表达式,确定 $h_0[n]$ 和 $g_0[n]$ 可以同时满足的一个关系或一组关系,它可以使 $y[n]=x[n]$。

(h) 假设 $R=N$ 并且低通滤波器的脉冲响应是

$$h_0[n] = \begin{cases} 1, & -(N-1) \leqslant n \leqslant 0 \\ 0, & \text{其他} \end{cases}$$

对于这个脉冲响应 $h_0[n]$,确定是否可能找出内插滤波器的脉冲响应 $g_0[n]$,使得在(g)中推导出的条件得以满足。若可以,则求出 $g_0[n]$。

(i) 选做题：当低通滤波器的冲激响应 $h_0[n]=w[-n]$ 是一个长度大于 N 的递减窗时，揭示完全重构的可能性。

10.47 考虑一个稳定的线性时不变系统有一个实的输入信号 $x[n]$，实的脉冲响应 $h[n]$ 和输出 $y[n]$，其中输入 $x[n]$ 假定是均值为零、方差为 σ_x^2 的白噪声。假设该系统有系统函数

$$H(z)=\frac{\sum_{k=0}^{M} b_k z^{-k}}{1-\sum_{k=1}^{N} a_k z^{-k}}$$

本题中假设 a_k 的 b_k 均为实数，则输入和输出满足如下常系数差分方程：

$$y[n]=\sum_{k=1}^{N} a_k y[n-k]+\sum_{k=0}^{M} b_k x[n-k]$$

如果所有的 a_k 都为零，则称 $y[n]$ 是一个滑动平均(MA)线性随机过程。如果除 $b_0\neq 0$ 之外所有的 b_k 均为零，则 $y[n]$ 称为自回归(AR)线性随机过程。如果 N 和 M 均为非零值，则 $y[n]$ 是一个自回归滑动平均(ARMA)线性随机过程。

(a) 利用线性系统的脉冲响应 $h[n]$ 表示 $y[n]$ 的自相关。

(b) 用(a)的结果并利用系统的频率响应来表示 $y[n]$ 的功率密度谱。

(c) 证明一个 MA 过程的自相关序列 $\phi_{yy}[m]$ 只有在区间 $|m|\leqslant M$ 上是非零的。

(d) 对一个 AR 过程，求出其自相关序列的通用表达式。

(e) 证明：若 $b_0=1$，则一个 AR 过程的自相关函数满足如下差分方程：

$$\phi_{yy}[0]=\sum_{k=1}^{N} a_k\phi_{yy}[k]+\sigma_x^2,$$

$$\phi_{yy}[m]=\sum_{k=1}^{N} a_k\phi_{yy}[m-k],\qquad m\geqslant 1$$

(f) 利用(e)的结果以及 $\phi_{yy}[m]$ 的对称性，证明

$$\sum_{k=1}^{N} a_k\phi_{yy}[|m-k|]=\phi_{yy}[m],\qquad m=1,2,\cdots,N$$

可以证明，若已知 $\phi_{yy}[m]$，$m=0,1,\cdots,N$，总可以唯一地解出该随机过程模型的 a_k 和 σ_x^2。这些值可用于(b)的结果中，以得出 $y[n]$ 的功率密度谱表达式。这个方法是许多参数谱估计技术的基础。对于这些方法的深入讨论可参阅 Gardner(1988)，Kay(1988)和 Marp1e(1987)。

10.48 本题说明了基于 FFT 的内插一个周期连续时间信号样本(采样频率满足奈奎斯特定理)过程的基本思想。令

$$x_c(t)=\frac{1}{16}\sum_{k=-4}^{4}\left(\frac{1}{2}\right)^{|k|}\mathrm{e}^{\mathrm{j}kt}$$

是一个由图 P10.48 系统所得的周期信号。

(a) 画出 16 点序列 $G[k]$；

(b) 具体说明如何将 $G[k]$ 变为一个 32 点序列 $Q[k]$，使得 $Q[k]$ 的 32 点 DFT 逆变换为序列(对一些非零常数 α)：

$$q[n]=\alpha x_c\left(\frac{n2\pi}{32}\right),\qquad 0\leqslant n\leqslant 31$$

不需要指出 α 值。

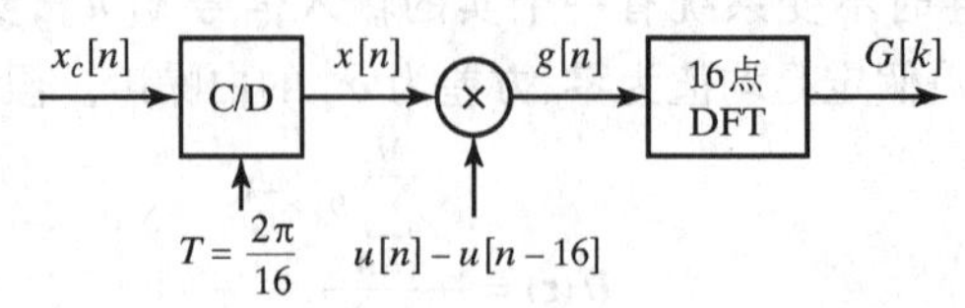

图 P10.48

10.49 在许多实际应用中,实际限制条件不允许处理长时间序列。不过,由一个序列的加窗段就可以得到重要信息。本题中将看到在仅仅已知 256 个样本($0\leqslant n\leqslant 255$)的条件下,计算一个有限持续信号 $x[n]$ 的傅里叶变换的过程。要用到一个 256 点的 DFT 估计变换,定义信号

$$\hat{x}[n]=\begin{cases}x[n], & 0\leqslant n\leqslant 255\\ 0, & \text{其他}\end{cases}$$

并计算 $\hat{x}[n]$ 的 256 点 DFT。

(a) 设信号 $x[n]$ 是以采样频率 $f_s=20$ kHz 对一个连续时间信号 $x_c(t)$ 采样而得,即

$$x[n]=x_c(nT_s)$$

$$1/T_s=20\text{ kHz}$$

假设 $x_c(t)$ 带宽限制为 10 kHz。若 $\hat{x}[n]$ 的 DFT 记为 $\hat{X}[k]$, $k=0,1,\cdots,255$,求对应于 DFT 标号 $k=32$ 和 231 的连续时间频率。注意答案单位要为 Hz。

(b) 用 $x[n]$ 的 DTFT 和一个 256 点矩形窗 $w_R[n]$ 的 DTFT 来表示 $\hat{x}[n]$ 的 DTFT。分别用标记 $X(e^{j\omega})$ 和 $W_R(e^{j\omega})$ 表示 $x[n]$ 和 $w_R[n]$ 的 DTFT。

(c) 假设想要利用平均方法来估计 $k=32$ 的变换

$$X_{\text{avg}}[32]=\alpha\hat{X}[31]+\hat{X}[32]+\alpha\hat{X}[33]$$

这里平均的意义等同于在计算 DFT 之前给信号 $\hat{x}[n]$ 乘上一个新的窗函数 $w_{\text{avg}}[n]$。证明 $W_{\text{avg}}(e^{j\omega})$ 必须满足:

$$W_{\text{avg}}(e^{j\omega})=\begin{cases}1, & \omega=0\\ \alpha, & \omega=\pm 2\pi/L\\ 0, & \omega=2\pi k/L,\quad k=2,3,\cdots,L-2\end{cases}$$

其中 $L=256$。

(d) 证明这个新窗函数的 DTFT 可以用 $W_R(e^{j\omega})$ 和两个 $W_R(e^{j\omega})$ 的移位项来表示。

(e) 推导一个 $w_{\text{avg}}[n]$ 的简单公式,并画出 $\alpha=-0.5$ 且 $0\leqslant n\leqslant 255$ 时的窗函数。

10.50 通常会放大一个信号 DFT 中感兴趣的一个区域以获得更多细节。本题将研究两个能实现这一过程,即获得 $X(e^{j\omega})$ 中感兴趣的频率域中额外的样本的两种算法。

设 $X_N[k]$ 是一个有限长信号 $x[n]$ 的 N 点 DFT。回忆一下 $X_N[k]$ 在 ω 上每 $2\pi/N$ 就包含一个 $X(e^{j\omega})$ 的样本。给定 $X_N[k]$,要计算 $X(e^{j\omega})$ 在 $\omega=\omega_c-\Delta\omega$ 与 $\omega=\omega_c+\Delta\omega$ 之间间隔为 $2\Delta\omega/N$ 的 N 个样本,其中

$$\omega_c=\frac{2\pi k_c}{N}$$

及

$$\Delta\omega=\frac{2\pi k_\Delta}{N}$$

这等同于在区间 $\omega_c-\Delta\omega<\omega<\omega_c+\Delta\omega$ 内放大 $X(e^{j\omega})$。如图 P10.50-1 所示的系统用于实现放大。假设在 N 点 DFT 之前 $x_z[n]$ 已在必要时补零并且 $h[n]$ 是截止频率为 $\Delta\omega$ 的理想低通滤波器。

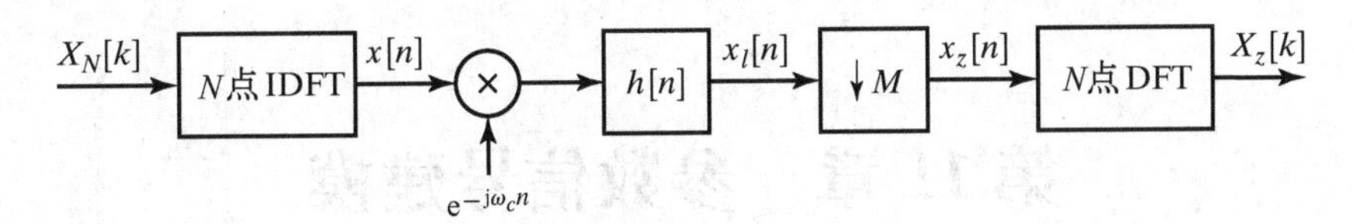

图 P10.50-1

(a) 若在欠采样时混叠可以避免,则可以采用的 M 最大值(有可能非整数)是多少?(用 k_Δ 变换和长度 N 表示。)

(b) 考虑有如图 P10.50-2 所示傅里叶变换的 $x[n]$。利用(a)中求出的 M 最大值,画出当 $\omega_c=\pi/2$ 和 $\Delta\omega=\pi/6$ 时中间信号 $x_l[n]$ 和 $x_z[n]$ 的傅里叶变换。证明系统给出了所要求的频率样本。

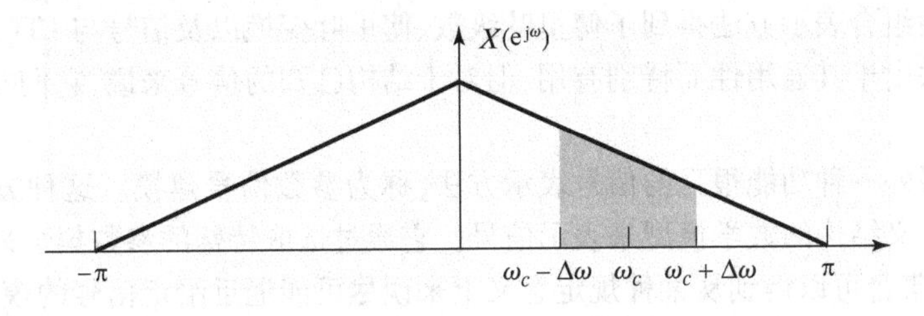

图 P10.50-2

另一个得到所要求样本的方法是将有限长序列 $X_N[k]$(标号 k)看成要经过图 P10.50-3 所示系统处理的离散时间数据。第一个系统的脉冲响应是

$$p[n]=\sum_{r=-\infty}^{\infty}\delta[n+rN]$$

且滤波器的频率响应为

$$H(e^{j\omega})=\begin{cases}1, & |\omega|\leqslant\pi/M\\ 0, & 其他\end{cases}$$

放大后输出信号定义为

$$X_z[n]=\tilde{X}_{NM}[Mk_c-Mk_\Delta+n],\quad 0\leqslant n\leqslant N-1$$

对合适的 k_c 和 k_Δ 值。假设所选择的 k_Δ 值使得 M 在下面各部分中为整数。

(c) 设用一个长度为 513($0\leqslant n\leqslant 512$ 时非零)因果 Ⅰ 型线性相位滤波器来逼近理想低通滤波器 $h[n]$。指出 $\tilde{X}_{NM}[n]$ 的哪一个样本可以给出所要求的频率样本。

(d) 利用 $X_N[k]$ 和 $X(e^{j\omega})$ 的典型谱图,证明如图 P10.50-3 所示的系统可以产生所求样本。

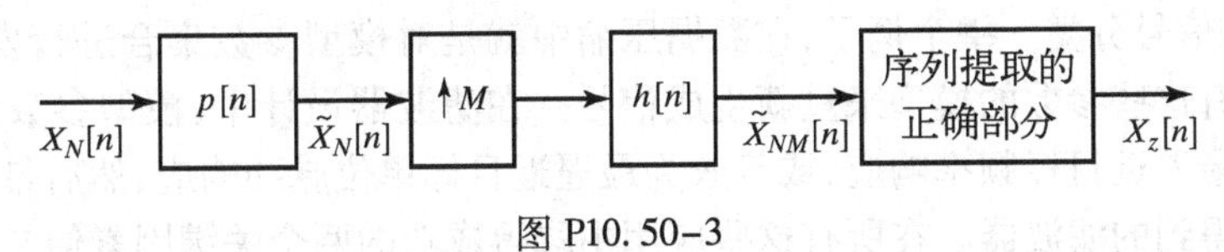

图 P10.50-3

第 11 章　参数信号建模

11.0　引言

纵观全书,可以看到利用信号与系统的几种不同的表示方法是很方便的。例如,在式(2.5)中,利用一个离散时间信号的加权脉冲序列表示形式来研究 LTI 系统的卷积和问题。利用正弦和复指数信号的线性组合表示方法得到了傅里叶级数、傅里叶变换以及信号与 LTI 系统的频域特征。虽然这些表示方法由于其通用性而特别有用,但对于结构已知的信号来说,它们并不总是最有效的表示形式。

本章将介绍另外一种功能很强的信号表示方法,称为参数信号建模。这种方法利用具有包含有限个参数的预定义结构的数学模型来表示信号。它通过选取特殊的参数集合来表征给定的信号 $s[n]$,选定的参数集合可以得到从某种规定意义上来说尽可能逼近给定信号的模型输出 $\hat{s}[n]$。一个常见的例子是将信号建模为一个离散时间线性系统的输出,如图 11.1 所示。这类模型由输入信号 $v[n]$ 和系统函数 $H(z)$ 构成,在给定要表示的信号之后,这类模型与可能帮助求得 $H(z)$ 参数的其他限制条件结合起来会变得很有用。例如,若输入 $v[n]$ 给定,系统函数假设为具有如下形式的有理函数:

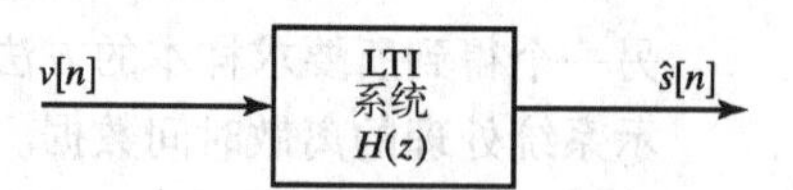

图 11.1　信号 $s[n]$ 的线性系统模型

$$H(z)=\frac{\sum_{k=0}^{q} b_k z^{-k}}{1-\sum_{k=1}^{p} a_k z^{-k}} \tag{11.1}$$

那么信号可以用参数 a_k 和 b_k,或等效为 $H(z)$ 的极点和零点,再结合输入信号知识来建模。对于确定性信号,输入信号 $v[n]$ 通常被假设为一个单位脉冲 $\delta[n]$,或者如果信号 $s[n]$ 被看作是一个随机信号时,$v[n]$ 通常被假设为白噪声信号。当适当地选定了模型之后,就有可能用相对小的参数集合来表示大量的信号样本。

参数信号建模具有广泛的应用,包括数据压缩,频谱分析,信号预测,解卷积,滤波器设计,系统识别,信号检测和信号分类。举个例子,在数据压缩中就是对模型参数集合进行发送或存储的,接收机随后利用具有这些参数的模型来重新生成信号。在滤波器设计中,模型参数的选取是为了能够在某种意义上最逼近目标频率响应,或等效为最逼近目标单位脉冲响应,然后带有这些参数的模型便对应了设计得到的滤波器。在所有这些应用中取得成功的两个关键因素便是选择合适的模型以及准确地估计模型的参数。

11.1　信号的全极点建模

式(11.1)表示的模型通常既有极点又有零点。虽然存在各种可以确定式(11.1)中分子和分母系数集合的方法,但最成功也最广泛使用的方法都集中在将 q 限制为零的情况,在这种情况下,图 11.1 中的 $H(z)$ 具有如下形式:

$$H(z)=\frac{G}{1-\sum_{k=1}^{p}a_k z^{-k}}=\frac{G}{A(z)} \tag{11.2}$$

此处用参数 G 替换了参数 b_0,以强调该参数的作用是一个总体增益因子。这类模型被贴切地称为"全极点"模型①。就其本质而言,一个全极点模型看起来只适用于对持续时间无限长的信号进行建模。尽管这一点在理论上看可能是正确的,但对于许多应用中遇到的信号来说,这样选取模型的系统函数效果都很好。例如,可以根据给定信号的有限区间段来直接计算得到模型的参数。

式(11.2)中全极点系统的输入和输出满足如下线性常系数差分方程:

$$\hat{s}[n]=\sum_{k=1}^{p}a_k\hat{s}[n-k]+Gv[n] \tag{11.3}$$

这意味着在时刻 n,模型的输出是由过去样本的线性组合加上一个加权的输入样本构成的。这种结构表明,全极点模型与关于信号的一种假设是等效的,该假设是说,信号可以用其之前的取值的线性组合来近似(或者说信号是基于之前取值线性可预测的)。因此,这种建模信号的方法通常也被认为是线性预测分析或线性预测②。

11.1.1 最小二乘逼近

全极点建模的目标是对式(11.3)中的输入 $v[n]$,参数 G,以及 $a_1,\cdots,a_p$ 进行选择,以使得$\hat{s}[n]$在某种程度上为待建模信号 $s[n]$的一种紧致逼近。如果像通常情况下一样,$v[n]$被提前指定(例如,$v[n]=\delta[n]$),那么,确定参数最优取值的直接方法可能是最小化误差信号 $e_{se}[n]=(s[n]-\hat{s}[n])$的整体能量,进而得到对 $s[n]$的最小二乘逼近。具体地,对于确定性信号来说,这个模型参数可以在整体平方误差最小的条件下选取

$$\sum_{n=-\infty}^{\infty}(s[n]-\hat{s}[n])^2=\sum_{n=-\infty}^{\infty}\left(s[n]-\sum_{k=1}^{p}a_k\hat{s}[n-k]-Gv[n]\right)^2 \tag{11.4}$$

理论上,通过让式(11.4)中的表达式对每个参数求微分,令求导结果等于零并对所得方程组求解,便可以找到使以上平方误差最小的参数 a_k。然而,这样做将得到一组非线性系统的方程组,通常情况下对它求解很困难。虽然对于大多数实际应用来说,这种最小二乘问题太困难,但基本的最小二乘原理可以应用于略微不同的表达式上并取得显著成功。

11.1.2 最小二乘求逆模型

基于求逆滤波的公式提供了对全极点模型中参数值的一种相对直接和易于处理的解决办法。在任何逼近方法中,开始时都认为在大多数情况下模型的输出并不精确地等于待建模的信号。而逆滤波方法则基于这样的认识,如果给定的信号 $s[n]$实际上就是图 11.1 所示模型中滤波器 $H(z)$的输出,那么当 $s[n]$作为 $H(z)$逆系统的输入时,其输出则为 $v[n]$。因此,如图 11.2 所示,假设 $H(z)$ 是由式(11.2)所指出的一个全极点系统,寻找一个系统函数如式(11.5)所示的逆滤波器

$$A(z)=1-\sum_{k=1}^{p}a_k z^{-k} \tag{11.5}$$

① 关于这种情况以及一般极点/零点情况的详细讨论在 Kay(1988),Thierrien(1992),Hayes(1996)以及 Stoica and Moses(2005)中给出。

② 在语音处理的应用中,线性预测分析通常被称为线性预测编码(LPC)。(参见 Rabner and Schafer,1978 以及 Quatieri,2002。)

使得其输出 $g[n]$ 等于加权输入 $Gv[n]$。然后,在这个公式中选择逆滤波器的参数(进而隐含着模型系统的参数)以使得 $g[n]$ 和 $Gv[n]$ 之间的均方误差最小。如此会得到一组特性良好的线性方程。

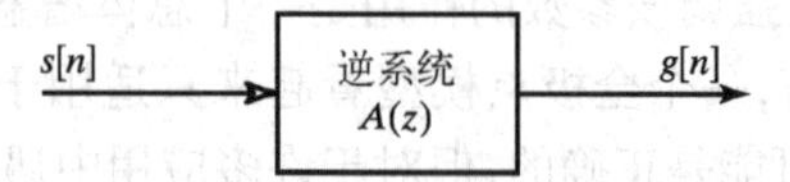

图 11.2　全极点信号建模的逆滤波器形成

由图 11.2 和公式(11.5)可得,$g[n]$ 和 $s[n]$ 满足差分方程

$$g[n] = s[n] - \sum_{k=1}^{p} a_k s[n-k] \tag{11.6}$$

建模误差 $\hat{e}[n]$ 现在定义为

$$\hat{e}[n] = g[n] - Gv[n] = s[n] - \sum_{k=1}^{p} a_k s[n-k] - Gv[n] \tag{11.7}$$

如果 $v[n]$ 是一个单位脉冲,那么对于 $n>0$,误差 $\hat{e}[n]$ 则对应于 $s[n]$ 和利用模型参数得到的 $s[n]$ 的线性预测之间的误差。于是,为了方便起见,还可以把式(11.7)表示为

$$\hat{e}[n] = e[n] - Gv[n] \tag{11.8}$$

其中 $e[n]$ 是预测误差,表达式为

$$e[n] = s[n] - \sum_{k=1}^{p} a_k s[n-k] \tag{11.9}$$

对于一个与式(11.3)的全极点模型精确拟合的信号来说,建模误差 $\hat{e}[n]$ 将为零,而预测误差 $e[n]$ 则为输入的加权,即

$$e[n] = Gv[n] \tag{11.10}$$

这种以逆滤波形式给出的公式得到了极大简化,因为 $v[n]$ 假定为已知的且 $e[n]$ 可以根据式(11.9)由 $s[n]$ 计算得到。然后选取参数值 a_k 以最小化

$$\varepsilon = \left\langle |\hat{e}[n]|^2 \right\rangle \tag{11.11}$$

式中符号 $\langle\cdot\rangle$ 表示有限能量确定性信号的求和操作以及随机信号的集合平均操作。最小化式(11.11)中的 ε 所得到的逆滤波器,在确定性信号情况下可以使建模误差的总能量最小,在随机信号情况下可使建模误差的均方值最小。方便起见,通常用符号 $\langle\cdot\rangle$ 代表求平均操作符(算子),根据上下文再确认其含义是求和或集合平均。再一次注意到,在求解表征图 11.2 中逆系统的参数 a_k 的同时,也隐含地指明了全极点系统。

为得到最优参数值,将式(11.8)代入式(11.11)得到

$$\varepsilon = \left\langle (e[n] - Gv[n])^2 \right\rangle \tag{11.12}$$

或等效为

$$\varepsilon = \left\langle e^2[n] \right\rangle + G^2 \left\langle v^2[n] \right\rangle - 2G\left\langle v[n]e[n] \right\rangle \tag{11.13}$$

为了得到能使 ε 最小的参数,让式(11.12)对第 i 个滤波器系数 a_i 求微分,然后令微分结果等于零,从而得到如下方程组:

$$\frac{\partial \varepsilon}{\partial a_i} = \frac{\partial}{\partial a_i}\left[\left\langle e^2[n] \right\rangle - 2G\left\langle v[n]s[n-i] \right\rangle\right] = 0, \quad i = 1, 2, \cdots, p \tag{11.14}$$

这里已假设 G 与 a_i 相互独立,当然 $v[n]$ 也与 a_i 是相互独立的,因此可以得到

$$\frac{\partial}{\partial a_i}\left[G^2\left\langle v^2[n]\right\rangle\right]=0 \tag{11.15}$$

对于所关注的模型来说，如果 $s[n]$ 是一个因果的、有限能量信号时，$v[n]$ 将是一个脉冲信号，而如果 $s[n]$ 是一个广义平稳随机过程时，$v[n]$ 则是白噪声信号。当 $v[n]$ 是一个脉冲信号，并且对于 $n<0$ 时，有 $s[n]=0$，可以得到乘积 $v[n]s[n-i]=0$，其中 $i=1,2,\cdots,p$。当 $v[n]$ 是白噪声时，则有

$$\langle v[n]s[n-i]\rangle=0, \quad i=1,2,\cdots,p \tag{11.16}$$

因为对于任何 n 值，一个有着白噪声输入的因果系统的输入和时刻 n 之前的输出值是不相关的。因此，对于以上两种情况来说，式(11.14)都退化成

$$\frac{\partial \mathcal{E}}{\partial a_i}=\frac{\partial}{\partial a_i}\left\langle e^2[n]\right\rangle=0 \quad i=1,2,\cdots,p \tag{11.17}$$

换句话说，选择合适的系数来使均方建模误差 $\langle \hat{e}^2[n]\rangle$ 最小，等效于使均方预测误差 $\langle e^2[n]\rangle$ 最小。对式(11.17)进行扩展并利用平均操作的线性性质，可以从式(11.17)中得到下列方程：

$$\langle s[n]s[n-i]\rangle-\sum_{k=1}^{p}a_k\langle s[n-k]s[n-i]\rangle=0, \quad i=1,\cdots,p \tag{11.18}$$

定义

$$\phi_{ss}[i,k]=\langle s[n-i]s[n-k]\rangle \tag{11.19}$$

方程组(11.18)可以重新写成更为紧凑的形式

$$\sum_{k=1}^{p}a_k\phi_{ss}[i,k]=\phi_{ss}[i,0], \quad i=1,2,\cdots,p \tag{11.20}$$

方程组(11.20)构成了一个由 p 个线性方程组成的系统，其中 p 未知。利用已知的 $\phi_{ss}[i,k]$ 值（$i=1,2,\cdots,p$ 和 $k=0,1,\cdots,p$）或者提前从 $s[n]$ 中计算出这些值，就可以通过求解线性方程组中的参数 $a_k, k=1,2,\cdots,p$ 来完成模型参数的计算。

11.1.3　全极点建模的线性预测公式

正如之前提到的，根据对式(11.3)的解释，可以得到对全极点信号建模的另一种有用的解释，即基于过去的值对输出的一种线性预测，其中预测误差 $e[n]$ 是对输入的加权 $Gv[n]$，即

$$e[n]=s[n]-\sum_{k=1}^{p}a_k s[n-k]=Gv[n] \tag{11.21}$$

式(11.17)表明，使式(11.11)中的逆建模误差 ε 最小，就等效于使平均预测误差 $\langle e^2[n]\rangle$ 最小。如果信号 $s[n]$ 是由模型系统产生的，并且 $v[n]$ 是一个脉冲信号且 $s[n]$ 与全极点模型准确拟合，那么在任何 $n>0$ 处的信号都是可以基于过去的值线性预测得到的，即预测误差为零。如果 $v[n]$ 是白噪声，那么预测误差也是白的。

图 11.3 对这种基于预测的解释进行了描述，其中预测滤波器 $P(z)$ 的传递函数是

$$P(z)=\sum_{k=1}^{p}a_k z^{-k} \tag{11.22}$$

这个系统被称为信号 $s[n]$ 的 p 阶**线性预测器**。它的输出是

$$\tilde{s}[n]=\sum_{k=1}^{p}a_k s[n-k] \tag{11.23}$$

且如图 11.3 所示，预测误差信号为 $e[n]=s[n]-\tilde{s}[n]$。$e[n]$ 序列指出了线性预测器不能准确预测信号 $s[n]$ 的程度。由于这个原因，所以 $e[n]$ 有时也被称作预

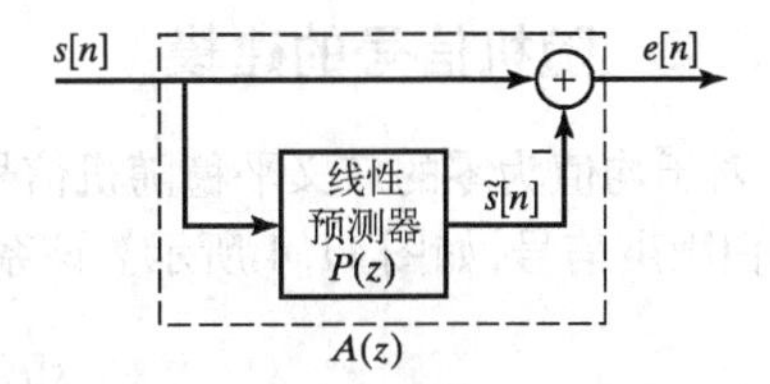

图 11.3　全极点信号建模的线性预测形式

测误差余量或简称**余量**。在这种观点下,系数 a_k 也被称作**预测系数**。在图 11.3 中还可以看出,预测误差滤波器与线性预测器的关系如下:

$$A(z) = 1 - P(z) = 1 - \sum_{k=1}^{p} a_k z^{-k} \tag{11.24}$$

11.2 确定性信号与随机信号建模

为了把最优逆滤波器,或者等效为最优线性预测器作为参数信号建模的基础,有必要对假设的输入信号 $v[n]$ 和平均算子 $\langle\cdot\rangle$ 的计算方法讨论得更加具体详尽些。为此,分开来考虑确定信号和随机信号两种情况。两者都会用到平均操作,这里假设已知待建模信号在整个时间轴 $-\infty < n < +\infty$ 上的信息。11.3 节将讨论当仅有信号 $s[n]$ 的有限长区间段上的信息可用时的一些实际问题。

11.2.1 能量有限确定性信号的全极点建模

本节假设一个全极点模型是因果稳定的,并且当 $n<0$ 时输入 $v[n]$ 和待建模信号 $s[n]$ 都为零。进一步假设 $s[n]$ 的能量有限且对所有的 $n\geqslant 0$ 其值已知。选择式(11.11)所示的算子 $\langle\cdot\rangle$ 作为建模误差序列 $\hat{e}[n]$ 的总能量。即

$$\varepsilon = \left\langle |\hat{e}[n]|^2 \right\rangle = \sum_{n=-\infty}^{\infty} |\hat{e}[n]|^2 \tag{11.25}$$

根据上述平均算子的定义,式(11.19)中的 $\phi_{ss}[i,k]$ 由下式给出:

$$\phi_{ss}[i,k] = \sum_{n=-\infty}^{\infty} s[n-i]s[n-k] \tag{11.26}$$

且等效为

$$\phi_{ss}[i,k] = \sum_{n=-\infty}^{\infty} s[n]s[n-(i-k)] \tag{11.27}$$

现在式(11.20)中的系数 $\phi_{ss}[i,k]$ 为

$$\phi_{ss}[i,k] = r_{ss}[i-k] \tag{11.28}$$

其中,对于实信号 $s[n]$,$r_{ss}[m]$ 是一个确定的自相关函数

$$r_{ss}[m] = \sum_{n=-\infty}^{\infty} s[n+m]s[n] = \sum_{n=-\infty}^{\infty} s[n]s[n-m] \tag{11.29}$$

因此,式(11.20)具有如下形式:

$$\sum_{k=1}^{p} a_k r_{ss}[i-k] = r_{ss}[i] \qquad i = 1, 2, \cdots, p \tag{11.30}$$

这些等式被称为**自相关正规方程组**(autocorrelation normal equations),也称作 Yule-Walker 等式,它们提供了根据信号的自相关函数来计算系数 $a_1,\cdots,a_p$ 的基本方法。11.2.5 节将讨论一种选取增益因子 G 的方法。

11.2.2 随机信号的建模

对于均值为零的广义平稳随机信号的全极点建模,假设全极点模型的输入是均值为零,方差为 1 的白噪声信号,如图 11.4 所示。该系统的差分方程为

$$\hat{s}[n] = \sum_{k=1}^{p} a_k \hat{s}[n-k] + Gw[n] \tag{11.31}$$

其中,输入信号的自相关函数为 $E\{w[n+m]w[n]\}=\delta[m]$,其均值为零($E\{w[n]\}=0$),平均功率为 1($E\{(w[n])^2\}=\delta[0]=1$),这里 $E\{\cdot\}$ 代表求期望或概率平均算子①。

所得到的分析模型与图 11.2 描述的一样,但想要的输出值 $g[n]$ 发生了改变。对于随机信号来说,希望使 $g[n]$ 尽可能地接近白噪声信号,而不是接近在确定信号情况下想要的单位样本序列。因此,随机信号的最优逆滤波器通常指的是**白化滤波器**(whitening filter)。

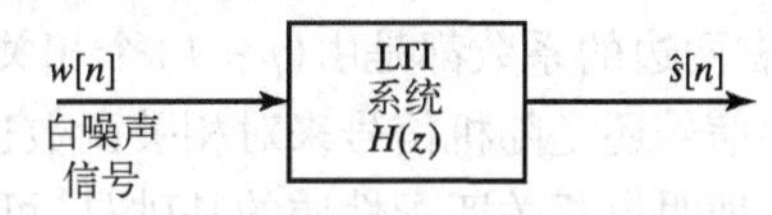

图 11.4　随机信号 $s[n]$ 的线性系统模型

同样选择式(11.11)中的算子⟨·⟩作为适合随机信号的算子,具体是指均方值,或者等效为平均功率。于是式(11.11)变为

$$\varepsilon = E\{(\hat{e}[n])^2\} \tag{11.32}$$

如果假设 $s[n]$ 是一个平稳随机过程的样本函数,那么式(11.19)中的 $\phi_{ss}[i,k]$ 则为如下自相关函数:

$$\phi_{ss}[i,k] = E\{s[n-i]s[n-k]\} = r_{ss}[i-k] \tag{11.33}$$

系统系数可像之前一样从式(11.20)中得到。因此,系统系数满足与式(11.30)具有相同形式的方程组,也即

$$\sum_{k=1}^{p} a_k r_{ss}[i-k] = r_{ss}[i], \quad i=1,2,\cdots,p \tag{11.34}$$

因此,随机信号建模同样得到了 Yule-Walker 等式,此时自相关函数由如下概率平均来定义:

$$r_{ss}[m] = E\{s[n+m]s[n]\} = E\{s[n]s[n-m]\} \tag{11.35}$$

11.2.3　最小均方误差

无论是对确定性信号(参见 11.2.1 节)还是随机信号(参见 11.2.2 节)建模,图 11.3 中的预测误差 $e[n]$ 的最小值都可以用式(11.20)所示的对应相关值来表达,从而确定出最优的预测器系数。为了说明这一点,将 ε 写为

$$\varepsilon = \left\langle \left(s[n] - \sum_{k=1}^{p} a_k s[n-k] \right)^2 \right\rangle \tag{11.36}$$

正如习题 11.2 中更为详细的描述,如果将式(11.36)进行扩展,并且将式(11.20)代入其结果中,一般可得到

$$\varepsilon = \phi_{ss}[0,0] - \sum_{k=1}^{p} a_k \phi_{ss}[0,k] \tag{11.37}$$

等式(11.37)在选择任何合适的平均算子时都是成立的。尤其,对于满足 $\phi_{ss}[i,k]=r_{ss}[i-k]$ 条件的平均操作定义来说,式(11.37)变成

$$\varepsilon = r_{ss}[0] - \sum_{k=1}^{p} a_k r_{ss}[k] \tag{11.38}$$

11.2.4　自相关匹配性质

全极点模型的一个重要而有用的性质源自于对确定性信号情况下式(11.30)以及随机信号情

---

① $E\{\cdot\}$ 的计算需要概率密度信息。对于平稳随机信号,只需要一维概率密度。对于各态遍历随机过程,要用到一个无限长时间平均。然而在实际应用中,这种平均值必须利用从有限时间平均得到的估计值来近似。

况下式(11.34)的求解,这种性质被称作自相关匹配特性(Makhoul,1973)。式(11.30)和式(11.34)表示了对模型参数 $a_k(k=1,\cdots,p)$进行求解的 p 个方程的集合。在这些方程中,方程左、右两边的系数都是由$(p+1)$个相关值 $r_{ss}[m](m=0,1,\cdots,p)$组成的,其中根据被建模信号是确定性信号还是随机信号来对相关函数进行适当定义。

证明自相关匹配性质的基础是,可以观测到当图 11.1 中的模型系统 $H(z)$被指定为式(11.2)所示的全极点系统时,信号 $\hat{s}[n]$与模型明显匹配。如果再次考虑对信号 $\hat{s}[n]$进行全极点建模,当然会再次得到方程组(11.30)和方程组(11.34),但这次是将用 $r_{\hat{s}\hat{s}}[m]$替换 $r_{ss}[m]$。既然 $\hat{s}[n]$与模型相匹配,那么求解的结果也必定得到相同的参数值 $a_k(k=1,2,\cdots,p)$,并且如果下式成立,则会得到这种求解结果:

$$r_{ss}[m]=cr_{\hat{s}\hat{s}}[m] \quad 0\leqslant m\leqslant p \tag{11.39}$$

式中,c 是任意常数。正如 11.6 节所要讨论的 Yule-Walker 方程递归求解的形式决定了式(11.39)中等式需得到满足的事实。总之,自相关正规方程组要求,对于各延迟线$|m|=0,1,\cdots,p$,模型输出与被建模信号的自相关函数为正比例函数。

11.2.5 增益参数 G 的确定

在已采用的方法中,确定模型系数 a_k 的最优选择不取决于系统增益 G。从图 11.2 所示的逆滤波公式的观点来看,一种可能性就是选择 G 使得$\langle(\hat{s}[n])^2\rangle=\langle(s[n])^2\rangle$成立。对于有限能量确定性信号,这就相当于使模型输出的总能量和被建模信号的总能量相匹配。对于随机信号,就是使两者的平均能量相匹配。在这两种情况下,都相应于要选择 G 使得 $r_{\hat{s}\hat{s}}[0]=r_{ss}[0]$。这样选择以后,式(11.39)中的正比例因子 c 为 1。

例 11.1 一阶系统

图 11.5 给出了两个信号,它们都是系统函数为下式的一阶系统的输出:

$$H(z)=\frac{1}{1-\alpha z^{-1}} \tag{11.40}$$

当输入是一个单位脉冲 $\delta[n]$时,输出信号为 $s_d[n]=h[n]=\alpha^n u[n]$,而当系统的输入是一个均值为零、方差为 1 的白噪声信号时,输出信号为 $s_r[n]$。两个信号的展开范围都是 $-\infty<n<\infty$,如图 11.5 所示。

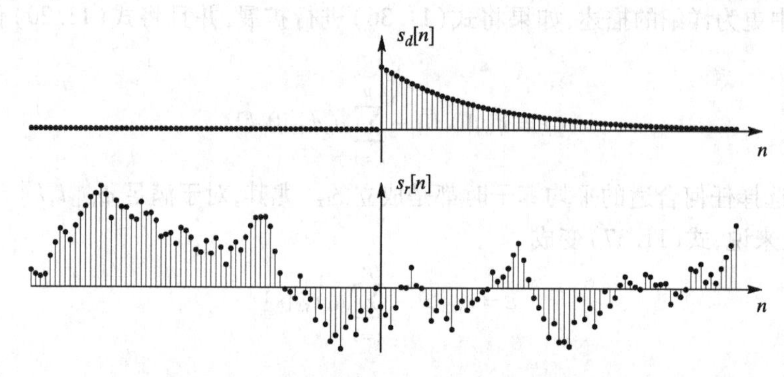

图 11.5 一阶全极点系统的确定和随机输出举例

信号 $s_d[n]$的自相关函数为

$$r_{s_d s_d}[m]=r_{hh}[m]=\sum_{n=0}^{\infty}\alpha^{n+m}\alpha^n=\frac{\alpha^{|m|}}{1-\alpha^2} \tag{11.41}$$

信号 $s_r[n]$的自相关函数也由式(11.41)给出,因为 $s_r[n]$是系统对白噪声信号的响应,此时自相关函数是一个单位脉冲。

因为这两种信号都是由一阶全极点系统生成的,所以一阶全极点模型是一个精确拟合系统。在确定性信号情况下,最优逆滤波器的输出是一个单位脉冲,在随机信号情况下,最优逆滤波器的输出是一个均值为零且具有单位平均功率的白噪声序列。为了说明最优逆滤波器的准确性,注意到,对于一阶模型来说,方程组(11.30)或方程组(11.34)将简化为

$$r_{s_d s_d}[0]a_1 = r_{s_d s_d}[1] \tag{11.42}$$

根据式(11.41),得到对确定性信号和随机信号两种情况下的最优预测器系数为

$$a_1 = \frac{r_{s_d s_d}[1]}{r_{s_d s_d}[0]} = \frac{\dfrac{\alpha}{1-\alpha^2}}{\dfrac{1}{1-\alpha^2}} = \alpha \tag{11.43}$$

根据式(11.38),最小均方误差为

$$\varepsilon = \frac{1}{1-\alpha^2} - a_1\frac{\alpha}{1-\alpha^2} = \frac{1-\alpha^2}{1-\alpha^2} = 1 \tag{11.44}$$

这就是在确定性信号情况下单位脉冲的幅度,以及在随机信号情况下白噪声序列的平均功率。

正如之前所提到的,且在上述例子中可以清楚看到的,当信号是由全极点系统生成时,无论其激励是一个脉冲信号还是白噪声信号,全极点建模都可以准确地确定全极点系统的参数。这时还要用到模型阶数 p 和自相关函数的先验知识。在这个例子中有可能得到这种先验信息,因为在这里计算自相关函数所需的无限求和具有可用的闭式表达形式。而在实际装置中,通常有必要根据给定信号的有限长信号段来估计出自相关函数。习题 11.14 考虑了对本节的确定信号 $s_d[n]$ 而言,有限长自相关估计(下面即将讨论到)的影响。

11.3　相关函数的估计

要使用 11.1 节和 11.2 节的结果对确定性信号或随机信号进行建模,需要有相关函数 $\phi_{ss}[i,k]$ 的**先验**知识,其中 $\phi_{ss}[i,k]$ 是用来组成系数 a_k 所满足的系统方程组的,或者必须从给定信号中估计得到这些相关函数。此外,也考虑要应用块处理或者短时分析技术来表示一个非平稳信号(例如,语音信号)的时变特性。本节将讨论实际应用参数信号建模概念时相关估计计算的两种不同方法,这两种方法就是大家所知道的**自相关法**和**协方差法**。

11.3.1　自相关法

假设有可用的一组 $M+1$ 个信号样本集 $s[n]$, $0 \leqslant n \leqslant M$,并且希望计算得到一个全极点模型的系数。在自相关法中,假定信号范围是 $-\infty < n < \infty$,且当 n 在 $0 \leqslant n \leqslant M$ 范围之外时设置信号样本值为零,或索性这些信号样本是从一个更长的序列中截取出来的。当然,这就意味着模型所能达到的精确度有一定的损失,因为要用一个全极点模型的 IIR 脉冲响应来对 $s[n]$ 的有限长区间段建模。

虽然在求解滤波器系数时不需要明确地计算出预测误差序列,然而一些关于预测误差序列计算的细节仍可以提供某种信息。根据式(11.24)中 $A(z)$ 的定义,预测误差滤波器的脉冲响应为

$$h_A[n] = \delta[n] - \sum_{k=1}^{p} a_k \delta[n-k] \tag{11.45}$$

可以看出,由于信号 $s[n]$ 具有有限长度 $M+1$,并且预测滤波器 $A(z)$ 的脉冲响应 $h_A[n]$ 的长度为 $p+1$,所以预测误差序列 $e[n] = h_A[n] * s[n]$ 在 $0 \leqslant n \leqslant M+p$ 范围之外总是等于零。图 11.6 给出了一个 $p=5$ 的线性预测器的预测误差信号的例子。在上面子图中给出了 n 为 3 种不同值时预

测误差滤波器的单位脉冲响应 $h_A[n-m]$(时间反转且时移),此时 $h_A[n-m]$ 是关于 m 的函数。带有方点的黑线描述了 $h_A[n-m]$,圆点浅色线表示了在 $0\leqslant m\leqslant 30$ 范围内的序列 $s[m]$。左边是 $h_A[0-m]$,这表明第一个非零预测误差样本是 $e[0]=s[0]$。当然这一点与式(11.9)是一致的。最右边是 $h_A[M+p-m]$,表明最后一个非零误差样本是 $e[M+P]=-a_p s[M]$。图 11.6 中下面子图给出了 $0\leqslant n\leqslant M+p$ 范围内的误差信号 $e[n]$。从线性预测的观点来看,前 p 个样本(黑色实线和点)是从假定为零的样本中预测得到的。类似地,对于 $n\geqslant M+1$ 时的输入样本值也假定为零,以得到一个有限长信号。线性预测器试图从先前的非零样本和部分原始信号中预测出在区间 $M+1\leqslant n\leqslant M+p$ 内的零值样本。事实上,如果 $s[0]\neq 0$ 且 $s[M]\neq 0$,那么 $e[0]=s[0]$ 和 $e[M+P]=-a_p s[M]$ 两项为非零的结果是成立的。也就是说,如果在间隔 $0\leqslant n\leqslant M$ 以外信号被定义为零,那么预测误差(总平方误差 ε)永远不可能精确地等于零。进一步,p 阶预测器的总平方预测误差为

$$\varepsilon^{(p)}=\left\langle e[n]^2\right\rangle=\sum_{n=-\infty}^{\infty}e[n]^2=\sum_{n=0}^{M+p}e[n]^2 \tag{11.46}$$

即,为方便起见,求和范围可以是无限的,但实际上它们是有限的。

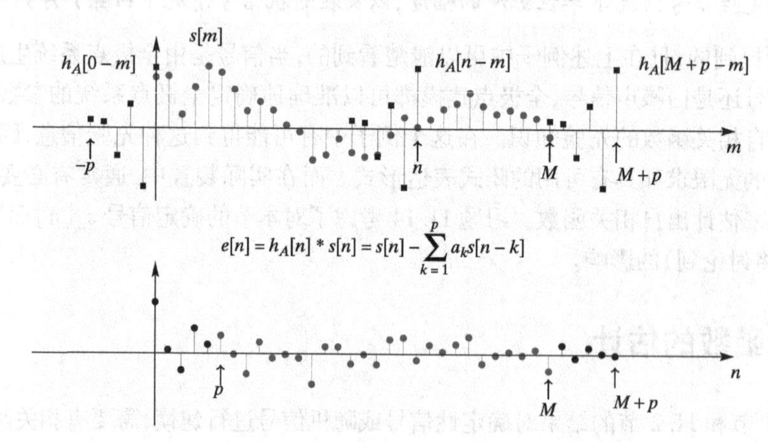

图 11.6 自相关法中预测误差计算的示意图($p=5$)(在上面子图中,方点表示 $h_A[n-m]$ 的样本值,浅色圆点表示 $s[m]$ 的样本值,下面子图为 $e[n]$ 的样本值)

当假设在区间 $0\leqslant n\leqslant M$ 之外信号等于零时,相关函数 $\phi_{ss}[i,k]$ 退化为自相关函数 $r_{ss}[m]$,这里式(11.30)所需的值对应于 $m=|i-k|$。图 11.7 给出了计算 $r_{ss}[m]$ 时使用的移位序列,其中圆点表示 $s[n]$,方点表示 $s[n+m]$。需要注意的是,对于有限长信号,只有在区间 $0\leqslant n\leqslant M-m(m\geqslant 0)$ 上,乘积 $s[n]s[n+m]$ 才是非零的。因为 r_{ss} 是一个偶函数,也即 $r_{ss}[-m]=r_{ss}[m]=r_{ss}[|m|]$,所以 Yule-Walker 等式所需的自相关值可以计算如下:

$$r_{ss}[|m|]=\sum_{n=-\infty}^{\infty}s[n]s[n+|m|]=\sum_{n=0}^{M-|m|}s[n]s[n+|m|] \tag{11.47}$$

对于有限长序列 $s[n]$,式(11.47)具有一个自相关函数所有必要的性质,且对于 $m>M$,有 $r_{ss}[m]=0$。但是,$r_{ss}[m]$ 与截取出有限长信号段的无限长序列的自相关函数显然并不相同。

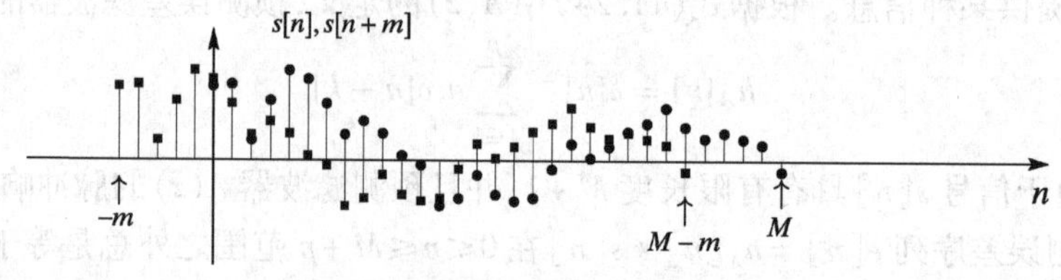

图 11.7 有限长序列自相关函数计算的示意图(方点表示样本 $s[n+m]$,浅色圆点表示样本 $s[n]$)

式(11.47)可用来计算确定性信号和随机信号[①]的自相关函数估计。通常,有限长输入信号是从一个更长的样本序列中截取得到的。例如,在语音处理应用中,语音中的发声段(例如元音)被视为确定信号,不发声段(摩擦音)被视为随机信号[②],就属于这种情况。根据之前的讨论,由于想要试图从零值样本中预测出非零值样本以及从非零值样本中预测出零值样本,所以预测误差中前 p 个样本和后 p 个样本可能会很大。因为这会造成预测器系数估计的偏差,所以在计算自相关函数之前通常会用一个信号锥形化窗口,如汉明窗,对信号进行加窗处理。

11.3.2　协方差法

计算 p 阶预测器预测误差所用的平均算子的另一种选择是

$$\varepsilon_{\text{cov}}^{(p)} = \left\langle (e[n])^2 \right\rangle = \sum_{n=p}^{M} (e[n])^2 \tag{11.48}$$

与自相关法相同,平均处理是在一个有限区间($p \leqslant n \leqslant M$)内进行,但不同的是在协方差法中待建模信号在较大间隔 $0 \leqslant n \leqslant M$ 内都是已知的。总平方预测误差只包含哪些可以从区间 $0 \leqslant n \leqslant M$ 内的样本中计算出来的 $e[n]$ 的值。因此,平均处理是在更窄的间隔 $p \leqslant n \leqslant M$ 上进行。这一点很重要,因为它缓解了全极点模型和有限长信号[③]之间的不一致性。在这样的情况下只要求在有限区间内去匹配信号,而不像在自相关法中要求在所有 n 值上匹配信号。图 11.8 上面子图给出了与图 11.6 上面子图相同的信号 $s[m]$,但在这种情况下,正如在式(11.48)中所需要的,只计算在区间 $p \leqslant n \leqslant M$ 内的预测误差。正如在上子图中给出的预测误差滤波器的脉冲响应 $h_A[n-m]$ 所示,当用这种方法计算预测误差时没有端部效应,因为所有需要用来计算预测误差的样本信号都是可用的。正因为这样,如果提取出有限长区间段的信号是由一个全极点系统的输出生成的话,那么在整个 $p \leqslant n \leqslant M$ 区间内的预测误差就有可能精确等于零。从另一种方式看,如果 $s[n]$ 是一个当 $n>0$ 时输入为零的全极点系统的输出,那么正如式(11.9)和式(11.10)所示的,对于 $n>0$ 预测误差也是零。

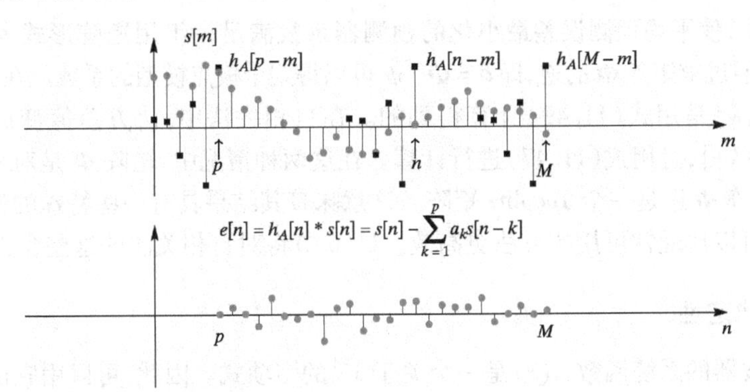

图 11.8　协方差法中预测误差计算的示意图($p=5$)(在上面子图中,黑色方点表示样本 $h_A[n-m]$,浅色圆点表示样本 $s[m]$)

协方差函数继承了与平均算子相同的定义,即

$$\phi_{ss}[i,k] = \sum_{n=p}^{M} s[n-i]s[n-k] \tag{11.49}$$

---

① 对于随机信号的情况,10.6 节已经表明式(11.47)是对自相关函数的一个有偏估计。当 $p \ll M$ 时,正如在通常情况下,这种统计偏差一般可以忽略不计。

② 在这两种情况下,式(11.47)的确定性自相关函数被作为一种估计。

③ 式(11.48)和式(11.46)中关于总平方预测误差的定义是截然不同的,因此用下标"cov"来区分它们。

图 11.9 示出了时移序列 $s[n-i]$(浅色线和圆点)和 $s[n-k]$(深色线和方点)。该图表明,既然只需要 $i=0,1,\cdots,p$ 和 $k=1,2,\cdots,p$ 所对应的 $\phi_{ss}[i,k]$,那么信号片段 $s[n]$($0\leqslant n\leqslant M$)则包括了所有用来计算式(11.49)中 $\phi_{ss}[i,k]$ 的样本。

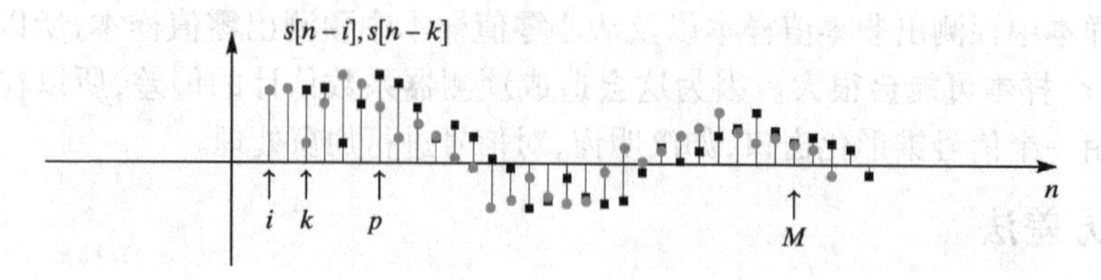

图 11.9 有限长度序列协方差函数计算的示意图(方点表示样本 $s[n-k]$,浅色圆点表示样本 $s[n-i]$)

11.3.3 各种方法的比较

自相关法和协方差法有很多相似之处,但是它们在处理方法和得到的全极点模型上有很多重要的区别。本节将对一些已经证明过或强调过需要注意的不同点进行总结。

预测误差

平均预测误差 $\langle e^2[n]\rangle$ 和平均建模误差 $\langle \hat{e}^2[n]\rangle$ 都是非负的,且不会随着模型阶数 p 的增加而增加。在基于从有限长信号中获得估计值的自相关法中,因为自相关值不是准确的,所以平均建模或预测误差永远不会为零。此外,即使有一个精确模型,预测误差的最小值也是 $Gv[n]$,如式(11.10)所示。在协方差法中,如果原始信号是由一个全极点模型产生的,那么当 $n>0$ 时预测误差将精确等于零。这一点将在例 11.2 中进行说明。

预测器系数方程

在两种方法中,使平均预测误差最小化的预测器系数满足一组用矩阵形式 $\boldsymbol{\Phi a}=\boldsymbol{\psi}$ 所表示的一般线性方程组,通过求矩阵 $\boldsymbol{\Phi}$ 的逆,即 $\boldsymbol{a}=\boldsymbol{\Phi}^{-1}\boldsymbol{\psi}$ 可以得到全极点模型的系数。在协方差法中,矩阵 $\boldsymbol{\Phi}$ 中的元素 $\phi_{ss}[i,k]$ 是用式(11.49)计算得到的。在自相关法中,协方差值变成了自相关值,即 $\phi_{ss}[i,k]=r_{ss}[|i-k|]$,且用式(11.47)进行计算。在这两种情况中,矩阵 $\boldsymbol{\Phi}$ 是对称且正定的,但是在自相关法中,矩阵 $\boldsymbol{\Phi}$ 还是一个 Toeplitz 矩阵。这意味着其结果具有一些特殊的性质,同时也表明方程的求解过程可以比通常可用的方法更高效。11.6 节将对自相关法的这些含义进行一些探索。

模型系统的稳定性

预测误差滤波器的系统函数 $A(z)$ 是一个关于 z^{-1} 的多项式。因此,可以用它的零点来表示,如下式:

$$A(z)=1-\sum_{k=1}^{p}a_k z^{-k}=\prod_{k=1}^{p}(1-z_k z^{-1}) \tag{11.50}$$

在自相关法中,预测误差滤波器 $A(z)$ 的零点可保证严格位于 z 平面的单位圆内,即 $|z_k|<1$。这就意味着模型的因果系统函数 $H(z)=G/A(z)$ 的所有极点都位于单位圆内,这表明模型系统是稳定的。Lang and McClellan(1978)和 McClellan(1988)给出了关于这一论断的简单证明。习题 11.10 讨论了一种证明方法,该方法依赖于 11.7.1 节讨论的预测误差系统的格型滤波器解释。而在协方差法中不能给出这样的保证。

11.4　模型阶数

参数信号建模中一个很重要的问题就是模型阶数 p 的确定，它的选择对于模型精度有重要的影响。通常选择 p 的方法是来考察最优 p 阶模型的平均预测误差(通常是指余量)。令 $a_k^{(p)}$ 为利用式(11.30)找到的最优 p 阶预测器的参数。使用自相关法时 p 阶模型的预测误差能量为①

$$\varepsilon^{(p)} = \sum_{n=-\infty}^{\infty}\left(s[n] - \sum_{k=1}^{p} a_k^{(p)} s[n-k]\right)^2 \tag{11.51}$$

对于零阶预测器($p=0$)，在式(11.51)中没有延迟项，即“预测器”就是恒等系统，因此 $e[n]=s[n]$。从而，对于 $p=0$ 有

$$\varepsilon^{(0)} = \sum_{n=-\infty}^{\infty} s^2[n] = r_{ss}[0] \tag{11.52}$$

绘制归一化均方预测误差 $\nu^{(p)}=\varepsilon^{(p)}/\varepsilon^{(0)}$ 随 p 变化的曲线，可以表明如何通过增加 p 的值来改变该误差能量。在自相关法中，已经证明了平均预测误差永远不可能正好为零，即便信号 $s[n]$ 是由一个全极点系统生成的，且模型的阶数和生成系统的阶数相同。然而，在协方差法中，如果全极点模型对信号 $s[n]$ 来说是一个理想模型，则在 p 取正确值的时候 $\varepsilon_{\text{cov}}^{(p)}$ 将完全等于零，因为平均预测误差只考虑 $p\leqslant n\leqslant M$ 范围上的值。即使 $s[n]$ 不能用一个全极点系统来精确建模，通常也会存在一个 p 的取值，在该值之上再增大 p 时，对 $v^{(p)}$ 或 $\nu_{\text{cov}}^{(p)}=\varepsilon_{\text{cov}}^{(p)}/\varepsilon_{\text{cov}}^{(0)}$ 的影响很小，又或者没有影响。这个阈值正是将信号表示为一个全极点模型时模型阶数的有效选择。

例 11.2　模型阶数的选取

为了说明模型阶数的影响，考虑一个用脉冲信号 $v[n]=\delta[n]$ 去激励一个 10 阶系统所生成的信号，该系统如下：

$$H(z) = \frac{0.6}{\begin{array}{c}(1-1.03z^{-1}+0.79z^{-2}-1.34z^{-3}+0.78z^{-4}-0.92z^{-5}\\ +1.22z^{-6}-0.43z^{-7}+0.6z^{-8}-0.29z^{-9}-0.23z^{-10})\end{array}} \tag{11.53}$$

对于 $0\leqslant n\leqslant 30$ 范围内的 $s[n]$ 样本如图 11.6 和图 11.8 中上面子图所示的序列。这个信号被用作一个全极点模型待建模的信号，全极点模型可以采用自相关和协方差两种算法实现。利用 $s[n]$ 的 31 个样本计算出合适的自相关和协方差值，同时通过分别求解式(11.30)和式(11.34)得到预测器系数。归一化均方预测误差如图 11.10 所示。可以看到，在对应于自相关和协方差两种方法的曲线上，归一化误差均在 $p=1$ 处急剧下降，然后随着 p 的增加则缓慢地降低。在 $p=10$ 处，协方差方法出现零误差，而自相关方法在 $p\geqslant 10$ 后呈现出一个非零的平均误差。这与 11.3 节中关于预测误差的讨论是一致的。

虽然例 11.2 是一个理想仿真，但是，当对采样信号进行全极点建模时，这种平均预测误差是一个取决于 p 的函数的一般特征，是一种典型的现象。作为 p 的函数的 $v^{(p)}$ 图形在某些点上趋于平坦，而这些点对应的 p 值则经常被选为在模型里使用。在类似语音分析的应用中，有可能根据产生待建模信号的物理模型来选择模型阶数(参见 Rabiner and Schafer，1978)。

① 回想一下，在协方差法中使用 $\varepsilon_{\text{cov}}^{(p)}$ 来表示总平方预测误差，而在自相关法中则使用没有下标的 $\varepsilon^{(p)}$ 来表示总平方预测误差。

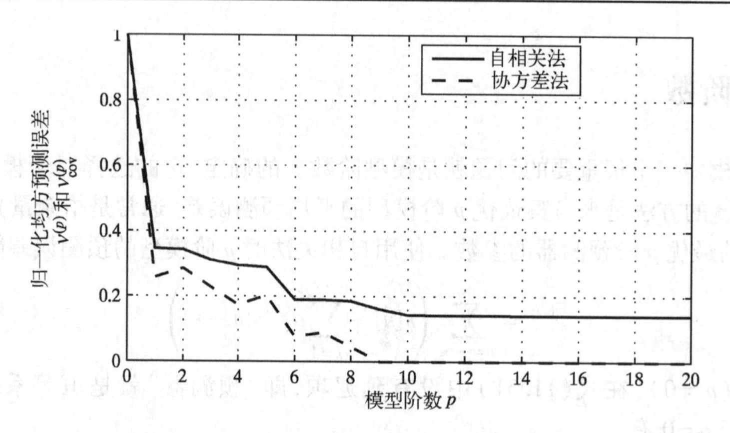

图 11.10 例 11.2 中归一化均方预测误差 $\mathcal{V}^{(p)}$ 与模型阶数 p 的函数关系

11.5 全极点频谱分析

全极点建模提供了一种从截取或加窗数据中获得一个高分辨率信号频谱估计的方法。在频谱分析中应用参数信号建模是基于这样一个事实,即如果数据和模型互相拟合,那么可以利用这个数据的有限长区间段来确定模型参数,进而也确定了其频谱。具体地,在确定性信号情况下

$$|\hat{S}(e^{j\omega})|^2 = |H(e^{j\omega})|^2 |V(e^{j\omega})|^2 = |H(e^{j\omega})|^2 \tag{11.54}$$

因为当模型系统具有一个单位脉冲激励时,$|V(e^{j\omega})|^2=1$。类似地,对于随机信号来说,模型输出的功率谱为

$$P_{\hat{s}\hat{s}}(e^{j\omega}) = |H(e^{j\omega})|^2 P_{ww}(e^{j\omega}) = |H(e^{j\omega})|^2 \tag{11.55}$$

因为对于白噪声输入来说,$P_{ww}(e^{j\omega})=1$。因此,可以通过计算信号的一个全极点模型来得到信号 $s[n]$ 的频谱估计,然后再计算出模型系统频率响应的幅度平方。对于确定性和随机两种情况,频谱估计均具有如下形式:

$$\text{频谱估计} = |H(e^{j\omega})|^2 = \left| \frac{G}{1-\sum_{k=1}^{p} a_k e^{-j\omega k}} \right|^2 \tag{11.56}$$

为了能够很好地理解在确定性信号情况下式(11.56)中频谱估计的本质,有必要回忆一下有限长信号 $s[n]$ 的离散时间傅里叶变换(DTFT)

$$S(e^{j\omega}) = \sum_{n=0}^{M} s[n] e^{-j\omega n} \tag{11.57}$$

进一步注意到

$$r_{ss}[m] = \sum_{n=0}^{M-|m|} s[n+m]s[n] = \frac{1}{2\pi}\int_{-\pi}^{\pi} |S(e^{j\omega})|^2 e^{j\omega m} d\omega \tag{11.58}$$

其中,由于 $s[n]$ 是有限长的,所以当 $|m|>M$ 时 $r_{ss}[m]=0$。对于 $m=0,1,2,\cdots,p$,$r_{ss}[m]$ 的值被用来计算采用自相关法的全极点模型。于是,信号傅里叶谱 $|S(e^{j\omega})|^2$ 和全极点模型频谱 $|\hat{S}(e^{j\omega})|^2=|H(e^{j\omega})|^2$ 之间存在某种关系的假设就是合理的。

阐明这种关系的一种办法就是求得用信号 $s[n]$ 的 DTFT 表示的平均预测误差的表达式。回顾一下预测误差是 $e[n]=h_A[n]*s[n]$,其中 $h_A[n]$ 是预测误差滤波器的脉冲响应。根据帕斯瓦尔定理,平均预测误差为

$$\varepsilon = \sum_{n=0}^{M+p} (e[n])^2 = \frac{1}{2\pi} \int_{-\pi}^{\pi} |S(\mathrm{e}^{\mathrm{j}\omega})|^2 |A(\mathrm{e}^{\mathrm{j}\omega})|^2 \mathrm{d}\omega \tag{11.59}$$

这里 $S(\mathrm{e}^{\mathrm{j}\omega})$ 是信号 $s[n]$ 的 DTFT,如式(11.57)给出。因为 $H(z)=G/A(z)$,所以式(11.59)可以表示成 $H(\mathrm{e}^{\mathrm{j}\omega})$ 的形式,如下:

$$\varepsilon = \frac{G^2}{2\pi} \int_{-\pi}^{\pi} \frac{|S(\mathrm{e}^{\mathrm{j}\omega})|^2}{|H(\mathrm{e}^{\mathrm{j}\omega})|^2} \mathrm{d}\omega \tag{11.60}$$

由于式(11.60)中的被积函数是正的,且当 $-\pi<\omega\leqslant\pi$ 时 $|H(\mathrm{e}^{\mathrm{j}\omega})|^2>0$,因此由式(11.60)可以得到,最小化 ε 等效于使信号 $s[n]$ 的能量谱与全极点模型中线性系统频率响应的幅度平方之比最小。这就意味着全极点模型谱将试图在信号频谱值较大的频率点上去更加紧致地匹配信号的能量谱,这是因为对应于 $|S(\mathrm{e}^{\mathrm{j}\omega})|^2>|H(\mathrm{e}^{\mathrm{j}\omega})|^2$ 的频率分量对于均方误差的贡献相比于其他频率来说会更大。于是,全极点模型频谱估计更希望在信号频谱峰值点附近实现很好的拟合。这一点将在 11.5.1 节讨论中来阐明。同样的分析和原理还可以应用于当 $s[n]$ 是随机信号的情况。

11.5.1　语音信号的全极点分析

全极点建模广泛应用于语音处理中,包括语音编码,其中经常用到所谓的线性预测编码(LPC),以及频谱分析。(参见 Atal and Hanauer,1971,Makhoul,1975,Rabiner and Schafer,1978 以及 Quatieri,2002。)为了阐述本章所讨论的很多思想,需要详细讨论全极点建模在语音信号频谱分析中的应用。全极点建模方法通常以一种与时间有关的形式来应用,周期地选取要分析的语音信号的片段,这种选取方式与 10.3 节讨论过的时变傅里叶分析中所用的方法非常类似。既然时变傅里叶变换本质上是一个有限长信号段 DTFT 的序列,则以上关于 DTFT 和全极点频谱之间关系的讨论也就表征了时变傅里叶分析和时变全极点模型频谱分析之间的关系。

图 11.11 上面子图给出了语音信号 $s[n]$ 的 201 点汉明窗片段,其对应的自相关函数 $r_{ss}[m]$ 在下面子图中给出。在该时间间隔里,语音信号是发声的(声带振动),正如信号的周期特性所表明的那样。这种周期性在自相关函数上反映出来就是大致在第 27 个样本处的峰值(在 8 kHz 采样率下,27/8 = 3.375 ms)和其整数倍点上的峰值。

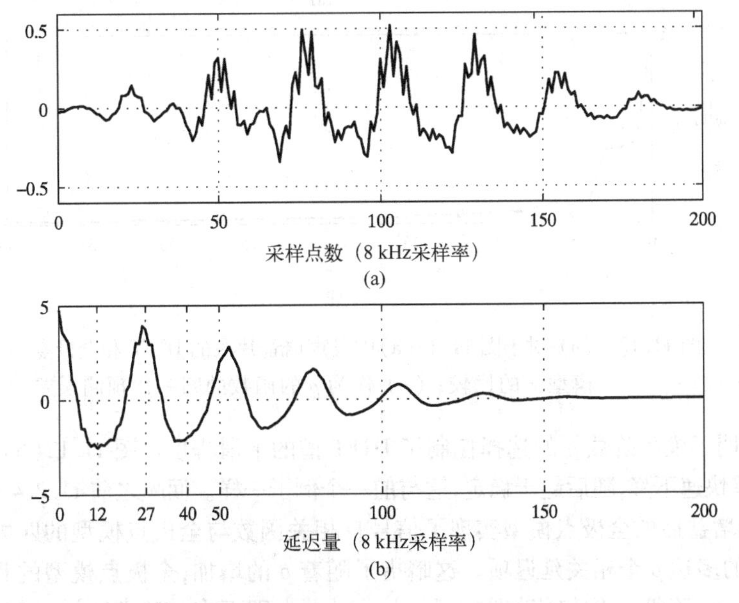

图 11.11　(a)加窗的发声语音波形;(b)对应的自相关函数(样点间用直线连接)

当把全极点建模应用到发声语音上时,把信号看作是确定的,而激励函数为一个周期脉冲串将会是很有用的。当窗口内包含了信号的若干个周期时,如图 11.11(a)所示,上述处理就考虑到了自相关函数的周期特性。

图 11.12 对比了图 11.11(a)中信号的 DTFT 以及利用两种不同模型阶数的全极点建模所计算出来的频谱,其中采用了图 11.11(b)中的自相关函数。注意到 $s[n]$ 的 DTFT 在基本频率 $F_0 = 8\text{ kHz}/27 = 296\text{ Hz}$ 的倍频点上出现峰值,同时还可以看到其他许多较小的峰值和凹陷,这些就是 10.2.1 节所讨论的加窗效应带来的。如果利用图 11.11(b)中 $r_{ss}[m]$ 的前 13 个采样点来计算一个全极点模型的频谱($p = 12$),结果得到图 11.12(a)所示的粗的平滑曲线。对于滤波器阶数为 12 且基本周期为 27 个样本点的情况,这种频谱估计实际上忽略了由信号周期性决定的频谱结构,从而产生了一个平滑得多的频谱估计结果。然而,如果使用 $r_{ss}[m]$ 的 41 个采样点,就会得到图中用细线给出的频谱图。因为信号周期为 27,$p = 40$ 包含了自相关函数的周期峰值,因此全极点频谱可以展现出 DTFT 频谱中更多的细节之处。注意到以上两种情况都支持之前得到的结论,那就是全极点模型频谱估计更倾向于很好地表示 DTFT 频谱中的峰值特性。

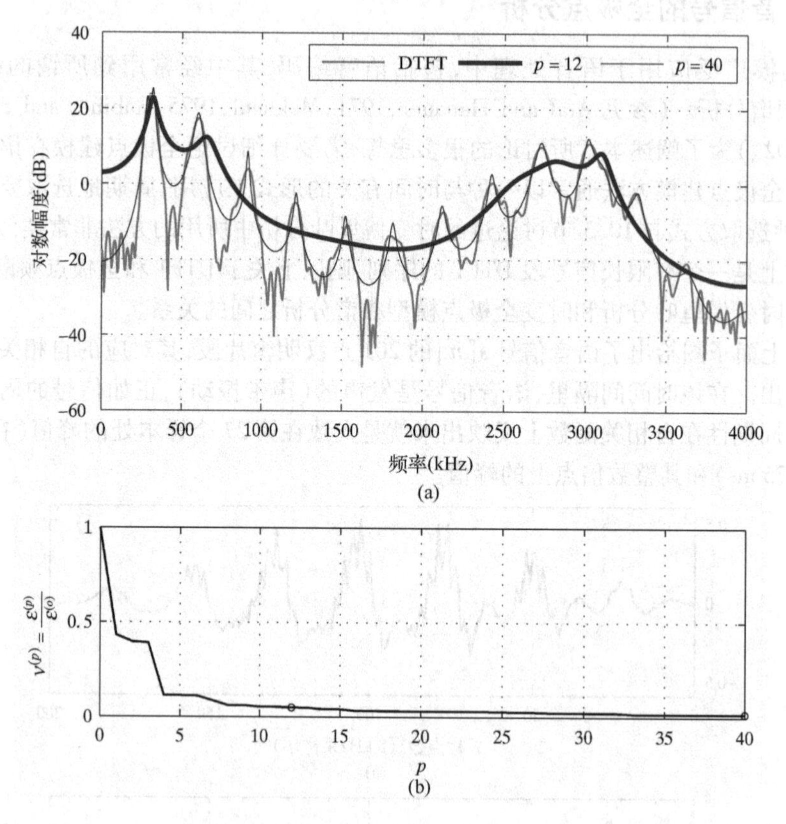

图 11.12 (a) 对于图 11.11(a)中发声语音片段的 DTFT 和全极点模型谱的比较;(b) 作为 p 的函数的归一化预测误差

这个例子表明了模型阶数 p 的选择控制了 DTFT 谱的平滑程度。图 11.12(b)表明随着 p 的增加,均方预测误差快速下降,随后趋于稳定,这与前一个例子一样。回顾之前 11.2.4 节和 11.2.5 节中讨论的适当选择增益后的全极点模型实现了信号自相关函数与全极点模型的匹配,该模型具有如式(11.39)所示的多达 p 个相关延迟项。这暗指了随着 p 的增加,全极点模型的频谱会接近 DTFT 频谱,同时当 $p\to\infty$,不管 m 取何值都有 $r_{hh}[m] = r_{ss}[m]$,因而有 $|H(e^{j\omega})|^2 = |S(e^{j\omega})|^2$。然而,这

并不意味着 $H(e^{j\omega})=S(e^{j\omega})$，因为 $H(z)$ 是一个 IIR 系统，而 $S(z)$ 是一个有限长序列的 z 变换。同时还注意到，当 $p\to\infty$ 时，平均预测误差并不接近于零，即使是 $|H(e^{j\omega})|^2\to|S(e^{j\omega})|^2$。这是因为式(11.11)的总误差为预测误差 $\tilde{e}[n]$ 减去 $Gv[n]$。换句话说，线性预测器一定总是从之前的零值样本中预测得到第一个非零样本。

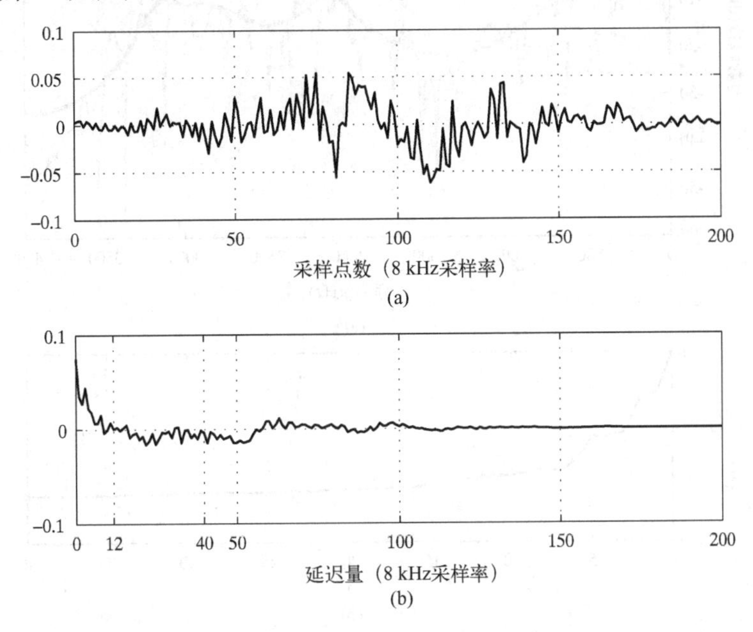

图 11.13　(a)加窗的非发声语音波形；(b)对应的自相关函数(采样点间用直线连接)

另一类主要的话音信号由非发声声音组成，如摩擦音。这些声音是由于在声带处造成随机涡旋气流而产生的，因此，它们最好是用一个由白噪声激励的全极点系统来建模。图 11.13 给出了一个非发声语音的 201 点汉明窗片段以及对应的自相关函数。可以看到，自相关函数上并没有反映出信号波形或是自相关函数的周期特性。图 11.14(a)对图 11.13(a)中信号的 DTFT 以及从图 11.13(b) 中自相关函数计算出来的两个全极点模型谱进行了比较。从随机信号频谱分析的角度看，DTFT 的幅度平方是一个周期图。因此，它包含了一个随着频率随机变化的分量。再次通过对模型阶数的选择，可以让周期图达到任何想要的平滑度。

11.5.2　极点的位置

在语音处理中，全极点模型的极点和声带的谐振频率有密切的关系，于是，对多项式 $A(z)$ 进行因式分解来得到如式(11.50)所示的零点表示形式通常非常有用。正如在 11.3.3 节中讨论的，预测误差滤波器的零点 z_k 就是全极点模型系统函数的极点。系统函数的极点造成了在 11.5.1 节中讨论的频谱估计的峰值。极点离单位圆越近，该极点角度附近对应频率处频谱的峰值就越高。

图 11.15 给出了对应于图 11.12(a)中两个频谱估计的预测误差系统函数 $A(z)$(模型系统的极点)的零点。对于 $p=12$，$A(z)$ 的极点用空心圆表示。五对复数共轭零点对非常靠近单位圆，它们作为极点的表现形式明显地表现在图 11.12(a)中的粗线曲线上。对于 $p=40$，$A(z)$ 的零点用较大的实心点表示。可以观察到这些零点中的大部分都靠近单位圆，它们围绕着单位圆或多或少呈现出平均分布的态势。这会造成模型频谱上的峰值，这些峰值近似以语音信号基带频率对应的归一化角频率[即角度 $2\pi(296\ \text{Hz})/8\ \text{kHz}$ 处]的整数倍为间隔。

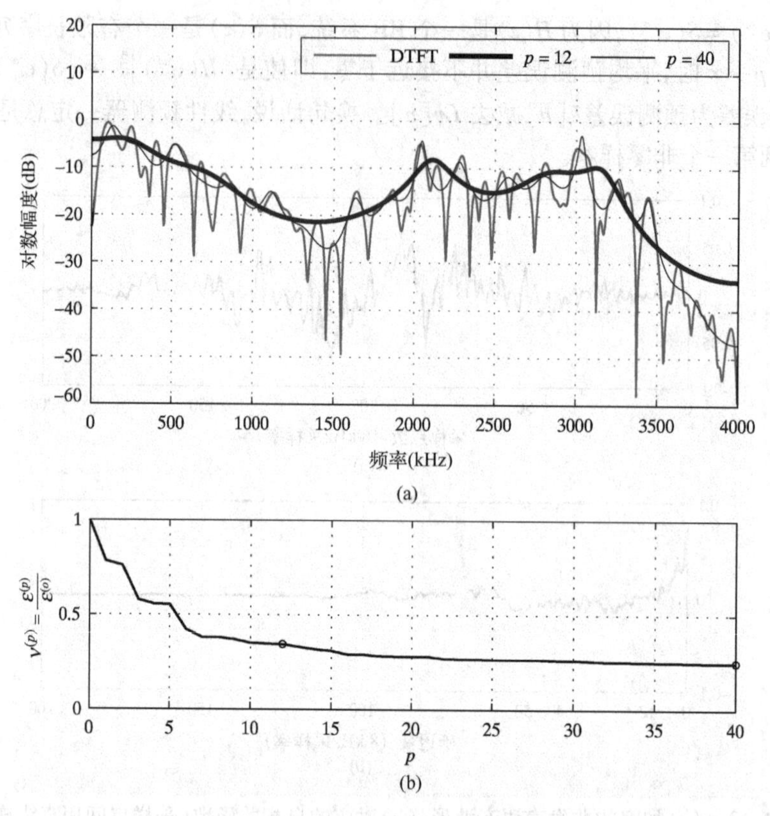

图 11.14 (a) 对于图 11.13(a)中未发声语音片段的 DTFT 和全极点模型谱比较;(b) 作为 p 的函数的归一化预测误差

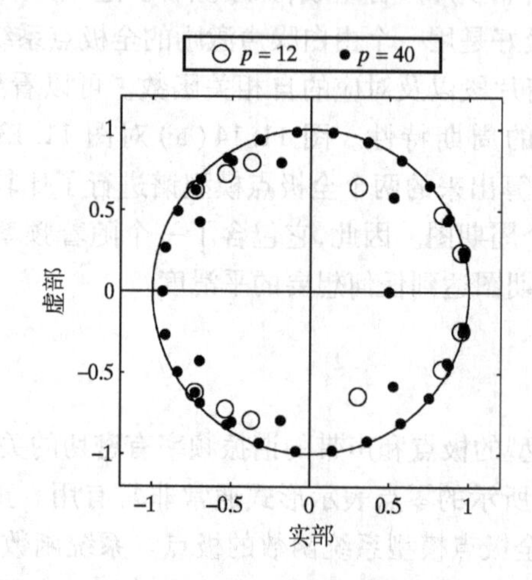

图 11.15 用来得到图 11.12 中频谱估计的预测误差滤波器(模型系统的极点)的零点

11.5.3 正弦信号的全极点建模

作为另一个重要的例子,考虑利用一个全极点模型的极点来估计正弦信号的频率。为了说明为什么有可能这样做的原因,现考虑两个正弦信号之和

$$s[n]=[A_1\cos(\omega_1 n+\theta_1)+A_2\cos(\omega_2 n+\theta_2)]u[n] \tag{11.61}$$

信号 $s[n]$ 的 z 变换有以下形式:

$$S(z)=\frac{b_0+b_1z^{-1}+b_2z^{-2}+b_3z^{-3}}{(1-\mathrm{e}^{\mathrm{j}\omega_1}z^{-1})(1-\mathrm{e}^{-\mathrm{j}\omega_1}z^{-1})(1-\mathrm{e}^{\mathrm{j}\omega_2}z^{-1})(1-\mathrm{e}^{-\mathrm{j}\omega_2}z^{-1})} \tag{11.62}$$

也就是说,两个正弦信号之和可以用一个系统函数同时含有极点和零点的 LTI 系统的脉冲响应来表示。分子多项式将是一个复杂的关于幅度、频率和相移的函数。需要注意的是,分子是一个三阶多项式而分母是一个四阶多项式,分母多项式的根都在单位圆上,对应的角度等于 $\pm\omega_1$ 和 $\pm\omega_2$。在单位脉冲激励下描述该系统的差分方程具有以下形式:

$$s[n]-\sum_{k=1}^{4}a_k s[n-k]=\sum_{k=1}^{3}b_k\delta[n-k] \tag{11.63}$$

其中,系数 a_k 是由分母因式相乘得到的。注意到

$$s[n]-\sum_{k=1}^{4}a_k s[n-k]=0 \qquad 对于 n\geqslant 4 \tag{11.64}$$

这意味着信号 $s[n]$ 可以用一个四阶预测器无误差地预测得到,但除去最初的几点($0\leqslant n\leqslant 3$)。分母的系数可以通过把协方差法应用到一段选定的不包含前 4 个采样点的信号片段上,进而从信号中估计得到。在式(11.61)可以精确表示信号(例如,高信噪比)的理想情况下,所得到的多项式的根提供了对分量正弦频率的很好估计。

图 11.16(a)给出了信号①的 101 个采样点图形

$$s[n]=20\cos(0.2\pi n-0.1\pi)+22\cos(0.22\pi n+0.9\pi) \tag{11.65}$$

因为这两个频率非常接近,有必要采用大量的样本点通过傅里叶分析来有效地分辨它们。然而,由于这个信号和全极点模型完美匹配,可以采用协方差法从信号的非常短的片段中来获得对频率的非常精确的估计。这一点在图 11.16(b)中已表明。

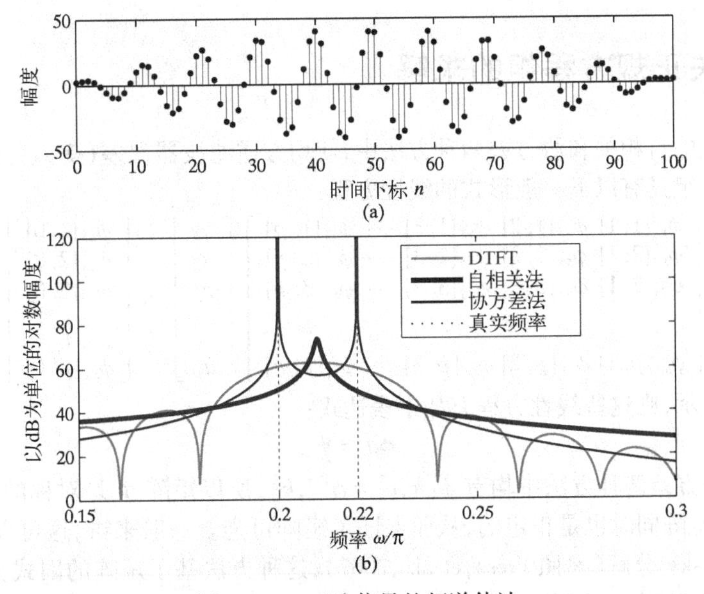

图 11.16　正弦信号的频谱估计

101 点采样(带矩形窗)的离散时间傅里叶变换并未指示出在 $\omega=0.21\pi$ 附近有两个不同的正弦频率。因为一个 $M+1$ 点矩形窗的主瓣宽度为 $\Delta\omega=4\pi/(M+1)$。所以,一个 101 点矩形窗只有在两

---

① 图 11.16(a)中信号片段的细尖端并不是由加窗产生的。它是由两个频率近似相同的余弦信号的谐振引起的。谐振频率的周期(0.22π 和 0.2π 之差)为 100 个采样点。

个频率相距在0.04π rad/s以上时才可以清晰地分辨它们。对应地,DTFT没有显示出两个频谱峰值。

相似地,使用自相关法得到的频谱估计如图11.6(b)中粗线所示,这个估计也仅包含了一个频谱峰值。自相关法得到的预测误差多项式(因式分解形式)为

$$\begin{aligned}A_a(z) = &(1-0.998\mathrm{e}^{\mathrm{j}0.21\pi}z^{-1})(1-0.998\mathrm{e}^{-\mathrm{j}0.21\pi}z^{-1})\\&\cdot(1-0.426z^{-1})(1-0.1165z^{-1})\end{aligned} \tag{11.66}$$

两个实数极点不能产生峰值,而复数极点靠近单位圆,但分别在两个频率±0.21π处,它们是两个频率之间的中间位置。于是,自相关法中固有的加窗处理会造成所得模型将锁定于平均频率0.21π处。

另一方面,用协方差法(对幅值和角度进行了取整处理)得到的因式分解后的预测误差多项式可由下式给出:

$$\begin{aligned}A_c(z) = &(1-\mathrm{e}^{\mathrm{j}0.2\pi}z^{-1})(1-\mathrm{e}^{-\mathrm{j}0.2\pi}z^{-1})\\&\cdot(1-\mathrm{e}^{\mathrm{j}0.22\pi}z^{-1})(1-\mathrm{e}^{-\mathrm{j}0.22\pi}z^{-1})\end{aligned} \tag{11.67}$$

在这种情况下,零点的角度几乎完全等于两个正弦信号的频率。图11.16(b)中也给出了模型的频率响应(以dB为单位),即

$$|H_{\mathrm{cov}}(\mathrm{e}^{\mathrm{j}\omega})|^2 = \frac{1}{|A_{\mathrm{cov}}(\mathrm{e}^{\mathrm{j}\omega})|^2} \tag{11.68}$$

在这种情况下,预测误差非常接近于零,如果这被用来估计全极点模型的增益会得到一个不确定的估计结果。因此,增益被任意地设置为1,如此得到的式(11.68)的曲线将与其他估计落在相似的尺度范围内。因为极点几乎完全处于单位圆上,所以在极点频率处的幅值谱变得非常大。预测误差多项式的根给出了对频率的精确估计。当然,这种方法并不能提供有关正弦分量幅度和相位的精确信息。

11.6 自相关正规方程组的求解

在计算相关值的自相关和协方差两种方法中,使均方逆滤波器误差(等效为预测误差)最小的预测器系数满足一组具有以下一般形式的线性方程:

$$\begin{bmatrix}\phi_{ss}[1,1] & \phi_{ss}[1,2] & \phi_{ss}[1,3] & \cdots & \phi_{ss}[1,p]\\ \phi_{ss}[2,1] & \phi_{ss}[2,2] & \phi_{ss}[2,3] & \cdots & \phi_{ss}[2,p]\\ \phi_{ss}[3,1] & \phi_{ss}[3,2] & \phi_{ss}[3,3] & \cdots & \phi_{ss}[3,p]\\ \vdots & \vdots & \vdots & \cdots & \vdots\\ \phi_{ss}[p,1] & \phi_{ss}[p,2] & \phi_{ss}[p,3] & \cdots & \phi_{ss}[p,p]\end{bmatrix}\begin{bmatrix}a_1\\a_2\\a_3\\ \vdots\\a_p\end{bmatrix} = \begin{bmatrix}\phi_{ss}[1,0]\\ \phi_{ss}[2,0]\\ \phi_{ss}[3,0]\\ \vdots\\ \phi_{ss}[p,0]\end{bmatrix} \tag{11.69}$$

用矩阵形式表示,则这些线性方程有如下表达式:

$$\boldsymbol{\Phi a} = \boldsymbol{\psi} \tag{11.70}$$

因为在自相关和协方差两种方法中均有$\phi[k,i]=\phi[i,k]$,所以矩阵$\boldsymbol{\Phi}$是对称的,并且这是一个最小二乘问题,所以矩阵同时也是正定的,从而保证了矩阵可逆。一般来讲,这可以得到一些有效的求解方法,如Cholesky分解(参照Press,et al.,2007),这种方法基于矩阵的因式分解,在$\boldsymbol{\Phi}$矩阵是对称且正定的条件下可以采用。然而,在自相关法或其他任何方法的一些特殊情况下,即当$\phi_{ss}[i,k]=r_{ss}[\,|i-k|\,]$时,式(11.69)就变成了自相关正规方程组(也称为Yule-Walker方程)。

$$\begin{bmatrix}r_{ss}[0] & r_{ss}[1] & r_{ss}[2] & \cdots & r_{ss}[p-1]\\ r_{ss}[1] & r_{ss}[0] & r_{ss}[1] & \cdots & r_{ss}[p-2]\\ r_{ss}[2] & r_{ss}[1] & r_{ss}[0] & \cdots & r_{ss}[p-3]\\ \vdots & \vdots & \vdots & \cdots & \vdots\\ r_{ss}[p-1] & r_{ss}[p-2] & r_{ss}[p-3] & \cdots & r_{ss}[0]\end{bmatrix}\begin{bmatrix}a_1\\a_2\\a_3\\ \vdots\\a_p\end{bmatrix} = \begin{bmatrix}r_{ss}[1]\\r_{ss}[2]\\r_{ss}[3]\\ \vdots\\r_{ss}[p]\end{bmatrix} \tag{11.71}$$

在这种情况下,矩阵 $\boldsymbol{\Phi}$ 除了是对称和正定的以外,它还是一个 Toeplitz 矩阵,即每条子对角线上的元素都是相等的。利用这个特性可以得到一种有效算法来求解方程组,该算法称为 Levinson-Durbin 递归法。

11.6.1 Levinson-Durbin 递归法

用来计算使总平方预测误差最小的预测器系数的 Levinson-Durbin 算法,是利用了矩阵 $\boldsymbol{\Phi}$ 的高度对称性得到的,进一步如式(11.71)所证实的那样,右边向量 $\boldsymbol{\psi}$ 中的元素主要都是组成矩阵 $\boldsymbol{\Phi}$ 的元素。图 11.17 中的从式(L–D.1)到式(L–D.6)定义了整个计算过程。这些公式的推导在 11.6.2 节中给出,但在讨论推导细节之前,简单地来考查一下算法的步骤将是很有益的。

式(L–D.1)这一步先将均方预测误差初始化为信号的能量。就是说一个零阶预测器(没有预测器)不能降低预测误差能量,因为预测误差 $e[n]$ 与信号 $s[n]$ 相同。

图 11.17 中第二行指出,式(L–D.2)到式(L–D.5)要重复 p 次,每重复一次预测器的阶数会加 1。换句话说,从 $i-1=0$ 开始,算法将从阶数为 $i-1$ 预测器计算出阶数为 i 的预测器。

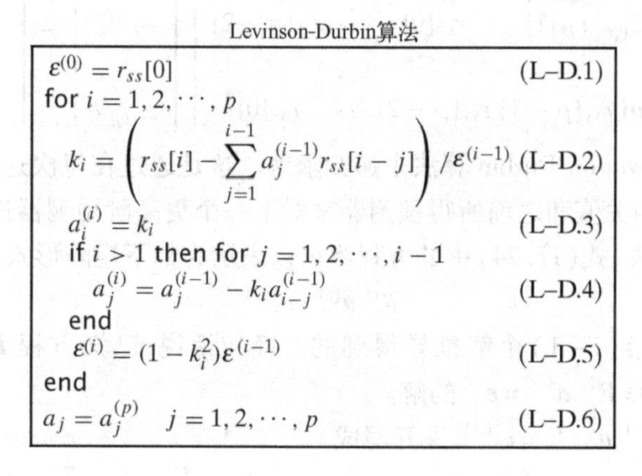
Levinson-Durbin算法

$\varepsilon^{(0)} = r_{ss}[0]$ (L–D.1)

for $i = 1, 2, \cdots, p$

$k_i = \left(r_{ss}[i] - \sum_{j=1}^{i-1} a_j^{(i-1)} r_{ss}[i-j] \right) / \varepsilon^{(i-1)}$ (L–D.2)

$a_i^{(i)} = k_i$ (L–D.3)

if $i > 1$ then for $j = 1, 2, \cdots, i-1$

$a_j^{(i)} = a_j^{(i-1)} - k_i a_{i-j}^{(i-1)}$ (L–D.4)

end

$\varepsilon^{(i)} = (1 - k_i^2)\varepsilon^{(i-1)}$ (L–D.5)

end

$a_j = a_j^{(p)} \quad j = 1, 2, \cdots, p$ (L–D.6)

图 11.17　定义 Levinson-Durbin 算法的公式

(L–D.2)这一步要计算 k_i 量。参数 $k_i(i=1,2,\cdots,p)$ 序列,称之为 k-参数,在生成下一组预测器系数[①]时起着关键作用。

(L–D.3)这个公式陈述了 i 阶预测器的第 i 个系数 $a_i^{(i)}$ 等于 k_i。

(L–D.4)这个公式,用 k_i 来计算 i 阶预测器其余的系数,它们是 $(i-1)$ 阶预测器的系数和相反顺序上那些相同系数的组合。

(L–D.5)这个公式用来更新 i 阶预测器的预测误差。

(L–D.6)这是最后一步,这里把 p 阶预测器定义为算法进行 p 次迭代处理后得到的结果。

Levinson-Durbin 算法非常有用,因为它是求解自相关正规方程组的一种有效方法,并且它揭示了线性预测和全极点模型特性的本质。举个例子,由式(L–D.5)可以看出,一个 p 阶预测器的平均预测误差是所有低阶预测器预测误差的乘积,这就得到 $0 < \varepsilon^{(i)} \leqslant \varepsilon^{(i-1)} < \varepsilon^{(p)}$ 以及

$$\varepsilon^{(p)} = \varepsilon^{(0)} \prod_{i=1}^{p} (1 - k_i^2) = r_{ss}[0] \prod_{i=1}^{p} (1 - k_i^2) \tag{11.72}$$

因为 $\varepsilon^{(i)} > 0$,那么一定有 $-1 < k_i < 1(i=1,2,\cdots,p)$。也就是说 k 参数在幅值上是严格小于 1 的。

① k 参数也被称为 PARCOR(部分相关)系数或者**反射系数**,理由将在 11.7 节中讨论。

11.6.2 Levinson-Durbin 算法的推导

由式(11.30),最佳预测器系数满足下列方程组:

$$r_{ss}[i]-\sum_{k=1}^{p}a_k r_{ss}[i-k]=0 \qquad i=1,2,\cdots,p \tag{11.73a}$$

且最小均方预测误差由下式给出:

$$r_{ss}[0]-\sum_{k=1}^{p}a_k r_{ss}[k]=\mathcal{E}^{(p)} \tag{11.73b}$$

由于式(11.73b)含有和式(11.73a)一样的相关值,所以可以把它们整合在一起并写成一组包含 $p+1$ 个方程的方程组,该组方程由 p 个未知的预测器系数和与之相对应的未知均方预测误差 $\varepsilon^{(p)}$ 来满足。这些方程具有如下矩阵形式:

$$\begin{bmatrix} r_{ss}[0] & r_{ss}[1] & r_{ss}[2] & \cdots & r_{ss}[p] \\ r_{ss}[1] & r_{ss}[0] & r_{ss}[1] & \cdots & r_{ss}[p-1] \\ r_{ss}[2] & r_{ss}[1] & r_{ss}[0] & \cdots & r_{ss}[p-2] \\ \vdots & \vdots & \vdots & \cdots & \vdots \\ r_{ss}[p] & r_{ss}[p-1] & r_{ss}[p-2] & \cdots & r_{ss}[0] \end{bmatrix}\begin{bmatrix} 1 \\ -a_1^{(p)} \\ -a_2^{(p)} \\ \vdots \\ -a_p^{(p)} \end{bmatrix}=\begin{bmatrix} \mathcal{E}^{(p)} \\ 0 \\ 0 \\ \vdots \\ 0 \end{bmatrix} \tag{11.74}$$

正是这组方程可以用 Levinson-Durbin 算法来递归求解。这是通过在每次迭代时陆续加入一个新的相关值,并且对由新的相关值和之前所得预测器来对下一个更高阶预测器进行求解来完成的。

对于任何阶数 i 来说,式(11.74)中的方程组可以表示为如下矩阵形式:

$$\boldsymbol{R}^{(i)}\boldsymbol{a}^{(i)}=\boldsymbol{e}^{(i)} \tag{11.75}$$

第 i 个解是如何从第 $(i-1)$ 个解推导得到的。换句话说,已知方程 $\boldsymbol{R}^{(i-1)}\boldsymbol{a}^{(1-i)}=\boldsymbol{e}^{(i-1)}$ 的解 $\boldsymbol{a}^{(i-1)}$,如何由此推出方程 $\boldsymbol{R}^{(i)}\boldsymbol{a}^{(i)}=\boldsymbol{e}^{(i)}$ 的解。

首先,将方程组 $\boldsymbol{R}^{(i-1)}\boldsymbol{a}^{(1-i)}=\boldsymbol{e}^{(i-1)}$ 展开写成

$$\begin{bmatrix} r_{ss}[0] & r_{ss}[1] & r_{ss}[2] & \cdots & r_{ss}[i-1] \\ r_{ss}[1] & r_{ss}[0] & r_{ss}[1] & \cdots & r_{ss}[i-2] \\ r_{ss}[2] & r_{ss}[1] & r_{ss}[0] & \cdots & r_{ss}[i-3] \\ \vdots & \vdots & \vdots & \cdots & \vdots \\ r_{ss}[i-1] & r_{ss}[i-2] & r_{ss}[i-3] & \cdots & r_{ss}[0] \end{bmatrix}\begin{bmatrix} 1 \\ -a_1^{(i-1)} \\ -a_2^{(i-1)} \\ \vdots \\ -a_{i-1}^{(i-1)} \end{bmatrix}=\begin{bmatrix} \mathcal{E}^{(i-1)} \\ 0 \\ 0 \\ \vdots \\ 0 \end{bmatrix} \tag{11.76}$$

然后给向量 $\boldsymbol{a}^{(i-1)}$ 补零,再同矩阵 $\boldsymbol{R}^{(i)}$ 相乘得到

$$\begin{bmatrix} r_{ss}[0] & r_{ss}[1] & r_{ss}[2] & \cdots & r_{ss}[i] \\ r_{ss}[1] & r_{ss}[0] & r_{ss}[1] & \cdots & r_{ss}[i-1] \\ r_{ss}[2] & r_{ss}[1] & r_{ss}[0] & \cdots & r_{ss}[i-2] \\ \vdots & \vdots & \vdots & \cdots & \vdots \\ r_{ss}[i-1] & r_{ss}[i-2] & r_{ss}[i-3] & \cdots & r_{ss}[1] \\ r_{ss}[i] & r_{ss}[i-1] & r_{ss}[i-2] & \cdots & r_{ss}[0] \end{bmatrix}\begin{bmatrix} 1 \\ -a_1^{(i-1)} \\ -a_2^{(i-1)} \\ \vdots \\ -a_{i-1}^{(i-1)} \\ 0 \end{bmatrix}=\begin{bmatrix} \mathcal{E}^{(i-1)} \\ 0 \\ 0 \\ \vdots \\ 0 \\ \gamma^{(i-1)} \end{bmatrix} \tag{11.77}$$

这里,为了满足式(11.77),记

$$\gamma^{(i-1)}=r_{ss}[i]-\sum_{j=1}^{i-1}a_j^{(i-1)}r_{ss}[i-j] \tag{11.78}$$

在式(11.78)中引入了新的自相关值 $r_{ss}[i]$。然而,式(11.77)仍然不是 $\boldsymbol{R}^{(i)}\boldsymbol{a}^{(i)}=\boldsymbol{e}^{(i)}$ 的形式。推导的关键步骤是要认识到,由于 Toeplitz 矩阵 $\boldsymbol{R}^{(i)}$ 的独特对称性,方程组可以被逆序写出(即第一个方程写到最后,最后一个方程写到第一个,以此类推)并且所得方程组的矩阵仍然是 $\boldsymbol{R}^{(i)}$;也就是

$$
\begin{bmatrix}
r_{ss}[0] & r_{ss}[1] & r_{ss}[2] & \cdots & r_{ss}[i] \\
r_{ss}[1] & r_{ss}[0] & r_{ss}[1] & \cdots & r_{ss}[i-1] \\
r_{ss}[2] & r_{ss}[1] & r_{ss}[0] & \cdots & r_{ss}[i-2] \\
\vdots & \vdots & \vdots & \cdots & \vdots \\
r_{ss}[i-1] & r_{ss}[i-2] & r_{ss}[i-3] & \cdots & r_{ss}[1] \\
r_{ss}[i] & r_{ss}[i-1] & r_{ss}[i-2] & \cdots & r_{ss}[0]
\end{bmatrix}
\begin{bmatrix} 0 \\ -a_{i-1}^{(i-1)} \\ -a_{i-2}^{(i-1)} \\ \vdots \\ -a_{1}^{(i-1)} \\ 1 \end{bmatrix}
=
\begin{bmatrix} \gamma^{(i-1)} \\ 0 \\ 0 \\ \vdots \\ 0 \\ \varepsilon^{(i-1)} \end{bmatrix}
\tag{11.79}
$$

现在按照下式将式(11.77)和式(11.79)结合起来：

$$
\boldsymbol{R}^{(i)}\left[\begin{bmatrix} 1 \\ -a_{1}^{(i-1)} \\ -a_{2}^{(i-1)} \\ \vdots \\ -a_{i-1}^{(i-1)} \\ 0 \end{bmatrix} - k_i \begin{bmatrix} 0 \\ -a_{i-1}^{(i-1)} \\ -a_{i-2}^{(i-1)} \\ \vdots \\ -a_{1}^{(i-1)} \\ 1 \end{bmatrix}\right]
=
\left[\begin{bmatrix} \mathcal{E}^{(i-1)} \\ 0 \\ 0 \\ \vdots \\ 0 \\ \gamma^{(i-1)} \end{bmatrix} - k_i \begin{bmatrix} \gamma^{(i-1)} \\ 0 \\ 0 \\ \vdots \\ 0 \\ \mathcal{E}^{(i-1)} \end{bmatrix}\right]
\tag{11.80}
$$

此时，式(11.80)已非常接近预期的 $\boldsymbol{R}^{(i)}\boldsymbol{a}^{(i)}=\boldsymbol{e}^{(i)}$ 形式。接下来要做的是选择一个合适的 $\gamma^{(i-1)}$，使得右边向量仅含有一个非零元素。这就要求

$$
k_i = \frac{\gamma^{(i-1)}}{\varepsilon^{(i-1)}} = \frac{r_{ss}[i] - \sum_{j=1}^{i-1} a_j^{(i-1)} r_{ss}[i-j]}{\varepsilon^{(i-1)}}
\tag{11.81}
$$

这就保证了右边向量最后一个元素被消去，且第一个元素变成

$$
\varepsilon^{(i)} = \varepsilon^{(i-1)} - k_i\gamma^{(i-1)} = \varepsilon^{(i-1)}(1-k_i^2)
\tag{11.82}
$$

如此选择 $\gamma^{(i-1)}$ 后，可以得到 i 阶预测系数向量为

$$
\begin{bmatrix} 1 \\ -a_{1}^{(i)} \\ -a_{2}^{(i)} \\ \vdots \\ -a_{i-1}^{(i)} \\ -a_{i}^{(i)} \end{bmatrix}
=
\begin{bmatrix} 1 \\ -a_{1}^{(i-1)} \\ -a_{2}^{(i-1)} \\ \vdots \\ -a_{i-1}^{(i-1)} \\ 0 \end{bmatrix}
- k_i
\begin{bmatrix} 0 \\ -a_{i-1}^{(i-1)} \\ -a_{i-2}^{(i-1)} \\ \vdots \\ -a_{1}^{(i-1)} \\ 1 \end{bmatrix}
\tag{11.83}
$$

由式(11.83)，可以将系数更新方程组写为

$$
a_j^{(i)} = a_j^{(i-1)} - k_i a_{i-j}^{(i-1)} \qquad j=1,2,\cdots,i-1
\tag{11.84a}
$$

和

$$
a_i^{(i)} = k_i
\tag{11.84b}
$$

方程式(11.81)，式(11.84b)，式(11.84a)和式(11.82)都是 Levinson-Durbin 算法的关键方程。它们对应了图 11.17 中的式(L–D.2)、式(L–D.3)、式(L–D.4)和式(L–D.5)，在图 11.17 中展示了如何递归地使用这些方程，以计算最优预测系数和相应的均方预测误差，以及到 p 阶的所有线性预测器的系数 k_i。

11.7　格型滤波器

在许多从 Levinson-Durbin 算法衍生出来的有趣而有用的概念中，有一种是用 6.6 节介绍过的格型结构的形式来解释它的。在那里，已经证明了任何具有如下形式系统函数的 FIR 滤波器都可以用图 6.37 所示的格型结构来实现。

$$A(z)=1-\sum_{k=1}^{M}\alpha_k z^{-k} \tag{11.85}$$

此外,还说明了 FIR 系统函数的系数与对应格型滤波器的 k-参数之间可以用图 6.38 中给出的递归形式来关联,为了说明方便,这里将该图重新画于图 11.18 的下半部分中。通过把 $k-\alpha$ 算法的步骤颠倒过来得到了图 6.39 给出的从系数 $\alpha_j(j=1,2,\cdots,M)$ 中计算 k-参数的算法。于是,一个 FIR 滤波器直接型表示的系数和格型表示的系数之间存在着唯一的对应关系。

本章已经表明了一个 p 级预测误差滤波器是一个具有如下系统函数的 FIR 滤波器:

$$A^{(p)}(z)=1-\sum_{k=1}^{p}a_k^{(p)}z^{-k}$$

其系数可以从信号的自相关函数中计算得到,计算过程就是所谓的 Levinson-Durbin 算法。Levinson-Durbin 计算的一个附带产品就是标记为 k_i 并称之为 k-参数的一组参数。比较图 11.18 中的两种算法可以看出,除了一个重要的细节之外,它们的步骤完全相同。在第 6 章得出的算法中,从已知系数 k_i 的格型滤波器入手,推导了可获得相应的直接型 FIR 滤波器系数的递归过程。在 Levinson-Durbin 算法中,从信号的自相关函数开始,递归地计算出 k-参数,它是在计算 FIR 预测误差滤波器系数过程中得到的中间结果。因为这两种算法在 p 次迭代后都给出了一个唯一的结果,而且 k-参数和 FIR 滤波器系数之间有唯一的对应关系,所以如果 $M=p$ 且 $a_j=\alpha_j$(当 $j=1,2,\cdots,p$),那么由 Levinson-Durbin 算法得出的 k-参数就一定是 FIR 预测误差滤波器 $A^{(p)}(z)$ 的格型滤波器实现中的 k-参数。

Levinson-Durbin算法

$\mathcal{E}^{(0)}=r_{ss}[0]$
for $i=1,2,\cdots,p$
  $k_i=\left(r_{ss}[i]-\sum_{j=1}^{i-1}a_j^{(i-1)}r_{ss}[i-j]\right)/\mathcal{E}^{(i-1)}$ Eq. (11.81)
  $a_i^{(i)}=k_i$ Eq. (11.84b)
  if $i>1$ then for $j=1,2,\cdots,i-1$
    $a_j^{(i)}=a_j^{(i-1)}-k_i a_{i-j}^{(i-1)}$ Eq. (11.84a)
  end
  $\mathcal{E}^{(i)}=(1-k_i^2)\mathcal{E}^{(i-1)}$ Eq. (11.82)
end
$a_j=a_j^{(p)}$ $j=1,2,\cdots,p$

格型 k-to-α 算法

Given $k_1,k_2,\cdots,k_M$
for $i=1,2,\cdots,M$
  $\alpha_i^{(i)}=k_i$ Eq. (6.66b)
  if $i>1$ then for $j=1,2,\cdots,i-1$
    $\alpha_j^{(i)}=\alpha_j^{(i-1)}-k_i\alpha_{i-j}^{(i-1)}$ Eq. (6.66a)
  end
end
$\alpha_j=\alpha_j^{(M)}$ $j=1,2,\cdots,M$ Eq. (6.68b)

图 11.18 Levinson-Durbin 算法与将格型结构的 k-参数转化为式(11.85)中 FIR 脉冲响应系数的算法的比较

11.7.1 预测误差格型网络

为了进一步研究格型滤波器解释,假设有一个 i 阶预测误差系统函数

$$A^{(i)}(z)=1-\sum_{k=1}^{i}a_k^{(i)}z^{-k} \tag{11.86}$$

预测误差的 z 变换①表达式为

$$E^{(i)}(z)=A^{(i)}(z)S(z) \tag{11.87}$$

并且该 FIR 滤波器的时域差分方程为

① 假设 $e[n]$ 和 $s[n]$ 的 z 变换存在,则可以采用 z 变换公式。尽管这不适用于随机信号,但系统中变量之间的关系仍然有效。z 变换表示形式便于对这些关系进行研究。

$$e^{(i)}[n]=s[n]-\sum_{k=1}^{i}a_k^{(i)}s[n-k] \tag{11.88}$$

序列 $e^{(i)}[n]$ 被赋予了一个更加具体的名字——**前向预测误差**,因为它是在从之前第 i 个采样点预测 $s[n]$ 时产生的误差。

格型滤波器解释的起源是式(11.84a)和式(11.84b),如果将它们代入式(11.86),就会得到如下 $A^{(i)}(z)$ 和 $A^{(i-1)}(z)$ 之间的关系式:

$$A^{(i)}(z)=A^{(i-1)}(z)-k_iz^{-i}A^{(i-1)}(z^{-1}) \tag{11.89}$$

如果考虑式(11.83)①中多项式 $A^{(i)}(z)$ 的矩阵表达形式,那么得到这样的结果就不足为奇了。现在,如果将式(11.89)代入式(11.87)中的 $A^{(i)}(z)$,结果变成

$$E^{(i)}(z)=A^{(i-1)}(z)S(z)-k_iz^{-i}A^{(i-1)}(z^{-1})S(z) \tag{11.90}$$

式(11.90)的第一项是 $E^{(i-1)}(z)$,即是一个 $(i-1)$ 阶滤波器的预测误差。第二项有类似的解释,如果定义

$$\tilde{E}^{(i)}(z)=z^{-i}A^{(i)}(z^{-1})S(z)=B^{(i)}(z)S(z) \tag{11.91}$$

这里已经定义 $B^{(i)}(z)$ 为

$$B^{(i)}(z)=z^{-i}A^{(i)}(z^{-1}) \tag{11.92}$$

式(11.91)的时域解释是

$$\tilde{e}^{(i)}[n]=s[n-i]-\sum_{k=1}^{i}a_k^{(i)}s[n-i+k] \tag{11.93}$$

因为式(11.93)指示了 $s[n-i]$ 是从样本点 $(n-i)$ 之后的 i 个样本点中预测得到的(利用系数 $a_k^{(i)}$),所以序列 $\tilde{e}^{(i)}[n]$ 被称为**后向预测误差**。

有了这些定义,则从式(11.90)可以得到

$$E^{(i)}(z)=E^{(i-1)}(z)-k_iz^{-1}\tilde{E}^{(i-1)}(z) \tag{11.94}$$

进而有

$$e^{(i)}[n]=e^{(i-1)}[n]-k_i\tilde{e}^{(i-1)}[n-1] \tag{11.95}$$

通过将式(11.89)代入式(11.91)中,得到

$$\tilde{E}^{(i)}(z)=z^{-1}\tilde{E}^{(i-1)}(z)-k_iE^{(i-1)}(z) \tag{11.96}$$

在时域中,式(11.96)对应于

$$\tilde{e}^{(i)}[n]=\tilde{e}^{(i-1)}[n-1]-k_ie^{(i-1)}[n] \tag{11.97}$$

式(11.95)和式(11.97)中的差分方程将 i 阶前向和后向预测误差表达成 k_i 和 $(i-1)$ 阶前向和后向预测误差的形式。这对差分方程用图 11.19 的流图来表示。因此,图 11.19 表示了一对包含有 Levinson-Durbin 递归算法的一次迭代处理的差分方程。同 Levinson-Durbin 递归一样,从零阶预测器开始可得到

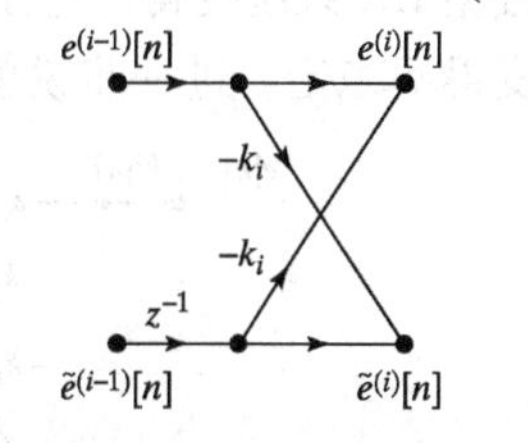

图 11.19　预测误差计算的信号流图

$$e^{(0)}[n]=\tilde{e}^{(0)}[n]=s[n] \tag{11.98}$$

当 $e^{(0)}[n]=s[n]$ 和 $\tilde{e}^{(0)}[n]=s[n]$ 作为图 11.19 所描述的以 k_1 为系数第一节处理的输入时,可以得到 $e^{(1)}[n]$ 和 $\tilde{e}^{(1)}[n]$ 作为输出,这些是第二节所需要的输入。利用 p 个连续的如图 11.19 所示的结构来构建一个系统,其输出就是 p 阶预测误差信号 $e[n]=e^{(p)}[n]$。这样的系统,如图 11.20 所

① 推得这个结果的代数运算在习题 11.21 中被作为一个练习来给出。

示,与6.6节中①图6.37所示的格型网络相同。总之,图11.20所示的是下列方程的信号流图:

$$e^{(0)}[n]=\tilde{e}^{(0)}[n]=s[n] \tag{11.99a}$$

$$e^{(i)}[n]=e^{(i-1)}[n]-k_i\tilde{e}^{(i-1)}[n-1] \quad i=1,2,\cdots,p \tag{11.99b}$$

$$\tilde{e}^{(i)}[n]=\tilde{e}^{(i-1)}[n-1]-k_ie^{(i-1)}[n] \quad i=1,2,\cdots,p \tag{11.99c}$$

$$e[n]=e^{(p)}[n] \tag{11.99d}$$

其中,如果系数 k_i 由 Levinson-Durbin 递归算法来确定,则变量 $e^{(i)}[n]$ 和 $\tilde{e}^{(i)}[n]$ 分别为 i 阶最优预测器的前向和后向预测误差。

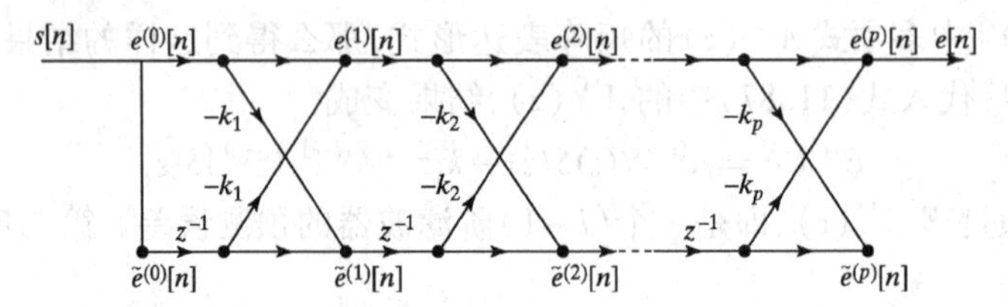

图11.20 p 阶预测误差计算的格型网络实现的信号流图

11.7.2 全极点模型格型网络

6.6.2节曾给出图6.42所示的格型网络是全极点系统函数 $H(z)=1/A(z)$ 的一个实现,其中 $A(z)$ 是FIR系统的系统函数;即 $H(z)$ 正好是 $A(z)$ 的逆,在前面的讨论中,这就是 $G=1$ 的全极点模型的系统函数。本节重新将全极点格型结构用前向和后向预测误差的形式来表达。

如果把图6.42中的节点变量标签 $a^{(i)}[n]$ 和 $b^{(i)}[n]$ 用与之相对应的 $e^{(i)}[n]$ 和 $\tilde{e}^{(i)}[n]$ 来代替,就可以得到如图11.21所示的信号流图,它表示了下列方程组:

$$e^{(p)}[n]=e[n] \tag{11.100a}$$

$$e^{(i-1)}[n]=e^{(i)}[n]+k_i\tilde{e}^{(i-1)}[n-1] \quad i=p,p-1,\cdots,1 \tag{11.100b}$$

$$\tilde{e}^{(i)}[n]=\tilde{e}^{(i-1)}[n-1]-k_ie^{(i-1)}[n] \quad i=p,p-1,\cdots,1 \tag{11.100c}$$

$$s[n]=e^{(0)}[n]=e^{(0)}[n] \tag{11.100d}$$

正如6.6.2节所讨论的,任何稳定的全极点系统都可以类似图11.21中的格型结构来实现。对这种系统来说,条件 $|k_i|<1$ 所固有的稳定性保证尤其重要。即使从每输出样本所需的乘法运算次数来说,格型结构为直接型结构的两倍,但在必须对系数进行粗量化时,它仍然是优先选择的实现方法,因为直接型的频率响应对于系数量化异常敏感。此外,可以看到,由于系数量化使得高阶直接型IIR系统变得不稳定。但对于格型网络,只要量化后 k-参数满足条件 $|k_i|<1$,则不会使系统变得不稳定。进一步说就是,格型网络的频率响应对 k-参数的量化相对不敏感。

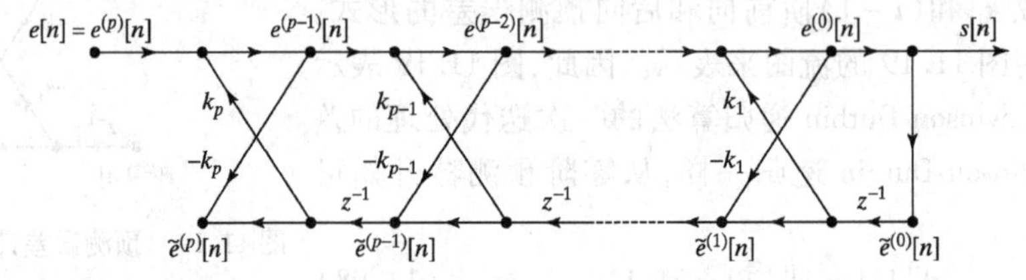

图11.21 全极点格型系统

11.7.3 *k*-参数的直接计算

图11.20中的流图结构是 Levinson-Durbin 递归的直接结果,参数 $k_i, i=1,2,\cdots,p$ 可以通过重

① 注意图6.37中的节点变量分别用 $a^{(i)}[n]$ 和 $b^{(i)}[n]$ 来表示,而不是 $e^{(i)}[n]$ 和 $\tilde{e}^{(i)}[n]$。

复执行图 11.17 中的算法从自相关值 $r_{ss}[m], m=0,1,\cdots,p$ 中得到。从目前的讨论来看，参数 k_i 是计算预测器参数的一个附属产物。然而，Itakura and Saito(1968,1970)证明了 k_i 参数可以直接从图 11.20 中的前向及后向预测误差中计算出来。因为迭代结构是图 11.19 中处理节的级联形式，参数 k_i 可以从格型结构前一个处理节得到的有用信号中序贯地计算得到。利用以下方程，可以完成对参数 k_i 的直接计算：

$$k_i^P = \frac{\sum_{n=-\infty}^{\infty} e^{(i-1)}[n]\tilde{e}^{(i-1)}[n-1]}{\left\{\sum_{n=-\infty}^{\infty}(e^{(i-1)}[n])^2 \sum_{n=-\infty}^{\infty}(\tilde{e}^{(i-1)}[n-1])^2\right\}^{1/2}} \tag{11.101}$$

可以看出式(11.101)具有第 i 节输出的前向和后向预测误差之间的能量归一化的互相关形式。正因如此，利用式(11.101)计算出的 k_i^P 被称为 PARCOR 系数，或者更准确地称为**部分相关系数**。图 11.20已经解释了，由自相关函数 $r_{ss}[m]$表征的 $s[n]$ 内的相关性被格型滤波器一步步地去除了。有关部分相关的更为详细的讨论，可参考 Stoica and Moses(2005)或 Markel and Gray(1976)。

用来计算 k_i^P 的式(11.101)是 k_i^f 值和 k_i^b 值之间的几何平均结果，其中 k_i^f 可以使前向预测均方误差最小，k_i^b 可以使后向预测均方误差最小。这个结论的推导在习题 11.28 中考虑。注意，之前已经指出求和上、下限为无限大可简单地强调出在和式中包含了所有的误差样本。给它们的和式加上一个限制仅仅是为了强调这个求和里面包括了**所有**的误差采样点。为了更加具体，式(11.101)中的所有求和都可以从 $n=0$ 开始到 $n=M+i$ 结束，因为正是在这个区域内前向和后向 i 阶预测器的误差信号输出都是非零的。这同在设置有限长序列的自相关法中所做的假设是一致的。事实上，在习题 11.29 中简单地证明了，由式(11.101)计算出的 k_i^P 和由式(11.81)[或图 11.17 中式(L-D.2)]计算出的 k_i 具有完全相同的结果。因此，可以用式(11.101)代替图 11.17 中的式(L-D.2)，且所得的预测系数集合将与从自相关函数中计算出的相同。

为了使用式(11.101)，有必要利用图 11.19 所示的计算过程来真正地计算一下前向和后向预测误差。总结起来，下面的步骤可实现对 PARCOR 系数 $k_i^P, i=1,2,\cdots,p$ 的计算：

PARCOR.0　初始化，令 $e^{(0)}[n]=\tilde{e}^{(0)}[n]=s[n], 0\leqslant n\leqslant M$。

对于 $i=1,2,\cdots,p$，重复以下步骤。

PARCOR.1　用式(11.99b)和式(11.99c)分别计算 $e^{(i)}[n]$和$\tilde{e}^{(i-1)}[n]$，其中 $0\leqslant n\leqslant M+i$。保存所得的两个序列，作为下一节的输入。

PARCOR.2　用式(11.101)计算 k_i^P。

Burg(1975)介绍了另外一种计算图 11.20 中系数的方法，他用最大熵准则的形式给出了全极点建模问题的公式，并提出使用图 11.20 中的结构，该结构包含了 Levinson-Durbin 算法，其中系数 k_i^B 可以达到每节输出的均方前向和后向预测误差的总和最小。这个结果可由下式给出：

$$k_i^B = \frac{2\sum_{n=i}^{N} e^{(i-1)}[n]\tilde{e}^{(i-1)}[n-1]}{\sum_{n=i}^{N}(e^{(i-1)}[n])^2 + \sum_{n=i}^{N}(\tilde{e}^{(i-1)}[n-1])^2} \tag{11.102}$$

利用这个公式得到序列 $k_i^B(i=1,2,\cdots,p)$的过程和 PARCOR 方法一样。在步骤 **PARCOR.2** 中，用式(11.102)中的 k_i^B 简单地替换掉 k_i^P。在这里，平均算子和协方差法中的一样，这也意味着可以利用 $s[n]$的非常短的片段来保证获得高的频谱分辨率。

虽然 Burg 方法利用了协方差类型的分析，但条件 $|k_i^B|<1$ 成立，这就意味着由格型滤波器

实现的全极点模型是稳定的(见习题11.30)。正如在 PARCOR 方法一样,为了计算预测系数,可以用式(11.102)替换图11.17中的式(L-D.2)。虽然所得系数与从自相关函数或式(11.101)中得到的系数不同,但所得到的全极点模型仍然是稳定的。式(11.102)的推导是习题11.30要解决的。

11.8 小结

本章介绍了参数信号建模。虽然强调的是全极点模型,但这里讨论的很多概念都可以应用于具有有理系统函数的更一般的技术中。本章指出了全极点模型的参数可以通过一个两步过程来计算。第一步,计算一个有限长信号的相关值。第二步,求解一组用相关值作为系数的线性方程组。还指出了,所得到的解与相关值是如何计算出的有关,同时也指出了如果相关值是真正的自相关值,那么可以用一种特别有用的被称为 Levinson-Durbin 算法的方法来推导出方程的解。进一步,给出了 Levinson-Durbin 算法的结构,用以阐述全极点模型的许多有用的特性。参数信号建模的论题已有丰富的历史,大量的文献和广泛的应用,都使得它成为一个值得进一步深入研究的课题。

习题

基本题(附答案)

11.1 对于所有的 n,$s[n]$是一个能量有限的信号。$\phi_{ss}[i,k]$定义如下:

$$\phi_{ss}[i,k]=\sum_{n=-\infty}^{\infty}s[n-i]s[n-k]$$

请证明 $\phi_{ss}[i,k]$可以表示为$|i-k|$的函数。

11.2 一般来说,式(11.36)中定义的均方预测误差为

$$\mathcal{E}=\left\langle\left(s[n]-\sum_{k=1}^{p}a_k s[n-k]\right)^2\right\rangle \tag{P11.2-1}$$

(a) 对式(P11.2-1)进行扩展,并利用关系式$\langle s[n-i]s[n-k]\rangle=\phi_{ss}[i,k]=\phi_{ss}[k,i]$证明

$$\mathcal{E}=\phi_{ss}[0,0]-2\sum_{k=1}^{p}a_k\phi_{ss}[0,k]+\sum_{i=1}^{p}a_i\sum_{k=1}^{p}a_k\phi_{ss}[i,k] \tag{P11.2-2}$$

(b) 请证明,对于满足式(11.20)的最优预测器系数,式(P11.2-2)变为

$$\mathcal{E}=\phi_{ss}[0,0]-\sum_{k=1}^{p}a_k\phi_{ss}[0,k] \tag{P11.2-3}$$

11.3 系统参数为 G 和$\{a_k\}$的一个具有图11.1和式(11.3)形式的因果全极点模型的单位脉冲响应满足差分方程

$$h[n]=\sum_{k=1}^{p}a_k h[n-k]+G\delta[n] \tag{P11.3-1}$$

(a) 系统脉冲响应的自相关函数为

$$r_{hh}[m]=\sum_{n=-\infty}^{\infty}h[n]h[n+m]$$

将式(P11.3-1)代入$r_{hh}[-m]$的公式,并使用等式$r_{hh}[-m]=r_{hh}[m]$证明

$$\sum_{k=1}^{p} a_k r_{hh}[|m-k|] = r_{hh}[m], \quad m=1,2,\cdots,p \tag{P11.3-2}$$

(b) 利用与(a)同样的方法,证明

$$r_{hh}[0] - \sum_{k=1}^{p} a_k r_{hh}[k] = G^2 \tag{P11.3-3}$$

11.4 考虑一个信号 $x[n]=s[n]+w[n]$,其中 $s[n]$ 满足差分方程

$$s[n] = 0.8s[n-1] + v[n]$$

$v[n]$ 是一个零均值白噪声序列,方差为 $\sigma_v^2=0.49$,且 $w[n]$ 是一个零均值白噪声序列,方差为 $\sigma_w^2=1$。过程 $v[n]$ 和 $w[n]$ 是不相关的。请确定自相关序列 $\phi_{ss}[m]$ 和 $\phi_{xx}[m]$。

11.5 在11.1.2节中讨论的,并如图11.2所描述是一个确定性信号 $s[n]$ 的全极点建模的逆滤波器方法,式(11.5)给出了逆滤波器的系统函数。

(a) 根据这种方法,请确定当 $p=2$ 时信号 $s[n]=\delta[n]+\delta[n-2]$ 的最优全极点模型的系数 a_1 和 a_2。

(b) 同样根据这种方法,计算 $p=3$ 时信号 $s[n]=\delta[n]+\delta[n-2]$ 的最优全极点模型的系数 a_1、a_2 和 a_3。

11.6 假设已经计算出全极点模型的参数 G 和 $a_k, k=1,2,\cdots,p$

$$H(z) = \frac{G}{1-\sum_{k=1}^{p} a_k z^{-k}}$$

请阐述如何利用DFT计算 N 个频率点 $\omega_k=2\pi k/N(k=0,1,\cdots,N-1)$ 上的全极点频谱估计 $|H(e^{j\omega})|$。

11.7 考虑一个目标因果单位脉冲响应 $h_d[n]$,要求用一个单位脉冲响应为 $h[n]$ 且系统函数为

$$H(z) = \frac{b}{1-az^{-1}}$$

的系统来逼近它。

最优准则是使下式给出的误差函数最小:

$$\varepsilon = \sum_{n=0}^{\infty} (h_d[n] - h[n])^2$$

(a) 假设 a 已知,确定使 ε 最小的未知参数 b。假定 $|a|<1$。请问,所得结果是一组非线性方程吗?如果是,说明为什么。如果不是,请给出 b 值。

(b) 假设 b 已知,确定使 ε 最小的未知参数 a。这是一个非线性问题吗?如果是,请说明为什么。如果不是,请给出 a 值。

11.8 假定 $s[n]$ 是一个有限长序列(加窗的),且在区间 $0\leqslant n\leqslant M-1$ 以外为零。该信号的 p 阶后向线性预测误差序列定义为

$$\tilde{e}[n] = s[n] - \sum_{k=1}^{p} \beta_k s[n+k]$$

也就是说,$s[n]$ 是从样本 n 之后的 p 个样本中预测得到的。均方后向预测误差定义为

$$\tilde{\mathcal{E}} = \sum_{m=-\infty}^{\infty} (\tilde{e}[m])^2 = \sum_{m=-\infty}^{\infty} \left(s[m] - \sum_{k=1}^{p} \beta_k s[m+k] \right)^2$$

其中,求和范围为无限大意味着求和涉及所有非零值 $(\tilde{e}[m])^2$,这与在"前向预测"中用到的自相关法一样。

(a) 在有限区间 $N_1 \leqslant n \leqslant N_2$ 以外,预测误差序列 $\tilde{e}[n]$ 为零。请确定 N_1 和 N_2。

(b) 依据本章得到的前向线性预测器的方法,推导使均方误差 $\tilde{\mathcal{E}}$ 最小的 β_k 参数所满足的正规方程组。请清晰地给出用自相关值所表示的具有正规定义形式的最终结果。

(c) 在(b)结果的基础上,请阐述后向预测器系数 $\{\beta_k\}$ 与前向预测器系数 $\{\alpha_k\}$ 的关系。

深入题

11.9 考虑将一个信号 $s[n]$ 建模为一个 p 阶全极点系统的单位脉冲响应。将 p 阶全极点模型的系统函数记为 $H^{(p)}(z)$,与之相应的脉冲响应为 $h^{(p)}[n]$。$H^{(p)}(z)$ 的逆记为 $H_{\text{inv}}^{(p)}(z)=1/H^{(p)}(z)$,与之相对应的脉冲响应为 $h_{\text{inv}}^{(p)}[n]$。选取用 $h_{\text{inv}}^{(p)}[n]$ 表示的逆滤波器,使得下式给出的总平方误差 $\varepsilon^{(p)}$ 最小:

$$\varepsilon^{(p)}=\sum_{n=-\infty}^{\infty}\left[\delta[n]-g^{(p)}[n]\right]^2$$

其中,$g^{(p)}[n]$ 是当输入为 $s[n]$ 时的滤波器 $H_{\text{inv}}^{(p)}(z)$ 的输出。

(a) 图 P11.9 描绘了 $H_{\text{inv}}^{(4)}(z)$ 格型滤波器实现的信号流图。请确定 $h_{\text{inv}}^{(4)}[1]$,即 $n=1$ 时的脉冲响应。

(b) 假设要把信号 $s[n]$ 建模为一个二阶全极点滤波器的单位脉冲响应。请画出 $H_{\text{inv}}^{(2)}(z)$ 的格型滤波器实现的信号流图。

(c) 请确定二阶全极点滤波器的系统函数 $H^{(2)}(z)$。

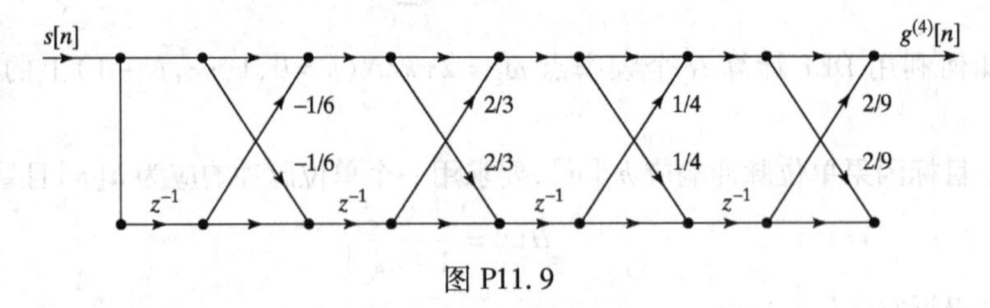

图 P11.9

11.10 考虑一个有如下预测误差系统函数的 i 阶预测器

$$A^{(i)}(z)=1-\sum_{j=1}^{i}a_j^{(i)}z^{-j}=\prod_{j=1}^{i}(1-z_j^{(i)}z^{-1}) \tag{P11.10-1}$$

由 Levinson-Durbin 递归算法,得到 $a_i^{(i)}=k_i$。利用这个条件并结合式(P11.10-1)来证明,如果 $|k_i|\geqslant 1$,则存在某个 j 必有 $|z_j^{(i)}|\geqslant 1$ 成立。也就是证明,条件 $|k_i|<1$ 是使 $A^{(p)}(z)$ 的全部零点都严格地位于单位圆内的必要条件。

11.11 考虑一个系统函数为 $H(z)=h_0+h_1z^{-1}$ 的 LTI 系统。当系统的输入是一个零均值和方差为 1 的白噪声时,该系统的输出为信号 $y[n]$。

(a) 输出信号 $y[n]$ 的自相关函数 $r_{yy}[m]$ 是什么?

(b) 二阶前向预测误差定义为

$$e[n]=y[n]-a_1y[n-1]-a_2y[n-2]$$

在不直接利用 Yule-Walker 等式的条件下,求出 a_1 和 a_2,使得 $e[n]$ 的方差最小。

(c) $y[n]$ 的后向预测误差定义为

$$\tilde{e}[n]=y[n]-b_1y[n+1]-b_2y[n+2]$$

求出使 $\tilde{e}[n]$ 的方差最小的 b_1 和 b_2。并将这些系数和(b)中确定的系数进行对比。

11.12 (a) 已知一个零均值广义平稳随机过程 $y[n]$ 的自相关函数 $r_{yy}[m]$。请用 $r_{yy}[m]$ 写出随机过程建模所得到的 Yule-Walker 等式,该随机过程是具有如下系统函数的三阶全极点模型对一个白噪声序列的响应：

$$H(z)=\frac{A}{1-az^{-1}-bz^{-3}}$$

(b) 图 P11.12－1 所示系统的输出是一个随机过程 $v[n]$，其中 $x[n]$ 和 $z[n]$ 是相互独立的、方差为 1、均值为 0 的白噪声信号，且 $h[n]=\delta[n-1]+1/2\delta[n-2]$。求出 $v[n]$ 的自相关函数 $r_{vv}[m]$。

(c) 随机过程 $y_1[n]$ 是图 P11.12－2 所示系统的输出，其中 $x[n]$ 和 $z[n]$ 是相互独立的、方差为 1、均值为 0 的白噪声信号，且

$$H_1(z)=\frac{1}{1-az^{-1}-bz^{-3}}$$

利用(a)中得到的 a 和 b 值来对 $y_1[n]$ 进行全极点建模。逆建模误差 $w_1[n]$ 是图 P11.12－3 中系统的输出。请问 $w_1[n]$ 是白噪声吗？它是零均值吗？请解释。

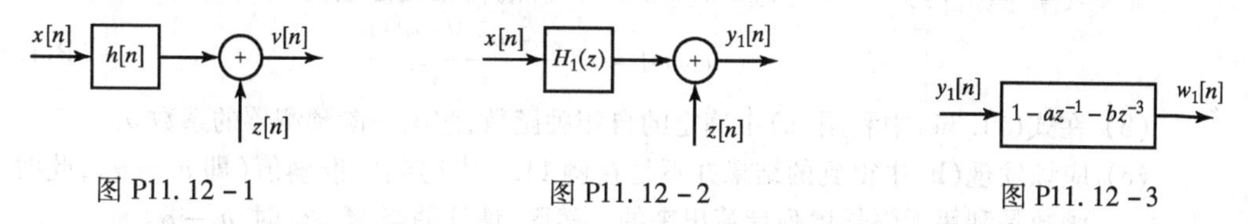

图 P11.12－1　　图 P11.12－2　　图 P11.12－3

(d) 求 $w_1[n]$ 的方差。

11.13 已经观察到一个因果信号 $s[n]$ 的前 6 个采样点为 $s[0]=4$，$s[1]=8$，$s[2]=4$，$s[3]=2$，$s[4]=1$ 和 $s[5]=0.5$。本题的第一部分用一个稳定、因果、最小相位的双极点系统对信号进行建模，系统的单位脉冲响应为 $\hat{s}[n]$，系统函数为

$$H(z)=\frac{G}{1-a_1z^{-1}-a_2z^{-2}}$$

方法是使下式给出的建模误差 ε 最小

$$\varepsilon=\min_{a_1,a_2,A}\sum_{n=0}^{5}(g[n]-G\delta[n])^2$$

式中，$g[n]$ 是逆系统对 $s[n]$ 的响应，且逆系统的系统函数为

$$A(z)=1-a_1z^{-1}-a_2z^{-2}$$

(a) 写出 $0\leqslant n\leqslant 5$ 时的 $g[n]-G\delta[n]$。

(b) 基于(a)的工作，写出目标参数 a_1，a_2 和 G 满足的线性方程组。

(c) 求 G 的值。

(d) 对于该 $s[n]$，在不对(b)中线性方程组进行求解的前提下，讨论建模误差 ε 会不会为零。

本题的剩余部分用一个不同的稳定、因果的最小相位系统来建模信号，该系统的单位脉冲响应为 $\hat{s}_2[n]$，系统函数为

$$H_2(z)=\frac{b_0+b_1z^{-1}}{1-az^{-1}}$$

此时，使之最小的建模误差为 ε_2，形式如下：

$$\varepsilon_2=\min_{a,b_0,b_1}\sum_{n=0}^{5}(g[n]-r[n])^2$$

其中 $g[n]$ 是逆系统对 $s[n]$ 的响应，此时逆系统的系统函数为

$$A(z)=1-az^{-1}$$

进一步,$r[n]$是一个具有如下系统函数的系统的脉冲响应:

$$B(z)=b_0+b_1z^{-1}$$

(e) 对于这个模型,求出$0\leqslant n\leqslant 5$时的$g[n]-r[n]$。

(f) 计算使建模误差最小的参数值a, b_0和b_1。

(g) 计算(f)中的建模误差ε_2。

11.14 例11.1考虑了序列$s_d[n]=\alpha^n u[n]$,它是一个具有如下系统函数的一阶全极点系统的单位脉冲响应:

$$H(z)=\frac{1}{1-\alpha z^{-1}}$$

本习题来估计一个全极点模型的参数,其中只在区间$0\leqslant n\leqslant M$上信号$s_d[n]$是已知的。

(a) 首先考虑用自相关法来估计一阶模型。开始,给出有限长序列$s[n]=s_d[n](u[n]-u[n-M-1])=\alpha^n(u[n]-u[n-M-1])$的自相关函数为

$$r_{ss}[m]=\alpha^{|m|}\frac{1-\alpha^{2(M-|m|+1)}}{1-\alpha^2} \tag{P11.14-1}$$

(b) 在式(11.34)中利用(a)中确定的自相关函数,解出一阶预测器的系数a_1。

(c) 应该发现(b)中得到的结果并不是在例11.1中得到的准确值(即$a_1\neq\alpha$),此时自相关函数是利用无限长序列计算出来的。然而,请证明当$M\to\infty$时,$a_1\to\alpha$。

(d) 在式(11.38)中利用(a)和(b)中得到的结果来确定本例中的最小均方预测误差。请证明当$M\to\infty$时,误差趋近于在计算精确自相关函数的例11.1中所确定的最小均方误差。

(e) 现在考虑用协方差法来估计相关函数。证明当$p=1$时,式(11.49)中的$\phi_{ss}[i,k]$可以由下式给出:

$$\phi_{ss}[i,k]=\alpha^{2-i-k}\frac{1-\alpha^{2M}}{1-\alpha^2},\quad 0\leqslant(i,k)\leqslant 1 \tag{P11.14-2}$$

(f) 在式(11.20)中利用(e)的结果来求解最优一阶预测器的系数。然后把结果同(b)和例11.1中的结果进行比较。

(g) 在式(11.37)中使用(f)和(e)的结果,找出最小均方预测误差。并把结果同(d)和例11.1中的结果进行比较。

11.15 考虑信号

$$s[n]=3\left(\frac{1}{2}\right)^n u[n]+4\left(-\frac{2}{3}\right)^n u[n]$$

(a) 若要用一个因果的二阶全极点模型,即一个具有如下形式的模型:

$$H(z)=\frac{A}{1-a_1z^{-1}-a_2z^{-2}}$$

来最优表示信号$s[n]$,最优准则为最小二乘误差。请确定a_1, a_2和A。

(b) 若要利用一个因果的三阶全极点模型,即一个具有如下形式的模型来最优表示信号$s[n]$:

$$H(z)=\frac{B}{1-b_1z^{-1}-b_2z^{-2}-b_3z^{-3}}$$

最优准则仍然为最小二乘误差。请确定b_1, b_2, b_3和B。

11.16 考虑信号

$$s[n]=2\left(\frac{1}{3}\right)^n u[n]+3\left(-\frac{1}{2}\right)^n u[n] \tag{P11.16-1}$$

要求用一个二阶($p=2$)全极点模型,或者等效为利用一个二阶线性预测来建模该信号。

本题中,因为已知$s[n]$的解析表达式,且知道$s[n]$是一个全极点滤波器的脉冲响应,所以可以直接从$s[n]$的z变换得到线性预测系数。[在(a)部分要求这样做。]在实际情况下,通常

会已知数据，即一组信号值而不是解析表达式。在这样的情况下，即使当被建模信号是一个全极点滤波器的脉冲响应时，仍然需要进行一些数据计算，所用的方法就是 11.3 节中讨论的方法，从而确定出线性预测系数。

还有一些情况是，信号的解析表达式可用，但信号并不是一个全极点滤波器的单位脉冲响应，而且需对它建模。在这种情况下，需要进行 11.3 节中讨论的计算。

(a) 对于式(P11.16－1)中给出的信号 $s[n]$，直接从 $s[n]$ 的 z 变换中确定线性预测系数 a_1, a_2。

(b) 用 $r_{ss}[m]$ 的形式写出当 $p=2$ 时的正规方程组，得到 a_1, a_2 满足的方程。

(c) 确定式(P11.16－1)所给信号 $s[n]$ 的 $r_{ss}[0]$，$r_{ss}[1]$ 和 $r_{ss}[2]$ 的值。

(d) 利用从(b)中得到的值来求解(a)中得到的方程，从而得到 a_k 的值。

(e) (c)中得到的 a_k 值是对这个信号的期望值吗？请明确地证明你的答案。

(f) 假设希望用 $p=3$ 来建模信号，请写出这种情况下的正规方程组。

(g) 求出 $r_{ss}[3]$ 的值。

(h) 当 $p=3$ 时求解 a_k 的值。

(i) (h)中得到的 a_k 值是给定 $s[n]$ 时你的期望值吗？请明确地证明你的答案。

(j) 如果用 $p=4$ 来建模信号，(h)中得到的 a_1, a_2 值会改变吗？

11.17 $x[n]$ 和 $y[n]$ 是联合广义平稳零均值随机过程的样本序列。下面关于自相关函数 $\phi_{xx}[m]$ 和互相关函数 $\phi_{yx}[m]$ 的信息已知：

$$\phi_{xx}[m] = \begin{cases} 0, & m \text{为偶数} \\ \frac{1}{2^{|m|}}, & m \text{为奇数} \end{cases}$$

$$\phi_{yx}[-1] = 2 \quad \phi_{yx}[0] = 3 \quad \phi_{yx}[1] = 8 \quad \phi_{yx}[2] = -3$$

$$\phi_{yx}[3] = 2 \quad \phi_{yx}[4] = -0.75$$

(a) 给定 x 时，y 的线性估计记为 $\hat{y}_x$。设计 $\hat{y}_x$ 以最小化

$$\varepsilon = E\left(|y[n] - \hat{y}_x[n]|^2\right) \tag{P11.17－1}$$

其中，$\hat{y}_x[n]$ 是用一个长度为 3 的脉冲响应为 $h[n]$ 的 FIR 滤波器处理 $x[n]$ 所形成的，$h[n]$ 为

$$h[n] = h_0\delta[n] + h_1\delta[n-1] + h_2\delta[n-2]$$

求出使 ε 最小的 h_0, h_1, h_2。

(b) 这里，再次对 $\hat{y}_x$，即给定 x 时 y 的线性估计进行设计，以使式(P11.17－1)中的 ε 最小，但关于线性滤波器结构的假设不同。这里的估计是用一个长度为 2 的脉冲响应为 $g[n]$ 的 FIR 滤波器处理 $x[n]$ 所形成的，$g[n]$ 为

$$g[n] = g_1\delta[n-1] + g_2\delta[n-2]$$

确定使 ε 最小的 g_1 和 g_2。

(c) 信号 $x[n]$ 可以被建模为一个双极点滤波器 $H(z)$ 的输出，其输入信号 $w[n]$ 是一个广义平稳、零均值、方差为 1 的白噪声信号。

$$H(z) = \frac{1}{1 - a_1 z^{-1} - a_2 z^{-2}}$$

基于 11.1.2 节中的最小二乘逆求解 a_1 和 a_2。

(d) 实现图 P11.17 所示的系统，其中系数 a_i 是(c)中全极点建模得到的，而系数 h_i 是(a)中的线性估计器的脉冲响应的值。给出使总延迟开销最小的实现，其中每个单独的延迟开销用其时钟频率进行线性加权。

(e) 用 ε_a 和 ε_b 分别表示(a)和(b)中的延迟开销,其中每个 ε 用式(P11.17-1)进行定义。请判断 ε_a 是大于、等于还是小于 ε_b,还是信息不足无法比较?

(f) 当 $\phi_{yy}[0]=88$ 时,计算 ε_a 和 ε_b 的值。[提示:(a)和(b)中计算得到的最优 FIR 滤波器满足 $E[\hat{y}_x[n](y[n]-\hat{y}_x[n])]=0$。]

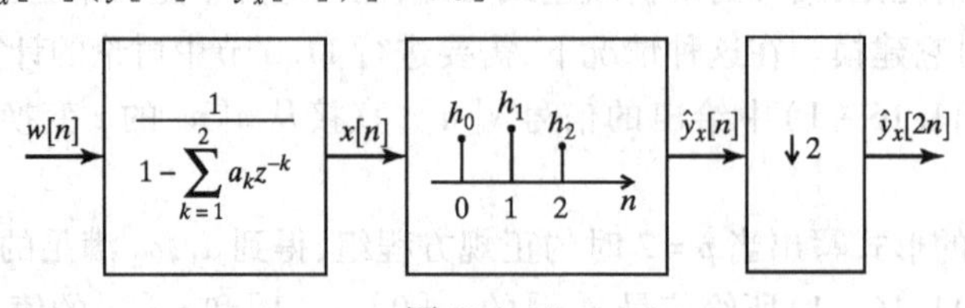

图 P11.17

11.18 用一个如图 P11.18 所示的脉冲响应为 $h_c[n]$ 的 LTI 系统,补偿一个脉冲响应为 $h[n]$ 的离散时间通信信道。已知信道 $h[n]$ 是一个单位样本延迟单元,即

$$h[n]=\delta[n-1]$$

补偿器 $h_c[n]$ 是一个 N 点的因果 FIR 滤波器,即

$$H_C(z)=\sum_{k=0}^{N-1}a_k z^{-k}$$

设计补偿器 $h_c[n]$ 对信道求逆(或者求补偿)。具体地,设计 $h_c[n]$ 使得当 $s[n]=\delta[n]$ 时,$\hat{s}[n]$ 尽可能地接近于一个脉冲,即设计 $h_c[n]$ 使得误差

$$\mathcal{E}=\sum_{n=-\infty}^{\infty}|\hat{s}[n]-\delta[n]|^2$$

最小。找到长度为 N 的最优补偿器,也就是确定 $a_0,a_1,\cdots,a_{N-1}$ 使得 ε 最小。

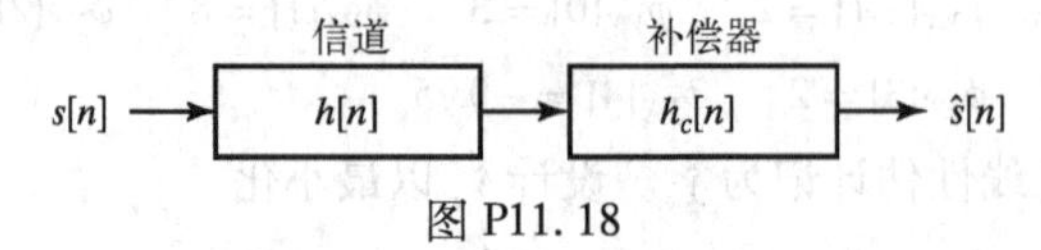

图 P11.18

11.19 一个话音信号用 8 kHz 采样率进行采样。从元音声音段上截取一段包含 300 个采样点的语音片段,并同汉明窗相乘,结果如图 P11.19 所示。利用该信号,采用自相关法得到一组线性预测器

$$P^{(i)}(z)=\sum_{k=1}^{i}a_k^{(i)}z^{-k}$$

阶数范围从 $i=1$ 到 $i=11$。这组预测器以 Levinson-Durbin 递归建议的形式在表 11.1 中给出。

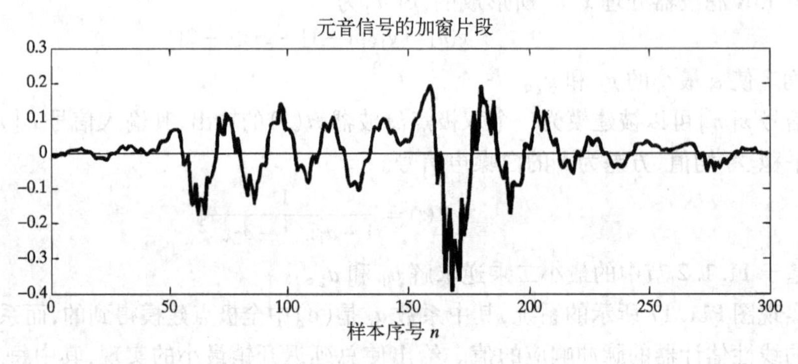

图 P11.19

表 11.1　一组线性预测器的预测系数

i	$a_1^{(i)}$	$a_2^{(i)}$	$a_3^{(i)}$	$a_4^{(i)}$	$a_5^{(i)}$	$a_6^{(i)}$	$a_7^{(i)}$	$a_8^{(i)}$	$a_9^{(i)}$	$a_{10}^{(i)}$	$a_{11}^{(i)}$
1	0.8328										
2	0.7459	0.1044									
3	0.7273	−0.0289	0.1786								
4	0.8047	−0.0414	0.4940	−0.4337							
5	0.7623	0.0069	0.4899	−0.3550	−0.0978						
6	0.6889	−0.2595	0.8576	−0.3498	0.4743	−0.7505					
7	0.6839	−0.2563	0.8553	−0.3440	0.4726	−0.7459	−0.0067				
8	0.6834	−0.3095	0.8890	−0.3685	0.5336	−0.7642	0.0421	−0.0713			
9	0.7234	−0.3331	1.3173	−0.6676	0.7402	−1.2624	0.2155	−0.4544	0.5605		
10	0.6493	−0.2730	1.2888	−0.5007	0.6423	−1.1741	0.0413	−0.4103	0.4648	0.1323	
11	0.6444	−0.2902	1.3040	−0.5022	0.6859	−1.1980	0.0599	−0.4582	0.4749	0.1081	0.0371

(a) 求出四阶预测误差滤波器的 z 变换 $A^{(4)}(z)$。画出并标记该系统直接型实现的信号流图。

(b) 求出四阶预测误差格型滤波器的 k-参数集合 $\{k_1, k_2, k_3, k_4\}$。画出并标记该系统格型实现的信号流图。

(c) 二阶预测器的最小均方预测误差为 $E^{(2)} = 0.5803$。那么，三阶预测器的最小均方预测误差是什么？信号 $s[n]$ 的总能量为多少？自相关函数 $r_{ss}[1]$ 的值为多少？

(d) 这些预测器的最小均方误差形成了一个序列 $\{E^{(0)}, E^{(1)}, E^{(2)}, \cdots, E^{(11)}\}$。可以证明，随着 $i=0$ 变化到 $i=2$，该序列急速下降，随后在几个阶数上缓慢下降，最后又陡峭下降。问阶数 i 为何值时会发生这种现象？

(e) 对于图 P11.19 中给出的输入 $s[n]$，详细画出预测误差序列 $e^{(11)}[n]$。给出尽可能多的细节。

(f) 11 阶全极点模型的系统函数为

$$H(z) = \frac{G}{A^{(11)}(z)} = \frac{G}{1 - \sum_{k=1}^{11} a_k^{(11)} z^{-k}} = \frac{G}{\prod_{i=1}^{11}(1 - z_i z^{-1})}$$

下面是 11 阶预测误差滤波器 $A^{(11)}(z)$ 的 5 个根。

i	$\lvert z_i \rvert$	$\angle z_i$ (rad)
1	0.2567	2.0677
2	0.9681	1.4402
3	0.9850	0.2750
4	0.8647	2.0036
5	0.9590	2.4162

简单说明 $A^{(11)}(z)$ 另外 6 个零点的位置。尽可能精确。

(g) 利用表 11.1 里给出的信息和(c)中得到的信息来确定 11 阶全极点模型的增益参数 G。

(h) 详细描绘并标记出在模拟频率 $0 \leqslant F \leqslant 4$ kHz 范围内 11 阶全极点模型的频率响应。

11.20 频谱分析经常被应用到包含有正弦波的信号上。正弦信号非常有趣，它同时具有确定信号和随机信号的特性。一方面，可以用一个简单式子来描述它。另一方面，它们的能量是无限的，因此经常用平均功率来表征它们，就像对随机信号一样。本题将从随机信号的角度对正弦信号建模的一些理论问题进行探索。

假设在 $-\infty < n < \infty$ 内信号模型为 $s[n] = A\cos(\omega_0 n + \theta)$，进而可以将正弦信号看作是一个

稳定的随机信号,其中 A 和 θ 被认为是随机变量。在这个模型中,信号可认为是一个由在某种概率准则下的 A 和 θ 所描述的正弦信号的集合。简单来说,就是假定 A 是一个常数,θ 是一个在 $0\leqslant\theta<2\pi$ 区间内平均分布的随机变量。

(a) 证明该信号的自相关函数为

$$r_{ss}[m]=E\{s[n+m]s[n]\}=\frac{A^2}{2}\cos(\omega_0 m) \qquad \text{(P11.20-1)}$$

(b) 利用式(11.34),写出这个信号的二阶线性预测器的系数所满足的方程组。

(c) 求解(b)中方程组的最优预测器系数。答案可能会是一个关于 ω_0 的函数。

(d) 对描述预测误差滤波器的多项式 $A(z)=1-a_1z^{-1}-a_2z^{-2}$ 进行因式分解。

(e) 利用式(11.37)确定最小均方预测误差的表达式。你的答案应该可以说明随机正弦信号为什么被称为“可预测的”和/或“确定的”。

11.21 利用 Levinson-Durbin 递归中的式(11.84a)和式(11.84b),导出式(11.89)给出的 i 阶和 $(i-1)$ 阶预测误差滤波器之间的关系。

11.22 考虑实现如下信号的逆滤波器的格型滤波器结构:

$$s[n]=2\left(\frac{1}{3}\right)^n u[n]+3\left(-\frac{1}{2}\right)^n u[n]$$

(a) 求出 2 阶($p=2$)情况下的 k-参数 k_1 和 k_2。

(b) 画出该逆滤波器的格型滤波器实现的信号流图,即当输入为 $x[n]=s[n]$ 时滤波器的输出为 $y[n]=A\delta[n]$(加权的脉冲)。

(c) 通过证明这个逆滤波器的 z 变换确实与 $S(z)$ 的逆成比例来验证(b)中所画信号流图具有正确的脉冲响应。

(d) 一个全极点系统,当输入为 $x[n]=\delta[n]$ 时输出为上述给定的 $s[n]$,请画出实现该全极点系统的格型滤波器的信号流图。

(e) 推导(d)中所画信号流图的系统函数,并证明它的脉冲响应 $h[n]$ 满足 $h[n]=s[n]$。

11.23 考虑信号

$$s[n]=\alpha\left(\frac{2}{3}\right)^n u[n]+\beta\left(\frac{1}{4}\right)^n u[n]$$

其中,α 和 β 是常数。利用如下关系式从过去的 p 个值中线性预测 $s[n]$:

$$\hat{s}[n]=\sum_{k=1}^{p}a_k s[n-k]$$

其中,系数 a_k 是常数。系数 a_k 的选择是使预测误差

$$\mathcal{E}=\sum_{n=-\infty}^{\infty}(s[n]-\hat{s}[n])^2$$

最小。

(a) 用 $r_{ss}[m]$ 表示 $s[n]$ 的自相关函数,写出 $p=2$ 时的方程组,该方程组的解就是 a_1、a_2。

(b) 确定一对 α 和 β 值,使得当 $p=2$ 时正规方程组的解为 $a_1=11/22$, $a_2=-1/6$。答案是唯一的吗?请解释。

(c) 如果 $\alpha=8$ 且 $\beta=-3$,通过使用 Levinson 递归算法求解 $p=3$ 时的正规方程组,从而算出 k-参数 k_3。这与 $p=4$ 时求出的 k_3 相同吗?

11.24 考虑 Yule-Walker 等式:$\boldsymbol{\Gamma}_p\boldsymbol{a}_p=\boldsymbol{\gamma}_p$,其中

$$\boldsymbol{a}_p=\begin{bmatrix}a_1^p\\ \vdots\\ a_p^p\end{bmatrix} \qquad \boldsymbol{\gamma}_p=\begin{bmatrix}\phi[1]\\ \vdots\\ \phi[p]\end{bmatrix}$$

且

$$\boldsymbol{\Gamma}_p=\begin{bmatrix}\phi[0] & \cdots & \phi[p-1]\\ \vdots & \ddots & \vdots\\ \phi[p-1] & \cdots & \phi[0]\end{bmatrix}\qquad\text{(一个Toeplitz矩阵)}$$

Levinson-Durbin 算法可以得到正规方程 $\boldsymbol{\Gamma}_{p+1}\boldsymbol{a}_{p+1}=\boldsymbol{\gamma}_{p+1}$ 的如下式所示的递归解：

$$a_{p+1}^{p+1}=\frac{\phi[p+1]-\left(\boldsymbol{\gamma}_p^b\right)^{\mathrm{T}}\boldsymbol{a}_p}{\phi[0]-\left(\boldsymbol{\gamma}_p\right)^{\mathrm{T}}\boldsymbol{a}_p}\qquad a_m^{p+1}=a_m^p-a_{p+1}^{p+1}\cdot a_{p-m+1}^p,\quad m=1,\cdots,p$$

其中，$\boldsymbol{\gamma}_p^b$ 是 $\boldsymbol{\gamma}_p$：$\boldsymbol{\gamma}_p^b=[\phi[p]\cdots\phi[1]]^{\mathrm{T}}$ 的后向形式，且 $a_1^1=\dfrac{\phi[1]}{\phi[0]}$。注意到，对于矢量，模型阶数用下标标识；但是对于标量，模型阶数用上标标识。

现在考虑正规方程：$\boldsymbol{\Gamma}_p\boldsymbol{b}_p=\boldsymbol{c}_p$，其中

$$\boldsymbol{b}_p=\begin{bmatrix}b_1^p\\ \vdots\\ b_p^p\end{bmatrix}\qquad \boldsymbol{c}_p=\begin{bmatrix}c[1]\\ \vdots\\ c[p]\end{bmatrix}$$

请证明 $\boldsymbol{\Gamma}_{p+1}\boldsymbol{b}_{p+1}=\boldsymbol{c}_{p+1}$ 的递归解是

$$b_{p+1}^{p+1}=\frac{c[p+1]-\left(\boldsymbol{\gamma}_p^b\right)^{\mathrm{T}}\boldsymbol{b}_p}{\phi[0]-\left(\boldsymbol{\gamma}_p\right)^{\mathrm{T}}\boldsymbol{a}_p}\qquad b_m^{p+1}=b_m^p-b_{p+1}^{p+1}\cdot a_{p-m+1}^p,\quad m=1,\cdots,p$$

其中，$b_1^1=\dfrac{c[1]}{\phi[0]}$。（注意：可能会发现利用公式 $\boldsymbol{a}_p^b=\boldsymbol{\Gamma}_p^{-1}\boldsymbol{\gamma}_p^b$ 会有帮助。）

11.25 考虑一个有色的广义平稳随机信号 $s[n]$，用图 P11.25－1 所示的系统来使其白化。在设计已知阶数为 p 的最优白化滤波器时，选取满足式(11.34)所示的自相关正规方程组的系数 $a_k^{(p)}$，$k=1,\cdots,p$，其中 $r_{ss}[m]$ 是 $s[n]$ 的自相关。

已知 $s[n]$ 的最优二阶白化滤波器是 $H_2(z)=1+\dfrac{1}{4}z^{-1}-\dfrac{1}{8}z^{-2}$（即 $a_1^{(2)}=-\dfrac{1}{4}$，$a_2^{(2)}=\dfrac{1}{8}$），用图 P11.25－2 所示的二阶格型结构来实现。并利用传递函数为

$$H_4(z)=1-\sum_{k=1}^{4}a_k^{(4)}z^{-k}$$

的四阶系统，利用图 P11.25－3 所示的格型结构实现这个系统。如果 $H_4(z)$ 中的某些参数 k_1,k_2,k_3,k_4 可以从上述已知信息中计算出来，请确定它们的值。并解释为什么其他的参数（如果存在的话）不能计算出来。

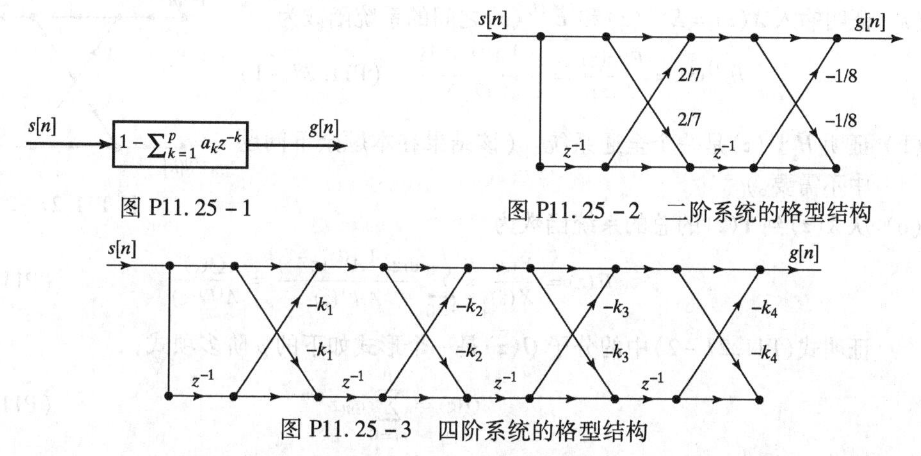

图 P11.25－1

图 P11.25－2　二阶系统的格型结构

图 P11.25－3　四阶系统的格型结构

扩展题

11.26 考虑一个具有如下系统函数的稳定的全极点模型：

$$H(z)=\frac{G}{1-\sum_{m=1}^{p}a_m z^{-m}}=\frac{G}{A(z)}$$

假定 g 是正的。

本题将指出利用单位圆上 $H(z)$ 的幅值平方的 $(p+1)$ 个样本集，即

$$C[k]=|H(e^{j\pi k/p})|^2, \quad k=0,1,\cdots,p$$

足以完全表示系统。具体地，当给定 $C[k], k=0,1,\cdots,p$ 时，请证明参数 G 和 $a_m, m=0,1,\cdots,p$ 可以确定得到。

(a) 考虑 z 变换

$$Q(z)=\frac{1}{H(z)H(z^{-1})}=\frac{A(z)A(z^{-1})}{G^2}$$

与序列 $q[n]$ 对应。请给出 $q[n]$ 与系统函数为 $A(z)$ 的预测误差滤波器的脉冲响应 $h_A[n]$ 之间的关系。n 在什么范围内 $q[n]$ 是非零的。

(b) 设计一个基于 DFT，从给定的幅度平方样本集 $C[k]$ 中确定 $q[n]$ 的步骤。

(c) 假设(b)中确定的序列 $q[n]$ 已知，给出一个确定 $A[z]$ 和 G 的步骤。

11.27 将图 11.21 中的一般 IIR 格型系统限制为全极点系统。然而，极点和零点都可以用图 P11.27－1 (Gray and Markel, 1973, 1975) 所示的系统来实现。图 P11.27－1 中的每个子模块用图 P11.27－2 所示的流图描述。换句话说，图 11.21 被嵌入到图 P11.27－1 中，且输出形式为后向预测误差序列的线性组合。

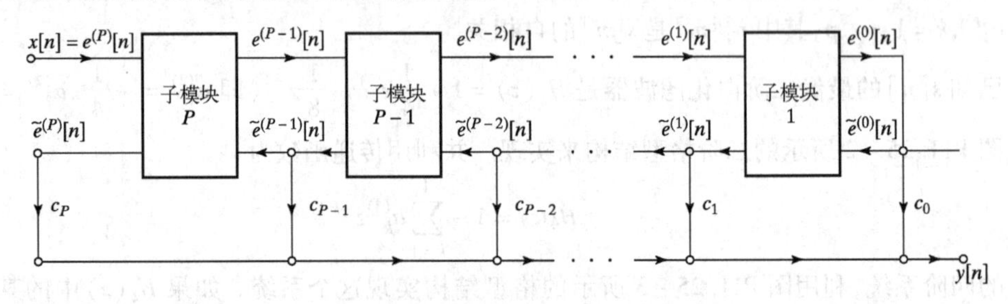

图 P11.27－1

(a) 证明输入 $X(z)=E^{(p)}(z)$ 和 $\tilde{E}^{(i)}(z)$ 之间的系统函数为

$$\tilde{H}^{(i)}(z)=\frac{\tilde{E}^{(i)}(z)}{X(z)}=\frac{z^{-1}A^{(i)}(z^{-1})}{A^{(p)}(z)} \qquad (\text{P11.27－1})$$

(b) 证明 $\tilde{H}^{(p)}(z)$ 是一个全通系统。(该结果在本题余下问题中不需要。)

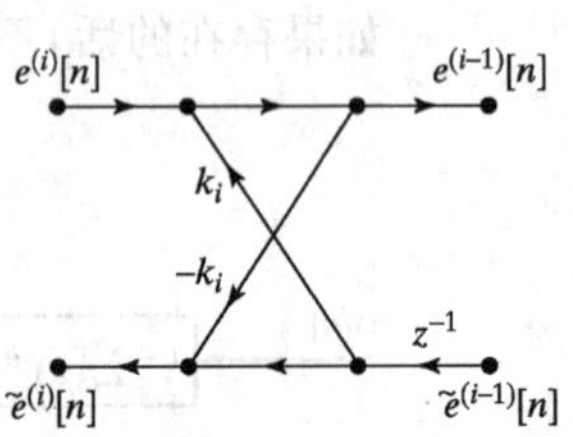

$e^{(i)}[n]$ $e^{(i-1)}[n]$ k_i $-k_i$ z^{-1} $\tilde{e}^{(i)}[n]$ $\tilde{e}^{(i-1)}[n]$

图 P11.27－2

(c) 从 $X(z)$ 到 $Y(z)$ 的总的系统函数为

$$H(z)=\frac{Y(z)}{X(z)}=\sum_{i=0}^{p}\frac{c_i z^{-1}A^{(i)}(z^{-1})}{A^{(p)}(z)}=\frac{Q(z)}{A^{(p)}(z)} \qquad (\text{P11.27－2})$$

证明式(P11.27－2)中的分子 $Q(z)$ 是一个形式如下的 p 阶多项式：

$$Q(z)=\sum_{m=0}^{p}q_m z^{-m} \qquad (\text{P11.27－3})$$

其中，图 P11.27 中的系数 c_m 由下面的方程给出：

$$c_m = q_m + \sum_{i=m+1}^{p} c_i a_{i-m}^{(i)}, \ m = p, p-1, \cdots, 1, 0 \qquad (P11.27-4)$$

(d) 请给出利用图 P11.27 所示的格型结构实现式(P11.27－2)中系统函数时所有参数的计算过程。

(e) 使用(c)中描述的步骤，画出如下系统格型实现的完整流程图：

$$H(z) = \frac{1+3z^{-1}+3z^{-2}+z^{-3}}{1-0.9z^{-1}+0.64z^{-2}-0.576z^{-3}} \qquad (P11.27-5)$$

11.28 在 11.7.3 节中，k 参数是由式(11.101)计算出来的。请利用关系式 $e^{(i)}[n] = e^{(i-1)}[n] - k_i\,\tilde{e}^{(i-1)}[n-1]$ 和 $\tilde{e}^{(i)}[n] = \tilde{e}^{(i-1)}[n-1] - k_i e^{(i-1)}[n]$ 证明

$$k_i^P = \sqrt{k_i^f k_i^b}$$

其中，k_i^f 指的是使如下均方前向预测误差最小的 k_i 值：

$$\mathcal{E}^{(i)} = \sum_{n=-\infty}^{\infty} (e^{(i)}[n])^2$$

而 k_i^b 指的是使如下均方后向预测误差值最小的 k_i 值：

$$\tilde{\mathcal{E}}^{(i)} = \sum_{n=-\infty}^{\infty} (\tilde{e}^{(i)}[n])^2$$

11.29 将式(11.88)和式(11.93)代入式(11.101)，证明

$$k_i^P = \frac{\displaystyle\sum_{n=-\infty}^{\infty} e^{(i-1)}[n]\tilde{e}^{(i-1)}[n-1]}{\left\{\displaystyle\sum_{n=-\infty}^{\infty} (e^{(i-1)}[n])^2 \sum_{n=-\infty}^{\infty} (\tilde{e}^{(i-1)}[n-1])^2\right\}^{1/2}} = \frac{r_{ss}[i] - \displaystyle\sum_{j=1}^{i-1} a_j^{(i-1)} r_{ss}[i-j]}{\mathcal{E}^{(i-1)}} = k_i$$

11.30 正如 11.7.3 节中讨论的，Burg(1975)曾提出计算 k 参数的方法是使格型滤波器第 i 阶的前向和后向预测误差之和最小，即使下式最小：

$$\mathcal{B}^{(i)} = \sum_{n=i}^{M}\left[(e^{(i)}[n])^2 + (\tilde{e}^{(i)}[n])^2\right] \qquad (P11.30-1)$$

其中，求和范围是 $i \leqslant n \leqslant M$。

(a) 将格型滤波器信号 $e^{(i)}[n] = e^{(i-1)}[n] - k_i\,\tilde{e}^{(i-1)}[n-1]$ 和 $\tilde{e}^{(i)}[n] = \tilde{e}^{(i-1)}[n-1] - k_i e^{(i-1)}[n]$ 代入式(P11.30－1)，并证明使 $\mathcal{B}^{(i)}$ 最小的 k_i 值为

$$k_i^B = \frac{2\displaystyle\sum_{n=i}^{M} e^{(i-1)}[n]\tilde{e}^{(i-1)}[n-1]}{\left\{\displaystyle\sum_{n=i}^{M}(e^{(i-1)}[n])^2 + \sum_{n=i}^{M}(\tilde{e}^{(i-1)}[n-1])^2\right\}} \qquad (P11.30-2)$$

(b) 证明 $-1 < k_i^B < 1$。

提示：考虑表达式 $\sum_{n=i}^{M}(x[n] \pm y[n])^2 > 0$，其中 $x[n]$ 和 $y[n]$ 是两个不同的序列。

(c) 给定一组 Burg 系数 $k_i^B, i=1,2,\cdots,p$，如何获得对应预测误差滤波器 $A^{(p)}(z)$ 的系数？

第12章 离散希尔伯特变换

12.0 引言

通常,要了解一个序列傅里叶变换的特性需要有关幅度和相位的实部和虚部在 $-\pi<\omega\leqslant\pi$ 所有频率范围内的全部知识。但是已经知道,在一定条件下傅里叶变换会有一些特殊性质。例如,在2.8节中曾看到,如果 $x[n]$ 是实数,则它的傅里叶变换是共轭对称的,即 $X(e^{j\omega})=X^*(e^{-j\omega})$。由此可以得出,对于实序列,当 $0\leqslant\omega\leqslant\pi$ 时 $X(e^{j\omega})$ 的特性也表示为 $-\pi\leqslant\omega\leqslant0$ 时 $X(e^{j\omega})$ 的特性。同样,从5.4节中也看到,在最小相位的限制条件下傅里叶变换的幅度和相位不是相互独立的,也就是说,幅度特性决定着相位特性,而相位特性也决定着幅度特性,相差一个比例因子。8.5节中还曾指出,对于有限长为 N 的序列,$X(e^{j\omega})$ 在 N 个等间隔频率处 $X(e^{j\omega})$ 的特性决定了在所有频率处的特性。

本章将看到,序列因果性的限制条件意味着傅里叶变换实部和虚部之间有唯一性关系。复函数的实部和虚部之间的这种关系除了用于信号处理中之外,还出现在许多其他领域中,人们通常将这种关系称为希尔伯特变换关系。除了导出因果序列傅里叶变换的这些关系之外,还要推导对于DFT和具有单边傅里叶变换序列的有关结果。此外,12.3节中还将指出如何利用希尔伯特变换来解释最小相位序列幅度和相位之间的关系。

虽然本章用直观的方法来说明问题(见 Gold, Oppenheim and Rader, 1970),但应清楚地认识到希尔伯特关系原本是从解析函数的性质得出来的(见习题12.21)。在离散时间信号和系统的数学表达式中用到的复函数一般都具有良好的特性。除了有少数例外,所关注的 z 变换均具有良好的定义域,在该定义域上幂级数是绝对收敛的。因为幂级数可表示其收敛域内的解析函数,所以可知,z 变换是在其收敛域内的解析函数。根据解析函数的定义,这意味着在收敛域内的每一点上 z 变换的导数都有定义。另外,解析性意味着 z 变换及其所有的导数在收敛域内都是连续函数。

解析函数的性质表示对 z 变换在其收敛域内的特性有一些较强的限制。因为傅里叶变换是在单位圆上计算的 z 变换,所以这些限制也约束着傅里叶变换的特性。其中的一个限制是,实部和虚部必须满足柯西-黎曼(Cauchy-Riemann)条件,该条件建立了解析函数实部和虚部偏导数之间的联系(例如,见 Churchill and Brown,1990)。另一个限制是柯西(Cauchy)积分定理,该定理表明可以利用解析域边界上的函数值表示解析域中每一处的复函数值。根据这些解析函数的关系,可以在一定条件下推导出收敛域内的一个闭合围线上 z 变换的实部和虚部之间明显的积分关系。在数学文献中常常将这些关系称为泊松(Poisson)公式。在系统理论的文献中人们又称其为希尔伯特变换(Hilbert Transform)关系。

并不是采用以上刚刚讨论过的数学方法,而是通过揭示如下事实推导出希尔伯特变换关系式:因果序列的傅里叶变换的实部和虚部是该序列的偶数部分和奇数部分的变换(见表2.1中的性质5和性质6)。正如将要指出的,因果序列可以完全用它的偶数部分来表示,这也说明原始序列的傅里叶变换可以完全由它的实部来表示。这一论点除了表明因果序列可以利用其在单位圆上的实部来表示它的 z 变换外,还说明在一定条件下,一个序列可利用其在单位圆上的幅度来表示它的傅里叶变换。

解析信号是连续时间信号处理中一个十分重要的概念。解析信号是只有正频率的傅里叶变换的复时间解析函数。严格地讲,不能把复序列看作是解析的,因为它是一个整数变量的函数。但是,用类似于前面章节中所描述的方法,可以得出频谱在单位圆的 $-\pi<\omega<0$ 上为零的复序列的实部和虚部之间的关系。也可以用类似的方法推出一个周期序列或等效推出一个有限长序列的离散傅里叶变换的实部和虚部之间的关系。在这个意义上,“因果性”条件就是表示周期序列在每个周期的后半部分均为零。

因此,本章将用因果性的观点来寻找一个函数的偶分量和奇分量之间的关系,或等效地找出其变换的实部和虚部之间的关系。将把这种方法用于 4 种情况:第 1 种情况,对于当 $n<0$ 时值为零的序列 $x[n]$,求得其傅里叶变换 $X(e^{j\omega})$ 的实部和虚部之间的关系。第 2 种情况,得出周期序列或等效地得出长度为 N 但最后 $(N/2)-1$ 个点为零的有限长序列的 DFT 的实部和虚部之间的关系。第 3 种情况,在 $n<0$ 时傅里叶变换的对数之逆变换为零的条件下,得出傅里叶变换的对数的实部和虚部之间的关系。导出傅里叶变换对数的实部和虚部之间的关系相当于找到了 $X(e^{j\omega})$ 的对数幅度和相位之间的关系。最后一种情况,推导出其傅里叶变换在每个周期的后半部分为零的复序列的实部和虚部之间的关系,该傅里叶变换可看作是 ω 的周期函数。

12.1　因果序列傅里叶变换实部和虚部的充分性

任何序列都可以表示成一个偶序列和一个奇序列之和。具体地讲,若用 $x_e[n]$ 和 $x_o[n]$ 分别表示 $x[n]$ 的偶部和奇部①,则

$$x[n]=x_e[n]+x_o[n] \tag{12.1}$$

其中,

$$x_e[n]=\frac{x[n]+x[-n]}{2} \tag{12.2}$$

和

$$x_o[n]=\frac{x[n]-x[-n]}{2} \tag{12.3}$$

式(12.1)至式(12.3)可用于任意序列,无论该序列是否为因果的,也无论它是否为实数。但是,如果 $x[n]$ 是因果的,即当 $n<0$ 时 $x[n]=0$,则可从 $x_e[n]$ 中恢复 $x[n]$ 或从 $x_o[n]$ 中恢复 $x[n]$ $(n\neq0)$。例如,考虑因果序列 $x[n]$ 以及它的偶分量和奇分量,如图 12.1 所示。因为 $x[n]$ 是因果的,所以当 $n<0$ 时 $x[n]=0$,且 $n>0$ 时 $x[-n]=0$。因此,除了在 $n=0$ 处外,$x[n]$ 和 $x[-n]$ 的非零部分不会重叠。由于这个原因,由式(12.2)和式(12.3)可得

$$x[n]=2x_e[n]u[n]-x_e[0]\delta[n] \tag{12.4}$$

和

$$x[n]=2x_o[n]u[n]+x[0]\delta[n] \tag{12.5}$$

从图 12.1 中很容易看出,以上关系式成立。应当注意,$x[n]$ 由 $x_e[n]$ 完全确定。另一方面,由于 $x_o[0]=0$,则可以从 $x_o[n]$ 中恢复 $x[n]$($n\neq0$ 时除外)。

若 $x[n]$ 也是稳定的即绝对可和的,则它的傅里叶变换存在。把 $x[n]$ 的傅里叶变换记作

$$X(e^{j\omega})=X_R(e^{j\omega})+jX_I(e^{j\omega}) \tag{12.6}$$

---

① 如果 $x[n]$ 是实数,则在式(12.2)和式(12.3)中的 $x_e[n]$ 和 $x_o[n]$ 就分别是在第 2 章中所研究的 $x[n]$ 之偶部和奇部。若 $x[n]$ 是复数,为了讨论方便起见,仍然定义 $x_e[n]$ 和 $x_o[n]$ 如同在式(12.2)和式(12.3)中一样,它们并不对应于如第 2 章中所研究的复序列之共轭对称部分和共轭反对称部分。

式中 $X_R(e^{j\omega})$ 和 $X_I(e^{j\omega})$ 分别是 $X(e^{j\omega})$ 的实部和虚部。如果 $x[n]$ 是实序列，则记得，$X_R(e^{j\omega})$ 是 $x_e[n]$ 的傅里叶变换，而 $jX_I(e^{j\omega})$ 是 $x_o[n]$ 的傅里叶变换。因此，对于一个因果的，稳定的实序列，$X_R(e^{j\omega})$ 就完全确定了 $X(e^{j\omega})$，如果已知 $X_R(e^{j\omega})$，则可用以下步骤求出 $X(e^{j\omega})$：

(1) 求 $X_R(e^{j\omega})$ 的傅里叶逆变换 $x_e[n]$；

(2) 用式(12.4)求 $x[n]$；

(3) 求 $x[n]$ 的傅里叶变换 $X(e^{j\omega})$。

当然，这也说明 $X_I(e^{j\omega})$ 可由 $X_R(e^{j\omega})$ 确定。在例 12.1 中，将说明如何利用上述步骤由 $X_R(e^{j\omega})$ 求出 $X(e^{j\omega})$ 和 $X_I(e^{j\omega})$。

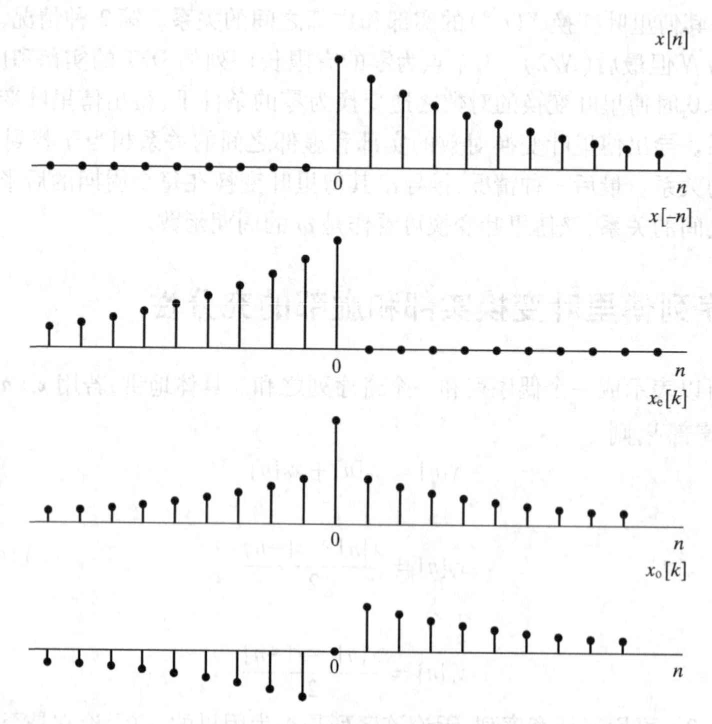

图 12.1 实因果序列的偶部和奇部

例 12.1 有限长序列

考虑一个实因果序列 $x[n]$，其 DTFT 的实部为 $X_R(e^{j\omega})$ 为

$$X_R(e^{j\omega}) = 1 + \cos 2\omega \tag{12.7}$$

想要求出原序列 $x[n]$，其傅里叶变换 $X(e^{j\omega})$ 及该傅里叶变换的虚部 $X_I(e^{j\omega})$。第一步，重写式(12.7)，将余弦函数表示成复指数之和：

$$X_R(e^{j\omega}) = 1 + \frac{1}{2}e^{-j2\omega} + \frac{1}{2}e^{j2\omega} \tag{12.8}$$

知道，$X_R(e^{j\omega})$ 是 $x_e[n]$ 的傅里叶变换，$x_e[n]$ 是由式(12.2)定义的 $x[n]$ 的偶数部分。比较式(12.8)与傅里叶变换的定义式(2.131)，由对应项可得

$$x_e[n] = \delta[n] + \frac{1}{2}\delta[n-2] + \frac{1}{2}\delta[n+2]$$

现在得到了偶数部分，再利用式(12.4)的关系可求出

$$x[n] = \delta[n] + \delta[n-2] \tag{12.9}$$

由 $x[n]$，得

$$X(e^{j\omega}) = 1 + e^{-j2\omega} = 1 + \cos 2\omega - j\sin 2\omega \quad (12.10)$$

根据式(12.10)，重申 $X_R(e^{j\omega})$ 是由式(12.7)所定义的

$$X_I(e^{j\omega}) = -\sin 2\omega \quad (12.11)$$

求 $X_I(e^{j\omega})$ 的另一种方法是：首先利用式(12.3)由 $x[n]$ 得出 $x_o[n]$。然后将式(12.9)代入式(12.3)，得

$$x_o[n] = \frac{1}{2}\delta[n-2] - \frac{1}{2}\delta[n+2]$$

$x_o[n]$ 的傅里叶变换为 $jX_I(e^{j\omega})$，所以有

$$jX_I(e^{j\omega}) = \frac{1}{2}e^{-j2\omega} - \frac{1}{2}e^{j2\omega} = -j\sin 2\omega$$

因此

$$X_I(e^{j\omega}) = -\sin 2\omega$$

这与式(12.11)一致。

例 12.2　指数序列

设

$$X_R(e^{j\omega}) = \frac{1-\alpha\cos\omega}{1-2\alpha\cos\omega+\alpha^2}, \qquad |\alpha|<1 \quad (12.12)$$

或等效地，

$$X_R(e^{j\omega}) = \frac{1-(\alpha/2)(e^{j\omega}+e^{-j\omega})}{1-\alpha(e^{j\omega}+e^{-j\omega})+\alpha^2}, \qquad |\alpha|<1 \quad (12.13)$$

式中 α 为实数。首先先求出 $x_e[n]$，再利用式(12.4)求出 $x[n]$。

为了得出 $x_e[n]$，即 $X_R(e^{j\omega})$ 的傅里叶逆变换，比较方便的方法是先求出 $x_e[n]$ 的 z 变换 $X_R(z)$。且可由式(12.13)直接得到，因为有

$$X_R(e^{j\omega}) = X_R(z)\big|_{z=e^{j\omega}}$$

所以用在式(12.13)中用 z 代替 $e^{j\omega}$，可得

$$X_R(z) = \frac{1-(\alpha/2)(z+z^{-1})}{1-\alpha(z+z^{-1})+\alpha^2} \quad (12.14)$$

$$= \frac{1-\frac{\alpha}{2}(z+z^{-1})}{(1-\alpha z^{-1})(1-\alpha z)} \quad (12.15)$$

因为是由傅里叶变换 $X_R(e^{j\omega})$ 开始，并且将它变换到 z 平面而得到 $X_R(z)$，所以 $X_R(z)$ 的收敛域当然要包括单位圆且收敛域的内边界由 $z=\alpha$ 处的极点确定，外边界则由 $z=1/\alpha$ 处的极点确定。

根据式(12.15)，要求出 $X_R(z)$ 的 z 逆变换 $x_e[n]$。将式(12.15)展开成部分分式，得

$$X_R(z) = \frac{1}{2}\left[\frac{1}{1-\alpha z^{-1}} + \frac{1}{1-\alpha z}\right] \quad (12.16)$$

正如上面所提到的，其收敛域包括单位圆。可对式(12.16)中每一项分别作 z 逆变换得到

$$x_e[n] = \frac{1}{2}\alpha^n u[n] + \frac{1}{2}\alpha^{-n}u[-n] \quad (12.17)$$

因此，根据式(12.4)有

$$x[n] = \alpha^n u[n] + \alpha^{-n}u[-n]u[n] - \delta[n] = \alpha^n u[n]$$

然后可求出 $X(e^{j\omega})$ 为

$$X(e^{j\omega}) = \frac{1}{1-\alpha e^{-j\omega}} \tag{12.18}$$

且 $X(z)$ 为

$$X(z) = \frac{1}{1-\alpha z^{-1}}, \quad |z| > |\alpha| \tag{12.19}$$

例 12.1 所说明的合成方法可以用解析的方法来解释,以便得出用 $X_R(e^{j\omega})$ 直接表示 $X_I(e^{j\omega})$ 的一般关系式。由式(12.4),复卷积定理以及 $x_e[0]=x[0]$ 这一事实可得

$$X(e^{j\omega}) = \frac{1}{\pi}\int_{-\pi}^{\pi} X_R(e^{j\theta})U(e^{j(\omega-\theta)})d\theta - x[0] \tag{12.20}$$

其中 $U(e^{j\omega})$ 是单位阶跃序列的傅里叶变换。如 2.7 节中所指出的,虽然单位阶跃序列既不是绝对可和的,也不是平方可和的,但是它可以用如下傅里叶变换来表示:

$$U(e^{j\omega}) = \sum_{k=-\infty}^{\infty} \pi\delta(\omega-2\pi k) + \frac{1}{1-e^{-j\omega}} \tag{12.21}$$

或者,因为 $1/(1-e^{-j\omega})$ 项可以写为

$$\frac{1}{1-e^{-j\omega}} = \frac{1}{2} - \frac{j}{2}\cot\left(\frac{\omega}{2}\right) \tag{12.22}$$

所以式(12.21)可以变为

$$U(e^{j\omega}) = \sum_{k=-\infty}^{\infty} \delta(\omega-2\pi k) + \frac{1}{2} - \frac{j}{2}\cot\left(\frac{\omega}{2}\right) \tag{12.23}$$

利用式(12.23)可将式(12.20)表示成

$$\begin{aligned} X(e^{j\omega}) &= X_R(e^{j\omega}) + jX_I(e^{j\omega}) \\ &= X_R(e^{j\omega}) + \frac{1}{2\pi}\int_{-\pi}^{\pi} X_R(e^{j\theta})d\theta \\ &\quad - \frac{j}{2\pi}\int_{-\pi}^{\pi} X_R(e^{j\theta})\cot\left(\frac{\omega-\theta}{2}\right)d\theta - x[0] \end{aligned} \tag{12.24}$$

令式(12.24)中的实部和虚部相等,并注意到

$$x[0] = \frac{1}{2\pi}\int_{-\pi}^{\pi} X_R(e^{j\theta})d\theta \tag{12.25}$$

可以得出如下关系式:

$$X_I(e^{j\omega}) = -\frac{1}{2\pi}\int_{-\pi}^{\pi} X_R(e^{j\theta})\cot\left(\frac{\omega-\theta}{2}\right)d\theta \tag{12.26}$$

按照同样的步骤,用式(12.5)可以由 $X_I(e^{j\omega})$ 和 $x[0]$ 得出 $x[n]$ 和 $X(e^{j\omega})$。这一过程导出了用 $X_I(e^{j\omega})$ 求出 $X_R(e^{j\omega})$ 的方程

$$X_R(e^{j\omega}) = x[0] + \frac{1}{2\pi}\int_{-\pi}^{\pi} X_I(e^{j\theta})\cot\left(\frac{\omega-\theta}{2}\right)d\theta \tag{12.27}$$

式(12.26)和式(12.27)称为离散希尔伯特变换关系式,对于一个因果和稳定的实序列之傅里叶变换的实部和虚部均成立。当 $\omega-\theta=0$ 时,由于被积函数是奇异的,所以以上两式的积分在此时也就不合理。因此,必须小心地计算这些积分以便得到一致的有限结果。若把积分当作 Cauchy 主值就可以正式地完成上面的积分。这样,式(12.26)成为

$$X_I(e^{j\omega}) = -\frac{1}{2\pi}\mathcal{P}\int_{-\pi}^{\pi} X_R(e^{j\theta})\cot\left(\frac{\omega-\theta}{2}\right)d\theta \tag{12.28a}$$

且式(12.27)为

$$X_R(e^{j\omega}) = x[0] + \frac{1}{2\pi}\mathcal{P}\int_{-\pi}^{\pi} X_I(e^{j\theta})\cot\left(\frac{\omega-\theta}{2}\right)d\theta \tag{12.28b}$$

式中符号$\mathcal{P}$表示积分的 Cauchy 主值。例如,在式(12.28a)中 Cauchy 主值的含义是

$$X_I(e^{j\omega}) = -\frac{1}{2\pi}\lim_{\varepsilon\to 0}\left[\int_{\omega+\varepsilon}^{\pi} X_R(e^{j\omega})\cot\left(\frac{\omega-\theta}{2}\right)d\theta + \int_{-\pi}^{\omega-\varepsilon} X_R(e^{j\theta})\cot\left(\frac{\omega-\theta}{2}\right)d\theta\right] \tag{12.29}$$

式(12.29)表示通过 $-\cot(\omega/2)$ 和 $X_R(e^{j\omega})$ 的周期卷积可求得 $X_I(e^{j\omega})$,而在奇异点 $\theta=\omega$ 的邻域要特别小心。同样,式(12.28b)涉及到 $\cot(\omega/2)$ 和 $X_I(e^{j\omega})$ 的周期卷积。

在式(12.28a)[等效于式(12.29)]的卷积积分中所涉及到的两个函数如图 12.2 所示。式(12.29)中的极限存在,这是因为函数 $\cot[(\omega-\theta)/2]$ 在奇异点 $\theta=\omega$ 是反对称的,可在奇异点周围对称地求取极限。

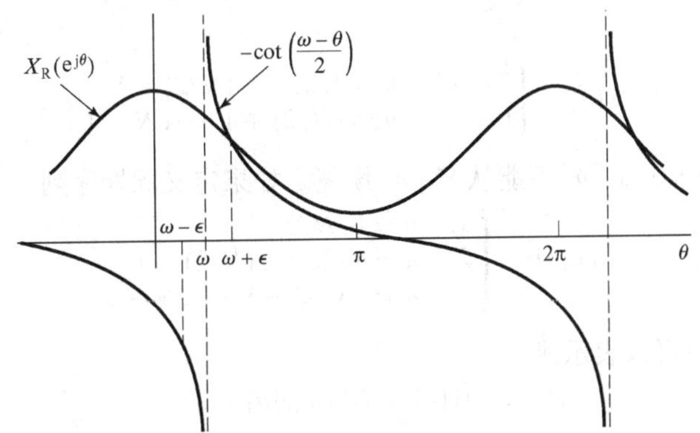

图 12.2　把希尔伯特变换解释为周期卷积

12.2　有限长序列的充分性定理

在 12.1 节中曾指出,实序列的因果性或单边性意味着对该序列的傅里叶变换有一些严格的限制,前一节的结果当然可以用于有限长因果序列,但由于有限长的特性局限性更强,所以一个有限长序列的傅里叶变换有可能受到更多的限制。下面将会看到的确如此。

曾介绍过,有限长序列可以用离散傅里叶变换来表示,这是一种可以利用的有限长性质。因为 DFT 涉及到求和而不是积分,所以就没有不合理的积分问题。

由于 DFT 实际上是周期序列的一种表示,因此所得出的任何结果都以周期序列的相应结果为基础。确实,在推导所要求的有限长序列的希尔伯特变换关系式时,应当牢记 DFT 所固有的周期性。因此,将首先研究周期的情况,然后讨论如何将它用于有限长的情况。

考虑一个周期为 N 的周期序列 $\tilde{x}[n]$,它与长度为 N 的有限长序列 $x[n]$ 的关系为

$$\tilde{x}[n] = x[((n))_N] \tag{12.30}$$

和 12.1 节中一样,$\tilde{x}[n]$在一个周期内可以表示成一个偶序列和一个奇序列之和,即

$$\tilde{x}[n] = \tilde{x}_e[n] + \tilde{x}_o[n], \qquad n = 0, 1, \cdots, (N-1) \tag{12.31}$$

式中,

$$\tilde{x}_e[n] = \frac{\tilde{x}[n] + \tilde{x}[-n]}{2}, \qquad n = 0, 1, \cdots, (N-1) \tag{12.32a}$$

和

$$\tilde{x}_o[n]=\frac{\tilde{x}[n]-\tilde{x}[-n]}{2},\qquad n=0,1,\cdots,(N-1) \tag{12.32b}$$

当然,在12.1节中所使用的意义上,一个周期序列不可能是因果的。但是,可以定义一个“周期因果的”周期序列为:当 $N/2<n<N$ 时 $\tilde{x}[n]=0$。这就是说,$\tilde{x}[n]$在后半周期上为零。本书以后均假设 N 为偶数,N 为奇数的情况会在习题12.25中考虑。应当注意,由于 $\tilde{x}[n]$具有周期性,所以当 $-N/2<n<0$ 时,有 $\tilde{x}[n]=0$。对于有限长序列,这个限定表示,虽然认为序列长度为 N,但最后 $(N/2)-1$个点实际上为零。图12.3中给出一个周期性因果序列及其偶部和奇部($N=8$)的例子。因为 $\tilde{x}[n]$在每个周期的后半部均为零,所以 $\tilde{x}[-n]$则在每个周期的前半部为零。因此,除了 $n=0$ 和 $n=N/2$ 外,$\tilde{x}[n]$和 $\tilde{x}[-n]$的非零部分之间没有重叠。这样,对于“因果”周期序列,

$$\tilde{x}[n]=\begin{cases}2\tilde{x}_e[n], & n=1,2,\cdots,(N/2)-1\\ \tilde{x}_e[n], & n=0,N/2\\ 0, & n=(N/2)+1,\cdots,N-1\end{cases} \tag{12.33}$$

和

$$\tilde{x}[n]=\begin{cases}2\tilde{x}_o[n], & n=1,2,\cdots,(N/2)-1\\ 0, & n=(N/2)+1,\cdots,N-1\end{cases} \tag{12.34}$$

因为 $\tilde{x}_o[0]=\tilde{x}_o[N/2]=0$,$\tilde{x}[n]$不能从 $\tilde{x}_o[n]$恢复。如果定义周期序列

$$\tilde{u}_N[n]=\begin{cases}1, & n=0,N/2\\ 2, & n=1,2,\cdots,(N/2)-1\\ 0, & n=(N/2)+1,\cdots,N-1\end{cases} \tag{12.35}$$

则当 N 为偶数时,$\tilde{x}[n]$可以表示成

$$\tilde{x}[n]=\tilde{x}_e[n]\tilde{u}_N[n] \tag{12.36}$$

和

$$\tilde{x}[n]=\tilde{x}_o[n]\tilde{u}_N[n]+\tilde{x}[0]\tilde{\delta}[n]+\tilde{x}[N/2]\tilde{\delta}[n-(N/2)] \tag{12.37}$$

其中 $\tilde{\delta}[n]$是周期为 N 的周期性单位脉冲序。这样,序列 $\tilde{x}[n]$可以由 $\tilde{x}_e[n]$完全恢复。另一方面,$\tilde{x}_o[n]$在 $n=0$ 和 $n=N/2$ 处始终为零,因此只有当 $n\neq0$ 和 $n\neq N/2$ 时才能由 $\tilde{x}_o[n]$恢复 $\tilde{x}[n]$。

如果 $\tilde{x}[n]$是周期为 N 的实周期序列,其离散傅里叶级数为 $\tilde{X}[k]$,则 $\tilde{X}[k]$的实部 $\tilde{X}_R[k]$是 $\tilde{x}_e[n]$的DFS,且 $j\tilde{X}_I[k]$是 $\tilde{x}_o[n]$的DFS。这样,式(12.36)和式(12.37)意味着,对于一个周期为 N 并且在上面所定义的意义上是因果的周期序列,$\tilde{X}[k]$可以从它的实部或(几乎)从它的虚部得以恢复。同样,$\tilde{X}_I[k]$可由 $\tilde{X}_R[k]$推出,而 $\tilde{X}_R[k]$也(几乎)能由 $\tilde{X}_I[k]$求出。

具体地讲,假设 $\tilde{X}_R[k]$已知,则 $\tilde{X}[k]$和 $\tilde{X}_I[k]$可以按下述步骤求出:

(1) 用DFS合成式计算 $\tilde{x}_e[n]$。

$$\tilde{x}_e[n]=\frac{1}{N}\sum_{k=0}^{N-1}\tilde{X}_R[k]e^{j(2\pi/N)kn} \tag{12.38}$$

(2) 式用(12.36)计算 $\tilde{x}[n]$。

(3) 用DFS解析式计算 $\tilde{X}[k]$。

$$\tilde{X}[k]=\sum_{n=0}^{N-1}\tilde{x}[n]e^{-j(2\pi/N)kn}=\tilde{X}_R[k]+j\tilde{X}_I[k] \tag{12.39}$$

与 12.1 节所讨论的一般因果情况不同，因为式(12.38)和式(12.39)可以用 FFT 算法精确高效地计算出来，所以上面所概括的步骤可以在计算机上实现。

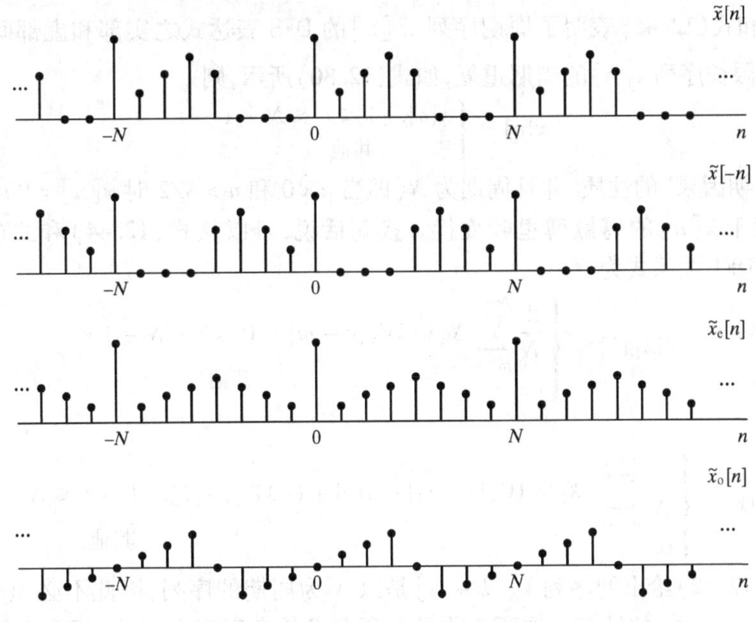

图 12.3　周期 $N=8$ 的“周期因果的”实周期序列的偶部和奇部

为了得出 $\tilde{X}_R[k]$ 和 $\tilde{X}_I[k]$ 之间明确的关系式，可解析地执行以上步骤。由式(12.36)和式(8.34)得

$$\begin{aligned}\tilde{X}[k] &= \tilde{X}_R[k] + j\tilde{X}_I[k] \\ &= \frac{1}{N}\sum_{m=0}^{N-1}\tilde{X}_R[m]\tilde{U}_N[k-m]\end{aligned} \tag{12.40}$$

也就是说，$\tilde{X}[k]$是 $\tilde{x}_e[n]$的 DFS $\tilde{X}_R[k]$和 $\tilde{u}_N[n]$的 DFS $\tilde{U}_N[k]$的周期卷积。可以证明的 DFS 为(见习题 12.24)

$$\tilde{U}_N[k] = \begin{cases} N, & k=0 \\ -j2\cot(\pi k/N), & k\text{ 为奇数} \\ 0, & k\text{为偶数} \end{cases} \tag{12.41}$$

如果定义

$$\tilde{V}_N[k] = \begin{cases} -j2\cot(\pi k/N), & k\text{为奇数} \\ 0, & k\text{为偶数} \end{cases} \tag{12.42}$$

则式(12.40)可以表示成

$$\tilde{X}[k] = \tilde{X}_R[k] + \frac{1}{N}\sum_{m=0}^{N-1}\tilde{X}_R[m]\tilde{V}_N[k-m] \tag{12.43}$$

因此

$$j\tilde{X}_I[k] = \frac{1}{N}\sum_{m=0}^{N-1}\tilde{X}_R[m]\tilde{V}_N[k-m] \tag{12.44}$$

上式就是实周期性因果序列的 DFS 之实部和虚部间的关系式。同样，由式(12.37)开始可以得出

$$\tilde{X}_{\mathrm{R}}[k]=\frac{1}{N}\sum_{m=0}^{N-1}\mathrm{j}\tilde{X}_{\mathrm{I}}[m]\tilde{V}_N[k-m]+\tilde{x}[0]+(-1)^k\tilde{x}[N/2] \tag{12.45}$$

式(12.44)和式(12.45)表明了周期序列 $\tilde{x}[n]$的 DFS 表达式之实部和虚部间的关系。如果将 $\tilde{x}[n]$看成有限长序列 $x[n]$的周期重复,如式(12.30)所示,则

$$x[n]=\begin{cases}\tilde{x}[n], & 0\leqslant n\leqslant N-1\\ 0, & \text{其他}\end{cases} \tag{12.46}$$

若 $x[n]$具有"周期因果"的性质,并且周期为 N(即当 $n<0$ 和 $n>N/2$ 时 $x[n]=0$),则以上讨论的全部结果都可用于 $x[n]$的离散傅里叶变换。换句话说,可以从式(12.44)和式(12.45)中去掉"~"号,从而得 DFT 关系式为

$$\mathrm{j}X_{\mathrm{I}}[k]=\begin{cases}\dfrac{1}{N}\displaystyle\sum_{m=0}^{N-1}X_{\mathrm{R}}[m]V_N[k-m], & 0\leqslant k\leqslant N-1\\ 0, & \text{其他}\end{cases} \tag{12.47}$$

和

$$X_{\mathrm{R}}[k]=\begin{cases}\dfrac{1}{N}\displaystyle\sum_{m=0}^{N-1}\mathrm{j}X_{\mathrm{I}}[m]V_N[k-m]+x[0]+(-1)^k x[N/2], & 0\leqslant k\leqslant N-1\\ 0, & \text{其他}\end{cases} \tag{12.48}$$

应当注意,由式(12.42)给出的序列 $V_N[k-m]$是以 N 为周期的序列,因此不必担心式(12.47)和式(12.48)中$((k-m))_N$ 的计算。这两个式子是所要求的实序列之 N 点 DFT 的实部和虚部间的关系式,该序列的实际长度小于或等于$(N/2)+1$(N 为偶数)。这些方程均为循环卷积,例如,式(12.47)可以通过以下步骤高效地计算:

(1) 计算 $X_{\mathrm{R}}[k]$的逆 DFT 得出序列

$$x_{\mathrm{ep}}[n]=\frac{x[n]+x[((-n))_N]}{2}, \quad 0\leqslant n\leqslant N-1 \tag{12.49}$$

(2) 由下式计算 $x[n]$的周期奇部

$$x_{\mathrm{op}}[n]=\begin{cases}x_{\mathrm{ep}}[n], & 0<n<N/2\\ -x_{\mathrm{ep}}[n], & N/2<n\leqslant N-1\\ 0, & \text{其他}\end{cases} \tag{12.50}$$

(3) 计算 $x_{\mathrm{op}}[n]$的 DFT 得出 $\mathrm{j}X_{\mathrm{I}}[k]$。

请注意,如果在步骤(2)中不是计算 $x[n]$的奇部,而是计算

$$x[n]=\begin{cases}x_{\mathrm{ep}}[0], & n=0\\ 2x_{\mathrm{ep}}[n], & 0<n<N/2\\ x_{\mathrm{ep}}[N/2], & n=N/2\\ 0, & \text{其他}\end{cases} \tag{12.51}$$

则所得序列的 DFT 应当是 $x[n]$的完整 DFT $X[k]$。

例 12.3 周期序列

考虑一个周期 $N=4$ 的周期因果序列,且有

$$X_{\mathrm{R}}[k]=\begin{cases}2, & k=0\\ 3, & k=1\\ 4, & k=2\\ 3, & k=3\end{cases}$$

可用两种方法中的任意一种求出 DFT 的虚部。第一种方法利用式(12.47)。当时,$N=4$ 时,

$$V_4[k]=\begin{cases}2\mathrm{j}, & k=-1+4m\\ -2\mathrm{j}, & k=1+4m\\ 0\,, & \text{其他}\end{cases}$$

式中 m 为整数。计算式(12.47)的卷积得

$$
\begin{aligned}
\mathrm{j}X_{\mathrm{I}}[k] &= \frac{1}{4}\sum_{m=0}^{3} X_{\mathrm{R}}[m]V_4[k-m], \qquad 0 \leqslant k \leqslant 3 \\
&= \begin{cases} \mathrm{j}, & k=1 \\ -\mathrm{j}, & k=3 \\ 0, & \text{其他} \end{cases}
\end{aligned}
$$

另一种方法是按照包含式(12.49)和式(12.50)的三个步骤来求。计算逆 DFT $X_{\mathrm{R}}[k]$ 得

$$
\begin{aligned}
x_{\mathrm{e}}[n] &= \frac{1}{4}\sum_{k=0}^{3} X_{\mathrm{R}}[k]W_4^{-kn} = \frac{1}{4}[2+3(\mathrm{j})^n+4(-1)^n+3(-\mathrm{j})^n] \\
&= \begin{cases} 3, & n=0 \\ -\frac{1}{2}, & n=1,3 \\ 0, & n=2 \end{cases}
\end{aligned}
$$

注意,虽然这个序列本身不是偶对称的,但 $x_{\mathrm{e}}[n]$ 的周期重复是偶对称的。所以 $x_{\mathrm{e}}[n]$ 的 DFT $X_{\mathrm{R}}[k]$ 全部为实数。由式(12.50)可求出周期的奇部分 $x_{\mathrm{op}}[n]$;具体有

$$
x_{\mathrm{op}}[n] = \begin{cases} -\frac{1}{2}, & n=1 \\ \frac{1}{2}, & n=3 \\ 0, & \text{其他} \end{cases}
$$

最后,可由 $x_{\mathrm{op}}[n]$ 的 DFT 求出 $\mathrm{j}X_{\mathrm{I}}[k]$:

$$
\begin{aligned}
\mathrm{j}X_{\mathrm{I}}[k] &= \sum_{n=0}^{3} x_{\mathrm{op}}[n]W_4^{nk} = -\frac{1}{2}W_4^k + \frac{1}{2}W_4^{3k} \\
&= \begin{cases} \mathrm{j}, & k=1 \\ -\mathrm{j}, & k=3 \\ 0, & \text{其他} \end{cases}
\end{aligned}
$$

当然它与根据式(12.47)得出的结果是一样的。

12.3　幅度与相位间的关系

到目前为止,已集中讨论了一个序列的傅里叶变换之实部和虚部间的关系。常常对傅里叶变换的幅度和相位间的关系很感兴趣,在这一节中就来研究这些函数存在唯一性关系的条件,虽然从表面上看似乎实部与虚部间的关系就表示幅度和相位间的关系,但实际上并不如此。5.4 节中的例 5.9 清楚地表明了这一点。那个例子中的两个系统函数 $H_1(z)$ 和 $H_2(z)$ 假定对应于因果的稳定系统,因此 $H_1(\mathrm{e}^{\mathrm{j}\omega})$ 的实部和虚部间的关系表现为式(12.28a)和式(12.28b)的希尔伯特变换关系,$H_2(\mathrm{e}^{\mathrm{j}\omega})$ 的实部和虚部也同样如此。但是,$\angle H_1(\mathrm{e}^{\mathrm{j}\omega})$ 不能由 $|H_1(\mathrm{e}^{\mathrm{j}\omega})|$ 得出,因为 $H_1(\mathrm{e}^{\mathrm{j}\omega})$ 和 $H_2(\mathrm{e}^{\mathrm{j}\omega})$ 虽具有相同的幅度,但其相位却不同。

序列 $x[n]$ 之傅里叶变换实部和虚部间的希尔伯特变换关系是以 $x[n]$ 的因果性为基础的。如果将因果性施加在由 $x[n]$ 导出的序列 $\hat{x}[n]$ 上,该序列的傅里叶变换 $\hat{X}(\mathrm{e}^{\mathrm{j}\omega})$ 也是 $x[n]$ 的傅里叶变换之对数,则可以得到幅度和相位间的希尔伯特变换关系。具体地讲,定义 $\hat{x}[n]$ 使得

$$
x[n] \stackrel{\mathcal{F}}{\longleftrightarrow} X(\mathrm{e}^{\mathrm{j}\omega}) = |X(\mathrm{e}^{\mathrm{j}\omega})|\mathrm{e}^{\mathrm{j}\arg[X(\mathrm{e}^{\mathrm{j}\omega})]} \tag{12.52a}
$$

$$
\hat{x}[n] \stackrel{\mathcal{F}}{\longleftrightarrow} \hat{X}(\mathrm{e}^{\mathrm{j}\omega}) \tag{12.52b}
$$

式中

$$
\hat{X}(\mathrm{e}^{\mathrm{j}\omega}) = \log[X(\mathrm{e}^{\mathrm{j}\omega})] = \log|X(\mathrm{e}^{\mathrm{j}\omega})| + \mathrm{j}\arg[X(\mathrm{e}^{\mathrm{j}\omega})] \tag{12.53}
$$

并且正如 5.1 节中所定义的,$\arg[X(\mathrm{e}^{\mathrm{j}\omega})]$ 表示 $X(\mathrm{e}^{\mathrm{j}\omega})$ 的连续相位。序列 $\hat{x}[n]$ 通常称为 $x[n]$ 的复

倒谱,其性质和应用将在第13章详细讨论。①

如果要求 $\hat{x}[n]$ 是因果的,则 $\hat{X}(e^{j\omega})$ 的实部和虚部分别为 $\log|X(e^{j\omega})|$ 和 $\arg[X(e^{j\omega})]$,且它们之间的关系符合式(12.28a)和式(12.28b),即

$$\arg[X(e^{j\omega})] = -\frac{1}{2\pi}\mathcal{P}\int_{-\pi}^{\pi}\log|X(e^{j\theta})|\cot\left(\frac{\omega-\theta}{2}\right)d\theta \tag{12.54}$$

和

$$\log|X(e^{j\omega})| = \hat{x}[0] + \frac{1}{2\pi}\mathcal{P}\int_{-\pi}^{\pi}\arg[X(e^{j\theta})]\cot\left(\frac{\omega-\theta}{2}\right)d\theta \tag{12.55a}$$

其中,式(12.55a)中的 $\hat{x}[0]$ 等于

$$\hat{x}[0] = \frac{1}{2\pi}\int_{-\pi}^{\pi}\log|X(e^{j\omega})|d\omega \tag{12.55b}$$

虽然对于这一点还不是十分清楚,但在习题12.35和第13章中将会知道,5.6节中所定义的最小相位条件,即 $X(z)$ 的全部极点和零点均在单位圆内,可保证复倒谱的因果性。因此5.6节中的最小相位条件和复倒谱的因果性条件是从不同角度所得出的相同的约束条件。请注意,若 $\hat{x}[n]$ 是因果的,则 $\arg[X(e^{j\omega})]$ 可以通过式(12.54)由 $\log|X(e^{j\omega})|$ 完全确定;但是由式(12.55a)完全确定 $\log|X(e^{j\omega})|$ 不但需要相位 $\arg[X(e^{j\omega})]$,还需要量 $\hat{x}[0]$。若 $\hat{x}[0]$ 是未知的,则确定的 $\log|X(e^{j\omega})|$ 只是相差一个相加的常数,或等效地说,确定 $|X(e^{j\omega})|$ 的只是相差一个相乘的(增益)常数。

复倒谱的最小相位和因果性并不是保证傅里叶变换的幅度和相位间唯一性关系的唯一限制条件。作为另外一种限制条件的例子,已经证明(Hayes, Lim and Oppenheim, 1980),如果一个序列是有限长的并且它的 z 变换没有互为共轭倒数对的零点,则序列(当然也包括其傅里叶变换的幅度)可以由其傅里叶变换的相位来唯一确定,只相差一个比例因子。

12.4 复序列的希尔伯特变换关系

至此,已经研究了因果序列的傅里叶变换和周期序列的离散傅里叶变换的希尔伯特变换关系,其中周期序列在每个周期的后半部分为零的意义上是"周期因果的"。在这一节中研究可以通过离散卷积将其实部和虚部联系起来的复序列,这种离散卷积类似于在前几节中推导出的希尔伯特变换关系。当把带通信号表示成复信号时,在某种意义上此复信号完全类似于连续时间信号理论中的解析信号,这些希尔伯特变换关系是非常有用的(Papoulis, 1977)。

如同前面所讨论的,可以用因果性或单边性的概念为基础来推导希尔伯特变换关系。因为十分关心建立复序列的实部和虚部之间的关系,所以可把单边性的概念用于序列的傅里叶变换。当然不能要求在 $\omega<0$ 区域内的傅里叶变换为零,因为它必须是周期的。可是可以假设序列的傅里叶变换在每个周期后半部均为零,也就是说,它的 z 变换在单位圆的下半部分($-\pi\leqslant\omega<0$)为零。这样,若 $x[n]$ 表示某序列,且 $X(e^{j\omega})$ 是它的傅里叶变换,则要求

$$X(e^{j\omega}) = 0,\quad -\pi\leqslant\omega<0 \tag{12.56}$$

[也可以假设当 $0<\omega\leqslant\pi$ 时 $X(e^{j\omega})$ 为零]与 $X(e^{j\omega})$ 相对应的序列 $x[n]$ 必须是复数,因为若 $x[n]$ 为实数,则 $X(e^{j\omega})$ 必须是共轭对称的,即 $X(e^{j\omega})=X^*(e^{-j\omega})$。所以,可将 $x[n]$ 表示成

$$x[n] = x_r[n] + jx_i[n] \tag{12.57}$$

① 虽然 $\hat{x}[n]$ 被称为复倒谱,但是它是实值的,因为由式(12.53)定义的 $\hat{x}(e^{j\omega})$ 是共轭对称的。

式中 $x_r[n]$ 和 $x_i[n]$ 为实序列。在连续时间信号理论中相对照的信号是解析函数,因此称之为解析信号。虽然对于序列而言解析性没有正规的意义,但尽管如此,仍然将该术语用于其傅里叶变换为单边的复序列。

如果 $X_r(e^{j\omega})$ 和 $X_i(e^{j\omega})$ 分别表示实序列 $x_r[n]$ 和 $x_i[n]$ 的傅里叶变换,则

$$X(e^{j\omega}) = X_r(e^{j\omega}) + jX_i(e^{j\omega}) \tag{12.58a}$$

由此可得

$$X_r(e^{j\omega}) = \frac{1}{2}[X(e^{j\omega}) + X^*(e^{-j\omega})] \tag{12.58b}$$

和

$$jX_i(e^{j\omega}) = \frac{1}{2}[X(e^{j\omega}) - X^*(e^{-j\omega})] \tag{12.58c}$$

注意,式(12.58c)给出 $jX_i(e^{j\omega})$ 的表达式,它是虚数信号 $jx_i[n]$ 的傅里叶变换。还应注意,$X_r(e^{j\omega})$ 和 $X_i(e^{j\omega})$ 通常均为复值函数,而且复变换 $X_r(e^{j\omega})$ 和 $jX_i(e^{j\omega})$ 所起的作用分别类似于前几节中因果序列的偶部和奇部所起的作用。但是,$X_r(e^{j\omega})$ 是共轭对称的,即 $X_r(e^{j\omega}) = X_r^*(e^{-j\omega})$。类似地,$jX_i(e^{j\omega})$ 是共轭反对称的,即 $jX_i(e^{j\omega}) = -jX_i^*(e^{-j\omega})$。

图 12.4 给出了一个复序列 $x[n] = x_r[n] + jx_i[n]$ 的复单边傅里叶变换和实序列 $x_r[n]$,$x_i[n]$ 相应的双边傅里叶变换的例子。图中用画图的方法表明了式(12.58)包含的抵消作用。

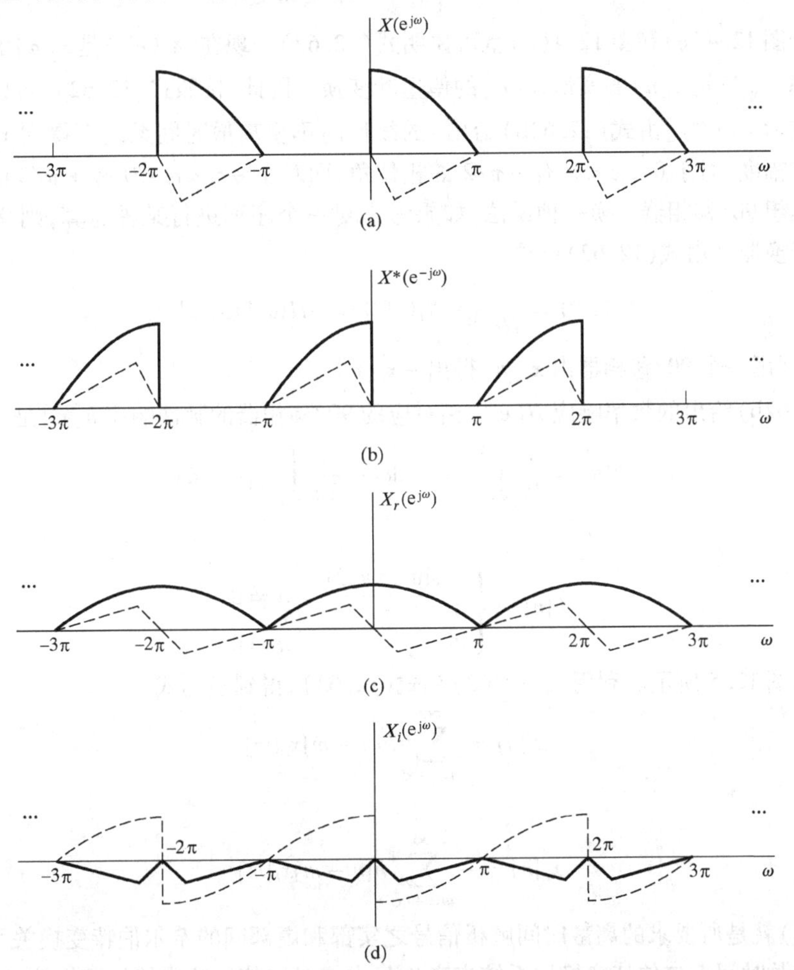

图 12.4　举例说明单边傅里叶变换的分解(实线表示实部,虚线表示虚部)

如果当 $-\pi\leqslant\omega<0$ 时 $X(e^{j\omega})$ 为零,则 $X(e^{j\omega})$ 和 $X^*(e^{-j\omega})$ 的非零部分之间没有重叠。因此,$X(e^{j\omega})$ 既可以由 $X_r(e^{j\omega})$ 也可以由 $X_i(e^{j\omega})$ 来恢复。因为假设 $X(e^{j\omega})$ 在 $\omega=\pm\pi$ 处为零,所以 $X(e^{j\omega})$ 可以由 $jX_i(e^{j\omega})$ 完全恢复。这与 12.2 节的情况不同,在该节中因果序列也可以由其奇部恢复,但在端点处除外。

特别是,

$$X(e^{j\omega})=\begin{cases}2X_r(e^{j\omega}), & 0<\omega<\pi\\ 0, & -\pi\leqslant\omega<0\end{cases}\tag{12.59}$$

以及

$$X(e^{j\omega})=\begin{cases}2jX_i(e^{j\omega}), & 0<\omega<\pi\\ 0, & -\pi\leqslant\omega<0\end{cases}\tag{12.60}$$

可以利用上式之一直接得出 $X_r(e^{j\omega})$ 和 $X_i(e^{j\omega})$ 之间的关系:

$$X_i(e^{j\omega})=\begin{cases}-jX_r(e^{j\omega}), & 0<\omega<\pi\\ jX_r(e^{j\omega}), & -\pi\leqslant\omega<0\end{cases}\tag{12.61}$$

或

$$X_i(e^{j\omega})=H(e^{j\omega})X_r(e^{j\omega})\tag{12.62a}$$

其中,

$$H(e^{j\omega})=\begin{cases}-j, & 0<\omega<\pi\\ j, & -\pi<\omega<0\end{cases}\tag{12.62b}$$

通过比较图 12.4(c)和图 12.4(d)就可说明式(12.62)。现在,$X_i(e^{j\omega})$ 是 $x[n]$ 的虚部 $x_i[n]$ 的傅里叶变换,$X_r(e^{j\omega})$ 是 $x[n]$ 的实部 $x_r[n]$ 的傅里叶变换。因此,按照式(12.62),可以让 $x_r[n]$ 通过一个频率响应为 $H(e^{j\omega})$[由式(12.62b)给出]的线性时不变离散时间系统而得到 $x_i[n]$。这个频率响应有单位幅度,对于 $0<\omega<\pi$ 有 $-\pi/2$ 的相位角,而对于 $-\pi<\omega<0$ 有 $+\pi/2$ 的相位角,这样的系统称为理想 90°移相器。换一种说法,如果考虑对一个序列进行某种运算,则 90°移相器也称为希尔伯特变换器。由式(12.62)可得

$$X_r(e^{j\omega})=\frac{1}{H(e^{j\omega})}X_i(e^{j\omega})=-H(e^{j\omega})X_i(e^{j\omega})\tag{12.63}$$

因此,也可以利用一个 90°移相器由 $x_i[n]$ 得出 $-x_r[n]$。

与式(12.62b)给出的频率响应 $H(e^{j\omega})$ 相对应的 90°移相器的脉冲响应 $h[n]$ 是

$$h[n]=\frac{1}{2\pi}\int_{-}^{0}je^{j\omega n}d\omega-\frac{1}{2\pi}\int_{0}^{\pi}je^{j\omega n}d\omega$$

或

$$h[n]=\begin{cases}\dfrac{2}{\pi}\dfrac{\sin^2(\pi n/2)}{n}, & n\neq 0\\ 0, & n=0\end{cases}\tag{12.64}$$

该脉冲响应如图 12.5 所示。利用式(12.62)和式(12.63),得到表达式

$$x_i[n]=\sum_{m=-\infty}^{\infty}h[n-m]x_r[m]\tag{12.65a}$$

和

$$x_r[n]=-\sum_{m=-\infty}^{\infty}h[n-m]x_i[m]\tag{12.65b}$$

式(12.65)就是所要求的离散时间解析信号之实部和虚部间的希尔伯特变换关系。图 12.6 表示如何利用离散时间希尔伯特变换器系统来产生只由一对实信号组成的复解析信号。

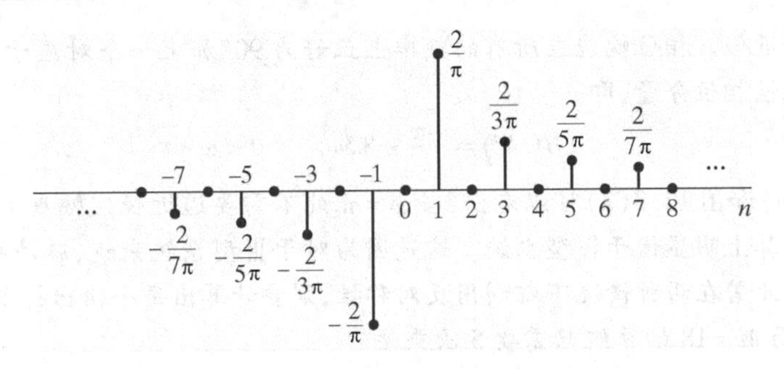

图 12.5　理想希尔伯特变换器或 90°移相器的脉冲响应

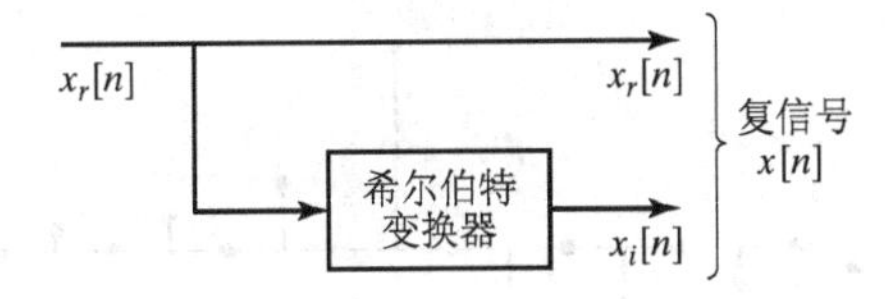

图 12.6　产生具有单边傅里叶变换的复序列的方程框图

12.4.1　希尔伯特变换器的设计

由式(12.64)所给出的希尔伯特变换器的脉冲响应不是绝对可和的。因此，

$$H(e^{j\omega}) = \sum_{n=-\infty}^{\infty} h[n]e^{-j\omega n} \tag{12.66}$$

只是在均方意义下才收敛为式(12.62b)。所以，理想希尔伯特变换器或移相器与理想低通滤波器和理想带限微分器都并列为有价值的理论概念，它们都相当于非因果系统，并且其系统函数只在有限的条件下才存在。

当然，可以对理想希尔伯特变换器进行逼近。利用窗函数法或等波纹逼近法就能设计出对具有恒定群延迟的 FIR 滤波器的逼近。这些逼近能精确实现相移并具有因果 FIR 系统所要求的线性相位分量。这里将通过用 Kaiser 窗设计希尔伯特变换器的例子来说明这类逼近的性质。

例 12.4　用 Kaiser 窗设计希尔伯特变换器

一个 M 阶（长度为 $M+1$）FIR 离散希尔伯特变换器的 Kaiser 窗逼近应当为如下形式：

$$h[n] = \begin{cases} \left(\dfrac{I_0\{\beta(1-[(n-n_d)/n_d]^2)^{1/2}\}}{I_0(\beta)}\right)\left(\dfrac{2}{\pi}\dfrac{\sin^2[\pi(n-n_d)/2]}{n-n_d}\right), & 0 \leqslant n \leqslant M \\ 0, & \text{其他} \end{cases} \tag{12.67}$$

式中 $n_d = M/2$。正如在 5.7.3 节中所讨论的，若 M 为偶数，则系统是一个Ⅲ型 FIR 广义线性相位系统。

图 12.7(a) 表示脉冲响应，图 12.7(b) 表示频率响应的幅度，其中 $M=18$ 且 $\beta=2.629$。因为 $h[n]$ 满足对称条件，即 $0\leqslant n\leqslant M$ 时 $h[n]=-h[M-n]$，所以相位正好等于 90°再加上一个线性分量，该分量对应于 $n_d=18/2=9$ 个样本的延迟，即

$$\angle H(e^{j\omega}) = \frac{-\pi}{2} - 9\omega, \qquad 0<\omega<\pi \tag{12.68}$$

从图 12.7(b) 可以看出，正如Ⅲ型 FIR 系统所要求的，频率响应在 $z=1$ 和 $z=-1$（$\omega=0$ 和 $\omega=\pi$）处为零。因此，除了在某个中间段 $\omega_L<|\omega|<\omega_H$ 之外幅度响应不能十分接近于 1。

若 M 是一个奇整数，则得到如图 12.8 所示的Ⅳ型系统，其中 $M=17$ 且 $\beta=2.44$。对于Ⅳ型系统，频率响应只需要在 $z=1$（$\omega=0$）处为零。因此在 $\omega=\pi$ 附近的频率上可以得到恒定幅

度响应的良好近似。相位响应在所有的频率上正好为90°加上一个对应于 $n_d = 17/2 = 8.5$ 个样本延迟的线性相位分量,即

$$\angle H(e^{j\omega}) = \frac{-\pi}{2} - 8.5\omega, \qquad 0 < \omega < \pi \tag{12.69}$$

比较图12.7(a)和图12.8(a)可以看出,当 $\omega = \pi$ 处不需要逼近恒定幅度时,Ⅲ型FIR希尔伯特变换器在计算上明显优于Ⅳ型系统。这是因为对于Ⅲ型系统来说,脉冲响应的偶序号样本正好为零。因此若在两种情况下都利用反对称性,则要计算出每个输出样本,$M=17$ 的系统需要8次乘法,而 $M=18$ 的系统只需要5次乘法。

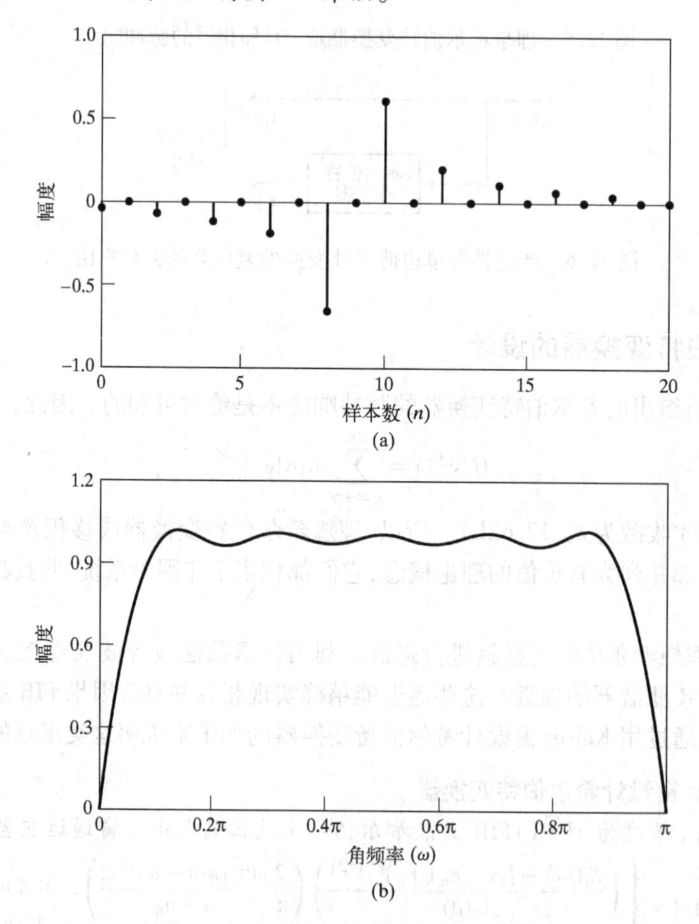

图12.7　利用Kaiser窗设计的FIR希尔伯特变换器。(a)脉冲响应;(b)幅度响应($M = 18$ 和 $\beta = 2.629$)

对于具有等波纹幅度逼近和精确90°相位的Ⅲ型和Ⅳ型FIR线性相位希尔伯特变换器的逼近,可以用7.7节和7.8节所描述的Parks-McClellan算法设计,当设计同样长度的滤波器时,该方法与窗函数法相比可使幅度逼近误差进一步减小(Rabiner and Schafer,1974)。

Ⅲ型和Ⅳ型FIR系统的相位精确性好坏是人们将它们用于逼近希尔伯特变换器时所考虑的衡量指标。IIR系统在逼近一个希尔伯特变换器时,一定有一些相位响应误差及幅度响应误差。设计IIR希尔伯特变换器最成功的方法是设计一个"相位分裂器",它由两个全通系统组成,这两个系统的相位响应在 $0 < |\omega| < \pi$ 频段的某一部分上相差近90°。这样的系统可以用双线性变换法来设计,该方法将一个连续时间相位分裂系统变换成一个离散时间系统(有关该系统的例子,请参见Go1d ,Oppenheim and Rader,1970)。

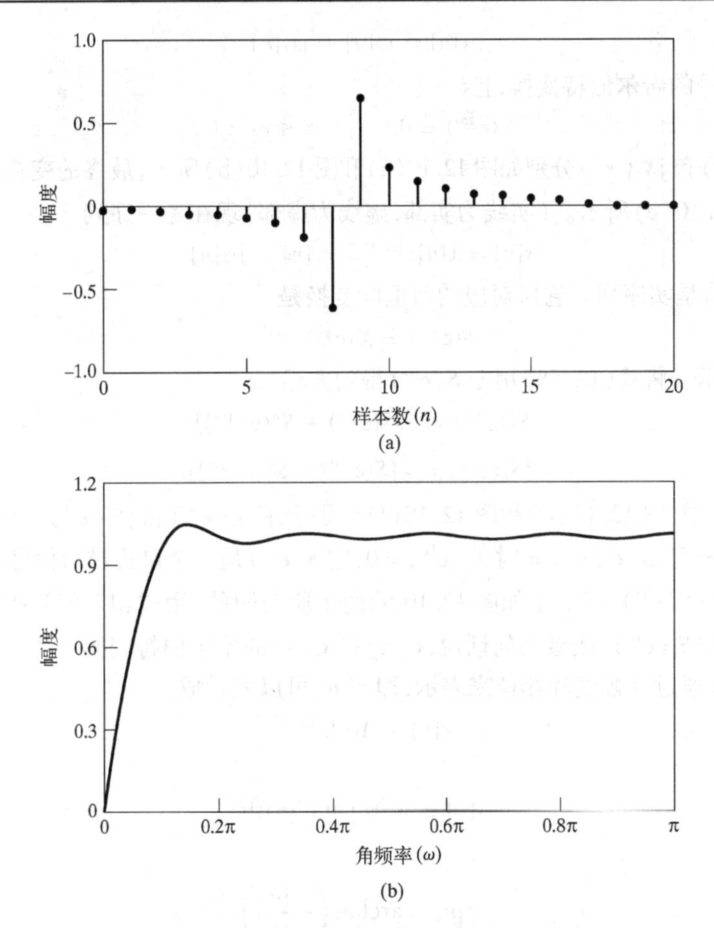

图 12.8　利用 Kaiser 窗设计的 FIR 希尔伯特变换器。
(a)脉冲响应;(b)幅度响应($M=17$ 和 $\beta=2.44$)

图 12.9 给出了一个 90°相位分裂系统。如果 $x_r[n]$表示实输入信号,且 $x_i[n]$是它的希尔伯特变换,则复序列 $x[n]=x_r[n]+\mathrm{j}x_i[n]$的傅里叶变换在 $-\pi\leqslant\omega<0$ 上恒等于零,即在 z 平面单位圆的下半部上 $X(z)$为零。在图 12.6 的系统中,是利用希尔伯特变换器由 $x_r[n]$产生信号 $x_i[n]$。而在图 12.9 中,则通过两个系统 $H_1(\mathrm{e}^{\mathrm{j}\omega})$和 $H_2(\mathrm{e}^{\mathrm{j}\omega})$来处理 $x_r[n]$。如果图 12.9 中的 $H_1(\mathrm{e}^{\mathrm{j}\omega})$和 $H_2(\mathrm{e}^{\mathrm{j}\omega})$是两个相位响应相差 90°的全通系统,则复信号 $y[n]=y_r[n]+\mathrm{j}y_i[n]$的傅里叶变换在 $-\pi\leqslant\omega<0$ 上也为零。另外,因为相位分裂系统是全通的,所以 $|Y(\mathrm{e}^{\mathrm{j}\omega})|=|X(\mathrm{e}^{\mathrm{j}\omega})|$。$Y(\mathrm{e}^{\mathrm{j}\omega})$和 $X(\mathrm{e}^{\mathrm{j}\omega})$的相位将差一个 $H_1(\mathrm{e}^{\mathrm{j}\omega})$和 $H_2(\mathrm{e}^{\mathrm{j}\omega})$的共同相位分量。

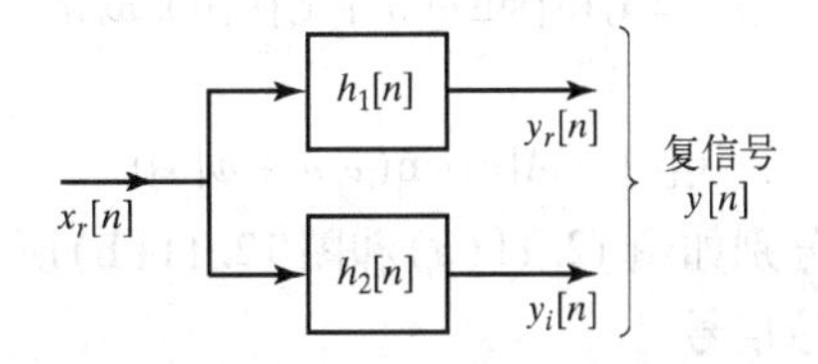

图 12.9　全通相位分裂法的方框图,此方法可产生具有单边傅里叶变换的复序列

12.4.2　带通信号的表示

解析信号的许多应用与窄带通信信号有关。在这些应用中,为了方便起见,有时常用低通信号来表示带通信号。先考虑复低通信号

$$x[n] = x_r[n] + \mathrm{j}x_i[n]$$

式中 $x_i[n]$ 是 $x_r[n]$ 的希尔伯特变换,且

$$X(\mathrm{e}^{\mathrm{j}\omega}) = 0, \qquad -\pi \leqslant \omega < 0$$

傅里叶变换 $X_r(\mathrm{e}^{\mathrm{j}\omega})$ 和 $\mathrm{j}X_i(\mathrm{e}^{\mathrm{j}\omega})$ 分别如图 12.10(a)和图 12.10(b)所示,最终的变换 $X(\mathrm{e}^{\mathrm{j}\omega}) = X_r(\mathrm{e}^{\mathrm{j}\omega}) + \mathrm{j}X_i(\mathrm{e}^{\mathrm{j}\omega})$ 如图 12.10(c)所示。(实线为实部,虚线为虚部)现在考虑序列

$$s[n] = x[n]\mathrm{e}^{\mathrm{j}\omega_c n} = s_r[n] + \mathrm{j}s_i[n] \tag{12.70}$$

其中 $s_r[n]$ 和 $s_i[n]$ 是实序列。它所对应的傅里叶变换是

$$S(\mathrm{e}^{\mathrm{j}\omega}) = X(\mathrm{e}^{\mathrm{j}(\omega-\omega_c)}) \tag{12.71}$$

如图 12.10(d)所示。将式(12.58)用于 $S(\mathrm{e}^{\mathrm{j}\omega})$ 得到方程

$$S_r(\mathrm{e}^{\mathrm{j}\omega}) = \tfrac{1}{2}[S(\mathrm{e}^{\mathrm{j}\omega}) + S^*(\mathrm{e}^{-\mathrm{j}\omega})] \tag{12.72a}$$

$$\mathrm{j}S_i(\mathrm{e}^{\mathrm{j}\omega}) = \tfrac{1}{2}[S(\mathrm{e}^{\mathrm{j}\omega}) - S^*(\mathrm{e}^{-\mathrm{j}\omega})] \tag{12.72b}$$

在图 12.10 的例子中,图 12.10(e)和图 12.10(f)分别表示 $S_r(\mathrm{e}^{\mathrm{j}\omega})$ 和 $\mathrm{j}S_i(\mathrm{e}^{\mathrm{j}\omega})$。由图中可以直接看出,若 $\Delta\omega < |\omega| \leqslant \pi$ 且 $\omega_c + \Delta\omega < \pi$ 时 $X_r(\mathrm{e}^{\mathrm{j}\omega}) = 0$,则 $S(\mathrm{e}^{\mathrm{j}\omega})$ 是一个单边带通信号,使得除在区间 $\omega_c < \omega < \omega_c + \Delta\omega$ 之外 $S(\mathrm{e}^{\mathrm{j}\omega}) = 0$。正如图 12.10 的例子所表明的,用式(12.57)和式(12.58)可以证明,$S_i(\mathrm{e}^{\mathrm{j}\omega}) = H(\mathrm{e}^{\mathrm{j}\omega})S_r(\mathrm{e}^{\mathrm{j}\omega})$,或者换句话说,$s_i[n]$ 是 $s_r[n]$ 的希尔伯特变换。

复信号也可以通过其幅度和相位来表示,即 $x[n]$ 可以表示成

$$x[n] = A[n]\mathrm{e}^{\mathrm{j}\phi[n]} \tag{12.73a}$$

其中

$$A[n] = (x_r^2[n] + x_i^2[n])^{1/2} \tag{12.73b}$$

且

$$\phi[n] = \arctan\left(\frac{x_i[n]}{x_r[n]}\right) \tag{12.73c}$$

因此,由式(12.70)和式(12.73)可以将 $s[n]$ 表示为

$$s[n] = (x_r[n] + \mathrm{j}x_i[n])\,\mathrm{e}^{\mathrm{j}\omega_c n} \tag{12.74a}$$

$$= A[n]\mathrm{e}^{\mathrm{j}(\omega_c n + \phi[n])} \tag{12.74b}$$

由此可以得出表达式

$$s_r[n] = x_r[n]\cos\omega_c n - x_i[n]\sin\omega_c n \tag{12.75a}$$

或

$$s_r[n] = A[n]\cos(\omega_c n + \phi[n]) \tag{12.75b}$$

以及

$$s_i[n] = x_r[n]\sin\omega_c n + x_i[n]\cos\omega_c n \tag{12.76a}$$

或

$$s_i[n] = A[n]\sin(\omega_c n + \phi[n]) \tag{12.76b}$$

式(12.75a)和式(12.76a)分别如图 12.11(a)和图 12.11(b)所示。这些图说明了如何由一个实低通信号形成复带通(单边带)信号。

合在一起,式(12.75)和式(12.76)就是复低通信号 $x[n]$ 的实部和虚部对一般复带通信号 $s[n]$ 的时域表示。通常,用这种复数表示方法来描述一个实带通信号是很方便的。例如,式(12.75a)提供了一种利用一个"同相"分量 $x_r[n]$ 和一个"正交"(90°相移)分量 $x_i[n]$ 在时间域表示实带通信号的方法。的确如图 12.10(e)所示,式(12.75a)可以表示其傅里叶变换对于通带中心不是共轭对称的实带通信号(或滤波器的脉冲响应)(如像形式为 $x_r[n]\cos\omega_c n$ 之类的信号)。

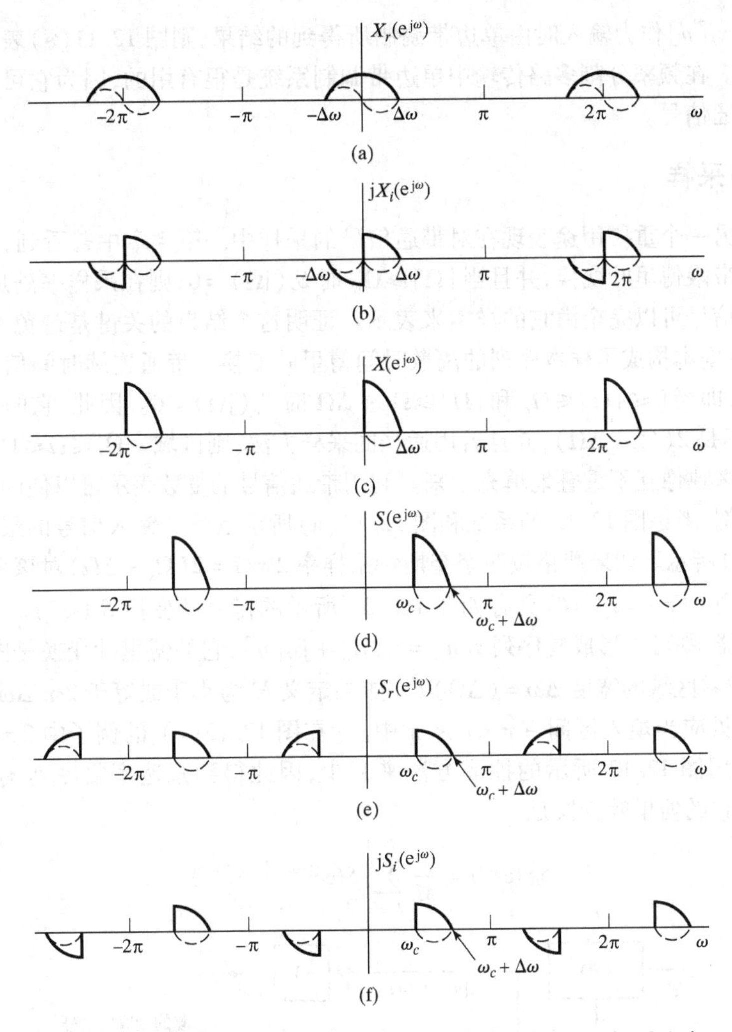

图 12.10　带通信号的傅里叶变换(实线为实部,虚线为虚部)[注意,在(b)和(f)部分表示函数 $jX_i(e^{j\omega})$ 和 $jS_i(e^{j\omega})$,这里 $X_i(e^{j\omega})$ 和 $S_i(e^{j\omega})$ 分别是 $x_i[n]$ 和 $s_i[n]$ 的希尔伯特变换之傅里叶变换]

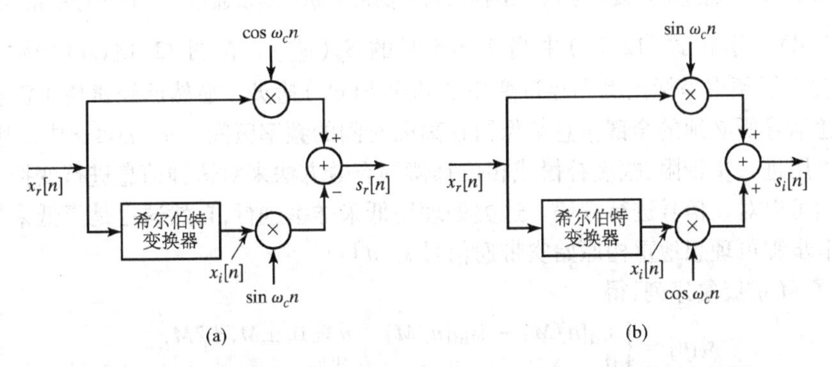

图 12.11　利用式(12.75a)和式(12.76a)得到单边带信号的方框图

从式(12.75)和式(12.76)的形式以及图 12.11 清楚可见,一般的带通信号都具有正弦的形式,它的幅度和相位均受到调制。序列 $A[n]$ 称为包络,$\phi[n]$ 称为相位。这种窄带信号表示法可用于表示各种幅度、相位调制系统。图 12.10 就是说明单边带调制的一个例子。如果把实信号 $s_r[n]$

看成低通实信号 $x_r[n]$ 作为输入时由单边带调制所得到的结果,则图 12.11(a)表示该单边带调制系统的实现方案。在频率分割多路传输中单边带调制系统是很有用的,因为它可以表示一个具有最小带宽的实带通信号。

12.4.3 带通采样

解析信号的另一个重要用途表现在对带通信号的采样中。第 4 章中曾看到,通常如果一个连续时间信号具有带限傅里叶变换,并且当 $|\Omega| \geqslant \Omega_N$ 时 $S_c(j\Omega)=0$,则在采样率满足不等式 $2\pi/T \geqslant 2\Omega_N$ 的条件下该信号可以完全由它的样本来表示。证明这个结果的关键是避免 $S_c(j\Omega)$ 的副本之间产生重叠,这些副本构成了样本序列的离散时间傅里叶变换。带通连续时间信号的傅里叶变换有这样一个特点,即当 $0 \leqslant |\Omega| \leqslant \Omega_c$ 和 $|\Omega| \geqslant \Omega_c + \Delta\Omega$ 时 $S_c(j\Omega)=0$。因此,它的带宽或支撑域的确只是 $2\Delta\Omega$,而不是 $2(\Omega_c+\Delta\Omega)$,并且若用适当的采样方法,则区域 $-\Omega_c \leqslant \Omega \leqslant \Omega_c$ 可以用 $S_c(j\Omega)$ 之非零部分的许多映像互不重叠地填充起来。利用带通信号的复数表示可以使问题大大简化。

作为一个示例,考虑图 12.12 的系统和图 12.13(a)所示信号。输入信号的最高频率 $\Omega_c+\Delta\Omega$ 是,如图 12.13(a)所示。如果严格按照奈奎斯特采样率 $2\pi/T=2(\Omega_c+\Delta\Omega)$ 对该系统进行采样,则所得到的样本序列 $s_r[n]=s_c(nT)$ 具有如图 12.13b 所示的傅里叶变换 $S_r(e^{j\omega})$。若用一个离散时间希尔伯特变换器,则可以形成复序列 $s[n]=s_r[n]+js_i[n]$,它的傅里叶变换是图 12.13(c)中的 $S(e^{j\omega})$。$S(e^{j\omega})$ 非零区域的宽度 $\Delta\omega=(\Delta\Omega)T$。如果定义 M 为小于或等于 $2\pi/\Delta\omega$ 的最大整数,则 $S(e^{j\omega})$ 的 M 个拷贝应当填入区间 $-\pi<\omega<\pi$ 中。[在图 12.13(c) 的例子中 $2\pi/\Delta\omega=5$]。这样 $s[n]$ 的采样率可用图 12.12 所示的抽取方法来减少,因此得到减速率复序列 $s_d[n]=s_{rd}[n]+js_{id}[n]=s[Mn]$,它的傅里叶变换是

$$S_d(e^{j\omega})=\frac{1}{M}\sum_{k=0}^{M-1} S(e^{j[(\omega-2\pi k)/M]}) \tag{12.77}$$

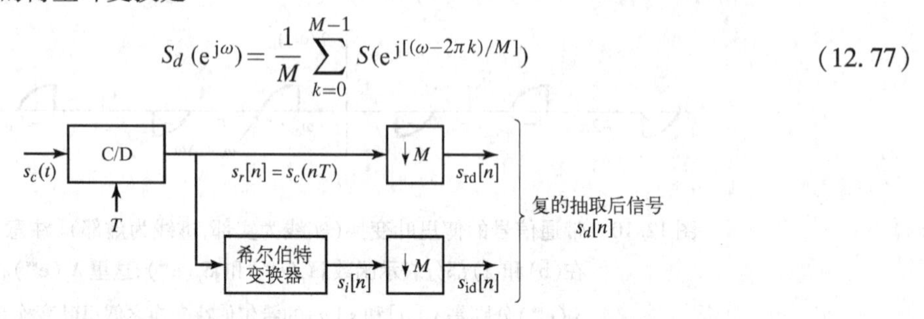

图 12.12 通过等效复带通信号的抽取而用低采样率对实带通信号进行采样的系统

图 12.13(d)表示在式(12.77)中当 $M=5$ 时的 $S_d(e^{j\omega})$。在图 12.13(d)中清楚地表示出 $S(e^{j\omega})$ 以及改变了频率坐标比例和经过变换的两个 $S(e^{j\omega})$ 拷贝。显然已经避免了混叠,并且重构原采样实带通信号所必须的全部信息都保留在离散时间的频率区间 $-\pi<\omega\leqslant\pi$ 中。用于 $s_d[n]$ 的复滤波器可以用进一步带限、幅度补偿或相位补偿等有效方法来对这种信息进行变换,或者为了传输或数字存储可以对复信号进行编码。这类处理用低采样率进行,自然这也是降低采样率的原因。

通过以下步骤可理想地重构原始实带通信号 $s_r[n]$:

1. 用因子 M 扩展复序列,得

$$s_e[n]=\begin{cases} s_{rd}[n/M]+js_{id}[n/M], & n=0,\pm M,\pm 2M,\cdots \\ 0, & \text{其他} \end{cases} \tag{12.78}$$

2. 用脉冲响应为 $h_i[n]$ 和频率响应为 $H_i(e^{j\omega})$ 的理想带通滤波器对信号 $s_e[n]$ 滤波,其中

$$H_i(e^{j\omega})=\begin{cases} 0, & -\pi<\omega<\omega_c \\ M, & \omega_c<\omega<\omega_c+\Delta\omega \\ 0, & \omega_c+\Delta\omega<\omega<\pi \end{cases} \tag{12.79}$$

（在这个例子中，$\omega_c + \Delta\omega = \pi$。）

3. 得出 $s_r[n] = \mathcal{R}e\{s_e[n] * h_i[n]\}$。

作为一个有益的练习，对于图 12.13 的例子绘出傅里叶变换 $S_e(e^{j\omega})$ 的图形，并证明式(12.79)的滤波器的确可以恢复 $s[n]$。

另一个有益的练习是研究其单边傅里叶变换等于 $S_c(j\Omega)$，$\Omega \geq 0$ 的一个复连续时间信号。可以证明，对这样一个信号可以用 $2\pi/T = \Delta\Omega$ 的采样率采样，从而直接得到复序列 $s_d[n]$。

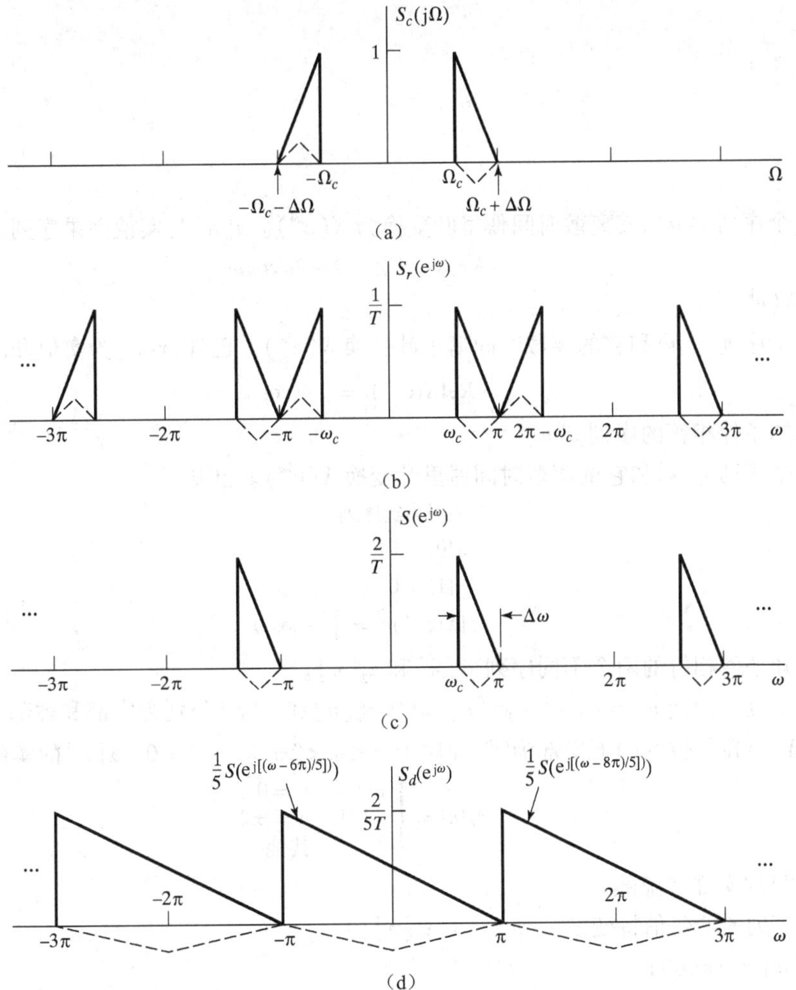

图 12.13　利用图 12.12 的系统对一个带通信号减速率采样的例子。(a) 连续时间带通信号的傅里叶变换；(b) 采样后信号的傅里叶变换；(c) 由(a)中信号导出的复带通离散时间信号的傅里叶变换；(d) 抽取后的(c)中复带通信号的傅里叶变换（实线表示实部，虚线表示虚部）

12.5　小结

本章讨论了复序列的实部和虚部之间以及傅里叶变换的实部和虚部之间的各种关系，这些关系总称为希尔伯特变换关系。用以推导所有这些希尔伯特变换关系式的方法是利用基本的因果性原理，该原理允许一个序列或函数可以由它的实部来恢复。本章指出，对于一个因果序列，其傅里叶变换的实部和虚部可以通过卷积型积分联系起来。另外,对于序列的复倒谱是因果的,或(等效地)其 z 变换的极点和零点都在单位圆内(最小相位条件)的这种特殊情况,傅里叶变换的幅度和相位之对数互为希尔伯特变换对。

本章推导了满足修正的因果性约束条件的周期序列希尔伯特变换关系和其傅里叶变换在单位圆的下半部为零的复序列之希尔伯特变换关系,还讨论了如何将复解析信号应用于带通信号的表示以及如何对带通信号进行有效采样的问题。

习题

基本题

12.1 考虑一个序列 $x[n]$,其离散时间傅里叶变换为 $X(e^{j\omega})$。$x[n]$ 为实值因果序列,且

$$\mathcal{R}e\{X(e^{j\omega})\} = 2 - 2a\cos\omega$$

求 $\mathcal{I}m\{X(e^{j\omega})\}$。

12.2 考虑一个序列 $x[n]$ 和它的离散时间傅里叶变换 $X(e^{j\omega})$。已知:$x[n]$ 为实值和因果的,

$$\mathcal{R}e\{X(e^{j\omega})\} = \frac{5}{4} - \cos\omega$$

求与已知条件相符的序列 $x[n]$。

12.3 考虑一个序列 $x[n]$ 和它的离散时间傅里叶变换 $X(e^{j\omega})$。已知:

$$x[n]\text{为实序列}$$
$$x[0] = 0$$
$$x[1] > 0$$
$$|X(e^{j\omega})|^2 = \frac{5}{4} - \cos\omega$$

求与已知条件相符的两个不同序列 $x_1[n]$ 和 $x_2[n]$。

12.4 考虑一个复序列 $x[n] = x_r[n] + jx_i[n]$,其中 $x_r[n]$ 和 $x_i[n]$ 分别为实部和虚部。序列 $x[n]$ 的 z 变换 $X(z)$ 在单位圆的下半部为零,即对于 $\pi \leqslant \omega < 2\pi$,$X(e^{j\omega}) = 0$。$x[n]$ 的实部为

$$x_r[n] = \begin{cases} 1/2, & n = 0 \\ -1/4, & n = \pm 2 \\ 0, & \text{其他} \end{cases}$$

求 $X(e^{j\omega})$ 的实部和虚部。

12.5 求下列序列的希尔伯特变换 $x_i[n] = \mathcal{H}\{x_r[n]\}$:

(a) $x_r[n] = \cos\omega_0 n$;

(b) $x_r[n] = \sin\omega_0 n$;

(c) $x_r[n] = \dfrac{\sin(\omega_c n)}{\pi n}$。

12.6 一个因果实序列 $x[n]$ 的 DFT $X(e^{j\omega})$ 的虚部为

$$X_I(e^{j\omega}) = 2\sin\omega - 3\sin 4\omega$$

此外,已知 $X(e^{j\omega})|_{\omega=0} = 6$。求 $x[n]$。

12.7 (a) $x[n]$ 是一个实因果序列,其离散傅里叶变换 $X(e^{j\omega})$ 的虚部为:

$$\mathcal{I}m\{X(e^{j\omega})\} = \sin\omega + 2\sin 2\omega$$

求 $x[n]$ 的一种解。

(b) (a)的答案是否唯一?如果是,请说明原因。如果不是,请给出满足(a)中关系式的另一个 $x[n]$。

12.8 考虑一个实因果序列 $x[n]$，其离散时间傅里叶变换 $X(e^{j\omega}) = X_R(e^{j\omega}) + jX_I(e^{j\omega})$。该离散时间傅里叶变换的虚部为

$$X_I(e^{j\omega}) = 3\sin(2\omega)$$

下面所列出的实部 $X_{Rm}(e^{j\omega})$ 中，哪些符合上述条件：

$$X_{R1}(e^{j\omega}) = \frac{3}{2}\cos(2\omega)$$
$$X_{R2}(e^{j\omega}) = -3\cos(2\omega) - 1$$
$$X_{R3}(e^{j\omega}) = -3\cos(2\omega)$$
$$X_{R4}(e^{j\omega}) = 2\cos(3\omega)$$
$$X_{R5}(e^{j\omega}) = \frac{3}{2}\cos(2\omega) + 1$$

12.9 已知实因果序列 $x[n]$ 及其离散时间傅里叶变换 $X(e^{j\omega})$ 为：

$$\mathcal{I}m\{X(e^{j\omega})\} = 3\sin(\omega) + \sin(3\omega)$$
$$X(e^{j\omega})|_{\omega=\pi} = 3$$

求符合上述条件的序列 $x[n]$。所求序列是否唯一？

12.10 考虑一个频率响应为 $H(e^{j\omega})$ 的稳定因果 LTI 系统之实脉冲响应 $h[n]$。已知：

（i）系统有一个稳定且因果的逆系统；

（ii）$|H(e^{j\omega})|^2 = \dfrac{\frac{5}{4} - \cos\omega}{5 + 4\cos\omega}$。

求 $h[n]$，并给出尽可能精确的值。

12.11 设 $x[n] = x_r[n] + jx_i[n]$ 是一个复值序列使得当 $-\pi \leqslant \omega < 0$ 时，$X(e^{j\omega}) = 0$。其虚部为

$$x_i[n] = \begin{cases} 4, & n = 3 \\ -4, & n = -3 \end{cases}$$

求 $X(e^{j\omega})$ 的实部和虚部。

12.12 $h[n]$ 是一个因果实值序列，且 $h[0]$ 为非零正数。$h[n]$ 的频率响应的幅度平方为

$$\left|H(e^{j\omega})\right|^2 = \frac{10}{9} - \frac{2}{3}\cos(\omega)$$

(a) 求 $h[n]$ 的一种解。

(b) (a)的答案是否唯一？如果是，请说明原因。如果不是，求出满足已知条件的 $h[n]$ 的第二种不同解。

12.13 设 $x[n]$ 为一个因果复值序列，其傅里叶变换为

$$X(e^{j\omega}) = X_R(e^{j\omega}) + jX_I(e^{j\omega})$$

如果 $X_R(e^{j\omega}) = 1 + \cos(\omega) + \sin(\omega) - \sin(2\omega)$，求 $X_I(e^{j\omega})$。

12.14 考虑一个实值非因果序列 $x[n]$，其离散时间傅里叶变换为 $X(e^{j\omega})$。$X(e^{j\omega})$ 的实部为

$$X_R(e^{j\omega}) = \sum_{k=0}^{\infty}(1/2)^k\cos(k\omega)$$

求 $X(e^{j\omega})$ 的虚部 $X_I(e^{j\omega})$。（请记住，如果当 $n > 0$ 时 $x[n] = 0$，则称该序列是非因果的。）

12.15 $x[n]$ 是一个实因果序列，其离散时间傅里叶变换为 $X(e^{j\omega})$。$X(e^{j\omega})$ 的虚部是

$$\mathcal{I}m\{X(e^{j\omega})\} = \sin\omega$$

并且已知

$$\sum_{n=-\infty}^{\infty} x[n] = 3$$

求 $x[n]$。

12.16 考虑一个实因果序列 $x[n]$,其离散时间傅里叶变换为 $X(e^{j\omega})$,其中已知 $X(e^{j\omega})$ 满足下列两式:

$$X_R(e^{j\omega}) = 2 - 4\cos(3\omega)$$

$$X(e^{j\omega})|_{\omega=\pi} = 7$$

这两式是否一致? 也就是说,序列 $x[n]$ 能否同时满足以上两式? 如果满足,请给出 $x[n]$ 的一种解。如果不满足,请说明原因。

12.17 考虑一个实因果有限长序列 $x[n]$,长度 $N=2$,其 2 点离散傅里叶变换 $X[k] = X_R[k] + jX_I[k]$ $(k=0,1)$。如果 $X_R[k] = 2\delta[k] - 4\delta[k-1]$,能否唯一确定 $x[n]$? 如果可以,求 $x[n]$,如果不可以,给出几个满足 $X_R[k]$ 条件的 $x[n]$。

12.18 设 $x[n]$ 是一个长度 $N=3$ 的实值因果有限长序列。求 $x[n]$ 的两种解,使得其离散傅里叶变换的实部 $X_R[k]$ 符合图 P12.18 所示。注意,按照 10.2 节的定义的情况答案中只有一种序列是"周期因果的",其中当 $N/2 < n \leq N-1$ 时,$x[n]=0$。

12.19 设 $x[n]$ 是一个长度 $N=4$ 的实因果有限长序列,同时也是周期因果的。该序列的 4 点离散傅里叶变换的实部 $X_R[k]$ 如图 P12.19 所示。求 DFT 的虚部 $jX_I[k]$。

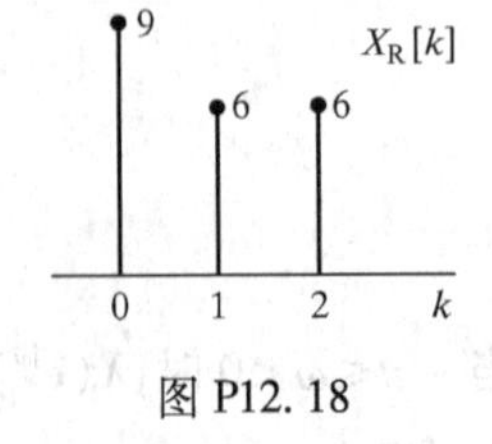

图 P12.18

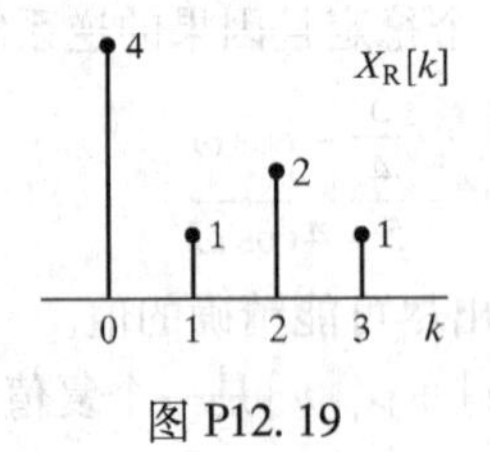

图 P12.19

12.20 考虑一个有限长度 $N=6$ 的实因果序列 $x[n]$,该序列的 6 点离散傅里叶变换的虚部是

$$jX_I[k] = \begin{cases} -j2/\sqrt{3}, & k=2 \\ j2/\sqrt{3}, & k=4 \\ 0, & \text{其他} \end{cases}$$

此外,已知

$$\frac{1}{6}\sum_{k=0}^{5} X[k] = 1$$

图 P12.20 中所示的哪些序列符合上述条件?

12.21 令 $x[n]$ 是一个实因果序列,且 $|x[n]| < \infty$。$x[n]$ 的 z 变换是

$$X(z) = \sum_{n=0}^{\infty} x[n]z^{-n}$$

它是变量 z^{-1} 的泰勒级数,并且在以 $z=0$ 为中心的某一圆域之外处收敛于一个解析函数。[收敛域包括 $z=\infty$ 点,事实上 $X(\infty) = x[0]$。] $X(z)$ 是解析函数(在其收敛域上)的论述意味着对函数 $X(z)$ 有很强的限制(见 Churchill and Brown,1990)。具体地讲,它的每个实部和虚部均满足拉普拉斯方程,并且实部和虚部之间由柯西黎曼方程联系起来。当 $x[n]$ 为有限值因果实序列时,将利用这些性质由其实部来求 $X(z)$。

令这一序列的 z 变换为

$$X(z) = X_R(z) + jX_I(z)$$

其中 $X_R(z)$ 和 $X_I(z)$ 是 z 的实值函数。假设当时 $z=\rho e^{j\omega}$ 时,$X_R(z)$ 为

$$X_R(\rho e^{j\omega}) = \frac{\rho + \alpha\cos\omega}{\rho}, \qquad \alpha \text{为实数}$$

还假定除 $z=0$ 处，$X(z)$ 处处解析，求出 $X(z)$（作为 z 的显函数）。同时利用下列两种方法来实现上述目标。

(a) 方法 1，频域：利用 $X(z)$ 的实部和虚部必须在 $X(z)$ 的每个解析处满足柯西黎曼方程这一事实。柯西黎曼方程如下：

1. 在直角坐标中，

$$\frac{\partial U}{\partial x}=\frac{\partial V}{\partial y},\qquad \frac{\partial V}{\partial x}=-\frac{\partial U}{\partial y}$$

其中，$z=x+\mathrm{j}y$ 和 $X(x+\mathrm{j}y)=U(x,y)+\mathrm{j}V(x,y)$。

2. 在极坐标中，

$$\frac{\partial U}{\partial \rho}=\frac{1}{\rho}\frac{\partial V}{\partial \omega},\qquad \frac{\partial V}{\partial \rho}=-\frac{1}{\rho}\frac{\partial U}{\partial \omega}$$

其中 $z=\rho e^{j\omega}$ 和 $X(\rho e^{j\omega})=U(\rho,\omega)+\mathrm{j}V(\rho,\omega)$。

因为知道 $U=X_R$，所以可对这些方程积分求出 $V=X_I$ 并由此得出 X。（注意，必须正确地处理积分常数。）

(b) 方法 2，时域：序列 $x[n]$ 可以表示为 $x[n]=x_e[n]+x_o[n]$，其中 $x_e[n]$ 是实偶序列，其傅里叶变换为 $X_R(e^{j\omega})$，而序列 $x_o[n]$ 是实奇序列，其傅里叶变换为 $\mathrm{j}X_I(e^{j\omega})$。求 $x_e[n]$，并利用因果性求 $x_o[n]$，从而求出 $x[n]$ 和 $X(z)$。

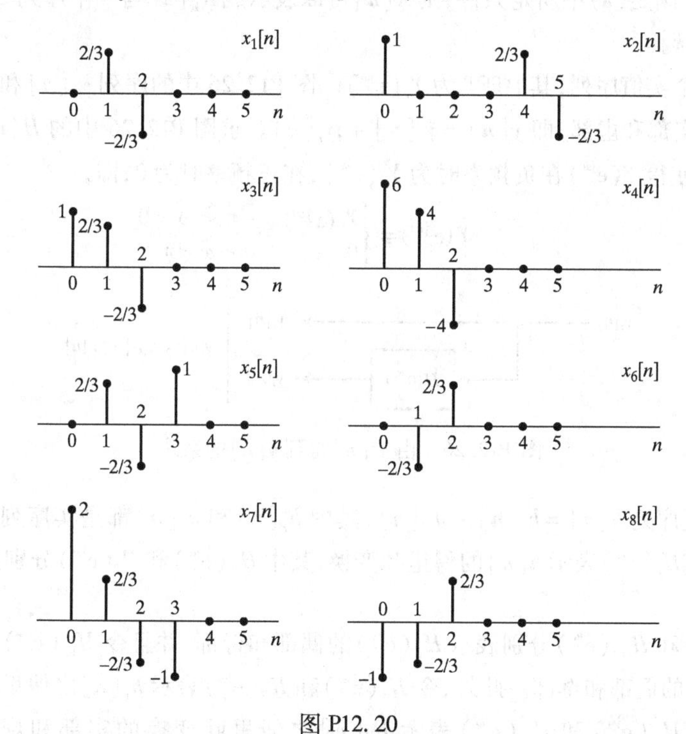

图 P12.20

12.22 $x[n]$ 是一个傅里叶变换为 $X(e^{j\omega})$ 的因果实值序列。已知

$$Re\{X(e^{j\omega})\}=1+3\cos\omega+\cos 3\omega$$

确定与此相一致的 $x[n]$，并说明你的选择是否是唯一的。

12.23 $x[n]$ 是一个实值因果序列，其 DTFT 为 $X(e^{j\omega})$。确定一个 $x[n]$，使得 $X(e^{j\omega})$ 的虚部如下式所示：

$$Im\{X(e^{j\omega})\}=3\sin(2\omega)-2\sin(3\omega)$$

12.24 对于序列

$$\tilde{u}_N[n]=\begin{cases}1, & n=0,\cdots,N/2\\ 2, & n=1,2,\cdots,N/2-1\\ 0, & n=N/2+1,\cdots,N-1\end{cases}$$

证明其离散傅里叶级数的系数序列是

$$\tilde{U}_N[k]=\begin{cases}N, & k=0\\ -\mathrm{j}2\cot(\pi k/N), & k\text{为奇数}\\ 0, & k\text{为偶数},k\neq 0\end{cases}$$

提示:求序列

$$u_N[n]=2u[n]-2u[n-N/2]-\delta[n]+\delta[n-N/2]$$

的 z 变换,并对其采样得到 $\tilde{U}[k]$。

深入题

12.25 考虑一个长度为 M 的实值有限长序列 $x[n]$。具体地讲,当 $n<0$ 和 $n>M-1$ 时 $x[n]=0$。令 $X[k]$ 表示 $x[n]$ 的 N 点 DFT($N\geqslant M$),其中 N 为奇数。$X[k]$ 的实部记作 $X_{\mathrm{R}}[k]$。

(a) 求可以使 $X[k]$ 由 $X_{\mathrm{R}}[k]$ 唯一确定的用 M 表示的最小 N 值。

(b) 若取 N 满足(a)中所定条件,则 $X[k]$ 可以表示成 $X_{\mathrm{R}}[k]$ 与一个序列 $U_N[k]$ 的循环卷积。求 $U_N[k]$。

12.26 $y_r[n]$ 是一个实值序列,其 DTFT 为 $Y_r(\mathrm{e}^{\mathrm{j}\omega})$。图 P12.26 中的序列 $y_r[n]$ 和 $y_i[n]$ 可看成复序列 $y[n]$ 的实部和虚部,即 $y[n]=y_r[n]+\mathrm{j}y_i[n]$。求图 P12.26 中的 $H(\mathrm{e}^{\mathrm{j}\omega})$,$\omega$ 在 $-\pi$ 和 π 之间取值,使得 $Y(\mathrm{e}^{\mathrm{j}\omega})$ 在负频率时为 $Y_r(\mathrm{e}^{\mathrm{j}\omega})$,在正频率时为 0,即,

$$Y(\mathrm{e}^{\mathrm{j}\omega})=\begin{cases}Y_r(\mathrm{e}^{\mathrm{j}\omega}), & -\pi<\omega<0\\ 0, & 0<\omega<\pi\end{cases}$$

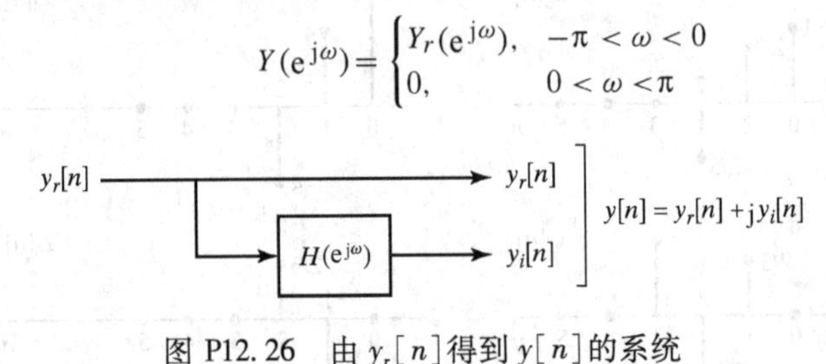

图 P12.26 由 $y_r[n]$ 得到 $y[n]$ 的系统

12.27 考虑一个复序列 $h[n]=h_r[n]+\mathrm{j}h_i[n]$,其中 $h_r[n]$ 和 $h_i[n]$ 都是实序列,并且令 $H(\mathrm{e}^{\mathrm{j}\omega})=H_{\mathrm{R}}(\mathrm{e}^{\mathrm{j}\omega})+\mathrm{j}H_{\mathrm{I}}(\mathrm{e}^{\mathrm{j}\omega})$ 表示 $h[n]$ 的傅里叶变换,其中 $H_{\mathrm{R}}(\mathrm{e}^{\mathrm{j}\omega})$ 和 $H_{\mathrm{I}}(\mathrm{e}^{\mathrm{j}\omega})$ 分别是 $H(\mathrm{e}^{\mathrm{j}\omega})$ 的实部和虚部。

令 $H_{\mathrm{ER}}(\mathrm{e}^{\mathrm{j}\omega})$ 和 $H_{\mathrm{OR}}(\mathrm{e}^{\mathrm{j}\omega})$ 分别表示 $H_{\mathrm{R}}(\mathrm{e}^{\mathrm{j}\omega})$ 的偶部和奇部,并且令 $H_{\mathrm{EI}}(\mathrm{e}^{\mathrm{j}\omega})$ 和 $H_{\mathrm{OI}}(\mathrm{e}^{\mathrm{j}\omega})$ 分别表示 $H_{\mathrm{I}}(\mathrm{e}^{\mathrm{j}\omega})$ 的偶部和奇部。此外,令 $H_A(\mathrm{e}^{\mathrm{j}\omega})$ 和 $H_B(\mathrm{e}^{\mathrm{j}\omega})$ 表示 $h_r[n]$ 之傅里叶变换的实部和虚部,并且令 $H_C(\mathrm{e}^{\mathrm{j}\omega})$ 和 $H_D(\mathrm{e}^{\mathrm{j}\omega})$ 表示 $h_i[n]$ 之傅里叶变换的实部和虚部。用 $H_{\mathrm{ER}}(\mathrm{e}^{\mathrm{j}\omega})$,$H_{\mathrm{OR}}(\mathrm{e}^{\mathrm{j}\omega})$,$H_{\mathrm{EI}}(\mathrm{e}^{\mathrm{j}\omega})$ 和 $H_{\mathrm{OI}}(\mathrm{e}^{\mathrm{j}\omega})$ 表示 $H_A(\mathrm{e}^{\mathrm{j}\omega})$,$H_B(\mathrm{e}^{\mathrm{j}\omega})$,$H_C(\mathrm{e}^{\mathrm{j}\omega})$ 和 $H_D(\mathrm{e}^{\mathrm{j}\omega})$。

12.28 理想希尔伯特变换器(90°移相器)有频率响应(在一个周期上)

$$H(\mathrm{e}^{\mathrm{j}\omega})=\begin{cases}-\mathrm{j}, & \omega>0\\ \mathrm{j}, & \omega<0\end{cases}$$

图 P12.28-1 表示 $H(\mathrm{e}^{\mathrm{j}\omega})$,图 P12.28-2 表示截止频率 $\omega_c=\pi/2$ 的理想低通滤波器 $H_{\mathrm{lp}}(\mathrm{e}^{\mathrm{j}\omega})$ 的频率响应。显然这些频率响应很相似,均有间隔为 π 的间断点。

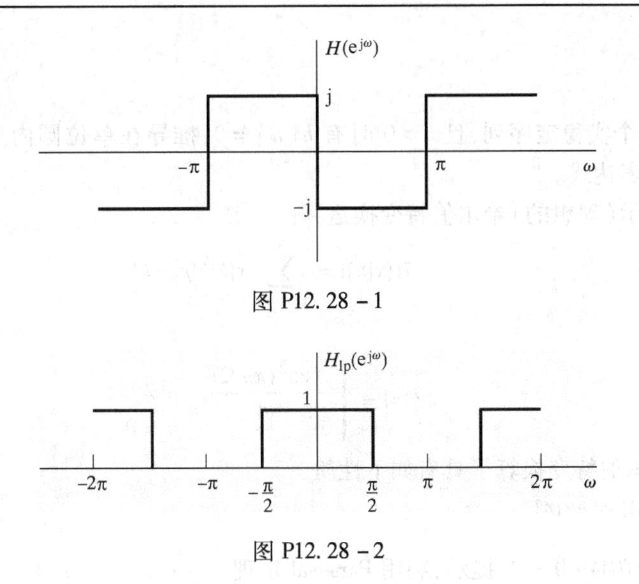

图 P12.28－1

图 P12.28－2

(a) 求用 $H_{lp}(e^{j\omega})$ 表示 $H(e^{j\omega})$ 的关系式。解这个方程,用 $H(e^{j\omega})$ 来表示 $H_{lp}(e^{j\omega})$。

(b) 利用(a)中的关系式得出用 $h_{lp}[n]$ 表示 $h[n]$ 的表达式和用 $h[n]$ 表示 $h_{lp}[n]$ 的表达式。在(a)和(b)中得出的关系式是以零相位理想系统的定义为基础的。但是对于广义线性相位的非理想系统来说,类似的关系式也成立。

(c) 利用(b)的结果求逼近希尔伯特变换器的因果 FIR 系统之脉冲响应与逼近低通滤波器的因果 FIR 系统之脉冲响应之间的关系式,它们都是用如下方法设计出的:(1) 结合适当的线性相位;(2) 确定对应的理想脉冲响应;(3) 乘以长度为$(M+1)$个样本的相同窗函数,即用第 7 章中讨论的窗函数法。(如果必要的话,可以分别考虑 M 为偶数和 M 为奇数的情况。)

(d) 对于例 12.4 中希尔伯特变换器的逼近,画出相应的低通滤波器频率响应的幅度曲线。

12.29 在 12.4.3 节中曾讨论过一种对带通连续时间信号采样的有效方法,该信号的傅里叶变换使

$$S_c(j\Omega)=0,\qquad |\Omega|\leqslant\Omega_c\quad 和\quad |\Omega|\geqslant\Omega_c+\Delta\Omega$$

在那段讨论中曾假设起始用采样频率 $2\pi/T=2(\Omega_c+\Delta\Omega)$,即避免混叠的最低可能频率对信号进行采样。带通信号采样方法如图 12.12 所示。形成具有单边傅里叶变换 $S(e^{j\omega})$ 的复带通离散时间信号 $s[n]$ 之后,以抽取因子 M 对复信号进行抽取,假定 M 是小于或等于 $2\pi/(\Delta\Omega T)$ 的最大整数。

(a) 通过图 12.13 给出的例子证明,如果量 $2\pi/(\Delta\Omega T)$ 对于所选择的起始采样率不是一个整数,则所得抽取后的信号 $s_d[n]$ 将有一些非零长度的区域,在该区域上其傅里叶变换 $S_d(e^{j\omega})$ 恒等于零。

(b) 应当如何选择起始采样频率 $2\pi/T$,求出的抽取因子 M 才能使得图 12.12 所示系统所抽取序列 $s_d[n]$ 的傅里叶变换 $S_d(e^{j\omega})$ 没有混叠,并且不存在一个其值为零的非零长度区间?

12.30 考虑一个 LTI 系统,其频率响应为

$$H(e^{j\omega})=\begin{cases}1, & 0\leqslant\omega\leqslant\pi\\ 0, & -\pi<\omega<0\end{cases}$$

系统的输入 $x[n]$ 限定为实值序列,其傅里叶变换存在(即 $x[n]$ 绝对可和)。是否总能唯一地由系统的输出恢复系统的输入。如果可能,说明如何恢复。如果不可能,说明原因。

扩展题

12.31 若$h[n]$是一个实稳定序列,且$n>0$时有$h[n]=0$,推导在单位圆内用$\mathcal{R}e\{H(e^{j\omega})\}$表示的$H(z)$之积分表达式。

12.32 令$\mathcal{H}\{\cdot\}$表示(理想的)希尔伯特变换运算:

$$\mathcal{H}\{x[n]\}=\sum_{k=-\infty}^{\infty}x[k]h[n-k]$$

其中$h[n]$为

$$h[n]=\begin{cases}\dfrac{2\sin^2(\pi n/2)}{\pi n}, & n\neq 0\\ 0, & n=0\end{cases}$$

证明理想希尔伯特变换算子具有如下性质:

(a) $\mathcal{H}\{\mathcal{H}\{x[n]\}\}=-x[n]$

(b) $\sum_{n=-\infty}^{\infty}x[n]\mathcal{H}\{x[n]\}=0$(提示:利用 Parseval 定理)

(c) $\mathcal{H}\{x[n]*y[n]\}=\mathcal{H}\{x[n]\}*y[n]=x[n]*\mathcal{H}\{y[n]\}$,其中$x[n]$和$y[n]$为任意序列。

12.33 脉冲响应为

$$h[n]=\begin{cases}\dfrac{2\sin^2(\pi n/2)}{\pi n}, & n\neq 0\\ 0, & n=0\end{cases}$$

的理想希尔伯特变换器有输入$x_r[n]$和输出$x_i[n]=x_r[n]*h[n]$,其中$x_r[n]$是离散时间随机信号。

(a) 求用$h[n]$和$\phi_{x_rx_r}[m]$表示的自相关序列$\phi_{x_ix_i}[m]$的表达式。

(b) 求互相关序列$\phi_{x_rx_i}[m]$的表达式。证明在这种情况下$\phi_{x_rx_i}[m]$是m的奇函数。

(c) 求复解析信号$x[n]=x_r[n]+jx_i[n]$之自相关函数的表达式。

(d) 求(c)中复信号的功率谱$P_{xx}(\omega)$。

12.34 在12.4.3节中曾讨论过对带通连续时间信号进行采样的一种有效方法,该信号的傅里叶变换使

$$S_c(j\Omega)=0,\qquad |\Omega|\leqslant\Omega_c \quad 和 \quad |\Omega|\geqslant\Omega_c+\Delta\Omega$$

带通信号采样方法如图12.12所示。在12.4.3节的末尾给出了重构原始采样信号$s_r[n]$的方法。在图12.12中的原始连续时间信号$s_c(t)$当然可以通过对$s_r[n]$进行理想带限内插(理想D/C转换)来重构。图P12.34-1表示由抽取的复信号重构一个实连续时间带通信号的系统方框图。图P12.34-1中的复带通滤波器$H_i(e^{j\omega})$具有式(12.79)给出的频率响应。

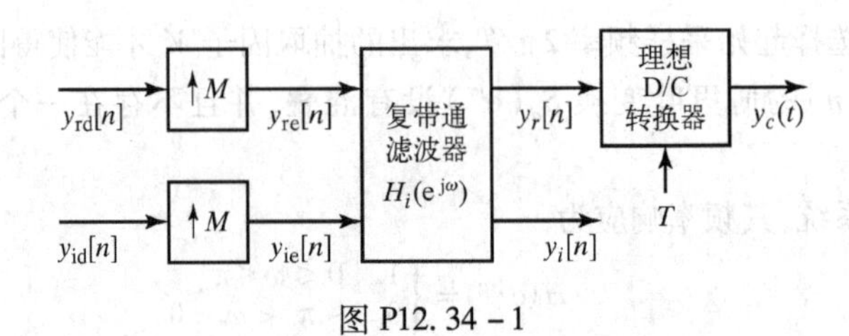

图 P12.34-1

(a) 利用图12.13所示例子证明,如果重构系统的输入是$y_{rd}[n]=s_{rd}[n]$和$y_{id}[n]=s_{id}[n]$,

则图 P12.34－1 的系统将重构原始实带通信号[即 $y_c(t)=s_c(t)$]。

(b) 求图 P12.34－1 中复带通滤波器的脉冲响应 $h_i[n]=h_{ri}[n]+\mathrm{j}h_{ii}[n]$。

(c) 画出图 P12.34－1 所示系统更详细的方框图，图中只有实数运算。省去图中计算最终输出所不需要的任何部分。

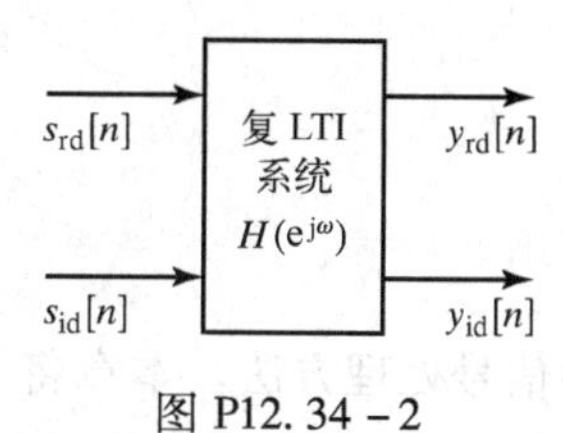

图 P12.34－2

(d) 现在考虑在图 12.12 的系统和图 P12.34－1 的系统之间放置一个复线性实不变系统，如图 P12.34－2 所示。图中系统的频率响应用 $H(e^{j\omega})$ 表示。如果要求

$$Y_c(j\Omega)=H_{\text{eff}}(j\Omega)S_c(j\Omega)$$

其中，

$$H_{\text{eff}}(j\Omega)=\begin{cases}1, & \Omega_c<|\Omega|<\Omega_c+\Delta\Omega/2\\ 0, & \text{其他}\end{cases}$$

应如何选择 $H(e^{j\omega})$？

12.35　12.3 节中曾定义了被称为序列 $x[n]$ 的复倒谱的序列 $\hat{x}[n]$，并曾提到因果复倒谱 $\hat{x}[n]$ 等效于 5.4 节中的最小相位条件。记住，$\hat{x}[n]$ 就是式(12.53)所定义的 $\hat{X}(e^{j\omega})$ 的傅里叶逆变换。注意，因为 $X(e^{j\omega})$ 和 $\hat{X}(e^{j\omega})$ 已定义，所以 $X(z)$ 和 $\hat{X}(z)$ 的收敛区域均必须包括单位圆。

(a) 讨论在 $X(z)$ 的每一个零点或极点处，$\hat{X}(z)$ 都会产生奇异点。利用这一事实，证明若 $\hat{x}[n]$ 是因果的，则 $x[n]$ 就是最小相位的。

(b) 讨论若 $x[n]$ 是最小相位的，则收敛域的限制条件要求 $\hat{x}[n]$ 是因果的。

可针对 $x[n]$ 能够表示为复指数的和式的情况检验这一性质。具体地讲，考虑一个序列 $x[n]$，其 z 变换为

$$X(z)=A\frac{\prod_{k=1}^{M_i}(1-a_kz^{-1})\prod_{k=1}^{M_o}(1-b_kz)}{\prod_{k=1}^{N_i}(1-c_kz^{-1})\prod_{k=1}^{N_o}(1-d_kz)}$$

式中 $A>0$ 且 a_k,b_k,c_k 和 d_k 的幅度均小于 1。

(c) 对 $\hat{X}(z)=\log X(z)$ 写出一种表达式。

(d) 利用(c)中答案的 z 逆变换，求 $\hat{x}[n]$。

(e) 根据(d)和 $X(z)$ 的表达式，讨论对于具有这种形式的序列 $x[n]$，一个因果复倒谱等效为具有最小相位。

第13章　倒谱分析和同态解卷积

13.0　引言

前面章节讨论和说明了各种线性信号处理方法。本章将介绍一类非线性技术,称之为倒谱分析和同态解卷积。在某些应用中,已经证明这些方法是非常有效和特别有用的。此外,这些方法还进一步表明,离散时间信号处理技术能提供极大的灵活性和强大的处理能力。

1963年博格特(Bogert)、希利(Healy)和图基(Tukey)发表了一篇文章,使用了异乎寻常的标题"对于回波时间序列的倒频率分析——倒谱,伪自协方差,倒互谱和倒相位分裂。"他们观察到,一个包含有回波信号的功率谱,其对数有一个附加的由回波造成的周期分量,因此功率谱对数的傅里叶变换应当在回波延时处出现一个峰。他们改变了词"spectrum"中的一些字母的顺序,称其为倒谱(cepstrum),因为"总是习惯上用时域的方法进行频率上的运算"。博格特等人陆续定义了许多词汇用以描述这一新的信号处理技术,可是只有倒谱这个词被广泛地使用。

大约在同一时期,奥本海姆(1964,1967,1969a)提出了一类称为同态系统的新系统。虽然在经典的意义上它是非线性的,但是这些系统满足广义的叠加原理,即输入信号和它们对应的响应可以由具有代数性质相同的运算叠加(组合)在一起构成。同态滤波的概念是非常普遍的,但只是对乘积和卷积的组合运算进行了最广泛的研究,因为许多信号模型涉及这类运算。一个信号变换到它的倒谱就是同态变换,对应于卷积和加法之间的变换,并且倒谱的概念是同态系统理论的基础部分,该系统用于处理通过卷积组合起来的信号。

自从引入了倒谱,已证明倒谱的概念和同态系统在信号分析中很有用,并且已经在处理语音信号(Oppenheim,1969b;Oppenheim and Schafer,1968;Schafer and Rabiner,1970),地震信号(Ulrych,1971;Tribolet,1979),生物医学信号(Senmoto and Childers,1972),旧的录音信号(Stockham,Cannon and Ingebretsen,1975)及声呐信号(Reut,Pace and Heator,1985)中获得了成功的应用。倒谱同样被认为是图分析的基础(Stoica and Moses, 2005)。本章将详细讨论与倒谱和以同态滤波为基础的解卷积有关的性质和计算问题,许多这方面的概念将在13.10节通过语音处理方面的应用来加以说明。

13.1　倒谱的定义

下面的例子将给出博格特等人定义的倒谱的原始动机。考虑一个由信号$v[n]$和它的移位并按比例复制的信号(回波)组成的信号;即

$$x[n] = v[n] + \alpha v[n-n_0] = v[n] * (\delta[n] + \alpha\delta[n-n_0]) \tag{13.1}$$

注意,$x[n]$用卷积表示,也就是说,该信号的离散傅里叶变换可写成乘积的形式

$$X(e^{j\omega}) = V(e^{j\omega})[1+\alpha e^{-j\omega n_0}] \tag{13.2}$$

$X(e^{j\omega})$的幅度为

$$|X(e^{j\omega})| = |V(e^{j\omega})|(1+\alpha^2+2\alpha\cos(\omega n_0))^{1/2} \tag{13.3}$$

为 ω 的偶函数。式(13.3)乘积的对数表示能够写成两对应项之和的形式,特别是

$$\log|X(e^{j\omega})| = \log|V(e^{j\omega})| + \tfrac{1}{2}\log(1+\alpha^2+2\alpha\cos(\omega n_0)) \tag{13.4}$$

方便起见,定义 $C_x(e^{j\omega}) = \log|X(e^{j\omega})|$。同样地,在期望为强调时域和频域的二元性而进行的讨论中,将 $\omega = 2\pi f$ 代入得

$$C_x(e^{j2\pi f}) = \log|X(e^{j2\pi f})| = \log|V(e^{j2\pi f})| + \tfrac{1}{2}\log(1+\alpha^2+2\alpha\cos(2\pi f n_0)) \tag{13.5}$$

这个关于归一化频率 f 的实函数拥有两个分量。$\log|V(e^{j2\pi f})|$ 项仅由 $v[n]$ 决定,而第二项 $\log(1+\alpha^2+2\alpha\cos(2\pi f n_0))$ 则由信号和它的组合(回波)共同决定。可将 $C_x(e^{j2\pi f})$ 看作一个关于连续独立变量 f 的波形。由回波引起的部分的 f 是以 $1/n_0$ 为周期的。① 习惯上,认为一个周期性的时域波形的频谱为线谱,即频谱集中于公共基频的整数倍频率上,基频是基本周期的倒数。在这种情况下,有一个 f(即频率)为偶函数的实"波形"。傅里叶分析适用于一个如 $C_x(e^{j2\pi f})$ 这样的连续变化周期函数,自然,其 DTFT 逆变换为

$$c_x[n] = \frac{1}{2\pi}\int_{-\pi}^{\pi} C_x(e^{j\omega})e^{j\omega n}d\omega = \int_{-1/2}^{1/2} C_x(e^{j2\pi f})e^{j2\pi f n}df \tag{13.6}$$

在博格特等人的术语中,$c_x[n]$ 被称为 $C_x(e^{j2\pi f})$ 的倒谱(或等效地,$x[n]$ 的倒谱,因为 $C_x(e^{j2\pi f})$ 是由 $x[n]$ 直接推得的)。很明显,虽然式(13.6)定义的倒谱是离散时间序号 n 的函数,博格特等人用术语"同态频率"以区别原始信号和时域倒谱。因为 $C_x(e^{j2\pi f})$ 中的项 $\log(1+\alpha^2+2\alpha\cos(2\pi f n_0))$ 是在 f 域以 $1/n_0$ 为周期的,那么在 $c_x[n]$ 中的对应分量仅在 $\log(1+\alpha^2+2\alpha\cos(2\pi f n_0))$ 的基频 n_0 的整数倍处非零。在本章后面的内容中将给出,在这个例子中,当简单回波 $|\alpha|<1$,倒谱为

$$c_x[n] = c_v[n] + \sum_{k=1}^{\infty}(-1)^{k+1}\frac{\alpha^k}{2k}(\delta[n+kn_0]+\delta[n-kn_0]) \tag{13.7}$$

其中 $c_v[n]$ 为 $\log|V(e^{j\omega})|$ 的 DTFT 逆变换(即 $v[n]$ 的倒谱),离散冲激中仅含有回波参数 α 和 n_0。正是这导致了博格特等人观察到,一个含回波的信号的倒谱在 $c_v[n]$ 的回波时延 n_0 处,很明显地有一个"峰值"。因此,倒谱可用作回波检测的基础。如同前面提到的,"倒谱"、"同态频率"和其他一些奇特的术语正是为了唤醒人们在时域和频域的相互转换间,以新思路考虑信号的傅里叶分析。在本章其余部分将使用复对数推广倒谱的概念,同时将给出许多数学定义引出的许多有趣性质。进一步将看到,复倒谱与卷积相结合可被看作信号分离的基础。

13.2　复倒谱的定义

作为推广倒谱概念的基础,考虑一个稳定序列 $x[n]$,其 z 变换的极坐标表示为

$$X(z) = |X(z)|e^{j\angle X(z)} \tag{13.8}$$

式中 $|X(z)|$ 和 $\angle X(z)$ 分别为复数 $X(z)$ 幅度和幅角。因为 $x[n]$ 是稳定的,所以 $X(z)$ 的收敛域包括单位圆,且 $x[n]$ 的傅里叶变换存在并等于 $X(e^{j\omega})$。与 $x[n]$ 对应的复倒谱定义为一个稳定序列 $\hat{x}[n]$②,它的 z 变换是

$$\hat{X}(z) = \log[X(z)] \tag{13.9}$$

---

① 因为 $\log(1+\alpha^2+2\alpha\cos(2\pi f n_0))$ 是 DTFT 的对数幅度,为此 f 同样是周期为 1(用 ω 则为 2π),也就是 $1/n_0$ 的。

② 对于更加广义的复倒谱的定义,$x[n]$ 和 $\hat{x}[n]$ 不必限制为稳定的。然而,相对于广义情况,稳定性的限制能够使得用更简单的记法表示重要的概念。

虽然在定义复倒谱时,对数可以是任何底数,但是通常使用自然对数(底数为 e),并且在以后的全部讨论中都假定使用它,如式(13.8)所示的复数量 $X(z)$ 的对数定义为

$$\log[X(z)]=\log[|X(z)|\mathrm{e}^{\mathrm{j}\angle X(z)}]=\log|X(z)|+\mathrm{j}\angle X(z) \tag{13.10}$$

因为在复数的极坐标表示中,幅角仅在 2π 的整数范围内是单值的,所以式(13.10)的虚部还没能给出很好的定义,后面将简要地说明这个问题,当前先假设已选定了某一种合适的定义。

如果 $\log[X(z)]$ 可以表示为一个如下形式的收敛幂级数:

$$\hat{X}(z)=\log[X(z)]=\sum_{n=-\infty}^{\infty}\hat{x}[n]z^{-n},\quad |z|=1 \tag{13.11}$$

则复倒谱存在,也就是说 $\hat{X}(z)=\log[X(z)]$ 必须具有稳定序列 z 变换的全部性质,特别是,$\log[X(z)]$ 的幂级数表示的收敛域必须具有如下形式:

$$r_R<|z|<r_L \tag{13.12}$$

式中 $0<r_R<1<r_L$,若当前就是这种情况,则幂级数的级数序列 $\hat{x}[n]$ 就对应于 $x[n]$ 的复倒谱。

由于要求 $\hat{x}[n]$ 是稳定的,则 $\hat{X}(z)$ 的 ROC 包含单位圆,并且用 DTFT 逆变换可将复倒谱表示为

$$\begin{aligned}\hat{x}[n]&=\frac{1}{2\pi}\int_{-\pi}^{\pi}\log[X(\mathrm{e}^{\mathrm{j}\omega})]\mathrm{e}^{\mathrm{j}\omega n}\mathrm{d}\omega\\&=\frac{1}{2\pi}\int_{-\pi}^{\pi}[\log|X(\mathrm{e}^{\mathrm{j}\omega})|+\mathrm{j}\angle X(\mathrm{e}^{\mathrm{j}\omega})]\mathrm{e}^{\mathrm{j}\omega n}\mathrm{d}\omega\end{aligned} \tag{13.13}$$

复倒谱这个术语使通用的定义与博格特等人(Bogert et al.,1963)提出的倒谱的原始定义区别开来。在这段上下文中使用的复数意味着在定义中使用了复对数。它并不意味着倒谱必须是一个复序列。的确,正如将会看到的,所选择的复对数定义保证了一个实序列的复倒谱也是一个实序列。

将序列 $x[n]$ 映射为对应的复倒谱 $\hat{x}[n]$ 的操作记为离散时间系统算子 $D_*[\cdot]$;即,$\hat{x}=D_*[x]$。图 13.1 左面的框图描述了该运算。类似地,由于式(13.9)与复指数函数是可逆运算,同样能够定义从 $\hat{x}[n]$ 中恢复 $x[n]$ 的逆转系统 $D_*^{-1}[\cdot]$。图 13.1 右面的框图表示了 $D_*^{-1}[\cdot]$。特别地,图 13.1 中给定的 $D_*[\cdot]$ 和 $D_*^{-1}[\cdot]$,若 $\hat{y}[n]=\hat{x}[n]$,那么 $y[n]=x[n]$。在 13.8 节讨论卷积信号的同态滤波器的背景下,$D_*[\cdot]$ 被称为卷积的特征系统。

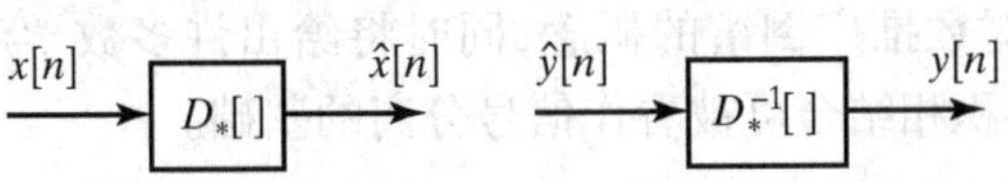

$x[n]$ → $D_*[\,]$ → $\hat{x}[n]$　　$\hat{y}[n]$ → $D_*^{-1}[\,]$ → $y[n]$

图 13.1　信号和其倒谱的映射和逆映射的系统表示

正如 13.1 节中介绍的,一个信号的倒谱 $c_x[n]$①(有时称为实倒谱,来强调它只表示复对数的实部)定义为傅里叶变换幅度的对数的傅里叶逆变换,即

$$c_x[n]=\frac{1}{2\pi}\int_{-\pi}^{\pi}\log|X(\mathrm{e}^{\mathrm{j}\omega})|\mathrm{e}^{\mathrm{j}\omega n}\mathrm{d}\omega \tag{13.14}$$

因为傅里叶变换的幅度是实数和非负的,所以在定义式(13.14)中的对数时不需要特殊的考虑。通过比较式(13.14)和式(13.13)可以看到,$c_x[n]$ 是 $\hat{X}(\mathrm{e}^{\mathrm{j}\omega})$ 实部的傅里叶逆变换。因此 $c_x[n]$ 等于 $\hat{x}[n]$ 的共轭对称部分,即

$$c_x[n]=\frac{\hat{x}[n]+\hat{x}^*[-n]}{2} \tag{13.15}$$

① $c_x[n]$ 也可以看作实倒谱以强调它仅对应复对数的实部。

倒谱在许多应用中是十分有用的，因为它与 $X(e^{j\omega})$ 的相位无关，所以计算起来要比复倒谱容易得多。但由于它只是基于傅里叶变换的幅度，因此是不可逆的，即 $x[n]$ 不能由 $c_x[n]$ 来恢复。虽然复倒谱计算起来稍微困难些，但是它是可逆的。因为复倒谱是一个比倒谱更为通用的概念，而且倒谱的性质可以由式(13.15)从复倒谱的性质中推导出来，所以本章中这样讨论复倒谱。

由于种种原因，在定义和计算复倒谱时所遇到的附加困难是值得的。首先，由式(13.10)可以看出，复对数具有产生一个实部和虚部分别为 $\log|X(e^{j\omega})|$ 和 $\angle X(e^{j\omega})$ 的新的傅里叶变换的效果。这样，若复倒谱是因果的，就可以得出这两个量之间的希尔伯特变换关系。13.5.2 节将进一步讨论这一点，特别是将看到它是如何与最小相位序列联系在一起的。其次，在 13.8 节的推导中，在定义对卷积组合信号进行广义线性滤波的系统时，复倒谱所起的作用更能让人体会到定义复倒谱的初衷。

13.3　复对数的性质

因为复对数在复倒谱的定义中起着关键作用，所以了解它的定义和性质是很重要的。在定义复对数运算中出现模糊会导致严重的计算问题。13.6 节将对此进行详细讨论。如果一个序列的 z 变换的对数可以由如同式(13.11)所示的幂级数表示，则它就有一个复倒谱，该式中特别说明 ROC 包括单位圆。这意味着，傅里叶变换

$$\hat{X}(e^{j\omega}) = \log|X(e^{j\omega})| + j\angle X(e^{j\omega}) \tag{13.16}$$

必须是一个 ω 的连续周期函数，因此 $\log|X(e^{j\omega})|$ 和 $\angle X(e^{j\omega})$ 也必须都是 ω 的连续函数。如果 $X(z)$ 在单位圆上没有零点，则 $\log|X(e^{j\omega})|$ 的连续性是可以保证的，因为已经假设 $X(e^{j\omega})$ 在单位圆上是解析的。但是，正如在 5.1.1 节中所讨论的 $\angle X(e^{j\omega})$ 是不确定的，因为对每个 ω 都可以增加 2π 的任意整数倍，并且 $\angle X(e^{j\omega})$ 的连续性取决于对它是如何规定的。由于 $\text{ARG}[X(e^{j\omega})]$ 可以是不连续的，所以一般它不满足连续性的要求。因此有必要明确地规定式(13.16)中的 $\angle X(e^{j\omega})$ 为连续相位曲线 $\arg[X(e^{j\omega})]$。

特别应当注意，若 $X(z)=X_1(z)X_2(z)$，则

$$\arg[X(e^{j\omega})] = \arg[X_1(e^{j\omega})] + \arg[X_2(e^{j\omega})] \tag{13.17}$$

而对于 $\text{ARG}[X(e^{j\omega})]$，类似的加法性质却不成立，即一般的

$$\text{ARG}[X(e^{j\omega})] \neq \text{ARG}[X_1(e^{j\omega})] + \text{ARG}[X_2(e^{j\omega})] \tag{13.18}$$

所以，为了使 $\hat{X}(e^{j\omega})$ 是解析的并具有如下性质：若 $X(e^{j\omega})=X_1(e^{j\omega})X_2(e^{j\omega})$，则

$$\hat{X}(e^{j\omega}) = \hat{X}(e^{j\omega}) + \hat{X}_2(e^{j\omega}) \tag{13.19}$$

必须定义 $\hat{X}(e^{j\omega})$ 为

$$\hat{X}(e^{j\omega}) = \log|X(e^{j\omega})| + j\arg[X(e^{j\omega})] \tag{13.20}$$

当 $x[n]$ 为实数时，通常总是规定 $\arg[X(e^{j\omega})]$ 是 ω 的奇周期函数，由于 $\arg[X(e^{j\omega})]$ 是 ω 的奇函数，且 $\log|X(e^{j\omega})|$ 是 ω 的偶函数，所以可以保证复倒谱 $\hat{x}[n]$ 为实数。①

13.4　复倒谱的另一种表示

到目前为止已经将复倒谱定义为 $\hat{X}(z)=\log[X(z)]$ 的幂级数表达式中的系数序列，并且还在

① 上面关于复对数运算引起的问题的概述可以通过黎曼表面(Brown and Churchill, 2008)的概念给出更正式的形式。

式(13.13)给出了由$\hat{X}(e^{j\omega}) = \log|X(e^{j\omega})| + \angle X(e^{j\omega})$来确定的$\hat{x}[n]$的积分表达式,其中认为$\angle X(e^{j\omega})$是无卷绕的相位函数$\arg[X(e^{j\omega})]$。对数导数可以用来推导出复倒谱的其他关系,而这些关系并不明显地涉及复对数。若假定$\log[X(z)]$是解析的,则

$$\hat{X}'(z) = \frac{X'(z)}{X(z)} \tag{13.21}$$

式中记号一撇"′"表示对z的导数。由表3.2中性质4可知,$z\hat{X}'(z)$是$-n\hat{x}[n]$的z变换,即

$$-n\hat{x}[n] \stackrel{Z}{\longleftrightarrow} z\hat{X}'(z) \tag{13.22}$$

因此,由式(13.21),有

$$-n\hat{x}[n] \stackrel{Z}{\longleftrightarrow} \frac{zX'(z)}{X(z)} \tag{13.23}$$

从式(13.21)开始,还可以推导出$x[n]$和$\hat{x}[n]$所满足的差分方程。将式(13.21)变换形式并且乘以z,得到

$$zX'(z) = z\hat{X}'(z) \cdot X(z) \tag{13.24}$$

利用式(13.22),上式的逆z变换为

$$-nx[n] = \sum_{k=-\infty}^{\infty} (-k\hat{x}[k])x[n-k] \tag{13.25}$$

等式两边分别除以$-n$,得

$$x[n] = \sum_{k=-\infty}^{\infty} \left(\frac{k}{n}\right)\hat{x}[k]x[n-k], \qquad n \neq 0 \tag{13.26}$$

根据定义

$$\hat{x}[0] = \frac{1}{2\pi}\int_{-\pi}^{\pi} \hat{X}(e^{j\omega})d\omega \tag{13.27}$$

可以求出$\hat{x}[0]$的值。因为$\hat{X}(e^{j\omega})$的虚部是ω的奇函数,所以式(13.27)成为

$$\hat{x}[0] = \frac{1}{2\pi}\int_{-\pi}^{\pi} \log|X(e^{j\omega})|d\omega \tag{13.28}$$

总的来说,一个信号和它的复倒谱满足非线性差分方程式(13.26)。在一定条件下,$x[n]$和$\hat{x}[n]$之间的这个隐式关系式可以变换形式成为计算中能使用的递推公式。这种类型的公式将在13.6.4节中讨论。

13.5 指数序列的复倒谱,最小相位和最大相位序列

13.5.1 指数序列

如果序列$x[n]$由复指数序列之和组成,则它的z变换$X(z)$是一个z的有理函数。这样的序列对于分析来说既有用又合理。本节将研究稳定序列$x[n]$的复倒谱,该序列的z变换有如下形式:

$$X(z) = \frac{Az^r \prod_{k=1}^{M_i}(1 - a_k z^{-1}) \prod_{k=1}^{M_o}(1 - b_k z)}{\prod_{k=1}^{N_i}(1 - c_k z^{-1}) \prod_{k=1}^{N_o}(1 - d_k z)} \tag{13.29}$$

式中 $|a_k|$, $|b_k|$, $|c_k|$ 和 $|d_k|$ 均小于 1,因此因式 $(1-a_kz^{-1})$ 和 $(1-c_kz^{-1})$ 对应于在单位圆内的 M_i 个零点和 N_i 个极点,而因式 $(1-b_kz)$ 和 $(1-d_kz)$ 对应于单位圆外的 M_o 个零点和 N_o 个极点。这样的 z 变换是稳定的指数序列之和组成的序列所特有的。在没有极点的特殊情况下[即式(13.29)的分母为 1],相应的序列 $x[n]$ 是一个长度为 $M+1=M_o+M_i+1$ 的有限长序列。

利用复对数的性质,式(13.29)中的乘积项可以变成对数项之和

$$\begin{aligned}\hat{X}(z)=&\log(A)+\log(z^r)+\sum_{k=1}^{M_i}\log(1-a_kz^{-1})+\sum_{k=1}^{M_o}\log(1-b_kz)\\&-\sum_{k=1}^{N_i}\log(1-c_kz^{-1})-\sum_{k=1}^{N_o}\log(1-d_kz)\end{aligned}\tag{13.30}$$

$\hat{x}[n]$ 的性质取决于每一项逆变换组合的性质。

对于实序列,A 为实数,若 A 为正数,则第一项 $\log(A)$ 一般只对 $\hat{x}[0]$ 有贡献。具体地(见习题 13.15),有

$$\hat{x}[0]=\log|A|\tag{13.31}$$

若 A 为负数,则要确定 $\log(A)$ 项对复倒谱的贡献是比较困难的。z^r 项只对应于序列 $x[n]$ 的延迟或超前。若 $r=0$,则这一项就从式(13.30)中消失了。但是若 $r\neq0$,则无卷绕相位函数 $\arg[X(e^{j\omega})]$ 将包含一个斜率为 r 的线性项。所以,由于 $\arg[X(e^{j\omega})]$ 被定义为 ω 的奇周期函数并且对于 $|\omega|<\pi$ 是连续的,这个线性相位项将迫使 $\arg[X(e^{j\omega})]$ 在 $\omega=\pm\pi$ 处不连续,并且 $\hat{X}(z)$ 在单位圆上将不再是解析的。虽然 A 为负数且(或)$r\neq0$ 的情况在形式上是可以容许的,但是这样做似乎没有什么实际的优点,因为若令形如式(13.29)的两个变换相乘,就无法确定 A 或 r 的每个分量贡献究竟有多大。这与在通常的线性滤波中两个均有直流电平的信号相加的情况相类似。因此,在实际中这个问题是可以避免的,只要确定出 A 的代数符号和 r 的值,然后改变输入使其 z 变换具有如下形式:

$$X(z)=\frac{|A|\prod_{k=1}^{M_i}(1-a_kz^{-1})\prod_{k=1}^{M_o}(1-b_kz)}{\prod_{k=1}^{N_i}(1-c_kz^{-1})\prod_{k=1}^{N_o}(1-d_kz)}\tag{13.32}$$

因此,式(13.30)变为

$$\begin{aligned}\hat{X}(z)=&\log|A|+\sum_{k=1}^{M_i}\log(1-a_kz^{-1})+\sum_{k=1}^{M_o}\log(1-b_kz)\\&-\sum_{k=1}^{N_i}\log(1-c_kz^{-1})-\sum_{k=1}^{N_o}\log(1-d_kz)\end{aligned}\tag{13.33}$$

除已经讨论过的 $\log|A|$ 项外,式(13.33)中的其他所有各项都有 $\log(1-\alpha z^{-1})$ 和 $\log(1-\beta z)$ 的形式。记住,这些因式代表在收敛域(包括单位圆)内的 z 变换,可以得出它们的幂级数展开式

$$\log(1-\alpha z^{-1})=-\sum_{n=1}^{\infty}\frac{\alpha^n}{n}z^{-n},\qquad|z|>|\alpha|\tag{13.34}$$

$$\log(1-\beta z)=-\sum_{n=1}^{\infty}\frac{\beta^n}{n}z^{n},\qquad|z|<|\beta^{-1}|\tag{13.35}$$

利用以上两式可以看出,对于 z 变换如同式(13.32)的信号来说,$\hat{x}[n]$ 的一般形式为

$$\hat{x}[n]=\begin{cases}\log|A|, & n=0 \quad (13.36a)\\ -\sum_{k=1}^{M_i}\frac{a_k^n}{n}+\sum_{k=1}^{N_i}\frac{c_k^n}{n}, & n>0 \quad (13.36b)\\ \sum_{k=1}^{M_o}\frac{b_k^{-n}}{n}-\sum_{k=1}^{N_o}\frac{d_k^{-n}}{n}, & n<0 \quad (13.36c)\end{cases}$$

应当注意,对于有限长序列的特殊情况,式(13.36b)和式(13.36c)中的第二项将消失。式(13.36)说明复倒谱具有如下一般性质:

性质1:复倒谱的下降速度至少像 $1/|n|$ 一样快,具体地,

$$|\hat{x}[n]|<C\frac{\alpha^{|n|}}{|n|}, \qquad -\infty<n<\infty$$

式中 C 为常数,α 等于 $|a_k|$, $|b_k|$, $|c_k|$ 和 $|d_k|$ 中的最大值。①

性质2:即使 $\hat{x}[n]$ 为有限长,$x[n]$ 也是无限长的。

性质3:若 $x[n]$ 为实数,则 $\hat{x}[n]$ 也为实数。

性质1和性质2可以直接由式(13.36)得出。以前经常提到过性质3,它的根据是:当 $x[n]$ 为实数时,$\log|X(e^{j\omega})|$ 是偶函数,而 $\arg[X(e^{j\omega})]$ 是奇函数,因此

$$\hat{X}(e^{j\omega})=\log|X(e^{j\omega})|+j\arg[X(e^{j\omega})]$$

的逆变换为实数。为了根据本节的内容来证明性质3,注意到,若 $x[n]$ 是实数,则 $X(z)$ 的极点和零点是复共轭对。因此,对于式(13.36)中的每个形式为 α^n/n 的复数项必定存在一个复共轭项 $(\alpha^*)^n/n$,所以它们的和将为实数。

13.5.2 最小相位和最大相位序列

正如第5章和第12章讨论过的,最小相位序列是一个因果稳定的实序列,其 z 变换的极点和零点均在单位圆内。注意,$\log[X(z)]$ 在 $X(z)$ 的极点和零点处均有奇异点。因为要求 $\log[X(z)]$ 的 ROC 包括单位圆以使 $\hat{x}[n]$ 为稳定的,还因为因果序列有一个形式为 $r_R<|z|$ 的 ROC,所以可以得出:若当 $n<0$ 时 $\hat{x}[n]=0$,则 $\log[X(z)]$ 在单位圆上或单位圆外可以没有奇异点。反之,若 $\hat{X}(z)=\log[X(z)]$ 的全部奇异点均在单位圆内,则对于 $n<0$ 有 $\hat{x}[n]=0$。因为 $\hat{X}(z)$ 的奇异点是 $X(z)$ 的极点和零点,所以当且仅当 $X(z)$ 的极点和零点在单位圆内时,$x[n]$ 的复倒谱是因果的(对于 $n<0$, $\hat{x}[n]=0$)。换句话说,当且仅当 $x[n]$ 的复倒谱是因果的,$x[n]$ 才是一个最小相位序列。

对于指数序列或有限长序列的情况,通过研究式(13.36)就很容易看出这一点。显然,若所有的 b_k 和 d_k 为0,即没有一个极点或零点在单位圆外或单位圆上,则式(13.36c)中的各项均为0。于是,复倒谱的另一个性质为

性质4:当且仅当 $x[n]$ 为最小相位,即 $X(z)$ 的所有极点和零点均在单位圆内时,$n<0$ 时的复倒谱 $\hat{x}[n]=0$。

所以,复倒谱的因果性等效于最小相位滞后、最小群延迟和最小能量延迟这些代表最小相位序列特性的性质。

---

① 实际中,通常处理有限长信号,它可以用 z^{-1} 的多项式表示,即式(13.32)的分子。在很多情况下,序列可能几百、几千点长。对于这些序列,随着序列长度的增加,多项式的所有零点几乎都在单位圆附近聚集的可能性也在增加(Hughes and Nikeghbali,2005)。这表明,对于长的有限长序列,复倒谱的衰减主要取决于 $1/n$。

例 13.1 最小相位回波系统的复倒谱

倒谱的概念最初源于对回波的考虑。正如 13.1 节所示,用卷积表示含有一个回波的信号 $x[n]=v[n]*p[n]$,其中

$$p[n]=\delta[n]+\alpha\delta[n-n_0] \overset{\mathcal{Z}}{\longleftrightarrow} P(z)=1+\alpha z^{-n_0} \tag{13.37}$$

$P(z)$ 的零点位于 $z_k=\alpha^{1/n_0}e^{j2\pi(k+1/2)/n_0}$,若 $|\alpha|<1$,则所有的零点将位于单位圆内。在这种情况下,$p[n]$ 是最小相位系统。为找出复倒谱 $\hat{p}[n]$,可以用 13.5.1 节中的 $\log[P(z)]$ 的幂级数序列扩展,得

$$\hat{P}(z)=\log[1+\alpha z^{-n_0}]=-\sum_{n=1}^{\infty}\frac{(-\alpha)^n}{n}z^{-nn_0} \tag{13.38}$$

之后有

$$\hat{p}[n]=\sum_{m=1}^{\infty}(-1)^{m+1}\frac{\alpha^m}{m}\delta[n-mn_0] \tag{13.39}$$

从式(13.39)中能够看出 $\hat{v}[n]=0, n<0, |\alpha|<1$,这正是最小相位系统需要满足的条件。更进一步,看到最小相位回波系统复倒谱的非零值出现在 n_0 的正整数倍处。

最大相位序列是其所有的极点和零点均在单位圆外的稳定序列。因此,最大相位序列是左边序列,并且通过类似的论证还可以得出,最大相位序列的复倒谱也是左边序列。于是,复倒谱的另一个性质是

性质 5:当且仅当 $x[n]$ 为最大相位,即 $X(z)$ 的所有极点和零点均在单位圆外时,$n>0$ 时的复倒谱 $\hat{x}[n]=0$。

对于指数序列或有限长序列,很容易证明复倒谱的这一性质,只要注意到,若所有的 c_k 和 a_k 均为 0(即在单位圆外没有极点或零点),则式(13.36b)表明对于 $n>0$ 有 $\hat{x}[n]=0$。

在例 13.1 中,当 $|\alpha|<1$;即当回波小于直达信号时,确定了回波系统冲激响应的复倒谱。若 $|\alpha|>1$,回波大于直达信号,同时系统函数 $P(z)=1+\alpha z^{-n_0}$ 位于单位圆外。在这种情况下,回波系统是最大相位系统。[1] 对应的复倒谱为

$$\hat{p}[n]=\log|\alpha|\delta[n]+\sum_{m=1}^{\infty}(-1)^{m+1}\frac{\alpha^{-m}}{m}\delta[n+mn_0] \tag{13.40}$$

从式(13.40)中可以发现 $\hat{p}[n]=0, n>0, |\alpha|>1$,这正是最大相位系统需满足的条件。在这种情况下可以看到,最大相位回波系统复倒谱的非零值出现在 n_0 的负整数倍处。

13.5.3 实倒谱与复倒谱的关系

正如 13.1 节和 13.2 节讨论过的,实倒谱 $c_x[n]$ 的傅里叶变换是复倒谱 $\hat{x}[n]$ 傅里叶变换的实部,相当于,$c_x[n]$ 对应于 $\hat{x}[n]$ 的偶数部分。即

$$c_x[n]=\frac{\hat{x}[n]+\hat{x}[-n]}{2} \tag{13.41}$$

若 $\hat{x}[n]$ 是因果的,即 $x[n]$ 是最小相位的,则式(13.41)是可逆的,等效地,$\hat{x}[n]$ 可以通过对 $c_x[n]$ 适当加窗来恢复。具体地,

$$\hat{x}[n]=c_x[n]\ell_{min}[n] \tag{13.42a}$$

式中,

---

① $P(z)=z^{-n_0}(\alpha+z^{n_0})$ 在 $z=0$ 处有 n_0 个极点,在计算 $\hat{p}[n]$ 时忽略。

$$\ell_{min}[n] = 2u[n] - \delta[n] = \begin{cases} 2, & n > 0 \\ 1, & n = 0 \\ 0, & n < 0 \end{cases} \tag{13.42b}$$

式(13.42)和图 13.2 所示的框图表明了若 $x[n]$ 是最小相位,如何通过倒谱和单独从对数幅值得到复倒谱。

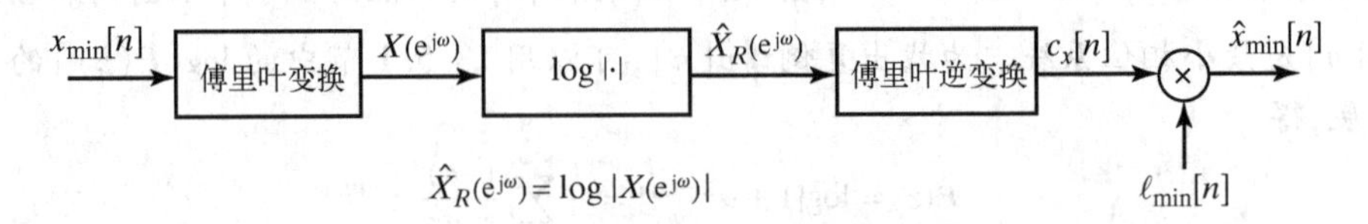

图 13.2 最小相位信号的复倒谱定义

在下面的例子中,将就例 13.1 中的最小相位回波系统说明式(13.41)和式(13.42a)。

例 13.2 最小相位回波系统的倒谱

考虑例 13.1 中式(13.39)给出的最小相位回波系统的复倒谱。由式(13.41)可知,最小相位回波系统的实倒谱为

$$c_p[n] = \frac{1}{2}\Big(\sum_{m=1}^{\infty}(-1)^{m+1}\frac{\alpha^m}{m}\delta[n - mn_0] + \sum_{m=1}^{\infty}(-1)^{m+1}\frac{\alpha^m}{m}\delta[-n - mn_0]\Big) \tag{13.43}$$

因为 $\delta[-n]=\delta[n]$,式(13.43)可以写成更紧凑的形式

$$c_p[n] = \sum_{m=1}^{\infty}(-1)^{m+1}\frac{\alpha^m}{2m}\left(\delta[n - mn_0] + \delta[n + mn_0]\right) \tag{13.44}$$

同样注意,若 $c_p[n]$ 由式(13.44)而 $\ell_{min}[n]$ 由式(13.42b)给出,那么 $\ell_{min}[n]c_p[n]$ 等于式(13.39)中的 $\hat{p}[n]$。

13.6 复倒谱的计算

复倒谱的应用,需要提出由采样信号求出复倒谱的准确而有效的计算方法。在前面的讨论中均隐含着输入信号傅里叶变换的复对数满足唯一性和连续性的假设。如果用以上所得出的数学表达式作为计算复倒谱的基础,或等效地作为实现系统 $D_*[\cdot]$ 的基础,那么还必须处理计算傅里叶变换和复对数的问题。

借助于傅里叶变换,系统 $D_*[\cdot]$ 可以用下列方程表示:

$$X(e^{j\omega}) = \sum_{n=-\infty}^{\infty} x[n]e^{-j\omega n} \tag{13.45a}$$

$$\hat{X}(e^{j\omega}) = \log[X(e^{j\omega})] \tag{13.45b}$$

$$\hat{x}[n] = \frac{1}{2\pi}\int_{-\pi}^{\pi}\hat{X}(e^{j\omega})e^{j\omega n}d\omega \tag{13.45c}$$

这些方程对应于图 13.3 所示的三个系统的级联。

在数值计算复倒谱中,仅限于有限输入序列,而且也只能在有限频率点上计算傅里叶变换。这就是说,必须使用 DFT 而不是 DTFT。因此,可用如下可实现的算式来代替式(13.45):

$$X[k]=X(\mathrm{e}^{\mathrm{j}\omega})\Big|_{\omega=(2\pi/N)k}=\sum_{n=0}^{N-1}x[n]\mathrm{e}^{-\mathrm{j}(2\pi/N)kn} \tag{13.46a}$$

$$\hat{X}[k]=\log[X(\mathrm{e}^{\mathrm{j}\omega})]\Big|_{\omega=(2\pi/N)k} \tag{13.46b}$$

$$\hat{x}_p[n]=\frac{1}{N}\sum_{k=0}^{N-1}\hat{X}[k]\mathrm{e}^{\mathrm{j}(2\pi/N)kn} \tag{13.46c}$$

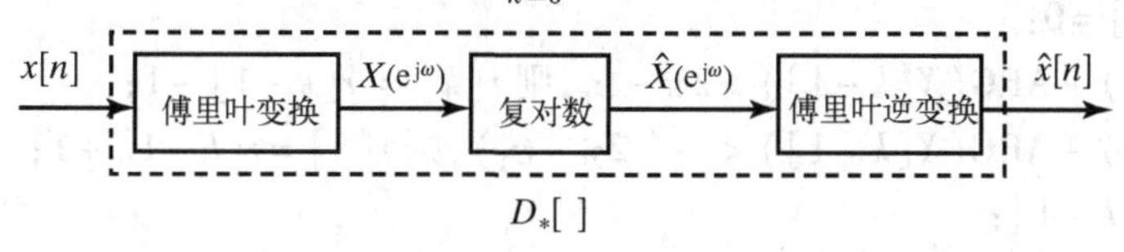

图 13.3　实现复倒谱 $D_*[\,]$计算的三级级联系统

图 13.4(a)绘出了这些运算，而实现逆系统所对应的运算绘于图 13.4(b)中。

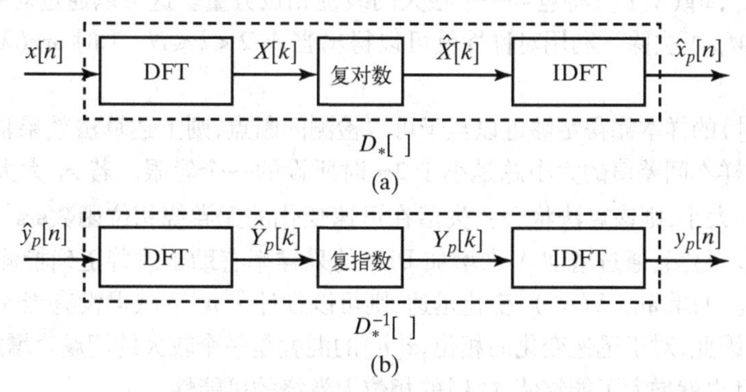

图 13.4　利用 DFT 的近似实现框图。(a) $D_*[\cdot]$;(b) $D_*^{-1}[\cdot]$

由于式(13.46b)中 $\hat{X}[k]$是 $\hat{X}(\mathrm{e}^{\mathrm{j}\omega})$的采样，根据 8.4 节所讨论的，$\hat{x}_p[n]$是$\hat{x}[n]$的时间混叠，即

$$\hat{x}_p[n]=\sum_{r=-\infty}^{\infty}\hat{x}[n+rN] \tag{13.47}$$

但是从 13.5 节的性质 1 中注意到，$\hat{x}[n]$的衰减比指数序列快得多，因此可以预计到，随着 N 的增加，近似程度会越来越好。通过给输入序列补零的方法一般可以增加傅里叶变换的复对数的采样率，这样，在复倒谱的计算中就不会出现严重的时间混叠。

13.6.1　相位无卷绕

式(13.46b)给出的 $\hat{X}(\mathrm{e}^{\mathrm{j}\omega})$的采样是对 $\log|X(\mathrm{e}^{\mathrm{j}\omega})|$ 和 $\arg[X(\mathrm{e}^{\mathrm{j}\omega})]$的采样。在满足一定采样率的情况下，$\log|X(\mathrm{e}^{\mathrm{j}\omega})|$ 的采样可以通过计算 $x[n]$补零后的 DFT 得到。$\mathrm{ARG}[X(\mathrm{e}^{\mathrm{j}\omega})]$的采样，即以 2π 为模的相位计算可以对$X(\mathrm{e}^{\mathrm{j}\omega})$的采样使用大多数高级计算机里都有的标准反正切程序得到。但是，为求得复倒谱或它的混叠形式 $\hat{x}_p[n]$，要求对 $\arg[X(\mathrm{e}^{\mathrm{j}\omega})]$无卷绕相位的采样。因此，无卷绕相位的有效算法是通过对以 2π 为模的相位采样得到无卷绕相位的采样，这成为计算复倒谱的重要算法。

为了说明这个算法，考虑一个有限长因果输入序列，它的傅里叶变换是

$$\begin{aligned}X(\mathrm{e}^{\mathrm{j}\omega})&=\sum_{n=0}^{M}x[n]\mathrm{e}^{-\mathrm{j}\omega n}\\&=A\mathrm{e}^{-\mathrm{j}\omega M_o}\prod_{k=1}^{M_i}(1-a_k\mathrm{e}^{-\mathrm{j}\omega})\prod_{k=1}^{M_o}(1-b_k\mathrm{e}^{\mathrm{j}\omega})\end{aligned} \tag{13.48}$$

式中，$|a_k|$ 和 $|b_k|$ 小于 1，$M = M_o + M_i$，A 为正数。图 13.5(a)中给出了这种形式的一个序列的连续相位曲线。黑点表示在 $\omega_k = (2\pi/N)k$ 处的样本值。图 13.5(b)绘出了主值及其由输入序列的 DFT 计算出的样本值。有一种计算无卷绕主值相位的方法是根据如下关系式：

$$\arg(X[k]) = \text{ARG}(X[k]) + 2\pi r[k] \tag{13.49}$$

其中 $r[k]$ 表示整数，由它决定在频率 $\omega_k = (2\pi k/N)$ 处给主值加上 2π 的适当倍数的值。图 13.5(c)表示从图 13.5(b)得到图 13.5(a)所要求的 $2\pi r[k]$ 值。这个例子提出了由 ARG$(X[k])$ 计算 $r[k]$ 的如下算法，起始令 $r[0]=0$：

(1) 若 $\text{ARG}(X[k]) - \text{ARG}(X[k-1]) > 2\pi - \varepsilon_1$，则 $r[k] = r[k-1] - 1$；

(2) 若 $\text{ARG}(X[k]) - \text{ARG}(X[k-1]) < -(2\pi - \varepsilon_1)$，则 $r[k] = r[k-1] + 1$；

(3) 否则 $r[k] = r[k-1]$；

(4) 当 $1 \leqslant k \leqslant N/2$ 时，重复步骤(1)～(3)。

$r[k]$ 确定后，可以用式(13.49)计算当 $0 \leqslant k < N/2$ 时的 $\arg(X[k])$。在这一步中，由于式(13.48)中的 $e^{-j\omega M_o}$ 这一因子，$\arg(X[k])$ 将包含一个很大的线性相位分量。这可以通过对 $0 \leqslant k < N/2$ 区间无卷绕相位加上 $2\pi k M_o/N$ 去除。利用对称性就可以得出当 $N/2 < k \leqslant N-1$ 时 $\arg(X[k])$ 的值。最终，$\arg(X[N/2]) = 0$。

如果 $\arg(X[k])$ 的样本靠得足够近以至于可以检测间断点，则上述算法效果良好。参数 ε_1 是考虑到主值相位临近样本间差值的大小总是小于 2π 时所设的一个容限。若 ε_1 太大，则会给出并不存在的间断点。若 ε_1 太小，则该算法将会丢失落在迅速变化的无卷绕相位函数 $\arg[X(e^{j\omega})]$ 的两个相邻样本间的间断点。显然，通过增加 N 来增加 DFT 的采样率有助于改善正确检测间断点，从而可正确计算 $\arg(X[k])$。如果 $\arg[X(e^{j\omega})]$ 变化迅速，则可以预计 $\hat{x}[n]$ 衰减得没有当 $\arg[X(e^{j\omega})]$ 变化较慢时来得那样快。因此，对于迅速变化的相位，$\hat{x}[n]$ 的混叠是一个较大的问题。增加 N 的值就减小了复倒谱的混叠，而且也就增大了能够使 $X[k]$ 的相位无卷绕的可能性。

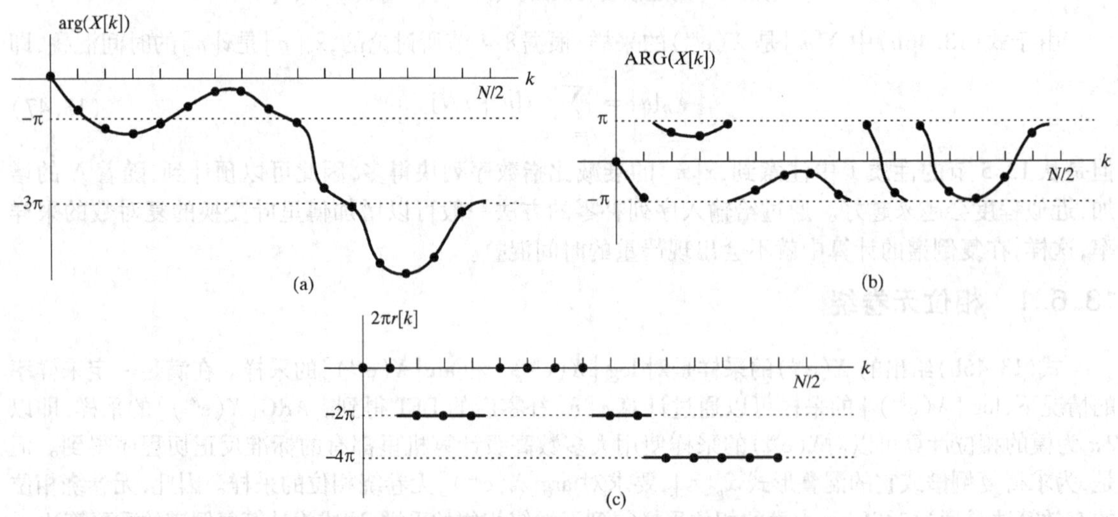

图 13.5 (a) $\arg[X(e^{j\omega})]$ 的样本；(b) (a)部分的主值；(c) 由 ARG 得出 arg 所需的校正序列

在实际情况下，由于不可能或做不到取足够大的 N 值，所以上面提出的简单算法会失效。往往对于一个给定 N 值的混叠是可以接受的，但是不可能可靠地检测出主值间断点。特里博利特(Tribolet，1977，1979)提出了一种修正算法，该算法同时利用相位的主值和相位的导数来计算无卷绕的相位。同上面一样，式(13.49)给出在频率 $\omega_k = (2\pi/N)k$ 处一组容许的值，并且力图确定

$r[k]$。假设已知在所有 k 值处相位的导数

$$\arg'(X[k]) = \frac{\mathrm{d}}{\mathrm{d}\omega}\arg[X(\mathrm{e}^{\mathrm{j}\omega})]\bigg|_{\omega=2\pi k/N}$$

（计算这些相位导数的样本的方法将在 13.6.2 节中推导。）为了计算 $\arg(X[k])$，现在进一步假定 $\arg(X[k-1])$ 是已知的。这样 $\arg(X[k])$ 的估计 $\widetilde{\arg}(X[k])$ 定义为

$$\widetilde{\arg}(X[k]) = \arg(X[k-1]) + \frac{\Delta\omega}{2}\{\arg'(X[k]) + \arg'(X[k-1])\} \tag{13.50}$$

计算相位导数的样本进行梯形数值积分就可得到式(13.50)。如果对于某个 ε_2 值，存在一个整数 $r[k]$ 使得

$$|\widetilde{\arg}(X[k]) - \mathrm{ARG}(X[k]) - 2\pi r[k]| < \varepsilon_2 < \pi \tag{13.51}$$

就称这个估计是一致的。很显然，随着数值积分步长 $\Delta\omega$ 的减小，估计值会得到改善。首先，如同由 DFT 所给出的，取 $\Delta\omega = 2\pi/N$。如果某一整数 $r[k]$ 不能满足式(13.51)，则 $\Delta\omega$ 的取值减半，并且用这一新步长计算 $\arg(X[k])$ 的新估计值。然后用新的估计值来计算式(13.51)。利用数值积分越来越精确地计算 $\arg(X[k])$ 的估计值，直到存在某一整数 $r[k]$ 能够满足式(13.51)为止。最后，在式(13.49)中使用所得到的 $r[k]$ 来计算 $\arg(X[k])$。算出之后，利用这个无卷绕的相位来计算 $\arg(X[k+1])$，以此类推。

另一种用于有限长序列的相位解卷绕方法基于有限长序列的 z 变换是有限阶多项式，为此可看作是一阶因式的乘积组成这一事实。对于每一个因式，$\mathrm{ARG}[X(\mathrm{e}^{\mathrm{j}\omega})]$ 和 $\arg[X(\mathrm{e}^{\mathrm{j}\omega})]$ 是相等的，即每个单因式的相位是不需要解卷绕的。更进一步，单因式乘积的解卷绕相位等于单因式解卷绕相位之和。因此，通过将长度为 N 的有限长序列看作 N 阶多项式，并通过将多项式一阶分解为它的一阶因式 i，解卷绕相位将能够将容易计算出。对于小的 N 值，可以运用传统的多项式求根运算。对于大的 N 值，Sitton et al. (2003)已经开发了有效的算法，并已通过了数百万阶的多项式的验证。但算法失效的情况同样存在，特别是对于辨别离单位圆较远的根时。

前面的讨论简要介绍了几种获得无卷绕相位的算法。Karam and Oppenheim(2007)同样提出，联合这些算法以获取它们各方面的优势。

其他从采样输入 $x[n]$ 计算复倒谱的问题涉及线性相位项 $\arg[X(\mathrm{e}^{\mathrm{j}\omega})]$ 和全比例因子 A 的符号。在关于复倒谱的定义中，$\arg[X(\mathrm{e}^{\mathrm{j}\omega})]$ 需要是连续的，奇的，并且以 ω 为周期的。为此，A 的符号必须为正，若为负，则在 $\omega=0$ 处将出现相位的不连续。另外，$\arg[X(\mathrm{e}^{\mathrm{j}\omega})]$ 不能包含线性项，因为这将强制 $\omega=\pi$ 处非连续。考虑一个长度为 $M+1$ 的有限长因果序列。对应的 z 变换为式(13.29) $N_o = N_i = 0$，$M = M_o + M_i$ 的形式。同样，因为 $x[n]=0, n<0$，因此 $r=-M_o$。那么，傅里叶变换的形式为

$$\begin{aligned} X(\mathrm{e}^{\mathrm{j}\omega}) &= \sum_{n=0}^{M} x[n]\mathrm{e}^{-\mathrm{j}\omega n} \\ &= A\mathrm{e}^{-\mathrm{j}\omega M_o}\prod_{k=1}^{M_i}(1-a_k\mathrm{e}^{-\mathrm{j}\omega})\prod_{k=1}^{M_o}(1-b_k\mathrm{e}^{\mathrm{j}\omega}) \end{aligned} \tag{13.52}$$

其中 $|a_k|$ 和 $|b_k|$ 小于 1。A 的符号容易确定，因为它相当于 $X(\mathrm{e}^{\mathrm{j}\omega})$ 在 $\omega=0$ 的符号，其是所有输入序列项的和，容易获得。

13.6.2　计算复倒谱用对数导数的实现

可以推导出以对数的导数为基础的一种数学表示，作为用显式计算复对数的另一种方法。对于实序列，$\hat{X}(\mathrm{e}^{\mathrm{j}\omega})$ 的导数可以用等效形式表示为

$$\hat{X}'(e^{j\omega}) = \frac{d\hat{X}(e^{j\omega})}{d\omega} = \frac{d}{d\omega}\log|X(e^{j\omega})| + j\frac{d}{d\omega}\arg[X(e^{j\omega})] \tag{13.53a}$$

和

$$\hat{X}'(e^{j\omega}) = \frac{X'(e^{j\omega})}{X(e^{j\omega})} \tag{13.53b}$$

式中撇号“′”表示对 ω 求导数。因为 $x[n]$ 的 DTFT 为

$$X(e^{j\omega}) = \sum_{n=-\infty}^{\infty} x[n]e^{-j\omega n} \tag{13.54}$$

所以它对 ω 的导数为

$$X'(e^{j\omega}) = \sum_{n=-\infty}^{\infty} (-jnx[n])e^{-j\omega n} \tag{13.55}$$

也就是说,$X'(e^{j\omega})$ 是 $-jnx[n]$ 的 DTFT。同样,$\hat{X}'(e^{j\omega})$ 是 $-jn\hat{x}[n]$ 的傅里叶变换。因此,对于 $n\neq 0$,$\hat{x}[n]$ 可以由下式确定:

$$\hat{x}[n] = \frac{-1}{2\pi nj}\int_{-\pi}^{\pi} \frac{X'(e^{j\omega})}{X(e^{j\omega})}e^{j\omega n}d\omega, \qquad n \neq 0 \tag{13.56}$$

$\hat{x}[0]$ 的值可以由 $X(e^{-j\omega})$ 幅值的对数来确定,为

$$\hat{x}[0] = \frac{1}{2\pi}\int_{-\pi}^{\pi} \log|X(e^{j\omega})|d\omega \tag{13.57}$$

式(13.54)到式(13.57)利用 $x[n]$ 和 $n\,x[n]$ 的 DTFT 来表示复倒谱,因此没有明显涉及无卷绕的相位。对于有限长序列,可以用 DFT 计算这些变换,由此可以得出相应方程

$$X[k] = \sum_{n=0}^{N-1} x[n]e^{-j(2\pi/N)kn} = X(e^{j\omega})\Big|_{\omega=(2\pi/N)k} \tag{13.58a}$$

$$X'[k] = -j\sum_{n=0}^{N-1} nx[n]e^{-j(2\pi/N)kn} = X'(e^{j\omega})\Big|_{\omega=(2\pi/N)k} \tag{13.58b}$$

$$\hat{x}_{dp}[n] = -\frac{1}{jnN}\sum_{k=0}^{N-1}\frac{X'[k]}{X[k]}e^{j(2\pi/N)kn}, \qquad 1 \leqslant n \leqslant N-1 \tag{13.58c}$$

$$\hat{x}_{dp}[0] = \frac{1}{N}\sum_{k=0}^{N-1}\log|X[k]| \tag{13.58d}$$

式中下标 d 表示使用对数导数,下标 p 提醒 DFT 计算中固有的周期性。由于利用了式(13.58),可以避免计算复对数的问题,但是因为

$$\hat{x}_{dp}[n] = \frac{1}{n}\sum_{r=-\infty}^{\infty}(n+rN)\hat{x}[n+rN], \quad n \neq 0 \tag{13.59}$$

使得所付出的代价是产生较严重的混叠。因此若假设采样的相位曲线是准确计算出来的,则可预计到,对于给定的 N 值,式(13.46c)中的 $\hat{x}_p[n]$ 比式(13.58c)中的 $\hat{x}_{dp}[n]$ 更好地逼近 $\hat{x}[n]$。

13.6.3 最小相位序列的最小相位实现

在最小相位输入的特殊情况下,简化的数学表示如图 13.2 所示。已使用 DFT 为基础代替图 13.2中的傅里叶变换,可以由下式实现:

$$X[k]=\sum_{n=0}^{N-1}x[n]\mathrm{e}^{-\mathrm{j}(2\pi/N)kn} \tag{13.60a}$$

$$c_{xp}[n]=\frac{1}{N}\sum_{k=0}^{N-1}\log|X[k]|\mathrm{e}^{\mathrm{j}(2\pi/N)kn} \tag{13.60b}$$

在这种情况下倒谱是有混叠的,即

$$c_{xp}[n]=\sum_{r=-\infty}^{\infty}c_x[n+rN] \tag{13.61}$$

根据图 13.2,为了由 $c_{xp}[n]$ 计算复倒谱,可以写出

$$\hat{x}_{\mathrm{cp}}[n]=\begin{cases}c_{xp}[n], & n=0,\quad N/2\\ 2c_{xp}[n], & 1\leqslant n<N/2\\ 0, & N/2<n\leqslant N-1\end{cases} \tag{13.62}$$

显然 $\hat{x}_{\mathrm{cp}}[n]\neq\hat{x}_{\mathrm{p}}[n]$,因为它是 $\hat{x}[n]$ 混叠后的偶数部分,而不是 $\hat{x}[n]$ 本身的偶数部分。尽管如此,当 N 很大时,可以预计在有限区间 $0\leqslant n<N/2$ 上,$\hat{x}_{\mathrm{cp}}[n]$ 是 $\hat{x}[n]$ 的合理逼近。同样地,若 $x[n]$ 是最大相位,则复倒谱的近似值可以由下式求得:

$$\hat{x}_{\mathrm{cp}}[n]=\begin{cases}c_{xp}[n], & n=0,\quad N/2\\ 0, & 1\leqslant n<N/2\\ 2c_{xp}[n], & N/2<n\leqslant N-1\end{cases} \tag{13.63}$$

13.6.4　最小最大相位序列复倒谱的递归算法

对于最小相位序列,可以将差分方程式(13.26)重新安排而得到 $\hat{x}[n]$ 的递推公式。因为对于最小相位序列,当 $n<0$ 时,同时有 $\hat{x}[n]=0$ 和 $x[n]=0$,所以式(13.26)为

$$\begin{aligned}x[n]&=\sum_{k=0}^{n}\left(\frac{k}{n}\right)\hat{x}[k]x[n-k], \qquad n>0\\ &=\hat{x}[n]x[0]+\sum_{k=0}^{n-1}\left(\frac{k}{n}\right)\hat{x}[k]x[n-k]\end{aligned} \tag{13.64}$$

此式为最小相位信号的 $D_*[\ ]$ 的递推。求解 $\hat{x}[n]$ 得到递推式

$$\hat{x}[n]=\begin{cases}0, & n<0\\ \dfrac{x[n]}{x[0]}-\displaystyle\sum_{k=0}^{n-1}\left(\frac{k}{n}\right)\hat{x}[k]\frac{x[n-k]}{x[0]}, & n>0\end{cases} \tag{13.65}$$

假设 $x[0]>0$,$\hat{x}[0]$ 的值为(见习题 13.15)

$$\hat{x}[0]=\log(|A|)=\log(|x[0]|) \tag{13.66}$$

因此,对于最小相位信号,式(13.65)和式(13.66)构成一个复倒谱计算式。由式(13.65)还可以看出计算式对于最小相位输入是因果的,即在 n_0 时刻的输出只取决于 $n\leqslant n_0$ 时的输入,其中 n_0 是任意的(见习题 13.20)。类似地,式(13.64)和式(13.66)表示最小相位序列的复倒谱计算式。

对于最大相位信号,当 $n>0$ 时 $\hat{x}[n]=0$ 且 $x[n]=0$。因此,在这种情况下,式(13.26)成为

$$\begin{aligned}x[n]&=\sum_{k=n}^{0}\left(\frac{k}{n}\right)\hat{x}[k]x[n-k], \qquad n<0\\ &=\hat{x}[n]x[0]+\sum_{k=n+1}^{0}\left(\frac{k}{n}\right)\hat{x}[k]x[n-k]\end{aligned} \tag{13.67}$$

求解 $\hat{x}[n]$,有

$$\hat{x}[n] = \begin{cases} \dfrac{x[n]}{x[0]} - \displaystyle\sum_{k=n+1}^{0} \left(\frac{k}{n}\right) \hat{x}[k] \frac{x[n-k]}{x[0]}, & n < 0 \\ \log(x[0]), & n = 0 \\ 0, & n > 0 \end{cases} \tag{13.68}$$

式(13.68)和式(13.67)用于求解最大相位序列的复倒谱及其逆特征系统的卷积。

为此可以看到,在最小相位,最大相位序列的情况中,同样有式(13.64)～式(13.68)的递推公式作为特征系统和它的逆的可能实现方式。当输入序列非常短或当仅需要复倒谱的几个样本值时,这些式子是非常有用的。当然,这些公式中不存在混叠误差。

13.6.5 使用指数加权

对一个序列进行指数加权,可用来避免或减少在计算复倒谱时所遇到的问题。序列 $x[n]$ 的指数加权定义为

$$w[n] = \alpha^n x[n] \tag{13.69}$$

对应的 z 变换为

$$W(z) = X(\alpha^{-1}z) \tag{13.70}$$

如果 $X(z)$ 的 ROC 为 $r_R < |z| < r_L$,则 $W(z)$ 的 ROC 为 $|\alpha| r_R < |z| < |\alpha| r_L$,并且 $X(z)$ 的极点和零点沿径向移动 $|\alpha|$ 倍;也就是说,若 z_0 是 $X(z)$ 的一个极点或零点,则 $z_0\alpha$ 是对应的 $W(z)$ 的极点或零点。

指数加权的一个重要性质是可与卷积互易。也就是说,$x[n] = x_1[n] * x_2[n]$ 且 $w[n] = a^n x[n]$,则

$$W(z) = X(\alpha^{-1}z) = X_1(\alpha^{-1}z)X_2(\alpha^{-1}z) \tag{13.71}$$

因此

$$\begin{aligned} w[n] &= (a^n x_1[n]) * (a^n x_2[n]) \\ &= w_1[n] * w_2[n] \end{aligned} \tag{13.72}$$

这样,在计算复倒谱时,如果 $X(z) = X_1(z)X_2(z)$,则

$$\begin{aligned} \hat{W}(z) &= \log[W(z)] \\ &= \log[W_1(z)] + \log[W_2(z)] \end{aligned} \tag{13.73}$$

指数加权可以多种方式用于倒谱计算。例如,在计算复倒谱时,对于 $X(z)$ 在单位圆上的极点或零点要特别小心。可以证明(Carslaw,1952),因子 $\log(1 - e^{j\theta}e^{-j\omega})$ 的傅里叶级数为

$$\log(1 - e^{j\theta}e^{-j\omega}) = -\sum_{n=1}^{\infty} \frac{e^{j\theta n}}{n} e^{-j\omega n} \tag{13.74}$$

因此,该项对复倒谱的贡献是 $(e^{j\theta n}/n)u[n-1]$。但是,对数幅度是无限的,而相位是不连续的,它在 $\omega = \theta$ 处有 π 弧度的跳变。这就出现了总想避免的计算上的明显困难。由于 $0 < \alpha < 1$ 的指数加权,所有的极点和零点就会沿径向向内移动。因此,在单位圆上的极点或零点将会移动到单位圆内。

作为另外一个例子,考虑一个非最小相位的信号 $x[n]$。如果选取 α 使得 $|z_{max}\alpha| < 1$,其中 z_{max} 表示模最大的零点的位置,则指数加权后的信号 $w[n] = \alpha^n x[n]$ 就可以转变为一个最小相位序列。

13.7　多项式求根法计算复倒谱

13.6.1 节讨论了对于有限长序列，其 z 变换为有限阶多项式的情况，可以将其扩展为，若 z 变换为有限阶多项式，通过对各因子的无卷绕相位求和可以实现完全无相位卷绕。如果多项式通过多项式求根算法分解为它的一阶项，那么各因子的解卷绕相位易于解析给出。用同样的方法，通过多项式的一阶因式分解，并将各因式的复倒谱相加，可获得有限长序列的复倒谱。

13.5.1 节提出了基本的方法。若序列 $x[n]$ 为有限长度，可获得的采样信号正是这种情况，那么它关于 z^{-1} 的 z 变换形式为

$$X(z)=\sum_{n=0}^{M}x[n]z^{-n} \tag{13.75}$$

这样的 M 阶 z^{-1} 多项式能够表示为

$$X(z)=x[0]\prod_{m=1}^{M_i}(1-a_m z^{-1})\prod_{m=1}^{M_o}(1-b_m^{-1}z^{-1}) \tag{13.76}$$

其中，量 a_m 是位于单位圆内的零点，量 b_m^{-1} 是位于单位圆外的零点；即 $|a_m|<1$，$|b_m|<1$。假设没有零点精确地位于单位圆上。若将式(13.76)右边的因式提出一个 $-b_m^{-1}z^{-1}$ 项，那么方程可表示为

$$X(z)=Az^{-M_o}\prod_{m=1}^{M_i}(1-a_m z^{-1})\prod_{m=1}^{M_o}(1-b_m z) \tag{13.77a}$$

其中，

$$A=x[0](-1)^{M_o}\prod_{m=1}^{M_o}b_m^{-1} \tag{13.77b}$$

该表达式可通过多项式求根公式找到分别位于单位圆内、外的零点 a_m 和 $1/b_m$ 计算获得，因为多项式的系数是序列 $x[n]$。[①]

如式(13.77a)和式(13.77b)中给出 z 变换多项式的数值表示，复倒谱序列的数值可由式(13.36a)～式(13.36c)计算获得，即

$$\hat{x}[n]=\begin{cases}\log|A|, & n=0\\ -\sum_{m=1}^{M_i}\frac{a_m^n}{n}, & n>0\\ \sum_{m=1}^{M_o}\frac{b_m^{-n}}{n}, & n<0\end{cases} \tag{13.78}$$

若 $A<0$，该情况可和位于单位圆外的根的数目 M_o 一起分开记录。根据该信息和 $\hat{x}[n]$，获得了需要重构原始信号 $x[n]$ 的所有信息。确实，13.8.2 节将会给出，原则上，$x[n]$ 可仅由 $\hat{x}[n]$ 的 $M+1=M_o+M_i+1$ 的采样递归的求解获得。

当 $M=M_o+M_i$ 较小时，该计算方法是特别有用的，但它不限于小 M 的情况。Steiglitz and Dickinson (1982)首先提出该方法并报道了成功求解 $M=256$ 阶的多项式的根，它是被当时实际可以运用的计算资源强制限制住的。根据 Sitton et al. (2003)的多项式求根公式，超长序列的复倒谱能够

---

① 或许不是那么让人惊异，多项式的根很少精确位于单位圆上。一旦出现这种情况，可通过 13.6.5 节中所表述的，通过指数加权将这些根移除。

正被正确计算出来。事实上,该方法的优点是不存在混叠和与相位解卷绕相关的不确定性。

13.8 基于复倒谱的解卷积

服从广义叠加原理的复倒谱 $D_*[\ ]$ 在同态系统理论中起着重要作用(Oppenheim,1964,1967,1969a,Schafer,1969 和 Oppenheim,Schafer and Stockham,1968)。由于其具有把卷积转换为加和的特殊性质,在卷积信号的同态滤波中 $D_*[\ ]$ 被称为卷积的特征系统。为了说明,假设

$$x[n] = x_1[n] * x_2[n] \tag{13.79}$$

因此,相应的 z 变换为

$$X(z) = X_1(z) \cdot X_z(z) \tag{13.80}$$

如果复对数按照在复倒谱的定义计算,那么

$$\begin{aligned} \hat{X}(z) &= \log[X(z)] = \log[X_1(z)] + \log[X_2(z)] \\ &= \hat{X}_1(z) + \hat{X}_2(z) \end{aligned} \tag{13.81}$$

这表明复倒谱为

$$\hat{x}[n] = D_*[x_1[n] * x_2[n]] = \hat{x}_1[n] + \hat{x}_2[n] \tag{13.82}$$

相应地,如果 $\hat{y}[n] = y_1[n] + y_2[n]$,那么 $D_*^{-1}[\hat{y}_1[n] + \hat{y}_2[n]] = \hat{y}_1[n] * \hat{y}_2[n]$。如果倒谱分量 $\hat{x}_1[n]$ 和 $\hat{x}_2[n]$ 具有不同的频率范围,那么复倒谱中可以使用线性滤波去除 $x_1[n]$ 或 $x_2[n]$。如果接下来通过逆系统 $D_*^{-1}[\ ]$ 进行变换,相应的分量将会在输出端被去除。图 13.6 显示了分离卷积信号(解卷积)的过程,其中 $L[\ ]$ 为线性系统(尽管不要求时不变)。图 13.6 中系统的输入和输出分量的 * 号和 + 号表明框图中各部分的叠加运算。图 13.6 是将卷积作为组合(combining)信号的运算且满足广义叠加原理的一类系统的一般表示。这类系统只在线性部分 $L[\ ]$ 处不同。

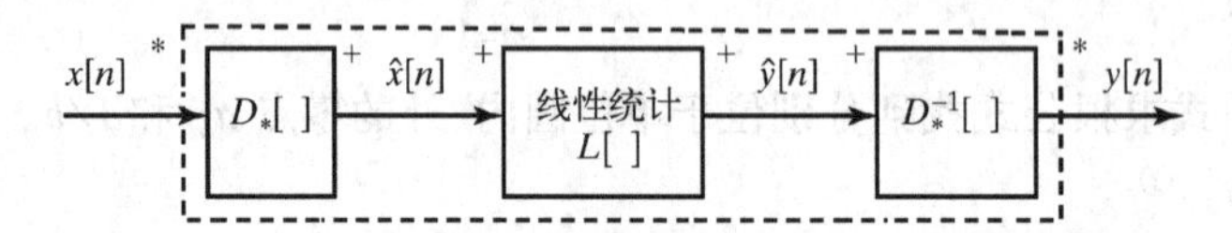

图13.6 将卷积作为输入和输出运算的同态系统的规范形式

下面章节将说明复倒谱分析如何应用于将信号分解为最小相位的卷积和全通分量或最大相位分量的特殊的解卷积问题。在 13.9 节中揭示了如何使用倒谱分析对与冲激序列卷积的信号进行解卷积,比如,多通道环境的理想化。在 13.10 节中,使用更普遍的例子说明复倒谱分析如何成功用于语音信号处理。

13.8.1 最小相位/全通同态解卷积

复倒谱存在的任意序列 $x[n]$ 可以用一个最小相位序列和一个全通序列表示

$$x[n] = x_{\min}[n] * x_{\mathrm{ap}}[n] \tag{13.83}$$

式中,$x_{\min}[n]$ 和 $x_{\mathrm{ap}}[n]$ 分别表示最小相位和全通分量。

如果 $x[n]$ 不是最小相位,那么图 13.2 所示的输入为 $x[n]$ 且由式(13.42b)给出 $\ell_{\min}[n]$ 的系统可产生最小相位的复倒谱,该序列傅里叶变换的幅度与 $x[n]$ 相同。如果 $\ell_{\max}[n] = \ell_{\min}[-n]$,输出将为和 $x[n]$ 具有相同傅里叶变换幅度的最大相位序列的复倒谱。

通过图 13.2 的处理,可以得到式(13.83)中序列 $x_{\min}[n]$ 的复倒谱 $\hat{x}_{\min}[n]$。复倒谱 $\hat{x}_{\mathrm{ap}}[n]$ 可以通过从 $\hat{x}[n]$ 中减去 $\hat{x}_{\min}[n]$ 的方法得到,即

$$\hat{x}_{ap}[n] = \hat{x}[n] - \hat{x}_{min}[n]$$

为了求出 $x_{min}[n]$ 和 $x_{ap}[n]$，对 $\hat{x}_{min}[n]$ 和 $\hat{x}_{ap}[n]$ 进行 D_*^{-1} 变换。

虽然以上提出的求取 $x_{min}[n]$ 和 $x_{ap}[n]$ 的方法在理论上是正确的，但是在实现中仍需要明确求出复倒谱 $\hat{x}[n]$。如果只对求出 $x_{min}[n]$ 和 $x_{ap}[n]$ 感兴趣，则可以避免复倒谱的计算，并且不需要与之相联系的相位解卷绕。基本思路体现在图 13.7 所示的框图中。这个系统以下式为基础：

$$X_{ap}(e^{j\omega}) = \frac{X(e^{j\omega})}{X_{min}(e^{j\omega})} \tag{13.84a}$$

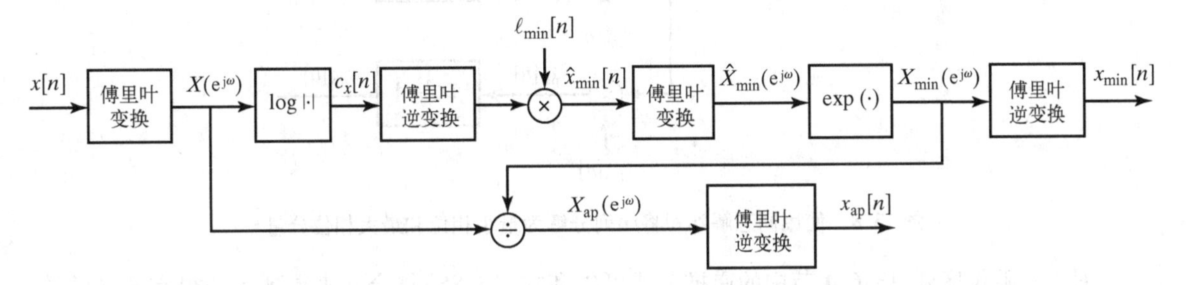

图 13.7　使用倒谱将一个序列分解为最小相位分量和全通分量

因此，$X_{ap}(e^{j\omega})$ 的幅度是

$$|X_{ap}(e^{j\omega})| = \frac{|X(e^{j\omega})|}{|X_{min}(e^{j\omega})|} = 1 \tag{13.84b}$$

并且

$$\angle X_{ap}(e^{j\omega}) = \angle X(e^{j\omega}) - \angle X_{min}(e^{j\omega}) \tag{13.84c}$$

因为 $x_{ap}[n]$ 是作为 $e^{j\angle X_{ap}(e^{j\omega})}$（$|X_{ap}(e^{j\omega})| = 1$）的傅里叶逆变换而求出的，所以只需要知道或者标明在 2π 的整数倍以内，式(13.84c)中的每一个相位函数的值。虽然作为图 13.7 中所指明方法的一个必然结果，$\angle X_{min}(e^{j\omega}) = \mathcal{I}m\{\hat{X}_{min}(e^{j\omega})\}$ 将是无卷绕的相位函数，但是 $\angle X(e^{j\omega})$ 可以 2π 为模来计算。

13.8.2　最小相位/最大相位同态解卷积

一个序列可以表示为最小相位序列和最大相位序列的卷积形式

$$x[n] = x_{mn}[n] * x_{mx}[n] \tag{13.85}$$

式中，$x_{mn}[n]$ 和 $x_{mx}[n]$ 分别表示最小相位和最大相位分量①。在这种情况下，相应的复倒谱为

$$\hat{x}[n] = \hat{x}_{mn}[n] + \hat{x}_{mx}[n] \tag{13.86}$$

为将 $x_{mn}[n]$ 和 $x_{mx}[n]$ 从 $x[n]$ 中提取出来，规定 $\hat{x}_{mn}[n]$ 为

$$\hat{x}_{mn}[n] = \ell_{mn}[n]\hat{x}[n] \tag{13.87a}$$

式中，

$$\ell_{mn}[n] = u[n] \tag{13.87b}$$

类似地，规定 $\hat{x}_{mx}[n]$ 为

$$\hat{x}_{mx}[n] = \ell_{mx}[n]\hat{x}[n] \tag{13.88a}$$

式中，

① 一般，式(13.85)的最小相位分量 $x_{mn}[n]$ 和式(13.83)中的 $x_{min}[n]$ 不同。

$$\ell_{\text{mx}}[n] = u[-n-1] \tag{13.88b}$$

显然,$x_{\text{mn}}[n]$和$x_{\text{mx}}[n]$可以作为逆特征系统$D_*^{-1}[\ ]$的输出分别由$\hat{x}_{\text{mn}}[n]$和$\hat{x}_{\text{mx}}[n]$求出。式(13.85)的分解所需要的运算如图13.8所示。这种方法已由Barnwell(1986)用于滤波器组的设计中,他把一个序列因式分解为最小相位部分和最大相位部分。注意,已任意地把$\hat{x}[0]$的所有值赋给$\hat{x}_{\text{mn}}[0]$,同时令$\hat{x}_{\text{mx}}[0]=0$。很明显,总的要求是$\hat{x}_{\text{mn}}[0]+\hat{x}_{\text{mx}}[0]=\hat{x}[0]$,所以也可以有其他组合。

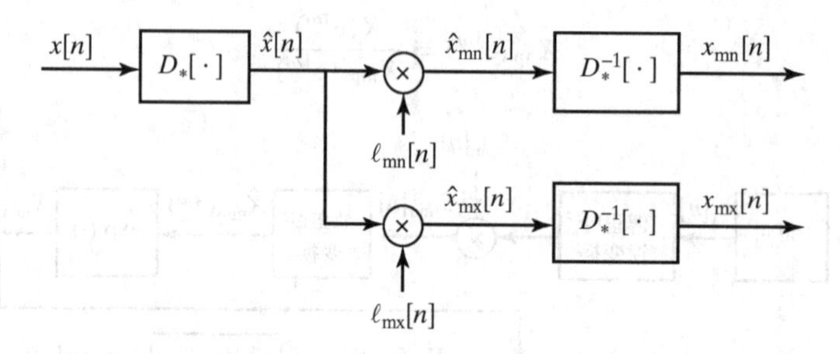

图13.8 使用同态解卷积将序列分解为最小相位和最大相位分量

对于有限长序列,13.6.4节中的递推公式可以和式(13.85)结合起来得到一个很有意义的结果。具体地,尽管有限长序列的复倒谱可以无限延伸,但是可以证明,对于一个长度为$M+1$的输入序列,只需要$M+1$个$\hat{x}[n]$的样本来确定$x[n]$。为了看清这一点,考虑式(13.85)的z变换,即

$$X(z) = X_{\text{mn}}(z)X_{\text{mx}}(z) \tag{13.89a}$$

其中,

$$X_{\text{mn}}(z) = A\prod_{k=1}^{M_i}(1-a_k z^{-1}) \tag{13.89b}$$

$$X_{\text{mx}}(z) = \prod_{k=1}^{M_o}(1-b_k z) \tag{13.89c}$$

取$|a_k|<1$和$|b_k|<1$。注意,这里忽略了M_O样本的延时,而这个延时对于因果序列是很有必要的,它使得在区间$0\leqslant n\leqslant M_i$外$x_{\text{mn}}[n]=0$和区间$-M_O\leqslant n\leqslant 0$外$x_{\text{mx}}[n]=0$。由于序列$x[n]$为$x_{\text{mn}}[n]$和$x_{\text{mx}}[n]$的卷积,因此在区间$-M_O\leqslant n\leqslant M_i$内非零。利用上面递推式,可以写出

$$x_{\text{mn}}[n] = \begin{cases} 0, & n<0 \\ e^{\hat{x}[0]}, & n=0 \\ \hat{x}[n]x_{\text{mn}}[0] + \displaystyle\sum_{k=0}^{n-1}\left(\frac{k}{n}\right)\hat{x}[k]x_{\text{mn}}[n-k], & n>0 \end{cases} \tag{13.90}$$

和

$$x_{\text{mx}}[n] = \begin{cases} \hat{x}[n] + \displaystyle\sum_{k=n+1}^{0}\left(\frac{k}{n}\right)\hat{x}[k]x_{\text{mx}}[n-k], & n<0 \\ 1, & n=0 \\ 0, & n>0 \end{cases} \tag{13.91}$$

显然,需要M_i+1个$\hat{x}[n]$的值来计算$x_{\text{mn}}[n]$,以及M_O个$\hat{x}[n]$的值来计算$x_{\text{mx}}[n]$。所以只需要无限长序列$\hat{x}[n]$的M_i+M_O+1个值就可以完全恢复有限长序列$x[n]$的最小相位和最大相位分量。

正如13.7节中提到的,当用多项式求根法计算得到倒谱后,所得到的结果可以用于利用逆特征系统计算卷积。只需要利用式(13.90)和式(13.91)的递推式计算$x_{\text{mn}}[n]$和$x_{\text{mx}}[n]$,然后利用卷积$x[n]=x_{\text{mn}}[n]*x_{\text{mx}}[n]$重新恢复原始信号即可。

13.9　一个简单的多径模型的复倒谱

正如例 13.1 中所讨论的,一个高度简化的多径或混响模型将接收信号表示为发射信号和冲激串的卷积。具体来说,$v[n]$表示发射信号,$p[n]$为多径信道或其他产生多回波系统的冲激响应,

$$x[n] = v[n] * p[n] \tag{13.92a}$$

或者在 z 变换域,

$$X(z) = V(z)P(z) \tag{13.92b}$$

在本节的分析中,选择 $p[n]$为如下形式:

$$p[n] = \delta[n] + \beta\delta[n - N_0] + \beta^2\delta[n - 2N_0] \tag{13.93a}$$

它的 z 变换为

$$P(z) = 1 + \beta z^{-N_0} + \beta^2 z^{-2N_0} = \frac{1 - \beta^3 z^{-3N_0}}{1 - \beta z^{-N_0}} \tag{13.93b}$$

例如,$p[n]$可能相当于一个多径通道或者其他能产生间隔为 N_0 和 $2N_0$ 的多回波系统的冲激响应。选取分量 $v[n]$为二阶系统的响应,使得

$$V(z) = \frac{b_0 + b_1 z^{-1}}{(1 - re^{j\theta}z^{-1})(1 - re^{-j\theta}z^{-1})}, \qquad |z| > |r| \tag{13.94a}$$

在时域,$v[n]$可以表示为

$$v[n] = b_0 w[n] + b_1 w[n-1] \tag{13.94b}$$

式中,

$$w[n] = \frac{r^n}{4\sin^2\theta}\{\cos(\theta n) - \cos[\theta(n+2)]\}u[n], \qquad \theta \neq 0, \pi \tag{13.94c}$$

图 13.9 绘出了对于具体参数组 $b_0 = 0.98$, $b_1 = 1$, $\beta = r = 0.9$, $\theta = \pi/6$ 和 $N_0 = 15$, z 变换 $X(z) = V(z)P(z)$ 的零-极点图。图 13.10 绘出了对于这些参数的信号$v[n]$, $p[n]$和 $x[n]$。由图 13.10 可以看出,类似脉冲的信号 $v[n]$与冲激串的卷积可得出由 $v[n]$的延迟副本(回波)重叠在一起的一个序列。

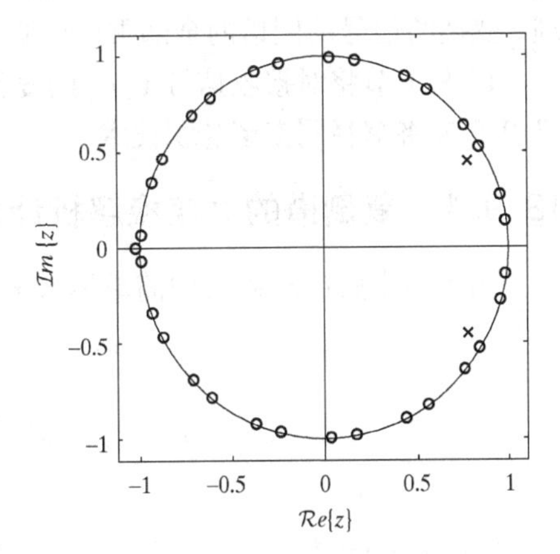

图 13.9　图 13.10 中的举例信号 z 变换 $X(z) = V(z)P(z)$ 的零-极点图

这个信号模型是许多模型的一个简化形式,这些模型用于包括通信系统、语音处理、声纳及地震数据分析等在内的多种场合中信号的分析和处理。在通信中,式(13.92)中的 $v[n]$可以表示通过一个多顶信道的信号,$x[n]$表示接收到的信号,$p[n]$表示通道的冲激响应。在语音处理中,$v[n]$表示声门脉冲形状以及人声道的谐振作用的综合影响,而 $p[n]$则表示在发浊音时(如元音)声音激励的周期性(Flanagan,1972;Rabiner and Schafer,1978,Quatieri,2002)。式(13.94a)只包括一个谐振,而在通常的语音模型中分母一般应包括至少 10 个复极点。进行地震数据分析时,$v[n]$表示由于炸药爆炸或者类似的扰动在地下传播的声脉冲模型。冲激脉冲分量 $p[n]$则表示在具有不同传播特性的底层边界的反射。在这样模型的实际应用中,$p[n]$应当有比在式(13.93a)中假定的更多的冲激脉冲,并且它们应当是不等间隔的。另外,分量 $V(z)$一般应包括更多的零点,并且在模型

中常常不包括极点(Ulrych,1971;Tribolet,1979;Robinson and Treitel,1980)。

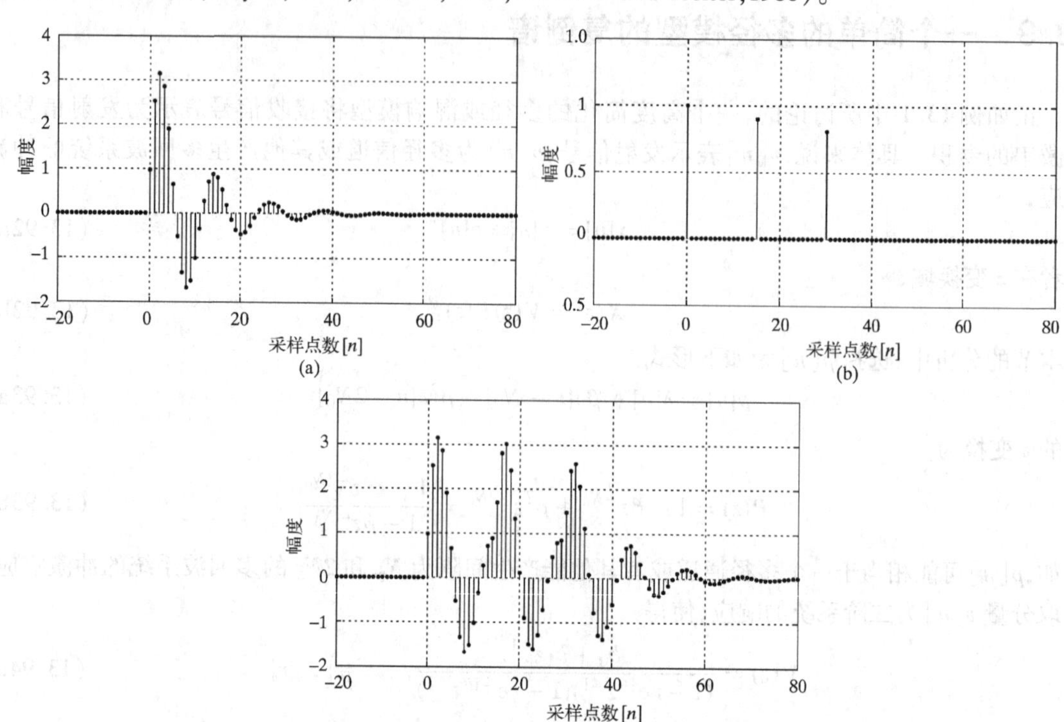

图 13.10　对应于图 13.9 零、极点图的序列。(a) $v[n]$;(b) $p[n]$;(c) $x[n]$

虽然前面定义的模型比通常在实际问题中使用的模型简单得多,但是为了对采样信号的计算结果进行比较,得到准确的表达式在分析时是非常有价值的。同时将会看到,这个简单模型具有有理 z 变换的信号的倒谱的全部重要性质。

13.9.1 节将对接收信号 $x[n]$ 的复倒谱进行分析,13.9.2 节将解释如何用 DFT 计算复倒谱,13.9.3 节将解释同态解卷积技术。

13.9.1　复倒谱的 z 变换解析计算

为了确定式(13.92a)中简单模型 $x[n]$ 的复倒谱 $\hat{x}[n]$,使用如下关系:

$$\hat{x}[n]=\hat{v}[n]+\hat{p}[n] \tag{13.95a}$$

$$\hat{X}(z)=\hat{V}(z)+\hat{P}(z) \tag{13.95b}$$

$$\hat{X}(z)=\log[X(z)] \tag{13.96a}$$

$$\hat{V}(z)=\log[V(z)] \tag{13.96b}$$

和

$$\hat{P}(z)=\log[P(z)] \tag{13.96c}$$

为了确定 $\hat{v}[n]$,可以直接利用 13.5 节中的结果。特别是,要利用式(13.29)的形式来表示 $V(z)$,首先必须注意到,对于图 13.9 中具体信号 $X(z)$,$V(z)$ 的极点在单位圆内,而零点在单位圆外($r=0.9$ 且 $b_0/b_1=0.98$),因此按照式(13.29)重写 $V(z)$ 为

$$V(z)=\frac{b_1z^{-1}(1+(b_0/b_1)z)}{(1-re^{j\theta}z^{-1})(1-re^{-j\theta}z^{-1})},\qquad |z|>|r| \tag{13.97}$$

正如 13.5 节中所讨论的,因子 z^{-1} 给无卷绕相位增添了一个线性分量,它将使得 $\hat{v}[n]$ 的傅里叶变换在 $\omega=\pm\pi$ 处不连续,所以 $\hat{V}(z)$ 在单位圆上将不是解析的。为了避免这个问题,可以将 $v[n]$(因此也有 $x[n]$)平移一个样本间隔的时间,从而代之以计算 $v[n+1]$ 的复倒谱,自然也就计算了 $x[n+1]$ 的复倒谱。如果 $x[n]$ 或 $v[n]$ 经过复倒谱的一些处理后是可以再合成的,则可以先记住这个时间平移,然后在输出时将其补偿掉。

由于用 $v[n+1]$ 代替 $v[n]$,并且因此用 $z\,V(z)$ 代替 $V(z)$,现在认为 $V(z)$ 有如下形式:

$$V(z)=\frac{b_1(1+(b_0/b_1)z)}{(1-re^{j\theta}z^{-1})(1-re^{-j\theta}z^{-1})} \tag{13.98}$$

由式(13.36)可以直接写出 $\hat{v}[n]$ 为

$$\hat{v}[n]=\begin{cases}\log b_1, & n=0 \quad (13.99a)\\ \dfrac{1}{n}[(re^{j\theta})^n+(re^{-j\theta})^n], & n>0 \quad (13.99b)\\ \dfrac{1}{n}\left(\dfrac{-b_0}{b_1}\right)^{-n}, & n<0 \quad (13.99c)\end{cases}$$

为确定 $\hat{p}[n]$,可以计算 $\hat{P}(z)$ 的逆 z 变换,而由式(13.93b)可得 $\hat{P}(z)$ 为

$$\hat{P}(z)=\log(1-\beta^3z^{-3N_0})-\log(1-\beta z^{-N_0}) \tag{13.100}$$

式中,对于这个例子,$\beta=0.9$,因此 $|\beta|<1$。确定式(13.100)的逆 z 变换的一种方法是利用 $\hat{P}(z)$ 的幂级数展开。具体地,由于 $|\beta|<1$,

$$\hat{P}(z)=-\sum_{k=1}^{\infty}\frac{\beta^{3k}}{k}z^{-3N_0k}+\sum_{k=1}^{\infty}\frac{\beta^k}{k}z^{-N_0k} \tag{13.101}$$

由上式可得 $\hat{p}[n]$ 为

$$\hat{p}[n]=-\sum_{k=1}^{\infty}\frac{\beta^{3k}}{k}\delta[n-3N_0k]+\sum_{k=1}^{\infty}\frac{\beta^k}{k}\delta[n-N_0k] \tag{13.102}$$

求出 $\hat{p}[n]$ 的另一种方法是利用习题 13.28 中推导出的性质。

由式(13.95a)可知,$x[n]$ 的复倒谱是

$$\hat{x}[n]=\hat{v}[n]+\hat{p}[n] \tag{13.103}$$

其中 $\hat{v}[n]$ 和 $\hat{p}[n]$ 分别由式(13.99)和式(13.102)给出。序列 $\hat{v}[n]$,$\hat{p}[n]$ 和 $\hat{x}[n]$ 如图 13.11 所示。

$x[n]$ 的倒谱 $c_x[n]$ 是 $\hat{x}[n]$ 的偶部,即

$$c_x[n]=\tfrac{1}{2}(\hat{x}[n]+\hat{x}[-n]) \tag{13.104}$$

且

$$c_x[n]=c_v[n]+c_p[n] \tag{13.105}$$

由式(13.99)得

$$\begin{aligned}c_v[n]=\log(b_1)\delta[n]&+\sum_{k=1}^{\infty}\frac{(-1)^k(b_0/b_1)^{-k}}{2k}(\delta[n-k]+\delta[n+k])\\&+\sum_{k=1}^{\infty}\frac{r^k\cos(\theta k)}{k}(\delta[n-k]+\delta[n+k])\end{aligned} \tag{13.106a}$$

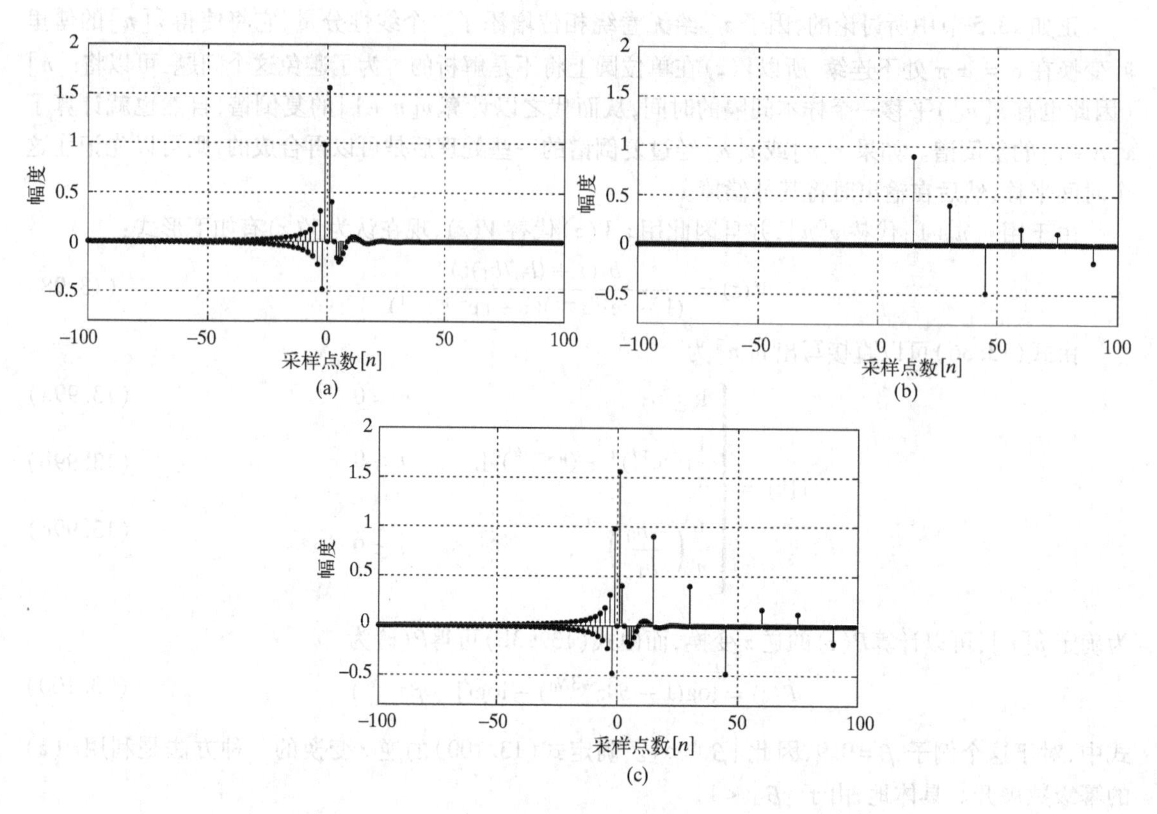

图 13.11　序列。(a) $\hat{v}[n]$;(b) $\hat{p}[n]$;(c) $\hat{x}[n]$

且由式(13.102)得

$$c_p[n] = -\frac{1}{2}\sum_{k=1}^{\infty}\frac{\beta^{3k}}{k}\{\delta[n-3N_0k]+\delta[n+3N_0k]\} + \frac{1}{2}\sum_{k=1}^{\infty}\frac{\beta^{k}}{k}\{\delta[n-N_0k]+\delta[n+N_0k]\} \tag{13.106b}$$

本例中的序列 $c_v[n]$, $c_p[n]$ 和 $c_x[n]$ 如图 13.12 所示。

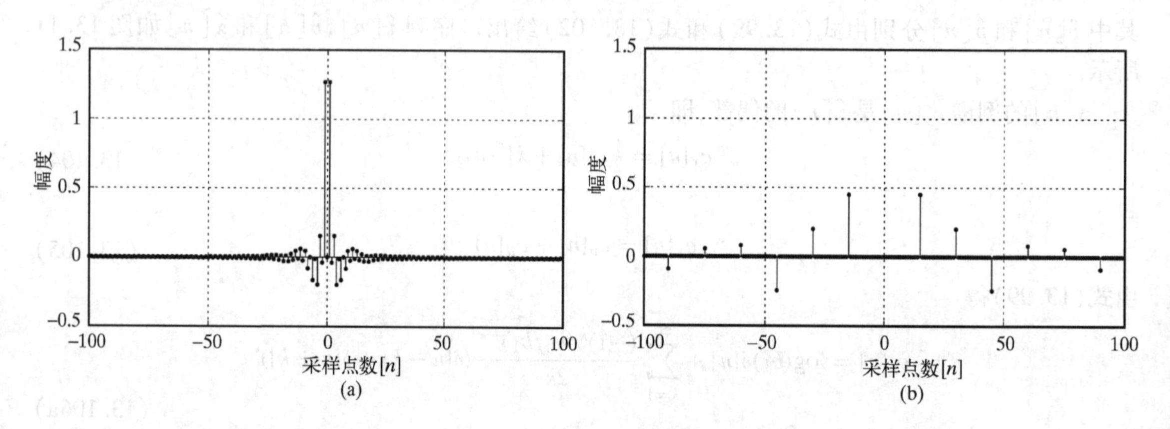

图 13.12　序列。(a) $c_v[n]$;(b) $c_p[n]$;(c) $c_x[n]$

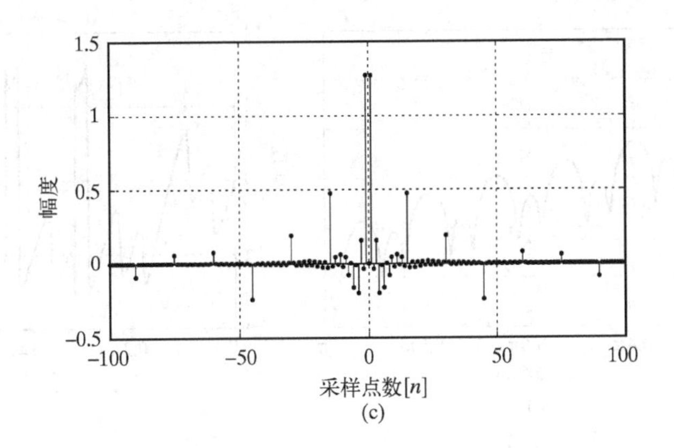

图 13.12(续)　序列。(a) $c_v[n]$;(b) $c_p[n]$;(c) $c_x[n]$

13.9.2　利用 DFT 计算倒谱

图 13.11 和图 13.12 给出了复倒谱,以及计算 13.9.1 节中得出的解析表达式所对应的倒谱。在多数应用中没有信号的解析表达式,因此也就不能解析地确定 $\hat{x}[n]$或 $c_x[n]$。然而对于有限长序列,可以用多项式求根法或 DFT 计算复倒谱。本节将举例说明如何用 DFT 计算 $x[n]$的复倒谱和倒谱。

为了按照图 13.4(a)那样用 DFT 来计算复倒谱或倒谱,要求输入是有限长的。这样,对于本节开始所讨论的信号模型来说,$x[n]$必须被截断。本节所讨论的例子中,对图 13.10(c)中的信号 $x[n]$截取 $N=1024$ 个样本,并且把 1024 点 DFT 用于图 13.4(a)所示的系统来计算信号的复倒谱和倒谱。图 13.13 给出了在复倒谱计算中所涉及的傅里叶变换。图 13.13(a)表示图 13.10 所示 $x[n]$的 1024 个样本的 DFT 幅值的对数,并且在图中将 DFT 样本连接起来以示出有限长输入序列傅里叶变换的形状。图 13.13(b)表示相位的主值。应当注意当相位超过 $\pm\pi$ 并以 2π 为模卷绕时的不连续性。图 13.13(c)示出按 13.6.1 节讨论的方法所得出的连续"无卷绕"的相位曲线。正如前面讨论的,仔细比较图 13.13(b)和图 13.13(c),显而易见,线性相位分量已经除去,因此无卷绕相位曲线在 0 和 π 处是连续的。这样,图 13.13(c)的无卷绕相位对应于 $x[n+1]$而不是 $x[n]$。

图 13.13(a)和图 13.13(c)分别对应于复倒谱的 DTFT 实部和虚部的计算。因为图 13.13(a)的函数是以 2π 为周期的偶函数,且图 13.13(c)的函数是以 2π 为周期的奇函数,所以只表示出 $0\leqslant\omega\leqslant\pi$ 的频率范围。查看图 13.13(a)和图 13.13(c)中的曲线,注意到它们大致呈现出快变化的周期(在频域)分量叠加在变化较慢的分量上的样子。事实上,周期变化的分量对应于 $\hat{P}(e^{j\omega})$,而变化较慢的分量对应于 $\hat{V}(e^{j\omega})$。

图 13.14(a)中已表示出 DFT 复对数的傅里叶变换,即时间混叠后的复倒谱 $\hat{x}_p[n]$。应注意在 $N_0=15$ 的整数倍处的那些冲激。这些冲激是由 $\hat{p}[n]$造成的,它们对应于在 DFT 的对数中观察到的快变化周期分量。还可以看到,因为输入信号不是最小相位的,所以当 $n<0$ 时复倒谱不为零①。

由于在计算 DFT 时用的点数很多,因此时间混迭复倒谱与使用式(13.99),式(13.102)和式(13.103)计算得到的精确值相差很小,计算这些值时所用的参数都是产生图 13.10 中的输入信号时所用的那些特定值。

① 当使用 DFT 得到图 13.13(a)和图 13.13(c)的傅里叶变换时,与 $n<0$ 有关的值通常出现在区间 $N/2<n\leqslant N-1$ 中,习惯上,时间序列总表示以 $n=0$ 为中心,因此已相应地重新排列了 $\hat{x}_p[n]$。

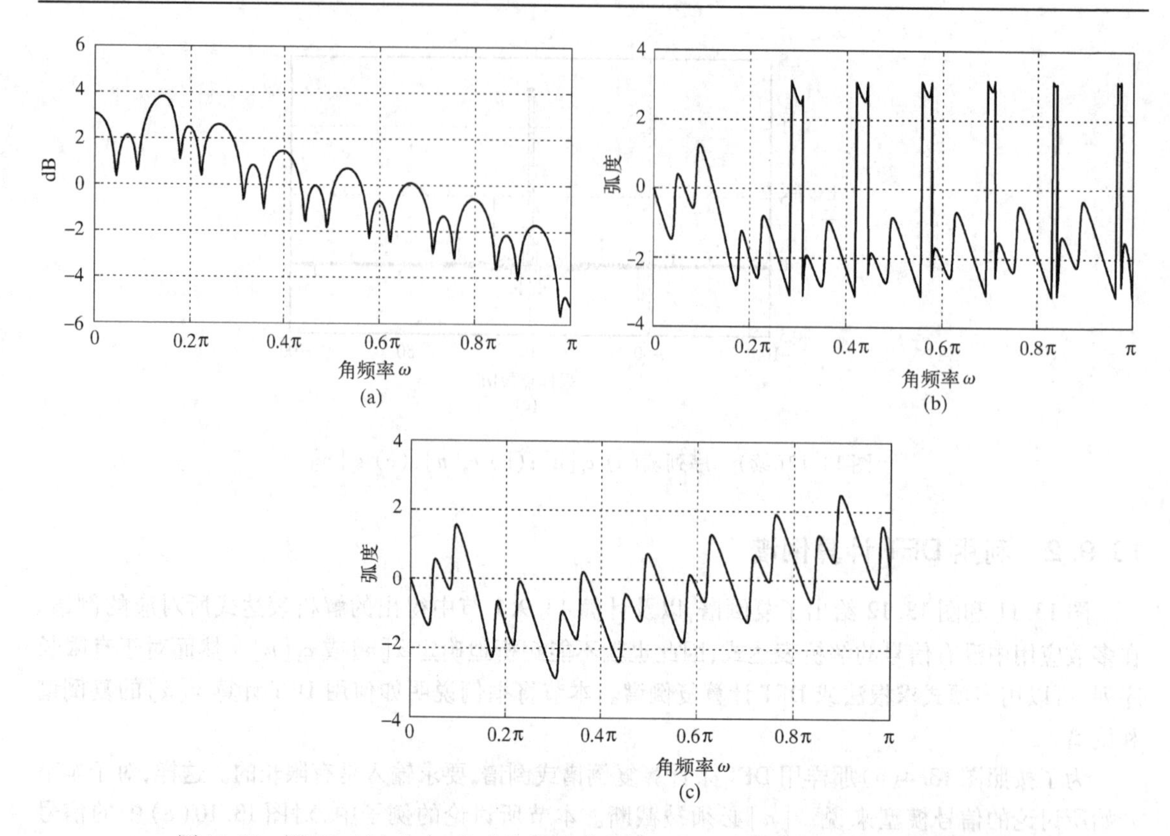

图 13.13　图 13.10(a)中 $x[n]$ 的傅里叶变换。(a) 对数幅度；(b) 等效相位；(c) 从(b)中移除线性相位分量的连续"解卷绕"相位。DFT 采样由直线段连接

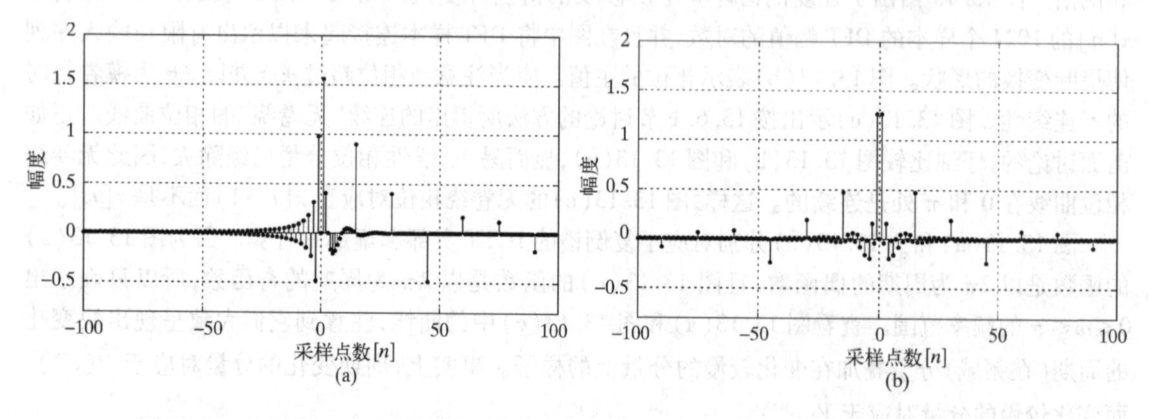

图 13.14　(a)图 13.10(c)中 $\hat{x}_p[n]$ 序列的复倒谱；(b)图 13.10(c)中 $c_x[n]$ 序列的倒谱

对于这个例子的时间混迭倒谱 $c_{xp}[n]$ 如图 13.14(b)所示。正如复倒谱一样，在 15 的整数倍处的冲激很明显，它们对应于傅里叶变换对数的周期分量。

这如本节开始提到的，信号 $v[n]$ 与像 $p[n]$ 那样的冲激串的卷积是一种包含有回波的信号模型。因为 $x[n]$ 是 $v[n]$ 和 $p[n]$ 的卷积，所以通过查看 $x[n]$ 往往不容易检测出回波时间。然而，在倒谱域中 $p[n]$ 的作用是作为加性冲激串而存在的，因此回波的存在与否以及它的位置往往比较明显。如 13.1 节中所讨论的，正是这一点使得 Bogert，Healy and Tukey(1963)提议将倒谱用作检测回波的工具。后来，Noll(1967)使用同一思想作为检测语音信号中音调的基础。

13.9.3 多径模型的同态解卷积

对于13.9节中的多径模型,复对数的慢变化分量,以及等效的复倒谱的“低时”(低频)部分主要都是由$v[n]$引起的。相应地,复对数的较快变化分量和复倒谱中“高时”(高频)部分主要是由$p[n]$引起的。这就给出了提示,$x[n]$中的两个卷积分量可以通过对傅里叶变换的对数进行线性滤波而区分开来,也就是通过频率不变滤波区分开来,或者同样地,复倒谱分量可以通过加窗或者加时间门区分开来。

图13.15(a)为当对一个信号的傅里叶变换的复对数进行滤波来区分一个卷积的分量时所进行的运算。频率不变线性滤波器可以通过频域中的卷积,如图13.15(a)所示,或者如图13.15(b)所示的时域相乘来实现。图13.16(a)表示对于恢复$v[n]$的近似值所要求的一个低通频率不变线性系统的时间响应。图13.16(b)表示对于恢复$p[n]$的近似值所要求的一个高通频率不变线性系统的时间响应。①

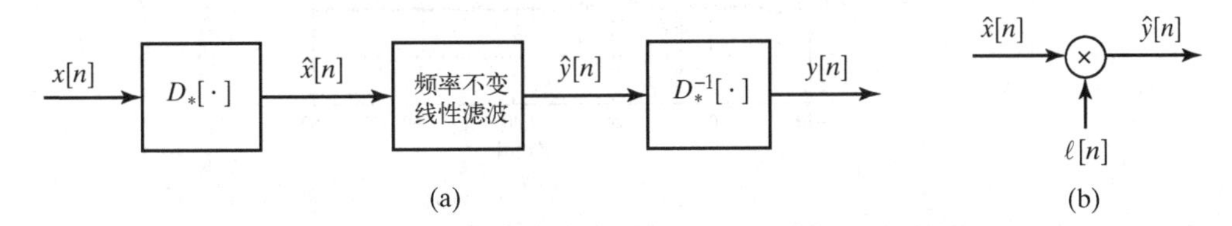

图13.15　(a)同态解卷积系统;(b)频率不变滤波的时域表示

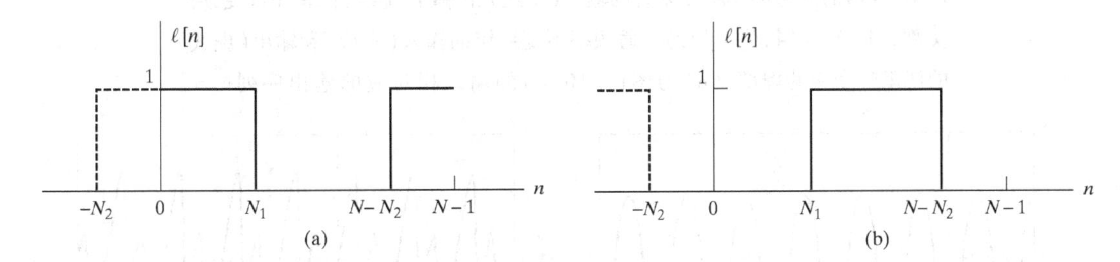

图13.16　同态解卷积的频率不变线性系统的时间响应。(a)低通系统;(b)高通系统(实线表示用DFT实线的序列$\ell[n]$的包络,虚线表示周期延拓)

图13.17表示低通频率不变滤波的结果。在图13.17(a)和图13.17(b)中变化较快的曲线是输入信号傅里叶变换的复对数,也就是复倒谱的傅里叶变换。在图13.17(a)和图13.17(b)中的慢变化曲线分别是$\hat{y}[n]$傅里叶变换的实部和虚部。此时,频率不变线性系统$\ell[n]$如同图13.16(a)所示的形式,并取$N_1=14$,$N_2=14$以及使用长度为$N=1024$的DFT来实现图13.15中的系统。图13.17(c)表示相应的输出$y[n]$。这个序列与通过同态解卷积得出的$v[n]$近似。为了把$y[n]$和$v[n]$联系起来,回想起在计算无卷绕相位时除去了一个线性相位分量,这相当于$v[n]$的一个采样时间的移位。因此,在图13.17(c)中的$y[n]$近似相当于由同态解卷积得到的$v[n+1]$。

这种类型的滤波已成功地用于从语音处理中来恢复声道响应信息(Oppenheim,1969b;Schafer and Rabiner,1970)以及从地震信号分析中恢复地震波(Ulrych,1971;Tribolet,1979)。

图13.18给出了高通频率不变滤波的结果。图13.18(a)和图13.18(b)中的快变化曲线分别是$\hat{y}[n]$傅里叶变换的实部和虚部,此时频率不变线性系统$\ell[n]$为图13.16(b)所示的形式,并取$N_1=14$和$N_2=512$(即除去负时间部分)。另外,该系统用1024点的DFT来实现。图13.18(c)表示相应的输

① 在图13.16中假设系统$D_*[\,]$和$D_*^{-1}[\,]$如图13.4所示用DFT实现。

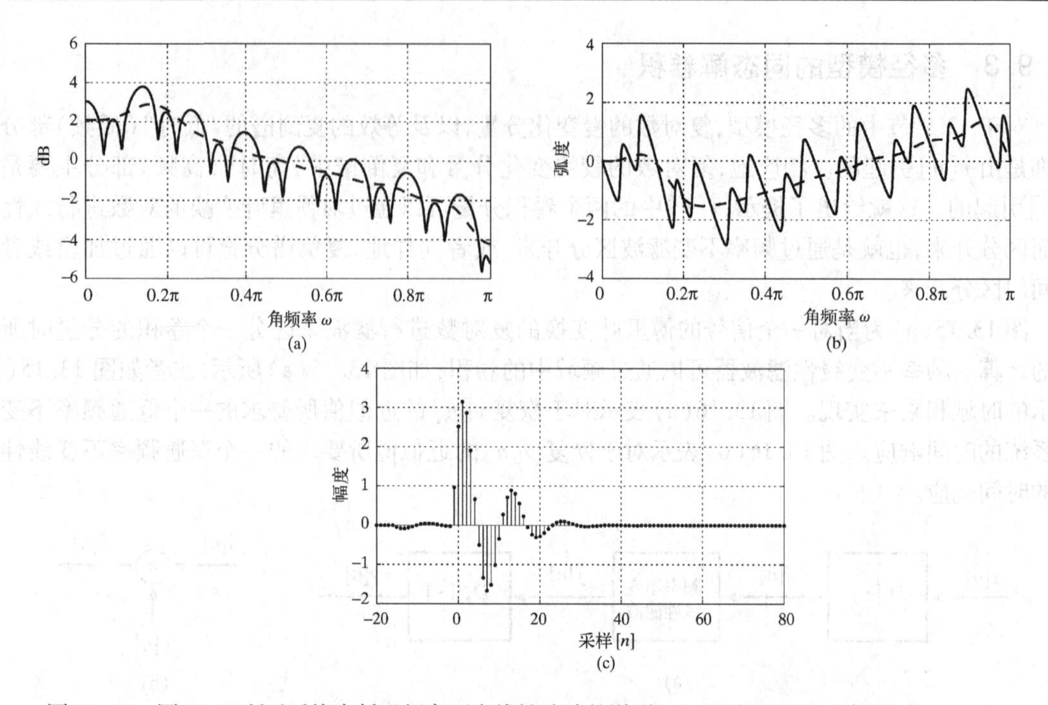

图 13.17　图 13.15 所示系统中低通频率不变线性滤波的说明。(a) 图 13.16(a)中 $N_1 = 14, N_2 = 14$的低通频率不变系统的输入(实线)和输出(虚线)的傅里叶变换的实部;(b) $N_1 = 14, N_2 = 14$的低通频率不变系统的输入(实线)和输出(虚线)的傅里叶变换的虚部;(c)与图13.10(c)的输入相对应的输出序列$y[n]$

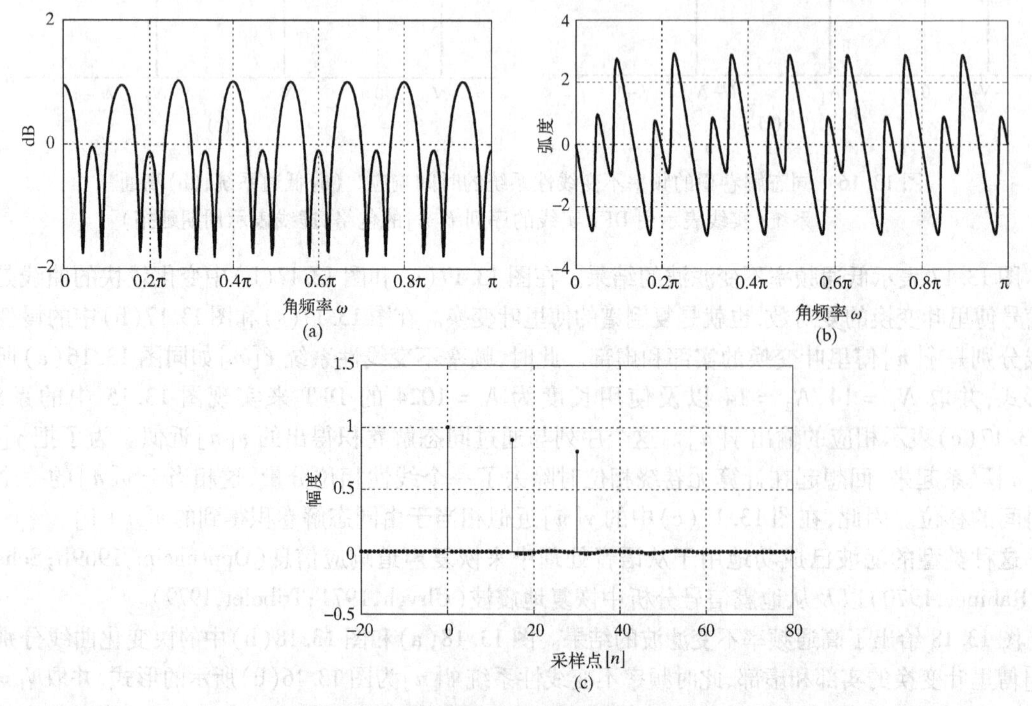

图 13.18　图 13.15 所示系统中高通频率不变线性滤波的说明。(a)图 13.16(b)中 $N_1 = 14, N_2 = 512$的高通频率不变系统的输出的傅里叶变换的实部;(b)与(a)相同条件下得到的虚部;(c)与图13.10(c)的输入相对应的输出序列$y[n]$

出$y[n]$,这个序列与由同态解卷积得到的 $p[n]$近似。对照利用倒谱来检测回波或周期性,这种方法力图得到可以说明 $v[n]$的重复副本的位置和大小的冲激串。

13.9.4　最小相位分解

13.8.1 节讨论过同态解卷积可用于将一个信号分解为最小相位和全通分量,或者最小相位和最大相位分量。将把这些技术用于 13.9 节的信号模型中。具体地,对于例子中的那些参数,输入的 z 变换是

$$X(z) = V(z)P(z) = \frac{(0.98 + z^{-1})(1 + 0.9z^{-15} + 0.81z^{-30})}{(1 - 0.9e^{j\pi/6}z^{-1})(1 - 0.9e^{-j\pi/6}z^{-1})} \tag{13.107}$$

首先,可以把 $X(z)$写成一个最小相位 z 变换和另一个全通 z 变换的乘积,即

$$X(z) = X_{\min}(z)X_{\text{ap}}(z) \tag{13.108}$$

其中,

$$X_{\min}(z) = \frac{(1 + 0.98z^{-1})(1 + 0.9z^{-15} + 0.81z^{-30})}{(1 - 0.9e^{j\pi/6}z^{-1})(1 - 0.9e^{-j\pi/6}z^{-1})} \tag{13.109}$$

和

$$X_{\text{ap}}(z) = \frac{0.98 + z^{-1}}{1 + 0.98z^{-1}} \tag{13.110}$$

利用第 3 章的部分分式展开法可以求出序列 $x_{\min}[n]$和 $x_{\text{ap}}[n]$,并且使用 13.5 节的幂级数方法可求得对应的复倒谱 $\hat{x}_{\min}[n]$和 $\hat{x}_{\text{ap}}[n]$(见习题 13.25)。另外用 13.8.1 节中讨论的运算方法可以由 $\hat{x}[n]$完全求出 $\hat{x}_{\min}[n]$和 $\hat{x}_{\text{ap}}[n]$,如图 13.7 所示。由于 $x_{\text{ap}}[n]$是无限长,所以如果用 DFT 实现图 13.7中的特征系统,则这种分解是近似的。但是当 $x_{\text{ap}}[n]$很大时,若 DFT 的长度足够长,则近似误差会很小。图 13.19(a)表示使用1024 点 DFT 计算时 $x[n]$的复倒谱,同时也从 $v[n]$中除去了一个采样时间的延迟,因此相位在 π 处是连续的。图 13.19(b)表示最小相位分量的复倒谱$\hat{x}_{\min}[n]$,而图 13.19(c)表示全通分量的复倒谱 $\hat{x}_{\text{ap}}[n]$,它们都是通过图 13.7 所示的运算,并按照图 13.4(a)实现 $D_*[\ ]$的方式实现的。

按照图 13.4(b)所示,利用 DFT 来实现系统 $D_*^{-1}[\ ]$,可以近似给出最小相位分量和全通分量,分别如图 13.20(a)和图 13.20(b)所示。因为 $P(z)$的全部零点都在单位圆内,所以 $P(z)$的全部零点均包括在最小相位 z 变换中,或者等效地说,$\hat{p}[n]$完全包括在 $\hat{x}_{\min}[n]$中。这样,最小相位分量就由 $v[n]$的最小相位分量的延迟且幅度加权的副本所组成。因此,图 13.20(a)中的最小相位分量与图 13.10(c)中的输入很相似。由式(13.110)可以证明,全通分量为

$$x_{\text{ap}}[n] = 0.98\delta[n] + 0.0396(-0.98)^{n-1}u[n-1] \tag{13.111}$$

图 13.20(b)所示的结果十分接近于当 n 值很小时的这一理想结果,此时序列幅值很大。这个例子说明了由 Bauman, Lipshitz and Vanderkooy(1985)已经用于电声换能器的响应分析和特性研究中的分解技术。一种类似的技术也可以用于如在数字滤波器设计中所需要的幅度平方函数的因式分解中(见习题 13.27)。

作为另外一种最小相位/全通分解,可以把 $X(z)$表示成一个最小相位z 变换和一个最大相位 z 变换的乘积,即

$$X(z) = X_{\text{mn}}(z)X_{\text{mx}}(z) \tag{13.112}$$

其中,

$$X_{\text{mn}}(z) = \frac{z^{-1}(1 + 0.9z^{-15} + 0.81z^{-30})}{(1 - 0.9e^{j\pi/6}z^{-1})(1 - 0.9e^{-j\pi/6}z^{-1})} \tag{13.113}$$

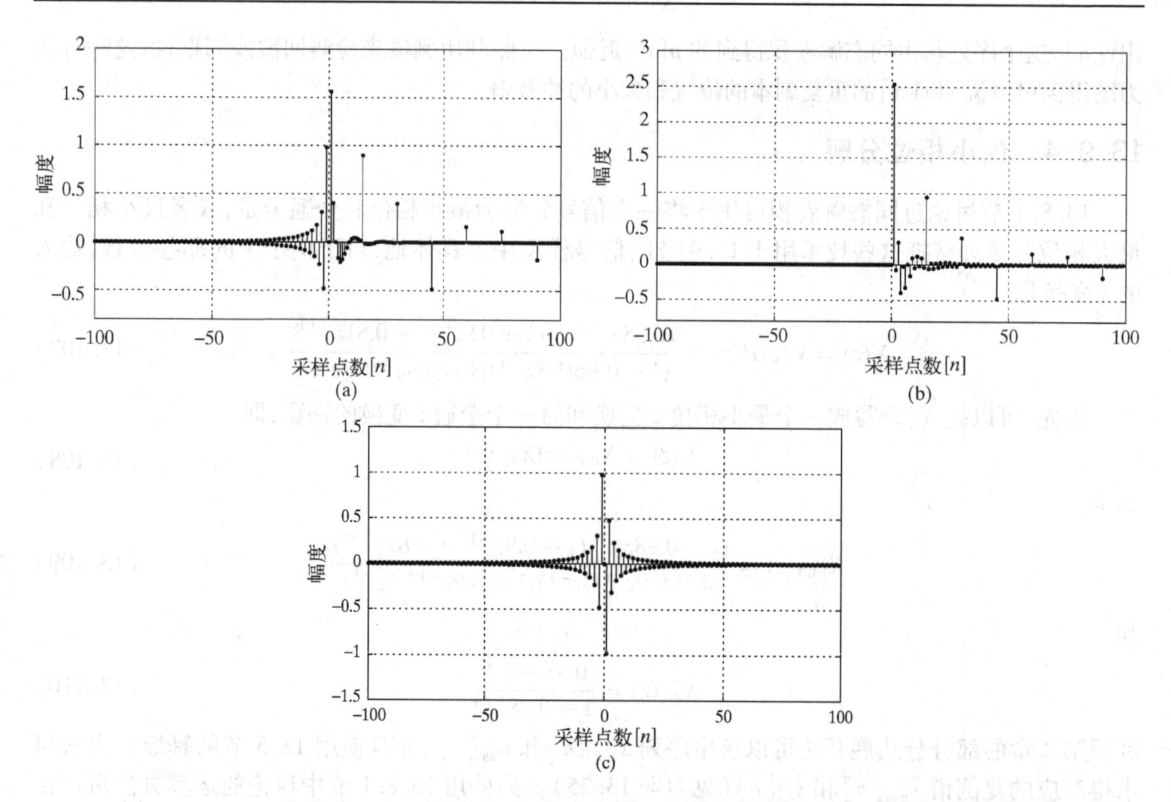

图 13.19 (a) $x[n]=x_{\min}[n]*x_{\mathrm{ap}}[n]$ 的复倒谱;(b) $x_{\min}[n]$ 的复倒谱;(c) $x_{\mathrm{ap}}[n]$ 的复倒谱

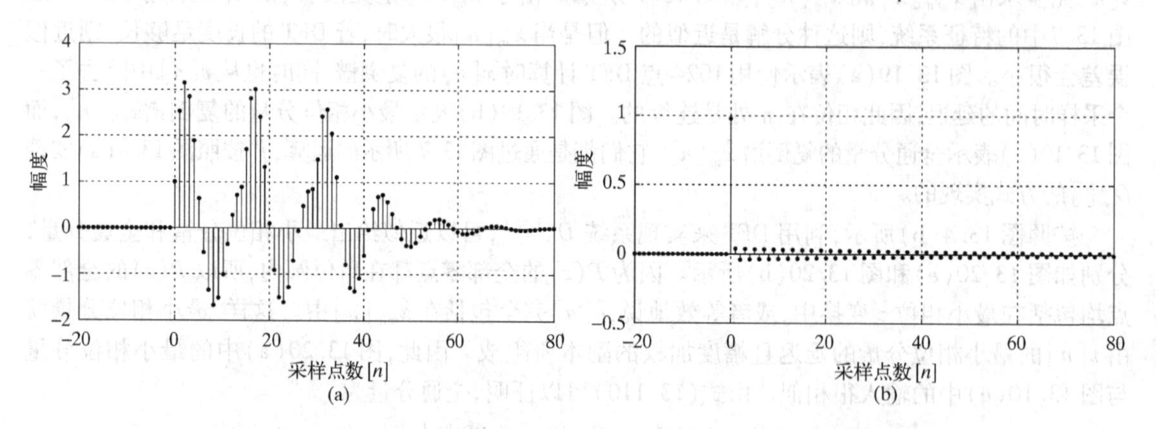

图 13.20 (a) 最小相位输出;(b) 按图 13.7 中所述方式得到的输出

和

$$X_{\mathrm{mx}}(z)=0.98z+1 \tag{13.114}$$

利用第 3 章的部分分式展开法可以求出序列 $x_{\mathrm{mn}}[n]$ 和 $x_{\mathrm{mx}}[n]$,并且使用 13.5 节的幂级数方法可求得对应的复倒谱 $\hat{x}_{\mathrm{mn}}[n]$ 和 $\hat{x}_{\mathrm{mx}}[n]$(见习题 13.25)。另外用 13.8.2 节中讨论的运算方法可以由 $\hat{x}[n]$ 完全求出 $\hat{x}_{\mathrm{mn}}[n]$ 和 $\hat{x}_{\mathrm{mx}}[n]$,如图 13.8 所示,其中,

$$\ell_{\mathrm{mn}}[n]=u[n] \tag{13.115}$$

和

$$\ell_{\mathrm{mx}}[n]=u[-n-1] \tag{13.116}$$

也就是说,最小相位序列现在由复倒谱的正时间部分来定义,而最大相位部分由复倒谱的负时

间部分来定义。如果用 DFT 来实现图 13.8 中的特征系统，则复倒谱的负时间部分就位于 DFT 区间的后半部分。在这种情况下，由于时间混叠，只能近似区分最小相位分量和最大相位分量。但是通过选用足够大的 DFT 长度，可以使时间混叠误差很小。图 13.19(a)给出了用 1024 点 DFT 计算出的 $x[n]$ 的复倒谱。图 13.21 表示，用式(13.87)和式(13.88)以及图 13.4(b)所示的用 DFT 来实现的逆特征系统，并由图 13.19(a)的复倒谱得出的两个输出序列。如前所述，因为 $\hat{p}[n]$ 完全包含在 $\hat{x}_{mn}[n]$ 中，所以相应的输出 $x_{mn}[n]$ 由最小相位序列的延迟且幅度加权的副本所组成，并且看上去与它的输入序列也十分相似。然而，认真比较图 13.20(a)和图 13.21(a)可以看出 $x_{min}[n] \neq x_{mn}[n]$。由式(13.114)可知，最大相位序列为

$$x_{mx}[n] = 0.98\delta[n+1] + \delta[n] \tag{13.117}$$

图 13.21(b)非常接近这一理想结果。(注意，移位是为了在相位解卷绕计算中除去线性相位。)最小相位/最大相位分解技术已由 Smith and Barnwell(1984)用于语音分析和编码中完全重构滤波器组的设计与实现上。

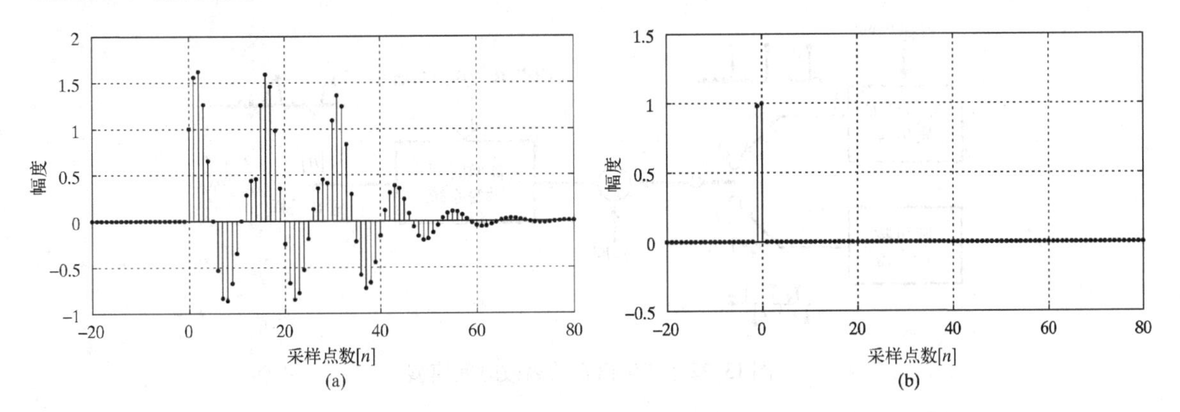

图 13.21 由图 13.8 中所示系统得出。(a) 最小相位输出；(b) 最大相位输出

13.9.5 推广

13.9 节中的例子认为，与一个冲激串卷积的简单复指数信号可以产生一串复指数信号的延迟且幅度加权的副本。这个模型表明了复倒谱和同态滤波的许多特点。

特别是，在与语音、通信和地震等应用相联系的许多更一般的模型中，合适的信号是由两个分量的卷积组成的。一个分量具有 $v[n]$ 的特性，特别是其傅里叶变换在频率上变化很慢；另一个分量具有 $p[n]$ 的特性，即傅里叶变换在频率上变化很快的或呈准周期状态的某些回波信号或冲激串。这样，两种分量的贡献能在复倒谱或倒谱中区分出来。另外，复倒谱或倒谱应包括位于回波延迟整数倍处的冲激串。所以，同态滤波可以用来区分信号卷积分量，或者倒谱可以用于检测回波延迟。下一节将说明在语音分析的应用中，这些复倒谱的一般特性的用途。

13.10 在语音处理中的应用

倒谱技术已经被十分成功地用于语音分析。可以将以上的理论分析和 13.9 节中补充的例子以比较直接的方式推广到这一应用中，本节主要讨论这方面的问题。

13.10.1 语音模型

正如 10.4.1 节主要论述的，与声道激励的不同形式相对应的语音有三种基本类型，具体是：

- 浊音是声门张开和闭合引起的准周期脉冲气流激励声道而产生的声音;
- 摩擦音是先在声道某处形成一缩颈,然后迫使气流通过该缩颈形成湍流,产生一种类似噪声的激励而发出的声音;
- 爆破音是先把声道完全闭合,在闭合处后面形成压力,然后突然将压力释放而产生的声音。

在每一种情况下,语音信号都是由一个宽带激励来激励声道系统(声传输系统)而产生的。声道随时间十分缓慢地改变其形状,因此可以将它看作一个慢时变滤波器,该滤波器把其频率响应特性强加在激励的频谱上。声道的特性由它的自然频率(即所谓的共振峰)来表示,这些自然频率与它的频率响应中的谐振点相对应。

如果假设激励源和声道的形状是相互独立的,则可以构造出如图 13.22 所示的离散时间模型作为采样的语音波形的一种表示。在这个模型中,假定语音信号的样本是一个时变离散时间系统的输出,该系统作为声道系统谐振的模型。系统激励的模式在周期脉冲和随机噪声之间转换,它取决于所要产生的声音的类型。

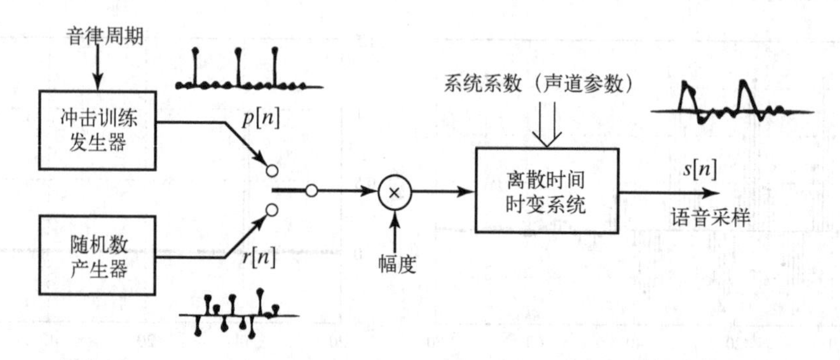

图 13.22　产生语音的离散时间模型

因为在连续的语音中,声道形状改变相当慢,所以有理由假设模型中的离散时间系统在10 ms 量级的时间间隔内,其性质是固定不变的。因此离散时间系统在每个时间间隔内可以用 IIR 系统的冲激响应或频率响应,或一组系数来表征其特性。具体地,声道系统函数的模型可以取如下形式:

$$V(z)=\frac{\sum_{k=0}^{K} b_k z^{-k}}{\sum_{k=0}^{P} a_k z^{-k}} \tag{13.118}$$

或等效地,

$$V(z)=\frac{Az^{-K_o}\prod_{k=1}^{K_i}(1-\alpha_k z^{-1})\prod_{k=1}^{K_o}(1-\beta_k z)}{\prod_{k=1}^{[P/2]}(1-r_k e^{j\theta_k}z^{-1})(1-r_k e^{-j\theta_k}z^{-1})} \tag{13.119}$$

其中,量 $r_k e^{j\theta_k}$($|r_k|<1$)是声道的复自然频率,当然它取决于声道的形状,因此是时变的。$V(z)$的零点是考虑到有限长声门脉冲波形以及产生鼻浊音和摩擦音时由于声道的缩颈而引起的传输零点。这类零点常常没有包括在模型内,因为仅仅从语音波形很难估计出它们的位置,而且还因为已经证明(Atal and Hanauer,1971),如果在只考虑声道谐振点所需要的极点数目之外加入额外的极点,就可以用无零点模型来准确描述语音信号谱的形状。在分析中之所以包括了零点,是因为对于准确表示语音的复倒谱来说这是必须的。注意,有可能包括位于单位圆外的零点。

声道系统由一个激励序列 $p[n]$ 和 $r[n]$ 来激励。当建立浊音模型时，$p[n]$ 是一个冲激串，而当建立摩擦音和爆破音之类的清音模型时，$r[n]$ 是一个伪随机噪声序列。

语音处理的许多基本问题可以简化成图 13.22 所示模型的参数估计问题。这些参数如下：

- 式(13.118)中 $V(z)$ 的系数或式(13.119)中的极点和零点的位置；
- 声道系统的激励模式，即周期冲激串或随机噪声；
- 激励信号的幅值；
- 语音激励的周期。

如果假设在一个短的时间间隔内模型是有效的，则同态解卷积可以用于这些参数的估计，因此一小段长度为 L 的样本的采样语音信号可以看作如下卷积形式：

$$s[n] = v[n] * p[n]\ ,\quad 0 \leqslant n \leqslant L-1 \tag{13.120}$$

式中，$v[n]$ 是声道的冲激响应，$p[n]$ 可以是周期的（对于浊音）也可以是随机噪声（对于非浊音）。显然，由于脉冲发生在分析区间开始之前并且结束在分析区间结束之后，因此式(13.120)的模型在该区间的两端是不成立的。为了减小在区间的端点处模型的"不连续性"的影响，可令语音信号 $s[n]$ 与两端平滑地递减到零的窗 $w[n]$ 相乘。这样，同态解卷积系统的输入为

$$x[n] = w[n]s[n] \tag{13.121}$$

首先来研究一下浊音的情况。如果与 $v[n]$ 的变化相比 $w[n]$ 变化很慢，则分析可明显简化，只要假设

$$x[n] = v[n] * p_w[n] \tag{13.122}$$

其中，

$$p_w[n] = w[n]p[n] \tag{13.123}$$

（见 Oppenheim and Schafer，1968）。不用这一假设而进行详细地分析，也可以得出如下结论（见 Verhelst and Steenhaut，1986）。对于浊音，$p[n]$ 是如下形式的冲激串：

$$p[n] = \sum_{k=0}^{M-1} \delta[n - kN_0] \tag{13.124}$$

因此，

$$p_w[n] = \sum_{k=0}^{M-1} w[kN_0]\delta[n - kN_0] \tag{13.125}$$

其中假设语音激励周期为 N_0，并且窗的跨度为 M 个周期。

$x[n]$，$v[n]$ 和 $p_w[n]$ 的复倒谱的关系为

$$\hat{x}[n] = \hat{v}[n] + \hat{p}_w[n] \tag{13.126}$$

为得到 $\hat{p}_w[n]$，定义序列

$$w_{N_0}[k] = \begin{cases} w[kN_0], & k = 0, 1, \cdots, M-1 \\ 0, & \text{其他} \end{cases} \tag{13.127}$$

其傅里叶变换为

$$P_w(\mathrm{e}^{\mathrm{j}\omega}) = \sum_{k=0}^{M-1} w[kN_0]\mathrm{e}^{-\omega kN_0} = W_{N_0}(\mathrm{e}^{\mathrm{j}\omega N_0}) \tag{13.128}$$

因此，$P_w(\mathrm{e}^{\mathrm{j}\omega})$ 和 $\hat{P}_w(\mathrm{e}^{\mathrm{j}\omega})$ 都以 $2\pi/N_0$ 为周期，并且 $p_w[n]$ 的复倒谱为

$$\hat{p}_w[n] = \begin{cases} \hat{w}_{N_0}[n/N_0], & n = 0, \pm N_0, \pm 2N_0, \cdots \\ 0, & \text{其他} \end{cases} \tag{13.129}$$

当冲激串间隔 N_0 的整数倍个采样点（语音激励的周期）时，复倒谱显示出由于语音信号的周期性

引起的复对数的周期性。如果序列 $w_{N_0}[n]$ 是最小相位的,那么 $\hat{p}_w[n]$ 在 $n<0$ 时为零。否则,当 n 取任意正数或负数时,$\hat{p}_w[n]$ 将在每间隔 N_0 个采样点处产生冲激。在任意一种情况下,$\hat{p}_w[n]$ 对 $\hat{x}[n]$ 的贡献都在 $|n|\geqslant N_0$ 区间内。

从复对数 $V(z)$ 的幂级数展开式中可以看出,$v[n]$ 对复倒谱的贡献为

$$\hat{v}[n]=\begin{cases}\displaystyle\sum_{k=1}^{K_0}\frac{\beta_k^{-n}}{n}, & n<0\\ \log|A|, & n=0\\ \displaystyle-\sum_{k=1}^{K_i}\frac{\alpha_k^n}{n}+\sum_{k=1}^{[P/2]}\frac{2r_k^n}{n}\cos(\theta_k n), & n>0\end{cases} \tag{13.130}$$

如 13.9.1 节中更简单的例子,式(13.119)中的 z^{-K_0} 项表示线性相位因子,在无卷绕相位或复倒谱中这一项可以被去除。因此,更确切地说,式(13.130)中的 $\hat{v}[n]$ 是 $v[n+K_0]$ 的复倒谱。

由式(13.130)可以看出,声道的贡献是导致复倒谱占据了 $-\infty<n<\infty$ 的全范围,但是集中在 $n=0$ 附近。同时注意到,由于声道谐振点由单位圆内的极点表示,当 $n<0$ 时对复倒谱的贡献为零。

13.10.2　语音同态解卷积举例

对于用 10 000 样本/s 采样的语音,音调周期 N_0 的范围大约是从 25 个样本(对于高音调语音)一直到 150 个样本(对于很低音调的语音)。因为复倒谱 $\hat{v}[n]$ 的声道分量衰减很快,所以 $\hat{p}_w[n]$ 的峰比 $\hat{v}[n]$ 突出。换句话说,在复对数中声道分量是慢变化的,而激励分量是快变化的。图 13.23(a)表示一段加了401 点的 Hamming 窗的语音(8000 点/s 采样率下持续时间为 50 ms)。图 13.24表示图 13.23(a)中信号 DFT 的复对数(对数幅值和无卷绕相位)[①]。注意,快变化(几乎是周期性的)分量是由 $p_w[n]$ 引起的,而慢变化分量是由 $v[n]$ 引起的。这些特性均表现在图 13.25 所示的复倒谱中,它的表现形式是大约 13 ms(输入语音段的周期)整数倍处由 $\hat{p}_w[n]$ 造成的冲激和在 $|nT|<5$ ms 的区域内由 $\hat{v}[n]$ 产生的样本。和前一节一样,可用频率不变滤波来分离语音信号卷积模型的分量。用复对数的低通滤波来恢复 $v[n]$ 的近似值,用高通滤波来得到 $p_w[n]$。图 13.23(c)是 $v[n]$ 的近似值,它是利用图 13.16(b)所示 $N_1=30$ 和 $N_2=30$ 的低通不变滤波器得到的。图 13.24中的缓慢变化的虚线表明图 13.23(c)中低频分量的 DTFT 的复对数。另一方面,图 13.23(b)是 $p_w[n]$ 的近似值,是通过将图 13.16(b)所示 $N_1=95$ 和 $N_2=95$ 的对称高通不变滤波器加到复倒谱上得到的。在上面两种情况中,逆特征系统都是用如图 13.4(b)所示的 1024 点 DFT 实现的。

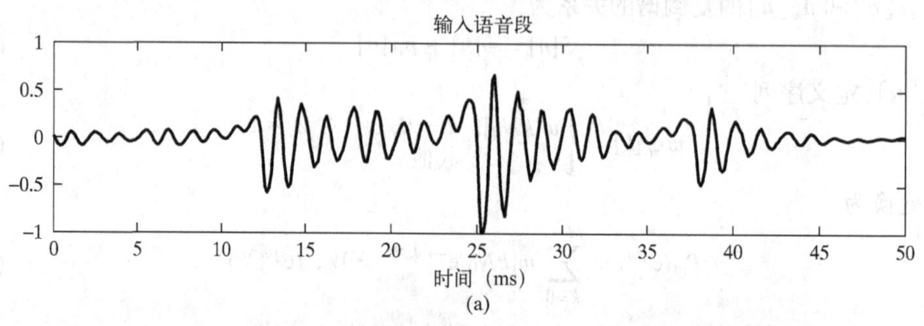

图 13.23　语音的同态解卷积。(a) 加有 Hamming 窗的语音段;(b) (a)中信号的高频分量;(c) (a)中信号的低频分量

① 为了作图方便起见,本节所有图已把所有序列的样本连接起来。

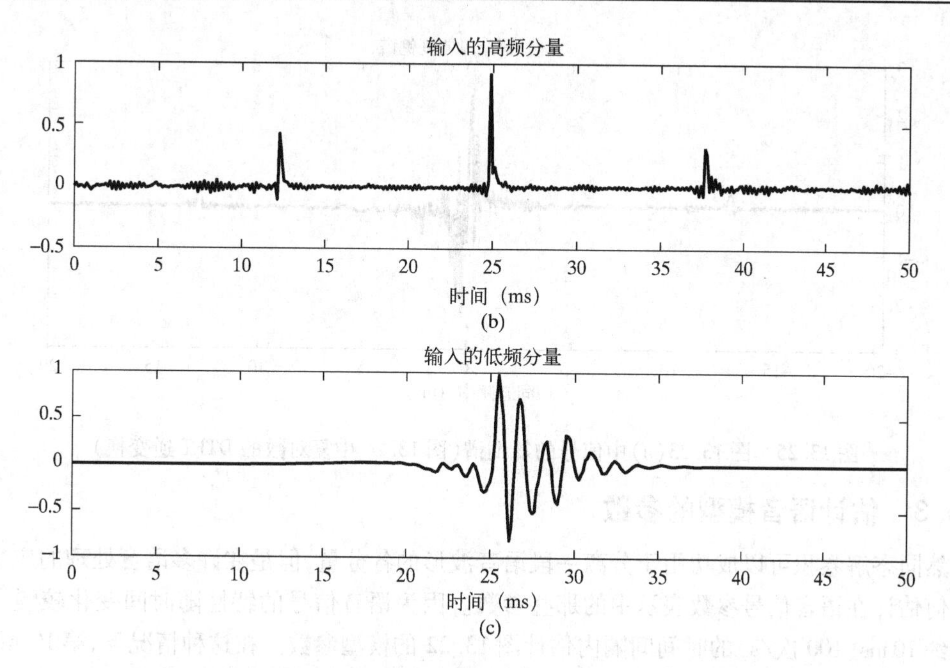

图 13.23（续）　语音的同态解卷积。(a) 加有 Hamming 窗的语音段；(b) (a)中信号的高频分量；(c) (a)中信号的低频分量

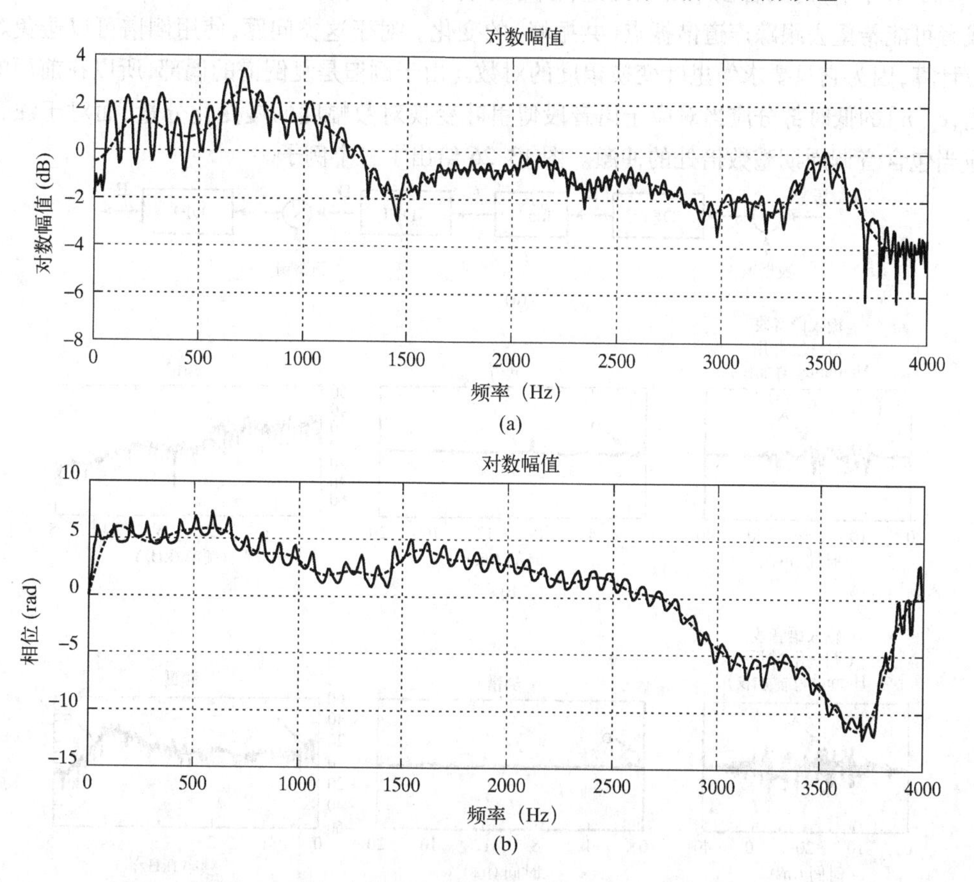

图 13.24　图 13.23(a)中信号的复对数。(a) 对数幅值；(b) 无卷绕相位

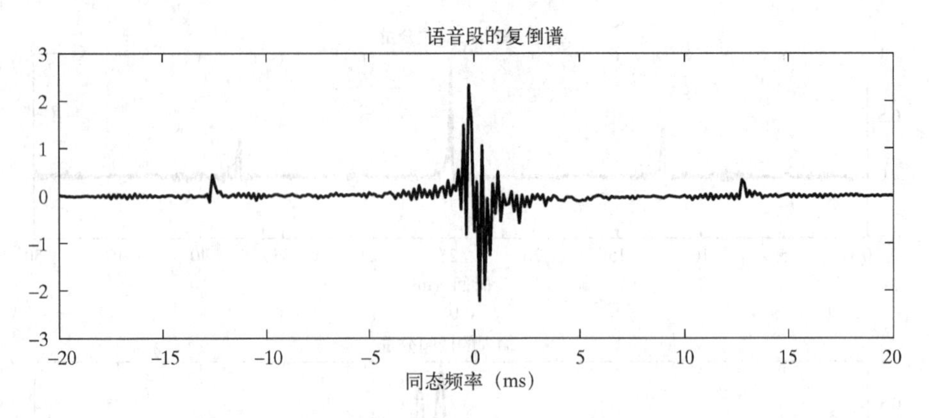

图 13.25 图 13.23(a)中信号的复倒谱(图 13.24 中复对数的 DTFT 逆变换)

13.10.3 估计语音模型的参数

虽然同态解卷积可以成功用于分离一段语音波形的各分量,但是在许多语音处理的应用中,只关心如何估计在语音信号参数表示中的那些参数。因为语音信号的特性随时间变化较慢,所以通常在大约 10 ms(100 次/s)的时间间隔内估计图 13.22 的模型参数。在这种情况下,第 10 章讨论的依时傅里叶变换可作为依时同态分析的基础。例如,查看所选出的大约每 10 ms(在 10 000 Hz 的采样率下 100 个样本)的语音段就足以确定(浊音的或非浊音的)模型激励的模式以及浊音的音调周期。或者可能希望去跟踪声道谐振点(共振峰)的变化。对于这类问题,使用倒谱可以避免难度大的相位计算,因为它只要求傅里叶变换幅度的对数。由于倒谱是复倒谱的偶部,所以在前面的讨论中指出,$c_x[n]$的低时部分应当对应于语音段傅里叶变换对数幅度的慢变化分量,而对于浊音来说倒谱应当包含音调周期整数倍处的冲激。图 13.26 给出了一个例子。

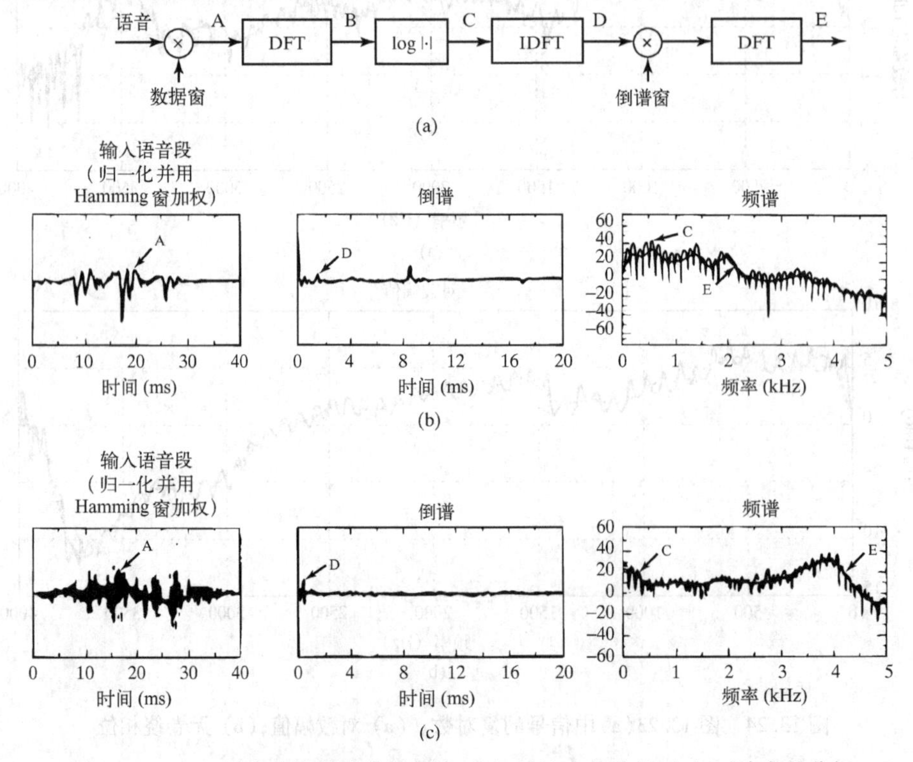

图 13.26 (a) 语音信号倒谱分析系统;(b) 对浊音的分析;(c) 对清音的分析

图 13.26(a)表示用倒谱估计语音参数时涉及的运算。图 13.26(b)给出浊音的一个典型结果。加窗后的语音信号记作 A，$\log|X[k]|$记作 C，以及倒谱 $c_x[n]$记作 D。在倒谱大约 8 ms 处的峰表示这段语音是浊音，周期约为 8 ms，把在 8 ms 以下利用截取由频率不变低通滤波器得到的平滑谱或**谱包络**记作 E，并重叠在 C 上。对于图 13.26(c)所示的清音来说，情况类似，不同的是，输入语音段中激励分量的随机性引起了在 $\log|X[k]|$中快变化的随机分量，而不是周期分量。这样，在倒谱中低时分量和先前一样对应于声道系统函数。但是，因为在 $\log|X[k]|$中快变化不是周期的，所以倒谱中不会出现很强的谱峰。因此，倒谱中通常音调周期的范围内谱峰的有无可以作为一种很好的浊音/清音检测器和音调周期估计器。在清音情况下，低通频率不变滤波的结果与在浊音情况下类似，所得到的平滑谱包络的估计为 E 所示。

在语音分析的应用中，图 13.26(a)的运算重复地用于连续的各段语音波形。语音段的长度必须仔细选择。如果段太长，则语音信号的特性在语音段的时间内变化将太大。如果段太短，就没有足够长的信号来得出有关周期性的显著标志。通常取段的长度约为语音信号平均音调周期的 3～4 倍。图 13.27 给出了如何将倒谱用于音调检测和声道谐振频率估计的一个例子。图 13.27(a)表示对于所选取的 20 ms 长语音波形段计算出的倒谱序列。语音段的全部倒谱序列都存在着显著的谱峰，说明该段语音全部都是浊音。倒谱谱峰的位置表明每个相应的时间区间内音调周期的值。图 13.27(b)表示对数幅度谱以及相应的平滑谱，它们重叠在一起。直线把利用渐近峰选算法得到的声道谐振点的估计值连接起来。(见 Schafer and Rabiner，1970。)

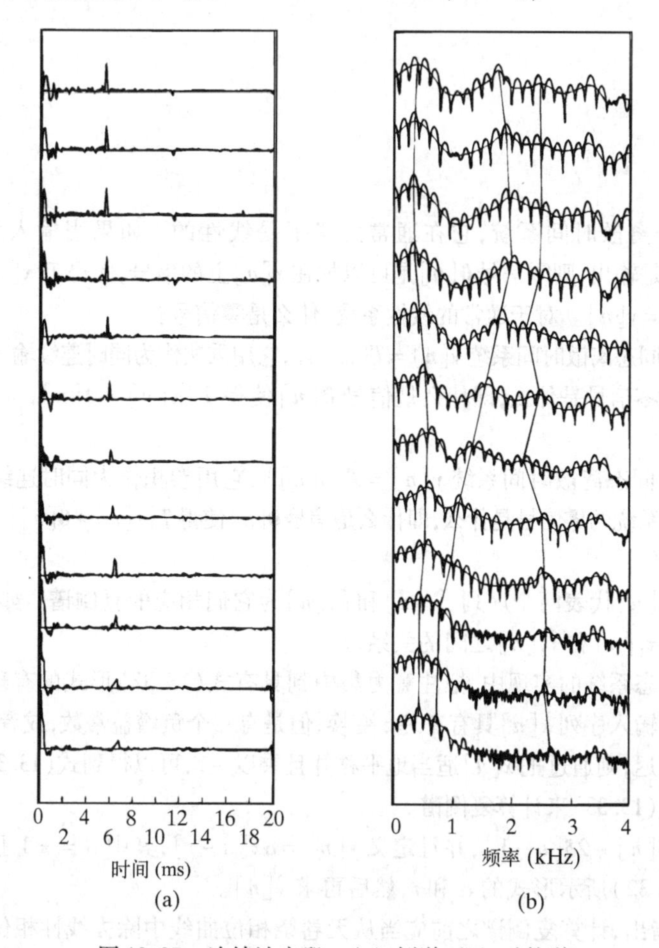

图 13.27　连续浊音段。(a) 倒谱；(b) 对数谱

13.10.4 应用

正如前面所指出的,倒谱分析方法已在语音处理问题中获得了广泛的应用。最成功的应用之一是音调检测(Noll, 1967)。该方法还成功地用于对语音信号低比特率编码的语音分析/综合系统(Oppenheim, 1969b; Schafer and Rabiner, 1970)。

语音的倒谱表示已经相当成功地用于和语音处理有关的模型识别问题中,如讲话人的辨识(Atal, 1976),讲话人的确认(Furui, 1981)和语音识别(Davis and Mermelstein, 1980)等。虽然线性预测分析技术是获得语音模型中声道分量表示最常用的方法,但是对于在模式识别问题中的应用,线性预测模型的表示常常变换成倒谱的表示(Schroeder, 1981; Juang et al., 1987)。这种变换将在习题13.30中研究。

13.11 小结

本章讨论了倒谱分析和同态解卷积技术。主要侧重于复倒谱的定义和性质,以及在复倒谱计算中的一些实际问题。用理想化的例子来说明如何使用倒谱分析和同态解卷积来分离卷积分量。最后还较详细地讨论了倒谱分析技术在语音处理问题中的应用,作为将这种技术用于实际问题的一个示例。

习题

基本题

13.1 (a) 考虑一个离散时间系统,它在通常意义下是线性的。如果当输入为$x[n]$时,$y[n]=T\{x[n]\}$是输出,则零信号$\mathbf{0}[n]$是可以加在$x[n]$上的信号,使得$T\{x[n]+\mathbf{0}[n]\}=y[n]+T\{\mathbf{0}[n]\}=y[n]$。对于通常的线性系统,什么是零信号?

(b) 考虑一个同态离散时间系统$y[n]=T\{x[n]\}$,它用乘法作为同时连续输入和输出信号的运算。该系统的零信号是什么,即什么是信号$\mathbf{0}[n]$使得$T\{x[n]*\mathbf{0}[n]\}=y[n]*T\{\mathbf{0}[n]\}=y[n]$?

(c) 考虑一个同态离散时间系统$y[n]=T\{x[n]\}$,它用卷积作为同时连续输入和输出信号的运算。该系统的零信号是什么,即什么是信号$\mathbf{0}[n]$使得$T\{x[n]*\mathbf{0}[n]\}=y[n]*T\{\mathbf{0}[n]\}=y[n]$?

13.2 令$x_1[n]$和$x_2[n]$代表两个序列,$\hat{x}_1[n]$和$\hat{x}_2[n]$为它们相应的复倒谱。如果$x_1[n]*x_2[n]=\delta[n]$,试确定$\hat{x}_1[n]$和$\hat{x}_2[n]$之间的关系。

13.3 在研究卷积同态系统的实现中,把注意力集中到具有式(13.32)形式的有理z变换的输入信号上。如果一个输入序列$x[n]$具有有理z变换,但是有一个负增益常数,或者有用式(13.32)不能表示的适量延迟,则通过把$x[n]$适当地平移并且乘以-1,可以得到式(13.32)形式的z变换,然后就可能用式(13.33)来计算复倒谱。

假设$x[n]=\delta[n]-2\delta[n-1]$,并且定义$y[n]=\alpha x[n-r]$,其中$\alpha=\pm1$且$r$为整数。求使得$Y(z)$为式(13.32)所示形式的$\alpha$和$r$,然后再求$\hat{y}[n]$。

13.4 13.5.1节曾指出,计算复倒谱之前应当从无卷绕相位曲线中除去线性相位的贡献。本题就涉及,由于在式(13.29)中有因子z^r而没有除去线性相位分量的影响。

具体地,假定卷积特征体统的输入是 $x[n]=\delta[n+r]$。证明傅里叶变换定义的正式应用

$$\hat{x}[n]=\frac{1}{2\pi}\int_{-\pi}^{\pi}\log[X(e^{j\omega})]e^{j\omega n}d\omega \tag{P13.4-1}$$

可得出

$$\hat{x}[n]=\begin{cases} r\dfrac{\cos(\pi n)}{n}, & n\neq 0 \\ 0, & n=0 \end{cases}$$

从这一结果可以清楚看到除去相位中的线性相位分量的优点,因为当 r 较大时这个分量将支配复倒谱。

13.5　假设 $s[n]$ 的 z 变换是

$$S(z)=\frac{(1-\frac{1}{2}z^{-1})(1-\frac{1}{4}z)}{(1-\frac{1}{3}z^{-1})(1-\frac{1}{5}z)}$$

试确定 $n\hat{s}[n]$ 的 z 变换的极点位置,在 $|z|=0$ 或 ∞ 处的极点除外。

13.6　假定 $y[n]$ 的复倒谱是 $\hat{y}[n]=\hat{s}[n]+2\delta[n]$。利用 $s[n]$ 求 $y[n]$。

13.7　确定 $x[n]=2\delta[n]-2\delta[n-1]+0.5\delta[n-2]$ 的复倒谱。如果需要,可以将 $x[n]$ 移位或改变其符号。

13.8　假设稳定序列 $x[n]$ 的 z 变换为

$$X(z)=\frac{1-\frac{1}{2}z^{-1}}{1+\frac{1}{2}z}$$

并假定稳定序列 $y[n]$ 有复倒谱 $\hat{y}[n]=\hat{x}[-n]$,其中 $\hat{x}[n]$ 是 $x[n]$ 的复倒谱。求 $y[n]$。

13.9　式(13.65)和式(13.68)是递推关系式,它们可以用来计算当输入序列分别是最小相位和最大相位时 $\hat{x}[n]$ 的复倒谱。

(a) 用式(13.65)递推计算序列 $x[n]=a^n u[n]$ 的复倒谱,其中 $|a|<1$。

(b) 用式(13.68)递推计算序列 $x[n]=\delta[n]-a\delta[n+1]$ 的复倒谱,其中 $|a|<1$。

13.10　设 $\mathrm{ARG}\{X(e^{j\omega})\}$ 表示 $X(e^{j\omega})$ 的相位主值,$\arg\{X(e^{j\omega})\}$ 表示 $X(e^{j\omega})$ 的连续相位,假设对 $\mathrm{ARG}\{X(e^{j\omega})\}$ 在频率 $\omega_k=2\pi k/N$ 处采样得到 $\mathrm{ARG}\{X[k]\}=\mathrm{ARG}\{X(e^{j(2\pi/N)k})\}$,如图 P13.10 所示。假设对于所有的 k,$|\arg\{X[k]\}-\arg\{X[k-1]\}|<\pi$,则对于 $0\leq k\leq 10$,求出如式(13.49)中的序列 $r[k]$ 以及 $\arg\{X[k]\}$,并作图。

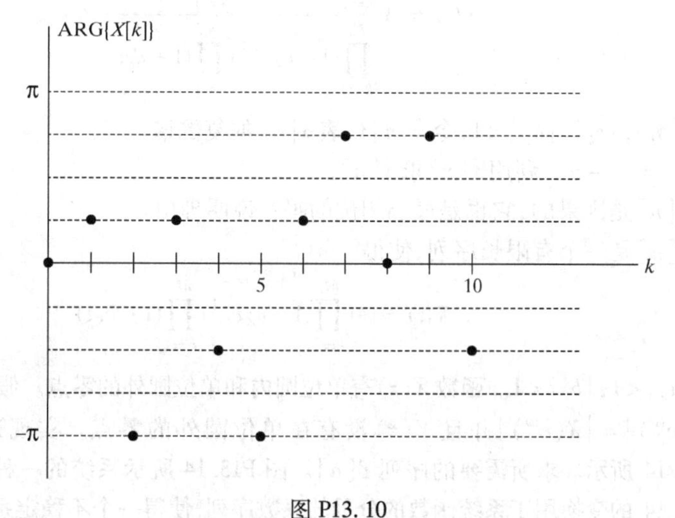

图 P13.10

13.11 $\hat{x}[n]$是实序列$x[n]$的复倒谱。说明下列论述正确与否。对你的回答给出简单证明。

论述1:如果$x_1[n]=x[-n]$,那么$\hat{x}_1[n]=\hat{x}[-n]$。

论述2:由于$x[n]$是实数,所以复倒谱$\hat{x}[n]$必定也是实数。

提高题

13.12 考虑图P13.12所示的系统,其中S_1是一个LTI系统,其冲激响应为$h_1[n]$,S_2是一个以卷积作为输入和输出运算的同态系统,即变换$T_2\{\cdot\}$满足

$$T_2\{w_1[n]*w_2[n]\}=T_2\{w_1[n]\}*T_2\{w_2[n]\}$$

假定输入$x[n]$的复倒谱为$\hat{x}[n]=\delta[n]+\delta[n-1]$。求出$h_1[n]$的一个闭合形式表达式,使得输出量是$y[n]=\delta[n]$。

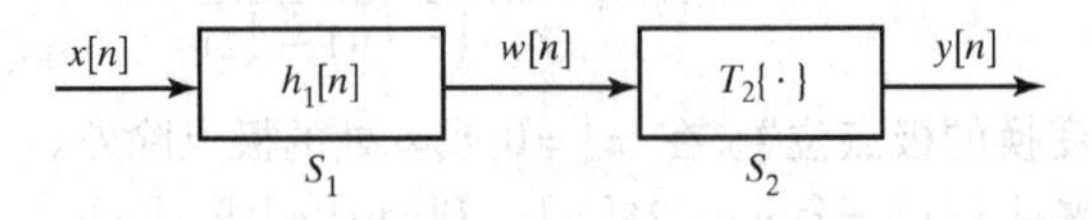

图P13.12

13.13 有限长信号$x[n]$的复倒谱通过图P13.13-1所示计算。假定$x[n]$是最小相位信号(所有极点和零点均在单位圆内)。用图P13.13-2所示的系统求$x[n]$的实倒谱。说明如何通过$c_x[n]$构造$\hat{x}[n]$。

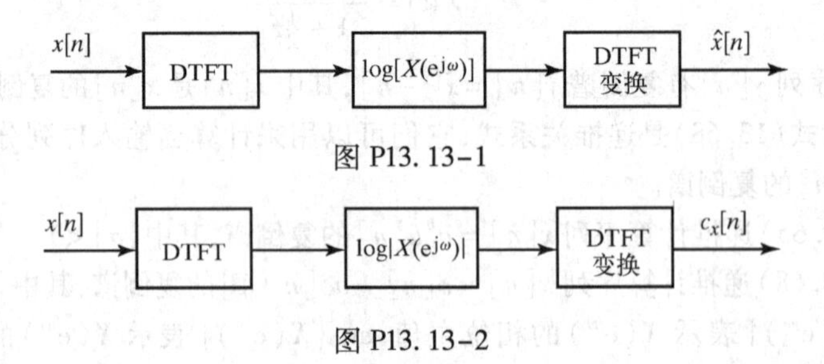

图P13.13-1

图P13.13-2

13.14 考虑一类稳定的实序列,其z变换有如下形式:

$$X(z)=|A|\frac{\prod_{k=1}^{M_i}(1-a_kz^{-1})\prod_{k=1}^{M_o}(1-b_kz)}{\prod_{k=1}^{N_i}(1-c_kz^{-1})\prod_{k=1}^{N_o}(1-d_kz)}$$

式中$|a_k|,|b_k|,|c_k|,|d_k|<1$,令$\hat{x}[n]$代表$x[n]$的复倒谱。

(a) 设$y[n]=x[-n]$,利用$\hat{x}[n]$求$\hat{y}[n]$。

(b) 如果$x[n]$是因果的,它也是最小相位的吗?说明理由。

(c) 假设$x[n]$是一个有限长序列,使得

$$X(z)=|A|\prod_{k=1}^{M_i}(1-a_kz^{-1})\prod_{k=1}^{M_o}(1-b_kz)$$

式中$|a_k|<1,|b_k|<1$。函数$X(z)$有单位圆内和单位圆外的零点。假定希望确定$y[n]$使得$|Y(e^{j\omega})|=|X(e^{j\omega})|$并且$Y(z)$没有在单位圆外的零点。实现这一目标的方法如图P13.14所示。求所需要的序列$\ell[n]$。图P13.14所示系统的一种可能应用是通过把图P13.14的变换用于系统函数的分母的系数序列,使得一个不稳定系统稳定化。

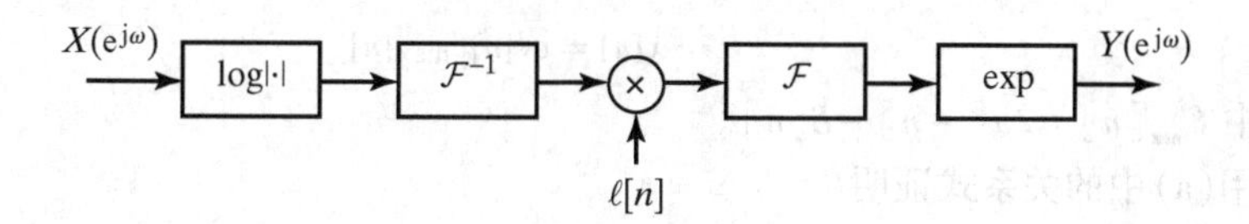

图 P13.14

13.15 习题 3.50 表明，如果当 $n<0$ 时 $x[n]=0$，则

$$x[0]=\lim_{z\to\infty}X(z)$$

这个结果成为右边序列的初始值定理。

(a) 证明对于左边序列，即当 $n>0$ 时 $x[n]=0$ 的序列，有相似的结果。

(b) 用初始值定理证明，如果 $x[n]$ 是最小相位序列，则 $\hat{x}[0]=\log(x[0])$。

(c) 用初始值定理证明，如果 $x[n]$ 是最大相位序列，则 $\hat{x}[0]=\log(x[0])$。

(d) 用初始值定理证明，当 $X(z)$ 由式(13.32)给出时，则 $\hat{x}[0]=\log|A|$。这个结果与(b)和(c)的结果一致吗？

13.16 考虑一个序列 $x[n]$，具有复倒谱 $\hat{x}[n]$，使得 $\hat{x}[n]=-\hat{x}[-n]$，试确定量

$$E=\sum_{n=-\infty}^{\infty}x^2[n]$$

13.17 研究一个稳定的、偶双边实序列 $h[n]$。$h[n]$ 的傅里叶变换对于所有的 ω 均为正值，

$$H(e^{j\omega})>0,\quad -\pi<\omega\leqslant\pi$$

即假定 $h[n]$ 的 z 变换存在。没有假定 $H(z)$ 是有理的。

(a) 证明存在一个最小相位信号 $g[n]$，使得

$$H(z)=G(z)G(z^{-1})$$

式中 $G(z)$ 是序列 $g[n]$ 的 z 变换，它具有当 $n<0$ 时 $g[n]=0$ 的性质。分别用显式说明 $\hat{h}[n]$ 和 $\hat{g}[n]$ 之间，即 $h[n]$ 和 $g[n]$ 的倒谱之间的关系。

(b) 已知一稳定信号 $s[n]$，具有有理 z 变换

$$S(z)=\frac{(1-2z^{-1})(1-\frac{1}{2}z^{-1})}{(1-4z^{-1})(1-\frac{1}{3}z^{-1})}$$

定义 $h[n]=s[n]*s[-n]$。利用 $S(z)$ 求 $G(z)$［与(a)中相同］。

(c) 考虑图 P13.17 中的系统，其中 $\ell[n]$ 定义为

$$\ell[n]=u[n-1]+(-1)^n u[n-1]$$

确定 $x[n]$ 的最一般的条件，使得对于所有的 n 有 $y[n]=x[n]$。

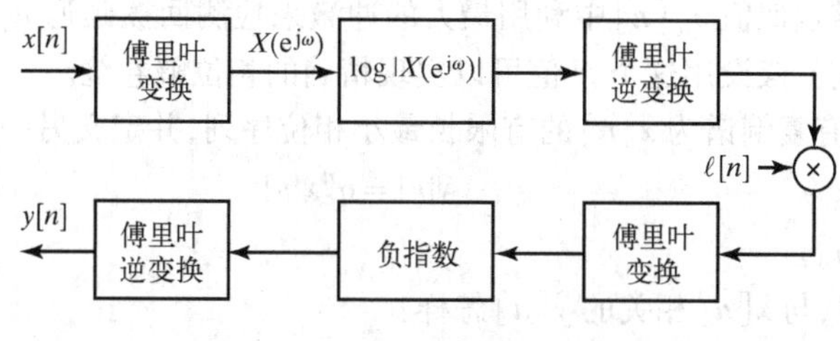

图 P13.17

13.18 研究一个最大相位信号 $x[n]$。

(a) 证明最大相位信号的复倒谱 $\hat{x}[n]$ 与大的倒谱 $c_x[n]$ 之间有如下关系：

$$\hat{x}[n] = c_x[n]\ell_{\max}[n]$$

式中 $\ell_{\max}[n]=2u[-n]-\delta[n]$。

(b) 利用(a)中的关系式证明

$$\arg\{X(e^{j\omega})\} = \frac{1}{2\pi}\mathcal{P}\int_{-\pi}^{\pi}\log|X(e^{j\theta})|\cot\left(\frac{\omega-\theta}{2}\right)d\theta$$

(c) 证明

$$\log|X(e^{j\omega})| = \hat{x}[0] - \frac{1}{2\pi}\mathcal{P}\int_{-\pi}^{\pi}\arg\{X(e^{j\theta})\}\cot\left(\frac{\omega-\theta}{2}\right)d\theta$$

13.19 考虑一个有傅里叶变换 $X(e^{j\omega})$ 和复倒谱 $\hat{x}[n]$ 的序列 $x[n]$。新的信号 $y[n]$ 由同态滤波得到,其中

$$\hat{y}[n] = (\hat{x}[n] - \hat{x}[-n])u[n-1]$$

(a) 证明 $y[n]$ 是一个最小相位序列。

(b) $Y(e^{j\omega})$ 的相位是什么?

(c) 求 $\arg[Y(e^{j\omega})]$ 和 $\log|Y(e^{j\omega})|$ 之间的关系。

(d) 如果 $x[n]$ 是最小相位的,$y[n]$ 与 $x[n]$ 有何关系?

13.20 式(13.65)表示序列 $x[n]$ 和它的复倒谱 $\hat{x}[n]$ 之间的递推关系。由式(13.65)证明,对于最小相位输入,特征系统 $D_*[\cdot]$ 相当于一个因果系统;也就是证明,对于最小相位输入,当 $k\leqslant n$ 时 $\hat{x}[n]$ 只取决于 $x[k]$。

13.21 叙述计算一个因果序列 $x[n]$ 的准确步骤,对于该序列有

$$X(z) = -z^3\frac{(1-0.95z^{-1})^{2/5}}{(1-0.9z^{-1})^{7/13}}$$

13.22 序列

$$h[n] = \delta[n] + \alpha\delta[n-n_0]$$

是含有回波的系统的冲激响应的简化模型。

(a) 求这个序列的复倒谱 $\hat{h}[n]$。画出该结果的草图。

(b) 求倒谱 $c_h[n]$ 并画草图。

(c) 假设复倒谱的近似值是利用 N 点 DFT 按照式(13.46a)至式(13.46c)计算出的。对于 $n_0=N/6$ 的情况,求近似值 $\hat{h}_p[n]$ $(0\leqslant n\leqslant N-1)$ 的闭合形式表达式。假设相位解卷绕可以精确地实现。如果 N 不能被 n_0 整除,结果将如何?

(d) 当用式(13.60a)和式(13.60b)计算时,对于倒谱的近似值 $c_{xp}[n]$ $(0\leqslant n\leqslant N-1)$ 重复(c)。

(e) 如果在倒谱近似值 $c_{xp}[n]$ 中利用最大的冲激来检测回拨延迟 n_0 的值,N 必须取多大才能避免模糊?假设用这个 N 值可以实现精确的相位解卷绕。

13.23 设 $x[n]$ 是一个有复倒谱为 $\hat{x}[n]$ 的有限长最小相位序列,并定义另一个序列

$$y[n] = \alpha^n x[n]$$

它有复倒谱 $\hat{y}[n]$。

(a) 若 $0<\alpha<1$,与 $\hat{x}[n]$ 相关的 $\hat{y}[n]$ 怎样?

(b) 应当如何选 α,使得 $y[n]$ 是不太长的最小相位序列?

(c) 应当如何选 α,使得若线性相位项在计算复倒谱前除去,则对于 $n>0$,$\hat{y}[n]=0$?

13.24 研究一个最小相位序列 $x[n]$,其 z 变换为 $X(z)$ 且复倒谱为 $\hat{x}[n]$。通过关系式

$$\hat{y}[n] = (\alpha^n - 1)\hat{x}[n]$$

定义一个新的复倒谱。求 z 变换 $Y(z)$。这个结果也是最小相位吗?

13.25 13.9.4 节中包括了对于一个最小相位序列与另一个序列的卷积,如何利用复倒谱得到两种不同的分解的例子。在该例中

$$X(z)=\frac{(0.98+z^{-1})(1+0.9z^{-15}+0.81z^{-30})}{(1-0.9e^{j\pi/6}z^{-1})(1-0.9e^{-j\pi/6}z^{-1})}$$

(a) 在第一种分解中,$X(z)=X_{\min}(z)\ X_{\mathrm{ap}}(z)$,式中,

$$X_{\min}(z)=\frac{(1+0.98z^{-1})(1+0.9z^{-15}+0.81z^{-30})}{(1-0.9e^{j\pi/6}z^{-1})(1-0.9e^{-j\pi/6}z^{-1})}$$

和

$$X_{\mathrm{ap}}(z)=\frac{(0.98+z^{-1})}{(1+0.98z^{-1})}$$

利用对数项的幂级数展开式求复倒谱 $\hat{x}_{\min}[n]$, $\hat{x}_{\mathrm{ap}}[n]$ 和 $\hat{x}[n]$。画出这些序列的图形,并分别与图 13.19 中的图形加以比较。

(b) 在第二种分解中,$X(z)=X_{\mathrm{mn}}(z)\ X_{\mathrm{mx}}(z)$,式中,

$$X_{\mathrm{mn}}(z)=\frac{z^{-1}(1+0.9z^{-15}+0.81z^{-30})}{(1-0.9e^{j\pi/6}z^{-1})(1-0.9e^{-j\pi/6}z^{-1})}$$

和

$$X_{\mathrm{mx}}(z)=(0.98z+1)$$

利用对数项的幂级数展开式求复倒谱,并证明 $\hat{x}_{\mathrm{mn}}[n]\neq\hat{x}_{\min}[n]$,但是 $\hat{x}[n]=\hat{x}_{\mathrm{mn}}[n]+\hat{x}_{\mathrm{mx}}[n]$与(a)中一样。注意,

$$(1+0.9z^{-15}+0.81z^{-30})=\frac{(1-(0.9)^3z^{-45})}{(1-0.9z^{-15})}$$

13.26 假设 $s[n]=h[n]*g[n]*p[n]$,其中 $h[n]$ 是一个最小相位序列,$g[n]$ 是一个最大相位序列,且 $p[n]$ 为

$$p[n]=\sum_{k=0}^{4}\alpha_k\delta[n-kn_0]$$

式中 α_k 和 n_0 未知。提出一种将 $h[n]$ 从 $s[n]$ 中分离出来的方法。

扩充题

13.27 设 $x[n]$ 是一个序列,有 z 变换 $X(z)$ 和复倒谱 $\hat{x}[n]$。$X(z)$ 的幅度平方函数为

$$V(z)=X(z)X^*(1/z^*)$$

因为 $V(e^{j\omega})=|X(e^{j\omega})|^2\geq 0$,所以能够计算与 $V(z)$ 对应的复倒谱 $\hat{v}[n]$ 而不用使相位解卷绕。

(a) 求出复倒谱 $\hat{v}[n]$ 和复倒谱 $\hat{x}[n]$ 之间的关系式。

(b) 用倒谱 $c_x[n]$ 来表示复倒谱 $\hat{v}[n]$。

(c) 求序列 $\ell[n]$ 使得

$$\hat{x}_{\min}[n]=\ell[n]\hat{v}[n]$$

是最小相位序列 $x_{\min}[n]$ 的复倒谱,对 $x_{\min}[n]$ 有

$$|X_{\min}(e^{j\omega})|^2=V(e^{j\omega})$$

(d) 假设 $X(z)$ 由式(13.32)给出,利用(c)的结果和式(13.36a)至式(13.36c)求最小相位序列的复倒谱,并且进行反向计算,求 $X_{\min}(z)$。

在(d)中所用到的技术通常可以用来得到一个幅度平方函数的最小相位因式分解。

13.28 设 $\hat{x}[n]$ 是 $x[n]$ 的复倒谱。定义一个序列 $x_e[n]$ 为

$$x_e[n] = \begin{cases} x[n/N], & n = 0, \pm N, \pm 2N, \cdots \\ 0, & \text{其他} \end{cases}$$

证明 $x_e[n]$ 的复倒谱由下式给出：

$$\hat{x}_e[n] = \begin{cases} \hat{x}[n/N], & n = 0, \pm N, \pm 2N, \cdots \\ 0, & \text{其他} \end{cases}$$

13.29 在语音分析、综合和编码中，语音信号通常可以在一个短时间间隔内用一线性时不变系统的响应作为其模型，对于浊音，该系统由在一串等间隔脉冲间转换的冲激来激励，而对于清音则由一个宽带随机噪声源来激励。为了用同态解卷积来分离语音模型的分量，令语音信号 $s[n]=v[n]*p[n]$ 乘以窗序列 $w[n]$ 得到 $x[n]=s[n]\ w[n]$。为了简化分析，$x[n]$ 可以近似为

$$x[n] = (v[n] * p[n]) \cdot w[n] \simeq v[n] * (p[n] \cdot w[n]) = v[n] * p_w[n]$$

式中 $p_w[n]=p[n]\ w[n]$，如式(13.123)所示。

(a) 试给出 $p[n]$、$v[n]$ 和 $w[n]$ 的一个例子，可以使上面的假设成为一种大致上的近似。

(b) 估计激励参数(浊音/清音判定和浊音的脉冲间隔)的一种方法是计算语音 $x[n]$ 加窗后的实倒谱 $c_x[n]$，如图 P13.29-1 所示。对于 13.10.1 节的模型，用复倒谱 $\hat{x}[n]$ 来表示 $c_x[n]$。如何利用 $c_x[n]$ 来估计激励参数。

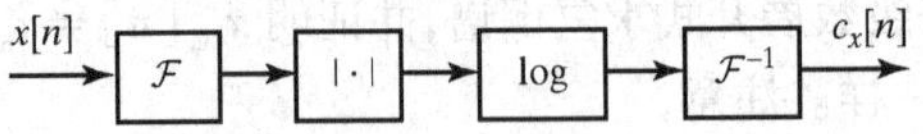

$x[n]$ → $\mathcal{F}$ → $|\cdot|$ → log → $\mathcal{F}^{-1}$ → $c_x[n]$

图 P13.29-1

(c) 假设用“平方”运算来代替对数运算，则所得出的系统如图 P13.29-2 所示的那样，是否能够用新“倒谱”$q_x[n]$ 来估计激励参数？请解释原因。

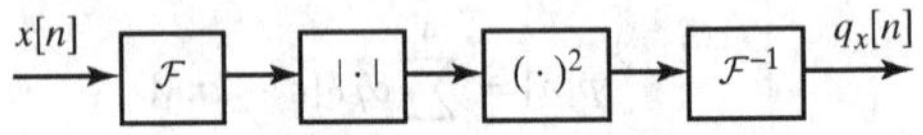

$x[n]$ → $\mathcal{F}$ → $|\cdot|$ → $(\cdot)^2$ → $\mathcal{F}^{-1}$ → $q_x[n]$

图 P13.29-2

13.30 考虑一个稳定的线性不变系统，其冲激响应为 $h[n]$ 且全极点系统函数为

$$H(z) = \frac{G}{1 - \sum_{k=1}^{N} a_k z^{-k}}$$

这样的全极点系统产生于线性预测分析，感兴趣的是直接由 $H(z)$ 的系数来计算复倒谱。

(a) 求 $\hat{h}[0]$。

(b) 证明 $\hat{h}[n] = a_n + \sum_{k=1}^{n-1} \left(\frac{k}{n}\right) \hat{h}[k] a_{n-k}, \quad n \geqslant 1$。

利用在(a)和(b)中的关系式，可以不用使相位解卷绕并且不用求解 $H(z)$ 分母的根来计算复倒谱。

13.31 对于回波来说，比习题 13.22 中的系统稍微现实些的模型是如图 P13.31 所示的系统。该系统的冲激响应是

$$h[n] = \delta[n] + \alpha g[n - n_0]$$

式中 $\alpha g[n]$ 是回波路径的冲激响应。

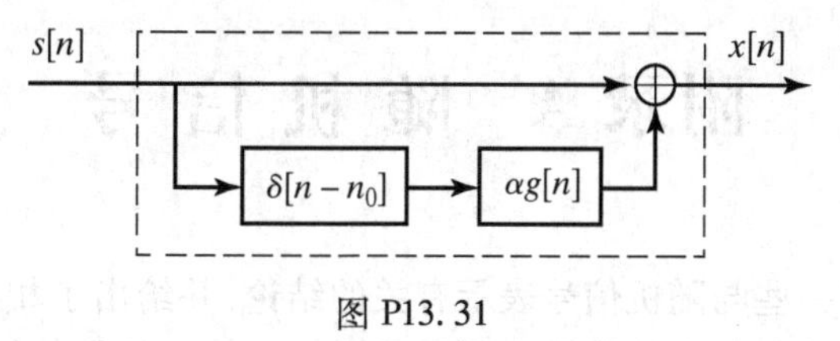

图 P13.31

(a) 假定

$$\max_{-\pi<\omega<\pi} |\alpha G(e^{j\omega})| < 1$$

证明复倒谱 $\hat{h}[n]$ 有如下形式：

$$\hat{h}[n] = \sum_{k=1}^{\infty} (-1)^{k+1} \frac{\alpha^k}{k} g_k[n - kn_0]$$

并且求利用 $g[n]$ 的 $g_k[n]$ 表达式。

(b) 对于(a)的条件，当 $g[n]=\delta[n]$ 时，求复倒谱 $\hat{h}[n]$ 并绘草图。

(c) 对于(a)的条件，当 $g[n]=a^n u[n]$ 时，求复倒谱 $\hat{h}[n]$ 并绘草图。α 和 a 必须满足什么条件才能应用(a)的结果？

(d) 对于(a)的条件，当 $g[n]=a_0\delta[n]+a_1\delta[n-n_1]$ 时，求复倒谱 $\hat{h}[n]$ 并绘草图。α, a_0，a_1 和 n_1 必须满足什么条件才能应用(a)的结果？

13.32 指数加权的一个有趣用法是不使用相位解卷绕来计算复倒谱。假设 $X(z)$ 在单位圆上没有极点和零点，就有可能在乘积 $w[n]=\alpha^n x[n]$ 中找到指数加权因子 α，使得在 $W(z)=X(\alpha^{-1}z)$ 变换中 $X(z)$ 没有极点或零点跨过单位圆。

(a) 假设 $X(z)$ 没有极点或零点跨过单位圆，证明

$$\hat{w}[n] = \alpha^n \hat{x}[n] \qquad \text{(P13.32-1)}$$

(b) 现假定计算 $c_x[n]$ 和 $c_w[n]$ 而不是复倒谱。用(a)中的结果得出 $c_x[n]$ 和 $c_w[n]$ 通过 $\hat{x}[n]$ 表示的表达式。

(c) 现证明

$$\hat{x}[n] = \frac{2(c_x[n] - \alpha^n c_w[n])}{1-\alpha^{2n}}, \qquad n \neq 0 \qquad \text{(P13.32-2)}$$

(d) 由于 $c_x[n]$ 和 $c_w[n]$ 可以分别通过 $\log|X(e^{j\omega})|$ 和 $\log|W(e^{j\omega})|$ 计算，式(P13.32-2)是计算复倒谱而不用计算相位 $X(e^{j\omega})$ 的基础。讨论这个方法可能引发的问题。

附录A 随机信号

本附录汇集和总结了一些与随机信号表示有关的结论,并给出了相关的符号表示。这里并没有对随机过程理论的困难性和复杂的数学问题进行详细讨论。虽然使用的方法不是很严谨,但是我们总结了若干重要结论以及隐含在推导中所做的数学假设。随机信号的一些详细理论可以在诸如 Davenport(1970),Papoulis(1984),Gray and Davidson(2004),Kay(2006)和 Bertsekas and Tsitsiklis(2008)等的文献中找到。

A.1 离散时间随机过程

随机信号数学表示中的基本概念就是随机过程。当我们把随机过程作为离散时间信号的模型来讨论时,假定读者已经熟悉如随机变量、概率分布和平均等概率论中的这些基本概念。

在实际信号处理的应用中利用随机过程模型时,总是把一个具体的序列当作全部样本序列中的一个。若给定一个离散时间信号,相对应的随机过程的构成,即基本概率规律通常是不知道的,必须设法从中推导出来。可以对该过程的构成做出合理的假设,或者从一个典型样本序列的有限序列段中估计出某一随机过程表示的性质。

通常,一个随机过程是一组带有序号的随机变量$\{\mathbf{x}_n\}$,随机变量族的特性由一组概率分布函数来描述,该分布函数往往可能是序号 n 的函数。对于离散时间信号,当用到把一个随机过程作为一个离散时间信号的模型时,序号 n 总是与时间有关。换句话说,我们认为随机信号的每一个样本值 $x[n]$ 都是由服从某种概率论定律的作用过程所产生的。一个随机变量 $\mathbf{x}_n$ 可以用如下的概率分布函数来描述:

$$P_{\mathbf{x}_n}(x_n, n) = \text{Probability}\,[\mathbf{x}_n \leqslant x_n] \tag{A.1}$$

式中 $\mathbf{x}_n$ 表示随机变量①,而 $x[n]$ 是 $\mathbf{x}_n$ 的一个具体值。如果 $\mathbf{x}_n$ 取连续值,则等效地用概率密度函数描述为

$$p_{\mathbf{x}_n}(x_n, n) = \frac{\partial P_{\mathbf{x}_n}(x_n, n)}{\partial x_n} \tag{A.2}$$

或概率分布函数

$$P_{\mathbf{x}_n}(x_n, n) = \int_{-\infty}^{x_n} p_{\mathbf{x}_n}(x, n)\mathrm{d}x \tag{A.3}$$

一个随机过程的两个随机变量 $\mathbf{x}_n$ 和 $\mathbf{x}_m$ 之间的相互关联性用联合概率分布函数

$$P_{\mathbf{x}_n,\mathbf{x}_m}(x_n, n, x_m, m) = \text{Probability}\,[\mathbf{x}_n \leqslant x_n \text{ and } \mathbf{x}_m \leqslant x_m] \tag{A.4}$$

和联合概率密度

$$p_{\mathbf{x}_n,\mathbf{x}_m}(x_n, n, x_m, m) = \frac{\partial^2 P_{\mathbf{x}_n,\mathbf{x}_m}(x_n, n, x_m, m)}{\partial x_n \partial x_m} \tag{A.5}$$

来表示。

如果两个随机变量中任何一个变量的取值情况不影响另一个变量的概率密度,则称它们是统计独立的。若随机变量集合$\{\mathbf{x}_n\}$中所有随机变量都是统计独立的,则有

---

① 在本附录中,用黑体表示随机变量,正常体表示概率函数的哑元变量。

$$P_{\mathbf{x}_n,\mathbf{x}_m}(x_n, n, x_m, m) = P_{\mathbf{x}_n}(x_n, n) \cdot P_{\mathbf{x}_m}(x_m, m), \quad m \neq n \tag{A.6}$$

一个随机过程的完全描述要求能够逐一表明全部可能的联合概率分布。正如已经指出的,这些概率分布函数可能都是时间序号 m 和 n 的函数。在所有概率函数相对于时间起始点的平移均为独立的情况下,该随机过程称为平稳的。例如,平稳过程的二阶分布函数满足

$$P_{\mathbf{x}_{n+k},\mathbf{x}_{m+k}}(x_{n+k}, n+k, x_{m+k}, m+k) = P_{\mathbf{x}_n\mathbf{x}_m}(x_n, n, x_m, m), \quad \text{对所有的} k \tag{A.7}$$

在离散时间信号处理的许多应用中,如果一个具体的信号可以看作是一个随机过程的样本序列,则该随机过程就可以作为这类信号的模型。虽然这类信号的细节是不可预测的——这使得确定性方法不适用于该类信号的表示——但是该集合的某些平均特性则可以由随机过程的已知概率规律来确定,这些平均特性虽然还是不完全的,但常常可以作为这类信号的一种有用的特征表示。

A.2 平均

利用如像均值和方差之类的平均量来描述随机变量的特征往往是很有用的。因为一个随机过程是一组带有序号的随机变量,所以也可以用组成随机过程的随机变量的统计平均来描述随机过程的特征。这类平均称为集合平均。首先来讨论几种平均以及它们的定义。

A.2.1 定义

一个随机过程的平均或均值定义为

$$m_{\mathbf{x}_n} = \mathcal{E}\{\mathbf{x}_n\} = \int_{-\infty}^{\infty} x p_{\mathbf{x}_n}(x, n) \mathrm{d}x \tag{A.8}$$

其中$\mathcal{E}$表示数学期望。通常,均值(期望值)可以与 n 有关。此外,如果 $g(\cdot)$ 是一个单值函数,则 $g(\mathbf{x}_n)$ 就是一个随机变量,并且随机变量的集合 $\{g(\mathbf{x}_n)\}$ 定义了一个新的随机过程。为了计算这个新随机过程的平均,我们可以导出新随机变量的概率分布,或者可以证明

$$\mathcal{E}\{g(\mathbf{x}_n)\} = \int_{-\infty}^{\infty} g(x) p_{\mathbf{x}_n}(x, n) \mathrm{d}x \tag{A.9}$$

如果随机变量是离散的,即它们为离散值,则积分就变成对随机变量所有可能的值求和,则 $\mathcal{E}\{g(x)\}$ 有如下形式:

$$\mathcal{E}\{g(\mathbf{x}_n)\} = \sum_x g(x) \hat{p}_{\mathbf{x}_n}(x, n) \tag{A.10}$$

在我们对两个(或更多个)随机过程之间的关系感兴趣的情况下,必须考虑两个随机变量的集合 $\{\mathbf{x}_n\}$ 和 $\{\mathbf{y}_m\}$。例如,两个随机变量函数的期望值定义为

$$\mathcal{E}\{g(\mathbf{x}_n, \mathbf{y}_m)\} = \int_{-\infty}^{\infty}\int_{-\infty}^{\infty} g(x, y) p_{\mathbf{x}_n,\mathbf{y}_m}(x, n, y, m) \mathrm{d}x\, \mathrm{d}y \tag{A.11}$$

式中,$p_{\mathbf{x}_n,\mathbf{y}_m}(x_m, n, y_m, m)$ 是随机变量 $\mathbf{x}_n$ 和 $\mathbf{y}_m$ 的联合概率密度。

数学期望算子是线性算子,可以证明:

(1) $\mathcal{E}\{\mathbf{x}_n + \mathbf{y}_m\} = \mathcal{E}\{\mathbf{x}_n\} + \mathcal{E}\{\mathbf{y}_m\}$;即,和的平均等于平均的和;

(2) $\mathcal{E}\{a\mathbf{x}_n\} = a\,\mathcal{E}\{\mathbf{x}_n\}$;即,一个常数与 $\mathbf{x}_n$ 相乘的平均等于该常数乘以 $\mathbf{x}_n$ 的平均。

一般说来,两个随机变量乘积的平均并不等于各自平均的乘积。然而,如果它们相等,则称这两个随机变量是线性独立的或不相关的。也就是说,若

$$\mathcal{E}\{\mathbf{x}_n\mathbf{y}_m\} = \mathcal{E}\{\mathbf{x}_m\} \cdot \mathcal{E}\{\mathbf{y}_m\} \tag{A.12}$$

则 $\mathbf{x}_n$ 和 $\mathbf{y}_m$ 是线性独立的。

从式(A.11)和式(A.12)很容易看出,线性独立的充分条件是

$$p_{\mathbf{x}_n,\mathbf{y}_m}(x_n,n,y_m,m)=p_{\mathbf{x}_n}(x_n,n)\cdot p_{\mathbf{y}_m}(y_m,m) \tag{A.13}$$

但是,可以证明,式(A.13)是一种比式(A.12)更为严格的有关独立性的表述。如上所述,满足式(A.13)的随机变量称为统计独立的。如果对于所有的 n 和 m 值式(A.13)均成立,则称随机过程 $\{\mathbf{x}_n\}$ 和 $\{\mathbf{y}_m\}$ 是统计独立的。统计独立的随机过程也是线性独立的,但是线性独立的随机过程并不意味着也是统计独立的。

由式(A.9)至式(A.11)可以看出,平均一般是时间序号的函数。但在平稳过程的情况下,却不是这样的。对于平稳过程来说,组成该过程的所有随机变量的均值均相等,也就是说,一个平稳过程的均值是一个常数,记作 m_x。

除了如式(A.8)定义的随机过程的均值外,还有几个平均量在信号处理的范畴内是特别重要的。下面将给出它们的定义。为了符号上方便起见,假设概率分布是连续的。对于离散随机过程,利用式(A.10)就可以得出相应的定义。

$\mathbf{x}_n$ 的均方值是 $|\mathbf{x}_n|^2$ 的平均,即

$$\mathcal{E}\{|\mathbf{x}_n|^2\}=\text{均方}=\int_{-\infty}^{\infty}|x|^2 p_{\mathbf{x}_n}(x,n)\mathrm{d}x \tag{A.14}$$

有时也把均方值称为平均功率。

$\mathbf{x}_n$ 的方差是 $[\mathbf{x}_n-m_{x_n}]$ 的均方值,即

$$\mathrm{var}[\mathbf{x}_n]=\mathcal{E}\{|(\mathbf{x}_n-m_{x_n})|^2\}=\sigma_{\mathbf{x}_n}^2 \tag{A.15}$$

因为和的平均等于平均的和,所以很容易证明,式(A.15)可以写作

$$\mathrm{var}[\mathbf{x}_n]=\mathcal{E}\{|\mathbf{x}_n|^2\}-|m_{x_n}|^2 \tag{A.16}$$

通常,均方值和方差都是时间的函数,但是对于平稳过程它们均为常量。

均值、均方值和方差等都是一种简单的平均,它们只能提供有关随机过程的一小部分信息。更为有用的平均是自相关序列,它定义为

$$\phi_{xx}[n,m]=\mathcal{E}\{\mathbf{x}_n\mathbf{x}_m^*\}=\int_{-\infty}^{\infty}\int_{-\infty}^{\infty}x_n x_m^* p_{\mathbf{x}_n,\mathbf{x}_m}(x_n,n,x_m,m)\mathrm{d}x_n\,\mathrm{d}x_m \tag{A.17}$$

式中 * 表示复共轭。一个随机过程的自协方差序列定义为

$$\gamma_{xx}[n,m]=\mathcal{E}\{(\mathbf{x}_n-m_{x_n})(\mathbf{x}_m-m_{x_m})^*\} \tag{A.18}$$

它可以写成

$$\gamma_{xx}[n,m]=\phi_{xx}[n,m]-m_{x_n}m_{x_m}^* \tag{A.19}$$

应当注意,通常自相关和自协方差都是二维序列,即为两个变量的函数。

自相关序列是随机过程在不同时间的值之间相关性的度量。在这个意义上,它部分地描述了一个随机信号随时间变化的程度。两个不同随机信号之间相关性的度量可以由互相关序列得出。如果 $\{\mathbf{x}_n\}$ 和 $\{\mathbf{y}_m\}$ 是两个随机过程,则它们的互相关为

$$\phi_{xy}[n,m]=\mathcal{E}\{\mathbf{x}_n\mathbf{y}_m^*\}=\int_{-\infty}^{\infty}\int_{-\infty}^{\infty}xy^* p_{\mathbf{x}_n,\mathbf{y}_m}(x,n,y,m)\mathrm{d}x\,\mathrm{d}y \tag{A.20}$$

其中,$p_{\mathbf{x}_n,\mathbf{y}_m}(x,n,y,m)$ 是 $\mathbf{x}_n$ 和 $\mathbf{x}_m$ 的联合概率密度。互协方差函数定义为

$$\gamma_{xy}[n,m]=\mathcal{E}\{(\mathbf{x}_n-m_{x_n})(\mathbf{y}_m-m_{y_m})^*\}=\phi_{xy}[n,m]-m_{x_n}m_{y_m}^* \tag{A.21}$$

正如已经指出的,一个随机过程的统计特性通常是随时间变化的。但是一个平稳随机过程是用**稳定条件**(equilibrium condition)来描述其特征的,在该条件下其统计特性不随时间原点的平移而变化。这意味着一阶概率分布是与时间无关的。类似地,全部的联合概率函数也不随时间原点的平移而变化,即二阶联合概率分布只取决于时间差 $(m-n)$。一阶平均,如均值和方差,与时间无关;二阶平均,如自相关函数 $\phi_{xx}[n,m]$,仅与时间差 $(m-n)$ 有关。因此,对于平稳过程来说,可以

得出

$$m_x = \mathcal{E}\{\mathbf{x}_n\} \tag{A. 22}$$

$$\sigma_x^2 = \mathcal{E}\{|(\mathbf{x}_n - m_x)|^2\} \tag{A. 23}$$

与 n 无关,如果用 m 表示时间差,则

$$\phi_{xx}[n+m, n] = \phi_{xx}[m] = \mathcal{E}\{\mathbf{x}_{n+m}\mathbf{x}_n^*\} \tag{A. 24}$$

也就是说,一个平稳随机过程的自相关序列是一个一维序列,是时间差 m 的函数。

在许多场合将会遇到在严格的意义上并不平稳的随机过程,即它们的概率分布不是时不变的,但是式(A. 22)至式(A. 24)仍然成立。这类随机过程称为是广义平稳的。

A. 2. 2 时间平均

在信号处理领域中,“信号的一个集合”这种提法是一个方便的数学概念,它允许我们在它们的表示中可以利用概率论。但是从实用的意义上来说,往往最多只能得到有限个有限长序列而不是一个序列的无限集合。例如,我们可能希望从该集合内某一单个信号的测量中推导出随机过程表示的概率规律或某些平均量。当概率分布与时间无关时,直观上似乎样本的单个序列很长一段的幅值分布(直方图)应当近似等于单一概率密度,该概率密度描述随机过程模型的每个随机变量。类似地,单个序列大量样本的算术平均应当十分接近该随机过程的均值。为了把这些直觉的看法公式化,我们定义一个随机过程的时间平均为

$$\langle\mathbf{x}_n\rangle = \lim_{L\to\infty}\frac{1}{2L+1}\sum_{n=-L}^{L}\mathbf{x}_n \tag{A. 25}$$

同样地,定义时间自相关序列为

$$\langle\mathbf{x}_{n+m}\mathbf{x}_n^*\rangle = \lim_{L\to\infty}\frac{1}{2L+1}\sum_{n=-L}^{L}\mathbf{x}_{n+m}\mathbf{x}_n^* \tag{A. 26}$$

可以证明,若 $\{\mathbf{x}_n\}$ 是一个有限均值的平稳过程,则上面的极限存在。正如式(A. 25)和式(A. 26)所定义的,这些时间平均量是无限多个随机变量的函数,并且它们自身就完全可以看作是一个随机变量。但是,在已知具有遍历性的条件下,式(A. 25)和式(A. 26)中的时间平均等于常量,这就意味着几乎全部可能的样本序列的时间平均也等于同样的常量,而且它们等于相应的集合平均。[①] 因此,当 $-\infty < n < \infty$ 时,对于任何单个样本序列 $\{x[n]\}$,有

$$\langle x[n]\rangle = \lim_{L\to\infty}\frac{1}{2L+1}\sum_{n=-L}^{L}x[n] = \mathcal{E}\{\mathbf{x}_n\} = m_x \tag{A. 27}$$

和

$$\langle x[n+m]x^*[n]\rangle = \lim_{L\to\infty}\frac{1}{2L+1}\sum_{n=-L}^{L}x[n+m]x^*[n] = \mathcal{E}\{\mathbf{x}_{n+m}\mathbf{x}_n^*\} = \phi_{xx}[m] \tag{A. 28}$$

时间平均算子 $\langle\cdot\rangle$ 具有与集合平均算子 $\mathcal{E}\{\cdot\}$ 相同的性质。这样,在随机变量 $\mathbf{x}_n$ 和它在某一样本序列中的值 $x[n]$ 之间,一般就不加区别。例如,表达式 $\mathcal{E}\{x[n]\}$ 应写成 $\mathcal{E}\{\mathbf{x}_n\} = \langle x[n]\rangle$。通常,对于各态历经过程,时间平均等于集合平均。

在实际中常常假设已知的序列是遍历随机过程的一个样本序列,所以可以由某一单个序列来计算平均量。当然,一般我们无法计算式(A. 27)和式(A. 28)中的极限,但是量

---

① 更准确的表述是,随机变量 $\langle\mathbf{x}_n\rangle$ 和 $\langle\mathbf{x}_{n+m}\mathbf{x}_n\rangle$ 的均值分别等于 m_x 和 $\phi_{xx}[m]$,并且它们的方差为零。

$$\hat{m}_x = \frac{1}{L}\sum_{n=0}^{L-1} x[n] \tag{A.29}$$

$$\hat{\sigma}_x^2 = \frac{1}{L}\sum_{n=0}^{L-1} |x[n] - \hat{m}_x|^2 \tag{A.30}$$

和

$$\langle x[n+m]x^*[n]\rangle_L = \frac{1}{L}\sum_{n=0}^{L-1} x[n+m]x^*[n] \tag{A.31}$$

或类似的量常常用于计算均值、方差和自相关的估计值。$\hat{m}_x$ 和 $\hat{\sigma}_x^2$ 分别称为样本均值和样本方差。从有限的一段数据来估计一个随机过程的平均量是统计学中的一个问题,第 10 章已简要地涉及一些。

A.3 平稳过程相关序列和协方差序列的性质

相关函数和协方差函数的一些有用性质可以用一种简洁的方式根据定义来得出。这些性质将在本节中给出。

考虑两个实平稳随机过程$\{\mathbf{x}_n\}$和$\{\mathbf{y}_n\}$,它们的自相关、自协方差、互相关和互协方差分别为

$$\phi_{xx}[m] = \mathcal{E}\{\mathbf{x}_{n+m}\mathbf{x}_n^*\} \tag{A.32}$$

$$\gamma_{xx}[m] = \mathcal{E}\{(\mathbf{x}_{n+m} - m_x)(\mathbf{x}_n - m_x)^*\} \tag{A.33}$$

$$\phi_{xy}[m] = \mathcal{E}\{\mathbf{x}_{n+m}\mathbf{y}_n^*\} \tag{A.34}$$

$$\gamma_{xy}[m] = \mathcal{E}\{(\mathbf{x}_{n+m} - m_x)(\mathbf{y}_n - m_y)^*\} \tag{A.35}$$

式中 m_x 和 m_y 分别是两个随机过程的均值。下列性质很容易由定义经简单推导而得出。

性质 1:

$$\gamma_{xx}[m] = \phi_{xx}[m] - |m_x|^2 \tag{A.36a}$$

$$\gamma_{xy}[m] = \phi_{xy}[m] - m_x m_y^* \tag{A.36b}$$

从式(A.19)和式(A.21)就可以直接推导出这些结果。它们表明,对于零均值过程,相关序列和协方差序列是相同的。

性质 2:

$$\phi_{xx}[0] = \mathcal{E}[|\mathbf{x}_n|^2] = \text{均方值} \tag{A.37a}$$

$$\gamma_{xx}[0] = \sigma_x^2 = \text{方差} \tag{A.37b}$$

性质 3:

$$\phi_{xx}[-m] = \phi_{xx}^*[m] \tag{A.38a}$$

$$\gamma_{xx}[-m] = \gamma_{xx}^*[m] \tag{A.38b}$$

$$\phi_{xy}[-m] = \phi_{yx}^*[m] \tag{A.38c}$$

$$\gamma_{xy}[-m] = \gamma_{yx}^*[m] \tag{A.38d}$$

性质 4:

$$|\phi_{xy}[m]|^2 \leqslant \phi_{xx}[0]\phi_{yy}[0] \tag{A.39a}$$

$$|\gamma_{xy}[m]|^2 \leqslant \gamma_{xx}[0]\gamma_{yy}[0] \tag{A.39b}$$

特别地,

$$|\phi_{xx}[m]| \leqslant \phi_{xx}[0] \tag{A.40a}$$

$$|\gamma_{xx}[m]| \leqslant \gamma_{xx}[0] \tag{A.40b}$$

性质5:若 $\mathbf{y}_n = \mathbf{x}_{n-n_0}$,则

$$\phi_{yy}[m] = \phi_{xx}[m] \tag{A.41a}$$

$$\gamma_{yy}[m] = \gamma_{xx}[m] \tag{A.41b}$$

性质6:对于许多随机过程来说,如果它们在时间上相隔较远,则其随机变量可以成为不相关的。若这一点成立,则有

$$\lim_{m\to\infty} \gamma_{xx}[m] = 0 \tag{A.42a}$$

$$\lim_{m\to\infty} \phi_{xx}[m] = |m_x|^2 \tag{A.42b}$$

$$\lim_{m\to\infty} \gamma_{xy}[m] = 0 \tag{A.42c}$$

$$\lim_{m\to\infty} \phi_{xy}[m] = m_x m_y^* \tag{A.42d}$$

上述结论的本质是,相关和协方差都是有限能量序列,当 m 值很大时它们趋于零。所以我们常常能够利用它们的傅里叶变换或 z 变换来表示这些序列。

A.4 随机信号的傅里叶变换表示

虽然除了在一些特殊情况下一个随机信号的傅里叶变换不存在,但是这样一个信号的自协方差和自相关序列却是非周期序列,而它们的这些变换往往存在。对于一个线性时不变系统,当输入是一个随机信号时,这些平均量的谱表示在描述系统的输入/输出关系时起着重要的作用。因此,研究相关序列和协方差序列的性质,以及它们对应的傅里叶变换和 z 变换是十分有益的。

定义 $\Phi_{xx}(e^{j\omega})$, $\Gamma_{xx}(e^{j\omega})$, $\Phi_{xy}(e^{j\omega})$ 和 $\Gamma_{xy}(e^{j\omega})$ 分别为 $\phi_{xx}[m]$, $\gamma_{xx}[m]$, $\phi_{xy}[m]$ 和 $\gamma_{xy}[m]$ 的 DTFT。因为这些函数都是序列的 DTFT,所以它们肯定是周期为 2π 的周期函数。根据式(A.36a)和式(A.36b)在 $|\omega| \leqslant \pi$ 的一个周期上可得

$$\Phi_{xx}(e^{j\omega}) = \Gamma_{xx}(e^{j\omega}) + 2\pi |m_x|^2 \delta(\omega), \qquad |\omega| \leqslant \pi \tag{A.43a}$$

和

$$\Phi_{xy}(e^{j\omega}) = \Gamma_{xy}(e^{j\omega}) + 2\pi m_x m_y^* \delta(\omega), \qquad |\omega| \leqslant \pi \tag{A.43b}$$

在零均值过程的情况下($m_x = 0$ 和 $m_y = 0$),相关函数和协方差函数相等,因此 $\Phi_{xx}(e^{j\omega}) = \Gamma_{xx}(e^{j\omega})$ 和 $\Phi_{xy}(e^{j\omega}) = \Gamma_{xy}(e^{j\omega})$。

由傅里叶逆变换公式可得

$$\gamma_{xx}[m] = \frac{1}{2\pi}\int_{-\pi}^{\pi} \Gamma_{xx}(e^{j\omega}) e^{j\omega m} d\omega \tag{A.44a}$$

$$\phi_{xx}[m] = \frac{1}{2\pi}\int_{-\pi}^{\pi} \Phi_{xx}(e^{j\omega}) e^{j\omega m} d\omega \tag{A.44b}$$

因而,自然有

$$\mathcal{E}\{|x[n]|^2\} = \phi_{xx}[0] = \sigma_x^2 = \frac{1}{2\pi}\int_{-\pi}^{\pi} \Phi_{xx}(e^{j\omega}) d\omega \tag{A.45a}$$

$$\sigma_x^2 = \gamma_{xx}[0] = \frac{1}{2\pi}\int_{-\pi}^{\pi} \Gamma_{xx}(e^{j\omega}) d\omega \tag{A.45b}$$

有时,在表示上可以很方便地定义量 $P_{xx}(\omega)$ 为

$$P_{xx}(\omega) = \Phi_{xx}(e^{j\omega}) \tag{A.46}$$

在这种情况下,式(A.45a)和式(A.45b)可以表示为

$$\mathcal{E}\{|x[n]|^2\} = \frac{1}{2\pi}\int_{-\pi}^{\pi} P_{xx}(\omega) d\omega \tag{A.47a}$$

$$\sigma_x^2 = \frac{1}{2\pi}\int_{-\pi}^{\pi} P_{xx}(\omega) d\omega \tag{A.47b}$$

因此,对于 $-\pi\leqslant\omega\leqslant\pi$, $P_{xx}(\omega)$的面积正比于信号的平均功率。事实上,正如2.10节中所讨论的,$P_{xx}(\omega)$在一个频段上的积分正比于在那个频段内信号的功率。正是由于这个原因,函数 $P_{xx}(\omega)$称为功率密度谱,简称功率谱。当 $P_{xx}(\omega)$是一个与 ω 无关的常量时,称这个随机信号为白过程或简称白噪声。当 $P_{xx}(\omega)$在某一频段上为常量并且在其他频段上为零时,称其为带限白噪声。

由式(A.38a)可知,$P_{xx}(\omega)=P_{xx}^*(\omega)$,即 $P_{xx}(\omega)$总是实值的,并且对于实随机过程,有 $\phi_{xx}[m]=\phi_{xx}[-m]$,所以此时 $P_{xx}(\omega)$既为实数,又为偶数,即

$$P_{xx}(\omega)=P_{xx}(-\omega) \tag{A.48}$$

另一个重要的性质是,功率密度谱是非负的。这一点曾在2.10节讨论过。

互功率密度谱定义为

$$P_{xy}(\omega)=\Phi_{xy}(e^{j\omega}) \tag{A.49}$$

这个函数通常是复数,并且由式(A.38c)可得

$$P_{xy}(\omega)=P_{yx}^*(\omega) \tag{A.50}$$

最后,正如2.10节中所证明的,如果一个频率响应为 $H(e^{j\omega})$的线性时不变系统的输入为随机信号 $x[n]$,且如果 $y[n]$为相应的输出,则有

$$\Phi_{yy}(e^{j\omega})=|H(e^{j\omega})|^2\Phi_{xx}(e^{j\omega}) \tag{A.51}$$

和

$$\Phi_{xy}(e^{j\omega})=H(e^{j\omega})\Phi_{xx}(e^{j\omega}) \tag{A.52}$$

例 A.1 理想低通滤波器的噪声功率输出

假设 $x[n]$是一个零均值白噪声序列且 $\phi_{xx}[m]=\sigma_x^2\delta[m]$, $\omega\leqslant\pi$ 时,功率谱 $\Phi_{xx}(e^{j\omega})=\sigma_x^2$,另外假设 $x[n]$是一个截止频率为 ω_c 的理想低通滤波器的输入。再由式(A.51),输出 $y[n]$将是一个带限白噪声过程,其功率谱为

$$\Phi_{yy}(e^{j\omega})=\begin{cases}\sigma_x^2, & |\omega|<\omega_c\\ 0, & \omega_c<|\omega|\leqslant\pi\end{cases} \tag{A.53}$$

利用傅里叶逆变换,得到自相关序列如下:

$$\phi_{yy}[m]=\frac{\sin(\omega_c m)}{\pi m}\sigma_x^2 \tag{A.54}$$

再由式(A.45a),得到输出的平均功率为

$$\mathcal{E}\{y^2[n]\}=\phi_{yy}[0]=\frac{1}{2\pi}\int_{-\omega_c}^{\omega_c}\sigma_x^2\mathrm{d}\omega=\sigma_x^2\frac{\omega_c}{\pi} \tag{A.55}$$

A.5 利用 z 变换计算平均功率

为了利用式(A.45a)计算出平均功率,必须像例A.1中那样先算出功率谱的积分。虽然例A.1中的积分容易计算,但通常这样积分是难以作为实数积分计算的。但在系统函数是有理函数的情况下,基于 z 变换的结果会使得平均输出功率的计算更直接。

通常,z 变换用于表示协方差函数而不是相关函数。这是因为当信号是非零均值时,它的相关函数将包含一个附加的不是由 z 变换表示的常量。但当均值为零时,当然其协方差函数就与相关函数相等。如果 $\gamma_{xx}[m]$的 z 变换存在,则由于 $\gamma_{xx}[-m]=\gamma_{xx}^*[m]$,通常有

$$\Gamma_{xx}(z)=\Gamma_{xx}^*(1/z^*) \tag{A.56}$$

另外,由于 $\gamma_{xx}[m]$是双边且共轭对称的,$\Gamma_{xx}(z)$的收敛域必为如下形式:

$$r_a<|z|<\frac{1}{r_a}$$

其中必有 $0<r_a<1$。在 $\Gamma_{xx}(z)$ 为 z 的有理函数这种重要情况下，式(A. 56)表明 $\Gamma_{xx}(z)$ 的零、极点必是复共轭的倒数对。

z 变换的主要优点是当 $\Gamma_{xx}(z)$ 为有理函数时，随机信号的平均功率可以利用下式容易地计算出来：

$$\mathcal{E}\{|x[n]-m_x|^2\}=\sigma_x^2=\gamma_{xx}[0]=\left\{\begin{array}{l}\text{当 } m=0 \text{ 时计算}\\ \Gamma_{xx}(z)\text{的 } z \text{ 逆变换}\end{array}\right\} \tag{A.57}$$

基于如下的观察，即当 $\Gamma_{xx}(z)$ 是 z 的有理函数时可以通过部分分式展开来计算所有 m 对应的 $\gamma_{xx}[m]$ 值，可知，我们可以利用该方法来直接计算等式(A. 57)的右边值。为了得到平均功率，可以简单地计算 $m=0$ 处的 $\gamma_{xx}[m]$ 值即可。

当一个 LTI 系统的输入是随机信号时，z 变换在确定输出的自协方差和平均功率时是很有用的。泛化公式(A. 51)可以得到

$$\Gamma_{yy}(z)=H(z)H^*(1/z^*)\Gamma_{xx}(z) \tag{A.58}$$

由 z 变换的性质和式(A. 58)可知，输出的自协方差是如下卷积的形式：

$$\gamma_{yy}[m]=h[m]*h^*[-m]*\gamma_{xx}[m] \tag{A.59}$$

当线性差分方程的输入是一个平均功率为 σ_x^2 的零均值白噪声信号时，在需要计算平均输出功率的量化噪声分析中，这个结果特别有用。由于这样一个输入的自协方差为 $\gamma_{xx}[m]=\sigma_x^2\delta[m]$，所以输出的自协方差为 $\gamma_{yy}[m]=\sigma_x^2(h[m]*h^*[-m])$，即输出的自协方差正比于 LTI 系统冲激响应的自协方差。由这一结果可知

$$\mathcal{E}\{y^2[n]\}=\gamma_{yy}[0]=\sigma_x^2\sum_{n=-\infty}^{\infty}|h[n]|^2 \tag{A.60}$$

作为另一种计算冲激响应序列平方和的方法(对于 IIR 系统比较困难)，我们使用式(A. 57)所提示的方法，由 $\Gamma_{yy}(z)$ 的部分分式展开求得 $\mathcal{E}\{y^2[n]\}$。回忆一下，对于一个 $\gamma_{xx}[m]=\sigma_x^2\delta[m]$ 的白噪声输入，z 变换为 $\Gamma_{xx}(z)=\sigma_x^2$，所以 $\Gamma_{yy}(z)=\sigma_x^2H(z)H^*(1/z)$。因此，将式(A. 57)用于系统的输出，有

$$\mathcal{E}\{y^2[n]\}=\gamma_{yy}[0]=\left\{\text{当 } m=0 \text{ 时 } \Gamma_{yy}(z)=H(z)H^*(1/z^*)\sigma_x^2 \text{ 的 } z \text{ 逆变换}\right\} \tag{A.61}$$

考虑一个稳定的因果系统的特殊例子，其系统函数为有理函数，形式如下：

$$H(z)=A\frac{\prod_{m=1}^{M}(1-c_mz^{-1})}{\prod_{k=1}^{N}(1-d_kz^{-1})}\qquad |z|>\max_k\{|d_k|\} \tag{A.62}$$

其中，$\max_k\{|d_k|\}<1$ 且 $M<N$。这样一个系统函数可说明一个内部舍入噪声源与一个定点运算系统的输出之间的关系。用式(A. 62)代替式(A. 58)中的 $H(z)$，有

$$\Gamma_{yy}(z)=\sigma_x^2H(z)H^*(1/z^*)=\sigma_x^2|A|^2\frac{\prod_{m=1}^{M}(1-c_mz^{-1})(1-c_m^*z)}{\prod_{k=1}^{N}(1-d_kz^{-1})(1-d_k^*z)} \tag{A.63}$$

由于已假设对所有的 k，有 $|d_k|<1$，因此所有原始极点均在单位圆内，而且其他在 $(d_k^*)^{-1}$ 处的极点均在单位圆外的共轭倒数位置上。因此 $\Gamma_{yy}(z)$ 的收敛域为 $\max_k|d_k|<|z|<\min_k|(d_k^*)^{-1}|$。对于这样的有理函数，可以证明：由于 $M<N$，部分分式展开式为

$$\Gamma_{yy}(z)=\sigma_x^2\left(\sum_{k=1}^{N}\left(\frac{A_k}{1-d_kz^{-1}}-\frac{A_k^*}{1-(d_k^*)^{-1}z^{-1}}\right)\right) \tag{A.64}$$

其中系数可由下式所得:

$$A_k = H(z)H^*(1/z^*)(1-d_k z^{-1})\Big|_{z=d_k} \tag{A.65}$$

由于 $z=d_k$ 处的极点在除边界之外的收敛域内,所以每一个极点都对应于一个右边序列,而在 $z=(d_k^*)^{-1}$ 处的极点则对应于左边序列,则对应于式(A.64)的自协方差函数为

$$\gamma_{yy}[n] = \sigma_x^2 \sum_{k=1}^{N} (A_k(d_k)^n u[n] + A_k^*(d_k^*)^{-n} u[-n-1])$$

由此,可求得平均功率

$$\sigma_y^2 = \gamma_{yy}[0] = \sigma_x^2 \left(\sum_{k=1}^{N} A_k \right) \tag{A.66}$$

其中,A_k 由式(A.65)可得。

所以,一个系统函数为有理函数且输入为白噪声的系统,其输出的整体平均功率的计算可以简化为一个求输出自相关函数 z 变换部分分式展开式系数的直接问题。下面的例子说明了如何使用这一方法。

例 A.2　二阶 IIR 滤波器的噪声功率输出

研究一个系统,其脉冲响应为

$$h[n] = \frac{r^n \sin\theta(n+1)}{\sin\theta} u[n] \tag{A.67}$$

且系统函数为

$$H(z) = \frac{1}{(1-re^{j\theta}z^{-1})(1-re^{-j\theta}z^{-1})} \tag{A.68}$$

当输入是整体平均功率为 σ_x^2 的白噪声时,输出自协方差的 z 变换为

$$\Gamma_{yy}(z) = \sigma_x^2 \left(\frac{1}{(1-re^{j\theta}z^{-1})(1-re^{-j\theta}z^{-1})} \right) \left(\frac{1}{(1-re^{-j\theta}z)(1-re^{j\theta}z)} \right) \tag{A.69}$$

因此,再利用式(A.65)可得

$$\begin{aligned} \mathcal{E}\{y^2[n]\} = \sigma_x^2 \Bigg[& \left(\frac{1}{(1-re^{-j\theta}z^{-1})} \right) \left(\frac{1}{(1-re^{-j\theta}z)(1-re^{j\theta}z)} \right) \Bigg|_{z=re^{j\theta}} \\ & + \left(\frac{1}{(1-re^{j\theta}z^{-1})} \right) \left(\frac{1}{(1-re^{-j\theta}z)(1-re^{j\theta}z)} \right) \Bigg|_{z=re^{-j\theta}} \Bigg] \end{aligned} \tag{A.70}$$

进行前面所述的代换,将两项合并简化得

$$\mathcal{E}\{y^2[n]\} = \sigma_x^2 \left(\frac{1+r^2}{1-r^2} \right) \left(\frac{1}{1-2r^2\cos(2\theta)+r^4} \right) \tag{A.71}$$

最后,利用 $\Gamma_{yy}(z)$ 的部分分式展开式,可以有效地计算出表达式

$$\mathcal{E}\{y^2[n]\} = \sigma_x^2 \sum_{n=-\infty}^{\infty} |h[n]|^2 = \sigma_x^2 \sum_{n=0}^{\infty} \left| \frac{r^n \sin\theta(n+1)}{\sin\theta} \right|^2$$

上式用闭式难于计算,而表达式

$$\mathcal{E}\{y^2[n]\} = \frac{1}{2\pi} \int_{-\pi}^{\pi} \sigma_x^2 |H(e^{j\omega})|^2 d\omega = \frac{\sigma_x^2}{2\pi} \int_{-\pi}^{\pi} \frac{d\omega}{|(1-re^{j\theta}e^{-j\omega})(1-re^{-j\theta}e^{-j\omega})|^2}$$

计算实数积分较困难。

例 A.2 结果是计算平均功率公式的部分分式方法的有力说明。我们曾在第 6 章分析量化对数字滤波的影响中使用过这一技巧。

附录 B　连续时间滤波器

第 7 章讨论过，设计 IIR 数字滤波器的方法是以可以利用的现有连续时间滤波器的设计方法为基础的。附录 B 主要总结在第 7 章中提出的几类低通滤波器逼近的特性。已有关于这几类滤波器更详细的讨论参见 Guillemin(1957)；Weinberg(1975)；以及 Parks and Burrus(1987))，在 Zverev(1967)的著作中有各种设计图表和公式。MATLAB、Simulink 和 LabVIEW 仿真软件都提供了各种常用连续时间滤波器向数字滤波器逼近和转化的设计程序。

B.1　巴特沃兹低通滤波器

巴特沃兹低通滤波器是利用其幅度响应在通带内最平坦这一性质来定义的。对于一个 N 阶低通滤波器，它意味着幅度平方函数的前 $(2N-1)$ 阶导数在 $\Omega=0$ 处皆为零。另一个性质是，在通带和阻带内，其幅度响应都是单调的，连续时间巴特沃兹低通滤波器的幅度平方函数具有如下形式：

$$|H_c(\mathrm{j}\Omega)|^2=\frac{1}{1+(\mathrm{j}\Omega/\mathrm{j}\Omega_c)^{2N}} \tag{B.1}$$

这一函数的曲线概况绘于图 B.1 中。

当式(B.1)中的参量 N 增加时，滤波器的特性曲线变得更加尖锐；也就是说，曲线在通带的更多部分接近于 1，并且在阻带中更快地趋于零，尽管式(B.1)的特性幅度平方函数在截止频率 Ω_c 处总是等于 1/2。图 B.2 给出了不同阶次 N 对应的 $|H_c(\mathrm{j}\Omega)|$，展示了巴特沃兹滤波器的幅度特性与参数 N 的关系。

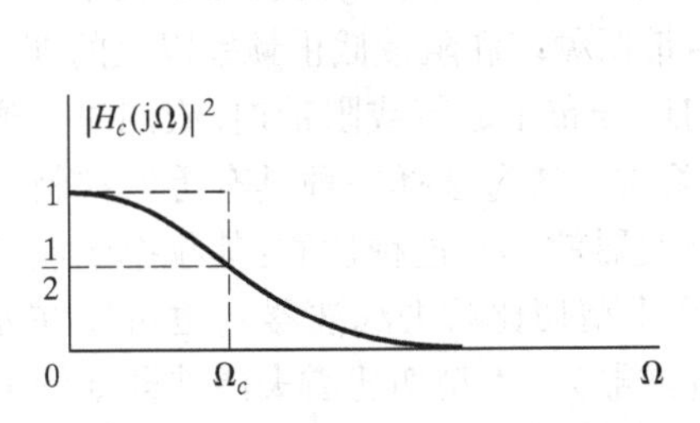

图 B.1　连续时间巴特沃兹滤波器的幅度平方曲线

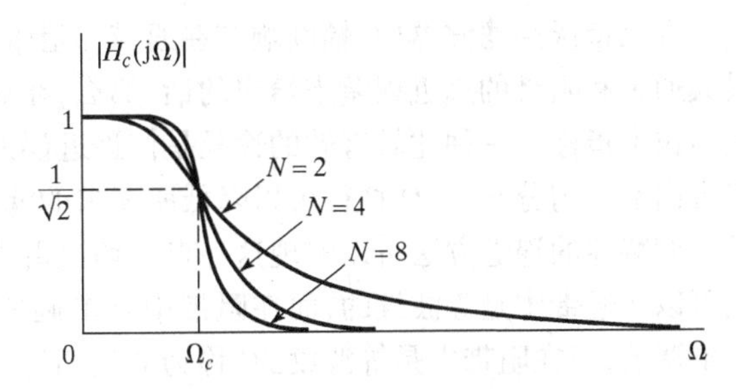

图 B.2　巴特沃兹滤波器的幅度特性与阶次 N 的关系

从式(B.1)中的幅度平方函数可以看出，将 $\mathrm{j}\Omega=s$ 代入后 $H_c(s)H_c(-s)$ 一定为如下形式：

$$H_c(s)H_c(-s)=\frac{1}{1+(s/\mathrm{j}\Omega_c)^{2N}} \tag{B.2}$$

因此，分母多项式的根（幅度平方函数的极点）位于满足方程 $1+(s/\mathrm{j}\Omega_c)^{2N}=0$ 的 s 值处，即

$$s_k=(-1)^{1/2N}(\mathrm{j}\Omega_c)=\Omega_c e^{(\mathrm{j}\pi/2N)(2k+N-1)},\quad k=0,1,\cdots,2N-1 \tag{B.3}$$

这样，在 s 平面中半径为 Ω_c 的圆周上有 $2N$ 个等分排列的极点。这些极点相对于虚轴对称分布，但没有一个极点落在虚轴上，并且当 N 为奇数时有一个极点位于实轴上，而当 N 为偶数时则没有。在圆周上相邻极点间的角度为 π/N 弧度。例如，对于 $N=3$，极点相间 $\pi/3$ 弧度，或 60°，如图 B.3

所示。为了确定用巴特沃兹幅度平方函数所描述的模拟滤波器的系统函数,必须对 $H_c(s)H_c(-s)$ 进行因式分解。幅度平方函数的极点总是成对出现的,也就是说,如果在 $s=s_k$ 处有一个极点,则在 $s=-s_k$ 处也必然有一个极点。因此,要由幅度平方函数构造 $H_c(s)$,应当从每对极点中选取一个极点。为了得到一个稳定和因果的滤波器,应当选取位于 s 平面的左半平面上的极点。

采用这种方法,$H_c(s)$ 可以表示为

$$H_C(s)=\frac{\Omega_c^3}{(s+\Omega_c)(s-\Omega_c e^{j2\pi/3})(s-\Omega_c e^{-j2\pi/3})}$$

也可以写成

$$H_C(s)=\frac{\Omega_c^3}{s^3+2\Omega_c s^2+2\Omega_c s+\Omega_c^3}$$

一般来说,为确保 $|H_c(0)|=1$,$H_c(s)$ 的分子应该是 Ω_c^N 的形式。

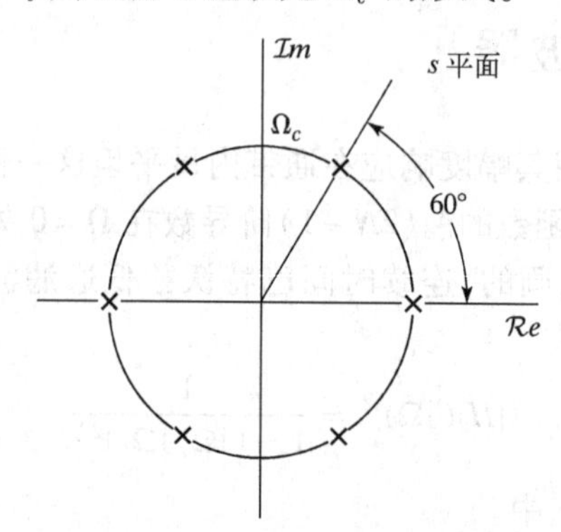

图 B.3　一个三阶巴特沃兹滤波器幅度平方函数在 s 平面上极点的位置

B.2　切比雪夫滤波器

在巴特沃兹滤波器中,幅度响应在通带和阻带内都是单调的。因此,若滤波器的技术要求是用最大通带和阻带的逼近误差来给出的话,那么,在靠近通带低频端和阻带截止频率以上的部分都会超出技术指标。一种比较有效的途径是使逼近误差均匀地分布于通带或阻带内,或同时在通带和阻带内都均匀分布,这样往往可以降低所要求的滤波器阶次。通过选择一种具有等波纹特性而不是单调特性的逼近方法可以实现这一点。切比雪夫型滤波器就具有这种性质:其频率响应的幅度既可以在通带中是等波纹的,而在阻带中是单调的(称为Ⅰ型切比雪夫滤波器),也可以在通带中是单调的,而在阻带中是等波纹的(称为Ⅱ型切比雪夫滤波器)。Ⅰ型切比雪夫滤波器如图 B.4 所示。该型滤波器的幅度平方函数是

$$|H_c(j\Omega)|^2=\frac{1}{1+\varepsilon^2 V_N^2(\Omega/\Omega_c)} \tag{B.4}$$

式中 $V_N(x)$ 为 N 阶切比雪夫多项式,定义为

$$V_N(x)=\cos(N\cos^{-1}x) \tag{B.5}$$

例如,当 $N=0$ 时,$V_0(x)=1$;当 $N=1$ 时,$V_1(x)=\cos(\cos^{-1}x)=x$;当 $N=2$ 时,$V_2(x)=\cos(2\cos^{-1}x)=2x^2-1$;以此类推。

从定义切比雪夫多项式的式(B.5)可以直接得出由 $V_N(x)$ 和 $V^{N-1}(x)$ 求 $V^{N+1}(x)$ 的递推公式。将三角恒

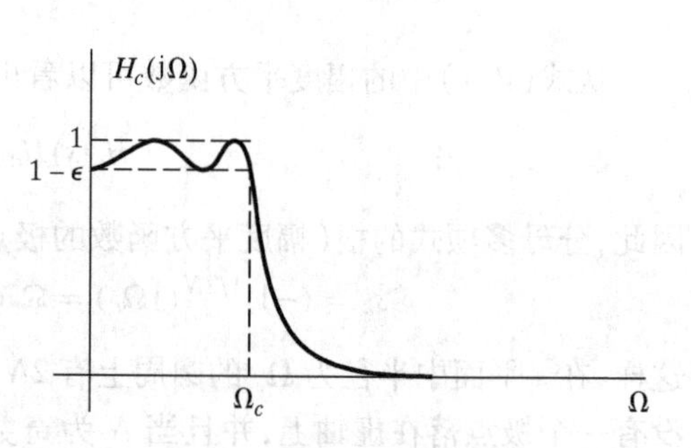

图 B.4　Ⅰ型切比雪夫低通滤波器的逼近

等式代入式(B.5),得

$$V_{N+1}(x) = 2xV_N(x) - V_{N-1}(x) \tag{B.6}$$

由式(B.5)注意到,当 $0<x<1$ 时 $V_N^2(x)$ 在0和1之间变化;当 $x>1$ 时,$\cos^{-1}x$ 是虚数,所以 $V_N(x)$ 像双曲余弦一样单调地增加。参考式(B.4),$|H_c(j\Omega)|^2$ 对于 $0\leqslant\Omega/\Omega_c\leqslant1$,呈现出在1和 $1/(1+\mathcal{E}^2)$ 之间的波动;而对于 $\Omega/\Omega_c>1$ 单调地减小。需要用三个参量来确定该滤波器:$\mathcal{E}$,Ω_c 和 N。在典型的设计中,用容许的通带波纹来确定 $\mathcal{E}$,而用希望的通带截止频率来确定 Ω_c。然后选择合适的阶次 N,以便阻带的技术要求得到满足。

切比雪夫滤波器的极点在 s 平面上呈椭圆分布。参见图B.5,该椭圆用两个圆来定义,它们的直径分别等于椭圆的短轴和长轴。短轴的长度等于 $2a\Omega_c$,其中

$$a = \frac{1}{2}(\alpha^{1/N} - \alpha^{-1/N}) \tag{B.7}$$

式中

$$\alpha = \varepsilon^{-1} + \sqrt{1+\varepsilon^{-2}} \tag{B.8}$$

长轴的长度等于 $2b\Omega_c$,其中

$$b = \frac{1}{2}(\alpha^{1/N} + \alpha^{-1/N}) \tag{B.9}$$

为了求出切比雪夫滤波器在椭圆上极点的位置,首先要这样确定,对于在大圆和小圆上以等角度 π/N 等间隔排列的那些点:这些点相对于虚轴呈对称分布,并且没有一个点落在虚轴上;但当 N 为奇数时要有一个点落在实轴上,而当 N 为偶数时,都不会落在实轴上。大圆和小圆上的这种划分方式完全与确定式(B.3)中巴特沃兹滤波器极点位置的圆周划分方式一样。切比雪夫滤波器的极点落在椭圆上,其纵坐标由相应的大圆上点的纵坐标来表示,其横坐标由相应的小圆上点的横坐标来表示。图B.5中绘出了当 $N=3$ 时的极点分布。

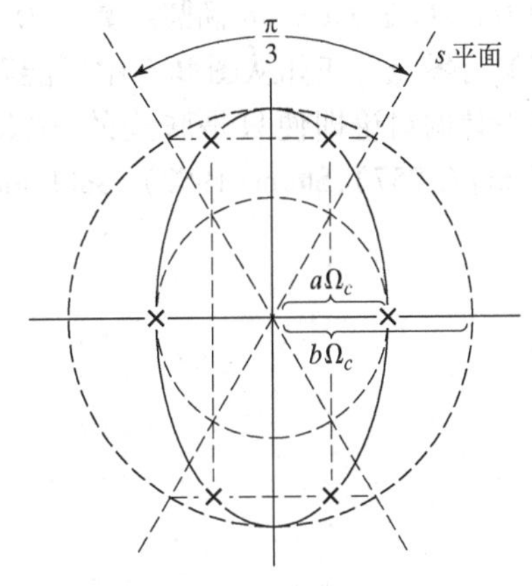

图B.5　三阶Ⅰ型切比雪夫低通滤波器幅度平方函数的极点位置

Ⅱ型切比雪夫低通滤波器可以通过一种变换与Ⅰ型切比雪夫滤波器联系起来。具体地讲,如果在式(B.4)中将 $\mathcal{E}^2V_N^2(\Omega/\Omega_c)$ 项用其倒数来替换,并且把 V_N^2 的自变量也用其倒数来代替,则可以得到

$$|H_c(j\Omega)|^2 = \frac{1}{1+[\varepsilon^2V_N^2(\Omega_c/\Omega)]^{-1}} \tag{B.10}$$

这就是Ⅱ型切比雪夫低通滤波器的解析形式。设计Ⅱ型切比雪夫滤波器的一种方法是:首先设计Ⅰ型切比雪夫滤波器,然后再利用式(B.10)的变换即可。

B.3　椭圆滤波器

如果像在切比雪夫滤波器的情况中那样,使得误差均匀分布于整个通带或整个阻带,而不是像巴特沃兹滤波器那样,允许误差在通带和阻带内单调地变化,那么,就可能用一个较低阶的滤波器来满足设计要求。注意到,在Ⅰ型切比雪夫逼近,阻带误差随频率单调减小,如果使阻带误差均匀地分布于阻带内,则会带来进一步改进的可能性。这样就可以提出一种低通滤波器的逼近方法,如图B.6所示。确实可以证明(参见Papoulis,1957),在给定 Ω_p,δ_1 和 δ_2 的值,而使过渡带 $(\Omega_s-\Omega_p)$ 尽可能小的意义上来说,这种逼近方式(即在通带和阻带内等波纹)是在给定滤波器阶次 N 时所能

得到的最好结果。

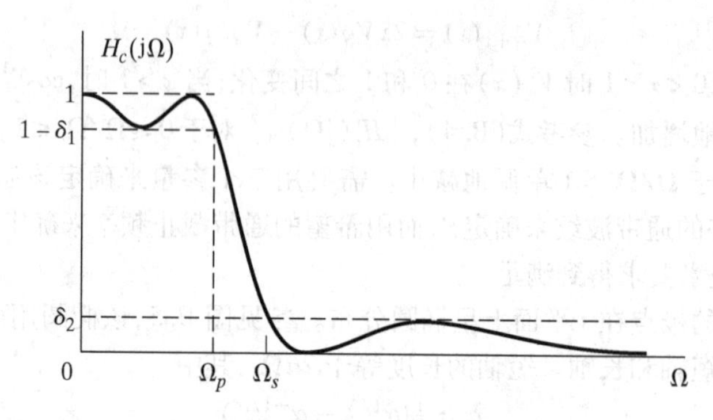

图 B.6　同时在通带和阻带内的等波纹逼近

这种逼近称为椭圆滤波器,它有如下形式:

$$|H_c(j\Omega)|^2=\frac{1}{1+\varepsilon^2U_N^2(\Omega)} \tag{B.11}$$

式中 $U_N(\Omega)$ 是 Jacobian 椭圆函数。为了在通带和阻带内均得到等波纹误差,椭圆滤波器必须既有极点又有零点。正如从图 B.6 中所能看到的,这一滤波器在 s 平面的 $j\Omega$ 轴上有零点。有关椭圆滤波器设计的讨论即便只是肤浅的,也超出了本附录的范围。对于更详细的讨论,读者可参阅由 Guillemin(1957),Storer(1957),Gold and Rader(1969),以及 Parks and Burrus(1987)编写的教科书。

附录 C　部分习题答案

本附录包括第 2 章至第 10 章每章前 20 道基本题的答案。

第 2 章基本题答案

2.1　(a) 总是有(2),(3),(5)。若 $g[n]$ 有界,则有(1)。

(b) (3)。

(c) 总是有(1),(3),(4)。若 $n_0=0$,(2)和(5)都有。

(d) 总是有(1),(3),(4)。若 $n_0=0$,(5)。若 $n_0>=0$,(2)。

(e) (1),(2),(4),(5)。

(f) 总是有(1),(2),(4),(5)。若 $b=0$,(3)。

(g) (1),(3)。

(h) (1),(5)。

2.2　(a) $N_4=N_0+N_2, N_5=N_1+N_3$。

(b) 最多 $N+M-1$ 个非零值点。

2.3

$$y[n]=\begin{cases}\dfrac{a^{-n}}{1-a}, & n<0\\ \dfrac{1}{1-a}, & n\geqslant 0\end{cases}$$

2.4　$y[n]=8[(1/2)^n-(1/4)^n]u[n]$。

2.5　(a) $y_h[n]=A_1(2)^n+A_2(3)^n$。

(b) $h[n]=2(3^n-2n)u[n]$。

(c) $s[n]=[-8(2)^{(n-1)}+9(3)^{(n-1)}+1]u[n]$。

2.6　(a)

$$H(e^{j\omega})=\frac{1+2e^{-j\omega}+e^{-j2\omega}}{1-\frac{1}{2}e^{-j\omega}}$$

(b) $y[n]+\dfrac{1}{2}y[n-1]+\dfrac{3}{4}y[n-2]=x[n]-\dfrac{1}{2}x[n-1]+x[n-3]$。

2.7　(a) 周期的,$N=12$。

(b) 周期的,$N=8$。

(c) 非周期。

(d) 非周期。

2.8　$y[n]=3(-1/2)^n u[n]+2(1/3)^n u[n]$。

2.9　(a)

$$h[n]=2\left[\left(\frac{1}{2}\right)^n-\left(\frac{1}{3}\right)^n\right]u[n]$$

$$H(e^{j\omega})=\frac{\frac{1}{3}e^{-j\omega}}{1-\frac{5}{6}e^{-j\omega}+\frac{1}{6}e^{-j2\omega}}$$

$$s[n]=\left[-2\left(\frac{1}{2}\right)^n+\left(\frac{1}{3}\right)^n+1\right]u[n]$$

(b) $y_h[n]=A_1(1/2)^n+A_2(1/3)^n$。

(c) $y[n]=4(1/2)^n-3(1/3)^n-2(1/2)^n u[-n-1]+2(1/3))^n u[-n-1]$。可能有其他答案。

2.10 (a)

$$y[n]=\begin{cases}a^{-1}/(1-a^{-1}), & n\geqslant -1\\ a^n/(1-a^{-1}), & n\leqslant -2\end{cases}$$

(b)

$$y[n]=\begin{cases}1, & n\geqslant 3\\ 2^{(n-3)}, & n\leqslant 2\end{cases}$$

(c)

$$y[n]=\begin{cases}1, & n\geqslant 0\\ 2^n, & n\leqslant -1\end{cases}$$

(d)

$$y[n]=\begin{cases}0, & n\geqslant 9\\ 1-2^{(n-9)}, & 8\geqslant n\geqslant -1\\ 2^{(n+1)}-2^{(n-9)}, & -2\geqslant n\end{cases}$$

2.11 $y[n]=2\sqrt{2}\sin(\pi(n-1)/4)$。

2.12 (a) $y[n]=n!u[n]$。

(b) 系统是线性的。

(c) 系统不是时不变的。

2.13 (a),(b)和(e)都是稳定 LTI 系统的特征函数。

2.14 (a) (iv)。

(b) (i)。

(c) (iii),$h[n]=(1/2)^n u[n]$。

2.15 (a) 不是 LTI 的。输入 $\delta[n]$ 和 $\delta[n-1]$ 都违反 TI 性。

(b) 非因果。可考虑 $x[n]=\delta[n-1]$。

(c) 稳定。

2.16 (a) $y_h[n]=A_1(1/2)^n+A_2(-1/4)^n$。

(b) 因果:$h_c[n]=2(1/2)^n u[n]+(-1/4)^n u[n]$。

反因果:$h_{ac}[n]=-2(1/2)^n u[-n-1]-(-1/4)^n u[-n-1]$。

(c) $h_c[n]$ 是绝对可加的。$h_{ac}[n]$ 不是。

(d) $y_p[n]=(1/3)(-1/4)^n u[n]+(2/3)(1/2)^n u[n]+4(n+1)(1/2)^{(n+1)}u[n+1]$。

2.17 (a)

$$R(e^{j\omega})=e^{-j\omega M/2}\frac{\sin\left(\omega\left(\frac{M+1}{2}\right)\right)}{\sin\left(\frac{\omega}{2}\right)}$$

(b) $W(e^{j\omega})=(1/2)R(e^{j\omega})-(1/4)R(e^{j(\omega-2\pi/M)})-(1/4)R(e^{j(\omega+2\pi/M)})$。

2.18 系统(a)和系统(b)都是因果的。

2.19 系统(b),系统(c),系统(e)和系统(f)都是稳定的。

2.20 (a) $h[n]=(-1/a)^{n-1}u[n-1]$。

(b) 若 $|a|>1$,则系统将是稳定的。

第 3 章基本题答案

3.1 (a) $\dfrac{1}{1-\frac{1}{2}z^{-1}}$, $|z|>\dfrac{1}{2}$。

(b) $\dfrac{1}{1-\frac{1}{2}z^{-1}}$, $|z|<\dfrac{1}{2}$。

(c) $\dfrac{-\frac{1}{2}z^{-1}}{1-\frac{1}{2}z^{-1}}$, $|z|<\dfrac{1}{2}$。

(d) 1,全部z。

(e) z^{-1},$z\neq 0$。

(f) z, $|z|<\infty$。

(g) $\dfrac{1-\left(\frac{1}{2}\right)^{10}z^{-10}}{1-\frac{1}{2}z^{-1}}$, $|z|\neq 0$。

3.2 $X(z)=\dfrac{(1-z^{-N})^2}{(1-z^{-1})^2}$。

3.3 (a) $X_a(z)=\dfrac{z^{-1}(\alpha-\alpha^{-1})}{(1-\alpha z^{-1})(1-\alpha^{-1}z^{-1})}$,ROC:$|\alpha|<|z|<|\alpha^{-1}|$。

(b) $X_b(z)=\dfrac{1-z^{-N}}{1-z^{-1}}$,ROC:$z\neq 0$。

(c) $X_c(z)=\dfrac{(1-z^{-N})^2}{(1-z^{-1})^2}$,ROC:$z\neq 0$。

3.4 (a) $(1/3)<|z|<2$,双边。

(b) 两个序列。$(1/3)<|z|<2$ 和 $2<|z|<3$。

(c) 不是。因果序列有$|z|>3$,它不包括单位圆。

3.5 $x[n]=2\delta[n+1]+5\delta[n]-4\delta[n-1]-3\delta[n-2]$。

3.6 (a) $x[n]=\left(-\dfrac{1}{2}\right)^n u[n]$,傅里叶变换存在。

(b) $x[n]=-\left(-\dfrac{1}{2}\right)^n u[-n-1]$,傅里叶变换不存在。

(c) $x[n]=4\left(-\dfrac{1}{2}\right)^n u[n]-3\left(-\dfrac{1}{4}\right)^n u[n]$,傅里叶变换存在。

(d) $x[n]=\left(-\dfrac{1}{2}\right)^n u[n]$,傅里叶变换存在。

(e) $x[n]=-(a^{-(n+1)})u[n]+a^{-(n-1)}u[n-1]$, 若$|a|>1$,傅里叶变换存在。

3.7 (a) $H(z)=\dfrac{1-z^{-1}}{1+z^{-1}}$, $|z|>1$。

(b) $\text{ROC}\{Y(z)\}=|z|>1$。

(c) $y[n]=\left[-\dfrac{1}{3}\left(\dfrac{1}{2}\right)^n+\dfrac{1}{3}(-1)^n\right]u[n]$。

3.8 (a) $h[n]=\left(-\dfrac{3}{4}\right)^n u[n]-\left(-\dfrac{3}{4}\right)^{n-1}u[n-1]$。

(b) $y[n]=\dfrac{8}{13}\left(-\dfrac{3}{4}\right)^n u[n]-\dfrac{8}{13}\left(\dfrac{1}{3}\right)^n u[n]$。

(c) 系统稳定。

3.9 (a) $|z|>(1/2)$。

(b) 对。ROC 包括单位圆。

(c) $X(z)=\dfrac{1-\frac{1}{2}z^{-1}}{1-2z^{-1}}$,ROC:$|z|<2$。

(d) $h[n]=2\left(\frac{1}{2}\right)^n u[n]-\left(-\frac{1}{4}\right)^n u[n]$。

3.10 (a) $|z|>\dfrac{3}{4}$。

(b) $0<|z|<\infty$。

(c) $|z|<2$。

(d) $|z|>1$。

(e) $|z|<\infty$。

(f) $\dfrac{1}{2}<|z|<\sqrt{13}$。

3.11 (a) 因果。 (b) 非因果。

(c) 因果。 (d) 非因果。

3.12 (a)

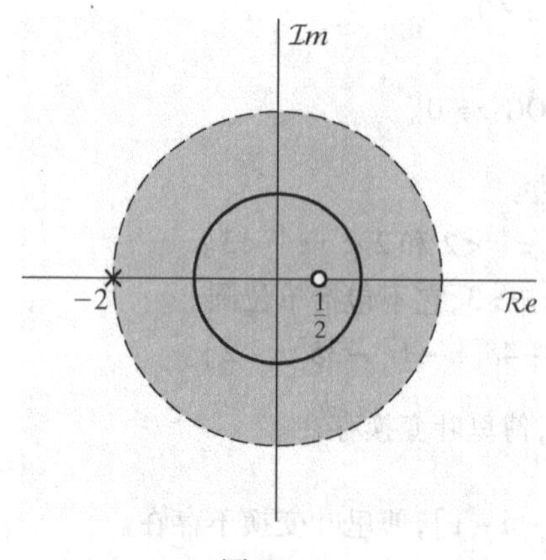

图 P3.12

(b)

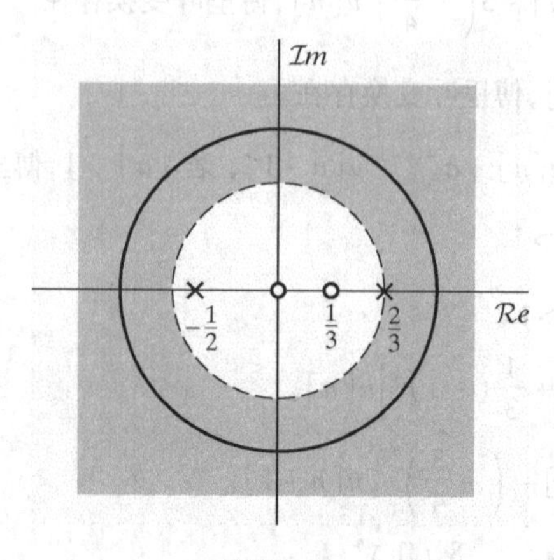

图 P3.12

(c)

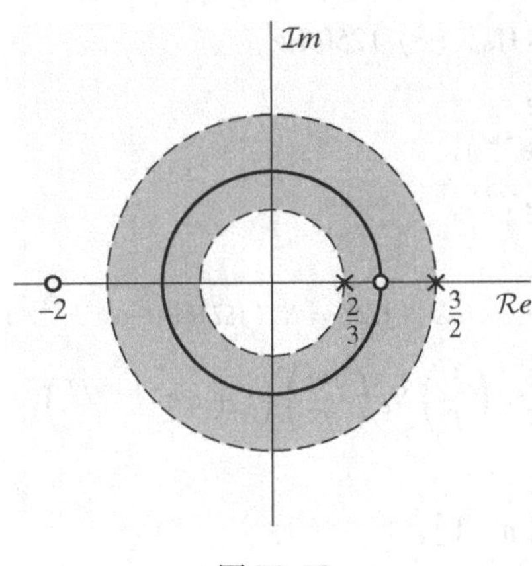

图 P3.12

3.13 $g[11]=-\frac{1}{11!}+\frac{3}{9!}-\frac{2}{7!}$。

3.14 $A_1=A_2=1/2,\alpha_1=-1/2,\alpha_2=1/2$。

3.15 $h[n]=\left(\frac{1}{2}\right)^n(u[n]-u[n-10])$。系统是因果的。

3.16 (a) $H(z)=\frac{1-2z^{-1}}{1-\frac{2}{3}z^{-1}},\quad |z|>\frac{2}{3}$。

(b) $h[n]=\left(\frac{2}{3}\right)^n u[n]-2\left(\frac{2}{3}\right)^{(n-1)}u[n-1]$。

(c) $y[n]-\frac{2}{3}y[n-1]=x[n]-2x[n-1]$。

(d) 系统稳定且因果。

3.17 $h[0]$可以是 0,1/3,或 1。从文字表面上看,$h[0]$也可以为 2/3,因为单位脉冲响应 $h[n]=(2/3)(2)^n u[n]-(1/3)(1/2)^n u[-n-1]$,也满足这个差分方程,但是没有 ROC。这个没有 ROC 的非因果系统可以用其因果和非因果分量的并联联接来实现。

3.18 (a) $h[n]=-2\delta[n]+\frac{1}{3}\left(-\frac{1}{2}\right)^n u[n]+\frac{8}{3}u[n]$。

(b) $y[n]=\frac{18}{5}2^n$。

3.19 (a) $|z|>1/2$。

(b) $1/3<|z|<2$。

(c) $|z|>1/3$。

3.20 (a) $|z|>2/3$。

(b) $|z|>1/6$。

第 4 章基本题答案

4.1 $x[n]=\sin(\pi n/2)$。

4.2 $\Omega_0=250\pi,1750\pi$。

4.3 (a) $T=1/12000$。(b) 不唯一,$T=5/12000$。

4.4 (a) $T=1/100$。(b) 不唯一, $T=11/100$。

4.5 (a) $T\leqslant 1/10000$。(b) 625 Hz。(c) 1250 Hz。

4.6 (a) $H_c(\mathrm{j}\Omega)=1/(a+\mathrm{j}\Omega)$。

(b) $H_d(\mathrm{e}^{\mathrm{j}\omega})=T/(1-\mathrm{e}^{-aT}\mathrm{e}^{-\mathrm{j}\omega})$。

(c) $|H_d(\mathrm{e}^{\mathrm{j}\omega})|=T/(1+\mathrm{e}^{-\alpha T})$。

4.7 (a)

$$X_c(\mathrm{j}\Omega)=S_c(\mathrm{j}\Omega)(1+\alpha\mathrm{e}^{-\mathrm{j}\Omega\tau_d})$$

$$X(\mathrm{e}^{\mathrm{j}\omega})=\left(\frac{1}{T}\right)S_c\left(\frac{\mathrm{j}\omega}{T}\right)\left(1+\alpha\mathrm{e}^{-\mathrm{j}\omega\tau_d/T}\right),\qquad |\omega|\leqslant\pi$$

(b) $H(\mathrm{e}^{\mathrm{j}\omega})=1+\alpha\mathrm{e}^{-\mathrm{j}\omega\tau_d/T}$。

(c) (i) $h[n]=\delta[n]+\alpha\delta[n-1]$。

(ii) $h[n]=\delta[n]+\alpha\dfrac{\sin(\pi(n-1/2))}{\pi(n-1/2)}$。

4.8 (a) $T\leqslant 1/20000$。

(b) $h[n]=Tu[n]$。

(c) $TX(\mathrm{e}^{\mathrm{j}\omega})|_{\omega=0}$。

(d) $T\leqslant 1/10000$。

4.9 (a) $X(\mathrm{e}^{\mathrm{j}(\omega+\pi)})=X(\mathrm{e}^{\mathrm{j}(\omega+\pi-\pi)})=X(\mathrm{e}^{\mathrm{j}\omega})$。

(b) $x[3]=0$。

(c) $x[n]=\begin{cases}y[n/2], & n\text{ 为偶}\\ 0, & n\text{ 为奇}\end{cases}$

4.10 (a) $x[n]=\cos(2\pi n/3)$。

(b) $x[n]=-\sin(2\pi n/3)$。

(c) $x[n]=\sin(2\pi n/5)/(\pi n/5000)$。

4.11 (a) $T=1/40, T=9/40$。

(b) $T=1/20$, 唯一。

4.12 (a) (i) $y_c(t)=-6\pi\sin(6\pi t)$。

(ii) $y_c(t)=-6\pi\sin(6\pi t)$。

(b) (i) 是。

(ii) 否。

4.13 (a) $y[n]=\sin\left(\frac{\pi n}{2}-\frac{\pi}{4}\right)$。

(b) 同 $y[n]$。

(c) $h_c(t)$对 T 没有影响。

4.14 (a) 否。

(b) 是。

(c) 否。

(d) 是。

(e) 是。(没有任何信息丢失;然而信号不能用图 3.21 的系统恢复。)

4.15 (a) 是。

(b) 否。

(c) 是。

4.16 (a) $M/L=5/2$,唯一。

(b) $M/L=2/3$;唯一。

4.17 (a) $\tilde{x}_d[n]=(4/3)\sin(\pi n/2)/(\pi n)$。

(b) $\tilde{x}_d[n]=0$。

4.18 (a) $\omega_0=2\pi/3$。

(b) $\omega_0=3\pi/5$。

(c) $\omega_0=\pi$。

4.19 $T\leqslant\pi/\Omega_0$。

4.20 (a) $F_s\geqslant 2000$ Hz。

(b) $F_s\geqslant 4000$ Hz。

第5章基本题答案

5.1 $x[n]=y[n],\omega_c=\pi$。

5.2 (a) 极点:$z=3,1/3$,零点:$z=0,\infty$。

(b) $h[n]=-(3/8)(1/3)^n u[n]-(3/8)3^n u[-n-1]$。

5.3 (a),(d)是单位脉冲响应。

5.4 (a) $H(z)=\dfrac{1-2z^{-1}}{1-\dfrac{3}{4}z^{-1}},|z|>3/4$。

(b) $h[n]=(3/4)^n u[n]-2(3/4)^{n-1}u[n-1]$。

(c) $y[n]-(3/4)y[n-1]=x[n]-2x[n-1]$。

(d) 稳定且因果。

5.5 (a) $y[n]-(7/12)y[n-1]+(1/12)y[n-2]=3x[n]-(19/6)x[n-1]+(2/3)x[n-2]$。

(b) $h[n]=3\delta[n]-(2/3)(1/3)^{n-1}u[n-1]-(3/4)(1/4)^{n-1}u[n-1]$。

(c) 稳定。

5.6 (a) $X(z)=\dfrac{1}{\left(1-\dfrac{1}{2}z^{-1}\right)(1-2z^{-1})},\dfrac{1}{2}<|z|<2$。

(b) $\dfrac{1}{2}<|z|<2$。

(c) $h[n]=\delta[n]-\delta[n-2]$。

5.7 (a) $H(z)=\dfrac{1-z^{-1}}{\left(1-\dfrac{1}{2}z^{-1}\right)\left(1+\dfrac{3}{4}z^{-1}\right)},|z|>\dfrac{3}{4}$。

(b) $h[n]=-(2/5)(1/2)^n u[n]+(7/5)(-3/4)^n u[n]$。

(c) $y[n]+(1/4)y[n-1]-(3/8)y[n-2]=x[n]-x[n-1]$。

5.8 (a) $H(z)=\dfrac{z^{-1}}{1-\dfrac{3}{2}z^{-1}-z^{-2}},|z|>2$。

(b) $h[n]=-(2/5)(-1/2)^n u[n]+(2/5)(2)^n u[n]$。

(c) $h[n]=-(2/5)(-1/2)^n u[n]-(2/5)(2)^n u[-n-1]$。

5.9

$$h[n] = \left[-\frac{4}{3}(2)^{n-1} + \frac{1}{3}\left(\frac{1}{2}\right)^{n-1}\right]u[-n], \qquad |z| < \frac{1}{2}$$

$$h[n] = -\frac{4}{3}(2)^{n-1}u[-n] - \frac{1}{3}\left(\frac{1}{2}\right)^{n-1}u[n-1], \qquad \frac{1}{2} < |z| < 2$$

$$h[n] = \frac{4}{3}(2)^{n-1}u[n-1] - \frac{1}{3}\left(\frac{1}{2}\right)^{n-1}u[n-1], \qquad |z| > 2$$

5.10 $H_i(z)$不可能是因果和稳定的。$H(z)$在 $z=\infty$ 的零点是 $H_i(z)$的极点。在 $z=\infty$ 存在极点意味着系统不是因果的。

5.11 (a) 不能确定。(b) 不能确定。(c)错。(d)对。

5.12 (a) 稳定。

(b)

$$H_1(z) = -9\frac{(1+0.2z^{-1})\left(1-\frac{1}{3}z^{-1}\right)\left(1+\frac{1}{3}z^{-1}\right)}{(1-\mathrm{j}0.9z^{-1})(1+\mathrm{j}0.9z^{-1})}$$

$$H_{\mathrm{ap}}(z) = \frac{\left(z^{-1}-\frac{1}{3}\right)\left(z^{-1}+\frac{1}{3}\right)}{\left(1-\frac{1}{3}z^{-1}\right)\left(1+\frac{1}{3}z^{-1}\right)}$$

5.13 $H_1(z)$,$H_3(z)$和 $H_4(z)$都是全通系统。

5.14 (a) 5。

(b) $\frac{1}{2}$。

5.15 (a) $\alpha=1,\beta=0,A(\mathrm{e}^{\mathrm{j}\omega})=1+4\cos(\omega)$。该系统是一个广义线性相位系统,但不是一个线性相位系统,因为$A(\mathrm{e}^{\mathrm{j}\omega})$对全部 ω 不是非负。

(b) 不是一个广义线性相位系统或一个线性相位系统。

(c) $\alpha=1,\beta=0,A(\mathrm{e}^{\mathrm{j}\omega})=3+2\cos(\omega)$。线性相位,因为对于全部 ω,$H(\mathrm{e}^{\mathrm{j}\omega})=A(\mathrm{e}^{\mathrm{j}\omega})\geqslant 0$。

(d) $\alpha=1/2,\beta=0,A(\mathrm{e}^{\mathrm{j}\omega})=2\cos(\omega/2)$。广义线性相位,因为 $A(\mathrm{e}^{\mathrm{j}\omega})$对全部 ω 不是非负。

(e) $\alpha=1,\beta=\pi/2,A(\mathrm{e}^{\mathrm{j}\omega})=2\sin(\omega)$。广义线性相位,因为$\beta\neq 0$。

5.16 $h[n]$不必是因果的。$h[n]=\delta[n-\alpha]$和 $h[n]=\delta[n+1]+\delta[n-(2\alpha+1)]$都有这个相位。

5.17 $H_2(z)$和 $H_3(z)$都是最小相位系统。

5.18 (a) $H_{\min}(z) = \dfrac{2\left(1-\frac{1}{2}z^{-1}\right)}{1+\frac{1}{3}z^{-1}}$。

(b) $H_{\min}(z) = 3\left(1-\frac{1}{2}z^{-1}\right)$。

(c) $H_{\min}(z) = \dfrac{9}{4}\dfrac{\left(1-\frac{1}{3}z^{-1}\right)\left(1-\frac{1}{4}z^{-1}\right)}{\left(1-\frac{3}{4}z^{-1}\right)^2}$。

5.19 $h_1[n]$:2,$h_2[n]$:3/2,$h_3[n]$:2,$h_4[n]$:3,$h_5[n]$:3,$h_6[n]$:7/2。

5.20 系统 $H_1(z)$和系统 $H_3(z)$都有一个线性相位,且能用一个实系数差分方程实现。

第6章基本题答案

6.1 网络1:

$$H(z)=\frac{1}{1-2r\cos\theta z^{-1}+r^2z^{-2}}$$

网络 2：

$$H(z)=\frac{r\sin\theta z^{-1}}{1-2r\cos\theta z^{-1}+r^2z^{-2}}$$

两个系统有相同的分母，因此有相同的极点。

6.2　$y[n]-3y[n-1]-y[n-2]-y[n-3]=x[n]-2x[n-1]+x[n-2]$。

6.3　在(d)部分中的系统与(a)中的系统是相同的。

6.4　(a)

$$H(z)=\frac{2+\frac{1}{4}z^{-1}}{1+\frac{1}{4}z^{-1}-\frac{3}{8}z^{-2}}$$

(b)

$$y[n]+\frac{1}{4}y[n-1]-\frac{3}{8}y[n-2]=2x[n]+\frac{1}{4}x[n-1]$$

6.5　(a)

$$y[n]-4y[n-1]+7y[n-3]+2y[n-4]=x[n]$$

(b)

$$H(z)=\frac{1}{1-4z^{-1}+7z^{-3}+2z^{-4}}$$

(c) 2 次乘法和 4 次加法。

(d) 不是。它至少需要 4 个延迟单元来实现一个四阶系统。

6.6

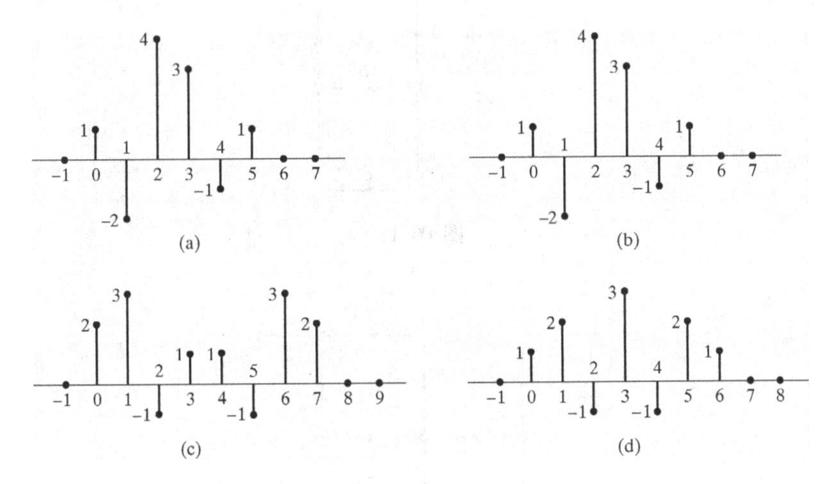

图 P6.6

6.7

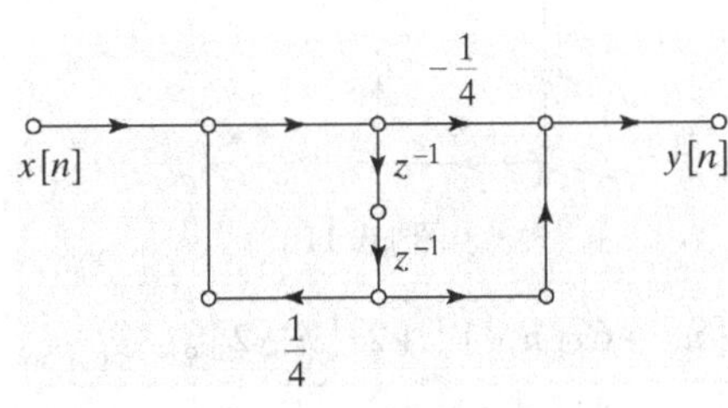

图 P6.7

6.8 $y[n]-2y[n-2]=3x[n-1]+x[n-2]$。

6.9 (a) $h[1]=2$。

(b) $y[n]+y[n-1]-8y[n-2]=x[n]+3x[n-1]+x[n-2]-8x[n-3]$。

6.10 (a)

$$y[n]=x[n]+v[n-1]$$

$$v[n]=2x[n]+\frac{1}{2}y[n]+w[n-1]$$

$$w[n]=x[n]+\frac{1}{2}y[n]$$

(b)

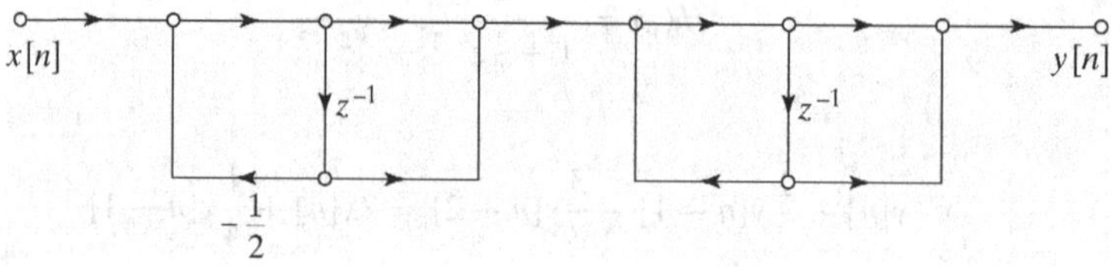

图 P6.10

(c) 极点在 $z=-1/2$ 和 $z=1$ 处。因为第 2 个极点在单位圆上,所以系统不稳定。

6.11 (a)

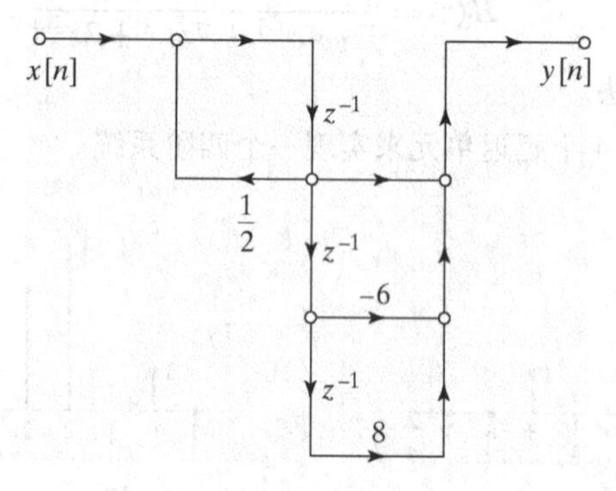

图 P6.11

(b)

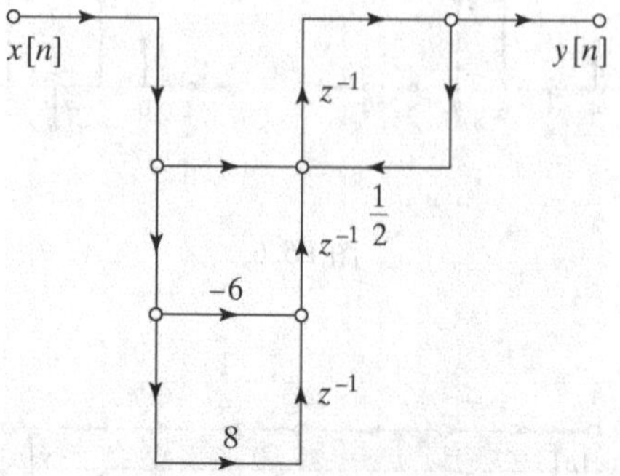

图 P6.11

6.12 $y[n]-8y[n-1]=-2x[n]+6x[n-1]+2x[n-2]$。

6.13

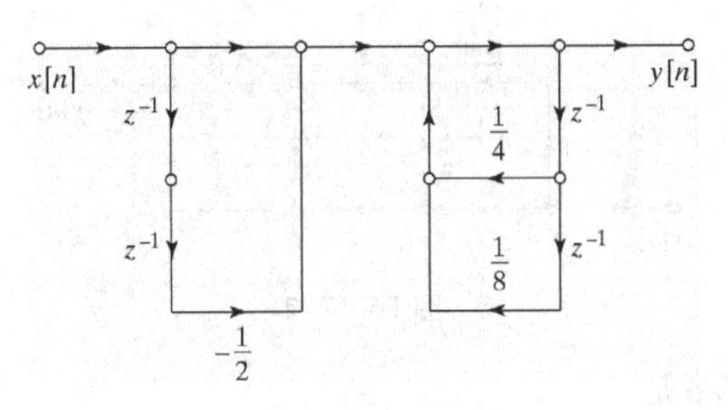

图 P6.13

6.14

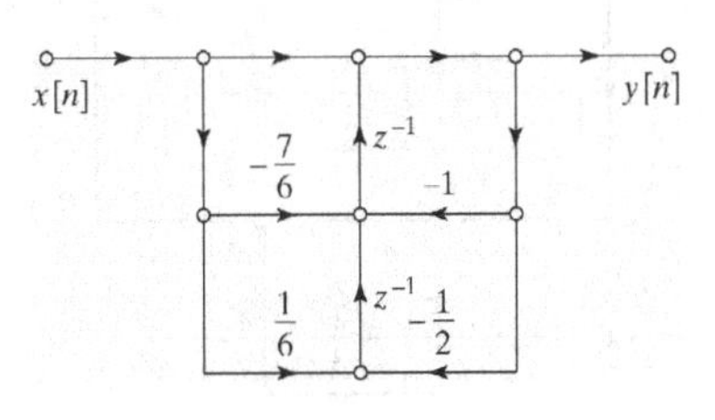

图 P6.14

6.15

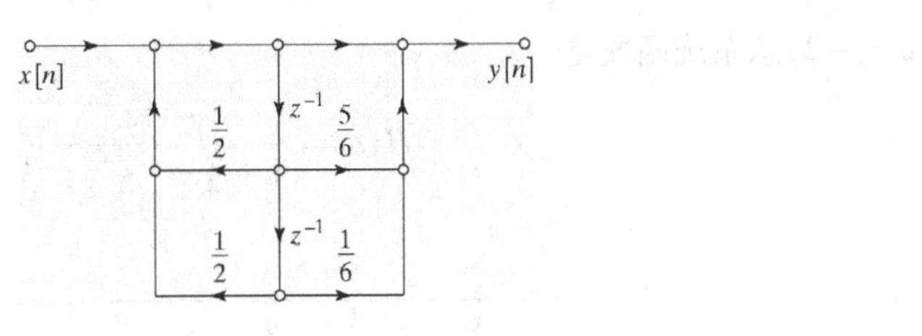

图 P6.15

6.16 （a）

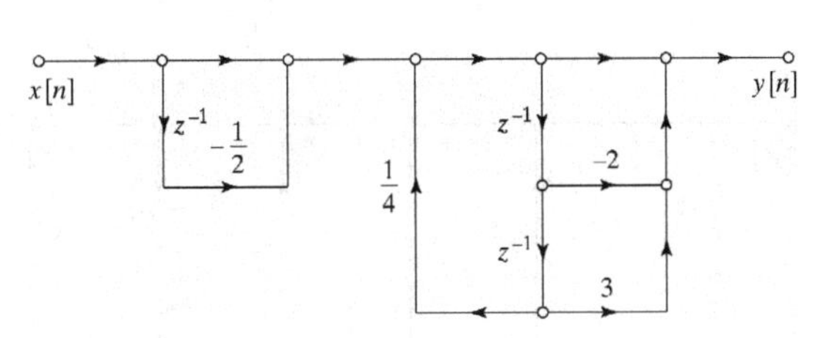

图 P6.16

（b）两个系统都有系统函数

$$H(z)=\frac{\left(1-\frac{1}{2}z^{-1}\right)(1-2z^{-1}+3z^{-2})}{1-\frac{1}{4}z^{-2}}$$

6.17 （a）

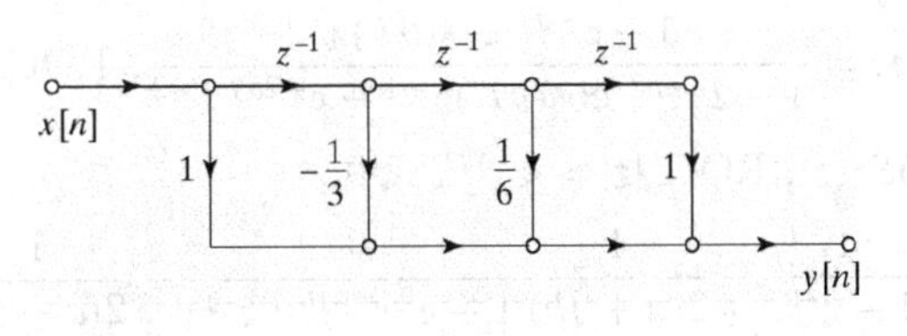

图 P6.17-1

(b)

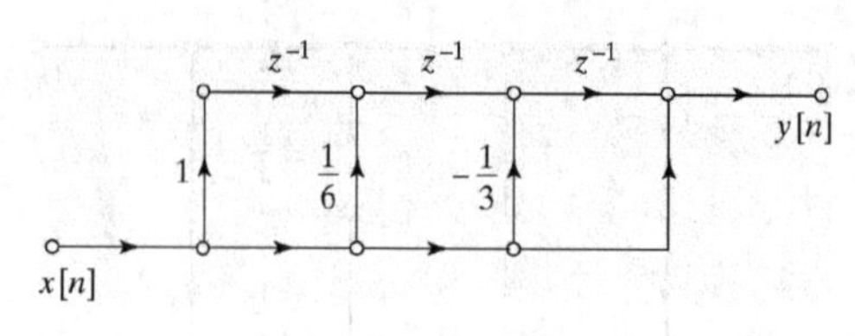

图 P6.17-2

6.18 若 $a=2/3$,总系统函数是

$$H(z)=\frac{1+2z^{-1}}{1+\frac{1}{4}z^{-1}-\frac{3}{8}z^{-2}}$$

若 $a=-2$,总系统函数是

$$H(z)=\frac{1-\frac{2}{3}z^{-1}}{1+\frac{1}{4}z^{-1}-\frac{3}{8}z^{-2}}$$

6.19

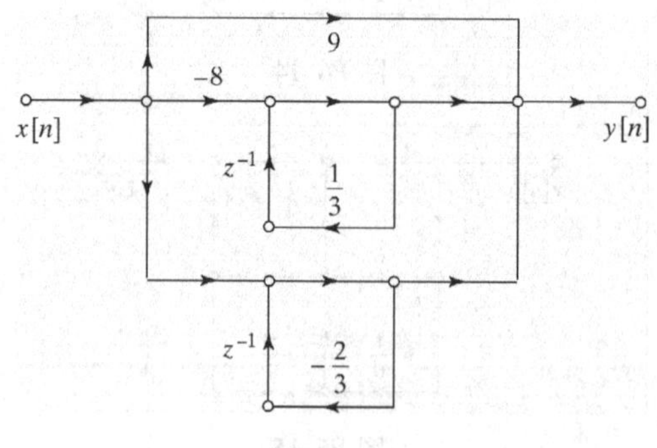

图 P6.19

6.20

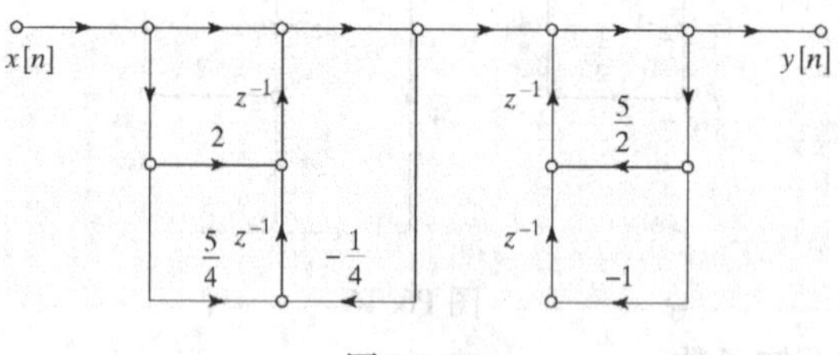

图 P6.20

第7章基本题答案

7.1 (a)

$$H_1(z)=\frac{1-\mathrm{e}^{-aT}\cos(bT)z^{-1}}{1-2\mathrm{e}^{-aT}\cos(bT)z^{-1}+\mathrm{e}^{-2aT}z^{-2}},\ \mathrm{ROC}: |z|>\mathrm{e}^{-aT}$$

(b) $H_2(z)=(1-z^{-1})S_2(z)$, ROC: $|z|>\mathrm{e}^{-aT}$, 式中

$$S_2(z)=\frac{a}{a^2+b^2}\frac{1}{1-z^{-1}}-\frac{1}{2(a+\mathrm{j}b)}\frac{1}{1-\mathrm{e}^{-(a+\mathrm{j}b)T}z^{-1}}-\frac{1}{2(a-\mathrm{j}b)}\frac{1}{1-\mathrm{e}^{-(a-\mathrm{j}b)T}z^{-1}}$$

(c) 它们不相等。

7.2 (a)

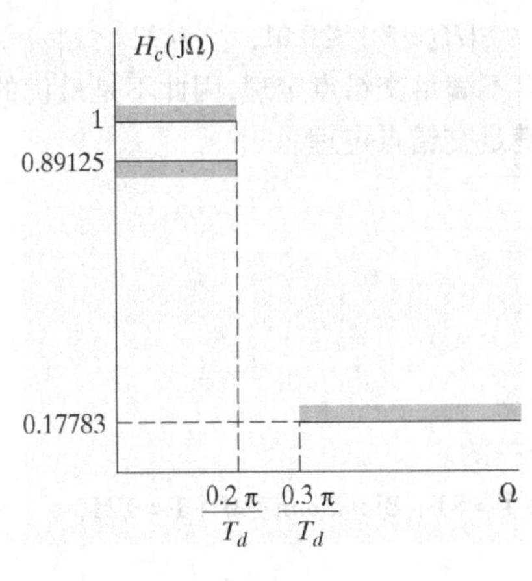

图 P7.2

(b) $N=6, \Omega_c T_d = 0.7032$。

(c) 在 s 平面上的极点位于半径 $R=0.7032/T_d$ 的圆上，它们映射到 z 平面中极点 $z=e^{s_k T_d}$ 上。因子 T_d 消去，使得 $H(z)$ 在 z 平面上的极点与 T_d 无关。

7.3 (a) $\hat{\delta}_2 = \delta_2/(1+\delta_1), \hat{\delta}_1 = 2\delta_1/(1+\delta_1)$。

(b)

$$\delta_2 = 0.18806, \delta_1 = 0.05750$$

$$H(z) = \frac{0.3036 - 0.4723z^{-1}}{1 - 1.2971z^{-1} + 0.6949z^{-2}} + \frac{-2.2660 + 1.2114z^{-1}}{1 - 1.0691z^{-1} + 0.3699z^{-2}} + \frac{1.9624 - 0.6665z^{-1}}{1 - 0.9972z^{-1} + 0.2570z^{-2}}$$

(c) 用相同的 δ_1 和 δ_2。

$$H(z) = \frac{0.0007802(1+z^{-1})^6}{(1 - 1.2686z^{-1} + 0.7051z^{-2})(1 - 1.0106z^{-1} + 0.3583z^{-2})(1 - 0.9044z^{-1} + 0.2155z^{-2})}$$

7.4 (a)

$$H_c(s) = \frac{1}{s+0.1} - \frac{0.5}{s+0.2}$$

答案不是唯一的，另一种可能是

$$H_c(s) = \frac{1}{s+0.1+j2\pi} - \frac{0.5}{s+0.2+j2\pi}$$

(b)

$$H_c(s) = \frac{2(1+s)}{0.1813+1.8187s} - \frac{1+s}{0.3297+1.6703s}$$

答案是唯一的。

7.5 (a) $M+1=91, \beta=3.3953$。

(b) $M/2=45$。

(c) $h_d[n] = \frac{\sin[0.625\pi(n-45)]}{\pi(n-45)} - \frac{\sin[0.3\pi(n-45)]}{\pi(n-45)}$。

7.6 (a) $\delta=0.03, \beta=2.181$。

(b) $\Delta\omega=0.05\pi, M=63$。

7.7

$$0.99 \leqslant |H(e^{j\omega})| \leqslant 1.01, \qquad |\omega| \leqslant 0.2\pi$$
$$|H(e^{j\omega})| \leqslant 0.01, \qquad 0.22\pi \leqslant |\omega| \leqslant \pi$$

7.8 (a) 6 个交错点,$L=5$,所以不满足交错点定理,因此不是最优的。

(b) 7 个交错点,对 $L=5$ 满足交错点定理。

7.9 $\omega_c=0.4\pi$。

7.10 $\omega_c=2.3842$ rad。

7.11 $\Omega_c=2\pi(1250)$ rad/sec。

7.12 $\Omega_c=2000$ rad/sec。

7.13 $T=50$ μs。这个 T 是唯一的。

7.14 $T=1.46$ ms。这个 T 是唯一的。

7.15 Hamming 和 Hanning: $M+1=81$, Blackman: $M+1=121$。

7.16 $\beta=2.6524, M=181$。

7.17

$$\begin{aligned} |H_c(j\Omega)| &< 0.02, && |\Omega| \leqslant 2\pi(20) \text{ rad/sec} \\ 0.95 < |H_c(j\Omega)| &< 1.05, && 2\pi(30) \leqslant |\Omega| \leqslant 2\pi(70) \text{ rad/sec} \\ |H_c(j\Omega)| &< 0.001, && 2\pi(75) \text{ rad/sec} \leqslant |\Omega| \end{aligned}$$

7.18

$$\begin{aligned} |H_c(j\Omega)| &< 0.04, && |\Omega| \leqslant 324.91 \text{ rad/sec} \\ 0.995 < |H_c(j\Omega)| &< 1.005, && |\Omega| \geqslant 509.52 \text{ rad/sec} \end{aligned}$$

7.19 $T=0.41667$ ms。这个 T 是唯一的。

7.20 对。

第 8 章基本题答案

8.1 (a) $x[n]$是周期的,周期 $N=6$。

(b) T 不会避免混叠。

(c)

$$\tilde{X}[k] = 2\pi \begin{cases} a_0+a_6+a_{-6}, & k=0 \\ a_1+a_7+a_{-5}, & k=1 \\ a_2+a_8+a_{-4}, & k=2 \\ a_3+a_9+a_{-3}+a_{-9}, & k=3 \\ a_4+a_{-2}+a_{-8}, & k=4 \\ a_5+a_{-1}+a_{-7}, & k=5 \end{cases}$$

8.2 (a)

$$\tilde{X}_3[k] = \begin{cases} 3\tilde{X}[k/3], & k=3\ell \\ 0, & \text{其他} \end{cases}$$

(b)

$$\tilde{X}[k] = \begin{cases} 3, & k=0 \\ -1, & k=1 \end{cases}$$

$$\tilde{X}_3[k] = \begin{cases} 9, & k=0 \\ 0, & k=1,2,4,5 \\ -3, & k=3 \end{cases}$$

8.3 (a) $\tilde{x}_2[n]$。

(b) 没有任何序列。

(c) $\tilde{x}_1[n]$和$\tilde{x}_3[n]$。

8.4 (a)

$$X(e^{j\omega}) = \frac{1}{1-\alpha e^{-j\omega}}$$

(b)

$$\tilde{X}[k] = \frac{1}{1-\alpha e^{-j(2\pi/N)k}}$$

(c)

$$\tilde{X}[k] = X(e^{j\omega})|_{\omega=(2\pi k/N)}$$

8.5 (a) $X[k]=1$。

(b) $X[k]=W_N^{kn_0}$。

(c)

$$X[k] = \begin{cases} N/2, & k=0, N/2 \\ 0, & 其他 \end{cases}$$

(d)

$$X[k] = \begin{cases} N/2, & k=0 \\ e^{-j(\pi k/N)(N/2-1)}(-1)^{(k-1)/2}\frac{1}{\sin(k\pi/N)}, & k为奇数 \\ 0, & 其他 \end{cases}$$

(e)

$$X[k] = \frac{1-a^N}{1-aW_N^k}$$

8.6 (a)

$$X(e^{j\omega}) = \frac{1-e^{j(\omega_0-\omega)N}}{1-e^{j(\omega_0-\omega)}}$$

(b)

$$X[k] = \frac{1-e^{j\omega_0 N}}{1-e^{j\omega_0}W_N^k}$$

(c)

$$X[k] = \begin{cases} N, & k=k_0 \\ 0, & 其他 \end{cases}$$

8.7

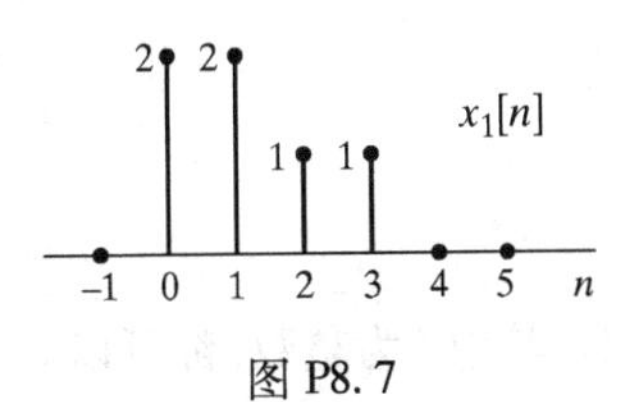

图 P8.7

8.8

$$y[n] = \begin{cases} \frac{1024}{1023}\left(\frac{1}{2}\right)^n, & 0 \leqslant n \leqslant 9 \\ 0, & 其他 \end{cases}$$

8.9 (a) 1. 令 $x_1[n]=\sum_m x[n+5m]$,对于 $n=0,1,\cdots,4$。

2. 令 $x_1[k]$ 是 $x_1[n]$ 的 5 点 FFT。$M=5$。

3. $X_1[2]$ 是 $X(e^{j\omega})$ 在 $\omega=4\pi/5$ 的值。

(b) 定义 $x_2[n]=\sum_m W_{27}^{-(n+9m)}x[n+9m]$,对于 $n=0,\cdots,8$。

计算 $X_2[k]$,即 $x_2[n]$ 的 9 点 DFT。

$X_2[2] = X(e^{j\omega})\big|_{\omega=10\pi/27}$。

8.10 $x_2[k] = (-1)^k X_1[k]$。

8.11

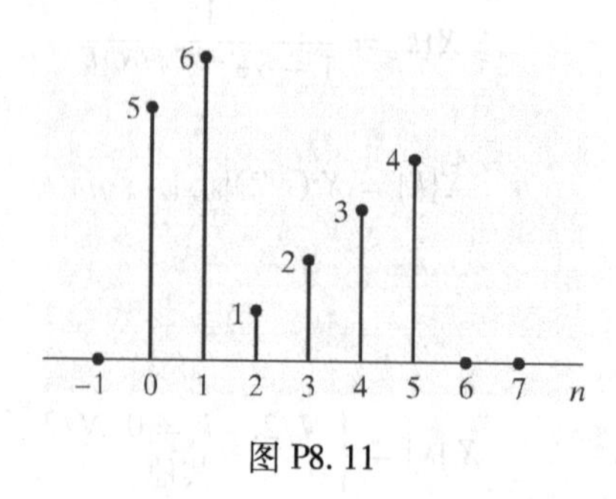

图 P8.11

8.12 (a)

$$X[k] = \begin{cases} 2, & k = 1, 3 \\ 0, & k = 0, 2 \end{cases}$$

(b)

$$H[k] = \begin{cases} 15, & k = 0 \\ -3 + j6, & k = 1 \\ -5, & k = 2 \\ -3 - j6, & k = 3 \end{cases}$$

(c) $y[n] = -3\delta[n] - 6\delta[n-1] + 3\delta[n-2] + 6\delta[n-3]$。

(d) $y[n] = -3\delta[n] - 6\delta[n-1] + 3\delta[n-2] + 6\delta[n-3]$。

8.13

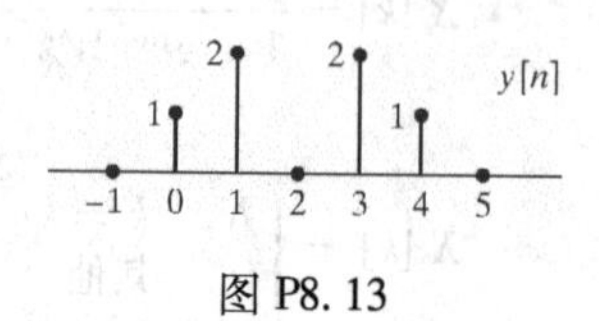

图 P8.13

8.14 $x_3[2] = 9$。

8.15 $a = -1$。唯一。

8.16 $b = 3$。唯一。

8.17 $N = 9$。

8.18 $c = 2$。

8.19 $m = 2$。不唯一。任何 $m = 2 + 6l$,其中 l 为整数,都可以。

8.20 $N = 5$。唯一。

第 9 章基本题答案

9.1 如果输入是 $(1/N)X[((-n))_N]$,那么 DFT 程序的输出就是 $x[n]$,即 $X[k]$ 的 IDFT。

9.2

$$X = AD - BD + CA - DA = AC - BD$$

$$Y = AD - BD + BC + BD = BC + AD$$

9.3

$$y[32] = X(e^{-j2\pi(7/32)}) = X(e^{j2\pi(25/32)})$$

9.4 $w_k = 7\pi/16$

9.5

$$a = -\sqrt{2}$$
$$b = -e^{-j(6\pi/8)}$$

9.6 (a) 增益是 $-W_N^2$。

(b) 有一条路径。一般来说,从任何输入样本到任何输出样本仅有一条路径。

(c) 沿着这些路径,可见有

$$X[2] = x[0]\cdot 1 + x[1]W_8^2 - x[2] - x[3]W_8^2 + \ldots$$
$$x[4] + x[5]W_8^2 - x[6] - x[7]W_8^2$$

9.7 (a) 将 $x[n]$ 用倒位序存入 $A[\cdot]$ 中,$D[\cdot]$ 将包括正位序的 $X[k]$。

(b)

$$D[r] = \begin{cases} 8, & r = 3 \\ 0, & \text{其他} \end{cases}$$

(c)

$$C[r] = \begin{cases} 1, & r = 0,1,2,3 \\ 0, & \text{其他} \end{cases}$$

9.8 (a) $N/2$ 个蝶形,用 $2^{(m-1)}$ 个不同的系数。

(b) $y[n] = W_N^{2v-m}y[n-1] + x[n]$。

(c) 周期:2^m;频率:$2\pi 2^{-m}$。

9.9 说法1。

9.10

$$y[n] = X(e^{j\omega})|_{\omega=(2\pi/7)+(2\pi/21)(n-19)}$$

9.11 (a) 2^{m-1}。

(b) 2^m。

9.12 $r[n] = e^{-j(2\pi/19)n}W^{n^2/2}$,式中 $W = e^{-j(2\pi/10)}$。

9.13 $x[0]$,$x[8]$,$x[4]$,$x[12]$,$x[2]$,$x[10]$,$x[6]$,$x[14]$,$x[1]$,$x[9]$,$x[5]$,$x[13]$,$x[3]$,$x[11]$,$x[7]$,$x[15]$。

9.14 错。

9.15 $m=1$。

9.16

$$r = \begin{cases} 0, & m = 1 \\ 0,4, & m = 2 \\ 0,2,4,6, & m = 3 \\ 0,1,2,3,4,5,6,7, & m = 4 \end{cases}$$

9.17 $N=64$。

9.18 $m=3$ 或 4。

9.19 按时间抽取。

9.20 1021 是质数,所以程序必须要实现全部 DFT 的式子,并且不能利用任何 FFT 算法,计算时间随 N^2 增长。与此相比,1024 是 2 的幂,可以花费 FFT 算法的 $N\log N$ 的计算时长。

第10章基本题答案

10.1 (a) $f = 1\,500$ Hz。

(b) $f = -2\,000$ Hz。

10.2 $N = 2048$ 和 $10\,000\text{ Hz} < f < 10\,240\text{ Hz}$。

10.3 (a) $T = 2\pi k_0/(N\Omega_0)$。

(b) 不唯一。$T = (2\pi/\Omega_0)(1 - k_0/N)$。

10.4

$$X_c(\mathrm{j}2\pi(4200)) = 5\times10^{-4}$$
$$X_c(-\mathrm{j}2\pi(4200)) = 5\times10^{-4}$$
$$X_c(\mathrm{j}2\pi(1000)) = 10^{-4}$$
$$X_c(-\mathrm{j}2\pi(1000)) = 10^{-4}$$

10.5 $L=1024$。

10.6 $x_2[n]$有两个显著峰值。

10.7 $\Delta\Omega=2\pi(2.44)$ rad/sec。

10.8 $N\geqslant1600$。

10.9

$$X_0[k]=\begin{cases}18, & k=3,33\\ 0, & 其他\end{cases}$$

$$X_1[k]=\begin{cases}18, & k=9,27\\ 0, & 其他\end{cases}$$

$$X_r[k]=0,\quad r\neq0,1$$

10.10 $\omega_0=0.25\pi$ rad/样本，$\lambda=\pi/76000$ rad/平方样本

10.11 $\Delta f=9.77$ Hz。

10.12 峰值没有相同的高度。由矩形窗引起的峰值比较大。

10.13 (a) $A=21$dB。

(b) 如果它们的幅度超过0.0891，将会见到微弱分量。

10.14 (a) 320个样本。

(b) 400 DFT/second。

(c) $N=256$。

(d) 62.5 Hz。

10.15 (a) $X[200]=1-j$。

(b)

$$X(\mathrm{j}2\pi(4000)) = 5\times10^{-5}(1-j)$$
$$X(-\mathrm{j}2\pi(4000)) = 5\times10^{-5}(1+j)$$

10.16 矩形窗，Hanning窗，Hamming窗和Bartlett窗都行。

10.17 $T>1/1024$ sec。

10.18 $x_2[n]$，$x_3[n]$，$x_6[n]$。

10.19 方法2和方法5都会改善分辨率。

10.20 $L=M+1=262$。

附录D　术语对照表

一画

一阶后向差分	First backward difference
一致估值器	Consistent estimator

三画

广义线性相位	Generalized linear phase

四画

无记忆系统	Memoryless system
无限脉冲响应系统	Infinite impulse response（IIR）system
无偏估值器	Unbiased estimator
切比雪夫准则	Chebyshev criterion
匹配滤波器	Matched filter
互相关	Cross-correlation
内插	Interpolation
内插 FIR 滤波器	Interpolated FIR filter
长除法	Long division
反射系数	Reflection coefficient
分析器—合成器滤波器柜	Analyzer-synthesizer filter bank
双边 z 变换	Bilateralz-transform
双边指数序列	Two-sided exponential sequence
双线性变换	Bilinear transformation

五画

未卷绕相位	Unwrapped phase
左边指数序列	Left-sided exponential sequence
右边指数序列	Right-sided exponential sequence
平滑周期图	Smoothedperiodogram
白化滤波器	Whitening filter
外推点	External point
汇节点	Sink node
汉明窗	Hamming window
对偶性	Duality

六画

扩展器	Expander

地杂波	Clutter
地震数据分析	Seismic data analysis
共轭反对称序列	Conjugate-antisymmetric sequence
共轭正交滤波器	Conjugate quadrature filter (CQF)
共轭对称序列	Conjugate-symmetric sequence
共轭性	Conjugation property
过采样	Oversampling
有限长序列	Finite-length sequence
有限长序列的傅里叶表示	Fourier representation of finite-duration sequence
有限长截断指数序列	Finite-length truncated exponential sequence
有限脉冲响应系统	Finite impulse response (FIR) system
有限能量确定性信号	Finite-energy deterministic signal
有限寄存器长度	Finite register length
有限精度数值效应	Finite-precision numerical effect
有界输入,有界输出	Bounded-input, bounded-output (BIBO)
死区	Dead band
同址计算	In-place computation
同态解卷积	Homomorphic deconvolution
因果广义线性相位系统	Causal generalized linear-phase system
因果性	Causality
回波检测	Echo detection
延迟寄存器	Delay register
自回归线性随机过程	Autoregressive (AR) linear random process
自回归移动平均线性随机过程	Autoregressive moving-average (ARMA) linear random process
自相关匹配性	Autocorrelation matching property
自相关正态方程	Autocorrelation normal equation
后向差分	Backward difference
后向差分系统	Backward difference system
后向预测误差	Backward prediction error
全极点建模	All-pole modeling
全极点格型结构	All-pole lattice structure
全极点谱分析	All-pole spectrum analysis
全通系统	All-pass system
多级噪声成形	Multistage noise shaping (MASH)
多采样率	Multirate
多采样率信号处理	Multirate signal processing
多采样率滤波器柜	Multirate filter bank
多相分解	Polyphase decomposition
多相实现	Polyphase implementation
多维信号处理	Multidimensional signal processing
多普勒雷达	Doppler radar

齐次性	Homogeneity property
齐次差分方程	Homogeneous difference equation
交错点定理	Alternation theorem
闭式公式	Closed-form formula
收敛域	Region of convergence (ROC)
级联 IIR 结构	Cascade IIR structure
级联系统	Cascaded system
级联型结构	Cascade-form structure

七画

抗混叠滤波器	Antialiasing filter
块处理	Block processing
块卷积	Block convolution
块浮点	Block floating point
极限环	Limit cycle
酉变换	Unitary transform
连续时间滤波器	Continuous-time filter
连续重采样	Consistent resampling
时分复用	Time-division multiplexing (TDM)
位倒序	Bilinear transformation
系统函数	System function
系数量化	Coefficient quantization
序列的循环移位	Circular shift of a sequence
序列旋转	Rotation of a sequence
快速傅里叶变换算法	Fast Fourier transform (FFT) algorithm
补零	Zero-padding
初值定理	Initial value theorem
尾数	Mantissa
规范直接型实现	Canonic direct form implementation
规范型实现	Canonic form implementation
抽头延迟线结构	Tapped delay line structure
抽取	Decimation

八画

非周期离散时间正弦	Aperiodic discrete-time sinusoid
非渐近无偏估值器	Asymptotically unbiased estimator
非最小相位系统	Non-minimum-phase system
非整数因子	Noninteger factor
舍入噪声	Round-off noise
采样率压缩器	Sampling rate compressor
周期图	Periodogram

饱和溢出	Saturation overflow
卷积定理	Convolution theorem
卷积特征系统	Characteristic system for convolution
单边 z 变换	One-sided*z*-transform
单位阶跃序列	Unit step sequence
单位脉冲函数	Unit impulse function
单位样本序列	Unit sample sequence
单位圆	Unit circle
实倒谱	Realcepstrum
线性内插	Linear interpolation
线性时不变系统	Linear time-invariant (LTI) system
线性相位滤波器	Linear-phase filter
线性调频 z 变换算法	Chirp*z*-transform (CZT) algorithm
线性调频变换	Chirp transform
线性调频变换算法	Chirp transform algorithm (CTA)
线性预测	Linear prediction
线性预测编码	Linear predictive coding (LPC)
线性常系数差分方程	Linear constant-coefficient difference equation
线性量化器	Linear quantizer

九画

柯西主值	Cauchy principal value
柯西-黎曼条件	Cauchy-Riemann conditions
按频率抽取 FFT 算法	Decimation-in-frequency FFT algorithm
带限内插	Bandlimited interpolation
临界阻尼系统	Critically damped system
重叠相加法	Overlap-add method
复时间函数	Complex time function
复指数序列	Complex exponential sequence
复倒谱	Complexcepstrum
修正周期图	Modifiedperiodogram
信号流图表示	Signal flow graph representation
信号量化噪声比	Signal-to-quantization-noise ratio
脉冲序列	Impulse sequence
差分方程	Difference equation
前向差分	Forward difference
前向差分系统	Forward difference system
前向预测误差	Forward prediction error
逆系统	Inverse system
绝对可加性	Absolutesummability

十画

格型滤波器	Lattice filters
样本方差	Sample variance
样本均值	Sample mean
特征函数	Eigenfunction
倒谱	Cepstrum
离散正弦变换	Discrete sine transform（DST）
离散时间 Butterworth 滤波器	Discrete-time Butterworth filter
离散时间正弦	Discrete-time sinusoid
离散时间系统浮点实现	Floating-point realizations of discrete-time system
离散时间卷积	Discrete-time convolution
离散时间线性时不变滤波器	Discrete-time linear time-invariant（LTI）
离散时间信号的连续时间处理	Continuous-time processing of discrete-time signal
离散时间随机信号	Discrete-time random signal
离散时间傅里叶变换	Discrete-time Fourier transform（DTFT）
离散时间微分器	Discrete-time differentiator
离散余弦变换	Discrete cosine transform（DCT）
离散希尔伯特变换	Discrete Hilbert transform
离散希尔伯特变换关系	Discrete Hilbert transform relationship
离散傅里叶级数	Discrete Fourier series（DFS）
离散傅里叶变换	Discrete Fourier transform（DFT）
递推计算	Recursive computation
海宁窗	Hann window
浮点运算	Floating-point operation（FLOPS）
浮点表示	Floating-point representation
浮点算术	Floating-point arithmetic
流图	Flow graph
宽带谱图	Wideband spectrogram
窄带依时傅里叶分析	Narrowband time-dependent Fourier analysis
窄带通信	Narrowband communication
调制定理	Modulation theorem
能量谱密度	Energy density spectrum

十一画

理想延迟系统	Ideal delay system
理想延迟脉冲响应	Ideal delay impulse response
基本序列/序列运算	Basic sequence/sequence operation
梯形逼近	Trapezoidal approximation
累加器	Accumulator
移动平均	Moving average

符号位	Sign bit
偶对称	Even symmetry
减采样	Downsampling
旋转因子	Twiddle factor
混叠	Aliasing
混叠抵消条件	Alias cancellation condition
随机信号建模	Random signal modeling

十二画

超波纹情况	Extraripple case
椭圆滤波器设计	Elliptic filter design
最大抽取滤波器柜	Maximally decimated filter bank
最大最小准则	Minimax criterion
最小二乘逆模型	Least-squares inverse model
最小二乘逼近	Least-squares approximation
最小均方误差	Minimum mean-squared error
最小相位系统	Minimum -phase system
最小能量延迟系统	Minimum energy-delay system
最小群时延性质	Minimum group-delayproperty
幅度谱	Magnitude spectrum
锐化	Sharpening
短时傅里叶变换	Short-time Fourier transform
等波纹逼近	Equiripple approximation

十三画

循环自相关	Circular autocorrelation
循环卷积	Circular convolution
零阶保持	Zero-order hold
零输入极限环	Zero-input limit cycle
频分复用	Frequency-division multiplexing (FDM)
频域表示	Frequency-domain representation
频率卷绕	Frequency warping
频率选择性滤波器	Frequency-selective filter
频率移位	Frequency shifting
微分性质	Differentiation property
解析信号	Analytic signal
源节点	Source node
滤波器柜	Filter bank
溢出振荡	Overflow oscillation
叠加原理	Superposition principle

十四画

模型阶数	Model order
稳态响应	Steady-state response
箝位样本	Clipped sample
谱分析	Spectral analysis
谱图	Spectrogram
谱采样	Spectral sampling

十五画

耦合型	Coupled form
耦合型振荡器	Coupled form oscillator
增采样滤波器设计	Upsampling filter design
横向滤波器结构	Transversal filter structure
蝶形计算	Butterfly computation

十六画

整数因子	Integer factor
噪声成形	Noise shaping

参考文献

Adams, J. W., and Wilson, J. A. N., "A New Approach to FIR Digital Filters with Fewer Multiplies and Reduced Sensitivity," *IEEE Trans. of Circuits and Systems*, Vol. 30, pp. 277–283, May 1983.

Ahmed, N., Natarajan, T., and Rao, K. R., "Discrete Cosine Transform," *IEEE Trans. on Computers*, Vol. C-23, pp. 90–93, Jan. 1974.

Allen, J., and Rabiner, L., "A Unified Approach to Short-time Fourier Analysis and Synthesis," *Proc. IEEE Trans. on Computers*, Vol. 65, pp. 1558–1564, Nov. 1977.

Atal, B. S., and Hanauer, S. L., "Speech Analysis and Synthesis by Linear Prediction of the Speech Wave," *J. Acoustical Society of America*, Vol. 50, pp. 637–655, 1971.

Atal, B. S., "Automatic Recognition of Speakers from their Voices," *IEEE Proceedings*, Vol. 64, No. 4, pp. 460–475, Apr. 1976.

Andrews, H. C., and Hunt, B. R., *Digital Image Restoration*, Prentice Hall, Englewood Cliffs, NJ, 1977.

Bagchi, S., and Mitra, S., *The Nonuniform Discrete Fourier Transform and Its Applications in Signal Processing*, Springer, New York, NY, 1999.

Baran, T. A., and Oppenheim, A. V., "Design and Implementation of Discrete-time Filters for Efficient Rate-conversion Systems," *Proceedings of the 41st Annual Asilomar Conference on Signals, Systems, and Computers*, Asilomar, CA, Nov. 4–7, 2007.

Baraniuk, R., "Compressive Sensing," *IEEE Signal Processing Magazine*, Vol. 24, No. 4, pp. 118–121, July 2007.

Barnes, C. W., and Fam, A. T., "Minimum Norm Recursive Digital Filters that are Free of Over-flow Limit Cycles," *IEEE Trans. Circuits and Systems*, Vol. CAS-24, pp. 569–574, Oct. 1977.

Bartels R. H., Beatty, J. C., and Barsky, B. A., *An Introduction to Splines for Use in Computer Graphics and Geometric Modelling*, Morgan Kauffman, San Francisco, CA, 1998.

Bartle, R. G., *The Elements of Real Analysis*, 3rd ed, John Wiley and Sons, New York, NY, 2000.

Bartlett, M. S., *An Introduction to Stochastic Processes with Special Reference to Methods and Applications*, Cambridge University Press, Cambridge, UK, 1953.

Bauman, P., Lipshitz, S., and Vanderkooy, J., "Cepstral Analysis of Electroacoustic Transducers," *Proc. Int. Conf. Acoustics, Speech, and Signal Processing* (ICASSP '85), Vol. 10, pp. 1832–1835, Apr. 1985.

Bellanger, M., *Digital Processing of Signals*, 3rd ed., Wiley, New York, NY, 2000.

Bennett, W. R., "Spectra of Quantized Signals," *Bell System Technical J.*, Vol. 27, pp. 446–472, 1948.

Bertsekas, D. and Tsitsiklis, J., *Introduction to Probability*, 2nd ed., Athena Scientific, Belmont, MA, 2008.

Blackman, R. B., and Tukey, J. W., *The Measurement of Power Spectra*, Dover Publications, New York, NY, 1958.

Blackman, R., *Linear Data-Smoothing and Prediction in Theory and Practice*, Addison-Wesley, Reading, MA, 1965.

Blahut, R. E., *Fast Algorithms for Digital Signal Processing*, Addison-Wesley, Reading, MA, 1985.

Bluestein, L. I., "A Linear Filtering Approach to the Computation of Discrete Fourier Transform," *IEEE Trans. Audio Electroacoustics*, Vol. AU-18, pp. 451–455, 1970.

Bogert, B. P., Healy, M. J. R., and Tukey, J. W., "The Quefrency Alanysis of Times Series for Echos: Cepstrum, Pseudo-autocovariance, Cross-cepstrum, and Saphe Cracking," Chapter 15, *Proc. Symposium on Time Series Analysis*, M. Rosenblatt, ed., John Wiley and Sons, New York, NY, 1963.

Bosi, M., and Goldberg, R. E., *Introduction to Digital Audio Coding and Standards*, Springer Science+Business Media, New York, NY, 2003.

Bovic, A., ed., *Handbook of Image and Video Processing*, 2nd ed., Academic Press, Burlington, MA, 2005.

Bracewell, R. N., "The Discrete Hartley Transform," *J. Optical Society of America*, Vol. 73, pp. 1832–1835, 1983.

Bracewell, R. N., "The Fast Hartley Transform," *IEEE Proceedings*, Vol. 72, No. 8, pp. 1010–1018, 1984.

Bracewell, R. N., *Two-Dimensional Imaging*, Prentice Hall, New York, NY, 1994.

Bracewell, R. N., *The Fourier Transform and Its Applications*, 3rd ed., McGraw-Hill, New York, NY, 1999.

Brigham, E., *Fast Fourier Transform and Its Applications*, Prentice Hall, Upper Saddle River, NJ, 1988.

Brigham, E. O., and Morrow, R. E., "The Fast Fourier Transform," *IEEE Spectrum*, Vol. 4, pp. 63–70, Dec. 1967.

Brown, J. W., and Churchill, R. V., *Introduction to Complex Variables and Applications*, 8th ed., McGraw-Hill, New York, NY, 2008.

Brown, R. C., *Introduction to Random Signal Analysis and Kalman Filtering*, Wiley, New York, NY, 1983.

Burden, R. L., and Faires, J. D., *Numerical Analysis*, 8th ed., Brooks Cole, 2004.

Burg, J. P., "A New Analysis Technique for Time Series Data," *Proc. NATO Advanced Study Institute on Signal Processing*, Enschede, Netherlands, 1968.

Burrus, C. S., "Efficient Fourier Transform and Convolution Algorithms," in *Advanced Topics in Signal Processing*, J. S. Lim and A. V. Oppenheim, eds., Prentice Hall, Englewood Cliffs, NJ, 1988.

Burrus, C. S., and Parks, T. W., *DFT/FFT and Convolution Algorithms Theory and Implementation*, Wiley, New York, NY, 1985.

Burrus, C. S., Gopinath, R. A., and Guo, H., *Introduction to Wavelets and Wavelet Transforms: A Primer*, Prentice Hall, 1997.

Candy, J. C., and Temes, G. C., *Oversampling Delta-Sigma Data Converters: Theory, Design, and Simulation*, IEEE Press, New York, NY, 1992.

Candes, E., "Compressive Sampling," *Int. Congress of Mathematics*, 2006, pp. 1433–1452.

Candes, E., and Wakin, M., "An Introduction to Compressive Sampling," *IEEE Signal Processing Magazine*, Vol. 25, No. 2, pp. 21–30, Mar. 2008.

Capon, J., "Maximum-likelihood Spectral Estimation," in *Nonlinear Methods of Spectral Analysis*, 2nd ed., S. Haykin, ed., Springer-Verlag, New York, NY, 1983.

Carslaw, H. S., *Introduction to the Theory of Fourier's Series and Integrals*, 3rd ed., Dover Publications, New York, NY, 1952.

Castleman, K. R., *Digital Image Processing*, 2nd ed., Prentice Hall, Upper Saddle River, NJ, 1996.

Chan, D. S. K., and Rabiner, L. R., "An Algorithm for Minimizing Roundoff Noise in Cascade Realizations of Finite Impulse Response Digital Filters," *Bell System Technical J.*, Vol. 52, No. 3, pp. 347–385, Mar. 1973.

Chan, D. S. K., and Rabiner, L. R., "Analysis of Quantization Errors in the Direct Form for Finite Impulse Response Digital Filters," *IEEE Trans. Audio Electroacoustics*, Vol. 21, pp. 354–366, Aug. 1973.

Chellappa, R., Girod, B., Munson, D. C., Tekalp, A. M., and Vetterli, M., "The Past, Present, and Future of Image and Multidimensional Signal Processing," *IEEE Signal Processing Magazine*, Vol. 15, No. 2, pp. 21–58, Mar. 1998.

Chen, W. H., Smith, C. H., and Fralick, S. C., "A Fast Computational Algorithm for the Discrete Cosine Transform," *IEEE Trans. Commun.*, Vol. 25, pp. 1004–1009, September 1977.

Chen, X., and Parks, T. W., "Design of FIR Filters in the Complex Domain," *IEEE Trans. Acoustics, Speech, and Signal Processing*, Vol. 35, pp. 144–153, 1987.

Cheney, E. W., *Introduction to Approximation Theory*, 2nd ed., Amer. Math. Society, New York, NY, 2000.

Chow, Y., and Cassignol, E., *Linear Signal Flow Graphs and Applications*, Wiley, New York, NY, 1962.

Cioffi, J. M., and Kailath, T., "Fast Recursive Least-squares Transversal Filters for Adaptive Filtering," *IEEE Trans. Acoustics, Speech, and Signal Processing*, Vol. 32, pp. 607–624, June 1984.

Claasen, T. A., and Mecklenbräuker, W. F., "On the Transposition of Linear Time-varying Discrete-time Networks and its Application to Multirate Digital Systems," *Philips J. Res.*, Vol. 23, pp. 78–102, 1978.

Claasen, T. A. C. M., Mecklenbrauker, W. F. G., and Peek, J. B. H., "Second-order Digital Filter with only One Magnitude-truncation Quantizer and Having Practically no Limit Cycles," *Electronics Letters*, Vol. 9, No. 2, pp. 531–532, Nov. 1973.

Clements, M. A., and Pease, J., "On Causal Linear Phase IIR Digital Filters," *IEEE Trans. Acoustics, Speech, and Signal Processing*, Vol. 3, pp. 479–484, Apr. 1989.

Committee, DSP, ed., *Programs for Digital Signal Processing*, IEEE Press, New York, NY, 1979.

Constantinides, A. G., "Spectral Transformations for Digital Filters," *IEEE Proceedings*, Vol. 117, No. 8, pp. 1585–1590, Aug. 1970.

Cooley, J. W., Lewis, P. A. W., and Welch, P. D., "Historical Notes on the Fast Fourier Transform," *IEEE Trans. Audio Electroacoustics*, Vol. 15, pp. 76–79, June 1967.

Cooley, J. W., and Tukey, J. W., "An Algorithm for the Machine Computation of Complex Fourier Series," *Mathematics of Computation*, Vol. 19, pp. 297–301, Apr. 1965.

Crochiere, R. E., and Oppenheim, A. V., "Analysis of Linear Digital Networks," *IEEE Proceedings*, Vol. 63, pp. 581–595, Apr. 1975.

Crochiere, R. E., and Rabiner, L. R., *Multirate Digital Signal Processing*, Prentice Hall, Englewood Cliffs, NJ, 1983.

Daniels, R. W., *Approximation Methods for Electronic Filter Design*, McGraw-Hill, New York, NY, 1974.

Danielson, G. C., and Lanczos, C., "Some Improvements in Practical Fourier Analysis and their Application to X-ray Scattering from Liquids," *J. Franklin Inst.*, Vol. 233, pp. 365–380 and 435–452, Apr. and May 1942.

Davenport, W. B., *Probability and Random Processes: An Introduction for Applied Scientists and Engineers*, McGraw-Hill, New York, NY, 1970.

Davis, S. B., and Mermelstein, P., "Comparison of Parametric Representations for Monosyllabic Word Recognition," *IEEE Trans. Acoustics, Speech and Signal Processing*, Vol. ASSP-28, No. 4, pp. 357–366, Aug. 1980.

Deller, J. R., Hansen, J. H. L., and Proakis, J. G., *Discrete-Time Processing of Speech Signals*, Wiley-IEEE Press, New York, NY, 2000.

Donoho, D. L., "Compressed Sensing," *IEEE Trans. on Information Theory*, Vol. 52, No. 4, pp. 1289–1306, Apr. 2006.

Dudgeon, D. E., and Mersereau, R. M., *Two-Dimensional Digital Signal Processing*, Prentice Hall, Englewood Cliffs, NJ, 1984.

Duhamel, P., "Implementation of 'Split-radix' FFT Algorithms for Complex, Real, and Real-symmetric Data," *IEEE Trans. Acoustics, Speech, and Signal Processing*, Vol. 34, pp. 285–295, Apr. 1986.

Duhamel, P., and Hollmann, H., "Split Radix FFT Algorithm," *Electronic Letters*, Vol. 20, pp. 14–16, Jan. 1984.

Ebert, P. M., Mazo, J. E., and Taylor, M. C., "Overflow Oscillations in Digital Filters," *Bell System Technical J.*, Vol. 48, pp. 2999–3020, 1969.

Eldar, Y. C., and Oppenheim, A. V., "Filterbank Reconstruction of Bandlimited Signals from Nonuniform and Generalized Samples," *IEEE Trans. on Signal Processing*, Vol. 48, No. 10, pp. 2864–2875, October, 2000.

Elliott, D. F., and Rao, K. R., *Fast Transforms: Algorithms, Analysis, Applications*, Academic Press, New York, NY, 1982.

Feller, W., *An Introduction to Probability Theory and Its Applications*, Wiley, New York, NY, 1950, Vols. 1 and 2.

Fettweis, A., "Wave Digital Filters: Theory and Practice," *IEEE Proceedings*, Vol. 74, No. 2, pp. 270–327, Feb. 1986.

Flanagan, J. L., *Speech Analysis, Synthesis and Perception*, 2nd ed., Springer-Verlag, New York, NY, 1972.

Frerking, M. E., *Digital Signal Processing in Communication Systems*, Kluwer Academic, Boston, MA, 1994.

Friedlander, B., "Lattice Filters for Adaptive Processing," *IEEE Proceedings*, Vol. 70, pp. 829–867, Aug. 1982.

Friedlander, B., "Lattice Methods for Spectral Estimation," *IEEE Proceedings*, Vol. 70, pp. 990–1017, September 1982.

Frigo, M., and Johnson, S. G., "FFTW: An Adaptive Software Architecture for the FFT," *Proc. Int. Conf. Acoustics, Speech, and Signal Processing* (ICASSP '98), Vol. 3, pp. 1381–1384, May 1998.

Frigo, M., and Johnson, S. G., "The Design and Implementation of FFTW3," *Proc. of the IEEE*, Vol. 93, No. 2, pp. 216–231, Feb. 2005.

Furui, S., "Cepstral Analysis Technique for Automatic Speaker Verification," *IEEE Trans. Acoustics, Speech, and Signal Processing*, Vol. ASSP-29, No. 2, pp. 254–272, Apr. 1981.

Gallager, R., *Principles of Digital Communication*, Cambridge University Press, Cambridge, UK, 2008.

Gardner, W., *Statistical Spectral Analysis: A Non-Probabilistic Theory*, Prentice Hall, Englewood Cliffs, NJ, 1988.

Gentleman, W. M., and Sande, G., "Fast Fourier Transforms for Fun and Profit," *1966 Fall Joint Computer Conf., AFIPS Conf. Proc*, Vol. 29., Spartan Books, Washington, D.C., pp. 563–578, 1966.

Goertzel, G., "An Algorithm for the Evaluation of Finite Trigonometric Series," *American Math. Monthly*, Vol. 65, pp. 34–35, Jan. 1958.

Gold, B., Oppenheim, A. V., and Rader, C. M., "Theory and Implementation of the Discrete Hilbert Transform," in *Proc. Symp. Computer Processing in Communications*, Vol. 19, Polytechnic Press, New York, NY, 1970.

Gold, B., and Rader, C. M., *Digital Processing of Signals*, McGraw-Hill, New York, NY, 1969.

Gonzalez, R. C., and Woods, R. E., *Digital Image Processing*, Wiley, 2007.

Goyal, V., "Theoretical Foundations of Transform Coding," *IEEE Signal Processing Magazine*, Vol. 18, No. 5, pp. 9–21, Sept. 2001.

Gray, A. H., and Markel, J. D., "A Computer Program for Designing Digital Elliptic Filters," *IEEE Trans. Acoustics, Speech, and Signal Processing*, Vol. 24, pp. 529–538, Dec. 1976.

Gray, R. M., and Davidson, L. D., *Introduction to Statistical Signal Processing*, Cambridge University Press, 2004.

Griffiths, L. J., "An Adaptive Lattice Structure for Noise Canceling Applications," *Proc. Int. Conf. Acoustics, Speech, and Signal Processing* (ICASSP '78), Tulsa, OK, Apr. 1978, pp. 87–90.

Grossman, S., *Calculus Part 2*, 5th ed., Saunders College Publications, Fort Worth, TX, 1992.

Guillemin, E. A., *Synthesis of Passive Networks*, Wiley, New York, NY, 1957.

Hannan, E. J., *Time Series Analysis*, Methuen, London, UK, 1960.

Harris, F. J., "On the Use of Windows for Harmonic Analysis with the Discrete Fourier Transform," *IEEE Proceedings*, Vol. 66, pp. 51–83, Jan. 1978.

Hayes, M. H., Lim, J. S., and Oppenheim, A. V., "Signal Reconstruction from Phase and Magnitude," *IEEE Trans. Acoustics, Speech, and Signal Processing*, Vol. 28, No. 6, pp. 672–680, Dec. 1980.

Hayes, M., *Statistical Digital Signal Processing and Modeling*, Wiley, New York, NY, 1996.

Haykin, S., *Adaptive Filter Theory*, 4th ed., Prentice Hall, 2002.

Haykin, S., and Widrow, B., *Least-Mean-Square Adaptive Filters*, Wiley-Interscience, Hoboken, NJ, 2003.

Heideman, M. T., Johnson, D. H., and Burrus, C. S., "Gauss and the History of the Fast Fourier Transform," *IEEE ASSP Magazine*, Vol. 1, No. 4, pp. 14–21, Oct. 1984.

Helms, H. D., "Fast Fourier Transform Method of Computing Difference Equations and Simulating Filters," *IEEE Trans. Audio Electroacoustics*, Vol. 15, No. 2, pp. 85–90, 1967.

Herrmann, O., "On the Design of Nonrecursive Digital Filters with Linear Phase," *Elec. Lett.*, Vol. 6, No. 11, pp. 328–329, 1970.

Herrmann, O., Rabiner, L. R., and Chan, D. S. K., "Practical Design Rules for Optimum Finite Impulse Response Lowpass Digital Filters," *Bell System Technical J.*, Vol. 52, No. 6, pp. 769–799, July–Aug. 1973.

Herrmann, O., and Schüssler, W., "Design of Nonrecursive Digital Filters with Minimum Phase," *Elec. Lett.*, Vol. 6, No. 6, pp. 329–330, 1970.

Herrmann, O., and W. Schüssler, "On the Accuracy Problem in the Design of Nonrecursive Digital Filters," *Arch. Electronic Ubertragungstechnik*, Vol. 24, pp. 525–526, 1970.

Hewes, C. R., Broderson, R. W., and Buss, D. D., "Applications of CCD and Switched Capacitor Filter Technology," *IEEE Proceedings*, Vol. 67, No. 10, pp. 1403–1415, Oct. 1979.

Hnatek, E. R., *A User's Handbook of D/A and A/D Converters*, R. E. Krieger Publishing Co., Malabar, 1988.

Hofstetter, E., Oppenheim, A. V., and Siegel, J., "On Optimum Nonrecursive Digital Filters," *Proc. 9th Allerton Conf. Circuit System Theory*, Oct. 1971.

Hughes, C. P., and Nikeghbali, A., "The Zeros of Random Polynomials Cluster Near the Unit Circle," arXiv:math/0406376v3 [math.CV], http://arxiv.org/ PS_cache/math/pdf/0406/0406376v3.pdf.

Hwang, S. Y., "On Optimization of Cascade Fixed Point Digital Filters," *IEEE Trans. Circuits and Systems*, Vol. 21, No. 1, pp. 163–166, Jan. 1974.

Itakura, F. I., and Saito, S., "Analysis-synthesis Telephony Based upon the Maximum Likelihood Method," *Proc. 6th Int. Congress on Acoustics*, pp. C17–20, Tokyo, 1968.

Itakura, F. I., and Saito, S., "A Statistical Method for Estimation of Speech Spectral Density and Formant Frequencies," *Elec. and Comm. in Japan*, Vol. 53-A, No. 1, pp. 36–43, 1970.

Jackson, L. B., "On the Interaction of Roundoff Noise and Dynamic Range in Digital Filters," *Bell System Technical J.*, Vol. 49, pp. 159–184, Feb. 1970.

Jackson, L. B., "Roundoff-noise Analysis for Fixed-point Digital Filters Realized in Cascade or Parallel Form," *IEEE Trans. Audio Electroacoustics*, Vol. 18, pp. 107–122, June 1970.

Jackson, L. B., *Digital Filters and Signal Processing: With MATLAB Exercises*, 3rd ed., Kluwer Academic Publishers, Hingham, MA, 1996.

Jacobsen, E., and Lyons, R., "The Sliding DFT," *IEEE Signal Processing Magazine*, Vol. 20, pp. 74–80, Mar. 2003.

Jain, A. K., *Fundamentals of Digital Image Processing*, Prentice Hall, Englewood Cliffs, NJ, 1989.

Jayant, N. S., and Noll, P., *Digital Coding of Waveforms*, Prentice Hall, Englewood Cliffs, NJ, 1984.

Jenkins, G. M., and Watts, D. G., *Spectral Analysis and Its Applications*, Holden-Day, San Francisco, CA, 1968.

Jolley, L. B. W., *Summation of Series*, Dover Publications, New York, NY, 1961.

Johnston, J., "A Filter Family Designed for Use in Quadrature Mirror Filter Banks," *Proc. Int. Conf. Acoustics, Speech, and Signal Processing* (ICASSP '80), Vol. 5, pp. 291–294, Apr. 1980.

Juang, B.-H., Rabiner, L. R., and Wilpon, J. G., "On the Use of Bandpass Liftering in Speech Recognition," *IEEE Trans. Acoustics, Speech, and Signal Processing*, Vol. ASSP-35, No. 7, pp. 947–954, July 1987.

Kaiser, J. F., "Digital Filters," in *System Analysis by Digital Computer*, Chapter 7, F. F. Kuo and J. F. Kaiser, eds., Wiley, New York, NY, 1966.

Kaiser, J. F., "Nonrecursive Digital Filter Design Using the I_0-sinh Window Function," *Proc. 1974 IEEE International Symp. on Circuits and Systems*, San Francisco, CA, 1974.

Kaiser, J. F., and Hamming, R. W., "Sharpening the Response of a Symmetric Nonrecursive Filter by Multiple Use of the Same Filter," *IEEE Trans. Acoustics, Speech, and Signal Processing*, Vol. 25, No. 5, pp. 415–422, Oct. 1977.

Kaiser, J. F., and Schafer, R. W., "On the Use of the I_0-sinh Window for Spectrum Analysis," *IEEE Trans. Acoustics, Speech, and Signal Processing*, Vol. 28, No. 1, pp. 105–107, Feb. 1980.

Kan, E. P. F., and Aggarwal, J. K., "Error Analysis of Digital Filters Employing Floating Point Arithmetic," *IEEE Trans. Circuit Theory*, Vol. 18, pp. 678–686, Nov. 1971.

Kaneko, T., and Liu, B., "Accumulation of Roundoff Error in Fast Fourier Transforms," *J. Assoc. Comput. Mach.*, Vol. 17, pp. 637–654, Oct. 1970.

Kanwal, R., *Linear Integral Equations*, 2nd ed., Springer, 1997.

Karam, L. J., and McClellan, J. H., "Complex Chebychev Approximation for FIR Filter Design," *IEEE Trans. Circuits and Systems*, Vol. 42, pp. 207–216, Mar. 1995.

Karam, Z. N., and Oppenheim, A. V., "Computation of the One-dimensional Unwrapped Phase," *15th International Conference on Digital Signal Processing,* pp. 304–307, July 2007.

Kay, S. M., *Modern Spectral Estimation Theory and Application*, Prentice Hall, Englewood Cliffs, NJ, 1988.

Kay, S. M., *Intuitive Probability and Random Processes Using MATLAB*, Springer, New York, NY, 2006.

Kay, S. M., and Marple, S. L., "Spectrum Analysis: A Modern Perspective," *IEEE Proceedings*, Vol. 69, pp. 1380–1419, Nov. 1981.

Keys, R., "Cubic Convolution Interpolation for Digital Image Processing," *IEEE Trans. Acoustics, Speech and Signal Processing*, Vol. 29, No. 6, pp. 1153–1160, Dec. 1981.

Kleijn, W., "Principles of Speech Coding," in *Springer Handbook of Speech Processing*, J. Benesty, M. Sondhi, and Y. Huang, eds., Springer, 2008, pp. 283–306.

Knuth, D. E., *The Art of Computer Programming; Seminumerical Algorithms*, 3rd ed., Addison-Wesley, Reading, MA, 1997, Vol. 2.

Koopmanns, L. H., *Spectral Analysis of Time Series*, 2nd ed., Academic Press, New York, NY, 1995.

Korner, T. W., *Fourier Analysis*, Cambridge University Press, Cambridge, UK, 1989.

Lam, H. Y. F., *Analog and Digital Filters: Design and Realization*, Prentice Hall, Englewood Cliffs, NJ, 1979.

Lang, S. W., and McClellan, J. H., "A Simple Proof of Stability for All-pole Linear Prediction Models," *IEEE Proceedings*, Vol. 67, No. 5, pp. 860–861, May 1979.

Leon-Garcia, A., *Probability and Random Processes for Electrical Engineering*, 2nd ed., Addison-Wesley, Reading, MA, 1994.

Lighthill, M. J., *Introduction to Fourier Analysis and Generalized Functions*, Cambridge University Press, Cambridge, UK, 1958.

Lim, J. S., *Two-Dimensional Digital Signal Processing*, Prentice Hall, Englewood Cliffs, NJ, 1989.

Liu, B., and Kaneko, T., "Error Analysis of Digital Filters Realized in Floating-point Arithmetic," *IEEE Proceedings*, Vol. 57, pp. 1735–1747, Oct. 1969.

Liu, B., and Peled, A., "Heuristic Optimization of the Cascade Realization of Fixed Point Digital Filters," *IEEE Trans. Acoustics, Speech, and Signal Processing*, Vol. 23, pp. 464–473, 1975.

Macovski, A., *Medical Image Processing*, Prentice Hall, Englewood Cliffs, NJ, 1983.

Makhoul, J., "Spectral Analysis of Speech by Linear Prediction," *IEEE Trans. Audio and Electroacoustics*, Vol. AU-21, No. 3, pp. 140–148, June 1973.

Makhoul, J., "Linear Prediction: A Tutorial Review," *IEEE Proceedings*, Vol. 62, pp. 561–580, Apr. 1975.

Makhoul, J., "A Fast Cosine Transform in One and Two Dimensions," *IEEE Trans. Acoustics, Speech, and Signal Processing*, Vol. 28, No. 1, pp. 27–34, Feb. 1980.

Maloberti, F., *Data Converters*, Springer, New York, NY, 2007.

Markel, J. D., "FFT Pruning," *IEEE Trans. Audio and Electroacoustics*, Vol. 19, pp. 305–311, Dec. 1971.

Markel, J. D., and Gray, A. H., Jr., *Linear Prediction of Speech*, Springer-Verlag, New York, NY, 1976.

Marple, S. L., *Digital Spectral Analysis with Applications*, Prentice Hall, Englewood Cliffs, NJ, 1987.

Martucci, S. A., "Symmetrical Convolution and the Discrete Sine and Cosine Transforms," *IEEE Trans. Signal Processing*, Vol. 42, No. 5, pp. 1038–1051, May 1994.

Mason, S., and Zimmermann, H. J., *Electronic Circuits, Signals and Systems*, Wiley, New York, NY, 1960.

Mathworks, *Signal Processing Toolbox Users Guide*, The Mathworks, Inc., Natick, MA, 1998.

McClellan, J. H., and Parks, T. W., "A Unified Approach to the Design of Optimum FIR Linear Phase Digital Filters," *IEEE Trans. Circuit Theory*, Vol. 20, pp. 697–701, Nov. 1973.

McClellan, J. H., and Rader, C. M., *Number Theory in Digital Signal Processing*, Prentice Hall, Englewood Cliffs, NJ, 1979.

McClellan, J. H., "Parametric Signal Modeling," Chapter 1, *Advanced Topics in Signal Processing*, J. S. Lim and A. V. Oppenheim, eds., Prentice Hall, Englewood Cliffs, 1988.

Mersereau, R. M., Schafer, R. W., Barnwell, T. P., and Smith, D. L., "A Digital Filter Design Package for PCs and TMS320s," *Proc. MIDCON*, Dallas, TX, 1984.

Mills, W. L., Mullis, C. T., and Roberts, R. A., "Digital Filter Realizations Without Overflow Oscillations," *IEEE Trans. Acoustics, Speech, and Signal Processing*, Vol. 26, pp. 334–338, Aug. 1978.

Mintzer, F., "Filters for Distortion-free Two-band Multirate Filter Banks," *IEEE Trans. Acoustics, Speech and Signal Processing*, Vol. 33, No. 3, pp. 626–630, June 1985.

Mitra, S. K., *Digital Signal Processing*, 3rd ed., McGraw-Hill, New York, NY, 2005.

Moon, T., and Stirling, W., *Mathematical Methods and Algorithms for Signal Processing*, Prentice Hall, 1999.

Nawab, S. H., and Quatieri, T. F., "Short-time Fourier transforms," in *Advanced Topics in Signal Processing*, J. S. Lim and A. V. Oppenheim, eds., Prentice Hall, Englewood Cliffs, NJ, 1988.

Neuvo, Y., Dong, C.-Y., and Mitra, S., "Interpolated Finite Impulse Response Filters," *IEEE Trans. Acoustics, Speech and Signal Processing*, Vol. 32, No. 3, pp. 563–570, June 1984.

Noll, A. M., "Cepstrum Pitch Determination," *J. Acoustical Society of America*, Vol. 41, pp. 293–309, Feb. 1967.

Nyquist, H., "Certain Topics in Telegraph Transmission Theory," *AIEE Trans.*, Vol. 90, No. 2, pp. 280–305, 1928.

Oetken, G., Parks, T. W., and Schüssler, H. W., "New Results in the Design of Digital Interpolators," *IEEE Trans. Acoustics, Speech, and Signal Processing*, Vol. 23, pp. 301–309, June 1975.

Oppenheim, A. V., "Superposition in a Class of Nonlinear Systems," *RLE Technical Report No. 432*, MIT, 1964.

Oppenheim, A. V., "Generalized Superposition," *Information and Control*, Vol. 11, Nos. 5–6, pp. 528–536, Nov.–Dec., 1967.

Oppenheim, A. V., "Generalized Linear Filtering," Chapter 8, *Digital Processing of Signals*, B. Gold and C. M. Rader, eds., McGraw-Hill, New York, 1969a.

Oppenheim, A. V., "A Speech Analysis-synthesis System Based on Homomorphic Filtering," *J. Acoustical Society of America*, Vol. 45, pp. 458–465, Feb. 1969b.

Oppenheim, A. V., and Johnson, D. H., "Discrete Representation of Signals," *IEEE Proceedings*, Vol. 60, No. 6, pp. 681–691, June 1972.

Oppenheim, A. V., and Schafer, R. W., "Homomorphic Analysis of Speech," *IEEE Trans. Audio Electroacoustics*, Vol. AU-16, No. 2, pp. 221–226, June 1968.

Oppenheim, A. V., and Schafer, R. W., *Digital Signal Processing*, Prentice Hall, Englewood Cliffs, NJ, 1975.

Oppenheim, A. V., Schafer, R. W., and Stockam, T. G., Jr., "Nonlinear Filtering of Multiplied and Convolved Signals," *IEEE Proceedings*, Vol. 56, No. 8, pp. 1264–1291, Aug. 1968.

Oppenheim, A. V., and Willsky, A. S., *Signals and Systems*, 2nd ed., Prentice Hall, Upper Saddle River, NJ, 1997.

Oraintara, S., Chen, Y. J., and Nguyen, T., "Integer Fast Fourier Transform," *IEEE Trans. on Signal Processing*, Vol. 50, No. 3, pp. 607–618, Mar. 2001.

O'Shaughnessy, D., *Speech Communication, Human and Machine*, 2nd ed., Addison-Wesley, Reading, MA, 1999.

Pan, D., "A Tutorial on MPEG/audio Compression," *IEEE Multimedia*, pp. 60–74, Summer 1995.

Papoulis, A., "On the Approximation Problem in Filter Design," in *IRE Nat. Convention Record, Part 2*, 1957, pp. 175–185.

Papoulis, A., *The Fourier Integral and Its Applications*, McGraw-Hill, New York, NY, 1962.

Papoulis, A., *Signal Analysis*, McGraw-Hill Book Company, New York, NY, 1977.

Papoulis, A., *Probability, Random Variables and Stochastic Processes*, 4th ed., McGraw-Hill, New York, NY, 2002.

Parks, T. W., and Burrus, C. S., *Digital Filter Design*, Wiley, New York, NY, 1987.

Parks, T. W., and McClellan, J. H., "Chebyshev Approximation for Nonrecursive Digital Filters with Linear Phase," *IEEE Trans. Circuit Theory*, Vol. 19, pp. 189–194, Mar. 1972.

Parks, T. W., and McClellan, J. H., "A Program for the Design of Linear Phase Finite Impulse Response Filters," *IEEE Trans. Audio Electroacoustics*, Vol. 20, No. 3, pp. 195–199, Aug. 1972.

Parsons, T. J., *Voice and Speech Processing*, Prentice Hall, New York, NY, 1986.

Parzen, E., *Modern Probability Theory and Its Applications*, Wiley, New York, NY, 1960.

Pennebaker, W. B., and Mitchell, J. L., *JPEG: Still Image Data Compression Standard*, Springer, New York, NY, 1992.

Phillips, C. L., and Nagle, H. T., Jr., *Digital Control System Analysis and Design*, 3rd ed., Prentice Hall, Upper Saddle River, NJ, 1995.

Pratt, W., *Digital Image Processing*, 4th ed., Wiley, New York, NY, 2007.

Press, W. H. F., Teukolsky, S. A. B. P., Vetterling, W. T., and Flannery, B. P., *Numerical Recipes: The Art of Scientific Computing*, 3rd ed., Cambridge University Press, Cambridge, UK, 2007.

Proakis, J. G., and Manolakis, D. G., *Digital Signal Processing*, Prentice Hall, Upper Saddle River, NJ, 2006.

Quatieri, T. F., *Discrete-Time Speech Signal Processing: Principles and Practice*, Prentice Hall, Englewood Cliffs, NJ, 2002.

Rabiner, L. R., "The Design of Finite Impulse Response Digital Filters Using Linear Programming Techniques," *Bell System Technical J.*, Vol. 51, pp. 1117–1198, Aug. 1972.

Rabiner, L. R., "Linear Program Design of Finite Impulse Response (FIR) Digital Filters," *IEEE Trans. Audio and Electroacoustics*, Vol. 20, No. 4, pp. 280–288, Oct. 1972.

Rabiner, L. R., and Gold, B., *Theory and Application of Digital Signal Processing*, Prentice Hall, Englewood Cliffs, NJ, 1975.

Rabiner, L. R., Kaiser, J. F., Herrmann, O., and Dolan, M. T., "Some Comparisons Between FIR and IIR Digital Filters," *Bell System Technical J.*, Vol. 53, No. 2, pp. 305–331, Feb. 1974.

Rabiner, L. R., and Schafer, R. W., "On the Behavior of Minimax FIR Digital Hilbert Transformers," *Bell System Technical J.*, Vol. 53, No. 2, pp. 361–388, Feb. 1974.

Rabiner, L. R., and Schafer, R. W., *Digital Processing of Speech Signals*, Prentice Hall, Englewood Cliffs, NJ, 1978.

Rabiner, L. R., Schafer, R. W., and Rader, C. M., "The Chirp z-transform Algorithm," *IEEE Trans. Audio Electroacoustics*, Vol. 17, pp. 86–92, June 1969.

Rader, C. M., "Discrete Fourier Transforms when the Number of Data Samples is Prime," *IEEE Proceedings*, Vol. 56, pp. 1107–1108, June 1968.

Rader, C. M., "An Improved Algorithm for High-speed Autocorrelation with Applications to Spectral Estimation," *IEEE Trans. Audio Electroacoustics*, Vol. 18, pp. 439–441, Dec. 1970.

Rader, C. M., and Brenner, N. M., "A New Principle for Fast Fourier Transformation," *IEEE Trans. Acoustics, Speech, and Signal Processing*, Vol. 25, pp. 264–265, June 1976.

Rader, C. M., and Gold, B., "Digital Filter Design Techniques in the Frequency Domain," *IEEE Proceedings*, Vol. 55, pp. 149–171, Feb. 1967.

Ragazzini, J. R., and Franklin, G. F., *Sampled Data Control Systems*, McGraw-Hill, New York, NY, 1958.

Rao, K. R., and Hwang, J. J., *Techniques and Standards for Image, Video, and Audio Coding*, Prentice Hall, Upper Saddle River, NJ, 1996.

Rao, K. R., and Yip, P., *Discrete Cosine Transform: Algorithms, Advantages, Applications*, Academic Press, Boston, MA, 1990.

Rao, S. K., and Kailath, T., "Orthogonal Digital Filters for VLSI Implementation," *IEEE Trans. Circuits and System*, Vol. 31, No. 11, pp. 933–945, Nov. 1984.

Reut, Z., Pace, N. G., and Heaton, M. J. P., "Computer Classification of Sea Beds by Sonar," *Nature*, Vol. 314, pp. 426–428, Apr. 4, 1985.

Robinson, E. A., and Durrani, T. S., *Geophysical Signal Processing*, Prentice Hall, Englewood Cliffs, NJ, 1985.

Robinson, E. A., and Treitel, S., *Geophysical Signal Analysis*, Prentice Hall, Englewood Cliffs, NJ, 1980.

Romberg, J., "Imaging Via Compressive Sampling," *IEEE Signal Processing Magazine*, Vol. 25, No. 2, pp. 14–20, Mar. 2008.

Ross, S., *A First Course in Probability*, 8th ed., Prentice Hall, Upper Saddle River, NJ, 2009.

Runge, C., "Uber die Zerlegung Empirisch Gegebener Periodischer Functionen in Sinuswellen," *Z. Math. Physik*, Vol. 53, pp. 117–123, 1905.

Sandberg, I. W., "Floating-point-roundoff Accumulation in Digital Filter Realizations," *Bell System Technical J.*, Vol. 46, pp. 1775–1791, Oct. 1967.

Sayed, A., *Adaptive Filters*, Wiley, Hoboken, NJ, 2008.

Sayed, A. H., *Fundamentals of Adaptive Filtering*, Wiley-IEEE Press, 2003.

Sayood, K., *Introduction to Data Compression*, 3rd ed., Morgan Kaufmann, 2005.

Schaefer, R. T., Schafer, R. W., and Mersereau, R. M., "Digital Signal Processing for Doppler Radar Signals," *Proc. 1979 IEEE Int. Conf. on Acoustics, Speech, and Signal Processing*, pp. 170–173, 1979.

Schafer, R. W., "Echo Removal by Generalized Linear Filtering," *RLE Tech. Report No. 466*, MIT, Cambridge, MA, 1969.

Schafer, R. W., "Homomorphic Systems and Cepstrum Analysis of Speech," Chapter 9, *Springer Handbook of Speech Processing and Communication*, J. Benesty, M. M. Sondhi, and Y. Huang, eds., Springer-Verlag, Heidelberg, 2007.

Schafer, R. W., and Rabiner, L. R., "System for Automatic Formant Analysis of Voiced Speech," *J. Acoustical Society of America*, Vol. 47, No. 2, pt. 2, pp. 634–648, Feb. 1970.

Schafer, R. W., and Rabiner, L. R., "A Digital Signal Processing Approach to Interpolation," *IEEE Proceedings*, Vol. 61, pp. 692–702, June 1973.

Schmid, H., *Electronic Analog/Digital Conversions*, Wiley, New York, NY, 1976.

Schreier, R., and Temes, G. C., *Understanding Delta-Sigma Data Converters*, IEEE Press and John Wiley and Sons, Hoboken, NJ, 2005.

Schroeder, M. R., "Direct (Nonrecursive) Relations Between Cepstrum and Predictor Coefficients," *IEEE Trans. Acoustics, Speech and Signal Processing*, Vol. 29, No. 2, pp. 297–301, Apr. 1981.

Schüssler, H. W., and Steffen, P., "Some Advanced Topics in Filter Design," in *Advanced Topics in Signal Processing*, S. Lim and A. V. Oppenheim, eds., Prentice Hall, Englewood Cliffs, NJ, 1988.

Senmoto, S., and Childers, D. G., "Adaptive Decomposition of a Composite Signal of Identical Unknown Wavelets in Noise," *IEEE Trans. on Systems, Man, and Cybernetics*, Vol. SMC-2, No. 1, pp. 59, Jan. 1972.

Shannon, C. E., "Communication in the Presence of Noise," *Proceedings of the Institute of Radio Engineers* (IRE), Vol. 37, No. 1, pp. 10–21, Jan. 1949.

Singleton, R. C., "An Algorithm for Computing the Mixed Radix Fast Fourier Transforms," *IEEE Trans. Audio Electroacoustics*, Vol. 17, pp. 93–103, June 1969.

Sitton, G. A., Burrus, C. S., Fox, J. W., and Treitel, S., "Factoring Very-high-degree Polynomials," *IEEE Signal Processing Magazine*, Vol. 20, No. 6, pp. 27–42, Nov. 2003.

Skolnik, M. I., *Introduction to Radar Systems*, 3rd ed., McGraw-Hill, New York, NY, 2002.

Slepian, D., Landau, H. T., and Pollack, H. O., "Prolate Spheroidal Wave Functions, Fourier Analysis, and Uncertainty Principle (I and II)," *Bell System Technical J.*, Vol. 40, No. 1, pp. 43–80, 1961.

Smith, M., and Barnwell, T., " A Procedure for Designing Exact Reconstruction Filter Banks for Tree-structured Subband Coders," *Proc. Int. Conf. Acoustics, Speech, and Signal Processing* (ICASSP '84), Vol. 9, Pt. 1, pp. 421–424, Mar. 1984.

Spanias, A., Painter, T., and Atti, V., *Audio Signal Processing and Coding*, Wiley, Hoboken, NJ, 2007.

Sripad, A., and Snyder, D., "A Necessary and Sufficient Condition for Quantization Errors to be Uniform and White," *IEEE Trans. Acoustics, Speech and Signal Processing*, Vol. 25, No. 5, pp. 442–448, Oct. 1977.

Stark, H., and Woods, J., *Probability and Random Processes with Applications to Signal Processing*, 3rd ed., Prentice Hall, Englewood Cliffs, NJ, 2001.

Starr, T., Cioffi, J. M., and Silverman, P. J., *Understanding Digital Subscriber Line Technology*, Prentice Hall, Upper Saddle River, NJ, 1999.

Steiglitz, K., "The Equivalence of Analog and Digital Signal Processing," *Information and Control*, Vol. 8, No. 5, pp. 455–467, Oct. 1965.

Steiglitz, K., and Dickinson, B., "Phase Unwrapping by Factorization," *IEEE Trans. Acoustics, Speech an Signal Processing*, Vol. 30, No. 6, pp. 984–991, Dec. 1982.

Stockham, T. G., "High Speed Convolution and Correlation," in *1966 Spring Joint Computer Confer AFIPS Proceedings*, Vol. 28, pp. 229–233, 1966.

Stockham, T. G., Cannon, T. M., and Ingebretsen, R. B., "Blind Deconvolution Through Digit Processing," *IEEE Proceedings*, Vol. 63, pp. 678–692, Apr. 1975.

Stoica, P., and Moses, R., *Spectral Analysis of Signals*, Pearson Prentice Hall, Upper Saddle River, NJ, 2005.

Storer, J. E., *Passive Network Synthesis*, McGraw-Hill, New York, NY, 1957.

Strang, G., "The Discrete Cosine Transforms," *SIAM Review*, Vol. 41, No. 1, pp. 135–137, 1999.

Strang, G., and Nguyen, T., *Wavelets and Filter Banks*, Wellesley–Cambridge Press, Cambridge, MA, 1996.

Taubman D. S., and Marcellin, M. W., *JPEG 2000: Image Compression Fundamentals, Standards, and Practice*, Kluwer Academic Publishers, Norwell, MA, 2002.

Therrien, C. W., *Discrete Random Signals and Statistical Signal Processing*, Prentice Hall, Englewood Cliffs, NJ, 1992.

Tribolet, J. M., "A New Phase Unwrapping Algorithms," *IEEE Trans. Acoustics, Speech, and Signal Processing*, Vol. 25, No. 2, pp. 170–177, Apr. 1977.

Tribolet, J. M., *Seismic Applications of Homomorphic Signal Processing*, Prentice Hall, Englewood Cliffs, NJ, 1979.

Tukey, J. W., *Exploratory Data Analysis*, Addison-Wesley, Reading, MA, 1977.

Ulrych, T. J., "Application of Homomorphic Deconvolution to Seismology," *Geophysics*, Vol. 36, No. 4, pp. 650–660, Aug. 1971.

Unser, M., "Sampling—50 Years after Shannon," *IEEE Proceedings*, Vol. 88, No. 4, pp. 569–587, Apr. 2000.

Vaidyanathan, P. P., *Multirate Systems and Filter Banks*, Prentice Hall, Englewood Cliffs, NJ, 1993.

Van Etten, W. C., *Introduction to Random Signals and Noise*, John Wiley and Sons, Hoboken, NJ, 2005.

Verhelst, W., and Steenhaut, O., "A New Model for the Short-time Complex Cepstrum of Voiced Speech," *IEEE Trans. on Acoustics, Speech, and Signal Processing*, Vol. ASSP-34, No. 1, pp. 43–51, February 1986.

Vernet, J. L., "Real Signals Fast Fourier Transform: Storage Capacity and Step Number Reduction by Means of an Odd Discrete Fourier Transform," *IEEE Proceedings*, Vol. 59, No. 10, pp. 1531–1532, Oct. 1971.

Vetterli, M., "A Theory of Multirate Filter Banks," *IEEE Trans. Acoustics, Speech, and Signal Processing*, Vol. 35, pp. 356–372, Mar. 1987.

Vetterli, M., and Kovačević, J., *Wavelets and Subband Coding*, Prentice Hall, Englewood Cliffs, NJ, 1995.

Volder, J. E., "The Cordic Trigonometric Computing Techniques," *IRE Trans. Electronic Computers*, Vol. 8, pp. 330–334, Sept. 1959.

Walden, R., "Analog-to-digital Converter Survey and Analysis," *IEEE Journal on Selected Areas in Communications*, Vol. 17, No. 4, pp. 539–550, Apr. 1999.

Watkinson, J., *MPEG Handbook*, Focal Press, Boston, MA, 2001.

Weinberg, L., *Network Analysis and Synthesis*, R. E. Kreiger, Huntington, NY, 1975.

Weinstein, C. J., "Roundoff Noise in Floating Point Fast Fourier Transform Computation," *IEEE Trans. Audio Electroacoustics*, Vol. 17, pp. 209–215, Sept. 1969.

Weinstein, C. J., and Oppenheim, A. V., "A Comparison of Roundoff Noise in Floating Point and Fixed Point Digital Filter Realizations," *IEEE Proceedings*, Vol. 57, pp. 1181–1183, June 1969.

Welch, P. D., "A Fixed-point Fast Fourier Transform Error Analysis," *IEEE Trans. Audio Electroacoustics*, Vol. 17, pp. 153–157, June 1969.

Welch, P. D., "The Use of the Fast Fourier Transform for the Estimation of Power Spectra," *IEEE Trans. Audio Electroacoustics*, Vol. 15, pp. 70–73, June 1970.

Widrow, B., "A Study of Rough Amplitude Quantization by Means of Nyquist Sampling Theory," *IRE Trans. Circuit Theory*, Vol. 3, pp. 266–276, Dec. 1956.

Widrow, B., "Statistical Analysis of Amplitude-quantized Sampled-data Systems," *AIEE Trans. (Applications and Industry)*, Vol. 81, pp. 555–568, Jan. 1961.

Widrow, B., and Kollár, I., *Quantization Noise: Roundoff Error in Digital Computation, Signal Processing, Control, and Communications*, Cambridge University Press, Cambridge, UK, 2008.

Widrow, B., and Stearns, S. D., *Adaptive Signal Processing*, Prentice Hall, Englewood Cliffs, NJ, 1985.

Winograd, S., "On Computing the Discrete Fourier Transform," *Mathematics of Computation*, Vol. 32, No. 141, pp. 175–199, Jan. 1978.

Woods, J. W., *Multidimensional Signal, Image, and Video Processing and Coding*, Academic Press, 2006.

Yao, K., and Thomas, J. B., "On Some Stability and Interpolatory Properties of Nonuniform Sampling Expansions," *IEEE Trans. Circuit Theory*, Vol. CT-14, pp. 404–408, Dec. 1967.

Yen, J. L., On Nonuniform Sampling of Bandwidth-limited Signals," *IEEE Trans. Circuit Theory*, Vol. CT-3, pp. 251–257, Dec. 1956.

Zverev, A. I., *Handbook of Filter Synthesis*, Wiley, New York, NY, 1967.

反侵权盗版声明

举报电话：(010)88254396；(010)88258888
传　　真：(010)88254397
E－mail：dbqq@phei.com.cn
通信地址：北京市海淀区万寿路173信箱
电子工业出版社总编办公室
邮　　编：100036